주기율표

알칼리 금속 (H 제외) → 1A (1); 알칼리 토금속 → 2A (2); 족 명칭 → 3A (13); 할로젠 → 7A (17); 비활성 기체 → 8A (18)

1 H 1.008	← 원자 번호 / 원자 질량

주기	1A (1)	2A (2)	3B (3)	4B (4)	5B (5)	6B (6)	7B (7)	8B (8)	8B (9)	8B (10)	1B (11)	2B (12)	3A (13)	4A (14)	5A (15)	6A (16)	7A (17)	8A (18)
1	1 H 1.008																	2 He 4.003
2	3 Li 6.941	4 Be 9.012											5 B 10.81	6 C 12.01	7 N 14.01	8 O 16.00	9 F 19.00	10 Ne 20.18
3	11 Na 22.99	12 Mg 24.31											13 Al 26.98	14 Si 28.09	15 P 30.97	16 S 32.06	17 Cl 35.45	18 Ar 39.95
4	19 K 39.10	20 Ca 40.08	21 Sc 44.96	22 Ti 47.87	23 V 50.94	24 Cr 52.00	25 Mn 54.94	26 Fe 55.85	27 Co 58.93	28 Ni 58.69	29 Cu 63.55	30 Zn 65.38	31 Ga 69.72	32 Ge 72.63	33 As 74.92	34 Se 78.97	35 Br 79.90	36 Kr 83.80
5	37 Rb 85.47	38 Sr 87.62	39 Y 88.91	40 Zr 91.22	41 Nb 92.91	42 Mo 95.95	43 Tc [98]	44 Ru 101.07	45 Rh 102.91	46 Pd 106.42	47 Ag 107.87	48 Cd 112.41	49 In 114.82	50 Sn 118.71	51 Sb 121.76	52 Te 127.60	53 I 126.90	54 Xe 131.29
6	55 Cs 132.91	56 Ba 137.33	57 La 138.91	72 Hf 178.49	73 Ta 180.95	74 W 183.84	75 Re 186.21	76 Os 190.23	77 Ir 192.22	78 Pt 195.08	79 Au 196.97	80 Hg 200.59	81 Tl 204.38	82 Pb 207.2	83 Bi 208.98	84 Po [209]	85 At [210]	86 Rn [222]
7	87 Fr [223]	88 Ra [226]	89 Ac [227]	104 Rf [267]	105 Db [268]	106 Sg [271]	107 Bh [272]	108 Hs [270]	109 Mt [276]	110 Ds [281]	111 Rg [280]	112 Cn [285]	113 Nh [284]	114 Fl [289]	115 Mc [288]	116 Lv [293]	117 Ts [294]	118 Og [294]

란타넘족	58 Ce 140.12	59 Pr 140.91	60 Nd 144.24	61 Pm [145]	62 Sm 150.36	63 Eu 151.96	64 Gd 157.25	65 Tb 158.93	66 Dy 162.50	67 Ho 164.93	68 Er 167.26	69 Tm 168.93	70 Yb 173.05	71 Lu 174.97
악티늄족	90 Th 232.04	91 Pa 231.04	92 U 238.03	93 Np [237]	94 Pu [244]	95 Am [243]	96 Cm [247]	97 Bk [247]	98 Cf [251]	99 Es [252]	100 Fm [257]	101 Md [258]	102 No [259]	103 Lr [262]

Atomic Masses of the Elements

This table is based on the 2007 table at *Pure Appl. Chem.*, **81**, 2131–2156 (2009) with changes to the values for lutetium, molybdenum, nickel, ytterbium and zinc from the 2005 table, and additions from IUPAC 2011 Periodic Table of the Elements for flerovium and livermorium. Mass number of the longest-lived isotope of hassium from *Phys. Rev. Lett.*, **97** 242501 (2006). The number in parentheses following the atomic mass is the estimated uncertainty in the last digit.

At No	Symbol	Name	Atomic Mass	Notes	At No	Symbol	Name	Atomic Mass	Notes
89	Ac	Actinium	[227]	5	101	Md	Mendelevium	[258]	5
13	Al	Aluminium	26.9815384(3)		80	Hg	Mercury	200.592(3)	
95	Am	Americium	[243]	5	42	Mo	Molybdenum	95.95(1)	1
51	Sb	Antimony	121.760(1)	1	115	Mc	Moscovium	[288]	5
18	Ar	Argon	39.948(1)	1, 2	60	Nd	Neodymium	144.242(3)	1
33	As	Arsenic	74.921595(6)		10	Ne	Neon	20.1797(6)	1, 3
85	At	Astatine	[210]	5	93	Np	Neptunium	[237]	5
56	Ba	Barium	137.327(7)		28	Ni	Nickel	58.6934(4)	
97	Bk	Berkelium	[247]	5	113	Nt	Nihonium	[284]	5
4	Be	Beryllium	9.0121831(5)		41	Nb	Niobium	92.90637(1)	
83	Bi	Bismuth	208.98040(1)		7	N	Nitrogen	14.0067(2)	1, 2, 4
107	Bh	Bohrium	[272]	5	102	No	Nobelium	[259]	5
5	B	Boron	10.811(7)	1, 2, 3, 4	118	Og	Oganesson	[294]	5
35	Br	Bromine	79.904(1)	4	76	Os	Osmium	190.23(3)	1
48	Cd	Cadmium	112.414(4)	1	8	O	Oxygen	15.9994(3)	1, 2, 4
55	Cs	Cesium	132.90545196(6)		46	Pd	Palladium	106.42(1)	1
20	Ca	Calcium	40.078(4)	1	15	P	Phosphorus	30.973761998(5)	
98	Cf	Californium	[251]	5	78	Pt	Platinum	195.084(9)	
6	C	Carbon	12.0107(8)	1, 2, 4	94	Pu	Plutonium	[244]	5
58	Ce	Cerium	140.116(1)	1	84	Po	Polonium	[209]	5
17	Cl	Chlorine	35.453(2)	3, 4	19	K	Potassium	39.0983(1)	1
24	Cr	Chromium	51.9961(6)		59	Pr	Praseodymium	140.90766(1)	
27	Co	Cobalt	58.933194(3)		61	Pm	Promethium	[145]	5
112	Cn	Copernicium	[285]	5	91	Pa	Protactinium	231.03588(2)	5
29	Cu	Copper	63.546(3)	2	88	Ra	Radium	[226]	5
96	Cm	Curium	[247]	5	86	Rn	Radon	[222]	5
110	Ds	Darmstadtium	[281]	5	75	Re	Rhenium	186.207(1)	
105	Db	Dubnium	[268]	5	45	Rh	Rhodium	102.90549(2)	
66	Dy	Dysprosium	162.500(1)	1	111	Rg	Roentgenium	[280]	5
99	Es	Einsteinium	[252]	5	37	Rb	Rubidium	85.4678(3)	1
68	Er	Erbium	167.259(3)	1	44	Ru	Ruthenium	101.07(2)	1
63	Eu	Europium	151.964(1)	1	104	Rf	Rutherfordium	[265]	5
100	Fm	Fermium	[257]	5	62	Sm	Samarium	150.36(2)	1
114	Fl	Flerovium	[289]	5	21	Sc	Scandium	44.955908(5)	
9	F	Fluorine	18.998403163(6)		106	Sg	Seaborgium	[271]	5
87	Fr	Francium	[223]	5	34	Se	Selenium	78.971(8)	
64	Gd	Gadolinium	157.25(3)	1	14	Si	Silicon	28.0855(3)	2, 4
31	Ga	Gallium	69.723(1)		47	Ag	Silver	107.8682(2)	1
32	Ge	Germanium	72.630(8)		11	Na	Sodium	22.98976928(2)	
79	Au	Gold	196.966570(4)		38	Sr	Strontium	87.62(1)	1, 2
72	Hf	Hafnium	178.486(6)		16	S	Sulfur	32.065(5)	1, 2, 4
108	Hs	Hassium	[270]	5	73	Ta	Tantalum	180.94788(2)	
2	He	Helium	4.002602(2)	1, 2	43	Tc	Technetium	[98]	5
67	Ho	Holmium	164.930328(7)		52	Te	Tellurium	127.60(3)	1
1	H	Hydrogen	1.00794(7)	1, 2, 3, 4	117	Ts	Tennessine	[294]	5
49	In	Indium	114.818(3)		65	Tb	Terbium	158.925354(8)	
53	I	Iodine	126.90447(3)		81	Tl	Thallium	204.3833(2)	4
77	Ir	Iridium	192.217(3)		90	Th	Thorium	232.0377(4)	1, 5
26	Fe	Iron	55.845(2)		69	Tm	Thulium	168.934218(6)	
36	Kr	Krypton	83.798(2)	1, 3	50	Sn	Tin	118.710(7)	1
57	La	Lanthanum	138.90547(7)	1	22	Ti	Titanium	47.867(1)	
103	Lr	Lawrencium	[262]	5	74	W	Tungsten	183.84(1)	
82	Pb	Lead	207.2(1)	1, 2	92	U	Uranium	238.02891(3)	1, 3, 5
3	Li	Lithium	6.941(2)	1, 2, 3, 4	23	V	Vanadium	50.9415(1)	
116	Lv	Livermorium	[293]	5	54	Xe	Xenon	131.293(6)	1, 3
71	Lu	Lutetium	174.9668(1)	1	70	Yb	Ytterbium	173.045(10)	1
12	Mg	Magnesium	24.3050(6)	4	39	Y	Yttrium	88.90584(1)	
25	Mn	Manganese	54.938043(2)		30	Zn	Zinc	65.38(2)	
109	Mt	Meitnerium	[276]	5	40	Zr	Zirconium	91.224(2)	1

1. Geological specimens are known in which the element has an isotopic composition outside the limits for normal material. The difference between the atomic mass of the element in such specimens and that given in the Table may exceed the stated uncertainty.
2. Range in isotopic composition of normal terrestrial material prevents a more precise value being given; the tabulated value should be applicable to any normal material.
3. Modified isotopic compositions may be found in commercially available material because it has been subject to an undisclosed or inadvertant isotopic fractionation. Substantial deviations in atomic mass of the element from that given in the Table can occur.
4. IUPAC recommends a range of masses for H, Li, B, C, N, O, Mg, Si, S, Cl, Ar, Br, Tl. For simplicity we have decided to use the single masses. In On the Cutting Edge 0.3, these masses and their ranges are discussed further.
5. Element has no stable nuclides. The value enclosed in brackets, e.g. [209], indicates the mass number of the longest-lived isotope of the element. However three such elements (Th, Pa, and U) do have a characteristic terrestrial isotopic composition, and for these an atomic mass is tabulated.

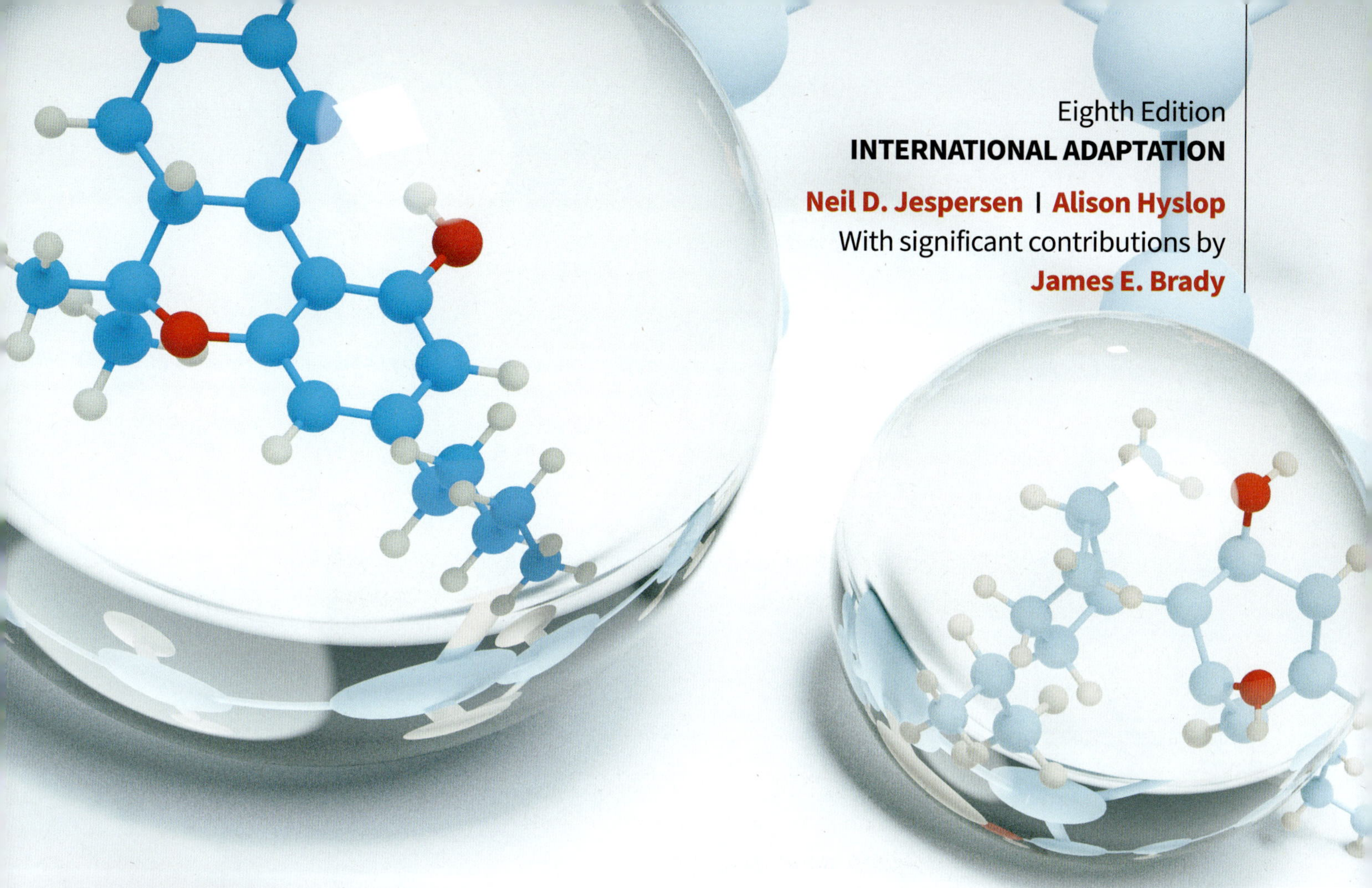

Eighth Edition
INTERNATIONAL ADAPTATION

Neil D. Jespersen | Alison Hyslop
With significant contributions by
James E. Brady

제8판

일반화학

CHEMISTRY

The Molecular Nature of ______________ Matter

정 혁 옮김 | **화학교재연구회** 감수

WILEY 자유아카데미

저자 서문

전 세계에서 사용하게 될 이번 국제판(International Adaptation)에서는 Neil D. Jespersen과 Alison Hyslop이 함께 저술한 〈Chemistry: The Molecular Nature of Matter〉 7판의 근간이 된 물질의 분자적 성질과 강력한 문제 풀이 그리고 간단명료한 설명 등을 강조하였다. 이번 판에서는 이와 같은 기본적인 개념을 더욱 강조하고 확장하기 위하여 물질의 분자 수준과 눈으로 볼 수 있는 거시적 수준과의 관계에 대하여 더 자세하게 서술하였다. 화학을 배우려면 다양한 작업이 필요하므로, 이러한 작업을 체계적으로 정리하는 데 도움이 될 수 있는 실질적인 학습 방법을 각 장의 도입부에 제시하였다. 또한 각 장에서 제시된 개념을 다양한 과학 분야와 연계시키기 위하여 화학에서의 핵심 개념과 이에 대비되는 개념 및 과학적인 응용 등을 종합한 문제 해결형 질문을 추가로 포함시켰다.

Neil Jespersen과 Alison Hyslop는 본 교재가 더 많은 문제 해결 능력과 학습 기법을 포함한 책이 될 수 있도록 저술 분야의 일선에서 최선을 다했다. Neil Jespersen은 분석 화학자이자 미시적 관점과 우리가 일상에서 접하는 거시적 특성의 연관성을 강조하는 존경받는 교육자이다. Alison Hyslop는 일반화학뿐 아니라 대학원과 학부에서의 무기화학도 강의하는 풍부한 경험의 무기화학자이다. 그녀는 현재 St. John's College of Liberal Arts and Sciences 대학원에서 부학장으로 재직 중으로, St. John's 대학의 과학 분야의 발전을 위하여 노력하고 있다. 지난 7판에서와 마찬가지로 8판이 완성되는 데 James Brady는 여러 분야에서 자문 역할을 맡았다. 그의 비전과 지도력이 이 책에 담긴 철학과 구성에 중요한 요소가 되었다. 모든 주제를 선정하는 것부터 문제 해결의 사소한 것조차 포기하지 않는 것까지, 그의 지도력으로 인하여 화학을 전공하는 많은 학생이 이 책을 접할 수 있게 되었다.

철학과 목표

이 교재의 철학은, 일반화학 과정이 학생의 교육 목표를 달성하는 데 매우 중요한 수단이라는 확신에 근거하고 있다. 먼저, 화학 교재에서는 화학의 기본적인 사실이나 개념에 필요한 기초를 얻을 수 있어야 하며, 이를 통해 이론적 모형을 형성할 수 있어야 한다. 일반화학 과정을 통하여 학생들은 화학이 생물, 물리, 지구과학, 기상학 등의 기초 과학 분야에서 중심적인 역할을 하고 있다는 사실을 이해하게 될 것이다. 화학은 일상생활에서 매우 중요하며, 최근에는 화학과 다른 과학 분야가 통합되는 사례도 많이 볼 수 있다. 화학은 학생들의 분석적인 사고와 문제 해결 능력을 증진시키는 데도 기여할 수 있을 것이다. 이런 생각을 바탕으로 각각의 주제가 논리적으로 연결되어 강의자가 자신이 개설하는 수업에서 최대한 유연성을 가질 수 있도록 편집하였다. 이 책에서는 다음과 같은 몇 가지 주요 목표를 설정하였다. 첫 번째는 제시된 모든 개념을 논리적으로 이해할 수 있도록 거시적 수준에서의 관찰과 원자 수준에서의 원자, 분자, 이온의 거동에 대한 연결을 강조하는 것이다. 두 번째는 효과적인 학습 방법과 문제 해결 능력을 향상시키기 위한 노력을 더 강조하고 효율적으로 접근하는 것이다. 그 일환으로 답을 예상하고 검토하는 과정을 강화하였고, 문제 풀이에 과학적 절차와 대칭 개념, 화학에서의 핵심 아이디어 등을 포함하였다.

자연에 대한 분자적 관점을 강조하다

여러 해 동안 Jim Brady와 그 동료들은 화학을 강의하는 데 있어서 가장 효과적인 접근법으로 분자의 중요성을 강조해 왔다. 컴퓨터를 이용해서 그린 분자나 결정의 3D 구조를 수록한 이 책의 초판본부터 8판에 이르기까지 원자/분자적 관점은 최상의 교수법 역할을 해 왔다. 새 판도 "화학의 분자적 기초"를 강력한 중심 주제로 삼는 등 이러한 전통에 따라 개정한 것이다. 학생들은 이런 접근을 통하여 물질의 본성이나 구조가 특성에 미치는 영향에 대해 가장 잘 이해할 수 있을 것이다. 이를 위하여 다음과 같은 작업을 수행하였다.

학습 목표 달성을 위한 제안 배움의 길은 어렵고 노력이 필요한 과정이다. 학생들이 개념을 이해하는 데 도움이 되도록 각 장에는 장의 요약, 도표 그리기, 공부 모임 만들기 등을 포함하는 학습 기법을 '학습 목표 달성을 위한 제안'에 수록하였다. 학생은 화학이나 다른 과목의 학습에 도움이 되는 각자의 방법을 선택할 수 있다. 제시된 학습 기법들을 수업 시간에 소개하면 학생들이 많은 도움을 얻을 수 있을 것이다.

문제 풀이 각 장에서의 문제 풀이는 제시된 개념과 관련된 실전 문제에서 시작된다. 각 장의 마지막에 다양한 난이도의 질문과 문제를 수록하였다. 그러나 문제를 해결하기 위하여 이전 장에서 배운 개념이 필요할 수도 있다는 것을 알아야 한다.

학습 목표

이 장을 읽고 이해한 후 다음과 같은 것을 할 수 있어야 한다.

- 화학이라는 과학의 범위와 목적에 대한 이해를 증진시킬 수 있다.
- 원소들이 어떻게 형성되었는지를 설명할 수 있다.
- 지구에서의 물질 분포가 우연한 것이 아님을 이해할 수 있다.
- 원자론의 위대한 본질을 인식할 수 있다.
- 원자의 구조를 어떻게 알게 되었는지를 설명할 수 있다.

학습 목표 각 장을 시작할 때 그 장에서의 학습 목표를 분명하게 제시하였다. 이러한 학습 목표를 통하여 학생이 각 절을 공부한 후 무엇을 배우고 이해해야 하는지에 대한 길잡이 역할을 할 것이다. 또한 각 장의 끝에 수록한 질문과 문제는 학습 목표별로 정리하였으며 관련 절의 제목에 따라서 편성하였다.

문제 풀이 능력 기르기

문제 풀이가 개념에 대한 이해를 증진시킬 수 있기 때문에 학생이 화학 문제 풀이 능력을 향상할 수 있도록 도와주는 것이 화학 교육에서의 중요한 목표 중의 하나라는 사실을 저자들은 굳게 믿는다. 또한 적절한 도움과 지도를 통하여 강의에 참여한 모든 학생이 학기를 성공적으로 마칠 수 있다고 믿는다. 더욱이 본 교재를 통하여 학생이 다양한 문제 풀이 능력을 습득하면 다음 수준의 화학 강의나 다른 과학 관련 과목을 이수할 때 도움이 될 수 있을 것이다.

문제 분석을 돕기 위하여 **'화학 도구'** 모델을 이용한 접근법을 계속 사용할 것이다. 이런 접근법은 질량을 몰로 바꾸는 것과 같은 기본적인 기술을 보다 복잡한 문제를 풀 때의 도구로 사용할 수 있도록 도와준다. 이런 방법에 대하여 학생과 강의자 모두 긍정적이었기 때문에 앞으로도 문제 분석에서 이와 같은 전략을 계속 유지할 것이다. 여백에 아이콘의 형태로 소개된 **도구**는 그 장의 마지막 부분에서 다시 요약할 것이다.

도구 다음과 같은 도구들이 이 장에서 도입되었다. 이들을 주의 깊게 공부하면 필요할 때 적절한 도구를 선택할 수 있다.

균형 이온 반응식의 조건(4.3절) 이온의 화학식을 포함하는 반응식의 균형을 맞추기 위해서는 다음 두 가지 조건을 만족시켜야 한다. (1) 반응식 양쪽의 각 원자의 개수가 같아야 하고, (2) 반응식 양쪽의 알짜 전하량이 같아야 한다.

강산의 목록(4.4절) 흔히 접할 수 있는 강산으로 과염소산($HClO_4$), 염소산($HClO_3$), 염산(HCl), 브로민화수소산(HBr), 아이오딘화수소산(HI), 질산(HNO_3), 황산(H_2SO_4)이 있다.

수용액에서 산과 염기의 이온화(4.4절) 음이온을 기호로 표기할 때 다음과 같이 강산의 경우 종종 X^-로 나타내는 반면, 약산의 경우 A^-로 나타낸다.

$$HX + H_2O \longrightarrow H_3O^+ + X^- \quad \text{강산}$$
$$HA + H_2O \rightleftharpoons H_3O^+ + A^- \quad \text{약산}$$

이온성 강염기의 양이온을 기호로 표기하는 경우 일반적으로 M^{n+}로 나타내고, 분자성 약염기는 B로 나타낸다.

$$M(OH)_n \longrightarrow M^{n+} + nOH^- \quad \text{강염기}$$
$$B + H_2O \rightleftharpoons BH^+ + OH^- \quad \text{약염기}$$

산과 다원자 음이온의 이름(4.5절) 다원자 음이온의 이름을 이용하

전 판에서 강조된 문제 풀이 4단계인 **분석, 도구 모음, 풀이, 답이 합리적인가?** 라는 질문을 모든 예제에 적용하였다. 문제를 이해하고 해결하는 방법을 설계하기 위하여 기계적으로 분석을 수행한 다음, 필요한 도구를 모으고 해답을 찾는 데 사용한다. 결과적으로 도구를 여러 방법으로 조합하여 복잡한 문제를 해결한다는 개념을 다시 한번 이해할 것이다. 논리적인 순서로 제시된 모든 단계를 포함하는 완전한 해답을 제시하였다. 마지막으로 기술자가 수리된 부분을 다시 점검하듯이 과학자는 "답이 합리적인가?"라는 질문을 통하여 자신의 답을 확인해야 한다.

예제 4.1 용액의 노말 농도 구하기

농도가 0.20 *M*인 황산 알루미늄(aluminum sulfate) 용액에서 각 이온의 몰농도는 얼마인가?

분석 염의 몰농도에 염의 화학식 단위에 포함된 각 이온의 개수를 곱하면 그 이온의 몰농도를 얻을 수 있다. 차원 분석은 항상 작동하므로, 이 방법을 확실히 사용할 수 있다.

도구 모음 다음과 같은 3가지 도구가 필요하다. (1) 2장에서 다룬 이온의 화학식과 화학식을 쓰는 규칙, (2) 수용액에서 염의 해리 반응식, (3) 해리 반응식에 나타난 계수를 이용하여 이온의 몰농도를 구하는 방법.

풀이 황산 알루미늄에 포함된 이온은 Al^{3+}과 SO_4^{2-}이다. 따라서 염의 화학식은 $Al_2(SO_4)_3$이어야 한다. 또한 $Al_2(SO_4)_3$가 용해하면 다음과 같이 해리한다.

$$Al_2(SO_4)_3(s) \longrightarrow 2Al^{3+}(aq) + 3SO_4^{2-}(aq)$$

먼저 0.2 *M* $Al_2(SO_4)_3$를 다음과 같이 쓴다.

$$\frac{0.20 \text{ mol } Al_2(SO_4)_3}{1 \text{ L 용액}}$$

이것이 계산을 위한 시작점이다. 다음으로 차원 분석을 통하여 식을 세운다.

$$\frac{0.20 \text{ mol } Al_2(SO_4)_3}{1 \text{ L 용액}} \times \frac{2 \text{ mol } Al^{3+}}{1 \text{ mol } Al_2(SO_4)_3} = \frac{0.40 \text{ mol } Al^{3+}}{1 \text{ L 용액}} = 0.40\, M\ Al^{3+}$$

$$\frac{0.20 \text{ mol } Al_2(SO_4)_3}{1 \text{ L 용액}} \times \frac{3 \text{ mol } SO_4^{2-}}{1 \text{ mol } Al_2(SO_4)_3} = \frac{0.60 \text{ mol } SO_4^{2-}}{1 \text{ L 용액}} = 0.60\, M\ SO_4^{2-}$$

용액에서 Al^{3+}와 SO_4^{2-} 이온의 몰농도는 각각 0.40 *M*과 0.60 *M*이다.

답이 합리적인가? $Al_2(SO_4)_3$의 화학식 단위마다 두 개의 Al^{3+} 이온과 세 개의 SO_4^{2-} 이온을 생성한다. 따라서 0.2 mol $Al_2(SO_4)_3$는 0.40 mol Al^{3+} 이온과 0.60 mol SO_4^{2-} 이온을 내놓는다.

이번에도 예제 풀이 후에 최소한 두 개의 **실전 문제**를 수록하여 학생이 선행 문제에서 사용한 원리를 다시 적용해 보는 기회를 제공하였다. 이를 위하여 교재 전체를 검토하고 필요한 경우 실생활과 관련된 정보를 함께 제공하였다. 실전 문제에 대한 답은 교재의 부록 B에 수록하였다.

각 장의 끝에 수록한 **복습 질문**과 **복습 문제**는 보통 수준의 문제에서 훨씬 더 어려운 문제로 난이도가 증가하는 순서로 배열하였고, 학습 목표와 관련지어 체계화하였다. 많은 경우에 문제를 해결하기 위하여 전에 배운 지식을 이용해야 한다. 예를 들어 4장이나 혹은 그 이후의 많은 문제에서 화합물의 화학식 대신 이름이 주어진 경우, 학생은 2장에서 배운 명명법(필요한 경우 복습이 필요)을 참고하여 문제를 풀어야 할 것이다.

단순한 복습 문제가 아닌 종합적인 사고를 필요로 하는 문제를 풀 수 있는 능력을 갖추도록 학생을 도와주는 것이 화학 교육의 중요한 목표 중의 하나이다. 학생이 서로 다른 다양한 개념이 요구되는 문제를 어려워하는 점을 고려하여 **다중 개념 형식의 문제에 대한 분석과 풀이**를 계속 편성하였다. 이런 종류의 문제는 일반적인 예제보다 난이도가 높고 여러 장에서 소개된 개념을 요구한다. 학생은 문제를 풀기 전에 두

개 이상의 개념을 조합하고, 복잡한 문제를 여러 개의 간단한 문제로 나누어야 한다. 학생이 기초적인 문제를 풀어보고 충분한 개념을 소개한 다음에야 다중 개념 문제가 의미를 가질 수 있기 때문에 4장에서 처음으로 이런 문제를 수록하였다. 다중 개념 문제의 분석과 풀이는 문제를 간단한 몇 가지 단계로 어떻게 해체하는지 제시하고 문제를 해결하는 데 필요한 실제 사고를 강조함으로써 강의자의 좌절감을 해결하고 학생들의 문제 해결 능력을 향상하는 데 역점을 두고 있다.

종합 화학 예제와 문제 화학은 생물, 환경, 법의학을 포함하는 여러 과학 분야의 기초를 제공하는 중심 과학 학문인 동시에 수학이나 물리를 사용하여 세상에 대한 이해를 넓혀가는 학문이다. 종합 화학 예제와 종합 화학 문제는 과학적 절차와 대응 개념 그리고 화학에서의 핵심적인 아이디어 등을 포함하고 있다. 모든 과학자는 문제에 대한 답을 구하기 위하여 다음과 같은 과학적 절차를 따른다.

1. 질문을 구성한다.
2. 모형을 개발하고 이용한다.
3. 탐구 활동을 계획하고 실행한다.
4. 얻은 자료를 분석하고 해석한다.
5. 수학적 혹은 계산적 사고를 이용한다.
6. 가정을 설정하고 설명을 제시한다.
7. 증거에 기반한 토론을 수행한다.
8. 정보를 얻고 평가하며 공유한다.

대응 개념은 모든 과학 분야에 적용되는 것으로, 각각의 학문이 어떻게 서로 연계되어 있는지를 확인하는 데 도움을 주는 것이다.

1. 형태
2. 원인과 결과
3. 규모, 비율, 그리고 정량
4. 제도와 제도 모형
5. 에너지와 물질
6. 구조와 기능
7. 안정성과 변화

마지막으로 교재는 물질과 물질의 상호 작용, 이동과 안정성: 힘과 상호 작용, 에너지 그리고 파동 등과 같은 기초 화학 분야에서의 핵심 개념을 중심으로 편성되어 있다.

8판에서의 중요한 변화

앞서 언급했듯이 이 개정판을 편집할 때 역점을 둔 것은 분자 수준에서의 행동과 거시적 수준에서 관찰되는 성질 사이

종합 화학 예제

1몰의 물로 샤워를 끝낼 수 있을까? 1몰의 사과를 먹을 수 있는가? 물 분자나 사과의 실제 크기와 1몰에 포함된 개수를 종합해서 답을 서술하시오.

분석 문제에 대한 답을 서술할 때 물 1몰의 질량과 사과 1몰에 포함된 사과의 개수를 알 필요가 있다. 그리고 물 분자와 사과의 크기에 대하여 서술하는 것이 좋다.

도구 모음 필요한 도구는 다음과 같다.

Avogadro 상수: 1 mol $X = 6.022 \times 10^{23}$ 단위 X

물의 몰질량: 물의 화학식에 포함된 원소들의 질량의 합

또한 물 분자의 크기와 사과의 평균 크기에 대한 정보도 필요하다.

풀이 물 1몰로 샤워를 할 수 있는지를 묻는 첫 번째 질문부터 시작해 보자. 물의 화학식은 H_2O이고 몰질량은 다음과 같이 계산할 수 있다.

$$\begin{aligned} H_2O\text{의 몰질량} &= (2\text{ mol H} \times 1.01\text{ g H/mol H}) + (1\text{ mol O} \times 16.00\text{ g O/mol O}) \\ &= 18.02\text{ g }H_2O/\text{mol }H_2O \end{aligned}$$

물 1몰의 질량은 10.02 g이고 물의 밀도인 1.00 g/mL를 이용하여 계산한 부피는 다음과 같다.

$$\text{물의 부피} = 18.02\text{ g }H_2O\left(\frac{1.00\text{ mL }H_2O}{1.00\text{ g }H_2O}\right) = 18.0\text{ mL }H_2O$$

물 1몰의 부피는 한두 모금인 18 mL뿐으로 샤워를 하기에는 충분치 않은 양이다.

우리가 1몰의 사과를 다 먹을 수 있는지를 묻는 두 번째 질문에 대한 답을 하려면, 사과 1개를 먹는 데 걸리는 시간과 사과 1몰에 포함된 개수를 파악하는 것이 필요하다.

$$\text{사과 1몰} = 6.022 \times 10^{23}\text{ 사과}$$

여러분이 실제로 사과를 먹는 데 걸리는 시간과 상관없이 1개의 사과를 먹는 데 5분이 걸린다고 가정하자. 이제 1몰의 사과를 먹는 데 걸리는 시간을 계산할 수 있다. 다만 시간은 너무 큰 숫자이므로 년 수로 계산하면 다음과 같다.

$$\begin{aligned} \text{1몰의 사과를 먹는 데 걸리는 년 수} &= 6.022 \times 10^{23}\text{ 사과}\left(\frac{5\text{분}}{\text{사과}}\right)\left(\frac{1\text{시간}}{60\text{분}}\right) \\ &\times \left(\frac{1\text{일}}{24\text{시간}}\right)\left(\frac{1\text{년}}{365.24\text{일}}\right) = 5.7 \times 10^{19}\text{년} \end{aligned}$$

5.7×10^{19}년을 풀어서 쓰면 57,000,000,000,000,000,000년이다. 그러나 불행하게도 사람의 수명은 기껏해야 $100(1 \times 10^2)$년으로, 한 사람이 그렇게 많은 사과를 먹는 것은 불가능하다.

물 분자는 매우 작기 때문에 1몰의 물로도 샤워를 하기에는 부족하다. 그러나 사과의 크기는 눈으로 볼 수 있을 정도로, 사과 1몰은 짐작하기 어려울 정도로 많은 양이다. 바로 이것이 미시적 세계에 속하는 원자와 거시적 세계에 속하는 사과 사이의 큰 차이점이다.

답이 합리적인가? 우리가 지금까지 계산해 본 많은 물질의 몰질량은 대략 몰당 10에 500그램 정도이므로 계산한 물의 몰질량은 적절한 수준이다. 사과를 먹는 데 걸리는 년 수는 매우 큰 수로, 사과 한 개를 먹는 데 1분이 걸리든 혹은 10분이 걸리든 1몰을 먹는 데 걸리는 년 수는 10^{19}년 정도로 매우 크다. 마지막으로 분자와 사과의 크기는 매우 큰 차이가 나서 사과는 우리 눈으로 볼 수 있지만 분자를 보려면 특수한 장비를 사용해야 한다.

종합 화학 문제

A. 화학에서 어떤 물질 6.022×10^{23} 단위를 나타낼 때 1몰이라는 용어를 사용한다. 달걀을 헤아릴 때는 달걀 12개를 의미하는 용어인 '다스(dozen)'를 사용하기도 한다. 물품의 수를 나타내는 다른 용어에는 어떤 것이 있는가? 언어에 이런 파생어가 포함되게 된 이유는 무엇이라고 생각하는가?

B. 원소의 원자 질량을 계산하는 데 화학적 지식을 이용할 수 있다. 예를 들어 4.72 g의 X를 이용하여 화학식이 X_2Y인 어떤 화합물 9.49 g을 합성하였다. X의 원자 질량이 39.10 g mol^{-1}이라면 Y의 원자 질량은 얼마인가?

C. 소듐 이온이 필요한 어떤 실험을 수행하려고 한다. 다음 표에 나타낸 Na^+ 이온을 포함하고 있는 모든 염을 원료로 사용할 수 있다고 할 때, 당신은 어떤 염을 선택하겠는가? 그 이유는 무엇인가? 다른 염을 선택하지 않은 이유는 무엇인가?

이온 화합물	100 g 당 가격	독성
플루오린화 소듐	$18.00	노출 시 피부에 통증이나 화상을 유발함. 구강 섭취 시 사망에 이를 수 있음. 산과 접촉하면 독성 기체를 발생시킴.
염화 소듐	$11.40	눈, 피부, 기관지에 통증을 유발할 수 있음. 흡습성이 있음
황산 소듐	$12.10	눈, 피부, 기관지에 통증을 유발할 수 있음. 흡습성이 있음
질산 소듐	$4.90	가연성 환원제와 반응하여 화재나 폭발할 수 있음. 눈, 피부, 기관지에 통증을 유발할 수 있음.
사이안화 소듐	$16.90	물과 반응하는 극독성 물질임. 구강 섭취 시 치사량은 5 mg/kg임.

의 관계를 보다 분명하게 설정하고, 학생의 학습 능력을 향상시키는 것이다.

가능한 각 장이 독립적인 강의 단위가 되도록 집필하여 강사가 학생들의 필요에 따라 장의 순서를 바꿀 수 있도록 하였다. 예를 들어 필요하다면 강사가 교과과정에서 기체의 성질과 관련된 장(10장)을 우선 강의해도 무방하다. 저자는 이 장이 물질의 다른 상태를 다루는 장들과 연속해서 강의하는 것이 올바른 순서라고 믿지만, 또 다른 편집상의 선호도가 있다는 것을 알기에 선호하는 대로 강의하는 것이 가능하도록 관련 장을 집필하였다.

구성상의 더 중요한 변화는 다음과 같다.

• 특별한 주제를 다루는 짧은 에세이를 책 전체에 수록하였

다. **강의실 밖의 화학**이나 **화학과 시사**는 실제 생활과 관련된 실용적인 관점에서 화학이 어떻게 산업, 의약, 환경 분야에 응용되는지를 알려주는 내용이다. **최첨단 화학**이라는 제목의 에세이는 최근 연구에서 관심이 있거나 미래에 잠재적인 실용 가능성이 있는 화학 현상을 강조하였다. **화학의 주요 사건**은 화학 세계에 기여한 과학자의 업적에 관한 내용을 담았다. 이와 관련된 모든 목록은 교재의 목차 끝머리에 수록하였다. 이 에세이에 IUPAC에서 기본 상수에 기초하여 새로 정의된 기본 단위와 킬로그램에 대한 내용 및 특정 원소에 대한 IUPAC에서 권장하는 원자 질량 범위와 이 범위의 법의학적 이용 사례를 포함하였다.

- **0장은** 이 교재에서 다룰 원자론, 거시적인 특성은 미시적인 특성에 의존한다는 사실, 에너지 변화, 분자의 기하학적 구조 등과 같은 중요한 주제를 소개한다. 우주의 탄생 초기부터 초신성 폭발에서 출발한 원소의 기원을 설명한 다음 원자론을 설명한다. 거시적 수준에서의 관찰과 분자 수준에서의 해석을 명확하게 연결 짓는다.

- **1장은** 측정과 그 단위를 다룬다. 이 개정판에서는 과학적 방법과 물질의 분류를 설명한 다음, 과학적 측정에 대하여 설명한다. 물리적 물체 없이 킬로그램을 정의하는 기본 개념에 기초하여 정의된 기본 SI 단위를 소개한다. 물리적 성질에 관한 정량적 측정의 중요성을 세기 성질과 크기 성질의 개념과 함께 소개한다. 측정의 불확실성을 설명하고, 유효 숫자를 통해 자료를 다루는 논리적 방법을 학생들에게 제공한다. 끝으로 차원 분석법에 대해 설명한 후 이를 익숙한 계산에 적용하여 초기 단계에서 학생들의 자신감을 높인다.

- **2장은** 0장에서 소개한 원자의 구조에 대하여 더 살펴본다. 분자와 화학식 그리고 화학 반응과 더불어 주기율표를 다룬다. 분자와 화학 기호를 사용하여 화학 반응과 화학 반응식의 개념을 설명한다.

- **3장은** 몰 개념과 화학량론에 대하여 다룬다. 기본 개념을 규정하는 IUPAC의 새로운 지침과 더불어 각 개념의 중요성을 강조하기 위하여 몰과 Avogadro 수(Avogadro's number)를 별도로 설명한다.

- **4장은** 분자 관점에서의 수용액 반응에 대하여 다룬다. 몰 농도, 몰랄 농도, 노말 농도 및 포말 농도와 함께 산화–환원 적정과 착물화 적정을 소개한다.

- **5장은** 산화–환원 반응을 설명하고, 4장에서 설명한 적정 과정과 연계하기 위하여 산화–환원 적정을 포함하여 기술한다. 많은 실험 과정에서 이용되는 산화–환원 반응의 중요성에 대하여 강조한다.

- **7장은** 원자에 대한 이해가 어떻게 발전하였는가에 대한 0장의 내용을 논리적으로 확장하여 설명한다. 원자와 관련된 양자역학적 기본적인 내용을 소개하여 교재의 전체 영역에서 물질과 관련된 내용을 설명할 수 있도록 하였다. *f* 오비탈을 포함한 오비탈 관련 설명을 포함한다.

- **8장은** 화학 결합을 다루는 두 장 중 첫 번째 장이다. 공통적인 몇몇 유기 화합물과 관련된 절을 8장의 마지막 부분에 수록하여, 개념에 대한 보다 논리적인 흐름을 유도하였다. 이 절에서는 또한 화학을 한 학기만 필요로 하는 전공의 학생들을 위하여 유기화학을 간단하게 소개한다. 강의 중에 유기 화합물을 논의하기를 원하지 않는 강사는 그 내용을 생략하고 22장에서 다루면 될 것이다.

- **10장은** Maxwell 분포에 대한 논의를 포함한 기체의 운동론을 비롯한 대응 상태와 압축 인자에 대한 내용을 다룬다.

- **12장은** 용액의 물리적 성질을 다룬다. 온도와 무관한 농도 단위와 온도에 의존하는 농도 단위를 함께 설명하기 위하여 농도 단위에 대한 내용을 다시 기술하였다.

- **13장은** 메커니즘과 촉매를 포함한 화학 반응의 속도론에 대해 다룬다. 개정판에서는 적분 속도 법칙에 대한 내용을 보강하였다. 촉매와 관련된 절에서는 자체 촉매에 대한 설명을 새로 추가하였다.

- **18장은** 열역학 제3법칙에 적용되는 Nernst 열 이론의 중요성에 대하여 다룬다.

- **20장은** 핵반응과 그 응용에 대해 논의한다. 이 장에서는 미국 표준국(National Institutes of Standards and Technology)에서 정의한 아원자 입자의 질량을 사용한다. 또한 정량 분석에서 방사성 원소를 사용하는 방법과 관련된 복습 문제를 추가하였다.

- **22장은** 유기 구조와 작용기에 대한 내용을 중심으로 유기화학의 내용을 확장하여 다룬다. 학생들이 이 장의 내용을 읽으면서 사례를 공부할 수 있도록 실전 문제의 수를 확대하였다.

강사를 위한 자료

강의 설명서 East Tennessee State 대학의 Scott Kirkby가 저술한 강의 관련 설명서이다. 강의 요약, 대체 강의계획서, 각 장의 개요 등과 함께 이 설명서에는 소규모 인원으로 구성된 능동적 학습 프로젝트에 대한 제안, 수업에서의 토론, 강의가 처음인 강사에 대한 팁, 교실에서의 시범, 간단한 보고서 작성, 각 장의 내용과 관계되는 웹 링크 등이 포함되어 있다.

문제 은행 South Dakota School of Mines and Technology의 Justin Meyer가 정리한 것으로, 이 문제 은행에는 선다형, ox 형, 단답형, 빈칸 채우기, 비판적 사고 문제 등을 포함하여 2,300개 이상의 문제가 수록되어 있다. 강사가 편의대로 편집할 수 있는 파일 형태의 문제 은행도 포함되어 있다.

강사용 해답집 St. John's 대학의 Alison Hyslop과 Michael Scott Long이 작성한 것으로, 각 장의 끝에 수록한 전체 문제에 대한 풀이 과정을 포함하고 있다.

종합 문제 이전 장에서 제시된 두 개 이상의 개념을 적용해야 해결할 수 있는 문제로 4~5개 장을 연계하여 구성하여 시험에 사용될 수 있는 수준의 문제들이다. 다양한 수준의 성취 목표를 가진 학생들이 도전할 수 있도록 다양한 난이도를 포함하고 있다.

이미지 모음 책에 사용된 이미지를 파워포인트에 포함된 형태로 받을 수 있다. 강사는 이미지를 편집해서 강의에 사용하거나 퀴즈 또는 시험에 보조 자료로 이용할 수 있다.

파워포인트 강의 슬라이드 Drake 대학의 Mark Vitha와 Michigan(Flint) 대학의 Nicholas Kingsley가 제작한 것으로 각 장의 중요한 개념과 다양한 문제 및 학생들의 근본적인 주제에 대한 이해를 돕고 성취도를 확인하는 데 필요한 예제나 삽화를 포함하고 있다. 교과서에 수록된 이미지를 포함하고 있어서 강의에 맞게 편집해서 사용할 수 있다.

감사의 글

Neil Jespersen과 Alison Hyslop가 함께 개정판의 공저자로 참여하였으며, 앞으로도 지금과 같은 생산적인 협력이 지속되리라 믿는다. 이와 더불어 여러 해 동안 Jim Brady에 의하여 자리 잡힌 화학 교육에 있어서의 전통적인 우수함과 명료한 저술에 대하여 축하의 말을 전한다. 자문역이나 멘토, 그리고 친구로서 그의 지원과 격려는 많은 도움이 되었다.

우리는 각자의 배우자 Marilyn Jespersen과 Peter de Rege, 그리고 고인이 된 June Brady와 더불어 자녀들인 Mark와 Karen Brady, Lisa Fico와 Kristen Pierce, Nora와 Alex와 Joseph de Rege가 보여준 끊임없는 격려와 이해 및 인내에 진심으로 감사를 보낸다. 예나 지금이나 우리 모두에게 가족은 지속적인 영감의 원천이다.

새 판의 여러 자료를 준비하는 데 도움을 준 모든 이에게 진심으로 고마움을 전한다. St. John's 대학에 근무하는 동료들인 Gina Florio, Steven Graham, Renu Jain, Heather Mann, Elisa Megehee, Huyen Nguyen, Jack Preses, Richard Rosso, Joseph Serafin, and Enju Wang과 나눈 토론이 많은 도움이 되었음을 밝힌다.

Wiley 출판사 직원들의 신중한 일처리와 격려 그리고 유머 감각에 이 기회를 빌어 특별히 감사드린다. 교재 개발 담당자인 Corrina Santos, 마케팅 매니저 Sean Willey, 교재 제작 전문인 Ashley Patterson, 사진 편집인 Marie Josephine Chandramohan, 디자이너 Thomas Nery, 전체 제작팀에게 고마움을 표한다. 편집인 Jennifer Yee와 선임 편집인 Trish McFadden의 수년에 걸친 지원과 지도에 감사를 표하고, 원고를 책으로 옮기는 데 보여준 Vimal Shanmugavelu의 지칠 줄 모르는 노력에 경의를 표한다.

전 판과 최신판의 원고를 검토하고 유용한 제안과 심려 깊은 비평을 보내준 동료들에게도 감사의 마음을 표한다. 그들의 관심은 이 책을 출판하는 데 너무도 중요한 도움이 되었다.

미디어 내용을 개발하고 검증하는 데 참여한 모든 이에게도 감사를 보낸다. 전 판에 대한 검토를 해 준 모든 이에게도 감사의 말을 전한다. 여러분의 비평과 제안은 오랫동안 소중하게 간직할 것이다. 최신판을 검토한 다음의 모든 분과 미디어 보조 자료의 저자와 검토자에게 다시 한번 감사를 표한다.

Ahmed Ahmed, *Cornell University*
Georgia Arbuckle-Keil, *Rutgers University*
Pamela Auburn, *Lonestar College*
Stewart Bachan, *Hunter College, CUNY*
Suzanne Bart, *Purdue University*
Susan Bates, *Ohio Northern University*
Peter Bastos, *Hunter College, CUNY*
Shay Bean, *Chattanooga State Community College*
Tom Berke, *Brookdale Community College*
Thomas Bertolini, *University of Southern California*
Chris Bowers, *Ohio Northern University*
William Boyke, *Brookdale Community College*
Rebecca Broyer, *University of Southern California*
Robert Carr, *Francis Marion University*
Mary Carroll, *Union College*
Jennifer Cecile, *Appalachian State University*

Nathan Crawford, *Northeast Mississippi Community College*
Patrick Crawford, *Augustana College*
Mapi Cuevas, *Santa Fe College*
Ashley Curtis, *Auburn University*
Mark Cybulski, *Miami University, Ohio*
Michael Danahy, *Bowdoin College*
Scott Davis, *Mansfield University*
Donovan Dixon, *University of Central Florida*
Doris Espiritu, *City Colleges of Chicago- Wright College*
Theodore Fickel, *Los Angeles Valley College*
Andrew Frazer, *University of Central Florida*
Eric Goll, *Brookdale Community College*
Eric J. Hawrelak, *Bloomsburg University of Pennsylvania*
Paul Horton, *Indian River State College*
Christine Hrycyna, *Purdue University*
Dell Jensen, *Augustana College*
Nicholas Kingsley, *University of Michigan-Flint*
Jesudoss Kingston, *Iowa State University*
Gerald Korenowski, *Rensselaer Polytechnic Institute*
William Lavell, *Camden County College*
Chuck Leland, *Black Hawk College*
Lauren Levine, *Kutztown University*
Harpreet Malhotra, *Florida State College at Jacksonville*
Ruhullah Massoudi, *South Carolina State University*
Scott McIndoe, *University of Victoria*
Justin Meyer, *South Dakota School of Mines and Technology*
John Milligan, *Los Angeles Valley College*
Troy Milliken, *Jackson State University*
Alexander Nazarenko, *SUNY College at Buffalo*
Anne-Marie Nickel, *Milwaukee School of Engineering*
Fotis Nifiatis, *SUNY-Plattsburgh*
Mya Norman, *University of Arkansas*
Jodi O'Donnell, *Siena College*
Ngozi Onyia, *Rockland Community College*
Ethel Owus, *Santa Fe College*
Maria Pacheco, *Buffalo State College*
Manoj Patil, *Western Iowa Tech Community College*
Cynthia Peck, *Delta College*
John Pollard, *University of Arizona*
Rodney Powell, *Central Carolina Community College*
Daniel Rabinovich, *University of North Carolina- Charlotte*
Lydia Martinez Rivera, *University of Texas at San Antonio*
Brandy Russell, *Gustavus Adolphus College*
Aislinn Sirk, *University of Victoria*
Christine Snyder, *Ocean County College*
Bryan Spiegelberg, *Rider University*
John Stankus, *University of the Incarnate Word*
John Stubbs, *The University of New England*
Luyi Sun, *Texas State University-San Marcos*
Mark Tapsak, *Bloomsburg University of Pennsylvania*
Loretta Vogel, *Ocean County College*
Daniel Wacks, *University of Redlands*
Crystal Yau, *Community College of Baltimore County*
Curtis Zaleski, *Shippensburg University*
Mu Zheng, *Tennessee State University*
Greg Zimmerman, *Bloomsburg University*

역자 서문

우리는 인간 삶의 방식에 근본적인 변화를 요구하는 가히 혁명적인 새바람을 마주하고 있다. 21세기 들어서면서 규모를 키워온 이 바람은 "인공 지능이나 로봇 공학 또는 자율 주행 자동차 등으로 대변되는 4차 산업혁명을 어떻게 이해하고 대처해야 하는가?"라는 근본적인 질문을 제시하고 있다. 인류는 2022년 James Webb Space Telescope가 보내온 심우주에 대한 정보를 기반으로, 길게 보아도 수백 만년에 지나지 않는 인류의 역사가 아닌 장엄한 우주의 역사에 대해 진일보한 탐험을 시작하였고, 역시 2022년 11월에 발표된 Open AI 사의 ChatGPT를 통하여 보다 가까이에서 보편화된 인공 지능을 접하고 있다. 이 변화의 규모와 범위 그리고 다양성에 비추어, 새 시대가 요구하는 패러다임은 과거 인류가 겪었던 그 무엇과도 견주기 어렵다. 현시점에서는 기술 혁명의 속도나 그로 인한 미래의 모습을 완전히 이해하는 것은 불가능해 보인다.

이러한 많은 불확실성에도 불구하고 분명한 것은 새로운 미래를 선도할 우리의 도구는 기초과학에 기반한 융합 기술이라는 점이다. 화학, 물리, 수학 등으로 대변되는 기초학문의 토대 없이는 혁신적인 미래 기술의 발전을 기대하기 어렵기 때문이다. 그러나 대학에서 다양한 기초 과학과 관련한 강의가 제공되고 있지만 그 중요성은 날로 축소되고 있다는 점은 심히 걱정이다.

화학은 기초 과학 분야의 중심 학문으로 실생활과 밀접한 관계가 있다. 화학과 관련한 지식은, 자연과학 분야뿐만 아니라 공학, 의학, 제약, 농식품 등의 다양한 분야에서 활용되고 있다는 측면에서 전공과 무관하게 중요하다. 이 때문에 대학에서는 학생들의 다양한 수준에 적합한 일반화학 강의가 개설되어 있고, 그 수준에 알맞은 일반화학 교재들이 출판(번역)되어 사용되고 있다.

이 책은 Neil D. Jespersen과 Alison Hyslop이 함께 저술한 〈Chemistry: The Molecular Nature of Matter〉의 8판(국제판)을 우리말로 옮겨 편집한 것이다. 그동안 주도적인 집필진으로 참여한 James E. Brady가 8판에서는 자문역의 새로운 위치에서 교재의 제작에 참여하였다. 저자들은 그동안 여러 해에 걸쳐 이 책을 다듬어, 화학을 이해하기에 보다 효과적인 책으로 다시 집필하였다. 무엇보다도 일반화학 과정이 학생의 전체 교육 목표를 달성하는 데 중요한 수단이라는 확신에 근거하여, 이 교재를 통하여 이론적 모형을 형성하고 화학의 기본적인 개념이나 이론을 이해하는 데 필요한 기초적인 지식을 얻을 수 있도록 저술하였다. 다양한 자료를 추가하고 최신 동향도 수록하였음은 물론이다.

이전 판에서도 강조한 바가 있지만 8판에서 특히 역점을 둔 것은 물질의 분자 수준에서의 행동과 거시적 수준에서 관찰되는 성질 사이의 관계를 분명하게 설정하는 것이다. 이를 위하여 한층 개선된 다양한 시각적인 그림이나 사진들을 보충하였다. 학생들이 개념을 이해하는 데 도움이 되도록 각 장의 도입부에 장의 요약, 도표 그리기, 공부 모임 만들기 등을 포함하는 학습 기법을 제시하는 '학습 목표 달성을 위한 제안'을 수록하였다. 또한 각 장의 마지막에는 과학적 절차와 대응 개념 그리고 화학에서의 핵심적인 아이디어 등을 포함하는 종합 화학 예제와 종합 화학 문제를 추가하였다. 그 외의 특징적 변화는 저자 서문을 참고하면 도움이 될 것이다.

이 교재를 번역하는 과정에서 원저자의 뜻을 잘 반영하려고 노력하였고, 특히 8판 원서에 포함된 오류도 찾아서 수정하는 등 학문적인 오류가 없도록 최선을 다했음을 밝힌다. 이 책에 반영된 용어는 대한화학회에서 제정한 학술 용어를 사용하였으며, 외국 인명이나 지명은 원어 그대로 표기하였다. 이런 노력에도 불구하고 용어의 혼란이나 오역 혹은 매끄럽지 못한 문장 등이 있을 수 있으리라 생각된다. 이러한 부분은 앞으로도 꾸준히 수정 보완할 것을 약속드리며, 출간 후 나올 수 있는 수정 사항 등은 자유아카데미 홈페이지(www.freeaca.com) 자료실에서 별도로 제공할 예정이니 참고하기를 바란다.

이 책을 옮김에 있어 많은 도움을 주신 자유아카데미의 관계자 여러분께 감사드린다. 이 교재를 통하여 화학이라는 세계에 입문하는 학생들에게 화학에 대한 무한한 관심과 애정을 간직하기를 간곡히 부탁드린다.

2024년 1월

정 혁

차례

0 간략한 화학의 역사 1

0.1 화학의 중요 개념 2
0.2 별과 초신성 그리고 원소 3
0.3 원소와 지구 6
0.4 Dalton의 원자론 8
0.5 원자의 내부 구조 10
요약 23 / 문제 풀이를 위한 도구 24
복습 질문 24 / 복습 문제 25
추가 연습 문제 26 / 비판적 사고의 과제 26

1 과학적 측정 27

1.1 법칙과 이론: 과학적 방법 28
1.2 물질과 그 분류 31
1.3 물리적 성질과 화학적 성질 34
1.4 물리적 성질과 화학적 성질의 측정 36
1.5 실험실에서의 측정 47
1.6 차원 분석 51
1.7 밀도와 비중 56
요약 63 / 문제 풀이를 위한 도구 64
복습 질문 65 / 복습 문제 66
추가 연습 문제 68 / 비판적 사고의 과제 69

2 원소와 화합물 그리고 주기율표 71

2.1 주기율표 72
2.2 금속과 비금속 그리고 준금속 75
2.3 분자와 화학식 78
2.4 화학 반응과 화학 반응식 85
2.5 이온 결합 화합물 88
2.6 이온 결합 화합물의 명명법 95
2.7 분자성 화합물 100
2.8 분자성 화합물의 명명법 104
요약 109 / 문제 풀이를 위한 도구 110
복습 질문 111 / 복습 문제 113
추가 연습 문제 117 / 비판적 사고의 과제 117

3 몰과 화학량론 119

3.1 몰과 Avogadro 상수 120
3.2 몰과 화학식량 그리고 화학량론 126
3.3 화학식과 조성 백분율 129
3.4 실험식과 분자식 구하기 132
3.5 화학량론과 화학 반응식 140
3.6 한계 반응물 147
3.7 이론적 수득률과 수득 백분율 152
요약 156 / 문제 풀이를 위한 도구 157
복습 질문 157 / 복습 문제 159
추가 연습 문제 164 / 비판적 사고의 과제 165

4 분자 관점에서 바라본 수용액에서의 반응 167

4.1 수용액 168
4.2 전해질과 비전해질 170
4.3 이온 반응에 대한 균형 화학 반응식 173
4.4 산과 염기의 개념 176
4.5 산-염기 명명법 185
4.6 이중 치환(복분해) 반응 187
4.7 용액의 농도 199
4.8 용액의 화학량론 207
4.9 적정과 화학 분석 211
요약 219 / 문제 풀이를 위한 도구 220
복습 질문 221 / 복습 문제 223
추가 연습 문제 227 / 다중 개념 문제 227
비판적 사고의 과제 228

5 산화-환원 반응 229

5.1 산화-환원 반응 230
5.2 산화-환원 반응식 균형 맞추기 237
5.3 산화제로서의 산 244
5.4 금속의 산화-환원 반응 247
5.5 산화제로서의 산소 분자 251
5.6 산화-환원 반응의 화학량론 255
요약 260
문제 풀이를 위한 도구 260
복습 질문 261
복습 문제 262
추가 연습 문제 266
다중 개념 문제 267
비판적 사고의 과제 268

6 에너지와 화학 변화 269

6.1 에너지: 일을 할 수 있는 능력 270
6.2 열과 온도 그리고 내부 에너지 273
6.3 열의 측정 277
6.4 화학 반응의 에너지 283
6.5 열과 일 그리고 열역학 제1법칙 284
6.6 반응열 288
6.7 열화학 반응식 295
6.8 Hess 법칙 296
6.9 표준 반응열 302
요약 310
문제 풀이를 위한 도구 311
복습 질문 312
복습 문제 314
추가 연습 문제 317
다중 개념 문제 318
비판적 사고의 과제 319

7 양자 역학적 원자 321

7.1 전자기 복사선 322
7.2 선 스펙트럼과 Rydberg 식 331
7.3 Bohr 이론 333
7.4 파동 역학 모형 336
7.5 원자 내 전자의 양자수 342
7.6 전자 스핀 345
7.7 에너지 준위와 바닥 상태 전자 배치 347
7.8 주기율표와 바닥 상태 전자 배치 349
7.9 원자 오비탈: 모양과 배향 356
7.10 주기율표와 원소의 성질 360
요약 372
문제 풀이를 위한 도구 373
복습 질문 374
복습 문제 375
추가 연습 문제 377
다중 개념 문제 377
비판적 사고의 과제 378

8 화학 결합의 기초 379

8.1 결합 형성을 위한 에너지 필요조건 380
8.2 이온 결합 381
8.3 팔전자 규칙과 이온의 전자 배치 385
8.4 Lewis 기호와 이온 결합 화합물의 구조 390
8.5 공유 결합 392
8.6 결합 극성과 전기 음성도 396
8.7 Lewis 구조 402
8.8 공명 구조 412
8.9 탄소의 공유 결합 화합물 416
요약 425
문제 풀이를 위한 도구 426
복습 질문 427
복습 문제 428
추가 연습 문제 430
다중 개념 문제 431
비판적 사고의 과제 431

9 화학 결합과 분자 구조 이론 433

9.1 다섯 가지 기본 분자 기하 구조 434
9.2 분자 모양과 VSEPR 모형 437
9.3 분자 구조와 쌍극자 모멘트 447
9.4 원자가 결합 이론 451
9.5 혼성 오비탈과 분자 기하 구조 455
9.6 혼성 오비탈과 다중 결합 468
9.7 분자 오비탈 이론의 기초 474
9.8 비편재화된 분자 오비탈 481
9.9 고체 내의 결합 482
9.10 동소체에서의 결합 484
요약 493
문제 풀이를 위한 도구 494
복습 질문 496
복습 문제 497
추가 연습 문제 499
다중 개념 문제 501
비판적 사고의 과제 501

10 기체의 성질 503

10.1 분자 수준에서의 기체 504
10.2 압력의 측정 506
10.3 기체 법칙 511
10.4 기체의 부피를 이용한 화학량론 516
10.5 이상 기체 법칙 522
10.6 Dalton의 부분 압력 법칙 531
10.7 기체 분자 운동론 541
10.8 실제 기체 546
10.9 압축 인자 548
10.10 대응 상태 법칙 551
요약 553
문제 풀이를 위한 도구 554
복습 질문 555
복습 문제 556
추가 연습 문제 559
다중 개념 문제 560
비판적 사고의 과제 561

11 분자간 인력과 액체 및 고체의 성질 563

11.1 분자간 힘 564
11.2 분자간 힘과 물리적 성질 573
11.3 상태 변화와 동적 평형 580
11.4 액체와 고체의 증기압 582
11.5 액체의 끓는점 584
11.6 에너지와 상태 변화 586
11.7 상도표 590
11.8 Le Châtelier 원리와 상태 변화 594
11.9 증발열의 결정 596
11.10 결정성 고체의 구조 599
11.11 고체 구조의 결정 607
11.12 결정의 형태와 물리적 성질 610
요약 617
문제 풀이를 위한 도구 618
복습 질문 619
복습 문제 623
추가 연습 문제 625
다중 개념 문제 625
비판적 사고의 과제 626

12 분자 수준에서의 혼합물: 용액의 성질 629

12.1 분자간 힘과 용액의 형성 631
12.2 용해열 634
12.3 온도에 의존하는 용해도 639
12.4 Henry 법칙 641
12.5 농도 단위 643
12.6 총괄성 650
12.7 불균일 혼합물 670
요약 677
문제 풀이를 위한 도구 678
복습 질문 678
복습 문제 680
추가 연습 문제 682
다중 개념 문제 683
비판적 사고의 과제 683

13 반응 속도론 685

13.1 화학 변화의 속도에 영향을 주는 인자 686
13.2 반응 속도 측정 688
13.3 속도 법칙 694
13.4 적분 속도 법칙 704
13.5 분자 수준에서의 충돌 이론 716
13.6 분자 수준에서의 전이 상태 이론 718
13.7 활성화 에너지 721
13.8 반응 메커니즘 727
13.9 촉매 734
요약 742
문제 풀이를 위한 도구 743
복습 질문 743
복습 문제 746
추가 연습 문제 751
다중 개념 문제 753
비판적 사고의 과제 753

14 화학 평형 755

14.1 화학계에서의 동적 평형 756
14.2 평형 법칙 759
14.3 압력 혹은 농도에 기초한 평형 법칙 763
14.4 불균일 반응에서의 평형 법칙 767
14.5 평형의 위치와 평형 상수 768

14.6 평형과 Le Châtelier 원리 770
14.7 평형 상수의 계산 776
14.8 평형 상수를 이용한 농도 계산 779
요약 793
문제 풀이를 위한 도구 794
복습 질문 795
복습 문제 797
추가 연습 문제 800
다중 개념 문제 801
비판적 사고의 과제 801

15 산과 염기: 분자적 관점 803

15.1 Brønsted-Lowry 산과 염기 804
15.2 Brønsted-Lowry 산과 염기의 세기 809
15.3 산 세기의 주기적 경향 813
15.4 Lewis 산과 염기 819
15.5 원소와 그 산화물의 산-염기 성질 823
15.6 기능성 세라믹과 산-염기 화학 826
요약 832
문제 풀이를 위한 도구 833
복습 질문 833
복습 문제 835
추가 연습 문제 836
다중 개념 문제 837
비판적 사고의 과제 837

16 수용액에서의 산-염기 평형 839

16.1 물과 pH 그리고 'p' 표기법 840
16.2 강산과 강염기 용액의 pH 845
16.3 이온화 상수 K_a와 K_b 846
16.4 K_a와 K_b 값의 결정 851
16.5 약산과 약염기 용액의 pH 854
16.6 염 용액의 산-염기 성질 859
16.7 완충 용액 864
16.8 다양성자산 871
16.9 산-염기 적정 877
요약 887
문제 풀이를 위한 도구 889
복습 질문 889
복습 문제 891
추가 연습 문제 894
다중 개념 문제 895
비판적 사고의 과제 896

17 용해도와 동시 평형 897

17.1 용액에서 불용성염의 평형 898
17.2 염기성염의 용해도 909
17.3 용액에서 금속 산화물과 금속 황화물의 평형 912
17.4 선택적 침전 916
17.5 착이온을 포함한 평형 924
17.6 착물화와 용해도 927
요약 933
문제 풀이를 위한 도구 934
복습 질문 934
복습 문제 935
추가 연습 문제 939
다중 개념 문제 939
비판적 사고의 과제 940

18 열역학 941

18.1 열역학 제1법칙 942
18.2 자발적 변화 946
18.3 엔트로피 948
18.4 열역학 제2법칙 954
18.5 열역학 제3법칙 957
18.6 표준 자유 에너지 변화($\Delta G°$) 961
18.7 최대 일과 ΔG 964
18.8 자유 에너지와 평형 968
18.9 평형 상수와 $\Delta G°$ 974
18.10 결합 에너지 977
요약 984
문제 풀이를 위한 도구 985
복습 질문 986
복습 문제 987
추가 연습 문제 991
다중 개념 문제 992
비판적 사고의 과제 992

19 전기화학 995

19.1 갈바니(볼타) 전지 996
19.2 전지 전위 1001
19.3 표준 환원 전위의 활용 1008
19.4 $E°_{전지}$와 $\Delta G°$ 1014
19.5 전지 전위와 농도 1017
19.6 전기 1023
19.7 전해 전지 1029

19.8 전기 분해의 화학량론 1036
19.9 전기 분해의 응용 1040
요약 1045
문제 풀이를 위한 도구 1046
복습 질문 1046
복습 문제 1048
추가 연습 문제 1051
다중 개념 문제 1051
비판적 사고의 과제 1052

20 핵반응과 화학에서의 역할 1053

20.1 질량-에너지 보존 법칙 1054
20.2 핵결합 에너지 1056
20.3 방사능 1058
20.4 안정도띠 1065
20.5 변환 1069
20.6 방사능 측정 1072
20.7 방사성 핵종의 의학 및 분석 분야에서의 응용 1077
20.8 핵분열과 핵융합 1082
요약 1091
문제 풀이를 위한 도구 1092
복습 질문 1093
복습 문제 1094
추가 연습 문제 1096
다중 개념 문제 1097
비판적 사고의 과제 1098

21 금속 착물 1099

21.1 착이온 1100
21.2 금속 착물 명명법 1106
21.3 배위수와 구조 1109
21.4 금속 착물의 이성질체 1112
21.5 금속 착물의 결합 1116
21.6 금속 이온의 생물학적 기능 1124
요약 1128
문제 풀이를 위한 도구 1129
복습 질문 1129
복습 문제 1131
추가 연습 문제 1133
다중 개념 문제 1133
비판적 사고의 과제 1134

22 유기 화합물, 중합체 및 생화학 물질 1135

22.1 유기 구조와 작용기 1136
22.2 탄화수소: 구조, 명명법, 반응 1141
22.3 산소를 포함한 유기 화합물 1149
22.4 암모니아의 유기 유도체 1157
22.5 유기 중합체 1160
22.6 탄수화물, 지질, 단백질 1167
22.7 핵산, DNA, RNA 1176
요약 1182
문제 풀이를 위한 도구 1184
복습 질문 1185
복습 문제 1188
추가 연습 문제 1191
다중 개념 문제 1192
비판적 사고의 과제 1192

부록
A 수학 복습 A–1
B 실전 문제와 복습 문제의 답 A–7
C 참고 자료 A–29
찾아보기 I–1

읽을거리

0.1 최첨단 화학 | 원자와 분자에 대한 관찰 및 조작 10

0.2 최첨단 화학 | 질량 분석계와 원자 질량 측정 실험 13

0.3 최첨단 화학 | 원자 질량은 계속 바뀌고 있다 19

0.4 최첨단 화학 | 동위 원소 비를 이용한 범죄 해결 21

1.1 최첨단 화학 | 코비드-19(COVID-19) 30

1.2 최첨단 화학 | 새로 정의된 측정 단위 38

1.3 강의실 밖의 화학 | 밀도와 포도주 60

3.1 최첨단 화학 | 연소 분석 136

4.1 강의실 밖의 화학 | 고통을 주는 침전물-요로결석 176

4.2 강의실 밖의 화학 | 센물과 문제점 196

5.1 강의실 밖의 화학 | 은 제품 광택 내기-쉬운 방법 250

6.1 강의실 밖의 화학 | 물과 기후 그리고 몸에 작용하는 '열 쿠션' 279

6.2 강의실 밖의 화학 | 식품 라벨에 표기되는 식이열량은 어떻게 결정할까? 289

6.3 화학과 시사 | 열역학의 중요성 308

7.1 화학과 시사 | 전자 현미경 338

7.2 최첨단 화학 | 오비탈의 크기 359

7.3 최첨단 화학 | 광전자 분광법 364

8.1 화학과 시사 | 햇빛과 피부암 393

9.1 심오한 화학 | 화학 구조의 변화 446

9.2 최첨단 화학 | 그래핀과 전자 공학의 미래 487

10.1 강의실 밖의 화학 | 휘핑 크림 514

10.2 화학의 주요 사건 | 혼돈으로부터 합의 517

10.3 화학과 시사 | 분출과 핵에너지 537

11.1 강의실 밖의 화학 | 카페인이 제거된 커피와 초임계 이산화 탄소 594

11.2 강의실 밖의 화학 | 거대 결정 613

12.1 화학과 시사 | 역삼투로 만든 순수한 물 661

13.1 강의실 밖의 화학 | 자유 라디칼, 옥테인값, 폭발 그리고 노화 728

13.2 화학의 주요 사건 | Marie Maynard Daly 738

14.1 강의실 밖의 화학 | Haber 공정: 세계 인구를 위한 식량 공급에 기여하다 772

15.1 강의실 밖의 화학 | 기능성 세라믹 재료의 활용 826

17.1 강의실 밖의 화학 | 더 이상의 물때는 없다-착이온과 용해도 927

18.1 강의실 밖의 화학 | 묘비에 새겨진 식 959

18.2 최첨단 화학 | 열역학적 효율과 지속 가능성 966

19.1 강의실 밖의 화학 | 철의 부식과 음극화 보호 1006

20.1 최첨단 화학 | 양전자 방출 단층 영상 장치(PET) 1079

Mark Burnett/Alamy Stock Photo

0장 간략한 화학의 역사

이 장의 배경

이 사진은 작은 언덕을 깎아서 만든 도로를 보여주고 있다. 다량의 다이너마이트를 이용한 폭파와 절삭 그리고 큰 트럭으로 돌들을 여러 번 실어 나른 결과 수백만 년에 이르는 가상의 달력이 만들어졌다. 절단면에서 보이는 색이나 조성이 다른 각각의 층은, 층이 형성되는 동안 발생했던 여러 가지 사건에 대한 기록을 담고 있다. 언덕 자체는 지각을 이루는 거대한 판상 충돌의 산물이다. 아프리카판과 유럽판 사이의 거대한 충돌에 의하여 이탈리아와 스위스 경계에 위치한 웅장한 Matterhorn 산이 만들어졌으며, 어떤 경우에는 사진에서와 같은 작은 언덕이 만들어지기도 한다. 절단면은 또한 용해도, 경도, 결정성 등이 서로 다른 다양한 화학 물질을 보여주는 보고이다. 우리는 이 교재에 담긴 세계에 대한 탐험을 시작하는 이 장에서 몇몇 화학 물질에 대해 공부할 것이다.

이 도입 장에서 "우리는 어디에서 왔는가?" 혹은 "우리는 어디로 향해 가고 있는가?"와 같은 대담한 질문을 제기하고자 한다. 우주의 시작에 이은 원소의 합성과 관련된 현재의 우주 이론을 이용하여 첫 번째 질문에 대한 답을 구할 수 있을 것이다. 두 번째 질문에는 '중요한 개념' 몇 가지를 제시하는 것으로 답하려 한다. 화학이라는 과학에 쓰이는 이 중요한 개념들이 우리를 미래의 세계로 안내할 것이다.

또한 이 장의 목표에는 과학자들이 연구를 어떻게 수행하는지에 대한 주제도 포함된다. 이 교재의 모든 정보는 과학자들이 질문을 던지고 관찰하고 답을 구하기 위해 수행한 연구의 결과물이다. 질문을 던진 사람과 답을 찾은 사람이 서로 다를 수도 있으며, 질문을 하고 답을 찾는 데 몇 분 또는 수백 년 이상 걸릴 수도 있다. 그러나 이런 지식을 통하여 화학자들이 우리 주변의 물리적 세계를 어떻게 기술하는지를 이해하게 될 것이다.

화학과 물리 그리고 수학의 발전으로 인하여 우리는 주변의 화학적 환경을 어느 때보다 더 분명하게 설명할 수 있게 되었다. 특히 화학 분야의 업무와 관련된 직업을 고려하는 사람들은 더 복잡하고 상세한 지식을 익혀야 할 것이다. 화학과 관련된 큰 그림과 현대적인 개념을 이해하면 화학 공부가 더 의미가 있을 것이다. 이제 편안한 마음으로 이 장을 즐겨보자.

이 장의 개요

0.1 화학의 중요 개념
0.2 별과 초신성 그리고 원소
0.3 원소와 지구
0.4 Dalton의 원자론
0.5 원자의 내부 구조

학습 목표

이 장을 읽고 이해한 후 다음과 같은 것을 할 수 있어야 한다.

- 화학이라는 과학의 범위와 목적에 대한 이해를 증진시킬 수 있다.
- 원소들이 어떻게 형성되었는지를 설명할 수 있다.
- 지구에서의 물질 분포가 우연한 것이 아님을 이해할 수 있다.
- 원자론의 위대한 본질을 인식할 수 있다.
- 원자의 구조를 어떻게 알게 되었는지를 설명할 수 있다.

학습 목표 달성을 위한 제안

도구
능동적 읽기

과학의 한 분야인 화학을 배우기 시작하는 사람들이 새로운 개념을 정리하고 이해하는 데 도움이 되는, 능동적 읽기(acitive reading)[1]라는 검증된 기법을 소개하려고 한다. 능동적 읽기는 이 교재의 첫 번째 도구이다. 능동적 읽기의 주요 과정은 각각의 문단을 천천히 읽고(필요하면 2회 이상) 중요한 개념을 정리하는 것이다. 손으로 필기하는 것이 매우 중요하다.[2] 타이핑, 밑줄 치기, 형광펜으로 강조하기, 스마트폰으로 사진찍기 등의 형태로 만들어진 요약보다 수기로 작성한 내용이 더 오랫동안 기억된다는 것이 여러 심리학적 연구 결과에서 일치되게 나타나고 있다. 사용할 수 있는 기법 몇 가지를 추가로 아래에 제시하였으며, 책 전반에서 새로운 방법들을 더 제시할 예정이다.

1. 수업에 참여하기 전에 수업에서 다룰 내용을 천천히 읽고 요점을 정리한다. 붉은색의 번호가 부여된 절의 제목과 파란색의 부제목, 주황색의 하위 제목(혹은 드물기는 하지만 그 하위의 검은색의 제목)으로 구분되는 각 내용에 대한 요약을 정리한다. 각각의 요약은 최대한 간단한 문장으로 작성하는 것이 좋다.
2. 각 단원의 목적이 무엇인지와 관련된 여러분의 생각을 적는다. 새로운 개념이나 발상 등을 나열한다.
3. 교재의 여백이나 노트에 강의 시간에 사용할 1~2개의 질문을 작성한다.
4. 각 절의 마지막 부분에 제시된 여러 개념이 서로 어떻게 연관되어 있는지를 나타내는 표나 도표를 작성한다.

이런 능동적 읽기 기법에 사용할 전용 노트를 준비하고 이용하는 것이 효과적이다.

0.1 화학의 중요 개념

이 교재는 다소 크고 무거워 보이긴 하지만 학습해야 할 많은 정보와 이 모든 정보를 하나로 묶어주는 몇 가지 길잡이 견해를 포함하고 있다. 이 절의 의도는 화학의 중요 개념을 전반적으로 파악하는 것이며, 앞으로 학습해 나가면서 각각의 세부적 사항을 채워 나갈 것이다.

원자론

중요 개념 중 첫 번째는 1813년에 John Dalton이 설명한 **원자론**(atomic theory)이다. 원자론은 세상을 만드는 기본 단위인 원자를 설명하고 있다. Dalton은 가장 근본적인 방법으로 원자의 본질과 어떻게 원자들이 상호 작용하는지 설명하였다. 원자론 이후로 화학자들과 물리학자들이 원자 구조와 화학 반응과 관련한 세밀한 연구를 진행해 왔다. 이와 관련한 상세한 내용은 앞으로 공부할 여러 장에서 다루어질 것이다.

[1]파란색의 굵은 글씨체로 나타낸 단어는 교재 뒷부분의 찾아보기에 수록하였다.
[2]검은색의 굵은 글씨로 나타낸 단어는 중요한 개념으로 대부분은 교재의 뒷부분에서 정의될 것이다.

거시적 수준에서의 관찰을 통하여 미시적 성질을 이해한다

두 번째 중요한 개념은 실험실 또는 거시적 수준에서의 세심한 관찰을 통하여 원자 수준에서 일어나는 현상에 대해 많이 이야기할 수 있다는 것이다. 최근에 개별 원자와 분자를 볼 수 있는(실제 감지할 수 있는) 장비가 개발되기 전까지는 거시적 관찰이야말로 과학자가 현상을 추론할 수 있는 거의 유일한 방법이었다.

에너지 변화

세 번째 개념은 **에너지 변화**(energy change)와 원자들이 특정 배열을 할 확률을 아는 것이 과학자들이 원자가 어떻게 상호 작용하는지를 예측하는 데 도움을 준다는 것이다. 원자의 모든 에너지는 **운동 에너지**(kinetic energy, 움직임과 관련된 에너지) 또는 **위치 에너지**(potential energy, 위치와 관련된 에너지)로 나눌 수 있으며, 이 두 에너지의 합은 변하지 않는다. 또한 원자와 분자는 가장 확률이 높은 배열을 하려는 경향이 있다. 일반적으로 화학 반응은 원자의 위치 에너지와 운동 에너지가 줄어들거나 원자가 가장 확률이 높은 배열을 취할 때 일어난다.

구조와 기능

네 번째 개념은 분자의 기하하적 모양의 중요성이다. DNA, RNA, 효소, 항체와 같은 큰 분자들은 삼차원 구조를 하고 있는데 이 구조는 분자의 기능에 중요하다. 훨씬 더 작은 분자의 삼차원 모양도 역시 이 분자들의 특성과 반응성에 영향을 미친다. 사실 작은 분자들의 삼차원 형태가 모여서 더 큰 삼차원 구조를 결정한다. 이 책에서 여러분은 삼차원 형태가 구조나 특성 혹은 반응성에 미치는 영향에 대한 이해를 발전시켜 나갈 것이다.

이어지는 각 장에서 이 네 가지 중요 개념과 관련된 상세하고 깊이 있는 논의가 겹겹이 더해질 것이다. 여러분이 화학을 공부하는 동안 이 개념들을 상기한다면 방대한 정보에 압도되지 않고 학습할 수 있을 것이다.

실전 문제 0.1

각 장의 제목만 보고 각 장과 관련된 화학의 중요한 개념 한두 개를 부여하고 왜 그런 선택을 하였는지 설명하시오.[3]

0.2 별과 초신성 그리고 원소

화학 이야기를 시작하기 위하여 인류의 가장 중요한 개념 중의 하나인 '**빅뱅 이론(big-bang theory)**'을 포함한 우주론에 주의를 기울여 보자. 빅뱅 이론은 약 140억 년 전 우주가 에너지와 아원자 입자들의 엄청난 폭발을 겪었고 이후 지속적으로 팽창하고 있다는 것을 가정하고 있다.

아마 우주가 팽창하고 있다는 것을 실험적으로 제시한 첫 번째 자료는 대부분의 별과 은하수의 빛이 가시광선 영역의 붉은색 쪽으로 편이되고 있다는 Edwin Hubble 등의 관측이다. 기차의 기적 소리가, 기차가 접근할 때는 주파수가 높아지며 멀어질 때는 주파수가 낮아지는 현상을 설명해 주는 Doppler 효과가 별빛의 적색 편이(red-shift)를 설명하는 데 사용되었다.

---

[3]실전 문제에 대한 답은 교재 뒷부분의 부록 B에 수록하였다.

'Hubble 법칙(Hubble's law)'은 적색 편이의 크기가 별까지의 거리와 별이 지구로부터 멀어지는 속도에 비례한다는 것을 제시하고 있다. 우주론자들은 이 자료를 설명할 수 있는 유일한 방법은 우주가 모든 방향으로 팽창하고 있다고 제안하는 것밖에 없다고 결론을 내렸다.

이 과정을 역으로 추적해보면 전체 우주가 물리학자들이 특이점(singularity)이라고 부르는 한 점에서 시작되었다는 결론이 가능하다. 천문학자들이 그동안 관측한 것들이 전부 이 이론으로 설명될 수 있었다. 이 이론을 입증하는 증거가 전파 망원경으로 더 정확한 측정을 하려고 노력하였던 두 천문학자인 Penzias와 Wilson에 의해 1964년에 우연히 발견되었다. 실험 중에 망원경을 어디로 향하든 잡음이 계속 존재하였다. 두 사람은 잡음을 제거하기 위하여 망원경에 묻은 비둘기 똥으로 밝혀진 '하얀 유전 물질'을 제거하는 등 많은 노력을 기울였으나 모두 허사였다. 결국 두 사람은 이것이 무작위 잡음이 아니라 어떤 의미가 있는 것이 아닐까 하는 의문을 품게 되었다. 조심스럽게 계산한 끝에 두 사람은 이 잡음이 실제로는 특정 온도에 해당하는 마이크로파 복사라고 결론을 내렸다. 이 온도는 우주가 140억 년 동안 냉각되었을 때 예측되는 온도와 딱 맞아떨어졌다. 오늘날 이 발견은 빅뱅 이론을 강하게 입증하는 증거로 인정받고 있다.

최초의 원소들

물리학자와 우주론자는 빅뱅 이론과 양자 역학 및 현대 수학을 이용하여 우주가 어떻게 진화되어 왔는가를 부분적으로 이해하게 되었다. 우주가 시작될 때 특이점에서의 극한 온도, 밀도, 압력에서는 쿼크(quark)와 같은 가장 기본적 입자들만 존재할 수 있었다. 빅뱅 후 우주는 팽창하여 1초 후에 약 백억 도로 냉각된 후 물질의 기본 단위인 쿼크가 세 개 모여 양성자(proton)와 중성자(neutron)를 형성할 수 있게 되었다. 3분이 지나서 온도가 10억 도 정도로 떨어지자 원자핵이 창조되는 **핵합성(nucleosynthesis)**이 일어났다. 핵합성 과정에서 양성자와 중성자 간의 충돌로 중수소, 헬륨, 리튬의 핵이 형성되었다.

우주가 충분히 냉각되어 더 이상 핵합성이 일어나지 않게 되었을 때 표 0.1에 나타낸 바와 같이 모든 원자의 91%는 수소 원자였으며, 헬륨 원자가 8%, 그리고 나머지는 1%가 채 되지 않았다. 우주가 더 냉각되자 비로소 전자가 이 핵과 합쳐져 중성 원자가 되었다.

표 0.1 태양계에서 가장 많이 존재하는 것으로 추정되는 동위 원소

동위 원소	태양계 원소 백분율
수소-1	90.886
헬륨-4	8.029
산소-16	0.457
탄소-12	0.316
질소-14	0.102
네온-20	0.100

만약 우주의 초기 팽창 때 원자들이 균일하게 분포했다면, 우주는 캄캄하고 균일한 원자들의 바다로 남아 있을 것이다. 그러나 시간이 지남에 따라 물질의 분포에 약간의 요동이 있었고, 그 결과 중력으로 인하여 원자들이 모이게 되었다. 수백만 년이 흐르고 충분히 많은 물질이 뭉쳐져 최초의 별이 탄생하였다. 핵연료의 점화가 시작된 것이다.

실전 문제 0.2

핵합성이 잘 일어날 수 있는 조건을 제시하시오.

실전 문제 0.3

빅뱅 동안 가장 가벼운 원소들만 형성된 이유를 설명하시오.

해설 이 절에서는 별의 진화와 원소가 생성되는 과정을 간략하게 설명하였다. 원소가 형성되는 과정에 대한 새로운 정보가 많이 발표되고 있으며, 보다 상세한 내용을 알고 싶으면 천문학이나 우주론과 관련한 책을 참고하기 바란다.

별에서 생성된 원소들

물질이 모여 형성된 별 내부의 온도와 압력을 중력이 상승시켜 수소 핵이 헬륨 핵으로 변하는 핵융합이 시작되고 별은 빛나기 시작하였다. 이 융합 과정에서 생성되는 열에 의하여 수백만 년 동안 별의 온도와 크기가 유지된다. 생성된 헬륨은 수소보다 무겁기 때문에 별의 중심 부

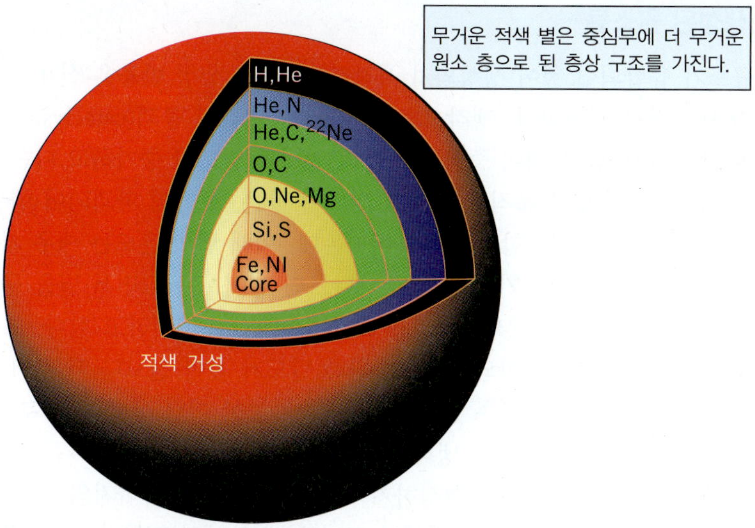

그림 0.1 **적색 거성의 층 구조** 핵심부에서 특정 핵의 수가 증가하면 이 핵들이 더 큰 원소로 융합되어 새로운 층을 형성한다.

위(핵)에 모이는데, 이 핵심부에서 헬륨이 수소 핵의 충돌을 방해하여 수소 핵반응의 속도를 감소시킨다. 그 후 별의 온도는 내려가고 중력으로 인하여 수축 과정을 겪는다. 크기가 줄어듦에 따라 핵심부의 온도와 압력이 다시 상승하여 약 1억 도가 되자 헬륨 핵이 탄소로 융합되기 시작하였다. 얼마 후에 탄소는 핵심부에 농축되고 헬륨은 핵심부에 모인 탄소를 둘러싸는 층을 형성한다. 이때 수소는 여전히 별의 바깥층에서 가장 많이 존재한다.

계속해서 탄소가 아르곤을 생성하는 핵융합이 시작되어 생성된 아르곤은 내부로 이동하여 핵심부가 되고 그 위에 탄소가 풍부한 층, 헬륨 층, 가장 바깥에 수소 층의 순서로 둘러싸이게 된다.

이와 유사하게 생성된 무거운 원소가 별의 핵심부에 농축되면 핵반응이 시작되어 더 무거운 핵(nucleus)이 생성되고, 생성된 핵이 핵심부에 다시 농축되는 일련의 과정이 반복된다. 이런 식으로 산소와 규소 핵심부가 차례로 생성된 후 더 무거운 원소들에 의해 바깥층으로 밀려나게 된다. 이런 일련의 핵반응 결과 발생한 많은 양의 열에 의하여 별은 팽창한다. 그러나 별이 급격하게 팽창하면 수소 층을 백열(white hot) 상태로 유지하기에 충분한 열이 발생하지 않고, 결과적으로 별이 냉각되어 붉은색으로 변한다. 이와 같은 별을 **적색 거성(red giant)**이라고 한다. **그림 0.1**은 적색 거성의 층 구조를 보여 주고 있다.

실전 문제 0.4

별의 핵합성에서, 핵심부(core)에 핵 농축 층이 필요한 이유를 설명하시오.

실전 문제 0.5

약 140억 년 후에도 수소가 우주에서 여전히 압도적으로 많이 존재하는 이유를 설명하시오.

초신성에서 생성된 원소들

마지막으로 규소가 융합되어 철이 생성되기 시작하는데, 철 생성 반응은 실제로 열을 소비하므로 중심부가 냉각되기 시작한다. 냉각으로 인해 별의 대격변 붕괴(cataclysmic collapse)가 발생하는데, 이로 인하여 많은 핵이 중심부에 몰려 압력과 밀도가 증가하고 다음과 같은 과정이 진행된다. 우선 빠른 속도로 움직이는 핵에 의하여 많은 철 핵이 파괴되어 헬륨 핵과 중성자와 같은 작은 입자로 구성된 혼합물이 만들어지는데, 이때 별의 온도는 매우 거대한 별에서나 가능한 고온에 도달한다. 온도가 최고점에 다다르면 별이 분해되면서 별을 구성하는 물질들이 성간 공간으로 분출되어 나온다. 이것을 **초신성**(supernova)이라고 한다. 초신성에는 매우 높은 에너지를 가진 핵들이 혼합되어 있고, 원자 밀도가 높아 철보다 더 무거운 원소를 만들어 내기에 충분한 충돌이 일어날 수 있다. 핵합성이 가능한 이런 상태는 일 분 미만, 아마도 몇 초 동안만 지속되며 그 후에 팽창과 냉각이 진행되면 반응은 멈춘다.

초신성의 잔해는 결국 새로운 별을 형성하기 위해 뭉쳐지고 지금까지의 과정이 반복된다. 어떤 경우에는 새로운 별이 형성되면서 잔해가 고리 형태로 남기도 한다. 이 잔해도 결국에는 모여서 행성이나 위성 혹은 소행성 등을 형성하게 된다.

최근 우주론 관련 학자들의 연구에 의하면 무거운 핵자를 합성하기에 적합한 온도와 압력을 유지하고 있는 매우 큰 별에서도 무거운 원소들의 합성이 가능하다는 것이 알려졌다.

실전 문제 0.6

별에서 철보다 무거운 원소가 생성되는 조건은 가벼운 핵이 만들어지는 핵합성과는 다르다. 철보다 무거운 핵이 형성되는 방법 두 가지를 설명하시오.

실전 문제 0.7

초신성에서 철보다 무거운 원소들이 합성되는 이유는 무엇인가?

0.3 원소와 지구

별이 형성될 때 별 주변의 잔해들에 의하여 행성이 만들어지기도 한다. 행성의 형태와 조성은 주변 물질에 따라 달라진다.

행성의 탄생

별이 형성된 후 남은 잔해들이 원반 형태로 모여 행성이나 위성 혹은 소행성을 형성한다. 잔해의 종류에 따라 지구나 화성 혹은 수성과 같은 암반형 행성이 되거나, 목성이나 토성과 같은 기체형 행성이 만들어진다. 행성의 화학적 조성은 초기 물질과 행성 자체의 중력에 의해 보존된 원소에 따라 다르다. 지금까지 알려진 모든 원소의 목록을 본 교재의 앞표지 바로 뒤에 수록하였다.

표 0.2에 지구 전체, 지각, 대기, 해양에 존재하는 원자 분포를 수록하였다. 지구 형성의 기원이 된 성운(nebula)의 원소 분포가 비교적 균일하고 초기 지구가 수백만 년 동안 용융 상태였기 때문에 지구상의 원소 분포가 균일할 것으로 생각할 수도 있다. 그러나 대기와 해양은 분포가 균일한 경향을 보이지만 지표나 지하에서는 원소의 분포가 균일하지 않다는 것을 이 장의 도입부에서 이미 확인한 바가 있다.

표 0.2 지구 전체, 지각, 대기, 해양에 존재하는 원자 백분율 추정값*

원소	지구	지각	대기	해양
산소	48.2	59.0	20.9	33.02
철	14.8	2.1		
규소	15.0	20.4		
마그네슘	16.4	2.0		0.03
수소	0.67	2.9		66.06
염소				0.34
소듐	0.20	2.1		0.17
황	0.52			0.02
칼슘	1.1	2.2		0.006
포타슘	0.01	1.1		0.006
알루미늄	1.5	0.57		
브로민				0.0067
탄소	0.16			0.0028
질소			78.1	
아르곤			0.96	

*빈 칸은 원소가 거의 무시할 수 있을 정도로 존재함을 의미한다.

원소의 분포

원소의 분포가 불균일한 것은 녹는점, 밀도, 용해도와 같은 원소의 특징을 근거로 이해할 수 있을 것이다. 약 45억 년 전 초기 지구가 형성될 무렵 성운의 고체 먼지와 기체 입자들이 중력과 정전기적 인력에 의해 서로에게 끌리는 과정이 시작되었다. 지구가 형성되자 방사성 원소가 안정한 동위 원소로 붕괴되면서 열을 방출하였기 때문에 지구는 더워지기 시작하였다. 게다가 지속적인 중력에 의한 수축과 운석의 충돌로 인하여 더 많은 열이 발생하였다.

결국 지구의 많은 부분이 녹았으며 철과 니켈은 내부 중심부로 이동하였다. 지진파(지진에 의한 진동)를 이용한 연구에 따르면 지구 중심의 핵(core)은 철과 니켈로 이루어진 고체 층과 이를 둘러싸고 있는 동일한 금속이 녹아있는 액체 층으로 구성되어 있다. 핵을 둘러싸고 있는 것은 암석의 맨틀로 지구 질량의 약 85%를 차지한다. 주로 고체 암석과 토양으로 이루어진 바깥층은 가벼운 물질로 구성된 지각으로, 그 두께가 약 16 km이다. **그림 0.2**는 지구 내부의 모습을 보여주는 단면도이다.

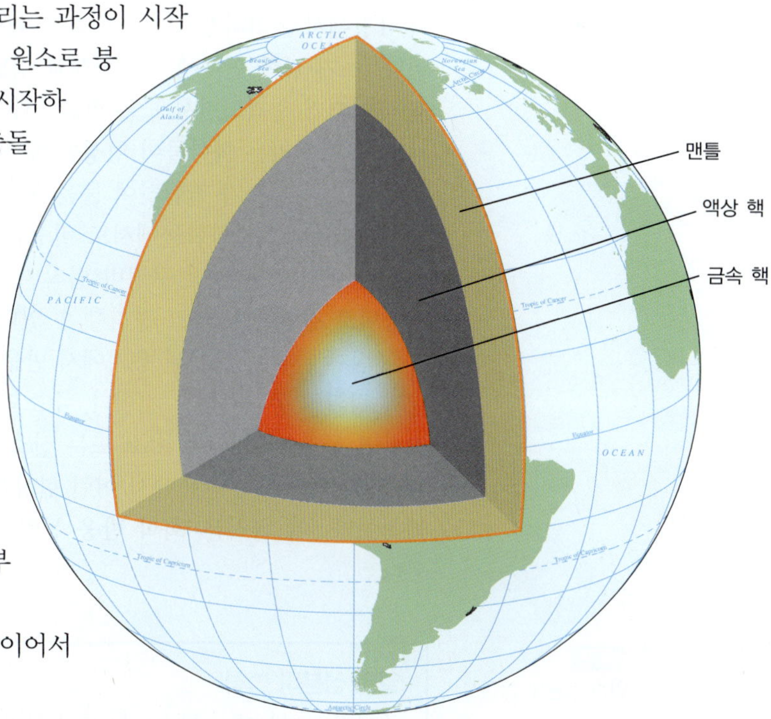

그림 0.2 지구 내부를 보여주는 단면 모형 철/니켈로 이루어진 고체 및 액체 핵과 맨틀 그리고 얇은 지각층을 함께 나타내었다.

지구의 바깥 층인 맨틀과 지각은 유동성이 제한적이어서 핵과 달리 서로 다른 물질들이 대규모로 분리되기 어려웠다. 그러나 화강암에 흔히 나타나는 진기한 무늬를 통해서 확인할 수 있는 바와 같이 제한적인 광물의 분리는 진행될 수 있다. 이것이 바로 지구의 표면이 균일하지 않은 이유이다. 지각의 광물 또는 원소들은 녹는점, 조성 혹은 구조 등의 유사성으로 인하여 제한적인 범위에서 분리된다. 예를 들어 금과 규소의 결정 구조나 밀도 그리고 녹는점 등이 뚜렷이 서로 다르기 때문에 금 원자는 규산염 광물보다는 금 원자와 응집하는 경향을 나타낸다. 지각이 냉각되었을 때 금은 고체화되면서 규산염 암석과 분리되었다. 이 과정을 분별 결정화라고 한다. 지구 중심부의 엄청난 규모의 열로 인하여 이 과정은 지금도 계속되고 있으며 지진이나 화산 분출의 형태로 자주 나타난다.

0.4 Dalton의 원자론

오늘날 우리는 원자를 어떤 원소를 대표하는 가장 작은 단위로 정의하고, 화합물을 항상 일정한 질량비로 고정된 두 개 이상의 원소로 이루어진 물질로 정의한다. 원래 원자라는 개념은 물질이란 궁극적으로 나눌 수 없는 매우 작은 입자로 구성되어 있다는 약 2500년 전 일부 그리스 철학자들의 믿음에서 시작되었다. '나누어지지 않는'이란 의미의 그리스 단어가 'atom'이라는 현대 단어의 어원이다. 철학자들이 원자라는 개념에 대한 실험적 증거를 제시하지 못했기 때문에 많은 이들이 이런 생각을 반박하기도 하였다. **일정 성분비 법칙**(law of definite proportions)**과 질량 보존 법칙**(law of conservation of mass)이 정립된 후에야 원자의 존재가 과학적으로 뒷받침되었다. 화합물과 화학 반응의 본질에 대한 이 두 가지 중요한 관찰이 질량과 부피를 측정할 수 있는 실험 장비만 가졌던 초기 화학자(또는 연금술사)의 연구로 확인되었다는 것은 놀라운 일이다.

화학 결합의 법칙들

19세기 이전에는 정확한 측정의 필요성을 거의 이해하지 못하였으므로 과학의 발전이 느렸다. 1장에서 논의하겠지만 모든 과학 분야에서는 정확하고 정밀하며 재현 가능한 측정이 요구된다. 초기 과학 연구에서 정확성과 정밀성이 부족했음에도 불구하고 시간이 흐름에 따라 실험 데이터가 축적되면서 모든 화합물과 화학 반응에 적용이 될 중요한 원리들이 밝혀졌다.

첫 번째 원리는 화합물이 형성될 때 원소들이 항상 같은 질량비로 결합한다는 것이다. 예를 들면 수소와 산소가 결합하여 물을 형성할 때 산소의 질량은 항상 수소 질량의 8배이다. 우리가 연구하는 모든 화합물에서도 비슷한 관찰이 적용된다. 이러한 관찰을 일반화한 것이 일정 성분비 법칙(또는 일정 구성비 법칙)이다. 이 법칙은 '**모든 화합물에서 원소들은 항상 일정한 질량비로 결합한다.**'라고 정리할 수 있다.

두 번째 관찰은 밀폐된 용기에서 반응을 수행할 때 반응 후 총 질량은 반응 시작 때의 총 질량과 정확히 동일하다는 것이다. 수소와 산소를 밀폐된 용기에 넣고 물을 생성하는 반응을 시작하면 물과 남아 있는 수소 또는 산소의 질량의 합은 반응 시작 때의 수소와 산소의 질량과 같다. 수많은 화학 반응에서 이런 현상을 반복적으로 관찰한 내용을 일반화한 것이 질량 보존 법칙이다. 이 법칙은 '**화학 반응 동안 질량은 사라지거나 생성되지 않는다.**'라고 설명할 수 있다.

도구
일정 성분비 법칙

일정 성분비 법칙
주어진 화합물에서 원소들은 항상 **동일한 질량비**로 결합한다.

> **질량 보존 법칙**
> 화학 반응에서 질량의 획득과 소실이 일어나지 않는다. 질량은 **보존**된다.

도구
질량 보존 법칙

3장에서 화학 조성과 관련된 계산에 이 법칙들이 어떻게 사용될 수 있는지를 배우게 될 것이다.

원자론: 간단한 정의

일정 성분비 법칙과 질량 보존 법칙이 원자론의 **실험적 기초**가 되었다. 이 법칙들과 관련하여 다음과 같은 질문을 생각해 보자. "이 법칙들이 성립하려면 물질의 본성은 무엇이어야 하는가?"

19세기 초 영국의 과학자 John Dalton(1766~1844)은 일정 성분비 법칙과 질량 보존 법칙을 설명하기 위하여 그리스의 원자 개념을 사용하였다. Dalton은 원자가 정말 존재한다면 이 법칙들에 부합하기 위하여 원자가 가져야 하는 특성이 무엇인지에 대하여 추론한 결과 다음과 같은 **Dalton의 원자론(Dolton's atomic theory)**을 발표하였다.

> **Dalton의 원자론**
> 1. 물질은 원자라고 하는 작은 입자들로 이루어져 있다.
> 2. **순수한 원소**에서 **모든 원자**는 질량과 그 밖의 특성이 **모두 동일**하다.
> 3. **다른 원소**의 원자들은 **질량과 그 밖의 특성이 서로 다르다.**
> 4. **다른 원소의 원자들이 결합하여 화합물을 만들 때** 새롭고 더 복잡한 입자들이 형성된다. 그러나 주어진 화합물에서 구성 원자들은 항상 **동일하게 고정된 비율**로 존재한다.
> 5. **원자는 파괴되지 않는다.** 화학 반응에서 원자는 재배열될 뿐 쪼개어지지 않는다.

원자에 대한 현대 실험적 증거

19세기 초반 과학자들과 연금술사들이 사용한 측정 도구는 매우 기본적인 저울과 눈금 실린더가 전부였으나, 현대의 화학 장비들은 원자가 실제 존재하는지에 대한 증거를 제공할 수 있을 정도로 발전하였다. 원자와 대부분의 분자는 보이지 않을 정도로 작아서 최고 성능의 광학 현미경으로도 탐지하기 어렵지만, 원자가 실재한다는 확실한 증거를 보여주는 실험 결과들이 제시되었다.

과학자들은 고체 표면을 놀라울 정도의 해상도로 상세히 그릴 수 있는 고감도 장치들을 개발하였다. 이러한 장치 중 하나가 **주사 터널 현미경(scanning tunneling microscope)**이다. 이 장치는 1980년대 초 Gerd Binnig와 Heinrich Rohrer가 발명하였는데, 그들은 이 업적으로 1986년에 노벨 물리학상을 수상하였다. 이 장치에서 뾰족한 금속 탐침의 끝을 전기 전도성 시료 표면에 아주 가까이 접근시키면 탐침과 시료 사이에 전류가 흐르기 시작한다. 전류는 탐침의 끝과 시료 사이의 거리에 매우 민감하다. 탐침 끝이 표면을 가로질러 이동할 때 일정한 전류가 흐르도록 탐침 끝의 높이가 계속 조절된다. 탐침 끝의 높이 변동을 정확히 기록하면 표면의 굴곡과 관련된 지도가 얻어지는데, 컴퓨터를 사용하여 이 자료들을 처리하여 **그림 0.3**에 나타낸 것과 같은 표면에 존재하는 원자의 형

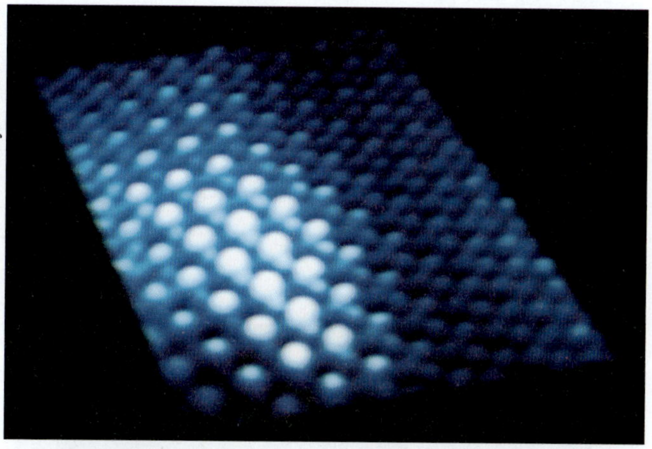
P. Plailly/Science Source

그림 0.3 주사 터널 현미경(STM)을 사용하여 개별 원자를 형상화할 수 있다. 이 STM 현미경 사진은 흑연 표면에 붙어 있는 팔라듐 개별 원자들의 형상을 보여 준다. 팔라듐은 화이트 골드(white gold)나 치관(dental crown) 같은 합금에 사용되는 은백색 금속이다.

상을 얻을 수 있다. 더 복잡한 장비를 이용하여 개별 원자와 분자를 '관찰'할 수 있는데, 이는 원자가 존재하며 원자론이 옳다는 확신을 더 갖게 한다. **최첨단 화학 0.1**에서 최신 장비인 **원자힘 현미경(atomic force microscope)**에 대하여 소개하였다.

0.5 원자의 내부 구조

초기 원자 모형에서는 원자는 파괴될 수 없고 더 이상 작은 조각으로 절대로 분해되지 않는 것으로 형상화되었다. 그러나 여러분이 이미 알고 있듯이 원자는 Dalton과 이전의 다른 철학자들이 생각했던 것처럼 더 이상 파괴될 수 없는 것이 아니다. 1800년대 후반과 1900년대 초반 동안에 수행한 실험에서 원자는 **아원자 입자(subatomic particle)**로 구성되어 있다는 것이 입증되었다. 이런 연구 결과들이 모여 원자 구조의 현재의 이론적 모형으로 발전되었다. 이 장에서는 일반적인 수준에서의 원자 구조를 살펴보고, 원자의 전자 구조에 대한 더 상세한 논의는 7장에서 다룬다.

최첨단 화학 0.1

원자와 분자에 대한 관찰 및 조작

1959년에 Richard Feynman은, 미래의 과학은 화학 분야의 새로운 패러다임을 연구하거나 혹은 나노 규모의 물질을 만드는 데 필요한 원자 규모의 미세 영역을 직접 다루게 될 것이라고 예측하였다. 이는 잠수함과 사람을 축소시켜 환자의 정맥에 주사하는 장면이 나오는 1966년작 공상 과학 영화 Fantastic Voyage보다 훨씬 앞선 예측으로, 이런 관점에서 Feynman은 공상 과학 분야의 선구자라 할 수 있다. 보다 최근인 2002년에 발표된 Michael Crichton의 소설 Prey에는 인간의 체내에서 분자 수준의 로봇이 복제되는 장면이 나온다. 이와 같은 일들이 가능하려면 원자나 혹은 분자 수준의 물질들을 직접 다룰 수 있는 기술이 요구된다.

분자의 자연적인 자기 조립(self assembly) 능력으로 인하여 분자나 원자가 모여 거대한 구조물을 형성하는 것이 가능하다. **그림 1**에 나타낸 것과 같이 DNA를 이용하여 삼각 구조물을 형성하는 것이 좋은 예이다. 다음 단계로 '봇(bots)'이라는 별명을 가진 작은 도구나 기계를 만드는 것이 시도되고 있다.

이런 기술 발전으로 인하여 나노기술이나 봇을 의학적으로 이용하려는 새로운 아이디어들이 제안되고 있다. 최근에는 흑연의 단층으로 이루어진 그래핀에 대한 과학적인 관심이 매우 높다. 그래핀은 반응성이 높아 다양한 물질과 결합할 수 있기 때문에 튜브 형태의 그래핀 안팎에 약물을 결합시킨 물질이 많은 기대를 받고 있다. 종양 부위의 미열을 감지하고 자체적인 추진력을 갖춘 봇이 최근에 개발되었다. **그림 2**와 **3**에 그래핀 튜브를 이용한 두 가지 봇을 나타내었다.

그림 1 DNA 분자를 이용하여 만든 삼각형 구조물

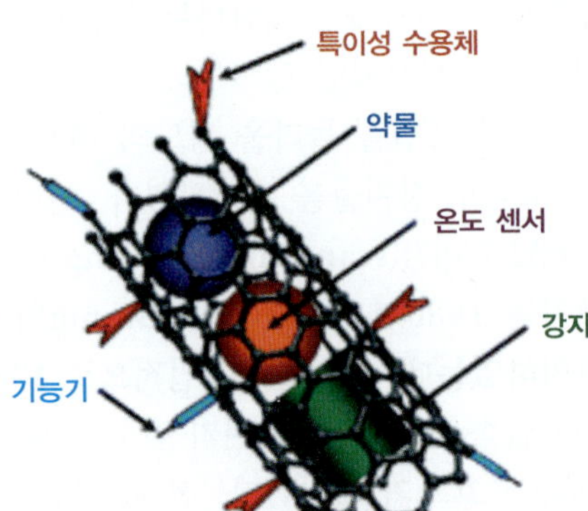

그림 2 특정한 기능을 가지는 봇을 보여주는 모식도

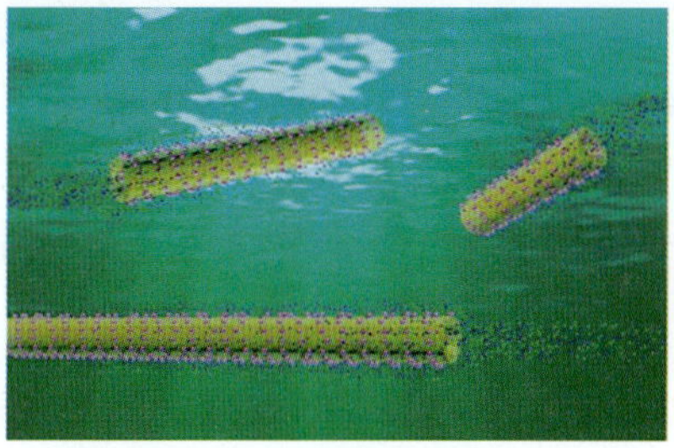

Ma. X., et al., 2016/American Chemical Society

그림 3 **효소에 의하여 이동이 가능한 나노로봇** 유레이스(urease) 효소는 요소를 분해하여 기체를 생성하기 때문에 유레이스로 코팅된 나노 튜브는 요소를 포함한 용액에서 추진체 역할을 할 수 있다. 튜브에 존재하는 약간의 비대칭성으로 인하여 생성물이 용액 내에서 큰 소용돌이를 만드는데, 이로 인하여 튜브 안쪽의 생성물이 밖으로 분출된다.

전자와 양성자 그리고 중성자의 발견

원자 구조에 대한 현재의 지식은 19세기에 과학자들이 시작한 실험에서 얻은 결과들을 조합한 것이다. 1834년에 Michael Faraday는 수용액에 전기가 통하면 화학적 변화가 일어날 수 있다는 것을 발견하였다. 이것은 물질이 전기적 특성을 갖는다는 것을 알려주는 첫 번째 암시였다. 19세기 후반에 과학자들은 낮은 압력의 기체가 채워진 유리관에 고전압을 걸어 전류를 흘려주는 **기체 방전관**(gas discharge tube) 실험을 시작하였다(**그림 0.4**). 이 관에 한 쌍의 금속 **전극**(electrode)을 끼워 넣고 전극 사이에 전류를 흐르게 하면 관 안의 기체가 빛을 낸다. 이 전류를 **전기 방전**(electric discharge)이라고 하며, 이 관의 이름은 여기서 유래되었다.

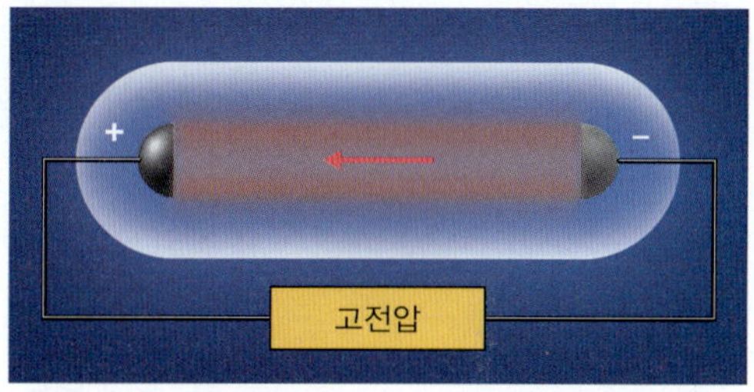

그림 0.4 **기체 방전관** 음극선은 음으로 하전된 음극으로부터 양으로 하전된 양극으로 흐른다.

이 현상을 처음 연구한 물리학자들은 유리관이 빛나는 이유를 몰랐으나 곧 실험을 통해 음으로 하전된 입자가 **음극**(**cathode**)에서 **양극**(**anode**)으로 이동한다는 것을 규명하였다. 물리학자들은 입자가 음극에서 나오는 것처럼 보였기 때문에 이 방전을 **음극선**(**cathode ray**)이라고 불렀다. 현대에는 이 방전관을 **음극선관**(**cathode-ray tube**)이라고 부르며, 초기 TV에서 화면을 만드는 목적으로 사용되기도 하였다.

전자의 전하 대 질량비(charge-to-mass ratio) 측정 1897년에 영국 물리학자 J. J. Thomson은 음극선의 특징을 정량적으로 측정하기 위하여 **그림 0.5**에 나타낸 것과 같은 특별한 기체 방전관을 제작하였다. Thomson이 만든 관에서는 음극선이 유리 표면에 충돌하면 빛이 나도록 유리 표면을 인으로 코팅하였다(점 1). 음극선은 자석의 양 극 사이와 하전될 수 있는 한 쌍의 금속 전극 사이를 통과하도록 설계되었는데, 이때 자기장은 음극선을 유리 표면의 아래 방향(점 2 방향)으로 휘게 하고 하전된 전극은 그와 반대 방향(점 3 방향)으로 휘게 한다. 이 장치에서 전극의 전하를 잘 조절하면 두 효과가 서로 상쇄되어 음극선은 다시 점 1에 모이게 된다. Thomson은 이 장치에서 자기장의 영향과 균형을 맞추는 데 필요한 전극의 전하량을 이용하여 음극선 입자에 대한 최초의 정량적인 정보인 전하 대 질량의 비(일반적으로 e/m으로 표현하며, 여기서 e는 전하를 나타내고 m은 질량을 나타냄)를 계산할 수 있었다. Thomson이 계산한 전하 대 질량비는 -1.76×10^8 C/g이며, 여기서 쿨롱(coulomb, C)은 전하량의 기본 단위이고 음의 부호는 입자가 음전하를 띠고 있음을 뜻한다.

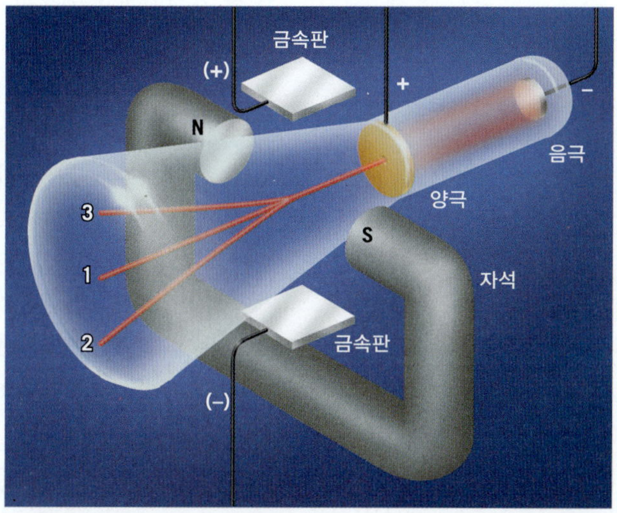

그림 0.5 **Thomson의 음극선관** 전자의 전하 대 질량비를 측정하기 위하여 사용된 장치

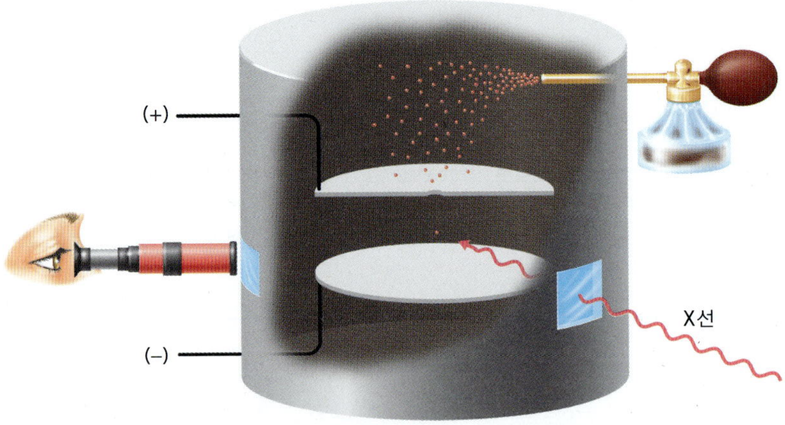

그림 0.6 Millikan의 기름방울 실험 X선에 의해 공기 내의 분자로부터 방출된 전자는 위쪽 금속판에 있는 작은 구멍을 통과한 매우 작은 기름방울에 들러붙게 된다. 금속판이 전하를 띨 때와 띠지 않을 때 하전된 기름방울의 낙하 속도를 관찰함으로써 하나의 전자가 가지는 전하를 계산할 수 있다.

음극선관을 충전한 기체의 종류와 상관없이 모든 음극선은 동일한 전하 대 질량비를 가졌으며 그 밖의 거동도 동일하였다. 이는 음극선 입자가 모든 물질의 근원적 구성 요소임을 보여주는데, 이 입자가 바로 **전자**(electron)이다.

전자의 전하와 질량 측정 1909년에 시카고 대학의 Robert Millikan은 전자의 전하를 측정할 수 있는 실험을 고안하였다(**그림 0.6**). 실험에서 한 쌍의 평행한 금속판 위로 기름방울을 아주 미세한 안개 형태로 뿜어 주었는데, 위쪽 금속판에는 작은 구멍이 뚫어져 있었다. 뿜어진 기름방울 중 작은 구멍을 통과해서 금속판 사이 공간으로 들어간 기름방울에 X선을 짧게 쪼여 주었다. X선에 의하여 공기 중에 있는 분자에서 분리된 전자들이 기름방울에 부착되어 기름방울은 전하를 띠게 된다. 금속판이 하전되었을 때와 하전되지 않았을 때의 기름방울의 낙하 속도를 관측함으로써 Millikan은 각각의 기름방울에 하전된 전하의 양을 계산할 수 있었다. 실험 결과를 자세히 검토한 결과 모든 실험값이 -1.60×10^{-19} C의 정수배인 것을 알게 되었다. 하나의 기름방울에 부착된 전자의 수는 정수이므로 이 값은 개별 전자가 갖는 전하여야 한다고 추론하였다. Millikan이 전자의 전하를 측정함에 따라 Thomson의 전하 대 질량비를 이용하여 전자의 질량을 계산할 수 있었다. 계산된 전자의 질량은 9.09×10^{-28} g이었다. 그 후에 더 정확한 측정을 통하여 계산된 현재의 질량은 $9.10938291 \times 10^{-28}$ g으로, Thomson의 초기 측정값은 현재의 측정값과 잘 일치한다.

양성자의 발견 원자로부터 전자를 떼어내면 양의 전하를 띤 입자(이온으로 불림)가 남는다. 이 입자를 연구하기 위하여 음극에 구멍을 뚫고, 음극선의 방향과 반대로 움직이는 광선을 관찰하였다. 양극선(canal ray)이라 불리는 이 광선의 거동은 관에 충전된 기체에 따라 달랐다. 그 후 음극선관을 개조하여 만든 질량 분석계(mass spectrometer)라 불리는 새로운 장치를 이용하여 이 광선에 대하여 더 심도있는 실험을 수행할 수 있었다. **최첨단 화학 0.2**에서 설명하고 있는 이 장치를 이용하여 측정된 양이온의 전하 대 질량비는 방전관 내에 충전된 기체의 화학적인 성질에 따라 변하며, 양이온들의 질량도 각각 다르다는 사실이 밝혀졌다. 관을 수소로 채운 경우에 가장 가벼운 양전하 입자가 관찰되었는데 그 질량은 전자보다 약 1,800배나 무거웠다. 다른 기체로부터 만들어진 양전하 입자들의 질량은 항상 수소 이온에서 관측된 질량의 정수배인 것 같았다. 이것은 수소 원자로부터 만들어진 양전하 입자가 모이면 다른 기체에서 만들어진 양전하 입자가 될 수 있다는 가능성을 제시하고 있다. 이를 근거로 전자 한 개가 떨어져 나간 수소 원자는 모든 물질의 기본 입자로 여겨 '첫 번째'를 의미하는 그리스어 protos를 따서 양성자(proton)라 명명하였다.

원자핵의 발견 20세기 초 영국 Manchester 대학의 Ernest Rutherford 교수의 지도를 받던 Hans Geiger와 Ernest Marsden은 알파선(alpha ray)이 얇은 금 박막을 때릴 때 발생하는 현상에 대하여 연구하고 있었다. 알파선은 어떤 불안정한 원자가 **방사성 붕괴**(radioactive decay)라고 불리는 현상으로 방출하는 입자로, 양성자 네 배의 질량과 두 개의 양전하를 가진 입자들로 구성되어 있다. 실험에서 대부분의 알파 입자는 빈 공간을 통과하는 것처럼 금 박막을 관통하여 발광 스크린까지 나아갔다(**그림 0.7**). 그러나 일부 알파 입자들은 매우 큰 각도로

최첨단 화학 0.2

질량 분석계와 원자 질량 측정 실험

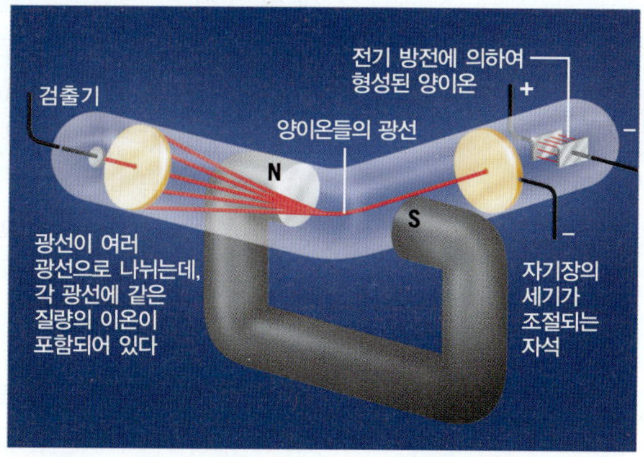

기체를 관통하는 스파크에 의하여 기체 분자에서 음전하를 띠는 전자가 떨어져 나가면 양전하를 띠는 입자가 남는다. 양이온(positive ion)이라고 불리는 이 이온들은 어떤 분자로부터 형성되었는지에 따라 질량이 다르다. 무거운 질량의 분자는 무거운 양이온이 그리고 작은 질량의 분자는 가벼운 양이온이 된다.

이와 같이 기체 분자로부터 생성된 양이온을 연구하는 데 사용되는 장치를 **질량 분석계**(mass spectrometer)라고 한다(그림 참조). 질량 분석계에서 연구 대상 기체 시료에 전기 스파크(**전기 방전**)를 통과시키면 양이온이 형성된다. 형성된 양이온은 중앙에 작은 구멍을 가진 음으로 하전된 금속판에 끌리게 된다. 양이온의 일부는 이 구멍을 통과한 후 그림에서 보는 바와 같이 강력한 자석을 지나도록 설계된 관을 따라 계속 이동한다.

양이나 음의 전하를 띤 입자의 특성 중 하나는 자기장을 통과할 때 그 경로가 휘어지는데, 질량 분석계에서 생성된 양이온이 자석을 통과할 때 바로 이 현상이 발생한다. 그러나 경로가 휘어지는 정도는 이온의 질량과 속도에 따라 다르다. 이는 무거운 이온의 경로는 빠른 속도로 달리는 트럭처럼 바꾸기 어렵지만, 가벼운 이온은 오토바이처럼 더 쉽게 영향을 받기 때문이다. 결과적으로, 무거운 이온은 가벼운 이온과는 다른 경로를 그리며 자석 사이를 통과하게 된다. 실제로 질량이 서로 다른 이온들이 구멍을 통과하면 자석에 의하여 여러 갈래의 빔으로 나뉘게 되는데, 각각의 빔에는 동일한 질량의 이온들이 포함되어 있다. 이렇게 분리된 이온빔들의 배열을 **질량 스펙트럼**(mass spectrum)이라고 한다.

여러 가지 유형의 질량 분석계가 실험에 이용되고 있다. 여기에서 보여 준 유형의 장치에서는 자기장의 세기를 점진적으로 변화시켜서 각각의 이온빔이 차례로 관의 끝에 위치한 검출기에 도달하게 한다. 검출기에 도달한 이온빔의 강도를 측정하고 자기장의 세기와 입자의 속도 그리고 장치의 기하학적인 구조에 따라 각 이온빔에 해당하는 입자의 질량이 계산된다.

질량 분석계를 사용한 측정에서 얻는 유용한 정보 중의 하나는 매우 정확한 동위 원소의 질량과 상대적인 존재비이다. 이 값들을 기초로 하여 책 앞표지에 있는 주기율표에서 볼 수 있는 매우 정확한 값의 원자 질량을 제공되었다(동위 원소는 질량이 약간 차이가 나는 동일한 원소의 원자이다. 동위 원소는 0.5절에서 다룬다).

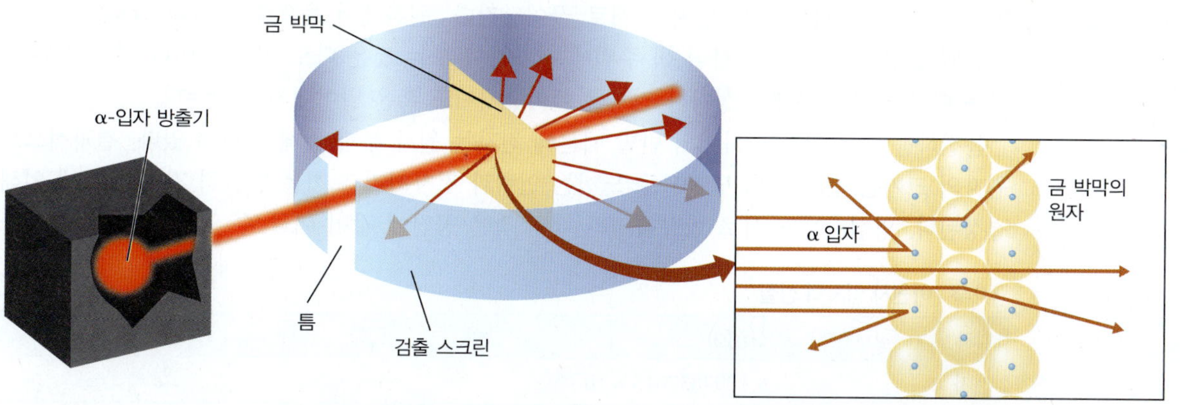

그림 0.7 일부 알파 입자는 금 박막에 의해 굴절된다. 대부분의 입자들은 그대로 통과하지만, 일부 알파 입자는 매우 질량이 큰 어떤 것과 정면충돌하고 되돌아온다. 매우 큰 질량을 가진 '중심부'(핵)를 살짝 비껴가는 일부 입자도 굴절되는데, 이는 알파 입자도 이들 중심부와 마찬가지로 양의 전하(+)를 띠기 때문이다.

방향이 꺾이었고, 그중 일부는 마치 암벽을 때린 것처럼 바로 뒤로 되돌아왔다. 발광 스크린이 금 박막을 완전히 둘러싸도록 배치하여 큰 각으로 튕겨 나간 알파 입자들을 관찰할 수 있게 한 것이 이 실험의 기발한 점이다. Rutherford는 이 결과를 화장지에 쏜 38센티미터 포탄이 되돌아와 포병을 맞히는 것과 같은 너무 놀라운 현상이라고 비유하였다. 입자들이 튕겨 나온 각을 조사한 결과 Rutherford는 엄청난 질량과 양의 전하를 가진 무엇인가에 의하여 이런 일을 발생하였다고 추론하였다. 더 나아가 Rutherford는 대부분의 알파 입자는 똑바로 통과하기 때문에 금 박막을 구성하는 금 원자의 대부분은 텅 빈 공간으로 되어 있을 것이라고 추정하였다. Rutherford의 최종 결론은, 원자 질량의 전부가 사실상 원자 중앙에 있는 매우 작은 부피의 입자에 집중되어 있다는 것이었다. 그는 이 무거운 입자를 원자의 핵(nucleus)이라고 명명하였다.

중성자의 발견 알파 입자들이 금속 박막에 의해 산란되는 방식으로부터 Rutherford와 제자들은 금속 원자의 핵이 가지고 있는 양전하의 수를 추정할 수 있었다. 핵의 양전하는 핵에 포함된 양성자의 수와 같아야 한다. 그러나 양성자의 수에 근거하여 핵의 질량을 계산한 결과는 항상 실제 질량보다 항상 작았다. Rutherford는 많은 원소의 경우 핵 질량의 약 절반만이 양성자의 질량에 해당한다는 것을 밝혔다. 이러한 사실을 기반으로 Rutherford는 전하를 띠지 않으면서 양성자의 질량과 비슷한 어떤 다른 입자가 핵에 들어 있다는 것을 제안하였다. 이 제안으로부터 시작된 연구는 1932년에 영국 물리학자인 James Chadwick 경이 중성자를 발견함으로써 마침내 종지부를 찍게 되었다. Chadwick 경은 이 발견으로 1935년에 노벨상을 수상하였다.

아원자 입자

해설 물리학자들이 여러 가지 아원자 입자들을 발견하였지만 화학자에게 중요한 것은 양성자와 중성자 그리고 전자이다.

앞에서 설명한 실험 결과로 원자는 세 가지 주요 아원자 입자인 **양성자(proton)**와 **중성자(neutron)** 그리고 **전자(electron)**로 구성되어 있다는 것과 크기가 매우 작으며 밀도가 극도로 높은 원자의 핵은 양성자와 중성자로 구성되어 있다는 것이 규명되었다. 양성자와 중성자는 핵에서 발견되기 때문에 종종 **핵자(nucleon)**라고 불린다. 원자에 존재하는 전자는 핵을 둘러싸고 있으며 원자의 나머지 부피를 차지한다(전자가 어떻게 핵 주위에 분포되어 있는지는 7장의 주제이다). 아원자 입자들의 특성과 원자의 일반적인 구조를 각각 **표 0.3**과 **그림 0.8**에 나타내었다.

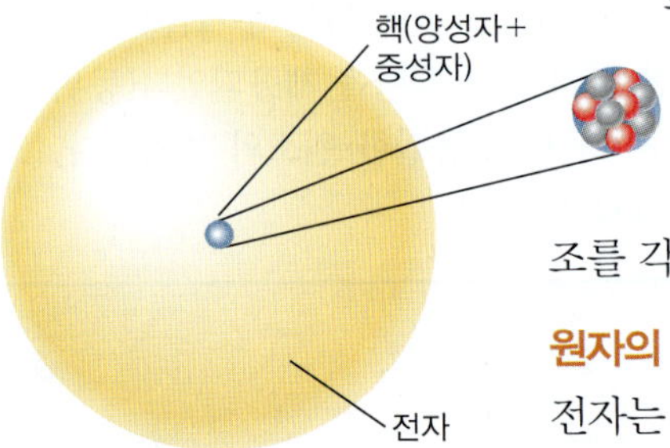

그림 0.8 원자의 내부 구조 원자는 양성자(붉은색)와 중성자(회색)를 포함하고 있는 작은 핵과 핵 외부의 공간에 존재하는 전자로 구성되어 있다.

원자의 아원자 입자 앞서 기술한 것처럼 양성자는 한 단위의 **양전하(positive charge)**를 띠며 전자는 한 단위의 **음전하(negative charge)**를 띠고 있다. 같은 전하를 가진 두 입자는 서로 반발하고 반대 전하를 띤 두 입자는 서로 끌어당긴다. 원자에서 음으로 하전된 전자는 양으로 하전된 양성자에 끌린다. 사실 핵 주위에 전자를 붙드는 것은 바로 이 인력이다. 중성자는 전하를 띠지 않기 때문에 양성자나 전자를 끌어당기지도 혹은 밀어내지도 않는다.

음전하를 띠는 전자들 사이의 반발 때문에 전자는 원자 부피 전체에 퍼져 있다. 결과적으로 원자의 크기는 전자가 핵 방향으로 느끼는 인력과 전자끼리 느끼는 반발력 간의 균형에 의해 결정된다. 양성자들도 서로 반발하지만 핵의 작은 공간에 같이 머물 수 있는 이유는 입자 물

표 0.3 아원자 입자의 성질

입자	질량(g)	전하	기호
전자	$9.1093837015 \times 10^{-28}$	1−	${}^{0}_{-1}e$
양성자	$1.67262192369 \times 10^{-24}$	1+	${}^{1}_{1}H^{+}$, ${}^{1}_{1}p$
중성자	$1.67492749804 \times 10^{-24}$	0	${}^{1}_{0}n$

리학에서 공부하게 될 다른 아원자 입자도 관여하는 강력한 핵 결합력에 의하여 반발력이 상쇄되기 때문이다.

자연계에서 발견되는 물질은 대개 전기적으로 중성을 나타내는데, 이는 이 물질이 같은 수의 양전하와 음전하를 포함하고 있음을 의미한다. 따라서 **중성 원자에 포함된 전자의 수는 양성자의 수와 같아야 한다.**

양성자와 중성자는 전자보다 약 1,800배가량 더 무겁기 때문에 어느 원자든 질량의 대부분은 핵에서 발견되는 이들 입자가 차지한다. 그러나 원자의 지름이 핵의 지름보다 약 10,000배 크므로, 원자의 **부피**는 거의 대부분 핵 주위의 공간을 채우고 있는 전자들이 차지하고 있다는 것 또한 흥미로운 일이다. 이것을 우리가 이해하기 쉬운 크기로 비교하면, 원자의 크기를 약 300 cm로 가정할 때 핵은 이 문장 끝에 찍는 마침표 크기이다.

원자 번호와 질량수

한 원소를 다른 원소와 구별되게 하는 것은 그 원자의 핵에 있는 양성자의 개수이다. 이를 바탕으로 Dalton의 **원소(element)**에 대한 정의를 '**동일한 개수의 양성자를 포함하는 원자로 이루어진 물질**'로 수정할 수 있다. 따라서 우리는 핵에 들어 있는 양성자 개수와 동일한 고유한 수를 **원자 번호(atomic number**, Z)라 정의하고 각 원소에 부여할 수 있다. 원자 핵 속의 양성자와 중성자의 총합을 **질량수(mass number)**라고 하고 기호 A로 나타낸다.

$$\text{원자 번호}(Z) = \text{양성자의 수}$$
$$\text{질량수}(A) = \text{양성자의 수} + \text{중성자의 수}$$

도구
원자 내 아원자 입자의 수

각 원소는 고유한 **화학 기호(chemical symbol)** 또는 **원자 기호(atomic symbol)**가 부여되어 있으며, 이 기호를 원소 이름 대신 약칭으로 사용할 수 있다. 현재까지 자연계에서 발견하였거나 혹은 합성된 118개의 원소의 이름과 기호를 함께 책 앞표지 안쪽에 나열하였다.

도구
원소 기호

자연계에서 대부분의 원소는 물리적 특성과 화학적 특성이 거의 동일한 **동위 원소(isotope)**라고 불리는 원자들의 혼합물로 존재한다. **동위 원소란 양성자의 수는 같지만 중성자의 수는 다른 원자들이다.** 따라서 모든 동위 원소는 원자 번호와 질량수로 구별될 수 있다. 많은 경우에 이 두 가지 수를 화학 기호의 왼쪽에 각각 아래 첨자와 위 첨자로 나타낸다. 예를 들어 원소의 화학 기호를 X라고 하면 X의 동위 원소 한 가지를 다음과 같이 나타낸다.

해설 원자 기호는 원소 이름을 하나 또는 두 개의 알파벳으로 축약한 것이다.

$$^{A}_{Z}X$$

원자로에 사용되는 우라늄은 질량수가 235인 우라늄 동위 원소이므로 다음과 같은 기호로 나타낼 수 있다.

도구
동위 원소의 원자 기호

$$\text{질량수 (양성자의 수와 중성자의 수)} \searrow \;\; ^{235}_{92}U \;\; \nearrow \text{원자 번호 (양성자의 수)}$$

이 동위 원소의 이름은 우라늄-235 또는 U-235이며, 화학 기호가 보여주는 바와 같이 92개의 양성자와 143개(235 − 92)의 중성자를 포함하고 있다. 우라늄 중성 원자의 경우 92개의 전자를 포함하고 있어야 한다. 동위 원소를 표기할 때는 원자 번호가 동일하기 때문에 생략하는 경우가 많다. 우라늄의 모든 원자는 92개의 양성자를 가지며 또한 92개의 양성자를 갖는 모든 원자는 우라늄 원자이다. 그러므로 지금까지 설명한 우라늄 동위 원소는 간단히 ^{235}U로 나타낼 수도 있다.

해설 중성 원자에서 양성자의 수는 전자의 수와 같다.

자연계에 존재하는 우라늄 가운데 더 많이 존재하는 동위 원소는 ^{238}U이다. 이 동위 원소의 원자들은 92개의 양성자를 가지나 중성자는 146개이다. 따라서 ^{235}U와 ^{238}U의 원자들은 양성자의 수는 같지만 중성자의 수는 서로 다르다.

원소의 상대 원자 질량

아원자 입자들이 발견되기 이전에 서로 다른 원소의 원자들의 질량은 서로 다르다는 것을 보여주는 자료가 이미 상당히 축적되어왔다. 사실 Dalton의 원자론에서 나온 가장 유용한 개념 중 하나는 한 원소의 원자들은 일정한 특징적인 **원자 질량(atomic mass)** 혹은 **원자량(atomic weight)**을 가진다는 것이다. 이 개념 덕분에 화학식을 결정할 수 있게 되었고 궁극적으로 화학 정보를 체계화하는 유용한 도구 중 하나인 원소 **주기율표(periodic table)**가 등장할 수 있게 되었다. 그러나 원자 구조에 관한 지식 없이 원자의 질량을 어떻게 측정할 수 있을까?

문제 풀이와 관련한 중요한 제언

화학을 배운다는 것은 단순하게 지식과 공식을 암기하는 것 그 이상이다. 이 과목에서 좋은 성과를 얻기 위해서는 계산이나 서술형 문제의 해결 능력을 기르는 것이 매우 중요하다. 문제 해결 능력이 매우 중요하기 때문에 이 책의 주요 목적 중 하나는 학생 여러분이 문제 해결 방법을 개발하고 발전시킬 수 있도록 도와주는 것이다. 이러한 목적을 위해 이 책에는 상세한 풀이를 포함하는 예제가 상당수 수록되어 있다. 학생들은 예제를 공부한 다음 뒤에 나오는 유사한 형태의 실전 문제도 함께 풀어 보아야 한다. 실전 문제의 정답은 책 뒤쪽의 부록 B에서 확인할 수 있다.

각 예제는 여러분이 참고할 수 있도록 문제 해결 능력이 우수한 사람들이 사용하는 사고 과정과 유사하게 네 단계로 나누어 풀이 과정을 전개하였다. 학생 여러분들이 교재의 모든 식과 단계를 연계하면서 그 과정을 따라 문제를 해결하는 연습을 하기 바란다. 이런 과정을 통해 문제를 해결하는 경험이 쌓이면 화학뿐 아니라 다른 과목의 문제 해결에도 효율적으로 활용될 수 있을 것이다.

분석 여러분이 차를 몰고 가본 적이 없는 생소한 곳을 갈 때 바로 시동을 걸고 출발하지 않을 것이다. 우선 목적지가 어딘지 확인하고 출발지점에서 목적지까지 어떤 경로를 택할 것인지를 생각하게 된다. 화학 문제를 푸는 것도 이와 유사한 방식으로 진행된다. **분석** 단계에서 무엇을 묻는지를 정확히 파악하고 나서 그 해결책에 도달하기 위해 무엇을 해야 하는지를 계획한다. 때로는 분석이 비교적 간단하지만 좀 복잡한 문제의 경우 문제 풀이 방법에 대해 생각하는 데 더 많은 시간을 소비하기도 한다. 풀이 과정이 옳은지 확인하기 위해서 개념을 다시 살펴보는 과정이 필요할 수도 있다.

도구 모음 문제 해결 순서를 결정하고 난 후 다음 단계는 문제에 적용할 수 있는 다양한 화학적 도구를 조합하는 것이다. 도구는 교재에서 도출된 것으로 여백 부분에 '도구'란 아이콘으로 제시되어 있다. 각 장에서 제시된 도구를 모아 장의 뒷부분 '문제 풀이를 위한 도구'에 수록하였다. 이런 정보를 활용하여 문제를 해결하는 데 필요한 도구를 선택하라.

풀이 이제 여러분은 분석 단계에서 단계마다 짜놓은 계획에 적절한 도구를 활용하여 답을 알아낼 준비가 되었다. 여러분은 이미 무엇을 해야 할 것인지와 그에 필요한 도구를 찾아 두었기 때문에 문제 풀이는 가장 쉬운 단계라고 할 수 있다. 여러분이 노트에 문제를 풀 때, 예제의 풀이 과정에서와 같이 식에는 단위를 포함하고 모든 단계를 빠짐없이 풀어나가야 한다는 것에 주목하라. 이런 과정을 거치면 여러분의 풀이를 점검하고 오류를 확인하는 데 도움이 될 것이다.

답이 합리적인가? 전 단계에서 답을 찾기는 하였으나 이것이 정말 옳은 답인지 혹은 답이 일리가 있는지 등의 의문이 드는 경우가 있다. 따라서 문제를 푼 다음 내가 찾은 답이 합리적인가를 간단하게 확인하는 것으로 문제 풀이를 마무리하는 것은 매우 지혜로운 일이다. 이 과정을 반복해서 특히 답을 대략적으로 유추하는 능력을 기르면 여러분의 풀이를 확인하는 데 많은 도움이 될 것이다.

문제를 풀 때는 유연성이 있어야 한다. 간혹 **분석** 단계에서 문제의 일부를 해결할 수도 있겠지만 전체적인 풀이는 분명치 않을 때가 많다. 이런 경우에는 그다음 두 단계를 실행해 보고 다시 **분석** 단계로 돌아가 나머지 해결 방법을 생각해 보라.

이 책에 제시된 문제를 풀면서 기억해야 할 가장 중요한 점은 여러분이 문제를 푸는 데 필요한 모든 개념과 도구가 이미 다 주어져 있다는 것이다. 어려움이 있더라도 절망하지 말라. 화학을 공부하고 문제를 푸는 것은 혼자 하는 운동이 아니라는 것을 명심하라. 친구들과 어울려 휴식을 취한 다음 새로운 관점으로 문제를 다시 바라보는 것도 좋은 방법이다. 성공할 수 있을 것이다.

예제 0.1 양성자와 중성자 그리고 전자의 수

C-14 중성 원자에 포함된 양성자와 중성자 그리고 전자의 수는 각각 몇 개씩인가?

분석 이 문제는 질량수 14인 C-14 동위 원소의 주요 아원자 입자 세 가지를 묻고 있다. 도구를 사용하려면 C의 원자 번호를 찾아야 한다.

도구 모음 중성자와 양성자의 수를 이용하여 원자 번호(Z)와 질량수(A)를 정의하는 도구가 있다. 이 도구에 의하면 중성 원자는 양성자와 전자의 수가 동일하다는 것을 알 수 있다.

풀이 책 앞표지 안쪽으로부터 C가 $Z = 6$이고 $A = 14$인 탄소의 기호임을 확인할 수 있다. 따라서 양성자와 중성자 및 전자의 수는 각각 다음과 같다.

$$\text{양성자} = 6\text{개} \quad \text{전자} = 6\text{개} \quad \text{중성자} = 14 - 6 = 8\text{개}$$

답이 합리적인가? 먼저 점검해야 할 것은 양성자수와 중성자수의 합이 동위 원소의 질량수라는 것이다. 다음으로 중요한 점검 사항은 어떤 입자의 수도 질량수(문제에서 주어진 가장 큰 수)보다는 크지 않다는 것과 대부분의 경우 전자의 수, 양성자의 수, 중성자의 수 각각이 전체 질량수의 대략 절반 정도라는 사실이다. 마지막으로 중성 원자이므로 양성자수와 전자수가 동일해야 한다. 얻은 답은 이 조건을 모두 충족한다.

실전 문제 0.8

148개의 중성자를 갖는 아메리슘(Am) 동위 원소의 기호를 쓰시오. 전자는 모두 몇 개인가? (**힌트**: 동위 원소 기호와 전자를 세는 도구를 복습하시오.)

실전 문제 0.9

$^{210}_{85}At$원자에 포함된 양성자와 중성자 그리고 전자는 각각 몇 개인가? 기호를 쓸 때 210이나 85 혹은 둘 모두를 생략하여도 문제를 풀 수 있는가? 그 이유를 설명하시오.

개별 원자들은 너무 작아서 전통적인 방법으로는 질량을 측정하기 매우 어렵다. 하지만 **한 화합물에 포함된 원자들의 비율을 알면** 화합물을 구성하는 원자의 **상대 질량**(relative mass)을 결정할 수 있다. 어떻게 가능한지 예를 하나 보자.

해설 더 상세한 내용을 알고 싶으면 질량을 측정하는 방법에 대해 설명하고 있는 최첨단 화학 0.2를 참고하라.

Gay-Lussac과 같은 초기 화학자들은 기체가 반응할 때 반응하는 기체의 부피는 항상 작은 정수비라는 것을 알아냈다. Avogadro는 일정한 조건하에서 일정한 부피의 기체는 항상 같은 수의 분자를 포함하고 있다고 제안하였다. Dalton을 포함한 많은 과학자가 Avogadro의 가설을 받아들이는 것을 거부하였지만, 이 가설은 많은 화합물에 포함된 원자의 비율을 결정하게 해 주는 해결책이 되었다. 예를 들어 1리터의 수소가 1리터의 플루오린과 반응하여 2리터의 플루오린화 수소를 만든다면, 이에 대한 가장 간단한 설명은 수소와 플루오린이 이원자(H_2와 F_2)여야 하며 플루오린화 수소(HF)는 수소 원자와 플루오린 원자 한 개씩을 포함하고 있다는 것이다.

플루오린화 수소에서 수소 원자의 플루오린 원자에 대한 비율이 결정되면, 이는 모든 플루오린화 수소 시료에서 플루오린–대–수소 원자비는 항상 1:1이라는 것을 의미한다. 플루오린화 수소 시료가 분해될 때 얻어지는 플루오린의 질량은 항상 수소의 질량보다 19.0배 크므로 플루오린 대 수소의 질량비(mass ratio)는 항상 19.0:1.00이 된다.

- F-대-H 원자비: 1 대 1
- F-대-H 질량비: 19.0 대 1.00

1 대 1의 원자비와 19.0 대 1.00의 질량비를 설명할 수 있는 유일한 방법은 **각 플루오린 원자가 각 수소 원자보다 19.0배 무겁다**고 가정하는 것이다.

F와 H 원자의 실제 질량은 모르지만 그들의 질량을 비교한 상대 질량은 안다는 것에 주목하라. 유사한 방법으로 다른 화합물을 구성하는 다른 원소의 경우에도 구성 원소 간의 상대 질량을 결정할 수 있다. 다음으로 필요한 것은 모든 질량에 동일하게 적용할 수 있는 질량 척도이다.

탄소-12: 원자 질량 척도의 표준

원자에 대한 일정한 질량 척도를 확립하기 위해서 상대 질량을 비교할 표준을 정할 필요가 있다. 현재 공인된 비교 표준은 탄소의 동위 원소 중 가장 많이 존재하는 탄소-12(^{12}C)이다. 탄소-12 원자 한 개는 정확히 12의 질량 단위를 가지는데, 이때 사용하는 단위를 **원자 질량 단위(atomic mass unit)**라 부른다. 때로는 원자 질량 단위를 기호 **amu**로 쓰기도 하지만 국제적으로 인정된 기호는 u로, 이 책에서는 앞으로 이 기호를 사용하기로 한다. ^{12}C 원자 한 개의 질량을 12 u로 할당하면 원자 질량 단위의 크기(1 u)는 탄소-12 원자 한 개 질량의 $\frac{1}{12}$이 된다.

- ^{12}C 원자 한 개의 질량은 12 u(정확히)이다.
- 1 u는 ^{12}C 원자의 $\frac{1}{12}$(정확히)의 질량에 해당한다.

현재 우리가 사용하는 원소의 원자 질량이란 그 원소의 동위 원소(자연계에 존재하는 비를 고려한)의 평균 질량으로, 이를 12 원자 질량 단위로 지정된 탄소-12의 원자와 비교한 값이다. 따라서 어떤 원소의 평균 원자 질량이 ^{12}C 원자의 두 배라면 그 원자 질량은 24 u가 된다.

일반적으로 동위 원소의 질량수와 원자 질량은 약간 다르다. 예를 들어 동위 원소 ^{35}Cl의 원자 질량은 34.968852 u이다. 사실 원자 질량이 질량수와 같은 유일한 동위 원소는 ^{12}C인데, 그 이유는 이 원자의 질량을 정확히 12 u로 정의하였기 때문이다.

실전 문제 0.10

인듐 원자의 질량은 ^{12}C 원자 질량의 9.5681배이다. 인듐의 원자 질량은 얼마인가? (**힌트:** 원자 질량 단위와 ^{12}C 사이의 관계를 보여 주는 도구가 있음을 상기하시오).

실전 문제 0.11

자연계에 존재하는 코발트의 평균 원자는 ^{12}C 원자보다 얼마나 더 무거운가? 필요한 자료는 앞표지 안쪽에 있는 표를 참조하시오.

실전 문제 0.12

원자 질량 단위의 크기에 대한 정의는 사실 상당히 임의적이다. 표준으로 다른 원자를 선택할 수 있는가? 원자 질량 단위로 원자 질량의 또 다른 분율을 사용할 수 있는가? 예를 제시하시오. 과학자들이 C-12 원자의 1/12을 원자 질량 단위로 정의한 이유를 말해보시오.

화학자들은 일반적으로 자연계에 존재하는 동위 원소들의 혼합물을 다룬다. 이러한 동위 원소 혼합물의 조성은 원소의 출처와 관계없이 거의 일정하기 때문에, 어떤 원소의 원자 질량을 **평균 질량**(average mass)이라는 개념으로 나타낼 수 있다. 예를 들면 자연에 존재하는 수소의 경우 **표 0.4**에 나타낸 상대 비율과 같이 극미량의 세 번째 동위 원소를 포함하는 세 가지 동위 원소의 혼합물로 존재한다. 자연계에 존재하는 비율을 고려한 수소 원소의 '원자 평균 질량'은 ^{12}C 원자 질량의 0.083992배이다. 따라서 0.083992 × 12.000 u = 1.0079 u이므로, 수소의 원자 평균 질량은 1.0079 u이다. 표 0.4와 나타난 바와 같이 자연계에서 수소는 가장 많이 존재하는 ^{1}H과 더불어 소량의 ^{2}H와 ^{3}H가 함께 존재하기 때문에 수소의 평균 질량은 ^{1}H의 원자 질량보다 조금 큰 값을 가진다.

해설 수소의 세 번째 동위 원소인 삼중수소(tritium)는 핵에 두 개의 중성자를 가지고 있으며 수소 시료 중 극미량 존재한다.

표 0.4 수소 동위 원소의 존재비

수소 동위 원소	질량	백분율 존재비
^{1}H	1.007825 u	99.985
^{2}H	2.0140 u	0.015
^{3}H	3.01605 u	미량

과학자들은 정확도를 높이기 위해 지금도 여전히 동위 원소의 질량과 평균 원자 질량을 측정하고 있다. **순수 및 응용 화학 국제 연합**(International Union of Pure and Applied Chemistry, **IUPAC**)은 화학의 표준을 결정하는 과학자들의 단체로, 필요시에는 이런 연구 결과를 반영하여 평균 원자 질량을 수정한다. **최첨단 화학 0.3**에서는 어떤 원소의 경우 평균 원자 질량을 하나만을 부여할 수 없다는 IUPAC의 최근 연구 결과를 소개한다.

동위 원소 존재비에 따른 평균 원자 질량

원래 원소의 상대 원자 질량은 앞에서 수소와 플루오린에 대하여 기술한 것과 비슷한 방법으로 결정되었다. 한 화합물 시료를 분석하여 그 물질의 화학식에 포함된 각 원소의 질량을 계산하고 화학식 내 원소의 비율로부터 상대 원자 질량을 계산하였다. 이런 상대 질량은 필요시 ^{12}C와 비교하여 조절하였다. 오늘날에는 **최첨단 화학 0.2**에 소개한 고분해능 질량 분석계와 같은 방법을 사용하여 원소의 동위 원소 상대 존재비와 그들의 원자 질량을 정확하게 측정할 수 있다. 한 원소에서 특정 동위 원소의 **상대 존재비**(**relative abundance**, 혹은 원자 분율)는 모든 동위 원소 중 특정 동위 원소로 존재하는 원자의 분율로 정의된다.

$$\text{상대 존재비} = \frac{\text{특정 동위 원소의 원자수}}{\text{모든 동위 원소의 전체 원자수}} = \frac{\text{원자 백분율(\%)}}{100(\%)}$$

최첨단 화학 0.3

원자 질량은 계속 바뀌고 있다

우리는 빛의 속도나 원자 질량 단위와 같은 상수는 절대 변하지 않는 확고부동한 상수라고 생각한다. 그러나 이 장에서 이미 확인한 바와 같이 전자의 질량이나 e/m과 관련된 초기 측정값은 다소 부정확하다. 시간이 지남에 따라 이런 정량적인 수치들은 진일보한 장비를 이용한 지속적인 측정으로 더 정밀한 값으로 개선되었다. 순수 및 응용 화학 국제 연합(IUPAC)과 미국 국가 표준 기술 연구소(National Institute of Standards and Technology, NIST)는 새로운 원자 질량과 관련한 데이터를 평가하고 필요한 변경 사항을 과학계에 알려주는 역할을 하는 두 기관이다. 특히 IUPAC은 정기적인 보고서를 통하여 관련 과학자들에게 조정된 원자 질량을 알려주고 있으며, 과학자들은 이런 절차에 상당히 익숙하다.

IUPAC은 최근 발행한 보고서를 통하여 **표 1**에 나열된 원소들은 동위 원소가 지역마다 서로 다른 비율로 존재하기 때문에 그들의 원자 질량을 한 가지 단일한 값으로 결정할 수 없다고 발표하였다. 예를 들면 수소의 원자 질량은 1.00785에서 1.00811까지 다양한 값을 가지는데, 화학 약품에 포함된 수소의 원자 질량은 자동차 배기가스에서 얻은 수소의 원자 질량보다 더 크다. 다른 원소에서도 이와 유사하게 서로 다른 원자 질량을 갖는 사례가 있다. 여러분은 이 장의 뒷부분에서 범죄 현장 조사에서 이런 정보를 이미 활용하는 사례를 보게 될 것이다.

결론적으로 IUPAC의 발표는 표 1에 수록된 원소들은 단일한 원자 질량 값을 가지기보다는 원자 질량 범위를 가진다는 것을 의미한다. 다음 장에서 보게 되겠지만 모든 실험 측정은 측정과 관련된 약간의 불확실성이 존재하며, IUPAC의 보고는 이런 점을 극적으로 강조하고 있는 셈이다. 그러나 리튬의 경우를 제외하고 표에 나타난 값의 범위는 0.1퍼센트 이하이기 때문에 이 교재에서의 계산 풀이는 IUPAC에서 제시한 불확실성에 영향을 받지는 않는다.

표 1 원자 질량 범위를 갖는 원소들

원자 번호	기호	이름	최소 원자 질량	최대 원자 질량
1	H	수소	1.00784	1.00811
3	Li	리튬	6.938	6.997
5	B	붕소	10.806	10.821
6	C	탄소	12.0096	12.0116
7	N	질소	14.00643	14.00728
8	O	산소	15.99903	15.99977
12	Mg	마그네슘	24.304	24.307
14	Si	규소	28.084	28.086
16	S	황	32.059	32.076
17	Cl	염소	35.446	35.457
18	Ar	아르곤	39.792	39.963
35	Br	브로민	79.901	79.907
81	Tl	탈륨	204.382	204.385

이런 종류의 정보를 이용하여 더 정밀한 평균 원자 질량 값을 계산할 수 있다. 어떤 원소든 평균 원자 질량은 각 동위 원소의 상대 존재비에 질량을 곱하고 그 값을 합하여 계산할 수 있다. 이와 관련된 계산을 예제 0.2에 나타내었다.

예제 0.2 동위 원소 존재비를 이용한 원자 질량 계산하기

전원에서 컴퓨터나 휴대폰으로 전류를 흐르게 하는 도체로 구리 금속이 가장 많이 이용된다. 자연계에 존재하는 구리는 두 가지 동위 원소의 혼합물로 69.17%의 ^{63}Cu와 30.83%의 ^{65}Cu로 구성되어 있다. ^{63}Cu와 ^{65}Cu의 정확한 질량은 각각 62.9296 u와 64.9278 u이다. 이들 자료를 이용하여 구리의 평균 원자 질량을 계산하시오.

분석 문장으로 된 문제에서 가장 어려운 점은 무엇을 계산해야 하는지를 이해하는 것이다. 이 문제에서는 마지막 문장에서 구리의 평균 원자 질량을 계산하라는 것을 명확하게 확인할 수 있다. 이를 위하여 각 원자 백분율로부터 각 동위 원소의 상대 존재비를 결정할 필요가 있다. 그러고 나서 각 동위 원소의 정확한 질량과 상대 존재비를 곱하면 각 동위 원소가 전체 질량에 얼마나 기여하는지를 결정할 수 있다. 각 동위 원소의 기여도를 더하면 평균 질량이 된다.

도구 모음 원자 백분율로부터 상대 존재비를 계산하는 도구는 다음과 같다.

$$X\text{의 상대 존재비} = \frac{X\text{의 백분율 존재비}}{100(\%)}$$

시료가 둘 이상의 동위 원소로 구성되어 있다면, 시료에서 한 동위 원소 X가 총 질량에 기여할 질량을 다음 식을 이용하여 계산한다.

$$X\text{의 기여 질량} = (X\text{의 정확한 질량}) \times (X\text{의 상대 존재비})$$

풀이 두 동위 원소의 질량 기여분을 다음과 같이 계산한다.

$$^{63}\text{Cu의 기여 질량} = 62.9296\ \text{u} \times \left(\frac{69.17\%\ ^{63}\text{Cu}}{100\%}\right) = 43.528\ \text{u}$$

$$^{65}\text{Cu의 기여 질량} = 64.9278\ \text{u} \times \left(\frac{30.83\%\ ^{65}\text{Cu}}{100\%}\right) = 20.017\ \text{u}$$

이 기여 질량을 전부 더하면 '평균 원자'의 총 질량이 된다.

$$43.528\ \text{u} + 20.017\ \text{u} = 63.545\ \text{u를 반올림하여 } 63.54\ \text{u}$$

이 두 단계 문제에서 마지막에 4자리 유효 숫자로 반올림할 때까지 여분의 유효 숫자를 계속 유지했다는 점을 주목하라.

답이 합리적인가? 빨리 확인하는 방법: 답이 최고 질량과 최저 질량 사이의 값이어야 하고, 실제로 답은 그 사잇값이다. 조금 더 분석하면 ^{63}Cu이 ^{65}Cu보다 더 많이 존재하기 때문에 제시한 답이 ^{63}Cu의 질량에 더 가까워야 한다. 실제 결과도 64.9보다는 62.9에 더 가까우므로 답이 옳다고 확신할 수 있다.

실전 문제 0.13

자연계에 존재하는 탄소는 98.90% ^{12}C 원자와, 1.1%의 ^{13}C 원자로 이루어져 있으며, 원자 질량은 각각 12.0 u와 13.003 u이다. 탄소의 평균 원자 질량을 계산하시오(**힌트**: 백분율 존재비를 상대 존재비로 변환하시오).

실전 문제 0.14

비활성 기체인 아르곤은 0.0337%의 ^{36}Ar 원자와 0.063%의 ^{38}Ar 원자 그리고 99.600%의 ^{40}Ar 원자로 이루어져 있다. ^{36}Ar 원자의 질량은 35.978 u이고 ^{38}Ar 원자의 질량은 37.963 u이며 ^{40}Ar 원자의 질량은 39.962 u이다. 아르곤의 평균 원자 질량을 계산하시오.

최근 연구는 동위 원소의 존재비가 범죄 사건을 해결하는 데 도움을 줄 수 있다는 것을 보여 주고 있다. **최첨단 화학 0.4**에 소개한 바와 같이 서로 다른 지역 간의 미세한 동위 원소 차이로부터 살인 사건의 정보를 얻을 수 있다.

최첨단 화학 0.4

동위 원소 비를 이용한 범죄 해결

전 세계에 걸친 동위 원소 분포의 차이가 범죄 과학 수사에도 사용되고 있다. 1971년 2월, 한 여성의 사체가 Florida 중부 Panasoffkee 호수의 남쪽 끝 부근에 있는 고속도로 교각 아래에서 발견되었다. 이 사건 담당 형사들은 살해된 여인과 살해범의 신원조차 파악하지 못한 채 그 여인은 무명으로 묻히게 되었다.

추가 조사를 위해 1987년에 그 주검을 다시 발굴했지만 그 당시 범죄 과학 수사로는 더 이상 새로운 결과를 얻지는 못했다. 2012년 South Florida 대학의 Tampa Bay 미제 사건 연구팀이 그 여인 유골의 치아 에나멜과 뼈를 얇게 깎아내고 머리카락을 채취한 후 분석한 납과 탄소 그리고 산소 동위 원소 성분 결과로부터 그 여인의 삶과 관련한 단서가 나왔다.

암석과 토양에 들어 있는 원소들의 동위 원소 비는 지리학적 위치에 따라 다르다. 화학자들은 질량 분석계(최첨단 화학 0.2)를 사용하여 이런 비율을 결정할 수 있고, 그 결과를 전 세계 다른 지역의 비율과 대조할 수 있다.

이 여성이 어디 출신인지를 알려준 첫 번째 원소는 납이었다. 1970년대까지 휘발유에 사용된 테트라에틸 납(그림 참조)은 대기, 토양, 음식과 자라나는 어린이의 신체까지 오염시켰었다. 유럽에서 사용되었던 이 납은 호주에서 왔는

데, 미국에서 사용된 납과는 다른 동위 원소 특징을 가지고 있다. 이로부터 이 여성은 유럽 출신이라는 것을 알 수 있었다.

두 번째 원소인 산소의 동위 원소는 남부 유럽을 가리키고 있었다. 바다에서 물이 증발할 때 무거운 동위 원소인 ^{18}O와 ^{17}O를 포함한 물은 연안 바로 근처에 강수로 내리게 되는데, 여성 뼈에 포함된 산소에 무거운 동위 원소가 고농도로 존재했다. 납과 산소의 동위 원소 패턴을 조합해 보면 약 60~70%의 확률로 그리스가 지리학적 출처라는 것을 알려주고 있다.

마지막으로 분석한 동위 원소는 탄소였다. 여성의 머리카락을 이용하여 머리카락의 길이에 따른 탄소 동위 원소의 비를 검사한 결과를 바탕으로 과학자들은 그 여인이 사망하기 직전 미국에 왔다는 결론을 내렸다. 미국은 옥수수 기반의 식품을 먹는 반면 유럽은 밀을 기반으로 한 음식을 먹는다. 미국의 옥수수는 무거운 탄소 동위 원소의 비가 높다.

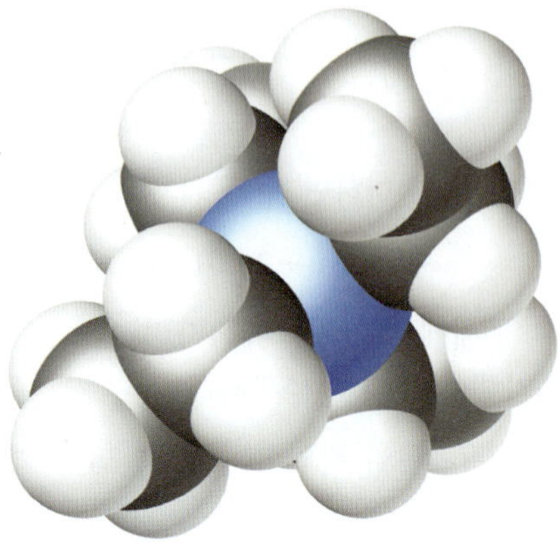

그림 1 테트라에틸 납의 모형

종합 화학 예제

원자의 본성과 관련한 Dalton의 추론들이 틀렸다고 가정하자. 각각의 추론이 틀렸다면 어떤 결론을 내릴 수 있는가? 거시적 수준에서 관찰되는 것은 무엇이며, 미시적 관점에서의 결론은 무엇인가? 당신의 설명에 질량 보존 법칙이나 일정 성분비 법칙과 같은 사실에 기반한 정보를 이용하시오. 마지막으로 원자론을 대신할 합리적인 대안이 있는지 설명하시오.

분석 Dalton의 원자론에서 제시된 추론들을 주의 깊게 분석해서 추론이 틀렸다면 그 의미가 무엇인지를 묻고 있다. 특히 거시적 관점에서 관찰되는 것과 미시적 관점에서의 의미를 비교할 것을 요구하고 있다. 사실에 기반한 정보와 질량 보존 법칙이나 일정 성분비 법칙과 같은 자연의 법칙을 이용할 것을 제안하고 있다. 마지막으로 원자론을 대신할 합리적인 대안이 있는지 묻는다.

도구 모음 능동적 읽기와 질량 보존의 법칙이나 일정 성분비 법칙 등의 도구를 Dalton의 원자론에 적용해서 질문에 대한 답을 구한다.

풀이(첫 번째 추론): "물질은 원자라고 하는 작은 입자들로 이루어져 있다."라는 첫 번째 추론에 대한 다음의 대안을 생각해 보자. (1) 입자는 존재하지 않는다.(즉 물질은 연속적이다.) 혹은 (2) 입자는 작지 않다.

첫 번째 대안에 대하여 생각해 보자. 물질이 연속적이라면 원자와 같은 기본 단위가 존재하지 않는다는 의미이다. 반응물을 혼합(때로는 수소와 산소 혼합물이 반응할 때와 같이 스파크가 필요하다.)해서 시작된 반응이 끝나는 이유는 무엇이고 또 어떻게 종료되는가? "왜"에 대한 대답은 한 가지 반응물이 완전히 소모되었기 때문이다고 답할 수 있다. 그러나 "어떻게"란 질문에 대한 답은 어렵다. 일정 성분비 법칙은 생성물에 포함된 반응물의 질량으로 해석할 수 있다. 그러나 반응 자체가 존재하는 반응물의 질량을 확인하는 것은 불가능하며 이는 특히 한 가지 반응물이 모두 소모된 경우에 더욱 그러하다. 반응물 하나가 모두 소모된 것을 확인하는 유일한 방법은 반응을 위한 작은 입자가 더 이상 존재하는 않는 것을 아는 경우뿐이다. 이 작은 입자가 원자이다.

물질이 연속적이면 물질을 더 작은 양으로 무한히 나눌 수 있다. 예를 들면 금 시료를 반으로 계속 나누어도 금 입자(금 원자)를 얻을 수 없다. 그러나 물질이 입자로 이루어졌다면 시료를 계속 나누어 금 입자 하나를 얻을 수 있다. 이 마지막 입자를 나누어서 얻는 것은 더 이상 금이 아니다.

두 번째로 원자가 작은 입자가 아니라면 일단 물질이 연속적이라는 것은 배제하고 단순히 입자의 크기만 논하면 된다. 최근에 과학자들이 개별 원자를 관찰할 수 있게 되었지만 실제로 입자의 크기는 별로 중요하지 않다. 앞에서 논한 두 가지 법칙을 설명하기 위하여 입자 개념이 필요하기 때문에, 물질이 입자로 구성되어 있다는 사실 자체가 중요한 의미를 갖는 것이다.

답이 합리적인가(첫 번째 추론): 우리는 (1) 원자는 입자이다. 그리고 (2) 원자는 매우 작다. 라는 관점에서 첫 번째 추론에 대하여 논하였다. 원자가 다른 입자를 구성하는 독립적인 단위라는 관점은 우리가 공부한 내용에 비추어 타당하다. 원자는 작기만 하다면 실제 크기는 중요하지 않다.

이제 여러분 나름의 논리를 이용하여 Dalton의 나머지 추론에 대하여 논해보시오.

종합 화학 문제

A. 다음의 분야에서 원자나 아원자 입자의 크기가 매우 작다는 사실이 갖는 장점은 무엇인가? (**a**) 과학 (**b**) 지질학 (**c**) 생명 그리고 건강

B. 그림 0.5를 이용하여 음극선관의 화면에 영상이 만들어지는 원리를 설명하시오(**힌트**: 점 1, 2, 3이 만들어지는 원리를 생각해보고 영상을 만드는 많은 점을 만드는 방법을 생각해보라).

C. 위에서의 답을 이용하여, 과학자들이 음극선이 만들어 내는 점과 같은 원자 규모 조작에 대한 지식을, 영상을 만들어 내는 것과 같은 거시적 규모에 어떻게 이용하는지 설명하시오.

D. 지구상의 원소 대부분은 원소를 구성하는 안정한 동위 원소의 비나 평균 원자 질량이 일정하기 때문에 화학에서의 계산에 이용될 수 있다. 그러나 최첨단 화학 0.3의 표 1에 나타낸 원소들은 은하계에 따라서 혹은 지구상의 위치에 따라서 존재비가 서로 다르다. 동위 원소의 비를 이용해야만 답할 수 있는 흥미로운 질문 5개를 만들어보시오.

요약

학습 목표별로 정리함

화학이라는 과학의 범위와 목적에 대한 이해를 증진시킬 수 있다.

화학에서 꼭 기억해야 할 몇 가지 중요한 개념들이 있다. 이런 개념 중에 Dalton이 발전시킨 원자론이 포함된다. 다음으로 원자 규모는 거시 세계에 투영되어 있다는 개념이다. 또 다른 개념인 에너지 변화와 확률은 화학 반응이 왜 일어나는지를 이해할 수 있게 해준다. 마지막으로 분자의 삼차원 구조는 흔히 그들의 기능을 알려준다.

원소들이 어떻게 형성되었는지를 설명할 수 있다.

수소, 중수소, 헬륨, 극미량의 리튬은 **빅뱅**으로 형성되었다. 철까지의 원소는 별, 주로 적색 거성에서 만들어졌다. 나머지 자연계 원소들은 **초신성**에서 형성되었다.

지구에서의 물질 분포가 우연한 것이 아님을 이해할 수 있다.

초신성에서 기인하는 물질 중 수소는 새로운 별을 형성하는 경향이 있는 반면 무거운 원소는 행성을 형성하였다. 용융 지구가 냉각되면서 서로 다른 물리적 특성을 지닌 원소와 화합물들은 분리되어 현재와 같이 불균일하게 분포하게 되었다.

원자론의 위대한 본질을 인식할 수 있다.

Dalton은 **일정 성분비 법칙**과 **질량 보존 법칙**으로 그의 **원자론**의 기반을 구축하였다. Dalton의 이론은 물질은 반응하는 동안 변하지 않는 질량을 가진 파괴할 수 없는 원자로 구성되어 있다는 것을 제안하고 있다. 화학 반응에서 원자는 결합 상대를 바꿀 수는 있지만 새로 만들어지거나 파괴되지는 않는다. 오늘날 현대적 장비를 사용하여 과학자들은 고체 표면의 원자를 '관찰'할 수 있다.

원자의 구조를 어떻게 알게 되었는지를 설명할 수 있다.

원자는 **전자**(음전하, 1−), **양성자**(양전하, 1+), **중성자**(영전하)와 같은 **아원자 입자**로 나누어진다. 양성자의 수를 원소의 **원자 번호**(Z)라 부른다. 각 원소는 다른 원자 번호를 가지고 있다. 전자는 **핵**의 바깥

쪽에서 발견된다. 중성 원자의 경우, 전자의 수는 원자 번호와 같다. 한 원소의 **동위 원소**는 같은 원자 번호를 가지나 중성자 수가 다르다. 원소의 **원자 질량**(**원자량**)은 탄소-12 원자가 정확히 12 u(원자 질량 단위)를 가진다는 척도로 나타낸 상대 질량이다. 자연계의 대부분의 원소는 질량이 약간 다른 몇 개의 동위 원소가 균일하게 혼합된 형태로 존재한다. 그러나 한 원소의 모든 동위 원소의 화학적 특성은 거의 동일하다.

문제 풀이를 위한 도구

도구 다음과 같은 도구들이 이 장에서 도입되었다. 이들을 주의 깊게 공부하면 필요할 때 적절한 도구를 선택할 수 있다.

능동적 읽기(장의 도입부) 이해력과 지식의 함양을 목적으로 하는 인쇄물(교재)을 대하는 방법

일정 성분비 법칙(0.4절) 어떤 주어진 화합물이든 항상 동일한 원자로 구성되어 있고 그 원소들은 항상 같은 질량비로 존재한다.

질량 보존 법칙(0.4절) 질량은 화학 반응에서 소실되거나 증가하지 않는다.

원자 내 아원자 입자의 수(0.5절) 전자의 수 = 양성자의 수 (중성 원자의 경우에만)
원자 번호(Z) = 양성자의 수
질량수(A) = 양성자의 수 + 중성자의 수

원소 기호(0.5절) 각각의 원소들은 하나 또는 두 개의 문자로 된 약자로 나타낼 수 있다. 첫 문자는 항상 대문자로 쓰고 두 번째 문자는 소문자로 쓴다.

동위 원소의 원자 기호(0.5절) 질량수(A)는 원소 기호 앞에 위 첨자로, 원자 번호(Z)는 원소 기호 앞에 아래 첨자로 표기한다.

쌍으로 구성된 복습 문제 중 청색 번호를 가진 문제의 해답은 부록 B에 수록하였다. 난이도가 높은 문제는 별표(*)로 표시하였다.

복습 질문

화학의 중요 개념

0.1 화학에서 중요한 개념(교재에서 다루지 않은) 두 가지를 제시하시오. 이 개념들은 화학의 입문 과정에서 다루기에 적당한가?

0.2 지금까지 알려진 지식을 바탕으로 판단할 때 원자론의 추론 중 틀린 것은 어느 것인가?

0.3 새로운 생성물을 만드는 것과 원자론은 어떤 관계가 있는가?

0.4 결정 구조를 보여주는 웹사이트를 찾고 몇 가지 결정 구조가 있는지 확인하시오. 작은 결정이 거시적인 결정 구조에 어떻게 영향을 미치는지 설명하시오.

0.5 화학에서 에너지 변화가 중요한 이유는 무엇인가?

0.6 고체 정제 형태의 잘 알려진 제산제에 물을 가하면 기포와 거품이 발생한다. 이 현상이 발생하는 이유를 설명하시오.

0.7 화학 물질을 섞자마자 화학 반응이 시작하는 경우가 있는가? 이 반응에서 원자가 에너지를 잃는 방법에 대하여 논해 보시오.

0.8 어떤 거대한 생물학적 분자는 그 구조와 기능이 밀접한 연관이 있다. 사례를 들어 설명하시오.

원소의 합성

0.9 어떤 원소들이 합성되는가?
(a) 빅뱅의 초기 (b) 적색 거성에서 (c) 초신성에서

0.10 원소나 별 그리고 행성의 형성에 철이 매우 중요한 역할을 하는 이유는 무엇인가?

0.11 우주의 95%를 구성하는 두 가지 원소는 무엇인가? 이 원소들이 우주의 대부분을 구성하는 이유는 무엇인가?

지구에서의 원소

0.12 Dalton은 당시에는 알려지지 않은 #32 원소의 존재를 예측하였다. 그는 이 원소가 규소나 주석 혹은 둘 모두가 많이 포함된 시료에서 발견될 것이라는 예측도 하였다. 그 원소의 어떤 물리적 특성 때문에 Dalton이 그런 논리적 결론을 내릴 수 있었는가?

0.13 지구에서 원소들이 균일한 혼합 상태보다는 고르지 않은 혼합 상태로 존재하게 만든 물리적 과정에 대하여 설명하시오.

0.14 지표면에서 지금도 진행되고 있는 물질적 분리 과정에 대하여 설명하시오.

Dalton의 원자론

0.15 질량 보존 법칙과 일정 성분비 법칙에 대한 근거를 제시하기 위하여 초기 화학자들이 사용한 측정 장비는 어떤 것이 있는가?

0.16 Dalton의 원자론이 질량 보존 법칙과 일정 성분비 법칙을 어

떻게 설명할 수 있는지 자신만의 문장으로 기술하시오.

0.17 화합물이 무엇인지 일정 성분비 법칙을 이용하여 설명하시오.

원자의 내부 구조

0.18 우리는 원자는 파괴할 수 없는 가장 작은 입자라는 주장이 틀렸다는 것을 안다. 원자를 구성하는 3가지 중요한 입자는 무엇인가? 현재는 이 3가지 입자 또한 더 작은 입자로 구성되어 있다는 것이 알려졌다.

0.19 핵자는 어떤 입자인가? 어느 영역에서 발견되는가?

0.20 전자의 전하 대 질량 비를 결정하는 실험에 대하여 설명하시오.

0.21 전자의 전하량을 결정한 Milikan의 실험과 이 실험 결과를 이용하여 전자의 질량을 결정하는 방법에 대하여 설명하시오.

0.22 양성자를 발견하게 된 관찰에 대하여 설명하시오.

0.23 핵을 발견하게 된 관찰은 무엇인가? 핵을 발견하게 된 실험에 대하여 설명하고 누구의 업적인지 밝히시오.

0.24 이리듐(iridium) 원소는 질량이 각각 190.960 u와 192.963 u인 ^{191}Ir 37.3% 그리고 ^{193}Ir 62.7%로 구성되어 있다. 이리듐의 평균 원자 질량은 얼마인가?

0.25 원자 번호와 질량수를 정의하고 각각을 나타내는 기호를 쓰시오.

0.26 다음의 중성자를 포함하는 동위 원소의 기호를 쓰시오(필요하면 앞표지 안쪽에 원자 질량과 번호가 인쇄된 표에서 추가적인 정보를 확인하시오).

0.27 "탄소-12의 원자 질량은 12 u이다."라는 명제가 옳은 이유와 "염소의 원자 질량이 35.453 u 이다."라는 명제가 틀린 이유를 밝히시오.

0.28 정확히 정수인 원자 질량을 갖는 유일한 원자는 무엇인가?

복습 문제

0.29 어떤 원소 X가 산소와 생성한 화합물은 X 원자 2개와 산소 원자 3개로 구성되어 있다. 1.125 g의 X와 1.000 g의 산소가 결합하고 있는 화합물 시료가 있다. 산소의 평균 원자 질량을 이용하여 X의 평균 원자 질량을 계산하시오. 구한 평균 원자 질량을 이용하여 원소 X가 무엇인지 밝히시오.

0.30 수소가 비금속과 반응하여 수소 4개당 비금속 1개가 결합하는 화합물을 형성한다. 3.0 g의 비금속이 1.0 g의 수소와 반응한다면 비금속의 원자 질량은 얼마인가? 구한 평균 원자 질량을 이용하여 이 비금속이 무엇인지 밝히시오.

0.31 다음의 각 동위 원소의 원자에 존재하는 중성자와 양성자 그리고 전자의 수를 각각 구하시오.

(a) 코발트-59 (b) ^{120}Sn
(c) 붕소-10 (d) ^{40}Ca

(주기율표를 이용하여 원자 이름, 질량, 그리고 번호를 확인하시오.)

0.32 다음의 각 동위 원소의 원자에 존재하는 전자와 양성자 그리고 중성자의 수를 각각 구하시오.

(a) 세슘-137 (b) ^{239}U
(c) 플루오린-19 (d) ^{200}Hg

(주기율표를 이용하여 원자 이름, 질량, 그리고 번호를 확인하시오.)

0.33 스트론튬은 불꽃놀이나 도로에서 위험을 알리는 붉은색 빛을 내는 데 사용된다. 스트론튬의 동위 원소 중 하나의 질량수는 86이고 원자 질량은 85.9092672 u이다. 이 동위 원소의 양성자와 중성자 그리고 전자의 수를 각각 구하시오.

0.34 크로뮴 금속은 자동차 범퍼나 핸들의 철이 녹스는 것을 방지하기 위한 코팅 용도로 많이 사용된다. 동위 원소 ^{50}Cr의 원자 질량은 49.9460464 u이다. 이 동위 원소의 양성자와 중성자 그리고 전자의 수를 각각 구하시오.

0.35 천연가스에는 메테인이라는 화합물이 포함되어 있다. 메테인 한 분자는 4개의 수소 원자와 1개의 탄소 원자로 구성되어 있다. 0.33597 g의 수소가 1.000 g의 탄소-12와 결합한 메테인 시료가 있다. 이 정보를 이용하여 수소의 원자 질량을 구하시오.

0.36 사염화 탄소는 한 개의 탄소와 4개의 염소를 포함한다. 11.818 g의 염소가 1.000 g의 C-12와 결합한 사염화 탄소 시료가 있다. 이 정보를 이용하여 염소의 원자 질량을 구하시오.

0.37 수소가 발견되지 않아서 헬륨의 질량을 1.000이라고 정했다고 가정해 보자. 이 새로운 체계에서 은의 원자 질량은 얼마인가?

0.38 어떤 Ga 한 원자의 질량이 ^{12}C 한 원자의 5.8배이다. 이 Ga 동위 원소의 원자 질량을 u 단위로 구하시오.

0.39 자연계에 존재하는 염소의 두 동위 원소 염소-35와 염소-37의 원자 질량은 각각 34.97 u와 36.966 u이다. 평균 원자 질량 35.453 u를 이용하여 각 동위 원소의 존재비를 구하시오(동위 원소의 존재 백분율 합이 100이 되어야 함을 기억하라).

0.40 아래는 자연계에 존재하는 주석의 안정한 동위 원소 10가지의 질량과 백분율 존재비를 나타낸 표이다. 주석의 평균 원자 질량을 구하시오(**힌트**: 스프레드시트를 이용하면 편리하다).

동위 원소	원자 질량	백분율 존재비
^{112}Sn	111.904826	0.97
^{114}Sn	113.902784	0.66
^{115}Sn	114.903348	0.34
^{116}Sn	115.901747	14.54
^{117}Sn	116.902956	7.68
^{118}Sn	117.901609	24.22

^{119}Sn	118.903311	8.59
^{120}Sn	119.9021991	32.58
^{122}Sn	121.9034404	4.63
^{124}Sn	123.9052743	5.79
합계		100.00

추가 연습 문제

0.41 산화 이질소 N_2O는 일명 '웃음 가스'로 불리며, 이산화 질소 NO_2는 잘 알려진 오염 물질이다. 이 분자들은 일정 성분비 법칙을 만족하는지 설명하시오.

0.42 핵에 42개의 양성자를 포함하는 원소가 있다.

(a) 원소의 이름은 무엇인가?

(b) 질량이 평균 원자 질량과 가장 가까운 동위 원소의 기호를 쓰시오.

(c) (b)에서 확인한 동위 원소가 가지고 있는 중성자는 몇 개인가?

(d) 중성 원자가 가지고 있는 전자는 몇 개인가?

(e) 평균 원자 질량은 ^{12}C보다 몇 배 더 무거운가?

0.43 표는 루테늄의 3가지 동위 원소에 대한 백분율 존재비와 원자 질량을 나타낸 것이다. 루테늄의 평균 원자 질량을 구하시오.

동위 원소	백분율 존재비	원자 질량
^{99}Ru	0.1276%	98.959
^{100}Ru	0.12690%	99.9042
^{101}Ru	17.06%	100.9042

0.44 교재의 그림 0.8을 참조하여 다음 그림에서 양성자와 중성자 그리고 전자를 나타내는 색이 어느 것인지 밝히고 원소 이름을 쓰시오. 원자의 질량수를 쓰고 원자 기호를 ${}^{A}_{Z}X$ 표기법으로 나타내시오.

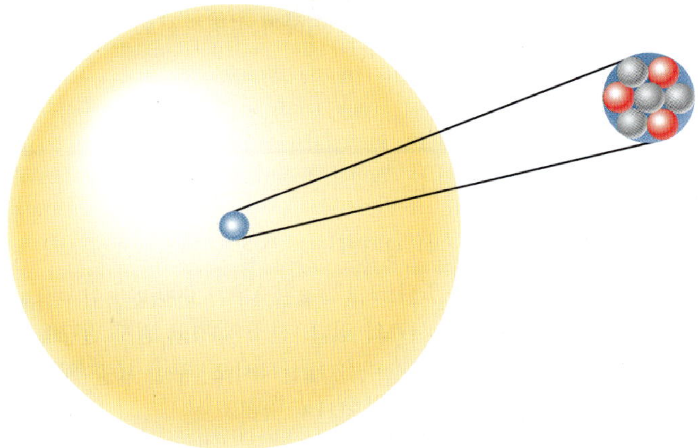

비판적 사고의 과제

0.45 공룡이 소행성 충돌의 결과로 멸종했다는 가설이 제기되어왔다. 백악기–제3기 경계면의 퇴적암층에는 공룡의 증거를 포함한 퇴적암과 포함하지 않는 신생암층이 구분되어 있다. 이 이론이 지지를 받는 것은 백악기–제3기 경계면에 소행성에서 왔을 것으로 추정되는 Ir이 이례적으로 매우 다량 포함되어 있기 때문이다. 앞표지 안쪽에 있는 원자 질량과 원자 번호 표를 이용하여 이리듐-193 원자의 양성자와 중성자 그리고 전자의 수를 결정하시오.

0.46 Avogadro는 같은 온도와 압력에서 동일한 부피의 용기에는 같은 수의 기체 분자가 들어 있다고 제안하였다. 과학자들이 수소, 산소, 염소와 같은 원소들이 이원자 분자로 존재한다는 것을 발견하는 데 이 제안이 어떻게 활용되었는가? 이 제안이 중요한 이유는 무엇인가?

0.47 과학자들은 지구 둘레와 같은 물리량은 두 가지 독립적인 방법으로 측정하여 그 결과를 검증한다. 원소의 원자 질량을 측정할 수 있는 두 가지 방법을 설명하시오. 두 방법이 독립적인지를 어떻게 확신하는가?

0.48 노벨상 위원회가 운영하는 웹사이트에는 1935년 노벨 물리학상을 받은 Chadwick 경의 수상 연설이 게시되어 있다. 이 연설을 읽고 관련 실험에 대한 도표를 그리시오.

0.49 NASA의 Spirit 탐사선과 Opportunity 탐사선은 화성 표면 암석의 구성과 구조를 밝히기 위하여 퀴륨-244를 이용한다. 퀴륨-244 한 원자에 존재하는 양성자와 중성자 그리고 전자의 수는 몇 개인가?

0.50 Marie Curie는 방사능과 라듐에 대한 연구로 1911년 노벨 화학상을 수상하였다. Curie는 염화 라듐을 여러 번 정제하여 라듐의 원자 질량을 결정할 수 있었다. 정제 과정이 거듭될수록 $RaCl_2$에서 더 많은 방사능이 방출되었다. 정확하게 측정된 정제 $RaCl_2$ 0.1g을 녹인 후 염소를 AgCl 형태로 침전시켰다. 어떤 실험에서 0.1045g의 $RaCl_2$를 녹여서 0.1009g의 AgCl을 얻었다. 이 결과를 이용하여 계산한 결과 $RaCl_2$ 시료에 0.0250g의 Cl과 0.0795g의 Ra이 포함되어 있다는 것을 알았다. Curie가 얻은 라듐의 원자 질량은 얼마인가?

1장

과학적 측정

chang/Getty Images

이 장의 배경

앞 장에서 화학이 원자와 분자의 과학이라는 것을 알게 되었다. 우리가 미시적 수준에서 원자나 분자의 본질을 이해할수록 보고 만질 수 있는 거시적 수준에서 화합물의 성질을 더 잘 이해할 수 있을 것이다. 이러한 미시적 관점에서의 이해는 정확한 관찰과 측정을 통해 얻게 된다. 예를 들면 제과점에서 빵을 만들 때 측정이 필요하다. 만드는 빵의 종류에 따라 섞는 밀가루나 물의 양 그리고 효모의 비율뿐만 아니라 숙성 시간과 굽는 시간 등이 서로 다르다. 이런 일련의 과정은 측정을 통하여 진행되고 최종적으로 다양한 빵이 완성된다. 화학 분야의 과학자들은 체계적으로 측정하고 보고하는 과정을 통하여 미시적 세계를 설명하는 연구를 진행하고 있다.

이 장의 개요

1.1 법칙과 이론: 과학적 방법

1.2 물질과 그 분류

1.3 물리적 성질과 화학적 성질

1.4 물리적 성질과 화학적 성질의 측정

1.5 실험실에서의 측정

1.6 차원 분석

1.7 밀도와 비중

학습 목표

이 장을 읽고 이해한 후 다음과 같은 것을 할 수 있어야 한다.

- 과학적 방법을 설명하고 법칙과 이론을 정의할 수 있다.
- 물질을 분류할 수 있다.
- 어떤 물리적 성질과 화학적 성질을 측정해야 하는지 확인할 수 있다.
- 측정과 SI 단위의 사용법을 이해할 수 있다.
- 측정 중에 오차나 불확실성이 발생하는 이유를 이해하고, 이를 유효 숫자를 사용하여 보고할 수 있다.
- 차원 분석을 효과적으로 이용하는 방법을 배울 수 있다.
- 물질의 밀도를 결정하는 방법과 변환 인자로서의 밀도를 사용할 수 있다.

학습 목표 달성을 위한 제안

다음은 1장에서 제시된 여러 개념을 이해하고 학습 목표를 달성하는 데 도움이 되는 몇 가지 제안이다.

1. 붉은색 번호로 시작하는 절의 제목과 파란색의 부제목 그리고 주황색의 하위 제목을 이용하여 장의 요약을 작성하라. 요약에는 중요한 그림이나 표와 더불어 파란색이나 혹은 굵은 글씨로 강조한 단어 등을 포함해야 한다.
2. 다양한 종류의 측정을 설명하는 도표를 만들고, 측정의 단위 및 변환 인자 그리고 측정에 사용되는 기기 목록을 작성하라.
3. 1장을 모두 공부한 다음, 내용과 관련된 3가지 질문을 만들고 답을 적는다. 같이 공부하는 동료가 있다면 문제를 서로 공유하라.

SDI Productions/E+/Getty Images

그림 1.1 실험실에서 연구하고 있는 화학자 잘 제어된 조건에서의 실험은 재현성 있는 실험 결과를 만든다.

1.1 법칙과 이론: 과학적 방법

과학자는 무엇이 세상을 움직이게 하는지 알고 싶어 하는 호기심 많은 존재(**그림 1.1**)이다. 그들은 기본적으로 정보를 모아서 답을 구하는 일련의 과정을 반복하는 **과학적 방법**(**scientific method**, **그림 1.2**)을 사용하여 세상과 관련한 연구를 진행하고 있다.

과학에서는 대개 잘 제어된 조건에서 실험을 수행하여 정보를 얻게 되는데, 실험 중에 **관찰**(**observation**)한 것들은 다시 실험했을 때 동일한 결과를 얻을 수 있는 **재현성**(**reproducible**)이 있어야 한다. 관찰이란 보고, 듣고, 맛보고, 느끼고, 냄새 맡은 것들을 정확하게 서술한 것이다. 실험하는 동안 관찰한 것을 **자료**(**data**)라 한다. 관찰 결과가 타당성을 가지려면 반드시 재현성을 나타내야 한다.

실험하면서 수집한 자료들로부터 결론이 도출된다. **결론**(**conclusion**)은 일련의 관찰들에 대하여 사고한 것을 체계적으로 서술한 것이다. 예를 들어 포도 주스를 발효시켜 포도주를 제조하는 과정과 관련된 다음 서술을 생각해 보자.

1. 발효 전 포도 주스는 매우 달며 알코올을 함유하고 있지 않다.
2. 발효 후 포도 주스는 더 이상 달지 않으며 다량의 알코올을 함유하고 있다.
3. 발효하는 동안 설탕은 알코올로 전환된다.

서술 1과 2는 포도 주스의 맛과 냄새를 통하여 얻은 성질을 기술한 것이기 때문에 관찰이다. 서술 3은 관찰한 것들을 이용하여 **해석**(interpret)한 것이므로 결론이다.

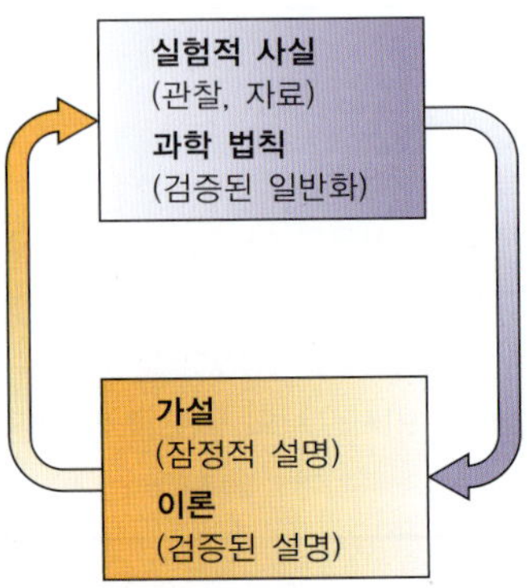

그림 1.2 과학적 방법은 순환적이다. 관찰을 통해 결론을 도출하고, 얻은 결론으로 새로운 실험을 제안하며, 새로운 실험은 또 새로운 결론을 만드는 과정이 반복된다.

실험적 관찰과 과학 법칙

과학의 목표 중 하나는 사실들을 정리하여 자료들 사이의 관계를 밝히거나 일반화시키는 것이다. 예를 들어 공기와 같은 기체의 거동에 대하여 연구하면 기체의 부피가 기체의 양, 온도, 압력과 같은 다양한 물리적 성질에 의해 좌우된다는 것을 알게 된다. 이러한 물리적 성질과 관련된 관찰이 곧 자료이다.

서로 다른 온도와 압력에서 행한 많은 실험으로부터 얻은 자료를 살펴보면 기체의 온도를 일정하게 유지한 채 원래 기체의 부피를 반으로 압축하면 기체의 압력이 두 배가 되는 것을 관찰할 수 있다. 여러 가지 다른 종류의 기체를 이용한 반복 실험을 통해서 이러한 일반화가 모든 기체에 적용된다는 것을 알게 될 것이다. 많은 실험 결과를 바탕으로 일반화된 내용을 **법칙**(**law**) 또는 **과학 법칙**(**scientific law**)이라고 하며, 수학식 형태로 표현하는 경우가 많다. 예를 들어 기체의 압력을 기호 P로, 부피를 V로 나타내면, 압력과 부피의 반비례 관계를 다음과 같이 쓸 수 있다.

$$P = \frac{C}{V}$$

여기서 C는 비례 상수이다(기체와 관련된 법칙은 10장에서 자세히 다룰 것이다).

해설 기체의 압력은 부피에 반비례한다. 따라서 부피가 감소할수록 압력은 증가한다.

가설과 이론: 자연의 모형

법칙은 유용하지만 단지 어떤 일이 일어났는지를 기술할 뿐이며 설명을 포함하지는 않는다. 예를 들어 **왜 기체는 작은 부피로 쉽게 압축되는가?** 혹은 **기체가 그러한 거동을 보이려면 가장 근본적이고 원천적인 수준에서 기체는 어떤 모습이어야 하는가?** 와 같은 질문에 대한 답을 구하는 것은 간단한 일이 아니며 많은 예측이 필요하다. 이에 과학자들은 **이론적 모형**(**theoretical model**)이라는 가상의 그림을 수없이 만들어 나가며 관찰된 법칙을 설명하려고 한다.

이론적 모형을 개발하기 위하여 연구자는 **가설**(**hypothesis**)이라는 잠정적 설명을 도출한다. 그 다음 개발된 모형으로부터 나온 예측들을 검증하는 실험을 수행한다. 때로는 모형이 틀렸다는 결과가 나오기도 하는데, 이런 경우에는 제시된 모형을 폐기하거나 새로운 자료에 기반하여 수정하여야 한다. 그리고 반복적인 검증을 통해 제시된 모형이 유효하다고 판단되면 비로소 이론으로 정리된다. **이론**(**theory**)은 **자연의 거동에 대한 검증된 설명**이다. 예를 들어 원자론(atomic theory)은 물질의 조성과 변화를 설명할 수 있다. 그렇지만 이론이 잘못되었음을 보이는 모든 검증을 할 수는 없으므로 이론이 **절대적**으로 옳다는 것을 증명할 수 없다는 사실을 기억해야 한다. 더욱이 기기 성능의 향상으로 더 좋은 자료를 더 많이 얻을 수 있기 때문에 이런 자료에 기반하여 기존 이론을 조금 변형하거나 혹은 완전히 새롭게 정립해야 하는 경우도 있다.

때로는 행운과 독창성이 과학의 발전에 중요한 역할을 한다. 그 예로 2004년에 Andre Geim과 Konstantin Novoselov가 스카치테이프를 사용하여 탄소의 한 형태인 흑연(graphite)으로부터 탄소 원자 한 층으로 이루어진 **그래핀**(graphene, **그림 1.3**)을 얻는 데 성공한 사례를 들 수 있다. Geim과 Novoselov의 창의성이 없었다면 과학적 방법을 적용한 이 위대한 발견은 이루어지지 않았을지도 모른다.

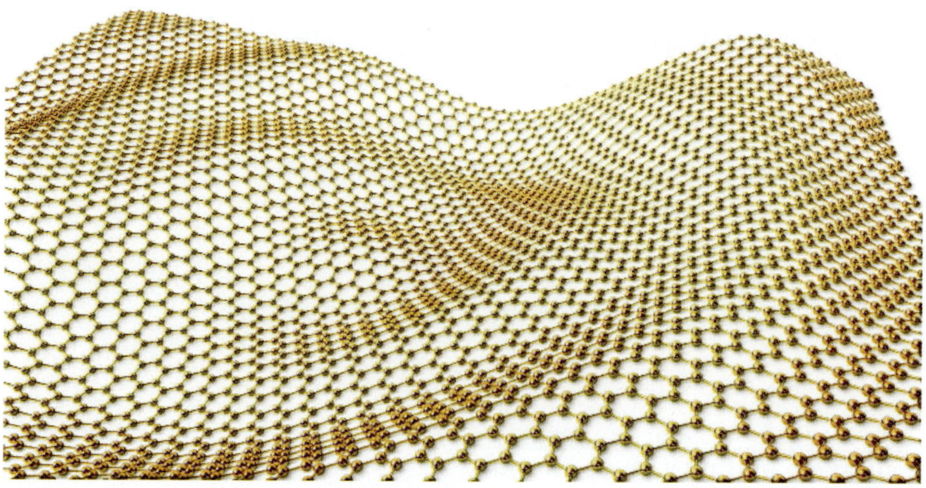

그림 1.3 **그래핀** 탄소 원자의 단층 구조가 매우 강하고 유연한 물질을 만들어 낸다.

마지막으로 강조하고 싶은 것은 과학에서 가장 극적이고 깜짝 놀랄만한 변화 중 일부는 주요 이론에 오류가 있다고 증명될 때 일어난다는 것이다. 매우 드물지만 이런 일이 일어나면 과학자들은 앞다투어 새로운 이론을 개발하려고 경쟁하며, 그러한 노력을 통해 획기적이며 새로운 분야가 열리게 된다.

최첨단 화학 1.1

코비드-19(COVID-19)

코비드-19 대유행은 과학이 몇 달 사이에 얼마나 급속히 진화하는지를 보여주는 사례이다. 2020년 1월 9일 세계 보건 기구(World Health Organization, WHO)는 코로나 바이러스로 인하여 중국 우한 사례와 유사한 폐렴이 유행할 수 있다고 경고하였다. 세계 보건 기구는 또 2020년 1월 말에 우한 지역이 엄격하게 격리되고 전 세계적으로 9800건의 발병사례와 200명의 사상자가 발생하자 공중 보건 비상사태를 발령하였다. 2월이 되자 미국의 질병 관리 센터(US Center for Disease Control, CDC)는 이 질병이 사망을 유발하며 사람 간에 전염될 수 있고 전 세계적인 확산이라는 대유행(pandemic)의 3대 조건 중 2가지를 만족하고 있다고 경고했다. 2020년 3월 11일 세계 보건 기구는 마침내 코비드-19 대유행을 선포하였다. 2020년 9월 말에는 이천만 명 이상의 감염과 백만 명 이상의 사상자가 발생하였고 감염 사례가 없는 국가는 전 세계에서 11개국에 불과한 것으로 확인되었다.

빠르게 확산하는 코비드-19로 인해 관련 과학 또한 빠르게 발전해야 했다. 우선 질병을 검출할 수 있는 검사법이 시급하였는데, 최초의 검사 기법으로는 결과를 얻는 데 10일이 소요되었다. 이후 3개월 안에 과학자들은 1시간 내에 감염 여부를 알 수 있는 검사법을 개발하였다. 적절한 치료법의 확립이 필요하였고, 제안된 치료법에 대한 임상 실험이 진행되었으며, 마침내 모두를 보호할 수 있는 백신이 개발되었다.

처음에는 코비드-19 치료에 효과가 있는 것으로 알려진 하이드록시클로로퀸(hydroxychloroquine)이 추가적인 연구와 수집된 자료들을 기반으로 효능이 없는 것으로 밝혀지기도 하였으며, 초기에는 적극적으로 시행되지 않았던 마스크 착용이 질병 확산을 막는 데 효과적이어서 본인은 물론 주변 사람들을 보호할 수 있다는 사실이 밝혀지기도 하였다. 이에 따라 호흡기로부터의 비말이 바이러스의 전파에 큰 역할을 한다는 사실과, 입과 코를 가리는 마스크를 착용하면 비말이 날리는 것을 줄일 수 있다는 많은 임상 실험에서의 결과를 종합해서 마스크 착용이 권장되었다. 이 사례에서도 많은 연구와 자료를 수집한 결과 과학의 변화와 마스크 착용에 대한 권고가 뒤따르는 순환 과정을 확인할 수 있다.

실전 문제 1.1[1]

과학적 방법의 과정에 대하여 설명하시오(**힌트**: 그림 1.2를 이용하시오).

자연의 모형으로서의 원자론

0.4절에서 자세히 논의한 원자론이 자연에서 가장 중요한 이론적 모형이라는 데는 모든 과학자가 사실상 동의한다. 이 이론에 따르면 모든 화학적 물질은 **원자(atom)**라고 하는 초미시적 입자로 구성되어 있으며, 원자들이 여러 방법으로 결합하여 우리 주변에서 눈으로 볼 수 있는 **거시적(macroscopic)**이며 복잡한 물질을 형성한다. 이 이론은 과학자들이 자연에 대해 고찰하는 방법의 기초가 된다. 원자론의 내용과 이 이론을 이용하여 화학적 사실을 설명하는 방법을 이해하는 것이 본 교재의 중심 주제이다.

해설 거시적이라는 말은 물체의 크기가 맨눈으로 관찰하기에 충분하다는 의미이다.

[1]실전 문제에 대한 답은 교재 뒷부분의 부록 B에 수록하였다.

1.2 물질과 그 분류

앞의 1.1절에서 언급한 바와 같이 과학의 목표 중 하나는 우리 주변이나 실험실에서 관찰한 것들을 초미시적 수준의 원자 및 원자들의 조합이 보이는 거동과 연관시킬 수 있도록 하는 것이다. 이러한 논의를 시작하려면 거시적 세상을 다루는 화학을 먼저 공부할 필요가 있다.

화학은 물질의 성질과 변환을 다루는 학문이다. 공간을 채우고 질량을 가진 모든 것으로 정의되는 **물질(matter)**은 우주를 구성하는 재료이다. 바위에서 피자 혹은 사람에 이르기까지 우리 주위의 모든 사물이 물질의 예이다.

물질을 정의할 때 **무게** 대신에 **질량**이라는 용어를 사용한다는 것에 주목하라. 무게와 질량은 서로 의미가 다름에도 불구하고 같은 의미로 혼용되는 경우가 많다. **질량(mass)**은 **물체를 이루는 물질의 고유한 양**을 의미하며, **무게(weight)**는 **중력이 물체를 끌어당기는 힘**을 의미한다. 예를 들어 특정한 양의 물질을 포함하고 있는 골프공은 위치와 관계없이 일정한 질량을 갖는다. 그러나 지구의 중력이 달의 중력의 6배가 되기 때문에 골프공의 **무게**는 달에서보다 지구에서 6배 더 크다. 질량은 위치에 따라 변하지 않으므로 물질의 양을 나타낼 때 무게 대신에 질량을 사용한다. 질량은 저울(balance)이라는 장치를 사용하여 측정하는데, 이에 대해서는 1.4절에서 논의하기로 한다.

원소

구성 성분의 종류에 따라 물질을 **원소**와 **화합물**로 분류할 수 있다. 원소를 공부하기에 앞서 화학 반응의 특성에 대하여 알아보자. 화학에서는 특히 물질의 화학적 조성을 변화시키는 **화학 반응(chemical reaction)**을 다룬다. 한 가지 물질이 두 가지 이상의 다른 물질로 변하는 **분해(decomposition)**는 중요한 화학 반응 중 하나이다. 예를 들어 용융 염화 소듐(염)에 전기를 흘려 주면 은백색의 소듐 금속과 연녹색의 염소 기체가 생성된다. 이 변화는 염화 소듐이 더 간단한 두 물질로 분해된 것이다. 그러나 소듐과 염소 기체는 화학 반응에 의해서 더 이상 간단한 물질(저장해서 연구가 가능한)로 분해시킬 수 없다.

화학에서 소듐이나 염소와 같이 **화학 반응에 의해 더 이상 간단한 물질로 분해할 수 없는 물질**을 **원소(element)**라고 한다. 우리에게 친숙한 원소로는 이외에도 철, 알루미늄, 황, 탄소(흑연, 다이아몬드, 그래핀을 포함) 등이 있다. 염소, 산소, 질소, 헬륨 등과 같이 상온에서 기체인 원소도 있다. 원소는 화학자들이 연구에 직접 사용할 수 있는 가장 간단한 물질 형태로, 더 복잡한 물질은 원소들의 다양한 조합으로 이루어져 있다. **그림 1.4**는 천연에서 다른 원소와 결합하지 않고 발견되는 몇 가지 원소의 예를 보여 준다.

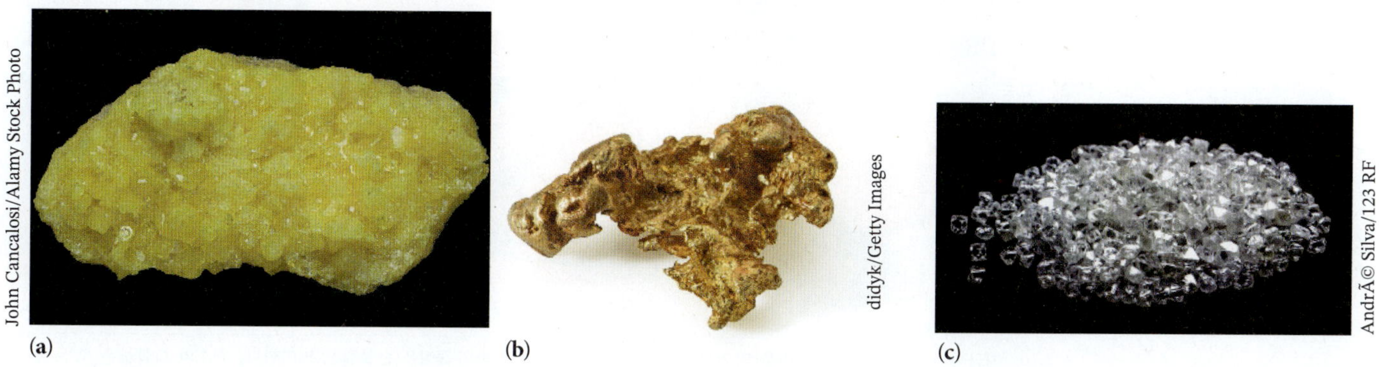

(a) (b) (c)

그림 1.4 천연에서 얻을 수 있는 몇 가지 원소 (a) 황, (b) 금, (c) 다이아몬드 형태의 탄소(석탄도 대부분 탄소로 이루어져 있다.)

표 1.1 라틴명에서 유래한 화학 기호를 갖는 원소

원소	화학 기호	라틴명
소듐	Na	Natrium
포타슘	K	Kalium
철	Fe	Ferrum
구리	Cu	Cuprum
은	Ag	Argentum
금	Au	Aurum
수은	Hg	Hydrargyrum
안티모니	Sb	Stibium
주석	Sn	Stannum
납	Pb	Plumbum

원소의 화학 기호

현재까지는 천연에 존재하는 90종의 원소에 인공 원소 28종을 포함시켜 118종의 원소가 알려져 있다. 각 원소는 원소 이름의 약자로 이루어진 고유한 **화학 기호(chemical symbol)**로 표시한다(원소의 이름과 화학 기호는 이 책 앞표지 안쪽에 나와 있으니 참고하기를 바란다). 대부분의 경우 원소의 화학 기호는 영어명의 알파벳 하나 또는 둘로 구성된다. 예를 들어 탄소(carbon)의 화학 기호는 C이고, 브로민(bromine)은 Br, 규소(silicon)는 Si로 표시한다. 어떤 원소들의 화학 기호는 영어가 아닌 다른 언어에서 유래되었다. 라틴어에서 화학 기호가 유래된 원소들을 **표 1.1**에 정리해 놓았다. 텅스텐(tungsten)의 화학 기호 W는 독일어 이름인 *wolfram*에서 유래되었다. 기호의 어원과 관계없이 첫 글자는 **항상** 대문자이고 두 번째 글자가 있는 경우에는 **항상** 소문자로 쓴다.

화학 기호는 H_2O(물)나 CO_2(이산화 탄소)와 같은 **화학식**(chemical formula)을 표현할 때 원소의 원자를 나타내는 데에도 사용된다. 화학식에 관해서는 나중에 더 자세히 다룰 것이다.

화합물

자연에서 원소는 화학 반응에 의해 다양한 특정 비율로 결합하여 더 복잡한 물질을 만든다. 수소와 산소가 결합하여 물(H_2O)이 되고 소듐과 염소는 염화 소듐(NaCl, 소금)을 만드는데, 물과 염화 소듐이 바로 화합물의 예이다. 화합물(compound)은 두 가지 이상의 다른 원소가 항상 동일한 질량비(일정 비율)로 결합하여 형성된 물질이다. 예를 들어 순수한 물을 분해할 때 생성되는 산소의 질량은 항상 수소 질량의 8배이다.

혼합물

원소와 화합물과 같은 **순물질(pure substance)**[2]의 **조성(composition)**은 얻는 방법과 장소와는 상관없이 항상 동일하다. 그러나 순물질은 드물어서 일반적으로 우리가 접하는 것은 여러 가지 원소나 화합물이 섞인 혼합물이다. 원소나 화합물과 달리 **혼합물(mixture)**은 **다양한 조성**을 가질 수 있다. **그림 1.5**는 설탕이 들어 있는 세 가지 종류의 혼합물을 보여 주고 있다. 이 혼

Juan Silva/Stockbyte/Getty Images (a) Andy Washnik (b) (c) Andy Washnik

그림 1.5 혼합물의 조성은 다양하다. (a) 오렌지 주스, (b) 팬케이크 시럽, (c) 콜라는 모두 설탕이 들어 있는 혼합물이다. 각각의 혼합물에 들어 있는 설탕의 양은 서로 다르고 따라서 혼합물의 조성 역시 서로 다르다.

[2]지금까지는 물질이라는 용어를 막연히 사용하였다. 엄격하게 말하면 **물질**은 **순물질**을 의미한다. 원소와 화합물은 모두 물질이며, 혼합물은 두 가지 이상의 물질로 구성되어 있다.

합물에는 서로 다른 비율의 설탕이 들어 있기 때문에 단맛의 정도가 다르다.

혼합물은 균일할 수도 있고 혹은 불균일할 수도 있다. **균일 혼합물(homogeneous mixture)**은 시료의 모든 부분이 같은 성질을 갖는다. 잘 섞인 설탕물을 예로 들 수 있다. 균일 혼합물을 **용액(solution)**이라고도 한다. 용액은 반드시 액체일 필요는 없으며 균일하기만 하면 된다. 예를 들어 미국의 25센트짜리 동전을 만드는 데 사용되는 합금은 구리와 니켈로 구성된 고체 용액이고, 공기는 산소와 질소 그리고 그 밖의 다른 기체들로 구성된 기체 용액이다.

불균일 혼합물(heterogeneous mixture)은 다른 성질을 갖는 두 가지 이상의 **상(phase)**으로 구성된다. **그림 1.6**에 보이는 샐러드용 드레싱에 들어있는 올리브 기름과 식초의 혼합물은, 식초 위에 올리브 기름이 떠 있는 두 개의 상으로 분리된 불균일 혼합물의 예이다. 미국의 1센트 동전은 구리로 코팅한 아연이다. 그러나 혼합물의 상이 기름과 식초처럼 화학적으로 다른 물질로 구성되어야 하는 것은 아니다. 얼음과 물의 두 가지 상으로 구성된 얼음물은 불균일 혼합물이지만, 두 상의 화학적 조성은 같고 **물리적 상태**(physical state)만 다를 뿐이다(물리적 상태에 대한 내용은 1.3절에서 더 다루기로 한다).

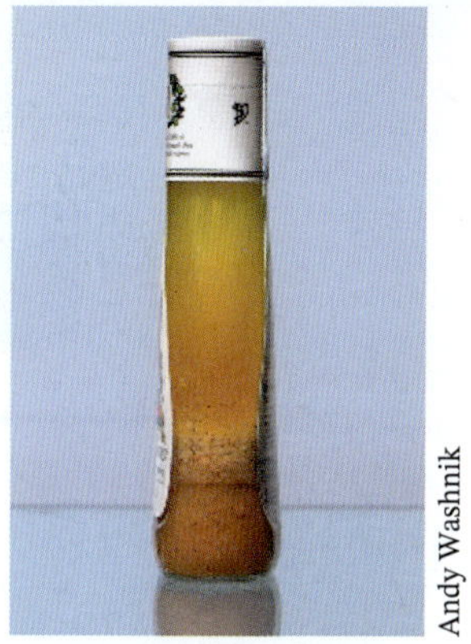

그림 1.6 불균일 혼합물 샐러드 드레싱은 식초와 식물성 기름(약간의 복합 향료 포함)을 포함하고 있다. 식초와 기름은 서로 섞이지 않고 두 층을 이룬다. 분리된 기름과 식초, 그리고 다른 고체 물질 층이 서로 다른 고유한 성질을 갖고 있는 불균일한 혼합물이다.

물리 변화와 화학 변화

혼합물을 만드는 과정은 새로운 화학 물질이 형성되는 것은 아니기 때문에 **물리 변화(physical change)**에 포함된다. **그림 1.7**에 나타낸 것처럼 원소인 철가루와 황가루를 단순히 섞으면 혼합물이 형성되지만, 두 원소는 모두 본래의 성질을 유지하고 있다. 혼합물을 분리할 때도 만드는 과정과 유사하게 물리적 변화만을 사용하면 된다. 예를 들어 혼합물에 자석을 넣고 저어주는 물리적 조작으로 철가루를 제거할 수 있다. **그림 1.8**에서 자석에 붙은 철가루를 제거하면 황가루가 남는다. 또한 이 혼합물은 황만을 녹이는 이황화 탄소라는 액체를 사용하여 분리할 수도 있다. 황을 녹인 용액에서 철을 거른 다음, 황 용액으로부터 액체 이황화 탄소를 증발시켜 원래 성분인 황과 철을 서로 분리할 수 있다.

그림 1.8 혼합물이 형성되어도 화학적 조성이 변하지 않는다. 이 그림에서 혼합물이 형성되어도 철과 황으로 이루어진 화합물이 만들어지지는 않는다. 이 혼합물은 자석으로 철을 제거하는 물리 변화를 통하여 두 성분으로 분리할 수 있다.

화합물이 만들어지는 과정에는 물질의 화학적 조성이 변하는 **화학 변화(chemical change**, 혹은 화학 반응)가 포함된다. 예를 들어 철과 황은 결합하여 금처럼 반짝이기 때문에 **그림 1.9**의 '바보의 금(fool's gold)'이라고 이름 붙여진 황철광 화합물을 형성한다. 이 화합물에서 철과 황은 결합하기 이전에 가졌던 성질은 더 이상 나타내지 않으며, 물리적 방법으로 분리될 수 없다. 바보의 금이 분해되어 철과 황으로 분리되려면 화학 반응이 필요하다.

그림 1.10에 원소와 화합물 그리고 혼합물 사이의 관계를 나타내었다.

그림 1.7 철과 황의 혼합물 형성 (a) 황가루와 철가루 시료, (b) 두 가루를 섞으면 황과 철의 혼합물이 만들어진다.

그림 1.9 '바보의 금' 황철광은 철과 황의 화합물이다. 화합물이 형성될 때 철과 황의 성질은 사라지고 화합물의 성질로 대체된다. 황철광은 광부들이 진짜 금으로 오인할 수 있는 겉모양을 가지고 있다.

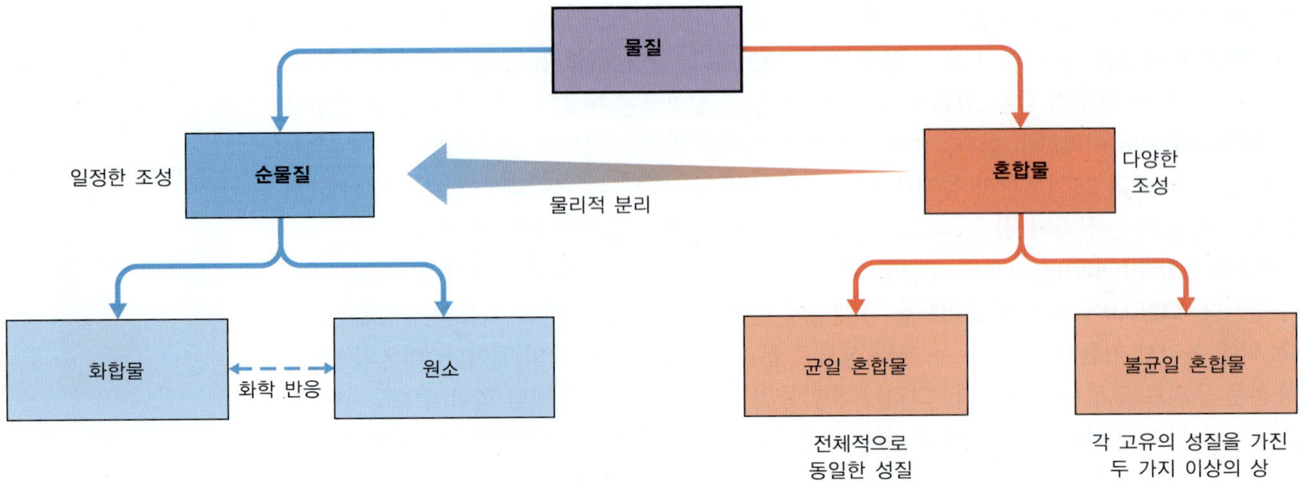

그림 1.10 물질의 분류 이 도표에서 여러 종류의 물질 사이의 관계를 확인할 수 있다.

실전 문제 1.2

우리 주변에는 다양한 원소나 화합물 혹은 혼합물이 존재한다. 예를 들면 알루미늄 포일은 순수한 알루미늄이고 모래는 이산화 규소로 구성된 화합물이며 크레용은 왁스와 색소의 혼합물이다. 다음 물질을 원소, 화합물, 혼합물로 분류하시오. 혼합물은 균일 혼합물인지 불균일 혼합물인지 구분하시오.

(a) 납(lead) **(b)** 블랙 커피 **(c)** 설탕 **(d)** 라자냐(lasagna) **(e)** 인(phosphorous)

1.3 물리적 성질과 화학적 성질

화학에서는 물질의 **성질(property**, 특성)을 이용하여 그 물질을 확인하고 구분한다. 물질의 성질은 물질의 특성을 관찰할 때 물질이 변화하는지 아닌지에 따라 물리적 성질과 화학적 성질의 두 형태로 구분하기도 하고, 물질의 양과 관련된 성질인지 아닌지에 따라 크기 성질과 세기 성질로 구분하기도 한다. 이 두 가지 형태의 성질은 서로 다른 관점에서 물질의 특성을 설명하는 데 이용된다.

물리적 성질

성질을 분류하는 방법 중 하나는 성질을 관찰하는 행위에 의해 사물의 화학적 조성이 변하는 여부를 기준으로 하는 것이다. **물리적 성질(physical property)**은 **물질의 화학적 조성을 변화시키지 않고 관찰할 수 있는 것**이다. 예를 들어 금의 색이 노란 것은 물리적 성질 중 하나이다. 이 성질(색)을 관찰할 때 금의 화학적 조성은 변하지 않는다. 금이 전기를 통하는 성질도 그러하다. 따라서 색이나 전기 전도도는 물리적 성질이다.

때로는 물리적 성질을 관찰하다 보면 물리적 변화가 일어나기도 한다. 예를 들어 얼음의 녹는점을 측정하기 위해서 고체가 녹기 시작하는 온도를 측정해야 한다(**그림 1.11**). 얼음과 액체 물은 모두 물 분자로 이루어져 있으므로 녹는 과정에서 화학적 조성은 변하지 않고, 따라서 물리적 변화이다.

물질의 상태

얼음이 녹을 때 물질의 두 상태인 액체와 고체를 볼 수 있다. 물은 수증기 또는 증기라고 부르는 기체로도 존재한다. 얼음과 액체인 물 그리고 수증기는 완전히 다른 모양과 물리적 성질을 나타내고 있지만, 이들은 동일한 물질의 다른 형태에 불과하다. **고체(solid)**나 **액체(liquid)** 혹은 **기체(gas)**는 가장 일반적인 물질의 상태이다. 물처럼 대부분의 물질은 온도에 따라 세 가지 상태 중 하나로 존재한다. 고체, 액체, 기체의 성질은 **그림 1.12**에 나타난 원자 수준에서의 입자 배열과 관계가 있으며, 한 상태에서 다른 상태로 변하는 것은 물리적 변화이다.

nanastudio/123 RF

그림 1.11 액체 물과 얼음은 모두 물 분자로 이루어져 있다. 얼음이 녹을 때 분자의 화학적 조성은 변하지 않는다.

화학적 성질

화학적 성질(chemical property)은 물질이 **화학 변화(화학 반응)를 일으키는 특성**과 관련이 있다. 화학 반응이 일어날 때 화합물은 반응하여 물리적 성질과 화학적 성질이 **전혀 다른** 새로운 물질로 변한다. 앞에서 소개한 예로 철과 황의 화학 반응에 의해 생성된 황화 철은 반응물인 철이나 황과는 전혀 다르다. 황금색 고체인 황화 철은 자석에 달라붙지도 않는다.

철이 황과 반응하여 황화 철을 형성하는 성질은 철의 화학적 성질이고, 반응을 통하여 얻은 새로운 물질은 처음 물질과는 전혀 다르다. 화학적 성질을 논할 때 우리는 주로 화학 반응을 참조한다.

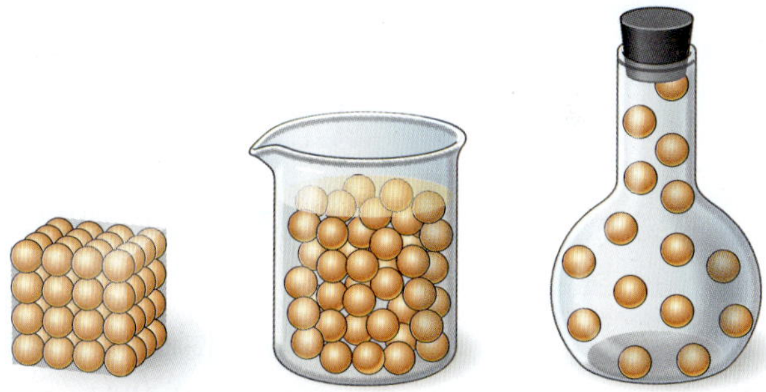

그림 1.12 원자 모형을 이용하여 나타낸 물질의 고체, 액체 및 기체 상태 (a) 고체에서는 입자들이 조밀하게 채워져 있고 쉽게 움직일 수 없다. (b) 액체에서는 입자들이 여전히 가까이 인접해 있지만 입자는 움직일 수 있다. (c) 기체에서는 입자들이 서로 멀리 떨어져 있어서 대부분의 공간은 비어있다.

세기 성질과 크기 성질

시료의 양에 의존하는 여부에 따라서 성질을 구분할 수도 있다. 예를 들어 부피가 서로 다른 두 조각의 금은 모두 빛나는 노란색을 나타내며, 열을 가하면 같은 온도에서 녹을 것이다. 색이나 녹는점 혹은 끓는점은 시료의 **양과 무관한 세기 성질(intensive property)**이다. 반면 부피나 질량은 시료의 **크기에 따라 변하는 크기 성질(extensive property)**이다.

화학자들은 "특정 시료의 조성이 무엇인가?"라는 질문을 받으면 주로 **화학 분석(chemical analysis)**을 수행한다. 이런 질문에 답하기 위해 시료 구성 성분 화학종의 성질에 주목할 필요가 있다. 특정 시료의 세기 성질은 크기와는 무관하게 모두 동일하므로, 시료 확인 목적으로는 크기 성질보다 세기 성질이 더 유용하다.

색이나 녹는점 혹은 끓는점은 물질을 확인하는 데 도움이 되는 물리적 세기 성질이다. 화학적 성질 역시 세기 성질이며, 물질 확인에 사용할 수 있다. 예를 들어 금 광산업자는 불꽃으로 시료를 가열하여 황철광과 진짜 금을 구별할 수 있다(그림 1.9). 진짜 금은 가열해도 아무 변화가 없으나, 황철광을 가열하면 공기 중의 산소와 화학 반응을 하면서 나쁜 냄새가 나는 뿌연 연기를 내뿜는다.

실전 문제 1.3

다음을 화학 변화와 물리 변화로 분류하고 그 이유를 설명하시오.

(a) 알루미늄 호일을 구긴다.
(b) 얼음이 녹는다.
(c) 물질의 색이 바뀐다.
(d) 알콜이 증발한다.

실전 문제 1.4

다음을 크기 성질과 세기 성질로 분류하고 그 이유를 설명하시오.

(a) 물에 설탕을 녹인다.
(b) 액체 용액에서 고체 침전이 생성된다.
(c) 드라이아이스가 승화한다.
(d) 바나나가 썩는다.

1.4 물리적 성질과 화학적 성질의 측정

정성적 관찰과 정량적 관찰

앞에서 과학적 방법의 중요한 단계 중 하나가 관찰이라는 것을 배웠다. 일반적으로 관찰은 정성적 관찰과 정량적 관찰의 두 가지로 분류된다. '화합물의 색'이나 '반응이 일어날 때 혼합물이 뜨거워진다'라는 것과 같은 **정성적 관찰(qualitative observation)**은 수치 자료를 포함하지 않는다. **정량적 관찰(quantitative observation)**은 수치 자료를 제공하는 **측정(measurement)**이다. 예를 들어 일상생활에서 우리는 시계를 보거나 목욕탕 저울 위에 올라갈 때 정량적 관찰을 한다. 화학에서도 화학적 성질과 물리적 성질을 기술하기 위하여 여러 가지 측정을 한다.

측정은 단위를 포함한다

측정에 사용된 숫자는 두 가지 관점에서 수학에서 사용되는 숫자와는 다르다.

첫째로 측정은 항상 단위를 포함하는 표준물과 비교하기 때문에 **측정 단위**가 필요하다. 만일 어떤 사람의 신장이 180 cm라 하면 실제로는 그 사람 신장이 1 cm의 180배라는 것을 의미하며, 여기서 cm는 **측정 단위(unit of measurement)**의 한 예이다. 단위는 측정 숫자에 의미를 부여하기 때문에 **숫자와 단위 모두 측정의 필수 구성 요소**이다. 예를 들어 두 지점 사이의 거리가 25라고 하면, 여러분은 자연히 "25가 뭐야?"라는 질문을 할 것이다. 실제 거리는 25 cm이거나 25 m 혹은 25 km 등 어느 것도 가능하다. 이 사례에서 확인할 수 있듯이 단위가 없는 숫자는 의미가 없다.

둘째로 측정값은 불확실성을 포함한다는 것이다. 측정에는 어느 정도의 추정이 포함되고 또한 측정을 하는 사람이나 측정 장치 모두 고유한 물리적 한계가 있기 때문에 **부정확**하다. 그 결과 측정에는 최소화할 수는 있으나 완전히 없애는 것은 불가능한 어느 정도의 불확실성이 항상 포함된다. 이에 관해서는 1.5절에서 자세히 다루도록 한다.

국제 단위계(SI 단위)

일관된 측정을 위해서는 단위의 표준 체계가 필수적이다. 과학에서는 미터법에 근거한 단위

도구
SI 기본 단위

표 1.2 SI 기본 단위

측정	단위	기호
길이	미터(meter)	m
질량	킬로그램(kilogram)	kg
시간	초(second)	s
전류	암페어(ampere)	A
온도	켈빈(kelvin)	K
물질의 양	몰(mole)	mol
광도	칸델라(candela)	cd

계가 사용된다. 미터법 단위계의 장점은 단위가 십진법으로 되어 있기 때문에 소수점을 이용하여 크거나 혹은 작은 값으로 간단하게 변환할 수 있다는 것이다.

원래의 미터 단위계는 이제 **국제 단위계(International System of Unit**, 프랑스명 Le Système International d'Unités로부터 유래)로 단순화되었으며 약자로 **SI**로 표현한다. 아직 낡고 오래된 단위가 일부 사용되고 있지만 SI 단위가 현재 과학과 공학 분야에서 가장 많이 사용되고 있는 단위이다.

SI 단위는 7종류의 측정량과 관련된 **기본 단위(base unit)**를 기초로 구성되어 있다(**표 1.2**). 여기서는 길이, 질량, 시간, 온도의 기본 단위에 대해서 집중하기로 한다. 3장에서 물질의 수에 관한 단위인 몰(mole)을 자세하게 다루고, 전류의 단위인 암페어(ampere)는 19장에서 전기화학을 공부할 때 다룰 것이다. 빛의 세기 단위인 칸델라(candela)는 화학에서는 별로 사용하지 않으므로 이 책에서는 다루지 않는다.

2019년에 SI를 관장하는 국제 기구인 국제 도량형 본부(Bureau International des Poids et Mesures, BIPM)에서 7개의 기본 단위를 7개의 상수를 이용하여 정의하였다(**그림 1.13**). 기본 상수는 2019년 이전에는 측정값으로 규정되어 있었으나 이후에 고정된 값을 사용하는 것으로 변경되었다. 따라서 정확하게 299,792,458 m/s로 정의된 진공에서의 빛의 속도를 이용하여 1 m를 빛이 1/299,792,458초 동안 움직인 거리로 정의한다. 기본 상수를 이용하여 단위를 정의하게 됨에 따라 사람이 만든 백금-이리듐 합금으로 된 분동(프랑스의 국제 도량형 본부에 보관 중인)에 의하여 정의되던 킬로그램을 새롭게 정의할 필요가 생겼다(**그림 1.14**).

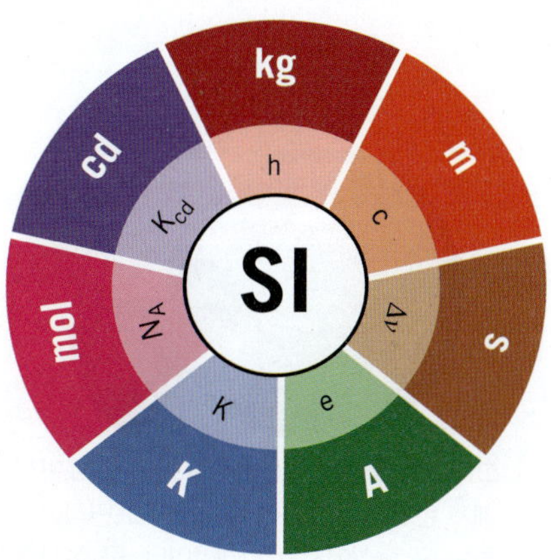

그림 1.13 국제 도량형 본부에서 제작한 SI 로고에는 7개의 SI 기본 단위와 7개의 상수가 표시되어 있다.

NIST

그림 1.14 국제 표준 킬로그램 원기 백금-이리듐 합금으로 제작된 2019년 이전의 SI 질량 표준 원기는 두 개의 종 모양 용기로 보호된 상태로 프랑스의 국제 도량형 본부에 보관되어 있다.

최첨단 화학 1.2

새로 정의된 측정 단위

단위는 측정에서 기준이 되는 양이다. SI 단위는 모두 그 값이 고정된 7가지 기본 상수에 의하여 정의된다. 상수 그 자체나 혹은 상수들의 조합으로 모든 단위를 정의할 수 있다. 기본 상수에 사용되는 단위는 **표 1**에 나타낸 바와 같이 헤르츠(Hz), 미터(m), 초(s), 켈빈(K), 몰(mol), 주울(J), 쿨롱(C), 루멘(lm), 일률(W)이다. SI 기본 단위를 정의하는 데 사용되는 7가지 상수를 **표 2**에 수록하였다.

그림 2는 기본 상수와 기본 단위의 관계를, **표 3**은 기본 단위의 정의를 요약한 것이다.

숫자 표기법도 새롭게 표준화되었다. 큰 수나 소수점 이하의 자릿수가 많은 숫자를 표기할 때는 띄어쓰기를 이용하여 나타낸다. 예를 들면 9,192,631,770 Hz나 $1.602176634 \times 10^{-19}$ C은 각각 9 192 631 770 Hz나 $1.602\ 176\ 634 \times 10^{-19}$ C으로 표기한다. 그러나 본 교재에서는 9999보다 큰 수를 나타낼 때 쉼표를 이용하기로 한다.

또한 1보다 작은 소수를 나타낼 때는 소수점 앞에 항상 0을 사용해서 표기한다. 다시 말하면 .3937 m라고 쓰지 않고 0.3937 m라고 쓴다.

표 1 주로 사용하는 단위

측정	단위	기호	다른 표기
진동수	헤르츠	Hz	s^{-1} 혹은 1/s 혹은 $\frac{1}{s}$
길이	미터	m	기본 단위
시간	초	s	기본 단위
온도	켈빈	K	기본 단위
물질의 양	몰	mol	기본 단위
에너지	주울	J	$kg\ m^2\ s^{-2}$ 혹은 $\frac{kg\ m^2}{s^2}$
전류	암페어	A	기본 단위
빛의 세기	칸델라	cd	기본 단위
광선속	루멘	lm	cd sr[1]
입체각	스테라디안	sr	그림 1 참조
일률	와트	W	$kg\ m^2\ s^{-3}$ 혹은 $\frac{kg\ m^2}{s^3}$

[1]스테라디안(sr)은 그림 1을 참조하라.

표 2 SI 기본 단위를 정의하는 7가지 기본 상수

상수	기호	숫자와 단위
Cs-133의 초미세 전이 진동수[1]	$\Delta\nu_{Cs}$	9,192,631,770 Hz
진공에서의 빛의 속도	c	299,792,458 m/s
플라크 상수	h	$6.62607015 \times 10^{-34}$ J s
기본 전하량	e	$1.602176634 \times 10^{-19}$ C
볼츠만 상수	K_B	1.380649×10^{-23} J K^{-1}
아보가드로 상수	N_A	$6.02214076 \times 10^{23}$ mol^{-1}
빛 효율[2]	K_{cd}	683 lm W^{-1}

[1]섭동되지 않은 세슘-133의 바닥 상태로부터의 초미세 전이 진동수($\Delta\nu_{Cs}$)는 9,192,631,770 Hz (9,192,631,770 s^{-1})이다.
[2]진동수가 540×10^{12} Hz인 단색광의 빛 효율(K_{cd})은 683 lmW^{-1}이다.

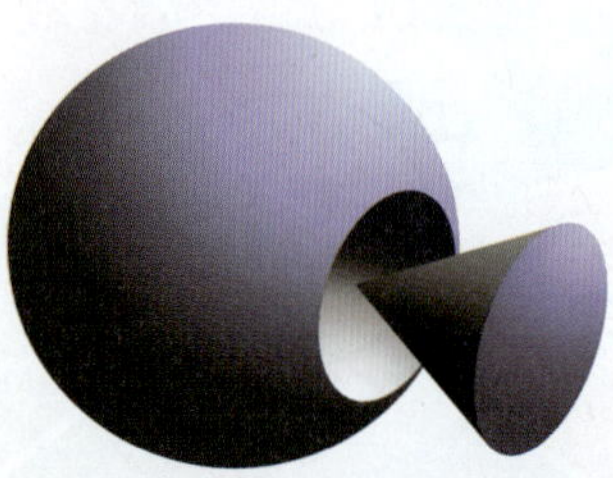

그림 1 스테라디안(sr)은 구의 전체 표면적 중에서 반지름의 제곱에 해당하는 표면적에 대응하는 구 중심에서의 입체각이다. 구 전체의 입체각은 4π 스테라디안이다.

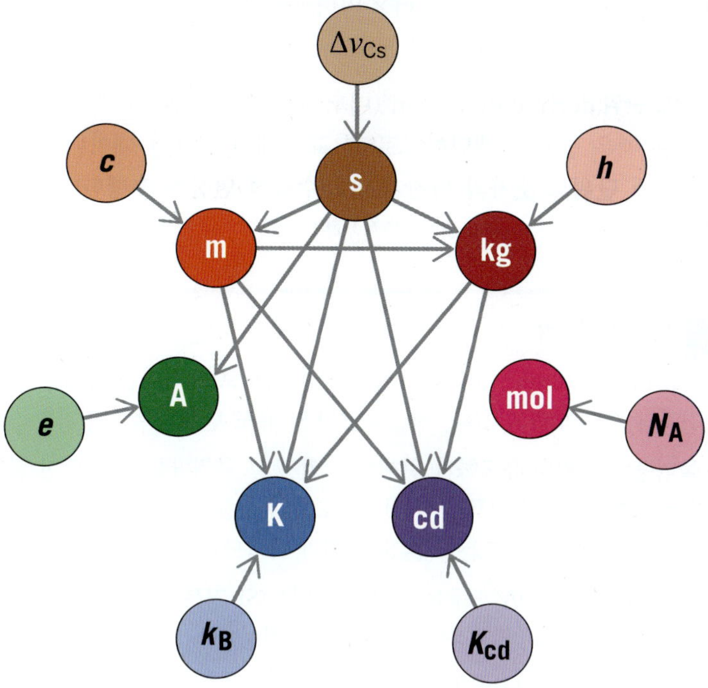

그림 2 **SI 기본 단위와 물리 상수의 관계** 새로운 SI 기본 단위는 그 값이 고정된 7가지 물리 상수나 혹은 물리 상수에 의하여 정의된 다른 기본 단위에 의하여 정의된다. 이 도표는 기본 단위와 상수 사이의 관계를 나타낸다.

표 3 7가지 SI 기본 단위의 정의[1]

단위	기호	정의[2]
초(s)	t	고정된 값인 섭동되지 않은 세슘-133의 바닥 상태로부터의 초미세 전이 진동수인 9,192,631,770을 이용하여 정의된다. 이 진동수는 고정된 값이고 단위 Hz는 s^{-1}과 동일하다.
미터(m)	l, d	고정된 값인 진공에서의 빛의 속도(c) 299,792,458을 이용하여 정의한다. 빛의 속도 단위는 m s^{-1}이고 초는 위에서 정의하였다.
킬로그램(kg)	m	고정된 값인 Planck 상수(h) $6.62607015 \times 10^{-34}$를 이용하여 정의한다. Planck 상수의 단위는 J s이고 이는 kg m^2 s^{-1}과 동일하며 미터와 초는 위에서 정의하였다.
암페어(A)	I	고정된 값인 양성자의 전하량(e) $1.602176634 \times 10^{-19}$를 이용하여 정의한다. 전하량의 단위는 C이고 이는 A s와 동일하며 초는 위에서 정의하였다.
켈빈(K)	T	고정된 값인 Boltzmann 상수(k) 1.380649×10^{-23}을 이용하여 정의한다. Boltzmann 상수의 단위는 J K^{-1}이고 이는 kg m^2 s^{-2} K^{-1}와 동일하며 킬로그램, 미터, 그리고 초는 위에서 정의하였다.
몰(mol)	n	기본 입자 $6.02214076 \times 10^{23}$개로 이루어진 물질의 양을 의미한다. 이 숫자는 mol^{-1}의 단위를 가지는 Avogadro 상수(N_A)와 동일하다.
칸델라(cd)	I_V	진동수가 540×10^{12} Hz인 단색광의 빛 효율(K_{cd})은 683 lm W^{-1}을 이용하여 정의한다. 단위 lm W^{-1}는 cd sr W^{-1} 혹은 cd sr kg^{-1} m^{-2} s^3과 동일하며 킬로그램, 미터, 초는 위에서 정의하였다.

[1]National Institute of Standards and Technology, https://www.nist.gov/pml/weights-and-measures/metric-si/si-units, accessed June 2021.
[2]Le Systeme international d'unites, The International System of Units, 9e edition, 2019.

과학에서 사용하는 모든 물리량의 단위는 7가지 SI 기본 단위의 조합으로 나타낼 수 있다. 예를 들어 넓이의 SI 기본 단위는 없지만, 직사각형의 넓이는 길이와 너비를 곱하여 계산한다는 것을 알고 있다. 따라서 넓이의 **단위**는 길이의 **단위**와 너비의 **단위**의 곱으로 얻을 수 있다. 길이나 너비의 SI 기본 단위는 **미터(m)**이다.

$$\text{길이} \times \text{너비} = \text{넓이}$$
$$\text{미터} \times \text{미터} = \text{미터}^2$$
$$\text{m} \times \text{m} = \text{m}^2$$

넓이에 대한 SI **유도 단위(derived unit)**는 m^2(미터제곱 혹은 제곱미터라고 읽음)이다.

SI 단위의 유도는 매우 중요한 개념이므로 본 교재에서 필요할 때마다 반복적으로 소개할 것이다. 계산을 할 때 **단위도 숫자와 마찬가지로 수학적 연산을 수행**한다. 더 자세한 내용은 1.6절에서 다룰 것이다.

예제 1.1 SI 유도 단위

선운동량(linear momentum)은 일직선에서 일정한 속도로 움직이는 물체를 설명하는 용어로, 물체의 질량과 속도의 곱과 같다. 선운동량의 SI 유도 단위는 무엇인가?

분석 어떤 물리량의 단위를 유도하기 위해서는 먼저 그 물리량을 더 간단한 단위로 나타내야 한다. 선운동량은 질량에 속도를 곱한 것이므로 선운동량의 SI 단위는 질량의 SI 단위에 속도의 SI 단위를 곱한 것이다. 속도는 기본 SI 단위가 아니므로 속도의 SI 단위를 찾아야 한다.

도구 모음 이 문제에서 필요한 도구는 표 1.2에 있는 SI 기본 단위표이다. 또한 속도는 단위 시간당 움직인 거리(길이)라는 것을 상기해야 할 것이다.

풀이 주어진 정보를 식으로 나타내 보자.

$$\text{질량} \times \text{속도} = \text{선운동량}$$

해설 유도 단위를 표기할 때 일반적으로 곱하기 기호는 생략하지만 단위 사이에 간격을 띄운다.

다음으로 단위도 숫자와 같은 수학적 연산을 수행하기 위하여 주어진 식에 해당 단위인 질량에 kg과 속도에 m/s를 대입한다.

$$\text{kg} \times \text{m/s} = \text{kg m/s} \text{ 혹은 } \text{kg m s}^{-1}$$

결과적으로 선운동량의 단위는 kg m/s 혹은 kg m s^{-1}이다.

답이 합리적인가? 문제 풀이를 마치기 전에 문제 풀이와 답이 타당한지를 확인하는 것이 좋다. 풀이에서 얻은 단위가 선운동량의 유도 단위는 질량과 속도 단위의 곱으로 표현되어 있으므로 타당하다.

실전 문제 1.5

구의 부피는 식 $V = \frac{4}{3}\pi r^3$으로 구할 수 있는데, 여기서 r은 구의 반지름이다. 이 식으로부터 부피의 SI 단위를 구하시오(**힌트**: r은 길이이고, 따라서 길이의 단위가 포함되어야 한다).

실전 문제 1.6

자동차의 가속 페달을 세게 밟으면 좌석 뒤쪽으로 미는 보이지 않는 힘을 느낀다. 이 힘 F는 몸의 질량(m)과 자동차의 가속도(a)의 곱이므로, 식으로 나타내면 $F = ma$이다. 가속도는 시간(t)에 따른 속도(v)의 변화로 다음과 같이 표현된다.

$$a = \frac{\text{속도의 변화}}{\text{시간의 변화}}$$

따라서 가속도의 단위는 속도를 시간으로 나눈 것이다. 힘의 SI 유도 단위를 SI 기본 단위로 나타내면 무엇인가?

표 1.3 화학에서 일반적으로 사용되는 비 SI 단위

측정	이름	기호	SI 단위로 나타낸 값
길이	옹스트롬(angstrom)	Å	1 Å = 0.1 nm = 10^{-10} m
질량	원자 질량 단위 (atomic mass unit)	u(amu)	1 u = 1.66054 × 10^{-27} kg (유효 숫자 6개로 반올림함)
	톤(ton)	t	1 t = 10^3 kg
시간	분(minute)	min.	1 min. = 60 s
	시(hour)	h(hr)	1 h = 60 min. = 3600 s
온도	섭씨 온도(degree Celsius)	°C	$T_K = t_{°C} + 273.15$
부피	리터(liter)	L	1 L = 1000 cm^3

그림 1.15 많은 생활용품에 미터법 단위가 사용된다.

다른 단위 체계

SI 단위에 포함되어 있지 않은 오래된 측정 단위가 여전히 실험실과 과학 문헌에서 사용되고 있다. 이들 단위 중 일부를 **표 1.3**에 정리하였으며, 그 외의 단위들은 이 책의 각 단원에서 필요한 경우에 소개하도록 할 것이다.

미국은 거리의 단위로 인치, 피트, 마일을, 부피의 단위로 온스, 쿼트, 갤런을, 질량의 단위로 온스, 파운드 등 **영국식 단위계(English system)**를 지금까지 사용하고 있는 유일한 국가이다. 그러나 많은 영국식 단위들이 SI 기본 단위를 기준으로 정의되었다. **그림 1.15**에서 보듯이 미국에서도 음료수와 식품 용기 혹은 각종 도구와 기계 부품에 미터법 단위가 사용되고 있다. 영국식 단위계와 SI 단위 사이의 일반적인 변환 인자를 **표 1.4**와 이 책의 뒤표지 안쪽에 정리하였다.[3]

표 1.4 몇 가지 유용한 변환 인자

측정	영국식 단위	영국식 단위/SI 단위 등가[a]
길이	인치(inch)	1 in. = 2.54 cm
	야드(yard)	1 yd = 0.9144 m
	마일(mile)	1 mi = 1.609 km
질량	파운드(pound)	1 lb = 453.6 g
	온스(ounce, 질량)	1 oz = 28.35 g
부피	갤런(gallon)	1 gal = 3.785 L
	쿼트(quart)	1 qt = 946.4 mL
	온스(ounce, 부피)	1 oz = 29.6 mL

[a]이 등가식을 이용하여 영국식 단위를 미터법 단위로 혹은 미터법 단위를 영국식 단위로 변환할 수 있다.

십진 지수

기본 단위가 너무 크거나 작아서 사용하기에 불편한 경우가 종종 있다. 예를 들어 미터는 박테리아와 같은 아주 작은 물체의 크기를 나타내기에는 적당하지 않다. SI는 이러한 문제를 해결하기 위해 기본 단위와 함께 **십진 지수(decimal multiplier)**를 사용한다. **표 1.5**에 가장 일반적으로 사용되는 십진 지수와 그들을 식별하는 데 사용되는 접두사를 정리하였다. 이런 용어들은 2019년 국제 도량형 본부에서 결정하였는데, 특히 붉은색으로 표시한 것들이 화학에서 가장 자주 사용된다.

해설 변형된 기본 단위는 접두사를 빼고 × 10^x를 넣으면 쉽게 기본 단위로 전환할 수 있다.
25.2 pm = 25.2 × 10^{-12} m

단위 앞에 십진 지수 접두사를 붙이면 단위의 크기는 접두사의 지수만큼 변형된다. 예를 들어 접두사 **킬로**(kilo)는 10^3, 즉 1000을 곱하는 것을 의미한다. 따라서 **킬로**미터(kilometer)는

[3]원래 이 변환 인자는 측정을 통하여 결정되었다. 예를 들어 미터 자로 길이 1인치를 측정하면 1인치는 약 2.54 cm가량이 된다. 후에 측정의 정확도와 관련된 혼란을 피하기 위하여, 이 등가식을 오차가 포함하지 않는 정확한(고정된) 관계식으로 인정하기로 합의하였다. 따라서 이제 1 in.는 **정확히** 2.54 cm로 규정한다. 이러한 정확한 상관관계를 갖는 물리량도 많지만, 어떤 경우에는 반올림으로 단순화해서 사용하기도 한다. 예를 들어 1 lb는 **정확히** 453.59237 g으로 표기한다.

도구
SI 접두사

표 1.5 SI 접두사의 의미와 값[a]

접두사	의미	기호	접두사의 값[b] (숫자)	접두사의 값[b] (10의 거듭제곱)
요타(yotta)		Y		10^{24}
제타(zetta)		Z		10^{21}
엑사(exa)		E		10^{18}
페타(peta)		P		10^{15}
테라(tera)		T		10^{12}
기가(giga)	십억	G	1,000,000,000	10^{9}
메가(mega)	백만	M	1,000,000	10^{6}
킬로(kilo)	천	k	1,000	10^{3}
헥토(hecto)		h		10^{2}
데카(deka)		da		10^{1}
데시(deci)	십분의 일	d	0.1	10^{-1}
센티(centi)	백분의 일	c	0.01	10^{-2}
밀리(milli)	천분의 일	m	0.001	10^{-3}
마이크로(micro)	백만분의 일	μ	0.000001	10^{-6}
나노(nano)	십억분의 일	n	0.000000001	10^{-9}
피코(pico)	일조분의 일	p	0.000000000001	10^{-12}
펨토(femto)		f		10^{-15}
아토(atto)		a		10^{-18}
젭토(zepto)		z		10^{-21}
욕토(yocto)		y		10^{-24}

[a]빨간색 글씨로 쓴 접두사는 자주 사용되는 것들이다.
[b]이 열의 숫자는 해당 접두사와 상호 호환이 가능하다.

해설 숫자에서 지수 부분을 접두사의 정의에 맞도록 조절하면 접두사를 삽입할 수 있다. 그런 다음 지수를 제거하고 접두사로 바꾼다. 예를 들면 2.34×10^{10} g = 23.4×10^{9} g = 23.4 Gg이다.

1000미터를 나타내는 길이의 단위이다.[4] 킬로미터(km)의 기호는 미터의 기호인 m에 k를 합해서 만든 것이다. 따라서 1 km = 1000 m(또는 1 km = 10^3 m)이다. 비슷하게 데시미터(dm)의 경우도 1/10미터이므로, 1 dm = 0.1 m(혹은 1 dm = 10^{-1} m)이다.

실험실에서의 측정

실험실에서의 가장 일반적인 측정은 길이, 부피, 질량, 온도 등과 관련된 측정이다.

도구
실험실 측정에 사용되는 단위

길이 대부분의 경우 실험에서 측정하는 길이의 단위로 SI 기본 단위인 미터(meter, m)는 너무 크고, 오히려 **센티미터(centimeter, cm)**와 **밀리미터(millimeter, mm)**가 더 편리하다. 표 1.5에 수록된 자료를 보면 이들 단위의 관계가 다음과 같음을 알 수 있다.

$$1\ \text{cm} = 10^{-2}\ \text{m} = 0.01\ \text{m}$$
$$1\ \text{mm} = 10^{-3}\ \text{m} = 0.001\ \text{m}$$

[4]과학에서는 크거나 작은 수를 나타내기 위해서 10의 지수를 사용한다. 10^3은 $10\times10\times10 = 1000$을 뜻한다. 마찬가지로 $6.5\times10^2 = 6.5\times10\times10 = 650$이다. 1보다 작은 수는 10의 거듭제곱 형태로 나타낼 때 음의 지수를 사용한다. 따라서 분수 1/10은 10^{-1}이므로 10^{-3}은 $1/10\times1/10\times1/10 = 1/1000$을 뜻한다. 따라서 $6.5\times10^{-3} = 6.5\times1/10\times1/10\times1/10 = 0.0065$이다. 숫자를 6.5×10^2이나 6.5×10^{-3}과 같이 첫 번째 숫자와 두 번째 숫자 사이에 소수점을 사용해서 나타내는 표기법을 과학적 표기법(scientific notation)이라고 한다.

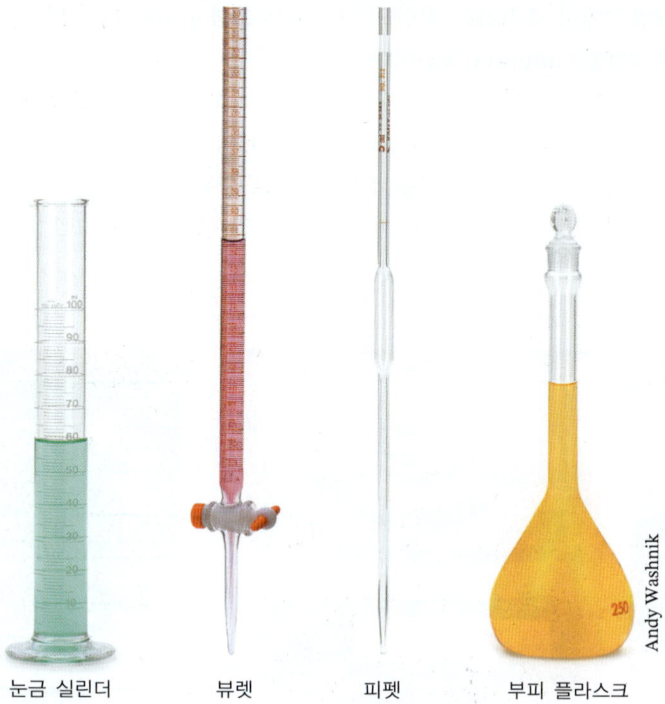

그림 1.16 실험실에서 사용되는 부피 측정용 유리 기구 눈금 실린더는 밀리리터 단위로 부피를 측정하는 기구이다. 정확한 부피 측정을 위해서는 뷰렛, 피펫, 부피 플라스크가 사용된다.

해설 SI 단위는 아니지만 옹스트롬(Å)은 원자나 분자 수준의 입자 크기를 나타내기 위하여 종종 사용된다.

1 Å = 0.1 nm = 10^{-10} m

다음 관계를 아는 것도 유용하다.

$$1\text{ m} = 100\text{ cm} = 1000\text{ mm}$$
$$1\text{ cm} = 10\text{ mm}$$

부피 부피는 (길이)^3 차원의 유도 단위이다. 미터로 계산하여 유도된 부피의 SI 단위는 **입방미터(cubic meter, m^3)**이다.

화학에서 액체의 양을 측정할 때는 대개 부피가 사용된다. 이때 사용되는 전통적인 측정 단위는 **리터(liter, L)**이다. SI 단위에서 리터는 정확히 1입방데시미터로 정의된다.

$$1\text{ L} = 1\text{ dm}^3 \quad \text{(정확한 값)} \tag{1.1}$$

하지만 리터도 실험실에서 부피 측정에 편리하게 이용하기에는 너무 크다. **그림 1.16**에 나타나 있듯이 일반적으로 사용하는 유리 기구에는 **밀리리터(milliliter, mL)**로 눈금이 표시되어 있다.[5]

$$1\text{ L} = 1000\text{ mL}$$

1 dm = 10 cm이므로 1 dm^3 = 1000 cm^3이다. 따라서 1 mL는 정확히 1 cm^3와 같다.

$$1\text{ cm}^3 = 1\text{ mL}$$
$$1\text{ L} = 1000\text{ cm}^3 = 1000\text{ mL}$$

SI 단위에서는 거의 사용하고 있지 않지만, 특히 의학 분야에는 때로 cm^3를 약자 cc(cubic centimeter)로 나타낸 것을 볼 수 있다. **그림 1.17**에 입방미터와 리터 그리고 밀리리터를 비교하였다.

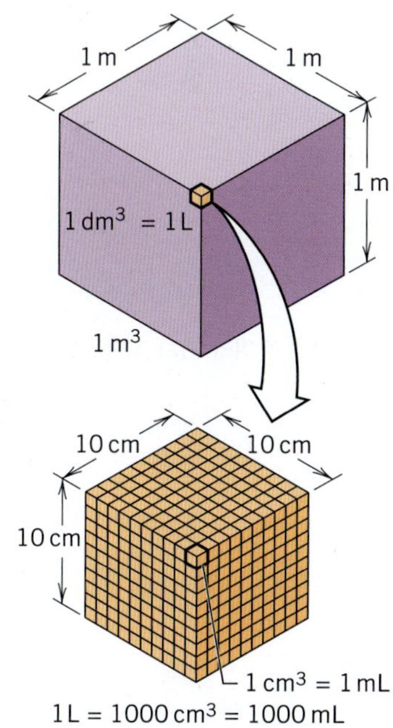

그림 1.17 부피의 단위 비교 입방미터(m^3)는 대략 입방야드와 비슷하다. 1000 cm^3가 대략 쿼트(quart)와 비슷하므로 30 cm^3가 약 1온스(fluid ounce)에 해당한다.

[5] 요즘에는 리터의 약자 L와 밀리리터의 약자 mL가 사용되며, 숫자 1과 문자 l 사이에 구별이 잘 안되어 ml 대신에 mL가 쓰인다. 오래된 유리 기구나 다른 책에는 약자가 ml로 표기되어 있기도 하다.

질량 대부분의 실험실에서 측정하는 질량의 단위로는 **그램(gram, g)**이 더 편리하지만, 질량의 SI 기본 단위는 **킬로그램(kilogram, kg)**이다.

질량은 시료의 무게와 기준 질량의 무게를 비교해서 측정된다(질량과 무게는 서로 다른 것임을 상기하라). 사용되는 기구는 **저울(balance, 그림 1.18)**이다. 그림 1.18(a)에 나타낸 저울은 왼쪽 접시에 시료를, 오른쪽 접시에 기준 질량을 놓고 사용한다. 시료의 무게와 전체 표준 질량의 무게가 균형을 이룰 때 시료의 질량과 기준 질량의 합은 같다. **그림 1.19**에 일상에서 사용하는 물체들의 질량을 SI 단위로 나타내었다.

Michael Watson / Richard Megna / Fundamental Photographs / Charles D. Winters/Science Source

그림 1.18 실험실에서 사용되는 일반적인 저울 (a) 0.0001 g까지 측정되는 전통적인 분석용 겹접시 저울, (b) 0.1 g까지 측정되는 현대식 윗접시 저울, (c) 0.0001 g까지 측정되는 현대식 분석용 저울

tosmon/E+/Getty Images / babyblueut/E+/Getty Images / Andy Washnik / Jamie Lamor Thompson/Shutterstock

그림 1.19 여러 가지 일반 물체의 질량

온도 온도는 보통 온도계를 사용하여 측정한다(**그림 1.20**). 일반적으로 온도계는 섭씨나 혹은 화씨 척도 중 하나에 대응되는 **눈금(degree)**이 그어져 있다. **화씨 척도(Fahrenheit scale)**에서 물은 32 °F에서 얼고 212 °F에서 끓는다(**그림 1.21** 참조). **섭씨 척도(Celsius scale)**에서 물은 0 °C에서 얼고 100 °C에서 끓는다. 섭씨 척도는 물의 어는점과 끓는점 사이를 100등분한 단위이고, 화씨는 같은 두 온도 사이를 180등분한 단위로 되어 있다. 결과적으로 섭씨 5도 간격이 화씨 9도 간격과 같다. 이들 두 온도 사이의 변환을 위한 식은 다음과 같이 나타낸다.

> 도구
> 섭씨 온도와 화씨 온도 사이의 변환 식

$$t_F = \left(\frac{9\ °F}{5\ °C}\right)t_C + 32\ °F \tag{1.2}$$

여기서 t_F는 화씨 온도이고 t_C는 섭씨 온도이다. 앞에서 언급했듯이, 계산에서 단위는 숫자

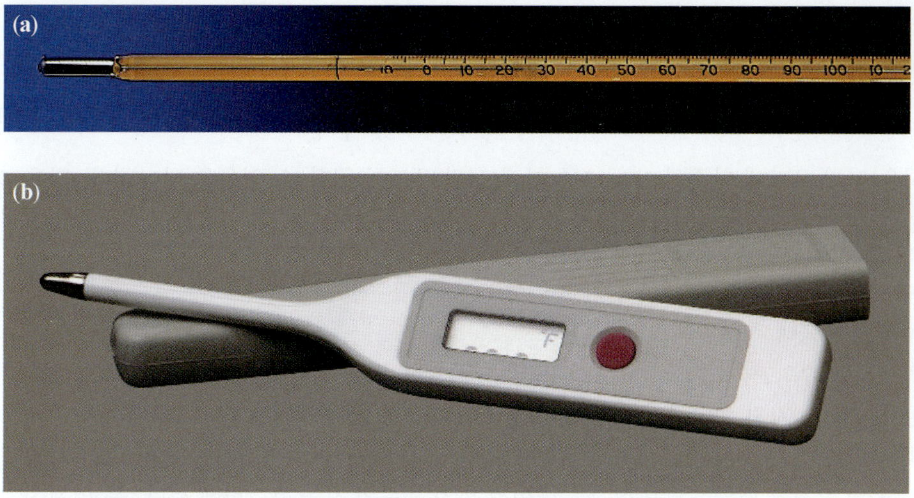

Michael Watson

Lawrence Manning/Corbis/Getty Images

그림 1.20 실험실에서 사용되는 일반적인 온도계 (a) 전통적인 수은 온도계, (b) 가정용 전자식 온도계

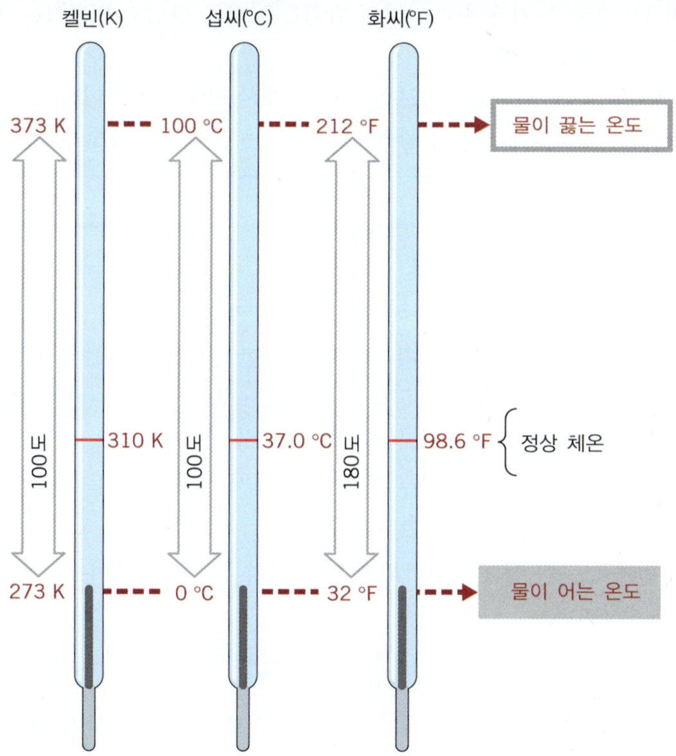

그림 1.21 켈빈 온도, 섭씨 온도, 화씨 온도 척도의 비교

처럼 취급되기 때문에 식 1.2에서 °C는 '상쇄되고' °F만 남는다. 32 °F는 물의 어는점(0 °C)이 32 °F이므로 더해진 것이다. 식 1.2를 재배열해서 화씨 온도로부터 섭씨 온도를 구하는 다음의 식을 얻을 수 있다.

$$(t_F - 32\ °F)\left(\frac{5\ °C}{9\ °F}\right) = t_C$$

온도의 SI 단위는 **켈빈(kelvin, K)**인데, 이것은 **켈빈 척도(Kelvin scale)**의 온도 단위이다. 온도 단위가 °K가 아니라 K(온도 기호 °를 생략)인 것과, 단위의 이름인 켈빈(kelvin)에는 대문자를 사용하지 않은 것을 기억하라.

해설 켈빈 척도에서 켈빈은 대문자 Kelvin으로 표시되지만, 단위 이름은 kelvin이다. 그러나 켈빈 단위의 기호는 대문자 K로 나타낸다.

그림 1.21은 켈빈 온도와 섭씨 온도 그리고 화씨 온도 척도가 서로 어떻게 연관되어 있는가를 나타낸 것이다. 켈빈 온도는 섭씨 온도와 간격이 **정확히** 일치한다. **두 온도 척도 사이에 유일한 차이는 영점이다.** 켈빈 척도상의 영점을 **절대 영도(absolute zero)**라고 부르는데, 이는 자연

에서 도달할 수 있는 가장 낮은 온도이다. 0°C가 273.15 K이므로 0 K는 −273.15°C와 같다. 섭씨 온도를 켈빈 온도로 바꾸기 위해서는 다음 식을 이용한다.

도구
섭씨를 켈빈으로 변환

$$T_K = (t_C + 273.15)\,\cancel{°C}\,\frac{1\text{ K}}{1\,\cancel{°C}} \tag{1.3}$$

이 식은 섭씨 온도에 단순히 273.15를 더해 켈빈 온도를 구할 수 있음을 나타낸다. 많은 경우에 273.15 대신 간단하게 273을 사용하기도 한다. 따라서 25 °C는 (25+273) K 혹은 298 K이다.

해설 켈빈 온도를 나타내는 데에는 대문자 T가 사용되고, 섭씨 온도를 나타내는 데에는 소문자 t(t_C처럼)를 사용한다. 이것은 프랑스 Sevres에 있는 국제 도량형 본부와 미국 Maryland주 Gaithersburg에 있는 국립 표준 기술국(NIST)에 의해 기술된 사용법을 따른 것이다.

수학 계산의 형태

이 책에서는 수학적 계산을 필요로 하는 많은 문제를 다룰 것이다. 접근하는 방식에 따라서 이 문제들을 두 가지 일반적인 형태로 나눌 수 있다. 첫 번째 형태는 예제 1.2에서 다루고 있으며, 하나의 변수를 제외한 나머지 모든 변수의 값을 아는 수학 방정식에 관한 것이다. 변수에 알고 있는 값을 대입하고 방정식을 풀어서 미지 변수의 값을 계산하게 된다. 두 번째 형태는 차원 분석이라는 방법을 사용하여 일련의 단위들을 다른 단위로 변환하는 형태의 계산으로, 1.6절에서 자세히 설명할 예정이다.

분석과 **도구 모음**이라는 접근법을 따르면 관련된 계산 형태의 본질이 명확해진다. 또한 위에서 언급한 두 가지 계산 형태 모두와 관련이 되어 있는 문제도 접하게 될 것이다.

예제 1.2 온도 척도 사이의 변환

대량의 열을 강이나 바다 혹은 호수 등에 방출할 때 발생되는 **열공해**(thermal pollution)는 발전소 인접 지역에서 몇몇 종의 물고기 생존에 심각한 영향을 미치는 등 문제를 초래하고 있다. 예를 들어 송어는 물의 온도가 25 °C를 넘으면 대부분 죽는다. (**a**) 이 온도는 화씨 온도로 몇 도인가? (**b**) 이 온도는 켈빈 온도로 몇 도인가?

분석 이 문제는 모두 온도 변환을 다루고 있다. 따라서 "온도 척도들 사이의 관계와 관련된 어떤 도구가 있는가?"를 생각해야 한다.

도구 모음 첫 번째 도구인 식 1.2는 화씨 온도와 섭씨 온도의 관계이므로 이것이 문제 (**a**)에 답하기 위한 도구이다.

$$t_F = \left(\frac{9\text{ °F}}{5\text{ °C}}\right)t_C + 32\text{ °F}$$

식 1.3은 켈빈 온도와 섭씨 온도의 관계이므로 이것이 문제 (**b**)에 답하기 위한 도구이다.

$$T_K = (t_C + 273.15)\text{ °C}\,\frac{1\text{ K}}{1\text{ °C}}$$

풀이

(**a**): t_C에 섭씨 온도(25 °C)를 대입하고 답을 계산한다.

$$t_F = \left(\frac{9\text{ °F}}{5\,\cancel{°C}}\right)(25\,\cancel{°C}) + 32\text{ °F}$$
$$= 45\text{ °F} + 32\text{ °F} = 77\text{ °F}$$

따라서 25 °C = 77 °F이고, 이때 °C 단위는 상쇄되는 것에 주목하라.

(**b**): t_C = 25 °C이므로 켈빈 온도(반올림)는 다음과 같이 계산한다.

$$T_K = (t_C + 273.15)\text{ °C}\,\frac{1\text{ K}}{1\text{ °C}}$$
$$= (25 + 273.15)\text{ °C}\,\frac{1\text{ K}}{1\text{ °C}}$$
$$= 298\,\cancel{°C}\,\frac{1\text{ K}}{1\,\cancel{°C}} = 298\text{ K}$$

따라서 25 °C = 298 K이다.

답이 합리적인가? 수치 계산을 할 때 "답이 너무 크거나 작은 값이 아닌가"라는 질문을 해 보라. 이런 질문에 대한 판단을 통하여 답을 구하는 방법이나 계산 과정을 검증할 수 있다. (**a**)의 경우에 화씨 척도의 1 °F가 섭씨 척도의 절반쯤 되므로 25 °C는 약 50 °F가 될 것이고, 여기에 32 °F를 더하면 화씨 온도는 약 32 °F + 50 °F = 82 °F가 된다. 77 °F라는 답은 매우 비슷한 값이다.

(**b**)의 경우에 0 °C = 273 K이기 때문에 0 °C 이상의 온도는 273 K보다는 높아야 한다. 따라서 계산한 값이 유효한 범위에 있음을 확인할 수 있다.

실전 문제 1.7

373 °C는 화씨 온도로 몇 도인가? (**힌트**: 두 온도 척도와 관련된 식은 무엇인가?)

실전 문제 1.8

60 °F는 섭씨 온도로 몇 도인가? 78 °F는 켈빈 온도로 얼마인가? (가장 가까운 정수로 나타내시오.)

1.5 실험실에서의 측정

화학은 측정의 과학이다. 화학 물질의 질량, 용액의 부피, 기체의 온도와 압력 및 부피를 측정하는 일들이 대표적인 사례이다. 측정을 할 때 "우리가 완벽한 측정을 할 수 있을까?"라는 의문이 든다. 주머니 속의 동전을 세거나 혹은 상자에 남아있는 쿠키의 수를 세는 일은 실수 없이 정확하게 셀 수 있을 것이다. 이와 같이 의심할 여지 없이 정확한 측정을 '완벽한 측정'이라 한다. 통에 들은 5000개의 쿠키와 같은 큰 수를 완벽하게 셀 확률은 매우 작을 것이다. 또한 5000개 쿠키를 하나씩 세는 것은 시간을 낭비하는 것이다. 실제로 5000의 제곱근, 즉 ±71 정도의 오차가 발생한다는 통계학자의 연구 결과도 있다. 완전한 측정을 한다는 것은 그만큼 어렵다.

가측 오차

실제 측정에서 발생하는 일을 생각해 보자. 측정에 사용되는 도구는 플라스틱 자와 같이 간단한 것도 있고 **최첨단 화학 0.2**에서 소개한 질량 분광기와 같이 복잡한 것일 수도 있다. 중요한 점은 오류 없는 측정을 하려면 도구를 잘 관리해야 한다는 점이다. '적절한 도구 사용법'이란 용어는 실험자가 정확하게 준수해야 하는 절차가 있다는 것을 의미한다. 그 절차에서 조금이라도 벗어나면 부정확한 결과를 얻게 된다. 이와 유사하게 도구를 적절히 관리하지 않으면 정확한 측정 결과를 얻을 수 없다. 이런 경우 측정에 **가측 오차**(**determinate error**)가 발생한다. 그러나 가측 오차를 유발하는 모든 원인은 수정할 수 있다.

해설 오차 = 측정값 − 참값이다. 결과가 참값보다 더 크거나 작을 수 있기 때문에 오차는 + 혹은 − 부호를 갖고 있다.

측정 도구를 이용하여 성질이 알려진 표준 물질에 대한 측정을 수행해서 가측 오차의 크기를 확인하거나 최소화할 수 있다. 가측 오차가 발생하면 측정 결과는 표준물질의 원래 값보다 항상 크거나 항상 작다. 따라서 오차(측정값과 표준 물질의 참값의 차)가 항상 양의 값이거나 혹은 항상 음의 값이 된다. 가측 오차를 줄이기 위하여 측정 기기나 방법을 약간 수정하여 다시 측정하여 새로 얻은 값이 참값에 더 근접하는가를 확인해 본다. 알려진 값과 측정값이 일치하면 가측 오차는 최소화된 것이다.

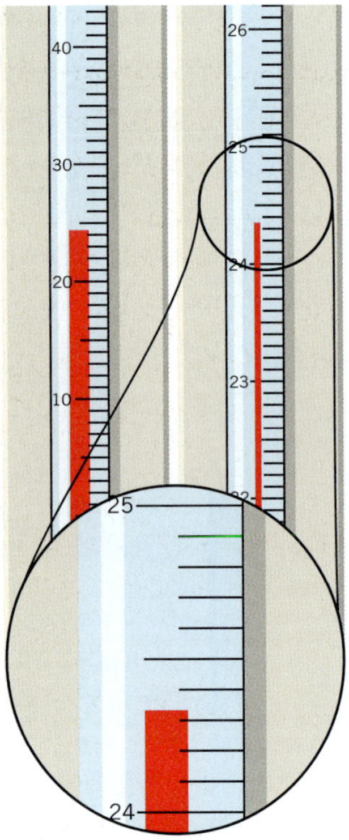

그림 1.22 눈금 단위가 다른 두 온도계로 얻은 결과의 정밀도는 다르다. 왼쪽 온도계는 1도 단위의 눈금이 있어서 소수점 첫째 자리까지 온도를 읽을 수 있다. 오른쪽 온도계는 0.1 °C 단위로 매겨져 있어서 소수점 둘째 자리까지 온도를 읽는 것이 가능하다.

불확실성

가측 오차를 최소화했다고 해서 완벽한 결과를 얻는 것은 아니다. 여러 번의 반복 측정을 통해서 얻은 결과가 항상 일치하는 것은 아니다. 예를 들면 눈금이 있는 도구를 이용하여 측정할 때는 눈금과 눈금 사이의 숫자를 항상 추정하게 된다. 문제는 추정으로 읽은 이 마지막 숫자가 사람에 따라서 또 측정할 때마다 변한다는 것이다. **그림 1.22**에 나타낸 바와 같이 두 가지 온도계를 이용하여 동일한 온도를 측정하는 사례를 생각해 보자.

눈금이 1도씩 차이가 나는 왼쪽의 온도계를 이용해서 온도가 24 °C와 25 °C 사이라는 것을 확인할 수 있다. 온도를 읽으려면 눈금과 눈금 사이를 0.1 °C 씩 나누어 가장 가까운 값을 추정해야 한다. 더 정밀하게 눈금을 읽으면 수은주가 24로 표시된 곳과 25로 표시된 곳의 3/10 지점에 있는 것으로 추정하여 24.3 °C라고 보고할 수 있다. 그러나 정확히 24.3 °C라고 말하는 것은 어리석은 일이다. 마지막 자리는 대략적인 값이며, 읽는 사람에 따라 24.2 °C나 24.4 °C로 읽을 수도 있다. 측정하는 사람에 따라 0.1 °C의 차이가 날 수 있으므로 불확실성은 ±0.1 °C이고, 따라서 측정 온도를 보고할 때 24.3±0.1 °C로 나타낸다.

오른쪽 온도계의 눈금은 1/10도 단위로 매겨져 있으므로 온도를 24.32 °C로 추정할 수 있다. 이 경우 소수점 아래 둘째 자리 숫자는 대략적인 값이고, 불확실성은 ±0.01 °C이다. 따라서 측정 온도는 24.32±0.01 °C로 나타낼 수 있다. 오른쪽 온도계의 눈금이 더 정밀하게 매겨져 있기 때문에 불확실성이 더 작은 측정값을 얻을 수 있다는 것에 주목하라. 따라서 그림 1.22의 오른쪽 온도계로 읽은 온도가 자릿수가 더 많고 불확실성이 더 작기 때문에 더 신뢰할 수 있다. 측정값의 신뢰도는 결과를 나타낸 자릿수로 확인할 수 있다.

과학계에서는 관례적으로 실제 정확히 측정되는 모든 자리와 불확실성을 포함하는 첫 번째 자리를 기록한다. 만일 오른쪽 온도계로 측정한 온도가 정확히 24 °C라면, 이 온도계를 이용하여 1/100도까지 읽을 수 있다는 의미에서 측정 온도는 24 °C가 아니라 24.00 °C로 기록해야 한다.

저울이나 계량기 같은 최신 실험 기구는 대개 디지털 표시 장치가 있다. 만일 디지털 저울이 비커의 질량을 65.23 g으로 나타내면 이 값을 읽는 모든 사람은 같은 수치를 보게 될 것이며 정확히 같은 값을 기록하게 될 것이다. 이 저울을 이용해서 측정하면 불확실성 혹은 추정은 없는 것처럼 보인다. 그러나 과학자들은 신뢰할 수 있는 마지막 자리의 ±1/2 정도의 불확실성이 있으며, 실제 질량은 65.225그램에서 65.234그램 사이라고 생각한다. 이러한 정의를 이용하여 디지털 장치를 읽은 값은 65.230±0.005 g과 같이 쓸 수 있다.[6]

유효 숫자

앞에서 다룬 내용은 매우 중요한 개념이므로 측정값의 숫자를 다룰 때 특별한 용어를 사용한다.

도구
유효 숫자 세기

가장 오른쪽의 숫자만 불확실성을 포함한 형태로 측정 결과를 나타낸 숫자들을 **유효 숫자**(**significant figure** 또는 **significant digit**)라고 한다. 측정값에서 유효 숫자의 개수는 확실한 자릿수와 불확실한 수 하나를 **더한** 것이다. 다음의 두 온도 측정값을 살펴보자.

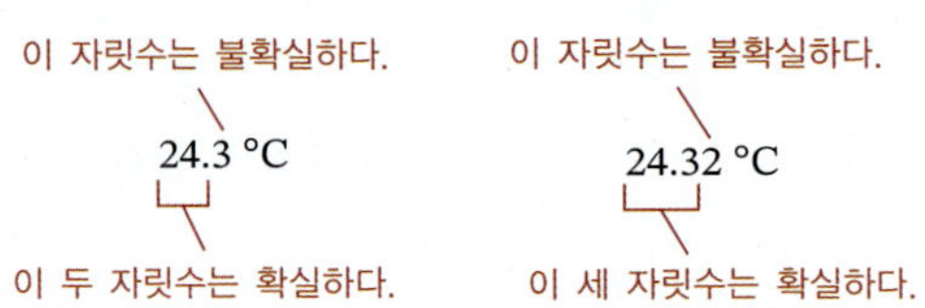

[6]어떤 실험실에서는 아날로그 및 디지털 저울 눈금을 읽을 때, 마지막 자리의 불확실성를 모두 ±1로 일정하게 정하기도 한다.

첫 번째 측정값인 24.3 °C는 유효 숫자가 세 개이며, 두 번째 측정값인 24.32 °C는 유효 숫자가 네 개다.

어떤 0이 유효한가? 대개의 경우 측정값의 유효 숫자의 개수를 결정하는 것은 간단하다. 단지 숫자의 개수를 세어보기만 하면 된다. 따라서 3.25는 유효 숫자가 세 개이고, 56.205는 5개이다. 그러나 숫자 0이 있는 측정값의 경우에는 종종 혼돈이 생기는 경우가 발생한다.

숫자 0이 있는 경우 다음과 같은 규칙을 따른다.

0이 아닌 첫 번째 숫자의 왼쪽에 있는 숫자 0은 유효 숫자가 아니다. 예를 들어 길이 2.3 mm는 0.0023 m와 같다. 동일한 측정값을 비교하는 것이므로 단위를 바꾼다고 해서 유효 숫자의 수가 변하지 않아야 한다. 두 숫자의 유효 숫자는 모두 2개이다.

숫자의 중간에 있는 0은 항상 유효 숫자에 포함된다. 2047 m와 3.096 g의 경우 유효 숫자의 개수는 네 개이다.

0이 아닌 마지막 숫자의 오른쪽에 있는 0은 (a) 수가 소수점을 포함하는 경우 유효 숫자이고 (b) 소수점이 없는 수의 경우 유효 숫자가 아니다. 따라서 4.500 m와 630.0 g의 경우 유효 숫자 개수가 네 개이다. 0이 실제 값이 아니면 나타낼 필요가 없을 것이기 때문이다. 반면에 3200은 유효 숫자가 두 개이고 20은 유효 숫자가 한 개다.

측정이나 혹은 계산 과정에서 뒤에 나오는 0이 유효 숫자여야만 하는 경우가 있다. 이 경우에는 측정값을 **과학적 표기법(scientific notation)**으로 나타내는 것이 최상의 방법이다. 예를 들어 축구장에 45,000명의 관중이 입장했다고 가정하자. 관중 인원에 1000명 정도 차이가 난다고 가정했을 때 이를 45,000명으로 보도하려면 과학적 표기법을 이용하여 4.5×10^4으로 쓸 수 있다. 4.5는 유효 숫자를, 10^4은 소수점의 위치를 나타낸다. 반면에 항공사진 촬영을 통하여 좀 더 자세하게 관중 인원을 세어 100명 정도의 차이를 감안하여 45,000명을 보도하려면 관중 인원을 45,000 ± 100명으로 나타내며, 이때 유효 숫자는 세 개이고 100의 자리에 있는 0은 불확실한 숫자이다. 이를 과학적 표기법을 이용하여 4.50×10^4으로 표기할 수 있다. 이 경우 4.50이 세 개의 유효 숫자이고 $\pm 0.01 \times 10^4$, 즉 ±100의 불확실성을 갖는다.

따라서 "축구장 관중은 45,000명이다"라는 문장은 애매한 문장이다. 유효 숫자가 몇 개인지 확실하지 않다. 확실한 것은 45,000은 **최소한** 두 개의 유효 숫자를 갖는다고 할 수 있다.

정확도와 정밀도

측정과 관련하여 자주 사용되는 용어로 **정확도**와 **정밀도**가 있다. **정확도(accuracy)**는 **측정값이 참값에 얼마나 근접한가를 나타내는 것이다.** **정밀도(precision)**는 **여러 번의 측정값이 평균값에 얼마나 근접한가**를 나타내는 것이다. 정확도는 가측 오차와 관련이 있고 정밀도는 우연 오차와 관련이 있기 때문에 두 용어가 동일한 의미가 아니라는 것에 주목해야 한다. **그림 1.23**에 정확도와 정밀도가 어떻게 다른지를 보여주는 실질적인 예를 나타내었다. 정확한(accurate) 측정을 위해서는 기준 질량을 이용하여 측정 장치를 조심스럽게 보정해야 한다. 그래야 옳은 측정값을 얻을 수 있다. 예를 들어 전자 저울의 보정을 위하여 전자 저울을 켤 때 알려진 기준 질량을 저울 위에 올려놓고 보정 과정을 시작한다. 보정 작업을 한 저울로 정확한 질량을 측정할 수 있으며, 정확성은 사용한 기준 질량의 질에 의해 결정된다. 기준 질량은 과학 용품 공급처에서 구입할 수 있다.

정밀(precision)하다는 것은 여러 번 반복하여 얻은 측정값들이 서로 얼마나 가깝게 있는가를 나타낸다. 일반적으로 불확실성(측정값의 ± 부분)이 작을수록 정밀도는 증가한다. 이는 측정값에서 **유효 숫자가 많을수록 측정의 정밀도는 증가한다**는 것과 같은 의미이다.

일반적으로 매우 정밀한 측정은 정확도도 높다고 가정한다. 하지만 측정 장치가 정확하게

그림 1.23 정확도와 정밀도의 차이 골프 선수 1이 친 공은 세 개가 모두 서로 근접하게 모여 있으므로 정밀하다고 할 수 있으나 모여 있는 공이 홀과 떨어져 있기 때문에 정확도는 떨어진다. 골프 선수 2의 경우에는 세 개의 공이 서로 근접해 있지도 않고 홀에 가까이 있지도 않으므로 정확도와 정밀도 모두 떨어진다. 골프 선수 3이 친 공 세 개는 모두 홀 컵에 들어가 있기 때문에 정확도와 정밀도 모두 우수하다.

그림 1.24 눈금이 정확하지 않은 길이 측정자 그림과 같이 부정확한 자를 사용하여 측정하면 1 cm만큼 오차가 나는 측정값을 얻는다. 이러한 측정은 정밀도는 높을 수 있지만 정확도는 떨어진다.

보정되어 있지 않으면 그렇지 않을 수도 있다. 예를 들어 **그림 1.24**에서와 같이 눈금이 정확하지 않은 자를 사용할 경우 측정값은 ±0.01 cm 단위까지 얻을 수 있으나 모든 측정값은 1 cm만큼 큰 값이 될 것이다. 이는 정밀도는 좋으나 정확도가 높지 않은 경우를 보여 주는 좋은 사례이다.

계산에서 유효 숫자 취급하기

일반적으로 하나의 실험에서 몇 가지 측정값을 얻고, 얻은 측정값을 적당히 결합하여 원하는 양을 계산한다. 예를 들어 직사각형 카펫의 넓이를 구하기 위해서는 카펫의 길이와 폭을 측정하고, 두 측정값을 곱해서 원하는 면적을 얻는다. 계산된 면적이 얼마나 정밀한가를 판단하기 위해서는 계산에 사용된 측정값들의 정밀도를 고려해야 한다. 이를 위해서 연산의 종류에 따른 몇 가지 규칙을 이용한다.

도구
유효 숫자: 곱셈과 나눗셈

곱셈과 나눗셈 곱셈과 나눗셈의 경우 답의 유효 숫자 개수는 연산에 사용된 값 중 가장 정밀하지 못한 수의 유효 숫자 개수와 동일해야 한다. 정밀도가 가장 낮은 측정값은 유효 숫자가 가장 적은 수이다. 몇 가지 측정값이 포함된 다음의 문제를 살펴보자.

유효 숫자 세 개 (3.14), 유효 숫자 네 개 (2.751), 유효 숫자 두 개 (0.64)

$$\frac{3.14 \times 2.751}{0.64} = 13$$

전자 계산기[7]로 계산하면 답은 13.49709375이다. 그러나 가장 낮은 정밀도를 갖는 0.64의 유효 숫자가 두 개뿐이므로 답도 두 개의 유효 숫자를 가져야 한다. 계산기의 값을 반올림하여 정답 13을 얻을 수 있다. 특정 자리로 숫자를 반올림할 때 그 자리 다음의 첫 번째 숫자가 5보다 작으면 단순히 나머지 숫자를 소거한다. 따라서 8.1634를 소수점 아래 두 자리로 반올림하면 8.16이 된다. 반올림하는 자리의 다음 첫 숫자가 5보다 크거나 5 다음에 0이 아닌 숫자가 오면 앞 숫자에 1을 더한다. 따라서 8.167과 8.1653을 반올림하면 8.17이다. 끝으로 반올림하는 자리 다음 숫자가 5이고 5 다음에 다른 숫자가 없으면, 앞의 숫자가 짝수이면 5를 제거하고 홀수의 경우에는 1을 더한다. 따라서 8.165를 반올림하면 8.16이고, 8.175을 반올림하면 8.18이다. 측정값을 곱하거나 나눌 때, 측정값의 단위도 숫자와 마찬가지로 곱하거나 나눠야 한다.

도구
유효 숫자: 덧셈과 뺄셈

덧셈과 뺄셈 덧셈과 뺄셈에서 답의 유효 숫자는 연산에 사용된 값 중 소수점 이하의 자릿수가 최소인 수와 같은 자릿수를 가져야 한다. 예를 들어 측정값을 더하는 다음의 연산을 생각해 보자.

[7] 계산기를 이용하면 너무 많은 유효 숫자를 얻게 되지만, 답이 유효 숫자인 0을 오른쪽에 갖고 있을 때는 예외이다. 예를 들면 답 1.200은 대부분의 계산기 상에서 1.2로 표시된다. 만약 0이 유효 숫자에 포함되면 0을 써주어야 한다.

$$
\begin{array}{rl}
3.247 & g \\
41.36\ & g \\
+125.2\ \ & g \leftarrow \text{(이 숫자는 소수점 아래 한 자리뿐이다.)} \\
\hline
169.8\ \ & g \leftarrow \text{(이 답은 소수점 아래 한 자리로 반올림한 것이다.)}
\end{array}
$$

이 계산에서 2와 6 그리고 7 다음의 숫자는 알지 못한다. 그 숫자가 0이라는 것을 안다면 0을 거기에 써넣어야 하므로 반드시 0일 필요도 없다. 2 다음의 미지의 숫자에 6이나 혹은 7을 더해서 얻은 답도 미지수가 되므로 결과 값에서 소수점 아래 두 번째 자리 이하에 숫자를 써넣는 것은 현명하지 못하다. 따라서 정답은 소수 아래 첫 번째 자리까지 반올림한다. 이와 더불어 같은 단위를 가지는 숫자인 경우에만 더하고 뺄 수 있으며 답도 같은 단위를 가진다는 것을 명심해야 한다. 계산 과정 중에 덧셈(또는 뺄셈)과 곱셈(또는 나눗셈) 두 가지 연산을 수행하는 경우, 우선 덧셈/뺄셈 연산에 대한 유효 숫자를 얻은 다음 곱셈/나눗셈 연산에 대한 유효 숫자를 맞춘다.

정확수 12인치(in.) = 1피트(ft)와 같이 정의로부터 온 숫자나 혹은 작은 방 안에 있는 사람의 수와 같이 직접 세어서 얻은 숫자는 확실하며 무한히 많은 수의 유효 숫자를 가진다고 가정할 수 있다. 따라서 정확수(exact number)는 계산에서 곱하거나 나눌 때 유효 숫자의 개수에 영향을 주지 않는다.

도구
유효 숫자: 정확수

실전 문제 1.9

측정값과 관련된 다음 계산을 수행하고, 결과를 적절하게 반올림하여 올바른 유효 숫자와 단위로 나타내시오. (**힌트**: 이 절에서 논의한 유효 숫자의 규칙들을 적용하고, 계산에서 단위도 숫자처럼 행동한다는 것을 기억하라.)

(a) 22.0233 g − 21.0 g

(b) $\dfrac{20.0324\ \text{g}}{5.7\ \text{mL}}$

(c) $\dfrac{50.25\ \text{cm} + 12.334\ \text{cm}}{(3.223\ \text{cm} - 1.04\ \text{cm})}$

실전 문제 1.10

측정값과 관련된 다음 계산을 수행하고, 결과를 적절하게 반올림하여 올바른 유효 숫자와 단위로 나타내시오.

(a) 54.183 g − 0.0278 g

(b) 10.0 g + 1.03 g + 0.243 g

(c) $43.4\ \text{in.} \times \dfrac{1\ \text{ft}}{12\ \text{in.}}$

(d) $\dfrac{1.03\ \text{m} \times 2.074\ \text{m} \times 2.9\ \text{m}}{12.46\ \text{m} + 4.778\ \text{m}}$

(e) 32.6 mm × 117.5 mm

(f) 15.7 mL + 25 mL

1.6 차원 분석

앞에서는 수치 계산 문제에 대해서 살펴보았다. 어떤 경우에는 문제 해결을 위하여 특정한 방정식을 풀지는 않더라도 일련의 단위를 다른 것으로 변환시켜야 하는 경우가 있다. 과학자들은 문제에 대한 분석을 통하여 해결에 필요한 정보를 수집한 다음, 계산 과정에서 단위에 대해서도 연산을 수행하는 **차원 분석(dimensional analysis)**이라는 방법을 많이 사용한다. 여러분은 이 방법이 문제를 분석하거나 문제 풀이에 필요한 도구를 선택하는 데 도움이 된다는 것을 알게 될 것이다.

해설 유용한 변환 인자를 얻기 위해서는 단위 사이의 관계가 옳아야 한다. 예를 들어 3 ft = 41 in.라는 옳지 않은 관계식으로부터 얻은 변환 인자를 사용하여 계산할 경우 절대로 옳은 결과를 얻을 수 없다. 올바른 답을 얻기 위해서는 단위 사이의 올바른 관계식이 요구된다.

변환 인자

차원 분석에서는 계산 문제를 한 단위로부터 다른 종류의 단위(차원)로의 변환을 포함하는 문제로 다룬다. 주어진 양의 단위를 정답의 단위로 변환하기 위해서 하나 이상의 **변환 인자**(conversion factor)를 사용한다.

$$(\text{주어진 양}) \times (\text{변환 인자}) = (\text{원하는 양})$$

변환 인자(conversion factor)란 **단위 사이의 적당한 관계식이나 등식으로부터 얻을 수 있는 분수 형태의 식으로, 어떤 측정의 결과와 그 단위를 다른 것으로 변환시킬 때 사용된다.** 예를 들어 어떤 사람의 키가 72.0인치인 것을 센티미터로 나타내는 경우를 생각해 보자. 이를 위해서는 표 1.4에서 얻을 수 있는 인치와 센티미터 사이의 관계식이 필요하다.

해설 인치와 센티미터 사이의 관계는 정확하다. 따라서 1 in. = 2.54 cm에서 유효 숫자의 개수는 무한이다.

$$2.54 \text{ cm} = 1 \text{ in.} \qquad (\text{정확한 값}) \tag{1.4}$$

이 식의 양변을 1 in.로 나누면 다음의 변환 인자를 얻게 된다.

$$\frac{2.54 \text{ cm}}{1 \text{ in.}} = \frac{1 \cancel{\text{in.}}}{1 \cancel{\text{in.}}} = 1$$

식 가운데 부분의 분자와 분모로부터 단위들이 소거되어 1만 남아 있음에 유의하라. 앞서 언급한 바와 같이 **수학적 연산에서 단위도 숫자와 동일하게 취급**한다. 이것이 차원 분석법의 핵심이다. 이 변환 인자를 이용하여 72.0인치를 센티미터로 바꿔보자.

$$72.0 \cancel{\text{in.}} \times \left(\frac{2.54 \text{ cm}}{1 \cancel{\text{in.}}}\right) = 183 \text{ cm}$$

$$(\text{주어진 양}) \times (\text{변환 인자}) = (\text{원하는 양})$$

키 72.0인치에 1에 해당하는 어떤 것을 곱했기 때문에 그 키의 크기에는 변화가 없다. 하지만 단위는 변했다. 인치 단위는 약분되고 답에서 원하는 센티미터 단위가 남는다. 따라서 계산 결과는 센티미터로 나타낸 그 사람의 키이다.

차원 분석법의 장점 중 하나는 계산의 **오류** 여부를 알려준다는 것이다. 식 1.4의 관계로부터 실제로 다음 두 개의 변환 인자를 얻을 수 있다.

$$\frac{2.54 \text{ cm}}{1 \text{ in.}} \quad \text{와} \quad \frac{1 \text{ in.}}{2.54 \text{ cm}}$$

앞에서는 첫 번째 변환 인자를 옳게 사용하였지만 실수로 두 번째 변환 인자를 사용했다면 어떻게 될까?

$$72.0 \text{ in.} \times \frac{1 \text{ in.}}{2.54 \text{ cm}} = 28.3 \text{ in.}^2/\text{cm}$$

이 경우 어떤 단위도 약분되지 않는다. $\text{in} \times \text{in} = \text{in}^2$이므로 in^2/cm 단위를 얻게 된다. 계산기를 이용해 수치 계산을 정확히 하더라도 잘못된 답을 얻은 것이다. **단위가 잘못되었기 때문에 차원 분석을 통해 오류가 있다는 것을 알 수 있다.**

단위 변환에 관련된 문제를 해결하기 위한 일반적인 전략이 있다. 항상 주어진 자료와 그 단위로부터 시작하고, 다음에 답에 필요한 단위를 써 본다. 이것이 계산의 시작과 끝이다. 그런 후에 한 단위에서 다른 단위로 전환하는 올바른 변환 인자를 찾아야 한다. 어떤 경우에는 변환 인자가 하나만 필요하기도 하지만 경우에 따라서는 두 개 이상이 필요할 때도 있다. 다음 예제를 살펴보자.

예제 1.3 차원 분석을 미터법 접두어에 적용하기

세계에서 가장 긴 머리카락 길이는 2004년에 중국의 Xie Qiuping이 갖고 있는 기록으로 6.524m이다. 1973년 머리카락을 자르는 것을 멈춘 후 31년 만에 이렇게 자란 것이다. 6.524m를 센티미터(cm)로 변환하시오.

분석 미터 단위를 가지는 수를 센티미터 단위를 가지는 다른 수로 변환하는 것에 관한 문제이다. 이것은 미터법 접두어의 변환과 관계가 있다.

도구 모음 이 문제를 풀기 위한 도구는 미터 단위와 센티미터 단위를 관련 짓는 변환 인자이다. 표 1.5의 십진 지수표를 보면 접두어 '센티'는 '$\times 10^{-2}$'을 의미하므로 다음과 같이 쓸 수 있다.

$$1\ \text{cm} = 10^{-2}\ \text{m}$$

이 관계는 주어진 단위와 원하는 단위를 연결하는 것임을 주목하라.

위의 관계로부터 다음 두 변환 인자를 얻을 수 있다.

$$\frac{1\ \text{cm}}{10^{-2}\ \text{m}} \quad \text{와} \quad \frac{10^{-2}\ \text{m}}{1\ \text{cm}}$$

이제 문제를 풀기 위한 정보가 모두 준비되었다.

풀이 변환 문제의 일반적인 전략을 기초로, 주어진 양(단위 포함)을 왼쪽에 쓰고 원하는 답의 단위를 오른쪽에 적어 보자.

$$6.524\ \text{m} = ?\ \text{cm}$$

미터 단위를 제거해야 하므로 분모에 이 단위를 가진 변환 인자를 곱해야 한다. 따라서 도구로 왼쪽에 있는 변환 인자를 선택하고 계산하면 다음의 결과를 얻는다.

$$6.524\ \cancel{\text{m}} \times \frac{1\ \text{cm}}{10^{-2}\ \cancel{\text{m}}} = 6.524 \times 10^{2}\ \text{cm} \quad \text{또는} \quad 652.4\ \text{cm}$$

문제에 주어진 6.524에 있는 유효 숫자 수만큼 정답도 같은 네 자리 유효 숫자로 표시해야 한다. 미터와 센티미터에 관련된 등가식은 정의이므로 정확수이다.

답이 합리적인가? cm는 m보다 훨씬 작으므로 6.524m를 cm로 나타내면 훨씬 큰 수가 되어야 한다. 또한 접두어 사이의 변환은 6.524 부분은 변화시키지 않으며 10의 제곱수만 변화시키게 된다. 따라서 답이 타당하다.

예제 1.4 차원 분석의 이용

1쿼트보다 약간 큰 1리터는 1입방데시미터(1 dm^3)로 정의된다. 1입방미터(1 m^3)는 몇 리터인가?

분석 다시 한번 문제를 다음의 방정식 형태로 시작해보자.

$$1\ \text{m}^3 = ?\ \text{L}$$

입방미터와 리터 사이에 직접 변환이 가능한 인자는 없다. 그러나 이를 위해 미터법 접두어와 호환할 수 있는 기본 미터법 단위로 리터를 정의한 것이 있다.

도구 모음 리터와 입방데시미터의 관계식은 식 1.1에 주어져 있다.

$$1\ \text{L} = 1\ \text{dm}^3$$

또한 십진 지수표로부터 데시미터와 미터의 관계를 알고 있다.

$$1\ \text{dm} = 0.1\ \text{m}$$

그러나 필요한 것은 입방 단위 사이의 관계이다. 단위도 숫자와 같이 연산을 해야 하므로 이 식의 양쪽에 숫자와 단위 모두 세제곱을 한다.

$$(1\ \text{dm})^3 = (0.1\ \text{m})^3$$
$$1\ \text{dm} = 0.001\ \text{m}^3 \qquad \textbf{(1.5)}$$

식 1.5와 1.1이 주어진 단위들로부터 원하는 단위를 찾는 경로를 어떻게 제시하는지 주목하라. 아래의 경로에서 화살표 위에 나타낸 등식으로부터 필요한 변환 인자를 구해야 한다.

$$\text{m}^3 \xrightarrow{0.001\ \text{m}^3 = 1\ \text{dm}^3} \text{dm}^3 \xrightarrow{1\ \text{dm}^3 = 1\ \text{L}} \text{L}$$

문제 해결에 필요한 각 단계에서의 변환 인자를 구해보자.

식 1.5를 이용하여 다음과 같이 첫 번째 단계에서의 두 변환 인자를 구할 수 있다.

$$\frac{1\ \text{dm}^3}{0.001\ \text{m}^3} \quad \text{혹은} \quad \frac{0.001\ \text{m}^3}{1\ \text{dm}^3}$$

필요한 인자는 m^3의 단위를 소거할 수 있는 첫 번째 것이다. 분자와 분모에 동일한 단위가 있으면 상쇄할 수 있다는 사실을 기억하라.

두 번째 단계에서는 식 1.1을 사용하여 또 다른 2개의 변환 인자를 얻을 수 있다.

$$\frac{1\ \text{L}}{1\ \text{dm}^3} \quad \text{혹은} \quad \frac{1\ \text{dm}^3}{1\ \text{L}}$$

이번에는 dm^3를 소거해야 하므로 dm^3가 분모에 있는 인자를 선택해야 한다.

이제 문제를 해결할 준비는 다 되었다.

풀이 첫 단계는 식 1.5로부터 얻은 변환 인자를 이용하여 m^3 단위를 제거하는 것이다.

$$1\ \cancel{\text{m}^3} \times \frac{1\ \text{dm}^3}{0.001\ \cancel{\text{m}^3}} = 1000\ \text{dm}^3$$

식 1.1을 사용하여 얻은 변환 인자를 이용하여 dm^3를 L로 변환한다.

$$1000\ \cancel{\text{dm}^3} \times \frac{1\ \text{L}}{1\ \cancel{\text{dm}^3}} = 1000\ \text{L}$$

따라서 $1\ \text{m}^3 = 1000\ \text{L}$이다.

일반적으로 한 문제에 포함된 둘 이상의 변환 인자를 다음과 같이 묶어서 이용할 수도 있다.

$$1\ \cancel{\text{m}^3} \times \frac{1\ \cancel{\text{dm}^3}}{0.001\ \cancel{\text{m}^3}} \times \frac{1\ \text{L}}{1\ \cancel{\text{dm}^3}} = 1000\ \text{L}$$

변환 인자가 모두 정확수로 되어 있고 정확히 1입방미터가 주어져 있으므로 답도 정확수이다.

답이 합리적인가? 1 L는 약 1쿼트이다. $1\ \text{m}^3$는 대략 $1\ \text{yd}^3$이다. 따라서 $1\ \text{m}^3$는 많은 수의 L에 해당하므로 답이 합리적이다. (이 문제의 분석에서 대략적인 양을 유추하는 데 쿼트와 입방야드 단위를 사용하였다는 것에 주목하라. 어느 단위든 더 친숙한 단위를 이용하여 문제에서 주어진 실제 단위의 값과 연관시키면 결과의 크기를 대략적으로 가늠할 수 있다.)

예제 1.5 비 SI 단위에 대한 차원 분석

어떤 산악인들은 폐에 체액이 쌓여 생명을 위협하는 고소 폐부종(high altitude pulmonary edema, HAPE)에 쉽게 걸린다. 고도 8202 피트(ft) 이상을 너무 빨리 오를 때 이 증상이 나타난다. 8202 피트를 킬로미터로 나타내시오.

분석 이 문제는 피트를 킬로미터로 바꾸는 다음 식에서 출발할 수 있다.

$$8202 \text{ ft} = ? \text{ km}$$

피트를 킬로미터로 바꾸는 경로는 사용하는 변환 인자에 따라 다르다. 표 1.4에는 피트와 킬로미터 사이의 관계가 없기 때문에 변환할 수 있는 단위들을 살펴보면서 변환 순서를 작성해야 한다. 한 가지 가능한 순서는 다음과 같다.

$$8202 \text{ 피트} \xrightarrow{1 \text{ ft} = 12 \text{ inch}} \text{인치} \xrightarrow{1 \text{ inch} = 2.54 \text{ cm}} \text{센티미터} \xrightarrow{1000 \times 100 \text{ cm} = 1 \text{ km}} \text{킬로미터}$$

이 책 뒤표지 안쪽에 있는 표를 보면 변환 인자 1야드 = 0.9144미터를 찾을 수 있다. 따라서 다음과 같은 순서도 가능하다.

$$8202 \text{ 피트} \xrightarrow{1 \text{ ft} = 1/3 \text{ yd}} \text{야드} \xrightarrow{1 \text{ yd} = 0.9144 \text{ m}} \text{미터} \xrightarrow{1 \text{ m} = 0.001 \text{ km}} \text{킬로미터}$$

이 예제에서는 첫 번째 과정을 택하기로 한다.

도구 모음 필요한 도구는 다음과 같이 적절한 표를 찾아보면 된다.

$$1 \text{ cm} = 10^{-2} \text{ m (표 1.5에서)}$$
$$1 \text{ in.} = 2.54 \text{ cm (표 1.4에서)}$$
$$1 \text{ ft} = 12 \text{ in.}$$

풀이 차원 분석을 이용하여 계획된 순서에 따라 원하지 않는 단위를 제거하면 답의 단위를 얻을 수 있다.

$$8202 \cancel{\text{ft}} \times \frac{12 \cancel{\text{in.}}}{1 \cancel{\text{ft}}} \times \frac{2.54 \cancel{\text{cm}}}{1 \cancel{\text{in.}}} \times \frac{10^{-5} \text{ km}}{1 \cancel{\text{cm}}} = 2.499 \text{ km}$$

여기서 답의 유효 숫자가 측정값의 유효 숫자의 수와 동일한 네 자리가 되도록 반올림하였다. 숫자 12와 2.54는 정의로부터 유도된 정확수이므로 답의 유효 숫자 자릿수에 영향을 주지 않는다는 것에 주목하라.

분석에서 제시한 바와 같이 이 방법이 문제 풀이의 유일한 방법은 아니며 다른 변환 인자들을 이용하여 문제를 해결할 수도 있다. 예를 들어 두 번째 순서를 따라서 1 yd = 0.9144 m와 3 ft = 1 yd를 사용하여 다음과 같이 문제를 해결할 수 있다.

$$8202 \cancel{\text{ft}} \times \frac{\frac{1}{3} \cancel{\text{yd}}}{1 \cancel{\text{ft}}} \times \frac{0.9144 \cancel{\text{m}}}{1 \cancel{\text{yd}}} \times \frac{0.001 \text{ km}}{1 \cancel{\text{m}}} = 2.499 \text{ km (이 수의 유효 숫자는 4개이다.)}$$

이와 비슷하게 많은 문제들이 두 가지 이상의 해결법을 가지고 있다. **중요한 것은 문제를 해결하는 방법을 추론하고 주어진 정보를 이용하여 해답을 얻을 수 있는 일련의 관계식을 찾아내는 것이다.** 약분으로 제거해야 할 단위들을 분명히 알고 있다면 차원 분석은 통하여 이러한 관계식을 찾을 수 있다.

답이 합리적인가? 답이 적당한지 대략적인 계산을 해보자. 일단 8202 ft를 8202 yd라고 가정하고 1 m와 1 yd 사이의 관계를 이용하여 계산하면 8202 yd는 0.9144 × 8202/1000 = 7.499 km에 해당한다. 실제로는 피트가 야드보다 매우 작으므로 답은 7.499 km 보다 매우 작아야 한다. 따라서 답 2.499 km는 타당해 보인다.

실전 문제 1.11

면적이 60 ft^2에서 400 ft^2 사이인 집을 매우 작은 집으로 평가하므로 면적이 124 ft^2인 집도 극소형 집에 속한다. 차원 분석을 사용하여 124 ft^2를 m^2 단위로 변환하시오. (**힌트**: 피트를 미터로 변환하려면 어떤 관계가 필요한가?)

실전 문제 1.12
차원 분석법을 사용하여 다음의 변환을 하시오. (**a**) 3.00 yd^3를 in^3로, (**b**) 1.25 km를 cm로, (**c**) 3.27 oz를 g으로, (**d**) 20.2 mi/gal을 km/L로.

등가성

이제까지는 일종의 등식으로부터 변환 인자를 만들었다. 이와 더불어 어떤 것이 다른 것과 어떻게 동등한가를 나타내는 표현으로부터 변환 인자를 만들 수도 있다. 예를 들어 신발 한 켤레를 $85에 샀다면 $85를 신발 한 켤레로 변환했다고 말하거나 $85는 신발 한 켤레와 동등하다고 말할 수 있다. 이 개념을 다음과 같이 표현할 수 있다.

해설 등가 부호 ⇔는 등호와 같은 의미로 사용된다.

$$\$85 \Leftrightarrow \text{신발 한 켤레}$$

여기서 기호 ⇔는 "~과 동등하다"고 읽는다. 이 등가성을 나타내는 부호는 수학적으로 등호와 같으며, 따라서 다음과 같은 두 변환 인자를 만들 수 있다.

$$\frac{\$85}{\text{신발 한 켤레}} \quad \text{또는} \quad \frac{\text{신발 한 켤레}}{\$85}$$

이것을 써서 신발 한 켤레를 $로 또는 $를 신발 한 켤레로 변환할 수 있다. 첫 번째 변환 인자를 이용하여 신발 세 켤레를 구입하는 데 필요한 금액을 다음과 같이 계산할 수 있다.

$$\cancel{\text{신발}}\ \text{세}\ \cancel{\text{켤레}}\left(\frac{\$85}{\cancel{\text{신발}}\ \text{한}\ \cancel{\text{켤레}}}\right) = \$255$$

위 결과 신발 켤레라는 단위가 상쇄되어 신발 세 켤레 가격인 $255만 남는다.

1.7 밀도와 비중

앞에서 물질의 성질에 대하여 논의하면서 물질을 확인하기 위해서 세기 성질이 유용하다고 언급하였다. 크기 성질에 대한 흥미로운 사실 중 하나는 두 가지 크기 성질의 비가 시료의 크기와 무관한 양을 나타낸다는 것이다. 실제로 시료의 크기를 서로 상쇄하여 계산한 양은 세기 성질이 된다. 이러한 방법으로 얻게 되는 유용한 성질 중 하나가 **물질의 부피에 대한 질량의 비율**로 정의되는 **밀도(density)**이다. 밀도를 기호 d, 질량을 m, 부피를 V로 나타내면 수학적으로 다음과 같이 나타낼 수 있다.

도구
밀도

$$d = \frac{m}{V} \tag{1.6}$$

물체의 밀도를 결정하기 위하여 질량과 부피를 측정해야 한다는 것에 유의하라.

예제 1.6 밀도 계산

10.02 cm^3의 시약병에 혈액 시료가 가득 채워져 있다. 빈 시약병의 질량은 15.30 g이고 혈액으로 채운 후 시약병의 질량이 20.91 g이다. 혈액 시료의 밀도는 g/cm^3 단위로 얼마인가?

분석 혈액의 질량과 부피는 밀도와 연관되어 있다. 혈액의 부피는 주어졌고 빈 시약병의 질량과 혈액으로 채워진 시약병의 질량으로부터 혈액의 질량을 계산할 수 있다. 질량과 부피를 알면 밀도의 정의를 이용하여 이 문제를 풀 수 있다.

도구 모음 필요한 도구 중 하나는 질량 보존 법칙이다. 이를 이용해 다음과 같이 쓸 수 있다.

채워진 시약병의 질량 = 빈 시약병의 질량 + 혈액의 질량

식 1.6에 주어진 밀도의 정의 또한 필요한 도구이다.

$$d = \frac{m}{V}$$

풀이 혈액의 질량은 채워진 시약병의 질량과 빈 시약병 질량의 차이이므로 다음과 같이 계산할 수 있다.

혈액의 질량 = 채워진 시약병의 질량 − 빈 시약병의 질량

혈액의 질량 = 20.91 g − 15.30 g = 5.61 g

밀도를 결정하기 위하여 간단하게 부피에 대한 질량의 비를 계산한다.

$$\text{밀도} = \frac{m}{V} = \frac{5.61\ \text{g}}{10.02\ \text{cm}^3} = 0.559\ \text{g cm}^{-3}\ \text{혹은}\ 0.559\ \text{g/cm}^3$$

$1\ cm^3 = 1\ mL$이기 때문에 밀도 = $0.559\ g/mL$로도 쓸 수 있다.

답이 합리적인가? 먼저 답의 단위가 옳기 때문에 일단 긍정적이다. 계산에서 5.61을 더 큰 수인 10.20으로 나누었다. 답이 1보다 작을 것이므로, 계산 결과 얻은 답 $0.559\ g/cm^3$는 타당하다.

실전 문제 1.13

발포 폴리스타이렌(polystyrene)은 단열 효과가 크고 가벼우며 습기를 잘 흡수하지 않기 때문에 단열 컵에 많이 사용된다. 질량이 0.350 g인 폴리스타이렌을 이용하여 만든 컵의 부피가 12.0 mL이다. 이 컵의 밀도는 얼마인가? (**힌트**: 밀도 계산 과정에서 질량과 부피의 관계는 어떻게 되는가?)

실전 문제 1.14

질량이 5.547 g인 철봉을 50 cc의 물이 채워진 눈금 실린더에 넣었더니 전체 부피가 60 cc로 증가하였다. 철봉의 밀도를 고체의 밀도에 주로 사용되는 단위인 $g\ cm^{-3}$로 구하시오.

순물질은 각각 고유한 밀도를 갖는다(**표 1.6**). 예를 들어 금은 철보다 밀도가 더 크다. 금 $1\ cm^3$ 당 질량은 19.3 g이므로 금의 밀도는 $19.3\ g/cm^3$이고, 같은 부피의 철의 질량은 7.86 g이므로 밀도는 $7.86\ g/cm^3$이다. 이에 비해 물의 밀도는 $1.00\ g/cm^3$이고 실온에서 공기의 밀도는 약 $0.0012\ g/cm^3$이다.

온도계의 구에 들어 있는 유체와 같이 대부분의 물질을 가열하면 약간 팽창하여 cm^3당 포함된 물질의 양은 더 적어진다. 그러므로 온도가 증가하면 밀도는 약간 감소한다.[8] **표 1.7**에서 물의 자료에서 볼 수 있듯이 고체와 액체의 경우 이 변화의 크기는 작다. 두 개 혹은 세 개의 유효 숫자만이 필요할 때는 작은 온도 변화에 따른 밀도의 변화를 무시할 수도 있다.

해설 화학에서는 일반적으로 참고 자료로 보통 상온과 비슷한 25 °C의 값이 주어진다. 생물학자는 우리의 정상 체온인 37 °C에서 실험을 수행한다.

해설 물의 밀도는 온도에 따라 약간 변하지만, 상온(25 °C) 근처의 온도에서는 거의 $1.00\ g/cm^3$이다.

[8]물은 특이한 액체이다. 최대 밀도가 4 °C에서 나타나기 때문에 0 °C인 물을 가열하면 4 °C에 도달할 때까지는 밀도가 증가하다 온도를 더 올리면 밀도는 서서히 감소한다.

표 1.6 상온에서 몇 가지 일반적인 물질의 밀도(g/cm^3)[a]

물질	밀도(g/cm^3)
물	1.00
알루미늄	2.70
철	7.87
은	10.5
금	19.3
유리[b]	2.4
공기[c]	0.0012

[a]P. J. Linstrom and W. G. Mallard, Eds., *NIST ChemistryWeb-Book, NIST Standard Reference Database Number 69*, National Institute of Standards and Technology, Gaithersburg MD, 20899, http://webbook.nist.gov (retrieved June, 2021).
[b]판형 유리
[c]해수면에서의 건조한 공기

표 1.7 온도에 따른 물의 밀도[a]

온도(°C)	밀도(g/cm^3)
10	0.9997025
15	0.9991026
20	0.9982072
25	0.9970476
30	0.9956495
50	0.9880350
100	0.9583675

[a]P. J. Linstrom and W. G. Mallard, Eds., *NIST Chemistry WebBook*, NIST *Standard Reference Database Number 69*, National Institute of Standards and Technology, Gaithersburg MD, 20899, http://webbook.nist.gov (retrieved June, 2021).

변환 인자로서의 밀도

밀도의 유용한 성질 중 하나는 물질의 질량과 부피 사이를 변환할 수 있게 하는 것이다. 즉 밀도는 물질의 질량과 부피 사이의 등가(equivalence) 관계를 보여준다. 예를 들어 금의 밀도 19.3 g/cm^3는 금 19.3 g이 1.00 cm^3의 부피를 갖는 것을 나타낸다. 이것을 다음과 같이 표시할 수 있다.

$$19.3\text{ g 금} \Leftrightarrow 1.00\text{ cm}^3\text{ 금}$$

차원 분석을 위한 계산을 수행할 때 등가 관계를 이용하여 2가지 변환 인자를 얻을 수 있다.

$$\frac{19.3\text{ g 금}}{1.00\text{ cm}^3\text{ 금}} \quad \text{과} \quad \frac{1.00\text{ cm}^3\text{ 금}}{19.3\text{ g 금}}$$

다음 예제는 계산에서 밀도가 어떻게 사용되는가를 보여 준다.

예제 1.7 밀도를 이용한 계산

바닷물의 밀도는 약 1.03 g/mL이다. **(a)** 바닷물 225 mL의 질량은 얼마인가? **(b)** 바닷물 45.0 g은 몇 mL인가?

분석 두 문제 모두 물질의 질량과 부피 사이의 관계를 이용한다. 밀도가 질량과 부피 사이의 직접적인 관계를 제공하므로 한 단계 변환으로 해결할 수 있다.

도구 모음 밀도를 구하는 식 1.6이 두 가지 양 사이의 변환에 필요한 유일한 도구이다. 이 문제를 위한 등가는 다음과 같이 쓸 수 있다.

$$1.03\text{ g 바닷물} \Leftrightarrow 1.00\text{ mL 바닷물}$$

이 관계로부터 얻을 수 있는 다음의 두 변환 인자가 답을 얻는 데 사용할 도구이다.

$$\frac{1.03\text{ g 바닷물}}{1.00\text{ mL 바닷물}} \quad \text{그리고} \quad \frac{1.00\text{ mL 바닷물}}{1.03\text{ g 바닷물}}$$

풀이 **(a)** 문제를 다시 써 보자.

$$225\text{ mL 바닷물} \Leftrightarrow ?\text{ g 바닷물}$$

'**mL 바닷물**' 단위를 제거해야 하므로 도구에서 얻은 왼쪽 변환 인자를 사용한다.

$$225\ \cancel{\text{mL 바닷물}} \times \frac{1.03\ \text{g 바닷물}}{1.00\ \cancel{\text{mL 바닷물}}} = 232\ \text{g 바닷물}$$

따라서 바닷물 225 mL의 질량은 232 g이다.

(**b**) 문제를 다음의 식으로 표현할 수 있다.

$$45.0\ \text{g 바닷물} \Leftrightarrow \text{mL 바닷물}$$

이번에는 g **바닷물** 단위를 제거하기 위해 오른쪽 변환 인자를 사용한다.

$$45.0\ \cancel{\text{g 바닷물}} \times \frac{1.00\ \text{mL 바닷물}}{1.03\ \cancel{\text{g 바닷물}}} = 43.7\ \text{mL 바닷물}$$

따라서 바닷물 45.0 g의 부피는 43.7 mL이다.

답이 합리적인가? 밀도를 보면 바닷물 1 mL의 질량은 1 g보다 약간 더 크다. 따라서 (**a**)에서 바닷물 225 mL는 225 g보다 큰 질량을 가질 것을 예상할 수 있다. 따라서 답 232 g은 타당하다. (**b**)에서 바닷물 45 g은 45 mL의 부피와 크게 다르지 않아야 한다. 답 43.7 mL 역시 적당한 범위 내의 값이다.

실전 문제 1.15

금빛이 나는 어떤 금속의 질량이 365 g이고 부피는 32.12 cm^{3}이다. 이 물질은 순금인가? (**힌트**: 이 물질의 밀도와 금의 밀도를 비교하라.)

실전 문제 1.16

어떤 합금의 밀도가 32.6 g/cm^{3}이다. 이 합금 0.822 ft^{3}의 질량은 몇 파운드인가? (**힌트**: 합금의 밀도가 lb/ft^3 단위로 얼마인가?)

비중

밀도는 물질의 부피에 대한 질량의 비이다. 예제에서 질량은 그램(gram) 단위, 부피는 입방센티미터를 사용하였다. 대부분 액체와 고체의 밀도가 0.5~20 g/cm^{3}이므로 이 단위가 적절한 것으로 판단된다. 질량에는 킬로그램(kilogram), 그램(gram), 마이크로그램(microgram), 파운드(pound), 온스(ounce) 등 여러 가지 질량 단위가 사용되며 부피도 cm^3, 리터, 온스, 갤런 등 여러 단위가 있다. 지금 나열한 것들로부터 서로 다른 질량과 부피 단위의 비를 사용하는 20가지 밀도가 가능하다. 서로 다른 단위를 갖는 20가지 밀도를 모두 표로 만들면 한 가지 물질에 20개의 밀도 자료를 수록해야 한다.

비중이라는 개념을 이용하여 이 문제를 해결할 수 있다. 어떤 물질의 **비중**(**specific gravity**)은 단순히 그 물질의 밀도를 물의 밀도로 나눈 것이다. 같은 단위의 밀도를 사용하기 때문에 비중은 **차원이 없는 수**(dimensionless number)가 된다. 또한 두 밀도를 결정할 때 온도와 같은 여러 실험 조건이 동일해야 한다.

$$\text{비중} = \frac{\text{물질의 밀도}}{\text{물의 밀도}} \tag{1.7}$$

도구
비중

특정 단위를 갖는 밀도를 사용하려면 우선 원하는 물질의 비중을 선택하고 거기에 원하는 단위를 가진 물의 밀도를 곱하면 된다. 따라서 화합물의 비중에 대한 자료와, 20가지 단위로 된 물의 밀도를 수록한 비교적 간단한 표를 이용한다.

강의실 밖의 화학 1.3

밀도와 포도주

밀도(또는 비중)는 포도주 제조 과정에서 기본적으로 하는 측정 중 하나이다. 필수적인 화학 반응은 효모 세포가 포도 주스에서 당을 공급받아서 에탄올(에틸 알코올)과 이산화 탄소를 생성하는 발효 과정이다. 포도에 들어 있는 두 가지 주된 당인 글루코스(포도당)와 프럭토스(과당)의 발효 과정은 다음과 같다.

pixel2013/2420 images/Pixabay

$$C_6H_{12}O_6(aq) \longrightarrow 2CH_3CH_2OH(aq) + 2CO_2(g)$$

당이 너무 적으면 생성물 중 알코올의 양이 낮아지고, 당이 너무 많으면 알코올은 최대(약 13%)로 얻어지지만 당이 남아 있을 것이다. 남은 당이 있어 단맛이 나거나 알코올 함량이 너무 낮은 포도주는 소비자가 선호하지 않는다.

고품질의 포도주를 만들기 위해 성장하는 동안 포도의 천연 당 함량을 주의 깊게 추적 관찰한다. 당 함량이 적정 수준에 이르렀을 때 포도를 수확해 으깨고 압착하여 발효 과정을 시작한다.

포도의 당 함량을 결정하는 매우 빠른 방법은 주스의 밀도를 알아내는 것이다. 밀도가 높을수록 당 함량도 높아진다. 포도주 제조업자들은 비중계라는 간단한 장치를 사용한다. **비중계(hydrometer)**는 눈금이 새겨진 실린더 안에 약간의 무게가 나가는 유리가 들어있다. 밀도를 측정하는 액체 안에 넣고 몇 번 돌려주면 눈금 실린더 중앙에 있는 비중계가 밀도에 비례하는 위치까지 이동한다. 비중계 눈금으로부터 밀도를 읽은 후에 보정표를 보고 상응하는 당 함량을 알아낸다.

발효가 끝나고 알코올 함량도 밀도 측정을 이용해서 확인한다. 이를 위해 포도주 시료를 가열하여 끓인 다음 증발된 알코올과 물이 응축시킨다. 필요한 양의 액체가 응축되면 다른 비중계를 써서 밀도를 측정한 다음 보정표를 보고 밀도를 알코올 도수로 변환한다.

warren mcconnaughie/Alamy Stock Photo

비중계 발효 전 으깬 포도의 당 함량 측정용

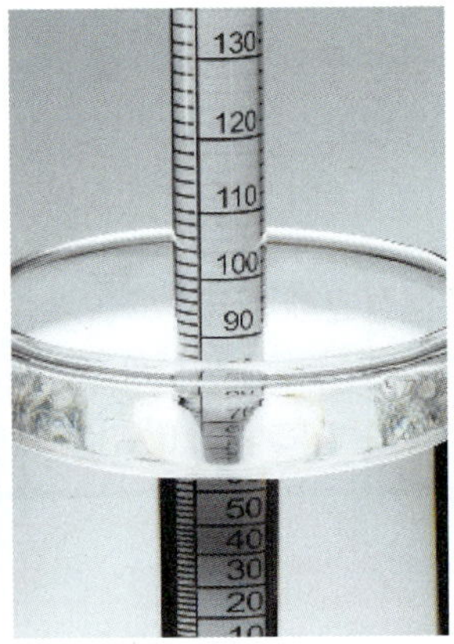

Paul Silverman/Fundamental Photographs

비중계 발효 후 증류된 포도주 시료의 알코올 함량 측정용

표 1.8 여러 단위로 표현한 물의 밀도

1.00 g/mL
1000 kg/m^3
62.4 lb/ft^3
8.34 lb/gallon

예제 1.8 비중 사용하기

진한 황산은 25 °C에서 비중이 1.84라고 쓰인 라벨이 붙은 병에 담아 시판된다. 황산 25 kg에 해당하는 부피는 몇 ft^{3}인가?

분석 문제를 식으로 다시 써 보자.

$$25 \text{ kg 황산} = ? \text{ m 황산}$$

밀도를 사용해 질량을 부피로 변환하는 방법을 알고 있다. 비중을 kg/m^3 단위의 밀도로 변환할 필요가 있다.

도구 모음 비중을 정의하는 식 1.7을 이용하여 황산의 밀도를 계산한다.

$$\text{비중} = \frac{\text{물질의 밀도}}{\text{물의 밀도}}$$

표 1.8에 필요한 밀도가 수록되어 있다. 예제 1.7에서와 같이 얻은 황산의 밀도로부터 변환인자을 구한다.

풀이 비중 식을 다음과 같이 재배열한다.

$$\text{황산의 밀도} = (\text{비중}) \times (\text{물의 밀도}) = 1.84 \times 1000\ \text{kg/m}^3$$
$$\text{황산의 밀도} = 1800\ \text{kg/m}^3$$

이제 밀도로부터 얻은 변환 인자를 사용하여 변환한다.

$$25\ \text{kg 황산} \times \frac{1\ \text{m}^3}{1800\ \text{kg}} = 0.014\ \text{m}^3$$

답이 합리적인가? 몇 가지로 간단하게 추정해 볼 수 있다. 비중이 대략 2 정도이며 물의 밀도가 1000이므로 밀도는 2000 정도로 예상된다. 두 번째 부분에서 25를 2000으로 나누어야 하므로 답이 0.01보다 약간 클 것으로 예상된다. 답이 이 값에 매우 가까우므로 답이 합리적이라고 생각된다.

실전 문제 1.17

테이블 와인의 비중은 1.090이다. 와인 한 통에 300 L가 들어 있다면 통에 들어 있는 와인의 질량은 몇 kg인가? (**힌트**: 비중과 밀도의 관계는 무엇인가?)

실전 문제 1.18

당뇨병은 소변의 비중을 감소시킬 수 있다. 정상적인 소변의 비중이 1.002~1.030라면, 밀도가 0.966 g/mL인 소변의 비중은 정상 범위에 속하는가?

신뢰할 수 있는 측정의 중요성

물질의 성질로 그 물질을 구분할 수 있다는 것을 앞에서 배웠다. 물질을 구분하기 위해 밀도와 같은 성질을 이용하려면 측정값의 신뢰도가 매우 높아야 한다. 따라서 측정값의 정밀도와 정확도에 대한 정보를 어느 정도 알아야 한다.

정확도의 중요성은 명백하다. 측정값이 참값에 근접하다는 확신이 없으면 그 측정값에 근거해서 얻은 그 어떤 결론도 신뢰할 수 없게 된다(**표 1.9**).

측정의 정밀도 역시 매우 중요하다. 예를 들면 금반지의 순도가 24캐럿인지, 22캐럿인지 혹은 18캐럿인지 결정하는 경우를 생각해 보자. 우선 반지의 질량과 부피를 측정하여 반지의 밀도를 구하고, 얻은 밀도와 24캐럿의 밀도(19.3 g/mL), 22캐럿의 밀도(17.7 g/mL), 18캐럿의 밀도(17 g/mL)와 비교한다. 부엌에서 사용하는 저울과 부피 측정 용기를 사용하여 측정한 결과 반지의 부피가 1.0 mL이었고 질량은 18 g이었다. 측정값으로 계산한 밀도는 유효 숫자를 고려하면 18 g/mL가 된다. 반면에 ±0.001 g까지 잴 수 있는 더 정밀한 실험용 저울로 측정한 금반지의 질량은 18.153 g이었다. 실험실에서 사용하는 부피 측정용 유리 기구를 사용하여 측정한 금반지의 부피는 1.03 mL이었다. 이 측정값으로부터 유효 숫자를 고려해서 계산한 금반지의 밀도는 17.6 g/mL이다.

해설 금의 순도를 나타낼 때 순금은 24캐럿이라 하고, 금이 질량으로 50%인 금을 12캐럿이라 한다. 순도가 24캐럿보다 낮은 경우에는 은이나 구리와 같은 값싼 금속으로 합금한 것이다.

표 1.9 불확실성은 측정 도구의 질에 의존한다.

	눈금 있는 컵/주방 저울	실험용 저울/ 부피 측정용 유리 기구
질량(g)	18	18.153
부피(mL)	1.0	1.03
밀도(g/mL)	18	17.6
유효 숫자의 개수	2	3
오차(g/mL)	±1	±0.1
가능한 값의 범위(g/mL)	17~19	17.5~17.7

실험에서 얻은 금의 밀도 18 g/mL를 유효 숫자 두 자리로 반올림한 24캐럿의 밀도 19 g/mL나 18캐럿의 밀도 17 g/mL 등과 비교하면 마지막 유효 숫자의 ±1 수준의 불확실성을 고려할 때 금반지가 24캐럿에서 18캐럿까지 어느 것도 될 수 있다는 것을 의미한다. 이와는 달리 더 정확한 측정을 통해서 얻은 반지의 밀도(17.6 g/mL)는 22캐럿의 밀도(17.7 g/mL)와 거의 일치한다. 이는 정확하고 정밀한 측정의 중요성을 보여주는 하나의 예이다. 경제에서도 정확하고 정밀한 측정은 매우 중요하며 이를 바탕으로 매일 매 순간 수백만 달러 규모의 거래들이 이루어지고 있다.

종합 화학 예제

해수면이란 무엇인가? 거주하는 나라에 따라 이 질문에 대한 답이 다를 수 있다. 독일과 스위스의 해수면의 기준은 각각 북해와 지중해로 서로 다르다. 2002년 독일과 스위스는 두 나라를 가로지르는 Laufengburg 시에 다리를 함께 건설하고 있었다. 교량 건설 관계자는 두 해수면에 27 cm 차이가 난다는 사실을 이미 알고 있었다. 그러나 두 나라에서 각각 건설하던 교량이 중간 지점에서 만났을 때 54 cm의 차이가 나는 것이 밝혀졌다. 결국 독일 측 교량을 54 cm 낮추는 추가 공사가 진행되었다. 이런 오류에 대한 이유를 합리적으로 설명하고, 재발을 막을 수 있는 방지책을 제안하시오.

분석 오류가 발생한 이유와 재발을 방지할 수 있는 방안을 묻는 문제이다.

도구 모음 발생한 오류를 그림으로 나타내고 재발을 막을 수 있는 몇 가지 아이디어를 제시한다.

풀이 첫 번째 문제를 해결하기 위해 교량과 해수면 그리고 높이 등을 포함하는 간단한 그림으로 나타내 보자.

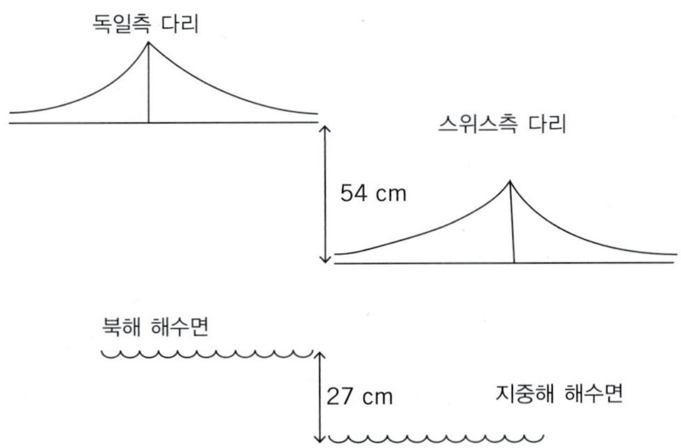

지중해의 해수면이 북해의 해수면보다 27 cm 더 높음에도 불구하고 독일에서 건설한 교량이 54 m 더 높다. 독일 측에서 교량을 건설하기 위한 계산 과정에서 27 cm를 더한 것으로 보인다.

$$27\,\text{cm} + 27\,\text{cm} = 54\,\text{cm}$$

독일 측에서 27 cm를 빼줬으면 두 교량의 높이는 정확히 일치했을 것이다.

방지책 중 하나는 교량 건설을 위한 계산 과정에 상황을 나타내는 간단한 도표를 그리는 것이다. 동일한 해수면 높이를 사용하거나 GPS를 이용한 측정도 좋은 방안이다.

답이 합리적인가? 그림에서 독일측 교량의 높이에서 27 cm를 두 번 빼주면 두 다리가 일치하는 것을 확인할 수 있다. 또한 이 문제를 방지하기 위한 3가지 방안을 제시하였고, 특히 3가지 방안을 동시에 적용하면 어떤 오류도 발생하지 않을 것이다.

종합 화학 문제

A. 이 교재를 공부하다 보면 차원 분석이 필요한 많은 문제를 만나게 될 것이다. 차원 분석 문제를 다룰 때 참고할 수 있는 전략 모형을 작성하시오. 모형에 자료의 출처와 필요한 정보가 무엇인지 그리고 답이 옳은지를 확인하는 방법 등을 함께 제시하시오.

B. SI 단위에서는 크거나 작은 수를 나타내기 위하여 대부분 1000 단위로 변하는 십진 지수를 사용한다. 십진 지수로 1000이란 단위가 유용한 이유를 설명하시오.

C. 다른 나라로 여행을 가면 화폐 단위와 측정 단위가 바뀐다. 예를 들어 미국 Miami에 거주하는 사람이 이탈리아의 Roma에서 복숭아를 사는 경우를 생각해 보자. 킬로그램 단위로 파는 복숭아를 사기 위하여 유로(Euro, €)를 사용해야 한다. 계산기를 사용하지 않고 간단하게 복숭아 가격을 달러/파운드로 환산할 수 있는 방법을 제시하시오.

D. 기본 상수를 이용한 계산 방식에 의하여 기본 단위를 정의하는 것으로 바뀐 후, 표준 킬로그램 원기를 더 이상 사용하지 않게 되었다. 1980년대까지 사용되던 표준 미터기는 미터 단위의 표준을 빛이 진공에서 1/299,792,458초 동안 진행한 거리로 새롭게 정의한 후 더 이상 사용하지 않게 되었다. 그동안 표준 킬로그램 원기나 표준 미터기는 안전한 환경에서 보호되었으며, 2차 표준기를 만드는 경우에만 매우 드물게 이용되었다. 이런 두 표준기가 물리적 물체라는 사실을 고려할 때, 온도나 압력 혹은 산소 등으로부터 어떤 영향을 받을 수 있는지 평가하시오.

E. 측정 결과를 나타낼 때 숫자와 함께 반드시 단위도 함께 나타내야 한다. 1970년에 미터법 단위를 사용하기 시작한 캐나다를 예로 들어 단위의 중요성을 살펴보기로 하자. 1983년에 급유를 마치고 이륙한 에어 캐나다 소속 비행기의 연료 게이지 오작동이 발생하였다. 급유할 때 승무원이 연료 측정기를 이용하여 급유된 연료의 양을 측정하고 이를 무게로 환산하였다. 그런데 이륙한 후 연료가 부족한 상황을 맞이한 것이다. 다행히 Manitoba 주 Gimli에 있는 비행장에 안전하게 착륙한 덕분에 큰 사고는 막을 수 있었다. 승무원이 사용한 혹은 사용했을 것으로 짐작되는 단위에 근거하여 연료 부족 현상이 발생한 이유를 추론해 보시오.

F. 이 장에서 언급한 물리적 성질과 화학적 성질을 나열하고, 그 외에 추가로 가능한 물리적 혹은 화학적 성질을 생각해 보시오.

요약

학습 목표별로 정리함

과학적 방법을 설명하고 법칙과 이론을 정의할 수 있다.

화학은 물질의 구성 및 성질을 연구하는 과학이며, **물질**은 공간을 차지하며 질량을 가지는 모든 것으로 정의된다. 화학에서는 관찰로 얻은 **실험적 사실**과 **자료**를 모으고 **과학적 법칙**을 도출하기 위해서 **과학적 방법**을 이용한다. 자연의 모형은 **가설**로 시작하여 반복적인 검증 과정을 통하여 **이론**으로 자리 잡게 된다.

물질을 분류할 수 있다.

화학 기호로 구분되는 **원소**는 **화학 반응**에 의해 더 간단한 것으로 분해될 수 없다. 원소는 일정한 비율로 결합해 화합물을 형성한다. 원소와 화합물은 **순물질**이며, 순물질은 다양한 비율로 섞여 **혼합물**을 이룬다. 혼합물이 둘 이상의 **상**을 가질 때 **불균일**하다고 한다. 하나의 상을 갖는 **균일** 혼합물을 **용액**이라고 한다. 혼합물을 형성하거나 각 성분으로 분리하는 것은, 관여된 물질의 화학적 조성을 변화시키지 않는 **물리 변화**에 의해서 이루어질 수 있다. 화합물의 형성이나 분해는, 관여된 물질의 화학적 조성을 변화시키는 **화학 변화**로 일어난다.

어떤 물리적 성질과 화학적 성질을 측정해야 하는지 확인할 수 있다.

물리적 성질은 시료의 화학적 조성 변화 없이 측정된다. **고체**, **액체**, **기체**는 가장 일반적인 **물질의 상태**이다. 물질의 상태에 따른 성질은 원자 수준의 입자 배열과 관련이 있다. **화학적 성질**은 물질의 화학적 반응을 설명한다. **세기 성질**은 시료의 크기와 무관하며, **크기 성질**은 시료의 크기와 관련이 있다.

측정과 SI 단위의 사용법을 이해할 수 있다.

정성적 관찰은 숫자 정보가 없는 반면, **정량적 관찰**은 숫자를 포함한 측정이 필요하다. 과학적 측정에 사용되는 단위들은 일곱 가지 **SI 기본 단위**에 근거하며, 이들을 결합하여 여러 **유도 단위**를 만들 수 있다. 모든 단위는 **십진 지수**를 이용하여 여러 크기로 척도를 변환시킬 수 있다. 길이와 부피의 일반적 측정 단위는 각각 **센티미터**나 **밀리미터**, **리터**나 **밀리리터**가 있다. 물체에 포함된 물질의 양에 대한 척도인 질량은 저울로 측정되는데, **킬로그램** 또는 **그램** 단위로 나타낸다. 온도는 온도계를 사용하여 측정되며, **섭씨** 온도(또는 **화씨** 온도)로 나타낸다. 많은 계산에서 온도는 **켈빈**(K)으로 나타내어야 한다. 켈빈 온도 척도의 0도를 **절대 영도**라 한다.

측정 중에 오차나 불확실성이 발생하는 이유를 이해하고, 이를 유효 숫자를 사용하여 보고할 수 있다.

측정값의 정밀도는 유효 숫자의 개수로 나타내는데, **유효 숫자**는 확실한 숫자들과 불확실성을 내포하는 첫 번째 숫자를 더한 숫자이다. 측정값의 유효 숫자의 자릿수가 많고 또 서로 차이가 별로 나지 않다면 측정값은 **정밀**하다. 측정값이 참값에 매우 근접한다면 그 측정값은 **정확**하다. 측정값이 계산에서 사용될 때, 규정에 의해 계산 결과의 유효 숫자의 개수가 정해진다. **정확수**는 유효 숫자가 무한개인 것으로 간주한다.

차원 분석을 효과적으로 이용하는 방법을 배울 수 있다.

차원 분석은 단위를 숫자와 동일하게 취급하여 수학적 연산을 할 수 있다는 데 근거를 두고 있다. **변환 인자**는 단위 사이의 **타당한 관계**로부터 유도된다. 이들 관계는 단위 사이에 등식 또는 **등가성**(부호 ⇔으로 표기)으로 나타낸다.

물질의 밀도를 결정하는 방법과 변환 인자로서의 밀도를 사용할 수 있다.

밀도는 시료의 부피에 대한 질량의 비로 정의되는 세기 성질이다. 밀도는 물질을 확인하는 수단으로서의 용도 이외에도, 부피와 질량에 대한 변환 인자로 사용된다. **비중**은 어떤 물질의 밀도와 물의 밀도의 비로 **차원 없는** 양이다. 비중을 이용하여 다양한 질량과 부피 단위로 표현된 여러 가지 밀도 자료를 편리하게 사용할 수 있다.

문제 풀이를 위한 도구

도구 다음과 같은 도구들이 이 장에서 도입되었다. 이들을 주의 깊게 공부하면 필요할 때 적절한 도구를 선택할 수 있다.

SI 기본 단위(1.4절) SI계의 기본적인 일곱 개의 단위를 사용하여 모든 과학적 측정에 필요한 단위를 유도한다.

SI 접두사(1.4절) 접두사를 사용해 더 크고 더 작은 단위를 만든다. 또한 다른 규모 단위 사이의 변환을 위한 변환 인자로도 사용된다.

실험실 측정에 사용되는 단위(1.4절) 실험실에서의 측정에 주로 사용되는 단위 사이의 변환

길이: $1\,\text{m} = 100\,\text{cm} = 1000\,\text{mm}$

부피: $1\,\text{L} = 1000\,\text{mL} = 1000\,\text{cm}^3$

온도 변환: 섭씨 온도를 화씨 온도로 변환 그리고 섭씨 온도를 켈빈 온도로 변환(1.4절)

$$t_F = \left(\frac{9\ °\text{F}}{5\ °\text{C}}\right)t_C + 32\ °\text{F}$$

$$T_K = (t_C + 273.15)\,°\text{C}\left(\frac{1\ \text{K}}{1\ °\text{C}}\right)$$

유효 숫자 세기(1.5절)

- 0이 아닌 모든 숫자는 유효하다.
- 첫 번째 0이 아닌 숫자 왼쪽에 있는 0은 유효하지 않다.
- 유효 숫자 사이의 0은 유효하다.
- 숫자의 끝에 있는 0은 (a) 소수점이 있으면 유효하고, (b) 소수점이 없는 경우에는 유효하지 않은 것으로 가정한다. (혼란을 피하기 위해서는 과학적 표기법을 사용해야 한다.)

유효 숫자: 곱셈과 나눗셈(1.5절) 이들 연산에서는 답의 유효 숫자 개수는 유효 숫자가 가장 적은 숫자의 유효 숫자 개수와 같도록 반올림한다.

유효 숫자: 덧셈과 뺄셈(1.5절) 소수점 이하 자릿수가 가장 작은 숫자와 같은 자릿수가 되도록 답을 반올림한다.

유효 숫자: 정확수(1.5절) 정의에 의한 숫자나 계수 혹은 아래 첨자 등과 같은 정확수는 계산 결과의 유효 숫자의 수에 영향을 주지 않는다.

밀도(1.7절)

$$d = \frac{m}{V}$$

비중(1.7절)

$$\text{비중} = \frac{d_{\text{물질}}}{d_{\text{물}}}$$

쌍으로 구성된 복습 문제 중 청색 번호를 가진 문제의 해답은 부록 B에 수록하였다. 난이도가 높은 문제는 별표(*)로 표시하였다.

복습 질문

법칙과 이론: 과학적 방법

1.1 화학 과목이 당신이 전공을 공부하는 데 제공할 수 있는 혜택 2가지를 서술하시오.

1.2 과학자가 과학적 연구를 수행할 때 새로운 지식을 탐구하기 위하여 수행하는 핵심 사항(우선 순위와는 무관한)은 무엇인지 설명하시오.

1.3 다음 용어의 차이점은 무엇인가?
(a) 법칙과 가정 **(b)** 실험 결과와 결론 **(c)** 결론과 자료

1.4 가정이 옳다는 것을 증명할 수 있는가? 가정이 틀렸다는 것을 증명할 수 있는가?

물질과 물질의 분류

1.5 물질이란 무엇인가? 다음 중 물질인 것은?
(a) 물 **(b)** 생각 **(c)** 한 잔의 차 **(d)** 고양이 **(e)** 브로민화 소듐 **(f)** 폭발에 동반된 빛

1.6 다음의 차이를 설명하시오.
(a) 원소와 화합물 **(b)** 균일한 혼합물과 불균일한 혼합물

1.7 순물질을 용액으로 바꾸는 것은 물리 변화인가 혹은 화학 변화인가?

1.8 다음 원소의 화학 기호는 무엇인가? 교재를 참고하지 않고 맞춘 개수는 몇 개인가?
(a) 아이오딘 **(b)** 황 **(c)** 팔라듐 **(d)** 제논(크세논) **(e)** 소듐 **(f)** 비소 **(g)** 아스타틴 **(h)** 인듐 **(i)** 카드뮴 **(j)** 테크네튬

1.9 다음 원소의 이름은 무엇인가? 교재를 참고하지 않고 맞춘 개수는 몇 개인가?
(a) Ca **(b)** Hf **(c)** W **(d)** Pb **(e)** Hs **(f)** Nb **(g)** Zr **(h)** Nh **(i)** Po **(j)** Kr

1.10 다음 분자 모형은 순물질을 나타내는가 혹은 혼합물을 나타내는가? 순물질의 경우 원소인지 화합물인지 밝히고, 혼합물의 경우 균일한지 불균일한지 밝히시오.

(a)

(b)

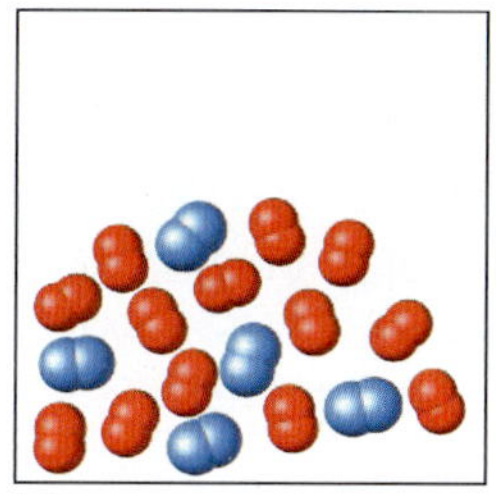
(c)

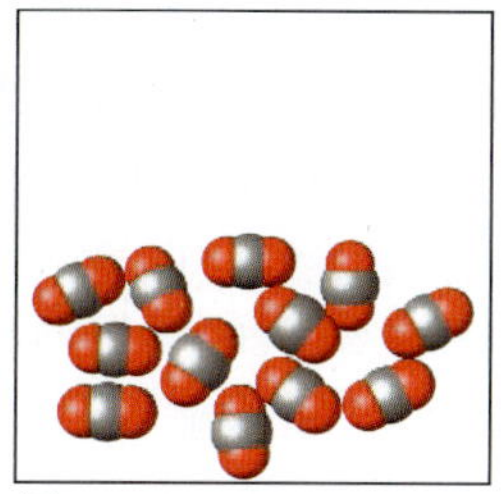
(d)

1.11 다음의 4가지 물질 시료에 대한 물음에 답하시오.

(a)

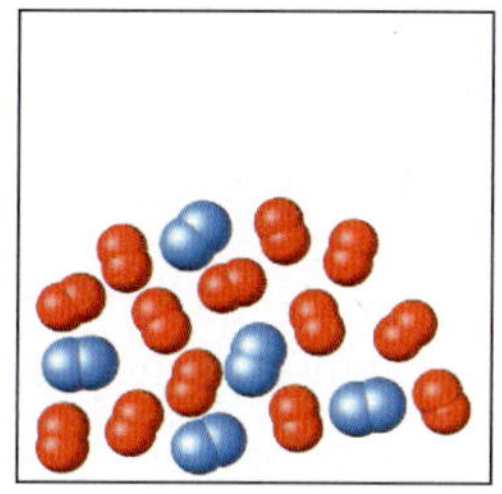
(b)

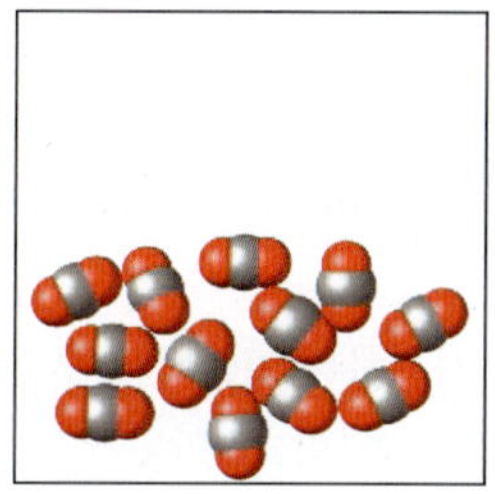
(c)

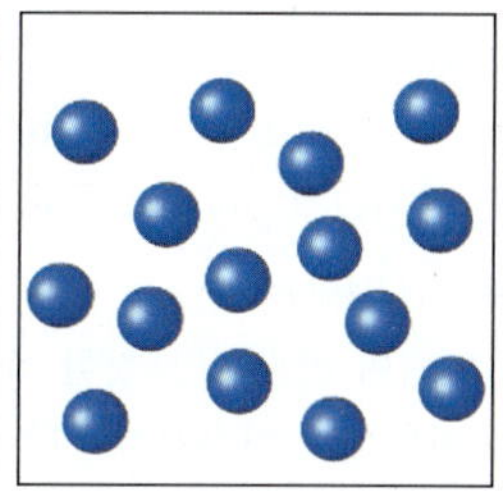
(d)

(a) 한 가지 원소만 포함하고 있는 시료는?
(b) 한 가지 화합물만 포함하고 있는 시료는?
(c) 이원자 분자를 포함하고 있는 시료는?

물리적 성질과 화학적 성질

1.12 일상생활에서 볼 수 있는 물리 변화와 화학 변화를 각각 2가지 제시하시오. 물리 변화와 화학 변화의 차이는 무엇인가?

1.13 마그네슘(전기 전도성이 있는 흰색 금속으로 상대적으로 무르고 빛나는 특성이 있다. 녹는점은 650 °C이고 끓는점은 1081 °C이다.) 시료를 100 °C의 물에 넣었더니 물과 천천히 반응하여 수소 기체와 수산화 마그네슘 용액을 만들었다. 이 문장에 근거하여 어떤 물리 변화와 화학 변화가 진행되었는지 설명하시오.

1.14 물리적 성질과 화학적 성질의 차이는 무엇인가?

1.15 크기 성질과 세기 성질을 예를 들어 설명하시오.

1.16 다음이 세기 성질인지 혹은 크기 성질인지 구분하고, 그 이유를 설명하시오.
(a) 무게 (b) 녹는점 (c) 점성 (d) 표면 에너지 (e) 비중
(f) 부피 (g) 표면 장력

1.17 다음 각 물리적 상태를 다른 물리적 상태와 구분할 수 있는 물리적 성질을 하나 이상 나열하시오.
(a) 기체 (b) 액체 (c) 고체

1.18 밀도와 온도가 세기 성질인 이유와 길이와 질량이 크기 성질인 이유를 제시하시오.

물리적 성질과 화학적 성질의 측정

1.19 측정에서 단위가 중요한 이유는 무엇인가?

1.20 SI 기본 단위 중 접두사가 포함된 것은 어느 것인가?

1.21 화학에서 주로 사용되는 SI 단위에는 어떤 것이 있는가?

1.22 유도 단위란 무엇인가? 유도 단위 2가지를 제시하시오.

1.23 다음 접두사의 의미를 서술하고 각각을 나타내는 기호를 제시하시오. 처음에는 표 1.5의 도움 없이 문제를 해결하고, 남은 문제는 표 1.5를 참고하여 서술하시오.
(a) 센티(centi) (b) 밀리(milli) (c) 킬로(kilo)
(d) 마이크로(micro) (e) 나노(nano) (f) 피코(pico)
(g) 메가(mega)

1.24 온도계의 척도를 보정할 때 사용하는 기준점은 무엇인가? 섭씨 척도에서 사용하는 기준점의 온도는 얼마인가?

1.25 다음 쌍 중 더 큰 것은?
(a) 200 °F, 200 °C (b) 45 °C, 45 K (c) 85 °F, 85 K

측정의 불확실성

1.26 유효 숫자를 정의하시오.

1.27 반올림의 의미를 서술하고 반올림을 하는 이유를 제시하시오. 반올림을 하는 절차를 단계별로 상세히 제시하시오.

1.28 **정확도**와 **정밀도**의 차이를 구분하시오. **오차** 혹은 **불확실성**과 관련되는 용어는 각각 어느 것인지 그 이유와 함께 제시하시오.

1.29 길이가 31.245 cm로 보고되었다. 이 측정에 포함된 최소 불확실성은 얼마인가?

1.30 뺄셈과 나눗셈에서 유효 숫자를 다룰 때의 차이를 서술하시오.

차원 분석

1.31 두 단위의 등식 관계로부터 2개의 환산 인자를 얻을 수 있다. 올바른 인자를 선택하는 기본 원리를 설명하시오.

1.32 파운드 단위의 질량을 그램 단위로 바꾸기 위하여 453 g/Ib를 환산 인자로 사용하려고 한다. 어떤 문제점이 있는가? 1 kg = 1000 g이라는 등식으로부터 kg을 g으로 바꾸는 환산 인자를 구하시오.

1.33 1시간은 3600초이다. 520 s를 h로 바꾸기 위한 환산 인자는 무엇인가? 5.84 h를 s로 바꾸는 데 필요한 환산 인자는?

1.34 환산 인자 1 yd/3 ft를 이용하여 길이 5.654 ft를 야드로 바꾸려고 한다. 최종 답의 유효 숫자는 몇 자리인가? 그렇게 판단한 이유는 무엇인가?

밀도와 비중

1.35 밀도를 구하는 식을 쓰시오. 이 식에서 사용하는 각각의 기호를 정의하시오.

1.36 mg/mL 단위를 mg/L 단위로 바꿀 때 사용하는 환산 인자는 무엇인가? 그렇게 판단한 이유는 무엇인가?

1.37 밀도의 단위 4가지를 제시하시오. 각각의 밀도를 비중으로 바꾸려면 어떤 수학적 계산이 요구되는가?

1.38 철의 밀도는 7.85 g cm^{-3}이다. 이를 질량과 부피 사이의 등가성을 나타내는 문장으로 바꾸시오. 등가성 문장으로부터 수학적으로 이용할 수 있는 두 가지 환산 인자를 유도하시오.

복습 문제

물리적 성질과 화학적 성질

1.39 다음 각각이 물리 변화인지, 화학 변화인지 결정하고 그 이유를 설명하시오.
(a) 구리가 전류를 전도한다.
(b) 갈륨 금속이 손 위에서 녹는다.
(c) 빵이 토스터에서 갈색으로 변한다.
(d) 포도주가 식초로 변한다.
(e) 시멘트가 굳는다.
(f) 베이킹소다가 물에 녹는다.

1.40 다음 각각이 물리 변화인지, 화학 변화인지 결정하고 그 이유를 설명하시오.
(a) 철이 녹슨다.
(b) 옥수수 알갱이를 가열해서 팝콘을 만든다.
(c) 구리와 금을 녹여 합금을 만든다.
(d) 유지방이 많은 크림을 유분기에 넣고 버터를 만든다.
(e) 수증기가 냉각되서 물이 된다.
(f) 베이킹소다와 식초를 섞으면 기체가 생성된다.

1.41 상온에서 다음 물질의 상태는 무엇인가? 필요하면 참고 서적을 이용하라.
(a) 리튬 (b) 셀레늄 (c) 아르곤 (d) 카드뮴

1.42 상온에서 다음 물질의 상태는 무엇인가? 필요하면 자료표를 참고하라.

(a) 염화 칼슘 (b) 이산화 황 (c) 벤젠 (d) 포도당

물리적 성질과 화학적 성질 측정

1.43 다음 각각에 대해 물음표에 해당하는 숫자는 무엇인가?

(a) 1 m = ? cm (b) 1헥토미터 = ? m (c) 1 m = ? fm (d) 1 km = ? m (e) 1 g = ? pound (f) 1 cg = ? kg

1.44 다음 각각에 대해 물음표에 해당하는 숫자는 무엇인가?

(a) 1 nm = ? m (b) 1 μg = ? g (c) 1 kg = ? g (d) 1 Mg = ? g (e) 1 Yg = ? g (f) 1 dg = ? g

1.45 다음 변환을 하시오.

(a) 57 K를 °F로 (b) −30 °F를 °C로 (c) 500 K를 °C로 (d) −51 °F를 K로

1.46 다음 변환을 하시오.

(a) 100 °F를 °C로 (b) 55 °C를 °F로 (c) 500 K를 °C로 (d) 60.0 °C를 °F로

1.47 절대 온도 0 K를 °C 와 °F로 변환하시오.

1.48 천연가스의 주성분인 메테인의 끓는점은 109 K이다. 이 온도를 °C와 °F로 변환하시오.

1.49 건강한 개의 체온은 37.8 °C에서 39.2 °C 범위이다. 체온이 103.5 °F인 개는 정상 범위에 드는가?

측정의 불확실성

1.50 다음의 두 온도계를 이용하여 측정한 각각의 온도를 유효 숫자를 고려하여 나타내시오.

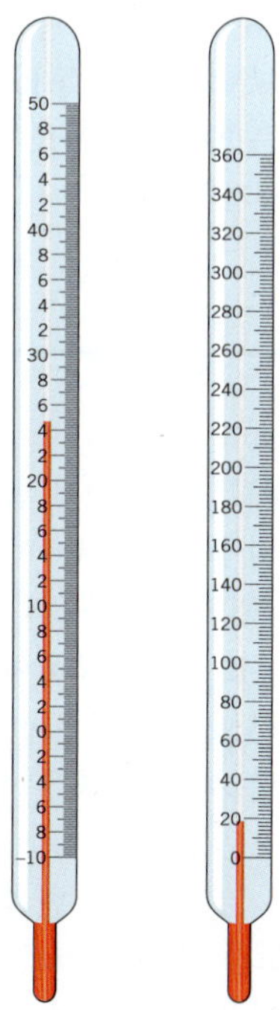

1.51 다음 측정값에서 유효 숫자의 개수는?

(a) 46.5 cm (b) 94.820 cm (c) 105.86 g (d) 0.00254 kg (e) 0.05860 m (f) 150 mL

1.52 다음 측정값에서 유효 숫자의 개수는?

(a) 37.53 cm (b) 37.240 cm (c) 202.0 g (d) 0.00024 kg (e) 2400 mL

1.53 다음 연산을 하고 유효 숫자에 맞추어 답을 반올림하시오. 답에 옳은 단위를 함께 쓰시오.

(a) 0.0052 m × 157 m
(b) 95.25 kg + 0.01075 kg
(c) (205.45 g − 84.45 g)/(21.44 mL − 8.9 mL)
(d) (23.4 g − 12.4 g + 0.003 g) × (5.418 mL)
(e) (313.44 cm + 209.1 cm)/8.2234 cm

1.54 다음 연산을 하고 유효 숫자를 맞추어 답을 반올림하시오. 답에 옳은 단위를 함께 쓰시오.

(a) 4.58 g/2.739 mL
(b) 4.02 mL − 0.001 mL
(c) (12.4 g − 8.3 g) × (1.142 mL − 0.003 mL)
(d) (1.345 g − 0.022 g)/(13.36 mL + 8.4115 mL)
(e) (84.335 m − 74.331 m)/(4.75 s − 1.114 s)

1.55 다음 중 정확수는 어느 것인가? 또한 제한된 유효 숫자를 갖는 것은 어느 것인가?

(a) 알루미늄 조각의 질량
(b) 1피트에 해당하는 cm
(c) 오늘의 온도
(d) 일 년에 해당하는 시간

1.56 다음 중 정확수는 어느 것인가? 또한 제한된 유효 숫자를 갖는 것은 어느 것인가?

(a) 2 L 오일의 부피
(b) 지구에서 화성까지의 거리
(c) 책가방의 무게
(d) 1갤런에 해당하는 mL

차원 분석

1.57 다음 변환을 하시오.

(a) 12.0 km/s를 mile/hr로 (b) 8.2 g/mL를 mg/L로 (c) 75.3 g를 kg로 (d) 47.5 L를 mL로 (e) 0.025 mL를 L로 (f) 342 fm^2를 dm^2로

1.58 다음 변환을 하시오.

(a) 92 dL를 mm^3로 (b) 22 ng를 mg로 (c) 83 pL를 nL로 (d) 230 km^3를 m^3로 (e) 87.3 cm s^{-2}를 km hr^{-2}로 (f) 238 mm^2를 nm^2로

1.59 다음 변환을 하시오. 필요하면 표 1.3과 1.4를 참고하시오.

(a) 136 ft를 cm로 (b) 47.0 lb를 kg로 (c) 5.0 qt를 L로 (d) 5 cup(8 oz)를 L로 (e) 75 km/sec를 miles/hr로 (f) 100.0 mi를 m로

1.60 다음 변환을 하시오. 필요하면 표 1.3과 1.4를 참고하시오.

(a) 250 mL를 qt로 (b) 3.0 ft를 m로

(c) 1.62 kg를 lb로 (e) 35 km/hr를 mi/hr로
(d) 1.75 L를 oz(부피)로 (f) 80.0 km를 mi로

1.61 다음의 변환을 하시오.
(a) 10.4 m^2를 cm^2로 (c) 284 cm^3를 ft^3로
(b) 223 km^2를 mi^2로

1.62 다음 변환을 하시오.
(a) 2.4 yd^2를 m^2로 (c) 9.1 ft^3를 L로
(b) 8.3 $in.^2$를 mm^2로

1.63 사람의 위는 음식을 4.2쿼트(qt)까지 담을 정도로 팽창할 수 있다. 피스타치오(견과류 일종) 한 알의 부피는 약 0.9 mL이다. 이 정보를 이용하여 한 번에 먹을 수 있는 피스타치오 최대 개수를 계산하시오.

1.64 허리케인의 최대 풍속은 500 km/hr 정도이다. 이 속도를 m/s 단위로 환산하시오(유효 숫자가 3개라고 가정하시오).

1.65 발사된 총알의 순간 속도가 2435 ft/s였다. 이 속도를 km/h 단위로 환산하시오.

1.66 나이아가라 폭포에서 초당 흐르는 물의 평균 수량은 2.05×10^5 ft^3/s이다. 단위 ft^3당 물의 무게는 62.4 lb이다. 하루에 흐르는 물의 톤수를 구하시오(1톤 = 2000 lb).

1.67 북반구의 밤하늘에 가장 밝게 빛나는 별 시리우스의 지구로부터의 거리는 8.7광년으로 추정된다. 1광년은 빛이 1년간 진행하는 거리이다. 빛은 3.00×10^8 m/s의 속도로 진행한다. 지구에서 시리우스까지의 거리를 마일(mi)로 계산하시오(1 mi = 5280 ft).

*1.68 지표면에서 위도 1도에 해당하는 거리는 50.0해리이다. 1해리는 지표상에서 1.151마일에 해당한다. 지구 둘레를 마일 단위로 계산하시오.

밀도와 비중

1.69 질량이 36.4 g이고 부피가 45.6 mL인 휘발유의 밀도를 kg/m^3 단위로 계산하시오.

1.70 질량이 0.3 kg이고 부피가 1.46 cm^3인 마그네슘의 밀도를 g/cm^3 단위로 계산하시오.

1.71 매니큐어를 지우는 용도로 사용되는 아세톤의 밀도는 0.791 g/mL이다. 질량이 125.0 g인 아세톤의 부피를 mL 단위로 계산하시오.

1.72 비중병이라 불리는 유리 기구에 25°C에서 56.223 g의 물이 채워져 있다. 25°C에서 물의 밀도가 0.99704 g/mL라면 물의 부피는 mL 단위로 얼마인가?

1.73 한동안 마취제로 사용된 클로로폼의 밀도는 1.492 g/mL이다. 클로로폼 145 mL의 질량을 그램 단위로 계산하시오.

1.74 밀도가 2.8 g/cm^3인 화강암 시료가 있다. 물의 밀도가 1.0 g/cm^3이라면 화강암의 비중은 얼마인가? 가솔린의 밀도는 0.65 g/mL이다. 가솔린 34 L(약 18갤런)는 몇 kg인가? 몇 lb인가?

1.75 눈금 실린더에 물을 눈금 25.0 mL까지 넣고 질량을 측정하였더니 17.35 g이었다. 은으로 된 물체를 실린더에 넣었더니 물체가 물에 완전히 잠긴 상태에서 수면이 36.8 mL로 상승하였다. 이 실린더 전체의 질량을 측정하였더니 72.00 g이었다. 은의 밀도를 g cm^{-3} 단위로 계산하시오.

1.76 타이타늄은 골프채를 만드는 데 사용되는 금속이다. 이 금속 직육면체 2.3 cm × 5.1 cm × 7.8 cm의 질량이 66 g이었다. 타이타늄의 밀도를 g cm^{-3} 단위로 계산하시오.

1.77 우주 왕복선은 연료로 액화 수소를 사용한다. 이륙할 때 사용하는 부피가 385,265 gal인 연료통에 227,641 lb의 액화 수소가 들어있다. 액화 수소의 밀도를 lb/gal과 g/mL 단위로 각각 계산하시오. 밀도는 3개의 유효 숫자로 나타내시오. 액화 수소의 비중은 얼마인가?

추가 연습 문제

1.78 어느 날 출근길에 본 교재의 저자 중 한 명이 운전하던 차량의 연비가 30.5 km/L였고, 또 다른 저자가 운전하던 차량의 연비는 33 mile/gal이었다. 연비가 더 좋은 차량은 어느 것인가?

1.79 실험실에서 각각 아연(밀도 = 7.14 g/mL) 혹은 니켈(밀도 = 8.90 g/mL) 중 하나인 두 종류의 금속 A와 B를 확인하고자 한다. 눈금 실린더를 이용하여 측정한 금속 A와 B의 부피는 각각 4.2 cm^3과 3.7 cm^3이었고 저울을 이용하여 측정한 A와 B의 질량은 각각 37.8 g과 26.2 g이었다. 금속 A와 B는 각각 어느 것인가?

1.80 일간지 과학 기자인 당신은 편집장의 지시로 과학 문헌에 보고된 내용을 기사로 작성하려고 한다. 보고서에 의하면 Mount Kenya(고도 4600~4700 m)의 등성이에 위치한 Hausberg Tarn(고도 4350 m)의 침적물을 조사한 결과 350 BC ~ 450 AC 사이에 수온이 4.0 °C 상승한 것으로 확인되었다. SI 계의 cgs 단위를 사용할 것을 요구하는 편집장의 지침을 만족시키도록 모든 자료를 변환하시오.

1.81 한 천문학 웹 사이트에 중성자별의 밀도가 1.00×10^8톤/cm^3라고 나와 있다. 이 사이트에서는 이 '톤'이 미터법의 톤(1톤 = 1000 kg)인지, 영국식 톤(1톤 = 2000 lb)인지를 명시하지 않았다. 밀도가 미터 톤/cm^3라면 한 티스푼 분량의 중성자별은 몇 그램인가? 밀도가 영국 톤/cm^3라면 한 티스푼 분량의 중성자별은 몇 그램인가? (한 티스푼의 분량은 5.00 mL이다.)

1.82 목동자리에서 가장 큰 별인 아르크투르스(Arcturus)는 지구에서 100광년 떨어진 곳에 위치하고 있다. 아르크투르스에서 출

발한 빛이 지구에 도착하는데 며칠이 걸리겠는가? 아르크투르스까지의 거리는 몇 km에 해당하는가? 1광년은 빛이 1년(365일) 동안 진행하는 거리이고, 빛의 속도는 3×10^8 m/s이다.

1.83 비중병이라는 유리 기구는 액체의 밀도를 정확하게 측정하는 데 사용되는 기구이다. 건조된 빈 비중병의 질량을 측정하였더니 30.314 g이었고, 25.0°C에서 증류수를 채우고 측정한 질량은 36.842 g이었다. 동일한 조건에서 클로로폼을 채우고 측정한 질량은 39.842 g이었다. 25.0°C에서 물의 밀도는 0.99704 g/mL이다.

(a) 비중병의 부피는 몇 mL인가?

(b) 클로로폼의 밀도를 g/mL 단위로 계산하시오.

1.84 라디오파는 빛의 속도인 3.00×10^8 m/s로 이동한다. 지구에서 500,000,000마일 떨어진 화성의 탐사 로버 스피릿(Spirits)에게 라디오파를 이용하여 지시를 내리려고 할 때 응답을 듣기 위해서 기다려야 하는 최소 시간은 얼마인가?

1.85 어떤 사람이 30분당 7.35달러의 임금을 받는 일을 하고 있다.

(a) 받는 임금(달러)과 일하는 시간(분) 사이의 관계를 등가식으로 나타내시오.

(b) (a)의 식을 이용하여 1시간 45분 동안에 받는 임금은 몇 달러인지 계산하시오.

(c) (a)의 관계를 이용하여 333.50달러를 벌기 위해서 일해야 하는 시간(분)을 계산하시오.

1.86 Archimedes의 원리에 의하면 어떤 물체가 물에 떠 있을 때, 이 물체에 의하여 치환되는 물의 부피는 물체와 동일한 무게를 갖는다. 만일 가로×세로×높이가 1 m×1 m×1 m 인 정육면체(속인 빈)의 무게가 600 kg이라면 이에 대응되는 바닷물의 부피는 몇 ft^3인가? 바닷물의 밀도는 1.025 g cm^{-3}이고 1 ton은 정확히 2000 lb이다.

1.87 유리의 재료인 이산화 규소로 이루어진 에어로젤은 유리보다 밀도가 수천 배 작은 다공성 신물질이다. 나사의 JPL(Jet Propulsion Laboratory)에 근무하는 재료 과학자가 2002년에 밀도가 0.00011 lb/in^3인 역사상 가장 가벼운 에어로젤을 만들었다. 이 물질은 2003년에 제작된 화성 탐사 로버의 단열재로 이용되었다. 우주선 선체에서 단열이 필요한 부분이 최대 2510 cm^3이라면 사용한 에어로젤로 인하여 증가하는 우주선의 무게는 몇 그램인가?

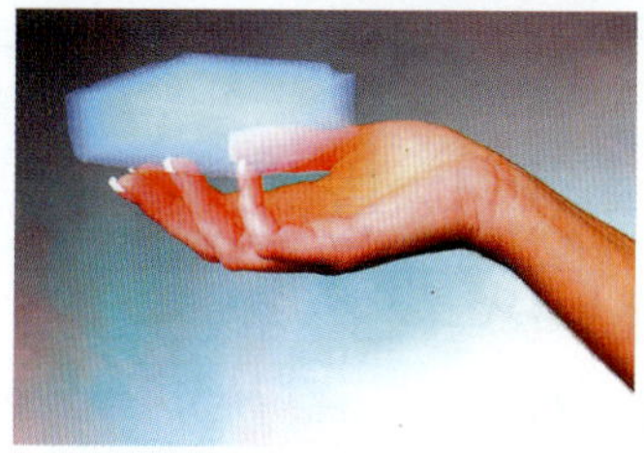
NASA/JPL

1.88 에탄올이나 메탄올로 알려진 어떤 물질의 밀도가 0.798 ± 0.001 g/mL로 확인되었다. 공인된 도표를 참조하여 이 물질이 무엇인지 확인하시오. 밀도 이외에 물질을 확인하기 위하여 이용할 수 있는 다른 측정 자료는 무엇이 있는가?

1.89 부피가 9.25 cm^3인 주석과 동일한 질량을 갖는 오스뮴의 부피는 얼마인가?

1.90 질량이 각각 25 g과 75 g인 두 액체를 섞은 100 g의 혼합물이 있다. 한 액체의 밀도가 1.25 g/cm^3이고 혼합물의 밀도가 0.723 g/cm^3이라면 다른 액체의 밀도는 얼마인가?

1.91 나무로 만든 블록의 부피 6.30 $in.^3$은 몇 cm^3에 해당하는가?

1.92 액체 질소(N_2)의 어는점은 −210 °C이다. 이 온도를 °F와 K 단위로 변환하시오.

1.93 교과서에서 공부한 바에 의하면 켈빈 척도(K)는 1 K의 크기가 1 °C의 크기와 동일한 절대 온도이다. 또 다른 절대 온도인 Rankine 척도(°R)에서 1 °R의 크기는 1 °F의 크기와 동일하다. 이에 대한 다음 물음에 답하시오.

(a) 켈빈 척도와 Rankine 척도가 동일한 값을 갖는 온도는 몇 도인가? 그 이유를 설명하시오.

(b) Rankine 척도에서 물의 끓는 온도는 몇 °R인가?

***1.94** 바닷물은 질량으로 약 3.5%의 염을 포함하고 있다. 염 1 kg을 포함하는 바닷물은 몇 kg인가? 바닷물의 밀도가 1030 kg/m^3이라면 1 kg의 염을 포함하는 바닷물의 부피는 몇 L인가?

***1.95** 한 예술가가 만든 조각 작품의 표면적이 20×10^4 cm^2이다. 그 조각가는 표면에 2.50 μm 두께의 금박 코팅을 할 계획을 세웠다. 금의 가격이 1트로이 온스당 1,774.10달러라면, 그 조각상에 금박 코팅을 입히기 위해서는 비용은 얼마인가? (1트로이 온스 = 31.1035 g, 금의 밀도는 19.3 g/mL이다.)

***1.96** 밀도가 3.51 g/mL인 3.54캐럿 다이아몬드의 부피는 몇 mm^3인가? (1캐럿 = 200 mg). 다이아몬드를 구형이라고 가정하고 다이아몬드의 지름을 mm 단위로 구하시오.

비판적 사고의 과제

1.97 용액은 균일한 하나의 상으로 존재하는 혼합물이라고 정의된다. 원자 수준의 매우 작은 입자를 관찰할 수 있는 현대의 과학 기술에 의하면 모든 혼합물은 불균일하다는 관점과 원자 수준의 입자를 관찰한다는 것과 균일 혹은 불균일하다는 것은 서로 상관이 없다는 관점에 대한 당신의 견해를 밝히시오.

1.98 용액이 화합물이 아니라는 것을 어떻게 아는가? 이 사실을 증명할 수 있는 실험은 무엇인가? 화로에서 타는 나무가 물리적 변화가 아닌 화학적 변화를 한다는 사실을 어떻게 증명할 수 있는가?

1.99 7가지 SI 기본 단위에 대한 정보를 제공하는 2개 이상의 웹사이트를 찾으시오. 모든 웹사이트가 신뢰할 수 있는 정보를 제공하는 것은 아니라는 사실을 참고하여 가장 신뢰할 수 있는 값을 제공하는 웹사이트라고 생각되는 것은 어느 것인가? 그렇게 생각하는 이유는 무엇인가?

1.100 *Handbook of Chemistry and Physics*와 같은 참고 서적을 보면 물질의 밀도 대신에 비중에 대한 자료를 제시한다. 비중의 정의를 쓰고, 물리적 성질로서 비중과 밀도의 상대적 장점에 대하여 유용성의 관점에서 각각 설명하시오.

***1.101** 한 학생이 2 mL 간격으로 눈금이 매겨진 250 mL 눈금 실린더를 사용하여 실험에 사용할 물 100 mL를 조심스럽게 측정하였다. 동료 학생이 실험 노트에 부피를 '100 mL'로 쓰면서 유효 숫자는 한 개라고 말하였다. 첫 번째 학생은 이에 동의하지 않았다. 왜 동료 학생은 부피의 유효 숫자가 한 개라고 하였는가? 사용한 기구를 고려할 때 실험에서 측정한 부피의 유효 숫자는 몇 개인가? 답에 대한 근거를 제시하시오.

***1.102** 은의 밀도는 10.49 g cm^{-3}이다. 지름이 2.000 mm인 볼베어링을 0.500 mm 두께로 코팅하는 데 필요한 은의 질량(g)을 구하시오.

***1.103** 승객 1000명을 태운 여객기가 비행하는 데 마일당 10갤런의 제트 연료를 소모한다. 이것을 1인당 갤런당 마일로 변환하면 얼마의 연료가 소비되는가? 이것이 갤런당 41.5마일을 가는 두 사람을 태운 자동차의 연료 소비보다 더 효율적인가? 만일 이 비행기가 뉴욕에서 런던까지 5470마일을 간다면, 얼마나 많은 제트 연료가 소모되겠는가? (제트 연료의 밀도는 0.817 g/mL이다.) 모든 상황을 고려해서 소모된 제트 연료의 부피를 계산할 때 유효 숫자는 몇 개인가? 답의 근거를 제시하시오.

1.104 끓는점이 117.7 °C이고 어는점이 −89.8 °C인 뷰탄올에 기반한 새로운 온도 척도(°B)를 생각해 보자. 이 척도에서 뷰탄올의 어는점은 0°B이고 끓는점은 100°B이라고 할 때, 물의 끓는점과 상온(25 °C)은 각각 몇 도에 해당하는가?

***1.105** 예인선에 의하여 움직이는 바지선은 위가 열린 직육면체 형태의 상자로 가정할 수 있다. 폭이 30.2 ft이고 높이가 12.50 ft이며 기반 각측면의 길이는 116 ft인 어떤 바지선의 무게가 6.58×10^6 파운드이다. 이 바지선에 1.12×10^6 파운드의 화물을 적재하였다. 다음 각 경우에 바지선이 물에 잠긴 깊이는 얼마인가?

(**a**) 밀도가 1.025 g/mL인 바닷물에서

(**b**) 밀도가 0.997 g/mL인 순수한 물에서

1.106 펩시콜라에는 원래 3가지 상(phase)으로 존재하던 여러 종류의 물질이 녹아있다. 병이나 캔의 라벨을 참조하여 각각의 상으로 존재하던 물질의 예를 한 가지 이상 제시하시오. 콜라의 맛이 밋밋해지는 것은 화학 변화인가, 물리 변화인가?

2장

원소와 화합물 그리고 주기율표

Don Farrall/Photographer's Choice RF/Getty Images

이 장의 배경

이 장에서는 모든 과학 분야에서 가장 잘 알려진 상징물 중의 하나인 **주기율표**(periodic table)를 살펴본다. 주기율표는 원소의 상대 질량과 그들이 관여하는 반응을 통하여 얻은 원소에 대한 많은 자료를 논리적으로 행과 열로 체계화한 것이다. 도입부에 있는 오리 사진이 이 장과 무슨 관련이 있는지 궁금할 것이다. 중요한 것은 체계화이다. 어미에게 각인된 새끼들은 어미를 따라 땅 위를 걷기도 하고 물에서 헤엄치기도 한다. 오리나 다른 조류들은 안전이나 먹이활동, 효과적인 단체 비행 등의 여러 가지 이유로 체계화(조직화)한다. 과학자들은 현상을 이해하고 유용한 예측을 하기 위하여 식물의 잎이 피어나는 것부터 구름의 형태에 이르기까지 많은 자연 현상을 관찰하고 체계화한다. 이와 유사한 관점에서 과학자들은 알려진 원소를 논리적 형태로 체계화하는 방법을 찾으려고 노력하였다. 그 노력의 결실로 150년 전에 주기율표가 만들어졌다. 이 장에서는 다양한 방법으로 분류한 원소의 유형을 공부한다. 마지막으로 물질들이 어떻게 서로 반응하는지를 설명하기 위해 화학 반응식을 이용하는 방법과 간단한 화합물에 대한 체계적인 명명법을 설명한다.

이 장의 개요

2.1 주기율표
2.2 금속과 비금속 그리고 준금속
2.3 분자와 화학식
2.4 화학 반응과 화학 반응식
2.5 이온 결합 화합물
2.6 이온 결합 화합물의 명명법
2.7 분자성 화합물
2.8 분자성 화합물의 명명법

학습 목표

이 장을 읽고 이해한 후 다음과 같은 것을 할 수 있어야 한다.

- 주기율표에 있는 정보와 주기율표의 체계를 설명할 수 있다.
- 주기율표에서 금속과 비금속 및 준금속의 위치를 찾을 수 있다.
- 화학식에 함축된 정보를 설명할 수 있다.
- 균형 화학 반응식의 본질을 이해하고 원자론과의 관계를 설명할 수 있다.
- 주기율표와 이온 전하를 이용하여 이온 결합 화합물의 화학식을 쓸 수 있다.
- 이온 결합 화합물을 명명하고 화합물의 이름으로부터 화학식을 쓸 수 있다.
- 이온 결합 화합물과 분자성 화합물의 차이를 이해할 수 있다.
- 분자성 화합물을 명명할 수 있다.

학습 목표 달성을 위한 제안

다음은 2장에서 제시된 여러 개념을 이해하고 사용하는 방법을 배우는 데 도움이 되는 몇 가지 제안이다.

1. 붉은색의 번호로 시작하는 절의 제목과 파란색의 부제목 그리고 붉은색의 하위 제목을 이용하여 2장의 내용을 요약하라. 이 자료는 장의 구성을 파악하는 데 유용하게 사용될 수 있다.
2. 제시된 도구들의 목록을 만들어서 정의한 다음 도구를 어떻게 사용할 수 있는지 설명하라. 마지막으로 각 도구와 연관된 문제 2개를 장 뒤에 제시된 문제 중에서 찾으라.
3. 복습 문제 중 각 절과 관련된 문제 3개를 풀고 교재 뒤에 제시된 정답과 비교하라. 오답을 얻었다면 정답의 풀이 과정을 참조하지 말고 다시 문제를 푼 다음 정답과 비교하라. 옳은 답을 얻을 때까지 이 과정을 반복하라.

2.1 주기율표

물질은 원소나 화합물로 분류할 수 있다. 화합물 중 일부는 개별 분자로 이루어져 있으며, 또 어떤 것들은 전하를 갖는 원자들로 이루어진 **이온 결합 화합물**(ionic compound)이다. 철이나 크로뮴과 같은 일부 원소들은 금속의 성질을 지닌 반면, 탄소나 황과 같은 원소들은 금속의 성질을 가지지 않은 비금속성이다. 중심을 잡아주는 체계 없이 대상을 이런 방법으로 계속 나열한다면, 서로 연관성이 없는 산더미 같은 정보에 묻혀 버리게 될 것이다. 화학자들은 이와 같은 정보를 체계적으로 정리하여 이 교재의 앞표지 안쪽에 수록된 **주기율표**(periodic table)를 만들었다.

Mendeleev의 주기율표와 현대 주기율표

많은 초기 화학자들이 원소의 화학적 및 물리적 성질들 사이의 관계를 찾고, 이들을 체계화하기 위한 다양한 시도를 하였다. 오늘날 사용하는 **주기율표(periodic table)**는 러시아의 화학자 Dmitri Ivanovich Mendeleev(1834~1907)와 독일의 물리학자 Julius Lothar Meyer(1830~1895)의 노력에 의한 것이다. 이들은 독립적인 연구 끝에 1869년에 불과 몇 개월 차이로 비슷한 주기율표를 개발하였다. 그렇지만 Mendeleev가 먼저 논문을 발표하였고 또한 원소의 물리적 성질과 관련한 경향성을 바탕으로 당시에는 발견되지 않은 원소의 존재와 물리적 성질을 예측하였기 때문에, 주기율표와 관련한 업적을 주로 Mendeleev의 것으로 인정한다.

해설 과학적 업적은 과학 논문의 발표 날짜순으로 결정된다.

주기율표의 기원은 Mendeleev가 St. Petersburg 대학교에서 학생용 화학 교재를 만들던 것에서 시작하였다. Mendeleev는 원소 성질의 규칙성을 찾으려 노력하던 중 원자 질량이 증가하는 순서로 원소를 배열하면 비슷한 화학적 성질이 규칙적으로 반복되는 것을 발견하였다. 예를 들어 원소 리튬(Li), 소듐(Na), 포타슘(K), 루비듐(Rb), 세슘(Cs)은 무른 금속이며 물과 매우 격렬하게 반응한다. 또 이 금속들은 염소 원자와 1:1의 비율로 화합물을 형성한다. 이와 유사하게 언급한 각 원소 바로 다음에 각각 배열되는 베릴륨(Be), 마그네슘(Mg), 칼슘(Ca), 스트론튬(Sr), 바륨(Ba)과 같은 원소들도 서로 비슷한 화학적 성질을 갖는 한 무리를 이룬다. 이들 원소는 염소 원자와 1:2의 비율로 수용성 염소 화합물을 형성한다. Mendeleev는 이러한 관찰을 이용하여 주기율표를 완성하였다.

해설 주기적이란 말은 반복되는 성질을 의미한다. 이 경우에는 화학적 성질이 반복된다.

Mendeleev의 주기율표에서 원소는 원자 질량이 증가하는 순서로 배열된다. 적당한 위치에서 줄을 바꾸어 배열을 계속하면 비슷한 화학적 성질을 갖는 원소들이 같은 세로줄에 자연스

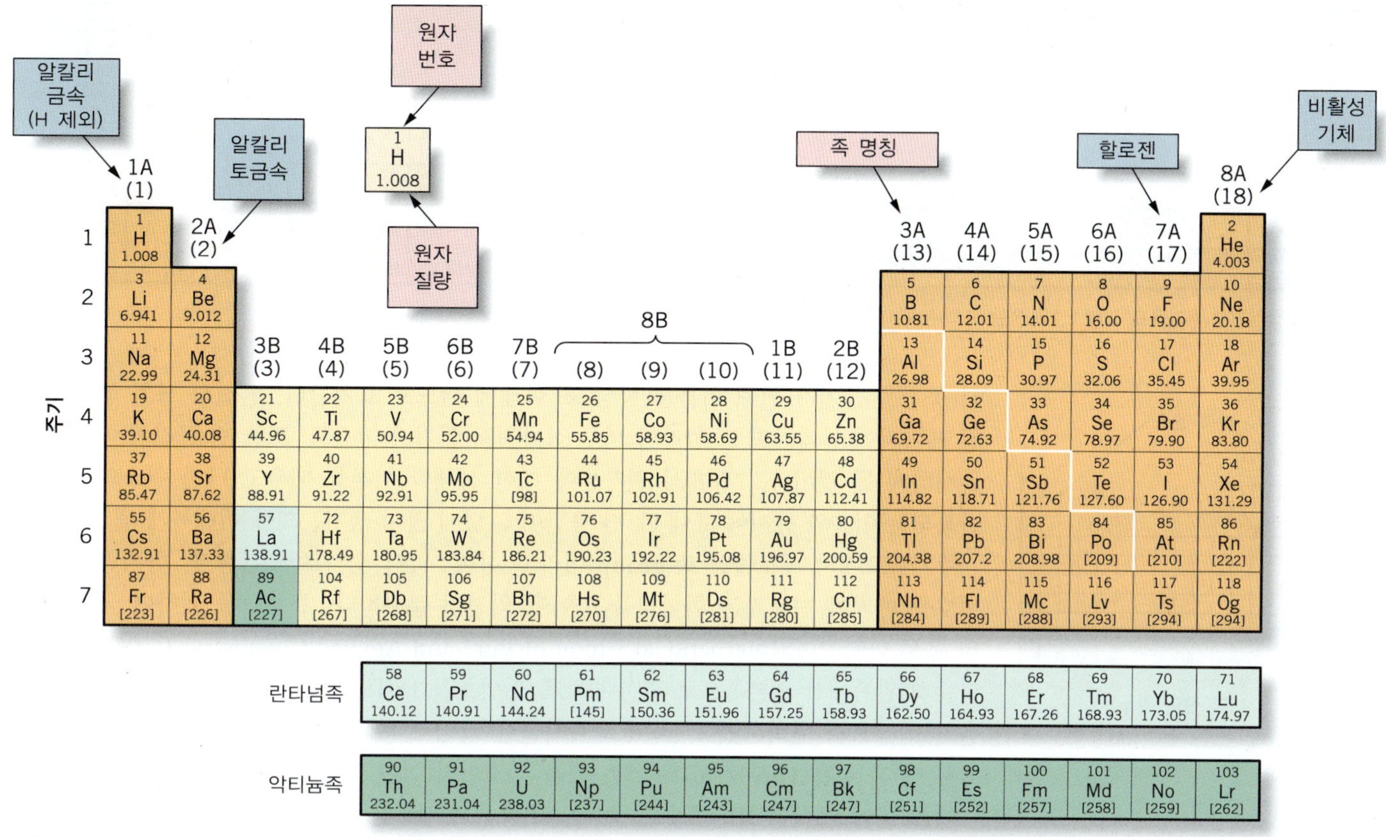

그림 2.1 **현대의 주기율표** 실온에서 수은과 브로민은 액체이다. 11개의 원소는 기체인데, 이들은 수소, 산소, 질소, 플루오린, 염소 등의 이원자 기체와 비활성 기체이다. 나머지는 모두 고체이다.

럽게 배치된다. Mendeleev는 원자 질량이 잘못 계산되었다고 주장하거나 혹은 빈칸을 남기기도 하면서 세로줄에 비슷한 성질을 갖는 원소를 배열하였다. Mendeleev는 이러한 빈칸에 들어갈 원소는 단순히 아직 발견되지 않았다고 추론하였다. 실제로 이들 빈칸의 위치를 근거로 Mendeleev는 앞으로 발견될 물질의 성질을 아주 정확하게 예측할 수 있었으며, 그의 예측은 빠진 원소들을 찾는 데 길잡이 역할을 하게 되었다.

현대 주기율표의 배열

원자 번호에 대한 개념이 생겼을 때, Mendeleev의 주기율표에서 원소들의 배열 순서가 원자 번호 증가 순서와 일치한다는 것을 곧 알게 되었다. 원자핵에 들어 있는 양성자 수인 원자 번호가 주기율표에서 원소의 순서를 결정한다는 사실은 매우 중요하다. 나중에 알게 되겠지만 이러한 사실은 원자가 가지고 있는 전자의 수와 원자의 화학적인 성질 사이에 아주 중요한 관계가 있다는 것을 의미하기 때문이다.

그림 2.1에 나타낸 현대 주기율표는 이 책 앞표지 안쪽에도 수록하였다. 앞으로 주기율표를 자주 참고할 것이기 때문에 이와 관련된 용어와 사용법에 친숙해질 필요가 있다.

도구
주기율표

주기율표에서 사용되는 특별한 용어

현대 주기율표에서는 원소들을 원자 번호가 증가하는 순서로 배열한다. 주기율표에서 가로줄을 **주기(period)**라고 하며, 쉽게 식별하기 위하여 주기에 1에서 7까지의 번호를 붙인다. 표의 본체 아래에는 각각 14개의 원소로 이루어진 두 개의 긴 행이 있다. 이들은 **그림 2.2**에 보인 것처럼 각각 란타넘(La: $Z=57$)과 악티늄(Ac: $Z=89$)의 다음 위치에 들어갈 원소들이다. 단순

해설 기호 Z는 원자 번호를 나타낸다는 것을 상기하라.

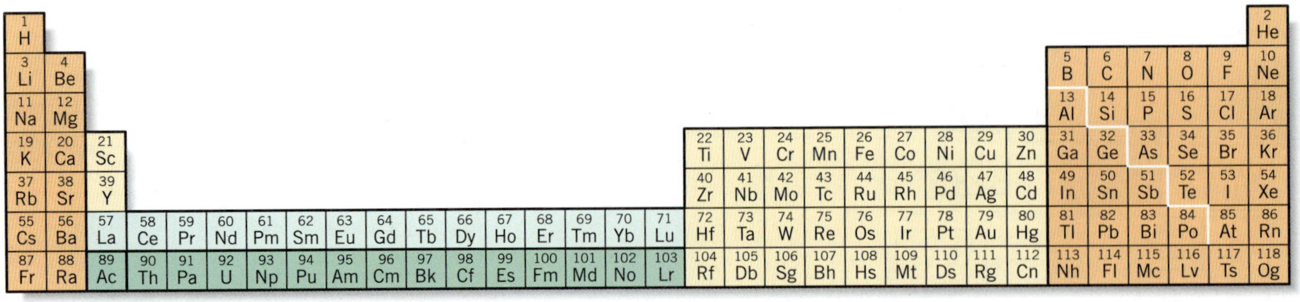

그림 2.2 장주기형 주기율표 그림 2.1에 있는 표의 본체 아래에 놓인 두 개의 긴 행을 이 표에서는 원래의 위치에 표기하였다.

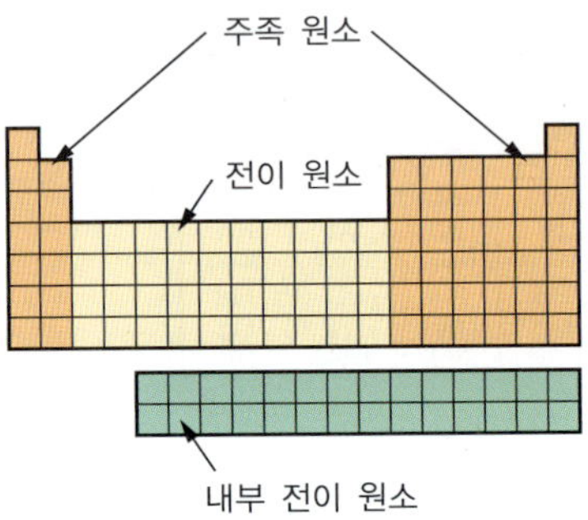

히 공간을 줄이기 위해 이들을 항상 표 아래에 별도로 표기한다. 완전히 펼쳐 놓은 표를 한 페이지에 인쇄하면 그 활자가 너무 작아져서 읽기가 어렵고, 또한 빈 공간이 아주 많이 존재하게 될 것이다. 7장에서 원자론에 대한 상세한 이론을 배우고 나면 원소의 성질이 반복되는 이유와 동시에 표에 왜 빈 공간이 그렇게 많이 생기는지를 이해하게 될 것이다.

주기율표에서 세로줄을 **족(group)**이라고 하며, 역시 숫자로 구분한다. 하지만 어떻게 번호를 매겨야 하는지는 화학자들 사이에 의견이 분분하다. 표준화를 위하여 국제 순수 및 응용 화학 연합(International Union of Pure and Applied Chemistry, IUPAC)에서는 단순히 왼쪽에서 오른쪽으로 순서대로 족의 번호를 1~18의 아라비아 숫자로 붙이는 방법을 공식적으로 채택하였다. 북미 화학자들은 그림 2.1에 나타낸 순서대로 긴 족은 1A부터 8A로, 짧은 족은 1B부터 8B로 쓰는 것을 선호한다(어떤 책에서는 족을 로마 숫자로 나타낸다. 예를 들어 3A족을 IIIA족으로 쓴다). 8B족은 실제로는 짧은 족 3개를 포함하는 것에 주목하라. B족 원소의 순서는 독특한데, 7장에서 원자의 구조에 대해 더 공부하면 그 이유를 이해하게 될 것이다. 한편 유럽의 화학자들은, A족과 B족 명칭을 가지면서 북미에서 사용하는 표와는 배열이 다른 제3의 번호 순서를 선호한다.

그림 2.1과 책의 앞표지 안쪽에 있는 주기율표에는 북미에서 선호하는 방법과 IUPAC에서 채택한 것을 모두 나타내었다. 족을 어떻게 명시해야 하는지 화학자들 사이에도 의견이 통일되지 않았기 때문에, 본 교재에서 특정한 족을 언급할 경우에는 그림 2.1에 나타낸 북미식 A족/B족 표기법을 사용할 것이다.

이미 설명한 바와 같이 특정 족에 속하는 원소들은 서로 비슷한 특성을 보인다. 이러한 유사성 때문에 족을 **원소족(family of element)**이라고 하기도 한다. A족에 속하는 원소들을 **주족 원소(main group element** 또는 **representative element)**라고 하며, 표의 중앙에 위치한 B족에 속하는 원소들을 **전이 원소(transition element)**라고 한다. 표의 본체 아래에 놓인 두 개의 긴 행에 있는 원소들은 **내부 전이 원소(inner transition element)**라고 하며, 각 행은 표의 본체에서 선행하는 원소의 이름을 따서 명명한다. 따라서 58~71번 원소는 란타넘 다음에 오기 때문에 **란타넘족 원소(lanthanide element)**라고 하며, 90~103번 원소는 악티늄 다음에 오기 때문에 **악티늄족 원소(actinide element)**라고 한다.

관용명을 갖는 족들도 일부 있다. 예를 들어 수소를 제외하면 모두 금속인 1A족 원소는 산소와 결합하여 화합물을 형성하는데, 이 화합물을 물에 녹으면 강한 알칼리성의 부식성 용액이 된다. 이런 이유로 이들을 **알칼리 금속(alkali metal)** 또는 간단히 알칼리(alkali)라고 한다. 2A족 원소도 역시 금속이다. 이들의 산화물도 알칼리성이지만, 2A족 원소의 많은 화합물은 물에 녹지 않고 땅에서 침전물로 발견된다. 이들의 성질과 자연계에서 발견되는 장소로 인해 2A족 원소들을 **알칼리 토금속(alkaline earth metal)**이라고 한다.

주기율표의 맨 오른쪽에 있는 8A족에는 **비활성 기체(noble gas)**가 있다. 이들 중 무거운 원소들이 약간의 반응성을 나타낸다는 것이 알려지기 전까지는 불활성(inert) 기체라고 불렀다.

화학 반응성이 아주 제한되어 있음을 나타내고 싶을 때 영어로는 'noble'이라는 용어를 사용한다. 가령 금의 경우 극소수의 물질과만 반응하기 때문에 흔히 귀금속(noble metal)이라고 한다.

마지막으로 7A족 원소를 **할로젠(halogen)**이라고 하는데, 이는 '바다'나 '소금'의 의미를 지닌 그리스어에서 유래되었다. 예를 들어 염소(Cl)는 우리에게 아주 친근한 식염에서 발견되는데, 바닷물의 짠맛이 주로 이 화합물로부터 나온다. 다른 족들의 이름의 거의 사용되지 않고 발음하기도 어렵기 때문에 족의 첫 번째 원소의 이름을 따서 명명할 것이다. 예를 들면 5A족은 **질소족(nitrogen family)**이다.

해설 6A족 원소는 칼코젠(chalcogen)이라고도 하며, 5A족 원소는 프닉토젠(pnictogen)이라고도 한다.

2.2 금속과 비금속 그리고 준금속

주기율표는 원소와 그 화합물에 대한 모든 종류의 화학적, 물리적 정보를 체계화한 것이다. 주기율표를 이용하여 표에서의 위치에 따라 원소의 성질이 어떻게 달라지는지 체계적으로 공부할 수 있으며, 원소 사이의 비슷한 점과 차이점을 더 쉽게 이해하고 기억할 수 있다.

주기율표를 간단히 살펴보기만 해도 잘 알려진 어떤 원소가 금속인지 아닌지를 금방 알 수 있다. 우리 중 대다수는 이미 납, 철, 혹은 금 같은 **금속(metal)**과 산소나 질소 같은 **비금속(nonmetal)**을 알고 있다. 하지만 비금속 원소를 더 자세히 살펴보면 규소나 비소와 같은 것들은 금속과 비금속의 중간 성질을 나타내는데, 이러한 원소를 **준금속(metalloid)**이라고 한다. 원소들이 금속, 비금속, 준금속의 세 가지 범주로 고르게 나누어지는 것은 아니다(**그림 2.3** 참조). 알려진 전체 원소 중 92개의 원소가 금속이고, 18개가 비금속이며, 8개의 원소가 준금속이다.

도구
주기율표: 금속과 비금속 그리고 준금속

많은 종류의 전자문서 형태의 주기율표를 구할 수 있다. 어떤 주기율표에서는 원자 번호에 따른 끓는점이나 주기에 따른 원자 반지름의 변화에 대한 그래프를 얻을 수도 있다. 본 교재에서도 이런 경향성에 대하여 추후에 배우게 될 것이다.

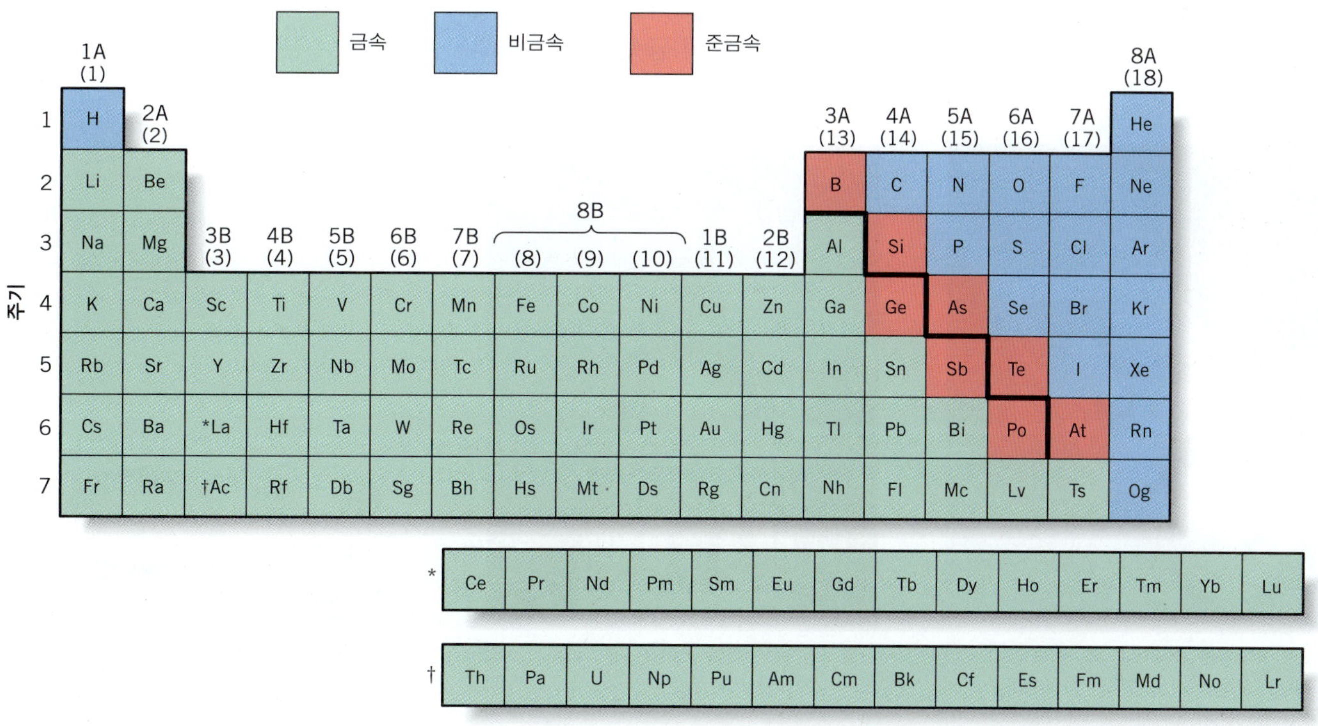

그림 2.3 주기율표에서 금속, 비금속, 준금속의 분포

금속

여러분은 이미 금속을 쉽게 알아보고 또 그 물리적 성질에 익숙할 것이다. 금속은 금속 광택(metallic luster)이라고 하는 아주 독특한 특성을 가지고 있다. 예를 들어 **그림 2.4**와 같은 포타슘 표면에 나타나는 은색 광택을 보면, 예전에 포타슘에 대해 보거나 들은 적이 없더라도 이것이 금속이라는 것을 알 수 있다. 금속이 전기를 통한다는 것도 알고 있다. 이런 특성을 잘 이해하기 때문에 철제 못을 손에 들고 전기 콘센트에 꽂을 사람은 거의 없을 것이다. 또한 금속이 열을 매우 잘 전달한다는 것도 알고 있다. 추운 날에 금속은 손에서 열을 매우 빨리 빼앗아 가기 때문에 주변의 비금속보다 항상 더 차갑게 느껴진다. 비금속은 열을 그만큼 빨리 전달하지 못하기 때문에 덜 차게 느껴지는데, 따라서 그 표면이 천천히 데워진다.

종류에 따라 정도는 다르지만 금속이 갖는 또 다른 성질로는 두드리거나 밀어서 얇게 펼 수 있는 능력인 **전성**(펴짐성, **malleability**)과 철사처럼 가늘게 뽑을 수 있는 능력인 **연성**(늘림성, **ductility**)이 있다. 금을 두드려 원자 몇 개 두께의 금박으로 만들 수 있는 것은 금의 전성 때문이고(**그림 2.5**), 구리를 전선의 형태로 가공할 수 있는 것은 구리의 연성 때문이다.

금속의 또 다른 중요한 물리적 성질은 경도이다. 크로뮴이나 철 같은 일부 금속은 매우 단단하지만, 구리나 납 같은 금속은 다소 무르다. 그림 2.4의 포타슘과 같은 알칼리 금속은 매우 연해서 칼로 자를 수 있지만, 화학적으로 반응성이 너무 커서 다른 물질과 결합하지 않은 원소 상태로 존재하기는 쉽지 않다.

수은을 제외한 모든 금속 원소는 상온에서 고체이다(**그림 2.6**). 수은은 어는점이 낮고 끓는점이 꽤 높기 때문에 온도계의 유체로 유용하다. 대부분의 다른 금속은 녹는점이 매우 높다. 예를 들어 텅스텐은 금속 중에서 녹는점이 가장 높아서 백색의 뜨거운 빛을 내는 전구의 필라멘트로 사용된다.

금속의 화학적 성질은 매우 다양하다. 금이나 백금 같은 금속은 거의 모든 화학 약품과 반응하지 않는다. 이러한 성질과 더불어서 그 자체로 아름답고 희귀하므로 이들은 보석과 같이 장신구에 사용하는 아주 값진 금속이다. 하지만 어떤 금속들은 반응성이 매우 커서, '순수한' 상태로 존재하는 이런 종류의 금속을 볼 수 있는 사람은 화학자나 화학을 공부하는 학생을 제외하고는 거의 없다. 예를 들어 금속 소듐은 산소나 공기 중의 수분과 매우 빠르게 반응하여

Richard Megna/Fundamental Photographs

그림 2.4 포타슘은 금속이다. 포타슘은 습기나 산소와 빠르게 반응하여 하얀 막을 형성한다. 반응성이 크기 때문에 물이나 산소와 반응하는 것을 막기 위해 기름 속에서 보관한다.

Fotosearch/Getty Images

그림 2.5 금의 전성 순금은 너무 연해서 장신구로는 대개 사용되지 않는다. 금은 두드려서 매우 얇은 금박으로 만들 수 있으므로 장식용으로 돔을 씌우는 데 사용된다.

cerae/Getty Images

그림 2.6 수은 방울 다른 금속들이 상온에서 고체인 것과는 달리 금속 수은은 액체이다.

밝은 금속성 표면이 거의 순식간에 변색된다.

비금속

플라스틱, 나무, 혹은 유리 등과 같이 금속성이 없는 물질을 **비금속성**(nonmetallic)이라 하며, 비금속성을 가진 원소를 비금속(nonmetal)이라고 한다. 비금속은 대부분 화합물이나 화합물의 혼합물 형태로 존재하지만 원소 형태로 존재하는 중요한 비금속도 있다. 예를 들어 우리가 들이쉬는 공기의 대부분을 차지하는 질소와 산소는 모두 기체이고 무색무취한 비금속이다. 이들은 보거나 맛보거나 냄새 맡을 수 없기 때문에 그 존재를 알기 어렵다(여름에 부는 부드러운 바람이나 겨울의 차가운 강풍으로부터 이들이 우리 주위에 있다는 것을 알 수 있다!). 아마도 가장 흔히 볼 수 있는 비금속 원소는 탄소일 것이다. 탄소는 연필의 흑연이나 석탄 혹은 바비큐용 숯의 형태로 볼 수 있다. 또한 **그림 2.7**의 다이아몬드처럼 보다 값비싼 형태로 존재하기도 한다. 다이아몬드와 흑연은 겉모습은 다르지만 각각을 구성하는 원소는 모두 탄소이다.

그림 2.7 다이아몬드 이 보석은 탄소 원소가 가질 수 있는 여러 형태 중 하나일 뿐이다.

비금속 중 상온과 대기압하에서 고체인 것은 절반이 채 되지 않으며, 절반 이상이 기체 형태로 존재한다. **그림 2.8**의 사진에 몇 가지 비금속 원소의 예를 나타내었다. 비금속의 성질은 금속과는 거의 정반대이다. 비금속은 금속의 특징적인 모습이 나타나지 않아서 고체라도 광택을 내지 않으며 칙칙한 색을 띤다. 이들은 열전도성이 좋지 않을 뿐만 아니라 탄소의 한 형태인 흑연을 제외하고는 전기 전도성도 매우 낮다.

비금속성 원소는 금속에서 나타나는 연성과 전성을 갖지 않는다. 황 덩어리를 망치로 두드리면 부서지고, 잡아당기면 끊어진다. 다이아몬드 절단기는 탄소의 부서지기 쉬운 성질을 이용하여 날카로운 날로 한 번에 내리쳐 보석을 자른다.

금속과 마찬가지로 비금속의 반응성은 다양하다. 예를 들어 플루오린은 반응성이 매우 커서 거의 모든 원소와 손쉽게 반응한다. 아이들이 갖고 노는 풍선을 부풀릴 때나 큰 스포츠 경기가 있을 때 볼 수 있는 작은 비행선에 사용되는 헬륨 기체는 정반대로 반응성이 극히 낮아서

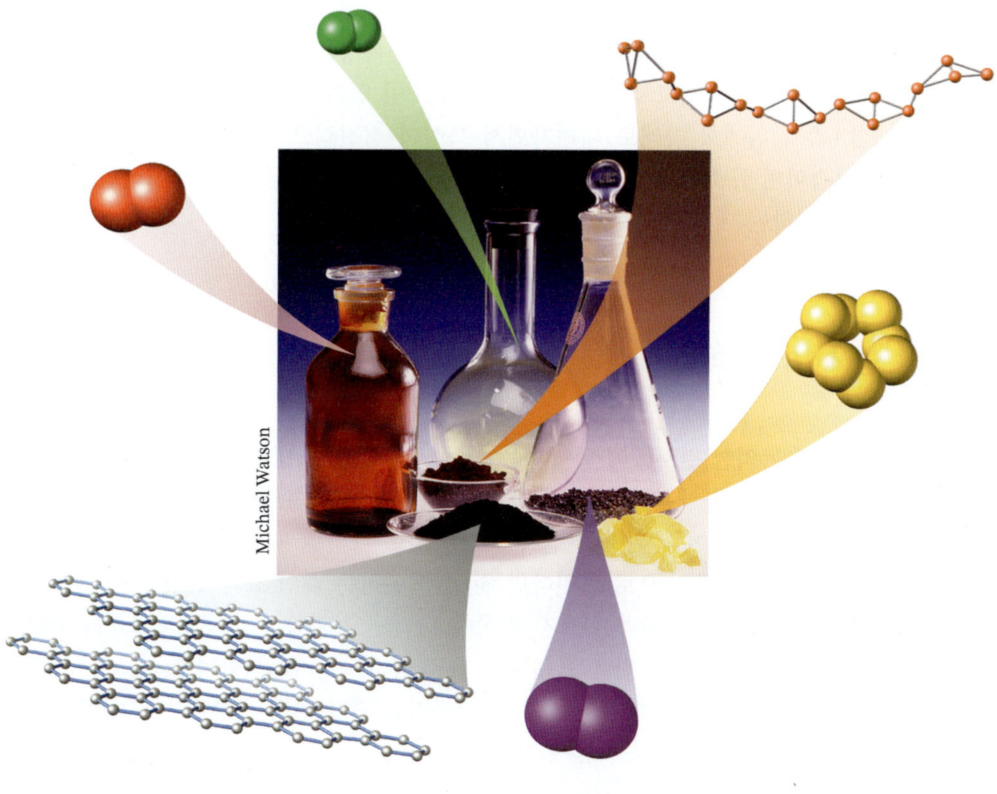

그림 2.8 몇 가지 비금속 원소 왼쪽 병에 들어 있는 진한 붉은 갈색 액체인 브로민은 쉽게 증발하여 비슷한 색의 증기가 된다. 중앙의 둥근바닥 플라스크에 연녹색의 염소 기체가 채워져 있다. 오른쪽 플라스크의 바닥에 깔린 고체 아이오딘의 증기는 보라색이다. 염소가 채워진 플라스크의 앞쪽에 있는 접시에 붉은 인 가루가, 시계 접시에는 검은 흑연 가루가 채워져 있다. 그 옆의 노란색 덩어리는 황이다.

다른 원소들과 화합물을 거의 형성하지 않는다. 반응성이 낮은 또 다른 원소인 아르곤은 산소나 이산화 탄소 혹은 습기 등의 대기 기체로부터 실험 기기나 반응 용기를 보호하기 위한 비활성(비반응성) 기체 장막을 형성하는 데 사용된다.

준금속

준금속은 금속과 비금속의 중간적인 성질을 갖는다. 주기율표에서 준금속이 금속과 비금속 사이에 위치하는 것을 생각해 보면 그리 놀랄 일은 아니다. 대부분의 준금속은 화학적으로나 물리적으로나 비금속과 유사하게 행동한다. 그러나 가장 중요한 물리적 성질인 전기 전도성에 있어서는 금속과 다소 비슷하다. 준금속은 **반도체(semiconductor)**의 성질을 나타내는 경향이 있어서, 전기를 통하긴 하지만 금속만큼 전도성이 좋지는 않다. 특히 규소와 저마늄에서 발견되는 이러한 성질은 고체 전자공학에서 지난 70여 년에 걸쳐 이루어 낸 괄목할 만한 진전에 많은 기여를 하였다. 반도체로 인하여 전자 부품의 크기를 극소형화 할 수 있었던 것이 가장 중요한 진보 중의 하나일 것이다(**그림 2.9**). 이런 기술의 발전으로 인하여 다양한 소형 스마트폰, CCD 카메라, 컴퓨터 저장 장치, LED 혹은 OLED TV, 계산기, 1960~1970년대 사용하던 대형 컴퓨터보다 더 빠르고 많은 정보를 저장할 수 있는 노트북 컴퓨터 등을 만들 수 있었다. 이런 장비와 관련된 핵심 기술은, 매우 순수한 규소나 저마늄의 웨이퍼를 식각과 화학처리 과정을 거쳐 수천 개의 트랜지스터 어레이로 만드는 작업에서부터 시작하여 완성된 집적회로이다.

BlueJames/iStock/Getty Images

Courtesy NASA

그림 2.9 현대의 전자 회로는 규소의 반도체 특성에 의존한다. 여기에 나타낸 규소 웨이퍼 하나는 지구의 79억 인구보다 많은 100억 개의 전자 부품을 포함하고 있다!

금속과 비금속의 성질

금속과 비금속 사이에 준금속이 나타나는 것은 주기율표로부터 짐작할 수 있는 성질에 대한 경향성의 첫 번째 예이다. 주기율표에서 하나의 주기 또는 하나의 족을 따라 위치를 이동하면 물리·화학적 성질이 완만하게 변하는 것을 흔히 보게 될 것이다. 주기율표에서 주기 또는 족을 따라 이동할 때 원소의 특성이 갑자기 변하는 경우는 드물다. 주기율표에서 준금속의 위치하는 곳에서 금속성으로부터 비금속성 성질로 점진적인 전이가 일어나는 것을 짐작할 수 있다. 3주기에서 왼쪽에서 오른쪽으로 이동하면 확실한 금속성을 나타내는 원소인 알루미늄으로부터 반도체인 규소로, 그리고 분명히 비금속성 원소인 인이 위치하는 것을 볼 수 있다. 이와 유사하게 4A족의 위에서 아래로 내려가면서 특성이 점진적으로 변화하는 것을 볼 수 있다. 탄소는 비금속이며 규소와 저마늄은 준금속이고, 주석과 납은 금속이다. 이러한 경향성은 물질의 성질을 기억하는 데 도움을 주므로 매우 유용하다.

2.3 분자와 화학식

이 절에서는 앞에서 논의한 원자들이 화합물을 만들기 위한 결합 방법에 대하여 살펴본다. 원자 수준에서 물질을 설명할 때 각 원자가 결합하는 방법을 마음속으로 또는 그림으로 형상화하는 것이 매우 유용하다. 이를 위하여 원자를 그림으로 나타낼 때 삼차원적인 시각적 효과를 위하여 서로 다른 색의 구(손으로 그린다면 원)를 이용하는 것이 효과적이다. 이 교재에 수록된 그림 대부분에서는 **그림 2.10**과 뒤표지 안쪽에 나타낸 것과 같은 표준 색도표를 따를 것이다. 하지만 과학자들이 이 책에 나온 표준 방식을 항상 따르는 것은 아니며, 때로는 어떤 물질의 특별한 형태를 강조하기 위해 다른 색을 선택하기도 한다. 이런 경우에는 그림의 설명에 어떤 색이 어떤 원소를 나타내는지를 함께 밝힐 것이다.

서로 다른 원소의 원자는 크기도 서로 다르므로 원자를 나타낼 때 실제 크기에 비례한 구를 사용할 것이다. 특히 원자들의 크기를 특별히 강조하고 싶을 때 더욱 이 규칙을 따를 것이다. 그림 2.10에 있는 여러 구의 크기는 원자의 상대적 크기를 대략 반영하여 나타낸 것이다. 다음 그림에서 알 수 있는 것처럼 염소 원자가 산소 원자보다 더 크다.

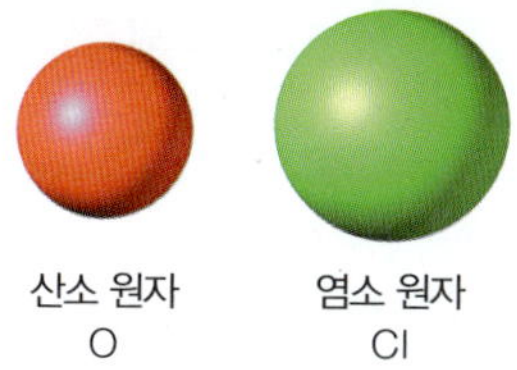

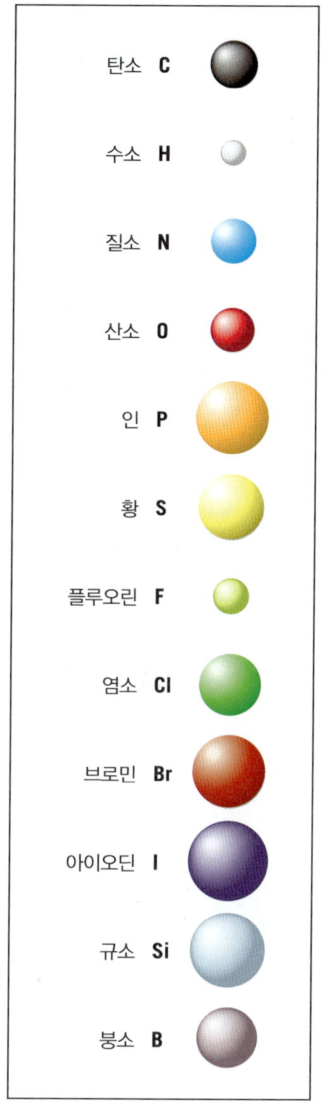

그림 2.10 여러 가지 원소의 원자를 나타내기 위해 사용하는 색 구의 크기는 원자의 상대적인 크기를 대략 반영하여 나타낸다. 원소의 이름 옆에 원소 기호를 함께 나타내었다.

분자

원자들은 여러 방식으로 결합하여 자연에서 발견되거나 실험실에서 합성되는 것과 같은 더 복잡한 물질을 형성한다. 어떤 종류의 물질은 **분자(molecule)**라고 하는 독립된 입자로 이루어져 있는데, 각 분자는 두 개 또는 그 이상의 원자들로 이루어져 있다. 자연계에는 여러 원소뿐만 아니라 이보다 훨씬 더 많은 화합물이 분자로 존재한다. 전하를 띠는 원자들로 이루어져 있는, 이온 결합 화합물이라고 하는 또 다른 종류의 물질은 2.5절에서 논의할 것이다.

화학식

원소나 화합물과 같은 화학 물질을 나타내기 위하여 구성 성분 원소의 원자를 화학 기호로 표시한 **화학식(chemical formula)**[*]을 사용한다. 화학식이 어느 경우에 적용되는지에 따라서 다양한 이름이 사용된다. 예를 들어 2.5절에서 다루는 이온 결합 화합물의 경우에는 단순히 식(formula) 혹은 화학식이라고 하며, 2.7절에서 다루는 분자에 대해서는 분자식(molecular formula)이란 표현을 사용한다. 분자식을 더 세분화하면 확장 분자식, 구조식(structural formula), 3차원 구조식 등이 있다. 분자를 표현하는 방식에 따라서 공–막대 모형과 공간 채움 모형으로 나뉘기도 한다.

다른 원소와 결합하고 있지 않은 **자유 원소(free element)**는 대개 간단히 화학 기호로 나타낸다. 따라서 소듐 원소는 기호 Na로 나타내며, 이것은 소듐 원자 한 개를 뜻한다. 흔히 화학자들은 Na와 같은 기호를 소듐이란 단어 대신 사용한다.

우리가 자주 접하는 많은 원소가 자연계에서 두 개의 원자로 구성된 **이원자 분자(diatomic molecule)**로 존재하는데, 수소, 산소, 질소, 염소 등의 기체가 그 사례이다. 분자에 포함된 원자의 수는 화학 기호 뒤에 **아래 첨자(subscript)**를 사용하여 나타낸다. 따라서 수소 분자에 대한 화학식은 H_2이고, 산소, 질소, 염소는 각각 O_2, N_2, Cl_2로 나타낸다. 이들 분자를 **그림 2.11**에 나타내었다. 이러한 원소들에 대한 더 많은 예를 **표 2.1**에서 볼 수 있다. 이들 원소는 본 교

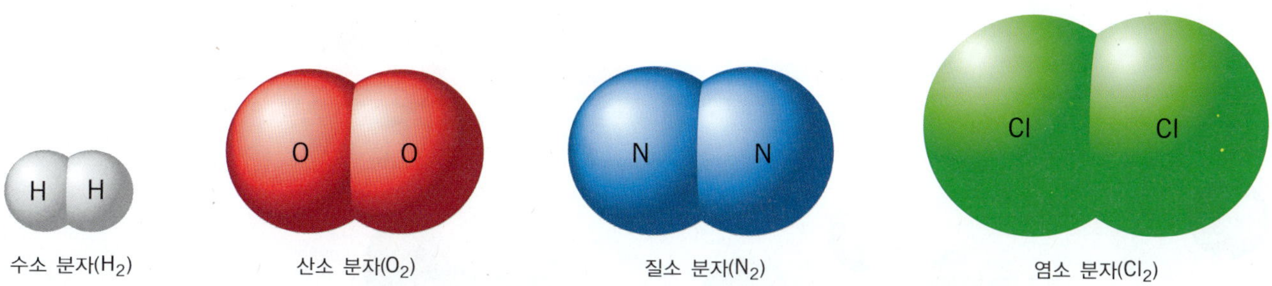

그림 2.11 수소, 산소, 질소, 염소의 이원자 분자를 나타낸 모형 각 분자는 원자 두 개씩을 포함한다. 구의 크기를 달리하여 분자를 이루는 원자의 크기 차이를 반영하였다.

[*](역주) 본 교재에서는 화학식(chemical formula)과 식(formula)이라는 두 용어를 같은 의미로 혼용하여 사용한다.

표 2.1 자연에서 이원자 분자로 존재하는 원소들

원소	기호	원소	기호
수소	H_2	플루오린	F_2
질소	N_2	염소	Cl_2
산소	O_2	브로민	Br_2
		아이오딘	I_2

도구
화학식에서 화학 기호와 아래 첨자

재에서 자주 등장하므로 그 화학식을 기억해 두는 것이 좋을 것이다.

화학 기호가 원소의 이름을 간단하게 나타내는 것과 마찬가지로 화학 기호, 아래 첨자, 및 괄호 등을 이용하여 나타내는 화학식은 화합물의 이름을 쓰는 간단한 방법이다. **화학식의 가장 중요한 특징은 물질에 존재하는 각 원소의 종류와 수를 나타낸다는 것이다.**

화합물의 화학식에서 각 원소는 그 화학 기호로 나타낸다. 수소 원자 두 개와 산소 원자 한 개로 구성된 물은 H_2O로 표현한다. 기호 O 다음에 아래 첨자가 없는 것은 산소 원자가 한 개뿐이라는 뜻이다. 또 다른 예로 '**천연가스(natural gas)**'에서 발견되는 가연성 화합물로서, 주방의 가스레인지나 실험실의 분젠(Bunsen) 버너 등에 이용되는 메테인의 화학식은 CH_4이다. 화학식으로부터 메테인 분자는 탄소 원자 한 개와 수소 원자 네 개로 구성되어 있음을 알 수 있다.

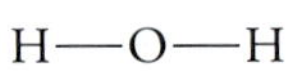

H_2O
물

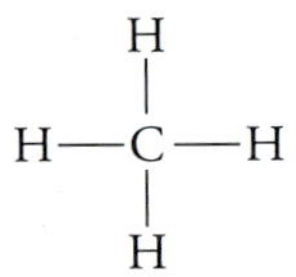

CH_4
메테인

더 복잡한 화합물의 경우 때로는 화학식에 괄호가 포함되기도 한다. 예를 들면 요소는 $CO(NH_2)_2$로 나타내는데, 이는 괄호 안의 원자단 NH_2가 2개 포함되어 있다는 의미다. 요소의 화학식을 CON_2H_4로 나타낼 수도 있지만 괄호를 포함해서 쓰는 이유를 곧 배우게 될 것이다.

정보가 충분하면 분자 내에서 원자가 서로 어떻게 연결되어 있으며 분자의 삼차원 모양이 어떠한지도 나타낼 수 있다. 원자들이 어떻게 연결되어 있는지를 나타내기 위해서 원자를 화학 기호를 써서 나타내고 원자들이 서로 연결된 화학 결합(chemical bond)을 선으로 표시한다. 이렇게 나타낸 것을 구조식(structural formula)이라고 한다.

분자의 삼차원 구조를 이해하기 위해 **공-막대 모형(ball-and-stick model)**을 이용할 수 있다. 공-막대 모형에서는 원자를 나타내는 공이 원자 사이의 결합을 나타내는 막대로 연결되어 있다. **공간 채움 모형(space-filling model)**은 원자의 상대적인 크기와 더불어 원자들이 분자 내의 공간을 차지하고 있는 모습을 보여 준다. **그림 2.12**에는 공-막대 모형으로 나타낸 메테인과 클로로폼을, **그림 2.13**에는 공간 채움 모형으로 나타낸 물, 메테인, 클로로폼을, 그리고 **그림 2.14**에는 공-막대 모형과 함께 공간 채움 모형으로 요소를 나타내었다.

해설 분자 모형 키트를 구입하여 원하는 분자 모형을 만들 수 있다. 원소에 따라 각기 다른 색으로 되어 있는 '공'에는 특정 각도로 뚫어 놓은 구멍이 있어서 '막대'를 꽂으면 올바른 분자 형태를 나타낼 수 있다.

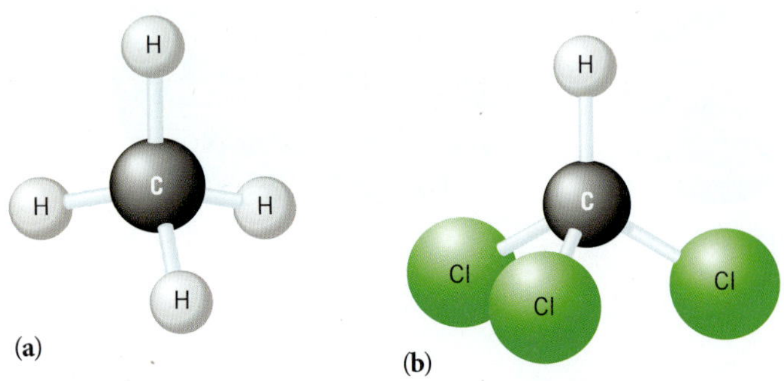

그림 2.12 공 - 막대 모형 (a) 메테인(CH_4), (b) 클로로폼($CHCl_3$)

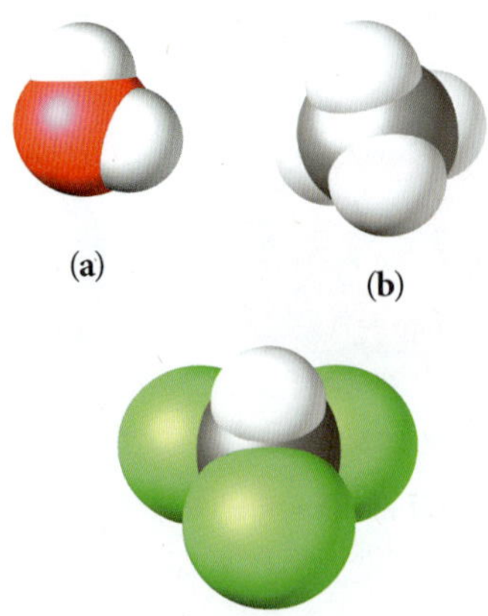

그림 2.13 공간 채움 모형 (a) 물(H_2O), (b) 메테인(CH_4), (c) 클로로폼($CHCl_3$)

(a) (b)

그림 2.14 요소 분자 $CO(NH_2)_2$의 모형: (a) 공-막대 모형, (b) 공간 채움 모형

수화물: 일정한 비율로 물을 포함하는 결정 어떤 화합물들은 물 분자를 포함하는 결정으로 존재한다. 예를 들면 건물의 내부 벽면을 바르는 데 사용되는 석고는 황산 칼슘($CaSO_4$) 결정으로 이루어져 있는데, 이 결정은 하나의 $CaSO_4$마다 두 분자의 물이 포함되어 있다. 이 물 분자들은 강하게 결합하고 있지는 않기 때문에 결정을 가열하면 쉽게 제거된다. 건조된 결정이 수분에 노출되면 H_2O와 $CaSO_4$의 비가 항상 2:1이 되도록 물이 흡수된다. 결정이 일정한 비율로 물 분자를 함유하는 화합물은 매우 흔한데, 이러한 물질을 **수화물(hydrate)**이라고 한다. 황산 칼슘 수화물의 화학식은 각 $CaSO_4$에 두 분자의 물이 있음을 나타내기 위하여 $CaSO_4 \cdot 2H_2O$로 쓴다. 가운뎃점은 물 분자가 결정에 강하게 결합하지 않고 쉽게 제거될 수 있음을 나타내기 위해 사용된다.

어떤 경우에는 수화물 결정이 탈수(물을 제거)되면 색이 변한다. 예를 들면 황산 구리 결정은 $CuSO_4$에 5개의 물 분자가 포함되어 있어 화학식이 $CuSO_4 \cdot 5H_2O$인 파란색 결정이다. 이 파란색 결정을 가열하여 대부분의 물이 제거되면 고체 $CuSO_4$는 흰색(**그림 2.15**)이 된다. $CuSO_4$가 공기 중에 노출되면 공기 중의 수분을 흡수하여 다시 파란색 $CuSO_4 \cdot 5H_2O$를 형성한다.

해설 물이 모두 제거된 수화물은 물이 없다는 의미로 '무수물(anhydride)'이라고 한다.

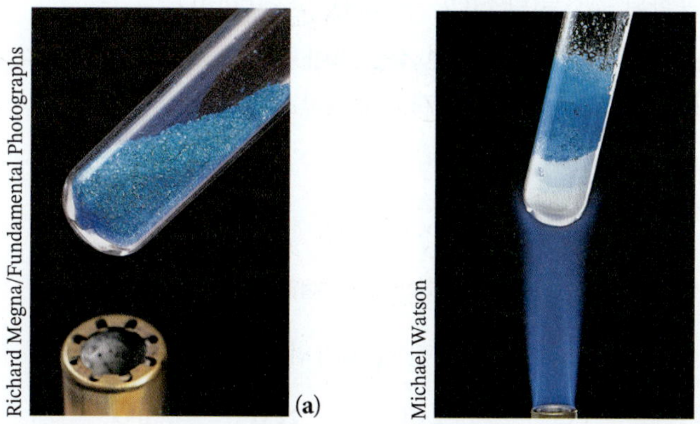

(a) (b)

그림 2.15 가열하면 수화물로부터 물이 빠져나온다. (a) 황산 구리 오수화물($CuSO_4 \cdot 5H_2O$)의 파란색 결정을 가열한다. (b) 수화물을 가열하면 물이 쉽게 제거된다. 시험관 아래쪽에 보이는 흰색 고체는 순수한 $CuSO_4$이다.

화학식에서 원자수 계산하기: 필요한 기술 화학식에 포함된 각 원소의 원자수를 세는 것은 앞으로 자주 사용해야 하는 기술이다. 원자수를 세기 위해서는 아래 첨자와 괄호의 의미를 알아야 하며, 수화물의 경우 계수의 의미도 알아야 한다. 다음의 예제에서 이러한 원칙들이 어떻게 적용되는지 보도록 하자.

예제 2.1 화학식에 포함된 원자수 세기

숨 쉴 때마다 방출되는 이산화 탄소는 상대적으로 무해하지만 일산화 탄소는 독성이 매우 강하다. CO_2와 CO의 차이는 산소 한 개의 차이임에도 불구하고 삶과 죽음을 가를 만큼 매우 크다. 예제 2.1에서 화학식에 포함된 원자의 수를 세는 연습을 해보자.

t-뷰틸 알코올($(CH_3)_3COH$)은 페인트 제거제로 사용되고 $CoCl_2 \cdot 6H_2O$는 물을 흡수하는 성질이 있어 대기 습도를 측정하는 데 이용된다.

다음 화학식에 포함된 원자는 각각 몇 개인가? **(a)** $(CH_3)_3COH$ **(b)** $CoCl_2 \cdot 6H_2O$ 각 화합물에 포함된 원소의 이름을 각각 쓰시오.

분석 우선 화학식이란 용어는 일반적인 의미로 사용되었고 **(a)**는 분자식을 **(b)**는 이온 결합 화합물에 대한 식이란 것을 알아야 한다. 어려운 문제는 아니지만, 지름길을 택하려다 오류를 범하지 말고 규칙에 따라 체계적으로 진행해 보자. 두 문제 모두를 답하려면 화학식에 있는 아래 첨자와 괄호의 의미를 이해해야 한다. 또한 화학 기호와 원소의 이름과의 관계도 알 필요가 있다.

도구 모음 사용할 도구는 세 가지이다. (1) 원소 기호 다음의 아래 첨자는 주어진 화학식에 그 원소의 원자가 몇 개 있는지를 나타낸다. 아래 첨자가 없으면 1을 나타내는 것이다. (2) 괄호 안에 있는 양이 괄호 다음의 아래 첨자 수만큼 반복된다. (3) 화학식에서 가운뎃점은 수화물을 나타내며, H_2O 앞에 있는 숫자만큼의 물 분자로 수화되어 있다는 것을 나타낸다.

풀이 **(a)** $(CH_3)_3COH$의 경우 괄호 안에 있는 모든 원자를 세 배 해 준다는 것을 알아야 한다.

아래 첨자 3은 CH_3 단위 세 개를 나타낸다.

$$(CH_3)_3COH$$

CH_3는 한 개의 C와 세 개의 H를 포함한다. 그러므로 CH_3 3개는 3개의 C와 9개의 H를 포함한다. COH 단위에는 C 한 개와 H 한 개가 더 있으므로 모두 C 원자 4개와 H 원자 10개가 되고, 또한 O 원자 한 개를 포함한다. 따라서 $(CH_3)_3COH$에 포함된 각 원자의 수는 다음과 같다.

4 C 10 H 1 O

또한 화합물에 포함된 원소는 탄소(C), 수소(H), 산소(O)이다.

(b) $CoCl_2 \cdot 6H_2O$는 가운뎃점이 표시된 것을 보아 수화물의 화학식이다. 각 $CoCl_2$에 두 개의 H와 한 개의 O를 갖는 물 분자를 6개 포함하고 있다.

6은 H_2O 분자 6개를 나타낸다.

$$CoCl_2 \cdot 6H_2O$$

점은 이 화합물이 수화물임을 나타낸다.

따라서 $CoCl_2 \cdot 6H_2O$의 화학식에 포함된 각 원자의 수는 다음과 같다.

1 Co 2 Cl 12 H 6 O

책의 앞표지 안쪽에 있는 표를 참조하면 여기에 포함된 원소들은 코발트(Co), 염소(Cl), 수소(H), 산소(O)임을 알 수 있다.

답이 합리적인가? 답이 맞는지 확인하려면 다시 계산하는 방법뿐이다.

실전 문제[1] 2.1

다음 화학식에서 각 원소의 원자는 몇 개인가? 각 식은 어떤 유형의 화학식인지 밝히시오. (**힌트**: 괄호 안의 원소를 세는 것에 특히 주의하시오.)

(a) SCl_2 **(b)** $(C_2H_5)_2N_2H_2$ **(c)** $Ca_3(PO_4)_2$ **(d)** $Fe(NO_3)_2 \cdot 6H_2O$

[1]실전 문제에 대한 답은 교재 뒷부분의 부록 B에 수록하였다.

실전 문제 2.2

다음 각 화학식에 포함된 원소의 이름을 쓰고, 각각 몇 개의 원자가 포함되어 있는지 밝히시오. 각 식은 어떤 유형의 화학식인지 밝히시오.

(a) NH_4NO_3 **(b)** $FeNH_4(SO_4)_2$ **(c)** $Mo(NO_3)_2 \cdot 5H_2O$ **(d)** $C_6H_4ClNO_2$

원자와 분자 그리고 일정 성분비 법칙

원자와 분자를 표현하는 방법을 이용하여 Dalton의 원자론이 어떻게 일정 성분비 법칙을 설명할 수 있는지 알아보자. 이 이론에 따르면 특정 화합물의 모든 분자는 동일하며, 분자에 포함된 각 원자의 비는 일정하다. 따라서 모든 물 분자의 화학식은 H_2O로, 수소 원자 두 개와 산소 원자 한 개를 포함한다.

우리는 산소 원자 한 개는 수소 원자 한 개보다 16배가량 더 무겁다는 것을 알고 있다. 아직 정확한 질량이 얼마인지는 정해지지 않았으므로 수소 원자 한 개가 1 단위의 질량을 갖는다고 하자. 이 척도로 나타내면 산소 원자 한 개의 질량은 수소 원자 질량의 16배이므로 16 질량 단위라고 할 수 있다.

1 H 원자	1 질량 단위
1 O 원자	16 질량 단위

그림 2.16(a)에서 물 분자 한 개는 수소 원자 두 개와 산소 원자 한 개로 이루어진 것을 볼 수 있다. 물 한 분자에서 산소의 질량(16 질량 단위)은 수소 전체 질량(2 질량 단위)의 8배이다. 그림 2.16(b)에 나타낸 물 분자 5개는 전체적으로 수소 원자 10개와 산소 원자 5개를 포함하고 있다. 여기에서도 분자 5개 안에 있는 산소 전체 질량이 수소 전체 질량의 8배이다. 다시 말하면 시료에 포함된 물 분자의 개수와 관계없이 산소 전체 질량은 수소 전체 질량의 8배이다.

순수한 물에 존재하는 산소의 질량은 항상 수소 질량의 8배임이 실험적으로 알려졌다는 것을 0.4절에서 배웠다. 이것은 물에 일정 성분비 법칙을 적용한 한 예이다. 그림 2.16은 **왜** 이 법칙이 원자론의 관점에서 성립하는지를 설명한다.

배수 비례 법칙

Dalton의 원자론이 진정으로 가치를 인정받는 이유 중 하나는 아직 발견되지 않았던 다른 화학 법칙을 예견하였다는 것이다. 배수 비례 법칙이라 불리는 이 법칙은 원자들이 결합하여 두 가지 혹은 그 이상의 서로 다른 화합물을 형성할 때 적용된다.

이 법칙의 의미를 알아보기 위해 **그림 2.17**에 나타낸 두 화합물 이산화 황(SO_2)과 삼산화 황(SO_3)을 비교해 보자. 이들 각 화합물 한 분자 안에는 황 원자가 한 개씩 있으므로, 두 분자에

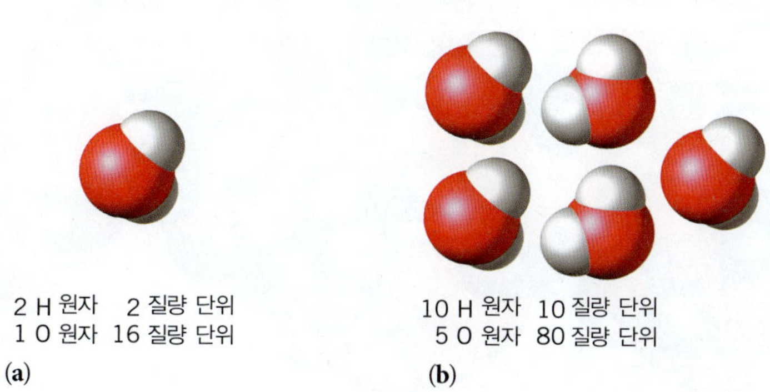

그림 2.16 일정 성분비 법칙 물 분자의 개수와 관계없이 산소의 질량은 항상 수소 질량의 8배이다.

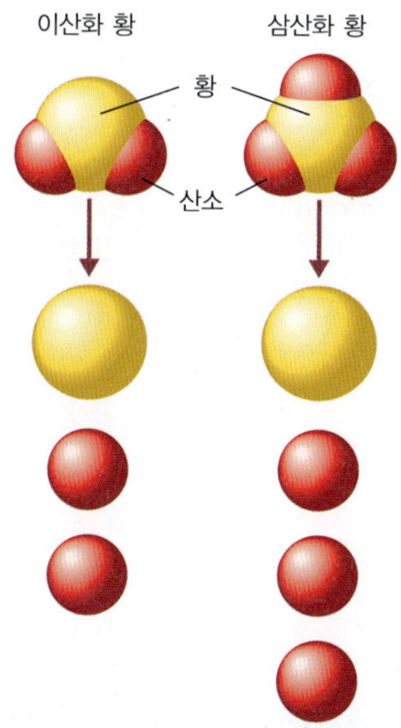

그림 2.17 황 산화물을 이용한 배수 비례 법칙 여기 나타낸 것은 이산화 황과 삼산화 황 분자이다. 각각에 황 원자가 한 개씩 있으므로 황의 질량은 같다. 산소는 원자비와 질량비 모두 2:3이다.

는 동일한 질량의 황이 들어 있다. 그러나 SO_2 분자에는 산소 원자가 2개 그리고 SO_3 분자에는 산소 원자가 3개 있다. 이것은 두 화합물 안에 있는 산소 원자의 비가 2:3이라는 뜻이다.

$$\frac{SO_2\text{에 포함된 O원자}}{SO_3\text{에 포함된 O원자}} = \frac{\text{O 원자 2개}}{\text{O 원자 3개}} = \frac{2}{3}$$

모든 산소 원자의 질량이 같으므로 두 화합물 안에 있는 산소 질량의 비는 원자수의 비와 같아야 하며, 이 비($\frac{2}{3}$)는 작은 정수비이다.

배수 비례 법칙

두 원소가 두 가지 이상의 화합물을 형성할 때, 동일한 질량의 한 원소와 결합하는 다른 원소의 질량 사이에는 간단한 정수비가 성립한다.

크고 작은 분자들

이제까지 몇 개의 원자로 구성된 작은 분자만을 논의하였다. 이 책에서 다룰 다른 분자들도 대부분 작은 분자에 속할 것이다. 그러나 생체와 같은 특수한 곳에는 매우 큰 분자들이 있다. 예를 들어 생명체를 구분하는 유전 정보를 포함하고 있는 DNA 분자는 수백만 개의 원자로 이루어진 매우 복잡한 구조이다. DNA 분자의 일부를 **그림 2.18**에 나타내었다. DNA에 대해서는 22장에서 더 논의하기로 한다.

원자 · 분자와 눈에 보이는 세계 사이의 관계

화학자들이 어느 날 갑자기 화학식과 분자의 모양을 신비스럽게 떠올렸다고 생각할지도 모르겠지만 실상은 그렇지 않다. 처음으로 합성하거나 자연에서 분리한 화학 물질은 실험적으로 그 화학식을 결정해야 한다. 예를 들어 흰색 가루 형태로 얻어진 새로운 물질의 외형만으로는 화학식이나 원자 배열에 관해 알기는 어렵다. 이와 관련된 정보를 얻기 위해 화학자들은 그 물질의 화학식이 무엇인지 확인할 수 있는 실험을 하는데, 이와 관련된 내용은 추후에 설명할 것이다. 일단 화학식을 알면 그 분자의 모양을 추측할 수 있지만, 보다 확실하게 하기 위해서는 많은 작업과 매우 정교한 고가의 기기를 이용한 많은 실험이 필요하다. (고급 화학 과목을 수강하면 이러한 기기를 사용하는 실험을 직접 해 볼 수 있다.) 화합물의 화학식과 분자의 구

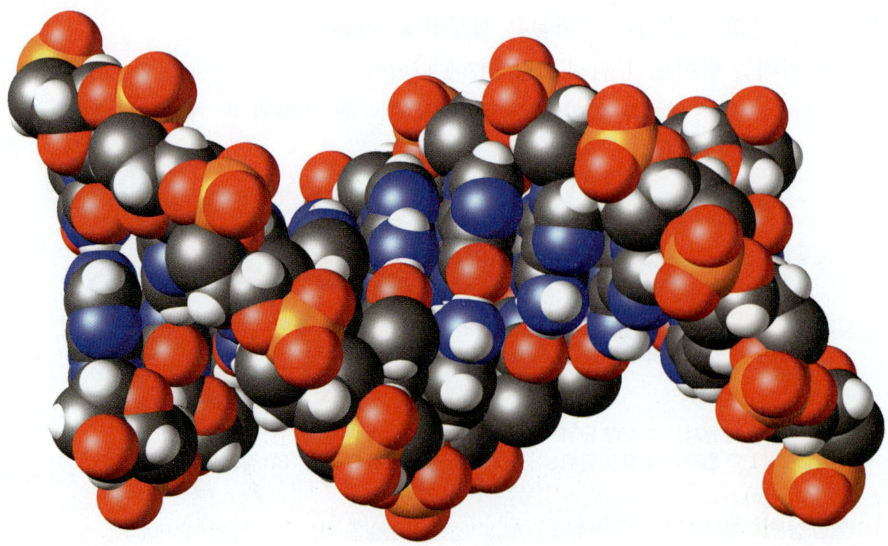

그림 2.18 어떤 분자들은 매우 크다. 그림은 지구상에 존재하는 다양한 생물종을 구분 짓는 DNA의 극히 작은 일부분을 나타낸 것이다. DNA 분자 전체는 수백만 개의 원자로 이루어져 있다.

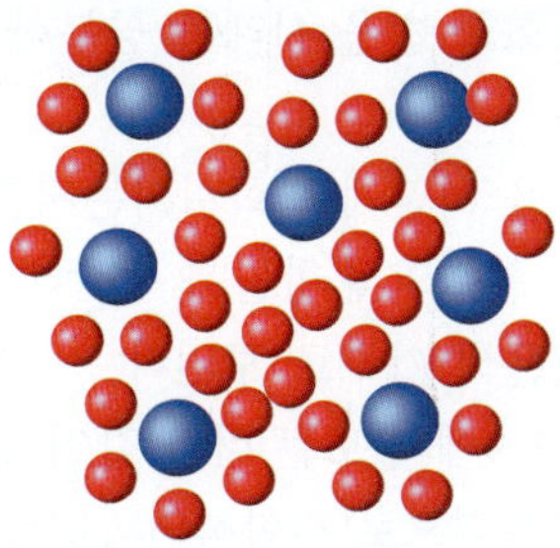

그림 2.19 원자·분자 수준에서 본 균일 혼합물 빨간색 공과 파란색 공은 서로 다른 물질을 나타낸다(다른 원소는 아니다). 한 물질이 다른 물질 주위에 균일하게 분포되어 있다.

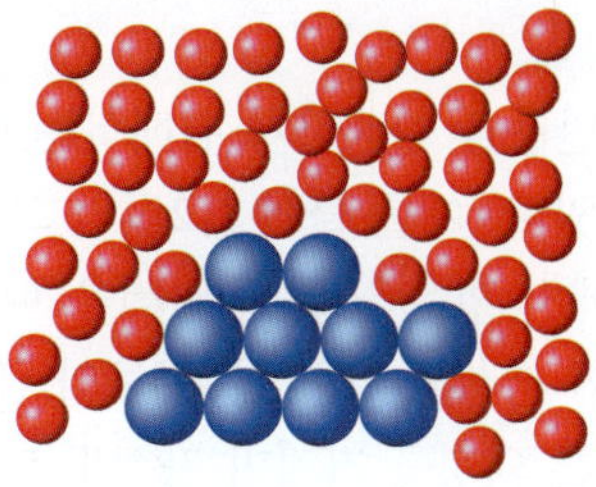

그림 2.20 원자·분자 수준에서 본 불균일 혼합물 불균일 혼합물에서는 두 물질이 분리된 상으로 존재한다.

조를 공부할 때 이러한 정보는 많은 과학자가 여러 해 동안 해 온 실험을 통해서 얻은 결과라는 것을 알아야 한다.

원자·분자 수준에서의 혼합물 혼합물은 다양한 조성을 가질 수 있다는 점에서 원소나 화합물과는 다르다는 것을 앞에서 배웠다. **그림 2.19**는 서로 다른 색의 공으로 나타낸 두 물질이 균일하게 섞여 있는 균일 혼합물(용액이라고도 함)을 원자·분자 수준에서 나타낸 것이다. 그림 2.19와 **그림 2.20**을 비교함으로써 분자 수준에서 균일 혼합물과 두 물질이 분리된 상으로 존재하는 불균일 혼합물의 차이를 알 수 있다.

2.4 화학 반응과 화학 반응식

화학 반응은 화학에서 매우 중요하다. 많은 경우에 화학 반응이 일어나면 관련된 화학 물질에서 극적인 변화가 일어난다. 실험실에서 화학 반응을 관찰하는 것은 매우 흥미로울 뿐만 아니라, 산업이나 일상생활 곳곳에서 화학 반응이 응용된다. 사실 화학 산업은 세계 경제에서 중요한 부분을 차지한다. 큰 건물을 철거하는 데 이용하는 폭발 반응(**그림 2.21**)은 빠르고 격렬하게 일어난다. 이와는 달리 락스의 유효 성분이 옷에 묻은 얼룩과 반응하거나 박테리아를 파괴

Alain DENANTES/Gamma-Rapho/Getty Images

그림 2.21 적절한 위치에 설치한 수백 개의 폭발물을 이용한 건물 철거 큰 건물을 몇 초 안에 정교하게 붕괴시킬 수 있다.

©Ulga/Shutterstock

그림 2.22 메테인의 연소 가스 레인지의 연료로 주로 천연가스(메테인)가 이용된다. 반응에서 산소가 소모되고 이산화 탄소와 수증기가 생성된다.

하는 표백 작용에서의 반응은 덜 격렬하다. 앞으로 수많은 화학 반응 사례를 공부하게 될 것이다.

화학 반응을 이해하기 위해서는 반응이 화학 물질의 성질을 어떻게 변화시키는지를 관찰할 필요가 있다. 예를 들어 1.2절의 그림 1.8에 나타낸 철과 황 원소의 혼합물을 생각해 보자. 이 혼합물에서 황은 밝은 노란색을 띠고 철은 자성을 가진 검은색 가루로 보인다. 이 원소들이 반응하여 생성된 황화 철('바보의 금'으로도 알려진)은 그림 1.9에서 보는 바와 같이 황이나 철과는 다른 외형을 가지며 자성도 띠지 않는다. 철과 황이 화학적으로 결합하면 원소들의 성질은 사라지고 화합물의 새로운 성질이 나타난다.

원자 수준에서 화학적 변화가 어떻게 일어나는지 알아보기 위해 메테인(CH_4)의 연소를 살펴보기로 하자(**그림 2.22**). 반응에서 CH_4와 산소(O_2, 자연에서 존재하는 형태)가 소모되고 이산화 탄소(CO_2)와 물(H_2O)이 생성된다. **그림 2.23**은 원자 · 분자 수준에서 반응을 나타낸 것이다. 이 반응에서 CH_4와 O_2는 반응이 시작되기 전에 존재하는 **반응물(reactant)**로 그림 2.23의 왼쪽에 나타나 있다. 오른쪽에는 반응이 일어난 후 존재하는 분자로 **생성물(product)**이라고 한다. 화살표는 반응물로부터 생성물이 생성되는 변화를 나타낸다.

화학자들은 그림을 이용하여 화학적 변화를 나타내는 대신 화학 기호로 되어 있는 화학 반응식을 이용하여 반응을 기술한다. **화학 반응식(chemical equation)**은 화학식을 이용하여 화학 반응에서 무슨 일이 일어나는지를 설명하는 것으로, 그림 2.23에 나타낸 것과 같이 반응 전과 후에 나타나는 화학 물질을 기술하는 것이다.

$$CH_4 + 2O_2 \longrightarrow CO_2 + 2H_2O \qquad \textbf{(2.1)}$$

도구
화학 반응식의 계수

기호는 반응에 참여하는 원소의 원자를 나타내며 O_2와 H_2O 앞에 있는 숫자는 **계수(coefficient)**라고 한다. 이 반응식에서 계수는 각각 CH_4와 O_2 분자 몇 개가 반응하고 CO_2와 H_2O 분자 몇 개가 생성되는지를 나타내며, 화학식 앞에 계수가 없는 경우에는 1이라고 간주한다. 화학 반응식에서 화살표는 "반응하여 ~을 생성한다"고 읽는다. 따라서 이 화학 반응식은 **메테인과 산소가 반응하여 이산화 탄소와 물을 생성한다**고 읽을 수 있다.

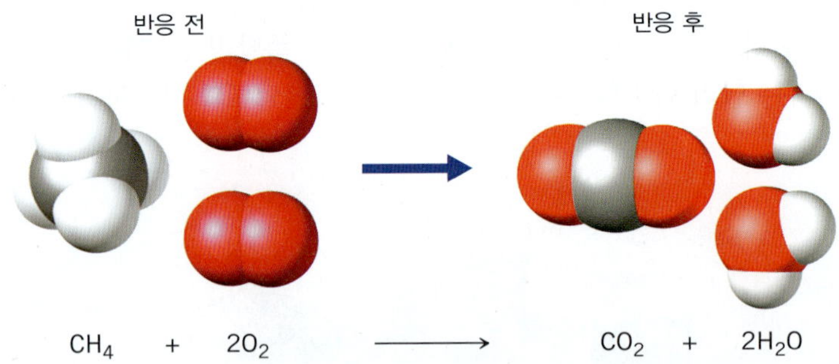

그림 2.23 메테인(CH_4)의 반응 원자–분자 수준에서 본 메테인(CH_4)이 산소(O_2)와 반응하여 이산화 탄소 (CO_2)와 물(H_2O)이 생성되는 반응. 반응 전의 메테인 분자와 산소 분자가 왼쪽에 있으며, 반응이 끝난 후에 존재하는 이산화 탄소 분자와 물 분자가 오른쪽에 있다. 그림 아래에는 이 반응에 대한 화학 반응식을 나타내었다.

화학 반응과 질량 보존

질량 보존 법칙에 따르면 화학 반응에서는 질량이 생성되거나 소멸되지 않는다. 그림 2.23에서 반응물은 CH_4 분자 1개와 O_2 분자 2개이므로 반응물 전체에 H 원자 4개, O 원자 4개, C 원자 1개가 있음을 알 수 있다. 반응이 끝난 후에 여전히 각각의 원자가 같은 수로 남아 있지만 이들은 CO_2 분자 1개와 H_2O 분자 2개로 재배열되었다. 반응하는 동안 원자가 소멸되거나 생성되지 않았기 때문에 전체 질량에는 차이가 없어야 한다. 즉 원자 개념과 화학 반응에서 원자들은 단지 재배열될 뿐이라는 Dalton 원자론의 가설을 적용하여 질량 보존 법칙을 설명할 수 있다.

반응식에서의 계수와 질량 보존 법칙 모든 화학 반응은 질량 보존 법칙을 따른다. 이것은 어떤 반응에서든 반응 전과 후에 각 원자의 총수는 동일하다는 것을 의미한다. 화학식을 쓸 때 이러한 원리에 맞도록 화살표 양쪽에 있는 각 분자의 수를 조정해야 한다. 이와 같이 반응물과 생성물의 계수를 조정하는 것을 반응식의 '균형을 맞춘다'고 한다. 메테인의 연소 반응에서 왼쪽에 있는 O_2의 계수와 오른쪽에 있는 H_2O의 계수를 조정해서 각 원자의 총수를 동일하게 맞춘 **균형 화학 반응식(balanced chemical equation)**을 얻는다.

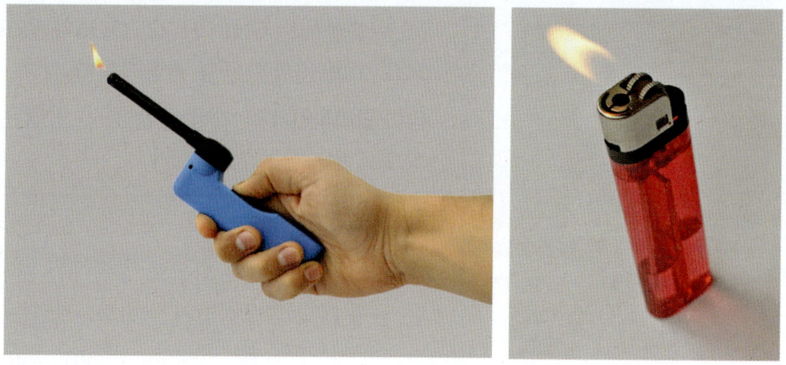

그림 2.24 뷰테인(C_4H_{10})의 연소 그림에 나타낸 것과 같은 바비큐용 혹은 담배용 라이터는 뷰테인을 태워서 물과 이산화 탄소를 생성한다.

다른 예로 가스라이터의 연료인 뷰테인(C_4H_{10})의 연소를 살펴보자(**그림 2.24**).

C_4H_{10} 분자 2개 — O_2 분자 13개 — CO_2 분자 8개 — H_2O 분자 10개

$$2C_4H_{10} + 13O_2 \longrightarrow 8CO_2 + 10H_2O$$

C_4H_{10} 앞의 숫자 2는 뷰테인 분자 두 개가 반응한다는 것을 의미하며, 이는 **그림 2.25**에 보인 것과 같이 탄소 원자 8개와 수소 원자 20개를 포함한다. C_4H_{10} 분자 한 개에 포함된 C와 H 원자수에 계수 2를 곱하는 것에 주목하라. 오른쪽에서 CO_2의 계수는 8이고 따라서 총 8개의 탄소 원자가 포함되어 있다. 마찬가지로 물 분자 10개는 수소 원자 20개를 포함한다. 마지막으로 반응식의 양쪽에 산소 원자 26개가 존재하는 것을 확인할 수 있다. 이와 같이 반응식의 계수를 맞추는 방법은 3장에서 자세하게 배울 것이다. 지금은 반응식의 균형이 맞았는지만 확인할 수 있으면 된다.

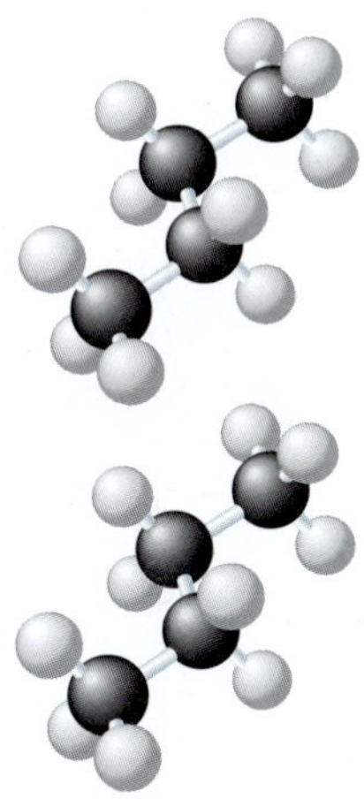

뷰테인 분자 두 개는 C 원자 8개와 H 원자 20개를 포함한다.

그림 2.25 반응식의 계수 이해하기 $2C_4H_{10}$이라는 표현은 뷰테인 분자 2개를 말하는데, 각 분자는 탄소 원자 4개와 수소 원자 10개로 이루어져 있으므로 탄소 원자는 모두 8개이고 수소 원자는 모두 20개이다.

예제 2.2 균형 반응식 확인하기

균형 화학 반응식에서 질량 보존 법칙이 만족하는지를 확인하려면 약간의 계산이 필요하다. 다음 반응식이 균형이 맞았는지 결정하시오. 화살표 양쪽에 있는 각 원소의 원자수를 각각 계산한 결과를 이용하여 답을 입증하시오.

(a) $Al(OH)_3 + 2HNO_3 \longrightarrow Al(NO_3)_3 + 2H_2O$

(b) $CaCl_2 + H_2SO_4 \longrightarrow CaSO_4 + 2HCl$

(c) $C_{12}H_{22}O_{11} + 12O_2 \longrightarrow 12CO_2 + 11H_2O$

분석 이 문제는 반응식이 균형 반응식인지를 묻고 있다. 화살표 양쪽에 있는 각 원소의 원자수가 동일하면 반응식은 균형 화학 반응식이다.

도구 모음 화학식 앞에 있는 계수의 의미뿐만 아니라 화학식의 아래 첨자와 괄호의 의미까지 모두 원자의 수를 세는 데 이용하는 도구이다. 반응식에 포함된 모든 원자의 수를 각각 헤아려야 한다.

풀이 (a) 반응물에는 Al 1, O 9, H 5, N 2가 있고 생성물에는 Al 1, O 11, H 4, N 3가 존재한다. 화살표 양쪽에 있는 원소 중 알루미늄의 원자수만 동일하므로 이 반응식은 균형 반응식이 아니다.

(b) 반응물에는 Ca 1, Cl 2, H 2, S 1, O 4가 있고 생성물에도 Ca 1, Cl 2, H 2, S 1, O 4가 포함되어 있으므로 이 반응식은 균형 반응식이다.

(c) 반응물에는 C 12, H 22, O 35가 있고 생성물에도 C 12, H 22, O 35가 포함되어 있으므로 이 반응식은 균형 반응식이다.

답이 합리적인가? 가장 좋은 확인 방법은 원자들을 다시 세어 보는 것이다. 이번에는 역방향으로 원자들을 세어 보라.

실전 문제 2.3

다음 화학 반응식의 화살표 양쪽에는 각 원소의 원자가 몇 개 포함되어 있는가? 이 반응식은 균형 화학 반응식인가? (**힌트**: 계수는 한 화학식에 있는 모든 원소에 적용된다.)

$$2PH_3 + 4O_2 \longrightarrow P_2O_5 + 3H_2O$$

실전 문제 2.4

다음 반응식은 질량 보존 법칙을 만족하는가?

$$2(NH_4)_3PO_4 + 3Ba(C_2H_3O_2)_2 \longrightarrow Ba_3(PO_4)_2 + 6NH_4C_2H_3O_2$$

2.5 이온 결합 화합물

우리가 매일 접하는 대부분의 물질들은 원소가 아니라 원소들이 서로 결합하여 생성된 화합물이다. 이 절에서는 화합물의 두 가지 형태인 이온 결합 화합물과 분자성 화합물에 대해 공부하기로 한다.

금속과 비금속의 반응

원자들이 반응할 때 어떤 경우에는 원자 간에 전자가 이동하여 **이온(ion)**이라고 하는 전하를 띤 입자가 생성된다. 금속 소듐이 비금속 염소와 반응하는 경우가 그 예이다. **그림 2.26**에서 보인 것과 같이 반짝이는 금속인 소듐과 연녹색의 기체인 염소를 섞으면 격렬한 반응이 일어나서, 그 결과 흰색 가루인 염화 소듐(NaCl)이 생성된다. 그 반응식은 다음과 같다.

$$2Na(s) + Cl_2(g) \longrightarrow 2NaCl(s)$$

원자 수준에서 일어나는 변화를 그림 2.26에 나타내었다.

염화 소듐에 있는 이온들은 반응하는 원자들 사이에 전자가 이동하여 형성된 것이다. 다시 말하면 각 소듐 원자는 각 염소 원자에 전자 한 개씩을 제공하는데, 이를 전자를 의미하는 기호인 e^-를 사용하여 다음과 같이 반응식 형태로 나타낼 수 있다.

해설 여기에서는 각 원자에 어떤 일이 일어나는지에 관심을 두고 있으므로, 염소를 두 개의 원자로 이루어진 Cl_2 분자로 나타내지 않았다.

$$Na + Cl \xrightarrow{} Na^+ + Cl^- \quad (e^- \text{ from Na to Cl})$$

이 반응에서 형성되는 전하를 띤 입자는 소듐 이온(Na^+)과 염화 이온(Cl^-)이다. 소듐 이온은 핵 주위의 전자 한 개를 잃어서 전자의 수보다 핵 안에 있는 양성자의 수가 하나 더 많다. 따라서 +1의 양전하를 가지므로 + 기호를 위 첨자로 표시한다. 마찬가지로 염소 원자가 한 개의 전자를 얻어서 형성된 염소 이온은 음전하가 하나 더 많아 −1의 음전하를 띠므로 − 기호를 위 첨자로 표시한다. 이와 같이 고체 염화 소듐은 하전된 소듐 이온과 염화 이온으로 구성되어 있으며, 이런 형태의 화합물을 **이온 결합 화합물(ionic compound)**이라고 한다.

도구
이온 결합 화합물

일반적으로 **이온 결합 화합물은 금속과 비금속이 반응하여 형성된다**. 그러나 전자 이동에서

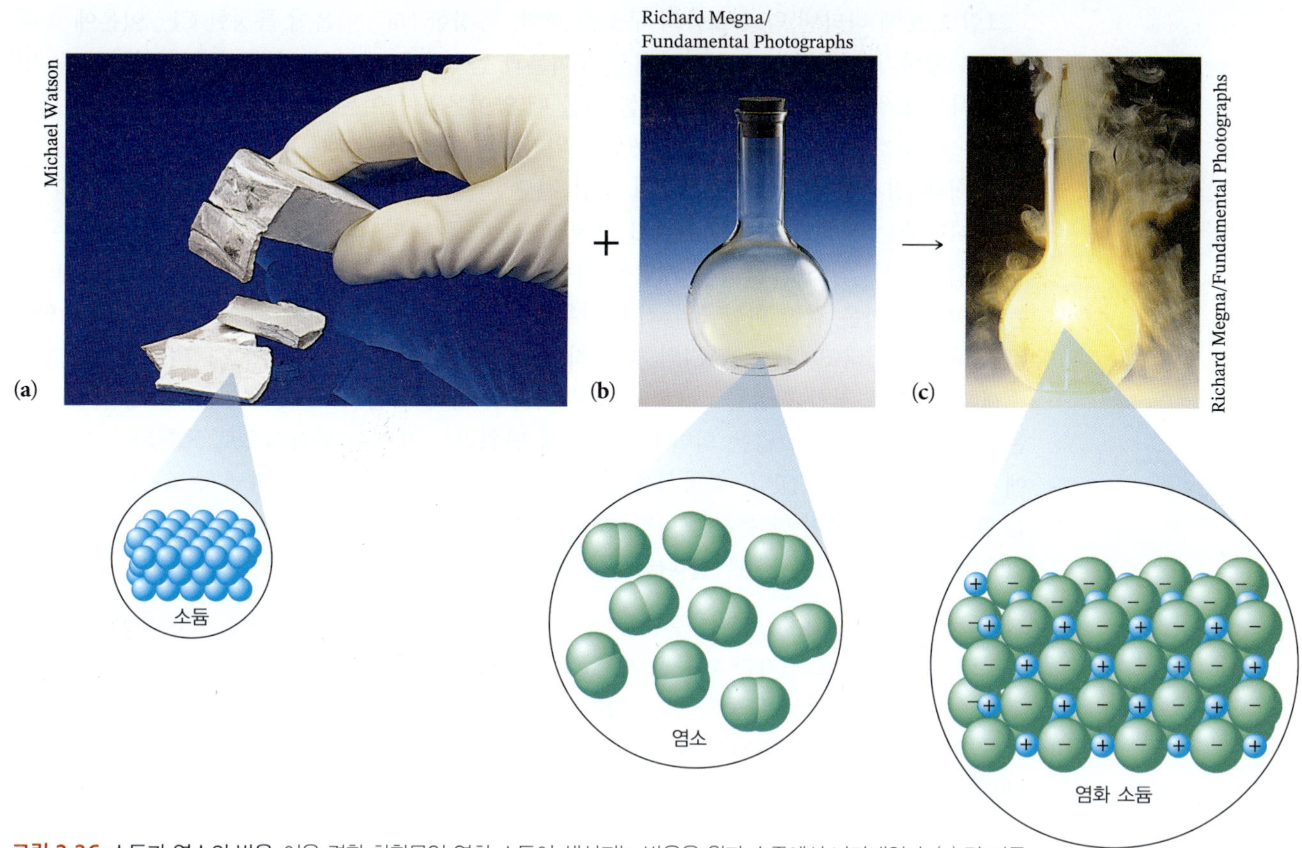

그림 2.26 소듐과 염소의 반응 이온 결합 화합물인 염화 소듐이 생성되는 반응을 원자 수준에서 나타내었다. (**a**) 막 자른 소듐은 반짝이는 금속성 표면을 갖는다. 이 금속은 산소 및 습기와 반응하므로 맨손으로 만지지 말아야 한다. (**b**) 염소는 연녹색 기체이다. (**c**) 작은 소듐 조각을 금속 수저 위에서 녹인 다음 염소가 든 플라스크 안에 넣으면, 두 원소가 격렬하게 반응하여 밝은 빛과 함께 염화 소듐을 형성한다. 플라스크에서 나오는 연기는 미세한 소금 결정으로 이루어져 있다. 전기적으로 중성인 원자와 분자가 반응하여 양이온과 음이온이 생성되는데, 이들은 정전기적 인력(반대되는 전하 사이의 인력)에 의해 서로 결합하고 있다.

모든 원자가 전자 한 개만을 주고받는 것은 아니다. 어떤 원자들은 두 개 또는 그 이상의 전자를 얻거나 잃는다. 예를 들어 칼슘 원자가 반응하면 두 개의 전자를 잃고 Ca^{2+} 이온이 형성되고, 산소 원자는 두 개의 전자를 얻어서 O^{2-} 이온이 형성된다. 이온의 화학식을 쓸 때 양전하나 음전하의 수를 양전하나 음전하 기호 앞에 위 첨자로 표시한다는 것을 기억하라(어떤 원자들은 전자 한 개만을 얻거나 잃고, 다른 원자들은 두 개 이상의 전자를 얻거나 잃는 이유는 추후에 다시 공부하기로 한다).

실전 문제 2.5

다음 각 원자 혹은 이온에 포함된 양성자 및 전자의 수는 각각 몇 개인가? (**힌트**: 전자는 음전하를 가지고 있고, 따라서 원자가 전자를 얻으면 음전하를 띠는 이온이 된다.)

(**a**) Co 원자 (**b**) Co^{3+} 이온 (**c**) P^{3-} 이온 (**d**) P 원자

실전 문제 2.6

다음 각 원자 혹은 이온에 포함된 양성자 및 전자의 수는 각각 몇 개인가?

(**a**) Si 원자 (**b**) Si^{4-} 이온 (**c**) Sr^{2+} 이온 (**d**) Sr 원자

그림 2.26에 나타낸 염화 소듐의 구조를 보면, 특정한 Na^+ 이온이 특정한 Cl^- 이온에 속해 있다고 말하기 어렵다. NaCl 결정에서 양이온과 음이온은 가능한 가장 가깝게 위치할 수 있는 방식으로 쌓여 있는데, 이런 구조를 이룰 때 양이온과 음이온 사이의 인력이 최대가 된다.

이온 결합 화합물에서는 별개의 구성 단위가 존재하지 않기 때문에, 화합물을 나타내는 식에서 아래 첨자는 항상 이온 사이의 가장 간단한 정수비로 나타낸다. 이런 이유로 염화 소듐을 나타내는 식을 Na_2Cl_2나 Na_3Cl_3가 아닌 NaCl로 나타낸다. 그럼에도 불구하고 이온 결합 화합물에서 '최소 단위'라는 개념은 유용하다. 일반적으로 가장 간단한 정수비로 나타내는 화학식을 이온 결합 화합물의 최소 단위로 볼 수 있으며, 이러한 최소 단위를 **화학식 단위**(**formula unit**)라고 한다. NaCl의 경우 하나의 화학식 단위에는 Na^+와 Cl^-가 각각 한 개씩 존재하고, 이온 결합 화합물 $CaCl_2$의 경우 하나의 화학식 단위에 Ca^{2+} 이온 한 개와 Cl^- 이온 두 개가 존재한다. (넓은 의미에서 화학식 단위라는 용어는 화학식으로 표현되는 모든 것에 대하여 사용할 수 있다. 화학식은 NaCl과 같이 한 쌍의 이온을 나타낼 수도 있지만, 때로는 O_2나 H_2O와 같이 한 분자를 나타내거나, Cl^-나 Ca^{2+}와 같이 한 개의 이온을 나타낼 수도 있으며, Na와 같이 원자 하나를 나타낼 수도 있다.)

화합물 내에 이온이 존재한다는 실험적 증거 금속 도선을 전지에 연결하면 도선 안의 한 원자로부터 다음 원자로 전자가 이동할 수 있기 때문에 금속은 전기를 통한다는 것을 알고 있다. 고체 이온 결합 화합물은 물과 같은 다른 물질들처럼 전기를 잘 통하지 않는다. 그러나 이온 결합 화합물이 물에 녹거나 고온으로 가열되어 융해되면, 그 액체는 전기를 쉽게 통하게 된다. 이와 같은 관찰을 통해 이온 결합 화합물은 중성 원자가 아니라 하전된 이온으로 구성되어 있으며, 이 이온들이 용해되거나 융해되어 움직일 수 있게 되면 전기를 통할 수 있다는 것을 짐작할 수 있다. **그림 2.27**은 전기 전도성이 있는지 알아보는 실험을 나타낸 것이다.

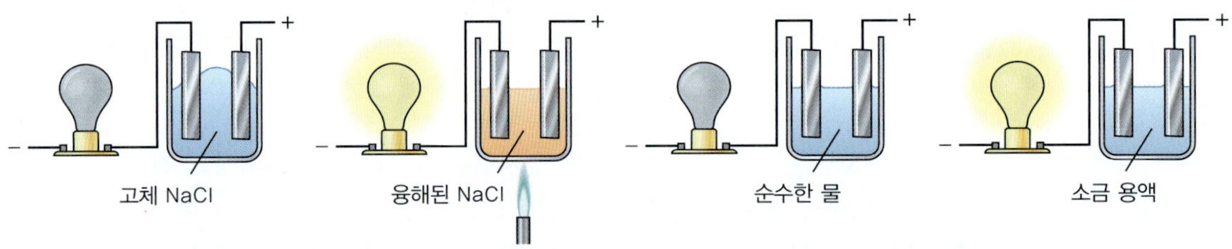

그림 2.27 전기 전도성 실험 장치 시험하고자 하는 물질에 전극을 담근다. 전기를 걸어주었을 때 전구에 불이 켜지면 그 물질은 전기 전도체이다. 본 실험에서 고체 염화 소듐은 전기를 통하지 않지만, 고체가 녹게 되면 전기가 통하는 것을 확인할 수 있다. 분자성 화합물인 물은 전기적으로 하전된 입자를 포함하지 않으므로 전기 전도체가 아니지만 소금을 녹인 수용액은 전기를 통한다.

이온 결합 화합물의 화학식

금속이 비금속과 반응하여 이온 결합 화합물을 생성한다는 사실을 배웠다. 이러한 반응에서 금속 원자는 한 개 이상의 전자를 잃고 양으로 하전된 이온이 되며, 비금속 원자는 한 개 이상의 전자를 얻어 음으로 하전된 이온이 된다. 이때 양으로 하전된 이온을 **양이온**(**cation**)이라 하고 음으로 하전된 이온을 **음이온**(**anion**)이라고 한다. 예를 들면 고체 NaCl은 소듐 양이온과 염화 음이온으로 이루어져 있다.

주족 금속과 비금속의 이온 주족 원소(주기율표의 A 족에 있는 원소)가 어떤 이온을 형성하는지 기억하는 데 주기율표가 도움이 된다. 예를 들면 수소를 제외한 1A족 원소의 중성 원자는 반응할 때 항상 전자 한 개를 잃으므로 +1의 전하를 갖는 이온이 된다. 이와 유사하게 2A족 원소의 원자는 반응할 때 항상 두 개의 전자를 잃어 +2의 전하를 갖는 이온을 형성한다. 3A

해설 수소는 비금속이지만 일반적으로 전자를 잃고 양이온이 된다. 하지만 특정 화합물에서는 수소가 전자를 얻을 수도 있다.

족에서 고려해야 할 중요 양이온은 알루미늄 이온(Al^{3+})이다. 알루미늄 원자는 반응하여 전자 세 개를 잃고 알루미늄 이온을 형성한다.

이들 이온을 모두 표 2.2에 나타내었다. **각 양이온에 있는 양전하의 수는 북미식 족 번호를 사용하는 주기율표에서의 족 번호와 같다는 사실을 기억하라.** 따라서 소듐은 1A족에 있으므로 +1의 전하를 갖는 이온을 형성하며, 바륨(Ba)은 2A족에 있으므로 +2의 전하를 갖는 이온을, 알루미늄은 3A족에 있으므로 +3의 전하를 갖는 이온을 형성한다. 모든 금속 원소에 대해 이러한 일반화를 적용할 수는 없지만(가령 전이 원소에서는 적용되지 않음), 1A족과 2A족 금속 원소 및 알루미늄이 반응할 때 어떤 일이 일어나는지를 기억하는 데 도움이 된다.

주기율표의 오른쪽에 있는 비금속 원소에 대해서도 몇 가지 유용한 일반화를 할 수 있다. 예를 들면 비금속이 금속과 반응할 때 할로젠(7A족)은 −1의 전하를 띤 이온을 형성하며, 6A족 비금속은 −2의 전하를 띤 이온을 형성한다. 음이온에서 음전하의 수는 주기율표에서 비활성 기체에 도달하기 위하여 오른쪽으로 움직여야 하는 칸의 수와 같다는 사실에 유념하라.

도구
음이온 전하 예측

도구
양이온 전하 예측

표 2.2 주족 원소가 형성하는 이온

족 번호						
1A	2A	3A	4A	5A	6A	7A
H^+						
Li^+	Be^{2+}		C^{4-}	N^{3-}	O^{2-}	F^-
Na^+	Mg^{2+}	Al^{3+}	Si^{4-}	P^{3-}	S^{2-}	Cl^-
K^+	Ca^{2+}				Se^{2-}	Br^-
Rb^+	Sr^{2+}				Te^{2-}	I^-
Cs^+	Ba^{2+}					

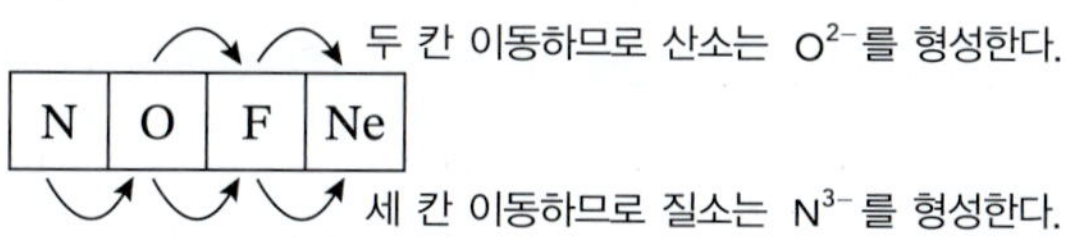

도구
알짜 전하

이온 결합 화합물의 화학식 쓰기 모든 화합물은 전기적으로 중성이므로, 이온 결합 화합물에 존재하는 이온들의 비는 항상 전체 양전하와 전체 음전하가 동일하도록 유지되어 있다. 이것이 염화 소듐의 화학식이 NaCl인 이유이다. 즉 Na^+와 Cl^-의 비가 1:1이므로 전기적으로 중성이다. 또한 앞에서 언급한 것처럼 이온 결합 화합물에는 개별적인 분자가 존재하지 않으므로, 이온의 비를 올바르게 나타낼 수 있는 숫자 조합 중 가장 작은 숫자로 되어 있는 아래 첨자를 사용한다. 이온 결합 화합물의 화학식을 쓰는 데 다음 규칙을 사용한다.

해설 전기적으로 중성이라는 것은 알짜 전하가 0이 됨을 의미한다. 전체 양전하가 전체 음전하와 같으면 그 물질은 전기적으로 중성이다.

이온 결합 화합물의 화학식을 쓰는 규칙

1. 화학식에서 양이온을 먼저 적는다. (반드시 그래야만 하는 것은 아니지만, 보통 사용되는 관습이다.)
2. 화학식의 아래 첨자는 화학식 단위가 전기적인 중성을 이루도록 하여야 한다. (전기적으로 중성인 것은 자연법칙이다.)
3. 아래 첨자는 가능한 한 가장 작은 정수로 이루어져 있어야 한다. 예를 들면 모든 아래 첨자가 짝수이면 2로 나눈다. (이러한 단계를 몇 번이고 반복해야 할지도 모른다.)

도구
이온 결합 화합물의 화학식

4. 이온의 전하는 그 물질의 화학식에는 포함되지 않는다.
5. 아래 첨자가 1이면 생략한다. 즉 아래 첨자가 없으면 1을 뜻한다.

우리가 다루는 화합물 중 많은 경우가 이온 결합 화합물이다. 식용 소금의 원료인 NaCl이나 겨울에 도로의 얼음을 녹이는 데 사용되는 $CaCl_2$에 대하여 이미 공부한 바가 있다. 또 다른 예로 치과에서 충치 예방에 사용되는 플루오린화 소듐(NaF)과 시멘트의 주요 성분인 산화 칼슘(CaO) 등이 있다.

예제 2.3 이온 결합 화합물의 화학식 쓰기

많은 경우에 두 원소가 반응하여 한 종류의 화합물만을 만든다. 다음 두 원소가 반응하여 생성하는 유일한 화합물의 화학식을 쓰시오.

(a) Ba와 S **(b)** Al과 Cl **(c)** Al과 O

분석 각각의 두 원소는 반응하여 한 종류의 화합물만을 만든다. 우선 양이온과 음이온의 전하를 결정하고, 그 후 알짜 전하를 0이 되기 위한 양이온과 음이온의 수를 찾는다. 화학식을 적을 때에는 항상 양이온을 먼저 적는다.

도구 모음 우선 주기율표를 이용하여 이온의 전하를 알아내는 도구가 필요하다. 다음으로 이온 결합 화합물의 화학식을 적는 규칙을 요약한 도구를 적용한다.

풀이 **(a)** Ba는 2A족이므로 이온의 전하는 2+이고 황은 6A족이므로 이온의 전하는 2−이다. 즉, Ba^{2+}와 S^{2-}이다. 전하는 크기가 같고 부호만 다르기 때문에 이온의 비가 1:1이면 중성 화학식 단위가 된다. 그러므로 양이온을 먼저 적은 화학식은 BaS이다. 최종 화학식에는 이온의 전하를 적지 않는 것에 유념하라.

(b) 주기율표를 사용하면 이들 원소에 대한 이온은 Al^{3+}와 Cl^-이다. Al^{3+} 한 개와 Cl^- 세 개가 결합하면 중성의 화학식 단위를 얻을 수 있다(Cl의 전하는 1−이지만 1은 나타내지 않는다).

$$1(3+) + 3(1-) = 0$$

양이온을 먼저 적으므로 화학식은 $AlCl_3$이다.

(c) 이들 원소의 이온은 Al^{3+}와 O^{2-}이다. 구하는 화학식에서 양전하와 음전하의 수가 같아야 하므로 이 수는 3과 2의 정수배이어야 한다. 이러한 조건을 만족하는 가장 작은 수는 6이다. 따라서 화학식에는 Al^{3+} 두 개와 O^{2-} 세 개가 존재해야 한다.

$$\begin{array}{ll} 2Al^{3+} & 2(3+) = 6+ \\ 3O^{2-} & 3(2-) = 6- \\ \hline & \text{sum} = 0 \end{array}$$

화학식은 Al_2O_3이다.

다음 그림에서 볼 수 있듯이 음이온의 아래 첨자에 양전하 수를 쓰고, 양이온의 아래 첨자에 음전하 수를 쓰면 전기적으로 중성인 화학식이 얻어진다.

이 방법을 사용한 후에 아래 첨자를 더 작은 정수비로 나타낼 수 있는지 항상 점검해야 한다.

실전 문제 2.7

다음 원소들로부터 생성되는 이온 결합 화합물의 화학식을 쓰시오(**힌트**: 주기율표에서의 위치에 따라 한 원소는 양이온이 되고 다른 원소는 음이온이 되어야 한다).

(a) Na와 Cl **(b)** Ca와 O **(c)** Ca와 F **(d)** Ba와 C

실전 문제 2.8

다음 원소들로부터 생성되는 화합물의 화학식을 쓰시오.

(a) Be와 N **(b)** In과 Cl **(c)** Na와 S **(d)** Rb와 Cl

전이 금속과 후전이 금속의 양이온 주기율표의 가운데 영역에 있는 전이 원소는 왼쪽의 3B족에서 오른쪽의 2B족까지 위치하고 있다(IUPAC 체계로는 3족에서 12족까지이다). 전이 원소는 준금속의 왼쪽에 위치하고 있으며 모두 금속이다. 우리에게 매우 친숙한 금속인 철, 크로뮴, 구리, 은, 금 등은 모두 전이 금속이다.

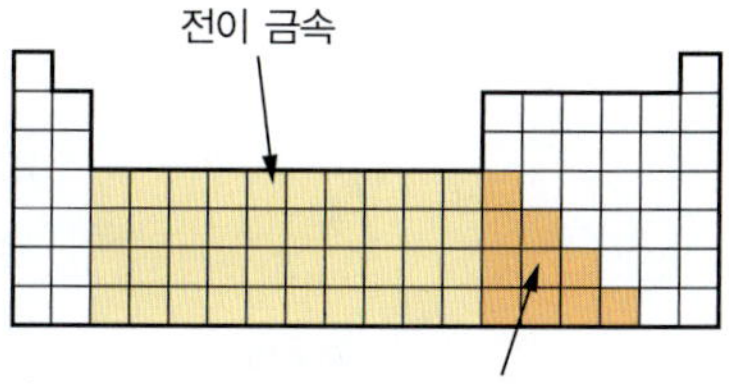

주기율표에서 전이 금속과 후전이 금속의 분포

대부분의 전이 금속은 1A족 및 2A족 금속보다 반응성이 훨씬 약하지만, 반응할 때 비금속 원자에 전자를 전달하여 이온 결합 화합물을 생성한다. 그런데 전이 금속 이온의 전하는 알칼리 금속이나 알칼리 토금속의 이온에서와 같은 간단한 방식을 따르지 않는다. 전이 금속의 특성 중 하나는 이들 대다수가 두 가지 이상의 양이온을 생성할 수 있다는 것이다. 예를 들면 철은 두 가지 다른 이온인 Fe^{2+}와 Fe^{3+}를 생성할 수 있다. 이것은 철이 하나의 비금속과 두 가지 이상의 화합물을 만들 수 있다는 것을 의미한다. 예를 들어 철은 염화 이온(Cl^-)과 결합하여 화학식이 각각 $FeCl_2$와 $FeCl_3$인 두 가지 화합물을 형성한다. 철이 산소와 결합하면 화합물 FeO와 Fe_2O_3를 형성한다. 두 화합물 모두에서 화학식을 이루는 이온들의 전하의 합이 0인 것을 확인할 수 있다. 전이 금속 중 가장 일반적인 몇 가지 이온을 **표 2.3**에 나타내었다. 수은 이온 중 하나인 $Hg_2{}^{2+}$에 유념할 필요가 있다. 이 이온에서는 두 개의 Hg^+ 이온이 분자성 화합물에서 결합하는 것과 같은 방법으로 결합하고 있다. 간단한 Hg^+ 이온은 존재하지 않는다.

실전 문제 2.9

다음의 전이 금속으로부터 생성되는 모든 염화물과 산화물의 화학식을 각각 쓰시오(**힌트**: 이 문제의 각 전이 금속에 대해 각각 한 개 이상의 염화물과 산화물이 있다).

(a) 바나듐 **(b)** 코발트

표 2.3 몇 가지 전이 금속과 후전이 금속의 이온

전이 금속		전이 금속	
타이타늄	Ti^{2+}, Ti^{3+}, Ti^{4+}	은	Ag^+
크로뮴	Cr^{2+}, Cr^{3+}	카드뮴	Cd^{2+}
망가니즈	Mn^{2+}, Mn^{3+}	금	Au^+,Au^{3+}
철	Fe^{2+}, Fe^{3+}	수은	$Hg_2{}^{2+}$, Hg^{2+}
코발트	Co^{2+}, Co^{3+}	**후전이 금속**	
니켈	Ni^{2+}	주석	Sn^{2+}, Sn^{4+}
구리	Cu^+, Cu^{2+}	납	Pb^{2+}, Pb^{4+}
아연	Zn^{2+}	비스무트	Bi^{3+}

실전 문제 2.10

다음의 전이 금속으로부터 생성되는 황화물과 질소화물의 화학식을 쓰시오.

(a) 은 (b) 지르코늄

후전이 금속(post-transition metal)은 주기율표에서 전이 금속 바로 다음에 있는 금속이다. 가장 흔히 볼 수 있는 중요한 후전이 금속 두 가지는 주석(Sn)과 납(Pb)이다. 비스무트 이외의 후전이 금속은 두 가지 다른 이온을 형성할 수 있으므로 한 종류의 비금속과 두 가지 서로 다른 화합물을 형성한다. 예를 들면 주석은 두 가지 산화물 SnO와 SnO_2를 형성하고, 납 또한 유사한 화학식을 갖는 두 개의 산화물인 PbO와 PbO_2를 형성한다. 이들 금속이 만드는 이온들을 표 2.3에 나타내었다.

도구
다원자 이온

다원자 이온을 포함하는 화합물 지금까지 논의한 이온 결합 화합물은 두 개의 서로 다른 원소로 이루어진 **이성분 화합물(binary compound)**이다. 그러나 세 개 이상의 원소를 포함하는 이온 결합 화합물도 많이 있다. 이러한 물질은 보통 **다원자 이온(polyatomic ion)**을 포함한다. 다원자 이온은 분자를 구성하는 것과 같은 종류의 결합으로 연결된 두 개 이상의 원자로 이루어진 이온이다. 하지만 다원자 이온은 전자가 너무 많거나 혹은 부족하여 전기적으로 중성이 되지 못한다는 점에서 분자와는 다르다. **표 2.4**에 몇 가지 중요한 다원자 이온을 나타내었다. 이 이온들은 앞으로 계속 이용할 것이므로 이들의 화학식, 전하, 이름을 기억하고 있어야 한다.

다원자 이온이 포함된 화합물의 화학식은 이성분 이온 결합 화합물의 화학식과 같은 방법으로 결정한다. 즉 이온의 비는 화학식 단위를 전기적으로 중성이 되도록 해야 하며, 아래 첨자

표 2.4 몇 가지 다원자 이온의 화학식과 이름

이온	이름	이온	이름
NH_4^+	암모늄 이온(Ammonium ion)	CO_3^{2-}	탄산 이온(Carbonate ion)
Hg_2^{2+}	수은(I) 이온(Mercury(I) ion)	HCO_3^-	탄산수소 이온(중탄산 이온)[b] [Hydrogen carbonate ion(bicarbonate ion)]
H_3O^+	하이드로늄 이온[a](Hydronium ion)	SO_3^{2-}	아황산 이온(Sulfite ion)
OH^-	수산화 이온(Hydroxide ion)	HSO_3^-	아황산수소 이온(중아황산 이온)[b] [Hydrogen sulfite ion(bisulfite ion)]
CN^-	사이안화 이온(Cyanide ion)	SO_4^{2-}	황산 이온(Sulfate ion)
NO_2^-	아질산 이온(Nitrite ion)	HSO_4^-	황산수소 이온(중황산 이온)[b] [Hydrogen sulfate ion(bisulfate ion)]
NO_3^-	질산 이온(Nitrate ion)	SCN^-	싸이오사이안산 이온(Thiocyanate ion)
ClO^- (또는 OCl^-)	하이포아염소산 이온(Hypochlorite ion)	$S_2O_3^{2-}$	싸이오황산 이온(Thiosulfate ion)
ClO_2^-	아염소산 이온(Chlorite ion)	CrO_4^{2-}	크로뮴산 이온(Chromate ion)
ClO_3^-	염소산 이온(Chlorate ion)	$Cr_2O_7^{2-}$	다이크로뮴산 이온(Dichromate ion)
ClO_4^-	과염소산 이온(Perchlorate ion)	PO_4^{3-}	인산 이온(Phosphate ion)
MnO_4^-	과망가니즈산 이온(Permanganate ion)	HPO_4^{2-}	인산수소 이온(Monohydrogen phosphate ion)
$C_2H_3O_2^-$	아세트산 이온(Acetate ion)	$H_2PO_4^-$	인산이수소 이온(Dihydrogen phosphate ion)
$C_2O_4^{2-}$	옥살산 이온(Oxalate ion)		

[a]이 이온은 수용액 상태로만 존재한다.

[b]이들 이온의 다른 이름도 자주 사용된다.

는 가능한 한 가장 작은 정수로 나타낸다. 다원자 이온을 포함하는 화학식을 쓸 때 한 가지 차이점은 아래 첨자가 필요한 경우 다원자 이온을 괄호로 묶어서 표시한다는 것이다.

예제 2.4 다원자 이온을 포함하는 화학식

Ba^{2+}와 PO_4^{3-}로 이루어진 이온 결합 화합물의 화학식을 쓰시오.

분석 전하와 함께 나타낸 양이온과 음이온을 이용하여 전기적으로 중성인 화학식을 얻어야 한다. 두 개 이상의 다원자 이온이 필요한 경우에는 괄호를 이용해야 한다.

도구 모음 이 문제를 풀기 위한 기본 도구는 화학식을 적는 데 필요한 아래 첨자를 정하는 규칙을 따르는 것이다.

풀이 전기적으로 중성인 화학식을 얻기 위하여 세 개의 바륨 이온과 두 개의 인산 이온이 필요하다는 것을 짐작할 수 있다. 이것이 명백하지 않다면 예제 2.3의 끝부분에서 언급한 방법으로 아래 첨자를 정할 수도 있다.

인산 이온은 두 개의 원소로 이루어져 있으므로 전체 이온이 화학식 단위에 두 개 포함되어 있다는 것을 나타내려면 괄호를 이용해야 한다.

$$Ba_3(PO_4)_2$$

답이 합리적인가? 화합물이 전기적으로 중성인지 다시 한번 확인한다. Ba^{2+} 이온 세 개의 양전하는 6이며, PO_4^{3-} 이온 두 개의 음전하도 6이므로, 합은 0이 되어 화합물은 전기적으로 중성이다.

실전 문제 2.11

다음 이온들로부터 형성되는 이온 결합 화합물의 화학식을 쓰시오(**힌트**: 다원자 이온을 포함하고 있는 화합물도 전기적으로 중성이어야 한다).

(a) Ca^{2+}와 PO_4^{3-} **(b)** Na^+와 $H_2PO_4^-$

실전 문제 2.12

다음 이온들로부터 형성되는 이온 결합 화합물의 화학식을 쓰시오.

(a) 칼슘 이온과 아세트산 이온 **(b)** 포타슘 이온과 질산 이온 **(c)** Fe^{3+}와 염소산 이온

많은 종류의 중요한 화합물에서 다원자 이온들이 발견된다. 예를 들어 $CaSO_4$(황산 칼슘; 석고나 소석고의 주성분), $NaHCO_3$(탄산수소 소듐 또는 베이킹소다), NaOCl(하이포염소산 소듐; 액체 표백제에 들어 있음), $NaNO_2$(아질산 소듐; 육류 방부제로 이용함), $MgSO_4$(황산 마그네슘; 사리염으로도 알려짐), $NH_4H_2PO_4$(인산이수소 암모늄; 비료로 이용함) 등의 화합물이 있다.

2.6 이온 결합 화합물의 명명법

화합물에 대해 말할 때 화학자들은 화학식보다는 그 이름을 사용한다. 예를 들어 물은 화학식

이 H_2O인 화합물의 이름이며, 염화 소듐은 NaCl의 이름임을 이미 알고 있다.

한때는 화합물에 이름을 붙이는 일정한 방법이 없어서 화합물을 발견한 사람이 원하는 방법을 사용하였다. 오늘날 182,000,000종 이상의 화합물[2]이 알려져 있으므로, 논리적이고 체계적인 방법으로 이 화합물들을 명명할 필요가 있다. 따라서 전 세계 화학자들은 IUPAC에서 제시한 물질에 대한 체계적인 명명법을 사용하여 화합물의 이름을 붙이고 있다. 이 방법을 사용하여 우리가 접하는 화합물의 이름이 주어지면 그 물질에 대한 정확한 화학식을 쓸 수 있다. 이제까지는 관용명을 사용해온 물질에 대하여도 앞으로는 주어진 화학식에 대한 체계적인 이름을 올바르게 붙일 수 있게 될 것이다. 이 책에서 화합물을 처음으로 언급할 때는 먼저 IUPAC 이름을 쓰고, 관용명이 있는 경우 IUPAC 이름 뒤의 괄호 안에 적을 것이다. 그 이후에는 관용명을 사용할 것이다.

주족 원소로 이루어진 이온 결합 화합물의 명명

도구
이온 결합 화합물의 명명

이 절에서는 간단한 무기 이온 결합 화합물의 **명명법(nomenclature)**에 대해 논의한다. 일반적으로 **무기 화합물(inorganic compound)**은 메테인(CH_4)이나 에테인(C_2H_6) 혹은 그 외의 탄소–수소 화합물인 탄화수소로부터 얻을 수 없는 물질이다. 정해진 명명법에 따라 이온 결합 화합물을 명명할 때 핵심은 다른 사람이 그 이름을 기초하여 화합물의 화학식을 손쉽게 적을 수 있어야 한다는 것이다.

이온 결합 화합물의 우리말 명명법에서는 음이온의 이름을 먼저 쓰고 다음에 양이온의 이름을 쓴다. 영어에서는 화학식을 적는 순서와 동일하게 양이온의 이름을 먼저 쓰고 음이온의 이름을 다음에 쓴다. 화합물에서 금속이 Na^+나 Ca^{2+}와 같이 한 가지 양이온만 형성한다면 양이온은 금속의 이름으로 나타낸다. 이성분 화합물에서 음이온은 비금속으로부터 형성되며, 그 이름은 비금속의 이름에 접미사 '**-화**(-ide)'를 붙여서 명명한다. 예를 들면 KBr은 브로민화 포타슘(potassium bromide)이라고 명명한다. **표 2.5**에 흔히 볼 수 있는 **일원자(monatomic)** 음이온과 그 이름을 수록하였다. 접미사 '**-화**(-ide)'는 보통 일원자 이온에만 사용되지만, 예외적으로 **수산화 이온**(hydroxide ion, OH^-)과 **사이안화 이온**(cyanide ion, CN^-)에도 사용된다.

이온 결합 화합물을 명명할 때는 단순히 음이온과 양이온의 이름만 표기하면 된다. 이온이 어떤 것인지를 알면 전기적으로 중성이 되는 비율에 맞춰서 화학식을 바르게 세울 수 있기 때문에 양이온과 음이온이 몇 개씩 있는지를 밝힐 필요는 없다.

도구
일원자 음이온의 이름

표 2.5 일원자 음이온[a]

H^-	수소화 (Hydride)	C^{4-}	탄소화 (Carbide)	N^{3-}	질소화 (Nitride)	O^{2-}	산화 (Oxide)	F^-	플루오린화 (Fluoride)
		Si^{4-}	규소화 (Silicide)	P^{3-}	인화 (Phosphide)	S^{2-}	황화 (Sulfide)	Cl^-	염화 (Chloride)
				As^{3-}	비소화 (Arsenide)	Se^{2-}	셀레늄화 (Selenide)	Br^-	브로민화 (Bromide)
						Te^{2-}	텔루륨화 (Telluride)	I^-	아이오딘화 (Iodide)

[a]일원자 음이온의 우리말 이름은 원소 이름에 '-화'를 붙여서 나타내는데, 산소와 염소의 경우에는 '소'를 생략한다.(역자 주)

[2]공식적으로 발표된 화학 정보에 대한 매우 포괄적이며 수준 높은 개요서인 CAS Registry에는 이제 182,000,000 개의 화합물이 수록되어 있다.

예제 2.5 이온 결합 화합물 명명하기 및 화학식 쓰기

화합물 이름에 포함된 작은 실수가 매우 큰 오차를 유발할 수 있다. 예를 들면 셀레늄화 이온의 기호는 Si나 S가 아니고 Se이다. **(a)** $SrCl_2$의 이름은 무엇인가? **(b)** 황화 알루미늄(aluminum sulfide)의 화학식은 무엇인가?

분석 두 화합물은 모두 이온 결합 화합물이다. 첫 번째 문제에서는 각 원소의 이름을 이용하고 음이온의 경우 적절한 접미사를 붙여서 명명한다. 두 번째 화합물에서는 전기적으로 중성이 되어야 한다는 개념을 적용하여 화학식을 적는다.

도구 모음 이온 결합 화합물의 명명 도구와 이온 결합 화합물은 전기적으로 중성이 된다는 개념을 사용한다.

풀이 **(a)** 화합물 $SrCl_2$는 원소 Sr과 Cl로 되어 있다. Sr은 2A족 금속이며 Br은 7A족 비금속이다. 금속과 비금속으로 이루어진 화합물은 이온성이므로, 이온 결합 화합물을 명명하는 규칙을 사용하면 된다. 양이온은 간단히 금속의 이름을 쓰면 되므로 스트론튬(strontium)이다. 음이온은 '**-화**'를 붙여 염화(chloride)라고 명명하면 된다. 따라서 화합물의 이름은 염화 스트론튬(strontium chloride)이다.

(b) 알루미늄은 3A족 금속이며 양이온 Al^{3+}를 형성한다. 황화(sulfide)의 접미사 '**-화**'는 비금속 단일 원자로 구성된 음이온임을 짐작하게 한다. 접미사 '**-화**'를 제거하면 음이온 원소는 황(S)이다. 황은 6A족이므로 이로부터 형성되는 음이온은 S^{2-}이다. 올바른 화학식은 전기적으로 중성이 되어야 하므로, 한 이온의 전하 값이 다른 이온의 아래 첨자가 되도록 화학식을 쓰면 Al_2S_3가 된다.

답이 합리적인가? 위의 과정을 역으로 적용하여 답이 맞는지 손쉽게 점검할 수 있다. 명명한 이름으로부터 화학식을 적어보고, 화학식으로부터 이름을 적어본다. 염화 스트론튬을 화학식으로 다시 쓰면 $SrCl_2$가 되는지를 확인하고, Al_2S_3를 명명하면 황화 알루미늄이 되는지를 확인한다.

실전 문제 2.13

다음 화합물의 화학식을 쓰시오(**힌트**: 접미사 '**-화**'의 의미를 상기하시오).
(a) 황화 바륨(barium sulfide) **(b)** 염화 칼슘(calcium chloride) **(c)** 사이안화 포타슘(potassium cyanide) **(d)** 수산화 스트론튬(strontium hydroxide) **(e)** 인화 알루미늄(aluminum phosphide)

실전 문제 2.14

다음 화합물을 명명하시오.
(a) $GaCl_3$ **(b)** $Ca(OH)_2$ **(c)** NaI **(d)** $CaBr_2$ **(e)** Na_3P

전이 금속 양이온의 명명

여러 전이 금속들과 후전이 금속들은 두 개 이상의 양이온을 형성할 수 있다고 앞에서 배웠다. 양이온의 전하가 다르면 화합물은 다른 화학식을 가지므로 화합물에 어떤 양이온이 존재하는지를 명시할 필요가 있다.

화합물에서 두 개 이상의 전하를 가질 수 있는 금속 양이온을 명명할 때 현재는 **Stock 체계(Stock system)**를 즐겨 쓴다. 이 체계에서는 양이온의 이름을 쓰고, 그 뒤에 붙여서 괄호 안에 로마 숫자로 전하의 수를 쓴다.[3] 다음은 Stock 체계를 이용하여 명명한 몇 가지 예이다.

도구
Stock 체계 사용

[3]은과 니켈은 거의 대부분의 화합물에서 각각 Ag^+와 Ni^{2+}로 존재한다. 따라서 AgCl과 $NiCl_2$는 거의 항상 염화 은 및 염화 니켈이라고 명명한다.

Fe^{2+}	철(II)	$FeCl_2$	염화 철(II)
Fe^{3+}	철(III)	$FeCl_3$	염화 철(III)
Cr^{2+}	크로뮴(II)	CrS	황화 크로뮴(II)
Cr^{3+}	크로뮴(III)	Cr_2S_3	황화 크로뮴(III)

로마 숫자는 금속 이온의 양전하와 동일하다는 것과 화학식에서 아래 첨자와 일치하는 것은 아니라는 것을 기억하라. 예를 들어 구리는 Cu^+ 이온 혹은 Cu^{2+} 이온이 포함된 Cu_2O 혹은 CuO 두 가지 산화물을 생성하는데, 각각을 다음과 같이 명명한다.[4]

Cu^+	구리(I)	Cu_2O	산화 구리(I)
Cu^{2+}	구리(II)	CuO	산화 구리(II)

이들 구리 화합물에서 볼 수 있듯이 이름으로부터 화학식을 적을 때에는 이 절의 앞에서 논의되고 예제 2.6과 2.7에서 예시하는 것처럼 이온의 전하로부터 화학식을 알아내야 한다.

예제 2.6 이온 결합 화합물의 명명과 화학식 쓰기

화합물 $MnCl_2$는 전지 제조나 살균 소독 및 천연가스 정제 등 상업용으로 많이 사용된다. 이 화합물의 이름은 무엇인가?

분석 이 화합물은 금속과 비금속으로 이루어져 있으므로 이온 결합 화합물임을 알 수 있고, 따라서 이온 결합 화합물의 명명 규칙을 적용한다.

망가니즈(Mn)는 전이 원소이고, 전이 원소는 보통 두 개 이상의 양이온을 형성한다. 따라서 망가니즈 양이온의 전하를 결정한 후 Stock 체계를 적용한다. 염소가 형성하는 유일한 일원자 이온은 Cl^-이고 망가니즈 이온과 염화 이온의 전하의 합이 0이 되어야 하므로 양이온의 전하를 알 수 있다.

도구 모음 금속 이온의 전하를 알아내기 위해 사용하는 도구는 화합물이 전기적으로 중성이 된다는 사실이다. 또한 양이온이 두 개 이상의 전하를 가질 수도 있는 전이 금속에 속하므로, 양이온의 전하를 나타내기 위해 Stock 체계가 적용되어야 한다.

풀이 염소의 음이온(염화 이온)은 Cl^-이고 두 개의 Cl^- 이온이 있으므로 음전하의 총합은 -2이다. 따라서 $MnCl_2$가 전기적으로 중성이 되려면 Mn 이온의 전하는 $2+$가 되어야 한다. 양이온은 망가니즈(II)[manganese(II)]로 명명하며, 화합물의 이름은 염화 망가니즈(II) [manganese(II) chloride]가 된다.

답이 합리적인가? 간단한 계산을 해 보면 이온의 전하가 맞는다는 것을 알 수 있고, 따라서 답이 올바르다고 판단된다.

예제 2.7 이온 결합 화합물의 명명과 화학식 쓰기

산화 납(II)[lead(II) oxide]은 밝은 붉은색을 나타내는 페인트의 안료로 많이 사용된다. 산화 납(II)의 화학식을 쓰시오.

분석 이 질문에 답하기 위해서는 먼저 두 이온의 전하를 결정할 필요가 있다. 다음으로 이온들의 전하의 합이 화학식 단위에서 0이 되도록 한다.

[4]구리나 납과 같이 몇몇 금속 이온 중에서 한 가지 이온이 다른 이온들보다 화합물에서 훨씬 더 많이 발견된다. 예를 들어 대부분의 구리 화합물은 Cu^{2+}를 포함하고 있으며, 가장 일반적인 납 화합물은 Pb^{2+}를 포함하고 있다. 이런 금속의 화합물에 전하가 표기되지 않은 경우 이온의 전하가 +2라고 가정한다. 따라서 $PbCl_2$와 $CuCl_2$를 단순히 각각 염화 납 혹은 염화 구리라고 명명하는 경우도 흔하다.

도구 모음 예제 2.6과 같은 도구를 사용한다.

풀이 납(II)은 Pb^{2+}이고 산화 이온은 O^{2-}이다. 전기적으로 중성이 되려면 Pb^{2+} 하나당 O^{2-} 한 개가 있으면 된다. 따라서 화학식은 PbO이다.

답이 합리적인가? 각 이온의 화학 기호가 올바르고 그들을 조합하였을 때 전기적으로 중성이 된다는 것을 확인할 수 있으므로 답이 옳다고 판단할 수 있다.

실전 문제 2.15

화합물 Li_2S, Mg_3P_2, $NiCl_2$, $TiCl_2$, Fe_2O_3의 이름을 쓰시오. 필요한 경우 Stock 체계를 사용하시오(**힌트:** 어떤 금속이 두 개 이상의 전하를 가지는지 결정해야 한다).

실전 문제 2.16

다음 화합물의 화학식을 쓰시오.
(**a**) 황화 알루미늄(aluminum sulfide) (**b**) 플루오린화 스트론튬(strontium fluoride) (**c**) 황화 크로뮴(III)[chromium(III) sulfide] (**d**) 산화 코발트(II)[cobalt(II) oxide] (**e**) 산화 금(III)[gold(III) oxide]

다원자 이온을 포함하는 이온 결합 화합물의 명명

명명법 체계를 확장하여 다원자 이온을 포함하는 이온 결합 화합물도 간단히 명명할 수 있다. 표 2.4에 수록된 다원자 이온은 대부분 음이온이며, 이온 결합 화합물을 명명할 때 그 이름을 그대로 쓴다(우리말 명명법에서는 음이온을 먼저 쓰고 영어에서는 양이온을 먼저 쓴다). 예를 들어 Na_2SO_4는 황산 이온(sulfate ion, SO_4^{2-})을 포함하고 있으므로 황산 소듐(sodium sulfate)이라고 명명한다. 비슷하게 $Cr(NO_3)_3$는 질산 이온(nitrate ion, NO_3^-)을 포함하며 전이 원소인 크로뮴은 이 화합물에서 NO_3^- 이온 세 개의 음전하와 균형을 이루기 위해 3+의 전하를 가져야 하므로, $Cr(NO_3)_3$는 질산 크로뮴(III)[chromium(III) nitrate]으로 명명한다.

도구 다원자 이온이 포함된 화합물의 명명

표 2.4에 수록된 이온 중 양이온은 암모늄 이온(NH_4^+)과 수은(I) 이온(Hg_2^{2+})밖에 없다. 이들은 NH_4Cl(염화 암모늄)이나 Hg_2Cl_2[염화 수은(I)]과 같은 이온 결합 화합물을 형성한다. 암모늄을 포함하는 화합물의 경우, 암모늄 이온을 마치 금속 양이온처럼 명명한다. $(NH_4)_2SO_4$(황산 암모늄)는 양이온과 음이온 모두 다원자 이온으로 구성되어 있다.

예제 2.8 이온 결합 화합물의 명명과 화학식 쓰기

화합물 $Ca(ClO_4)_2$는 수분을 흡수하는 성질이 있어 상업적으로 대기 중의 습기 제거제로 사용된다. 이 화합물의 이름은 무엇인가?

분석 ClO_4가 괄호 안에 있으므로 이 화합물이 다원자 이온을 포함한다는 것을 알 수 있다. 표 2.4로부터 'ClO_4'는 과염소산 이온(perchlorate ion)의 화학식임을 알 수 있다. 전하를 함께 표시하면 이 이온의 화학식은 ClO_4^-이다. 금속 Ca를 명명하는 데 Stock 체계를 적용할 필요가 있는지를 결정해야 한다.

도구 모음 표 2.4에 있는 다원자 이온의 이름과 Stock 체계를 사용할 것인지 아닌지를 결정하는 도구를 사용할 것이다.

풀이 칼슘은 2A족이므로 Ca^{2+} 이온만을 형성한다. 따라서 양이온에 대해서는 Stock 체계를 쓸 필요가 없고, 단순히 '칼슘(calcium)'이라고 하면 된다. 음이온은 과염소산 이온이므로 $Ca(ClO_4)_2$의 이름은 **과염소산 칼슘**(calcium perchlorate)이다.

답이 합리적인가? 음이온을 올바르게 명명하였는지를 확인하기 위해 점검해 보면 맞는다는 것을 알 수 있다. 금속은 Ca^{2+} 이온만을 형성하는 칼슘이다. 따라서 답이 옳다고 생각할 수 있다.

실전 문제 2.17

다음 화합물을 명명하시오(**힌트**: 다원자 이온의 이름과 주기율표에서 Ba, K, Al의 위치를 상기하시오).

(a) $BaCO_3$ **(b)** $K_2Cr_2O_7$ **(c)** $Al(OH)_3$

실전 문제 2.18

다음 화합물의 화학식을 쓰시오.

(a) 브로민산 포타슘(potassium bromate) **(b)** 하이포아아이오딘산 소듐(sodium hypoiodite)
(c) 인산 코발트(II)[cobalt(II) phosphate]

수화물 명명 2.3절에서 $CuSO_4 \cdot 5H_2O$와 같은 수화물에 대하여 논의하였다. 대개 수화물은 이온 결합 화합물로, 이온성 물질에 대해 일정한 비율로 물 분자를 함유하는 결정성 물질이다. 수화물을 명명하기 위해서는 이온 결합 화합물의 이름과 화학식에 있는 물 분자의 수를 알아야 한다. 물 분자의 수는 그리스어에서 유래한 다음 접두사를 사용하여 나타낸다. 우리말 명명법에서는 수사를 접두사로 사용한다.

도구
그리스어 접두어

일(mono)	= 1	오(penta)	= 5	팔(octa)	= 8
이(di)	= 2	육(hexa)	= 6	구(nona)	= 9
삼(tri)	= 3	칠(hepta)	= 7	십(deca)	= 10
사(tetra)	= 4				

이들 접두사를 '수화물(hydrate)' 앞에 명시한다. 따라서 $CuSO_4 \cdot 5H_2O$는 '황산 구리 오수화물(copper sulfate pentahydrate)'이라고 명명한다. 비슷하게 $CaSO_4 \cdot 2H_2O$는 황산 칼슘 이수화물 그리고 $FeCl_3 \cdot 6H_2O$는 염화 철(III) 육수화물이라고 명명한다.[5]

2.7 분자성 화합물

분자 개념은 Dalton의 원자론 시대부터 있었다. Dalton의 원자론 중 하나는 원소의 원자들이 일정한 정수비로 결합하여 화합물의 '분자'를 형성한다는 것이다. 현대에는 분자(molecule)란 두 개 이상의 원자로 구성되어 있는, 전기적으로 중성인 입자라고 정의한다. 따라서 분자라는 용어는 화합물뿐만 아니라 H_2나 O_2와 같은 여러 원소에도 적용된다.

분자에 대한 실험적 증거

분자의 존재를 암시하는 한 가지 현상은 **Brown 운동(Brownian motion)**이다. 이것을 처음 관찰한 스코틀랜드의 식물학자인 Robert Brown(1773~1858)의 이름을 따서 Brown 운동이라고 부른다. 꽃가루와 같은 매우 작은 입자가 액체 속에 분산되어 있을 때, 현미경으로 관찰하

[5]일부 시약 제조사들은 최근 명명법 규정을 따르지 않고, 물 분자의 수를 숫자와 하이픈을 사용하여 나타내기도 한다. 예를 들어 어떤 제조사의 시약 목록에는 $Ca(NO_3)_2 \cdot 4H_2O$를 'calcium nitrate, 4-hydrate'로 표시하기도 한다.

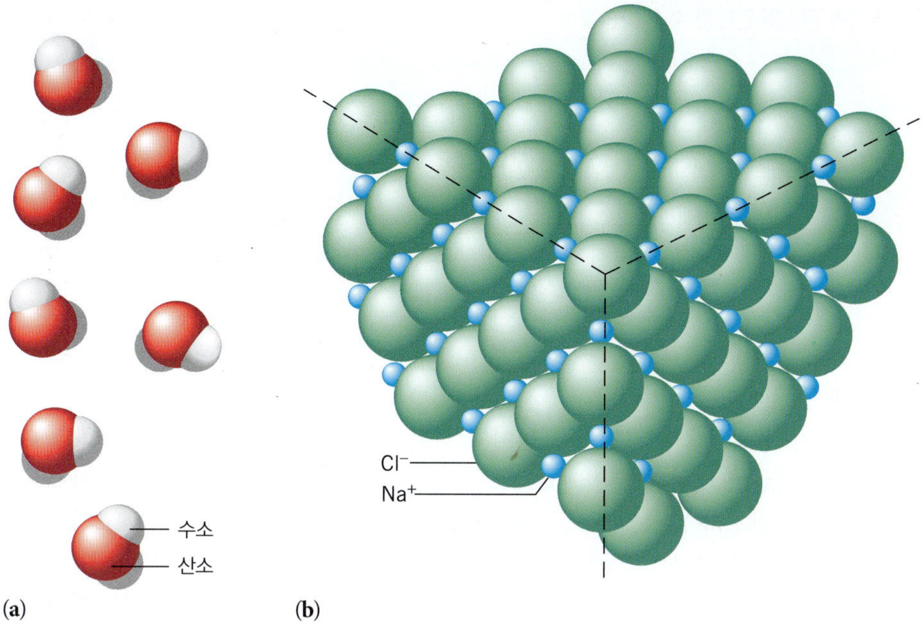

그림 2.28 분자성 물질과 이온성 물질 (a) 물에서는 각 분자가 한 개의 산소 원자와 두 개의 수소 원자로 구성되어 있다. 각 입자를 화학식 H_2O로 나타낸다. (b) 염화 소듐에서는 이온들이 가장 효과적인 방식으로 쌓여 있다. 각 Na^+를 6개의 Cl^-가 둘러싸고 있으며, 각 Cl^-를 6개의 Na^+가 둘러싸고 있다. 개별적인 분자는 존재하지 않으므로 NaCl과 같이 이온의 비만 표시한다.

면 작은 입자들이 끊임없이 움직이고 있는 것을 볼 수 있다. 작은 입자는 마치 어떤 것과 충돌하여 계속해서 앞뒤로 움직이고 있는 것처럼 보인다. 이 '어떤 것'이 바로 액체의 분자라고 설명할 수 있다. 액체 분자가 끊임없이 미시적 입자에 충돌하지만, 분산된 입자가 너무 작기 때문에 충돌이 모든 방향에서 동일하게 일어나지는 않는다. 이러한 충돌의 불균형으로 인하여 가벼운 입자들이 움직이게 된다. 오늘날 분자의 존재에 대한 추가적인 증거도 있으며, 과학자들은 분자의 존재를 사실로 받아들이고 있다.

좀 더 자세히 살펴보면 분자 안에 있는 원자들은 서로 **화학 결합(chemical bond)**이라는 인력에 의해 결합되어 있는데, 화학 결합은 본질적으로 전기력이다. **분자성 화합물(molecular compound)**의 화학 결합은 한 원자와 다른 원자가 전자쌍을 공유함으로써 일어난다. 9장과 10장에서 이러한 결합에 대하여 좀 더 자세하게 논의할 것이다. 현 시점에서 분자에 대해 알아야 할 중요한 사실은 **분자를 구성하고 있는 원자 무리는 함께 움직이며 하나의 입자처럼 행동한다**는 것이다. 이는 자동차를 구성하고 있는 여러 부분이 한 단위처럼 움직이는 것과 마찬가지이다. 분자의 조성을 나타내기 위하여 쓰는 화학식을 **분자식(molecular formula)**이라고 하며, 단일 분자를 이루고 있는 각 원소의 원자수를 명시한다.

그림 2.28에 있는 물과 염화 소듐의 구조를 비교해 보자. 물은 수소 원자 두 개가 산소 원자 한 개와 결합된 독립 단위로 되어 있다. 반면, 염화 소듐에서는 이온들이 가능한 한 서로 조밀하게 쌓여 있다. 각 양이온의 주위에 6개의 음이온이 있으며 각 음이온의 주위에 6개의 양이온이 있다. 소듐 이온 한 개가 염화 이온 한 개에 '속해 있다'고 할 수는 없다. 대신에 각 이온과 그 이온의 가까이에 놓인 반대 전하의 이온들 사이에 인력이 존재한다.

비금속으로 이루어진 분자성 화합물

일반적으로 **분자성 화합물은 비금속 원소들이 결합**하여 형성된다. 예를 들어 이미 배운 것처럼 수소와 산소가 결합하여 물 분자를 형성한다. 마찬가지로 탄소와 산소가 결합하여 일산화 탄소(CO)나 이산화 탄소(CO_2)를 형성한다(장작, 휘발유, 숯 등의 연료가 연소하면 이 두 기체가 다양한 비율로 생성된다). 분자성 화합물은 원소들이 직접 결합하여 형성될 수도 있지만, 이들은 대개 화합물들의 반응에서 얻어지는 생성물이다. 화학을 공부하면서 이러한 반응

표 2.6 비금속 원소의 간단한 수소 화합물

주기	족			
	4A	**5A**	**6A**	**7A**
2	CH_4	NH_3	H_2O	HF
3	SiH_4	PH_3	H_2S	HCl
4	GeH_4	AsH_3	H_2Se	HBr
5		SbH_3	H_2Te	HI

을 많이 보게 될 것이다.

비금속의 수는 상대적으로 적지만 그들이 형성하는 분자성 화합물의 수는 매우 많다. 비금속이 결합하는 방법이 다양할 뿐만 아니라, 그 분자들의 형태도 각양각색이기 때문이다. 다양성과 복잡성은 탄소가 수소, 산소, 질소와 같은 몇 종류의 원소와 결합하고 있는 화합물에서 최고조에 이른다. 사실 이러한 화합물들이 다양하고 그 수가 매우 많기 때문에 이와 관련된 연구는 화학에서 매우 중요한 분야이다. 이와 관련한 전문 분야로 **유기 화학(organic chemistry)**과 **생화학(biochemistry)**이 있다.

분자는 작은 것부터 큰 것에 이르기까지 그 크기가 매우 다양하다. 두 개의 원자만으로 구성된 분자도 있고 물 분자(H_2O) 같이 세 개의 원자로 혹은 설탕 분자($C_{12}H_{22}O_{11}$)처럼 45개의 원자로 이루어진 분자도 있다. 플라스틱이나 생명체에 존재하는 분자들은 매우 큰데, 어떤 것은 수백만 개의 원자를 포함하기도 한다.

우선 수많은 비금속–비금속 화합물이 가진 규칙성을 알아보기 위하여 비금속이 수소와 형성하는 화합물과 간단한 탄소 화합물을 간략하게 살펴보려고 한다.

수소를 포함하는 화합물 수소는 다른 원소와 결합하여 많은 화합물을 형성하는데, 몇몇 비금속의 간단한 수소 화합물(**비금속 수소화물(nonmetal hydride)**이라 한다.)을 **표 2.6**에 나타내었다.[6] 이 표를 자세하게 살펴보면 주기율표를 활용하여 비금속 수소 화합물의 화학식을 기억하는 방법을 찾을 수 있다. 비금속 원자와 결합하는 수소 원자의 수는 **주기율표에서 비활성 기체에 이를 때까지 오른쪽으로 움직여야 하는 칸의 수**와 같다(그 이유는 9장에서 배우게 될 것이다. 여기에서는 화학식을 기억하는 데 도움이 되도록 아래와 같이 주기율표를 사용하기만 한다).

도구
비금속 수소 화합물의 화학식 예측

해설 많은 비금속들이 수소와 더 복잡한 화합물을 형성하지만, 여기서는 논의하지 않는다.

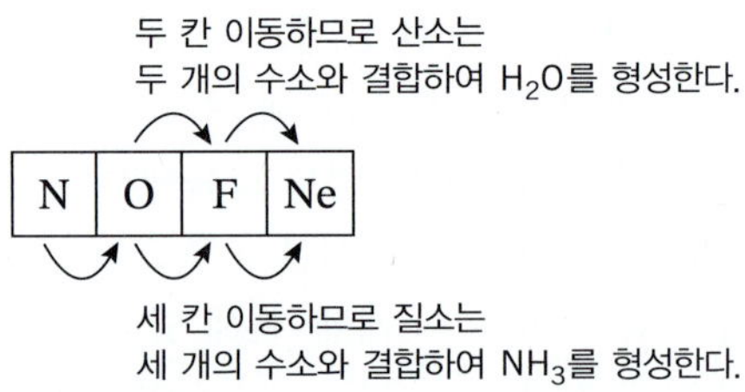

주기율표에서 같은 족에 있는 비금속 원소들이 생성하는 수소 화합물의 화학식이 유사한 것을 표 2.6에서 볼 수 있다. 족의 맨 위에 있는 수소 화합물의 화학식을 알면 그 족에 있는 모든 원소들이 형성하는 수소 화합물의 화학식을 알 수 있다. 표 2.6에서 같은 족을 동족 계열(homologous series)이라 한다. 많은 경우에 주기에 따른 화합물의 물리적 성질을 도시하면 매우 흥미로운 특성을 확인할 수 있다.

[6] 표 2.6은 화학식을 보통 어떻게 표현하는지를 나타낸 것이다. 지금은 화학식에서 수소가 나타나는 순서는 무시하고 주어진 비금속과 결합하는 수소의 수에 집중하면 된다.

암모니아(NH_3)

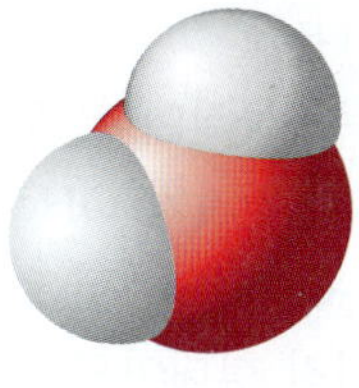
물(H_2O)

플루오린화 수소(HF)

그림 2.29 질소, 산소, 플루오린의 비금속 수소화물

우리가 삼차원 세계에 살고 있듯이 분자도 삼차원적인 형태를 갖는다. 질소, 산소, 플루오린이 형성하는 간단한 비금속 수소 화합물의 모양을 **그림 2.29**에 공간 채움 모형으로 나타내었다. 분자의 기하학적 모양은 10장에서 더 자세히 공부할 것이다.

탄소 화합물: 유기 화학의 기초 탄소는 수소, 산소, 질소와 같은 원소들과 결합하여 수많은 화합물을 형성하는 독특한 원소로, 이에 대한 연구는 유기 화학에서 매우 중요한 부분을 차지하고 있다. '유기(organic)'라는 용어는 살아 있는 **유기체**(organism)만이 이러한 화합물들을 만들 수 있다는 초기의 믿음에서 유래되었다. 지금은 이것이 사실이 아니라는 것을 알고 있지만 유기 화학이라는 이름은 지금도 사용된다. 유기 화합물은 우리 주변 어디에나 있고 본 교재에서도 이러한 유기 화합물들을 사례로 종종 사용할 것이다.

해설 여기에서는 나중의 논의에 이용할 수 있도록 몇 가지 기본적인 유기 화합물을 소개하려고 한다.

유기 화학에 대한 공부는 일반적으로 탄소와 수소로 이루어진 화합물인 **탄화수소**(**hydrocarbon**)로부터 시작한다. 가장 간단한 탄화수소는 메테인(CH_4)인데, 일반식이 C_nH_{2n+2}(n은 정수)인 탄화수소 계열에 속한다. **알케인**(**alkane**) 계열이라 부르는 이 계열의 처음 6개의 화합물을 끓는점과 함께 **표 2.7**에 나타내었다. 분자가 커질수록 끓는점이 점점 증가하는 것을 알 수 있다. 메테인, 에테인, 그리고 프로페인 분자를 **그림 2.30**에 공간 채움 모형으로 나타내었다.

알케인은 흔한 물질로 많은 유용한 연료들의 원료가 되는 석유의 주성분이다. 표 2.7에 알케인 동족 계열 화합물 중 처음 6개의 선형 탄화수소를 나타내었는데, 이 화합물들의 화학식은 순서대로 CH_2가 하나씩 증가하는 것을 알 수 있다. 천연가스의 주성분인 메테인은 난방을 하거나 음식을 만들 때 자주 사용한다. 일부 가정이나 식당에서는 프로페인을 연료로 사용하며, 뷰테인은 가스라이터에 사용한다.[7] 끓는점이 더 높은 탄화수소들은 휘발유, 등유, 페인트 희석제, 경유, 혹은 양초의 파라핀 등에 들어 있다.

탄화수소에 알케인만 있는 것은 아니다. 예를 들어 두 개의 탄소 원자를 갖는 탄화수소는 세 가지가 존재한다. 에테인(C_2H_6) 이외에, 화학식이 각각 C_2H_4, C_2H_2인 에텐(에틸렌)과 에타인(아세틸렌)이 있다. 에틸렌은 플라스틱 제조에 흔히 사용되는 물질이며, 아세틸렌은 용접

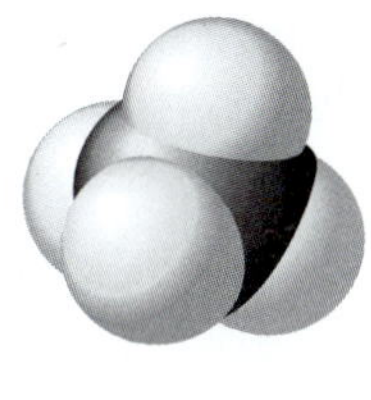
메테인(CH_4)

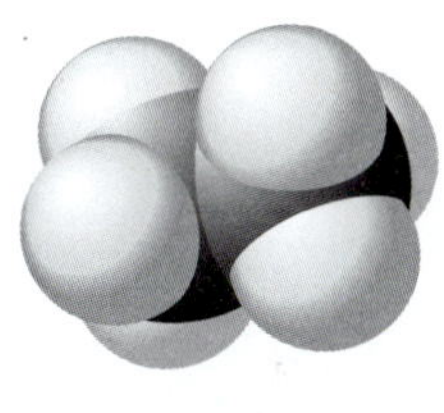
에테인(C_2H_6)

프로페인(C_3H_8)

그림 2.30 알케인 계열 처음 세 가지 탄화수소

표 2.7 알케인 계열에 속하는 탄화수소

화합물	이름	끓는점(°C)	구조식
CH_4	메테인(methane)[a]	−161.5	CH_4
C_2H_6	에테인(ethane)[a]	−88.6	CH_3CH_3
C_3H_8	프로페인(propane)[a]	−42.1	$CH_3CH_2CH_3$
C_4H_{10}	뷰테인(butane)[a]	−0.5	$CH_3CH_2CH_2CH_3$
C_5H_{12}	펜테인(pentane)	36.1	$CH_3CH_2CH_2CH_2CH_3$
C_6H_{14}	헥세인(hexane)	68.7	$CH_3CH_2CH_2CH_2CH_2CH_3$

[a]상온(25°C), 대기압에서 기체

[7]프로페인과 뷰테인은 대기압에서는 기체이지만 압축하면 액체가 된다. 이러한 물질들은 보관 용기 내에서 액체 상태이며, 액체 위에 압축된 기체가 함께 들어 있다. 보관 용기의 밸브를 열면 기체가 빠져나오게 되어 기체로 사용된다.

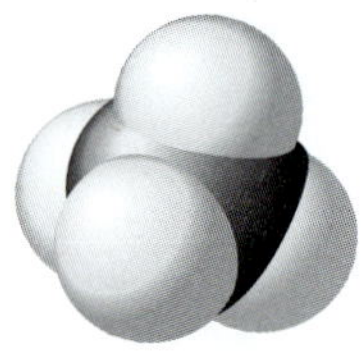

메테인

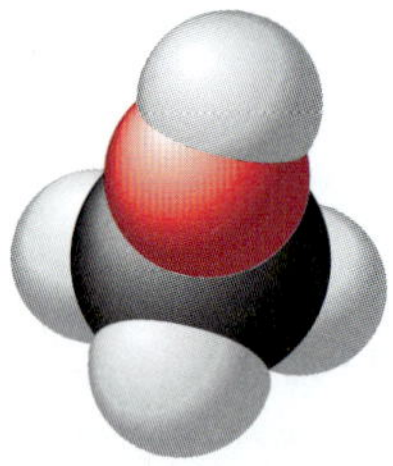

메탄올

그림 2.31 알케인과 알코올의 관계 알코올인 메탄올은 메테인의 H 한 개를 OH로 치환한 것이다.

토치에 사용하는 연료로 잘 알려져 있다.

탄화수소는 유기 화학의 기초가 되는 물질이다. 탄화수소로부터 유도된 매우 다양한 유기 화합물들이 있는데, 탄화수소에서 수소 원자가 OH로 치환된 **알코올(alcohol)**도 유기 화합물의 한 예이다. **메탄올**(methanol, CH_3OH)은 **메틸 알코올**(methyl alcohol)이라고도 하며, 메테인(CH_4)의 H 한 개를 OH로 치환시킨 형태이므로 메테인과 관계가 있다(그림 2.31). 메탄올은 연료로 사용되기도 하고 보다 복잡한 유기 화합물을 만드는 데 원료가 되기도 한다. 다른 친숙한 알코올로는 **에탄올**(ethanol, C_2H_5OH) 또는 **에틸 알코올**(ethyl alcohol)이 있다. 에탄올은 곡물을 발효시켜 만들기 때문에 곡물 알코올(grain alcohol)이라고도 하며, 알코올성 음료에 들어 있다. 석유 소비를 줄이기 위해 에탄올을 휘발유와 혼합하여 사용할 수도 있다. 에탄올 10%와 휘발유 90%의 혼합물은 가소홀(gasohol)로 알려져 있으며, 51%에서 85% 에탄올과 휘발유를 혼합한 것을 E85라 부른다.

알코올은 탄화수소로부터 유도된 화합물의 한 종류이다. 다른 종류의 유기 화합물에 대해서는 원자의 결합 양식과 분자 구조에 관하여 더 공부한 후에 논의할 것이다.

유기 화합물의 화학식 쓰기 유기 화합물의 화학식은 필요한 정보에 따라 여러 가지 방법으로 쓸 수 있다. 에테인을 C_2H_6, 프로페인을 C_3H_8과 같이 분자식으로 나타낼 수 있는데, 이는 단순히 분자에 있는 각 원소의 원자수를 나타낸 것이다. 분자식을 적을 때 원소의 순서는 탄소가 유기 화합물의 기본이 되므로 탄소로 시작한다. 그 다음에 수소를 쓰고 나머지 원소들은 알파벳 순서로 적는다. 예를 들어 슈크로스(sucrose)의 분자식은 $C_{12}H_{22}O_{11}$이다. 예외도 있다. 예를 들어 알코올을 강조하려 한다면 에탄올을 적을 때 C_2H_5OH와 같이 OH를 분리하여 맨 나중에 쓴다. 또한 4장에서 배우게 되겠지만 산성 수소를 화학식의 맨 앞에 표기해서 산을 나타내기도 한다. 축약 구조식(condensed structural formula)은 탄소 원자가 어떻게 연결되어 있는지를 나타낸다. 축약 구조식으로 적으면, 에테인은 CH_3CH_3이고, 프로페인은 $CH_3CH_2CH_3$이다.

실전 문제 2.19

자동차에 사용되는 휘발유는 수백 가지 유기 화합물이 섞여 있는 혼합물이다. 사실 휘발유 중 옥테인(octane)은 1% 미만이다. 옥테인의 분자식과 축약 구조식을 쓰시오(**힌트**: 탄소 원자의 수는 그리스어에서 유래한 접두사 'octa–'의 의미로부터 알 수 있다).

실전 문제 2.20

이 절에서의 논의에 근거할 때 (a) 프로판올(propanol)과 (b) 뷰탄올(butanol)의 화학식은 무엇인가? 분자식과 축약 구조식을 모두 쓰시오.

2.8 분자성 화합물의 명명법

이성분 분자성 화합물

이온 결합 화합물의 명명에서와 마찬가지로 분자성 화합물에 적용하는 이름도 화학의 기초 지식이 있으면 이해할 수 있는 것이어야 한다. 이성분 화합물의 경우 분자에 포함된 두 원소의 이름과 각 원소의 원자수를 나타내야 한다.

화학식에 있는 첫 번째 원소를 표시할 때는 그 원소의 이름을 그대로 쓴다. HBr을 명명하는 경우 첫 번째 원소는 수소(hydrogen)이고, N_2O_4를 명명하는 경우 첫 번째 원소는 '질소(nitrogen)'이다. 두 번째 원소를 나타내기 위해서는 이온 결합 화합물의 일원자 음이온에서와 마찬가지로 원소의 우리말 이름에 접미사 '**-화**'를 붙이고(산소와 염소는 '소'를 생략함), 영어의 경우 두 번째 원소의 영어 이름 어간에 접미사 '*-ide*'를 붙이면 된다. 즉, HBr의 두 번째 원소를 표시하면 '브로민화(bromide)'가 되고, N_2O_4의 경우에는 '산화(oxide)'가 된다.

도구
이성분 분자성 화합물의 명명

화합물의 이름은 영어명에서는 두 부분을 화학식의 순서대로 표기하지만 우리말로는 역순으로 명명한다. 따라서 HBr의 이름은 브로민화 수소(hydrogen bromide)이다. 그러나 앞에서 언급한 바와 같이 N_2O_4의 이름을 쓸 때는 분자에 포함된 질소와 산소 원자의 수를 명시할 필요가 있다. 이를 위해 2.6절의 수화물에서 이용한 일, 이, 삼, 사…와 같은 접두사를 사용한다. 접두사 '일(mono-)'이 종종 생략된다는 것이 주된 차이점이다.

따라서 N_2O_4를 명명하려면 산화(oxide)의 접두사로 사(tetra-)를 그리고 질소의 접두사로 이(di-)를 붙여서 사산화 이질소라 하고 영어명으로는 dinitrogen tetroxide라 명명한다. 이렇게 하면 이름을 다시 화학식으로 바꿔 쓰기도 쉽다.

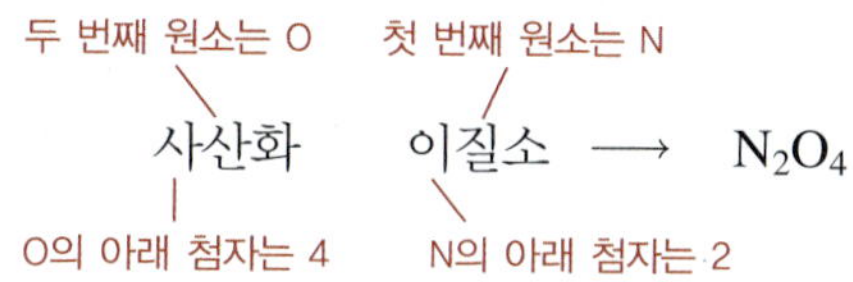

그러나 원자의 이름이 한글이 아닌 경우에는 영어 접두사를 빈칸을 두지 않고 붙여서 쓴다. 따라서 SF_4의 이름은 테트라플루오린화 황(sulfur tetrafluoride)이다.

접두사 일(mono-)은 생략하는 것이 원칙이나 특정 원소의 원자가 한 개뿐임을 강조하고자 할 때는 사용한다. 예를 들어 탄소는 산소와 두 가지 화합물 CO와 CO_2를 형성한다. 이들을 분명히 구분하기 위해서 CO를 일산화 탄소(carbon monoxide) 그리고 CO_2를 이산화 탄소(carbon dioxide)라고 명명한다(CO의 영어 이름에서 볼 수 있듯이 영어 발음의 편의상 oxide 앞의 영어 접두사가 'o'나 'a'로 끝나는 경우 흔히 접두사에서 이를 빼고 적음).

앞서 언급한 것처럼 접두사 일(mono-)은 이름에서 종종 생략한다. 일반적으로 원소의 이름 앞에 접두사가 없으면 분자에 그 원소의 원자가 한 개뿐이라는 것을 의미한다. 그러나 예외적으로 수소와 비금속으로 이루어진 이성분 화합물의 경우에는 수소의 수를 명시하지 않는다. 예를 들어 황화 수소(hydrogen sulfide)를 생각해 보자. 이름에서 알 수 있듯이 화합물에 존재하는 두 원소는 수소와 황이다. 그러나 단순한 비금속 수소화물의 경우에는 분자에 존재하는 수소 원자의 수를 주기율표로부터 쉽게 알아낼 수 있기 때문에 분자에 존재하는 수소가 몇 개인지 명시하지 않는다. 황은 6A족이므로 오른쪽으로 두 칸 움직이면 영족 기체인 8A 족이 된다. 따라서 황 원자와 결합하는 수소의 수는 2가 되며 결과적으로 황화 수소의 분자식은 H_2S가 된다.

예제 2.9 화합물 명명하기 및 화학식 쓰기

(a) PCl_3의 이름은 무엇인가? **(b)** 오산화 이인(diphosphorus pentoxide)의 화학식은 무엇인가?

분석 **(a)** 화합물 명명의 첫 단계는 어떤 종류의 화합물인지를 결정하는 것이다. 주기율표로부터 PCl_3는 비금속으로 구성되어 있는 것을 확인할 수 있고 따라서 PCl_3는 분자성 화합물임을 알 수 있다. **(b)** 이름으로부터 식을 쓰기 위해서는 접두사를 숫자로 바꾼다.

도구 모음 **(a)** 앞에서 설명한 분자식으로부터 분자성 화합물을 명명하는 도구를 적용한다. **(b)** 접두사를 화학식에서 화학 기호의 아래 첨자로 쓰이는 숫자로 전환한다.

풀이 **(a)** PCl_3에서 P는 인의 기호이고, Cl은 염소의 기호이다. 화학식에 있는 첫 번째 원소는 간단히 인(phosphorus)이라고 하면 되고, 두 번째 원소는 수를 나타내는 적당한 접두사를 염화(chloride) 앞에 붙여서 명명한다. Cl 원자가 세 개 있으므로 접두사 삼(tri-)을 붙인다. 따라서 화합물의 이름은 삼염화 인(phosphorus trichloride)이 된다. **(b)** 사산화 이질소에서 살펴보았듯이 접두사는 숫자로 바꾼 다음 아래 첨자로 표기한다.

두 번째 원소는 O　　첫 번째 원소는 P

오산화　이인　⟶　P_2O_5

O의 아래 첨자는 5　　P의 아래 첨자는 2

해설 영어에서는 발음의 편의상 'o' 바로 앞에 'a'가 있으면 이를 생략하는 경향이 있다. 즉 P_2O_5를 diphosphorus pentoxide라고 명명한다.

답이 합리적인가? 제시한 답에 오류가 없는지 다시 한번 검토해 보라. 다음에는 답으로부터 풀이 과정을 반대로 진행하여 보라. 삼염화 인으로부터 다시 PCl_3를 얻을 수 있는가? P_2O_5를 명명하면 오산화 이인(diphosphorus pentoxide)이 되는가? 두 질문에 대하여 모두 긍정적이므로 풀이에 대한 확신을 가질 수 있다.

실전 문제 2.21

필요하다면 수를 나타내는 접두사를 사용하여 다음 화합물을 명명하시오(**힌트**: 앞의 접두사 목록 참조).

(a) $AsCl_3$ **(b)** SO_2 **(c)** Cl_2O_7 **(d)** H_2S

실전 문제 2.22

다음 화합물의 화학식을 쓰시오.

(a) 오염화 비소(arsenic pentachloride) **(b)** 육염화 황(sulfur hexachloride) **(c)** 이염화 이황(disulfur dichloride) **(d)** 텔루륨화 수소(hydrogen telluride)

분자성 화합물의 관용명

모든 화합물들을 이제까지 설명한 체계적인 방법으로 명명하는 것은 아니다. 익숙한 많은 물질들은 체계적인 명명법이 개발되기 오래전에 발견되었다. 이들의 관용명은 잘 알려졌기 때문에 관용명을 애써 대체하려고 하지는 않았다. 예를 들어 앞에서 기술한 방법에 따르면 H_2O를 산화 수소(hydrogen oxide) 또는 일산화 이수소(dihydrogen monoxide)라 불러야 하지만 잘 알려진 관용명인 '물'이 항상 통용되고 있다. 다른 예로 암모니아(NH_3)가 있는데, 이는 가정용 암모니아 용액이나 일부 유리 세정제에 들어 있으며 특유의 자극적인 냄새가 나는 물질이다. 5A족에 있는 다른 비금속 수소 화합물에 대해서도 관용명이 자주 사용된다. 화합물 PH_3는 포스핀(phosphine)이라고 하며 AsH_3는 아르신(arsine)이라고 부르는데, 두 화합물 모두 강한 독성을 갖는다.

매우 복잡한 물질에 대해서도 관용명이 사용된다. 예를 들어 설탕($C_{12}H_{22}O_{11}$)의 화학적 이름은 슈크로스(sucrose)이다. 이 화합물의 구조는 꽤 복잡하며 체계적인 방법에 따라 붙인 이름 또한 상당히 복잡하다. 이와 같은 흔한 화합물에 대하여 체계적인 이름을 쓰는 것은 번거로우므로, 기억하기 쉽고 간단한 이름인 슈크로스를 자주 사용한다.

분자성 화합물과 이온 결합 화합물의 명명

이 장에서 살펴본 바와 같이 두 종류의 화합물인 분자성 화합물과 이온 결합 화합물의 명명법에 대한 규칙이 약간 다르다. 화합물을 올바르게 명명하려면 지금까지 논의한 규칙에 근거하여 일련의 결정을 해야 한다. **그림 2.32**에 나타낸 흐름도에 이러한 결정 과정을 요약하였다. 다

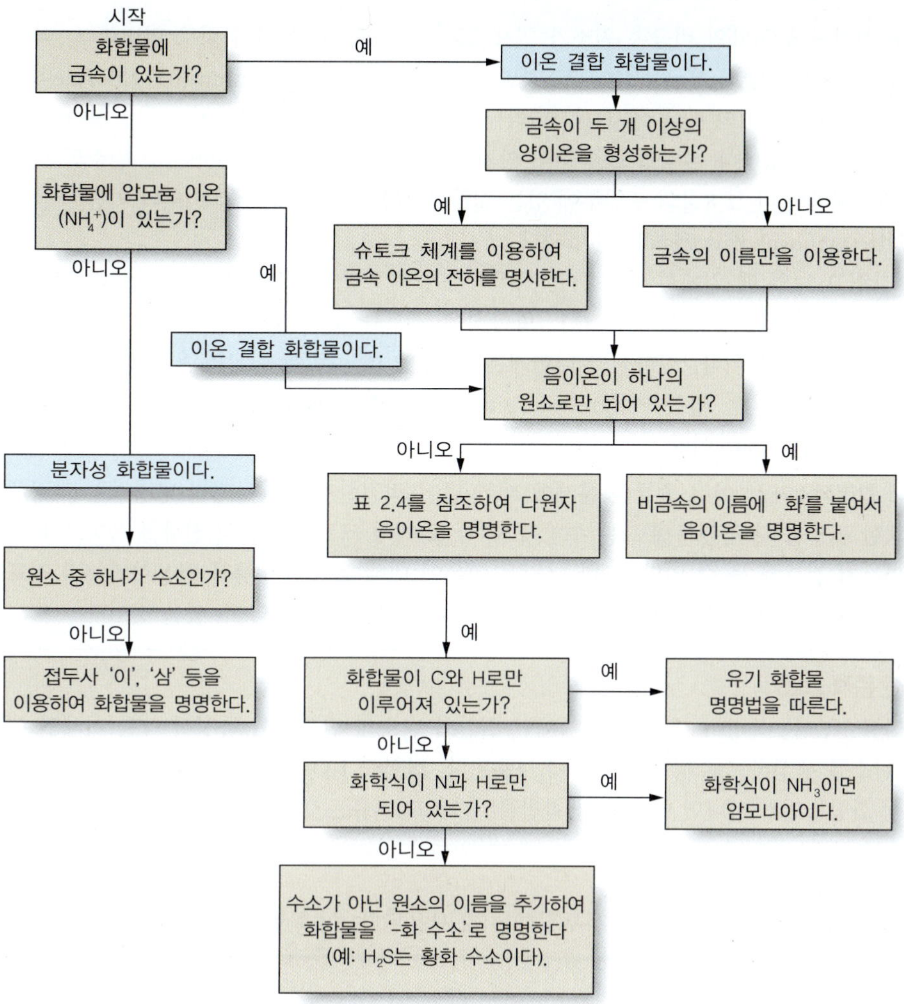

그림 2.32 분자성 화합물과 이온 결합 화합물의 명명을 위한 흐름도

도구
화합물 명명을 위한 흐름도

음의 예제는 흐름도를 어떻게 사용하는지를 보여 준다. 흐름도를 보지 않고 복습 문제를 풀 수 있게 될 때까지는 그림 2.32를 참조하면 좋을 것이다.

예제 2.10 화합물을 명명하는 규칙 적용하기

다음 화합물의 이름은 무엇인가?

(a) $CrCl_3$ **(b)** P_4S_3 **(c)** NH_4NO_3

분석 우선 화합물이 이온 결합 화합물인지 분자성 화합물인지를 결정한 다음 화합물의 종류에 맞는 명명 규칙을 따른다.

도구 모음 각 화합물에 대해 그림 2.32에 나와 있는 도구를 사용한다. 흐름도에 있는 결정 과정을 따라가면 화합물에 대한 올바른 이름을 얻을 수 있다.

풀이 **(a)** 그림 2.32의 맨 위에서 시작해 보자. 화합물에 금속(Cr)이 있으므로 이온 결합 화합물임을 알 수 있다. 다음으로 크로뮴은 전이 금속으로서 두 가지 이상의 양이온을 형성한다는 것을 알 수 있으므로 Stock 체계를 사용해야 한다. Stock 체계를 적용하는 데 필요한 금속 이온의 전하는 화합물이 전기적으로 중성이어야 한다는 사실과 음이온의 전하로부터 알아낼 수 있다. 염소로부터 생성되는 음이온의 전하는 −1이고(Cl^-), 세 개의 염화 이온이 있으므로 금속 이온은 Cr^{3+}가 되어야 한다. 따라서 금속을 크로뮴(III)으로 명명한다. 다음으로 화합물에 하나의 비금속 원소가 있으므로 '**-화**(-ide)'를 붙여 염화로 명명한다. 따라서 화합물 $CrCl_3$는 염화 크로뮴(III)으로 명명하며, 영어 이름은 chromium(III) chloride이다.

(**b**) 다시 그림 2.32의 맨 위에서 시작한다. 먼저 화합물이 금속이나 NH_4^+를 포함하고 있지 않으므로 분자성이다. 수소도 포함되어 있지 않으므로 접두사를 이용하여 각 원소의 원자수를 명시해야 한다. 2.8절의 도입부에 있는 절차를 적용해 보면 화합물 P_4S_3의 이름은 삼황화 사인(tetraphosphorus trisulfide)이 된다.

(**c**) 그림 2.32의 맨 위에서 시작한다. 화학식을 살펴보면, 금속에 대한 기호가 없으므로 그림의 왼쪽을 따라서 내려가면 된다. 화학식에 암모늄 이온(NH_4^+)이 포함되어 있으므로 이온 결합 화합물이다. 화학식의 나머지는 NO_3^-인데, 두 개 이상의 원자로 구성되어 있는 다원자 음이온인 질산 이온(nitrate ion)이다. 화합물 NH_4NO_3의 이름은 질산 암모늄(ammonium nitrate)이다.

답이 합리적인가? 이런 종류의 문제에 대한 답이 적절한지 확인하려면 명명하는 과정에서 결정한 것들을 다시 검토해 보는 수밖에 없다. (**a**)에서 크로뮴 이온의 전하를 올바르게 계산하였는지 검토해 볼 수 있다. 또한 다원자 이온에 대해 올바른 이름을 사용하였는지 검토해 볼 수 있다. 이렇게 하여 보면 화합물을 올바르게 명명하였는지 알 수 있을 것이다.

실전 문제 2.23

화합물 I_2O_5는 독성이 매우 강한 기체인 일산화 탄소와 반응하여 독성이 약한 기체인 이산화 탄소를 생성하므로 방독 마스크에 사용된다. 화합물 I_2O_5의 이름은 무엇인가? (**힌트**: 분자성 화합물인가 아니면 이온 결합 화합물인가? 그 이유는?)

실전 문제 2.24

화합물 $Cr(C_2H_3O_2)_3$는 가죽을 무두질하는 데 사용된다. 이 화합물의 이름은 무엇인가?

종합 화학 예제

이 장에서 주기율표와 이온의 전하에 대해 공부하였다. 이 두 개념을 정립하는 데에는 과학자들이 오랫동안 관찰해온 조직화된 정보들이 이용되었다. **1.** 주기율표를 만드는 데 이용된 조직화된 정보를 설명하시오. **2.** 주기율표에서의 위치를 이용하여 이온의 전하를 예측하는 방법을 설명하시오.

문제 1

분석 첫 번째 질문인 과학자들이 주기율표를 만들기 위하여 이용한 정보를 찾기 위하여 역사 기록을 검토할 필요가 있다.

도구 모음 가장 중요한 도구는 주기율표가 형태를 갖추어 가던 1860년경에 과학자들이 가지고 있던 정보들이다. 첫 번째 도구는 당시까지 알려진 70여 종 원소의 상대 원자량이다. 이와 더불어 원소들의 물리적 특성과 반응들도 대부분 알려져 있었다.

풀이 첫 번째 조직화된 정보는 상대 질량에 따라 원소들을 배열한 것이다. 원자 번호가 원소들을 구분할 수 있는 더 좋은 기준이라는 것이 밝혀진 후에는 원자 번호에 따라 원소들을 일렬로 나열할 수 있었다. 두 번째로 많은 물리적 혹은 화학적 성질이 8번째 원소마다 주기적으로 반복된다는 것이다. 이 사실로부터 주기라는 개념이 도입되었고 주기율표는 더 확실한 형태를 갖추게 되었다.

답이 합리적인가? 역사 기록을 다시 확인해 보면 답이 옳다는 것을 알 수 있다.

문제 2

분석 주기율표에서의 위치에 따른 이온의 전하를 결정하는 과정에 대하여 이미 공부하였다. 질문은 이온의 전하를 결정하는 절차와 이런 과정이 가능한 이유를 묻고 있다.

도구 모음 원소가 속한 족에 따라서 생성된 양이온이나 음이온의 전하를 결정하는 도구를 알고 있다. 이와 더불어 원소의 양성자와 전자를 세는 도구도 필요하다.

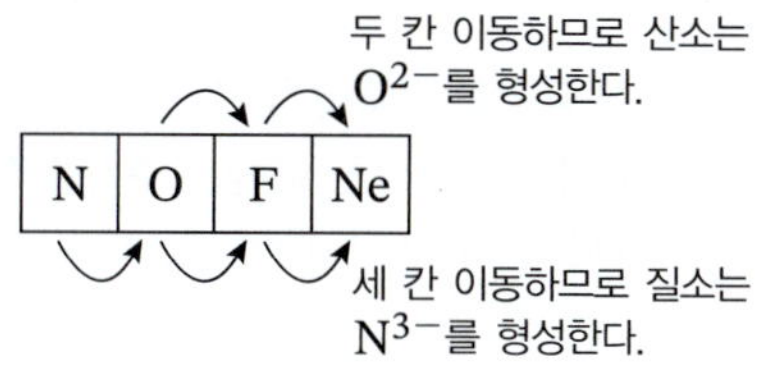

풀이 1A족과 2A족 원소의 이온은 각각 +1과 +2 전하를 가지며 5A, 6A, 7A족 원소는 각각 −3, −2, −1 전하를 가지는 이온이 된다는 사실을 이용한다. 주기율표에서 1A, 2A, 5A, 6A, 7A족 원소가 주기의 끝에 도달하기 위하여 왼쪽이나 혹은 오른쪽으로 움직여야 하는 칸수를 이용하여 잃거나 혹은 얻는 전자의 수를 헤아리면 역시 동일한 결과를 얻는다.

주기율표에서 이웃한 원소는 양성자와 전자가 1개씩 차이가 난다. 따라서 한 주기에서 왼쪽이나 오른쪽으로 움직이는 칸수를 헤아리는 것은 잃거나 얻는 전자의 수와 동일해야만 한다.

답이 합리적인가? 이온의 전하를 결정하는 세 가지 방법을 이용하여 모두 동일한 결과를 얻었다. 이는 답이 옳다는 것을 의미한다. 생성되는 양이온과 음이온의 전하를 도표로 나타내었다.

주기율표에서의 위치에 따른 양이온과 음이온

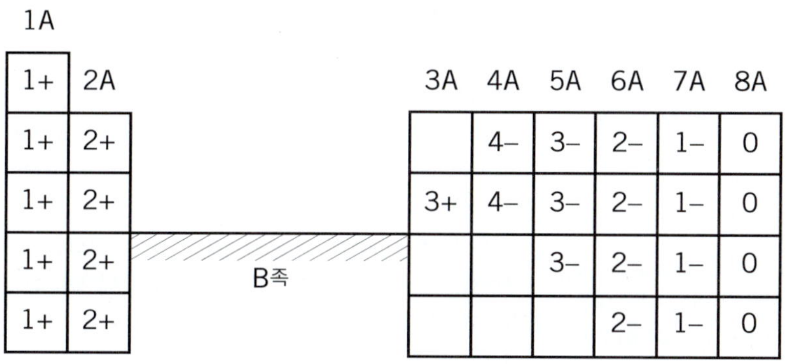

종합 화학 문제

A. 주기율표를 원통에 넣어서 1A족 원소와 18A족 원소가 맞닿은 상태가 되었을 때, 서로 이웃하게 되는 각각의 원소들을 나열하시오. 원소들이 서로 맞닿게 되는 이유는 무엇인가?

B. 주기율표의 원소를 주족 원소, 전이 원소, 후전이 원소, 내부 전이 원소, 1족~18족 원소, 1주기~7주기 원소, 금속/준금속/비금속, 고체/액체/기체 등 여러 유형으로 나눌 수 있다. 각 유형의 특성에 대하여 설명하고, 각 유형이 다른 유형과 어떻게 다른지 예를 들어 설명하시오.

C. 앞으로 화학이나 생물학을 공부할 때 다원자 이온이 많이 다루게 될 것이다. 표 2.4에 나오는 다원자 이온들의 이름이나 화학식 그리고 전하를 포함하는 도표를 만들어라. 다원자 이온 사이의 유사성을 찾아 표를 보다 체계적으로 정리하라.

요약

학습 목표별로 정리함

주기율표에 있는 정보와 주기율표의 체계를 설명할 수 있다.

현대 **주기율표**에서 원소들은 **주기**라 부르는 행(row)을 따라 원자 번호가 증가하는 순으로 배열된다. 여러 행이 반복되면 여러 **족**이라 부르는 열(column)이 나타나는데, 같은 족에 위치한 원소들의 물리·화학적 성질은 유사하다. A족(IUPAC 체계로 1족, 2족 및 13~18족) 원소들을 **주족 원소**라 하고, B족(IUPAC 체계로 3~12족) 원소들을 **전이 원소**라고 한다. **내부 전이 원소**는 La(Z=57) 뒤에 오는 란타넘족과 Ac(Z=89) 뒤에 오는 악티늄족으로 구성되어 있다. 어떤 족들은 고유한 이름을 갖는다. 수소를 제외한 1A족(1족)은 **알칼리 금속**, 2A족(2족)은 **알칼리 토금속**, 7A족(17족)은 **할로젠**, 8A족(18족)은 **비활성 기체**라고 한다.

주기율표에서 금속과 비금속 및 준금속의 위치를 찾을 수 있다.

대부분의 원소는 금속이다. 이들은 주기율표의 왼쪽 아래 영역을 차지하는데, 대략적으로 붕소(B)와 아스타틴(At)을 잇는 직선의 왼쪽에 있다. **비금속**은 주기율표의 위쪽 오른편 영역에서 발견된다. **준금속**은 금속과 비금속 사이의 좁은 띠를 차지한다.

금속은 **금속 광택**을 나타내고, **연성**과 **전성**이 있으며, 전기를 전도한다. 비금속은 부서지기 쉽고, 금속 광택이 없으며, 전기 부도체이다. 많은 비금속은 기체이다. **준금속**은 금속과 비금속의 중간 성질을 가지며, 전기적으로는 **반도체**이다.

화학식에 함축된 정보를 설명할 수 있다.

화합물에서 원자들이 어떻게 서로 결합하고 있는지를 나타내는 그림에 **화학 기호**를 이용한다. 삼차원 공간에서 분자를 나타내기 위해 **공-막대 모형**이나 **공간 채움 모형**을 이용할 수 있다. 어떤 화합물들은 **수화물**이라고 하는 고체를 형성하는데, 여기에는 물 분자가 일정 비율로 함유되어 있다.

원자를 이용하여 일정 성분비 법칙을 설명할 수 있다. 원자론으로부터 배수 비례 법칙을 발견하게 되었다.

균형 화학 반응식의 본질을 이해하고 원자론과의 관계를 설명할 수 있다.

화학 반응이 일어나면 물질의 성질이 크게 변하는 것을 관찰할 수 있다. 화학 반응에서 반응물이 생성물로 어떻게 변하는지를 나타내는 데 화학 반응식을 이용한다. 화학식 앞에 놓인 **계수**는 반응하거나 생성되는 분자나 화학식 단위의 수를 나타내며, 반응식의 균형을 맞추는 데 이용된다. 균형 화학 반응식에서는 화살표 양쪽에 있는 각 원소의 총 원자수가 같다. **균형 화학 반응식**은 질량 보존 법칙을 따른다.

주기율표와 이온 전하를 이용하여 이온 결합 화합물의 화학식을 쓸 수 있다.

이성분 이온 결합 화합물은 금속이 비금속과 반응하여 형성된다. 이러한 반응에서 금속으로부터 비금속으로 전자가 이동하여 금속 원자는 **양이온**이 되고 비금속 원자는 **음이온**이 된다. 이온 결합 화합물의 화학식은 이온의 최소 정수비를 나타낸다. 이온 결합 화합물의 최소 단위를 **화학식 단위(혹은 식 단위)**라고 하며, 전기적으로 중성을 이루는 이온의 최소 정수비를 나타낸다. 많은 이온 결합 화합물이 두 개 이상의 원자로 이루어진 **다원자** 이온을 포함한다.

이온 결합 화합물을 명명하고 화합물의 이름으로부터 화학식을 쓸 수 있다.

이온 결합 화합물을 우리말로 명명할 때는 음이온을 먼저 쓰고 양이온을 나중에 쓰나, 영어로 명명할 때는 반대 순서로 쓴다. 금속 양이온의 경우 원소의 이름을 쓰나, 금속이 두 가지 이상의 양이온을 생성하는 경우에는 양이온의 전하를 나타내기 위해 **Stock 체계**를 사용한다. 이 체계에서는 금속의 이름 바로 뒤에 있는 괄호 안에 양전하에 해당하는 로마 숫자를 적는다. 비금속으로부터 형성된 간단한 **일원자** 음이온은 비금속 원소의 이름에 접미사 '**-화**'를 붙여 명명한다. 다원자 음이온 중 사이안화 이온과 수산화 이온은 그 이름이 '**-화**'로 끝난다.

이온 결합 화합물과 분자성 화합물의 차이를 이해할 수 있다.

분자는 두 개 이상의 원자로 구성된 전기적으로 중성인 입자이다. 분자는 원자 사이에 전자를 공유하는 **화학 결합**에 의해 묶여있다. 분자의 화학식을 **분자식**이라 한다. 분자성 화합물은 비금속이 서로 결합하여 형성된다. 간단한 **비금속 수소화물**의 화학식은 주기율표에서 그 비금속의 위치를 알면 쉽게 기억할 수 있다. **유기 화합물**은 **탄화수소** 또는 탄화수소의 수소 원자를 다른 원자로 치환하여 얻을 수 있는 화합물이다.

전기를 전도하는 정도에 따라 이온 결합 화합물과 분자성 화합물을 구별할 수도 있다. 분자성 화합물은 일반적으로 전기를 잘 전도하지 않지만 이온 결합 화합물은 액체 상태가 되거나 물에 녹으면 쉽게 전기를 전도한다. 분자식이 유사한 분자성 화합물을 **동족 계열**이라 한다. 동족 계열 분자들의 물리적 성질은 특정한 경향성을 나타낸다.

분자성 화합물을 명명할 수 있다.

이성분 분자성 무기 화합물에 대한 명명법에서는 화학식에 있는 각 원소의 원자수를 명시하기 위해 접두사를 사용한다. 화학식에서 첫 번째 원소는 원소 이름을 그대로 쓰고 두 번째 원소는 원소 이름에 접미사 '**-화**'를 붙인다. 간단한 비금속 수소화물은 화학식에 있는 수소의 수를 명시할 필요가 없다. 많은 익숙한 물질들이나 매우 복잡한 분자들은 보통 **관용명**으로 부른다. 그림 2.32에 있는 흐름도는 이온 결합 화합물과 분자성 화합물의 명명에 유용한 도구가 된다.

문제 풀이를 위한 도구

도구 다음과 같은 도구들이 이 장에서 도입되었다. 이들을 주의 깊게 공부하면 필요할 때 적절한 도구를 선택할 수 있다.

주기율표(2.1절) 주기율표에는 원자들이 원자 번호에 따라 나열되어 있으며, 그 성질에 따라 주기와 족으로 체계화되어 있다. 주기율표에는 원자 번호와 평균 질량이 함께 적혀 있다.

주기율표: 금속과 비금속 그리고 준금속(2.2절) 주기율표에서의 위치로부터 원소가 금속, 비금속 혹은 준금속 중 어디에 속하는지 알 수 있다.

화학식에서 화학 기호와 아래 첨자(2.3절) 화학식에서 화학 기호는 원소의 원자를 의미한다. 아래 첨자는 각 원소의 원자수를 나타낸다. 괄호 다음에 있는 아래 첨자는 괄호 안에 있는 각 원자의 수에 곱해져야 한다.

화학 반응식의 계수(2.4절) 균형 화학 반응식을 얻기 위해서는 계수를 맞추어야 한다. 계수는 반응물과 생성물에 포함된 여러 화학 단위의 수를 표시한다.

이온 결합 화합물(2.5절) 이온 결합 화합물은 금속이 비금속과 반응하여 생성된 이온들이 결합하여 형성된다.

음이온 전하 예측(2.5절) 주기율표에 있는 비금속의 위치로부터 일원자 음이온의 전하를 결정할 수 있다.

양이온 전하 예측(2.5절) 1A 족 금속의 전하는 +1이며 2A 족 금속의 전하는 +2이다.

알짜 전하(2.5절) 이온들의 전하의 합은 화합물(0)이나 이온의 전하와 동일하다.

이온 결합 화합물의 화학식(2.5절) 규칙을 따르면 이온 결합 화합물에 대한 올바른 화학식을 얻을 수 있다. 이러한 화학식은 전기적으로 중성이 되며, 아래 첨자는 가장 간단한 정수로 되어 있다.

다원자 이온(2.5절) 표 2.4의 목록에 다원자 이온의 이름, 화학식, 및 전하가 주어져 있다.

이온 결합 화합물의 명명(2.6절) 이 규칙들은 이온 결합 화합물을 명명하기 위한 체계적인 방법을 제공한다.

일원자 음이온의 이름(2.6절) 표 2.5의 목록은 이온 결합 화합물의 명명에 필요한 음이온들의 이름이다. 이 목록에 있는 이름을 기억해야 한다.

Stock 체계 사용(2.6절) 금속 이온이 두 가지 이상의 전하를 가지는 경우 양이온의 이름 뒤의 괄호에 양이온의 전하를 로마 숫자로 표시하는 Stock 체계를 이용한다.

다원자 이온이 포함된 화합물의 명명(2.6절) 다원자 음이온이 포함된 화합물을 명명할 때는 표 2.4에 주어진 음이온의 이름을 사용한다. 양이온의 이름을 나타낼 때 필요하다면 Stock 체계를 이용한다.

그리스어 접두사(2.6절) 수화물과 분자성 화합물을 영어로 명명하기 위해 알아야 할 1부터 10까지의 그리스어에서 유래한 접두사이다.

비금속 수소 화합물의 화학식 예측(2.7절) 주기율표에 있는 비금속의 위치로부터 간단한 수소 화합물의 화학식을 적을 수 있다. 이들을 표 2.6에 나타내었다.

이성분 분자성 화합물의 명명(2.8절) 이 규칙들은 이성분 분자성 화합물을 명명하기 위한 논리적인 체계를 제공한다. 각 원소의 원자수는 접두사를 이용하여 명시한다.

화합물 명명을 위한 흐름도(2.8절) 이온 결합 화합물과 분자성 화합물을 명명하기 위해 그림 2.32의 순서도를 이용할 수 있다.

쌍으로 구성된 복습 문제 중 청색 번호를 가진 문제의 해답은 부록 B에 수록하였다. 난이도가 높은 문제는 별표(*)로 표시하였다.

복습 질문

주기율표

2.1 Li, Na, K, Rb, Cs가 각각 염소와 반응하여 생성된 화합물에서 각 금속 원자 1개당 화합물에 포함된 염소 원자는 몇 개인가? Be, Mg, Ca, Sr, Ba가 각각 염소와 반응하여 생성된 화합물에서 각 금속 원자 1개당 화합물에 포함된 염소 원자는 몇 개인가? 이와 같은 정보가 Mendeleev가 주기율표를 개발할 때 어떻게 이용되었는가?

2.2 Mendeleev가 주기율표를 만들 때 이용한 기준은 무엇이었는가? 현대 주기율표에서 배열의 기준은 무엇인가?

2.3 주기율표에서의 위치를 고려할 때 새로운 뼈에서 Ca 대신 스트론튬-90이 발견되는 이유는 무엇인가?

2.4 구리를 정제할 때 상당량의 은과 금이 함께 얻어진다. 그 이유는 무엇인가?

2.5 아연에서는 카드뮴이 불순물로 존재하나 은에서는 그렇지 않은 이유는 무엇인가?

2.6 염소의 기호를 $^{35}_{17}Cl^{0}_{2}$로 나타낼 때 두 위 첨자와 두 아래 첨자에는 각각 어떤 정보가 담겨있는가?

2.7 주기율표를 대략적으로 그리고 다음의 원소들이 위치하는 영역을 표시하시오.

(a) 란타넘족 원소 **(b)** 알칼리 토금속
(c) 비활성 기체

2.8 다음 물음에 답하시오.
- **(a)** 다음 중 알칼리 금속은 어느 것인가?
  Ca, Cu, Ba, Li, S, Ra
- **(b)** 다음 중 할로젠은 어느 것인가?
  Ce, Hg, Si, O, I
- **(c)** 다음 중 전이 금속은 어느 것인가?
  Pb, W, Ca, Cs, P, Mo, Na, C
- **(d)** 다음 중 비활성 기체는 어느 것인가?
  Kr, Se, Li, Sr, Zr, Rn, Ar, He
- **(e)** 다음 중 란타넘족 원소는 어느 것인가?
  Th, Sm, Ba, B, F, Sb, Lu
- **(f)** 다음 중 악티늄족 원소는 어느 것인가?
  Am, Ho, Mn, Pu, At, Na, Fm
- **(g)** 다음 중 알칼리 토금속은 어느 것인가?
  Mg, Fe, K, Cl, Ni, Sc, Zr, Ca

금속과 비금속 그리고 준금속

2.9 금속과 비금속을 구분 짓는 물리적 성질 5가지를 제시하시오.

2.10 과거에 수은이 온도계에 사용된 이유는 무엇인가? 지금은 사용되지 않는 이유는? 전구에 텅스텐이 사용되는 이유는 무엇인가?

2.11 이원자(원자 2개) 기체 상태로 존재하는 비금속은 어느 것인가?

2.12 상온/대기압에서 액체로 존재하는 금속 2가지는?

2.13 준금속을 금속이나 비금속과 구분 짓는 물리적 성질 2가지를 제시하시오.

2.14 주기율표를 대략적으로 그리고 다음의 원소들이 위치하는 영역을 표시하시오.
(a) 내부 전이 금속 **(b)** 악티늄족 원소
(c) 할로젠

2.15 고가의 장신구를 만드는 데 사용되는 금속은 어떤 것이 있는가? 철이나 포타슘이 이 용도로 사용되지 않는 이유는 무엇인가?

2.16 원소의 물리적 성질을 함께 제시하는 주기율표를 이용하여 **(a)** 금속 성질과 **(b)** 이온화 에너지 그리고 **(c)** 전기 음성도의 주기적인 경향성을 설명해 보시오.

분자와 화학식

2.17 화학식을 해석하는 두 가지 방법은 무엇인가?

2.18 원자와 이온의 차이는 무엇인가?

2.19 자연에서 4원자 혹은 6원자 상태로 존재하는 원소의 기호와 이름을 쓰시오.

2.20 다음 그림이 나타내는 원소의 이름과 화학 기호를 쓰시오.

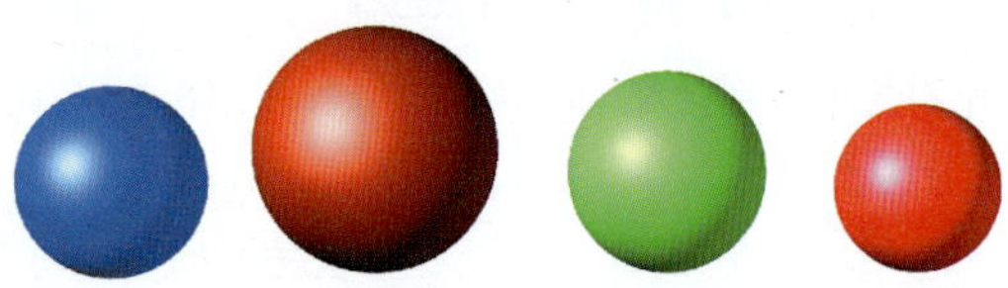

(a) (b) (c) (d)

2.21 RNA 분자의 크기는 작지만 수많은 원자로 이루어져 있다. 그러나 놀랍게도 RNA를 단지 5가지 원소로만 구성되어 있다. 이 원소들은 무엇인가?

화학 반응과 화학 반응식

2.22 균형 화학 반응식은 무엇인가? 화학 반응식의 균형을 맞추는 이유는 무엇인가?

2.23 화학 반응에서 **반응물**과 **생성물**이란 무엇인가?

2.24 과거에 사진관에서 사용하던 플래시는 가느다란 선 모양의 마그네슘(Mg)을 순수한 산소 분위기에서 연소시킬 때 발생하는 밝은 빛을 이용하였다. 반응이 끝나면 전구 안에서 얇은 산화 마그네슘 막이 관찰된다. 이와 관련된 반응식은 다음과 같다.

$$2Mg + O_2 \longrightarrow 2MgO$$

- **(a)** 이 반응식을 글로 표현하시오.
- **(b)** 반응물(들)의 화학식을 쓰시오.
- **(c)** 생성물(들)의 화학식을 쓰시오.

이온 결합 화합물

2.25 서로 다른 원소의 원자들이 반응하여 이온 결합 화합물을 형성하는 과정을 전자의 이동을 포함하여 설명하시오.

2.26 비금속이 반응하는 원소에는 어떤 종류가 있는가?

2.27 원자란 무엇인가? 이온이나 분자와 다른 점은 무엇인가?

2.28 이온 결합 화합물에 대하여 분자라는 용어보다 화학식 단위(혹은 식단위)라는 용어를 사용하는 이유는 무엇인가? 화학식 단위라는 용어를 분자, 원자, 이온에 적용할 수 있는가?

2.29 포타슘과 포타슘 이온에 대하여 다음 물음에 답하시오.
- (a) 각각의 화학 기호를 쓰시오.
- (b) 두 입자가 동일한 핵을 가지고 있는가?
- (c) 양성자 수는 동일한가?
- (d) 중성자 수는 동일한가?
- (e) 전자의 수는 동일한가?

2.30 양이온과 음이온 그리고 다원자 이온을 정의하시오.

2.31 구리가 Cu^{2+} 이온이 될 때 잃는 전자의 수는 몇 개인가? Cu^{2+} 이온이 가지고 있는 양성자와 전자의 수는 각각 몇 개인가?

2.32 원자가 전자를 잃을 때 생성되는 이온의 전하는 양전하인가 혹은 음전하인가? 이온의 이름은?

2.33 규소가 Si^{4-} 이온이 될 때 얻는 전자의 수는 몇 개인가? Si^{4-} 이온이 가지고 있는 양성자와 전자의 수는 각각 몇 개인가?

2.34 다음 각 원자로부터 얻을 수 있는 이온을 모두 쓰시오.
(a) 오스뮴 **(b)** 구리 **(c)** 니켈 **(d)** 아연 **(e)** 코발트 **(f)** 납

2.35 화학식 $CsCl_3$와 ONa_2에 포함된 문제점을 지적하고 올바른 화학식을 제시하시오.

2.36 한 학생이 지르코늄의 이온 결합 화합물의 화학식을 Zr_2O_4라고 제시하였다. 이 화학식의 문제점을 지적하고 올바른 화학식을 제시하시오.

2.37 다음 중 틀린 화학식을 찾아 올바르게 수정하시오.
(a) KO_2 (b) CsCl (c) K_2O (d) Be_2Cl_3 (e) MgO_2

2.38 다음 이온의 화학식(전하 포함)을 쓰시오.
(a) 인산 이온 (b) 암모늄 이온 (c) 아질산 이온
(d) 아황산수소 이온 (e) 아세트산 이온 (f) 황산 이온

2.39 다음 이온의 화학식(전하 포함)을 쓰시오.
(a) 질산 이온 (b) 싸이오황산 이온 (c) 탄산 이온
(d) 인산수소 이온 (e) 사이안화 이온 (f) 크로뮴산 이온

2.40 다음 이온의 이름을 쓰시오.
(a) HSO_3^- (b) Cl^- (c) MnO_4^-
(d) SCN^- (e) $C_2O_4^{2-}$ (f) H_3O^+

2.41 다음 두 원소의 반응으로 생성되는 화합물의 화학식을 쓰시오.
(a) 바륨과 염소 (b) 포타슘과 산소 (c) 철과 산소 (d) 칼슘과 황

2.42 다음 반응을 간단한 불균형 반응식으로 나타내시오.
(a) 수산화 코발트(II)가 염화 수소와 반응하여 물과 염화 코발트(II)를 생성한다.
(b) 황산 은이 염화 바륨과 반응하여 염화 은과 황산 바륨을 생성한다.

2.43 다음 반응을 간단한 불균형 반응식으로 나타내시오.
(a) 메테인이 산소와 반응하여 이산화 탄소와 물을 생성한다.
(b) 금속 포타슘을 물에 넣었더니 수산화 포타슘과 수소 기체가 생성되었다.

분자성 화합물

2.44 금속과 반응하는 원소에는 어떤 종류가 있는가?

2.45 다른 원소와 화학적으로 결합하지 않으면 자유 원자(개별 원자)로 존재하는 원소는 무엇인가?

2.46 한 종류의 원소만으로 이루어진 분자의 분자식(들)을 쓰시오.

2.47 주로 분자성 화합물을 형성하는 원소에는 어떤 종류가 있는가?

2.48 비금속의 수가 금속보다 작음에도 불구하고 더 많은 화합물을 형성하는 이유는 무엇인가?

2.49 대부분의 알루미늄 화학물은 이온성이며 극히 일부분만 분자성이다. Al_2Cl_6가 분자성이란 것을 어떻게 확인할 수 있는가?

2.50 표 2.6의 도움 없이 주기율표만 참고하여 다음 원소의 가장 간단한 수소화물의 화학식을 쓰시오.
(a) 규소 (b) 붕소 (c) 리튬 (d) 브로민

2.51 인의 가장 간단한 수소화물인 포스핀은 인화성이 강하고 썩은 생선 냄새가 나는 독성 물질이다. 포스핀의 화학식을 쓰시오.

2.52 할로젠족인 아스타틴이 수소와 반응하여 형성되는 화합물의 화학식을 쓰시오.

2.53 적당한 조건에서 주석은 수소와 반응하여 간단한 분자성 화합물을 만들 수 있다. 생성물의 화학식을 예측해 보시오.

2.54 다음 화합물의 분자식과 축약 구조식 그리고 구조식을 쓰고, 각 탄화수소의 용처를 하나씩 제시하시오.
(a) 메테인 (b) 에테인 (c) 프로페인 (d) 뷰테인

2.55 탄소 10개가 포함된 알케인족 탄화수소인 데케인의 분자식과 축약 구조식 그리고 구조식을 쓰시오.

2.56 여러 탄화수소의 혼합물인 양초용 왁스에는 탄소수가 23개인 알케인도 포함되어 있다. 이 탄화수소의 분자식과 축약 구조식 그리고 구조식을 쓰시오.

2.57 분자식이 $C_6H_{12}O_6$인 어떤 화합물이 있다. 이 화합물이 분자성이라고 말할 수 있는 2가지 근거를 제시하시오. 이 화합물의 축약 구조식 혹은 구조식을 쓰시오.

이온 결합 화합물과 분자성 화합물의 명명

2.58 이성분 화합물과 이원자 화합물의 차이는 무엇인가? 사례를 이용하여 설명하시오.

2.59 화합물을 명명할 때 화합물이 분자성인지, 이온성인지를 아는 것이 중요한 이유는 무엇인가? 전이 원소가 포함된 이온 결합 화합물을 명명할 때 양이온의 전하를 제시해야 하는 이유는 무엇인가?

2.60 다음을 설명하시오.
(a) 그리스어 접두사를 사용하는 경우 3가지
(b) 로마 숫자를 사용하는 경우

복습 문제

분자와 화학식

2.61 표백제에서 가장 중요한 물질은 $Ca(OCl)_2$이다. 화학식에 포함된 각 원소의 원자 개수를 쓰시오.

2.62 발암물질로 알려진 석면의 일반적인 화학식은 $Ca_3Mg_5(Si_4O_{11})_2(OH)_2$이다. 화학식에 포함된 각 원소의 원자 개수를 쓰시오.

2.63 사리염(Epsom salt)은 황산 마그네슘 수화물($MgSO_4 \cdot 7H_2O$)이다. 완전히 탈수된 사리염의 화학식을 쓰시오.

2.64 칼리 명반[potash alum, $KAl(SO_4)_2$] 결정은 12개의 물을 포함하고 있는 수화물이다. 칼리 명반 수화물의 화학식을 쓰시오.

2.65 포르말린은 40% 폼알데하이드 용액으로 실험실에서 생물학적 시료의 방부제로 이용된다. 아래 그림을 참고하여 폼알데하이드의 분자식과 화학식을 쓰시오.

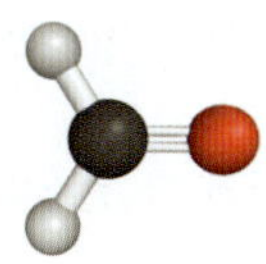

2.66 아래에 다이메틸 설파이드(dimethyl sulfide) 분자를 나타내었다. 이 화합물은 식물성 플랑크톤이 생물학적 상호 작용을 통

해 분해될 때 발생하는 불쾌한 냄새를 내는 기체로 황을 포함하고 있다. 이 분자의 화학식을 쓰시오. 괄호를 사용하여 이 화합물을 표시할 수 있는 방법이 있는가?

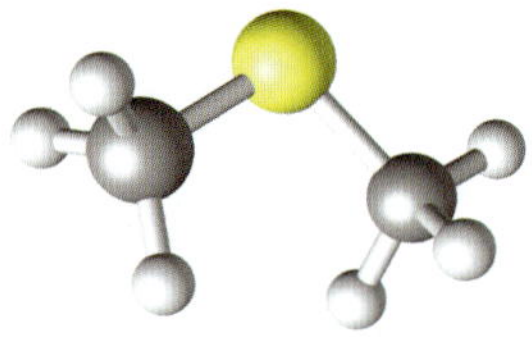

2.67 아래에 나타낸 분자의 분자식과 구조식을 쓰시오.

2.68 아래에 나타낸 분자의 분자식과 축약 구조식을 쓰시오.

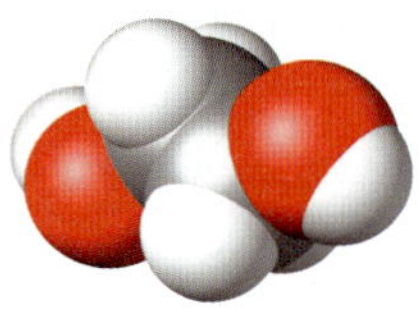

2.69 아래 모든 구조에서 수소와 질소의 비는 3:1이다. 암모니아를 올바르게 나타내는 구조는 어느 것인가?

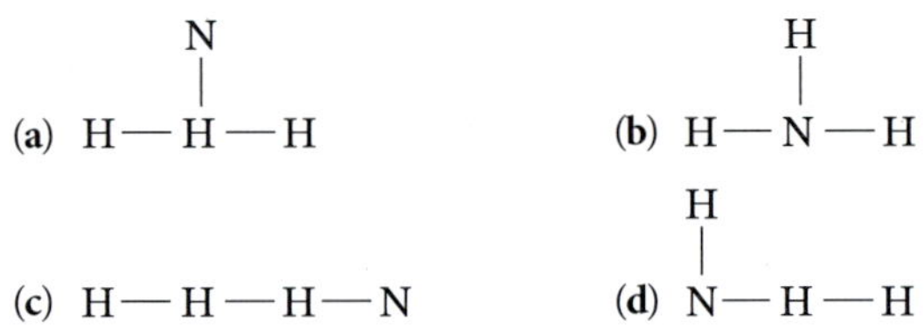

2.70 문제 2.68에서 제시한 분자의 올바른 구조식은 어느 것인가?

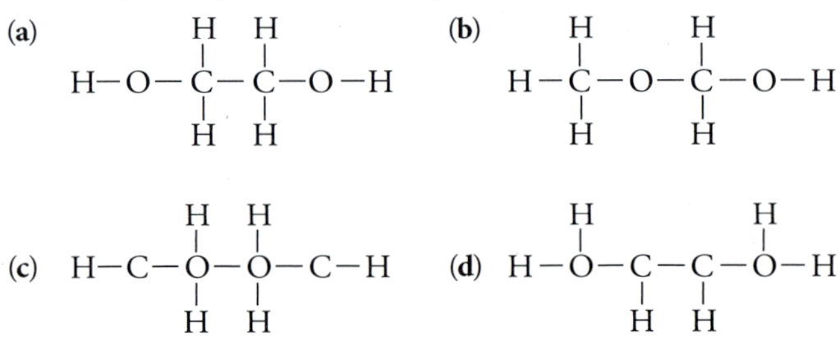

2.71 다음 화학식에 포함된 각 원소의 원자 개수는 몇 개인가? 각 원소의 이름을 함께 쓰시오.
(a) $K_2C_2O_4$ (b) H_2SO_3 (c) $C_{12}H_{26}$ (d) $HC_2H_3O_2$
(e) $(NH_4)_2HPO_4$

2.72 다음 화학식에 포함된 각 원소의 원자 개수는 몇 개인가? 각 원소의 이름을 함께 쓰시오.
(a) H_3PO_4 (b) $Ca(H_2PO_4)_2$ (c) C_4H_9Br (d) $Fe_3(AsO_4)_2$
(e) $C_3H_5(OH)_3$

2.73 다음 화학식에 포함된 각 원소의 원자 개수는 몇 개인가? 각 원소의 이름을 함께 쓰시오.
(a) $NaMnO_4$ (b) $CaSO_4$ (c) $NaIO_4$ (d) NH_4CN
(e) $Ca(COO)_2$ (f) K_2HPO_4

2.74 다음 화학식에 포함된 각 원소의 원자 개수는 몇 개인가? 각 원소의 이름을 함께 쓰시오.
(a) $CH_3CH_2CO_2C_3H_7$ (b) $MgSO_4 \cdot 7H_2O$
(c) $KAl(SO_4)_2 \cdot 12H_2O$ (d) $Cu(NO_3)_2$ (e) $(CH_3)_3COH$

2.75 다음 화학식에 포함된 각 원소의 원자 개수는 몇 개인가?
(a) $Ca(NO_3)$ (b) $NaHSO_4$ (c) MgO (d) $CoSO_4$
(e) V_2O_5 (f) $SnCl_4$

2.76 다음 화학식에 포함된 각 원소의 원자 개수는 몇 개인가?
(a) $RuCl_3$ (b) $Zr(NO_3)_4$ (c) $(NH_4)_2Ce(NO_3)_6$
(d) $Yb(NO_3)_3$ (e) ThO_2 (f) UF_6

화학 반응과 화학 반응식

2.77 다음 균형 화학 반응식에 대한 물음에 답하시오.

$$Pb(NO_3)_2 + Na_2CO_3 \longrightarrow Pb(CO_3)_2 + 2NaNO_3$$

(a) 반응식의 양쪽에 몇 개의 Na 원자가 있는가?
(b) 반응식의 양쪽에 몇 개의 C 원자가 있는가?
(c) 반응식의 양쪽에 몇 개의 O 원자가 있는가?
(d) 반응식의 양쪽에 몇 개의 Pb 원자가 있는가?

2.78 헥세인의 연소와 관련된 다음 균형 화학 반응식에 대한 물음에 답하시오.

$$2C_6H_6 + 15O_2 \longrightarrow 12CO_2 + 6H_2O$$

(a) 반응식의 양쪽에 몇 개의 C 원자가 있는가?
(b) 반응식의 양쪽에 몇 개의 H 원자가 있는가?
(c) 반응식의 양쪽에 몇 개의 O 원자가 있는가?

2.79 과거에 사진관에서 사용하던 플래시는 가느다란 선 모양의 마그네슘(Mg)을 순수한 산소 분위기에서 연소시킬 때 발생하는 밝은 빛을 이용하였다. 반응이 끝나면 전구 안에서 얇은 산화 마그네슘 막이 관찰된다. 이와 관련된 반응식은 다음과 같다.

$$2Mg + O_2 \longrightarrow 2MgO$$

(a) 이 반응을 문장으로 나타내시오.
(b) 반응물(들)의 화학식을 쓰시오.
(c) 생성물(들)의 화학식을 쓰시오.

2.80 경주용 자동차는 메틸 알코올을 아산화 질소로 연소시켜 더 많은 추진력을 얻는다. 다음은 반응물은 왼쪽에 생성물은 오른쪽에 나타낸 반응식이다. 이 반응식은 균형 반응식인가? 반응물과 생성물의 분자식을 쓰시오.

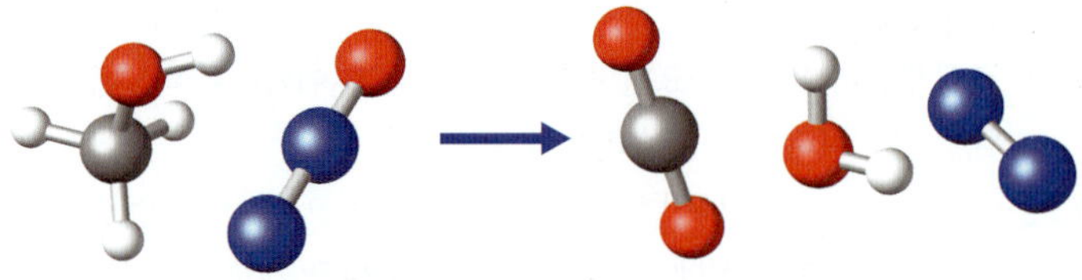

2.81 다음은 휘발유의 한 성분인 옥테인(C_8H_{18})의 연소 반응식이다. 반응식의 균형이 맞았는가? 균형 반응식을 공–막대 모형을 이용하여 쓰시오.

$$C_8H_{18} + 12O_2 \longrightarrow 8CO_2 + 9H_2O$$

2.82 다음의 반응식은 균형 반응식인가? 이 반응은 산성비의 원인 중 하나인 질산(HNO_3)이 생성되는 반응이다.

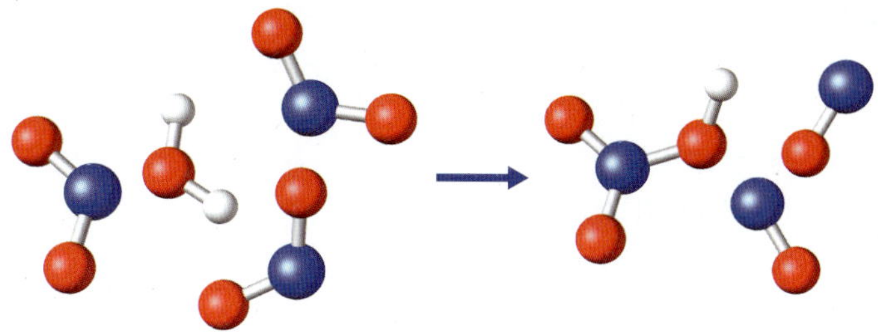

이온 결합 화합물

2.83 표 2.2의 도움 없이 주기율표만을 이용하여 다음 원소의 이온에 대한 화학 기호를 쓰시오.
(**a**) K (**b**) Br (**c**) Mg (**d**) S (**e**) Al

2.84 표 2.2의 도움 없이 주기율표만을 이용하여 다음 원소의 이온에 대한 화학 기호를 쓰시오.
(**a**) 칼슘 (**b**) 황 (**c**) 염소 (**d**) 세슘 (**e**) 소듐

2.85 다음 이온에 포함된 양성자와 전자의 개수를 쓰시오.
(**a**) K^+ (**b**) F^- (**c**) Mg^{2+} (**d**) S^{2-}

2.86 다음 이온에 포함된 양성자와 전자의 개수를 쓰시오.
(**a**) Mn^{2+} (**b**) V^{4+} (**c**) P^{3-} (**d**) Fe^{2+}

2.87 다음 두 원소로부터 형성되는 이온 결합 화합물의 화학식을 쓰시오.
(**a**) Na와 Br (**b**) K와 I (**c**) Ba와 O (**d**) Mg와 Br (**e**) Al과 S (**f**) Ba와 F

2.88 다음 두 원소로부터 형성되는 이온 결합 화합물의 화학식을 쓰시오.
(**a**) Al과 Br (**b**) Rb와 I (**c**) Sr과 S (**d**) Mg와 N (**e**) Ga와 O (**f**) Sr과 F

2.89 다음의 전이 금속과 염화 이온(Cl^-)으로부터 형성되는 이온 결합 화합물의 화학식을 쓰시오.
(**a**) 코발트 (**b**) 타이타늄 (**c**) 망가니즈

2.90 다음의 전이 금속과 브로민화 이온(Br^-)으로부터 형성되는 이온 결합 화합물의 화학식을 쓰시오.
(**a**) 구리 (**b**) 아연 (**c**) 금

2.91 다음으로부터 형성되는 이온 결합 화합물의 화학식을 쓰시오.
(**a**) K^+와 질산 이온 (**b**) Ca^{2+}와 아세트산 이온
(**c**) Cl^-와 암모늄 이온 (**d**) Fe^{3+}와 탄산 이온
(**e**) Mg^{2+}와 인산 이온

2.92 다음으로부터 형성되는 이온 결합 화합물의 화학식을 쓰시오.
(**a**) Zn^{2+}와 수산화 이온 (**b**) Ag^+와 크로뮴산 이온
(**c**) Ba^{2+}와 아황산 이온 (**d**) Rb^+와 황산 이온
(**e**) Li^+와 탄산수소 이온

2.93 다음 각 금속은 산소와 두 가지 화합물을 만든다. 그 화학식을 쓰시오.
(**a**) 납 (**b**) 주석 (**c**) 망가니즈 (**d**) 철 (**e**) 구리

2.94 다음 각 이온이 Br^-와 형성하는 이온 결합 화합물의 화학식을 쓰시오.
(**a**) 칼슘 이온 (**b**) 철(II) 이온 (**c**) 소듐 이온 (**d**) 루비듐 이온

이온 결합 화합물과 분자성 화합물의 명명법

2.95 다음 이온 결합 화합물을 명명하시오.
(**a**) CaS (**b**) $AlBr_3$ (**c**) Na_3P (**d**) Ba_3As_2 (**e**) Rb_2S

2.96 다음 이온 결합 화합물을 명명하시오.
(**a**) NaF (**b**) Mg_2C (**c**) Li_3N (**d**) Al_2O_3 (**e**) K_2Se

2.97 다음 분자성 화합물을 명명하시오.
(**a**) CO_2 (**b**) $XeCl_4$ (**c**) P_4O_{10} (**e**) Br_2O_7

2.98 다음 분자성 화합물을 명명하시오.
(**a**) IF_3 (**b**) S_2Cl_2 (**c**) N_2O_5 (**d**) $AsCl_5$

2.99 Stock 체계를 사용하여 다음 이온 결합 화합물을 명명하시오.
(**a**) CuS (**b**) FeO (**c**) PbO_2 (**d**) $CoCl_3 \cdot 6H_2O$

2.100 Stock 체계를 사용하여 다음 이온 결합 화합물을 명명하시오.
(**a**) Mn_2O_3 (**b**) Cu_2Cl_2 (**c**) HgS (**d**) $CoCl_3 \cdot 4H_2O$

2.101 다음을 명명하시오. 필요하다면 2.5절의 표 2.4를 참조하시오.
(**a**) KNO_2 (**b**) $KClO_4$ (**c**) $ZnSO_4 \cdot 7H_2O$ (**d**) RbSCN

2.102 다음을 명명하시오. 필요하다면 2.5절의 표 2.4를 참조하시오.
(**a**) Na_3PO_4 (**b**) $KC_2H_3O_2$ (**c**) $Fe_2(SO_4)_3$ (**d**) $K_2S_2O_3 \cdot 5H_2O$

2.103 다음이 분자성 화합물인지 이온 결합 화합물인지 구별하고 각각을 명명하시오.
(**a**) $TiCl_2$
(**b**) S_2Br_2
(**c**) SeO_3
(**d**) $NaC_2H_3O_2$
(**e**) $NaIO_3$
(**f**) P_2O_5
(**g**) $SrSO_3$
(**h**) KCN
(**i**) $ZnCl_2$
(**j**) H_2S

2.104 다음이 분자성 화합물인지 이온 결합 화합물인지 구별하고 각각을 명명하시오.
(**a**) $Nb(NO_3)_3$
(**b**) $AuCl_3$
(**c**) Au_2S_3
(**d**) $Co(C_2H_3O_2)_2$
(**e**) $GeBr_4$
(**f**) Na_2CrO_4
(**g**) $Fe(OH)_2$
(**h**) I_2O
(**i**) I_2O_5
(**j**) P_4S_5

2.105 다음 물질의 화학식을 쓰시오.
(**a**) 인산(일)수소 포타슘(potassium monohydrogen phosphate)
(**b**) 황화 리튬(lithium sulfide)
(**c**) 아세트산 코발트(III)(cobalt(III) acetate)
(**d**) 데카플루오린화 다이셀레늄(diselenium decafluoride)
(**e**) 염화 니켈(II)(nickel(II) chloride)
(**f**) 황화 철(II)(iron(III) sulfide)
(**g**) 펜타브로민화 안티모니(antimony pentabromide)

2.106 다음 물질의 화학식을 쓰시오.
(**a**) 육염화 다이갈륨(삼염화 갈륨)(digallium hexachloride (gallium trichloride))

(b) 오황화 사비소(tetraarsenic pentasulfide)
(c) 수산화 칼슘(calcium hydroxide)
(d) 중황산 철(II)(iron(II) bisulfate)
(e) 싸이오사이안산 소듐(sodium thiocyanate)
(f) 싸이오황산 마그네슘(magnesium thiosulfate)
(g) 오산화 다이브로민(dibromide pentaoxide)

2.107 다음 물질의 화학식을 쓰시오.
(a) 황화 수은(II)(mercury(II) sulfide)
(b) 황산 망가니즈(III) 육수화물(manganese(III) sulfate hexahydrate)
(c) 테트라아이오딘화 규소(silicon tetraiodide)
(d) 산화 몰리브데넘(IV)(molybdenum(IV) oxide)
(e) 브로민화 주석(IV)(tin(IV) bromide)
(f) 셀레늄화 소듐(sodium selenide)
(g) 칠산화 사인(tetraphosphorus heptaoxide)

2.108 다음 물질의 화학식을 쓰시오.
(a) 아세트산 카드뮴(II)(cadmium(II) acetate)
(b) 아황산수소 마그네슘(magnesium hydrogen sulfite)
(c) 사염화 탄소(carbon tetrachloride)
(d) 인화 소듐(sodium phosphide)
(e) 인산이수소 칼슘(calcium dihydrogen phosphate)
(f) 옥살산 바륨(barium oxalate)
(g) 육염화 제논(xenon hexachloride)

2.109 다음 화학식 중 오류가 있는 것을 찾아 (가능하다면) 올바른 화학식을 제시하시오.
(a) $HgCl$
(b) $MgSO_3$
(c) FeS
(d) $AlCO_3$
(e) MnO_4K
(f) CaF
(g) NaO_2

2.110 다음 화학식 중 오류가 있는 것을 찾아 (가능하다면) 올바른 화학식을 제시하시오.
(a) CrO_4Ba
(b) $FeSO_4$
(c) $Na_2H_2PO_4$
(d) TiO_3
(e) $CsCl_2$
(f) $BaBr_3$
(g) $K_2Cr_2O_7$

2.111 다음 화합물의 이름 중 오류가 있는 것을 찾아 (가능하다면) 올바른 이름을 제시하시오. 올바른 이름이 제시된 모든 화합물의 화학식을 쓰시오.
(a) 황화 칼슘
(b) 염화 바륨(II)
(c) 다이브로민화 칼슘
(d) 황산 알루미늄
(e) 아염소산 칼슘
(f) 인산 마그네슘(III)
(g) 염화 포타슘

2.112 다음 화합물의 이름 중 오류가 있는 것을 찾아 (가능하다면) 올바른 이름을 제시하시오. 올바른 이름이 제시된 모든 화합물의 화학식을 쓰시오.
(a) 칼슘의 황산
(b) 브로민화 소듐
(c) 황산 철(III)
(d) 인산 알루미늄(III)
(e) 셀레늄화 칼슘
(f) 이인산 마그네슘
(g) 이염화 이리듐

2.113 화합물 Se_2S_6와 Se_2S_4는 비듬 방지제로 쓰인다. 이들의 이름은 무엇인가?

2.114 화합물 P_2S_5는 안전 성냥을 만드는 데 쓰인다. 이 화합물의 이름은 무엇인가?

2.115 다음의 도표에서 이름, 양이온, 음이온, 화학식의 빈칸을 채워라.

화합물 이름	양이온	음이온	화학식
염화 포타슘			
	Ba^{2+}	Cl^-	
			CaF_2
			$FeCl_3$
	Al^{3+}	Br^-	
	Na^+	S^{2-}	
질산 칼슘			
산화 아연			
	K^+	SO_4^{2-}	
			Na_2SO_4

2.116 다음의 도표에서 이름, 양이온, 음이온, 화학식의 빈칸을 채워라.

화합물 이름	양이온	음이온	화학식
염화 은			
질산 바륨			
			Sb_2O_3
	Mg^{2+}	ClO_4^-	
	Rb^+	S^{2-}	
	W^+	Se^{2-}	
			$KHCO_3$
다이크로뮴산 소듐			
아세트산 구리(II)			
			$MgCl_2$

추가 연습 문제

2.117 에틸 알코올과 다이메틸 에터의 분자식은 C_2H_6O로 동일하며, 이들을 구조 이성질체라 한다. 이들의 화학 구조를 그리고 작용기에 대하여 설명하시오.

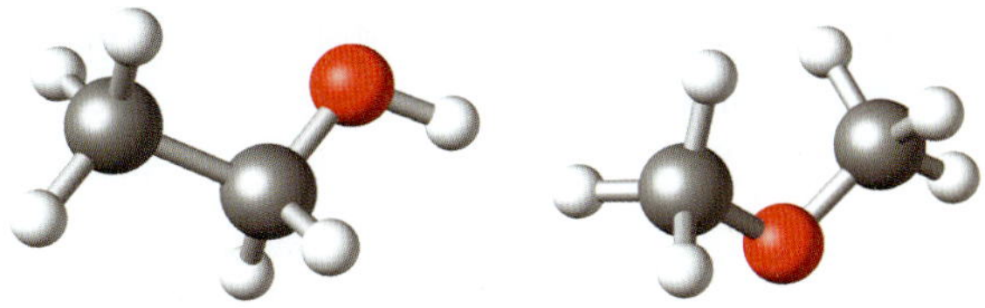

에틸 알코올　　　　다이메틸 에터

2.118 어떤 학생이 실험에서 다음과 같은 조성의 시료를 얻었다. 실험을 다시 해서 얻은 시료의 조성이 정확히 동일할 수 있는가? 이 실험 결과가 일정 성분비 법칙을 따르는가?

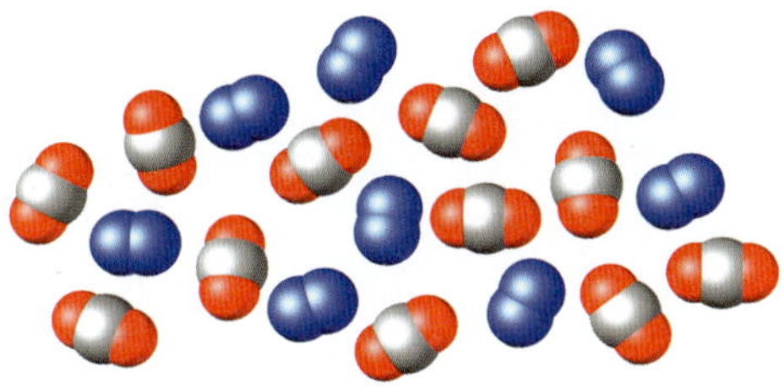

2.119 앞의 문제에서 나타낸 시료를 그것을 구성하는 화학적 원소로 분리하려고 한다.

(a) 물리적 변화로 충분한가?

(b) 그렇지 않다면, 화학적 변화로 얻을 수 있는 것은 무엇인가?

(c) 주어진 물리 혹은 화학적 변화에 의하여 분리된 원소들은 반드시 개별 원자로 이루어져 있을 것인가? 아니면 적어도 하나는 분자로 이루어져 있을 것인가?

2.120 주기율표의 2A족과 7A족 원소들은 가장 반응성이 좋은 원소들이다. 두 족의 원소들이 나타내는 반응성의 차이는 무엇인가?

2.121 질산 카드뮴(II) 사수화물과 질산 카드뮴(II) 육수화물의 화학식은 무엇인가?

2.122 다음 물질들에 대해 생각해 보자.

Br_2, Na_2O, KBr, $CoCl_2$, SbH_3, $(Ca)_2NO_3$, NO_2

(a) 이성분 물질은 어느 것인가?

(b) 삼원자 분자는 어느 것인가?

(c) 전자 공유에 의해서만 결합하고 있는 것은 어느 것인가?

(d) 이원자 분자는 어느 것인가?

(e) 이온 사이의 인력에 의해서만 결합하고 있는 것은 어느 것인가?

(f) 분자성 화합물은 어느 것인가?

(g) 이온 결합 화합물은 어느 것인가?

2.123 다음 원자 번호를 가진 원소들이 반응에 대한 균형 화학 반응식을 쓰고, 생성된 화합물에서 무거운 원소에 대한 가벼운 원소의 질량비를 계산하시오.

(a) 12번과 17번

(b) 13번과 17번

(c) 13번과 8번

2.124 다음 반응에 대해 계수를 맞추지 않은 반응식을 쓰시오.

(a) 수산화 철(III)이 염화 수소와 반응하여 물과 염화 철(Ⅲ)을 만든다.

(b) 질산 은이 염화 바륨과 반응하여 염화 은과 질산 바륨을 만든다.

(c) 위의 두 반응식의 계수를 맞추시오.

2.125 이원자 분자로 존재하는 염소는 ^{35}Cl과 ^{37}Cl의 두 개의 동위원소를 가지고 있으며 존재비는 각각 76%와 24%이다.

(a) Cl_2 분자는 모두 몇 종류가 가능한가?

(b) 서로 다른 Cl_2 분자를 구별하기 위해 어떤 기기를 이용하겠는가?

2.126 전자 10개를 가지고 있는 모든 원자와 이온에 대한 기호와 전하를 쓰시오. 제시한 10개의 전자를 가진 물질을 조합해서 만들 수 있는 모든 화합물을 쓰시오.

2.127 다음의 그림에서 CH_3CH_2OH, NaCl, $SnCl_4$, H_2O에 해당하는 구조를 각각 찾고, 각 화합물의 이름을 쓰시오.

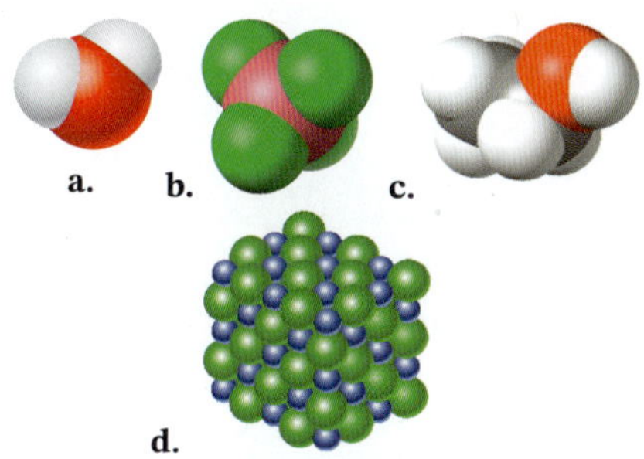

비판적 사고의 과제

2.128 어떤 이유에서인지 소듐과 아르곤이 발견되지 않았다고 가정하자. Mendeleev는 이들의 존재를 예견할 수 있는 충분한 정보를 가지고 있는가?

2.129 Benjamin Franklin은 1750년경에 유리 막대 혹은 호박 막대를 모피에 문지르는 실험을 통해서 서로 반대되는 두 가지 전하가 존재한다는 것을 알았다. 그는 유리 막대에 대전된 전하를 양전하라고 정하고, 그 전하를 기준으로 다른 전하들

을 정의했다. 이와는 달리 호박 막대의 전하를 양전하로 정했다면 전하에 대한 정의에 어떤 변화가 예상되는가?

2.130 인터넷을 검색하여 원소와 화합물의 물리적 성질에 대한 신뢰할 만한 사이트를 찾으시오. 그 사이트가 신뢰할 만하다는 것을 어떻게 정당화할 수 있는가?

2.131 당신에게 프로페인(C_3H_8)을 연료로 하는 바비큐 그릴이 있다고 가정하자. 연료를 충전하는 일이 번거로워서 그릴을 가정에서 난방이나 주방용으로 사용하는 천연가스(CH_4)에 연결하기로 결정하였다. 연료/산소의 비를 조절하지 않고 연료를 변경할 수 있는가? 프로페인 가스를 천연가스로 변경할 때 연료/산소의 비를 증가시켜야 하는가 혹은 줄여야 하는가? 다음 질문이 위의 질문에 대한 답을 결정하는 데 도움이 될 것이다.

(**a**) 프로페인과 메테인이 산소와 반응하여 이산화 탄소와 물을 생성하는 반응의 균형 반응식을 각각 쓰시오.

(**b**) 동일한 수의 프로페인과 메테인이 완전 연소가 되려면 어느 기체가 더 많은 산소가 필요한가?

benedek/E+/Getty Images

3장

몰과 화학량론

이 장의 배경

이 장에서는 화학 분야에서의 계산과 관련된 **화학량론(stoichiometry)**의 기초를 배울 것이다. 이런 계산들은 올바른 화학 실험을 수행하는 데 매우 중요하다. 학생들은 이 장의 내용들이 앞으로 배우게 될 유기 화학이나 생화학뿐만 아니라 다른 과학 관련 실험 과목에서도 매우 중요하다는 사실을 알게 될 것이다. 화학량론은 화합물에 포함된 원소들의 비와도 관련이 있다. 이 장의 도입부에 나타낸 공작석은 구리, 산소, 탄소, 수소로 이루어진 화합물이다. 이 원소들 사이의 비와 결합하는 방법으로 인하여 공작석의 아름다운 초록색이 발현되는 것이다.

화학량론은 화학식이나 반응식에 포함된 각 원자나 분자 혹은 화학 단위를 실험실에서 사용하는 밀리그램, 그램, 혹은 킬로그램 단위로 변환시키는 과정을 포함한다. 이런 변환을 위하여 **몰**(mole)이라는 개념을 소개한다. **그림 3.1**에서와 같이 패스트푸드 가게에서 햄버거 한 개에 들어가는 각각의 재료들을 대량 생산을 위한 식재료의 양으로 바꾸는 과정과 유사하게, 몰은 화학을 공부하는 사람들이 원자/분자 규모의 개념을 실험실 규모로 확대하는 것을 가능케 한다. 화학량론에서의 계산은 일반적으로 차원 분석을 이용하여 한 단위를 다른 단위로 변환시키는 것이다. 차원 분석을 이용한 계산을 하려면 변환 인자로부터 얻을 수 있는 등가성(equality)에 대한 지식과 처음 단위로부터 구하고자 하는 단위를 얻도록 이끌어 주는 일련의 논리적 과정이 필요하다. 이와 관련된 일련의 과정을 이 장 마지막 부분의 **그림 3.8**에 흐름도로 정리해 두었다. 앞으로 배우게 될 새로운 개념들 또한 이 흐름도에 추가로 포함될 것이며, 이를 통해 많은 화학적 개념들이 서로 어떻게 연관되어 있는지 알게 될 것이다.

이 장의 개요

3.1 몰과 Avogadro 상수
3.2 몰과 화학식량 그리고 화학량론
3.3 화학식과 조성 백분율
3.4 실험식과 분자식 구하기
3.5 화학량론과 화학 반응식
3.6 한계 반응물
3.7 이론적 수득률과 수득 백분율

학습 목표

이 장을 읽고 이해한 후 다음과 같은 것을 할 수 있어야 한다.

- 몰과 Avogadro 상수의 개념을 이해하고 이들이 물질의 분자 규모와 실험실 규모 사이의 변환 인자로서 어떻게 사용되는지 설명할 수 있다.
- 몰과 물질의 양에 관한 계산을 할 수 있다.
- 화합물의 조성 백분율을 계산할 수 있다.
- 주어진 화합물의 실험식과 분자식을 구하는 방법을 설명할 수 있다.
- 화학 반응에서 반응물과 생성물의 몰수를 계산할 수 있다.
- 주어진 반응에서 한계 반응물과 반응 후 남는 물질의 양을 결정하는 방법을 설명할 수 있다.
- 주어진 반응의 수득 백분율을 계산할 수 있다.

학습 목표 달성을 위한 제안

3장에서의 개념을 이해하기 위하여 능동적 읽기를 적극 활용하라.

1. 내용을 미리 살펴보고,
2. 내용과 관련된 몇 가지 질문을 만들고,
3. 내용을 상세하게 읽은 다음,
4. 내용과 관련하여 만든 질문에 대한 답을 적어본다.

이미 언급한 바와 같이 항상 학습 목표와 연계하며 공부하는 것이 좋다. 능동적 읽기와 더불어 다음과 같은 기법을 사용하길 권장한다.

1. 새로운 주제를 공부할 때, 모든 개념이 어떻게 연계되어 있는지 살펴보라. 모든 개념을 종합한 도표를 만들면 좋다.
2. 새로운 용어들을 나열하고 그 정의를 적어본다.
3. 수업을 들은 후 강의 노트와 예습 노트를 비교해 본다.

3.1 몰과 Avogadro 상수

시료에 포함된 원자나 분자의 수를 어떻게 알 수 있을까? 0장에서 배운 양성자와 중성자 그리고 전자의 질량으로부터 알 수 있듯이, 가장 큰 원자라고 해도 그 질량과 크기가 매우 작다. 따라서 우리 눈으로 볼 수 있는 양의 물질에는 매우 많은 수의 원자나 분자가 포함되어 있다. 시료의 무게를 측정하고 원자나 분자의 단위 질량을 이용하여 시료에 포함된 원자나 분자의 수를 결정할 수 있다. 1장에서 배운 계산법과 몰 개념을 사용하면 무게 측정을 이용하여 입자의 수를 셀 수 있고, 그 정보를 이용해서 여러 가지 흥미로운 문제들을 해결할 수 있다.

그림 3.1의 햄버거의 대량 생산과 관련된 사례에서 알 수 있듯이 무게를 이용하여 수를 세는 것은 이미 우리에게 친숙한 과정이다. 한 끼 식사를 준비할 수 있는 쌀 100그램이 정확히 몇 개의 쌀 낟알 몇 개를 포함하고 있는지 알 수 있으며, 동전이 든 자루의 무게를 재면 2.27g의 10센트짜리 동전 한 자루에 동전이 몇 개 들어있는지도 계산할 수 있다. 이와 비슷한 방법으로 어떤 화학 물질의 질량을 측정함으로써 그 시료에 포함된 원자나 분자의 수를 알 수 있다. 이와 같은 변환은 몰 개념을 이용하여 가능하다.

정의

1장에서 몰이란 물질의 양에 관한 SI 단위라는 것을 배웠다(그림 1.2와 **그림 3.2** 참조). 물질의 양이란 시료의 질량이나 부피를 의미하는 것이 아니라 시료에 포함된 원자, 분자 또는 화학식

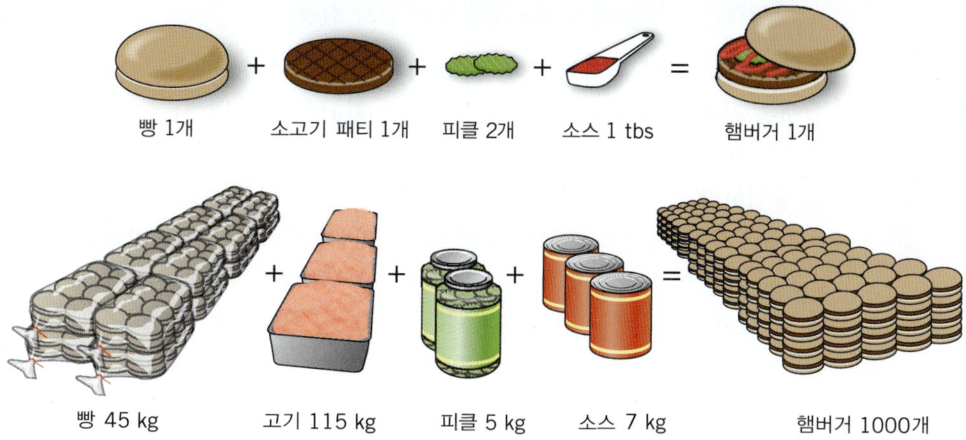

그림 3.1 햄버거 한 개와 대량 생산에 필요한 식재료 햄버거 한 개를 만드는 데 필요한 식재료는 빵 1개(4.5 g), 소고기 패티 1개(115 g), 피클 2개(2.5 × 2 g), 한 숟가락의 소스(7 g)이다. 천 개의 햄버거를 만들기 위한 재료를 준비할 때는, 숫자를 세는 것보다 빵 45 kg, 소고기 패티 115 kg, 피클 5 kg, 소스 7 kg과 같이 무게를 이용하는 것이 더 편리하다.

단위의 개수를 의미한다.

어떤 물질 **1몰(mole)**은 **정확히 그 물질 $6.02214076 \times 10^{23}$ 단위를 포함한 양**으로 정의된다. 이는 2019년 질량과 측정에 대한 협약을 위한 국제 위원회에서 기본 상수를 이용하여 모든 기본 단위를 다시 정의할 때 정해진 것으로, 몰과 관련한 기본 상수는 **Avogadro 상수(Avogadro's constant**, $6.02214076 \times 10^{23}$ 단위/mol)이다.

이로부터 다음과 같은 등가성을 얻을 수 있다.

$$1몰\ X \equiv 6.02214076 \times 10^{23}\ X\ 단위$$

3개의 선으로 표시된 기호는 '수학적으로 정의된다'는 의미이다. 이 정의에 따라서 소듐 원자에 대한 등가성을 다음과 같이 쓸 수 있다.

$$1몰\ Na = 6.022 \times 10^{23}\ Na\ 원자$$

NO_2와 같은 분자나 NaCl과 같은 이온 화합물의 화학식 단위에 대한 등가성도 다음과 같이 동일하게 적용할 수 있다.

$$1몰\ NO_2 = 6.022 \times 10^{23}\ NO_2\ 분자$$
$$1몰\ NaCl = 6.022 \times 10^{23}\ NaCl\ 단위$$

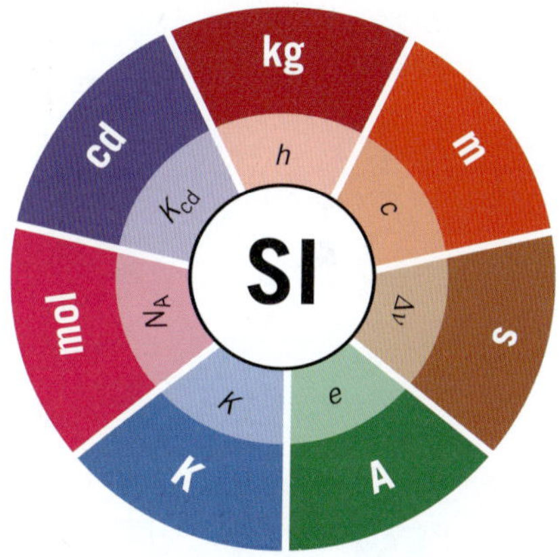

그림 3.2 몰을 포함한 7가지 기본 단위와 Avogadro 상수(N_A)를 포함한 7가지 기본 상수를 보여주는 SI 로고.

도구
Avogadro 상수

해설 Avogadro 상수는 화학량론의 선구자 중 한 명인 이탈리아 화학자 Avogadro(Amedeo Avogadro (1776~1856))의 이름을 따서 명명하였다.

원자나 분자 혹은 화합물들은 매우 작기 때문에 이런 입자에 대한 양을 나타낼 때 개수보다는 몰을 사용하는 것이 훨씬 더 효과적이다. 지금부터는 물질의 양을 언급할 때는 기호는 n으로 나타내며 그 단위는 몰(mole 혹은 mol)로 표기할 것이다.

몰질량

몰을 입자의 수로 정의하였으므로 몰과 원자나 분자 혹은 화학식의 질량에 대한 관계식을 얻을 수 있다. Avogadro 상수는 탄소-12 원자 $12.000000 \pm 4.5 \times 10^{-7}$ g에 포함된 탄소 원자의 수이고, 이 모두를 등가성으로 나타내면 다음과 같다.

$$1몰\ {}^{12}C = 6.022 \times 10^{23}\ {}^{12}C\ 원자 = 12.00\ g\ {}^{12}C$$

1몰의 ^{12}C가 필요하면 12.00 g의 ^{12}C를 취하면 된다. 다시 말하면 어떤 원소의 원자 1몰을 얻으려면 주기율표에 수록된 원자 질량에 해당하는 양을 g 단위로 측정(그램 원자 질량*이라고도 한다.)하면 된다. 이를 등가식으로 나타내면 다음과 같다.

*(역주) 본 교재에서 사용하는 그램 원자 질량이나 그램 분자 질량은 그램 단위로 나타낸 원자 질량 혹은 분자 질량을 의미한다. 이 용어는 모든 교재에서 사용하는 일반 용어는 아니다.

도구
원자 질량

$$1몰\ 원소\ X = X의\ 그램\ 원자\ 질량$$

예를 들어 황의 원자 질량은 32.06 u이므로 황 32.06 g(원자 질량 단위 u 대신 g을 사용)은 1몰에 해당하고 또한 12.00 g의 탄소-12 시료에 포함된 탄소 원자와 동일한 수의 원자를 가질 것이다. 각각의 시료에 포함된 원자수는 모두 동일하다.

일반적으로 화학자들은 어떤 물질 1몰의 질량을 **몰질량**[*](**molar mass** 혹은 **molar weight**)이라 하며 g/mol 혹은 $g\ mol^{-1}$의 단위를 사용한다.

그림 3.3에 흔히 볼 수 있는 철, 수은, 구리 및 황 1몰을 나타내었다. 모든 시료에 포함된 각각의 원자수는 모두 동일하다.

Michael Watson

그림 3.3 여러 가지 원소 1몰 좌측부터 철, 수은, 구리, 그리고 황 원소를 나타낸 것이다.

몰 개념은 화합물에도 적용된다

분자와 이온 화합물은 2장에서 배운 바와 같이 명확한 화학식을 가지고 있다. 분자 화합물의 화학식에 포함된 모든 원자의 원자 질량을 더하면 **분자 질량(molecular mass)**이 되며, 이를 종종 **분자량(molecular weight)**이라고도 한다. 그램 단위로 나타낸 분자 화합물 1몰의 질량인 그램 분자 질량은 그 분자 1몰과 다음과 같은 등가 관계가 성립한다.

$$1몰\ 분자\ X \Leftrightarrow X의\ 그램\ 분자\ 질량$$

예를 들면 물의 분자 질량은 두 개의 H 원자와 한 개의 O 원자의 원자 질량의 합인 18.02(u)이고, 따라서 물 1몰의 질량은 18.02 g이다. 또한 이온 결합 화합물의 그램 화학식량(formular mass)은 이온 결합 화합물의 화학식 단위에 포함된 모든 원자의 원자 질량을 더한 것을 그램 단위로 나타낸 것과 같다.

도구
분자 질량과 화학식량

$$1몰\ 이온\ 결합\ 화합물\ X \Leftrightarrow X의\ 그램\ 화학식량$$

이온 결합 화합물인 Al_2O_3는 원자 질량이 26.98(u)인 알루미늄 원자 두 개와 16.00(u)인 산소 원자 세 개를 가진다. 이들을 모두 합하면 101.96(u)가 되므로 Al_2O_3 1 mol의 그램 화학식량은 101.96 g이 된다.

도구
몰질량

위에 나타낸 모든 식에는 명확한 공통점이 있다. 명확한 다른 형태의 등가식이 제시되지 않은 경우에는, 일반적으로 몰과 질량에 관한 다음 관계식을 이용할 것이다.

$$1몰\ X \Leftrightarrow X의\ 그램\ 몰질량$$

몰질량(molar mass, 혹은 그램 몰질량이라고도 함)이란 그램 단위로 나타낸 화학식 단위 1몰의 질량으로 원소, 분자, 이온 결합 화합물 등 모든 물질의 화학식 단위에 적용할 수 있다. **그림 3.4**는 서로 다른 네 가지 화합물 1 mol의 양을 보여 주고 있다.

Michael Watson

그림 3.4 여러 가지 화합물 1몰 그림은 동일한 수의 화학식 단위 혹은 분자를 포함하고 있는 서로 다른 네 가지 화합물(좌측 위부터 시계 방향으로)인 황산 구리 오수화물(copper sulfate pentahydrate), 물(water), 크로뮴산 소듐(sodium chromate), 염화 소듐(sodium chloride)을 나타낸 것이다.

몰과 질량 사이의 변환

앞에서 설명한 관계식 또는 등가성(equality)이 1장에서와 같은 변환에 관련된 문제를 해결하기 위하여 반드시 필요한 정보라는 것을 주목할 필요가 있다. 그러나 질량과 시료 양의 관계를 묻는 앞으로의 예제에서는 주로 화학과 관련된 용어를 이용하여 표현될 것이다.

[*](역주) 본 교재에서는 몰질량(molar mass)이라는 용어를 화학 단위 1몰당 질량이란 의미와 단순히 그램 단위로 나타낸 1몰의 질량(그램 몰질량이라고도 함)이라는 의미로 혼용해서 사용하고 있다. 전자의 단위는 g/mol(혹은 $g\ mol^{-1}$)이고 후자의 단위는 g이다.

예제 3.1 그램을 몰로 바꾸기

산화 타이타늄(IV)은 자외선으로부터 피부를 보호하는 선크림의 성분 중 하나이다. TiO_2를 합성하는 실험에서 타이타늄 시료 13.5 g을 사용하였다면 이는 Ti 몇 mol에 해당하는가?

분석 주어진 타이타늄의 질량을 몰수로 변환시키는 문제이다.

도구 모음 질량을 몰수로 바꾸는 도구로 1 mol *X*는 그램 단위로 표현한 *X*의 원자 질량과 동일하다는 사실을 이용한다. 이 관계를 타이타늄에 적용하기 위하여 *X*를 타이타늄의 원소 기호로 바꾸고 Ti의 원자 질량을 대입하여 다음의 관계식을 얻는다.

$$1\ \text{mol Ti} \equiv 47.867\ \text{g Ti}$$

(Ti의 원자 질량과 같은 표에 수록된 자료를 포함하는 문제를 다룰 때는 **가능하면 주어진 정보보다 적어도 한 자리 이상의 유효 숫자를 더** 사용하도록 한다.)

풀이 문제를 시작할 때는 먼저 주어진 숫자와 단위를 쓴 다음 얻고 싶은 단위가 뒤에 나오는 다음과 같은 형식으로 표현하도록 하자.

$$13.5\ \text{g Ti} = ?\ \text{mol Ti}$$

처음 ↗ (13.5 g Ti)　　↖ 나중 (? mol Ti)

이제 타이타늄의 그램 단위를 소거하기 위한 비를 얻기 위하여 질량과 몰 사이의 등가성을 사용한다.

$$13.5\ \cancel{\text{g Ti}} \times \left(\frac{1\ \text{mol Ti}}{47.867\ \cancel{\text{g Ti}}}\right) = 0.282\ \text{mol Ti}$$

답이 합리적인가? 먼저 단위가 올바르게 소거되었는지를 확인한다. 다음으로 모든 숫자를 유효 숫자 한 자리 또는 두 자리로 반올림하고 대략적인 답을 계산한다. 반올림 결과는 15/30으로 1/2과 같으므로 구한 답과 크게 차이(크게 차이가 나는 것은 10배 이상의 차이이다)가 나지는 않는다. 그러므로 우리가 구한 답은 신뢰할 수 있다.

해설 화학량론에 관한 문제를 해결하는 것은 집에서부터 학교로 가는 길을 찾는 개념과 유사하다. 출발지와 목적지를 연결하는 하나의 식에서 시작하고, 변환 인자를 이용하면 출발지에서 종착지에 이르는 길을 찾는다.

예제 3.2 몰을 그램으로 바꾸기

염화 철(III)($FeCl_3$)와 염화 알루미늄($AlCl_3$) 혼합물을 사용하여 폐수에서의 부유물을 침전시킬 수 있다. 가장 효과적인 결과를 얻기 위한 두 화합물의 비는 실험적으로 결정한다. 어떤 실험에서 $FeCl_3$ 0.458 mol을 사용하려면 $FeCl_3$ 몇 g이 필요한가?

분석 지난 예제에서는 원소의 질량과 몰 사이의 변환에 관한 문제였으나 여기서는 $FeCl_3$의 몰질량을 계산하는 단계가 추가로 필요하다.

도구 모음 $FeCl_3$의 몰질량을 계산하는 도구가 필요하다. 그 값은 철 원자 1 mol의 질량과 염소 원자 3 mol 질량의 합이다.

$$FeCl_3\text{의 몰질량} = 55.845\ \text{g/mol} + (3 \times 35.453\ \text{g/mol}) = 162.204\ \text{g/mol}$$

질량과 몰 사이의 등가성을 나타내는 도구는 다음과 같다.

$$1\ \text{mol FeCl}_3 \Leftrightarrow 162.204\ \text{g FeCl}_3$$

풀이 질문을 식의 형태로 풀어 쓴다.

$$0.458\ \text{mol FeCl}_3 = ?\ \text{g FeCl}_3$$

변환을 위하여 질량과 몰 사이의 등가성을 이용하여 변환 인자를 구하면 다음과 같다.

$$0.458\ \cancel{\text{mol FeCl}_3} \times \left(\frac{162.204\ \text{g FeCl}_3}{1\ \cancel{\text{mol FeCl}_3}}\right) = 74.29\ \text{g FeCl}_3$$

답이 합리적인가? 먼저 단위가 올바르게 소거되었는지 확인하고 0.458를 0.46으로, 162.204를 160으로 반올림하여 계산한 값이 $0.46 \times 160 = 73.6$으로, 구한 답과 매우 유사한 결과를 얻는다. 한 자리의 유효 숫자로 반올림하고 계산한 $0.5 \times 200 = 100$ 또한 결과가 옳다는 것을 보여 준다. 이것은 대략적인 값이지만 우리가 계산한 결과인 74.29 g $FeCl_3$가 비교적 정확하다는 것을 암시한다.

실전 문제 3.1

오늘 점심으로 가져온 샌드위치를 싸는 데 사용한 알루미늄 포일 6.94 g에 포함된 알루미늄은 몇 mol인가? (**힌트**: 원소의 질량과 원소의 몰 사이의 관계를 정의하는 도구를 이용하시오.)

실전 문제 3.2

트라이아이오딘화 질소(nitrogen triiodide)는 반응할 때 질소 기체와 자주색 아이오딘 증기를 배출하기 때문에 폭발성이 매우 강한 화합물이다. 0.056 mol의 아이오딘(I_2)을 이용하여 트라이아이오딘화 질소를 합성하는 실험을 수행하려고 한다. 0.056 mol의 I_2을 취하려면 몇 g을 측정해야 하는가?

실전 문제 3.3

소수점 이하 셋째 자리까지 측정할 수 있는 실험실용 저울이 있다. 무게를 측정할 때의 불확실성이 ±0.002 g이라고 하면, 순수한 황산 포타슘의 질량을 측정해서 계산한 몰수의 불확실성은 얼마인가?

해설 Avogadro 상수는 물질의 몰수와 기본 입자수 사이의 연결고리다. 문제가 실험실 규모(원자나 분자에 대한 언급이 없는)에 대한 내용이면 계산에 Avogadro 상수는 필요하지 않다.

Avogadro 상수의 이용

앞에서 설명한 관계식과 다음 두 예제에서 설명하는 것과 같은 일반적인 차원 분석을 이용한 계산을 수행하면 실험실 규모와 원자 규모를 연결할 수 있다.

t_kimura/Getty Images

예제 3.3 실험실 규모를 원자 규모로 바꾸기

백열전구의 필라멘트는 대부분 텅스텐 선이다. 일반적인 백열전구에는 0.568 g의 텅스텐 필라멘트가 사용된다. 전구 한 개 분량의 필라멘트에 포함된 텅스텐 원자는 몇 개인가?

분석 먼저 문제를 식의 형태로 바꾸어 보자.

$$0.568\ \text{g W} \equiv ?\ \text{W 원자}$$

텅스텐의 그램수를 텅스텐의 원자수로 직접 바꾸는 도구는 없다. 따라서 텅스텐의 그램수에서 시작하여 다음과 같은 일련의 변환을 수행해야 한다.

도구 모음 필요한 첫 번째 도구는 텅스텐의 질량을 텅스텐의 몰수로 바꾸는 것이다.

$$183.84\ \text{g W} \equiv 1\ \text{mol W}$$

텅스텐의 원자수로 바꾸는 데 필요한 변환 인자를 얻기 위하여 Avogadro 상수에 관한 도구를 이용한다.

$$1\ \text{mol W} = 6.022 \times 10^{23}\ \text{W 원자}$$

풀이 문제를 식의 형태로 표현한 후에, 두 변환 인자를 구할 수 있는 두 개의 도구와 함께 사용한다. 첫 번째 변환 인자는

$$\frac{1\ \text{mol W}}{183.84\ \text{g W}}$$

이고, 두 번째 변환 인자는

$$\frac{6.022 \times 10^{23}\ \text{W 원자}}{1\ \text{mol W}}$$

이다.

처음의 텅스텐의 질량인 0.568 g에 변환 인자를 곱하여 다음을 얻는다.

$$0.568\ \cancel{\text{g W}} \times \left(\frac{1\ \cancel{\text{mol W}}}{183.84\ \cancel{\text{g W}}}\right) \times \left(\frac{6.022 \times 10^{23}\ \text{W 원자}}{1\ \cancel{\text{mol W}}}\right) = 1.86 \times 10^{21}\ \text{W 원자}$$

답이 합리적인가? 이런 종류의 문제에서 가장 중요한 점검 요소는 숫자의 크기이다. 매우 적은 양의 화학 시료라 하더라도 매우 큰 수의 원자를 포함하고 있다는 사실을 기억하라. 구한 답이 매우 크므로 합리적인 답이다.

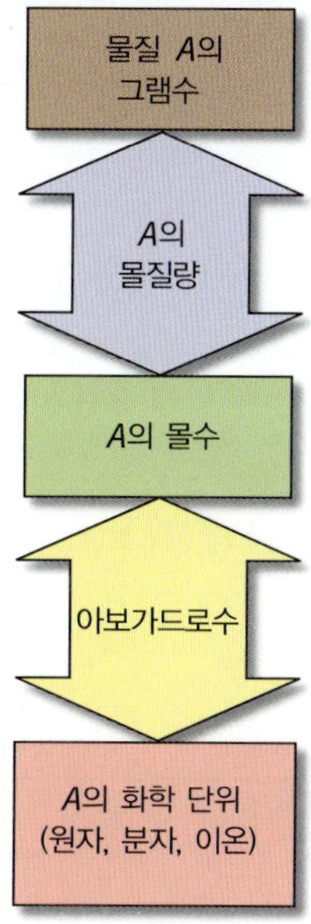

어떤 물질의 질량과 화학 단위 사이의 변환을 위한 일반적인 일련의 계산 단계. 화살표는 각 변환에서 사용되는 도구를 나타낸다.

예제 3.4 분자의 질량 계산하기

사염화 탄소(carbon tetrachloride)는 발암 물질이라는 것이 알려지기 전까지 드라이클리닝 세제로 사용되었다. 사염화 탄소 10분자의 평균 질량은 얼마인가?[1]

분석 문제를 다음과 같이 식으로 표현하는 것부터 시작해 보자.

$$10\ \text{사염화 탄소 분자} \equiv ?\ \text{g 사염화 탄소}$$

여러 단계를 거쳐야 이 문제를 완전히 해결할 수 있다. 먼저 화합물의 이름으로부터 화학식을 알아내고, 그 식을 이용하여 화합물의 몰질량을 계산한다. 마지막으로, 사염화 탄소 10 분자를 몰수로 바꾼 다음 질량으로 바꾸는 데 필요한 변환 인자를 구한다.

도구 모음 2장에서 배운 명명법을 사용하여 사염화 탄소의 화학식을 구하고, Avogadro 상수를 포함하는 도구를 아래와 같이 정리한다.

$$6.022 \times 10^{23}\ \text{CCl}_4\ \text{분자} = 1\ \text{mol CCl}_4$$

그리고 사염화 탄소의 몰질량을 계산한 후, 계산한 몰질량을 사염화 탄소 분자 10개의 질량을 계산하는 데 사용한다.

풀이 명명법 도구를 이용하면 사염화 탄소의 화학식이 CCl_4라는 것을 알 수 있다. 이제 순서에 따라 다음과 같이 두 단계의 계산을 수행한다. 첫 번째로 Avogadro 상수가 포함된 변환 인자를 이용하여 CCl_4의 몰수를 계산한다.

$$10\ \cancel{\text{CCl}_4\ \text{분자}} \times \left(\frac{1\ \text{mol CCl}_4}{6.022 \times 10^{23}\ \cancel{\text{CCl}_4\ \text{분자}}}\right) = 1.661 \times 10^{-23}\ \text{mol CCl}_4\ \text{분자}$$

공과 막대 모형과 공간 채움 모형으로 나타낸 사염화 탄소

[1]주기율표에 주어진 원자 질량은 자연 상태의 동위원소의 평균값이므로, 분자를 구성하는 각 원자가 어떤 동위원소인지를 알지 못하면 분자의 정확한 질량을 결정할 수 없다. 그러나 이 문제에서처럼 평균 질량은 계산할 수 있다.

한편 탄소 1 mol의 질량과 염소 원자 4 mol의 질량의 합인 CCl_4의 몰질량을 계산하면 다음과 같다.

$$CCl_4 \text{ 몰질량} = 12.011\,g/mol + (4 \times 35.453\,g/mol) = 153.823\,g\ CCl_4/mol$$

다음으로 CCl_4의 몰수를 CCl_4의 그램수로 바꾸기 위하여 몰질량에 관한 등가식을 이용한다.

$$1.661 \times 10^{-23}\ \cancel{mol\ CCl_4} \times \left(\frac{153.823\ g\ CCl_4}{1\ \cancel{mol\ CCl_4}}\right) = 2.555 \times 10^{-21}\ g\ CCl_4$$

분자 개수를 나타내는 10은 정확한 수이다. 결과적으로 답에 포함되는 유효 숫자의 수는 표에 수록된 자료의 유효 숫자의 수에 따라 다르다. Avogadro 상수에 네 개의 유효 숫자가 있으므로 답도 네 개의 유효 숫자로 표기하였다.

답이 합리적인가? 아주 큰 분자라 하더라도 분자 한 개의 질량은 매우 작을 것으로 예상된다. 구한 답은 매우 작은 값으로 합리적이다.

실전 문제 3.4

금 1온스에 들어 있는 금 원자는 몇 개인가? (**힌트**: 1온스는 몇 그램인가?)

실전 문제 3.5

가정에서 사용하는 설탕($C_{12}H_{22}O_{11}$) 한 분자의 평균 질량은 얼마인가?

실전 문제 3.6

대부분의 화학 실험실에는 0.001 g까지 측정할 수 있는 저울을 갖추고 있다. 이 저울을 이용하여 $C_{18}H_{38}$ 분자 5.64×10^{18}개의 질량을 측정할 수 있는가?

3.2 몰과 화학식량 그리고 화학량론

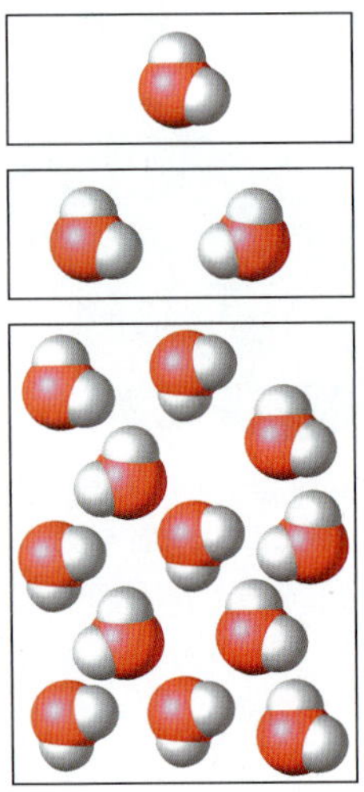

지금부터 배우게 될 몰비(mole ratio)라는 개념은 매우 강력하고 중요한 화학적 도구이다. 이 개념은 화학자가 한 물질의 양으로부터 화학적으로 대등한 다른 물질의 양을 실험을 통하지 않고 계산할 수 있도록 도와준다.

몰 대 몰 변환 인자

화학식은 식에 포함된 물질의 비율에 관한 정보를 제공한다. 이 비율을 이용하여 식 안의 다른 물질의 양을 알 수 있다.

물의 화학식 H_2O를 생각해 보자.

- 물 분자 한 개는 H 원자 두 개와 O 원자 한 개를 포함한다.
- 물 분자 두 개는 H 원자 네 개와 O 원자 두 개를 포함한다.
- 물 분자 한 다스는 H 원자 두 다스와 O 원자 한 다스를 포함한다.
- 물 분자 1 mol은 H 원자 2 mol과 O 원자 1 mol을 포함한다.

우리가 몇 개의 분자를 다루든 혹은 몇 몰의 분자를 다루든 화학식에 의하면 H 원자와 O 원자 사이의 비는 항상 2 대 1이다. 또한 물 분자 혹은 물의 몰수와 관련하여 다음의 등가성을 얻을 수 있다.

물 분자 1개	물 분자 1 mol
1 H_2O 분자 ⇔ 2 H 원자	1 mol H_2O ⇔ 2 mol H
1 H_2O 분자 ⇔ 1 O 원자	1 mol H_2O ⇔ 1 mol O
1 O 원자 ⇔ 2 H 원자	1 mol O ⇔ 2 mol H

기호 ⇔는 '화학적으로 동일함'을 의미하며 수학에서의 등호에 해당함을 기억하라(1.6절 참조).

이런 사실에 기초하여 화학식에서의 원자 대 원자의 비를 이용하여 실험실 규모의 계산에서 요구되는 몰 대 몰 변환 인자를 결정할 수 있다. 예를 들면 화학식 P_4O_{10}에서 아래 첨자가 의미하는 것은 한 분자 내에 O 원자 10개에 대하여 P 원자 4개가 존재한다는 것이다. 이는 실험실 규모에서는 이 화합물 1 mol 중에 10 mol의 O에 대하여 4 mol의 P가 존재한다는 것을 의미한다. 이 화합물 중의 P와 O 사이에 다음과 같은 변환 인자를 고려할 수 있다.

해설 주어진 화합물 내에서 원자들은 항상 결합비와 같은 비율의 몰비로 결합한다.

도구 몰비

$$4\ \text{mol P} \Leftrightarrow 10\ \text{mol O로부터} \quad \frac{4\ \text{mol P}}{10\ \text{mol O}} \quad \text{또는} \quad \frac{10\ \text{mol O}}{4\ \text{mol P}}$$

화학식 P_4O_{10}을 이용하여 다음과 같은 두 개의 등가식을 얻을 수 있으며, 이 등가식을 이용하여 각각 두 개의 변환 인자를 만들 수 있는 다.

$$1\ \text{mol P}_4\text{O}_{10} \Leftrightarrow 4\ \text{mol P로부터} \quad \frac{1\ \text{mol P}_4\text{O}_{10}}{4\ \text{mol P}} \quad \text{또는} \quad \frac{4\ \text{mol P}}{1\ \text{mol P}_4\text{O}_{10}}$$

$$1\ \text{mol P}_4\text{O}_{10} \Leftrightarrow 10\ \text{mol O로부터} \quad \frac{1\ \text{mol P}_4\text{O}_{10}}{10\ \text{mol O}} \quad \text{또는} \quad \frac{10\ \text{mol O}}{1\ \text{mol P}_4\text{O}_{10}}$$

예제 3.5 한 원소를 분석하여 화합물의 양 계산하기

천연 무기물의 형태로 자연에서 광범위하게 발견되는 인산 칼슘(calcium phosphate)은 뼈나 신장에 생긴 결석에서도 발견된다. 어떤 시료에서 인이 0.785 mol 포함되어 있음을 알았다. 시료에 포함된 $Ca_3(PO_4)_2$는 몇 mol인가?

분석 우선 문제를 식의 형태로 써 보자.

$$0.785\ \text{mol P} = ?\ \text{mol Ca}_3(\text{PO}_4)_2$$

한 물질의 몰수에서 다른 물질의 몰수를 구하는 식이므로 몰비를 이용한 변환 인자를 사용해야 한다.

도구 모음 P와 화학식 $Ca_3(PO_4)_2$의 관계에 대한 몰비 도구를 다음과 같이 쓸 수 있다.

$$2\ \text{mol P} \Leftrightarrow 1\ \text{mol Ca}_3(\text{PO}_4)_2$$

풀이 위의 식을 재배열하여 mol P의 단위는 소거되고 mol $Ca_3(PO_4)_2$의 단위가 얻어지는 변환 인자를 구한 후 다음과 같이 문제를 푼다.

$$0.785\ \cancel{\text{mol P}} \left(\frac{1\ \text{mol Ca}_3(\text{PO}_4)_2}{2\ \cancel{\text{mol P}}}\right) = 0.393\ \text{mol Ca}_3(\text{PO}_4)_2$$

답이 합리적인가? 빠른 검토를 위하여 0.785를 1로 반올림하고 2로 나누면 0.5이다. 이 값이 계산된 0.393와 크게 다르지 않으므로 구한 답은 합리적이다.

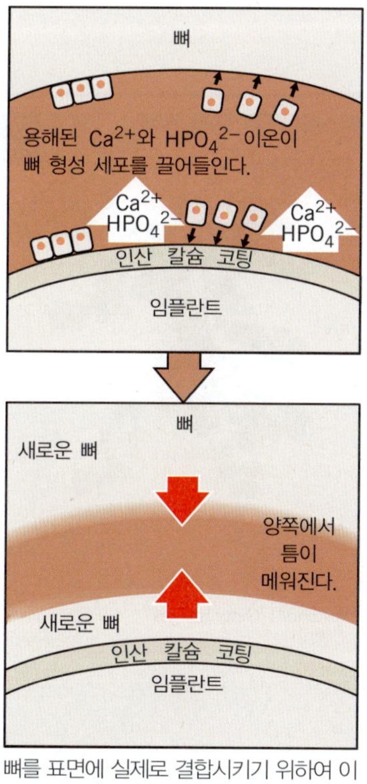

뼈를 표면에 실제로 결합시키기 위하여 이식된 뼈의 표면은 인산 칼슘으로 코팅된다.

실전 문제 3.7

황산 알루미늄(aluminum sulfate)을 분석한 결과, 황산 이온 0.0774 mol이 포함된 것을 알았다. 이 시료에는 몇 mol의 알루미늄이 포함되어 있는가? (**힌트:** 황산 알루미늄의 정확한 화학식을 결정하는 데 필요한 도구를 사용하시오.)

실전 문제 3.8

오산화 인(phosphorus pentoxide)에서 8.60 mol의 산소 원자와 결합하고 있는 인 원자는 몇 mol인가?

실전 문제 3.9

중탄산 소듐(sodium bicarbonate)은 물을 연화시키는 데 쓰인다. 중탄산 소듐 3.00 mol에는 몇 mol의 산소 원자가 있는가?

질량 대 질량 계산

앞에서도 언급한 바와 같이 순물질 시료에 포함된 화합물의 질량을 측정하여 그 몰수를 결정할 수 있다. 이제 한 물질과 반응하는 데 필요한 다른 물질의 양이나 주어진 반응물로부터 얻을 수 있는 생성물의 양을 결정하기 위해 화학량론을 이용하는 방법에 대하여 알아보자. 다음은 화합물 A의 질량을 화합물 B의 질량으로 바꾸는 일련의 과정을 요약한 것이다.

도구 화학식을 이용한 질량 대 질량 변환

*A*의 질량 → *A*의 몰질량 → *A*의 몰수 → 화학식 → *B*의 몰수 → *B*의 몰질량 → *B*의 질량

다음의 예를 통하여 이 과정을 살펴 보기로 하자.

Westend61/Getty Images

예제 3.6 화합물에서 한 원소의 양으로부터 다른 원소의 양 계산하기

식물 잎에서 발견되는 녹색 색소인 엽록소(chlorophyll)의 화학식은 $C_{55}H_{72}MgN_4O_5$이다. 엽록소를 생산하는 식물에 Mg 0.0011 g이 공급될 때 이 마그네슘을 모두 소비하는 데 필요한 질소는 몇 그램인가?

분석 앞에서와 같이 문제를 다음과 같이 다시 써 보자.

$$0.0011\ \text{g Mg} \Leftrightarrow ?\ \text{g N}$$

한 물질의 질량과 다른 물질의 질량 관계를 설정하기 위하여 앞에서 배운 일련의 과정을 이용한다. 첫 번째로 Mg의 질량을 Mg의 몰수로 바꾼다. 구한 Mg의 몰수를 화학식을 이용하여 N의 몰수로 바꾼 후, 마지막으로 몰질량을 이용하여 두 번째 물질 N의 질량을 구한다.

도구 모음 첫 번째 단계로 Mg의 질량을 Mg의 몰수로 바꾸기 위하여 다음과 같은 질량 대 몰 도구가 필요하다.

$$24.3050\ \text{g Mg} = 1\ \text{mol Mg}$$

다음에는 Mg의 몰수를 N의 몰수로 바꾸기 위하여 몰비를 이용한다.

$$1\ \text{mol Mg} \Leftrightarrow 4\ \text{mol N}$$ (이것은 정확한 수이다.)

마지막으로 질소의 질량 대 몰의 관계식을 이용한다.

$$1\ \text{mol N} = 14\ \text{g N}$$

전체 문제 풀이 과정은 다음과 같다.

$$0.0011\ \text{g Mg} \xrightarrow{\boxed{1\ \text{mol Mg} \Leftrightarrow 24.3\ \text{g Mg}}} \text{mol Mg} \xrightarrow{\boxed{1\ \text{mol Mg} \Leftrightarrow 4\ \text{mol N}}} \text{mol N} \xrightarrow{\boxed{1\ \text{mol N} \Leftrightarrow 14\ \text{g N}}} \text{g N}$$

해설 한 물질의 양(그램수, 몰수, 또는 원자 수준의 단위)을 다른 물질의 양으로 바꾸는 문제에는 반드시 두 물질 사이의 몰비 관계를 이용해야 한다.

이와 같은 종류의 문제를 해결하는 일반적인 과정을 다음과 같이 요약할 수 있다. 화살표는 각각의 변환 과정에서 사용할 수 있는 도구를 나타낸다.

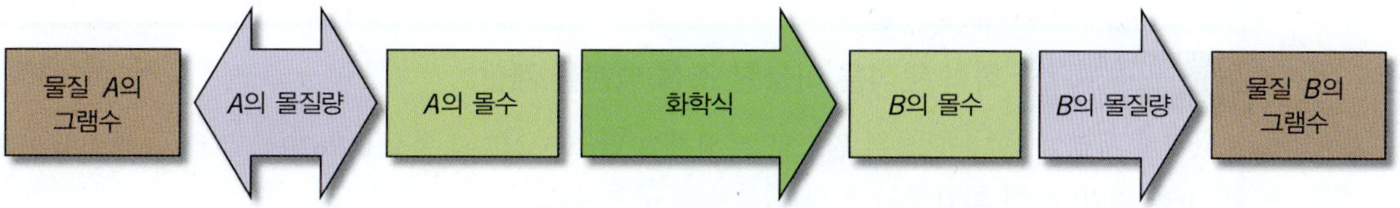

풀이 필요 없는 단위가 소거되도록 변환 인자를 배열하여 풀이 과정을 정리하면 다음과 같다.

$$0.0011\ \cancel{\text{g Mg}}\left(\frac{1\ \cancel{\text{mol Mg}}}{24.3\ \cancel{\text{g Mg}}}\right)\left(\frac{4\ \cancel{\text{mol N}}}{1\ \cancel{\text{mol Mg}}}\right)\left(\frac{14\ \text{g N}}{1\ \cancel{\text{mol N}}}\right)=0.002\ \text{g N}$$

식물 세포가 0.0011 g의 Mg을 모두 사용하여 엽록소를 생성하는 데 0.002 g의 N가 필요하다.

답이 합리적인가? 단위가 올바르게 소거되었는지 확인한 다음, 모든 숫자를 유효 숫자 한 자리로 반올림해서 다음과 같이 간단한 계산을 할 수 있다.

$$0.001\left(\frac{1\times4\times10}{20\times1\times1}\right)=\left(\frac{0.04}{20}\right)=\frac{0.004}{2}=0.002$$

이 값이 계산된 값과 매우 유사하므로 구한 답이 맞다는 확신을 할 수 있다.

실전 문제 3.10

25.6 g O와 결합하여 Fe_3O_4을 만드는데 필요한 철은 몇 그램인가? (**힌트**: 화학식이 알려 주는 몰비를 구하시오.)

실전 문제 3.11

물과 접촉하면 폭발하는 성질이 있는 트라이플루오린화 염소(chlorine trifluoride)는 중성자를 검출하거나 혹은 지구 대기의 방사능 수준을 관측하는 데 이용된다. 어떤 트라이플루오린화 염소(chlorine trifluoride) 시료에 0.163 g의 염소가 포함되어 있다면 그 시료에 들어 있는 플루오린은 몇 그램인가?

3.3 화학식과 조성 백분율

화학식은 어떤 화합물에 포함된 각 원소의 몰비를 나타낸다. 어떤 화합물의 조성을 표현하는 또 다른 방법은 구성 원소의 상대적 질량을 백분율로 나열하여 표현하는 것이다. 이를 **조성 백분율(percentage composition)**이라고 한다.

조성 백분율

원소의 질량 백분율(percentage by mass)이란 화합물 100 g에 포함된 각 원소의 그램수이다. 일반적으로 질량 백분율은 다음의 식에 의하여 구할 수 있다.

$$\text{원소의 질량 백분율}=\frac{\text{원소의 질량}}{\text{전체 시료의 질량}}\times100\% \qquad (3.1)$$

도구
조성 백분율

다음 예제에서와 같이 물질의 화학 분석을 바탕으로 조성 백분율을 결정할 수 있다. 조성 백분율은 물질의 확인이나 화학식을 결정하는 데 이용될 수 있다. 물질의 조성 백분율을 결정하고 화학식을 결정하는 일련의 과정을 공부해 보자.

예제 3.7 화학 분석을 이용한 조성 백분율 계산

액체 시료 8.657 g을 성분 원소로 분해하여 탄소 5.217 g, 수소 0.9620 g, 그리고 산소 2.478 g을 얻었다. 이 화합물의 조성 백분율을 구하시오.

분석 문제를 풀려면 조성 백분율과 같은 중요한 용어를 이해해야 한다. 조성 백분율은 그 화합물을 구성하는 원소의 질량을 백분율로 나열한 것이다.

도구 모음 필요한 도구는 식 3.1과 같은 질량 백분율 식이다. 시료에 포함된 각 원소의 질량은 주어졌으며, 각각의 질량을 합하면 전체 시료의 질량을 구할 수 있다.

풀이 시료와 관련된 정보를 정리하면 다음과 같다.

시료의 질량:	8.657 g
C의 질량:	5.217 g
H의 질량:	0.9620 g
O의 질량:	2.478 g

식 3.1을 각 원소에 적용하면 백분율을 구하는 데 필요한 세 개의 식을 얻는다.

$$\text{C:}\quad \frac{5.217\ \text{g}}{8.657\ \text{g}} \times 100\% = 60.26\%\ \text{C}$$

$$\text{H:}\quad \frac{0.9620\ \text{g}}{8.657\ \text{g}} \times 100\% = 11.11\%\ \text{H}$$

$$\text{O:}\quad \frac{2.478\ \text{g}}{8.657\ \text{g}} \times 100\% = 28.62\%\ \text{O}$$

백분율 합계: 99.99%

답이 합리적인가? 반올림으로 인한 약간의 오차를 감안해서 백분율을 모두 더하면 100%가 되어야 한다. 원소에 대한 각각의 계산은 유효 숫자 한 자리로 반올림한 후 대략적인 값을 구할 수도 있다. 예를 들면 C의 백분율을 대략 계산하면 $5/9 \times 100$으로 50%를 약간 넘으며, 이는 구한 답에 가깝다.

실전 문제 3.12

어떤 화합물 0.5462 g을 분해하여 질소 0.2012 g과 산소 0.3450 g을 얻었다. 이 화합물의 조성 백분율을 구하시오. 다른 원소가 존재하는지를 어떻게 판단할 수 있는지 설명하시오. (**힌트**: 질량 백분율을 구할 수 있는 식은 무엇인가?)

실전 문제 3.13

유기 화합물 0.6672 g을 분해하여 탄소 0.3481 g과 수소 0.0870 g을 얻었다. 이 화합물에서 탄소와 수소의 질량 백분율을 구하시오. 이 화합물은 다른 원소를 포함하고 있는가?

화학식으로부터 화합물의 조성 백분율을 구할 수도 있다. 어떤 물질 1 mol을 가정하면 몰질량이 식 3.1에 적용될 전체 질량이 된다. 식 3.1에서의 분자는 화학식에 포함된 원소와 관련된 질량이 된다. 다음 절에서 이렇게 계산된 백분율이 특정 물질을 확인하는 데 어떻게 이용되는지 살펴볼 것이다.

조성 백분율과 화합물 확인

화학식을 알면 식 3.1을 이용하여 화합물의 조성 백분율을 계산할 수 있다. 질소와 산소가 형성하는 N_2O, NO, NO_2, N_2O_3, N_2O_4, N_2O_5와 같은 다양한 화합물을 예로 들어보자. 질소와 산소로 만들어진 미지의 화합물 시료를 확인할 수 있는 한 가지 방법은, 가능한 여러 화학식에 대한 이론적인 조성 백분율과 실험을 통하여 얻은 조성 백분율을 비교하는 것이다. 질량 백분율을 이용하여 실험식을 찾는 방법을 다음의 예제에서 설명하였다.

해설 이론적이란 단어는 실험에서 얻은 결과가 아닌 계산으로 얻은 값을 의미한다. 이론적 자료는 신뢰도가 매우 높은 자료이다.

예제 3.8 조성 백분율을 이용한 화합물의 확인

질량 백분율이 25.94% N과 74.06% O인 실험 결과는 화학식 N_2O_5의 조성과 일치하는가?

분석 질량 백분율을 계산하기 위한 식 3.1을 살펴보면, 화합물 시료에서 N, O, 그리고 N_2O_5의 질량이 필요하다. **시료로 화합물 1 mol을 선택한다면** N_2O_5 1 mol**에 포함된 산소, 질소, 및 오산화 이질소의 질량을 쉽게 계산**할 수 있다.

도구 모음 화합물에서 원소의 질량 백분율을 계산하기 위한 식 3.1이 필요한 도구이다. N_2O_5의 몰질량을 계산하기 위한 도구와 화학식으로부터 얻을 수 있는 몰비가 필요하다. 인과 산소 원자에 대해 질량 대 몰수 변환 과정이 필요하다.

필요한 관계식은 다음과 같다.

$$2\text{ mol N 원자} \Leftrightarrow 1\text{ mol N}_2\text{O}_5$$
$$5\text{ mol O 원자} \Leftrightarrow 1\text{ mol N}_2\text{O}_5$$
$$1\text{ mol N 원자} = 14.01\text{ g N 원자}$$
$$1\text{ mol O 원자} = 16.00\text{ g O 원자}$$

풀이 N_2O_5 1 mol에는 N 2 mol과 O 5 mol이 포함되어 있다. 이에 상응하는 N과 O의 그램수는 다음과 같다.

$$1\text{ mol N}_2\text{O}_5\left(\frac{2\text{ mol N}}{1\text{ mol N}_2\text{O}_5}\right)\left(\frac{14.01\text{ g N}}{1\text{ mol N}}\right) = 28.02\text{ g N}$$
$$1\text{ mol N}_2\text{O}_5\left(\frac{5\text{ mol O}}{1\text{ mol N}_2\text{O}_5}\right)\left(\frac{16.00\text{ g O}}{1\text{ mol O}}\right) = 80.00\text{ g O}$$
$$1\text{ mol N}_2\text{O}_5 = 108.02\text{ g N}_2\text{O}_5$$

이제 백분율을 계산하면 다음과 같다.

$$\%\text{ N:}\quad \frac{28.02\text{ g}}{108.02\text{ g}} \times 100\% = 25.94\%\text{ N (N}_2\text{O}_5\text{에 포함된)}$$
$$\%\text{ O:}\quad \frac{80.00\text{ g}}{108.02\text{ g}} \times 100\% = 74.06\%\text{ O (N}_2\text{O}_5\text{에 포함된)}$$

실험으로부터 얻은 값인 25.94% N과 74.06% O는 이론적 백분율이 일치한다.

답이 합리적인가? 백분율을 합해서 100%가 되는지를 확인하는 것이 가장 간단한 방법이다. 두 값을 합하면 100%가 되므로 계산 결과는 합리적이다.

실전 문제 3.14

SiO_2의 이론적 조성 백분율을 구하시오(**힌트**: 조성 백분율의 정의를 상기하시오).

실전 문제 3.15

NO, NO_2, N_2O_3, N_2O_4의 이론적 조성 백분율을 계산하시오. 이 중 어떤 화합물이 실전 문제 3.12에서 구한 값과 일치하는가?

실전 문제 3.15에서 NO_2와 N_2O_4의 조성 백분율이 동일하다는 것을 확인할 수 있다. 이는 두 화합물의 몰비가 같기 때문이다. 몰비가 같은 모든 화합물은 조성 백분율이 동일하다.

3.4 실험식과 분자식 구하기

화학자의 중요한 연구 분야 중의 하나는 새로운 화합물을 합성하는 것이다. 제약과 관련된 연구에 종사하는 화학자들은 새로운 화합물을 합성하거나 혹은 동물이나 식물의 조직으로부터 추출하기도 한다. 화학자들은 이렇게 얻은 새로운 화합물의 화학식과 구조를 밝히기 위하여 질량 분석법과 같은 최첨단 기기를 이용한 구조 분석을 수행한다. 그러나 여전히 많은 화학자는 화학 분해를 통하여 일정한 양의 화합물에 포함된 각 원소의 질량을 결정하는 원소 분석을 이용하여 **실험식(empirical formula)**을 결정하고 있다. 실험적으로 성분 원소의 질량을 결정하여 어떻게 화합물의 화학식을 알아내는지 살펴보자.

원소 상태의 인 중 하나인 '흰인(백린)'은 대기 중에 노출되면 자연 발화하는 성질인 **인화성**이 있다. 인이 산소 분위기에서 연소될 때 생성되는 화합물은 화학식이 P_4O_{10}인 분자로 구성되어 있다. 한 **분자**의 조성을 나타내는 화학식을 **분자식(molecular formula)**이라고 한다. 그런데 P_4O_{10}에서 아래 첨자 4와 10은 모두 2로 나누어지므로, P와 O의 **가장 간단한 비**는 2와 5이다. 이 비를 이용하여 더 간단한 화학식 P_2O_5를 얻을 수 있다. 이 화학식은 화합물에 대한 실험적 분석을 통하여 얻을 수 있기 때문에 **실험식(empirical formula)**이라고 한다.

도구
실험식

실험식은 화합물에 포함된 각 원소의 원자에 대한 가장 간단한 정수비로 나타낸다. 화합물에서 각 원자의 상대적 비는 화합물에 포함된 원자들의 몰비와 일치하는 것을 알고 있다. 따라서 화합물에서 각 원소의 몰수를 결정할 수 있는 실험 자료가 있다면, 이 정보를 이용하여 가장 간단한 몰비로 나타내는 실험식을 얻을 수 있다. 다음의 예제 3.9, 3.10, 3.11에서 실험식을 결정하는 데 사용될 수 있는 세 가지 형태의 자료인 (a) 원소의 질량, (b) 조성 백분율, (c) 연소 실험의 결과 등에 대하여 살펴보기로 하자. 이 자료들을 이용하여 화학식에 포함된 각 원소의 가장 간단한 몰비를 구하는 것이 목표이다.

질량 자료를 이용한 실험식 구하기

순수한 화합물 시료에 포함된 각 원소의 질량을 구하면 각 원소의 몰수를 구할 수 있으며, 이 정보로부터 가장 간단한 몰비를 찾아서 실험식을 결정할 수 있다. 다음 예제와 같이 많은 경우에 한 가지 원소를 제외한 다른 모든 원소에 대한 분석을 수행한 후, 질량 보존 법칙을 이용하여 나머지 원소의 질량을 계산한다.

예제 3.9 질량 자료를 이용한 실험식 구하기

산화 주석(IV)으로 유리를 코팅하기 전에 주석과 염소로 이루어진 전구체로 유리를 처리하는 것이 좋다. 주석과 염소만으로 이루어진 화합물 시료 2.57 g에 주석 1.17 g이 포함된 것으로 알려졌다. 이 화합물의 실험식은 무엇인가?

분석 실험식에서 아래 첨자는 화합물을 구성하는 원소들의 상대적 몰수를 의미한다. Cl에 대한 Sn의 **몰비**를 알면 실험식을 구할 수 있다. 따라서 첫 번째 과정은 Sn과 Cl의 그램수를 몰수로 바꾸는 것이다. 그다음에 이 몰수를 가장 간단한 **정수비**로 바꾼다.

문제에서 시료 2.57 g에 포함된 염소의 질량을 알려 주지 않았지만 질량 보존 법칙을 이용하여 Cl의 질량을 계산할 수 있다.

도구 모음 첫 번째 도구인 0장에서 배운 질량 보존 법칙에 의하면 화합물의 질량은 Cl의 질량과 Sn의 질량의 합과 같아야 한다.

$$\text{화합물의 질량} = \text{Cl의 질량} + \text{Sn의 질량}$$
$$\text{Cl의 질량} = \text{화합물의 질량} - \text{Sn의 질량}$$

몰질량이라는 도구를 이용하여 각 원소의 몰수를 계산한다.

$$118.7\text{ g Sn} = 1\text{ mol Sn}$$
$$35.45\text{ g Cl} = 1\text{ mol Cl}$$

풀이 먼저 화합물 2.57 g에 포함된 Cl의 질량을 구해 보자.

$$\text{Cl의 질량} = 2.57\text{ g 화합물} - 1.17\text{ g Sn} = 1.40\text{ g Cl}$$

이제 몰질량을 이용하여 주석과 염소의 질량을 몰로 바꾼다.

$$1.17\ \cancel{\text{g Sn}}\left(\frac{1\text{ mol Sn}}{118.7\ \cancel{\text{g Sn}}}\right) = 0.00986\text{ mol Sn}$$

$$1.40\ \cancel{\text{g Cl}}\left(\frac{1\text{ mol Cl}}{35.45\ \cancel{\text{g Cl}}}\right) = 0.0395\text{ mol Cl}$$

이제 구한 몰비로 표현된 실험식 $Sn_{0.00986}Cl_{0.0395}$의 아래 첨자를 원자의 비를 나타내는 정수로 바꿔야 한다. 소수로 표현된 아래 첨자를 정수로 바꾸기 위하여 두 값 중에서 작은 값으로 각각을 나눈다. **모든 값 중에서 전체를 나누는 데 사용될 가장 작은 값을 찾는 것**이 정수로 된 아래 첨자를 구하는 첫걸음이다. 이렇게 하면 반드시 적어도 하나의 정수를 얻을 수 있다. 여기서는 두 소수 모두를 0.00986으로 나눈다.

$$Sn_{\frac{0.00986}{0.00986}}Cl_{\frac{0.0395}{0.00986}} = Sn_{1.00}Cl_{4.01}$$

대부분의 경우 이런 계산을 통하여 얻은 아래 첨자가 어떤 정수에서 0.1보다 작게 벗어나며, 이런 경우에는 가장 가까운 정수로 반올림해도 된다. 따라서 위에서 구한 4.01을 4로 반올림하면 실험식은 $SnCl_4$이다.

답이 합리적인가? 정수의 아래 첨자를 쉽게 구할 수 있을 뿐만 아니라, 2장에서 배운 바에 의하면 주석은 Sn^{2+}나 Sn^{4+} 이온을 형성하며 염소는 Cl^- 이온만을 만들 수 있다는 사실을 상기해 보자. 따라서 가능한 화합물은 $SnCl_2$ 혹은 $SnCl_4$이며, 그중 하나인 $SnCl_4$가 우리가 구한 답이다.

실전 문제 3.16

질소와 수소로 구성된 화합물 시료 1.525 g에 질소가 1.333 g 포함되어 있다. 실험식을 구하시오. (**힌트**: 몇 그램의 수소가 존재하는가?)

실전 문제 3.17

황은 산소와 반응하여 SO_2와 SO_3의 두 가지 다른 화합물을 형성한다. 황 0.7625 g을 공기 중에서 연소시켜 산화 황 화합물 시료 1.525 g을 얻었다. 형성된 화합물은 어느 것인가?

실험식에 적용할 정수비 결정하기

어떤 경우에는 가장 작은 값으로 나누어도 정수를 얻을 수 없다. 정수가 아닌 소수값이 얻어진 경우에는 소수점 이하의 숫자를 분수로 나타내고, 그 분모를 모든 첨자에 곱해 준다. 자철석에서 발견되며 자성 잉크로 사용되는 '검은 산화 철'을 분석하는 경우를 예로 들어 보자. 철과 산소로 구성된 화합물 중 하나인 검은 산화 철 시료 2.448 g을 분석하였더니, Fe 1.771 g과

Courtesy of William Schuster, PhD, Black Rock Forest

광물질 자철석은 다른 자석과 마찬가지로 나침반 바늘의 배향에 영향을 줄 수 있다.

O 0.677 g이 포함된 것을 알았다. 이로써 철과 산소의 몰수를 구할 수 있다.

$$1.771\ \cancel{\text{g Fe}}\left(\frac{1\ \text{mol Fe}}{55.845\ \cancel{\text{g Fe}}}\right) = 0.03171\ \text{mol Fe}$$

$$0.677\ \cancel{\text{g O}}\left(\frac{1\ \text{mol O}}{16.00\ \cancel{\text{g O}}}\right) = 0.0423\ \text{mol O}$$

이 결과를 이용하여 구한 실험식은 $Fe_{0.03171}O_{0.0423}$이다. 두 아래 첨자를 정수로 바꾸기 위해 두 수를 더 작은 값인 0.003171로 나눈다.

$$Fe_{\frac{0.03171}{0.03171}}O_{\frac{0.0423}{0.03171}} = Fe_{1.000}O_{1.33}$$

0.33은 이전에 정한 기준인 0.1보다 크고, 우리는 이 값을 반올림하고자 하므로, 여기서 1.33을 1로 내리는 것은 불가능하다. 몰의 관점에서 1 대 1.33은 유효하다. 다만 이 비를 정수비로 나타낼 수 있는 방법이 필요할 뿐이다. 이를 위하여 소수 0.33은 1/3에 대응한다는 사실을 주목하자. 분모는 3이고, 아래 첨자 모두에 3을 곱하면 다음을 얻는다.

$$Fe_{(1.000\times 3)}O_{(1.33\times 3)} = Fe_{3.000}O_{3.99}$$

따라서 철 산화물의 실험식은 Fe_3O_4이다. **표 3.1**에 아래 첨자 계산에서 많이 나타나는 몇 가지 소수와, 그 소수를 분수로 나타낸 사례를 수록하였다. 분수의 분모를 계산된 아래 첨자에 곱해서 정수를 얻을 수 있다.

도구
정수의 아래 첨자 결정하기

다소 비수학적인 '시행착오' 방법으로도 정수로 된 아래 첨자를 얻을 수 있다. 아래 첨자에 2를 곱해 보고 정수를 얻지 못하면 3, 4, 5, ... 등을 차례대로 곱해 본다. 이 예제에서는 3을 곱해서 정수로 된 아래 첨자를 얻었다.

표 3.1 소수와 분수

소수	분수[a]
0.20	1/5
0.25	1/4
0.33	1/3
0.40	2/5
0.50	1/2
0.60	3/5
0.66	2/3
0.75	3/4
0.80	4/5

[a]정수로 된 아래 첨자를 얻으려면 분수의 분모 값으로 곱하면 된다.

실전 문제 3.18

질소와 아이오딘으로 구성된 어떤 화합물은 약간의 접촉만 가해져도 부러지고 보라색 기체를 방출하는 성질이 있는 촉발성 폭발물로 알려져 있다. 이 시료를 분석한 결과 질소 0.259 g과 아이오딘 7.04 g이 포함된 것을 확인하였다. 이 화합물의 실험식을 구하시오. (**힌트**: 질소와 아이오딘의 원자 질량은 얼마인가?)

실전 문제 3.19

소듐과 산소로 이루어진 어떤 화합물을 전기 분해해서 5152.81 kg의 소듐과 4572.21 kg의 산소를 얻었다. 전기 분해에 이용된 화합물의 실험식은 무엇인가?

실험에서 얻은 질량 백분율을 이용한 실험식 구하기

단 한 번의 실험을 통하여 화합물에 포함된 모든 원소의 질량을 알아내는 것이 항상 가능한 것은 아니며, 대부분 두 번 이상의 실험을 하는 과정이 필요하다. 예를 들어 칼슘, 염소, 산소만으로 이루어진 화합물을 분석한다고 가정해 보자. 무게를 측정한 처음 시료를 이용하여 칼슘의 질량을 결정하고 두 번째 시료를 이용하여 염소의 질량을 측정하는 두 번의 실험이 필요하다. 두 실험으로부터 얻은 각각의 질량 정보를 질량 백분율로 바꾸면 화합물에 포함된 Ca와 Cl의 함량을 알 수 있다. 한편 산소의 질량 백분율은 % Ca + % Cl + % O = 100%이므로 차이를 이용하여 쉽게 계산할 수 있다. 화합물 시료를 100 g으로 가정하면 각 원소의 질량 백분율은 시료에 포함된 원소의 그램수를 나타낸다. 다음으로 질량을 해당 원소의 몰수로 변환시킨 후, 지금까지 공부한 방법을 이용하여 정수의 몰비를 얻은 다음 실험식을 구한다. 이 과정을 다음의 예제를 통하여 살펴보기로 하자.

도구
조성 백분율을 이용한 실험식 구하기

예제 3.10 조성 백분율을 이용한 실험식 구하기

세라믹에 특수한 색을 발현시키기 위하여 사용되는 흰색 가루는 다음과 같은 조성 백분율을 가지고 있다. Ba: 69.6%, C: 6.09%, O: 24.3%. 이 화합물의 실험식을 구하시오. 이 화합물의 이름은 무엇인가?

분석 화합물 100 g을 가정하면 문제에 주어진 각 원소의 백분율은 100 g의 시료에 포함된 해당 원소의 질량과 같다.

각 원소의 질량을 몰수로 바꾼 다음, 실험식에서 아래 첨자로 사용할 정수값을 구한다.

도구 모음 각 원소의 몰수를 결정하려면 도구로 몰질량이 필요하다. 다음으로 정수로 된 아래 첨자를 결정하는 과정이 필요하다.

풀이 화합물 시료를 100 g으로 가정하여 69.6% Ba을 69.6 g Ba로, 6.09% C를 6.09 g C로, 24.3% O를 24.3 g O로 바꾼다. 얻은 질량을 몰수로 바꾸면 다음과 같다.

$$\text{Ba:}\quad 69.6\ \cancel{\text{g Ba}}\left(\frac{1\ \text{mol Ba}}{137.3\ \cancel{\text{g Ba}}}\right) = 0.507\ \text{mol Ba}$$

$$\text{C:}\quad 6.09\ \cancel{\text{g C}}\left(\frac{1\ \text{mol C}}{12.01\ \cancel{\text{g C}}}\right) = 0.507\ \text{mol C}$$

$$\text{O:}\quad 24.3\ \cancel{\text{g O}}\left(\frac{1\ \text{mol O}}{16.00\ \cancel{\text{g O}}}\right) = 1.52\ \text{mol O}$$

예비로 얻은 실험식은 다음과 같다.

$$Ba_{0.507}C_{0.507}O_{1.52}$$

이제 가장 작은 값인 0.507로 모든 아래 첨자를 나눈다.

$$Ba_{\frac{0.507}{0.507}}C_{\frac{0.507}{0.507}}O_{\frac{1.52}{0.507}} = Ba_{1.00}C_{1.00}O_{3.00}$$

아래 첨자가 모두 정수이므로 실험식은 $BaCO_3$이며 화합물의 이름은 탄산 바륨이다.

답이 합리적인가? 계산을 통해 얻은 아래 첨자가 정수라는 사실은 정답이라는 좋은 단서이다. 이와 더불어 2장에서 배운 다원자 이온과 이온 결합 화합물에 대한 지식에 의하면 바륨 이온(Ba^{2+})과 탄산 이온 (CO_3^{2-})이 결합하면 동일한 화학식인 $BaCO_3$를 만든다. 따라서 $BaCO_3$는 합리적인 답이다.

실전 문제 3.20

종이를 희게 만들기 위하여 사용하는 어떤 흰색 고체의 조성이 Na 32.4%, S 22.6%이고 나머지는 산소이다. 화합물의 실험식은 무엇인가? (**힌트**: 산소의 백분율을 계산하는 데 어떤 법칙이 필요한가?)

실전 문제 3.21

계피향을 내는 신남알데하이드(cinnamaldehyde)의 조성은 C 81.79%, H 6.10%, 그리고 나머지는 산소이다. 이 화합물의 실험식을 결정하시오.

해설 일반적으로 시료를 100 g으로 가정하면 모든 백분율을 질량 값으로 대체해서 계산에 이용할 수 있다.

질량 보존 법칙과 조성 백분율을 이용하면 단지 두 번의 실험만으로 세 가지 물질의 양을 결정할 수 있어 많은 시간과 노력을 절약할 수 있다. 많은 경우에 시료에 포함된 산소와 같은 원소를 분석하는 것이 매우 어려운데, 백분율을 이용하면 이런 문제를 피할 수 있다.

최첨단 화학 3.1

연소 분석

화합물을 순수한 산소 분위기에서 태우면 화합물에 포함된 탄소와 수소의 질량을 결정할 수 있다. 이때 탄소를 CO_2로, 수소를 H_2O로 완전히 바꿔 주는 촉매가 필요하다. 생성된 기체가 무수 황산 칼슘을 포함하고 있는 관과 수산화 소듐을 포함하고 있는 관을 차례로 통과하면, **그림 1**에서 보는 바와 같이 첫 번째 관에는 물이 흡수되고 두 번째 관에는 이산화 탄소가 흡수된다. 실험 전에 두 관의 질량은 미리 측정한다.

두 관의 증가된 질량은 각각 흡수된 CO_2와 H_2O의 질량을 나타내며, 이 결과를 이용하여 화합물에 포함된 탄소와 수소의 질량을 계산할 수 있다. 화합물에 포함된 산소는 연소된 전체 질량에서 수소와 탄소의 질량을 빼서 결정한다. 일반적으로 질소, 황, 할로젠 등이 포함된 화합물의 분석은 시간이 많이 소요되는 어려운 실험이 요구되기도 한다.

현대 기기에서는 기체 크로마토그래피라는 기술을 이용하여 연소 생성물을 자동으로 분석한다. 고성능 촉매가 들어있는 기기에서 무게를 측정한 시료를 태우면 시료에 포함된 탄소, 질소, 황 원자가 각각 CO_2, N_2, SO_2 기체로 변환된다. 생성된 기체 중 소량을 자동으로 기체 크로마토그래피에 주입한다. 기기에 주입된 혼합 기체는 각각의 기체를 다른 속도로 이동하게 하는 흡착제로 채워진 관을 통과하면서 각 성분 기체로 분리된다. 분리된 기체가 관 끝에 설치된 기체의 열전도도를 측정하는 검출기에 의하여 성분별로 측정되면, **그림 2**에 나타낸 것과 같이 분리된 각 물질에 대응하는 여러 피크로 구성된 크로마토그램을 얻는다. 각 피크의 넓이는 각 기체의 양에 비례하는데, 이를 이용하여 내부 컴퓨터가 자동으로 조성 백분율을 계산한다.

실험 결과를 검정하기 위하여 알려진 양의 매우 순수한 물질(표준 물질이라고 한다)을 섞은 시료를 연소시켜 피크의 너비와 시료의 양과의 관계를 계산할 수 있는 환산 인자를 얻는다. 일반적으로 고전적인 분석법은 시료당 약 30분 정도가 걸리나, 일단 검정이 끝난 기기를 이용하면 시료당 약 2~5분이면 분석이 가능하다.

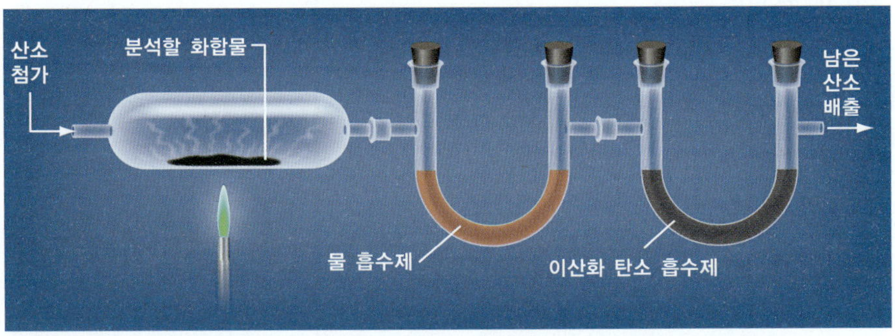

그림 1 고전적인 CH 분석 이 실험에서는 순수한 산소를 화합물에 가한다. 연소 생성물은 U자관에 포함된 화학 물질과 반응하여 흡수된다. 황산 칼슘은 물을 흡수하고 수산화 소듐은 이산화 탄소를 흡수한다.

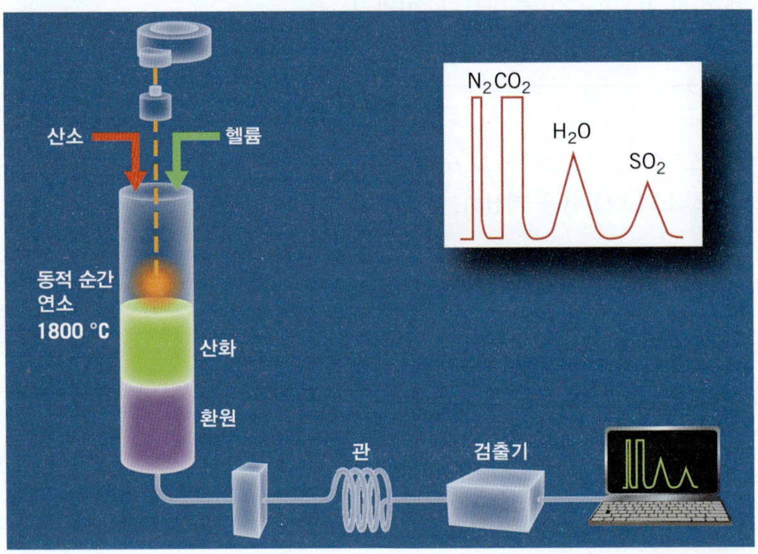

그림 2 자동화된 CHNS 원소 분석기의 모식도 모식도에 연소실, 크로마토그래피 관, 열전도도 검출기 및 N_2, CO_2, H_2O, SO_2 피크로 구성된 크로마토그램을 나타내었다.

간접 분석을 이용한 실험식 구하기

실제로 정량 분석에서 화합물이 구성 **원소**로 완전히 분해되는 경우는 거의 없다. 대신에 원래의 화합물이 **다른 형태의 화합물**로 바뀐다. 다시 말하면 각 원소는 **화학식이 알려진** 다른 화합물로(정량적으로) 변해서 분리된다.

예제 3.11에서 탄소, 수소, 산소만으로 이루어진 화합물에 대한 간접적인 분석 사례를 살펴보기로 하자. 이러한 화합물을 순수한 산소 중에서 완전히 연소시키면(이를 연소 반응이라 한다) 이산화 탄소와 물을 얻는다. 이와 같은 간접 분석법을 특히 **연소 분석법(combustion analysis)**이라 한다. 예를 들어 메탄올(CH_3OH)을 완전 연소시키면 다음과 같은 반응이 일어난다.

$$2CH_3OH + 3O_2 \longrightarrow 2CO_2 + 4H_2O$$

이산화 탄소와 물을 분리하고 각각의 질량을 잰다. 원래의 화합물에 포함된 모든 탄소 원자는 CO_2 분자에 그리고 모든 수소 원자는 H_2O 분자에 각각 포함된 것에 주목하라. 이와 같은 방법으로 원래의 원소 중에서 적어도 두 개의 원소, 즉 C와 H를 정량적으로 측정할 수 있다.

얻은 CO_2에 포함된 탄소의 질량을 계산하면 이는 원래 시료에 포함된 탄소의 질량과 일치한다. 비슷한 방법으로 얻은 H_2O에 포함된 수소의 질량을 계산하여 원래 시료에 포함된 수소의 질량을 얻을 수 있다. 시료에는 산소도 포함되어 있으므로, 질량 보존 법칙을 이용하여 원래 시료의 질량에서 C와 H 질량의 합을 빼면 화합물에 포함된 산소의 질량을 얻을 수 있다.

예제 3.11 간접 분석을 이용한 실험식 구하기

화학자들은 화학식이 이미 알려진 화합물을 합성하는 연구를 많이 수행한다. 새로 합성한 화합물의 실험식이 원하는 화합물의 실험식과 오차 범위 내에서 일치하지 않으면, 다른 불순물이 존재하거나 혹은 원하는 물질이 아니라는 의미이다. 탄소와 수소 그리고 산소만으로 이루어진 시료를 확인하는 가장 쉬운 방법은 연소 분석을 이용하는 것이다.

탄소와 수소 그리고 산소만으로 이루어진 어떤 액체 시료 0.5438 g을 100% 산소 분위기에서 연소시켜 CO_2 1.039 g과 H_2O 0.6369 g을 얻었다. 이 화합물의 실험식은 무엇인가?

분석 이 문제는 몇 단계로 구성되어 있다. 먼저 CO_2에 포함된 C의 그램수와 H_2O에 포함된 H의 그램수를 계산해서 원소 C와 H의 질량을 결정한다. 질량 차이를 이용하여 산소의 질량을 계산한 다음 C, H, O의 질량을 이용하여 각각의 몰수를 계산한다. 마지막으로 각 원소의 몰수를 이용하여 실험식의 아래 첨자로 사용할 정수를 구한다.

도구 모음 CO_2와 H_2O의 질량으로부터 C와 H의 질량을 계산하기 위하여 질량과 몰의 관계를 나타내는 도구가 필요하다. 이 문제에서는 다음과 같은 등가식으로부터 출발한다.

$$1\ \text{mol C} = 12.011\ \text{g C}$$
$$1\ \text{mol } CO_2 = 44.010\ \text{g } CO_2$$
$$1\ \text{mol O} = 15.999\ \text{g O}$$
$$1\ \text{mol } H_2O = 18.015\ \text{g } H_2O$$

다음으로 아래의 식으로부터 얻을 수 있는 몰비 등가성이 필요하다.

$$1\ \text{mol C} \Leftrightarrow 1\ \text{mol } CO_2$$
$$2\ \text{mol H} \Leftrightarrow 1\ \text{mol } H_2O$$

이 과정은 예제 3.6의 화합물의 그램수를 화합물에 포함된 원소의 그램수로 바꾸는 과정과 유사하다.

다음으로 산소의 함량을 결정하기 위하여 질량 보존 법칙을 사용한다.

$$\text{화합물의 질량} = \text{C의 질량} + \text{H의 질량} + \text{O의 질량}$$

각 원소의 질량을 결정한 다음, 각 질량을 몰로 변환시킨다. 마지막으로 각 원소에 대하여 계산된 몰수를 화학식의 아래 첨자로 사용할 정수로 바꾼다.

풀이 우선 CO_2에 포함된 C의 그램수를 계산해 보자.

$$1.039\ \cancel{g\ CO_2}\left(\frac{1\ \cancel{mol\ CO_2}}{44.009\ \cancel{g\ CO_2}}\right)\left(\frac{1\ \cancel{mol\ C}}{1\ \cancel{mol\ CO_2}}\right)\left(\frac{12.011\ g\ C}{1\ \cancel{mol\ C}}\right) = 0.2836\ g\ C$$

H_2O 0.6369 g에 포함된 H의 그램수는 다음과 같이 계산한다.

$$0.6369\ \cancel{g\ H_2O}\left(\frac{1\ \cancel{mol\ H_2O}}{18.015\ \cancel{g\ H_2O}}\right)\left(\frac{2\ \cancel{mol\ H}}{1\ \cancel{mol\ H_2O}}\right)\left(\frac{1.0079\ g\ H}{1\ \cancel{mol\ H}}\right) = 0.07127\ g\ H$$

따라서 C와 H의 질량을 합하면 다음과 같다.

$$\text{C와 H의 전체 질량} = 0.2836\ g\ C + 0.07127\ g\ H = 0.3549\ g$$

원래 시료의 질량인 0.5438 g과 두 질량의 합과의 차가 마지막 남은 산소의 질량이다.

$$\text{O의 질량} = 0.5438\ g - 0.3549\ g = 0.1889\ g\ O$$

이제 원소의 질량을 이용하여 실험식을 구해 보자.

$$\text{C:}\quad 0.2836\ \cancel{g\ C}\left(\frac{1\ mol\ C}{12.011\ \cancel{g\ C}}\right) = 0.02361\ mol\ C$$

$$\text{H:}\quad 0.07127\ \cancel{g\ H}\left(\frac{1\ mol\ H}{1.0079\ \cancel{g\ H}}\right) = 0.07071\ mol\ H$$

$$\text{O:}\quad 0.1889\ \cancel{g\ O}\left(\frac{1\ mol\ O}{15.999\ \cancel{g\ O}}\right) = 0.01181\ mol\ O$$

따라서 예비로 구한 실험식은 $C_{0.02361}H_{0.070701}O_{0.01181}$이다. 이제 가장 작은 수인 0.01181로 모든 아래 첨자를 나누면 다음의 결과를 얻는다.

$$C_{\frac{0.02361}{0.01181}}H_{\frac{0.07071}{0.01181}}O_{\frac{0.01181}{0.01181}} = C_{1.999}H_{5.987}O_1$$

얻은 수가 거의 정수에 가까우며 따라서 실험식은 C_2H_6O이다.

답이 합리적인가? 문제에 대한 검토는 효과적이며 빨라야 한다. 모든 계산을 통하여 정수의 아래 첨자를 얻었다는 사실이 문제를 올바르게 풀었다는 좋은 증거가 될 것이다. 답에 대한 더 큰 확신이 필요하면 각 단계에서의 답에 대한 검토가 필요하다.

실전 문제 3.22

황과 탄소만을 포함하는 시료를 대기 중에서 완전히 연소시켜서 얻은 생성물을 분석한 결과, SO_2 0.640 g과 CO_2 0.220 g을 얻었다. 실험식은 무엇인가? (**힌트**: 화합물의 그램수를 원소의 그램수로 바꾸는 도구를 이용하시오.)

실전 문제 3.23

어떤 화합물 시료 5.048 g을 연소시켜서 CO_2 7.406 g과 H_2O 3.027 g을 얻었다. C, H, O만으로 구성된 이 화합물의 실험식을 구하시오.

실험식과 분자 질량을 이용한 분자식 구하기

이온 결합 화합물의 경우에는 실험식이 일반적인 화학식으로 통용된다. 그러나 분자 화합물의 경우에는 각 원소의 가장 간단한 정수비를 알려 주는 실험식보다는 한 분자에 포함된 각 원자의 실제 개수를 알려 주는 분자식이 더 유용하다.

H_2O나 NH_3의 경우처럼 실험식과 분자식이 동일한 경우도 있다. 그러나 일반적으로 분자식의 아래 첨자는 실험식의 아래 첨자에 정수를 곱한 것과 같다. 예를 들면 분자식 P_4O_{10}의 아래 첨자는 실험식 P_2O_5의 각각에 2를 곱한 것이다. 따라서 P_4O_{10}의 분자 질량은 P_2O_5의 화학식량의 두 배가 될 것이다. 이런 사실을 종합해 보면 화합물의 분자 질량을 결정할 수 있는 실험 방법이 존재하는 경우 그 화합물의 분자식을 결정할 수 있음을 알 수 있다. 분자 질량이 화학식량과 일치한다면 실험식 자체가 분자식이다. 두 질량이 서로 다른 경우는 분자 질량은 계산된 화학식량에 어떤 정수를 곱한 값이 될 것이다. 분자식을 얻기 위하여 실험식에 곱해야 하는 정수가 바로 그 정수이다.

해설 분자량을 구하는 많은 방법이 있다. 이 방법들은 10장과 12장에서 다룰 예정이다. 2장에서 배운 질량 분석계와 같은 기기를 사용할 수도 있다.

예제 3.12 실험식과 분자 질량을 이용한 분자식의 결정

폴리에틸렌의 원료인 에틸렌의 몰질량은 28.05이고 실험식은 CH_2이다. 분자식은 무엇인가?

dem10/Getty Images

분석 에틸렌의 실험식과 몰질량을 알고 있으므로, 한 분자에 몇 개의 실험식 단위가 포함되어 있는지 확인할 수 있다. 그러면 분자식은 실험식의 아래 첨자에 정수를 곱한 값이 될 것이다.

도구 모음 분자식과 화학식의 관계를 살펴보면 에틸렌의 분자 질량을 실험식량으로 나누면 정수를 얻게 되고, 이 정수는 분자 자체에 들어 있는 화학식 단위의 개수를 나타낸다는 것을 알 수 있다.

$$\frac{\text{에틸렌의 분자 질량}}{CH_2\text{의 실험식량}}$$

화학식의 모든 아래 첨자에 구한 정수를 곱해서 분자식을 얻는다.

풀이 실험식 CH_2의 화학식량은 다음과 같다.

$$12.01 + 2(1.008) = 14.03$$

무게가 28.05인 에틸렌에 무게가 14.03인 CH_2 단위가 몇 개 포함되어 있는지 확인하기 위하여 두 값을 나누면 다음과 같다.

$$\frac{28.05}{14.03} = 1.99$$

이 결과를 2로 반올림하면 CH_2 단위 2개가 에틸렌 분자식을 구성한다는 것을 알 수 있고, 따라서 에틸렌의 분자식의 아래 첨자는 아래와 같이 CH_2의 아래 첨자보다 2배 더 큰 값이어야 한다.

$$C_{1\times 2}H_{2\times 2}$$

따라서 에틸렌의 분자식은 C_2H_4이다.

답이 합리적인가? C_2H_4의 분자 질량은 약 $(2\times 12)+(4\times 1.01)=28.04$이며 이는 처음에 주어진 분자 질량과 일치한다.

실전 문제 3.24

하이드라진의 실험식은 NH_2이고 분자량은 32.0이다. 하이드라진의 분자식은 무엇인가?
(**힌트**: 분자식과 실험식의 관계를 생각해 보시오.)

실전 문제 3.25

한 학생이 서로 다른 두 화합물의 실험식을 각각 CH_2Cl과 $CHCl$로 결정하였다. 이 중 한 화합물의 분자 질량은 100이며, 다른 하나의 분자 질량은 289이다. 두 화합물의 분자식은 각각 무엇인가?

3.5 화학량론과 화학 반응식

균형 화학 반응식 구하기

균형(**balanced**) 화학 반응식은 문제를 해결하는 데 매우 유용한 도구이다. 2장에서 **화학 반응식**이란 화학 반응에 대한 간단하고 정량적인 기술이란 것을 배웠다. 반응물(화살표 왼쪽에 표기)에 존재하는 모든 원자들이 생성물(화살표 오른쪽에 표기)의 어딘가에 같은 개수로 존재하고 있으면 반응식은 균형이 맞았다고 한다. 화학식 앞의 위치하는 숫자인 계수는 해당 화학식에 곱해준 숫자로서, 반응식의 균형을 맞추는 데 사용된다.

반응식의 균형을 맞추는 과정은 두 단계로 접근한다.

1단계 **균형이 맞지 않은 '반응식'**을 쓴다. 화학식을 더하기 기호와 화살표(양쪽의 각 원자의 수가 같아야 하므로 화살표를 등호로 생각하라) 등을 이용하여 반응식에 나열한다. 올바른 화학식을 사용하라(2장에서 배운 화학식을 쓰는 방법대로 화학식을 쓰는 연습을 계속해야 한다.)

2단계 **원자의 종류별로 화살표 양쪽에서 동일한 수가 되도록 계수를 조정**한다. 2단계를 수행하는 동안 화학식에서 원자 기호나 아래 첨자 등을 바꾸지 않는다. 그렇게 하면 반응식에 원래 의도와는 다른 물질이 포함되게 된다. 원소나 간단한 화합물은 나중에 하도록 남겨 두고, 가장 복잡한 화학식을 이용하여 이 과정을 시작하는 것이 좋다.

해설 명확하지 않으면 H_2를 분자 상태의 수소를, H를 원자 상태의 수소를 나타내는 것으로 한다. H_2를 두 개의 수소 원자로 봐도 무방하다.

Richard Megna/Fundamental Photographs

금속 아연이 염산과 반응한다.

통찰력으로 쉽게 균형을 맞출 수 있는 간단한 반응식부터 시작해 보자. 금속 아연과 염산과의 반응(여백의 사진 참조)이 좋은 예이다. 먼저 올바른 화학식이 필요하며, 이 경우에는 두 물질의 물리적 상태가 다르므로 물리적 상태를 포함시킨다. 반응물은 아연((Zn(*s*))과 기체 염화 수소가 수용액 상태로 존재하는 염산(HCl(*aq*))이다. 생성물에 관한 화학식도 필요하다. Zn은 물에 녹는 화합물인 염화 아연($ZnCl_2(aq)$)으로 변하고, 또 다른 생성물인 수소 기체 ($H_2(g)$)가 기포로 방출된다(수소는 자연에서 단원자가 아닌 이원자 분자로 존재한다는 사실을 상기하라).

1단계 균형이 맞지 않은 반응식을 쓴다.

$$Zn(s) + HCl(aq) \longrightarrow ZnCl_2(aq) + H_2(g) \quad \text{(불균형 반응식)}$$

2단계 원자의 종류별로 화살표 양쪽에서 동일한 수가 되도록 계수를 조정한다.

계수를 조정하는 데는 특별히 간단한 방법은 없고, 경험이 가장 큰 도움이 된다. 일반적인 경험에 의하면 다음의 지침을 주어진 순서대로 수행하는 것이 가장 효과적이다.

도구
화학 반응식 균형 맞추기

균형 맞추기에 대한 몇 가지 지침

1. 가장 복잡한 화학식부터 균형을 맞춘다. 특히 H_2나 O_2와 같은 원소들은 마지막에 균형을 맞춘다.
2. 두 개의 화학식(한 개의 반응물과 한 개의 생성물)에만 포함된 원자들부터 균형을 맞춘다(세 개 이상의 화학식에 포함된 원소들은 마지막까지 남겨 놓는다).
3. 화살표 양쪽에서 변하지 않는 다원자 이온은 전체를 한 그룹으로 균형을 맞춘다.

주어진 지침에 따라 Zn(*s*)와 $H_2(g)$는 마지막까지 남겨 놓고, Cl을 포함하고 있는 남은 두 화학식부터 시작하자. 화살표의 오른쪽에는 Cl이 두 개 있으나 왼쪽에는 한 개만 있으므로, 왼쪽의 HCl 앞에 2를 쓴다. $ZnCl_2$의 계수 1은 관례에 따라 표기하지 않는다는 것을 명심하라. 결과는 다음과 같다.

$$Zn(s) + 2HCl(aq) \longrightarrow ZnCl_2(aq) + H_2(g)$$

수소와 아연의 균형을 맞추기 위한 계수 조정은 더 이상 필요하지 않다. 이제 모든 균형이 맞추어졌다. 화살표 양쪽에 Zn 1개, H 2개, Cl 2개가 있다. 문제는 주어진 반응에 대하여 더 많은 균형 반응식을 쓸 수 있다는 것이다. 예를 들어 구한 반응식의 계수를 조정하면 다음의 반응식을 얻을 수 있다.

$$2Zn(s) + 4HCl(aq) \longrightarrow 2ZnCl_2(aq) + 2H_2(g)$$

예제 3.13 균형 반응식 쓰기

인산 소듐은 물에 녹아있는 금속 이온을 제거하여 세제의 세정력을 증가시키는 역할을 한다. 수산화 소듐과 인산(H_3PO_4)은 수용액에서 반응하여 물과 인산 소듐이 되며, 이때 인산 소듐은 용액에 녹은 상태로 존재한다. 이 반응에 대한 균형 반응식을 쓰시오.

분석 우선 화살표의 왼쪽에 반응물의 화학식을 오른쪽에 생성물의 화학식을 쓴 다음 앞에서 배운 절차에 따라 반응식의 균형을 맞춘다.

도구 모음 먼저 불균형 반응식을 쓰기 위하여 반응물과 생성물의 화학식이 필요하다. 인산의 화학식이 주어졌고, 2장에서 배운 명명법 도구를 이용하여 수산화 소듐의 화학식은 NaOH이고, 인산 소듐의 화학식은 Na_3PO_4임을 결정할 수 있다. 마지막으로 균형 화학 반응식을 구하는 지침을 이용한다.

풀이 화살표의 왼쪽에 반응물을 오른쪽에 생성물을 정리한 불균형 반응식을 쓴다. 물에 녹아있는 모든 물질에 (aq) 표시를 덧붙인다(액체 상태로 존재하는 H_2O 자체에는 (aq)와 같은 상태 표시를 하지 않는다).

$$NaOH(aq) + H_3PO_4(aq) \longrightarrow Na_3PO_4(aq) + H_2O \qquad \text{(불균형 반응식)}$$

H와 O 원자는 세 가지 이상의 화학식에 나타나므로 Na와 P 원자의 균형을 먼저 맞춘다. 오른쪽에 3 Na가 있으므로, 왼쪽의 NaOH 앞에 3을 쓴다. 또한 Na_3PO_4 화학식 앞에 표시하지 않는 1이 있다는 것을 잊지 말아야 한다.

$$3NaOH(aq) + H_3PO_4(aq) \longrightarrow Na_3PO_4(aq) + H_2O \qquad \text{(불균형 반응식)}$$

Na의 균형은 맞았으므로 P의 균형을 맞춘다. 모든 인은 PO_4 단위에 포함되어 있으므로 인산 이온 전체의 균형을 맞추기로 한다. 반응식을 살펴보면 PO_4의 균형이 이미 맞았다는 것을 알 수 있고, 이는 H_3PO_4의 계수가 1이라는 것을 의미한다. 이제 물의 계수만이 불균형 상태로 남아 있다. 반응물 쪽에는 6 H와 3 O가 있으므로 이들이 3개의 H_2O가 됨을 알 수 있다(이미 균형을 맞춘 PO_4에 포함된 O는 제외한다는 것에 주목하라). 따라서 생성물인 물의 계수는 3이 된다.

$$3NaOH(aq) + H_3PO_4(aq) \longrightarrow Na_3PO_4(aq) + 3H_2O \qquad \text{(균형 맞춘 반응식)}$$

이제 반응식의 균형이 맞았다.

답이 합리적인가? 균형 화학 반응식을 도출했는지를 확인하기 위하여 화살표의 양변에 있는 각 원자의 수를 세어 본다. 양변에 3 Na, 1 PO_4, 6 H, 3 O가 있으며, $H_3PO_4(aq)$와 $Na_3PO_4(aq)$의 계수가 각각 1이므로 구한 계수보다 더 작은 정수로 나타낼 수 없다.

해설 수용액에서 반응이 일어나면 물은 순수하지 않으므로 (l)이라는 표현은 적당하지 않다. 그리고 '물의 수용액'이라는 의미가 오개념이기 때문에 (aq)라는 표현도 의미가 없다. 따라서 용액 반응에서는 물의 상태를 명시하지 않는다.

실전 문제 3.26

질산 바륨[$Ba(NO_3)_2$] 수용액과 인산 암모늄[$(NH_4)_3PO_4$] 수용액을 섞으면 고체 인산 바륨[$Ba_3(PO_4)_2$]이 용액에서 분리된다. 또 다른 생성물은 $NH_4NO_3(aq)$이다. 균형 반응식을 쓰시오. (**힌트:** 화학 반응식의 균형을 맞추기 위해 필요한 단계는 무엇인가?)

실전 문제 3.27

염화 칼슘이 들어 있는 용액과 탄산 포타슘이 들어 있는 용액을 섞으면 고체 탄산 칼슘과 염화 포타슘 수용액을 얻는다. 이 반응에 대한 균형 화학 반응식을 쓰시오.

해설 가장 작은 정수로 된 계수가 선호되기는 하지만, 어떤 균형 맞춘 반응식을 이용해도 화학량론적 계산을 할 수 있다.

이 반응식도 균형이 맞은 반응식이다. 그러나 편리를 위하여 가장 작은 정수를 이용하여 균형 반응식을 쓴다.

PO_4^{3-}와 같은 다원자 이온을 한 단위로 취급해서 전체적으로 균형을 맞추는 전략은 매우 유용하다. 이런 방법을 사용하면 고려해야 하는 원자의 수를 줄일 수 있고, 결과적으로 균형을 맞추는 과정이 훨씬 쉬워진다.

균형 화학 반응식을 이용한 계산

지금까지는 한 화합물 안에 존재하는 원소들 사이의 관계에만 집중하였다. 화합물에 존재하는 각 성분 사이의 변환에 필요한 인자는 화합물의 화학식으로부터 얻을 수 있는 몰비이다. 이제 몰비 개념을 화학 반응에 참여하는 물질들 사이의 관계로 확장해 보자.

해설 화학 반응식은 반응에 참여하는 각 성분 분자의 상대적 양을 나타내는 것이며, 실제로 두 개의 옥테인 분자가 25개의 O_2 분자와 충돌하는 것을 의미하는 것은 아니다. 실제 반응은 화학 반응식이 보여주지 못하는 많은 단계를 거쳐 진행된다.

몰 대 몰 비 구하기 옥테인(C_8H_{18})을 산소(O_2)로 연소시켜 이산화 탄소와 수증기를 만드는 다음의 화학 반응식을 이용하여 반응에 참여하는 물질들 사이의 몰비를 얻는 과정에 대하여 알아보자.

$$2C_8H_{18}(l) + 25O_2(g) \longrightarrow 16CO_2(g) + 18H_2O(g)$$

액체 옥테인 분자 2개와 기체 산소 분자 25개가 반응하면 기체 이산화 탄소 분자 16개와 수증기 분자 18개가 생성된다.

이 균형 반응식은 화학량론과 관련된 문제에 사용될 수 있는 여러 가지 변환 인자를 구할 수 있는 다음과 같은 등가 관계를 보여주고 있다.

해설 액체 옥테인 분자 2개와 기체 산소 분자 25개가 반응하면 기체 이산화 탄소 분자 16개와 수증기 분자 18개가 생성된다.

C_8H_{18} 분자 2개 ⇔ O_2 분자 25개
C_8H_{18} 분자 2개 ⇔ CO_2 분자 16개
C_8H_{18} 분자 2개 ⇔ H_2O 분자 18개
O_2 분자 25개 ⇔ CO_2 분자 16개
O_2 분자 25개 ⇔ H_2O 분자 18개
CO_2 분자 16개 ⇔ H_2O 분자 18개

위에서의 **미시적**(microscopic) 등가 관계식에 Avogadro 상수를 곱하면 **거시적**(macroscopic)인 실험실 규모의 관계식으로 확대할 수 있는데, 그 결과는 단순히 '분자'를 'mol'로 바꾸는 것과 동일하다.

$$2\text{ mol } C_8H_{18} \Leftrightarrow 25\text{ mol } O_2$$
$$2\text{ mol } C_8H_{18} \Leftrightarrow 16\text{ mol } CO_2$$
$$2\text{ mol } C_8H_{18} \Leftrightarrow 18\text{ mol } H_2O$$

도구
균형 화학 반응식에서 얻는 등가식

$$25 \text{ mol } O_2 \Leftrightarrow 16 \text{ mol } CO_2$$
$$25 \text{ mol } O_2 \Leftrightarrow 18 \text{ mol } H_2O$$
$$16 \text{ mol } CO_2 \Leftrightarrow 18 \text{ mol } H_2O$$

이 관계식에 대한 거시적(mol) 규모에서의 해석은 다음과 같다.

액체 옥테인 2 mol과 기체 산소 25 mol이 반응하면 기체 이산화 탄소 16 mol과 수증기 18 mol이 생성된다.

지금까지 살펴본 바와 같이 균형 화학 반응식의 계수는 등가식과 변환 인자를 구하는 데 필요한 몰 대 몰의 관계를 제공한다. 화학량론에 관한 문제에서 이 등가식을 사용하려면 반응식은 반드시 균형 반응식이어야 한다. 즉 반응물 쪽에 존재하는 모든 원자는 생성물 쪽에서도 동일한 수로 존재해야 한다. 등가식과 변환 인자를 구하기 전에 항상 **균형 반응식(balanced equation)**인지를 먼저 확인해야 한다.

우선 균형 반응식을 통하여 얻은 몰 대 몰의 관계식을 이용하여 반응식에 있는 한 물질의 몰수를 다른 물질의 몰수로 바꾸는 방법에 대하여 살펴보기로 하자.

예제 3.14 화학 반응의 화학량론

다음은 인산 소듐이 생성되는 불균형 반응식이다. 수산화 소듐 0.480 mol로부터 만들 수 있는 인산 소듐은 몇 몰인가?

$$NaOH(aq) + H_3PO_4(aq) \longrightarrow Na_3PO_4(aq) + H_2O$$

분석 불균형 반응식이 주어졌으므로 적당한 몰비를 구하기 전에 먼저 균형을 맞추어야 한다. 문제에서는 서로 다른 두 물질의 상대적 양(몰 단위)에 대한 질문을 하고 있고, 따라서 우리에게 필요한 것은 몰비이다.

도구 모음 첫 번째 도구는 균형 화학 반응식이고, 두 번째로는 균형 화학 반응식의 계수로부터 도출된 등가식을 이용할 것이다.

풀이 예제 3.13과 같이 반응식의 균형을 맞추는 것에서 시작한다.

$$3NaOH(aq) + H_3PO_4(aq) \longrightarrow Na_3PO_4(aq) + 3H_2O$$

다음으로 문제를 다음과 같이 구성한다.

$$0.480 \text{ mol NaOH} \Leftrightarrow ? \text{ mol } Na_3PO_4$$

균형 화학 반응식의 계수로부터 NaOH와 Na_3PO_4에 대한 다음의 등가식을 얻을 수 있다.

$$3 \text{ mol NaOH} \Leftrightarrow 1 \text{ mol } Na_3PO_4$$

이 식을 이용하여 필요한 변환 인자인 몰비를 구한다.

$$\frac{1 \text{ mol } Na_3PO_4}{3 \text{ mol NaOH}}$$

이제 NaOH 0.480 mol을 Na_3PO_4의 몰수로 변환한다.

$$0.480 \cancel{\text{mol NaOH}}\left(\frac{1 \text{ mol } Na_3PO_4}{3 \cancel{\text{mol NaOH}}}\right) = 0.160 \text{ mol } Na_3PO_4$$

위 결과에 따르면 NaOH 0.480 mol로부터 Na_3PO_4 0.160 mol을 만들 수 있다. 변환 인자의 계수 1과 3은 완전 수이므로 답의 유효 숫자는 세 자리이다.

답이 합리적인가? 이 균형 반응식에 의하면 3 mol NaOH ⇔ 1 mol Na_3PO_4의 관계를 구할 수 있으므로, Na_3PO_4의 실제 몰수(0.1600 mol)는 NaOH의 실제 몰수(0.480 mol)의 3분의 1이어야 한다. 단위도 올바르게 소거되었음을 확인할 수 있다.

실전 문제 3.28

반응식 $2SO_2(g) + O_2(g) \longrightarrow 2SO_3(g)$에서 SO_3 6.76 mol을 생성하는 데 필요한 O_2는 몇 mol인가? (**힌트:** O_2와 SO_3 사이의 등가식을 이용하시오.)

실전 문제 3.29

다음 균형 화학 반응식에서 NaOH 0.366 mol과 반응하는 데 필요한 황산(H_2SO_4)은 몇 mol인가?

$$2NaOH(aq) + H_2SO_4(aq) \longrightarrow Na_2SO_4(aq) + 2H_2O$$

도구
균형 화학 반응식을 이용한 질량 대 질량 계산

질량 대 질량 계산 가장 일반적인 화학량론에 관한 계산은 반응에 참여하는 한 물질의 질량과 다른 물질의 질량 관계를 구하는 것이다. 인체에서 일차적인 에너지원인 글루코스($C_6H_{12}O_6$)의 반응에 대하여 생각해 보자. 인체 내의 대사 과정에서 글루코스는 산소와 결합하여 이산화탄소와 물을 생성한다. 전체 반응에 대한 균형 반응식은 다음과 같다.

$$C_6H_{12}O_6(aq) + 6O_2(aq) \longrightarrow 6CO_2(aq) + 6H_2O$$

1.00 g의 글루코스를 완전히 분해하기 위하여 몇 그램의 산소가 필요할까? 이 문제를 다음과 같이 식의 형태로 정리할 수 있다.

$$1.00\text{ g } C_6H_{12}O_6 \Leftrightarrow ?\text{ g } O_2$$

우선 반응에 참여하는 **서로 다른 두 물질**의 관계를 구하는 문제라는 것에 주목하자. 화학 반응에서 주어진 글루코스와 O_2 사이의 몰 대 몰 관계인 $C_6H_{12}O_6 \Leftrightarrow 6\text{ mol } O_2$를 이용하여 두 물질에 관한 등가식을 구할 수 있다. $C_6H_{12}O_6$의 질량을 O_2의 질량으로 직접 변환하는 방법이 없다는 것을 깨닫는 것이 매우 중요하다. 글루코스의 질량을 글루코스의 몰수로 바꾸고 구한 몰비를 이용하여 글루코스의 몰수를 산소의 몰수로 변환한 다음 마지막으로 산소의 몰수를 산소의 질량으로 변환한다. 등가식을 사용해야 할 곳을 포함해서 전체 과정에 대한 순서를 요약하면 다음과 같다.

$$\boxed{1\text{ mol } C_6H_{12}O_6 \Leftrightarrow 6\text{ mol } O_2}$$

$$1.00\text{ g } C_6H_{12}O_6 \longrightarrow \text{mol } C_6H_{12}O_6 \longrightarrow \text{mol } O_2 \longrightarrow \text{g } O_2$$

글루코스 1.00 g을 몰수로 바꿀 때와 O_2의 몰수를 O_2의 그램수로 바꿀 때 두 번에 걸쳐 몰질량을 도구로 사용한다.

그림 3.5에 반응물과 생성물의 질량 관계를 다루는 모든 화학량론 문제에 대한 풀이 과정을 요약하였다. 반응에 대한 **균형 반응식**을 알고 반응물이나 생성물의 질량을 알면, 반응에서 필요한 반응물이나 혹은 예상되는 생성물의 질량을 계산할 수 있다. 예제 3.15에서 이와 관련된 문제를 다루었다.

그림 3.5 화학량론 문제를 해결하는 계산 과정 한 물질(A)의 질량으로부터 다른 물질(B)의 질량을 구하는 모든 문제에 이 과정을 이용한다. 각 상자는 측정되거나 혹은 계산된 양을 나타내며, 각 화살표는 화학적 도구를 나타낸 것이다.

예제 3.15 화학량론적 질량 계산하기

포틀랜드 시멘트는 칼슘이나 알루미늄 그리고 규소의 산화물로 이루어진 혼합물이다. 칼슘 산화물의 원료는 천연 석회석의 주성분인 탄산 칼슘이다. 탄산 칼슘을 강열하여 분해시키면 이산화 탄소가 방출되고 산화 칼슘이 유일한 생성물로 남는다.

시멘트 '제조법'을 시험하기 위하여 한 화학 전공 학생이 산화 칼슘 1.50×10^2 g을 만들고자 한다. 100% 생성물로 전환된다고 가정할 때, 몇 그램의 탄산 칼슘이 필요한가?

분석 다른 경우와 마찬가지로 이 문제도 여러 단계로 구성되어 있다. 우선 화합물의 식을 결정한 다음 균형 화학 반응식을 적는다. 다음에는 주어진 산화 칼슘 1.50×10^2 g을 산화 칼슘의 몰수로 바꾼 다음, 구한 몰수를 순차적으로 탄산 칼슘의 몰수로 그리고 탄산 칼슘의 그램수로 변환한다.

해설 때때로 특별한 반응 조건들을 화살표 위에 기호나 단어로 표시한다. 이 반응에서는 2000°C 이상의 온도가 필요하며, 이 조건을 반응식의 화살표 위에 '가열'이란 단어로 나타내었다.

도구 모음 2장에 있는 명명법 도구를 이용하여 반응에 참여하는 화합물의 화학식을 구하고, 이를 이용하여 아래와 같은 균형 화학 반응식을 적는다.

$$CaCO_3(s) \xrightarrow{\text{가열}} CaO(s) + CO_2(g)$$

이제 다음과 같은 순서로 변환을 수행한다.

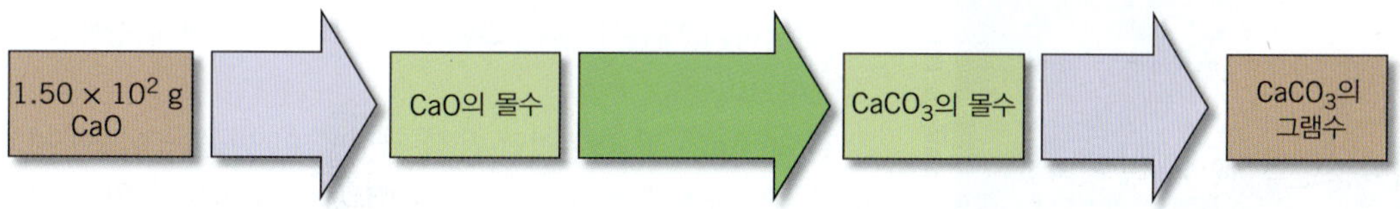

첫 단계에서 CaO의 질량을 몰수로 바꾸는 도구와 마지막 단계에서 $CaCO_3$의 몰수를 질량으로 바꾸는 데 필요한 도구는 다음과 같다.

$$56.08 \text{ g CaO} = 1 \text{ mol CaO}, \quad 1 \text{ mol CaCO}_3 = 100.09 \text{ g CaCO}_3$$

마지막으로 균형 화학 반응식을 이용하여 몰 대 몰 변환을 위한 도구인 등가식을 구하면 다음과 같다.

$$1 \text{ mol CaO} \Leftrightarrow 1 \text{ mol CaCO}_3$$

풀이 문제를 다음과 같은 식의 형태로 적는다.

$$1.50 \times 10^2 \text{ g CaO} \Leftrightarrow ? \text{ g CaCO}_3$$

앞에서 설명한 계산 순서를 이용하여 필요한 도구를 포함한 풀이 순서는 다음과 같다.

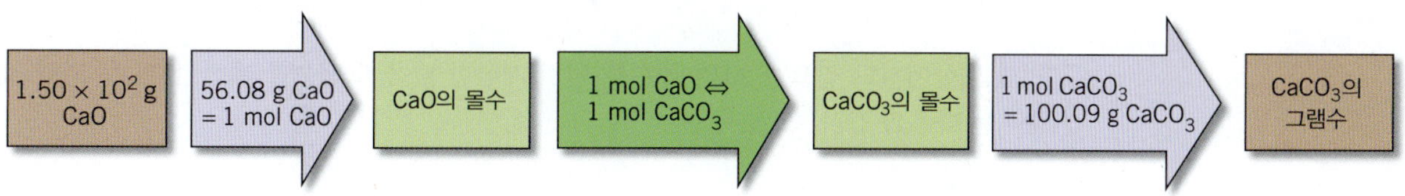

왼쪽부터 시작하여 단위가 올바르게 소거되도록 변환 인자를 배치하면 다음과 같다.

$$1.50 \times 10^2 \text{ g CaO} \left(\frac{1 \text{ mol CaO}}{56.08 \text{ g CaO}}\right)\left(\frac{1 \text{ mol CaCO}_3}{1 \text{ mol CaO}}\right)\left(\frac{100.09 \text{ g CaCO}_3}{1 \text{ mol CaCO}_3}\right) = 268 \text{ g CaCO}_3$$

CaO의 그램수로부터 CaO의 몰수를 구한 다음, 균형 화학 반응식을 이용하여 $CaCO_3$의 몰수를 그리고 마지막으로 $CaCO_3$의 그램수를 구하는 전체 과정에 주목하라. **화학량 계산에서 가장 중요한 것은 균형 반응식**이라는 것은 아무리 강조해도 지나치지 않는다.

답이 합리적인가? 이 문제와 같은 질량 대 질량의 계산에서 첫 번째 검토할 것은 구한 질량을 출발 질량과 비교하는 일이다. 대부분의 반응에서는 계산된 질량이 출발 질량의 1/5보

해설 A의 질량을 B의 질량으로 바꾸는 문제에서 90~95% 정도는 질량의 변화가 5배~1/5배 사이이다. 구한 답이 이 범위를 벗어나면 더욱 자세한 검토가 필요하다.

다 작지 않고, 반대로 5배 이상 크지 않다. 우리가 구한 답은 이 범위에 속한다. 단위가 올바르게 소거되었는지를 확인해서 보다 상세한 검토를 할 수 있다. 또한 모든 숫자를 유효숫자 한 자리나 두 자리로 반올림해서 대략적인 답을 계산해 볼 수도 있다. 대략적인 계산 $\frac{150 \times 100}{50} = 300$을 해서 얻은 답은 구한 답 268과 매우 유사하므로 계산에 대한 확신을 할 수 있다.

때로는 두 가지 이상의 반응물이나 생성물의 질량을 계산해야 하는 경우도 있다. 이런 경우도 균형 반응식에서 출발하여 앞에서와 동일한 절차를 따르면 된다. 이와 관련된 사례를 예제 3.16에 나타내었다.

예제 3.16 화학량론적 질량 계산하기

Skatebiker, Wikipedia Commons, Public Domain

그림 3.6 테르밋 반응 사진은 알루미늄과 산화 철이 반응하여 백색광을 내는 고온 상태의 철을 만드는 장치 사진이다. 이때 용융된 철은 두 철제 선로 사이로 흘러 들어가서 두 선로를 용접시킨다.

테르밋 반응에서는 화염이나 스파크와 함께 용융된 철이 타오르는 장관을 볼 수 있다. 이 반응에서는 알루미늄과 산화 철(III)이 반응하여 철과 산화 알루미늄이 만들어지는데, 많은 열이 발생하기 때문에 철은 **그림 3.6**에서와 같이 액체 상태로 생성된다.

철 86.0 g이 필요한 어떤 용접 과정에 이 반응을 이용하려고 한다. 이 용접에 필요한 산화 철(III)과 알루미늄의 최소 질량은 각각 몇 그램인가?

분석 우선 화합물의 화학식을 구하고 균형 화학 반응식을 쓴 다음, 86.0 g의 Fe를 생성하는 데 필요한 산화 철(III)의 질량을 구한다. 반응식에 주어진 계수가 질량비가 아닌 몰비를 의미하므로 모든 화학량론적 문제는 몰 단위로 풀어야 한다는 사실을 기억하라. 계산하는 순서는 다음과 같다.

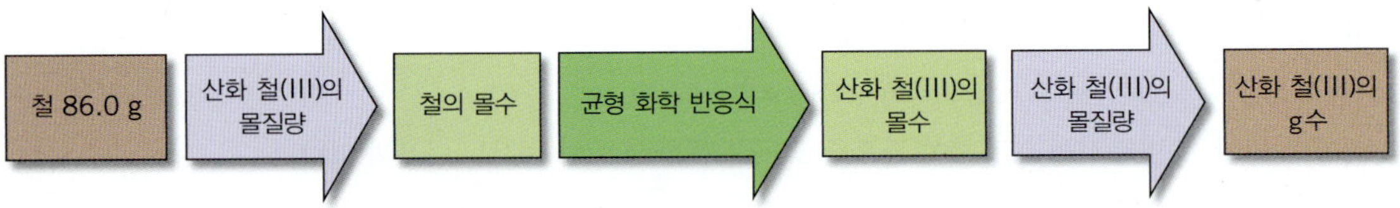

두 번째 계산에서도 필요한 Al의 몰수를 먼저 계산한 다음 그램수를 계산한다. 두 번째 계산 순서는 다음과 같다.

도구 모음 명명법 도구를 이용하여 Al과 Fe_2O_3가 반응물이고, Fe와 Al_2O_3가 생성물임을 확인한다. 균형 화학 반응식은 다음과 같다.

$$2Al(s) + Fe_2O_3(s) \longrightarrow Al_2O_3(s) + 2Fe(l)$$

Fe_2O_3의 질량을 계산하는 데 필요한 변환 등가식은 다음과 같다.

$$55.85\text{ g Fe} = 1\text{ mol Fe}$$
$$1\text{ mol Fe}_2\text{O}_3 \Leftrightarrow 2\text{ mol Fe}$$
$$159.70\text{ g Fe}_2\text{O}_3 = 1\text{ mol Fe}_2\text{O}_3$$

알루미늄의 질량을 계산하는 데 다음 변환 등가식이 필요하다.

$$55.85\text{ g Fe} = 1\text{ mol Fe}$$
$$2\text{ mol Al} \Leftrightarrow 2\text{ mol Fe}$$
$$26.98\text{ g Al} = 1\text{ mol Al}$$

풀이 이제 첫 번째 문제를 다음과 같은 수학적 형태로 표현해 보자.

$$86.0\text{ g Fe} \Leftrightarrow ?\text{ g Fe}_2\text{O}_3$$

아래는 첫 번째 문제를 연속적으로 계산한 식이다. 각 변환 인자 바로 아래에 각 단계를 요약하였다.

$$86.0\ \cancel{\text{g Fe}}\left(\frac{1\ \cancel{\text{mol Fe}}}{55.85\ \cancel{\text{g Fe}}}\right)\left(\frac{1\ \cancel{\text{mol Fe}_2\text{O}_3}}{2\ \cancel{\text{mol Fe}}}\right)\left(\frac{159.7\text{ g Fe}_2\text{O}_3}{1\ \cancel{\text{mol Fe}_2\text{O}_3}}\right) = 123\text{ g Fe}_2\text{O}_3$$

Fe 그램수 ⟶ Fe 몰수 ⟶ Fe_2O_3 몰수 ⟶ Fe_2O_3 그램수

86.0 g의 Fe를 생성하기 위하여 최소한 123 g의 Fe_2O_3가 필요하다.

알루미늄의 질량도 단위가 소거될 수 있도록 변환 인자를 배치하여 비슷한 방법으로 구하면 된다. 86.0 g의 Fe를 만들기 위하여 필요한 Al의 질량을 구하는 연속적인 계산식과 단계는 다음과 같다.

$$86.0\ \cancel{\text{g Fe}}\left(\frac{1\ \cancel{\text{mol Fe}}}{55.85\ \cancel{\text{g Fe}}}\right)\left(\frac{2\ \cancel{\text{mol Al}}}{2\ \cancel{\text{mol Fe}}}\right)\left(\frac{26.98\text{ g Al}}{1\ \cancel{\text{mol Al}}}\right) = 41.5\text{ g Al}$$

Fe 그램수 ⟶ Fe 몰수 ⟶ Al 몰수 ⟶ Al 그램수

해설 균형 반응식의 계수를 이용한 2 대 2 몰비 관계를 1 mol Al ⇔ 1 mol Fe와 같이 간단하게 표현할 수도 있다.

답이 합리적인가? 질량 대 질량 계산에서 구한 답은 대략 초기 질량의 1/5에서 5배 범위여야 한다는 가정이 Al과 Fe_2O_3 두 경우 모두 잘 맞는다. 모든 숫자를 유효 숫자 한 자리로 반올림하고 계산한 대략적인 답(단위가 올바르게 소거되는 것도 검토한 후)은 다음과 같다.

$$\frac{90 \times 200}{60 \times 2} = 150\text{ g Fe}_2\text{O}_3 \quad \text{그리고} \quad \frac{90 \times 30}{60} = 45\text{ g Al}$$

두 값 모두 우리가 계산한 값과 유사하므로 구한 답에 대한 확신을 할 수 있다.

실전 문제 3.30

예제 3.16과 동일한 조건에서 생성되는 Al_2O_3의 질량을 계산하시오(**힌트**: 질량 보존 법칙을 상기하시오).

실전 문제 3.31

예제 3.15에서의 반응에서 몇 그램의 이산화 탄소가 생성되는가?

3.6 한계 반응물

분자 수준에서 바라본 한계 반응물

균형 화학 반응식을 통해서 특정한 양의 생성물을 얻기 위하여 필요한 반응물의 정확한 혼합비를 알 수 있다는 것을 배웠다. 예를 들어 공업적으로 에탄올(C_2H_5OH)을 생산하는 다음의 과정을 생각해보자.

$$\underset{\text{에틸렌}}{C_2H_4} + H_2O \longrightarrow \underset{\text{에탄올}}{C_2H_5OH}$$

우리는 이 반응을 몰 개념을 사용하여 실험실 규모로 다음과 같이 해석할 수 있다. 에틸렌 1 mol이 물 1 mol과 반응하여 에탄올 1 mol을 생성한다. 반응식을 분자 수준에서 해석하는 것도 가능하다. 에틸렌 한 분자는 물 한 분자와 반응하여 에탄올 한 분자를 생성한다.

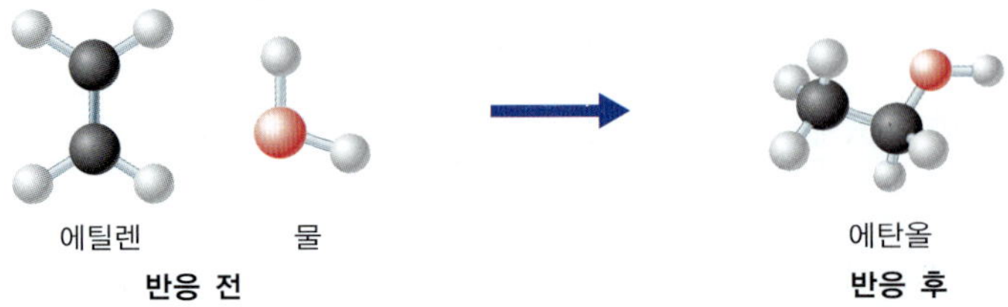

에틸렌 분자 세 개가 물 분자 세 개와 반응한다면 에탄올 분자 세 개가 생성된다.

해설 반응 '전'과 '후'에 탄소, 수소, 그리고 산소 원자의 수가 동일한 것에 주목하라.

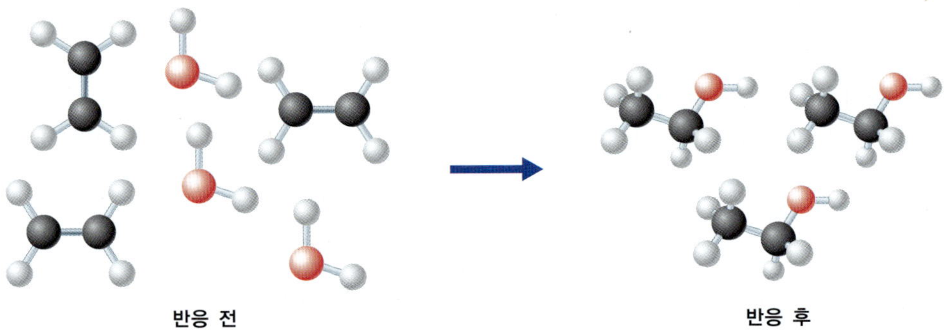

에틸렌 분자 3개와 물 분자 5개를 혼합하면 어떻게 될까? 물 분자가 모두 소모되기 전에 에틸렌 분자는 모두 소모될 것이며, 따라서 최종 생성물에는 반응하지 않은 물 분자 2개가 남을 것이다.

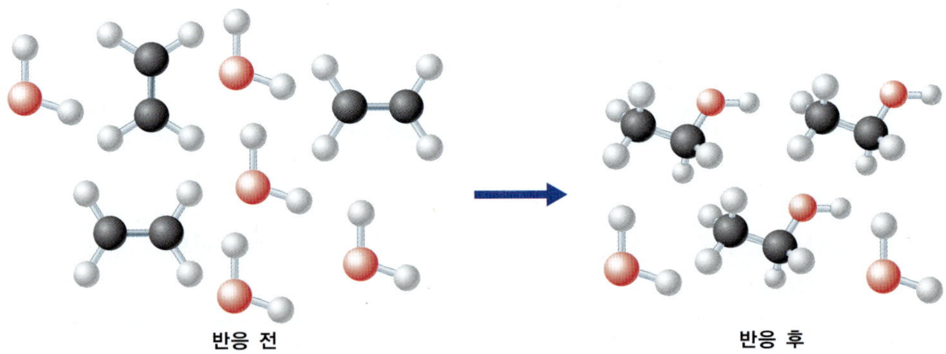

모든 물이 반응하기에 에틸렌은 충분하지 않기 때문에 반응이 종료된 후 과량의 물이 남게 된다. 반응물 중의 한 가지를 낭비하게 될 뿐 아니라(이 경우에는 물 분자), 생성물이 남은 반응물에 오염되는 이런 상황은 생산자에게 많은 문제를 유발하게 된다.

이 반응에서 에틸렌은 생성되는 생성물(에탄올)의 양을 제한하기 때문에 **한계 반응물(limiting reactant)**이라고 한다. 반대로 물은 모든 에틸렌을 완전히 소모하는 데 필요한 양보다 더 많이 존재하므로 **과잉 반응물(excess reactant)**이라고 한다.

반응에서 우리가 실제로 얻을 생성물의 양을 예측하기 위해서는 어느 반응물이 한계 반응물인지 알아야 한다. 앞의 예에서 C_2H_4 분자 3개와 반응하는 데 H_2O 분자 3개가 필요하지만 H_2O 분자는 5개가 존재하며, 따라서 H_2O는 과량으로 존재하고 결과적으로 C_2H_4가 한계 반응물이다. 다른 관점에서 보면 H_2O 분자 5개가 반응하는데 C_2H_4 분자 5개가 필요하지만 C_2H_4 분자는 3개만 존재하므로 에틸렌이 한계 반응물이다.

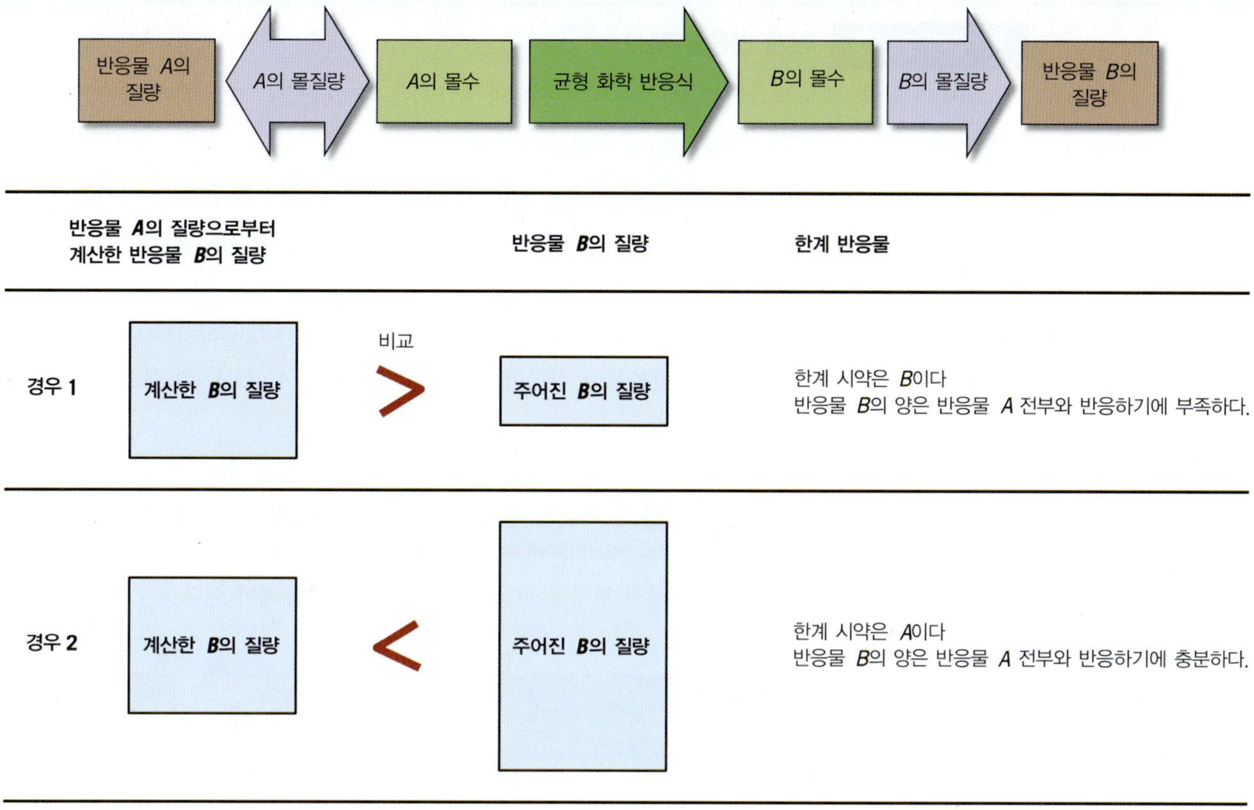

그림 3.7 한계 반응물 반응 $A + B \longrightarrow C$에서 선택한 반응물과 반응하는 데 필요한 다른 반응물의 양에 대한 계산을 이용해서 결정한다.

한계 반응물과 관련된 문제를 해결하는 전략

이 장의 도입 부분에서 우리가 다루는 분자와 원자의 수가 매우 크다는 사실을 강조하기 위하여 매년 만들어지는 수십억 개의 햄버거를 언급했다. 햄버거를 만드는 일 역시 한계 반응물과 유사한 문제를 포함한다. 예를 들면 햄버거 빵 여덟 줄, 1파운드의 햄버거용 고기, 케첩 한 병, 피클 한 병으로 몇 개의 1/4파운드짜리 햄버거를 만들 수 있는지 생각해보자. 1파운드의 고기로 1/4파운드 네 조각을 만들 수 있으므로 모두 네 개의 햄버거를 만들 수 있다는 사실을 쉽게 알 수 있다. 분명히 빵, 케첩 및 피클은 과량으로 존재하고 있다. 고기가 한계 반응물이고, 최대로 네 개의 햄버거를 만들 수 있다.

그림 3.7에 나타낸 바와 같이 한계 반응물에 관한 문제를 해결하는 과정은 여러 단계가 있다. 무엇보다도 두 개 이상의 반응물의 양이 주어졌다면 한계 반응물에 관한 문제라는 것을 염두에 두라. 다음은 어느 것이 한계 반응물인지를 결정하고, 주어진 한계 반응물의 양에 기초하여 문제를 해결한다. 문제가 한계 반응물과 관련이 있다는 것을 판단하는 것은 쉽지만, 한계 반응물을 확인할 때는 임의로 한 가지 시약(A)을 선택해서 그것과 반응하는 데 필요한 두 번째 시약(B)의 양을 계산해야 한다. 두 번째 시약에 대하여 계산한 양이 주어진 양보다 많으면(경우 1) 두 번째 시약이 먼저 소모되고 따라서 두 번째 시약이 한계 반응물이다. 만일 계산한 양이 주어진 양보다 적으면(경우 2) 두 번째 시약은 과량으로 존재한다는 의미이므로 첫 번째 시약이 한계 반응물이다.

> 도구
> 한계 반응물 계산

일단 한계 반응물을 결정하면 한계 반응물의 양을 이용하여 생성되는 생성물의 양과 반응 후에 남는 과량의 반응물의 양을 계산할 수 있다. **예제 3.17**은 반응물의 양이 질량 단위로 주어진 전형적인 한계 반응물에 관한 문제이다.

예제 3.17 한계 반응물 계산

금속에 금을 전기 도금하는 데 사용되는 수산화 금(III)은 다음과 같은 반응에 의하여 제조된다.

$$2KAuCl_4(aq) + 3Na_2CO_3(aq) + 3H_2O \longrightarrow 2Au(OH)_3(aq) + 6NaCl(aq) + 2KCl(aq) + 3CO_2(g)$$

$Au(OH)_3$를 새로 만들기 위하여 한 화학자가 전기 도금 장비에 $KAuCl_4$ 20.00 g과 Na_2CO_3 25.00 g을 과량의 물에 녹여 혼합했다. $Au(OH)_3$는 최대 몇 g이 생성되는가?

분석 두 반응물의 양이 주어진 것은 이 문제가 한계 반응물에 관한 내용이라는 단서를 제공한다. 이제 이 문제를 한계 반응물을 결정하는 단계와 생성되는 $Au(OH)_3$의 질량을 구하는 단계로 분리해서 생각해보자.

1단계: 한계 반응물을 확인하기 위하여 반응물 $KAuCl_4$ 또는 Na_2CO_3(물은 과량으로 존재하므로 반응을 제한하지 않는다) 중 하나를 임의로 선택한 후 필요한 두 번째 반응물의 양을 계산한다. 결과에 따라서 어느 것이 한계 반응물인지를 결정할 수 있다. 이 문제를 해결하기 위하여 여러 가지 화학량론적 도구를 다음과 같은 순서로 사용해야 한다.

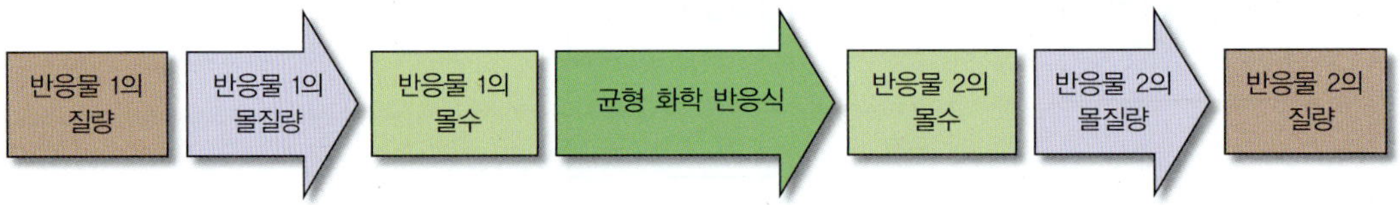

2단계: 일단 한계 반응물이 결정되면 다음과 같은 순서에 따라 생성되는 $Au(OH)_3$의 양을 계산할 수 있다. 이 순서는 **그림 3.5**에서의 순서와 거의 동일하다는 것에 주목하라.

도구 모음-1단계 이 단계에서 필요한 도구는 한계 반응물을 결정하는 데 필요한 것들이다. 먼저 반응물 2와 반응할 반응물 1의 양을 계산한다.

이는 다음의 관계식을 이용한 전형적인 질량 대 질량을 계산하는 과정이다.

$$1 \text{ mol } KAuCl_4 = 377.88 \text{ g } KAuCl_4$$
$$2 \text{ mol } KAuCl_3 \Leftrightarrow 3 \text{ mol } Na_2CO_3$$
$$1 \text{ mol } Na_2CO_3 = 105.99 \text{ g } Na_2CO_3$$

풀이-1단계 다음은 한계 반응물을 확인하는 두 가지 방법 중 하나를 이용하여 한계 반응물을 결정할 수 있다. 먼저 반응물 $KAuCl_4$를 기준으로 $KAuCl_4$ 20.00 g과 반응하는 데 **필요한** Na_2CO_3이 몇 그램인지 계산하기 위하여 다음과 같은 일련의 계산식을 세울 수 있다.

$$20.00 \cancel{\text{g } KAuCl_4}\left(\frac{1 \cancel{\text{mol } KAuCl_4}}{377.88 \cancel{\text{g } KAuCl_4}}\right)\left(\frac{3 \cancel{\text{mol } Na_2CO_3}}{2 \cancel{\text{mol } KAuCl_4}}\right)\left(\frac{105.99 \text{ g } Na_2CO_3}{1 \cancel{\text{mol } Na_2CO_3}}\right) = 8.415 \text{ g } Na_2CO_3$$

$KAuCl_4$ 그램수 ⟶ $KAuCl_4$ 몰수 ⟶ Na_2CO_3 몰수 ⟶ Na_2CO_3 그램수

$KAuCl_4$ 20.00 g을 사용할 때 $NaCO_3$ 8.415 g이 필요함을 알았다. Na_2CO_3 25.00 g은 $KAuCl_4$를 완전히 반응시키는 데 충분하므로 **$KAuCl_4$가 한계 반응물이고 $NaCO_3$는 과잉 반응물이라고 결론** 내릴 수 있다.

이미 한계 반응물을 알고 있지만, $KAuCl_4$ 대신 Na_2CO_3를 기준 반응물로 선택하여 계산한 결과를 비교해 보기로 하자. Na_2CO_3 25.00 g이 반응하는 데 $KAuCl_4$ 몇 그램이 필요한지 계산해 본다. 적당한 변환 인자를 사용하여 다시 다음과 같은 일련의 계산식을 세울 수 있다.

$$25.00\ \cancel{\text{g Na}_2\text{CO}_3}\left(\frac{1\ \cancel{\text{mol Na}_2\text{CO}_3}}{105.99\ \cancel{\text{g Na}_2\text{CO}_3}}\right)\left(\frac{2\ \cancel{\text{mol KAuCl}_4}}{3\ \cancel{\text{mol Na}_2\text{CO}_3}}\right)\left(\frac{377.88\ \text{g KAuCl}_4}{1\ \cancel{\text{mol KAuCl}_4}}\right) = 59.42\ \text{g KAuCl}_4$$

Na_2CO_3 그램수 ⟶ Na_2CO_3 몰수 ⟶ $KAuCl_4$ 몰수 ⟶ $KAuCl_4$ 그램수

Na_2CO_3 25.00 g이 반응하려면 공급된 $KAuCl_4$ 20.00 g보다 거의 세 배나 더 많은 양의 $KAuCl_4$가 필요하다. 따라서 **다시 $KAuCl_4$가 한계 반응물이라고 결론** 내릴 수 있다.

위에서의 두 방법 중 어느 것을 이용해도 $KAuCl_4$를 한계 반응물로 정할 수 있다. 이제 두 번째 단계로 넘어가 보자.

해설 어느 것이 한계 반응물인지 결정한 다음 한계 반응물의 양을 이용하여 필요한 계산을 한다.

도구 모음 – 2단계 $KAuCl_4$가 한계 반응물이므로 다음 순서에 따라 $Au(OH)_3$의 질량을 계산할 수 있다.

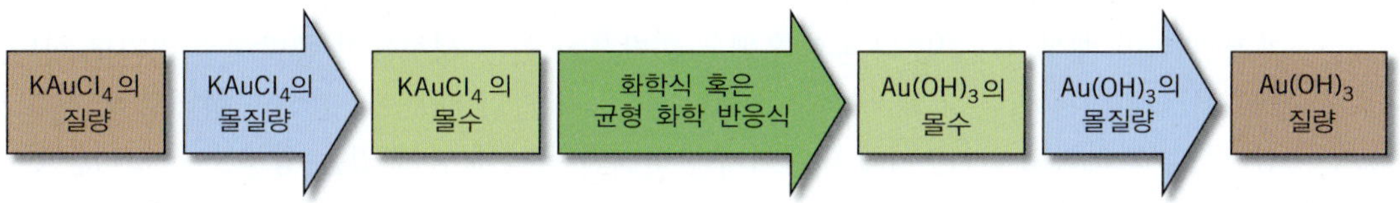

이제 문제를 해결하는 데 필요한 등가식을 적는다.

$$1\ \text{mol KAuCl}_4 = 377.88\ \text{g KAuCl}_4$$
$$2\ \text{mol KAuCl}_4 \Leftrightarrow 2\ \text{mol Au(OH)}_3$$
$$1\ \text{mol Au(OH)}_3 = 247.99\ \text{g Au(OH)}_3$$

풀이 – 2단계 이제 다음과 같은 일련의 계산식을 이용하여 한계 반응물인 $KAuCl_4$의 질량을 생성물인 $Au(OH)_3$의 질량으로 변환한다.

$$20.00\ \cancel{\text{g KAuCl}_4}\left(\frac{1\ \cancel{\text{mol KAuCl}_4}}{377.88\ \cancel{\text{g KAuCl}_4}}\right)\left(\frac{2\ \cancel{\text{mol Au(OH)}_3}}{2\ \cancel{\text{mol KAuCl}_4}}\right)\left(\frac{247.99\ \text{g Au(OH)}_3}{1\ \cancel{\text{mol Au(OH)}_3}}\right) = 13.13\ \text{g Au(OH)}_3$$

$KAuCl_4$ 그램수 ⟶ $KAuCl_4$ 몰수 ⟶ $Au(OH)_3$ 몰수 ⟶ $Au(OH)_3$ 그램수

따라서 20.00 g의 $KAuCl_4$로부터 최대로 얻을 수 있는 $Au(OH)_3$는 13.13 g이다.

이 합성 과정이 끝나면 처음의 Na_2CO_3 25.00 g 중 일부분은 남게 된다. 앞에서의 계산에 의하면 $KAuCl_4$ 20.00 g과 반응하는 데 Na_2CO_3 8.415 g이 필요하므로 그 차이인 (25.00 g − 8.415 g) = 16.58 g의 Na_2CO_3는 반응하지 않고 남는다. 매우 비싼 $KAuCl_4$가 $Au(OH)_3$로 완전히 변환될 수 있도록 Na_2CO_3를 과량으로 사용하는 것이 현명하다.

답이 합리적인가? 우선, 계산된 질량은 처음에 주어진 질량의 1/5~5배 범위에 존재하므로 적절하다고 할 수 있다. 단위의 소거 과정이 적절하고, 대략적으로 계산한 $\frac{20 \times 200}{400} = 10$ g $Au(OH)_3$도 구한 답과 매우 유사하므로 계산이 올바르게 되었다고 확신할 수 있다.

실전 문제 3.32

석회석이 염산과 반응하여 이산화 탄소를 만드는 반응식은 다음과 같다.

$$CaCO_3(s) + 2HCl(aq) \longrightarrow CO_2(g) + CaCl_2(aq) + H_2O$$

$CaCO_3$ 125 g과 HCl 125 g이 반응할 때 얻을 수 있는 CO_2는 몇 그램인가? 어떤 반응물이 몇 그램 남는가? (**힌트**: 한계 반응물을 구하시오.)

실전 문제 3.33

질산을 만드는 공정의 첫 번째 단계는 고온 상태에서 백금 존재하에 암모니아와 산소가 반응하여 일산화 질소가 생성되는 다음의 반응이다.

$$4NH_3 + 5O_2 \longrightarrow 4NO + 6H_2O$$

초기 혼합물에 NH_3 30.00 g과 O_2 40.00 g이 존재한다면, 몇 그램의 일산화 질소가 생성되겠는가?

3.7 이론적 수득률과 수득 백분율

화학 합성을 위한 대부분의 실험에서 실제로 얻어지는 생성물의 양은 계산된 최대치보다 대체로 적다. 손실의 원인은 여러 가지이다. 어떤 경우는 물질이 유리 기구에 들러붙는 등의 기계적인 원인 때문이다. 또 다른 경우에는 휘발성이 있는 생성물이 증발해 버리기도 한다. 용액에서 생성되는 많은 고체 생성물이 물에 잘 녹지 않기 때문에, 침전의 형태로 얻은 고체를 걸러서 분리하기도 한다. 이때 미량이기는 하지만 용액에 남아 있는 생성물이 또 다른 손실의 원인이 되기도 한다.

어떤 생성물이 화학량론적 양보다 적은 양이 얻어지는 일반적인 원인 중의 하나로 **경쟁 반응(competing reaction)**을 들 수 있다. **주반응(main reaction)**과 경쟁 관계에 있는 경쟁 반응에 의해 **부산물(by product)**이 만들어진다. 예를 들어 삼염화 인을 합성하는 과정에서 생성물 PCl_3가 Cl_2와 추가로 반응할 수 있기 때문에 오염화 인도 생성된다.

주반응: $2P(s) + 3Cl_2(g) \longrightarrow 2PCl_3(l)$

경쟁 반응: $PCl_3(l) + Cl_2(g) \longrightarrow PCl_5(s)$

새로이 만들어진 PCl_3와 반응하지 않은 인 사이에 반응물 Cl_2에 대한 경쟁이 일어난다.

어떤 생성물에 대한 **실제 수득률(actual yield)**은 실제로 분리해서 얻은 양이며 그램이나 몰로 나타낸다. 생성물의 **이론적 수득률(theoretical yield)**은 손실이 발생하지 않을 때 얻을 수 있는 양을 의미한다. 이론적 수득률보다 적은 양의 생성물을 얻게 되면 화학자들은 일반적으로 생성물의 수득 백분율을 계산해서 얼마나 합성이 잘 진행되었는지를 평가한다. **수득 백분율(percentage yield)**은 이론적 수득률에 대한 백분율로 계산된 실제 수득률이다.

해설 수득 백분율을 계산할 때는 실험에서 얻은 실제 수득률을 이용한다. 이 값은 계산하는 것이 아니다.

도구
이론적 수득률과 실제 수득률 그리고 수득 백분율

$$\text{수득 백분율} = \frac{\text{실제 수득률}}{\text{이론적 수득률}} \times 100\% \tag{3.2}$$

물론 실제 수득률과 이론적 수득률은 모두 동일한 단위로 계산되어야 한다.

실제 수득률이란 실험적으로 결정된 것으로 계산할 수 없는 양임을 인식하는 것이 중요하다. 이론적 수득률은 화학 반응식과 주어진 반응물의 양으로부터 계산된 양을 의미한다.

이제 한계 반응물과 수득 백분율에 대한 계산을 모두 포함하는 예제를 풀어 보자.

예제 3.18 수득 백분율 계산하기

어떤 화학자가 삼염화 인을 합성하기 위하여 인 12.0 g과 염소 기체 35.0 g을 혼합하여 고체 삼염화 인 41.7 g을 얻었다. 이 화합물의 수득 백분율을 계산하시오.

분석 반응물인 인 $P(s)$과 염소 기체 $Cl_2(g)$ 그리고 생성물인 $PCl_3(s)$를 이용하여 화학 반응식의 균형을 맞춘다. 균형 맞춘 반응식은 다음과 같다.

$$2P(s) + 3Cl_2(g) \longrightarrow 2PCl_3(s)$$

두 반응물의 질량이 주어졌으므로 한계 반응물과 관련이 있는 문제임을 알 수 있다. 모든 계산 과정에 한계 반응물을 이용해야 하므로 먼저 반응물 P와 Cl_2 중 어느 것이 한계 반응물인지를 결정해야 한다. 일단 한계 시약을 결정하면 생성물 $PCl_3(s)$에 대한 이론적 수득률을 계산할 수 있다. 마지막으로 수득 백분율을 계산한다. 위의 과정을 다음과 같은 세 단계로 요약할 수 있다.

한계 반응물 결정 ⟶ 이론적 수득률 결정 ⟶ 수득 백분율 계산

도구 모음 처음의 두 단계에 대한 계산에 필요한 기본 도구는 다음과 같다.

$$1 \text{ mol P} = 30.97 \text{ g P}$$
$$1 \text{ mol } Cl_2 = 70.90 \text{ g } Cl_2$$
$$3 \text{ mol } Cl_2 \Leftrightarrow 2 \text{ mol P}$$

수득 백분율의 계산에 필요한 도구는 식 3.2이다.

$$\text{수득 백분율} = \frac{\text{실제 수득률}}{\text{이론적 수득률}} \times 100\%$$

풀이 한계 반응물에 관한 문제에서는 항상 임의로 한 반응물을 선택하여 계산을 통하여 그 반응물이 모두 소모되는지를 확인한다. 인을 선택하여 염소 35.0 g과 반응하기에 충분한 양인지를 확인하기 위하여 다음의 계산을 수행한다.

$$12.0 \text{ g P}\left(\frac{1 \text{ mol P}}{30.97 \text{ g P}}\right)\left(\frac{3 \text{ mol } Cl_2}{2 \text{ mol P}}\right)\left(\frac{70.90 \text{ g } Cl_2}{1 \text{ mol } Cl_2}\right) = 41.2 \text{ g } Cl_2$$

41.2 g의 Cl_2가 필요하지만 주어진 35.0 g의 Cl_2는 12.0 g의 P가 반응하는 데 충분하지 않으므로 Cl_2가 한계 반응물이다. 따라서 PCl_3에 대한 이론적 수득률을 계산하는 데 Cl_2를 이용해야 한다(한계 반응물을 정할 때 계산한 41.2 g이 아니라 문제에서 주어진 35.0 g의 Cl_2를 이용하는 것에 주의한다).

PCl_3의 이론적 수득률을 구하기 위하여 반응이 완전히 진행되었을 때 35.0 g의 Cl_2로부터 얻을 수 있는 PCl_3의 그램수를 계산한다.

$$35.0 \text{ g } Cl_2\left(\frac{1 \text{ mol } Cl_2}{70.90 \text{ g } Cl_2}\right)\left(\frac{2 \text{ mol } PCl_3}{3 \text{ mol } Cl_2}\right)\left(\frac{137.32 \text{ g } PCl_3}{1 \text{ mol } PCl_3}\right) = 45.2 \text{ g } PCl_3$$

Cl_2 그램수 ⟶ Cl_2 몰수 ⟶ PCl_3 몰수 ⟶ PCl_3 그램수

실제 수득률은 45.2 g이 아니라 41.7 g이었으므로, 수득 백분율을 계산하면 다음과 같다.

$$\text{수득 백분율} = \frac{41.7 \text{ g } PCl_3}{45.2 \text{ g } PCl_3} \times 100\% = 92.3\%$$

따라서 PCl_3의 이론적 수득률의 92.3%가 얻어졌다.

답이 합리적인가? 계산된 이론적 수득률은 실제 수득률보다 항상 더 크다. 또한 구한 답이 초기 양의 1/5~5배 범위에 존재한다. 마지막으로 모든 단위가 정확하게 소거된 것을 확인하고, 대략 계산한 값은 다음과 같다.

$$\frac{40 \times 2 \times 140}{70 \times 3} = \frac{80 \times 140}{210} \approx \frac{110}{2} \approx 50$$

이 값은 우리가 계산한 45.2 g PCl_3와 매우 가깝다.

실전 문제 3.34

살리실산과 아세트산 무수물을 반응시켜 아스피린을 합성하는 균형 화학 반응식은 다음과 같다.

$$\underset{\text{살리실산}}{2HOOCC_6H_4OH} + \underset{\text{아세트산 무수물}}{C_4H_6O_3} \longrightarrow \underset{\text{아세틸 살리실산}}{2HOOCC_6H_4O_2C_2H_3} + \underset{\text{물}}{H_2O}$$

살리실산 28.2 g과 아세트산 무수물 15.6 g을 혼합해서 아스피린 30.7 g을 얻었다. 이 실험에서의 이론적 수득률과 수득 백분율은 얼마인가? (**힌트**: 한계 반응물은 어느 것인가?)

실전 문제 3.35

에탄올(C_2H_5OH)은 황산 수용액에서 다이크로뮴산 소듐과 다음과 같이 반응하여 아세트산(식초에 들어 있는 산, $HC_2H_3O_2$)으로 변환될 수 있다.

$$3C_2H_5OH + 2Na_2Cr_2O_7 + 8H_2SO_4 \longrightarrow 3HC_2H_3O_2 + 2Cr_2(SO_4)_3 + 2Na_2SO_4 + 11H_2O$$

어떤 실험에서 C_2H_5OH 24.0 g, $Na_2Cr_2O_7$ 90.0 g, 그리고 과량의 황산을 섞어서 반응시킨 결과, 아세트산($HC_2H_3O_2$) 26.6 g을 얻었다. $HC_2H_3O_2$의 이론적 수득률과 수득 백분율을 계산하시오.

다단계 반응

생성물을 만들기 위한 많은 화학 합성 반응이 하나 이상의 다단계로 진행된다. 어떤 경우에는 최종 생성물까지 10가지 이상의 반응이 필요한 합성도 있다. 그런 경우에는 한 반응의 생성물이 다음 반응의 반응물로 사용된다. 결과적으로 전체 수득 백분율은 전 과정에서의 모든 단계의 수득 백분율을 곱한 값이다. 다단계 합성에서의 수득 백분율을 계산하는 데 다음 식을 사용한다.

도구
다단계 반응의 수득 백분율

$$\text{전체 수득 백분율} = \left(\frac{\%\ \text{수득률}_1}{100} \times \frac{\%\ \text{수득률}_2}{100} \times \cdots\right) 100\%$$

실전 문제 3.36

어떤 약을 생산하는 합성 경로는 수득률이 각각 87.2%, 91.1%, 86.3%인 세 단계로 이루어져 있다. 또 다른 합성 경로는 수득률이 각각 85.5%와 84.3%인 두 단계로 진행된다. 전체 수득 백분율에 근거할 때, 어느 것이 더 좋은 합성 경로인가?

종합 화학 예제

1몰의 물로 샤워를 끝낼 수 있을까? 1몰의 사과를 먹을 수 있는가? 물 분자나 사과의 실제 크기와 1몰에 포함된 개수를 종합해서 답을 서술하시오.

분석 문제에 대한 답을 서술할 때 물 1몰의 질량과 사과 1몰에 포함된 사과의 개수를 알 필요가 있다. 그리고 물 분자와 사과의 크기에 대하여 서술하는 것이 좋다.

도구 모음 필요한 도구는 다음과 같다.

Avogadro 상수: $1\ \text{mol}\ X = 6.022 \times 10^{23}$ 단위 X

물의 몰질량: 물의 화학식에 포함된 원소들의 질량의 합

또한 물 분자의 크기와 사과의 평균 크기에 대한 정보도 필요하다.

풀이 물 1몰로 샤워를 할 수 있는지를 묻는 첫 번째 질문부터 시작해 보자. 물의 화학식은 H_2O이고 몰질량은 다음과 같이 계산할 수 있다.

$$\begin{aligned} H_2O\text{의 몰질량} &= (2 \text{ mol H} \times 1.01 \text{ g H/mol H}) + (1 \text{ mol O} \times 16.00 \text{ g O/mol O}) \\ &= 18.02 \text{ g } H_2O/\text{mol } H_2O \end{aligned}$$

물 1몰의 질량은 10.02 g이고 물의 밀도인 1.00 g/mL를 이용하여 계산한 부피는 다음과 같다.

$$\text{물의 부피} = 18.02 \text{ g } H_2O \left(\frac{1.00 \text{ mL } H_2O}{1.00 \text{ g } H_2O}\right) = 18.0 \text{ mL } H_2O$$

물 1몰의 부피는 한두 모금인 18 mL뿐으로 샤워를 하기에는 충분치 않은 양이다.

우리가 1몰의 사과를 다 먹을 수 있는지를 묻는 두 번째 질문에 대한 답을 하려면, 사과 1개를 먹는 데 걸리는 시간과 사과 1몰에 포함된 개수를 파악하는 것이 필요하다.

$$\text{사과 1몰} = 6.022 \times 10^{23} \text{ 사과}$$

여러분이 실제로 사과를 먹는 데 걸리는 시간과 상관없이 1개의 사과를 먹는 데 5분이 걸린다고 가정하자. 이제 1몰의 사과를 먹는 데 걸리는 시간을 계산할 수 있다. 다만 시간은 너무 큰 숫자이므로 년 수로 계산하면 다음과 같다.

$$\begin{aligned} \text{1몰의 사과를 먹는 데 걸리는 년 수} &= 6.022 \times 10^{23} \text{ 사과}\left(\frac{5\text{분}}{\text{사과}}\right)\left(\frac{1\text{시간}}{60\text{분}}\right) \\ &\times \left(\frac{1\text{일}}{24\text{시간}}\right)\left(\frac{1\text{년}}{365.24\text{일}}\right) = 5.7 \times 10^{19}\text{년} \end{aligned}$$

5.7×10^{19}년을 풀어서 쓰면 57,000,000,000,000,000,000년이다. 그러나 불행하게도 사람의 수명은 기껏해야 $100(1 \times 10^2)$년으로, 한 사람이 그렇게 많은 사과를 먹는 것은 불가능하다.

물 분자는 매우 작기 때문에 1몰의 물로도 샤워를 하기에는 부족하다. 그러나 사과의 크기는 눈으로 볼 수 있을 정도로, 사과 1몰은 짐작하기 어려울 정도로 많은 양이다. 바로 이것이 미시적 세계에 속하는 원자와 거시적 세계에 속하는 사과 사이의 큰 차이점이다.

답이 합리적인가? 우리가 지금까지 계산해 본 많은 물질의 몰질량은 대략 몰당 10에 500그램 정도이므로 계산한 물의 몰질량은 적절한 수준이다. 사과를 먹는 데 걸리는 년 수는 매우 큰 수로, 사과 한 개를 먹는 데 1분이 걸리든 혹은 10분이 걸리든 1몰을 먹는 데 걸리는 년 수는 10^{19}년 정도로 매우 크다. 마지막으로 분자와 사과의 크기는 매우 큰 차이가 나서 사과는 우리 눈으로 볼 수 있지만 분자를 보려면 특수한 장비를 사용해야 한다.

종합 화학 문제

A. 화학에서 어떤 물질 6.022×10^{23} 단위를 나타낼 때 1몰이라는 용어를 사용한다. 달걀을 헤아릴 때는 달걀 12개를 의미하는 용어인 '다스(dozen)'를 사용하기도 한다. 물품의 수를 나타내는 다른 용어에는 어떤 것이 있는가? 언어에 이런 파생어가 포함되게 된 이유는 무엇이라고 생각하는가?

B. 원소의 원자 질량을 계산하는 데 화학적 지식을 이용할 수 있다. 예를 들어 4.72 g의 *X*를 이용하여 화학식이 X_2Y인 어떤 화합물 9.49 g을 합성하였다. X의 원자 질량이 39.10 g mol^{-1}이라면 *Y*의 원자 질량은 얼마인가?

C. 소듐 이온이 필요한 어떤 실험을 수행하려고 한다. 다음 표에 나타낸 Na^+ 이온을 포함하고 있는 모든 염을 원료로 사용할 수 있다고 할 때, 당신은 어떤 염을 선택하겠는가? 그 이유는 무엇인가? 다른 염을 선택하지 않은 이유는 무엇인가?

이온 화합물	100 g 당 가격	독성
플루오린화 소듐	\$18.00	노출 시 피부에 통증이나 화상을 유발함. 구강 섭취 시 사망에 이를 수 있음. 산과 접촉하면 독성 기체를 발생시킴.
염화 소듐	\$11.40	눈, 피부, 기관지에 통증을 유발할 수 있음. 흡습성이 있음
황산 소듐	\$12.10	눈, 피부, 기관지에 통증을 유발할 수 있음. 흡습성이 있음
질산 소듐	\$4.90	가연성 환원제와 반응하여 화재나 폭발할 수 있음. 눈, 피부, 기관지에 통증을 유발할 수 있음.
사이안화 소듐	\$16.90	물과 반응하는 극독성 물질임. 구강 섭취 시 치사량은 5 mg/kg임.

요약

학습 목표별로 정리함

몰과 Avogadro 상수의 개념을 이해하고 이들이 물질의 분자 규모와 실험실 규모 사이의 변환 인자로서 어떻게 사용되는지 설명할 수 있다.

SI 정의에 의하면 어떤 물질 1 mol은 6.022×10^{23}(**Avogadro 상수**)만큼의 물질을 구성하는 기본 성분(원자, 분자 혹은 화학식 단위)의 양을 의미한다. 화학 반응식은 분자 혹은 몰 규모에서 원자나 분자가 어떻게 반응하는지를 나타낸다. 어떤 물질의 몰 단위의 질량은 **실험실 규모**의 실험에서 다루기 편리한 질량을 갖는다.

몰과 물질의 양에 관한 계산을 할 수 있다.

주기율표에 표시된 원자 질량은 C-12의 정확한 원자 질량인 12에 대한 상댓값이다. 단원자 원소 1 mol의 질량은 원자 질량을 그램 단위로 나타낸 것으로 그램 원자 질량이라고도 한다. 분자 1 mol의 질량은 화학식에 포함된 각 원자 1몰의 질량을 합한 것과 같으며 이를 그램 분자 질량이라고 한다. 이와 마찬가지로 이온성 물질 1 mol의 질량은 이온식에 포함된 각 원자 1몰의 질량을 합한 것이다.

화합물의 조성 백분율을 계산할 수 있다.

몰질량은 그램 원자 질량, 그램 분자 질량, 혹은 그램 화학식량 대신 사용되는 일반적인 용어이다. 몰질량을 이용하여 그램수를 몰수로 혹은 몰수를 그램수로 변환할 수 있다.

주어진 화합물의 실험식과 분자식을 구하는 방법을 설명할 수 있다.

실험식을 알면 어떤 물질에 포함된 원자들의 가장 간단한 정수비를 구할 수 있다. 한 분자의 실제 조성은 그 **분자식**으로 표현된다. 이온 결합 화합물은 실험식으로만 그 조성을 나타낸다.

화학 반응에서 반응물과 생성물의 몰수를 계산할 수 있다.

화학량론적 계산은 일반적으로 논리적 순서에 따라 단위를 변환하는 문제이다(그림 3.8 참조). 이러한 계산 과정에서 사용되는 변환 인자는 몰질량, Avogadro 상수, 화학식 및 균형 화학 반응식으로부터 얻는다.

주어진 반응에서 한계 반응물과 반응 후 남는 물질의 양을 결정하는 방법을 설명할 수 있다.

반응 화학량론에 의하여 다른 반응물이 필요로 하는 양보다 더 적게 공급되는 반응물을 **한계 반응물**이라고 한다.

주어진 반응의 수득 백분율을 계산할 수 있다.

생성물의 **이론적 수득률**은 한계 반응물이 허락하는 양보다 더 클 수는 없다. 어떤 경우에는 부산물을 만드는 **경쟁 반응(또는 부반응)**에 의하여 **실제 수득률**이 줄어들기도 한다. 이론적 수득률에 대한 실제 수득률의 비를 백분율로 나타낸 것을 **수득 백분율**이라고 한다.

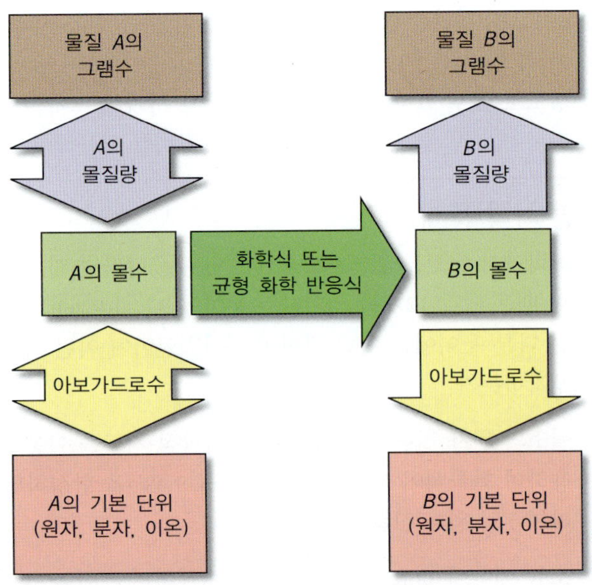

그림 3.8 화학량론에서의 경로 이 도표는 이 장에서 공부한 모든 화학량론적 계산 절차를 요약한 것이다. 네모 상자는 문제에서 제공되거나 또는 구하고자 하는 단위를 나타낸다. 상자 사이의 화살표는 필요한 변환 인자를 제공해 주는 도구를 나타낸다.

문제 풀이를 위한 도구

도구 다음과 같은 도구들이 이 장에서 도입되었다. 이들을 주의 깊게 공부하면 필요할 때 적절한 도구를 선택할 수 있다.

Avogadro 상수(3.1절)

$$1\text{몰 } X = 6.022 \times 10^{23}\ X \text{ 입자}$$

원자 질량(3.1절)

$$X\text{의 (그램) 원자 질량} = X\text{의 몰질량} = 1\text{몰 } X$$

분자 질량과 화학식량(3.1절)

$$X\text{의 (그램) 분자 질량} = X\text{의 몰질량} = 1\text{몰 } X$$

$$X\text{의 화학식량} = X\text{의 몰질량} = 1\text{몰 } X$$

몰질량(3.1절) 화학식에 포함된 원소의 질량의 합

$$X\text{의 몰질량} = 1\text{몰 } X$$

몰비(3.2절) 화학식에서의 아래 첨자는 물질에 포함된 원소 사이의 원자비 혹은 몰비를 나타낸다.

화학식을 이용한 질량 대 질량 변환(3.2절) 화학식을 이용한 질량 대 질량 변환이 필요한 문제에서 필요한 단계이다. 그림 3.8 참조

조성 백분율(3.3절) 화합물의 조성을 나타내는 데 사용되며, 실험식을 구하는 데 기초가 된다.

$$X\text{의 조성 백분율} = \frac{\text{시료 중 } X\text{의 질량}}{\text{전체 시료의 질량}} \times 100\%$$

실험식(3.4절) 실험식은 화합물에 포함된 각 원소의 원자 사이의 가장 간단한 정수비로 나타낸다.

정수의 아래 첨자 결정하기(3.4절) 실험식을 결정할 때 가장 작은 몰수로 모든 몰수를 나누면 많은 경우 정수를 얻는다. 그래도 소수가 남으면 정수를 얻을 때까지 아래 첨자에 작은 정수를 차례로 곱해본다.

조성 백분율을 이용한 실험식 구하기(3.4절) 조성 백분율은 서로 다른 실험에서 얻은 정보를 연결하여 실험식을 확인하는 데 도움이 된다.

화학 반응식 균형 맞추기(3.5절) 반응식의 균형을 맞추는 것은 불균형 반응식을 쓰고, 모든 원자가 반응물과 생성물에 동일한 수만큼 존재하도록 계수를 조정하는 것이다.

균형 반응식에서 얻는 등가식(3.5절) 균형 화학 반응식의 계수는 화학량론적 계산에 이용되는 반응물과 생성물 사이의 모든 관계를 제공해 준다.

균형 화학 반응식을 이용하여 질량 대 질량 계산(3.5절)
논리적인 변환 순서를 따르면 화학 반응에서의 모든 성분에 대한 계산을 수행할 수 있다. 그림 3.8을 참조하라.

한계 반응물 계산(3.6절)
두 가지 이상의 반응물에 대한 양이 주어지면, 먼저 소모되는 한계 반응물이 생성물의 양을 제한하고 과량으로 존재하는 반응물은 남는다.

이론적 수득률과 실제 수득률 그리고 수득 백분율(3.7절) 이론적 수득률은 알려지거나 계산에 의해 확인된 한계 반응물로부터 구한다. 실제 수득률은 실험을 통하여 결정되며, 수득 백분율은 동일한 실험 조건에서 얻은 실제 수득률과 이론적 수득률과의 관계이다.

$$\text{수득 백분율} = \frac{\text{실험에서 얻은 실제 질량}}{\text{계산에 의한 이론적 질량}} \times 100\%$$

다단계 반응의 수득 백분율(3.7절)
많은 경우에 화학 합성은 한 가지 이상의 반응 단계를 포함한다. 다단계 합성에서의 전체 수득 백분율은 다음과 같다.

$$\text{전체 수득 백분율} = \left(\frac{\%\ \text{수득률}_1}{100} \times \frac{\%\ \text{수득률}_2}{100} \times \cdots\right) 100\%$$

쌍으로 구성된 복습 문제 중 청색 번호를 가진 문제의 해답은 부록 B에 수록하였다. 난이도가 높은 문제는 별표(*)로 표시하였다.

복습 질문

몰과 Avogadro 상수

3.1 몰(mole)을 정의하시오.

3.2 원자 질량 단위를 이용하여 모든 화학량론 문제를 해결할 수 있음에도 불구하고 '몰'을 사용하는 이유는 무엇인가?

3.3 2.5 mol의 H_2O와 2.5 mol의 O_2 중 더 많은 분자를 포함하는 시료는 어느 것인가? 원자를 더 많이 포함하는 시료는? 어느 시료의 질량이 더 큰가?

***3.4** Avogadro 상수를 3×10^{27}으로 다시 정의한다면 원자 질량 단

위는 어떻게 바뀌어야 하는가?

3.5 어떤 물질의 그램수를 몰수로 변환하려면 어떤 정보가 필요한가?

3.6 원자 질량 단위를 이용하여 납 1 g에 포함된 원자의 수를 어떻게 계산할 수 있는가?

몰과 화학식량 그리고 화학량론

3.7 Al_2O_3 1 mol에 포함된 알루미늄 원자의 몰수와 개수는 각각 얼마인가?

3.8 다음의 화학식에서 몰 대 몰 변환에 필요한 환산 인자를 모두 쓰시오.
(a) CO_2 (b) Sb_2O_3 (c) Na_2SO_4 (d) K_2HPO_4

3.9 어떤 물질의 그램수를 몰수로 변환하려면 어떤 정보가 필요한가?

3.10 '1.0 mol의 수소'라는 표현이 불명확한 이유는 무엇인가? 이와는 달리 '2 g 수소' 혹은 '2.0 mol H_2'와 같은 표현이 명확한 이유는 무엇인가?

3.11 갈륨의 원자 질량은 69.72이다. 이 정보를 이용하여 갈륨의 질량(g)과 몰수 사이의 환산과 관계하여 얻을 수 있는 변환 인자는 무엇인가?

화학식과 조성 백분율

3.12 질량을 알고 있는 어떤 순수한 화합물 시료를 분석하여 화합물을 구성하는 두 원소의 질량을 결정하였다. 시료에 다른 원소(들)가 포함되어 있는지 어떻게 알 수 있는가?

3.13 화합물을 확인하는 데 조성 백분율이 어떻게 이용되는가? 두 가지 혹은 그 이상의 화합물이 정확히 동일한 조성 백분율을 가질 수 있는가?

실험식과 분자식 결정하기

3.14 일반적으로 화합물의 실험식을 결정하기 위하여 실험적으로 결정해야 하는 기본 정보는 무엇인가?

3.15 조성 백분율을 이용하여 실험식은 결정할 수 있지만 분자식은 결정하지 못하는 이유는 무엇인가?

3.16 이온 결합 화합물에서는 항상 실험식을 이용하는 이유는 무엇인가?

3.17 어떤 조건하에서 화학식의 첨자를 결정하거나 혹은 바꿀 수 있는가?

3.18 모형으로 나타낸 원소 A(검은색 구)와 B(회색 구)로 이루어진 다음의 화합물 중 실험식이 서로 다른 것은 몇 개인가?

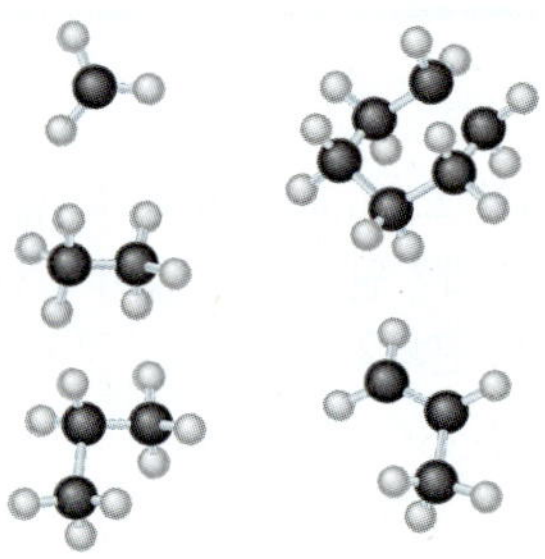

화학량론과 화학 반응식

3.19 화학 반응식의 균형을 맞출 때 바꿀 수 있는 숫자는 어느 것인가? 화학 반응식의 균형을 맞출 때 적용되는 과학 법칙은 무엇인가?

3.20 다음과 같은 불균형 반응식이 있다.

$$K(s) + Cl_2(g) \longrightarrow KCl(s)$$

이 반응에 대하여 학생 A와 B가 얻은 균형 반응식은 각각 $K(s) + Cl_2(g) \longrightarrow KCl_2(s)$와 $2K(s) + Cl_2(g) \longrightarrow 2KCl(s)$이다. 어느 반응식이 옳은 균형 반응식인가? 다른 반응식이 틀린 이유는 무엇인가?

3.21 아래와 같이 주어진 정보를 이용하여 10몰의 B와 완전히 반응하는 데 필요한 A의 질량(g)을 구하는 과정을 단계별로 제시하시오. 계산 과정에 필요 없는 정보는 어느 것인가?

A와 B가 반응하여 A_5B_2를 형성한다.

A의 분자 질량은 200.0이고 B의 분자 질량은 400.0이다.

A 1 mol에는 6.02×10^{23}개의 A 분자가 포함되어 있다.

3.22 두 물질이 질량비나 몰비 모두 1 대 1로 반응한다면 생성물의 실험식은 무엇인가?

3.23 1 g의 안티모니와 반응하는 데 필요한 산소의 질량을 구하는 데 필요한 정보는 무엇인가?

3.24 0.020 mol의 Ca와 0.020 mol의 Cl_2가 다음과 같이 (완전히) 반응하여 $CaCl_2$를 형성하였다.

$$Ca + Cl_2 \longrightarrow CaCl_2$$

이 반응이 보여주는 화학량론적 정보는 어떤 것이 있는가? 반응의 규모에 대한 정보를 얻을 수 있는가?

3.25 다음은 어떤 화학자가 제출한 보고서다.
"0.08000 mol의 $CaCO_3$가 0.0800 mol의 CaO와 0.0800 mol의 CO_2로 분해되었다."
이 반응이 나타내는 화학이나 화학량론적 정보를 일반적인 화학 반응식의 형태로 쓰시오.

3.26 1947년 약 2000톤의 질산 암모늄 비료를 적재한 두 화물선에 불이 붙고 곧 폭발이 일어나는 사고가 발생하였다. 이 사고로 600명 이상이 사망하였으며 도시 전체의 1/3이 파괴되었다. 규모를 축소하여 10.00 kg의 NH_4NO_3가 분해될 때 발생하는 N_2 기체의 분자수를 계산하시오.

한계 반응물

3.27 한계 반응물을 정의하시오. '생성물의 양은 한계 반응물에 의존한다.'는 서술에 대하여 평가하시오.

3.28 다음은 각각 A와 B로 구성된 두 분자가 반응하여 AB를 생성하는 2가지 반응을 모형으로 나타낸 것이다. 반응식과 '초기'라고 표기된 상자 안의 내용에 기초하여 반응이 끝난 후 상자 안에 분자들의 모형을 각각 그리시오. (두 경우 모두 B는 B_2 형태로 존재하고, 반응 2에서 A는 A_2 형태로 존재한다.)

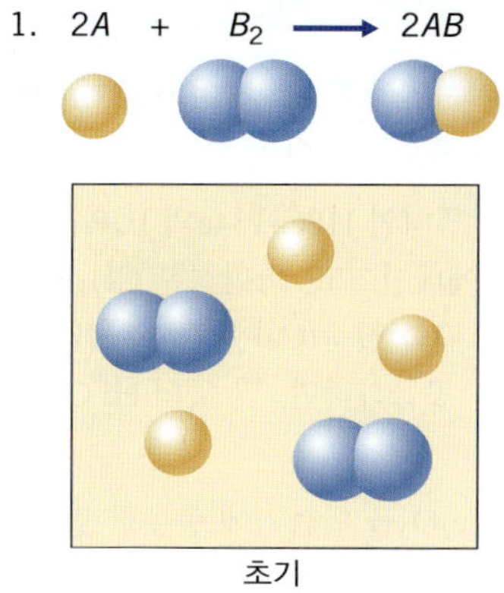

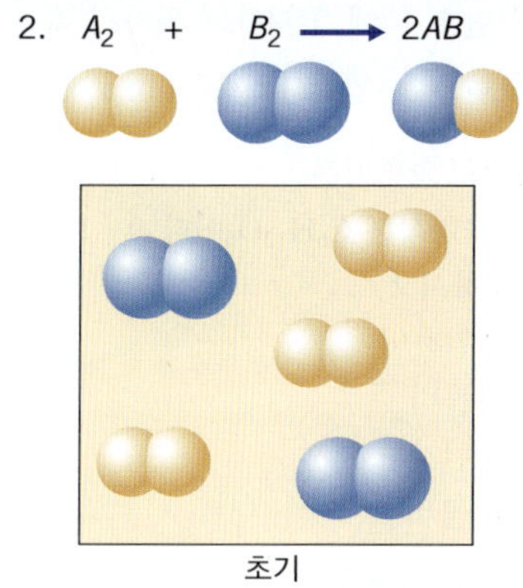

이론적 수득률과 수득 백분율

3.29 실제 수득률과 이론적 수득률의 차이를 논하시오.

3.30 수득 백분율 45%는 좋은 결과하고 할 수 있는가? 그 이유는?

복습 문제

몰과 Avogadro 상수

3.31 다음 각각에 대한 질량을 그램 단위로 결정하시오.
- **(a)** 1.35 mol Zn
- **(b)** 24.5 mol S
- **(c)** 0.876 mol Ba

3.32 다음 각각에 대한 질량을 그램 단위로 결정하시오.
- **(a)** 0.546 mol O
- **(b)** 3.29 mol P
- **(c)** 8.11 mol C

3.33 교재 앞 표지 안쪽에 수록된 원자 질량 표를 이용하여 다음 각각에 대한 화학식량을 최대 유효 숫자로 계산하시오.
- **(a)** $KHCO_3$
- **(b)** NH_4HCO_3
- **(c)** $FeSO_4 \cdot 7H_2O$
- **(d)** 다이크로뮴산 소듐
- **(e)** 인산 알루미늄

3.34 교재 앞 표지 안쪽에 수록된 원자 질량 표를 이용하여 다음 각각에 대한 화학식량을 최대 유효 숫자로 계산하시오.
- **(a)** $Pb(C_2H_5)_4$
- **(b)** $Na_2SO_4 \cdot 10H_2O$
- **(c)** $Fe_4[Fe(CN)_6]_3$
- **(d)** 질산 칼슘
- **(e)** 인산 마그네슘

3.35 다음의 질량을 그램 단위로 계산하시오.
- **(a)** 1.5 mol $Ca_3(PO_4)_2$
- **(b)** 0.600 mmol C_2H_5
- **(c)** 0.625 mmol 질산 구리(II)
- **(d)** 1.45 mol 황산 암모늄

3.36 다음의 질량을 그램 단위로 계산하시오.
- **(a)** 0.322 mmol $SOCl_3$
- **(b)** 4.31×10^{-3} mol $(NH_4)_3HPO_4$
- **(c)** 0.754 mol 황산 아연
- **(d)** 0.194 μmol 브로민화 포타슘

3.37 다음 시료에 포함된 각 화합물의 몰수를 계산하시오.
- **(a)** 1.56 ng N_2H_4, 로켓 추진제
- **(b)** 6.98 μg K_2CrO_4, 페인트 안료
- **(c)** 21.5 g 탄산 바륨, 쥐약
- **(d)** 16.8 g 아황산 스트론튬, 항산화제/방부제

3.38 다음 시료에 포함된 각 화합물의 몰수를 계산하시오.
- **(a)** 4.29 g K_2O, 비료
- **(b)** 5.00 mg $NaAuCl_4$, 반응 촉매
- **(c)** 9.36 g 산화 칼슘, 쥐약
- **(d)** 38.2 kg 탄산 납(II), 페인트 안료

3.39 35.4 g의 Ni에 존재하는 니켈의 몰수는 얼마인가?

3.40 171.4 g의 Cr에 존재하는 크로뮴의 몰수는 얼마인가?

3.41 바나듐 원자 1.56×10^{21}개에 해당하는 바나듐 원자는 몇 몰인가?

3.42 Cl_2 분자 1.80×10^{24}개에 해당하는 염소 분자는 몇 몰인가?

3.43 어떤 나노 실험에 2.00×10^{12}개의 금 원자가 필요하다. 이 시료의 질량은 몇 그램인가?

3.44 4×10^{17}개의 구리 원자로 구성되어 있는 구리 나노입자 한 개의 질량은 몇 그램인가?

3.45 8.00 g의 탄소-12에 존재하는 원자의 수는 몇 개인가?

3.46 4.50 mol의 탄소-12에 존재하는 원자의 수는 몇 개인가? 이 시료의 질량은 몇 그램인가?

몰과 화학식량 그리고 화학량론

3.47 글루코스의 화학식은 $C_6H_{12}O_6$이다. 이 화합물과 관련한 다음에 대하여 답하시오.
(a) C와 H의 원자비
(b) C와 O의 몰비
(c) H와 O의 원자비
(d) H와 O의 몰비

3.48 TAME(tert-amyl methyl ether)는 가솔린의 옥테인값을 높이고 휘발성 유기 화합물(VOC)의 배출을 감소시키기 위한 연료 산소 공급제로 사용된다. TAME의 분자식은 $C_6H_{14}O$이다. 이 화합물과 관련한 다음에 대하여 답하시오.
(a) C와 H의 원자비
(b) C와 H의 몰비
(c) C와 O의 원자비
(d) C와 O의 몰비

3.49 1.58 mol의 O 원자와 결합하여 암 치료제로 사용되는 As_2O_3를 만드는 데 필요한 As의 몰수를 구하시오.

3.50 0.565 mol의 O 원자와 결합하여 안경 렌즈 재료로 사용되는 오산화 다이나이오븀(Nb_2O_5)을 만드는 데 필요한 나이오븀(Nb) 원자의 몰수를 구하시오.

3.51 바이오센서를 만드는 데 사용되는 Mn_2O_3 2.16 mol에 존재하는 Mn의 몰수는 얼마인가?

3.52 조개껍데기의 주성분인 탄산 칼슘($CaCO_3$) 5.00 mol에 존재하는 Ca의 몰수는 얼마인가?

3.53 하수 처리 시설에서 사용되는 황산 알루미늄[$Al_2(SO_4)_3$]은 오염물질을 제거하는 침전제이다.
(a) 이 화합물에서 알루미늄의 몰수와 황의 몰수에 연관된 한 쌍의 환산 인자를 만드시오.
(b) 황의 몰수와 $Al_2(SO_4)_3$ 몰수에 연관된 한 쌍의 환산 인자를 만드시오.
(c) 이 화합물 시료가 0.900 mol의 S를 포함하고 있다면 시료에 존재하는 Al의 몰수는 얼마인가?
(d) 1.16 mol의 $Al_2(SO_4)_3$ 시료에 존재하는 S의 몰수는 얼마인가?

3.54 적철광(hematite)은 자성이 있는 철광석으로 화학식은 Fe_2O_3이다.
(a) Fe 몰수와 Fe_2O_3 몰수에 연관된 한 쌍의 환산 인자를 만드시오.
(b) Fe 몰수와 O 몰수에 연관된 한 쌍의 환산 인자를 만드시오.
(c) 2.75 mol Fe_2O_3 시료에 존재하는 Fe의 몰수는 얼마인가?
(d) 철과 산소를 이용하여 Fe_2O_3를 만들 수 있다. 4.50 mol의 Fe_2O_3를 만들기 위하여 필요한 철의 몰수는 얼마인가?

3.55 0.145 mol 포스핀(PH_3)을 분해할 때 생성되는 H_2와 P는 각각 몇 몰인가?

3.56 반도체 Ga_2S_3를 생성하기 위하여 0.225 mol의 Ga와 반응하는 데 필요한 S의 몰수는 얼마인가?

3.57 할로알케인계 냉매인 HFC-134a의 IUPAC 이름은 1,1,1,2-테트라플루오로에테인이고, 화학식은 CH_2FCF_3이다. 칼슘과 반응하여 플루오린화 칼슘(CaF_2) 10.84 g을 만들기에 충분한 양의 플루오린을 공급하려면, 몇 몰의 HFC-134a를 분해해야 하는가?

3.58 0.260 mol의 Fe_2O_3을 만들기에 충분한 철을 공급하는 데 필요한 Fe_3O_4의 몰수는 얼마인가?(산소의 양은 충분하다고 가정한다.)

3.59 연료로 사용되는 아세틸렌(C_2H_2)에서 4.13 mol의 수소와 결합하고 있는 탄소의 몰수는 얼마인가?

3.60 2.31 mol의 프로페인(C_3H_8)에 존재하는 수소 원자의 개수는 얼마인가?

3.61 0.260 mol의 리보스($C_5H_{10}O_5$)에 존재하는 C, H, 그리고 O 원자의 전체 개수는 얼마인가?

3.62 중요한 비료 중 하나인 인산 암모늄($(NH_4)_3PO_4$) 0.356 mol에 존재하는 N, H, O, 그리고 P 원자의 전체 개수는 얼마인가?

3.63 CaC_2는 배에서 신호용 섬광을 만드는 데 사용된다. CaC_2가 물과 반응할 때 생성되는 아세틸렌(C_2H_2)이 탈 때 강한 빛을 내는 원리를 이용한다. 어떤 CaC_2 시료가 0.150 mol의 탄소를 포함하고 있다. 이 시료에 포함된 Ca의 몰수와 질량(g)은 각각 얼마인가?

3.64 칠면조 정찬 후에 사람들을 졸리게 하는 아미노산으로 알려진 트립토판의 화학식은 $C_{11}H_{12}N_2O_2$이다. 0.0043 mol의 트립토판에 존재하는 N의 몰수는 얼마인가?

3.65 불을 끄는 데 사용되는 탄산 암모늄 0.556 mol에 존재하는 산소(O)의 몰수는 얼마인가? 이만큼의 산소를 공급하려면 탄산 암모늄 몇 그램이 필요한가?

3.66 비료로 사용되며 폭발성이 있는 질산 암모늄 0.556 mol에 존재하는 질소(N)의 몰수는 얼마인가? 이만큼의 질소를 공급하려면 탄산 암모늄 몇 그램이 필요한가?

3.67 토양에 1 kg의 질소를 공급하려면 순수한 $(NH_4)_3PO_4$로 이루어진 비료 몇 킬로그램이 필요한가?

화학식과 조성 백분율

3.68 다음 화합물에 포함된 각 원소의 질량 조성 백분율을 구하시오.
(a) $(NH_4)_2HPO_4$
(b) CH_3COOH
(c) 인산이수소 칼슘
(d) 질산 칼슘 사수화물

3.69 다음 화합물에 포함된 각 원소의 질량 조성 백분율을 구하시오.

(a) $C_6H_5NHNH_2$
(b) C_4H_{10}
(c) 질산 납
(d) 황산 바륨

3.70 모르핀($C_{17}H_{19}NO_3$)과 헤로인($C_{21}H_{23}NO_5$) 중 탄소 백분율이 더 큰 화합물은 어느 것인가?

3.71 항경련제로 사용되는 carbamazepine($C_{15}H_{12}N_2O$)과 기침 억제제로 사용되는 carbetapentane($C_{20}H_{31}NO_3$) 중 수소 백분율이 더 큰 화합물은 어느 것인가?

3.72 프레온은 한동안 스프레이용 연무제로 사용된 기체 화합물의 상표 이름이다. 프레온-12(CCl_2F_2)와 프레온-141b($C_2H_3Cl_2F$) 중 염소의 백분율이 더 큰 화합물을 어느 것인가?

3.73 프레온-134a($C_2H_2F_4$)와 프레온-113($C_2Cl_3F_3$) 중 플루오린의 백분율이 더 큰 화합물을 어느 것인가?

3.74 인과 염소로 이루어진 화합물 2.35 g에 1.811 g의 염소가 포함되어 있다. 이 화합물에서 인과 염소의 질량 백분율은 각각 얼마인가?

3.75 질소와 산소로 이루어진 화합물 5.67 g을 분석한 결과 4.2 g의 산소를 포함하고 있었다. 이 화합물에서 질소와 산소의 질량 백분율은 각각 얼마인가?

3.76 '천사의 가루'로 알려진 phencyclidine은 화학식이 $C_{17}H_{25}N$인 불법 마약류이다. 이 마약으로 의심되는 어떤 시료를 분석한 결과 83.89% C, 10.35% H, 5.76% N의 조성을 가진 것으로 밝혀졌다. 이 결과는 phencyclidine의 이론적 조성에 부합하는가?

3.77 환각 작용이 있는 마약 LSD의 분자식은 $C_{20}H_{25}N_3O$이다. 이 마약으로 의심되는 어떤 시료를 분석한 결과 83.71% C, 11.42% H, 그리고 4.87% N의 조성을 가진 것으로 밝혀졌다. 다음 물음에 답하시오.
(a) 시료에 포함된 O의 백분율은 얼마인가?
(b) 이 결과는 LSD에 부합하는가?

3.78 물에 녹아서 인산을 만드는 오산화 이인 화합물에서 7.14×10^{21}개의 P 원자와 결합하는 O는 몇 그램인가?

3.79 나일론의 원료로 사용되는 C_6H_{12} 화합물에서 4.25×10^{23}개의 H 원자와 결합하는 C는 몇 그램인가?

실험식과 분자식 결정하기

3.80 다음 화합물의 실험식을 쓰시오.
(a) Se_2C_{l2}
(b) C_6H_6
(c) PH_3
(d) N_2O_6
(e) Na_2O

3.81 다음 화합물의 실험식을 쓰시오.
(a) $C_2H_4(OH)_2$
(b) $H_2Se_2O_8$
(c) C_6H_{12}
(d) B_2H_6
(e) CH_3OH

3.82 방사성 물질인 sodium pertechnetate는 뇌 검사용 약제로 사용된다. 이 시료 0.896 g을 분석한 결과 0.308 g의 산소와 0.477 g의 테크네튬이 포함되어 있었다. 그 외의 성분은 소듐이다. Sodium pertechnetate의 실험식을 구하시오.

3.83 비타민 D의 활성 성분인 칼시트리올(calcitriol)은 71.03% C, 7.95% H, 그리고 21.03% O로 구성되어 있다. 실험식을 구하시오.

3.84 계피 맛과 관련이 있는 신남산(cinnamic acid)은 72.96% 탄소, 21.64% 산소로 구성되어 있고, 나머지 성분은 수소다. 신남산의 실험식은 무엇인가?

3.85 가공식품에 맛을 내기 위하여 사용하는 바닐린(vanilline)은 63.2% C, 5.29% H, 31.6% O로 구성되어 있다. 바닐린의 실험식은 무엇인가?

3.86 탄소와 플루오린으로만 구성된 어떤 드라이클리닝 용제는 발암성으로 인하여 더 이상 사용되지 않는다. 이 시료를 분석한 결과 질량 백분율로 14.5% C와 85.5% F로 구성되어 있었다. 이 화합물의 실험식은 무엇인가?

3.87 몰질량이 431인 카드뮴 화합물을 분석한 결과 77.26% Cd, 9.25% C, 그리고 1.17% H로 구성되어 있었다. 나머지 성분은 O이다. 실험식을 구하시오.

3.88 성호르몬 시료 6.853 mg에 대한 연소 분석 결과 19.73 mg CO_2와 6.391 mg H_2O를 얻었다. 이 화합물의 실험식은 무엇인가?

3.89 바이타민 D군의 화합물 5.983 mg을 연소 분석한 결과 18.490 mg CO_2와 6.232 mg H_2O를 얻었다. 이 화합물의 실험식은 무엇인가?

3.90 다음은 세 가지 화합물에 대한 실험식과 몰당 질량이다. 이들의 분자식은 무엇인가?
(a) KS_2O_3, 303.4 g/mol
(b) C_3H_2CF, 276.9 g/mol
(c) C_2HF, 132.1 g/mol

3.91 다음은 세 가지 화합물에 대한 실험식과 몰당 질량이다. 이들의 분자식은 무엇인가?
(a) Na_2SO_3, 252.6 g/mol
(b) $NaPO_4$, 354.9 g/mol
(c) CH_2O, 30.1 g/mol

3.92 문제 3.88에서 기술한 화합물의 분자 질량은 517이다. 이 화합물의 분자식을 쓰시오.

3.93 문제 3.89에서 기술한 화합물의 분자 질량은 798이다. 이 화합물의 분자식을 쓰시오.

3.94 수은과 염소로 구성된 화합물 시료 0.389 g을 분석한 결과 0.111 g의 염소가 포함되어 있었다. 분자 질량이 517인 이 화합물의 실험식과 분자식은 무엇인가?

3.95 물감의 붉은색 안료로 사용하는 '안티모날 사프론' 0.6662 g을 분석한 결과 황이 0.2645 g이고 나머지는 안티모니였다.

분자 질량이 404인 이 안료의 실험식과 분자식은 무엇인가?

3.96 C, H, N, 그리고 O로 이루어진 화합물 시료의 조성 백분율은 각각 27.91% C, 2.341% H, 그리고 32.56% N이다. 분자 질량이 129인 이 화합물의 실험식과 분자식을 쓰시오.

3.97 맹독성 물질인 스트리크닌(strychnine)의 몰질량은 334이고 조성 백분율은 75.42% C, 6.63% H, 8.38% N, 그리고 나머지는 O이다. 이 화합물의 실험식과 분자식을 쓰시오.

화학량론과 화학 반응식

3.98 다음 반응식의 균형을 맞추시오.

(a) $Mg(OH)_2 + HCl \longrightarrow MgCl_2 + H_2O$

(b) $HCl + Ba(OH)_2 \longrightarrow BaCl_2 + H_2O$

(c) $Al_2O_3 + HNO_3 \longrightarrow Al(NO_3)_3 + H_2O$

(d) $NaHCO_3 + H_3PO_4 \longrightarrow Na_2HPO_4 + H_2O + CO_2$

(e) $C_5H_{12} + O_2 \longrightarrow CO_2 + H_2O$

3.99 다음 반응식의 균형을 맞추시오.

(a) $MgO + HNO_3 \longrightarrow Mg(NO_3)_2 + H_2O$

(b) $K_2CO_3 + Mg(NO_3)_2 \longrightarrow MgCO_3 + KNO_3$

(c) $(NH_4)_3PO_4 + KOH \longrightarrow K_3PO_4 + NH_3 + H_2O$

(d) $NaHCO_3 + H_2SO_4 \longrightarrow Na_2SO_4 + H_2O + CO_2$

(e) $C_2H_6O + O_2 \longrightarrow CO_2 + H_2O$

3.100 다음을 균형 화학 반응식으로 나타내시오.

(a) 수산화 소듐이 염화 수소와 반응하여 염화 소듐과 물을 생성한다.

(b) 질산 은과 염화 바륨이 반응하여 질산 바륨과 염화 은을 생성한다.

(c) 질산 칼슘이 황산 소듐과 반응하여 황산 칼슘과 질산 소듐을 생성한다.

(d) 산화 납이 탄소가 반응하여 납과 이산화 탄소를 생성한다.

3.101 다음을 균형 화학 반응식으로 나타내시오.

(a) 이산화 황이 산소와 반응하여 삼산화 황을 생성한다.

(b) 중탄산 소듐과 황산이 반응하여 황산 소듐과 물 그리고 이산화 탄소를 생성한다.

(c) 십산화 사인과 물이 반응하여 인산을 생성한다.

(d) 뷰테인이 산소와 반응하여 이산화 탄소와 물을 생성한다.

3.102 아래 도표에 대한 균형 화학 반응식을 쓰시오.

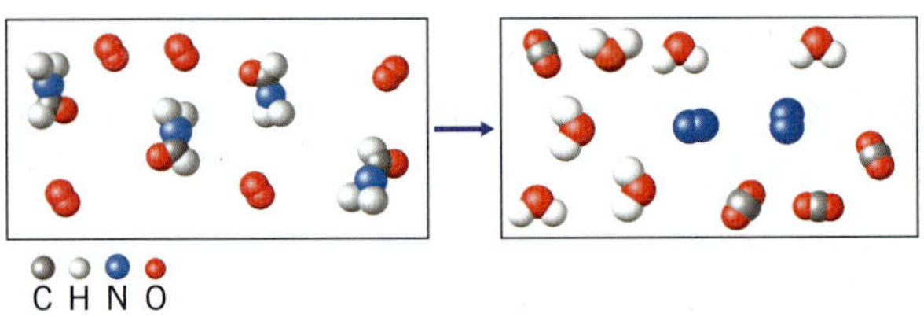

3.103 아래 도표에 대한 균형 화학 반응식을 쓰시오.

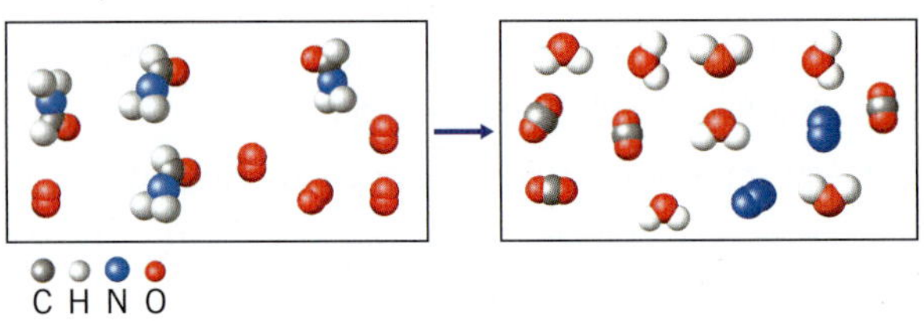

3.104 다음은 난방용 연료로 많이 사용되는 에테인의 균형 연소 반응이다.

$$2C_2H_6 + 7O_2 \longrightarrow 4CO_2 + 6H_2O$$

이 화학 반응에 대한 분자 수준의 도표를 그리시오. 2.3절에서 배운 색 도표를 이용하여 각 원소를 구분하시오.

3.105 일산화 탄소가 산소와 반응하여 이산화 탄소를 생성하는 반응에 대한 분자 수준의 도표를 그리시오. 먼저 균형 화학 반응식을 쓰고, 2.3절에서 배운 색 도표를 이용하여 각 원소를 구분하시오.

3.106 '철은 산소 분자와 반응하여 산화 철(II)을 생성할 수 있다.'라는 문장을 화학에서 허용되는 가장 간단한 식으로 나타내시오.

3.107 런던에서 1952년 런던에서 발생한 최악의 스모그로 인하여 4000명이 넘는 사망자가 발생하였다. 이때 발생한 광화학 스모그의 원인은 (다른 여러 가지 반응도 있었지만) 일산화 질소가 산소와 반응하여 이산화 질소 생성하는 것이었다. 스모그의 전형적인 색은 이산화 질소의 적갈색에서 유래한 것이다. 이 반응에 대한 균형 화학 반응식을 쓰시오.

3.108 '$2Sr(OH)_2 \cdot 8H_2O$'를 포함하는 균형 화학 반응식이 있다. 수산화 스트론튬 팔수화물은 설탕 산업에서 정제 과정에 이용된다. 분자 수준에서 이 식이 나타내는 각 원소의 원자수는 몇 개인가? 실험실 규모에서 이 식이 나타내는 각 원소의 몰수는 얼마인가?

3.109 '$3Ba_3(PO_4)_2$'를 포함하는 균형 화학 반응식이 있다. 인산 바륨은 유리 산업 분야에 활용된다. 분자 수준에서 이 식이 나타내는 각 원소의 원자수는 몇 개인가? 실험실 규모에서 이 식이 나타내는 각 원소의 몰수는 얼마인가?

3.110 메틸 tert-뷰틸 에터(MTBE)는 가솔린에 첨가되는 산화제이다. 이 화합물은 다음과 같이 연소한다.

$$2C_5H_{12}O + 15O_2 \longrightarrow 10CO_2 + 12H_2O$$

(a) MTBE 2.39 mol과 완전히 반응하는 데 필요한 O_2의 몰수는 얼마인가?

(b) MTBE 4.67 mol로부터 만들어질 수 있는 CO_2의 몰수는 얼마인가?

(c) 10.61 mol MTBE를 연소시켜 얻을 수 있는 물의 몰수는 얼마인가?

(d) CO_2 7.00 mol을 합성하기 위하여 필요한 O_2의 몰수는 얼마인가? 필요한 MTBE의 몰수는 얼마인가?

3.111 다음은 뷰테인의 연소 반응이다.

$$2C_4H_{10}(g) + 13O_2(g) \longrightarrow 8CO_2(g) + 10H_2O$$

(a) 3.45 mol 뷰테인과 완전히 반응하는 데 필요한 O_2는 몇 그램인가?

(b) 0.177 mol 뷰테인으로부터 얻을 수 있는 CO_2는 몇 그램인가?

(c) 4.86 mol 뷰테인을 연소시켰을 때 생성되는 물은 몇 그램

인가?

3.112 다음 반응은 전처리된 금광석에서 금을 추출하는 데 이용된다.

$$2Au(CN)_2^-(aq) + Zn(s) \longrightarrow 2Au(s) + Zn(CN)_4^-(aq)$$

(a) 0.11 mol $Au(CN)_2^-$와 반응하는 데 필요한 Zn은 몇 그램인가?

(b) 0.11 mol $Au(CN)_2^-$로부터 얻을 수 있는 Au은 몇 그램인가?

(c) 0.11 mol Zn를 얻기 위한 $Au(CN)_2^-$은 몇 그램인가?

3.113 불꽃놀이에서 보는 백열광은 인이 산소와 반응하여 P_4O_{10}을 생성하는 반응으로부터 얻는다.

(a) 이 반응에 대한 균형 화학 반응식을 쓰시오.

(b) 6.85 g의 P와 반응하는 데 필요한 O_2는 몇 그램인가?

(c) 8.00 g의 O_2로부터 얻을 수 있는 P_4O_{10}은 몇 그램인가?

(d) 7.46 g의 P_4O_{10}를 얻기 위하여 필요한 P는 몇 그램인가?

3.114 펜테인(C_5H_{12})을 연소하면 이산화 탄소와 물이 만들어진다. 어떤 펜테인 시료를 연소하였더니 4.46 g의 물이 생성되었다.

(a) 이 반응에 대한 균형 화학 반응식을 쓰시오.

(b) 연소된 펜테인은 몇 그램인가?

(c) O_2 몇 그램이 반응하였는가?

(d) CO_2 몇 그램이 생성되었는가?

3.115 묽은 질산(HNO_3)에서 구리 금속이 용해되는 반응식은 다음과 같다.

$$3Cu(s) + 8HNO_3(aq) \longrightarrow 3Cu(NO_3)_2(aq) + 2NO(g) + 4H_2O$$

0.18 mol의 Cu를 용해시키려면 몇 그램의 HNO_3가 필요한가?

3.116 히드라진(N_2H_4)과 과산화 수소(H_2O_2)의 반응이 로켓 엔진에서 활용된다. 두 화합물의 반응은 다음과 같다.

$$N_2H_4(g) + 7H_2O_2(l) \longrightarrow 2HNO_3(aq) + 8H_2O$$

852 g의 N_2H_4와 반응하는 데 필요한 H_2O_2는 몇 그램인가?

3.117 실험실에서 과산화 수소(H_2O_2)를 분해하여 산소 기체를 만들 수 있다.

$$2H_2O_2(l) \longrightarrow 2H_2O + O_2(g)$$

1.0 g의 H_2O_2를 반응시켜 얻을 수 있는 산소는 몇 kg인가?

3.118 실험실에서 염소산 포타슘($KClO_3$)을 분해하여 산소 기체를 만들 수 있다.

$$KClO_3(s) \longrightarrow 2KCl(s) + 3O_2(g)$$

1.0 kg의 $KClO_3$를 반응시켜 얻을 수 있는 산소는 몇 kg인가?

한계 반응물

3.119 다음의 균형 반응식을 이용하여 답하시오.

$$2C_2H_6S(g) + 9O_2(g) \longrightarrow 4CO_2(g) + 2SO_2(g) + 6H_2O(g)$$

다음의 분자 모형으로 나타낸 반응에서 생성되는 SO_2 단위 수를 결정하시오.

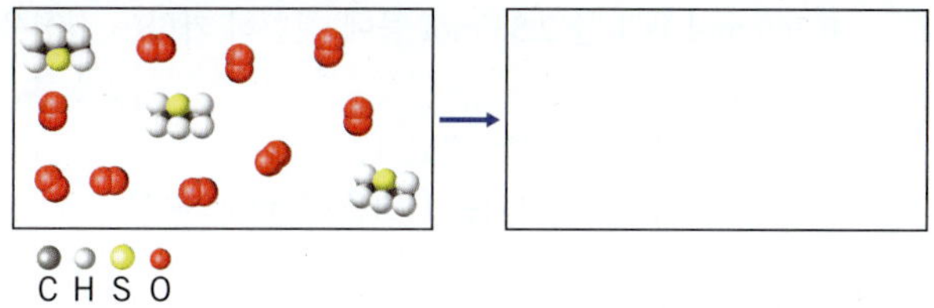

3.120 문제 3.119에서의 반응과 아래 모형을 이용하여 한계 반응물을 결정하시오.

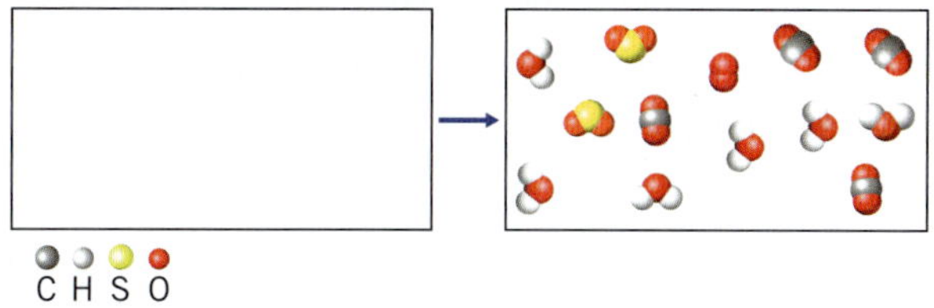

3.121 다음은 알루미늄과 산화 철(II) 사이의 테르밋 반응이다.

$$2Al(s) + Fe_2O_3(s) \longrightarrow Al_2O_3(s) + 2Fe$$

예제 3.16에서 설명한 바와 같이 이 반응에서는 많은 열이 발생하기 때문에 용융 상태의 철을 얻는다. 반응을 위하여 8.50 mol Al과 3.50 mol Fe_2O_3을 혼합하였다.

(a) 한계 반응물은 어느 것인가?

(b) 이 반응 혼합물로부터 생성될 수 있는 철은 몇 그램인지 계산하시오.

3.122 다음은 고압 상태에서 공업용 에탄올(C_2H_5OH)을 합성하는 반응이다.

$$C_2H_4(g) + H_2O(g) \longrightarrow C_2H_5OH(l)$$

2 mol 에틸렌(C_2H_4)과 1 mol 증기를 반응 용기에 섞었을 때 얻은 수 있는 에탄올의 최대 질량(kg)은 얼마인가?

3.123 상처를 봉합하기 위한 의료 약품인 질산 은은 염화 철(III)($FeCl_3$)과 반응하여 염화 은(AgCl)과 질산 철(III)($Fe(NO_3)_3$)을 생성한다. 18.0 g의 $AgNO_3$와 32.4 g의 $FeCl_3$를 포함하는 두 용액을 섞었다. 반응이 완결된 후 어느 반응물이 몇 그램 남겠는가?

3.124 에어컨 기계류에서 살균제로 사용되는 이산화 염소(ClO_2)는 물과 다음과 같이 반응한다.

$$6ClO_2(g) + 3H_2O \longrightarrow 5HClO_3(aq) + HCl(aq)$$

162 g의 ClO_2와 58.0 g의 H_2O를 혼합하면, 반응이 완결된 후 어느 반응물이 몇 그램 남겠는가?

3.125 다음 반응은 산성비에서 산이 만들어지는 과정을 나타낸 것이다.

$$3NO_2(g) + H_2O(l) \longrightarrow 2HNO_3(aq) + NO(g)$$

질량이 0.050 g인 빗방울이 1.0 mg의 $NO_2(g)$와 반응하면 생성되는 HNO_3는 몇 mg인가?

3.126 오염화 인은 물과 다음과 같이 반응하여 인산과 염화 수소를 생성한다.

$$PCl_5(l) + 4H_2O \longrightarrow H_3PO_4(aq) + 5HCl(aq)$$

0.360 mol PCl_5를 2.88 mol 물에 천천히 가하는 실험을 하였다.

(a) 한계 반응물은 어느 것인가?

(b) 이 반응에서 생성되는 HCl은 몇 mol인가?

이론적 수득률과 수득 백분율

3.127 다음은 황산 바륨($BaSO_4$)을 만드는 반응이다.

$$Ba(NO_3)_2(aq) + Na_2SO_4(aq) \longrightarrow BaSO_4(s) + 2NaNO_3(aq)$$

150.00 g의 $Ba(NO_3)_2$과 과량의 Na_2SO_4로 실험을 시작하였다. 생성물을 모으고 건조하여 128 g의 $BaSO_4$을 얻었다. $BaSO_4$의 이론적 수득률과 수득 백분율을 계산하시오.

3.128 탄산 소듐을 제조하는 Solvay 공정은 암모니아와 이산화 탄소를 염화 소듐 용액에 통과시켜 탄산수소 소듐과 염화 암모늄을 생성하는 것으로 시작한다. 이 반응에 대한 반응식은 다음과 같다.

$$H_2O + NaCl(aq) + NH_3(aq) + CO_2(g) \longrightarrow NH_4Cl(aq) + NaHCO_3(aq)$$

그다음 단계에서 탄산수소 소듐을 가열하여 탄산 소듐과 이산화 탄소와 증기의 두 기체를 만든다. 처음 반응에서 240 g의 NaCl을 사용하였다면, 탄산 소듐의 이론적 수득률은 몇 그램인가? 170.8 g의 Na_2CO_3을 얻었다면, 수득 백분율은 얼마인가?

$$2NaHCO_3(aq) \longrightarrow Na_2CO_3(s) + CO_2(g) + H_2O(g)$$

3.129 다음은 황산 알루미늄을 만드는 반응이다.

$$2AlCl_3(aq) + 3H_2SO_4(aq) \longrightarrow Al_2(SO_4)_3(aq) + 6HCl(aq)$$

황산 알루미늄은 물에 잘 녹으므로, 분리하려면 용액을 증발 건조시켜야 한다. 이 과정에서 휘발성 HCl은 제거할 수 있으나, 물을 제거하기 위하여 남은 고체는 200 °C 이상으로 가열한다. 한 가지 실험에서 25.0 g $AlCl_3$를 30.0 g H_2SO_4과 반응시킨 결과 28.46 g의 순수한 $Al_2(SO_4)_3$를 얻었다. 수득 백분율을 계산하시오.

3.130 메틸 알코올은 충분한 양의 산소와 아래와 같은 반응식에 의하여 연소한다.

$$2CH_3OH(l) + 3O_2(g) \longrightarrow 2CO_2(g) + 4H_2O(g)$$

6.40 g의 CH_3OH를 10.2 g의 O_2와 혼합하여 연소시켰더니 4.12 g의 H_2O가 얻어졌다. H_2O의 수득 백분율은 얼마인가?

3.131 플루오린화 망가니즈(III)[MnF_3]를 생성하는 다음 반응에서 MnF_3의 수득률은 항상 56% 수준이다.

$$2MnI_2(s) + 13F_2(g) \longrightarrow 2MnF_3(s) + 4IF_5(l)$$

두 반응물을 각각 20.0 g씩 사용할 경우 몇 그램의 MnF_3가 얻어질 것으로 예상하는가?

3.132 벤조산의 포타슘염인 벤조산 포타슘($KC_7H_5O_2$)은 아래와 같이 과망가니즈산 포타슘을 톨루엔(C_7H_8)과 반응시켜 얻는다.

$$C_7H_8 + 2KMnO_4 \longrightarrow KC_7H_5O_2 + 2MnO_2 + KOH + H_2O$$

실제 실험에서 벤조산 포타슘의 수득률이 71%를 넘지 못할 것으로 예상한다면, 벤조산 포타슘 23 g을 생성하는 데 필요한 톨루엔의 최소 질량은 몇 그램인가?

추가 연습 문제

***3.133** 또 다른 산성비의 주된 원인은 다음과 같다(문제 3.129 참조).

$$SO_3(g) + H_2O(l) \longrightarrow H_2SO_4(aq)$$

50.0 mg의 빗방울이 12 mg의 $SO_3(g)$와 반응하면, 몇 밀리그램의 H_2SO_4이 만들어지겠는가?

***3.134** 납 화합물은 종종 색이 진하고 곰팡이나 흰곰팡이 및 박테리아 등에 독성 효과가 있어 1960년 이전에는 페인트에 사용되었다. 오늘날에는 납이 해롭다는 것을 알려져 있어 페인트에 사용하지 않으나, 오래된 페인트가 문제이다. 납을 사용하는 어떤 페인트가 14.5%의 $PbCr_2O_7$을 포함하고 있고 건조시킬 때 페인트의 73%가 증발한다면, 페인트 조각 0.23 g에서 납의 질량은 얼마인가?

***3.135** 저항 없이 전류를 전도할 수 있는 성질을 가진 물질을 초전도체라 하며 초전도체는 대규모 용량의 전자석을 제작하는 데 사용된다. 많은 금속이 절대 온도 0 K보다 약간 높은 온도에서 초전도성을 나타내지만, 이 효과를 얻기 위하여 매우 비싼 액체 헬륨(끓는점 4 K)을 사용해야 하는 단점이 있다. 일부 과학자들이 더 높은 온도에서 초전도성을 나타내는 세라믹 물질을 개발하였다. 그러나 충격에 취약한 세라믹의 특성으로 인하여 긴 선형 형태로 가공하기가 매우 어려웠다. 최근에 개발된 55%의 Mg와 45.0%의 B로 이루어진 새로운 물질은 비교적 가격이 저렴하고 또한 선형으로 가공하기에 용이하다는 장점이 있어, 고온에서 작동하는 초전도체 재료로의 전망이 밝은 편이다. 이 화합물의 화학식은 무엇인가?

***3.136** 다음은 Sr, C, P, S로 이루어진 화합물에 대한 정량 분석 및 질량 분석 과정과 결과이다. 0.250 g 시료에 Na_2CO_3를 혼합하여 모든 Sr을 0.160 g $SrCO_3$로 바꾸었다. 또한 0.115 g의 화합물 시료를 일련의 반응을 통하여 모든 S를 0.344 g $BaSO_4$로 바꾸었다. 0.712 g의 시료를 처리하여 모든 P를 0.155 g의 PH_3를 얻었다. 몰질량이 2,054인 이 화합물의 실험식과 분자식을 결정하시오.

3.137 질산 암모늄은 특정 불순물이 존재할 때 점화되면 다음과 같은 반응에 따라 폭발하는 성질이 있다.

$$2NH_4NO_3(s) \xrightarrow{>300\ °C} 2N_2(g) + O_2(g) + 4H_2O(g)$$

모든 생성물이 기체이기 때문에 고체 반응물보다 부피가 훨씬 크다는 것에 주목하라. 1 mol NH_4NO_3로부터 생성되는 전체 기체의 몰수는 얼마인가? 2 ton의 NH_4NO_3가 폭발할 때 생성되는 전체 기체의 몰수는 얼마인가?(1 ton = 907,185 g)

***3.138** '8.00% 질소'라고 등급이 매겨진 잔디용 비료는 100 g의 비료에 8.00 g N을 포함하고 있다는 의미이다. 질소는 요소 [$(NH_2)_2CO$] 형태로 존재한다. 이 등급의 비료를 공급하려면 100 g의 비료에 존재하는 요소는 몇 그램이어야 하는가?

***3.139** 빠른 효과를 나타내는 많은 종류의 비료에서 '활성 성분'은 질소이다. 6.07 km^2의 콩을 생산하는 농장이 있다. 이 농장에 사용할 다음의 비료 중 가장 경제적인 것은 어느 것인가?
(a) NH_4NO_3 25 kg에 ₹625
(b) $(NH_4)_2HPO_4$ 1 kg에 ₹55
(c) 요소($(NH_2)_2CO$) 5 kg에 ₹60
(d) 암모니아(NH_3) 50 kg에 ₹128

***3.140** 이용 가능한 탄소의 양만을 기준으로 250 g의 C_6H_6로부터 얻을 수 있는 옥살산 소듐($Na_2C_2O_4$)은 몇 그램인가? ($Na_2C_2O_4$를 생산하는 데 필요한 어느 반응에서도 탄소의 손실은 없다고 가정한다.)

3.141 한 학생이 연구 과제로 납(II) 이온(Pb^{2+})이 연어알을 부화시키는 효과에 대하여 시험하기로 결정하였다. 이 이온은 수용성 염인 질산 납(II)[$Pb(NO_3)_2$]으로부터 다음과 같은 반응을 이용하여 얻을 수 있다(원하는 생성물은 거르는 과정 후에 물을 서서히 증발시켜 얻는다).

$$PbO(s) + 2HNO_3(aq) \longrightarrow Pb(NO_3)_2(aq) + H_2O$$

다양한 이유로 생성물의 손실이 예상되어 수득률은 86.0%로 예상된다. 이 수득률에서 생성물 10.00 g을 얻기 위하여 몇 그램의 PbO를 취해야 하는가?(충분한 양의 질산(HNO_3)을 사용한다고 가정한다.)

3.142 염소 원자는 자외선으로부터 지구 표면을 보호하는 성층권의 오존을 파괴하는 연쇄 반응을 유발한다. 염소 원자는 탄소, 플루오린 및 염소를 포함하고 있는 클로로플루오로탄소로부터 유래한다. 오랫동안 냉매로 사용되어 온 이들 화합물 중 하나는 프레온-12(CF_2Cl_2)이다. 어떤 CF_2Cl_2 시료가 1.0×10^{-9} g F을 포함하고 있다면, 시료에 포함된 Cl은 몇 그램인가?

***3.143** 금 원자는 규칙적인 배열을 통해 서로 결합하고 있다.
(a) 각 면의 길이가 1.00 cm인 정육면체 형태의 금에 포함된 금 원자의 개수를 계산하시오.
(b) 고체에서 구형의 원자가 서로 맞닿아 있기 때문에 원자 사이에 약간의 공간이 존재한다. 정육면체에서 약 74.0%의 공간은 금 원자가 차지하고 있고 나머지는 빈 공간이다. 금 원자의 반지름을 picometer 단위로 구하시오.

금의 밀도는 19.32 g/cm^3이고 반지름이 r인 구의 부피를 구하는 공식은 $V = \frac{4}{3}r^3$이다.

3.144 석회(CaO)는 다음에 나타낸 두 단계 반응으로 생산된다.

$$CaCl_2(aq) + CO_2(g) + H_2O \longrightarrow CaCO_3(s) + 2HCl(aq)$$
$$CaCO_3(s) \xrightarrow{\text{열}} CaO(s) + CO_2(g)$$

첫 번째 단계의 수득 백분율이 83.5%이고 두 번째 단계의 수득 백분율이 71.4%라면 $CaCl_2$로부터 CaO를 얻는 전체 반응에 대한 수득 백분율은 얼마인가?

비판적 사고의 과제

***3.145** 몰의 날(Mole Day, Avogadro 상수 6.02×10^{23}에서 유래함)인 10월 23일을 기념하는 행사와 관련하여 한 신문은 M&M 1 mol이 18개 트랙터 트레일러를 가득 채울 수 있는 양이라는 기사를 통하여 독자로 하여금 Avogadro 상수의 크기에 대하여 짐작해 볼 수 있는 기회를 주려고 노력하였다. M&M 한 개가 대략 1.0 cm^3의 부피를 차지한다고 가정할 때, 1 mol M&M을 담는 데 필요한 정육면체의 크기를 계산하시오. 이 부피가 18개 트랙터 트레일러로 충분한가?

***3.146** 당신이 1센트 동전 1 mol을 가지고 있고, 초당 10억 달러를 사용한다고 가정하자. 모든 돈을 사용할 때까지 몇 년이 걸리겠는가?(1년 = 365일로 가정하라.)

***3.147** 앞에서의 두 문제를 참고하여 mol이나 혹은 Avogadro 상수의 크기를 보여줄 수 있는 창의적인 방법을 제안해 보시오.

3.148 화학자가 실험식을 결정하기 위하여 사용한 정보를 활용할 수 있는 다른 방법을 열거하시오.

***3.149** 건조한 대기에서 포타슘이 산소와 반응하면 산화 포타슘(K_2O)와 과산화 포타슘(K_2O_2)이 생성된다. 3.20 g의 K가 반응하여 5.205 g의 K_2O와 K_2O_2 혼합물이 생성되었다. 이 혼합물에서 K_2O의 질량 조성 백분율은 얼마인가?

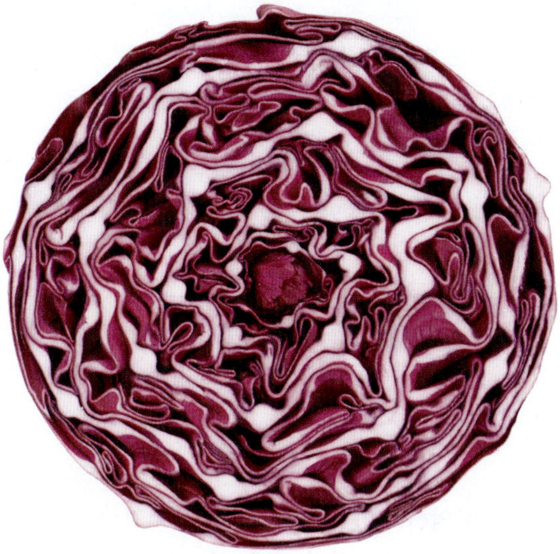

Dimitris66/Getty Images

4장

분자 관점에서 바라본 수용액에서의 반응

이 장의 배경

붉은 양배추는 이 장에서 논의하게 될 산 · 염기와 관련된 매우 흥미로운 성질을 가지고 있다. 양배추의 붉은 색은 물로 쉽게 추출할 수 있는데, 추출 용액에 암모니아와 같은 염기를 가하면 용액의 색이 푸른빛이 도는 녹색으로 변한다. 그러나 산을 가하면 붉은색이 지속된다. 이런 물질은 색이 변함에 따라 용액이 산성인지 혹은 염기성인지를 알려주기 때문에 지시약이라고 부른다. 자연에서 볼 수 있는 유사한 사례로 토양의 산성도에 따라서 분홍색에서 푸른색까지 다양한 색의 꽃을 피우는 수국이나, 주변 환경에 따라 노란색에서 붉은색으로 변하는 심황이라는 향신료가 있다.

위에서 설명한 모든 현상은 물에서 일어나는 반응이라는 공통점이 있다. 물은 경이로운 물질이다. 단 세 개의 원자로 이루어져 있으면서 지구상에서 가장 흔한 물질 중 하나이다. 이 장에서 물에 녹아 있는 이온 결합 화합물의 반응에 대하여 논의할 예정이다. 물은 많은 종류의 물질을 용해시키고 또한 분자 수준에서 각각의 입자들이 잘 섞이게 하기 때문에, 수용액에서의 반응을 용이하게 한다.

이 장의 개요

4.1 수용액

4.2 전해질과 비전해질

4.3 이온 반응에 대한 균형 화학 반응식

4.4 산과 염기의 개념

4.5 산-염기 명명법

4.6 이중 치환(복분해) 반응

4.7 용액의 농도

4.8 용액의 화학량론

4.9 적정과 화학 분석

학습 목표

이 장을 읽고 이해한 후 다음과 같은 것을 할 수 있어야 한다.

- 수용액을 정성적이고 정량적으로 기술할 수 있다.
- 전해질은 가용성 이온 결합 화합물이고, 비전해질은 물에는 녹지만 이온을 만들지 못한다는 것을 이해할 수 있다.
- 균형 분자 반응식과 이온 반응식 및 알짜 이온 반응식을 쓸 수 있다.
- 산과 염기의 이름과 화학식에 근거하여 이들을 확인할 수 있고, 하이드로늄 이온과 수산화 이온이 생성되는 균형 화학 반응식을 쓸 수 있다.
- 일반적인 산과 염기에 대하여 화학식을 이름으로, 이름을 화학식으로 바꿀 수 있다.
- 이중 치환 반응의 원리를 이용하여 반응 생성물을 예측할 수 있고, 화학 합성을 설계할 수 있다.
- 몰농도를 정의하고 계산할 수 있으며, 이를 변환 인자로 사용할 수 있다.
- 화학량론 계산에서 몰농도를 사용하는 방법을 알 수 있다.
- 적정과 화학 분석에 사용되는 방법과 계산을 이해할 수 있다.

학습 목표 달성을 위한 제안

다음은 4장에서 제시된 여러 개념을 이해하고 사용하는 방법을 배우는 데 도움이 되는 몇 가지 제안이다.

1. 붉은색의 번호로 시작하는 절의 제목과 파란색의 부제목 그리고 주황색의 하위 제목을 이용하여 4장의 내용을 요약하라. 각 절에 도구, 표, 그림, 굵은 글씨의 용어를 포함한 개념을 정리하라.
2. 산과 염기 혹은 분자, 이온, 및 알짜 이온 반응식과 같이 서로 연관된 2~3개의 용어를 묶어서 비교하라.
3. 서로 다른 개념(예를 들면 용액의 농도와 이중 치환 반응)이 어떻게 연관되어 있는지를 보여 주는 표나 도표를 작성하라.

4.1 수용액

본론으로 들어가기 전에 먼저 몇 가지 용어를 정의하자. **용액**(**solution**)은 분자나 이온이 자유롭게 움직이는 균일한 혼합물이다(**그림 4.1**). 용액을 만들려면 **용매**(**solvent**)와 용매를 제외한 다른 모든 물질을 포함하는 **용질**(**solute**)이라는 두 가지 물질이 필요하다. 용질은 용매 속에서 균일하게 혼합되거나 용해되어 있다. 이 장에서는 용매가 액체인 물인 수용액만을 다루기 때

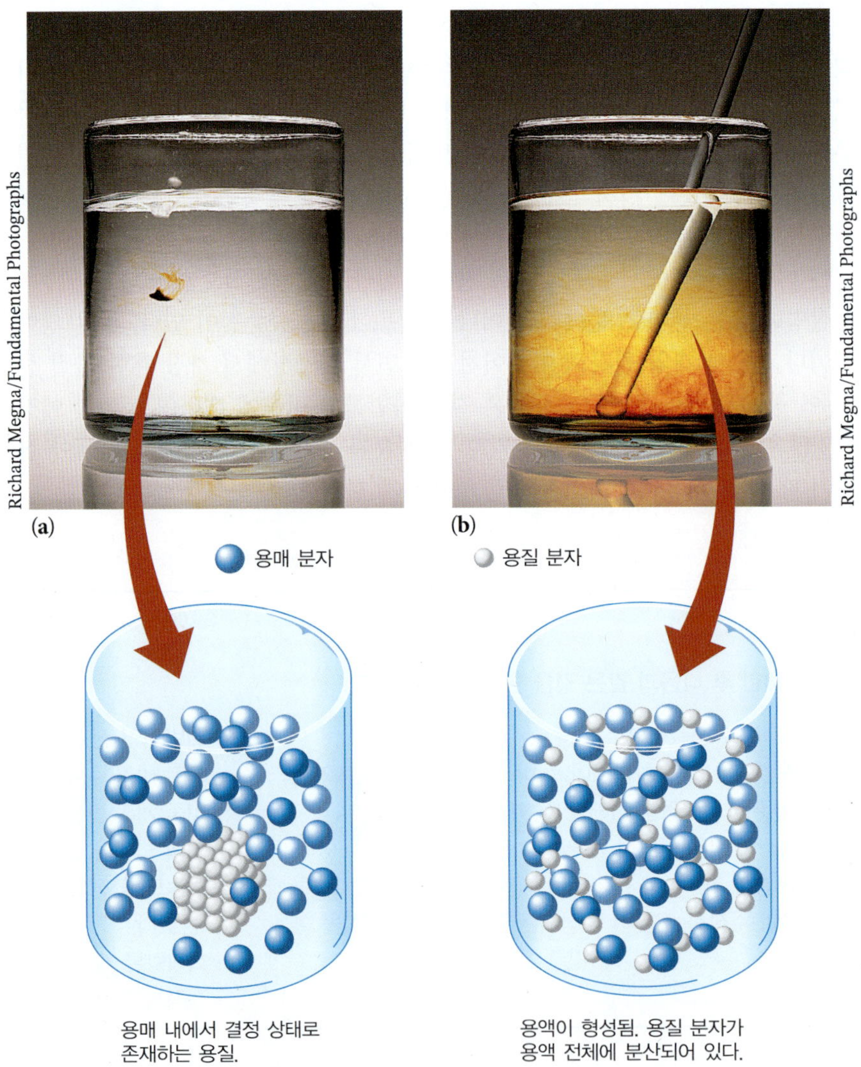

그림 4.1 아이오딘 분자가 녹아 있는 알코올 용액의 형성 (a) 비커 바닥으로 가라앉으면서 녹는 보라색 아이오딘(I_2)으로 인하여 적갈색의 용액이 생성되기 시작한다. 사진 아래 확대 그림에서 아이오딘 분자가 여전히 결정에 붙어 있는 것을 볼 수 있다. 용질과 용매의 입자를 구로 표시하였다. (b) 혼합물을 저어주면 사진 아래 분자 그림으로 나타낸 것과 같이 아이오딘 분자가 용매 속으로 분산되는 데 도움이 된다.

문에 별도의 언급 없이 기술된 용액은 수용액을 의미한다.[1] 용질은 용매에 녹아 있는 모든 물질이다. 용질은 물고기가 살아갈 수 있도록 해 주는 물속의 용존 산소처럼 기체일 수도 있고, 겨울에 자동차의 라디에이터가 얼지 않도록 하는 부동액에 포함된 에틸렌 글리콜과 같은 액체일 수도 있다. 물론 레모네이드에 녹아 있는 설탕이나 바닷물에 녹아 있는 소금과 같은 고체가 용질이 될 수도 있다. 용액을 기술하는 한 가지 방법은 용매와 용질을 명시하는 것이다.

해설 물의 양이 적다 하더라도 일반적으로 물을 용매로 간주한다.

용액을 기술하는 또 다른 방법은 용질의 **농도(concentration)**를 명시하는 것이다. 농도는 언제나 용매의 양(또는 용액의 양)에 대한 용질의 양의 비율로 나타낸다. 예를 들어 **퍼센트 농도(percentage concentration)**는 용액의 g당 용질의 g수에 100을 곱해서 %로 나타낸 '용액에 대한 용질'의 비율이다. 따라서 바닷물 속 염화 소듐의 농도를 3.5% NaCl이라고 나타낸다면, 이는 '0.035 g NaCl/g 바닷물'을 의미한다.

용매에 대한 용질의 상대적인 비율을 수치를 제시하지 않고 정성적으로 표현할 때가 종종 있다. **묽은 용액(dilute solution)**은 약간의 소금 결정이 한 잔의 물에 용해되어 있는 것처럼 용매에 대한 용질의 비율이 매우 낮은 것을 의미한다. **그림 4.2**에 나타냈듯이 **진한 용액(concentrated solution)**에서는 용매에 대한 용질의 비율이 매우 크다. 예를 들어 팬케이크 시럽은 매우 진한 설탕 수용액이다. 진하다는 것과 묽다는 것은 상대적인 말이다. 즉 물 100 mL에 설탕 10 g이 녹아 있는 용액은 물 100 mL에 설탕 100 g이 녹아 있는 용액에 비해서 묽지만, 물 100 mL에 설탕 1 g이 녹아 있는 용액보다는 진하다(그림 4.2a).

보통 주어진 양의 용매에 용해하는 용질의 양에는 한계가 있다. 주어진 온도에서 한 용액이 녹일 수 있는 최대 양의 용질을 포함하고 있을 때 이 용액은 **포화 용액(saturated solution)**이라 하며, 이 한계보다 많은 양의 용질은 용해되지 않는다. 용해되지 않고 남은 고체를 **침전**

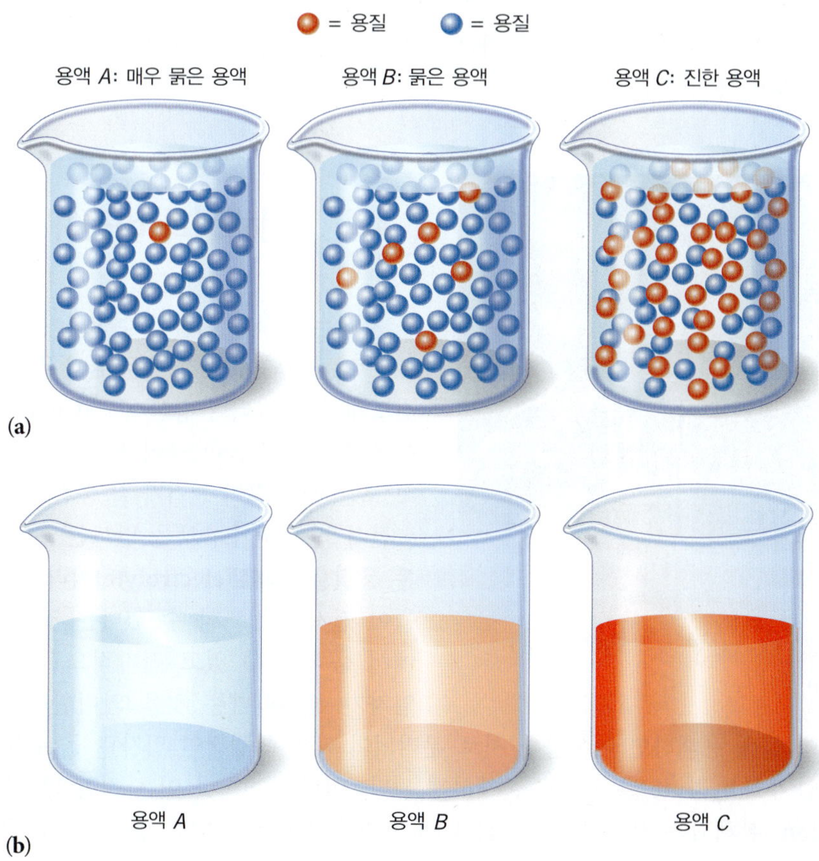

그림 4.2 묽은 용액과 진한 용액 (a) 미시적 관점으로 나타낸 바와 같이 단위 부피당 포함된 용질 분자의 수는 용액 A, 용액 B, 용액 C 순으로 증가한다. (b) 거시적 관점에서 관찰되는 용액의 색도 용액 A에서 용액 C로 갈수록 진해진다.

[1] 액체 상태의 물이 매우 흔한 대표적인 용매이지만, 용매는 고체나 액체 또는 기체 중 어떠한 물리적 상태로도 가능하다.

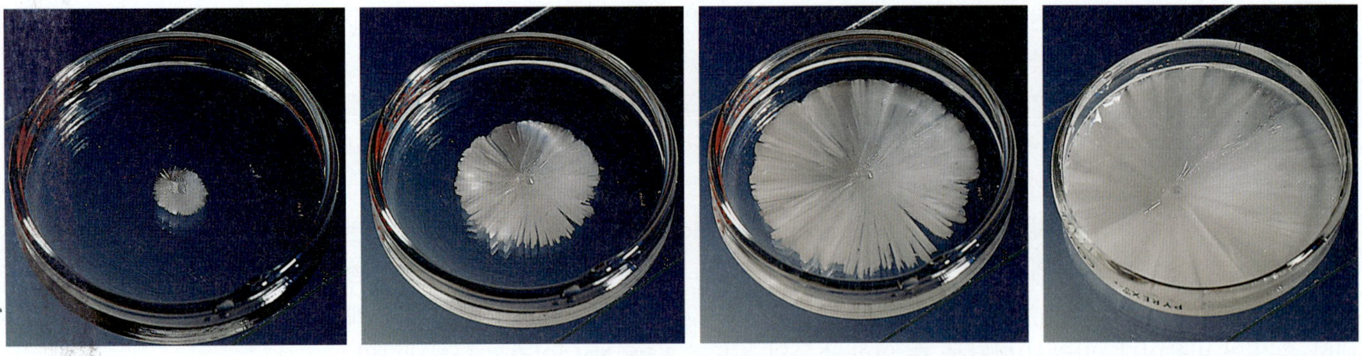

Andy Washnik

그림 4.3 결정화 아세트산 소듐 과포화 용액에 작은 용질 결정을 넣으면 용액이 포화가 될 때까지 과량의 용질은 빠르게 결정화된다. 그림에서 보여 준 일련의 결정화 과정은 10초도 채 걸리지 않는다.

물(**precipitate**)이라 하고, 침전물을 만드는 화학 반응을 침전 반응이라 한다. 용질의 **용해도**(**solubility**)는 포화 용액을 만드는 데 필요한 용질의 양을 말하며, 일반적으로 주어진 온도에서 100 g의 용매에 용해될 수 있는 용질의 g수로 나타낸다. 용해도는 온도에 따라 변하므로 온도가 명시되어야 한다. 이와는 달리 포화되기에 필요한 양보다 적은 양의 용질을 포함하는 용액을 **불포화 용액**(**unsaturated solution**)이라고 한다.

일반적으로 온도가 상승하면 용질의 용해도는 증가한다. 이는 포화 용액을 가열하면 더 많은 용질을 녹일 수 있다는 것을 의미한다. 이와는 반대로 따뜻한 포화 용액의 온도를 낮추면 여분의 용질이 용액으로부터 침전된다. 그러나 포화되는 데 필요한 양보다 실제 더 많은 용질을 포함하고 있는 용액인 **과포화 용액**(**supersaturated solution**)으로 남은 채 용질이 침전되지 않는 경우도 있다. 과포화 용액은 불안정하기 때문에 용액에 고체가 존재하지 않는 경우에만 만들어진다. **그림 4.3**에서 보듯이 아주 작은 결정이나 먼지 입자가 존재하면(혹은 가해지면) 녹아 있는 여분의 용질이 침전된다.

Michael Watson

(a)

Michael Watson

(b)

그림 4.4 용액의 전기 전도성 황산 구리 용액(a)과 설탕 용액(b)을 나타낸 것이다. 강전해질인 황산 구리 용액은 전기를 전도하므로 램프에 불이 들어오지만, 설탕이나 물은 전해질이 아니므로 램프에 불이 들어오지 않는다.

4.2 전해질과 비전해질[2]

물 자체는 전하를 전달할 수 없는 전기적 중성 분자로 구성되어 있기 때문에 매우 약한 전기 전도체이다. 그러나 황산 구리($CuSO_4$)와 같은 이온 결합 화합물이 물에 용해되면 **그림 4.4**에서 보는 바와 같이 전기가 잘 통한다.

전기 전도성 수용액을 만드는 $CuSO_4$와 같은 용질을 **전해질**(**electrolyte**)이라고 한다. 이들이 전기를 전도할 수 있다는 것은 용액 내에서 움직일 수 있고 전기적으로 전하를 띤 입자가 존재한다는 것을 의미한다. 이온 결합 화합물이 물에 용해하면 이온들은 서로 분리되어 다소 독립적인 입자로 물 분자에 의하여 둘러싸인 **수화**(**hydrate**)된 상태로 존재하게 된다. 이러한 변화를 이온 결합 화합물의 **해리**(**dissociation**, **분해되는 것**)라 하며, **그림 4.5**에 모형으로 나타내었다. 일반적으로 **물에서 모**

[2]약전해질에 대한 개념은 4.4절에서 공부할 것이다.

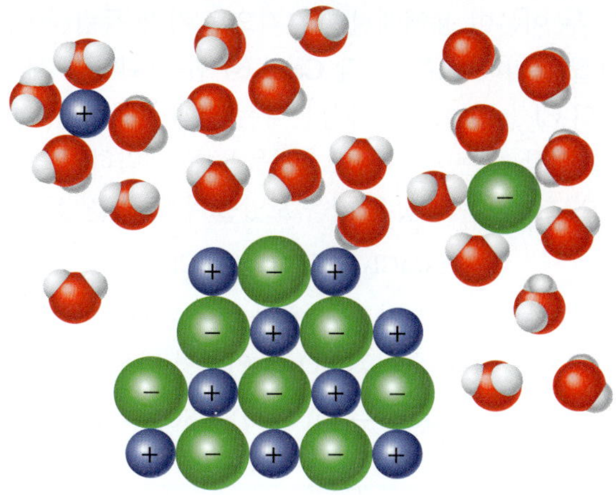

그림 4.5 이온 결합 화합물이 물에 용해될 때 해리되는 모습 고체로부터 이온이 분리되고 물 분자에 의해 둘러싸이며 수화된다. 용액에서 자유롭게 움직이는 이온으로 인하여 용액은 전기를 전도할 수 있게 된다.

든 **염**(**salt**, **이온 결합 화합물에 사용하는 용어**)은 **완전하게 해리**한다고 가정하기 때문에, 용액에 해리되지 않은 형태의 염은 없다고 할 수 있다. 즉 $CuSO_4$ 수용액은 실제로는 해리된 Cu^{2+}와 SO_4^{2-} 이온이 들어 있는 용액이다. 이온 결합 화합물의 용액에는 자유롭게 움직이는 이온이 매우 많이 포함되어 있으므로 이 용액은 강한 전기 전도체가 된다. 따라서 이러한 염을 **강전해질**(**strong electrolyte**)이라고 한다.

물에 대한 용해도가 작은 이온 결합 화합물도 많다. 예를 들면 광반응성 선글라스에 들어 있는 광감제 AgBr은 물에 아주 미량 용해되지만, 용해된 미량의 AgBr은 완전히 해리된다. AgBr 용액은 이온의 수가 매우 적고, 이로 인해 전기가 잘 통하지 않는다고 해도, 녹은 AgBr은 용액에서 완전하게 해리되기 때문에 AgBr을 강전해질로 생각하는 것이 편리하다.

대부분의 분자 화합물, 즉 공유 결합 화합물의 수용액은 전기를 전도하지 못하므로 이런 용질을 **비전해질**(**nonelectrolyte**)이라고 한다. 예를 들어 설탕(그림 4.4b)이나 에틸렌 글리콜(부동액에서의 용질) 및 알코올 등이 그 예이다. 이들은 전하를 띠지 않은 분자로 구성되어 있는데, 용해될 때 해리되지 않은 상태로 물 분자와 섞인다(**그림 4.6**).

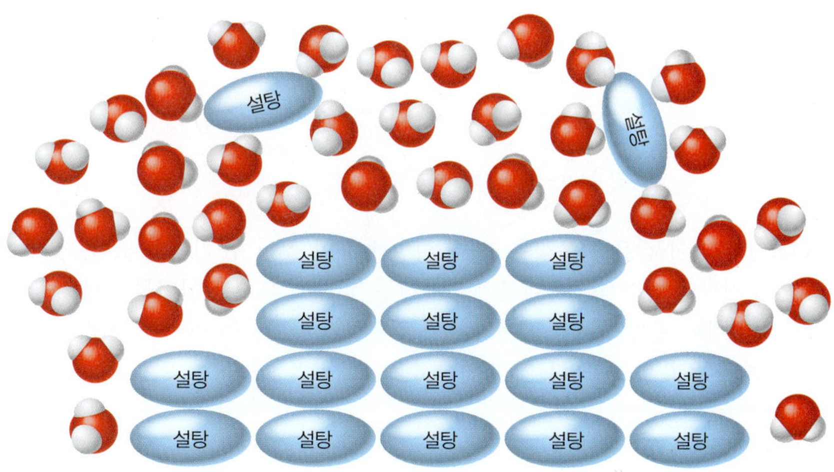

그림 4.6 비전해질 수용액의 형성 비전해질이 물에 녹으면 용질 분자는 원래 형태(해리되지 않은 형태)를 유지한 채 서로 분리된 더 작은 입자 형태로 물 분자와 섞인다(이해를 돕기 위해서 설탕을 타원체로 나타내었다).

해리 반응

이온 결합 화합물의 해리를 화학 반응식으로 나타낼 수 있다. 예를 들면 물속에서 염화 칼슘의 해리를 다음과 같이 쓸 수 있다.

$$CaCl_2(s) \longrightarrow Ca^{2+}(aq) + 2Cl^-(aq)$$

용액에서 **물 분자로 둘러싸여 있는 수화된 이온**(**hydrated ion**)이란 뜻으로 화학종 뒤에 (aq)

라는 기호를 사용한다. 두 이온이 용액에서 기본적으로 각각 독립적이라는 것을 나타내기 위하여 두 이온의 화학식을 분리하여 쓴다. 각 $CaCl_2(s)$ 한 단위마다 세 개의 이온, 즉 한 개의 $Ca^{2+}(aq)$ 이온과 두 개의 $Cl^-(aq)$ 이온을 내놓는다는 것에 주목하라.

계가 수용액인 것이 확실할 때는 기호 (*s*)와 (*aq*)를 종종 생략하기도 한다. 그들이 무엇을 의미하는지 짐작할 수 있으므로 다음과 같은 식을 보았을 수도 있을 것이다.

$$CaCl_2 \longrightarrow Ca^{2+} + 2Cl^-$$

2장에서 공부한 다원자 이온은 해리가 될 때 다원자 이온은 대개 원래의 상태 그대로 있다. 예를 들어 황산 구리가 해리되면 Cu^{2+} 이온과 $SO_4^{\ 2-}$ 이온이 나오게 된다.

$$CuSO_4(s) \longrightarrow Cu^{2+}(aq) + SO_4^{\ 2-}(aq)$$

예제 4.1 이온 결합 화합물의 해리 반응식 쓰기

비료는 식물의 성장을 촉진하기 위하여 사용하는 화합물로 뿌리가 흡수하도록 토양에 뿌리거나 혹은 잎이 흡수할 수 있도록 나뭇잎에 뿌린다. 일반적으로 탄소를 기반으로 한 유기 비료나 혹은 간단한 무기 물질을 포함하고 있는 무기 비료 모두 사용되고 있다. 인산 암모늄(ammonium phosphate)은 농작물에 질소 성분을 제공하기 위하여 가장 많이 사용하는 비료이다. 고체 인산 암모늄이 수용액에서 해리되는 반응의 반응식을 쓰시오.

분석 이 문제는 인산 암모늄의 정확한 화학식을 쓴 다음, 해리 반응식을 써야 하는 두 단계로 구성되어 있다.

도구 모음 인산 암모늄의 화학식을 쓰려면 염을 구성하고 있는 이온의 화학식과 전하를 알아야 한다. 사용할 수 있는 도구는 2.5절의 표 2.4에 나와 있는 다원자 이온과 관련된 표이다. 화학 반응식을 쓰기 위해서는 앞에 제시한 방식을 따를 필요가 있다.

풀이 인산 암모늄에 대하여 양이온은 $NH_4^{\ +}$(암모늄 이온)이고, 음이온은 $PO_4^{\ 3-}$(인산 이온)이다. 따라서 전하를 고려하면 화합물의 화학식은 $(NH_4)_3PO_4$이다. 반응식의 왼쪽에 고체에 대한 화학식과 그 상태 (*s*)를 쓴다. 이온은 반응식의 오른쪽에 쓰고, 그 화학식의 뒤에 (*aq*)라는 기호를 붙여 수용액 상태에 있음을 표시한다. $NH_4^{\ +}$ 앞에 계수 3을 써서 반응물과 생성물에서의 $NH_4^{\ +}$ 이온의 수를 맞춘다.

$$(NH_4)_3PO_4(s) \longrightarrow 3NH_4^{\ +}(aq) + PO_4^{\ 3-}(aq)$$

아래 첨자 3은 $NH_4^{\ +}$의 계수가 된다.

답이 합리적인가? 이 같은 반응식을 쓸 때 확인해야 할 것이 두 가지가 있다. 첫째는 전하를 띤 이온의 전하와 화학식이 올바른가 확인하는 것이고, 둘째는 화합물이 해리될 때 하나의 화학식 단위에서 생성되는 각 이온의 수가 정확한가 확인하는 것이다. 이러한 사항을 점검해보면 문제를 올바르게 풀었는지 확인할 수 있다.

실전 문제 4.1

다음 화합물이 물속에서 해리되는 반응식을 쓰시오(**힌트**: 각 화합물 속에 존재하는 이온들을 확인하시오).

(**a**) $Mg(NO_3)_2$ (**b**) 과망가니즈산 포타슘(potassium permanganate)

실전 문제 4.2

다음 고체 이온 결합 화합물이 물에 용해될 때 진행되는 반응식을 쓰시오.

(**a**) $AgNO_3$ (**b**) 탄산 소듐(sodium carbonate)

4.3 이온 반응에 대한 균형 화학 반응식

수용액에서 일어나는 다양한 화학 반응을 살펴보기 전에 균형 화학 반응식을 쓸 줄 알아야 한다. 이온 결합 화합물의 수용액을 혼합하면 종종 이온 결합 화합물은 서로 반응한다. 예를 들어 질산 납(II)[$Pb(NO_3)_2$]와 아이오딘화 포타슘(KI) 용액을 혼합하면 밝은 노란색의 침전물인 아이오딘화 납(II)(PbI_2)가 생성된다(**그림 4.7**). 이 반응의 화학 반응식은 다음과 같다.

$$Pb(NO_3)_2(aq) + 2KI(aq) \longrightarrow PbI_2(s) + 2KNO_3(aq)$$

반응식에서 PbI_2 뒤에 (*s*)를 표시하여 이것이 침전물임을 나타낸다. 용액에서 물질들이 마치 중성의 '분자'인 것처럼 모든 화학식을 이온들의 묶음으로 나타냈기 때문에 앞의 반응식을 **분자 반응식(molecular equation)**이라고 한다. 화학 반응식을 나타내는 다른 방법을 살펴보자.

가용성의 이온 결합 화합물은 용액 속에서 완전히 해리하므로 $Pb(NO_3)_2$, KI, KNO_3는 용액에서 주어진 화학식 단위나 '분자'로 존재하지 않는다. 모든 가용성 강전해질의 화학식을 실제로 존재하는 '해리된' 형태로 쓰면 반응에 대한 **이온 반응식(ionic equation)**을 다음과 같이 나타낼 수 있다.

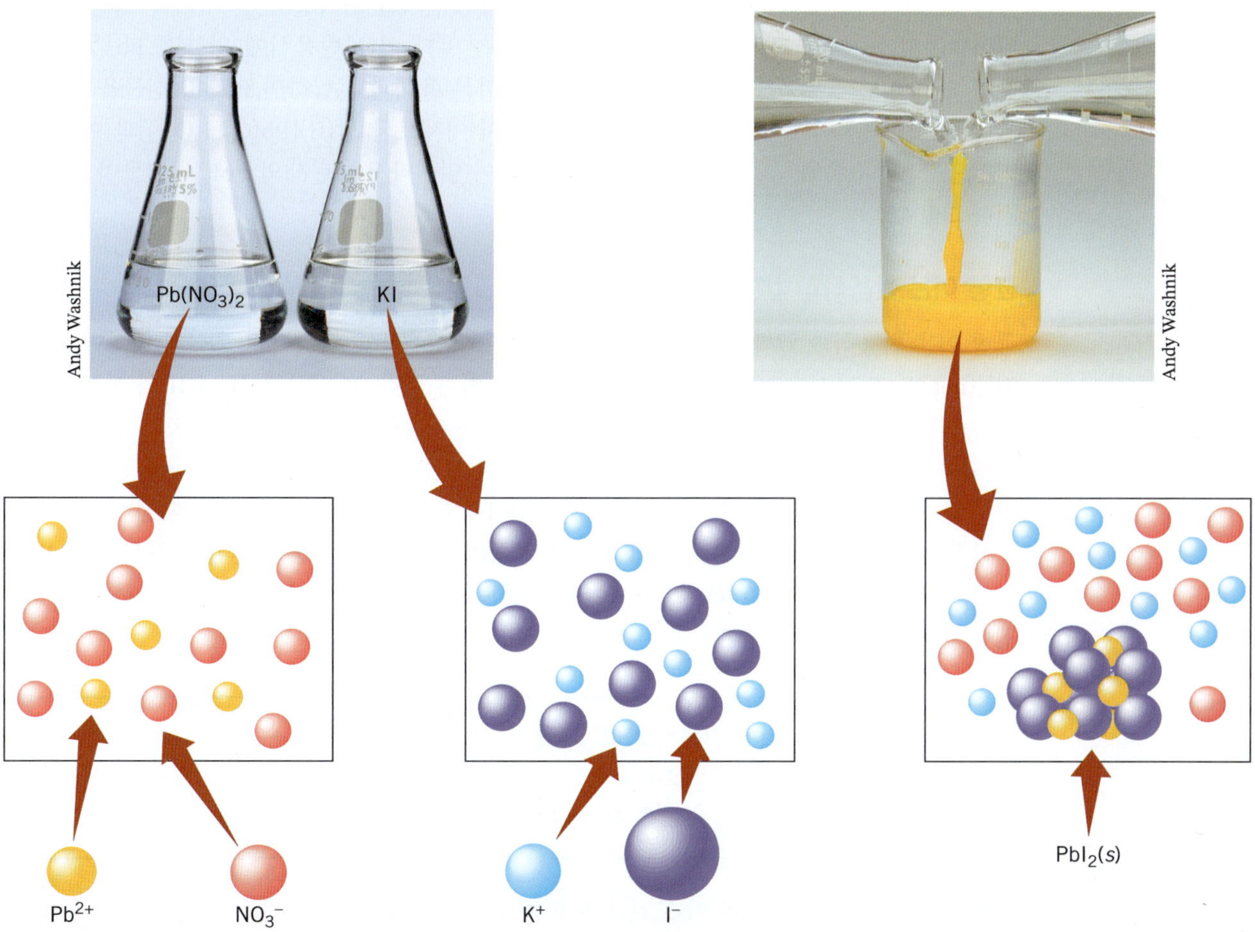

그림 4.7 $Pb(NO_3)_2$와 KI의 반응 왼쪽에 질산 납(II)와 아이오딘화 포타슘 용액이 각각 들어 있는 플라스크가 있다. 각 용액 속에 들어 있는 용질은 이온(간단히 구로 표시)으로 나누어져 존재한다. 오른쪽은 이온 용액을 혼합하자마자 Pb^{2+} 이온과 I^- 이온이 결합하여 노란색 고체 침전물인 PbI_2가 생성되는 것을 보여 준다. $Pb(NO_3)_2$와 KI가 1:2의 몰비로 모두 결합하면 침전물 주위의 용액에는 K^+ 이온과 NO_3^- 이온(KNO_3에 있는 이온)만이 존재한다.

$$Pb(NO_3)_2(aq) + 2KI(aq) \longrightarrow PbI_2(s) + 2KNO_3(aq)$$

$$Pb^{2+}(aq) + 2NO_3^-(aq) + 2K^+(aq) + 2I^-(aq) \longrightarrow PbI_2(s) + 2K^+(aq) + 2NO_3^-(aq)$$

이 반응식에서 PbI_2는 수용액에서 용해도가 매우 작은 불용성이기 때문에 이온으로 나누지 **않는다**는 것을 주목하라. 용액 속에서 Pb^{2+}와 I^- 이온이 만나면 불용성의 PbI_2가 형성되어 침전물로 분리된다. 따라서 반응이 끝났을 때 Pb^{2+} 이온과 I^- 이온은 더 이상 독립적으로 존재하지 않게 된다.

이온 반응식은 용액에서 반응 중에 분자 수준에서 실제로 어떤 일이 일어나는지를 보다 명확하게 보여 준다. Pb^{2+} 이온과 I^- 이온은 반응하여 생성물을 만들지만 K^+ 이온과 NO_3^- 이온은 반응에 참여하지 않아서 반응물과 생성물 양쪽에 모두 존재한다. K^+ 이온과 NO_3^- 이온과 같이 반응에 참여하지 않는 이온을 '옆에서 반응을 단지 바라볼 뿐이다'라는 의미에서 **구경꾼 이온(spectator ion)**이라고 한다. 실제로 일어나는 반응을 강조하려면 **이온 반응식에서 구경꾼 이온을 제외**하고 남은 **알짜 이온 반응식(net ionic equation)**을 사용한다.

$$Pb^{2+}(aq) + \cancel{2NO_3^-(aq)} + \cancel{2K^+(aq)} + 2I^-(aq) \longrightarrow PbI_2(s) + \cancel{2K^+(aq)} + \cancel{2NO_3^-(aq)}$$

$$Pb^{2+}(aq) + 2I^-(aq) \longrightarrow PbI_2(s) \qquad \text{알짜 이온 반응식}$$

Andy Washnik

그림 4.8 아이오딘화 납(II)를 생성하는 또 다른 반응 알짜 이온 반응식에 의하면 가용성 납(II) 화합물이 어떤 가용성 아이오딘화 화합물과 반응해도 아이오딘화 납(II)가 생성된다는 것을 예상할 수 있다. 아이오딘화 소듐 용액을 아세트산 납(II) 용액에 가했을 때 아이오딘화 납(II) 침전물이 생성되는 반응을 보면 이 예상이 맞다는 것이 증명된다.

해설 알짜 이온 반응식은 구경꾼 이온이 모두 삭제된 반응식이다.

이 반응식은 실제로 반응에 참여하는 이온이 무엇인지를 나타낼 뿐만 아니라 어떤 반응이 일어나는지를 간단하고 명확하게 보여 주고 있다. 알짜 이온 반응식에 의하면 'Pb^{2+} 이온이 들어 있는 어떤 용액을 I^- 이온이 들어 있는 또 다른 용액과 혼합하면 PbI_2 침전물을 얻을 수 있다'라는 일반적인 결론을 얻을 수 있다. 따라서 아세트산 납(II)[$Pb(C_2H_3O_2)_2$]과 아이오딘화 소듐(NaI) 수용액을 혼합할 때도 동일한 반응이 일어나서 노란색의 PbI_2 침전물이 바로 생긴다(**그림 4.8**).

균형 이온 반응식과 알짜 이온 반응식에 대한 조건

균형 이온 반응식과 알짜 이온 반응식에서는 원자의 균형뿐만 아니라 반응식의 양쪽에서 **알짜 전하(net electric charge)**가 동일하도록 균형이 맞아야 한다. 따라서 질산 납(II)와 아이오딘화 포타슘의 반응에 대한 이온 반응식에서 왼쪽에 있는 이온들(Pb^{2+}, $2NO_3^-$, $2K^+$, $2I^-$)의 전하의 합은 0이고, 이는 모든 생성물(PbI_2, $2K^+$, $2NO_3^-$)의 화학식에 있는 전하의 합과 일치한다.[3] 알짜 이온 반응식에서도 식의 왼쪽에 있는 Pb^{2+} 이온과 $2I^-$ 이온의 알짜 전하는 0이며, 오른쪽에는 전하가 0인 PbI_2가 있기 때문에 양쪽의 전하의 합이 동일하다. 따라서 이온 반응식과 알짜 이온 반응식이 균형 반응식이 되려면 **반응식의 양쪽에서 알짜 전기 전하는 같아야 한다**는 조건을 추가해야 한다.

도구
균형 이온 반응식의 조건

균형 이온 반응식과 알짜 이온 반응식의 조건

1. **물질 균형**: 화살표를 중심으로 반응식의 양쪽에서 각 원소의 원자의 수가 같아야 한다.
2. **전하 균형**: 반응식 양쪽에서 알짜 전기 전하가 같아야 한다(전하가 반드시 0일 필요는 없다).

한 가지 반응을 예로 들어 이 조건을 사용하여 분자 반응식, 이온 반응식 및 알짜 이온 반응식을 만들어 보자.

[3]이온 결합 화합물의 화학식에 포함된 모든 이온의 전하의 합은 0이어야 한다고 2장에서 배웠다.

예제 4.2 분자 반응식, 이온 반응식 및 알짜 이온 반응식 쓰기

금의 연성은 금속 중 최고 수준으로 단원자 두께의 선으로 가공한 다음 끊어지기 전까지 상당한 길이로 늘일 수 있다. 적흑색을 띠는 브로민화 금(III) 결정을 만드는 가장 일반적인 합성법은 금을 과량의 브로민 액체에 넣고 140°C로 가열하는 것이다. 브로민화 금을 탄산으로 처리하면 탄산 금의 침전을 얻는다. 이 반응에 대한 분자 반응식, 이온 반응식, 알짜 이온 반응식을 쓰시오.

분석 먼저 반응물과 생성물의 화학식을 확인하고 문제에서 요구하는 분자 반응식, 이온 반응식, 알짜 이온 반응식을 순서대로 쓴다.

도구 모음 첫 번째 필요한 도구는 2장에서 배운 일련의 명명법 규칙(필요하다면 다시 복습하라)이다. 전하의 합이 중성이어야 하는 조건은 반응물과 생성물의 정확한 화학식을 구하기 위해서 사용할 두 번째 도구이다. 다음으로 문제에서 요구하고 있는 세 가지 형태의 반응식을 쓴 다음 균형을 맞추고 완결시키는 방법을 사용할 수 있다.

풀이 2장에서의 명명법 규칙에 의하면 존재하는 이온은 Au^{3+}, Br^-, H^+, CO_3^{2-}이고, 화학식은 다음과 같다.

반응물		생성물	
브로민화 금	$AuBr_3$	탄산 금	$Au_2(CO_3)_3$
탄산	H_2CO_3	브로민화수소산	HBr

분자 반응식 화학식을 사용하여 분자 반응식을 쓰고 균형을 맞춘다.

$$2AuBr_3(aq) + 3H_2CO_3(aq) \longrightarrow Au_2(CO_3)_3(s) + 6HBr(aq)$$

이 **균형 분자 반응식(balanced molecular equation)**에 어느 것이 용액에 녹아 있고 어느 것이 침전물인지 표시되어 있다.

이온 반응식 이온 반응식을 쓰기 위해서 모든 가용성 염의 화학식은 해리된 형태로 쓰고, 침전물의 화학식은 '분자' 형태로 쓴다. 분자 반응식에서의 아래 첨자와 계수를 활용하여 이온 반응식에서 이온의 계수를 구한다.

$$2AuBr_3(aq) \quad 3H_2CO_3(aq) \quad Au_2(CO_3)_3(s) \quad 6HBr(aq)$$

$$2Au^{3+}(aq) + 6Br^-(aq) + 6H^+(aq) + 3CO_3^{2-}(aq) \longrightarrow Au_2(CO_3)_3(s) + 6H^+(aq) + Br^-(aq)$$

이 식이 **균형 이온 반응식(balanced ionic equation)**이다. 이온 반응식을 쓰기 위해서는 이온의 화학식과 전하를 모두 알아야 한다는 것에 주목하라.

알짜 이온 반응식 이온 반응식에서 구경꾼 이온인 H^+ 이온과 Br^- 이온(이들은 화살표의 양쪽에 정확히 동일한 수로 각각 존재한다)을 제거하면 **알짜 이온 반응식(net ionic equation)**을 얻을 수 있다.

$$2Au^{3+}(aq) + \cancel{6Br^-(aq)} + \cancel{6H^+(aq)} + 3CO_3^{2-}(aq) \longrightarrow Au_2(CO_3)_3(s) + \cancel{6H^+(aq)} + \cancel{6Br^-(aq)}$$

$$2Au^{3+}(aq) + 3CO_3^{2-}(aq) \longrightarrow Au_2(CO_3)_3(s)$$

답이 합리적인가? 이러한 문제를 검토하기 위하여 (1) "반응물과 생성물의 화학식을 정확히 썼는가?" (2) "분자 반응식이 정확하게 균형이 맞추어졌는가?" (3) "이온의 아래 첨자와 분자 반응식에서의 계수를 올바르게 적용해서 용해성 이온 결합 화합물을 해당 이온으로 정확하게 나누었는가?" (4) "알짜 이온 반응식을 얻기 위해서 이온 반응식으로부터 올바른 이온을 확인하고 제거하였는가?" 등의 질문을 이용한다. 이러한 질문들 각각에 대하여 이 문제의 답처럼 확신을 할 수 있다면 문제를 정확히 푼 것이다.

실전 문제 4.3

$AgNO_3$ 용액과 NaCl 용액을 혼합하면 AgCl 침전물이 생성되고 가용성인 $NaNO_3$는 용액에 남는다. 이 반응에 대한 분자 반응식, 이온 반응식, 알짜 이온 반응식을 쓰시오(**힌트**: 이온 결합 화합물이 물에 용해될 때, 다원자 이온은 서로 분해되지 않는다는 것을 기억하라).

실전 문제 4.4

수용액에서 질산 구리(II)와 황화 소듐이 반응하여 황화 구리 침전과 질산 소듐 용액이 형성되는 반응에 대한 분자 반응식, 이온 반응식, 알짜 이온 반응식을 쓰시오.

강의실 밖의 화학 4.1

고통을 주는 침전물-요로결석

미국에서는 매년 100만 명 이상이 매우 고통스러운 요로결석 때문에 병원에서 치료를 받는다. 요로결석은 소변에서 분리된 결정으로부터 만들어진 단단한 물질로 신장의 안쪽 표면에서 커진다. 결석의 생성은 주로 소변 속 Ca^{2+}, $C_2O_4^{2-}$, PO_4^{3-} 이온의 증가 때문이다. 이들 이온의 농도가 충분히 높아지게 되면 소변에서 옥살산 칼슘이나 인산 칼슘이 과포화 상태가 되어 침전이 형성되기 시작한다(요로결석의 70~80%는 옥살산 칼슘과 인산 칼슘으로 구성되어 있다). 결정이 아주 작으면 소변에 의하여 요로를 통하여 알아채지 못하는 사이에 몸 밖으로 배출된다. 그러나 때때로 결정이 빠져나가지 않고 계속 커져서 요로를 막게 되면 심한 통증을 유발할 수 있다.

모든 요로결석이 비슷하게 생긴 것은 아니다. 그들의 색은 어떤 물질(예: 단백질 또는 혈액)이 무기 침전물과 섞여 있는가에 따라 다르다. 사진에서 보이는 것처럼 대부분 결석은 노란색이나 갈색을 띠지만, 황갈색이나 황금색 또는 검은색을 띨 때도 있다. 또한 결석의 형태는 둥글거나, 뾰족하거나, 가지가 달린 형태도 존재할 수 있다. 결석의 크기도 단순히 작은 입자에서부터 조약돌이나 골프공 정도의 크기까지 다양하다.

Steve Sant/Alamy Stock Photo

옥살산 칼슘 결석. 이 같은 결석은 매우 고통스러운 통증을 유발한다.

4.4 산과 염기의 개념

산과 염기는 우리에게 매우 친숙한 화합물로 일반적인 화학 약품이나 실험실 **시약(reagent)**으로 많이 사용되고 있다. 음식물에 새콤한 맛을 내기 위하여 식초나 감귤 과즙과 같은 형태의 산을 가하기도 하고, 콜라에도 이 음료만의 독특한 맛을 내는 산이 포함되어 있다. 금속의 녹과 같은 오염물을 닦아내는 데 사용되거나 혹은 자동차의 배터리액으로 이용되는 강한 산도 있다. 반면에 하수구 청소용 세제에 들어있는 잿물(lye)의 흰색 결정, 불투명한 마그네시아 유제(milk of magnesia opaque)를 만드는 흰색 물질, 가정용 암모니아 등은 염기의 사례이다.

산과 염기 수용액은 공통적으로 몇 가지 일반적인 성질을 가지고 있다. 앞에서 언급한 것과 같이 산을 포함하는 음식은 보통 신맛이 나는 반면에, 염기는 다소 쓴맛이 나고 '미끈거리는 느낌'이 있다(주의: 어떤 산이나 염기는 생체 조직을 심하게 상하게 하기도 하고, 어떤 것은 아주 유독하기 때문에 산과 염기를 실험적으로 시험하기 위해서 맛을 보아서는 **절대** 안 된다. **어떤 화학 시약이든지 맛을 보거나 만져보거나 냄새를 맡아서는 결코 안 된다!**)

어떤 물질이 산 혹은 염기인지를 정의하기 위하여 여러 가지 이론이 제시되었다. 산과 염기의 정의와 관련된 이론이나 개념으로 Arrhenius의 산 · 염기 이론, Brönsted-Lowry의 양성자 개념, Lewis의 전자쌍 주개–받개 개념, Usanovich 개념, Lux-flood 개념 등을 예로 들 수 있다. 그러나 이 많은 이론이 서로 상충되는 것이 아니며, 일반적으로 공통된 내용을 주장하고 있다는 것을 알아야 한다.

산 또는 염기의 수용액을 다룰 때 다음에 기술한 스웨덴 화학자 Arrhenius[4]의 초기 정의를 약간 수정한 내용이 대부분 잘 적용된다.

산과 염기에 대한 Arrhenius의 정의

산(acid)은 물과 반응하여 하이드로늄 이온(H_3O^+)을 생성하는 물질이다.

염기(base)는 물속에서 수산화 이온(OH^-)을 생성하는 물질이다.

해설 산과 염기에 대한 Arrhenius의 정의는 하나의 예에 불과하다. 다른 정의는 16장에서 다룰 것이다.

물의 자동 이온화($H_2O \rightleftharpoons H^+ + OH^-$) 과정에 기초하여 1883년 Arrhenius는 수용액에서 이온화를 통하여 양성자(H^+)를 제공할 수 있는 수소를 포함하는 물질을 산으로, 또한 수용액에서 이온화를 통하여 수산화 이온(OH^-)을 생성할 수 있는 물질을 염기라고 정의하였다. 그러나 우리가 알고 있는 바와 같이 수용액에서 수소 이온(hydrogen ion, H^+)은 물 분자와 결합하여 **하이드로늄 이온(hydronium ion**, H_3O^+)을 만든다. H_3O^+ 이온이 반응할 때 수소 이온을 내놓으므로 H^+ 이온을 H_3O^+ 이온에 들어 있는 활성 성분으로 생각할 수 있다. 그러므로 **하이드로늄 이온** 대신에 **수소 이온**이란 말을 가끔 사용하고, 많은 반응식에서 $H_3O^+(aq)$ 대신에 $H^+(aq)$를 사용하기도 한다. $H^+(aq)$란 기호를 볼 때마다 이는 실제로 $H_3O^+(aq)$를 뜻한다는 것을 알아야 한다.

해설 H_3O^+란 화학식도 실제보다는 훨씬 더 간단하게 표시된 것이다. 물속에서 H^+ 이온은 두 개 이상의 물 분자와 회합하지만, 간단한 표현으로 H_3O^+라고 쓴다.

산에 의한 H_3O^+ 이온과 염기에 의한 OH^- 이온의 생성

거의 모든 산은 물과 반응하여 H_3O^+ 이온을 비롯한 여러 가지 이온을 생성하는 분자 화합물이다. 예를 들면 기체 분자인 HCl이 물에 용해될 때 HCl 분자로부터 수소 이온, 즉 H^+ 이온이 물 분자로 이동한다. **그림 4.9**는 이 반응에 대한 화학 반응식과 공간 채움 모형[5]을 사용하여 나타낸 분자 수준에서의 과정에 대한 모형이다.

$$HCl(g) + H_2O(l) \longrightarrow H_3O^+(aq) + Cl^-(aq)$$

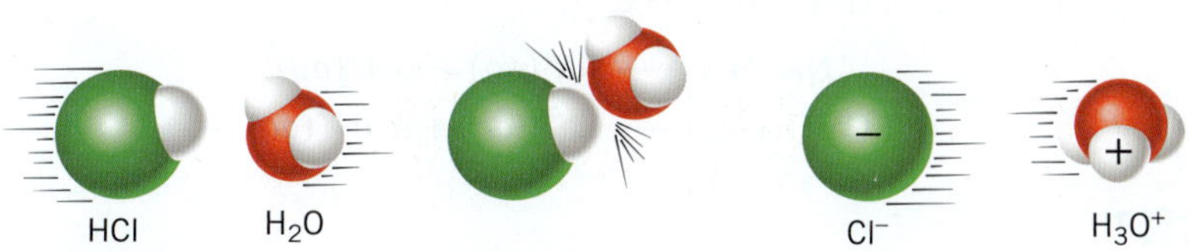

그림 4.9 HCl의 이온화 HCl 분자와 물 분자가 충돌하면 H^+ 이온이 HCl로부터 H_2O로 이동하고, 생성물로 Cl^-와 H_3O^+ 이온이 생성된다.

용액에 존재하지 않던 이온이 생성되기 때문에 이 반응을 **이온화 반응(ionization reaction)**이라고 한다. 용액에 이온이 들어 있기 때문에 전기를 전도하고, 따라서 산은 전해질로도 분류된다. Arrhenius 산의 중요한 특징은 수용액에서 물 분자에 수소 이온을 전달하는 것이다.

염기는 OH^-이나 O^{2-} 이온이 포함된 이온 결합 화합물과 물과 반응하여 수산화 이온을 만드는 분자 화합물의 두 가지 부류로 나눌 수 있다. 염기의 용액 또한 이온을 포함하기 때문에 전기를 전도하며, 따라서 염기도 전해질이다.

[4] Arrhenius는 1884년 그의 Ph.D. 논문에서 산과 염기에 대한 이론을 발표하였으나, 그 내용이 너무 이례적이라는 이유로 Ph.D. 학위가 거부될 뻔하였다. 그러나 이 업적으로 그는 1903년에 노벨상을 수상하였다.

[5] H^+의 전달을 강조하기 위하여 H_3O^+의 H 원자 중 한 개에만 양전하 표시가 되어 있다. 실제로 전하는 세 개의 수소 원자 전체에 균일하게 분포한다. 사실상 H_3O^+ 단위 전체가 한 개의 양전하를 가지고 있다.

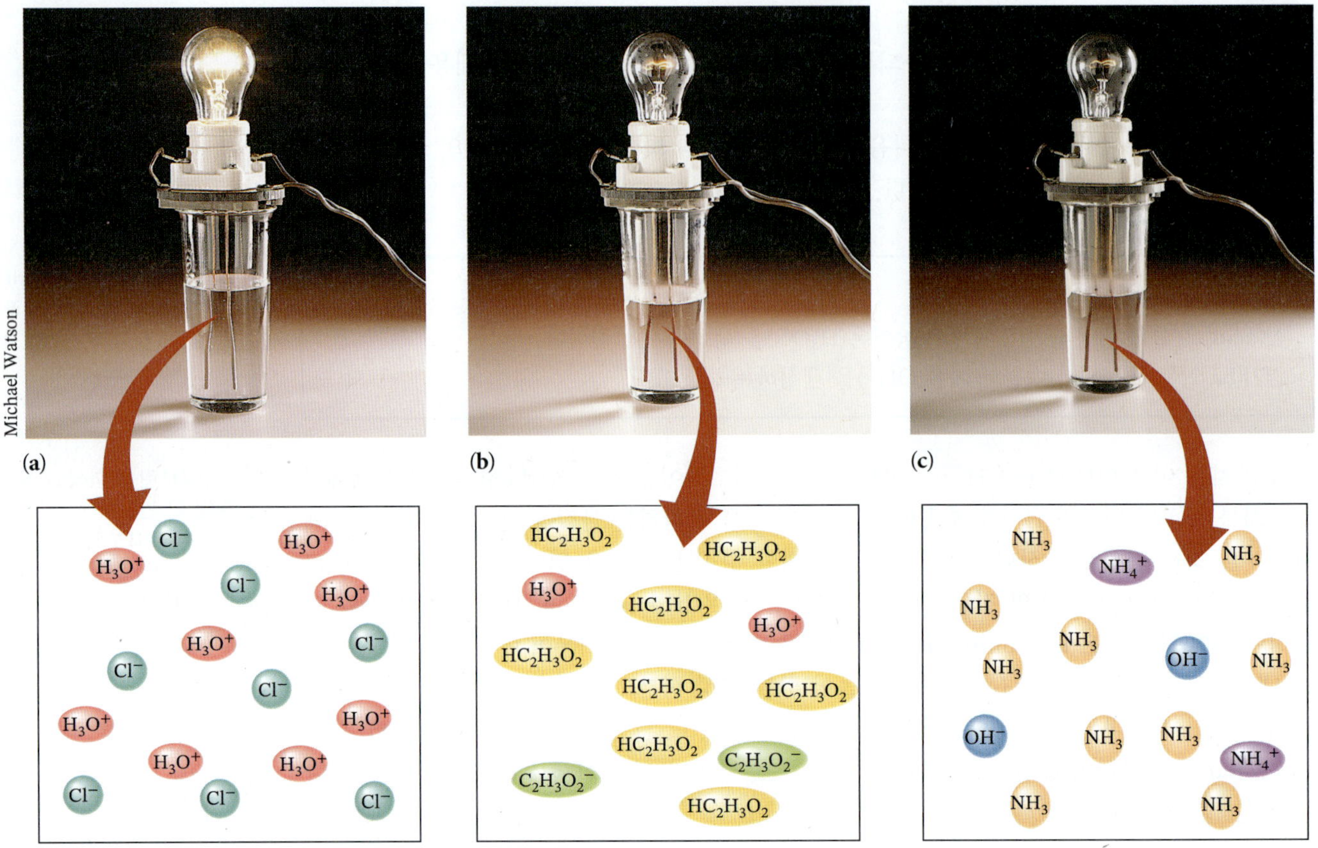

(a) 용액에서 모든 HCl이 이온화되므로 용액에는 많은 이온이 존재한다.

(b) 적은 분율의 아세트산만이 이온화되므로 전기를 전도할 이온이 별로 없다. 대부분의 아세트산은 $HC_2H_3O_2$의 중성 분자로 존재한다.

(c) 적은 분율의 암모니아만이 이온화되므로 전기를 전도할 이온이 별로 없다. 대부분의 암모니아는 NH_3의 중성 분자로 존재한다.

그림 4.10 **같은 농도의 강산과 약산 그리고 약염기 용액의 전기 전도** (a) HCl은 100% 이온화하기 때문에 강한 전도체이며, 전구를 밝게 빛나게 해 준다. (b) $HC_2H_3O_2$는 HCl보다 이온화 정도가 훨씬 작기 때문에 HCl보다 약한 전도체이고, 전구는 어둡다. (c) 암모니아 역시 이온화 정도가 작기 때문에 HCl보다 약한 전도체이고, 전구는 어둡다.

이온성 염기에는 NaOH이나 $Ca(OH)_2$와 같은 금속 수산화물이 있다. 이들이 물에 용해하면 다른 가용성 이온 결합 화합물처럼 해리한다.

$$NaOH(s) \longrightarrow Na^+(aq) + OH^-(aq)$$
$$Ca(OH)_2(s) \longrightarrow Ca^{2+}(aq) + 2OH^-(aq)$$

강산과 강염기

NaCl과 $CaCl_2$과 같은 이온 결합 화합물은 물속에서 실제로 100% 해리하여 이온이 된다. 따라서 NaCl이나 $CaCl_2$와 같은 분자나 화학식 단위가 수용액에서는 검출되지 않는다. 이들 용액은 매우 많은 이온을 포함하고 있으므로 좋은 전기 전도체이고, 따라서 이런 종류의 이온 결합 화합물은 **강전해질**(strong electrolyte)이다.

염산 또한 강전해질이다. 물속에서 염산은 실제로 완전히 이온화하여 염산 용액은 강한 산성을 나타내기 때문에 염산을 **강산(strong acid)**이라고 한다. 실제로 강산은 몇 가지 안 되는데 그 중 많이 알려진 몇몇을 아래에 수록하였다.

도구
강산의 목록

강산

$HClO_4(aq)$ 과염소산(perchloric acid)
$HClO_3(aq)$ 염소산(chloric acid)

$HCl(aq)$	염산(hydrochloric acid)
$HBr(aq)$	브로민화수소산(hydrobromic acid)
$HI(aq)$	아이오딘화수소산(hydroiodic acid)[6]
$HNO_3(aq)$	질산(nitric acid)
$H_2SO_4(aq)$	황산(sulfuric acid)

일반적으로 금속 수산화물은 이온 결합 화합물이므로 이들 역시 강전해질이다. 가용성인 금속 수산화물로는 1A족의 수산화물과 2A족의 칼슘, 스트론튬 및 바륨의 수산화물이 있다. 이 화합물들의 용액은 강한 염기성을 나타내고, 따라서 이들을 **강염기(strong base)**라고 분류할 수 있다. 그 외의 금속의 수산화물은 물에서의 용해도가 매우 낮지만, 여전히 용해한 적은 양이 완전히 해리된다는 점에서 강전해질이다. 그러나 이들은 물에서 용해도가 작기 때문에 이들의 용액에서 수산화 이온의 농도가 크지 않다.

약산과 약염기

모든 산이 물속에서 완전히 이온화하는 것은 아니다. 예를 들면 식초의 신맛을 내는 에탄산(ethanoic acid, $HC_2H_3O_2$, 아세트산)은 물속에서 완전히 해리하지 않기 때문에, 에탄산 용액은 같은 농도의 HCl 용액에 비하여 비교적 약한 전기 전도체이다(**그림 4.10**). 따라서 아세트산과 같이 물속에서 완전히 이온화되지 않는 산은 **약전해질(weak electrolyte)**임과 동시에 **약산(weak acid)**으로 분류된다.

수용액에 용해된 아세트산 중 적은 분량만이 H_3O^+ 이온과 $C_2H_3O_2^-$ 이온으로 해리하고 나머지는 $C_2H_3O_3$ 분자 상태로 존재한다. 용액에서 $C_2H_3O_2^-$ 이온과 H_3O^+ 이온은 서로 강하게 반응하여 $HC_2H_3O_2$를 형성하는 경향이 있다. 결과적으로 **동적 화학 평형(dynamic chemical equilibrium)** 상태가 되면 **그림 4.11** 같이 이온을 생성하거나 혹은 이온을 제거하는 서로 반대되는 두 개의 반응이 같은 속도로 동시에 진행된다.

해설 반응식에 포함된 물이 순수한 액체일 때 $H_2O(l)$로 나타낸다. 그러나 순수한 액체가 아닌 물을 $H_2O(aq)$로 나타내는 것은 중복된 의미를 갖기 때문에 상태를 표시하는 라벨을 붙이지 않는다.

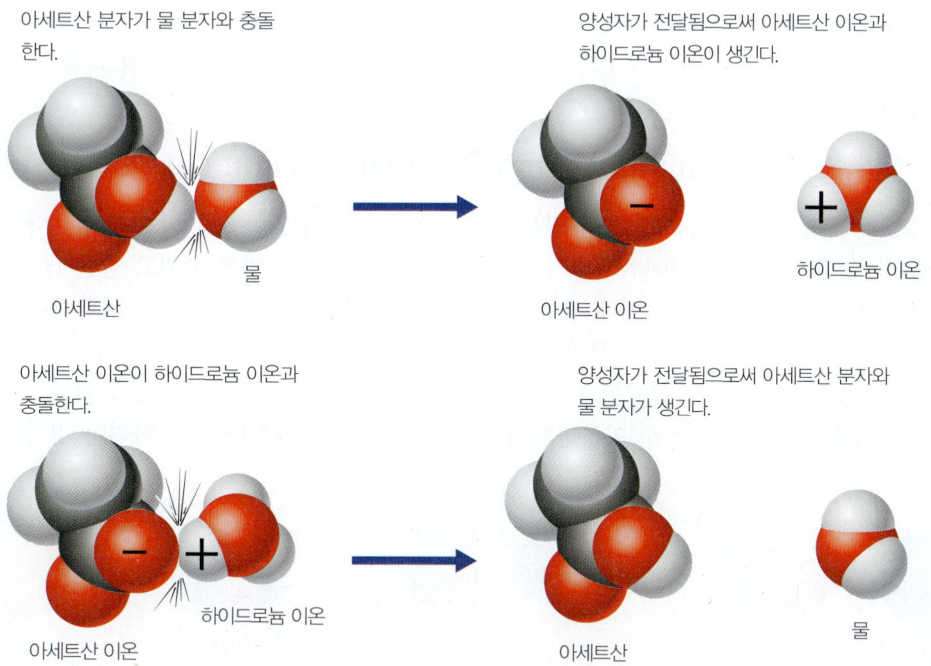

그림 4.11 아세트산 용액에서의 평형 아세트산 용액에서는 서로 반대되는 두 반응이 동시에 일어난다. 정반응에서 아세트산 분자는 물 분자와 충돌하여 아세트산 이온과 H_3O^+ 이온을 만들고, 역반응에서 아세트산 이온이 H_3O^+ 이온과 충돌하여 아세트산 분자와 물 분자를 만든다.

[6] $HI(aq)$를 영어로 명명할 때 발음을 쉽게 하기 위해서 첫 번째 o를 생략하고 hydriodic acid라고도 한다.

$$HC_2H_3O_2(aq) + H_2O \longrightarrow H_3O^+(aq) + C_2H_3O_2^-(aq)$$: 이온을 생성하는 반응

$$H_3O^+(aq) + C_2H_3O_2^-(aq) \longrightarrow HC_2H_3O_2(aq) + H_2O$$: 이온을 제거하는 반응

이와 같은 평형에서 정반응과 역반응을 동시에 나타내기 위해서 반응물과 생성물 사이에 이중 화살표를 삽입한다.

$$HC_2H_3O_2(aq) + H_2O \rightleftharpoons H_3O^+(aq) + C_2H_3O_2^-(aq)$$

그림 4.11은 앞에서의 두 반응을 공간 채움 모형으로 나타낸 것이다. 그림에서 보는 바와 같이 **정반응(forward reaction**, 왼쪽에서 오른쪽으로 진행하는 반응)은 이온을 생성하고, **역반응(reverse reaction**, 오른쪽에서 왼쪽으로 진행하는 반응)은 용액으로부터 이온을 제거한다. 다음 실전 문제를 통해서 산의 이온화 반응식을 쓰는 과정에 대하여 살펴보기로 하자.

실전 문제 4.5

프로판산(propanoic acid, $HC_3H_7O_2$)은 물속에 용해될 때 약간만 이온화된다. 이 내용을 기술할 적절한 화학 반응식을 쓰시오(**힌트**: 아세트산을 참고하시오).

실전 문제 4.6

폭발물 제조에 사용되는 질산(HNO_3)은 강산이고, 암을 유발하는 물질로 알려진 아질산(HNO_2)은 약산이다. 물속에서 이 두 산의 이온화를 나타내는 화학 반응식을 쓰시오.

분자성 염기 암모니아(NH_3) 기체는 가장 간단하고 흔히 볼 수 있는 분자성 염기이다. 암모니아가 물에 녹아 염기성 용액을 만드는 동적 이온화 반응은 다음과 같다.

$$NH_3(aq) + H_2O \rightleftharpoons NH_4^+(aq) + OH^-(aq)$$

아민은 암모니아의 수소 원자가 탄화수소로 치환된 유기 화합물로 물에 대한 거동이라는 관점에서 암모니아와 유사하다. 암모니아의 수소 원자 한 개가 **메틸기**(CH_3)로 치환된 메틸아민(CH_3NH_2)이나 혹은 유사한 가용성 아민이 물에 용해되면 다음과 같은 동적 평형 반응이 진행된다.

$$CH_3NH_2(aq) + H_2O \rightleftharpoons CH_3NH_3^+(aq) + OH^-(aq)$$

분자성 염기가 물과 반응하면 물 분자는 H^+ 이온을 잃고 염기는 H^+ 이온을 얻는다는 것에 유념하라(**그림 4.12** 참조). 따라서 염기는 H를 한 개 더 가진 양이온이 되고 물은 H^+ 이온을 잃고 OH^- 이온을 형성한다. 이때 생성되는 OH^-에 의하여 용액은 염기성을 나타낸다.

암모니아와 메틸아민과 같은 분자성 염기는 이온화 분율이 작은 약전해질이다. 따라서 이들은 **약염기(weak base)**로 분류된다(그림 4.10c 참조). 암모니아 용액에서 용질인 암모니아는 NH_4^+ 이온과 OH^- 이온으로 이온화되지만, 두 이온은 서로 강하게 반응하려는 경향이 있기

그림 4.12 수용액에서 암모니아의 이온화 NH_3 분자와 물 분자가 충돌할 때 H^+ 이온이 H_2O로부터 NH_3로 이동하여 NH_4^+와 OH^- 이온이 생성된다.

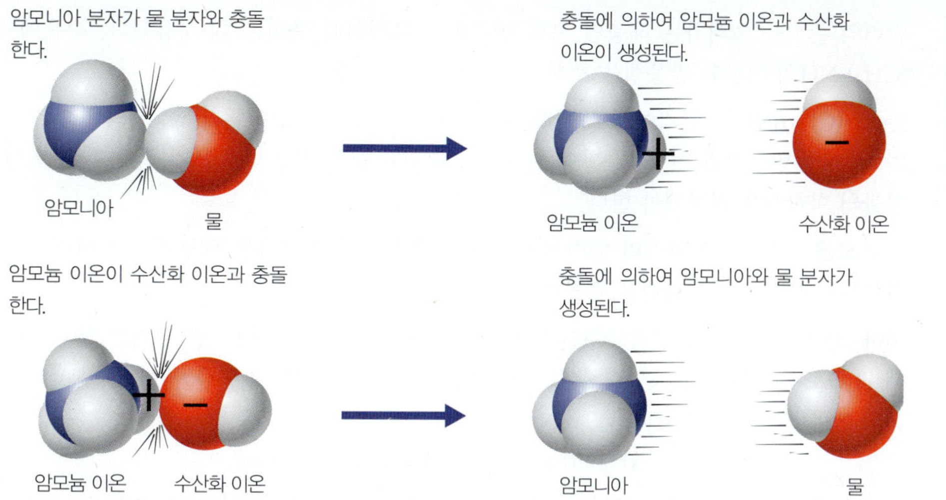

그림 4.13 약염기인 암모니아 용액에서의 평형 물과 암모니아 분자가 충돌하여 암모늄 이온과 수산화 이온이 생성된다. 역반응에서는 암모늄 이온과 수산화 이온이 충돌하여 용액으로부터 이온이 사라지고 암모니아와 물 분자가 생성된다.

때문에 암모니아의 이온화 정도는 매우 제한적이다. 아세트산 용액에서와 유사하게 암모니아가 이온화하는 반응과 그 역반응이 같은 속도로 진행되는 **동적 평형(dynamic equilibrium)** 상태에서의 반응식을 다음과 같이 나타낼 수 있다.

$$NH_3(aq) + H_2O \rightleftharpoons NH_4^+(aq) + OH^-(aq)$$

평형에서의 두 반응에 대한 충돌 모형을 **그림 4.13**에 나타내었다. 약염기에 대한 이온화 반응을 쓰는 것은 약산의 경우보다 조금 더 까다롭기 때문에 다음의 예제를 풀어보는 것이 도움이 될 것이다.

일반적인 이온화 반응식

다양한 산과 염기의 이온화 반응 각각에 대하여 일반적으로 적용할 수 있는 대표적인 표현법이 있다면 매우 편리할 것이다. **표 4.1**에 수록한 반응식을 이용하여 본 교재에서 다루는 여러 가지 산과 염기의 일반적인 이온화 반응을 나타낼 것이다.

> 도구
> 수용액에서 산과 염기의 이온화

표 4.1 강산과 약산 그리고 강염기와 약염기의 이온화 반응식

강산	X^-는 강산의 음이온이다.	$HX(aq) + H_2O \longrightarrow H_3O^+(aq) + X^-(aq)$	**(4.1)**
약산	A^-는 약산의 음이온이다.	$HA(aq) + H_2O \rightleftharpoons H_3O^+(aq) + A^-(aq)$	**(4.2)**
강염기	M^{n+}는 강염기의 양이온이다.	$M(OH)_n(s) \longrightarrow M^{n+}(aq) + nOH^-(aq)$	**(4.3)**
약염기	B는 일반적인 약염기	$B(aq) + H_2O \rightleftharpoons HB^+(aq) + OH^-(aq)$	**(4.4)**

강산과 강염기는 수용액에서 완전히 이온화해서 각각 해당하는 양이온과 음이온을 생성한다. 또한 강산과 강염기의 이온화는 완결된다는 의미에서 반응식에 한쪽 방향 화살표 '$\longrightarrow$'를 사용한다. 그러나 수용액에서 약산과 약염기는 완전히 해리하지 않고 원래의 형태와 이온화된 이온 사이의 평형 상태를 유지하기 때문에 반응식에 이중 화살표 '$\rightleftharpoons$'를 사용한다.

예제 4.3 분자성 염기의 이온화 반응식 쓰기

다이메틸아민[$(CH_3)_2NH$]은 물에 가용성인 염기이다. 이 염기는 미국의 면 생산에 수십억 달러의 손실을 초래하는 해충인 목화 바구미를 유인하여 죽이는 데 사용된다. 수용액에서 $(CH_3)_2NH$의 이온화 반응식을 쓰시오.

분석 $(CH_3)_2NH$는 염기이므로 물과 반응하여 수산화 이온을 만든다. 이 정의에 따르면 이미 두 개의 반응물과 한 개의 생성물은 제시되었다. 균형 반응식을 쓰기 위하여 두 번째 생성물의 화학식을 결정해야 한다.

도구 모음 물에서 약염기의 일반적인 이온화 반응식인 식 4.4을 도구로 사용하여 확인한 반응물과 생성물의 화학식을 적용한다.

풀이 반응식에서 반응물은 $(CH_3)_2NH$와 H_2O이다. 식 4.4에 따르면 염기는 물과 반응할 때 H_2O로부터 H^+ 이온을 취하여 $(CH_3)_2NH_2{}^+$가 되고 OH^- 이온을 생성한다. 따라서 이온화 반응식은 다음과 같다.

$$NH_3(aq) + H_2O \rightleftharpoons NH_4{}^+(aq) + OH^-(aq)$$

답이 합리적인가? 염기와 물 사이의 일반적인 반응식과 앞에서 구한 반응식을 비교하라. 구한 반응식에서 생성물의 화학식이 H와 양전하를 하나 더 가진다는 것과 H^+ 이온이 질소에 첨가되었다. 또한 물이 H^+ 이온을 잃고 OH^- 이온이 되었다는 것도 확인할 수 있다. 따라서 반응식은 올바르다.

실전 문제 4.7

트라이에틸아민[triethylamine, $(C_2H_5)_3N$]은 수용액에서 염기이다. 트라이에틸아민과 용매 사이의 반응에 대한 반응식을 쓰시오(**힌트**: 질소를 포함하고 있는 염기는 물에 대하여 어떻게 반응하는가? 동적 평형을 기억하시오).

실전 문제 4.8

여러 가지 제초제를 만드는 데 사용되는 염기 에틸아민(ethylamine)의 구조는 다음과 같다.

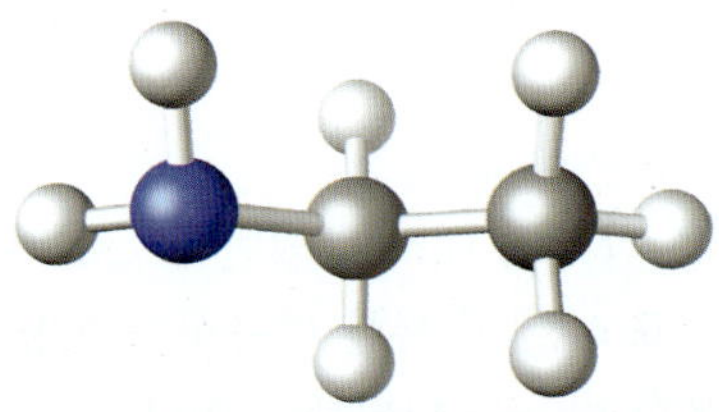

에틸아민이 물과 반응할 때 생성되는 질소를 포함하는 생성물의 구조를 그리시오. 또 수용액에서 에틸아민의 이온화 반응식을 쓰시오.

이제까지 논의한 결과를 간단히 요약해 보자.

강산과 강염기는 강전해질이다.
약산과 약염기는 약전해질이다.

앞에서 다룬 동적 평형을 기술하는 데 평형의 위치(position of equilibrium)에 대해서 언급하는 경우가 있다. 평형의 위치는 반응의 완결을 향해 정반응이 진행한 정도를 뜻한다. 평형 상태에서 생성물이 아주 조금 존재한다면 정반응이 많이 진행되지 않았다는 것을 의미한다. 이런 경우에 '평형의 위치가 반응식의 (화살표) 왼쪽에 위치한다'고 표현하는데 이는 평형의 위치가 반응물 쪽에 있음을 의미한다. 이와는 반대로 평형 상태에서 많은 양의 생성물이 존재한다면 '평형의 위치가 반응식의 (화살표) 오른쪽에 위치한다'고 표현한다.

모든 약전해질은 평형에 도달했을 때 용질이 이온화하는 비율은 실제로 낮고, 따라서 평형의 위치는 왼쪽에 위치하게 된다. 예를 들어 '아세트산은 약산이다'라는 의미는 아세트산의 이온화 평형에서 정반응이 완결된 상태로부터 멀리 떨어져 있다는 것과 같다. 아세트산을 약산이라 부르는 것은 어떤 용액에서 $HC_2H_3O_2$의 농도가 작다는 것을 뜻하는 것이 아니라는 사실을 인식해야 한다. 아세트산 중 적은 분율만이 이온화하기 때문에 H_3O^+의 농도는 작고, 따라서 진한 농도의 $HC_2H_3O_2$ 용액이라 하더라도 약한 산성이다.

HCl과 같은 강전해질의 경우에는 이온화되는 정반응이 일어나는 정도는 매우 크고, 반면에 역반응의 경향은 극히 작다. 결과적으로 물에 용해된 HCl 분자는 모두 이온화되어 H_3O^+ 이온과 Cl^- 이온이 된다. 이런 이유로 **HCl(*g*)이나 기타 다른 강전해질이 이온화(혹은 해리)하는 것을 기술할 때 이중 화살표를 사용하지 않는다.**

다양성자산

앞에서 언급한 아세트산($HC_2H_3O_2$)에 포함된 네 개의 수소 원자 중 한 개의 수소만이 이온화되어 H_2O로 이동하는 이유는 무엇일까?

$$HC_2H_3O_2(aq) + H_2O \rightleftharpoons H_3O^+(aq) + C_2H_3O_2^-(aq)$$

아세트산 분자와 아세트산 이온의 구조를 나타낸 **그림 4.14**에 아세트산 분자에서 이온화할 수 있는 수소를 나타내었다. 그림에서 보는 바와 같이 이온화하는 수소는 다른 세 개의 수소와는 다르게 아세트산의 산소와 결합하고 있다. 이와 같은 수소를 **산성 수소(acidic hydrogen)**라고 하는데 이에 대한 자세한 의미는 15장에서 논의할 예정이다. 이해를 돕기 위해 앞으로 모든 산의 화학식에서 산성 수소를 맨 처음에 표기할 것이다. 산성 수소만이 이온화하고 다른 수소는 모두 **비이온화 수소(nonioninzing hydrogen)**이다.

그림 4.14 아세트산과 아세트산 이온 아세트산과 아세트산 이온의 구조를 모형으로 나타낸 그림이다. 아세트산에서 산소와 결합하고 있는 수소만이 H^+ 이온으로 이온화될 수 있다.

지금까지 분자당 한 개의 H^+ 이온만을 내놓을 수 있는 **일양성자산(monoprotic acid)**을 논의하였다. 그러나 분자당 두 개 이상의 H^+ 이온을 내놓을 수 있는 **다양성자산(polyprotoic acid)**도 있다. 다양성자산의 이온화는 여러 단계로 이온화하여 H^+ 이온을 내놓는 것을 제외하면 HCl이나 $HC_2H_3O_2$의 이온화 반응과 비슷하다. **이양성자산(diprotic acid)**인 황산의 이온화는 다음의 두 연속적인 반응으로 일어난다.

$$H_2SO_4(aq) + H_2O \longrightarrow H_3O^+(aq) + HSO_4^-(aq)$$
$$HSO_4^-(aq) + H_2O \rightleftharpoons H_3O^+(aq) + SO_4^{2-}(aq)$$

황산의 첫 번째 이온화 단계에서의 단일 화살표는 이 단계가 강산의 특성을 띠는 반면, 두 번째 단계에서의 양쪽 화살표는 이온화가 약산의 특성을 띤다는 것을 말해 주고 있다.

산성 산화물과 염기성 산화물

지금까지 논의했던 간단한 산, 염기와 더불어 비금속이나 혹은 금속의 산화물과 같이 물에 용해될 때 산 또는 염기가 되는 화합물이 있다. 예를 들면 많은 경우 가용성 비금속 산화물은 물과 반응하여 산을 생성하는 반면 가용성 금속 산화물은 염기를 생성한다.

비금속 산화물의 산도 지금까지 논의했던 산은 물 분자에 전달될 수 있는 수소 원자를 가지고 있는 분자들이다. 비금속 산화물은 물과 반응하여 수소를 가지는 분자성 산을 생성하는 새로운 부류의 화합물이다. 새로 생성된 분자가 수용액에서 H^+를 제공해서 H_3O^+ 이온을 생성한다. 이러한 산화물을 물을 포함하지 않는다는 의미에서 **산 무수물(acid anhydride)**이라고 한다. 예를 들어 SO_3, CO_2, N_2O_5 등의 수용액은 다음과 같은 반응을 통하여 산을 생성하기 때문에 그 용액은 H_3O^+ 이온을 포함하는 산성 용액이 된다.

$$SO_3(g) + H_2O \longrightarrow H_2SO_4(aq) \quad \text{황산}$$
$$N_2O_5(g) + H_2O \longrightarrow 2HNO_3(aq) \quad \text{질산}$$
$$CO_2(g) + H_2O \longrightarrow H_2CO_3(aq) \quad \text{탄산}$$

탄산은 너무 불안정해서 순수한 화합물로 분리할 수는 없지만, 탄산음료의 예에서 보는 바와 같이 주변에서 탄산 용액을 흔히 볼 수 있다. 대기 중의 이산화 탄소는 빗물이나 호수 혹은 강물 등에 용해되어 일부는 탄산이나 탄산의 이온 형태(즉 H_3O^+, HCO_3^- 및 CO_3^{2-})로 존재하기 때문에 자연에 존재하는 수자원이 약간의 산성을 띠게 된다.

예제 4.4 다양성자산의 이온화 반응식 쓰기

인산(phosphoric acid, H_3PO_4)은 코카콜라와 같은 탄산음료에서 사용되는 약한 삼양성자산으로, 음료수가 새콤한 맛을 내게 해 준다. 수용액에서 인산의 단계적 이온화 반응식을 쓰시오.

분석 화학식 H_3PO_4에 포함된 앞의 3개의 수소에서 알 수 있듯이 인산은 삼양성자산이다. 분자당 3개의 수소가 이온화할 수 있기 때문에 단계마다 한 개의 H^+ 이온이 해리하는 다음과 같은 3개의 이온화 단계가 있다.

$$H_3PO_4 \xrightarrow{-H^+} H_2PO_4^- \xrightarrow{-H^+} HPO_4^{2-} \xrightarrow{-H^+} PO_4^{3-}$$

H^+ 이온이 제거될 때마다 수소 원자의 수가 하나씩 감소하고 음의 전하가 한 단위씩 증가하는 것에 주목하라. 또한 첫 단계의 생성물은 다음 단계의 반응물이 된다.

도구 모음 각 단계의 화학 반응식을 쓰기 위하여 약산의 이온화를 나타내는 일반적인 반응식인 식 4.2를 도구로 사용한다.

풀이 첫 단계는 H_3PO_4와 물이 반응하여 H_3O^+와 $H_2PO_4^-$를 생성하는 반응이다.

$$H_3PO_4(aq) + H_2O \rightleftharpoons H_3O^+(aq) + H_2PO_4^-(aq)$$

두 번째와 세 번째 단계도 첫 단계와 유사하다.

$$H_2PO_4^-(aq) + H_2O \rightleftharpoons H_3O^+(aq) + HPO_4^{2-}(aq)$$
$$HPO_4^{2-}(aq) + H_2O \rightleftharpoons H_3O^+(aq) + PO_4^{3-}(aq)$$

답이 합리적인가? 반응식이 원자의 수와 전하에 대해서 균형이 맞는지를 점검한다. 어떠한 실수가 있다면 균형이 맞지 않을 것이고 오류를 찾을 수 있을 것이다. 위의 경우에서는 모든 반응식이 균형이 맞으므로 반응식이 올바르게 표현되었다고 확신할 수 있다.

실전 문제 4.9

$H_2C_4H_2O_2$(maleic acid)는 블랙베리나 블루베리 혹은 바나나 등에 들어 있는 산이다. 수용액에서 $H_2C_4H_2O_2$의 단계별 이온화 반응식을 쓰시오. 동적 평형으로 기술되어야 하는 단계는 어느 것인지 밝히시오(**힌트**: 수소 원자 몇 개가 이온화될지 결정한다).

실전 문제 4.10

썩은 달걀 냄새의 원인 물질인 황화 수소(hydrogen sulfide)는 물에 용해하여 황화수소산 [$H_2S(aq)$]을 형성한다. 수용액에서 황화수소산[$H_2S(aq)$]의 단계별 이온화 반응식을 쓰시오.

모든 비금속 산화물이 산성 무수물인 것은 아니고 물과 반응할 수 있는 것들만이 산성의 성질을 가진다. 예를 들어 일산화 탄소는 물과 반응하지 않기 때문에 일산화 탄소가 녹은 물이 산성을 나타내지 않는다. 따라서 일산화 탄소를 산성 무수물로 분류하지 않는다.

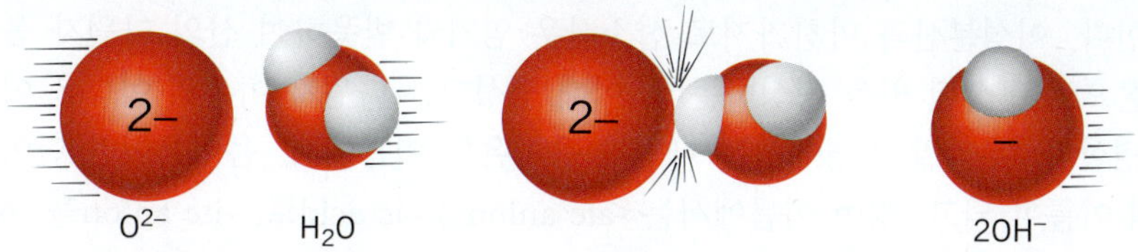

그림 4.15 산화 이온과 물의 반응 금속 산화물이 물에 용해하면 산화 이온은 물 분자로부터 H^+ 이온을 빼앗아 결국 두 개의 수산화 이온이 만들어진다.

금속 산화물의 염기도 가용성 금속 산화물은 물과 반응하여 생성물 중 하나로 수산화 이온을 생성하기 때문에 **염기 무수물(base anhydride)**이라고 분류한다. 다음은 대표적인 염기 무수물인 산화 칼슘의 반응이다.

$$CaO(s) + H_2O \longrightarrow Ca(OH)_2(aq)$$

이 반응은 산화 칼슘, 즉 '생석회'가 주성분인 건조한 시멘트나 콘크리트에 물이 가해질 때 일어난다. 산화 칼슘이 염기성을 나타내는 핵심적인 반응은 산화 이온(O^{2-})이 OH^- 이온을 만드는 다음의 반응이다(**그림 4.15** 참조).

$$O^{2-} + H_2O \longrightarrow 2OH^-$$

물에 녹지 않는 금속 수산화물이나 산화물도 산과 반응할 수 있기 때문에 염기의 성질을 가지고 있다. 이 반응은 4.6절에서 살펴볼 것이다.

4.5 산–염기 명명법

산의 명명법에는 산의 이름이나 염기와 반응할 때 산에서 유도된 음이온의 이름을 체계화하는 일정한 형식이 있다. 화학식의 경우처럼 산과 염기의 이름을 자주 사용하기 때문에 산과 염기에 대한 명명법을 정확하게 이해하는 것이 필요하다.

비금속의 수소 화합물

비금속과 수소로 이루어진 많은 이성분 화합물은 산성을 나타내는데, 수용액에서 이들을 **이성분산(binary acid)**이라고 한다. 예를 들면 HCl, HBr, H_2S 등이 대표적인 이성분산이다. 이러한 물질을 산으로 명명할 때는 비금속 원소의 이름 뒤에 **'-화수소산'**을 붙인다(영어명에서는 비금속 원소의 어간에 접두사 hydro-와 접미사 -ic을 더하고, 이어서 acid를 붙인다). 기체 분자 이성분 화합물은 이미 배운 일반적인 방법으로 명명하고, 새로 배우는 명명법은 **기체가 녹은 수용액인 산**에 대한 것이다. 예를 들어 염화 수소와 황화 수소의 수용액은 다음과 같이 명명한다.

이성분 분자 화합물의 이름	수용액에서 이성분산의 이름
HCl(*g*) 염화 수소(hydrogen chloride)	HCl(*aq*) 염화수소산 또는 염산(hydrochloric acid)
$H_2S(g)$ 황화 수소(hydrogen sulfide)	$H_2S(aq)$ 황화수소산(hydrosulfuric acid)

4.6절에서 다시 논의하겠지만 산이 염기와 반응할 때 산의 음이온과 염기의 양이온으로 구성된 염이 생성된다. 따라서 HBr과 NaOH가 반응하면 각각 브로민화 이온(Br^-)과 소듐 이온(Na^+)을 포함하는 브로민화 소듐(NaBr) 염이 생성된다.

산소산의 명명

H_2SO_4나 HNO_3와 같이 수소와 산소를 포함하며 그 외의 다른 원소가 들어 있는 산을 **산소산**

(**oxoacid**)이라고 한다. 이성분산과 마찬가지로 산소산은 염기와 반응하여 산의 다원자 음이온과 염기의 양이온으로 구성된 염을 생성하는데, 이때 생성되는 다원자 이온의 이름을 이용하여 산소산을 명명한다. 우리말 명명에서는 다원자 음이온의 이름에서 -음이온이란 단어를 떼어내면 산소산의 이름이 되고, 영어 이름에서는 -ate anion을 -ic acid로, -ite anion을 -ous acid로 바꿔 명명한다.

도구
산과 다원자 음이온의 이름

음이온과 산의 이름	예
(1) -산 음이온 ⟶ -산	NO_3^-(질산 음이온) ⟶ HNO_3(질산)
[-*ate* anion ⟶ -*ic acid*	nitr*ate* anion ⟶ nitr*ic acid*]
(2) 아-산 음이온 ⟶ 아-산	NO_2^-(아질산 음이온) ⟶ HNO_2(아질산)
[-*ite* anion ⟶ -*ous acid*	nitr*ite* anion ⟶ nitr*ous acid*]

지금까지 설명한 바와 같이 다원자 음이온의 이름을 응용해서 산의 이름을 명명하는 방법은 유사한 형태의 다른 산에도 적용된다. 예를 들면 싸이오사이안산 음이온(SCN^-, thiocyanate)은 이름이 -산 이온(-*ate* anion)으로 끝났기 때문에 SCN^- 이온의 산인 HSCN의 이름은 싸이오사이안산(thiocyanic acid)이다. 또한 아세트산 음이온 (acetate anion)은 아세트산(acetic acid)이, 시트르산 음이온(citrate anion)은 시트르산(일명 구연산, citric acid)이 각각 해리되어 생성된 음이온이다. 표 2.4에 수록된 여러 가지 다원자 이온의 이름과 화학식을 알면 산을 명명하는 데 도움이 될 것이다.

할로젠은 최대 4가지 산소산이 존재하고, 따라서 해리 생성물인 다원자 음이온도 4가지가 있다. 산소산을 명명할 때 접두사 **과**-(per-)와 **하이포**-(hypo-)는 각각의 음이온에서 유래된 것이다. 다음은 염소의 4가지 산소산과 그 음이온의 화학식 및 이름을 요약한 것이다.

	산소산 음이온		산소산
ClO_4^-	과염소산 음이온(perchlorate anion)	$HClO_4$	과염소산(perchloric acid)
ClO_3^-	염소산 음이온(chlorate anion)	$HClO_3$	염소산(chloric acid)
ClO_2^-	아염소산 음이온(chlorite anion)	$HClO_2$	아염소산(chlorous acid)
ClO^-	하이포염소산 음이온(hypochlorite anion)	HClO	하이포염소산(hypochlorous acid)

브로민과 아이오딘의 산소산도 염소의 경우와 매우 유사한 화학식과 이름을 가지고 있다.

예제 4.5 산 명명하기

염소와 주기율표에서 같은 족에 위치하는 브로민과 아이오딘은 염소의 산소산과 매우 유사한 4개의 산소산을 형성한다. 산 $HBrO_2$를 명명하시오.

분석 이 문제에서는 할로젠의 산소산 이름을 유추하고 분석하여 답을 구한다.

도구 모음 다원자 음이온의 이름을 확인하고, 이 이름이 산 이름과 어떻게 연관되어 있는지 파악한다.

풀이 앞에서 언급한 염소의 산소산과 비교하면 산 $HBrO_2$의 화학식은 아염소산(chlorous acid)인 $HClO_2$와 비슷하다는 것을 알 수 있다. 문제의 산을 명명하기 위해 원소의 이름으로 염소 대신 브로민을 대입해 보자(영어식으로는 원소의 어간으로 chlor- 대신에 brom-을 사용한다). 따라서 $HBrO_2$의 이름은 아브로민산(bromous acid)이다.

답이 합리적인가? 답을 점검하기 위해 할 수 있는 것이 실제로 많지 않다. 논리적인 관점에서 $HClO_2$가 아염소산(chlorous acid)일 때 $HBrO_2$가 아브로민산(bromous acid)이 되는 것은 합리적으로 보인다.

실전 문제 4.11

다음 산의 수용액을 명명하시오(**힌트**: 이들은 이성분산이다).

HCl HBr

실전 문제 4.12

원자 색 도표를 이용하여 다음 그림에서 각 원소를 확인하고, 이와 같은 구조를 가지는 산의 이름을 쓰시오.

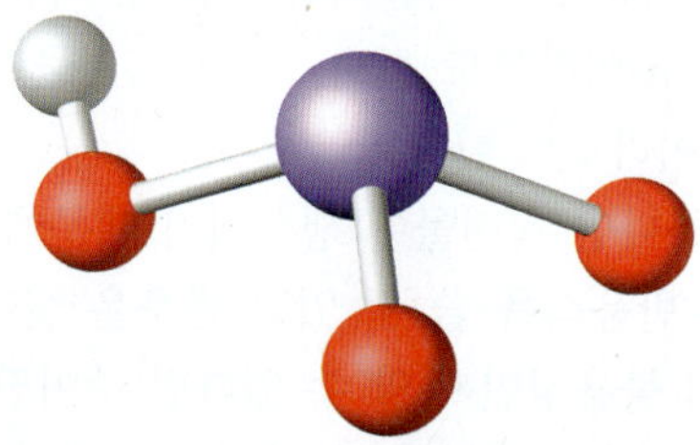

염기의 명명

NaOH나 Na_2O와 같이 OH^-나 O^{2-} 이온을 포함하는 금속 화합물은 이온성이고, 다른 이온 결합 화합물의 경우와 동일한 방법으로 명명된다. 그러므로 NaOH는 수산화 소듐(sodium hydroxide)이고, Na_2O는 산화 소듐(sodium oxide)이다.

NH_3(암모니아)[7]나 CH_3NH_2(메틸아민)와 같은 분자성 염기들은 분자의 이름을 그대로 사용하여 나타낸다. 분자성 염기를 명명하는 것은 복잡하지만, 이들의 이름에 포함된 '아민'이라는 단어로 구분할 수 있다.

4.6 이중 치환(복분해) 반응

KI와 $Pb(NO_3)_2$가 반응하면 용액에서 이온의 수가 변화된다는 것을 알짜 이온 반응식으로부터 알 수 있었다. 이와 같은 변화는 일반적인 이온 반응의 특징이다. 이 절에서는 용질이 혼합된 용액에서 알짜 이온 반응식이 존재하는지를 활용하여, 특정 이온 반응이 실제로 일어날 수 있는지를 판단하는 방법에 대해서 배울 것이다.

다음의 반응에서는 알짜 이온 반응식이 존재하고 따라서 이온 반응이 실제로 진행된다.

- 수용액에 녹아 있는 반응 혼합물로부터 침전물이 생성된다.
- 산과 염기가 반응하여 염과 물을 생성한다.
- 강전해질의 혼합물로부터 약전해질이 생성된다.
- 반응 혼합물로부터 기체가 생성된다.

도구
알짜 이온 반응식 예측하기

위에서 제시한 조건을 충족하는 알짜 이온 반응은 일반적으로 완결되고, 따라서 실제로 이온 반응은 존재하며 또한 해당 반응식에서는 단일 화살표를 사용한다.

[7]암모니아 수용액을 종종 수산화 암모늄(ammonium hydroxide)이라 부르는데, 실제로 NH_4OH라는 화학종이 존재한다고 확인된 바는 없다.

침전 반응

다음에 나타낸 질산 납(II)와 아이오딘화 포타슘의 반응은 소위 **복분해 반응(metathesis reaction)**으로 분류되는 이온 반응으로, 이 반응에서는 양이온과 음이온이 상대 짝이온을 서로 바꾼다.

$$Pb(NO_3)_2(aq) + 2KI(aq) \longrightarrow PbI_2(s) + 2KNO_3(aq)$$

이 반응에서 PbI_2와 KNO_3라는 생성물이 만들어질 때 납 화합물에서는 NO_3^-가 I^-로 치환되고, 포타슘 화합물에서는 I^-가 NO_3^-로 치환되기 때문에, 복분해 반응을 때로는 **이중 치환 반응(double replacement reaction)**이라고도 한다. 또한 침전물이 형성되는 복분해 반응을 **침전 반응(precipitation reaction)**이라고도 한다.

앞에서 제시한 조건 중의 하나인 침전물이 생성되기 때문에 질산 납(II)와 아이오딘화 포타슘의 반응에 대한 알짜 이온 반응식을 쓸 수 있고 반응은 실제로 잘 진행된다. 이는 어느 물질이 가용성이고 어느 물질이 불용성인지 알 수 있다면 주어진 반응의 진행 여부를 판단할 수 있다는 것을 의미한다. 어떤 이온 결합 화합물이 수용액에서 가용성인지 혹은 불용성인지를 판단하는 데 적용할 수 있는 **용해도 규칙(solubility rule)**을 **표 4.2**에 수록하였다. 물질이 용해되는 이유에 대하여는 12장에서 논의할 것이다. 이 규칙을 기억하기 편리하도록 두 부류로 나누었다. 첫 번째 부류에는 몇 가지 예외를 포함한 가용성 화합물에 대한 것이고, 두 번째 부류는 역시 몇 가지 예외가 포함된 불용성 화합물에 대한 것이다. 몇 가지 예를 들어 이 규칙을 적용해 보자.

규칙 1에 따르면 알칼리 금속의 모든 화합물은 물에 가용성이다. 이는 Na^+나 K^+ 이온 또는 그 외의 모든 1A족 금속 이온을 포함하는 어떠한 화합물도 음이온과 관계없이 가용성이라는 의미이다. 이중 치환 반응에서 반응물 중 하나가 Na_3PO_4라면 규칙 1로부터 이 화합물은 가용성이고, 따라서 이온 반응식을 쓸 때 해리된 형태[$3Na^+(aq)+PO_4^{3-}(aq)$]로 표기해야 한다. 규칙 6에 의하면 알칼리 금속이나 혹은 암모늄 이온과의 화합물을 제외한 모든 탄산염은 불용성이다. 따라서 이중 치환 반응의 생성물 중 하나가 $CaCO_3$이라면, 양이온이 알칼리 금속이나 NH_4^+ 이온이 아니기 때문에 불용성이라고 할 수 있다. 그러므로 이온 반응식에서 탄산칼슘의 화학식을 해리되지 않은 형태인 $CaCO_3(s)$로 표기해야 한다.

반응 결과의 예측에 용해도 규칙이 어떻게 사용되는가를 예제 4.6을 통해 알아보자.

도구
용해도 규칙

표 4.2 수용액에서 이온 결합 화합물의 용해도 규칙

가용성 화합물
1. 알칼리 금속(1A족)의 모든 화합물은 가용성이다.
2. NH_4^+, NO_3^-, ClO_4^-, ClO_3^-, $C_2H_3O_2^-$ 이온을 포함하는 모든 염은 가용성이다.
3. Ag^+, Pb^{2+}, Hg_2^{2+}(아래 첨자 '2'에 주의) 이온과 결합할 때를 제외하고, 모든 염화물이나 브로민화물 혹은 아이오딘화물(Cl^-이나 Br^- 혹은 I^- 이온을 포함하는 염)은 가용성이다.
4. Pb^{2+}, Ca^{2+}, Sr^{2+}, Hg_2^{2+}, Ba^{2+}이온을 포함하는 염을 제외한 모든 황산염(SO_4^{2-} 이온을 포함하는 염)은 가용성이다.
불용성 화합물
5. 1A족과 Ca^{2+}, Sr^{2+}, Ba^{2+} 이온을 포함하는 화합물을 제외하고, 모든 금속 수산화물(OH^-를 포함하는 이온 결합 화합물)과 모든 금속 산화물(O^{2-}를 포함하는 이온 결합 화합물)은 불용성이다. 금속 산화물은 용해될 때 물과 반응하여 수산화물을 형성한다. 산화 이온(O^{2-})은 물속에 존재하지 않는다. $$Na_2O(s) + H_2O \longrightarrow 2NaOH(aq)$$
6. 1A족과 NH_4^+ 이온을 포함한 염을 제외하고, PO_4^{3-}, CO_3^{2-}, SO_3^{2-} , S^{2-} 이온을 각각 포함하는 모든 염은 불용성이다.

예제 4.6 침전 반응의 예측과 반응식 쓰기

$Pb(NO_3)_2$와 $Fe_2(SO_4)_3$ 수용액을 혼합하면 용액에 녹아 있는 Pb^{2+} 양이 줄어들겠는가? 용액에서의 반응에 대한 분자 반응식과 이온 반응식 그리고 알짜 이온 반응식을 쓰고 답에 대한 근거를 제시하시오.

분석 이중 치환에 의하여 Pb^{2+}가 침선을 형성하면 Pb^{2+} 이온의 양이 줄어들 것이다. 침전 반응에 대한 알짜 이온 반응식을 쓸 수 있다면 실제로 침전이 형성될 것이다. 분자 반응식을 쓰기 위해 다음과 같이 두 반응물을 왼쪽에 쓰는 것에서 시작해보자.

$$Pb(NO_3)_2 + Fe_2(SO_4)_3 \longrightarrow$$

반응식을 완결하기 위해서 생성물을 구성하는 이온을 결정해야 한다. 다음에는 가용성 강전해질을 이온 형태로 나타낸 이온 반응식을 쓴다. 마지막으로, 구경꾼 이온을 제거해서 알짜 이온 반응식을 얻는다. 이때 알짜 이온 반응식이 존재하면 반응이 실제로 일어난다는 것을 의미한다.

도구 모음 이 문제에서 사용할 도구는 (1) 염의 성분 이온으로부터 염의 화학식을 쓰는 규칙, (2) 이온 반응식과 알짜 이온 반응식을 쓰는 규칙, (3) 용해도 규칙 등이다.

풀이 반응물 $Pb(NO_3)_2$와 $Fe_2(SO_4)_3$는 각각 Pb^{2+}과 NO_3^- 이온 그리고 Fe^{3+}과 SO_4^{2-} 이온을 포함하고 있다. 생성물의 화학식을 쓰기 위해 음이온들을 교환해서 전기적으로 중성인 화학식을 얻는다. 가능한 생성물은 $PbSO_4$과 $Fe(NO_3)_3$이다. 이에 대한 불균형 분자 반응식은 다음과 같다.

$$Pb(NO_3)_2 + Fe_2(SO_4)_3 \longrightarrow PbSO_4 + Fe(NO_3)_3 \quad \text{(불균형 반응식)}$$

다음에는 용해도에 대하여 알아보자. 문제에서 반응물은 이온 결합 화합물이고, 수용액이라고 했으므로 이들은 물에 가용성이라는 것을 알 수 있다(또한 용해도 규칙 2와 4로부터도 알 수 있음). 규칙 2에 의하면 모든 질산염은 가용성이므로 생성물 $Fe(NO_3)_3$는 가용성이고, 규칙 4에 의하면 Pb^{2+} 이온의 황산염은 **불용성**(insoluble)이다. 이는 $PbSO_4$의 침전이 형성된다는 것을 의미한다. 화학식 뒤에 적절히 (aq)와 (s)를 쓰면 다음과 같은 상태를 포함한 불균형 분자 반응식을 얻는다.

$$Pb(NO_3)_2(aq) + Fe_2(SO_4)_3(aq) \longrightarrow Fe(NO_3)_3(aq) + PbSO_4(s) \quad \text{(불균형 반응식)}$$

이 식의 균형을 맞추면 다음과 같은 균형이 맞은 **분자 반응식**을 얻을 수 있다.

$$3Pb(NO_3)_2(aq) + Fe_2(SO_4)_3(aq) \longrightarrow 2Fe(NO_3)_3(aq) + 3PbSO_4(s) \quad \text{(균형 반응식)}$$

다음에는 가용성 화합물은 이온으로 해리된(분리된) 형태로 나타내고, 불용성 화합물은 '분자' 형태로 나타낸 **이온 반응식**을 쓴다. 이온의 아래 첨자와 계수를 적용할 때 유의해야 한다.

$$3Pb^{2+}(aq) + 6NO_3^-(aq) + 2Fe^{3+}(aq) + 3SO_4^{2-}(aq) \longrightarrow 2Fe^{3+} + 6NO_3^-(aq) + 3PbSO_4(s)$$

구경꾼 이온(Fe^{3+}와 NO_3^-)을 제거하면 다음 반응식을 얻을 수 있다.

$$3Pb^{2+}(aq) + 3SO_4^{2-}(aq) \longrightarrow 3PbSO_4(s)$$

마지막으로 계수를 약분하여 **알짜 이온 반응식**을 만든다.

$$Pb^{2+}(aq) + SO_4^{2-}(aq) \longrightarrow PbSO_4(s)$$

알짜 이온 반응식의 존재는 질산 납(II)와 황산 철(III) 사이에서 반응이 일어난다는 것을 확인해준 것이다.

답이 합리적인가? 이와 같은 문제를 풀 때 검사해야 할 중요한 것 중 하나는 생성물의 식이 올바른지에 관한 것이다. 이온에 대한 전하가 모두 옳은지, 화학식의 아래 첨자가 중성 화학식 단위를 충족시키는지를 조심스럽게 점검하라. 예를 들어 이 문제에서 Fe^{2+}, SO_4^- 또는 $Pb(SO_4)_2$와 $Fe_2(NO_3)_3$ 혹은 $Pb(SO_4)_3$와 $Fe_2(NO_3)_2$ 등과 같이 틀린 화학식을 사용하는 경우도 있다. 일단 생성물의 화학식이 옳다는 것을 확인하고, 용해도 규칙을 바르게 적용했는지를 점검한다.

실전 문제 4.13

$Cu(NO_3)_2$와 $Mg(OH)_2$를 혼합한 수용액에서 알짜 반응이 일어난다는 것을 증명하시오(**힌트**: 분자 반응식, 이온 반응식, 알짜 이온 반응식을 쓰시오).

실전 문제 4.14

다음 두 용액을 혼합할 때 일어나는 반응에 대한 분자 반응식, 이온 반응식, 및 알짜 이온 반응식을 이용하여 용액에서의 알짜 반응을 예측하시오.

(**a**) $AgNO_3$와 $MgCl_2$ (**b**) 황화 소듐과 과염소산 납(II)

산-염기 반응

도구
산과 염기의 중화

산-염기 중화 반응(acid-base neutralization reaction)은 **산과 염기의 반응은 화학에서 다루는 가장 중요한 반응 중의 하나**이다. 예를 들어 염산[염화수소산, $HCl(aq)$] 용액과 염기인 수산화 포타슘 용액[$KOH(aq)$]을 혼합하면 다음 반응이 일어난다.

$$HCl(aq) + KOH(aq) \longrightarrow KCl(aq) + H_2O$$

산과 염기가 1:1의 몰비로 반응하면 반응물의 산성 성질과 염기성 성질이 사라지고 결과적으로 산성도 염기성도 아닌 용액이 형성된다. 이를 두고 산과 염기가 서로 중화한다고 말한다. 혹은 **산-염기 중화(acid-base neutralization)**가 일어났다고도 표현한다. Arrhenius는 산-염기 중화 반응은 단순히 수소 이온과 수산화 이온이 결합하여 물 분자를 만들고 따라서 H^+ 이온과 OH^- 이온이 사라지는 것이라고 처음으로 정의한 사람이다.

산과 염기의 반응에 의하여 이온 결합 화합물인 염이 생성된다. $HCl(aq)$과 $KOH(aq)$가 반응하면 염화 포타슘(KBr)이 생성된다. 염 대부분은 적절한 산과 염기를 반응시켜 얻을 수 있다.

일반적으로 중화 반응은 이중 치환 반응의 일종이다. 앞에서 예로 든 염산과 수산화 포타슘의 반응에 대한 분자 반응식, 이온 반응식, 알짜 이온 반응식을 쓰면 다음과 같다.

$$HCl(aq) + KOH(aq) \longrightarrow KCl(aq) + H_2O \quad \text{분자 반응식}$$

$$H^+(aq) + Cl^-(aq) + K^+(aq) + OH^-(aq) \longrightarrow K^+(aq) + Cl^-(aq) + H_2O \quad \text{이온 반응식}$$

$$H^+(aq) + OH^-(aq) \longrightarrow H_2O \quad \text{알짜 이온 반응식}$$

$H^+(aq)$는 $H_3O^+(aq)$ 이온을 간단하게 나타낸 것이다. 이 반응에서는 침전물 대신 H_2O라는 매우 약한 전해질이 형성되었기 때문에 알짜 이온 반응식이 존재한다. 사실은 강산과 OH^- 이온을 가지고 있는 가용성 강염기 사이의 모든 반응에서 이와 동일한 알짜 이온 반응식을 얻을 수 있다.

중화 반응에서 물이 형성되는 것은 반응의 강력한 추진력이기 때문에 반응에 약산이나 혹은 불용성 염기가 포함되거나, 심지어는 둘 모두에 해당하는 반응에서도 물이 어느 정도 생성된다. 다음의 몇 가지 사례를 살펴 보자.

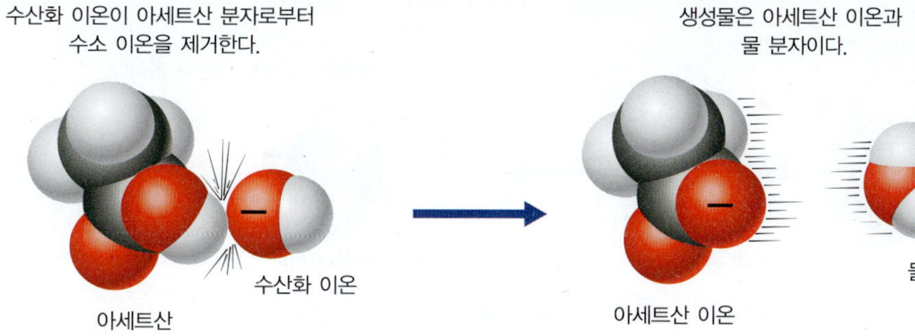

그림 4.16 아세트산과 강염기의 알짜 반응 수산화 이온에 의한 아세트산의 중화 반응에서 OH^- 이온이 아세트산 분자에서 H^+ 이온을 제거한다.

약산과 강염기의 반응

분자 반응식:

$$\underset{\text{약산}}{HC_2H_3O_2(aq)} + \underset{\text{강염기}}{NaOH(aq)} \longrightarrow NaC_2H_3O_2(aq) + H_2O$$

알짜 이온 반응식:

$$HC_2H_3O_2(aq) + OH^-(aq) \longrightarrow C_2H_3O_2^-(aq) + H_2O$$

이 반응에서 구경꾼 이온은 Na^+이다. **그림 4.16**에 모형으로 이 반응을 나타내었다.

강산과 불용성 염기의 반응

분자 반응식:

$$\underset{\text{강산}}{2HCl(aq)} + \underset{\text{불용성 염기}}{Mg(OH)_2(s)} \longrightarrow MgCl_2(aq) + 2H_2O$$

알짜 이온 반응식:

$$2H^+(aq) + Mg(OH)_2(s) \longrightarrow Mg^{2+}(aq) + 2H_2O$$

그림 4.17은 염산과 $Mg(OH)_2$가 포함된 산화 마그네슘 현탁액의 반응을 보여주고 있다.

그림 4.17 산화 마그네슘 현탁액에 의한 염산의 중화 산화 마그네슘 현탁액이 담긴 비커에 염산 용액을 가한다. 산화 마그네슘에 흰색 고체 형태로 존재하는 수산화 마그네슘 $[Mg(OH)_2]$은 산을 중화시킬 수 있다. 고체 $Mg(OH)_2$의 일부가 이미 반응하여 용해된 부분은 투명한 수용액 상태이다.

약산과 불용성 염기의 반응

분자 반응식:

$$\underset{\text{약산}}{2HC_2H_3O_2(aq)} + \underset{\text{불용성 염기}}{Mg(OH)_2(s)} \longrightarrow Mg(C_2H_3O_2)_2(aq) + 2H_2O$$

알짜 이온 반응식:

$$2HC_2H_3O_2(aq) + Mg(OH)_2(s) \longrightarrow Mg^{2+}(aq) + 2C_2H_3O_2^-(aq) + 2H_2O$$

마지막 두 예에서 반응물 중 하나가 불용성임에도 불구하고 물 분자가 생성되기 때문에 반응이 촉진된다는 것에 주목해야 한다. 이온 반응식과 알짜 이온 반응식을 올바르게 쓰려면 용해도 규칙과 더불어 강한 산과 약한 산을 구분할 줄 아는 것이 매우 중요하다. 강산의 목록을 이미 알고 있으므로 목록에 없는 산은 약산으로 취급할 수 있으며, 또한 특별한 언급이 없으면 약산은 물에 가용성이라고 가정할 수 있다.

강산과 약염기의 반응 산-염기 중화 반응에서 항상 물이 생성되는 것은 아니지만, 염은 항상 생성된다. 다음에 나타낸 강산과 NH_3와 같은 약염기의 반응을 통하여 이를 확인할 수 있다. HCl과 같은 강산과 암모니아가 반응할 때의 반응식을 다음과 같이 쓸 수 있다.

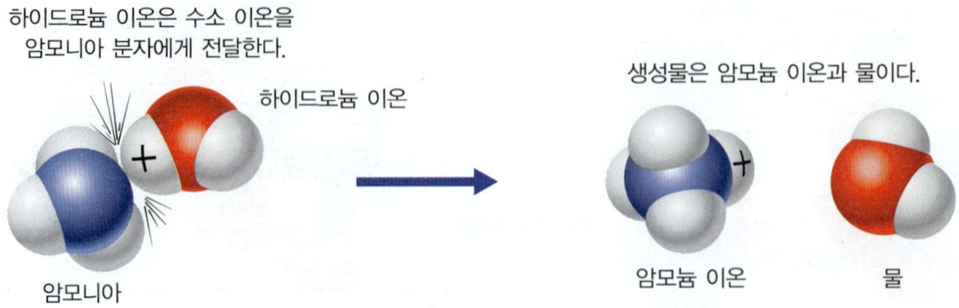

$$NH_3(aq) + H_3O^+(aq) \longrightarrow NH_4^+(aq) + H_2O$$

그림 4.18 암모니아와 강산과의 반응 주요 반응은 H_3O^+ 이온이 암모니아 분자에 양성자를 전달하는 것이다. 이 반응을 통하여 암모늄 이온과 물 분자가 생성된다.

분자 반응식:

$$HCl(aq) + NH_3(aq) \longrightarrow NH_4Cl(aq)$$

약염기인 NH_3가 강산인 HCl과 반응하여 염화 암모늄(NH_4Cl) 수용액을 만든다. 이 반응은 산–염기 중화 반응이고, 반응은 완결되기 때문에 반응식에서 한쪽 방향 화살표를 사용한다. 이온 반응식은 다음과 같이 쓸 수 있다.

$$H^+(aq) + Cl^-(aq) + NH_3(aq) \longrightarrow NH_4^+(aq) + Cl^-(aq)$$

암모니아는 일부분만 이온화하는 약전해질이기 때문에 이온 반응식에서 NH_3로 나타내었다. 그러나 강산인 HCl은 수용액에서 완전히 이온화하므로 HCl을 구성 이온인 H^+과 Cl^-로 나타내었다. 이온 반응식에서 반응물과 생성물 양쪽 모두에서 구경꾼 이온인 Cl^-를 제거하면 다음의 알짜 이온 반응식을 얻는다.

알짜 이온 반응식(H_3O^+를 줄여서 H^+로 씀):

$$H^+(aq) + NH_3(aq) \longrightarrow NH_4^+(aq)$$

이 반응식을 다음과 같이 쓸 수도 있다.

$$NH_3(aq) + H_3O^+(aq) \longrightarrow NH_4^+(aq) + H_2O(aq)$$

그림 4.18에 $NH_3(aq)$와 $H_3O^+(aq)$의 반응을 모형으로 나타내었다.

약산과 약염기의 반응 다음의 약산과 약염기 반응을 살펴보기로 하자.

$$HSO_4^-{}_{(aq)} + CO_3^{2-}{}_{(aq)} \rightleftharpoons SO_4^{2-}{}_{(aq)} + HCO_3^-{}_{(aq)} \qquad (K_{eq} > 1)$$

이 반응은 황산수소 음이온(HSO_4^-)이 탄산 음이온(CO_3^{2-})과 반응하여 황산 음이온과 탄산수소 음이온을 생성하는 반응이다. 반응에서 양성자 주개인 HSO_4^-가 산으로 작용하고 양성자 받개인 CO_3^{2-}가 염기로 작용한다. 이때 생성되는 SO_4^{2-}와 HCO_3^-를 각각 HSO_4^-와 CO_3^{2-}의 짝염기와 짝산이라고 한다. 짝산–짝염기 개념은 15장에서 상세하게 다룰 것이다.

약산인 $HC_2H_3O_2(aq)$와 약염기인 $NH_3(aq)$의 반응에 대하여 다음과 같은 반응식을 쓸 수 있다.

분자 반응식:

$$HC_2H_3O_2(aq) + NH_3(aq) \longrightarrow NH_4C_2H_3O_2(aq)$$

이온 반응식 및 알짜 이온 반응식:

$$HC_2H_3O_2(aq) + NH_3(aq) \longrightarrow NH_4^+(aq) + C_2H_3O_2^-(aq)$$

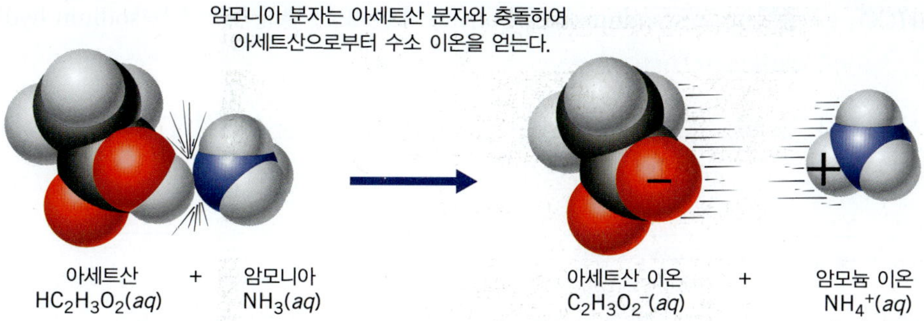

그림 4.19 아세트산과 암모니아의 반응 암모니아 분자가 아세트산 분자와 충돌하면 H^+ 이온이 아세트산 분자에서 암모니아 분자로 이동하고, 그 결과 아세트산 이온과 암모늄 이온이 생성된다.

소량의 H^+ 이온을 포함하고 있는 $HC_2H_3O_2$ 용액과 소량의 OH^- 이온을 포함하고 있는 NH_3 용액을 혼합할 때 우세한 반응은 산 분자와 염기 분자 사이에서 이루어진다. 이 반응을 **그림 4.19**에서 모형으로 설명해 주고 있다.

실전 문제 4.15

NaOH(*aq*)로 HCl(*aq*)을 중화하는 반응에 대한 분자 반응식, 이온 반응식, 알짜 이온 반응식을 쓰시오(**힌트**: 먼저 해당 산과 염기가 강한지 약한지를 결정한다).

실전 문제 4.16

다음 반응에 대한 분자 반응식, 이온 반응식, 알짜 이온 반응식을 쓰시오.

(**a**) HCl과 $Mg(OH)_2$ (**b**) 수산화 바륨과 황산

실전 문제 4.17

약염기인 메틸아민(CH_3NH_2)과 약산인 아세트산($HCHO_2$)의 반응에 대한 분자 반응식, 이온 반응식, 알짜 이온 반응식을 쓰시오.

산성염 다양성자산의 중화 반응은 단계별로 진행된다. 중화 반응에 필요한 염기의 양을 조절하면 중간 단계에서 중화 반응을 멈출 수 있다. 예를 들어 1.0 mol의 H_2SO_4와 1.0 mol의 NaOH를 반응시키면 HSO_4^- 이온이 생성되고, 물을 증발시키면 화학식이 $NaHSO_4$인 염을 얻는다. 이 염의 음이온인 HSO_4^-는 추가로 이온화해서 H^+ 이온을 제공할 수 있기 때문에 $NaHSO_4$을 **산성염(acid salt)**이라 부른다. 다양성자산이 **완전히 중화**되었다는 것은 이온화될 수 있는 모든 수소가 염기와 반응했다는 것을 의미한다.

2장의 표 2.4에 나와 있는 다원자 음이온의 목록에서 산성염의 음이온에 대한 이름을 이미 다룬 바 있다. 이 명명법에서 확인할 수 있는 바와 같이 HSO_4^-와 같은 음이온의 이름에는, 음이온이 추가적으로 산으로 작용할 때 염기와 반응할 수 있는 수소의 수를 명시하고 있다. 따라서 HSO_4^-는 황산수소 이온(hydrogen sulfate ion)으로, $H_2PO_4^-$는 인산이수소 이온(dihydrogen phosphate ion)으로 명명한다.

이 두 이온은 Na^+와 다음의 염을 각각 형성한다.

$NaHSO_4$ 황산수소 소듐(sodium hydrogen sulfate)
NaH_2PO_4 인산이수소 소듐(sodium dihydrogen phosphate)

이양성자산의 산성염의 경우는 **중**-(bi-)이라는 접두사가 아직 일부에서 사용되고 있다.

$NaHCO_3$ 중탄산 소듐(sodium bicarbonate) 혹은 또는 탄산수소 소듐(sodium hydrogen carbonate)

여기서 접두사 '**중**-(bi-)'은 '둘'을 의미하는 것이 아니라 화합물에 산성인 수소가 있다는 것을 의미한다.

실전 문제 4.18
NaOH 1 mol과 아황산 1 mol의 반응할 때 얻어지는 생성물의 화학식과 이름을 쓰시오. (**힌트**: 접두사 'bi-' 및 접미사 '**아-산**(-ite)'이 주는 정보가 무엇인가?)

실전 문제 4.19
수산화 포타슘으로 비소산(arsenic acid)을 중화하는 반응의 단계별 분자 반응식을 쓰시오. 각 단계에서 생성되는 염의 이름은 무엇인가? 산이 완전히 중화되는 단계는 어느 것인가?

약전해질 생성 반응

반응에서 아세트산($HC_2H_3O_2$)이나 폼산($HCHO_2$), 아질산(HNO_2)과 같은 약전해질이 생성되기도 한다. 주로 약산의 염과 강산이 반응하는 경우에 약전해질이 생성되는데, 예를 들면 아세트산 소듐 용액과 염산 용액을 섞으면 다음과 같이 아세트산과 염화 소듐이 생성된다.

분자 반응식:

$$NaC_2H_3O_2(aq) + HCl(aq) \longrightarrow HC_2H_3O_2(aq) + NaCl(aq)$$

이온 반응식:

$$Na^+(aq) + C_2H_3O_2^-(aq) + H^+(aq) + Cl^-(aq) \longrightarrow HC_2H_3O_2(aq) + Na^+(aq) + Cl^-(aq)$$

알짜 이온 반응식:

$$C_2H_3O_2^-(aq) + H^+(aq) \longrightarrow HC_2H_3O_2(aq)$$

이 반응에서 약전해질이 생성되기 때문에 알짜 이온 반응식을 쓸 수 있다. 이미 언급한 바와 같이 약전해질이 생성되면 알짜 반응이 존재한다.

이미 언급한 약전해질 중 하나가 물이다. 제공할 수 있는 양성자를 가진 산과 산화 이온이나 수산화 이온과 같은 염기가 반응하면 물과 염이 생성된다. 이때 생성되는 물은 실제로 매우 약한 전해질이다. 물과 염이 생성되기 때문에 이 반응은 산-염기 반응이다.

Michael Watson

그림 4.20 염산과 탄산수소 소듐의 반응 기포에는 이산화 탄소 기체가 들어 있다.

기체 생성 반응

이중 치환 반응의 생성물이 실온에서 물에 잘 녹지 않는 기체인 경우가 있다. 산이 탄산수소 염이나 탄산염과 반응할 때 생성되는 이산화 탄소가 가장 흔한 예이다. 예를 들어 탄산수소 소듐 용액을 염산에 가하면 **그림 4.20**처럼 이산화 탄소 기포가 발생한다. 이 반응은 위 통증을 진정시키기 위해 탄산수소 소듐(일명 '소다')을 복용했을 때 일어나는 반응이다. 위산인 HCl은 $NaHCO_3$과 반응하여 중화되며 이때 CO_2 기체를 발생시킨다(트림!). 이 이중 치환 반응의 분자 반응식은 다음과 같다.

$$HCl(aq) + NaHCO_3(aq) \longrightarrow NaCl(aq) + H_2CO_3(aq)$$

탄산(H_2CO_3)은 너무 불안정하여 순수한 형태로 분리해 낼 수 없다. 이중 치환 반응으로 상당량의 탄산이 생성되면 무수물인 CO_2와 물로 분해된다. 이산화 탄소의 물에 대한 용해도는 매우 작기 때문에 대부분의 CO_2는 기포로 용액 밖으로 빠져나온다. 다음은 탄산의 분해 반응이다.

$$H_2CO_3(aq) \rightleftharpoons H_2O + CO_2(g)$$

따라서 이 반응의 전체 분자 반응식과 이온 반응식은 다음과 같다.

$$HCl(aq) + NaHCO_3(aq) \longrightarrow NaCl(aq) + H_2O + CO_2(g) \quad \text{분자 반응식}$$

$$H^+(aq) + Cl^-(aq) + Na^+(aq) + HCO_3^-(aq) \longrightarrow Na^+(aq) + Cl^-(aq) + H_2O + CO_2(g) \quad \text{이온 반응식}$$

구경꾼 이온인 Na^+와 Cl^-를 제거해서 다음과 같은 알짜 이온 반응식을 얻는다.

$$H^+(aq) + HCO_3^-(aq) \longrightarrow H_2O + CO_2(g)$$

탄산수소염 대신에 탄산염을 사용해도 결과는 비슷하다. 이 경우 두 개의 수소 이온 탄산 이온과 결합하여 생성된 H_2CO_3가 분해되어 물과 CO_2가 된다.

$$2H^+(aq) + CO_3^{2-}(aq) \longrightarrow H_2CO_3(aq) \longrightarrow H_2O + CO_2(g)$$

알짜 이온 반응식은 다음과 같다.

$$2H^+(aq) + CO_3^{2-}(aq) \longrightarrow H_2O + CO_2(g)$$

탄산염과 산의 반응에서 CO_2의 생성은 반응을 강력하게 추진시켜 불용성 탄산염이 산(강산 및 약산)에 녹을 수 있게 된다. 석회석($CaCO_3$)과 염산의 반응을 **그림 4.21**에 나타내었다. 이 반응에 대한 분자 반응식과 알짜 이온 반응식은 다음과 같다.

$$CaCO_3(s) + 2HCl(aq) \longrightarrow CaCl_2(aq) + CO_2(g) + H_2O$$
$$CaCO_3(s) + 2H^+(aq) \longrightarrow Ca^{2+}(aq) + CO_2(g) + H_2O$$

이중 치환 반응에서 형성되는 기체는 CO_2만이 아니다. **표 4.3**에 기체를 생성하는 반응과 생성되는 기체를 수록하였다.

Andy Washnik

그림 4.21 산과 반응하는 석회석 석회석($CaCO_3$)이 염산과 반응하여 CO_2 기포가 발생한다.

도구
이중 치환 반응으로 생성된 기체

표 4.3 이중 치환 반응으로 생성된 기체

산과의 반응으로 생성된 기체		
기체	**반응물의 종류**	**생성 반응식**[a]
H_2S[c]	황화물	$2H^+ + S^{2-} \longrightarrow H_2S$
HCN[c]	사이안화물	$H^+ + CN^- \longrightarrow HCN$
CO_2	탄산염 탄산수소염(중탄산염)	$2H^+ + CO_3^{2-} \longrightarrow (H_2CO_3) \longrightarrow H_2O + CO_2$ $H^+ + HCO_3^- \longrightarrow (H_2CO_3) \longrightarrow H_2O + CO_2$
SO_2[c]	아황산염 아황산수소염(중아황산염)	$2H^+ + SO_3^{2-} \longrightarrow (H_2SO_3) \longrightarrow H_2O + SO_2$ $H^+ + HSO_3^- \longrightarrow (H_2SO_3) \longrightarrow H_2O + SO_2$
염기와의 반응으로 생성된 기체		
기체	**반응물의 종류**	**생성 반응식**
NH_3	암모늄염[b]	$NH_4^+ + OH^- \longrightarrow NH_3 + H_2O$

[a]괄호 속에 있는 화학식은 반응이 계속되면 분해되는 불안정한 화합물이다.
[b]이중 치환 반응을 쓸 때 '수산화 암모늄'의 화학식을 NH_4OH라고 종종 쓰기 쉽다. 그러나 이러한 화합물은 실제로는 존재하지 않는다. 물에서 NH_3 수용액일 뿐이다.
[c]H_2S, HCN, SO_2는 독성이 강한 생성물이다.

강의실 밖의 화학 4.2

센물과 문제점

침전 반응은 늘 우리 주위에서 일어나지만, 문제가 생기기 전까지는 거의 눈치채지 못한다. 한 가지 흔한 문제로 **센물(hard water)**에 의해 흔히 발생하는 문제 중의 하나도 침전과 관련이 있다. 센물이란 '센 이온(hardness ion)'인 Ca^{2+}, Mg^{2+}, Fe^{2+} 혹은 Fe^{3+} 등이 일반 비누와 침전을 형성할 수 있을 정도의 높은 농도로 존재하는 지하수를 의미한다. 비누는 스테아르산 소듐($NaC_{18}H_{35}O_2$)과 같이 대개 동물의 지방이나 기름에서 나오는 유기산(소위 지방산이라 함)의 소듐염이다. 비누의 음이온은 센 이온과 반응하여 불용성 '찌꺼기(scum)'를 생성하는데, 이로 인하여 오물과 기름을 제거하는 비누의 효과가 감소된다.

물에서 센 이온을 제거하는 여러 가지 방법이 있다. 한 가지 방법은 수화된 탄산 소듐[$Na_2CO_3 \cdot 10H_2O$, 종종 세척소다(washing soda)라고 부름]을 물에 가하는 것이다. 다음 반응에서 보는 바와 같이 탄산 이온은 센 이온을 만나 $CaCO_3$과 같은 불용성 침전물을 형성한다.

$$Ca^{2+}(aq) + CO_3^{2-}(aq) \longrightarrow CaCO_3(s)$$

일단 침전으로 제거된 센 이온은 더는 비누의 작용을 방해하지 못한다.

주로 $CaCO_3$로 이루어진 석회석이 많이 포함된 토양으로 이루어진 지역에서는 센물로 인한 골칫거리가 가끔 발생한다. 빗물이나 다른 자연수에는 대기로부터 흡수된 용존 CO_2가 들어 있다. 이산화 탄소는 약한 이양성자산인 탄산(H_2CO_3)의 무수물이다. 이산화 탄소와 평형을 이루고 있는 탄산의 주로 첫 번째 이온화에 의하여 물은 약한 산성을 띠게 된다.

$$CO_2(g) + H_2O \rightleftharpoons H_2CO_3(aq)$$
$$H_2CO_3(aq) + H_2O \rightleftharpoons H_3O^+(aq) + HCO_3^-(aq)$$

약한 산성을 띠는 물이 석회석에 스며들면 불용성인 $CaCO_3$의 일부가 녹아 가용성인 탄산수소 칼슘(중탄산 칼슘)을 생성한다.

$$CaCO_3(s) + H_2CO_3(aq) \longrightarrow Ca^{2+}(aq) + 2HCO_3^-(aq)$$

이 지역의 지하수를 퍼 올려 상수도로 사용하게 되면 물에 존재하는 Ca^{2+} 이온으로 인하여 처음에 언급한 것과 같은 문제가 발생한다.

이와 같은 센물이 온수난방 장치에서 가열되거나 유리나 샤워실의 벽면에 튀기면 더욱 심각한 문제가 발생한다. Ca^{2+} 이온과 HCO_3^- 이온이 들어 있는 용액이 가열되거나 혹은 물이 증발되면, 역반응이 일어나고 다음과 같이 불용성 $CaCO_3$가 침전된다.

$$Ca^{2+}(aq) + 2HCO_3^-(aq) \longrightarrow H_2O + CO_2(g) + CaCO_3(s)$$

센물이 증발하면 유리나 다른 표면에 제거하기 어려운 $CaCO_3$ 반점이 남는다. 온수 보일러에는 더욱 골치 아픈 문제가 발생한다. $CaCO_3$ 침전물이 관의 내벽과 온수 보일러의 가열 부품에 달라붙는데, 이를 보일러 관석(boiler scale)이라고 한다. Ca^{2+}와 HCO_3^- 이온의 농도가 높은 물이 공급되는 지역에서는 아래 사진에서처럼 보일러 관석으로 인한 문제가 매우 심각하다.

Sheila Terry/Science Source

수도관 안에 쌓여진 보일러 관석

예제 4.7 기체 생성 반응의 예측과 반응식 쓰기

탄산 암모늄[ammonium carbonate, $(NH_4)_2CO_3$]과 프로판산(propanoic acid, $HC_3H_5O_2$) 용액은 모두 투명하다. 소량의 $(NH_4)_2CO_3$ 용액을 훨씬 더 많은 양의 $HC_3H_5O_2$ 용액에 가했을 때 진행되는 반응의 분자 반응식, 이온 반응식, 알짜 이온 반응식을 쓰시오. 반응 용액이 무색투명한데, 반응이 실제로 진행되었는지 어떻게 알 수 있는가?

분석 반응이 일어날 것인지를 결정하기 위해 알짜 이온 반응식이 존재하는지를 살펴볼 필요가 있다. 먼저 가능한 이중 치환 반응식을 분자 형태로 적은 다음, 반응물과 생성물 중 어느 것이 고체이고 어느 것이 약전해질이며, 어느 것이 기체를 생성하는 물질인지를 확인한다. 마지막으로 얻은 이온 반응식에서 구경꾼 이온을 찾아 제거하면 알짜 이온 반응식을 얻을 수 있다.

도구 모음 이 문제를 풀기 위한 도구는 강산의 목록, 용해도 규칙(표 4.1), 이중 치환 반응에서 생기는 기체의 목록(표 4.2)이다.

풀이 우선 이 반응을 이중 치환 반응으로 간주하여 분자 반응식을 쓴다. 탄산 암모늄에서 양이온은 NH_4^+ 이온이고 음이온은 CO_3^{2-} 이온이며, 프로판산에서 양이온은 H^+ 이온이고 음이온은 $C_3H_5O_2^-$ 이온이다. 따라서 두 음이온 사이에서 양이온을 교환하면 다음과 같은 균형 분자 반응식을 얻을 수 있다.

$$(NH_4)_2CO_3 + 2HC_3H_5O_2 \longrightarrow 2NH_4C_3H_5O_2 + H_2CO_3$$

문제에서 $HC_3H_5O_2$ 용액이라고 언급하였으므로 $HC_3H_5O_2$는 가용성이라는 것을 알 수 있다. 또한 강산의 목록(앞에서 언급한 첫 번째 도구)에 없으므로 $HC_3H_5O_2$가 약산이라고 예상되고, 따라서 이온 반응식에서 분자 형태로 쓸 수 있다.

다음에는 H_2CO_3가 $CO_2(g)$와 H_2O로 분해(이 정보는 표 4.3에서 찾을 수 있음)되는 것을 고려하여 분자 반응식을 다음과 같이 다시 써 보자.

$$(NH_4)_2CO_3 + 2HC_3H_5O_2 \longrightarrow 2NH_4C_3H_5O_2 + CO_2(g) + H_2O$$

이제 이온성 결합 물질 중 어느 것이 가용성인지를 결정해야 한다. 용해도 규칙에 의하면 모든 암모늄염은 가용성이고 또한 강전해질이다. 따라서 $(NH_4)_2CO_3$와 $NH_4C_3H_5O_2$는 다음과 같이 해리된 형태로 나타낼 수 있다.

$$2NH_4^+(aq) + CO_3^{2-}(aq) + 2HC_3H_5O_2(aq) \longrightarrow 2NH_4^+(aq) + 2C_3H_5O_2^-(aq) + CO_2(g) + H_2O$$

유일한 구경꾼 이온은 NH_4^+ 이온이다. 반응식의 양쪽에서 $2NH_4^+$ 이온을 제거해서 알짜 이온 반응식을 얻는다.

$$CO_3^{2-}(aq) + 2HC_3H_5O_2(aq) \longrightarrow 2C_3H_5O_2^-(aq) + CO_2(g) + H_2O$$

알짜 이온 반응식이 존재한다는 것은 알짜 반응이 실제로 일어나는 것을 의미한다. CO_2는 기체이므로 생성되는 기포를 관찰하면 반응이 진행되는 것을 확인할 수 있다.

답이 합리적인가? 이러한 종류의 문제를 풀 때 흔히 범하는 몇 가지 오류를 확인하는 것이 중요하다. 생성물의 화학식을 올바르게 썼는지를 확인한다(필요하다면 예제 4.6을 복습하라). 약산을 확인한다(강산의 목록을 참고하라. 강산의 목록에 없으면 그 산은 약산이다). 기체나 혹은 기체로 분해하는 물질을 찾는다(표 4.2를 참조하라). 불용성 화합물을 확인한다(표 4.1에 있는 용해도 규칙을 참조하라). 이 모든 단계를 확인했다면 결과가 옳다는 것을 알 수 있을 것이다.

이중 치환 반응을 이용한 염의 합성

화학자들이 때로는 화합물을 합성할 필요가 있는데, 이를 위하여 이중 치환 반응을 많이 응용하고 있다. 예를 들면 치과나 내과 의사가 사용하는 X선용 사진필름을 만들 때 필요한 X선 감광 성분은 브로민화 은(silver bromide)과 아이오딘화 은(silver iodide)의 혼합물이다. 이 화합물은 각각 질산 은(silver nitrate)과 브로민화 포타슘(potassium bromide) 그리고 질산 은과 아이오딘화 포타슘(potassium iodide)의 반응을 이용하여 합성된다. 두 반응물은 모두 물에 녹지만 생성물인 브로민화 은과 아이오딘화 은은 불용성이다.

합성을 계획할 때 가장 중요한 요건은 원하는 화합물이 반응 혼합물로부터 쉽게 분리될 수 있어야 한다는 것이다. 이를 고려하여 다음과 같은 세 가지 중요한 방법을 이용한다.

도구
이중 치환 반응을 이용한 합성

1. 원하는 화합물이 물에 불용성이면 가용성 반응물을 가지고 합성을 시작할 수 있다. 반응이 끝나면 혼합물을 걸러서 원하는 화합물을 분리한다.
2. 원하는 물질이 가용성이면, 당량만큼의 산과 염기를 이용한 중화 반응을 통하여 순수한 화합물 용액을 만들 수 있다.
3. 가용성 물질을 만드는 또 다른 방법은 원하는 양이온을 포함하는 과량의 금속 탄산염, 황

예제 4.8 이중 치환 반응의 예측과 반응식 쓰기

수용액에서 염화 칼슘(calcium chloride)에 황산 암모늄(ammonium sulfate)을 가했을 때 예상되는 반응은 무엇인가?

분석 다시 한번 알짜 이온 반응식이 존재하는지를 알아야 한다. 우선 화합물의 이름을 화학식으로 바꾼 다음 예제 4.7과 동일한 과정을 밟는다.

도구 모음 (1) 2장에서의 명명법 규칙 (2) 알짜 이온 반응식에 대한 예측 등의 두 가지 도구를 사용한다.

풀이 먼저 명명법 규칙을 적용해서 화학식을 구해보자. 염화 칼슘에 포함된 이온은 Ca^{2+} 이온과 Cl^- 이온이므로 이 염의 화학식은 $CaCl_2$이다. 황산 암모늄에는 NH_4^+ 이온과 SO_4^{2-} 이온이 포함되어 있으므로 이 염의 화학식은 $(NH_4)_2SO_4$이다.

다음으로 생성물에 대한 올바른 화학식을 구하고 분자 반응식을 쓴다.

$$CaCl_2 + (NH_4)_2SO_4 \longrightarrow CaSO_4 + 2NH_4Cl$$

반응식에 포함된 물질 중에는 약산은 물론 분해되어 기체를 발생하는 어떤 화합물도 없다. 다음으로 용해도를 점검한다. 용해도 규칙 2에 따르면 $CaCl_2$와 $(NH_4)_2SO_4$는 모두 가용성이다. 용해도 규칙 1과 2에 따르면 생성물 또한 모두 물에 대하여 가용성이다. 따라서 예상되는 분자 반응식과 이온 반응식은 각각 다음과 같다.

$$CaCl_2(aq) + (NH_4)_2SO_4(aq) \longrightarrow CaSO_4(aq) + 2NH_4Cl(aq)$$

$$Ca^{2+}(aq) + 2Cl^-(aq) + 2NH_4^+(aq) + SO_4^{2-}(aq) \longrightarrow Ca^{2+}(aq) + SO_4^{2-}(aq) + 2NH_4^+(aq) + 2Cl^-(aq)$$

이제 아래 식에서 같은 색의 삭제 기호로 나타낸 것과 같이 반응식 양쪽에서 동일한 이온을 제거해보자.

$$\cancel{Ca^{2+}(aq)} + \cancel{SO_4^{2-}(aq)} + \cancel{2NH_4^+(aq)} + \cancel{2Cl^-(aq)} \longrightarrow \cancel{Ca^{2+}(aq)} + \cancel{2Cl^-(aq)} + \cancel{2NH_4^+(aq)} + \cancel{SO_4^{2-}(aq)}$$

반응식의 오른쪽과 왼쪽은 이온이 표기된 순서만 다를 뿐 서로 같다는 것을 알 수 있다. 구경꾼 이온을 제거하고 나면 남는 이온이 없고, 결국 알짜 이온 반응식은 존재하지 않는다. 이는 알짜 반응이 일어나지 않음을 의미한다.

답이 합리적인가? 다시 예제 4.7에서와 같은 점검을 통하여 얻은 답이 옳다는 것을 확인할 수 있다.

실전 문제 4.20

$Ca(OH)_2$와 폼산($HCHO_2$)이 반응할 때 생성되는 폼산 이온(CHO_2^-)의 염은 물에 잘 녹는다. $Ca(OH)_2$와 폼산($HCHO_2$) 반응에 대한 분자 반응식, 이온 반응식, 알짜 이온 반응식을 쓰시오(**힌트**: 예제 4.7에서 사용했던 도구를 적용하시오).

실전 문제 4.21

수용액에서 $SrCl_2$와 $(NH_4)_2SO_4$ 사이에 알짜 반응이 일어나지 않는다는 것을 보이시오.

화물 또는 아황산염에 원하는 음이온이 포함된 산을 가하는 것이다[금속 황화물(metal sulfide)이나 금속 아황산염(metal sulfite)은 반응하기는 하지만 유독성 기체인 H_2S나 SO_2가 생성물로 얻어지므로 피하는 것이 좋다].

2와 3의 경우 반응이 끝난 후 용매를 증발시켜 순수한 고체를 얻을 수 있다.

예제 4.9 이중 치환을 이용한 화합물 합성

순수한 황산 니켈(nickel sulfate, $NiSO_4$)을 얻을 수 있는 산–염기 반응과 기체 생성 반응을 각각 제시하시오.

분석 한 화합물을 만드는 데 사용할 수 있는 반응은 여러 가지인 경우가 많으므로, 질문에 대한 답은 상당히 열려있는 편이다. 먼저 $NiSO_4$가 가용성인지 아닌지를 판단한 다음 어떤 반응물을 사용할 것인지 결정한다.

도구 모음 분명히 필요한 한 가지 도구는 표 4.1의 용해도 규칙이다. 규칙을 잘 이해할수록 질문에 더 쉽게 답할 수 있다. 다음에는 이중 치환 반응으로 화합물을 합성하는 데 필요한 의사 결정 도구를 사용하여 합성 경로를 결정한다. 이외에도 산–염기 중화 반응이나 산과 탄산염의 반응에 대한 반응식도 쓸 수 있어야 한다.

풀이 $NiSO_4$는 물에서 가용성이기 때문에 반응이 잘 진행되게 하기 위하여 니켈의 탄산염이나 수산화물에 산을 반응시키는 것이 좋은 방법이다. 음이온을 공급하는 산은 H_2SO_4를 사용한다. 염기는 $Ni(OH)_2$를, 탄산염은 $NiCO_3$을 선택한다. 용해도 규칙에 따르면 니켈이 들어 있는 이 두 반응물은 불용성이다. 따라서 두 반응에 대한 분자 반응식을 다음과 같이 쓸 수 있다.

$$H_2SO_4(aq) + Ni(OH)_2(s) \longrightarrow NiSO_4(aq) + 2H_2O$$
$$H_2SO_4(aq) + NiCO_3(s) \longrightarrow NiSO_4(aq) + CO_2(g) + H_2O$$

답이 합리적인가? 여기서 할 수 있는 것은 논리가 적절한지 점검하는 것뿐이다. 일단 두 반응식으로부터 원하는 생성물이 만들어진다. 불용성 반응물을 과량으로 가하여 반응시킨 후, 용액을 거르면 $NiSO_4$만 녹아있는 용액을 얻을 수 있다.

실전 문제 4.22

산–염기 중화 반응을 사용하여 질산 구리(II)[copper(II) nitrate]를 제조하는 반응식을 쓰시오.

실전 문제 4.23

이중 치환 반응을 사용하여 황화 철(II)[iron(II) sulfide]를 합성하려고 한다. 이 경우에 특별히 반응물이 충족해야 하는 조건은 무엇인가? 이 조건을 만족하는 반응물 조합을 이용한 반응의 반응식을 쓰시오.

4.7 용액의 농도

용액 상태에서 반응을 수행하는 것이 여러 가지 관점에서 매우 편리하다. 용액에서의 반응을 위한 화학량론을 다루려면 **농도**(concentration)와 같은 정량적인 정보를 나타낼 수 있는 도구가 필요하다. 앞에서 농도 단위의 한 예로 퍼센트 농도(용액 g당 용질의 g 수에 100%를 곱한 것)를 논의하였다. 그러나 용액에서의 반응에 대한 화학량론을 다룰 때 질량이 아닌 몰(mole)을 사용하는 것이 편리하다. 즉 용질의 양은 몰(mol)로, 용액의 양은 리터(L)로 표시한다.

몰농도

도구
몰농도

용액의 **몰농도[molar concentration** 또는 **molarity**(줄여서 *M*)]는 **용액 리터당 용질의 몰(mol)수**로 정의된다.

$$\text{몰농도}(M) = \frac{\text{용질의 mol수}}{\text{용액의 부피(L)}} \tag{4.5}$$

이 식에 의하면 0.100 mol NaCl이 들어 있는 1.00 L 용액의 농도는 0.100 *M*이고, 이 용액을 0.100 몰농도 NaCl 용액 또는 0.100 *M* NaCl 용액이라고 한다. NaCl 0.0100 mol을 용해시킨 용액 0.100 L(100 mL)의 농도도 0.100 *M*로 동일하다. 용액의 부피에 대한 용질의 몰수의 비율이 같기 때문이다.

$$\frac{0.100\ \text{mol NaCl}}{1.00\ \text{L NaCl 용액}} = \frac{0.0100\ \text{mol NaCl}}{0.100\ \text{L NaCl 용액}} = 0.100\,M\ \text{NaCl}$$

몰농도를 변환 인자로 사용하기 화학 물질의 양과 그 물질이 포함된 용액의 부피와 관련한 화학량론 문제를 해결하려면 대부분 몰농도가 필요하다.

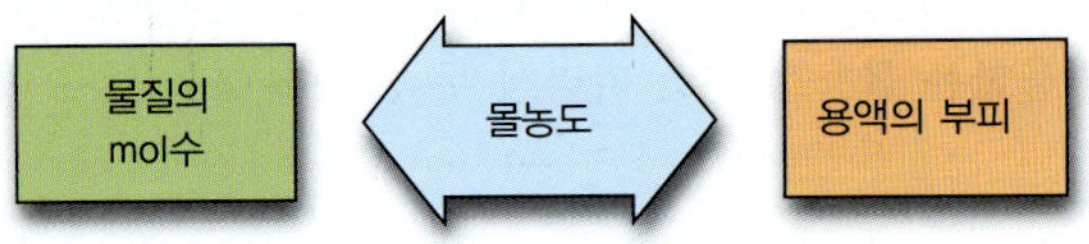

몰농도는 몰수와 부피(리터 또는 밀리리터 단위) 사이의 변환에 필요한 변환 인자를 제공하는 하나의 도구이다. 예를 들어 0.100 *M* NaCl이라고 표기된 용액이 있다고 하자. 단위 *M*은 항상 'L당 몰수'로 바꿀 수 있으므로 0.100 *M* NaCl 용액을 다음과 같이 바꿔쓸 수 있다.

$$0.100\,M\ \text{NaCl} = \frac{0.100\ \text{mol NaCl}}{1.00\ \text{L NaCl 용액}}$$

주어진 용액에서 'mol NaCl'과 'L 용액' 사이에 성립하는 다음과 같은 등가관계를 이용하여 두 개의 변환 인자를 얻을 수 있다.[8]

$$0.100\ \text{mol NaCl} \Leftrightarrow 1.00\ \text{L 용액}$$

$$\frac{0.100\ \text{mol NaCl}}{1.00\ \text{L NaCl 용액}} \quad \text{그리고} \quad \frac{1.00\ \text{L NaCl 용액}}{0.100\ \text{mol NaCl}}$$

해설 식 4.5을 다시 쓰면 몰농도(M) × 부피(L) = 용질의 몰수(mol)로 나타낼 수 있다.

몰농도와 용액의 부피로부터 용질의 몰수 구하기 원하는 몰농도를 가지는 특정 부피의 용액을 제조하려면(예: 0.0800 *M* Na_2CrO_4 용액 250.0 mL) 용액에 포함되어야 할 용질의 양을 계산해야 한다. 이를 위해서 식 4.5를 이용하여 필요한 몰수를 계산할 수 있다.

[8] 필요하면 변환 인자에서 '1.00 L'를 1000 mL로 바꾸면 편리할 때가 있다.

$$\frac{0.100\ \text{mol NaCl}}{1000\ \text{mL NaCl 용액}} \quad \text{그리고} \quad \frac{1000\ \text{mL NaCl 용액}}{0.100\ \text{mol NaCl}}$$

예제 4.10 몰농도 이용하기

NH_4NO_3 0.40 mol을 얻기 위해서 0.350 *M* NaCl 용액 몇 mL를 취해야 하는가?

분석 이 문제를 다음과 같은 형태로 나타내보자.

$$0.40\ \text{mol}\ NH_4NO_3 \Leftrightarrow ?\ \text{mL 용액}$$

답을 구하려면 몰수에서 부피를 얻기 위한 변환 인자인 몰농도가 필요하다.

도구 모음 필요한 도구 몰농도는 다음과 같이 나타낼 수 있다.

$$0.350\,M\ NH_4NO_3 = \frac{0.350\ \text{mol}\ NH_4NO_3}{1\ \text{L}\ NH_4NO_3\ \text{용액}}$$

위 식에서 분수는 용액의 L수에 대한 NaCl 몰수의 비율을 나타낸다. 이 비로부터 다음과 같은 두 개의 변환 인자를 얻을 수 있다.

$$\frac{0.350\ \text{mol}\ NH_4NO_3}{1\ \text{L}\ NH_4NO_3\ \text{용액}} \quad \text{그리고} \quad \frac{1\ \text{L}\ NH_4NO_3\ \text{용액}}{0.350\ \text{mol}\ NH_4NO_3}$$

오른쪽 변환 인자를 이용하여 'mol NH_4NO_3'이라는 단위를 상쇄시키고 답을 구한다.

풀이 두 번째 변환 인자를 0.40 mol NH_4NO_3에 곱한다.

$$0.40\ \cancel{\text{mol}\ NH_4NO_3} \times \frac{1.00\ \text{L}\ NH_4NO_3}{0.350\ \cancel{\text{mol}\ NH_4NO_3}} = 1.14\ \text{L of}\ 0.350\,M\ NH_4NO_3$$

1.14 L는 1140 mL에 해당되므로, 답은 NH_4NO_3 용액 1140 mL(올바른 유효 숫자를 보여주기 위해서 1.1×10^2 mL로 쓰는 것이 좋다)이다. 이 부피의 NH_4NO_3 용액이 0.40 mol의 NH_4NO_3를 포함하고 있다.

답이 합리적인가? 몰농도에 따르면 용액 1 L 속에 0.350 mol NH_4NO_3이 들어 있으므로, 0.40 mol을 얻으려면 용액 1.5 L(1500 mL)보다 약간 적은 양이 필요하다. 따라서 답인 1140 mL는 타당해 보인다.

실전 문제 4.24

0.220 mol의 NaCl을 녹여 만든 0.5 L 용액의 몰농도는 얼마인가? (**힌트**: 몰농도는 구하는 공식은 무엇인가?)

실전 문제 4.25

한 학생이 0.250 *M* HCl 150 mL를 측정해서 비커에 넣었다. 비커 안 HCl의 몰수와 g수를 구하시오.

따라서 0.0800 *M* Na_2CrO_4 용액 250.0 mL에 들어 있는 용질의 몰수는 다음과 같이 계산할 수 있다.

$$0.2500\ \cancel{\text{L 용액}} \times \frac{0.0800\ \text{mol}\ Na_2CrO_4}{1\ \cancel{\text{L 용액}}} = 0.0200\ \text{mol}\ Na_2CrO_4$$

이러한 용액을 제조하기 위한 250 mL 부피 플라스크의 사용법을 **그림 4.22**에 나타내었다.[9] **부피 플라스크(volumetric flask)**는 좁은 목에 표시선이 새겨진 플라스크이다. 표시선까지 액체

[9]그림 4.22에 나타낸 용액을 제조할 때 용질이 포함된 비커나 부피 플라스크에 직접 물 250 mL를 붓지 않는다는 것에 주의하라. 만일 물 250 mL를 직접 부으면 최종 부피는 250 mL보다 약간 더 클 것이고, 몰농도는 원하는 것보다 약간 낮아지게 된다. 정확한 몰농도의 용액을 얻으려면 물을 천천히 가하면서 전체 부피가 250 mL가 될 때 멈춘다. 가한 물의 부피가 중요한 것이 아니고 **전체 부피**가 250 mL가 되어야 한다.

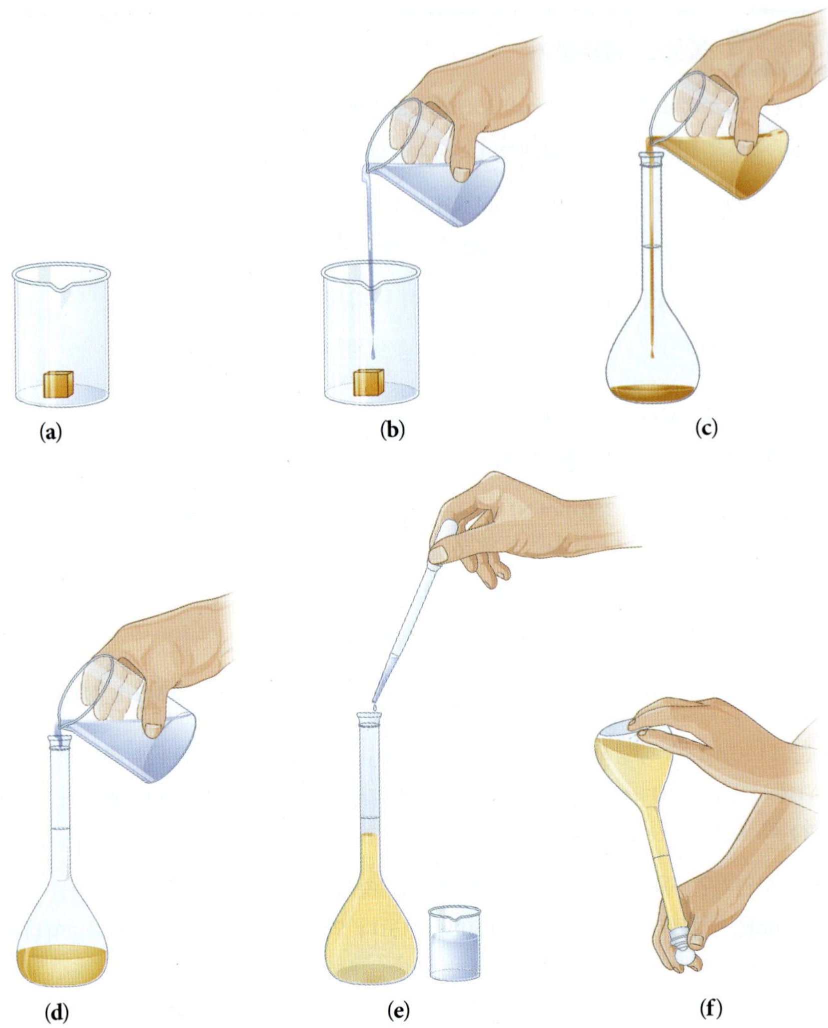

그림 4.22 **몰농도를 아는 용액 250 mL 제조** (**a**) 무게를 단 용질을 250 mL 비커에 넣는다. (**b**) 적당한 양(250 mL보다 적은 양)의 증류수를 가해서 용질을 완전히 녹인다. (**c**) 용질을 녹인 용액을 모두 250 mL 플라스크에 옮긴 후, 비커를 증류수로 여러 번 헹군 다음 헹군 용액도 모두 부피 플라스크에 옮긴다. (**d**) 부피 플라스크 눈금 근처까지 증류수를 가한다. (**e**) 미량의 증류수를 가해서 용액의 높이를 플라스크의 표시선에 맞춘다. 플라스크의 목 근처 표시선까지 용액이 채워지면 플라스크에 들어있는 용액의 부피는 정확하게 250 mL이다. (**f**) 플라스크의 마개를 덮은 다음 내용물이 완전히 혼합되도록 여러 번 뒤집는다.

를 채우면 플라스크에 표시된 부피를 정확히 취할 수 있다.

결론적으로 말하면 **용액의 몰농도와 부피를 알면 용액에 포함된 용질의 몰수를 계산할 수 있다.**

용액 묽히기 실험실에서는 일반적으로 농도가 진한 시약을 구입하므로, 사용하기 전에 낮은 농도로 묽히는 경우가 많다. 농도를 묽히기 위하여 용액에 용매를 가하면 용질은 더 큰 부피로 퍼져서 농도(단위 부피당 용질의 양)가 감소한다.

예제 4.11 용액 만들기

질산 칼슘[$Ca(NO_3)_2$]은 농업용 질소 비료로 많이 사용된다. 0.200 *M* $Ca(NO_3)_2$ 용액 600.0 mL를 만들려고 한다. 질산 칼슘 몇 g이 필요하겠는가?

분석 이 문제의 핵심은 용액 속에 들어 있는 $Ca(NO_3)_2$의 몰수를 계산하는 데 필요한 용액의 부피와 몰농도를 알고 있다는 것이다.

도구 모음 여기서 사용할 첫 번째 도구는 $Ca(NO_3)_2$의 몰수를 계산할 수 있도록 다음과 같이 변형한 식 4.5이다.

$$Ca(NO_3)_2\text{의 몰농도} \times \text{용액의 부피(L)} = Ca(NO_3)_2\text{의 몰수}$$

두 번째 도구로 $Ca(NO_3)_2$의 몰질량과 관련된 다음의 등가식이다.

$$1\ \text{mol}\ Ca(NO_3)_2 = 164.088\ \text{g}\ Ca(NO_3)_2$$

이 등가식을 이용하여 필요한 변환 인자를 구할 수 있다.

풀이 먼저 부피 600 mL를 0.6 L로 바꾸고, 식 4.5에 적용한다. 몰농도에 L 단위의 부피를 곱하면 다음 형태가 된다.

$$\underbrace{\frac{0.200\ \text{mol}\ Ca(NO_3)_2}{1.00\ \text{L}\ \cancel{Ca(NO_3)_2}}}_{\text{몰농도}} \times \underbrace{0.6\ \text{L}\ \cancel{Ca(NO_3)_2}}_{\text{부피(L)}} = \underbrace{0.12\ \text{mol}\ Ca(NO_3)_2}_{\text{용질의 몰수}}$$

마지막으로 $Ca(NO_3)_2$의 몰질량을 사용하여 몰수를 g 수로 바꾼다.

$$0.12\ \cancel{\text{mol}\ Ca(NO_3)_2} \times \frac{164.088\ \text{g}\ Ca(NO_3)_2}{1\ \cancel{\text{mol}\ Ca(NO_3)_2}} = 19.69\ \text{g}\ Ca(NO_3)_2$$

따라서 용액을 만들기 위해서는 19.69 g의 $Ca(NO_3)_2$를 물에 용해 시켜 전체 부피가 600.0 mL가 되도록 한다.

모든 변환 인자를 묶어서 다음과 같이 하나의 계산식으로 나타낼 수도 있다.

$$0.6\ \cancel{\text{L}\ Ca(NO_3)_2\ \text{용액}} \times \frac{0.200\ \cancel{\text{mol}\ Ca(NO_3)_2}}{1.00\ \cancel{\text{L}\ Ca(NO_3)_2\ \text{용액}}} \times \frac{164.088\ \text{g}\ Ca(NO_3)_2}{1\ \cancel{\text{mol}\ Ca(NO_3)_2}} = 19.69\ \text{g}\ Ca(NO_3)_2$$

답이 합리적인가? 대략적인 계산을 이용하여 답을 점검해 보자. 1 L의 용액을 제조하였다면 이 용액에는 0.2 mol의 $Ca(NO_3)_2$가 들어 있을 것이다. 이 염의 몰질량이 164.088 g mol^{-1}이므로 0.2 mol의 질량은 33 g보다 약간 더 클 것이다. 그러나 600 mL만 제조하므로 필요한 $Ca(NO_3)_2$의 양은 33 g의 1/2보다 조금 더 클 것이다. 답인 19.69 g은 이것과 가까우므로 이 답은 타당하다.

실전 문제 4.26

농도가 0.2 M인 $Sr(NO_3)_2$ 용액 50 mL를 만든다고 하자. 예제 4.11에서 답이 합리적인가? 단계에서와 같은 유사한 어림 계산을 사용하여 필요한 $Sr(NO_3)_2$의 g 수를 추산하시오. (**힌트**: 용액 1 L에 몇 몰의 $Sr(NO_3)_2$가 들어 있는가?)

실전 문제 4.27

농도가 0.311 M인 $NaNO_3$ 용액 750.0 mL를 만들려면 몇 g의 $NaNO_3$가 필요하겠는가?

묽힘(dilution) 과정 동안 용액에 포함된 용질의 몰수는 일정하게 유지된다. 이는 용질의 몰수가 되는 몰농도에 부피를 곱한 값이 진한 용액과 묽은 용액 모두에서 같아야 한다는 의미이다.

$$\underbrace{\left(\begin{array}{c}\textbf{준비할}\\ \text{묽은 용액의}\\ \text{부피}\end{array}\right) \times M_{\text{묽은}}}_{\text{묽은 용액에서 용질의 mol 수}} = \underbrace{\left(\begin{array}{c}\textbf{사용할}\\ \text{진한 용액의}\\ \text{부피}\end{array}\right) \times M_{\text{진한}}}_{\text{진한 용액에서 용질의 mol 수}}$$

또는

$$V_{\text{묽은}} \times \text{M}_{\text{묽은}} = \text{V}_{\text{진한}} \times \text{M}_{\text{진한}} \tag{4.6}$$

도구 묽힘식

식 4.6에서 양변에서 동일한 부피 단위를 사용하기만 하면, 어떤 단위를 사용해도 관계없다. 이는 식 4.6에서 mL를 L로 바꾸지 않고도 묽힘의 문제를 해결할 수 있다는 것을 의미한다.

몰랄 농도

용액의 몰랄 농도(molality)는 다음과 같이 **'용매 kg당 용질의 몰수'**로 정의된다.

$$\text{몰랄 농도}(m) = \frac{\text{용질의 mol수}}{\text{용매의 질량(kg)}}$$

예제 4.12 묽힘을 이용한 용액 만들기

농도가 0.300 M인 $KMnO_4$ 용액을 이용하여 0.200 M $KMnO_4$ 용액 200.0 mL를 만드는 방법을 제시하시오.

분석 실험실에서는 흔히 이런 식으로 질문하지만 실제로 물어보는 것은 "최종 농도가 0.200 M인 용액 $KMnO_4$ 200.0 mL를 만들기 위하여 0.300 M $KMnO_4$(농도가 더 진한 용액) 몇 mL를 묽혀야 하는가?"이다. 어떻게 이런 질문에 대한 답을 구할 수 있는지는 자명하다.

도구 모음 묽힘과 관련한 문제이므로 식 4.6을 도구로 사용한다.

$$V_{\text{묽은}} \times M_{\text{묽은}} = V_{\text{진한}} \times M_{\text{진한}}$$

풀이 빠진 것(즉 계산해야 할 것)을 생각하면서 자료를 정리하는 것이 좋다.

$$V_{\text{묽은}} = 200.0\ \text{mL} \qquad M_{\text{묽은}} = 0.200\ M$$
$$V_{\text{진한}} = ? \qquad M_{\text{진한}} = 0.300\ M$$

이제 주어진 자료를 식 4.6에 대입한다.

$$200.0\ \text{mL} \times 0.200\ \text{M} = V_{\text{진한}} \times 0.300\ M$$

$V_{\text{진한}}$을 구하면 다음과 같다.

$$V_{\text{진한}} = \frac{200.0\ \text{mL} \times 0.200\ M}{0.300\ M} = 133.33\ \text{mL}$$

질문 형식에 맞춰서 서술한 답은 다음과 같다. 0.300 M $KMnO_4$ 용액 133.33 mL를 취해서 200 mL 부피 플라스크에 넣은 후, 최종 부피가 정확히 200.0 mL가 될 때까지 물로 묽힌다(**그림 4.23** 참조).

답이 합리적인가? 진한 용액의 농도가 묽힌 용액보다 1.5배만큼 더 진하다는 것에 주목하라. 농도를 1.5배 감소시키려면 부피를 1.5배 늘려야 하는데, 200 mL는 133 mL의 약 1.5배이다. 답은 정확해 보인다.

실전 문제 4.28

농도가 0.125 M인 H_2SO_4 용액 100.0 mL를 묽히면 농도가 0.0500 M인 H_2SO_4 용액 몇 mL를 얻을 수 있는가? (**힌트**: 묽힘 문제를 다루는 식을 이용하시오.)

실전 문제 4.29

농도가 0.25 M인 HCl 용액 150 mL를 묽히면 농도가 0.16 M인 HCl 용액 몇 mL를 얻을 수 있는가?

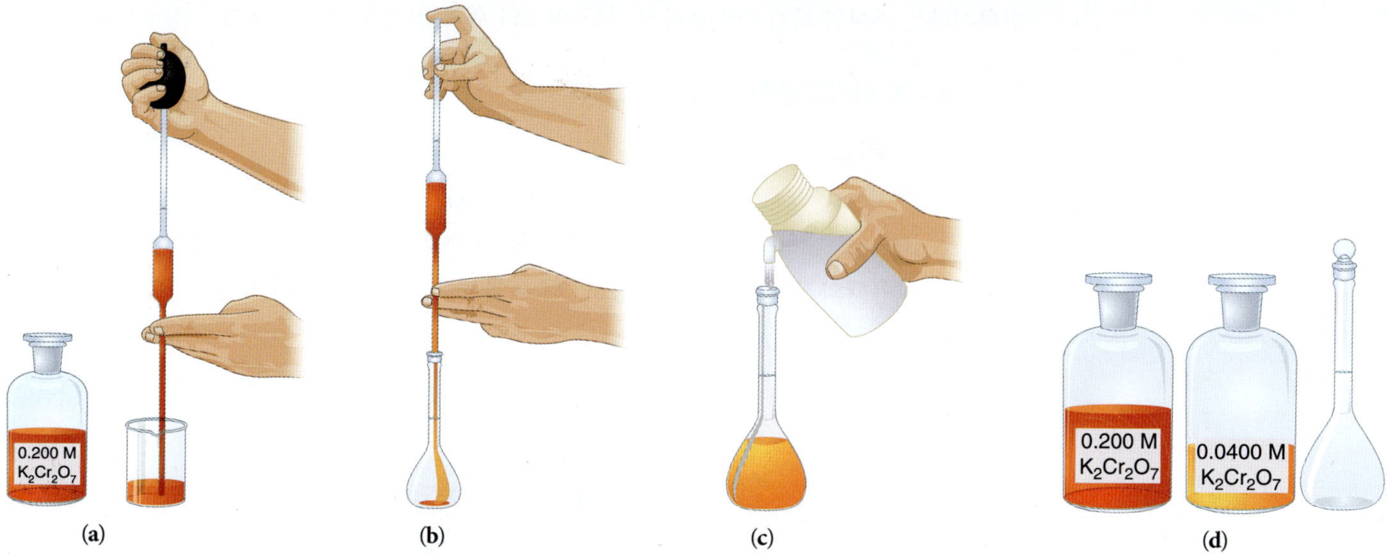

그림 4.23 묽힘을 이용한 용액의 제조 (a) 부피 측정용 피펫을 사용하여 저장용 용기에서 계산된 진한 용액을 취한다. (b) 취한 용액을 부피 플라스크로 모두 옮긴 후, 피펫 끝을 옮긴 액체에 살짝 닿게 한다. (c) 물을 플라스크에 부으면서 내용물을 잘 섞고, 최종적으로 플라스크의 좁은 목에 새겨진 눈금까지 용액을 채운다. (d) 새로 만든 용액을 라벨이 붙은 병에 옮긴다.

따라서 물 1.00 kg에 용질 1.00 mol이 녹아 있는 용액의 농도를 1몰랄(혹은 1 *m*)이라고 한다. 0.100 kg의 물에 0.100 mol NaCl이 녹아 있는 용액의 농도도 마찬가지로 1몰랄이다.

노말 농도

용액의 노말 농도(normality)는 다음과 같이 '용액 1 L에 녹아 있는 용질의 그램 당량 수'로 정의된다.

$$\text{노말 농도}(N) = \frac{\text{용질의 그램 당량수}}{\text{용액의 부피(mL)}} \times 1000$$

용질의 그램 당량수는 다음과 같이 계산할 수 있다.

$$\text{그램 당량수} = \frac{\text{용질의 질량}}{\text{용질의 당량}}$$

따라서 용액 1 L에 용질 1 당량을 포함하고 있는 용액의 노말 농도는 1 *N*이다. 10 당량의 용질을 포함하고 있는 10 L의 용액의 노말 농도 또한 1 *N*이다.

포말 농도

주로 이온 결합 화합물의 농도를 나타내기 위하여 사용되는 포말 농도(formality)는 다음과 같이 **용액 1 L에 포함된 이온 결합 화합물의 그램 화학식량의 수**로 정의된다.

$$\text{포말 농도(F)} = \frac{\text{용질의 그램 화학식량의 수}}{\text{용액의 부피(L)}}$$

그램 화학식량의 수는 다음과 같이 계산할 수 있다.

$$\text{용질의 그램 화학식량의 수} = \frac{\text{용질의 질량}}{\text{화학식량}}$$

화학식량은 주어진 화학식에 포함된 모든 원소의 원자 질량을 합한 것이다.

농도 사이의 화학량론적 관계

몰랄 농도와 몰농도

$$\frac{1}{m} = \frac{d}{M} - \frac{M_B}{1000}$$

여기서 d = 용액의 밀도, m = 몰랄 농도, M = 몰농도, M_B = 용질의 몰질량이다.

몰농도와 노말 농도

용액 1 L에 녹아 있는 용질의 질량(g)을 용액의 세기($g\,L^{-1}$)라 부르고, 용액의 농도에서 다음과 같이 계산할 수 있다.

$$\text{용액의 세기}(g\,L^{-1}) = \text{몰농도} \times \text{몰질량}$$

혹은

$$\text{용액의 세기}(g\,L^{-1}) = \text{노말 농도} \times \text{당량}$$

따라서 '몰농도 × 몰질량 = 노말 농도 × 당량'이므로, 다음의 관계가 성립한다.

$$\text{노말 농도} = n \times \text{몰농도}$$

여기서 n = 몰질량 / 당량이다.

예제 4.13 용액의 노말 농도 구하기

황산은 비료 생산, 가공 처리, 폐수 정화, 화학 물질의 합성 등의 여러 분야에서 사용되는 가장 중요한 화학 물질 중의 하나이다. 산업적으로 황산을 생산에는 납실 공정법, 습식 황산 공정법, 접촉식 공정법 등의 다양한 방법이 활용되고 있다. 0.1 M 황산의 노말 농도를 구하시오.

분석 용액의 몰농도로부터 노말 농도를 구하려면 용질의 n값이 필요하다. n 값은 수용액에서 용질이 제공할 수 있는 양성자나 혹은 수산화 이온의 수로 정의할 수 있다.

도구 모음 문제에 답하기 위하여 용액의 노말 농도와 몰농도 사이의 관계와 용질의 n 값을 알아야 한다.

풀이 용액의 몰농도(M) = 0.1와 용질의 n 값(n) = 2는 주어졌으므로, 용액의 노말 농도는 다음과 같이 계산할 수 있다.

$$\text{노말 농도}(N) = 2 \times 0.1 = 0.2$$

따라서 0.1 M 황산 용액의 노말 농도는 0.2 N이다.

답이 합리적인가? 산의 노말 농도는 산이 염기에 대응하는 능력으로 몰농도의 배수로 나타낸다. 황산은 이양성자산이고, 따라서 염기에 1:2로 대응할 수 있다. 얻은 0.2 N은 0.1 M의 두 배이므로 답은 타당해 보인다.

실전 문제 4.30

11.7 g의 NaCl이 녹아 있는 수용액 500 cm^3의 포말 농도를 구하시오.

실전 문제 4.31
용액의 농도와 부피가 주어졌을 때 용질의 몰수를 구하는 방법을 서술하시오. 0.59 M NaCl 용액 2 L에 포함된 NaCl은 몇 mol인가?

4.8 용액의 화학량론

3장에서 살펴보았듯이 화학량론 계산은 하나의 화학 단위를 다른 화학 단위로 변환하는 것이다. 이와 같은 계산을 성공적으로 수행하기 위해서는 계산하는 순서와 한 단위에서 다음 단위를 변환하는 데 필요한 변환 인자를 구하는 방법을 잘 이해하는 것이 매우 중요하다. 그림 3.8의 도표에 질량이나 기본 단위(원자, 이온, 화학식 단위, 분자) 혹은 몰수로부터 변환 인자를 논리적으로 사용하여 원하는 단위를 얻는 과정이 잘 나타나 있다. 모든 화학량론적 계산에서, 최종적인 답을 구하는 전체 과정 중에 처음 단위를 mol로 바꾸는 절차가 요구된다는 사실을 항상 기억해야 한다. 용액의 화학량론과 관련하여 용액의 부피(L)라는 또 하나의 출발점을 흐름도에 추가할 수 있다. 부피와 mol 사이의 변환 인자로 용액의 몰농도를 사용한다. 용액 관련 사항을 추가한 새로운 흐름도를 **그림 4.24**에 나타내었다. 마지막으로 다른 변환 인자와는 달리, 몰농도는 표에서 검색할 수 있는 물리량이 아니라는 사실에 주목하라. 몇 가지 일반적인 문제 풀이를 통하여 용액의 화학량론과 친숙해져 보자.

도구
화학량론의 경로

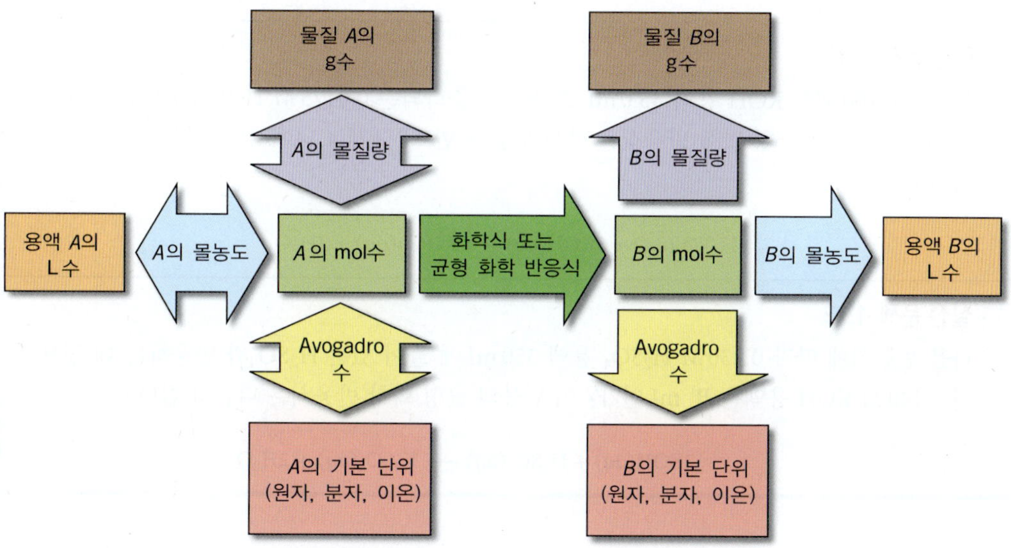

그림 4.24 **화학 반응이 포함된 화학량론 문제의 풀이 경로** 이 도표는 한 단위를 다른 단위로 바꾸는 화학량론적 변환을 효과적으로 수행하는 순서를 보여 준다. 그림 3.8의 경로에 몰농도가 변환 인자로 추가되었다.

예제 4.14 용액 반응을 포함하는 화학량론

불꽃놀이에서 붉은색 빛을 만들어 내는 데 탄산 스트론튬과 같은 염이 사용된다. 자연에서 주로 발견되는 황산 스트론튬은 물에 녹지 않기 때문에, 질산 스트론튬으로부터 다음 반응을 이용하여 탄산 스트론튬을 얻게 된다. 0.115 M $Sr(NO_3)_2$ 용액 50.0 mL와 반응하는 데 필요한 0.125 M Na_2CO_3 용액은 몇 mL인가?

$$Na_2CO_3(aq) + Sr(NO_3)_2(aq) \longrightarrow SrCO_3(s) + 2NaNO_3(aq)$$

drbimages/iStock/Getty Images

스트론튬은 불꽃놀이에서 붉은색 빛을 만든다.

분석 필요한 변환의 순서는 아래와 같다.

화살표에 변환 인자를 추가해서 정리하면 다음과 같다.

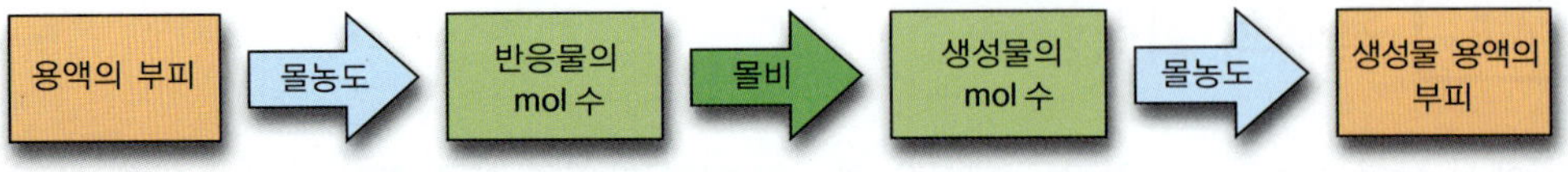

이제 답을 얻기 위하여 필요한 정보는 $Sr(NO_3)_2$의 부피와 몰농도, 몰비를 제공하는 균형 화학 반응식, Na_2CO_3의 몰농도이다.

도구 모음 사용할 도구는 '분석' 영역에서 기술된 연산의 순서, 해당 용액의 몰농도와 관련된 변환 인자, 균형 화학 반응식으로부터 얻어진 몰비이다.

풀이 $Sr(NO_3)_2$ 용액 50 mL에 상당하는 Na_2CO_3 용액이 몇 mL인지를 계산한다.

$$50.0\ \cancel{\text{mL Sr(NO}_3)_2\ \text{용액}}\underbrace{\left(\frac{0.115\ \cancel{\text{mol Sr(NO}_3)_2}}{1000\ \cancel{\text{mL Sr(NO}_3)_2\ \text{용액}}}\right)}_{M\ \text{Sr(NO}_3)_2}\underbrace{\left(\frac{1\ \cancel{\text{mol Na}_2\text{CO}_3}}{1\ \cancel{\text{mol Sr(NO}_3)_2}}\right)}_{\text{몰비}}\underbrace{\left(\frac{1\ \cancel{\text{L Na}_2\text{CO}_3}}{0.125\ \cancel{\text{mol Na}_2\text{CO}_3}}\right)}_{M\ \text{Na}_2\text{CO}_3}\underbrace{\left(\frac{1000\ \text{mL Na}_2\text{CO}_3}{1\ \cancel{\text{L Na}_2\text{CO}_3}}\right)}_{\text{부피 변환}} = 46.0\ \text{mL Na}_2\text{CO}_3$$

답이 합리적인가? 두 용액의 몰농도는 거의 같고, Na_2CO_3 몰당 $Sr(NO_3)_2$ 1 mol이 필요하다. 따라서 필요한 Na_2CO_3 용액의 부피(46.0 mL)는 취한 $Sr(NO_3)_2$ 용액의 부피(50.0 mL)와 대략 같아야 하고, 실제로 그렇다.

실전 문제 4.32

농도가 0.100 *M*인 KOH 용액 45.0 mL로 완전히 중화되는 0.0475 *M* H_3PO_4 용액은 몇 mL인가? 이 반응의 균형 화학 반응식은 다음과 같다(**힌트**: 예제 4.14에서의 계산 경로를 고려하시오).

$$H_3PO_4(aq) + 3KOH(aq) \longrightarrow K_3PO_4(aq) + 3H_2O$$

실전 문제 4.33

다음 반응식에 따라 0.230 *M* H_2SO_4 용액 350 mL에 들어 있는 H_2SO_4와 반응하는 데 필요한 0.140 *M* KOH 용액은 몇 mL인가? 이 반응의 균형 화학 반응식은 다음과 같다.

$$2KOH(aq) + H_2SO_4(aq) \longrightarrow K_2SO_4(aq) + 2H_2O$$

알짜 이온 반응식을 이용한 계산

앞에서는 분자 반응식과 관련된 화학량론 문제를 다루었다. 이온 반응식과 알짜 이온 반응식을 이용한 화학량론에서는 이온의 농도를 사용해야 한다.

전해질 용액에서 이온 농도 계산하기 강전해질 용액에서 이온의 농도는 용질의 화학식과 몰농도로부터 구할 수 있다. 예를 들어 '0.20 *M* $CaCl_2$'라고 표시된 용액을 생각해보자. 이 용액 1.0 L에 녹아있는 0.20 mol $CaCl_2$는 다음과 같이 Ca^{2+} 이온과 Cl^- 이온으로 완전히 해리한다.

$$CaCl_2 \longrightarrow Ca^{2+} + 2Cl^-$$

해리에 관한 화학량론에 따르면, 1 mol의 $CaCl_2$로부터 1 mol의 Ca^{2+} 이온과 2 mol의 Cl^- 이온이 생성된다. 조금만 연습하면 차원 분석(dimensional analysis)을 통해서 용액 내 이온 농도를 쉽게 구할 수 있다.

예를 들어 다음과 같이 Ca^{2+} 이온과 Cl^- 이온의 농도를 구할 수 있다.

Ca^{2+}의 농도:

$$\frac{0.20\ \cancel{\text{mol CaCl}_2}}{1\ \text{L 용액}}\left(\frac{1\ \text{mol Ca}^{2+}}{1\ \cancel{\text{mol CaCl}_2}}\right) = 0.20\ M\ \text{Ca}^{2+}$$

Cl^-의 농도:

$$\frac{0.20\ \cancel{\text{mol CaCl}_2}}{1\ \text{L 용액}}\left(\frac{2\ \text{mol Cl}^{-}}{1\ \cancel{\text{mol CaCl}_2}}\right) = 0.40\ M\ \text{Cl}^{-}$$

따라서 Ca^{2+} 이온의 몰농도는 0.20 M이고 Cl^- 이온의 몰농도는 0.40 M이다.

지금 다룬 예에서 이온의 농도는 $CaCl_2$의 농도에 $CaCl_2$의 화학식 단위가 해리할 때 생성되는 각 이온의 개수를 곱한 것과 같음을 알 수 있다. 이와 같은 강전해질의 용액에서 특정한 이온의 농도는 염의 농도에 염의 화학식 단위에 있는 해당 이온의 개수를 곱한 것과 같다.

도구
염 용액에서 이온의 몰농도

예제 4.15 이온의 농도 구하기

농도가 0.20 M인 황산 알루미늄(aluminum sulfate) 용액에서 각 이온의 몰농도는 얼마인가?

분석 염의 몰농도에 염의 화학식 단위에 포함된 각 이온의 개수를 곱하면 그 이온의 몰농도를 얻을 수 있다. 차원 분석을 이용하여 정확한 계산을 할 수 있다.

도구 모음 다음과 같은 3가지 도구가 필요하다. (1) 2장에서 다룬 이온의 화학식과 화학식을 쓰는 규칙, (2) 수용액에서 염의 해리 반응식, (3) 해리 반응식에 나타난 계수를 이용하여 이온의 몰농도를 구하는 방법.

풀이 황산 알루미늄에 포함된 이온은 Al^{3+}과 SO_4^{2-}이다. 따라서 염의 화학식은 $Al_2(SO_4)_3$이어야 한다. 또한 $Al_2(SO_4)_3$가 용해하면 다음과 같이 해리한다.

$$\text{Al}_2(\text{SO}_4)_3(s) \longrightarrow 2\text{Al}^{3+}(aq) + 3\text{SO}_4^{\ 2-}(aq)$$

먼저 0.2 M $Al_2(SO_4)_3$를 다음과 같이 쓴다.

$$\frac{0.20\ \text{mol Al}_2(\text{SO}_4)_3}{1\ \text{L 용액}}$$

이것이 계산을 위한 시작점이다. 다음으로 차원 분석을 통하여 식을 세운다.

$$\frac{0.20\ \cancel{\text{mol Al}_2(\text{SO}_4)_3}}{1\ \text{L 용액}} \times \frac{2\ \text{mol Al}^{3+}}{1\ \cancel{\text{mol Al}_2(\text{SO}_4)_3}} = \frac{0.40\ \text{mol Al}^{3+}}{1\ \text{L 용액}} = 0.40\ M\ \text{Al}^{3+}$$

$$\frac{0.20\ \cancel{\text{mol Al}_2(\text{SO}_4)_3}}{1\ \text{L 용액}} \times \frac{3\ \text{mol SO}_4^{\ 2-}}{1\ \cancel{\text{mol Al}_2(\text{SO}_4)_3}} = \frac{0.60\ \text{mol SO}_4^{\ 2-}}{1\ \text{L 용액}} = 0.60\ M\ \text{SO}_4^{\ 2-}$$

용액에서 Al^{3+}와 SO_4^{2-} 이온의 몰농도는 각각 0.40 M과 0.60 M이다.

답이 합리적인가? $Al_2(SO_4)_3$의 화학식 단위마다 두 개의 Al^{3+} 이온과 세 개의 SO_4^{2-} 이온을 생성한다. 따라서 0.2 mol $Al_2(SO_4)_3$는 0.40 mol Al^{3+} 이온과 0.60 mol SO_4^{2-} 이온을 내놓는다.

예제 4.16 구성 이온의 농도를 이용한 염 농도 계산하기

어떤 학생이 $MgCl_2$ 용액에서 염화 이온의 농도가 0.80 M인 것을 실험을 통하여 확인하였다. 이 용액에서 $MgCl_2$의 농도는 얼마인가?

분석 이 문제에서도 염의 화학식을 사용하여 염이 해리할 때 내놓는 이온의 개수를 결정한다. 이번에는 정보를 거꾸로 사용하여 염의 농도를 구한다.

도구 모음 도구는 예제 4.15와 동일하다.

풀이

문제를 정확하게 해결하기 위하여 차원 분석을 통하여 풀이 과정을 정리하고 푼다.

$$\frac{0.80\ \cancel{\text{mol Cl}^-}}{1\text{ L 용액}} \times \frac{1\text{ mol MgCl}_2}{2\ \cancel{\text{mol Cl}^-}} = \frac{0.40\text{ mol MgCl}_2}{1\text{ L 용액}} = 0.40\ M\ \text{MgCl}_2$$

계산한 결과는 0.40 M $MgCl_2$이다.

답이 합리적인가? 추론법을 통하여 답을 점검하자. 용액에서 1 mol의 $MgCl_2$로부터 2 mol의 Cl^- 이온이 생긴다. 따라서 $MgCl_2$의 몰수는 Cl^- 이온의 1/2밖에 되지 않는다. 따라서 $MgCl_2$의 농도는 0.80 M의 1/2인 0.40 M이 되어야 한다.

실전 문제 4.34

농도가 0.120 M인 $CaCl_2$ 용액에서 생성되는 각 이온의 몰농도는 얼마인가? (**힌트**: 한 단위의 $CaCl_2$가 해리될 때 몇 개의 이온이 각각 생성되는가?)

실전 문제 4.35

Na_3PO_4 용액에서 PO_4^{3-}의 농도가 0.0788 M로 결정되었다. 이 용액을 두 배로 묽혔을 때 용액 중 소듐 이온의 농도는 얼마인가?

화학량론 계산 지금까지 살펴본 것처럼 이온 반응에서 알짜 화학 변화를 기술하는 데 알짜 이온 반응식이 편리하다는 것을 알았다. 예제 4.17을 통해서 알짜 이온 반응식이 화학량론 계산에 어떻게 사용될 수 있는지를 살펴보자.

예제 4.17 알짜 이온 반응식을 이용한 화학량론 계산

농도가 0.400 M인 $CaBr_2$ 용액 25.0 mL와 완전히 반응하는 데 필요한 0.100 M Ag^+ 용액은 몇 mL인가? 이 반응의 알짜 이온 반응식은 다음과 같다.

$$Ag^+(aq) + Br^-(aq) \longrightarrow AgBr(s)$$

분석 여러 면에서 이 문제는 예제 4.14와 비슷하지만 알짜 이온 반응식을 사용하려면 이온들의 농도를 계산할 필요가 있다. 그러므로 이 문제를 풀기 위하여 그림 4.24로부터 얻은 다음의 단계를 사용하기로 하자.

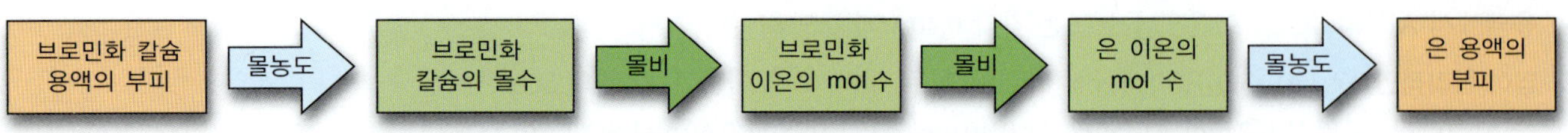

첫 번째 단계는 몰농도(0.4 mol $CaBr_2$/1000 mL $CaBr_2$ 용액)를 이용하여 $CaBr_2$ 용액의 부피를 $CaBr_2$의 몰수로 바꾸는 과정이고, 두 번째 단계는 화학식이 나타내는 몰비(2 mol

Br^-/1 mol $CaBr_2$)를 이용하여 $CaBr_2$의 몰수를 Br^- 이온의 몰수로 바꾸는 과정이다. 다음 과정은 균형 화학 반응식에서 얻은 몰비(1 mol Ag^+/1 mol Br^-)를 이용하여 Br^-의 몰수를 Ag^+의 몰수로 바꾼다. 마지막으로 Ag^+ 용액의 몰농도(0.100 mol Ag^+/1000 mL Ag 용액)로부터 얻는 변환 인자를 이용하여 Ag^+의 몰수를 Ag^+ 용액의 부피로 바꾼다. 이 문제에는 몰비를 이용한 변환이 2회 포함되어 있다.

Michael Watson

$CaBr_2$ 용액에 $AgNO_3$ 용액을 가하면 AgBr 침전이 생성된다.

도구 모음 그림 4.24에 나타낸 정보와 더불어 화살표에 나타낸 변환 인자가 필요하다. 몰농도는 표로 주어지지 않기 때문에 문제의 문맥에서 알아내야 한다. 몰비는 화학식이나 균형 화학 반응식으로부터 유도한다.

풀이 브로민화 이온을 모두 침전시키기 위해 필요한 Ag^+ 이온 용액의 부피를 계산하는 전체 과정을 분석 단계에서 이미 찾았다. 모든 단계를 포함한 전체 계산 과정은 다음과 같다.

$$25.0\ \text{mL CaBr}_2\ \text{용액} \underbrace{\left(\frac{0.400\ \text{mol CaBr}_2}{1000\ \text{mL CaBr}_2\ \text{용액}}\right)}_{\text{몰농도}} \underbrace{\left(\frac{2\ \text{mol Br}^-}{1\ \text{mol CaBr}_2}\right)}_{\text{몰비}} \underbrace{\left(\frac{1\ \text{mol Ag}^+}{1\ \text{mol Br}^-}\right)}_{\text{몰비}} \underbrace{\left(\frac{1000\ \text{mL Ag}^+\ \text{용액}}{0.100\ \text{mol Ag}^+}\right)}_{\text{몰농도}}$$

$$= 2.00 \times 10^2\ \text{mL Ag}^+$$

필요한 Ag^+ 이온 용액은 2.00×10^2 mL이다.

답이 합리적인가? 은 이온의 농도는 브로민화 이온 농도의 1/8이다. 두 이온은 1:1로 반응하므로 브로민화 이온 용액의 8배만큼의 은 이온 용액이 필요하다. 따라서 브로민화 이온 용액의 부피인 25 mL의 8배는 200 mL이고, 이는 계산한 답과 일치한다. 그러므로 답은 올바르다고 할 수 있다.

실전 문제 4.36

농도가 0.100 *M*인 $AgNO_3$ 용액 18.4 mL가 20.5 mL의 $MgCl_2$ 용액과 완전히 반응한다. $MgCl_2$ 용액의 몰농도는 얼마인가? (**힌트**: 몰수와 부피로부터 몰농도를 계산하는 방법과 Cl^- 이온의 몰농도로부터 $CaCl_2$의 몰농도를 계산하는 방법을 찾아라.)

실전 문제 4.37

농도가 0.117 *M*인 $FeCl_2$ 용액 25.0 mL와 완전히 반응하는 데 필요한 0.248 *M* KOH 용액은 몇 mL인가? 알짜 이온 반응식은 다음과 같다.

$$Fe^{2+}(aq) + 2OH^-(aq) \longrightarrow Fe(OH)_2(s)$$

4.9 적정과 화학 분석

화학 분석은 **정성 분석(qualitative analysis)**과 **정량 분석(quantitative analysis)**의 두 종류로 나눌 수 있다. 정성 분석에서는 그 양을 측정하지 않고 단순히 시료 속에 어떤 물질이 들어 있는지를 결정한다. 정량 분석에서는 시료 속에 있는 여러 물질의 양을 측정하는 것이 목표이다.

화학 반응을 이용한 정량 분석을 수행할 때 중요한 전략은 시료에 포함된 분석 대상 화학종을 화학식이 알려진 새로운 화합물로 모두 포집하는 것이다. 분석에서 얻은 새로운 화합물의 양으로부터 원래 시료에 포함된 분석 대상 화학종이 얼마나 포함되었는지를 결정할 수 있다. 3.4절의 예제 3.11에서 설명한 탄소, 수소, 산소로 구성된 화합물의 연소 분석이 좋은 예이다.

예제 4.18 정량 분석을 포함한 계산

어떤 화학자가 오래된 작업장을 철거하는 과정에서 발견된 클로르데인(chlordane, $C_{10}H_6Cl_8$) 수용액 시료를 분석해 달라는 요청을 받았다. 이 살충제는 발암 가능성 때문에 EPA(미국 환경보호국)에 의해 1988년에 미국 내에서 판매가 금지되었다. 시료 1.446 g을 반응시켜 시료에 포함된 모든 염소를 염화 이온으로 바꿨다. 이 수용액에 있는 모든 염화 이온을 AgCl로 침전시키기 위해서 0.1400 *M* $AgNO_3$ 용액 91.22 mL가 소모되었다. 시료 용액에 포함된 클로르데인은 몇 퍼센트인가? 침전 반응은 다음과 같다.

$$Ag^+(aq) + Cl^-(aq) \longrightarrow AgCl(s)$$

분석 시료에 포함된 클로르데인의 백분율은 다음과 같이 계산할 수 있다.

$$C_{10}H_6Cl_8\text{의 질량\%} = \frac{\text{시료에서의 } C_{10}H_6Cl_8 \text{ 질량}}{\text{시료의 질량}} \times 100\%$$

시료의 질량을 이미 알고 있으므로, 자료를 사용하여 $C_{10}H_6Cl_8$의 질량을 계산하면 된다.

$AgNO_3$ 용액의 몰농도와 부피로부터 Cl^- 이온과 반응하는 Ag^+ 이온의 몰수를 계산할 수 있으며, 이는 클로르데인 시료에 들어 있는 Cl의 몰수와 같다. Cl의 몰수를 사용하여 $C_{10}H_6Cl_8$의 몰수 및 g 수를 계산할 수 있다. 계산된 $C_{10}H_6Cl_8$의 질량을 이용하여 $C_{10}H_6Cl_8$의 백분율을 계산한다.

도구 모음 식 4.5를 도구로 사용하여 다음과 같이 반응하는 Ag^+ 이온의 몰수를 계산한다.

$$Ag^+ \text{ 이온 용액의 몰농도} \times Ag^+ \text{ 이온 용액의 부피} = Ag^+ \text{ 이온의 몰수}$$

알짜 이온 반응식으로부터 Ag^+ 이온의 몰수가 Cl^- 이온의 몰수 혹은 Cl의 몰수와 같다.

클로르데인의 화학식으로부터 Cl에 대한 $C_{10}H_6Cl_8$의 화학량론적 몰비를 구할 수 있다.

$$1\text{ mol } C_{10}H_6Cl_8 \Leftrightarrow 8\text{ mol Cl}$$

$C_{10}H_6Cl_8$의 몰질량인 409.778 g mol^{-1}을 이용하여 $C_{10}H_6Cl_8$의 g 수를 구한다.

$$1\text{ mol } C_{10}H_6Cl_8 \Leftrightarrow 409.778\text{ g}$$

풀이 단계별로 문제를 풀어보자. 0.1400 *M* $AgNO_3$ 용액에서 Ag^+ 이온의 몰농도는 0.1400 *M*이다. 식 4.5를 적용하여 몰수를 구하면 다음과 같다.

$$0.09122 \cancel{\text{L } Ag^+ \text{ 용액}} \times \frac{0.1400 \text{ mol } Ag^+}{1.000 \cancel{\text{L } Ag^+ \text{ 용액}}} = 0.012771 \text{ mol } Ag^+$$

반응식의 화학량론으로부터 1 mol Ag^+ ⇔ 1 mol Cl^-이므로 다음 식이 성립한다.

$$0.012771 \cancel{\text{mol } Ag^+} \times \frac{1 \text{ mol } Cl^-}{1 \cancel{\text{mol } Ag^+}} = 0.012771 \text{ mol } Cl^-$$

이는 시료에서 온 Cl^- 이온의 양이므로 시료에 들어 있는 클로르데인은 0.012771 mol의 Cl을 포함해야 한다. 이제 클로르데인의 화학식을 이용하여 시료에 들어 있는 $C_{10}H_6Cl_8$의 몰수를 계산해 보자.

$$0.012771 \cancel{\text{mol } Cl^-} \times \frac{1 \text{ mol } C_{10}H_6Cl_8}{8 \cancel{\text{mol } Cl^-}} = 1.5964 \times 10^{-3} \text{ mol } C_{10}H_6Cl_8$$

클로르데인의 화학식량을 사용하여 시료 속에 들어 있는 살충제 클로르데인의 질량을 계산할 수 있다.

$$(1.5964 \times 10^{-3} \cancel{\text{mol } C_{10}H_6Cl_8}) \times \frac{409.778 \text{ g } C_{10}H_6Cl_8}{1 \cancel{\text{mol } C_{10}H_6Cl_8}} = 0.65417 \text{ g } C_{10}H_6Cl_8$$

마지막으로 시료 내 클로르데인의 백분율은 다음과 같다.

$$\frac{0.65417\ g\ C_{10}H_6Cl_8}{1.446\ g\ \text{시료}} \times 100\% = 45.24\%\ (\text{반올림함})$$

살충제 용액에는 질량비로 45.24%의 클로르데인이 들어 있다.

답이 합리적인가? 클로르데인에 포함된 Cl의 양에 해당하는 0.014 mol의 Cl^- 이온과 반응시키기 위하여 0.014 M Ag^+ 이온 용액 약 0.1 L를 사용하였는데, 여기에는 0.014 mol의 Ag^+ 이온이 포함되어 있다. 클로르데인의 몰수는 0.014의 1/8이다. 간단히 1/10이라 할 때 클로르데인의 mol수는 0.0014 mol이 될 것이다. 몰질량을 약 400 g mol^{-1}이라고 할 때 0.001 mol $C_{10}H_6Cl_8$의 질량은 0.4 g이 될 것이고, 0.0014 mol은 0.6 g 정도가 될 것이다. 풀이에서 얻은 답 0.654 g은 이 값과 크게 다르지 않으므로 계산이 옳은 것으로 보인다.

실전 문제 4.38

Na_2SO_4가 들어 있는 용액을 0.150 M의 $BaCl_2$ 용액 28.40 mL와 반응시켜 모든 황산 이온을 $BaSO_4$로 침전시켰다. 용액에 포함된 Na_2SO_4는 몇 g인가? 반응의 알짜 이온 반응식은 다음과 같다. (**힌트**: SO_4^{2-} 이온의 몰수와 Na_2SO_4의 몰수의 관계는 무엇인가?)

$$Ba^{2+}(aq) + SO_4^{2-}(aq) \longrightarrow BaSO_4(s)$$

실전 문제 4.39

농도가 0.125 M인 $CaCl_2$ 용액 29.06 mL와 탄소 소듐 용액 25.00 mL가 반응하여 모든 탄산 이온이 $CaCO_3$로 침전되었다. 용액 속에 몇 g의 Na_2CO_3가 들어 있겠는가?

산–염기 적정

적정(titration)은 화학 분석에서 많이 이용되는 중요한 실험 방법이다. 적정 실험에 사용되는 장치를 **그림 4.25**에 나타내었다. 긴 관 형태인 **뷰렛(buret)**에는 대부분 0.10 mL 단위로 부피 눈금이 새겨져 있다. 뷰렛 아래쪽의 **잠금 꼭지(stopcock)**를 이용하여 분석 실험에서 시료가 담긴 비커에 가하는 **적정 시약(titrant**, 뷰렛에 있는 용액)의 양을 조절한다.

일반적인 적정에서는 한 반응물 용액을 시료 용기에 넣은 다음, 뷰렛에 들어있는 다른 반응물을 서서히 가한다. 이때 두 용액 중 하나는 농도를 정확히 알고 있는 **표준 용액(standard solution)**을 사용한다. 두 반응물이 정확한 비율로 결합하여 반응이 완결되었다는 표시(일반

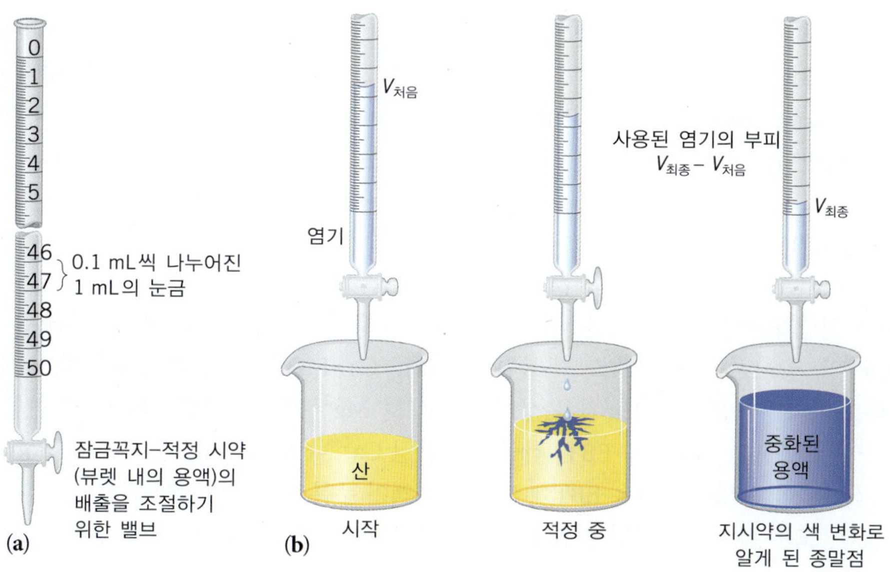

그림 4.25 적정 (a) 뷰렛. (b) 염기에 의한 산의 적정. 이때 모든 산이 중화되고 염기의 첨가가 중단된 지점인 종말점을 확인하기 위한 산–염기 지시약으로 브로모티몰블루(bromothymol blue)를 사용한다.

그림 4.26 산–염기 지시약 리트머스 염료가 발라져 있는 띠 모양의 리트머스 종이는 암모니아 수용액(염기)에서는 파란색, 레몬주스(시트르산이 포함된)에서는 빨간색이 된다.

적으로 색 변화와 같은 시각적 효과)가 나타날 때까지 뷰렛에 들어 있는 용액을 계속 첨가한다.

산–염기 적정에서는 용액의 색 변화로 반응의 완결을 확인하기 위해 **산–염기 지시약(acid-base indicator)**을 사용한다. 지시약은 산 용액과 염기 용액에서 서로 다른 색을 나타내는 염료이다. 리트머스는 **그림 4.26**에 나타낸 바와 같이 산에서는 빨간색 그리고 염기에서는 파란색인 지시약의 일종이다. 적정에서 자주 이용되는 페놀프탈레인은 용액이 산에서 염기로 변할 때 용액을 무색에서 분홍색으로 변화시킨다. 반응이 거의 끝나면 단 한 방울의 적정 시약만 가해도 이러한 색 변화가 매우 빠르게 일어난다. 색 변화가 관찰되면 **종말점(end point)**에 도달한 것이므로 적정 시약의 첨가를 멈추고, 플라스크에 가한 적정 시약의 전체 부피를 기록한다.

산화–환원 적정

산화–환원 적정은 산화제와 환원제가 포함된 적정법으로 정의할 수 있다. 산화와 환원은 동시에 일어나는 상호보완적인 반응이기 때문에 약자로 산화 · 환원 반응이라는 용어로 나타내기도 한다. 예를 들면 다음에 나타낸 반응에서 환원되는 Mn은 산화 상태가 +7에서 +2로 줄어들고, 산화 상태가 +2에서 +3으로 증가하는 Fe는 산화된다. 이때 환원되는 Mn은 산화제로 그리고 산화되는 Fe는 환원제로 작용한다.

$$\underset{\text{(산화제)}}{MnO_4^-(aq)} + \underset{\text{(환원제)}}{5Fe^{2+}(aq)} + 8H^+(aq) \longrightarrow 5Fe^{3+}(aq) + Mn^{2+}(aq) + 4H_2O(l)$$

$KMNO_4$ 용액은 밝은 자주색을 띠는 반면 Fe^{2+} 용액은 무색이다. 따라서 반응이 끝나면 반응 용액에서 자주색이 사라지므로 비교적 쉽게 종말점을 확인할 수 있다. 산화 · 환원 적정에서 산화제로 사용되는 시약에는 $K_2Cr_2O_7$, KI, KBr, 혹은 아이오딘 등이 있다.

착물화법 적정

착물화법 적정은 금속 이온과 착화제(리간드) 사이에 가용성 착물을 형성하는 반응에 기반한 적정이다. EDTA(ethylene diamine tetraacetatic acid)는 가장 다양한 금속 이온을 적정하는 데 널리 사용되는 착화제로, Ca^{2+}, Mg^{2+}, Mn^{2+}, Zn^{2+}, Cd^{2+}, Hg^{2+}, Pb^{2+}, Cu^{2+}, Al^{3+}, Fe^{2+}, Co^{2+}, Ni^{2+}, Ti^{2+}, Pt^{2+} 등의 다양한 금속 이온에 대한 적정에 이용한다. EDTA 적정 시약으로 금속 이온을 적정하는 착물화법 적정에서는, 가한 적정 시약의 부피(mL)에 대한 pM($pM = -\log[M^{n+}]$, M^{n+}는 금속 이온의 농도)를 도시한 적정 곡선을 얻는다. EDTA 적정에는 Eriochrome Black *T*(EBT), Patton–Reeder, calcein과 같은 감도가 좋은 금속 이온 지시약을 사용한다. 착물화법 적정에 사용되는 지시약은 금속 이온과 착물을 형성하고 있는데, 착물의 안정도는 금속–리간드 착물에 비하여 약하기 때문에 당량점에서 금속 이온과 해리하게 되어 용액의 색이 바뀐다.

다음은 EDTA를 이용하여 물의 경도를 측정하는 착물화법 적정에서는 EBT를 지시약으로 사용하는 실험과 관련된 반응식을 나타낸 것이다. 수용액에 소량 가한 EBT가 물에 존재하는 일부 Ca^{2+} 혹은 Mg^{2+} 이온과 비교적 불안정한 [Mg/Ca–EBT] 착물을 형성하는데, 이때 용액은 적색을 나타낸다(반응식 1). 자유 상태의 Ca^{2+}와 Mg^{2+} 이온이 모두 적정되면(반응식 2), 마지막으로 EDTA가 [Mg/Ca–EBT] 착물에 포함된 Ca^{2+}나 Mg^{2+} 이온과 착물을 형성하게 된다(반응식 3). 이때 해리된 자유 EBT에 의하여 용액이 푸른색으로 바뀌게 되어 종말점을 확인할 수 있다. 모든 실험이 끝나면 가한 EDTA의 양을 이용하여 물의 경도를 측정할 수 있다.

$$(1)\quad Mg^{2+}/Ca^{2+} + EBT \longrightarrow \underset{\text{(불안정한 착물)}}{[Mg/Ca\text{–}EBT]}\text{: 적색 용액}$$

$$(2)\quad Mg^{2+}/Ca^{2+} + [Mg/Ca\text{–}EBT] + EDTA \longrightarrow [Mg/Ca\text{–}EBT] + \underset{\text{(안정한 착물)}}{[Mg/Ca\text{–}EDTA]}\text{: 색 변화 없음}$$

$$(3)\quad [Mg/Ca\text{–}EBT] + EDTA \longrightarrow [Mg/Ca\text{–}EDTA] + EBT\text{: 푸른색 용액}$$

예제 4.19 산-염기 적정과 관련된 계산

어떤 학생이 약 0.1 *M* 염산 용액을 제조한 후, 이 용액의 정확한 농도를 결정하려고 한다. 염산 용액 25.00 mL를 플라스크로 옮기고 지시약 몇 방울을 첨가한 후, 이 용액을 0.0775 *M* NaOH 표준 용액으로 적정하였다. 종말점까지 가한 NaOH 용액의 부피는 정확히 37.46 mL였다. HCl 용액의 몰농도는 얼마인가?

분석 이 문제를 풀기 위한 첫 번째 단계는 HCl과 NaOH 사이의 몰비를 나타내는 균형 화학 반응식을 쓰는 것이다. 이 반응은 산–염기 중화 반응이므로 생성물은 염과 물이다. 이미 알려진 절차에 따라 구한 반응은 다음과 같다.

$$HCl(aq) + NaOH(aq) \longrightarrow NaCl(aq) + H_2O$$

NaOH 용액의 몰농도와 부피로부터 HCl 용액의 몰농도를 구해야 한다. 문제 풀이는 4.8절의 예제 4.14와 기본적으로 동일한 과정을 따르면 된다.

도구 모음 사용할 도구로 반응하는 NaOH의 몰수를 계산하기 위하여 NaOH 용액의 몰농도와 부피 사이의 관계, HCl의 몰수를 얻기 위하여 균형 화학 반응식에서의 화학량론, 몰농도의 정의(HCl 몰수와 취한 HCl 용액의 부피로부터 HCl의 몰농도를 계산하기 위하여) 등이 필요하다.

풀이 NaOH 용액의 몰농도와 부피로부터 적정에 소비된 NaOH의 몰수를 계산한다.

$$0.03746\ \cancel{\text{L NaOH 용액}} \times \frac{0.0775\ \text{mol NaOH}}{1.000\ \cancel{\text{L NaOH 용액}}} = 2.903 \times 10^{-3}\ \text{mol HCl}$$

균형 화학 반응식의 계수로부터 얻은 NaOH와 HCl의 1:1 반응비를 이용하여 HCl의 몰수를 다음과 같이 구할 수 있다.

$$2.903 \times 10^{3}\ \cancel{\text{mol NaOH}} \times \frac{1\ \text{mol HCl}}{1\ \cancel{\text{mol NaOH}}} = 2.903 \times 10^{-3}\ \text{mol HCl}$$

따라서 플라스크에 들어있는 HCl의 몰수는 2.903×10^{-3} mol이다. 이제 실험에 사용된 HCl 용액의 부피(L 단위)를 이용하여 HCl의 몰농도를 계산한다.

$$\text{HCl 용액의 몰농도} = \frac{2.903 \times 10^{-3}\ \text{mol HCl}}{0.02500\ \text{L HCl 용액}}$$
$$= 0.116\ M\ \text{HCl (반올림함)}$$

즉 염산의 몰농도는 0.116 *M*이다(문제에 주어진 자료와 유효 숫자를 맞추기 위하여 답의 유효 숫자를 세 개로 반올림하였다).

답이 합리적인가? NaOH와 HCl의 농도가 동일하다면 실험에 사용된 두 용액의 부피가 같았을 것이다. 그러나 가해준 NaOH 용액의 부피가 HCl 용액의 부피보다 크다. 이것은 HCl 용액의 농도가 NaOH 용액의 농도보다 더 진하다는 것을 의미한다. 구한 값 0.116 *M*은 0.0775 *M*보다 크므로 이 답은 어느 정도 타당해 보인다.

Michael Watson

HCl 용액을 NaOH 용액을 이용한 HCl 용액의 적정 산–염기 지시약으로 염기 용액에서 분홍색을 띠는 페놀프탈레인을 사용한다. 적정 시약인 NaOH 용액이 떨어지는 지점에서 염기 용액에서 페놀프탈레인이 나타내는 분홍색이 관찰된다.

실전 문제 4.40

부피가 15.00 mL인 H_2SO_4 용액 시료를 완전히 중화시키는 데 0.147 *M* NaOH 용액 36.42 mL가 필요하였다. H_2SO_4 용액의 몰농도는 얼마인가? (**힌트**: 화학 반응식이 정확하고 균형이 맞는지 확인한다.)

실전 문제 4.41

'위산'은 염산 용액이다. 부피가 5.00 mL인 위산 시료를 적정하여 중화시키는 데 0.0112 *M* KOH 용액 11.25 mL가 필요하였다. 이 위액에서 HCl의 몰농도는 얼마인가? 위액의 밀도가 1.07 g mL^{-1}라 가정하면, HCl의 질량 백분율은 얼마인가?

다중 개념 문제

지금까지의 계산 문제들은 비교적 간단하고, 문제마다 하나의 주제나 개념에 초점을 맞추었다. 그러나 생명이나 화학 분야에서의 문제들이 항상 그렇게 간단한 것이 아니다. 이러한 문제들은 즉답하기 어려운 여러 가지 개념을 포함하고 있기 때문에 어떻게 풀이를 진행해야 할지 쉽게 알기가 어렵다. 각각의 문제마다 문제를 풀기 위해 배울 수 있는 일반 전략이 있다. 대부분의 어려운 문제가 해결 방법을 이미 알고 있는 보다 간단한 과제들 몇 가지로 나누어질 수 있음을 인식하는 것이 비결이다. 실생활과 관련된 문제에 대한 분석을 통하여 아직 배우지 않은 해결 방법이나 새로운 개념, 또는 도구가 제시되기도 한다.

이 절과 다음 장의 **다중 개념 문제의 분석과 풀이**에서는 우선 커다란 그림을 그린 다음, 상세한 내용을 다루는 접근법을 사용할 것이다. 문제를 다루기 쉬운 몇 부분으로 나누는 것이 목표가 될 것이다. 이를 위한 간단한 공식은 없으므로 이런 종류의 문제를 푸는 데 상당한 사고가 필요하더라도 실망할 필요가 없다. 또한 복잡한 문제의 답에 이르는 길이 종종 두 가지 이상임을 인식해야 한다. 주어진 예제를 풀면서 답에 이르는 또 다른 방법을 발견할 수도 있다. 여러분의 추론이 옳고, 그 추론이 이 책에서 제시한 것과 똑같은 답을 유도하는 한 여러분은 칭찬을 받게 될 것이다.

마지막으로 이 책에서 접하는 어떤 다중 개념 문제에도 이전에 논의한 바 없는 개념은 절대로 포함되어 있지 않다는 것을 기억하라.

다중 개념 문제의 분석과 풀이

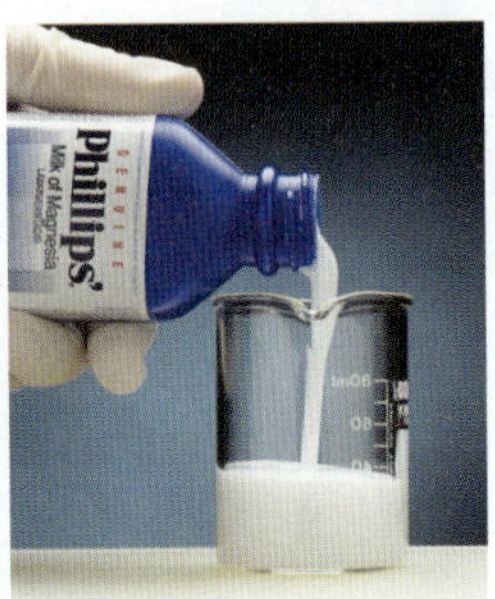

Richard Megna/ Fundamental Photographs

크림같은 마그네시아유는 수산화 마그네슘의 수성 현탁액이다.

물에 분산되어 있는 수산화 마그네슘[$Mg(OH)_2(s)$]은 위산에 의한 소화 불량을 완화시키기 위해서 사용되는, 의사 처방전 없이 구할 수 있는 몇 가지 약 중의 하나이다. Mg^{2+} 이온이 들어 있는 용액에 염기를 첨가해서 수산화 마그네슘을 만든다. 농도가 0.200 *M*인 NaOH 용액 40.0 mL를 0.300 *M* $MgCl_2$ 용액 25.0 mL에 가할 때 형성된 $Mg(OH)_2$의 질량은 얼마나 되는가? 그리고 용액 속에 남아 있는 Na^+와 Mg^{2+} 이온의 농도는 얼마인가?

분석 전체적으로 이 문제는 복잡한 화학량론 문제로 볼 수 있다. 모든 화학량론 문제에서 반응을 균형 화학 반응식(또는 화학식)으로 나타낼 필요가 있다. 다음으로 Na^+, OH^-, Mg^{2+}, Cl^-의 네 가지 이온의 초기 농도를 결정할 필요가 있다. 따라서 각 용질의 해리를 설명하기 위하여 이온 반응식과 알짜 이온 반응식을 써야 한다.

3장에서 다룬 한계 반응물 문제(두 반응물의 몰농도와 부피를 알고 있으므로 이들의 몰수를 알 수 있음)도 포함되어 있다.

주어진 용액에서의 이온 반응에서는 네 이온 중 두 이온이 반응을 한다. 한 이온은 다 소모되지만 다른 이온은 좀 남게 되고 이 양을 계산할 필요가 있다. 다른 두 이온은 구경꾼 이온이므로 이들의 몰수는 변하지 않지만, 용액이 혼합되면 농도는 변한다.

지금까지의 내용을 네 개의 간단한 형태로 나누고 요약해 보자.

Part 1: 균형 분자 반응식, 이온 반응식 및 어느 이온이 반응하는지 확인하기 위해서 알짜 이온 반응식을 쓴다.

Part 2: 반응 전 각 이온의 몰수를 계산한다.

Part 3: 한계 반응물 계산을 수행하여 생성물의 양과 용액에 남아 있는 과잉 반응물의 양을 결정한다.

Part 4: 전체 부피를 사용하여 반응 후 용액에 존재하는 모든 이온의 몰농도를 결정한다.

Part 1

도구 모음 용해도 규칙과 화학식 쓰는 방법 그리고 화합물 해리시키는 방법을 이용하여 이중 치환 반응식과 이온 반응식을 쓰고, 이들의 균형을 맞추어야 한다.

풀이 반응에 대한 균형 분자 반응식은 다음과 같다.

$$MgCl_2(aq) + 2NaOH(aq) \longrightarrow Mg(OH)_2(s) + 2NaCl(aq)$$

이것으로부터 이온 반응식과 알짜 이온 반응식을 다음과 같이 쓸 수 있다.

$$Mg^{2+}(aq) + 2Cl^-(aq) + 2Na^+(aq) + 2OH^-(aq) \longrightarrow Mg(OH)_2(s) + 2Cl^-(aq) + 2Na^+(aq)$$

$$Mg^{2+}(aq) + 2OH^-(aq) \longrightarrow Mg(OH)_2(s)$$

Part 2

도구 모음 용액에서 각 이온의 몰수를 결정하기 위하여 물질의 몰농도와 부피 및 몰수 사이의 관계식($M \times L = \text{mol}$, 식 4.5를 재배열)을 이용한다.

풀이 먼저 수산화 소듐과 염화 마그네슘의 몰수를 결정해 보자.

$$0.0400\ \cancel{\text{L NaOH 용액}} \times \frac{0.200\ \text{mol NaOH}}{1.00\ \cancel{\text{L NaOH 용액}}} = 8.00 \times 10^{-3}\ \text{mol NaOH}$$

$$0.0250\ \cancel{\text{L MgCl}_2\ \text{용액}} \times \frac{0.300\ \text{mol MgCl}_2}{1.00\ \cancel{\text{L MgCl}_2\ \text{용액}}} = 7.50 \times 10^{-3}\ \text{mol MgCl}_2$$

화학식에 의하면 1 mol의 $MgCl_2$는 2 mol의 Cl^- 이온을 내놓는다는 것을 생각하면서 각 화합물의 몰수를 사용하여 각 이온의 몰수를 계산하면 다음과 같다.

반응 전 이온의 mol 수

Mg^{2+} 7.50×10^{-3} mol	Cl^- 15.0×10^{-3} mol
Na^+ 8.00×10^{-3} mol	OH^- 8.00×10^{-3} mol

Part 3

도구 모음 3장의 도구를 사용하여 한계 반응물을 결정한 후, 생성물인 $Mg(OH)_2$의 질량과 과량 반응물의 몰수를 결정한다.

풀이 알짜 이온 반응식의 계수로부터 1 mol Mg^{2+} ⇔ 2 mol OH^- 관계를 알 수 있다. 즉 7.50×10^{-3} mol Mg^{2+} 이온이 반응하는 데 15.0×10^{-3} mol OH^- 이온이 필요하다. 그러나 단지 8.00×10^{-3} mol OH^- 이온만이 존재하므로 OH^- 이온이 한계 반응물이다. $Mg(OH)_2$를 생성하기 위해서 반응하는 Mg^{2+} 이온의 양은 다음과 같다.

$$8.00 \times 10^{-3}\ \cancel{\text{mol OH}^-} \times \frac{1\ \text{mol Mg}^{2+}}{2\ \cancel{\text{mol OH}^-}} = 4.00 \times 10^{-3}\ \text{mol Mg}^{2+}$$

(이 양이 반응함)

Mg^{2+} 이온의 초기 몰수가 7.50×10^{-3} mol이므로 3.50×10^{-3} mol Mg^{2+} 이온이 용액 속에 남게 된다. 따라서 생성된 $Mg(OH)_2$의 질량은 다음과 같다.

$$4.00 \times 10^{-3}\ \cancel{\text{mol Mg}^{2+}} \times \frac{1\ \cancel{\text{mol Mg(OH)}_2}}{1\ \cancel{\text{mol Mg}^{2+}}} \times \frac{58.32\ \text{g Mg(OH)}_2}{1\ \cancel{\text{mol Mg(OH)}_2}} = 0.233\ \text{g Mg(OH)}_2$$

Part 4

도구 모음 몰농도의 정의와 식 4.5 그리고 Part 2와 3의 정보를 함께 사용하여 Na^+와 Mg^{2+} 이온의 최종 농도를 계산할 수 있다.

풀이 반응이 완결된 후 용액 속에 남는 각 이온의 몰수를 표로 만들어 보자.

이온	반응 전 존재한 mol 수	반응한 mol 수	반응 후 존재하는 mol 수
Mg^{2+}	7.50×10^{-3} mol	4.00×10^{-3} mol	3.50×10^{-3} mol
Na^+	8.00×10^{-3} mol	0 mol	8.00×10^{-3} mol

문제에서 최종 반응 혼합물 속에 들어 있는 이온의 농도를 질문하였으므로 마지막 열에 있는 양을 최종 용액의 전체 부피(40.0 mL + 25.0 mL = 65.0 mL, 즉 0.0650 L)로 나누어준다. 따라서 Mg^{2+} 이온의 최종 농도를 계산하면 다음과 같다.

$$\frac{3.50 \times 10^{-3}\ \text{mol Mg}^{2+}}{0.0650\ \text{L soln}} = 0.0538\ M\ \text{Mg}^{2+}$$

비슷한 방법으로 Na^+ 이온에 대하여 계산한 후 표로 만들면 다음과 같다.

반응 후 이온의 농도

Mg^{2+}	0.0538 M	Na^+	0.123 M

답이 합리적인가? 지금까지 행한 모든 추론은 확신하건대 올바른 것 같다. 생성된 $Mg(OH)_2$의 양 0.001 mol은 대략 0.06 g이므로 0.004 mol은 0.24 g이 될 것이다. 그러므로 여기서 얻은 답인 0.233 g의 $Mg(OH)_2$는 타당하다. 구경꾼 이온의 최종 농도는 처음 농도보다 작은데, 이것 역시 묽힘 효과 때문에 타당하다.

실전 문제 4.42

$CaCl_2$와 $MgCl_2$가 들어 있는 혼합물 시료의 질량은 2.000 g이었다. 이 시료를 물에 용해시킨 후 다음 반응에서와 같이 $CaSO_4$의 침전 생성이 완결될 때까지 H_2SO_4를 첨가하였다.

$$CaCl_2(aq) + H_2SO_4(aq) \longrightarrow CaSO_4(s) + 2HCl(aq)$$

$CaSO_4$를 거르고 완전히 건조시킨 다음, 질량을 측정하였더니 $CaSO_4$의 전체 질량이 0.736 g이었다. 원래 시료에 포함되어 있는 $CaCl_2$와 $MgCl_2$의 질량 백분율은 각각 얼마인가?

종합 화학 예제

산소산의 분류

약산	강산
HNO_2	HNO_3
H_2SO_3	H_2SO_4
$HClO$, $HClO_2$	$HClO_3$, $HClO_4$

동일한 중심 원자(N, S, Cl)를 포함하는 산소산을 비교해 보면 HNO_2, H_2SO_3, $HClO$, $HClO_2$는 약산이고, HNO_3, H_2SO_4, $HClO_3$, $HClO_4$는 강산이다. 이런 사실을 기억하는 데 도움이 되는 경향성을 화학식에서 찾으시오.

분석 주어진 산소산의 화학식을 보고, 어느 것이 강한 산이고 어느 것이 약한 산인지를 판단할 수 있는 경향성을 찾으라는 문제이다.

도구 모음 사용할 첫 번째 도구는 4장 본문의 표에 나열된 강산 목록이다. 문제에서 주어진 강산은 표에서도 강산으로 분류되어 있다. 두 번째 도구는 수용액에서 산의 이온화 반응이다. 화학식에서 산성 수소를 표기하는 방법에 의하면, 문제에서 주어진 각 산에 포함된 수소는 모두 산성 수소이다.

풀이 문제에서 주어진 각 화학식은 모두 H로 시작한 다음 비금속 원소와 산소 순서로 나타나고 있다. 동일한 비금속 원소가 포함된 산의 유일한 차이점은 산소의 개수이다. HNO_2를 HNO_3와, H_2SO_3를 H_2SO_4와, HClO나 $HClO_2$를 $HClO_3$나 $HClO_4$와 각각 비교할 때 약산은 강산에 비하여 산소의 수가 1~2개 적다. 따라서 산소산에서 화학식에서 산소의 수가 적을수록 산의 세기가 약해지는 경향성이 있다고 말할 수 있다.

답이 합리적인가? 문제에서 묻고 있는 경향성에 대하여 답하였다. 정리한 경향성이 산의 세기를 기억하는 데 도움이 되면 답은 타당하다.

종합 화학 문제

A. 각각 브로민화 포타슘, 질산 포타슘, 수산화 포타슘 용액이 담긴 3개의 병에 붙어 있는 라벨이 사라졌다. 각 병에 담긴 염의 종류와 농도를 확인할 수 있는 실험을 설계하시오. 실험에 필요한 시약의 종류와 농도 및 실험 장치를 포함한 전체 실험 과정을 기술하시오. 실험을 안전하게 끝내기 위하여 필요한 조치는 무엇인지 기술하시오.

B. 또 다른 실험에서 염화 소듐 아니면 황산 소듐인 이온성 미지시료가 주어졌다. 어떻게 성분을 확인할 수 있는가?

C. HF, HCl, HBr, HI를 비교해 보자. 주기율표를 참조할 때 HF는 약산이고 나머지 산은 강산인 것을 설명할 수 있는 경향성은 무엇인가? 이 장에서 배운 정보만을 이용하여 HF는 약산이고 다른 산은 강산이 이유를 설명하시오.

D. 제약 회사에서 신약을 개발할 때 가장 큰 관심은 수용액에 대한 용해도이다. 그 이유는 무엇인가?

E. Tums®은 과다한 위산 분비로 인한 속쓰림 증상을 완화 시키는 약이다. Tums®에 포함된 탄산 칼슘이 복분해에 의하여 통증을 완화 시키는 원리를 설명하시오.

요약

학습 목표별로 정리함

수용액을 정성적이고 정량적으로 기술할 수 있다.

용액은 하나 이상의 **용질**이 **용매**에 용해된 균일 혼합물이다. 용액은 주어진 양의 용매에 용해된 용질의 양에 따라서 **묽은** 용액이 될 수도 있고 **진한** 용액이 될 수도 있다. **농도**(예: **퍼센트 농도**)는 용매 또는 용액의 양에 대한 용질 양의 비율이다. 주어진 온도와 부피에서 **포화된** 용액을 만들기 위해 필요한 용질의 양을 용질의 **용해도**라고 한다. **불포화된** 용액에는 더 많은 양의 용질이 용해될 수 있지만, **과포화된** 용액은 불안정해서 침전물을 형성하는 경향이 있다.

전해질은 가용성 이온 결합 화합물이고, 비전해질은 물에는 녹지만 이온을 만들지 못한다는 것을 이해할 수 있다.

물에서 **해리**하거나 **이온화**하여 양이온과 음이온을 생성하는 물질을 **전해질**이라고 하고, 그렇지 않은 물질을 **비전해질**이라고 한다. 물에서 이온 결합 화합물은 이온으로 완전히 해리되며 **강전해질**이다.

균형 분자 반응식과 이온 반응식 및 알짜 이온 반응식을 쓸 수 있다.

용액 속에서 이온 사이에 일어나는 반응을 **이온 반응**이라고 한다. 이 반응에 대한 화학 반응식을 세 가지 다른 방식으로 나타낼 수 있다. **분자 반응식**에서는 반응물과 생성물 모두를 이온화되지 않은 화학식으로 나타낸다. **이온 반응식**에서는 가용성 강전해질에 대해서는 해리된(이온화된) 형태로 쓰지만, 고체나 기체 또는 약전해질에 대해서는 '분자식'을 사용한다. 이온 반응식에서 **구경꾼 이온**을 제거해서 얻는 **알짜 이온 반응식**은 원자수와 전하수에 대하여 균형이 맞아야 한다.

산과 염기의 이름과 화학식에 근거하여 이들을 확인할 수 있고, 하이드로늄 이온과 수산화 이온이 생성되는 균형 화학 반응식을 쓸 수 있다.

산은 물에 용해될 때 하이드로늄 이온(H_3O^+)을 생성하고, **염기**는 수산화 이온(OH^-)을 생성한다. 비금속의 산화물은 일반적으로 **산성 무수물**이며, 물과 반응하여 산을 생성한다. 금속 산화물은 물과 반응하여 금속 수산화물이나 염기가 되는 경향이 있기 때문에 일반적으로 **염기성 무수물**이다.

강산과 **강염기**는 **강전해질**이기도 하다. **약산**과 **약염기**는 **약전해질**이기 때문에 물속에서 완전히 이온화하지 못한다. 약전해질의 용액에서는 이온화하지 않은 용질 분자와, 용질과 물의 반응으로 형성된 이온들 사이에 **동적 화학 평형**이 존재한다.

일반적인 산과 염기에 대하여 화학식을 이름으로, 이름을 화학식으로 바꿀 수 있다.

이성분산의 경우, 비금속 원소의 이름 끝에 '**-화**'를 붙인 후 '**수소산**'이란 단어를 **붙여서** 쓴다(영어식 명명: 비금속 원소의 이름의 어간에 접두사 'hydro-'와 접미사 '-ic'를 붙인 후 acid란 단어를 붙인다). **산소산**의 이름은 다원자 음이온으로부터 유도한다. 즉 '**-산** 음이온'의 경우 '**-산**'이 되고, '**아-산** 음이온'인 경우 '**아-산**'이 된다(영어식 명명: '-ate 음이온'의 경우 '-ic acid'가 되고, '-ite 음이온'의 경우 'ous acid'가 된다). 금속 산화물은 이온 결합 화합물이고, 이온 결합 화합물로서 명명한다. 분자성 염기는 분자의 이름을 사용하여 명명한다.

이중 치환 반응의 원리를 이용하여 반응 생성물을 예측할 수 있고, 화학 합성을 설계할 수 있다.

이중 치환 또는 **복분해** 반응은 두 염의 음이온과 양이온이 짝을 바꿀 때 일어난다. 알짜 이온 반응식이 존재하면 이중 치환 반응은 일어날 것이다. 만약 (1) 가용성 반응물로부터 **침전물**이 생성되거나, (2) **산-염기 중화**가 일어나거나, (3) **기체**가 발생되거나, (4) 가용성 강전해질로부터 약전해질이 생성되면 이중 치환 반응이 일어난다. **용해도 규칙**(표 4.2)은 매우 유용하다. 강산은 강염기와의 중화 반응에 의해 염과 물을 생성한다. 산은 불용성 산화물 및 수산화물과 반응하여 물과 해당하는 염을 생성한다. 많은 산-염기 중화 반응은 한 가지 생성물이 물인 이중 치환 반응의 일종으로 볼 수 있다. 이중 치환 반응으로 기체를 발생시키는 반응이 표 4.3에 나열되어 있다.

몰농도를 정의하고 계산할 수 있으며, 이를 변환 인자로 사용할 수 있다.

몰농도는 용액 1리터에 대한 용질 몰수의 비이다. 몰농도로부터 용질의 몰수와 용액의 부피를 관련짓는 두 가지 변환 인자를 얻을 수 있다.

$$\frac{\text{mol 용질}}{\text{1 L 용액}} \text{ 그리고 } \frac{\text{1 L 용액}}{\text{mol 용질}}$$

몰농도를 알고 있는 진한 용액은 피펫이나 부피 플라스크 같은 부피 측정용 유리 기구를 이용해서 정량적으로 묽힐 수 있다. 용매를 첨가하여 용액을 묽힐 때 용질의 양은 변하지 않지만 농도는 감소한다.

화학량론 계산에서 몰농도를 사용하는 방법을 알 수 있다.

용액에 대하여 몰농도를 변환 인자로 사용하여 용액의 부피를 몰수로 바꿀 수 있다. 이온 반응에서 염 용액에 포함된 이온의 농도는 염의 화학식 단위당 생성되는 이온의 수를 감안하여 염의 몰농도로부터 유도할 수 있다.

적정과 화학 분석에 사용되는 방법과 계산을 이해할 수 있다.

적정은 반응이 완결되는 데 필요한 용액의 양을 정량적으로 측정하기 위하여 사용하는 방법이다. **뷰렛**이라고 하는 눈금이 매겨져 있는 긴 관을 사용하는데, 관의 끝에 **적정 시약**의 흐름을 조절하기 위한 **잠금 꼭지**가 있다. 산-염기 적정에서 **종말점**은 일반적으로 **산-염기 지시약**을 사용하여 시각적으로 감지한다. 색 변화는 반응이 완결되었음을 나타내고, 그때 적정 시약의 첨가를 멈추고 첨가된 부피를 기록한다.

문제 풀이를 위한 도구

도구 다음과 같은 도구들이 이 장에서 도입되었다. 이들을 주의 깊게 공부하면 필요할 때 적절한 도구를 선택할 수 있다.

균형 이온 반응식의 조건(4.3절) 이온의 화학식을 포함하는 반응식의 균형을 맞추기 위해서는 다음 두 가지 조건을 만족시켜야 한다. (1) 반응식 양쪽의 각 원자의 개수가 같아야 하고, (2) 반응식 양쪽의 알짜 전하량이 같아야 한다.

강산의 목록(4.4절) 흔히 접할 수 있는 강산으로 과염소산($HClO_4$), 염소산($HClO_3$), 염산(HCl), 브로민화수소산(HBr), 아이오딘화수소산(HI), 질산(HNO_3), 황산(H_2SO_4)이 있다.

수용액에서 산과 염기의 이온화(4.4절) 음이온을 기호로 표기할 때 다음과 같이 강산의 경우 종종 X^-로 나타내는 반면, 약산의 경우 A^-로 나타낸다.

$$HX + H_2O \longrightarrow H_3O^+ + X^- \quad \text{강산}$$
$$HA + H_2O \rightleftharpoons H_3O^+ + A^- \quad \text{약산}$$

이온성 강염기의 양이온을 기호로 표기하는 경우 일반적으로 M^{n+}로 나타내고, 분자성 약염기는 B로 나타낸다.

$$M(OH)_n \longrightarrow M^{n+} + nOH^- \quad \text{강염기}$$
$$B + H_2O \rightleftharpoons BH^+ + OH^- \quad \text{약염기}$$

산과 다원자 음이온의 이름(4.5절) 다원자 음이온의 이름을 이용하여 산의 이름을 유도할 수 있다. 음이온의 이름이 '**-산 음이온**'으로 끝나면 산의 이름은 '**-산**'이 되고, 음이온의 이름이 '**아-산 음이온**'으로 끝나면 산의 이름은 '**아-산**'이 된다.(영어식: 음이온의 이름이 '*-ate*'로 끝나면 산의 이름은 '*-ic acid*'가 되고, '*-ite*'로 끝나면 '*-ous acid*'가 된다).

알짜 이온 반응식 예측하기(4.6절) 다음의 경우 알짜 이온 반응식이 존재하고, 알짜 반응이 일어난다.

- 가용성 반응물의 혼합물로부터 침전물이 생긴다.
- 산과 염기가 반응한다. **여기에는 강산이나 약산, 강염기나 약염기, 또는 불용성 금속 수산화물이나 금속 산화물이 반응하는 경우가 모두 포함된다.**
- 강전해질 혼합물로부터 약전해질이 형성된다.
- 반응물의 혼합물로부터 기체가 생성된다.

용해도 규칙(4.6절) 특정 염이 물에서 가용성인지, 아닌지를 결정하려면 표 4.1의 규칙을 도구로 사용한다.

산과 염기의 중화(4.6절) 중화 반응은 산과 염기가 반응하여 물과 염기를 생성하는 반응이다.

이중 치환 반응으로 형성된 기체(4.6절) 이중 치환 반응을 통해서 황화 수소, 사이안화 수소, 이산화 탄소, 이산화 황, 암모니아가 생성될 수 있다.

이중 치환 반응을 이용한 합성(4.6절) 이중 치환으로 염을 합성하기 위해서는 세 가지 방법이 있다. (1) 불용성염을 만든다. (2) 중화 반응을 이용하여 염과 물을 만든다. (3) 금속 탄산염이나 황화물 혹은 아황산염에 산을 첨가하여 기체와 염을 생성한다.

몰농도(4.7절)

$$\text{몰농도}(M) = \frac{\text{용질의 mol 수}}{\text{용액의 L 수}}$$

묽힘식(4.7절)

$$V_{\text{묽은}} \times M_{\text{묽은}} = V_{\text{진한}} \times M_{\text{진한}}$$

화학량론의 경로(4.8절) 화학량론 계산에서 하나의 화학 단위를 다른 화학 단위로 변환하기 위하여 사용되는 다양한 경로와 변환 인자가 그림 4.24에 요약되어 있다. 이 도표는 그림 3.8에 몰농도를 변환 인자로 새로 첨가한 것이다.

염 용액에서 이온의 몰농도(4.8절) 알짜 이온 반응식을 사용하여 화학량론 문제를 취급할 때 용액에서 이온의 농도가 필요하다. 특정 이온의 농도는 염의 농도에 염의 한 화학식 단위 내 해당 이온의 개수를 곱한 것과 같다.

쌍으로 구성된 복습 문제 중 청색 번호를 가진 문제의 해답은 부록 B에 수록하였다. 난이도가 높은 문제는 별표(*)로 표시하였다.

복습 질문

용액

4.1 설탕이 용해된 용액에서 **용매**와 **용질**은 각각 어느 것인가?

4.2 다음 용어를 설명하시오.
(a) 진한 용액 (b) 묽은 용액 (c) 침전 (d) 과포화 용액
(e) 불포화 용액 (f) 용해도

4.3 다음과 같은 용액의 물리적 상태를 어떻게 결정할 수 있는가?
(a) 진한 용액 (b) 묽은 용액 (c) 포화 용액 (d) 불포화 용액
(e) 과포화 용액

4.4 많은 화학 반응을 주로 용액 상태에서 수행하는 이유는 무엇인가?

4.5 다음의 용액에 설탕 결정 한 개를 가했을 때 어떤 현상이 발생하겠는가?
(a) 설탕 포화 용액 (b) 설탕 과포화 용액 (c) 설탕 불포화 용액

4.6 침전이란 무엇인가? 용액에서 침전이 형성되는 조건은 무엇인가?

전해질과 비전해질

4.7 전해질과 비전해질의 전기 전도도를 비교하시오.

4.8 다음을 각각 전해질, 약전해질, 및 비전해질로 구분하고 그 근거를 제시하시오.
NH_4NO_3, $C_{12}H_{22}O_{11}$, CH_3OH, $CaCl_2$, $(NH_4)_2SO_4$, 에탄올

4.9 이온이 '수화'되었다는 의미는 무엇인가? 물질이 '수화'되었다는 의미는?

4.10 물질이 물에 녹았을 때 해리(dissociation)하는 것과 이온화(ionization)하는 것의 차이는 무엇인가? 해리와 이온화에 해당하는 사례를 각각 2가지씩 제시하시오.

이온 반응에 대한 화학 반응식

4.11 다음 분자 반응식의 균형을 맞추고, 각각의 이온 반응식과 알짜 이온 반응식을 쓰시오.
(a) $Cu(NO_3)_2(aq) + KOH(aq) \longrightarrow Cu(OH)_2(s) + KNO_3(aq)$
(b) $NiCl_2(aq) + AgNO_3(aq) \longrightarrow Ni(NO_3)_2(aq) + AgCl(s)$
(c) $Cr_2(SO_4)_3(aq) + BaCl_2(aq) \longrightarrow CrCl_3(aq) + BaSO_4(s)$

4.12 균형 이온 반응식이 만족해야 하는 2가지 조건은 무엇인가? 다음의 반응식은 불균형 반응식이고 화학식에 일부 오류가 포함되어 있다. 오류를 찾고 수정하시오.

$$3Sc^{3+}(aq) + 2HPO_4^{2-}(aq) \longrightarrow Sc_3(PO_4)_2(s) + 2H^+(aq)$$

산과 염기의 기초

4.13 산과 염기를 정의하고, 각각의 일반적인 특징 2가지를 제시하시오.

4.14 산이라고 짐작되는 용액을 검사하기 위하여 사용해야 되는 리트머스 시험지의 색은 어느 것인가? 용액이 산이라면 선택한 시험지를 사용했을 때 어떤 색이 기대되는가? 다른 색의 시험지를 사용했다면 결론을 내리기 어려운 이유는 무엇인가?

4.15 산과 염기에 대한 Arrhenius와 Lewis의 정의를 각각 쓰시오.

4.16 다음을 수용액에서 해리하는 것과 이온화하는 것으로 구분하시오.

(**a**) NaOH (**b**) HNO_3 (**c**) H_2SO_4

4.17 다음 중 수용액에서 산성을 나타내는 것과 염기성을 나타내는 것은 각각 어느 것인가?

(**a**) SO_3 (**b**) N_2O_5 (**c**) Al_2O_3 (**d**) MgO

4.18 동적 평형이란 무엇인가? 수용액에서 $HC_2H_3O_2$ 분자의 일부분만 이온화하는 이유는 무엇인가?

4.19 강산이 물과 반응하는 반응식에서 이중 화살표를 사용하지 않는 이유는 무엇인가?

4.20 다음 중 강산에 해당하는 것을 모두 고르시오.

(**a**) HCN (**b**) HNO_3 (**c**) H_2SO_3 (**d**) HCl (**e**) $HCHO_2$ (**f**) HNO_2

4.21 다음을 약염기나 강염기 혹은 무수물로 구분하고, 그 근거를 제시하시오.

(**a**) $(C_2H_5)_3N$ (**b**) KOH (**c**) NaOH (**d**) $C_6H_5NH_2$ (**e**) NH_3

4.22 메틸아민(CH_3NH_2)은 암모니아와 비슷한 방법으로 하이드로늄 이온과 반응한다.

$$CH_3NH_2(aq) + H_3O^+(aq) \longrightarrow CH_3NH_3^+(aq) + H_2O$$

지금까지 배운 지식을 바탕으로 CH_3NH_2와 $CH_3NH_3^+$(메틸암모늄 이온)의 분자 구조를 그리시오.

4.23 다음은 한 학생이 공–막대 모형을 이용하여 수용액에서 프로판산이 이온화해서 생성된 이온의 구조를 그린 것이다. 모형으로 그린 구조에 어떤 오류가 있는가? 오류를 수정하시오.

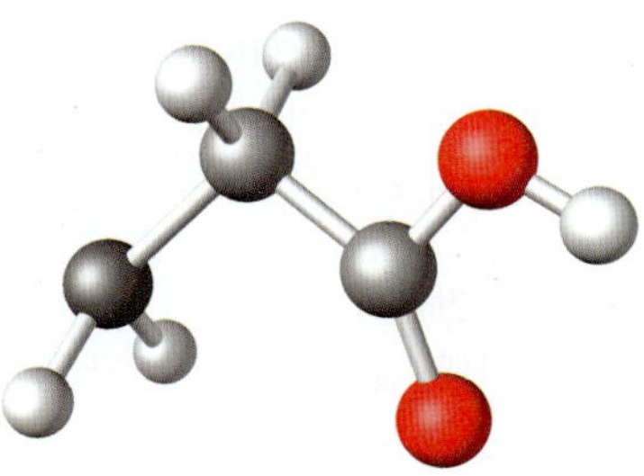

4.24 사이안화 수소(HCN)는 수용액에서 약산이다. 수용액에서의 평형 반응식을 쓰시오. 정반응과 역반응 중 어느 반응이 더 완결에 가까운가?

산–염기 명명법

4.25 아비소산 포타슘의 화학식은 K_3AsO_3이다. 다음 화합물을 명명하시오.

(**a**) H_3AsO_3 (**b**) H_3AsO_4 (**c**) $Ca_3(AsO_4)_2$

4.26 아이오딘은 염소의 경우와 같이 4가지 산소산과 1개의 이성분산을 형성한다. 각 산의 화학식과 이름을 쓰시오. 산소산에 포함된 산소의 수에 따른 명명법에 대하여 설명하시오.

4.27 인산은 수산화 소듐 수용액으로 인산을 중화시킬 수 있다. 중화 과정에서 생성되는 염의 이름을 쓰시오.

이중 치환(복분해) 반응

4.28 이온의 반응에서 알짜 이온이 존재할 수 있는 조건은 무엇인가?

4.29 용해도 규칙을 참고하여 다음 물음에 답하시오. 다음의 화합물 중 물에 녹는 것을 모두 고르시오. 산성 혹은 염기성 용액에서 기체를 생성하는 화합물을 모두 고르시오.

Na_2SO_4	$CuCO_3$	$Ni(NO_3)_2$	Hg_2Cl_2
$PbBr_2$	Cr_2O_3	$Ca_3(PO_4)_2$	ZnS
$(NH_4)_2CO_2$	$Ba(ClO_4)_2$	AgI	
$MgSO_3$	$Sr(C_2H_3O_2)_2$	$(NH_4)_2S$	

4.30 H_3PO_4를 $Ca(OH)_2$로 중화할 때 생성되는 염의 화학식을 모두 쓰시오.

4.31 다음의 용액에 HCl을 가했을 때 어떤 기체가 생성되는가?

(**a**) $CaCO_3$ (**b**) FeS (**c**) 황화 포타슘

용액의 농도

4.32 몰농도를 정의하고, 그 단위를 쓰시오.

4.33 몰농도와 몰랄 농도의 차이는 무엇인가?

4.34 노말 농도와 포말 농도를 정의하시오.

4.35 비커에 들어 있는 0.50 *M* 슈크로스($C_{12}H_{22}O_{11}$) 용액 전체에 물을 가해서 0.250 *M*로 묽혔다. 용액에 존재하는 $C_{12}H_{22}O_{11}$의 몰수에 변화가 있는가?

4.36 각각 '0.200 *M* $MgCl_2$'와 '0.500 *M* $MgCl_2$'로 표시된 시약병 A와 B가 있다. 두 병에 들어있는 $MgCl_2$의 몰수는 같다. A에 들어 있는 용액의 부피가 100.0 mL라면 B에 들어 있는 용액의 부피는 몇 mL인가?

4.37 0.500 *M* HCl을 묽혀 0.100 *M* HCl 250 mL를 만드는 과정을 설명하시오.

용액의 화학량론

4.38 다음 용액에 포함된 각 이온의 몰농도는 얼마인가?

(**a**) 0.15 *M* $Ba(OH)_2$ (**b**) 0.30 *M* Na_3PO_4

4.39 어떤 $(NH_4)_2SO_4$ 용액에 존재하는 암모늄 이온의 농도는 0.42 *M*이다. 다음 물음에 답하시오.

(**a**) 용액에 포함된 황산 이온의 몰농도는 얼마인가?

(**b**) 용액에 포함된 황산 암모늄의 몰농도는 얼마였는가?

4.40 다음 용액에서 각 이온의 몰수는 얼마인가?

(**a**) 0.250 *M* $(NH_4)_2SO_4$ 용액 50.0 mL

(**b**) 0.60 *M* K_3PO_4 용액 80.0 mL

적정과 화학 분석

4.41 정성 분석과 정량 분석을 설명하시오.

4.42 다음을 각각 설명하시오.
(a) 뷰렛 (b) 적정 (c) 적정 시약 (d) 종말점

4.43 어떤 약산 0.256 g을 물에 용해시키고 0.200 *M* NaOH 용액으로 적정하였더니 종말점까지 17.80 mL의 염기가 소모되었다. 다음 물음에 답하시오.
(a) 이 적정에서 중화된 H^+ 이온의 몰수는 얼마인가?
(b) 산이 일양성자산이라면, 산의 분자량은 얼마인가? (**힌트:** 산 1몰당 질량은 얼마인가?)

4.44 적정에서 지시약의 역할은 무엇인가? 산성 용액과 염기성 용액에서 메틸오렌지의 색은 각각 무엇인가?

복습 문제

전해질과 비전해질

4.45 다음 화합물을 각각 강전해질, 약전해질, 비전해질로 구분하시오.
(a) 황산 포타슘 (b) 아질산 (c) 인산 바륨 (d) 플루오린화수소산 (e) 질산 (f) 염화 아연 (g) 인산수소 포타슘

4.46 다음 화합물을 각각 강전해질, 약전해질, 비전해질로 구분하시오.
(a) 아세트산 납(II) (b) 암모니아 수용액 (c) $C_{12}H_{22}O_{11}(aq)$ (d) 탄산 소듐 (e) 메탄올(aq) (f) 염소산 암모늄 (g) 중크로뮴산 (h) 사이안화 리튬

4.47 다음 화합물이 수용액에서 해리하는 반응식을 쓰시오.
(a) $CaBr_2$ (b) $Mg(OH)_2$ (c) $BeCl_2$ (d) Al_2O_3

4.48 다음 화합물이 수용액에서 해리하는 반응식을 쓰시오.
(a) $CaCl_2$ (b) $(NH_4)_2SO_4$ (c) 아세트산 소듐 (d) 과염소산 구리(II)

이온 반응에 대한 화학 반응식

4.49 다음 반응에 대한 균형 이온 반응식과 알짜 이온 반응식을 각각 쓰시오.
(a) $Ba(NO_3)_2(aq) + 2NiSO_4(aq) \longrightarrow 3Ni(NO_3)_2(aq) + 4BaSO_4(s)$
(b) $2Pb(NO_3)_2(aq) + 2KI(aq) \longrightarrow PbI_2(s) + 2KNO_3(aq)$
(c) $CaCl_2(aq) + Na_2CO_3(aq) \longrightarrow CaCO_3(s) + 2NaCl(aq)$
(d) $AgNO_3(aq) + K_2CrO_4(aq) \longrightarrow KNO_3(aq) + Ag_2CrO_4(s)$

4.50 다음 반응에 대한 균형 이온 반응식과 알짜 이온 반응식을 각각 쓰시오.
(a) $AgNO_3(aq) + NaCl(aq) \longrightarrow AgCl(s) + NaNO_3(aq)$
(b) $(NH_4)_2CO_3(aq) + BaCl_2(aq) \longrightarrow NH_4Cl(aq) + BaCO_3(s)$
(c) $Pb(NO_3)_2(aq) + HCl(aq) \longrightarrow PbCl_2(s) + HNO_3(aq)$
(d) $BaBr_2(aq) + Na_2SO_4(aq) \longrightarrow BaSO_4(s) + NaBr(aq)$

4.51 다음은 염화 은이 생성되는 반응식이다.

$$Mg^{2+}(aq) + 2Cl^-(aq) + Ag^+(aq) + NO_3^-(aq) \longrightarrow AgCl(s) + Mg^{2+}(aq) + NO_3^-(aq)$$

구경꾼 이온은 어느 것인가? 알짜 이온 반응식을 쓰시오.

4.52 유리의 미세 구조에서의 결함은 크게 문제가 되지 않지만 황화 니켈(II)의 결함은 파손을 초래할 수 있다. 관련 연구를 위하여 다음 반응과 같이 황화 소듐과 황산 니켈(II)을 반응시켜 황화 니켈(II)을 합성하고자 한다.

$$Ni^{2+}(aq) + SO_4^{2-}(aq) + 2Na^+(aq) + S^{2-}(aq) \longrightarrow NiS(s) + 2Na^+(aq) + SO_4^{2-}(aq)$$

구경꾼 이온은 어느 것인가? 알짜 이온 반응식을 쓰시오.

산과 염기의 기초

4.53 황산은 매우 중요한 범용 화학 물질로, 매년 생산되는 막대한 양이 황산이 산업에서 차지하는 비중을 보여 준다. 수용액에서 강산인 황산의 이온화에 대한 반응식을 쓰시오.

4.54 상온에서 무색의 기체로 존재하는 HF는 강산이다. 수용액에서 HF의 이온화 과정을 나타내는 반응식을 쓰시오.

4.55 암모니아는 독특한 자극성 냄새가 나는 무색의 기체이고, 화학식은 NH_3인 약염기이다. 수용액에서 암모니아가 물과 반응하는 반응식을 쓰시오.

4.56 메틸아민은 화학식이 CH_3NH_2인 유기 화합물이다. 이 무색의 기체는 암모니아의 유도체로서, 가장 간단한 일차 아민이며 또한 약염기이다. 이 물질이 물과 반응하는 화학 반응식을 쓰시오.

4.57 화학식이 H_3PO_3인 아인산은 이양성자산으로 다양한 인 화합물을 합성하는 데 중간체 역할을 한다. 아인산과 물이 반응하는 화학 반응식을 쓰시오.

4.58 흰색의 결정성 고체인 옥살산이 물에 녹으면 무색의 용액을 만든다. 다양한 음식에 옥살산이 들어 있지만, 과량을 섭취하거나 장기간 피부와 접촉하면 건강에 해롭다. 옥살산과 물이 반응하는 화학 반응식을 쓰시오.

산–염기 명명법

4.59 다음의 화합물을 명명하시오.
(a) $H_2S(g)$ (b) $H_2S(aq)$

4.60 다음의 화합물을 명명하시오.
(a) $H_2Se(g)$ (b) $H_2Se(aq)$

4.61 다음의 브로민이 포함된 산을 명명하시오.
(a) $HBrO_4$ (b) $HBrO_3$ (c) $HBrO_2$ (d) HBrO (e) HBr

4.62 염소와 마찬가지로 아이오딘도 여러 가지 산을 형성한다. 다

음 산의 이름을 쓰시오.
(a) HIO_4 (b) HIO_3 (c) HIO_2 (d) HIO (e) HI

4.63 다음 화합물의 화학식을 쓰시오.
(a) 크로뮴산 (b) 사이안화수소산 (c) 옥살산

4.64 다음 화합물의 화학식을 쓰시오.
(a) 폼산 (b) 인산 (c) 탄산

4.65 다음 산성염을 명명하시오.
(a) $NaHCO_3$ (b) KH_2PO_4 (c) $(NH_4)_2HPO_4$

4.66 다음 염기성 염을 명명하시오.
(a) CH_3COOLi (b) C_5H_5NHCl (c) KF

4.67 다음의 산소산을 명명하고, 각 산소산을 NaOH로 중화할 때 생성되는 염의 이름과 화학식을 쓰시오.
(a) HOCl (b) HIO_2 (c) $HClO_4$

4.68 다음의 산소산을 명명하고, 각 산소산을 KOH로 중화할 때 생성되는 염의 이름과 화학식을 쓰시오.
(a) $HClO_2$ (b) HNO_2 (c) $HBrO_4$

4.69 아조계 염료를 만드는 데 이용되는 디아조 염을 생성하기 위하여 아질산이 이용된다. 아질산을 합성하는 반응식 하나를 제시하시오.

4.70 아인산은 다양한 인 화합물을 만드는 데 사용되는 중간체이다. 아인산을 합성하는 반응식 하나를 제시하시오.

4.71 뷰탄산($HC_4H_7O_2$)은 변질된 버터에서나는 냄새의 원인 물질이다. 뷰탄산의 염인 $NaC_4H_7O_2$의 이름은 무엇인가?

4.72 옥살산($H_2C_2O_4$)은 장군풀이 가지고 있는 독성분이다. 옥살산의 2가지의 포타슘 염의 이름을 쓰시오.

4.73 폼산 소듐($NaCHO_2$)은 직물을 염색하는 데 사용된다. 폼산 소듐의 기원이 되는 산은 개미가 물었을 때 방출되는 독에 포함된 성분이다. 이 산의 이름은 무엇인가?

4.74 스테아르산 포타슘($KC_{18}H_{36}O_2$)은 효과적인 의복 세탁용 비누다. KOH와 반응하여 이 염을 생성하는 산의 이름을 쓰시오.

침전 반응

4.75 용해도 규칙을 이용하여 다음 중 물에 가용성인 물질을 모두 고르시오.
(a) $Zn(NO_3)_2$ (b) $PbBr_2$ (c) $Sr_3(PO_4)_2$ (d) $Mg(OH)_2$
(e) KBr (f) $Pb(NO_3)_2$

4.76 어느 화합물이 물에 가용성인지 예측해 보시오.
(a) Li_2CO_3 (b) $BaSO_4$ (c) $Ba(OH)_2$ (d) $Ca_3(PO)_4$
(e) $MgSO_4$ (f) $AlPO_4$

4.77 용해도 규칙을 적용하여 다음 반응식에 대한 균형 분자 반응식을 쓰고, 각 반응식에 대한 이온 반응식과 알짜 이온 반응식을 쓰시오.
(a) $FeSO_4(aq) + K_2CO_3(aq) \longrightarrow$
(b) $AgC_2H_3O_2(aq) + AlCl_3(aq) \longrightarrow$
(c) 염화 크로뮴(III) + 수산화 칼슘 ⟶

4.78 용해도 규칙을 적용하여 다음 반응식에 대한 균형 분자 반응식을 쓰고, 각 반응식에 대한 이온 반응식과 알짜 이온 반응식을 쓰시오.
(a) $Fe(NO_3)_3(aq) + KOH(aq) \longrightarrow$
(b) $Na_3PO_4(aq) + SrCl_2(aq) \longrightarrow$
(c) 아세트산 납(II) + 황산 암모늄 ⟶

4.79 수용액에서 $Pb(NO_3)_2$와 NaBr이 반응하여 고체 $PbBr_2$와 질산 소듐을 생성하는 반응에 대한 분자 반응식, 이온 반응식, 알짜 이온 반응식을 쓰시오.

4.80 염화 스트론튬과 인산 포타슘을 혼합한 수용액에서 인산 스트론튬 침전이 형성되고 용액에는 염화 포타슘이 남아 있었다. 이 반응에 대한 분자 반응식, 이온 반응식, 알짜 이온 반응식을 쓰시오.

산–염기 반응

4.81 다음 반응에 대한 균형 분자 반응식을 쓰고, 각 반응식에 대한 이온 반응식과 알짜 이온 반응식을 쓰시오(모든 생성물은 물에 녹는다).
(a) $Ba(OH)_2(aq) + HNO_3(aq) \longrightarrow$
(b) $Al_2O_3(s) + HCl(aq) \longrightarrow$
(c) $Cu(OH)_2(s) + H_2SO_4(aq) \longrightarrow$

4.82 다음 반응에 대한 균형 분자 반응식을 쓰고, 각 반응식에 대한 이온 반응식과 알짜 이온 반응식을 쓰시오(모든 생성물은 물에 녹는다).
(a) $HC_2H_3O_2(aq) + Mg(OH)_2(s) \longrightarrow$
(b) $HClO_4(aq) + NH_3(aq) \longrightarrow$
(c) $H_2CO_3(aq) + NH_3(aq) \longrightarrow$

*4.83 수산화 칼슘 용액에 황산 용액을 서서히 가할 때, 용액의 전기 전도도의 변화에 대하여 기술하시오. 알짜 이온 반응식을 사용하여 기술한 내용에 대한 근거를 제시하시오.

4.84 아세트산 용액에 수산화 소듐 용액을 서서히 가할 때, 용액의 전기 전도도의 변화에 대하여 기술하시오. 알짜 이온 반응식을 사용하여 기술한 내용에 대한 근거를 제시하시오.

기체 생성 반응

4.85 다음에 주어진 두 물질 사이의 반응에 대한 균형 알짜 이온 반응식을 쓰시오.
(a) $HCl(aq) + Na_2S(aq) \longrightarrow$
(b) $HCl(aq) + NaHCO_3(aq) \longrightarrow$

4.86 다음에 주어진 두 물질 사이의 반응에 대한 균형 알짜 이온 반응식을 쓰시오(중화 반응이 완결된다고 가정하시오).
(a) $H_2SO_4(aq) + NaHSO_3(aq)$
(b) $HNO_3(aq) + (NH_4)_2CO_3(aq)$ (Assume complete neutralization.)

4.87 아황산 소듐과 염산이 반응하면 기체가 생성된다. 이 반응에 대한 균형 분자 반응식과 알짜 이온 반응식을 쓰시오.

4.88 염화 암모늄과 수산화 소듐의 반응에 대한 균형 분자 반응식

과 알짜 이온 반응식을 쓰시오.

이중 치환(복분해) 반응

4.89 다음의 반응이 잘 일어나는 이유는 무엇인가?

(a) $FeCl_3 + 3NaOH \longrightarrow Fe(OH)_3 + 3NaCl$

(b) $ZnO + 2HCl \longrightarrow ZnCl_2 + H_2O$

4.90 다음의 반응이 잘 일어나는 이유는 무엇인가?

(a) $Na_2CO_3 + H_2SO_4 \longrightarrow Na_2SO_4 + H_2O + CO_2$

(b) $CaC_2O_4 + 2HNO_3 \longrightarrow Ca(NO_3)_2 + H_2C_2O_4$

4.91 다음 반응에 대한 균형 분자 반응식, 이온 반응식, 알짜 이온 반응식을 쓰시오. 반응은 완결된다고 가정한다.

(a) $HNO_3 + Al(OH)_3 \longrightarrow$

(b) $HClO_4 + KOH \longrightarrow$

(c) $Ni(OH)_2 + HC_2H_3O_2 \longrightarrow$

(d) $CuO + H_2SO_4 \longrightarrow$

4.92 다음 반응에 대한 균형 분자 반응식, 이온 반응식, 알짜 이온 반응식을 쓰시오. 반응은 완결된다고 가정한다.

(a) $KHSO_3 + HBr \longrightarrow$

(b) $(NH_4)_2CO_3 + KOH \longrightarrow$

(c) $(NH_4)_2CO_3 + Ca(OH)_2 \longrightarrow$

(d) $CuS + HCl \longrightarrow$

4.93 다음 두 반응물의 반응에 대한 균형 분자 반응식, 이온 반응식, 알짜 이온 반응식을 쓰시오. 알짜 이온 반응을 쓸 수 없으면 반응이 일어나지 않는다는 의미로 N.R.이라고 표시하시오.

(a) 질산 은과 브로민화 포타슘

(b) 황화 암모늄과 수산화 포타슘

(c) 염화 암모늄과 질산 구리(II)

(d) 폼산($HCHO_2$)과 탄산 포타슘

4.94 다음 두 반응물의 반응에 대한 균형 분자 반응식, 이온 반응식, 알짜 이온 반응식을 쓰시오. 알짜 이온 반응을 쓸 수 없으면 반응이 일어나지 않는다는 의미로 N.R.이라고 표시하시오. 반응은 완결된다고 가정한다.

(a) 황화 암모늄과 수산화 소듐

(b) 황산 크로뮴(III)과 탄산 포타슘

(c) 질산 은과 아세트산 크로뮴

(d) 수산화 스트론튬과 염화 마그네슘

4.95 다음의 알짜 이온 반응이 가능한 두 반응물은 무엇인가? 두 반응물에 대한 분자 반응식을 쓰시오.

(a) $Ba^{2+}(aq) + SO_4^{2-}(aq) \longrightarrow BaSO_4(s)$

(b) $Pb^{2+}(aq) + I^-(aq) \longrightarrow PbI_2(s)$

(c) $Ca^{2+}(aq) + CO_3^{2-}(aq) \longrightarrow CaCO_3(s)$

(d) $Ag^+(aq) + CrO_4^{2-}(aq) \longrightarrow Ag_2CrO_4(s)$

4.96 Cu^{2+}와 CO_3^{2-}의 반응에 의한 침전 반응을 이용하여 탄산 구리(II)를 합성하려고 한다. 이 반응에 가장 적절한 반응물은 어느 것인가? 다른 반응물이 적절치 않은 이유는 무엇인가?

(a) $Cu(OH)_2 + Na_2CO_3$ (b) $CuSO_4 + (NH_4)_2CO_3$

(c) $Cu(NO_3)_2 + CaCO_3$ (d) $CuCl_2 + K_2CO_3$

(e) $CuS + NiCO_3$

용액의 농도

4.97 다음 용액의 몰농도를 구하시오.

(a) 0.80 mol의 질산이 포함된 수용액 125 mL

(b) 0.75 mol의 염산이 포함된 수용액 135 mL

4.98 다음 용액의 몰농도를 구하시오.

(a) 25 g의 NaOH가 녹아있는 수용액 750 mL

(b) 35 g의 염화 소듐이 녹아있는 수용액 275 mL

4.99 다음 용액의 노말 농도를 구하시오.

(a) 2.5 g의 $LiNO_3$를 녹인 수용액 60.0 mL

(b) 3.50 g의 크롬산 포타슘($KCrO_4$)을 녹인 수용액 100.0 mL

4.100 다음 용액의 노말 농도를 구하시오.

(a) 12.5 g의 $FeCl_3$를 녹인 수용액 300 mL

(b) 50.0 g의 질산 마그네슘을 녹인 수용액 250.0 mL

4.101 14.3 g의 $NaC_2H_3O_2$를 얻기 위하여 취해야 하는 0.265 *m* $NaC_2H_3O_2$ 용액은 몇 mL인가?

4.102 1.67 g의 HNO_3를 얻기 위하여 취해야 하는 0.615 *m* HNO_3 용액은 몇 mL인가?

4.103 다음의 용액을 만들기 위하여 취해야 하는 용질의 질량은 몇 g인가?

(a) 0.250 *M* $KMnO_4$ 용액 3.00 L

(b) 0.360 *M* $C_6H_{12}O_6$ 용액 250.0 mL

(c) 0.250 *M* H_2SO_4 용액 250.0 mL

4.104 다음의 용액을 만들기 위하여 취해야 하는 용질의 질량은 몇 g인가?

(a) 2.50 *M* 황산 포타슘 용액 250.0 mL

(b) 0.250 *M* 염화 철(III) 용액 100.0 mL

(c) 0.400 *M* 아세트산 바륨 용액 500.0 mL

4.105 농도가 0.7 *M*인 HNO_3 용액 50 mL를 115 mL로 묽혔다. 최종 용액의 몰농도는 얼마인가?

4.106 농도가 0.95 *M*인 H_2SO_4 용액 78 mL를 150 mL로 묽혔다. 최종 용액의 몰농도는 얼마인가?

4.107 농도가 12.0 *M*인 황산 35.0 mL를 묽혀서 1.75 *M* 황산 용액이 되었다. 최종 용액의 부피는 몇 mL인가?

4.108 농도가 1.75 *M*인 HCl 25.0 mL를 묽혀서 1.75 *M* HCl 용액이 되었다. 최종 용액의 부피는 몇 mL인가?

4.109 0.5 *M* HCl 750 mL와 2 *M* HCl 250 mL를 섞은 용액의 포말 농도는 얼마인가?

4.110 2.5 *M* KOH 150 mL와 1.0 *M* KOH 350 mL를 섞은 용액의 포말 농도는 얼마인가?

용액의 화학량론

4.111 다음 용액에 존재하는 각 이온의 몰수를 구하시오.

(a) 0.75 M NaCl 용액 125 mL
(b) 0.85 M NaOH 용액 75 mL

4.112 다음 용액에 존재하는 각 이온의 몰수를 구하시오.
(a) 0.455 M $MgCl_2$ 용액 32.3 mL
(b) 0.408 M $BaSO_4$ 용액 50.0 mL

4.113 다음 용액에 존재하는 각 이온의 몰농도를 구하시오.
(a) 0.45 M $Cr(NO_3)_2$
(b) 0.15 M $CuSO_4$ 용액
(c) 0.37 M Na_3PO_4 용액
(d) 0.050 M $Al_2(SO_4)_3$ 용액

4.114 다음 용액에 존재하는 각 이온의 몰농도를 구하시오.
(a) 0.060 M $Ca(OH)_2$ 용액
(b) 0.15 M $FeCl_3$ 용액
(c) 0.22 M $Cr_2(SO_4)_3$ 용액
(d) 0.60 M $(NH_4)_2SO_4$ 용액

4.115 Ca^{2+} 이온의 농도가 0.125 M인 $CaCl_2$ 용액이 있다. 이 용액 50.0 mL에 포함된 $CaCl_2$는 몇 g인가?

4.116 SO_4^{2-} 이온의 농도가 0.0556 M인 $CuSO_4$ 용액이 있다. 이 용액 225 mL에 포함된 $CuSO_4$는 몇 g인가?

4.117 농도가 0.250 M인 Na_2CO_3 용액 275.0 mL와 완전히 반응하는 데 필요한 0.500 M Na_2SO_4 용액은 몇 mL인가? 반응식은 다음과 같다.

$$Na_2SO_4(aq) + BaCl_2(aq) \longrightarrow BaSO_4(s) + 2NaCl(aq)$$

4.118 농도가 0.250 M인 HCl 용액 25.0 mL를 완전히 중화하는 데 필요한 0.100 M KOH 용액은 몇 mL인가? 반응식은 다음과 같다.

$$HCl(aq) + KOH(aq) \longrightarrow H_2O + KCl(aq)$$

4.119 0.08 M 수산화 바륨 수용액 21.34 mL와 0.16 M HCl 수용액 42.68 mL를 섞은 용액에서 염화 바륨의 몰농도는 얼마인가? 용액에서의 반응에 대한 균형 분자 반응식을 쓰시오.

4.120 질산 용액 12.88 mL를 완전히 중화하는 데 0.1024 M $Ca(OH)_2$ 용액 26.04 mL가 사용되었다면 질산 용액의 몰농도는 얼마인가? 중화 반응에 대한 균형 분자 반응식을 쓰시오.

4.121 미세 부유물을 제거하기 위한 수처리(water treatment) 공정에 황산 알루미늄[$Al_2(SO_4)_3$]이 사용된다. 염기로 처리했을 때 생성되는 젤 같은 침전이 가라앉으면서 미세 입자를 제거한다. 어떤 학생이 $Al_2(SO_4)_3$를 $Ba(OH)_2$와 반응시키는 실험을 수행하였다. 0.0425 M $Ba(OH)_2$ 용액 75.0 mL와 반응하는 데 필요한 $Al_2(SO_4)_3$은 몇 g인가?

4.122 0.500 M 아세트산 은(silver acetate) 용액 20.00 mL와 완전히 반응하기 위해 필요한 0.250 M 염화 알루미늄 용액은 몇 mL인가? 이 반응에 대한 알짜 이온 반응식은 다음과 같다.

$$Ag^+(aq) + Cl^-(aq) \longrightarrow AgCl(s)$$

4.123 다음 최종 용액에서 HCl의 몰농도를 구하시오.
(a) 1 M HCl 200 mL + 물 300 mL
(b) 1 M HCl 1500 mL + 18.25 g HCl
(c) 1 M HCl 200 mL + 0.5 M HCl 100 mL

4.124 농도가 1.00 M인 수산화 소듐 용액 50.0 mL와 완전히 반응하는 데 필요한 0.250 M 황산 암모늄 용액은 몇 mL인가? 이 반응에 대한 알짜 이온 반응식은 다음과 같다.

$$NH_4^+(aq) + OH^-(aq) \longrightarrow NH_3(g) + H_2O$$

4.125 HCl의 농도가 0.052 M인 위산 120 mL와 완전히 반응하는 데 필요한 제빵 소다($NaHCO_3$)는 몇 g인가?

4.126 농도가 0.200 M인 KOH 용액 60.0 mL와 완전히 반응하는 데 필요한 염화 코발트(II)는 몇 g인가? 이 반응에 대한 알짜 이온 반응식은 다음과 같다.

$$Co^{2+}(aq) + 2OH^-(aq) \longrightarrow Co(OH)_2(s)$$

4.127 농도가 0.500 M인 HCl 용액 30.0 mL에 고체 Fe_2O_3 6.00 g을 가했다. HCl이 모두 반응했을 때 Fe^{3+} 이온의 농도는 얼마인가? 반응하지 않고 남은 Fe_2O_3의 질량은 몇 g인가?

4.128 농도가 0.500 M H_2SO_4 용액 30.0 mL에 고체 $Mg(OH)_2$ 3.50 g을 가했다. 산이 모두 중화되었을 때 Mg^{2+} 이온의 농도는 얼마인가? 용해되지 않은 $Mg(OH)_2$는 몇 g인가?

적정과 화학 분석

4.129 어느 적정 실험에서 HCl 용액 20 mL와 반응하는 데 필요한 0.8 M NaOH 용액이 25 mL였다. 산의 몰농도는 얼마인가?

4.130 아세트산이 들어 있는 식초 시료 12.5 mL를 0.368 M NaOH 용액으로 적정하였더니 종말점까지 28.28 mL의 염기가 필요하였다. 다음 물음에 답하시오.
(a) 식초에 포함된 아세트산의 몰농도를 구하시오.
(b) 식초의 밀도가 1.01 g/mL라면, 식초에 있는 아세트산의 질량 백분율은 얼마인가?

4.131 락트산($HC_3H_5O_3$)은 상한 우유에서 생성되는 일양성자산이다. 락트산 시료 용액 18.5 mL를 데 0.155 M NaOH 용액으로 적정하였더니 종말점까지 17.25 mL의 염기가 필요하였다. 다음 물음에 답하시오.
(a) 시료에 포함된 락트산은 몇 mol인가?
(b) 시료에 포함된 락트산은 몇 g인가?

4.132 아스코브산(ascorbic acid, 바이타민 C)은 화학식이 $H_2C_6H_6O_6$인 이양성자산이다. 바이타민 보충제인 시료 0.1565 g을 물에 녹여 0.0200 M NaOH로 적정하는 실험에서, 아스코브산을 완전히 중화시키는 데 21.46 mL의 염기가 필요하였다. 시료에 포함된 아스코브산의 질량 백분율을 구하시오.

***4.133** 화합물 $PbCO_3$가 들어 있는 어느 납 광석 시료 1.526 g을 질산으로 처리하여 모든 $PbCO_3$를 용해시켰다. 용해되지 않은 암석 성분을 거른 후, 용액에 존재하는 모든 납을 $PbSO_4$로 완전히 침전시키는 데 0.122 M Na_2SO_4 용액 29.22 mL가 필요하였다. 다음 물음에 답하시오.

(a) 광석 시료에 포함된 납의 몰수는 얼마인가?

(b) 광석 시료에 포함된 납의 g 수는 얼마인가?

(c) 광석 시료에 포함된 납의 질량 백분율은 얼마인가?

(d) 고체 $PbSO_4$를 모아서 씻고, 말리고, 무게를 쟀다면 문제에서와 동일한 질량을 얻었겠는가?

***4.134** $BaCO_3$가 들어 있는 어느 바륨 광석 시료 1.856 g을 HCl로 처리하여 모든 $BaCO_3$를 용해시켰다. 용해되지 않은 물질을 거른 후, H_2SO_4로 처리하여 모든 바륨을 $BaSO_4$로 침전시켰다. $BaSO_4$ 침전을 거르고 건조시킨 후 측정한 질량은 1.204 g이었다. 광석에 포함된 바륨의 질량 백분율은 얼마인가?

추가 연습 문제

4.135 바닷물에 인산이수소 소듐(Na_2HPO_4) 용액을 가하면 인산 칼슘과 인산 마그네슘 침전이 형성된다(칼슘과 마그네슘은 바닷물에 많이 녹아있는 이온들이다). 이 침전 반응에 대한 알짜 이온 반응식을 쓰시오.

4.136 약산 CH_3CO_2H와 다음 염기의 반응에 대한 반응식을 쓰시오.

(a) NaOH (b) CaO (c) $NH(C_2H_5)_2$

***4.137** 농도가 0.160 *M*인 $AgNO_3$ 용액 25.0 mL에 0.440 *M* NaCl 용액 25.0 mL를 첨가했다. 다음 물음에 답하시오.

(a) 생성되는 AgCl 침전은 몇 mol인가?

(b) 반응 후 반응 혼합물에 남아 있는 각 이온의 농도는 얼마인가?

***4.138** 농도가 0.280 *M*인 $Ca(NO_3)_2$ 용액 34.0 mL에 0.370 *M* Na_3PO_4 용액 25.0 mL를 첨가했다. 다음 물음에 답하시오.

(a) 생성되는 $Ca_3(PO_4)_2$의 질량은 얼마인가?

(b) 반응 후 반응 혼합물에 남아 있는 각 이온의 농도는 얼마인가?

4.139 다음을 강전해질, 약전해질, 혹은 비전해질로 각각 분류하고 그 근거를 제시하시오.

(a) $Fe(NO_3)_3$ (b) $C_6H_{12}O_6(aq)$ (c) $NH_3(l)$ (d) H_3PO_4

***4.140** 아스피린은 아세틸살리실산이라고 부르는 일양성자산으로, 화학식은 $HC_9H_7O_4$이다. 어떤 진통제에 들어 있는 아스피린에 대한 분석을 위하여, 진통제 0.236 g을 물에 용해시킨 후 0.0300 *M* KOH 용액으로 적정하였다. 종말점까지 16.76 mL의 염기가 소모되었다면 진통제에 포함된 아스피린의 질량 백분율은 얼마인가?

***4.141** 어떤 실험에서 0.270 *M* 수산화 바륨 용액 45.0 mL에 0.330 *M* 황산 알루미늄 용액 28.0 mL를 혼합하였다. 다음 질문에 답하시오.

(a) 용액에서의 반응에 대한 알짜 이온 반응식을 쓰시오.

(b) 생성되는 침전물의 전체 질량은 얼마인가?

(c) 반응이 완결된 후 반응 혼합물에 남아 있는 각 이온의 농도는 얼마인가?

***4.142** 최종 용액의 농도가 0.25 *M* HCl 용액을 만들기 위해 0.40 *M* HCl 용액 50.0 mL에 가해야 하는 0.10 *M* HCl은 몇 mL인가?

4.143 다음의 구조를 갖는 염 염화물의 양이온과 수산화 소듐의 반응에 대한 반응식을 쓰시오. 24.8 g의 염과 반응하는 데 필요한 수산화 소듐의 질량은 몇 g인가?

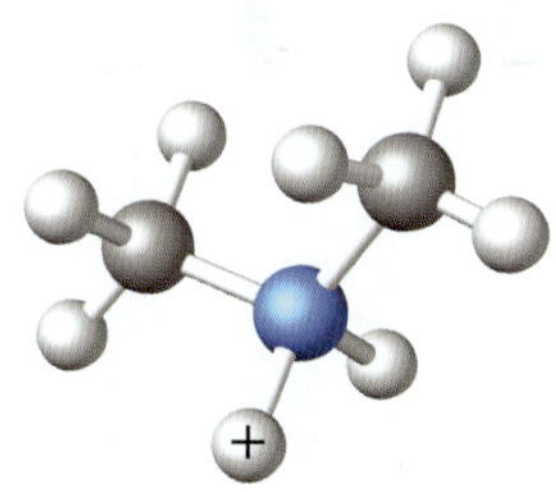

다중 개념 문제

4.144 황산 마그네슘은 사리염(Epsom 염)이라 불리는 수화물을 형성한다. 이 수화물 1.448 g을 녹인 수용액에 침전 반응이 완결될 때까지 염화 바륨 용액을 가했다. 반응이 끝난 후 거르고, 말린 침전물의 질량은 1.4088 g이었다. Epsom 염의 화학식을 결정하시오.

4.145 정성 분석을 수행한 결과 탄소, 수소, 산소로만 구성된 것으로 확인된 산이 있다. 이 산 10.46 mg을 산소 분위기에서 연소시킨 결과 22.17 mg의 CO_2와 3.40 mg의 H_2O을 얻었다. 별도의 실험을 통하여 확인한 몰질량은 166 g mol^{-1}이다. 산 0.1680 g을 0.1250 *M* NaOH로 적정한 결과, 종말점까지 16.18 mL의 염기가 소모되었다. 다음 물음에 답하시오.

(a) 산의 분자식을 쓰시오.

(b) 산이 가지고 있는 산성 수소는 몇 개인가?

***4.146** KNO_3와 K_2SO_3가 혼합된 시료가 있다. 혼합물 0.486 g을 녹인 50.0 mL 용액에 0.150 *M* HCl 50.00 mL(가한 HCl은 과량이다)를 가했다. 반응 용액을 가열하여 SO_2 기체를 제거하고, 반응 용액 25 mL를 취하여 0.100 *M* KOH로 적정하였더니 종말점까지 13.11 mL의 KOH 용액이 소모되었다. 원 시

료에 포함된 K_2SO_3의 질량 백분율을 구하시오.

***4.147** 아세트산이 포함된 식초(밀도는 1.01 g mL^{-1}) 25.0 mL를 0.504 *M* NaOH로 적정하였더니 종말점까지 42.54 mL의 염기가 소모되었다. 식초에 포함된 아세트산의 몰농도와 질량 백분율을 구하시오.

비판적 사고의 과제

4.148 NaCl 17.55 g을 1 L 물이 들어있는 비커에 가했다. 이 용액은 진한 용액인가 아니면 묽은 용액인가? 답에 대한 논리를 함께 제시하시오.

4.149 한 학생이 묽은 산을 삼각 플라스크에 그리고 묽은 염기를 뷰렛에 넣고 적정을 시작하였다. 그러나 뷰렛에 들어있는 염기를 모두 가한 후에도 기대하던 색변화가 없었다. 이에 대한 가능한 이유는 무엇인가?

4.150 물에서 물질의 용해도를 측정하기 위하여 수행할 수 있는 실험은 무엇인가? 측정해야 하는 것을 포함한 전체 과정을 기술하시오. 측정의 정확도를 제한하는 인자는 어떤 것이 있는가?

4.151 500 mL 부피 플라스크의 정확성을 어떻게 검증할 수 있는가?

4.152 수산화 마그네슘, 수산화 칼슘, 산화 아연 중 하나인 것으로 알려진 흰색 물질이 있다. 이 물질 시료 1.25 g을 물 50.0 mL에 녹인 용액에 0.500 *M* HCl 200.0 mL를 가한 후, 모든 시료가 용해될 수 있도록 혼합물을 잘 저었다. 용액에 들어 있는 과량의 HCl을 적정을 통해 완전히 중화시키는 데 0.200 *M* NaOH 36.0 mL가 소모되었다. 흰색 물질의 정체는 무엇인가?

***4.153** 표면이 얇은 아연으로 코팅되어있는 지름이 10.0 cm이고 길이가 30.0 cm인 원통형 강철이 있다. 이 강철을 염산 용액에 담가 코팅된 아연을 모두 녹이면, 용액에서 아연은 Zn^{2+} 이온으로 존재한다. 산 용액을 염기로 처리해서 모든 아연 이온을 $Zn(OH)_2$로 침전시켰더니 0.226 g의 침전이 얻어졌다. 원통 표면에서 아연 한 개가 차지하는 면적이 6.31×10^4 pm^2라 할 때, 원래의 원통 표면에서의 아연 코팅은 몇 개의 아연 층에 해당하는가?

***4.154** Arrhenius가 주장한 용액에 이온이 존재한다는 주장은 처음에는 잘 받아들여지지 않았다. 염의 수용액이나 용융염의 전기 전도성을 설명할 수 있는 다른 이론을 제시하시오.

***4.155** 세계 인구 변화의 중요한 원인 중 하나가 채식주의자의 증가 때문이라면, 채식주의가 지구 온난화의 속도를 늦출 수 있겠는가? 그렇다면 어떻게 늦추는가?

Francois Roux/Adobe Stock Photos

5장

산화-환원 반응

이 장의 배경

New York의 상징적인 건축물인 George Washington 다리(George Washington Bridge)는 New Jersey와 Manhattan을 연결하는 다리이다. 이 다리는 교각을 구성하는 철이 공기 중의 산소와 반응하여 녹스는 것을 방지하기 위하여 10년마다 새로 페인트칠을 하고 있다. 이 작업에는 24,000갤런 이상의 페인트가 필요하고 18개월의 작업 기간이 소요된다. 페인트를 칠하지 않으면 철은 심하게 부식될 것이다. 수분이 존재하는 곳에서 철과 산소의 반응은 산화–환원 반응의 한 예이다. 이 장에서는 다양한 산화–환원 반응에 대하여 다룰 것이다. 4장에서 이미 수용액에서의 몇 가지 중요한 반응에 대하여 배웠다. 이 장에서는 한 반응물에서 다른 반응물로 한 개 이상의 전자가 전달되는 일련의 반응으로 논의를 확대할 것이다. 생물학적 계에서 산화–환원 반응은 음식물의 대사 등 생명체에 필요한 많은 반응들과 관련되어 있다. 생화학적 반응 이외에도 우리는 매일 다양한 산화–환원 반응과 접한다. 예를 들면 음식을 조리하거나 잔디 깎는 기계를 구동하기 위하여 사용하는 연료의 연소 반응에서부터 우주 왕복선을 발사하는 데 필요한 에너지를 얻는 경우까지 다양한 반응을 생각할 수 있다. 이외에도 배터리, 태양 전지, 살균제, 세척제 그리고 물의 정화 등 많은 경우에 산화–환원 반응이 관여한다. 이 장에서 산화–환원 반응의 일부를 다루고, 추가적인 내용은 19장에서 다시 소개할 예정이다.

이 장의 개요

5.1 산화–환원 반응

5.2 산화–환원 반응식 균형 맞추기

5.3 산화제로서의 산

5.4 금속의 산화–환원 반응

5.5 산화제로서의 산소 분자

5.6 산화–환원 반응의 화학량론

학습 목표

이 장을 읽고 이해한 후 다음과 같은 것을 할 수 있어야 한다.

- 산화, 환원, 산화제, 환원제 및 산화수를 정의할 수 있다.
- 산성 또는 염기성 용액에서 산화–환원 반응식의 균형을 맞출 수 있다.
- 분자 수준에서 금속이 산과 어떻게 반응하는지를 설명할 수 있다.
- 금속의 활동도 서열을 설명하고, 이를 사용하여 금속과 관련된 산화–환원 반응의 생성물을 예측할 수 있다.
- 유기 화합물이나 금속 및 비금속의 산소와의 반응을 설명할 수 있다.
- 산화–환원 반응의 화학량론적 계산을 수행할 수 있다.

학습 목표 달성을 위한 제안

5장에서 제시된 산화–환원 반응을 이해하고 학습 목표를 달성하는 데 도움이 되는 몇 가지 제안이다.

1. 여러 가지 질문에 대한 답을 구하거나 혹은 개념을 공부할 때 참고할 수 있도록 5장에서 배운 내용에 대한 요약을 작성하라.
2. 산화–환원 과정에는 전자의 이동이 필요하다. 이와 관련한 용어를 정리하고 전체 과정을 보여 주는 도표를 그려라.
3. 이 장에서 산화수를 정하는 규칙과 산화–환원 반응의 균형을 맞추기 위한 이온–전자법을 배운다. 각 과정에서의 단계를 간단한 설명과 함께 정리하라.
4. 이해하기 어려운 개념 3가지를 찾고, 이와 관련된 질문을 만들어 강사와 토론해 보라.

5.1 산화–환원 반응

해설 산소는 1774년에 Joseph Priestley에 의해 발견되었다.

과학자들이 초기에 연구한 반응 중 하나가 산소를 포함하는 반응이다. 연료가 연소 되거나 금속과 산소의 반응으로 산화물을 생성하는 것을 **산화**(oxidation)로, 금속 산화물로부터 산소를 제거하여 원소 형태의 금속을 얻는 것을 **환원**(reduction)으로 정의하였다.

1789년에 프랑스의 화학자인 Antoine Lavoisier가 연소(combustion)는 나무나 석탄과 같은 다양한 연료와 공기 중의 특히 산소와의 화학적 반응과 관련이 있다는 것을 발견하였다. 그 후에 과학자들은 이와 같은 반응은 실제적으로는 전자가 한 물질로부터 다른 물질로 전달되는 훨씬 더 일반적인 현상의 특별한 경우라는 것을 알게 되었다. 관련 반응을 한데 모아 전자 전달 반응을 **산화–환원 반응**(**oxidation-reduction reaction** 또는 간단히 **redox reaction**)으로 부르게 되었다. **산화**(**oxidation**)라는 용어는 반응물이 전자를 잃을 때 사용되고, **환원**(**reduction**)은 다른 물질로부터 전자를 얻는 것을 말한다. 예를 들어 소듐과 염소의 반응은 소듐이 전자를 잃고(소듐의 **산화**), 염소가 전자를 얻어(염소의 **환원**) 염화 소듐을 생성한다. 전자를 기호 e^-로 나타내어 이런 변화를 표현하면 다음 반응식과 같다.

해설 산화–환원(redox) 반응이란 용어는 산화와 환원이 화학 반응식에서 항상 함께 일어난다는 것을 강조하기 위해 만들어졌다.

해설 이러한 유형의 식을 쓸 때, 반응이 산화일 경우 전자는 '생성물'로, 환원일 경우 '반응물'로 나타내는 것에 주의하라.

$$Na \longrightarrow Na^+ + e^- \quad (\text{산화})$$
$$Cl_2 + 2e^- \longrightarrow 2Cl^- \quad (\text{환원})$$

즉 소듐(Na)은 산화되었고 염소(Cl_2)는 환원되었다고 말한다.

산화와 환원은 항상 함께 일어난다. 환원되는 것이 없으면 산화되는 것도 없으며, 한 물질이 잃은 전자의 총 수는 다른 물질이 얻은 전자의 총 수와 항상 같다. 그렇지 않다면 전체 반응식에서 전자가 생성물이나 반응물로 나타나야 하는데 그런 경우는 없다. 예를 들면 소듐과 염소의 반응에서 전체 반응식은 다음과 같다.

해설 잃은 전자와 얻은 전자의 수가 일치해야 한다. 그렇지 않으면 질량 보존 법칙에 위배되는 것이다.

$$2Na + Cl_2 \longrightarrow 2NaCl$$

두 개의 소듐 원자가 산화될 때 두 개의 전자를 잃게 되고, 이것은 하나의 Cl_2 분자가 환원될 때 얻는 전자의 수와 정확히 일치한다.

산화–환원 반응에서 참여하는 물질을 구분하는 중요한 용어로 **산화제**와 **환원제**가 있다. 산화–환원 반응이 일어나기 위해서는 한 물질이 반드시 다른 물질로부터 전자를 받아들여야 한다. 전자를 받아들이는 물질은 다른 물질이 전자를 잃게 하여 산화시키기 때문에 **산화제**(**oxidizing agent**)라 하고, 전자를 제공하는 물질은 다른 물질이 환원되도록 도와주기 때문에 **환원제**(**reducing agent**)라 한다. 위의 예에서 소듐은 염소에게 전자를 제공하므로 환원제이다. 이 과정에서 소듐은 산화된다. 소듐으로부터 전자를 공급받는 염소는 산화제이며, 이때 염소는 염화 이온으로 환원된다. 이를 기억하기 편리하도록 다음에 요약하였다.

> 환원제는 자신이 산화되는 물질이다.
> 산화제는 자신이 환원되는 물질이다.

Bloomberg/Getty Images

그림 5.1 **'염소' 표백제** 일반 가정용 상품은 하이포아염소산 소듐(NaOCl)의 묽은 수용액으로, 섬유에 묻은 얼룩을 산화시켜 제거한다.

서론에서 언급했듯이 산화–환원 반응은 매우 흔하다. 전지의 예를 들면 전자가 외부 회로를 따라서 전달되어 LED 손전등의 불을 밝히거나 휴대전화를 작동시킨다. 우리 몸에 에너지를 공급하는 음식물의 대사 작용도 연속적인 산화–환원 반응에 의해 일어난다. 자연 및 인공 대기 오염 물질은 종종 산화–환원 반응의 산물이다. 일반적인 가정용 표백제는 섬유에 묻은 얼룩을 산화시켜 무색으로 만들거나 쉽게 제거될 수 있게 한다(**그림 5.1** 참조).

산화수와 산화–환원 반응

도구
산화제와 환원제

산소와 반응하는 모든 반응이 다음 예제에서의 마그네슘과 산소의 반응에서와 같은 이온 결합 화합물을 생성하는 것은 아니다. 예를 들어 황은 산소와 반응하여 화학식이 SO_2인 이산화황을 만든다. 이 반응도 산화–환원 반응으로 취급하는 것이 편리하지만, 그러기 위해서는 산화와 환원을 정의하는 방법을 조금 수정해야 한다. 보다 보편적인 산화와 환원을 정의하기 위해 화학자들은 **산화수(oxidation number)**라는 개념을 개발하였다.

예제 5.1 산화–환원 확인하기

불꽃놀이에 흔히 보이는 밝은 백색광은 마그네슘과 산소의 반응에 의해 생성된다. 반응의 생성물은 이온 결합 화합물인 산화 마그네슘이다. 산화되는 물질과 환원되는 물질은 각각 무엇이며 산화제와 환원제는 어느 것인가?

Jung-Pang Wu/Getty Images

분석 이 예제는 위에 제시된 정의를 적용할 수 있는지를 묻고 있으므로, 반응에 참여하는 이온을 확인해서 전자가 어떻게 이동하는지를 알아야 한다.

도구 모음 언급된 바와 같이 산화 마그네슘은 이온 결합 화합물이다. 2장에서 배운 대로 주기율표에서 원소의 위치로부터 이온과 반응 생성물의 화학식을 알 수 있다.

풀이 주기율표에서 2A족에 속한 마그네슘은 두 개의 전자를 잃고 Mg^{2+} 이온이 된다.

$$Mg \longrightarrow Mg^{2+} + 2e^-$$

동시에, 6A족에 속한 산소는 두 개의 전자를 얻어서 O^{2-} 이온이 된다. 반응물은 산소 분자(O_2)이므로 산소 이온을 만드는 반응식은 다음과 같다.

$$O_2 + 4e^- \longrightarrow 2O^{2-}$$

이제 답을 구하기 위해 산화제와 환원제의 정의를 사용한다.

전자를 잃은 마그네슘은 산화되었으므로 환원제이다. O_2는 전자를 얻었으므로 환원되었고, 산화제가 되어야 한다.

답이 합리적인가? 이온 반응식에서 각 원자의 수와 알짜 전하는 반드시 양쪽이 같아야 한다. 두 반응식 모두 그렇게 되어 있다. 또한 하나의 반응물이 전자를 얻으면 다른 반응물은 항상 전자를 잃어야 하는데, 이 또한 그렇게 되어 있다.

실전 문제 5.1

과산화 소듐은 한동안 종이나 직물을 생산하기 위한 나무 펄프를 표백하는 데 사용되었다. 소듐이 산소 분자(O_2)와 반응할 때 생성물은 과산화 이온(O_2^{2-})을 포함하는 과산화 소듐(Na_2O_2)이다. 이 반응에서 O_2는 산화되었는가 혹은 환원되었는가? (**힌트**: 어느 반응물이 전자를 얻었고, 또 어느 것이 전자를 잃었는가?)

실전 문제 5.2

인쇄 배선판을 제작하는 공정에서 황산으로 구리를 식각하는 단계가 있다. 황산과 구리가 반응할 때 산화되는 물질과 환원되는 물질은 각각 어느 것인가? 또한 산화제와 환원제는 각각 어느 것인가?

특정 화합물에서 어떤 원소의 산화수는 아래와 같은 몇 가지 규칙으로 결정된다. NaCl과 같은 화합물에 포함된 원자 이온의 산화수는 그 이온의 전하와 같다. 따라서 NaCl에서 Na^+의 산화수는 +1이고, Cl^-의 산화수는 −1이다. 산화수 개념이 유용한 이유는 분자성 화합물에 들어 있는 원자들의 산화수를 정할 수 있다는 것이다. 이 경우에는 산화수가 실제로 원자가 가지고 있는 전하를 의미하는 것은 아니라는 것을 알아야 한다. 실제의 전하와 산화수를 확실히 구별하기 위하여 산화수를 쓸 때는 부호를 숫자 **앞**에 붙이고, 전하를 표시할 때는 부호를 숫자 **뒤**에 붙인다. 따라서 소듐 이온은 1+의 전하를 갖고 산화수는 +1이다.

산화수와 동등하게 쓰이는 용어로 **산화 상태(oxidation state)**가 있다. 예를 들면 NaCl에서 소듐은 +1의 산화수를 가지며, '+1의 산화 상태에 있다'고 말한다. 마찬가지로, NaCl에서 염소는 '−1의 산화 상태에 있다'고 말한다. 한 원소의 산화 상태가 2개 이상일 경우에는 그 원소 이름 뒤의 괄호 안에 로마 숫자로 산화수를 써서 산화 상태를 나타낸다. 예를 들어 '철(III)'은 철이 +3의 산화 상태에 있음을 의미한다. 산화와 환원 반응에서 사용되는 용어를 **표 5.1**에 요약하여 나타내었다.

이제 새로운 용어를 사용하여 산화–환원 반응의 개념을 다시 정의할 수 있다.

산화–환원 반응은 산화수의 변화를 수반하는 화학 반응이다.

산화수의 변화를 확인하면 산화–환원 반응에 대한 이해가 쉽다. 이를 위하여 각 원자의 산화수를 간단하면서 빠르게 정할 수 있어야 한다.

표 5.1 반응식 $2Na + Cl_2 \longrightarrow 2NaCl$에서 산화와 환원

소듐	염소
$Na \longrightarrow Na^+ + e^-$	$Cl_2 + 2e^- \longrightarrow 2Cl^-$
산화됨	환원됨
환원제	산화제
산화수 증가	산화수 감소
전자 잃음	전자 얻음

산화수를 정하는 규칙 다음의 규칙과 앞에서 배운 기본적인 지식을 이용하여 거의 모든 화합물에서 구성 원자의 산화수를 결정할 수 있다. 이 규칙에는 우선순위가 있다. 먼저 언급된 규칙이 나중에 언급된 규칙보다 우선적으로 적용된다. 이런 방법으로 두 규칙이 상충되는 것을 해결할 수 있다.

산화수를 정하는 규칙의 순서

주의: 두 규칙이 서로 상충하거나 혹은 산화수를 구하는 것이 불확실할 때는 먼저 언급된 규칙을 적용하고 상충하는 규칙은 무시한다.

1. 산화수의 합계가 분자, 화학식 단위 또는 이온의 전하와 같아야 한다.
2. 모든 자유 원소의 원자는 산화수가 0이다.
3. 1A족과 2A족의 금속 및 알루미늄(Al)은 각각 +1, +2, +3의 산화수를 갖는다.
4. 화합물에서 H와 F는 각각 산화수가 +1, −1이다.
5. 화합물에서 산소의 산화수는 −2이다.
6. 7A족 원소의 산화수는 −1이다.
7. 6A족 원소의 산화수는 −2이다.
8. 5A족 원소의 산화수는 −3이다.

도구
산화수 정하기

해설 규칙 2는 O_2의 O, P_4의 P, 그리고 S_8의 S는 모두 0의 산화수를 가진다는 것을 의미한다.

이 규칙들은 원자나 이온뿐 아니라 분자와 이온 결합 화합물에도 적용할 수 있다. 예를 들면 산소(O_2)는 자유 원소이고 전하가 0이다. 따라서 산소 분자(O_2)에서 각 산소 원자의 산화수는 규칙 1과 2에 따라 0이 되어야 한다. 또 다른 예로 간단한 이온 결합 화합물인 NaCl을 들면, 소듐은 1A족이므로 규칙 3에 따라 산화수가 +1이 되고 규칙 6에 따라 염소의 산화수는 −1이 된다. 이것을 더하면 0이 되고, 이것은 화학식 단위의 전체 전하와 같으므로 규칙 1을 만족한다.

위에 주어진 규칙은 흔히 둘 이상의 산화 상태를 가질 수 있는 원소가 있을 때도 적용된다. 예를 들어 전이 금속은 두 가지 이상의 이온을 생성할 수 있다. 즉 철은 Fe^{2+}와 Fe^{3+} 이온을 생성하므로, 철 화합물에서는 어떤 철 이온이 존재하는가를 알아내기 위하여 위의 규칙을 사용해야 한다. 마찬가지로 화합물이나 다원자 이온 내에서 비금속이 수소 및 산소와 결합하고 있을 때, 그들의 산화수는 다양하므로 규칙을 사용하여 계산해야 한다. 예를 들어 생물 표본 방부제인 폼알데하이드(CH_2O)에서 탄소 원자의 산화수는 규칙을 이용하여 다음과 같이 계산할 수 있다. 두 수소의 산화수는 $2\times(+1)$이고 산소의 산화수는 −2이다. 이를 합하면 0이 되고 분자가 중성이 되기 때문에 탄소의 산화수는 규칙 1에 따라 0이 되어야 한다.

이러한 사실들을 염두에 두고 위에 기술한 규칙들이 어떻게 적용되는지를 보여 주는 예제를 살펴보자.

예제 5.2 산화수 정하기

MolyLube의 주 성분인 MoS_2는 윤활성이 매우 뛰어난 물질이며, 특히 650°C의 고온에서도 볼트나 너트 등의 고착화를 방지하는 데 사용될 수 있다. MoS_2에서 몰리브데넘의 산화수는 얼마인가?

분석 MoS_2에 포함된 두 원소의 산화수를 결정하는 문제이므로 산화수를 정하는 규칙이 필요하다.

도구 모음 산화수를 정하는 규칙을 사용한다. 가장 중요한 것은 전체 산화수의 합은 화학식의 전하와 같다는 규칙 1이고, 황 원자가 포함되어 있으므로 규칙 7이 필요하다.

풀이 고려해야 하는 원소는 전이 금속인 Mo와 6A족에 속하는 S이다. 규칙 6에 의하면 6A족 원소의 산화수는 −2이다. 몰리브데넘의 산화수를 x라 하고 산화수의 합과 관련한 규칙 1을 적용하여 다음과 같이 x를 구한다.

$$\begin{aligned} \text{Mo 원자 산화수} &+ \text{S 원자의 산화수의 합} = 0 \text{ (규칙 1)} \\ (\text{Mo 1 원자})\times x &+ (\text{S 2 원자})\times(-2) = 0 \\ x &+ 2\times(-2) = 0 \end{aligned}$$

식을 풀면 $x = +4$이므로, 몰리브데넘의 산화수는 +4이다.

답이 합리적인가? 산화수의 합이 0이고 이는 MoS_2의 전하와 동일하므로, 답은 합리적이다.

이온 결합 화합물에 포함된 이온의 전하를 이용하여 다른 구성 원소의 산화수를 결정할 수 있다. 예제 5.3은 황산 이온의 전하를 이용하여 금속의 산화수를 결정하는 사례이다.

예제 5.3 산화수 정하기

납은 방연석(galena, PbS)이라는 광물에서 얻는다. PbS를 H_2O_2로 산화시키면 페인트의 흰색 염료에 사용되는 $PbSO_4$가 생성된다. $PbSO_4$와 PbS에서 납의 산화수는 각각 얼마인가?

분석 여기서 중요한 점은 $PbSO_4$의 SO_4를 황산 이온(SO_4^{2-})으로, PbS의 S를 S^{2-}로 인식하는 것이다. 이온의 전하는 곧 이온의 산화수라는 사실을 기억하라. 납의 산화수에만 관심이 있으므로 각각의 화합물에서 SO_4^{2-}와 S^{2-} 이온의 전하를 이용하여 납의 전하를 결정한다.

도구 모음 산화수를 정하는 규칙을 사용한다. 전체 산화수의 합은 화학식의 전하와 같다는 규칙 1을 활용하고, 다원자 이온의 전하를 그 이온의 알짜 산화수로 간주한다.

풀이 전하가 2−인 황화 이온의 산화수는 −2이고, 황산 이온의 전하 역시 2−이므로 산화수도 −2이다. 이제 규칙 1을 적용하고, 다음의 식을 이용하여 x라고 정의한 납의 산화수를 계산한다.

PbS에 대하여

$$\begin{aligned} \text{Pb 이온의 전하} &+ S^{2-} \text{ 이온의 전하} = 0 \text{ (규칙 1)} \\ x &+ (-2) = 0 \end{aligned}$$

식을 풀면 $x = +2$이므로 납의 산화수는 +2이다.

$PbSO_4$에 대하여

$$\begin{aligned} \text{Pb 이온의 전하} &+ SO_4^{2-} \text{ 이온의 전하} = 0 \text{ (규칙 1)} \\ x &+ (-2) = 0 \end{aligned}$$

식을 풀면 $x = +2$이므로 납의 산화수는 +2이다.

답이 합리적인가? 산화수의 합이 0이고 이는 PbS와 $PbSO_4$의 전하와 동일하므로, 답은 합리적이다.

이전에 논의한 바와 같이 전이 금속은 두 가지 이상의 산화 상태를 가질 수 있다. 또한 비금속은 화합물에 따라 산화 상태가 달라질 수 있다. 예를 들어 황은 H_2S, S_8(원소 황), SO_2, SO_3, H_2SO_4 등의 다양한 화합물로 존재하는데, 이 화합물에서 황의 산화 상태는 각각 −2, 0,

+4, +6, +6이다.

수소와 산소의 산화수는 주로 각각 +1, −2이지만 **수소화물(hydride)**이라고 불리는 화합물에서는 수소가 −1의 산화수를 갖는다. 예를 들면 수소화 칼슘(CaH_2)에서 칼슘은 산화수가 +2이므로 두 개의 수소 원자는 산화수가 각각 −1이어야 한다. 산화수가 −1인 산소를 포함하는 화합물은 **과산화물(peroxide)**이라고 한다. 화학식이 Na_2O_2인 과산화 소듐에서 소듐은 산화수가 항상 +1이므로 산소 원자의 산화수는 각각 −1이 되어야 한다. 또한 과산화 소듐은 이온성 물질이 아니라 분자라는 것을 화학식으로부터 알 수 있다. 산화수를 결정하는 규칙을 사용하여 과산화물이나 수소화물인 화합물을 확인할 수 있다.

마지막으로 산화수는 단순히 전자를 추적하는 도구이므로, $-\frac{1}{2}$과 같은 분수 형태의 산화 상태도 가능하다는 것을 알아야 한다. 다음의 예제 5.4에서 산화 상태가 분수인 사례를 공부해 보자.

예제 5.4 산화수 정하기

자동차의 안전장치로 널리 쓰이는 에어백은 충돌 시 이온 결합 화합물인 아자이드화 소듐(NaN_3)이 급격히 분해하면서 생성하는 질소 기체의 팽창에 의하여 작동한다. 아자이드화 소듐에서 질소의 평균 산화수는 얼마인가?

Richard Olivier/The Image Bank Unreleased/Getty Images

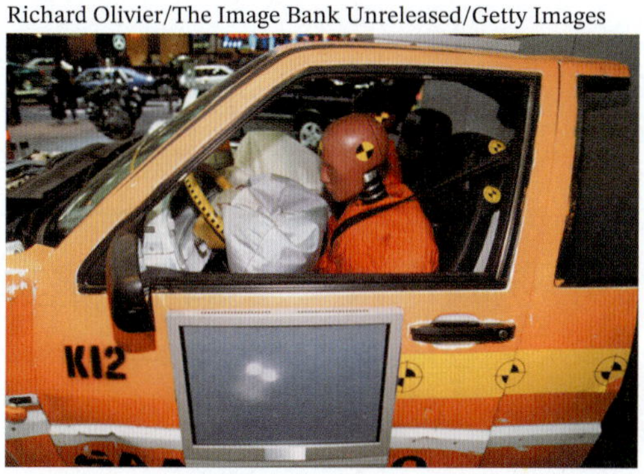

자동차 충돌에 의하여 아자이드화 소듐이 폭발할 때 방출되는 질소 기체가 에어백을 급격히 팽창시킨다.

분석 NaN_3는 이온 결합 화합물이므로 양이온과 음이온을 포함하고 있다. 규칙 3에 의하면 양이온인 소듐의 산화수는 1+이므로, 산화수의 합은 화합물의 전하와 동일하다는 규칙 1을 이용하여 N_3의 산화수를 결정할 수 있다. 규칙 1과 3보다 우선순위가 낮은 규칙 8은 사용하지 않는다는 것에 주의하라.

도구 모음 예제 5.2에서 사용한 도구와 마찬가지로 산화수를 정하는 규칙 1과 규칙 3에 중점을 둔다.

풀이 산화수 결정 규칙만을 사용하여 문제를 해결할 수 있다. 소듐이 Na^+ 이온으로 존재하고, 화합물은 전체적으로 중성임을 알기 때문에 다음과 같은 풀이가 가능하다.

$$\begin{array}{lrl} \text{Na} & (1\text{원자})\times(+1)=+1 & (\text{규칙 3}) \\ \text{N} & \underline{(3\text{원자})\times(x)=-x} & \\ & \text{합}=0 & (\text{규칙 1}) \end{array}$$

위에서 요약한 내용을 질소의 산화수가 x인 식으로 나타내면 다음과 같이 쓸 수 있다.

$$(1\text{원자})\times(+1)+(3\text{원자})\times(x)=0$$
$$3x=-1$$
$$x=-\tfrac{1}{3}$$

그러므로 각 질소의 산화수는 $-\frac{1}{3}$이다.

답이 합리적인가? 전체 산화수의 합이 0이 되는 식을 풀어서 구한 답이므로 합리적이라고 판단할 수 있다.

예제 5.3의 답은 올바른 수식을 정확히 풀어서 얻은 답이지만, 세 질소가 각각 $\frac{1}{3}-$의 전하를 가질 수는 없다는 현실적인 문제가 있다. 이는 각 질소가 전자의 1/3을 가지는 것을 의미하기 때문이다. **이동하는 전자의 수는 항상 정수**여야 한다. 가장 좋은 설명은 3개의 N으로 구성된 **아자이드화 이온**(N_3^-)을 1−의 전하를 띤 하나의 입자로 생각하는 것이다.

실전 문제 5.3
강력한 살균력을 지닌 아염소산 이온(ClO_2^-)은 용액 상태로 자동차의 에어컨을 살균하는 데 이용된다. 이 이온에서 염소의 산화수는 얼마인가? (**힌트**: 산화수의 합계는 0이 아니다.)

실전 문제 5.4
다음 화합물에서 각 원자의 산화수를 구하시오.
(**a**) $CdCl_2$ (**b**) Ba_2TiO_4 (**c**) $K_2Cr_2O_7$ (**d**) H_3PO_2 (**e**) $V(C_2H_3O_2)_3$ (**f**) BF_4^-

산화와 환원 과정의 확인 산화수를 이용할 수 있는 분야 중 하나는 다음과 같은 포괄적인 의미로 산화와 환원을 정의하는 데 활용하는 것이다.

도구
산화 반응과 환원 반응

산화는 산화수의 증가이다.
환원은 산화수의 감소이다.

수소와 염소의 반응에 위의 정의를 적용해 보자. 실제 전하와 산화수의 혼동을 피하기 위해서 원소의 화학 기호 위에 직접 산화수를 쓸 것이다.

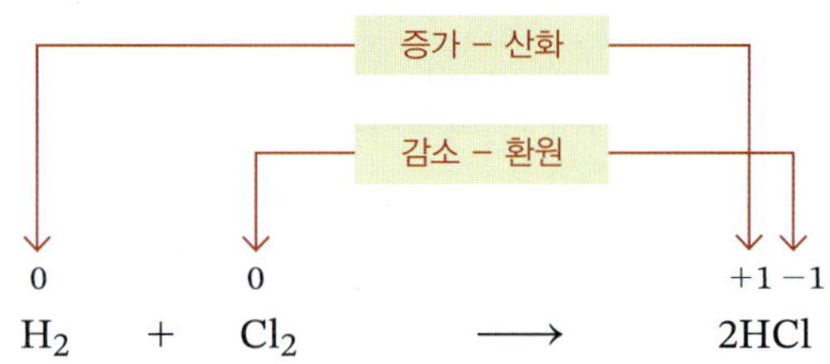

H_2와 Cl_2는 자유 원소이기 때문에 산화수를 0으로 표시하였다. 산화수의 변화로부터 수소는 산화되었고 염소는 환원되었음을 알 수 있다.

예제 5.5 산화수를 이용한 산화–환원 반응 이해

이산화 망가니즈(MnO_2)는 알칼리 건전지에 사용되는 산화물이다. 다음 반응이 산화–환원 반응인지 확인하시오.

$$Zn + 2MnO_2 + H_2O \longrightarrow Mn_2O_3 + Zn(OH)_2$$

산화–환원 반응이라면, 산화되는 물질과 환원되는 물질 그리고 산화제와 환원제가 각각 어느 것인지 밝히시오.

분석 이 반응이 산화–환원 반응인지 아닌지를 결정하고 질문에 답하기 위해 산화수를 결정할 필요가 있다. 다음에는 산화수 변화가 일어났는지, 변화가 있다면 반응에서 이들이 어떻게 변화되었는지를 확인할 필요가 있다.

도구 모음 산화수를 결정하는 규칙과 새로운 산화와 환원의 정의, 그리고 산화제와 환원제의 정의를 도구로 사용한다.

풀이 반응이 산화–환원 반응인지를 결정하기 위해서 규칙에 따라 반응식 양쪽의 각 원자에 대한 산화수를 구하면 다음과 같다.

$$\overset{0}{Zn} + 2\overset{+4}{Mn}\overset{-2}{O_2} + \overset{+1}{H_2}\overset{-2}{O} \longrightarrow \overset{+3}{Mn_2}\overset{-2}{O_3} + \overset{+2}{Zn}(\overset{-1}{OH})_2$$

다음에는 산화수가 증가하면 산화고 감소하면 환원이라는 사실을 기준으로 산화수의 변화를 살펴보자.

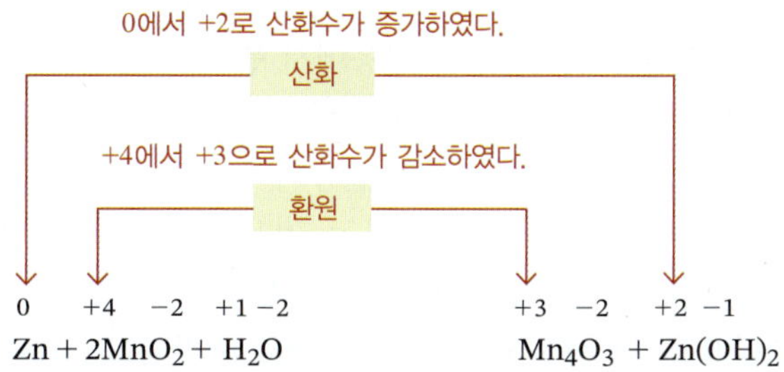

그러므로 Zn은 Zn^{2+}로 산화되었고 MnO_2의 Mn^{4+}은 Mn_2O_3의 Mn^{3+}로 환원되었다. 환원제는 Zn이고 산화제는 MnO_2이다(산화제와 환원제를 확인할 때, 산화수가 변하는 원자를 포함하는 물질의 전체 화학식으로 나타낸다).

답이 합리적인가? 여기서는 여러 가지 내용을 확인해야 한다. 우리는 산화–환원 반응이 일어났음을 나타내는 변화를 확인하였다. 산화수가 증가하는 산화와 감소하는 환원이 동시에 존재하는 것을 확인하였으므로, 전체적인 답이 합리적이라 할 수 있다.

실전 문제 5.5

다음의 반응을 생각해 보자.

$$N_2O_5 + 2NaHCO_3 \longrightarrow 2NaNO_3 + 2CO_2 + H_2O$$
$$3As_2S_3 + 2HNO_3 \longrightarrow 6H_3AsS_4 + 2NO$$

어느 반응이 산화–환원 반응인가? 산화–환원 반응에서 어느 화합물이 산화된 화합물과 환원된 화합물을 각각 어느 것인가? (**힌트**: 산화수를 이용한 산화–환원 반응의 정의를 기억하라.)

실전 문제 5.6

이산화 염소(ClO_2)는 낙농업, 정육업, 혹은 기타의 요식업에서 박테리아를 살균하는 데 사용되는 불안정한 물질이다. 다음은 이산화 염소를 생성하는 반응식이다.

$$Cl_2 + 2NaClO_2 \longrightarrow 2ClO_2 + 2NaCl$$

산화되는 물질과 환원되는 물질은 각각 어느 것인가? 또한 산화제와 환원제를 각각 밝히시오.

5.2 산화–환원 반응식 균형 맞추기

많은 산화–환원 반응은 수용액에서 일어나며, 이들 중 상당수가 이온을 포함한다. 이미 언급한 바와 같이 세탁물 오염 물질과 표백제의 반응은 산화–환원의 한 예이다. 표백제의 활성 성분은 하이포염소산 이온(OCl^-)으로, 이 반응에서 산화제 역할을 한다. 4장에서의 이중 치환 반응을 다룰 때와 유사하게, 산화–환원 반응을 다룰 때 이온 반응식과 알짜 이온 반응식을 사용하는 것이 매우 편리하며, 또한 **이온–전자법**을 사용하면 산화–환원 반응에 대한 균형을 쉽게 맞출 수 있다.

이온–전자법: 분리해서 완성하기

이온–전자법(ion–electron method)에서는 산화와 환원 과정을 두 개의 **반쪽 반응(halfreaction)**으로 분리시킨 다음 각각의 균형을 맞춘다. 산화와 관련된 반쪽 반응에서는 전자를 잃고, 환원 반쪽 반응에서는 전자를 얻는다. 각 반쪽 반응에서 원자와 전하의 균형이 모두 맞아야 한다. 그런 다음 균형을 맞춘 두 반쪽 반응을 합해서 완전히 균형 알짜 이온 반응식을 얻는다.

해설 이 장에서는 H_3O^+를 간단히 H^+로 나타내었다.

수용액에서의 산화–환원 반응의 경우, 반쪽 반응의 균형을 맞출 때는 H^+ 또는 OH^- 이온이 물 분자와 함께 아주 중요한 역할을 한다는 것을 반드시 명심해야 한다. 예를 들어 $K_2Cr_2O_7$과 $FeSO_4$ 용액을 섞으면, 다이크로뮴산 이온($Cr_2O_7^{2-}$)이 Fe를 산화시킴에 따라 용액의 산도가 감소된다(**그림 5.2**). 반응에서 H^+가 반응물로 소비되고 H_2O가 만들어지기 때문이다. 어떤 반응에서는 OH^-가 소모되기도 하고, 또 다른 반응에서는 H_2O가 반응물이 되기도 한다. 또한 용액의 산도에 따라 산화–환원 반응의 생성물이(또는 반응물까지도) 달라지는 경우도 많다. 예를 들면 산성 용액에서 MnO_4^-는 Mn^{2+}로 환원되지만, 중성 또는 약염기 용액에서 환원 생성물은 불용성인 MnO_2이다.

이러한 사실 때문에 산화–환원 반응은 일반적으로 상당한 과량의 산이나 염기를 포함하는 용액에서 수행하고, 따라서 이온–전자법을 적용하기 전에 반드시 반응이 산성 용액에서 진행되는지 혹은 염기성 용액에서 진행되는지를 알아야 한다(이 교재에서는 이와 관련한 정보가 항상 주어질 것이다).

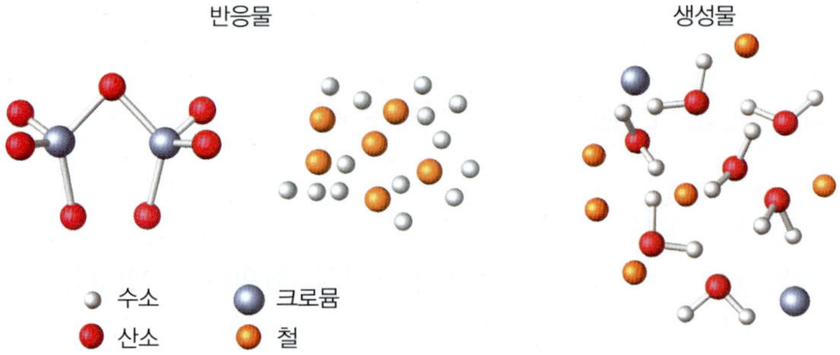

그림 5.2 산성 용액에서의 산화–환원 반응 산성 용액에서 $K_2Cr_2O_7$가 Fe^{2+}를 Fe^{3+}로 산화시키는 동시에 주황색의 다이크로뮴산 이온이 포함된 Cr^{6+}이 Cr^{3+}로 환원된다.

산성 용액에서 산화-환원 반응식 균형 맞추기

이제 $K_2Cr_2O_7$과 $FeSO_4$의 반응을 이용하여 산화-환원 반응식의 균형을 맞춰보자. 방금 배운 대로 $Cr_2O_7^{2-}$는 산성 용액에서 Fe^{2+}와 반응해서 생성물로 Cr^{3+}과 Fe^{3+}을 만든다. 이 정보를 이용하여 산화-환원 반응에 산화나 환원이 되는 이온(또는 분자)만을 나타내는 다음과 같은 **골격 반응식(skeleton equation)**을 쓸 수 있다. 구경꾼 이온(K^+, SO_4^{2-})은 이 산화-환원 반응에 참여하지 않기 때문에 표시하지 않는다.

$$Cr_2O_7^{2-} + Fe^{2+} \longrightarrow Cr^{3+} + Fe^{3+}$$

골격 반응식을 쓴 다음 균형 반응식을 얻기 위해서 다음 각 단계를 순서대로 진행한다. 곧 알게 되겠지만, 이온-전자법의 절차를 따르면 H^+와 H_2O가 어떻게 반응에 포함되는지를 알 수 있기 때문에 미리 고민할 필요는 없다.

1단계 **골격 반응식을 반쪽 반응으로 나눈다.** 반응물 중 하나인 $Cr_2O_7^{2-}$를 선택하여 화살표 왼쪽에 쓰고, 오른쪽에는 $Cr_2O_7^{2-}$가 변한 Cr^{3+}를 쓴다. 이것이 반쪽 반응의 시작이다. 두 번째 반쪽 반응으로, 또 다른 반응물인 Fe^{2+}를 왼쪽에 그리고 생성물 Fe^{3+}를 오른쪽에 배치한다. 골격 반응식에는 반응하거나 혹은 생성되는 이온의 완전한 화학식을 사용해야 한다는 것을 명심하라. 수소와 산소를 제외하고, 동일한 원소가 주어진 반쪽 반응의 양쪽에 나타나야 한다.

$$Cr_2O_7^{2-} \longrightarrow Cr^{3+}$$
$$Fe^{2+} \longrightarrow Fe^{3+}$$

2단계 **H와 O 이외의 모든 원자에 대한 균형을 맞춘다.** Cr 원자가 왼쪽에는 두 개, 오른쪽에는 한 개뿐이므로 Cr^{3+} 앞에 계수 2를 더해 준다. 두 번째 반쪽 반응은 이미 원자의 균형이 맞았으므로 더 이상 계수를 맞출 필요가 없다.

$$Cr_2O_7^{2-} \longrightarrow 2Cr^{3+}$$
$$Fe^{2+} \longrightarrow Fe^{3+}$$

H와 O 이외의 모든 원소의 균형을 맞춰야 한다는 것을 기억하라.

3단계 **O를 필요로 하는 쪽에 H_2O를 더하여 산소의 균형을 맞춘다.** 첫 번째 반쪽 반응의 왼쪽에 7개의 산소 원자가 있고 오른쪽에는 없다. 그러므로 산소 개수를 맞추어 주기 위해서 이 반쪽 반응의 오른쪽에 7개의 H_2O를 더해 준다(두 번째 반쪽 반응에서는 산소의 불균형이 없으므로 이 절차는 무시한다).

해설 산소 원자의 균형을 맞추기 위해서 O나 O_2가 아닌 H_2O를 사용하는데, 이는 수용액에 실제로 존재하는 것이 H_2O이기 때문이다.

$$Cr_2O_7^{2-} \longrightarrow 2Cr^{3+} + 7H_2O$$
$$Fe^{2+} \longrightarrow Fe^{3+}$$

이제 산소 원자는 균형을 이루었지만, 새롭게 수소의 불균형이 나타났다. 이를 해결하기 위하여 다음의 단계가 필요하다.

4단계 **H를 필요로 하는 쪽에 H^+를 더하여 수소의 균형을 맞춘다.** 물을 더해 준 후에, 첫 번째 반쪽 반응의 오른쪽에는 14개의 수소가 있고 왼쪽에는 없다. 이 불균형을 해결하기 위하여 이 식의 왼쪽에 14개의 H^+를 더해 준다. 이 과정(혹은 다른 과정)에서 이온의 전하를 주의하여 쓴다. 어느 하나라도 생략될 때는 나중에 균형 반응식을 얻을 수 없다.

$$14H^+ + Cr_2O_7^{2-} \longrightarrow 2Cr^{3+} + 7H_2O$$
$$Fe^{2+} \longrightarrow Fe^{3+}$$

이제 각 반쪽 반응에서 원자에 대한 균형이 맞추어졌으므로, 다음은 전하에 대한 균형을 맞추기로 하자.

5단계 **전자를 첨가하여 전하의 균형을 맞춘다.** 먼저 양쪽의 알짜 전하를 계산한다. 첫 번째 반쪽 반응의 알짜 전하는 다음과 같다.

$$14H^+ + Cr_2O_7^{2-} \longrightarrow 2Cr^{3+} + 7H_2O$$

알짜 전하 $= (14+) + (2-) = 12+$ 　　 알짜 전하 $= 2(3+) + 0 = 6+$

양쪽의 알짜 전하 수의 차이는 더 양(또는 덜 음)인 쪽에 더해야 하는 전자의 수와 같다. 위의 경우 반쪽 반응식의 왼쪽에 $6e^-$를 더해 주어야 한다.

$$6e^- + 14H^+ + Cr_2O_7^{2-} \longrightarrow 2Cr^{3+} + 7H_2O$$

알짜 전하 $= (6-) + (14+) + (2-) = 6+$ 　　 알짜 전하 $= 2(3+) + 0 = 6+$

이 반쪽 반응은 이제 원자나 전하 모두에 관해서 균형이 맞추어졌다(양쪽 전하를 검산하여 이를 확인할 수 있다).

남은 다른 반쪽 반응의 균형을 맞추기 위해서 오른쪽에 1개의 전자를 더한다.

$$Fe^{2+} \longrightarrow Fe^{3+} + e^-$$

알짜 전하 $= (2+)$ 　　 알짜 전하 $= (3+) + (1-) = 2+$

이제 이 반쪽 반응도 질량과 전하 모두 균형이 맞추어졌다.

6단계 **얻은 전자의 개수와 잃은 전자의 개수를 동일하게 만든 뒤, 두 반쪽 반응을 더한다.** 이제 두 개의 균형 반쪽 반응이 얻어졌다.

$$6e^- + 14H^+ + Cr_2O_7^{2-} \longrightarrow 2Cr^{3+} + 7H_2O$$
$$Fe^{2+} \longrightarrow Fe^{3+} + e^-$$

첫 번째 반응에서 6개의 전자를 얻었고, 두 번째 반응에서는 단 한 개의 전자만을 잃었으므로, 두 식을 결합하기 전에 계수 6을 두 번째 반응에 곱해 주어야 한다.

$$6e^- + 14H^+ + Cr_2O_7^{2-} \longrightarrow 2Cr^{3+} + 7H_2O$$
$$6(Fe^{2+} \longrightarrow Fe^{3+} + e^-)$$

위 식을 풀어서 쓴 두 식을 더하면 다음과 같다.

$$6e^- + 14H^+ + Cr_2O_7^{2-} \longrightarrow 2Cr^{3+} + 7H_2O$$
$$6Fe^{2+} \longrightarrow 6Fe^{3+} + 6e^-$$
$$\overline{6e^- + 14H^+ + Cr_2O_7^{2-} + 6Fe^{2+} \longrightarrow 2Cr^{3+} + 7H_2O + 6Fe^{3+} + 6e^-}$$

7단계 **양쪽에서 동일한 화학종을 소거한다.** 이 단계는 마지막 단계이다. 최종의 균형 맞춘 반응식을 얻기 위하여 양쪽에서 6개의 전자를 소거한다.

$$14H^+ + Cr_2O_7^{2-} + 6Fe^{2+} \longrightarrow 2Cr^{3+} + 7H_2O + 6Fe^{3+}$$

이제 전하와 원자의 균형이 맞은 것을 확인할 수 있다.

어떤 경우에는 두 반쪽 반응식을 더하고 나면 양쪽 모두에 H_2O나 H^+가 있을 수 있다. 예를 들어 왼쪽에 $6H_2O$와 오른쪽에 $2H_2O$가 있다면 다음과 같이 최대한 소거해 준다.

$. . . + 6H_2O . . . \longrightarrow . . . + 2H_2O . . .$를 $. . . + 4H_2O . . . \longrightarrow . . .$로 바꾼다.

다음은 지금까지 산성 용액에서의 산화–환원 반응에 대한 균형 반응식을 얻기 위한 여러 단계를 요약한 것이다. 모든 단계를 주어진 순서대로 수행하면 항상 올바른 균형 반응식을 얻을 것이다.

이온–전자법: 산성 용액

1단계 반응식을 두 개의 반쪽 반응으로 나눈다.
2단계 H와 O를 제외한 모든 원자에 대한 균형을 맞춘다.
3단계 H_2O를 더해서 O의 균형을 맞춘다.
4단계 H^+를 더해서 H의 균형을 맞춘다.
5단계 e^-를 더해서 알짜 전하의 균형을 맞춘다.
6단계 얻은 e^-의 수와 잃은 e^-의 수를 동일하게 만든 다음, 반쪽 반응을 더한다.
7단계 양쪽에서 같은 화학종은 소거한다.

도구
산성 용액에서의 이온–전자법

예제 5.6 이온–전자법 사용하기

진한 자주색 고체인 과망가니즈산 포타슘은 세계 보건 기구에서 지정한, 피부 감염 방지에 유효한 필수 약제 목록에 포함되어 있다. 산성 용액에서 진행되는 다음 반응식의 균형을 맞추시오.

$$MnO_4^- + Bi^{3+} \longrightarrow Mn^{2+} + BiO_3^-$$

분석 이온–전자법을 이용하는 문제이기 때문에 특별한 분석이 요구되지 않는다. 이온–전자법의 단계를 알고 그 단계의 순서대로 진행하는 것이 필요하다.

도구 모음 반응식의 균형을 맞추기 위해 산성 용액에서의 이온–전자법 7단계를 따른다.

풀이 위에서 주어진 단계대로 풀어나간다.

1단계 골격 반응식을 두 개의 반쪽 반응으로 나눈다.

$$MnO_4^- \longrightarrow Mn^{2+}$$
$$Bi^{3+} \longrightarrow BiO_3^-$$

2단계 H와 O 외의 모든 원자의 균형을 맞춘다. H와 O를 제외한 모든 원자가 이미 균형이 맞춰졌으므로, 이 단계는 생략해도 된다.

3단계 산소의 균형을 맞추기 위하여 H_2O를 더한다.

$$MnO_4^- \longrightarrow Mn^{2+} + 4H_2O$$
$$3H_2O + Bi^{3+} \longrightarrow BiO_3^-$$

4단계 H의 균형을 맞추기 위하여 H^+를 더한다.

$$8H^+ + MnO_4^- \longrightarrow Mn^{2+} + 4H_2O$$
$$3H_2O + Bi^{3+} \longrightarrow BiO_3^- + 6H^+$$

5단계 더 양인 쪽에 전자를 더하여 전하의 균형을 맞춘다.

$$5e^- + 8H^+ + MnO_4^- \longrightarrow Mn^{2+} + 4H_2O$$
$$3H_2O + Bi^{3+} \longrightarrow BiO_3^- + 6H^+ + 2e^-$$

6단계 잃은 전자와 얻은 전자의 수를 일치시킨 후, 반쪽 반응을 더한다.

$$2 \times (5e^- + 8H^+ + MnO_4^- \longrightarrow Mn^{2+} + 4H_2O)$$
$$5 \times (3H_2O + Bi^{3+} \longrightarrow BiO_3^- + 6H^+ + 2e^-)$$

$$10e^- + 16H^+ + 2MnO_4^- \longrightarrow 2Mn^{2+} + 8H_2O$$
$$15H_2O + 5Bi^{3+} \longrightarrow 5BiO_3^- + 30H^+ + 10e^-$$

$$10e^- + 16H^+ + 2MnO_4^- + 15H_2O + 5Bi^{3+} \longrightarrow 2Mn^{2+} + 8H_2O + 5BiO_3^- + 30H^+ + 10e^-$$

7단계 양쪽에서 $10e^-$, $16H^+$, $8H_2O$ 등을 제거하면 다음과 같은 최종 반응식이 얻어진다.

$$\cancel{10e^-} + \cancel{16H^+} + 2MnO_4^- + \overset{7H_2O}{\cancel{15H_2O}} + 5Bi^{3+} \longrightarrow 2Mn^{2+} + \cancel{8H_2O} + 5BiO_3^- + \overset{14H^+}{\cancel{30H^+}} + \cancel{10e^-}$$

$$2MnO_4^- + 5Bi^{3+} + 7H_2O \longrightarrow 2Mn^{2+} + 5BiO_3^- + 14H^+$$

답이 합리적인가? 두 단계로 확인한다. 우선 반응식의 양쪽에서 각 원소의 원자수가 동일한지를 확인한 다음, 반응식 양쪽의 알짜 전하가 일치하는지를 확인한다. 왼쪽에는 2−의 전하를 가지는 $2MnO_4^-$와 15+의 전하를 가지는 $5Bi^{3+}$를 포함하므로 알짜 전하는 13+이다. 오른쪽에는 전체 전하가 18+인 $2Mn^{2+}$ 및 $14H^+$ 양이온과 더불어 전체 전하가 5−인 $5BiO_3^-$ 음이온이 있으므로 알짜 전하는 역시 13+이다. 원자와 전하가 모두 균형을 이루므로 균형 반응식이 되었고, 따라서 문제를 정확하게 풀었음을 확인할 수 있다.

실전 문제 5.7

수용액에서 알루미늄을 Cu^{2+} 이온과 반응시키면 알루미늄 표면에 구리 금속이 석출된다. 다음 반응식이 불균형 반응식인 이유를 쓰고, 이온–전자법을 이용하여 균형을 맞추시오. (**힌트**: 균형 이온 반응식의 조건이 무엇인가?)

$$Al + Cu^{2+} \longrightarrow Al^{3+} + Cu$$

실전 문제 5.8

방사성 원소인 테크네튬(technetium, 원자 번호 43)의 동위 원소 중 하나인 ^{99}Tc는 진단 영상용 약제로 사용된다. 이 원소는 보통 과테크네튬산(pertechnetate) 음이온인 TcO_4^-의 형태로 얻어지지만, 의료 목적으로 이용되는 낮은 산화 상태의 테크네튬을 얻기 위하여 산성 용액에서 Sn^{2+}으로 환원시키는 과정을 거친다. 다음은 산성 용액에서 TcO_4^-을 Sn^{2+}로 환원하는 반응의 골격 반응식이다.

$$TcO_4^- + Sn^{2+} \longrightarrow Tc^{4+} + Sn^{4+} \quad \text{(산성 용액)}$$

이온–전자법을 이용하여 반응식의 균형을 맞추시오.

염기성 용액에서 산화–환원 반응식 균형 맞추기

염기성 용액에서 H^+의 농도는 매우 낮고 주된 화학종은 H_2O와 OH^-이기 때문에, 필요하다면 이들 화학종을 반쪽 반응의 균형을 맞추는 데 사용해야 한다. 그러나 염기성 용액에서 균형 맞춘 반응식을 얻는 가장 간단한 방법은 용액이 산성인 것으로 가정하고 앞에서 기술한 7가지 단계를 사용하여 반응식의 균형을 맞춘 다음, 아래 기술한 간단한 방법을 이용하여 반응식을 염기성 용액에 대한 것으로 바꾸는 것이다. 이러한 변환은 H^+와 OH^-가 1:1로 반응하여 H_2O가 된다는 사실을 이용한 것이다.

염기성 용액에서 이온–전자법에 추가되는 단계

8단계 반응식 양쪽에 H^+의 개수만큼 OH^-를 더해 준다.

9단계 H^+와 OH^-를 더해서 H_2O를 생성한다.

10단계 소거할 수 있는 H_2O는 지운다.

도구
염기성 용액에서의 이온–전자법

다음 반응을 이용하여 염기성 용액에서 균형을 맞추는 방법에 대하여 알아보자.

$$SO_3^{2-} + MnO_4^- \longrightarrow SO_4^{2-} + MnO_2$$

산성 용액을 가정하고 1단계에서 7단계까지 진행하면 다음의 반응식을 얻을 수 있다.

$$2H^+ + 3SO_3^{2-} + 2MnO_4^- \longrightarrow 3SO_4^{2-} + 2MnO_2 + H_2O$$

이 식을 염기성 용액에 대한 적당한 식으로 바꾸려면 다음과 같은 과정을 거친다.

8단계 **반응식 양쪽에 H^+의 개수만큼 OH^-를 더해 준다.** 산성 용액에 대한 반응식에서 왼쪽에 $2H^+$가 있으므로, $2OH^-$를 양쪽에 더해 준다.

$$2OH^- + 2H^+ + 3SO_3^{2-} + 2MnO_4^- \longrightarrow 3SO_4^{2-} + 2MnO_2 + H_2O + 2OH^-$$

9단계 **H^+와 OH^-를 더해서 H_2O를** 생성한다. 반응식 왼쪽에서 $2OH^-$와 $2H^+$가 합쳐져(반응하여) $2H_2O$가 되므로 $2OH^- + 2H^+$를 $2H_2O$로 쓴다.

$$2OH^- + 2H^+ + 3SO_3^{2-} + 2MnO_4^- \longrightarrow 3SO_4^{2-} + 2MnO_2 + H_2O + 2OH^-$$

$$\downarrow$$

$$2H_2O + 3SO_3^{2-} + 2MnO_4^- \longrightarrow 3SO_4^{2-} + 2MnO_2 + H_2O + 2OH^-$$

10단계 **소거할 수 있는 H_2O는 지운다.** 반응식의 양쪽에서 한 개의 H_2O를 소거하면 염기성 용액에서의 최종 균형 반응식을 다음과 같이 얻는다.

$$2H_2O + 3SO_3^{2-} + 2MnO_4^- \longrightarrow 3SO_4^{2-} + 2MnO_2 + \cancel{H_2O} + 2OH^-$$

$$H_2O + 3SO_3^{2-} + 2MnO_4^- \longrightarrow 3SO_4^{2-} + 2MnO_2 + 2OH^-$$

실전 문제 5.9

다음의 산성 용액에서의 균형 반쪽 반응식을 생각해 보자.

$$2H_2O + SO_2 \longrightarrow SO_4^{2-} + 4H^+ + 2e^-$$

염기성 용액에서 이 반응의 균형 반쪽 반응식은 무엇인가? (**힌트**: 염기로 용액을 처리하는 것처럼 반쪽 반응을 다룬다.)

실전 문제 5.10

염기성 용액에서 다음 반응식의 균형을 맞추시오.

$$S_2O_3^{2-} + OCl^- \longrightarrow Cl^- + SO_4^{2-}$$

5.3 산화제로서의 산

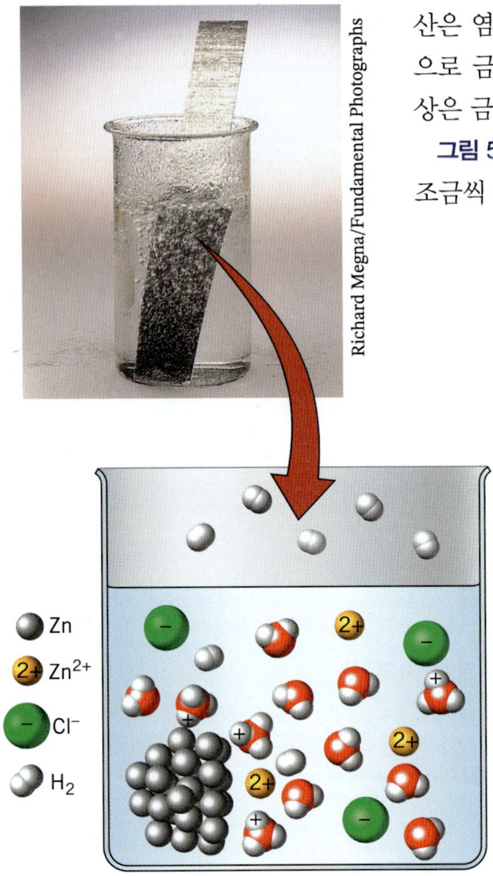

그림 5.3 아연과 염산의 반응 염산 용액과 금속 아연이 접촉하면 수소 기체가 발생한다. 그림에서와 같이 분자 수준에서 보면, 하이드로늄 이온이 아연 금속 원자(진한 회색 알갱이)와 반응한다. 두 개의 수소 이온은 금속 원자로부터 두 개의 전자를 받아 수소 분자가 되고, 아연은 산화되어 2+ 전하를 가지는 양이온이 된다.

산은 염기뿐만 아니라 특정 금속과 반응하는 특성이 있다. 산과 금속의 반응은 본질적으로 금속이 산화되고 산이 환원되는 산화-환원 반응이다. 그러나 산이 환원되는 양상은 금속의 종류나 혹은 산 자체의 조성에 따라 달라진다.

그림 5.3에서 보듯이 아연 조각을 염산 용액에 떨어뜨리면 기포가 발생하면서 아연이 조금씩 용해된다. 이 반응의 분자 반응식과 알짜 이온 반응식은 각각 다음과 같다.

$$Zn(s) + 2HCl(aq) \longrightarrow ZnCl_2(aq) + H_2(g) \qquad \text{분자 반응식}$$

$$Zn(s) + 2H^+(aq) \longrightarrow Zn^{2+}(aq) + H_2(g) \qquad \text{알짜 이온 반응식}$$

이 반응에서 아연은 산화되고 수소 이온은 환원된다. 즉 산의 H^+가 산화제 역할을 한다. 많은 금속이 산과 반응할 때, 아연과 유사하게 수소 이온에 의해 산화되고 금속염과 수소 기체를 생성한다.

HCl이나 H_2SO_4 등의 산과 반응하여 수소 기체를 생성할 수 있는 금속은 '수소(H_2)보다 더 활성이 크다'라고 말한다. 그러나 일부 금속에 대해서는 수소 이온이 산화를 일으킬 만큼 충분히 강하지 않다. 예를 들어 구리는 아연이나 철보다 반응성이 훨씬 낮아서, H^+가 구리를 산화시킬 수 없다. 구리는 H_2보다 활성이 작은 금속으로 분류된다.

음이온이 산의 산화력을 결정한다.

염산은 H_3O^+ 이온(때로는 H^+로 간략하게 표시)과 Cl^- 이온을 포함하고 있다. 염산의 하이드로늄 이온은 H_2로 환원될 수 있으므로 산화제로 작용할 수 있다. 그러나 수용액에서 Cl^- 이온은 산화제로서의 경향을 전혀 가지지 않으므로, HCl 용액에서 H_3O^+만이 유일한 산화제이다. 묽은 황산 수용액에서도 이와 유사한 설명이 가능하다. 사실 물에서 수소 이온은 비교적 약한 산화제이기 때문에, 염산과 황산의 산화력은 비교적 약하다. 이들 산의 하이드로늄 이온이 특정 금속들을 산화시킬 수는 있지만, 이들 산을 종종 **비산화성 산(nonoxidizing acid)**이라고 한다. 비산화성 산의 음이온은 H_3O^+보다 약한 산화제이며, 따라서 산의 음이온을 환원시키는 것은 H_3O^+를 환원시키는 것보다 더 어렵다. 그러나 질산(HNO_3)과 같은 산은 음이온이 H_3O^+보다 더 강한 산화력을 가지는데, 이런 산을 **산화성 산(oxidizing acid)**이라고 한다(표 5.2 참조).

산화제로서의 질산 이온 질산(HNO_3)은 물에서 이온화되어 H^+와 NO_3^- 이온을 생성한다. 이 용액에서 질산 이온의 산화력은 수소 이온보다 더 강하다. 이런 이유로 질산 이온은 H^+가 산화시킬 수 없는 구리나 은을 산화시킬 수 있다. 다음은 그림 5.4에 나타낸 진한 질산과 구리의 반응에 대한 분자 반응식이다.

$$Cu(s) + 4HNO_3(aq) \longrightarrow Cu(NO_3)_2(aq) + 2NO_2(g) + 2H_2O$$

이 반응에 대한 알짜 이온 반응식을 쓰고 산화수를 계산해 보면, NO_3^-가 산화제이고 Cu가 환원제임을 알 수 있다.

표 5.2 비산화성 산과 산화성 산

비산화성 산		
$HCl(g)$		
$H_2SO_4(aq)$[a]		
$H_3PO_4(aq)$		
대부분의 유기산(예: $HC_2H_3O_2$)		
산화성 산	**조건**	**환원 반응**
HNO_3	농도 진함	$NO_3^- + 2H^+ + e^- \longrightarrow NO_2(g) + H_2O$
	농도 낮음	$NO_3^- + 4H^+ + 3e^- \longrightarrow NO(g) + 2H_2O$
	농도 매우 낮음, 강한 환원제 공존	$NO_3^- + 10H^+ + 8e^- \longrightarrow NH_4^+(aq) + 3H_2O$
H_2SO_4	뜨거움, 농도 진함, 강한 환원제 공존	$SO_4^{2-} + 10H^+ + 8e^- \longrightarrow H_2S(g) + 4H_2O$
	뜨거움, 농도 진함	$SO_4^{2-} + 4H^+ + 2e^- \longrightarrow SO_2(g) + 2H_2O$

[a]H_2SO_4는 차갑고 농도가 낮을 때 비산화성 산이다.

$$Cu + 4HNO_3 \longrightarrow Cu(NO_3)_2 + 2NO_2 + 2H_2O$$

그림 5.4 진한 질산과 구리의 반응 사진에서 보는 바와 같이 구리 동전은 진한 질산과 격렬하게 반응한다. 진한 적갈색 기체는 스모그의 독특한 색의 원인이 되는 이산화 질소이다. 원자 모형으로 나타낸 비커는 순서대로 고체 구리 원자, 질산의 첨가, 질산 구리와 기체 상태의 이산화 질소 및 물 분자의 생성을 각각 나타낸 것이다.

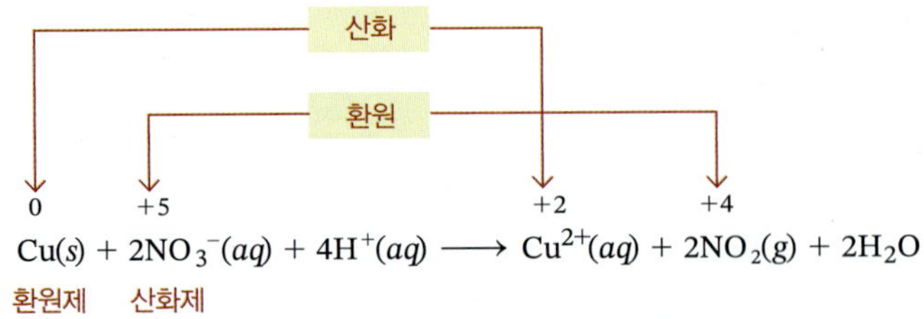

이 반응에서는 수소 기체는 발생하지 않는다는 것을 주목하라. HNO_3의 H^+ 이온은 반응에 참여하지만, 산화수는 변하지 않고 단지 물 분자의 일부분이 될 뿐이다.

질산이 환원되어 생성되는 질소 화합물은 산의 농도와 금속의 환원력에 따라 다르다. 진한 질산을 사용하면 이산화 질소(NO_2)가 환원 생성물이고, 묽은 질산을 사용하면 일산화 질소(NO)가 생성된다. 예를 들어 질산의 농도에 따른 구리의 산화 반응은 각각 다음과 같다.

진한 HNO_3

$$Cu(s) + 4H^+(aq) + 2NO_3(aq) \longrightarrow Cu(aq) + 2NO_2(g) + 2H_2O$$

묽은 HNO_3

$$3Cu(s) + 8H^+(aq) + 2NO_3(aq) \longrightarrow 3Cu^{2+}(aq) + 2NO(g) + 4H_2O$$

질산은 매우 효율적인 산화성 산이다. 백금이나 금같이 반응성이 가장 낮은 금속을 제외한 대부분의 금속이 질산과 반응한다. 특히 질산은 유기 화합물을 잘 산화시키므로, 실험실에서 질산을 다룰 때는 특히 조심해야 한다. 경험 없는 사람들이 유기물 주위에서 진한 질산을 사용할 때 매우 심각한 사고가 일어날 수도 있다.

뜨거운 진한 황산: 또 하나의 산화성 산 묽은 황산 용액에서 황산 이온은 산화제로서의 기능이 거의 없다. 그러나 황산의 농도가 진하고 뜨거울 때는 상당히 강한 산화제가 된다. 예를 들어 구리는 온도가 낮은 묽은 황산에서는 아무런 영향도 받지 않지만, 뜨거운 진한 황산에서는 다음과 같은 반응이 일어난다.

$$Cu + 2H_2SO_4(\text{뜨거운 진한 황산}) \longrightarrow CuSO_4 + SO_2 + 2H_2O$$

산화력이 강하기 때문에 뜨거운 진한 황산은 매우 위험하다. 이 액체는 점성을 가지고 있으며 피부에 달라붙어 심한 화상을 유발할 수 있다.

실전 문제 5.11
아연과 수소 이온의 반응에 대한 균형 반쪽 반응식을 쓰시오(**힌트**: 반쪽 반응식에서 전자를 올바른 위치에 배치해야 한다).

실전 문제 5.12
다음 금속이 염산과 반응하는 균형 분자 반응식, 이온 반응식, 그리고 알짜 이온 반응식을 각각 쓰시오(두 금속 모두 수소 이온에 의해 산화된다).
(**a**) 납 (**b**) 안티모니

5.4 금속의 산화–환원 반응

금속이 산과 반응하여 수소 기체를 발생시키는 반응은 산화–환원에 의해 화합물의 한 원소가 다른 원소로 치환되는 일반적인 반응의 특별한 경우이다. 금속과 산의 반응에서 금속은 산에서 수소를 치환하고 $2H^+$를 H_2로 변화시킨다.

이러한 일반적인 반응의 또 다른 사례로는 **그림 5.5**에서 보는 바와 같이 한 금속이 어떤 화합물에 포함된 다른 금속을 치환하는 반응을 들 수 있다. 이 실험에서 광택이 나는 아연 조각을 황산 구리 용액에 담그면 잠시 후에 아연 표면에 적갈색의 구리 금속이 석출된다. 이 용액을 분석하면 아연 이온과 함께 반응하지 않은 구리 이온이 공존하는 것을 확인할 수 있다.

이 실험의 결과는 다음의 알짜 이온 반응식으로 요약될 수 있다.

$$Zn(s) + Cu^{2+}(aq) \longrightarrow Cu(s) + Zn^{2+}(aq)$$

구리 이온이 환원되고 금속 아연은 산화된다. 이 과정에서 Zn^{2+}는 Cu^{2+}을 대체하여, 황산 구리 용액이 황산 아연 용액으로 변하였다. 이 반응이 일어나는 동안에 아연의 표면에서 일어나는 일에 대한 원자 수준에서의 관점을 **그림 5.6**에 나타내었다. 이와 같이 화합물에서 한 성분이 다른 성분으로 대체되는 반응을 **단일 치환 반응(single replacement reaction)**이라고 한다.

Michael Watson

그림 5.5 아연과 구리 이온의 반응 (왼쪽) 광택이 나는 아연 조각과 황산 구리 용액이 담긴 비커. (가운데) 아연을 용액에 담그면 아연이 녹으면서 구리 이온이 환원되어 자유 금속이 된다. (오른쪽) 잠시 후 아연이 적갈색의 구리로 코팅된다. 구리 이온의 일부가 용액에서 제거되기 때문에 용액의 푸른색이 엷어진다.

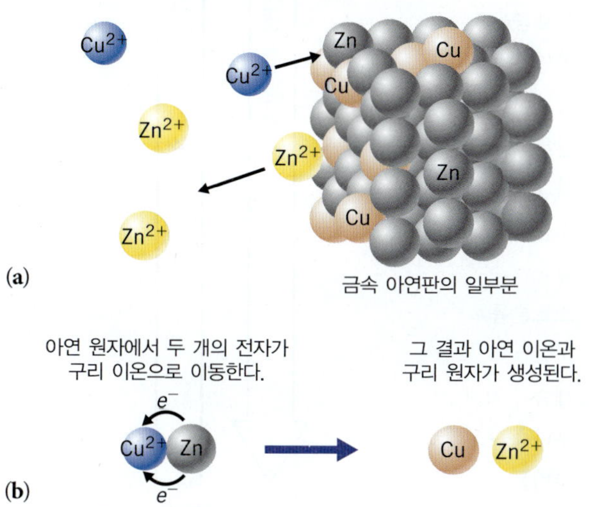

그림 5.6 원자 수준에서 본 아연과 구리 이온의 반응 (a) 구리 이온(파란색)이 아연 표면에 충돌하여 아연 원자(회색)로부터 전자를 얻는다. 아연 원자는 아연 이온(노란색)이 되어 용액으로 녹아 들어간다. 구리 이온은 구리 원자(적갈색)가 되어 아연 표면에 달라붙는다(간단히 나타내기 위하여 용액 내의 물 분자와 황산 이온은 표시하지 않았다). (b) 반응을 일으키는 전자 교환에 대한 자세한 그림.

활동도 서열

아연과 구리 이온의 반응을 설명할 때 '활성이 높은' 아연이 '활성이 낮은' 구리를 대체하였다는 표현을 쓴다. 여기에서 '활성이 높다'는 것은 '쉽게 산화된다'는 의미한다. 일반적으로 **쉽게 산화되는 원소가 상대적으로 산화되기 어려운 원소를 대체한다**. 그림 5.6에 보인 것과 같은 실험을 통하여 금속 사이의 상대적인 활성을 비교함으로써 산화되기 쉬운 순서로 금속을 나열하면 **표 5.3**에 수록한 것과 같은 **활동도 서열(activity series)**을 얻을 수 있다. 표 5.3에서 위쪽에 있는 금속보다 아래쪽에 있는 금속이 더 쉽게 산화된다(활성이 높다). 이는 **특정 이온이 자신보다 아래에 위치한 금속에 의해 치환될 수 있다**는 것을 의미한다.

도구
금속의 활동도 서열

해설 비산화성 산 용액에서 가장 강한 산화제는 H^+이다.

위 활동도 서열에는 수소도 포함되어 있음을 유의하라. 이 표에서 수소보다 아래쪽에 있는 금속은 H^+를 포함하는 용액으로부터 수소를 치환할 수 있다. 이런 금속들은 비산화성 산과 반응할 수 있다. 한편 표에서 수소보다 위쪽에 있는 금속은 가장 강한 산화제가 H^+인 경우에는 산과 반응하지 않는다.

표의 아랫부분에 있는 금속들은 매우 쉽게 산화되며, 따라서 매우 강한 환원제이다. 실제로 그들은 반응성이 매우 커서 물 분자 내의 수소를 환원시킬 수 있다. 예를 들어 소듐은 물과 격렬하게 반응한다(**그림 5.7** 참조).

$$2Na(s) + 2H_2O \longrightarrow H_2(g) + 2NaOH(aq)$$

표 5.3 수소와 금속의 활동도 서열

활동도	반응성	원소	이온
활동도 낮음	비산화성 산과 반응하지 않음	금	Au^{3+}
	비산화성 산과 반응하지 않음	수은	Hg^{2+}
	비산화성 산과 반응하지 않음	은	Ag^{+}
	비산화성 산과 반응하지 않음	구리	Cu^{2+}
		수소	H^{+}
	비산화성 산과 반응하여 수소 발생	납	Pb^{2+}
	비산화성 산과 반응하여 수소 발생	주석	Sn^{2+}
	비산화성 산과 반응하여 수소 발생	코발트	Co^{2+}
	비산화성 산과 반응하여 수소 발생	카드뮴	Cd^{2+}
	비산화성 산과 반응하여 수소 발생	철	Fe^{2+}
	비산화성 산과 반응하여 수소 발생	크로뮴	Cr^{3+}
	비산화성 산과 반응하여 수소 발생	아연	Zn^{2+}
	비산화성 산과 반응하여 수소 발생	망가니즈	Mn^{2+}
	비산화성 산과 반응하여 수소 발생	알루미늄	Al^{3+}
	비산화성 산과 반응하여 수소 발생	마그네슘	Mg^{2+}
	비산화성 산과 반응하여 수소 발생; 물과 반응하여 수소 발생	소듐	Na^{+}
	비산화성 산과 반응하여 수소 발생; 물과 반응하여 수소 발생	칼슘	Ca^{2+}
	비산화성 산과 반응하여 수소 발생; 물과 반응하여 수소 발생	스트론튬	Sr^{2+}
	비산화성 산과 반응하여 수소 발생; 물과 반응하여 수소 발생	바륨	Ba^{2+}
	비산화성 산과 반응하여 수소 발생; 물과 반응하여 수소 발생	세슘	Cs^{+}
	비산화성 산과 반응하여 수소 발생; 물과 반응하여 수소 발생	포타슘	K^{+}
활동도 높음	비산화성 산과 반응하여 수소 발생; 물과 반응하여 수소 발생	루비듐	Rb^{+}

금속의 산화 용이성 증가 (아래쪽으로)

이온의 환원 용이성 증가 (위쪽으로)

E. R. Degginger/Science Source

그림 5.7 소듐 금속이 물과 격렬하게 반응한다. 이 반응에서 소듐은 Na^+ 이온으로 산화되고, 물 분자가 환원되어 수소 기체와 수산화 이온이 생성된다. 반응열에 의하여 수소가 점화되고, 열에 의해 소듐이 녹으면서 수면에서 불꽃이 일고 밝게 빛난다. 반응이 종결된 후 용액은 수산화 소듐을 포함한다.

Martyn F. Chillmaid/Science Source

$2HCl(aq) + Fe(s) \longrightarrow FeCl_2(aq) + H_2(g)$

$2HCl(aq) + Zn(s) \longrightarrow ZnCl_2(aq) + H_2(g)$

$2HCl(aq) + Mg(s) \longrightarrow MgCl_2(aq) + H_2(g)$

그림 5.8 금속과 산 용액에 포함된 수소 이온과의 반응을 이용하여 금속이 산화되는 경향성을 비교하는 실험 생성물은 수소 기체와 용액 내의 금속 이온이다. 동일한 농도의 $HCl(aq)$ 수용액이 담겨있는 시험관에 순서대로 각각 철, 아연, 마그네슘이 담겨있다. 산화가 잘 일어나는 순서대로 수소 기포가 많이 생성된다.

활동도 서열에서 수소보다 아래쪽에 있는 금속의 경우, 산화가 쉽게 될수록 H^+와 반응하는 속도도 크다. **그림 5.8**에서의 철, 아연, 및 마그네슘이 각각 염산과 반응하는 실험에서 그 예를 볼 수 있다. 각 시험관에서 동일한 초기 농도의 염산에 대하여 마그네슘이 아연보다 더 빨리 반응하고, 아연이 철보다 더 빨리 반응하는 것을 볼 수 있다. 이는 표 5.3에서의 마그네슘이 아연보다 더 쉽게 산화되고 아연은 철보다 더 쉽게 산화되는 활동도 서열과 일치한다.

표 5.3의 활동도 서열을 이용하여 단일 치환 산화–환원 반응에서의 결과를 예측할 수 있다. 예제 5.7에서 그 예를 살펴보기로 하자.

예제 5.7 활동도 서열의 이용

유서 깊은 다리를 보호하기 위하여 구리로 코팅하려고 한다. 이를 위하여 황산 구리(II) 용액으로 칠하는 것이 제안되었다. 다리 대신 쇠못을 이용하여 황산 구리(II) 페인트의 효과를 검증하려고 한다. 황산 구리(II) 용액에 쇠못을 담그면 어떤 변화가 일어날까? 반응이 일어난다면 그 반응의 분자 반응식을 쓰고, 황산 구리(II) 용액이 다리 보호에 효과적인지 서술하시오.

분석 어떻게 될지를 결정하기 전에 어떤 일이 일어날 수 있을 것인가를 자문해 보아야 한다. 화학 반응이 일어난다면, 그 반응은 철과 황산 구리의 반응일 것이다. **한 금속이 다른 금속 염과 반응**할 수 있을 것인가? 이것은 단일 치환 반응의 가능성이 있는지 묻는 질문이다. 반응이 일어난다면 그것은 철이 반응한다는 의미이고, 따라서 다리를 구성하는 금속 구조물이 분해된다는 의미이다.

도구 모음 그러한 반응을 예측하기 위한 도구는 표 5.3의 활동도 서열이다. 이온 결합 화합물의 명명 규칙도 필요할 것이다.

풀이 표 5.3에서 철은 구리보다 아래쪽에 있다. 이는 철이 구리보다 더 쉽게 산화됨을 의미하고, 따라서 철은 황산 구리 용액에 있는 구리 이온을 치환할 것으로 예상할 수 있다. 즉 **반응이 일어날 것이다**(첫 번째 질문에 대한 답). 황산 구리(II)의 화학식은 $CuSO_4$이다. 반응식을 쓰기 위해서는 철의 최종 산화 상태를 알아야 한다. 표를 보면 철의 최종 산화 상태는 +2이므로, Fe 원자는 Fe^{2+} 이온으로 변한다. 용액 내 염의 화학식은 Fe^{2+}와 $SO_4{}^{2-}$ 이온으로 이루어진 $FeSO_4$가 된다. 구리(II) 이온은 환원되어 구리 원자가 된다.

이상을 종합하면 실험에서 일어나는 반응의 반응식은 다음과 같다.

$$Fe(s) + CuSO_4(aq) \longrightarrow Cu(s) + FeSO_4(aq)$$

반응이 일어난다는 것은 다리를 구성하는 철제가 반응(침식)한다는 의미이다. 따라서 황산 구리(II)가 아닌 일반 페인트를 사용하는 것이 합리적이다.

답이 합리적인가? 활동도 서열을 다시 검토하여 올바른 결론에 도달하였는지를 확인하고, 반응식에서 화학식이 옳은지와 균형이 제대로 맞추어졌는지 확인해 본다. 이런 확인을 통해 우리가 올바른 답을 얻었음을 확인할 수 있다. 다리는 황산 구리(II) 용액이 아닌 페인트로 보호되는 것이 현명하다. 또한 황산 구리(II)는 물에 녹으므로 빗물에 바로 씻겨 나갈 것이다.

강의실 밖의 화학 5.1

은 제품 광택 내기–쉬운 방법

은그릇을 연마제나 크림을 이용하여 광택을 내는 작업은 지저분하고 결과가 좋지 않을 수 있다. 활성이 높은 금속을 사용하여 활성이 상대적으로 낮은 금속을 포함하는 화합물을 환원시키는 방법을 배웠으므로, 이 방법을 이용하여 은 제품의 광택을 되찾아보자.

일반적으로 은의 표면은 공기 중에 매우 소량으로 존재하는 황화 수소와의 점진적인 반응에 의해 변색된다. 이때 생성물은 검은색의 황화 은(Ag_2S)으로, 밝은 금속 표면에 칙칙한 막을 형성한다. 은 표면을 부드러운 연마제로 닦아주면 광택이 살아나지만, 황화 은이 제거될 때 소량의 은도 함께 제거된다. 또한 은 변색의 원인인 유독한 물질을 물로 씻어 내면 수질이 오염되기도 한다.

손쉽게 은의 광택을 낼 수 있는 또 다른 방법이 있다. **그림 1**과 같이 우선 싱크대 바닥에 알루미늄 포일을 깔고 따뜻한 물과 세제(전해질로 작용)를 넣은 후, 변색된 은을 알루미늄 포일과 접촉시킨다. 잠시 후 황화 은이 환원되면서 광택이 살아나고, 이때 생성된 은은 은 용기 표면에 쌓인다. 이 과정에서 소량의 알루미늄 포일이 산화되어 물에 녹는다. 이때 육체적인 수고가 거의 들지 않음은 물론, **은의 손실도 없어서 중금속인 은이 물에 남는 것을 방지**할 수 있다.

(a) (b) (c)

그림 1 알루미늄을 이용하여 은 표면의 변색 제거하기 (a) 심하게 변색된 은 꽃병과 세제(Soilax)를 섞은 물이 담긴 용기. 용기 바닥에는 알루미늄 포일을 깔았다. (b) 용기에 꽃병을 담근다. (c) 잠시 후 꽃병을 꺼내어 물로 씻고 부드러운 천으로 닦아 주면, 액체에 담가 있던 부분의 변색이 제거되고 원래의 은색이 나타난 것을 볼 수 있다.

이제 황산 알루미늄 용액에 쇠못을 담그면 어떻게 되는지 생각해 보자. 예제 5.7에서와 같이 원소 철과 Al^{3+} 이온의 위치를 비교해 보면 Al^{3+} 이온이 철 아래에 있음을 알 수 있는데,

이는 알루미늄의 원소 형태가 철보다 더 활동도가 크다는 의미이다. 결론은 **철 원자는 Al^{3+}를 환원시키지 못하므로 반응이 일어나지 않는다는 것이다.**

실전 문제 5.13

황산 알루미늄[$Al_2(SO_4)_3$], 황산 납(II)($PbSO_4$), 금속 알루미늄, 금속 납이 혼합된 수용액이 있다. 어떤 반응이 일어나는가? (**힌트**: 어떤 반응이 일어날 수 있을까?)

실전 문제 5.14

다음의 실험에서 어떤 반응이 일어나는지 예측해 보시오. 반응이 일어난다면 화학 반응식을 쓰고, 반응이 일어나지 않으면 생성물을 적을 곳에 '반응하지 않음'이라고 쓰시오.

(**a**) 카드뮴 금속을 염화 아연(II) 용액에 넣는다.
(**b**) 마그네슘 금속을 황산 철(II) 용액에 넣는다.

Andy Washnik

숯 봉지의 라벨에는 일산화 탄소에 대한 경고가 인쇄되어 있다.

5.5 산화제로서의 산소 분자

산소는 자연계에 풍부한 화학 물질이다. 산소는 공기 중에 있으므로 원하는 사람은 누구든 사용할 수 있다. 더욱이 O_2는 매우 반응성이 큰 산화제인데, 이와 관련된 산소의 반응은 잘 알려져 있다. 빛과 열을 내면서 빠르게 진행하는 산소의 반응을 **연소(combustion)**라고 한다. 산소와 비금속이 반응할 때는 분자성 산화물이 그리고 산소와 금속이 반응할 때는 이온성 산화물이 생성되는 등, 산소와의 반응에서 생성물은 일반적으로 산화물이다.

비금속과 산소와의 반응

금속과 마찬가지로 대부분의 비금속은 산소와 쉽게 반응하는데, 이 반응은 연소라고 표현될 수 있을 만큼 빠르게 진행된다. 탄소의 산화 반응은 열에너지를 얻을 수 있는 가장 중요한 비금속 연소 반응 중의 하나이다. 예를 들어 탄소로 구성된 석탄이나 숯은 잘 알려진 연료로, 산소와 매우 잘 반응한다. 세계 곳곳에서 많은 양의 석탄이 전기 발전에 사용되고 있으며, 숯은 햄버거를 굽는 데 사용되는 대중적인 연료이다. 산소의 양이 충분하다면 탄소의 연소로 CO_2가 생성되겠지만, O_2의 공급이 제한적이라면 CO 또한 일부 생성될 것이다. 그러므로 숯 제조업자는 '일산화 탄소 중독의 위험이 있으니 실내에서는 사용하지 않아야 한다'라는 경고 문구를 포장지에 인쇄한다.

황은 산소와 잘 반응하는 또 다른 비금속으로, 연소되어 이산화 황을 생성한다. 황산 제조 과정의 첫 번째 단계가 황을 연소시켜 이산화 황을 만드는 반응이다. 황 화합물이 연소할 때도 이산화 황이 생성되므로, 석탄이나 석유에 포함된 황이나 황 화합물은 공기 오염의 주된 원인이 된다. 석탄을 연료로 사용하는 발전소는 배기가스에서 이산화 황을 제거하는 데 많은 노력을 기울이고 있다.

질소 역시 산소와 반응해서 **그림 5.9**에 나타낸 것과 같은 NO, NO_2, N_2O, N_2O_3, N_2O_4, N_2O_5 등의 다양한 질소 산화물을 생성한다. 일산화 질소와 이산화 질소는, 질소와 산소가 자동차 엔진에서와 같은 고온과 압력에서 반응할 때 생성된다. 아산화 질소 또는 웃음가스(laughing gas)로 알려진 산화 이질소는 치과에서의 마취제나 휘핑크림에 첨가하는 추진제로 사용된다.

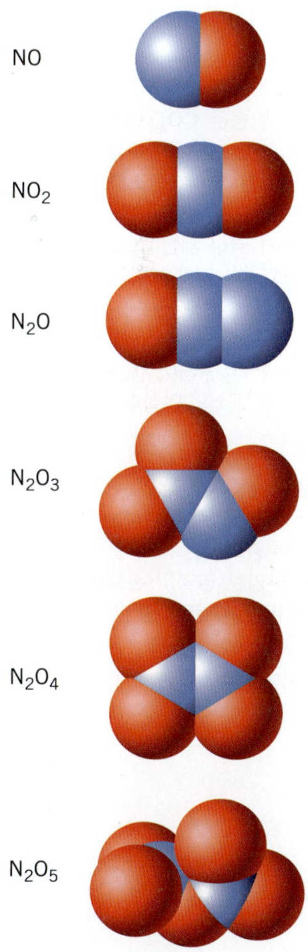

그림 5.9 질소 산화물 질소가 산소와 반응하면 다양한 질소 산화물이 생성된다.

유기 화합물의 산화

우리는 경험을 통해 어떤 물질들은 잘 탄다는 것을 알고 있다. 예를 들어 난방을 위하여 불을 피워야 한다면 잔가지, 통나무, 연료로 사용할 수 있는 나무 조각과 같은 가연성 물질을 찾을 것이다. 우리가 매일 이용하는 자동차는 가솔린의 연소에 의해 동력이 공급된다. 나무나 가솔린은 유기 화합물(organic compound, 구조가 주로 탄소 원자들의 결합에 의해 결정되는 화합물)이거나 혹은 유기 화합물의 혼합물이다. 일반적으로 유기 화합물이 연소될 때의 반응 생성물은 쉽게 예측할 수 있다.

유기 화합물의 연소

탄화수소의 연소 천연가스, 가솔린, 등유, 난방용 기름, 그리고 경유와 같은 연료는 탄소와 수소만으로 구성된 화합물인 탄화수소이다. 천연가스는 주로 메테인(CH_4)으로 구성되어 있다. 가솔린은 여러 탄화수소의 혼합물인데, 그중에서 가장 잘 알려진 성분이 옥테인(C_8H_{18})이다. 석유, 난방용 기름, 경유 등은 더 많은 수의 탄소와 수소 원자를 가지는 탄화수소 혼합물이다. 공기 중에서 탄화수소가 연소될 때는 물과 더불어 이산화 탄소나 일산화 탄소 혹은 탄소 검댕과 같은 탄소 화합물이 생성된다. 연소 조건을 신중하게 조절하면 생성물을 제어할 수 있다.

도구
O_2 공급이 충분한 조건에서의 탄화수소의 연소

충분한 산소의 공급하에서 탄화수소가 연소할 때 연소 생성물은 주로 이산화 탄소와 물이다. 따라서 메테인과 옥테인이 산소와 결합하는 반응은 다음과 같다.

$$CH_4 + 2O_2 \longrightarrow CO_2 + 2H_2O$$
$$2C_8H_{18} + 25O_2 \longrightarrow 16CO_2 + 18H_2O$$

해설 조건에 따라 비율은 다르지만, 산소 반응은 CO_2, CO, C를 모두 생성한다. 그러나 여기서는 산소가 충분하면 이산화 탄소를, 제한된 산소만 있으면 일산화 탄소를, 그리고 산소가 극히 제한적으로 공급되면 탄소가 생성된다고 가정한다.

탄화수소의 연소 생성물 중의 하나가 물이라는 사실을 보여주는 증거는 많다. 아마도 추운 겨울날 자동차의 배기관에서 나오는 응축된 수증기나, 차에 시동을 건 직후에 배기관에서 물방울이 떨어지는 것을 보았을 것이다. 이것이 가솔린의 연소 중에 생성된 물이다. 이와 유사하게 발전소의 '굴뚝'에서 응축된 수증기의 구름이 방출되는데(**그림 5.10**), 이것은 종종 발전에 필요한 동력을 생산하기 위해 사용하는 불에서 나오는 연기로 오해받기도 한다. 사실, 오늘날의 많은 발전소는 석탄 대신 천연가스를 태우므로 연기를 거의 배출하지 않는다.

도구
O_2 공급이 제한적인 조건에서의 탄화수소의 연소

탄화수소가 연소될 때 산소의 공급이 불충분하면, 탄소의 일부가 일산화 탄소로 된다. 잘 알려진 바와 같이, CO의 생성은 휘발유 엔진의 사용과 연관된 환경 오염을 유발한다. 이와

해설 굴뚝에서 나오는 것이 연기인지 수증기인지 구별하는 방법이 있다. 수증기라면 굴뚝 끝의 바로 위에 투명한 영역이 존재할 것이고, 연기라면 투명한 영역이 존재하지 않을 것이다.

PictureNet/Corbis/Getty Images

그림 5.10 물은 탄화수소가 연소될 때 생성된다. 겨울에는 기름을 연료로 사용하는 발전소의 굴뚝에서 배출되는 응축된 수증기 구름을 볼 수 있다.

관련된 반응식은 다음과 같다.

$$2CH_4 + 3O_2 \longrightarrow 2CO + 4H_2O \text{ (산소 공급이 제한적인 경우)}$$

산소의 공급이 극히 제한적이면 탄화수소 혼합물에 포함된 수소만 산화물(물)로 변환되고, 탄소 원자는 탄소 원소 상태로 배출된다. 예를 들어 양초가 탈 때 연료는 분자량이 큰 탄화수소(예를 들면 $C_{20}H_{42}$)인데, 불완전 연소 시 생성되는 작은 탄소 입자가 밝게 빛나기 때문에 양초가 주변을 밝게 비출 수 있는 것이다. 차가운 물체를 불꽃에 대면 **그림 5.11**에서처럼 연소되지 않은 탄소가 석출된다.

> 도구
> O_2 공급이 극히 제한적인 조건에서의 탄화수소의 연소

산소 공급이 극히 제한될 때의 메테인의 불완전 연소는 상업적으로 중요한 반응이며, 그 반응식은 다음과 같다.

$$CH_4 + O_2 \longrightarrow C + 2H_2O \text{ (산소 공급이 극히 제한적인 경우)}$$

생성되는 탄소는 매우 미세한 입자 형태로 그을음(soot)이라 불린다. 그러나 그을음을 모아 만든 **유연(lampblack**, 검은 물감)은 상당한 상업적인 가치를 가진다. 이러한 그을린 형태의 탄소는 잉크의 제조에도 사용되며, 상당량의 탄소가 고무 타이어를 제조할 때 접합제나 충전재로 사용된다. 불완전 연소 시 생성되는 검댕이 공기 중에 방출되면, 작은 입자가 공기 오염의 한 성분인 **미세 입자(particulates)**가 되어 스모그 형성에 기여하게 된다.

> **해설** 이렇게 미세하게 쪼개진 형태의 탄소를 카본블랙(carbon black)이라고 한다.

산소를 포함하는 유기 화합물의 연소 우리는 불을 피울 때 나무를 이용한다. 나무의 주된 가연성 성분은 식물의 구조적인 강도를 제공하는 섬유성 물질인 셀룰로스이다. 셀룰로스는 탄소, 수소, 그리고 산소로 이루어져 있다. 각각의 셀룰로스 분자는 동일한 일련의 작은 원자 집단이 서로 연결되어 매우 긴 분자를 형성하고 있다. 이 사슬의 길이가 서로 다르기 때문에 셀룰로스의 분자식을 명시할 수는 없다. 그 대신 셀룰로스 분자의 반복되는 '구성 단위'인 $C_6H_{10}O_5$를 실험식으로 사용한다. 아래에 나타낸 셀룰로스의 연소 반응에서의 생성물은 주로 이산화 탄소와 물이다. 이 반응과 산소와 탄화수소 사이의 반응과의 유일한 차이점은 생성물 중 산소의 일부가 셀룰로스로부터 나온다는 점이다.

> **해설** 셀룰로스의 분자식은 $(C_6H_{10}O_5)_n$으로 표현할 수 있는데, 이는 $C_6H_{10}O_5$ 단위가 여러 번 반복됨을 의미한다.

$$C_6H_{10}O_5 + 6O_2 \longrightarrow 6CO_2 + 5H_2O$$

탄소, 수소, 산소로만 이루어진 모든 다른 유기 화합물은 완전 연소할 때 같은 화합물(이산화 탄소와 물)이 생성되며, 유사한 반응식으로 나타낼 수 있다.

> 도구
> C, H, O만을 포함하는 유기 화합물의 연소

황을 포함하는 유기 화합물의 연소 황 또는 황 화합물을 함유하는 연료가 연소될 때 공기 중으로 배출되는 이산화 황은 심각한 오염 문제를 일으킨다. 유기 황 화합물의 연소 생성물은 이산화 탄소, 물, 이산화 황이다. 전형적인 반응식은 다음과 같다.

> 도구
> 황을 포함하는 유기 화합물의 연소

$$2C_2H_5SH + 9O_2 \longrightarrow 4CO_2 + 6H_2O + 2SO_2$$

이산화 황의 수용액은 산성이기 때문에 오염된 공기를 통해 비가 내리면 이산화 황을 흡수하여 '산성비'가 된다. 특히 일부 SO_2가 산화되어 형성된 SO_3가 공기 중의 수분과 반응하여 $H_2SO_4(aq)$를 생성하면 산성비의 산도가 더 커진다.

산소와의 반응이 모두 연소 반응은 아니다

범죄 현장에서 혈흔을 추적하는 데 사용되는 루미놀(luminol) 반응은 산소와의 반응임에도 연소 반응이 아닌 사례이다. 피가 묻은 곳에서 루미놀은 빛을 발한다. 이 반응의 첫 단계는 헤모글로빈의 철 원자에 의해 촉진되는 다음의 과산화 수소의 분해이다.

$$2H_2O_2 \longrightarrow 2H_2O + O_2$$

그림 5.11 탄화수소의 불완전 연소 양초 불꽃의 밝은 노란색은 탄소 원소 입자가 타는 것이다. 그림에서 보듯이, 불꽃에 차가운 자기 그릇을 갖다 대면 검은 탄소 석출물을 볼 수 있다.

이 반응에서 산소 분자의 절반은 환원되고 나머지 절반은 산화된다. 다음 단계에서는 산소가 염기성 용액에서 음이온으로 존재하는 루미놀과 반응한다.

$$C_8H_5N_3O_2^{2-} + O_2 \longrightarrow C_8H_5NO_4^{2-} + N_2$$

이 과정에서 반응 에너지의 일부는 푸른색 빛으로 바뀌게 되는데, 이러한 현상이 화학발광(chemiluminescence)의 한 예이다.

실전 문제 5.15

농약이나 의약품 합성에서 전구체로 이용되는 싸이오펜(thiophene, C_4H_4S)의 연소에 대한 균형 화학 반응식을 쓰시오. (**힌트**: 이러한 조건에서 황은 어떻게 변하는가?)

실전 문제 5.16

주사제의 용매로 쓰이는 프로필렌 글리콜(propylene glycol, $C_3H_8O_2$)의 연소에 대한 균형 화학 반응식을 쓰시오.

금속과 산소의 반응

금속은 연소하지 않을 것이라고 생각하지만, 폭죽에 불을 붙여 본 적이 있는가? 이때 발생하는 빛은 아래에 나타낸 금속 마그네슘과 산소의 반응에 의한 것이다. 실제로 **그림 5.12**에 보이는 마그네슘 조명탄의 불빛은 전쟁터와 같은 넓은 지역을 밝힐 수 있을 정도로 충분히 밝다.

$$2Mg + O_2 \longrightarrow 2MgO$$

비록 장관을 이루지는 못해도 많은 금속이 산소와 직접 반응하는데, 이러한 반응을 보통 **부식(corrosion)** 혹은 산화 생성물이 금속 표면의 광택을 흐리게 하므로 **표면흐림(tarnishing)**이라고 표현한다. 예를 들면 철은 특히 수분이 존재할 때 쉽게 산화되는데, 이미 알고 있듯이 이런 경우 철이 부식하여 녹이 슨다고 한다. 철의 **녹(rust)**은 상당량의 물을 포함하고 있는 산화철(III)(Fe_2O_3)의 한 형태이다. 철의 녹은 조성이 일정하지 않기 때문에 화학식은 보통 $Fe_2O_3 \cdot xH_2O$로 나타낸다. 철이 녹스는 반응은 느리지만, 순수한 산소 분위기에서 철을 매우 높은 온도로 가열하면 반응 속도가 빨라진다(**그림 5.13** 참조).

그림 5.12 마그네슘 조명탄 마그네슘은 연소하면서 아주 밝은 빛을 내기 때문에, 마그네슘 조명탄을 이용하여 야간 탱크 사격 연습장을 충분히 밝힐 수 있다.

철과는 달리 알루미늄의 표면은 산소와의 반응에 의한 표면흐림 현상이 감지할 수 있을 정도로 진행되지 않는다. 일반적으로 표면에 많은 광택이 나는 알루미늄은 알루미늄 포일부터 창문틀에 이르기까지 가정에서 쉽게 볼 수 있는 금속이다. 그러나 표 5.3의 활동도 서열에서 보면 알루미늄은 의외로 꽤 쉽게 산화되는 물질이다. 알루미늄이 공기 중에 노출된 초기에는 산소와 매우 빠르게 반응하여 표면에 산화 알루미늄(Al_2O_3)의 얇은 막이 형성된다. 그러나 그 막은 너무나 얇아서 알루미늄의 광택을 방해하지 않는다. 다행히 산화물 피막은 알루미늄 표면에 매우 강하게 부착되어 산소가 알루미늄과 추가로 반응하는 것을 방지하는 역할을 한다. 따라서 추가적인 알루미늄 산화 반응의 속도는 매우 느리다. 반면에 알루미늄 가루는 표면적이 커서 발화되면 격렬하게 반응하므로, 우주 왕복선 추진 로켓의 추진제에 사용된다.

그림 5.13 산소 안에서 뜨거운 강철 솜이 타는 모습 뜨거운 강철 솜과 산소와의 반응은 산화 과정을 촉진시켜 스파크와 불꽃이 발생한다.

실전 문제 5.17

스트론튬 염은 불꽃놀이나 조명탄에서 밝은 적색의 빛을 만들어 낸다. 스트론튬 금속이 산소 분자와 반응하여 산화물이 생성되는 반응에 대한 균형 화학 반응식을 쓰시오(**힌트**: 스트론튬(Sr)은 주기율표에서 칼슘과 같은 족에 속한다).

실전 문제 5.18

그림 5.13의 반응에서 생성되는 산화물은 산화 철(III)이다. 이 반응에 대한 균형 화학 반응식을 쓰시오.

5.6 산화–환원 반응의 화학량론

일반적으로 산화–환원 반응의 화학량론 문제를 다룰 때 다른 반응에서 적용한 것과 동일한 원칙을 따른다. 화학 반응식이 좀 더 복잡하다는 차이가 있지만, 일단 균형 맞춘 반응식을 얻기만 하면 반응에 포함된 물질의 몰수는 균형 반응식의 계수와의 관계에 따라 결정된다.

해설 진한 용액에서 MnO_4^-는 보라색이지만, 묽은 용액에서의 이온은 분홍색을 띤다.

산화–환원 반응은 매우 다양하기 때문에, 실험실에서 유용하게 응용되고 있다는 것은 놀랄 일이 아니다. 몇몇 산화–환원 반응은 적정과 같은 화학 분석 실험에서 유용하게 이용되고 있다. 산–염기 적정에서는 각 반응 별로 종말점을 확인하기 위해 특별한 지시약이 사용된다. 그러나 산화–환원 적정 실험에서는 편리하게 종말점을 검출하는 데 사용할 수 있는 적당한 지시약이 많지 않다. 현실적으로는 색깔이 진한 몇 가지 산화제의 자체적인 색깔 변화에 의존해서 종말점을 검출하는 경우가 많다.

산화–환원 적정 실험에서 가장 유용한 시약 중 하나가 과망가니즈산 포타슘($KMnO_4$)인데, 특히 반응이 산성 용액에서 이루어질 때 유용하다. 과망가니즈산 이온은 강력한 산화제이므로 산화될 가능성이 있는 대부분의 물질을 산화시킬 수 있기 때문에 많은 실험에서 과망가니즈산 이온을 이용하고 있다. 특히 중요한 사실은 이 이온은 진한 보라색을 나타내는 데 비하여 산성 용액에서의 환원 생성물은 무색의 Mn^{2+} 이온이라는 것이다. 그러므로 뷰렛을 사용하여 $KMnO_4$ 용액을 환원제 용액에 가하면 거의 무색의 생성물이 생성된다. 그림 5.14는 $KMnO_4$ 용액을 Fe^{2+}가 들어 있는 산성 용액에 붓는 모습이다.

그림 5.14 Fe^{2+}에 의하여 환원되는 MnO_4^- $KMnO_4$ 용액을 Fe^{2+}가 포함된 산성 용액에 잘 저으면서 가한다. MnO_4^-가 거의 무색의 Mn^{2+} 이온으로 환원되는 동안 연한 청록색의 Fe^{2+}는 Fe^{3+}로 산화된다. 과망가니즈산 이온의 보라색은 Fe^{2+}가 모두 반응할 때까지 나타나지 않지만, 반응이 끝나면 전체 용액은 분홍색이나 보라색을 띠게 될 것이다. 반응의 종결을 알려 줄 수 있는 MnO_4^-의 이러한 능력은 산화–환원 적정 실험에서 특히 유용하다.

$KMnO_4$ 용액을 가하면 환원제(반응물)가 남아 있는 동안 계속 보라색이 사라져 무색의 용액 상태가 유지된다. 적정에 의하여 모든 환원제가 반응된 후, 추가로 가해진 MnO_4^- 이온에 의하여 용액의 색깔은 분홍색이 된다. 이것이 적정 실험의 끝났다는 신호이다. 이는 과망가니즈산 이온이 산화–환원 적정에서 스스로 지시약의 역할을 하는 사례이다. 다음 다중 개념 문제는 $KMnO_4$를 이용한 산화–환원 적정 실험을 다루고 있다.

실전 문제 5.19

철 결핍증이 있는 사람은 철을 함유하는 보조제를 먹는 것이 좋다. 철 보조제 한 알에 포함된 철의 함량을 측정하는 하나의 방법은 보조제 한 알을 산성 용액에 녹인 후 과망가니즈포타슘으로 적정하는 것이다. 이 적정 반응의 균형 화학 반응식은 다음과 같다.

$$MnO_4^- + 5Fe^{2+} + 8H^+ \longrightarrow 5Fe^{3+} + Mn^{2+} + 4H_2O$$

어떤 적정 실험에서 모든 철과 반응하는 데 $0.01934\,M$ $KMnO_4$ 용액 60.2 mL가 소모되었다. 한 알의 정제에 포함된 철은 모두 몇 mg인가?

실전 문제 5.20

포도주가 과발효되거나 혹은 변질되는 것을 막기 위하여 포도주에 아황산 이온을 가하는 경우가 있다. 미국에서 포도주에 포함된 아황산 이온의 최대 허용치는 350 mg/L이다. 아황산 이온의 농도를 결정하는 데 다음과 같은 아이오딘을 이용한 산화–환원 적정법이 많이 사용되고 있다.

$$SO_3^{2-} + I_2 + H_2O \longrightarrow SO_4^{2-} + 2H^+ + 2I^-$$

백포도주 75 mL를 적정하는 실험에서 $0.0500\,M$ I_2 13.7 mL가 소모되었다. 아황산 이온의 농도가 허용치를 넘었는지 확인하시오.

다중 개념 문제의 분석과 풀이

철광석 시료 2.000 g을 산성 용액에 녹여 포함된 철을 모두 Fe^{2+}로 변환시킨 후, $0.100\,M$ $KMnO_4$로 적정하였다. 용액에 존재하는 Fe^{2+} 이온을 Fe^{3+} 이온으로 적정하는 데 $KMnO_4$ 용액 27.45 mL가 소모되었다. 다음 물음에 답하시오.

(a) 시료에 포함된 철은 몇 g인가?

(b) 시료에 포함된 철은 몇 %인가?

(c) 시료에서 철이 Fe_2O_3로 존재하였다면, 시료에 포함된 Fe_2O_3의 질량 백분율을 구하시오.

분석 다중 개념을 포함하는 전체를 세 Part로 나누어 문제를 해결해보자. 첫 번째는 정확한 화학량론을 얻기 위하여 균형 반응식을 얻는 것이고, 두 번째는 시료에서 철의 질량과 철의 백분율을 구하는 것이다. 세 번째는 Fe_2O_3의 질량 백분율을 구하는 것이다. 마지막 두 Part에서는 이 장에서의 도구뿐만 아니라 3, 4장에서 학습한 도구를 함께 사용할 것이다.

Part 1

도구 모음 모음 문제에서 명백히 언급하지 않았지만 산성 용액에서의 산화–환원 반응의 균형을 맞추는 방법을 도구로 사용한다.

풀이 $KMnO_4$의 K^+는 구경꾼 이온으로서 균형 반응식에 포함되지 않으므로 MnO_4^-를 이용하여 균형을 맞춘다. 산화–환원 반응에 대한 골격 반응식은 다음과 같다.

$$Fe^{2+} + MnO_4^- \longrightarrow Fe^{3+} + Mn^{2+}$$

주어진 골격 반응에 대하여 산성 용액에서의 이온-전자법을 이용하여 균형을 맞추면 다음과 같다.

$$5Fe^{2+} + MnO_4^- + 8H^+ \longrightarrow 5Fe^{3+} + Mn^{2+} + 4H_2O$$

Part 2

도구 모음 균형 반응식과 더불어 처음 두 가지 질문에 답하기 위해 필요한 도구들을 살펴보자. Fe_2O_3의 백분율 계산은 그 후에 시도할 것이다.

첫 번째 도구는 $KMnO_4$의 몰농도 및 부피와 관련된다. 이것은 적정 실험에서 사용된 $KMnO_4$의 몰수를 알려 줄 것이다. 또한 반응식의 계수, 몰질량, 철의 백분율을 계산하는 식 등을 도구로 이용할 것이다.

풀이 반응에서 소모된 MnO_4^-의 몰수는 적정에 사용된 용액의 부피와 농도로부터 계산된다.

$$0.02745 \text{ L } MnO_4^- \text{ 용액}\left(\frac{0.100 \text{ mol } MnO_4^-}{1 \text{ L } MnO_4^- \text{ soln}}\right) = 0.002745 \text{ mol } MnO_4^-$$

다음에는 반응한 Fe^{2+}의 몰수를 계산하기 위해 반응식의 반응 계수를 이용한다. 균형 화학 반응식으로부터 소모된 MnO_4^- 1 mol당 Fe^{2+} 5 mol이 반응한다는 것을 알 수 있다.

$$0.002745 \text{ mol } MnO_4^-\left(\frac{5 \text{ mol } Fe^{2+}}{1 \text{ mol } MnO_4^-}\right) = 0.01372 \text{ mol } Fe^{2+}$$

이제 철광석 시료에서의 철의 몰수를 구했으므로 시료에 있는 철의 질량은 다음과 같이 구할 수 있다.

$$0.01372 \text{ mol Fe}\left(\frac{55.845 \text{ g Fe}}{1 \text{ mol Fe}}\right) = 0.766 \text{ g Fe}$$

시료에 포함된 철의 백분율을 구하기 위하여 철의 질량을 시료의 질량으로 나누고 100%를 곱한다.

$$\%\text{Fe} = \frac{\text{g Fe}}{\text{g 시료}} \times 100\%$$

$$\%\text{Fe} = \frac{0.766 \text{ g Fe}}{2.00 \text{ g 시료}} \times 100\% = 38.3\%$$

문제 (**b**)에서 요구하는 시료에 포함된 철은 질량 백분율은 38.3%이다.

Part 3

도구 모음 Part 2에서 구한 반응한 Fe의 몰수인 0.0137 mol을 Fe_2O_3의 몰수와 질량으로 변환해야 한다. 이를 위하여 Fe_2O_3의 화학식과 몰질량을 이용하여 Fe_2O_3의 질량을 계산한 후에 Part 2에서와 같이 질량 백분율을 구한다.

풀이 산화 철의 화학식으로부터 다음과 같은 철과의 관계식를 얻을 수 있다.

$$1 \text{ mol } Fe_2O_3 \Leftrightarrow 2 \text{ mol Fe}$$

이 관계식을 이용하여 필요한 변환 인자를 얻은 후, 시료에 포함된 Fe_2O_3의 몰수를 다음과 같이 구할 수 있다.

$$0.0137 \text{ mol Fe}\left(\frac{1 \text{ mol } Fe_2O_3}{2 \text{ mol Fe}}\right) = 0.00685 \text{ mol } Fe_2O_3$$

Fe_2O_3의 화학식량은 159.69 g mol^{-1}이므로 시료 속 Fe_2O_3의 질량은 다음과 같다.

$$0.00685 \text{ mol } Fe_2O_3\left(\frac{159.69 \text{ g } Fe_2O_3}{1 \text{ mol } Fe_2O_3}\right) = 1.094 \text{ g } Fe_2O_3$$

따라서 시료 속 Fe_2O_3의 백분율은 다음과 같다.

$$\%Fe_2O_3 = \frac{1.094 \text{ g } Fe_2O_3}{2.00 \text{ g 시료}} \times 100\% = 54.70\% \ Fe_3O_3$$

철광석 시료에 포함된 Fe_2O_3의 질량 백분율은 54.7%이다.

답이 합리적인가? 첫 번째 Part에서 반응식의 양쪽에서 각 원소의 원자수와 전하 균형이 맞았는지 확인해야 한다.

두 번째 Part에서의 답을 확인하기 위해서 몇 가지 근사적 계산을 이용할 수 있다. 적정 실험에서 0.10 M인 $KMnO_4$ 용액 약 30 mL(0.030 L)를 사용하였다. 이들을 곱하면 약 0.003 mol의 $KMnO_4$가 사용된 것이다. 반응식의 계수로부터 Fe^{2+}가 몰비로 5배 많이 반응했으므로, 시료 속에 있는 철의 몰수는 약 $5 \times 0.003 = 0.015$ mol이다. Fe의 원자 질량이 약 55 g mol^{-1}이므로, 시료 속에 있는 철의 질량은 대략 $0.015 \times 55 = 0.8$ g이다. 따라서 구한 철 0.766 g은 합리적이다.

마지막 Part에서 시료 속 Fe의 양이 약 0.015 mol이라고 하였다. 이 정도 양의 Fe를 포함하는 Fe_2O_3의 양은 0.0075 mol이다. Fe_2O_3의 화학식량은 약 160이므로 시료에 포함된 Fe_2O_3의 질량은 약 $0.0075 \times 160 = 1.2$ g으로, 이 값은 우리가 얻은 Fe_2O_3의 질량인 1.094 g과 매우 가깝다. 1.09 g은 전체 시료의 질량인 2.00 g의 약 절반이므로, 시료에는 약 50% 정도의 Fe_2O_3가 있다고 볼 수 있고, 이 값 역시 얻은 답과 매우 가깝다.

종합 화학 예제

산화–환원 반응에서 전자는 산화되는 물질에서 환원되는 물질로 이동한다. 전자의 이동과 산화수의 변화를 보여주는 모형을 제시하시오. 모형에는 산화제, 환원제, 및 산화와 환원 등의 용어가 포함되어야 한다. 모형을 이용한 두 가지 사례를 함께 제시하시오.

분석 어떤 과정을 보여주는 모형을 만든다는 것은 도표를 그리라는 의미이다. 도표는 전자의 이동이나 산화수의 변화 등 모든 용어를 포함해야 한다. 또한 산화–환원 반응의 사례도 포함해야 한다.

도구 모음 필요한 도구로 산화제와 환원제의 정의, 산화수를 정하는 규칙, 산화–환원 반응이 진행되는 방법 등이 필요하다.

풀이 모형을 나타내기 위하여 산화와 환원이 되는 두 물질을 각각 기호 A와 B로 나타내자.

다음에는 전자의 이동을 표시한다. 산화가 되면 전자를 잃으므로, A에서 B로 이동하는 전자를 그린다.

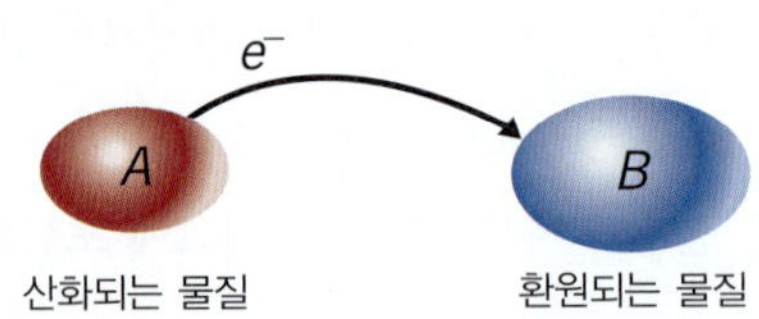

전자가 이동하면 산화수의 변화를 수반한다. 전자를 잃은 A의 산화수는 증가하고, 전자를 얻은 B의 산화수는 감소한다.

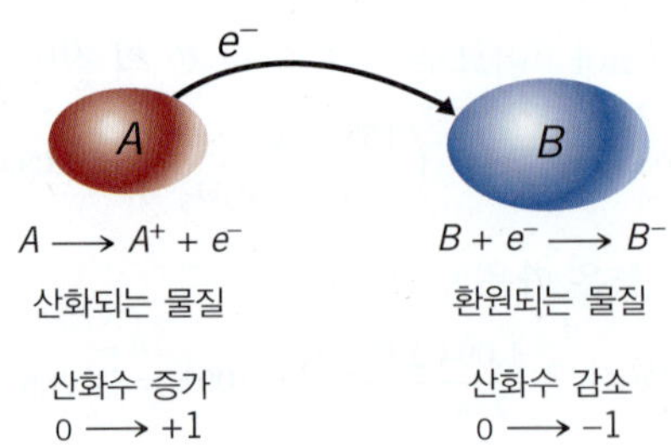

이제 산화제와 환원제를 표시한다. 산화제는 다른 물질을 산화시키는 물질이므로 자신은 환원된다. 따라서 환원이 되는 B가 산화제이고, A는 환원제이다.

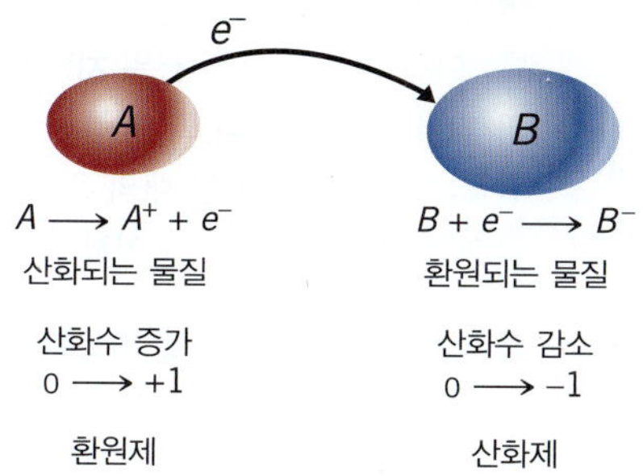

마지막으로 산화–환원 반응의 사례를 제시해 보자. 5장에서 제시된 사례를 이용할 수도 있고, 활동도 서열을 이용하여 새로운 반응을 제시할 수도 있다.

교재에서 제시된 대부분의 반응은 알짜 이온 반응식이므로, 구경꾼 이온을 더해야 완전한 분자 반응식을 얻을 수 있다.

알짜 이온 반응식

$$H_2O + 3SO_3^{2-} + 2MnO_4^- \longrightarrow 3SO_4^{2-} + 2MnO_2 + 2OH^-$$

구경꾼 이온을 더한 반응식

여기서는 음전하를 상쇄시키기 위하여 K^+ 이온을 이용하기로 하자.

$$H_2O + 3K_2SO_3(aq) + 2KMnO_4(aq) \longrightarrow 3K_2SO_4(aq) + 2MnO_2(aq) + 2KOH(aq)$$

활동도 서열을 이용하는 경우, 표 5.3에서 아래쪽의 금속(활동도가 큰 금속)을 선택하고, 위쪽에 나타난 금속 이온의 염과 반응시킨다. 아연과 질산 구리(II)를 선택하고 다음의 반응식을 쓴다. 활동도 서열로부터 얻은 반응의 화학 반응식을 쓰는 방법에 대하여 예제 3.7을 참고하라.

$$Zn(s) + Cu(NO_3)_2(aq) \longrightarrow Zn(NO_3)_2(aq) + Cu(s)$$

이 반응에서 Zn은 Zn^{2+}로 산화되고 Cu^{2+}는 구리 금속으로 환원된다.

답이 합리적인가? 전자의 이동과 더불어 산화 · 환원과 관련된 모든 용어가 포함된 모형을 제시하였다. 산화–환원 반응에 대한 이론을 다시 살펴보면, 모든 용어가 올바르다는 것을 확인할 수 있다. 또한 교재에서 사용한 반응 1개와 활동도 서열을 이용해서 얻은 반응 1개를 제시하였으므로 적절한 사례라고 할 수 있다.

종합 화학 문제

A. 표 5.3과 주기율표를 참조하여 산화제와 환원제로 작용할 가능성이 높은 원소들을 각각 제시하고 그 이유를 설명하시오. 산화제 혹은 환원제로 작용할 수 있는 원소를 기억하는 데 도움이 되는 어떤 정보가 주기율표에 포함되어 있는가? 설명하시오.

B. 5가지 금속을 선택하고, 선택된 금속의 활동도 서열을 결정할 수 있는 일련의 실험을 제안해 보시오. 제안서에 실험에 필요한 시약과 실험 절차, 활동도의 서열을 결정하는 방법, 실험실 안전 관련 사항 등을 포함하시오.

C. 산화–환원 반응을 처음 소개할 때, '산화와 환원은 항상 함께 진행된다'고 설명하였다. 이 문장이 진실이 아니라면 산화–환원 반응에 어떤 결과를 초래하는가? 다시 말하면 환원 반응 없이 산화 반응만 일어날 수 있다면 어떤 일이 일어나겠는가? 반대인 경우는 어떠한가?

D. 염산[$HCl(aq)$]은 비산화성 산이지만 질산[$HNO_3(aq)$]과 황산[$H_2SO_4(aq)$]은 산화성 산이다. 산화성 산의 음이온인 NO_3^-와 SO_4^{2-}가 H^+나 Cl^- 이온보다 산화력이 더 큰 이유를 설명하시오.

E. 어떤 물질이 산화제인지 환원제인지를 결정하는 실험을 제안하시오.

요약

학습 목표별로 정리함

산화, 환원, 산화제, 환원제 및 산화수를 정의할 수 있다.

산화는 전자를 잃거나 산화수가 증가하는 것이다. **환원**은 전자를 얻거나 산화수가 감소하는 것이다. **산화–환원** 반응에서 산화와 환원은 항상 함께 일어난다. 산화되는 물질은 **환원제**이고, 환원되는 물질은 **산화제**이다. **산화수**는 산화–환원 반응에서의 변화를 분석하는 하나의 방법이다. 그들은 5.1절의 규칙에 따라 정해진다. **산화 상태**는 산화수와 동일한 의미이다. 이 용어는 표 5.1에 요약했다.

산성 또는 염기성 용액에서 산화-환원 반응식의 균형을 맞출 수 있다.

이온–전자법은 수용액에서 산화–환원 반응에 대한 균형을 맞출 수 있는 체계적인 방법을 제공한다. 이 방법에 따르면 **골격** 알짜 이온 반응식을 두 개의 **반쪽 반응식**으로 나누고 각각 균형을 맞춘 후, 다시 합쳐서 최종적인 균형 알짜 반응식을 얻는다. 염기성 용액에서의 반응은 반응식이 산성에서 일어나는 것처럼 균형을 맞춘 후, 적당한 수의 OH^-를 양쪽에 더하고 H_2O를 제거하여 염기성 용액에 합당한 형태로 반응식을 바꾼다.

분자 수준에서 금속이 산과 어떻게 반응하는지를 설명할 수 있다.

비산화성 산에서 가장 강한 산화제는 H^+이다(표 5.2). 비산화성 산과 금속의 반응은 수소 기체와 산의 염을 생성한다. 수소보다 더 활성인 금속만이 이런 반응을 한다. 이들은 **활동도 서열**에서 수소보다 아래쪽에 위치하는 금속이다(표 5.3). HNO_3 같은 **산화성 산**은 H^+보다 더 강한 산화제인 음이온을 포함하고 있어서, 비산화성 산이 할 수 없는 많은 금속을 산화시킬 수 있다.

금속의 활동도 서열을 설명하고, 이를 사용하여 금속과 관련된 산화–환원 반응의 생성물을 예측할 수 있다.

한 금속이 다른 것보다 더 쉽게 산화되면, 산화–환원 반응에 의하여 쉽게 산화되는 금속이 화합물에 포함된 다른 금속을 치환할 수 있다. 이런 반응을 흔히 **단일 치환 반응**이라고 한다. 활성이 더 큰 금속의 원자가 이온이 되고, 활성이 작은 금속의 이온은 원자가 된다. 이런 식으로 **활동도 서열** 내의 모든 금속은 그보다 서열이 위쪽에 있는 금속의 화합물의 금속을 치환할 수 있다.

유기 화합물이나 금속 및 비금속의 산소와의 반응을 설명할 수 있다.

연소는 물질과 산소가 반응하는 것으로 반응 속도가 빠르고 열과 빛을 동반한다. 과량의 산소 조건에서의 탄화수소의 연소는 주로 CO_2와 H_2O를 생성한다. 산소의 공급이 제한될 때는 주로 CO가 생기며, 산소의 공급이 매우 제한적일 때는 H_2O와 매우 잘게 분열된 탄소 원소가 생성된다. 탄화수소가 공기 중에서 탈 때는 H_2O, CO_2, CO, C의 혼합물이 형성된다. 탄소, 수소, 산소만을 포함하는 유기 화합물의 연소도 같은 생성물을 형성한다. 대부분의 비금속도 산소 분위기에서 연소되어 분자성 산화물을 생성한다. 황과 황을 포함하는 연료가 탈 때는 SO_2가 생긴다. 질소의 연소 반응에서도 NO, NO_2를 포함하는 다양한 질소 산화물이 생성된다. 많은 금속이 종종 **부식**이라고 하는 과정을 통해 산소와 결합하여 금속 산화물을 만드는데, 어떤 경우에는 연소로 생각될 정도로 빠르게 일어난다.

산화–환원 반응의 화학량론적 계산을 수행할 수 있다.

산화–환원 반응의 적정은 균형 화학 반응식을 이용해서 수행해야 한다. 과망가니즈산 포타슘은 강력한 산화제임과 동시에 자체 지시약으로 이용될 수 있으므로 산화–환원 반응에서 자주 사용된다. 산성 용액에서 보라색인 MnO_4^-는 거의 무색인 Mn^{2+} 이온으로 환원된다.

문제 풀이를 위한 도구

도구 다음과 같은 도구들이 이 장에서 도입되었다. 이들을 주의 깊게 공부하면 필요할 때 적절한 도구를 선택할 수 있다.

산화제와 환원제(5.1절) 환원된 물질은 산화제이고, 산화된 물질은 환원제이다.

산화수 정하기(5.1절) 이 규칙을 이용하면 화합물과 이온에서 원소의 산화수를 결정할 수 있다.

산화 반응과 환원 반응(5.1절) 산화 반응은 물질이 전자를 잃는 것이고, 환원 반응은 반응물이 전자를 얻는 것이다. 산화–환원 반응은 항상 같이 일어난다.

산성 용액에서의 이온–전자법(5.2절) 산성 용액에서 산화–환원 반응의 균형 맞춘 알짜 이온 반응식을 얻을 때 이 방법을 사용한다.

염기성 용액에서의 이온–전자법(5.2절) 염기성 용액에서 산화–환원 반응의 균형 맞춘 알짜 이온 반응식을 얻을 때 이 방법을 사용한다.

산화성 산과 비산화성 산(표 5.2, 5.3절) 비산화성 산은 표 5.3에서 수소보다 아래쪽의 금속과 반응하여 H_2와 금속 이온을 생성한다.

금속의 활동도 서열(표 5.3, 5.4절) 이 표의 금속은 표에서 자신보다 위쪽에 있는 금속의 이온을 환원시켜 단일 치환 반응을 일으킨다.

산소와의 연소 반응(5.5절)

O_2 공급이 충분한 조건에서의 탄화수소의 연소

$$\text{탄화수소} + O_2 \longrightarrow CO_2 + H_2O(\text{충분한 산소 공급})$$

O_2 공급이 제한적인 조건에서의 탄화수소의 연소

$$\text{탄화수소} + O_2 \longrightarrow CO + H_2O(\text{제한된 산소 공급})$$

O_2 공급이 극히 제한적인 조건에서의 탄화수소의 연소

$$\text{탄화수소} + O_2 \longrightarrow C + H_2O(\text{매우 제한된 산소 공급})$$

C, H, O만을 포함하는 유기 화합물의 연소

완전 연소는 CO_2와 H_2O를 생성한다.

$$(\text{C, H, O 화합물}) + O_2 \longrightarrow CO_2 + H_2O(\text{완전 연소})$$

황을 포함하는 유기 화합물의 연소

유기 화합물이 황을 포함한다면, 화합물이 연소될 때 CO_2와 H_2O뿐만 아니라 SO_2도 생성된다.

쌍으로 구성된 복습 문제 중 청색 번호를 가진 문제의 해답은 부록 B에 수록하였다. 난이도가 높은 문제는 별표(*)로 표시하였다.

복습 질문

산화-환원 반응

5.1 다음의 용어를 이용하여 산화와 환원을 정의하시오.

(a) 전자 이동 (b) 산화수

5.2 산화-환원 반응에서 산화와 환원이 동시에 일어나야 하는 이유는 무엇인가? 환원제란 무엇인가? 산화-환원 반응에서 환원제에 무슨 일이 일어나는지 서술하시오.

5.3 화합물 As_2O_5에 포함된 비소의 산화수는 +5이다. 이 화합물에서 비소의 산화 상태는 무엇인가?

5.4 다음은 각 반응이 산화-환원 반응인가? 설명하시오.

$$AsO_4^{3-} + 2H^+ \longrightarrow AsO_3^{3-} + H_2O$$
$$2KMnO_4 + H_2SO_4 \longrightarrow Mn_2O_7 + K_2SO_4 + H_2O$$
$$OF_2 + 4HCl \longrightarrow 2Cl_2 + 2HF + H_2O$$

5.5 어떤 분자에 포함되어 있는 망가니즈의 산화수가 +7에서 +2로 변화되었다면 망가니즈 원자는 산화되었는가 혹은 환원되었는가? 망가니즈가 얻거나 혹은 잃은 전자의 개수는 몇 개인가?

5.6 다음 변화가 산화인지 혹은 환원인지 밝히시오, 아니면 산화와 환원 어느 것에도 해당하지 않는지 확인하시오.

(a) SO_3^{2-}에서 SO_4^{2-}로
(b) Cl_2에서 ClO_3^-로
(c) N_2O_4에서 NH_3로
(d) PbO에서 $PbCl_4^{2-}$로
(e) Ag에서 Ag_2S로

산화-환원 반응식 균형 맞추기

5.7 산화-환원 반응의 균형을 맞출 때, 환원 반쪽 반응의 경우 어느 쪽에 전자를 더해야 하는가? 산화 반쪽 반응의 경우는?

5.8 산화-환원 반응에서 O_2가 아닌 물을 이용하여 산소의 수를 맞추는 이유는 무엇인가?

5.9 다음 반응에서 화살표 양쪽에서의 알짜 전하는 각각 무엇인가? 적당한 위치에 전자를 더해서 균형 반쪽 반응을 완성하시오.

(a) $BrO_4^- + 2H^+ \longrightarrow BrO_3^- + H_2O$
(b) $3SnO_2^{2-} + 6OH^- \longrightarrow 3SnO_3^{2-} + 3H_2O$
(c) $Cr_2O_7^{2-} + SO_2 \longrightarrow Cr^{3+} + SO_4^{2-}$

5.10 문제 5.9에서 산화를 나타내는 반쪽 반응과 환원을 나타내는 반쪽 반응을 각각 구분하시오.

5.11 다음 반응식이 불균형 반응식인 이유는 무엇인가?

$$Ag^+ + Cu \longrightarrow Ag + Cu^{2+}$$

이온-전자법을 이용하여 균형을 맞추시오. 직관을 이용하여 균형을 맞출 수 있는가? 그 방법을 설명하시오.

산화제로서의 산

5.12 브로민화수소산은 비산화성 산이다. 이 산과 마그네슘의 반응에 대한 화학 반응식을 쓰시오.

5.13 질산 수용액에서 가장 강한 산화제는 무엇인가?

5.14 질산을 환원시킬 때 가능한 생성물은 무엇인가?

5.15 황산을 환원시킬 때 가능한 생성물은 무엇인가?

금속의 산화-환원 반응

5.16 **단일 치환 반응**이란 무엇인가?

5.17 $Ca(NO_3)_2$, $Cu(NO_3)_2$, $AgNO_3$, KNO_3, $Pb(NO_3)_2$, $Hg(NO_3)_2$가 섞여 있는 혼합 용액에 과량의 철가루를 가했을 때 환원되는 금속은 어느 것인가?

5.18 표 5.3에 수록된 금속 중 비산화성 산이나 혹은 물과 반응하지 않는 금속의 목록을 각각 작성하시오. 또한 물과 반응하는 금속의 예를 들고, 그 반응식을 쓰시오.

5.19 활동도 서열 목록에서 환원제로 적합한 금속이 포함된 영역은 어디인가? 산화제를 찾을 수 있는 영역은 어디인가?

5.20 망가니즈가 은 이온과 반응할 때 산화되는가 혹은 환원되는가? 이 반응에서 망가니즈는 산화제인가 혹은 환원제인가?

산화제로서의 산소 분자

5.21 연소와 녹 그리고 표면흐림을 각각 정의하시오.

5.22 '전자를 얻음'이 환원으로 기술되는 이유는 무엇인가?

5.23 다음 조건에서 슈크로스가 연소될 때 주생성물은 무엇인가?

(a) 산소 공급이 충분히 조건
(b) 산소 공급이 제한적인 조건
(c) 산소 공급이 극히 제한적인 조건
(d) 대기 중에서 연소될 때

5.24 디젤 연료에 화학식이 C_2H_6S인 불순문이 포함되어 있다. 이 불순물이 연소되면 어떤 물질이 생성되는가? 이 반응에 대한 균형 화학 반응식을 쓰시오.

5.25 산소가 충분히 공급되는 조건에서 인이 연소되면 P_4O_{10} 화합물이 생성된다. 이 반응에 대한 화학 반응식을 쓰시오.

산화–환원 반응의 화학량론

5.26 산화–환원 적정과 염기로 산을 적정하는 경우의 차이점은 무엇인가?

5.27 산화–환원 적정에 과망가니즈 포타슘이 많이 이용되는 이유는 무엇인가?

5.28 아염소산 소듐($NaClO_2$)은 표백제로 사용된다. 아염소산 소듐을 포함하는 2.00 g의 표백제를 산성 용액에 녹이고 과량의 NaI를 가했다. 이때의 알짜 이온 반응식은 다음과 같다.

$$4H^+ + ClO_2^- + 6I^- \longrightarrow Cl^- + 2I_3^- + 2H_2O$$

생성된 I_3^-를 0.200 *M* $Na_2C_2O_3$로 적정하였더니 28.80 mL가 소모되었다. 적정 반응은 다음과 같다.

$$I_3^- + 2S_2O_3^{2-} \longrightarrow 3I^- + S_4O_6^{2-}$$

표백제에 포함된 $NaClO_2$의 질량 백분율을 구하시오.

복습 문제

산화–환원 반응

5.29 다음의 화학종에 포함된 각 원자의 산화수를 쓰시오.

(a) BiO_3^- (b) Se^{2-} (c) SF_6 (d) $Cu(SO_4)_2$

5.30 다음의 화학종에 포함된 각 원자의 산화수를 쓰시오.

(a) I^- (b) ClO_4^- (c) P4 (d) $[SiF_6]^{2-}$

5.31 다음 화합물에 포함된 각 원자의 산화수를 쓰시오.

(a) KOBr (b) $KBrO_2$ (c) $KBrO_3$ (d) $KBrO_4$

5.32 다음의 화학종에 포함된 각 원자의 산화수를 쓰시오.

(a) $MnCl_2$ (b) MnO_4^- (c) MnO_4^{2-} (d) MnO_2

5.33 다음 화합물에 포함된 각 원자의 산화수를 쓰시오.

(a) Se_2Br_2 (b) $CeCl_4$ (c) CsO_2 (d) NSF_3

5.34 다음 화합물에 포함된 각 원자의 산화수를 쓰시오.

(a) $Sr(BrO_3)_2$ (b) Cr_2S_3 (c) OF_2 (d) HOF

5.35 마그네슘은 질소와 반응하여 질소화 마그네슘을 형성한다. 질소화 마그네슘에 포함된 마그네슘과 질소의 산화수는 얼마인가?

5.36 화학식이 ZrO_2인 큐빅 지르코니아는 인조 보석을 만드는 데 사용된다. ZrO_2에 포함된 지르코늄과 산소의 산화수는 각각 얼마인가?

5.37 산소의 동소체인 오존(O_3)은 Smoky 산맥에서 발생하는 연무의 원인이 되는 산화제 중 하나이다. 오존에서 산소의 산화수는 얼마인가?

5.38 NO_2는 주된 대기오염 물질 중 하나이다. NO_2에서 각 원자의 산화수는 얼마인가?

5.39 다음의 반응에서 산화되는 물질과 환원되는 물질, 그리고 산화제와 환원제를 각각 쓰시오.

(a) $2HNO_3 + 3H_3AsO_3 \longrightarrow 2NO + 3H_3AsO_4 + H_2O$
(b) $2HIO_3 + 5SO_2 + 4H_2O \longrightarrow I_2 + 5H_2SO_4$
(c) $5PbO_2 + 2MnSO_4 + 6HNO_3 \longrightarrow 2HMnO_4 + 2PbSO_4 + 3Pb(NO_3)_2 + 2H_2O$
(d) $2CuSO_4 + 2Na_2S_2O_3 \longrightarrow Cu_2SO_4 + Na_2SO_4 + Na_2S_4O_6$
(e) $2Na_2S_2O_3 + NaOCl + H_2O \longrightarrow NaCl + Na_2S_4O_6 + 2NaOH$

5.40 다음의 반응에서 산화되는 물질과 환원되는 물질, 그리고 산화제와 환원제를 각각 쓰시오.

(a) $2CuSO_4 + 4KI \longrightarrow 2CuI + I_2 + 2K_2SO_4$
(b) $3SO_2 + 2HNO_3 + 2H_2O \longrightarrow 3H_2SO_4 + 2NO$
(c) $3Ag + 4HNO_3 \longrightarrow 3AgNO_3 + NO + 2H_2O$
(d) $I_2 + 10HNO_3 \longrightarrow 2HIO_3 + 10NO_2 + 4H_2O$
(e) $2CrCl_3 + Bi_2O_4 + H_2O \longrightarrow H_2Cr_2O_7 + 6BiOCl$

산화–환원식 반응 균형 맞추기

5.41 산성 용액에서 일어나는 다음 반응에 대한 균형 반응식을 쓰시오.

(a) $Br^- + BrO_3^- \longrightarrow Br_2 + H_2O$
(b) $NO_3^- + Cu \longrightarrow NO_2 + Cu^{2+}$
(c) $IO_3^- + H_2AsO_3 \longrightarrow I^- + H_3AsO_4$
(d) $Cr_2O_7^{2-} + C_2O_4^{2-} \longrightarrow CO_2 + Cr^{3+}$
(e) $MnO_4^- + Al \longrightarrow MnO_2 + Al^{3+}$

5.42 산성 용액에서 일어나는 다음 반응에 대한 균형 반응식을 쓰시오.

(a) $Zn + ClO_3^- \longrightarrow Zn^{2+} + Cl^-$
(b) $Cr^{3+} + BiO_3^- \longrightarrow Cr_2O_7^{2-} + Bi^{3+}$
(c) $BrO_3^- + I^- \longrightarrow Br^- + I_2$
(d) $Mn^{2+} + BiO_3^- \longrightarrow MnO_4^- + Bi^{3+}$
(e) $XeO_3 + Fe^{2+} \longrightarrow Xe + Fe^{3+}$

5.43 산성 용액에서 일어나는 다음 반응에 대한 균형 반응식을 쓰시오.

(a) $MnO_4^- + NO_2^- \longrightarrow Mn^{2+} + NO_3^-$
(b) $PbO_2 + Cl^- \longrightarrow PbCl_2 + Cl_2$
(c) $Ag + NO_3^- \longrightarrow NO_2 + Ag^+$
(d) $Fe^{3+} + NH_3OH^+ \longrightarrow Fe^{2+} + N_2O$
(e) $CH_3CH_2OH + Cr_2O_7^{2-} \longrightarrow CH_3COOH + Cr^{3+}$

5.44 산성 용액에서 일어나는 다음 반응에 대한 균형 반응식을 쓰시오.

(a) $MnO_2 + HCl \longrightarrow MnCl_2 + Cl_2$
(b) $MnO_4^- + H_2O_2 \longrightarrow Mn^{2+} + O_2$
(c) $H_3PO_2 + Cr_2O_7^{2-} \longrightarrow H_3PO_4 + Cr^{3+}$
(d) $XeF_2 + Cl^- \longrightarrow Xe + F^- + Cl_2$
(e) $Cl_2 + HNO_2 \longrightarrow Cl^- + N_2O_4$

5.45 매우 묽은 질산이 마그네슘과 같은 강한 환원제와 반응하면, 질산 이온은 환원되어 암모늄 이온이 된다. 이 반응에 대한 균형 알짜 이온 반응식을 쓰시오.

5.46 아이오딘화수소산은 염소를 환원시켜 염산과 아이오딘을 생성한다. 이 반응에 대한 균형 알짜 이온 반응식을 쓰시오.

5.47 한때 수성 가스라고 불리던 합성 가스는 수소와 일산화 탄소의 혼합물로 고온의 숯에 수증기를 통과시켜 만든다. 합성 가스를 만드는 반응에 대한 균형 화학 반응식을 쓰시오.

5.48 옥수수는 인간의 식량이나 동물의 사료 혹은 에탄올 연료 생산 등에 사용된다. 옥수수에 포함된 녹말을 효소를 이용하여 덱스트로스($C_6H_{12}O_6$)로 분해한 후, 덱스트로스에 효모를 가해서 발효시키면 이산화 탄소와 에탄올을 만들 수 있다. 에탄올이 생성되는 반응에 대한 균형 화학 반응식을 쓰시오.

5.49 옥살산 칼슘은 신장 결석에서 발견되는 무기물 중의 하나이다. 옥살산 칼슘을 강산으로 녹이면 옥살산 이온은 약산인 옥살산($H_2C_2O_4$)이 된다. 옥살산 이온은 비교적 강한 환원제이다. 산성 용액에서 $H_2C_2O_4$을 $K_2Cr_2O_7$으로 산화시키는 반응에 대한 균형 알짜 이온 반응식을 쓰시오. 이 반응의 생성물은 Cr^{3+}와 CO_2이다.

5.50 클로락스와 같은 세탁용 표백제는 하이포염소산 소듐(NaOCl)의 묽은 용액이다. NaOCl과 $Na_2S_2O_3$의 반응에 대한 균형 알짜 이온 반응식을 쓰시오. 이 반응에서 OCl^-는 염화 이온으로 환원되고, $S_2O_3^{2-}$는 황산 이온으로 산화된다.

5.51 매우 강한 산화제인 오존(O_3)을 이용하여 식수를 살균하는 나라도 있다. 이 방법을 브로민화 이온이 포함된 식수에 적용하면 브로민화 이온이 오존에 의하여 산화되어 브로민산 이온이 되는 문제점이 있다. 브로민산 이온이 발암성이 있다는 사실이 동물 실험을 통하여 밝혀졌기 때문이다. 오존이 물로 환원된다고 가정하고, 브로민산 이온이 생성되는 반응에 대한 균형 화학 반응식을 쓰시오.

5.52 염소는 유색 물질을 무색의 물질로 산화시키는 능력이 있기 때문에 표백제로 사용된다. 펄프 · 제지 산업 분야에서는 표백 과정이 끝난 후 남은 염소를 싸이오황산 소듐($Na_2S_2O_3$)을 이용하여 제거한다. 이 반응에서 싸이오황산 이온은 염소를 염화 이온으로 환원시키고, 물로 쉽게 제거될 수 있는 황산 이온이 된다. 산성 용액에서 싸이오황산 이온과 염소의 반응에 대한 균형 화학 반응식을 쓰시오.

산화제로서의 산

5.53 수용액에서 다음 금속이 염산과 반응하여 수소 기체와 금속 이온을 만드는 반응에 대한 분자 반응식, 이온 반응식, 그리고 알짜 이온 반응식을 각각 쓰시오.

(a) 카드뮴(Cd^{2+} 생성)
(b) 주석(Sn^{2+} 생성)
(c) 납(Pb^{2+} 생성)

5.54 수용액에서 다음 금속이 염산과 반응하여 수소 기체와 금속 이온을 만드는 반응에 대한 분자 반응식, 이온 반응식, 알짜 이온 반응식을 각각 쓰시오.

(a) 코발트(Co^{2+} 생성)
(b) 세슘(Ce^+ 생성)
(c) 소듐(Na^+ 생성)

5.55 수용액에서 다음 금속이 묽은 황산과 반응하여 수소 기체와 금속 이온을 만드는 반응에 대한 분자 반응식, 이온 반응식, 알짜 이온 반응식을 각각 쓰시오.

(a) 니켈(Ni^{2+} 생성)
(b) 크로뮴(Cr^{3+} 생성)
(c) 철(Fe^{2+} 생성)

5.56 수용액에서 다음 금속이 묽은 황산과 반응하여 수소 기체와 금속 이온을 만드는 반응에 대한 분자 반응식, 이온 반응식, 알짜 이온 반응식을 각각 쓰시오.

(a) 마그네슘(Mg^{2+} 생성)
(b) 알루미늄(Al^{3+} 생성)
(c) 아연(Zn^{2+} 생성)

5.57 5장에서 논의된 내용에 근거하여 다음 용액에서 은 금속이 Ag^+ 이온으로 산화되는 반응에 대한 균형 화학 반응식을 쓰시오.

(a) 묽은 HNO_3 용액 (b) 진한 HNO_3 용액

5.58 5장에서 논의된 내용에 근거하여 다음 용액에서 수은 금속이 Hg^{2+} 이온으로 산화되는 반응에 대한 균형 화학 반응식을 쓰시오.

(a) 묽은 HNO_3 용액 (b) 진한 HNO_3 용액

5.59 고온의 진한 황산 용액은 매우 강한 산화제이다. 고온의 진한 황산(H_2SO_4)이 구리 금속을 Cu^{2+} 이온으로 산화시키는 반응에 대한 균형 분자 반응식과 알짜 이온 반응식을 쓰시오. 이 반응에서 황산에 포함된 황은 SO_2로 환원된다.

5.60 고온의 진한 황산 용액은 매우 강한 산화제이다. 고온의 진한 황산이 흑연(C)을 이산화 탄소로 산화시키는 반응에 대한 균형 분자 반응식과 알짜 이온 반응식을 쓰시오. 이 반응에서 황

산에 포함된 황은 SO_2로 환원된다.

금속의 산화–환원 반응

5.61 표 5.3을 사용하여 다음 반응의 결과를 예측하시오. 반응에 대한 균형 화학 반응식을 쓰고, 반응이 일어나지 않으면 NR이라 쓰시오.

(a) $Mn + Fe^{2+} \longrightarrow$ (d) $Cr + Sn^{2+} \longrightarrow$

(b) $Ni + Pb^{2+} \longrightarrow$ (e) $Li^{+} + Cu \longrightarrow$

(c) $Mg + Cr^{3+} \longrightarrow$ (f) $Al + Sn^{2+} \longrightarrow$

5.62 표 5.3을 사용하여 다음 반응의 결과를 예측하시오. 반응에 대한 균형 화학 반응식을 쓰고, 반응이 일어나지 않으면 NR이라 쓰시오.

(a) $Pb + Mg^{2+} \longrightarrow$ (d) $Cu + Au^{3+} \longrightarrow$

(b) $Cr + Pb^{2+} \longrightarrow$ (e) $Ag + Co^{2+} \longrightarrow$

(c) $Ag^{+} + Zn \longrightarrow$ (f) $Ca + Sn^{2+} \longrightarrow$

5.63 다음 반응은 자발적으로 진행된다.

$$Pu + 3Tl^{+} \longrightarrow Pu^{3+} + 3Tl$$
$$Ru + Pt^{2+} \longrightarrow Ru^{2+} + Pt$$
$$2Tl + Ru^{2+} \longrightarrow 2Tl^{+} + Ru$$

금속 Pu, Pt, Tl을 산화가 쉽게 일어나는 순서대로 나열하시오.

5.64 다음 반응은 자발적으로 진행된다.

$$V + 2Tl^{+} \longrightarrow 2Tl + V^{2+}$$
$$2Sc + 3V^{2+} \longrightarrow 3V + 2Sc^{3+}$$
$$Sc + 3Tl^{+} \longrightarrow 3Tl + Sc^{3+}$$

금속 V, Sc, Tl을 산화가 쉽게 일어나는 순서대로 나열하시오.

5.65 다음의 반응은 자발적으로 진행된다.

$$Ru^{2+}(aq) + Cd(s) \longrightarrow Ru(s) + Cd^{2+}(aq)$$

$Cd(s)$, $Cd(NO_3)_2(aq)$, $Tl(s)$, $TlCl(aq)$를 혼합한 수용액에서 일어나는 반응을 예측하시오(문제 5.63에 주어진 정보를 참조하시오).

5.66 알루미늄과 브로민화수소산의 반응에 대한 분자 반응식과 알짜 이온 반응식을 쓰시오.

5.67 다음 모형으로 나타낸 반응에 대한 균형 반응식을 쓰시오.

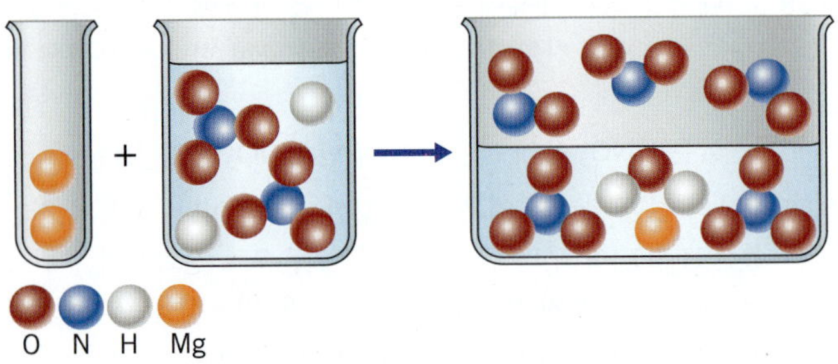

5.68 다음 모형으로 나타낸 반응에 대한 균형 반응식을 쓰시오.

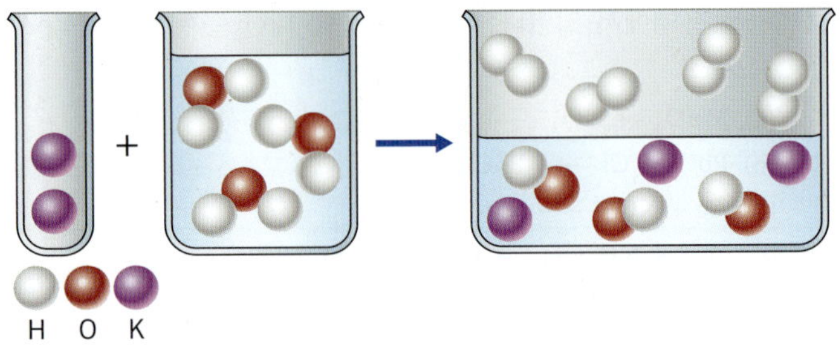

산화제로서의 산소 분자

5.69 다음 물질이 산소가 충분히 공급되는 조건에서 완전 연소할 때의 균형 화학 반응식을 쓰시오.

(a) C_6H_6(벤젠, 산업적으로 중요한 화합물이자 용매)

(b) C_3H_8(프로페인, LPG 연료)

(c) $C_{21}H_{44}$(양초 제조에 사용되는 파라핀 왁스 성분)

5.70 다음 물질이 산소가 충분히 공급되는 조건에서 완전 연소할 때의 균형 화학 반응식을 쓰시오.

(a) $C_{14}H_{30}$(등유의 한 성분)

(b) $C_{10}H_8$(나프탈렌, 디젤 연료의 한 성분)

(c) C_7H_8(톨루엔, TNT 제조의 기초 물질)

5.71 문제 5.69에서의 탄화수소가 다음의 조건에서 연소되는 반응의 균형 반응식을 각각 쓰시오.

(a) 산소 공급이 제한적인 조건

(b) 산소 공급이 극히 제한적인 조건

5.72 문제 5.70에서의 탄화수소가 다음의 조건에서 연소되는 반응의 균형 반응식을 각각 쓰시오.

(a) 산소 공급이 제한적인 조건

(b) 산소 공급이 극히 제한적인 조건

5.73 다음 조건에서 $C_{10}H_{22}$가 연소될 때 생성되는 주된 생성물은 무엇인가?

(a) 산소 공급이 충분한 조건

(b) 산소 공급이 제한적인 조건

(c) 산소 공급이 극히 제한적인 조건

(d) 대기 중에서

5.74 자동차 휘발유의 첨가제인 에탄올(CH_3CH_2OH)이 완전 연소될 때의 균형 화학 반응식을 쓰시오.

5.75 대기 중에서 암모니아를 태우면 생성물 중의 하나로 안정한 N_2 분자가 생성된다. 다른 생성물은 무엇인가? 이 반응에 대한 균형 화학 반응식을 쓰시오.

5.76 원유에 포함된 불순물인 싸이오펜($C_4H_4S_4$)은 환경 오염 물질이기 때문에 제거해야 한다. 싸이오펜이 연소되는 반응의 반응식을 쓰시오.

5.77 다음 금속이 산소와 반응하는 반응의 화학 반응식을 쓰시오.

(a) 아연 (b) 알루미늄 (c) 마그네슘 (d) 철[생성물은 산화 철(III)]

5.78 다음 금속이 산소와 반응하는 반응의 화학 반응식을 쓰시오.

(a) 베릴륨 (b) 포타슘 (c) 스트론튬 (d) 비스무트[생성물은 산

화 비스무트(III))

산화-환원 반응의 화학량론

5.79 질산 은 용액에서 은 15.0 g을 치환하기 위해 반응시켜야 하는 구리는 몇 g인가?

5.80 30.0 g의 질산 은을 포함하는 용액에서 은을 모두 치환하기 위해 반응시켜야 하는 알루미늄은 몇 g인가?

5.81 산성 용액에서 과망가니즈산 이온은 주석(II)과 반응하여 망가니즈(II) 이온과 주석(IV) 이온을 생성한다. 다음 물음에 답하시오.

(a) 이 반응에 대한 알짜 이온 반응식을 쓰시오.

(b) 0.250 *M* 염화 주석(II) 용액 40.0 mL와 완전히 반응하는 데 필요한 0.230 *M* 과망가니즈산 포타슘 용액의 부피는 몇 mL인가?

5.82 산성 용액에서 아황산수소 이온은 염소산 이온과 반응하여 황산 이온과 염화 이온을 생성한다. 다음 물음에 답하시오.

(a) 이 반응에 대한 알짜 이온 반응식을 쓰시오.

(b) 0.360 *M* 염소산 소듐 용액 30.0 mL와 완전히 반응하는 데 필요한 0.120 *M* 염소산 소듐 용액의 부피는 몇 mL인가?

5.83 아이오딘산 이온과 아황산 이온이 반응하여 황산 이온과 아이오딘화 이온을 생성한다. 다음 물음에 답하시오.

(a) 이 반응에 대한 알짜 이온 반응식을 쓰시오.

(b) 4.50 g의 아이오딘산 소듐과 반응하는 데 필요한 아황산 소듐은 질량은 몇 g인가?

5.84 식수에서 망가니즈의 최대 허용치는 0.05 mg/mL이다. 망가니즈의 농도가 0.1 mg/mL를 초과하면 맛이 변함과 동시에 세탁물이나 자기 그릇을 변색시킨다. 산성 용액에서 망가니즈(II) 이온이 비스무트산 이온(BiO_3^-)과 반응하면 과망가니즈산 이온과 Bi^{3+} 이온이 생성된다. 다음 물음에 답하시오.

(a) 이 반응에 대한 알짜 이온 반응식을 쓰시오.

(b) 22.5 mg의 황산 망가니즈에 포함된 망가니즈를 모두 산화시키는 데 필요한 $NaBiO_3$의 질량은 몇 mg인가?

5.85 0.4225 g의 구리 광석이 녹아 있는 산성 용액에 아이오딘화 포타슘 용액을 가하면 다음의 반응이 일어난다.

$$2Cu^{2+}(aq) + 5I^-(aq) \longrightarrow I_3^-(aq) + 2CuI(s)$$

생성된 I_3^- 이온과 정량적으로 반응하는 데 0.02100 *M* $Na_2S_2O_3$ 용액 29.96 mL가 소모되었다. 이 적정의 반응식은 아래와 같다. 다음 물음에 답하시오.

$$I_3^-(aq) + 2S_2O_3^{2-}(aq) \longrightarrow 3I^-(aq) + S_4O_6^{2-}(aq)$$

(a) 광석에 포함된 구리의 질량 백분율을 구하시오.

(b) 광석에 포함된 구리가 모두 탄산염($CuCO_3$)으로 존재한다면, 광석에 포함된 $CuCO_3$의 질량 백분율은 얼마인가?

5.86 Fe_3O_4를 포함하는 광석 1.292 g을 산에 녹여 포함된 모든 철을 Fe^{2+}로 환원시켰다. 이 용액에 황산을 약간 가해 산성으로 만든 후 철 이온을 0.0281 *M* $KMnO_4$ 용액으로 적정하였더니 종말점까지 $KMnO_4$ 용액 37.39 mL가 소모되었다. 적정 반응의 알짜 이온 반응식은 아래와 같다. 다음 물음에 답하시오.

$$5Fe^{2+} + MnO_4^- + 8H^+ \longrightarrow 5Fe^{3+} + Mn^{2+} + 4H_2O$$

(a) 광석에 포함된 철의 질량 백분율을 구하시오.

(b) 광석에 포함된 Fe_3O_4의 질량 백분율은 얼마인가?

5.87 과산화 수소(H_2O_2) 용액은 약국에서 구입할 수 있는 소독약이다. 이 용액 1.600 g을 H_2SO_4로 산성화시킨 다음, 0.04000 *M* $KMnO_4$ 용액으로 적정하였더니 종말점까지 $KMnO_4$ 용액 10.60 mL가 소모되었다. 이 적정 반응의 알짜 이온 반응식은 아래와 같다. 다음 물음에 답하시오.

$$6H^+ + 5H_2O_2 + 2MnO_4^- \longrightarrow 5O_2 + 2Mn^{2+} + 8H_2O$$

(a) 반응한 H_2O_2는 몇 g인가?

(b) 시료 용액에 들어 있는 H_2O_2의 질량 백분율을 구하시오.

5.88 아질산 소듐($NaNO_2$)은 여러 종류의 육류 제품에 방부제로 사용된다. 다음은 산성 용액에서 존재하는 아질산(HNO_2)이 과망가니즈산 이온에 의하여 산화되는 반응의 반응식이다.

$$H^+ + 5HNO_2 + 2MnO_4^- \longrightarrow 5NO_3 + 2Mn^{2+} + 3H_2O$$

$NaNO_2$가 포함된 수용성 고체 시료 1.000 g을 묽은 H_2SO_4에 용해시키고 0.01000 *M* $KMnO_4$ 용액으로 적정하였더니 $KMnO_4$ 용액 12.15 mL가 소모되었다. 원 시료에 포함된 $NaNO_2$의 질량 백분율은 얼마인가?

5.89 크로뮴을 포함하는 합금 시료 1.732 g을 산에 녹여 모든 크로뮴을 CrO_4^{2-}로 산화시켰다. 생성된 CrO_4^{2-}를 염기성 용액에서 정량적으로 환원시키는 데 2.25 g의 Na_2SO_3가 소모되었다. 이 반응에서 CrO_4^{2-}와 SO_3^{2-}는 각각 CrO_2^-와 SO_4^{2-}로 바뀐다. 다음 물음에 답하시오.

(a) 염기성 용액에서 CrO_4^{2-}와 SO_3^{2-}의 반응에 대한 균형 반응식을 쓰시오.

(b) 합금 시료에 포함된 크로뮴은 몇 g인가?

(c) 합금 시료에 포함된 크로뮴의 질량 백분율을 구하시오.

5.90 땜납은 주석과 납이 섞인 합금이다. 질량이 1.75 g인 합금 시료를 산에 용해시킨 후, 포함된 주석을 모두 +2의 산화 상태로 변환시켰다. 산성 용액에서 Sn^{2+}를 Sn^{4+}로 산화시키는 데 0.412 g의 $Na_2Cr_2O_7$가 사용되었다. 이 적정 반응에서 크로뮴은 Cr^{3+} 이온으로 환원된다.

(a) 산성 용액에서 Sn^{2+}와 $Cr_2O_7^{2-}$의 반응에 대한 균형 알짜 이온 반응식을 쓰시오.

(b) 땜납 시료에 들어 있는 주석은 몇 g인가?

(c) 땜납에 들어 있는 주석의 질량 백분율을 구하시오.

5.91 염화 칼슘과 염화 소듐은 모두 겨울에 도로 위에 있는 눈과 얼음을 녹이는 데 사용된다. 어떤 회사가 판매하는 두 가지 화합물이 섞인 혼합물을 분석하기 위하여 3.245 g의 혼합물 시료를 물에 용해시킨 후, 옥살산 소듐 ($Na_2C_2O_4$)을 가해서 옥살산 칼슘 침전을 만들었다. 이 옥살산 칼슘을 거른 후 다시 황산에 용해시키고, 0.1000 *M* $KMnO_4$ 용액으로 적정하였더니 종말점까지 $KMnO_4$ 용액 41.53 mL가 소모되었다. 이 적정의 균형

반응식은 아래와 같다. 다음 물음에 답하시오.

$$6H^+ + 5H_2C_2O_4 + 2MnO_4^- \longrightarrow 10CO_2 + 2Mn^{2+} + 8H_2O$$

(a) 옥살산 칼슘 침전에 포함된 $C_2O_4^{2-}$는 몇 몰인가?

(b) 3.245 g의 초기 혼합물 시료 속에 들어 있는 염화 칼슘은 몇 g인가?

(c) 시료 속에 들어 있는 염화 칼슘의 질량 백분율을 구하시오.

5.92 아질산 이온 시료를 분석하는 첫 번째 단계는 NO_2^-가 포함된 용액을 산성화한 후 생성된 HNO_2를 충분한 양의 I^-와 다음과 같이 반응시키는 것이다.

$$2HNO_2 + 2H^+ + 3I^- \longrightarrow 2NO + 2H_2O + I_3^-$$

다음에는 녹말을 지시약으로 사용하여 I_3^-를 $Na_2S_2O_3$ 용액으로 다음과 같이 적정한다.

$$I_3^- + 2S_2O_3^{2-} \longrightarrow 3I^- + S_4O_6^{2-}$$

$NaNO_2$를 포함하고 있는 어떤 시료 0.958 g을 앞에서 설명한 첫 번째 절차대로 처리한 후, $Na_2S_2O_3$ 용액으로 적정하였더니 종말점까지 0.3000 *M* $Na_2S_2O_3$ 용액 28.75 mL가 소모되었다. 다음 물음에 답하시오.

(a) 첫 번째 반응에서 생성된 I_3^-는 몇 mol인가?

(b) 0.958 g의 처음 시료에 포함된 NO_2^-는 몇 mol인가?

(c) 처음 시료에 들어 있던 $NaNO_2$의 질량 백분율을 구하시오.

추가 연습 문제

5.93 폐수 처리 공정에는 최소한 한 번의 산화–환원 단계가 포함된다. 모든 폐수를 처리하기 전에 염소를 가해서 부식의 원인이 되는 황화 수소를 산화시켜서 제거한다. 생성물이 황과 염소 이온인 이 반응에 대한 균형 화학식을 쓰시오.

5.94 브로민 기체는 어린이용 잠옷에 이용되는 난연성 화학 물질을 합성하는 데 사용된다. 합성이 끝나고 남은 과량의 브로민을 제거하기 위하여 수산화 소듐 용액으로 처리하는 과정을 거친다. 이 과정에서 NaBr과 NaOBr이 생성된다. 이 반응에 대한 균형 반응식을 쓰고, 산화되는 물질과 환원되는 물질이 각각 어느 것인지 밝히시오.

5.95 산화 코발트(Co_3O_4)는 검은색의 반강자성 고체이다. Co_3O_4에서 Co의 평균 산화수는 얼마인가?

5.96 다음의 골격 반응식에 대한 균형을 맞추시오.

(a) $H_3AsO_3 + Cr_2O_7^{2-} \longrightarrow H_3AsO_4 + Cr^{3+}$

(b) $HNO_2 + I^- \longrightarrow I_2 + NO$

(c) $MnCl_2 + TiO_2 \longrightarrow MnO_2 + TiCl_3$

(d) $Pb(NO_3)_2 + LiCl \longrightarrow PbCl_2 + LiNO_3$

5.97 실전 문제 5.6(5.1절)에서 이산화 염소의 용도와 합성법에 대하여 설명하였다. 다음은 이 물질을 합성하는 또 다른 합성 방법이다.

$$HCl + NaOCl + 2NaClO_2 \longrightarrow 2ClO_2 + 2NaCl + NaOH$$

산화되는 원소와 환원되는 원소는 각각 어느 것인가? 산화제와 환원제는 각각 어느 것인가?

5.98 다음 화합물에서 탄소의 평균 산화수를 구하시오.

(a) C_2H_5OH(곡물에서 얻는 알코올)

(b) $C_6H_{12}O_6$(과당, 과일 설탕)

(c) CaO(생석회)

(d) H_3BO_3(붕산, 소독제)

(e) $C_5H_5^-$(cyclopentadienyl 음이온)

5.99 수용액에서 다음 반응이 자발적으로 진행된다.

$$2Al + 3Cu^{2+} \longrightarrow 2Al^{3+} + 3Cu$$
$$2Al + 3Fe^{2+} \longrightarrow 3Fe + 2Al^{3+}$$
$$Pb^{2+} + Fe \longrightarrow Pb + Fe^{2+}$$
$$Fe + Cu^{2+} \longrightarrow Fe^{2+} + Cu$$
$$2Al + 3Pb^{2+} \longrightarrow 3Pb + 2Al^{3+}$$
$$Pb + Cu^{2+} \longrightarrow Pb^{2+} + Cu$$

표 5.3을 참고하지 말고 금속 Al, Pb, Fe, Cu를 산화가 용이한 순서대로 나열하시오.

5.100 문제 5.99에서의 순서를 정하기 위하여 제시한 반응이 모두 필요한가?

5.101 표 5.3을 참고하여 다음 중 비산화성 산과 반응하는 금속을 모두 고르시오.

(a) 구리 **(b)** 금 **(c)** 알루미늄 **(d)** 칼슘

5.102 다음 한 쌍의 금속 중에서 HCl과 같은 비산화성 산과 더 빨리 반응할 것으로 예상되는 금속을 선택하시오.

(a) 알루미늄과 은

(b) 아연과 주석

(c) 코발트와 마그네슘

5.103 표 5.3을 이용하여 다음 치환 반응이 일어날 수 있는지 예측하시오. 반응이 일어나지 않는다면 NR이라 쓰고, 반응이 일어나면 균형 화학 반응식을 쓰시오.

(a) $Ag + Ca^{2+} \longrightarrow$

(b) $Cr + H^+ \longrightarrow$

(c) $Pb + Cd^{2+} \longrightarrow$

(d) $Mn + Co^{2+} \longrightarrow$

(e) $Zn + Pb^{2+} \longrightarrow$

5.104 슈크로스($C_{12}H_{22}O_{11}$)는 설탕이다. 슈크로스의 대사 작용을 나타내는 균형 화학 반응식을 쓰시오

5.105 이온–전자법을 이용하여 다음 반응식의 균형을 맞추시오.

(a) $NBr_3 \longrightarrow N_2 + Br^- + HOBr$ (염기성 용액)

(b) $Cl_2 \longrightarrow Cl^- + ClO_3^-$ (염기성 용액)

(c) $H_2SeO_3 + H_2S \longrightarrow S + Se$ (산성 용액)

(d) $MnO_2 + SO_3^{2-} \longrightarrow Mn^{2+} + S_2O_3^{2-}$ (산성 용액)
(e) $XeO_3 + I^- \longrightarrow Xe + I_2$ (산성 용액)
(f) $(CN)_2 \longrightarrow CN^- + OCN^-$ (염기성 용액)

5.106 산화 납(IV)은 염산과 반응하여 염소를 생성한다. 이 반응에 대한 불균형 반응식은 $PbO_2 + Cl^- \longrightarrow PbCl_2 + Cl_2$이다. 10.0 g의 Cl_2를 얻기 위하여 반응시켜야 하는 PbO_2는 몇g인가?

5.107 $Ce(SO_4)_3^{2-}$의 농도가 0.0150 *M*인 용액이 있다. 이 용액 25.00 mL와 완전히 반응하는 데 0.032 *M* $FeSO_4$ 용액 23.44 mL가 소모되었다. 이 반응에서 철은 Fe^{2+}로 산화된다고 할 때, Ce의 최종 산화 상태는 무엇인가?

***5.108** 질량이 24.680 g인 구리 막대를 0.0250 *M* $AgNO_3$ 용액 510 mL에 담그고 반응을 시작하였다. 반응이 완결된 후 남은 구리의 질량은 몇 g인가? 생성된 은이 모두 구리 막대에 석출되었다면 반응 후 구리 막대의 전체 질량은 몇 g인가?

5.109 **강의실 밖의 화학 5.1**에서 설명한 바와 같이 황화 수소에 의하여 Ag_2S가 생성되는 것이 은식기가 변색되는 주요 원인이다. 은식기의 광택을 되찾는 방법은 세제를 섞은 용액을 채운 넓은 용기에 알루미늄 포일을 깔고 은식기를 넣는 것이다. 이때 은식기는 알루미늄 포일과 접촉한 상태를 유지해야 한다. 은식기에서 표면흐림 현상이 발생하는 반응과 광택을 되찾는 반응에 대한 균형 반응식을 각각 쓰시오.

5.110 염소 기체를 사용하는 실험을 수행하는 한 연구원이 염소 기체가 대기로 빠져나가는 것을 방지하는 포집 방법을 고안하였다. 이 장치에서는 산성 용액에서 염소 기체를 싸이오황산 소듐($Na_2S_2O_3$)과 반응시켜 염화 이온과 황산 이온이 생성되는 반응을 이용하였다. 4.25 g의 염소를 포집하는 데 필요한 $Na_2S_2O_3$는 몇 g인가?

5.111 질량이 0.600 g인 주석 광석을 산에 녹여 포함된 주석을 모두 주석(II) 이온으로 변화시켰다. 생성된 주석(II) 이온을 0.1000 *M* $KMnO_4$ 용액으로 적정하였더니 종말점까지 $KMnO_4$ 용액 16.16 mL가 소모되었다. 이 적정에서 주석(II) 이온은 주석(IV) 이온으로 산화되었다. 다음 물음에 답하시오.
(a) 적정 반응에 대한 균형 화학 반응식을 쓰시오.
(b) 시료에 포함된 주석은 몇 g인가?
(c) 시료에 포함된 주석의 질량 백분율을 구하시오.
(d) 시료에 포함된 주석이 모두 SnO_2로 존재한다면, 시료에 포함된 SnO_2의 질량 백분율은 얼마인가?

다중 개념 문제

***5.112** 바이오 디젤은 메탄올이나 에탄올을 오일과 반응시켜 생산한다. 제품 중 하나인 옥탄산 메틸($C_9H_{18}O_2$)이 디젤 엔진에서 완전히 연소되는 반응에 대한 균형 반응식을 쓰시오. 밀도가 0.877 g/mL인 옥탄산 메틸 1갤런을 연소시킬 때 생성되는 CO_2는 몇 g인가? 연비가 바이오 디젤 1갤런당 32마일인 디젤용 차를 1년 동안 14,525마일을 운전했을 때의 탄소 발자국(carbon footprint)을 pound/year 단위로 계산하시오.

***5.113** 2002년 6월에 아일랜드의 보건 아동부는 핵 사고를 대비한 아일랜드 국가 비상 상태 계획의 일환으로 가정에 아이오딘산 포타슘 정제를 배포하는 프로그램을 시작하였다. 아이오딘산 포타슘을 섭취하면 갑상샘에 아이오딘을 대량으로 공급하여 원자핵 사고로 인해 주위로 방출되는 방사성 아이오딘이 흡수되는 것을 막아 준다. 정제의 성능을 시험하기 위해 정제 한 알을 녹인 용액 100.0 mL를 산성화한 다음, 충분한 양의 아이오딘화 포타슘을 가해서 다음 반응이 일어나게 하였다.

$$IO_3^- + 8I^- + 6H^+ \longrightarrow 3I_3^- + 3H_2O$$

지시약으로 녹말을 약간 가한 후, 생성된 I_3^-를 0.0500 *M* $Na_2S_2O_3$ 용액으로 적정하였더니 종말점까지 22.61 mL가 소모되었다. 아이오딘이 존재하면 녹말은 진한 푸른색을 띠고, 아이오딘이 $S_2O_3^{2-}$와 모두 반응하면 용액은 무색이 된다. 적정 반응의 반응식은 다음과 같다.

$$I_3^- + 2S_2O_3^{2-} \longrightarrow 3I^- + S_4O_6^{2-}$$

정제 한 알에 포함된 KIO_3는 몇 mg인가?

***5.114** 탄소, 수소, 그리고 황만을 포함하는 어떤 유기 화합물 1.045 g을 산소 분위기에서 연소시켰더니 CO_2, H_2O, SO_2가 생성되었다. 생성된 기체를 과량의 $KMnO_4$가 포함된 0.0200 *M* $KMnO_4$ 산성 용액 500.0 mL에 통과시켜 SO_2를 SO_4^{2-}로 산화시켰다. 이때 500 mL에 포함된 $KMnO_4$의 일부분은 환원되어 Mn^{2+} 이온이 생성되었다. 다음 실험을 위하여 반응하지 않은 $KMnO_4$가 남아 있는 용액 중 50.00 mL를 취해 0.0300 *M* $SnCl_2$ 용액 50.00 mL와 혼합하였다. 이 용액에서 MnO_4^-를 모두 Mn^{2+}로 환원시키는 반응이 완결된 후, 남은 과량의 Sn^{2+}를 0.0100 *M* $KMnO_4$ 용액으로 적정하였더니 종말점까지 $KMnO_4$ 용액 27.28 mL가 소모되었다. 처음에 연소시킨 유기 시료에 포함된 황의 질량 백분율을 구하시오.

***5.115** 0.0200 *M* $Na_2Cr_2O_7$ 용액 325 mL와 0.060 *M* $Fe(NO_3)_2$ 용액 425 mL를 혼합하여 산화–환원 반응이 시작되었다. 혼합 용액에서 H^+의 초기 농도는 0.400 *M*이었다. 이 반응에서 중크로뮴산 이온은 Fe^{2+} 이온을 Fe^{3+}로 산화시키고 Cr^{3+} 이온으로 환원된다. 반응이 완결된 후 용액에 남은 H^+ 이온을 중화하는 데 필요한 0.0200 *M* NaOH 용액은 몇 mL인가?

***5.116** 0.2433 g의 $K_2C_2O_4$가 들어 있는 용액을 산성화하였더니 $C_2O_4^{2-}$ 이온이 $H_2C_2O_4$로 바뀌었다. 이 용액을 $KMnO_4$ 용액 26.73 mL로 적정하였더니 연한 분홍색의 종말점에 도달하였다. 이 반응에서 $H_2C_2O_4$는 CO_2로 산화되었고, MnO_4^-

는 Mn^{2+}로 환원되었다. 적정에 사용된 $KMnO_4$ 용액의 몰 농도는 얼마인가?

***5.117** 어떤 옥살산($H_2C_2O_4$) 용액 20.0 mL를 0.200 *M* $K_2Cr_2O_7$ 용액으로 적정하였더니 종말점까지 $K_2Cr_2O_7$ 용액 6.25 mL가 소모되었다. 이 반응에서 산화에 의하여 CO_2가 그리고 환원에 의하여 Cr^{3+}가 각각 생성된다. 새로 취한 옥살산 용액 10.0 mL를 중화하는 데 필요한 0.250 *M* NaOH 용액의 부피는 몇 mL인가?

비판적 사고의 과제

***5.118** $OSCN^-$ 이온은 사람의 침에 존재한다. 이 이온에 포함된 원소들의 산화수를 각각 결정할 때의 문제점을 논의하시오. $OSCN^-$에 포함된 원소들의 적절한 산화수를 제시하시오.

***5.119** DNA가 화학 반응을 하면 암을 유발하는 손상을 입는다고 가정하자. 강한 산화제와 약한 산화제 중 어느 것이 암을 유발할 가능성이 더 큰가? 답에 대한 근거를 함께 제시하시오.

***5.120** 산소나 염소의 경우 원자 상태와 분자 상태 중 어느 것이 더 산화제로서의 활성이 높다고 판단되는가? 답에 대한 근거를 함께 제시하시오.

***5.121** 당신의 환경은 산화나 환원 중 어느 쪽에 더 노출되어 있는가? 환경이 우리가 실험실에서 수행하는 화학에 미치는 영향은 어떤 것이 있는가? 환경이 지구에서 발견되는 화학 물질(무기물 등)에 미치는 영향은 무엇인가?

***5.122** 항산화제는 장수하는 데 효과적인 것으로 알려져 있다. 항산화제란 무엇인가? 이들이 장수에 어떠한 역할을 하는가? 이 장에서 배운 용어를 사용하여 항산화제를 어떻게 다시 정의할 수 있는가? 이 장에서 다룬 물질 중 효과적인 항산화제가 될 수 있는 후보 물질은 어떤 것이 있는가?

David Willman/123 RF

6장

에너지와 화학 변화

이 장의 배경

오후에 스낵으로 자주 먹는 Thin Mint® 쿠키와 한 잔의 우유는 공부하는 학생들에게 에너지를 제공한다. 스낵에 포함된 에너지는 음식물이 소화되면서 파괴 혹은 형성되는 결합들과 관련이 있다. 또 에너지라는 용어를 뉴스에서도 접할 수 있다. 에너지의 가격, 세계적인 에너지 공급 등과 관련하여 어떤 일이 벌어지고 있는지에 대한 보도를 자주 접한다. 어떤 이들은 에너지라는 개념을 손으로 쥘 수 있거나 그릇에 담을 수 있는 것으로 생각한다. 그러나 에너지는 물질이 아니다. 에너지는 오히려 물질이 소유하고 있는 것으로, 물체가 움직이거나 다른 물체를 움직이게 하는 데 필요한 것이다.

대부분의 물리 변화 및 화학 변화는 에너지 **변화**를 수반한다. 물의 증발 및 응축과 관련된 에너지 변화는 세계 기후 체계에 영향을 준다. 연료를 연소시켜 우리가 자동차를 움직이거나 전기를 생산할 때 이용할 수 있는 에너지를 얻는다. 또한 우리 인체는 필요한 생화학적인 과정을 구동하기 위해 Thin Mint® 쿠키와 한 잔의 우유 같은 음식의 물질대사를 통해서 얻은 에너지를 사용한다. 이 장에서 배울 **열화학(thermochemistry)**은 화학 반응에 의한 에너지의 흡수와 방출을 다루는 화학의 한 분야이다. 열화학은 많은 실용적인 응용성뿐만 아니라 이론적인 중요성을 갖고 있다. 왜냐하면 열화학은 분자가 형성되거나 분해될 때 분자 수준에서 발생하는 현상과 실험실에서 측정할 수 있는 온도 변화와 같은 물리량 사이의 중요한 연결 고리를 제공하기 때문이다.

열화학은 에너지 이동과 변환을 연구하는 **열역학(thermodynamics)**이라는 과학의 한 분야이다. 과학자들은 열역학을 이용하여 주어진 조건에서 물리 변화나 화학 반응이 가능한지를 예측할 수 있다. 이것은 화학을 포함하는 모든 자연과학 분야에서 가장 중요한 부분이다. 18장에서 열역학에 대해 계속 배우게 될 것이다.

이 장의 개요

6.1 에너지: 일을 할 수 있는 능력
6.2 열과 온도 그리고 내부 에너지
6.3 열의 측정
6.4 화학 반응의 에너지
6.5 열과 일 그리고 열역학 제1법칙
6.6 반응열
6.7 열화학 반응식
6.8 Hess 법칙
6.9 표준 반응열

학습 목표

이 장을 읽고 이해한 후 다음과 같은 것을 할 수 있어야 한다.

- 퍼텐셜 에너지와 운동 에너지의 차이점 및 에너지 보존 법칙을 설명할 수 있다.
- 온도와 에너지 그리고 상태 함수라는 개념 사이의 연관성을 설명할 수 있다.
- 물체의 온도 변화를 이용하여 교환되는 열의 양을 결정할 수 있다.
- 발열 반응과 흡열 반응에서의 에너지 변화를 설명할 수 있다.
- 열역학 제1법칙을 정의하고 이 법칙이 화학에 어떻게 적용되는지를 설명할 수 있다.
- 일정한 압력에서 얻은 반응열과 일정한 부피에서의 반응열의 차이를 설명할 수 있다.
- 열화학 반응식의 가정과 유용성을 설명할 수 있다.
- Hess 법칙을 사용하여 반응 엔탈피를 결정할 수 있다.
- 문제 풀이를 위하여 표준 생성열을 구하고 이것을 이용할 수 있다.

학습 목표 달성을 위한 제안

6장에서 제시된 여러 내용을 이해하는 데 도움이 되는 몇 가지 제안이다. 공부한 내용을 기억하는 데 가장 좋은 방법은 내용을 노트에 정리하면서 공부하는 것이다. 능동적 읽기를 적극적으로 활용하면 6장에서의 개념을 이해하는 데 도움이 될 것이다.

이 장에서의 내용을 공부하기 전에 각 절과 관련한 한 가지 질문을 작성하고, 공부가 끝난 후 질문에 대한 답을 작성해 보라.

예를 들면 6.1절과 관련하여 '위치 에너지와 운동 에너지의 차이점은 무엇인가?' 혹은 '에너지 보존 법칙이 위치 에너지나 혹은 운동 에너지와 어떻게 연계되어 있는가?'라는 질문이 좋은 예이다.

이 장에서의 내용을 이해하기 위하여 '묻고 답하는 방법' 이외에도 다음과 같은 방법을 활용하면 효과적이다.

1. 문제를 다룰 때 에너지 이동을 나타내는 도표를 작성하는 연습을 하라.
2. 새로 등장하는 용어에 대한 정의를 찾아 요약하라.
3. 동료와 노트의 내용을 공유하고, 공통점과 차이점을 정리해 보라. 특히 차이가 나는 이유를 생각해 보라.
4. 모든 실전 문제에 대하여 올바른 답을 제시할 수 있는지 점검하라. 제시한 답이 교재에 수록된 정답과 다르면, 올바른 답을 제시할 수 있을 때까지 문제를 다시 검토하고, 내용을 이해하기 어려우면 강사에게 도움을 청하라.

6.1 에너지: 일을 할 수 있는 능력

해설 일은 물체를 움직이게 만드는 힘의 결과이다. 움직이는 차가 충돌하면 다른 차를 움직이게 할 수 있으므로 에너지를 가진다.

앞에서 언급했듯이 에너지는 실체가 없어서 손으로 잡을 수도, 그릇에 담을 수도 없다. **에너지(energy)**는 일을 할 수 있는 물체가 가지고 있는 어떤 것이다. 물체는 에너지를 운동 에너지와 퍼텐셜 에너지의 두 가지 다른 방식으로 가지고 있다.

운동 에너지(kinetic energy, KE)는 물체가 운동할 때 가지는 에너지로 그 물체의 질량과 속도에 의존한다.

도구
운동 에너지

$$\mathrm{KE} = \tfrac{1}{2}mv^2 \tag{6.1}$$

여기서 m은 질량, v는 속도를 나타낸다. 물체의 질량이 클수록 그리고 속도가 빨라질수록 물체가 가지는 운동 에너지는 커진다.

퍼텐셜 에너지(potential energy, PE)는 물체에 **저장된 에너지**(stored energy)로, 운동 에너지로 전환될 수 있는 에너지이다. 예를 들어 구식 시계의 태엽을 감으면 태엽으로 에너지가 이동한다. 태엽은 이 저장된 에너지(퍼텐셜 에너지)를 가지고 있다가 서서히 운동 에너지의 형태로 방출하면서 시계를 작동시킨다.

화학 물질 또한 **화학 에너지**(chemical energy)라고 하는 퍼텐셜 에너지를 가지고 있다. 화학 반응이 일어나면 물질이 가진 화학 에너지의 변화가 수반되는데, 변화에 따라 에너지를 흡수하거나 혹은 열이나 빛의 형태로 방출하게 된다. 예를 들어 **그림 6.1**에서 보는 바와 같이, Falcon-9 로켓의 주 엔진에서 진행되는 등유와 산소의 폭발적인 반응으로 인한 빛과 열 그리고 기체의 급격한 팽창은 우주발사체를 발사대로부터 들어 올리는 원동력이 된다.

퍼텐셜 에너지

퍼텐셜 에너지의 중요한 특성은 다른 물체와의 인력 또는 반발력을 가질 때 물체의 퍼텐셜 에너지가 상대적 위치에 의존한다는 것이다. 예를 들면 책은 지구의 중력으로 인한 퍼텐셜 에너지를 갖는다. 책을 들어 올려 위치가 변하면 퍼텐셜 에너지가 증가한다. 이 에너지는 들어 올리는 일을 한 사람에 의해 제공된다. 책을 떨어뜨리면 퍼텐셜 에너지가 감소한다. 감소된 퍼텐셜 에너지는 책이 떨어지는 동안 얻은 속도만큼 운동 에너지로 변화된다.

Handout/Getty Images

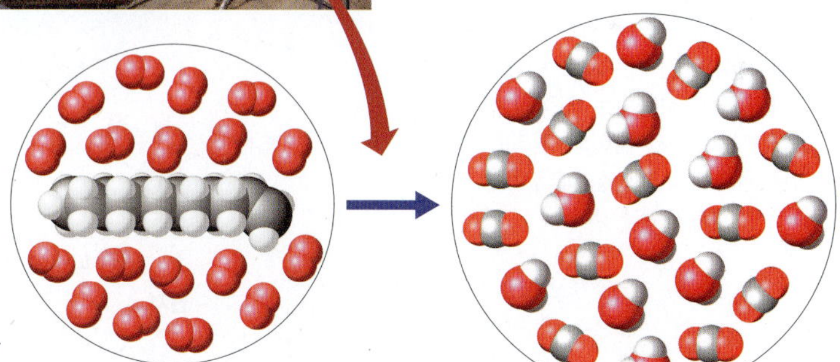

그림 6.1 액체 산소와 고순도 등유가 재사용이 가능한 Falcon-9 로켓의 동력으로 이용된다. 화학식이 $C_{12}H_{24}$인 등유는 우주 왕복선에 사용되는 액체 수소에 비하여 비용이 저렴하고 다루기가 용이하다.

인력 또는 반발력을 가진 물체의 위치에 따라 퍼텐셜 에너지가 어떻게 변하는지는 **그림 6.2**와 같이 자석으로 설명할 수 있다. 두 자석이 같은 극이 마주 보는 방향으로 위치하면, 한 자석의 끝은 다른 자석의 끝을 밀어낸다. 이는 자석의 'N극'이 다른 자석의 'N극'을 밀어낸다고 표현할 수 있다. 자석이 서로를 밀어내는 반발력 때문에, 두 N극을 서로 가까이에 위치하도록 하려면 일을 해야 한다. 두 N극을 가까이에 위치시키기 위해서 사용한 에너지는 자석에 저장되어 두 자석의 퍼텐셜 에너지를 증가시킨다. 그 두 자석을 놓아버리면 두 N극은 서로를 밀어낼 것이고, 이러한 '밀림'을 이용하여 일을 하는 장치를 만들 수도 있다. 한 자석의 방향을 돌리면 이번에는 한 자석의 'S극'이 다른 자석의 'N극'을 당기게 될 것이다. 따라서 그 두 자석을 서로 떨어뜨려 놓기 위해서는 일을 해야 하고, 이는 두 자석의 퍼텐셜 에너지를 증가시킬 것이다. 다음은 자석의 퍼텐셜 에너지의 변화에 영향을 주는 요인을 정리한 것이다. 이것을 기억하는 것이 어렵다면, 두 자석의 극이 어떻게 서로를 당기고 밀어내는지를 상기해 보라.

퍼텐셜 에너지에 영향을 주는 요인

- 퍼텐셜 에너지는 상호 **인력**(attract)이 작용하는 두 물체의 거리가 멀어지면 증가하고, 가까워지면 감소한다.
- 퍼텐셜 에너지는 상호 **반발력**(repel)이 작용하는 두 물체의 거리가 멀어지면 감소하고, 가까워지면 증가한다.

도구
퍼텐셜 에너지 변화

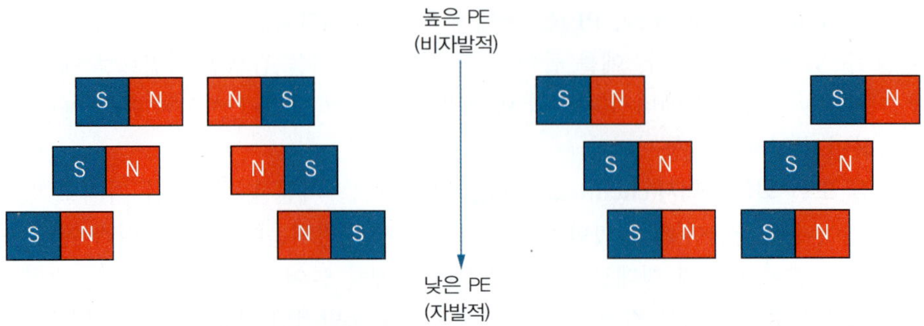

(a) 같은 극이 마주 보는 배열에서는 반발력이 작용한다. 따라서 두 자석이 가까울수록 퍼텐셜 에너지가 증가한다.

(b) 서로 다른 극이 마주 보는 배열에서는 인력이 작용한다. 따라서 두 자석이 가까울수록 퍼텐셜 에너지가 감소한다.

그림 6.2 상호 인력(a) 혹은 상호 반발력(b)을 나타내는 자석의 배열이 가지는 퍼텐셜 에너지를 보여주는 그림. 퍼텐셜 에너지가 감소하는 방향이 자발적이어서, (a)의 배열에서는 자석이 서로 반발하고 (b)의 배치에서는 서로 끌어당긴다.

화학에서 관심의 대상이 되는 화학 에너지의 양은 원자의 배열과 그 종류에 의해 결정된다. 여기에 N극이나 S극이 존재하지는 않으나, 전하들 사이에 인력과 반발력이 존재한다. 서로 다른 전하 사이의 인력은 자석이 서로 다른 극이 마주 보고 있을 때 작용하는 인력과 비슷하다. 전자와 양성자는 서로 반대 전하를 가지기 때문에 서로 끌어당긴다. 이와는 반대로 같은 전하를 가진 전자와 전자 혹은 핵과 핵은 서로 반발한다. 원자가 결합하여 분자를 형성하거나 혹은 분자가 분해될 때 각 입자의 상대적 위치 변화로 인해 **그림 6.3**에 나타낸 것과 같은 퍼텐셜 에너지의 변화가 발생한다. 이 퍼텐셜 에너지의 변화는 화학 반응이 일어나는 동안 방출되거나 흡수되는 에너지와 관련이 있다.

해설 운동 에너지와는 달리 물체의 퍼텐셜 에너지의 크기를 계산할 수 있는 간단한 식은 존재하지 않는다.

그림 6.3 아원자 입자인 양성자와 전자가 가지고 있는 서로 반대되는 전하 사이의 인력은 서로 반대되는 자석의 극에 작용하는 인력과 비슷하다. 핵과 전자 사이의 거리(d)가 짧은 원자 *A*의 퍼텐셜 에너지가 거리가 먼 원자 *B*보다 낮다.

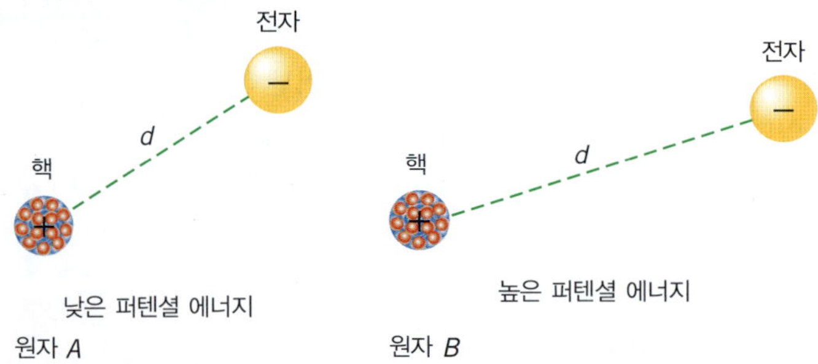

에너지 보존 법칙

에너지에 대한 가장 중요한 사실 중 하나는 **에너지는 창조되거나 소멸될 수 없으며, 오직 한 형태에서 다른 형태로 변환될 뿐**이라는 것이다. **에너지 보존 법칙**(**law of conservation of energy**)으로 알려진 이 사실은 많은 실험과 관찰을 통해 입증되었다(과학에서 '보존'되었다고 하는 것은 변하지 않거나 혹은 항상 일정하다는 것을 의미함을 상기하라). 공과 같은 물체를 위로 던질 때마다 이 법칙을 목격하게 된다. 공을 던지면 처음에 공은 일정량의 운동 에너지를 갖게 된다. 공이 상승하면 공의 퍼텐셜 에너지가 증가한다. 에너지는 무에서 창출되는 것이 아니기 때문에 퍼텐셜 에너지의 상승은 운동 에너지의 감소를 초래한다. 그러므로 공의 $\frac{1}{2}mv^2$은 줄어드는데, 공의 질량은 변함이 없으므로 속도(v)가 줄어들어 공은 점점 느려진다. 모든 운동 에너지가 퍼텐셜 에너지로 변하게 되면 공은 더 이상 상승하지 못하고 멈추게 되는데, 이때 퍼텐셜 에너지는 최대가 된다. 공이 떨어지기 시작하면 퍼텐셜 에너지는 다시 운동 에너지로 변한다.

단위 줄

에너지의 SI 단위는 **줄(Joule, J)**이며, 1 J은 초당 1 m의 속도로 움직이는 2 kg의 물체가 가진 운동 에너지의 양에 해당한다. 운동 에너지 식 $KE = \frac{1}{2}mv^2$을 사용하면 다음의 관계를 얻을 수 있다.

$$1\ \text{J} = \tfrac{1}{2}(2\ \text{kg})\left(\frac{1\ \text{m}}{1\ \text{s}}\right)^2$$

$$1\ \text{J} = 1\ \text{kg m}^2\ \text{s}^{-2}$$

줄은 실질적으로 아주 작은 양의 에너지이기 때문에 많은 경우에 더 큰 단위인 **킬로줄(kilojoule, kJ)**을 사용한다($1\ \text{kJ} = 1000\ \text{J} = 10^3\ \text{J}$).

흔히 사용되는 다른 에너지 단위로 **칼로리(calorie, cal)**가 있다. 원래 이 단위는 1 g의 물을 1 ℃ 높이는 데 필요한 에너지로 정의되었는데, SI 단위의 도입으로 다음과 같이 정의되었다.

$$1\ \text{cal} \equiv 4.184\ \text{J} \quad (\text{정확히}) \tag{6.2}$$

더 큰 단위인 **킬로칼로리(kilocalorie, kcal)**는 1000칼로리에 해당하는 에너지로 다음과 같이 킬로줄과 연관지을 수 있다.

$$1\ \text{kcal} = 4.184\ \text{kJ}$$

식품 화학에서 사용하는 에너지 단위는 식이 칼로리(dietary Calorie, 대문자 C를 사용)인데, 이는 실제로 1 kcal와 같다.

$$1\ \text{Cal} = 1\ \text{kcal} = 4.184\ \text{kJ}$$

줄과 킬로줄을 에너지의 표준 단위로 사용하고 있지만, 칼로리와 킬로칼로리도 아직 많이 사용되고 있다. 따라서 칼로리에서 줄로의 변환이나, 역으로 줄에서 칼로리로의 변환이 필요할 것이다.

해설 1 m/sec는 대략 2.2 miles/hour이고, 2 L짜리 음료수의 질량은 약 2 kg이다.

해설 열량계나 소화기관에서 음식물을 연소시키는 반응은 발열 반응이므로 열이 방출된다. 발열 반응에서의 열은 방출된다는 의미로 – 부호를 사용해서 나타낸다. 그러나 영양 칼로리를 언급할 때는 – 부호를 떼는 것이 일반적이다.

실전 문제 6.1

한 봉지의 감자칩은 160 Cal의 열량을 낼 수 있다. 이것은 몇 줄의 에너지에 해당하는가? 답에서 지수 표기법을 사용하지 않으려면 적절한 SI 접두사를 사용하시오(**힌트**: 표 1.5의 SI 접두사 참조).

실전 문제 6.2

Thin Mint® 쿠키 한 봉지에 들어있는 4개의 쿠키가 제공하는 열량은 175 Cal이다. 이 열량을 kcal, cal, kJ, J 단위로 변환하시오.

6.2 열과 온도 그리고 내부 에너지

특정한 양의 물질에 대하여 그 물질에 포함된 에너지의 양과 그 측정 방법에 대하여 궁금증을 갖게 된다. 이 에너지를 논의하기 전에 먼저 에너지가 어떻게 측정되는지를 이해하는 데 중요한 역할을 하는 열과 온도의 특성을 이해할 필요가 있다.

열과 온도

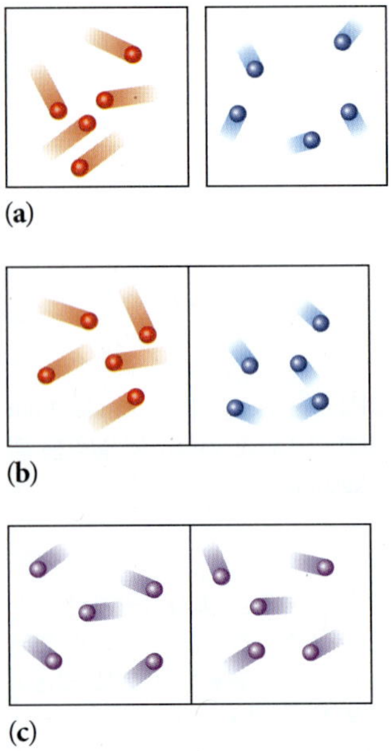

그림 6.4 따뜻한 물체에서 찬 물체로의 에너지 이동 (a) 왼쪽에 있는 긴 궤적은 뜨거운 물과 같은 고온의 물체가 가지고 있는 더 높은 운동 에너지를 나타내고, 오른쪽은 찬 커피 컵이 가지고 있는 낮은 에너지를 나타낸다. (b) 뜨거운 물을 잔에 부으면 뜨거운 물과 컵의 내부 표면 사이에 열의 접촉이 일어난다. 에너지가 큰 물 분자는 컵을 구성하고 있는 분자들과 충돌하면서 그 속도가 느려진다. 이때 에너지가 물로부터 컵을 구성하고 있는 물질로 이동한다. (c) 열평형이 이루어지면 두 물질의 평균 분자 운동 에너지는 같아져서 온도도 동일해진다.

우리가 매일 사용하는 온도라는 단어를 정확하게 정의할 필요가 있다. 분자 수준에서 생각해 보면, 원자, 분자, 이온 등은 모두 끊임없이 운동하고 서로 충돌한다. 이는 우리가 그 움직임을 실제로 볼 수는 없지만 모든 입자가 운동 에너지를 가지고 있다는 것을 의미한다. 이때 모든 입자가 정확히 똑같은 운동 에너지를 가지는 것이 아니고 온도에 따라 변하는 에너지 분포를 나타낸다. 따라서 우리는 이 일련의 에너지 분포를 평균값으로 나타낼 수 있고, 이에 대한 상세한 내용을 잠시 후에 다룰 것이다. 이제 **물체의 온도(temperature)는 입자의 평균 운동 에너지(average kinetic energy)에 비례하는 물리량으로 정의할 수 있다. 따라서 평균 운동 에너지가 클수록 온도는 높다.** $KE = \frac{1}{2}mv^2$를 상기해 보면, 원자 질량이 일정할 때 평균 운동 에너지가 증가하면 원자의 속도가 증가해야 한다. 결과적으로 온도계와 충돌하는 입자의 수와 에너지가 증가해야 한다. 같은 맥락에서 온도가 낮아지면 입자의 움직임은 느려지고 분자의 평균 운동 에너지 또한 낮아지므로, 입자의 충돌 에너지와 그 충돌 횟수가 줄어든다.

열(heat)은 온도 차이로 인해 물체 사이에 이동하는 운동 에너지[**열에너지(thermal energy)**라고도 함]이다. 분자 수준에서 뜨거운 물체가 차가운 물체와 접촉하면, 뜨거운 물체의 빠른 원자가 차가운 물체의 느린 원자와 충돌하면서 일부 운동 에너지를 잃게 된다(그림 6.4). 뜨거운 물체 입자의 평균 운동 에너지가 감소하면 결과적으로 온도가 떨어진다. 이와 동시에 차가운 물체 입자의 평균 운동 에너지가 증가하면서 차가운 물체의 온도가 상승한다. 결국 두 물체를 구성하는 원자들의 평균 운동 에너지는 같아지면 두 물체의 온도 또한 같아지게 되는데, 이 상태를 다른 말로 **열평형(thermal equilibrium)**이라고 한다. 이 같은 이유로 열 이동이 두 물체 사이의 운동 에너지 이동으로 표현되는 것이다. 예를 들어 열은 뜨거운 커피가 들어 있는 컵에서 조금 더 차가운 주위로 흘러가게 될 것이다. 결국 커피와 주위는 열평형 상태가 되어, 전체적으로 커피의 온도는 떨어지고 주위의 온도는 약간 상승하게 된다.

열의 형태로 이동하는 에너지는 물체의 내부 에너지로부터 나온다. **내부 에너지(internal energy, $E_{내부}$)**는 시료 물질에 있는 모든 입자의 에너지 합과 같다.[1] 이를 방정식 형태로 다음과 같이 요약할 수 있다.

$$E_{내부} = PE + KE$$

여기서 PE는 물체의 입자에 작용하는 우주의 **모든 힘**을 나타내고, KE는 입자의 **모든 움직임**에 의한 운동 에너지를 나타낸다. 물체에 작용하는 모든 인력과 반발력을 확인하는 것은 불가능하므로, 물체의 전체 PE를 결정할 수 없다. 마찬가지로 우리는 물체의 모든 움직임을 확인할 수 없으며, 따라서 물체의 총 운동 에너지를 결정할 수 없다. 그러나 중요한 것은 에너지 절댓값을 결정할 수는 없더라도 에너지의 **변화**는 결정할 수 있다는 것이다.

물리 혹은 화학 변화에 대한 연구에서 우리가 가지는 관심은 변화 과정에서 수반되는 내부 에너지 변화에 관한 것이다. 이 변화를 ΔE로 나타내고 다음과 같이 정의한다. 여기서 Δ(그리스 문자 델타)는 변화를 나타낸다.

$$\Delta E = E_{최종} - E_{초기}$$

화학 반응에서 $E_{최종}$은 생성물의 내부 에너지에 해당하므로 $E_{생성물}$로 쓸 수 있고, 반응물의 내부 에너지인 $E_{초기}$는 $E_{반응물}$로 나타낼 수 있다. 따라서 화학 반응에서 내부 에너지 변화는 다음과 같이 주어진다.

$$\boxed{\Delta E = E_{생성물} - E_{반응물}} \tag{6.3}$$

[1] 내부 에너지를 U로 나타내기도 한다.

이 식에서 사용하는 중요한 관례를 주목하라. 온도 변화(Δt_C)[2]나 내부 에너지 변화(ΔE)와 같은 변화는 항상 '최종−초기' 또는 '생성물−반응물'로 계산한다. 따라서 계가 변하는 동안에 주위로부터 에너지를 흡수한다면, 최종 에너지는 초기 에너지보다 더 커지고 결과적으로 ΔE는 양의 값을 갖게 된다. 광합성이 일어날 때나 혹은 배터리가 충전되는 경우가 이에 해당한다. 계(배터리)가 에너지를 흡수하면 내부 에너지는 증가하고 후에 다른 곳에 유용하게 사용될 수 있다.

온도와 평균 분자 운동 에너지

물체를 구성하는 모든 입자는 끊임없이 움직인다. 예를 들어 상온의 공기 시료에서 산소와 질소 분자는 총알보다 빠르게 운동하며, 분자 간에 혹은 용기의 벽과 끊임없이 충돌한다. 기체 분자가 회전하면서 운동할 때, 분자 내의 원자는 전후좌우로 진동하고 전자는 원자 주변에서 움직인다. 이러한 내부 분자 운동은 분자의 운동 에너지에 기여하고, 따라서 시료의 내부 에너지에 기여한다. 우리는 이러한 운동과 관련된 에너지를 **분자 운동 에너지(molecular kinetic energy)**라 부를 것이다. 각 입자는 어떤 주어진 순간에 특정한 분자 운동 에너지 값을 가진다. 분자들은 충돌하는 동안 지속적으로 서로 에너지를 교환하지만, 시료가 격리되어 있는 한 모든 분자의 총 운동 에너지는 일정하게 유지된다.

해설 운동 에너지는 운동에 대한 에너지이며, $KE = \frac{1}{2}mv^2$으로 표시한다는 것을 기억하라. 여기서 m은 물체의 질량이고 v는 속도이다.

원자와 분자가 끊임없이 무질서한 운동을 한다는 개념이 **분자 운동론(molecular kinetic theory)**의 기초이다. 이 이론에 의하면 온도는 물체를 구성한 원자와 분자의 평균 운동 에너지에 직접 비례한다. 평균 운동 에너지 개념은 물체를 구성하는 분자의 운동 에너지가 분포를 가진다는 것을 의미한다. 이에 대하여 좀 더 자세히 살펴보자. 특정한 순간 물체를 구성한 입자들은 서로 다른 속도로 움직이기 때문에 그에 따라 넓은 운동 에너지 분포를 나타낸다. 극히 적은 수의 분자들은 완전히 멈춰서 움직이지 않고, 따라서 0의 운동 에너지를 갖게 된다. 또 다른 적은 수의 분자들은 매우 큰 속도로 움직이기 때문에 운동 에너지 또한 매우 크다. 이와 같은 양극단 사이에 중간 정도의 다양한 운동 에너지를 가진 분자들이 많이 존재할 것이다.

해설 온도는 분자의 **평균** 운동 에너지와 관련이 있다. 내부 에너지는 분자의 모든 에너지의 합이다.

그림 6.5의 그래프는 서로 다른 두 온도에서 어떤 시료의 운동 에너지 분포를 나타낸 것이다. 세로축은 특정 운동 에너지 값을 가진 분자의 **분율**(fraction)이다(특정 KE를 가진 분자수를 전체 분자수로 나눈 것이다). 그림 6.5에서 각 곡선은 특정 KE를 가진 분자의 분율이 KE에 따라 어떻게 변하는지를 나타낸다.

각 곡선은 KE가 0일 때 0의 분율로 시작된다. 이것은 온도와 관계없이 운동 에너지가 0인 분자(정지하고 있는 분자)의 분율은 본질적으로 0이기 때문이다. KE 축을 따라 나아감에 따라 분자의 분율이 증가하다가 최고점에 도달하고, 다시 감소하다가 0을 향한다. 속도가 매우 큰 분자의 수는 적기 때문에 운동 에너지가 매우 크면 분율은 다시 떨어진다.

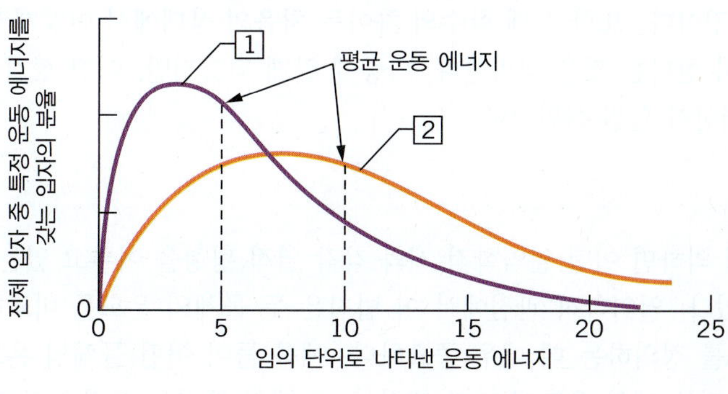

그림 6.5 기체 분자의 운동 에너지 분포 낮은 온도(곡선 1)에서 높은 온도(곡선 2)로 바뀜에 따라 각 온도에서의 운동 에너지 분포도 변한다. 각 곡선에서 가장 높은 점은 해당 온도에서 가장 빈도가 높은 운동 에너지 값(최빈값)으로, 각 분자의 운동 에너지를 측정할 때 가장 많이 얻을 수 있는 운동 에너지 값이다. 낮은 온도에서 최빈값은 운동 에너지가 작은 쪽에 위치한다. 그러나 온도가 높아지면 분자의 속도도 커지고, 따라서 최고점은 오른쪽으로 이동하고 곡선은 전체적으로 평평해진다.

[2]섭씨 온도를 t_C로, Kelvin 온도를 T_K 혹은 T로 나타낸다는 것을 기억하라.

그림 6.5에서 각 곡선은 가장 많이 관측되는 분자 운동 에너지 값에 해당하는 특정한 최댓값을 가진다. 곡선이 대칭이 아니므로 분자의 평균 KE 값은 최대에서 약간 더 오른쪽에 위치한다. 온도를 증가시키면(곡선 1에서 2로) 곡선은 평평해지고, 최댓값과 분자의 평균 KE는 더 높은 쪽으로 이동한다. **Kelvin 온도를 두 배로 해 주면 평균 KE도 두 배가 되기 때문에 Kelvin 온도는 평균 KE에 직접 비례한다**고 할 수 있다. 곡선이 평평하게 되는 이유는, 각 곡선 아래 면적이 모든 분율의 **합**에 해당하고, 모든 분율을 더하면 그 값은 1이 되어야 하기 때문이다(파이를 어떻게 자르든 간에 모든 분율을 더하면 **하나**의 파이가 될 것이다).

나중에 화학 반응의 속도와 액체의 증발 속도에 대한 온도의 영향을 논의할 때, 그림 6.5가 매우 유용한 그래프라는 사실을 알게 될 것이다.

상태 함수

식 6.3은 반응이 일어나는 동안 화학적인 계의 내부 에너지 변화를 정의한 것이다. 그러나 이를 계산하기 위해서는 전체 분자들의 움직임을 포함해서 인력과 반발력을 모두 측정해야 하므로 $E_{생성물}$이나 $E_{반응물}$을 실제적으로 측정할 수 있는 방법은 없다. 다행히도 우리는 반응물과 생성물이 가진 에너지의 절대적인 크기보다 에너지 변화(ΔE)에 관심이 더 크고, 이러한 에너지 변화는 측정 가능한 열을 이용하여 계산할 수 있다.

우리가 내부 에너지를 측정할 수는 없지만 이에 대해 논하는 것은 매우 중요하다. **물체의 에너지는 오직 물체의 현재 상태에 의존한다**는 것이 밝혀졌다. 물체가 어떻게 에너지를 얻거나 잃는지는 문제가 되지 않는다. 이런 이유 때문에 에너지의 이동을 연구할 때 에너지의 변화인 ΔE만을 고려하면 된다.

해설 열화학에서 사용되는 '상태'는 '액체 상태' 또는 '고체 상태'와 같은 용어로 사용될 때와는 그 의미가 다르다.

물질의 현재 조건을 특정하는 모든 성질에 대한 목록을 물질의 **상태(state)**라고 한다. 화학에서는 물질의 압력, 온도, 부피, 화학적 조성(존재하는 모든 물질의 몰수)으로 물질의 상태를 기술한다.

에너지와 같이 오직 물질의 현재 상태에만 의존하는 모든 성질을 **상태 함수(state function)**라고 한다. 압력, 온도, 부피는 상태 함수이다. 예를 들면 계의 현재 온도는 과거의 상태에 의존하지 않으며, 또한 그 계가 어떻게 현재의 상태에 도달되었는지도 문제가 되지 않는다. 지금의 온도가 25°C라면, 그 온도에 대하여 알 수 있거나 알 필요가 있는 모든 것을 알고 있는 셈이다. 또한 온도가 35°C까지 상승된다면, 온도의 변화 Δt_C는 단순히 최종 온도와 초기 온도의 차이이다.

해설 기호 Δ는 초기 상태와 최종 상태 사이의 변화를 의미한다는 것을 기억하라.

$$\Delta t = (t_C)_{최종} - (t_C)_{초기} \tag{6.4}$$

Δt를 계산하기 위해 온도 변화를 일으킨 원인에 대하여 알 필요가 없다. 초기 온도와 최종 온도가 필요한 전부이다. **변화가 일어나는 방법이나 메커니즘과 무관하다는 것은 모든 상태 함수의 중요한 특징이다. 또한 상태 함수의 차이는 처음의 상태에서 어떻게 다른 상태로 변했는지와는 무관해야 한다는 것을 의미한다.** 나중에 알게 되겠지만, 어떤 성질이 상태 함수라는 것을 알면 많은 계산이 훨씬 쉬워진다.

열역학 제0법칙

열역학 제0법칙에 의하면 어떤 열역학적 계와 각각 열적 평형을 이루고 있는 두 계는 서로 열적 평형 상태에 있다. 열역학적 관점에서 이 법칙은 두 물체의 온도를 비교하는 데 사용되는 수학식이나, 온도를 정의하는 데 매우 중요하다. 예를 들어 어떤 물체의 온도를 정확하게 측정하려면 기준이 되는 계와 온도에 따라 변하는 그 계의 특정한 성질이 필요하다. 그 성질이 변하는 것과 온도 변화를 연동할 수 있기 때문이다.

실전 문제 6.3

초기 온도 27°C에서 X + Y ⟶ Z 반응이 시작된 후, 온도가 78°C까지 상승했다가 다시 30°C로 떨어졌다. 온도의 전체적인 변화는 무엇인가? (**힌트**: 온도는 상태 함수이다.)

6.3 열의 측정

물체에 의해 흡수되거나 방출되는 열의 양을 측정함으로써 거의 모든 종류의 에너지 이동과 관련된 정량적 연구를 할 수 있다. 전기 전류에 의한 에너지 이동을 측정하고자 한다면, 높은 전기적 저항이 큰 물체를 통해 전류를 흐르게 하면 된다. 예를 들면 토스터기에 전류를 흘리면 내부의 가열 부위가 오렌지색으로 빛나고 전류가 열로 바뀌면서 에너지가 이동되는 것을 볼 수 있다.

(a) (b) (c)

그림 6.6 열린계와 닫힌계 그리고 고립계 열린계(a)는 에너지와 물질의 교환이 모두 가능하고, 닫힌계(b)는 에너지의 교환만이 가능하며, 고립계(c)는 단열되고 막혀 있기 때문에(플라스크 안의 플라스크) 열이나 물질이 주위와 교환되지 않는다.

에너지 이동과 관련된 연구에서는 열의 출입과 관련한 **경계(boundary)**를 분명히 하는 것은 매우 중요하다. 그 경계는 눈으로 볼 수 있는 것(비커의 벽과 같이)일 수도 있고, 볼 수 없는 것(일기 예보의 전선을 따라 차가운 공기로부터 따뜻한 공기가 분리되는 경계와 같이)일 수도 있다. 경계로 둘러싸인 **계(system)**는 우리가 흥미를 갖는 연구 대상 영역이다. 계 밖의 모든 것들은 **주위(surroundings)**라고 하며, 계와 주위를 합쳐 **우주(universe)**라고 한다.

그림 6.6에 나타낸 것처럼 계는 물질과 에너지가 경계를 통과할 수 있는지에 따라서 세 종류로 나뉜다.

- **열린계(open system)** 그 경계를 통하여 질량과 에너지를 얻거나 잃는 것이 가능하다. 사람의 몸이 열린계의 예이다.
- **닫힌계(closed system)** 에너지는 경계를 통과하여 흡수 또는 방출이 가능하지만, 물질은 경계를 통과하지 못하는 계이다. 닫힌계의 질량은 계의 내부에서 일어나는 일과 상관없이 일정하다. 백열전구가 닫힌계의 예이다.
- **고립계(isolated system)** 주위와 물질과 에너지를 교환하지 않는다. 에너지가 생성되거나 소멸되지 않기 때문에 고립계의 에너지는 항상 일정하다. 고립계에서 일어나는 과정을 **단열**(adiabatic, '통행할 수 없음'을 뜻하는 그리스어 *a* + *diabatos*에서 유래)이라고 부른다. 마개로 닫힌 보온병이 고립계의 좋은 근사적 사례이다.

열과 온도 변화

만약에 두 물체 사이에 이동 가능한 에너지가 열에너지밖에 없다면, 에너지 보존 법칙에 따라 한 물체의 열 손실은 다른 물질의 열 수득으로 이어질 것이다. 안타깝게도 직접적으로 열을 측정할 수 있는 도구는 없다. 대신에 우리는 물체에 열을 가하면 온도가 상승하는 것을 알기 때문에, 온도 변화를 측정하고 그 변화를 이용하여 열을 계산한다. 실제로 실험 결과에 의하면, 온도 변화(Δt)는 흡수된 열의 양(q)에 **직접 비례**한다. 따라서 다음의 관계가 성립한다.

$$q = C\Delta t \quad (6.5)$$

도구
열용량과 q

여기서 C는 물질의 **열용량(heat capacity)**으로 물체의 온도를 1°C 올리는 데 필요한 열의 양을 의미하며, 일반적으로 $J°C^{-1}$(또는 J/°C) 단위를 사용한다.

열용량은 시료의 크기와 종류에 의존한다. 시료의 크기를 두 배로 하면 같은 온도를 올리기 위해서 두 배 더 많은 열이 필요하다. 또한 물의 열용량은 철의 열용량보다 더 크기 때문에 1g의 물을 1°C 올리기 위해서는 같은 질량의 철의 경우보다 더 많은 열이 필요하다.

비열 앞에서의 논의에 의하면 시료의 양이 다르면 열용량도 다르다는 것을 예상할 수 있다. 예를 들어 물 10.0g의 온도를 1.00°C 올리는 데 41.8J의 열에너지가 필요하다. 이때 시료의 열용량은 식 6.5를 이용하여 다음과 같이 구할 수 있다.

$$C = \frac{q}{\Delta t} = \frac{41.8\ \text{J}}{1.00\ °\text{C}} = 41.8\ \text{J/°C}$$

한편 물 시료 100g의 온도를 1.00°C 올리기 위해서는 418J의 열을 흡수해야 한다. 이 시료의 열용량은 다음과 같이 구할 수 있다.

$$C = \frac{q}{\Delta t} = \frac{418\ \text{J}}{1.00\ °\text{C}} = 418\ \text{J/°C}$$

시료의 양을 10배 늘리면 열용량도 10배 증가한다. 이는 열용량이 다음과 같이 시료의 질량에 직접적으로 비례한다는 것을 의미한다.

$$\boxed{C = m \times s} \tag{6.6}$$

여기서 m은 시료의 질량이고 s는 **비열용량(specific heat capacity)** 또는 간단히 **비열(specific heat)**이라고 하는 상수이다. 열용량의 단위가 $J°C^{-1}$이고 질량의 단위가 g이라면, 비열은 $J\,g^{-1}°C^{-1}$의 단위를 갖는다. 비열의 단위를 살펴보면 비열이 1g의 물질을 1°C 올리는 데 필요한 열을 나타내는 양임을 알 수 있다.

C가 시료의 크기에 의존하기 때문에 **열용량은 크기 성질이다.** 1.7절에서 밀도를 논의할 때 두 크기 성질의 비를 취하면 세기 성질(시료의 크기와 무관함)을 얻을 수 있다는 것을 배웠다. 열용량과 질량은 모두 시료의 크기에 의존하는 크기 성질이고, 따라서 식 6.6을 이용하여 얻는 비열 s는 시료의 양과 무관한 세기 성질을 나타낸다.

식 6.6을 식 6.5에 대입하면 다음과 같이 비열을 이용하여 q를 나타낼 수 있다.

도구
비열과 q

$$\boxed{q = ms\Delta t} \tag{6.7}$$

10.0g의 물의 온도를 1.00°C만큼 올리는 데 41.8J이 필요하다는 앞에서의 정보를 이용하여 물의 비열을 계산해 보자. 비열(s)을 얻기 위해 주어진 식을 정리하면 다음과 같다.

$$s = \frac{q}{m\Delta t} = \frac{41.8\ \text{J}}{10.0\ \text{g} \times 1.00\ °\text{C}}$$
$$= 4.18\ \text{J g}^{-1}\,°\text{C}^{-1}$$

이전에 에너지 단위로 사용되던 칼로리(cal)는 현재 1 cal = 4.184J로 정의되는 것을 기억하라. 그러므로 칼로리 단위를 사용하여 물의 비열을 나타내면 다음과 같다.

$$s = 1.000\ \text{cal g}^{-1}\,°\text{C}^{-1} \quad (H_2O\text{의 경우})$$

열을 측정하기 위해서 종종 물이 담긴 기구를 사용하기 때문에 열과 관련된 다양한 문제에서 물의 비열을 자주 사용하게 될 것이다.

물질의 양을 몰 크기로 비교하거나 연구할 때, 물질 1mol의 온도를 1°C만큼 올리는 데 필요한 열인 **몰열용량(molar heat capacity)**을 사용할 수 있다. 몰열용량은 몰질량과 비열을 곱

표 6.1 비열과 몰열용량

물질	비열($J\ g^{-1}\ °C^{-1}$)	몰열용량($J\ mol^{-1}\ °C^{-1}$)*
탄소(흑연)	0.711	8.54
구리	0.387	24.6
에틸 알코올	2.45	113
금	0.129	25.4
화강암	0.803	---
철	0.4498	25.12
납	0.128	26.7
올리브기름	2.0	---
규소	0.705	19.8
은	0.235	25.3
물(액체)	4.184	75.4

*화강암과 올리브기름은 혼합물이어서 몰열용량을 가질 수 없다.

한 값으로 $J\ mol^{-1}\ °C^{-1}$의 단위를 갖는다. 비열은 시료 1 g에 대한 값이지만 몰열용량은 시료 1 몰에 대한 값이라는 차이가 있다. 모든 물질은 고유한 비열을 가지고 있으며, **표 6.1**에 몇 가지 물질에 대한 비열과 몰열용량을 수록하였다. 금속의 몰열용량이 나타내는 흥미로운 사실 중 하나는 많은 금속의 몰열용량이 약 $25\ J\ mol^{-1}\ °C^{-1}$ 정도로 유사하다는 점이다.

강의실 밖의 화학 6.1

물과 기후 그리고 몸에 작용하는 '열 쿠션'

대부분의 물질들과 비교하면 **물은 비열이 특히 높다. 따라서 물은 큰 온도 변화 없이 상당량의 열을 얻거나 잃을 수 있다.** 이런 사실 때문에 지구의 날씨를 적절하게 유지하는데 대양의 역할이 매우 중요하다. 이것은 특히 해안 지방과 바다나 큰 호수(미국 북부 지역의 Great Lake와 같은)에서 멀리 떨어진 내륙 지방의 온도 변화 정도를 비교해 보면 명백하다. 바닷물이 여름철에는 열을 흡수하고 겨울철에는 흡수한 열을 내어놓는 '열 쿠션' 작용을 하기 때문에 바다와 인접한 곳은 내륙 지역보다 여름에는 서늘하며 겨울에는 비교적 따뜻하다.

따스하거나 혹은 차가운 해류의 흐름은 현재 전 세계의 기후에 영향을 미치고 있다. 예를 들면 멕시코 걸프만의 따뜻한 바닷물은 걸프 해류에 의하여 대서양을 가로질러 이동된다. 이에 따라 아일랜드, 영국, 및 스코틀랜드의 날씨를 비교적 온화하게 유지 시킨다. 그러나 같은 위도상의 캐나다 북동부 지역은 겨울철에 무척 춥다.

물은 인체에 대해서도 열 쿠션 역할을 한다. 성인 신체의 60%(질량 비율)는 물로 구성되어 있기 때문에, 열용량이 매우 큰 편에 속한다. 즉 인체가 상당량의 에너지를 주위와 교환하더라도 체온의 변화는 비교적 제한적이다. 이런 이유로 체온이 생명 유지에 필수적인 37°C(정상 체온)로 거의 일정하게 유지된다. 이와 같은 충분한 열 쿠션 작용으로 인하여 급격한 외부 기온의 변화에도 체온의 변화를 최소화할 수 있다.

열 이동의 방향 열은 한 물체에서 다른 물체로 이동하는 에너지이다. 이것은 한 물체에서 열을 잃으면 다른 물체는 동일한 양만큼 열을 얻는다는 의미이다. 열을 얻으면 $+q$로 열을 잃으면 $-q$로 표시하여 열 흐름에 대한 방향을 나타낸다. 예를 들면 따뜻한 철 조각을 차가운 물이 담긴 비커에 담갔을 때 철이 10.0 J의 열을 잃고 물은 10.0 J의 열을 얻었다면, 철이 잃은 열은 $q = -10.0\ J$로 나타내고 물이 얻은 열은 $q = +10.0\ J$로 표시한다.

열 이동과 관련하여 얻거나 잃은 열(q) 사이의 대수적 부호 관계는 다음의 식으로 나타낼 수 있다.

$$\boxed{q_1 = -q_2} \tag{6.8}$$

이때 1과 2는 각각 열을 얻은 물체와 잃은 물체를 의미한다.

예제 6.1 물체의 열용량 결정하기

97.65°C로 가열된 쇠막대를 27.00°C의 물 50.0g이 담긴 단열된 커피잔에 넣었더니 물의 온도가 27.45°C로 상승하였다. 쇠막대의 열용량은 몇 J/°C인가?

분석 이 문제에서 열은 따뜻한 물체인 쇠막대로부터 상대적으로 차가운 물로 전달되었다. 따뜻한 물체의 열용량 C를 구하는 것이 목적이다. 쇠막대가 잃은 열량은 물이 얻은 열량과 동일하므로, 물이 얻은 열량을 이용하여 귀고리의 열용량을 계산할 수 있다.

도구 모음 우선 물이 얻은 열($q_{물}$)의 양을 구하기 위해 식 6.7을 도구로 사용한다.

$$q = ms\Delta t$$

여기서 물의 비열($4.184\,J\,g^{-1}\,°C^{-1}$)과 물의 질량 및 물의 온도 변화를 계산에 사용한다.

다음에는 쇠막대에서 물로 이동한 열을 계산하기 위하여 식 6.8을 도구로 사용한다.

$$q_{쇠막대} = -q_{물}$$

식에서 대수 부호에 주목해보자. 물이 열을 얻는 것이므로 $q_{물}$은 양수가 될 것이고, 쇠막대는 열을 잃었으므로 $q_{쇠막대}$는 음의 값을 갖을 것이다. 따라서 오른쪽에 음의 부호를 붙여야 양의 값인 $q_{물}$과 음의 값인 $q_{쇠막대}$가 대수적으로 동일하게 될 것이다.

$q_{쇠막대}$ 값을 구한 뒤에 열용량과 온도 변화를 교환한 열과 연관 짓는 식 6.5를 도구로 활용할 것이다.

$$q = C\Delta t$$

이 식을 재배열해서 열용량 C를 구하는 식으로 나타내면 다음과 같다.

$$C = q/\Delta t$$

풀이 물의 온도는 27.00°C에서 27.45°C로 상승하였으므로, 물의 온도 변화는 다음과 같다.

$$\Delta t = t_{물} - t_{초기} = 27.45°C - 27.00°C = 0.45°C$$

물의 비열은 $4.184\,J\,g^{-1}\,°C^{-1}$이고 물의 질량은 50.0g이다. 그러므로 물이 흡수한 열은 다음과 같다.

$$\begin{aligned} q_{물} &= ms\Delta t \\ &= 50.0\,g \times 4.184\,J\,g^{-1}\,°C^{-1} \times 0.45\,°C \\ &= +9.4 \times 10\,J \end{aligned}$$

그러므로 $q_{쇠막대} = -9.4 \times 10^1$ J이다.

쇠막대의 온도는 97.65°C에서 25.45°C로 감소했으므로, 온도 변화는 다음과 같다.

$$\Delta t_{쇠막대} = t_{최종} - t_{초기} = 27.45°C - 97.65°C = -70.20°C$$

마지막으로 쇠막대의 열용량은 다음과 같다.

$$C = \frac{q_{쇠막대}}{\Delta t_{쇠막대}} = \frac{-9.4 \times 10\,J}{-70.20\,°C} = 1.34\,J\,°C^{-1}$$

답이 합리적인가? 에너지 이동과 관련된 모든 계산에서는 먼저 모든 식에서 적절한 부호가 사용되었는지 점검해야 한다. 열용량은 일반적으로 양의 부호를 가져야 한다. 따라서 계산한 C가 양의 값을 가지고 있다면 부호는 적절하게 사용된 것이다.

이동된 열량을 고려할 때, 열용량이 클수록 온도 변화가 작을 것이다. 물의 열용량은 $C = ms = 50.0\,g \times 4.18\,J\,g^{-1}\,°C^{-1} = 209\,J\,°C^{-1}$이며, 물의 온도 변화는 0.45°C이다. 쇠막대의 온도 변화는 70.02°C이며, 이것은 거의 물보다 150배 이상 큰 값이다. 따라서 열용량은 물의 1/150이 될 것이다. $209\,J\,°C^{-1}$을 150으로 나누면 $1.39\,J\,°C^{-1}$이 되는데, 이 값은 제시한 정답과 큰 차이를 보이지 않으므로 계산 결과는 타당한 것처럼 보인다.

예제 6.2 온도 변화와 질량 및 비열을 이용하여 열량 계산하기

건축법에 따라 배선용 전선은 대부분 전기 전도성이 매우 좋은 구리로 만들어야 한다. 전기 전도성과 더불어 구리는 열 전도성 역시 매우 뛰어나기 때문에 다양한 조리 기구에 구리가 사용되고 있다. 질량이 20.9g인 구리선의 온도가 25.00°C에서 28.00°C로 상승했다면 흡수된 열은 얼마인가?

분석 이 예제는 주어진 구리선의 온도 변화(Δt)를 이용하여 구리가 흡수한 열을 구하는 문제이다. 이를 위하여 구리선의 열용량 또는 구리의 비열과 질량을 알아야 한다. 구리선의 열용량을 알지는 못하나 구리선의 질량과 구리선의 성분인 구리의 비열을 찾아 흡수된 열의 양을 계산할 수 있다.

도구 모음 문제를 풀기 위한 도구로 식 6.7인 $q = ms\Delta t$에서 시작할 수 있다. 표 6.1에 수록된 구리의 비열은 $0.387\,J\,g^{-1}\,°C^{-1}$이다.

풀이 구리선의 질량 m은 20.9g이고 비열 s는 $0.387\,J\,g^{-1}\,°C^{-1}$이며 온도는 25.00°C에서 28.00°C로 증가했으므로 Δt는 3.00°C이다. 이 값들을 식 6.7에 대입해서 구한 열량은 다음과 같다.

$$
\begin{aligned}
q &= ms\Delta t \\
&= (20.9\,\cancel{g}) \times (0.387\,J\,\cancel{g^{-1}}\,\cancel{°C^{-1}}) \times (3.00\,\cancel{°C}) \\
&= 24.3\,J
\end{aligned}
$$

겨우 24.3J로 20.9g의 구리의 온도를 3.00°C 증가시켰다. Δt가 양수이므로 q는 +24.3J이다. 그러므로 구리선이 열을 흡수했다는 사실과 에너지의 변화량에 대한 부호가 일치한다.

답이 합리적인가? 구리의 비열에서 예상할 수 있듯이 구리선의 질량이 단지 1g이고 온도도 1°C 증가했다면, 구리선이 흡수한 열은 0.39J일 것이다. 3°C의 온도 증가를 고려하면, 흡수한 열은 세 배인 1.2J이 될 것이다. 구리선이 20g보다 조금 더 무거우므로 흡수한 열의 양 또한 20배 가까이 더 커서 대략 24J이 된다. 따라서 구한 답이 매우 타당하다고 판단된다.

예제 6.3 비열과 질량 및 방출(또는 흡수)된 열을 이용하여 최종 온도 계산하기

구리와 마찬가지로 은도 매우 유용한 금속이다. 매우 부드러운 특성이 있는 순수한 은은 합금으로 만들어 보석 제작에 사용된다. 은 43.1g이 237J의 열을 흡수하였다. 은의 초기 온도가 28.5°C이었다면 최종 온도는 몇 °C이겠는가? 은의 비열은 $0.235\,J\,g^{-1}\,°C^{-1}$이다.

분석 237J의 열을 흡수한 은의 최종 온도를 구하는 문제이다. 이 문제는 두 단계로 해결하는 것이 수월하다. 첫 번째로 식 6.7을 이용하여 온도 변화를 결정하고, 그다음 초기 온도와 온도 변화량을 이용하여 최종 온도를 구한다.

도구 모음 예제 6.2에서 살펴본 것과 같이, 식 6.7인 $q = ms\Delta t$를 문제를 풀기 위한 도구로 사용한다. 그다음에는 식 6.4인 $\Delta t = t_{최종} - t_{초기}$를 최종 온도를 구하는 데 사용할 것이다.

풀이 최종 온도를 구하기 위해 먼저 식 6.7을 재배열해 보자.

$$\frac{q}{ms} = \Delta t$$

이 식에 얻은 열의 양 237 J, 은의 질량은 43.1 g, 그리고 은의 비열 $0.235\,\text{J g}^{-1}\,°\text{C}^{-1}$을 대입하면 온도 변화($\Delta t$)를 구할 수 있다.

$$\frac{237\,\text{J}}{43.1\,\text{g} \times 0.235\,\text{J g}^{-1}\,°\text{C}^{-1}} = \Delta t$$

$$\Delta t = 23.4\,°\text{C}$$

이것은 온도의 변화량을 나타낸다. 실제로 구하려는 값은 최종 온도이므로 그 온도 변화와 초기 온도를 사용하여 최종 온도를 구한다.

$$\Delta t = t_{최종} - t_{초기}$$

$$23.4\,°\text{C} = t_{최종} - 28.5\,°\text{C}$$

$$t_{최종} = 23.4\,°\text{C} + 28.5\,°\text{C}$$

$$t_{최종} = 51.9\,°\text{C}$$

답이 합리적인가? 열이 계로 더해졌으므로 은의 온도는 증가했을 것이고, 계산 결과도 온도가 상승했다. 보다 정확한 검증을 위하여 온도가 상승한 정도를 대략 계산해 보자. 온도가 얼만큼 증가하는지는 은의 양과 비열에 달려 있다. 수치들을 반올림해서 계산해 보면 우리가 제대로 계산을 진행했는지 대략 판단할 수 있다. 열의 양은 대략 240 J이고, 은의 질량은 약 40 g, 비열은 약 $0.2\,\text{J g}^{-1}\,°\text{C}^{-1}$이므로 대략적인 온도 변화는 다음과 같다.

$$\frac{240\,\text{J}}{40\,\text{g} \times 0.2\,\text{J g}^{-1}\,°\text{C}^{-1}} = 30\,°\text{C}$$

온도 변화는 30 °C로 실제 계산값인 23.4 °C와 근접하다고 할 수 있고, 따라서 계산이 제대로 진행되었다고 생각할 수 있다.

실전 문제 6.4

125 °C의 볼 베어링을 20.0 °C의 물 100.0 g이 담겨 있는 컵에 넣었더니 전체의 온도가 27.5 °C가 되었다. 볼 베어링의 열용량은 J/°C로 얼마인가? (**힌트**: 볼 베어링과 물과 관련된 q의 대수적인 기호를 기억하라.)

실전 문제 6.5

−10 °C로 냉각된 얼음 50.0 g을 단열 처리된 보온병에 들어있는 25.0 °C의 물 250 g에 넣었다. 얼음이 모두 녹자 물의 온도가 19.4 °C가 되었다. 물에서 얼음으로 이동한 열을 J, kJ, cal, kcal 단위로 각각 계산하시오.

실전 문제 6.6

준금속인 규소의 비열은 $0.705\,\text{J g}^{-1}\,°\text{C}^{-1}$이다. 표 6.1에 의하면 규소의 비열은 전도체의 최젓값과 부도체의 최댓값 사이에 존재한다. 이것이 반도체의 특성 중의 하나이다. 이런 반도체 특성 때문에 직접 회로를 만드는 데 규소를 많이 사용하고 있다. 온도가 25.0 °C인 규소 7.54 g이 549 J의 열을 흡수하였다면 최종 온도는 몇 °C이겠는가?

6.4 화학 반응의 에너지

대부분의 화학 반응에서는 퍼텐셜 에너지(화학 에너지라고도 함)가 변하고, 이에 따른 에너지의 흡수 또는 방출을 수반한다. 이러한 에너지 변화의 근원을 이해하기 위해서는 화학계 내 퍼텐셜 에너지의 근원에 대한 이해가 필요하다.

2장에서 분자를 구성하는 원자나 혹은 이온 결합 화합물에서 이온들을 서로 묶어 주는 인력인 **화학 결합**(chemical bond)이라는 개념을 배웠다. 또한 이 장에서는 입자 사이에 인력과 반발력을 가질 때 입자 사이의 거리에 따라 퍼텐셜 에너지 변화가 생기는 것을 배웠다. 이제 이 개념들을 사용하여 화학 반응에서 에너지 변화의 근원을 이해해 보자.

발열 반응과 흡열 반응

일반적으로 화학 반응은 화학 결합의 생성과 파괴라는 두 가지 과정을 모두 포함한다. 반응에서 결합이 **형성**될 때, 서로 잡아당기는 입자가 더 가깝게 접근하므로 반응계의 퍼텐셜 에너지는 감소하게 된다. 이와 반대로 결합이 **파괴**되면 일반적으로 서로 끌어당기는 입자가 외부 힘에 의해 분리되기 때문에 반응계의 퍼텐셜 에너지는 증가한다. 다른 말로 하면 결합이 깨질 때는 에너지가 필요하고, 결합이 생성될 때는 에너지가 방출된다고 할 수 있다. 그러므로 모든 반응에는 결합이 파괴될 때의 '손실'과 결합이 형성될 때의 '이익'의 차이인 알짜 퍼텐셜 에너지의 변화가 수반된다.

대부분의 반응에서 생성물의 퍼텐셜 에너지(화학 에너지)가 반응물의 퍼텐셜 에너지보다 더 작다. 예를 들어 메테인 기체를 연소시킬 때, 매우 큰 화학 에너지를 갖고 있으나 분자 운동 에너지는 비교적 작은 CH_4 분자와 O_2 분자는, 화학 에너지가 작지만 분자 운동 에너지는 큰 CO_2와 H_2O로 변한다. 화학 에너지의 일부가 분자의 운동 에너지로 변화된 것이다. 운동 에너지의 증가는 반응 혼합물 온도를 상승시키는 결과를 초래한다. 반응이 완전한 고립계에서 일어난 것이 아니라면, 일부의 에너지는 열로 주위에 전달될 수 있다. 그 결과 화학 에너지의 감소는 주위에 전달된 열로 나타난다. 그러므로 화학 반응식에서 다음과 같이 열을 생성물의 하나로 나타낼 수 있다.

$$CH_4(g) + 2O_2(g) \longrightarrow CO_2(g) + 2H_2O(g) + \text{열}$$

열이 생성물인 이러한 반응을 **발열 반응**(**exothermic reaction**)이라고 한다.

어떤 반응에서는 생성물이 반응물보다 더 큰 화학 에너지를 갖는다. 예를 들어 식물은 광합성(photosynthesis)이라는 다단계 과정을 이용하여 이산화 탄소와 물로부터 에너지가 풍부한 글루코스($C_6H_{12}O_6$)와 산소를 만든다. 이 과정에 필요한 에너지는 태양에 의하여 공급된다. 식물의 녹색 색소인 엽록소가 광합성에 필요한 태양 에너지를 흡수하는 흡수체이다.

$$6CO_2 + 6H_2O + \text{태양 에너지} \xrightarrow[\text{다단계}]{\text{엽록소}} C_6H_{12}O_6 + 6O_2$$

에너지가 필요한 반응 혹은 에너지가 반응물인 경우를 **흡열 반응**(**endothermic reation**)이라고 한다. 보통 이런 반응은 운동 에너지가 퍼텐셜 에너지(화학 에너지)로 변하게 된다. 따라서 반응이 진행될 때 계의 온도는 떨어지는 경향이 있다. 이 반응이 고립되지 않은 반응 용기에서 일어날 경우, 계로 열이 이동하고 주위의 온도는 떨어질 것이다.

해설 *exo*는 '밖으로'라는 의미이고 *endo*는 '안으로'라는 의미이며 *therm*은 '열'을 의미한다.

JLPC/Wikimedia Commons/Public Domain

광합성은 식물의 녹색 색소인 엽록소에 의해서 흡수된 태양 에너지를, 큰 화학 에너지를 포함하는 식물성 화합물로 변환시키는 흡열 반응이다.

결합 해리 에너지와 결합 형성 에너지

화학 결합의 세기는 결합이 깨질 때 필요한 에너지 혹은 결합이 형성될 때 방출된 에너지의 크기로 측정된다. 결합이 형성될 때 방출되는 에너지의 양이 클수록 결합은 더 강하다.

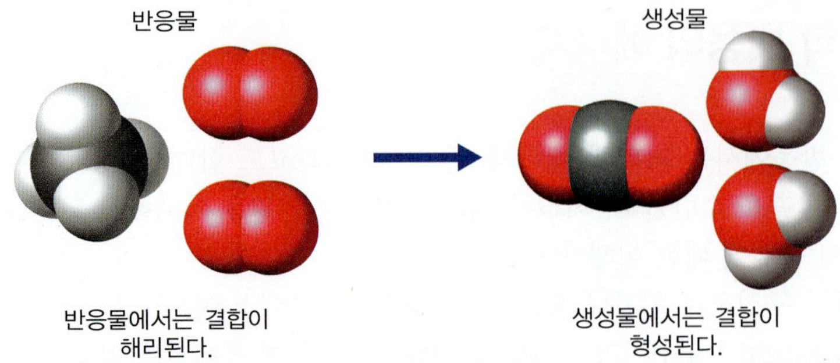

그림 6.7 에너지의 변화는 결합의 형성과 해리와 관련이 있다. 메테인의 연소에서, CH_4 분자에 존재하는 C−H 결합과 O_2 분자에 존재하는 O−O 결합이 끊어지고 CO_2의 C−O 결합과 H_2O의 H−O 결합이 형성된다. 결합이 끊어질 때 에너지가 흡수되고 결합이 형성될 때 에너지가 방출된다. 이 반응에서는 결합을 끊어 내기 위해 흡수되는 에너지보다 결합이 형성될 때 방출하는 에너지의 양이 더 많으므로 이 반응은 발열 반응이다. 다른 말로 하면 이 반응에서는 퍼텐셜 에너지를 열에너지로 변화시킨다.

약한 결합이 깨질 때 필요한 에너지는 강한 결합을 형성할 때 방출되는 에너지보다 상대적으로 작다. 이것은 CH_4와 같은 연료가 탈 때 왜 열이 생성되는지를 이해하는 데 중요한 도구가 된다. 메테인의 연소 반응을 나타낸 **그림 6.7**에서 보는 바와 같이, 이 반응에서는 연료인 메테인에 포함된 탄소와 수소 사이의 약한 결합이 깨지고 더 강한 결합을 가진 물과 이산화 탄소 분자가 생성된다. 탄화수소 연료를 태우면 탄소 원자 하나당 한 분자의 이산화 탄소가 만들어지고, 두 개의 수소 원자에 대응해서 한 분자의 물이 생성된다. 따라서 더 많은 탄소와 수소를 포함하는 연료를 태울수록 강한 결합을 가진 생성물이 더 많이 생성되고, 결과적으로 분자당 더 많은 열이 발생한다. 화학 결합과 결합의 세기에 관해서는 8장과 9장에서 더 깊이 논의할 예정이다.

실전 문제 6.7

수소와 산소가 반응하여 물을 생성하는 폭발적인 반응은 발열인가, 흡열인가? 이 반응을 건설현장에서 큰 바위를 부수는 데 이용하기가 효과적이지 않은 이유는 무엇인가? (**힌트:** 발열과 흡열의 정의는 무엇인가?)

실전 문제 6.8

질산 암모늄이 물에 녹으면 용기가 차가워진다. 이 반응은 발열인가, 흡열인가? 주변에서 질산 암모늄의 이와 같은 성질을 이용하는 일반 상품을 찾아 보시오.

6.5 열과 일 그리고 열역학 제1법칙

해설 에너지를 직접 측정할 수 있는 장치는 없다. 열량계는 에너지를 직접 측정하는 도구가 아니며, 열량계에 부착된 온도계가 제공하는 온도 변화라는 일차 정보를 이용하여 에너지 변화를 측정한다.

화학 반응에서 흡수되거나 방출되는 열의 양을 **반응열**(**heat of reaction**)이라고 한다. **열량계**(**calorimeter**)라는 장치를 사용하여 반응에 의한 주위의 온도 변화를 측정하면 반응열을 계산할 수 한다. 열량계는 열용량을 이미 알고 있는 반응 용기이다. 반응열을 계산하기 위하여 반응하는 동안의 열량계 내부의 온도 변화를 측정한다. 열량계를 사용하여 반응열을 측정하는 방법을 **열계량법**(**calorimetry**)이라고 한다.

열량계 구조에 표준이 있는 것은 아니다. 반응의 종류 및 요구되는 정확도에 따라 매우 다양한 형태의 열량계를 사용한다. 열량계는 보통 일정 부피나 일정 압력 조건에서 반응열을 측정하도록 고안되어 있다. 반응이 견고하며 닫힌 용기에서 일어나면 일정 부피 조건이라 할 수 있으며, 열린 반응 용기에서 반응이 일어나면 일정 압력 조건이라고 할 수 있을 것이다.

압력은 열계량법에서 중요한 변수이다. 고무풍선을 불거나 혹은 자동차나 자전거 타이어에 공기를 넣는 작업을 해 보았다면, 이미 **압력**에 대한 약간의 상식을 얻었을 것이다. 타이어에 비교적 높은 압력으로 공기를 채우면 타이어 안쪽의 공기 압력 때문에 타이어를 손으로 누르기 어렵다.

압력(pressure)은 단위 면적당 작용하는 힘의 양으로, 면적에 대한 힘의 비로 나타낸다.

$$\text{압력} = \frac{\text{작용하는 힘}}{\text{면적}}$$

타이어 속으로 공기를 주입하면 타이어의 내부 압력은 증가한다. 타이어의 공기 주입을 멈추고 측정한 압력은 초기 압력(대기압)에 주입한 공기만큼의 압력을 더한 것이 된다. 타이어 안의 공기가 압축되었다(compressed)는 것은 대기압보다 타이어 속의 공기가 높은 압력 상태에 있다는 것이다.

대기압(atmospheric pressure)은 혼합 기체인 대기가 나타내는 압력이다. 영국식 단위계로 해수면을 기준으로 단위 면적당 힘의 비율(압력)은 대략 14.7 lb in.$^{-2}$이다. 이 비율은 온도와 날씨에 따라 다소 변할 수 있으며, 위도에 따라서는 더 크게 변한다. 14.7 lb in.$^{-2}$의 값은 **표준 대기압(standard atmosphere, atm)**이나 바(bar)와 같은 다른 압력 단위와 밀접한 관련성이 있다. 해수면에서 대기에 노출된 용기의 압력은 14.7 lb in.$^{-2}$이며, 이는 약 1 bar 또는 1 atm에 해당한다.

해설 정확한 값은 14.696 lb in.$^{-2}$ = 1.0000 atm = 1.0133 bar

지금까지 열량을 표시할 때 q를 사용하였는데, 이제부터 일정 부피와 일정 압력에서 측정된 열량을 각각 q_v와 q_p로 나타낼 것이다. 앞으로의 내용을 이해하는데 q_v와 q_p의 차이를 구분하는 것이 매우 중요하다. 부피가 크게 변하는 반응(예를 들면 기체가 소모되거나 생성되는 반응)에서 q_v와 q_p의 차이는 상당히 크다.

예제 6.4 열계량법을 이용한 q_v와 q_p의 계산

그림 6.8과 유사한 장치에서 기체 상태의 화학 물질들이 반응한다. 반응 용기는 실린더 형

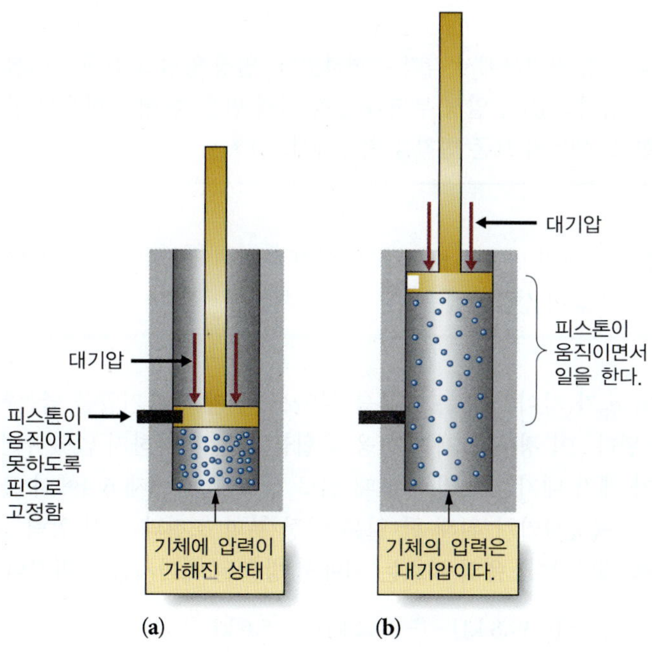

그림 6.8 기체의 팽창 (a) 핀으로 고정된 피스톤에 의하여 실린더에 갇힌 기체가 압력을 받고 있다. (b) 핀을 제거하면 기체가 팽창하고 피스톤은 대기압의 저항을 받으며 위로 올라간다. 그 결과 기체는 주위에 일을 하게 된다.

태로 위쪽에 고정될 수 있는 피스톤이 있다. 이 피스톤은 핀으로 되어 있으며, 이 실린더는 정확히 측정된 양의 물을 포함하고 있는 절연된 물통에 잠겨 있다. 별도의 실험으로 열량계 전체의 열용량이 8.101 kJ/°C임을 확인하였다. 동일한 양의 반응물을 사용하여 수행한 두 번의 반응에 대한 실험 조건과 결과는 그림 6.8의 표에 나타내었다. 이 반응에서의 q_v와 q_p를 구하시오.

실험	핀의 위치	물통의 초기 온도(°C)	물통의 최종 온도(°C)
1	a (피스톤 고정)	24.00	28.91
2	b (피스톤 미고정)	27.32	31.54

분석 이 문제를 해결하기 위한 핵심은 열용량과 온도 변화를 이용하여 열량계에 흡수된 열을 계산할 수 있다는 것과, 그 열량이 반응에서 방출된 열량 같다는 것을 이해하는 것이다.

도구 모음 문제를 풀기 위한 도구로 열량계가 흡수한 열의 양을 계산하는 식 6.5($q = C\Delta t$)과 반응에서 방출된 열량과 열량계가 얻은 열량의 관계를 나타내는 식 6.8($q_{열량계} = -q_{반응}$)을 사용한다. 실험 1에서는 피스톤이 고정되어 있으므로 일정 부피 조건에서의 열량 q_v를 얻을 수 있고, 실험 2에서는 피스톤이 고정되어 있지 않아 일정한 대기압 조건에서 반응이 수행되었으므로 일정 압력 조건에서의 열량 q_p를 얻을 수 있다.

풀이 실험 1에서 열량계가 흡수한 열량은 식 6.5를 이용하여 다음과 같이 구할 수 있다.

$$q = C\Delta t = (8.101\ \text{kJ}/\cancel{°\text{C}}) \times (28.91\ \cancel{°\text{C}} - 24.00\ \cancel{°\text{C}}) = 39.8\ \text{kJ}$$

열량계가 열을 얻기 때문에 이 열량이 반응에서 방출되므로, **반응에 대한** q_v는 음의 값인 $q_v = -39.8$ kJ이다.

일정 압력에서 수행한 실험 2에서의 반응계가 얻은 열량을 구하면

$$q = C\Delta t = (8.101\ \text{kJ}/\cancel{°\text{C}}) \times (31.54\ \cancel{°\text{C}} - 27.32\ \cancel{°\text{C}}) = 34.2\ \text{kJ}$$

이고, 따라서 $q_p = -34.2$ kJ이다.

답이 합리적인가? 계산은 매우 간단하지만 열을 계산하는 과정에서는 항상 부호를 점검하는 것에 주의를 기울여야 한다. 이 실험에서 열량계는 열을 흡수하므로 흡수된 열량은 양으로 표시하고, 반응은 열을 방출하므로 방출된 열량은 반드시 음으로 표시해야 한다.

실전 문제 6.9

어떤 발열 반응을 일정 부피와 일정 압력하에서 각각 수행하였다. 일정 압력 조건에서 실험한 경우에 반응 용기의 부피가 증가하였다. 일정 부피와 일정 압력 반응 중 어느 반응이 열을 더 많이 방출하였는가? (**힌트**: 에너지 보존 법칙을 적용하시오.)

실전 문제 6.10

일정한 대기압 조건에서 팽창하는 발열 반응을 수행하고, 일정 부피에서 동일한 실험을 반복하였다. 어느 경우에 온도가 더 높이 상승하겠는가?

부피 변화가 큰 반응에서 q_v와 q_p가 차이가 나는 이유를 알아보자. 계가 대기압을 극복하고 팽창한다면 이 계는 일을 하게 된다. 이 경우에 계는 반응 혼합물이다. 팽창하지 않았다면 열로 방출되었을 에너지 중 일부가 계가 대기압을 밀어낼 때 일로 사용된다. 예제 6.4에서 볼 수 있듯이, 대기압에 대항하여 계를 팽창시키기 위해 한 일은 일정 부피 조건과 일정 압력 조건에서 각각 방출되는 열의 차이에 해당한다. 음의 부호는 계에서 방출된 에너지를 가리킨다.

$$\text{일} = q_v - q_p = (-39.8\ \text{kJ}) - (-34.2\ \text{kJ}) = -5.6\ \text{kJ}$$

이것을 **팽창 일(expansion work)** 또는 더 자세하게 **압력–부피 일(pressure–volume work)**이라고 한다. 압력–부피 일의 전형적인 예로 자동차 엔진의 실린더 내부에서 팽창하는 기체가 피스톤을 밀어 올리면서 하는 일을 생각할 수 있다.

또 다른 예는 팽창된 기체가 지표면으로부터 로켓을 발사할 때의 일이다. 팽창에 의한 일(w)의 양은 그 계가 겪는 부피의 변화와 대기압으로부터 다음과 같이 계산할 수 있다.[3]

$$w = -P\Delta V \tag{6.9}$$

여기서 P는 팽창할 때 피스톤이 대항하는 압력이며, ΔV는 팽창하는 동안의 부피 변화, 즉 $V_{최종}-V_{초기}$이다. $V_{최종}$은 $V_{초기}$보다 크므로, ΔV는 양이고, 따라서 팽창에 의한 일은 음이다.

해설 w의 – 부호는 계가 대기를 밀어내는 일을 할 때 에너지를 잃어버린다는 의미이다.

열역학 제1법칙

열역학 제1법칙(first law of thermodynamics)은 **에너지 보존 법칙과 같은 법칙**으로, '에너지는 생성되거나 파괴될 수 없다'는 의미이다. 에너지는 다양한 방법으로 한 형태에서 다른 형태로 전환할 수 있다. 예를 들면 댐에 물을 저장하는 것은 운동 에너지가 퍼텐셜 에너지로 전환되는 것이고, 배터리에 저장된 퍼텐셜 에너지가 장난감 자동차를 움직이는 데 사용되면 운동 에너지로, LED 전등을 켜는 데 사용되면 전기 에너지로 바뀌는 것이다. 열과 일에 대한 지금까지의 설명을 바탕으로 이 개념이 실제로 어떻게 응용되는지 알아보자.

화학에서 **에너지 이동에 대한 음의 부호는 항상 계가 에너지를 잃어버리는 것**을 의미한다. 그림 6.8b의 계에서 열의 흐름이 발생하거나 일이 행해질 때 무슨 일이 발생할지 생각해 보자. 일이 음수이면(팽창) 계는 에너지를 잃고 주위는 에너지를 얻는다. 이것을 '계가 일을 한다'라고 표현한다. 열이 음수이면(발열 반응) 계는 에너지를 잃고 주위는 에너지를 얻는다. 두 경우 모두 내부 에너지의 감소를 가져온다. 다른 한편으로 일이 양수이면(압축) 계는 에너지를 얻고 주위는 에너지를 잃는다. 이것을 '계에 행해진 일'이라고 한다. 열이 양수이면(흡열 반응) 계는 에너지를 얻고 주위는 에너지를 잃는다. 양의 일 또는 양의 열은 내부 에너지 증가를 유발한다.

열과 일은 에너지가 이동하는 서로 다른 방법이다. 지금까지 설명한 부호 규칙을 사용하여 계의 내부 에너지 변화(ΔE)와 일(q)과 열(w)의 관계를 다음과 같은 식으로 나타낼 수 있다.

$$\Delta E = q + w \tag{6.10}$$

도구
열역학 제1법칙

6.2절에서 내부 에너지는 현재 그 계가 놓여 있는 상태에 의존한다는 사실을 알았다. **내부 에너지(E)는 상태 함수이다.** 내부 에너지가 상태 함수라는 것과 내부 에너지를 정의하는 식 6.10을 동시에 고려한 것이 열역학 제1법칙이다.

ΔE는 변화가 일어나는 방법과는 무관하고 단지 변화의 초기 상태와 최종 상태에만 의존한

---

[3] $P\Delta V$가 일이라면 에너지 단위를 가져야 한다. 어떤 힘(F)을 가해서 일정 거리 혹은 길이(L)를 움직였을 때 일을 했다고 말한다. 한 일의 양은 대항하는 힘의 크기에 거리를 곱한 것과 같다.

$$일 = F \times L$$

압력(P)은 단위 면적당 힘(F)이며, 면적은 단순히 길이의 제곱(L^2)이므로 다음 식으로 쓸 수 있다.

$$P = \frac{F}{L^2}$$

부피(또는 부피 변화)는 길이의 세제곱(L^3)이므로, 압력과 부피 변화의 곱은 다음과 같다.

$$P\Delta V = \frac{F}{L^2} \times L^3 = F \times L$$

이는 앞에서 설명한 바와 같이 $F \times L$로 나타내는 일과 같다.

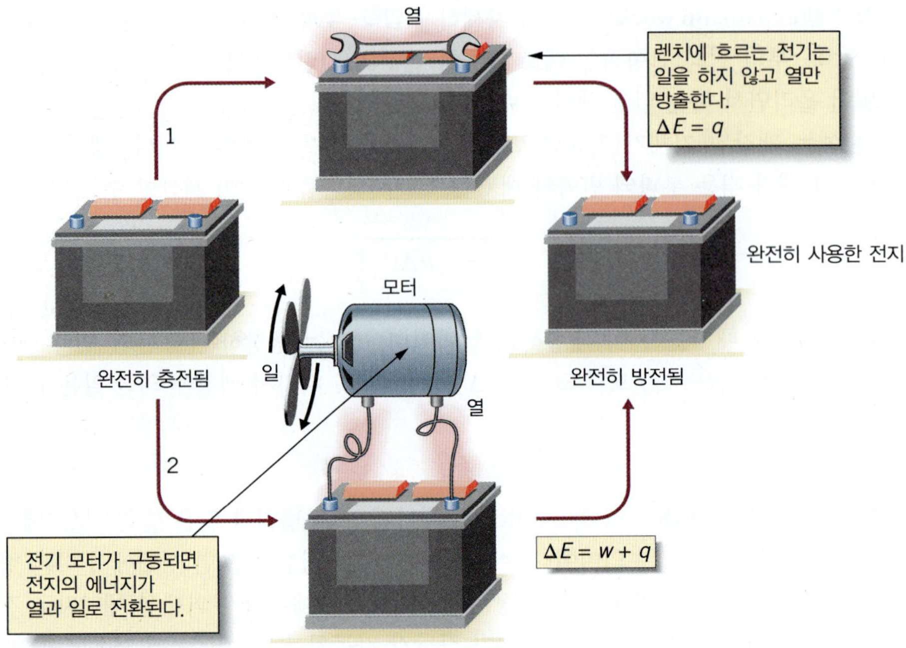

그림 6.9 **에너지 그리고 열과 일** 두 가지 다른 경로로 전지를 완전히 방전시켜도 방출되는 에너지(ΔE)는 동일하다. 그러나 경로 1에서와 같이 배터리를 단순히 무거운 렌치로 연결하면 이 에너지는 모두 열로 방출되지만, 경로 2에서는 모터에 의하여 일과 열로 방출된다.

다. 그러나 q와 w는 초기 상태와 최종 상태 **사이**에서 어떻게 변화가 일어났는지에 따라 그 크기가 달라진다. 그러므로 q와 w는 상태 함수가 아니고, 그 값은 변화가 일어나는 **경로**에 좌우된다. 예를 들어 **그림 6.9**에서와 같이 두 가지 경로로 방전되는 자동차 배터리를 생각해 보자. 두 경로에서 초기 상태(완전히 충전된 상태)와 최종 상태(완전히 방전된 상태)는 완전히 동일하다. E는 상태 함수이고 동일한 초기 상태와 최종 상태에 있으므로, **ΔE는 두 경로와 상관없이 같아야 한다.** 그러나 q와 w는 어떠한가?

경로 1에서는 단순히 무거운 렌치로 두 단자를 연결하였다. 전지가 빠르게 방전하면서 스파크가 일어나고 렌치가 매우 뜨거워질 것이다. 이때 많은 열이 방출되지만, **계는 일을 하지 않는다**($w = 0$). 따라서 ΔE는 모두 열로 나타난다.

경로 2에서는 전지를 이용하여 모터를 작동시킨다. 이 경로에서는 ΔE로 표현된 에너지의 일부분은 일(모터의 회전)로 나타나고, 나머지는 열(모터 내의 마찰이나 코일의 전기 저항에 의해)로 나타난다.

이 예로부터 두 가지 사실을 배울 수 있다. 첫째는 q와 w는 상태 함수가 아니라는 것이다. 이들 값은 초기 상태와 최종 상태 사이의 경로에 **전적으로** 의존한다. 둘째로 q와 w의 합인 ΔE는 시작과 끝이 같을 경우에는 어떠한 경로를 거치는지에 상관없이 항상 일정하다.

6.6 반응열

6.5절에서 살펴본 바와 같이 어떤 계에서 에너지의 변화는 계에서 교환된 열과 일의 양을 측정하여 결정한다. 계가 한 일이나 혹은 계에 대하여 한 일의 양은 압력과 부피에 의존하므로 반응열은 일정 부피 또는 일정 압력하에서 측정된다.

ΔE와 일정 부피 열계량법

일반적으로 특별한 반응과 관련된 열은 특정한 이름을 붙이는데, 예를 들면 연소 반응에 의

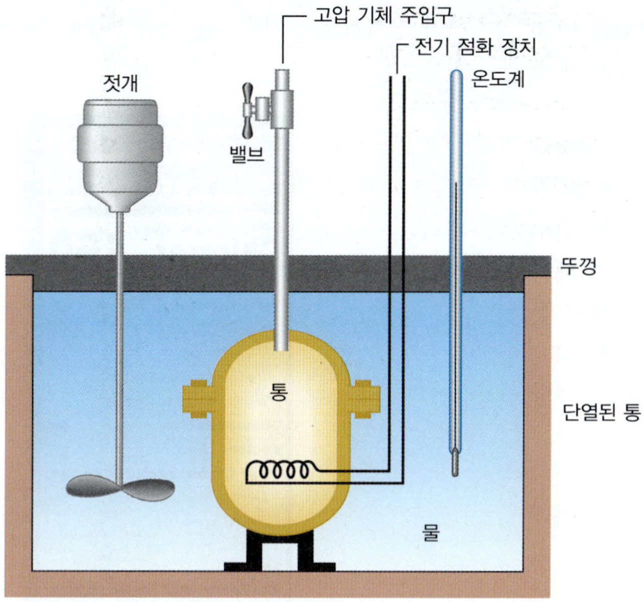

그림 6.10 통열량계 통 안에서 화학 반응이 시작될 때까지 물의 온도가 일정하게 유지되도록 물로부터 열을 제거하거나 가하는 장치가 수조에 부착되어 있다. 반응 용기의 부피는 고정되어 있다. 따라서 이 장치에서 일어나는 반응에 대한 $P\Delta V$는 0이어야 한다.

해 생성된 열은 **연소열(heat of combustion)**이라고 한다. 연소 반응은 산소가 필요하고 기체 생성물을 형성하기 때문에 용기를 닫고 연소열을 측정해야 한다. **그림 6.10**은 연소열을 측정하는 데 사용하는 일반적인 기구를 나타낸 것이다. 이와 같은 장치를 반응 용기가 소형 폭탄(bomb)과 닮았다는 의미에서 **통열량계(bomb calorimeter)**라 한다. '통'은 단단한 벽을 가지고 있으므로 반응이 일어날 때의 부피 변화(ΔV)는 0이다. 물론 $P\Delta V$도 0이므로 팽창에 의한 일도 없다. 따라서 식 6.10에서 w는 0이다. 결국 통열량계를 이용해서 측정한 반응열은 **일정 부피 반응열(heat of reaction at constant volume, q_v)**에 해당되며, 따라서 ΔE는 다음과 같다.

$$\Delta E = q_v$$

식품학자들은 음식이나 음식 재료의 식이열량(Cal)을 측정할 때 통열량계를 이용한다. 인체 내에서 음식물이 분해되는 반응들은 복잡하지만, 인체에서의 반응의 초기 상태와 최종 상태가 통열량계의 연소 반응에서의 초기 상태나 최종 상태와 유사하다.

강의실 밖의 화학 6.2

식품 라벨에 표기되는 식이열량은 어떻게 결정할까?

식품의 열량을 측정하기 위한 시료는 먹을 수 있는 부분을 곱게 갈아서 말린 다음, 일부를 취해서 압축시킨 알갱이로 만들어서 사용한다. 알갱이의 질량을 측정한 다음 과량의 산소가 채워진 통열량계에서 완전히 연소될 때까지 태운다. 연소가 끝나면 통열량계의 열용량과 ±0.001°C까지 정확하게 측정한 통열량계의 초기 온도와 최종 온도를 이용하여 방출된 에너지를 계산한다. 그러나 이 과정은 시간이 매우 오래 걸려서 비용이 많이 소요될 뿐만 아니라, 한 번에 먹을 수 있는 분량으로 포장된 모든 쿠키(혹은 다른 제품)에 대하여 실험하는 것은 사실상 불가능하다. 현재는 식품 업자들이 새로운 방법을 사용하여 열량을 측정하고 있다.

요즘은 식품 제조 방법이 표준화되어 있다. 모든 구성 성분의 질량(혹은 부피)을 정확하게 측정해서 자동화 기기에 넣고 섞으면 매번 일정한 제품을 만들 수 있다. 제품 생산의 시작부터 끝날 때까지 항상 일정한 성분 함량을 가지는 식품을 만드는 것이 관건이다. 이를 위하여 포함된 수분을 측정하는 등의 화학 검사와 더불어 전문가가 조심스럽게 먹어보거나 냄새를 맡아서 맛이나 식품 향에 어떤 변화가 있는지 항상 검사하고, 검사를 통과한 제품만 시장으로 출하된다.

생산되는 제품이 균일하기 때문에 식품 분야의 과학자는 수정된 Atwater system을 사용하여 식품에 포함된 열량을 결정할 수 있게 되었다. 19세기에 사용된 초기 방법에서는 1인분 음식에 포함된 탄수화물과 단백질의 열량을 4 Cal/g으로, 지방의 열량을 9 Cal/g으로 계산하였다. 이 방법은 1950년대에 미농무부(USDA)에 근무하던 Annabel Merrill과 Bernice Watt에 의하여 수정되었다.[1]

수정된 방법은 음식의 종류에 따라 포함된 탄수화물이나 단백질 혹은 지방의 소화 과정이 다르고, 따라서 얻을 수 있는 열량이 다르다는 점을 반영하였다. 예를 들어 같은 탄수화물이라고 하더라도 설탕이나 녹물은 쉽게 소화되기 때문에 여기에 포함된 대부분의 열량을 활용할 수 있는 반면에, 대장에서 소화되는 섬유질은 에너지 효율성이 높지 않다. 또 다른 예로 코코넛 기름에 포함된 지방은 9.07 Cal/g의 열량을 제공하지만 땅콩 기름의 지방의 열량은 9.45 Cal/g이다.

2020년에 개정된 현재의 라벨 표기법에는 음식과 관련하여 칼로리 숫자 이외에 더 많은 정보를 제공하고 있다. 아래에 이 장의 배경에서 인용한 Thin Mint® 쿠키의 새로운 라벨 사진을 나타내었다. 제공되는 모든 자료와 측정 그리고 검증된 맛에도 불구하고, 소비자는 라벨에 표기된 숫자가 ±20% 정도의 오차를 가진다는 사실을 감안해야 한다는 미농무성의 권고를 명심해야 한다. 따라서 음식의 포장에 적힌 정보는 제품에 포함된 영양분이나 혹은 소비하는 열량에 대하여 정기적으로 기록하는 사람들에게 유용한 지침이 되는 정보라고 생각하는 것이 좋겠다.

[1]Annabel Merrill, Bernice Watt (1973). Energy Values of Food Basis and Derivation, Agriculture Handbook, No. 74, United States Department of Agriculture.

예제 6.5 통 열계량법

우리가 자주 사용하는 올리브유 같은 음식물의 '식이열량'를 측정하는 데 통열량계를 많이 사용한다. 올리브유 1.000 g을 그림 6.10과 같은 통열량계를 이용하여 순수한 산소 분위기에서 완전히 연소시켰더니, 수조의 온도가 22.000 °C에서 26.049 °C로 상승하였다. 실험에 사용한 열량계의 열용량은 9.032 kJ/°C이다. 다음 물음에 답하시오.

(a) 올리브유의 그램당 연소열은 몇 칼로리(Cal, kcal)인가?

(b) 연소된 올리브유를 순수한 트라이올레산 글리세릴($C_{57}H_{104}O_6$)이라고 가정하고, 트라이올레산 글리세릴 1 mol이 연소할 때의 내부 에너지 변화(ΔE)를 킬로줄 단위로 계산하시오. 트라이올레산 글리세릴의 연소 반응식은 다음과 같다.

$$C_{57}H_{104}O_6(l) + 80O_2(g) \longrightarrow 57\,CO_2(g) + 52H_2O(l)$$

분석 통 열계량법으로 측정한 열은 q_V이고, 이 값은 반응에 대한 내부 에너지의 변화를 나타낸다. (a)에서는 올리브유의 연소 반응에서 방출된 열의 양을 Cal(kcal) 단위로 구하는 것이 목적이다. 반응으로부터 방출된 모든 에너지는 열량계로 흡수될 것이기 때문에, 열량계로 흡수된 열의 양을 계산하면 반응에서 방출된 열의 양을 얻을 수 있다. 이는 올리브유 1그램이 연소된 결과이므로, 이 값이 올리브유의 그램당 열량이다.

(b)는 트라이올레산 글리세릴(올리브유)이 연소되었을 때 방출되는 몰당 에너지의 변화를 묻는 것이다. 그러므로 문제 (a)에서 얻은 그램당 열에너지와 몰질량을 사용해 트라이올레산 글리세릴의 몰당 ΔE를 계산할 수 있다.

도구 모음 (**a**)에서는 식 6.5($q_{열량계} = C\Delta t$)를 이용하여 열량계가 흡수한 열을 계산한 다음, 열 이동과 관련된 식 $q_{열량계} = -q_{반응}$을 사용하여 연소 반응에서 방출된 열량을 얻을 수 있다. 열용량의 단위가 kJ/°C이므로 구한 $q_{반응}$의 단위는 kJ이 된다. 따라서 다음 관계를 이용하여 kJ 단위를 영양학 분야에서 사용하는 식이 열량 Cal(kcal) 단위로 변환할 필요가 있다.

$$1\ \text{kcal} = 4.184\ \text{kJ}$$

(**b**)는 몰당 내부 에너지 변화(ΔE)에 대한 질문이므로 (**a**)에서 계산된 트라이올레산 글리세릴의 그램당 열에너지와 몰질량을 이용하여 그램당 ΔE를 몰당 ΔE로 변환한다.

풀이 먼저 식 6.5를 이용하여 올리브유 1.000 g이 연소할 때, 열량계가 흡수한 열량을 계산하면 다음과 같다.

$$q_{열량계} = C\,\Delta t = (9.032\ \text{kJ}/\cancel{°\text{C}}) \times (26.049\ \cancel{°\text{C}} - 22.000\ \cancel{°\text{C}}) = 36.57\ \text{kJ}$$

계산된 열량의 부호를 반대로 하면 반응의 연소열이 되고, 이를 올리브유의 질량 1.000 g으로 나누어 주면 그램당 반응의 연소열인 $q_v = -36.57\ \text{kJ/g}$을 얻게 된다. 구한 kJ 단위의 연소열에 적절한 환산 인자를 적용하면 다음과 같이 Cal 단위의 그램당 연소열을 구할 수 있다.

$$\frac{-36.57\ \cancel{\text{kJ}}}{1.000\ \text{g 기름}} \times \frac{1\ \cancel{\text{kcal}}}{4.184\ \cancel{\text{kJ}}} \times \frac{1\ \text{Cal}}{1\ \cancel{\text{kcal}}} = -8.740\ \text{Cal/g 기름}$$

이 결과는 '올리브유 1 g이 연소할 때 8.740 Cal의 열량을 방출한다'고 표현할 수 있다.

(**b**)의 답을 구하기 위하여 우선 그램당 생성되는 열량을 $C_{57}H_{104}O_6$의 몰질량인 885.4 g/mol을 이용하여 몰당 생성되는 열량으로 바꾼다.

$$\frac{-36.57\ \text{kJ}}{1.000\ \cancel{\text{g}\ C_{57}H_{104}O_6}} \times \frac{885.4\ \cancel{\text{g}\ C_{57}H_{104}O_6}}{1\ \text{mol}\ C_{57}H_{104}O_6} = -3.238 \times 10^4\ \text{kJ/mol}\ C_{57}H_{104}O_6$$
$$= -3.238 \times 10^4\ \text{kJ/mol}$$

이 값은 일정 부피에서의 열량이므로, $\Delta E = q_v$에 의하여 $C_{57}H_{104}O_6$ 1 mol이 연소될 때 내부 에너지 변화는 -3.238×10^4 kJ이다.

답이 합리적인가? 대수적 부호는 열의 흐름을 나타내므로 계산된 열을 부호를 먼저 확인해야 한다. 연소 반응에서는 열이 방출되므로 q의 부호는 음수일 것이다. 일반 가정이나 상점에 있는 올리브유 병의 라벨을 관찰해 보면, 올리브유 한 수저인 15 mL는 약 100 Cal의 열량을 지닌다. 올리브유가 물보다 밀도가 작기는 하지만, 올리브유 15 mL의 질량은 대략 15 g 정도 된다. 그러므로 1 g의 올리브유의 열량은 120 Cal/15 g ≈ 9 Cal/g 수준이다. 올리브유 1 g의 열량이 9 Cal 정도라는 것은 합리적으로 보인다.

실전 문제 6.11

벤조산(benzoic acid, $HC_7H_5O_2$)은 아주 높은 순도로 얻을 수 있어서 통열량계의 열용량을 결정하는 실험에 많이 이용된다. 벤조산의 연소열은 $-3227\ \text{kJ mol}^{-1}$이다. 통열량계를 이용하여 $HC_7H_5O_2$(몰질량 = 122.12 g/mol) 1.55 g을 연소시켰더니 열량계의 온도가 29.48 °C에서 32.19 °C로 상승하였다. 열량계의 열용량을 kJ/°C단위로 구하시오. (**힌트**: 온도 변화, 에너지 및 열용량과 관계되는 식은 무엇인가?)

실전 문제 6.12

인체에서 발견되는 주요 당분인 글루코스(포도당, $C_6H_{12}O_6$)는 신체 활동과 관련된 주요 에너지원이다. 글루코스를 상업적으로 대량 생산할 때는 산성 조건에서 녹말을 가수 분해해서 얻는다. 2.35 g의 글루코스를 실전 문제 6.11에서 사용한 통열량계에서 연소시켰더니 열량계의 온도가 25.00 °C에서 27.42 °C로 상승하였다. 글루코스 1 mol이 연소할 때의 ΔE를 구하시오. 글루코스의 대사 과정에서 1그램당 얻을 수 있는 식이열량은 몇 Cal인가?

ΔH와 일정 압력 열계량법

해설 생화학 반응도 일정한 압력하에서 일어난다.

우리가 관심을 갖는 대부분의 반응들은 일정 부피 조건에서 일어나는 반응이 아니다. 많은 반응이 일정한 대기압 상태에 놓인 시험관이나 비커 혹은 플라스크와 같은 열린 용기에서 진행되는데, 이 경우에 측정한 열은 **일정 압력 반응열(heat of reaction at constant pressure, q_p)**이다. 일정한 압력에서 반응이 진행될 때, 에너지 이동은 열에너지(q_p)와 팽창에 의한 일(w)의 형태로 일어나며, 따라서 내부 에너지의 변화(ΔE)는 식 6.11과 같이 정의할 수 있다.

$$\Delta E = q_p + w \tag{6.11}$$

이 식을 이용하여 반응에서 내부 에너지 변화를 계산하려면, 부피의 변화를 측정한 다음 식 6.9를 이용하여 일(w)을 계산해야 하는 불편함이 있다. 이와 같은 불편함을 피하기 위해서 과학자들은 다음의 식으로 정의되는 '수정된' 내부 에너지, 즉 **엔탈피(enthalpy, H)**라는 개념을 도입하였다.

$$H = E + PV$$

일정 압력에서 엔탈피를 다음과 같이 정리할 수 있다.

$$\Delta H = \Delta E + P\Delta V$$
$$\Delta H = (q_p + w) + P\Delta V$$

식 6.9로부터 $P\Delta V = -w$이므로, 이를 위 식에 대입하면 다음과 같다.

$$\Delta H = (q_p + w) + (-w)$$
$$\Delta H = q_p \tag{6.12}$$

해설 그리스어의 *en* + *thalpein*은 '따뜻하게 함' 또는 '가열하다'로부터 유래됨

새롭게 정의된 엔탈피(H)도 내부 에너지(E)처럼 상태 함수이다. 또한 **엔탈피 변화(enthalpy change, ΔH)**도 내부 에너지의 경우와 마찬가지로 다음과 같이 정의된다.

$$\Delta H = H_{최종} - H_{초기}$$

혹은 화학 반응에 대하여 다시 쓰면 다음과 같다.

$$\Delta H = H_{생성물} - H_{반응물} \tag{6.13}$$

한편 ΔH의 +/− 부호는 ΔE에서와 동일한 의미를 가진다.

도구 ΔH의 부호

ΔH 부호 규칙
흡열 반응의 변화에서, ΔH는 양의 값
발열 반응의 변화에서, ΔH는 음의 값

반응에서 ΔH와 ΔE 간의 차이는 $P\Delta V$이다. 기체가 소멸되거나 생성되는 반응은 큰 부피 변화를 수반하기 때문에 ΔH와 ΔE 값에 큰 차이가 난다. 반응물과 생성물이 모두 고체와 액체만을 포함하는 반응은 ΔV 값이 매우 작기 때문에 ΔE와 ΔH 값은 거의 동일하다. **그림 6.11**에 나타낸 커피컵 열량계는 절연성이 좋은 스티이로폼으로 만든 컵을 겹쳐서 뚜껑을 덮은 형태로 일정 압력 조건에서의 실험을 할 수 있는 매우 간단한 열량계이다. 이 열량계에서 반응이 일어날 때, 특히 반응이 매우 빠르면 주위와 열교환은 거의 일어나지 않는다. 따라서 온도 변

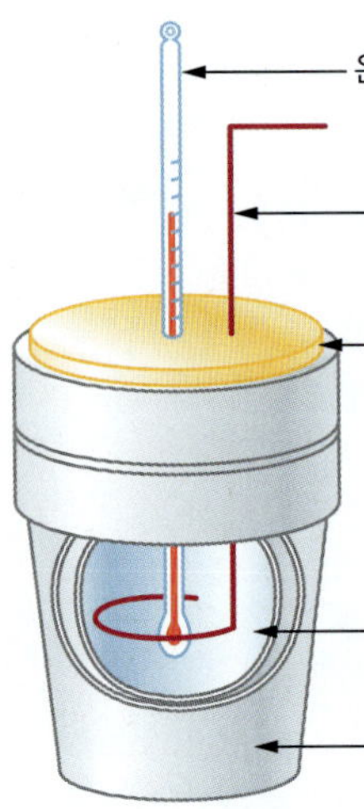

그림 6.11 일정한 압력에서 반응을 측정하는 데 사용되는 커피컵 열량계 온도를 측정한 반응 용액을 열량계에 넣고, 반응이 진행하여 완결될 때까지 온도를 측정한다. 온도 변화와 반응물을 포함한 용액의 열용량을 이용하여 반응에서 방출되거나 혹은 흡수된 열량을 계산한다.

화가 빠르고 쉽게 관측된다. 따라서 열량계의 열용량과 반응 내용물의 열용량을 알면 식 6.5($q = C\Delta t$)를 이용하여 반응열을 구할 수 있다. 이때 커피컵 자체와 온도계에 의해 흡수된 열은 아주 미량이므로 무시하고, 반응열은 모두 반응 혼합물의 온도를 올리는 데 이용되었다고 가정한다.

다중 개념 문제의 분석과 풀이

발열 반응인 염산과 수산화 소듐의 반응은 매우 빠른 속도로 진행되며, 그 반응식은 다음과 같다.

$$HCl(aq) + NaOH(aq) \longrightarrow NaCl(aq) + H_2O$$

어떤 실험에서 한 학생이 밀도가 1.02 g mL^{-1}인 1.00 M HCl 50.0 mL가 들어 있는 커피컵 열량계에 1.50 M NaOH 50.0 mL(밀도 = 1.06 g mL^{-1})를 추가로 가했다. 초기 온도가 25.5°C인 혼합 용액물을 잘 저었더니 온도가 32.2°C까지 빠르게 상승하였다. 이 반응에서 한계 반응물의 ΔH는 몇 kJ/mol인가? 이 실험에서 반응물은 무엇이며, 얻은 열화학적 결과를 초래한 화학 반응은 무엇인가? (단, 반응 용액의 비열은 4.184 J g^{-1} °C^{-1}로 가정한다.)

분석 가끔 복잡한 문제를 해결할 때 최종 결과를 얻기 위하여 필요한 정보를 역순으로 찾아가는 접근 방법이 효율적일 때가 있다. 이 문제에서 요구하는 반응 엔탈피를 구하기 위해서 열용량과 온도 변화에 관한 정보를 얻은 다음 식 6.7($q = ms\Delta t$)를 이용하면 된다. 용액의 부피와 밀도를 이용하여 질량(m)을 구할 수 있다. 엔탈피를 J mol^{-1} 단위로 얻으려면 반응물의 몰수를 알아야 한다. NaOH와 HCl의 몰농도와 부피가 같이 주어져 있으므로 3.6절의 예제 3.17에서 풀었던 것과 비슷한 한계 반응물 문제인 듯하다. 마지막 질문은 이 반응을 화학적으로 이해하기 위해 분자적인 수준에서 자세히 들여다볼 필요가 있음을 암시한다.

전략 어떤 단계를 먼저 수행하는지는 상관은 없지만 우리는 다음과 같은 단계로 진행하기로 한다. (1) 발생한 열량 $q_{반응}$을 계산하기 위해 부피를 질량으로 변환하는 것을 포함한 열화학적 자료를 이용한다. (2) 3장에서와 같은 방법을 이용하여 한계 반응물의 몰수를 계산한다. (3) $q_{반응}$를 한계 반응물의 몰수로 나누어서 반응물의 몰당 $\Delta H°$를 계산한다. (4) 마지막 질문에 답하기 위해 알짜 이온 반응식을 이용하여 우리가 실제로 무엇을 측정하는지 파악한다.

Part 1

도구 모음 먼저, $q = ms\Delta t$ 식을 풀어야 한다. 반응 용액의 비열은 4.184 J g^{-1} °C^{-1}이다. 1.7절의 예제 1.7에서 계산한 것 같이, 밀도를 변환 인자로 이용하여 용액의 부피를 질량으로 변환해야 한다. 마지막으로 식 6.4($\Delta t = t_{최종} - t_{초기}$)를 이용해서 온도 변화를 계산한다.

풀이 1.00 M HCl의 밀도는 1.02 g mL^{-1}이고, 1.50 M NaOH의 밀도는 1.06 g mL^{-1}이다. 따라서 HCl 용액과 NaOH 용액의 질량은 각각 다음과 같다.

$$\text{HCl의 질량} = 50.0\,\text{mL} \times \frac{1.02\,\text{g}}{1.00\,\text{mL}} = 51.0\,\text{g}$$

$$\text{NaOH의 질량} = 50.0\,\text{mL} \times \frac{1.06\,\text{g}}{1.00\,\text{mL}} = 53.0\,\text{g}$$

두 질량을 더해서 얻은 용액의 총질량은 104.0 g이다. 반응에 의한 계의 온도 변화($t_{최종} - t_{초기}$)는 Δt = 32.2 °C − 25.5 °C = +6.7 °C이다. (커피컵 자체와 온도계 및 주위의 공기에 대한 열손실은 무시한다.) 따라서 반응계가 얻은 열은 다음과 같다.

$$\begin{aligned} q &= 104.0\,\text{g} \times 4.184\,\text{J g}^{-1}\,°\text{C}^{-1} \times 6.7\,°\text{C} \\ &= 2.9 \times 10^3\,\text{J} = 2.9\,\text{kJ} \end{aligned}$$

에너지 이동 관련식 $q_{열량계} = -q_{반응}$을 이용하면 반응열은 −2.9 kJ이 된다.

Part 2

도구 모음 한계 반응물 문제의 도구들(3.6절 참조)을 이용하여 Part 1에서 계산한 열에너지를 내는 데 반응한 몰수를 계산해야 한다.

풀이 HCl 50.0 mL와 반응하는 데 필요한 NaOH 용액의 부피를 계산하기 위하여 다음의 식에서 출발해 보자.

$$? \text{ NaOH 용액} = 50.0 \text{ mL HCl 용액}$$

이제 두 용액의 1000 mL당 몰수인 몰농도와 문제에서 주어진 균형 반응식의 몰비를 변환 인자로 이용하여 다음 계산을 수행한다.

$$50.0 \text{ mL HCl} \times \frac{1.00 \text{ mol HCl}}{1000 \text{ mL HCl}} \times \frac{1 \text{ mol NaOH}}{1 \text{ mol HCl}} \times \frac{1000 \text{ mL NaOH}}{1.50 \text{ mol NaOH}} = 33.3 \text{ mL NaOH}$$

여기서는 NaOH 50.0 mL를 사용했으므로 HCl이 한계 반응물이다. 한계 반응물인 HCl 용액 50.0 mL에 포함된 HCl의 몰수는 다음과 같다.

$$50.0 \text{ mL HCl} \times \frac{1.00 \text{ mol HCl}}{1000 \text{ mL HCl}} = 5.00 \times 10^{-2} \text{ mol HCl}$$

Part 3

도구 모음 반응열의 정의를 참고하여 $q_{반응}$을 한계 반응물의 몰수로 나눈 값을 구한다.

풀이 최종적으로 반응의 $\Delta H°$를 다음과 같이 계산할 수 있다.

$$\Delta H° = \frac{-2.9 \text{ kJ}}{5.00 \times 10^{-2} \text{ mol HCl}} = -58 \text{ kJ mol}^{-1} \text{ HCl}$$

Part 4

도구 모음 4.6절에서 다루었던 중화 반응의 알짜 이온 반응식을 도구로 이용한다.

풀이 이 반응의 이온 반응식은 다음과 같다.

$$Na^+(aq) + OH^-(aq) + H^+(aq) + Cl^-(aq) \longrightarrow H_2O + Na^+(aq) + Cl^-(aq)$$

따라서 구경꾼 이온을 제거한 알짜 이온 반응식을 다음과 같이 쓸 수 있다.

$$OH^-(aq) + H^+(aq) \longrightarrow H_2O$$

이것으로부터 구경꾼 이온들은 열화학적 결과에 관여하지 않는다고 결론지을 수 있다. 또한 모든 강산–강염기 반응의 $\Delta H°$는 같은 값을 가질 것이라고 추측할 수 있다.

답이 합리적인가? 반응열 계산을 위해 우리는 열에너지의 흐름을 따라갔다. 우선 사용한 열량계의 온도가 상승했으므로 $q_{열량계}$는 양수이고 따라서 $q_{반응}$은 반드시 음수여야 하는데, 이는 계산된 $\Delta H°$가 음수 값인 것과 부합한다. 계산한 값과 단위 제거를 다시 검토하면 모든 답이 맞는다는 것을 알 수 있다. 열화학 반응에 대한 알짜 이온 반응식도 실제로 H^+(또는 H_3O^+)와 OH^-만이 반응한다는 점에서 정당하다고 할 수 있다.

실전 문제 6.13

앞에서 풀어본 **다중 개념 문제의 분석과 풀이**에서 반응한 NaOH의 몰당 ΔH를 계산하시오. (**힌트**: 중화된 NaOH는 몇 mol인가?)

실전 문제 6.14

1.00 M 아세트산($HC_2H_3O_2$, 밀도 1.00 g mL^{-1}) 용액을 이용하여 앞에서 풀어본 **다중 개념 문제의 분석과 풀이**에서와 동일한 실험을 수행하였다. 이 실험에서의 온도 변화는 +6.6°C였다. 이 실험의 알짜 이온 반응식을 쓰고, $\Delta H°$를 구하시오.

6.7 열화학 반응식

지금까지 살펴본 바와 같이 반응에서 생성되거나 혹은 흡수되는 열량은 전체 반응물의 몰수에 의존한다. 탄소 2 mol이 연소되면 탄소 1 mol을 연소시킬 때보다 두 배 많은 열량을 얻을 수 있다. 반응열이 의미를 가지려면 **계(system)**를 정확하게 기술해야 한다. 여기에는 반응열에 영향을 주는 반응물의 양과 농도, 생성물의 양과 농도, 온도, 압력 등이 모두 포함되어야 한다.

해설 특별히 언급하지 않으면 ΔH는 주위가 아니고 계의 엔탈피 변화를 의미한다.

화학자들은 반응열을 기록하거나 혹은 비교할 때 도움이 되는 **표준 상태(standard state)**라는 것을 설정하였다. 대부분의 열화학 자료들은 1 bar의 압력 또는 1 M(수용액 상태의 물질의 경우) 농도에 대한 것이다. 비록 열화학의 표준 상태 정의에 반드시 필요한 것은 아니지만 온도는 25 °C(298 K)를 흔히 사용한다.

해설 IUPAC는 압력에 대한 표준 상태로 대기압보다는 bar 사용을 권장한다.

$\Delta H°$, 표준 상태에서의 반응에 대한 엔탈피 변화

표준 반응열(standard heat of reaction, $\Delta H°$)은 표준 조건에서 일어나는 반응에 대한 ΔH 값이고, 반응식의 계수에 의해서 특정되는 몰수를 포함하는 개념이다. ΔH가 표준 조건에 대한 것임을 나타내기 위해서 ΔH에 도(°) 표시를 더해서 $\Delta H°$로 나타낸다. $\Delta H°$의 단위는 실제로는 'kJ/반응'이다.

$\Delta H°$가 무엇을 의미하는지 알아보기 위하여 질소 기체와 수소 기체가 반응하여 암모니아 기체를 생성하는 다음의 반응을 생각해 보자.

$$N_2(g) + 3H_2(g) \longrightarrow 2NH_3(g)$$

25 °C, 1 bar에서 N_2 1.000 mol과 H_2 3.000 mol이 반응하여 NH_3 2.000 mol을 생성하는 반응에서 92.38 kJ 열이 방출한다고 할 때, 위에서의 **화학 반응식으로 나타낸 반응**의 $\Delta H° = -92.38$ kJ이다. 보통 엔탈피 변화는 다음과 같이 반응식의 뒤쪽에 쓴다.

$$N_2(g) + 3H_2(g) \longrightarrow 2NH_3(g) \qquad \Delta H° = -92.38\ \text{kJ}$$

$\Delta H°$ 값을 포함한 반응식을 **열화학 반응식(thermochemical equation)**이라고 한다. 이 반응식은 항상 반응물과 생성물의 물리적인 상태를 포함하고, **$\Delta H°$ 값은 반응물과 생성물이 반응식의 계수에 해당하는 몰수만큼 존재할 때만 참값이다.** 예를 들어 위 반응에서 2 mol의 NH_3가 생성된다면, 92.38 kJ의 열이 방출한다. 만일 반응물의 양을 두 배로 하여 NH_3 4.000 mol이 생성되면, 열도 두 배(184.8 kJ)만큼 방출될 것이다. 한편, N_2 0.5000 mol과 H_2 1.500 mol이 반응하여 NH_3 1.000 mol을 생성되면, 방출되는 열은 절반인 46.19 kJ이다. 지금 기술한 몰수가 다른 여러 가지 반응을 정리하면 다음과 같이 열화학 반응식으로 쓸 수 있다.

도구
열화학 반응식

$$N_2(g) + 3H_2(g) \longrightarrow 2NH_3(g) \qquad \Delta H° = -92.38\ \text{kJ}$$
$$2N_2(g) + 6H_2(g) \longrightarrow 4NH_3(g) \qquad \Delta H° = -184.8\ \text{kJ}$$
$$\tfrac{1}{2}N_2(g) + \tfrac{3}{2}H_2(g) \longrightarrow NH_3(g) \qquad \Delta H° = -46.19\ \text{kJ}$$

해설 열화학 반응식의 열을 $\Delta H°_{반응}$으로 표시하기도 한다.

열화학 반응식의 계수는 분자수의 의미가 아니고 몰수를 나타내므로 분수 형태의 계수를 사용할 수 있다. 다시 말하면 한 분자의 일부분(분수)이 반응에 참여할 수 없으므로 지금까지의 반응식에서는 분수 형태의 계수를 가질 수 없지만, 열화학 반응식에서는 계수가 몰수를 의미하므로 분수가 가능하다.

다시 한번 강조하지만 모든 반응물과 생성물의 물리적 상태를 반듯이 열화학 반응식에 넣어야 한다. 예를 들어 메테인 1 mol을 연소시켜 액체 상태의 물이 생성되는 경우와 기체 상태의 물이 생성될 때의 $\Delta H°$ 값이 서로 다르다.

$$CH_4(g) + 2O_2(g) \longrightarrow CO_2(g) + 2H_2O(l) \qquad \Delta H° = -890.5\text{ kJ}$$
$$CH_4(g) + 2O_2(g) \longrightarrow CO_2(g) + 2H_2O(g) \qquad \Delta H° = -802.3\text{ kJ}$$

이 두 반응에서의 $\Delta H°$ 값의 차이는 25°C에서 수증기 2 mol이 25°C의 물 2 mol로 되는 물리적 변화 과정에서 방출되는 에너지의 양에 해당한다.

예제 6.6 열화학 반응식 쓰기

다음은 N_2와 O_2가 반응하여 N_2O를 생성하는 발열 반응에 대한 열화학 반응식이다.

$$2N_2(g) + O_2(g) \longrightarrow 2N_2O(g) \qquad \Delta H° = -163.12\text{ kJ}$$

1.000 mol의 N_2O가 생성되는 반응의 열화학 반응식을 쓰시오.

분석 주어진 반응식은 N_2O 2.000 mol이 생성되는 반응에 대한 것이고, 반응식에서 물에 대한 계수가 변하면 $\Delta H°$의 값뿐만 아니라 모든 화합물의 계수도 변해야 한다.

도구 모음 사용할 도구는 열화학 반응식의 정의, 계수와 $\Delta H°$ 사이의 관계, 그리고 반응물의 양이 변하면 반응에서의 열의 양도 달라진다는 사실이다.

풀이 N_2O의 몰수가 반으로 줄었으므로, 다른 계수 및 반응열도 반으로 줄어야 한다. 따라서 열화학 반응식은 다음과 같다.

$$N_2(g) + \tfrac{1}{2}O_2(g) \longrightarrow N_2O(g) \qquad \Delta H° = -81.56\text{ kJ}$$

답이 합리적인가? 주어진 열화학 반응식과 구한 열화학 반응식을 비교하여 계수와 $\Delta H°$의 값이 모두 1/2이 되었는지 확인한다.

실전 문제 6.15

산소 기체하에서 글루코스를 완전 연소시키는 반응에 대한 열화학 반응식은 다음과 같다.

$$C_6H_{12}O_6(s) + 6O_2(g) \longrightarrow 6CO_2(g) + 6H_2O(l) \qquad \Delta H° = -2805\text{ kJ}$$

글루코스를 연소시켜 4.5 mol의 $CO_2(g)$가 생성되는 반응의 열화학 반응식을 쓰시오. (**힌트:** 4.5 $CO_2(g)$가 되기 위해 $C_6H_{12}O_6$의 계수는 어떻게 변해야 하는가?)

실전 문제 6.16

현대 농업 분야에서 요소(H_2NCONH_2)는 매우 중요한 비료이다. $NH_3(g)$와 $CO_2(g)$를 반응시켜 3.0 mol의 요소를 생성하는 반응의 열화학 반응식을 쓰시오.

6.8 Hess 법칙

6.6절에서 엔탈피는 상태 함수라는 것을 배웠다. 이 사실이 중요한 이유는 실험실에서 실제로 실험을 수행하지 않더라도 여러 반응에 대한 반응열을 계산할 수 있다는 것을 의미하기 때문이다. 이미 알려진 열화학 반응식들을 잘 변형시키고 조합해서 원하는 반응에 대한 반응열을 계산할 수 있다.

열화학 반응식 다루기 앞 절의 마지막 부분에서 열화학 반응식에서 어떤 인자를 반응식의 계수에 곱하거나 나눠서 반응을 변화시키면, $\Delta H°$ 값 역시 똑같은 인자로 곱하거나 나눠야 한다는 사실을 알았다. 열화학 반응식을 다루는 또 다른 방법은 반응의 방향을 바꾸는 것이다. 예를 들면 탄소가 연소하여 이산화 탄소를 생성하는 다음의 열화학 반응식을 생각해보자.

$$C(s) + O_2(g) \longrightarrow CO_2(g) \qquad \Delta H° = -393.5 \text{ kJ}$$

그 역반응은 이산화 탄소가 분해하여 탄소와 산소로 되는 반응으로, 이 반응은 극히 일어나기 어려운 반응이다. 에너지 보존 법칙에 의하여 이때 $\Delta H°$ 값은 +393.5 kJ이 될 것이다.

$$CO_2(g) \longrightarrow C(s) + O_2(g) \qquad \Delta H° = +393.5 \text{ kJ}$$

위 두 열화학 반응식에서 탄소의 연소는 발열 반응($\Delta H°$ 값이 음수이므로)이며, 그 역반응은 흡열 반응임을 알 수 있다. 두 반응식에서 같은 양의 에너지가 이동하는데, 에너지의 이동 방향만이 다를 뿐이다. 여기서 알 수 있는 것은 $\Delta H°$의 부호만 변화시키면 어떤 열화학 반응식도 역으로 쓸 수 있다는 것이다.

반응 엔탈피

이제부터는 어떤 반응에 대한 $\Delta H°$를 계산하기 위해 잘 알려진 열화학 반응식을 조합하는 방법을 배워 볼 것이다. 이 과정을 이해하기 위하여 탄소의 연소를 다시 생각해 보자.

탄소와 산소 각각 1 mol로부터 이산화 탄소 1 mol을 만드는 데 다음 두 개의 경로를 생각할 수 있다.

경로 1 C와 O_2를 반응시켜 직접 CO_2를 얻는다.

$$C(s) + O_2(g) \longrightarrow CO_2(g) \qquad \Delta H° = -393.5 \text{ kJ}$$

경로 2 C와 O_2를 반응시켜 CO를 얻고(1단계), 다시 CO와 O_2를 반응시켜 CO_2를 얻는다.

1단계 $C(s) + \frac{1}{2}O(g) \longrightarrow CO(g) \qquad \Delta H° = -110.5 \text{ kJ}$

2단계 $CO(g) + \frac{1}{2}O(g) \longrightarrow CO(g) \qquad \Delta H° = -283.0 \text{ kJ}$

경로 2에서의 두 반응을 합한 전체 반응은 C와 O_2 각각 1 mol을 반응시켜 CO_2 1 mol을 만드는 경로 1과 일치한다. 즉, CO_2로 가는 위의 두 경로에서의 초기와 최종 상태는 동일하다.

$\Delta H°$는 초기와 최종 상태에만 의존하는 상태 함수이고 경로와는 무관하기 때문에, 두 경로에서의 $\Delta H°$ 값은 같아야 한다. 경로 2의 두 반응식을 더한 것과 경로 1의 반응식을 비교하면 이 사실을 간단히 확인할 수 있다.

1단계 $C(s) + \frac{1}{2}O(g) \longrightarrow CO(g) \qquad \Delta H° = -110.5 \text{ kJ}$

2단계 $CO(g) + \frac{1}{2}O(g) \longrightarrow CO_2(g) \qquad \Delta H° = -283.0 \text{ kJ}$

$$\cancel{CO(g)} + C(s) + O_2(g) \longrightarrow CO_2(g) + \cancel{CO(g)} \qquad \Delta H° = -393.5 \text{ kJ}$$

1단계와 2단계를 더해서 얻은 반응식에서 화살표의 양쪽에 동시에 존재하는 CO(g) 소거하면 알짜 반응식을 얻을 수 있다. 화살표의 양쪽에 주어진 화학종의 화학식과 물리적인 상태 모두가 같을 때만 소거가 가능하다는 것을 기억하라. 따라서 두 단계 과정의 알짜 열화학 반응식은 다음과 같다.

$$C(s) + O_2(g) \longrightarrow CO_2(g) \qquad \Delta H° = -393.5 \text{ kJ}$$

이 열화학 반응식은 경로 1에서의 열화학 반응식과 열화학적으로 동일하다는 것을 확인할 수 있다.

엔탈피 도표

어떤 반응에 대한 가능한 여러 경로 사이의 에너지 연관성을 **엔탈피 도표(enthalpy diagram)**라

도구
엔탈피 도표

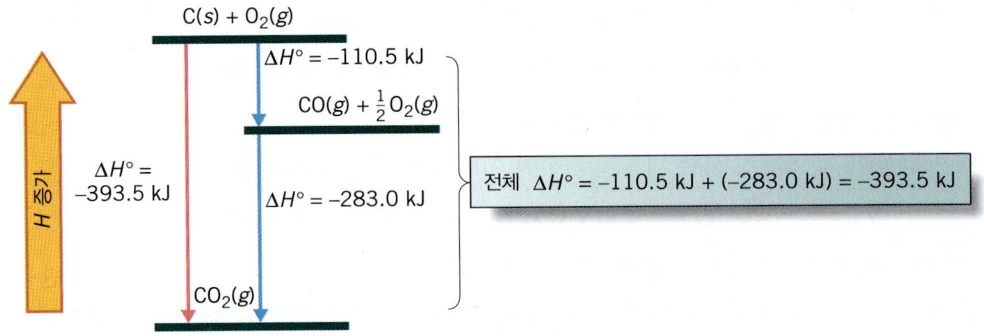

그림 6.12 **C(*s*)와 $O_2(g)$로부터 $CO_2(g)$를 생성하는 두 가지 경로에 대한 엔탈피 도표** 왼쪽은 C(*s*)와 $O_2(g)$가 직접 반응하여 $CO_2(g)$를 생성하는 경로 1이고, 오른쪽은 두 개의 짧은 화살표로 보여 준 경로 2를 나타낸 것이다. 경로 2의 첫 번째 단계에서는 CO(*g*)가 생성되고, 두 번째 단계에서는 CO(*g*)가 반응하여 $CO_2(g)$를 생성한다. 전체 엔탈피 변화는 엔탈피가 상태 함수이기 때문에 두 경로에서 동일하다.

는 그림을 통하여 이해할 수 있다. **그림 6.12**는 C와 O_2로부터 CO_2를 생성하는 반응에 대한 엔탈피 도표이다. 세로축은 엔탈피의 에너지 척도이다. 각각의 수평선은 표시된 물리적 상태에 있는 모든 물질의 전체 엔탈피를 합한 값으로, 그 절댓값을 측정하는 것은 불가능하다. 그러나 이 도표를 이용하면 엔탈피의 차이를 알 수 있고, 이것이 엔탈피 도표를 사용하는 이유이다. 위에 있는 선은 아래에 있는 선보다 더 큰 엔탈피 값을 나타내므로, 낮은 선에서 높은 선으로 이동하는 것은 엔탈피 증가를 의미하고, 따라서 $\Delta H°$는 양의 값을 갖는다(흡열 변화). 두 선 사이의 거리가 $\Delta H°$의 크기를 나타낸다. 이와는 반대로 높은 선에서 낮은 선으로의 이동하면 엔탈피는 감소하고, 따라서 $\Delta H°$는 음의 값을 갖는다(발열 변화).

그림 6.12에서 $C(s) + O_2(g)$의 엔탈피 절댓값을 나타내는 선이 최종 생성물인 CO_2에 대한 선보다 더 위에 있음을 주목하라. 그림 6.12의 왼쪽에 반응물인 $C(s) + O_2(g)$의 엔탈피 준위와 최종 생성물인 $CO_2(g)$의 엔탈피 준위를 연결한 긴 화살표를 볼 수 있다. 이것은 반응물에서 한 단계로 생성물로 가는 경로 1의 엔탈피 차이에 해당한다.

오른쪽에서는 두 단계 경로를 볼 수 있다. 첫 번째 단계에서 중간 생성물인 $CO(g) + \frac{1}{2}O_2(g)$의 엔탈피 준위까지 이동한 다음, 첫 번째 단계에서 만들어진 CO(g) 1 mol과 반응하지 않고 남은 O_2 $\frac{1}{2}$mol이 반응하여 최종 생성물인 $CO_2(g)$ 생성되는 두 번째 단계로 구성되어 있다. 전체 엔탈피 변화(감소)는 경로와 무관하게 동일하다는 것을 엔탈피 도표로 확인할 수 있다.

예제 6.7 엔탈피 도표 만들기

작은 상처를 소독하는 데 사용되는 과산화 수소(H_2O_2)가 물과 산소로 분해되는 반응의 반응식은 다음과 같다.

$$H_2O_2(l) \longrightarrow H_2O(l) + \tfrac{1}{2}O_2(g)$$

수소와 산소의 다음 두 가지 반응에 대한 엔탈피 도표를 그리고, 도표를 사용하여 과산화 수소의 분해 반응에 대한 $\Delta H°$ 값을 구하시오.

$$H_2(g) + O_2(g) \longrightarrow H_2O_2(l) \qquad \Delta H° = -188\text{ kJ}$$
$$H_2(g) + \tfrac{1}{2}O_2(g) \longrightarrow H_2O(l) \qquad \Delta H° = -286\text{ kJ}$$

분석 엔탈피 도표는 반응물이 생성물로 바뀔 때 얻거나 혹은 손실되는 열량을 보여 준다. 이 문제에서는 그린 엔탈피 도표를 이용하여 전체 반응에 대한 엔탈피를 결정할 것이다.

도구 모음 이 문제를 풀기 위해서는 세 가지 도구가 필요하다. 첫 번째 도구는 반응물과 생성물의 상대적 에너지를 크기에 따라 나타낸 엔탈피 도표이다. 두 번째로는 화살표가 향하는 방향에 따라 결정되는 $\Delta H°$의 대수적 부호를 도구로 사용할 수 있다. 화살표가 위로 향하면 흡열 반응을 의미하고, 아래를 향하면 발열 반응을 의미한다. 마지막으로 사용할 도구는 엔탈피가 상태 함수라는 사실과 주어진 열화학 반응식이다. 이 도구를 이용하여 $H_2O_2(l)$의 분해 반응의 엔탈피를 계산한다.

풀이 주어진 두 반응은 발열 반응이므로 $\Delta H°$의 값에 따라 화살표는 아래로 향할 것이다. 따라서 가장 높은 엔탈피 준위는 생성물의 성분 원소인 $H_2(g)$와 $O_2(g)$에 대한 것이어야 한다. 첫 번째 반응이 산소의 전체 몰을 필요로 하는 반면에, 두 번째 반응에서는 산소 1/2 mol만을 필요로 하다는 사실을 상기해야 한다. 따라서 맨 위의 줄은 첫 번째 반응인 과산화 수소를 생성할 수 있는 충분한 양의 산소(1 mol)를 포함해야 한다. 가장 낮은 준위에는 가장 큰 음수값의 $\Delta H°$를 지니는 반응의 생성물을 위치시켜야 하므로 두 번째 반응에서 생성되는 물을 위치시킨다. 두 번째 반응에서는 산소 1/2 mol만 필요하므로 물을 생성할 때 반응하지 않은 1/2 $O_2(g)$를 맨 아래의 줄에 남겨 놓아야 한다. 과산화 수소를 생성하는 반응의 $\Delta H°$는 물을 생성하는 반응보다 더 작은 음수이므로, 과산화 수소의 엔탈피 준위는 중간 즈음에 위치해야 한다.

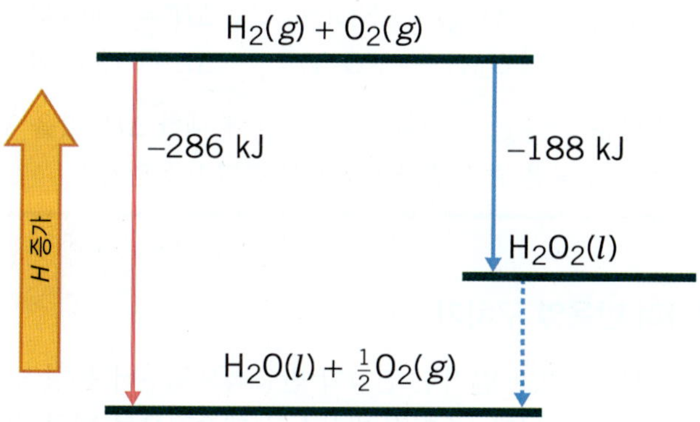

오른쪽 하단에 점선으로 나타낸 간격이 바로 구하려는 $H_2O_2(l)$가 $H_2O(l) + \frac{1}{2}O_2(g)$로 분해하는 반응에 대한 $\Delta H°$에 해당한다. 이 $\Delta H°$는 두 반응의 엔탈피 변화의 차이(−286 kJ과 −188 kJ의 차이)에 해당한다. 그러므로 $H_2O_2(l)$가 $H_2O(l) + \frac{1}{2}O_2(g)$로 분해하는 반응의 $\Delta H°$(−98 kJ)를 포함한 엔탈피 도표는 다음과 같다.

$$\Delta H° = [-286\text{ kJ} - (-188\text{ kJ})] = -98\text{ kJ}$$

완성된 엔탈피 도표는 아래와 같으며, $H_2O_2(l)$ 1 mol의 분해에 대한 $\Delta H°$ 값은 −98 kJ이다.

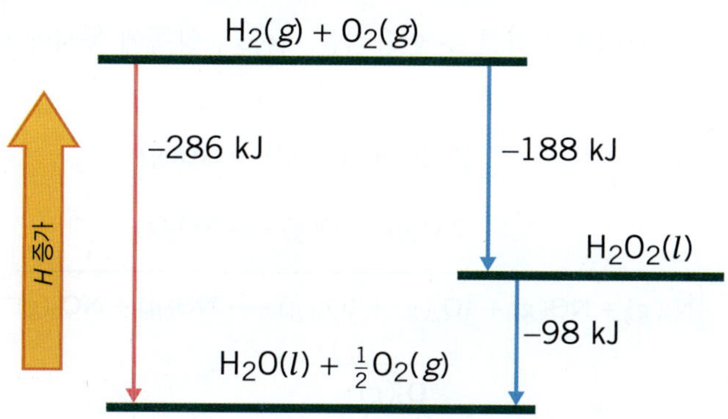

답이 합리적인가? 우선 화학식이 엔탈피 도표의 수평선 위에 알맞게 배열되어 있는지를 확인해보자. 아래로 향한 화살표는 $\Delta H°$의 값이 음이라는 것을 나타내며, 이 화살표는 주어진 반응식과 방향(즉, 반응물에서 생성물로)이 일치한다. 마지막으로 두 단계 과정에 대한 에너지의 총량, 즉 $(-188\text{ kJ}) + (-98\text{ kJ})$은 한 단계 과정에 대한 에너지인 -286 kJ과 같음을 주목하라.

실전 문제 6.17

다음 반응식에 의해 구리로부터 구리의 두 산화물을 얻을 수 있다.

$$2\text{Cu}(s) + \text{O}_2(g) \longrightarrow 2\text{CuO}(s) \qquad \Delta H° = -310\text{ kJ}$$
$$2\text{Cu}(s) + \tfrac{1}{2}\text{O}_2(g) \longrightarrow \text{Cu}_2\text{O}(s) \qquad \Delta H° = -169\text{ kJ}$$

이 자료를 이용하여 반응 $\text{Cu}_2\text{O}(s) + \frac{1}{2}\text{O}_2(g) \longrightarrow 2\text{CuO}(s)$에 대한 $\Delta H°$ 값을 구할 수 있는 엔탈피 도표를 그리시오. 이 반응은 발열 반응인가 혹은 흡열 반응인가? (**힌트:** 화살표 방향이 아래쪽을 향하면 $\Delta H°$는 음의 부호이고, 위쪽이면 $\Delta H°$는 양의 부호를 가진다.)

실전 문제 6.18

다음은 산화 질소와 관련된 두 가지 열화학 반응식이다.

$$\tfrac{1}{2}\text{N}_2(g) + \tfrac{1}{2}\text{O}_2(g) \longrightarrow \text{NO}(g) \qquad \Delta H° = -90.4\text{ kJ}$$
$$\text{NO}(g) + \tfrac{1}{2}\text{O}_2(g) \longrightarrow \text{NO}_2(g) \qquad \Delta H° = -56.6\text{ kJ}$$

이 자료를 이용하여 반응 $\frac{1}{2}\text{N}_2(g) + \text{O}_2(g) \longrightarrow \text{NO}_2(g)$에 대한 $\Delta H°$ 값을 구할 수 있는 엔탈피 도표를 그리시오. 이 반응은 발열 반응인가 혹은 흡열 반응인가?

Hess 법칙을 이용하여 반응열 구하기

해설 독일의 과학자 Henri Hess (1802~1850)는 에너지 보존 법칙에 그의 이름이 붙을 것을 기대했다.

엔탈피 도표가 유용하기는 하지만 알려진 열화학 반응식으로부터 특정 반응의 $\Delta H°$를 계산하는데 도표가 꼭 필요한 것은 아니다. 주어진 반응식을 대수적으로 더하거나 빼서 간단히 $\Delta H°$를 계산할 수 있다. 이 결합 법칙을 처음 제시한 Hess의 이름을 따서 **Hess 열 합산 법칙(Hess's law of heat summation)** 또는 간단히 **Hess 법칙(Hess's law)**이라고 한다.

도구
Hess 법칙

Hess 법칙
여러 단계로 나누어 나타낼 수 있는 반응에 대한 $\Delta H°$는 개별 단계에 대한 $\Delta H°$의 총합과 같다.

예를 들어 실전 문제 6.18에서 다룬 두 반응식을 더하고, 양쪽에 동시에 나타나는 NO(g)를 소거해 보자.

$$\tfrac{1}{2}\text{N}_2(g) + \tfrac{1}{2}\text{O}_2(g) \longrightarrow \text{NO}(g)$$
$$\text{NO}(g) + \tfrac{1}{2}\text{O}(g) \longrightarrow \text{NO}_2(g)$$
$$\overline{\tfrac{1}{2}\text{N}_2(g) + \cancel{\text{NO}(g)} + \underbrace{\tfrac{1}{2}\text{O}_2(g) + \tfrac{1}{2}\text{O}_2(g)}_{\text{O}_2(g)} \longrightarrow \cancel{\text{NO}(g)} + \text{NO}_2(g)}$$

두 $\frac{1}{2}\text{O}_2(g)$를 합하여 $\text{O}_2(g)$로 바꾸고 이 반응식을 다음과 같이 다시 쓸 수 있다.

$$\frac{1}{2}N_2(g) + O_2(g) \longrightarrow NO_2(g)$$

이 반응식은 문제에서 요구한 $\Delta H°$를 결정하려던 반응의 반응식이다. Hess 법칙을 이용하여 개별 반응식의 $\Delta H°$ 값을 간단히 더해서 다음과 같이 전체 반응의 $\Delta H°$를 얻을 수 있다.

$$\Delta H° = (+90.4\ \text{kJ}) + (-56.6\ \text{kJ}) = +33.8\ \text{kJ}$$

이 값은 실전 문제 6.18의 답과 일치한다. 이처럼 주어진 두 반응식을 더해서 원하는 반응식을 얻었다면, 두 반응의 $\Delta H°$를 더해서 원하는 $\Delta H°$를 구할 수 있다.

Hess 법칙은 실험적으로나 다른 어떤 방법으로도 결정할 수 없는 반응의 엔탈피 변화를 계산하는 데 주로 이용된다. 이를 위하여 반응식을 능숙하게 다뤄야 할 필요가 있는데, 다음과 같은 몇 가지 규칙을 활용하는 것이 도움이 된다.

도구
열화학 반응식 다루기

열화학 반응식을 다루는 규칙

1. 역반응은 반응식을 반대로 쓰고, $\Delta H°$의 부호도 반대로 한다.[4]
2. 반응식의 양쪽에 존재하는 화학식은 동일한 물리적 상태의 경우에만 소거할 수 있다.
3. 반응식의 모든 계수를 어떤 수로 곱하거나 나누면, $\Delta H°$의 값도 같은 수로 곱하거나 나누어주어야 한다.

예제 6.8 Hess 법칙 이용하기

일산화 탄소를 이용하여 금속 산화물에서 산소를 제거하여 순수한 금속을 얻을 수 있다. CO와 산화 철(III)(Fe_2O_3)과의 반응에 대한 열화학 반응식은 다음과 같다.

$$Fe_2O_3(s) + 3CO(g) \longrightarrow 2Fe(s) + 3CO_2(g) \qquad \Delta H° = -26.7\ \text{kJ}$$

이 반응식과 다음의 CO의 연소 반응식을 사용하여,

$$CO(g) + \frac{1}{2}O(g) \longrightarrow CO_2(g) \qquad \Delta H° = -283.0\ \text{kJ}$$

다음 반응에 대한 $\Delta H°$를 계산하시오.

$$2Fe(s) + \frac{3}{2}O_2(g) \longrightarrow Fe_2O_3(s)$$

분석 두 가지 열화학 반응식이 주어져 있고, 세 번째 반응의 $\Delta H°$를 구하려고 한다. 이를 위해 처음의 두 반응식을 적절히 조합하여 세 번째 반응식을 구해야 한다.

도구 모음 Hess 법칙과 열화학 반응식을 다루기 위한 규칙을 사용한다.

풀이 이 문제에서 주어진 두 반응식을 단순히 더해서는 원하는 반응식을 얻을 수 없기 때문에, 우선 두 식을 더해 원하는 반응식을 얻을 수 있도록 주어진 반응식을 적절히 처리해야 한다. 반응식을 어떻게 다룰 것인지를 결정할 때는 최종적으로 얻고자 하는 목표 반응식을 항상 염두에 두어야 한다. 주어진 두 반응식을 최종 반응식을 얻을 수 있는 형태로 변형하고, 이때 함께 조절된 $\Delta H°$ 값을 이용하면 원하는 $\Delta H°$를 얻을 수 있다. 주어진 두 반응식을 다음과 같은 두 단계로 처리해보자.

1단계 먼저 철 원자가 왼쪽에 위치하도록 반응식을 바꿔보자. 최종 반응식은 왼쪽에 2Fe가 있지만, 위 첫 반응식에는 화살표 오른쪽에 2Fe가 있다. 따라서 반응식을 역반응 형태로 쓰고, $\Delta H°$의 부호도 바꾼다. 이렇게 처리하면 Fe_2O_3도 자연스럽게 화살표의 오른쪽에 위치

[4]열화학 반응식 $C(s) + O_2(g) \longrightarrow CO_2(g)$ $\Delta H° = -394$ kJ의 역반응에 대한 열화학 반응식은 $CO_2(g) \longrightarrow C(s) + O_2(g)$ $\Delta H° = +394$ kJ이다.

하게 된다. 이제 다음과 같은 식을 얻을 수 있다.

$$2Fe(s) + 3CO_2(g) \longrightarrow Fe_2O_3(s) + 3CO(g) \qquad \Delta H° = +26.7\ kJ$$

2단계 반응식을 더했을 때 3CO와 $3CO_2$를 소거할 수 있어야 하며, 최종 반응식의 왼쪽에 $\frac{3}{2}O_2$가 있어야 한다. 이를 위하여 CO의 연소 반응식과 $\Delta H°$ 값에 3을 곱하면 다음과 같은 반응식이 된다.

$$3CO(g) + \tfrac{3}{2}O_2(g) \longrightarrow 3CO_2(g) \qquad \Delta H° = 3 \times (-283.0\ kJ) = -849.0\ kJ$$

이제 새로 구한 두 반응식을 더해서 다음과 같은 열화학 반응식을 얻을 수 있다.

$$2Fe(s) + 3\cancel{CO_2(g)} \longrightarrow Fe_2O_3(s) + 3\cancel{CO(g)} \qquad \Delta H° = +26.7\ kJ$$
$$3\cancel{CO(g)} + \tfrac{3}{2}O_2(g) \longrightarrow 3\cancel{CO_2(g)} \qquad \Delta H° = -849.0\ kJ$$
$$\text{합: } 2Fe(s) + \tfrac{3}{2}O_2(g) \longrightarrow Fe_2O_3(s) \qquad \Delta H° = -822.3\ kJ$$

따라서 Fe(s) 2 mol이 $Fe_2O_3(s)$ 1 mol로 산화되는 반응의 $\Delta H°$는 −822.3 kJ이다(반응은 발열 반응이다).

답이 합리적인가? 모든 것을 한 번에 점검할 수 있는 간단한 방법은 없기 때문에, 열화학 반응식을 처리하는 규칙을 염두에 두면서 단계별로 검증해야 한다. 가장 흔히 실수하는 것은 반응식을 수학적으로 처리할 때 $\Delta H°$도 같은 방법으로 처리해야 한다는 것을 잊는 것이다. 또한 $\Delta H°$ 값을 더할 때의 부호도 주의해야 한다.

실전 문제 6.19

다음은 산화 질소의 산화와 관련된 두 가지 열화학 반응식이다.

$$2NO(g) + O_2(g) \longrightarrow 2NO_2(g) \qquad \Delta H° = -113.2\ kJ$$
$$2N_2O(g) + 3O_2(g) \longrightarrow 4NO_2(g) \qquad \Delta H° = -28.0\ kJ$$

반응 $N_2O(g) + \frac{1}{2}O_2(g) \longrightarrow 2NO(g)$의 $\Delta H°$를 계산하시오. (**힌트**: NO가 생성물이 되도록 하려면 반응식을 어떻게 처리해야 하는가?)

실전 문제 6.20

에탄올(C_2H_5OH)을 대량 생산하는 공장에서는 다음과 같은 물과 에틸렌(C_2H_4)의 반응을 이용한다.

$$C_2H_4(g) + H_2O(l) \longrightarrow C_2H_5OH(l)$$

다음에 주어진 열화학 반응식을 이용하여 에탄올을 생산하는 반응의 $\Delta H°$ 값을 계산하시오.

$$C_2H_4(g) + 3O_2(g) \longrightarrow 2CO_2(g) + 2H_2O(l) \qquad \Delta H° = -1411.1\ kJ$$
$$C_2H_5OH(l) + 3O_2(g) \longrightarrow 2CO_2(g) + 3H_2O(l) \qquad \Delta H° = -1367.1\ kJ$$

6.9 표준 반응열

방대한 양의 열화학 반응식이 축적되어 있으므로 Hess 법칙을 이용하면 다양한 반응에 대한 반응열을 계산할 수 있다. 표로 제시된 가장 대표적인 반응은 연소 반응, 상변화, 혹은 생성 반응 등이다. 상변화와 관련된 엔탈피 변화는 11장에서 공부할 것이다.

한 물질의 **표준 연소열(standard heat of combustion, $\Delta H_c°$)**은 반응물과 생성물이 모두 25℃와 1 bar의 조건에 있을 때 그 물질 1 mol이 순수한 산소와 반응하여 완전히 연소될 때 방출되는 열량을 말한다. 연소 반응에서 **연료**(fuel)에 포함된 모든 탄소는 이산화 탄소 기체가 되고, 모든 수소는 액체인 물이 된다. **연소 반응은 항상 발열 반응이므로 ΔH_c°는 항상 음의 값**을 갖는다.

예제 6.9 표준 연소열을 이용하여 생성된 CO_2 양 계산하기

메테인[$CH_4(g)$] 1몰을 완전 연소시키면 −890 kJ/mol의 에너지가 생성된다. 메테인을 연소시켜 2.3 MJ의 에너지를 얻을 때, 생성되는 온실가스(이산화 탄소)는 몇 mol인가?

분석 문제를 다음과 같은 등가식으로 나타내 보자.

$$? \text{ mol } CO_2(g) \Leftrightarrow 1.00 \text{ MJ 방출}$$

생성된 열 MJ과 CO_2의 몰수를 연관시킬 필요가 있다.

도구 모음 우리가 사용할 도구는 균형 열화학 반응식이다. 문제 해결의 첫 단계는 탄화수소가 연소하면 CO_2와 H_2O를 생성한다는 것을 기억하여 CH_4와 O_2가 반응하는 균형 화학 반응식을 쓰는 것이다. ΔH_c°는 CH_4 1 mol당 발생하는 열이므로 반응식에서 CH_4의 계수가 1이어야 한다. 반응식에서 CH_4와 O_2 그리고 CO_2는 기체 상태이고, 25 °C에서 물의 표준 상태는 액체이므로 H_2O는 액체 상태여야 한다. 일단 열화학 반응식을 얻으면, 이 반응식에서 계수를 이용하여 CO_2의 몰수를 방출된 열량의 kJ과 연계해야 한다. kJ과 MJ의 관계는 SI 단위 접두어인 kilo와 mega를 이용하여 구할 수 있다(1 MJ = 10^6 J, 1 kJ = 10^3 J).

풀이 우선 1몰의 CH_4의 연소 반응에 대한 균형 열화학 반응식을 쓰고, 이 반응의 ΔH°를 ΔH_c°로 나타낸다.

$$CH_4(g) + 2O_2(g) \longrightarrow CO_2(g) + 2H_2O(l) \qquad \Delta H_c^\circ = -890 \text{ kJ}$$

열화학 반응식에 의하면 생성되는 CO_2 1 mol에 대하여 890 kJ의 열이 방출되는 것을 알 수 있다. 따라서 kJ과 MJ 사이의 변환 인자를 사용하여 2.3 MJ의 에너지가 방출될 때 생성되는 CO_2의 몰수를 구하면 다음과 같다.

$$2.3 \text{ MJ} \times \frac{10^6 \text{ J}}{1 \text{ MJ}} \times \frac{1 \text{ kJ}}{10^3 \text{ J}} \times \frac{1 \text{ mol } CO_2}{890 \text{ kJ}} = 2.58 \text{ mol } CO_2$$

답이 합리적인가? 1 mol의 CH_4가 연소되면 1 mol의 CO_2가 생성되고 또한 890 kJ의 열이 발생된다. 이 열은 1000 kJ(1 MJ)보다 약간 적다. 따라서 2.3 MJ의 열이 발생되면 2.3 mol보다 좀 더 많은 양의 CO_2가 생성되어야 하므로 답 2.58 mol CO_2는 합리적이다.

실전 문제 6.21

에탄올(C_2H_5OH)의 표준 연소열(ΔH_c°)은 −1366.8 kJ/mol이다. 에탄올 18.5 g을 연소했을 때 발생되는 연소열은 몇 kJ인가? (단, 에탄올의 연소열은 −1366.8 kJ/mol이다.)

실전 문제 6.22

가까운 주유소에서 파는 가솔린의 옥테인값은 연료에 포함된 *n*-옥테인[$C_8H_{18}(l)$]의 함량과는 전혀 상관이 없다. 자동차 연료 탱크에 가득 채워진 *n*-옥테인 480 mol을 모두 연소시켜 얻을 수 있는 총 열량(kJ)을 계산하시오. *n*-옥테인의 표준 연소열(ΔH_c°)은 −5450.5 kJ/mol이다.

표준 생성열과 Hess 법칙

물질의 **표준 생성 엔탈피**(**standard enthalpy of formation**, ΔH_f°)는 물질의 **표준 생성열**(**standard**

해설 예전의 열화학 자료는 표준 압력으로 1 bar가 아닌 1 atm을 사용했었다. 1 atm = 1.01325 bar이므로 새로운 정의를 사용하여도 도표에 제시된 반응열은 옛 자료와 크게 다르지 않다.

heat of formation)이라고도 하는데, 25°C와 1 bar에서 1 mol의 물질이 **표준 상태에 있는 구성 원소**로부터 생성될 때 흡수되거나 방출되는 열량으로 정의한다. 어떤 원소의 **표준 상태(standard state)**는 25°C와 1 bar에서 그 원소의 가장 안정한 형태와 물리적 상태(고체, 액체, 기체)를 의미한다. 예를 들어 산소는 25°C와 1 bar의 표준 상태에서 기체로 존재하고, O 원자나 O_3(오존) 분자가 아니라 O_2 분자로 존재한다. 탄소의 표준 상태는 다이아몬드가 아니라 표준 조건에서 더 안정한 흑연이다.

여러 가지 물질의 표준 생성 엔탈피에 대한 값을 **표 6.2**에 수록하였고, 그 외의 더 많은 자료는 부록 C의 표 C.2에서 찾을 수 있다. **표준 상태에 있는 모든 원소의 ΔH_f° 값은 0임을 주목하라.** 예를 들면 $O_2(g) \longrightarrow O_2(g)$와 같이 원소 자신으로부터 원소를 생성하는 반응은 실제로 일어나는 반응이 아니므로, 엔탈피 변화를 수반하지 않기 때문이다. 이런 이유로 대부분의 표에는 원소들의 ΔH_f° 값을 포함하고 있지 않다.

표 6.2 일반적인 물질의 표준 생성 엔탈피

물질	ΔH_f°(kJ mol^{-1})	물질	ΔH_f°(kJ mol^{-1})
$Ag(s)$	0	$H_2O_2(l)$	−187.6
$AgBr(s)$	−100.4	$HBr(g)$	−36
$AgCl(s)$	−127.0	$HCl(g)$	−92.30
$Al(s)$	0	$HI(g)$	26.6
$Al_2O_3(s)$	−1669.8	$HNO_3(l)$	−173.2
$C(s)$(흑연)	0	$H_2SO_4(l)$	−811.32
$CO(g)$	−110.5	$HC_2H_3O_2(l)$	−487.0
$CO_2(g)$	−393.5	$Hg(l)$	0
$CH_4(g)$	−74.848	$Hg(g)$	60.84
$CH_3Cl(g)$	−82.0	$I_2(s)$	0
$CH_3I(g)$	14.2	$K(s)$	0
$CH_3OH(l)$	−238.6	$KCl(s)$	−435.89
$CO(NH_2)_2(s)$ (요소)	−333.19	$K_2SO_4(s)$	−1433.7
$CO(NH_2)_2(aq)$	−391.2	$N_2(g)$	0
$C_2H_2(g)$	226.75	$NH_3(g)$	−46.19
$C_2H_4(g)$	52.284	$NH_4Cl(s)$	−315.4
$C_2H_6(g)$	−84.667	$NO(g)$	90.37
$C_2H_5OH(l)$	−277.63	$NO_2(g)$	33.8
$Ca(s)$	0	$N_2O(g)$	81.57
$CaBr_2(s)$	−682.8	$N_2O_4(g)$	9.67
$CaCO_3(s)$	−1207	$N_2O_5(g)$	11
$CaCl_2(s)$	−795.0	$Na(s)$	0
$CaO(s)$	−635.5	$NaHCO_3(s)$	−947.7
$Ca(OH)_2(s)$	−986.59	$Na_2CO_3(s)$	−1131
$CaSO_4(s)$	−1432.7	$NaCl(s)$	−411.0
$CaSO_4 \cdot \frac{1}{2}H_2O(s)$	−1575.2	$NaOH(s)$	−426.8
$CaSO_4 \cdot 2H_2O(s)$	−2021.1	$Na_2SO_4(s)$	−1384.5
$Cl_2(g)$	0	$O_2(g)$	0
$Fe(s)$	0	$Pb(s)$	0
$Fe_2O_3(s)$	−822.2	$PbO(s)$	−219.2
$H_2(g)$	0	$S(s)$	0
$H_2O(g)$	−241.8	$SO_2(g)$	−296.9
$H_2O(l)$	−285.9	$SO_3(g)$	−395.2

*부록 C.2 Thermodynamic Data for Selected Elements, Compounds and Ions 참조.

기호 ΔH_f°에서 아래 첨자 f의 의미를 반드시 기억하는 것이 중요하다. 이것은 **물질 1 mol이 표준 상태에 있는 구성 원소로부터 생성**되는 반응에서의 ΔH°라는 의미이다. 다음의 4가지 열화학 반응식과 각각의 ΔH°를 생각해 보자.

$$H_2(g) + \tfrac{1}{2}O_2(g) \longrightarrow H_2O(l) \qquad \Delta H_f^\circ = -285.9 \text{ kJ/mol}$$

$$2H_2(g) + O_2(g) \longrightarrow 2H_2O(l) \qquad \Delta H^\circ = -571.8 \text{ kJ}$$

$$CO(g) + \tfrac{1}{2}O_2(g) \longrightarrow CO_2(g) \qquad \Delta H^\circ = -283.0 \text{ kJ}$$

$$2H(g) + O(g) \longrightarrow H_2O(l) \qquad \Delta H^\circ = -971.1 \text{ kJ}$$

첫 번째 반응식에서만 ΔH°에 아래 첨자 f가 있다. 이 반응만이 앞에서 정의한 표준 생성 엔탈피 조건을 만족시키는 유일한 반응이기 때문이다. 두 번째 반응식은 생성되는 물이 1 mol이 아니라 **2** mol 생성되는 반응이다. 세 번째는 반응물이 순수한 원소가 아닌 **화합물**(CO)을 포함하고 있다. 네 번째는 산소가 원소의 표준 상태인 분자가 아니고 **원자**이다. 또한 ΔH_f°는 1 mol의 화합물을 생성(원소로부터)할 때의 값이기 때문에, 단위가 단순히 kJ이 아니라 **생성물 1몰당 kJ이란 의미에서 kJ/mol**을 사용한다는 것을 알아야 한다. H_2O 1 mol에 대한 ΔH_f°에 다음과 같이 인자 2 mol을 곱해서 $H_2O(l)$ 2 mol의 생성 엔탈피(이는 두 번째 열화학 반응식에 대한 ΔH°이다.)를 간단히 얻을 수 있다.

$$\frac{-285.9 \text{ kJ}}{1 \text{ mol } H_2O(l)} \times 2 \text{ mol } H_2O(l) = -571.8 \text{ kJ}$$

예제 6.10 표준 생성열에 대한 반응식 쓰기

Hess 법칙을 적용하기 위하여 반응을 조합하는 작업은 복잡한 경우가 많다. 그러나 생성 반응식을 이용하면 Hess 법칙을 적용하는 것이 비교적 간단하다. 이 경우에 핵심은 올바른 생성 반응식을 쓰는 것이다. $NH_4Cl(s)$의 ΔH_f°와 관련된 열화학 반응식을 쓰시오.

분석 이 문제에 답하기 위해서는 ΔH_f°의 정의를 이해하고, 관련 반응식에서 반응물은 원소이고 생성물은 1 mol이라는 것을 알아야 한다. 또한 25 ℃와 1.0 bar 압력에서 안정한 물질의 물리적인 상태로 나타내야 한다는 것도 중요하다.

도구 모음 사용할 첫 번째 도구는 열화학 반응식을 화합물의 표준 생성열에 대한 형태로 나타낸 것이다. 생성물의 화학식과 생성물 1 mol을 만들기 위해 필요한 원소들의 계수를 맞춘다. 사용할 또 다른 도구는 표 6.2로, 이 표에서 $NH_4Cl(s)$에 대한 ΔH_f° 값을 찾을 수 있다.

풀이

생성물을 구성하는 세 가지 원소(H, N, Cl)는 모두 기체 상태의 이원자 분자로 존재하므로 NH_4Cl 1 mol을 만들기 위해 필요한 몰수의 분율은 다음과 같고, 표 6.2에서 찾은 $\Delta H_f^\circ = -315.5 \text{ kJ mol}^{-1}$이다.

$$2H_2(g) + \tfrac{1}{2}N_2(g) + \tfrac{1}{2}Cl_2(g) \longrightarrow NH_4Cl(s) \qquad \Delta H_f^\circ = -315.4 \text{ kJ mol}^{-1}$$

답이 합리적인가? 답에서 생성물은 정확하게 1 mol의 NH_4Cl로 나타내었고, 이와 연관된 원소의 계수도 적절하다. 모든 부분이 균형이 잘 맞았으므로 올바른 열화학 반응식으로 판단할 수 있다.

실전 문제 6.23

$HNO_3(l)$의 표준 생성열을 나타내기 위해 사용되는 열화학 반응식을 쓰시오(**힌트**: 표준 상태에서 존재하는 물질로 나타내야 한다).

실전 문제 6.24

$CaSO_4 \cdot \frac{1}{2}H_2O(s)$의 표준 생성열을 나타내기 위해 사용되는 열화학 반응식을 쓰시오.

표준 생성 엔탈피는 열화학 반응식을 직접 다루지 않고도 Hess 법칙을 응용할 수 있는 편리한 방법을 제공하기 때문에 유용하다. 이 방법이 어떻게 사용되는지 알아보기 위해 다음의 H_2O_2의 분해 반응에 대한 ΔH_f° 값을 계산했던 예제 6.7을 다시 살펴보자.

$$H_2O_2(l) \longrightarrow H_2O(l) + \tfrac{1}{2}O_2(g)$$

예제에서 사용했던 두 반응식은 다음과 같다.

$$(1)\ H_2(g) + O_2(g) \longrightarrow H_2O_2(l) \qquad \Delta H_f^\circ(1) = -188\ \text{kJ}$$

$$(2)\ H_2(g) + \tfrac{1}{2}O_2(g) \longrightarrow H_2O(l) \qquad \Delta H_f^\circ(2) = -286\ \text{kJ}$$

번호를 붙인 각각의 반응식이 표준 상태의 원소로부터 화합물 1 mol이 생성된 반응에 대한 것이므로, 그 반응의 엔탈피의 변화를 ΔH_f°로 표시했다. H_2O_2의 분해 반응에 대한 ΔH°를 구하기 위해 반응식 (1)을 역반응으로 나타낸다. 이때 ΔH의 부호도 바꿔준다.

$$\text{(1의 역반응)}\quad H_2O_2(l) \longrightarrow H_2(g) + O_2(g) \qquad \Delta H^\circ = -\Delta H_f^\circ(1) = +188\ \text{kJ}$$

$$(2)\quad H_2(g) + \tfrac{1}{2}O_2(g) \longrightarrow H_2O(l) \qquad \Delta H^\circ(2) = -286\ \text{kJ}$$

$$H_2O_2(l) \longrightarrow H_2O(l) + \tfrac{1}{2}O_2(g) \qquad \Delta H^\circ = -98\ \text{kJ}$$

해설 Hess 법칙을 이용한 계산에는 연소열도 사용될 수 있다. 그러나 원소의 연소 반응에서의 열은 0이 아니며, C와 H_2를 연소시키면 CO_2와 H_2O 등의 생성물이 얻어진다는 것을 기억하라.

도구 Hess 법칙의 식

그러므로 구하고자 하는 ΔH°는 생성물(H_2O)의 ΔH_f°에서 반응물(H_2O_2)에 대한 ΔH_f°를 빼서 얻을 수 있다. 실제로 이와 같은 방법은 반응물과 생성물의 생성열을 모두 안다면 어떤 반응에 대해서도 적용할 수 있다. 따라서 생성열을 이용하여 Hess 법칙을 다음과 같이 다시 표현할 수 있다. 반응의 알짜 ΔH°는 생성물의 생성열의 합에서 반응물의 생성열의 합을 뺀 것과 같으며, 이때 반응물과 생성물 각각의 ΔH_f° 값에 열화학 반응식에 있는 계수를 곱해 주어야 한다. 이를 **Hess 법칙의 식(Hess's law equation)**으로 알려진 수식의 형태로 다음과 같이 나타낼 수 있다.

$$\Delta H^\circ_{\text{반응}} = \Sigma n_p \Delta H_f^\circ(\text{생성물}) - \Sigma n_r \Delta H_f^\circ(\text{반응물}) \qquad (6.14)$$

여기서 Σ는 모두 더한다는 의미이고, n_p와 n_r은 각각 생성물과 반응물의 몰수이다. 표 6.2나 부록 C의 표 C.2에서 찾은 표준 생성열과 식 6.14를 이용하여 계산한다면, 일련의 열화학 반응식을 조합해서 최종 결과를 얻는 복잡한 방법을 피할 수 있다. 복잡한 계산 과정을 줄이면서 $\Delta H^\circ_{\text{반응}}$의 값을 구하는 사례를 다음 예제에서 살펴보자.

예제 6.11 Hess 법칙과 표준 생성 엔탈피 사용하기

요리사들은 기름에 붙은 불을 끄는 데 제빵 소다($NaHCO_3$)를 유용하게 사용한다. 제빵 소다를 불 속에 던지면 불꽃이 약해지고, 제빵 소다가 열분해될 때 생성되는 CO_2가 불꽃을 소멸시킨다. $NaHCO_3$의 분해 반응에 대한 반응식은 다음과 같다.

$$2NaHCO_3(s) \longrightarrow Na_2CO_3(s) + H_2O(l) + CO_2(g)$$

표준 생성열을 이용하여 이 반응에 대한 $\Delta H^\circ(\Delta H^\circ_{\text{반응}})$을 kJ 단위로 계산하시오.

분석 Hess 법칙을 이용할 수 있는 일련의 반응이 주어지지 않았지만, 반응물과 생성물의 ΔH_f°를 이용하여 전체 반응의 $\Delta H^\circ_{반응}$를 구할 수 있다. 그러므로 ΔH_f°를 이용하는 Hess 법칙의 식을 사용한다.

도구 모음 $\Delta H^\circ_{반응}$를 계산하는 기본 도구로 다음의 Hess 법칙의 식(식 6.14)이 있다.

$$\Delta H^\circ_{반응} = \Sigma n_p \Delta H_f^\circ(생성물) - \Sigma n_r \Delta H_f^\circ(반응물)$$

따라서 생성물과 반응물 각각의 ΔH_f°(표 6.2의)와 균형 화학 반응식의 계수를 곱해서 생성물과 반응물의 전체 생성열을 각각 구한 다음, 앞에서의 식을 이용하여 $\Delta H^\circ_{반응}$를 계산한다.

풀이

우선 식 6.14에 반응식에서 해당 계수를 찾아 대입하고 생성 엔탈피를 기호로 나타낸 계산식을 세워보자.

$$\Delta H^\circ_{반응} = [(1 \text{ mol } Na_2CO_3(s) \times \Delta H_f^\circ\ Na_2CO_3(s)) + (1 \text{ mol } H_2O(l) \times \Delta H_f^\circ\ H_2O(l)) + (1 \text{ mol } CO_2(g) \times \Delta H_f^\circ\ CO_2(g))] - [2 \text{ mol } NaHCO_3(s) \times \Delta H_f^\circ\ NaHCO_3(s)]$$

표 6.2를 이용하여 표준 상태에서의 생성물과 반응물 각각에 대한 ΔH_f° 값을 찾아 대입하면 다음과 같은 계산이 가능하다.

$$\Delta H^\circ_{반응} = \left[(1 \cancel{\text{mol } Na_2CO_3}) \times \left(\frac{-1131 \text{ kJ}}{1 \cancel{\text{mol } Na_2CO_3}}\right) + (1 \cancel{\text{mol } H_2O}) \times \left(\frac{-285.9 \text{ kJ}}{1 \cancel{\text{mol } H_2O}}\right) + (1 \cancel{\text{mol } CO_2}) \times \left(\frac{-393.5 \text{ kJ}}{1 \cancel{\text{mol } CO_2}}\right)\right] - \left[(2 \cancel{\text{mol } NaHCO_3}) \times \left(\frac{-947.7 \text{ kJ}}{1 \cancel{\text{mol } NaHCO_3}}\right)\right]$$

$$\Delta H^\circ_{반응} = (-1810 \text{ kJ}) - (-1895 \text{ kJ}) = +85 \text{ kJ}$$

따라서 표준 상태에서 이 반응은 85 kJ만큼 열을 흡수한다(어떤 화학 반응식도 이용하지 않았음을 주목하라).

답이 합리적인가? 주어진 열화학 반응식의 계수가 생성물 및 반응물의 전체 생성열을 계산할 때 정확하게 곱해졌는지와 ΔH_f°의 부호도 모두 정확하게 사용되었는지를 다시 확인한다. 이 문제에서의 계산 과정에서 가장 많이 실수하는 부분이 대수학적인 부호에 오류를 범하는 것이다. 식 6.14에서 **생성물**의 ΔH°에서 **반응물**의 ΔH°를 빼는 계산 순서가 올바르게 처리되었는지도 검토하라.

실전 문제 6.25

표 6.2의 생성열 자료를 이용하여 다음 반응의 ΔH°를 구하시오(**힌트**: 계산 순서를 정확히 확인하시오).

$$CaCl_2(s) + H_2SO_4(l) \longrightarrow CaSO_4(s) + 2HCl(g)$$

실전 문제 6.26

반응열이 $SO_3(g)$과 $SO_2(g)$에 대한 ΔH_f°에 해당하는 열화학 반응식을 각각 쓰시오. 구한 두 열화학 반응식을 이용하여 다음의 반응에 대한 ΔH°를 구하시오.

$$SO_3(g) \longrightarrow SO_2(g) + \tfrac{1}{2}O_2(g) \qquad \Delta H^\circ = ?$$

$SO_3(g)$와 $SO_2(g)$의 생성열과 식 6.14를 이용하여 위 반응의 ΔH°를 계산하고, 위에서 구한 결과와 비교하시오.

실전 문제 6.27

생성 반응에 대한 열화학 반응식을 이용하여 다음 반응의 ΔH°를 계산하시오.

(a) $2NO(g) + O_2(g) \longrightarrow 2NO_2(g)$

(b) $NaOH(s) + HCl(g) \longrightarrow NaCl(s) + H_2O(l)$

화학과 시사 6.3

열역학의 중요성

1988년에 New Jersey 주 Paterson에 있는 Morton International 공장의 염료 제조기에서 통제 불가능한 반응이 일어났다. 반응으로 과열된 제조기 내부의 압력 증가로 인하여 용기가 파손되고 내용물이 천장으로 튀어나갔다. 그 결과로 생긴 증기 구름이 발화되고 폭발로 이어져 9명의 직원이 부상을 당했고 시설은 파괴되었다(**그림 1**).

대부분의 화학 반응은 발열 반응이다. 반응에서 방출되는 열은 반응 혼합물이 모두 사라질 때까지 계속해서 온도를 상승시킨다. 그 열은 주변으로 퍼지며 제거될 수도 있고, 반응 용기 외부를 둘러싼 찬 용액을 순환시키는 것과 같은 장치나 혹은 또 다른 기술에 의해 제거되기도 한다. 반응으로 인해 열이 생성되는 속도가 장비가 열을 제거하는 속도보다 빠르면 귀환 불능 지점(point of no return)에 이르게 된다(**그림 2**). 통제가 불가능하기 때문에 그 반응 혼합물이 계속 가열될 것이다. 온도가 증가함에 따라 반응 속도는 기하급수적으로 증가하고, 이렇게 빨라진 속도로 인하여 반응으로부터 더 많은 열을 발생하여 온도는 더욱 빠르게 상승한다. 온도가 상승하면 용매와 더불어 다른 휘발성 물질이 기화되어 반응기 내부의 압력을 증가시킨다. 반응기의 설계가 적절하다면 안전 배기구가 열리며 압력을 완화시킬 것이다. 그러나 그 배기 장치가 충분히 효과적이지 않다면 결국에는 압력으로 인하여 용기가 파손되고, 증기와 액체 혼합물을 분출시킨다. 분출된 증기 구름이 인화성이면, 그 증기 구름이 불덩이와 함께 폭발할 수 있다.

통제 불가능한 반응은 제조 공장과 같은 현장뿐만 아니라 실험실에서도 발생할 수 있다. 이러한 반응을 억제하여 잠재적인 재앙이 일어나지 않게 하려면, 반응이 방출할 수 있는 열의 양과 그 열의 방출 속도 및 반응 장치로부터 열이 제거되는 속도를 아는 것이 중요하다. 단열 상태에서의 잠재적인 온도 상승, 압력 증가, 생성되는 증기의 부피를 계산하면 피해 정도를 어느 정도 예측할 수 있다.

Bill Tompkins

그림 1

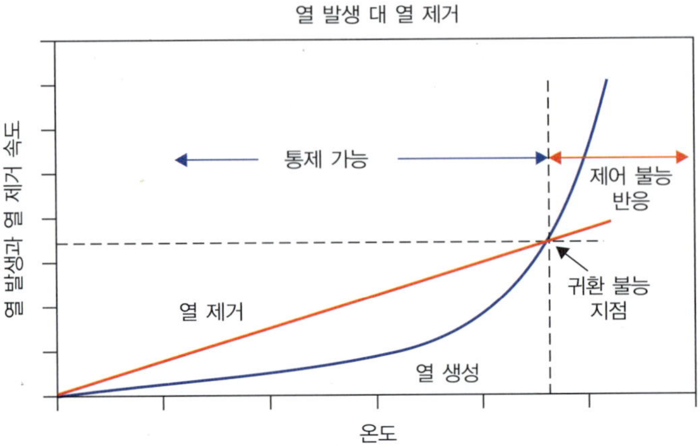

그림 2 반응의 온도가 귀환 불능 지점을 초과하면, 열 발생이 주위의 열 제거 능력을 초과하게 되고 그 반응은 통제가 불가능하게 될 것이다.

Morton Internal 사의 사고는 Automate Yellow 96 염료를 만들기 위해 *o*-나이트로클로로벤젠(*o*-NCB)과 2-에틸헥실아민(2-EHA)을 반응시킬 때 일어났다.

반응열은 열 측정 실험을 통해 알려져 있었지만, 그 값은 사고 보고서에는 포함되어 있지 않았다. 그러나 반응열은 화합물 자체의 표준 생성열을 이용한 추정이 가능하다. 화합물에 대한 자료가 없으면 끊어진 결합과 생성된 결합의 종류가 같은 모델 화합물의 표준 생성열을 이용하여 추정할 수도 있다. 사고 반응을 위한 모델 화합물로 클로로벤젠과 메틸아민을 사용하여 *o*-NCB의 반응열은 −176 kJ/mol로 추정되었다. 195 °C에서 Yellow 96 염료는 열을 방출하며 분해되기 시작해 기체 부산물을 생성한다.

실제 제조 현장에서는 유독성의 *o*-NCB을 여러 차례에 걸쳐 다루는 것을 피하기 위해 모든 반응물을 한 번에 반응 용기에 넣고, 반응 혼합물을 몇 단계에 걸쳐 천천히 가열하였다. 낮은 온도에서 반응 속도는 느렸고, 따라서 반응로 표면의 냉각 장치에 의하여 열이 충분히 제거될 수 있다. 반응이 진행됨에 따라 열을 제거하는 과정은 점점 느려지고 반응기는 가열되었다. 이러한 과정은 반응이 종결되는 150°C에 이를 때까지 계속 진행되었다. 이러한 단계적 가열 방식은 반응기가 너무 빠르게 가열될 경우에는 통제가 불가능해질 수 있으므로 더 많은 위험성을 내포한다.

사고가 난 공장에서는 생산 규모가 1000갤런의 원통형 반응기를 2000갤런의 원통형 반응기로 교체하였다. 반응

용기의 크기가 증가할 때 열을 제거하는 데 응용될 수 있는 표면적의 크기는 대략 지름의 제곱에 비례해서 증가한다. 한편 반응 질량과 생성되는 전체 열량과 관련이 있는 반응기의 부피는 대략 반지름의 세제곱에 비례해서 증가한다. 그러므로 반응기의 부피를 두 배로 증가시킨 것에 비하여 열의 제거를 위해 사용 가능한 표면적의 증가는 1.6배에 그쳤다. 반응 규모가 작은 경우에는 20% 정도가 소규모의 열 누출 사고가 나지만, 규모가 큰 반응에서는 50%가 소규모의 열 누출성의 사고를 일으킬 수 있다.

기술자들은 사고 당일 반응 용기를 90°C로 가열하였다. 그러나 반응기를 너무 빠르게 가열하였기 때문에 반응열을 안전하게 제거할 수 있는 비교적 낮은 온도에서는 이 반응이 거의 진행되지 않았다. 남아 있던 반응물은 더 높은 온도에서 빠르게 반응했다. 온도는 귀환 불능 지점을 지났고, 냉각을 위해 냉각수를 사용했음에도 불구하고 온도는 계속해서 급상승하였다. 온도가 작동 최대 온도인 150°C를 초과한 후 대략 185°C에 이르렀을 때 압력은 안전 배기구가 열리기에 충분할 만큼 증가하였다. 온도는 계속 증가해 190°C에서 260°C까지 증가하는 데에 30초가 채 걸리지 않았다. 생성물이 분해하여 기체가 생성되기 시작하였는데, 배기구는 급증하는 기체의 압력을 해소할 만큼 충분하지 않아서 마침내 그 반응로는 터져버렸다.

Contributed by Gary Buske

Source: U. S. Chemical Safety and Hazard Investigation Board Office of External Relations
2175 K Street, N. W., Suite 400
Washington, DC 20037
National Technical Information Service Report Number: PB2000-107721
[www.cbs.gov/ (completed investigations August 16, 2000)]

종합 화학 예제

6장에서 '에너지는 열과 일의 형태로 이동한다'는 개념을 공부하였다. 열과 기체가 생성되는 반응을 이용하여 반응이 진행할 때 에너지의 이동을 보여주는 모형을 그리시오. 모형에는 반응 전과 후를 나타내는 그림과 발열이나 흡열이란 용어 및 에너지의 이동을 나타내는 화살표를 포함해야 한다.

분석 열과 기체가 생성되는 반응을 이용해서 반응에서의 에너지 이동을 보여 주는 모형을 만들어보라는 문제이다. 효과적인 모형은 개념을 이해하기 쉽게 잘 표현한 것이어야 한다.

도구 모음 필요한 도구 중 하나는 열 이동과 관련 있는 ΔH의 수학적 부호이다.

풀이 모형에 이용할 반응을 선택하기 위하여 교재를 살펴보면서 ΔH가 − 부호를 가지며, 생성물에 포함된 기체의 몰수가 반응물에 포함된 기체의 몰수보다 더 큰 반응을 찾는다. 예를 들면 실전 문제 6.20에서의 에탄올의 연소와 관련된 열화학 반응식이 좋은 예이다.

$$C_2H_5OH(l) + 3O_2(g) \longrightarrow 2CO_2(g) + 3H_2O(g) \qquad \Delta H^\circ = -1367.1\ \text{kJ}$$

이 반응에서 ΔH가 음수이므로 발열 반응이고, 생성되는 기체는 5몰이고 반응하는 기체는 3몰이다.

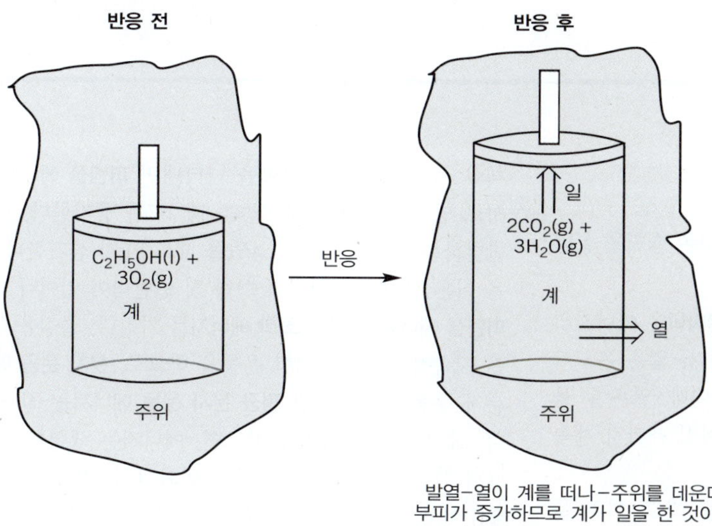

발열–열이 계를 떠나–주위를 데운다.
부피가 증가하므로 계가 일을 한 것이다.

답이 합리적인가? 반응에서 생성된 열은 계를 떠나고, 기체를 생성하므로 부피가 증가한다. 전체적으로 합리적인 모형이다.

종합 화학 문제

A. 6장에서 표준 반응열, 표준 연소열, 그리고 표준 생성열 등의 3가지 유형의 표준열에 대하여 논의하였다. 이와 같은 표준열을 나타내는 방식에는 일정한 형식이 있고, 또한 표준열을 이용하여 실험실에서 수행하기 어려운 특정 반응에 대한 계산을 수행하기도 한다. 다음 물음에 답하시오.

(a) 각 표준열을 나타내는 기호를 쓰고, 해당 표준열과 관련된 반응 사례를 찾아 열화학 반응식으로 각각 나타내시오.

(b) 이와 같은 표준열을 이용하여 실험실에서 수행하기 어렵거나 혹은 불가능한 반응에 대하여 엔탈피를 결정하는 방법을 설명하시오.

(c) 두 가지 이상의 반응식을 조합하여 어떤 반응에 대한 반응열을 계산할 때 가장 손쉽게 이용할 수 있는 표준열은 어느 것인가? 그 이유는 무엇인가?

B. 화학 관련 산업 분야에서의 많은 반응이 톤(1000 kg) 규모로 수행된다. 이런 대규모 실험에서의 운반, 측정, 혼합, 그리고 가열/냉각 등의 조작 과정은 실험식 규모(~100 g)나 파일럿 플랜트 규모(10~50 kg)의 그것과는 매우 다르다. 서로 다른 역할(실험실, 파일럿 플렌트, 생산 공장)을 수행하는 화학자가 사용하는 실험 조건도 서로 다르다. 이러한 규모의 차이와 에너지 이동 및 시료의 이동 등을 고려하여, 실험을 수행하기 위한 계획을 수립해 보려고 한다. 다음 물음에 답하시오.

(a) 인터넷 검색을 통하여 파이프라인, 철도, 트럭 등을 이용하여 운반할 수 있는 시료(고체나 액체)의 양을 결정하시오.

(b) 실험실, 파일럿 공장, 생산 공장에서 어떻게 다루는 물질의 물리량(질량, 부피, 압력, 및 온도)을 측정하고 혼합할 수 있는지에 대하여 설명하시오.

(c) 파일럿 장치를 이용하는 목적은 무엇인가?

(d) 실험 규모에 따라 안전 관리 지침에 어떤 차이가 있는지 설명하시오.

C. 에너지 보존 법칙인 열역학 제1법칙에 예외가 있을 수 없다는 것에 모든 과학자가 동의한다. 이것이 사실이라면 어떻게 에너지를 낭비하거나 혹은 절약할 수 있는가? 다시 말하면 일반인들이 말하는 에너지를 아꼈다거나 혹은 낭비했다는 말은 무슨 의미인가? 이런 관점의 오류를 수정해 보시오.

요약

학습 목표별로 정리함

퍼텐셜 에너지와 운동 에너지의 차이점 및 에너지 보존 법칙을 설명할 수 있다.

화학 반응에서 에너지의 흡수 또는 방출을 다루는 **열화학**은 에너지의 이동과 에너지 변환을 연구하는 **열역학**의 일부분이다. **열**은 온도가 서로 다른 물체 사이에서 이동하는 에너지(**열에너지**)이다. 열은 두 물체가 같은 온도에 도달하여 **열적 평형 상태**가 이루어질 때까지 계속해서 흐른다.

움직이는 물체는 $KE = \frac{1}{2}mv^2$의 **운동 에너지(KE)**를 갖고, 다른 물체와 서로 당기거나 반발을 나타내면 **퍼텐셜 에너지(PE)**를 갖는다. 서로 당기는 물체를 떼어놓을 때 PE가 증가한다. 마찬가지로 서로 반발하는 물체를 가까이 놓았을 때도 PE가 증가한다. 원자, 분자, 혹은 이온 사이에서 전기적 인력 및 반발력이 일어나기 때문에 물질은 **퍼텐셜 에너지** 형태인 **화학 에너지**를 가진다. 물질을 구성하는 입자들은 지속적으로 무질서한 운동을 하므로, **분자 운동 에너지**를 갖는다. 분자 운동론에 따르면 **평균 분자 운동 에너지**는 절대 온도에 비례한다. 에너지 보존 법칙에 따르면, 에너지는 생성되거나 사라질 수 없으나 한 형태에서 다른 형태로 변화될 수 있다. 에너지의 SI 단위는 **줄**(J)이고, 4.184 J = 1 cal(**칼로리**)에 해당한다.

온도와 에너지 그리고 상태 함수라는 개념 사이의 연관성을 설명할 수 있다.

계의 **상태**는 계의 현재 상태를 나타내는 일련의 성질을 나열한 것이다. 계의 **내부 에너지**(E)는 계의 현재 상태에만 의존하는 성질을 갖는 **상태 함수**이다. E는 계를 구성한 물체들의 운동 에너지와 퍼텐셜 에너지의 합과 같다. E의 절대량을 측정 또는 계산할 수는 없지만, E의 변화는 $\Delta E = E_{최종} - E_{초기}$로 정의할 수 있다. 화학 반응에서의 정의는 $\Delta E = E_{생성물} - E_{반응물}$이다. 측정한 ΔE가 양의 값을 가지면 반응하는 동안에 계가 주위로부터 에너지를 흡수한다는 의미이다.

물체의 온도 변화를 이용하여 교환되는 열의 양을 결정할 수 있다.

열이 이동할 때 통과하는 **경계**는 **계**(우리가 관심을 가지는 영역)를 둘러싸고 있다. **우주**에서 계를 제외한 모든 영역을 계의 **주위**라고 한다. 열의 흐름(q)과 온도 변화(Δt)와의 관계는 $q = C\Delta t$로 나타낼 수 있다. 여기서 C는 그 계의 **열용량**(계의 온도를 1°C 변화시키는 데 필요한 열량)이다. 질량이 m이고 **비열**(어떤 물질 1 g을 1°C 변화시키는 데 필요한 열)이 s인 순수한 물질의 열용량은 $C = ms$이다. 물은 특이하게 매우 높은 비열을 갖고 있다. 물질의 질량과 비열을 알면, $q = ms\Delta t$를 이용하여 열을 계산할 수 있다. 그 열(q)이 계로 흐르면 양의 값을 갖고, 계의 밖으로 흐르면 음의 값을 갖는다.

발열 반응과 흡열 반응에서의 에너지 변화를 설명할 수 있다.

결합이 끊어지면 퍼텐셜 에너지(화학 에너지)는 증가하고, 결합이 형성되면 퍼텐셜 에너지(화학 에너지)는 감소한다. **발열 반응**에서 화학 에너지는 분자 운동 에너지로 변화한다. 계가 **단열**(열의 손실이 없음) 상태라면 내부 온도는 증가한다. 단열이 아니면 열은 일반적으로 계를 떠나 주위로 이동한다. **흡열 반응**에서는 반응물의 분자 운동 에너지가 생성물의 퍼텐셜 에너지로 변환된다. 이것이 계의 온도를 낮추고 열이 계로 이동할 수 있는 방법이다.

열역학 제1법칙을 정의하고 이 법칙이 화학에 어떻게 적용되는지를 설명할 수 있다.

어떤 반응에서 화학 퍼텐셜 에너지의 변화는 **반응열(q)**로 나타나고, 반응열은 일정 부피 또는 일정 압력에서 측정될 수 있다. 압력은 단위 면적당 작용하는 힘이다. **대기압**은 우리 대기에 있는 혼합 기체에 의해 가해지는 압력이다. 일정한 압력 P가 가해질 때 부피 변화 ΔV가 일어나면, 이를 **압력–부피 일**과 관련된 팽창 일이라 하며 $w = -P\Delta V$로 나타낸다. 이와 같은 압력–부피 일에서 소비된 에너지는 일정 부피에서 측정된 반응열 q_V과 일정 압력에서 측정된 반응열 q_P의 차이에 해당한다.

에너지 보존 법칙인 **열역학 제1법칙**은 반응에서 에너지가 변화는 방법과는 상관없이 q와 w에 다양하게 분배될 수 있고, 이들의 합은 ΔE와 같다($\Delta E = q + w$)는 것이다. 계가 열을 잃을 때 또는 주위에 일을 했을 때 q와 w의 대수학적 부호가 모두 음이고, 계가 열을 받거나 혹은 계에 일이 행해지면 양이다.

일정한 압력에서 얻은 반응열과 일정한 부피에서의 반응열의 차이를 설명할 수 있다.

통열량계와 같이 계의 부피가 변할 수 없을 때 w는 0이다. 그러므로 **일정 부피에서의 반응열 q_V**는 ΔE에 해당한다. 계가 일정 압력 상태에 있을 때, 이 계의 에너지를 **엔탈피(H)**라고 한다. 일정 압력에서 $\Delta H = \Delta E + P\Delta V$이고, **반응열($q_P$)**은 **엔탈피 변화($\Delta H$)**에 해당한다. 변화가 일정한 대기압에서 일어날 때, ΔH 값은 ΔE 값에 비해 대기에 대해 일한 만큼 차이가 난다. 일반적으로 ΔH와 ΔE의 차이는 아주 작다. 발열 반응은 ΔH가 음의 값을 가지며, 흡열 반응은 양의 값을 가진다.

열화학 반응식의 가정과 유용성을 설명할 수 있다.

엔탈피의 변화와 그 물질의 물리적 상태를 모두 포함하고 있는 균형 화학 반응식을 **열화학 반응식**이라고 한다. 열화학 반응식에서 계수는 반응물과 생성물의 몰수를 나타내므로, 1/2과 같은 분수 형태의 계수를 가질 수 있다. 열화학 반응식은 합할 수 있고 역으로도 나타낼 수도 있으며(ΔH의 부호 또한 반대가 된다) 일정한 수를 곱할 수 있다(ΔH에도 마찬가지로 같은 상수를 곱한다). 반응식에서 화합물을 빼거나 더하기 위해서는 이들이 동일한 물리적 상태에 있어야 한다. 열화학에서 상태를 정의하는 기준을 **표준 상태**라 하며, 25°C와 1 bar 압력을 사용한다. 이러한 표준 상태에서 측정된 엔탈피의 변화를 **표준 반응 엔탈피** 또는 **표준 반응열**이라 하며, $\Delta H°$로 표현한다.

Hess 법칙을 사용하여 반응 엔탈피를 결정할 수 있다.

Hess 열 합산 법칙은 엔탈피가 상태 함수이기 때문에 가능하다. $\Delta H°$의 값은 최종 반응식을 얻기 위하여 조합한 열화학 반응식에 따라서 결정된다. 일반적으로 $\Delta H°$의 단위는 줄 또는 킬로줄로 나타낸다. **엔탈피 도표**는 반응물에서 생성물로 가는 여러 경로에 대한 엔탈피 변화를 시각적으로 보여주는 그림이다.

문제 풀이를 위하여 표준 생성열을 구하고 이것을 이용할 수 있다.

표준 상태에서 순수한 물질 1 mol을 완전 연소시킬 때의 엔탈피 변화($\Delta H°$)를 이 화합물의 **표준 연소열**($\Delta H_c°$)이라고 한다. 표준 상태에서 어떤 물질 1 mol이 표준 상태에 있는 원소로부터 생성될 때의 엔탈피 변화($\Delta H°$)를 **표준 생성열**($\Delta H_f°$)이라고 한다(보통, 단위는 kJ mol^{-1}이다). 어떤 반응에 대한 $\Delta H°$는 표 6.2에 있는 $\Delta H_f°$와 **Hess 법칙의 식**을 사용하여 계산할 수 있다.

문제 풀이를 위한 도구

도구 다음과 같은 도구들이 이 장에서 도입되었다. 이들을 주의 깊게 공부하면 필요할 때 적절한 도구를 선택할 수 있다.

운동 에너지 (6.1절)

$$KE = \frac{1}{2}mv^2$$

퍼텐셜 에너지 변화 (6.1절)
인력 또는 반발력이 작용하는 물체 사이의 거리 변화가 있을 때 퍼텐셜 에너지가 어떻게 달라지는지 알아야 한다.

열용량과 q (6.3절)

$$q = C\,\Delta t$$

비열과 q (6.3절)

$$q = ms\,\Delta t$$

열 이동 (6.3절) 두 물체 사이의 열 이동이 발생할 때 두 물체에 대한 q의 크기는 같지만 대수학적 부호는 서로 반대이다.

$$q_1 = -q_2$$

열역학 제1법칙 (6.5절)

$$\Delta E = q + w$$

ΔH의 부호 (6.6절) ΔH의 부호는 에너지 흐름의 방향을 말해준다.

흡열 반응: ΔH는 양
발열 반응: ΔH는 음

열화학 반응식 (6.7절) 이 반응식은 반응물과 생성물의 몰수가 계수로 표현된 것으로, 주어진 반응의 엔탈피 변화($\Delta H°$)를 포함한다.

엔탈피 도표 (6.8절) 엔탈피 도표는 특정 알짜 반응을 구하기 위해서 조합한 열화학 반응식과 관련된 엔탈피 변화를 시각적으로 나타내기 위하여 사용하는 도표이다.

Hess 법칙 (6.8절) Hess 법칙을 이용하여 여러 열화학 반응식을 조합해서 특정 열화학 반응식과 $\Delta H°$ 값을 구할 수 있다.

열화학 반응식 다루기 (6.8절) 반응의 방향이 반대가 되면 $\Delta H°$의 부호도 반대로 한다. 계수에 일정한 수를 곱하면, 그 수만큼 $\Delta H°$ 값에도 곱해야 한다. 반응식에서 동일한 물리적 상태에 있는 물질들만 소거될 수 있다. 이 규칙은 Hess 법칙을 사용할 때도 적용된다.

Hess 법칙의 식(6.9절)

$$\Delta H°_{\text{반응}} = \Sigma n_p \Delta H°_f(\text{생성물}) - \Sigma n_r \Delta H°_f(\text{반응물})$$

짝으로 구성된 복습 문제 중 청색 번호를 가진 문제의 해답은 부록 B에 수록하였다. 난이도가 높은 문제는 별표(*)로 표시하였다.

복습 질문

에너지: 일을 할 수 있는 능력

6.1 다음의 용어를 정의하시오.
(a) 에너지 (b) 운동 에너지 (c) 퍼텐셜 에너지
(d) 운동 에너지나 혹은 퍼텐셜 에너지로 구분할 수 없는 에너지의 사례를 제시하시오.

6.2 물체의 운동 에너지를 계산하는 식을 쓰고, 식에 나타난 각 기호를 정의하시오. 그 값이 두 배가 될 때 운동 에너지에 더 큰 영향을 미치는 변수는 어느 것인가? 책상 위에 움직이지 않고 놓여 있는 교재의 운동 에너지는 얼마인가?

6.3 에너지 보존 법칙을 정의하시오. 그네를 타는 어린이의 운동을 이용하여 에너지 보존 법칙을 기술하시오.

6.4 진자가 움직일 때 운동 에너지(KE)가 퍼텐셜 에너지(PE)로 또 퍼텐셜 에너지가 다시 운동 에너지로 계속 변화된다. 한 주기 동안의 진자의 움직임에서의 에너지 변화에 대하여 다음의 순서로 기술하시오.
(a) 운동하는 진자의 경로를 그리시오.
(b) 운동 에너지가 최대인 지점과 최소인 지점을 각각 표시하시오.
(c) 퍼텐셜 에너지가 최대인 지점과 최소인 지점을 각각 표시하시오.
(d) PE와 KE 사이의 변환이 가장 빠른 지점과 가장 느린 지점은 어디 인지 설명하시오.

6.5 하늘을 향해 돌을 던졌다. 이 돌이 위로 상승하는 동안, 최고점에 도달한 순간, 및 하강하는 동안의 돌의 운동 에너지와 퍼텐셜 에너지의 변화에 대하여 기술하시오.

6.6 화학 에너지란 무엇인가? 운동 에너지인가 아니면 퍼텐셜 에너지인가?

6.7 다음의 경우에 퍼텐셜 에너지는 증가하는가 혹은 감소하는가?
(a) 양성자 두 개가 서로 가깝게 접근한다.
(b) 전자와 양성자가 멀리 떨어진다.
(c) 두 원자 핵이 서로 접근한다.
(d) 물이 위에서 아래로 흐른다.

6.8 에너지의 SI 단위는 무엇인가? $50\,\text{m}\,\text{s}^{-1}$의 속도로 움직이는 100 kg 물체의 에너지를 kJ 단위와 cal 단위로 각각 구하시오.

열과 온도 그리고 내부 에너지

6.9 온도와 열을 분자 관점에서 정의하시오. 두 용어의 차이점은 무엇인가?

6.10 내부 에너지와 분자 운동 에너지 그리고 퍼텐셜 에너지는 어떤 관계인가? 화학 반응에서 내부 에너지의 변화를 어떻게 정의할 수 있는가?

6.11 다음의 경우에 분자 수준에서의 열적 평형이 이루어지는 방법은 무엇인가?
(a) 동일한 질량을 갖는 뜨거운 물체와 차가운 물체가 서로 접

촉하는 경우

(b) 동일한 질량의 뜨거운 액체와 차가운 액체를 섞은 경우

(c) (a)와 (b) 중 어느 경우가 더 빨리 열적 평형 상태가 되겠는가?

6.12 25°C의 기체의 분자 운동 에너지가 그림과 같이 분포하는 경우에 대한 다음 물음에 답하시오.

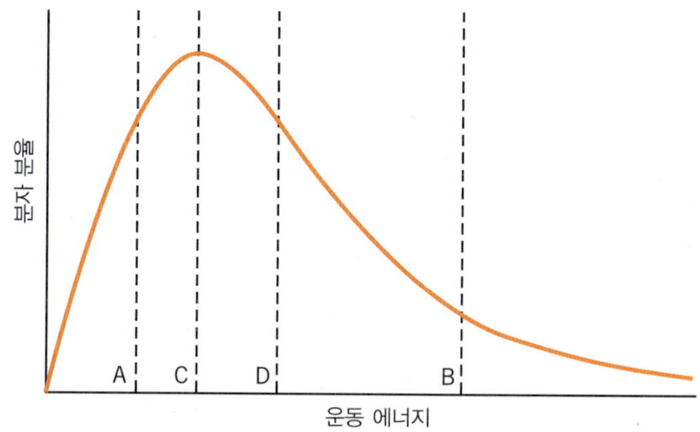

(a) 가장 빈도가 큰 분자 운동 에너지를 나타내는 점은 어느 것인가?

(b) 평균 분자 운동 에너지에 해당하는 점은 어느 것인가?

(c) 50°C에서 예상되는 분포를 나타내는 곡선을 앞의 그림과 함께 나타내시오.

(d) 50°C 분포 곡선에서의 A, B, C, D에 해당하는 운동 에너지가 25°C 분포 곡선에서보다 더 높은(혹은 낮은) 이유는 무엇인가?

6.13 금속 판을 Bunsen 버너로 가열하여 온도를 30°C에서 125°C로 상승시켰다. 다음 중 옳은 것을 모두 고르시오.

(a) 평균 분자 운동 에너지는 상승한다.

(b) 전체 분자의 운동 에너지 총합은 증가한다.

(c) 빠른 속도로 움직이는 분자의 수가 증가한다.

(d) 느린 속도로 움직이는 분자의 수가 증가한다.

(e) 화학 퍼텐셜 에너지가 감소한다.

6.14 끓는 물 한 방울보다 1L의 끓는 물이 훨씬 더 심각한 화상을 유발한다. 그 이유를 끓는 물에 포함된 물 분자의 운동 에너지를 이용하여 설명하시오.

6.15 계의 온도가 0K 이하가 될 수 없는 이유는 무엇인가?

6.16 상태 함수를 정의하시오. 계의 상태를 특정하는 방법은 무엇인가? 상태 함수의 예를 열거하시오.

6.17 온도가 상태 함수인지 아닌지를 어떻게 결정할 수 있는가? 근거를 함께 제시하시오.

열의 측정

6.18 열역학에서 사용하는 용어인 계와 주위는 무엇을 의미하는가? 경계의 특성에 따라 분류되는 고립계, 닫힌계, 열린계의 차이는 무엇인가?

6.19 다음의 단위를 가지는 열적 성질은 무엇인가?

(a) $J\,g^{-1}\,°C^{-1}$ (b) $J\,mol^{-1}\,°C^{-1}$ (c) $J\,°C^{-1}$ (d) J

6.20 비열이 서로 다른 두 시료가 있다. 두 시료의 질량이 같을 때, 온도를 7.5°C 올리는 데 더 많은 에너지가 필요한 것은 어느 시료인가? 비열과 연관지어 설명하시오.

6.21 열용량과 비열을 정의하고 그 차이점을 설명하시오.

6.22 비커에 든 물에 일어난 변화에 수반된 열(q)이 −85 J이었다. 다음 물음에 답하시오.

(a) 물의 온도는 상승하는가 혹은 하강하는가?

(b) 주위의 열(q)은 어떻게 변하는가?

화학 반응의 에너지

6.23 어떤 화학 반응에서 퍼텐셜 에너지(화학 에너지)가 감소하였다. 다음 물음에 답하시오.

(a) 전체 입자의 운동 에너지는 어떻게 변하는가?

(b) 반응 혼합물의 온도는 어떻게 변하는가?

6.24 주위로 열을 방출하는 반응을 나타내는 용어는 무엇인가? 이 반응에서의 화학 에너지 변화에 대하여 설명하시오. 이 반응에서 q의 부호는 무엇인가?

6.25 주위로부터 열을 흡수하는 반응을 나타내는 용어는 무엇인가? 이 반응에서의 화학 에너지 변화에 대하여 설명하시오. 이 반응에서 q의 부호는 무엇인가?

6.26 가솔린을 연소시키면 대기 중의 산소와 반응하여 고온의 이산화 탄소와 수증기를 생성한다. 가솔린과 산소의 퍼텐셜 에너지를 이산화 탄소와 수증기의 퍼텐셜 에너지와 비교하시오.

열과 일 그리고 열역학 제1법칙

6.27 열역학 제1법칙을 정의하는 식을 쓰시오. 이 식의 의미를 계와 주위 사이의 에너지 교환 관점에서 기술하시오.

6.28 열과 일에 대한 역학적 정의를 쓰시오.

6.29 어떤 과정에서 204 J의 열이 방출되고 계가 압축되는데 68 J의 에너지가 소모되었다. 이 과정의 ΔE는 얼마인가?

6.30 열과 일이 상태 함수가 아닌 이유는 무엇인가?

반응열

6.31 q_P 혹은 q_V와 직접 관련이 있는 상태 함수는 각각 어느 것인가?

6.32 통열량계를 이용하여 글루코스($C_6H_{12}O_6$)의 연소열을 측정할 때 생성물은 무엇인가? 측정된 열이 나타내는 값은 ΔE인가 아니면 ΔH인가?

6.33 다음의 반응을 생각해 보자.

$$C_{12}H_{22}O_{11}(s) + 12O_2(g) \longrightarrow 12CO_2(g) + 11H_2O(l)$$

이 반응에서의 ΔE와 ΔH의 값 차이를 예상해 보시오.

6.34 엔탈피를 정의하시오. 발열 반응과 흡열 반응에서의 ΔH의 부호는 각각 무엇인가?

6.35 H, ΔH, $\Delta H°$의 차이를 자세하게 기술하시오.

6.36 반응 에너지를 논할 때 $\Delta E°$ 대신 $\Delta H°$를 사용하는 이유는 무엇인가? $\Delta E°$를 사용할 때의 문제점은 무엇인가?

6.37 기체로 채워진 어떤 계가 일정한 반대 압력에 대항하여 팽창할 때의 일을 정의하는 식을 쓰시오.

6.38 단열된 용기에서 진행되는 반응 결과 온도가 상승하였다. 전체 에너지에 변화가 있는가? 설명하시오.

열화학 반응식

6.39 표준 엔탈피를 얻기 위한 실험 조건은 무엇인가?

6.40 균형 열화학 반응식에서 계수로 분수를 사용할 수 있는 이유는 무엇인가? 열화학 반응식에서 어떤 화합물의 계수가 $\frac{5}{2}$일 때, 이 계수의 의미를 설명하시오.

Hess 법칙

6.41 Hess 법칙이 성립할 수 있게 한 ΔH의 근본적인 성질은 무엇인가?

6.42 ΔH_f°를 얻기 위해 열역학 반응식이 만족해야 하는 두 가지 조건을 쓰시오.

6.43 엔탈피 변화가 ΔH°인 열화학 반응식에 다음과 같은 변화를 주었을 때, ΔH°는 어떻게 변하겠는가?

(a) 반응식을 반대로 나타낸다(생성물을 반응물로 반응물은 생성물로 나타낸다).
(b) 반응식에 4를 곱한다.
(c) 반응식을 5로 나눈다.

표준 반응열

6.44 다음의 중화 반응에 대한 중화 몰엔탈피는 모두 −56 kJ/mol이다. 다음 물음에 답하시오.

$NaOH(aq) + HCl(aq) \longrightarrow NaCl(aq) + H_2O \quad \Delta H^\circ = -56\ kJ/mol$

$KOH(aq) + HCl(aq) \longrightarrow KCl(aq) + H_2O \quad \Delta H^\circ = -56\ kJ/mol$

$NaOH(aq) + HNO_3(aq) \longrightarrow NaNO_3(aq) + H_2O \quad \Delta H^\circ = -56\ kJ/mol$

$LiOH(aq) + HNO_3(aq) \longrightarrow LiNO_3(aq) + H_2O \quad \Delta H^\circ = -56\ kJ/mol$

$KOH(aq) + HBr(aq) \longrightarrow KBr(aq) + H_2O \quad \Delta H^\circ = -56\ kJ/mol$

$LiOH(aq) + HClO_4(aq) \longrightarrow LiClO_4(aq) + H_2O \quad \Delta H^\circ = -56\ kJ/mol$

(a) 발열 반응인가 혹은 흡열 반응인가?
(b) 알짜 이온 반응식을 쓰시오.
(c) 반응의 몰엔탈피가 나타내는 의미는 무엇인가?

6.45 구성 원소로부터 다음 화합물 1 mol을 생성하는 화학 반응식과 ΔH_f°(표 6.2)를 kJ/mol로 각각 쓰시오.

(a) $H_2SO_4(l)$ (b) $Al_2O_3(s)$ (c) $CO(NH_2)_2(s)$

6.46 단백질의 일부분인 펩타이드는 탄소와 수소 외에도 질소와 황을 포함하고 있다. 펩타이드의 연소열을 알고 있을 때, 펩타이드의 생성열을 결정하기 위하여 추가로 필요한 생성열(들)은 무엇인가?

6.47 구성 원소를 반응시켜 다음의 정해진 양의 화합물을 생성하는 반응에 대한 열화학 반응식(ΔH° 포함)을 쓰시오. 필요하면 표 6.2의 자료를 이용하시오.

(a) 2 mol $Fe_2O_3(s)$ (b) 3 mol $C_2H_6(g)$

복습 문제

에너지: 일을 할 수 있는 능력

6.48 자동차의 속도를 40 km/h에서 80 km/h로 증가시키면 자동차의 운동 에너지는 몇 배 증가하는가? 혹은 속도를 10 km/h로 감속한다면 운동 에너지는 몇 배 감소하는가?

6.49 485 m s^{-1}의 속도로 움직이는 산소 1 mol의 운동 에너지는 몇 kJ인가? (크기를 나타내는 접두사를 이용하시오.)

6.50 305 m s^{-1}의 속도로 날아가는 총알의 운동 에너지는 몇 J 인가? (크기를 나타내는 접두사를 이용하시오.)

열의 측정

6.51 물 1.67 mol이 20.0°C에서 7.5°C로 냉각될 때 제거되는 열량은 얼마인가? J과 cal 단위로 계산하시오. (단, 물의 비열은 4.184 J g^{-1}°C^{-1}이다.)

6.52 물 215 mL를 25.0°C에서 99.0°C로 가열하는 데 필요한 열량은 얼마인가? J과 cal 단위로 계산하시오. (단, 물의 비열은 4.184 J g^{-1}°C^{-1}이다.)

6.53 철 95.0 g이 85.0°C에서 35.0°C로 냉각되면서 방출되는 열로 물 몇 g을 25.0°C에서 35.0°C로 가열할 수 있는가? (단, 물과 철의 비열은 각각 4.184 J g^{-1}°C^{-1}와 0.4498 J g^{-1}°C^{-1}이다.)

6.54 물 100 g이 25.0°C에서 29.2°C로 가열될 때 흡수하는 열로 몇 g의 구리가 48.5°C에서 29.2°C로 냉각될 수 있는가? (단, 물과 구리의 비열은 각각 4.184 J g^{-1}°C^{-1}와 0.387 J g^{-1}°C^{-1}이다.)

6.55 온도가 100.0°C이고 질량이 50.0 g인 금속을 온도가 30.0°C인 물 250.0 g에 넣었더니 전체의 온도가 35.4°C가 되었다. 다음 물음에 답하시오. (단, 물의 비열은 4.184 J g^{-1}°C^{-1}이다.)

(a) 물이 흡수한 열은 몇 J인가?
(b) 금속이 잃은 열은 몇 J인가?
(c) 금속의 열용량은 얼마인가?
(d) 금속의 비열은 얼마인가?

6.56 비열이 0.387 J g^{-1}°C^{-1}인 구리 시료를 120.00°C로 가열한 후 온도가 25.00°C인 물 200.0 g에 넣었더니, 전체 온도가 26.5°C가 되었다. 다음 물음에 답하시오. (단, 물의 비열은 4.184 J g^{-1}°C^{-1}이다.)

(a) 물이 흡수한 열은 몇 J인가?
(b) 구리 시료가 잃은 열은 몇 J인가?

(**c**) 구리의 열용량은 얼마인가?

(**d**) 구리의 질량은 몇 g인가?

6.57 물통에 든 4.54 kg의 물을 60.25 °C에서 58.65 °C로 냉각시켰다. 물이 방출한 열은 몇 kJ인가? (단, 물의 비열은 4.184 J g^{-1}°C^{-1}이고, 물통이 흡수하거나 혹은 방출하는 열은 무시한다.)

6.58 용기에 든 4.95 kg의 물을 25.24 °C에서 27.31 °C로 가열하였다. 물이 흡수한 열은 몇 kJ인가? (단, 물의 비열은 4.184 J g^{-1}°C^{-1}이고, 용기가 흡수하거나 혹은 방출하는 열은 무시한다.)

화학 반응의 에너지

6.59 질산을 이용하여 수산화 포타슘을 중화시킬 수 있다. 중화 반응의 반응열을 결정하기 위하여 1.25 *M* HNO_3 40.0 mL가 들어 있는 커피컵 열량계에 1.25 *M* KOH 40 mL를 가한 후 용액을 잘 저어주었더니 혼합 용액의 온도가 25.4°C에서 33.1°C로 상승하였다. 다음 물음에 답하시오. (단, 전체 용액의 비열은 4.18 J g^{-1}°C^{-1}이고 밀도는 1.00 g/mL이라고 가정한다.)

(**a**) 이 반응에 대한 균형 분자 반응식을 쓰시오.

(**b**) 반응열을 J 단위로 구하시오.

(**c**) 산 1몰에 대한 반응열을 kJ/mol 단위로 구하시오.

6.60 폼산($HCHO_2$)과 수산화 소듐이 반응해서 물과 폼산 소듐($NaCHO_2$)이 생성되었다. 반응열을 결정하기 위하여 1.07 *M* $HCHO_2$ 75.0 mL가 들어 있는 커피컵 열량계에 1.78 *M* KOH 45.0 mL를 가한 후 용액을 잘 저어주었더니 혼합 용액의 온도가 22.4°C에서 23.4°C로 상승하였다. 다음 물음에 답하시오. (단, 전체 용액의 비열은 4.18 J g^{-1}°C^{-1}이고 밀도는 1.00 g/mL이라고 가정한다.)

(**a**) 이 반응에 대해 균형 분자 반응식을 쓰시오.

(**b**) 반응열을 J 단위로 계산하시오.

(**c**) 산 1몰에 대한 반응열을 kJ/mol 단위로 구하시오.

6.61 농촌 지역에서 요리할 때 많이 쓰이는 프로페인 50.0 g을 과량의 산소와 함께 통열량계에 넣고 연소시켰더니 열량계의 온도가 25.000 °C에서 31.002 °C로 상승하였다. 시료를 포함한 열량계 전체의 열용량은 97.13 kJ°C^{-1}이다. 다음 물음에 답하시오.

(**a**) 이 반응에 대한 균형 분자 반응식을 쓰시오.

(**b**) 이 반응에서 방출되는 열량은 몇 J인가?

(**c**) C_3H_8을 연소시키는 반응의 반응열을 kJ/mol 단위로 구하시오.

6.62 톨루엔(C_7H_8)은 TNT(트라이나이트로톨루엔, 다이너마이트)와 같은 폭발물의 제조에 사용되는 화학 물질이다. 액체 톨루엔 시료 1.500 g을 과량의 산소와 함께 통열량계에 넣고 연소시켰더니, 열량계의 온도가 25.000 °C에서 26.413 °C로 상승했다. 연소 생성물은 $CO_2(g)$와 $H_2O(l)$이고 시료를 포함한 전체 열량계의 열용량은 45.06 kJ°C^{-1}이다. 다음 물음에 답하시오.

(**a**) 이 반응에 대한 균형 분자 반응식을 쓰시오.

(**b**) 이 반응에서 방출되는 열량은 몇 J인가?

(**c**) 같은 조건에서 톨루엔 1.000 mol을 연소시킬 때 방출되는 열량은 J인가?

열과 일 그리고 열역학 제1법칙

6.63 어떤 계가 56 J의 일을 하고 32 J의 열을 흡수하면, 이 변화의 ΔE 값은 얼마인가?

6.64 어떤 계에 48 J의 일이 가해지고 22 J의 열을 흡수하면, 이 변화의 ΔE 값은 얼마인가?

6.65 자동차 엔진은 순환 과정을 통해 열을 일로 바꾼다. 순환 과정은 정확히 시작한 곳에서 끝나야 한다. 다시 말하면 순환이 시작할 때의 에너지는 순환이 끝날 때의 에너지와 정확히 일치해야 한다. 한 번의 순환에서 엔진이 100 J의 일을 한다면 흡수하는 열은 몇 J인가?

6.66 핸드폰 충전기는 충전하는 동안 뜨거워진다. 충전에 이용되는 에너지의 일부분은 배터리를 충전하는 데 사용되고 나머지는 열로 소모된다. 배터리를 충전하는 데 255 J의 에너지가 필요하고 375 J이 열로 소모된다면, 핸드폰을 충전하는 데 필요한 에너지는 몇 J인가?

6.67 문제 6.65에서 설명한 엔진이 한 번의 순환에서 275 J의 열을 흡수한다면 할 수 있는 일은 몇 J인가?

6.68 배터리가 740 J의 에너지를 방출하여 621 J의 일을 하였다면 열로 방출된 에너지는 얼마인가?

열화학 반응식

6.69 다음은 암모니아와 이산화 탄소의 반응에 대한 열화학 반응식이다. 다음 물음에 대하여 답하시오.

$$2NH_3(g) + CO_2(g) \longrightarrow H_2NCONH_2(aq) + H_2O(l) \quad \Delta H = -191.2\ \text{kJ}$$

(**a**) 2.5 mol의 요소가 생성되는 반응에서의 엔탈피 변화를 계산하시오.

(**b**) 5.2 mol의 NH_3가 반응하는 열화학 반응식을 쓰시오.

6.70 다음은 일산화 탄소와 산소의 반응에 대한 열화학 반응식이다. 다음 물음에 대하여 답하시오.

$$3CO(g) + \tfrac{3}{2}O_2(g) \longrightarrow 3CO_2(g) \qquad \Delta H° = -849\ \text{kJ}$$

(**a**) 2.00 mol의 CO가 반응하는 열화학 반응식을 쓰시오.

(**b**) 1.00 mol의 CO_2가 생성되는 반응의 $\Delta H°$를 계산하시오.

6.71 마그네슘은 공기 중에서 연소하여 밝은 빛을 내기 때문에 불꽃놀이에 사용되기도 한다. 마그네슘의 연소에 대한 열화학 반응식은 다음과 같다.

$$HCl(g) + NaNO_2(s) \longrightarrow HNO_2(l) + NaCl(s)$$

마그네슘 42.6 g이 연소할 때 방출된 열은 몇 kJ인가?

6.72 에탄올을 휘발유에 섞으면 자동차 엔진을 청소하는 세정 효과가 있고, 또한 연료의 효율이 높아지고 이산화 탄소의 발생이

줄어든다. 다음은 에탄올의 연소에 대한 열화학 반응식이다.

$$C_2H_5OH(l) + 3O_2(g) \longrightarrow 2CO_2(g) + 3H_2O(g)\ \Delta H° = -1366.8\ kJ$$

33.0 g의 에탄올 연소에 의해 방출되는 열은 몇 kJ인가?

6.73 아이소옥테인(C_8H_{18})이 산소와 함께 연소하면 이산화 탄소와 수증기를 생성한다. 이 연소 반응에 대한 균형 열화학 반응식은 다음과 같다.

$$2C_8H_{18}(l) + 25O_2(g) \longrightarrow 16CO_2(g) + 18H_2O(g)\ \Delta H° = -5461\ kJ$$

940 kJ의 열을 방출하기 위해서 연소시켜야 하는 아이소옥테인은 몇 그램인가?

6.74 음식을 만드는 연료로 사용되는 메탄올의 연소에 대한 열화학 반응식은 다음과 같다.

$$2CH_3OH(l) + 3O_2(g) \longrightarrow 2CO_2(g) + 4H_2O(g)\quad \Delta H° = -1199\ kJ$$

530 kJ의 열을 방출하기 위해서 연소시켜야 하는 메탄올은 몇 그램인가?

Hess 법칙

***6.75** $Hg(l)$과 $Cl_2(g)$를 반응시켜 $Hg_2Cl_2(s)$를 생성하는 반응에 대한 엔탈피 도표를 그리고, 이 도표에 $HgCl_2(s)$를 거쳐 $Hg_2Cl_2(s)$가 생성되는 두 단계 반응에 대한 과정을 함께 나타내시오. 다음은 두 단계 과정과 관련된 열화학 반응식이다.

$$Hg_2Cl_2(s) \longrightarrow Hg(l) + HgCl_2(s)\quad \Delta H° = -41.2\ kJ$$
$$Hg(l) + HgCl_2(s) \longrightarrow 2Hg(l) + Cl_2(g)\quad \Delta H° = -224.0\ kJ$$

이 도표를 이용하여 다음 반응에 대한 $\Delta H°$를 구하시오.

$$Hg_2Cl_2(s) \longrightarrow 2Hg(l) + Cl_2(g)\quad \Delta H° = ?$$

***6.76** 다음의 열화학 반응식을 이용하여 1 mol의 $C_3H_6(g)$가 완전히 연소되는 반응에 대한 $\Delta H°$를 계산하시오.

$$C_3H_6(g) + H_2(g) \longrightarrow C_3H_8(g)\quad \Delta H° = -124\ kJ$$
$$C_3H_8(g) + 5O_2(g) \longrightarrow 3CO_2(g) + 4H_2O(l)\quad \Delta H° = -2220\ kJ$$
$$H_2(g) + \tfrac{1}{2}O_2(g) \longrightarrow H_2O(l)\quad \Delta H° = -286\ kJ$$

6.77 다음의 열화학 반응식을 이용하여 1 mol의 $B_2H_6(g)$가 생성되는 반응에 대한 $\Delta H°$를 구하시오.

$$2B(s) + \tfrac{3}{2}O_2(g) \longrightarrow B_2O_3(s)\quad \Delta H° = -2368\ kJ$$
$$B_2H_6(g) + 3O_2(g) \longrightarrow B_2O_3(s) + 3H_2O(g)\quad \Delta H° = -1941\ kJ$$
$$H_2(g) + \tfrac{1}{2}O_2(g) \longrightarrow H_2O(g)\quad \Delta H° = -242\ kJ$$

6.78 다음은 몇 가지 열화학 반응식이다.

$$2NaCl(s) + H_2O(l) \longrightarrow 2HCl(g) + Na_2O(s)\quad \Delta H° = +507.31\ kJ$$
$$NO(g) + NO_2(g) + Na_2O(s) \longrightarrow 2NaNO_2(s)\quad \Delta H° = -427.14\ kJ$$
$$NO(g) + NO_2(g) \longrightarrow N_2O(g) + O_2(g)\quad \Delta H° = -42.68\ kJ$$
$$2HNO_2(l) \longrightarrow N_2O(g) + O_2(g) + H_2O(l)\quad \Delta H° = +34.35\ kJ$$

주어진 열화학 반응식을 이용하여 불안정한 산인 아질산(HNO_2)이 생성되는 다음 반응에 대한 $\Delta H°$를 구하시오.

$$HCl(g) + NaNO_2(s) \longrightarrow HNO_2(l) + NaCl(s)\quad \Delta H° = ?$$

6.79 다음은 산화 철과 관련된 몇 가지 열화학 반응식이다.

$$Fe_2O_3(s) + 3CO(g) \longrightarrow 2Fe(s) + 3CO_2(g)\quad \Delta H° = -23.4\ kJ$$
$$Fe_3O_4(s) + CO(g) \longrightarrow 3FeO(s) + CO_2(g)\quad \Delta H° = +21.8\ kJ$$
$$Fe(s) + CO_2(g) \longrightarrow FeO(s) + CO(g)\quad \Delta H° = -10.9\ kJ$$

주어진 열화학 반응식을 이용하여 Fe_2O_3의 다음 반응에 대한 $\Delta H°$를 구하시오.

$$3Fe_2O_3(s) + CO(g) \longrightarrow 2Fe_3O_4(s) + CO_2(g)\quad \Delta H° = ?$$

6.80 다음은 산화 칼슘 및 수산화 칼슘과 관련된 몇 가지 열화학 반응식이다.

$$CaO(s) + Cl_2(g) \longrightarrow CaOCl_2(s)\quad \Delta H° = -110.9\ kJ$$
$$Ca(OH)_2(s) \longrightarrow CaO(s) + H_2O(l)\quad \Delta H° = +65.1\ kJ$$
$$H_2O(l) + CaOCl_2(s) + 2NaBr(s) \longrightarrow 2NaCl(s) + Ca(OH)_2(s) + Br_2(l)\quad \Delta H° = -60.2\ kJ$$

주어진 열화학 반응식을 이용하여 다음 반응에 대한 $\Delta H°$를 구하시오.

$$\tfrac{1}{2}Cl_2(g) + NaBr(s) \longrightarrow \tfrac{1}{2}Br_2(l) + NaCl(s)\quad \Delta H° = ?$$

6.81 다음의 열화학 반응식을 이용하여 1 mol의 $CS_2(g)$가 생성되는 반응에 대한 $\Delta H°$를 계산하시오.

$$C(s) + O_2(g) \longrightarrow CO_2(g)\quad \Delta H° = -23.2\ kJ$$
$$S(s) + O_2(g) \longrightarrow SO_2(g)\quad \Delta H° = -17.0\ kJ$$
$$CS_2(g) + 3O_2(g) \longrightarrow CO_2(g) + 2SO_2(g)\quad \Delta H° = -63.3\ kJ$$

6.82 다음은 암모니아와 관련된 두 가지 열화학 반응식이다.

$$4NH_3(g) + 7O_2(g) \longrightarrow 4NO_2(g) + 6H_2O(g)\quad \Delta H° = -1132\ kJ$$
$$6NO_2(g) + 8NH_3(g) \longrightarrow 7N_2(g) + 12H_2O(g)\quad \Delta H° = -2740\ kJ$$

주어진 열화학 반응식을 이용하여 다음 반응에 대한 $\Delta H°$를 구하시오.

$$4NH_3(g) + 3O_2(g) \longrightarrow 2N_2(g) + 6H_2O(g)\quad \Delta H° = ?$$

***6.83** 다음은 몇 가지 할로젠화 리튬의 $\Delta H_f°$를 비교한 것이다. 다음 물음에 대하여 답하시오.

	$\Delta H_f°$ (kJ mol^{-1})
LiF	−611.7
LiF	−408
LiF	−350.3

(a) 구성 원소로부터 1 mol의 LiF이 생성되는 균형 화학 반응식을 쓰시오.

(b) (a)에서의 반응은 611.7 kJ/mol의 열을 방출하는 발열 반응이다. 반응물과 생성물 중 퍼텐셜 에너지가 더 높은 것은 어느 것인가?

(c) LiF의 결합을 끊기 위하여 가해야 하는 에너지는 얼마인가?

(d) LiCl와 LiBr의 결합을 끊기 위하여 가해야 하는 에너지는 각각 얼마인가? 세 화합물에서의 결합 세기의 서열을 정해 보시오.

6.84 몸무게가 62 kg인 사람이 하루에 2100 kcal의 음식을 섭취한다. 이 에너지를 모두 물을 증발시키는 데 사용한다면, 이 사람이 호흡이나 땀으로 배출해야 하는 물의 질량은 얼마인가? (단, 물의 비열은 4.184 J g^{-1} °C^{-1}이다.)

표준 반응열

6.85 다음 반응에 대한 반응열($\Delta H°$)이 생성물에 대한 $\Delta H_f°$와 동일한 반응식은 어느 것인가? 다른 반응식이 선택되지 않은 이유를 쓰시오.

(a) $NaHCO_3(g) \longrightarrow NaHCO_3(s)$

(b) $Na(s) + H + C + 3O \longrightarrow NaHCO_3(g)$

(c) $Na(s) + \frac{1}{2}H_2(g) + C(s, \text{graphite}) + \frac{3}{2}O_2(g) \longrightarrow NaHCO_3(s)$

(d) $Na(s) + H_2(g) + C(s, \text{graphite}) + O_2(g) \longrightarrow NaHCO_3(s)$

6.86 다음 중 반응열($\Delta H°$)이 생성물에 대한 $\Delta H_f°$와 동일한 열화학 반응식은 어느 것인가? 다른 반응식이 선택되지 않은 이유를 쓰시오.

(a) $Na_2Cr_2O_7(s) + 2KCl(s) \longrightarrow K_2Cr_2O_7(s) + 2NaCl(s)$

(b) $2K(s) + 2Cr(s) + 7O(g) \longrightarrow K_2Cr_2O_7(s)$

(c) $2K + 2Cr + O_2(g) \longrightarrow K_2Cr_2O_7(s)$

(d) $2K(s) + 2Cr(s) + \frac{7}{2}O_2(g) \longrightarrow K_2Cr_2O_7(s)$

6.87 표준 상태의 구성 원소로부터 다음 화합물 1 mol을 생성하는 열화학 반응식과 $\Delta H_f°$(표 6.2 참조)를 각각 쓰시오.

(a) $Al_2O_3(s)$ **(b)** $CO(NH_2)_2(s)$

(c) $C_2HOH(l)$ **(d)** $CaSO_4 \cdot H_2O(s)$

6.88 표준 상태의 구성 원소로부터 다음 화합물 1 mol을 생성하는 열화학 반응식과 $\Delta H_f°$(표 6.2 참조)를 각각 쓰시오.

(a) $Ni(CO)_4(g)$ **(b)** $CH_2(NH_2)CO_2H(s)$

(c) $(NH_4)_2Cr_2O_7(s)$ **(d)** $MgCl_2 \cdot 2H_2O(s)$

6.89 표 6.2를 이용하여 다음 반응에 대한 $\Delta H°$를 kJ 단위로 결정하시오.

(a) $H_2SO_4(l) + 2NaOH(s) \longrightarrow Na_2SO_4(s) + 2H_2O(l)$

(b) $2NO(g) + O_2(g) \longrightarrow 2NO_2(g)$

6.90 표 6.2를 이용하여 다음 반응에 대한 $\Delta H°$를 kJ 단위로 결정하시오.

(a) $CH_4(g) + Cl_2(g) \longrightarrow CH_3Cl(g) + HCl(g)$

(b) $2NH_3(g) + CO_2(g) \longrightarrow CO(NH_2)_2(s) + H_2O(l)$

6.91 다음은 기체 에테인의 연소에 대한 열화학 반응식이다.

$$C_2H_6(g) + \frac{7}{2}O_2(g) \longrightarrow 4CO_2(g) + 3H_2O(l)$$

$$\Delta H° = -1560.7 \text{ kJ}$$

이 연소 반응과 표 6.2를 이용하여 에테인 기체의 $\Delta H_f°$를 계산하시오.

추가 연습 문제

6.92 표 6.1에 수록된 물질 목록을 살펴보자. 동일한 질량의 시료를 20 °C에서 30 °C로 가열하는 데 가장 많은 에너지가 필요한 물질은 어느 것인가? 동일한 질량의 시료가 40 kJ의 에너지를 흡수했을 때 가장 온도가 가장 크게 상승할 물질은 어느 것인가?

***6.93** 열량계에서 염산 0.33183 mol을 포함하는 용액 610.29 g을 비슷한 농도의 수산화 소듐 용액 615.31 g으로 중화시켰더니 온도가 16.784 °C에서 20.610 °C로 상승하였다. 염산 용액과 수산화 소듐 용액의 비열은 각각 4.031 J g^{-1} °C^{-1}과 4.046 J g^{-1} °C^{-1}이고, 열량계만의 열용량은 77.99 J °C^{-1}이다. 다음 물음에 대하여 답하시오(단, 혼합 시 각 용액의 비열과 열량계의 열용량은 변하지 않는다고 가정한다).

(a) 반응의 균형 화학 반응식을 쓰시오.

(b) 주어진 자료를 이용하여 방출된 열을 계산하시오.

(c) HCl 1 mol에 대한 중화열을 구하시오.

***6.94** 온도가 75.0 °C이고 비열이 0.804 J g^{-1} °C^{-1}인 화강암 3.5 kg을 25.0 °C의 물 2.00 L에 담갔다. 계가 열적 평형에 도달했을 때 최종 온도는 몇 도이겠는가? (단 물의 비열은 4.184 J g^{-1} °C^{-1}이다.)

6.95 25 °C의 물 100 g을 0 °C의 충분한 얼음이 들어있는 비커에 부었다. 녹은 얼음의 질량을 구하시오(단, 얼음의 용융열은 336 J g^{-1}이다).

6.96 다음은 산화 철과 일산화 탄소의 반응에 대한 열화학 반응식이다.

$$FeO(s) + CO(g) \longrightarrow Fe(s) + CO_2(g) \qquad \Delta H°_{반응} = -16.8 \text{ kJ}$$

위 반응과 표 6.2를 이용하여 FeO의 $\Delta H_f°$를 kJ 단위로 계산하시오.

6.97 인체에서 단백질을 만들 때 사용되는 아미노산 중 하나인 글라이신($C_2H_5NO_2$)의 연소에 대한 균형 화학 반응식은 다음과 같다.

$$4C_2H_5NO_2(s) + 9O_2(g) \longrightarrow 8CO_2(g) + 10H_2O(l) + 2N_2(g)$$

1 mol의 글라이신이 연소할 때 973.49 kJ의 열이 방출된다. 이 정보와 생성물의 $\Delta H_f°$를 이용하여 글라이신의 $\Delta H_f°$를 계산하시오.

6.98 다음은 HBr(g)의 $\Delta H_f°$를 결정하기 위하여 사용한 표준 엔탈피 실험 자료이다. 이 자료를 이용하여 HBr(g)의 $\Delta H_f°$를 계산하시오.

$Cl_2(g) + 2KBr(aq) \longrightarrow Br_2(aq) + 2KCl(aq)$	$\Delta H° = -96.2$ kJ
$H_2(g) + Cl_2(g) \longrightarrow 2HCl(g)$	$\Delta H° = -184$ kJ
$HCl(aq) + KOH(aq) \longrightarrow KCl(aq) + H_2O(l)$	$\Delta H° = -57.3$ kJ
$HBr(aq) + KOH(aq) \longrightarrow KBr(aq) + H_2O(l)$	$\Delta H° = -57.3$ kJ
$HCl(g) \xrightarrow{\text{물에 녹임}} HCl(aq)$	$\Delta H° = -77.0$ kJ
$Br_2(g) \xrightarrow{\text{물에 녹임}} Br_2(aq)$	$\Delta H° = -4.2$ kJ
$HBr(g) \xrightarrow{\text{물에 녹임}} HBr(aq)$	$\Delta H° = -79.9$ kJ

6.99 아세틸렌(C_2H_2) 기체는 연소될 때 고온을 얻을 수 있기 때문에 용접에 많이 이용된다. 소량의 아세틸렌을 합성할 때는 카바이드(탄화 칼슘, CaC_2)과 물의 반응을 이용한다. 다음의 열화학 반응식을 이용하여 아세틸렌의 $\Delta H_f°$를 kJ/mol 단위로 계산하시오.

$CaO(s) + H_2O(l) \longrightarrow Ca(OH)_2(s)$ $\Delta H° = -65.3$ kJ

$CaO(s) + 3C(s) \longrightarrow CaC_2(s) + CO(g)$ $\Delta H° = +462.3$ kJ

$CaCO_3(s) \longrightarrow CaO(s) + CO_2(g)$ $\Delta H° = +178$ kJ

$CaC_2(s) + 2H_2O(l) \longrightarrow Ca(OH)_2(s) + C_2H_2(g)$ $\Delta H° = -126$ kJ

$2C(s) + O_2(g) \longrightarrow CO_2(g)$ $\Delta H° = -220$ kJ

$2H_2O(l) \longrightarrow 2H_2(g) + O_2(g)$ $\Delta H° = +572$ kJ

6.100 슈크로스($C_{12}H_{22}O_{11}$)의 물질대사 반응은 일반적인 산소와의 연소 반응처럼 $CO_2(g)$와 $H_2O(l)$를 생성한다. 슈크로스의 표준 생성열은 −2230 kJ/mol이다. 표 6.2를 이용하여 슈크로스 1 oz(28.4 g)의 대사에 의하여 발생하는 열을 kJ 단위로 계산하시오.

6.101 다음은 몇 가지 열화학 반응식이다.

$CH_3OH(l) + O_2(g) \longrightarrow HCHO_2(l) + H_2O(l)$ $\Delta H° = -411$ kJ

$CO(g) + 2H_2(g) \longrightarrow CH_3OH(l)$ $\Delta H° = -128$ kJ

$HCHO_2(l) \longrightarrow CO(g) + H_2O(l)$ $\Delta H° = -33$ kJ

첫 번째 반응을 역으로 쓴 반응에 2를 곱하고 두 번째와 세 번째 반응에 각각 1/2를 곱한 다음, 세 반응을 더했다. 이 결과에 대한 알짜 반응을 쓰고, $\Delta H°$를 계산하시오.

6.102 9.0톤(1톤 = 2000 lb)의 질량을 가진 트럭이 50 mi/h의 속도로 달리고 있다고 가정하자. 트럭 운전수가 브레이크를 밟아서 트럭의 운동 에너지가 트럭이 멈출 때까지 열로 바뀐다면, 이 열을 모두 흡수한 4.00갤런 물의 온도는 얼마나 증가하겠는가? (단, 물의 비열은 4.184 J g^{-1}°C^{-1}이다.)

6.103 $CO_2(g)$와 $H_2O(l)$로부터 0.75 mol의 CH_4(+ 산소)를 생성하기 위하여 계에 가해져야 하는 일의 양은 얼마인가?

6.104 다음은 에탄올의 연소에 대한 균형 화학 반응식이다.

$$C_2H_5OH(l) + 3O_2(g) \longrightarrow 2CO_2(g) + 3H_2O(l),$$

25 °C에서 이 반응을 통열량계에서 수행한 결과 1364.47 kJ/mol의 열이 방출되었다. 이 연소 반응에 대한 $\Delta H_{연소}$를 계산하시오. (단, 이상 기체 상수 $R = 8.314$ J K^{-1} mol^{-1}이고 기체는 이상 기체로 가정한다.)

6.105 Na_2CO_3와 $NaHCO_3$는 모두 산을 중화하는 데에 사용될 수 있는 염기이다. 부록 C의 정보를 이용하여 어떤 염기가 질산 1 mol을 중화시키는 데 더 많은 열을 방출하는지 결정하시오.

***6.106** NH_4Cl과 $CaCl_2$가 혼합된 고체 시료 7.28 g을 100.0 mL 물에 녹였더니 물의 온도가 6.49 °C 상승하였다. 시료에 포함된 각 화합물의 질량을 구하시오. (단, 용액의 밀도와 비열은 각각 1.00 g mL^{-1}과 4.184 J g^{-1}°C^{-1}로 가정한다.)

***6.107** 6.6절의 다중 개념 문제의 분석과 풀이 및 실전 문제 6.14의 결과를 이용하여, 아세트산 수용액에서 아세트산 1 mol이 해리하는 반응의 반응열을 결정하시오.

***6.108** 다음의 열화학 반응식을 이용하여 1 mol의 아세트산($HC_2H_3O_2$)이 해리하는 반응의 몰엔탈피를 구하시오(**힌트**: 알짜 이온 반응식을 이용하시오).

$KOH(aq) + HCl(aq) \longrightarrow KCl(aq) + H_2O$ $\Delta H° = -56.8$ kJ/mol

$NaOH(aq) + HC_2H_3O_2(aq) \longrightarrow NaC_2H_3O_2(aq) + H_2O$ $\Delta H° = -50.6$ kJ/mol

$HC_2H_3O_2 \rightleftharpoons C_2H_3O_2^-(aq) + H^+(aq)$ $\Delta H° = ?$ kJ/mol

***6.109** 다음의 열화학 반응식을 이용하여 1 mol의 메틸아민(CH_3NH_2)이 해리하는 반응의 몰엔탈피를 구하시오(**힌트**: 알짜 이온 반응식을 이용하시오).

$LiOH(aq) + HNO_3(aq) \longrightarrow LiNO_3(aq) + H_2O$ $\Delta H° = -56.8$ kJ/mol

$CH_3NH_2(aq) + HNO_3(aq) \longrightarrow LiNO_3(aq) + CH_3NH_3^+(aq)$ $\Delta H° = -52.5$ kJ/mol

$CH_3NH_2(aq) + H^+(aq) \rightleftharpoons CH_3NH_3^+(aq)$ $\Delta H° = ?$ kJ/mol

다중 개념 문제

***6.110** 가솔린과 섞어서 가소홀 연료를 만드는 에탄올(C_2H_5OH)의 $\Delta H_f° = -277.63$ kJ/mol이다. 에탄올 2.18갤런이 완전히 연소될 때 방출되는 열량을 kJ 단위로 계산하시오. 에탄올의 밀도는 0.787 g cm^{-3}이고, 추가로 필요한 자료는 표 6.2를 참고하시오.

***6.111** 25.0°C의 금판 25.0 g을 50.0 °C의 구리판 45 g 위에 겹쳐놓았다. 주위로의 열 손실이 없다고 가정할 때 최종 온도는 몇 도인가? 금과 구리의 비열은 각각 0.129 J g^{-1}°C^{-1}과 0.385 J g^{-1}°C^{-1}이다.

6.112 기본적인 안전 관리 지침에 의하면 실험실에서 산과 염기는 따로 보관해야 한다. 진한 염산과 25% 수산화 암모늄 용액의 몰농도는 각각 12.0 *M*과 13.4 *M*이고, 두 시약 모두 2.5 L 용기에 담아서 시판된다. 실험실에서 발생한 안전사고로 인하여 두 시약병이 깨지고 산과 염기가 완전히 섞였다고 가정해 보자. 이때 다음의 중화 반응에 의해 발생하는 열은 몇 kJ인가?

$NH_4OH(aq) + HCl(aq) \longrightarrow NH_4Cl(aq) + H_2O(l)$ $\Delta H° = -50.49$ kJ

6.113 어떤 실험에서 커피컵 열량계에 0.225 *M*의 질산 은 95.0 mL와 0.225 *M*의 염화 칼슘 47.5 mL을 섞고 재빨리 저어 주었다. 이때 진행되는 반응은 발열 반응인가 아니면 흡열 반응인가? 반응 용액의 초기 온도가 23.7 °C라면 최종 온도는 몇 도인가?

비판적 사고의 과제

6.114 밀을 재배하고 빵을 만들기 위해서는 에너지가 필요하다. 밀이 자랄 때부터 소비될 때까지 일련의 과정을 생각해 보자. 자라는 동안 밀은 빛을 흡수해서 이산화 탄소와 물을 탄수화물로 바꾸는 광합성을 한다. 밀이 다 자라면 추수한 후 갈아서 밀가루를 만든 다음 제빵소로 이송하여 빵을 굽는다. 어느 날 상품화된 빵을 먹은 소비자가 걷는 운동을 한다. 이 과정에 포함된 여러 가지 에너지의 종류와 에너지 변환에 대하여 설명하시오.

6.115 압축한 스프링을 단단히 묶은 후 산에 녹였다고 생각해 보자. 압축된 스프링에 저장된 퍼텐셜 에너지는 어떻게 되겠는가? 어떻게 측정할 수 있는가?

6.116 에너지(E) 혹은 엔탈피(H)의 절댓값을 측정하지 못하는 이유는 무엇인가? E 혹은 H의 절댓값을 측정하기 위하여 필요한 정보(들)는 무엇인가?

6.117 폭발성이 있는 몇 가지 화합물의 생성열을 찾아보고, 이들의 공통점이 무엇인지 쓰시오. 이 화합물의 ΔH_f°를 H_2O, NaCl, $CaCO_3$와 같은 안정한 화합물의 ΔH_f°와 비교하시오. 관찰 결과를 모두 종합했을 때 얻을 수 있는 일반화된 결론은 무엇인가?

6.118 초기 온도와 질량이 각각 25 °C와 100 g으로 동일한 화강암과 납이 있다. 두 시료를 100 °C의 오븐에서 2분 동안 가열한 후 온도를 측정했더니 모두 100 °C보다 낮았다. 다음 물음에 답하시오. (단, 화강암과 납의 비열은 각각 $0.804\,J\,g^{-1}\,°C^{-1}$과 $0.128\,J\,g^{-1}\,°C^{-1}$이다.)

(**a**) 2분 후 측정한 온도가 더 높은 시료는 어느 것인가?

(**b**) 어느 시료가 더 빨리 100 °C에 도달하겠는가?

(**c**) 두 시료가 모두 100 °C에 도달하기 위하여 필요한 에너지를 계산하시오.

Proxima Studio/Adobe Stock

7장

양자 역학적 원자

이 장의 배경

양자 발광 다이오드(QLED) TV가 구현하는 생생한 색감과 높은 해상도는 높은 에너지를 가진 전자가 에너지를 내놓을 때 방출하는 빛을 이용하는 것이다. 이제 전자의 특성과 원자나 분자 내에서의 역할에 대하여 논하는 것으로 7장을 시작해 보자.

왜 소듐 이온은 양이온이고 염화 이온은 음이온인가? 왜 비금속 원자끼리는 결합하여 분자를 형성하는 반면, 금속 원자로 만들어진 분자는 거의 없는가? 왜 비활성 기체는 반응성이 거의 없는가? 주기율표는 왜 그러한 배치와 형태를 가지는가? 더 많은 질문을 제시할 수 있지만, 고전 물리학을 근거로 1800년대 말과 1900년대 초에 제시된 원자에 대한 설명 가운데 드러난 문제들에 비하면 다른 질문들은 사소할 뿐이다.

무엇보다도 1800년대 후반의 물리학인 고전 물리학에 의하면 원자가 존재하는 것 자체가 불가능이었다. 고전 물리학의 이론으로는 전자들이 빠르게 에너지를 잃으면서 핵과 충돌하여 붕괴할 것으로 예측되었기 때문이다. 이것을 **원자 붕괴 역설** (collapsing atom paradox)이라고 한다. 고전 물리학은 또한 물체를 더 높은 온도로 가열할수록 높은 에너지를 갖는 UV 빛을 더 많이 방출해야 한다고 예측하였다. 그러나 실제로는 방출되는 UV의 양은 매우 적었고, 물리학자들은 이것을 **자외선 파국** (ultraviolet catastrophe)이라고 불렀다. 마지막으로 전자와 같은 입자가 매우 작은 틈새를 통과하면서 파동처럼 거동하는데, 이것은 입자를 파동처럼 간주하는 물질의 파동/입자 이중성 개념으로만 설명될 수 있다. 물체의 기본 성질을 설명하는 데 있어서 이러한 문제들은 완전히 새로운 개념의 이론이 필요하다는 것을 의미했다. 당시에 드러난 여러 가지 문제점들을 설명하기 위하여 양자 역학(파동 역학 또는 양자 이론이라고 부르기도 한다)이라고 부르는 새로운 이론이 구체화되었는데, 이 개념은 이제 현대 화학에서 매우 중요한 역할을 하고 있다.

7장에서는 양자 역학과 원자에 포함된 전자의 거동과 원소의 성질에 미치는 영향에 대하여 논의할 것이다.

이 장의 개요

7.1 전자기 복사선

7.2 선 스펙트럼과 Rydberg 식

7.3 Bohr 이론

7.4 파동 역학 모형

7.5 원자 내 전자의 양자수

7.6 전자 스핀

7.7 에너지 준위와 바닥 상태 전자 배치

7.8 주기율표와 바닥 상태 전자 배치

7.9 원자 오비탈: 모양과 배향

7.10 주기율표와 원소의 성질

해설 이론과 실험 결과가 다르면 이론을 수정하거나 폐기해야 한다. 고전 물리학은 원자 붕괴 역설을 설명하지 못했다. 고전 물리학은 또한 고온으로 가열된 원소가 방출하는 복사선의 기본적인 특성에 대한 올바른 예측도 제공하지 못했다.

학습 목표

이 장을 읽고 이해한 후 다음과 같은 것을 할 수 있어야 한다.

- 빛을 입자와 파동의 두 가지 관점에서 설명하고, 이와 관련된 식을 사용할 수 있다.
- 수소 선 스펙트럼의 파장을 계산하고, 그것을 전자의 에너지 준위와 관련지을 수 있다.
- 수소의 Bohr 모형을 이용하여 수소 원자의 선 스펙트럼이 발생하는 원인을 설명할 수 있다.
- 원자에 대한 파동 역학 모형의 주요 특징을 설명할 수 있다.
- 세 가지 주요 양자수와 그들의 허용된 값을 정의하고 사용할 수 있다.
- 전자의 스핀을 이해하고 상자기성과 반자기성 및 Pauli 배타 원리를 설명할 수 있다.
- 원자의 바닥 상태 전자 배치를 쓸 수 있다.
- 주기율표와 원자의 전자 배치 사이의 관련성을 설명할 수 있다.
- 원자 내 *s, p, d* 오비탈의 모양과 배향을 그릴 수 있다.
- 원소의 전자 배치와 주기율표를 이용하여 원소의 물리 · 화학적 성질을 예측할 수 있다.

학습 목표 달성을 위한 제안

7장에서 제시된 여러 내용을 이해하는 데 도움이 되는 몇 가지 제안이다. 가장 중요한 제언은 7장에서 제시된 개념, 아이디어, 문제, 질문, 그리고 정의 등을 노트에 정리하라는 것이다. 능동적 읽기를 적극 활용하면 7장에서의 개념을 이해하는 데 도움이 될 것이다.

1. 7장을 본격적으로 공부하기 전에 절의 제목이나 부제목, 굵은 글씨의 용어, 그리고 도구 등을 이용하여 전반적인 요약을 작성하는 것을 권장한다.
2. 다음과 같은 도표를 작성하라.
   a. 파장과 진폭을 함께 나타낸 파동에 대한 그림을 그려라. 그 외에 파수, 진동수, 그리고 에너지 등을 정의하라.
   b. 전자기 스펙트럼의 여러 영역에서 파장과 에너지가 어떻게 연관되어 있는지 기술하라.
   c. n, ℓ, m_ℓ, m_s 등의 양자수를 정하는 규칙과 관련한 도표를 작성하라. 도표에는 오비탈의 모양과 껍질이나 부껍질 그리고 오비탈에 포함된 전자의 수 등이 포함되어야 한다.
   d. 주기율표를 그리고 그 위에 오비탈이 채워지는 방법을 나타내라.
   e. 원자의 모습을 그리고 유효 핵전하를 이용하여 주기율표의 가로와 세로 방향으로 원자의 크기가 변하는 경향성에 대하여 설명하라. 다음에는 원자의 크기와 유효 핵전하를 이용하여 주기율표에서 이온화 에너지와 전자 친화도가 변하는 경향성을 설명하라.
3. 7장에서는 전자에 대하여 Bohr 모형과 파동 역학 모형 두 가지를 다룬다. 두 모형의 유사점과 차이점을 요약하라.
4. 교재에 정답이 수록된 복습 문제를 풀어보라. 오답을 제시한 경우, 오류를 찾아 답을 수정하라. 오류를 찾기 어려우면 강사에게 도움을 청하라.

7.1 전자기 복사선

해설 속에 든 내용물이 무엇인지 추측하려고 선물 상자를 흔들어 보는 것처럼, 과학자들은 원자에 에너지를 가해서 원자를 '흔들' 수 있다. 선물 상자에서는 달그락거리는 소리가 나지만, 원자에서는 빛이 방출된다. 방출되는 빛의 세기와 에너지 통해 원자의 내부 구조를 설명할 수 있다.

빛의 성질

물체는 운동 에너지와 퍼텐셜 에너지의 두 가지 방식으로만 에너지를 가질 수 있으며, 물질 사이에 에너지는 이동할 수 있다. 6장에서 다룬 에너지 관련한 주요 관심사는 주로 열 형태의 이동과 관련된 것이었다. 그런데 에너지는 빛이나 혹은 전자기 복사선 형태로 전달되기도 한다. 앞으로 배우겠지만 빛 에너지를 이용하여 원자와 분자의 구조뿐만 아니라 그들의 화학 반응에 대해서도 탐구할 수 있다. 예를 들면 **그림 7.1**에서 보는 바와 같이 어떤 화학계에서 반응

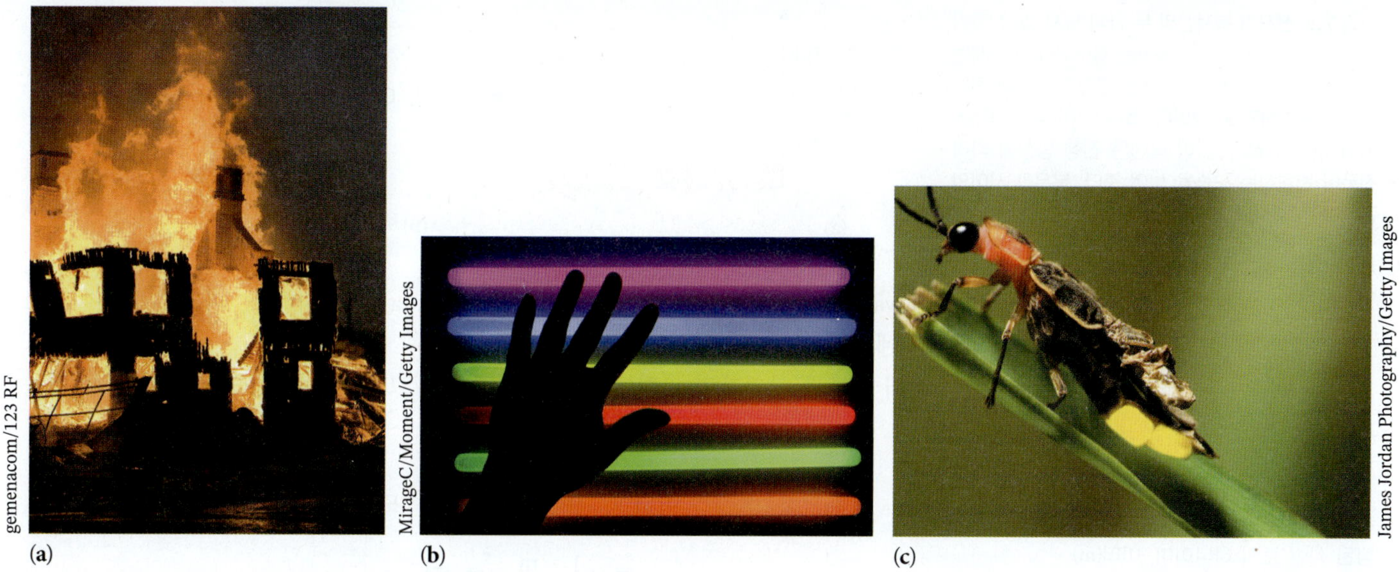

그림 7.1 다양한 화학 반응에서 빛이 방출한다. (a) 연소 (b) 발광 막대 (c) 반딧불이

이 일어날 때 화학 발광이라는 과정을 통해 가시광선을 방출하는 경우(그림 7.1의 (b)와 (c))가 종종 있다.

전자기 복사선이 공간을 통하여 **파동**(**wave**)의 형태로 에너지를 전달한다는 것이 다양한 실험으로 확인되었다. 파동은 교란 지점으로부터 밖을 향해 움직이는 진동이다. 연못에 던진 조약돌로부터 잔물결이 퍼져나가는 것을 생각해 보라. **전자기 복사선**(**electromagnetic radiation**)의 경우에는 전기장을 발생시키는 진동 전하가 그러한 교란이 될 수 있다. 진동하는 전기장은 진동하는 자기장을 만드는데, 이때의 전기장과 자기장 두 가지를 합한 **전자기파**(**electromagnetic wave**)를 **그림 7.2**에 나타내었다.

해설 전기와 자기는 서로 밀접하게 연관되어 있다. 움직이는 전하는 전류가 되고, 그 전류는 주변에 자기장을 형성한다. 이것이 전기 모터의 기본 원리다. 한편, 움직이는 자기장은 전기장이나 전류를 형성하는데, 이것이 전기 발전기와 터빈의 배경 원리이다.

해설 수면파와 음파는 전파를 위한 매질이 필요하지만, 전자기파는 매질이 필요 없기 때문에 진공을 통과할 수 있다. 복사선이 어떻게 형성되었는지와 무관하게, 진공에서 전자기파의 속도는 3.00×10^8 m/s로 항상 일정하다.

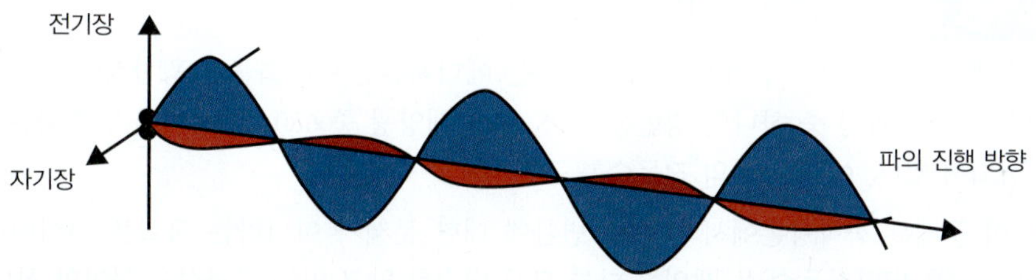

그림 7.2 전자기파의 전기장과 자기장 성분 전자기파에서 전기장과 자기장은 서로 직교한 상태로 진동한다.

파장과 진동수

전자기파는 흔히 진폭, 파장, 및 진동수로 나타내는 사인(sine) 파동으로 나타낸다. **그림 7.3**은 파동이 공간을 통해서 진행할 때 파동의 **진폭**(**amplitude**) 혹은 파동의 세기가 시간과 거리에 따라 어떻게 변하는지를 나타낸 것이다. 그림에서는 전자기파를 간단히 나타내기 위해 파동의 자기장 성분은 생략하였다. 파동의 진폭은 복사선의 세기 또는 밝기와 관련이 있다. 그림 7.3a는 1초 동안 두 번 진동하는 파를 나타낸 것이다. 초당 진동하는 횟수를 전자기 복사선의 **진동수**(**frequency**)라 하며, 이를 기호 ν(그리스 문자 nu)로 나타낸다. SI 단위에서 진동수는 '초당' 단위, 즉 1/s 또는 s^{-1}로 주어지며, 이 단위의 또 다른 이름은 **헤르츠**(**Hz**)이다.

해설 진동수를 나타내는 기호 ν는 그리스 문자 nu로 '뉴'라고 발음한다.

해설 '초'의 SI 기호는 s이다.

$$s^{-1} = \frac{1}{s}$$

전자기 복사선이 광원에서 멀어짐에 따라 최대 진폭(봉우리)과 최소 진폭(골)의 위치는 규칙적인 간격으로 분포한다. 그림 7.2b에서와 같이 최댓값(또는 최솟값) 사이의 거리를 그 복

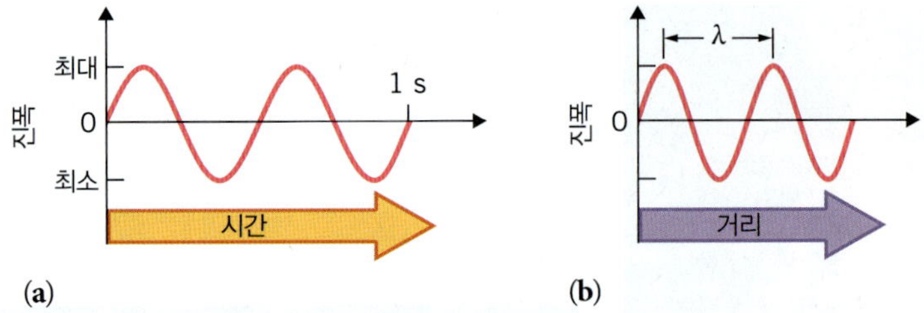

그림 7.3 전자기 복사선의 두 가지 도시 (a) 전자기파의 진동수 ν는 초당 진동하는 횟수이다. 여기서는 2회의 주기가 나타나는 데 1초 걸렸기 때문에 진동수는 초당 2회인 2 Hz이다. (b) 시간이 멈춘 상태에서의 전자기 복사선. 이 곡선은 진행 방향에 따라 진폭이 변화하는 모습을 보여 준다. 봉우리 사이의 간격이 전자기 복사선의 파장 λ이다.

사선의 **파장**(**wavelength**)이라 하고, λ(그리스 문자 lambda)로 표시한다. 파장은 거리이므로 거리의 단위(예컨대 미터)를 가진다.

단위 사이의 관계를 살펴보면 파장에 진동수를 곱하면 그 결과는 파동의 속도가 되는 것을 알 수 있다.

해설 빛의 속도는 가장 정확하게 측정된 상수 중의 하나이며, 미터(m)를 정의하는 데 사용된다. 진공에서 빛의 정확한 속도는 2.99792458×10^8 m/s이므로, 1 m는 1/299,792,458초 동안 빛이 이동한 거리로 정확하게 정의된다.

$$\text{미터} \times \frac{1}{\text{초}} = \frac{\text{미터}}{\text{초}} = \text{속도}$$

$$\text{m} \times \frac{1}{\text{s}} = \frac{\text{m}}{\text{s}} = \text{m s}^{-1}$$

진공에서 전자기 복사선의 속도는 일정한데, 이것을 **광속**(speed of light)이라고 하며 기호 c로 나타낸다. 이 값을 유효 숫자 세 개로 나타내면 $3.00 \times 10^8\,\text{m s}^{-1}$이다.

$$c = 3.00 \times 10^8\,\text{m s}^{-1}$$

도구
파장–진동수 관계

지금까지 설명한 것으로부터 파장 λ와 진동수 ν 사이의 변환과 관련한 다음과 같은 중요한 관계식을 얻게 된다.

$$\boxed{\lambda \times \nu = c = 3.00 \times 10^8\,\text{m s}^{-1}} \tag{7.1}$$

예제 7.1 파장으로부터 진동수 계산하기

지구에 생존하는 생명체가 가장 많이 의존하는 에너지원인 탄수화물은 광합성에 의하여 생성된다. 광합성 과정 중 하나인 명반응에 PS–II가 태양광 중 680 nm의 빛을 흡수하는 과정이 포함되어 있다. 이 복사선의 진동수를 구하시오.

분석 이 문제는 화학량론에서와 같은 변환에 대한 문제가 아니라는 사실을 인식해야 한다. 구하는 물리량(진동수)을 제외한 다른 모든 변수를 알고 있는 관련식을 찾아야 한다.

도구 모음 필요한 도구는 파장과 진동수의 관계에 대한 식 7.1을 진동수에 대하여 재배열한 다음의 식이다.

$$\nu = \frac{c}{\lambda}$$

또한 단위를 맞추기 위하여 1장에 있는 SI 접두어 표를 도구로 사용할 수 있다.

풀이 c에 $3.00 \times 10^8\,\text{m s}^{-1}$를, 파장 λ에 680 nm를 대입한다. 그러나 단위를 정확하게 소거하려면 파장을 나노미터(nm)에서 미터(m)로 바꿔야 한다. 나노미터(nm)는 10^{-9} m를 의미하므로 **나노**는 '10^{-9}'를 곱해야 한다는 것을 기억하라. 모든 값을 대입하면 다음과 같이 된다.

$$\nu = \frac{c}{\lambda} = \frac{3.00 \times 10^8\,\text{m s}^{-1}}{680\,\cancel{\text{nm}}} \times \frac{1\,\cancel{\text{nm}}}{1 \times 10^{-9}\,\text{m}}$$

$$= 4.41 \times 10^{14}\,\text{s}^{-1}$$

$$= 4.41 \times 10^{14}\,\text{Hz}$$

답이 합리적인가? 답을 확인하는 한 가지 방법은 주어진 파장에 계산된 진동수를 곱하면 빛의 속도가 되는지 확인하는 것이다. 답을 대략적으로 추정하고 계산기 없이 계산하기 위해서 유효 숫자 하나 또는 두 개의 수로 반올림하자. 680 nm는 반올림하면 700×10^{-9} m로 반올림되고 계산한 진동수를 반올림하면 $4 \times 10^{14}\ s^{-1}$이 되므로, 이들을 곱하면 다음과 같다.

$$(700 \times 10^{-9}\ \mathrm{m}) \times (4 \times 10^{14}\ \mathrm{s^{-1}}) = 280 \times 10^{6}\ \mathrm{m\ s^{-1}} = 2.8 \times 10^{8}\ \mathrm{m\ s^{-1}}$$

이것은 유효 숫자 한 개 범위 내에서 실제 빛의 속도에 근접한다. 실제 숫자들과 계산기를 사용하면 정확한 빛의 속도가 된다.

예제 7.2 진동수로부터 파장 계산하기

라디오 방송국 XXYZ는 주파수 91.1 MHz로 송출하는 FM 방송국이다. 이 라디오파의 파장은 몇 미터인가?

분석 예제 7.1에서와 같은 분석을 이용하여 MHz를 미터로 바꾼다.

도구 모음 이 문제는 예제 7.1과 동일한 다음의 식을 사용하여 m 단위의 파장을 구한다.

$$\lambda = \frac{c}{\nu}$$

풀이 파장에 대한 식 7.1을 이용할 때, 먼저 단위를 고려해야 한다. MHz라는 단위는 두 가지 의미를 포함하고 있다. M(메가)는 10^6을 나타내며, Hz는 s^{-1}를 나타낸다. 이 모든 정보를 식에 대입하여 다음과 같이 계산한 파장은 3.29미터이다.

$$\lambda = \frac{c}{\nu} = \frac{3.00 \times 10^{8}\ \mathrm{m\ s^{-1}}}{91.1\ \mathrm{MHz}} = \frac{3.00 \times 10^{8}\ \mathrm{m}\ \cancel{\mathrm{s^{-1}}}}{91.1 \times 10^{6}\ \cancel{\mathrm{s^{-1}}}} = 3.29\ \mathrm{m}$$

답이 합리적인가? 앞 문제와 같이 이 파장이 정확하다면 주어진 진동수(Hz)를 이 파장에 곱해 빛의 속도를 얻을 수 있어야 한다. 또 다른 방법은 원래의 진동수를 얻기 위해 빛의 속도를 계산된 파장으로 나누어 확인하는 것인데, 유효 숫자 하나로 반올림하여 이 방식으로 계산하면 다음과 같이 된다.

$$\frac{3 \times 10^{8}\ \cancel{\mathrm{m}}\ \mathrm{s^{-1}}}{3 \times 10^{3}\ \cancel{\mathrm{m}}} = 100 \times 10^{6}\ \mathrm{Hz} = 100\ \mathrm{MHz}$$

계산된 값은 원래의 진동수 91.1 MHz와 상당히 비슷하다.

실전 문제 7.1

헬륨은 태양을 의미하는 라틴어에서 유래한 명칭이다. 1868년에 분광학자들이 태양의 스펙트럼에서 588 nm의 파장이 빠져 있다는 사실을 알게 되면서 헬륨이 발견되었다. 이 복사선의 진동수는 얼마인가? (**힌트**: 단위를 정확히 소거하기 위해서 미터법 접두사를 기억하시오.)

실전 문제 7.2

라디오 방송국 KKRR은 주파수 1260 kHz로 송출하는 AM 방송국이다. 이 라디오파의 파장은 몇 미터인가?

전자기 스펙트럼

전자기 복사선은 **그림 7.4**에 보인 것처럼 **전자기 스펙트럼(electromagnetic spectrum)**이라고 하

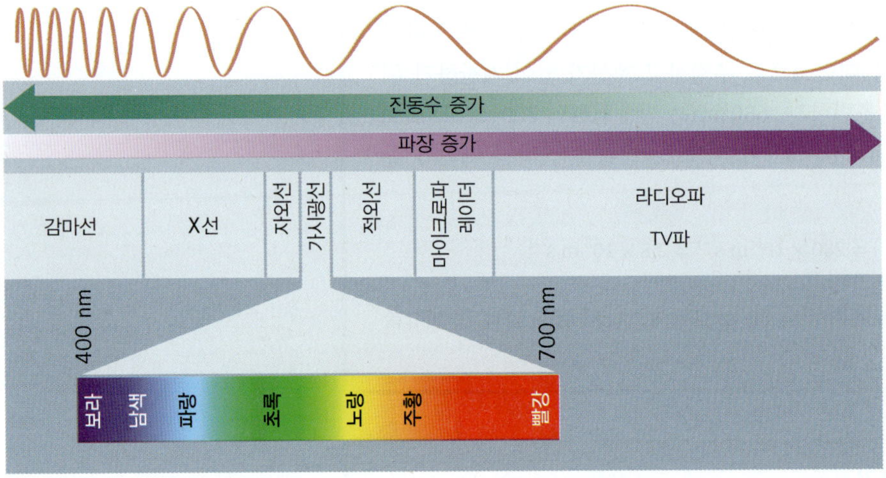

(a)

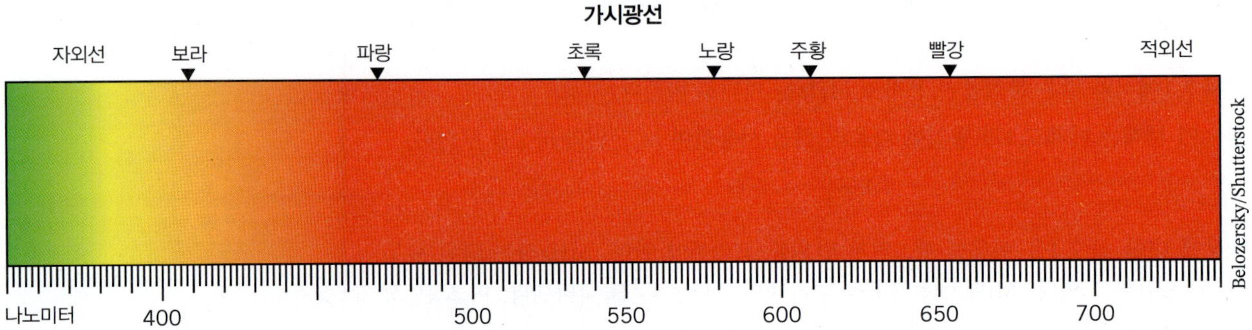

(b)

(c)

그림 7.4 전자기 스펙트럼 (a) 전자기 스펙트럼은 복사선의 파장에 따라 여러 영역으로 나뉜다. (b) 가시광선 스펙트럼은 약 400~700 nm 범위의 파장으로 구성된다. (c) 프리즘이 백색광을 가시광선 스펙트럼으로 분리하는 것을 보여주는 사진이다.

해설 진동수와 파장 사이에는 반비례 관계가 있다. 진동수가 낮을수록 파장이 길어진다.

해설 레이더(radar)는 라디오파 검출 장치(radio detection and ranging)를 의미한다.

는 넓은 범위의 진동수를 포함하고 있다. 스펙트럼의 특정 영역마다 흔히 불리는 이름이 있다. 예컨대 라디오파는 매우 낮은 진동수(따라서 매우 긴 파장)를 가진 전자기 복사선이다. 역시 낮은 진동수를 가진 마이크로파는 경찰이 자동차의 속도를 측정하기 위해 사용하는 레이더와 같은 기기에서 사용된다. 전자레인지는 이 복사선으로 음식물 속에 있는 물을 가열하여 음식을 빨리 요리한다. 뜨거운 물체에서 방출되는 적외선은 대부분의 물질을 구성하는 분자를 진동시킬 수 있는 진동수 영역에 속한다. 적외선은 볼 수 없으나 뜨거운 전열기에 손을 가까이 대면 몸으로 흡수되는 것을 느낄 수 있다. 즉 흡수된 복사선이 손을 따뜻하게 만든다. 감마선은 전자기 스펙트럼의 가장 높은 진동수 영역에 속한다. 이 선은 일종의 방사성 물질에 의해 생성되는데, 중성자별이나 맥동성 혹은 초신성 폭발 등에서 방출된다. X선은 감마선과 비슷하지만 보통 특별한 장치에 의해 만들어지며 인체의 형상 등을 촬영하는 데 이용된다. X선과 감마선은 모두 생체를 쉽게 투과한다.

우리는 그림 7.4(a)에 나타낸 전자기 스펙트럼의 모든 영역에 해당하는 전자기 복사선과 항상 부딪치고 있다. 라디오와 TV 신호는 우리를 스쳐 지나가고, 전열기의 따뜻함을 감지할 때 적외선을 느낀다. X선과 감마선은 우주로부터 들어와 우리에게 도달한다. 또한 전등에서 나온 빛은 우리가 읽고 있는 책에서 반사되어 우리 눈에 들어온다. 이 모든 복사선 중에서 그림 7.4(b)의 400~700 nm 사이의 매우 좁은 영역의 파장에 해당하는 빛만을 우리 눈이 감지할 수 있다. 이 영역을 **가시광선 스펙트럼(visible spectrum)**이라고 하며, 이 영역은 우리가 볼 수 있는 모든 빛, 즉 빨간색부터 주황, 노랑, 초록, 파랑, 보라색 등으로 구성되어 있다. 백색광은 이들 모든 색깔의 빛이 합해진 것으로, 백색광을 프리즘에 통과시켜 다시 각 색깔(파장)로 분리되는 모습을 그림 7.4(c)에 나타내었다.

해설 계산으로 얻은 전자기파의 속도는 약 3×10^8 m/s로, 이 값이 실험으로 결정된 빛의 속도와 같다는 사실은 빛이 전자기파라는 가정을 뒷받침한다.

물질이 전자기 복사선을 흡수하는 방법을 이용하여 물질을 구별할 수 있다. 예컨대 각 물질이 흡수하는 적외선 진동수 영역은 서로 다르다. **그림 7.5**에서 보는 바와 같이 투과된 적외선 복사선의 백분율을 파장에 대하여 나타낸 것을 적외선 투과 스펙트럼이라고 한다. 각 물질의 적외선 투과 스펙트럼은 지문처럼 독특하기 때문에 화합물을 확인하는 데 사용될 수 있다. 여러 물질이 가시광선이나 자외선 영역에서 흡수하는 파장도 물질에 따라 독특하기 때문에, 각각의 물질이 **그림 7.6**에 나타낸 것과 같은 서로 다른 특징적인 가시광선 및 자외선 흡수 스펙트럼을 나타낸다.

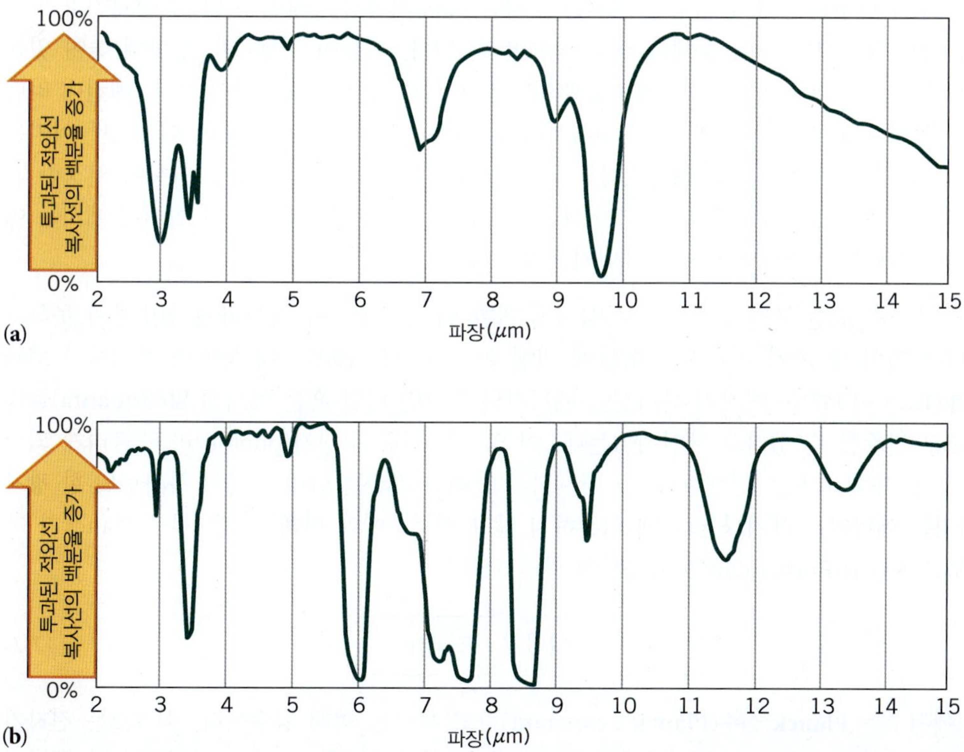

그림 7.5 유기 화합물의 적외선 스펙트럼 (a) 메틸 알코올의 적외선 스펙트럼. 적외선 스펙트럼에서는, 그래프의 위에서 아래로 갈수록 투과되는 빛의 백분율이 감소하는 것을 나타내는 방식이 보통이다. 그러므로 예를 들면 이 스펙트럼에서는 약 3 μm에서 투과된 빛의 백분율이 최솟값을 나타내는 봉우리(peak)가 있다. (b) 물, 향료, 염료, 라놀린 같은 보습제와 혼합해서 손톱의 매니큐어를 지우는 데 사용되는 아세톤의 적외선 스펙트럼(*Spectra provided courtesy of Sadtler Research Laboratories, Inc., Philadelphia, Pa.*)

해설 빛의 투과도(transmittance, T)는 시료를 통과한 빛의 세기($I_{시료}$)를 시료에 쪼여준 빛의 세기(I_{100})로 나눈 비이다.

$$T = \frac{(I_{시료})}{(I_{100})}$$

$$\%T = T \times 100$$

해설 흡광도(A)와 투광도(T)의 관계는 $A = -\log T$이다.

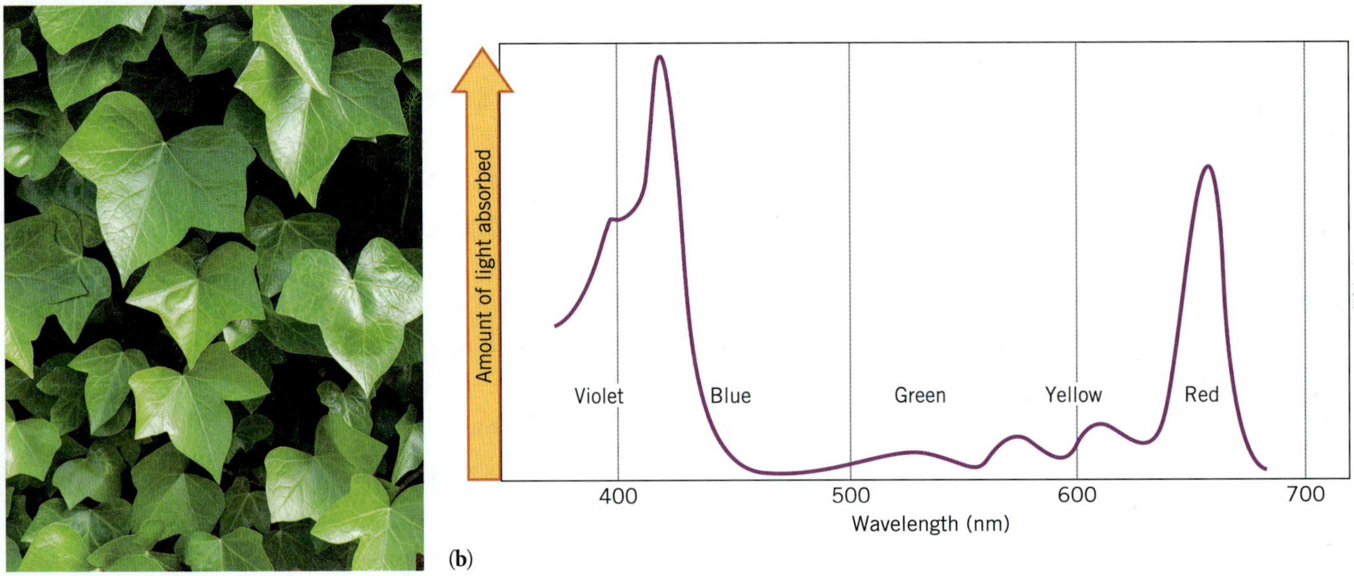

avictorero/123 RF

(a) (b)

그림 7.6 엽록소에 의한 빛의 흡수 (a) 엽록소는 식물이 광합성을 위해 태양 에너지를 얻을 때 사용하는 초록색 색소이다. (b) 엽록소의 가시광선 흡수 스펙트럼에서는 흡수된 빛의 백분율이 아래에서 위로 증가한다. 420 nm와 660 nm 부근에 빛을 흡수한 봉우리가 있다. 이것은 색소가 남보라색과 빨간색 빛을 강하게 흡수함을 의미한다. 사람이 보는 초록색은 흡수되지 않고 반사된 빛이다. 우리 눈은 초록색에 가장 민감하기 때문에, 반사되는 빛에 포함된 노란색 성분을 거의 인식하지 못한다.

빛은 광자의 흐름이다

마치 파도가 항구의 부표에 영향을 미치는 것처럼, 전자기파가 물체를 지날 때 전자기파의 진동하는 전기장과 자기장이 물체와 상호 작용할 수 있다. 파동이 진행하는 방향에 놓여 있는 전하를 띤 작은 입자는 진동하는 전기장과 자기장에 의해 앞뒤로 요동칠 것이다. 예컨대 라디오파가 안테나에 부딪히면 안테나의 전자들이 위아래로 진동하기 시작하고, 이때 만들어지는 교류가 전기적으로 검출되고 해독된다. 전자기파가 안테나의 전자에 힘을 가하여 일정한 거리를 움직이게 하였으므로 일을 한 것이다. 따라서 파동의 발생원(라디오파 발진기)에서는 에너지가 손실되고 안테나의 전자는 에너지를 얻는다.

해설 광자 한 개의 에너지를 일 양자 에너지(one quantum energy)라고 부른다.

광자의 에너지 고전 물리가 전자기 복사선에 의한 에너지 전달을 정확하게 설명하지 못하고 있었다는 것이 몇 가지 획기적 실험들에 의해 확인되었다. 1900년에 독일의 물리학자 Max Planck(1858~1947)는 전자기 복사선을 에너지의 조그만 다발 혹은 에너지 **양자(quanta)**들의 흐름으로 간주할 수 있다고 제안하였는데, 이 양자는 나중에 광자(photon)라고 불리게 되었다. 광자는 빛의 속도로 진행한다. 그 당시까지 알려진 것과는 달리 전자기 복사선의 **한 광자가 가지는 에너지는 세기나 밝기에 의존하지 않고 진동수에만 비례**한다는 것을 Planck가 제안하였고 Albert Einstein(1879~1955)이 확인하였다.

도구
광자의 에너지

$$\text{광자의 에너지} \quad E = h\nu \tag{7.2}$$

이 식에서 h는 **Planck 상수(Planck's constant)**라고 부르는 비례 상수이다. 식 7.2는 전자기 복사선에 대한 두 가지 관점을 연관시키는 식이다. 식의 왼쪽은 입자의 성질(광자당 에너지양)에 해당하고, 오른쪽은 파동의 성질(진동수)과 관련이 있다. 나중에 더 자세히 배우게 되겠지만 양자 이론에 의하여 입자의 관점과 파동의 관점이 융합되었고, 따라서 실험 결과를 설명할 때 어떤 표현이든 더 편리한 관점을 선택하면 된다.

해설 Planck 상수값은 6.626068×10^{-34} J s이다. 에너지(줄)에 시간(초)을 곱한 단위를 가진다.

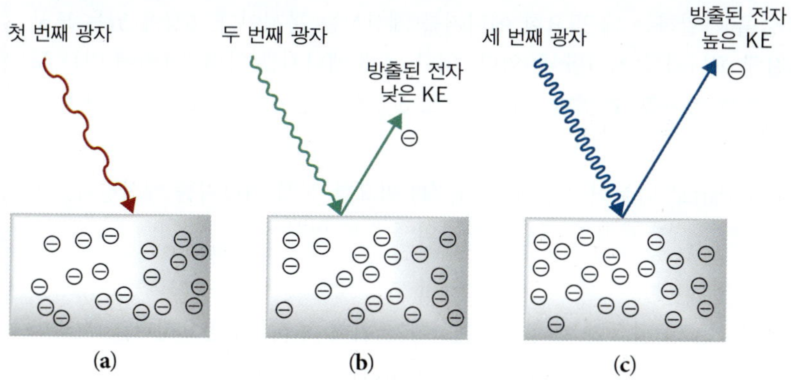

그림 7.7 광전 효과 쪼여주는 빛의 진동수에 따라 금속 표면에서 전자가 방출될 수 있다. (a) 빛의 진동수가 작으면 전자는 방출되지 않는다. (b) 빛의 에너지가 점점 증가해서 문턱값에 도달하면 전자가 방출되기 시작한다. (c) 더 높은 에너지의 빛을 쪼여주면 방출된 전자의 운동 에너지가 증가한다. 직선의 길이는 방출된 전자의 상대적 운동 에너지의 크기를 나타낸다.

광전 효과 빛의 진동수와 에너지 사이의 관계에 대한 최초의 실마리는 **광전 효과(photoelectric effect)**의 발견이었다. 어떤 금속에 빛을 쪼여주면 금속이 양전하를 띠게 된다는 사실이 19세기 후반에 알려졌다. 이는 **그림 7.7**에서 보는 바와 같이 빛에 의해 전자가 금속 표면에서 튀어나가는 것으로 설명할 수 있다.

이 현상을 연구해 보니 입사 복사선의 진동수가 문턱 진동수 혹은 (전자의) 결합 에너지(binding energy)에 해당하는 어떤 최솟값 이상일 경우에만 금속의 표면에서 전자가 방출될 수 있다는 사실이 발견되었다. 예를 들면 그림 7.7에서 (b)의 초록빛과 (c)의 푸른빛의 경우에만 전자가 방출된다. 이 결합 에너지는 금속 원자가 전자를 얼마나 단단히 붙잡고 있는가에 따라 금속마다 서로 다른 값을 갖는다. 또한 문턱 진동수 이상의 빛을 쪼여주면 빛의 진동수가 증가함에 따라 방출되는 전자의 운동 에너지도 증가한다. 그러나 전자의 운동 에너지는 빛의 세기에는 의존하지 않는다. 오히려 그림 7.7의 첫 번째 경우처럼 빛의 에너지가 결합 에너지보다 낮으면, 쪼여준 빛이 아무리 밝아도(세도) 전자는 전혀 관찰되지 않는다. 빛의 에너지가 밝기와 관계있다고 믿었던 당시의 물리학자들에게 이 사실은 매우 당혹스러운 것이었다. Einstein은 마침내 다음과 같은 매우 간단한 식을 이용하여 이 현상을 설명하였다.

해설 더 밝은 빛은 더 많은 광자를 전달하고, 더 높은 진동수의 빛은 더 높은 에너지의 광자를 전달한다.

$$\text{KE} = h\nu - \text{BE}$$

여기서 KE는 방출된 전자의 운동 에너지이고 $h\nu$는 금속 표면에 쪼여준 광자의 에너지이며 BE는 금속 표면으로부터 전자를 튀어나오게 하는 데 필요한 최소 에너지(**결합 에너지**)이다. 바꾸어 말하면 광자 에너지의 일부는 금속 표면으로부터 전자를 제거하는 데 사용되는데, 이 양이 BE이다. BE를 제외한 나머지 에너지($h\nu - \text{BE}$)가 전자의 운동 에너지로 나타난다.

전자기 복사선을 광자의 흐름 혹은 파동이라는 두 가지 측면에서 설명할 수 있다는 개념은 양자 이론의 초석이다. 물리학자들은 이 개념을 사용하여 고전 물리학으로는 해석되지 않는 많은 실험 결과들을 이해할 수 있었다. 복사선을 설명하는 양자 이론의 성공은 또 다른 놀라운 발견으로 이어졌다. 복사선과 마찬가지로 전자도 파동 또는 입자로 표현할 수 있다는 것이다. 이제 원자 구조에 대한 현대 양자 역학적 모형을 가능하게 한 첫 번째 실험 증거인 원자 스펙트럼에서의 불연속선의 존재에 대해 알아보기로 하자.

다중 개념 문제의 분석과 풀이

전자레인지를 사용하여 차 한 잔 분량인 100 mL의 물을 27.0°C에서 84.0°C까지 데우는 데 필요한 광자의 몰수를 구하시오. 전자레인지는 물 분자가 흡수하는 파장이 12.24 cm인 마이크로파를 방출하는 클라이스트론(Klystron) 관을 이용한다. 물의 밀도와 비열은 각각 1.00 g/mL와 4.184 J g^{-1} $°C^{-1}$이다.

분석 차 한 잔 분량의 물을 가열하는 데 필요한 에너지를 계산하는 문제이다. 6장에 있는 도구들을 사용하여 필요한 전체 에너지를 계산할 수 있다. 일단 전체 에너지를 알면 7.1절에 있는 도구를 이용하여 광자의 개수를 계산할 수 있다. 마지막으로 3장에 있는 정보를 토대로 광자의 몰수를 계산할 수 있다.

전략 이 계산을 다음의 세 Part로 나누어 접근해 보자. (1) 필요한 전체 에너지를 계산한다. (2) 필요한 광자의 개수를 계산한다. (3) 광자의 개수를 광자의 몰수로 변환한다.

Part 1

도구 모음 물 한 잔을 가열하는 데 필요한 에너지를 계산하기 위해 식 6.7이 필요하다.

$$\text{열에너지}(J) = (\text{질량}) \times (\text{비열}) \times (\text{온도 변화}) = ms\Delta T$$

풀이 물의 비열이 $4.184\ \text{J g}^{-1}\ ^\circ\text{C}^{-1}$임을 알고 있으며, 물의 밀도(1.00 g/mL)를 이용하여 물 100 mL를 물 100 g으로 변환한다.

$$100\ \cancel{\text{mL}} \times \left(\frac{1.00\ \text{g}}{1.00\ \cancel{\text{mL}}}\right) = 100\ \text{g}$$

온도 변화는 84.0°C − 24.0°C = 57.0°C이다. 구한 값과 물을 비열을 식에 대입하여 열에너지(J)를 구하면 다음과 같다.

$$\text{열에너지(J)} = q = (100\ \cancel{\text{g}})(4.184\ \text{J}\ \cancel{\text{g}^{-1}}\ \cancel{^\circ\text{C}^{-1}})(57\ \cancel{^\circ\text{C}}) = 2.385 \times 10^4\ \text{J}$$

마지막 결과를 계산할 때까지 유효 숫자 개수를 여분으로 하나 더 유지하는 것을 유념하라.

Part 2

도구 모음 식 7.1($\lambda \times \nu = c$)을 이용하여 광자의 진동수를 구한 다음 식 7.2($E = h\nu$)에 대입하면 광자 한 개의 에너지를 계산할 수 있는 다음의 식을 얻을 수 있다.

$$E = h\frac{c}{\lambda} = \frac{hc}{\lambda}$$

다음에는 Part 1에서 구한 전체 에너지를 이 값으로 나누어 필요한 광자의 수를 결정한다.

풀이 광자 한 개의 에너지는 다음과 같다.

$$E = \frac{(6.626 \times 10^{-34}\ \text{J}\ \cancel{\text{s}})(2.998 \times 10^8\ \cancel{\text{m}}\ \cancel{\text{s}^{-1}})}{(12.24 \times 10^{-2}\ \cancel{\text{m}})} = 1.623 \times 10^{-24}\ \text{J 광자}^{-1}$$

따라서 필요한 에너지에 해당하는 광자의 수는 다음과 같다.

$$\text{필요한 광자의 수 광자} = \frac{2.385 \times 10^4\ \cancel{\text{J}}}{1.623 \times 10^{-24}\ \cancel{\text{J}}\ \text{photon}^{-1}} = 1.470 \times 10^{28}\ \text{광자}$$

Part 3

도구 모음 아보가드로수로 알려진 기본 입자의 수를 몰수로 변환하는 도구를 사용한다.

$$1\ \text{mole 광자} = 6.022 \times 10^{23}\ \text{광자}$$

풀이 기본 단위로부터 몰수를 계산하는 변환 인자를 사용한다.

$$1.470 \times 10^{28}\ \cancel{\text{광자}} \left(\frac{1\ \text{mol 광자}}{6.022 \times 10^{23}\ \cancel{\text{광자}}}\right) = 2.440 \times 10^4\ \text{mol 광자}$$

유효 숫자에 맞춰 반올림한 답은 2.44×10^4 mol 광자이다.

답이 합리적인가? 먼저 차 한 잔을 가열하기 위해 많은 수의 광자가 필요하다는 것을 예상할 수 있으며, 우리의 답은 이 예상에 잘 맞는다. 계산을 검증하기 위하여 먼저 모든 단위가 소거되었음을 확인하고, 다음에는 답을 어림해서 계산해 본다. Part 1에서 대략적인 답을 구해보면 $100 \times 4 \times 50 = 20000$으로, 실제로 얻은 2.385×10^4에 매우 가깝다. Part 2의 숫자 부분은 추정하면 (6 × 3)/12 = 3/2이고, 지수 부분은 − 34 + 8 − (− 2) = − 24이다. 따라서 추정치 1.5×10^{-24}은 구한 답과 유사하다. 나머지 두 계산에 대한 추정값도 구한 값과 유사하므로 전체적으로 계산이 올바르다는 것을 짐작할 수 있다.

7.2 선 스펙트럼과 Rydberg 식

그림 7.4에 나타낸 스펙트럼은 **모든** 색깔의 빛이 연속적으로 분포되어 있으므로 **연속 스펙트럼(continuous spectrum)**이라고 한다. 매우 높은 온도로 가열된 물체(예: 전구의 필라멘트)로부터 나온 빛을 프리즘으로 분산시켜 스크린에 비춰보면 이런 스펙트럼이 만들어진다. 여름철 소나기 뒤에 생기는 무지개는 누구나 본 적이 있는 연속 스펙트럼이다. 이 경우에는 공기 중의 작은 물방울들이 햇빛에 포함된 색들을 분산시킨다.

전기 방전(electric discharge) 또는 스파크를 수소 기체에 통과시킬 때 방출되는 빛을 조사해 보면, 또 다른 형태의 스펙트럼이 관찰된다. 전류인 전기 방전으로 인해 기체 원자에 포함된 전자가 에너지를 얻거나 혹은 다른 표현으로 들뜨게 된다. 이때 원자가 **들뜬 상태(excited state)**에 있다고 말한다. 들뜬 전자가 낮은 에너지 상태로 되돌아가면서 원자가 흡수한 에너지를 빛의 형태로 방출한다. 슬릿을 통과한 좁은 빛살을 프리즘으로 분리하면 **그림 7.8**에서 보는 바와 같이 연속 스펙트럼은 **나타나지 않는다**. 그 대신 몇 가지 색깔의 빛만이 독립적인 선 모양으로 나타난다. 이 일련의 선들을 그 원소의 **원자 스펙트럼(atomic spectrum)** 또는 **방출 스펙트럼(emission spectrum)**이라고 한다. **그림 7.9**는 소듐과 수소의 원자 스펙트럼의 가시광선 영역을 보여주는데, 이들이 연속 스펙트럼과 어떻게 다른지 확인할 수 있다. 서로 다른 원소의 스펙트럼은 각각 상당히 차

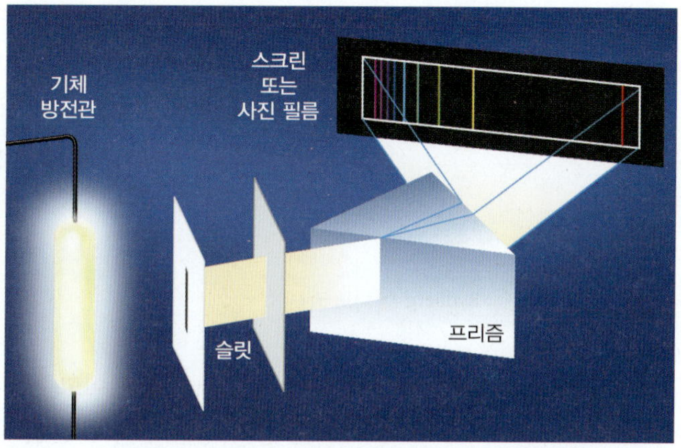

그림 7.8 원자 스펙트럼 들뜬 원자에서 방출된 빛이 슬릿을 통과한 후 좁은 빛살로 만들어진다. 좁은 빛살이 프리즘을 통과하면, 그 빛을 방출한 원소의 특성을 나타내는 몇 가지 진동수를 가진 띠 형태의 빛살로 분리된다. 분리된 빛살을 스크린에 비춰보면 일련의 선들로 관측되기 때문에, 이를 선 스펙트럼이라고 한다.

해설 특정 원소의 원자를 분젠 버너의 불꽃에 넣어 열적으로 들뜨게 할 수 있다.

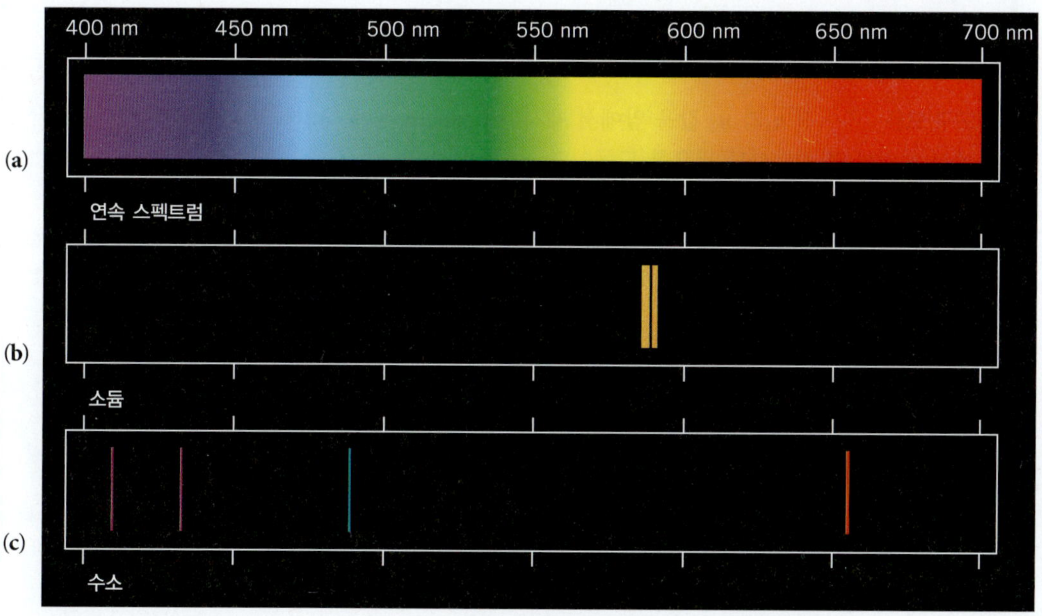

그림 7.9 연속 스펙트럼과 원자 방출 스펙트럼 (a) 태양이나 백열등에서 만들어진 가시광선 영역의 연속 스펙트럼, (b) 소듐에 의해 만들어진 원자 방출 스펙트럼. 소듐의 방출 스펙트럼은 가시 영역에서 실제로는 90개 이상의 선을 포함하는데, 여기서는 두 개의 가장 밝은 선만 보인다. 그 밖의 다른 모든 선의 밝기는 이들 두 선 밝기의 1%보다 작다. (c) 수소에 의해 만들어진 원자 스펙트럼(선 스펙트럼). 가시광선 스펙트럼에는 밝기가 서로 비슷한 네 개의 선만 있다.

이가 나기 때문에, 각 원소가 나타내는 고유한 스펙트럼은 지문처럼 서로를 식별하는 데 사용될 수 있다.

수소의 스펙트럼

수소의 스펙트럼에 대한 연구를 통하여 처음으로 원자 스펙트럼에 대한 정량적인 설명이 가능케 되었다. 전자가 한 개인 가장 간단한 원소인 수소는 몇 개의 선만을 가진 가장 간단한 스펙트럼을 만든다.

Rydberg 식 수소의 원자 스펙트럼은 실제로 여러 계열의 선들로 이루어져 있다. 이 중 한 계열은 그림 7.9(c)에서 보듯이 전자기 스펙트럼의 가시광선 영역에서 나타난다. 이와 더불어 자외선 영역의 계열과 적외선 영역 계열도 존재한다. J. J. Balmer는 1885년에 가시광선 영역의 스펙트럼에서 관찰되는 선들의 파장을 계산할 수 있는 몇 개의 정수로 표현되는 실험식을 제안하였다. 이 식은 곧이어 **Rydberg 식(Rydberg equation)**이라는 좀 더 일반화된 식으로 확장되었으며, 이 식을 이용하여 수소 스펙트럼에 나타나는 모든 선의 파장을 계산할 수 있다.

도구
Rydberg 식

$$\frac{1}{\lambda} = R_H\left(\frac{1}{n_1^2} - \frac{1}{n_2^2}\right)$$

여기서 λ는 파장이고, R_H는 Rydberg 상수(109,678 cm^{-1})이며, n_1과 n_2는 1, 2, 3, …과 같은 양의 정수이다. 유일한 제한은 n_2 값이 반드시 n_1보다 더 커야 한다는 것이다(그래야 계산된 파장이 항상 양의 값을 갖는다). 즉 n_1이 1이면 n_2는 2, 3, 4, …여야 한다. Rydberg 상수 R_H는 실험으로 얻은 상수(empirical constant)인데, 이는 Rydberg 식으로 계산된 파장이 스펙트럼에서의 파장과 일치하도록 R_H 값을 정했다는 의미이다. 예제 7.3은 Rydberg 식을 이용하여 파장을 계산하는 사례이다.

예제 7.3 Rydberg 식을 이용하여 수소 스펙트럼의 파장 계산하기

Lyman, Balmer, Paschen, Brackett, Pfund 계열은 수소 원자에서 들뜬 전자가 에너지 준위가 각각 $n = 1$, 2, 3, 4, 5인 껍질로 전이할 때 방출되는 선 스펙트럼 계열이다. Rydberg 식을 이용하여 전자가 $n = 5$인 준위에서 $n = 2$인 준위로 전이할 때 생성되는 선 스펙트럼의 파장(nm)을 유효 숫자 4자리로 구하시오.

분석 질문에서 제시한 바와 같이 Rydberg 식을 이용하여 파장을 계산하는 문제이다.

도구 모음 주어진 n_1과 n_2 값을 앞에서 제시된 Rydberg 식에 대입하고 파장을 구한다. 1장에서 설명한 SI 접두사도 필요한 도구이다.

풀이 Rydberg 식에 $n_1 = 2$와 $n_2 = 5$를 대입하면 다음 결과를 얻는다.

$$\frac{1}{\lambda} = 109{,}678\ \text{cm}^{-1}\left(\frac{1}{2^2} - \frac{1}{5^2}\right)$$
$$\frac{1}{\lambda} = 109{,}678\ \text{cm}^{-1}\left(\frac{1}{4} - \frac{1}{25}\right)$$
$$= 109{,}678\ \text{cm}^{-1}(0.25000 - 0.0400)$$
$$= 109{,}678\ \text{cm}^{-1}(0.2100)$$
$$= 2.3032 \times 10^4\ \text{cm}^{-1}$$

이제 $1/\lambda$이 구해졌으니, 이것의 역수를 취해서 cm 단위의 파장을 얻는다.

$$\lambda = \frac{1}{2.3032 \times 10^4\ \text{cm}^{-1}}$$
$$= 4.3420 \times 10^{-5}\ \text{cm}$$

마지막으로 cm 단위를 nm로 변환한다.

$$\lambda = 4.342 \times 10^{-5}\ \text{cm} \times \frac{10^{-2}\ \text{m}}{1\ \text{cm}} \times \frac{1\ \text{nm}}{10^{-9}\ \text{m}}$$
$$= 434.178\ \text{nm}$$

답을 유효 숫자 4자리로 반올림하면 434.2 nm이다.

답이 합리적인가? 계산을 검산하는 것 외에도, 파장이 스펙트럼의 가시광선 영역인 400~700 nm 범위에 들어오는지를 확인해야 한다. 또한 그림 7.9의 수소 스펙트럼에 있는 실험값과 계산으로 구한 답을 비교해 볼 수도 있다. 이 파장은 수소 원자 스펙트럼에서 두 번째 보라색 선에 해당한다.

실전 문제 7.3

$n_2 = 5$에서 $n_1 = 3$로 전이될 때 예상되는 복사선의 파장을 나노미터(nm) 단위로 계산하시오. 답을 유효 숫자 세 자리로 제시하시오. 이 빛은 전자기 스펙트럼의 어느 영역에 속하는가? (**힌트**: 먼저 n_1과 n_2 값을 사용하여 괄호 속에 있는 항을 먼저 계산하시오.)

실전 문제 7.4

수소의 가시광선 스펙트럼에서 $n_1 = 2$와 $n_2 = 4$에 해당하는 스펙트럼 선의 진동수를 계산하시오. 이 선은 어떤 색인가? (**힌트**: Rydberg 식을 이용하여 파장을 먼저 계산하시오.)

Rydberg 식의 발견은 매우 고무적이면서도 당황스러운 일이었다. 단지 하나의 상수와 두 정수 제곱의 역수를 이용한 간단한 식에 의하여 수소 스펙트럼을 구성하는 각 선의 파장을 계산할 수 있다는 것은 놀라운 일이다. 그러한 간단함을 설명하기 위하여 과학자들은 원자 내 전자의 행동을 연구해야 했다.

7.3 Bohr 이론

원자 내 전자의 에너지는 양자화되어 있다

빛의 진동수와 에너지 사이에는 $E = h\nu$인 간단한 관계가 성립한다는 것을 보았다. 들뜬 원자는 어떤 특정한 진동수의 빛만을 방출하는 것으로 미루어 원자 내에서 어떤 특정한 에너지 변화만 일어나는 것이 확실하다. 예컨대 수소의 스펙트럼에는 파장이 656.4 nm이고 진동수가 4.567×10^{14} Hz인 붉은색 선(그림 7.9)이 있다. 이 빛의 광자 에너지는 3.026×10^{-19} J이다. 수소 원자가 붉은색 빛을 방출할 때는 언제든지 그 빛의 진동수가 정확히 4.567×10^{14} Hz이고, 원자의 에너지는 적지도 많지도 않은 정확히 3.026×10^{-19} J이 감소한다. 따라서 원자 스펙트럼은 **들뜬 원자가 에너지를 잃을 때는 특정한 양만큼만** 잃는다는 것을 말해 준다. 이는 원자가 에너지를 얻을 때도 마찬가지이다.

해설
$E = h\nu$
$h = 6.626 \times 10^{-34}$ J s
$E = (6.626 \times 10^{-34}\ \text{J s}) \times (4.567 \times 10^{14}\ \text{s}^{-1}) = 3.026 \times 10^{-19}$ J

이와 같은 에너지의 얻음과 잃음을 설명하는 가장 합리적인 설명은, 원자 내의 전자가 특정한 에너지만을 가질 수 있다는 것이다. 이를 전자는 어떤 특정한 **에너지 준위(energy level)**에만 존재하도록 제한되고, 전자의 에너지는 **양자화(quantized)**되어 있다고 표현한다.

원자 내 전자의 에너지는 **그림 7.10**에 나타낸 토끼의 에너지로 비유될 수 있다. 그림 7.10(a)에서 토끼가 경사면의 어느 지점에서든 안정하게 멈출 수 있다는 것은 토끼가 가질 수 있는 퍼텐셜 에너지가 무수히 많다는 것을 의미한다. 그림 7.10(b)에서 토끼는 몇 개의 계단에서만

해설 어떤 의미에서는, 계단에 갇힌 토끼의 퍼텐셜 에너지도 양자화되었다고 생각할 수 있다.

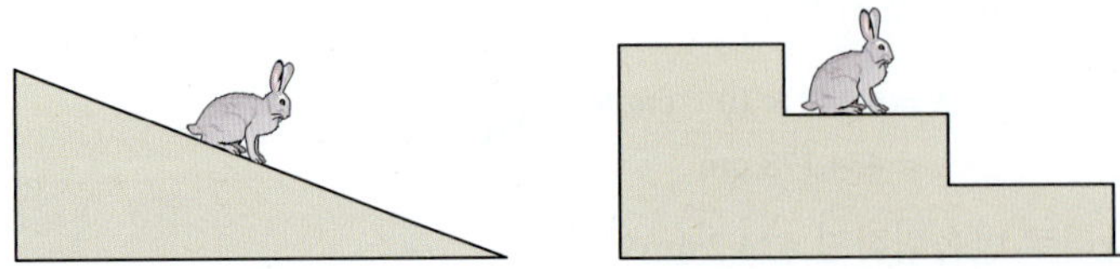

(a) 어떤 퍼텐셜 에너지든 가질 수 있다: 에너지 값이 **연속적**이다.

(b) 가질 수 있는 퍼텐셜 에너지가 제한되어 있다: 에너지 값이 **불연속적**이다.

그림 7.10 양자화된 상태의 비유 (a) 경사면 위의 토끼는 경사면의 어느 위치로나 자유롭게 움직일 수 있다. 토끼의 퍼텐셜 에너지는 가장 큰 값(언덕의 꼭대기)부터 가장 작은 값(바닥) 사이의 어느 값이든 가질 수 있다. 유사한 상황에서 자유 전자의 에너지도 어떤 값이든 가질 수 있다. (b) 토끼는 맨 아래(가장 낮은 바닥 상태)나 중간 혹은 제일 높은 계단 중 한 곳에만 머물 수 있다. 원자에 갇힌 전자도 에너지도 원자에 허용된 몇 가지 에너지 준위에 해당하는 어떤 특정한 값으로 한정된다. 여러 에너지 준위 중 비어 있는 준위도 있을 수 있다.

안정한 상태를 유지할 수 있고, 이는 토끼가 계단이 나타내는 '에너지 준위'에 의해 결정되는 특정 양의 퍼텐셜 에너지만을 가질 수 있다는 것을 나타낸다. 만약 토끼가 더 높은 계단으로 뛰어오르면 퍼텐셜 에너지는 증가하고, 낮은 계단으로 뛰어내리면 퍼텐셜 에너지는 감소한다. 토끼가 만약 계단 사이의 중간 지점에 머물려고 하면, 즉시 아래 계단으로 떨어지게 된다. 그러므로 토끼의 에너지 변화는 계단 사이의 퍼텐셜 에너지 차이에 의해서 제한된다.

마찬가지로 전자는 원자 내 전자와 관련된 일련의 에너지 준위에 해당하는 특정 에너지 값만을 가질 수 있다. 원자에 에너지가 공급되면(예컨대 전기 방전으로) 낮은 에너지 준위에서 높은 준위로 전자가 전이한다. 전자가 제자리로 돌아올 때 두 에너지 준위의 차이와 일치하는 에너지가 광자로 방출한다. 특정한 에너지에 해당하는 변화만 일어날 수 있기 때문에 특정 진동수의 빛만 스펙트럼에 나타나게 되는 것이다.

원자 스펙트럼이 의미하는 바와 같이, 원자 내에는 특정 에너지 준위들만 존재한다는 사실이 전자 구조에 대한 모든 이론의 기초를 이룬다. 전자의 위치나 운동을 나타내는 어떤 원자 모형도 원자 스펙트럼을 설명할 수 있어야 한다.

Bohr의 수소 모형

해설 Bohr는 수소 원자 모형에 대한 업적으로 1922년에 노벨 물리학상을 받았다.

Rydberg 식을 성공적으로 설명한 최초의 수소 원자 이론 모형은 1913년에 덴마크의 물리학자인 Niels Bohr(1885~1962)에 의해서 제안되었다. Bohr는 그의 모형에서 핵 주위를 돌고 있는 전자를 태양 주위를 회전하는 행성처럼 생각하였다. 그는 전자가 일정한 경로, 즉 궤도를 따라 핵 주위를 돈다고 제안하였다. 그의 모형에서는 주어진 궤도에서 전자가 가지는 에너지와 궤도의 크기가 한정되어 있다고 하였는데, 이것은 고전 물리학의 법칙에 위배된 것이다. 그러나 이 모형을 이용하여 결국은 원자 내 전자의 에너지를 나타낼 수 있는 식을 유도하였다. 이 식은 전자의 질량과 전자의 전하량 및 Planck 상수와 같은 여러 물리 상수를 포함한다. 또한 이 식에는 Bohr가 **양자수(quantum number)**라고 부른 정수 n도 포함되어 있으며, 각 궤도는 n 값에 의해서 구별된다. 모든 상수를 하나로 합친 Bohr 식은 다음과 같다.

해설 Issac Newton에 의해 제시된 것과 같은 고전 물리학 법칙은 궤도의 크기나 에너지에 어떤 제한도 없다.

$$E = \frac{-b}{n^2} \tag{7.3}$$

해설 에너지에 대한 Bohr의 식은 $E = -\frac{2\pi^2 me^4}{n^2h^2}$인데, 여기서 m은 전자의 질량을, e는 전자의 전하를, n은 양자수를, h는 Planck 상수를 나타낸다. 그러므로 식 7.3에서 $b = \frac{2\pi^2 me^4}{h^2} = 2.18 \times 10^{-18}$ J. 이다.

여기서 E는 전자의 에너지이고, b는 여러 항이 합쳐진 상수(그 값은 2.18×10^{-18} J)이다. n의 허용된 값은 1부터 ∞까지의 정수이다(즉 $n = 1, 2, 3, 4, \cdots,$). 이 식을 이용하여 특정 궤도에 있는 전자의 에너지를 모두 계산할 수 있다.

식 7.3의 음의 부호 때문에 가장 낮은(가장 음의) 에너지 값은 $n = 1$일 때이며, 이것은 **첫 번째 Bohr 궤도**에 해당한다. 전자가 인력에 의하여 핵에 당겨질 때 에너지가 방출되기 때문에 전자의 에너지가 음의 값이다. 원자의 가장 낮은 에너지 상태가 가장 안정한 상태이며, 이것을 **바닥 상태(ground state)**라고 한다. 수소 원자에서는 전자가 $n = 1$에 있을 때가 바닥 상태이다. Bohr 이론에 의하면 이 궤도에 있는 전자가 핵에 가장 가깝다. 이와 반대로 $n = \infty$에 있는 전자는 핵의 인력으로부터 완전히 벗어난 '구속되지 않은' 자유 전자에 해당한다. Bohr 이론에서는 이런 전자의 에너지는 0이다. 식 7.3에 있는 음의 부호는 유한한 n 값을 가지는 전자가 구속되지 않은 자유 전자보다 더 낮은 에너지를 가지도록 한다. 따라서 자유 전자가 양성자와 결합하여 수소 원자가 되면 에너지가 방출된다.

전기 방전이 수소 원자를 통과할 때와 같이 수소 원자가 에너지를 흡수하면 전자는 $n = 1$ 궤도에서 $n = 2$나 $n = 3$ 또는 더 높은 궤도로 전이하고, 수소 원자는 들뜬 상태에 있게 된다. 높은 궤도는 낮은 궤도보다 덜 안정하므로 전자는 재빨리 다시 낮은 궤도로 전이한다. 이 과정에서 남는 에너지는 **그림 7.11**에서와 같이 빛의 형태로 방출된다. 주어진 궤도에서의 전자 에너지는 정해져 있으므로 어느 특정 궤도에서 다른 궤도로, 예컨대 $n = 2$에서 $n = 1$로 전이할 때 방출되는 에너지는 항상 일정하며, 따라서 방출되는 빛의 진동수도 항상 일정하다.

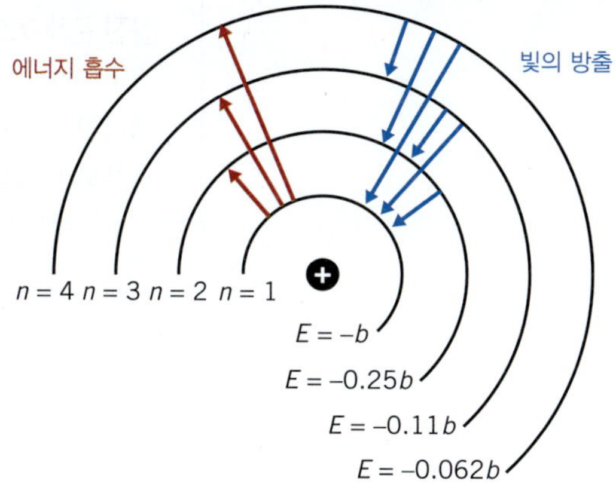

그림 7.11 수소 원자에 의한 에너지의 흡수와 빛의 방출 원자가 에너지를 흡수하면 전자가 더 높은 에너지 준위로 전이한다. 전자가 더 낮은 에너지 준위로 떨어질 때는 특정 에너지와 진동수를 가진 빛이 방출된다.

Bohr 이론이 성공적으로 인식된 이유는 Rydberg 식을 설명할 수 있었기 때문이다. 전자가 에너지가 더 높은 초기 상태($E_{높음}$)에서 에너지가 더 낮은 상태($E_{낮음}$)로 전이할 때 원자는 광자를 방출한다. 전자의 초기 상태의 양자수를 $n_{높음}$이라하고 최종 상태의 양자수를 $n_{낮음}$이라 할 때, 두 상태(궤도)의 에너지 차이를 계산하면 다음과 같다.

해설 $n = 1, 2, 3, ..., \infty$이다.

$$\Delta E = E_{높음} - E_{낮음}$$
$$= \left(\frac{-b}{n^2_{높음}}\right) - \left(\frac{-b}{n^2_{낮음}}\right)$$

식을 다음과 같이 정리할 수 있다.

$$\Delta E = -b\left(\frac{1}{n^2_{높음}} - \frac{1}{n^2_{낮음}}\right) \qquad \text{이때} \quad n_{높음} > n_{낮음}$$

식 7.1과 7.2를 합치면 광자 에너지 'ΔE'와 그 파장 λ 사이에 다음의 관계를 얻을 수 있다.

$$\Delta E = \frac{hc}{\lambda} = hc\left(\frac{1}{\lambda}\right)$$

ΔE와 관련된 위의 두 식을 $1/\lambda$에 대해 정리하면 다음과 같다.

$$\frac{1}{\lambda} = \frac{b}{hc}\left(-\frac{1}{n^2_{높음}} + \frac{1}{n^2_{낮음}}\right) \qquad \text{이때} \quad n_{높음} > n_{낮음}$$

Paul Fleet / Shutterstock

원자의 태양계 모형 일반 사람들에게 보여 주기 위하여 Bohr가 제시한 모형이다. 이 간단한 원자 사진은 오늘날 상징적인 도안으로 이용되고 있지만, 태양 주위를 행성이 돌고 있는 것처럼 전자가 핵 주위에서 궤도 운동을 한다는 개념은 파동 역학 모형으로 대체되었다.

Bohr 이론으로부터 유도된 이 식은 실험으로 측정한 수소의 원자 스펙트럼에 근거하여 만든 Rydberg 식과 매우 잘 일치한다. 또 하나 놀라운 것은 b/hc의 상수를 대입하여 계산하면 109,730 cm^{-1}인데, 이 값은 실험으로 구한 Rydberg 식의 R_H 값과 0.05%밖에 차이가 나지 않는다는 사실이다.

전자가 핵 주위의 원 궤도에 있다는 Bohr의 관점을 고려하면, 에너지 변화량이 양자화되었다는 것은 특정한 혹은 양자화된 궤도가 있다는 것을 의미한다. 고전 역학에서 원운동을 기술하는 기본 물리량이 각운동량인데, Bohr는 각운동량이 양자수 n의 정수배가 되는 식을 유도하였다. 이 식을 이용하여 그의 원자 모형에서 가장 작은 궤도의 반지름을 계산한 결과는 53 pm(피코미터)이다. 이 거리가 **Bohr 반지름(Bohr radius)**으로 알려져 있다.

실전 문제 7.5

수소 원자 내 전자가 $n_{높음}=6$인 에너지 준위에서 $n_{낮음}=1$로 전이할 때 방출하는 복사선의 에너지는 얼마인가? 답을 유효 숫자 세 자리로 제시하시오. (**힌트**: 수소 원자 내 들뜬 전자로부터 방출되는 에너지를 계산할 수 있는 식은 무엇인가?)

실전 문제 7.6

수소 원자 내 전자가 $n=4$인 궤도에서 어떤 궤도로 전이할 때 방출한 빛의 에너지가 2.04×10^{-18} J이었다. 전자가 전이한 에너지 준위는 어느 것인가?

그림 7.11의 붉은 화살표로 나타낸 바와 같이 전자가 빛 에너지를 흡수하면 낮은 에너지 준위에서 높은 에너지 준위로 전이한다. 이 에너지는 전자가 높은 에너지 준위에서 다시 원래의 낮은 에너지 준위로 전이할 때 방출되는 에너지와 그 크기가 일치한다. 예를 들면 에너지를 흡수한 전자가 $n=1$인 궤도에서 $n=2$인 궤도로 전이한 다음 다시 원래의 $n=1$인 궤도로 전이할 때 흡수한 에너지와 동일한 크기의 에너지를 갖는 빛을 방출한다. 한편 흡수된 에너지는 양으로, 방출된 에너지는 음으로 나타낸다.

Bohr 모형의 실패

Bohr 원자 모형은 성공적이면서 동시에 실패이기도 하다. Bohr는 에너지 준위 사이의 전이에 수반되는 에너지 변화을 계산함으로써 Rydberg 식, 즉 수소의 원자 스펙트럼을 설명할 수 있었다. 그러나 두 개 이상의 전자를 가지고 있는 원자의 스펙트럼은 정량적으로 설명할 수 없었으며, Bohr 이론을 수정하여 그 문제를 해결하려는 시도들은 모두 실패하였다. 원자에 대한 Bohr의 개념에 부족한 점이 있음이 점차 분명해졌고, 다른 이론이 필요하게 되었다. 그럼에도 불구하고 양자수 및 고정된 에너지 준위와 같은 개념은 발전된 논의를 위한 교두보를 마련하였다.

7.4 파동 역학 모형

해설 수소 원자에 대한 Bohr 모형이 나온 시기까지 과학자의 연구 대상은 모두 전자에 비해 크고 무거운 것이었다. 따라서 고전 물리학의 한계를 인식한 사람은 아무도 없었다.

해설 de Broglie는 1929년에 노벨 물리학상을 수상하였다.

해설 de Broglie가 원래 제안한 식은 $mv^2 = hc/\lambda$였는데, 이것이 식 7.4가 되었다.

전자와 같은 아주 작은 입자에는 그 당시의 고전 물리학 법칙이 적용되지 않기 때문에 전자 구조 이론을 연구하는 Bohr의 노력은 시작부터 어려움에 부딪혔다. 고전 물리학이 원자 수준의 입자를 설명하는 데 실패한 이유는 원자 수준의 물질은 우리가 물리적 개념으로 인지할 수 있는 수준보다 더 작기 때문이다. 광자(즉 입자)와 전자기 복사선의 파동이 같은 것이라고 물리학자들이 주장하기 시작하면서, 전자와 같은 입자들이 파동처럼 거동할 수 있다는 사실을 인식하게 되었다. 이 개념은 프랑스의 젊은 대학원생이었던 Louis de Broglie가 1924년에 제안하였다.

7.1절에서 빛과 같은 파동의 특성을 파장과 진동수로 기술할 수 있음을 보았다. 물질파의 경우도 마찬가지이다. de Broglie는 물질파의 파장 λ가 다음 식으로 주어진다고 제안하였다.

$$\lambda = \frac{h}{mv} \tag{7.4}$$

여기서 h는 Planck 상수이고 m은 입자의 질량이며 v는 입자의 속도이다. 이 식은 파동의 특성인 파장과 입자의 특성인 질량을 연계시켜서 전자를 경우에 따라 파동이나 혹은 입자로 묘사할 수 있게 한다.

입자가 고체 형태의 물체가 아니라 오히려 파동으로 행동한다는 개념을 처음 접하면 이해하기가 매우 어렵다. 여러분이 사용하는 이 일반화학 교재는 고체 물체가 확실하며, 특히 이 책을 발가락에 떨어뜨렸을 때 이는 더 확실해진다! 이 책이 분명히 견고한 고체라고 인식할 수 있는 이유를 de Broglie 식(식 7.4)을 이용하여 알아보자. de Broglie 식에서 질량이 분모에 있기 때문에 무거운 물체는 매우 짧은 파장을 가진다. 다시 말하면 무거운 물체에 대한 물질파는 봉우리들이 서로 너무나 가까워서 파동의 특성을 인지하기 어렵고, 실험으로 측정할 수도 없다. 그러나 질량이 매우 작은 입자의 파장은 훨씬 더 길어서, 입자의 파동 성질은 전체 거동에서 중요한 부분이 된다.

전자 회절과 전자의 파동성

여러분은 이제 물질이 파동성을 가지고 있음을 증명할 수 있는 방법이 무엇인지 궁금할 것이다. 사실 이런 성질들은 여러분이 아마도 이미 목격했을 현상으로 증명할 수 있다. **그림 7.12**에서 보는 바와 같이 잔잔한 연못에 빗방울이 떨어지면, 빗방울이 물과 부딪친 지점으로부터 잔물결이 퍼져나간다. 두 잔물결이 교차할 때 두 파동의 **위상이 일치**(in phase)하는 지점, 다시 말하면 한 파동의 봉우리가 다른 파동의 봉우리와 일치하는 지점이 있다. 이 위치에서는 파동의 진폭이 서로 합쳐져서, 파동의 높이가 교차하는 두 파동의 높이를 합한 것과 같아진다. 다른 위치에서는 교차하는 파동이 **반대 위상**(out of phase)을 갖게 되는데, 이는 한 파동의 봉우리가 다른 파동의 골과 만나는 것을 의미한다. 이 위치에서 파동들의 세기는 서로 상쇄된다. 이처럼 파동의 세기가 보강되고 상쇄되는 것을 각각 **보강 간섭**(constructive interference)과 **상쇄 간섭**(destructive interference)이라고 하며, 이런 현상을 **회절(diffraction)**이라고 한다.

Mandy Collins/Alamy Stock Photo

그림 7.12 연못 표면에서의 수면파의 회절 두 파동이 겹칠 때, 파동의 위상이 같은 곳에서는 진폭이 증가하고 위상이 반대인 곳에서는 진폭이 상쇄된다.

그림 7.13에서 이 현상을 좀 더 상세하게 살펴보자. 이제 파동이 인접한 작은 구멍을 통과하거나 혹은 매우 조밀한 홈에서 반사될 때 회절 현상에 의하여 만들어지는 **간섭 무늬(interference fringe)**를 주목하라. **그림 7.14**와 같은 DVD 표면에서 반짝이는 무지개색을 본 적이 있다면 이미 간섭 무늬를 본 것이다. 모든 가시광선 파장을 포함하고 있는 백색광이 DVD 표면에 좁게 패인 '울퉁불퉁한 고랑'

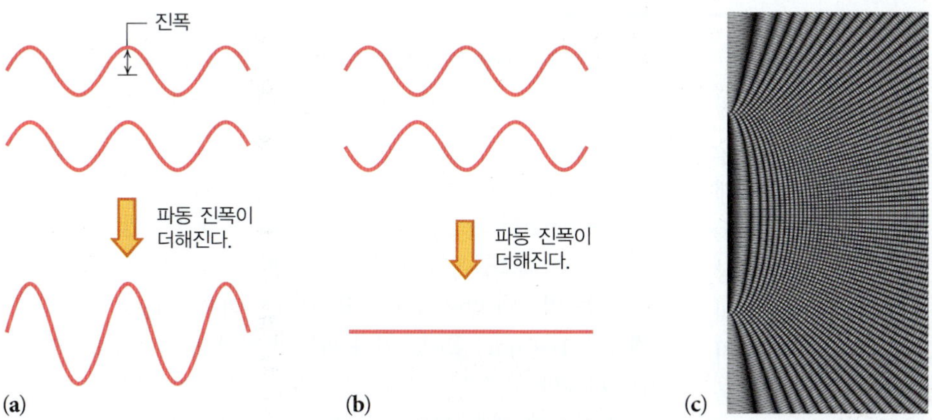

그림 7.13 보강 간섭과 상쇄 간섭 (a) 위상이 일치하는 파동은 보강 간섭을 일으켜 세기가 증가한다. (b) 위상이 반대인 파동은 상쇄 간섭을 일으켜 세기가 상쇄된다. (c) 두 개의 작은 구멍을 통과하는 파동은 서로 간섭하여 파동의 특성인 간섭 무늬를 만든다.

Spike Mafford/Getty Images

그림 7.14 DVD에서 빛의 회절 DVD 안쪽 알루미늄 표면에 있는 조밀하고 좁게 패인 울퉁불퉁한 고랑에서 반사되는 빛의 회절에 의해 색을 띤 간섭 무늬가 만들어진다.

해설 높이가 100피트 이상인 거대한 파도를 큰 바다에서 볼 수 있는데, 이것은 바다를 가로질러 이동하는 수많은 파동이 동시에 같은 위상으로 겹쳐져 만들어지는 것으로 짐작된다.

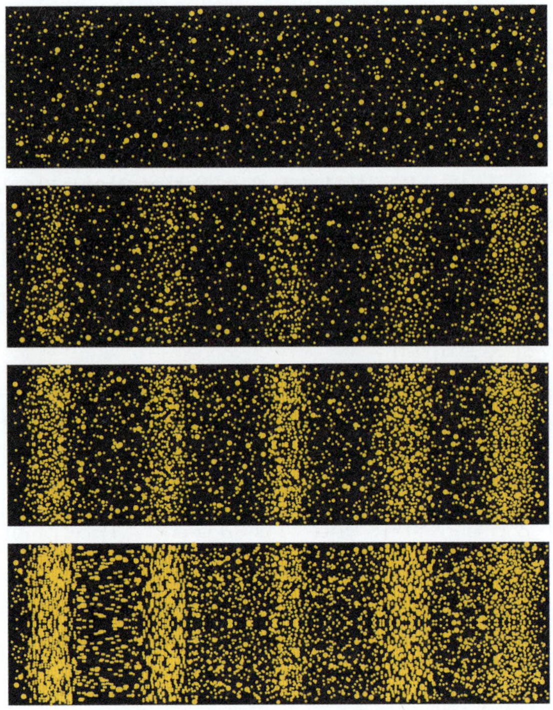

그림 7.15 전자의 파동성을 확인할 수 있는 실험 증거 전자가 이중 슬릿을 하나씩 통과한다. 각 점은 검출기에 부딪히는 전자를 나타낸다. 슬릿을 통과하는 전자의 수가 증가하면 간섭 무늬가 관찰된다.

으로부터 반사되면서 수많은 빛살로 나뉜다. 이때 입사되는 빛과 반사되는 빛이 이루는 특정 각도에서, 특정한 한 파장의 빛만이 보강되고 그 외의 모든 파장의 빛은 서로 상쇄된다. 각도가 변하면 보강되는 색깔도 변하게 되어 우리는 다른 색깔의 빛을 보게 된다. 그 결과가 DVD에서 반사되는 무지개색이다.

수면파와 빛을 예로 들어 살펴본 회절은 파동의 성질로만 설명될 수 있는 현상이다. 그러나 **그림 7.15**에서와 같이 전자나 양성자 혹은 중성자도 회절 현상을 나타낸다는 것을 실험적으로 보여 줄 수 있는데, 이는 이들 입자가 파동의 성질을 가지고 있다는 의미가 된다. 실제로 **화학과 시사 7.1**에는 전자의 회절을 기초 원리로 하는 전자 현미경에 대한 이야기가 수록되어 있다.

화학과 시사 7.1

전자 현미경

작은 시료를 연구하는 데 이용되는 현미경의 유용함은 조밀한 간격의 물체를 구별할 수 있는 능력인 분해능 (resolving power)에 의하여 영향을 받는다. 광학 장치를 이용하여 배율을 증가시키고 분해능을 향상하는 데에는 한계가 있다. 이 한계는 사용되는 복사선의 파장에 의존한다. 빛의 파장보다 더 작은 크기의 물체는 상세히 볼 수 없다. 가시광선의 가장 짧은 파장은 약 400 nm이므로, 이 파장보다 작은 크기의 물체는 가시광선을 사용하는 현미경으로는 선명하게 볼 수 없다.

전자 현미경은 전자 파동(electron wave)을 이용하여 매우 작은 물체를 관찰하기 위한 장비이다. de Broglie 식 $\lambda = h/mv$에 의하면 매우 빠른 속도로 움직이는 전자나 양성자 혹은 중성자는 그 파장이 매우 작다. 전자 현미경에서는 전자를 높은 전압의 전극으로 가속한다. 가속된 전자의 파동은 약 2~12 pm의 파장을 갖게 되는데, 시료와 충돌한 전자 파동을 자기 렌즈를 이용하여 형광판에 모으면 눈으로 확인할 수 있는 영상이 만들어진다. 몇 가지 어려움 때문에 실제 분해능은 1~6 nm 정도로 전자 파동의 파장보다는 다소 나쁘다. 하지만 고분해능 전자 현미경을 이용하면 전자살이 통과할 정도의 매우 얇은 표본에 있는 각 원자의 모습까지도 볼 수 있다.

Thomas Barwick/Getty Images

(a)

STEVE GSCHMEISSNER/SCIENCE PHOTO LIBRARY/Getty Images

(b)

그림 1 **현대의 전자 현미경 장비** (a) 잘 훈련된 기술자가 전자 현미경을 다루고 있다. (b) 천수국의 화분을 보여주는 전자 현미경 사진.

속박된 전자의 양자화된 에너지

정류파와 양자수 전자 파동이 원자에서 어떻게 행동하는가에 대해 알아보기 전에, 파동의 일반 성질에 대해 좀 더 알아볼 필요가 있다. 파동에는 기본적으로 진행파와 정류파의 두 종류가 있다. 호수나 바다에서는 바람이 파동을 만들고, **그림 7.16**에 보인 것처럼 파동의 마루와 골은 수면을 가로질러 움직인다. 마루와 골이 바람을 따라 수평으로 움직이는 동안 물은 상하로 움직인다. 이것이 **진행파(traveling wave)**의 한 예이다.

Gallo Images/Alamy Stock Photo

그림 7.16 **진행파** 해변에 부딪혀 부서지는 파도는 먼 바다로부터 온 진행파의 결과이다.

우리에게 좀 더 중요한 파동은 진동하는 기타줄과 같은 정류파이다. 줄을 튕기면 양쪽 끝은 고정되어 있지만 중심은 위아래로 진동한다. 진폭의 최대 점인 파동의 마루의 위치는 고정되어 있다. 줄의 양 끝은 진폭이 0인 지점으로 **마디(node)**라고 하며, 그들의 위치 역시 고정된다. **정류파(standing wave)**는 마루와 마디의 위치가 변하지 않는 파동이다. 정류파에서 흥미로운 것 중 한 가지는 자연스럽게 '양자수'가 나온다는 것이다. 기타를 이용하여 양자수가 어떻게 만들어지는지 알아보자.

해설 이 파동의 파장은 정확히 줄 길이의 두 배이다.

알고 있겠지만, 기타의 목을 따라 놓인 격자살(프렛)을 손가락으로 짚어서 기타 줄의 실제 길이를 짧게 하면서 여러 음을 연주할 수 있다. 그러나 줄의 길이를 짧게 하지 않고도 여러 음을 연주할 수 있다. 예를 들면 줄을 튕기는 것과 동시에 줄의 중앙에 손을 잠깐 대면, 줄은 **그림 7.17**의 두 번째에 나타낸 것처럼 진동하면서 한 옥타브 더 높은 음을 낸다. 이렇게 한 옥타

해설 이런 방식으로 연주되는 음을 하모닉스(harmonics)라고 한다.

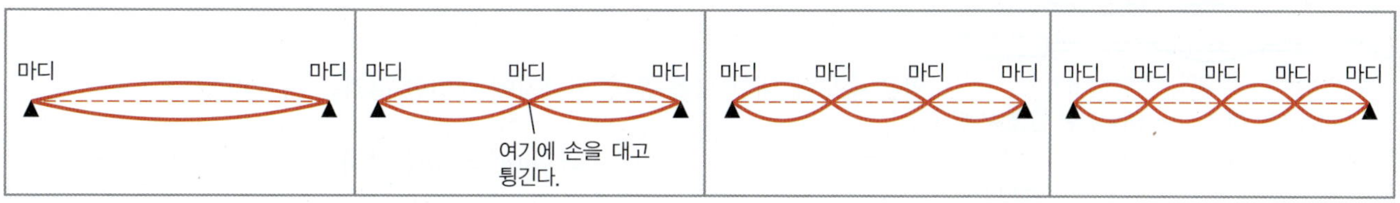

그림 7.17 **기타 줄에서의 정류파** 그림은 각각 1, 2, 3, 4개의 반파동을 보여 준다. 마디의 수는 반파동의 수보다 하나 더 많다.

Blaine Harrington/agefotostock

기타에서 연주되는 음은 정류파이다. 줄의 끝은 정류파의 마디에 해당한다. 악기의 목을 따라 놓여 있는 줄의 적절한 위치를 손가락으로 눌러 줄의 길이를 짧게 만들면 다른 음을 연주할 수 있다.

브 더 높은 음을 만드는 파동의 파장은 손가락을 대지 않고 튕겼을 때 만들어지는 파동의 정확하게 반이 된다. 그림 7.17에 나타낸 것과 같이 다른 파장의 진동도 가능하며, 각 진동은 서로 다른 음을 생성한다.

그림 7.17를 살펴보면 줄의 양쪽 끝에 있는 마디가 고정된 위치에 있으므로 모든 파장이 허용되는 것이 아니라 반파장이 **정확하게** 정수배로 반복되는 파동만이 허용되는 제한이 있다는 것을 알 수 있다. 바꿔 말하면 줄의 길이가 반파장의 정수배인 조건을 만족하는 파동만이 나타날 수 있다. 수학적으로는 이를 다음과 같이 나타낼 수 있다.

$$\boxed{L = n\left(\frac{\lambda}{2}\right)} \tag{7.5}$$

여기서 L은 줄의 길이이고 λ는 파장(따라서 $\lambda/2$는 파장의 반이다)이며 n은 정수이다. 이것을 파장에 대해 다시 정리하면 다음과 같다.

$$\lambda = \frac{2L}{n}$$

가능한 파동은 한 무리의 정수(양자수와 비슷한)에 의해서 아주 자연스럽게 결정됨을 알았다.

이제 파동성과 입자성을 함께 이용하여 양자 이론이 만들어 낸 원자 안에 속박된 전자에 대한 간단명료한 모형에 대하여 논의해 보자. 길이가 L인 전선 안에 갇힌 전자 하나를 생각해 보자. 줄이 무한히 가늘어서 전자가 전선 줄을 따라 직선으로만 움직인다고 가정하자. 줄은 양쪽 끝이 고정되어 있고, 위아래로 움직이지 못한다.

먼저 **그림 7.18(a)**에 나타낸 고전 모형인 '줄 위의 구슬'을 생각해 보자. 구슬은 주판의 구슬처럼 줄을 따라 양쪽 어느 방향으로나 미끄러져 움직일 수 있다. 구슬의 질량이 m이고 그 속도가 v라면, 운동 에너지(E)는 다음과 같이 된다.

$$E = \tfrac{1}{2}mv^2$$

구슬의 속도는 어떤 값도 가능하며, 심지어 0이 될 수도 있으므로, 운동 에너지 E도 0을 포함한 어떤 값도 가질 수 있다. 줄 위의 어느 위치도 다른 위치보다 유리하지 않으므로 줄 위의 어느 위치에서나 구슬이 발견될 가능성이 똑같다. 구슬의 위치와 속도를 동시에 알 수 없는 이유는 없으므로, 구슬이 어떤 속도로 어느 위치에서 움직이는지 정확히 기술할 수 있다.

이제 그림 7.18(b)에 있는 줄을 따라 움직이는 고전 파동에 대해 생각해 보자. 이것은 그림 7.17에서 보았던 기타 줄과 정확히 똑같다. 줄의 두 끝을 고정시켰기 때문에 줄을 따라 마루와 골이 정수개로 나타나야 한다. 파장은 식 7.5에서 허용되는 값만을 가질 수 있다. 지금까지 논의를 살펴보면 양자수 n은 파동을 따라 생기는 마루와 골의 수임을 알 수 있다. 마루 혹은 골은 1/2에 해당하는 값을 가질 수 없기 때문에, n은 1, 2, 3, …과 같은 정수여야 한다.

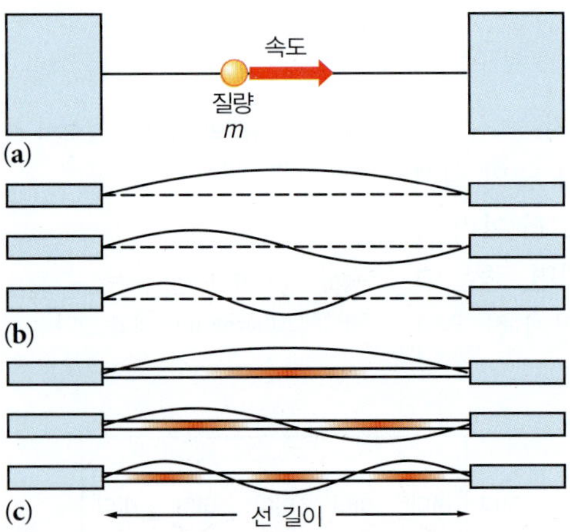

그림 7.18 길이가 L인 매우 가는 선에 갇힌 한 전자에 대한 모형 (a) 고전 모형에서는 구슬이 가질 수 있는 속도나 위치에 제한이 없다. (b) 기타 줄과 같은 고전 파동. (c) 파동의 진폭이 전자의 위치에 따라 달라지는 양자 역학 모형

이제 입자의 속도와 파장을 연계하는 식인 de Broglie 식(식 7.4)을 사용하여 선에 갇힌 한 전자(그림 7.18(c))의 에너지를 나타내는 식을 유도해 보자. 식 7.4를 다음과 같이 재정리한다.

$$v = \left(\frac{h}{m\lambda}\right)$$

얻은 속도에 대한 식을 운동 에너지에 대입한 결과는 다음과 같다.

$$E = \tfrac{1}{2}mv^2 = \tfrac{1}{2}m\left(\frac{h}{m\lambda}\right)^2$$
$$= \frac{h^2}{2m\lambda^2}$$

이 식에 의해 전자의 파장으로부터 전자의 에너지를 구할 수 있다. 정류파의 파장(λ)을 선의 길이 L과 양자수 n으로 나타낸 식 7.5를 여기에 대입하면 다음과 같이 된다.

$$E = \left(\frac{h^2}{2m(\frac{2L}{n})^2}\right) = \frac{n^2h^2}{8mL^2} \quad (7.6)$$

이 식은 많은 중요한 의미들을 함축하고 있다. 전자의 에너지가 정수 n에 의존한다는 사실은, 어떤 한정된 에너지 상태만 허용된다는 것을 의미한다. 이 허용된 에너지 상태를 **그림 7.19**의 에너지 준위 도표에 나타내었다. 가장 작은 n 값은 1이므로, 가장 낮은 에너지 준위(바닥 상태)는 $E=h^2/8mL^2$이다. 이보다 낮은 에너지는 허용되지 않으므로 에너지는 0이 될 수 없다! 이것은 전자가 항상 약간의 운동 에너지를 가지고 움직인다는 것을 의미한다. 전자는 결코 멈추지 않는다. 이 사실은 전선에 갇힌 전자에도 적용되며, 원자 안에 속박된 전자에도 적용된다. 이는 **원자의 붕괴에 대한 역설을 양자론으로 설명할 수 있음**을 보여 준다.

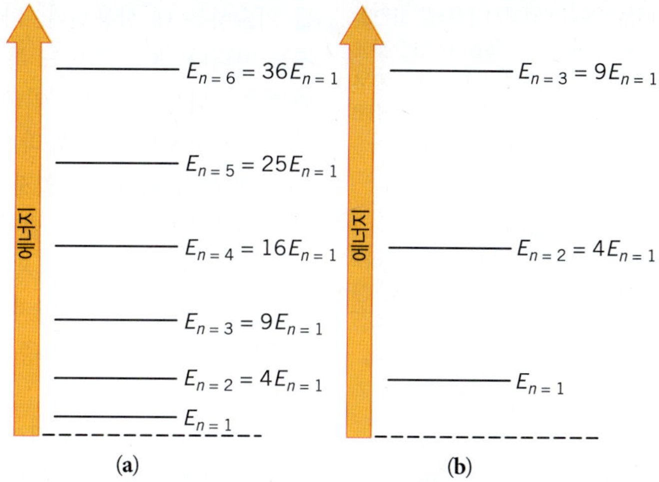

그림 7.19 선에 갇힌 전자 모형에 대한 에너지 준위 도표 (a) $L=2$nm인 긴 선에 대한 도표, (b) $L=1$nm인 짧은 선에 대한 도표. 각 에너지 준위 도표에서 n은 파동의 마루와 골의 수를 나타낸다. 전자가 움직일 수 있는 공간이 더 넓을수록 에너지 준위 사이가 더 조밀해지는 것과 바닥 상태에서의 에너지($E_n=1$)가 0이 아닌 것에 주목하라.

허용된 에너지 준위 사이의 간격이 $1/L^2$에 비례함에 주목하라. 이것은 선이 길면 길수록 에너지 준위가 더 조밀해진다는 것을 의미한다. 일반적으로 **전자가 움직일 수 있는 공간이 넓을수록 에너지 준위 사이의 간격이 더 좁아진다.** 서로 다른 분자들은 전자를 제한하는 방식이 서로 다르다. 이는 서로 다른 분자는 다른 파장의 빛을 흡수하며, 따라서 다른 분자로 이루어진 물질은 서로 다른 색을 나타낸다는 것을 의미한다.

실전 문제 7.7

길이가 3nm인 일차원 전선에 갇힌 가장 낮은 에너지 상태에 있는 전자의 에너지를 계산하시오. 1nm의 전선에 대하여 같은 계산을 하시오. (**힌트**: 가장 낮은 상태의 n값은 무엇인가?)

실전 문제 7.8

길이가 2nm인 일차원 전선에 갇힌 전자가 $n=5$에서 $n=3$로 전이할 때 방출하는 빛의 파장을 구하시오.

Bohr 모형에서는 에너지가 증가하면 에너지 준위 사이의 간격이 좁아지는 것을 주목하라. 따라서 높은 에너지에서는 준위 사이의 에너지 차이가 무시할 정도로 작아지고, 마침내 충분한 에너지를 가진 전자는 원자로부터 제거될 수 있게 된다. 역으로 생각하면 이는 전자가 높은 에너지 준위로부터 낮은 에너지 준위로 전이하면서 방출하는 빛의 에너지에는 한계가 있다는 것을 의미한다. 즉 방출하는 빛의 최대 에너지는 원자로부터 전자를 제거하는 데 필요한 에너지로 제한된다. 따라서 이제 자외선 파국과 관련된 의문점도 설명할 수 있게 되었다.

파동 함수 그리스 문자 ψ(psi, 프사이)를 기호로 사용하는 **파동 함수(wave function)**는 전자에 대한 양자 역학적 기술이다. 양자수에 근거한 이 수학적 표현식은 전자 파동의 모양과 에너지

해설 어떤 위치에서 전자를 발견할 확률은 파동의 진폭을 제곱한 것에 비례한다. 따라서 전자 파동의 봉우리나 골이 있는 위치는 음전하(전자)가 가장 많이 존재한다.

여러 가지 원자 모형

모형	대략적인 연도
쪼개지지 않는 입자	약 BC 400년
당구공 모양 원소	1803
건포도 푸딩 모형	1897
원자핵 모형	1910
태양계 모형	1913
파동 역학 모형	1926

를 기술하는 데 사용된다. 파동 함수는 기타 줄과 같은 선의 진동도 아니고 전자기파와 같은 것도 아니다. 지금은 어느 특정 위치에서의 파동의 진폭이 그 지점에서 전자를 발견할 확률과 관련이 있다는 정도로만 이해하도록 하자.

그림 7.18(a)의 선을 따라 움직이는 구슬 모형과는 다르게 그림 7.18(c)에 나타낸 전자 파동은 선의 특정 위치에서 입자가 발견될 확률이 다른 위치보다 크다는 것을 보여 준다. $n=1$인 바닥 상태에서는 전자가 발견될 확률이 가운데 부근에서 가장 높다. 양 끝 또는 $n=2$인 경우의 가운데 지점과 같이 진폭이 0인 곳에서는 전자를 발견할 확률은 0이다! 파동의 진폭이 0인 지점을 마디라고 한다. 양자수(n)가 더 커질수록 마디의 수가 더 많아지고, 식 7.6에서 알 수 있듯이 전자의 에너지는 증가한다. 일반적으로 **전자 파동의 마디수가 증가하면 에너지가 증가한다.**

표 7.1에 나타낸 바와 같이 쪼개지지 않는 입자라는 그리스 시대의 모형으로부터 19세기 후반에서 20세기 초 무렵에 제시된 원자핵 구조에 이르기까지 원자에 대한 모형은 시간에 따라 변했다. 다시 전자를 파동이면서 동시에 입자로 기술하는 새로운 원자 이론이 등장한 것이다.

7.5 원자 내 전자의 양자수

해설 Schrödinger는 1933년에 노벨 물리학상을 수상했다. 그가 파동 함수와 에너지를 계산하기 위하여 개발한 식을 Schrödinger 방정식(Schrödinger's equation)이라고 한다.

1926년에 오스트리아 물리학자인 Erwin Schrödinger(1887~1961)는 처음으로 물질의 파동성 개념을 이용하여 전자 구조를 성공적으로 설명하였다. 그의 연구와 이론은 극히 수학적인 내용으로 구성되어 있다. 그러나 이 책에서는 전자 구조에 대한 정성적인 내용만 기술할 것이며, 이와 관련된 이론의 핵심은 수학 없이도 이해할 수 있다.

원자 내 전자 파동을 오비탈이라고 한다

해설 전자 파동은 원자에 대한 Bohr 모형에서 사용되는 궤도(orbit)와 구별하기 위해서 오비탈(orbital)라는 용어를 사용한다.

Schrödinger는 원자 안에 구속된 전자의 파동 함수와 에너지 준위를 구할 수 있는 방정식을 개발했다. 원자 내 전자의 파동 함수를 **오비탈(orbital)**이라고 한다. 몇몇 예외를 제외하고 대부분의 파동의 에너지는 서로 다르다. **원자 내에서 에너지의 변화는 전자가 특정 에너지를 갖는 파동의 형태로부터 다른 에너지를 갖는 파동의 형태로 변한 결과물이다.**

해설 '가장 안정하다'는 것은 대부분 '가장 낮은 에너지'를 뜻한다.

오비탈의 중요한 특성인 에너지와 모양에 대하여 알아보자. 원자가 가장 안정한 상태인 **바닥 상태(ground state)**에 있을 때 전자는 가능한 가장 낮은 에너지를 가진 파동의 모양을 가진다. 양자 역학 이론에 의하면 특정 지점에서 파동의 진폭은 그곳에서 전자가 발견될 확률에 관련되기 때문에, 진폭이 큰 곳과 작은 곳이 어딘지 등을 관찰할 수 있는 파동의 모양이 중요하다. 이런 정보가 원자들이 왜 혹은 어떻게 화학 결합을 형성하는지 이해하는 데 매우 중요하다.

일차원 기타 줄에서 파의 특성이 하나의 정수와 관련되는 것과 같이, 파동 역학에 의하면 삼차원 전자 파동(오비탈)의 특징들은 정수인 **세 가지 양자수**의 집합인 n과 ℓ 그리고 m_ℓ에 의해서 기술될 수 있다. 아래에서 더 논의하겠지만 오비탈의 에너지를 논의할 때 각 오비탈을 이들 세 양자수에 따라 그룹으로 분류하는 것이 매우 편리하다.

해설 껍질이라는 용어는 원자 내 전자들이 핵 주위의 층 안에 배열되는 것이 양파의 층 또는 껍질과 비슷하다는 초기의 개념에서 탄생하였다.

주양자수 n 양자수 n을 **주양자수(principal quantum number)**라고 하는데, n 값이 같은 오비탈들은 모두 같은 **껍질(shell)**에 있다고 한다. n 값은 1부터 ∞까지이며, n이 1부터 증가하는 순서에 따라서 첫 번째 껍질, 두 번째 껍질, ⋯ 등으로 부른다. 각 껍질을 종종 알파벳 문자로 구별하기도 하는데, $n=1$부터 순서대로 K, L, M, ⋯ 등의 문자로 구분한다. 껍질을 나타내는 알파벳에 중요한 의미가 포함된 것은 아니다.

주양자수는 전자 파동의 크기(즉 파동이 핵으로부터 얼마나 멀리까지 효과적으로 퍼지는가)와 관련되어 있다. n 값이 증가할수록 핵으로부터 전자까지의 평균 거리는 더 커진다. 이 양자수는 오비탈의 에너지와도 관련이 있는데, n이 증가함에 따라 오비탈의 에너지도 증가한다.

Bohr의 이론은 주양자수 n만 고려하였다. 그의 이론은 n 값이 같은 오비탈이 모두 같은 에너지를 가지는 유일한 원소인 수소의 경우에는 잘 맞지만, 두 개 이상의 전자를 가진 원자에서는 n 값이 같은 오비탈이라도 서로 다른 에너지를 가질 수 있기 때문에 수소 이외의 다른 원자에는 맞지 않았다.

부양자수(ℓ) 껍질을 **부껍질(subshell)**이라고 하는 더 작은 오비탈 그룹으로 나눌 때 **부양자수(secondary quantum number, ℓ)**를 사용한다. n 값에 따라 허용되는 ℓ이 결정되는데, 예를 들어 주어진 n에 대하여 ℓ은 0부터 $(n-1)$까지의 값을 가질 수 있다. $n=1$일 때는 $(n-1)=0$이므로 ℓ은 0의 한 가지 값만 허용된다. 이는 $n=1$일 때 단 하나의 부껍질만이 존재(이 경우 껍질과 부껍질이 실제로 동일함)하는 것을 의미한다. $n=2$일 때는 허용되는 ℓ의 최댓값 $[(n-1)=1]$이 1이기 때문에 ℓ은 0과 1의 값을 가질 수 있다. 따라서 $n=2$일 때는 각각 $n=2$와 $\ell=0$, $n=2$와 $\ell=1$인 두 종류의 부껍질이 존재한다. 주어진 n 값과 허용되는 ℓ 값의 관계를 보조단의 표에 수록하였다.

해설 ℓ은 방위 양자수(azimuthal quantum number) 또는 궤도 각운동량 양자수(orbital angular momentum number)라고도 한다.

해설 주어진 껍질에 포함된 부껍질의 수는 n 값과 일치한다. 예를 들어 $n=3$이면 세 종류의 부껍질이 있다.

*n*과 ℓ의 관계

n 값	ℓ 값
1	0
2	0, 1
3	0, 1, 2
4	0, 1, 2, 3
5	0, 1, 2, 3, 4
n	$0, 1, 2, \ldots (n-1)$

부껍질은 ℓ 값에 따라서 구분할 수 있다. 그러나 n 수치와 ℓ 수치의 혼동을 피하기 위하여, 일반적으로 다음과 같은 문자 기호를 사용하여 ℓ 값을 나타낸다.

ℓ 값	0	1	2	3	4	5	⋯
문자 표시	s	p	d	f	g	h	⋯

특정 부껍질을 표시하기 위해서는 주양자수의 값을 쓰고 부껍질의 문자를 그다음에 쓴다. 예컨대 $n=2$이고 $\ell=1$인 부껍질은 $2p$ 부껍질이다. $n=4$이고 $\ell=0$인 부껍질은 $4s$ 부껍질이다. n과 ℓ 사이의 관계 때문에 모든 껍질에는 s 부껍질($1s$, $2s$, $3s$ 등)이 존재하고, 첫 번째 껍질을 제외한 모든 껍질은 p 부껍질($2p$, $3p$, $4p$ 등)을 가진다. 마찬가지로 첫 번째와 두 번째를 제외한 모든 껍질에는 d 부껍질($3d$, $4d$ 등)가 존재한다. 그다음 껍질의 경우에도 비슷한 방법으로 유추할 수 있다.

해설 부껍질을 나타내는 문자는 분광학자들이 실험에서 얻은 선 스펙트럼을 묘사하던 다음의 용어에서 기원한 것이다.

s = sharp(예리함)
p = principal(주된 피크)
d = diffuse(퍼짐)

실전 문제 7.9

다음 부껍질의 n과 ℓ 값은 무엇인가? (**힌트**: 부껍질 표시는 ℓ 값과 어떤 연관이 있는가?)
(**a**) $3d$ (**b**) $4f$ (**c**) $6s$

실전 문제 7.10

$n=2$와 $n=5$인 껍질에서는 어떤 부껍질들이 존재하는가? 부껍질의 개수와 n 값과의 관계를 설명하시오.

나중에 더 자세히 논의하겠지만 부양자수에 따라 오비탈의 모양이 달라진다. 수소처럼 전자가 한 개인 특별한 경우를 제외하고, ℓ 값은 같은 껍질에 속하는 오비탈들의 상대적인 에너지에도 영향을 미친다. 즉 두 개 이상의 전자를 가지는 원자에서는 주어진 껍질에 포함된 부껍질들의 에너지가 약간씩 달라서, ℓ이 증가하면서 부껍질의 에너지도 함께 증가한다. 그러므로 주어진 껍질에서 부껍질의 에너지는 다음과 같이 s, p, d, f, ⋯ 순서로 증가한다.

$$\underset{\text{에너지 증가}}{\xrightarrow{4s < 4p < 4d < 4f}}$$

해설 분광학자들은 원자가 자기장 안에서 빛을 방출할 때 나타나는 원자 스펙트럼의 부수적인 선들을 설명하기 위해서 m_ℓ을 사용하였는데, 이것이 바로 m_ℓ이 자기 양자수라는 이름을 가지게 된 이유이다.

자기 양자수 m_ℓ 세 번째 양자수 m_ℓ은 **자기 양자수(magnetic quantum number)**로 알려져 있다. 부껍질은 다시 여러 개의 각 오비탈로 나뉘는데, 자기 양자수에 따라 각각의 오비탈이 공간에서 서로 어떻게 배향되는지가 결정된다. ℓ에 따라 허용된 m_ℓ 값이 제한되는데, 주어진 ℓ에 대하여 m_ℓ은 $+\ell$부터 $-\ell$까지 값을 가진다. $\ell=0$일 때 m_ℓ은 0만이 허용되므로 s 부껍질에는 $m_\ell=0$인 단 하나의 오비탈만 허용된다. 또한 $\ell=1$일 때 가능한 m_ℓ 값은 +1, 0, −1이다. 그러므로 *p* 부껍질은 세 개의 오비탈을 가지는데, 첫 번째는 $\ell=1$과 $m_\ell=+1$, 두 번째는 $\ell=1$과 $m_\ell=0$, 세 번째는 $\ell=1$과 $m_\ell=-1$인 오비탈이다. 비슷한 방법으로 *d* 부껍질에는 5개의 오비탈이 있으며, *f* 부껍질에는 7개의 오비탈이 있다. 각 부껍질의 오비탈 개수는 다음과 같은 간단한 등차수열을 따르므로 기억하기가 쉽다.

$$\begin{matrix} s & p & d & f & \ldots \\ 1 & 3 & 5 & 7 & \ldots \end{matrix}$$

전체 그림

세 양자수 사이의 관계가 **표 7.1**에 요약되어 있다. 그리고 두 개 이상의 전자를 가지는 원자에서 부껍질의 상대적 에너지는 **그림 7.20**에 나타내었다. 이와 관련하여 몇 가지 중요한 특징을

표 7.1 양자수 n, ℓ, m_ℓ 사이의 관계

n 값	ℓ 값	m_ℓ 값	부껍질	오비탈 개수
1	0	0	1*s*	1
2	0	0	2*s*	1
	1	−1, 0, 1	2*p*	3
3	0	0	3*s*	1
	1	−1, 0, 1	3*p*	3
	2	−2, −1, 0, 1, 2	3*d*	5
4	0	0	4*s*	1
	1	−1, 0, 1	4*p*	3
	2	−2, −1, 0, 1, 2	4*d*	5
	3	−3, −2, −1, 0, 1, 2, 3	4*f*	7

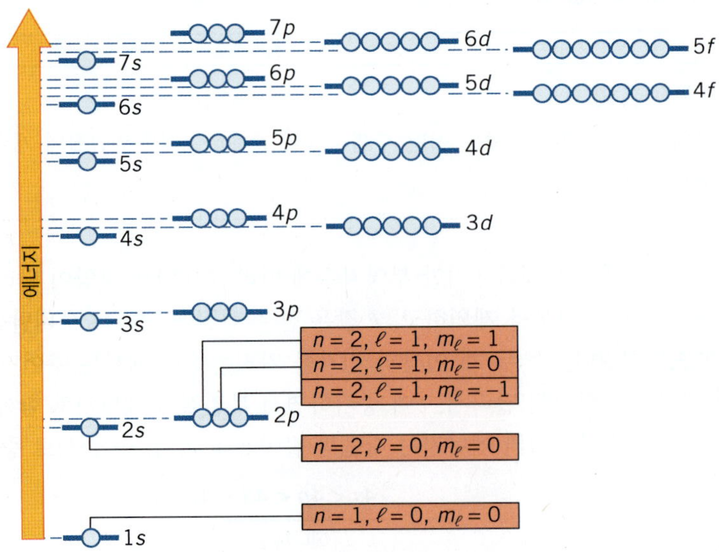

그림 7.20 두 개 이상의 전자를 포함하는 원자들의 에너지 준위 도표 처음 두 껍질은 오비탈과 관련된 양자수도 함께 나타내었다.

알아보자. 첫 번째로 에너지 도표에서 각 오비탈은 작은 원으로 표시되어 있다. *s* 부껍질은 한 개 그리고 *p* 부껍질은 세 개 … 등이다. 두 번째는 각 부껍질의 모든 오비탈의 에너지는 모두 동일하다는 것이다. 세 번째는 에너지가 증가(*n* 값이 증가)하면 부껍질들의 수가 증가하면서 껍질들 사이의 에너지 간격은 순차적으로 감소한다. 이렇게 되면 서로 다른 *n* 값을 가지는 껍질들의 에너지가 겹치게 된다. 예를 들어 4*s* 부껍질은 3*d* 부껍질보다 에너지가 낮고 5*s*는 4*d*보다 낮으며 6*s*는 5*d*보다 낮다.

해설 원자에 포함된 전자는 다양한 에너지를 가질 수 있으며, 파동의 모양 또한 n, ℓ, m_ℓ 등의 양자수로 구분되는 오비탈이라고 불리는 여러 가지 형태로 이루어져 있다.

원자의 전자 구조를 예측하는 데 그림 7.20이 매우 유용하다는 것을 알게 될 것이다. 그러나 이에 대한 설명을 시작하기 전에 스핀이라고 부르는, 전자의 매우 중요한 다른 성질을 공부해야 한다. 전자 스핀은 네 번째 양자수와 관련이 있다.

7.6 전자 스핀

전자가 가능한 가장 낮은 에너지 상태를 가질 때, 원자가 가장 안정한 상태(바닥 상태)에 있다는 것을 7.3절에서 보았다. 바닥 상태는 전자가 가능한 가장 낮은 에너지 오비탈을 '점유할' 때이다. 그러나 전자가 이들 오비탈을 채우는 방법을 결정하는 것은 무엇일까? 다행히 특정 오비탈에 채울 수 있는 최대 전자수와 에너지가 같은 오비탈들 사이에서 전자가 어떻게 채워지는가를 결정하는 간단한 규칙이 있다. 전자 분포에 영향을 주는 중요한 요인 중 하나가 **전자 스핀**이라고 알려진 현상이다.

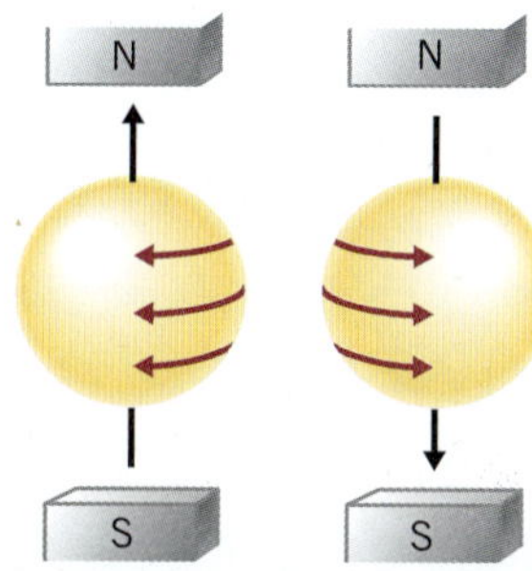

외부 자기장의 존재할 때 전자는 두 방향 중 어느 한쪽으로 회전한다. 자기장이 없으면 전자와 전자의 회전은 보통 임의의 방향으로 배향된다.

스핀 양자수

그림 7.21에서 보는 바와 같이 홀수의 전자를 갖는 원자살이 균일하지 않은 자기장을 통과할 때 원자살은 두 방향으로 나누어진다. 이것은 원자 내 전자와 외부 자기장이 상호작용하는 방법이 두 가지이기 때문이다. 전자는 소형 자석과 같아서 그 배향에 따라서 자석의 N극 혹은 S극에 끌리게 된다. 전자가 장난감 팽이처럼 축 둘레를 회전한다고 생각해 보자. 움직이는 전하는 움직이는 전기장을 생성하고, 이 전기장이 자기장을 만든다. 이와 유사하게 자전(자기 자리에서 회전)하는 전자의 전하에 의하여 자기장이 형성된다. **전자 스핀(electron spin)**은 시계 방향과 반시계 방향의 두 가지 방향으로 형성될 수 있으므로 방향이 서로 다른 두 자기장을 형성하게 되어 원자살이 두 갈래로 나눠지게 된다.

전자 스핀과 관련하여 **스핀 양자수(spin quantum number, m_s)**라고 하는 네 번째 양자수가 도입되었다. 그림 7.21의 두 원자살에 대한 스핀 양자수를 각각 $m_s = +\frac{1}{2}$과 $m_s = -\frac{1}{2}$로 나타낸다. m_s의 실제값과 이 값이 정수가 아닌 이유는 그렇게 중요하지 않지만, 스핀 양자수가 $\pm\frac{1}{2}$의 두 가지 값만 갖는다는 사실은 매우 중요하다.

해설 전자가 실제로 회전하는 것은 아니지만, 전자 회전 모형을 사용하는 것이 도움이 된다.

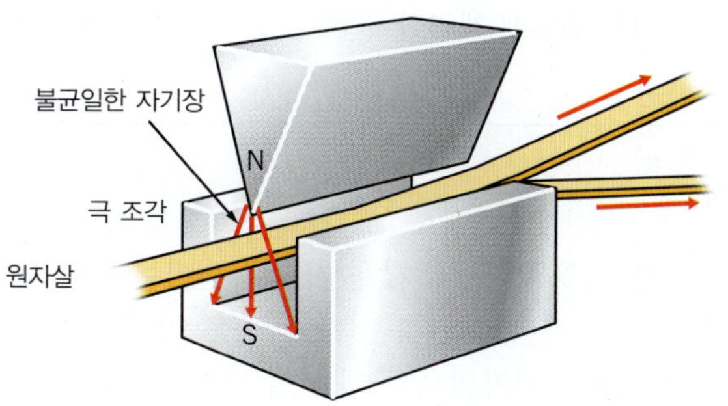

그림 7.21 전자 스핀의 발견 Stern과 Gerlach는 한 실험에서 단면의 모양이 다른 자석에 의하여 형성된 불균일한 자기장에 홀수의 전자를 갖는 원자살을 통과시켰다. 원자살은 두 갈래로 나뉘는데, 이는 원자가 자석처럼 그 극성에 따라서 어느 한쪽으로 끌린다는 것을 의미한다. 전자에 의하여 유도된 자기장의 두 가지 가능한 방향을 설명하기 위하여 전자 스핀 개념이 제시되었다.

Pauli 배타 원리

해설 Pauli는 배타 원리의 발견으로 1945년에 노벨 물리학상을 받았다.

1925년에 오스트리아의 물리학자 Wolfgang Pauli(1900~1958)는 전자 배치를 결정할 때 전자 스핀의 중요성을 역설하였다. **Pauli 배타 원리(Pauli exclusion principle)**는 **한 원자에서 네 종류의 양자수가 모두 동일한 두 전자가 존재할 수 없다**는 것이다. 이 원리의 중요성을 이해하기 위하여 두 전자가 원자의 1*s* 오비탈을 점유한다고 생각해 보자. 스핀 양자수를 제외한 나머지 양자수는 두 전자 모두 $n=1$이고 $\ell=0$이며 $m_\ell=0$일 것이다. 세 가지 양자수가 두 전자에 대해 모두 동일하므로 배타 원리에 따라 네 번째 양자수(스핀 양자수)는 서로 달라야 한다. 따라서 한 전자는 $m_s=+\frac{1}{2}$ 값을, 다른 전자는 $m_s=-\frac{1}{2}$ 값을 가져야만 한다. 또한 m_s는 두 값만이 가능하므로, 세 개 이상의 전자가 원자의 1*s* 오비탈을 동시에 점유할 수 없다. 그러므로 Pauli 배타 원리는 **모든 오비탈은 최대 두 개의 전자만을 포함하며, 두 전자가 같은 오비탈에 있을 때 그들은 반대 스핀을 가져야 한다**는 것을 말해 준다.

하나의 오비탈에 최대 두 개의 전자라는 제한은 껍질과 부껍질에 채워지는 최대 전자수도 제한한다. 각 부껍질에 포함되는 전자의 수를 요약하면 다음과 같다.

부껍질	오비탈수	최대 전자수
s	1	2
p	3	6
d	5	10
f	7	14

한편 껍질에 포함된 부껍질과 최대 전자수를 정리하면 다음과 같다. 이를 종합하면 주양자수가 n인 껍질이 수용할 수 있는 최대 전자수는 $2n^2$임을 알 수 있다.

해설 껍질은 같은 n 값을 갖는 오비탈의 집합이고, 부껍질은 n과 ℓ의 값이 같은 오비탈의 집합이다.

껍질	부껍질	최대 전자수
1	1*s*	2
2	2*s*2*p*	8 (2 + 6)
3	3*s*3*p*3*d*	18 (2 + 6 + 10)
4	4*s*4*p*4*d*4*f*	32 (2 + 6 + 10 +14)

실전 문제 7.11

교재의 표를 참고하지 말고 *f* 부껍질에는 최대 몇 개의 전자가 채워질 수 있는지 계산하시오. (**힌트**: *f* 부껍질에는 오비탈이 몇 개인가?)

실전 문제 7.12

부껍질과 자기 양자수를 고려하여 $n=4$인 껍질에 채워질 수 있는 전자의 최대 개수를 정하시오.

상자기성과 반자기성

두 개의 전자가 같은 오비탈을 차지할 때 서로 다른 m_s 값을 가져야 한다는 것을 알았다. 이런 상태를 전자의 스핀이 **짝지었다**(paired) 혹은 간단히 전자가 짝을 이룬다고 한다. 이처럼 짝을 이루면 한 전자 자석의 북극이 다른 전자의 남극과 마주하기 때문에 전자들의 자기장 효과는 상쇄된다. 한 방향으로의 전자 스핀이 다른 방향보다 더 많은 원자는 **홀전자**(unpaired electron)를 가졌다고 한다. 이런 원자의 경우에는 자기 효과가 완전히 상쇄되지 않기 때문에 원자 자체가 외부 자기장에 끌릴 수 있는 작은 자석이 된다. 이러한 끌림을 **상자기성**(**paramagnetism**)이라고 한다. 모든 전자가 짝을 이루는 물질은 자석에 끌리지 않고, 실제로는 자기장 밖으로 약간 밀려나는데, 이것을 **반자기성**(**diamagnetic**)이라고 한다.

상자기성과 반자기성은 물질에 포함된 홀전자의 유무를 실험으로 확인할 때 측정하는 성질이다. 상자기성 물질이 자석에 끌리는 세기를 정량적으로 측정하여 원자나 분자 또는 이온에서 홀전자의 수를 계산할 수 있다.

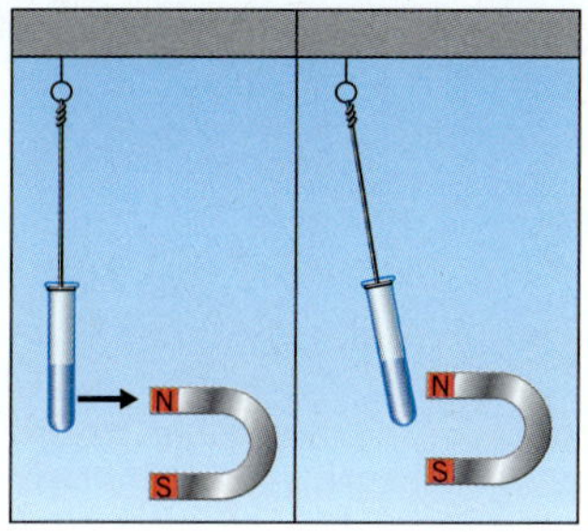

상자기성 물질은 자기장에 끌린다.

7.7 에너지 준위와 바닥 상태 전자 배치

전자가 원자 오비탈에 어떻게 분포되어 있는지를 나타낸 것을 원자의 **전자 구조**(**electronic structure**) 또는 **전자 배치**(**electron configuration**)라고 한다. 원자 외곽 부분에서의 전자 배열이 원소의 화학적 성질에 큰 영향을 미치기 때문에 전자 배치는 원소에 대한 매우 중요한 정보이다.

일반적으로 원소의 바닥 상태 전자 배치가 매우 중요하다. 가장 낮은 에너지 상태의 원자에 대한 전자 배치를 의미하는 바닥 상태 전자 배치는 그림 7.20의 에너지 준위 도표와 Pauli 배타 원리를 이용하여 예측할 수 있다. 가장 간단한 원소인 수소를 이용하여 그 원리를 알아보자.

수소는 원자 번호 Z가 1이므로 중성 수소 원자는 한 개의 전자를 가진다. 바닥 상태에서 이 전자는 에너지가 가장 낮은 $1s$ 오비탈을 점유한다. 전자 배치를 기호로 나타낼 때는 전자를 포함하는 부껍질을 적고, 점유된 전자수를 위 첨자로 나타낸다. 예를 들면 수소의 전자 배치는 다음과 같이 쓴다.

$$\mathrm{H} \quad 1s^1$$

전자 배치를 나타내는 또 다른 유용한 방법은 **오비탈 도표**(**orbital diagram**)이다. 이것은 각 오비탈을 작은 원으로 나타내고 반쪽 화살표로 각 전자를 나타내는데, 한쪽 방향의 스핀은 위로 향하게 하고 다른 방향의 스핀은 아래를 향하게 한다. 수소에 대한 오비탈 도표를 간단히 나타내면 다음과 같다.

H ⓘ(↿)
$1s$

해설 때로는 원 대신에 수평선을 사용하여 오비탈을 표시하기도 한다.

H ↿
$1s$

바닥 상태 전자 배치

다른 원소의 원자에 대한 전자 배치를 그리기 위해서 원하는 원자의 핵이 될 때까지 수소 원자로부터 시작하여 양성자를 더해 간다고 생각해 보자(중성자도 필요한 만큼 더해 간다). 동시에 허용된 가장 낮은 오비탈에 전자를 하나씩 더해서 원하는 원소의 중성 원자가 되도록 한다. 원자의 전자 구조를 얻기 위한 이런 과정을 **쌓음 원리**(**aufbau principle**)라고 한다.

해설 'aufbau'라는 단어는 쌓음을 뜻하는 독일어이다.

s 오비탈 채우기 $Z = 2$인 헬륨에 대해 이 원리가 어떻게 적용되는지 살펴보자. $1s$ 오비탈은 최대 두 개의 전자를 수용할 수 있으므로 헬륨의 두 개의 전자는 모두 $1s$ 오비탈을 점유한다. 그러므로 헬륨의 전자 배치는 다음처럼 쓸 수 있다.

He $1s^2$ 또는 He (⥮)
$1s$

오비탈 도표의 1s 오비탈에 있는 두 개의 전자가 짝지어 있는 상태로 배치되어 있음을 주목하라.

계속해서 유사한 방식으로 주기율표의 대부분의 원소의 전자를 배치할 수 있다. 주기율표에 배치된 다음의 두 원소인 리튬 Li($Z=3$)과 베릴륨 Be($Z=4$)은 각각 세 개와 네 개의 전자를 가지고 있다. 이 전자 중 두 개를 먼저 1s 오비탈에 스핀이 짝지은 상태로 배치한다. Pauli 배타 원리와 그림 7.20에서 나타낸 에너지 도표에 의하면 1s 오비탈과 1s 다음으로 에너지가 낮은 2s 오비탈은 모두 각각 두 개의 전자만을 수용할 수 있다. 그러므로 리튬의 세 번째 전자와 베릴륨의 세 번째 및 네 번째 전자를 모두 각각의 2s에 배치하면 리튬과 베릴륨의 전자 구조를 다음과 같이 나타낼 수 있다.

Li	$1s^22s^1$	또는	Li	(↑↓)	(↑)
				1s	2s
Be	$1s^22s^2$	또는	Be	(↑↓)	(↑↓)
				1s	2s

p 오비탈과 d 오비탈 채우기 베릴륨 다음은 붕소 B($Z=5$)이다. 그림 7.20을 참고하면, 붕소의 1s와 2s 부껍질은 처음 네 개의 전자에 의하여 점유되고, 다섯 번째 전자는 2p 부껍질에 들어가야 한다.

$$\text{B} \quad 1s^22s^22p^1$$

붕소의 오비탈 도표에서 2p에 속하는 세 개 오비탈의 에너지는 모두 동일하므로, 붕소의 다섯 번째 전자는 2p 오비탈 중 임의의 하나에 넣을 수 있다. 붕소의 오비탈 도표를 그릴 때는, 2p 오비탈 중 두 개가 비었더라도 모든 오비탈을 함께 나타내야 한다는 것을 기억하라.

	1s	2s	2p
B	(↑↓)	(↑↓)	(↑)( )( )

다음은 6개의 전자를 가진 탄소 차례이다. 앞에서와 같이 처음 네 개의 전자로 1s와 2s 오비탈을 완전히 채운다. 남은 두 개의 전자는 2p 부껍질에 다음과 같이 들어간다.

$$\text{C} \quad 1s^22s^22p^2$$

그러나 이제는 오비탈 도표에서 두 개의 p 전자를 어디에 배치할 것인지를 결정해야 한다. 이를 위해서 **전자가 동일한 에너지를 가진 일련의 오비탈에 채워질 때, 가능한 홀전자가 많도록 배치한다**는 **Hund 규칙(Hund's rule)**을 사용한다. 이 규칙을 따르면 가장 낮은 에너지를 가진 전자 배치가 된다는 것이 이론적으로나 실험적으로 증명되었기 때문이다. 따라서 Hund 규칙에 따르면 탄소에 있는 마지막 두 개의 p 전자는 다음과 같이 서로 다른 p 오비탈에 같은 스핀 상태로 채워진다.[1]

	1s	2s	2p
C	(↑↓)	(↑↓)	(↑)(↑)( )

Pauli 배타 원리와 Hund 규칙을 적용하여 2주기의 나머지 원소들에 대한 전자 배치와 오비탈 도표를 다음과 같이 완성할 수 있다.

---

[1]Hund 규칙은 오비탈에 전자가 분포하는 방법 중 가장 낮은 에너지 상태(바닥 상태)를 보여준다. 그러나 다음과 같은 전자 배치가 불가능한 것은 아니다. 이러한 전자 배치는 탄소에 포함된 전자들의 가장 낮은 에너지 분포에 해당하지 않을 뿐이다.

	1s	2s	2p
C	(↑↓)	(↑↓)	(↑)(↓)( )
C	(↑↓)	(↑↓)	(↑↓)( )( )

		$1s$	$2s$	$2p$
N	$1s^22s^22p^3$	↑↓	↑↓	↑ ↑ ↑
O	$1s^22s^22p^4$	↑↓	↑↓	↑↓ ↑ ↑
F	$1s^22s^22p^5$	↑↓	↑↓	↑↓ ↑↓ ↑
Ne	$1s^22s^22p^6$	↑↓	↑↓	↑↓ ↑↓ ↑↓

어떤 부껍질에 어떤 순으로 전자가 채워지는지를 나타내는 그림 7.20을 참고하여 계속해서 전자를 배치할 수 있다. 그림 7.20에 의하면 네온에서 $2p$ 부껍질이 완전히 채워진 다음, 남은 전자가 $3s$ 오비탈을, 그다음에는 $3p$ 오비탈을 채운다는 것을 알 수 있다. 이후로는 $3d$보다 에너지가 낮은 $4s$를 먼저 채운 다음 $4p$를 채우기 전에 $3d$가 완결되는 식이다.

원소의 바닥 상태 전자 배치를 쓰려면 항상 그림 7.20이 필요하다고 생각할지도 모르겠다. 그러나 다음 절에서 보겠지만, 이 그림에 포함된 모든 정보는 주기율표에도 포함되어 있다.

실전 문제 7.13

다음 원자에 대한 오비탈 도표를 그리시오(**힌트**: 짝지어진 전자 스핀을 어떻게 표시하는지를 상기하시오).

(a) Mg **(b)** P **(c)** Ar

실전 문제 7.14

그림 7.20을 사용하여 다음 원자의 전자 배치를 그리시오.

(a) Si **(b)** Ti **(c)** Se

실전 문제 7.15

원자 번호가 짝수인 원소가 상자기성일 수 있는가? (**힌트**: 몇 가지 4주기 전이 원소들의 오비탈 도표를 그려보시오.)

실전 문제 7.16

오비탈 도표를 사용하여 다음 각 원소에서 홀전자의 수가 몇 개인지를 결정하시오(**힌트**: 각 원자의 전자 배치를 그려 보시오).

(a) Na **(b)** Si **(c)** Cd **(d)** Kr

7.8 주기율표와 바닥 상태 전자 배치

3장에서 Mendeleev가 주기율표를 완성할 때 유사한 화학적 성질을 가진 원소들을 족이라고 하는 세로 열에 배열하였음을 배웠다. 그 뒤 점차 확대되어 오늘날 우리가 사용하는 주기율표가 되었다. 주기율표의 기본 구조는 전자 배치를 예측하는 데 사용되었던 양자 이론에 대한 가장 강력한 실험적 뒷받침이 되었을 뿐만 아니라, 주기율표 그 자체도 전자 배치를 예측하는 도구로 사용될 수 있다.

바닥 상태 전자 배치 예측하기

도구
주기율표를 이용한 전자 배치

그림 7.22와 같은 주기율표의 배열에 대하여 생각해 보자. 왼쪽에는 원소의 2개의 열로 된 파란색 블록이 있고 오른쪽에는 6개의 열로 구성된 분홍색 블록이 있으며 중앙에는 10개의 열로 된 노란색 블록이 있다. 표의 아래에는 각각 **14개**의 원소로 구성된 회색의 두 행이 있다. 이 수(2, 6, 10, 14)는 양자론에서 확인한 *s*, *p*, *d*, *f* 부껍질을 각각 채울 수 있는 전자의 수와 **정확하게** 일치한다. **실제로 원소의 전자 배치를 쓸 때, 주기율표의 구조를 이용하여 부껍질을 채우는 순서를 예측할 수 있다.**

주기율표를 사용하여 전자 배치를 예측하기 위해서는, 앞에서처럼 쌓음 원리를 따르면 된다. 수소로 시작하여 주기율표의 어느 부분을 통과하는지를 기억하면서 주어진 원소에 도달할 때까지 주기율표의 행을 따라 이동하면 된다. **그림 7.23**을 사용하여 칼슘 원소에 대하여 다음과 같은 전자 배치를 얻을 수 있다.

$$\text{Ca} \quad 1s^2 2s^2 2p^6 3s^2 3p^6 4s^2$$

전자 배치를 쓸 때 주기율표와 그림 7.23을 참조하면 매우 편리하다.

1, 2, 3주기 전자 배치 첫 번째 주기는 H와 He 두 원소만 존재한다. 첫 번째 부껍질인 1*s*에 H와 He의 전자가 차례로 채워진다. 이미 알고 있는 바와 같이 He의 전자 배치는 $1s^2$이다. 두 번째 주기의 처음 두 원소(Li와 Be)는 *s* 블록에 있다. 더해진 전자 2개는 2*s* 부껍질에 채워지고 $2s^2$로 나타낸다. 다음에는 6개 열로 구성된 *p* 블록인데, 두 번째 주기의 이 영역에서는 2*p* 부껍질에 6개의 전자를 채우면 $2p^6$라고 쓴다. 다음의 세 번째 주기에서는 3*s* 부껍질을 2개의 전자로 채운 후($3s^2$), 다시 3*p* 부껍질을 6개의 전자로 채운다($3p^6$).

4, 5주기 전자 배치 이제 네 번째 주기에 대하여 알아보자. 앞에서 논의한 칼슘에 도달하려면 두 열로 구성된 푸른색 영역을 통과하면서 4*s* 부껍질에 전자 두 개를 채운다. 칼슘까지는 전자가 *s* 및 *p* 부껍질에만 채워졌다. 그림 7.23에서 보는 바와 같이 칼슘 이후에는 3*d* 부껍질이 채워지기 시작한다. 전이 원소의 첫 번째 주기에서 모두 전자 10개를 채울 수 있다. 3*d* 부껍질 이후에는 4*p* 부껍질을 전자 6개로 채운다. 다섯 번째 주기에서는 5*s*, 4*d*, 5*p* 부껍질 순서로 각각 2개, 10개, 6개의 전자를 채운다.

6, 7주기 전자 배치 내부 전이 원소(*f* 부껍질)는 6번째, 7번째 주기에서 채워지기 시작한다. 6번째 주기에서는 6*s*, 4*f*, 5*d*, 6*p* 부껍질 순서대로 각각 2개, 14개, 10개, 6개의 전자를 채운다. 그러나 이 경우에는 불규칙한 경우가 많기 때문에 반드시 부록 C를 참조해서 정확한 전자 배치를 확인해야 한다. 7번째 주기는 7*s*, 5*f*, 6*d*, 7*p* 부껍질 순서로 채워진다. 이러한 순서는 부껍질의 에너지 상태를 기준으로 정한 것이지만 이 경우에도 불규칙한 사례가 많이 나타나기

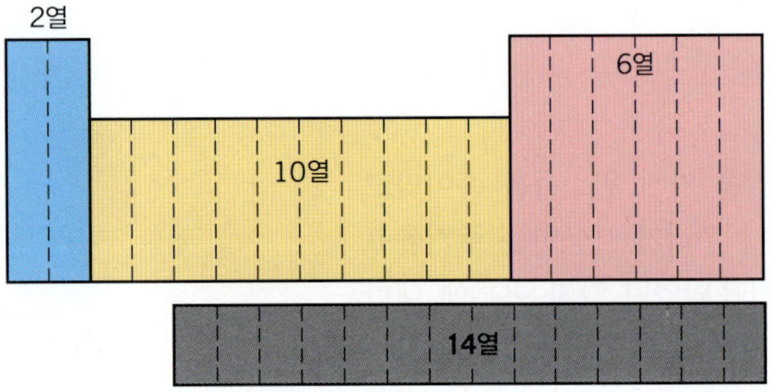

그림 7.22 주기율표의 열 구조 주기율표는 각각 2, 6, 10, 14개의 열로 구성된 블록으로 나누어져 있으며, 이것은 각각 *s*, *p*, *d*, *f* 부껍질에 해당한다.

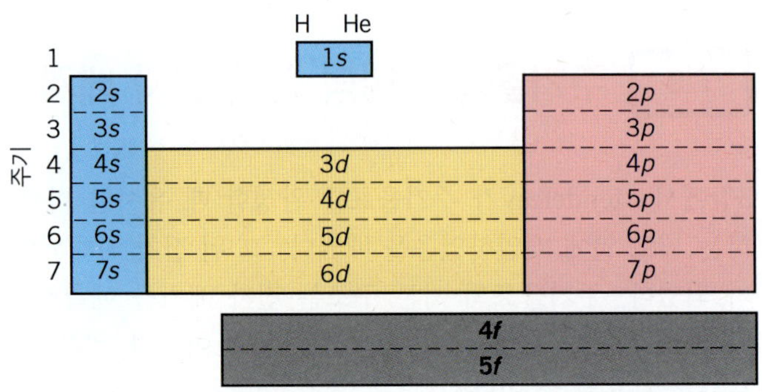

그림 7.23 주기율표에서 부껍질의 배치 이 그림은 부껍질을 채우는 순서를 보여 준다.

때문에 좀 더 정확한 전자 배치를 위해서는 부록 C를 참조해야 한다.

여기서 *s* 및 *p* 부껍질은 그들이 속한 주기와 같은 번호를 갖는 것을 주목하라. *d* 부껍질은 주기보다 하나 낮은 번호를 가지며, 마지막으로 *f* 부껍질은 주기보다 두 개 낮은 번호를 갖는다.

예제 7.4 전자 배치 예측하기

여러 효소의 보조인자로 작용하는 망가니즈를 포함하는 광석의 색은 갈색부터 노란색에 이르기까지 매우 다양하다. 한편 비스무트는 표면의 금속이 산소와 반응하면 보는 각도에 따라 표면의 색이 변하는 광택이 난다. (**a**) Mn와 (**b**) Bi의 전자 배치를 쓰시오.

Martin Leigh/Getty Images

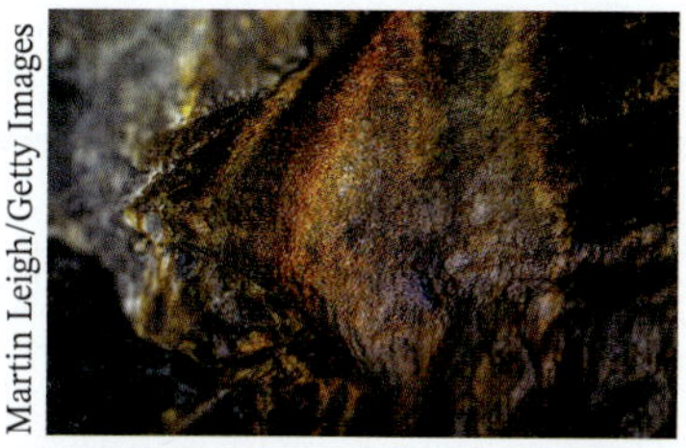

망가니즈 광석

Walter Geiersperger/Getty Images

비스무트 결정

분석 Mn와 Bi에 전자가 채워지는 부껍질의 순서를 쓰고, 각 껍질에 채워진 전자를 위첨자 형태로 나타낸다.

도구 모음 전자가 채워지는 부껍질과 그 순서를 알기 위한 도구로 주기율표를 사용한다. 그림 7.20, 7.22, 7.23을 참고하지 말고 전자 배치를 써보라.

풀이 (**a**) Mn에 도달할 때까지 주기율표를 따라가 보면 다음과 같은 결과를 얻는다.

1주기 1*s* 부껍질을 2개의 전자로 채운다.
2주기 2*s*와 2*p* 부껍질을 채운다.
3주기 3*s*와 3*p* 부껍질을 채운다.
4주기 4*s*를 채우고, 3*d*에서 5개의 전자를 채운다.

종합하면 Mn의 전자 배치는 다음과 같다.

$$\text{Mn} \quad 1s^2 2s^2 2p^6 3s^2 3p^6 4s^2 3d^5$$

나타낸 전자 구조가 Mn의 옳은 전자 배치이다. 그러나 *d* 및 *f* 오비탈에 전자가 채워진 원소는 종종 같은 껍질에 속한 부껍질을 함께 묶어 나타내기도 한다. 이를 고려하면 망가니즈의 전자 배치를 다음과 같이 쓸 수도 있다.

$$\text{Mn} \quad 1s^2 2s^2 2p^6 3s^2 3p^6 3d^5 4s^2$$

나중에 이와 같은 전자 배치가 이온의 바닥 상태 전자 배치를 나타낼 때 편리하다는 것을 알게 될 것이다.

(**b**) Mn에 대한 과정과 같은 방법으로 Bi에 도달할 때까지 다음 부껍질을 채운다.

1주기 1*s* 부껍질을 채운다.
2주기 2*s*와 2*p* 부껍질을 채운다.
3주기 3*s*와 3*p* 부껍질을 채운다.
4주기 4*s*, 3*d*, 4*p* 부껍질을 채운다.
5주기 5*s*, 4*d*, 5*p* 부껍질을 채운다.
6주기 6*s*, 4*f*, 5*d* 부껍질을 채운 다음, 6*p*에 세 개의 전자를 더한다.

종합하면 Bi의 전자 배치는 다음과 같다.

$$\text{Bi} \quad 1s^2 2s^2 2p^6 3s^2 3p^6 4s^2 3d^{10} 4p^6 5s^2 4d^{10} 5p^6 6s^2 4f^{14} 5d^{10} 6p^3$$

한편 *n* 값이 같은 부껍질을 함께 묶으면 다음과 같다.

$$\text{Bi} \quad 1s^2 2s^2 2p^6 3s^2 3p^6 3d^{10} 4s^2 4p^6 4d^{10} 4f^{14} 5s^2 5p^6 5d^{10} 6s^2 6p^3$$

두 가지 전자 배치를 모두 사용할 수 있다.

답이 합리적인가? 전자 배치에서 각 부껍질에 채워진 Mn과 Bi의 전자수를 세어보면 각각 25개와 83개로 원래의 전자수와 일치한다. 부록 C에 수록한 전자 배치와 비교할 수도 있다.

실전 문제 7.17

주기율표를 사용하여 다음 원소의 전자 배치를 쓰시오. 같은 껍질에 속한 부껍질을 함께 묶으시오(**힌트**: 주기율표에서 어느 영역이 s, p, d, f 전자를 나타내는지 상기하시오).
(a) Ca **(b)** Ge **(c)** Zn **(d)** Gd

실전 문제 7.18

주기율표를 사용하여 다음 원소의 전자 배치를 쓰시오. **(a)** O, S, Se **(b)** P, N, Sb
(a)에 있는 원소들의 공통점은 무엇인가? **(b)**에 있는 원소들의 공통점은 무엇인가?

간략한 전자 배치

원자 번호가 큰 원소에 대한 전자 배치는 다루기 불편하고 어려울 수 있다. 화학자들은 편리를 위하여 **간략한 전자 배치(abbreviated electron configuration**, 간략한 배치라고도 한다)를 이용한다.

어떤 원소에 대한 간략한 전자 배치는 완전한 전자 배치를 두 부분으로 나눠서 나타낸 것이다. 다음의 Pb에 대한 전자 배치와 간략한 전자 배치를 비교해 보자. 간략한 전자 배치는 비활성 기체의 전자 배치를 이용하는 것으로, Pb에 대한 완전한 전자 배치 중 Pb 바로 앞에 위치한 비활성 기체인 Xe의 전자 배치까지를 묶어서 [Xe]라는 기호로 먼저 나타낸 다음 이어서 나머지 전자의 배치를 쓴다.

$$\text{Pb} \quad \underbrace{1s^22s^22p^63s^23p^64s^23d^{10}4p^65s^24d^{10}5p^6}_{[\text{Xe}]}6s^24f^{14}5d^{10}6p^2$$

$$\text{Pb} \quad [\text{Xe}] \quad 6s^24f^{14}5d^{10}6p^2$$

간략한 전자 배치를 쓸 때 종종 다음과 같이 껍질 번호가 증가하는 순서로 쓰기도 한다.

$$\text{Pb} \quad [\text{Xe}]4f^{14}5d^{10}6s^26p^2$$

주족 원소를 간단한 전자 배치로 쓸 수 있다. 다음은 소듐과 마그네슘 원소에 대한 완전한 전자 배치와 간략한 전자 배치를 같이 나타낸 것이다.

$$\text{Na} \quad 1s^22s^22p^63s^1 \qquad \text{Na} \quad [\text{Ne}]3s^1$$
$$\text{Mg} \quad 1s^22s^22p^63s^2 \qquad \text{Mg} \quad [\text{Ne}]3s^2$$

예제 7.4에서 다룬 Mn과 Bi에 대한 간략한 전자 배치는 다음과 같다.

$$\text{Mn} \quad [\text{Ar}]4s^23d^5 \qquad \text{Bi} \quad [\text{Xe}]6s^24f^{14}5d^{10}6p^3$$

이 경우에도 껍질 번호가 증가하는 순서대로 다음과 같이 나타내기도 한다.

$$\text{Mn} \quad [\text{Ar}]3d^54s^2 \qquad \text{Bi} \quad [\text{Xe}]4f^{14}5d^{10}6s^26p^3$$

Thatree Thitivongvaroon/Getty Images

예제 7.5 간략한 전자 배치 쓰기

크로뮴은 항산화성이 있어서 한번 광택을 내면 오랫동안 광택이 지속된다. 크로뮴의 간략한 전자 배치를 쓰고, 이 배치와 관련한 오비탈 도표를 그리시오. 크로뮴은 상자기성인가, 반자기성인가?

분석 이 문제는 전자 배치를 적당한 비활성 기체의 기호를 이용하여 나타낸 다음 남은 전자들이 4주기 전자라는 것 외에는 앞의 예제와 동일하다. 크로뮴이 상자성인지 반자성인지 알아보려면 간략한 전자 배치를 오비탈 도표로 바꿔서 홀전자가 몇 개 있는지 확인하면 된다.

도구 모음 주기율표와 오비탈 도표를 그리는 방법 및 원소가 상자기성을 갖기 위한 조건 등의 도구가 필요하다.

풀이 크로뮴은 원자 번호는 24번으로 4주기에 속한다. 바로 앞의 비활성 기체는 3주기에 있는 아르곤(Ar)이다. 간략한 배치를 적으려면 우선 아르곤에 대한 기호를 대괄호에 쓴 다음, 아르곤까지의 전자 18개를 뺀 나머지 전자에 대한 배치를 쓴다. 따라서 Ar 이후의 4주기에서 4*s* 부껍질에 전자 2개를 채우고 3*d* 부껍질에 4개의 전자를 채운 Cr의 간략한 전자 배치는 다음과 같다.

$$\text{Cr} \quad [\text{Ar}]4s^2 3d^4$$

부껍질을 주양자수 *n*이 증가하는 순서로 나타낸 전자 배치는 다음과 같다.

$$\text{Cr} \quad [\text{Ar}]3d^4 4s^2$$

상자성을 판단하기 위하여 오비탈 도표에 3*d*와 4*s* 오비탈에 있는 전자를 Hund 규칙에 따라 배열한 결과는 다음과 같다.

Cr [Ar] (↑)(↑)(↑)(↑)( ) (↑↓)
3*d* 4*s*

그러나 나중에 알게 되겠지만 반이 채워진 *d* 부껍질이 일부만 채워진 경우보다 에너지 측면에서 유리하기 때문에, 실험적으로 결정된 Cr의 전자 배치는 다음과 같다.

Cr [Ar] (↑)(↑)(↑)(↑)(↑) (↑)
3*d* 4*s*

4*s*와 3*d* 오비탈 모두 만반 채워져 있다. 그러므로 크로뮴 원자는 6개의 홀전자를 가지고 있으며, 따라서 상자기성 물질이다.

답이 합리적인가? 4주기의 왼쪽 끝부터 Cr에 도달할 때까지 지나야 하는 칸수(족의 수)는 6개로, 이는 위의 간략한 전자 배치에서와 같이 Ar 다음의 전자 수와 일치한다. 오비탈 도표에는 6개의 전자가 있어야 하고, Hund 규칙을 따라야 한다.

실전 문제 7.19

(a) Yt과 **(b)** Th에 대한 간략한 전자 배치를 쓰고 오비탈 도표를 그리시오. 가장 높은 껍질이 가장 오른쪽에 위치하도록 나타내시오. (**힌트:** 주어진 원자 바로 앞에 어떤 비활성 기체가 있는가?)

실전 문제 7.20

(a) S과 **(b)** Tl에 대한 간략한 전자 배치를 쓰고 오비탈 도표를 그리시오. 가장 높은 껍질이 가장 오른쪽에 위치하도록 나타내시오. 이들 원자는 각각 몇 개의 홀전자를 가지는가?

원자가 껍질 전자 배치

간략한 전자 배치에서 전자를 껍질 번호 순서대로 배열하면 화학적 성질에 직접 영향을 주는 전자가 강조된다. 두 원자가 새로운 화학 결합을 형성할 때, 핵으로부터 가장 멀리 떨어져 있는 전자의 상호 작용이 결합에 가장 큰 영향을 미친다. 이는 원자 내부에 존재하는 전자는 원자의 화학적 성질에 기여를 거의 못한다는 것을 의미한다. 결국 핵으로부터 가장 멀리 떨어져 있는 전자들이 가장 큰 관심의 대상이 되는 전자이다.

주기율표에서 각 족은 화학적 성질이나 물리적 성질이 비슷한 원소로 이루어져 있다. 이 성질은 족 안에서 규칙적으로 변한다. 이제 이와 같은 유사성이 나타나는 이유가 원자의 전자 구조에서 기인한다는 것을 확인해 보자.

도구
주기율표와 화학적 성질

화학적 성질과 원자가 껍질 배치 원자의 화학 반응(특히 주족 원소에 있어서)을 고려할 때, 보통 원자의 **바깥 껍질**(**outer shell**)에 있는 전자의 배치를 살펴보아야 한다. 그 이유는 원자가 반응할 때 n 값이 가장 큰 바깥 껍질에 있는 **바깥 전자**(**outer electron**)가 다른 원자와 만나게 되는 전자이기 때문이다(전이 원소를 포함하는 반응에서는 d 전자 역시 매우 중요하다). 비슷한 성질을 갖는 원소들이 비슷한 바깥 껍질 전자 배치를 가질 것으로 예상하는 것은 합리적이다. 예를 들어 1A족의 알칼리 금속을 살펴보자. 이 원소들에 대한 간략한 전자 배치와 완전한 전자 배치는 다음과 같다.

Li	[He]$\mathbf{2s^1}$	또는	$1s^2\mathbf{2s^1}$
Na	[Ne]$\mathbf{3s^1}$	또는	$1s^22s^22p^6\mathbf{3s^1}$
K	[Ar]$\mathbf{4s^1}$	또는	$1s^22s^22p^63s^23p^6\mathbf{4s^1}$
Rb	[Kr]$\mathbf{5s^1}$	또는	$1s^22s^22p^63s^23p^63d^{10}4s^24p^6\mathbf{5s^1}$
Cs	[Xe]$\mathbf{6s^1}$	또는	$1s^22s^22p^63s^23p^63d^{10}4s^24p^64d^{10}5s^25p^6\mathbf{6s^1}$

간략한 전자 배치에서 가장 바깥쪽 전자 배치의 유사성이 명백하게 나타난다. 모든 원소가 s 부껍질에 단지 한 개의 바깥 껍질 전자(굵은 빨간색 글씨)를 갖는다. 알칼리 금속은 반응할 때 전자 한 개를 잃고 1+의 전하를 가지는 이온이 되는 성질이 있다. 이때 잃는 전자가 바로 바깥의 s 전자이며, 생성된 이온의 전자 배치는 바로 앞의 비활성 기체의 전자 배치와 같다.

Li^+	$1s^2$	He	$1s^2$
Na^+	$1s^22s^22p^6$	Ne	$1s^22s^22p^6$
K^+	$1s^22s^22p^63s^23p^6$	Ar	$1s^22s^22p^63s^23p^6$

등등

주기율표의 특정한 족에 포함된 원소들에 대한 간략한 전자 배치를 적으면, 바깥 껍질 전자의 배치에 유사성이 있음을 알 수 있다. 차이점은 이들 바깥 전자의 주양자수 값이다.

이미 언급한 바와 같이 주족 원소의 경우 보통 화학적 성질을 지배하는 중요한 전자는 바깥 껍질에 있는 전자이다. 이 바깥 껍질을 **원자가 껍질**(**valence shell**)이라고 하며, 전자가 채워진 껍질 중에서 n 값이 가장 큰 껍질이다. 이 원자가 껍질에 채워진 전자를 **원자가 전자**(**valence electron**)라고 한다. 원자가라는 말은 화학 결합에 대한 연구 분야에서 유래된 용어로 원소의 결합 능력과 관계있으나 여기서는 중요하지 않다.

주족 원소의 경우 주기율표를 사용하여 원자가 껍질의 전자 배치를 아주 쉽게 결정할 수 있다. **어떤 원소의 원자가 껍질은 그 원소를 포함하는 주기에 속한 s와 p 부껍질로만 구성되어 있다.** 예를 들어 3주기 원소인 황의 원자가 껍질 배치를 결정하기 위해서는 $3s$에 두 개의 전자를, $3p$에 네 개의 전자를 채워야 한다. 그러므로 황의 원자가 껍질 배치는 다음과 같고, 따라서 황은 6개의 원자가 전자를 갖는다고 말할 수 있다

$$\text{S}\quad 3s^23p^4$$

예제 7.6 원자가 껍질 전자 배치 쓰기

안티모니($Z=51$)의 원자가 껍질 전자 배치를 쓰시오.

분석 가장 바깥쪽 껍질의 s와 p 전자의 수를 정하기 위해서는 껍질에 속한 부껍질을 한데 묶어 전자 배치를 적는다.

도구 모음 필요한 도구는 주기율표와 원자가 껍질 전자에 대한 정의이다.

풀이 5주기에서 안티모니에 도달할 때까지 5*s*, 4*d*, 5*p* 부껍질에 전자가 채워진다. 그러나 4*d*는 5번째 껍질의 일부가 아니므로 원자가 껍질에 포함되지 않는다. 따라서 5*s*와 5*p* 부껍질에 채워진 전자만 고려하면 된다. 종합하면 비소의 원자가 껍질 배치는 다음과 같다.

$$\text{Sb} \qquad 5s^2 5p^3$$

답이 합리적인가? *p*와 *s* 전자들만 세면 5개의 원자가 전자가 있음을 확인할 수 있다. 따라서 답이 합리적으로 보인다.

실전 문제 7.21

원자가 껍질에 8개보다 많은 전자가 있는 사례를 찾아보시오. 그것이 불가능하다면 그 이유를 설명하시오. (**힌트**: 전자가 채워진 *d* 껍질 중 가장 높은 *n* 값이, 전자가 채워진 *s*나 *p* 껍질의 가장 높은 *n* 값과 일치하는 원소가 있는가?)

실전 문제 7.22

다음 원소의 원자가 껍질의 전자 배치를 각각 쓰시오. 각 원소의 원자가 전자는 몇 개인가?
(a) I **(b)** Br **(c)** Si

전자 배치의 몇 가지 예외

지금까지 배웠던 전자 배치와 관련한 규칙은 대부분 잘 들어맞으나 몇 가지 예외도 있다. 부록 C에 수록된 실험적으로 결정된 여러 원소의 전자 배치를 살펴보면 관련 규칙에 많은 예외가 있음을 알 수 있다. 많이 사용되는 원소에서 나타나는 예외는 특히 중요하다.

중요한 예외 중 두 가지가 크로뮴과 구리에 대한 것이다. 규칙을 따르면 크로뮴과 구리의 전자 배치는 다음과 같이 예상된다.

$$\text{Cr} \qquad [\text{Ar}]\, 3d^4 4s^2$$
$$\text{Cu} \qquad [\text{Ar}]\, 3d^9 4s^2$$

그러나 실험적으로 결정된 실제 전자 배치는 다음과 같다.

$$\text{Cr} \qquad [\text{Ar}]\, 3d^5 4s^1$$
$$\text{Cu} \qquad [\text{Ar}]\, 3d^{10} 4s^1$$

이를 오비탈 도표로 나타내면 다음과 같다.

		3*d*	4*s*
Cr	[Ar]	① ① ① ① ①	①
Cu	[Ar]	⑪ ⑪ ⑪ ⑪ ⑪	①

크로뮴의 경우 4*s* 부껍질로부터 한 개의 전자가 이동하여 3*d* 부껍질의 정확히 절반이 전자로 채워졌다. 구리의 경우는 4*s* 전자가 이동하여 3*d* 부껍질이 전자로 완전히 채워졌다. 비슷하게 은과 금의 경우에도 다음과 같이 4*d*와 5*d* 부껍질을 각각 채운다.

$$\text{Ag} \qquad [\text{Kr}]\, 4d^{10} 5s^1$$
$$\text{Au} \qquad [\text{Xe}]\, 4f^{14} 5d^{10} 6s^1$$

분명히 반이 채워지거나 완전히 채워진 부껍질(특히 후자)을 형성하는 것이 에너지 안정화 측면에서 유리하기 때문에 전자를 빌려오는 배치가 선호된다. 이렇게 미묘하면서도 중요한 현상은 원자의 바닥 상태 배치에 영향을 줄 뿐만 아니라, 전이 원소에 의해 형성된 몇몇 이온의 상대적 안정도와도 관계가 있다. 비슷한 예외가 란타넘 계열과 악티늄 계열의 원소에서도 일어난다.

7.9 원자 오비탈: 모양과 배향

일부 실험에서는 전자가 입자의 행동을 보이며 다른 실험에서는 파동과 같이 행동한다는 사실 때문에 원자 내에 존재하는 전자의 위치를 기술할 때 어려움이 따른다. 이는 우리가 일상생활에서 경험하는 것과 매우 다르다. 그러나 다행스럽게 특정한 위치에서 전자를 발견할 수 있는 통계적 확률이라는 개념을 도입하면 전자를 일반적 입자로 다룰 수 있다. 또한 양자 역학을 이용하여 전자의 입자성과 파동성을 수학적으로 관련지을 수 있다. 비록 한 입자를 두 가지 방법으로 표현할 수 있다는 것을 이해하기 어렵지만, 수학적으로 입자의 행동을 아주 정확하게 기술할 수 있다.

해설 Werner Heisenberg는 양자역학을 창시한 공로로 1932년에 노벨 물리학상을 받았다.

전자의 위치를 통계적 확률로 기술하는 것은 그저 편리하기 때문만은 아니다. 독일의 물리학자 Werner Heisenberg는 입자의 속도와 위치를 동시에 정확하게 측정하는 것은 불가능하다는 것을 수학적으로 증명하였다. 전자의 위치와 속도를 측정하기 위해서는 광자와 같은 다른 입자를 반사시켜야 한다. 이때 측정하기 위하여 광자가 충돌하는 그 자체가 전자의 위치와 속도를 변화시키게 된다. 따라서 정확한 위치와 정확한 속도를 동시에 결정하는 것은 불가능하다. 이를 Heisenberg **불확정성 원리(uncertainty principle)**라 하며, 다음과 같이 수학적으로 표현된다.

$$\Delta x \geq \frac{h}{4\pi m}\left(\frac{1}{\Delta v}\right)$$

여기서 Δx는 입자의 위치에 대한 최소의 불확정성이고 h와 m은 각각 Planck 상수와 질량이며 Δv는 입자의 속도에 대한 최소의 불확정성이다.

속도와 위치를 측정하는 데 있어서 이론적 제한은 큰 물체에 대해서는 중요하지 않다. 그러나 전자와 같은 아주 작은 입자의 경우에는 불확정성 원리가 나타내는 제한으로 인하여, 원자 내에서 전자가 어떤 특정 순간에 정확하게 어디에 있는지 알거나 예측하는 것은 불가능하고 단지 확률로만 나타낼 수 있을 뿐이다.

해설 Heisenberg 불확정성 원리에 의하면 일반적으로 무거운 입자의 위치를 더 정확하게 측정할 수 있다. 또한 속도에 대한 불확정성이 크면 입자의 위치에 대한 불확정성은 작아진다.

파동 역학에 의하면 공간 내 어떤 점에서 전자를 발견할 확률은 그 점에서 전자 파동의 진폭의 제곱[파동 함수의 제곱(ψ^2)]과 같다. 파동의 세기가 클 때 그 존재를 강하게 느낀다는 관점에서 전자를 발견할 확률을 진폭이나 세기와 관련시키는 것은 매우 합리적이다. 수학적으로 진폭은 양 또는 음일 수 있으나 확률은 양일 때만 의미가 있으므로, 진폭을 제곱하여 항상 양의 값이 되게 하였다. 그러나 이 점에 대해 과도하게 신경 쓸 필요는 없다.

해설 전자 파동의 진폭은 ψ(그리스 기호로 psi) 기호로 표현되는 파동 함수로 나타낸다. 주어진 위치에서 전자를 발견할 확률은 ψ^2이다. 파동 함수의 부호는 결합이 일어날 때 중요한데, 9장에서 논의할 것이다.

전자 확률이라는 개념은 다음의 세 가지 매우 중요한 개념과 연계되어 있다. 첫 번째는 전자가 일종의 전자 구름(electron cloud)과 같은 형태로 핵 주위에 퍼져 있는 것처럼 행동한다는 것이다. **그림 7.24(a)**는 1s 오비탈에서 전자를 발견할 확률이 공간에서 어떻게 변하는지를 나타내는 **점 밀도 도표**(dot-density diagram)이다. 점 밀도가 큰 곳(단위 부피당 점의 수가 큰 곳)에서는 파동의 진폭은 크고 전자를 발견할 확률도 높다.

두 번째 중요한 개념은 전자 확률이 장소에 따라 변한다는 것에서 파생된 **전자 밀도(electron density)**인데, 이것은 주어진 영역에 전자 전하가 얼마나 채워져 있는가와 관련이 있다. 확률이 높은 영역에서는 전자 전하(그리고 질량)가 높으며 전자 밀도가 크고, 확률이 낮은 영역에서는 전자 밀도가 작다. 그림 7.24(b)는 1s 오비탈에서 핵으로부터 멀어짐에 따라 전자 확률이

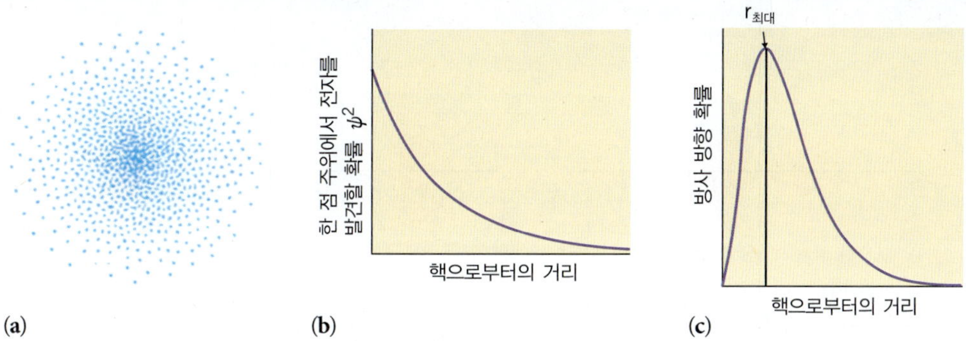

그림 7.24 수소 원자의 1s 오비탈에서의 전자 분포 (a) 1s 전자에 대한 전자 확률 분포를 설명하는 점 밀도 도표. (b) 핵으로부터의 거리가 증가함에 따라 특정한 위치에서 1s 전자를 발견할 확률(ψ^2)이 어떻게 감소하는가를 보여 주는 그래프. (c) 1s 전자의 방사 방향 확률 분포를 나타내는 그래프로, 핵으로부터 r과 $r+x$ 사이의 구에서 1s 전자를 발견할 확률을 보여 준다. 그 최댓값에 해당하는 거리는 Bohr 반지름과 일치한다.

어떻게 변하는가를 보여 준다. 예상대로 전자를 발견할 확률은 핵에 가까울수록 크고 핵으로부터 거리가 증가함에 따라 감소한다.

세 번째 관점은 전자가 핵으로부터 r과 $r+x$(여기서 x는 매우 작다) 사이의 매우 작은 구형 공간을 차지할 확률과 관련이 있다. 이러한 구형 껍질에서의 발견 확률을 핵으로부터의 거리에 대하여 그리면 그림 7.24(c)와 같다. 이 그림을 **방사 방향 확률 분포**(radial probability distribution)라고 한다. 여기서 정말 흥미로운 사실은 이 그림을 수소에 대해 그려보면 최댓값에 해당하는 거리가 53 pm로, Bohr 반지름과 정확히 일치한다.

작은 공간에 제한된 전자는 더 이상 입자와 같은 행동을 보일 수 없으며, 오히려 음의 전하를 띤 구름과 같다. 수증기로 이루어져 있는 구름과 같이 전자 구름의 밀도는 위치에 따라서 다르다. 어떤 위치에서는 밀도가 크고 또 다른 위치에서는 밀도가 작아서 마치 없는 것과 같다. 원자 오비탈 모양을 가시화하고자 할 때 이 구름 이미지를 기억해 두면 유용할 것이다.

*s*와 *p* 오비탈의 모양과 크기

원자 오비탈에서 전자 밀도가 분포되는 방법과 관련하여 오비탈의 **모양**(shape)과 **크기**(size) 및 공간에서 다른 오비탈에 대한 상대적 **배향**(orientation) 등 세 가지 흥미로운 점이 있다.

오비탈에서 전자 밀도는 핵으로부터 어떤 특정 거리에서 갑자기 끝나는 것이 아니고 점차적으로 줄어든다. 그러므로 오비탈의 크기와 모양을 정하기 위해서는 오비탈 전자 밀도의 90%가 포함되고, 전자를 발견할 확률이 모든 위치에서 같은 어떤 가상적으로 둘러싸인 표면을 생각하는 것이 편리하다. 그림 7.24에서 살펴본 바와 같이 1*s* 오비탈의 경우 핵으로부터 주어진 거리에서 전자를 발견할 확률은 **어느 방향**으로나 똑같음을 알 수 있다. 이것은 확률이 같은 모든 점이 구의 표면에 놓여 있다는 것을 의미하며, 따라서 오비탈의 모양은 구형이라고 할 수 있다. 실제로 모든 *s* 오비탈은 구형이다. **그림 7.25**에서 보는 바와 같이 오비탈의 크기는 n이 증가함에 따라 증가한다. 2*s* 오비탈[그림 7.25(b)]부터는 전자 밀도가 0이 되는 영역이 나타난다는 것을 주목하라. 전자 파동이 기타 줄에서의 파동처럼 마디를 갖는다는 것은 매우 흥미로운 일이다. 그러나 *s* 오비탈 전자 파동은 구 형태의 면(surface)으로 된 전자 밀도가 0인 마디를 가지고 있다.

그림 7.26에서 보는 것처럼 *p* 오비탈은 *s* 오비탈과는 매우 다르다. 전자 밀도는 핵을 중심으로 서로 반대편에 있는 두 영역에 동등하게 분포되어 있음을 주목하라. 그림 7.26(a)는 **하나**의 2*p* 오비탈에 두 개의 '로브(lobe)'가 있는 모습을 보여 준다. 로브 사이에는 모든 점에서 전자 밀도가 0이 되는 가상의 평면인 **마디 평면**(**nodal plane**)이 있다. 그림 7.26(b)의 3*p* 오비탈의

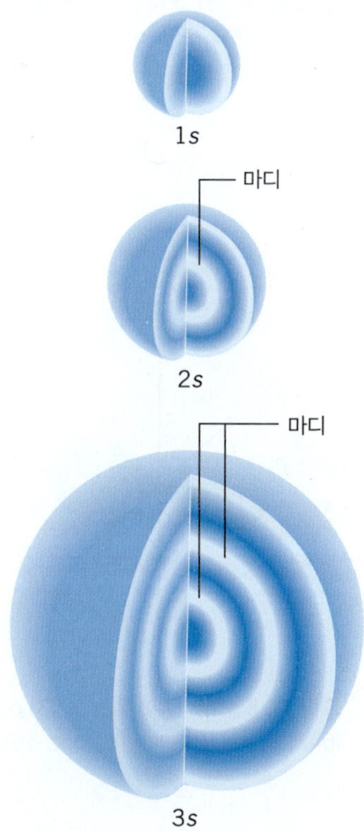

그림 7.25 s 오비탈 크기 비교 오비탈은 주양자수 n이 커짐에 따라 점점 커진다.

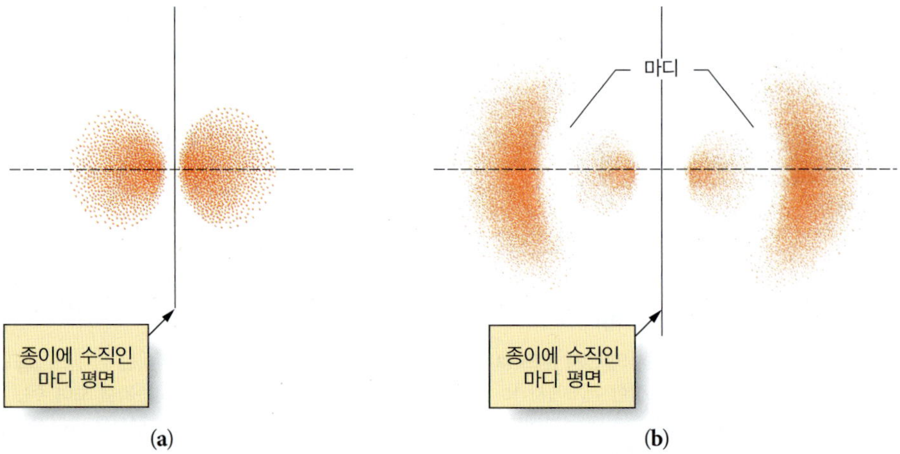

그림 7.26 *p* **오비탈에서의 전자 밀도 분포** (a) 2*p* 오비탈의 한 단면에서의 확률 분포를 나타내는 점 밀도 도표. 오비탈의 두 로브 사이에는 마디 평면이 있다. (b) 3*p* 오비탈의 단면. 전자 밀도 내부에는 핵을 지나는 마디 평면 외에 다른 마디가 더 존재한다.

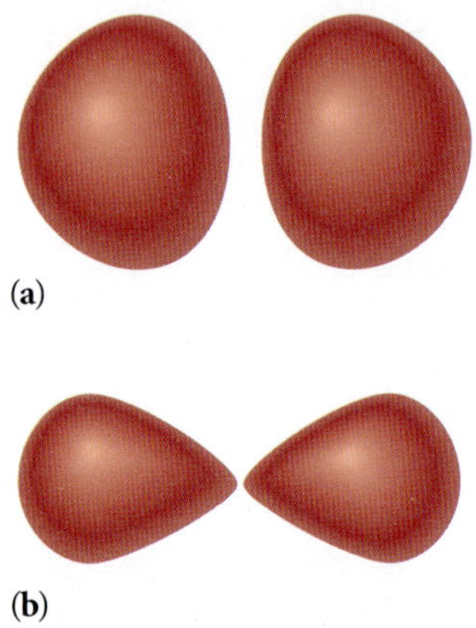

그림 7.27 *p* **오비탈의 모양을 나타낸 그림** (a) 2*p* 오비탈에서 확률이 동일한 표면의 모양 (b) *p* 오비탈의 방향성을 강조하는 간단한 그림

단면에서 볼 수 있는 것처럼 *p* 오비탈의 크기도 *n*이 증가함에 따라 증가한다. 3*p*나 혹은 더 높은 *p* 오비탈은 핵을 통과하는 마디 평면 외에 더 많은 마디가 존재한다.

그림 7.27(a)는 2*p* 오비탈에서 확률이 동일한 표면의 모양을 나타낸 것이다. 화학자들은 이 모양을 그림 7.27(b)에서 보는 것처럼 핵을 중심으로 서로 반대 방향에 있는 두 '풍선'으로 간단하게 나타내기도 한다. 두 그림 모두 *p* 오비탈이 핵을 통과하는 선을 따라 반대 방향으로 똑같은 로브를 가지는 점을 강조하고 있다.

***p* 오비탈의 배향** 앞에서 논의한 바와 같이 *p* 부껍질은 같은 에너지를 가진 3개의 오비탈로 구성되어 있다. 파동 역학에 의하면 3가지 *p* 오비탈의 최대 전자 밀도는 가상의 *xyz* 좌표계의 축과 같이 서로 90°로 교차하는 선을 따라 배향하고 있다. **그림 7.28**은 *xyz* 축을 따라 배향하고 있는 각각의 오비탈과 세 축을 합한 그림을 함께 나타낸 것이다. 각각의 *p* 오비탈을 나타낼 때 그들이 놓여 있는 축과 함께 나타내는 것이 편리하다. 예를 들면 *x*축에 밀집된 *p* 오비탈은 p_x로 표시하고, 다른 오비탈은 p_y 혹은 p_z로 표시한다.

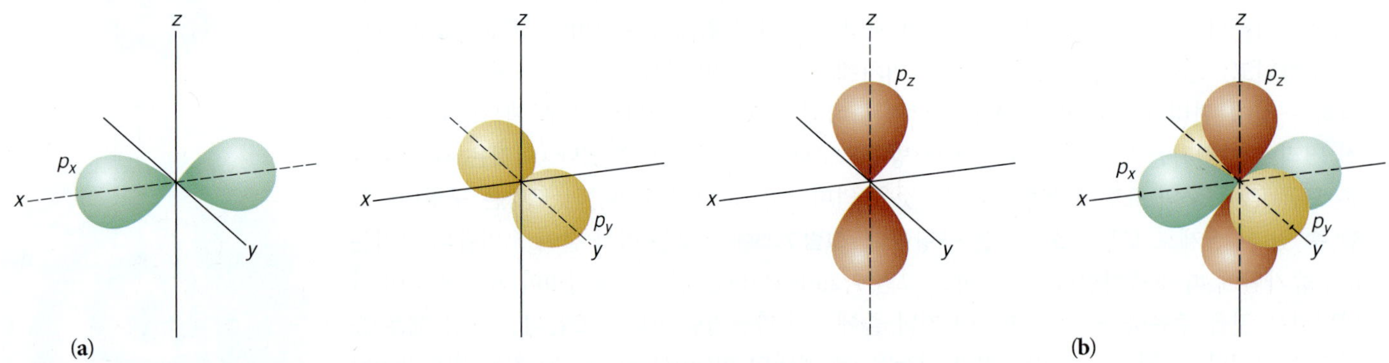

그림 7.28 *p* **부껍질에 있는 3가지** *p* **오비탈의 배향** (a) p 부껍질에 있는 3가지 *p* 오비탈의 배향을 각각 나타낸 그림이다. (b) 최대 전자 밀도의 방향은 *xyz* 좌표계의 축과 같이 서로 직교하는 선을 따라 배향하므로 p_x, p_y, p_z 오비탈로 표시한다.

d 부껍질에 있는 *d* 오비탈의 모양과 배향

그림 7.29에 나타낸 것과 같이 *d* 오비탈의 모양은 *p* 오비탈의 모양보다는 약간 더 복잡하다.

5개의 d 오비탈 중 4개는 모양이 서로 같은데, 각각 4개의 로브 형태의 전자 밀도를 가지고 있다. 이 4개의 d 오비탈에는 각각 핵에서 수직으로 교차되는 두 개의 마디 평면이 있다. 핵 주위에서 배향만 다른 이들 오비탈을 구분하기 위하여 파동 역학의 수학에서 유래된 기호를 사용하여 d_{xy}, d_{xz}, d_{yz}, $d_{x^2-y^2}$ 등으로 표시한다. 다섯 번째 d 오비탈인 d_{z^2}은 z축을 따라 서로 반대 방향으로 두 개의 로브가 있고, $x-y$ 평면에는 중앙 부분에 도넛 모양을 한 고리형 전자 밀도가 덧붙여 있다. d_{z^2} 오비탈의 두 개의 마디는 핵에서 두 꼭짓점이 만나는 원뿔형 표면이다. d 오비탈은 특정 분자에서 화학 결합을 형성할 때 중요하며, 그 모양과 배향은 21장에서 다루게 될 전이 금속의 성질을 이해하는 데 중요하다.

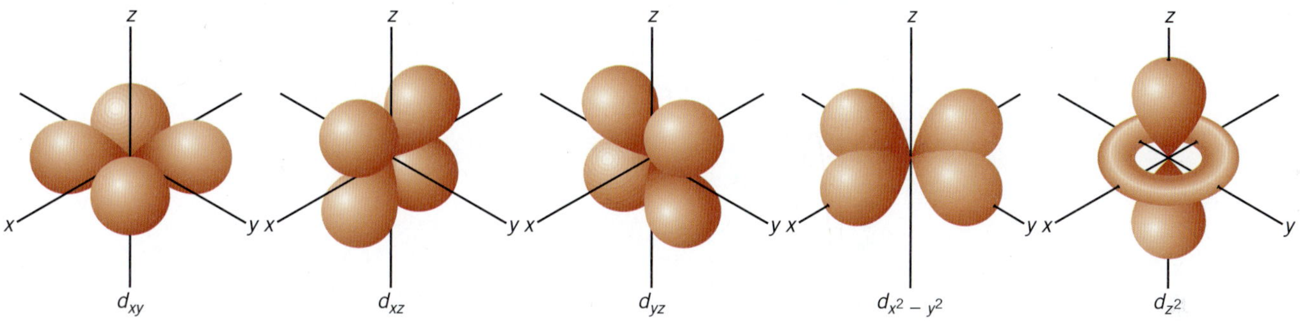

그림 7.29 d 부껍질에 있는 5개 d 오비탈의 모양과 방향성

f 오비탈의 모양은 **그림 7.30**에 나타낸 f_{xyz}와 f_{z^3}에서 보는 바와 같이, 많은 로브와 마디를 갖는 다양한 형태를 가지고 있어 d 오비탈보다 더 복잡하다. 나머지 5개 오비탈도 비슷하다. f 오비탈을 이용한 화학 결합은 이 책에서는 다루지 않는다. 그러나 f 오비탈이 세 개의 마디 평면을 가지고 있음을 알고 있어야 한다.

그림 7.30 f_{xyz}와 f_{z^3} 오비탈의 모양과 방향성

최첨단 화학 7.2

오비탈의 크기

다양한 오비탈들의 상대적 크기나 각 오비탈에서 전자를 발견할 확률이 가장 큰 지점은 어디인지 등의 궁금증을 가지고 있을 것이다. **그림 1**과 같은 핵으로부터의 거리에 대한 방사 방향 확률 분포를 그리면 1s 오비탈은 2s나 2p 오비탈에 비하여 핵 근처에서 전자 밀도가 더 크고, $n=3$인 오비탈은 $n=2$인 오비탈보다 핵에서 더 멀리 떨어져 있다는 것을 알 수 있다. 방사 방향 확률은 핵으로부터의 거리가 r과 $r+x$ 사이인 구형 껍질에서 전자를 발견할 확률이다.

방사 방향 확률 분포가 가지는 또 다른 재미있는 양상은 함수가 서서히 0에 접근하지만 핵에서 멀리 떨어져도 0이 되지는 않는다는 사실이다. 따라서 핵에서 아주 멀리 떨어진 곳에서도 작기는 하지만 전자를 발견할 확률이 있다.

마지막으로 2*s*, 3*s*, 3*p* 등의 오비탈은 마디를 가지고 있는 것을 볼 수 있다. 이 오비탈에서 핵 가까이에 확률이 최소인 마디에 의하여 구분되는 확률이 국소적으로 최댓값을 나타내는 영역들이 있다. 확률이 최대인 영역은 로브 안쪽에 위치한 또 다른 로브에 해당하며, 확률이 최소인 영역은 전자를 발견할 확률이 0인 방사형 마디에 해당한다. 국소적으로 최댓값을 갖는 영역이 존재하기 때문에 2*s*, 3*s*, 3*p* 등의 오비탈은 확률이 최대인 영역보다 핵에 더 가까운 곳에 상당한 전자 밀도를 가지게 된다. 이 작은 영역은 오비탈의 에너지를 낮추는 역할도 해서 2*s* 오비탈이나 3*s* 오비탈의 에너지가 각각 2*p* 오비탈이나 3*d* 오비탈보다 낮은 이유이기도 하다.

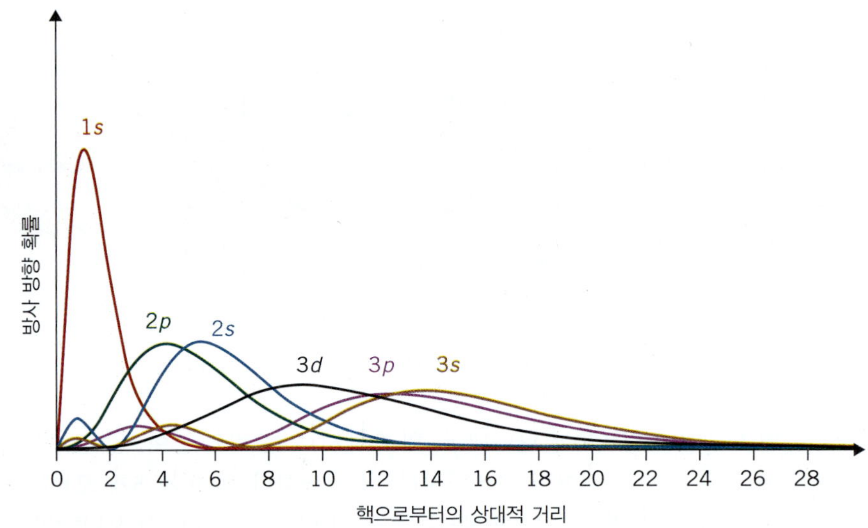

그림 1 핵에서의 거리에 따른 핵 주위에서 전자를 발견할 방사 방향 확률 분포 그래프

7.10 주기율표와 원소의 성질

원소의 많은 물리적 · 화학적 성질이 주기율표에서 그 원소의 위치에 따라서 체계적으로 변한다. 예를 들어 2장에서 원소의 금속성은 족에서는 위에서 아래로 갈수록 증가하고, 주기에서는 왼쪽에서 오른쪽으로 갈수록 감소한다는 것을 알았다. 이 절에서는 화학적 성질에 영향을 미치는 원소의 몇 가지 중요한 물리적 성질을 논의하고자 한다. 원자 반지름이나 **이온화 에너지** 혹은 **전자 친화도** 등과 같은 성질이 원자의 전자 배치와 어떻게 관련이 있는지 알아보고, 또한 전자 배치는 주기율표에서 원소의 위치와도 관련이 있으므로 물리적 성질의 주기적 변화도 공부하게 될 것이다.

유효 핵전하

원자의 많은 성질이 원자의 바깥 전자가 느끼는 양전하의 양에 의해 결정된다. 안쪽 껍질에 있는 전자의 음전하가 부분적으로 핵의 양전하를 상쇄 또는 '중화'시키므로, 수소를 제외하고 바깥 전자가 느끼는 양전하는 총 핵전하보다 항상 적다.

이에 대하여 보다 자세히 이해하기 위해서, 전자 배치가 $1s^2 2s^1$인 리튬 원소를 생각해 보자. 원자가 껍질($2s^1$)의 안쪽에 있는 **핵심부 전자**(**core electron**, $1s^2$)는 핵 주위에 단단히 붙잡혀 있고, 대부분 핵과 바깥 껍질에 있는 전자 사이에 놓여 있다. 이들 안쪽 전자들은 바깥쪽 전자들을 핵으로부터 부분적으로 가리므로, 핵 전체 전하 중 일부분만 바깥쪽 전자에게 영향을 미친다. 이 핵심부는 2−의 전하를 가진 전자가 3+의 전하를 가지는 핵을 둘러싸고 있다. 바깥 2*s* 전자가 원자의 중심을 '바라볼' 때 핵심부의 2− 전하의 방해 때문에 핵의 3+ 전하가 줄어들어 단지 1+ 정도의 전하만을 '느낄' 것이다. 다시 말하면 핵심부의 2− 전하는 핵의 양전하 2개를 완전히 중화시키므로, 바깥 전자가 느끼는 알짜 전하인 **유효 핵전하(effective nuclear charge)**는 1+로 줄어든다. 이를 **그림 7.31**에 간략한 방법으로 설명하였다.

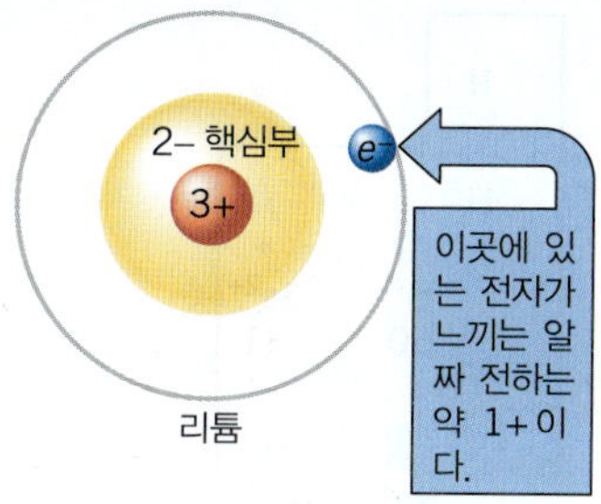

그림 7.31 유효 핵전하 리튬의 $1s^2$ 핵심부 전자의 핵을 가리는 효율이 100%라면, 원자가 전자는 약 1+의 유효 핵전하를 느낄 것이다.

안쪽 껍질에 있는 전자는 바깥 껍질에 있는 전자에 대한 핵전하를 매우 효과적으로 가리지만, 같은 껍질에 있는 전자들이 서로를 가리는 효율은 그렇지 않다. 예를 들어 베릴륨($1s^22s^2$) 원소의 경우, 바깥 2*s* 오비탈에 채워진 2개의 전자는 안쪽 $1s^2$ 핵심부 전자에 의해 핵전하로부터 효과적으로 가려지지만, 하나의 2*s* 전자가 다른 2*s* 전자를 완전히 가리지는 못한다. 이는 같은 껍질에 있는 전자들은 핵으로부터 평균 거리가 동일하고 또한 반발력으로 인하여 서로 떨어져 있으려고 하기 때문에, 한 전자가 다른 전자보다 더 안쪽에 머무는 시간이 매우 짧기 때문이다. 이처럼 같은 껍질에 있는 전자들은 핵전하로부터 서로를 가리는 데 효과적이지 못하므로, **바깥 전자가 느끼는 유효 핵전하는 주로 핵의 전하와 핵심부 전자 사이의 차이에 의해 결정된다.** 지금까지 논의한 내용을 배경으로 유효 핵전하에 의해서 지배되는 몇 가지 성질을 조사해 보자.

해설 전자가 핵과 같은 껍질에 있는 다른 전자 사이에서 머무는 시간이 아주 짧기 때문에 같은 껍질의 다른 전자를 거의 가리지 못한다.

원자와 이온의 크기

전자의 파동성 때문에 우리는 원자 또는 이온의 '크기'를 정확하게 정의하기는 어렵다. 지금까지 보았듯이, 전자 구름이 핵으로부터 어떤 특정 거리에서 갑자기 0이 되는 것이 아니고 점차로 엷어진다. 그러나 많은 경우 원자와 이온은 특정 크기를 가진 것처럼 행동한다. 예를 들어 메테인(CH_4, 천연가스)에서 옥테인(C_8H_{18}, 가솔린에 포함)에 이르는, 혹은 더 많은 다른 탄화수소에서 탄소와 수소 원자의 핵간 거리는 거의 같다. 이 사실은 탄소와 수소가 이들 화합물에서 똑같은 상대적 크기를 갖는다는 것을 의미한다.

해설 대부분의 탄화수소에서 C—H 거리는 약 110 pm(110×10^{-12} m)이다.

실험적으로 측정한 원자 지름은 $1.4 \times 10^{-10} \sim 5.7 \times 10^{-10}$ m정도이다. 일반적으로 크기를 나타낼 때 많이 사용되는 반지름으로 나타내면 $7.0 \times 10^{-11} \sim 2.9 \times 10^{-10}$ m정도이다. 이 정도의 작은 수는 일상생활에서 이해하기 힘든 크기로 백만 개의 탄소 원자를 일렬로 늘어놓으면 0.2 mm가 채 안 되는데, 이 문장 끝의 마침표의 지름 정도 크기이다.

해설 옹스트롬은 스웨덴의 물리학자인 Anders Jonas Angstrom (1814~1874)의 이름을 딴 것인데, 그는 수소 스펙트럼에서 가장 뚜렷한 4개 선의 파장을 처음으로 측정하였다.

원자나 이온의 크기는 그 수치가 너무 작아서 미터로는 거의 표시하지 않고, 그 대신에 더 이해하기 쉬운 단위를 쓴다. 과학자들이 전통적으로 사용해 온 단위는 **옹스트롬(angstrom, Å으로 표시)**으로 다음과 같이 정의된다.

$$1\,\text{Å} = 1 \times 10^{-10}\,\text{m}$$

그러나 Å은 SI 단위가 아니므로 통용되는 많은 과학 잡지에서는 원자의 단위로 피코미터 또는 나노미터가 사용된다. 이 책에서는 원자 단위를 pm로 나타내겠지만, 많은 과학 문헌에서 Å으로 나타내기 때문에 다음과 같이 변환할 수 있음을 알아두면 유용할 것이다.

$$1\,\text{Å} = 100\,\text{pm}$$
$$1\,\text{Å} = 0.1\,\text{nm}$$

해설 $1\,\text{pm} = 10^{-12}\,\text{m}$, $1\,\text{nm} = 10^{-9}\,\text{m}$

도구
원자 크기의 주기적 경향성

주기적 변화 주기율표에서 원자 반지름이 변화하는 경향성을 **그림 7.32**에 나타내었다. 주기율표에서 원자는 일반적으로 족의 위에서 아래로 갈수록 점점 커지고, 주기에서는 왼쪽에서 오른쪽으로 갈수록 점점 작아지는 것을 알 수 있다. 이러한 변화를 이해하기 위해서는 **원자가 전자의 주양자수 값**과 **원자가 전자가 느끼는 유효 핵전하**라는 두 가지 인자를 고려해야 한다.

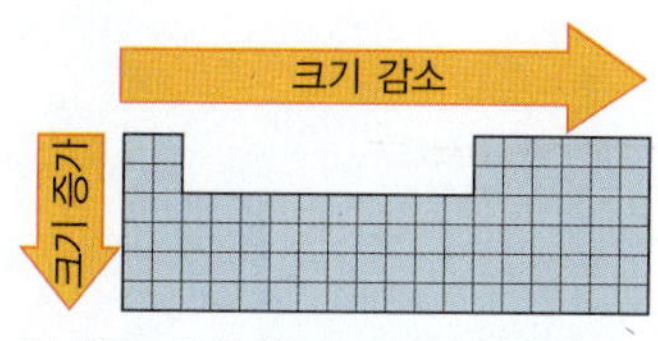

주기율표에서 원자 크기의 일반적인 경향성

주기율표의 한 족에서는 위에서 아래로 내려갈수록 원자가 껍질의 주양자수가 증가하는 반면, 바깥 전자가 느끼는 유효 핵전하는 거의 일정한 값을 갖는다. 예를 들어 1A족 원소를 생

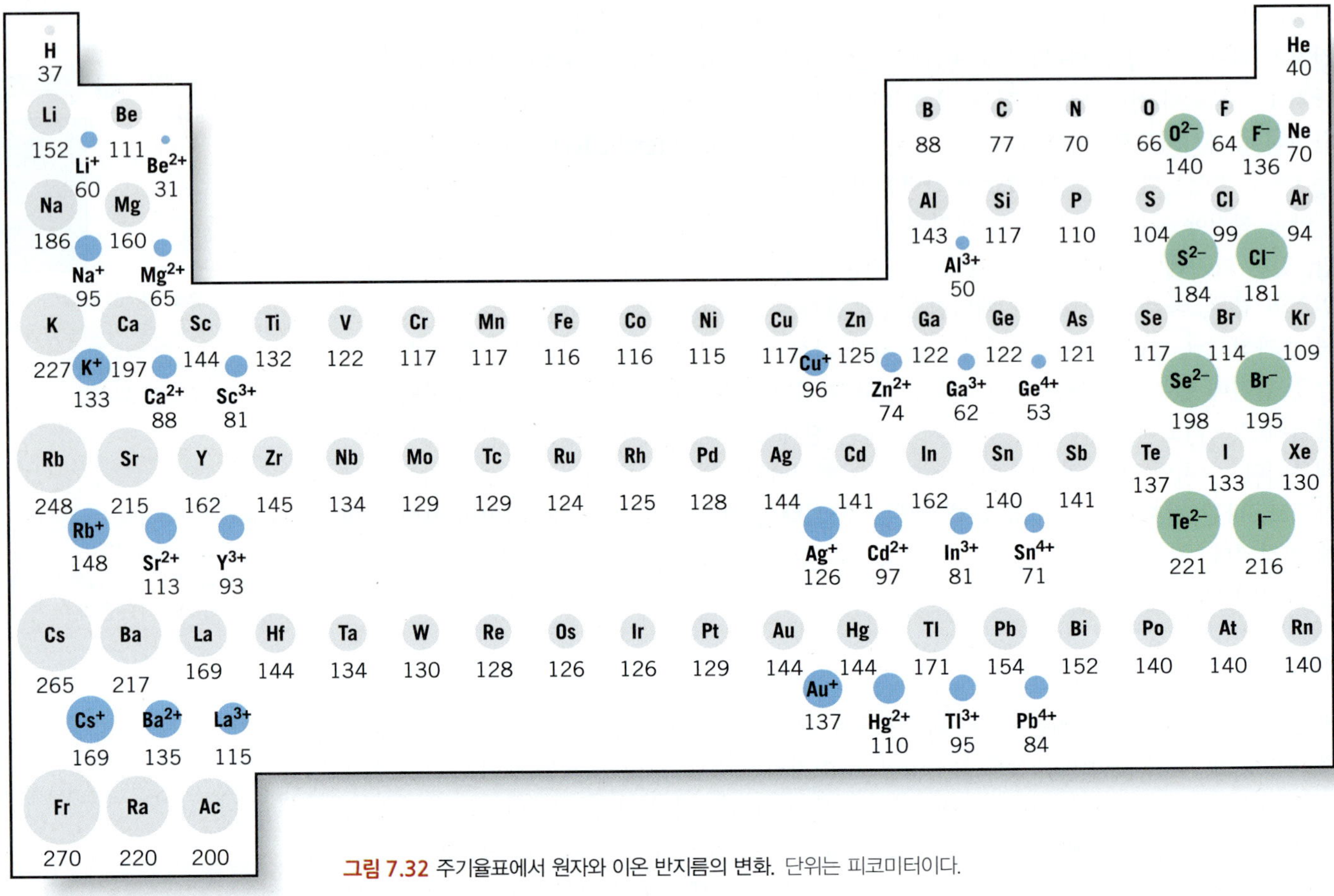

그림 7.32 주기율표에서 원자와 이온 반지름의 변화. 단위는 피코미터이다.

각해 보자. 리튬의 경우 원자가 껍질의 배치는 $2s^1$이고 소듐은 $3s^1$이며 포타슘은 $4s^1$이다. 이들 각 원소에 대해서, 핵심부는 핵전하보다 하나 적은 수의 음전하를 가지므로 원자가 전자는 1+ 정도의 거의 일정한 유효 핵전하를 갖는다. 그러나 족을 따라 내려가면 원자가 껍질의 n 값은 증가하고, 7.5절에서 배운 바와 같이 n 값이 커지면 오비탈도 커진다. 그러므로 원자가 전자를 포함하는 오비탈이 점점 커지므로, 원자는 족을 따라 내려가면 점점 더 커지게 된다. 원자가 껍질의 오비탈이 p인 경우에도 이와 똑같이 설명할 수 있다.

한 주기에서 왼쪽에서 오른쪽으로 가면 전자가 같은 껍질에 더해진다. 원자가 전자가 채워지는 오비탈은 모두 같은 n 값을 가진다. 이 경우에는 원자가 전자가 느끼는 유효 핵전하의 변화를 살펴보아야 한다.

한 주기에서 왼쪽에서 오른쪽으로 감에 따라 핵전하는 증가하고 원자의 바깥 껍질에는 전자들이 점점 더 밀집되지만, 안쪽 핵심부는 변화 없이 그대로이다. 예를 들어 리튬부터 플루오린까지 핵전하가 3+에서 9+로 증가하지만 핵심부($1s^2$)는 그대로이다. 결과적으로 바깥 껍질의 전자가 느끼는 양전하(즉 유효 핵전하)가 증가하고, 이 증가로 인하여 전자는 안쪽으로 끌리게 되어 원자의 크기는 작아지게 된다.

전이 원소나 내부 전이 원소의 행을 따라가면 크기 변화가 주족 원소의 경우보다 덜 뚜렷하다. 이것은 내부 껍질이 채워지는 동안 바깥 껍질 배치는 변함없이 같기 때문이다. 예를 들어 원자 번호 21번에서 30번까지 변하면서 $3d$ 부껍질이 점차로 채워지는 동안 바깥 전자는 $4s$ 부껍질을 차지하고 있다. 이처럼 안쪽 $3d$ 준위에 전자가 채워질 때 나타나는 가림 정도는 전자가 바깥 껍질에 채워질 때 나타나는 가림 정도보다 크기 때문에 바깥 전자가 느끼는 유효 핵전하는 매우 천천히 증가한다. 결과적으로 원자 번호가 증가함에 따라 원자의 크기도 전형 원소의 경우보다 다소 천천히 감소한다.

이온과 원자의 크기 비교 그림 7.32에는 중성 원자에 대한 이온의 상대적 크기도 함께 보여 주고 있다. 그림에서 보는 바와 같이 원자가 이온을 생성하기 위해 전자를 얻거나 잃을 때는 뚜렷한 크기 변화가 일어난다. 이 변화에 대한 이유는 쉽게 이해하고 기억할 수 있다.

해설 전자를 얻으면 중성 원자보다 더 큰 이온이 생성된다. 전자를 잃으면 중성 원자보다 더 작은 이온이 생성된다.

원자에 전자가 더해지면 그들 사이의 상호 반발이 증가한다. 이 때문에 전자들은 서로 밀어내고 더 큰 부피를 차지한다. 따라서 **그림 7.33**에서 보는 바와 같이 **음이온은 항상 음이온이 형성되기 전의 중성 원자보다 1.5~2배 정도 크다.**

해설

Li	$1s^22s^1$
Li^+	$1s^2$

원자로부터 전자가 제거될 때는 전자–전자 반발이 감소해서 남아 있는 전자를 핵 주위에 더 가깝게 끌어당기게 된다. 그러므로 **양이온은 항상 형성되기 전의 원자보다 작아진다.** 그림 7.32에서 보듯이 양이온은 원래 원자보다 1/2~2/3만큼 더 작아진다. 그림 7.33에는 리튬과 철 원소를 이용한 이온 크기의 변화도 함께 보여 주고 있다. 리튬의 바깥 $2s$ 전자를 제거하면 원자가 껍질이 완전히 비게 되어 핵심부 $1s^2$가 노출된다. 금속이 한 가지 이상의 양이온을 형성하는 경우에 이온의 크기는 양전하가 증가하는 양만큼 작아진다. Fe^{2+} 이온이 되려면 철 원자는 바깥 껍질 $4s$ 전자를 잃는다. Fe^{3+} 이온을 만들기 위해서는 $4s$ 아래에 있는 $3d$ 부껍질에 포함된 전자를 추가적으로 잃는다. 크기를 비교해 보면 철 원자의 반지름은 116 pm인 반면, Fe^{2+} 이온의 반지름은 76 pm이다. Fe^{3+}를 만들기 위해 전자를 한 개 더 제거하면 d 부껍질의 전자–전자 간의 반발이 추가로 감소하여 Fe^{3+} 이온의 반지름은 64 pm가 된다.

해설

Fe	$[Ar]\ 3d^64s^2$
Fe^{2+}	$[Ar]\ 3d^6$
Fe^{3+}	$[Ar]\ 3d^5$

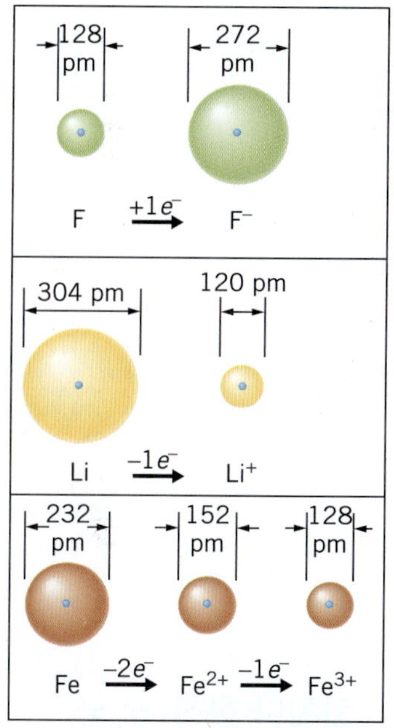

그림 7.33 원자가 이온을 형성하기 위해 전자를 얻거나 잃을 때의 크기 변화

실전 문제 7.23

주기율표를 사용하여 각 경우에 가장 큰 원자나 이온을 선택하시오(**힌트**: 전자는 서로 반발한다는 것을 기억하라).

(a) Ge, Te, Se, Sn (b) C, F, Br, Ga (c) Cr, Cr^{2+}, Cr^{3+} (d) O, O^{2-}, S, S^{2-}

실전 문제 7.24

주기율표를 사용하여 각 경우에 가장 작은 원자나 이온을 선택하시오.

(a) Si, Ge, As, P (b) Fe^{2+}, Fe^{3+}, Fe (c) Db, W, Tc, Fe (d) Br^-, I^-, Cl^-

이온화 에너지

이온화 에너지(ionization energy, IE)란 바닥 상태에 있는 고립된 기체 상태의 원자나 이온으로부터 전자를 제거하는 데 필요한 에너지이다. 어떤 원소 X의 원자 이온화 에너지는 다음 변화에 필요한 에너지로 정의한다.

$$X(g) \longrightarrow X^+(g) + e^-$$

이온화 에너지는 원자로부터 전자를 제거하는 데 얼마만큼의 일이 필요한가에 대한 척도이므로, 그 크기는 전자가 원자에 얼마나 단단히 붙잡혀 있는가를 반영한다. 보통 이온화 에너지는 몰당 킬로줄(kJ/mol)의 단위로 나타내므로, 기체 원자 1 mol로부터 전자 1 mol을 제거하는 데 필요한 에너지로 볼 수 있다.

해설

$$Li(g) \longrightarrow Li^+(g) + e^- \qquad IE_1 = 520\text{ kJ}$$

$$Li^+(g) \longrightarrow Li^{2+}(g) + e^- \qquad IE_2 = 7297\text{ kJ}$$

$$Li(g) \longrightarrow Li^{2+}(g) + 2e^- \qquad IE_{전체} = IE_1 + IE_2 = 7817\text{ kJ}$$

표 7.2에 처음 12개 원소의 이온화 에너지를 나타내었다. 전자가 두 개 이상인 원자는 두 개 이상의 이온화 에너지를 갖는다. 이들 에너지는 전자를 하나씩 단계적으로 떼어낼 때의 값이다. 예를 들어 리튬은 세 개의 전자를 가지므로 세 개의 이온화 에너지가 있다. 고립된 리튬 원자 1 mol로부터 바깥 $2s$ 전자 한 개를 제거하여 기체의 리튬 이온 Li^+ 1 mol을 만드는 데는

표 7.2 수소부터 마그네슘까지의 단계별 이온화 에너지(kJ/mol)

원소	1차	2차	3차	4차	5차	6차	7차	8차
H	1312							
He	2372	5250						
Li	520	7297	11,810					
Be	899	1757	14,845	21,000				
B	800	2426	3659	25,020	32,820			
C	1086	2352	4619	6221	37,820	47,260		
N	1402	2855	4576	7473	9442	53,250	64,340	
O	1314	3388	5296	7467	10,987	13,320	71,320	84,070
F	1680	3375	6045	8408	11,020	15,160	17,860	92,010
Ne	2080	3963	6130	9361	12,180	15,240	–	–
Na	495	4563	6913	9541	13,350	16,600	20,113	25,666
Mg	737	1450	7731	10,545	13,627	17,995	21,700	25,662

'계단'으로 나타낸 영역에서 이온화 에너지가 급격히 변하는 것은 마지막 원자가 전자가 제거되기 때문이다.

520 kJ이 필요하다. 따라서 리튬의 1차 이온화 에너지는 520 kJ/mol이다. 다음의 과정에 해당하는 리튬의 2차 IE는 7297 kJ/mol이다.

$$Li^{+}(g) \longrightarrow Li^{2+}(g) + e^{-}$$

이 과정에서는 1*s*의 핵심부 전자를 떼어내기 때문에 첫 번째 전자를 떼어내는 필요한 에너지보다 13배 이상의 에너지가 필요하다. 마지막인 세 번째 전자를 떼어내는 데 필요한 IE는 11,810 kJ/mol이다. 일반적으로 이온화 에너지는 순차적으로 증가한다. 이는 더 큰 전하의 양이온으로부터 전자를 제거하기 위해서 더 많은 일이 필요하기 때문이다.

앞에서 광자라는 개념을 이끈 Einstein의 광전 효과는 이온화 과정과 관련이 있다고 배웠다. **최첨단 화학 7.3**에서 소개하는 광전자 분광법이라는 강력한 연구 기법은 광전 효과를 이용하는 기술이다.

최첨단 화학 7.3

광전자 분광법

광전 효과는 표면에 광선을 쪼여주었을 때 전자가 튀어나오는 현상을 말한다. 1921년에 Einstein은 이 현상을 연구하여 노벨 물리학상을 수상하였다. Einstein은 전자기 복사선은 Planck 상수와 진동수의 곱($h\nu$)에 해당하는 양자 에너지를 갖는 입자 혹은 광자라고 정의하였다. 또한 Einstein은 전자가 결합 에너지(BE)에 해당하는 만큼 핵에 이끌린다고 가정하고, 결합 에너지보다 큰 에너지의 광자를 쪼여주면 원자에서 전자를 튀어나오게 할 수 있다고 추론하였다. 이를 간단하게 정리하면 Einstein은 광전 효과에 더 중요한 것은 광자의 수가 아니라 광자의 에너지라는 것을 증명한 것이다.

원자 관점에서의 광전 과정과 더불어 우리는 에너지는 보존되어야 한다는 것을 알고 있다. 계에 더해지는 전체 에너지는 광자 에너지($h\nu$)이다. 광자 에너지는 결합 에너지(BE)보다 커야 하고, 이때의 여분의 에너지는 방출된 전자의 운동 에너지(KE)로 나타낸다.

$$h\nu = BE + KE$$

쪼여주는 광자의 진동수로부터 에너지를 측정하고, 방출된 전자의 운동 에너지를 측정하여 방출된 전자의 결합 에너지를 결정할 수 있다.

결합 에너지는 주어진 전자의 이온화 에너지와 밀접하게 연관된다. 실제 실험에서 사용되는 광전자 분광법(photoelectron spectroscopy, PES)은 밀접하게 연관된 두 가지 방법으로 나눌 수 있다. 자외선 광전자 분광법(ultraviolet photoelectron spectroscopy, UPS)은 자외선(UV)을 사용하여 시료에서 전자를 방출하게 하며, X선 광전자 분광법(X-ray photoelectron spectroscopy, XPS)은 X선을 사용한다. 1981년에 Kai Siegbahn은 XPS를 화학 분석에 응용하는 연구 결과로 노벨 물리학상을 수상한 바 있다. PES를 사용한 최근 연구 분야는 화학 분석, 표면과 표면에 결합하는 분자들에 대한 연구, 미세 분자 구조에 대한 연구 등이 있다. 적절한 조건에서 원자의 산화 상태는 관찰된 결합 에너지에 근거하여 결정할 수 있다.

PES에서 사용되는 장치에서는 UV와 X선의 단색 광선(단일 파장)이 사용된다. 방출된 전자가 다른 분자와 충돌하기 전에 검출기에 도달하게 하려면 시료 용기는 초진공 상태가 되어야 한다. 방출된 전자는 전자수와 운동 에너지를 측정하는 측정기 내로 들어간다. **그림 1**에서 보는 바와 같이 컴퓨터에 모아진 정보는 컴퓨터 화면에서 그래프로 나타난다.

PES 실험의 전형적인 결과는 방출된 전자의 운동 에너지에 대하여 방출된 전자수의 그래프로 나타낸다. **그림 2**는 화학 분석 실험에서 얻은 X선 PES 스펙트럼을 나타낸 것이다.

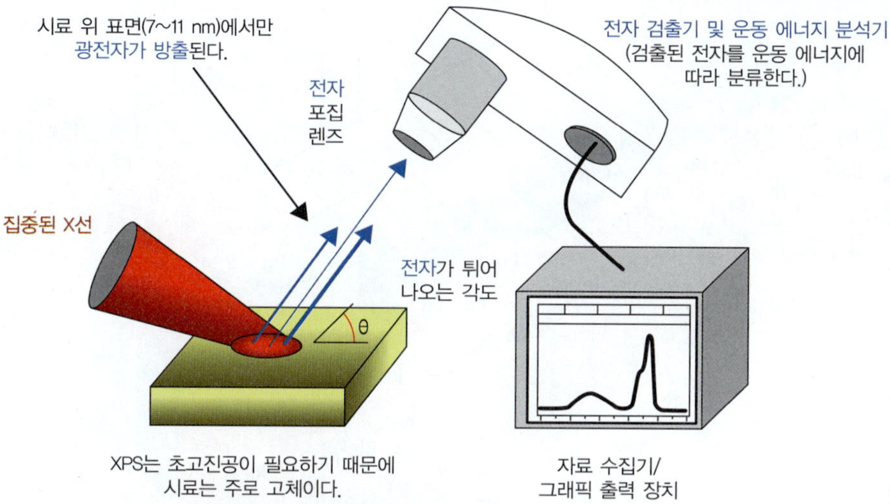

그림 1 광전자 분광기의 모식도

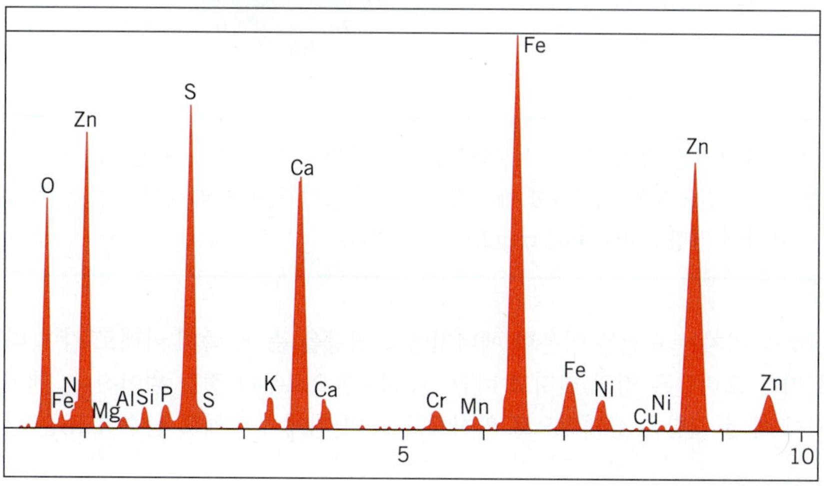

그림 2 PES 실험에서 얻은 운동 에너지에 대한 선의 세기를 나타낸 스펙트럼

IE의 주기적 경향성 주기율표에서 IE 변화와 관련한 경향성을 알아두는 것은 매우 유용하다. 이 경향성에 대해서는 앞으로도 자주 언급될 것이다. **그림 7.34**는 주기율표에서 원소의 위치에 따라 1차 이온화 에너지가 어떻게 변하는지를 나타낸 것이다. 이온화 에너지가 큰 원소들은 주로 주기율표의 오른쪽 위쪽에 있는 비금속들이며, 이온화 에너지가 작은 원소들은 주기율표의 왼쪽 아래에 있는 금속들이다. 일반적으로 다음과 같은 경향성이 관찰된다.

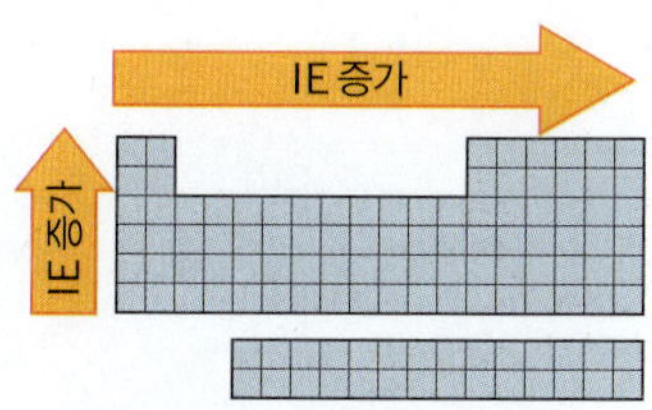

주기율표에서의 이온화 에너지의 일반적인 경향성(발열량으로 나타냄)

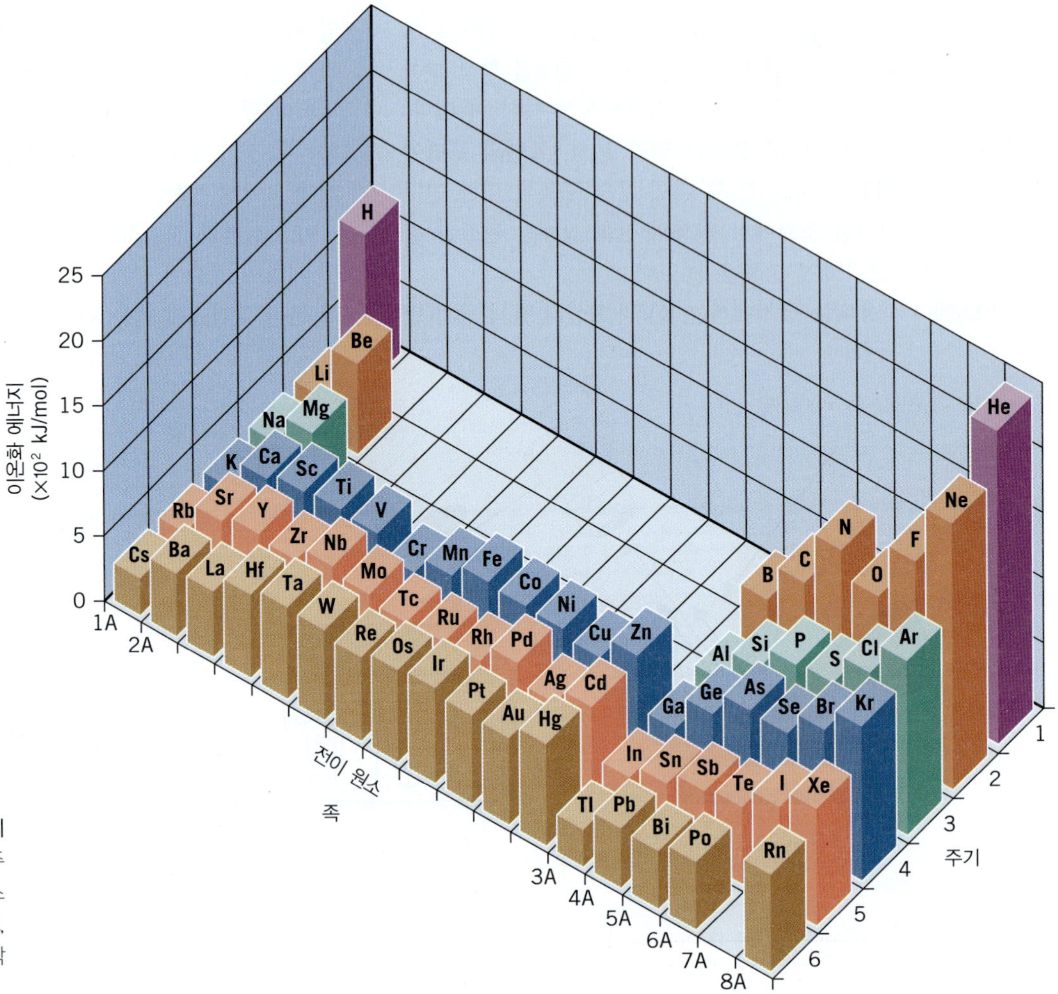

그림 7.34 **주기율표에서의 위치에 따른 1차 이온화 에너지의 변화** 주기율표의 오른쪽 위로 갈수록 원소들은 더 큰 이온화 에너지를 가지고, 왼쪽 아래로 갈수록 원소들은 더 작은 이온화 에너지를 가진다.

도구
이온화 에너지의 주기적 경향성

일반적으로 이온화 에너지는 족의 아래에서 위로 갈수록 증가하고, 주기의 왼쪽에서 오른쪽으로 갈수록 증가한다. 전체적으로 이온화 에너지는 주기율표의 왼쪽 아래에서 오른쪽 위로 갈수록 증가하는 대각선 경향성(diagonal trend)을 나타낸다.

해설 주기율표상에서 이온화 에너지의 경향은 원자 크기의 경향과 반대임을 기억하면 편리하다. 크기가 증가하면 이온화 에너지는 감소한다.

원자 크기에 영향을 미치는 요인은 이온화 에너지에도 영향을 준다. 족의 아래로 감에 따라 n 값이 증가함에 따라 오비탈은 점점 커지고 바깥 전자는 핵으로부터 점점 멀어진다. 핵에서 멀리 떨어진 전자에 대한 결합은 상대적으로 약하므로 족의 위에서 아래로 갈수록 IE는 감소한다.

그림에서 보는 바와 같이 같은 주기를 따라 왼쪽에서 오른쪽으로 가면 다소 불규칙한 점이 있지만, IE는 전체적으로 점차 증가하는 경향성을 나타낸다. 우리는 같은 주기를 따라 오른쪽으로 가면 원자가 전자에 대한 유효 핵전하가 증가하는 것을 알고 있다. 유효 핵전하의 증가는 같은 주기의 왼쪽에서 오른쪽으로 가면 원자가 전자가 핵에 점점 더 가까워지고, 따라서 원자의 크기가 점점 감소하는 경향성을 상기시킨다. IE 관점에서 유효 핵전하가 증가하면 원자가 전자는 점점 더 세게 결합하고 결과적으로 원자가 전자를 제거하기가 점점 더 어렵게 된다.

이런 경향성의 결과로 주기율표의 오른쪽 위 모서리에 큰 IE를 가진 원소들이 배치된다. 이들 원자는 전자를 잃기가 매우 어렵다. 주기율표의 왼쪽 아래 모서리에는 원자가 전자가 느슨하게 결합된 원소들이 있다. 이들 원소는 2장에서 배운 것처럼 상대적으로 쉽게 양이온이 된다.

이온화 에너지 경향의 불규칙성 **그림 7.35**에서 보는 바와 같이 2주기 원소의 일차 이온화 에너지 변화가 일률적으로 증가하는 것은 아니다. Be와 B 사이에서 경향성에서 벗어나는 첫 번째 불규칙성이 나타난다. 이 불규칙성의 원인은 제거되는 전자가 속한 부껍질의 특성이 다르기 때문이다. Li와 Be에서 제거되는 전자는 2*s* 부껍질에 채워진 전자이다. 그러나 B의 경우 첫 번째로 제거되는 전자는 상대적으로 약하게 결합된 2*p* 전자이다.

질소와 산소 사이에서도 또 다른 불규칙성이 보인다. 아래 그림에서 보는 바와 같이 질소에서 첫 번째로 제거되는 전자는 2*p* 부껍질의 홀전자이나, 산소의 경우 쌍으로 존재하는 전자 중 하나가 제거된다.

	2*s*	2*p*			2*s*	2*p*	
N	⇅	↑ ↑ ↑	⟶	N^+	⇅	↑ ↑ ◯	$+ e^-$
O	⇅	⇅ ↑ ↑	⟶	O^+	⇅	↑ ↑ ↑	$+ e^-$

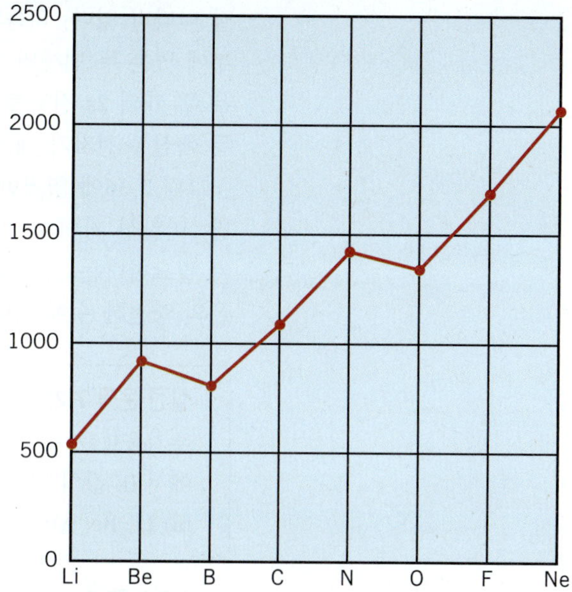

그림 7.35 Li에서 Ne까지의 2주기 원소에 대한 이온화 에너지 변화를 나타낸 그래프

산소의 경우 제거되는 전자가 포함된 *p* 오비탈에서 두 전자 사이의 반발력으로 인하여 전자를 제거하는 데 상대적으로 작은 에너지가 필요하게 된다. 그러나 질소의 경우에는 전자 제거에 도움이 되는 반발력이 존재하지 않는다. 결론적으로 산소의 경우가 첫 번째 전자를 제거하는 데 더 작은 에너지가 요구된다.

비활성 기체 전자 배치의 안정성 표 7.2는 주어진 주족 원소에 대해 원자가 전자가 모두 제거될 때까지 이온화 에너지가 계속해서 증가하는 것을 보여 주고 있다. 그 후에 핵심부 전자가 제거될 때 IE는 아주 많이 증가한다. 2주기 원소인 리튬에서 플루오린까지 이런 경향성이 **그림 7.36**에

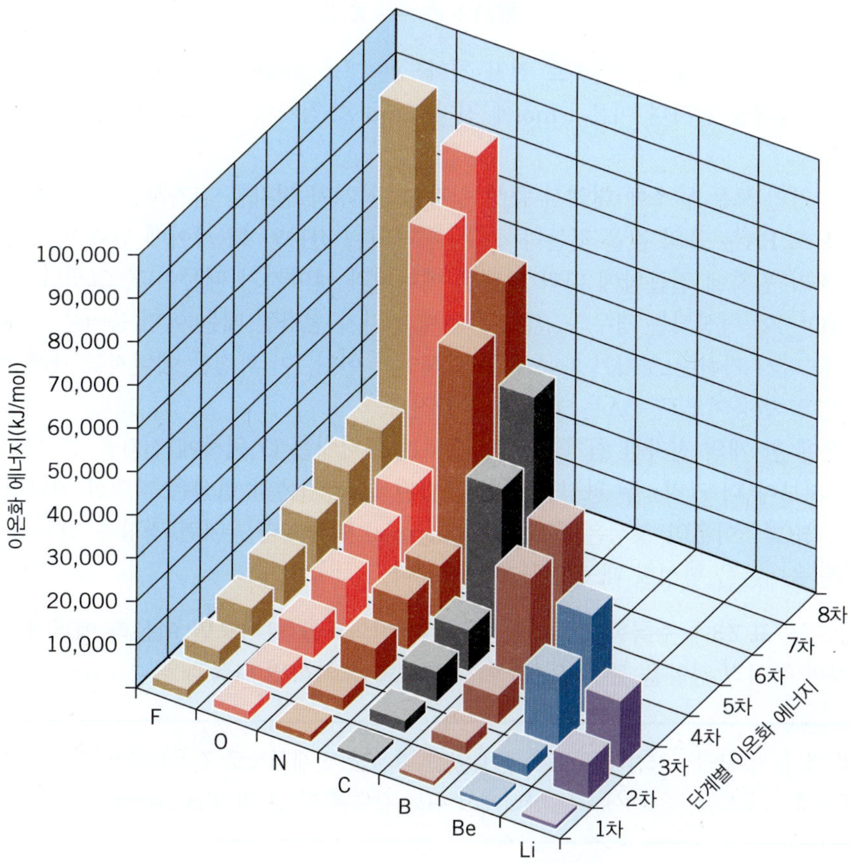

그림 7.36 Li에서 F까지의 단계별 이온화 에너지의 변화

잘 나타나 있다. 리튬의 경우 첫 번째 전자(2s 전자)를 제거하는 것은 비교적 쉽지만, 1*s* 핵심부에 있는 두 번째와 세 번째 전자는 제거하기가 훨씬 어렵다는 것을 알 수 있다. 베릴륨의 경우 두 개의 2*s* 전자를 모두 제거한 후에 IE의 급격한 증가가 일어난다. 실제로 2주기 원소 모두 핵심부 전자가 제거될 때 IE의 급격한 증가가 일어난다.

그림 7.36에 열거한 자료는 원자의 원자가 껍질을 비우는 데 어느 정도 에너지가 필요하지만, 비활성 기체의 전자 배치를 가진 핵심부 전자를 제거하는 것은 **극히** 어려워서 큰 에너지가 필요하다는 것을 암시하고 있다. 앞으로 배우겠지만 이것이 주족 금속에 의해 형성되는 이온의 양전하 수에 영향을 주는 요인 중 하나이다.

실전 문제 7.25

주기율표를 사용하여 1차 이온화 에너지 값이 가장 큰 원자를 고르시오(**힌트**: 주기율표 내에서 IE 값의 대각선 경향성을 고려하시오).

(**a**) Li, Be, Mg, Sc (**b**) C, Si, As, Kr

실전 문제 7.26

표 7.2를 사용하여 IE 값이 가장 클 것으로 예상되는 화학종을 고르시오.

(**a**) Na^+, Mg^+, H, C^{2+} (**b**) Ne, F, Mg^{2+}, Li^+

전자 친화도

전자 친화도(electron affinity, EA)는 다음에 원소 *X*에 대하여 나타낸 바와 같이 **바닥 상태에 있는 기체상 원자나 이온에 전자를 첨가할 때의 퍼텐셜 에너지의 변화**이다.

$$X(g) + e^- \longrightarrow X^-(g)$$

이온화 에너지의 경우와 마찬가지로 전자 친화도는 보통 mol당 kJ(kJ/mol)의 단위로 나타내므로, EA를 기체상 원자나 이온 1 mol에 전자 1 mol을 첨가하는 것과 관련된 에너지 변화로 볼 수 있다.

변화	EA (kJ/mol)
$O(g) + e^- \longrightarrow O^-(g)$	−141
$O^-(g) + e^- \longrightarrow O^{2-}(g)$	+844
$O(g) + 2e^- \longrightarrow O^{2-}(g)$	+703 (알짜)

거의 모든 원소에 대해서 중성 원자에 한 개의 전자를 첨가하는 것은 발열 반응이므로 EA는 음의 값을 갖는다. 이는 첨가되는 전자와 핵 사이에 인력이 작용하여 전자가 원자에 접근함에 따라 퍼텐셜 에너지가 낮아지기 때문이다. 그러나 산화 이온(O^{2-})이 형성되는 경우와 같이 두 번째 전자가 첨가될 때는 이미 음이온 상태에 전자를 다시 가하는 것이기 때문에 일을 해야만 한다. 이 과정은 에너지를 가해줘야 하는 흡열 반응이므로, EA는 양의 값을 가진다.

O^- 이온에 한 개의 전자를 첨가할 때 흡수되는 에너지는 O 원자에 전자를 첨가할 때 방출되는 에너지보다 더 크다. 두 과정을 합한 고립된 산화 이온의 형성은 퍼텐셜 에너지의 증가를 가져온다[O^{2-} 이온의 형성은 **흡열**(endothermic) 반응이다]. 이런 경향은 전하가 1−보다 더 큰 모든 음이온을 형성할 때 동일하게 적용된다.

주기적 경향성 **표 7.3**에 수록한 주족 원소의 전자 친화도를 살펴보면 이온화 에너지의 경우와 거의 유사한 주기적 경향을 볼 수 있다. 이 경향성을 요약하면 다음과 같다.

도구
전자 친화도의 주기적 경향성

원소의 전자 친화도는 약간의 불규칙성이 있긴 하지만 전체적으로 같은 주기에서는 왼쪽에서 오른쪽으로 갈수록, 같은 족에서는 아래에서 위로 갈수록 더 큰 **발열**(exothermic) 반응이 된다.

표 7.3 주족 원소의 전자 친화도(kJ/mol)

1A	2A	3A	4A	5A	6A	7A
H						
−73						
Li	Be	B	C	N	O	F
−60	0	−27	−122	~+9	−141	−328
Na	Mg	Al	Si	P	S	Cl
−53	0	−44	−134	−72	−200	−349
K	Ca	Ga	Ge	As	Se	Br
−48	−2.37	−30	−120	−77	−195	−325
Rb	Sr	In	Sn	Sb	Te	I
−47	−5	−30	−107	−101	−190	−295
Cs	Ba	Tl	Pb	Bi	Po	At
−45	−14	−30	−35	−110	−183	−270

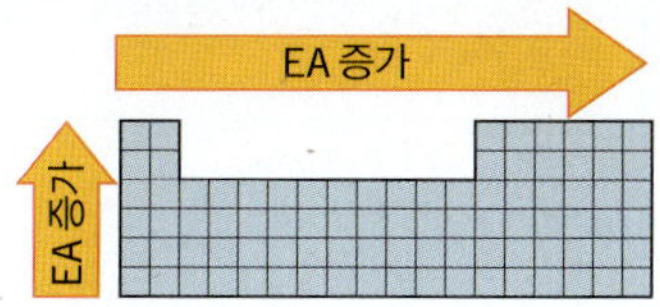

주기율표에서 전자 친화도의 일반적인 경향성(발열량으로 나타냄)

원소의 전자 친화도는 약간의 불규칙성이 있긴 하지만 전체적으로 같은 주기에서는 왼쪽에서 오른쪽으로 갈수록, 같은 족에서는 아래에서 위로 갈수록 더 큰 **발열**(exothermic) 반응이 된다.

원자가 껍질에서 전자를 쉽게 떼어낼 수 있으면(낮은 IE), 인력이 약하다는 의미이므로 전자를 첨가할 때도 방출되는 에너지가 작아서 EA 값이 작다는 것을 논리적으로 유추할 수 있다. 이와는 달리 전자를 단단히 붙잡는 원자가 껍질은 첨가되는 전자와의 인력도 강하다.

전자 친화도 경향의 불규칙성 이온화 에너지의 경우와 마찬가지로 전자 친화도에도 주기적 경향에 불규칙성이 있다. 예를 들어 2A족 원소는 그들의 바깥 껍질 s 오비탈이 채워져 있으므로 전자를 받아들이는 경향이 거의 없다. 첨가되는 전자는 더 높은 에너지 준위인 p 오비탈에 들어가야 하기 때문이다. 5A족 원소에 대한 EA는 흡열이거나 미미한 발열임을 알 수 있다. 이것은 첨가되는 전자가 이미 전자 한 개가 채워진 오비탈에 들어가야 하기 때문이다.

가장 흥미로운 불규칙성이 비금속 중 2주기와 3주기 사이에서 일어난다. 어떤 족이든 2주기에 있는 원소는 그 아래에 있는 원소보다 전자 친화도가 더 작다. 그 이유는 2주기 비금속 원자들이 주기율표에서 가장 작은 원소들이기 때문이다. 이들 원자의 작은 원자가 껍질에 있는 많은 전자들 간의 반발로 인하여, 첨가되는 전자에 대한 인력이 작고, 따라서 전자 친화도가 3주기 이하의 다른 원소들보다 작다.

종합 화학 예제

양성자와 전자가 각각 한 개씩인 수소 원자를 생각해 보자. $n=1$인 바닥 상태 에너지 오비탈이 아닌 에너지가 더 높은 오비탈에 존재하는 전자의 전이를 예측해보시오. 안정성과 변화를 고려한 확률의 관점에서 설명하시오.

분석 과량의 에너지를 가진 전자가 어떻게 될 것인지를 묻고 있는 질문이다. 전자의 안정성과 더 안정한 상태가 되는 방법 등을 설명에 포함해야 한다.

도구 모음 광자의 에너지($E=h\nu$)와 에너지 보존 법칙인 열역학 제1법칙을 도구로 사용할 수 있다.

풀이 에너지 준위와 가능한 전자 전이를 나타내는 그림을 그리는 것부터 시작하자. 각 준위의 에너지는 다음과 같다.

$$E = -\frac{b}{n^2}$$

여기서 $b = 2.18 \times 10^{-18}$ J이고 $n = 1, 2, 3, 4, \ldots$이다.

다음에는 한 에너지 준위에 전자를 위치시킨다.

첫째, 전자는 특정되지 않은 높은 에너지 오비탈에 있어야 한다. 이를 $n = 4$ 오비탈이라고 가정하면, 에너지는 $-0.062b$ 혹은 -1.35×10^{-19} J이다.

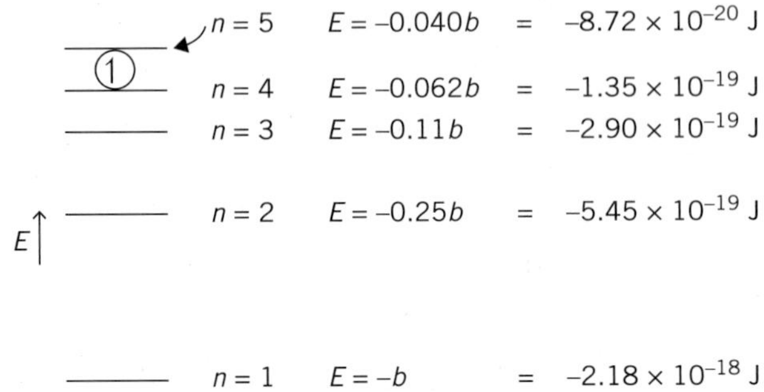

전자가 높은 에너지의 오비탈에 있으므로 불안정하다. 따라서 안정화되기 위하여 에너지를 잃어야만 한다. 가해지는 에너지가 없다면 전자가 전이할 수 있는 낮은 에너지의 오비탈은 $n = 1$, 2, 3인 오비탈뿐이다. 이와 같은 내용을 에너지 준위 도표에 나타내보자.

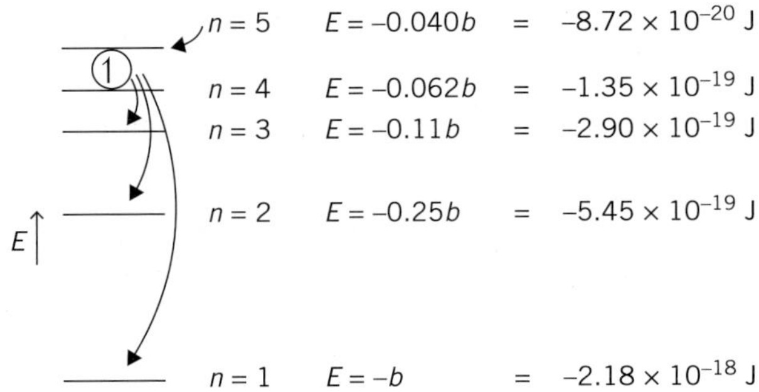

열역학 제1법칙을 만족하기 위하여 전자가 잃은 에너지는 다른 형태의 에너지로 전환되어야 한다. 이 경우에는 물결 모양의 화살표로 나타낸 것과 같은 $E = h\nu$인 광자의 형태로 에너지를 방출할 수 있다.

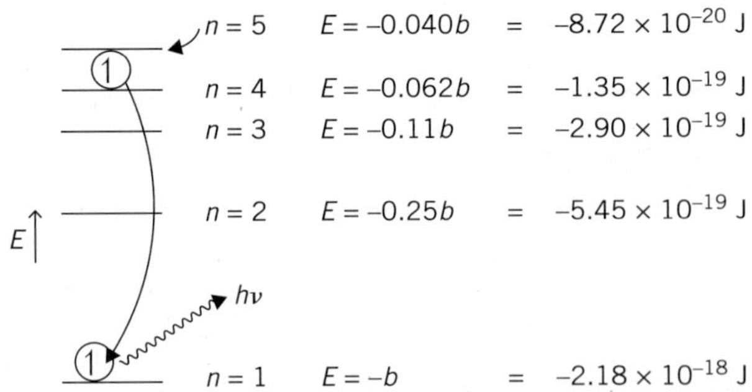

전자가 더욱 낮은 준위로 전이할수록 광자의 에너지는 증가한다. 다시 말하면 $n=4$에서 $n=1$로 전이하는 것이 $n=4$에서 $n=3$으로 전이하는 것보다 더 많은 에너지를 방출한다.

에너지를 흡수한 후 전자가 더 높은 에너지 준위로 전이할 수도 있다. 그러나 더 높은 준위로 전이하려면 에너지가 필요하기 때문에 이 전이는 자발적이지 못하다.

답이 합리적인가? 열역학 제1법칙을 준수하였고, 전자는 원래의 위치에 머물거나 혹은 에너지를 방출할 것이다. 그러나 이 경우에는 전자가 낮은 에너지 오비탈로 전이하면서 에너지를 방출할 것이다.

종합 화학 문제

A. 수은의 발광 스펙트럼에는 자외선 영역의 254 nm의 선은 관찰되지만, 245 nm나 265 nm 선은 관찰되지 않는다. 이에 대한 이유를 원인과 결과 측면에서 설명하시오.

B. 7장에서 원자의 크기, 이온화 에너지, 전자 친화도, 주기적 경향에 대하여 논의하였다. 원소의 녹는점이나 끓는점, 비열, 밀도 등과 같은 원소의 다른 특성에 대해서도 비슷한 논의를 할 수 있다. 예를 들어 녹는점에 대한 자료를 모아서 y축으로 하고 원자 번호를 x축으로 하여 그래프를 그려보자. 먼저 원자 번호를 주기별로 정리해서 그래프를 그리고, 두 번째는 족별로 정리한 후 그래프를 그려라. 이 자료를 분석해서 어떤 주기성이 존재하는지 해석하시오.

C. 이번에는 원자 번호에 대한 원소의 밀도를 그래프로 그려보자. 앞에서와 마찬가지로 원자 번호를 주기와 족별로 나누어서 그려라. 이 그래프를 참고하여 Mendeleev가 저마늄의 존재와 밀도를 예측할 수 있었던 이유에 대하여 설명하시오.

D. 태양에서 방출되는 빛은 모든 파장을 소유하는 백색광으로 보인다. 일식이 일어나는 동안 태양의 코로나에 대한 스펙트럼을 관찰해 보면 **그림 1**에서 보는 바와 같이 몇몇 파장의 빛이 빠진 것을 알 수 있다.

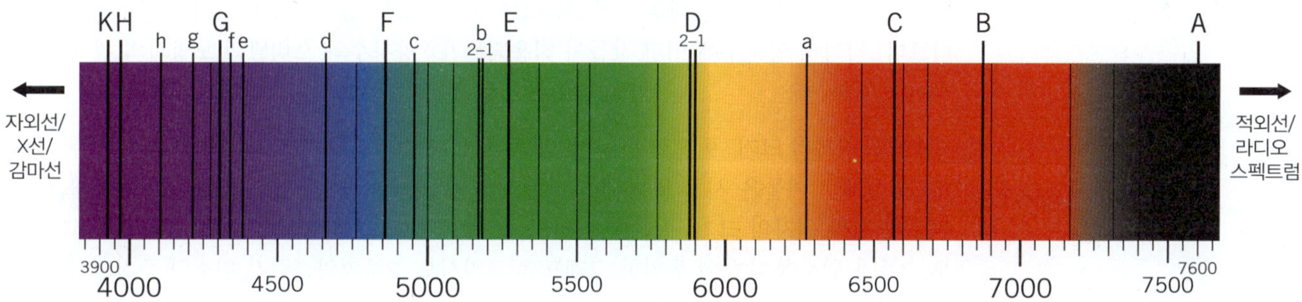

그림 1 태양광의 선 스펙트럼

이 정보를 이용하여 태양을 구성하는 원소 성분을 결정할 수 있다. 0장에서 태양이 수소, 헬륨, 산소, 소듐, 칼슘, 철 등으로 구성되어 있다는 것을 배웠다. 각각의 선에 어느 원소에 해당하는지 확인하고, 헬륨이 태양의 스펙트럼을 분석하기 전까지 원소로 발견되지 않은 이유를 설명하시오.

E. Bohr의 원자 모형은 전자가 1개뿐인 수소의 경우에 잘 맞는다. 수소 이외의 다른 모든 원자는 핵에 구속된 2개 이상의 전자가 있으며, 이 전자들은 서로 영향을 미친다. 그러나 He, Li, Be 등의 원자에서 전자 1개만 남기고 나머지 전자를 제거한 이온(He^+, Li^{2+}, Be^{3+})의 스펙트럼은 다음과 같이 수정된 Bohr 모형으로 잘 설명할 수 있다.

$$\frac{1}{\lambda} = \frac{b}{hc}\left(\frac{Z^2}{n^2_{\text{낮음}}} - \frac{Z^2}{n^2_{\text{높음}}}\right)$$

식에서 각 기호가 나타내는 것은 다음과 같다.

λ = 방출되는 빛의 파장
b = Bohr 상수
h = Planck 상수
c = 빛의 속도
Z = 핵의 전하
n = 주양자수

교재에서 설명한 Bohr 모형과의 차이점은 식에 핵의 전하(Z)가 포함되어 있다는 것이다. 핵의 전하가 증가할수록 다음 식으로 계산한 에너지 준위 사이의 간격이 증가한다.

$$\Delta E = b\left(\frac{Z^2}{n_{낮음}^2} - \frac{Z^2}{n_{높음}^2}\right)$$

식에서 각 기호가 나타내는 것은 다음과 같다.

ΔE = 방출되는 빛의 에너지
b = Bohr 상수
Z = 핵의 전하
n = 주양자수

He^+, Li^{2+}, Be^{3+}에 대하여 $n_{높음} = 2, 3, 4, 5$에서 $n_{낮음} = 1$로의 전이에 해당하는 파장을 각각 계산하고, 또한 $n_{높음} = 3, 4, 5$에서 $n_{낮음} = 2$로의 전이에 해당하는 파장을 계산하시오. 두 결과를 적당한 형식으로 도시하고 비교하시오. 핵의 전하가 증가할수록 에너지 준위의 간격이 증가하는 이유는 무엇인가? 답을 서술할 때 Be^{3+}의 에너지가 H, He^+, Li^{2+}보다 더 큰 이유를 함께 제시하시오.

F. 7장에서 주양자수(n), 부양자수(l), 자기 양자수(m_l), 전자 스핀 양자수(m_s)에 대하여 논의하였다. 양자수의 종류에 따라 허용되는 값이 다르고, 또 양자수에 따라서 오비탈의 모양도 다르다. 각각의 양자수에 어떤 값들이 허용되는가? 양자수와 오비탈의 모양과의 관계에 대하여 설명하시오.

G. 7장에서 원자의 크기, 이온화 에너지, 그리고 전자 친화도의 주기적 경향에 대하여 논의하였다. 실제로 이들은 서로 밀접하게 연관되어 있다. x축을 2주기 원소로 놓고 y축에는 각 원소에 대한 원자의 크기, 이온화 에너지, 전자 친화도 값을 함께 나타낸 그래프를 그리시오. 3주기 원소에 대하여 동일한 그래프를 그리시오. 2주기와 3주기 원소의 주기적 경향에 어떤 차이가 있는지 설명하시오.

요약

학습 목표별로 정리함

빛을 입자와 파동의 두 가지 관점에서 설명하고, 이와 관련된 식을 사용할 수 있다.

파동의 형태인 전자기 에너지(빛 에너지)는 $3.00 \times 10^8\,m\,s^{-1}$의 속도로 공간을 움직인다. 파동의 **파장**(λ)과 **진동수**(ν) 사이에는 $\lambda\nu = c$의 관계식이 성립하는데, 여기서 c는 **빛의 속도**이다. 진동수의 SI 단위는 **헤르츠**(Hz, $1\,Hz = 1\,s^{-1}$)이다. **광전 효과**에 의하면 빛은 **광자** 또는 **양자**로 불리는 작은 다발이 모인 에너지로 행동한다. 빛의 진동수에 비례하는 광자의 에너지(E)는 $E = h\nu$로 주어지는데, 여기서 h는 **Planck 상수**이다.

백색광은 눈으로 볼 수 있는 가시광선이 혼합된 빛이므로 **연속 스펙트럼**으로 분리될 수 있다. 가시광선은 **X선, 자외선, 적외선, 마이크로파, 라디오파, TV파** 등을 포함하는 전체 **전자기 스펙트럼** 중 극히 작은 일부분에 해당한다.

수소 선 스펙트럼의 파장을 계산하고, 그것을 전자의 에너지 준위와 관련지을 수 있다.

선 스펙트럼이 나타나는 것은 원자가 방출하는 에너지가 불연속적임을 나타내며, 따라서 전자의 에너지가 **양자화**되었음을 의미한다. 즉 원자에서 전자는 어떤 특정한 **에너지 준위**에 구속되어 있다.

수소의 Bohr 모형을 이용하여 수소 원자의 선 스펙트럼이 발생하는 원인을 설명할 수 있다.

Bohr는 수소의 선 스펙트럼에 대한 **Rydberg 식**을 설명할 수 있는 모형을 제안하였다. 비록 나중에 그의 이론이 잘못되었다는 것이 밝혀졌지만, 이 모형은 **양자수** 개념을 처음으로 사용한 수소에 대한 최초의 모형이다.

원자에 대한 파동 역학 모형의 주요 특징을 설명할 수 있다.

회절 실험으로 설명될 수 있는 전자와 다른 미립자들의 파동적인 성질은 de Broglie에 의해 제안되었다. Schrödinger는 원자에 파동 이론을 적용하여 **파동 역학** 또는 **양자 역학**이라고 불리는 새로운 이론을 제시하였다. 이 이론에 의하면 원자에서의 전자 파동은 마루와 **마디**가 고정된 **정류파**다.

세 가지 주요 양자수와 그들의 허용된 값을 정의하고 사용할 수 있다.

정류파인 **오비탈**은 **주양자수**(n), **부양자수**(ℓ), **자기 양자수**(m_ℓ) 등의 세 개의 양자수에 의해 특징지어진다. **껍질**은 n(1에서 ∞까지의 범위)으로, **부껍질**은 ℓ(0에서 $n-1$까지의 범위)로, 그리고 부껍질 내의 오비탈은 m_ℓ($-\ell$부터 $+\ell$까지의 범위)로 나타낸다.

전자의 스핀을 이해하고 상자기성과 반자기성 및 Pauli 배타 원리를 설명할 수 있다.

전자는 스핀으로 설명되는 자기적 성질을 가진다. **스핀 양자수** m_s는 $+1/2$ 또는 $-1/2$의 값을 가진다. **Pauli 배타 원리**에 의하면 오비탈에 최대로 채울 수 있는 전자는 **짝지은 스핀**을 가진 두 개의 전자로 제한된다. 홀전자를 가진 물질은 **상자기성**이고, 자기장에 약하게 끌린다. 짝을 이룬 전자만을 가진 물질은 **반자기성**이고, 자기장에 약하게 반발한다.

원자의 바닥 상태 전자 배치를 쓸 수 있다.

바닥 상태에 있는 원소의 **전자 배치**는 1s 부껍질의 오비탈부터 시작하여 Pauli 배타 원리와 **Hund 규칙**(동일한 에너지를 가진 오비탈에 전자를 채울 때는 가능한 한 분산시킨다)에 따라 채운다.

주기율표와 원자의 전자 배치 사이의 관련성을 설명할 수 있다.

주기율표는 전자 배치를 예측하는 지침서가 된다. **간략한 배치**는 비활성 기체의 전자 배치와 일치하는 핵심부 바깥의 부껍질의 전자 배치를 보여 준다. **원자가 껍질 배치**는 주족 원소 원자의 **바깥 껍질**에 있는 부껍질이 채워진 상태를 보여 준다. **오비탈 도표**를 사용하여 전자 배치를 나타낼 수 있다. 크로뮴과 구리에 나타나는 예외적인 배치는 반이 채워지거나 완전히 채워진 부껍질의 특별한 안정성 때문이다.

원자 내 *s*, *p*, *d* 오비탈의 모양과 배향을 그릴 수 있다.

Heisenberg **불확정성 원리**는 같은 시간에 전자의 속도와 위치 모두를 정확하게 알 수는 없다는 것이다. 결과적으로, 파동 역학은 원자 내 특정 위치에서 전자를 발견할 확률을 설명한다. 각 오비탈에서 전자는 통상 **전자 밀도**에 따라 변하는 **전자 구름**으로 나타낸다. 모든 s 오비탈은 구형이다. 각각의 p 오비탈은 두 개의 로브로 구성되어 있으며, 두 로브 사이에는 **마디 평면**이 있다. p 부껍질에는 핵을 중심으로 한 가상적 좌표계인 x, y, z축을 따라 서로 직교하는 세 개의 p 오비탈이 있다. d 부껍질에 있는 5개의 d 오비탈 중 네 개는 각각 네 개의 전자 밀도 로브를 가지는 동일한 형태이다. 다섯 번째 d 오비탈은 z축을 따라 서로 반대 방향에 분포된 두 개의 전자 밀도 로브와 $x-y$ 평면에 있는 고리 형태의 전자 밀도를 가진다.

원소의 전자 배치와 주기율표를 이용하여 원소의 물리 · 화학적 성질을 예측할 수 있다.

원자가 전자가 느끼는 양전하의 양을 **유효 핵전하**라고 한다. 내부 전자들이 핵의 전체 양전하로부터 원자가 전자를 부분적으로 가리기 때문에 유효 핵전하는 실제 핵전하보다 더 작다. **원자 반지름**은 원자가 껍질 오비탈의 n 값과 유효 핵전하에 의존한다. 원자 반지름은 주기율표에서 주기의 왼쪽에서 오른쪽으로 갈수록, 족의 아래에서 위로 갈수록 감소한다. 음이온은 중성 원자보다 크고, 양이온은 중성 원자보다 작다.

이온화 에너지(**IE**)는 바닥 상태에 있는 고립된 기체 상태의 원자나 분자 또는 이온으로부터 전자를 제거하는 데 필요한 에너지를 말한다. 이 과정은 이것은 흡열 반응이다. 원소의 1차 이온화 에너지는 주기에서 왼쪽에서 오른쪽으로 갈수록, 그리고 족에서 아래에서 위로 갈수록 증가한다. 그러나 전자가 제거되는 오비탈의 성질이 변하는 경우나 두 개의 전자로 쌍을 이룬 p 오비탈로부터 전자가 제거되는 경우에는 주기적 경향성에서 불규칙성이 나타난다. 단계별 이온화 에너지는 점차적으로 증가하지만, 원자가 껍질 아래의 비활성 기체 배치의 전자가 제거되면 매우 크게 증가한다.

전자 친화도(**EA**)는 바닥 상태에 있는 기체 상태의 원자나 이온에 전자를 첨가할 때의 퍼텐셜 에너지의 변화를 말한다. 원자의 경우에 첫 번째 EA는 일반적으로 발열 반응이다. 원자에 두 개 이상의 전자가 첨가될 때, 전체 퍼텐셜 에너지 변화는 흡열 반응이다. 일반적으로 전자 친화도는 주기의 왼쪽에서 오른쪽으로 갈수록, 족의 아래에서 위로 갈수록 더욱 발열 반응이다. 그러나 2주기 비금속의 EA는 3주기 비금속에서보다 덜 발열 반응이다. 주기율표상에서 불규칙성은 첨가되는 전자가 더 높은 에너지 부껍질에 들어갈 때와 절반이 채워진 p 부껍질에 추가로 들어가야 할 때 나타난다.

주기적 경향성은 주기율표의 주기와 족 내에서 특성이 규칙적으로 변화하는 것을 의미한다. 원자의 크기, 이온의 크기, 이온화 에너지, 전자 친화도, 유효 핵전하 등의 특성이 주기적 경향성을 나타낸다. 특히 원자 크기, 이온화 에너지, 전자 친화도 등의 화학적 성질은 종종 주기율표의 왼쪽 아래 모서리(Fr)에서 오른쪽 위 모서리(F)로 향하는 **대각선 경향성**으로 나타낼 수 있다.

문제 풀이를 위한 도구

도구 다음과 같은 도구들이 이 장에서 도입되었다. 이들을 주의 깊게 공부하면 필요할 때 적절한 도구를 선택할 수 있다.

파장–진동수 관계(7.1절)

$$\lambda \times \nu = c$$

광자의 에너지(7.1절)

$$E = h\nu = h\frac{c}{\lambda}$$

Rydberg 식(7.2절)

$$\frac{1}{\lambda} = R_H\left(\frac{1}{n_1^2} - \frac{1}{n_2^2}\right)$$

주기율표를 이용한 전자 배치(7.8절) 원소의 주기율표는 전자 배치를 쓰는 데 매우 유용한 도구이다.

주기율표와 화학적 성질(7.8절)

원자가 전자가 원소의 화학적 성질을 결정한다. 원자가 전자 배치가 유사한 같은 족 원소들의 화학적 성질이 비슷하다.

원자와 이온의 크기의 주기적 경향성(7.10절)

원자와 이온의 상대적 크기는 주기율표 아래쪽으로 갈수록 증가하고, 오른쪽으로 갈수록 감소한다.

이온화 에너지의 주기적 경향성(7.10절)

원자의 이온화 에너지는 주기율표의 위로 또는 오른쪽으로 갈수록 증가한다.

전자 친화도의 주기적 경향성(7.10절)

원자의 전자 친화도는 주기율표의 위로 또는 오른쪽으로 갈수록 더 발열적이다.

쌍으로 구성된 복습 문제 중 청색 번호를 가진 문제의 해답은 부록 B에 수록하였다. 난이도가 높은 문제는 별표(*)로 표시하였다.

복습 질문

전자기 복사선

7.1 빛을 전자기 복사선이라고 부르는 이유는 무엇인가?

7.2 전자기 복사선에서 자기와 전기 성분은 서로 어떻게 연관되어 있는지 설명하시오.

7.3 빛의 진동수란 어떤 의미인가? 진동수를 나타내는 기호와 단위를 쓰시오.

7.4 다음의 전자기 스펙트럼 영역을 파장이 증가하는 순서대로 나열하고, 각 영역의 일반적인 파장 범위를 쓰시오. 또한 각 영역을 진동수가 증가하는 순서와 에너지가 증가하는 순서대로 각각 나열하시오.
마이크로파, TV, 자외선, 가시광선, X선, 적외선, 감마선

7.5 광자의 에너지를 구하는 다음의 식을 유도하시오.

$$E = \frac{hc}{\lambda}$$

7.6 어떤 화합물이 적외선 영역인 파장 2.5×10^{-6} m를 강하게 흡수한다. 이 복사선의 진동수를 구하시오.

7.7 진동수가 3.3×10^{15} Hz인 전자기 복사선의 파장(nm)을 구하시오.

7.8 파장이 646 nm인 붉은빛 광자의 에너지(J)를 구하시오.

선 스펙트럼과 Rydberg 식

7.9 원자 스펙트럼이란 무엇인가? 연속 스펙트럼과의 차이를 설명하시오.

7.10 6번째 Bohr 오비탈에 있는 전자가 두 번째 오비탈로 전이할 때 생성되는 스펙트럼 선의 파장(nm)을 Rydberg 식을 사용하여 계산하시오.

Bohr 이론

7.11 수소 원자에 대한 Bohr 모형에서 가장 낮은 에너지를 갖는 오비탈의 양자수는 무엇인가?

7.12 Bohr 원자에서 전자 에너지를 나타내는 식에서 − 부호가 의미하는 것은 무엇인가? 원자의 바닥 상태란 어떤 의미인가?

7.13 Bohr 이론의 장단점을 각각 논하시오.

파동 역학 모형

7.14 크기가 매우 작은 미립자의 거동이 우리가 일상생활에서 사용하는 질량과 크기가 큰 입자와 다른 점은 무엇인가? 큰 입자에서 미립자의 거동을 관찰하지 못하는 이유는 무엇인가?

7.15 회절 현상을 설명하시오. 이 현상을 이용하여 de Broglie 이론이 옳다는 것을 보이시오.

7.16 전자기 복사선의 이중성을 추론할 수 있는 방법은 무엇인가?

7.17 원자 붕괴 역설이란 무엇인가?

7.18 전자에 대한 정류파를 나타내는 특정 파동 형태를 나타내는 용어는 무엇인가?

7.19 오비탈의 중요한 특성 3가지를 제시하고, 제시한 특성이 중요한 이유를 서술하시오.

원자 내 전자의 양자수

7.20 주양자수란 무엇인가? 전자와 관련하여 주양자수로부터 얻을 수 있는 일반적인 정보는 무엇인가?

7.21 Rydberg 식에서의 n과 주양자수 n의 관계에 대하여 설명하시오.

*7.22 다음 물음에 답하시오.
(a) 5주기의 d 부껍질이 $4d$인 이유는 무엇인가?
(b) 7주기의 f 부껍질이 $5f$인 이유는 무엇인가?

7.23 다음 쌍의 n과 ℓ에 해당하는 부껍질(예: $1s$)을 나타내시오.
(a) $n=2$, $\ell=1$ (b) $n=4$, $\ell=0$ (c) $n=3$, $\ell=2$
(d) $n=5$, $\ell=3$

7.24 부양자수가 2일 때 허용되는 자기 양자수는 무엇인가?

전자 스핀

7.25 스핀 양자수에 허용된 값은 무엇인가?

7.26 상자성과 반자성의 의미를 쓰시오.

7.27 다음 각 조건에서 최대로 채울 수 있는 전자의 수는 몇 개인가?
(a) $2p$ 부껍질 (b) $4f$ 부껍질 (c) $n=4$인 껍질
(d) $n=2$인 껍질 (e) $n=4$, $\ell=1$인 부껍질

에너지 준위와 바닥 상태 전자 배치

7.28 **전자 구조**란 어떤 의미인가?

7.29 다음 원자의 오비탈 도표를 그리시오.
(a) 인 (b) 규소

7.30 전자 구조에 대한 Bohr의 이론이 성공할 수 있었던 이유를 부껍질의 에너지와 관련하여 설명하시오.

7.31 수소 원자에서 $3s$, $3p$, $3d$ 오비탈의 에너지는 모두 동일하다. 그러나 다전자 원자의 경우에 이들 오비탈의 에너지가 서로 다른 이유는 무엇인가?

주기율표와 바닥 상태 전자 배치

7.32 다음 원자에 대한 올바른 전자 배치를 쓰고, 일반적으로 예상되는 전자 배치에서 벗어나는 이유를 쓰시오.
(a) Cr (b) Cu

7.33 3A족과 6A족 원소의 전자 배치의 차이점을 설명하시오.

7.34 주기율표를 이용하여 다음 원자의 간략한 전자 배치를 쓰시오.
(a) Tc (b) Fe (c) Gd

7.35 서로 다른 두 원자에서 각 전자가 점유한 d 부껍질의 주양자수는 각각 $n=4$와 $n=5$이다. 이 전자는 동일한 오비탈을 점유하고 있는가? 동일한 오비탈이 아니면 두 전자가 점유한 오비탈은 각각 어느 것인지 밝히시오.

원자 오비탈: 모양과 배향

7.36 확률을 이용하여 원자 핵 주위의 공간에서 전자의 위치를 논하는 방법에 대하여 설명하시오.

7.37 주어진 d 부껍질에서 각 d 오비탈의 상대적 배향에 대하여 설명하시오.

7.38 f 오비탈과 d 오비탈에 존재하는 마디 평면은 각각 몇 개인가?

7.39 방사형 마디와 평면 마디의 차이점은 무엇인가?

7.40 d_{xy}, d_{xz}, d_{yz}, $d_{x^2-y^2}$ 오비탈의 모양을 그려보시오.

주기율표와 원소의 성질

7.41 **유효 핵전하**의 의미를 쓰시오. 주기율표의 족에서 아래 방향으로 이동할 때와 주기에서 오른쪽으로 이동할 때 바깥 전자가 느끼는 유효 핵전하의 변화를 각각 쓰시오.

*7.42 완전히 채워진 $3d$ 부껍질의 에너지가 $4s$ 부껍질의 에너지보다 낮은 이유를 제시하시오.

원자 크기

7.43 주기율표의 한 주기에서 왼쪽에서 오른쪽으로 이동할 때 원자 크기가 줄어드는 이유는 무엇인가? 이와는 반대로 한 족에서 위에서 아래로 이동할 때 원자 크기가 증가하는 이유는 무엇인가?

7.44 어떤 중성 원자의 크기와 중성 원자가 전자를 잃거나 얻어서 생성되는 양이온과 음이온의 크기를 각각 비교하시오.

이온화 에너지

7.45 이온화 에너지를 정의하시오. 원자와 양이온의 이온화 에너지가 양수(흡열)인 이유는 무엇인가?

7.46 원자의 크기나 유효 핵전하와 관련하여 이온화 에너지가 어떻게 변하는지 설명하시오.

7.47 붕소의 4차 이온화 에너지가 3차 이온화 에너지에 비하여 극단적으로 큰 이유를 설명하시오.

전자 친화도

7.48 **전자 친화도**를 정의하시오. 전자 친화도가 일반적으로 음수(발열)인 이유를 설명하시오.

7.49 베릴륨과 질소의 전자 친화도가 주기율표의 2주기에서 왼쪽에서 오른쪽으로 갈수록 더 발열성이 되는 일반적인 경향성을 따르지 않는 이유는 무엇인가?

7.50 산소 원자가 O^- 이온이 되는 과정은 발열 과정이나 O^{2-} 이온이 되는 전체 과정은 흡열 과정이 되는 이유는 무엇인가?

복습 문제

전자기 복사선

7.51 파장이 527 nm인 빛의 진동수는 몇 Hz인가? 파장이 563 nm인 초록색 빛의 진동수는 몇 Hz인가?

7.52 페인트 제거기가 금속 표면의 페인트를 벗겨내는데 10.6 μm의 적외선 빛을 사용한다. 이 빛의 진동수를 구하시오.

7.53 He−Ne 레이저에서 방출하는 빛의 파장은 632.99139822 nm

이다. 빛의 속도가 2.99792458 m/s라면 이 빛의 진동수는 몇 Hz인가?

7.54 가로등에 사용하는 네온등은 파장이 632.8 nm인 붉은빛을 방출한다. 이 파장에 해당하는 진동수는 몇 Hz인가?

7.55 미터는 빛이 진공에서 1/299,792,458초 동안에 진행한 거리로 정의한다. 미터를 정하는 실험에 사용하는 He−Ne 레이저의 파장은 632.99139822 nm이다. 이 빛의 진동수는 몇 Hz인가?

선 스펙트럼과 Rydberg 식

7.56 수소의 스펙트럼에는 파장이 480 nm인 선 형태의 피크가 포함되어 있다. 다음 물음에 답하시오.
(a) 이 파장의 빛은 무슨 색에 해당하는가?
(b) 진동수를 계산하시오.
(c) 해당 광자 한 개의 에너지를 계산하시오.

7.57 Rydberg 식을 사용하여 $n_2=4$에서 $n_1=2$로 전이할 때 방출하는 수소 스펙트럼 선의 파장을 nm로 계산하시오(유효 숫자 세 자리로 답을 쓰시오). 이 선은 전자기 스펙트럼의 어느 영역에 해당하는가? 이 빛을 사람이 감지할 수 있는지 설명하시오.

Bohr 이론

***7.58** 수소 스펙트럼에서 전자가 8번째 Bohr 궤도에서 3번째 궤도로 전이할 때 방출한 선 스펙트럼의 파장(nm)과 에너지(J)를 계산하시오(유효 숫자 세 자리로 답을 쓰시오). 이 선은 전자기 복사선의 UV, 가시광선, 적외선 중 어느 영역에 속하는가?

***7.59** 수소 스펙트럼에서 전자가 네 번째 Bohr 궤도에서 첫 번째 궤도로 전이할 때 방출한 선 스펙트럼의 파장(nm)과 에너지(J)를 계산하시오(유효 숫자 세 자리로 답을 쓰시오). 이 선은 전자기 복사선의 UV, 가시광선, 적외선 중 어느 영역에 속하는가?

파동 역학 모형

7.60 다음의 두 물체에 대한 de Broglie 파장을 계산하고, 파장과 물체의 크기 사이의 관계에 대하여 설명하시오.
(i) 660 m/s의 속도로 움직이는 N_2 분자
(ii) 12.0 m/s의 속도로 낙하하는 질량이 1.2 kg인 책

7.61 다음의 두 물체에 대한 de Broglie 파장을 계산하고, 파장과 물체의 크기 사이의 관계에 대하여 설명하시오.
(i) 570 m/s의 속도로 움직이는 플루오린 분자
(ii) 4.80 m/s의 속도로 낙하하는 255 g의 공

7.62 660 nm의 붉은빛의 파장을 갖기 위하여 다음 물체가 움직여야 하는 속도를 계산하시오.
(a) 중성자(1.675×10^{-24} g)
(b) 납 원자(3.44×10^{-22} g)
(c) 파인애플(1.12×10^{3} g)

원자 내 전자의 양자수

7.63 다음 부껍질에 대한 기호는 무엇인가?
(a) $\ell=0$ (b) $\ell=2$

7.64 (a) $4p$와 (b) $6s$ 부껍질에 대한 n과 ℓ 값은 각각 얼마인가?

7.65 (a) $3p$와 (b) $4f$ 부껍질에 대한 n과 ℓ 값은 각각 얼마인가?

7.66 $n=5$인 껍질에서 허용된 ℓ 값을 모두 쓰시오.

7.67 $n=3$인 껍질에서 허용된 ℓ 값을 모두 쓰시오.

7.68 ℓ 값이 5인 전자가 가질 수 있는 m_ℓ 값은 무엇인가?

7.69 m_ℓ 값이 −3인 전자에게 허용된 가장 작은 ℓ 값은 무엇인가?

7.70 원자의 $4d$ 부껍질에 존재하는 모든 전자에 대한 양자수 세트 (n, ℓ, m_ℓ, m_s)를 각각 쓰시오.

***7.71** 안티모니 원자에서 다음의 양자수를 갖는 전자는 모두 몇 개인가?
(a) $\ell=2$ (b) $m_\ell=-2$

***7.72** 바륨 원자에서 다음의 양자수를 갖는 전자는 모두 몇 개인가?
(a) $\ell=0$ (b) $m_\ell=1$

에너지 준위와 바닥 상태 전자 배치

7.73 다음 원자의 바닥 상태 전자 배치를 쓰시오.
(a) P (b) Ca (c) V (d) Sb

7.74 다음 원자의 바닥 상태 전자 배치를 쓰시오.
(a) P (b) Br (c) Co (d) Si

7.75 다음 원자의 바닥 상태 전자 배치를 쓰시오.
(a) Ti (b) Cr (c) Fe (d) Cu

7.76 다음 중 바닥 상태에서 상자기성인 원자는 어느 것인가?
(a) Ga (b) Ba (c) Cr (d) Si (e) Ne

7.77 다음 중 바닥 상태에서 반자기성인 원자는 어느 것인가?
(a) Si (b) Mn (c) O (d) V

7.78 바닥 상태에 있는 다음 원자에서 홀전자의 수는 몇 개인가?
(a) Cu (b) Se (c) Ca

주기율표와 바닥 상태 전자 배치

7.79 다음 원소의 간략한 전자 배치에 대한 오비탈 도표를 그리시오.
(a) Ni (b) Cs (c) Ba (d) Sb

7.80 다음 원소에 대한 간략한 전자 배치를 쓰시오.
(a) Ni (b) Ge (c) Se (d) Sb

7.81 Br, Br^-, Kr의 간략한 전자 배치를 쓰시오. 이들 사이의 유사점과 차이점은 무엇인가?

7.82 Sb, Sb^{3+}, Sb^{5+}의 간략한 전자 배치를 쓰시오. 간략한 전자 배치가 Sb^{3+}와 동일한 중성 원자는 어느 것인가? 2+ 이온이 Sb^{5+}와 동일한 전자 배치를 가지는 중성 원자는 어느 것인가?

7.83 다음 원소의 원자가 껍질의 n 값은 얼마인가?
(a) Al (b) As (c) I (d) C

7.84 다음은 산소에 대한 몇 가지 오비탈 도표이다. 다음 물음에 답하시오.

(i)
(ii)
(iii)
(iv)

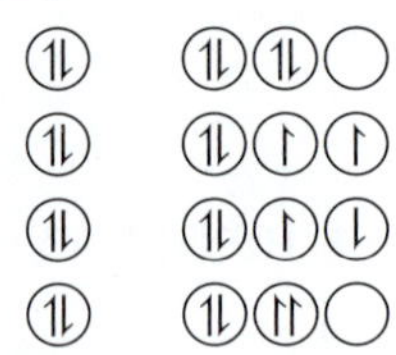

$2s$ $2p$

(a) 바닥 상태 전자 배치는 어느 것인가?
(b) 불가능한 전자 배치는 어느 것인가?
(c) 들뜬 상태 전자 배치는 어느 것인가?

7.85 다음 원소에 대한 원자가 껍질의 오비탈 도표를 그리시오.
(a) K (b) Si (c) Sr (d) Te

7.86 다음 원소에 대한 원자가 껍질의 오비탈 도표를 그리시오.
(a) Mg (b) I (c) Ge (d) Hg

원자 오비탈: 모양과 배향

7.87 적절한 좌표를 이용하여 $3s$와 $3d_{xy}$ 오비탈의 모양을 그리시오. 평면 마디와 방사 방향 마디를 함께 나타내시오.

*7.88 적절한 좌표를 이용하여 5가지 $3d$ 오비탈을 그리시오. 각 오비탈의 이름과 평면 마디를 함께 나타내시오.

주기율표와 원소의 성질

7.89 핵심부 전자가 핵전하를 가리는 효율이 100%이고 원자가 전자가 서로 가리는 효율을 0%라 가정할 때, 다음 원소의 원자가 전자가 느끼는 유효 핵전하를 계산하시오.
(a) Li (b) S (c) Br

7.90 다음 중 크기가 더 큰 원자는 어느 것인가?
(a) Al 혹은 Cl (b) Sn 혹은 Pb (c) Mg 혹은 S
(d) As 혹은 Bi

7.91 Ge, As, Sn, Sb를 원자 크기가 증가하는 순서대로 나열하시오.

7.92 K^+, Kr, Cl^-, S^{2-}, N^{3-}, Ca^{2+}를 크기가 증가하는 순서대로 나열하시오.

7.93 다음 중 크기가 더 큰 입자는 어느 것인가?
(a) Ca 혹은 Ca^{2+} (b) S 혹은 S^{2-} (c) Fe^{2+} 혹은 Fe^{3+}

7.94 다음 중 이온화 에너지가 더 큰 원자는 어느 것인가?
(a) Na 혹은 Fr (b) B 혹은 F (c) Li 혹은 C

7.95 다음 중 전자 친화도가 더 큰(더 발열) 원자는 어느 것인가?
(a) F 혹은 Br (b) Al 혹은 P (c) I 혹은 Br (d) Ga 혹은 As

7.96 주기율표를 이용하여 B, C, N, O, F, Ne 중 2차 이온화 에너지와 3차 이온화 에너지의 차이가 가장 큰 것을 고르시오.

추가 연습 문제

*7.97 전자레인지는 음식을 가열하기 위하여 마이크로파를 사용한다. 마이크로파를 흡수한 수분이 가열되고 결과적으로 음식의 온도가 상승하게 된다. 1000 mg의 물의 온도를 1°C 상승시키기 위하여 파장이 5.00 nm인 광자 몇 개가 필요한가?

7.98 다음 입자의 파장을 각각 계산하시오.
(a) 빛의 속도로 움직이는 전자
(b) 광속의 1/5의 속도로 움직이는 전자
(c) 3×10^3 m/s의 속도로 움직이는 전자
(d) 75 mi/h의 속도로 움직이는 219 g 공
(e) 광속의 1/2의 속도로 움직이는 219 g 공

7.99 다음 바닥 상태 원자의 전자 배치에 대한 표현 중 잘못된 것을 찾아 수정하시오.
(a) $1s^2\,2s^2\,2d^5$ (b) $[Ar]3s^2$ (c) $1s^2\,2s^2\,2p^6\,3s^1$ (d) $[Na]3s^2\,3p^4$

7.100 다음은 어떤 학생이 제시한 바닥 상태의 원자의 $2s$와 $2p$ 부껍질에 포함된 전자에 대한 오비탈 도표이다. 오류를 찾아 수정하시오.

7.101 니켈 원자가 전자를 잃고 Ni^{2+} 이온이 될 때 제거된 전자의 양자수 세트(n, ℓ, m_ℓ, m_s)를 쓰시오.

*7.102 바닥 상태의 O에 대한 오비탈 도표를 쓰시오. 제시한 오비탈 도표에서 사용한 오비탈로만 제한할 때, 가능한 들뜬 상태를 모두 나타내시오.

7.103 우주에는 지름이 매우 큰 수소 원자가 존재할 수 있다. 입자수가 매우 희박한 성간 공간에서 자유 전자가 $n = 253$과 같은 매우 높은 에너지의 양성자와 결합하면 지름이 0.339 mm인 수소 원자가 탄생한다. 이 수소 원자에 포함된 전자가 $n = 253$에서 $n = 252$로 전이할 때 방출하는 복사선의 파장을 계산하시오. 이 빛은 전자기 스펙트럼의 어느 영역에 속하는가?

다중 개념 문제

*7.104 Na 금속이나 소금을 불로 가열하면 노란색의 빛을 얻을 수 있다. 가열로 인하여 들뜬 소듐 전자가 다시 낮은 에너지 준위로 전이하면서 노란색의 빛을 방출하게 된다. 첫 번째 이온화 에너지가 495 kJ mol^{-1}인 소듐 원자에서 첫 번째로 제거된 전자가 움직이는 속도를 계산하시오.

7.105 파장이 (a) 400 nm (b) 700 nm인 광자 1 mol의 에너지로 온도를 7.0°C 올릴 수 있는 물의 최대 질량은 몇 g인가?

7.106 브로민 원자가 결합하여 1 mol의 Br_2를 생성할 때 192 kJ의 에너지가 방출된다. 브로민 분자의 결합을 깨는데 필요한 빛의 파장을 계산하시오.

*7.107 파장이 31.8 nm인 빛을 이용하여 붕소에 대한 광전 효과 실험을 할 때, 얻을 수 있는 모든 종류의 전자에 대한 운동 속도를 각각 계산하시오.

비판적 사고의 과제

7.108 원자에 대한 양자 역학적 연구는 1900년대 초기부터 시작되었다. 일반인들의 일상생활에 양자 역학을 적용할 수 있는가?

7.109 크로뮴 원자가 전자를 잃고 Cr^+가 될 때 제거되는 전자의 양자수 세트(n, ℓ, m_ℓ, m_s)를 쓰시오.

7.110 쌍을 이룬 전자는 서로 자기장을 상쇄시킨다. 두 개의 홀전자가 서로 반대 스핀을 가져서 자기장을 서로 상쇄시키지 못하는 이유는 무엇인가?

7.111 1A족 원소의 작은 조각을 물에 넣으면 리튬에서 세슘으로 갈수록 더 격렬한 반응이 빠르게 진행된다. 7장에서 논의한 정보를 이용하여 이 현상을 설명하시오.

WOODCRAFT SUPPLY LLC

8장

화학 결합의 기초

이 장의 배경

화학 결합이라는 주제를 마주하면 도입부 사진에서 볼 수 있는 접착제나 시멘트 혹은 접착 테이프 등을 연상할지도 모르겠다. 이런 것들은 거시적 관점에서 사물을 결합시킬 때 사용하는 물질이다. 이 장에서는 분자 수준에서 원자나 이온의 결합에 대하여 다룰 것이다. 화학자들은 분자 수준에서의 상호 작용을 이해한 결과 사진에서와 같은 접착용 물질을 개발할 수 있게 되었다.

2장에서 물질을 크게 이온 결합 화합물과 분자성 화합물의 두 종류로 분류할 수 있다는 것을 배웠다. 식탁에서 사용하는 소금과 같은 이온 결합 화합물은 정전기적 인력에 의해 서로 결합하고 있는 양이온과 음이온으로 구성되어 있다. 또한 물과 같은 분자성 물질에서는 원자들이 전자를 공유함으로써 서로 결합하고 있다. 원자의 전자 구조에 대해 배웠기 때문에 이제 **화학 결합(chemical bond)**이라고 하는 원자 또는 이온 사이의 인력에 관해 깊이 탐구할 수 있다. 우리의 목표는 원자들이 조합될 때 어떤 경우에는 전자의 이동을 선호하여 이온을 형성(**이온 결합** 형성)하는 반면, 어떤 경우에는 전자의 공유(**공유 결합** 형성)를 선호하는지 그 이유를 이해하는 것이다.

전자 구조와 마찬가지로 화학 결합의 모형도 계속 발전해 왔지만, 이 장에서는 비교적 간단한 이론을 소개할 것이다. 비록 더 복잡한 이론들도 있지만(그 일부는 9, 21, 22장에서 소개할 것이다), 이 장에서 공부할 기본 개념만으로도 현대 화학을 이해하는 데 유용한 정보를 많이 얻을 수 있을 것이다.

이 장의 개요

8.1 결합 형성을 위한 에너지 필요 조건
8.2 이온 결합
8.3 팔전자 규칙과 이온의 전자 배치
8.4 Lewis 기호와 이온 결합 화합물의 구조
8.5 공유 결합
8.6 결합 극성과 전기 음성도
8.7 Lewis 구조
8.8 공명 구조
8.9 탄소의 공유 결합 화합물

학습 목표

이 장을 읽고 이해한 후 다음과 같은 것을 할 수 있어야 한다.

- 안정한 화합물을 만들 수 있는 결합 형성에 필요한 조건을 설명할 수 있다.
- 이온 결합에 포함된 요인을 설명할 수 있다.
- 이온의 전자 배치를 쓸 수 있다.
- 원자와 이온의 Lewis 기호를 쓸 수 있다.
- 결합 형성 에너지와 팔전자 규칙 그리고 다중 결합 등을 이용하여 공유 결합을 기술할 수 있다.
- 전기 음성도가 공유 결합이나 원소의 반응성에 미치는 영향을 설명할 수 있다.
- 공유 결합 분자의 Lewis 구조를 그릴 수 있으며, 분자 내 각 원자의 형식 전하를 계산할 수 있다.
- 공명 구조를 그리고 설명할 수 있다.
- 유기 화합물을 분류하고 작용기를 확인할 수 있다.

학습 목표 달성을 위한 제안

능동적 읽기와 더불어 다음의 몇 가지 방법을 활용하면 8장의 내용을 이해하는 데 도움이 될 것이다.

1. 2장에서 제시한 바와 같이 절의 제목과 부제목을 이용하여 8장의 내용을 요약하라.
2. 각자의 방법으로 8장에서 제시된 도구들을 설명하고, 본문에서 각 도구가 사용된 위치를 확인하라.
3. 복습 문제에 대한 풀이 과정을 노트에 정리하고 정답과 비교하라. 답에 오류가 있다면 문제를 다시 풀어 보고 풀이 과정이 옳은지 확인하라. 올바른 풀이 과정을 얻을 수 없다면 강사에게 도움을 청한다. 이때 자신의 풀이를 제시하고 풀이 과정에 어떤 오류가 있는지 질문하는 것이 효과적이다.

8.1 결합 형성을 위한 에너지 필요조건

원소들로부터 **안정한** 화합물이 형성되려면, 반응의 ΔH_f°가 음인 발열 반응이어야 한다. 이러한 반응의 두 가지 사례를 **그림 8.1**에 나타내었다. 그림 8.1(a)는 H_2와 O_2가 반응하여 H_2O를

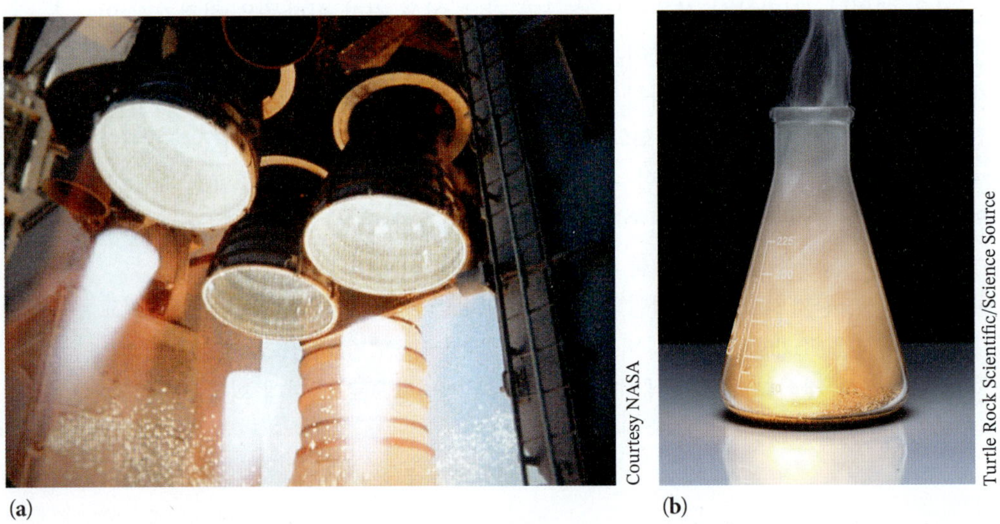

그림 8.1 발열 반응의 사례 (a) 수소와 산소의 반응. 우주 왕복선의 세 개 주 엔진이 최대 출력으로 점화된 상태로, 발사대에서 발사되기 직전의 모습을 나타낸 것이다. 수소와 산소의 격렬한 반응을 이용하여 주 엔진에서 추진력이 만들어진다. (b) 소듐과 염소의 발열 반응. 작은 양의 용융된 소듐을 염소 기체가 들어 있는 플라스크에 넣으면, 즉시 발화하며 빛과 많은 열이 발생된다. 플라스크에서 나오는 연기는 염화 소듐의 작은 결정으로 이루어져 있다.

형성하는 반응이고, 그림 8.1(b)는 Na와 Cl_2가 반응하여 NaCl을 형성하는 반응이다. 이 두 반응에서는 모두 많은 양의 에너지가 방출되기 때문에 매우 안정한 화합물이 생성된다. 일반적으로 생성열이 양수 값을 가지는 화합물은 불안정하며, 강력한 폭발 물질인 나이트로글리세린과 같이 분해가 격렬하게 발생할 수도 있다.

반응이 발열 반응이면 계에서 물질의 퍼텐셜 에너지는 감소한다. 따라서 화학 결합의 형성을 이해하기 위해서는 결합 형성이 어떻게 관련된 원자의 퍼텐셜 에너지를 낮출 수 있는지를 이해해야 한다. 앞으로 이온 결합 물질과 분자성 물질 모두에 대해 이와 관련된 논의를 할 것이다.

해설 흡열 반응은 PE를 증가시키고, 발열 반응은 PE를 감소시킨다.

8.2 이온 결합

구성 원소들로부터 염화 소듐이 형성될 때 각 소듐 원자는 전자 한 개를 잃어 소듐 이온(Na^+)을 형성하고, 각 염소 원자는 전자 한 개를 얻어 염화 이온(Cl^-)을 형성한다.

$$Na \longrightarrow Na^+ + e^-$$
$$Cl + e^- \longrightarrow Cl^-$$

이러한 이온들은 형성되면, **그림 8.2**에서와 같이 서로의 반대 전하에 의한 인력 때문에 서로 조밀하게 쌓이게 된다. 이온 결합 화합물에서 양이온과 음이온의 이러한 인력을 **이온 결합**(**ionic bond**)이라고 한다.

Na^+ 이온과 Cl^- 이온 사이의 인력은 당연한 것처럼 보인다. 그러나 **왜** 전자가 이들 원소 사이에서 이동하는가? 소듐은 왜 Na^{2+}나 Na^-가 아닌 Na^+를 형성할까? 왜 염소는 Cl^+나 Cl^{2-}가 아닌 Cl^-를 형성할까? 이런 문제에 대답하려면 반응물과 생성물로 이루어진 계의 퍼텐셜 에너지와 관련된 여러 가지 요소들을 생각해 보아야 한다. 원소들로부터 안정한 화합물이 만들어지려면 퍼텐셜 에너지의 알짜 감소가 있어야 하며, 그 반응이 발열 반응이어야 한다.

그림 8.2 NaCl에서 이온들의 쌓임 NaCl에서는 정전기력이 이온을 격자의 각 위치에 고정시킨다. 이러한 인력에 의해 이온 결합이 형성된다.

격자 에너지의 중요성

NaCl과 같은 안정한 이온 결합 화합물이 만들어지는 것은 전자 이동 그 자체 때문은 아니다. Na의 이온화 에너지와 Cl의 전자 친화도를 조사해 보면 그 이유를 알 수 있다. 몰 수준의 기체 원자 집합체에 대한 에너지는 다음과 같다.

$$Na(g) \longrightarrow Na^+(g) + e^- \qquad +495\ \text{kJ mol}^{-1} \quad (\text{소듐의 IE})$$
$$Cl(g) + e^- \longrightarrow Cl^-(g) \qquad -349\ \text{kJ mol}^{-1} \quad (\text{염소의 EA})$$
$$\text{합} \qquad +146\ \text{kJ mol}^{-1}$$

위 식에서 기체 상태의 소듐 원자와 염소 원자로부터 기체 상태의 소듐 이온과 염화 이온이 형성될 때 계의 퍼텐셜 에너지가 **증가**함을 주목하라. 이것은 이온화 에너지(IE)와 전자 친화도(EA)가 유일한 에너지 변화였다면, 이온 결합 염화 소듐은 소듐 원자와 염소 원자로부터 형성되지 못한다는 것을 의미한다. 그렇다면 염화 소듐의 안정성은 어디서 나오는가?

위에서는 기체 상태의 이온 형성에 대한 계산을 고려했지만, 염화 소듐은 기체가 아니라 고체이다. 따라서 기체 이온이 고체로 변할 때의 에너지 변화를 고려해야 할 필요가 있으며, 그러기 위해서는 격자 에너지를 알아야 한다. **격자 에너지**(**lattice energy**)는 무한한 거리에 떨어져 있는 이온(기체 이온 구름)이 서로를 끌어당겨 고체 화합물 1 mol을 형성할 때 방출하는 에

해설 격자 에너지라는 이름은 격자라는 단어에서 유래된 것이다. 격자란 결정에서 이온 또는 원자가 이루는 규칙적인 배열 양식을 설명하는 용어이다. 격자 에너지는 발열이므로 음의 부호를 갖는다.

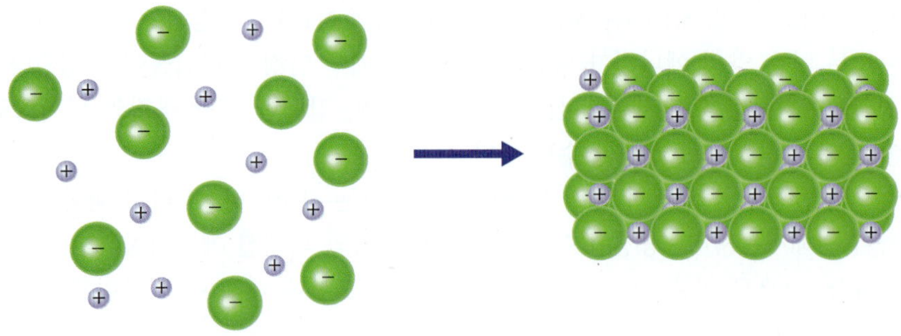

그림 8.3 NaCl의 격자 에너지 기체 Na^+ 1 mol과 기체 Cl^- 1 mol이 결합하여 고체 NaCl 1 mol을 형성할 때 방출되는 에너지로, NaCl의 경우 −786 kJ이다.

너지이다.[1] 염화 소듐의 격자 에너지는 다음의 반응식과 **그림 8.3**에 나타낸 변화와 관련된 에너지 변화이다.

$$Na^+(g) + Cl^-(g) \longrightarrow NaCl(s)$$

Na^+ 이온과 Cl^- 이온은 서로 끌어당기기 때문에 그 이온들이 가까이 접근하면 퍼텐셜 에너지는 감소하고, 그 과정은 에너지를 방출하므로 발열 반응이 된다. 실제로 염화 소듐에 대한 격자 에너지는 매우 큰 발열 반응이며, 그 양은 $-786\,kJ\,mol^{-1}$이다. 만일 격자 에너지를 Na의 이온화 에너지 및 Cl의 전자 친화도와 함께 식으로 나타내면 다음과 같다.

$Na(g) \longrightarrow Na^+(g) + e^-$	+495 kJ	(소듐의 IE)
$Cl(g) + e^- \longrightarrow Cl^-(g)$	−349 kJ	(염소의 EA)
$Na^+(g) + Cl^-(g) \longrightarrow NaCl(s)$	−786 kJ	(격자 에너지)
합	−640 kJ	

결과적으로 격자 에너지에 해당하는 에너지를 방출하기 때문에 고체 NaCl이 형성될 때 전체 퍼텐셜 에너지가 상당히 낮아진다. 따라서 격자 에너지가 NaCl 형성에 필요한 안정화를 제공한다고 할 수 있다. 격자 에너지가 아니면 소금은 존재할 수 없다.

격자 에너지의 결정

격자 에너지 계산에서 출발점인 기체 소듐 원자와 염소 원자에 대해 알아보자. 자연에서 소듐은 고체 금속이고, 염소는 염소 분자 Cl_2의 형태로 존재한다. 이 점을 고려하여 전체 과정에 대한 에너지 변화를 분석하는데 6장에서 논의했던 엔탈피 도표를 이용하는 것이 편리하다. 이러한 엔탈피 도표를 격자 에너지를 계산하기 위해 처음으로 제안한 과학자들의 이름을 따서 **Born-Haber 순환(Born-Haber cycle)**이라고 한다.

6장에서 어떤 과정의 엔탈피 변화는 출발점과 도착점 사이의 경로에 무관하게 일정하다는 것을 배웠다. 이러한 사실로부터, 자유 원소(고체 소듐과 기체 염소 분자)가 고체 이온 결합 화합물인 염화 소듐을 형성하는 두 개의 서로 다른 경로를 **그림 8.4**와 같이 나타낼 수 있다.

두 경로의 출발점은 자유 원소인 소듐과 염소로 동일하다. 그림 왼쪽 아래에서 시작하는 경로는 $Na(s)$와 $\frac{1}{2}Cl_2(g)$로부터 생성물 $NaCl(s)$이 직접 형성되는 경로로, 그 엔탈피 변화는 NaCl

[1] 몇몇 교재에서는 격자 에너지를 다음 식과 같이 **1 mol의 고체를 기체상의 구성 이온으로 분리시키는 데 필요한 에너지**로 정의하기도 한다.

$$NaCl(s) \longrightarrow Na^+(g) + Cl^-(g)$$

이 정의에 의한 에너지의 **크기**는 본 교재에서 설명한 크기와 같지만 부호가 음 대신 양이 된다(발열 대신 흡열).

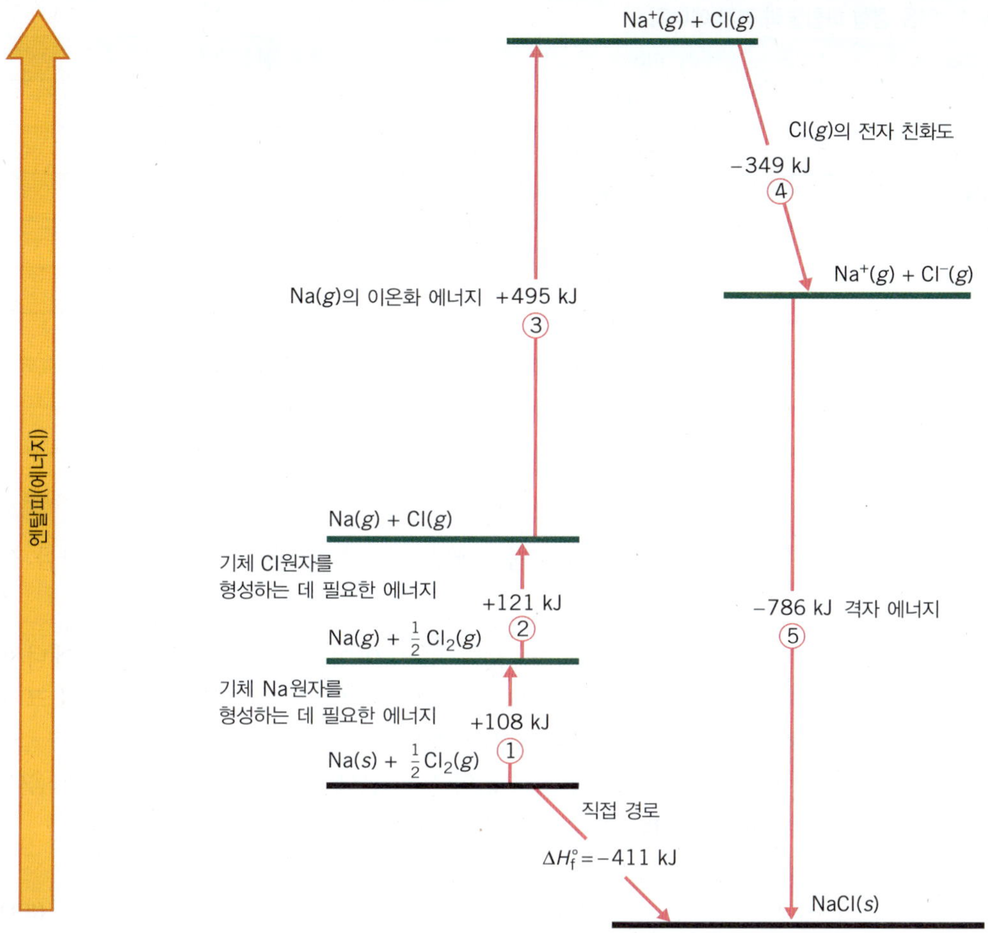

그림 8.4 염화 소듐 형성에 대한 **Born–Haber 순환** 첫 번째 경로는 원소 Na(s)와 $Cl_2(g)$가 직접 NaCl(s)이 되는 과정이다. 두 번째 경로(위쪽 방향)는 같은 원소에서 출발하여 격자 에너지를 포함하는 일련의 변화를 거쳐 같은 생성물 NaCl(s)을 형성하는 과정이다.

의 표준 생성열(ΔH_f°)과 같다.

$$\mathrm{Na}(s) + \tfrac{1}{2}\mathrm{Cl_2}(g) \longrightarrow \mathrm{NaCl}(s) \qquad \Delta H_f^\circ = -411\ \mathrm{kJ}$$

다른 경로는 몇 단계로 나누어지는데, ①과 ②로 표시된 첫 두 단계는 모두 실험적으로 측정된 ΔH° 값이 흡열 반응에 해당한다. 이 단계에서는 Na(s)와 $Cl_2(g)$를 기체상 원자인 Na(g)와 Cl(g)로 변화시킨다. 다음 두 단계(③, ④ 단계)에서는 이 원자가 이온으로 변하는데, 먼저 Na가 흡열인 이온화 에너지(IE)에 의해 이온화하고, 다음에 Cl이 발열인 전자 친화도(EA)에 의해 이온화된다. 이 과정을 통해 그림 8.4의 오른쪽에 표시된 것과 같이 기체 이온 $Na^+(g) + Cl^-(g)$이 형성된다. 이 시점에서 에너지 변화량을 모두 더해 보면, 이온들이 반응물보다 상당히 높은 에너지 상태에 있음을 알 수 있다. 이들만이 NaCl 형성에서 수반되는 에너지 조건이라면, 생성열은 흡열이 되어 생성물은 불안정하므로 원소들을 직접 반응시켜 만들 수 없을 것이다.

그림 8.4의 오른쪽 마지막 단계(⑤단계)에서 고체 NaCl이 형성되고 격자 에너지가 방출된다. 두 경로에서 알짜 에너지 변화가 일치하려면 이온이 고체가 될 때 방출하는 에너지는 −786 kJ이 되어야 한다. 따라서 NaCl의 격자 에너지는 $-786\ \mathrm{kJ\ mol^{-1}}$이어야 한다.

해설 이 과정을 설명할 수 있는 유효한 경로는 모두 4가지이다. 관련 내용은 8장 마지막의 종합 화학 예제를 참조하라.

이러한 계산에서 알 수 있듯이 NaCl이 원소로부터 형성될 때 격자 에너지는 매우 중요하다. 사실 모든 이온 결합 화합물에서 생성물의 안정성에 기여하는 가장 중요한 요인은 원소로부터 이온을 형성할 때 필요로 하는 에너지를 충분히 극복할 수 있을 만큼 큰 격자 에너지이다.

격자 에너지는 이온 결합 화합물의 형성에 영향을 줄 뿐만 아니라 물이나 다른 용매에 대한

표 8.1 이온 결합 화합물의 격자 에너지

화합물	이온	격자 에너지($kJ\ mol^{-1}$)
LiCl	Li^+와 Cl^-	−853
NaCl	Na^+와 Cl^-	−786
KCl	K^+와 Cl^-	−715
LiF	Li^+와 F^-	−1036
$CaCl_2$	Ca^{2+}와 Cl^-	−2258
$AlCl_3$	Al^{3+}와 Cl^-	−5492
CaO	Ca^{2+}와 O^{2-}	−3401
Al_2O_3	Al^{3+}와 O^{2-}	−15,916

이온 결합 화합물의 용해도를 결정하는 데도 중요한데, 이 부분에 대해서는 12장에서 다룰 것이다.

격자 에너지에 대한 이온의 크기와 이온 전하의 영향 몇 가지 이온 결합 화합물의 격자 에너지를 **표 8.1**에 나타냈으며, 그 모두가 매우 큰 발열 과정인 것을 알 수 있다. 격자 에너지의 크기는 이온의 크기나 전하량과 같은 요인들의 영향을 받는다.

거리 r만큼 떨어져 있고 전하량이 각각 q_1과 q_2인 두 이온에 대해 퍼텐셜 에너지는 다음과 같이 **Coulomb 법칙**(**Coulomb's law**)으로 계산할 수 있다(k는 비례 상수).[2]

$$E = k\frac{q_1 q_2}{r} \tag{8.1}$$

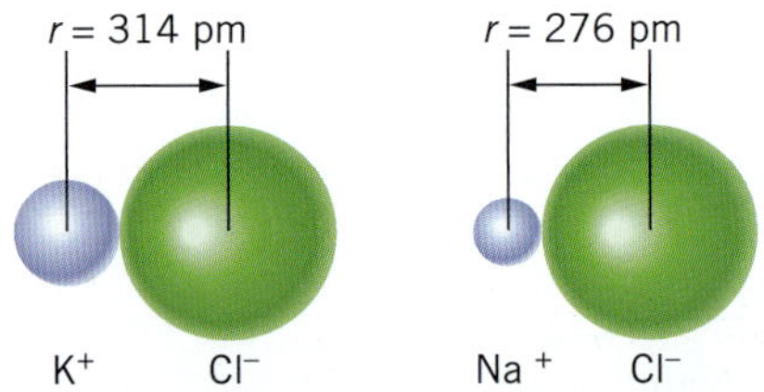

그림 8.5 격자 에너지에 대한 이온 크기의 영향 Na^+는 K^+보다 작기 때문에 이온 사이의 거리는 KCl보다 NaCl에서 더 작다. 그 결과로 NaCl의 격자 에너지가 KCl의 격자 에너지보다 더 크다.

이온성 고체의 경우, q_1과 q_2는 서로 반대의 부호를 가지므로 E는 음의 값이 되며, 그것이 격자 에너지가 음의 값을 갖는 이유이다.

이온의 전하량이 커질수록(즉 q_1, q_2의 크기가 커질수록) E는 더 큰 음의 값을 가지게 되는데, 이는 퍼텐셜 에너지가 더 낮아진다(더 큰 음수가 된다)는 것을 의미한다. Ca^{2+}를 포함하는 염이 Na^+를 포함하는 비슷한 염보다 더 큰 격자 에너지를 가지고, Al^{3+}를 포함하는 염은 더욱 큰 격자 에너지를 가지는 이유가 바로 이것이다.

이온 사이의 거리 r은 식 8.1의 분모에 있기 때문에 r이 작을수록 E는 더 커진다. 결과적으로 서로 가까이 위치할 수 있는 작은 이온들로 형성된 화합물은 큰 이온들로 구성된 화합물보다 더 큰 격자 에너지를 가진다. 예를 들어 Na^+ 이온은 K^+ 이온보다 작으며, 고체 NaCl과 KCl에서 측정된 양이온–음이온 거리를 비교하면 **그림 8.5**에서와 같다. Na와 Cl 사이의 거리가 더 짧기 때문에 NaCl이 KCl보다 더 큰 격자 에너지를 갖게 된다.

실전 문제 8.1

다음 이온 결합 화합물 중 격자 에너지가 더 큰 것을 고르시오. (**힌트**: 격자 에너지에 영향을 미치는 두 가지 요인은 무엇인가?)

(**a**) NaCl과 $CaCl_2$ (**b**) LiBr과 KBr (**c**) CaO와 BaS

[2] 6장과 달리 기호 q는 열이 아니라 전기 전하를 나타낸다. 영어의 알파벳 수가 한정되어 있기 때문에 같은 부호가 다른 개념을 나타내도록 사용하는 것이 드물지 않으며, 그 부호가 본문에서 확실하게 정의되면 문제가 되지 않는다.

실전 문제 8.2

LiF의 생성열을 결정하는데 필요한 Born–Haber 순환을 그리시오. 그림 8.4를 참조하여 Born–Haber 순환에 필요한 자료를 7장에 포함된 3가지 표에서 구하고, 다음 두 단계에 대한 정보를 함께 이용하시오.

$$\mathrm{Li}(s) \longrightarrow \mathrm{Li}(g) \qquad \Delta H_f^\circ = 155\ \mathrm{kJ/mol}$$
$$\tfrac{1}{2}\mathrm{F}_2(g) \longrightarrow \mathrm{F}(g) \qquad \Delta H_f^\circ = 78.5\ \mathrm{kJ/mol}$$

양이온과 음이온의 형성을 결정하는 요인 이온 결합 화합물이 형성되기 위해서는 격자 에너지의 방출에 의한 에너지 감소가 중성 원자로부터 이온이 형성되기 위한 에너지 증가보다 더 커야 한다. 이를 위해서 양이온은 이온화 에너지가 비교적 작은 원자로부터 형성되는 것이 유리한데, 일반적으로 금속 원자들의 이온화 에너지가 작다. 주기율표 오른쪽 위에 분포한 비금속들은 이온화 에너지가 크지만, 일반적으로 전자 친화도는 발열이다. 따라서 비금속 원자는 전자를 잃는 경향성이 거의 없고 비금속 원자로부터 음이온을 형성하는 것이 실제로 에너지를 낮추는 데 도움이 된다. 그 결과 양이온은 금속으로부터 형성되고 음이온은 비금속으로부터 형성되는데, 이 조합이 에너지를 가장 크게 낮출 수 있기 때문이다. 실제로 이온화 에너지가 작은 원자가 큰 발열 전자 친화도를 갖는 원자와 결합할 때 다른 어떤 조합보다도 이온 결합이 선호되기 때문에 금속은 비금속과 결합하여 이온 결합 화합물을 형성한다.

8.3 팔전자 규칙과 이온의 전자 배치

앞에서 왜 소듐은 Na^+를 형성하고 염소는 Cl^-를 형성하는지를 질문했었다. 그 답을 찾기 위해 원자와 이온의 전자 배치를 살펴보자.

비활성 기체 전자 배치의 안정성

먼저 소듐 원자가 전자를 한 개 잃으면 어떻게 되는지 생각해 보자. Na의 전자 배치는 다음과 같다.

$$\mathrm{Na} \qquad 1s^2 2s^2 2p^6 3s^1$$

떨어져 나간 전자는 가장 약하게 붙잡혀 있던 가장 바깥에 있는 3*s* 전자이다. 따라서 Na^+ 이온의 전자 배치는 다음과 같다.

$$\mathrm{Na}^+ \qquad 1s^2 2s^2 2p^6$$

이 구조는 비활성 기체인 네온의 전자 배치와 동일하며, 따라서 Na^+ 이온은 비활성 기체의 전자 배치를 가졌다고 할 수 있다.

Na로부터 첫 번째 전자를 제거하는 데 필요한 에너지는 비교적 작으며, Na^+ 이온을 포함하는 이온 결합 화합물을 형성할 때 격자 에너지의 방출로 쉽게 만회할 수 있다. 그러나 소듐으로부터 두 번째 전자를 제거하는 것은 매우 어려운데, 그것은 $2s^2 2p^6$라는 핵심부를 깨뜨려야 하기 때문이다. 따라서 Na^{2+} 이온의 형성은 매우 큰 흡열 반응이며, 필요한 에너지는 다음과 같이 1차 이온화 에너지와 2차 이온화 에너지를 합하여 계산할 수 있다(표 7.2).

$$\mathrm{Na}(g) \longrightarrow \mathrm{Na}^+(g) + e^- \qquad 1\text{차 IE} = 496\ \mathrm{kJ\ mol^{-1}}$$
$$\mathrm{Na}^+(g) \longrightarrow \mathrm{Na}^{2+}(g) + e^- \qquad 2\text{차 IE} = 4563\ \mathrm{kJ\ mol^{-1}}$$
$$\text{합} \quad 5059\ \mathrm{kJ\ mol^{-1}}$$

이 값은 두 번째 전자가 비활성 기체 핵심부로부터 떨어져 나와야 하기 때문에 매우 크다.

Na^{2+} 이온이 NaCl보다 더 큰 격자 에너지를 갖는 $NaCl_2$(예를 들면 $CaCl_2$의 격자 에너지를 보라)와 같은 화합물을 형성한다 해도, 그 격자 에너지가 화합물을 생성하는 반응을 발열 반응으로 만들기에는 너무 작다. 그 결과 $NaCl_2$는 형성될 수 없다. 똑같은 원리가 소듐의 다른 화합물에도 적용되어 소듐이 양이온을 형성할 때는 항상 Na^+ 이온이 형성되고, 비활성 기체의 전자 배치를 갖게 되면 전자의 감소는 멈추게 된다.

해설 칼슘의 이온화 에너지는 다음과 같다.
1차 IE = 590 kJ/mol
2차 IE = 1145 kJ/mol
3차 IE = 4912 kJ/mol

다른 금속에서도 비슷한 상황이 나타난다. 예를 들면 Ca^{2+} 이온이 형성될 때 제거되는 전자 2개는 4*s* 원자가 껍질(바깥 껍질)에 포함된 전자이다.

$$\begin{array}{ll} \text{Ca} & 1s^22s^22p^63s^23p^64s^2 \\ \text{Ca}^{2+} & 1s^22s^22p^63s^23p^6 \end{array}$$

Ca^{2+} 이온을 만드는 과정에서 필요한 에너지는 Ca^{2+}를 포함하는 이온 결합 화합물이 형성될 때 방출되는 격자 에너지에 의해 보충될 수 있다. 그러나 이 이상의 전자를 추가로 제거할 경우 비활성 기체의 핵심부를 깨야 하므로 많은 양의 에너지가 필요하고, 따라서 더 이상의 전자가 제거되는 것은 매우 어렵다. 그 결과로 칼슘이 화학 반응을 하기 위하여 양이온을 형성할 때는 두 개의 전자만을 잃는다.

소듐과 칼슘의 경우와 마찬가지로 1A족과 2A족의 다른 금속이나 3A족의 알루미늄의 경우도 바깥 껍질 바로 아래에 있는 비활성 기체 핵심부의 전자가 제거되는 경우 이온화 에너지가 매우 크기 때문에 원자가 잃을 수 있는 전자의 수가 제한적이며, 결과적으로 형성되는 이온은 비활성 기체의 전자 배치를 갖는다.

해설 이 규칙은 1A, 2A족 금속의 전자 배치에 잘 적용된다.

비금속 역시 음이온을 형성할 때 비활성 기체의 전자 배치를 가지려는 경향이 있다. 예를 들면 염소 원자가 전자를 한 개 얻어서 형성되는 염소 이온의 전자 배치는 다음과 같다.

$$\begin{array}{ll} \text{Cl} & 1s^22s^22p^63s^23p^5 \\ \text{Cl}^- & 1s^22s^22p^63s^23p^6 \end{array}$$

이 경우 염소 이온의 전자 배치는 비활성 기체(아르곤)의 전자 배치를 갖는다. 염소 이온에 추가로 더해지는 전자는 다음의 더 높은 전자 껍질에 포함된 오비탈에 들어가야 하는데, 이는 매우 큰 에너지가 필요한 과정으로 그 결과로 생성되는 Cl^{2-} 이온은 매우 불안정하다. 일반적으로 다른 비금속 원소에서도 비슷한 상황이 나타난다.

팔전자 규칙

앞에서 에너지 요인들 사이의 균형으로 인하여 많은 원자가 비활성 기체의 전자 배치를 하는 이온을 형성한다는 것을 배웠다. 이것을 다음과 같이 일반적인 표현으로 나타낼 수 있다.

도구
팔전자 규칙

> 원자가 이온을 형성할 때, 대부분의 주족 원소 원자는 가장 가까운 비활성 기체의 전자 배치와 동일한 배치를 얻을 때까지 전자를 잃거나 얻으려는 경향이 있다.

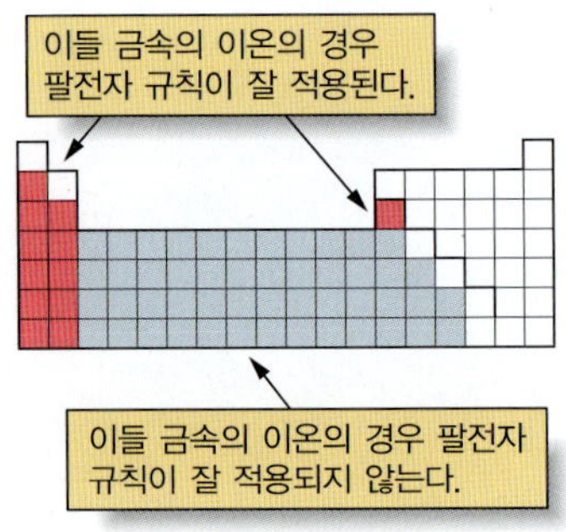

헬륨을 제외한 모든 비활성 기체는 최외각에 8개의 전자를 가지고 있으므로, 이 규칙은 **팔전자 규칙**(**octet rule**)이라고 부르게 되었으며, 이를 요약하면 다음과 같이 표현할 수 있다. **원자는 바깥 껍질에 8개의 전자를 포함할 때까지 전자를 잃거나 얻으려는 경향이 있다.**

팔전자 규칙의 예외 사례

이온 결합 화합물에 적용되는 팔전자 규칙은 대체로 1A족 및 2A족 금속과 알루미늄의 양이온 그리고 비금속의 음이온에서는 잘 적용되지만, 전이 금속과 후전이 금속(전이 금속 행의 다음에 나타나는 금속)의 경우에는 잘 성립하지 않는다.

이들 금속의 양이온에 대한 정확한 전자 배치를 얻기 위해서는 다음과 같은 규칙을 따라야 한다.

양이온의 전자 배치를 결정하는 규칙

1. 원자나 이온이 전자를 잃을 때 가장 먼저 잃는 전자는 항상 가장 큰 값의 n(즉 바깥 껍질)을 가지는 껍질의 전자이다.
2. 주어진 껍질에서 전자가 제거될 때는 에너지가 낮은 부껍질보다는 에너지가 높은 부껍질의 전자가 제거된다. 이것은 s 전자가 제거되기 전에 p 전자가 제거된다는 것을 의미한다.
3. d 오비탈에 있는 전자는 $n-1$ 껍질에 있기 때문에 ns 전자 다음에 제거된다.

도구
양이온의 전자 배치를 결정하는 규칙

해설 원자 기호는 원소 이름을 하나 또는 두 개의 알파벳으로 축약한 것이다.

이 규칙을 적용한 두 가지 사례를 살펴보자.

주석(후전이 금속)은 두 가지 이온 Sn^{2+}와 Sn^{4+}를 형성하는데, 각각의 전자 배치는 다음과 같다.

$$\begin{array}{ll} \mathrm{Sn} & [\mathrm{Kr}]\ 4d^{10}5s^25p^2 \\ \mathrm{Sn}^{2+} & [\mathrm{Kr}]\ 4d^{10}5s^2 \\ \mathrm{Sn}^{4+} & [\mathrm{Kr}]\ 4d^{10} \end{array}$$

에너지가 높은 $5p$ 전자들이 가정 먼저 제거되어 Sn^{2+} 이온이 생성되는 것에 주목하자. 다음에 두 개의 $5s$ 전자가 더 제거되면 Sn^{4+} 이온이 만들어진다. 그러나 이들 이온의 어느 것도 비활성 기체의 전자 배치는 아니다.

전이 원소의 경우 먼저 바깥 껍질의 s 전자가 제거된 다음, 추가적으로 그 아래에 있는 d 부껍질의 전자가 제거된다. 그 예로 Fe^{2+} 이온과 Fe^{3+} 이온을 형성하는 철의 전자 배치를 살펴보자.

$$\mathrm{Fe} \quad [\mathrm{Ar}]\ 3d^64s^2$$

철은 비교적 쉽게 $4s$ 전자 두 개를 잃고 전자 배치가 다음과 같은 Fe^{2+}를 생성한다.

$$\mathrm{Fe}^{2+} \quad [\mathrm{Ar}]\ 3d^6$$

$3d$ 부껍질로부터 전자 한 개가 더 제거되어 생성되는 Fe^{3+} 이온의 전자 배치는 다음과 같다.

$$\mathrm{Fe}^{3+} \quad [\mathrm{Ar}]\ 3d^5$$

철의 $3d$ 부껍질의 에너지와 $4s$ 부껍질의 에너지 차이가 작아서 $3d$에서 세 번째 전자를 잃는 것이 그렇게 어렵지 않기 때문에 Fe^{3+} 이온을 형성할 수가 있다. 이 경우에도 먼저 제거되는 전자는 n 값이 가장 큰 껍질($4s$ 부껍질)에 속한 전자이고, 그 껍질이 비워진 다음에야 그 아래에 있는 껍질에서 다음 전자가 제거된다는 것을 주목하라.

많은 전이 원소가 철과 같은 방법으로 여러 가지의 이온을 형성할 수 있으므로, 이를 전이 원소의 중요한 특성의 한 가지로 취급한다. 전이 금속에서 $2+$ 전하를 갖는 이온은 대개 두 개의 바깥 s 전자가 제거되어 형성된다. 이렇게 형성된 이온이 추가적으로 d 전자들을 잃으면 더 큰 양전하를 갖는 이온이 얻어진다. 불행하게도 주어진 전이 금속이 어떤 이온들을 형성하는지를 정확히 예측하기는 쉽지 않을 뿐만 아니라, 산화나 환원된 생성물의 상대적인 안정성도 예측하기가 어렵다.

예제 8.1 이온의 전자 배치 쓰기

2장에서 간단한 단원자 이온의 전하를 예측하는 방법에 대하여 논의하였다. 이제 팔전자 규칙과 전자 배치를 이용하여 2장에서 배운 내용이 잘 적용되는 이유를 알아보기로 하자. 다음의 각 경우에 대한 전자 배치의 변화를 쓰시오.

(a) 산소 원자로부터 O^{2-} 이온이 생성될 때

(b) 텔루륨 원자로부터 Te^{4+} 이온이 생성될 때

분석 비금속의 경우 팔전자 규칙이 잘 적용되기 때문에 산소로부터 형성된 이온은 비활성 기체의 전자 배치를 가지게 될 것이다.

텔루륨은 후전이 금속에 속하므로 텔루륨 양이온이 팔전자 규칙을 따른다고 확신할 수는 없다. 따라서 중성 원자의 전자 배치를 조사하고 어느 전자가 제거되는지를 결정해야 한다.

도구 모음 O^{2-}의 전자 배치를 결정하는 도구는 팔전자 규칙이다. Te^{4+}의 전자 배치를 결정하기 위해서는 원자에서 전자가 제거되는 순서를 나타내는 규칙과 전자 배치를 쓰는 과정이 도구가 될 것이다.

풀이 (a) 간략한 전자 배치를 쓰는 과정에 의하면 산소의 전자 배치는 다음과 같다.

$$\mathrm{O} \qquad [\mathrm{He}]\ 2s^2 2p^4$$

O^{2-}를 형성하려면 두 개의 전자를 얻어야 한다. 이들 전자는 $2p$ 부껍질에 채워진다. 왜냐하면 $2p$ 부껍질이 전자가 들어갈 수 있는 가장 낮은 에너지 준위이고, $2p$ 부껍질을 채워 팔전자 규칙을 만족시킬 수 있기 때문이다. 얻은 산소 이온의 전자 배치는 다음과 같다.

$$\mathrm{O^{2-}} \qquad [\mathrm{He}]\ 2s^2 2p^6$$

(b) 양이온이 형성될 때 전자는 원자의 바깥 껍질(주양자수 n이 가장 큰 값을 갖는 껍질)에서 먼저 제거되어야 한다는 규칙을 적용할 수 있다. 주어진 껍질 내에서 전자는 에너지가 가장 높은 부껍질에서부터 제거된다. 텔루륨의 바닥 상태 전자 배치로부터 시작하자.

$$\mathrm{Te} \qquad [\mathrm{Kr}]\ 4d^{10} 5s^2 5p^4$$

Te^{4+} 이온이 생성되려면 4개의 전자가 제거되어야 하며, 따라서 이 전자들은 $n = 5$인 바깥 껍질로부터 제거되어야 한다. n 값이 동일한 부껍질의 에너지는 $s < p < d < f$ 순서로 증가한다. 그러므로 $5s$ 부껍질보다 에너지가 더 높은 $5p$ 부껍질에 속한 4개의 전자가 먼저 제거된다. 결과적인 Te^{4+} 이온의 전자 배치는 다음과 같다.

$$\mathrm{Te^{4+}} \qquad [\mathrm{Kr}]\ 4d^{10} 5s^2$$

답이 합리적인가? 2장에서 비금속 음이온의 전하를 예측하기 위해 주기율표를 사용하는 법을 배운 바 있다. 산소의 경우 주기율표에서 오른쪽으로 두 칸을 움직여야 비활성 기체인 네온의 전자 배치를 가질 수 있다. O^{2-} 이온의 전자 배치는 네온과 같으므로 답이 될 수 있다.

일반적으로 s나 p 부껍질이 부분적으로 채워져 있는 이온은 안정하지 않다는 것에 주목하면 텔루륨에서 4개의 전자를 제거하여 $5p$ 부껍질을 비웠다는 것은 일단 긍정적이다(전이 금속의 경우 부분적으로 채워진 d 부껍질의 경우는 드물지 않다). Te^{4+} 이온의 경우 다른 부껍질에서 전자를 제거했다면, $5p$ 부껍질이 부분적으로 채워져 있어서 상대적으로 불안정해졌을 것이다.

예제 8.2 이온의 전자 배치 쓰기

Cr^{6+} 이온의 전자 배치와 오비탈 도표를 나타내시오.

분석 양이온의 전자 배치를 얻기 위해 항상 중성 원자의 전자 배치로부터 시작한다. 다음에 그 이온의 전자 배치를 얻기 위해서 6개의 전자를 제거한다.

도구 모음 다시 한번 원자의 전자 배치를 찾는 방법과 원자에서 전자가 제거되는 순서에 관한 규칙이 도구가 될 것이다. 또한 주어진 부껍질의 오비탈에서 전자가 채워지는 훈트 규칙도 사용할 것이다.

풀이 크로뮴의 전자 배치는 다음과 같다.

$$\mathrm{Cr} \qquad \underbrace{1s^22s^22p^63s^23p^6}_{\text{아르곤 핵심부}}3d^54s^1 \qquad \text{또는} \qquad [\mathrm{Ar}]3d^54s^1$$

이 전자 배치에서 가장 바깥 껍질인 4*s* 전자를 가장 오른쪽에 표기한 것을 주목하라. Cr^{6+} 양이온을 형성하려면 중성 원자로부터 6개의 전자를 제거해야 한다. 가장 높은 *n* 값을 갖는 껍질에 채워진 전자부터 제거된다는 것을 기억한다면, 먼저 4*s* 부껍질에서 한 개의 전자가 제거되어야 하고, 나머지 5개의 전자는 3*d* 부껍질에서 제거되어야 한다. 이것은 3*s*나 3*p* 부껍질에서는 전자를 제거하지 않는다는 것을 의미하기 때문에 아르곤 핵심부는 그대로 있다.

$$\mathrm{Cr}^{6+} \qquad [\mathrm{Ar}]\,3d^0$$

오비탈 도표로 나타내기 위해서 3*d* 부껍질의 5개 오비탈을 비워진 상태로 그린다. 따라서 Cr^{6+}의 전자 배치는 다음과 같다.

Cr^{6+} [Ar] ○○○○○
3*d*

답이 합리적인가? 우선 크로뮴의 전자 배치를 바르게 썼는지 확인한다(크로뮴의 원자 번호는 24번이므로 총 24개의 전자를 가지고 있다). 또한 앞서 공부한 규칙에 의해 전자를 제거했는지를 확인한다. Cr^{6+}의 전자 배치가 비활성 기체 Ar의 배치와 일치하는 것은 매우 고무적이다. 마지막으로 비워진 3*d* 오비탈 5개를 모두 표시했는지 확인한다.

실전 문제 8.3

철에는 잘 알려진 두 가지 이온이 존재한다. 예제 8.2에서 주어진 정보와 도구 및 양이온의 전자 배치를 결정하는 규칙을 참고하여 알려진 두 가지 이온 외에 가능한 또 다른 두 가지 이온을 제시하고 그 이유를 쓰시오.

실전 문제 8.4

다음 Sn^{2+} 이온의 전자 배치에서 무엇이 잘못되었는지 밝히고, 올바른 전자 배치를 쓰시오(**힌트**: 원자나 이온에서 전자가 제거되는 순서에 대한 규칙을 확인하시오).

$$\mathrm{Sn}^{2+} \qquad 1s^22s^22p^63s^23p^63d^{10}4s^24p^64d^{10}5s^15p^1$$

실전 문제 8.5

바나듐 원자가 다음과 같은 이온을 형성할 때의 전자 배치 변화를 쓰시오.

(a) V^{2+} **(b)** V^{3+} **(c)** V^{5+}

실전 문제 8.6

Cl^-, K^+, Ca^{2+} 이온의 전자 배치 사이의 관계를 설명하시오.

8.4 Lewis 기호와 이온 결합 화합물의 구조

Bettmann/Getty Images

California 주립 대학 화학과 교수였던 Gilbert N. Lewis는 화학 결합 이론의 발전에 많은 기여를 하였다. 그는 1916년에 원자들이 전자쌍을 공유함으로써 결합을 이룬다는 제안을 하였다.

도구
Lewis 기호

앞 절에서는 이온이 형성되면서 전자가 이동할 때 원자의 원자가 껍질이 어떻게 변하는지를 살펴보았다. 잠시 후에는 많은 원자가 공유 결합을 형성할 때 원자가 전자를 공유하는 방법을 배울 것이다. 이러한 결합에 대하여 논의할 때는 원자가 전자에 주목하는 것이 중요하다. 이를 위하여 간단한 전자 표기법을 이용하는데, 이 표기법을 창안한 미국의 화학자 G. N. Lewis(1875~1946)의 이름을 따서 Lewis 기호라고 한다.

한 원소의 **Lewis 기호(Lewis symbol)**는 그 원소 기호 주위에 원자가 전자의 개수에 해당하는 점(또는 비슷한 표시)을 표시해서 나타낸다. 각각의 점은 원자가 가지고 있는 원자가 전자를 나타낸다. 예를 들면 리튬은 원자가 전자가 한 개이므로 다음과 같이 나타낸다.

Li·

1A족의 모든 원소는 원자가 전자가 한 개이므로, 이들의 Lewis 기호는 모두 이런 형태이다.

Li· Na· K· Rb· Cs·

2주기에 포함된 8개 A족 원소의 Lewis 기호는 다음과 같다.[3]

족	1A	2A	3A	4A	5A	6A	7A	8A
기호	Li·	·Be·	·Ḃ·	·Ċ̣·	·Ṇ̇:	:Ọ̇:	:F̣̈:	:N̤̈e:

각 족의 아래에 있는 원소들은 원소 기호만 다를 뿐 Lewis 기호는 앞에서 표시된 것과 모두 같다. 원자가 5개 이상의 원자가 전자를 가지는 경우에는 여분의 전자들이 서로 짝을 짓도록 그려 준다. 또한 **미국식 주기율표에서는 주족 원소의 족 번호가 원자가 전자의 수와 같다**는 것을 주목하라.

예제 8.3 Lewis 기호 그리기

비소는 19세기에 해충을 방제하는 용도로 가정에서 많이 사용한 화학 물질이었다. 비소가 규제 대상 물질로 지정되고, 해충을 방제하는 전문 업체도 많아지면서 요즘은 비소 화합물을 사용하는 경우가 매우 드물어 졌다. 비소(As)의 Lewis 기호를 그리시오. 비소는 양이온을 형성하는가 아니면 음이온을 형성하는가?

분석 비소가 속한 족의 번호로부터 원자가 전자수에 해당하는 점을 원소 기호에 표시한다. 어떤 이온을 형성하는지는 주기율표에서 비소 위에 위치하는 원소가 형성하는 이온을 이용하여 판단할 수 있다.

도구 모음 앞에서 설명한 Lewis 기호 그리는 방법을 도구로 이용한다. 두 번째 질문에 답하기 위하여 5A족의 N이나 P가 생성하는 이온을 살펴볼 수 있다.

풀이 비소는 5A족 원소이므로 원자가 전자의 수는 5개이다. 먼저 네 개의 전자를 원소 기호 주위에 다음과 같이 점으로 나타낸다.

·Ạ̇s·

다섯 번째 전자는 처음 네 개 중 하나와 쌍을 이루게 나타낸다.

[3]베릴륨, 붕소, 탄소의 경우 Lewis 기호 안에 홀전자의 수가 각 원자의 예측된 전자 배치와 일치하지 않는다. 예를 들어 붕소는 2*s* 오비탈에 두 개의 전자가 짝을 이루고 있고, 나머지 세 번째 전자는 2*p* 오비탈에 있다. 그러므로 실제로는 붕소 원자에는 홀전자가 한 개뿐이다. 그러나 베릴륨, 붕소, 탄소가 결합을 형성할 때는 그들이 각각 두 개, 세 개, 네 개의 홀전자를 가진 것처럼 행동하므로, Lewis 기호를 그림과 같이 나타낸 것이다.

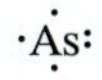

다섯 번째 전자 한 개의 위치는 사실 중요하지 않으므로 Lewis 기호는 다음 중 어느 한 가지로 그려 주면 된다.

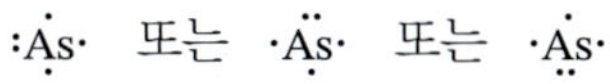

질소와 인이 3개의 전자를 얻어 이온을 형성하는 것을 알고 있으므로 비소도 3개의 전자를 얻어 As^{3-} 이온을 형성할 것으로 예측할 수 있다.

답이 합리적인가? 여기서는 확인할 것이 많지는 않다. 원소 기호는 올바른가? 그리고 점의 개수는 원자가 전자의 수와 일치하는가? 비소의 Lewis 기호를 질소나 인의 Lewis 기호와 비교해 보는 것도 좋은 방법이다.

실전 문제 8.7

비스무트와 폴로늄에 대한 Lewis 구조를 그리시오. (**힌트**: 비스무트와 폴로늄은 몇 족인가?)

Lewis 기호를 이용하여 이온 결합 화합물 나타내기

Lewis 기호는 주로 공유 결합에서 원자가 전자의 거동을 나타내기 위해서 사용하지만, 이온의 형성을 기술하는 데 이용되기도 한다. 예를 들어 소듐 원자가 염소 원자와 반응할 때 소듐은 염소에게 한 개의 전자를 잃는데, 이를 다음과 같이 나타낼 수 있다.

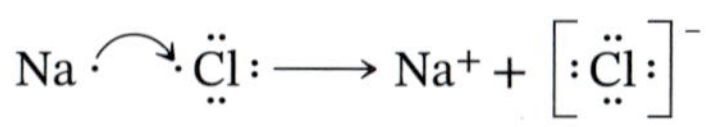

소듐 원자의 원자가 껍질은 비게 되므로 점이 없다. 7개의 전자를 가지는 염소 원자의 바깥 껍질은 전자 한 개를 얻어 8개의 전자를 가지게 된다. 괄호는 8개의 전자가 전적으로 Cl^- 이온에 속해 있음을 보이기 위한 것이다.

칼슘과 염소 원자에 대해서도 다음과 같이 비슷한 그림을 그릴 수가 있다.

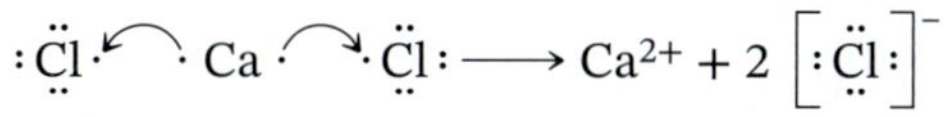

예제 8.4 Lewis 기호 사용하기

소듐과 산소 원자가 Na^+와 O^{2-} 이온을 형성하는 과정을 Lewis 기호를 이용하여 나타내시오.

분석 전기적으로 중성이 되기 위해 화학식은 Na_2O가 되고, 따라서 두 개의 소듐 원자와 한 개의 산소 원자가 필요하다는 것을 예상할 수 있다. 각 소듐은 한 개의 전자를 잃어 Na^+가 되고, 산소는 두 개의 전자를 얻어 O^{2-}가 된다.

도구 모음 주된 도구는 원소와 이온의 Lewis 기호를 그리는 방법과 팔전자 규칙이다.

풀이 먼저 Na와 O의 Lewis 기호를 그린다.

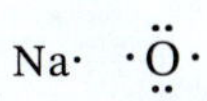

산소가 팔전자 규칙을 만족하기 위해서는 전자 두 개를 얻어야 한다. 각 Na가 전자 한 개씩을 제공하므로 두 개의 Na가 필요하다. 따라서 양이온과 음이온이 생성되는 과정은 다음과 같이 나타낼 수 있다.

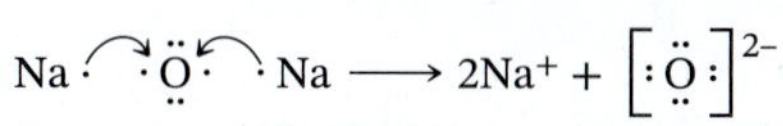

O^{2-}의 전하는 모두 산소 이온에 분포한다는 것을 나타내기 위하여 산소 이온 주위에 괄호를 친 것에 유의하라.

답이 합리적인가? 모든 원자가 전자의 수를 확인하고, 화살표 좌우의 전하를 계산해서 양쪽의 전체 전하가 같은지 조사(균형이 맞는지 확인)한다. 또한 산소 이온 주위에 괄호를 하여 산소가 팔전자를 만족한다는 것을 강조하였다.

실전 문제 8.8

아이오딘화 칼슘은 뼈의 아이오딘 수치가 낮은 환자를 치유하는 데 이용된다. Ca와 I 원자로부터 CaI_2가 형성되는 과정을 Lewis 기호를 이용하여 나타내시오(**힌트**: 각 원자가 얻거나 잃은 전자수로부터 시작하시오).

실전 문제 8.9

플루오린과 황 원자가 F^-와 S^{6+} 이온을 만드는 반응을 그림으로 나타내시오.

8.5 공유 결합

우리 주변에서 접할 수 있는 대부분의 물질은 이온 결합 화합물이 아닌 전기적으로 중성인 **분자**(molecule)로 구성되어 있다. 이런 분자 내의 원자 결합은 전자의 이동 때문이라기보다는 전자의 공유 때문이다.

결합 형성에서 에너지 변화

8.2절에서 이온 결합이 형성되려면 격자 에너지에 의한 에너지 감소 효과가 이온화 에너지(IE)와 전자 친화도(EA)의 합으로 주어지는 에너지 증가 효과보다 더 커야 함을 배웠다. 그러나 특히 비금속의 경우에서와 같이 화합물을 구성하는 원자들의 이온화 에너지가 클 때는 이러한 에너지 관계가 성립하지 않는 경우가 많다. 이런 경우에는 에너지를 감소시키는 다른 방법으로 결합을 이루는데, 이 방법은 전자를 공유하는 방법이다.

수소 원자 두 개가 결합하여 수소 분자(H_2)를 이루는 경우를 살펴보자(**그림 8.6**). 두 수소 원자가 서로 접근하면, 각 원자에 포함된 전자는 두 핵에 의한 인력의 영향을 받게 된다. 이 때문에 각 핵 주위의 전자 밀도는 두 원자 사이의 영역으로 치우치게 된다. 따라서 핵간 거리가 가까워질수록 두 핵의 사이에서 전자를 발견할 확률이 증가한다. 결과적으로 볼 때 분자가 형성되면 H_2 분자에서 각각의 수소 원자는 전자 두 개를 공유하는 것이다.

H_2 분자에서 전자 밀도가 두 수소 원자 사이의 영역으로 치우치게 되면, 전자와 두 핵은 인력에 의하여 서로 끌어당기는 반면, 같은 전하를 가지는 핵이나 전자끼리는 반발력에 의해 서

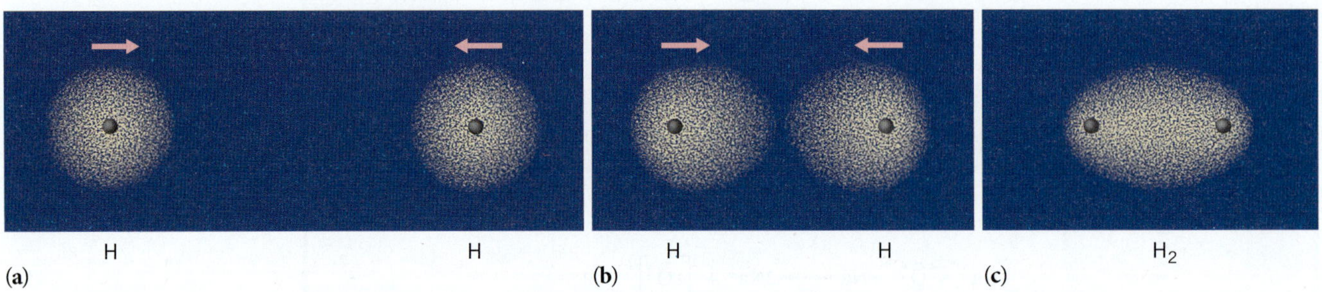

그림 8.6 두 수소 원자 사이의 공유 결합 형성 (a) 두 수소 원자가 멀리 떨어져 있을 때, (b) 원자가 서로 접근함에 따라 전자 밀도는 두 핵 사이의 영역으로 치우친다. (c) H_2 분자에서 전자 밀도는 핵 사이에 밀집된다. 결합 내의 두 개의 전자는 두 핵에 의하여 공유되어 있다.

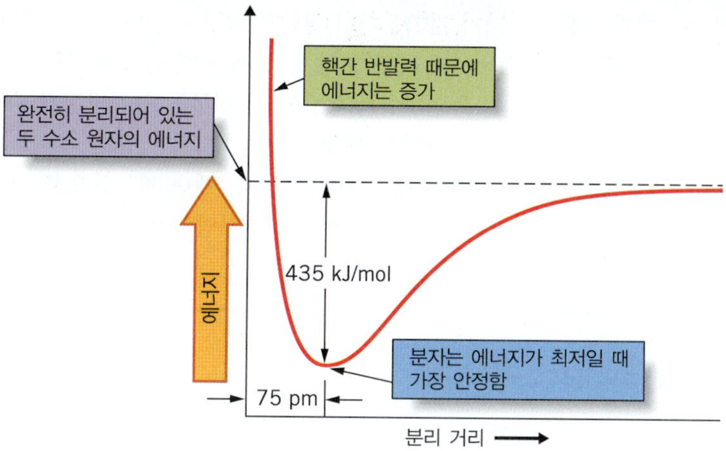

그림 8.7 H_2 분자를 형성하기 위하여 서로 접근함에 따른 수소 원자들의 퍼텐셜 에너지 변화 인력과 반발력이 균형을 이루는 지점에서 분자의 에너지가 최저가 된다.

로 밀어낸다. 그러므로 분자를 형성할 때 반발력과 인력이 균형 잡힌 거리에서 원자들이 머문다. 전자를 공유함으로써 두 핵이 서로 멀리 떨어져 있지 않도록 작용하는 알짜 인력을 **공유 결합(covalent bond)**이라고 한다.

결합 에너지와 결합 길이 모든 공유 결합은 핵간 평균 거리와 두 원자를 다시 분리시킬 때 필요한 에너지라는 두 가지 물리량에 의하여 특징지어진다. 수소 분자의 경우 두 핵 간 평균 거리는 75 pm이다. 이 평균 거리를 **결합 길이(bond length)** 또는 **결합 거리(bond distance)**라고 한다. 공유 결합이 원자들을 서로 끌어당기고 있기 때문에, 이들을 서로 분리하기 위해서는 일을 해주어야 한다. 이는 에너지를 공급해 주어야 한다는 의미이다. 결합을 끊는 데 필요한 에너지의 양(또는 결합이 형성될 때 방출된 에너지의 양)을 **결합 에너지(bond energy)**라고 한다.

그림 8.7에 두 수소 원자가 H_2 분자를 형성할 때의 퍼텐셜 에너지 변화를 나타내었다. 결합 길이가 75 pm일 때 퍼텐셜 에너지가 최소가 되고, 이때 형성된 수소 분자 1 mol은 수소 원자 2 mol보다 435 kJ만큼 안정하다. 즉 H_2의 결합 에너지는 435 kJ/mol이다.

해설 핵 사이에 놓여 있는 전자 구름과 핵 사이의 거리가 가까워지면 퍼텐셜 에너지가 줄어들다가, 핵 사이의 반발력으로 인하여 퍼텐셜 에너지가 다시 증가한다.

일반적으로 공유 결합을 형성하면 에너지가 낮아지게 되며 공유 결합이 끊어지면 에너지가 증가하게 된다. 6장에서 언급한 대로 화학 반응에서 관찰되는 전체 에너지의 변화는 결합의 형성 및 깨짐과 관련된 에너지들의 결과이다.

화학과 시사 8.1

햇빛과 피부암

빛이 화학 반응에 필요한 에너지를 공급할 수 있기 때문에 지구상에 생명이 존재할 수 있다. 녹색 행성 지구는 햇빛을 흡수하고 엽록소의 도움으로 이산화 탄소와 물을 이용하여 가장 기본적인 영양소인 탄수화물(당류와 셀룰로스)을 합성하지만, 햇빛의 영향이 항상 좋은 것만은 아니다.

잘 알다시피 빛은 진동수에 비례하는 에너지를 포함하고 있는데, 물질이 충분한 에너지를 가진 광자를 흡수하면 화학 결합이 끊어져서 화학 반응이 시작된다. 이런 능력이 있는 빛은 전자기 스펙트럼상의 자외선(UV) 영역에 해당하는데, 지구상에 내리쬐는 햇빛 중 상당한 양이 자외선이다. 다행히 고도 45~55 km 부근의 성층권에 있는 오존(O_3)층이

Mick Roessler/Getty Images

특히 예민한 사람들의 경우 새 아침이 밝아올 때의 여명에 의해서도 피부암에 걸릴 위험이 있다. 다행히도 옷이나 자외선 차단제 등을 사용하여 햇빛의 위험성을 차단할 수 있다.

대부분의 자외선을 흡수하여 지구상의 생명을 보호한다. 그러나 일부 자외선이 오존층을 통과해 들어오는데, 이 중 가장 관심이 큰 영역은 파장이 280~320 nm 정도인 'UV-B'이다.

UV-B가 위험한 것은 우리 세포 내의 DNA에 영향을 미치기 때문이다(DNA의 구조와 복제에 대해서는 22장에서 다룬다). UV를 흡수하면 DNA의 구성 성분인 피리미딘 염기가 자기들끼리 결합을 형성하는 반응이 일어난다. 이러면 DNA가 세포 분화 중 복제할 때 전사 오류를 일으켜 유전적인 돌연변이를 일으키고, 피부암까지 진행될 수 있다. 이러한 피부암은 편평 세포암, 기저 세포암, 악성 흑색종(가장 위험)의 세 가지로 나뉜다. 매년 피부암으로 진단받는 건수가 100만 건 이상이다. 피부암의 90% 이상이 UV-B 복사선의 흡수에 의한 것으로 추산된다.

공유 결합에서 전자 짝지음

해설 7장에서 두 전자가 같은 오비탈을 점유하여 같은 공간을 공유할 때, 두 전자의 스핀은 반드시 쌍을 이루어야 한다는 것을 배웠다. 전자가 쌍을 이루는 것은 공유 결합에서 매우 중요하다.

H_2로 결합하기 전 각각의 수소 원자는 $1s$ 오비탈에 전자 한 개를 가지고 있다. 이들 전자가 공유되면 각 원자의 $1s$ 오비탈은 채워진다. 전자들이 같은 공간에서 공유되므로 파울리 배타 원리에 따라 두 전자는 쌍을 이루게 된다. 즉 한 전자의 m_s 값은 $+\frac{1}{2}$이고, 다른 전자의 m_s 값은 $-\frac{1}{2}$이다. 일반적으로 원자가 공유 결합을 형성할 때, 결합에 관여하는 전자들 대부분은 쌍을 이루게 된다. 따라서 공유 결합을 **전자쌍 결합(electron pair bond)**이라고도 한다.

공유 결합에서 전자의 거동을 알아보는 데 보통 Lewis 기호가 이용된다. 두 원자 사이에서 공유되는 전자들은 결합하는 원자의 원소 기호 사이에 한 쌍의 점으로 나타내는데, 수소 원자로부터 H_2 분자가 형성되는 경우에 다음과 같이 나타낸다.

$$\mathrm{H\cdot + H\cdot \longrightarrow H{:}H}$$

전자들은 공유되어 있으므로 각 H 원자는 두 개의 전자를 가진다고 생각할 수 있다.

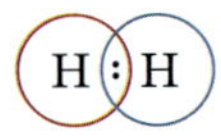

(원은 각각의 H 원자가 두 개의 전자를 소유하는 것처럼 행동하는 것을 강조하기 위해 사용되었다.)

공유 결합을 이루는 전자쌍을 다음과 같이 간단히 단일 선으로 나타내기도 한다.

$$\mathrm{H—H}$$

이와 같이 Lewis 기호로 나타낸 화학식을 **Lewis 식(Lewis formula)** 또는 **Lewis 구조(Lewis structure)**라고 한다. 이들은 분자 내에 어떤 원자가 존재하는지, 그리고 어떻게 서로 결합하는지를 나타내므로 **구조식(structural formula)**이라고도 한다.

팔전자 규칙과 공유 결합

비금속 원자가 음이온을 만들 때, 원자가 껍질의 s와 p 부껍질이 모두 채워지도록 전자를 얻게 된다는 것을 배웠다. 원자가 껍질이 8개의 전자로 모두 채워지려는 경향은 원자가 공유하는 전자의 수에 영향을 미치고, 그 결과로 원자가 형성하는 공유 결합의 수를 결정한다.

$1s$ 오비탈에 전자 한 개만을 가지고 있는 수소는 다른 원자와 전자 한 개를 공유함으로써 원자가 껍질을 모두 채우게 된다. 따라서 수소 원자는 한 개의 공유 결합만을 형성한다. 이때 결합을 형성하는 다른 원자가 수소 원자라면 H_2 분자가 형성된다.

많은 원자들은 바깥 껍질에 있는 s와 p 부껍질을 모두 채우도록 전자를 공유하는 형태로 공유 결합을 형성한다. 이것은 앞에 언급한 비활성 기체의 전자 배치이며, 8.3절에서 배운 팔전자 규칙의 기본 원리이다. 공유 결합에 적용되는 팔전자 규칙을 다음과 같이 기술할 수 있다.

도구
팔전자 규칙과 공유 결합

> 원자들이 공유 결합을 형성할 때, 원자들은 바깥 껍질에 8개의 전자가 채워지도록 전자를 공유하는 경향이 있다.

팔전자 규칙을 이용하면 한 원자가 형성하는 공유 결합의 수를 알 수 있다. 이 수는 바깥 껍질에 모두 8개(팔전자)의 전자를 채우기 위해 필요한 전자의 수와 같다. 예를 들면 할로젠 원소(7A족 원소)는 7개의 원자가 전자를 가지므로 염소의 Lewis 기호는 다음과 같다.

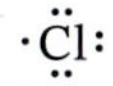

따라서 팔전자 규칙을 만족하기 위해서는 전자 한 개가 필요하다. 염화 소듐(NaCl)과 같은 이온 결합 화합물을 만들 때 염소는 전자 한 개를 얻은 염화 이온이 될 수 있다. 그러나 염소가 다른 비금속과 결합할 때는 전자의 이동이 에너지적으로 유리하지 못하다. 따라서 HCl이나 Cl_2와 같은 화합물이 만들어질 때는 공유 결합을 형성함으로써 필요한 전자를 얻게 된다.

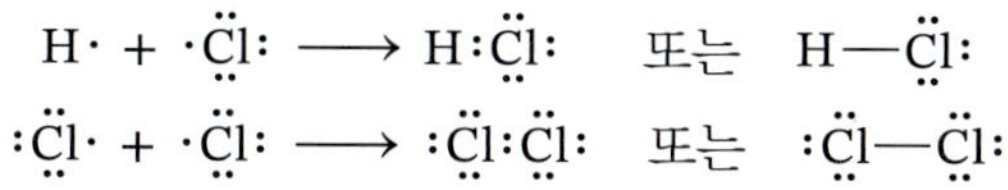

많은 비금속이 두 개 이상의 공유 결합을 이룬다. 예를 들면 생화학 물질에서 가장 중요한 3가지 원소인 탄소, 질소, 산소의 Lewis 구조는 다음과 같다.

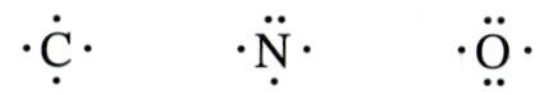

이 3가지 원소의 가장 간단한 수소 화합물은 각각 메테인(CH_4), 암모니아(NH_3), 물(H_2O)이다. 이들의 Lewis 구조는 다음과 같다.

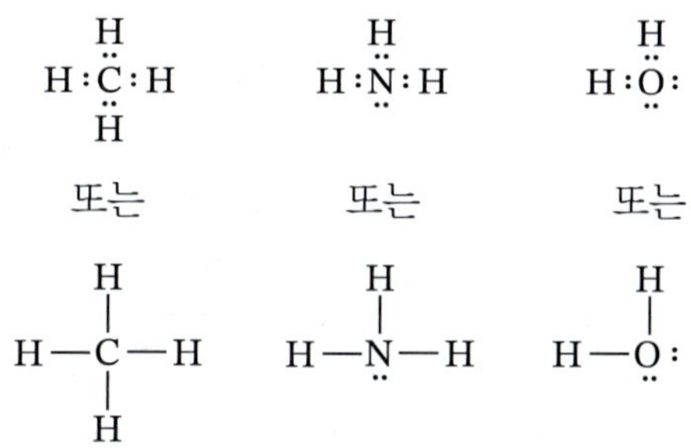

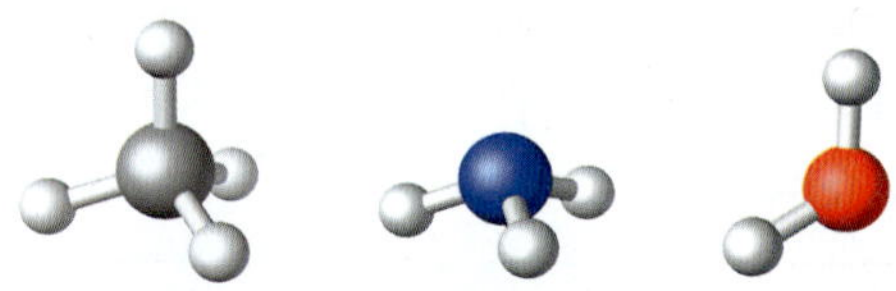

메테인 암모니아 물

분자를 공–막대 모형으로 나타내었을 때, '막대'는 원자 간의 공유 결합을 나타낸다.

다중 결합

지금까지는 두 원자 사이에 한 개의 전자쌍을 공유하여 만들어지는 **단일 결합(single bond)**만을 살펴보았다. 그러나 두 원자 사이에 두 개 이상의 전자쌍을 공유하는 분자들도 많이 존재한다. 예를 들면 CO_2에 형성된 결합은 다음과 같다.

해설 산소 원자 주위에 있는 비공유 전자쌍의 위치가 어디에 있는지는 중요하지 않다. CO_2의 Lewis 구조는 다음 두 구조가 모두 타당하다.

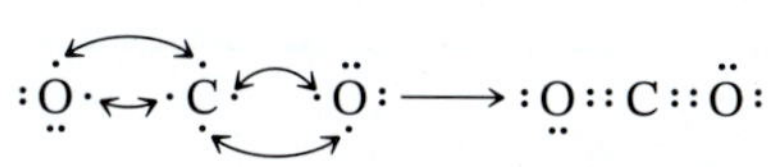

중심 탄소 원자는 각각의 산소 원자와 자신의 전자 두 개를 공유하고 있으며, 각 산소 원자는 탄소와 전자 두 개를 공유하고 있다. 이 결과 두 개의 **이중 결합(double bond)**이 만들어진다. 분자에 대한 Lewis 식에서 이중 결합의 두 개 공유 전자쌍이 두 원자 사이에 표시된 것을 주목해야 한다. 아래에서와 같이 각각의 원자에 '속하는' 원자가 껍질 전자에 대하여 원을 그리면 각각 팔전자 규칙을 만족한다는 것을 확인할 수 있다.

CO_2의 Lewis 구조를 선을 사용하여 나타내면 다음과 같다.

$$:\ddot{O}{=}C{=}\ddot{O}:$$

해설 산소 원자 주위에 있는 비공유 전자쌍의 위치가 어디에 있는지는 중요하지 않다. CO_2의 Lewis 구조는 다음 두 구조가 모두 타당하다.

$:\ddot{O}{=}C{=}\ddot{O}:$ 과 $\ddot{O}{=}C{=}\ddot{O}$

가끔은 두 원자 사이에 세 개의 전자쌍이 공유되기도 한다. 대기에서 가장 풍부한 질소는 이원자 분자의 형태로 존재하며, Lewis 기호는 다음과 같다.

$$\cdot\dot{N}:$$

질소 원자가 팔전자 규칙을 만족하기 위해서는 전자 세 개가 더 필요하다. 따라서 N_2 분자가 형성될 때 각 질소 원자는 다른 질소 원자와 전자 세 개를 공유해야 팔전자 규칙을 만족할 수 있다.

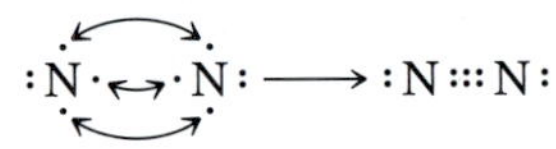

이것을 **삼중 결합(triple bond)**이라고 한다. 공유된 전자쌍 세 개를 모두 두 원자 사이에 표시한 것을 주목하기 바란다. 이 전자들은 두 원자 모두에 속한 것으로 간주되므로, 각 질소 원자는 팔전자 규칙을 만족한다.

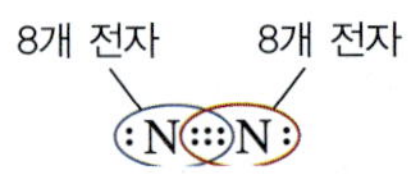

삼중 결합은 간단히 삼중선으로 나타낸다. 따라서 N_2 분자는 보통 다음과 같이 표현한다.

$$:N{\equiv}N:$$

실전 문제 8.10

다음 원자들이 팔전자를 만족하기 위해서 몇 개의 결합을 해야 하는가? (**힌트**: 각각의 원자가 가지고 있는 원자가 전자는 몇 개인가?)

(a) 탄소(C) **(b)** 질소(N) **(c)** 규소(Si)

실전 문제 8.11

다음의 화합물에서 팔전자를 갖추지 않은 원자가 있다면, 이들은 몇 개의 전자를 얻거나 잃어야 하는가?

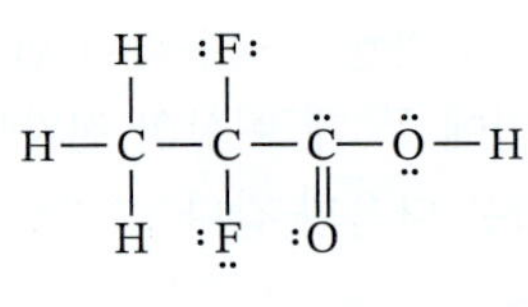

8.6 결합 극성과 전기 음성도

H_2나 Cl_2와 같이 두 개의 동일한 원자가 공유 결합을 형성할 때 각 원자는 같은 수의 전자쌍을 공유한다. 두 핵에 의한 전자의 인력은 동등하므로 결합 사이의 전자 밀도는 서로 같다. 그

러나 HCl과 같이 서로 다른 원자들이 결합하는 경우에는 일반적으로 전자에 대한 두 핵의 인력이 서로 다르다.

극성 결합과 비극성 결합

결합 전자들이 서로 다르면 결합 내의 전자 밀도는 균형을 잃게 된다. 예를 들면 HCl에서 염소 원자는 수소 원자보다 전자를 더 강하게 끌어당긴다. 그러므로 HCl 분자에서 전자 구름은 Cl 주위로 더 강하게 당겨지고, Cl 쪽에 약간의 음전하가 쌓이게 된다. 염소 쪽으로 이동하는 전자 밀도는 수소로부터 온 것이며, 수소는 약간의 양전하를 얻는다. 이 전하는 1+나 1−보다 작은데, 이를 **부분 전하(partial charge)**라고 하고 그리스 문자 델타(δ)로 나타낸다(**그림 8.8** 참조). 부분 전하는 다음과 같이 Lewis 구조에도 표시할 수 있다.

$$\underset{\delta^+}{\mathrm{H}}-\underset{\delta^-}{\ddot{\underset{\cdot\cdot}{\mathrm{Cl}}}}\colon$$

양단에 서로 다른 부분 양전하와 부분 음전하를 띤 결합을 **극성 공유 결합(polar covalent bond)** 또는 **극성 결합(polar bond)**이라고 한다. **극성**이라는 말은 결합 양단에 반대 전하의 극이 형성되는 것에서 유래했다. 두 개의 전기 전하에 의한 극이 포함되어 있기 때문에, 이러한 결합을 **전기 쌍극자(electric dipole)**라고 한다.

HCl의 극성 결합은 양단에 반대 전하를 띠고 있으므로 HCl 분자는 전체적으로 전기 쌍극자(electric dipole)이고, 이러한 분자를 **극성 분자(polar molecule)**라고 한다. 극성의 크기는 쌍극자 양단에 띠고 있는 전하량(q)과 전하 간 거리(r)의 곱으로 정의되는 **쌍극자 모멘트(dipole moment, μ)**로 표현된다.[4]

$$\boxed{\mu = q \times r} \qquad (8.2)$$

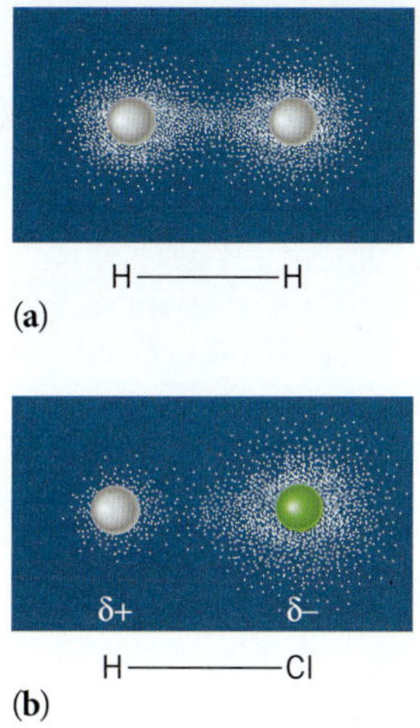

그림 8.8 공유 결합에서의 전자의 균등 및 불균등 공유 각 그림은 결합에서 공유된 전자쌍의 전자 밀도 분포를 나타낸 것이다. (a) H_2에서는 결합 내의 전자 밀도가 두 원자 사이에 균등하게 퍼져 있다. (b) HCl의 경우 결합의 전자 밀도에서 절반 이상은 염소 주변에 집중되어 있고, 따라서 결합 양단에 부분 전하를 지니게 된다.

도구
쌍극자 모멘트

표 8.2에 몇 가지 이원자 분자의 쌍극자 모멘트와 결합 길이를 나타내었다. 쌍극자 모멘트는 **데바이(debye)** 단위(D)로 나타낼 수 있는데, $1\,\mathrm{D} = 3.34 \times 10^{-30}\,\mathrm{C\,m}$(쿨롬×미터)이다.

서로 다른 실험을 통하여 μ와 r(HCl과 같은 이원자 분자에서의 결합 길이)을 구하면 쌍극자의 전하량을 계산할 수 있다. 이 계산에 의하면 HCl의 전하량은 전자 전하 단위로 0.17이다. 이는 Cl은 $-0.17e^-$전하를, H는 $+0.17e^-$의 전하를 갖는다는 의미이다.

분자의 극성 여부는 녹는점, 끓는점 등과 같은 물질의 물리적 성질에 영향을 미치는데, 이것은 극성 분자 간의 인력이 비극성 분자 사이의 인력보다 크기 때문이다. 극성 분자에서 양전하로 하전된 영역은 음전하로 하전된 영역을 끌어당긴다. 이때 인력의 크기는 분자의 양단에 하전된 전하량과 전하 사이의 거리에 영향을 받는다. 다시 정리하면 분자 사이의 인력은 분자의 쌍극자 모멘트의 영향을 받는다고 할 수 있다.

표 8.2 이원자 분자의 결합 길이와 쌍극자 모멘트

화합물	쌍극자 모멘트(D)	결합 길이(pm)
HF	1.83	91.7
HCl	1.11	127
HBr	0.83	141
HI	0.45	161
CO	0.11	113
NO	0.16	115

Source: National Institutes of Standards and Technology. P. J. Linstrom and W. G. Mallard, Eds., *NIST Chemistry WebBook*, NIST Standard Reference Database Number 69, National Institute of Standards and Technology, Gaithersburg, MD 20899, http://webbook.nist.gov (retrieved September 15, 2013).

예제 8.5 극성 분자에서 전하 계산하기

HF 분자는 테플론이나 약품 혹은 염화플루오린화탄소(CFC)라 불리는 냉매를 합성하는 데 사용된다. HF는 또한 유리를 식각하거나 심한 화상을 유발할 수 있는 위험 물질이기도 하

[4] 다시 말하지만, 기호 q는 6장에서처럼 열을 의미하는 것이 아니라 전하량을 의미한다.

다. HF 분자의 쌍극자 모멘트는 1.83 D이고, 결합 길이가 91.7 pm이다. 결합 양단의 전하량은 전자 전하 단위로 얼마인가?

분석 이 문제는 식 8.2에 값을 대입하면 된다. 이 문제에 정확히 답하려면 특별히 단위에 주의해야 한다. 데바이에 포함된 전하는 쿨롱이나, 여기서는 전자 전하 단위(e^-)로 답해야 한다.

도구 모음 이 문제를 풀기 위한 첫 번째 도구는 다음의 식 8.2이다.

$$\mu = q \times r$$

계산에서 쿨롱(C)을 전자 전하 단위로 변환해야 하기 때문에 본 교재의 뒤 표지 안쪽의 표로부터 전자 1개의 전하(즉, 전자 전하 단위 e^-)는 1.602×10^{-19} C이라는 것을 찾을 수 있고, 이를 다음과 같이 표현한다.

$$1e^- \Leftrightarrow 1.602 \times 10^{-19}\,\text{C}$$

풀이 식 8.2를 q에 대하여 정리하면 다음의 관계식을 얻는다.

$$q = \frac{\mu}{r}$$

데바이 단위 D = 3.34×10^{-30} C m이므로, HF의 쌍극자 모멘트를 구하면 다음과 같다.

$$\mu = (1.83\,\text{D})(3.34 \times 10^{-30}\,\text{C m/D}) = 6.11 \times 10^{-30}\,\text{C m}$$

SI 단위계에서 접두사 p(pico)는 10^{-12}이므로 결합 길이 $r = 91.7 \times 10^{-12}$ m이고, 이것을 위 식에 대입하여 전하량을 구한다.

$$q = \frac{6.11 \times 10^{-30}\,\text{C m}}{91.7 \times 10^{-12}\,\text{m}} = 6.66 \times 10^{-20}\,\text{C}$$

구한 전하량을 전자 전하 단위로 변환하면 다음과 같다.

$$q = 6.66 \times 10^{-20}\,\text{C} \times \left(\frac{1e^-}{1.6\,02 \times 10^{-19}\,\text{C}}\right) = 0.416e^-$$

HCl에서처럼 수소에 부분 양전하가 형성되므로 수소 원자의 전하는 $+0.416e^-$이고 플루오린 원자의 전하는 $-0.416e^-$이다.

답이 합리적인가? 전체 계산에서 단위가 제대로 약분된 것으로 보아 계산이 제대로 된 것을 알 수 있고, 또한 최종 답이 0과 1 사이의 값을 가지므로 부분 전하를 갖는 것으로 보아 문제를 올바로 풀었음을 확신할 수 있다.

실전 문제 8.12

ClO 분자는 목재를 표백하거나 수영장 소독제로 사용되는 염소의 원료로 사용된다. ClO에서 염소는 $+0.167e^-$의 전하를 가지며, 결합 길이는 154.6 pm이다. 이 분자의 쌍극자 모멘트를 데바이 단위로 계산하시오(**힌트**: 전하를 쿨롱으로 변환하시오).

실전 문제 8.13

고립된 Na^+, Cl^- 이온은 불안정하지만, 이들은 기체상에서 **이온쌍**으로 존재한다. NaCl 이온쌍의 결합 길이는 236 pm이고 쌍극자 모멘트는 9.00 D이다. 이 NaCl 이온쌍에서 Na와 Cl 원자의 실제 전하량은 얼마인가? 1+ 혹은 1− 전하에 비해서 몇 %인가? (이를 이온 백분율이라 한다.)

전기 음성도

공유 결합의 극성의 크기는 결합한 원자들이 전자를 끌어당기는 능력의 차이에 의존한다. 이 차이가 클수록 결합의 극성이 더 크고, 전자 밀도는 전자를 더 잘 끌어당기는 원자 쪽으로 몰리게 된다.

결합 내에서 전자를 끌어당기는 원자의 능력을 전기 음성도(electronegativity)라고 한다. 예를 들면 HCl의 경우 염소는 수소보다 더 **전기 음성적**이다. 공유 결합을 이루는 전자쌍은 전기 음성도가 큰 원자 주위에 더 오랫동안 존재하고, 이 때문에 부분적인 음전하를 나타낸다.

Ted Streshinsky/Getty Images

Pauling은 화학 결합에 대한 이해를 증진시키는 데 큰 공헌을 했다. 그는 1954년에는 노벨 화학상을, 1962년에는 노벨 평화상을 수여하였다.

전기 음성도를 처음으로 정량적으로 기술한 사람은 Linus Pauling(1901~1994)으로, 그는 극성 결합이 극성이 없어서 전기적으로 중성일 때보다 결합 에너지가 더 크다는 것을 발견하였다. 그는 이 여분의 결합 에너지를 결합 양단의 부분 전하들 간의 인력 때문이라고 생각하였다. 이 여분의 결합 에너지를 이용하여 원소의 전기 음성도에 대한 척도를 개발하였다. 다른 과학자들이 서로 다른 방법으로 측정한 전기 음성도도 Pauling과 비슷한 결과를 얻었다.

각 원소의 전기 음성도 값을 **그림 8.9**에 나타내었다. 전기 음성도의 **차이**는 결합의 극성의 척도로 사용되므로 각 원소의 전기 음성도 값은 유용하다. 예를 들면 플루오린은 염소보다 전기 음성도가 더 크기 때문에 HCl 분자보다 HF 분자의 극성이 더 크다(HF 분자의 쌍극자 모멘트가 더 크다). 또한 전기 음성도의 상대적인 크기는 결합의 어느 쪽이 부분 음전하를 띠는지를 알게 해 준다. 따라서 수소는 플루오린이나 염소보다 전기 음성도가 작으므로 HCl이나 HF에서 수소는 부분적인 양전하를 띤다.

H—F: (δ^+ δ^-)   H—Cl: (δ^+ δ^-)

전기 음성도 값과 이들의 차이를 살펴보면, 결국 이온 결합과 공유 결합을 구분하는 분명한 경계가 없다는 것을 알 수 있다. 이온 결합과 비극성 공유 결합은 화학 결합이라는 하나의 개념에 있어서 양극단에 위치하는 개념일 뿐이다. 두 원자 사이의 전기 음성도 차이가 매우 크면 결합은 거의 이온성이고, 전기 음성도가 더 큰 원자가 결합 전자를 대부분 소유한다. 두 원자의 전기 음성도 차이가 없으면 **비극성 공유 결합(nonpolar covalent bond)**을 형성하며, 이때 결합 전자쌍은 두 원자가 동등하게 공유한다.

Cs^+ [:F:]$^-$:F:F:

'결합쌍'이 플루오린에 완전히 속해 있다.   '결합쌍'이 균등하게 공유되어 있다.

그림 8.9 원소의 전기 음성도 0으로 정의된 비활성 기체의 전기 음성도는 생략하였다.

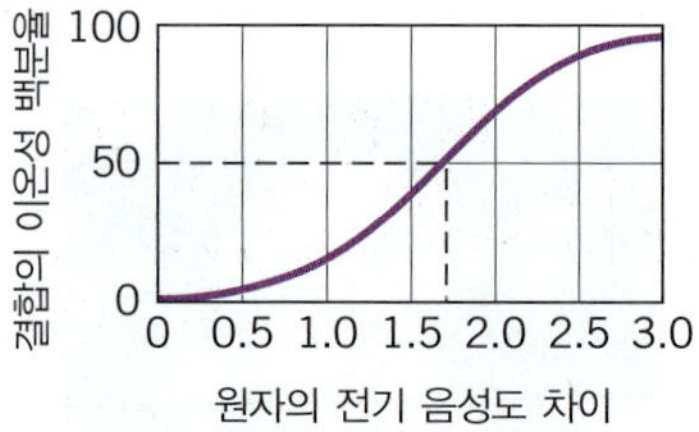

그림 8.10 전기 음성도 차이에 따른 결합의 이온성 백분율의 변화 전기 음성도 차이가 1.7일 때 결합의 이온성은 50%가 된다. 이는 결합한 원자의 부분 전하가 대략 ±0.5 e^-임을 의미한다.

결합이 어느 정도로 극성인가를 결합의 **이온성(ionic character)**으로 나타내는데, 전기 음성도의 차이의 변화에 따라서 연속적으로 변한다(**그림 8.10**). 전기 음성도의 차이가 1.7을 넘으면 결합의 이온성은 50%를 넘게 된다.

> **실전 문제 8.14**
> 브로민과 염소는 화학식이 BrCl인 분자성 물질을 형성한다. 이 결합은 극성인가? 그렇다면 어느 원자가 음전하를 갖는가? (**힌트**: 전기 음성도를 비교하시오.)

> **실전 문제 8.15**
> 다음 결합에서 부분 음전하를 띠는 원자를 고르고, 극성이 증가하는 순서대로 결합을 나열하시오.
> **(a)** P—Cl **(b)** Si—Cl **(c)** S—Br

도구
전기 음성도의 주기성

주기율표에서 전기 음성도의 경향성

그림 8.9를 살펴보면 주기율표상에서 **전기 음성도는 같은 족에서는 아래에서 위로 갈수록 증가하고, 같은 주기에서는 왼쪽에서 오른쪽으로 갈수록 증가**하는 것을 알 수 있다. 이 경향은 이온화 에너지(IE)와 밀접한 관계가 있다. IE가 작은 원자가 IE가 큰 원자보다 전자를 쉽게 잃는 것과 유사하게 전기 음성도가 작은 원자는 전기 음성도가 큰 원자보다 전자쌍에 대한 인력이 작다.

주기율표에서 비슷한 위치에 있는 원소들(예를 들면 비금속 원소들)의 전기 음성도는 거의 비슷하다. 이들 간의 전기 음성도 차이는 매우 작고, 따라서 비금속 원소 간의 결합은 이온 결합이 아닌 공유 결합성일 가능성이 높다. 반면에 주기율표상에서 멀리 떨어져 있는 원소들의 전기 음성도의 차이는 크고, 결과적으로 이들 사이에는 이온 결합이 형성된다. 예를 들면 1A족 원소나 2A족 원소가, 주기율표의 오른쪽 상단의 비금속과 형성하는 결합은 이온성이다.

원소의 반응성과 전기 음성도

원소의 전기 음성도와 **반응성(reactivity**, 산화–환원 반응을 하는 경향)은 서로 밀접한 관계가 있다.

해설 반응성은 일반적으로 어떠한 물질이 다른 물질과 반응하려는 경향을 말한다. 그러나 금속의 반응성은 특별히 산화하려는 경향을 가리킨다.

금속의 반응성과 산화의 용이성 금속을 포함하는 대부분의 화합물에서 금속은 양의 산화 상태로 존재한다. 따라서 금속의 **반응성**은 금속이 얼마나 쉽게 산화되는지와 관련이 있다는 것을 짐작할 수 있다. 예를 들어 소듐과 같이 매우 쉽게 산화되는 금속은 반응성이 크다고 말하고, 백금과 같이 산화되기 어려운 금속은 반응성이 작다고 말한다.

금속이 얼마나 쉽게 산화되는가를 비교하는 데에는 몇 가지 방법이 있다. 앞서 표 5.3에서는 활동도 서열을 이용하여 금속들 사이에 서로 치환할 수 있는 능력을 비교하는 방법으로 산화의 용이성을 판단하였다.

도구
금속의 반응성과 주기율표

그림 8.11은 금속의 산화 용이성(반응성)의 경향을 보여준다. 일반적으로 이 경향은 전기 음성도의 경향과 밀접한 관계가 있다. 즉 전기 음성도가 큰 금속은 잘 산화되지 않는다. 전자를 세게 당길수록 산화되기가 더 어려울 것이기 때문에 이런 경향성을 이해하는 것은 어렵지 않다. 그러나 형성되는 화합물의 안정도에 영향을 주는 다른 많은 요소가 있기 때문에, 이러한 반응성과 전기 음성도의 관계가 항상 옳은 것은 아니다.

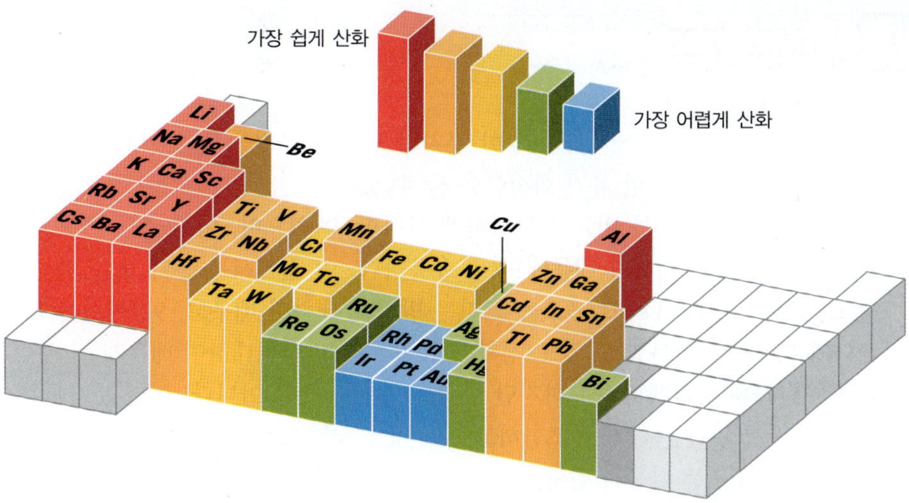

그림 8.11 금속의 산화 용이성의 변화

1A족 원소와 2A족 원소 그림 8.11을 보면 주기율표의 왼쪽에 쉽게 산화되는 금속이 많음을 알 수 있다. 이들의 전기 음성도는 아주 낮다. 1A족 금속은 반응성이 매우 커서 물과도 쉽게 반응하여 수소를 발생시킨다. 이처럼 그들은 습기와 산소에 대한 민감한 반응성 때문에 대기 중에 노출시켜 반응시키기 어렵고, 따라서 자유로운 금속 상태로는 거의 관찰되지 않는다. 이와 유사하게 2A족에 있는 칼슘부터 바륨까지의 무거운 금속도 물과 반응하여 수소를 발생시킨다. 그림 8.9를 통해 주기율표상에서 같은 족에서 아래로 내려갈수록 전기 음성도는 감소하는 것을 확인할 수 있다. 전기 음성도와 반응성의 경향을 고려하면 2A족의 무거운 원소들이 족의 위에 있는 원소들보다 쉽게 산화되는 이유를 알 수 있다.

philipus/Alamy Stock Photo

뉴욕시 록펠러 센터 안 스케이트장을 내려다보는 이 Prometheus 상은 얇은 금으로 코팅되어 매우 아름다우며, 또한 날씨에 대한 저항성도 동시에 갖추고 있다.

귀금속 우리는 그림 8.11에서 어떤 금속이 산화하기 어려운지도 쉽게 확인할 수 있다. 이들은 주기율표의 중앙에 있는 무거운 전이 원소들이 이 부류에 속한다. 여기에는 반응성이 극히 작아서 종종 **귀금속(noble metal)**이라고 불리는 백금이나 금 원소도 포함되어 있다. 이 금속들은 밝은 광택이 있고, 공기와 물에 잘 부식되지 않는다는 점 때문에 보석에 사용되는 특별한 매력이 있다. 낮은 반응성으로 인하여 공업적 활용도 또한 높다. 예를 들어 금은 소형 컴퓨터에 사용되는 저전압 회로에서, 접촉 부위에 대한 코팅 용도로 사용된다. 이러한 미세 회로에서는 미량의 부식조차도 전기의 흐름을 방해할 수 있으므로, 부식을 철저히 방지해야 하기 때문이다.

비금속의 산화력 비금속의 반응성은 환원 용이성에 의하여 결정되므로, 반대로 말하면 이들이 산화제로 사용되는 능력을 의미한다. 이 능력 역시 비금속의 전기 음성도에 따라 달라진다. 전기 음성도가 높은 비금속은 전자를 얻으려는 경향이 강하므로 강한 산화제가 된다. 주기율표상의 전기 음성도의 변화처럼, **비금속의 산화제로서의 능력은 같은 주기의 왼쪽에서 오른쪽으로 갈수록, 그리고 같은 족의 아래에서 위로 갈수록 증가한다.** 따라서 가장 강한 산화제는 플루오린이고 그다음은 산소인데, 이들은 모두 주기율표의 오른쪽 위 영역에 자리하고 있다.

도구
비금속의 반응성과 주기율표

금속처럼 비금속도 5장에서 공부한 단일 치환 반응(그냥 **치환 반응(displacement reaction)**이라고도 함)을 한다. 예를 들어 아래 반응에서와 같이 금속 황화물을 산소와 함께 가열하면 산소가 황을 치환하며, 치환된 황은 산소와 결합하여 이산화 황이 된다.

$$CuS(s) + \frac{3}{2}O_2(g) \longrightarrow CuO(s) + SO_2(g)$$

이러한 치환 반응은 특히 할로젠 원소에서 두드러진다. 보조단의 해설에서 보여주는 바와 같이 각 할로젠은 7A족에서 자기보다 아래쪽에 있는 할로젠 **음이온**(anion)을 산화시킨다. 이에 따라 F_2는 Cl^-, Br^-, I^-을 산화시킨다. Cl_2는 Br^-와 I^-를 산화시키지만 F^-는 산화시키지 못하며, Br_2는 I^-는 산화시키지만 F^-나 Cl^-는 산화시키지 못한다.

해설

플루오린:

$F_2 + 2Cl^- \longrightarrow 2F^- + Cl_2$

$F_2 + 2Br^- \longrightarrow 2F^- + Br_2$

$F_2 + 2I^- \longrightarrow 2F^- + I_2$

염소:

$Cl_2 + 2Br^- \longrightarrow 2Cl^- + Br_2$

$Cl_2 + 2I^- \longrightarrow 2Cl^- + I_2$

브로민:

$Br_2 + 2I^- \longrightarrow 2Br^- + I_2$

8.7 Lewis 구조

8.5절에 이미 Lewis 구조를 소개하고 다양한 분자가 팔전자 규칙을 만족한다는 것을 배웠다. 그 예로 CO_2, Cl_2, N_2와 다양한 유기 화합물을 들 수 있다.

Lewis 구조는 분자의 구조를 비교적 간단하게 묘사할 수 있으며, 이 구조를 바탕으로 많은 화학적 추론들을 논의할 수 있기 때문에 매우 유용하다. 이 절에서는 분자 또는 다원자 이온(공유 결합을 갖고 있는)의 Lewis 구조를 그리는 방법에 대하여 배우고, 9장에서는 Lewis 구조를 사용하여 분자의 모양을 어느 정도 정확히 예측하는 방법에 대하여 배우게 될 것이다.

팔전자 규칙은 공유 결합에서 중요하지만 항상 만족되는 것은 아니다. 어떤 분자들은 8개보다 많은 원자가 전자를 갖는 원자를 포함하고 있는데, 이러한 분자의 예로서 PCl_5 또는 SF_6과 같은 분자의 Lewis 구조는 다음과 같다.

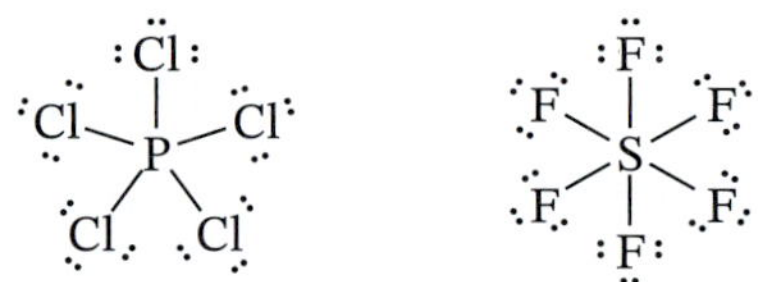

도구
Lewis 구조 그리기

이들 분자에서는 중심 원자에 네 개보다 많은 결합이 형성되므로, 중심 원자는 8개보다 많은 전자를 공유하게 된다.

흔한 경우는 아니지만 중심 원자가 8개 미만의 전자를 가지는 분자도 존재한다. 베릴륨(Be)과 붕소(B)의 화합물을 예로 들 수 있다.

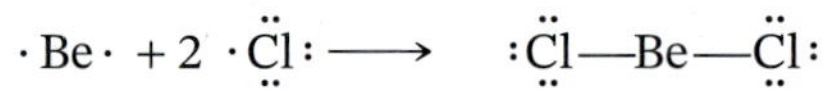

Be 주위의 전자는 네 개

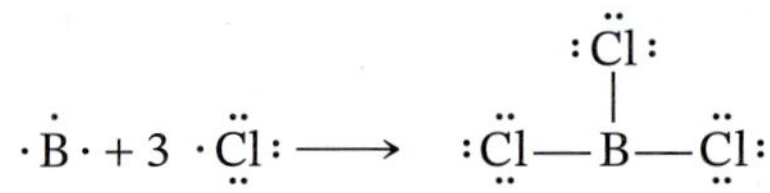

B 주위의 전자는 6개

Be과 B와 같이 팔전자보다 적은 수의 전자를 가지는 경우도 있지만, 어쨌든 **2주기 원소는 팔전자를 초과하지는 않는다.** 이것은 $n = 2$인 원자가 껍질은 최대 8개의 전자만을 가질 수 있기 때문이다(이 때문에 팔전자 규칙은 탄소, 질소, 산소에서는 정확히 성립한다). 그러나 2주기보다 아래 주기에 있는 인이나 황 같은 원소들은 원자가 껍질에 8개 이상의 전자를 가질 수 있으므로 팔전자 규칙을 따르지 않을 수도 있다. 예를 들면 $n = 3$인 3주기 원소는 원자가 껍질에 최대 18개의 전자를 가질 수 있고, s, p, d, f 부껍질을 갖는 4주기 원소는 32개의 전자를 가질 수 있다.

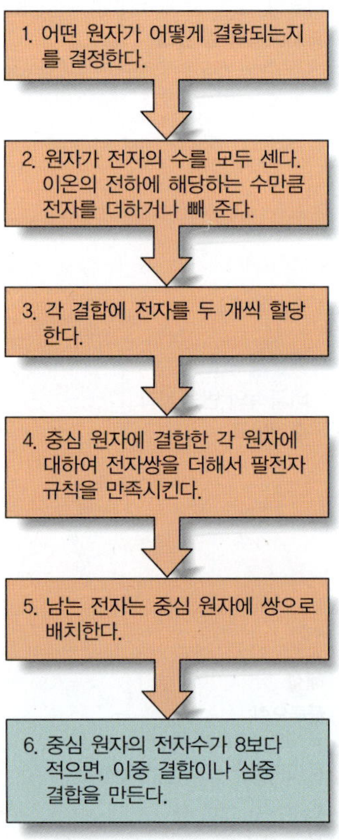

그림 8.12 Lewis 구조를 그리는 단계 이 단계를 따르면, 가장 많은 원자가 팔전자 규칙을 만족하는 Lewis 구조를 얻을 수 있다.

Lewis 구조를 그리는 절차

그림 8.12는 Lewis 구조를 체계적으로 그리는 방법을 단계별로 요약한 것이다. 첫 번째 단계는 어떤 원자가 어느 원자와 서로 결합하는지 결정하는 것이다. 그러나 이것이 항상 간단한 일은 아니다. 일반적으로 전기 음성도가 가장 작은 원소를 중심 원자에 배치하는데, 전기 음성도가 가장 작은 원소를 맨 앞에 쓰는 화학식을 참고하면 도움이 된다. 예를 들어 CO_2와 ClO_4^-의 **골격 구조(skeletal structure**, 즉 원자의 배열)는 다음과 같다.

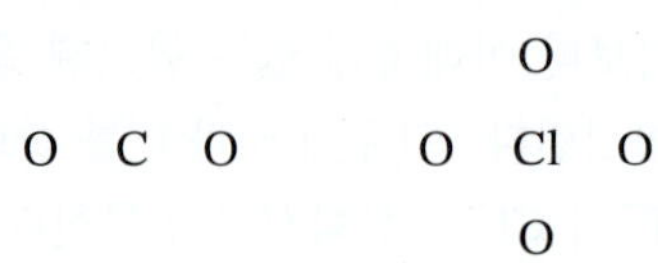

세 개 이상의 원소가 존재하면 골격 구조를 그리는 것 자체가 쉽지 않을 때도 있다. 그러나 여기에도 일정한 규칙은 있다. 예를 들어 질산(HNO_3)의 골격 구조는 다음과 같이 주어진다.

```
        O
H   O   N   O      (옳음)
```

다음의 모양은 아니다.

```
    O
O   N   O        H   O   O   N   O      (옳지 않음)
    H
```

질산과 같은 산소산(4.5절 참조) 분자로부터 해리되는 수소 원자는 항상 산소 원자에 결합되어 있다. 그리고 산소 원자는 또 다른 비금속 원자에 결합되어 있다. 그러므로 산소산인 HNO_3에서 세 개의 산소 원자가 질소에 결합되고, 수소는 3개의 산소 중 어느 하나와 결합되어 있다고 구조를 예측할 수 있다. 수소 원자는 하나의 결합만을 생성하며, 따라서 중심 원자로 선택되어서는 안 된다.

특별한 골격 구조를 선택하는 데 있어서 합리적인 근거가 없는 경우도 있다. 만일 추측을 해야 한다면, 원자가 가장 대칭적으로 배열된 것을 선택하는 것이 좋다. 왜냐하면 그것이 맞을 가능성이 가장 크기 때문이다.

골격 구조를 결정한 후 다음 단계는 모든 **원자가 전자**의 수를 세는 것이다. 그래서 최종 구조에 몇 개의 점이 찍힐 수 있는지를 결정한다. 이때 한 원자의 원자가 전자 수는 그 원소가 속한 족의 번호와 같으므로 주기율표를 이용하는 것이 좋다. 이온의 구조를 그리는 경우에는 **원자가 전자 개수에 음전하 수만큼 전자를 더해 주거나 혹은 양전하 수만 빼 준다.** 이와 관련하여 다음의 예를 살펴보자.

H_2SO_4	황(6A족)은 6개 기여	$1 \times 6 = 6e^-$
	산소(6A족)는 6개씩 기여	$4 \times 6 = 24e^-$
	수소(1A족)는 1개씩 기여	$2 \times 1 = 2e^-$
		합 $= 32e^-$
ClO_4^-	염소(7A족)는 7개 기여	$1 \times 7 = 7e^-$
	산소(6A족)는 6개씩 기여	$4 \times 6 = 24e^-$
	1 전하에 대해 1을 더함.	$= +1e^-$
		합 $= 32e^-$
NH_4^+	질소(5A족)는 5개 기여	$1 \times 5 = 5e^-$
	수소(1A족)는 1개씩 기여	$4 \times 1 = 4e^-$
	1 전하에 대해 1을 뺌.	$= -1e^-$
		합 $= 8e^-$

원자가 전자의 수를 정한 다음에는 그림 8.12에 나타낸 단계에 따라 골격 구조에 전자쌍을 배치한다.

첫 번째 사례로 든 H_2SO_4에 대한 Lewis 구조를 그리는 과정을 단계별로 살펴보자. 우선 각각의 원자가 어느 원자와 결합하는지를 참고하여 골격 구조를 그린다. H_2SO_4는 산소산이기 때문에 수소 원자가 두 산소 원자와 각각 결합하고, 수소와 결합한 산소는 황과도 결합을 형성한다. 남은 두 개의 산소 원자도 황과 결합한다.

```
        O
H   O   S   O   H
        O
```

앞에서 이미 H_2SO_4는 32개의 원자가 전자를 갖는다는 것을 알았다. 따라서 먼저 각 결합을 형성하고 있는 원자 사이에 전자 두 개씩을 다음과 같이 할당한다.

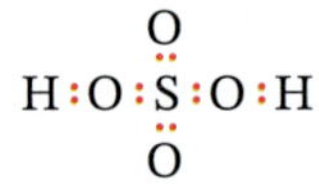

여기에서 12개의 e^-가 사용되고 이제 남은 전자는 20개이다. 다음으로 황을 둘러싸고 있는 원자들이 팔전자 규칙을 만족하도록 해야 한다. 수소는 이미 전자 두 개가 채워져 더 이상 전자가 필요 없으므로 산소의 원자가 전자만 만족하도록 채우면 되는데, 이를 만족하려면 남아 있는 20개의 e^-를 모두 사용해야 한다.

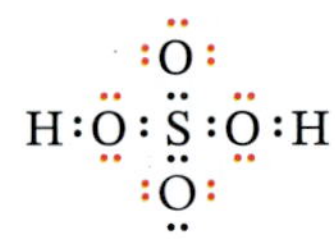

각 결합의 전자쌍 대신에 선을 이용하여 H_2SO_4의 구조를 나타낼 수도 있다.

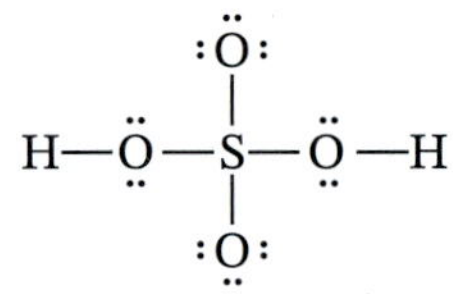

황과 세 개의 산소 원자는 팔전자 규칙을 만족하고, 수소는 두 개의 전자로 원자가 껍질을 채우게 되므로 모든 조건이 만족한다.

다음의 두 가지 예제를 통하여 이중 결합을 갖는 Lewis 구조와, 중심 원자가 비공유 전자쌍을 갖는 Lewis 구조를 살펴보자.

예제 8.6 Lewis 구조 그리기

SO_3는 물에 녹아 황산이 되는 무수산으로 소독제나 표백제 혹은 CFC 이전에 냉장고용 냉각제로 사용되는 등 다양한 분야에서 이용되고 있다. SO_3 분자의 Lewis 구조를 그리시오.

분석 SO_3의 골격 구조를 결정한 다음 원자가 전자의 수를 세고, 마지막으로 분자에 이 전자들을 배치한다.

도구 모음 그림 8.12에서 설명한 과정이 Lewis 구조를 그리는 도구이다.

풀이 황(S)은 산소(O)보다 전기 음성도가 작으므로 중심 원자가 되고 주위에 세 개의 산소 원자를 배치하면 다음과 같은 골격 구조를 그릴 수 있다.

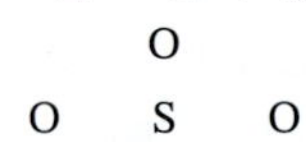

원자가 전자의 수는 모두 24개이다(황에 $6e^-$, 각 산소에 $6e^-$). 먼저 각 결합에 하나의 전자쌍을 배치하면 다음과 같다.

$6e^-$가 소요되었으므로 $18e^-$가 남아 있다. 다음은 남은 전자를 사용하여 산소 원자가 팔전자 규칙을 만족하도록 전자를 배치한다.

해설 각 단계에서 더해지는 전자를 붉은색 점으로, 이미 더해진 전자는 검은색 점으로 나타내었다.

이제 모든 전자가 사용되었지만 황은 주위에 6개의 전자만을 가지고 있음을 볼 수 있다. 전체 원자가 전자수가 24이므로 더 이상 황에 배치할 수 있는 전자는 없다. 그러므로 그림

8.12의 마지막 단계에서 설명한 바와 같이 다중 결합을 만들어야 한다. 이를 위하여 **산소 원자에 속한 전자쌍 한 개를 황-산소 결합으로 옮겨, 산소와 황 양쪽 모두에 속한 것으로 해야 한다.** 다시 말하면 다음과 같이 3개의 산소 중의 한 원자와 황 사이에 이중 결합을 배치한다. 이 경우에 어떤 산소를 선택하든 문제가 되지 않는다.

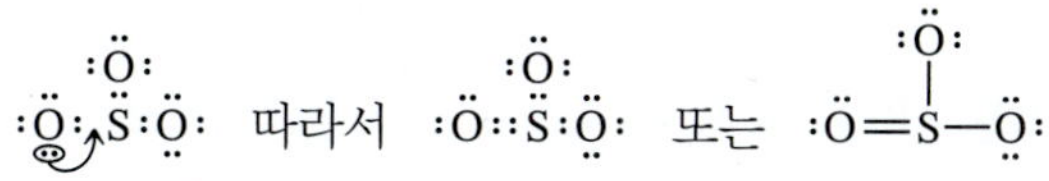

각 원자가 팔전자 규칙을 만족하는 것을 확인할 수 있다.

답이 합리적인가? 구조를 완결하는 중요한 단계는 어떤 방법으로 황의 팔전자 규칙을 만족시킬 수 있는지 이해하는 것이다. 산소 원자에 속한 전자의 수를 줄이지 않고, 황의 원자가 껍질에 전자를 더 배치해 주는 방법은 이중 결합을 만들면 해결할 수 있다. Lewis 구조에서 원자가 전자의 수가 정확히 배치되었는지를 살펴보면 간단히 검증할 수 있다.

예제 8.7 Lewis 구조 그리기

IF_4^- 이온의 Lewis 구조를 그리시오.

분석 예제 8.6에서와 동일한 분석이 가능하다.

도구 모음 앞에서와 마찬가지로 그림 8.12의 단계를 따른다. 원자가 전자의 수를 헤아려보고, 음이온(−1가)이므로 전체 원자가 전자의 수에 전자 한 개를 더하는 것을 잊지 말자. 다음에는 일반적인 과정에 따라 전자쌍을 배치한다.

풀이 플루오린(F)보다 전기 음성도가 작은 아이오딘(I)을 중심 원자로 배치한 다음의 골격 구조를 그린다.

F
F I F
F

아이오딘과 플루오린은 7A족에 속하므로 원자가 전자는 각 원자로부터 7개씩 총 $35e^-$이고, 음전하에 따른 전자 한 개를 더하면 전체 전자는 $36e^-$가 된다.

먼저 각 결합에 $2e^-$씩 배치하고, 플루오린 원자가 팔전자 규칙을 만족하게 하면 32개의 전자가 사용된다.

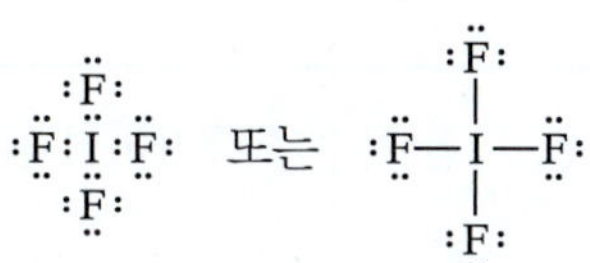

네 개의 전자가 남게 되는데, 그림 8.12의 5번째 단계에 따라 중심 원자에 **쌍**으로 배치한다. 마지막 단계는 식 주위에 괄호를 하고 위 첨자로 전하를 표시한다.

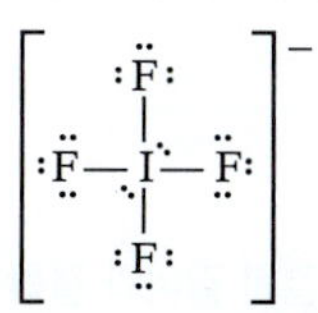

답이 합리적인가? 원자가 전자를 다시 세어 보면, Lewis 구조에 있는 전자수와 전체 전자의 수가 일치하는 것을 알 수 있다. 각 플루오린 원자는 팔전자를 갖게 되고, 남은 전자는 중심 원자에 배치되어 아이오딘에는 팔전자보다 많게 되지만 아이오딘은 2주기 원소가 아니므로 상관없다.

실전 문제 8.16

H_3PO_4에 적합한 골격 구조를 예측하고, 원자가 전자의 수를 정해서 Lewis 구조에 배치하시오

실전 문제 8.17

OF_2, NH_4^+, SO_2, NO_2^-, BF_3, $HClO_2$의 Lewis 구조를 그리시오.

실전 문제 8.18

실전 문제 8.17에서 그린 Lewis 구조를 이용하여 각 결합의 극성을 보이시오.

형식 전하와 Lewis 구조

Lewis 구조는 화학 결합에서 원자들이 어떻게 전자를 공유하는지를 보여준다. Lewis 구조를 통하여 분자와 다원자 이온을 유지시켜 주는 힘에 관해 이론적으로 설명하거나 예측할 수 있다. 그러나 1.1절에서 배운 바와 같이, 이론이란 관찰 결과를 바탕으로 하는 것이므로, 화학 결합에 관한 이론을 받아들이기 위해서는 결합을 설명하는 이론을 실험적인 관찰 결과를 이용하여 검증해 보아야 한다.

결합 차수에 의존하는 결합 성질 같은 원소 사이의 결합을 비교하기 위해서는, **두 원자 사이에 공유되는 전자쌍의 수**로 정의되는 **결합 차수(bond order)**를 이해할 필요가 있다. 즉 단일 결합의 결합 차수는 1이고 이중 결합의 결합 차수는 2이며 삼중 결합의 경우는 3이다.

결합 차수와 관련된 두 개의 성질에는 **결합 길이**(bond length)와 **결합 에너지**(bond energy)가 있다. 결합 길이는 두 원자의 핵간 거리이고, 결합 에너지는 결합된 원자를 중성의 원자 상태로 분리하는 데 필요한 에너지이다. 예를 들면 8.5절에서 언급했던 바와 같이 H_2 분자의 결합 길이는 75 pm이고, 결합 에너지는 435 kJ/mol이다. 이것은 H_2 분자 1 mol의 결합을 끊어 2 mol의 수소 원자로 분리하는 데 435 kJ/mol의 에너지가 필요하다는 것을 의미한다.

결합 차수는 결합의 전자 밀도에 대한 척도이다. 전자 밀도가 클수록 핵들은 더 단단히 결합되고, 더 가까이 있게 된다. 탄소 원자 사이의 단일 결합, 이중 결합, 삼중 결합에 대한 전형적인 결합 길이와 결합 에너지를 수록한 **표 8.3**을 통해서 이에 대한 관계를 살펴볼 수 있는데, 이를 요약하면 다음과 같다.

도구
결합의 특성과 결합 차수의 상관관계

> 같은 원소로 이루어진 결합의 경우, 결합 차수가 증가하면 결합 길이는 감소하고 결합 에너지는 증가한다.

이러한 기본 지식을 바탕으로, 앞에서 살펴본 황산의 Lewis 구조를 다시 논의해 보자.

표 8.3 탄소-탄소 결합의 평균 결합 길이와 결합 에너지

결합	결합 길이(pm)	결합 에너지(kJ/mol)
C—C	154	348
C=C	134	615
C≡C	120	812

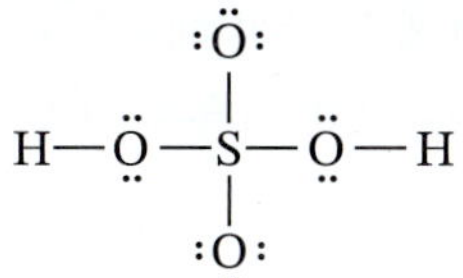
구조 I

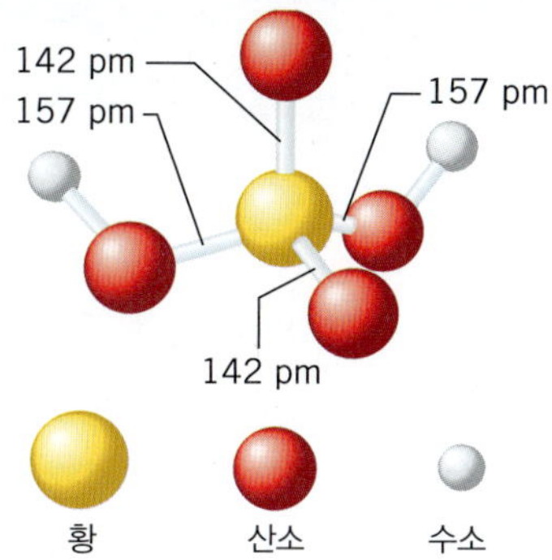

그림 8.13 기체상 황산의 구조 황–산소 결합 길이에 차이가 있다.

이 구조는 팔전자 규칙을 만족하므로, 이 이외에 다른 구조를 고려할 필요는 없을 듯하다. 그러나 실험적으로 측정한 결합 길이와 위의 Lewis 구조에서 예측한 결합 길이를 비교해 보면 문제점이 발견된다. 위 Lewis 구조에서 네 개의 황–산소 결합은 모두 단일 결합이므로 결합 길이가 모두 같아야 할 것이다. 그러나 실험 결과에 따르면 **그림 8.13**과 같이 네 개의 결합이 모두 같지는 않다. 그림에서 보는 바와 같이 S—O 결합이 S—OH 결합보다 짧다는 것은 결합 차수가 더 커야 함을 의미한다. 따라서 위 Lewis 구조를 실험 결과에 맞게 고쳐야 할 필요가 있다.

황은 3주기 원소이므로 원자가 껍질은 3*s*, 3*p*, 3*d* 부껍질로 이루어져 있고, 8개보다 많은 전자를 수용할 수 있다. 따라서 황은 네 개보다 많은 결합을 가질 수 있고, 전자쌍을 황–산소 결합으로 이동하여 다음과 같이 S—O 결합을 이중 결합으로 바꿔 결합 차수를 증가시킬 수 있다.

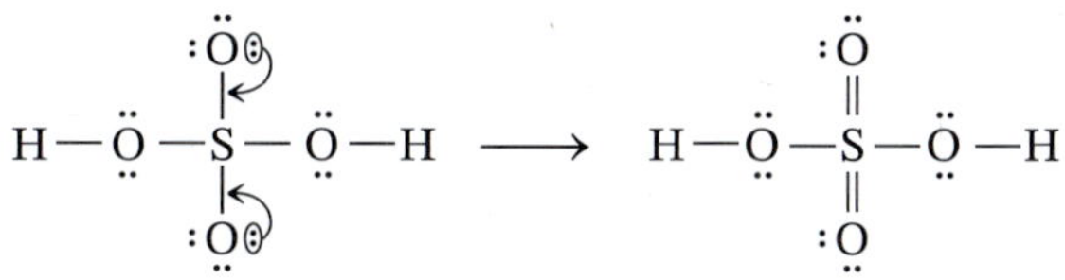
구조 II

S=O 이중 결합이 S—O 단일 결합보다 짧으므로 실험 결과에 맞는 새로운 Lewis 구조를 얻었다. 두 번째 Lewis 구조는 팔전자 규칙에 위배되지만 분자의 실제 구조와 더 잘 맞으므로 유리한 Lewis 구조이다.

원자에 형식 전하 할당하기 H_2SO_4에 대한 Lewis 구조 중 단일 결합으로만 구성된 구조 I보다 이중 결합이 포함된 구조 II가 더 바람직한 Lewis 구조임을 예측할 수 있게 하는 별도의 판단 기준은 없을까? 이 질문에 답하기 위해서 두 개의 Lewis 구조를 자세히 살펴보기로 하자.

구조 I에는 황과 산소 사이에 단일 결합만이 존재한다. S와 O의 단일 결합에서 두 원자가 전자를 동등하게 공유한다면 각 원자는 전자쌍의 반인 전자 한 개를 각각 소유하는 셈이다. 전체적으로 S와 O의 단일 결합이 모두 네 개이므로 4개의 단일 결합에 포함된 8개의 전자 중 반인 4개를 황의 원자가 껍질에 할당할 수 있다. 그러나 황의 원자가 전자가 6개이므로, 구조 I에서의 황 원자는 고립 상태의 황 원자보다 두 개의 전자를 덜 소유하는 셈이다. 따라서 H_2SO_4가 구조 I과 같은 팔전자 규칙을 만족한다면 황은 2+의 전하를 가지는 셈이다. 이러한 **겉보기**(apparent) 전하를 **형식 전하(formal charge)**라고 한다.

해설 분자 내 원자의 실제 전하는 원자의 상대적인 전기 음성도에 의해 결정된다.

형식 전하를 정의할 때 '겉보기'라는 말에 주의해야 한다. **단순히 전자의 개수를 고려하고 얻은 형식 전하와 분자 내 원자의 실제 전하를 혼동하면 안 된다**(이 상황은 5장에서 배운 몇 가지 규칙에 따라 인위적으로 정해지는 산화수와 유사하다). 형식 전하는 다음과 같이 할당한다.

Lewis 구조에서 각 원자의 형식 전하 계산하기

1. 각 원자에 대하여 고립 상태의 원자가 전자수를 쓴다.
2. 분자나 이온에 대한 Lewis 구조에서 어떤 원자에 '속하는' 비결합 전자와 결합 원자의 반을 합한 후, 1단계에서 구한 원자가 전자를 빼 준다. 그 결과가 그 원자의 형식 전하이다.
3. 한 구조에서 모든 형식 전하의 합은 그 화합물의 전체 전하와 같아야 한다.

도구
형식 전하 계산하기

2단계의 계산을 할 때 결합 전자는 두 원자에 똑같이 배분하고, 비공유 전자는 그들이 속한 원자에 전부 할당한다. 지금까지의 논의를 구조 I에 적용해 보자.

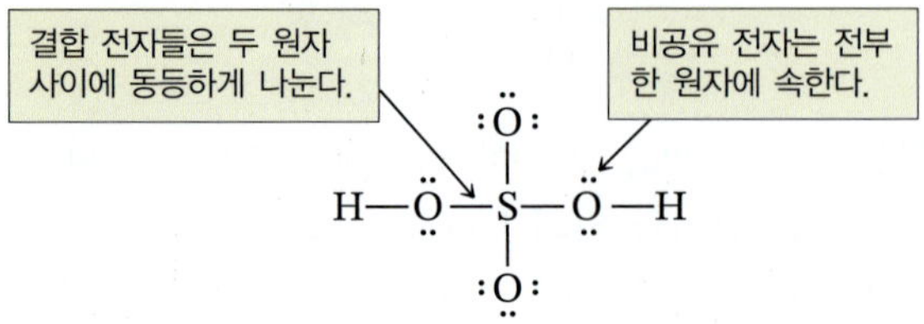

따라서 형식 전하를 계산하는 식은 다음과 같이 요약할 수 있다.

$$\text{형식 전하} = \left[\begin{array}{c}\text{고립된 원자의 원자가}\\ \text{껍질에 있는 } e^-\text{의 수}\end{array}\right] - \overbrace{\left[\begin{array}{c}\text{원자의}\\ \text{결합수}\end{array} + \begin{array}{c}\text{비공유}\\ e^-\text{의 수}\end{array}\right]}^{\text{루이스 구조에서 원자의 원자가 껍질 전자수를 계산한 것}} \qquad (8.3)$$

다음은 위의 구조 I에 포함된 황의 형식 전하를 계산한 결과이다.

황 원자에는 결합이 네 개 있다.

$$\text{S의 형식 전하} = 6 - (4 + 0) = +2$$

고립된 S 원자에는 전자가 6개 있다.

황에는 비공유 전자가 없다.

구조 I에서 수소와 산소의 형식 전하도 구해 보자. 고립된 H 원자는 전자 한 개를 가지고 있다. 구조 I에서 각각의 H는 결합이 한 개이고 비공유 전자가 없으므로, H의 형식 전하는 다음과 같이 0이 된다.

$$\text{H의 형식 전하} = 1 - (1 + 0) = 0$$

구조 I에 두 종류의 산소가 있음을 알고 있다. 고립된 산소 원자는 6개의 전자를 가지므로 수소에 결합하고 있는 산소의 경우, 형식 전하는 다음과 같다.

$$\text{형식 전하} = 6 - (2 + 4) = 0$$

또한 수소와 결합하고 있지 않은 산소의 경우 형식 전하는 다음과 같다.

$$\text{형식 전하} = 6 - (1 + 6) = -1$$

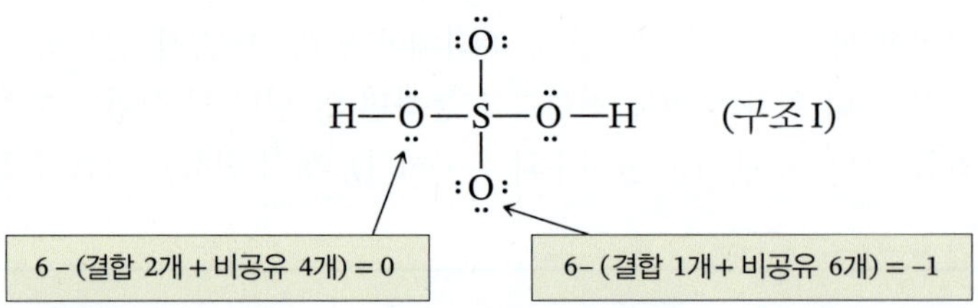

0이 아닌 형식 전하를 Lewis 구조의 각 원자 근처에 원 안의 숫자로 표시하면 다음과 같다.

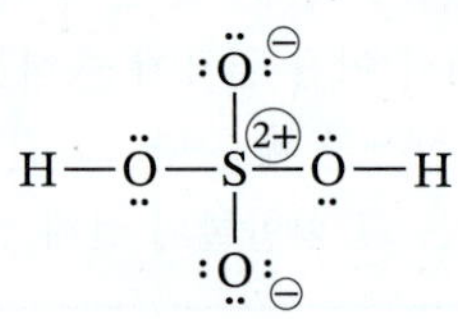

중성의 분자에서 각 원자의 형식 전하를 합하면 0이 됨에 유의하라. **형식 전하를 할당한 후에**

Lewis 구조에서 형식 전하의 합이 분자(혹은 이온)가 띠고 있는 전하와 일치하는가를 항상 확인하는 것이 중요하다.

이제 구조 II의 형식 전하를 살펴보자. 이 구조에서 황의 형식 전하는 다음과 같다.

$$\text{S의 형식 전하} = 6 - (6 + 0) = 0$$

따라서 황 원자의 형식 전하는 0이다. 수소의 형식 전하와 수소와 결합하고 있는 산소의 형식 전하는 구조 I에서와 같이 0이 된다. 마지막으로 수소와 결합하고 있지 않은 산소의 경우 형식 전하를 계산하면 다음과 같다.

$$\text{형식 전하} = 6 - (2 + 4) = 0$$

따라서 이들 산소의 형식 전하도 0이 된다.

이제 두 구조를 나란히 비교하여 보자.

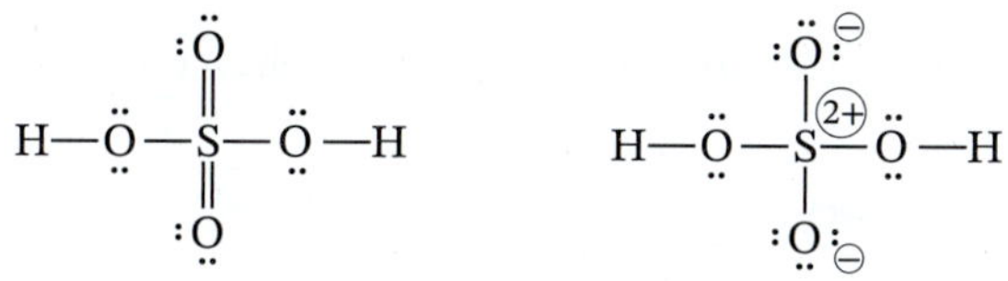

이중 결합(어떤 원자에도 형식 전하가 없음)을 단일 결합(2+와 2− 전하를 가짐)으로 바꾼다고 가정해 보자. 그러면 전기적으로 중성인 상태에서 두 쌍의 음전하–양전하가 만들어진다. 이 과정에서는 양전하와 음전하가 분리되기 때문에 퍼텐셜 에너지가 증가한다. 따라서 단일 결합 구조가 이중 결합 구조보다 더 큰 퍼텐셜 에너지를 가지게 된다. 일반적으로 퍼텐셜 에너지가 낮을수록 화합물은 더 안정해진다. 따라서 이중 결합을 포함하는 구조가 단일 결합으로만 이루어진 구조보다 에너지 관점에서 더 안정하다.

이런 원칙에 따라서 분자나 이온에 대하여 더 바람직한 Lewis 구조를 선택할 수 있다.

> 여러 가지 Lewis 구조가 가능할 때는 형식 전하가 0에 가까울수록 더 안정하기 때문에 선호되는 구조이다.

도구
가장 적합한 Lewis 구조 결정하기

지금까지 설명한 내용 외에 고려해야 할 사항이 두 가지 더 있다. 다원자 이온의 Lewis 구조에서 모든 원자의 형식 전하의 합이 이온의 전하와 일치해야 하기 때문에, 모든 원자의 형식 전하가 0이 될 수는 없다. 또한 0이 아닌 형식 전하가 존재하는 경우에는, 음의 형식 전하는 전기 음성도가 가장 큰 원소에 할당되어야 하고, 양의 형식 전하는 전기 음성도가 작은 원소에 할당되어야 한다.

예제 8.8 형식 전하를 이용한 Lewis 구조 결정

질산의 다음 세 가지 Lewis 구조 중에서 가장 적합한 구조는 어느 것인가?

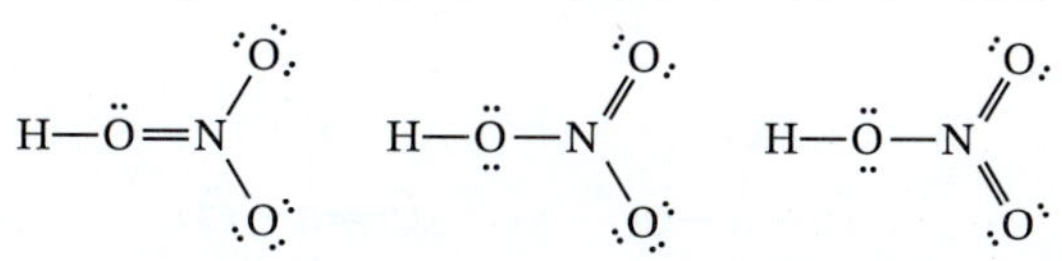

I　　　II　　　III

분석 가장 적합한 Lewis 구조를 선택하려면 각 원자의 형식 전하를 이용하는 것이 좋다. 일반적으로 모든 형식 전하가 0에 가까울수록 더 적합한 구조이다. 그러나 원자의 원자가 껍질에 포함될 수 있는 전자보다 많은 전자를 갖는 구조는 불가능하다는 것을 명심해야 한다.

도구 모음 형식 전하를 결정하기 위한 도구는 식 8.3이다.

$$\text{형식 전하} = \begin{bmatrix}\text{고립된 원자의 원자가} \\ \text{껍질에 있는 전자수}\end{bmatrix} - \begin{bmatrix}\text{원자의} \\ \text{결합수} \end{bmatrix} + \begin{matrix}\text{비공유} \\ \text{전자의 수}\end{matrix}\Bigg]$$

해설 구조 Ⅲ에서 각 원자의 형식 전하는 0이지만, 질소 원자가 원자가 껍질에 전자를 너무 많이 가지고 있으므로 '적합한 구조'가 될 수 없다.

풀이 수소를 제외하면 분자에 포함된 모든 원자가 2주기 원소이므로 원자가 껍질에 전자를 최대 8개까지 가질 수 있다(2주기 원소는 원자가 껍질에 *s*와 *p* 부껍질만 있으므로 팔전자를 초과할 수 없고, 최대 8개의 전자가 들어갈 수 있다). 구조를 살펴보면, 구조 I과 구조 II는 N과 O 주위에 팔전자가 위치하고 있다. 그러나 구조 III에서 질소는 5개의 결합을 하고, 따라서 원자가 껍질에 전자 10개를 가지므로, 이 구조는 불가능한 구조로 배제되어야 한다. 이제 나머지 두 구조의 형식 전하를 계산해 보자.

구조 I:

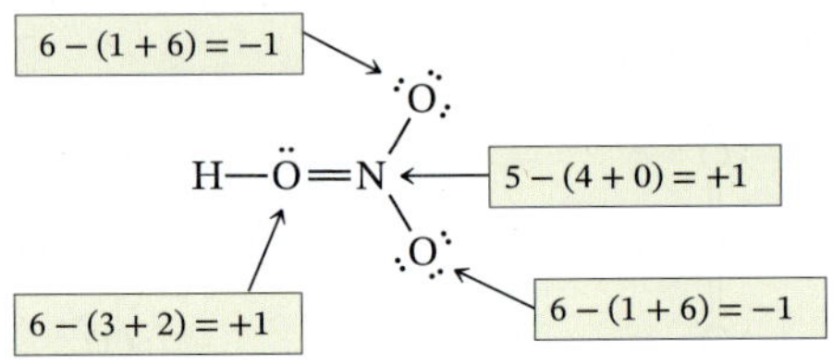

구조 II:

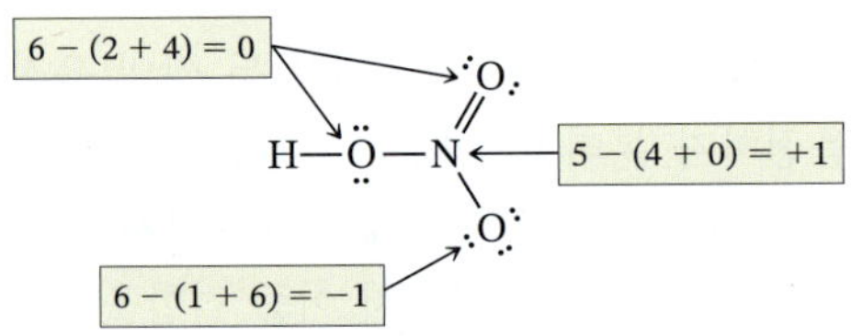

두 구조에서 각 원자의 형식 전하는 다음과 같다.

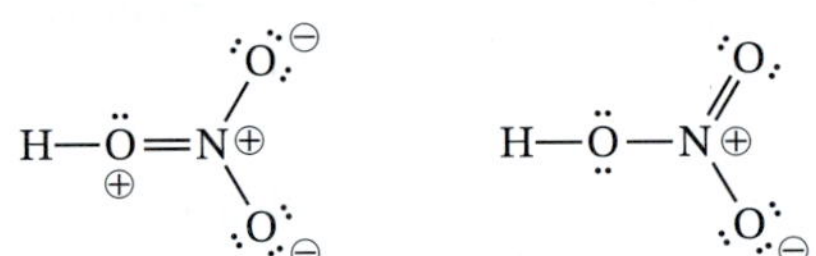

I II

구조 II는 구조 I보다 형식 전하가 작으므로 에너지가 더 낮고, HNO_3에 대한 더 적합한 Lewis 구조이다.

답이 합리적인가? 가장 간단하게 점검은 각 구조의 형식 전하를 합산해 보는 것이다. 그 합이 HNO_3 분자의 실제 전하인 0이 되어야 한다. 각 구조에서 형식 전하의 합이 0이 되므로 형식 전하가 잘 계산된 것을 알 수 있다.

예제 8.9 형식 전하를 이용한 Lewis 구조 결정

BCl_3의 다음 두 가지 Lewis 구조 중에서 팔전자 규칙에 위배되는 구조가 왜 더 적합한지 밝히시오.

I II

분석 각 Lewis 구조에서 원자의 형식 전하를 계산하고 문제에 대한 답을 찾아본다.

도구 모음 형식 전하를 결정하기 위하여 다음의 식 8.3을 이용한다.

$$\text{형식 전하} = \left[\begin{array}{c}\text{고립된 원자의 원자가}\\\text{껍질에 있는 전자수}\end{array}\right] - \left[\begin{array}{c}\text{원자의}\\\text{결합수}\end{array} + \begin{array}{c}\text{비공유}\\\text{전자의 수}\end{array}\right]$$

풀이 형식 전하는 다음과 같다.

구조 I에서 형식 전하는 모두 0이지만, 구조 II에서는 두 원자가 형식 전하를 가진다. 이것만으로 구조 I이 안정한 것을 알 수가 있다. 어느 구조가 안정한지 다른 방법으로 설명할 수도 있다. 구조 II에서 전기 음성도가 큰 염소 원자에 양전하가 할당되고, 전기 음성도가 작은 붕소 원자에 음전하가 할당된 것을 주목하라. 이 분자에 전하가 있다 하더라도 전하가 이와 같이 분포될 수 없다. 이상의 두 가지 이유 모두 이중 결합을 가지는 구조가 불리하다는 것을 나타낸다. 따라서 BCl_3의 Lewis 구조는 (I)로 나타내는 것이 옳다.

답이 합리적인가? 형식 전하가 제대로 할당되었고 논리가 타당하므로 답이 적절한 것으로 보인다.

실전 문제 8.19

어떤 학생이 아황산 이온(SO_3^{2-})에 대해 다음과 같은 Lewis 구조를 그렸다.

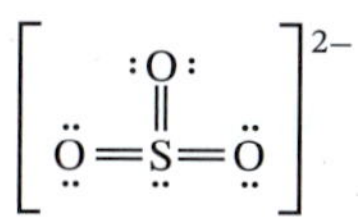

이 구조가 SO_3^{2-}에 대한 최적의 Lewis 구조인가? (힌트: 음의 형식 전하는 전기 음성도가 큰 원자에 와야 한다.)

실전 문제 8.20

다음 Lewis 구조에서 각 원자에 형식 전하를 배당하시오.

(a) :N̈—N≡O: **(b)** [S̈=C=N̈]⁻

실전 문제 8.21

다음 분자에 대한 적합한 Lewis 구조를 그리시오.

(a) O_3 **(b)** HIO_4 **(c)** $HClO_2$

배위 공유 결합

우리는 가끔 화학 반응을 이해하기 위하여 Lewis 구조를 사용한다. 예를 들어 산 수용액에서 수소 이온이 물 분자와 결합하여 하이드로늄(H_3O^+) 이온을 만드는 반응을 다음과 같이 나타낸다.

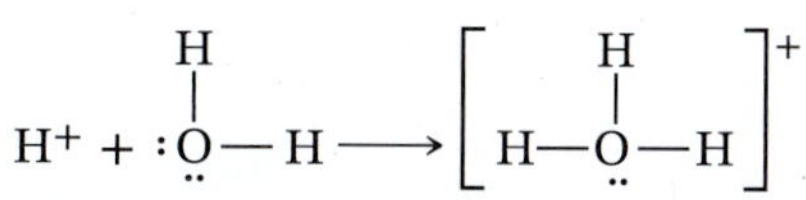

H^+와 H_2O가 결합을 형성하는 것은 앞에서 논의된 일반적인 공유 결합과는 다르게 진행된다. 공유 결합은 다음의 경우와 같이 두 개의 H 원자가 결합하여 H_2 분자를 만들 때, 각 원자가 한 개씩 제공한 전자를 공유하는 것이다.

$$H\cdot + H\cdot \longrightarrow H—H$$

그러나 H_3O^+를 만들 때 H^+와 산소 원자에 공유되는 전자쌍은 모두 물 분자의 산소 원자로부터 제공된다. 이와 같이 공유 전자쌍의 모든 전자가 어느 한쪽 원자로부터 제공되는 형태의 결합을 **배위 공유 결합(coordinate covalent bond)**이라고 한다.

결합이 형성되는 과정에서 공유되는 전자들이 어디서 왔는지를 구분할 수 있다 하더라도, 일단 공유 결합이 형성되면 다른 일반적인 공유 결합과 똑같아진다. 다시 말하면 결합이 이루어진 후에는 전자들이 어디서 제공되었는지 구분할 수 없다. 따라서 H_3O^+에서 결합이 형성된 후 세 개의 O—H 결합은 모두 똑같다.

해설 모든 전자는 동일하지만, 결합에서 전자가 어디서 왔는지 나타내기 위해 색으로 구분하였다.

배위 공유 결합 개념은 화학 반응을 설명하는 데 도움이 된다. 예를 들어 암모니아를 삼염화 붕소(boron trichloride)와 섞어 주면 발열 반응이 일어나고, 생성물로 B—N 결합이 형성된 NH_3BCl_3 화합물이 만들어진다. Lewis 구조를 이용해서 이 반응을 다음과 같이 나타낼 수 있다.

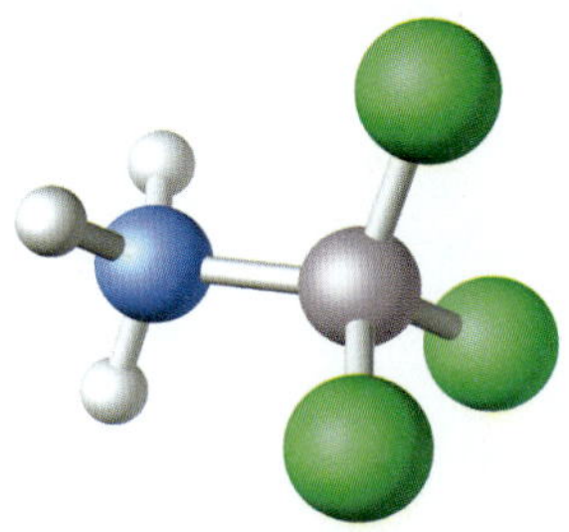

암모니아와 삼염화 붕소의 반응으로 만들어진 첨가 화합물. 연한 푸른색 원자가 붕소이다.

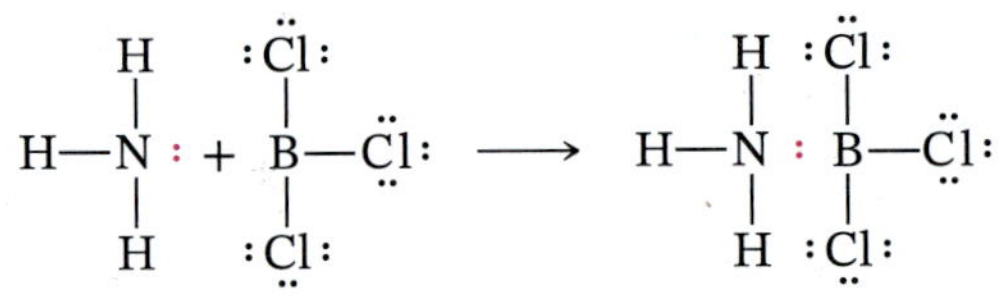

이 반응에 대해 우리는 "붕소가 암모니아의 질소와 배위 공유 결합을 형성한다"고 말할 수 있다.

배위 공유 결합에서 전자쌍이 어디에서 왔는지를 나타내기 위해 굽은 화살표를 사용하기도 한다. 화살표 방향이 전자쌍이 제공되는 방향을(이 경우에는 질소에서 붕소로) 가리킨다.

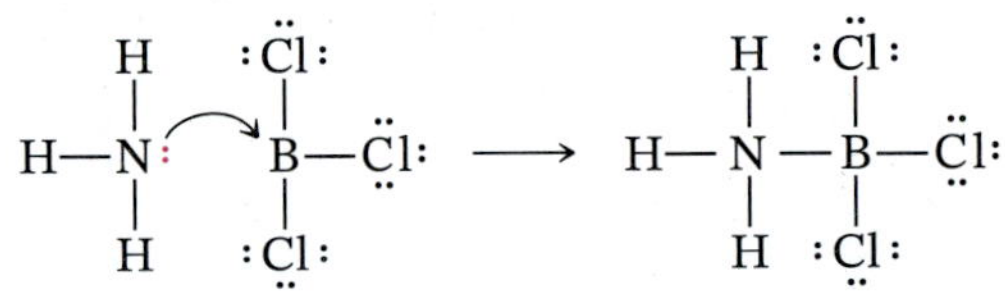

두 개의 작은 분자가 간단히 결합하여 만들어진 BCl_3NH_3 같은 화합물을 **첨가 화합물(addition compound)**이라고도 한다.

실전 문제 8.22

Lewis 구조를 사용하여 NH_3와 H^+로부터 배위 공유 결합을 통하여 NH_4^+를 형성하는 반응을 나타내시오. 이 결합이 NH_4^+의 다른 N—H 결합과 구분될 수 있는가? (**힌트**: 배위 공유 결합의 정의를 유념하시오.)

실전 문제 8.23

Lewis 구조를 이용하여 OH^-와 H^+가 배위 공유 결합 형성하는 반응을 설명하시오.

8.8 공명 구조

어떤 분자나 이온에 대해서는 결합 길이나 결합 에너지에 대한 실험 결과와 일치하는 Lewis 구조를 그릴 수 없는 경우도 있다. 폼산($HCHO_2$)의 중화 과정에 의해 생성되는 폼산 이온(CHO_2^-)을 예로 들어 보자. 지금까지 배운 단계에 따라 다음과 같이 Lewis 구조를 그릴 수가 있다.

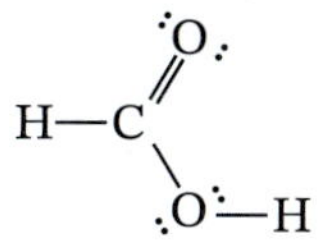

폼산

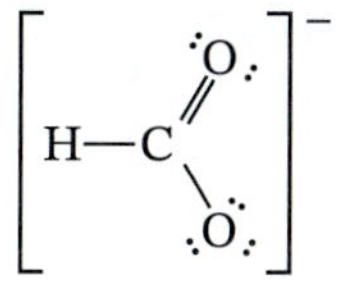

폼산 이온

WildPictures/Alamy Stock Photo

폼산은 불개미에 물렸을 때 따끔거리는 느낌을 주는 물질이다.

이 구조는 탄소–산소 결합 중 한 개가 다른 결합보다 길다는 것을 나타내고 있지만, 실험 결과에 따르면 두 탄소–산소 결합의 길이는 모두 단일 결합 길이와 이중 결합 길이의 중간 정도로 동일하다. 위에 그린 Lewis 구조는 실험 결과와 일치하지 않으며, 실험 결과와 일치하는 Lewis 구조를 그릴 방법이 없다. 실험 결과와 일치하기 위해서는 모든 전자는 쌍을 이루어야 하며 동시에 각각의 탄소–산소 결합에 1.5개의 전자쌍이 배치된 구조여야 한다.

이와 같은 문제를 해결하기 위해서 **공명(resonance)**이라는 개념을 이용한다. 분자나 이온의 실제 구조를 우리가 그릴 수 있는 여러 Lewis 구조들의 혼합 또는 평균 구조로 간주하는 것이다. 예를 들면 폼산 이온의 경우 Lewis 구조를 다음과 같이 그릴 수 있다.

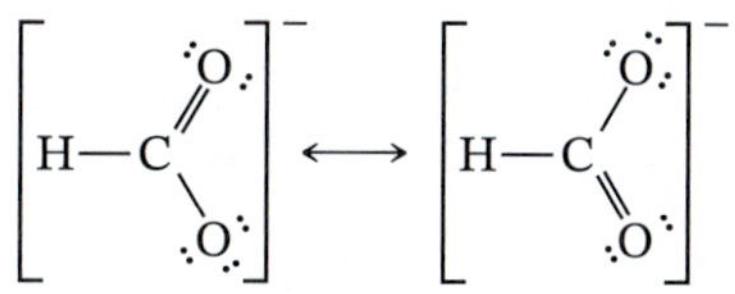

여기서는 한 구조에서의 전자 위치를 다른 구조에서 옮겼을 뿐이다. 탄소와 특정한 산소 원자 사이의 결합이 한 구조에서는 단일 결합이고, 다른 구조에서는 이중 결합이다. 이들의 평균값은 1.5중 결합(단일 결합과 이중 결합의 중간 값)이고, 이것은 실험적인 결합 길이와 일치한다. 이 두 Lewis 구조를 **공명 구조(resonance structure)** 또는 **기여 구조(contributing structure)**라고 한다. 이때 폼산 이온의 실제 구조는 두 공명 구조의 **공명 혼성(resonance hybrid)** 구조라고 한다. 공명 구조를 그릴 때 사용하는 양쪽 화살표는 실제 혼성 구조가 두 공명 구조가 혼합된 것임을 의미한다.

도구
공명 구조

공명이라는 용어를 오해하는 학생들이 많다. 이 말 자체는 의미는 실제 구조가 두 구조 사이를 왔다 갔다 하는 것을 의미하는데, 이는 사실이 아니다. 단순히 우리가 그려낼 수 없는 실제 구조를 기술하기 위해 그릴 수 있는 구조를 사용하는 것뿐이다. 당나귀와 얼룩말의 혼성 잡종인 존키(zonkey)의 모습이 어떠할지 얼룩말과 당나귀의 사진을 보면서 상상해보자. 존키는 얼룩말과 당나귀의 특징을 둘 다 가지고 있지만, 한순간은 얼룩말로 다른 순간에는 당나귀로 왔다 갔다 하면서 존재하는 것은 아니다. 이와 유사하게 **공명 혼성**도 두 구조의 혼합 특성을 가지지만, 두 구조 사이를 왔다 갔다 하는 것은 아니다.

JIJI PRESS/AFP/Getty Images

존키는 얼룩말과 당나귀의 혼혈종이다. 존키는 부모의 특징을 모두 갖고 있지만 어느 한쪽을 완전히 닮지는 않았다. 더욱이 지금은 얼룩말이었다가 잠시 후 당나귀가 되지는 않는다.

공명 구조가 필요한 경우

어느 경우에 Lewis 구조에 공명을 적용해야 하는지를 정하는 간단한 방법이 있다. 앞에서 기술한 방법대로 Lewis 구조를 그릴 때 전자를 이동시켜 한 개 이상의 이중 결합을 만드는 경우, 공명 구조체의 수는 동등한 형태의 이중 결합의 위치를 선택할 수 있는 방법의 수와 같다. 예를 들어 질산 이온(NO_3^-)의 Lewis 구조를 그리는 과정의 중간 단계에서 얻은 다음의 구조를 생각해 보자.

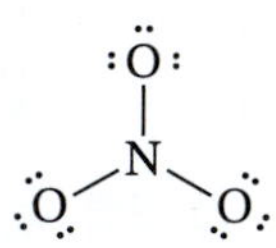

질소가 팔전자 규칙을 만족하기 위해서는 이중 결합이 필요하다. 이중 결합의 위치는 3개의 N—O 중 어느 곳이든 관계없으므로, 이 이온의 공명 구조는 다음과 같이 3가지를 그릴 수 있다.

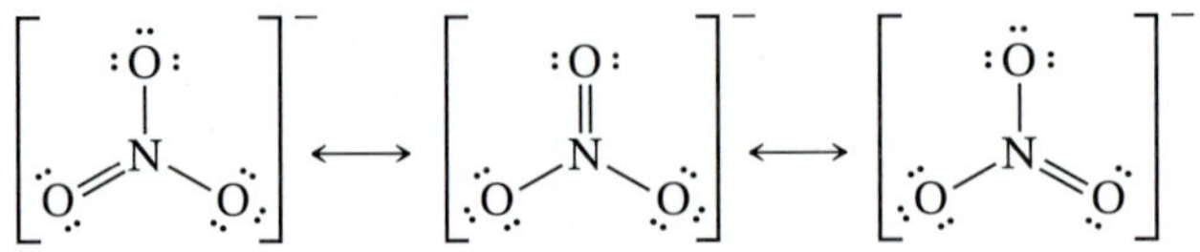

각 구조는 이중 결합의 위치만 다를 뿐 동일한 것임에 유의하라.

도구
평균 결합 차수

질산 이온에 대한 3개의 Lewis 구조에서, 한 구조에서 다른 구조로 '이동하는' 것처럼 표현된 여분의 결합은 실제로는 세 결합 모두에 골고루 분포된 것이다. 따라서 N—O에서 **평균 결합 차수(average bond order)**는 $1\frac{1}{3}$(혹은 1.33)이 될 것이다. 일반적으로 평균 결합 차수는 결합의 수를 모두 더한 후 동등한 위치의 수로 나누어서 구할 수 있다. NO_3^- 이온에서 전체 4개의 결합(단일 결합 2개와 이중 결합 1개)이 세 개의 동등한 위치에 퍼져 있으므로, 결합 차수는 $\frac{4}{3}=1\frac{1}{3}$이다.

예제 8.10 공명 구조 그리기

형식 전하를 이용하여 탄산 이온(CO_3^{2-})에 적합한 Lewis 구조를 그리시오. 또한 공명 구조를 그리고, C—O 결합의 평균 결합 차수를 결정하시오.

분석 지금까지 논의한 절차에 따라 다음과 같은 Lewis 구조를 그린다.

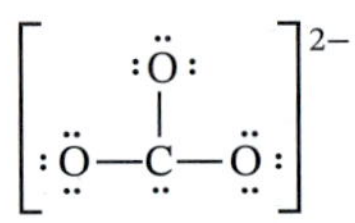

모든 원자가 전자를 원자 모두가 팔전자 규칙을 만족하도록 배치한 구조이므로 공명 개념을 사용할 필요가 없는 것처럼 보인다. 그러나 문제는 '적합한' 구조를 찾는 것이다. 형식 전하를 구해서 가장 적합한 구조를 결정한 다음 공명 개념의 필요 여부를 정한다.

도구 모음 형식 전하를 구하기 위하여 사용될 도구는 다음과 같은 식 8.3이다.

$$\text{형식 전하} = \left[\begin{matrix}\text{고립된 원자의 원자가}\\ \text{껍질에 있는 전자수}\end{matrix}\right] - \left[\begin{matrix}\text{원자의}\\ \text{결합수}\end{matrix} + \begin{matrix}\text{비공유}\\ \text{전자의 수}\end{matrix}\right]$$

적합한 구조에 이중 결합이 존재하면, 공명 구조체의 수는 이중 결합을 배치할 수 있는 동등한 위치의 수와 같다. 평균 결합 차수는 세 개의 동일 결합 위치에 대해 존재하는 결합의 개수로부터 계산된다.

풀이 다음과 같이 형식 전하를 결정한다.

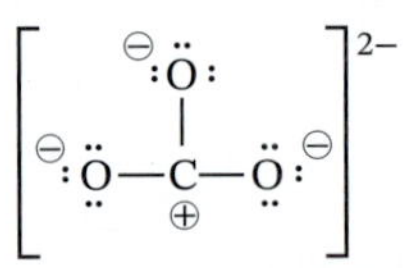

형식 전하의 수를 줄일 수 있다면 더 좋은 Lewis 구조를 얻을 수 있다. 이러한 구조는 산소에 있는 비공유 전자쌍 한 개를 C—O 결합으로 옮겨서 이중 결합을 만들면 얻어진다. 왼쪽에 있는 산소를 이용해 보자.

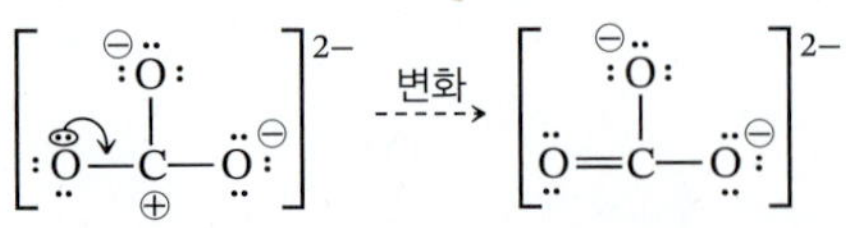

이중 결합을 만드는 위치는 세 개의 C—O 결합 중 어느 것을 이용해도 되므로 이중 결합 위치에 세 개의 동등한 선택권이 있다. 따라서 다음과 같은 3가지 공명 구조를 그릴 수 있다.

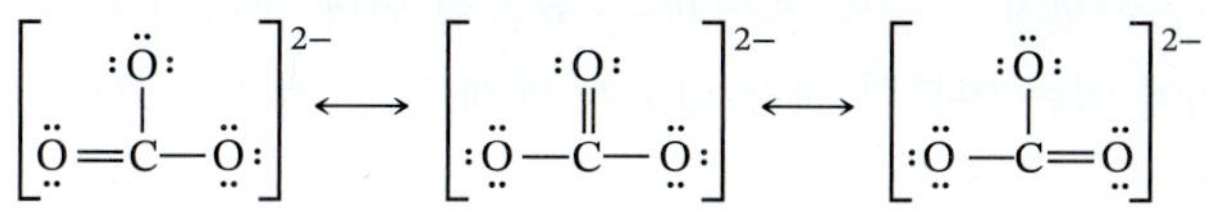

한편 평균 결합 차수는 질산 이온에서처럼 1.33이 된다.

답이 합리적인가? 다음 질문에 '예'라고 답할 수 있다면 문제를 제대로 푼 것이다. 원자가 전자의 수를 제대로 세었는가? 전자를 골격 구조에 적절히 배치하였는가? 형식 전하의 합이 탄산 이온의 전하와 같은가? 이중 결합에 대한 동등한 위치의 수를 제대로 정했는가? 평균 결합 차수를 제대로 계산했는가? 모든 질문에 대한 답이 '예'라면, 문제를 제대로 푼 것이다.

실전 문제 8.24

형식 전하를 이용하여 구한 인산 이온에 대한 최적의 Lewis 구조는 다음과 같다.

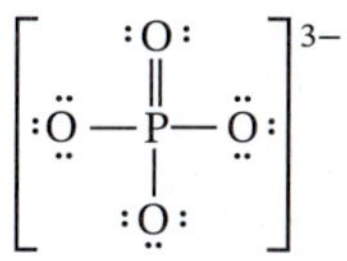

이 이온에 대한 동등한 공명 구조는 몇 개인가? (**힌트**: 이중 결합이 가능한 동등한 위치는 몇 개인가?)

실전 문제 8.25

HCO_3^-에 대한 공명 구조를 그리시오.

실전 문제 8.26

아이오딘산 이온(IO_3^-)에 적합한 Lewis 구조를 그리고, 적절한 공명 구조를 그리시오.

공명 구조를 가진 분자의 안정성

분자나 이온이 공명 혼성체로 존재할 때 얻어지는 장점 중 한 가지는 각 공명 구조체 중 어느 하나의 총 에너지보다 공명 혼성체의 총 에너지가 더 낮다는 것이다. 특히 중요한 예가 벤젠(C_6H_6)이다. 벤젠은 평평한 육각형 고리 모양의 분자(**그림 8.14**)로, 플라스틱이나 아미노산과 같은 중요한 수많은 유기 분자의 기본 물질이기도 하다.

벤젠에 대해 보통 다음의 두 가지 공명 구조가 사용된다.

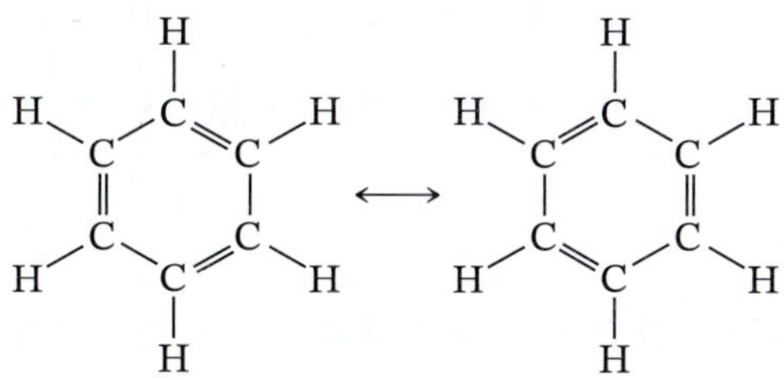

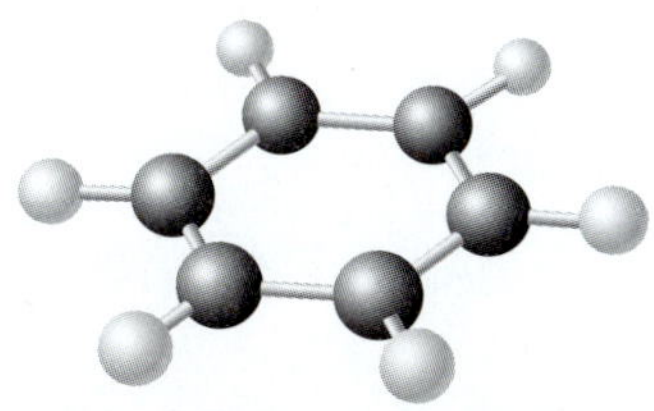

그림 8.14 벤젠 이 분자는 평면 육각형 구조이다.

벤젠의 구조는 보통 다음 그림과 같이 이중 결합을 나타내기 위한 이중선을 포함한 육각형으로 나타낸다. 육각형의 각 꼭짓점에는 탄소 원자가 있고 이 탄소 원자는 수소 및 인접한 탄소와 결합하고 있다.

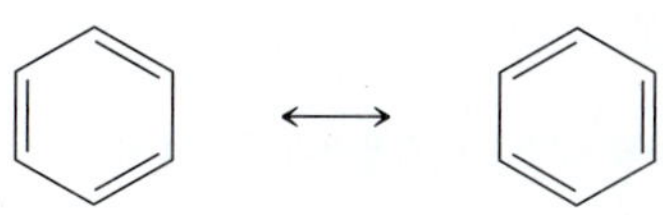

보통 벤젠의 실제 구조(벤젠의 공명 혼성체)는 육각형 안에 하나의 원을 그려 나타낸다. 이것은 이중 결합 세 개에 있는 여분의 전자 밀도가 벤젠 고리 전체에 고르게 분포되어 있음을 나타내기 위해서이다.

(벤젠의 구조를 표현하는 일반적인 방식)

벤젠의 각 공명 구조가 이중 결합을 가지고 있음에도 불구하고, 이 분자의 반응은 탄소–탄소 이중 결합을 가지고 있는 다른 유기 분자들의 반응과는 사뭇 다르다. 이것은 공명 혼성체가 어떤 공명 구조보다도 더 안정하기 때문이다. 실제로 벤젠 분자의 에너지는 각 공명 구조의 에너지보다 약 146 kJ/mol 정도 더 안정한 것으로 계산되었다. 공명에 의해서 가지게 되는 이 여분의 안정성을 **공명 에너지(resonance energy)**라고 한다.

해설 유기 화합물에 대한 좀 더 폭넓은 논의는 22장에서 볼 수 있다. 이 절에서는 탄소 원자가 다른 원자와 결합한 형태의 몇 가지 중요한 유기 화합물의 종류에 대하여 살펴볼 것이다.

8.9 탄소의 공유 결합 화합물

공유 결합은 우리 일상에서 만날 수 있는 다양한 물질에서 관찰된다. 이런 물질은 대부분 탄소와 탄소 또는 탄소와 다양한 비금속들이 공유 결합하여 형성되는 **유기 화합물(organic compound)**로 분류된다. 유기 화합물은 우리가 먹는 음식, 입는 의류, 치료용 의약품, 차량을 움직이는 연료, 산악 등반자가 사용하는 등반용 줄을 구성하는 섬유 등 다양한 물질에 포함되어 있다. 유기 화합물은 매우 흔하게 사용되는 물질이고, 또한 본 교재에서 자주 언급되기 때문에 그 종류에 대하여 간단히 살펴보기로 한다.

유기 화합물은 탄소에 결합된 원소, 그리고 이러한 원소들의 원자가 분자 내에서 어떻게 배열되어 있는가에 따라 서로 다른 종류로 분류된다. 이 단락에서 공부하는 화합물은 탄소가 수소, 산소, 질소와 결합하고 있는 화합물이다. 2.7절에서 배운 바와 같이 그러한 물질들은 탄화수소(기본 '분자 골격'이 탄소 원자로 구성되어 있고, 마치 사슬 형태로 연결되어 있는 탄소와 수소로 구성된 화합물)로부터 유래된 것으로 생각할 수 있다.

유기 화합물의 중요한 특징 중 하나는 네 개의 공유 결합을 형성함으로써 팔전자 규칙을 만족시키려는 탄소의 경향성에 있다. 예를 들어 알케인 계열[5]의 탄화수소(2.7절에 간략히 설명함)에서 모든 결합은 모두 단일 결합이다. 처음 3종의 알케인(메테인, 에테인, 프로페인)의 구조는 다음과 같다.

해설 이들 화합물의 구조를 다음과 같은 축약식으로 나타낼 수 있다.
CH_4
CH_3CH_3
$CH_3CH_2CH_3$

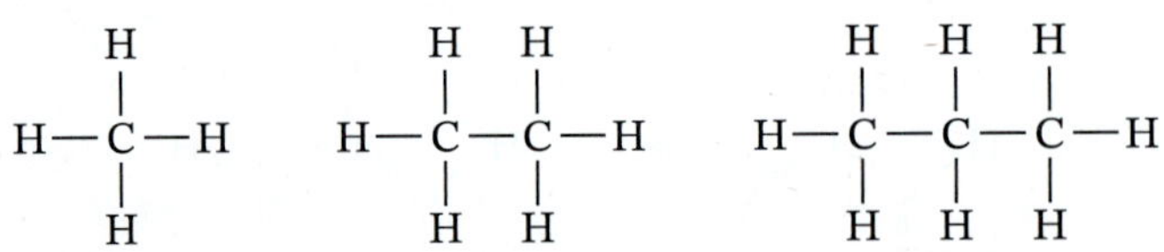

메테인 에테인 프로페인

이 분자들의 모양은 2.7절의 그림 2.30에 공간 채움 모형을 이용하여 나타내었다.

탄소가 네 개 이상일 때는 원자들을 배열하는 방법이 두 가지 이상이므로 물질이 더 복잡해진다. 예를 들어 뷰테인은 분자식이 C_4H_{10}인데, 다음과 같은 두 가지 방법으로 탄소를 배열할 수 있다. 이와 같이 배열된 두 화합물을 각각 뷰테인과 아이소뷰테인으로 부른다.

[5]알케인 계열은 2장의 표 2.7에서 언급한 동족 계열이다. 작용기의 종류에 따라 알코올이나 산 등과 같은 다른 종류의 동족 계열이 존재한다.

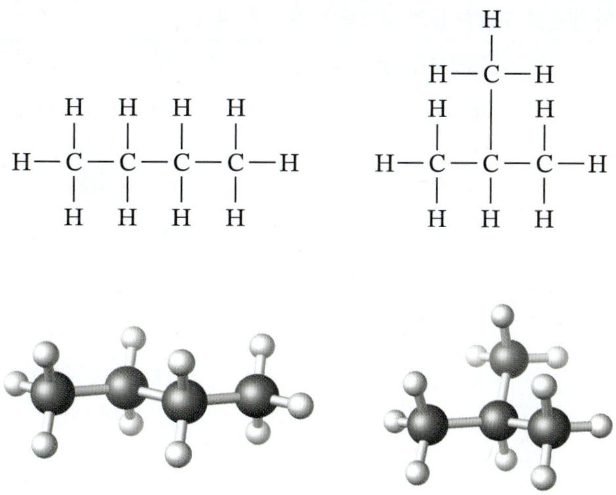

뷰테인 C_4H_{10} bp = −0.5 °C

메틸프로페인 (아이소뷰테인) C_4H_{10} bp = −11.7 °C

해설 이들 구조를 축약된 형태로 다음과 같이 나타낼 수 있다.

$CH_3CH_2CH_2CH_3$

CH_3
|
CH_3CHCH_3

이 두 화합물은 분자식이 동일하지만, 그림 아래에 나타낸 끓는점에서 볼 수 있듯이 서로 다른 성질을 지닌 다른 화합물이다. 이처럼 분자식은 동일하지만 서로 다른 원자 배열로 인하여 두 가지 이상의 다른 화합물이 나타나는 것을 **이성질 현상(isomerism)**이라고 하며, 이에 대하여는 22장과 23장에서 자세히 다룰 것이다. **이성질체**(isomer)가 존재한다는 것은 다양한 유기 화합물이 존재하는 이유 중 하나이기도 하다. 예를 들어 $C_{20}H_{42}$의 화학식을 가진 이성질체 수는 366,319종에 달하며, 이들은 탄소 원자들이 서로 결합한 순서만이 다르다.

탄소는 또한 이중 결합이나 삼중 결합을 형성하여 팔전자를 완성할 수 있다. 에텐(C_2H_4)과 에타인(C_2H_2)(일반적으로 각각 에틸렌과 아세틸렌으로 부른다)의 Lewis 구조는 다음과 같다.[6]

에텐 (에틸렌)　　에타인 (아세틸렌)

산소와 질소를 포함하는 화합물

대부분 유기 화합물은 탄소와 수소 외에 다른 원소들을 포함하고 있다. 2.7절에서 언급했듯이, 한 개나 혹은 그 이상의 수소를 다른 원자단으로 치환한 형태로 탄화수소를 분류하는 것이 편리하다. 탄화수소에 붙어 있는 **작용기(functional group)**의 성질에 따라 탄화수소를 여러 종류로 나눌 수 있다. 탄화수소의 일부 종류를 **표 8.4**에 요약하였는데, 여기서 작용기가 붙는 탄화수소는 기호 **R**로 나타낸다.

알코올 2장에서 언급한 바와 같이 탄화수소의 수소 중 한 개를 OH로 치환한 유기 화합물을 **알코올(alcohol)**이라 한다. 대표적인 알코올인 메탄올(메틸 알코올)과 에탄올(에틸 알코올)의 구조를 다음에 나타내었다.

Andy Washnik

이 용기에는 메탄올이 연료로 들어 있다. 이 제품은 일반적으로 뷔페에서 음식을 데울 때 사용된다.

[6]유기 화합물을 명명하는 IUPAC 체계에서, meth-, eth-, prop-, but-는 각각 탄소 원자가 1, 2, 3, 4개인 탄소 사슬을 나타낸다. 유기 화합물 명명은 22장에서 더 자세히 다루도록 한다.

표 8.4 산소와 질소를 포함한 유기 화합물의 몇 가지 종류[a]

이름	일반식	예
알코올	$R-O-H$	CH_3-O-H 메탄올
알데하이드	$R-C(=O)-H$	$CH_3-C(=O)-H$ 에탄알 (아세트알데하이드)
케톤	$R-C(=O)-R$	$H_3C-C(=O)-CH_3$ 프로판온 (아세톤)
산	$R-C(=O)-O-H$	$H_3C-C(=O)-O-H$ 에탄산 (아세트산)
아민	$R-NH_2$	H_3C-NH_2 메틸아민
	$R-NH-R$	$H_3C-N(H)-CH_3$ 다이메틸아민
	$R-N(R)-R$	$H_3C-N(CH_3)-CH_3$ 트라이메틸아민

[a]R은 CH_3- 또는 CH_3CH_2-와 같은 탄화수소 조각을 나타낸다.

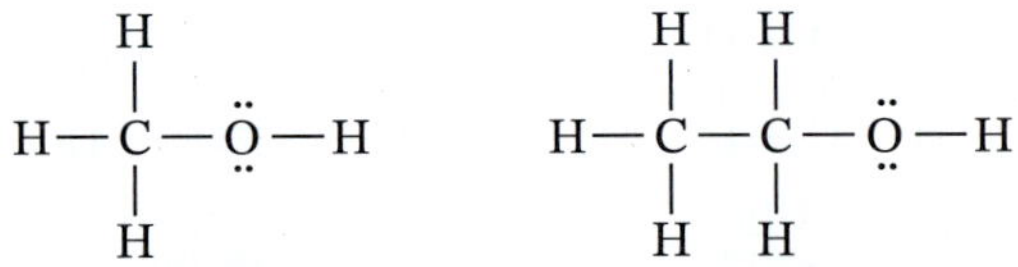

메탄올 (메틸 알코올) 에탄올 (에틸 알코올)

이들은 CH_3OH와 CH_3CH_2OH 또는 CH_3-OH와 CH_3CH_2-OH와 같은 **축약식(condensed formula)**으로 나타낼 수 있다. 메탄올은 용매나 연료로 사용되며, 에탄올은 술로 이용되기도 하고 최대 85%까지의 에탄올을 가솔린과 혼합한 E85라고 불리는 연료로 사용되기도 한다.

케톤 물 분자에서와 마찬가지로 알코올에서 산소는 두 개의 단일 결합을 형성해서 팔전자 규칙을 만족한다. 그러나 산소는 CO_2에서와 같이 이중 결합을 형성할 수도 있다. 두 개의 수소 원자를 이중 결합을 이룬 산소로 치환한 화합물을 **케톤(ketone)**이라고 한다. 가장 간단한 예는 아세톤이라는 이름으로 더 잘 알려진 프로판온이며, 이 화합물은 매니큐어(nail polish)를 지우는 용매로 사용된다.

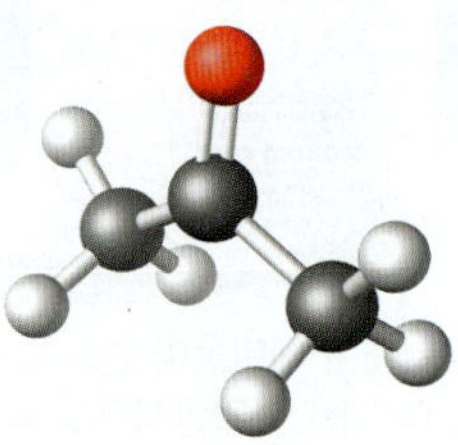

아세톤

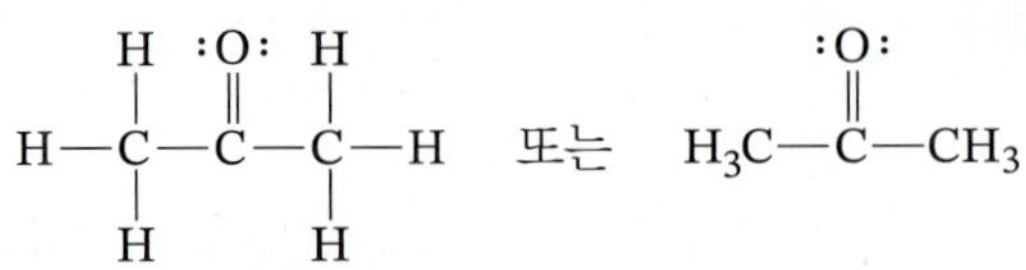

프로판온 (아세톤)

케톤의 일종인 에틸 메틸 케톤은 다양한 플라스틱을 녹일 수 있는 유용한 용매로 이용된다.

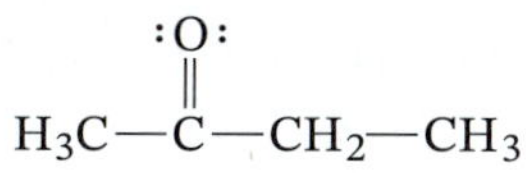

뷰탄온
(에틸 메틸 케톤)

알데하이드 케톤에서 산소와 결합된 탄소는 두 개의 서로 다른 탄소와도 연결되어 있다. C=O기[**카보닐기**(**carbonyl group**)라고 함]에 붙은 원자 중 적어도 하나가 수소이면, 이 화합물을 **알데하이드**(**aldehyde**)라고 한다. 폼알데하이드(방부 처리하여 생물 표본을 보존하는 데 사용)와 아세트알데하이드(향수, 색소, 플라스틱 제조에 사용)가 그 사례들이다.

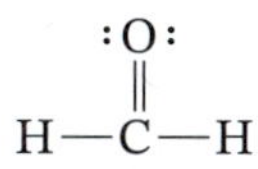

메탄알
(폼알데하이드)

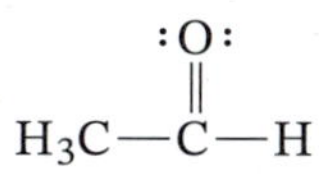

에탄알
(아세트알데하이드)

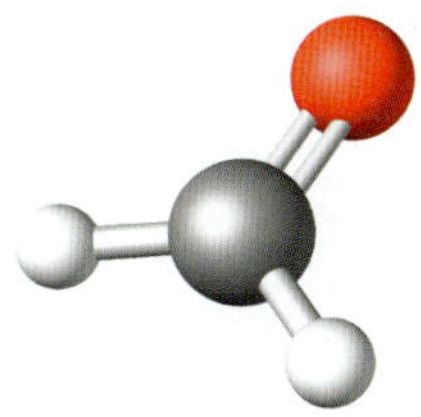

폼알데하이드

유기산 **카복실산**(**carboxylic acid**)이라고 하는 **유기산**(**organic acid**)은 산소를 포함하는 중요한 유기 화합물의 일종이다. 4장에서 설명했던 아세트산(acetic acid)이 대표적인 유기산이다. 그림 4.11에 나타낸 아세트산의 구조를 살펴보면, H_3O^+로 이온화될 수 있는 수소 원자를 한 개 지니고 있다는 것을 알 수 있다. 아세트산과 아세트산 이온의 Lewis 구조는 다음과 같다.

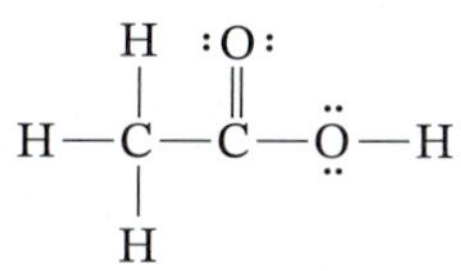

아세트산

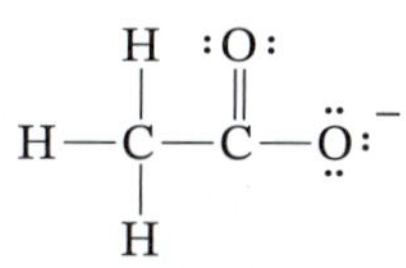

아세트산 이온

일반적으로 유기산에는 **카복실기**(**carboxyl group**, $-CO_2H$)가 존재하는 것이 특징이다.

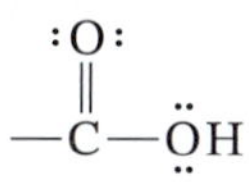

카복실기

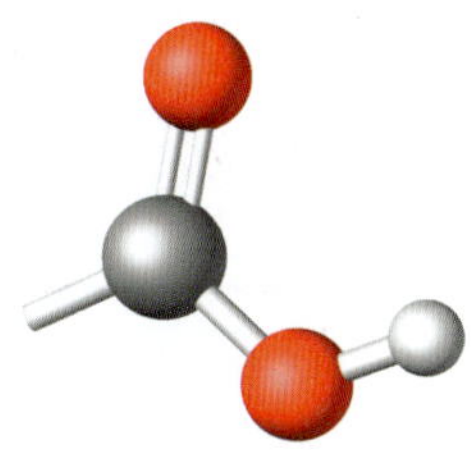

카복실기

유기산은 말단에 있는 탄소 원자에 이중 결합으로 연결된 산소와 OH기를 모두 지니고 있다.

아민 질소 원자는 팔전자 규칙을 만족하기 위하여 세 개의 전자를 필요로 하므로, 대부분의 화합물에서 질소는 세 개의 결합을 형성한다. 보통 질소를 포함한 유기 화합물은 암모니아(NH_3)의 수소 중 한 개 이상이 탄화수소기로 치환된 형태이며, 이 화합물을 **아민**(**amine**)이라고 한다. 암모니아와 가장 간단한 아민 화합물인 메틸아민(CH_3NH_2)의 Lewis 구조는 다음과 같다.

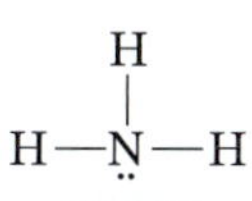

암모니아

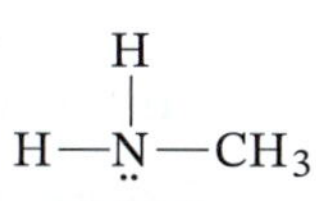

메틸아민

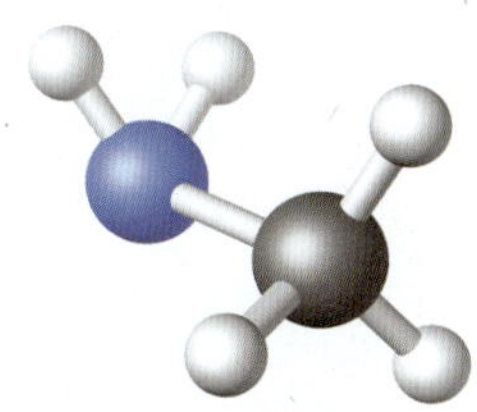

메틸아민

아민은 비린내와 같은 강한 냄새를 지닌 화합물이다. 암모니아와 마찬가지로 아민은 다음과 같이 약염기의 특성을 나타낸다.[7]

[7]생체에서 단백질의 필수 구성 단위인 아미노산은 아민기($-NH_2$)와 카복실기($-CO_2H$)를 함께 포함하고 있다. 가장 간단한 아미노산은 글라이신(glycine)이다.

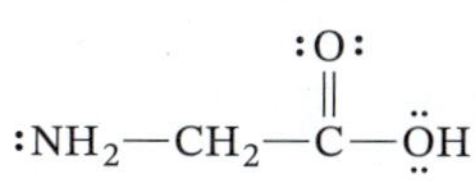

글라이신

$$CH_3NH_2(aq) + H_2O \rightleftharpoons CH_3NH_3^+(aq) + OH^-(aq)$$

4장에서 언급한 것처럼 아민에 첨가되는 H^+는 질소 원자와 결합한다.

실전 문제 8.27

다음 각각의 유기 화합물의 이름과 일치하는 화학 구조식을 연결하시오. (**힌트**: 원자들은 서로 어떻게 연결되어 있는가?)

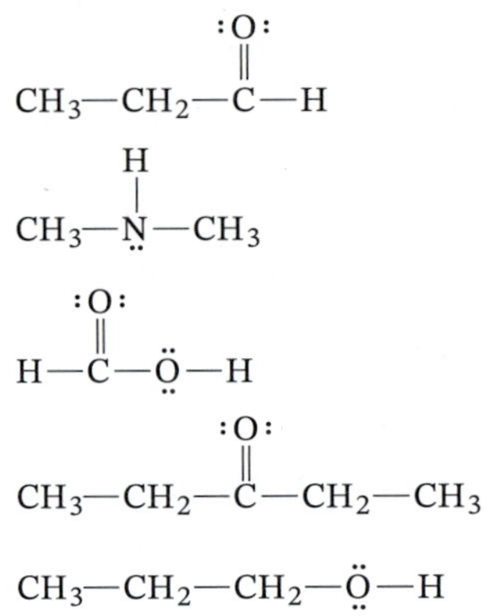

아민

알코올

케톤

알데하이드

카복실산

실전 문제 8.28

실전 문제 8.27의 화합물 중에서 다음 질문에 해당하는 화합물은 어느 것인가?

(a) 물에서 염기성 용액을 만드는 것은 어느 것인가?

(b) 물에서 산성 용액을 만드는 것은 어느 것인가?

(c) 산이 중화될 때 생성되는 음이온의 Lewis 구조는 무엇인가?

(d) 염기와 H^+가 반응할 때 생성되는 양이온의 Lewis 구조는 무엇인가?

다중 개념 문제의 분석과 풀이

아인산의 화학식은 H_3PO_3이다. 아인산 0.3066 g을 완전히 중화하는 데 KOH 0.4196 g이 소모되었다. 이 자료를 이용하여 H_3PO_3에 대한 가장 적합한 Lewis 구조를 쓰시오.

분석 Lewis 구조를 그리기 위해 이 장에서 설명한 절차를 따르면 다음과 같이 3개의 수소가 3개의 산소에 각각 할당된 삼양성자성 산을 나타내는 다음의 골격 구조를 그릴 수 있다.

H
O
H O P O H

KOH에 의한 아인산의 중화 실험 결과를 이용하여 원자들의 배열이 정확한지를 확인할 수 있다.

중화 실험 결과로부터 산 1 mol을 중화하는 데 필요한 KOH의 몰수를 계산할 수 있고, 이 결과로부터 아인산에 포함된 '산성' 수소의 수를 유추할 수 있다. 아인산이 삼양성자성 산이라면 1 mol의 산을 중화하는 데 3몰의 KOH가 필요할 것이다.

중화 반응과 관련된 화학량론으로부터 얻은 정보를 이용하여 Lewis 구조를 완성하는 데 위에 주어진 골격 구조를 사용할 것인지 아니면 다른 구조를 고려해야 하는지를 결정한다.

Part 1: 중화 실험 결과를 이용하여 산을 중화하는 데 필요한 H_3PO_3에 대한 KOH의 몰비를 결정한다.

Part 2: Part 1의 계산 결과를 검토한 후 필요하다면 골격 구조를 재조정한다.

Part 3: Lewis 구조를 완성한 다음 형식 전하를 이용하여 적합한 Lewis 구조를 그린다.

Part 1

도구 모음 계산을 수행하는 데 필요한 자료는 H_3PO_3(81.994 g mol^{-1})와 KOH(56.108 g mol^{-1})의 분자 질량이다. 실험 자료로부터 다음과 같은 등식을 세울 수 있다.

$$0.3066\text{ g } H_3PO_3 \Leftrightarrow 0.4196\text{ g of KOH}$$

풀이 문제의 핵심을 다음과 같이 나타낼 수 있다.

$$1\text{ mol } H_3PO_3 \Leftrightarrow ?\text{ mol KOH}$$

차원 분석을 통해 다음을 얻는다.

$$1\text{ mol } H_3PO_3 \times \frac{81.994\text{ g } H_3PO_3}{1\text{ mol } H_3PO_3} \times \frac{0.4196\text{ g KOH}}{0.3066\text{ g } H_3PO_3} \times \frac{1\text{ mol KOH}}{56.108\text{ g KOH}} = 2.00\text{ mol KOH}$$

산 1 mol을 중화하는 데 KOH 2 mol이 필요하므로, 아인산은 두 개의 양성자를 포함하는 산이다. 이 사실을 반영하기 위해 골격 구조를 바꾸어야 한다.

Part 2

도구 모음 Part 1에서 얻은 결과를 충족시키기 위한 새로운 골격 구조를 얻기 위하여 Lewis 구조를 그리는 절차를 이용한다.

풀이 산소산에서 산성 수소는 중심 원자와 결합된 산소에 결합되어 있다. H_3PO_3는 두 개의 양성자를 포함하는 산이므로, 산소에 결합된 수소는 두 개이며, 세 번째 수소는 다음과 같이 인에 결합되어야 할 것이다.

```
        O
H   O   P   O   H
        H
```

Part 3

도구 모음 도구 모음 도구는 Lewis 구조를 그리는 과정이다. 어느 것이 더 적합한 구조인지를 결정하는 데 8.8절에 논의한 형식 전하를 사용한다.

풀이 인(5A족)은 5개의 전자를 제공하고 산소(6A족)는 6개의 전자를 제공하며 수소는 한 개의 전자를 제공하므로, 전체 원자가 전자의 총합은 26e^-이다. 일반적인 과정을 따르면 다음과 같은 Lewis 구조가 얻어진다.

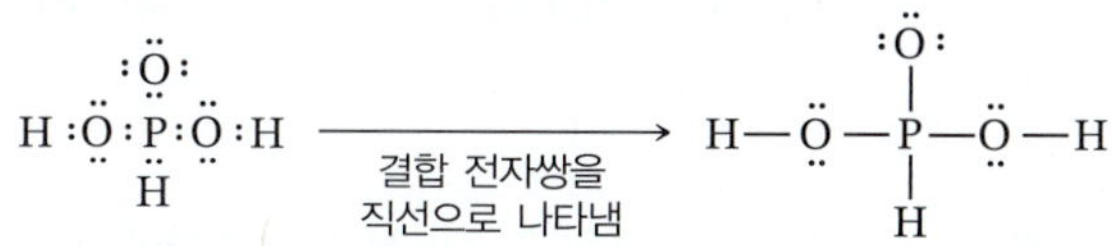

계산한 형식 전하를 표시하면 다음과 같다.

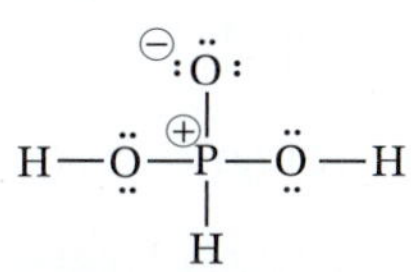

위쪽에 있는 산소에 포함된 비공유 전자쌍 한 개를 인–산소 결합으로 이동시켜 이중 결합을 만들면 형식 전하가 줄어든다.

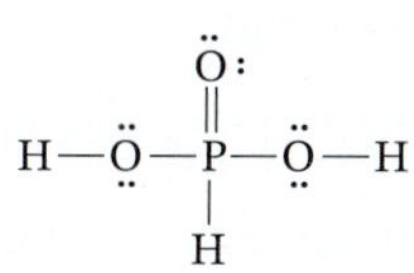

새로운 구조는 형식 전하가 없으므로, 에너지적인 관점에서 새로운 구조가 더 적합한 구조이다.

답이 합리적인가? 화학량론적 계산을 통해 H_3PO_3 1 mol당 필요한 KOH의 몰수가 정수로 얻어진 것은 문제가 올바르게 해결되었음을 말해 준다. 차원 분석으로 얻은 단위가 올바른 것으로 미루어 계산이 정확하다고 결론내릴 수 있다. 새로운 골격 구조는 화학량론적 계산과 일치하기 때문에 타당하다. 끝으로 전체 전자의 수가 올바른 것을 확인할 수 있고, 따라서 새로운 Lewis 구조는 합리적이라고 말할 수 있다.

종합 화학 예제

6장에서 적절한 몇 가지 반응의 반응열을 조합하여 원하는 반응의 반응열을 구하는 Hess 법칙에 대하여 논의하였다. 이 방법을 이용하여 너무 위험하거나 실험실에서 수행하기 불가능한 반응에 대한 반응열을 결정할 수 있다. 이 장에서는 이와 유사한 방법을 이용하여 매우 중요한 반응열의 한 형태인 격자 에너지를 결정하는 방법에 대하여 공부하였다.

삼각법을 이용하면 길이를 아는 자가 만드는 그림자와 나무가 만드는 그림자의 길이를 각각 측정한 후 비교하여 나무의 길이를 알아낼 수 있다. 이와 비슷하게 화합물의 물리적 특성을 직접 측정하지 않고 알아낼 수도 있다. 독일의 과학자인 Henry Hess와 Max Born 그리고 Fritz Harber는 어떤 반응의 반응열과 격자 에너지를 간접적으로 결정하는 방법을 제시하였다.

그림 8.4에 나타낸 Born−Haber 순환은 (1) NaCl을 생성하는 단일한 열화학 반응과 (2) 5개의 열화학 반응식을 조합해서 동일한 NaCl을 생성하는 반응 경로를 함께 보여주고 있다. 에너지 보존의 법칙과 순환이라는 관점에서 Part 1과 Part 2의 열화학 반응이 동일하다는 것을 수학적으로 증명하시오.

분석 이 문제의 Part 1에서는 생성 반응과 관련된 단일한 열화학 반응에 대하여 묻고 있고, Part 2에서는 Hess 법칙을 이용해서 NaCl를 생성하는 일련의 열화학 반응에 대하여 묻는 문제이다.

도구 모음 열화학 반응과 형성 반응과 관련한 원리가 필요하다. 열화학 반응을 조합할 때 사용하는 Hess 법칙도 도구로 사용해야 한다.

Part 1

풀이 NaCl의 생성 반응과 열화학 반응을 나타내는 데 필요한 생성열은 다음과 같다.

$$Na(s) + \tfrac{1}{2}Cl_2(g) \longrightarrow NaCl(s) \qquad \Delta H_f° = -411 \text{ kJ}$$

Part 2

풀이 필요한 일련의 열화학 반응은 그림 8.4의 Born−Haber 순환에서 얻을 수 있다.
반응은 Part 1에서의 출발점과 동일한 $Na(s) + \frac{1}{2}Cl_2(g)$에서 시작하지만, Part 1과는 반대 방향으로 진행한다. 따라서 첫 번째 과정은 다음과 같이 쓸 수 있다.

$$Na(s) + \tfrac{1}{2}Cl_2(g) \longrightarrow Na(g) + \tfrac{1}{2}Cl_2(g)$$

반응물과 생성물에 동시에 존재하는 $\frac{1}{2}Cl_2(g)$을 삭제하면 다음의 열화학 반응식을 얻는다.

$$Na(s) + \cancel{\tfrac{1}{2}Cl_2(g)} \longrightarrow Na(g) + \cancel{\tfrac{1}{2}Cl_2(g)}$$

$$Na(s) \longrightarrow Na(g) \qquad \Delta H°_{\text{증발}} = +108 \text{ kJ}$$

두 번째 단계는 $\frac{1}{2}Cl_2(g)$을 분해하여 $Cl(g)$ 원자를 얻는 다음의 반응이다.

$$Na(g) + \tfrac{1}{2}Cl_2(g) \longrightarrow Na(g) + Cl(g)$$

$Na(g)$를 제거하고 해리 엔탈피를 함께 나타내면 다음과 같다.

$$\tfrac{1}{2}Cl_2(g) \longrightarrow Cl(g) \qquad \Delta H^\circ_{\text{분해}} = +121 \text{ kJ}$$

구경꾼 화학종을 제거한 3번째와 4번째 단계를 이온화 에너지(IE)와 전자 친화도(EA)와 함께 다음과 같이 나타낼 수 있다.

$$Na(g) \longrightarrow Na^+(g) + e^- \qquad \Delta H^\circ_{IE} = +495 \text{ kJ}$$
$$Cl(g) \longrightarrow Cl^-(g) \qquad \Delta H^\circ_{EA} = -349 \text{ kJ}$$

5번째는 $Na^+(g)$와 $Cl^-(g)$가 결합하는 단계로 이 반응의 반응열은 격자 에너지(ΔH°_{LE})에 해당한다.

$$Na^+(g) + Cl^-(g) \longrightarrow NaCl(s) \qquad \Delta H^\circ_{LE} = -786 \text{ kJ}$$

이제 Hess 법칙에 따라 5가지 반응을 모두 더해서 얻은 반응(생성물과 반응물과 생성물에 공통으로 존재하는 화학종은 삭제)의 에너지는 Part 1에서 얻은 값과 일치하는 −411 kJ 이다.

$$\begin{array}{rl} Na(s) \longrightarrow Na(g) & \Delta H^\circ_{vap} = +108 \text{ kJ} \\ \tfrac{1}{2}Cl_2(g) \longrightarrow Cl(g) & \Delta H^\circ_{diss} = +121 \text{ kJ} \\ Na(g) \longrightarrow Na^+(g) + e^- & \Delta H^\circ_{IE} = +495 \text{ kJ} \\ e^- + Cl(g) \longrightarrow Cl^-(g) & \Delta H^\circ_{EA} = -349 \text{ kJ} \\ Na^+(g) + Cl^-(g) \longrightarrow NaCl(s) & \Delta H^\circ_{LE} = -786 \text{ kJ} \\ \hline Na(s) + \tfrac{1}{2}Cl_2(g) \longrightarrow NaCl(s) & \Delta H^\circ_f = -411 \text{ kJ} \end{array}$$

답이 합리적인가? Part 2에서 얻은 열화학 반응의 결과는 Part 1에서 얻은 결과와 일치한다. 5개의 반응을 더해서 얻은 반응식 또한 Part 1에서의 반응식과 일치한다. 화학이나 열역학과 관련한 모든 법칙 역시 모두 준수되었기 때문에 풀이 과정이 올바르다고 확신할 수 있다.

종합 화학 문제

A. $Na(s)$와 $\tfrac{1}{2}Cl_2(g)$를 이용하여 $NaCl(s)$를 생성하는 Born−Haber 순환은 모두 4가지가 있으며, 그림 8.4는 그중 하나의 사례를 나타낸 것이다. 이 순환은 모두 동일한 반응에 대한 것이므로 수학적으로 4가지 순환 모두 동일한 결론에 도달해야 한다. 나머지 3가지 순환에 대한 도표를 그리시오. 각 순환의 유사점과 차이점은 무엇인가?

B. 과학적 결과물에 일정한 규칙성이 존재하면 새로운 아이디어나 개념 혹은 관계 등을 얻기도 한다. 하나의 규칙성을 다른 규칙성과 연관지을 때 새롭고 더 효과적인 설명이 가능할 수도 있다. 예를 들면 뱀의 길이와 무게 사이의 상관관계를 찾는 연구를 생각해 보자. 이를 위하여 뱀의 무게를 x 축으로 뱀의 길이를 y 축으로 하는 도표를 그린 다음, 상관계수(person correlation, R^2)를 계산하는 방법을 이용할 수 있다. R^2 값이 1이나 −1에 가까울수록 뱀의 길이와 무게의 상관관계가 높다는 의미이고, 반대로 0에 가까우면 두 변수 사이의 관계성이 매우 낮다는 것을 의미한다. 주기율표의 2주기 원소의 전기 음성도에 대한 다른 물리적 성질(녹는점, 끓는점, 밀도, 원자 반지름, 이온 반지름) 관계성을 살펴보기 위하여 R^2를 계산하시오. 또한 주기율표의 전형 원소에서 어떤 족에 포함된 원소의 전기 음성도와 다른 물리적 성질 사이에 상관관계가 존재하는지 설명하시오.

C. 예술적 재능이 있는 당신은 빈 공간에 동일한 모양의 타일을 이용하여 특정 무늬의 모자이크를 만들려고 한다. 전체 패턴(무늬)을 표현한 모자이크를 빈 공간 없이 채울 수 있는 다양한 타일의 모양을 제시해 보시오. 두꺼운 종이로 만든 다양한 형태의 타일을 이용하여 모자이크를 채워보시오. 한 가지 모양의 타일로 그림을 모두 채울 수 없는 경우에 또 다른 모양의 타일과 조합하여 모자이크를 완성할 수 있는지 검토해 보시오. 모자이크에 사용한 2차원 타일

을 이용하여 그림 1.12나 그림 8.3 및 그림 5.4에 나타낸 천연 물질의 3차원 결정 구조를 표현할 수 있는가?

D. Lewis 구조를 그리면 결합에 기초하여 분자의 안정도를 결정할 수 있다. 일반적으로 원자가 전자를 이용하여 Lewis 구조를 결정한 다음 안정도와 반응성을 고려하여 먼저 결정된 Lewis 구조를 적절히 변화시킨다. 황산(H_2SO_4)에 대하여 다음의 과정을 수행해 보자. (1) 간단한 Lewis 구조를 그리고 안정도 그리고/혹은 반응성을 평가한다. (2) 각 원자의 형식 전하를 결정한다. 이 구조에서 계산된 형식 전하가 나타내는 의미는 무엇인가? (3) Lewis 구조를 약간 수정하고, 새로 결정한 구조의 안정도를 처음의 구조와 비교하라. (4) 또 다른 수정이 필요하면 Lewis 구조를 다시 수정한 다음, 3번째 구조를 다시 평가하라. 이 구조의 안정도가 증가하였는가? (5) 이 과정을 최적의 Lewis 구조를 얻을 때까지 반복하라. 마지막으로 구한 Lewis 구조가 최상의 구조인 이유에 대하여 설명하라.

E. 이 장에서 이온 결합 화합물과 분자 결합 화합물에 대하여 논의하였다. 팔전자 규칙을 이용하여 이온이 얻거나 잃는 전자의 수를 예측할 수 있으며, 이 정보를 이용하여 이온 결합 화합물의 화학식을 쓸 수 있다. 분자성 화합물의 경우에는 팔전자 규칙을 이용하여 전자를 공유하는 방법을 이해할 수 있고, 형식 전하나 공명 구조 등을 통하여 최적의 구조를 얻을 수 있다. 아자이드(N_3^-)에 대한 다음의 4가지 공명 구조를 이용하여 다음의 질문에 답하시오(예제 8.8에서 몇 가지 힌트를 얻을 수 있다).

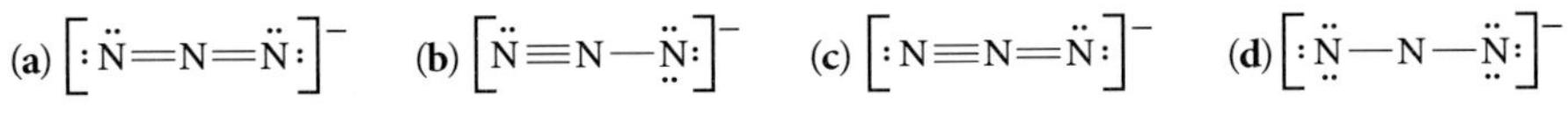

(1) 12개의 질소 포함된 모든 전자의 개수를 각각 쓰고, 이 자료를 근거로 어느 구조가 팔전자 규칙에 어긋나는지 밝히시오. (2) 어떤 경우에 8개의 전자보다 더 많은 전자를 수용할 수 있는지 밝히고, 아자이드의 경우에는 그와 같은 예외를 적용할 수 없는 이유를 쓰시오. (3) 12개의 질소 각각에 대한 형식 전하를 계산하고, 이를 바탕으로 최적의 Lewis 구조를 결정하고, 선택한 구조가 최적의 구조인 이유를 함께 쓰시오. (4) 다른 구조가 선택되지 않은 이유는 무엇인가? (5) 일반적으로 공명 혼성은 분자를 안정화시키기 때문에 최적의 구조를 얻을 수 있다. 위에서 주어진 구조 중 2개 이상의 공명 혼성체가 존재하는 것이 있는가?

F. 결합 극성이 물질의 물리적 특성과 밀접한 관계를 가지기 때문에 화학에서 결합 극성을 측정하는 것은 매우 중요하다. 극성을 이용하여 화합물의 반응성을 예측할 수도 있다. 구조를 알면 극성에 대한 정량적 혹은 정성적으로 평가가 가능하고, 또한 결합의 극성은 주기율표에서 두 원자의 위치를 이용하여 간단하게 예측할 수 있다. 이와 같은 자료를 이용하면 실험을 계획하거나 혹은 결과를 설명하는 데 도움을 얻을 수 있다. 쌍극자 모멘트나 전기 음성도와 같은 정량적 자료가 있다면 실험에 대한 더욱 정확한 평가가 가능하다. 전기 음성도를 이용하여 다음의 화합물 중 더 많은 양전하를 띄는 원자를 선택해 보시오. 주어진 화합물을 전기 음성도의 차이(ΔE.N.)가 증가하는 순서대로 나열하시오. 이 순서는 쌍극자 모멘트가 증가하는 순서와 일치하는가? 전기 음성도와 쌍극자 모멘트 사이의 관계에 대하여 설명하시오.
(a) MgO, (b) CaO, (c) CaS, (d) MgS.

요약

학습 목표별로 정리함

안정한 화합물을 만들 수 있는 결합 형성에 필요한 조건을 설명할 수 있다.

구성 원소로부터 화합물을 형성하기 위해서는 화합물의 퍼텐셜 에너지가 구성 원소들의 퍼텐셜 에너지보다 낮아야 한다.

이온 결합에 포함된 요인을 설명할 수 있다.

이온 결합 화합물에서 양이온과 음이온 사이의 정전기적 인력을 **이온 결합**이라고 한다. 이온 결합 화합물의 형성은 이온화 에너지가 작은 원자와 전자 친화도가 큰 원자 사이의 전자 전달에 의해 일어난다. 이온 결합 화합물을 형성할 때 안정화에 영향을 미치는 가장 중요한 인자는 **격자 에너지**이다.

이온의 전자 배치를 쓸 수 있다.

1A족과 2A족 원소의 원자나, 비금속들이 이온을 형성할 때는 비활성 기체의 전자 배치가 되도록 전자를 잃거나 얻는다. 전이 원소의 경우에는 바깥 껍질의 *s* 전자를 먼저 잃은 다음, 양자수가 하나 작은 전자 껍질에 있는 *d* 전자를 잃는다. 후전이 금속은 바깥 껍질의 *p* 부껍질의 전자를 먼저 잃은 다음, 같은 전자 껍질의 *s* 전자를 잃게 된다.

원자와 이온의 Lewis 기호를 쓸 수 있다.

Lewis 기호는 이온 결합과 공유 결합에서 원자가 전자의 거동을 알아보기 위하여 사용되는 일종의 도구이다. 원소의 Lewis 기호는 원소의 화학 기호와 그 주위에 원자가 전자의 수에 해당하는 점으로 나타낸다.

결합 형성 에너지와 팔전자 규칙 그리고 다중 결합 등을 이용하여 공유 결합을 기술할 수 있다.

공유된 전자는 양전하를 띠고 있는 두 원자핵을 끌어당기고, 이 때문에 **공유 결합**을 형성할 때 퍼텐셜 에너지가 감소하게 된다. 원자는 자신의 원자가 껍질을 가득 채울 만큼의 전자를 공유하는 경향을 보인다. 수소를 제외하고는 원자가 껍질은 8개의 전자를 가지려고 하는데, 이것이 **팔전자 규칙**의 기본이다. 팔전자 규칙은 주족 원소의 원자가 결합을 형성할 때 바깥 껍질에 전자 8개를 가진다는 것을 말한다. **단일 결합**과 **이중 결합** 및 **삼중 결합**은 두 원자 사이에 공유 전자쌍이 각각 한 개, 두 개, 세 개가 있는 것을 말한다. 붕소와 베릴륨의 화합물은 보통 중심 원자 주위에 8개보다 작은 수의 전자를 가진다. 3, 4, 5, 6주기 원소가 네 개보다 많은 결합을 형성할 때는 팔전자보다 많은 전자를 가질 수 있다.

결합 에너지(결합된 원자를 떼어놓는 데 필요한 에너지)와 **결합 길이**(결합으로 연결된 원자들의 원자핵 간 거리)는 실험적으로 측정할 수 있는 양으로, 결합에 존재하는 전자쌍의 개수와 관련이 있다. 같은 원자 간의 결합인 경우에는 **결합 차수**가 증가할수록 결합 에너지는 증가하고 결합 길이는 감소한다.

전기 음성도가 공유 결합이나 원소의 반응성에 미치는 영향을 설명할 수 있다.

결합 내의 전자에 대한 원자가 가지는 인력을 원자의 **전기 음성도**라고 한다. 전기 음성도가 서로 다른 원자들이 결합을 형성하면 양쪽 원자가 전자를 공유하는 양은 차이가 나고, 결합 양단의 **부분 양전하**와 **부분 음전하**로 인하여 결합은 **극성**이 된다. 또한 이런 경우에 결합은 전기적 **쌍극자**가 된다. HCl과 같은 **극성 분자**에서 한쪽 끝의 전하와 전하 사이의 거리를 곱한 것을 **쌍극자 모멘트**(μ)라고 한다. 전기 음성도가 같은 원자 사이의 결합은 **비극성**이다. 결합 극성의 정도는 결합된 두 원자의 전기 음성도 차이에 의존한다. 전기 음성도의 차이가 매우 크면 이온성 결합이 생성된다. 전기 음성도의 차이가 1.7이면, 그 결합은 50% 정도의 이온성을 띠게 된다. 주기율표상의 같은 주기에서는 왼쪽에서 오른쪽으로 갈수록, 같은 족에서는 아래에서 위로 갈수록 전기 음성도가 증가한다.

금속의 **반응성**은 산화(전자를 잃음)되기 쉬운 정도와 관련이 있고, 비금속 반응성은 환원(전자를 얻음)되기 쉬운 정도와 관련이 있다. 전기 음성도가 작은 금속은 전자를 쉽게 잃고, 따라서 좋은 환원제이며 반응성이 매우 크다. 비금속의 경우는 전기 음성도가 클수록 산화제로서의 능력이 더 강하다. **치환 반응**에서는 화합물에 포함된 전기 음성도가 작은 원자를 전기 음성도가 보다 큰 비금속이 치환할 수 있다.

공유 결합 분자의 Lewis 구조를 그릴 수 있으며, 분자 내 각 원자의 형식 전하를 계산할 수 있다.

이온 결합 화합물의 **Lewis 구조**에서 음이온의 Lewis 기호는 모든 전자가 전적으로 음이온에 속해 있다는 것을 나타내기 위해 괄호 안에 그린다(전하는 괄호 밖으로). 분자나 다원자 이온의 Lewis 구조에서는 공유 전자쌍을 의미하는 한 쌍의 점을 화학 기호 사이에 표시한다. 공유 결합을 이루는 전자쌍은 보통 선으로 표시된다. 선 한 개는 전자 두 개에 해당한다. Lewis 구조를 그리는 방법은 다음과 같다. (1) **골격 구조**를 정한다(보통 전기 음성도가 가장 작은 원자가 중심 원자이고, 이 원자는 일반적으로 화학식의 앞에 쓰인다). (2) 이온의 경우 전하를 고려하여 모든 원자가 전자를 센다. (3) 각 결합에 전자 두 개씩 할당한다. (4) 중심 원자 이외의 모든 원자가 팔전자를 이루게 한다(수소 원자는 전자 두 개만 가질 수 있음을 기억하라). (5) 남은 전자가 있으면 쌍의 형태로 중심 원자에 할당한다. (6) 중심 원자가 팔전자보다 적으면, 전자를 이동하여 이중 결합이나 삼중 결합을 만들도록 한다.

Lewis 구조식에서 각 원자의 **형식 전하**(보통 원자의 실제 전하와는 차이가 있다)는 고립된 중성 원자의 원자가 전자의 수와 원자에 '속하는' 전자의 수(다른 원자와 결합한 전자와 비공유 원자가 전자의 합)의 차이로 주어진다. 형식 전하의 합은 항상 분자나 이온의 알짜 전하와 같다. 어떤 분자나 이온에 대해서 가장 안정한(에너지가 낮은) Lewis 구조는 형식 전하가 0에 가장 가까운 구조이다. 이러한 구조가 더 적합한 Lewis 구조이다.

결합된 두 원자 중의 어느 한 원자로부터만 전자쌍이 제공되는 공유 결합을 따로 취급하기도 하며, 이런 결합을 **배위 공유 결합**이라 한다. 일단 결합이 형성된 다음에는 배위 공유 결합과 공유 결합은 서로 차이가 없다.

공명 구조를 그리고 설명할 수 있다.
화학적으로 동등한 원자의 결합은 결합 길이와 결합 에너지 등이 서로 같아야 한다. 이것은 각 결합이 공유하는 전자쌍의 수가 같아야 함을 의미한다. 그러나 때때로 화학적으로 동등한 원자들의 결합이 Lewis 구조에서는 서로 다르게 나타나는 경우도 있다. 특히 Lewis 구조에서 다중 결합을 만들어야 할 때 이런 현상이 발생한다. 두 개 이상의 동등한 원자들 사이에 동등한 다중 결합을 그릴 수 있는 방법이 여러 가지 있다면 각각의 가능한 Lewis 구조는 **공명 구조** 또는 **기여 구조**라 하고, 주어진 화합물의 실제 구조를 나타내기 위하여 공명 구조를 모두 함께 그려 주어야 한다. 공명 구조를 그릴 때 원자핵의 상대적 위치는 모두 동일해야 한다. **평균 결합 차수**는 동등한 결합 위치에 분포된 모든 결합의 수를 이용하여 계산한다. 공명 구조 중의 어느 것도 실제 분자와 일치하지 않지만, 이들이 혼합된 상태인 **공명 혼성**체가 분자나 이온의 실제 구조를 근사적으로 표현한다는 것을 기억하라.

유기 화합물을 분류하고 작용기를 확인할 수 있다.
유기 화합물은 탄소 원자가 다른 탄소 원자, 수소, 산소, 질소 및 다른 비금속과 공유 결합하고 있는 화합물이다. 이 장에서 논의된 작용기는 알코올, 케톤, 알데하이드, 유기산, 아민이다.

문제 풀이를 위한 도구

도구 다음과 같은 도구들이 이 장에서 도입되었다. 이들을 주의 깊게 공부하면 필요할 때 적절한 도구를 선택할 수 있다.

팔전자 규칙(8.3절) 원자들은 가장 바깥 껍질의 전자가 8개가 될 때까지 전자를 얻거나 잃는다.

양이온의 전자 배치를 결정하는 규칙(8.3절) n 값이 가장 큰 전자 껍질에 있는 전자부터 제거된다. 주어진 전자 껍질 내에서는 s 부껍질보다 p 부껍질의 전자가 먼저 제거되고, 추가로 제거되는 전자는 $(n-1)$의 d 오비탈에서 제거된다.

Lewis 기호(8.4절) Lewis 기호는 원자나 이온에서 원자가 전자(최외각 껍질의 s와 p 오비탈의 전자)의 수를 헤아리는 데 아주 중요한 수단이다. 주족 원소의 중성 원자에 대한 Lewis 기호는 원소 기호와 그 주위에 점(족 번호와 같은 수)을 찍어서 나타낸다.

팔전자 규칙과 공유 결합(8.5절) 팔전자 규칙은 공유 결합한 분자의 Lewis 구조를 얻는 데 아주 유용하다. 2주기 원소에서는 원자가 껍질에 있는 전자수가 8을 넘을 수 없다.

쌍극자 모멘트(8.6절) 이원자 분자의 쌍극자 모멘트(μ)는 분자의 전하(q)와 결합 길이(r)를 곱해서 구하고, 그 단위는 데바이이다.

$$\mu = q \times r$$

전기 음성도의 주기성(8.6절) 전기 음성도는 주기율표에서 주기의 오른쪽으로 갈수록 증가하고, 족의 아래쪽으로 갈수록 감소한다. 전기 음성도는 결합의 극성 정도와, 결합에서 어느 원자가 가장 전기 음성적인지를 추정하는 데 사용될 수 있다.

금속의 반응성과 주기율표(8.6절) 주기율표에서 반응성이 가장 큰 금속과 가장 작은 금속의 위치를 이용하여 주어진 금속의 반응성을 정성적으로 추정할 수 있다.

비금속의 반응성과 주기율표(8.6절) 비금속의 산화 능력은 같은 주기에서는 왼쪽에서 오른쪽으로 갈수록, 같은 족에서는 아래에서 위로 갈수록 증가한다.

Lewis 구조 그리기(8.7절) 그림 8.12에 나타낸 방법을 사용하면, 팔전자 규칙을 따르는 원자들의 수가 최대가 되는 Lewis 구조를 그릴 수 있다.

결합의 특성과 결합 차수의 상관관계(8.7절) 결합 차수에 따른 결합 에너지 증가와 결합 길이 감소의 상관관계를 이용하여 실험적으로 얻은 공유 결합 특성과 이론적으로 예측된 특성을 비교할 수 있다.

형식 전하 계산하기(8.7절)

$$\text{형식 전하} = \begin{bmatrix}\text{고립된 원자의 원자가} \\ \text{껍질에 있는 전자의 수}\end{bmatrix} - \begin{bmatrix}\text{원자의} \\ \text{결합수} \end{bmatrix} + \begin{bmatrix}\text{비공유} \\ \text{전자의 수}\end{bmatrix}$$

가장 적합한 Lewis 구조 결정하기(8.7절) 가장 작은 형식 전하를 갖는 구조가 가장 좋은 구조이다.

공명 구조(8.8절) 동등한 이중 결합을 그릴 수 있는 방법이 다수일 때 공명 구조를 예상하라. 동등한 이중 결합을 그릴 수 있는 방법의 개수가 그려야 할 공명 구조의 개수이다.

평균 결합 차수(8.8절) 분자 구조에 대한 결합 차수를 계산하려면 결합의 총 개수를 동등한 방법의 개수로 나눈다.

쌍으로 구성된 복습 문제 중 청색 번호를 가진 문제의 해답은 부록 B에 수록하였다. 난이도가 높은 문제는 별표(*)로 표시하였다.

복습 질문

결합 형성을 위한 에너지 필요조건

8.1 원소로부터 안정한 화합물이 형성될 때, 화합물의 구성 원자들의 퍼텐셜 에너지의 변화와 관련한 필요한 조건은 무엇인가?

8.2 화합물의 퍼텐셜 에너지가 화합물의 구성 성분 원소들의 전체 퍼텐셜 에너지보다 큰 경우에도 화합물이 형성될 수 있는지 밝히고 그 근거를 제시하시오.

8.3 결합이 형성되었음을 나타내는 두 가지 현상을 쓰시오.

이온 결합

8.4 격자 에너지는 무엇이며, 왜 중요한가?

8.5 NaCl을 이루는 결합의 종류는 무엇이며, 어떻게 형성되는가?

8.6 형석(CaF_2)이라는 광물은 금속 칼슘과 플루오린 기체를 직접 반응시켜 얻을 수 있다. 금속 칼슘과 플루오린 기체로부터 형석을 형성할 수 있는 또 다른 반응 경로를 쓰시오.

8.7 이온 결합 화합물을 형성하는 두 이온의 반지름이 모두 증가할 때 격자 에너지는 어떻게 변하는가? 두 이온의 전하가 각각 +3과 −3인 경우와 +2와 −2인 경우를 비교할 때 격자 에너지는 어떻게 다른가?

팔전자 규칙과 이온의 전자 배치

8.8 적당한 사례를 이용하여 팔전자 규칙을 정의하시오.

8.9 베릴륨과 수소는 팔전자 규칙을 만족하는지 설명하고 그 근거를 제시하시오.

8.10 칼슘과 브로민이 이온을 형성할 때 전자 배치는 어떻게 되는지 기술하시오.

8.11 Rb와 Cl_2가 반응할 때 생성되는 화합물은 무엇인가? $RbCl_2$가 생성되지 않는 이유는 무엇인가?

8.12 아연 이온에는 Zn^{2+} 이온만 존재하지만 구리 이온에는 Cu^{+} 이온과 Cu^{2+} 이온이 모두 존재하는 이유는 무엇인가?

Lewis 기호: 원자가 전자수 헤아리기

8.13 원자의 Lewis 기호는 원자가 전자만 다루고 다른 전자와는 관련이 없다. 그 이유는 무엇인가?

8.14 다음의 Lewis 기호 중 틀린 것은 어느 것인가?

(a) ·Ö· (b) ·T̈e· (c) Är (d) :Al:

공유 결합

8.15 공유 결합이 형성될 때 두 원자 사이의 전자 밀도의 변화에 대하여 설명하시오.

8.16 그림 8.7을 참고하여 별도의 종이에 공유 결합을 형성하는 두 원자의 핵간 거리에 따른 퍼텐셜 에너지의 변화를 나타내는 그림을 그리시오. 그림에 결합 에너지와 결합 길이를 표시하시오.

8.17 화합물의 결합 차수란 무엇인가? 화합물의 결합 길이와 어떤 관계가 있는가?

8.18 H—Cl을 H^{+}와 Cl^{-}로 분리하는 데 필요한 에너지를 H—Cl의 결합 에너지로 정의할 수 있는가? 그 이유는 무엇인가?

8.19 두 개의 비금속이 반응할 때 이온 결합이 형성되는가? 퍼텐셜 에너지 관점에서 답에 대한 근거를 제시하시오.

8.20 에틸아민(C_2H_7N)과 $CaCl_2$가 기체상에서 어떤 형태로 존재하는지 쓰고, 그 이유를 밝히시오.

8.21 공유 결합이 형성될 때 엔탈피의 변화는 음인가, 양인가?

8.22 주기율표를 일반적으로 이온 결합을 형성하는 원자 영역과 공유 결합을 형성하는 원자 영역으로 구분하시오.

결합 극성과 전기 음성도

8.23 극성 공유 결합에 대하여 설명하시오.

8.24 쌍극자 모멘트를 계산하는 식을 정의하시오. 1데바이의 크기와 단위를 쓰시오.

8.25 N, F, O, Cl을 전기 음성도가 증가하는 순서대로 나열하시오. 주기율표의 주기와 족에서 전기 음성도가 변하는 경향성을 설명하시오.

8.26 다음의 결합 중 이온 결합 성질이 공유 결합 성질보다 큰 결합을 고르시오.

(i) C—S **(iii)** Mg—C **(v)** C—Cl
(ii) Al—Br **(iv)** P—I **(vi)** Li—F

8.27 금속의 반응성과 전기 음성도 사이의 관계에 대하여 설명하시오.

8.28 주기율표에서의 위치에 기반하여 다음의 금속을 반응성이 가장 큰 것부터 작은 순서대로 나열하시오. 이 질문에 대한 답을 하기 위하여 참고해야 할 8장에서의 표나 그림은 어느 것인가?

(i) 리튬(lithium) **(iii)** 철(iron)
(ii) 금(gold) **(iv)** 마그네슘(magnesium)

8.29 다음 반응식을 완결하고, 반응이 일어나지 않으면 NR이라고 나타내시오.

(a) $NaBr + I_2 \longrightarrow$
(b) $NaI + Br_2 \longrightarrow$
(c) $NaCl + Cl_2 \longrightarrow$
(d) $CaBr_2 + Cl_2 \longrightarrow$
(e) $AlI_3 + Br_2 \longrightarrow$
(f) $ZnCl_2 + F_2 \longrightarrow$

8.30 다음 물음에 답하시오.

(a) K와 Be 중 더 좋은 환원제는 어느 것인가?
(b) Mg와 Fe 중 더 쉽게 산화되는 것은 어느 것인가?
(c) Ti와 Au 중 반응성이 더 큰 것은 어느 것인가?
(d) P와 Cl 중 더 좋은 산화제는 어느 것인가?
(e) O와 Se 중 더 쉽게 환원되는 것은 어느 것인가?
(f) Ga와 Se 중 더 쉽게 산화되는 것은 어느 것인가?

Lewis 구조

8.31 원자가 4개보다 더 많은 결합을 형성하게 되면, 팔전자 규칙을 만족할 수 없는 이유는 무엇인가?

8.32 Lewis 구조를 그릴 때 전기 음성도가 가장 작은 원소를 중심에 배치하는 이유는 무엇인가?

8.33 1족 원소인 Li, Na, K가 1+보다 큰 산화 상태로 될 수 없는 이유는 무엇인가? 3주기 원소가 팔전자 이상을 수용할 수 있는 이유는 무엇인가?

8.34 적당한 사례를 이용하여 단일 결합, 이중 결합, 삼중 결합의 형성에 대하여 설명하시오.

8.35 다음 각 화학종의 원자가 전자는 몇 개인가?

(a) PO_4^{3-} (b) IF_4^- (c) NO_2^+
(d) IF_5 (e) CO_3^{2-} (f) C_2^{2-}

8.36 점전자를 이용하여 사이안화 수소(HCN)의 Lewis 구조를 그리시오. Lewis 구조에서 원을 사용하여 탄소와 질소 각각에 할당된 전체 전자를 나타내고, 이들이 팔전자 규칙을 만족하는지 보이시오.

8.37 NCl_3에서 N의 원자가 껍질에 포함된 전자는 몇 개인가?

8.38 주기율표에서 질소와 비소는 같은 족의 원소이다. 염소와 반응할 때 비소는 $AsCl_3$와 $AsCl_5$ 모두를 형성할 수 있지만 질소는 NCl_3만 형성한다. N과 As의 전자 구조에 근거하여 그 이유를 설명하시오.

형식 전하

8.39 형식 전하를 정의하시오. 구조식에 형식 전하를 나타내는 방법을 설명하시오.

8.40 HBr 분자에서 각 원자의 형식 전하와 실제 전하를 각각 구하시오. 두 전하는 동일한 값인가?

배위 공유 결합

8.41 배위 공유 결합이란 무엇인가? 헤모글로빈에는 배위 공유 결합이 존재하는가?

8.42 트라이플루오린화 붕소(BF_3)는 플루오린화 이온(F^-)과 반응하여 테트라플루오린화 붕산 이온(BF_4^-)을 형성한다. Lewis 기호를 이용하여 반응식을 쓰고, 반응에서 배위 공유 결합이 형성되는 것을 보이시오.

공명 구조

8.43 알케인에서 C—C 결합 길이는 1.54 Å이고 알켄에서 C=C 결합 길이는 1.33 Å이지만, 단일 결합과 이중 결합이 한 번씩 교차되는 벤젠에서 탄소-탄소 결합의 길이는 모두 1.39 Å으로 동일하다. 그 이유는 무엇인가?

8.44 폴리스타이렌은 탄소-탄소 단일 결합으로 이루어진 긴 사슬 형태의 고분자로, 사슬을 구성하는 탄소에 교차로 벤젠 고리가 결합되어 있다. 이때 벤젠에서 한 개의 수소가 치환되어 탄소와의 결합이 형성된다. 5개의 벤젠을 포함하는 폴리스타이렌의 일부 구조를 그리시오.

탄소의 공유 결합 화합물

8.45 다음 화합물의 구조를 그리고, 이 화합물들이 동족 계열에 속하는지 밝히시오.

(a) 에테인(ethane) (b) 에텐(ethene)
(c) 에타인(ethyne)

8.46 화학식이 C_6H_{14}인 화합물을 모두 그리시오. 각 분자들의 일반명은 무엇인가?

8.47 왼쪽의 구조에 포함된 작용기를 가지는 화합물에 대한 적합한 이름을 고르시오.

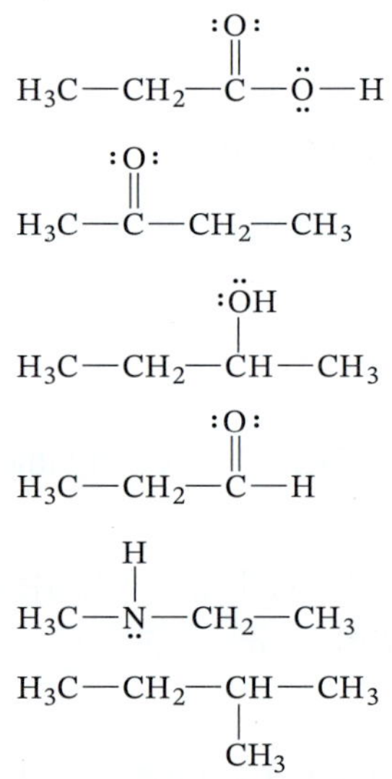

알데하이드
아민
카복실산
알코올
케톤
탄화수소

8.48 문제 8.47에 포함된 산의 수용액에서의 이온화 반응에 대한 화학 반응식을 쓰고, 이온화로 생성된 이온에 대한 Lewis 구조를 그리시오.

복습 문제

이온 결합

8.49 다음 중 격자 에너지가 더 큰 화합물은 어느 것인가?

(a) MgO 혹은 Al_2O_3 (b) CaO 혹은 SrO
(c) KCl 혹은 KBr

***8.50** 엔탈피 도표와 다음의 정보를 이용하여 브로민의 전자 친화도를 구하시오.

NaBr의 생성열은 $-360\,kJ\,mol^{-1}$이다.

1몰의 $Br_2(l)$을 $Br_2(g)$로 기화시키는 데 필요한 에너지는 $31\,kJ\,mol^{-1}$이다.

Na의 첫 번째 이온화 에너지는 $495.4\,kJ\,mol^{-1}$이다.

Br_2의 결합 에너지는 1몰당 192 kJ이다.
NaBr의 격자 에너지는 $-743.3\,kJ\,mol^{-1}$이다.

***8.51** 엔탈피 도표와 다음의 정보를 이용하여 $CaCl_2$의 격자 에너지를 계산하시오.
1몰의 Ca(*s*)을 기화시키는 데 필요한 에너지는 192 kJ이다.
Ca의 첫 번째와 두 번째 이온화 에너지는 각각 $589.5\,kJ\,mol^{-1}$과 $11146\,kJ\,mol^{-1}$이다.
Cl의 전자 친화도는 $349\,kJ\,mol^{-1}$이다.
Cl_2의 결합 에너지는 Cl—Cl 결합 1몰당 242.6 kJ이다.
$CaCl_2$의 생성열은 $-795\,kJ\,mol^{-1}$이다.

팔전자 규칙과 전자 배치

8.52 Na와 I가 반응하여 NaI가 형성될 때 각 원자의 전자 배치가 변하는 모습을 설명하시오.

8.53 소듐과 질소가 반응하여 질화 소듐이 형성될 때 각 원자의 전자 배치가 변하는 모습을 설명하시오.

8.54 Sn^{2+}와 Sn^{4+} 이온의 전자 배치를 쓰시오.

8.55 IF_5와 ICl_3 각각에서 아이오딘의 전자 배치를 쓰시오.

8.56 Mn^{5+} 이온의 간략한 전자 배치를 쓰시오. 홀전자는 몇 개인가?

8.57 Co^{3+} 이온의 간략한 전자 배치를 쓰시오. 홀전자는 몇 개인가?

Lewis 기호와 이온 결합 화합물의 구조

8.58 다음 원자의 Lewis 기호를 쓰시오.
(a) Ga (b) Sr (c) Bi (d) B (e) Se

8.59 다음 원자의 Lewis 기호를 쓰시오.
(a) Li (b) Ge (c) P (d) F (e) Kr

8.60 Lewis 기호를 사용하여 다음 두 원자 사이의 반응식을 나타내시오.
(a) Li와 Br (b) Ca와 Cl (c) Mg와 O

8.61 Lewis 기호를 사용하여 다음 두 원자 사이의 반응식을 나타내시오.
(a) K와 I (b) Al과 O (c) H와 S

공유 결합

8.62 에텐을 중합 반응시키면 폴리에틸렌이라는 유용한 물질을 얻을 수 있다. 에텐 분자 1몰에서 탄소–탄소 결합을 끊는데 필요한 에너지는 몇 J인가? 에텐의 결합 에너지는 615 kJ/mol이다.

8.63 다음 반응에 의하여 NaCl 한 분자가 생성될 때 방출되는 에너지는 얼마인가? NaCl의 격자 에너지는 $-786\,kJ\,mol^{-1}$이고, 추가로 필요한 정보는 표 7.2와 7.3을 참고하라.

$$Na^+(g) + Cl^-(g) \longrightarrow NaCl(g)$$

8.64 자외선이나 X-선과 같은 고에너지의 복사선에 노출되면 화학 결합이 끊어지거나 혹은 암이 유발될 수 있기 때문에 매우 위험하다. 탄소–탄소 단일 결합의 결합 에너지는 1몰당 약 348 kJ이다. C—C 단일 결합을 깨는 데 필요한 빛의 파장을 구하시오. 이 파장은 전자기파 스펙트럼의 어느 영역에 속하는가?

8.65 H_2와 Cl_2 혼합 기체는 반응하지 않지만, 밝은 빛을 쪼여주면 폭발적으로 반응한다. 빛에 의하여 Cl_2 분자가 반응성이 매우 강한 Cl 원자로 분해되기 때문이다. Cl_2 분자를 분해하는 데 필요한 빛의 파장은 몇 nm인가? Cl_2의 결합 에너지는 242.6 kJ이다.

8.66 Lewis 구조를 이용하여 중성 원자로부터 (a) Cl_2, (b) NH_3, (c) H_2S가 생성되는 반응을 나타내시오.

8.67 염소는 팔전자 규칙을 만족하기 위하여 한 개의 전자만을 필요로 하기 때문에 단 한 개의 공유 결합을 형성하려는 경향을 가지고 있다. 염소가 (a) 인, (b) 규소, (c) 셀레늄, (d) 플루오린과 형성하는 간단한 화합물에 대한 Lewis 구조를 각각 그리시오.

8.68 팔전자 규칙을 이용하여 수소가 다음의 원소와 반응할 때 생성되는 가장 간단한 화합물의 화학식을 쓰시오.
(a) 황 (b) 안티모니 (c) 텔루륨

8.69 다음의 두 물질이 반응할 때 생성되는 가장 간단한 화합물의 화학식은 무엇인가?
(a) 질소와 염소 (b) 규소와 염소 (c) 아이오딘과 플루오린

결합 극성과 전기 음성도

8.70 표 8.3의 자료를 이용하여 일산화 질소에서 산소와 질소의 부분 전하를 전자 전하 단위($e^- = 1.60 \times 10^{-19}$ C)로 각각 구하시오. 양전하를 띠는 원자는 어느 것인가?

8.71 기체 상태에서 세슘과 플루오린이 형성한 CsF의 결합 길이는 0.255 nm이고, 쌍극자 모멘트는 7.88 D이다. CsF에서 세슘과 플루오린의 부분 전하를 구하고, 각각의 전하가 1+와 1−에 대하여 몇 % 수준인지 계산하시오.

8.72 HCl의 쌍극자 모멘트는 1.11 D이고, 결합 길이는 91.7 pm이다. HCl에서 수소와 염소가 띠는 부분 전하량을 전자 전하 단위($e^- = 1.60 \times 10^{-19}$ C)로 구하시오.

8.73 그림 8.9를 이용하여 다음 결합에서 부분 양전하를 띠는 원자를 선택하시오.
(a) N—O (b) C—Cl (c) H—Br (d) C—H

8.74 그림 8.9를 이용하여 다음 결합에서 부분 음전하를 띠는 원자를 선택하시오.
(a) Hg—Cl (b) As—S (c) Si—F (d) Ca—N

8.75 문제 8.73에 표시된 결합 중 극성이 가장 작은 것은 어느 것인가?

8.76 문제 8.74에 표시된 결합 중 극성이 가장 큰 것은 어느 것인가?

Lewis 구조

8.77 다음 물질의 Lewis 구조를 그리시오.
(a) CCl_4 (b) PI_3 (c) IF_5 (d) SO_3

8.78 다음 물질의 Lewis 구조를 그리시오.
(a) MnO_2 (b) HNO_3 (c) TeF_6 (d) NH_3

8.79 다음 물질의 Lewis 구조를 그리시오.
(**a**) 클로로폼 (**b**) 메틸탄소 양이온 (**c**) 사염화 저마늄
(**d**) 황산 이온

8.80 다음 물질의 Lewis 구조를 그리시오.
(**a**) 삼산화 셀레늄 (**b**) 탄산 이온 (**c**) 인산 일수소 이온
(**d**) 이산화 황

8.81 다음 물질의 Lewis 구조를 그리시오.
(**a**) SO_3 (**b**) SO_3^{2-} (**c**) $SbCl_6$ (**d**) IO_4^-

8.82 다음 물질의 Lewis 구조를 그리시오.
(**a**) NO_2^+ (**b**) $HClO_3$ (**c**) H_2TeO_3 (**d**) $HAsO_4^{2-}$

8.83 다음 물질의 Lewis 구조를 그리시오.
(**a**) CH_2O(중심 원자는 탄소이고, 여기에 두 개의 수소와 한 개의 산소가 결합되어 있다.)
(**b**) XeF_6(중심 원자는 제논이고, 여기에 6개의 플루오린이 결합되어 있다.)

8.84 다음 물질의 Lewis 구조를 그리시오.
(**a**) 오존(O_3)
(**b**) $POCl_3$(중심 원자는 인이고, 여기에 한 개의 산소와 3개의 염소가 결합되어 있다.)

8.85 다음 구조에서 각 원자의 형식 전하를 구하시오.

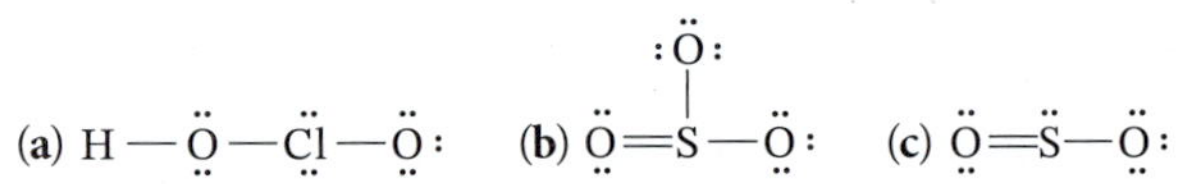

8.86 다음 구조에서 각 원자의 형식 전하를 구하시오.

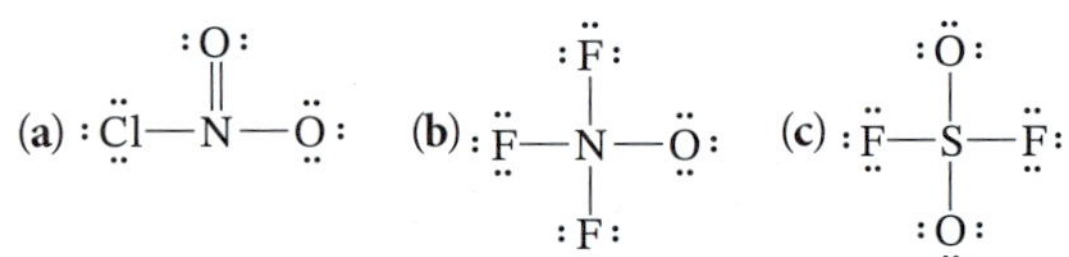

8.87 황이 두 개의 염소와 한 개의 산소와 결합하고 있는 $SOCl_2$의 Lewis 구조를 그리시오. 각 원자의 형식 전하를 구하고, 이 분자에 가장 적합한 Lewis 구조를 결정하시오.

8.88 다음은 $BeCl_2$에 대한 두 가지 구조이다. 왼쪽의 구조가 더 적합한 구조인 이유 두 가지를 제시하시오.

8.89 다음은 전쟁에서 독가스로 사용된 포스젠에 대한 두 가지 Lewis 구조이다. 어느 구조가 더 적합한 Lewis 구조인가? 그 이유는 무엇인가?

8.90 H_2O와 H^+ 사이의 배위 공유 결합으로 H_3O^+가 생성되는 반응을 Lewis 구조를 이용하여 설명하시오.

8.91 배위 공유 결합을 포함한 다음 반응을 Lewis 구조를 이용하여 설명하시오.

$$BF_3 + F^- \longrightarrow BF_4^-$$

공명 구조

8.92 PO_4^{3-}에 대한 공명 구조를 그리고, P—O 결합에 대한 평균 결합 차수를 계산하시오.

8.93 CO_3^{2-}에서의 C—O 결합 길이와 CO_2에서의 C—O 결합 길이를 비교하시오.

8.94 NO, NO_2^-, NO_2를 N—O 결합의 길이가 증가하는 순서대로 나열하시오.

***8.95** 다음은 CO_2에 대한 Lewis 구조이다.

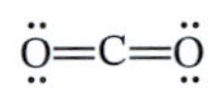

CO_2에 대한 다른 두 가지 Lewis 구조를 그리고, 형식 전하의 관점에서 이 구조가 CO_2에 대한 구조로 적합하지 않은 이유를 제시하시오.

***8.96** 형식 전하를 이용하여 ClO_3^-와 ClO_4^-에 대한 최적의 Lewis 구조를 그리시오. 두 이온에 대한 공명 구조를 각각 그리고, Cl—O 결합에 대한 차수를 구하시오. Cl—O 결합 길이가 더 짧을 것으로 예상되는 이온은 어느 것인가?

추가 연습 문제

8.97 NO_2, NO_2^-, NO_3^-에 포함된 질소–산소 결합 길이를 서로 비교하시오.

8.98 Mg(*s*) 1몰과 $O_2(g)$ 1/2몰을 기체 상태의 원자로 변화시키는데 150 kJ의 에너지가 필요하다. 마그네슘의 첫 번째와 두 번째 이온화 에너지는 각각 737 kJ/mol과 1450 kJ/mol이고, 산소의 첫 번째와 두 번째 전자 친화도는 각각 −141 kJ/mol과 +844 kJ/mol이며, MgO(*s*)의 표준 생성열은 −602 kJ/mol이다. 그림 8.4와 유사한 엔탈피 도표를 그리고, 산화 마그네슘의 격자 에너지를 계산하시오. 구한 격자 에너지를 NaCl의 격자 에너지와 비교하시오. 두 격자 에너지가 차이가 나는 이유는 무엇인가?

8.99 다음 두 화합물 중 결합의 극성이 더 큰 화학종을 선택하시오(주기율표를 이용하시오).
(**a**) $AlCl_3$ 혹은 PCl_3 (**b**) $CHCl_3$ 혹은 CCl_4
(**c**) $SiCl_4$ 혹은 CCl_4 (**d**) HCl 혹은 HF

8.100 Cu^+와 Cu^{2+} 이온의 원자가 껍질에 포함된 전자의 수는 각각 몇 개인가?

8.101 $POCl_3$에 대한 다음의 두 Lewis 구조는 공명 구조인가? 어느 구조가 $POCl_3$의 Lewis 구조로 더 적절한가?

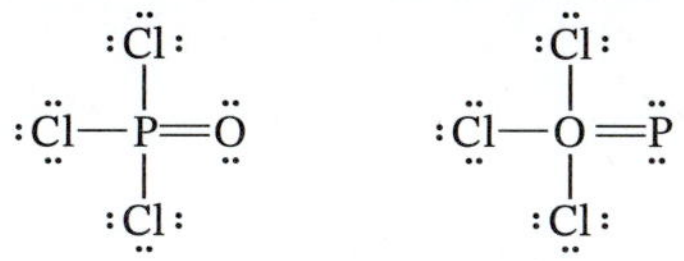

8.102 다음 Lewis 구조에서 각 원자의 형식 전하를 구하고, 이 분자에 대해 더 낮은 에너지를 갖는 Lewis 구조를 제안하시오.

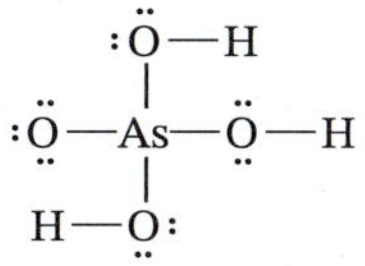

8.103 ClO^-, ClO_2^-, ClO_3^-, ClO_4^-에 포함된 염소–산소 결합 길이를 서로 비교하시오.

8.104 $XeOF_5$에 대한 최적의 Lewis 구조를 그리시오.

***8.105** 화학식이 HCNO로 동일한 두 가지 산이 있다. 다음 중 두 가지 산에 적합한 Lewis 구조는 어느 것인가? 그 근거는 무엇인가?

H C O N　H N O C　H O C N
H C N O　H N C O　H O N C

8.106 기체상에서 KF는 쌍극자 모멘트가 8.59 D이고 K—F 결합 길이가 217 pm인 이온쌍으로 존재한다. K—F 결합은 100% 이온성인가? 그렇지 않다면, K와 F 원자가 띠고 있는 전하를 각각 1+와 1−에 대한 퍼센트로 구하시오.

8.107 다음은 탄화수소로부터 얻은 어떤 알코올을 공–막대 모형으로 그린 것이다. 출발 물질인 탄화수소의 화학식과 이름은 각각 무엇인가?

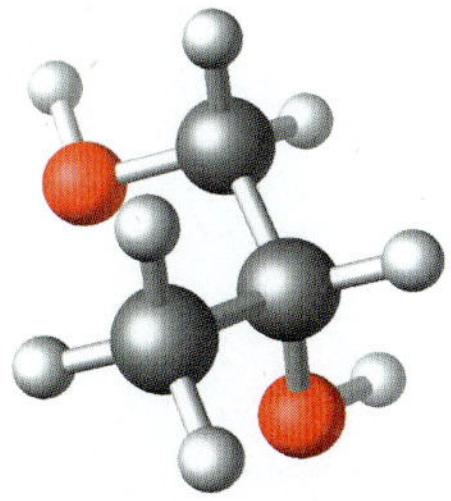

8.108 알칼리족 원소와 마그네슘족 원소가 각각 +1과 +2 전하만을 띠는 이유는 무엇인가?

다중 개념 문제

8.109 Lewis 구조를 이용하여 다음 유기산(약산)이 수용액에서 이온화하는 과정을 나타내시오.

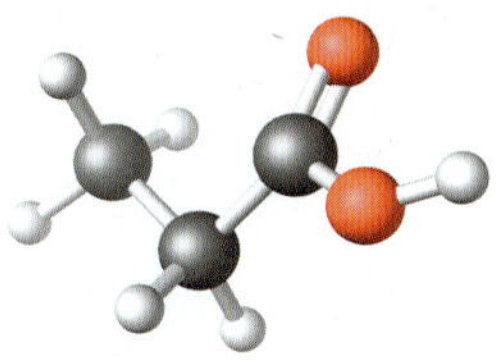

***8.110** 수소 분자가 H^+와 H^-로 분해되는 데 필요한 빛의 파장을 구하시오(이 문제를 해결하는데 필요한 정보는 7장과 8장에서 찾을 수 있다).

***8.111** 60%의 탄소와 13.3%의 수소로 구성된 어떤 2차 알코올의 몰질량이 60 g/mol이다. 이 알코올에 대한 Lewis 구조를 그리시오.

***8.112** 탄소와 수소 그리고 산소로만 구성된 어떤 유기산 시료 38.40 g을 연소 분석을 위하여 태웠더니 37.54 mg의 CO_2와 7.684 mg의 H_2O를 얻었다. 별도의 실험을 통하여 결정한 이 분자의 몰질량은 90 g/mol이었다. 한편 40.2 mg의 산을 녹인 50 mL의 용액을 0.0625 M NaOH를 이용하여 적정하였더니 염기 용액 14.28 mL가 소모되었다. 이 자료를 이용하여 유기산에 대한 Lewis 구조를 그리시오.

비판적 사고의 과제

8.113 C—C 공유 결합의 평균 결합 에너지는 얼마인가? 이 결합을 끊을 수 있는 에너지를 가진 빛의 파장(nm)을 구하시오. 이 정보를 이용하여 태양 빛을 차단하지 않으면 위험한 이유를 설명하시오.

8.114 원자의 전기 음성도를 어림하는 한 가지 방법은 이온화 에너지와 전자 친화도의 평균을 이용하는 것이다. 두 물리량이 함께 사용될 때 전기 음성도와 관련이 있는 이유는 무엇인가?

8.115 물질을 구성하는 분자간 인력은 분자의 쌍극자 모멘트의 크기에 의존한다. 그 이유를 설명하시오.

8.116 꿀벌에 쏘일 때 자극적인 통증을 느끼는 이유는 침에 의하여 카복실산(1개의 탄소를 포함하는)이 주입되기 때문이다. 이 산의 구조로 가능한 모든 Lewis 구조를 그리시오. Lewis 구조에 포함된 모든 원자가 팔전자 규칙을 만족하는가?

Christian Koch, MicroChemicals GmbH/Science Source

9장 화학 결합과 분자 구조 이론

이 장의 배경

태양광 패널에는 빛에너지를 전기로 변환시키는 반도체가 필요하다. 이에 필요한 반도체는 순수한 규소로부터 만들 수 있는데, 규소에는 특정 시점에 전류를 흐르게 하는 결합 특성이 있기 때문이다. 사진은 규소 막대를 가열해서 순수한 규소를 얻는 영역 정제(zone refining) 과정을 나타낸 것이다. 이 과정에서는 규소 막대의 한쪽 끝을 가열하기 시작한 다음, 가열하는 영역을 위아래로 이동시키면서 규소를 녹인다. 사진에서 보는 바와 같이 규소 막대가 녹을 때 아래로 흐른 불순물은 아래의 특정 영역에서 고화된다.

이 장에서는 분자의 기하 구조를 탐구하고, 분자의 모양을 설명하거나 예측할 수 있는 이론적 모형에 대해 공부할 것이다. 또한 공유 결합이 형성되는 과정과 공유 결합의 방향성이 매우 높은 이유에 대하여 파동 역학과 원자의 전자 구조를 기반으로 설명하는 이론을 살펴볼 것이다. 이 장에서 배운 지식은 여러분들이 뒷장에서 만나게 되는 분자들의 물리적 성질, 예를 들면 녹는점이나 끓는점과 같은 내용을 접하게 되었을 때 많은 도움이 될 것이다. 이러한 원리들은 나중에 공부하게 될 유기 화학과 생화학의 거대 분자까지도 확장될 수 있을 것이다. 우리는 또한 규소와 같이 커다란 고체에서의 결합이 고체의 특정 성질에 어떻게 영향을 미치는지에 대해서도 논의할 것이다.

분자로 이루어진 물질은 공유 결합의 상대적인 배향에 따라 정해지는 삼차원 모양을 가지고 있으며, 이 구조는 고체, 액체, 기체 등 물질의 상태와 상관없이 항상 유지된다. 앞에서 이와 같은 분자들의 몇 가지 모양을 살펴본 바 있다. 이온성 물질은 상당히 다르다. NaCl과 같은 고체 이온 결합 화합물의 구조는 주로 이온의 크기와 전하에 의해 결정된다. 이온 사이의 인력이 특정한 방향을 선호하여 작용하는 것은 아니기 때문에, 이온 결합 화합물이 녹으면 본래의 구조를 잃고 이온 배열이 무질서한 액체 상태로 된다.

이 장의 개요

9.1 다섯 가지 기본 분자 기하 구조
9.2 분자 모양과 VSEPR 모형
9.3 분자 구조와 쌍극자 모멘트
9.4 원자가 결합 이론
9.5 혼성 오비탈과 분자 기하 구조
9.6 혼성 오비탈과 다중 결합
9.7 분자 오비탈 이론의 기초
9.8 비편재화된 분자 오비탈
9.9 고체 내의 결합
9.10 동소체에서의 결합

학습 목표

이 장을 읽고 이해한 후 다음과 같은 것을 할 수 있어야 한다.

- 결합각을 포함한 다섯 가지 기본 분자 구조를 그릴 수 있다.
- VSEPR 모형을 사용하여 분자 또는 이온의 모양을 예측할 수 있다.
- 분자의 기하 구조가 극성에 어떻게 영향을 미치는지를 설명할 수 있다.
- 결합 이론을 이용하여 결합의 형성을 설명할 수 있다.
- 혼성을 이용하여 원자가 결합 이론 관점에서의 결합을 더욱 구체화할 수 있다.
- 오비탈 도표와 혼성을 이용하여 다중 결합의 성질을 설명할 수 있다.
- 분자 오비탈을 이용하여 간단한 이원자 분자의 결합을 설명할 수 있다.
- 공명 구조와 비편재 분자 오비탈을 비교하고 대조할 수 있다.
- 띠이론을 이용하여 고체의 결합과 물리적 성질을 설명할 수 있다.
- 혼성과 원자가 결합 이론을 이용하여 비금속 원소의 동소체를 설명할 수 있다.

학습 목표 달성을 위한 제안

9장의 내용을 이해하는 데는 3차원적 사고가 요구된다. 기본 구조를 그리고, 평면 2차원에 나타낸 그림을 통하여 3차원의 물체를 이해하는 것이 중요하다. 이 장에서의 개념을 이해하기 위하여 다음과 같은 방법을 활용하면 효과적이다.

1. 이 장의 내용에 대한 요약을 통하여 전체적인 흐름을 파악하라.
2. 다음과 같은 몇 가지 도표를 작성하라.
   a. 서로 다른 카드에 다섯 가지 기본 분자 기하 구조를 그리고, 결합각과 삼각쌍뿔 구조에서 축방향 및 적도 방향, 각각의 구조와 관련된 혼성 등을 표시하라.
   b. 다섯 가지 기본 분자 기하 구조로부터 유도될 수 있는 모든 형태를 그려라. 이름과 결합각 그리고 결합 영역의 수와 비결합 영역의 수를 함께 나타낸다.
   c. 몇 가지 극성 분자에 대하여 쌍극자 모멘트를 나타내고, 쌍극자 모멘트의 방향이 그렇게 나타나는 이유를 설명하라.
3. 몇 가지 모형을 준비하라.
   a. 면봉과 풀을 이용하여 다섯 가지 기본 분자 구조에 대한 모형을 만들어라.
   b. 면봉과 풀을 이용하여 다섯 가지 기본 분자 구조로부터 유도될 수 있는 모든 형태의 분자 모형을 만들어라.
4. VSEPR 이론을 이용하여 분자의 모양을 결정하는 과정을 정리하라.
5. 오비탈 겹침이나 혼성 오비탈 그리고 다중 결합 및 σ 결합과 π 결합 등을 포함한 원자가 결합 이론을 요약하라.
6. 결합 오비탈, 반결합 오비탈, 결합 차수, 그리고 쌓음 원리 등을 포함하여 분자 오비탈 이론을 요약하라.
7. 복습 문제를 풀어보고, 제시한 답에 오류가 있으면 정답을 얻을 때까지 반복해서 풀어보라.

9.1 다섯 가지 기본 분자 기하 구조

우리는 삼차원 구조의 분자들로 이루어진 삼차원 세계에 살고 있지만, 분자의 결합을 설명할 때 이용되는 Lewis 구조는 분자의 모양에 대한 어떠한 정보도 제공하지 못한다. Lewis 구조에서 분자들은 평평한 이차원으로, 단순히 어떤 원자들이 서로 결합하고 있는지를 나타낼 뿐이다. 이 장에서는 분자 모양을 예측하고, 양자 이론의 관점에서 공유 결합 구조를 설명하는 이론을 공부할 것이다. 이제 어떤 종류의 분자 모양이 있는지부터 공부해 보자.

도구
기본 분자 모양

원자가 적어도 세 개 존재할 때 분자 모양에 대해 논의할 수 있다. 두 개의 원자로 구성된 분자에서는 한 원자는 다른 원자와 일차원적으로 결합하고 있을 뿐이다. 그러나 분자가 세 개 이상의 원자로 이루어진 경우, 분자의 구조는 **선형**, **평면 삼각형**, **사면체**, **삼각쌍뿔**, **팔면체**의 다섯 가지의 기본 기하 구조 중 하나로 설명할 수 있다.

선형 분자

선형 분자(linear molecule)에서는 원자들이 직선상에 놓여 있다. 분자가 세 개의 원자로 이루어진 경우, 공유 결합에 의해 형성된 **결합각(bond angle)**은 다음 그림과 같이 180°가 된다.

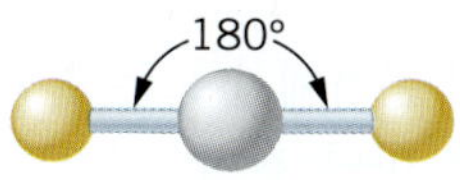

선형 분자

평면 삼각형 분자

평면 삼각형 분자(planar triangular molecule)에서는 세 개의 원자가 삼각형의 꼭짓점에 위치하고 있으며, 이들 원자는 삼각형의 중심에 있는 네 번째 원자와 결합을 이루고 있다.

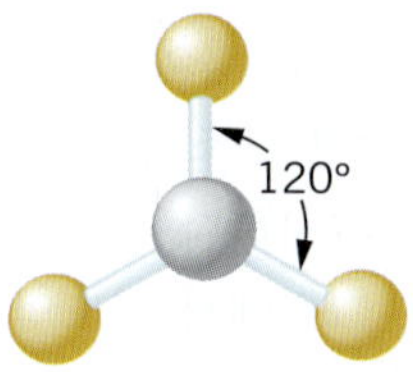

평면 삼각형 분자

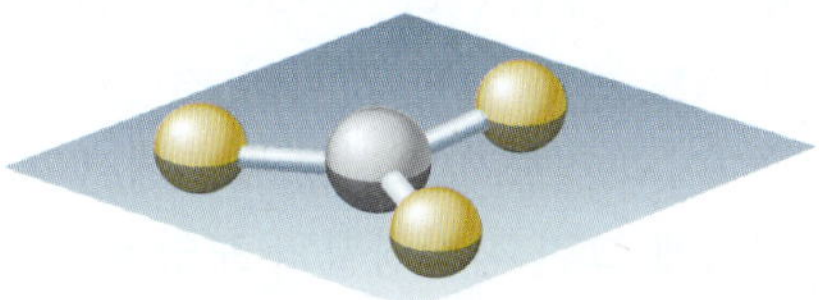
모든 원자가 동일 평면에 놓여 있다.

이와 같은 분자에서는 네 개의 원자가 모두 동일 평면에 놓여 있으며 결합각은 모두 120°로 동일하다.

사면체 분자

사면체(tetrahedron)는 네 개의 삼각형 면으로 이루어진 각뿔 모양의 기하 구조이다. **사면체 분자(tetrahedral molecule)**에서는 네 개의 원자가 사면체의 각 꼭짓점에 놓여 있으며, 구조의 중심에 위치한 다섯 번째 원자와 결합을 이루고 있다.

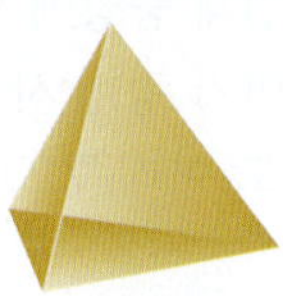
사면체

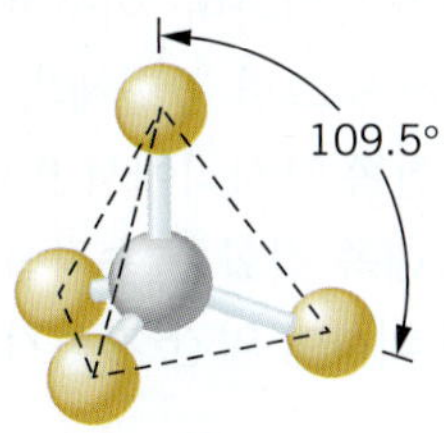

사면체 분자

사면체 분자에서 모든 결합각은 109.5°로 동일하다.

삼각쌍뿔 분자

삼각쌍뿔(trigonal bipyramid)은 밑면을 공유하고 있는 두 개의 삼각뿔(삼각형 면으로 이루어진 각뿔)로 이루어져 있다. **삼각쌍뿔 분자(trigonal bipyramidal molecule)**에서는 중심 원자가 위와 아래의 삼각뿔에 의해 공유된 삼각형의 가운데에 놓여 있으며, 꼭짓점에 놓여 있는 5개의 원자와 결합하고 있다.

해설 영어에서 형태를 나타내는 triangle, tetrahedron, octahedron, bipyramid 등은 단독으로 사용될 수 있는 명사이다. 그러나 triangular, tetrahedral, octahedral, bipyramidal 등은 '분자', '구조', '형태' 등을 수식하는 형용사이다.

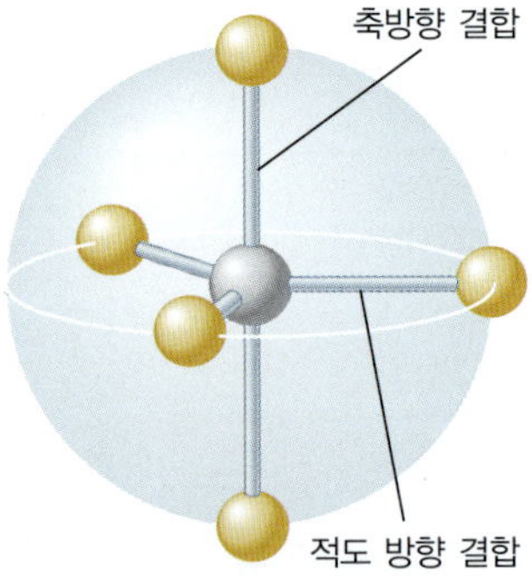

그림 9.1 **삼각쌍뿔 분자의 축방향 결합과 적도 방향 결합** 축방향 결합은 180° 벌어져 있으며, 적도 방향 결합은 120° 벌어져 있다.

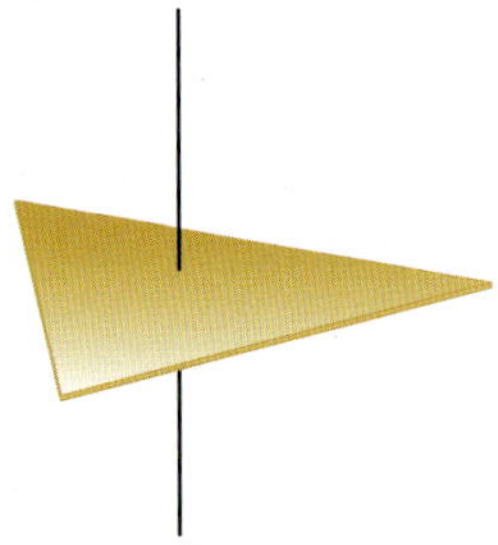

그림 9.2 간단하게 그린 삼각쌍뿔 중심에 놓여 있는 삼각형의 각 꼭짓점과, 위아래 수직으로 나타낸 결합의 양쪽 끝에 원자를 위치시키면 삼각쌍뿔 분자가 된다.

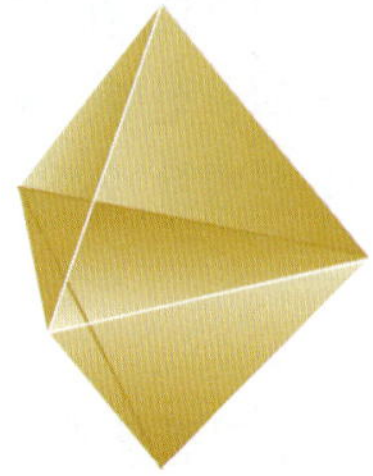

삼각쌍뿔

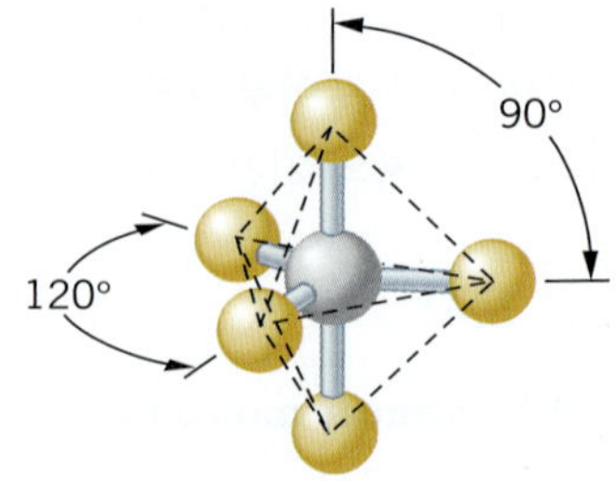

삼각쌍뿔 분자

이 분자에서 모든 결합이 동등한 것은 아니다. **그림 9.1**에 나타낸 바와 같이, 삼각쌍뿔이 지구와 같은 모양의 구(sphere)의 내부에 존재한다면, 삼각 평면에 위치한 원자들은 적도에 놓이게 된다. 이들 원자와의 결합을 **적도 방향 결합(equatorial bond)**이라고 한다. 적도 방향 결합 사이의 각도는 120°이다. 삼각 평면에 수직으로 결합된 두 개의 결합은 구의 북극과 남극을 향하고 있어서 서로 180°로 벌어져 있는데, 이 결합을 **축방향 결합(axial bond)**이라고 한다. 축방향 결합과 적도 방향 결합 사이의 각도는 90°이다. 삼각쌍뿔 구조에서 적도 방향 결합 사이의 결합각은 평면 삼각형 구조에서의 결합각과 유사하고, 축방향 결합 사이의 결합각은 선형 구조에서의 결합각과 유사하다.

그림 9.2에 간단하게 그린 삼각쌍뿔의 모양을 나타내었다. 그림에서 적도의 삼각 평면을 모서리 위쪽에서 바라보는 것처럼 약간 기울어지게 그렸다. 축방향 결합은 위와 아래로 향하는 직선으로 나타냈으며, 삼차원 특성을 나타내기 위하여 아래쪽으로 향하는 결합은 삼각 평면에 의해 약간 가려지도록 그렸다.

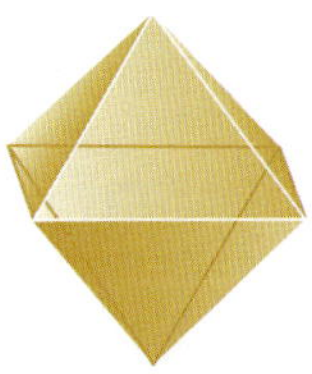

팔면체

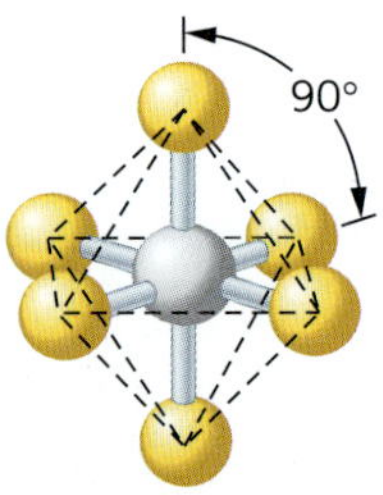

팔면체 분자

팔면체 분자

팔면체(octahedron)는 8개의 면을 갖는데, 두 개의 사각뿔이 밑면을 공유하고 있다고 생각하면 된다. 팔면체에는 6개의 꼭짓점이 있으므로 **팔면체 분자(octahedral molecule)**에서는 중심 원자가 꼭짓점에 있는 6개의 원자와 결합하고 있다. 팔면체라는 이름은 여덟 개의 면을 포함하는 도형에서 유래된 이름이지만, 각 꼭짓점에 하나씩 6개의 원자가 존재한다. 팔면체 분자에서는 모든 결합이 동일하며, 이웃한 결합 사이의 각도는 90°이다.

그림 9.3에 간단하게 그린 팔면체의 모양을 나타내었다. 팔면체 중앙에 있는 사각 평면은 원근법을 이용하여 한쪽 모서리에서 바라보는 것과 같이 그려 마치 평행 사변형처럼 보인다. 팔면체의 위쪽과 아래쪽 결합은 수직선으로 표현된다. 여기서도 아래쪽으로 향하는 결합은 중앙의 사각 평면에 의하여 약간 가려지게 그린다.

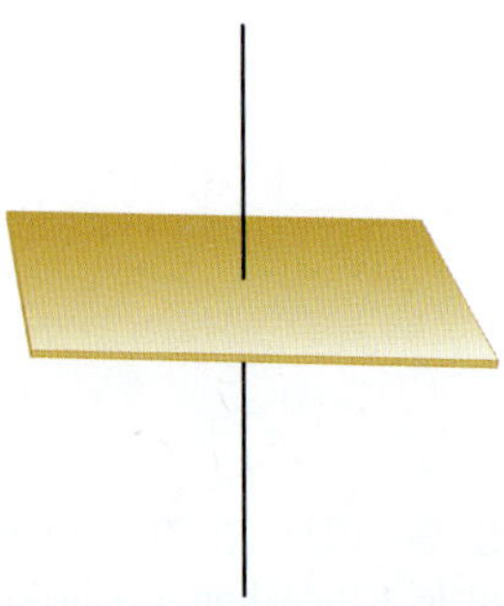

그림 9.3 간단하게 그린 팔면체 중심에 놓여 있는 사각 평면의 각 꼭짓점과, 위아래 수직으로 나타낸 결합의 양쪽 끝에 원자를 위치시키면 팔면체 분자가 된다.

실전 문제 9.1

분자나 이온의 형태는 물질의 특성에 많은 영향을 미치기 때문에 분자나 이온의 모양을 확인하는 것이 매우 중요하다. 다음 분자의 모양을 적으시오.

(a) 사염화 규소

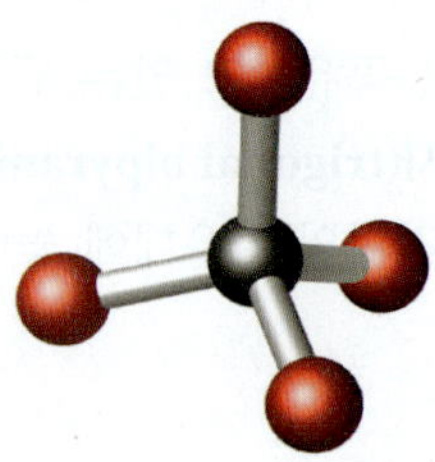

(b) 오염화 안티모니

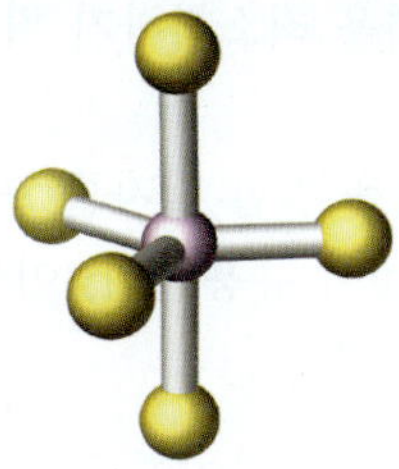

실전 문제 9.2

다음 분자 구조의 이름을 쓰시오.

(a) 공간 채움 모형과 공–막대 모형으로 각각 나타낸 삼염화 붕소. 중앙의 분홍색 원자가 붕소이다.

(b) 공간 채움 모형과 공–막대 모형으로 각각 나타낸 헥사플루오린화 안티모니. 중앙의 노란색 원자가 안티모니이다.

9.2 분자 모양과 VSEPR 모형

일반적으로 유용한 이론적 모형이라면, 그것을 이용하여 알려진 사실을 설명할 수 있고 정확하게 예측할 수 있어야 한다. 이 두 가지 측면에서 **원자가 껍질 전자쌍 반발 모형(valence shell electron pair repulsion model**, 간단하게 **VSEPR 모형**)은 대단히 성공적이며, 개념적으로도 매우 간단하다. VSEPR 모형의 기본 개념은 다음과 같다.

> 원자의 원자가 껍질에 있는 전자쌍(또는 전자쌍 집단)들은 서로 반발한다. 따라서 전자쌍들은 반발력을 최소화하기 위하여 가능한 한 멀리 떨어져 있으려고 한다.

도구: VSEPR 모형

앞으로 공간에서 원자가 껍질 전자가 차지하는 영역을 표현할 때 **전자 영역(electron domain)**이라는 용어를 사용할 것이다. 따라서 앞에서 기술한 문장을 다음과 같이 바꾸어 기술할 수 있다. 전자 영역들은 서로 간의 반발력을 최소화하기 위하여 가능한 한 멀리 떨어져 있으려고 한다.

분자의 모양을 기술할 때 전자 영역을 결합 전자를 포함하는 영역과 비공유 전자를 포함하는 영역의 두 가지 형태로 구분하는 것이 유용한데, 이들을 각각 결합 영역과 비결합 영역이라고 한다.

해설 전자 영역은 결합 전자쌍, 고립 전자쌍, 홀전자일 수 있다. VSEPR 모형(또는 VSEPR 이론)을 전자 영역 모형(electron domain model)이라고 부르기도 한다.

- **결합 영역(bonding domain)**은 두 원자 사이에 공유된 전자들을 포함한다. 따라서 **단일 결합, 이중 결합, 삼중 결합에 있는 모든 전자는 각각 동일한 결합 영역에 있다고 간주된다.** 네 개의 전자로 이루어진 이중 결합은 두 개의 전자로 이루어진 단일 결합보다 더 넓은 공간을 차지하지만, 두 원자에 의하여 공유되는 모든 전자는 동일한 하나의 결합 영역에 속해 있다고 할 수 있다.
- **비결합 영역(nonbonding domain)**은 단 **한 개의 원자**에만 속해 있는 원자가 전자들을 포함한다. 비결합 영역은 공유되지 않은 원자가 전자[**고립 전자쌍(lone pair)**]이거나 원자가 전자가 홀수 개인 분자(라디칼이라고 불린다.)에서 볼 수 있는 한 개의 홀전자이다.

그림 9.4에 전자 영역의 수에 따라 예상되는 배향을 나타내었다. 이때 전자 영역들은 반발력을

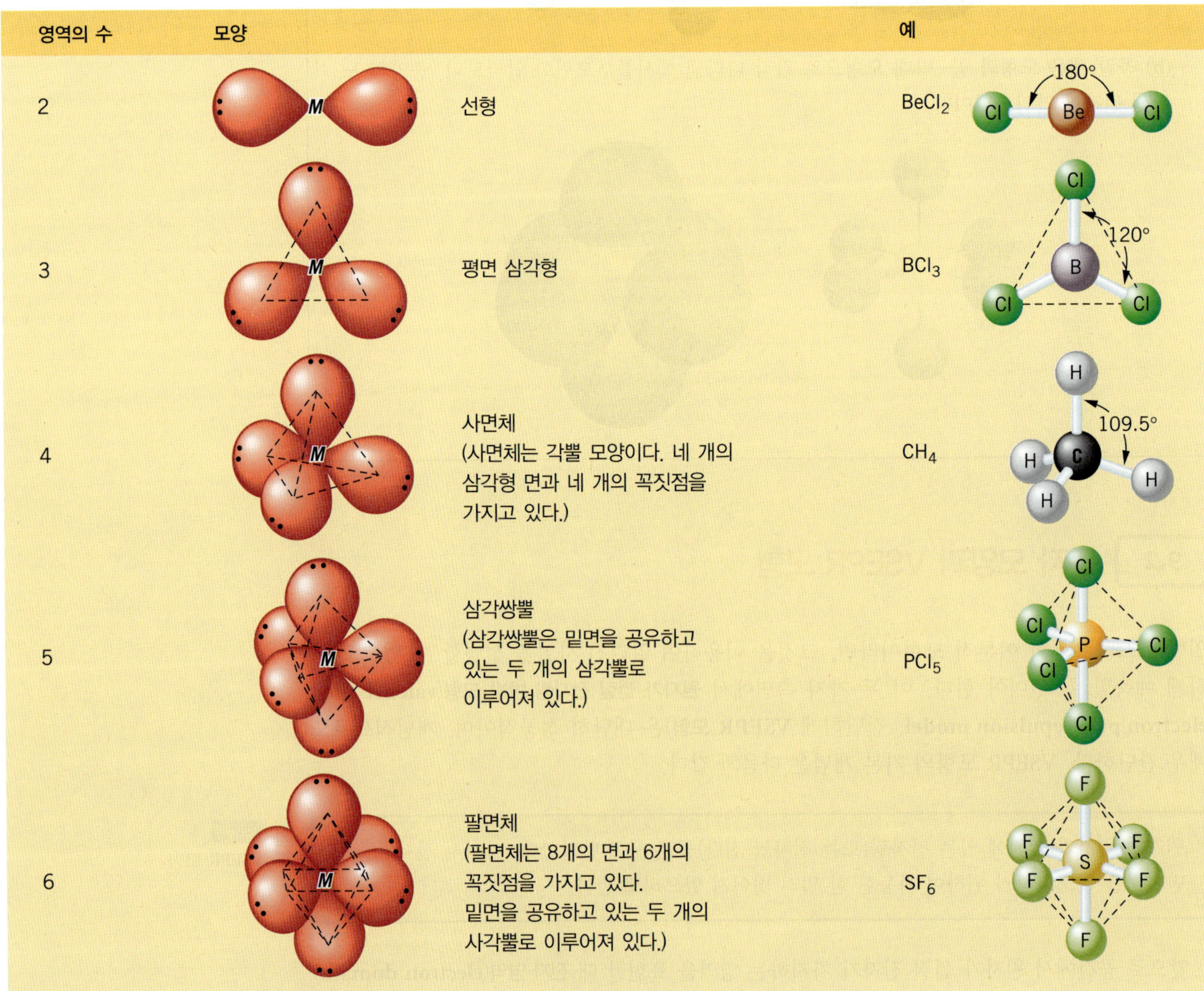

그림 9.4 중심 원자 M 주위의 전자 영역의 수에 따라 예측되는 여러 가지 모양 각 로브는 전자 영역을 나타낸다.

최소화하기 위하여 가능한 한 멀리 떨어져 있다. 전자 영역이 결합 영역이든 비결합 영역이든 상관없이 동일한 배향이 얻어진다. 모든 영역이 결합 영역일 때, 분자는 앞에서 설명했던 모양, 즉 그림 9.4의 오른쪽에 나타낸 것과 같은 모양을 형성하게 된다.

Lewis 구조와 VSEPR 모형

분자 모양을 예측할 때 VSEPR 모형을 적용하려면 중심 원자의 원자가 껍질에 존재하는 전자 영역의 수를 알아야 한다. 이 경우 Lewis 구조가 매우 도움이 된다.

$BeCl_2$ 분자를 예를 들어 생각해보자. 8장의 도구를 이용하면, 이 분자의 Lewis 구조는 아래와 같이 결정될 것이다.

해설 베릴륨은 주족 금속이지만, $BeCl_2$의 결합은 이온 결합이 아니라 공유 결합이다.

:C̈l—Be—C̈l:

세 개의 원자로 구성되어 있으므로 분자는 다음과 같이 선형이거나 비선형의 형태 중 하나이다. 즉 세 개의 원자가 직선상에 놓이거나 180°보다 작은 각도를 이루게 된다.

구조를 예측하기 위하여 Be 원자의 원자가 껍질에 있는 전자 영역의 수를 세어 보자. $BeCl_2$ 분자에서 Be 원자는 Cl 원자들과 두 개의 단일 결합을 이루고 있다. 단일 결합은 각각 하나의 전자 영역에 해당하므로 Be의 원자가 껍질에는 두 개의 결합 영역이 존재한다. 그림 9.4에 나타낸 바와 같이, 원자의 원자가 껍질에 두 개의 전자 영역이 있는 경우, 그들 사이의 반발을 최소화하기 위하여 두 전자쌍은 최대한 멀리 떨어져 있어야 한다. 따라서 두 전자쌍은 핵의 좌우 양쪽에 놓이고, 서로 반대쪽을 향하게 된다. 따라서 원자가 껍질 전자쌍의 전자 구름의 위치를 다음과 같이 표현할 수 있다.

해설

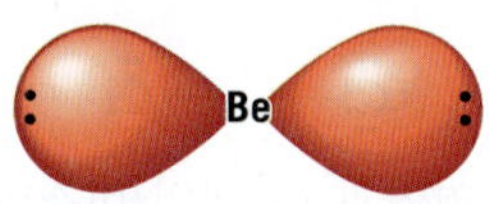

전자들이 Be—Cl 결합을 형성할 수 있도록 Cl 원자들은 전자가 있는 곳에 위치해야 하므로 결과적으로 $BeCl_2$ 분자는 다음과 같은 선형이라고 예측할 수 있다.

Cl—Be—Cl

실험적으로 기체 상태의 $BeCl_2$의 실제 모양은 위와 같이 선형인 것으로 확인된다.

예제 9.1 분자 모양 예측하기

사염화 규소는 규산 에스터, 실리카 겔, 세라믹용 접착제, 반도체 등의 제조에 사용된다. 이 분자의 모양을 설명하시오.

분석 분자의 모양을 알아내기 위하여 Lewis 구조를 이용하여 전자 영역을 세고, VSEPR 모형을 적용한다. Lewis 구조를 그리기 위하여 화합물의 화학식과 화합물의 명명법 규칙을 알아야 한다.

도구 모음 먼저 2장의 명명 규칙을 따라 화학식을 결정한다. 그리고 이런 종류의 문제를 해결하는 데 필요한 주요 도구인 Lewis 구조를 8장에 제시된 과정에 따라서 그린다. 마지막으로 분자의 구조를 추론하기 위한 도구로 VSEPR 모형을 사용할 것이다.

풀이 사염화 규소라는 이름으로부터 화학식 $SiCl_4$를 얻을 수 있고, 이에 대한 Lewis 구조를 그림 8.12에 제시된 과정에 따라 그리면 다음과 같다.

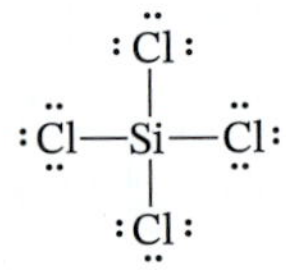

네 개의 결합이 있고, 각 결합은 규소 주위에 존재하는 결합 영역에 해당된다. 그림 9.4에 나타낸 바와 같이, 네 개의 영역은 사면체 모양으로 배열할 때 가장 멀리 떨어져 존재하게 되므로 분자는 사면체 구조로 예측된다. 이 분자는 실제로 사면체 구조이다.

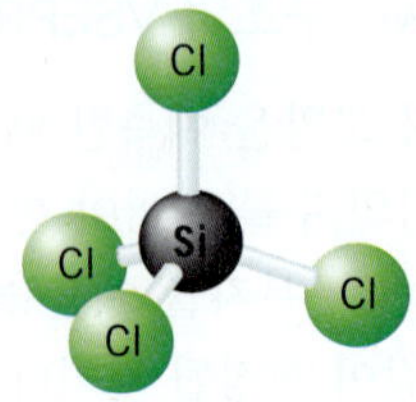

답이 합리적인가? 답은 Lewis 구조에 따라 크게 달라지기 때문에 구조를 정확하게 그렸는지를 확인한다. 일단 Lewis 구조를 확신한다면 다음 단계는 쉽게 진행할 수 있다. 영역의 배열로부터 Si 원자 주위의 Cl 원자의 배열을 알 수 있다.

실전 문제 9.3

SeF_6 분자는 어떤 모양을 갖는가? (**힌트**: 필요하다면 그림 8.12를 참조하시오.)

실전 문제 9.4

에탄올을 오염화 인과 함께 가열하면 염화 에틸을 얻을 수 있다. PCl_5 분자는 어떤 모양을 가질 것인지 예측하시오.

비결합 영역과 분자 모양

어떤 분자들은 중심 원자에 한 개 이상의 비결합 영역을 가지고 있다. 비결합 영역은 비공유 전자쌍(고립 전자쌍)이나 짝을 짓지 않은 한 개의 원자가 전자로 구성되어 있다. 이들 비결합 영역 역시 분자의 기하 구조에 영향을 미친다.

해설 $SnCl_2$는 주석 원자가 팔전자보다 더 적은 수의 전자를 가지는 특성을 보이는 분자이다. 주석과 염소의 전기 음성도의 차이는 단지 1.1이며, 이는 두 원자 사이의 결합이 강한 공유 결합 특성을 가진다는 것을 의미한다.

중심 원자에 세 개의 전자 영역을 가지는 분자 비결합 영역이 분자의 기하 구조에 영향을 주는 사례로 $SnCl_2$가 있다.

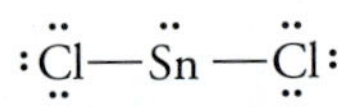

주석 원자 주위에는 두 개의 결합 영역과 한 개의 비결합 영역(고립 전자쌍)으로 총 **세 개**의 전자 영역이 있다. 그림 9.4에 나타낸 바와 같이, 세 개의 영역은 삼각형의 꼭짓점을 향해 있을 때 가장 멀리 떨어져 있게 된다. 우선 염소 원자는 무시하고, 다음과 같은 전자 영역의 배열에 집중하자.

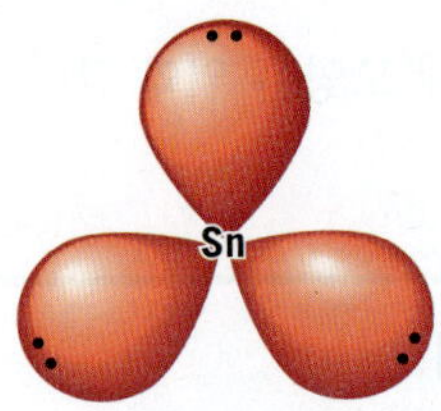

두 개의 영역에 Cl 원자를 배치하면 분자의 모양은 아래 왼쪽 그림과 같다.

전자 영역의 배치는 삼각형 모양이지만, 이 분자를 삼각형이라고 할 수는 없다. **분자의 모양이란 원자들의 배열을 표현하는 것이지, 영역의 배열에 대한 것이 아니다.** 따라서 분자의 모양을 기술하기 위하여 위 그림의 오른쪽에 나타낸 바와 같이 고립 전자쌍을 무시한다. 결과적으로 얻어진 $SnCl_2$의 분자 모양은 **비선형(nonlinear)**이다. 이 모양을 **굽은형(bent)** 또는 **V자형(V-shaped)**이라고도 한다.

중심 원자 주위에 세 개의 영역이 있을 때 두 종류의 분자 모양이 가능하다는 것에 주목해야 한다. 세 영역이 모두 결합 영역이면, 그림 9.4에 나타낸 BCl_3와 같이 평면 삼각형 모양의 분자가 형성된다. $SnCl_2$와 같이 한 영역이 비결합 영역이라면, 분자를 구성하는 원자들의 배열은 비선형이 된다. 그러나 두 가지 경우 모두, 분자 모양을 예측하기 위해서 먼저 중심 원자 주위의 세 개의 영역을 평면 삼각형으로 배열한 후 필요한 수의 원자를 배치한다. 앞으로 모든 분자의 모양을 결정하는 데 이 방법을 사용할 것이다.

중심 원자에 네 개의 전자 영역을 갖는 분자 중심 원자의 원자가 껍질에 네 개의 전자쌍(8개의 전자)을 갖는 분자들은 매우 많다. 이 전자쌍들이 메테인(CH_4)과 같이 네 개의 결합을 이루면 분자는 사면체 모양이 된다(그림 9.4). 그러나 한 개 이상의 비결합 영역이 존재하는 분자들도 많이 있다. 우리가 자주 접하는 암모니아와 물을 예로 들어 보자.

고립 전자쌍 한 개 고립 전자쌍 두 개

이와 같은 분자의 모양에 비결합 영역이 미치는 영향을 **그림 9.5**에 나타내었다.

NH_3와 같이 비결합 영역이 한 개인 경우라면, 중심 원자는 각뿔의 꼭대기에 놓여 있고, 나머지 세 개의 원자는 삼각형 밑면의 꼭짓점에 놓여 있다. 이와 같은 **삼각 피라미드형(trigonal pyramidal)**의 구조는 **삼각뿔(triangular pyramid)**이라고도 부른다. H_2O와 같이 사면체에서 두 개의 비결합 영역이 있는 경우, 분자에 있는 세 개의 원자(중심 원자와 이에 결합된 두 개의 원자)는 직선상에 놓여 있지 않으므로, 이 구조는 비선형 또는 굽은형이라고 한다.

해설 분자의 모양은 전자 영역이 아닌 원자들의 배열에 의해서 결정되는 것임을 명심하라.

중심 원자에 5개의 전자 영역을 갖는 분자 중심 원자 주위에 5개의 영역이 있는 경우에 이들은 삼각쌍뿔의 꼭짓점을 향하게 된다. 그림 9.4에 나타낸 PCl_5와 같은 분자가 이러한 기하학적

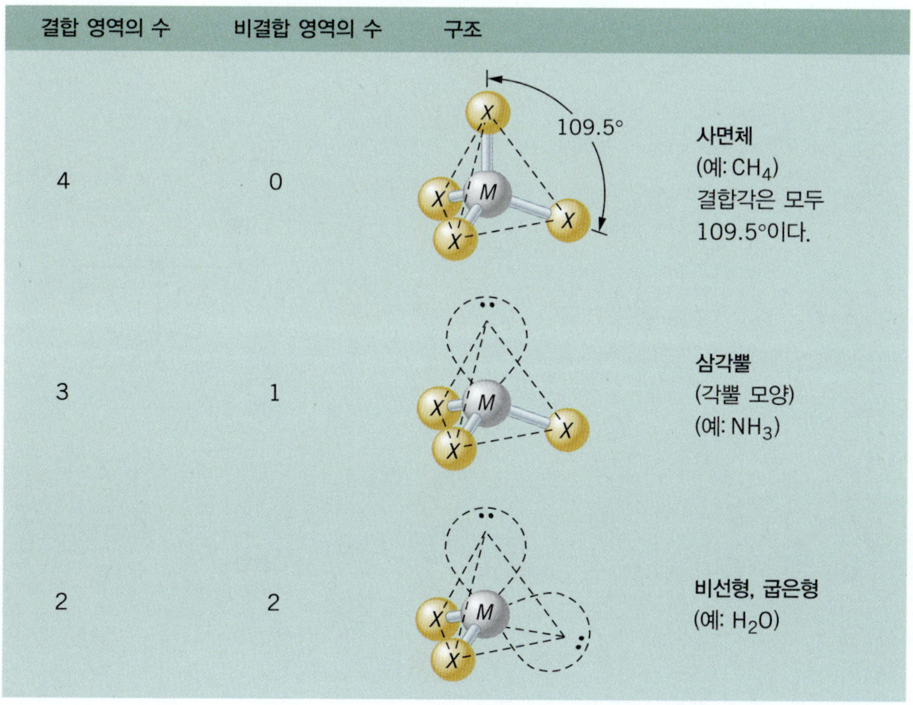

그림 9.5 중심 원자 주위에 네 개의 영역이 있는 분자의 모양 수록된 MX_4, MX_3, MX_2형 분자는 모두 중심 원자 주위에 사면체 모양으로 배열된 네 개의 영역을 가지고 있다. 분자의 모양을 나타내는 이름은 비결합 영역을 무시하고, M 주위에 X 원자들이 배열된 방법에 의해서만 정해진다.

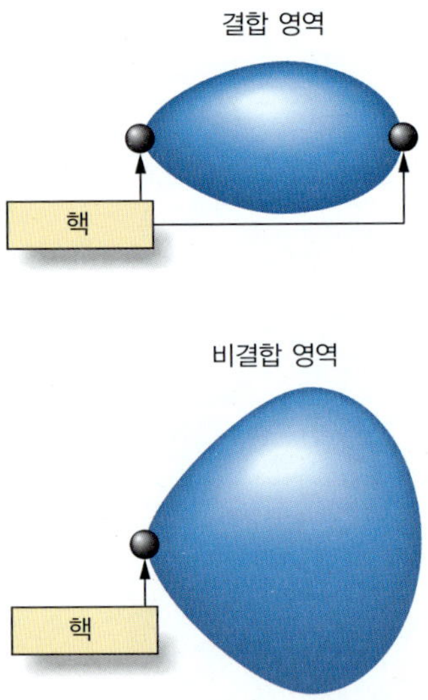

그림 9.6 결합 영역과 비결합 영역의 상대적인 크기

모양을 가지고 있으며, 이것을 삼각쌍뿔 모양이라고 한다.

삼각쌍뿔에서 비결합 영역은 항상 분자의 중심을 지나는 삼각 평면인 **적도면**(equatorial plane)을 차지한다. 이는 **그림 9.6**에 나타낸 바와 같이, 비결합 영역에서 전자 구름의 한쪽 끝에만 양전하를 갖는 핵이 놓여 있어 전자 구름의 양쪽 끝에 핵이 놓여 있는 결합 영역에 비해 전자 구름의 크기가 더 크기 때문이다. 결합 영역에 비해 크기가 큰 비결합 영역이 적도면에 배열되면 전자가 덜 밀집된다. 비결합 영역이 적도면에 놓이면, 90° 각도에 놓인 두 개의 축방향의 영역이 가장 가깝게 놓이게 되는 반면, 비결합 영역이 축방향에 놓이면 90° 각도에 놓인 적도 방향의 세 개의 영역이 가장 가깝게 놓이게 되기 때문에 반발력이 최대가 된다.

삼각쌍뿔에서 비결합 영역의 수에 따른 분자의 기하 구조를 **그림 9.7**에 나타내었다. SF_4와 같이 비결합 영역이 한 개뿐인 경우에는, 중심 원자가 사면체 모서리 중의 하나에 놓여 있는 **뒤틀린 사면체(distorted tetrahedron)** 구조 또는 **시소(seesaw)** 구조가 된다(**그림** 9.7과 **9.8**). 적도면에 두 개의 비결합 영역이 있는 경우, 분자는 **T자형(T-shaped**, 영문자 T와 같은 모양, **그림 9.9**)이고, 적도면에 세 개의 비결합 영역이 있는 경우 분자는 선형(linear)이다.

중심 원자에 6개의 전자 영역을 갖는 분자 마지막으로 중심 원자 주위에 6개의 영역이 있는 분자나 이온들을 살펴보자. SF_6처럼 모든 전자 영역이 결합에 참여하고 있으면, 분자는 팔면

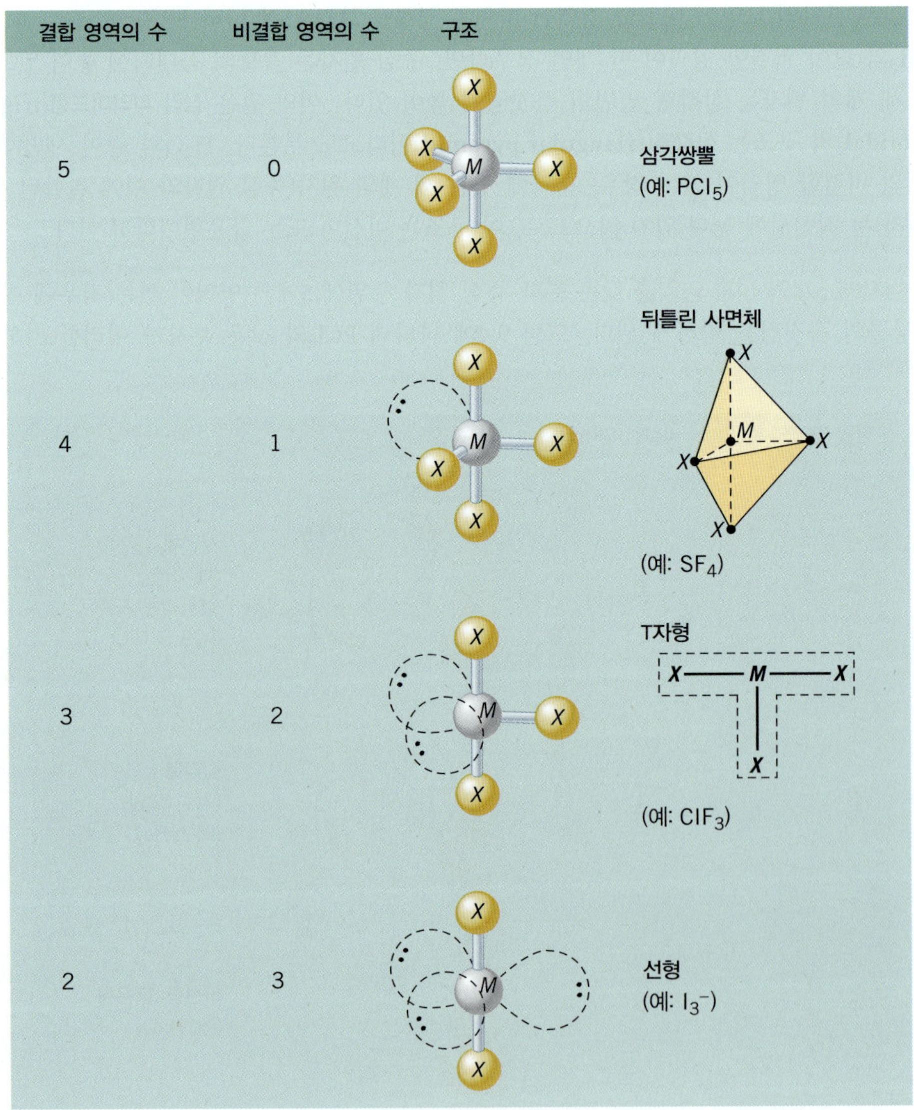

그림 9.7 중심 원자 주위에 5개의 영역이 있는 분자의 모양 중심 원자 M 주위의 비결합 영역의 수에 따라 네 가지의 분자 구조가 가능하다.

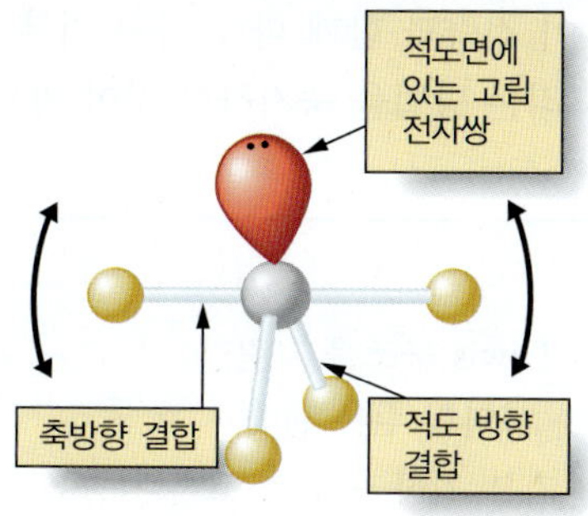

그림 9.8 뒤틀린 사면체 구조는 때로는 시소 구조로 표현된다. 구조를 회전시켜 비공유 전자쌍이 위로 향하게 하고, 적도면의 두 원자가 구조를 떠받치는 형태로 그리면 시소 구조라는 이름의 연유를 알 수 있다.

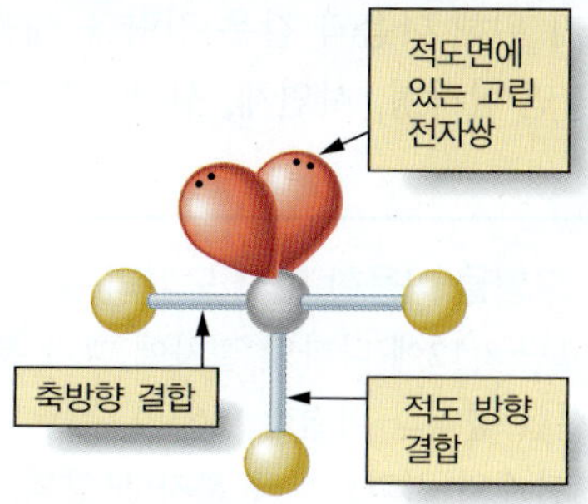

그림 9.9 삼각쌍뿔의 적도면에 두 개의 비결합 영역이 있는 분자 분자를 회전시켜 보면 영문자 T 모양이 되기 때문에 T자형이라고 한다.

체(octahedral)이다(그림 9.4). 한 개의 비결합 영역이 있으면 분자나 이온은 **사각뿔(square pyramid)** 모양이 되고, 두 개의 비결합 영역이 있으면 중심 원자의 핵에 대하여 반대 방향에 비결합 영역이 놓이게 되어 분자나 이온은 **사각 평면(square planar)** 구조를 갖게 된다. 이와 같은 분자의 모양을 **그림 9.10**에 나타내었다.

VSEPR 모형을 이용하여 분자 모양을 결정하는 단계

이제까지 논의한 분자 모양에 대한 결합 영역과 비결합 영역의 영향을 참고하여, VSEPR 모형

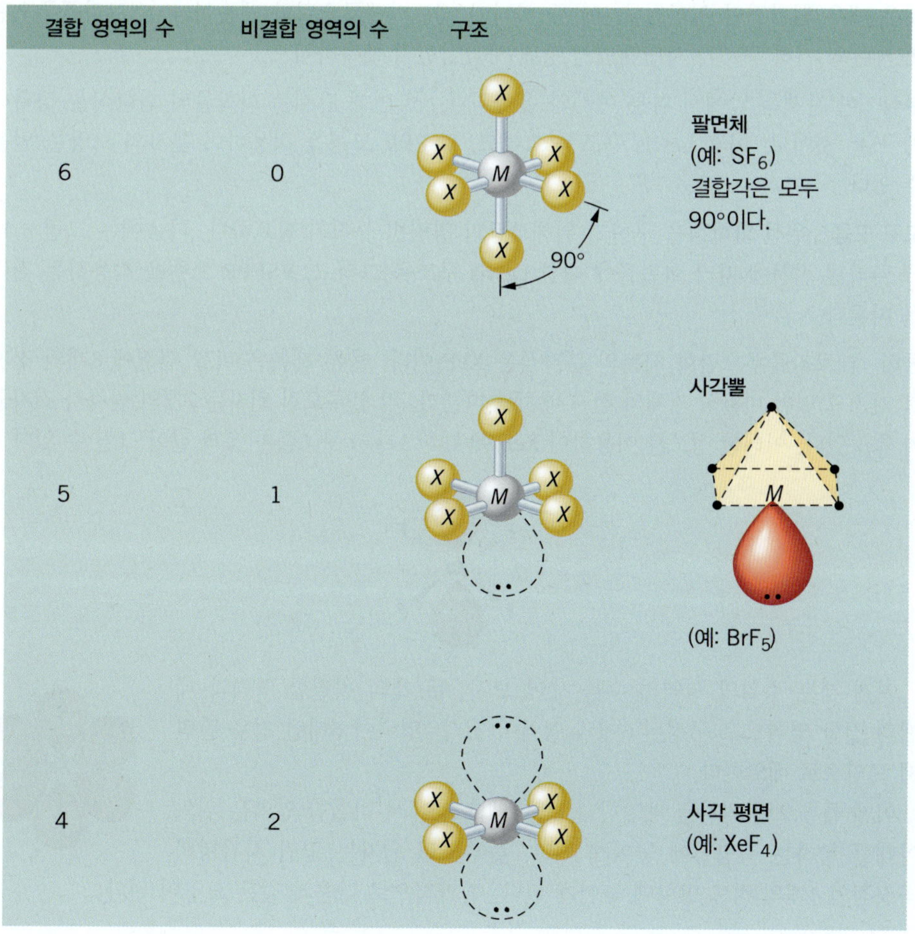

그림 9.10 중심 원자 주위에 6개의 영역이 있는 분자의 모양 이론적으로는 더 많은 구조가 가능하지만, 중심 원자 M 주위의 비결합 영역의 수에 따라 세 가지 분자 구조만 관찰된다.

해설 일반적으로 중심 원자 주위에 6의 영역이 있는 분자나 이온은 비결합 영역을 두 개까지 갖는다.

도구
분자의 기하 구조를 예측하기 위한 VSEPR 모형의 사용

을 적용하기 위해 다음과 같은 전략을 세울 수 있다. 이 전략과 함께 다섯 가지 기본 기하 구조(선형, 평면 삼각형, 사면체, 삼각쌍뿔, 팔면체)를 그리는 방법을 숙지하는 것이 필요하다.

VSEPR 모형을 이용한 분자 모양의 결정

1단계 그림 8.12에 나타낸 절차에 따라 분자나 이온의 Lewis 구조를 그린다.

2단계 결합 영역과 비결합 영역의 수를 더하여 총 전자 영역의 수를 센다.

3단계 2단계의 결과로부터 분자 모양의 바탕이 되는 기본 기하 구조를 고른다(중심 원자와 결합 영역과 비결합 영역을 포함한 전자 영역의 배향을 나타내는 그림을 그린다).

4단계 결합 영역에 적절한 수의 원자를 배치한다.

5단계 비결합 영역이 존재하면, 그림 9.5, 9.7, 9.10에서처럼 중심 원자의 주위에 위치하는 원자의 배열만 고려한 분자 모양을 결정한다.

이러한 방법은 분자나 이온의 모양을 결정하는 데 잘 적용된다. 이때 유념해야 할 사항은 양이온이 될 경우 제거해야 할 전자의 수, 또는 음이온을 만들기 위해서 더해져야 할 전자의 수를 잘 알고 있어야 한다.

예제 9.2 분자의 모양 예측하기

제논은 비활성 기체의 하나로, 일반적으로 반응성이 매우 작다. 실제로 오랫동안 어떤 비활성 기체도 화합물을 형성할 수 없다고 믿어 왔다. 따라서 비활성 기체의 화합물이 발견된 것은 매우 획기적인 일이었다. 이 중 하나가 테트라플루오린화 제논이다. 테트라플루오린화 제논의 기하 구조가 사면체인지 평면 사각형인지 예측하시오.

분석 이 문제는 앞에서 다룬 예제와 유사하다. 첫 번째 단계는 화합물의 화학식을 정확하게 쓰는 것이고, 이후 Lewis 구조를 그리고, VSEPR 모형을 적용하여 분자의 모양을 얻을 수 있다.

도구 모음 우선 화학식을 구하기 위해 2장의 명명법 규칙이 필요하다. 다음에는 그림 8.12에 나타낸 절차에 따라 화합물에 대한 Lewis 구조를 그리고, VSEPR 모형을 적용하는 전략을 따른다.

풀이 테트라플루오린화 제논의 분자식은 XeF_4이다. 물론 제논은 바깥 껍질에 8개의 전자를 가지고 있어 비활성 기체의 전자 배치를 따른다. 각 플루오린 원자는 7개의 원자가 전자를 가지고 있다. 이러한 정보를 이용하여 XeF_4에 대한 Lewis 구조를 다음과 같이 그릴 수 있다.

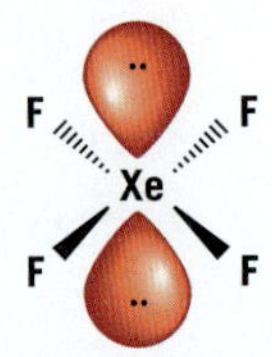

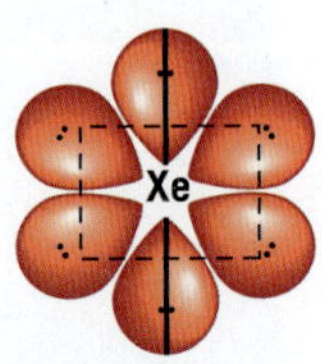

이제 제논 주위의 영역의 수를 세어 보자. 두 개의 비결합 영역과 네 개의 결합 영역으로 구성된 6개의 영역이 있다. 영역이 6개인 경우 팔면체 모양으로 배열한다.

이제 플루오린 원자를 배치한다. 팔면체 모양에서 비결합 영역은 위와 아래를 향하는 축방향에 놓이게 되고, 플루오린 원자는 평면 사각형의 꼭짓점인 4개의 적도 방향에 놓이게 된다. 결과적으로 다음과 같은 모양이 된다.

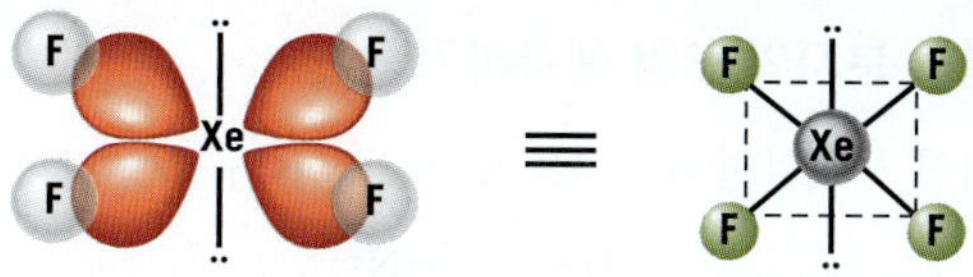

4개의 플루오린 원자는 사각형의 꼭짓점에 위치하고, 중앙에 Xe 원자가 위치한다. 따라서 분자는 평면 사각형이다.

답이 합리적인가? Lewis 구조를 올바르게 그렸는가? 그렇다. 적절한 기본 기하 구조를 선택하였는가? 그렇다. F 원자는 Xe 원자에 올바르게 배치되었는가? 그렇다. 모든 것이 타당하다면 정답이다.

예제 9.3 이온의 모양 예측하기

염소산은 할로젠 계열의 산소산의 일종이다. ClO_3^-는 염소산이 해리할 때 생성되는 음이온이다. ClO_3^- 이온이 선형인지 예측하시오.

분석 VSEPR 모형이 분자의 모양을 결정하는 유일한 개념이므로 이를 이용하자.

도구 모음 앞에서 설명한 전략과 같이 VSEPR 모형을 적용하여 문제를 풀기 위하여, 우선 결합 전자 영역과 비결합 전자 영역을 보여 주는 Lewis 구조를 그려야 한다. 이를 위한 유용한 도구는 그림 8.12이다.

풀이 그림 8.12에 나타낸 절차에 따라 ClO_3^-의 Lewis 구조를 그리면 다음과 같다.

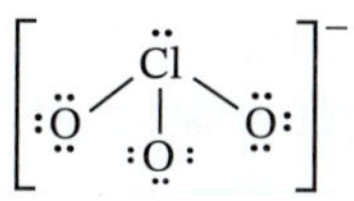

다음에 중심 원자 주위의 결합 영역과 비결합 영역의 수를 센다. 염소 원자 주위에 3개의 결합 영역과 한 개의 비결합 영역이 있다. 이론에 따라 네 개의 영역은 항상 다음과 같은 사면체 모양으로 배열된다.

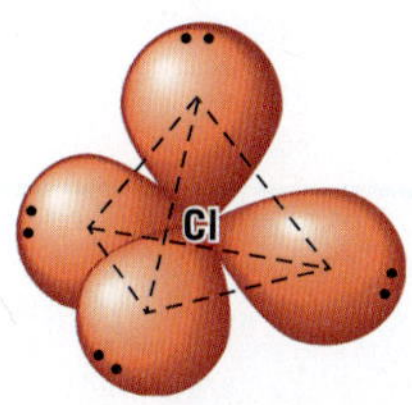

이제 아래 그림의 왼쪽과 같이 3개의 산소를 배치한다. 모든 결합각이 같기 때문에 사면체의 어떤 위치를 선택하든 상관없다. 고립 전자쌍을 무시하면 아래 그림의 오른쪽과 같은 이온의 구조를 얻을 수 있다.

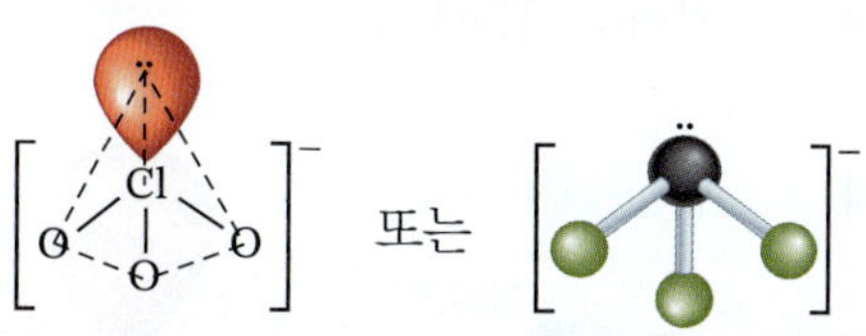

O—Cl—O 결합각이 180°보다 작으므로 이온은 비선형이고, 삼각뿔 모양이다.

답이 합리적인가? 풀이 과정을 점검하기 위해 다음 몇 가지 질문에 대해 답을 해 보아야 한다. 먼저 Lewis 구조를 알맞게 그려졌는가? 영역의 수를 정확히 세었는가? 영역을 올바르게 배열하였는가? 마지막으로 3개의 산소 원자를 배치한 후 얻어진 구조를 정확하게 표현하였는가? 각 질문에 대한 답이 '그렇다'라면 얻어진 답이 정답이라고 확신할 수 있다.

예제 9.4 다중 결합 분자의 모양 예측하기

독성이 아주 강한 기체인 사이안화 수소(HCN)의 Lewis 구조는 다음과 같다.

$$H—C\equiv N:$$

HCN 분자는 선형인가 혹은 비선형인가?

분석 이미 Lewis 구조를 알고 있으므로, 영역의 수를 세고 다음 단계를 진행한다. 이 문제에서 중요한 점은 결합 영역은 한 원자와 중심 원자 사이를 연결하고, 주어진 결합에 속해 있는 **모든 전자쌍은 동일한 결합 영역을 차지한다**는 것이다. 따라서 삼중 결합은 한 개의 결합 영역으로 취급된다.

도구 모음 앞에서와 같이 VSEPR 모형을 적용하는 전략을 따른다.

풀이 탄소 주위에는 두 개의 결합 영역이 있다. 하나는 질소를 포함하는 삼중 결합이고, 다른 하나는 수소를 포함하는 단일 결합이다.

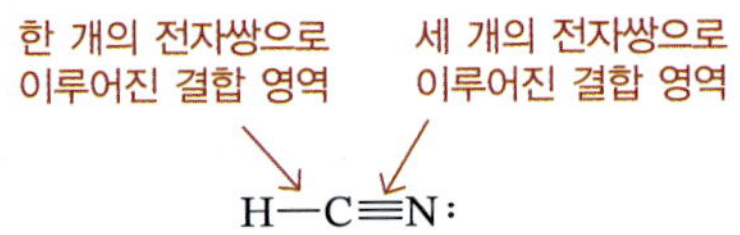

따라서 두 개의 결합은 180°로 떨어져 위치하게 되므로 HCN 분자의 모양은 선형이다.

답이 합리적인가? 결합 영역의 수를 정확히 세었는가? 그렇다면 정답일 것이다.

실전 문제 9.5

최초로 알려진 비활성 기체 아르곤의 화합물은 HArF이다. HArF 분자의 모양을 예측하시오(**힌트**: 아르곤은 원자가 껍질에 8개의 전자를 가지고 있는 비활성 기체이다).

실전 문제 9.6

IF_4^- 이온의 모양을 예측하시오.

실전 문제 9.7

SO_2 분자의 모양을 예측하시오.

심오한 화학 9.1

화학 구조의 변화

VSEPR은 비교적 간단한 이론이지만 분자 구조에서 만나게 되는 몇몇 미묘한 문제에 대한 답을 제공하기도 한다. 비결합 영역의 전자는 한개의 핵에 의한 인력만을 느끼기 때문에 결합 영역보다 더 크고, 따라서 그림 9.6에서 보는 바와 같이 비결합 영역은 결합 영역보다 더 큰 공간이 필요하다.

CH_4나 NH_3 그리고 H_2O와 같은 화합물의 모양은 **그림 1**에서와 같이 사면체 기본 구조에 기반하고 있다. CH_4는 4개의 결합이 있고, NH_3는 3개의 결합과 한 개의 비결합 영역이 있으며, H_2O는 두 개의 결합과 두 개의 비결합 영역이 있다. 이 화합물들의 결합각은 CH_4의 109.5°에서 NH_3의 107°로, H_2O의 104.5°로 점차 감소한다. 3가지 구조에서 모두 전자 영역은 사면체 배열을 하고 있지만 더 큰 비결합 영역에 의하여 결합 영역의 공간이 줄어들고, 그 결과로 결합각이 줄어든다.

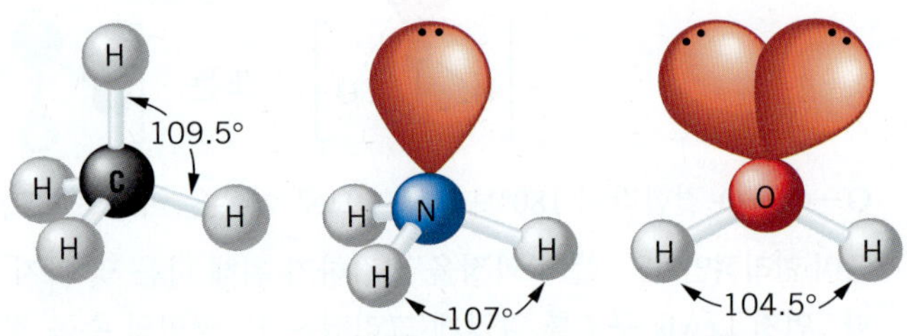

그림 1 중심 원자의 고립 전자쌍을 포함한 CH_4, NH_3, H_2O의 구조를 살펴보면, 비결합 영역의 수가 증가할수록 결합각이 감소하는 것을 확인할 수 있다.

단일 결합보다 더 많은 공간을 차지하는 이중 결합이나 삼중 결합에 의해서도 구조의 뒤틀림이 발생한다. 그림 2에서와 같은 폼알데하이드(COH_2)의 구조에서 이런 사례를 볼 수 있다. 이 화합물의 구조는 평면 삼각형이고, 따라서 결합각은 120°일 것으로 예상된다. 그러나 이중 결합으로 인한 구조의 뒤틀림이 발생한다. 이중 결합이 단일 결합을 밀어내는 효과로 인하여, 결합각은 Lewis 구조에 VSEPR 적용하여 얻은 평면 삼각형에서 예상되는 120°보다 줄어든 116°가 된다.

비결합 영역과 이중 결합 및 삼중 결합이 더 많은 공간을 차지하기 때문에 다른 결합각을 줄이는 효과는 다른 구조의 화합물에서도 역시 관찰된다.

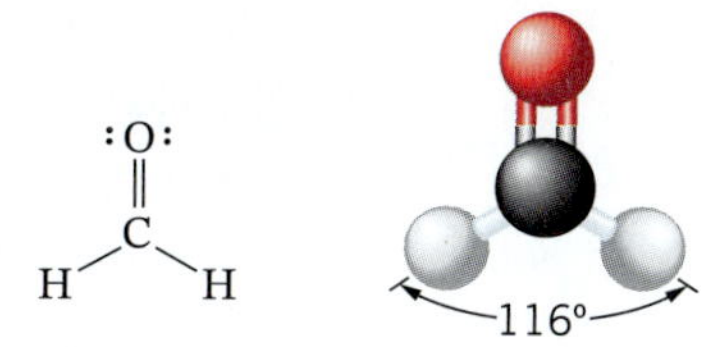

그림 2 폼알데하이드는 2개의 단일 결합과 1개의 이중 결합을 가지고 있다. 단일 결합보다 더 큰 이중 결합은 2개의 수소를 밀어내서, 두 수소가 더 근접한 상태로 존재한다.

9.3 분자 구조와 쌍극자 모멘트

분자 내에서 전자가 항상 균일하게 분포되어 있는 것은 아니다. 전자의 분포가 불균일할 때 분자는 **쌍극자 모멘트(dipole moment)**를 가지게 된다. 분자의 전체 쌍극자 모멘트는 화학적 혹은 물리적 성질에 영향을 주며, 따라서 분자가 쌍극자를 가지고 있는지를 결정할 수 있어야 한다.

8.6절에서 자세히 설명한 바와 같이 이원자 분자의 쌍극자 모멘트는 두 원자 사이에 형성된 결합의 극성으로만 결정된다. 따라서 HCl 분자는 H−Cl 결합이 극성이기 때문에 0보다 큰 쌍극자 모멘트를 갖는다. 반면에 H_2는 H−H 결합이 비극성이므로 쌍극자 모멘트는 0이다.

해설 전기 음성도가 다른 두 원자로 구성된 분자의 경우, 결합이 극성이므로 분자는 반드시 극성이어야 한다.

세 개 이상의 원자로 이루어진 분자의 경우, 각 극성 결합은 고유한 **결합 쌍극자(bond dipole)**를 가지고 있어 분자의 전체 쌍극자 모멘트에 기여한다. 결합 쌍극자는 크기와 방향을 모두 갖는 **벡터 성질**(vector property)을 가지며, 분자의 전체 쌍극자 모멘트는 각 결합 쌍극자의 벡터 합이다.

결합 쌍극자의 벡터 합이 완전히 상쇄되어 쌍극자 모멘트가 0이 되는 분자의 예를 **그림 9.11**에 나타내었다. 그림에서 결합 쌍극자는 쌍극자의 어느 쪽이 +인지를 보여 주기 위하여 한쪽 끝이 +부호를 갖는 화살표(⟼) 로 나타내고 있다. 그림의 왼쪽에 나타낸 선형 CO_2 분자에 포함된 두 개의 C−O 결합은 동등하다. 각 결합 쌍극자의 크기는 같지만 서로 반대 방향을 향하고 있어 벡터 합이 상쇄된다. +5와 −5를 합하면 0이 되는 것과 마찬가지로, 분자의 알짜 쌍극자 모멘트는 0이다. 쌍극자 모멘트가 0이므로 CO_2 분자는 비극성이다. 가시적으로 나

그림 9.11 분자 모양에 따른 쌍극자 모멘트 이 분자들은 극성인 결합 쌍극자를 가지고 있지만, 결합 쌍극자의 벡터 합이 0이 되어 비극성 분자가 된다.

타내는 것이 쉽지는 않지만, BCl_3와 CCl_4에서도 한 결합 쌍극자의 영향이 다른 결합 쌍극자의 효과에 의해 상쇄되어 결국 분자의 알짜 쌍극자 모멘트는 0이 된다. 따라서 BCl_3와 CCl_4는 **비극성 분자(nonpolar molecule)**이다.

그림 9.11에 나타낸 분자들이 비극성이지만 각 결합 쌍극자가 극성이기 때문에 원자들이 부분 양전하와 부분 음전하를 갖는다. 예를 들어 CO_2에서 탄소는 부분 양전하를 가지며, 동일한 크기의 부분 음전하가 두 개의 산소 원자에 배분된다. 유사하게 BCl_3와 CCl_4에서 중심 원자는 부분 양전하를 가지며, 염소 원자는 부분 음전하를 갖는다.

그림 9.11에 나타낸 분자 구조들이 분자의 모양을 유도하기 위해 사용했던 다섯 개의 기본 구조 중 세 개에 해당한다는 것에 주목하라. 나머지 두 구조, 즉 삼각쌍뿔과 팔면체 구조를 가지고 있는 분자들도 중심 원자에 결합된 원자들이 모두 같다면 비극성이다. 기본 구조에 있는 영역이 모두 동일하고, 그 영역에 결합하는 그룹들이 모두 동일하다면 모든 기본 모양은 '균형'을 이루어 **대칭적(symmetric)**[1]이다. 이러한 예들을 **그림 9.12**에 나타내었다. 삼각쌍뿔 구조는 삼각 평면의 원자들(푸른색)과 직선상에 배열된 한 쌍의 원자(붉은색)로 이루어져 있다고 볼 수 있다. 삼각 평면의 모든 결합 쌍극자는 상쇄되고, 선형으로 배열된 두 개의 결합 쌍극자도 상쇄되므로 전체적으로 분자는 비극성이다. 비슷한 방식으로, 팔면체 분자는 선형으로 배열된 결합 쌍극자 세 개의 조합으로 생각할 수 있다. 각 조합 내 두 개의 결합 쌍극자는 상쇄되므로 팔면체 분자 역시 전체적으로 비극성이다.

중심 원자에 결합된 원자들이 모두 한 종류가 아니거나 중심 원자의 원자가 껍질에 비공유 전자쌍이 있으면, 일반적으로 분자는 극성이다. 예를 들어 $CHCl_3$의 경우, 사면체 구조에서

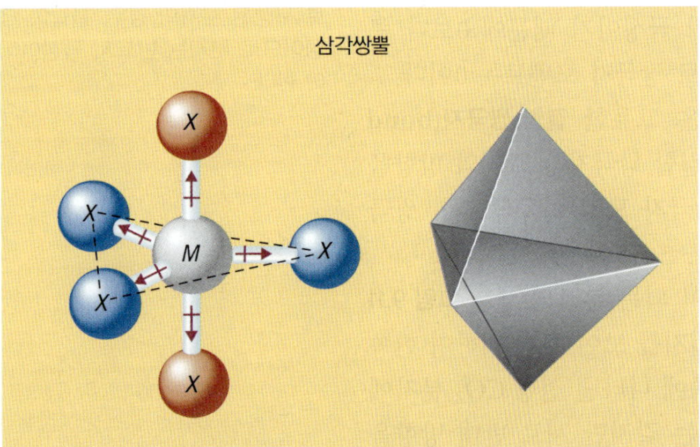

(a)

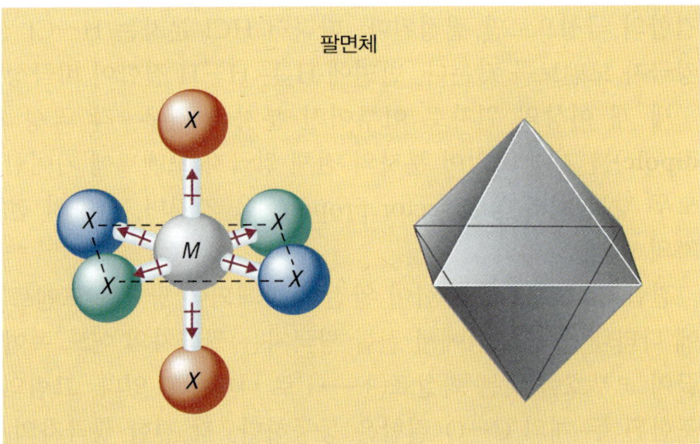

(b)

그림 9.12 삼각쌍뿔과 팔면체 분자에서의 결합 쌍극자들의 상쇄 그림에서 분자 내 서로 다른 원자 조합을 구별하기 위하여 색을 사용하여 원자를 나타내었다. (a) 삼각쌍뿔 분자 MX_5. 중심 원자 M은 5개의 동일한 원자 X와 결합되어 있다. 중심에 있는 삼각 평면에 놓인 세 개의 결합 쌍극자 조합(푸른색)은 서로 상쇄되며, 또한 수직으로 직선상에 놓인 결합 쌍극자 조합(붉은색)도 서로 상쇄된다. 결과적으로 분자는 비극성이다. (b) 팔면체 분자 MX_6. 중심 원자는 6개의 동일한 원자와 결합되어 있다. 이 분자는 직선상에 놓여 있는 결합 쌍극자 세 개의 조합(붉은색, 푸른색, 녹색)을 가지고 있다. 각 조합 내에서 결합 쌍극자가 상쇄되므로 전체적으로 분자는 비극성이다.

[1]대칭은 여기서 설명된 것보다 훨씬 어려운 주제이다. 분자의 대칭 성질에 대해 논의할 때는 분자를 다양한 방법으로 회전시키거나 대칭 연산을 해야 한다. 이때 분자는 대칭 연산을 하기 전과 정확히 동일한 모습으로 남아 있어야 한다. 예를 들어 그림 9.11에 나타낸 BCl_3 분자를, 지면에 수직이고 B 원자를 관통하는 축에 대해 시계 방향으로 120° 회전시킨다고 생각해 보자. 이와 같은 회전을 통해 얻은 분자의 모양은 분자를 회전하기 전의 모양과 동일하다. 이 회전축은 BCl_3의 대칭 성질을 나타내는 연산 중의 하나이다.

직관적으로 어떤 물체들이 회전축뿐만 아니라 아직 언급하지 않은 대칭 요소들을 가지고 있다고 인식할 수 있다. 물체들을 비교할 때 단순하게 어떤 물체가 다른 물체에 비해 더 대칭적이라고 말하기도 한다. 이 장에서는 이와 같은 정성적인 대칭만을 다룬다.

중심 원자에 결합된 원자들 중 한 개는 나머지와 다르다. C−H 결합은 C−Cl 결합보다 극성이 작으므로, 결합 쌍극자는 서로 상쇄되지 않는다(**그림 9.13**). 이와 같이 불균형한 구조를 **비대칭 구조(asymmetric)**라고 한다.

중심 원자의 원자가 껍질에 비공유 전자쌍을 가지고 있는 분자 중에서 잘 알려진 분자 두 가지를 **그림 9.14**에 나타내었다. 이와 같은 분자에서는 결합 쌍극자들이 서로 상쇄되지 않는 방향으로 배향되어 있다. 물의 경우 각 결합 쌍극자는 산소 원자를 향해 있으며, 같은 방향으로 알짜 성분을 제공한다. 따라서 결합 쌍극자의 일부가 더해져서 물 분자의 알짜 쌍극자 모멘트를 만든다. 암모니아에서도 이와 유사한 일이 일어나는데, 같은 방향으로 알짜 성분을 제공하는 세 개의 결합 쌍극자가 서로 더해져서, NH_3 분자는 극성을 띠게 된다.

중심 원자가 비결합 영역을 가지는 모든 구조가 극성 분자를 만드는 것은 아니다. 다음의 두 가지 예외를 살펴보기로 하자.

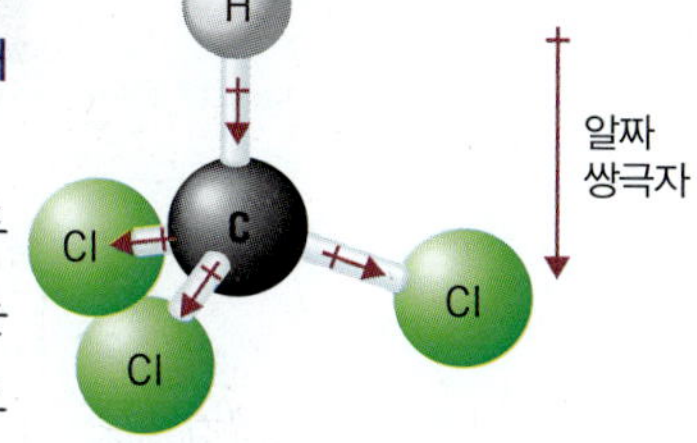

그림 9.13 클로로폼 분자($CHCl_3$)의 결합 쌍극자 C가 H보다 전기 음성도가 약간 크기 때문에 C−H 결합 쌍극자는 탄소 원자를 향한다. 작은 C−H의 결합 쌍극자는 C−Cl의 결합 쌍극자의 전체 효과와 더해진다. 결과적으로 모든 결합 쌍극자가 같은 방향으로 알짜 성분을 제공하기 때문에 $CHCl_3$은 극성 분자이다.

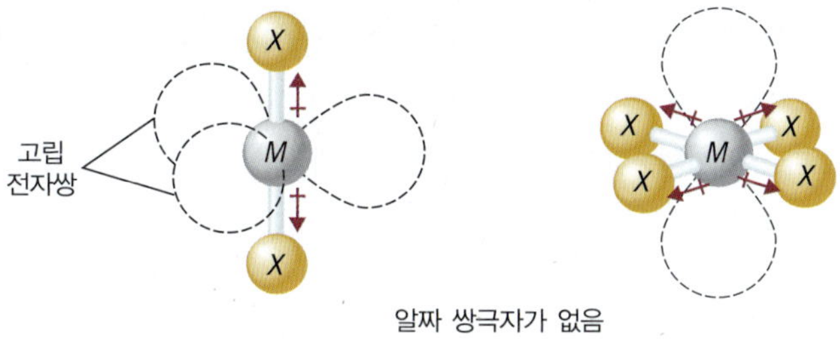

첫 번째 경우에는 한 쌍의 결합 쌍극자가 CO_2 분자에서와 같이 직선상에 놓여 있다. 두 번째 경우에는 결합된 원자들이 정사각형의 꼭짓점에 놓여 있으며, 이는 직선상에 놓여 있는 두 개의 결합 쌍극자의 조합으로 이루어졌다고 볼 수 있다. **만약 중심 원자에 결합된 원자들이 모두 같고 선형으로 배열되어 있으면, 결합 쌍극자는 상쇄되어 비극성 분자가 만들어진다.** 이것이 선형 구조인 XeF_2나 사각 평면 구조인 XeF_4와 같은 분자들이 비극성인 이유이다.

해설 비공유 전자쌍도 분자의 극성에 영향을 미치지만, 여기서는 더 이상 논의하지 않기로 하자.

요약

- (a) 모든 결합이 비극성이거나 혹은 (b) 중심 원자의 원자가 껍질에 비공유 전자쌍이 없고, 중심 원자에 결합된 원자가 모두 같은 경우에 분자는 비극성이다.
- 중심 원자가 비공유 전자쌍을 가지고 있는 경우, 결합 쌍극자들이 상쇄될 수 있도록 원자가 배열된 위의 두 가지 경우를 제외하고는 일반적으로 극성이다.

도구
분자 모양과 분자 극성

지금까지의 논의를 기반으로 분자의 극성 혹은 비극성을 결정하는 방법을 살펴보자.

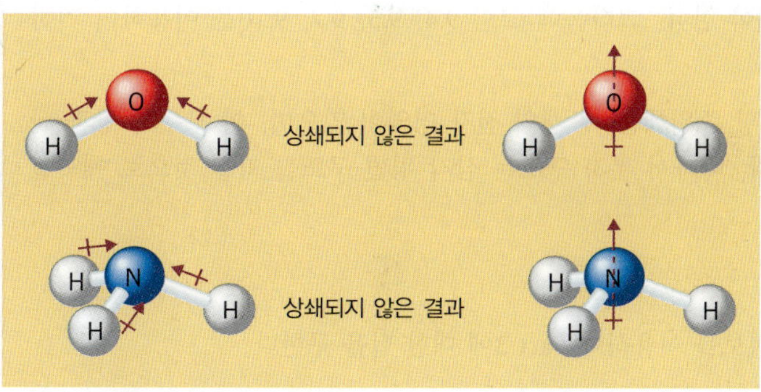

그림 9.14 물과 암모니아의 쌍극자 모멘트 각 분자는 중심 원자의 원자가 껍질에 비결합 영역을 가지고 있고 알짜 쌍극자 모멘트를 갖는다. 중심 원자에 비결합 영역이 있는 경우 일반적으로 결합 쌍극자들이 서로 상쇄되지 않으므로 분자는 극성이 된다.

다중 개념 문제의 분석과 풀이

삼산화 황(sulfur trioxide) 분자는 극성일까 혹은 비극성일까?

분석 단순해 보이는 이 질문에 대한 답은 실제로는 몇 가지 질문에 대한 답을 요구하고 있다. 먼저 이 분자에 대한 화학식을 알아야만 한다. 두 번째로 이 분자의 결합이 극성인지 비극성인지를 판단해야 한다. 세 번째로는 결합이 극성이라면, 삼차원의 분자 구조에서 쌍극자가 상쇄되는지를 밝혀야 한다. 이러한 질문에 답하기 위해서는 먼저 분자 구조와 중심 원자에 비공유 전자쌍의 존재 여부를 알아야 한다. 네 번째로 분자 구조를 알기 위해서는 먼저 Lewis 구조를 그린 다음, 다섯 번째로 VSEPR 모형을 적용해야 한다. 앞에서 언급한 세 번째 부분에 대한 답을 하기 위해서는 먼저 네 번째와 다섯 번째에 대한 답이 요구된다. **그러나 문제를 해결하기 위하여 이와 같은 순서를 항상 따를 필요는 없다.**

Part 1

도구 모음 화합물의 이름을 화학식으로 전환하기 위하여 2.8절에서의 명명 규칙을 적용한다.

풀이 삼산화 황은 분자이며 두 가지 비금속 원소로 구성되어 있다. 따라서 이것을 고려하여 화학식을 결정할 수 있다. 한 개의 황(접두어 없는)과 세 개의 산소(삼, 3)가 있다는 것을 화합물의 이름에서 알 수 있으므로 화학식은 SO_3이다.

Part 2

도구 모음 결합의 극성 여부를 판단하기 위해서는 먼저 전기 음성도 표(그림 8.9)를 살펴보아야 한다. 그러나 전기 음성도 값이 필요한 것은 아니다.

풀이 비금속 원소를 포함하는 대부분의 원소의 전기 음성도는 서로 다르고, 특히 플루오린과 가까운 원소들은 큰 전기 음성도 값을 가진다는 사실을 알고 있다. 두 개의 서로 다른 원소, 즉 황과 산소의 결합이므로 결합은 극성이라는 사실을 알 수 있다.

Part 4

위의 분석에서 언급한 것처럼 Part 3로 가기 전에 Part 4와 Part 5를 먼저 답해야 한다.

도구 모음 그림 8.2에 요약한 방법처럼 Lewis 구조를 그려야 한다.

풀이 황을 중심 원자로 배치하고 주위에 산소 원자를 옥텟 규칙에 맞게 배열한다. 그 결과 황은 8개보다 적은 전자를 갖게 된다. 이를 해결하려면 산소 원자 한 개와 황이 이중 결합(전자쌍 2개)을 형성하는 것으로 그려야 한다. 이와 같은 구조는 다음과 같이 모든 전자를 보여주는 방식이나 혹은 결합 전자쌍을 결합을 나타내는 직선으로 바꾸어서 나타낼 수 있다.

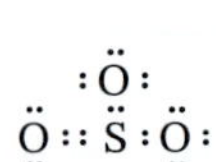

또는

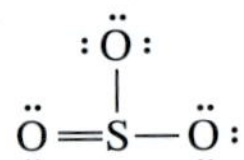

Part 5

도구 모음 기하 구조를 결정하기 위해서 전자 영역의 수를 결정하고, 그중에 원자에 결합하는 결합 영역의 수가 얼마인지 결정해야 한다. 그다음에 그림 9.4, 9.5, 9.7, 9.10을 이용하여 기하 구조를 결정할 수 있다.

풀이 Part 4의 Lewis 구조로부터 황 주위에는 세 개의 전자 영역이 있으며, 이 모두가 황과 산소 원자 사이의 결합 전자 영역이다. 따라서 분자 구조는 삼각 평면 구조를 가질 것으로 예측할 수 있다.

Part 3

이제 Part 4와 Part 5로부터 얻은 정보를 이용하여 Part 3에 대한 답을 구한다.

도구 모음 구조와 모든 결합이 동등하다는 사실(공명 구조임을 주목하라)로부터 모든 결합이 동일한 극성을 가지고 있어야만 한다.

풀이 분자의 구조가 대칭적인 삼각형의 구조이고, 모든 방향에서 전자에 대한 동일한 인력이 작용하고 있으므로 분자는 비극성이라고 할 수 있다.

답이 합리적인가? Lewis 구조가 올바르게 되어 있는지를 점검하고, VSEPR 이론이 잘 적용되었는지를 주의 깊게 점검한다.

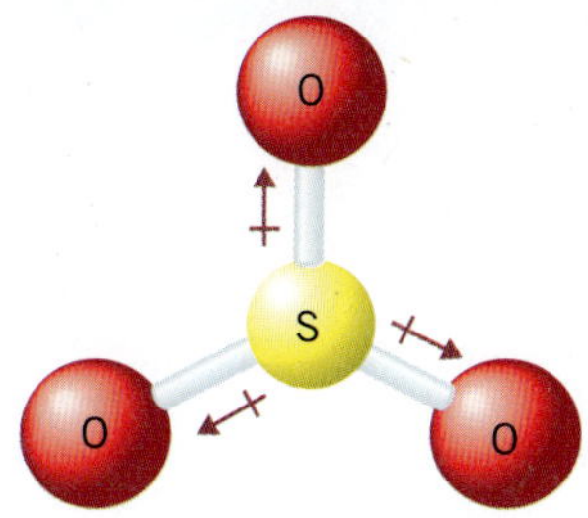

예제 9.5 분자의 극성 예측하기

HCN 분자가 극성인지 혹은 비극성인지 예측하시오.

분석 및 도구 분석 앞에서 살펴본 **다중 개념 문제의 분석과 풀이**에서와 같이 진행하고, 동일한 도구들을 적용한다.

풀이 탄소의 전기 음성도는 수소보다 약간 크고 질소의 전기 음성도는 탄소보다 약간 크므로, 각 결합은 극성이다. 또한 HCN의 Lewis 구조는 다음과 같다.

$$\mathrm{H{-}C{\equiv}N{:}}$$

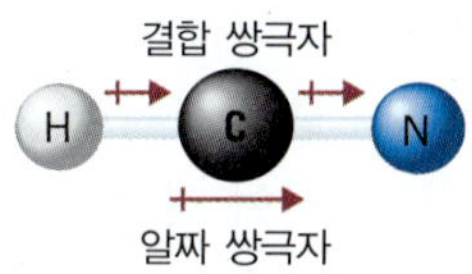

중심 탄소 원자에 두 개의 영역이 있으므로 선형 모양이 예측된다. 하지만 두 결합 쌍극자는 상쇄되지 않는다. 그 이유는 C와 H의 전기 음성도 차이가 0.4이고, C와 N의 전기 음성도 차이는 0.6이므로 쌍극자의 크기가 서로 다르기 때문이다. 또 다른 이유는 옆의 그림에 나타낸 바와 같이 두 결합 쌍극자의 방향이 같다는 것이다. 즉 전기 음성도가 작은 원자에서 전기 음성도가 큰 원자 쪽으로 같은 방향을 향하고 있다. 각 결합 쌍극자들의 벡터 합으로부터 분자의 알짜 쌍극자 모멘트가 얻어지며, 그 값은 각 결합 쌍극자보다 크다. 결과적으로 HCN은 극성이다.

답이 합리적인가? 앞의 예제와 같이 얻어진 Lewis 구조가 옳은지, VSEPR 모형이 바르게 적용되었는지 확인할 필요가 있다. 또한 올바른 전기 음성도를 사용했는지 확인했다면 답을 확신할 수 있다.

실전 문제 9.8

테트라플루오린화 제논 분자가 극성인지 혹은 비극성인지 예측하시오(**힌트**: VSEPR 모형을 이용하여 분자의 모양을 그린다).

실전 문제 9.9

다음 분자 중에서 극성 분자가 어느 것인지 선택하고, 선택한 이유를 쓰시오.

(a) TeF_6 **(b)** SeO_2 **(c)** BrCl **(d)** AsH_3 **(e)** CF_2Cl_2

9.4 원자가 결합 이론

지금까지 Lewis 구조와 VSEPR 모형에 기반한 분자 구조를 이용하여 결합을 설명하였다. 그러나 Lewis 구조로는 **왜** 공유 결합이 형성되는지, 또는 어떻게 원자들 사이에 전자들이 공유될 수 있는지에 대한 이해를 하는 것이 불가능하다. VSEPR 모형은 또한 왜 전자들이 주어진 영역에 그룹으로 모여 있는지 설명하지 못한다. 따라서 공유 결합과 분자의 기하 구조를 결정하는 요인들을 보다 자세하게 이해하기 위해서는 지금까지 다루었던 간단한 모형보다 높은 수준의 이론이 필요하다.

양자 이론을 기반으로 정립된 공유 결합에 관한 기본 이론은 **원자가 결합 이론(valence bond theory, 간단히 VB 이론)**과 **분자 오비탈 이론(molecular orbital theory, MO 이론)**이다. 두 이론은 분자의 결합을 설명하는 이론적인 모형을 구성하는 방식에서 차이가 난다. 원자가 결합 이론에서는 고유한 오비탈과 전자를 가진 각 원자가 서로 접근하여 분자의 공유 결합을 형성하는 것으로 생각한다. 반면 분자 오비탈 이론에서는 분자가 어떻게 생성되는지는 관심이 없다. 분자를 단지 양전하를 띤 핵들과 한 벌의 **분자 오비탈**(molecular orbital)을 점유하는 전자들이 핵을 둘러싸고 있는 집합으로 취급한다. 이는 원자 내 전자들이 **원자 오비탈**(atomic orbital)을 점유하고 있는 것과 매우 유사하다. 어떤 의미에서 MO 이론은 원자를 양전하 중심이 단 하나인 특별한 형태의 분자로 취급한다고 할 수 있다.

오비탈 겹침에 의한 결합 형성

도구
결합 형성에 대한 VB 이론의 기준

VB 이론에 의하면 **두 원자 사이의 결합은 결합하는 원자 각각에 속한 두 원자 오비탈의 겹침에 의해 스핀이 쌍을 이루고 있는 두 전자가 공유될 때 형성된다고 한다.** **오비탈의 겹침(overlap of orbital)**이란 서로 다른 원자에 속한 두 개의 원자 오비탈의 일부가 같은 공간을 공유함을 의미한다.[2]

위에서 굵은 글씨로 강조하였듯이, 이 이론에서 중요한 점은 스핀이 쌍을 이루고 있는 하나의 전자쌍만이 겹쳐진 두 원자 오비탈에 의해 공유될 수 있다는 것이다. 이 전자쌍은 겹쳐진 공간에 집중적으로 분포되어 두 원자핵을 결속시키는 역할을 한다. 따라서 결합이 형성될 때 낮아지는 퍼텐셜 에너지는 원자 오비탈의 겹치는 정도에 의해 영향을 받는다. 그러므로 **원자 오비탈의 겹침이 최대가 되도록 원자들이 위치를 정하려는 경향이 있는데, 이때 퍼텐셜 에너지는 최소가 되고 결합이 가장 강하게 형성된다.**

VB 이론 관점에서의 수소 분자 형성 과정을 **그림 9.15**에 나타내었다. 두 수소 원자가 서로 접근함에 따라 각 수소 원자에 있는 1*s* 원자 오비탈의 겹침이 일어나고, 이때 쌍을 이룬 전자는 겹친 두 원자 오비탈에 걸쳐 퍼지게 되어 H—H 결합을 이룬다. VB 이론으로 H_2 분자의 결합에 관하여 기술하는 것은 본질적으로 8장에서 논의한 것과 동일하다.

이제 H_2보다 조금 더 복잡한 HF 분자를 살펴보자. 일반적인 규칙에 따라서 Lewis 구조를 그리면 다음과 같다.

$$\mathrm{H{-}\ddot{\underset{..}{F}}{:}}$$

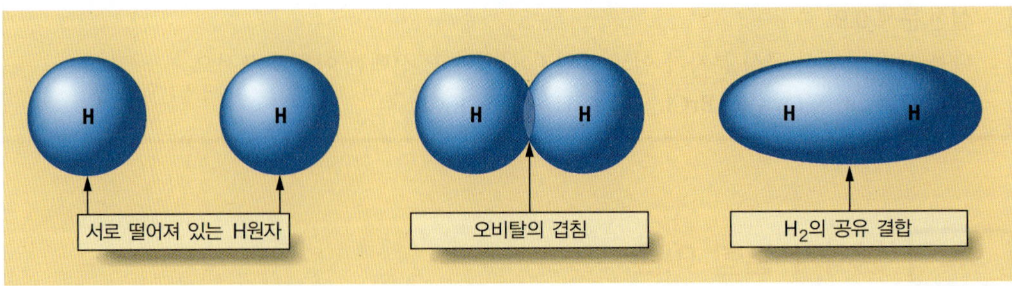

그림 9.15 원자가 결합 이론에 의한 수소 분자의 형성

[2]실제로 오비탈의 겹침이라는 개념은 이보다 훨씬 복잡하며 양자 이론을 적용해야 한다. 그러나 9장에서의 내용을 이해하기에는 이 정도의 설명으로 충분하다.

결합 형성 과정을 다음과 같이 나타낼 수 있다.

$$\mathrm{H}\cdot + \cdot\ddot{\underset{\cdot\cdot}{\mathrm{F}}}\!: \longrightarrow \mathrm{H}{-}\ddot{\underset{\cdot\cdot}{\mathrm{F}}}\!:$$

Lewis 기호에 의하면 H—F 결합은 수소 원자와 플루오린 원자로부터 한 개씩 제공된 전자들이 쌍을 이루면서 형성된다. 이것을 VB 이론으로 설명하기 위해서는 반만 채워진 두 개의 원자 오비탈이 필요하다. 이것은 각 원자로부터 한 개씩 제공된 것으로 겹침에 의해 합쳐질 수 있다(하나의 결합에 두 개보다 많은 전자를 배치할 수 없으므로 각각의 원자 오비탈은 반만 채워져 있어야 한다). 수소와 플루오린의 원자가 껍질에 대한 오비탈 도표를 살펴보면 결합 형성 과정을 분명하게 알 수 있다.

H ⓵ $1s$

F ⇅ $2s$ ⇅ ⇅ ↑ $2p$

반만 채워진 수소의 $1s$ 원자 오비탈과 반만 채워진 플루오린의 $2p$ 원자 오비탈이 겹쳐지면, 두 개의 원자 오비탈과 쌍을 이룬 두 개의 전자가 있으므로 결합 형성의 조건이 충족된다. 이와 같은 결합 형성과정을 **그림 9.16**에 나타내었다.

원자 오비탈의 겹침으로 전자를 공유할 수 있게 되고, 결과적으로 각 원자의 원자가 껍질이 완전히 채워지게 된다. 때로는 이 과정을 설명하기 위하여 오비탈 도표를 사용하는 것이 편리하다. 예를 들어 아래의 도표에서 보는 바와 같이 플루오린 원자는 수소로부터 온 한 개의 전자를 공유함으로써 $2p$ 부껍질을 완전히 채운다.

F (HF에서) ⇅ $2s$ ⇅ ⇅ ⇅ $2p$ (색깔 있는 화살표는 H의 전자)

이와 동시에 플루오린의 $2p$ 오비탈과 수소의 $1s$ 오비탈의 겹침으로 수소의 $1s$ 오비탈이 채워진다.

H (HF에서) ⇅ $1s$ (색깔 있는 화살표는 F의 전자)

H—F 결합의 형성에 대한 Lewis 구조나 VB 이론 모두에서 원자의 원자가 껍질은 완전히 채워지는 것에 주목하라.

해설 플루오린의 경우 $2s$ 오비탈과 $2p$ 오비탈의 에너지는 차이가 나기 때문에 도표에서 두 오비탈의 높이를 다르게 나타내었다. 앞으로 원자 오비탈의 상대적 에너지를 나타내기 위하여 이와 같은 표기법을 사용할 것이다.

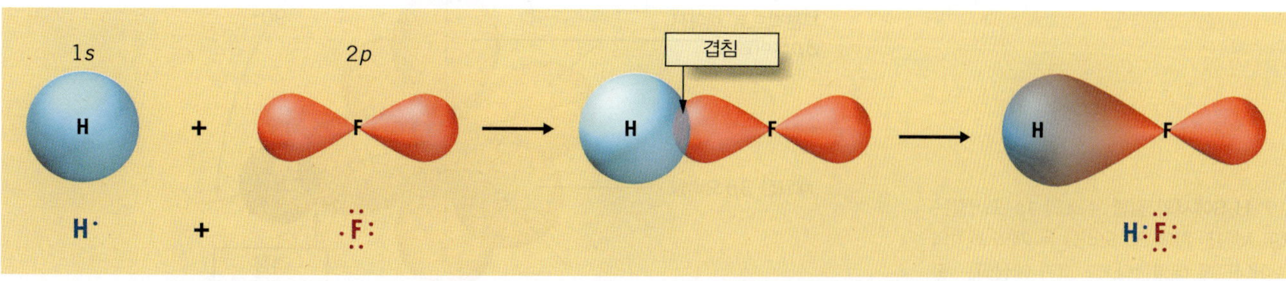

그림 9.16 원자가 결합 이론에 의한 플루오린화 수소 분자의 형성 간단하게 나타내기 위해 플루오린의 경우 반이 채워진 $2p$ 오비탈만 나타내었다. 플루오린의 다른 $2p$ 오비탈은 완전히 채워져 있으며, 결합에 참여하지 않는다.

원자 오비탈의 겹침과 분자의 모양

해설 H_2S는 썩은 달걀에서 나는 악취의 원인이 되는 화합물이다.

좀 더 복잡한 분자인 황화 수소(H_2S) 분자를 살펴보자. 실험에 의하면 황화 수소 분자는 H—S—H 결합각이 약 92°인 비선형 분자이다.

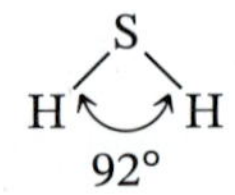

Lewis 기호를 이용하여 H_2S 분자의 형성 과정을 다음과 같이 나타낼 수 있다.

$$2\text{H}\cdot + \cdot\ddot{\underset{\cdot\cdot}{\text{S}}}\cdot \longrightarrow \text{H}—\ddot{\underset{\cdot\cdot}{\text{S}}}—\text{H}$$

Lewis 기호가 보여준 바와 같이 한 개의 H 원자와 S 원자로부터 한 개씩 제공된 두 개 전자가 쌍을 이루면서 H—S 결합은 형성된다. 원자가 결합 이론에 의하면 각 결합은 반만 채워진 두 오비탈의 겹침이 필요하다. 따라서 H_2S 분자에서 두 개의 H—S 결합을 형성하기 위하여 두 개의 독립된 H 원자와 결합을 형성할 수 있는 두 개의 반만 채워진 황 원자의 오비탈이 필요하다. 수소와 황의 원자가 껍질에 대한 오비탈 도표를 살펴보면 결합의 형성 과정을 명확하게 알 수 있다.

해설 필요하면 7.7절의 오비탈 도표를 그리는 과정을 복습하라.

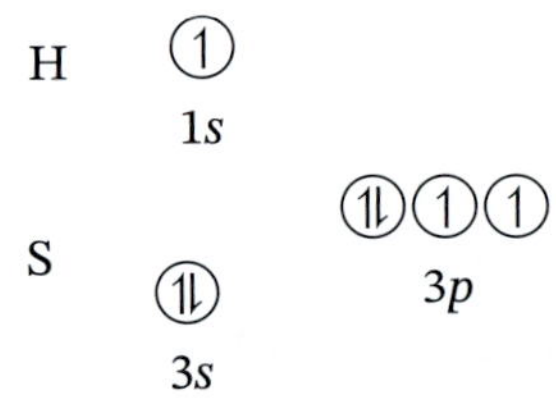

황의 두 개의 $3p$ 원자 오비탈은 각각 한 개의 전자만 가지고 있다. **그림 9.17**에 나타낸 바와 같이 황의 $3p$ 원자 오비탈 각각은 수소 원자의 $1s$ 원자 오비탈과 겹칠 수 있다. 이러한 겹침으로 각 수소는 한 개의 원자가 전자를 제공하여 황의 $3p$ 부껍질은 완전히 채워지게 된다.

해설 VB 이론에서 다른 원자로부터 제공된 두 개의 오비탈과 중심 원자의 특정 p 오비탈의 양쪽에서 동시에 겹침이 일어날 수 없다.

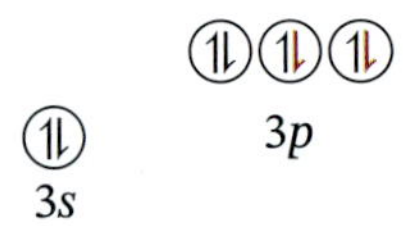

(색깔 있는 화살표는 H의 전자)

주목할 것은 그림 9.17에 나타낸 바와 같이, 수소 원자의 $1s$ 원자 오비탈이 황의 p 원자 오비탈과 겹쳐질 때 수소 원자가 p 원자 오비탈의 축방향에 놓여 있는 경우에 최적의 겹침이 일어난다는 것이다. p 원자 오비탈은 서로 90°를 이루고 있으므로 H—S 결합들도 이 각도를 이룰 것으로 예상된다. 따라서 예측되는 결합각은 90°이고, 실험으로 측정된 결합각 92°는 예상

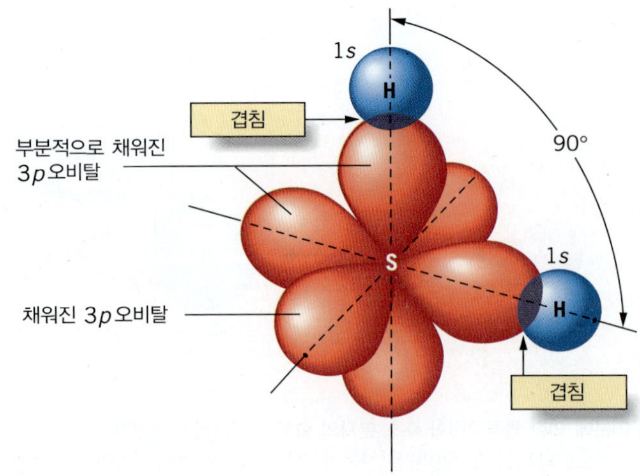

그림 9.17 H_2S에서의 결합 수소의 $1s$ 오비탈은 부분적으로 채워진 황의 $3p$ 오비탈 두 개와 최적의 겹침이 일어나도록 배열한다. 그 결과 예상되는 결합각은 90°이고 실험으로 측정된 결합각은 예상값과 매우 비슷한 92°이다.

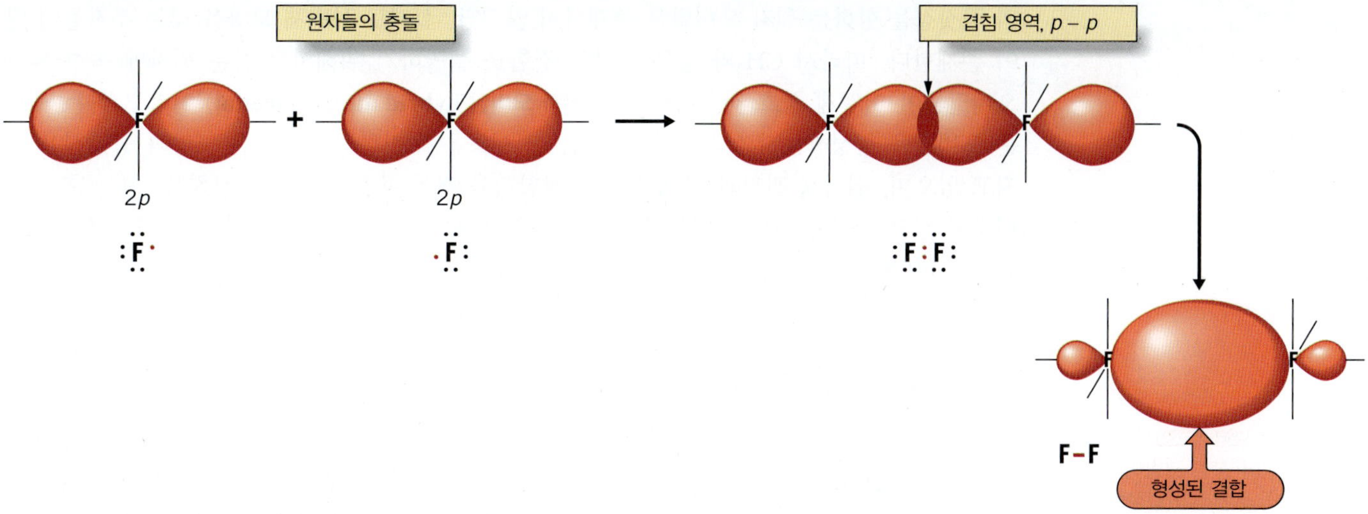

그림 9.18 **원자가 결합 이론에 따른 플루오린 분자의 결합** 명료하게 나타내기 위해 각 플루오린 원자의 채워진 두 개의 2*p* 오비탈은 나타내지 않았다.

값과 매우 비슷하다. 따라서 황화 수소 분자의 기하 구조는 최대 겹침으로 결합이 형성된다는 VB 이론으로 아주 잘 설명된다. H—S 결합 형성에 관한 Lewis 기호를 이용한 설명과 VB 설명 모두에서 원자의 원자가 껍질은 완전히 채워지는 것에 주목하라. 따라서 **Lewis 구조는 분자의 구조에 대한 정보는 없지만 분자에 대한 원자가 결합 이론에 의한 설명을 정성적인 측면에서 간결하게 표현하고 있다고 할 수 있다.**

다른 형태의 오비탈 겹침도 가능하다. 예를 들어 VB 이론에 의하면 그림 9.18에 나타낸 바와 같이 플루오린 분자(F_2)의 결합은 두 개의 2*p* 원자 오비탈의 겹침에 의해 일어난다. 단일 결합에 의한 다른 할로젠 이원자 분자의 형성도 모두 플루오린 분자의 경우와 비슷하게 설명할 수 있다.

> **실전 문제 9.10**
> VB 이론의 원리를 사용하여 HBr의 결합에 대하여 설명하시오. HBr 분자에서 브로민 원자에 대한 원자 오비탈 도표를 그리고, 수소와 전자를 공유하는 브로민 원자의 원자 오비탈을 나타내시오. H—Br 결합을 형성하는 원자 오비탈의 겹침을 그리시오(**힌트:** 공유 결합을 형성하기 위해서는 각 원자의 반만 채워진 오비탈이 필요하다).

> **실전 문제 9.11**
> 그림에 나타낸 바와 같이 아르신 분자(AsH_3)는 H—As—H 결합각이 91.8°인 삼각뿔 모양이다. AsH_3 분자에서 비소에 대한 오비탈 도표를 그리고, 수소 원자의 오비탈과 전자를 공유하는 원자 오비탈을 나타내시오. *xyz* 좌표축 상에서 As—H 결합을 이루는 원자 오비탈의 겹침을 그리시오.

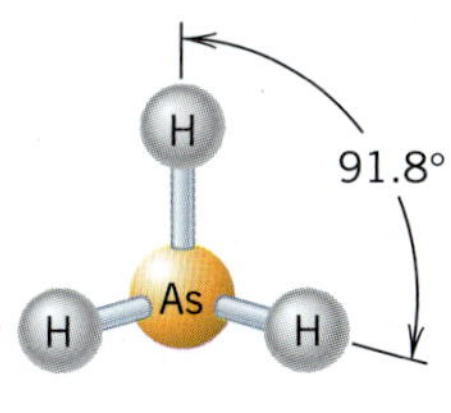

9.5 혼성 오비탈과 분자 기하 구조

간단한 VB 이론으로는 정확한 모양을 설명할 수 없는 분자들이 많이 있다. 예를 들어 사면체의 꼭짓점을 향하는 원자 오비탈은 존재하지 않지만, 실제로 사면체 모양을 갖는 분자들이 많이 존재한다. 따라서 CH_4와 같은 분자의 결합을 설명하기 위해서는 같은 원자에 속한 원자 오비탈들이 어떻게 상호 작용하여 **혼성 원자 오비탈(hybrid atomic orbital)**[3]이라고 하는 새로운 오비탈을 형성하는지 살펴보아야 한다. 이 새로운 오비탈들은 새로운 모양과 방향성을 가지고 있으며, 실험적 관찰과 잘 부합되는 결합각을 갖는 구조가 되도록 겹침을 한다. 혼성 오비탈이 원자가 결합 이론의 일부분이라는 것을 이해하는 것은 매우 중요하다. 직접 실험으로 혼성 오비탈을 관찰할 수는 없다. 다만 혼성 오비탈을 이용하여 실험적으로 얻어진 분자 구조를 효과적으로 설명할 수 있다.

*s*와 *p* 원자 오비탈로부터 형성된 혼성 오비탈

해설 일반적으로 두 오비탈의 겹침이 클수록 더 강한 결합이 형성된다. 핵 사이의 거리가 일정할 때 *sp* 혼성 오비탈의 크기가 크기 때문에 *s* 오비탈이나 *p* 오비탈에 비해 더 좋은 겹침이 가능하다.

한 개의 2*s* 오비탈과 한 개의 2*p* 오비탈이 혼합되어 **그림 9.19**에 설명된 두 개의 ***sp* 혼성 오비탈(*sp* hybrid orbital)**이 만들어질 때 어떤 일이 일어나는지 살펴보자. 먼저 두 개의 혼성 오비탈이 같은 모양을 가지고 있음을 주목하라. 각각 큰 로브 한 개와 아주 작은 로브 한 개로 이루어져 있다. 수학적으로 핵은 작은 로브 안에서 발견된다는 것을 주목하라. 혼성 오비탈을 형성하는 데 사용된 *s*나 *p* 오비탈보다 혼성 오비탈의 큰 로브는 핵으로부터 더 멀리 확장되어 있다. 이로 인하여 결합이 형성될 때, 혼성 오비탈은 보다 효율적으로 다른 원자의 오비탈과 겹칠 수 있다. 결과적으로 단순한 원자 오비탈이 사용되는 경우에 비해 혼성 오비탈은 더 강하고 안정한 결합을 형성한다. 지금부터는 혼성 오비탈의 작은 로브는 그림에서 생략하기로 한다.

그림 9.19에서 또 한 가지 주목해야 할 점은, 두 개의 *sp* 혼성 오비탈의 큰 로브가 서로 180° 벌어진 반대 방향으로 배치되어 있다는 것이다. "하나의 *p* 오비탈이 두 개의 원자와 결합을 형성할 수 있지 않을까?"란 의문을 가진 사람도 있을 수 있다. 그러나 하나의 원자 오비탈은 오직 다른 하나의 원자 오비탈과만 결합을 형성할 수 있다. 따라서 두 개의 결합이 필요하면 두 개의 오비탈(이 경우에는 두 개의 *sp* 혼성 오비탈)이 필요하다. 또한 방향성의 관점에서 두 개의 *sp* 혼성 오비탈과 다른 원자의 오비탈이 겹쳐서 결합이 형성되면, 결합하는 다른 원자들은 중심 원자를 기준으로 서로 반대쪽에 놓일 것이다. 구체적인 예로 기체 상태에서 형성된 선형 분자인 수소화 베릴륨(BeH_2)을 살펴보자.[4] 베릴륨의 원자가 껍질의 오비탈 도표는 다음과 같다.

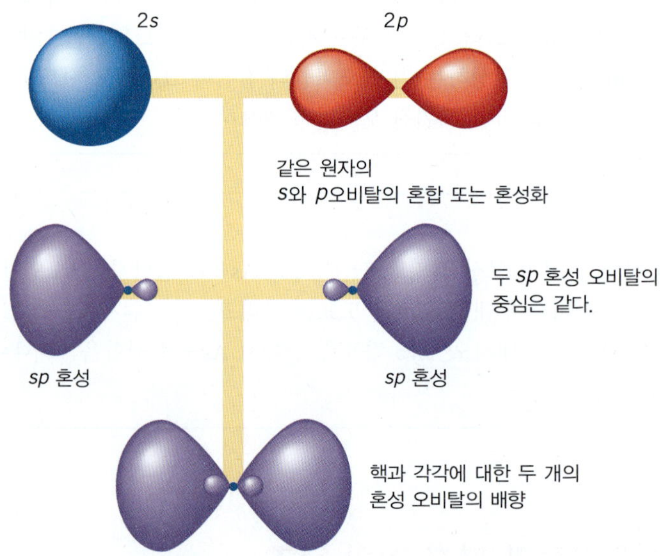

그림 9.19 ***sp* 혼성 오비탈의 형성** 2*s*와 2*p* 원자 오비탈의 혼성에 의해 한 쌍의 *sp* 혼성 오비탈이 생성된다. *sp* 오비탈의 큰 로브 부분은 서로 반대 방향을 향하고 있다.

[3] 수학적으로 기본 원자 오비탈에 대한 파동 함수를 간단히 더하거나 빼면 혼성 오비탈이 생성된다. 이러한 과정을 통해 만들어진 혼성 오비탈에 해당하는 새로운 파동 함수로 혼성 오비탈의 모양과 방향성을 기술할 수 있다.

[4] 고체 상태의 BeH_2는 간단한 BeH_2 분자들로 이루어진 것이 아니고 더 복잡한 구조를 가진다.

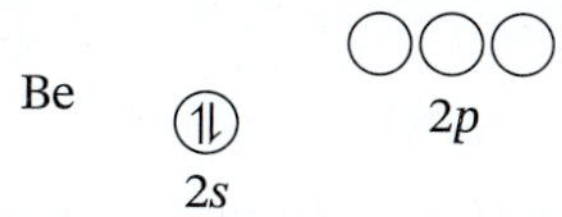

2*s* 오비탈은 채워져 있고 세 개의 2*p* 오비탈은 비어 있음을 주목하라. 베릴륨과 두 개의 수소 원자 사이에 180°의 결합각으로 결합이 형성되기 위해서는 다음 두 가지 조건을 만족해야 한다. (1) Be—H 결합을 만드는 데 사용된 Be의 두 오비탈은 서로 반대 방향을 향해 있어야 한다. (2) 베릴륨의 각 오비탈은 단 한 개의 전자만이 채워져 있어야 한다. 이런 조건을 만족시키기 위해 베릴륨 원자의 2*s*에 채워진 전자쌍은 두 개의 홀전자로 전환되어야 하며, 결과적으로 반이 채워진 *s*와 *p* 오비탈이 혼성화된다. 혼성화된 오비탈의 에너지는 2*s*와 2*p* 오비탈의 중간 정도이다.

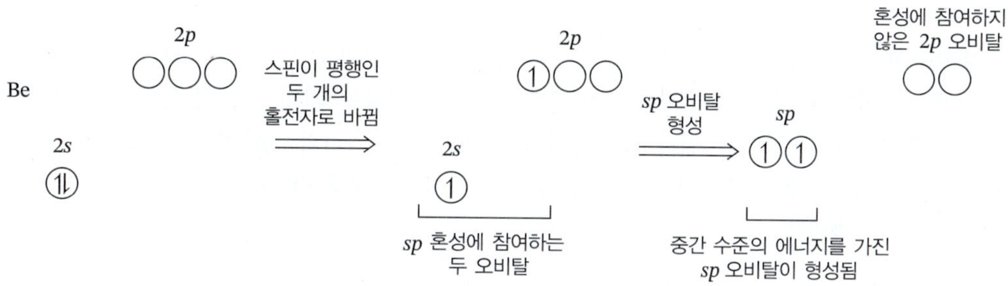

이제 수소의 1*s* 오비탈이 베릴륨의 *sp* 혼성 오비탈과 겹침을 일으켜 결합을 형성하는 과정을 **그림 9.20**에 나타내었다. 베릴륨의 두 *sp* 혼성 오비탈은 모양과 에너지가 동일하므로, 두 개의 Be—H 결합은 위치한 방향을 제외하고는 동일하다. 이런 결합을 동등하다고 말한다. 결합들이 반대 방향을 향하고 있으므로 분자가 선형인 것도 설명이 된다. 이 분자에서 베릴륨에 대

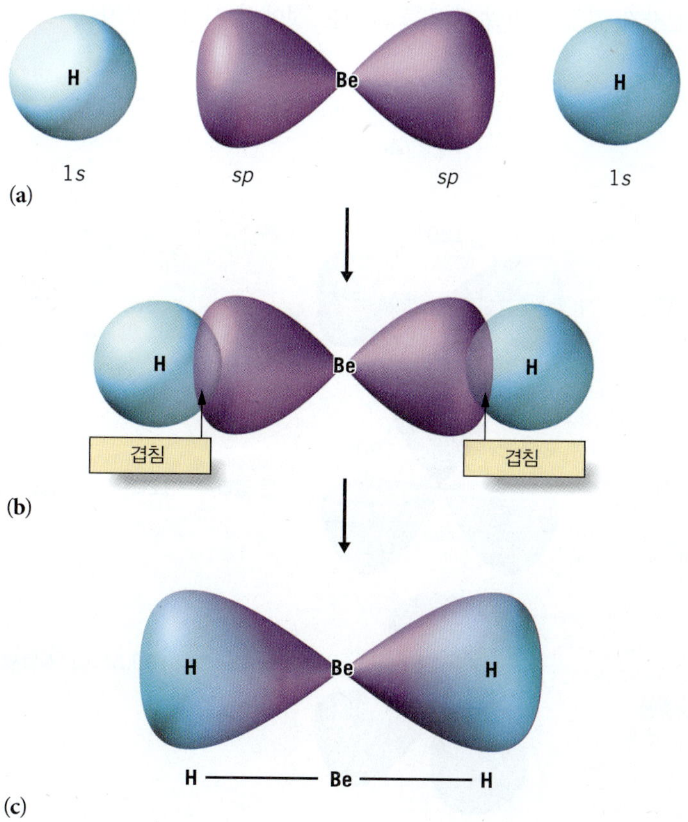

그림 9.20 원자가 결합 이론에 따른 BeH_2의 결합 각 *sp* 혼성 오비탈 중 큰 로브만 표시하였다. (a) 베릴륨의 두 개의 *sp* 혼성 오비탈에 각 수소의 1*s* 오비탈 두 개가 접근한다. (b) 수소의 1*s* 오비탈과 *sp* 혼성 오비탈의 겹침. (c) 두 개의 Be—H 결합이 형성된 후의 전자 밀도 분포도

한 오비탈 도표는 다음과 같다.

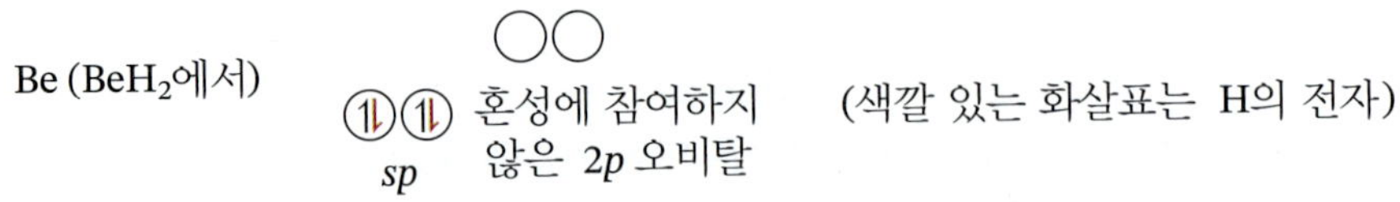

BeH_2의 분자 모양을 알지 못하더라도, 먼저 VSEPR 모형을 적용함으로써 결합과 관련하여 동일한 그림을 얻을 수 있다. BeH_2의 Lewis 구조는 H:Be:H이고, 중심 원자는 두 개의 결합 영역을 가지고 있으므로 분자는 선형이다. VSEPR 모형으로 간단하게 기하 구조를 예측하고, 정해진 기하 구조에 VB 이론을 적용하여 비교적 쉽게 결합을 분석할 수 있다. 따라서 VB 이론과 VSEPR 모형은 서로 상호보완적이다.

그림 9.21에 나타낸 바와 같이 *s*와 *p* 원자 오비탈의 혼성을 이용하여 형성할 수 있는 혼성 오비탈에는 *sp* 혼성 오비탈 이외에도 두 종류가 더 있다. 혼성 오비탈을 규정하기 위하여 혼합에 참여하여 혼성 오비탈의 종류와 수를 지정해야 한다. 따라서 sp^3로 표현된 혼성 오비탈은 한 개의 *s* 오비탈과 세 개의 *p* 오비탈이 혼합되어 얻어졌다는 의미이다. **형성된 혼성 오비탈의 전체 개수는 사용된 기본 원자 오비탈의 전체 개수와 동일하다.** **sp^3 혼성 오비탈(sp^3 hybrid orbital)** 한 묶음은 네 개의 오비탈로 이루어진 반면, **sp^2 혼성 오비탈(sp^2 hybrid orbital)** 한 묶음은 세 개의 오비탈로 이루어져 있다.

도구
*s*와 *p* 원자 오비탈로 형성되는 혼성 오비탈

sp^3 혼성 오비탈 sp^3 혼성 오비탈은 유기 화학 분야에서 특히 알케인의 구조를 이해하는 데 매우 유용하기 때문에 혼성 과정을 자세히 살펴볼 필요가 있다. 가장 간단한 알케인 분자인 메테인(CH_4)의 구조는 Lewis 구조와 VSEPR 모형에 따라 사면체이다. 그러나 탄소 원자는 짝지은 2*s* 오비탈의 전자 두 개와 홀전자가 두 개인 2*p* 오비탈의 전자를 원자가 껍질에 가지고 있다. *s* 오비탈은 방향성이 없고, *p* 오비탈은 서로 90° 각도로 배열을 하고 있으므로, *s* 오비탈과 *p* 오비탈은 사면체의 구조를 만들 수 없다. CH_4의 구조를 설명하려면 sp^3 혼성이 필요하다.

탄소 원자의 원자가 껍질 오비탈 도표를 그리는 것에서 시작해 보자.

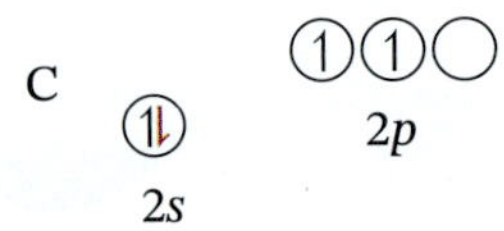

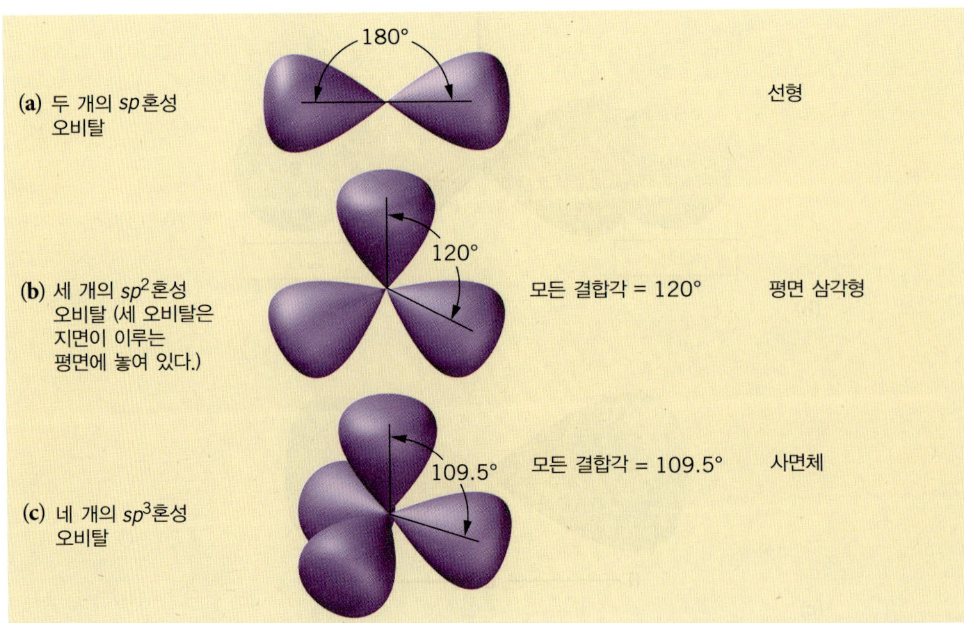

그림 9.21 *s*와 *p* 원자 오비탈로 부터 형성된 혼성 오비탈의 방향성 (a) *sp* 혼성 오비탈은 서로 180°벌어져 있다. (b) 한 개의 *s* 오비탈과 두 개의 *p* 오비탈로 이루어진 sp^2 혼성 오비탈. 그들 사이의 각도는 120°이다. (c) 한 개의 *s* 오비탈과 세 개의 *p* 오비탈로 이루어진 sp^3 혼성 오비탈. 그들 사이의 각도는 109.5°이다.

네 개의 C—H 결합을 형성하려면 반만 채워진 네 개의 오비탈이 필요하다. 2*s* 오비탈에 있는 전자쌍을 풀어서 그중 한 개의 전자를 비어 있는 2*p* 오비탈로 옮기면 이 조건이 만족된다.

C 2*s* ① 2*p* ①①① (전자쌍은 홀전자가 된다.)

위의 오비탈 도표에서 *s* 전자와 *p* 전자는 다른 성질을 가지고 있다. 그러나 *s*와 *p* 오비탈이 만든 sp^3 혼성 오비탈에서 각 전자는 동일한 성질을 가지게 되며, 특히 각 오비탈은 사면체의 배향을 가지게 된다.

C ①①①①

sp^3 혼성 오비탈

이제 수소의 1*s* 오비탈과 혼성 오비탈의 겹침으로 네 개의 결합이 생성된다.

C (CH_4에서) ⇅⇅⇅⇅ (색깔 있는 화살표는 H의 전자)

sp^3

이것을 **그림 9.22**에 묘사하였다. 다음의 실전 문제는 이러한 추론을 적용할 수 있는 사례들이다.

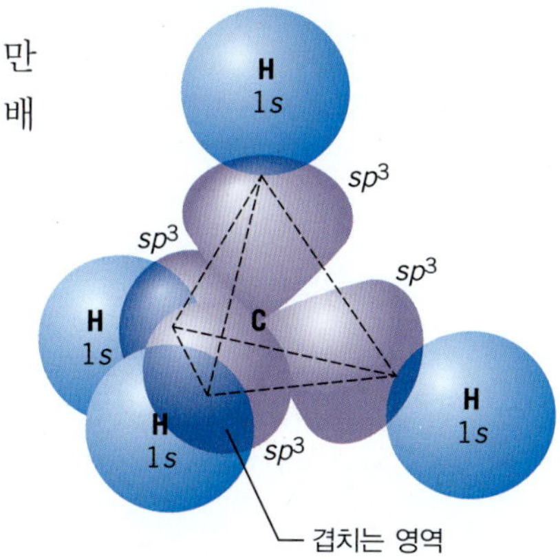

그림 9.22 메테인에서 결합의 형성 각 결합은 수소의 1*s* 오비탈과 탄소 원자의 sp^3 혼성 오비탈의 겹침에 의해 형성된다.

실전 문제 9.12

BF_3 분자는 평면 삼각형 모양이다. 이 분자에서 붕소는 어떤 혼성 오비탈을 사용하였는가? 오비탈 도표를 사용하여 결합이 형성되는 방법을 설명하시오. (**힌트**: 분자의 모양과 일치하는 방향성을 가진 혼성 오비탈은 무엇인가?)

실전 문제 9.13

이산화 탄소는 온실 효과를 나타내는 선형 분자이다. 이 화합물에서 탄소는 어떤 혼성 오비탈을 사용하였는가? 오비탈 도표를 사용하여 결합이 형성되는 방법을 설명하시오.

메테인에서 탄소 원자는 sp^3 혼성 오비탈을 사용하여 수소 원자들과 네 개의 단일 결합을 형성한다. 실제로 탄소 원자가 네 개의 다른 원자와 각각 단일 결합을 형성하는 모든 탄소 화합물에서 탄소는 sp^3 혼성 오비탈을 사용한다. 따라서 탄소 주위 원자들의 사면체 배열은 유기 화합물에서 가장 중요한 구조 중의 하나이며, 유기 화학자들은 일상적으로 '사면체 탄소'라는 용어를 사용한다.

탄화수소 중에서 알케인 계열(화학식이 C_nH_{2n+2}인 화합물)의 탄소 원자는 다음 에테인(C_2H_6)의 구조에서 보는 바와 같이 다른 탄소 원자와 결합하고 있다.

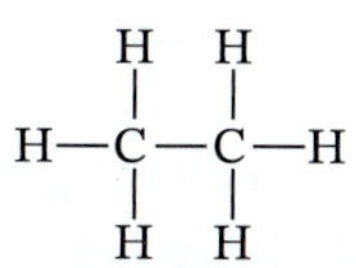

이 분자에서 탄소 원자들은 서로 sp^3 혼성 오비탈의 겹침으로 결합되어 있다(**그림 9.23**). 이 결합의 가장 중요한 특징 중 하나는 C—C 결합축을 중심으로 분자의 일부분을 C—C 결합을 이루는 오비탈의 겹침은 거의 아무런 영향을 받지 않는다는 것이다. 따라서 이와 같은 자유로운 회전으로 인하여 한 분자 내에서 원자들의 다양한 상대적 배향이 가능해진다. 이러한 여러 가지 상대적인 배향을 **형태**(**conformation**)라고 한다. 복잡한 분자에는 무수히 많은 형태가

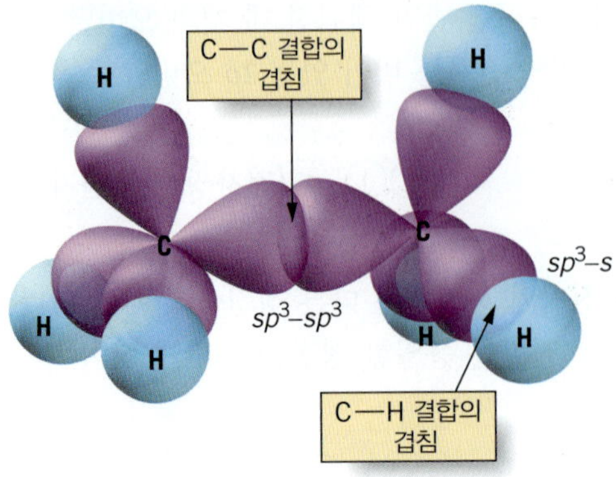

(a)

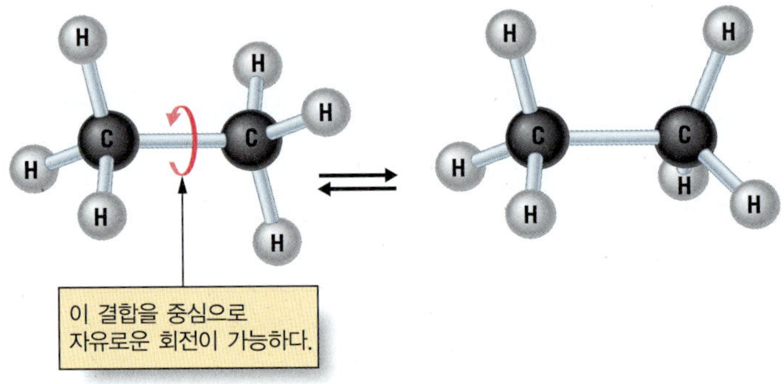

(b)

그림 9.23 에테인 분자에서의 결합 (a) 오비탈의 겹침. (b) 탄소–탄소 결합에서 sp^3 오비탈 사이의 겹침의 정도는 이 결합을 중심으로 두 개의 CH_3—기를 상대적으로 회전시켜도 큰 영향을 받지 않는다.

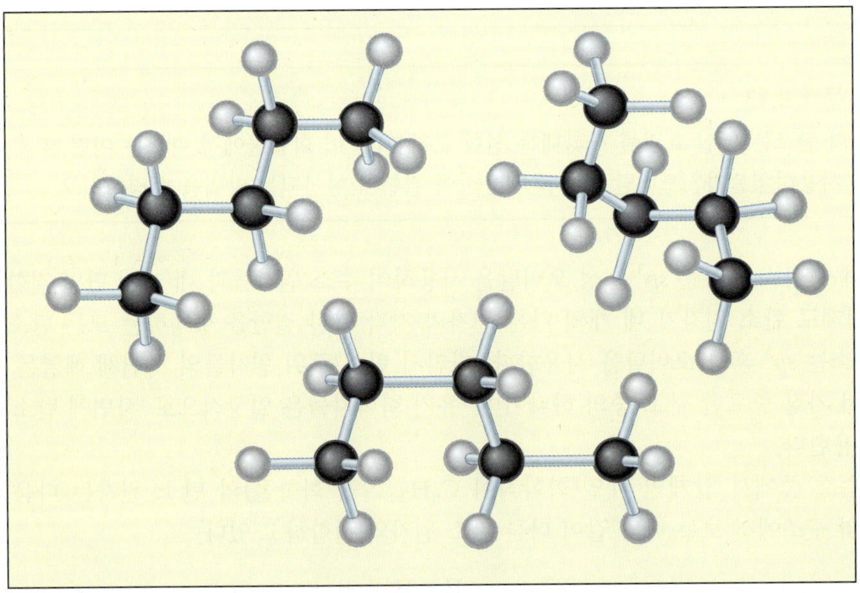

그림 9.24 펜테인 분자(C_5H_{12})에서 원자들의 여러 형태 중 세 가지 형태 단일 결합을 중심으로 자유로운 회전이 가능하기 때문에 이와 같은 다양한 형태가 가능하다.

가능하다. 예를 들어 가솔린에 들어 있는 저분자량 유기 화합물인 펜테인(C_5H_{12}) 분자의 무수히 많은 형태 중에 세 가지를 **그림 9.24**에 나타내었다.

VSEPR 모형을 이용하여 혼성화 예측하기

도구
VSEPR 모형과 혼성화

분자의 구조를 알면 중심 원자가 결합을 형성하기 위해 필요한 혼성 오비탈의 종류를 논리적으로 예측할 수 있다. VSEPR 모형은 기하 구조를 예측하는 데 매우 효과적이므로 VB 이론으로 결합을 설명하는 데에도 사용될 수 있다. 다음 예제를 살펴보자.

예제 9.6 VSEPR 모형을 이용하여 혼성화 예측하기

삼염화 붕소는 라이터돌로 사용되는 알루미늄이나 마그네슘에서 산화물 혹은 질소화물을 제거하는 정제 용도로 사용되는 물질이다. 삼염화 붕소 분자의 모양을 예측하고, 원자가 결합 이론 관점에서 분자의 결합을 설명하시오.

분석 이 문제는 중심 원자의 혼성 오비탈을 결정하기 위한 분자의 모양이 제시되지 않은 것을 제외하고는 BeH_2와 CH_4에 대한 문제와 과정이 유사하다. 화학식을 기초로 분자의 Lewis 구조를 그린 다음, VSEPR 이론을 적용하면 분자의 기하 구조를 알 수 있다. 분자의 모양으로부터 중심 원자가 사용한 혼성 오비탈의 종류를 정할 수 있으며, 오비탈 도표를 그려 결합을 기술할 수 있다.

도구 모음 도구로 명명법 규칙과 Lewis 구조를 그리는 방법 및 VSEPR 모형이 포함된다. VSEPR 모형으로 예측한 분자의 기하 구조를 기초로 하여 그림 9.21에서 그에 맞는 적절한 혼성 오비탈을 선택할 수 있다.

풀이 명명법 규칙에 따라 화학식이 BCl_3임을 알 수 있다. 붕소는 원자가 껍질에 팔전자 규칙보다 적은 수의 전자를 가지고 있는 원소라는 것을 기억하고, 8장에서 기술한 절차에 따라 진행하면 BCl_3의 Lewis 구조를 다음과 같이 그릴 수 있다.

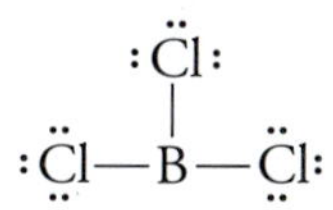

VSEPR 모형에 의하면 분자는 평면 삼각형 구조를 가지므로, 그림 9.21을 참고하면 이 구조에 적합한 혼성 조합이 sp^2임을 알 수 있다. 다음과 같은 붕소 원자의 오비탈 도표에서 시작해 보자.

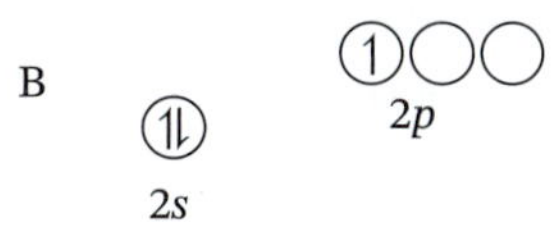

염소 원자와 세 개의 결합을 이루기 위해서는 반만 채워진 세 개의 오비탈이 필요하므로, $2s$ 오비탈에 있는 전자쌍 중 한 개의 전자를 비어 있는 $2p$ 오비탈로 옮긴다. 이제 한 개의 $2s$ 오비탈과 두 개의 $2p$ 오비탈을 조합하면 세 개의 sp^2 혼성 오비탈이 만들어진다.

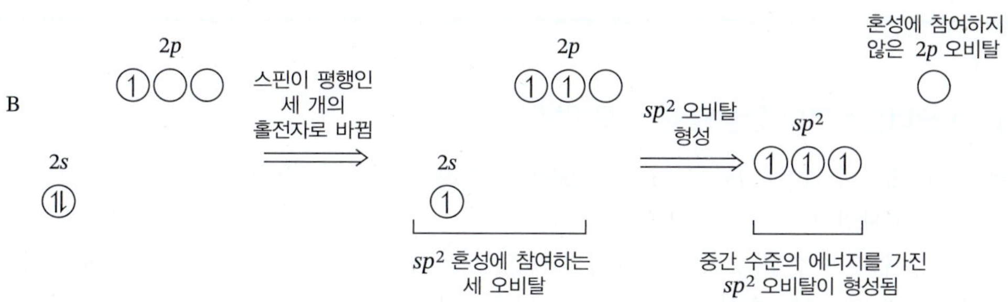

이제 염소의 원자가 껍질을 살펴보자.

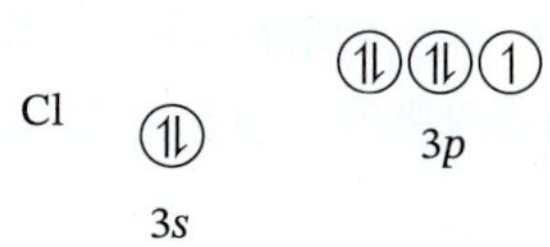

각 염소 원자의 세 개의 $3p$ 오비탈 중 반만 채워진 $3p$ 오비탈이 붕소의 sp^2 혼성 오비탈과 겹침을 이루며 B—Cl 결합을 형성하므로 전체적으로 세 개의 결합이 형성된다.

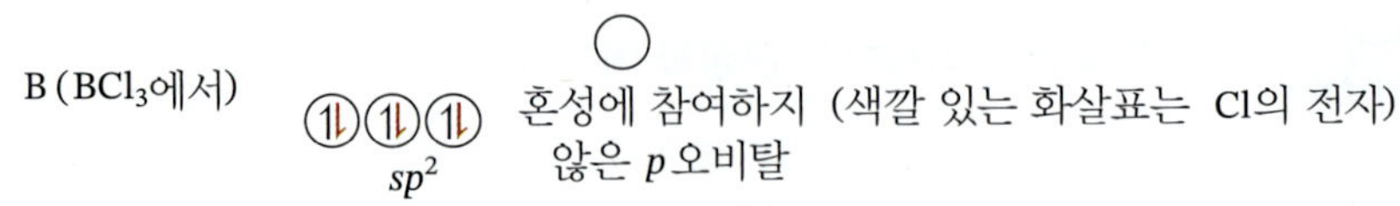

분자의 결합을 형성하는 오비탈의 겹침을 **그림 9.25**에 나타내었다.

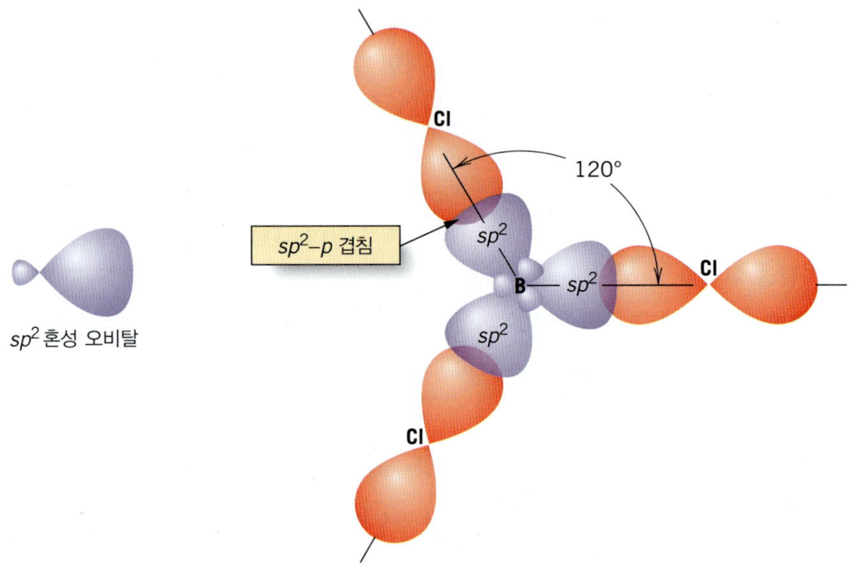

그림 9.25 BCl$_3$의 결합 각 염소 원자의 반만 채워진 3p 오비탈이 붕소의 sp^2 혼성 오비탈과 겹침을 이루며 세 개의 B—Cl 결합을 형성한다(간단하게 나타내기 위하여 염소 원자의 반만 채워진 3p 오비탈만을 나타내었다).

답이 합리적인가? VSEPR 모형으로 예측한 것과 일치하는 평면 삼각형 분자의 원자 배열이 얻어진 것을 주목하라. 설명이 일관성 있게 모든 부분과 잘 부합되므로 제대로 답을 한 것이다.

실전 문제 9.14

GeF$_4$에서 중심 원자에 의해 사용될 것으로 예상되는 혼성 오비탈은 무엇인가? (**힌트**: 오비탈 도표를 사용하여 분자의 결합을 설명하시오.)

s, p, d 오비탈로부터 형성된 혼성 오비탈

도구
s, p, d 원자 오비탈을 사용한 혼성 오비탈

앞에서 네 개보다 많은 결합을 형성함으로써 팔전자 규칙에서 벗어나는 원자가 포함된 분자 몇 개를 살펴보았다. 이런 경우에는 중심 원자는 충분한 수의 반만 채워진 오비탈을 만들기 위하여 s, p 원자가 껍질 오비탈 이외에 또 다른 오비탈이 필요하다. 왜냐하면 s와 p 오비탈을 혼합하여 만들 수 있는 혼성 오비탈의 수는 최대 네 개이기 때문이다. 다섯 개 이상의 혼성 오비탈이 필요한 경우에 d 오비탈을 가져다가 함께 혼성해야 한다. d 오비탈이 포함된 2가지 대표적인 혼성 오비탈은 $\boldsymbol{sp^3d}$와 $\boldsymbol{sp^3d^2}$ **혼성 오비탈**이다. 두 혼성 오비탈의 방향성을 **그림 9.26**에 나타내었다. sp^3d 혼성 오비탈은 삼각쌍뿔의 꼭짓점을 향하고 있고, sp^3d^2 혼성 오비탈은 팔면체의 꼭짓점을 향하고 있다.

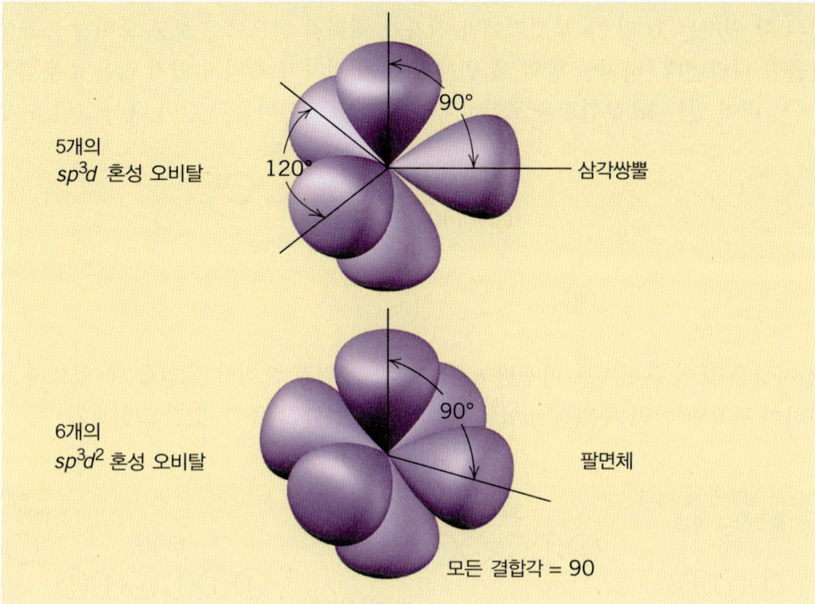

그림 9.26 *d* 오비탈이 관련된 혼성 오비탈의 방향성 (a) *s* 오비탈 한 개, *p* 오비탈 세 개, *d* 오비탈 한 개로 이루어진 sp^3d 혼성 오비탈. 각 오비탈은 삼각쌍뿔의 꼭짓점을 향하고 있다. (b) *s* 오비탈 한 개, *p* 오비탈 세 개, *d* 오비탈 두 개로 이루어진 sp^3d^2 혼성 오비탈. 각 오비탈은 팔면체의 꼭짓점을 향하고 있다.

예제 9.7 혼성 오비탈을 이용하여 결합 설명하기

헥사플루오린화 황(sulfur hexafluoride) 분자의 모양을 예측하고, 원자가 결합 이론으로 분자의 결합을 설명하시오.

분석 화학식을 기초로 분자의 Lewis 구조를 그리고 VSEPR 모형을 적용하면 분자의 기하 구조를 알 수 있다. 분자의 모양으로부터 중심 원자가 사용한 혼성 오비탈의 종류를 정할 수 있으며, 황의 오비탈 도표를 그려 결합을 기술할 수 있다.

도구 모음 도구로 명명법 규칙과 Lewis 구조 그리는 방법 그리고 VSEPR 모형이 포함된다. VSEPR 모형에 의해 예측된 기하 구조를 바탕으로 그림 9.21이나 9.26을 참고하여 이 구조에 적합한 혼성 오비탈을 선택한다.

풀이 명명법 규칙에 따라 얻어진 화학식은 SF_6이다. 앞에서 설명한 절차에 따라 SF_6의 Lewis 구조를 다음과 같이 그릴 수 있다.

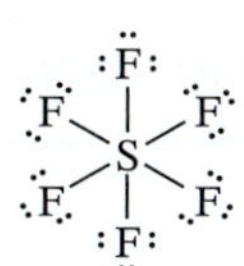

VSEPR 모형에 따라 분자는 팔면체 구조를 가지므로, 그림 9.26을 참고하면 이 구조에 적합한 혼성 오비탈은 sp^3d^2임을 알 수 있다.

이제 황의 원자가 껍질을 살펴보자.

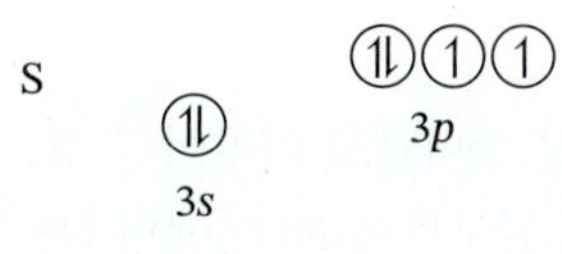

플루오린 원자와 6개의 결합을 이루기 위해서는 반만 채워진 6개의 오비탈이 필요하지만, 모두 네 개의 오비탈만이 보인다. 그러나 sp^3d^2 혼성 오비탈에는 *d* 오비탈이 포함되어야 한다는 것을 알 수 있다.

고립된 황 원자는 3*s* 및 3*p* 부껍질에만 전자가 채워져 있으므로 보통 오비탈 도표에는 이 오비탈들만 나타낸다. 하지만 황의 세 번째 껍질에 전자가 채워져 있지 않은 *d* 부껍질이 있다. 따라서 비어 있는 3*d* 부껍질을 포함하여 오비탈 도표를 다음과 같이 다시 그릴 수 있다.

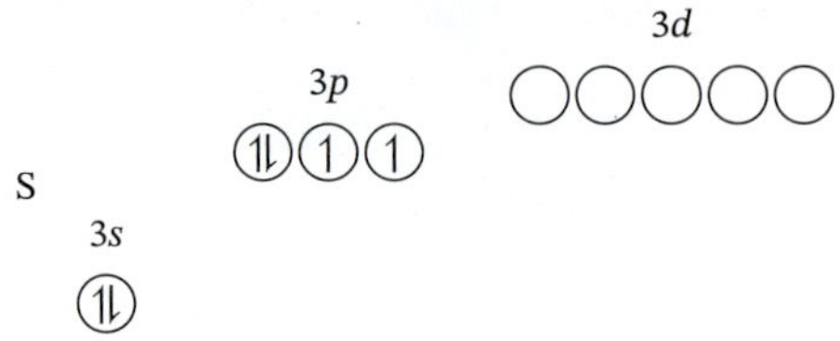

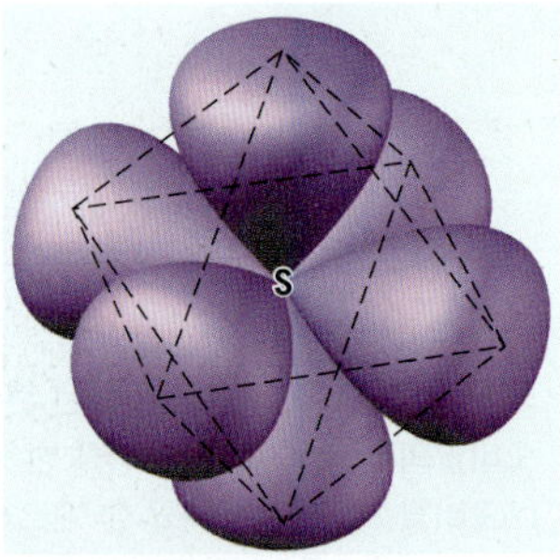

그림 9.27 SF_6에서 황의 sp^3d^2 혼성 오비탈

모든 전자쌍을 풀어 홀전자로 바꾸면 6개의 반만 채워진 오비탈을 얻을 수 있으며, 이들을 혼성화하여 필요한 반만 채워진 sp^3d^2 오비탈 여섯 개를 얻을 수 있다(**그림 9.27**).

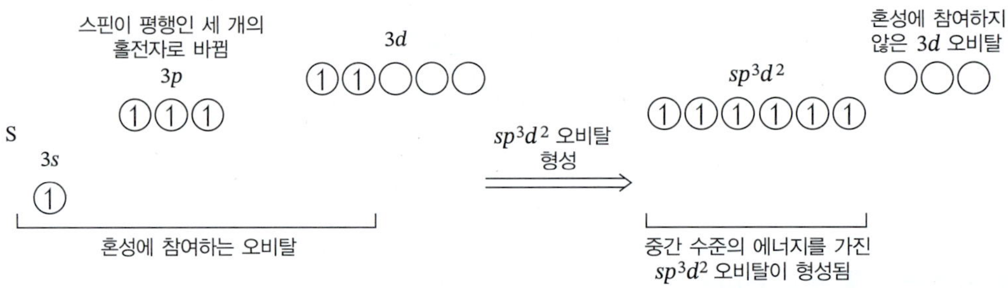

해설 황은 원자가 껍질에 사용 가능한 *d* 오비탈이 있으므로 팔전자 규칙을 벗어날 수 있다.

마지막으로 반만 채워진 6개의 sp^3d^2 혼성 오비탈과 플루오린 원자의 반만 채워진 2*p* 오비탈의 겹침으로 6개의 S—F 결합을 만든다.

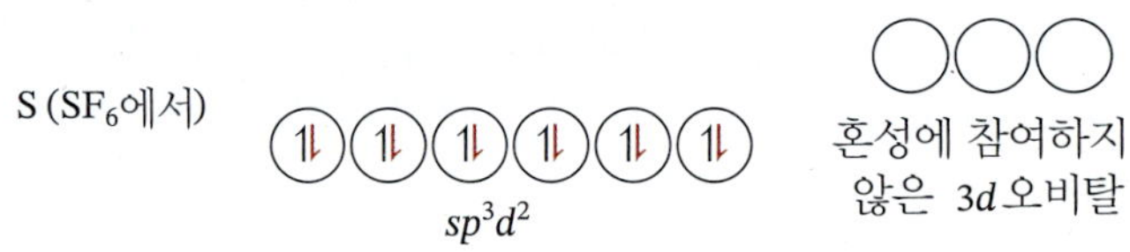

답이 합리적인가? SF_6의 구조를 설명하는 데 모든 부분이 잘 부합되므로 결합에 대한 설명은 합리적이다.

실전 문제 9.15

$SbCl_5$에서 중심 원자에 의해 사용될 것으로 예상되는 혼성 오비탈은 무엇인가? (**힌트**: 어떤 혼성 오비탈이 분자의 기하 구조와 일치하는가?)

실전 문제 9.16

VSEPR 모형을 사용하여 $AsCl_5$ 분자의 모양을 예측하고, 원자가 결합 이론을 사용하여 분자의 결합을 설명하시오.

비결합 영역을 포함하는 분자

메테인은 탄소의 오비탈이 sp^3 혼성 오비탈로 이루어진 정사면체 분자이다. 각각의 H—C—H 결합각은 모두 109.5°로 동일하다. 암모니아(NH_3)에서 H—N—H 결합각은 107°이며, 물에서 H—O—H 결합각은 104.5°이다. NH_3와 H_2O에서 결합각 H—X—H는 모두 중심 원자가 sp^3 혼성을 이룰 때 예상되는 각도에 가깝다. 그러므로 H_2O와 NH_3의 기하 구조를 설명하기 위하여 중심 원자인 산소와 질소 원자의 혼성 오비탈을 종종 sp^3로 사용한다.

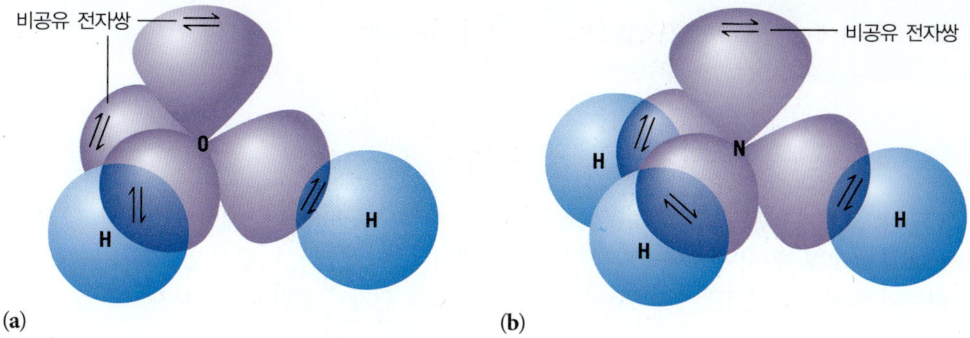

그림 9.28 혼성 오비탈은 비공유 전자쌍을 가질 수 있다. (**a**) 물에서 산소에 존재하는 두 개의 비공유 전자쌍은 sp^3 혼성 오비탈에 있다. (**b**) 암모니아는 sp^3 혼성 오비탈에 한 개의 비공유 전자쌍을 가지고 있다.

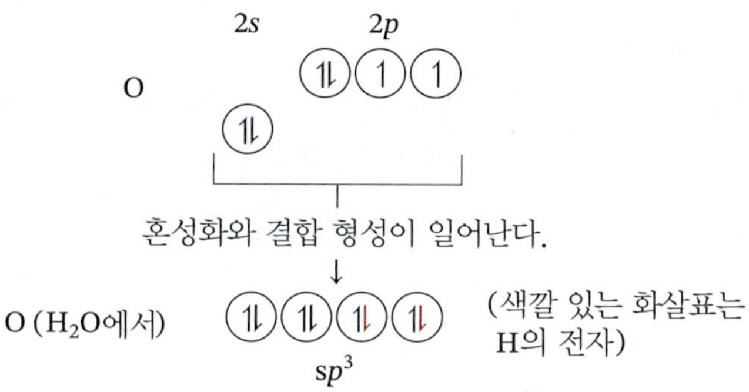

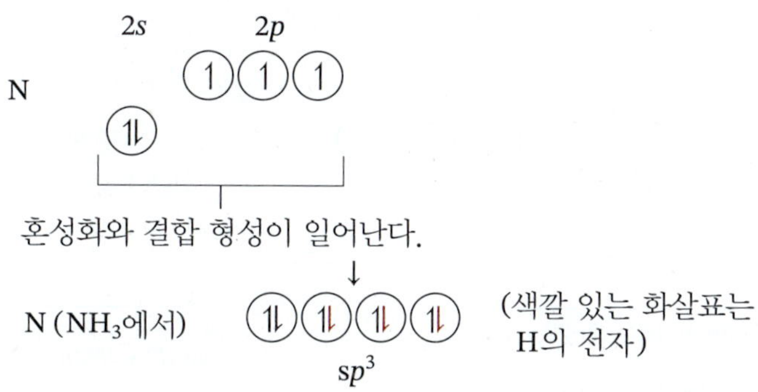

이 경우에서 보는 바와 같이 중심 원자의 모든 혼성 오비탈이 결합에 이용되는 것은 아니다. **그림 9.28**에 나타낸 바와 같이 비공유 전자쌍도 혼성 오비탈에 들어갈 수 있다. 사실 암모니아에서 질소의 비공유 전자쌍을 sp^3 혼성 오비탈에 위치시킨 기하 구조는 실험적으로 결정된 암모니아 분자의 구조와 잘 일치한다.

예제 9.8 혼성 오비탈을 이용하여 결합 설명하기

테트라플루오린화 황은 많은 의약품 제조과정에서 산소를 플루오린으로 치환하는 데 유용한 화합물이다. 원자가 결합 이론을 이용하여 SF_4 분자의 결합을 설명하시오.

분석 예제 9.7에서와 같은 단계를 따라 이 문제를 푼다. (1) Lewis 구조를 그린다. (2) 분자의 기하 구조를 예측한다. (3) 구조에 적합한 혼성 오비탈을 선택한다. (4) 결합을 설명하기 위한 오비탈 도표를 그린다.

도구 모음 도구는 이전 예제와 동일하다. 8장의 Lewis 구조를 그리는 방법을 적용하고, VSEPR 모형을 적용한다. 그림 9.21이나 9.26을 참고하여 혼성 오비탈을 선택한다.

풀이 분자에 대한 Lewis 구조를 그리는 것에서 시작한다.

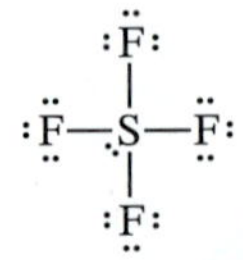

VSEPR 모형에 따르면 황 원자 주위의 전자쌍은 삼각쌍뿔 모양으로 배열되어야 하고, 그림 9.26을 참고할 때 이 구조에 맞는 혼성은 sp^3d뿐이다. 이 혼성이 어떻게 만들어지는지를 알아보기 위해서 비어 있는 $3d$ 부껍질을 포함하는 황의 원자가 껍질을 살펴보자.

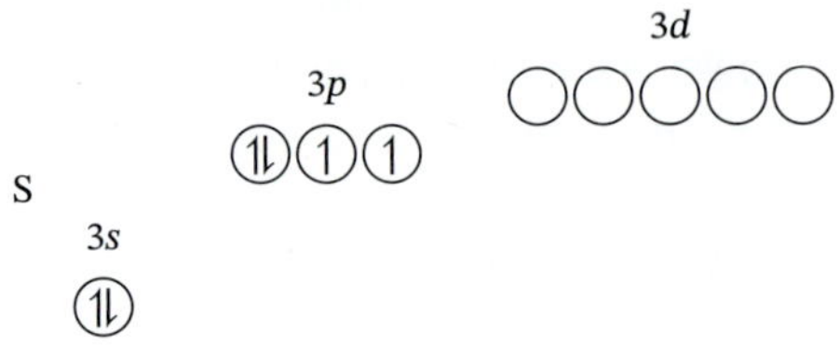

플루오린 원자와 네 개의 결합을 형성하는 데 필요한 네 개의 반만 채워진 오비탈을 얻기 위하여 다음과 같이 채워진 오비탈 중 하나에서 전자쌍을 풀어 홀전자로 바꾸어 준다.

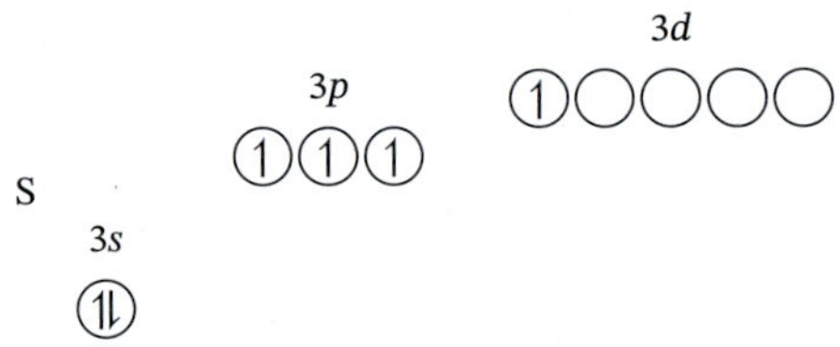

다음으로, 전자를 가지고 있는 모든 원자가 껍질의 오비탈을 사용하여 혼성 오비탈을 만든다.

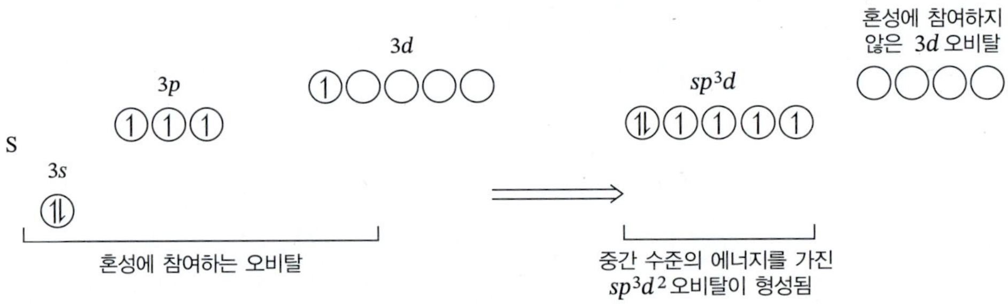

이제, 반만 채워진 플루오린의 $2p$ 오비탈과 황의 sp^3d 혼성 오비탈을 겹쳐 네 개의 S—F 결합을 만들고 옆의 그림과 같은 모양의 분자가 된다.

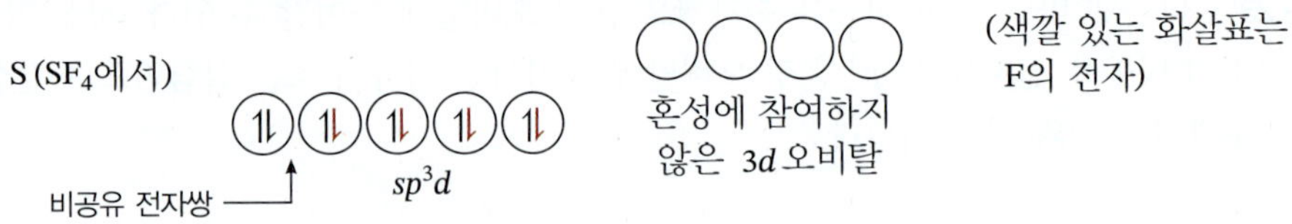

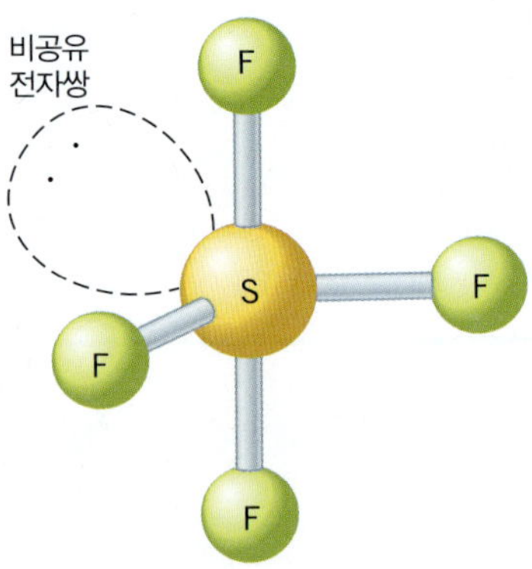

SF_4의 구조

답이 합리적인가? Lewis 구조에서 전자를 세어 보면 모두 34개이며, 이들은 한 개의 황과 네 개의 플루오린 원자의 원자가 껍질에 존재하는 전자 수와 일치한다. 따라서 Lewis 구조는 적절하게 보인다. 답의 나머지 부분도 순서에 맞게 해결되어 있다. 따라서 결합에 대한 설명도 합리적으로 보인다. VSEPR 모형은 비공유 전자쌍을 포함하는 혼성 오비탈이 어느 것인지도 보여 주고 있는 것을 주목하라.

실전 문제 9.17

XeF_6 분자에서 Xe에 의해 사용되는 오비탈의 종류는 무엇인가? 문제를 단계별로 해결하시오(**힌트**: Xe 원자는 8개의 원자가 전자를 가지고 있다).

실전 문제 9.18

(**a**) PCl_3와 (**b**) $BrCl_3$에서 중심 원자에 의해 사용될 것으로 예상되는 혼성 오비탈은 무엇인가? 두 결합이 서로 다른 이유는 무엇인가?

배위 공유 결합의 형성

8.7절에서, 배위 공유 결합이란 한 원자가 공유하는 모든 전자를 제공하는 것이라고 정의하였다. 다음과 같이 트라이플루오린화 붕소(BF_3)가 다른 하나의 플루오린 이온과 결합하여 테트라플루오린화 붕산 이온(BF_4^-)을 만들 때 배위 공유 결합이 형성된다.

$$BF_3 + F^- \longrightarrow BF_4^-$$

테트라플루오린화 붕산 이온

이 반응을 Lewis 기호를 이용하여 다음과 같이 나타낼 수 있다.

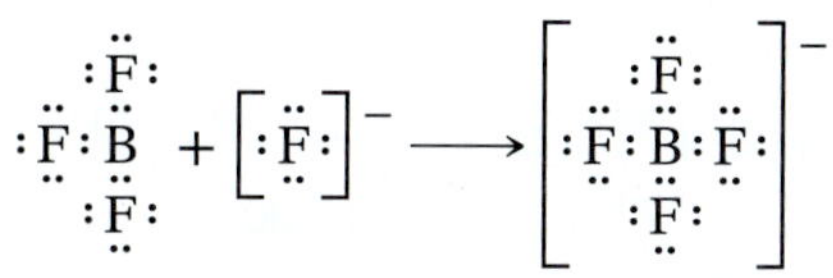

앞에서 언급했듯이 배위 공유 결합은 일단 형성된 다음에는 다른 공유 결합과 다를 바 없다. 반응에서 구태여 구분하는 유일한 이유는 결합을 형성할 때 사용한 오비탈과 전자들을 보여주는 것이 결합을 이해하는 데 효과적이기 때문이다.

결합이 형성될 때 겹치는 두 오비탈이 쌍을 이루는 두 전자를 공유한다는 VB 이론의 조건은 다음과 같이 두 가지 방법으로 충족된다. 하나는 이미 보았듯이 반만 채워진 두 오비탈이 겹침으로써 '보통의' 공유 결합을 형성하는 경우이다. 다른 하나는 전자쌍으로 채워진 오비탈과 빈 오비탈 간의 겹침이다. 이때 공유된 전자쌍은 채워진 오비탈을 가지는 원자에 의해서 제공되며, 그 결과 배위 공유 결합이 형성된다.

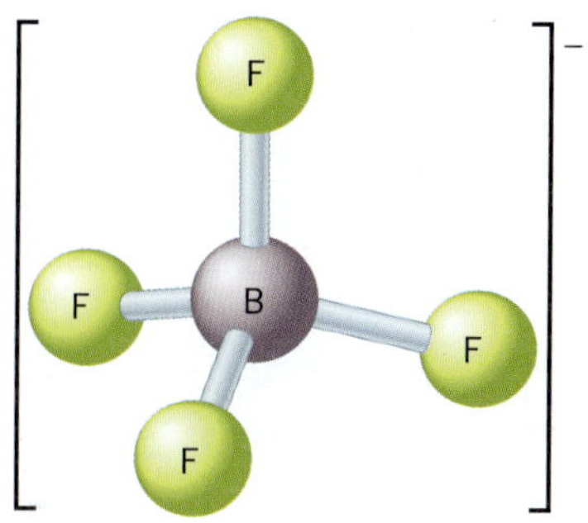

그림 9.29 BF_4^- 이온의 사면체 구조

VSEPR 모형에 의해 사면체 구조(**그림 9.29**)로 예상되었던 BF_4^-의 구조는 다음과 같이 설명할 수 있다. 먼저 붕소의 오비탈 도표를 살펴보자.

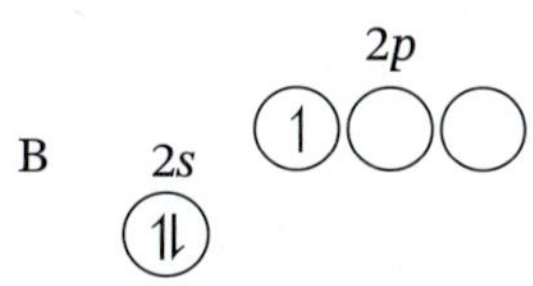

네 개의 결합을 만들기 위해서 붕소 주위에 네 개의 혼성 오비탈이 사면체로 배열해야 한다. 따라서 붕소는 sp^3 혼성 오비탈을 사용할 것으로 예상된다. 붕소가 가지고 있는 전자 세 개를 가능한 한 혼성 오비탈에 고르게 분배해야 한다는 점을 주목하라.

붕소는 플루오린 원자와 일반적인 세 개의 공유 결합을 형성하고, 플루오린화 이온과 한 개의 배위 공유 결합을 한다.

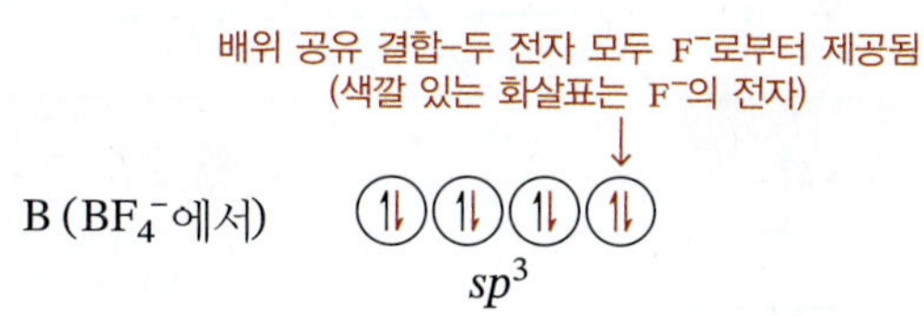

실전 문제 9.19

NH_3에서 질소는 sp^3 혼성 오비탈을 사용할 것으로 예상된다. 원자가 결합 이론을 사용하여 NH_3와 H^+로부터 NH_4^+가 형성되는 과정을 설명하시오. (**힌트**: H^+와 NH_3 사이에 결합이 형성될 때 전자쌍을 제공하는 원자는 어느 것인가?)

실전 문제 9.20

PF_6^- 이온은 어떤 모양인가? PF_6^-에서 인 원자가 사용하는 혼성 오비탈은 무엇인가? PF_6^-의 인에 대한 오비탈 도표를 그리시오.

9.6 혼성 오비탈과 다중 결합

지금까지 논의했던 오비탈 겹침의 형태는 두 원자의 핵을 잇는 선을 따라 두 핵 사이에 전자 밀도가 집중되어 결합이 형성되는 것이었다. **그림 9.30**에 나타낸 바와 같이 *s* 오비탈이나 *p* 오비탈 또는 혼성 오비탈의 겹침 등 오비탈의 종류와 관계없이 이러한 종류의 결합을 **시그마 결합(sigma bond)** 또는 **σ 결합(σ bond)**이라고 한다.

p 오비탈이 겹칠 수 있는 다른 방법을 **그림 9.31**에 나타내었다. 이런 형태의 겹침에 의해서 두 핵을 잇는 가상의 선(결합축이라고도 한다) 양쪽에 전자 밀도가 밀집되어 있는 두 개의 영

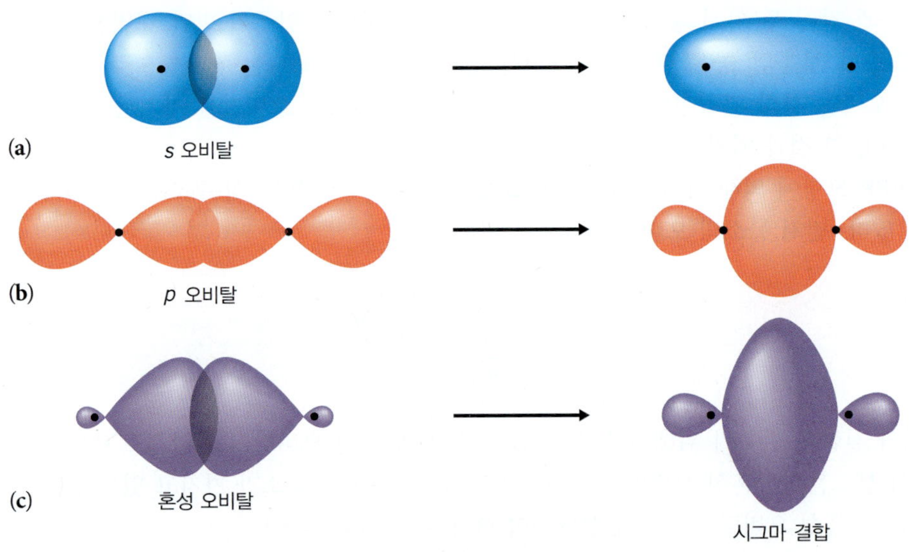

그림 9.30 σ **결합의 형성** 시그마 결합은 결합으로 연결된 두 원자를 잇는 선에 전자 밀도가 밀집되어 있다. (a) *s* 오비탈의 겹침, (b) *p* 오비탈이 서로 끝과 끝으로 겹침, (c) 혼성 오비탈의 겹침

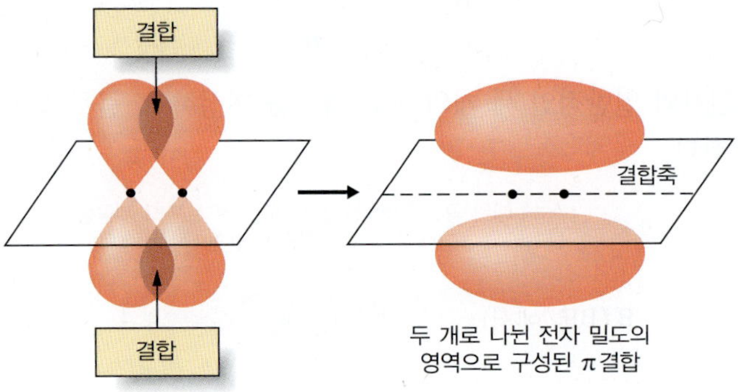

그림 9.31 π **결합의 형성** 두 개의 *p* 오비탈이 끝과 끝이 겹쳐지는 대신 측면에서 겹쳐진다. 결합축 양쪽의 두 영역에 전자 밀도가 밀집되는데, 이 두 영역이 합쳐서 하나의 π 결합이 된다.

역이 만들어진다. 이런 종류의 결합을 **파이 결합(pi bond)** 또는 **π 결합(π bond)**이라고 한다. π 결합은 p 오비탈처럼 두 부분으로 이루어져 있다. 각 부분은 π 결합의 절반에 해당되고 두 부분을 합치면 하나의 π 결합이 된다. 이와 같은 π 결합을 형성할 수 있기 때문에 두 원자 사이에 이중 결합과 삼중 결합이 가능하다.

이중 결합

이중 결합을 가지고 있는 가장 간단한 탄화수소인 에텐(또는 에틸렌, C_2H_4)의 Lewis 구조는 다음과 같다.

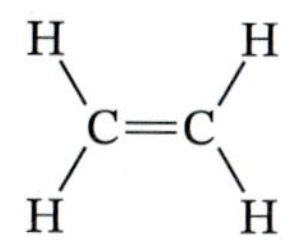

에텐
(에틸렌)

이 분자는 평면 구조이며, 각 탄소 원자는 두 개의 H 원자와 한 개의 C 원자 등 세 개의 다른 원자로 둘러싸여 있는 삼각형의 중심에 놓여 있다. 결합의 평면 삼각형 배열은 탄소가 sp^2 혼성 오비탈로 결합하고 있음을 의미한다. 따라서 sp^2 혼성화를 이룬다는 전제하에 탄소의 원자가 껍질에 포함된 오비탈에 전자가 어떻게 분포되어 있는지 살펴보자.

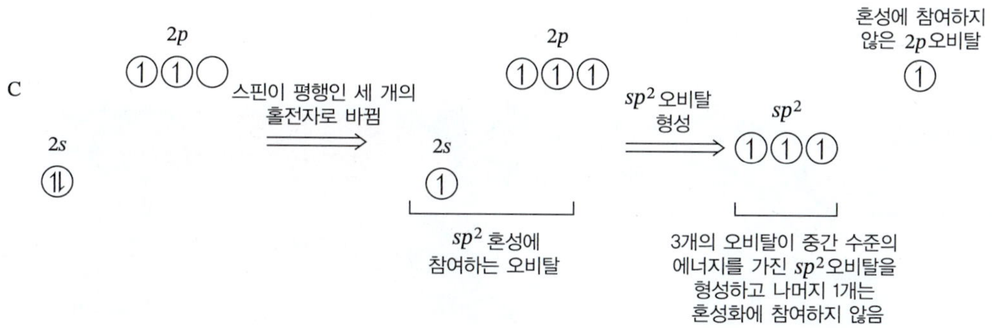

탄소 원자는 혼성화되지 않은 $2p$ 오비탈에 홑전자 한 개를 가지고 있음을 주목하라. **그림 9.32**에 나타낸 바와 같이, p 오비탈은 sp^2 혼성 오비탈의 삼각 평면에 수직 방향으로 놓여 있다. 이제 분자가 어떻게 만들어지는지 알 수 있을 것이다.

해설 이중 결합은 둥그런 두 개의 빵 조각으로 둘러싸인 소시지가 들어 있는 핫도그와 비슷하다. 시그마 결합은 핫도그의 소시지와 비슷하고, π 결합은 두 개의 빵조각과 비슷하다.

분자의 기본 골격은 σ 결합에 의해 정해진다. 각 탄소 원자는 sp^2 혼성 오비탈 두 개를 이용하여 수소 원자와 σ 결합을 형성하고, 세 번째 sp^2 혼성 오비탈은 두 탄소 원자 사이에 σ 결합을 형성하는 데 사용된다. 이 결합은 이중 결합의 두 결합 중 하나에 해당한다. 마지막으로 각 탄소에 남아 있는 혼성화되지 않은 $2p$ 오비탈들이 서로 겹쳐서 π 결합을 형성한다. 이것은 이중 결합의 두 번째 결합에 해당된다.

C_2H_4의 이와 같은 이중 결합으로 인하여 이중 결합의 축을 중심으로 분자를 회전시키기가 매우 어렵다는 것을 알 수 있다. 이는 이중 결합의 가장 중요한 성질 중의 하나이다. 이런 특성에 대한 이유를 **그림 9.33**에 제시하였다. 탄소–탄소 결합 축을 중심으로 하나의 CH_2기를 회전시키면 혼성화되지 않은 p 오비탈들은 서로 어긋나게 되어, 더 이상 효과적인 겹침이 불가능해진다. 이로 인하여 π 결합은 끊어진다. 실제로 이중 결합을 회전시키면 결합이 끊어지는데, 이때 필요한 에너지는 실온에서 분자가 정상적으로 얻을 수 있는 에너지보다 훨씬 크다. 결과적으로 이중 결합의 축을 중심으로 회전은 거의 일어나지 않는다. 이와 같이 대부분의 이중 결합은 σ 결합과 π 결합으로 이루어져 있다.

해설 이중 결합 주위로의 제한된 회전은 유기 및 생화학 분자의 특성에 큰 영향을 미친다.

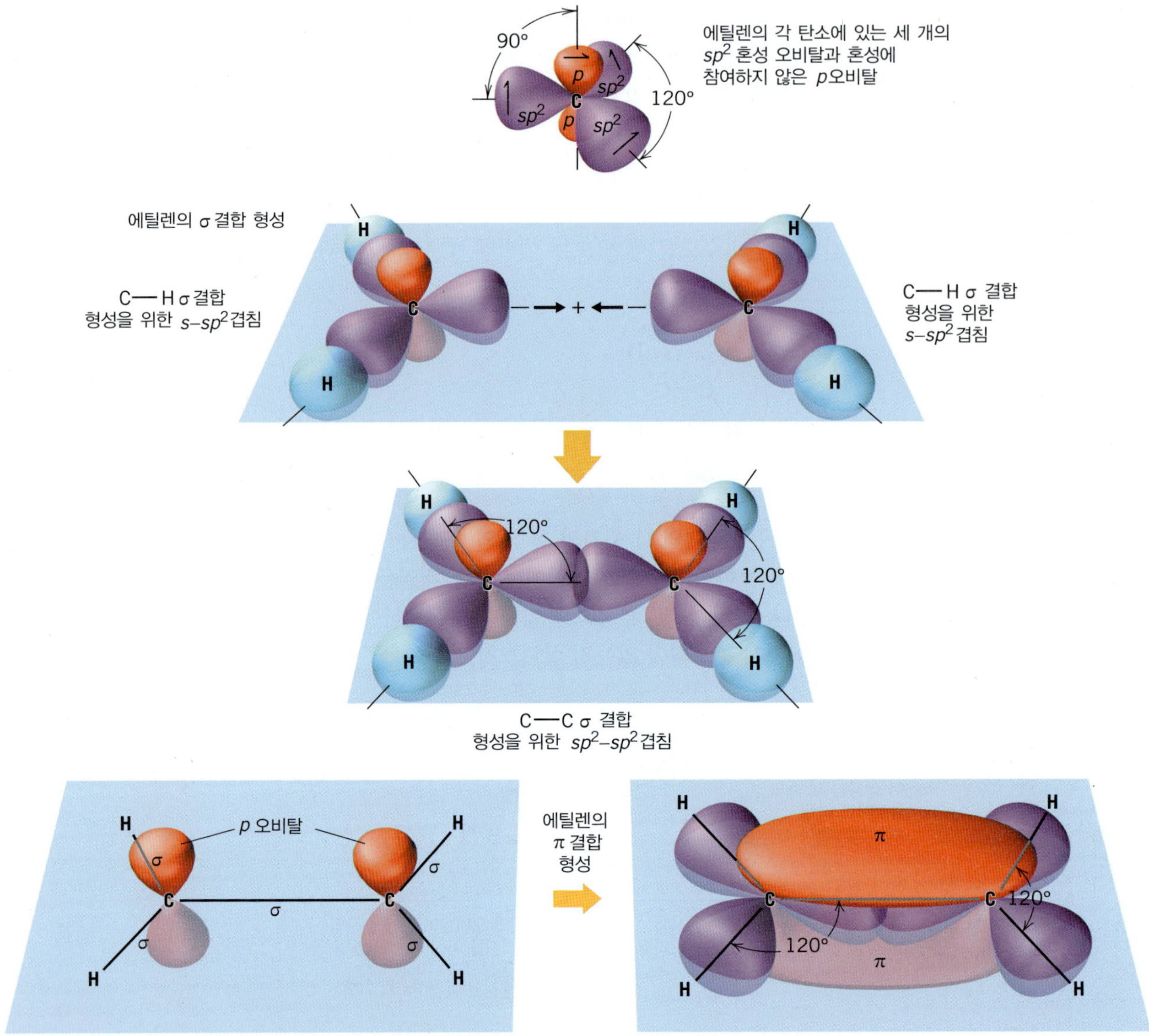

그림 9.32 탄소–탄소 이중 결합

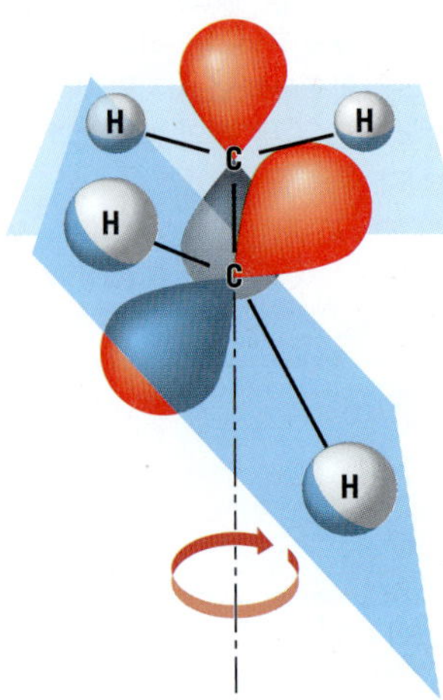

그림 9.33 **에텐에서 이중 결합축 주위로의 회전은 제한적이다.** 앞쪽의 CH_2기가 회전하면 혼성화되지 않은 p 오비탈은 서로 어긋나게 된다. 결과적으로 겹침이 파괴되고, π 결합은 끊어지게 된다. 결합을 끊기 위하여 많은 에너지가 필요하다. 이 에너지는 실온에서 정상적인 굽힘이나 신축 운동으로 결합이 얻을 수 있는 에너지보다 더 크다. 따라서 이중 결합 주위의 회전은 '제한적'이다.

또 다른 사례로 메탄알(생물 표본의 방부제로 이용되는 물질인 폼알데하이드)을 살펴보기로 하자. 이 화합물의 Lewis 구조는 다음과 같다.

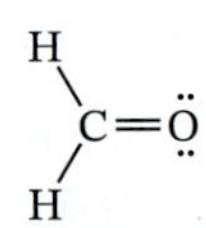

폼알데하이드

에텐과 마찬가지로 탄소는 sp^2 혼성을 형성하고 홀전자 중 한 개는 혼성화되지 않은 p 오비탈에 남아 있다.

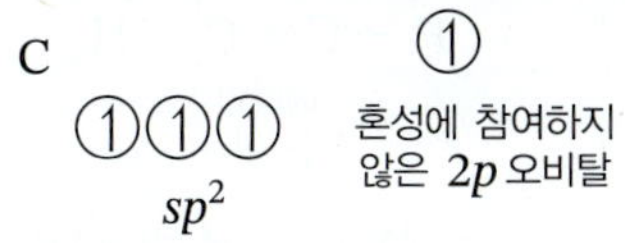

산소도 3개의 sp^2 혼성 오비탈을 형성하는데, 이때 혼성 오비탈 두 개는 전자쌍으로 채워져 있고 한 개는 홀전자 한 개만 가지고 있다. 그리고 나머지 홀전자 한 개는 혼성화되지 않은 p 오비탈에 채워져 있다.

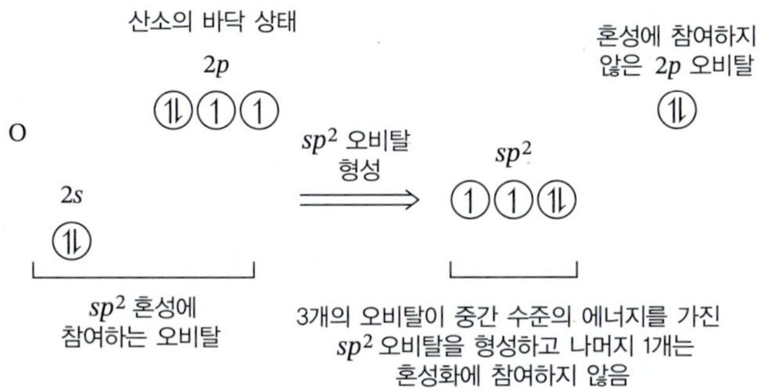

탄소와 수소 및 산소 원자가 어떻게 폼알데하이드 분자를 형성하는지 **그림 9.34**에 나타내었다. 앞에서와 같이 분자의 기본 골격은 σ 결합에 의해 형성되고, 그로 인하여 분자의 모양이 결정된다. 또한 탄소–산소 이중 결합은 σ 결합과 함께 혼성화되지 않은 탄소와 산소의 p 오비탈의 겹침으로 만들어진 π 결합을 가지고 있다.

삼중 결합

삼중 결합을 가지는 분자의 예로 금속 용접용 토치의 연료로 사용되는 기체인 에타인(또는 아세틸렌, C_2H_2)이 있다.

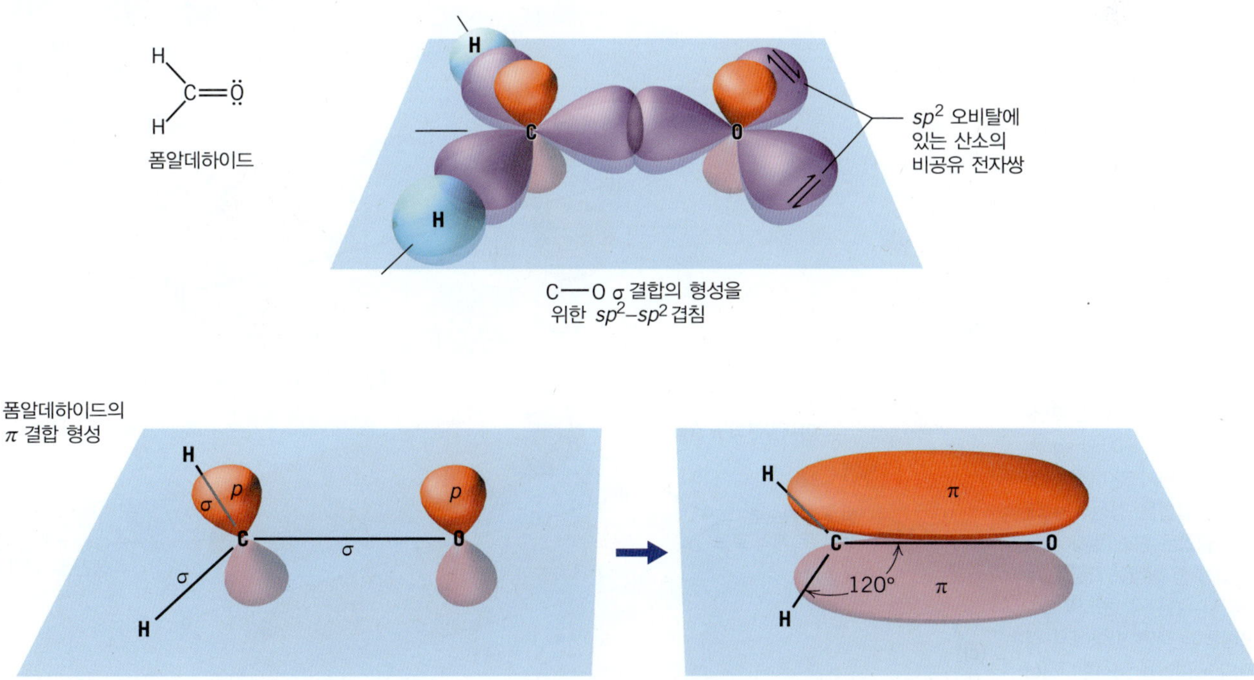

그림 9.34 폼알데하이드의 결합 탄소–산소 이중 결합은 σ 결합과 π 결합으로 이루어져 있다. σ 결합은 sp^2 혼성 오비탈의 겹침에 의해 형성되고, 혼성화에 참여하지 않은 두 원자의 p 오비탈의 겹침으로 π 결합이 형성된다.

H—C≡C—H
에타인
(아세틸렌)

선형의 에타인 분자에서 각 탄소는 수소 원자 한 개 및 이웃한 탄소 원자 한 개, 총 두 개의 원자와 σ 결합을 형성하기 위하여 두 개의 혼성 오비탈이 필요하다. 이를 위하여 $2s$ 오비탈과 하나의 $2p$ 오비탈을 혼성한 두 개의 sp 혼성 오비탈을 사용한다. 시각적으로 좀 더 쉽게 이해하기 위하여 탄소 원자가 xyz 좌표계의 원점에 있다고 가정하고, 혼성 오비탈을 형성하는 한 개의 p 오비탈을 $2p_z$ 오비탈이라고 하자.

해설 편의상 오비탈에 p_x, p_y, p_z라고 명칭을 붙였지만, 실제로 그들은 모두 동등하다.

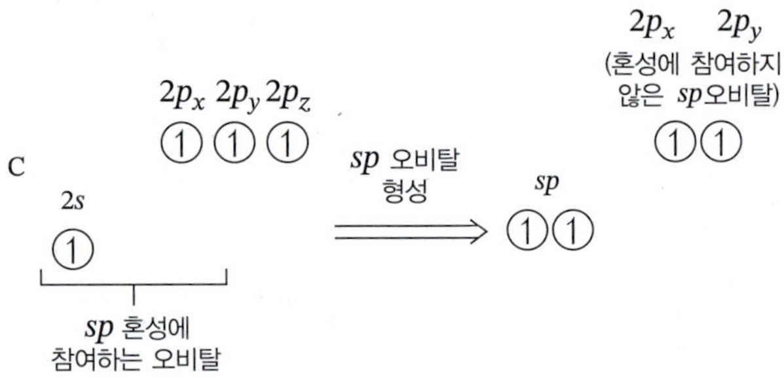

분자 내에서 어떻게 결합이 형성되는지를 **그림 9.35**에 나타내었다. sp 오비탈은 반대 방향으로 향하고 있으며, σ 결합을 형성하는 데 이용된다. 혼성화되지 않은 $2p_x$ 및 $2p_y$ 오비탈은 C—C

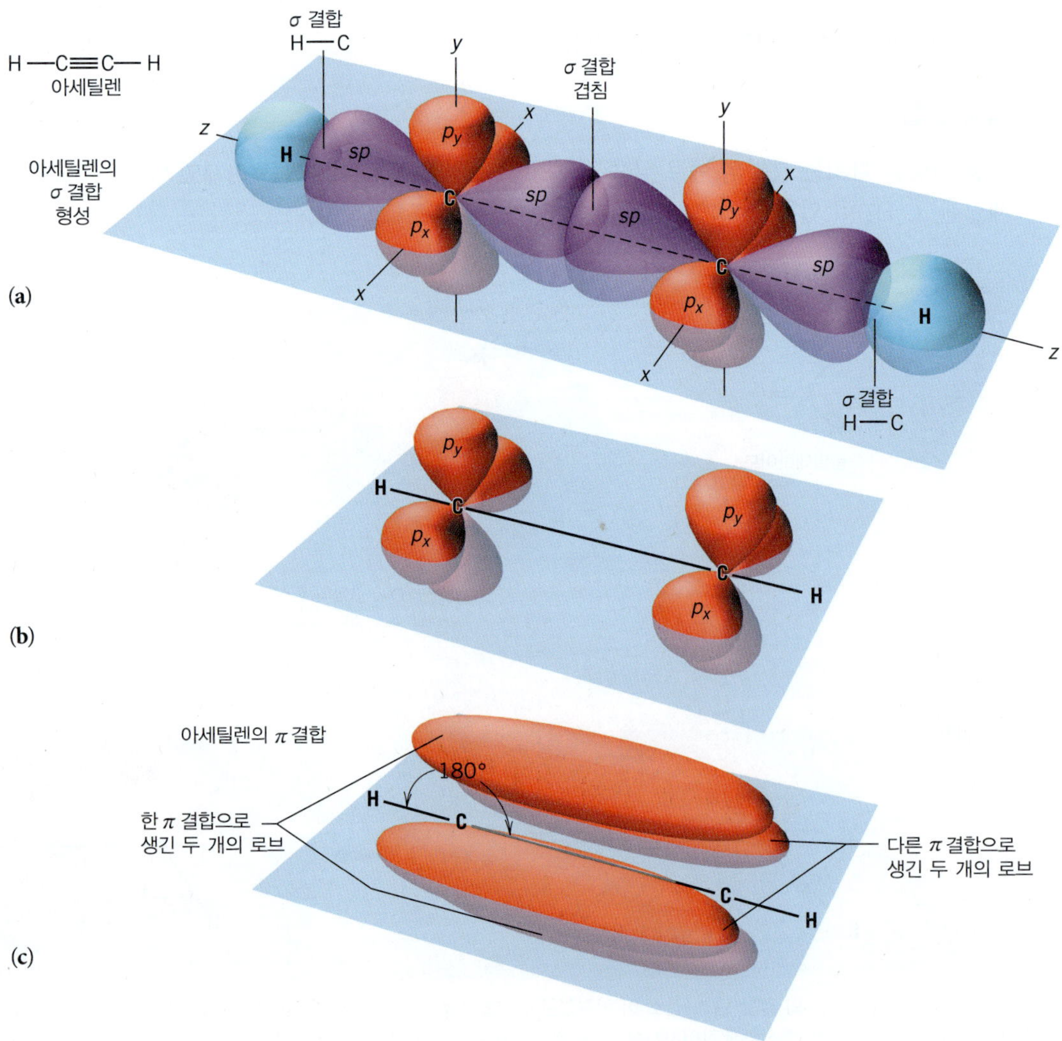

그림 9.35 에타인에서의 탄소–탄소 삼중 결합 (a) 각 탄소 원자의 sp 혼성 오비탈은 수소 원자 및 다른 탄소 원자와 시그마 결합을 형성하는 데 사용된다. 이 결합은 탄소 원자 사이의 세 개의 결합 중 하나에 해당된다. (b) 혼성화되지 않은 각 탄소의 $2p_x$와 $2p_y$ 오비탈이 측면 방향에서 겹쳐져 두 개의 π 결합을 형성한다. (c) 아세틸렌에서 σ 결합 주위에 형성된 두 개의 π 결합

결합축에 수직이며, 측면으로 겹쳐져서 두 개의 π 결합을 만든다. 이때 π 결합은 C−C 결합을 둘러싸는 형태가 된다. 한 개의 σ 결합과 두 개의 π 결합에 있는 전체 세 개의 전자쌍의 전자 밀도는 각각 다른 위치에 밀집되어 있음에 주목하라. 또한 σ 결합에 사용된 오비탈은 *sp* 혼성 오비탈이므로 분자 내 원자들은 일직선으로 배열된다.

삼중 결합을 갖는 다른 분자들도 이와 비슷하게 설명할 수 있다. 예를 들어 질소 분자(N_2)가 어떻게 만들어지는지를 **그림 9.36**에 나타내었다. 질소 분자에서도 삼중 결합은 한 개의 σ 결합과 두 개의 π 결합으로 이루어져 있다.

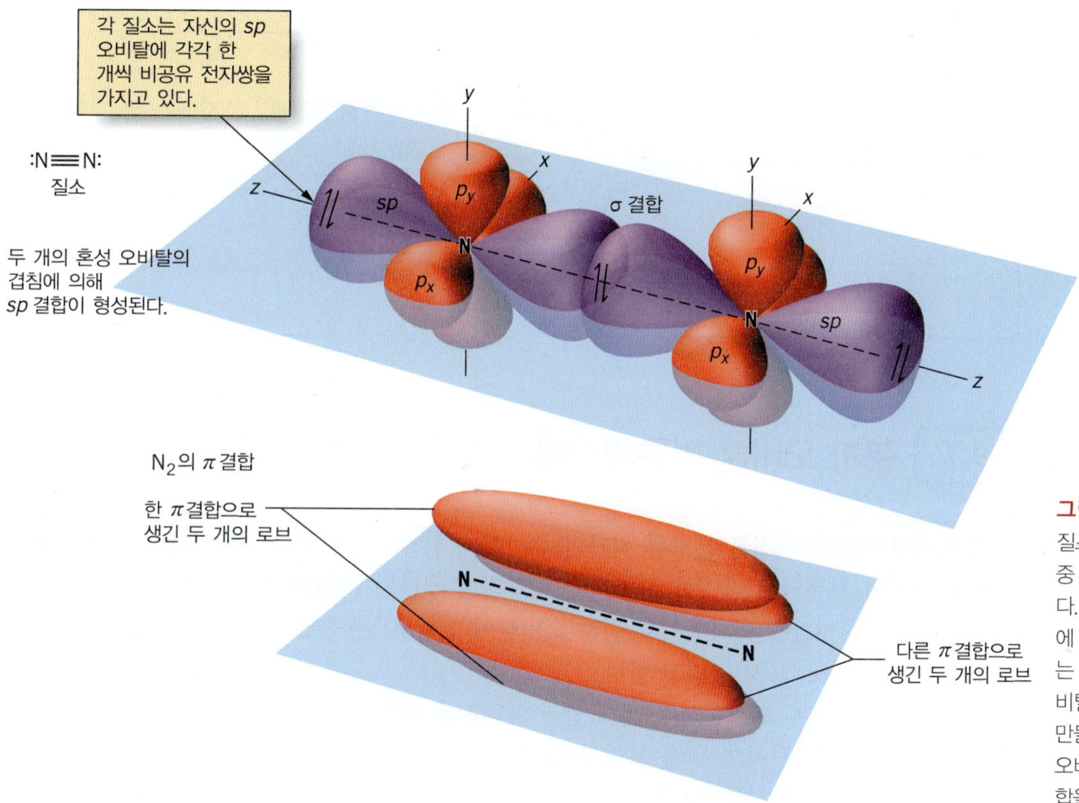

그림 9.36 질소 분자에서의 결합 질소(N_2)의 삼중 결합은 에타인의 삼중 결합과 같은 방법으로 만들어진다. σ 결합은 *sp* 혼성 오비탈의 겹침에 의해 형성된다. 각 질소 원자에 있는 두 개의 혼성화되지 않은 2*p* 오비탈의 겹침으로 두 개의 π 결합이 만들어진다. 각 질소 원자의 *sp* 혼성 오비탈에 있는 비공유 전자쌍은 σ 결합을 만드는 데 사용되지 않는다.

시그마 결합과 분자 구조

이제까지의 논의에서 단일 결합과 다중 결합을 포함하는 다원자 분자의 예를 몇 가지 살펴보았다. 많은 종류의 유사 분자에 대하여 원자가 결합 이론을 적용할 때 도움이 되는 몇 가지 중요한 요점을 다음과 같이 요약할 수 있다.

간단한 요약

1. 분자의 기본 골격 구조는 σ 결합의 배열에 의해서 정해진다.
2. 원자가 σ 결합을 형성하거나 비공유 전자쌍을 채우기 위하여 혼성 오비탈을 사용한다.
3. 한 원자에 필요한 혼성 오비탈의 수는, 그 원자와 결합하는 다른 원자의 수와 원자가 껍질에 존재하는 비공유 전자쌍의 수를 합한 것과 같다.
4. 이중 결합은 한 개의 σ 결합과 한 개의 π 결합으로 이루어진다.
5. 삼중 결합은 한 개의 σ 결합과 두 개의 π 결합으로 이루어진다.

도구
시그마 결합과 파이 결합 및 혼성 오비탈

실전 문제 9.21

다음 분자에서 원자 1, 2, 3은 각각 어떤 혼성 오비탈을 사용하였는가? 분자에는 몇 개의 σ 결합과 π 결합이 있는가? (**힌트**: 위의 간단한 요약을 참조하시오.)

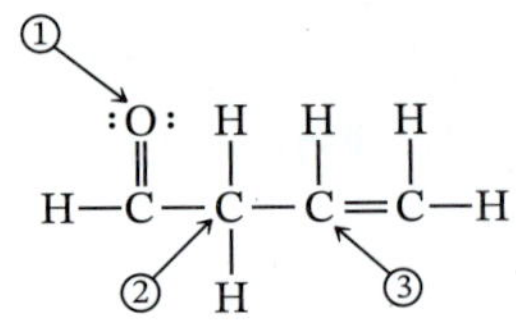

실전 문제 9.22

다음 분자에서 원자 1, 2, 3은 각각 어떤 혼성 오비탈을 사용하였는가? 분자에는 몇 개의 σ 결합과 π 결합이 있는가?

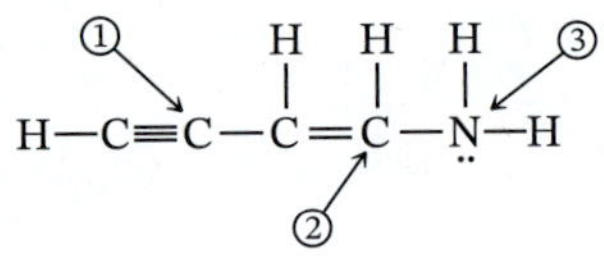

9.7 분자 오비탈 이론의 기초

분자 오비탈 이론의 관점은 분자를 원자와 유사하게 취급하는 것이다. 즉 원자와 분자는 모두 전자에 의하여 점유되는 다양한 오비탈에 해당되는 에너지 준위를 갖고 있는 것으로 간주한다. 이와 같은 오비탈을 원자에서는 원자 오비탈이라 하고, 분자에서는 **분자 오비탈(molecular orbital**, 보통 MO로 표시)이라고 한다.

대부분의 경우 분자 오비탈의 실제 모양과 에너지를 정확히 알 수는 없다. 그럼에도 불구하고 분자를 구성하는 원자의 원자 오비탈에 해당하는 전자의 파동을 조합하여 분자 오비탈의 근사적인 모양과 에너지를 합리적인 방법으로 구할 수 있다. 분자 오비탈을 형성하는 이러한 파동들은 7장에서 다룬 다른 파동들과 마찬가지로 보강 간섭과 상쇄 간섭의 상호 작용을 하기 때문에 원자 오비탈이 겹쳐질 때 파동의 세기는 서로 더해지거나 혹은 상쇄되기도 한다.

원자 오비탈로부터 분자 오비탈의 형성

8장에서 원자 오비탈은 수학적으로 파동 함수 ψ로 나타낼 수 있고, 파동 함수의 제곱 ψ^2은 핵 주위의 전자 밀도 분포를 기술한다고 배웠다. 분자 오비탈 이론에서 분자 오비탈도 파동 함수 ψ_{MO}에 의해 표현되며, 파동 함수의 제곱은 분자를 형성하는 전체 핵 주위의 전자 밀도 분포를 기술한다.

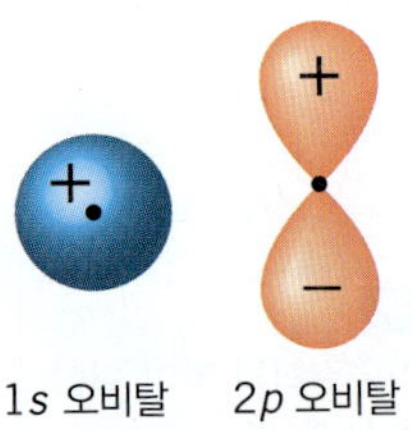

그림 9.37 1s 오비탈과 2p 오비탈에 대한 파동 함수의 대수학적인 부호 1s에 대한 파동 함수는 모든 곳에서 양의 부호를 갖는다. 2p의 파동 함수의 로브 하나는 양의 부호를 갖고, 다른 하나는 음의 부호를 갖는다.

파동 함수의 일반적인 성질 중 한 가지는 서로 다른 공간 영역에 따라서 대수학적으로 양의 부호 또는 음의 부호를 가질 수 있다는 것이다. 예를 들면 **그림 9.37**에 나타낸 바와 같이 $1s$ 오비탈은 모든 영역에서 양의 부호를 갖지만, $2p$ 오비탈의 파동 함수의 로브 하나는 양의 부호를 갖고 다른 하나는 음의 부호를 갖는다. 오비탈이 결합되어 분자 오비탈을 형성할 때 파동 함수의 부호는 매우 중요하다.

겹치는 두 개의 원자 오비탈에 대한 파동 함수를 수학적으로 더하거나 뺌으로써 합리적인 MO 파동 함수를 얻을 수 있다. 원자 오비탈의 파동 함수를 더하면 하나의 ψ_{MO}를, 그리고 서

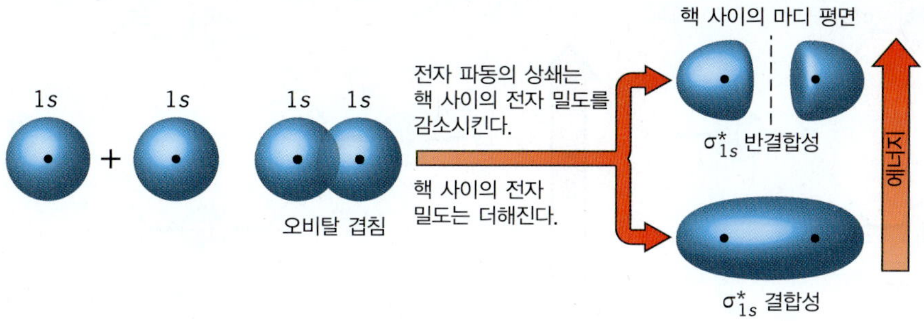

그림 9.38 결합성과 반결합성 분자 오비탈을 형성하기 위한 1s 원자 오비탈의 결합 이 오비탈들은 두 핵 사이를 연결하는 가상선을 따라 전자 밀도가 밀집되어 있으므로 σ 형 오비탈이다. 반결합성 오비탈은 핵 사이에 ψ_{MO}나 ψ^2_{MO} 및 전자 밀도가 0인 마디 평면을 가지고 있다.

로 빼 주면 다른 하나의 ψ_{MO}를 얻을 수 있다. 이와 같은 방법으로 **그림 9.38**에 나타낸 바와 같이 서로 다른 핵에 속한 두 개의 1*s* 오비탈이 겹칠 때 두 개의 분자 오비탈 얻어진다(뺄셈은 다른 것에 더하기 전에 한 오비탈의 부호를 바꾸어서 더하는 것과 같다). 그림 9.38에서 수직축이 에너지에 해당하는데, 그림에서 보는 바와 같이 원자 오비탈을 서로 더해서 얻은 MO는 두 개의 1*s* 원자 오비탈보다 에너지가 더 낮아진다. 결과적으로 원자 오비탈을 더하면 핵 사이에 전자 밀도가 집중되고 더 낮은 에너지의 분자 오비탈이 얻어진다. 이와 같은 형태의 분자 오비탈에 전자가 채워지면 분자는 안정하게 되는데, 이러한 MO를 **결합성 분자 오비탈(bonding molecular orbital)**이라고 한다.

해설 형성되는 MO의 수는 결합하는 원자 오비탈의 수와 항상 같다.

한 원자 오비탈에서 다른 원자 오비탈을 빼도 분자 오비탈을 얻을 수 있다. 그림 9.38에 나타낸 바와 같이 1*s* 오비탈에서 다른 1*s* 오비탈을 빼면 ψ_{MO}의 크기는 원자 오비탈이 겹치는 핵 사이에서 작아지는 것을 볼 수 있다. 실제로 핵과 핵 사이의 중간을 중심으로 양쪽 원자 오비탈의 파동 함수는 서로 크기는 같지만 부호는 서로 반대이다. 결과적으로 두 핵 사이에는 ψ_{MO}가 0의 값을 갖는 마디 평면이 존재하고, 이 면에서 ψ^2_{MO}는 0이고 전자 밀도도 0이 된다. **반결합성 분자 오비탈(antibonding molecular orbital)**이라고 하는 이와 같은 MO는 두 개의 1*s* 오비탈보다 높은 에너지를 갖는다. 두 핵 사이의 전자 밀도가 감소하므로 두 핵 사이의 강한 반발력이 핵과 핵 사이에 남아 있는 전자 밀도에 대한 인력을 능가하게 된다. 반결합성 분자 오비탈에 전자가 채워지면 분자는 불안정하게 된다.

그림 9.38에 나타낸 결합성 MO와 반결합성 MO는 모두 두 핵을 잇는 가상선을 따라 최대 전자 밀도를 갖는 시그마 결합의 성질을 가지고 있다. 따라서 이와 같은 분자 오비탈은 시그마(σ)로 표시하고, 아래 첨자를 사용하여 MO를 구성하는 원자 오비탈을 그리고 별표(*)를 사용하여 반결합성 MO를 표시한다. 따라서 1*s* 오비탈의 겹침으로 형성된 결합성 MO와 반결합성 MO는 각각 σ_{1s}와 σ^*_{1s}로 나타낸다.

그림 9.38에 나타낸 바와 같이 결합성 MO는 같은 원자 오비탈로 이루어진 반결합성 MO보다 항상 낮은 에너지를 갖는다. 전자가 분자 오비탈을 점유할 때 에너지가 낮은 결합성 MO에 먼저 채워진다. MO에 전자를 채울 때 적용되는 규칙은 원자 오비탈에 전자를 채울 때와 같은 규칙이 적용된다. **전자들은 에너지가 같은 분자 오비탈에 골고루 분포되고(Hund 규칙), 두 전자는 스핀이 짝을 이루는 경우에만 같은 오비탈을 점유할 수 있다.** MO에 전자를 채울 때 각 원자의 모든 원자가 전자를 고려했는지 확인해야 한다.

H_2는 존재하지만 왜 He_2는 존재하지 않는가? **그림 9.39(a)**는 H_2에 대한 MO 에너지 준위 도표이다. 좌우에는 두 수소의 1*s* 원자 오비탈의 에너지를 각각 나타내었고, 분자 오비탈의 에너지는 도표의 가운데 부분에 나타내었다. H_2 분자에는 두 개의 전자가 있으며 모두 σ_{1s} 오비탈에 채워질 수 있다. 그림 9.38에 나타낸 것과 같은 결합성 오비탈의 모양은 원자가 결합 이론

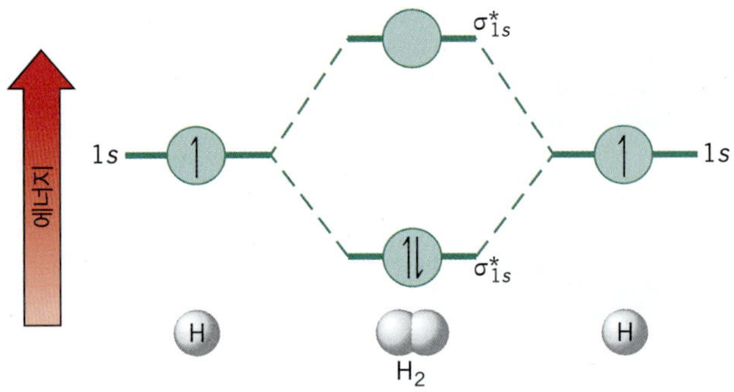

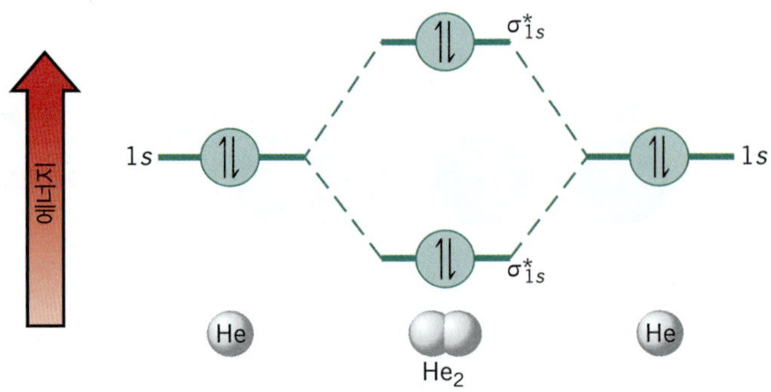

그림 9.39 H_2와 He_2의 분자 오비탈 (a) H_2의 분자 오비탈 에너지 준위 도표. (b) He_2의 분자 오비탈 에너지 준위 도표

을 사용하여 나타내었던 전자 구름의 모양과 같다.

이제 두 개의 헬륨 원자가 서로 접근하는 경우를 생각해 보자. 왜 안정한 He_2 분자는 만들어지지 않을까? 그림 9.39(b)에 He_2에 대한 에너지 준위 도표를 나타내었다. 결합성 오비탈과 반결합성 오비탈이 모두 채워져 있다는 것에 주목하라. 각 원자의 오비탈 에너지와 비교해 보면 결합성 MO가 낮아지는 정도보다 반결합성 MO가 높아지는 정도가 더 크다. 이것은 분리된 두 He 원자의 에너지의 합보다 He_2의 전체 에너지가 높다는 것을 의미하고, 따라서 불안정한 '분자'는 즉시 분해된다.

일반적으로 **반결합성 전자(antibonding electron**, 반결합성 MO에 채워진 전자)의 효과는 같은 수의 **결합성 전자(bonding electron)**의 효과를 상쇄하기 때문에 결합성 전자의 수와 반결합성 전자의 수가 같은 분자는 불안정하다. He_2로부터 반결합성 전자 한 개를 제거하면 $He_2{}^+$가 되며, 이때는 결합성 전자의 수가 반결합성 전자의 수보다 많기 때문에 이러한 이온은 존재할 수 있다. 실제로 헬륨을 채운 관에 전기 방전을 시키면 $He_2{}^+$의 방출 스펙트럼을 관찰할 수 있다. 이는 전기 방전이 진행되는 동안 $He_2{}^+$ 이온이 존재한다는 것을 의미한다. 하지만 이러한 이온은 아주 안정한 것은 아니므로 분리해 낼 수 없다.

결합 차수

두 원자 사이에 공유되는 전자쌍의 수로 정의된 결합 차수의 개념은 8.7절에서 소개되었으나, MO 이론을 바탕으로 한 결합 차수는 다음과 같이 계산할 수 있다.

도구
MO 이론에 의한 결합 차수 계산

$$\text{결합 차수} = \frac{(\text{결합성 전자수})-(\text{반결합성 전자수})}{\text{2개 전자/결합}}$$

H_2 분자의 경우에는 다음과 같다.

$$\text{결합 차수} = \frac{2-0}{2} = 1$$

결합 차수 1은 단일 결합에 해당된다. He_2의 경우에는 다음과 같다.

$$\text{결합 차수} = \frac{2-2}{2} = 0$$

결합 차수 0은 결합이 이루어지지 않음을 의미한다. 따라서 He_2 분자는 존재할 수 없다. 그렇지만 존재가 증명된 $He_2{}^+$ 이온의 결합 차수는 다음과 같다.

$$\text{결합 차수} = \frac{2-1}{2} = 0.5$$

결합 차수가 반드시 정수일 필요는 없다. He_2^+ 이온의 경우 단일 결합 절반 정도의 결합성을 갖는다는 것을 나타낸다.

2주기 동종핵 이원자 분자에 대한 MO 설명 **동종핵 이원자 분자(homonuclear diatomic molecule)**는 같은 원소 두 개로 만들어진 분자로, 2주기 원소로 이루어진 N_2나 O_2를 예로 들 수 있다. 2주기 원소의 최외각 껍질은 2*s*와 2*p* 부껍질로 이루어져 있다. 2주기의 원자들이 서로 결합하면 이 부껍질들의 원자 오비탈이 강하게 상호 작용하여 분자 오비탈을 만들게 된다. 예를 들어 2*s* 오비탈은 서로 겹쳐져서 σ_{2s}와 σ^*_{2s} 분자 오비탈을 형성하며, 이들은 각각 σ_{1s}와 σ^*_{1s} 분자 오비탈과 본질적으로 똑같은 모양을 갖는다. 2*p* 오비탈이 겹쳐질 때 만들어지는 결합성 MO와 반결합성 MO의 모양을 **그림 9.40**에 나타내었다. 서로 마주 향하는 오비탈을 $2p_z$이라고 하면 이들의 겹침으로 한 쌍의 결합성 MO와 반결합성 MO가 만들어지며, 이들을 각각 σ^2p_z, $\sigma^*_{2p_z}$라고 한다. $2p_z$ 오비탈에 수직으로 배향된 $2p_x$와 $2p_y$ 오비탈이 측면으로 겹쳐져서 π형 분자 오비탈이 만들어진다. 이들은 각각 π_{2p_x}와 $\pi^*_{2p_x}$ 및 π_{2p_y}와 $\pi^*_{2p_y}$로 나타내었다. 2*p* 오비탈에 대한 파동함수의 대수학적 부호를 그림 9.40에 나타내었다. 같은 부호의 2*p* 오비탈이 겹치면 결합성 MO가 형성되고, 반대 부호의 2*p* 오비탈이 겹치면 반결합성 MO가 형성된다. 결합성 MO에서 전자 밀도는 두 핵 사이의 영역에서 증가하는 반면, 반결합성 MO에서 전자 밀도는 두 핵 사이의 영역에서 감소한다.

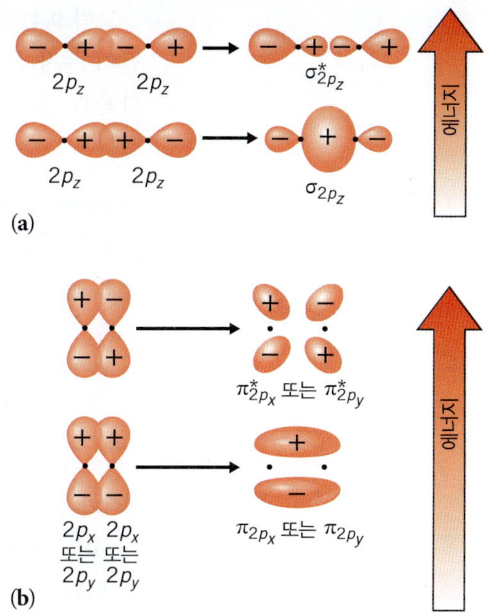

그림 9.40 ***p* 오비탈의 겹침으로 만들어지는 분자 오비탈** 겹치는 두 개의 2*p* 오비탈의 대수학적 부호가 같으면 결합성 MO를 형성하고, 부호가 다르면 반결합성 MO를 형성한다. (a) 서로 마주 보는 두 개의 $2p_z$ 오비탈은 결합성과 반결합성 σ 형 MO를 만든다. (b) $2p_z$에 수직으로 배향된 $2p_x$와 $2p_y$ 오비탈은 두 쌍의 결합성과 반결합성 π형 분자 오비탈을 만든다.

두 번째 껍질의 원자 오비탈로부터 만들어지는 MO의 대략적인 상대적 에너지를 **그림 9.41**에 나타내었다. 유의할 사항은 Li부터 N까지는 π_{2p_x}와 π_{2p_y} 오비탈의 에너지가 σ_{2p_z}의 에너지보다 낮다는 것이다. O부터 Ne까지는 두 에너지 준위의 순서가 뒤바뀌어 σ_{2p_z}의 에너지가 π_{2p_x}와 π_{2p_y}의 에너지보다 낮다. 이에 대한 자세한 이유는 복잡하고 교재의 범위를 벗어나기 때문에 생략하기로 한다.

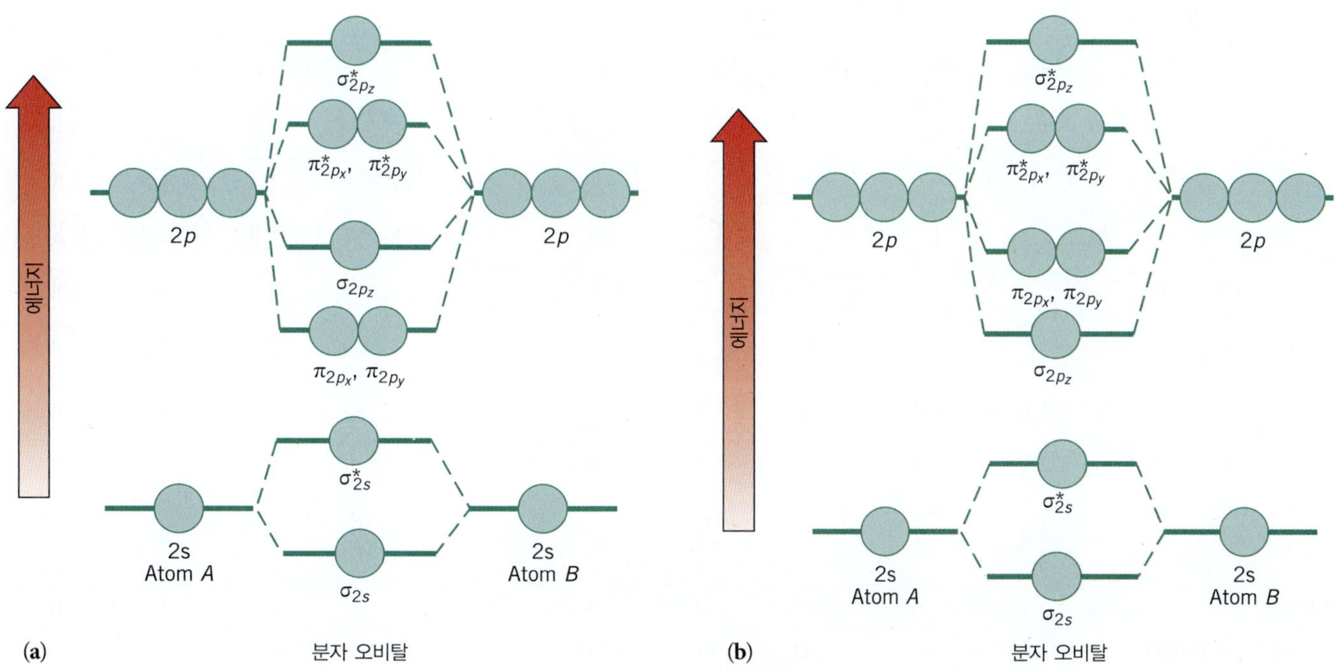

그림 9.41 2주기 이원자 분자들의 분자 오비탈의 상대적 에너지 (a)는 Li_2에서 N_2까지 (b)는 O_2에서 Ne_2까지의 에너지를 나타낸 것이다.

그림 9.41을 이용하여 2주기 이원자 분자의 전자 구조를 예측할 수 있다. 이미 언급한 바와 같이 분자 오비탈에 전자를 채우는 규칙은 원자 오비탈에 전자를 채우는 규칙과 동일하므로, 다음과 같은 분자 오비탈에 전자를 채우는 방법을 참고하여 MO에서의 **전자 배치**를 얻을 수 있다.

도구
MO에 전자를 채우는 방법

분자 오비탈에 전자를 채우는 방법

1. 전자는 에너지가 가장 낮은 오비탈부터 채워진다.
2. 어떤 오비탈에도 스핀이 쌍을 이룬 두 개의 전자보다 더 많이 채워질 수는 없다.
3. 에너지가 같은 오비탈에 전자가 채워질 때, 가능한 한 쌍을 이루지 않은 홀전자 상태로 각각의 오비탈에 먼저 채워진다.

2주기 원자의 원자가 전자에 이 규칙을 적용하면 **표 9.1**과 같은 MO의 전자 배치를 얻을 수 있다. 이 분자들에 대한 여러 가지 실험 자료와 비교하면 MO 이론이 얼마나 유용한지를 확인할 수 있다.

표 9.1에 의하면 Be_2와 Ne_2 분자의 결합 차수는 0이므로 MO 이론에 의해 이러한 분자들은 존재할 수 없을 것으로 예측된다. 기체상의 베릴륨과 네온에 각각 Be_2와 Ne_2가 존재한다는 어떤 실험 증거도 발견되지 않았다. 다른 2주기 원소의 이원자 분자는 모두 0보다 큰 결합 차수를 가지므로 MO 이론에 의하면 이러한 분자들은 존재할 수 있을 것으로 예측되고, 실제로 이러한 분자들은 실험적으로 관찰되었다. 리튬, 붕소, 탄소는 일반적인 조건에서는 복잡한 구조로 이루어진 고체로 존재하지만, 기화된 증기 상태에서 Li_2, B_2, C_2 분자가 검출된다. 질소나 산소 및 플루오린은 이미 우리가 알고 있듯이 각각 N_2나 O_2 및 F_2로 존재하는 기체 원소이다.

표 9.1에 나타낸 바와 같이 붕소, 탄소, 질소로 갈수록 결합 차수가 증가하고, 질소, 산소,

표 9.1 2주기 이원자 분자의 분자 오비탈의 전자 배치와 결합 차수[a]

에너지 ↑	Li_2	Be_2	B_2	C_2	N_2	에너지 ↑	O_2	F_2	Ne_2
$\sigma^*_{2p_z}$	○	○	○	○	○	$\sigma^*_{2p_z}$	○	○	(↑↓)
$\pi^*_{2p_x}, \pi^*_{2p_y}$	○○	○○	○○	○○	○○	$\pi^*_{2p_x}, \pi^*_{2p_y}$	(↑)(↑)	(↑↓)(↑↓)	(↑↓)(↑↓)
σ_{2p_z}	○	○	○	○	(↑↓)	π_{2p_x}, π_{2p_y}	(↑↓)(↑↓)	(↑↓)(↑↓)	(↑↓)(↑↓)
π_{2p_x}, π_{2p_y}	○○	○○	(↑)(↑)	(↑↓)(↑↓)	(↑↓)(↑↓)	σ_{2p_z}	(↑↓)	(↑↓)	(↑↓)
σ^*_{2s}	○	(↑↓)	(↑↓)	(↑↓)	(↑↓)	σ^*_{2s}	(↑↓)	(↑↓)	(↑↓)
σ_{2s}	(↑↓)	(↑↓)	(↑↓)	(↑↓)	(↑↓)	σ_{2s}	(↑↓)	(↑↓)	(↑↓)
결합성 전자수	2	2	4	6	8		8	8	8
반결합성 전자수	0	2	2	2	2		4	6	8
결합 차수	1	0	1	2	3		2	1	0
결합 에너지(kJ/mol)	102	—	297	612	953		501	129	—
결합 길이(pm)	267	—	158	124	109		121	144	—

[a]σ_{2p_z}와 π 결합 MO에 해당하는 에너지 준위의 순서가 산소에서 뒤바뀌어도 N_2에 대한 삼중 결합과 O_2에 대한 이중 결합 그리고 F_2에 대한 단일 결합은 똑같이 얻어진다.

플루오린으로 갈수록 결합 차수가 감소한다. 결합 차수가 증가할수록 결합성 전자의 알짜 수가 많아진다. 결과적으로 결합은 강해지고, 결합 길이는 감소한다. 표 9.1에 나타낸 결합 에너지와 결합 길이에 대한 **실험값**은 이런 이론적 예측과 잘 일치하고 있음을 알 수 있다.

분자 오비탈 이론으로 산소 분자의 전자 구조를 완벽하게 설명할 수 있다. 실험 결과 O_2는 두 개의 홀전자를 가지고 있는 상자기성(산소는 약하게 자석에 끌린다)으로 확인되었고, O_2의 결합 길이는 이중 결합에서 예상되는 값이 얻어졌다. 원자가 결합 이론으로는 이와 같은 실험 결과를 설명할 수 없다. 예를 들어 팔전자 규칙을 만족하고 이중 결합을 갖는 O_2의 Lewis 구조를 그리면 모든 전자가 쌍을 이루게 된다.

:Ö::Ö: (모든 전자가 쌍을 이루고 있기 때문에 실험 증거에 부합하지 않음)

해설 MO 이론은 VB 이론으로 다루기 어려웠던 결합 상태를 쉽게 다루고 있다. 그러나 MO 이론은 VB 이론과 같은 간결성이 없다. 아주 간단한 분자의 경우에도 MO 이론은 복잡한 계산이 필요하다.

반면에 홀전자를 가지도록 Lewis 구조식을 그리면, 단일 결합 구조만 얻어지고 팔전자 규칙에도 위배된다.

:Ö:Ö: (O—O 결합이 단일 결합이기 때문에 실험 증거에 부합하지 않음)

MO 이론으로 이러한 문제점을 해결할 수 있다. 훈트 규칙을 적용하면, 두 개의 전자가 O_2 분자의 π^* 오비탈에 채워질 때, 두 개의 π^* 오비탈의 에너지가 같기 때문에 π^* 오비탈 각각에 홀전자가 한 개씩 채워져 스핀이 쌍을 이루지 않는다(표 9.1 참조). 두 반결합성 π^* 오비탈에 있는 전자 두 개는 두 결합성 π 오비탈에 있는 전자 두 개의 효과를 상쇄하므로, 알짜 결합 차수는 2가 되고 결합은 이중 결합이 된다.

몇 가지 간단한 이종핵 이원자 분자

분자가 복잡해지면 간단하던 MO 이론도 점점 어려워진다. 결합에 참여하는 각 원자 오비탈의 상대적인 에너지는 물론, 다른 원자에 대한 상대적인 오비탈의 배향까지 고려해야 하기 때문이다. 이제 분자를 이루는 두 원자가 서로 다른 이원자 분자에 대하여 MO 이론을 적용해 보기로 하자. 이와 같이 분자를 이루는 두 원자가 동일하지 않은 분자를 **이종핵 분자(heteronuclear molecule)**라고 한다.

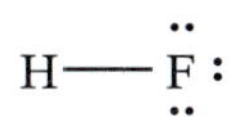

플루오린화 수소 서로 다른 원자 오비탈의 상호 작용을 고려하여 분자 오비탈을 만들 때 생각해야 할 첫 번째 요인은 오비탈의 상대적인 에너지이다. 그 이유는 오비탈들이 비슷한 에너지를 가질 때 가장 효과적으로 상호 작용하기 때문이다. 오비탈 사이의 에너지 차이가 클수록 오비탈 사이의 상호 작용은 감소하고, 오비탈은 원래의 원자 오비탈처럼 거동한다.

HF에서 수소의 1*s* 오비탈은 플루오린의 2*s* 또는 2*p* 부껍질보다 높은 에너지를 갖는다. 플루오린의 2*s*, 2*p* 부껍질 중에서 수소의 1*s* 오비탈과 근접한 에너지를 갖는 것은 2*p* 부껍질이다(**그림 9.42**). 핵 사이의 축을 *z*축으로 하면 수소의 1*s* 오비탈은 플루오린의 $2p_z$ 오비탈과 겹침을 일으켜 **그림 9.43**에 나타낸 바와 같이 결합성 및 반결합성 σ 형 오비탈을 형성한다. 그러나 플루오린의 $2p_x$ 오비탈과 $2p_y$ 오비탈은 수소의 오비탈과 상호 작용을 하지 않으므로 분자가 형성될 때 두 원자 오비탈은 변화되지 않는다($2p_x$와 $2p_y$ 오비탈은 결합을 형성하여 분자를

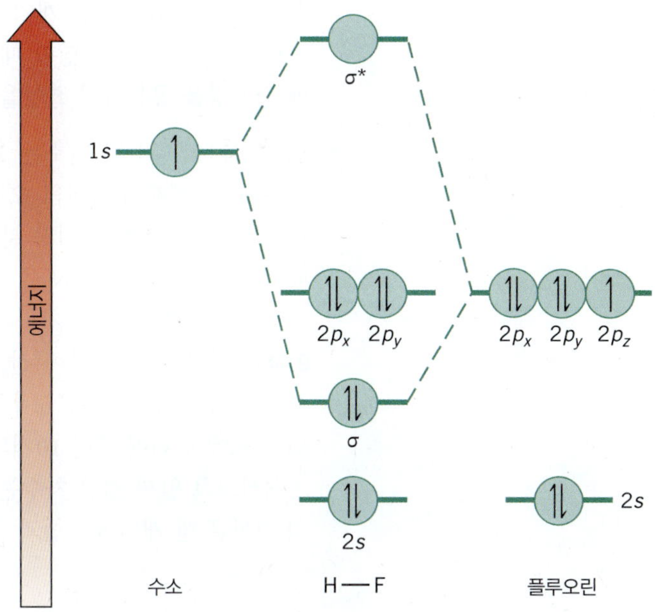

그림 9.42 HF의 분자 오비탈 에너지 도표

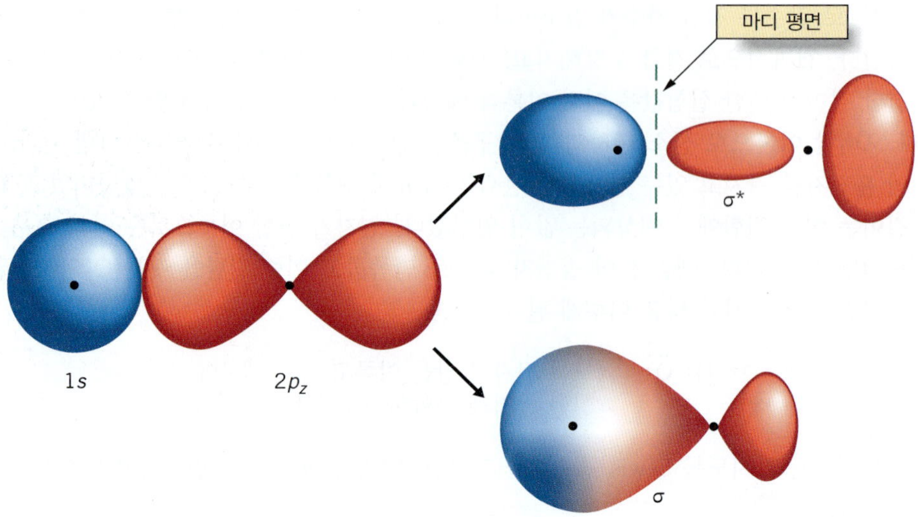

그림 9.43 HF에서 σ와 σ* 오비탈의 형성 이미 논의한 바와 같이 같은 부호의 오비탈이 겹쳐서 결합성 MO를 형성하고, 다른 부호의 오비탈과 겹쳐서 반결합성 MO를 형성한다. 반결합성 σ* 오비탈은 핵과 핵 사이에 마디 평면을 가지고 있기 때문에 핵 사이 영역의 전자 밀도가 거의 없다. 만약 전자가 σ* 오비탈에 채워진다면 분자는 불안정해진다.

만들어도 결합 전과 동일한 에너지를 가지며, 따라서 이를 표현하기 위해서 그림 9.42에 결합 전의 각 원자 오비탈과 연결되지 않은 원으로 표시하였다). 이와 같은 두 개의 오비탈은 결합성도 아니고, 반결합성도 아니므로 **비결합성 오비탈(nonbonding orbital)**이라고 한다. 이들은 분자의 안정성에 아무런 영향도 미치지 못하고, 결합 차수의 계산에도 영향을 주지 않는다. 플루오린의 2*s* 오비탈의 에너지는 수소의 1*s* 오비탈의 에너지보다 낮기 때문에 σ 결합을 형성하지 않고, $2p_x$와 $2p_y$ 오비탈처럼 비결합성 오비탈이 된다. HF에 대한 Lewis 구조를 살펴보면 플루오린에 3개의 비공유 전자쌍이 있는 것을 알 수 있다. MO 관점에서 언급한 3개의 비공유 전자쌍 중 2개는 $2p_x$와 $2p_y$ 오비탈에 존재하고 1개는 2*s*에 존재하는 것으로 해석할 수 있다. 플루오린의 1*s* 오비탈은 너무 낮은 에너지 상태에 있어 결합에 참여하기 어렵기 때문에 에너지 도표에 나타내지 않았다.

HF에 대한 MO 설명으로부터 수소의 1*s* 오비탈과 플루오린의 $2p_z$ 오비탈의 겹침에 의해 형성된 결합성 MO에 한 개의 전자쌍이 존재한다는 것을 알 수 있다. 앞에서 원자가 결합 이론으로 HF의 결합을 설명할 때, 이와 동일하게 수소의 1*s* 오비탈과 플루오린의 2*p* 오비탈 사이에 전자쌍을 공유하여 결합을 형성한다고 설명하였다.

일산화 탄소 일산화 탄소는 2주기에 있는 두 개의 원자로 이루어진 이종핵 이원자 분자이기 때문에 두 번째 부껍질의 오비탈을 사용하여 MO를 형성할 것으로 예상된다. 오비탈의 겹침은 2주기의 동종핵 이원자 분자와 유사하다. 또한 N_2와 같은 전자수와 전자 분포를 보여 주기 때문에 에너지 도표는 N_2에 대한 그림 9.41(a)와 같이 유사한 형태를 사용할 수 있다.

산소의 바깥 껍질 전자들은 탄소의 전자들보다 더 큰 유효 핵전하를 느끼기 때문에, **그림 9.44**에 나타낸 바와 같이 산소 오비탈의 에너지는 탄소 오비탈에 비해 약간 낮다. 탄소에서 4개와 산소에서 6개 등 모두 10개의 원자가 전자가 분자의 MO에 기여하고 있다. 에너지 준위 도표에 규칙에 따라 10개의 전자를 배치하면, 8개의 결합성 전자와 2개의 반결합성 전자가 존재하므로 알짜 결합 차수는 3이고, 이는 삼중 결합에 해당한다. 예상대로 탄소와 산소 사이의 결합은 한 개의 σ 결합과 두 개의 π 결합으로 구성되어 있다.

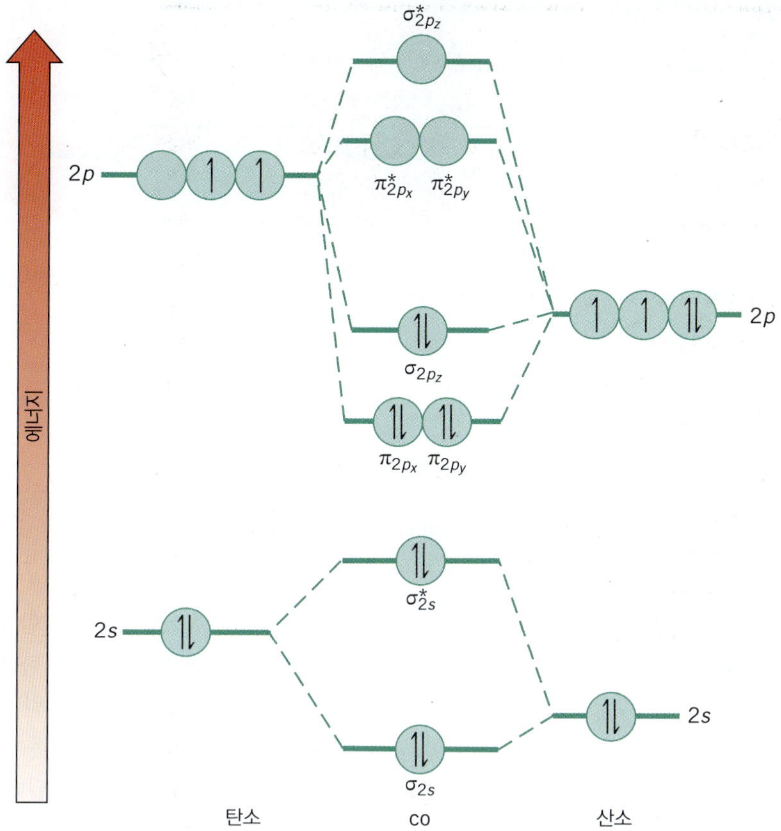

그림 9.44 일산화 탄소에 대한 분자 오비탈 에너지 도표 산소 오비탈은 대응되는 탄소 오비탈보다 낮은 에너지를 갖는다. CO의 알짜 결합 차수는 3이다.

실전 문제 9.23

사이안화 이온(CN^-)에 대한 분자 오비탈 에너지 준위 도표는 2주기 동종핵 이원자 분자의 경우와 유사하다. CN^- 이온에 대한 에너지 도표를 그리고, MO의 전자 배치를 나타내시오. 이온의 결합 차수는 얼마인가? 얻어진 결합 차수는 이온의 Lewis 구조로부터 예상되는 결합 차수와 일치하는가? (**힌트**: 이온에는 몇 개의 원자가 전자가 존재하는가?)

실전 문제 9.24

단지 산소의 오비탈이 대응되는 질소의 오비탈보다 약간 낮은 에너지를 가진다는 사실을 제외하면, 일산화 질소 분자에 대한 MO 에너지 준위 도표는 표 9.1에 그려진 O_2에 대한 도표와 거의 유사하다. 일산화 질소에 대한 에너지 도표를 그리고, MO의 전자 배치를 나타내시오. 분자의 결합 차수를 계산하시오(**힌트**: 그림 9.41(b)를 적절하게 수정하여 사용하시오).

9.8 비편재화된 분자 오비탈

원자가 결합 이론으로 화학 결합을 설명할 때 어떤 분자나 이온에 대해서는 공명 구조를 사용해야 한다는 점이 가장 고민스러운 문제점 중의 하나이다. 예를 들어 벤젠(C_6H_6)을 살펴보기

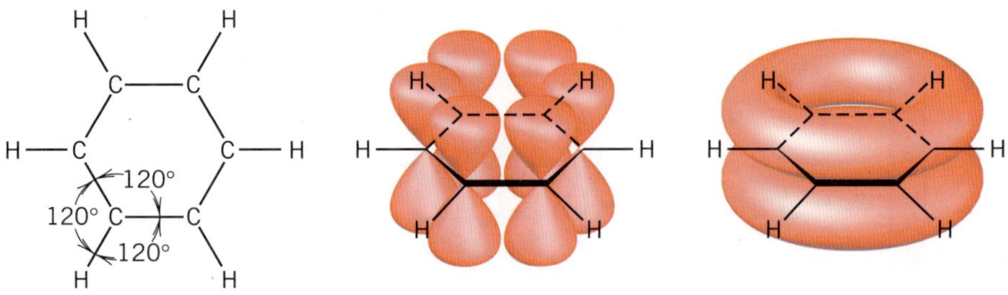

벤젠에서 σ 결합 골격
(a)

겹치기 직전의 p 오비탈
(b)

비편재된 π 전자
(c)

그림 9.45 벤젠 (a) σ 결합 골격. 모든 원자는 동일 평면에 있다. (b) 각 탄소의 혼성화되지 않은 *p* 오비탈이 측면으로 겹쳐지기 전의 모습 (c) 비편재된 π 전자들에 의해 만들어진 도넛 모양의 두 개의 전자 구름.

로 하자. 앞에서 배운 바와 같이 이 분자는 고리 모양을 가지며, 공명 구조는 다음과 같이 나타낸다.

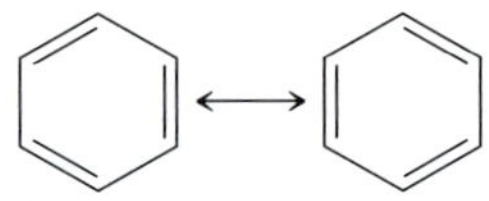

벤젠 분자의 결합에 대한 MO의 관점은 다음과 같다. 분자의 기본 골격은 σ 결합 골격에 의해서 정해지고, 각 탄소 원자는 sp^2 혼성 오비탈을 사용한다. 즉 **그림 9.45(a)**에 나타낸 바와 같이 각 탄소는 두 개의 다른 탄소 원자와 각각 한 개씩 σ 결합을 형성하고 수소 원자와 또 다른 σ 결합 하나를 형성하여, 총 세 개의 σ 결합을 형성한다. 그림 9.45(b)에서 보듯이 각 탄소 원자에는 고리 평면에 수직이고 반만 채워진 혼성화되지 않은 *p* 오비탈이 남게 된다. 이 *p* 오비탈들은 서로 측면으로 겹침을 일으켜, 그림 9.45(c)와 같이 σ 결합에 의한 골격을 감싼 두 개의 도넛과 같은 모양을 갖는 π 전자 구름을 만든다. 이와 같은 전자 구름에 있는 전자 6개는 고리에 있는 6개 원자에 골고루 분포되는데, 이를 **비편재(delocalized)**라고 한다. 즉 벤젠 구조에서 언급한 6개의 전자는 임의의 두 원자 사이에 속박 혹은 편재되는 것이 아니다. 이와 같은 π 전자의 비편재화 성질 때문에 일반적으로 벤젠 구조를 다음과 같이 나타낸다.

해설 공명 에너지나 안정화 에너지 혹은 비편재화 에너지는 같은 의미의 용어이다. 단지 접근 방식이 서로 다른 결합 이론에서 각각 사용되는 용어이다.

비편재 결합의 특징 중의 하나는 비편재 결합이 편재 결합보다 분자나 이온을 더 안정하게 만든다는 것이다. 8.8절에서는 이것을 공명 에너지로 설명하였다. 분자 오비탈 이론에서는 더 이상 공명이라는 용어를 쓰지 않고, 대신 **전자가 비편재되어 있다**고 표현한다. 따라서 이와 같은 비편재로 인하여 얻어진 추가적인 안정성을 분자 오비탈 이론에서는 **비편재화 에너지(delocalization energy)**라는 용어를 사용한다.

실전 문제 9.25
세 개의 공명 구조를 가지는 질산 이온(NO_3^-)에서 π 전자는 비편재화되어 있다. 비편재화 분자 오비탈을 만들기 위해서 사용되는 원자 오비탈은 무엇인가?

9.9 고체 내의 결합

고체는 누구에게나 친숙한 몇 가지 독특한 전기적 성질을 가지고 있다. 예를 들어 비금속 물질은 전기를 전혀 전도하지 못하는 부도체인 반면에 금속은 좋은 전기 도체이다. 도체와 부도체 사이에 반도체 성질이 있는 규소나 저마늄과 같은 준금속들이 존재한다. 앞에서 논의한 결합 원리를 확장하여 개발된 **띠이론(band theory)**으로 이와 같은 고체의 다양한 성질을 설명할 수 있다.

띠 이론에 의하면 고체를 구성하는 각각의 원자가 가진 비슷한 에너지의 원자 오비탈들의 결합으로 인하여, 매우 많은 에너지 준위가 촘촘히 모여있는 **에너지띠(energy band)**가 얻어진다. 예를 들어 소듐 고체에서 각 소듐 원자로부터 한 개씩 제공된 1*s* 원자 오비탈들은 서로 결합하여 하나의 1*s* 띠를 형성한다. 1*s* 띠에 존재하는 에너지 준위의 수는 전체 소듐 원자에서 제공한 1*s* 오비탈의 수와 같다. 2*s*, 2*p* 등 다른 오비탈에서도 동일한 일이 일어나며, 그 결과 고체 내에서 2*s* 띠 혹은 2*p* 띠 등이 만들어진다.

고체 소듐 내의 에너지띠를 **그림 9.46**에 나타내었다. 1*s* 띠나 2*s* 띠 혹은 2*p* 띠의 전자 밀도는 각각의 핵으로부터 그리 멀리 떨어져 있지 않기 때문에 고체 내에서 이 띠들은 분명하게 편재된 에너지 준위를 생성한다. 그러나 소듐 원자의 원자가 껍질 오비탈의 겹침으로 형성되는 3*s* 띠는 비편재되어 있어 고체 전체에 연속적으로 펼쳐져 있다. 이보다 에너지가 높은 오비탈에 의해 형성되는 에너지띠에도 같은 현상이 일어난다.

소듐 원자의 1*s*와 2*s* 및 2*p* 오비탈은 채워져 있고, 따라서 고체 내에서 해당되는 띠도 채워져 있다. 그러나 소듐의 3*s* 오비탈은 반만 채워져 있기 때문에 고체 내에서 반만 채워진 3*s* 띠를 만든다. 소듐에서 3*p* 오비탈 및 그보다 에너지가 높은 띠는 완전히 비어 있다. 고체 소듐 조각에 전압이 걸리면 반만 채워진 3*s* 띠의 전자들은 쉽게 원자와 원자 사이를 돌아다닐 수 있다. 이 때문에 소듐의 전기 전도도가 좋다. 그러나 낮은 에너지를 갖는 채워진 띠에 들어 있는 전자들은 이웃한 원자의 오비탈이 이미 채워져 있어 추가적인 전자를 수용할 수 없기 때문에 고체에서 자유로이 움직일 수 없다. 따라서 이와 같은 전자들은 고체의 전기 전도도에 기여하지 못한다. 바깥 껍질(원자가 껍질) 전자를 포함하는 띠를 **원자가띠(valence band)**라고 한다. 비어 있거나 부분적으로 채워져 있고 고체 내에서 방해받지 않는 띠를 **전도띠(conduction band)**라고 하는데, 전도띠에 존재하는 전자들은 고체를 통하여 자유롭게 움직일 수 있어서 전기를 운반하는 역할을 할 수 있다.

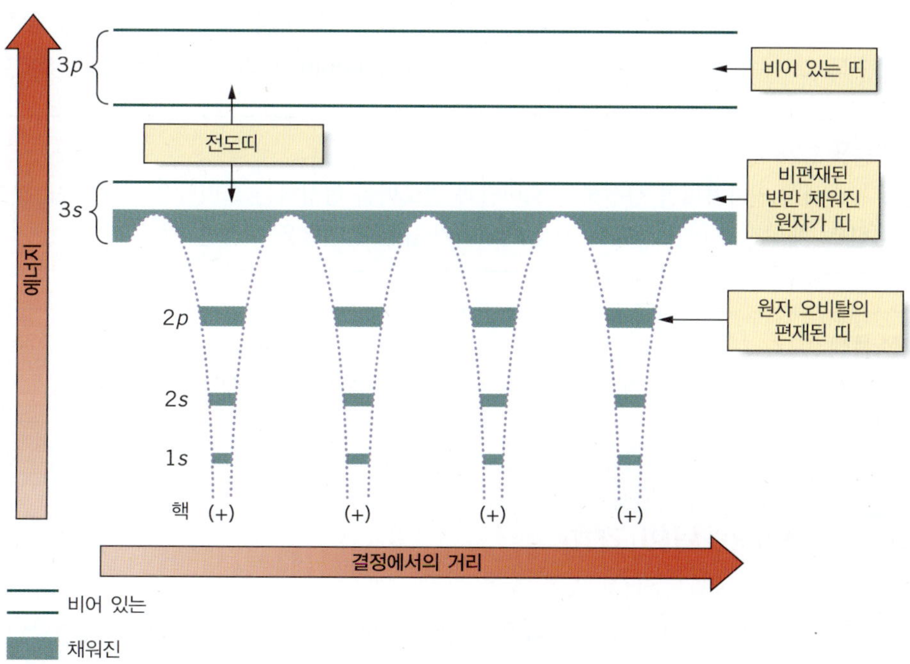

그림 9.46 고체 소듐에서의 에너지띠 1*s*와 2*s* 및 2*p* 띠는 핵으로부터 그리 멀리 떨어져 있지 않기 때문에, 그 안에 존재하는 전자들은 각 핵의 주위에 편재되어 결정 전체를 자유로이 움직일 수 없다. 비편재된 3*s* 원자가띠는 고체 전체에 퍼져있고, 에너지가 더 높은 3*p* 오비탈로부터 형성된 3*p* 띠도 마찬가지로 고체 전체에 퍼져있나.

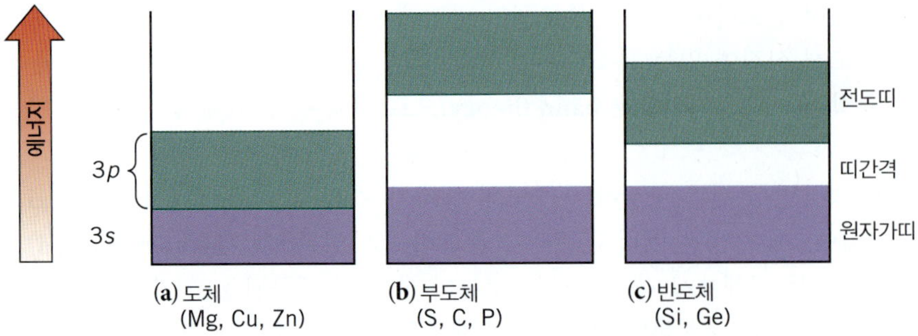

그림 9.47 고체에서 에너지띠의 형태 (a) 좋은 전기 도체인 마그네슘의 경우에는 비어 있는 3*p* 전도띠가 채워진 3*s* 원자가띠와 겹쳐져 있다. 이 때문에 마그네슘은 전기를 전도할 수 있다. (b) 부도체에서는 채워진 원자가띠와 비어 있는 전도띠 사이의 큰 띠간격 혹은 에너지 간격으로 인하여 전자들이 전도띠를 점유할 수 없게 된다. (c) 반도체에서는 띠간격이 작아 열에너지에 의해 원자가띠의 전자 일부가 전도띠로 이동된다. 따라서 반도체에서 약한 전기 전도가 가능하다.

금속 소듐에서 원자가띠와 전도띠는 같다. 따라서 소듐은 좋은 전기 도체이다. 마그네슘에서 3*s* 원자가띠는 채워져 있기 때문에 전자를 운반하기 위하여 사용될 수 없다. 하지만 **그림 9.47(a)**에 나타냈듯이, 비어 있는 3*p* 전도띠는 원자가띠와 실제적으로 겹쳐져 있어 전압이 걸리면 쉽게 전자들에 의해 점유된다. 따라서 마그네슘은 전기 도체이다.

유리나 다이아몬드 혹은 고무와 같은 부도체에서 모든 원자가 전자는 공유 결합을 형성하기 위하여 사용된다. 따라서 모든 원자가띠의 오비탈들은 채워져 있어 전기 전도도에 기여할 수 없다. 더욱이 채워진 원자가띠와 가장 가까이에 있는 전도띠(비어 있는 띠) 사이의 에너지 차이인 **띠간격(band gap)**이 매우 크다. 결과적으로 전자들은 전도띠를 점유하지 못하며, 이런 물질은 전기를 전도할 수 없다(그림 9.47(b)).

해설 주어진 온도에서 물질의 입자들이 갖는 운동 에너지는 어느 정도 범위의 분포를 보인다는 것을 기억하라. 온도로 인해 입자가 갖는 운동 에너지인 열에너지는 온도가 높을수록 증가한다.

규소(Si)나 저마늄(Ge)과 같은 반도체에서 원자가띠는 채워져 있다. 그러나 그림 9.47(c)에 나타냈듯이 이 원소들은 채워진 원자가띠와 가장 가까이에 있는 전도띠 사이의 띠간격이 작다. 실온에서 전자가 갖는 열에너지(물질의 온도로 인해 생기는 운동 에너지)는 원자가띠에 있는 전자 일부를 전도띠로 이동시킬 수 있을 만큼 충분하다. 따라서 어느 정도의 전기 전도도가 관찰된다. 온도가 증가하면 전기 전도도가 증가하는 성질은 반도체의 흥미로운 성질 중의 하나이다. 온도가 증가하면 열에너지가 증가하여 전도띠를 점유할 수 있는 충분한 에너지를 갖는 전자의 수가 증가하는 것이다. 전도띠로 전자를 이동시킬 수 있는 에너지를 광자로부터 얻을 수도 있다. 황화 카드뮴(CdS)과 같은 광전도체(photoconductor)가 좋은 사례이다.

실전 문제 9.26

금속 칼슘에서 원자가띠를 형성하는 오비탈과 전도띠를 형성하는 오비탈은 각각 어느 것인가? (**힌트**: 채워진 오비탈 중에서 가장 에너지가 높은 오비탈은 무엇인가?)

실전 문제 9.27

저마늄(Ge)과 황(S) 그리고 마그네슘(Mg)을 띠간격이 증가하는 순서대로 나열하시오.

9.10 동소체에서의 결합

앞에서 *s* 오비탈의 겹침이나 *p* 오비탈 혹은 혼성 오비탈의 끝과 끝의 겹침으로 σ 결합이 형성된다는 것을 배웠다(그림 9.30). π 결합이 형성되기 위하여 일반적으로 혼성화에 참여하지 않은 p 오비탈의 측면에서의 겹침이 필요하다(그림 9.31).[5]

σ 결합과 π 결합의 세기는 결합에 참여하는 원자의 크기에 따라 달라진다. 원자들이 커지면 일반적으로 결합 세기는 작아진다. 공유된 전자가 핵으로부터 멀리 떨어져 있어 핵을 끌어당기는 힘(인력)이 효과적이지 못한 것이 한가지 이유이다. 특히 파이 결합은 원자의 크기에 영향을 많이 받는다. 주기율표의 2주기에 있는 원자와 같이 작은 원자들은 서로 매우 가깝게 접근할 수 있기 때문에, 결과적으로 그들의 p 오비탈들은 효과적으로 측면에서 겹치게 되어 강한 π 결합을 형성할 수 있다. 3~6주기에 있는 원자들은 훨씬 더 크기 때문에 그 원자들의 p 오비탈의 π 형 겹침은 상대적으로 효과적이지 못하다. 따라서 큰 원자에 의해서 형성되는 π 결합은 σ 결합에 비해 상대적으로 약하다.

σ 결합과 π 결합의 상대적인 세기에 대한 원자 크기의 효과를 다음과 같이 일반화할 수 있다.

> 2주기 원소는 상대적으로 쉽게 다중 결합을 형성할 수 있는 반면, 그 밑에 있는 3~6주기 원소는 단일 결합을 선호하는 경향을 보인다.

도구
다중 결합을 형성하는 경향성

특히 비금속으로 이루어진 원소 물질에서 발견되는 구조의 복잡성은 분명히 이와 같은 일반화의 결과이다.

비금속에서 비활성 기체만이 단일 원자로 자연에 존재한다. 나머지 다른 원소들은 원소 상태에서 이원자 분자 또는 더 복잡한 분자 구조를 가지는 보다 복잡한 형태로 발견된다.

2주기 비금속

플루오린은 7A족에 있는 다른 할로젠과 마찬가지로 바깥 껍질에 7개의 전자를 가지고 있으며, 원자가 껍질을 모두 채우기 위해서 단 한 개의 전자만이 추가로 필요하다. 플루오린은 한 개의 σ 결합으로 간단한 이원자 분자 F_2를 형성할 수 있다. 다른 할로젠도 원소 상태에서 유사한 화학식(Cl_2, Br_2, I_2)을 갖는다. 단일 결합만이 관련되어 있으므로 원자 크기는 할로젠 분자 구조의 복잡성에 영향을 미치지 않는다.

주기율표에서 왼쪽으로 6A족, 5A족, 4A족으로 가면 그 안에 포함된 원소들에 대한 상황은 좀 더 흥미롭다. 원자가 껍질에 산소는 6개, 질소는 5개의 전자를 가지고 있다. 이는 원자가 껍질을 모두 채우기 위하여 산소의 경우 2개, 질소의 경우 3개의 전자가 필요하다는 것을 의미한다. 산소와 질소는 작기 때문에 강한 π 결합을 형성할 수 있고, 그 결과 이웃한 다른 원자 하나와 다중 결합을 형성하여 원자가 껍질을 모두 채우고 이원자 분자를 형성할 수 있다.

앞에서 논의한 질소 분자는 삼중 결합을 형성하여 원자가 껍질을 모두 채울 수 있다. 모든 실험 결과를 만족하는 O_2에 대한 Lewis 구조를 그릴 수는 없지만, 실험을 통해 산소 분자가 이중 결합을 가지고 있다는 것을 알고 있다. O_2의 결합에 대해 훌륭한 설명을 제시한 분자 오비탈 이론 역시 O_2 분자가 이중 결합을 가지고 있음을 말해 준다.

산소는 안정한 화학종인 O_2 분자를 형성할 뿐만 아니라 반응성이 매우 큰 분자 형태 **오존(ozone)**으로도 존재할 수 있다. 화학식이 O_3인 오존의 구조는 다음과 같이 공명 혼성으로 나타낼 수 있다.

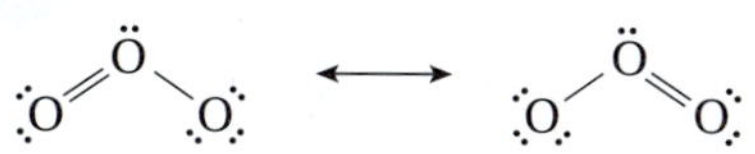

[5] π 결합은 d 오비탈에 의해서도 형성된다. 그러나 본 교재에서는 이와 관련된 내용은 다루지 않을 것이다.

해설 오존은 태양 빛과 자동차 배기가스의 하나인 질소 산화물과의 상호 작용으로 형성되는 광화학 스모그의 성분이기도 하다.

일반적인 O_2에 전기 방전을 통과시키면 불안정한 오존 분자가 생성되는데, 종종 고전압 선이나 전기 모터 등과 같은 장치 부근에서 코를 자극하는 오존의 냄새가 느껴지곤 한다. 오존은 살아있는 조직에는 유해한 성분이다. O_2에 태양으로부터 조사되는 자외선의 작용으로 인해 성층권에서 제한된 양의 오존이 형성되기도 한다. 특히 성층권에 존재하는 오존은 태양으로부터 조사되는 강하고 유해한 자외선을 차단하여 지구와 지구상의 생명체의 자외선에 대한 노출을 막는다.

원소가 산소의 O_2와 O_3와 같이 서로 다른 분자 구조로 존재하거나, 금속에서 분자의 쌓임 구조가 달라서 두 가지 형태 이상으로 존재하는 현상을 **동소체성(allotropy)**이라고 하고, 서로 다른 형태를 **동소체(allotrope)**라고 한다. 그러므로 O_2와 O_3는 산소의 동소체이다. 앞으로 보게 되겠지만 동소성을 갖는 물질은 산소 이외에도 무수히 많다.

해설 2010년 노벨 물리학상은 흑연으로부터 그래핀 낱개 층을 분리하는 방법을 개발한 영국 Manchester 대학교의 Andre Geim 교수와 Konstantin Novoselov 교수가 수상하였다.

탄소의 동소체 2주기 원소인 탄소 원자는 원자가 껍질에 네 개의 전자를 가지고 있어서 팔전자 규칙을 만족하려면 네 개의 전자가 필요하다. 탄소가 사중 결합을 형성하는 것은 불가능하기 때문에 간단한 C_2 화학종은 보통의 조건에서 안정하지 않다. 대신 탄소는 원소 형태의 네 가지 동소체를 형성하는 방법으로 팔전자 규칙을 만족한다. 동소체 중 하나는 **다이아몬드(diamond)**이다. **그림 9.48(a)**에서 보듯이 다이아몬드에서 탄소는 sp^3 혼성 오비탈을 이루며, 사면체의 네 꼭짓점에 있는 다른 네 개의 탄소와 공유 결합을 형성한다.

다른 동소체에서는 탄소가 sp^2 혼성 오비탈을 이용하여 고리를 형성하고, 비편재 π 계가 고리 표면을 덮는 형태의 구조를 가진다. 가장 안정한 탄소의 형태는 탄소 원자의 층으로 구성된 **흑연(graphite)**이다. 흑연에서 각 층은 육각형의 '벤젠형' 고리들이 연속된 구조를 가지고 있어서 육각형 철망을 연상시킨다. 그와 같은 흑연 구조에서 한 개의 층은 **그래핀(graphene)**이라고 부른다(**최첨단 화학 9.2** 참조). 그래핀에서 각 탄소 원자의 $2p$ 오비탈은 이웃에 있는 탄소의 동등한 $2p$ 오비탈과 π 형태의 상호 작용을 형성한다.

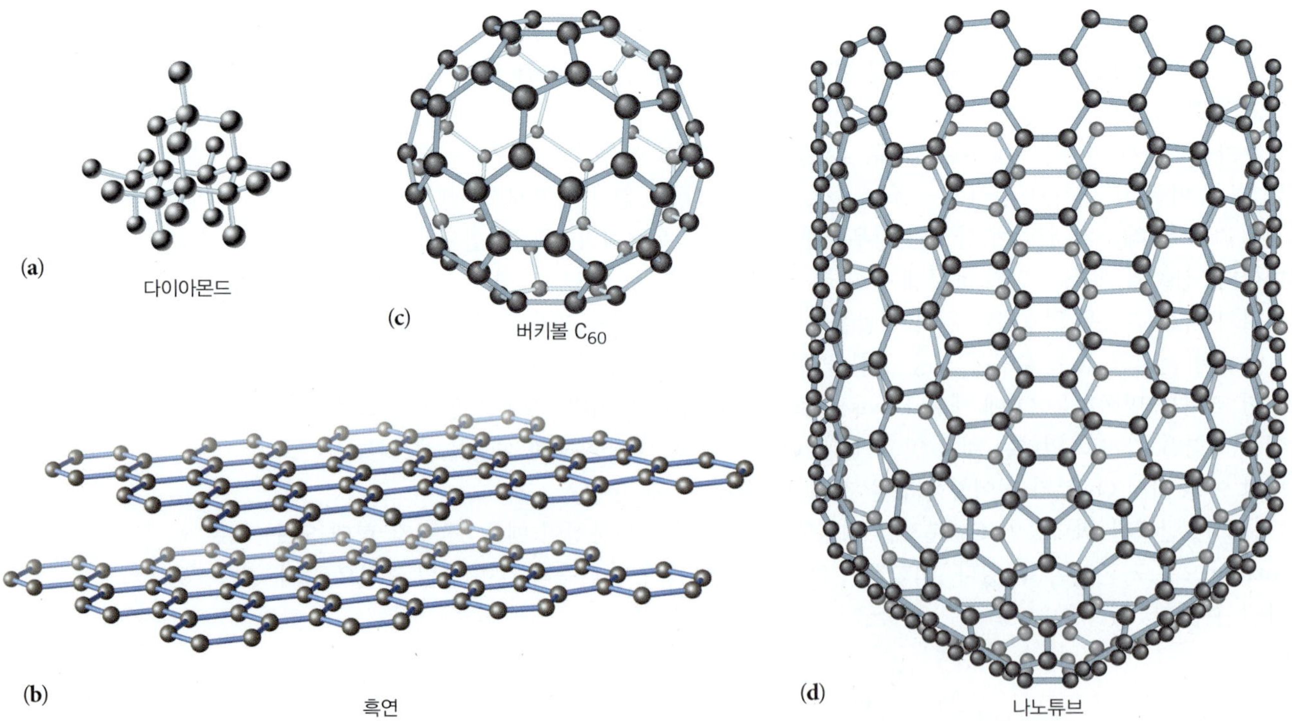

그림 9.48 탄소의 분자 형태 (a) 다이아몬드, (b) 흑연, (c) 버크민스터풀러렌 또는 '버키볼' C_{60}, (d) 닫힌 한쪽 끝을 포함하는 탄소 나노튜브의 일부분.

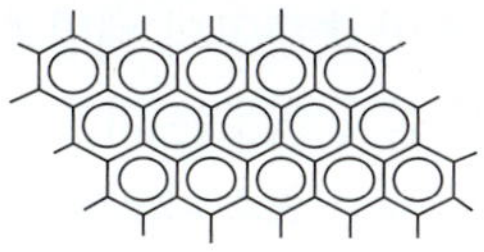

흑연에 포함된 그래핀 층의 일부분

그림 9.48(b)에 나타낸 바와 같이 흑연은 그래핀층을 한층씩 쌓아 올린 형태이다. 층 전체에 퍼져 있는 비편재화된 π 전자계가 있어서 흑연은 전기 도체이다. 층의 한쪽 끝으로 전자를 보내고 다른 쪽 끝에서는 전자를 제거할 수 있다. 흥미롭게도 흑연의 각층을 통해서 전자를 퍼 나른다면(그림 9.48(b)의 위쪽에서 아래쪽으로), 흑연은 절연체가 된다. 과학자들은 그래핀의 단일층을 분리해내는 데 성공하였는데, 현재 그래핀에 대한 물리적 성질과 전기적인 성질에 대한 관심이 지대하다. 예를 들어 그래핀의 파괴 강도는 강철보다 200배 정도 더 크다.

최첨단 화학 9.2

그래핀과 전자 공학의 미래

아주 오랫동안 그래핀이라 불리는 흑연의 한 층(**그림 1**)이 놀랍고도 잠재적으로 유용한 성질을 가졌을 것이라고 여겨져 왔다. 2010년 Manchester 대학의 Andre Geim 교수와 Konstantin Novoselov 교수는 그래핀의 분리와 응용과 관련한 업적을 인정받아 노벨 물리학상을 수상하였다. 모든 일의 출발은 일상적인 실험과는 관계가 없는 '금요일 밤의 실험'과 관련이 있다. 어느 금요일 밤 테이프를 이용하여 탄소 덩어리에서 탄소 조각을 벗겨내고 있었다. 나중에 알게 되었지만, 이 결과로 얻은 것이 바로 그래핀이었다. 그러나 흑연 결정에서 그래핀 한 층을 떼어내는 것이 어려웠기 때문에, 과학자들이 유용한 양의 그래핀 시료를 얻어 정밀한 측정을 하는 것이 불가능했다. 이때까지의 기술로는 단지 작은 조각의 그래핀만을 얻을 수 있었다.

그림 1 그래핀 단일층을 나타내는 그림

최근에 IBM의 과학자들은 상품화된 탄화 규소(SiC) 웨이퍼 표면 위에 고품질의 그래핀을 성장시킬 수 있는 경제적인 방법을 개발하였다. 웨이퍼를 가열하면 표면에서 규소는 증발되어 제거되고, 남은 탄소 원자들이 결합하여 그래핀을 형성한다.

그래핀 한 장은 다른 반도체보다 더 빠르게 전자를 전달할 수 있는 전자 유동성의 특성이 있다. 예를 들면 그래핀의 전자 유동성은 최신의 소자 대부분에 사용되는 반도체인 규소보다 100배 정도 크다. 이런 이유로 그래핀은 고속의 원자 수준 작동(atomic scale operation)에 이상적이다. 더욱이 그래핀의 전기적 성질을 전도성이나 비전도성 혹은 반도체 상태 중 하나로 바꾸는 것을 제어할 수 있기 때문에 잠재적으로 다양한 전자 소자에 그래핀을 사용할 수 있다.

IBM 과학자들에 따르면, 이미 그들은 100 GHz의 속도로 작동할 수 있는 능력을 갖춘 그래핀 기반 트랜지스터를 개발하였는데, 이는 규소 기반 프로세서보다 세 배 정도 더 빠르다. 이와 같은 개발 추세에 비추어 언젠가 그래핀은 고속 전자 회로에서 규소를 대체할 것으로 보인다.

1985년에 탄소 원자로 이루어진 작은 공으로 구성된 새로운 형태의 탄소가 발견되었다. 가장 간단한 형태가 그림 9.48(c)에 나타낸 화학식 C_{60}을 갖는 것이다. 이와 같은 형태의 탄소 화합물의 이름은 **풀러렌(fullerene)**이고 C_{60} 분자의 이름은 측지선 돔(geodesic dome, 다각형 격자를 짜맞춰서 만든 경량 돔)이라는 구조물의 고안자인 R. Buckminster Fuller를 기념하기 위하여 **버크민스터풀러렌[buckminsterfullerene**, 다른 이름은 **버키볼(buckyball)**]이라 명명

해설 같은 질량에 대하여 탄소 나노튜브는 스테인리스강보다 100배 강하고, 테니스 라켓이나 골프채의 샤프트를 만드는 데 사용되는 탄소 섬유보다 40배 강하다.

하였다. 탄소 원자 간의 결합은 일반적인 축구공의 배열과 같이 오원자 고리와 육원자 고리의 패턴으로 배열된 것으로, 이는 측지선 돔을 이루는 기본 구조와 같다.

1991년에 발견된 탄소의 또 다른 형태인 **탄소 나노튜브(carbon nanotube)**는 풀러렌과 연관된 형태이다. 탄소 전극 사이에 전기 아크를 통과시키면 풀러렌과 함께 나노튜브가 형성된다. 나노튜브는 원통형 탄소 분자로 이루어져 있는데, 탄소 원자들의 육각형 고리로 이루어진 그래핀을 말아 보면 가시적으로 느낄 수 있다. 튜브의 양쪽 끝은 구형 풀러렌 분자의 절반으로 막혀 있고, 짧은 튜브의 모양은 마치 핫도그처럼 생겼다. 닫힌 한쪽 끝부분을 포함하는 탄소 나노튜브의 일부분을 그림 9.48(d)에 나타내었다. 탄소 나노튜브는 독특한 성질을 가지고 있기 때문에 최근 많은 연구에서 주목을 받고 있다.

2주기 다음의 비금속 원소

질소나 산소가 분자 상태에서 다중 결합을 하는 것처럼, 흑연에서의 탄소도 다중 결합을 하고 있다. 이들이 다중 결합을 형성할 수 있는 것은 이중 결합이나 삼중 결합을 형성하기 위해 필요한 π 결합을 강하게 형성할 수 있기 때문이다. 3주기와 그다음 주기를 살펴보면 다른 현상을 마주하게 된다. 3주기 아래에 존재하는 원자들은 크기가 크고 상대적으로 강한 σ 결합을 형성하지만, π 결합은 비교적 약하다. 형성된 π 결합이 약하기 때문에 이 원소들은 단일 결합(σ 결합)을 선호하고, 원소의 분자 구조에 이 특성이 반영되어 있다.

6A족 원소 6A족에서 산소 아래에 있는 원소 황의 Lewis 구조는 다음과 같다.

$$:\dot{\underset{\cdot\cdot}{S}}\cdot$$

황 원자는 원자가 껍질을 완전히 채우기 위하여 두 개의 전자가 필요하기 때문에 2개의 공유 결합을 형성해야 한다. 그러나 황은 다른 황 원자와는 π 결합을 잘 형성하지 못하고, 그 대신 다른 2개의 황 원자와 강한 단일 결합 2개를 형성하는 것을 선호한다. 원소 상태에서 각 황 원자가 다른 황 원자 2개와의 결합을 선호하므로 이를 다음과 같이 나타낼 수 있다.

$$—\ddot{\underset{\cdot\cdot}{S}}—\ddot{\underset{\cdot\cdot}{S}}—\ddot{\underset{\cdot\cdot}{S}}—\ddot{\underset{\cdot\cdot}{S}}—\ddot{\underset{\cdot\cdot}{S}}—$$

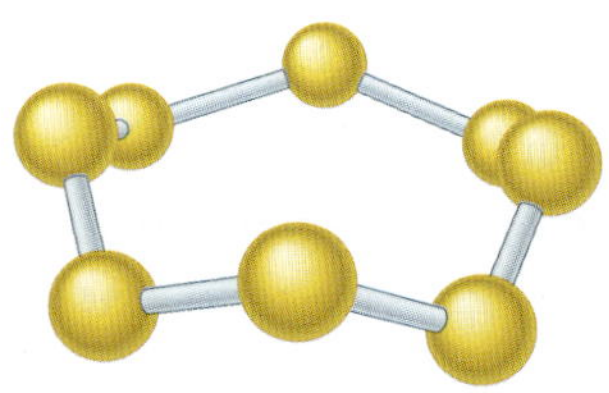

S_8

그림 9.49 주름이 잡힌 S_8 고리의 구조

실제로 황의 가장 안정한 형태인 **사방황(orthorhombic sulfur)**에서 황 원자는 팔원자 고리로 배열하여 화학식이 S_8인 분자를 형성한다. S_8 고리는 **그림 9.49**에 나타낸 바와 같이 주름이 잡힌 왕관 모양을 갖는다. 다른 동소체는 **단사황(monoclinic sulfur)**인데, 역시 S_8 고리를 포함하지만 약간 다른 결정 구조로 배열되어 있다.

고체 상태 황을 가열하면 흥미로운 변화가 일어난다(**그림 9.50**). 우선 고체가 녹아 S_8 분자로

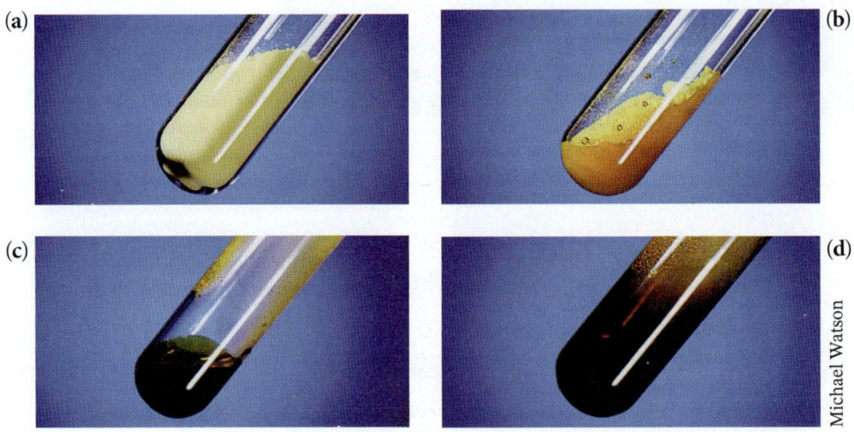

그림 9.50 가열에 따른 황의 변화 (a) 결정 상태 황, (b) 녹는점보다 약간 높은 온도에서 녹아 있는 황, (c) 200°C 근처에서 녹아 있는 검고 점성이 큰 황, (d) 끓고 있는 검붉은 황. 더 이상 점성이 크지 않다.

이루어진 액체가 형성된다. 액체를 더욱 가열하면 고리가 끊어져서 황 원자 사슬들이 서로 연결되어 긴 가닥의 황을 형성한다. 황 원자로 이루어진 긴 가닥은 서로 뒤얽히게 되고 액체의 점성은 아주 커진다. 이를 더욱 가열하면 황의 긴 가닥들이 조그만 조각으로 끊어져 액체가 끓을 때가 되면 점성이 사라진다.

6A족에서 황 아래의 셀레늄도 자신의 동소체 중의 하나인 Se_8 고리를 형성한다. 셀레늄이나 텔루륨도 긴 Se_x나 Te_x(아래 첨자 x는 큰 수임.) 사슬을 갖는 회색 형태로 존재한다.

5A족 원소 질소처럼 5A족 다른 원소들도 5개의 원자가 전자를 갖는다. 예를 들어 인은 아래와 같이 표현된다.

$$:\dot{\underset{\cdot}{P}}\cdot$$

비활성 기체의 전자 배치를 이루기 위하여 인 원자는 세 개의 전자가 필요하다. 질소가 삼중 결합을 이용하여 N_2를 형성하는 것과는 다르게, 인은 다중 결합을 형성하는 경향이 작다. 따라서 세 개의 다른 인 원자와 세 개의 단일 결합을 형성함으로써 팔전자 규칙을 만족한다.

가장 간단한 원소 형태의 인은 겉으로 보기에 흰색이므로 흰인(white phosphorus)이라고 하는 왁스 형태의 고체이다(**그림 9.51**). **그림 9.52**에 나타낸 바와 같이, 흰인에서 인 원자는 사면체 꼭짓점에 한 개씩 배치되어 P_4 분자를 이룬다. 이 구조에서 인 원자는 다른 세 개의 인 원자와 결합하고 있는 것을 알 수 있다. 이와 같은 형태를 갖는 인의 동소체는 P—P—P 결합각이 60°로 매우 작기 때문에 반응성이 매우 크다. 결합각이 작기 때문에 인 원자의 p 오비탈들의 겹침이 효과적이지 않아 결합이 약하고, 그 결과 P—P 결합은 쉽게 끊어진다. P_4 분자가 반응할 때 이 결합이 가장 먼저 끊어진다. 따라서 P_4 분자는 다른 화학 약품, 특히 산소에 의해 쉽게 공격을 받는다. 흰인은 산소에 대한 반응성이 매우 크기 때문에 공기 중에서 연소되면서 동시에 발화된다. 이런 이유로 흰인은 군사적으로 소이탄(불을 지르기 위한 폭탄)으로 이용된다. 아마도 영화에서 소이탄이 폭발하여 아치형으로 피어오르는 불꽃 연기를 본 적이 있을 것이다.

인의 두 번째 동소체는 반응성이 훨씬 작은 **붉은인(red phosphorus)**이다. 제안된 구조는 **그림 9.53**에 나타낸 바와 같이, P_4 사면체가 서로 꼭짓점이 연결된 구조이지만 아직 정확한 구조는 밝혀지지 않았다. 붉은인은 화약, 폭죽 등에 사용되며, 고운 모래와 섞어 성냥갑의 마찰면을 제조하는 데도 쓰인다. 성냥개비의 머리 부분을 마찰면에 긁으면 마찰열로 인해 붉은인에 불이 붙고, 그 열에 의하여 성냥개비 머리 부분에 있는 성분에 불이 옮겨붙는다.

인의 세 번째 동소체는 **검은인(black phosphorus)**인데, 흰인을 아주 높은 압력에서 가열하면 형성된다. 이 동소체는 흑연처럼 층상 구조를 갖는다. 인 원자는 같은 층에 있는 다른 세 개의 인 원자와 공유 결합을 형성하고 있고, 층과 층은 아주 약한 인력으로 쌓여 있다. 따라서 예상할 수 있는 것과 같이 검은인은 흑연과 많은 유사성을 가지고 있다.

해설 p 오비탈에 의하여 형성되는 결합의 각은 90°가 선호된다. 그러나 P_4 정사면체에서의 결합각은 60°이기 때문에 결합에 참여한 p 오비탈 사이의 겹침이 효과적이지 못하다.

Richard Megna/Fundamental Photographs

그림 9.51 인의 대표적 두 가지 동소체 (a) 흰인과 (b) 붉은인

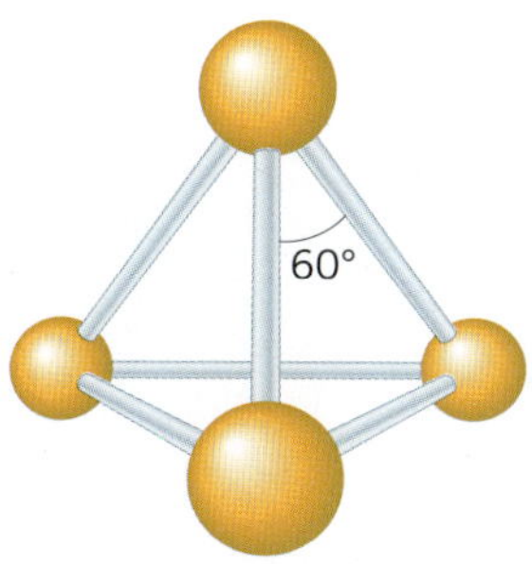

그림 9.52 흰인(P_4)의 분자 구조 결합각이 60°로 작기 때문에 P—P 결합이 매우 약하고 분자는 반응성이 매우 크다.

그림 9.53 붉은인의 제안된 분자 구조 붉은인은 P_4 사면체의 꼭짓점이 연결된 긴 사슬 구조로 되어 있다고 추정된다.

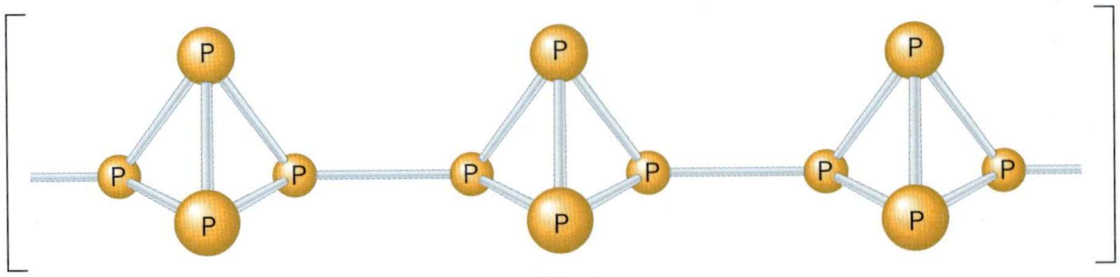

붉은인

5A족에서 인의 아래에 있는 비소와 안티모니 원소 역시 대체로 불안정한 노란색의 동소체 형태인 As_4, Sb_4 분자를 형성한다. 그러나 이 원소들의 가장 안정한 형태는 검은인과 유사한 구조를 가지며, 금속과 비슷한 외관을 보인다.

4A족 원소 마지막으로 4A족의 보다 무거운 비금속 원소인 규소와 저마늄을 살펴보자. 팔전자 규칙을 만족시키기 위하여 각 원자는 네 개의 공유 결합을 형성해야 한다. 하지만 탄소와는 달리, 이 원소들은 다중 결합을 형성하는 경향이 매우 작다. 따라서 규소와 저마늄은 흑연 구조를 갖는 동소체를 형성할 수 없다. 대신에 다이아몬드 구조와 유사한 구조를 갖는 고체를 형성한다.

실전 문제 9.28

다음의 탄소 원자의 혼성은 무엇인가? (**힌트**: 각 물질에서 탄소가 가지고 있는 결합 영역은 몇 개인가?)

(**a**) 다이아몬드 (**b**) 흑연 (**c**) 버키볼

종합 화학 예제

분자 오비탈 도표를 이용하여 결합 세기, 결합 차수, 결합 길이, 자기성 등과 관련한 정보를 얻을 수 있다. O_2, O_2^-, O_2^{2-}, O_2^+ O_2^{2+}에 대한 MO 도표를 그리시오. 각 화합물을 결합 세기, 결합 차수, 결합 길이가 증가하는 순서대로 나열하시오. 어떤 경향성이 관찰되는가? 전자의 수가 변함에 따라 자기성이 어떻게 변하는지 설명하시오.

분석 MO 도표를 작성한 다음, 결합 세기와 결합 차수 및 결합 길이를 확인해야 한다. 결합 차수를 통하여 결합 세기와 결합 길이에 대한 정성적 정보를 얻을 수 있다. 결합 차수가 증가할수록 결합 세기는 증가하고 결합 길이는 감소한다. 주어진 일련의 화합물은 전자의 수가 서로 다른 경우에 해당하므로 경향성을 알아보기 위하여 전자수에 대한 3가지 변수의 변화를 도시하는 것이 도움이 될 것이다. 또한 홀전자의 수를 확인하는 능력도 필요하다.

도구 모음 필요한 도구는 MO 도표를 채우고 MO 이론에 근거하여 결합 차수를 세는 방법이다. 이 도구를 이용하여 얻은 정보를 통하여 질문에 대한 합을 구할 수 있다.

풀이 표 9.1의 O_2에 대한 MO에서 시작해보자.

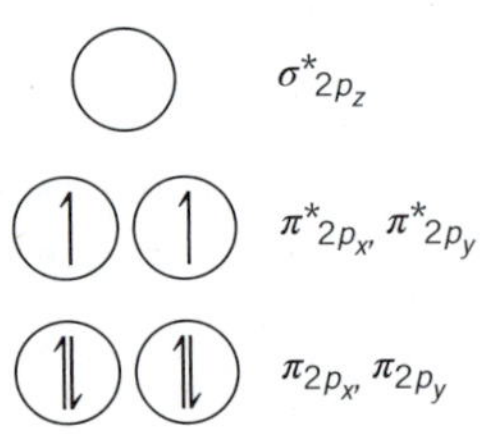

O_2가 출발 물질이므로 표의 중앙에 O_2를 배치한 다음 O_2의 MO에 전자를 더해서 O_2^-와 O_2^{2-}에 대한 도표를 그리고, 전자를 빼서 O_2^+와 O_2^{2+}에 대한 도표를 그린다.

결합 차수를 결정하는 식은 다음과 같다.

$$\text{결합 차수} = \frac{(\text{결합성 전자수})-(\text{반결합성 전자수})}{\text{2개 전자/결합}}$$

O_2의 결합 차수는 다음과 같다.

$$\text{결합 차수} = \frac{8-4}{2} = 2$$

O_2^-의 결합 차수는 다음과 같다.

$$\text{결합 차수} = \frac{8-5}{2} = 1.5$$

O_2^{2-}의 결합 차수는 다음과 같다.

$$\text{결합 차수} = \frac{8-6}{2} = 1$$

O_2^+의 결합 차수는 다음과 같다.

$$\text{결합 차수} = \frac{8-3}{2} = 2.5$$

O_2^{2+}의 결합 차수는 다음과 같다.

$$\text{결합 차수} = \frac{8-2}{2} = 3$$

이제 결합 길이와 결합 세기를 비교할 수 있다. 결합 차수가 증가할수록 결합 길이는 감소하고 결합 세기는 증가한다.

O_2^{2+}	O_2^+	O_2	O_2^{2-}	O_2^{2-}
전자 2개를 제거	전자 1개를 제거		전자 1개를 더함	전자 2개를 더함
○ $\sigma^*_{2p_z}$	○ $\sigma^*_{2p_z}$	○ $\sigma^*_{2p_z}$	○ $\sigma^*_{2p_z}$	○ $\sigma^*_{2p_z}$
○○ $\pi^*_{2p_x}, \pi^*_{2p_y}$	(↑)○ $\pi^*_{2p_x}, \pi^*_{2p_y}$	(↑)(↑) $\pi^*_{2p_x}, \pi^*_{2p_y}$	(↑↓)(↑) $\pi^*_{2p_x}, \pi^*_{2p_y}$	(↑↓)(↑↓) $\pi^*_{2p_x}, \pi^*_{2p_y}$
(↑↓)(↑↓) π_{2p_x}, π_{2p_y}	(↑↓)(↑↓) π_{2p_x}, π_{2p_y}	(↑↓)(↑↓) π_{2p_x}, π_{2p_y}	(↑↓)(↑↓) π_{2p_x}, π_{2p_y}	(↑↓)(↑↓) π_{2p_x}, π_{2p_y}
(↑↓) π_{2p_z}	(↑↓) π_{2p_z}	(↑↓) π_{2p_z}	(↑↓) π_{2p_z}	(↑↓) π_{2p_z}
(↑↓) σ^*_{2s}	(↑↓) σ^*_{2s}	(↑↓) σ^*_{2s}	(↑↓) σ^*_{2s}	(↑↓) σ^*_{2s}
(↑↓) σ_{2s}	(↑↓) σ_{2s}	(↑↓) σ_{2s}	(↑↓) σ_{2s}	(↑↓) σ_{2s}
홀전자 없음	홀전자 1개	홀전자 2개	홀전자 1개	홀전자 없음
결합 차수: 3	결합 차수: 2.5	결합 차수: 2	결합 차수: 1.5	결합 차수: 1

O_2^{2+}	O_2^{+}	O_2	O_2^{2-}	O_2^{2-}
결합 길이: 가장 짧음				결합 길이: 가장 길다
결합 세기: 가장 강함				결합 세기: 가장 약함
반자기성	상자기성	가장 강한 상자기성	상자기성	반자기성

마지막으로 홀전자의 수를 세서 어느 분자 혹은 이온의 상자기성이나 반자기성을 결정한다.

결합 길이와 결합 세기의 경향성은 결합 차수와 연계되어 있고, 결합 차수는 O_2^{2+}에서 O_2^{2-}로 갈수록 줄어든다. 따라서 O_2^{2+}에서 O_2^{2-}로 갈수록 결합 길이는 증가하고, 결합 세기는 감소한다. 이런 경향성은 더해지는 전자가 반결합성 오비탈에 채워지기 때문이다. O_2^{2+}에서 O_2^{2-}로 갈수록 자기성은 홀전자가 2개가 될 때까지 증가하다 다시 감소한다.

답이 합리적인가? O_2의 MO 도표에서 시작해서 전자를 더하거나 뺀 이온의 MO 도표를 그렸다. 결합 차수를 계산한 과정과 결과가 올바르다는 것을 알 수 있고, 결합 차수를 결합 길이와 결합 세기와 연계한 방법도 적절하다. 마지막으로 정확하게 센 홀전자의 수를 이용하여 상자기성과 반자기성을 판단하였으므로 답이 적절하다고 생각할 수 있다.

종합 화학 문제

A. 이 장에서 분자와 원자 오비탈의 상대적 에너지와 관련된 분자 오비탈 도표에 대하여 알아보았다. MO 도표를 이용하여 다음 중 1차 이온화 에너지가 더 큰 화학종을 고르고, 주기율표에서 왼쪽에서 오른쪽으로 갈 때의 1차 이온화 에너지의 경향성을 설명하시오.

(1) Li 혹은 Li_2 (2) B 혹은 B_2 (3) C 혹은 C_2 (4) N 혹은 N_2 (5) O 혹은 O_2 (6) F 혹은 F_2

B. 화학식이 MX_4Y_2인 팔면체 구조의 분자를 생각해 보자. 중심 원자인 M 주위에 서로 다른 방법으로 원자 X와 Y를 배치할 수 있다. 다음의 구조에서 동일한 구조를 가진 것들을 함께 모으시오. 회전을 통하여 두 동일한 구조의 화합물을 정확하게 일치시켜 보시오.

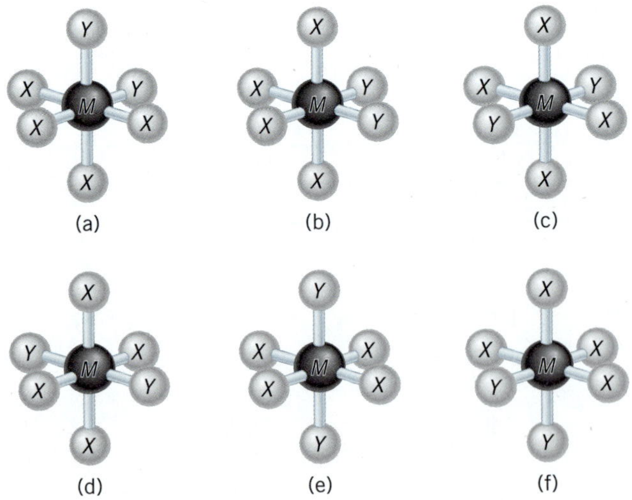

C. 다음의 일련의 화합물에는 쌍극자 모멘트가 존재하는 것도 있고, 혹은 존재하지 않는 화합물도 있다. 염소 원자의 전기 음성도가 탄소나 수소보다 크고, 염소 원자가 이웃한 경우 전기 음성도는 더해진다는 사실에 기초하여 화합물을 전기 음성도가 증가하는 순서대로 나열하시오. 전기 음성도가 없는 경우에는 그 이유를 제시하시오.

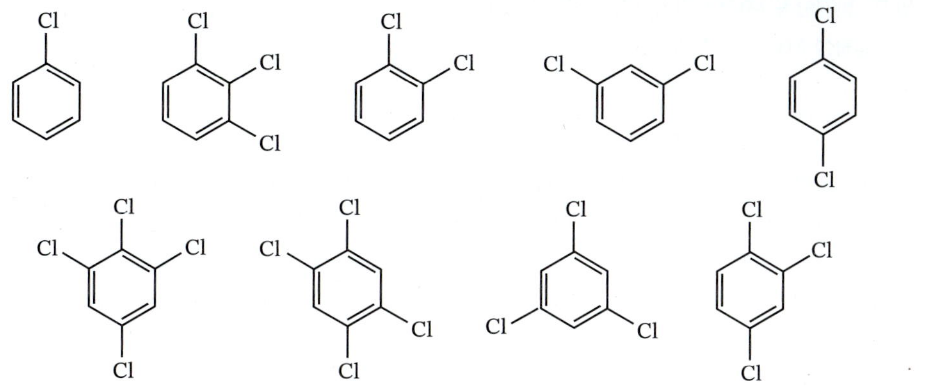

D. 테트라플루오린화 황은 물과 즉각적으로 반응하고, 유기 화합물의 OH 기를 플루오린으로 치환하는 데 사용되는 시약이다. 헥사플루오린화 황은 무색무취한 기체로 전기 절연제로 이용된다. 두 화합물의 구조를 결정하고 분자의 구조가 분자의 반응성에 미치는 영향에 대하여 설명하시오.

요약

학습 목표별로 정리함

결합각을 포함한 다섯 가지 기본 분자 구조를 그릴 수 있다.
대부분의 분자 구조는 **선형**, **평면 삼각형**, **사면체**, **삼각쌍뿔**, **팔면체** 등의 다섯 가지 기본적인 기하 구조로 나타낼 수 있다.

VSEPR 모형을 사용하여 분자 또는 이온의 모양을 예측할 수 있다.
결합 전자나 쌍을 짓지 않은 원자가 전자 혹은 비공유 전자쌍이 차지하는 공간의 영역인 **전자 영역**은 가능한 한 서로 멀리 떨어져 있으려고 하는 반면, 중심 원자와는 가능한 한 가깝게 있으려고 한다는 **VSEPR 이론**에 의해 분자의 기하 구조를 예측할 수 있다. 그림 9.4, 9.5, 9.7, 9.10에 분자나 이온의 중심 원자의 원자가 껍질 속에 들어 있는 전자 영역, 비공유 전자쌍의 수, 그리고 결합한 이웃 원자의 수에 따른 분자 모양을 예시하였다. 분자나 다원자 이온의 정확한 모양은 보통 Lewis 구조를 이용하여 예측할 수 있다.

분자의 기하 구조가 극성에 어떻게 영향을 미치는지를 설명할 수 있다.
동일한 원자들이 중심 원자에 결합되어 있고, 중심 원자의 원자가 껍질에 비공유 전자쌍이 없다면, 분자는 비극성이다. 비공유 전자쌍이 있으면 다음의 2가지 경우만 제외하고 극성이다. (1) 세 개의 비공유 전자쌍과 두 개의 결합된 원자가 있는 경우, (2) 두 개의 비공유 전자쌍과 네 개의 결합된 원자가 있는 경우. 중심 원자에 결합되어 있는 모든 원자가 다르면 일반적으로 분자는 극성이다.

결합 이론을 이용하여 결합의 형성을 설명할 수 있다.
VB 이론에 따르면, 한 원자의 원자 오비탈이 다른 원자의 원자 오비탈과 겹치고 두 오비탈 사이에서 공유된 전자들의 스핀이 쌍을 이룰 때 두 원자 사이에 결합이 형성된다. 일반적으로 오비탈이 잘 겹쳐질수록 결합은 강해진다. 오비탈 한 개는 다른 원자의 오비탈 한 개와만 겹침을 할 수 있고, 그에 따라 결합 한 개를 형성할 수 있다.

혼성을 이용하여 원자가 결합 이론 관점에서의 결합을 더욱 구체화할 수 있다.
순수한 s, p, d 오비탈을 혼합하여 **혼성 오비탈**을 만들 수 있다. 혼성 오비탈은 혼성 오비탈을 형성하는 원자 오비탈보다 더 잘 겹쳐질 수 있으므로, 보통의 원자 오비탈로부터 만들어진 결합보다 더 강한 결합을 형성한다. **시그마(σ) 결합**은 s–s 겹침, s–p 겹침, 로브의 끝 방향으로의 p–p 및 혼성 오비탈 간의 겹침 등으로부터 형성된다. 시그마 결합은 결합축 주위로 자유롭게 회전할 수 있다. p 오비탈이 측면으로 겹치면 **파이(π) 결합**을 만든다. 파이 결합이 존재하는 경우, 결합축 주위로 회전을 하게 되면 π 결합이 끊어지게 되므로 자유 회전을 할 수 없다. 복잡한 분자에서 기본 분자 골격은 σ 결합에 의해 정해진다.

오비탈 도표와 혼성을 이용하여 다중 결합의 성질을 설명할 수 있다.
이중 결합은 σ 결합 한 개와 π 결합 한 개로 이루어지며, 삼중 결합은 σ 결합 한 개와 π 결합 두 개로 이루어진다.

분자 오비탈을 이용하여 간단한 이원자 분자의 결합을 설명할 수 있다.
MO 이론은 분자는 한 개 이상의 양전하 중심을 갖는다는 것을 제외하고는 원자와 비슷하다는 가정으로부터 출발한다. MO 이론에서 분자는 핵과 전자의 집합체로서 취급되고, 분자의 전자들은 에너지가 서로 다른 **분자 오비탈**에 분포되어 있다. 분자 오비탈은 두 개 이상의 핵을 중심으로 퍼져있는데, 분자를 구성하는 원자들의 원자 오비탈에 해당하는 전자의 파동들이 보강 간섭 또는 상쇄 간섭의 상호 작용을 통하여 분자 오비탈이 형성된다고 생각할 수 있다. **결합성 MO**의 전자 밀도는 두 핵 사이에 밀집되어 있고, **반결합성 MO**의 전자 밀도는 두 핵 사이에서 최소화되어 있다. **비결합성 MO**는 분자의 에너지에 영향을 미치지 못한다. MO에 전자를 채울 때 적용되는 규칙은 원자 오비탈에 전자를 채울 때 적용되는 규칙과 동일하다.

공명 구조와 비편재 분자 오비탈을 비교하고 대조할 수 있다.
MO 이론의 장점은 **비편재 오비탈**을 기술할 수 있으므로 공명 이론을 필요로 하지 않는다는 것이다. 결합이 비편재화되면 **비편재화 에너지**라고 부르는 양만큼 에너지가 낮아지고, 좀 더 안정한 구조의 분자가 만들어진다.

띠이론을 이용하여 고체의 결합과 물리적 성질을 설명할 수 있다.
고체에서 원자의 원자 오비탈들이 결합하여 많은 에너지 준위로 이루어진 **에너지띠**를 형성한다. **원자가띠**는 원자의 원자가 껍질 오비탈에 의해 형성된다. **전도띠**는 부분적으로 채워져 있거나 비어 있는 띠이다. **전기 도체**에서는 전도띠가 부분적으로 채워져 있거나 비어 있고, 채워진 띠와 겹친다. 부도체에서는 채워진 원자가띠와 비어 있는 전도띠 사이의 **띠간격**이 크기 때문에 전자들이 전도띠를 점유하지 못한다. **반도체**에서는 채워진 원자가띠와 비어 있는 전도띠 사이의 띠간격이 작다. 따라서 열에너지에 의해 일부 전자들이 전도띠로 전이될 수 있다.

혼성과 원자가 결합 이론을 이용하여 비금속 원소의 동소체를 설명할 수 있다.
같은 원소로 이루어졌으나 구조가 다른 물질을 **동소체**라고 한다. 산소에는 산소 분자(O_2)와 **오존**(O_3)의 2가지 동소체가 있다. 탄소는 **다이아몬드**, 그래핀이 층층이 쌓여 얻어진 **흑연**, 풀러렌 구조를 갖는 계열의 분자인 **버크민스터풀러렌**이라 불리는 C_{60} 분자, **탄소 나노튜브** 등 여러 가지의 동소체로 존재한다. 화학식이 S_8인 황 분자는 형태가 다른 두 가지 동소체로 존재한다. 인은 **흰인**(P_4), **붉은인** 혹은 **검은인**으로 존재한다. 규소는 다이아몬드 구조를 갖는 한 가지 형태로만 존재한다.

2주기 원소들은 크기가 작기 때문에 강한 π 결합을 형성할 수 있어서 비슷한 원자들과 다중 결합을 쉽게 형성한다. 그 사례로 O_2나 N_2와 같은 이원자 분자나 π 결합으로 이루어진 구조를 갖는 **그래핀** 등이 있다. 3, 4, 5주기 원소들은 크기가 크고 p 오비탈들이 잘 겹치기 어렵기 때문에 강한 π 결합을 형성하지 않는다. 따라서 이 원자들은 같은 원자들끼리 σ 형 단일 결합을 형성하는 방법으로 여러 구조를 갖는 분자를 만든다.

문제 풀이를 위한 도구

도구 다음과 같은 도구들이 이 장에서 도입되었다. 이들을 주의 깊게 공부하면 필요할 때 적절한 도구를 선택할 수 있다.

기본 분자 모양(9.1절) 다섯 가지 기본 기하 구조는 선형, 평면 사각형, 사면체, 삼각쌍뿔, 팔면체이다.

VSEPR 모형(9.2절) 원자가 껍질에 있는 전자 그룹들은 서로 멀리 떨어지도록 배열하여 반발력을 최소화한다. 이 원리에 의하여 분자의 모양이 결정된다.

VSEPR 모형을 이용한 분자 구조 예측(9.2절) 분자의 구조를 얻기 위하여 다음 단계를 거친다. (1) Lewis 구조를 그린다. (2) 전자 영역의 수를 센다. (3) 기본 기하 구조를 선택한다. (4) 결합 영역에 전자를 배치한다. (5) 모양을 기술할 때 비결합 영역은 무시한다.

분자 모양과 분자 극성(9.3절) 분자의 모양을 이용하여 분자가 극성인지 혹은 비극성인지를 결정할 수 있다.

결합 형성에 대한 VB 이론의 기준(9.4절) 결합을 형성하기 위하여 두 오비탈의 겹침이 있어야 하고, 공유된 두 개의 전자는 쌍을 이뤄야 한다. 두 오비탈은 각각 반만 채워져 있거나 혹은 하나는 채워져 있고 하나는 비어 있어야 한다. 결합이 형성될 때 원자 오비탈이 이러한 조건을 만족해야 한다.

s와 *p* 원자 오비탈로 형성되는 혼성 오비탈(9.5절) 2개의 전자 영역은 sp 혼성 오비탈을 만든다.
3개의 전자 영역은 sp^2 혼성 오비탈을 만든다.
4개의 전자 영역은 sp^3 혼성 오비탈을 만든다.
5개의 전자 영역은 sp^3d 혼성 오비탈을 만든다.
6개의 전자 영역은 sp^3d^2 혼성 오비탈을 만든다.

***s*, *p* 전자가 관련된 VSEPR 모형 및 혼성 오비탈**(9.5절) Lewis 구조를 근거로 VSEPR 모형을 이용하여 분자 모양을 예측하고, 원자가 결합 이론으로 결합을 기술할 때 필요한 혼성 오비탈을 결정할 수 있다. 중심 원자를 M으로, 중심 원자에 결합된 원자를 X로, 비공유 전자쌍을 E로 나타내기로 하자. MX_nE_m으로 나타낸 화학식에서 n은 M 주위의 결합 영역의 수를, m은 비결합 영역의 수를 나타낸다. MX_nE_m에 대하여 전자 영역이 2개, 3개, 4개인 구조를 다음과 같이 나타낼 수 있다.

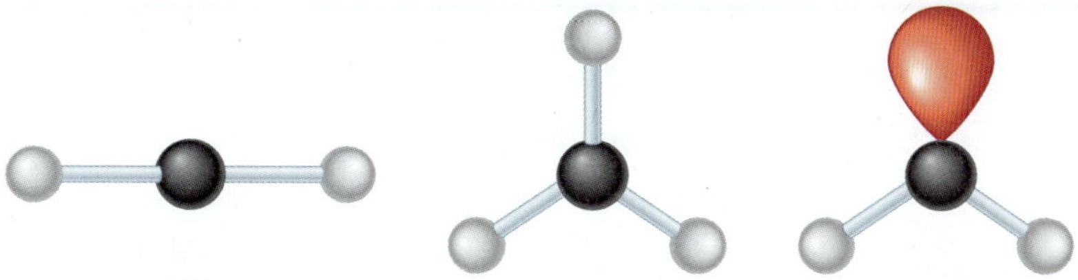

MX_2 sp 선형 | MX_3 sp^2 평면 삼각형 | MX_2E sp^2 비선형(굽은형)

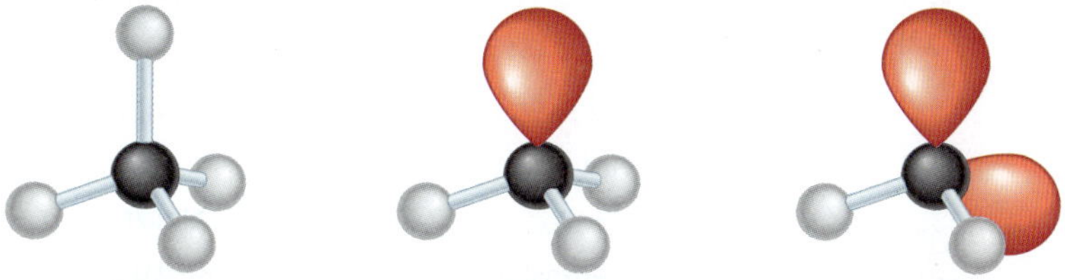

MX_4 sp^3 사면체 | MX_3E sp^3 삼각뿔 | MX_2E_2 sp^3 비선형(굽은형)

d 전자가 관련된 VSEPR 모형 및 혼성 오비탈(9.5절) 일반식 MX_nE_m에 대하여 5개와 6개의 영역을 갖는 구조를 다음과 같이 나타낼 수 있다.

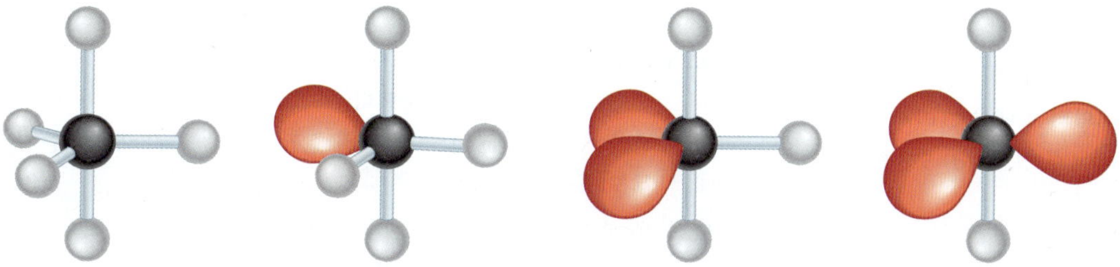

MX_5 sp^3d 삼각쌍뿔 | MX_4E sp^3d 시소 또는 뒤틀린 사면체 | MX_3E_2 sp^3d T자형 | MX_2E_3 sp^3d 선형

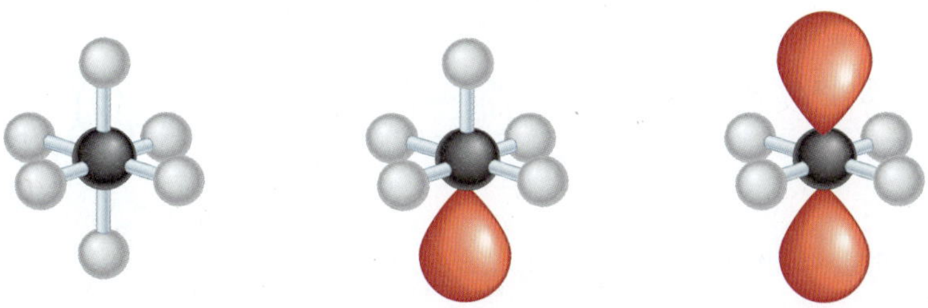

MX_6 sp^3d^2 팔면체 | MX_5E sp^3d^2 사각뿔 | MX_4E_2 sp^3d^2 사각 평면

시그마(σ) 결합과 파이(π) 결합 및 혼성 오비탈(9.6절) 다원자 분자의 Lewis 구조에 이 도구를 적용하면 원자들 사이에 몇 개의 σ 결합과 π 결합이 있는지, 그리고 각 원자가 사용한 혼성 오비탈이 무엇인지 결정할 수 있다. 분자의 모양은 σ 결합의 기본 골격 구조에 의해 결정되고, π 결합은 이중 결합이나 삼중 결합에 사용된다.

MO 이론에 의한 결합 차수 계산(9.7절)

$$\text{결합 차수} = \frac{(\text{결합성 전자수}) - (\text{반결합성 전자수})}{2\text{개 전자/결합}}$$

MO에 전자를 채우는 방법(9.7절) 원자 오비탈에 전자가 채워질 때 적용했던 규칙과 동일한 방법으로 분자 오비탈에 전자를 채운다.

다중 결합을 형성하는 경향성(9.10절) 2주기 원자들은 3주기나 그 아래의 원자들보다 다중 결합을 형성하려는 경향이 강하다.

쌍으로 구성된 복습 문제 중 청색 번호를 가진 문제의 해답은 부록 B에 수록하였다. 난이도가 높은 문제는 별표(*)로 표시하였다.

복습 질문

다섯 가지 기본 분자 구조

9.1 다음 분자의 모양을 그리고, 결합각을 제시하시오.
(a) CH_4 (b) BF_3 (c) SF_6

9.2 다음 분자의 모양을 그리고, 결합각을 제시하시오.
(a) $BeCl_2$ (b) PCl_5

9.3 다섯 가지 기본 분자 구조(선형, 평면 삼각형, 사면체, 삼각쌍뿔, 팔면체) 중에서 1차원 구조인 것은 어느 것인가? 2차원 구조는 어느 것인가? 3차원 구조는 어느 것인가?

분자의 모양과 VSEPR 모형

9.4 전자 영역이란 무엇인가? 전자 영역을 이용하여 비결합 영역과 이중 결합을 설명하시오. 결합 영역과 비결합 영역 중 어느 것이 더 많은 공간을 점유하는가? 단일 결합과 이중 결합 중 더 많은 공간을 점유하는 것은 어느 것인가?

9.5 폼알데하이드(COH_2) 분자에 포함된 결합 영역과 비결합 영역은 각각 몇 개인가?

9.6 SF_4, BrF_5, ClF_3의 분자 구조를 각각 그리고, 각 분자가 다음 중 어느 구조에 해당하는지 밝히시오.
(a) T-형태 (b) 시소 형태 (c) 사각뿔

9.7 다음의 영역이 중심 원자에 배열된 형태를 그리시오.
(a) 2개 영역 (b) 3개 영역 (c) 4개 영역 (d) 5개 영역

분자 구조와 쌍극자 모멘트

9.8 분자의 알짜 극성이 존재하기 위한 조건은 무엇인가?

9.9 분자의 극성으로부터 얻을 수 있는 기초적인 정보는 어떤 것이 있는가?

9.10 $CHCl_3$는 극성이지만 CCl_4는 비극성인 이유는 무엇인가?

9.11 SO_2와 SO_3의 구조를 그리고, SO_2 분자는 극성이지만 SO_3 분자는 비극성인 이유를 쓰시오.

원자가 결합 이론

9.12 HF 분자에서 H—F 결합이 형성될 때의 오비탈 겹침에 대하여 설명하시오.

9.13 결합 에너지와 오비탈 겹침은 어떤 관계가 있는가?

9.14 Cl_2 분자에서 Cl—Cl 결합의 형성을 VB 이론을 이용하여 설명하시오.

9.15 HCl, HBr, HI를 서로 비교할 때 주기율표에서 아래로 갈수록 결합 길이가 증가한다. 이 결과를 이용하여 오비탈 겹침과 결합 세기의 관계를 설명하시오.

혼성 오비탈과 분자 기하 구조

9.16 원자들이 결합을 형성할 때 원자 오비탈 자체를 사용하지 않고 혼성 오비탈을 사용하는 이유는 무엇인가?

9.17 다음 혼성 오비탈의 방향성을 나타내는 그림을 그리시오.
(a) sp^2 (b) sp^3 (c) sp^3d (d) sp^3d^2

9.18 VSEPR 모형을 이용하여 다음 각각의 분자가 결합을 형성할 때 중심 원자가 사용하는 혼성 오비탈의 종류를 예측해 보시오. 이를 위하여 먼저 각각의 Lewis 구조를 그리시오.
(a) $AsCl_5$ (b) $SeCl_2$ (c) $AlCl_3$ (d) NF_3

9.19 2주기 원소들이 결합을 형성할 때 sp^3d나 sp^3d^2 혼성 오비탈을 사용하지 않는 이유는 무엇인가?

9.20 분자에 대한 기술 관점에서 Lewis 구조와 원자가 결합 이론은 어떤 관계가 있는가?

9.21 오비탈 도표를 이용하여 다음의 각 원자가 sp^3 혼성을 하는 과정을 설명하시오. 각 원자가 sp^3 혼성을 오비탈을 이용하여 결합을 형성할 때 원자가 가지고 있는 비공유 전자쌍의 수는 몇 개인가?
(a) 탄소 (b) 질소 (c) 산소

9.22 다음 분자의 결합을 형성할 때 오비탈이 겹치는 방법을 보여주는 그림을 그리시오(중심 원자가 혼성 오비탈을 사용한다고 가정한다).
(a) 에테인 (b) 에텐 (c) 에타인

9.23 H_2O의 결합각이 104°인 이유는 중심 원자인 산소가 sp^3 혼성 오비탈을 사용하기 때문이다. 수소와의 겹침에 산소의 p 오비탈을 사용한다면 H—O—H의 결합각은 몇 도가 예상되는가? 그 이유는 무엇인가?

9.24 물 분자인 H_2O는 1s 오비탈이 비어 있는 H^+와 결합하여 하이드로늄 이온인 H_3O^+가 된다. 결합각을 포함한 하이드로늄 이온의 구조를 그리시오.

9.25 다음 반응에서 B와 O를 중심으로 한 구조가 각각 어떻게 변하는가? 또한 각 원자의 혼성은 어떻게 변하는가?

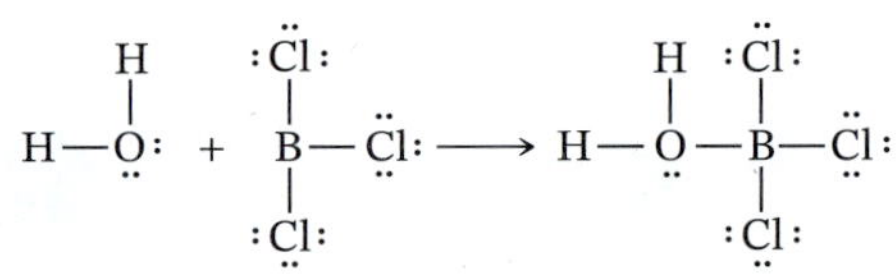

혼성 오비탈과 다중 결합

9.26 σ 결합과 π 결합의 차이점은 무엇인가? σ 결합 축 주위로의 회전은 자유롭지만 π 결합 축 주위로는 자유롭지 못한 이유는 무엇인가?

9.27 에텐 분자 C_2H_4는 식물의 성장 억제 호르몬 성분으로 과일을 숙성시키는 데 도움이 된다. 에텐의 오비탈 도표와 결합각을 그리시오.

9.28 다음 구조를 갖는 아세트산에서 탄소와 산소 원자가 사용하는 혼성 오비탈의 종류는 무엇인가?

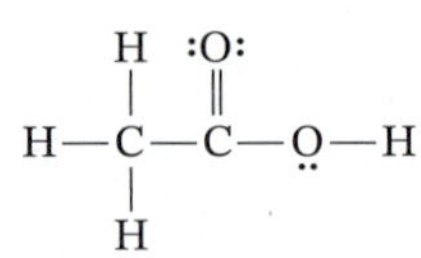

9.29 VB 이론을 벤젠 분자에 적용해 보시오. 오비탈 겹침과 결합각을 설명할 수 있는 그림을 그리시오.

분자 오비탈 이론의 기초

9.30 He_2^+에서 높은 에너지의 MO를 **반결합 오비탈**이라고 부르는 이유는 무엇인가? He_2^+에서 결합 오비탈과 반결합 오비탈의 모양을 그리시오.

9.31 다음은 겹침을 하는 두 $3d$ 오비탈을 나타낸 것이다. 그림에는 파동 함수의 대수학적 부호를 함께 나타내었다. 주어진 겹침으로 결합 오비탈이 형성되는가 혹은 반결합 오비탈이 생성되는가? MO의 모양을 그리시오.

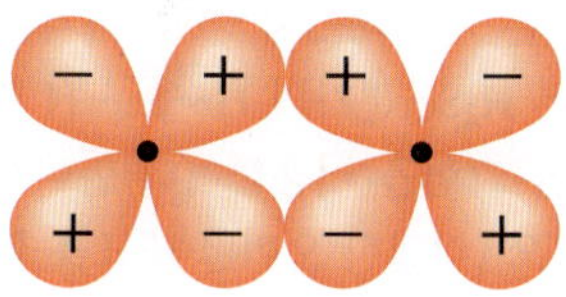

9.32 문제 9.31에서의 d 오비탈의 겹침에 의하여 형성되는 MO는 σ 형인가 혹은 π 형인가? 그 이유와 함께 설명하시오.

9.33 N_2가 반자기성인 이유를 MO 이론을 이용하여 설명하시오.

9.34 다음 이온에 대한 MO 에너지 준위 도표를 그리고 전자를 배치하시오.
(a) Li_2^- (b) F_2^-

원자가 결합 이론과 분자 오비탈 이론

9.35 원자가 결합(VB) 이론과 분자 오비탈(MO) 이론의 이론적 배경에 대하여 설명하시오.

9.36 원자가 결합 이론과 분자 오비탈 이론의 장점과 단점을 각각 기술하시오.

비편재화된 분자 오비탈

9.37 분자 오비탈과 전자가 비편재화되기 위한 조건은 무엇인가?

9.38 전자의 비편재화와 분자의 안정성에는 어떤 관계가 있는가?

고체 내의 결합

9.39 염소도 소듐처럼 비어 있는 p 오비탈이 한 개 있으나 절연체인 이유는 무엇인가?

9.40 전도띠를 형성하기 위한 필요조건은 무엇인가? 도체와 반도체 그리고 부도체에서 전도띠와 원자가띠의 분포는 각각 어떻게 다른가?

9.41 원소의 이온화 에너지는 원소의 전기 전도 능력과 연관성이 있다고 할 수 있는가?

동소체에서의 결합

9.42 **동소체**란 무엇인가? **이성질체**와는 어떻게 다른가?

9.43 인의 동소체 중 대기 중에서 자연 발화할 수 있는 것은 어느 것인가?

9.44 붕소가 알루미늄보다 훨씬 강한 π 결합을 하는 이유는 무엇인가?

9.45 3, 4, 5주기 비금속이 유사한 원자와 π 결합을 형성하는 성질이 거의 없지만, 할로젠 원소는 이원자 분자(Cl_2, Br_2, I_2)를 형성할 수 있는 이유는 무엇인가?

9.46 흑연의 구조를 기술하시오. 흑연에 포함된 탄소의 혼성화는 다이아몬드의 경우와 어떻게 다른가?

9.47 '버키볼'이란 무엇인가? 포함된 탄소의 수는 몇 개인가? 그렇게 명명된 이유는 무엇인가?

9.48 그래핀의 구조와 탄소 나노튜브의 구조는 어떻게 연계되어 있는가? 그래핀의 구조와 흑연의 구조는 어떻게 연계되어 있는가?

9.49 규소의 분자 구조를 설명하시오. 규소가 그래핀과 유사한 동소체를 형성하지 않는 이유는 무엇인가?

9.50 P_4 분자에서 P—P—P 결합각은 얼마인가? 인이 P—P 결합을 형성할 때 p 오비탈을 사용한다면 최적의 겹침을 할 때 형성되는 결합각은 몇 도인가? 두 가지 질문에 대한 답을 바탕으로 P_4가 화학적으로 매우 반응성이 큰 이유를 제시하시오.

9.51 검은인의 분자 구조에 대하여 설명하시오. 검은인의 구조를 그래핀의 구조와 비교할 때 유사점은 무엇인가?

9.52 산소의 동소체 2가지는 무엇인가?

9.53 O_3에 대한 구조를 그리시오. VSEPR 모형을 적용했을 때 O_3의 구조는 선형인가? Lewis 구조를 그리고 형식 전하를 계산하시오. 모든 정보를 종합했을 때 O_3 분자는 극성이겠는가, 비극성이겠는가?

9.54 지구 성층권에서 오존의 유익한 역할은 무엇인가?

9.55 황의 가장 안정한 동소체의 분자 구조를 그리시오.

복습 문제

분자의 모양과 VSEPR 모형

9.56 다음 분자나 이온의 모양을 예측하시오.
(a) NH_2^- (b) NO_3^- (c) IF_3 (d) I_3^- (e) GaH_3

9.57 다음 분자나 이온의 모양을 예측하시오.
(a) NH_4^+ (b) NO_2 (c) SO_3^{2-} (d) O_3 (e) N_2O

9.58 다음 분자나 이온의 모양을 예측하시오.
(a) HIO_3 (b) IF_4^- (c) SeF_4 (d) $SiCl_4$ (e) ICl_2^-

9.59 다음 분자나 이온의 모양을 예측하시오.
(a) H_2S (b) ClF_4^- (c) IBr_3 (d) ClO^- (e) SeO_3

9.60 다음 분자나 이온 중 그림과 같은 모양을 갖는 것은 어느 것인가?

(a) IO_4^- (b) ICl_4^- (c) $SnCl_4$ (d) BrF_4^+

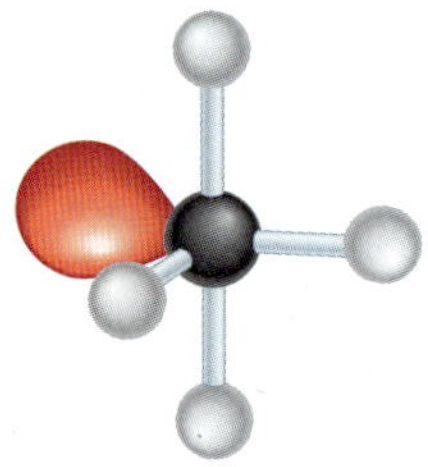

9.61 다음 분자나 이온 중 그림과 같은 모양을 갖는 것은 어느 것인가?
(a) $BrCl_3$ (b) NH_3 (c) NO_3^- (d) SBr_3^-

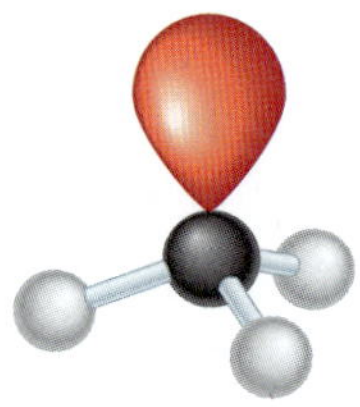

9.62 프로필렌 또는 메틸에틸렌으로 알려진 프로펜은 불포화 유기 화합물로, 화학식이 C_3H_6이다. 프로펜은 이중 결합을 한 개 가지고 있으며, 가장 단순한 알켄족 탄화수소이다. 이 분자의 C=C—C의 결합각을 예측하시오.

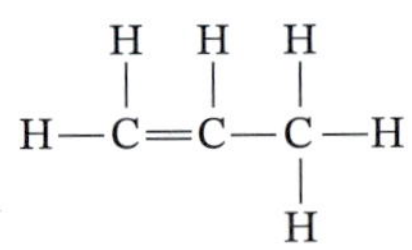

9.63 프로페인(C_3H_4)은 가장 간단한 알카인 중의 하나이다. 다음의 Lewis 구조를 근거로 C≡C—C의 결합각을 예측하시오.

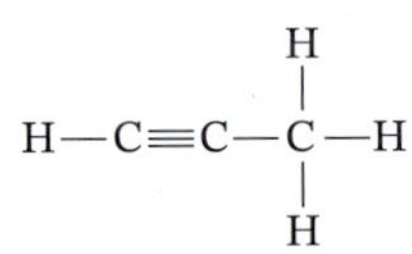

9.64 다음 분자의 결합각을 예측하시오.
(a) Cl_2O (b) NH_3 (c) SO_3 (d) HOCl (e) $SnCl_2$

9.65 다음 이온의 결합각을 예측하시오.
(a) Br_3^- (b) NO_2^- (c) OCN^- (d) CO_3^{2-} (e) MnO_4^-

분자 구조와 쌍극자 모멘트

9.66 다음 분자 중에서 극성 분자일 것으로 예상되는 것은?
(a) HCN (b) PCl_3 (c) HCHO (d) $SnCl_2$ (e) $SbCl_5$

9.67 다음 중 극성으로 예상되는 분자는 어떤 것인가?
(a) $POBr_3$ (b) SO_2 (c) $BrCl_3$ (d) ClF_3 (e) BF_3

9.68 다음 분자나 이온 중에서 알짜 쌍극자 모멘트를 가지고 있는 것은 어느 것인가?
(a) ClNO (b) XeF_3^+ (c) H_2O (d) NH_3 (e) NO_2

9.69 다음 분자나 이온 중에서 알짜 쌍극자 모멘트를 가지고 있는 것은 어느 것인가?
(a) XeF^+ (b) BH_3 (c) SCN^- (d) CN^- (e) $BrCl_3$

9.70 다음 분자나 이온 중에서 알짜 쌍극자 모멘트를 가지고 있는 것은 어느 것인가?
(a) SF_2 (b) SF_3^+ (c) SF_4 (d) SF_5^- (e) SF_6

9.71 다음 분자나 이온 중에서 알짜 쌍극자 모멘트를 가지고 있는 것은 어느 것인가?
(a) $BrCl_2^-$ (b) $BrCl_3$ (c) $BrCl_4^-$ (d) $BrCl_5$ (e) $BrCl_6^+$

9.72 SO_3는 비극성이지만 SO_2는 극성인 이유는 무엇인가?

원자가 결합 이론

9.73 오비탈 그림을 이용하여 VB 이론의 관점에서 F_2 분자의 결합에 대하여 기술하시오. 적절한 오비탈 도표를 함께 제시하시오.

9.74 셀레늄화 수소는 자연계에서 가장 역겨운 냄새를 가진 물질 중의 하나이다. H_2Se 분자의 H—Se—H 결합각은 거의 90°에 가깝다. 오비탈 그림을 이용하여 결합이 형성되는 방법에 대하여 기술하시오. 적절한 오비탈 도표를 함께 제시하시오.

혼성 오비탈과 분자 기하 구조

9.75 오비탈 도표를 이용하여 염화 베릴륨 분자가 어떻게 형성되는지 설명하시오. 이 분자에서 베릴륨은 어떤 종류의 혼성 오비탈을 사용하는가?

9.76 오비탈 도표를 이용하여 사염화 탄소의 결합에 대하여 기술하시오. 이 분자에서 탄소는 어떤 종류의 혼성 오비탈을 사용하는가?

9.77 오비탈 도표를 이용하여 탄소 화합물에 염소를 첨가할 때 사용하는 삼염화 인의 결합에 대하여 기술하시오. 어떤 혼성 오비탈이 이용되는지 함께 밝히시오.

9.78 매우 불쾌한 냄새가 나는 독가스인 헥사플루오린화 텔루륨 결합에 대하여 기술하시오. 텔루륨은 어떤 종류의 혼성 오비탈을 사용하는지 밝히시오.

9.79 다음 분자나 이온에 대해 Lewis 구조를 그리고, VSEPR 모형에 기반한 기하 구조를 이용하여 결합 형성에 사용된 중심 원자의 혼성 오비탈을 결정하시오.
(a) HIO_4^- (b) NO_3^- (c) ClF_3

9.80 다음 분자나 이온에 대해 Lewis 구조를 그리고, VSEPR 모형에 기반한 기하 구조를 이용하여 결합 형성에 사용된 중심 원자의 혼성 오비탈을 결정하시오.
(a) SF_5^- (b) PBr_3 (c) XeF_4

9.81 VSEPR 모형과 VB 이론을 이용하여 다음 분자들의 결합을 설명하고, 오비탈 도표를 이용하여 중심 원자의 혼성에 대하여 설명하시오.
(a) 삼염화 질소 (b) 트라이플루오린화 브로민

9.82 VSEPR 모형과 VB 이론을 이용하여 다음 분자들의 결합을 설명하고, 오비탈 도표를 이용하여 중심 원자의 혼성에 대하여 설명하시오.
(a) 사염화 규소 (b) 이염화 주석

9.83 오비탈 도표를 이용하여 SnF_6^{2-}의 결합에 배위 공유 결합이

포함되어 있음을 보이시오.

9.84 $SnCl_6^{2-}$에서 중심 원소인 주석의 혼성 오비탈은 무엇인가? $SnCl_6^{2-}$에서 Sn의 오비탈 도표를 그리시오. 이 화합물의 기하 구조는 무엇인가?

혼성 오비탈과 다중 결합

***9.85** 질소 원자는 $H_2C{=}NH$에서와 같이 탄소–질소 이중 결합을 형성할 때 sp^2 혼성화가 일어난다. 다음 물음에 답하시오.

(**a**) 이중 결합을 형성하기 위한 겹침이 일어나기 전 질소의 sp^2 혼성 오비탈에 대한 전자 배치를 나타내시오.

(**b**) C_2H_4의 이중 결합과 유사하게, 탄소–질소 이중 결합을 이루는 두 개의 결합을 그림을 그려서 설명하시오.

(**c**) 예상되는 모든 결합각을 포함한 $H_2C{=}NH$의 기하 구조를 그리시오.

9.86 드라이클리닝에 사용되는 사염화 에텐의 화학식은 C_2Cl_4이고 구조는 다음과 같다.

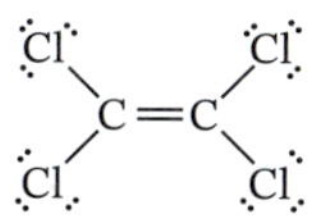

VSEPR 모형과 VB 이론을 이용하여 이 분자에서의 결합에 대하여 설명하시오. 예상되는 결합각은 얼마인가?

9.87 1차 세계 대전에서 독가스로 사용된 포스젠의 화학식은 $COCl_2$이다. 이 가스를 흡입하면 폐의 수분과 반응하여 CO_2와 HCl 기체가 발생하여, 폐에 물이 가득 차게 된다. 이 가스의 구조는 다음과 같다.

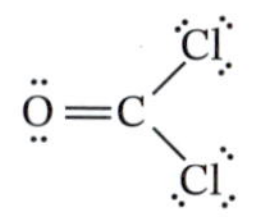

VSEPR 모형과 VB 이론을 이용하여 비 분자의 결합에 대하여 설명하시오.

9.88 다음 분자에서 숫자로 표시한 원자가 사용한 혼성 오비탈의 종류는 무엇인가?

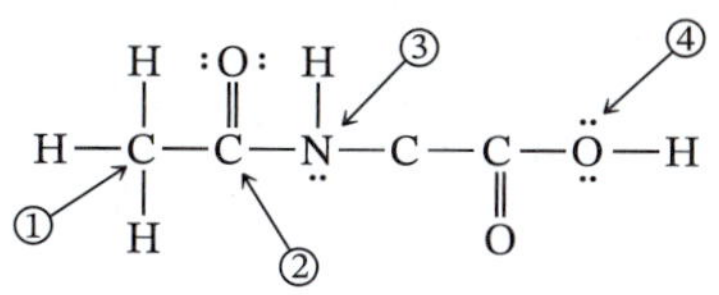

9.89 다음 분자에서 숫자로 표시한 결합은 어떤 종류(σ 혹은 π)인가?

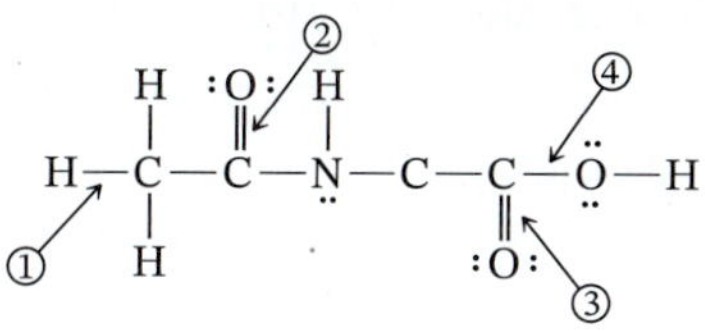

분자 오비탈 이론의 기초

***9.90** O_2에 대한 분자 오비탈 도표를 완성하시오. O_2의 알짜 결합 차수는 얼마인가?

***9.91** N_2에 대한 분자 오비탈 도표를 완성하시오. N_2의 알짜 결합 차수는 얼마인가?

9.92 MO 에너지 도표를 사용하여 (**a**) 다음 각 분자나 이온의 결합 차수를 결정하고 (**b**) 결합 길이가 긴 것과, (**c**) 결합 에너지가 큰 것을 선택하시오.

(**i**) O_2와 O_2^+

(**ii**) C_2와 C_2^+

(**iii**) N_2와 N_2^+

9.93 NO 분자의 MO 에너지 준위가 O_2와 유사하다고 가정하고 다음 물음에 답하시오.

(**a**) NO의 MO 에너지 도표를 그리시오.

(**b**) NO^+가 되었을 때 결합 길이는 어떻게 될지 예측하시오.

(**c**) NO와 NO^+의 결합 에너지를 비교하시오.

9.94 다음 분자나 이온 중에서 상자기성을 띠는 것은 어느 것인가?

(**a**) N_2^+ (**b**) N_2 (**c**) O_2^- (**d**) NO (**e**) CO

9.95 다음 분자나 이온 중에서 상자기성을 띠는 것은 어느 것인가?

(**a**) H_2 (**b**) C_2 (**c**) C_2^- (**d**) He_2^+ (**e**) F_2^+

9.96 동핵 이원자 분자인 B_2, C_2, N_2, O_2, F_2에 대하여 생각해 보자. 각각의 분자에서 전자 2개를 제거하면 결합 차수는 증가하는가, 감소하는가? 결합 길이는 증가하는가, 감소하는가? 형성된 이온은 안정한가?

9.97 동핵 이원자 분자인 B_2, C_2, N_2, O_2, F_2에 대하여 생각해 보자. 각각의 분자에서 전자 1개를 첨가하면 결합 차수는 증가하는가, 감소하는가? 결합 길이는 증가하는가, 감소하는가? 형성된 이온은 안정한가?

추가 연습 문제

***9.98** OH 분자의 MO 에너지 준위 순서가 HF 분자의 에너지 준위와 유사하다고 가정하고 OH 분자의 MO 에너지 준위 도표를 그리시오. (**a**) 결합성 MO와 (**b**) 반결합성 MO에는 각각 몇 개의 전자가 있는가? 분자의 알짜 결합 차수는 얼마인가?

9.99 벤젠은 아세틸렌을 고온의 철제 튜브에 통과시켜서 얻을 수 있다. 다음의 Lewis 구조를 참고할 때 아세틸렌은 어떤 모양의 분자로 예상되는가?

$$CH{\equiv}CH$$

9.100 XCl_3 분자에 대하여 다음 물음에 답하시오.

(**a**) 이 분자의 기하 구조가 삼각뿔이라면, X는 주기율표에서 몇 족 원소이겠는가?

(b) 이 분자의 기하 구조가 평면 삼각형이라면, X는 주기율표에서 몇 족 원소이겠는가?

(c) 이 분자의 기하 구조가 T자형이라면, X는 주기율표에서 몇 족 원소이겠는가?

(d) X가 6A족일 수 있다고 생각하는가? 그 이유를 설명하시오.

***9.101** 비소는 수소와 반응하여 아르신을 형성한다. 아르신의 화학식은 AsH_3이고, H—As—H 결합각은 93.6°이다. As—H 결합을 형성하기 위하여 As가 사용할 것으로 예상되는 오비탈은 p 오비탈과 혼성 오비탈 중 어느 것으로 예상되는가?

9.102 다음 반응에서 분자의 기하 구조와 혼성이 어떻게 변하는지 설명하시오.

(a) $BBr_3 + Br^- \longrightarrow BBr_4^-$

(b) $PI_3 + I^- \longrightarrow PI_4^-$

(c) $ICl_3 + Cl^- \longrightarrow ICl_4^-$

(d) $PBr_3 + Br_2 \longrightarrow PBr_5$

(e) $C_2H_4 + H_2 \longrightarrow C_2H_6$

9.103 다음의 5개 그림 중에서 XeF_4 구조로 가장 적합한 것은 어느 것인가?

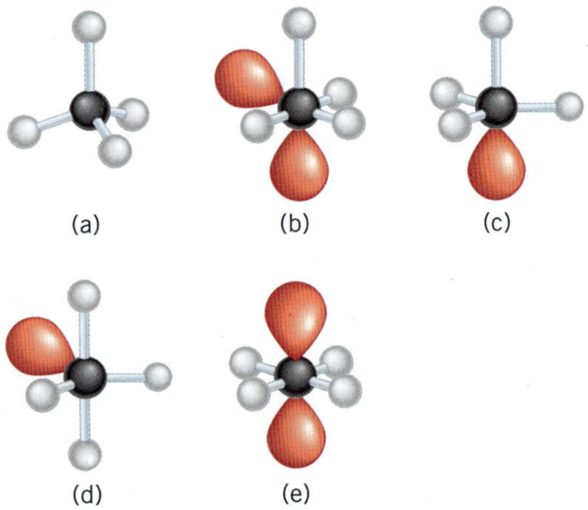

***9.104** 사이클로뷰테인은 C—C—C 결합각이 88°인 사각형에 가까운 분자이다. 사이클로뷰테인의 탄소–탄소 σ 결합이 뷰테인보다 약한 이유는 무엇인가?

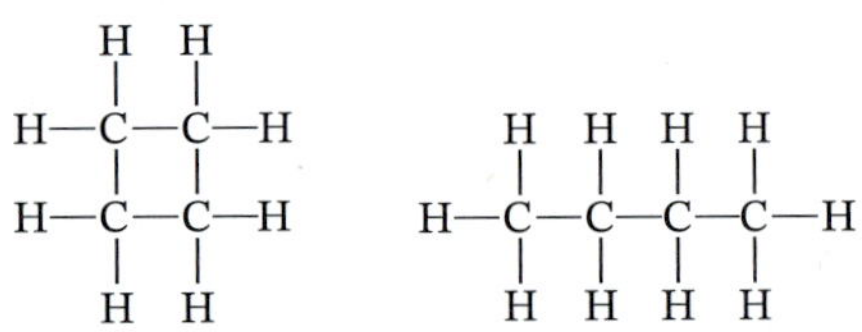

사이클로뷰테인 *n*-뷰테인

***9.105** 삼염화 인(PCl_3)에서 Cl—P—Cl 결합각은 109°보다 작다.

(a) VB 이론의 관점에서 혼성 오비탈을 이용하여 이 결합을 어떻게 설명할 수 있는가?

(b) VB 이론의 관점에서 비혼성 오비탈을 이용하여 이 결합을 어떻게 설명할 수 있는가?

(c) 앞의 2가지 설명 중 실제의 결합각에 적합한 모형이 있는가?

***9.106** **중심 원자와 결합한 원자의 전기 음성도가 클수록 결합 전자 사이의 반발력이 줄어든다.** 이 설명에 근거하여 PCl_3F_2 분자에 대하여 가장 가능한 구조를 예측해 보시오. 분자는 극성인가 혹은 비극성인가?

***9.107** **원자의 원자가 껍질에 들어있는 비공유 전자쌍의 유효 부피는 결합 전자쌍보다 크다. 따라서 비공유 전자쌍의 반발력은 결합 전자쌍보다 크다.** 이 설명에 근거하여 $SeCl_4$와 ICl_5의 결합각이 각각 삼각쌍뿔과 팔면체에서의 결합각에서 어떻게 벗어나는지 설명하시오. $SeCl_4$와 ICl_5의 구조를 그리고 결합각의 편차를 함께 나타내시오.

***9.108** 이중 결합에 있는 2개의 전자쌍은 단일 결합에 있는 1개의 전자쌍보다 다른 전자쌍들과 훨씬 더 강하게 반발한다. 이 설명에 근거할 때 SO_2Cl_2에서 O—S—O 결합각과 Cl—S—Cl 결합각 중 어떤 것이 더 크겠는가? 분자에서 S는 산소 원자 두 개 그리고 Cl 원자 두 개와 결합되어 있다(**힌트**: 분자에 대한 최적의 Lewis 구조를 그리고, 형식 전하를 결정하시오).

9.109 온실가스는 쌍극자를 통한 상호 작용을 이용하여 적외선을 흡수한다. 비극성인 CH_4의 Lewis 구조를 그리고, 쌍극자를 나타내시오. 비극성인 메테인이 온실가스 역할을 할 수 있는 이유는 무엇인가?

9.110 어떤 분자에서는 다음 그림과 같이 p 오비탈과 d 오비탈 사이에 겹침이 형성된다.

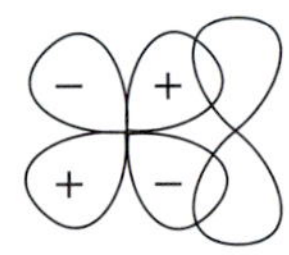

d 오비탈에서 파동 함수의 로브에 대한 대수학적 부호를 함께 나타내었다. 이때 형성되는 결합은 σ 결합인가, π 결합인가? 그 이유는 무엇인가? 결합 MO가 형성될 수 있는 경우의 p 오비탈의 부호를 표시한 그림과 반결합 MO가 형성될 수 있는 p 오비탈의 부호를 표시한 그림을 각각 그리시오.

9.111 보라진($B_3N_3H_6$)은 가장 단단한 물질 중의 하나인 질소화 붕소를 형성하는 전구체이다. 보라진의 구조는 벤젠과 비슷한데, 육각형 고리에 붕소와 질소가 교차해서 위치해 있고 각각의 붕소와 질소에 수소가 하나씩 결합되어 있다. 보라진의 구조를 각 원자의 형식 전하와 함께 그리시오. 고리에서 π 결합은 비편재화되어 있는가? 고리에서 B—N 결합 길이는 모두 동일한가?

***9.112** 이원자 분자에 두 핵을 연결하는 핵간 축을 z축으로 하면, 다른 원자의 d_{xz} 오비탈과 π 결합을 형성하기 위해 겹칠 수 있는 p 오비탈(p_x, p_y, p_z)은 어느 것인가?

다중 개념 문제

***9.113** SO_2 분자는 극성이나 SO_3 분자는 비극성이다. 이 관찰과 두 분자의 결합에 대한 원자가 결합 이론을 바탕으로 다음 문자에 대한 근거를 제시하시오.

혼성 결합을 점유한 비공유 전자쌍은 분자의 전체 쌍극자 모멘트에 영향을 미친다.

***9.114** 뷰타다이엔의 분자식은 C_4H_6이고 다음의 평면(모든 원자가 한 평면에 위치) 구조를 갖는다.

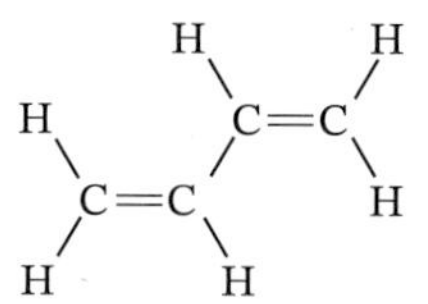

이 분자의 C=C 결합 길이는 134 pm로 일반적으로 C−C 이중 결합에서 예상되는 길이와 유사하나, C−C 단일 결합의 길이는 147 pm로 일반적인 C−C 단일 결합 길이보다 짧다. 다음 물음에 답하시오.

(a) 이 분자에서 탄소 원자가 사용하는 혼성 오비탈의 종류는 무엇인가?

(b) p 오비탈의 측면 겹침(즉 π 형 p−p 겹침)을 할 것으로 예상되는 탄소 원자 한 쌍은 어느 것인가?

(c) **(a)**와 **(b)**에 대하여 제시한 답에 근거하여 중앙의 단일 결합이 일반적인 C−C 단일 결합 길이보다 짧은 이유를 제시하시오.

***9.115** 인과 브로민으로 이루어진 화합물 0.244 g을 물에 녹였더니 아인산과 브로민 이온이 생성되었다. 이 용액에 과량의 $AgNO_3$를 가해서 0.508 g의 AgBr 침전을 얻었다. 인과 브로민으로 구성된 화합물의 화학식을 결정하고, 이 화합물이 극성인지 혹은 비극성인지 밝히시오.

비판적 사고의 과제

9.116 중심 원자에 결합된 주위 원자의 수에 따른 다섯 가지 기본 분자 구조에 대하여 논의하였다. 추가로 가능한 구조가 있는가? 새로운 구조가 가능한지에 대하여 심도 있게 논의해 보시오.

9.117 헵타플루오린화 아이오딘의 구조는 무엇인가? 여러 가지 구조가 가능하다면 VSEPR 모형에 근거할 때 에너지가 가장 낮은 구조는 어느 것인가?

9.118 O_2에서의 O−O 결합은 N_2에서의 N−N 결합보다 약하다. 그 이유를 분자 오비탈 이론에 근거하여 제시하시오.

9.119 비결합 전자를 더하거나 제거할 때 결합 차수나 결합 에너지 등이 어떻게 변하는지 사례를 들어 설명하시오. 또한 비결합 전자의 수가 분자나 이온의 존재 가능성에 대하여 어떤 영향을 미치는가?

9.120 다이보레인(B_2H_6)의 구조는 흔히 다음과 같이 그린다.

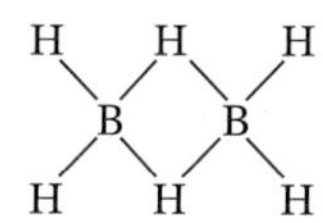

그러나 분자의 원자가 전자의 수는 구조에 나타낸 8개의 단일 결합을 형성하기에는 부족하다. 붕소 원자가 sp^3 혼성 오비탈을 사용한다고 가정하고, 수소의 $1s$ 오비탈이 두 개의 붕소 원자와 다리 결합을 하여 비편재화된 분자 오비탈을 형성하는 방법을 도표로 나타내어 설명하시오. 다리 결합의 평균 결합 차수는 얼마인가?

Luxy Images Limited/Alamy Stock Photo

10장

기체의 성질

이 장의 배경

사진은 Europian Southern 천문대가 칠레에 있는 거대한 망원경을 이용하여 우리 은하로부터 163,000광년 떨어진 마젤란 구름대에서 각각 청색과 적색 빛을 방출하는 두 구름을 찍은 것이다. 7장에서 배운 바와 같이 원자에 포함된 들뜬 전자는 바닥 상태로 되돌아갈 때 빛을 방출한다. 구름대를 직접 볼 수는 없지만 방출되는 빛의 특성을 조사하면 수소와 산소로 이루어진 구름이라는 것을 알 수 있다.

각각 NGC 2014와 NGC 2020으로 명명된 두 구름대가 방출하는 2가지 색의 빛은 과학자들이 실험실에서 재현한 바와 같이 에너지 흡수와 방출이라는 일련의 과정의 결과이다. 적색의 NGC 2014 구름은 주로 수소로 이루어져 있다. 부근에 모여있는 어리지만 고온인 별 무리가 수소에서 전자를 떼어낼 수 있는 빛을 방출한다. 전자가 다시 핵과 합쳐질 때 과량의 에너지가 붉은빛을 내는 광자를 방출한다. 사진의 왼쪽에는 NGC 2020으로 명명된 구름이 밝게 빛나는 신생별 주위에서 청색의 빛을 방출하고 있다. 빛의 색이 청색인 것은 주변의 별이 더 고온이라는 것을 나타낸다. 이 별들은 아마도 태양보다 10배 정도 더 뜨거운 별로, 주변 구름을 구성하는 산소에서 전자를 이온화시킬 수 있을 정도로 고온 상태이다. 전자와 산소 이온과 다시 합쳐질 때 청색의 광자 형태로 에너지를 방출한다.

0장의 표 0.1에서 91%의 수소와 8%의 헬륨 그리고 0.5%의 산소가 전체 우주의 99%를 구성하고 있다는 것을 배웠다. 따라서 우리는 10장에서 다루는 기체의 거동을 상세하게 이해할 필요가 있다. 앞에서 다양한 물질의 화학적 성질에 대하여 논의하였다. 또한 분자나 이온 상태를 유지하게 하는 화학 결합의 본성에 대하여도 논의하였다. 이 장에서는 기체나 액체 혹은 고체의 거동을 지배하는 인자 등을 포함하는 물질의 **물리적 성질**에 대하여 체계적으로 논의할 것이다. 기체에 대한 일상에서의 경험이 많고 또한 개념을 이해하는 것이 비교적 쉽기 때문에 기체에 대하여 먼저 다룰 것이

이 장의 개요

10.1 분자 수준에서의 기체
10.2 압력의 측정
10.3 기체 법칙
10.4 기체의 부피를 이용한 화학량론
10.5 이상 기체 법칙
10.6 Dalton의 부분 압력 법칙
10.7 기체 분자 운동론
10.8 실제 기체
10.9 압축 인자
10.10 대응 상태 법칙

다. 기체에 대한 거동을 이해하면 11장에서 다룰 액체나 고체의 특성을 이해하는 데도 많은 도움을 얻을 수 있다.

일상의 경험을 통하여 여러분은 기체가 가진 여러 가지 성질에 이미 익숙해져 있다. 이 장의 목표는 기체의 행동을 지배하는 물리 법칙을 통하여 기체에 대한 이해를 정리해 보는 것이다. 또한 이러한 기체의 거동을 분자 수준에서 어떻게 해석할 수 있는지도 배우게 될 것이다. 논의 과정에서는 6장에서 처음 소개되었던 에너지 개념을 이용해서 기체 법칙을 설명하고, 결과적으로 기체의 성질을 통해서 기체 분자의 크기와 분자 사이의 인력에 대한 실마리를 얻을 수 있다는 것을 알게 될 것이다.

학습 목표

이 장을 읽고 이해한 후 다음과 같은 것을 할 수 있어야 한다.

- 거시적 혹은 분자 수준에서의 기체 성질을 설명할 수 있다.
- 기압계와 압력계를 이용한 압력 측정 방법을 설명할 수 있다.
- Dalton 법칙, Charles 법칙, Gay-Lussac 법칙, 결합 기체 법칙을 설명하고 사용할 수 있다.
- 기체 법칙과 Avogadro 원리를 이용한 화학량론적 계산을 수행할 수 있다.
- 이상 기체 법칙을 설명하고 응용할 수 있으며, 그것이 어떻게 다른 기체 법칙들을 포함하는지를 설명할 수 있다.
- Dalton의 부분 압력 법칙을 설명할 수 있고 기체를 물 위에서 포집하는 데 응용할 수 있다.
- 기체 분자 운동론의 주된 가정들을 기술할 수 있고, 어떻게 분자 수준에서 기체 법칙들을 설명하는지를 보일 수 있다.
- 실제 기체와 이상 기체 사이의 차이와 관련된 van der Waals 식에 포함된 수정 내용의 물리적 의미를 설명할 수 있다.

학습 목표 달성을 위한 제안

10장에서도 능동적 읽기를 적극적으로 활용할 것을 추천한다. 다음은 10장에서 제시된 여러 내용을 이해하는 데 도움이 되는 몇 가지 제안이다.

1. 노트에 절의 제목과 부제목 별로 수록된 내용에 대한 요약을 정리하라(상세한 내용은 2장을 참고하라).
2. 10장에서 제시된 도구 목록을 쓰고 각각에 대한 설명을 정리하라. 또한 10장에서 제시된 도구가 적용되는 내용 2곳을 찾아라. 각각의 도구가 필요한 질문을 만들어 보라.
3. 노트에 답을 쓰면서 복습 문제를 풀어보라. 제시한 답에 오류가 있으면 정답을 얻을 때까지 반복해서 풀어보라. 강사에게 답을 얻고자 할 때는 '문제를 푼 방식을 제시하고 무엇이 틀렸는지'를 질문하라.

Elemental Imaging/Getty Images

공기는 주어진 부피에 비하여 무게가 너무 작으므로 공기로 채운 물체를 뜨게 한다. 열기구는 많은 사람에게 즐거움을 준다.

10.1 분자 수준에서의 기체

기체는 물질의 일반적인 세 가지 상태 중 하나이다. 물을 예로 생각해 보자. 물은 고체 또는 액체 상태에서는 느끼고 볼 수 있지만, 우리 주변으로 증발하면 마치 사라지는 것처럼 보인다. 이것을 염두에 두고 기체가 액체나 고체와 차이가 나는 이유를 분자 수준에서 설명하는 데 필요한 기체의 고유한 성질 몇 가지를 생각해 보자.

우리는 앞에서 건조한 공기가 21%의 O_2와 78%의 N_2로 구성되어 있다는 것을 배웠다. 대기에 포함된 나머지 성분은 0.9%의 아르곤과 0.1%의 다른 기체들이다. 공기는 다른 기체가 가지는 여러 가지 물리적 성질을 공유하고 있다. 그중 두 가지를 살펴보자.

- 공기 중에서 손을 흔들면 공기를 느끼지만, 저항은 거의 없다(이를 물이 채워진 욕조 안

에서 손을 흔드는 경우와 비교해 보라).
- 병에 기체를 가해도 병의 무게는 거의 변하지 않는다. 그러므로 공기로 채워진 병을 물속에 넣으면 병은 수면으로 재빨리 떠 오른다. 이 두 가지 관찰은 주어진 부피의 공기에 물질이 그리 많이 들어 있지 않다는 것을 암시한다(이것을 공기는 밀도가 낮다고 말한다).

이 밖에 여러분은 기체에 대해서 무엇을 알고 있는가?

- 기체는 압축할 수 있다. 타이어를 팽창시키는 것은 더 많은 기체를 같은 용기(타이어)에 밀어 넣는 것이다. 이 행동은 액체와는 매우 다르다. 이미 채워진 물병에 물을 더 비집고 넣을 수 없다.
- 기체는 압력을 나타낸다. 풍선을 팽창시킬 때 압력을 느낄 수 있다. 또한 풍선을 눌러보면 압력이 모든 방향으로 동등하게 작용하는 것을 알 수 있다.
- 기체의 압력은 넣은 기체의 양에 의존한다. 타이어에 더 많은 공기를 주입하면 압력은 더 높아진다.
- 어떤 용기든 기체를 채우면 그 안을 완전히 채운다. 기체가 반만 차 있는 병이란 말을 들어보지 못했을 것이다. 용기에 기체를 넣으면 팽창해서 그 용기의 전체 부피를 채운다.
- 기체는 자유롭고 빠르게 서로 혼합된다. 옆으로 지나가는 누군가로부터 향수 냄새를 맡았을 때 경험했을 것이다. 그 사람의 향수 증기가 공기와 섞이고 퍼져나간 결과이다.
- 온도가 올라가면 기체의 압력은 증가한다. 이 때문에 에어로솔 깡통에 "소각하지 마시오"라는 경고 문구가 붙어 있다. 밀봉된 깡통을 너무 뜨겁게 만들면 높아진 압력으로 인해 폭발할 위험이 있다.

Lisa Passmore

내부 압력이 너무 높아지면 폭발할 수 있기 때문에 에어로솔 깡통에는 높은 온도에 대한 위험 경고문이 붙어 있다.

처음 관찰되었을 때는 미스터리였던 다음과 같은 몇 가지 현상을, 지금은 물질의 한 형태인 기체와 관련된 지식으로 설명할 수 있다.

- 상한 사과의 질량이 줄어든다.
- 녹슨 못의 질량이 늘어난다.

기체의 분자 모형

지금까지 설명한 기체에 대한 간단한 정성적인 관찰 결과들은 분자 수준에서 기체가 어떤 모습이어야 하는지를 말해 준다(**그림 10.1**). 주어진 부피에 물질이 거의 없다는 사실은 개별 분자 사이에 공간이 매우 넓다는 것을 시사한다. 이것은 기체가 왜 그렇게 쉽게 압축될 수 있는가를 설명한다. 기체를 압축하면 빈 공간의 일부가 단순히 줄어드는 것이다.

또한 기체 분자는 꽤 빠르게 운동한다는 것을 믿는 것이 합리적인 것으로 보인다. 그 외에 어떤 방법으로 향수 분자가 공기를 통해 그렇게 빠르게 이동하는지를 설명할 수 있겠는가? 더구나 기체 분자가 운동하지 않는다면 중력이 분자들을 용기 바닥으로 모두 가라앉게 할 것이다(이런 일은 일어나지 않는다). 그리고 기체 분자가 움직이고 있다면 어떤 기체는 용기의 벽과 충돌할 것이고, 이 작은 충돌 힘이 기체가 작용하는 압력을 설명할 수 있다.

마지막으로 온도를 올리면 기체의 압력이 증가한다는 사실은 온도를 올리면 분자가 더 빠르게 운동하며, 이때 빠른 분자가 벽에 충돌하면 더 큰 힘을 작용하기 때문이라는 것을 시사한다.

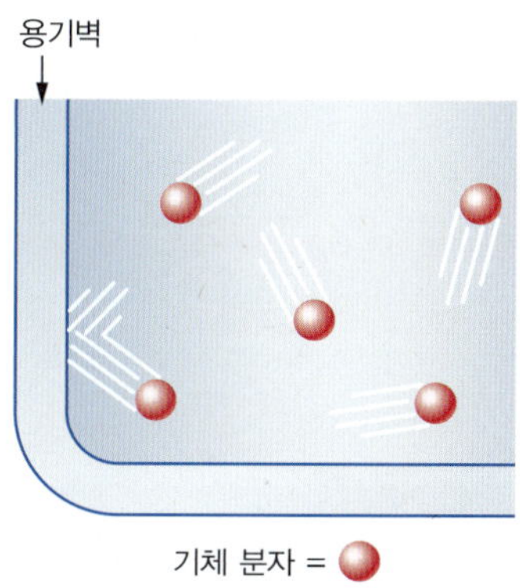

그림 10.1 분자 수준에서 본 기체 기체의 성질과 관련한 간단한 정성적인 관찰만으로도 기체가 지속적으로 운동하는 서로 멀리 떨어진 분자로 구성되어 있다는 결론에 도달할 수 있다. 분자들이 벽에 충돌할 때 작은 힘을 나타내고, 이를 모두 합한 것이 기체 압력에 해당한다.

> **실전 문제 10.1**
> 더 많은 기체를 가하면 압력이 증가하는 이유를 설명하시오. (**힌트**: 기체 압력의 원인은 무엇인가?)

실전 문제 10.2

계산대 위에서 방치된 사과는 질량이 줄어들어서 쪼그라든다. 이와는 반대로 빗속에 방치되어 녹이 슨 철못의 질량은 증가한다. 이런 변화와 관련이 있는 화학적 과정이나 물리적 과정은 무엇인가?

10.2 압력의 측정

6장에서 논의한 것처럼 **압력**(pressure)은 **단위 면적당 힘**으로, 다음과 같이 작용하는 힘을 면적으로 나누어 계산한다.

$$\text{압력} = \frac{\text{힘}}{\text{면적}}$$

예를 들면 지구는 지표나 그 근처에 있는 질량을 가진 모든 것에 대해 중력을 나타낸다. 이 책과 같은 어떤 물체의 **무게**(weight)라고 하는 것은 지구가 그 물체에 작용하는 중력을 측정한 것이다. 기체는 용기를 채우고 용기 전반에 걸쳐 같은 힘을 작용하므로 우리는 압력이라는 용어를 사용할 것이고, 따라서 용기의 면적은 고려할 필요가 없다.

기압계

지구의 중력은 대기 중의 공기 질량을 끌어당겨, 공기가 지구 표면을 보이지 않는 담요처럼 덮게 한다. 공기 내의 분자는 공기와 접하고 있는 모든 물체와 충돌하는데, 이로 인하여 **대기압**(atmospheric pressure)이라고 하는 압력을 생성한다.

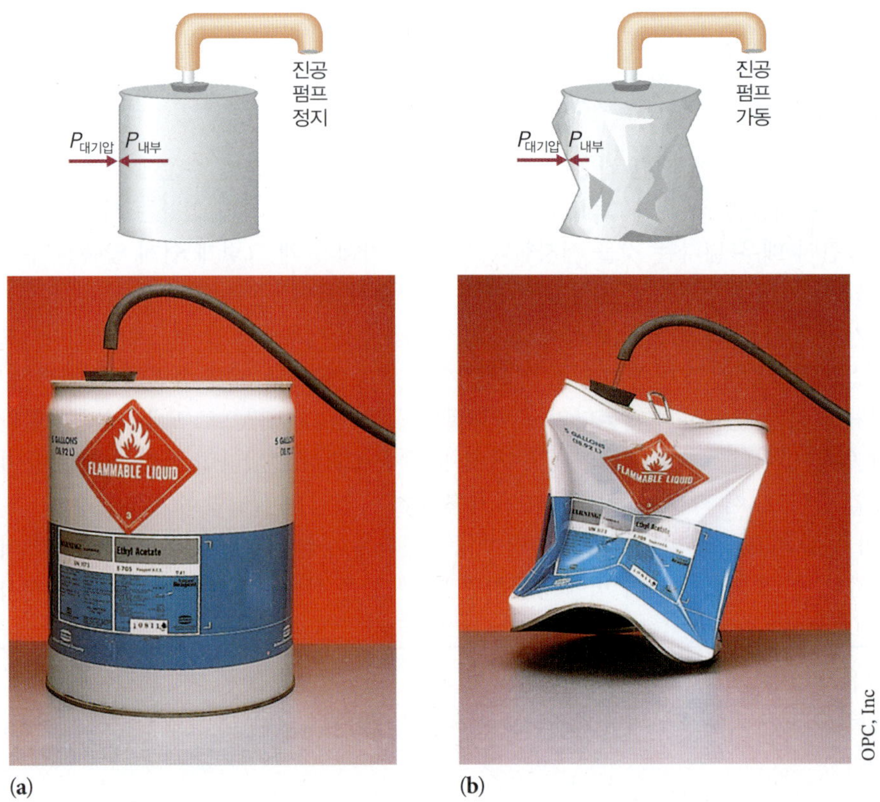

그림 10.2 압력 불균형의 효과 (a) 깡통 내부의 압력 $P_{내부}$가 외부의 대기압 $P_{대기압}$과 같아서 압력은 $P_{내부} = P_{대기압}$으로 균형을 이루고 있다. (b) 진공 펌프가 깡통의 내부 압력 $P_{내부}$를 감소시켜 외부 압력 $P_{대기압}$보다 작아지게 하면, 균형을 잃은 외부 압력이 빠르고 격렬하게 깡통을 찌그러뜨린다.

지구상의 어떠한 특정 위치에서나 대기압은 모든 방향(위, 아래, 옆)으로 동등하게 작용한다. 사실상 대기압은 놀라운 세기의 힘으로 우리 몸을 누른다. 하지만 우리가 그 힘을 실제로 느끼지 못하는 이유는 우리 몸 안에 있는 유체가 똑같은 압력으로 밀어내고 있기 때문이다. 그러나 **그림 10.2**의 깡통처럼 찌그러질 수 있는 용기 안의 기체를 펌프로 뽑아낸다면 대기압을 관찰할 수 있다. 공기가 제거되기 전에는 깡통의 기벽에는 안과 밖에서 똑같은 압력이 작용한다. 그러나 펌프로 공기를 조금 제거하면 내부의 압력이 감소해서 깡통 밖의 대기압은 내부의 압력보다 커진다. 내부 공기를 충분히 제거하면 내부로 향하는 알짜 압력이 충분히 커져서 깡통은 찌그러진다.

대기압을 측정하기 위해서 **기압계(barometer)**라는 도구를 사용한다. 가장 단순한 형태는 **Torricelli 기압계**[1](Torricelli barometer, **그림 10.3**)로, 길이가 80 cm 이상이고, 한쪽이 막힌 유리관으로 구성되어 있다. 장치를 설치하기 위해서 유리관을 수은으로 채우고 끝을 막아 거꾸로 세운 다음, 수은이 든 접시에 담근다. 마개를 제거하면 수은이 밖으로 일부가 빠져나오지만, 전부가 빠져나오지는 않는다.[2] 압력으로 수은이 관으로부터 흘러나오면 접시의 수은 높이는 상승하게 되지만, 접시에서 수은 면을 누르는 대기압이 이런 수은 높이의 상승에 대립하게 된다. 곧 두 압력은 같아져서 더 이상의 수은은 관으로부터 빠져나오지 못한다. 수은이 빠져나와 유리관 상단에 생긴 공간은 공기가 전혀 없는 **진공(vacuum)**이다.

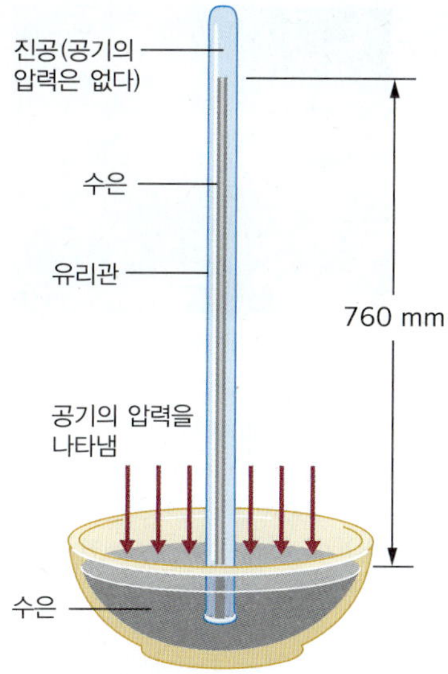

그림 10.3 **Torricelli 기압계** 수은 기압계라고도 하는 이 장치의 유리관 내 수은주의 높이는 대기압에 비례한다. 미국에서는 기상 예보에서 수은주의 높이를 인치 단위로 나타낸다.

수은의 표면으로부터 측정된 접시 안 수은주의 높이는 대기압에 비례한다. 대기압이 높은 날에는 더 많은 수은이 접시 쪽에서 관으로 밀려나서 수은주의 높이는 증가하고, 폭풍우가 접근하는 동안 대기압이 떨어지면 수은이 관으로부터 흘러 나와서 수은주의 높이가 감소한다. 대부분의 사람은 수은주의 높이가 730~760 mm를 오르내리는 대기압의 환경에 살고 있다.

압력의 단위

해수면에서 기압계의 수은주는 760 mm 부근을 오르내린다. 과학자들은 해수면에서의 평균 기압을 기압의 표준 단위로 오랫동안 사용해 왔다. 원래 **표준 기압(standard atmosphere, atm)**은 0°C에서 수은주의 높이가 760 mm를 유지하는 데 필요한 압력으로 정의되었다.[3]

해설 영국 단위로 1기압은 14.7 lb in.$^{-2}$이다. 이것은 해수면에서 사람의 인체 1제곱인치당 15파운드 정도에 해당하는 힘을 받는다는 것을 의미한다.

SI 단위계에서 압력의 단위는 **파스칼(pascal)**이며, 기호로는 **Pa**이다. SI 단위로 파스칼은 1 m^{2}당 **뉴턴**(newton, N 힘의 SI 단위) 단위의 힘이다.

$$1\ \text{Pa} = \frac{1\ \text{N}}{1\ \text{m}^2} = 1\ \text{N m}^{-2}$$

1 Pa는 매우 작은 압력으로 레몬 한 개를 1 m^2 면적 위에 넓게 펴 놓았을 때 작용하는 압력 정도이다. 표준 기압을 다른 SI 단위들과 같이 사용하기 위하여 파스칼(pascal) 단위로 다음과 같이 다시 정의하였다.

$$1\ \text{atm} \equiv 101{,}325\ \text{Pa} \quad \text{(정확히)}$$

파스칼과 관련된 압력의 단위는 **바(bar)**인데, 1 bar는 100 kPa로 정의된다. 결과적으로 1 bar는 1표준 기압보다는 약간 작다(1 bar = 0.9869 atm). 기상 예보에서 태풍과 같은 폭풍 내부의 압력을 설명할 때 **밀리바(millibar)** 단위(1 mb = 10^{-3} bar)를 사용하는 것을 들어본 적이 있을

---

[1] 1643년 이탈리아 수학자였던 Evangelista Torricelli는 같은 액체 위에 거꾸로 서 있는 관 안에 들어 있는 액체의 높이가 대기압에 따라 결정되는 것을 나타내는 한 실험을 제안하였다. 이 개념으로부터 그의 이름을 따라 명명한 Torricelli 기압계를 개발하게 되었다.

[2] 오늘날 수은은 최대한 밀봉된 용기에 보관한다. 수은 원자들이 쉽사리 기체 상태로 빠져나가지 않지만, 수은 증기는 위험한 독극물이다.

[3] 수은을 포함하여 모든 금속은 온도가 증가하거나 감소함에 따라 팽창하거나 수축하기 때문에 수은 기둥의 높이는 온도계처럼 온도에 따라 변한다. 따라서 표준 대기압을 정의하기 위해서는 수은주의 높이를 측정하는 온도를 특정해야 한다.

허리케인 Wilma가 강도 5에 도달했을 때의 인공위성 사진. 태풍의 날개(eye wall)에서 풍속은 시간당 175마일이었다. (South Florida 대학(Judd Taylor)에서 생중계된 Terra MODIS 자료. Wisconsin-Madison에서 화상 처리됨.)

것이다. 지금까지 관찰된 가장 낮은 해수면에서의 대기압은 대서양 분지에 허리케인 Wilma가 왔었던 2005년 10월 19일의 882 mb이다. 그 태풍은 나중에 약화되긴 했지만, Florida를 지나면서 엄청난 피해를 입혔다.

보통의 실험에서 파스칼(또는 킬로파스칼)은 편리한 측정 단위가 아니다. 일반적으로는 **토르**(torr, Torricelli의 이름을 따서)라는 압력 단위를 사용한다. 1 torr는 1 atm의 1/760로 정의한다.

$$1\ \text{torr} \equiv \frac{1}{760}\ \text{atm}$$
$$1\ \text{atm} \equiv 760\ \text{torr} \quad (\text{정확히})$$

1 torr는 수은주를 1 mm 높이만큼 유지시켜 줄 수 있는 압력이다. 사실상 **밀리미터 수은**(**millimeter of mercury**, 줄여서 mm Hg로 씀)은 종종 그 자체가 압력 단위로 사용된다. 가장 정확한 측정을 할 때를 제외하고는 다음과 같은 관계를 사용해도 된다.

$$1\ \text{torr} = 1\ \text{mm Hg}$$

다른 압력 단위로 나타낸 표준 압력(atm)
760 torr
101,325 Pa
101.325 kPa
1.013 bar
1013 mb
14.7 lb in.$^{-2}$
1.033 kg cm^{-2}

실전 문제 10.3

앞에서의 표를 사용하여 대기압을 제곱인치당 파운드로 계산하시오. 그리고 기압계에서 읽은 750 mm Hg를 인치로 나타내시오(**힌트**: 단위를 변환하기 위한 도구를 기억하시오).

실전 문제 10.4

서반구에서 측정된 해수면 기압으로 두 번째로 낮은 것은 1988년에 허리케인 Gilbert가 왔을 때의 888 mb이다. 이 기압은 Pa와 torr로는 얼마인가?

압력계

화학 반응에서 반응물로 사용되거나 생성물로 생긴 기체를 밀폐된 유리 기구를 사용하여 빠져나가는 것을 막을 수 있다. 이런 경우에 기구 안의 압력을 측정하기 위해서 **압력계**(**manometer**)를 사용한다. 압력계는 열린끝 압력계와 닫힌끝 압력계의 두 가지 형태가 일반적이다.

해설 다른 액체와 비교할 때 수은의 장점은 반응성이 낮고 녹는점이 낮으며 밀도가 크기 때문에 압력계에 짧은 관을 사용할 수 있다는 것이다.

열린끝 압력계 **열린끝 압력계**(**open-end manometer**)는 한 개의 U자관에 부분적으로 액체를 채우는데, 대개는 수은을 채운다(**그림 10.4**). U자관의 한쪽 가지는 대기에 열려 있고, 다른 가지는 기체가 채워진 용기에 연결되어 있다. 두 가지에서의 수은의 높이를 비교함으로써 플라스크 내 기체의 압력을 결정할 수 있다. 그림의 10.4(a)에서 수은의 높이가 동일하므로 플라스크 내 기체의 압력은 대기압과 같다. 두 번째로 그림 10.4(b)는 대기에 노출된 가지 쪽의 수

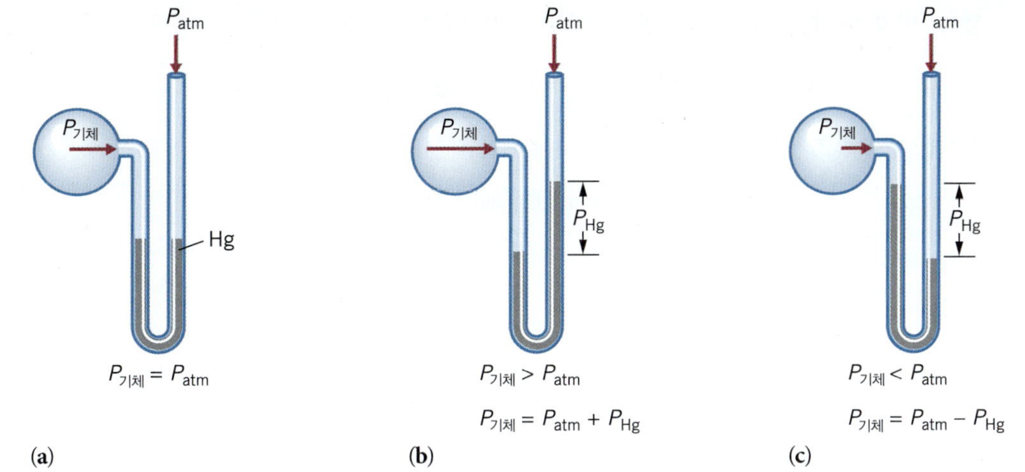

그림 10.4 열린끝 압력계 두 가지에 있는 수은 기둥의 높이 차이를 mm로 측정하면 대기압(P_{atm})과 플라스크에 담겨 있는 기체의 압력($P_{기체}$)과의 차이를 torr로 나타낸 압력과 같다.

은주가 더 높게 나타나므로 플라스크 내 기체의 압력이 대기압보다 높다고 할 수 있다. 그림 10.4(c)는 기체를 포함하고 있는 플라스크에 연결된 가지 쪽의 수은주가 더 높다. 이것은 대기압이 기체의 압력보다 더 높다는 것을 의미한다. 관에 든 수은의 두 가지에서 P_{Hg}는 수은 높이 차이이며, 이는 기체와 대기의 압력 차이와 같다. P_{Hg}를 mm 단위로 측정하면 그 값은 압력의 차이를 torr로 나타낸 것과 같다. 그림 10.4(b)의 경우 갇힌 기체의 압력은 다음과 같이 계산할 수 있다.

$$P_{기체} = P_{atm} + P_{Hg} \quad (P_{기체} > P_{atm})$$

그림 10.4(c)에서 압력을 계산하면 다음과 같다.

$$P_{기체} = P_{atm} - P_{Hg} \ (P_{기체} < P_{atm})$$

예제 10.1 압력계를 이용하여 기체의 압력 측정하기

어떤 학생이 그림과 같이 열린끝 압력계에 연결된 용기에 기체를 모았다. 두 관 속 수은의 높이 차이는 8.4 cm이고 대기압은 750 torr라면 용기에 모은 기체의 압력은 얼마인가?

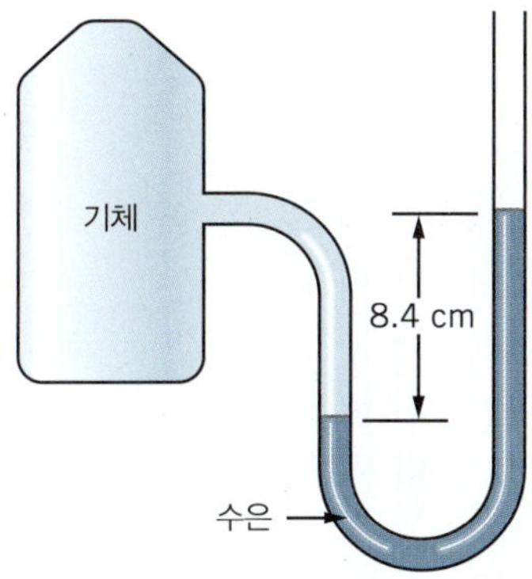

분석 앞의 논의에 의하면 열린끝 압력계를 사용할 때 대기압에 수은 기둥의 높이 차이를 더하거나 빼야 한다는 것을 알고 있다. 올바른 결정을 위하여 상식(기체에 관련된 문제를 풀이하는 데 도움이 되는 것)을 이용하자.

기구를 나타낸 그림을 보면 대기에 노출된 관의 수은이 밀려 올라가 있다. 상식적으로 보아 내부 기체의 압력이 외부 공기의 압력보다 높은 것이 틀림없다. 그러므로 대기압에 압력의 차이를 더해야 한다. 마지막으로 연산을 하기 전에 압력의 차이가 torr 단위로 계산되어 있는지를 확인해야 한다

도구 모음 열린끝 압력계에서의 압력을 결정하는 식이 필요하다.

$$P_{기체} = P_{atm} \pm P_{Hg}$$

그리고 우리는 이미 P_{Hg}를 P_{atm}에 더하기로 결정했다. 우선 표 1.5에 나타낸 SI 접두사의 일반적인 변환 인자를 사용한다.

$$10^{-2}\ \text{m} = 1\ \text{cm과}\ 10^{-3}\ \text{m} = 1\ \text{mm}$$

1 torr가 1 mm Hg와 같다는 정의도 필요하다.

풀이 먼저 cm Hg를 mm Hg로 변환해야 하므로 다음과 같은 변환 인자를 사용한다.

$$8.4\ \cancel{\text{cm}} \times \frac{10^{-2}\ \cancel{\text{m}}}{1\ \cancel{\text{cm}}} \times \frac{1\ \text{mm}}{10^{-3}\ \cancel{\text{m}}} = 84\ \cancel{\text{mm Hg}} \left(\frac{1\ \text{torr}}{1\ \cancel{\text{mm Hg}}}\right) = 84\ \text{torr}$$

분석을 토대로 기체 압력을 얻기 위하여 84 torr를 대기압에 더한다.

$$\begin{aligned} P_{\text{기체}} &= P_{\text{atm}} + P_{\text{Hg}} \\ &= 750\ \text{torr} + 84\ \text{torr} \\ &= 834\ \text{torr} \end{aligned}$$

따라서 기체의 압력은 834 torr이다.

답이 합리적인가? 그림은 기체가 수은을 압력계 밖으로 밀어내려고 시도하는 것처럼 보이므로 기체의 압력이 대기압보다 더 높다고 생각된다. 이는 우리의 계산에서의 논리와 정확하게 일치한다. 따라서 문제를 바르게 풀었다는 것을 확신할 수 있다.

실전 문제 10.5

수은으로 채워져 있는 열린끝 압력계에서 양쪽 가지의 높이가 12×10^{-2} m로 동일하다. 어느 날 대기압이 732 torr였다면, 이 압력계가 측정할 수 있는 최대 압력 및 최소 압력은 얼마인가? (**힌트**: 이 압력계로 최대로 얻어지는 수은 높이 차이는 얼마인가?)

실전 문제 10.6

같은 날, 실전 문제 10.5에서의 압력계를 이용하여 기체의 압력을 측정하였더니 기체가 채워진 용기에 연결된 압력계의 높이가 대기에 노출된 가지보다 80 mm 더 높았다. 기체의 압력은 얼마인가?

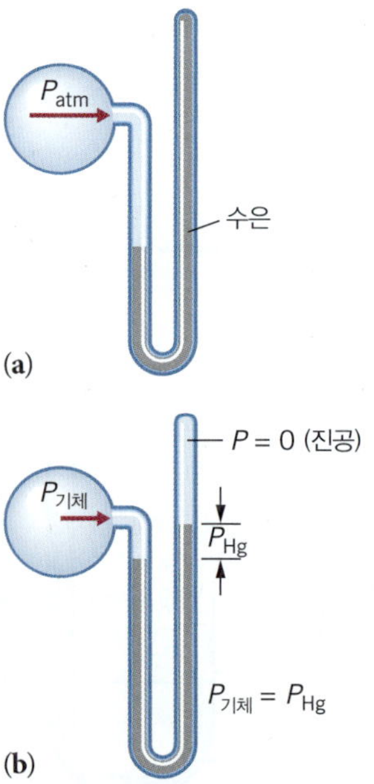

그림 10.5 1 atm(760 torr)보다 낮은 압력을 측정하는 닫힌끝 압력계 (a) 설치할 때 관을 완전히 비우고, 수은을 관의 닫힌 끝부분까지 채워지도록 한다. (b) 기체가 들어 있는 구에 관을 연결했을 때, 수은 기둥 높이의 차이(P_{Hg})를 mm 단위로 측정하면 플라스크에 담겨 있는 기체의 압력($P_{\text{기체}}$)을 torr로 나타낸 압력과 같다.

닫힌끝 압력계 **닫힌끝 압력계(closed-end manometer, 그림 10.5)**는 기체 시료에서 먼 쪽의 막힌 관을 수은으로 완전히 채워서 만든다. 이 디자인에서 열린 쪽을 대기에 노출시키면 닫힌 끝 쪽 수은이 관 끝까지 올라가지만, 대기보다 낮은 압력의 기체가 들어 있는 플라스크에 연결하면 닫힌끝 쪽 수은이 아래로 내려가 그 위에 진공 부분이 생긴다. 기체의 압력은 두 관에서 수은의 높이 차이 P_{Hg}를 읽어서 측정할 수 있다. 대기압을 따로 측정할 필요가 없다.

수은 이외의 액체를 사용하는 압력계 과학자들은 종종 압력계에 수은 이외의 액체를 사용한다. 위험한 수은 유출 가능성을 줄인다는 점에서 설득력 있는 이유이지만, 또 다른 이유는 더 밀도가 낮은 다른 액체들을 사용하면 더 큰 높이의 변화가 관찰되기 때문에 더 정확한 측정이 가능하기 때문이다. 한편 물이나 에틸 알코올 혹은 광물성 기름과 같은 액체로 측정한 값을 수은으로 측정한 값으로 환산할 수 있다.

액체의 높이 차이에 대응하는 수은의 높이로 변환하기 위해서 대체할 액체의 밀도를 알아야 한다. 동일한 압력을 두 가지 액체를 이용하여 측정했을 때, 측정한 두 높이는 다음과 같이 각각의 밀도에 반비례한다.

$$\frac{\text{액체 1의 높이}}{\text{액체 2의 높이}} = \frac{\text{액체 2의 밀도}}{\text{액체 1의 밀도}}$$

액체 1이 수은이고 높이를 mm 단위로 측정하였다면, 다음의 식을 사용할 수 있다.

$$\text{mm Hg} = \text{mm 액체} \times \frac{\text{액체의 밀도}}{\text{수은의 밀도}}$$

이 식을 이용하여 밀도를 아는 어떤 액체든지 압력계에 사용하고, 그에 대응하는 mm Hg 단위의 압력을 구할 수 있다.

압력계에 수은 대신 물을 사용하는 경우를 생각해 보자. 물은 고밀도의 수은에 비해 밀도가 작기 때문에, 물의 높이는 수은 높이의 13.6배가 된다. 물을 사용하는 압력계는 수은 압력계보다 13.6배 정밀한 측정이 가능하다는 점에서 실용적이다. 단점은 기압을 측정하는 데 사용하는 물 압력계의 높이가 3층 건물 높이인 10 m 이상이어야 한다는 점이다.

10.3 기체 법칙

앞에서 우리에게 익숙한 기체의 성질 몇 가지를 논의해 보았다. 지금까지의 논의는 정성적이었지만 이제 압력과 압력의 단위를 공부하였으므로 기체의 행동을 정량적으로 다룰 수 있다.

기체의 성질에 영향을 주는 네 가지 인자는 압력, 부피, 온도, 기체의 양이다. 이 절에서는 기체의 양(그램 또는 몰수)이 일정한 조건에서 기체가 압력이나 부피 혹은 온도의 변화에 어떻게 반응하는지 살펴보기로 하자.

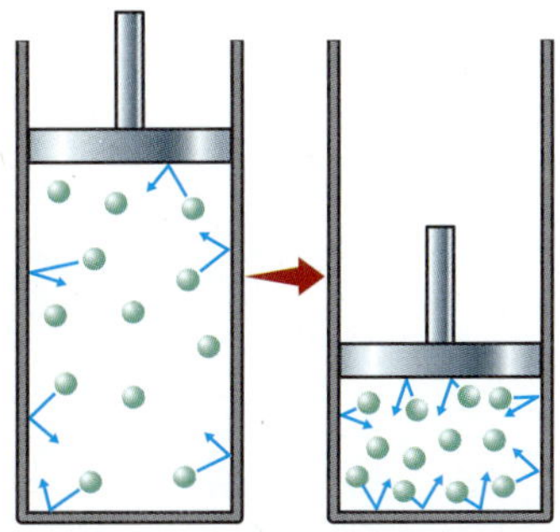

그림 10.6 기체를 압축하면 압력이 증가한다. 기체의 부피를 줄이면 어떤 일이 발생하는지에 대한 분자 수준의 그림. 분자가 밀집하게 되어 벽에 대한 단위 면적당 충돌수가 증가하기 때문에 압력이 높아진다.

압력–부피 법칙

자전거 타이어에 공기를 펌프로 넣어주면 작은 부피 안에 공기가 주입되어 압력이 높아진다. 기체 분자를 좁은 공간 안에 집어넣으면 기체 분자와 벽과의 충돌수가 증가하며, 이 충돌의 결과인 압력이 증가한다(**그림 10.6**).

아일랜드의 과학자 Robert Boyle(1627~1691)은 일정한 양의 기체에 대해서 부피와 압력과의 연관 관계를 결정하는 정량 실험을 하였다. 부피가 온도에도 영향을 받기 때문에 온도 역시 일정하게 하였다. 그의 실험에서 얻은 대표적인 자료를 **그림 10.7(a)**에 나타내었다. 그림은 온도가 일정한 조건에서, 일정한 양의 기체의 부피는 가해진 압력에 반비례한다는 것을 보여준다. 수학적으로 이것은 다음과 같이 표시될 수 있다.

$$V \propto \frac{1}{P} \quad \text{(기체의 온도와 양은 일정)}$$

여기서 V는 부피이고 P는 압력이다. 압력과 부피에 대한 이 관계를 **Boyle 법칙(Boyle's law)** 또는 **압력–부피 법칙(pressure-volume law)**이라고 한다.

위의 식에서 비례 기호 ∝ 대신 비례 상수 C를 도입하여 식을 다시 쓰면 다음과 같다.

$$V = \frac{1}{P} \times C \quad \text{혹은} \quad PV = C$$

이 식은 일정한 온도에서 기체의 압력이 두 배로 증가하면 기체의 부피는 반으로 줄어들어

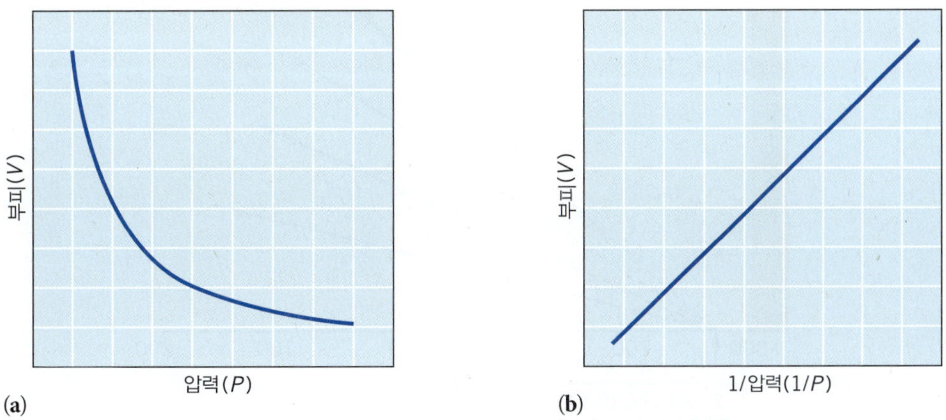

그림 10.7 일정한 온도에서 일정량의 기체의 압력에 대한 부피의 변화 (a) 압력에 대한 부피의 관계를 나타낸 그림으로, 압력이 증가하면 부피가 감소하는 것을 보여준다. (b) 부피를 $1/P$에 대하여 나타내면 직선이 얻어지며, 이는 $V \propto 1/P$ 관계를 보여준다.

$P\times V$가 변하지 않는다는 것을 의미한다.

이 관계식은 일반적으로 실험실에서 사용되는 온도와 압력 범위에서 모든 기체에 대해서 본질적으로 똑같이 적용된다.

이상 기체

아주 정밀한 측정을 하면 Boyle 법칙이 항상 잘 맞는 것이 아니라는 것을 발견할 수 있다. 기체의 압력이 매우 높거나 기체가 액체로 변하는 온도 부근에서는 특히 문제가 된다. 비록 실제 기체가 Boyle 법칙이나 우리가 공부할 다른 기체 법칙을 **완벽하게** 따르지는 않더라도, 이 법칙을 따르는 가상적인 기체를 상상하는 것이 유용하다. 이와 같은 가상적인 기체를 이상 기체라고 한다. **이상 기체(ideal gas)**는 **모든 온도와 압력 범위에서 기체 법칙들을 정확하게 따른다.** 실제 기체는 압력이 감소하고 온도가 증가함에 따라서 이상 기체와 더욱 비슷하게 행동한다. 극도로 정교한 측정이 요구되는 것이 아니면, 실험실에서 사용하는 대부분의 기체는 이상 기체로 간주할 수 있다.

온도–부피 법칙

해설 프랑스의 과학자인 Charles(1746~1823)은 열기구에 상당히 관심이 있었다. 그는 처음으로 수소를 채워 기구를 띄운 사람이다.

프랑스의 화학자이자 수학자였던 Jacques Alexander Charles은 1787년에 당시 프랑스에서 인기를 끌기 시작했던 열기구에 흥미를 가지게 되어, 압력은 일정하게 유지하면서 온도를 변화시키면 기체의 부피가 어떻게 변하는지에 대한 상관관계를 연구하게 되었다.

Charles이 수행한 실험의 결과를 그림으로 나타내면, **그림 10.8**과 같은 그래프가 얻어진다. 이 그래프는 섭씨온도에 대한 기체의 부피 변화를 나타낸 것으로, 점으로 나타낸 결과에 대한 최적의 직선을 그린 것이다. 그림에서 각각의 직선은 서로 다른 양의 시료에 대한 결과를 나타낸 것이다. 온도를 충분히 낮추면 모든 기체는 궁극적으로 액화하기 때문에, 실선으로 표시한 부분이 측정이 가능한 구간이다. 더 낮은 온도에서는 기체가 액화한다. 그러나 액화하지 않는다고 가정하고 기체의 부피가 0이 되는 점까지 선을 외삽하면, 모든 선은 같은 온도인 −273.15 °C에서 만난다.

모든 기체의 온도에 대한 부피의 변화 그림에서 부피가 0인 점까지 외삽하면 온도 축이 −273.15 °C를 지난다는 것은 매우 중요한 의미를 가진다. 이 점은 기체가 응축되지 않는다고 가정할 때 부피가 0이 되는 온도이며, 이 온도 이하에서 부피는 0보다 작아진다. 부피가 음수가 되는 것은 불가능하므로 −273.15 °C가 자연에서 얻을 수 있는 가장 낮은 온도로 추정되며, 이를 **절대 영도(absolute zero)**라고 한다.

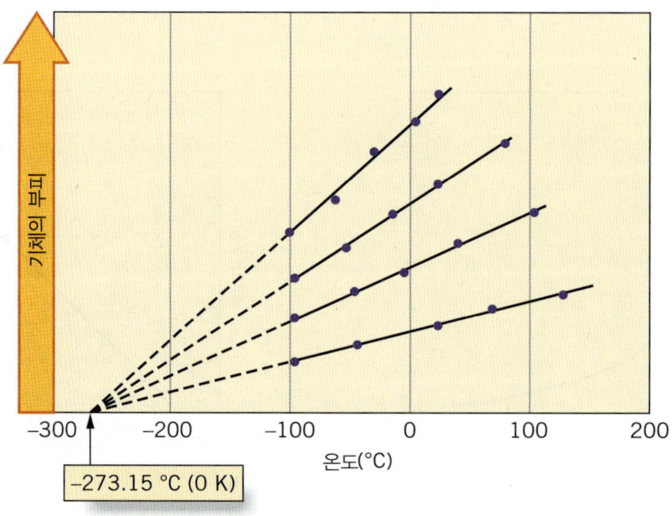

그림 10.8 Charles 법칙 그림에서 각각의 직선은 서로 다른 양의 기체에 대하여 온도에 따른 기체 부피의 변화를 나타낸 것이다.

이미 배운 바와 같이 절대 영도는 Kelvin 온도 척도에서의 영점에 해당하며, Kelvin 온도를 구하기 위해서는 섭씨온도에 273.15 °C를 더하면 된다.[4]

$$T_K = (t_C + 273.15\ °C)\left(\frac{T_K}{t_C}\right)$$

대부분 세 개의 유효 숫자로 충분하므로 다음과 같이 근사식을 사용할 수 있다.

$$T_K = (t_C + 273\ °C)\left(\frac{T_K}{t_C}\right)$$

해설 Kelvin 온도를 나타내기 위하여 대문자 T를 사용한다. 이제부터 아래 첨자 K는 사용하지 않기로 한다.

그림 10.8의 직선 부분은 일정한 압력에서 기체의 부피는 온도에 비례한다는 것을 보여 주며, 이때 온도의 단위로는 일반적으로 켈빈을 사용한다. 이것을 **Charles 법칙(Charles' law)** 또는 **온도–부피 법칙(temperature-volume law)**이라고 하며, 다음의 식으로 표현한다.

$$V \propto T \qquad \text{(기체의 압력과 양은 일정)}$$

비례 상수 C'을 사용하면 다음과 같이 쓸 수 있다.

$$V = C'T \qquad \text{(기체의 압력과 양은 일정)}$$

해설 C'의 값은 기체 시료의 크기와 압력에 의존한다.

압력–온도 법칙

프랑스의 과학자 Joseph Louis Gay-Lussac은 일정한 부피에서 기체의 양이 일정할 때 압력과 온도가 어떻게 연관되는지를 연구하였다(이러한 조건은 에어로솔 깡통과 같이 견고한 벽을 가진 용기 안에 기체를 가두었을 때 얻을 수 있다). 그는 일정한 부피에서 일정량의 기체의 압력은 켈빈 온도에 비례한다는 연구 결과를 얻었는데, 이러한 상관관계를 **Gay-Lussac 법칙(Gay-Lussac's law)** 또는 **압력–온도 법칙(pressure-temperature law)**이라고 하고, 다음과 같은 식으로 나타낼 수 있다.

해설 Gay-Lussac(1778~1850)은 프랑스의 과학자로, 붕소 원소를 공동으로 발견한 사람 중 한 사람이다.

$$P \propto T \qquad \text{(기체의 부피와 양은 일정)}$$

비례 상수 C''을 사용하면 Gay-Lussac 법칙은 다음과 같아진다.

$$P = C''T \qquad \text{(기체의 부피와 양은 일정)}$$

해설 여러 법칙에서 사용되는 상수는 서로 다르기 때문에 상수에 다른 기호를 사용하고 있다.

결합 기체 법칙

지금까지 검토한 세 가지의 기체 법칙을 하나의 식으로 묶을 수 있다. 이를 **결합 기체 법칙(combined gas law)**이라고 하는데, 이 법칙은 일정한 양의 기체에 대해서 PV/T는 일정하다고 표현할 수 있다.

$$\frac{PV}{T} = \text{상수} \qquad \text{(일정한 기체의 양에 대해)}$$

결합 기체 법칙은 온도, 압력, 부피를 알고 있는 일정량의 기체에 대하여 두 가지 조건이 변화되었을 때, 나머지 하나의 조건이 어떻게 변하는지를 구하고자 하는 문제에 사용된다. 초기 P, V, T의 조건에 아래 첨자 1을 붙이고 최종 도달한 조건에 아래 첨자 2를 붙이면, 결합 기체 법칙은 다음과 같이 유용한 형태로 쓸 수 있다.

$$\boxed{\frac{P_1V_1}{T_1} = \frac{P_2V_2}{T_2}} \qquad \textbf{(10.1)}$$

도구
결합 기체 법칙

[4] 1장에서 이 식을 단위 제거를 강조하기 위해서 $T_K = (t_C + 273.15\ °C)\left(\frac{1\ K}{1\ °C}\right)$로 나타내었다. 그러나 계산상 섭씨온도에 273.15를 더하기만 하면 Kelvin 온도를 얻을 수 있다(유효 숫자 세 개로 충분한 경우에는 273을 더한다).

이 식을 적용할 때, 온도 T는 항상 켈빈 온도를 사용해야 한다. 압력과 부피는 어떤 단위를 사용해도 되지만, 식의 한쪽에 사용한 단위를 다른 쪽에도 똑같이 사용해야 한다.

식 10.1에 특별한 조건을 적용하면 각각의 기체 법칙으로 수렴하는 것을 간단하게 확인할 수 있다. 예를 들면 Boyle 법칙은 온도가 일정할 때 적용된다. 이런 조건에서 T_1과 T_2는 식에서 서로 상쇄되고 다음 식이 남는다.

$$P_1V_1 = P_2V_2 \qquad (T_1\text{과 } T_2\text{가 같을 때})$$

이것은 Boyle 법칙을 표현하는 한 가지 방법이다. 이와 비슷하게 일정한 압력 조건에서 압력은 제거되어 식 10.1은 다음과 같이 된다.

$$\frac{V_1}{T_1} = \frac{V_2}{T_2} \qquad (P_1\text{과 } P_2\text{가 같을 때})$$

이것은 물론 Charles 법칙을 표현하는 또 다른 방법이다. Gay-Lussac 법칙에 필요한 일정한 부피 조건에서는 부피가 제거되어 식 10.1은 다음과 같이 된다.

$$\frac{P_1}{T_1} = \frac{P_2}{T_2} \qquad (V_1\text{과 } V_2\text{가 같을 때})$$

강의실 밖의 화학 10.1

휘핑 크림

그림 1의 디저트는 아주 구미가 당기지만, 1934년까지는 누구든 직접 크림에 거품을 내야 했다. 그 당시 식품 과학자들은 오랜 조리 시간이 필요 없는 '즉석 식품'을 만들기 위한 화학에 관심이 많았다.

많은 식품을 통조림으로 만들 수 있다. 슈퍼마켓에 진열된 야채나 고기 혹은 과일 통조림을 보라. 이들은 편리할 뿐만 아니라, 신선한 야채, 고기, 과일보다 유통 기한이 훨씬 길다. 신선한 식품은 1930년에 보급된 냉장고를 이용하여 더 오래 보관할 수 있었으며, 냉동식품과 아이스크림을 위한 냉동고도 직후에 개발되었다. 현대에는 집에서도 아이스크림을 먹을 수 있게 되었지만, 여전히 선데이 아이스크림(아이스크림을 컵에 담아 시럽을 뿌리고 크림 등의 토핑을 얹어 먹는 미국식 디저트의 일종)에는 휘핑크림이 필요하다.

1934년경 Illinois 대학 화학과의 대학원생이었던 Charles Getz는 크림에 혼합된 거품형 에어로솔 기포 생산법을 개발하고 특허를 신청했다. 개념은 간단했다. 캔에 고압의 기체와 함께 크림을 넣은 후, 크림과 함께 기체를 뿌리면 거품이 일어 휘핑크림이 만들어진다. 추진제로 여러 기체를 시도했지만 성공하지 못했다. Getz는 이산화 탄소가 우유에 거품을 만들지만, 산성인 CO_2의 신맛 때문에 식품의 맛이 떨어질 수 있음을 알아냈다. 그는 특별한 맛이 안 나고 좋은 상품을 만들 수 있는 아산화 질소로 전환하였다. 현재에는 비극성의 CO_2와 N_2O를 액체 크림의 비극성 지방에 녹여서 원하는 크림을 만들고 있다. 압력을 제거하면 기체가 팽창하면서 작고 상대적으로 균일한 거품을 형성한다. 1935년에 Getz는 아산화 질소로 거품 크림을 제조하는 방법에 대한 특허를 신청하였으며, 1942년에 특허 2,294,172호가 등록되었다. St. Louis 출신의 발명가인 Aaron 'Bunny' Lapin은 1948년에 Reddi-wip®라는 휘핑크림을 만들었다.

ffolas/Shutterstock

그림 1 에어로솔 용기에서 나오는 휘핑크림

예제 10.2 결합 기체 법칙 이용하기

Fuse /Getty Images

소형 형광등은 들뜬 아르곤 원자와의 충돌로 들뜬 기체 상태의 수은이 방출하는 235.7 nm의 자외선 빛을 이용한다. 자외선을 가시광선 영역의 빛으로 바꾸기 위하여 형광등 내부를 인간의 눈에는 백색광으로 보이는 다양한 파장의 빛을 발생시키는 인광 성질을 가진 물질로 코팅한다. 24 °C에서 아르곤이 57.8 atm의 압력으로 압축되어 있는 12.0 L 실린더를 사용하여, 각각의 부피가 53.4 mL인 전구를 21 °C에서 아르곤의 압력이 2.28 torr가 되게 채운다. 실린더에 든 기체로 몇 개의 전구를 채울 수 있겠는가?

분석 몇 개의 전구를 채울 수 있을지를 구하기 위해 알아야 할 것은 무엇인가? 21 °C에서 압력이 2.28 torr인 기체의 전체 부피를 구한 다음, 한 개의 전구가 가진 부피로 나누면 채울 수 있는 전구의 수를 구할 수 있다. 그러므로 주된 문제는 압력이 2.28 torr로 감소하고, 온도가 21 °C로 낮아질 때 실린더에 있는 아르곤 기체의 부피가 얼마가 되는지 결정하는 것이다.

도구 모음 아르곤의 전체 양은 변하지 않으므로 다음의 결합 기체 법칙을 계산에 사용할 수 있다.

$$\frac{P_1V_1}{T_1} = \frac{P_2V_2}{T_2}$$

풀이 먼저 온도는 켈빈 단위이고, P와 V에 대한 값이 서로 소거될 수 있도록 같은 단위인지를 확인해야 한다. 이를 위해 57.8 atm을 torr 단위로 바꾸어야 한다.

$$57.8\ \cancel{\text{atm}} \times \frac{760\ \text{torr}}{1\ \cancel{\text{atm}}} = 4.39 \times 10^4\ \text{torr}$$

결합 기체 법칙을 사용하기 위해, 초기 및 최종 조건에 적절한 값을 대입한 표를 만들자.

초기(1)		초기(2)	
P_1	4.39×10^4 torr	P_2	2.28 torr
V_1	12.0 L	V_2	?
T_1	297 K (24 + 273)	T_2	294 K (21 + 273)

최종 부피를 얻기 위해서 V_2에 대해서 푼다.

$$\frac{P_1V_1}{T_1} = \frac{P_2V_2}{T_2}$$

온도비

$$V_2 = V_1 \times \frac{P_1}{P_2} \times \frac{T_2}{T_1}$$

압력비

이제 표의 수치를 대입하자.

$$V_1 = 12.0\ \text{L} \times \frac{4.39 \times 10^4\ \cancel{\text{torr}}}{2.28\ \cancel{\text{torr}}} \times \frac{294\ \cancel{\text{K}}}{297\ \cancel{\text{K}}}$$

$$= 2.29 \times 10^5\ \text{L}$$

구한 부피를 전구의 부피(53.4 mL)로 나누기 전에 단위를 mL로 변환해야 한다.

$$2.29 \times 10^5\ \cancel{\text{L}} \times \frac{1000\ \text{mL}}{1\ \cancel{\text{L}}} = 2.29 \times 10^8\ \text{mL}$$

전구당 부피는 다음의 등가 관계를 성립시킨다.

$$1\text{개의 전구} \Leftrightarrow 53.4\ \text{mL 아르곤}$$

이 관계를 이용하여 채울 수 있는 전구의 수를 찾아내기 위한 변환 인자를 구할 수 있다.

$$2.29 \times 10^8\ \cancel{\text{mL 아르곤}} \times \frac{1\text{개의 전구}}{53.4\ \cancel{\text{mL 아르곤}}} = 4.28 \times 10^6\text{개의 전구}$$

4백만 개 이상의 전구이다! 보다시피 각 전구에는 아르곤 기체가 그리 많이 들어 있지 않다.

답이 합리적인가? 결합 기체 법칙을 적절하게 잘 세웠는지를 결정하기 위해서 압력과 온도의 비가 부피를 올바른 방향으로 움직였는지 점검하자. 초기 조건에서 최종 조건으로 가면서 압력은 4.39×10^4 torr에서 2.28 torr로 감소하였으므로 부피는 상당히 증가해야 한다. 압력비는 1보다 훨씬 더 크다. 그러므로 이것으로 곱하면 부피를 증가시킬 것이고, 이는 예상한 것에 부합한다. 다음에는 온도 변화를 보자. 온도가 낮아지면 부피가 줄어드는 경향이 있다. 그러므로 1보다 작은 비로 곱해야 한다. 비 $^{294}/_{298}$은 1보다 작다. 그러므로 그 비도 맞다.

설정이 잘 되었으므로 수를 어림함으로써 계산을 확인한다. 답을 짐작하기 위해서 수치를 어림할 수 있는 한 가지 방법은 다음과 같다.

$$V_2 = 12.0\ \text{L} \times \frac{4.5 \times 10^4\ \cancel{\text{torr}}}{2\ \cancel{\text{torr}}} \times \frac{300\ \cancel{\text{K}}}{300\ \cancel{\text{K}}}$$

추정된 답은 $V_2 = 27 \times 10^4$ L이며, 이것은 우리의 계산 결과와 매우 비슷하다. 리터에 10^3을 곱하면 27×10^7 mL의 결과를 얻는다. 그리고 53.4 mL/전구를 50 mL/전구로 '어림할' 수 있다. 이 둘을 나누면 5×10^6개 전구라는 결과를 얻는다. 이것은 다시 계산된 결과와 매우 잘 일치한다.

통찰력이 있는 학생은 마지막에 실린더에 아르곤이 약간 남는다는 것을 알았을 것이다. 그러나 이 양은 유효 숫자 범위에서 구한 전구의 개수 4.28×10^6개에 영향을 미치지 않는다.

실전 문제 10.7

결합 기체 법칙을 사용해서 Kelvin 온도가 세 배가 되고 부피가 두 배가 될 때 이상 기체의 압력은 몇 배가 되는지 결정하시오(**힌트**: 때로는 처음 온도, 부피, 압력에 대한 임의의 값을 주고 문제의 조건을 적용하면 쉬울 수 있다).

실전 문제 10.8

부피가 660 cm^3, 압력이 750 torr, 온도가 21.0 °C인 질소 시료를 57.0 °C로 가열하여 최종 부피가 840 cm^3가 되었다면 압력은 얼마가 되겠는가?

10.4 기체의 부피를 이용한 화학량론

일정 온도와 압력에서의 반응

과학자들이 기체 반응에 대한 정량적인 연구를 하는 동안 흥미 있는 발견을 하였다. 기체 반응물과 기체 생성물의 부피를 같은 온도와 압력에서 측정하면 그들 사이에 간단한 정수비 관계가 있다는 것이다. 예를 들면 수소 기체는 염소 기체와 반응하여 염화 수소 기체를 생성한다. 다음 반응식에서 이름 아래에 반응에 참여하는 기체의 상대적인 부피를 함께 나타내었다

(같은 T와 P에서).

$$\underset{\text{1부피}}{\text{수소}} + \underset{\text{1부피}}{\text{염소}} \longrightarrow \underset{\text{2부피}}{\text{염화 수소}}$$

이 반응식은 수소 기체 1.0 L는 염소 기체 1.0 L와 반응하여 염화 수소 기체 2.0 L를 생성한다는 것을 의미한다. 수소 기체를 10.0 L 사용하면, 나머지 기체의 부피는 모두 10배가 될 것이다. 100℃ 이상에서 수소가 산소와 결합하여 기체인 물을 생성하는 경우에도 비슷하게 부피 사이에 간단한 정수비가 관찰된다.

$$\underset{\text{2부피}}{\text{수소}} + \underset{\text{1부피}}{\text{산소}} \longrightarrow \underset{\text{2부피}}{\text{물(기체)}}$$

같은 온도와 압력에서 측정한 반응물과 생성물의 부피 비는 간단한 정수비인 것을 주목하라.[5]

Gay-Lussac은 이와 같은 관찰을 **결합 부피 법칙**(**law of combining volume**)으로 정리하였다. 이 법칙은 기체들이 반응할 때 부피의 비는 간단한 정수비를 이룬다는 것이다. 훨씬 나중에 이 '간단한 정수'라는 것이 반응식의 반응 계수에 해당한다는 것을 알게 되었다.

Avogadro 원리

기체가 간단한 정수비의 부피로 반응한다는 관찰을 통하여 Amedeo Avogadro는 일정한 T와 P에서 같은 부피의 기체는 같은 수의 분자를 포함하고 있다는 결론을 내렸다. 오늘날 '같은 수의 분자는 같은 몰수'를 의미한다는 것을 알고 있다. **Avogadro 원리**(**Avogadro's principle**)라고 하는 Avogadro의 통찰은 다음과 같이 요약할 수 있다. 일정한 온도와 압력에서 측정했을 때, 같은 부피의 기체에는 같은 몰수의 기체가 포함되어 있다. Avogadro 원리는 필연적으로 기체의 부피는 기체의 몰수 n에 비례한다고 귀결될 수 있다.

해설 이탈리아의 과학자인 Avogadro(1776~1856)는 화학과 관련한 정량적인 기초를 튼튼히 하는 데 도움을 주었다.

$$V \propto n \qquad (\text{일정한 } T\text{와 } P\text{에서})$$

화학의 주요 사건 10.2

혼돈으로부터 합의

19세기가 시작할 무렵의 화학은 혼란의 상태에서 점차 체계화되기 시작하는 시기였다. 1801년까지 발견된 원소는 34가지였고, 특히 Pennsylvania의 Joseph Priestley에 의하여 산소가 발견되고 이제 막 연구되기 시작한 때 였다. 당시에 황산 용액에 철가루를 가할 때 생성되는 기포가 주목을 끌었다. 이 기체는 1500년대 초반부터 특정 반응에서 생성되는 것으로 보고되었고, Robert Boyle도 같은 실험을 통하여 기포를 관찰하였지만 1670년 Henry Cavendish가 기체의 특성을 밝혀낼 때까지 별다른 연구는 진행되지 못했다. 이 기체를 Joseph Priestley가 발견한 산소와 반응시켰더니 물이 생성되었다. Antoine Lavoisier는 '물을 만든다'란 의미로 이 기체를 수소라고 명명하였다.

Fototeca Storica Nazionale/Getty Images

Joseph Preistley

거의 대부분의 과학적 진보 과정에는 많은 문제가 발생한다. 원소나 화합물의 원자 질량은 때로는 두 배 이상의 오차가 나고, 화합물의 화학식에서도 동일한 문제에 직면하였다. 예를 들면 알려진 물의 화학식은 HO 아니면 H_2O였다. 어떤 교재에서는 아세트산의 화학식을 26가지로 수록하기도 했다. 더 많은 연구가 필요하였다.

[5]프랑스의 위대한 화학자 Antoine Laurent Lavoisier(1743~1794)는 이 특별한 반응에 대한 부피 관계를 처음으로 관찰한 사람이다. 1789년 그가 쓴 교재 *Elements of Chemistry*에서 수소와 산소로부터 물을 생성하는 반응은 산소 1부피마다 수소 2부피가 사용된다고 기록했다. Lavoisier는 프랑스 대혁명 때 처형되었기 때문에 수소와 산소의 이 경향에 대한 연구를 다른 기체 반응에 더 확장시키지 못했다(Michael Laing의 *The Journal of Chemical Education*, 1998년 2월 177쪽 참조).

ilbusca/Getty Images

Robert Boyle

GeorgiosArt/Getty Images

Henry Cavindish

Photo 12/Getty Images

Antoine Lavoisier

1803년부터 1808년 사이에 John Dalton은 자신의 원자론을 가다듬어서 발표하였고, 기체 실험을 통하여 질소와 산소의 반응은 두 기체의 존재비에 따라서 달라지는 것을 확인하였다. 이 실험을 통하여 Dalton은 자신이 계산한 화학식을 설명하기 위한 배수 비례라는 개념을 도입하였다. 이 장에서 논의한 바와 같이 Boyle은 압력−부피 관계를, Charles은 압력−온도 관계를 그리고 Gay Lussac은 부피−온도 관계를 연구하는 등 많은 과학자가 기체의 특성을 연구하였다.

1808년에 수소와 산소가 결합할 때 수소 2부피와 산소 1부피가 반응하여 물 2부피를 만든다는 것이 발견되었고, 3년 후인 1811년에 Amedeo Avogadro가 온도와 압력이 동일하다면 같은 부피의 기체에는 같은 수의 입자(당시에는 분자는 알려지지 않았다)가 포함되어 있다는 제안을 하였다. 그는 또한 수소와 산소는 이원자 분자여야 한다고 주장하였다. 실험 결과를 Dalton의 원자설을 기반으로 해석해서 얻은 물의 화학식은, Avogadro가 기체의 부피를 이용하여 실험 결과에 기반하여 이원자 산소와 수소가 화학식이 H_2O인 물을 생성한다고 주장한 결과와 달랐다. 이와 같은 서로 다른 실험적인 접근으로 인하여 계산된 원자 질량이 차이가 났기 때문에 화학식과 화학 반응에 대한 통일된 체계를 마련하는 데 의견을 통일하기가 어려웠다. 1810년부터 1855년 무렵까지 원자설을 신봉한 나머지 Dalton은 물질의 양을 측정하는 데 부피를 이용하는 방법에 강한 거부감을 가졌기 때문에, Avogadro와 같은 다른 과학자들에게 신뢰를 보내지 않았다. 실제로 화학을 궁극적으로 통일할 수 있는 답이 모두에게 열려 있었지만, 보도에 따르면 대부분의 화학자는 Avogadro를 이해하지 못하고 또한 신뢰하지 않았다. 일정한 온도와 압력에서 같은 부피의 기체에도 동일한 수의 분자가 포함되어 있다는 Avogadro의 주장을 이해하지 못한 것이다. 이런 주장을 확장해서 단순히 기체의 무게를 측정해서 상대 원자 질량을 측정할 수 있다는 Avogadro의 주장 또한 받아들이기 어려웠다.

1860년 독일의 Karlsruhe에서 개최된 최초의 국제 화학 회의에서 원자 질량과 화학식 그리고 화학 반응의 결정하는 방법에 대한 의견 일치를 보고 나서야 이런 문제들이 해결되었다. Stanislao Cannizzaro가 Avogadro의 분자량이라는 모호한 개념을 명쾌하게 해석한 자신의 1858년의 논문에 대해 진행한 강연은 특별히 중요했던 행사였다. Karsruhe에 참석한 대부분의 화학자들은 기체 부피 측정을 이용한 실험 결과와 원자설은 개념적으로 통합될 수 있다고 동의하였다. 이 시점부터 화학에는 기체 부피와 원자를 이용하여 반응을 분석하는 논리적 기반을 확립하였다.

1. de Milt, Clara (1951). "The Congress at Karlsruhe". *Journal of Chemical Education*. **28**(*8*): 421−425.
2. Ihde, Aaron J. (1961). "The Karlsruhe Congress: A Centennial Retrospective". *Journal of Chemical Education*. **38**(*2*): 83−86.

Pictorial Press Ltd/Alamy Stock Photo

John Dalton

Bettmann/Getty Images

Jacques Charles

Kean Collection/Getty Images

Joseph Louis Gay Lussac

Bettmann/Getty Images

Amedeo Avogadro

Historical/Getty Images

Stanislao Cannizzaro

표 10.1 STP에서의 몇몇 기체의 몰부피

기체	화학식	몰부피(L)
헬륨	He	22.398
아르곤	Ar	22.401
수소	H_2	22.410
질소	N_2	22.413
산소	O_2	22.414
이산화 탄소	CO_2	22.414

1808년의 Avogadro의 실험 결과는 화학 전역에 큰 영향을 미쳤다. Dalton과 Lavoisier는 항상 적용할 수 있는 반응식과 화학식을 확립하려고 노력하였으나 실패하였다. 1858년에 Cannizzaro가 수소와 산소가 반응해서 물을 형성하는 반응을 이해하려면 수소와 산소가 이원자 분자여야 한다고 주장하고 나서야 문제가 해결되었다.

수소와 산소를 이원자 분자라고 정의하고 나서야 반응식과 화학식을 사용할 때의 문제점이 해결되었다. 이 결과는 화학의 기초를 강건하게 하는 원동력을 제공한 것이다.

표준 몰부피 Avogadro 원리는 어떤 기체 1 mol이 차지하는 부피[**몰부피**(molar volume)]는 같은 압력과 온도에서 모든 기체에 대해서 동일하다는 것을 의미한다. 서로 다른 기체들의 몰부피를 비교하기 위하여 과학자들은 1 atm과 273.15 K(0 °C)를 **온도와 압력에 대한 표준 조건**[6] (**standard conditions of temperature and pressure**, 혹은 **STP**)으로 사용하는 것에 동의하였다. 다양한 기체들에 대해 STP에서 몰부피를 측정하면 기체들이 '이상' 기체가 아니기 때문에 그 값들이 어느 정도 차이가 나는 것을 발견할 수 있다. 몇 개의 대표적인 값을 **표 10.1**에서 볼 수 있으며, 여러 가지 기체의 평균값은 몰당 22.4 L 정도 된다. 이 값을 STP에서 **이상 기체**의 몰부피 또는 기체의 **표준 몰부피**(**standard molar volume**)로 정하였다.

STP에서 이상 기체

1 mol 기체 ⇔ 22.4 L 기체

도구
표준 몰부피

Avogadro 원리는 기체에 대한 이해에 있어서 놀라운 진보이다. 그의 통찰력은 화학자로 하여금 기체 원소들의 화학식을 처음으로 결정할 수 있도록 했다.[7]

화학량론 문제

기체를 포함하는 반응에서 Avogadro 원리로 인하여 새로운 종류의 화학량론적 대등 관계, 즉 기체의 부피 사이의 대등 관계를 사용하는 것이 가능하게 되었다. 이전에 다음 반응과 기체의 부피 관계를 논의한 적이 있다.

$$2H_2(g) + O_2(g) \longrightarrow 2H_2O(g)$$

2부피 1부피 2부피

[6] 오늘날에는 '표준 온도와 압력'의 정의가 12가지 이상 존재한다. 여기서 선택한 STP는 전통적으로 사용되었고, 일반적으로 압력계로부터 mmHg 단위로 측정되는 압력은 쉽게 대기압으로 변환할 수 있기 때문에 선택한 것이다.

[7] 염화 수소의 화학식이 H_2Cl_2, H_3Cl_3 또는 그 이상이 아닌 HCl이라고 가정하면, 1부피의 수소와 1부피의 염소로부터 2부피의 염화 수소가 생성될 수 있는 유일한 방법은 수소 입자와 염소 입자가 각각 H 두 원자와 Cl 두 원자로 구성된 H_2와 Cl_2여야 한다. 이들이 단원자 입자 H와 Cl이라면, 1부피의 H와 1부피의 Cl는 1부피만의 HCl을 생성할 것이다. 물론 처음 가정이 옳지 않아서 염화 수소가 HCl이 아니라 H_2Cl_2라고 한다면 수소는 H_4, 염소는 Cl_4일 것이다. 더 큰 아래 첨자에 대해서 같은 방식으로 확장해서 계산할 수 있다.

해설 기체를 포함하는 반응에서 기체 부피의 대등 관계가 기체 몰수의 대등 관계와 수적으로 동일하다는 사실은 많은 계산을 간단하게 한다.

같은 온도와 압력에서 기체의 부피를 다룬다는 전제하에 다음과 같은 화학량론적 대등 관계를 쓸 수 있다.

2 mol H_2 ⇔ 1 mol O_2와 같이	2부피 $H_2(g)$ ⇔ 1부피 $O_2(g)$
2 mol H_2 ⇔ 2 mol H_2O와 같이	2부피 $H_2(g)$ ⇔ 2부피 $H_2O(g)$
1 mol O_2 ⇔ 2 mol H_2O와 같이	1부피 $O_2(g)$ ⇔ 2부피 $H_2O(g)$

예제 10.3에서 볼 수 있듯이, 이와 같은 관계를 이용하여 화학량론 문제를 간단하게 해결할 수 있다.

예제 10.3 기체 반응에서의 화학량론

STP에서 이산화 황(SO_2) 기체 1.20 L와 반응하여 삼산화 황을 생성하는 데 필요한 산소(O_2) 기체의 부피는 얼마인가?

분석 반응물이 표준 온도(273 K)와 압력(760 torr)인 STP에 있다고 문제는 제시하고 있으므로 이 예제에서 모든 기체는 동일한 온도와 압력 조건에 있다. 이 조건에서는 부피의 비를 몰비와 동일하게 취급할 수 있으므로 몰비를 부피의 비로 대체하여 계산할 수 있다.

도구 모음 다음의 화학 반응식을 이용한다.

$$2SO_2(g) + O_2(g) \longrightarrow 2SO_3(g)$$

계산을 위하여 Avogadro 원리를 적용하여 다음과 같은 대등 관계를 얻는다.

$$2 \text{ 부피 } SO_2 \Leftrightarrow 1 \text{ 부피 } O_2$$

문제를 푸는 데 3장에서 배운 화학량론을 다루는 방법을 사용할 수 있다.

풀이 이 문제를 다음과 같이 다시 쓸 수 있다.

$$1.2 \text{ L } SO_2 \Leftrightarrow ? \text{ L } O_2$$

현재 부피 단위인 L를 사용하여 대등 관계를 다음과 같이 나타낸다.

$$2 \text{ L } SO_2 \Leftrightarrow 1 \text{ L } O_2$$

이 부피 대등 관계를 사용하여 변환 인자를 구한 후 다음과 같이 문제를 푼다.

$$1.2 \cancel{\text{L } SO_2} \times \frac{1 \text{ L } O_2}{2 \cancel{\text{L } SO_2}} = 0.6 \text{ L } O_2$$

답이 합리적인가? 필요한 O_2의 부피는 SO_2 부피의 반이다. 따라서 $1/2 \times 1.2 = 0.6$이므로 답은 옳다. 그러나 이 문제가 단순한 것은 같은 온도와 압력에 있는 부피를 사용할 수 있기 때문이라는 것을 기억하라.

예제 10.4 기체가 같은 *T*와 *P*에 있지 않을 때의 화학량론 문제

자동차 엔진에서 방출되는 대기 오염 물질인 일산화 질소는 산소 분자에 의해 산화되어 적갈색의 이산화 질소가 되는데, 이 때문에 스모그가 특징적인 색으로 나타난다. 이 반응에 대한 반응식은 다음과 같다.

$$2NO(g) + O_2(g) \longrightarrow 2NO_2(g)$$

온도가 45°C이고 압력이 723 torr 상태에서 부피가 184 mL인 NO와 반응하기 위해서 필요한 22°C와 755 torr에서의 O_2 부피는 몇 mL인가?

분석 다시 한번 기체 부피를 다루는 화학량론적인 문제이다. 그러나 이 문제는 예제 10.3 보다는 더 복잡하다. 왜냐하면 기체들이 동일한 온도와 압력 조건에 있지 않기 때문이다. 우선 두 기체에 대한 온도와 압력이 같은 조건이 되도록 만드는 것이 필요하다. 22°C와 755 torr에서의 O_2 부피를 구해야 하므로, 그 조건에서의 NO의 부피를 결정하자. 그 다음 아래 도표에 나타낸 것처럼 화학량론적 계산을 하는 데 기체의 부피를 사용하게 된다.

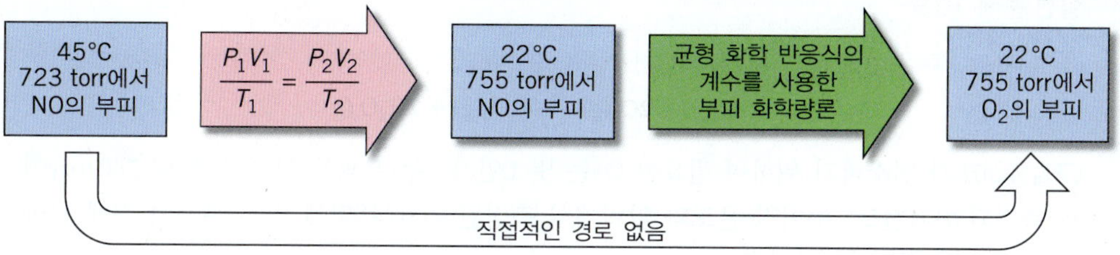

분석한 바와 같이 이 문제는 **결합 기체 법칙**과 기체의 부피를 이용하는 **화학량론적 계산**의 두 개념을 함께 포함하고 있다.

도구 모음 다음의 결합 기체 법칙을 사용해서 NO가 O_2와 동일한 온도와 압력 조건에 있을 경우에 필요한 부피를 계산한다.

$$\frac{P_1V_1}{T_1} = \frac{P_2V_2}{T_2}$$

같은 온도와 압력에서의 NO의 부피와 반응식에서의 계수가 결정되면 Avogadro 원리를 이용하여 필요한 O_2의 부피를 계산한다.

풀이 주어진 NO의 부피에 대해서 결합 기체 법칙을 적용해서 다음과 같은 표를 만든다.

초기(1)		초기(2)	
P_1	723 torr	P_2	755 torr
V_1	184 mL	V_2	?
T_1	318 K(45°C + 273)	T_2	295 K(22°C + 273)

결합 기체 법칙을 V_2에 대한 식으로 만들면 다음 결과를 얻는다.

$$V_2 = V_1 \times \left(\frac{P_1}{P_2}\right) \times \left(\frac{T_2}{T_1}\right)$$

주어진 값을 대입하여 V_2를 구한다.

$$V_2 = 184 \text{ mL} \times \left(\frac{723 \text{ torr}}{755 \text{ torr}}\right) \times \left(\frac{295 \text{ K}}{318 \text{ K}}\right)$$
$$= 163.5 \text{ mL NO}$$

이제 반응식의 계수를 이용하여 다음의 등가 관계를 얻는다.

$$2 \text{ mL NO} \Leftrightarrow 1 \text{ mL } O_2$$

이 관계로부터 얻은 변환 인자를 이용하여 필요한 O_2의 부피를 계산한다.

$$163.5 \text{ mL NO} \times \frac{1 \text{ mL } O_2}{2 \text{ mL NO}} = 81.7 \text{ mL } O_2$$

최종 O_2의 부피를 계산할 때까지 V_2의 유효 숫자를 한 자리 더 유지한 것을 주목하라.

답이 합리적인가? 첫 번째 계산에서는 압력과 온도 비에 따른 부피 변화가 올바른 방향으로 움직이는지를 점검한다. 압력이 증가해서(723 torr ⟶ 755 torr) 부피를 줄이는 효과를 준다. 온도는 낮아진다(318 K ⟶ 295 K). 따라서 이것도 부피를 줄이는 효과를 준다. 두 효과가 모두 부피를 줄이는 효과가 있으므로 22°C와 755 torr에서의 NO의 부피는 아마도 옳을 것이다. 압력과 온도가 부피를 줄이는 비가 1.0보다 단지 약간 작기 때문에 NO의 부피는 주어진 부피와 크게 다르지 않을 것으로 예상되며, 실제로 그렇다.

두 번째 계산을 검증하는 것은 간단하다. 식에 의하면, O_2의 부피는 NO 부피의 절반이 되어야 하며, 실제로 그러하므로 최종 답이 옳은 것으로 보인다.

실전 문제 10.9

메테인은 다음 반응식에 따라 연소한다.

$$CH_4(g) + 2O_2(g) \longrightarrow CO_2(g) + 2H_2O\,(g)$$

CH_4 4.50 L가 연소하기 위하여 필요한 O_2는 몇 L인가? 두 부피는 모두 25°C와 740 torr에서 측정되었다(**힌트**: 주어진 온도와 압력에서 측정된 기체 부피에 있는 분자의 수에 관한 Avogadro 원리를 기억하시오).

실전 문제 10.10

CH_4 8.83 L가 연소하기 위해서는 공기 몇 리터(공기의 20.9%가 산소임)가 필요한가? 같은 부피의 프로페인을 연소시키기 위하여 필요한 공기의 부피는 몇 리터인가? (단, 온도와 압력은 동일하다고 가정한다.)

10.5 이상 기체 법칙

결합 기체 법칙을 논의하면서 기체의 양이 일정할 때 PV/T가 상수라는 것을 알았다. 그러나 이 '상수'의 값은 실제로 시료에 있는 기체의 몰수 n에 비례한다.[8]

결합 기체 법칙의 식보다 더 일반적인 형태의 식을 다음과 같이 쓸 수 있다.

$$\frac{P_1V_1}{T_1} \propto n$$

또 다른 비례 상수를 사용해서 비례 기호 대신에 등호를 사용할 수 있다.

$$\frac{P_1V_1}{T_1} = n \times \text{상수}$$

이 새로운 상수를 기호 R로 나타내고 **만유 기체 상수(universal gas constant)**라고 하고, 다음과 같이 일반화된 형태의 결합 기체 법칙을 **이상 기체 법칙(ideal gas law)**이라고 한다.

$$\frac{P_1V_1}{T_1} = nR$$

해설 이 식은 때로는 만유 기체 법칙으로 불린다.

이상 기체는 기압, 부피, 온도 등이 가능한 모든 영역에서 이 법칙을 정확하게 따른다. 이 식은 때로는 **이상 기체 상태 방정식(equation of state for an ideal gas)**이라고 하며, 보통 다음과 같이 쓴다.

도구
이상 기체 법칙

이상 기체 법칙(이상 기체 상태 방정식)

$$PV = nRT \quad (10.2)$$

[8]이전에 계산한 문제에서는 기체의 양이 고정되어 있었기 때문에 다음의 결합 기체 법칙을 사용할 수 있었다.

$$\frac{P_1V_1}{T_1} = \frac{P_2V_2}{T_2}$$

식 10.2는 네 가지 중요한 기체 변수 P, V, T, n이 어떻게 연관되어 있는지를 설명해 준다. 세 가지 변수를 알고 있다면, 나머지 한 가지는 계산할 수 있다. 사실상 식 10.2는 네 가지 변수 중 세 가지 변수가 정해져 있다면 **네 번째 변수는 오로지 한 가지 값만을 갖는다**는 것을 의미한다. 또한 네 가지 변수(P, V, T, n) 중 세 가지만으로 주어진 기체의 **상태**를 정의할 수 있다.

이상 기체 법칙을 사용하기 위해서 PV/nT에 해당하는 만유 기체 상수 R의 값을 알아야 한다. R 값은 P, V, T, n의 단위 및 크기에 의존한다. 앞으로 부피는 리터(L)를, 온도는 켈빈(K)을, 압력은 atm을, n은 몰수를 사용할 것이다. 이전의 10.4절에서 표준 온도와 압력(STP)을 273 K와 1 atm으로 정의하였다. 또한 이상 기체 1 mol은 표준 상태에서 22.4 L의 부피를 갖는다. 이를 사용하여 R 값을 계산해 보자.

$$R = \frac{PV}{nT} = \frac{(1.00\ \text{atm})(22.4\ \text{L})}{(1.00\ \text{mol})(273\ \text{K})}$$
$$= 0.0821\ \frac{\text{atm L}}{\text{mol K}}$$

또는 이 단위를 흔히 사용하는 형태로 재배열하면 다음과 같다.

$$\mathbf{R = 0.0821\ L\ atm\ mol^{-1}\ K^{-1}}$$

다음 장에서 다른 단위를 사용하여 정의한 R을 다룰 예정이며, 물론 그 값은 현재와는 다르다.

해설 더욱 정밀한 측정값은 $R \equiv 0.082057\ \text{L atm mol}^{-1}\ \text{K}^{-1}$이다. 표준 압력으로 bar를 사용하면 $R \equiv 0.083144\ \text{L bar mol}^{-1}\ \text{K}^{-1}$이다.

예제 10.5 이상 기체 법칙 사용하기

25°C에서 부피가 48.0 mL인 전구에 네온을 3.27 torr가 되도록 채우려고 한다. 이 조건에서 전구 하나에 들어있는 네온은 몇 g인가?

분석 Ne의 그램 수를 구하는 문제이고, 화학량론의 계산에 관한 경험으로부터(그림 3.6 참조) Ne의 질량을 계산하기 위하여 먼저 Ne의 몰수(또는 Ne의 몰수를 계산하는 다른 방법)를 알아야 한다. 우선 전구 안의 Ne의 몰수를 결정하고, 이후 몰수를 질량으로 변환한다.

도구 모음 기체의 몰수를 계산할 수 있는 유일한 식은 이상 기체 법칙 식인 $PV = nRT$이다.

$$PV = nRT$$

P, V, R, T 값을 대입하여 n 값을 얻을 것이다. Ne의 몰수를 구한 다음 사용할 도구는 원자 질량과 몰수의 관계이다. 이를 Ne에 대해서 적용하면 다음과 같다.

$$1\ \text{mol Ne} = 20.179\ \text{g Ne}$$

이 관계로부터 만들어 낸 변환 인자 20.197 g Ne/1 mol Ne를 사용하여 Ne의 몰수를 그램 수로 변환시킬 수 있다.

풀이 이상 기체 법칙을 사용할 때 P, V, T의 단위가 옳은지 확인할 필요가 있다. R의 단위가 상쇄되어야 한다는 점이 유용한 힌트로, 이로부터 우리가 가진 변수에 필요한 단위를 정할 수 있다. 기체 상수 $R = 0.0821\ \text{L atm mol}^{-1}\ \text{K}^{-1}$을 사용하기 위해서 V는 L로, P는 atm으로, T는 켈빈 단위를 필요로 한다. 자료를 모으고, 필요한 경우에 단위를 변환하면 다음과 같다.

$3.27\ \cancel{\text{torr}} \times \dfrac{1\ \text{atm}}{760\ \cancel{\text{torr}}}$로부터	$P = 4.303 \times 10^{-3}\ \text{atm}$
48 mL로부터	$V = 0.048\ \text{L}$
(25°C + 273)로부터	$T = 298\ \text{K}$

이상 기체 법칙을 재배열하여 n에 관한 식을 얻는다.

$$n = \frac{PV}{RT}$$

n을 계산하기 위하여 이 식에 적절한 P, V, R, T 값을 대입한다.

$$n = \frac{(4.303 \times 10^{-3}\ \text{atm})(0.048\ \text{L})}{(0.0821\ \text{L atm mol}^{-1}\ \text{K}^{-1})(298\ \text{K})}$$
$$= 8.442 \times 10^{-6}\ \text{mol of Ne}$$

이제 Ne의 몰수를 Ne의 그램수로 변환시키기 위하여 문제를 다음과 같이 표현해 보자.

$$8.442 \times 10^{-6}\ \text{mol of Ne} = ?\ \text{g Ne}$$

이제 도구 모음에서 구한 변환 인자를 사용하여 계산을 완료한다.

$$8.442 \times 10^{-6}\ \text{mol Ne} \times \frac{20.179\ \text{g Ne}}{1\ \text{mol Ne}} = 0.170 \times 10^{-3}\ \text{g Ne}$$

따라서 전구는 0.2 mg 정도의 Ne을 포함하고 있다.

답이 합리적인가? 다른 문제에서와 마찬가지로, 모든 값을 유효 숫자 하나로 반올림해서 근삿값을 계산해 본다.

$$n = \frac{(4 \times 10^{-3}\ \text{atm})(0.1\ \text{L})}{(0.1\ \text{L atm mol}^{-1}\ \text{K}^{-1})(300\ \text{K})} = \frac{0.4 \times 10^{-3}\ \text{mol}}{30} \approx 1.3 \times 10^{-5}\ \text{mol}$$

이는 계산 결과의 네온의 몰수와 유사하다.

위의 추정치에 $20\ \text{g mol}^{-1}$ Ne을 곱하면 2×10^{-4} g을 얻게 되는데, 이 값은 계산 결과와 매우 비슷하다(단위 제거가 포함되어 있는 문제를 다룰 때마다 단위가 서로 상쇄되는지를 꼭 확인해야 한다).

실전 문제 10.11

온도는 25°C이고 부피가 12.0 L인 실린더에 포함된 아르곤은 몇 그램인가? 아르곤의 압력은 57.8 atm이다. (**힌트**: 주어진 단위가 R의 값($0.0821\ \text{L atm mol}^{-1}\ \text{K}^{-1}$)에 포함된 단위와 일치하는가?)

실전 문제 10.12

Grignard 시약인 CH_3MgBr과 드라이아이스/산을 반응시켜 아세트산을 얻을 수 있다. 드라이아이스[고체 $CO_2(s)$]는 압축된 $CO_2(g)$를 빠르게 팽창시켜서 만들 수 있다. 팽창되는 $CO_2(g)$의 21%가 $CO_2(s)$가 된다면, 압력이 21°C에서 3.45×10^3 PSIG(제곱인치당 파운드)이고 부피가 $8.4\ \text{ft}^3$인 $CO_2(g)$ 탱크로부터 몇 그램의 $CO_2(s)$를 얻을 수 있는가? (이 압력계는 대기압(1 atm)을 초과하는 압력을 측정한다.)

기체의 몰질량 계산

화학자들이 새로운 화합물을 만들 때 화학종을 확인하는 데 필요한 단계 중의 하나가 몰질량을 결정하는 것이다. 합성한 물질이 기체이면 압력, 부피, 온도, 시료의 질량에 대한 측정값을 이용하여 몰질량을 얻을 수 있다. 예제 10.5에서와 같이 P, V, T 자료를 이상 기체 법칙에 대입하여 몰수를 계산할 수 있다.

$$n = \frac{PV}{RT}$$

몰질량은 몰당 질량(grams to moles)에 해당하므로 다음의 식에서와 같이 시료의 몰수에 이상 기체 법칙을 이용하여 구한 n을 대입해서 몰질량을 구하는 식을 얻을 수 있다.

$$몰질량 = \frac{시료의\ 질량}{시료의\ 몰수} = \frac{질량}{n} = \frac{질량}{\frac{PV}{RT}} = 질량 \times \frac{RT}{PV}$$

도구
이상 기체 법칙을 이용한 몰질량 계산

우리는 이 식을 이용하여 건조한 공기와 같은 기체 혼합물의 '평균 몰질량'을 계산할 수도 있다. 예를 들어 STP에서 공기 22.4리터를 취하면, 공기를 구성하고 있는 기체 혼합물 1 mol이 된다. 이 공기의 무게를 측정하였더니 무게가 28.96 g이었다면 '등가 몰질량'은 28.96 g mol^{-1}이다.

예제 10.6 기체의 몰질량 결정하기

광물을 분석하는 과정에서 어떤 학생이 광물 시료에 염산을 가했더니 기체 거품이 발생하는 것을 관찰했다(그림 참조). 이 학생은 0.220 L의 기구를 이용하여 25.0°C에서 압력이 0.757 atm에 도달할 때까지 기체 시료를 모았다. 이때 시료의 질량은 0.299 g이었다. 이 기체의 몰질량은 얼마인가? 기체는 어떤 종류의 화합물로 예상되는가?

Andy Washnik

암석 시료와 반응하고 있는 염산

분석 몰질량을 얻는 전략은 위에서 설명하였다. P, V, T 자료를 사용해서 시료에 있는 기체의 몰수를 계산하고, 주어진 질량을 몰수로 나누어서 몰질량을 계산한다.

도구 모음 도구는 시료의 질량과 이상 기체 법칙으로부터 유도된 몰수를 구하는 식을 조합하여 만든 다음의 몰질량을 구하는 식이다.

$$몰질량 = 질량 \times \frac{RT}{PV}$$

풀이 이상 기체 법칙을 사용할 때는 $R = 0.0821$ L atm mol^{-1} K^{-1}의 단위와 자료의 단위가 일치해야 한다. 주어진 압력과 부피는 이미 각각 atm과 리터를 사용하고 있으므로 섭씨온도를 Kelvin 온도로 변환하면 된다. 자료를 정리하면 다음과 같다.

$$P = 0.757\ \text{atm} \qquad V = 0.220\ \text{L} \qquad T = 298\ \text{K} \ = \ (25.0\ °\text{C} + 273)$$
$$질량 = 0.299\ \text{g}$$

이제 P, V, T에 대한 자료와 함께 기체 상수 R 값을 위 식에 대입하면 다음을 얻는다.

$$몰질량 = 0.299\ \text{g} \times \frac{(0.0821\ \cancel{\text{L}}\ \cancel{\text{atm}}\ \text{mol}^{-1}\ \cancel{\text{K}^{-1}})(298\ \cancel{\text{K}})}{(0.757\ \cancel{\text{atm}})(0.220\ \cancel{\text{L}})}$$
$$= 43.9\ \text{g mol}^{-1}$$

계산된 몰질량은 43.9이다. 그러면 어떤 기체일 수 있는가? 4장에서 논의한 내용을 참고하면 물질이 산과 반응할 때 방출할 수 있는 기체를 짐작할 수 있다. 표 4.2에서 제시하는 몇 가지 기체는 H_2S, HCN, CO_2, SO_2 등이다. 원자량을 사용해서 이들의 몰질량을 계산하면 다음과 같다.

H_2S	34 g mol^{-1}	CO_2	44 g mol^{-1}
HCN	27 g mol^{-1}	SO_2	64 g mol^{-1}

몰질량이 43.9에 근접하는 기체는 유일하게 CO_2이다. 그리고 이 기체는 탄산염이 산과 반응할 때 생성된다. 그 암석은 아마도 탄산 화합물을 포함하고 있을 것이다(석회석과 대리석은 그런 광물의 예이다).

답이 합리적인가? 답이 맞는지 확신하기 위해 암산을 많이 하지 않아도 된다. 기체 시료의 부피(0.220 L)는 STP에서 1 mol의 부피인 22.4 L의 1/100보다 약간 작다. 기체가 STP 상태에 있으면, 0.299 g은 1 mol의 1/100일 것이며, 전체 몰질량은 30 g가량 되어야 한다(29.9 g에서 반올림됨). 몰당 30 g은 몰당 43.9 g에 아주 가깝지는 않지만, 자릿수는 맞게 나타내었다. 예측치를 약간 수정하자. 온도는 표준 온도의 10% 내에 있어 효과가 작을 것이지만, 압력은 대기압의 단지 75%이므로 우리의 첫 예측치가 맞지 않은 주요 원인이 된다. 예측된 몰질량을 0.75로 나누면(또는 1.33을 곱하면) 예측치는 40이 되며, 앞서 계산한 값과 매우 유사하다. 또한 계산값($43.9\ g\ mol^{-1}$)은 물질이 산과 반응했을 때 발생하는 기체 중 하나인 CO_2의 몰질량과 매우 잘 일치하므로 퍼즐 조각이 잘 맞추어졌다. 따라서 전체적으로 구한 답이 맞았다고 볼 수 있다.

실전 문제 10.13

비활성 기체를 담고 있는 실린더의 라벨이 읽을 수 없게 훼손되었다. 이 기체를 확인하기 위하여 한 학생이 그 기체의 일부를 부피가 300.0 mL인 빈 유리구에 기체의 압력이 685 torr에 도달할 때까지 채집하였다. 이때 유리구의 질량이 1.45 g 증가하였고 온도는 27.0°C였다. 이 기체의 몰질량은 얼마인가? 8A족 기체 중 어느 원소인가? (**힌트**: 어떤 단위들이 필요한가?)

실전 문제 10.14

부피가 412.23 mL인 유리구를 아르곤으로 채운 후 측정한 유리구의 질량은 635.6898 g이다. 유리구에서 아르곤을 모두 빼내고 미지의 기체 유기 화합물로 채운 후 측정한 유리구의 질량은 636.4827 g이다. 모든 실험은 STP에서 실행되었다. 기체 유기 화합물의 몰질량은 얼마인가?

기체 밀도

어떤 기체든지 1 mol은 특정한 온도와 압력에서 같은 부피를 차지하므로, 그 부피를 차지하는 기체의 질량은 그 기체의 몰질량에 의존한다. 예를 들면 STP에서 1 mol의 O_2와 CO_2 시료(그림 10.9)를 생각해 보자. 각각의 시료는 22.4 L를 차지한다. 산소는 질량이 32.0 g이고, 이산화 탄소는 44.0 g이다. 기체의 밀도를 계산하면, CO_2의 밀도가 O_2의 밀도보다 크다는 것을 알 수 있다.

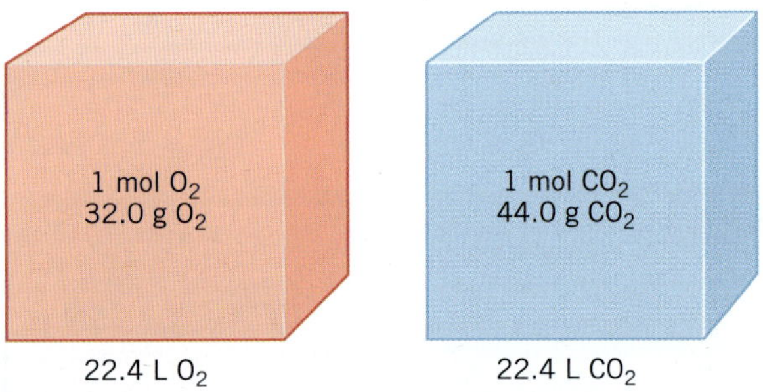

그림 10.9 STP에서 1 mol의 O_2와 CO_2 시료 두 시료는 모두 22.4 L를 차지하지만, CO_2는 44.0 g인 반면 O_2는 32.0 g이다. CO_2는 O_2보다 단위 부피당 질량이 더 크기 때문에 밀도가 더 크다.

$$d_{O_2} = \frac{32.0\ g}{22.4\ L} = 1.43\ g\ L^{-1} \qquad d_{CO_2} = \frac{44.0\ g}{22.4\ L} = 1.96\ g\ L^{-1}$$

기체의 부피는 온도와 압력에 영향을 받으므로 기체의 밀도는 이 변수들에 따라 변한다. 기체의 밀도는 온도가 올라가면 낮아진다. 이것이 뜨거운 열기구가 뜨는 이유이다. 압력을 높이려면 같은 공간에 더 많은 분자를 채워 넣어야 하기 때문에 기체의 밀도는 압력이 증가하면 높아진다.

STP 이외의 조건에서 기체의 밀도를 계산하기 위해서 기체의 몰질량과 밀도를 구하는 다음의 식을 생각해 보자.

해설 1장에서 밀도는 부피에 대한 질량의 비라고 배웠음을 기억하라. 액체와 고체의 경우에는 밀도 단위로 $g\ mL^{-1}$(또는 $g\ cm^{-3}$)을 사용하지만, 기체의 경우에는 밀도가 너무 작기 때문에 수치를 이해하기 쉽도록 $g\ L^{-1}$ 단위를 사용한다.

$$\text{몰질량} = \text{질량} \times \frac{RT}{PV}, \quad \text{밀도} = \frac{\text{질량}}{\text{부피}}$$

두 식을 묶어서 재배열하면 다음과 같이 밀도와 관련한 식을 얻을 수 있다.

$$\text{밀도} = \frac{\text{질량}}{V} = \frac{\text{몰질량} \times P}{RT}$$

예제 10.7 기체의 밀도 계산하기

우라늄의 동위 원소를 분리하는 과정에서 화학식이 UF_6인 우라늄 화합물이 사용된다. 이 화합물은 끓는점이 약 56°C이기 때문에 93°C에서는 기체로 존재한다. 기체의 압력이 741 torr이면, 93°C에서 UF_6의 밀도는 얼마인가? (기체에는 우라늄 동위 원소가 자연 분포비로 포함되어 있다고 가정하시오.)

분석 물질의 밀도를 결정하기 위해서는 질량과 부피가 필요하다. 그러나 앞에서 설명한 바와 같이 밀도를 구하는 식과 이상 기체 법칙으로부터 유도된 몰질량을 구하는 식을 조합하면 몰질량을 이용하여서도 밀도를 구할 수 있다.

도구 모음 앞에서와 같이 이상 기체 법칙과 밀도를 구하는 식을 조합한 다음이 식이 필요하다.

$$\text{밀도} = \frac{\text{몰질량} \times P}{RT}$$

모든 기체 법칙 문제에서 정확한 단위를 사용해야 한다. 따라서 torr와 atm 사이뿐만 아니라 °C와 K 사이의 변환이 필요하다.

풀이 741 torr를 0.975 atm으로, 93°C를 366 K로 변환한 후, UF_6의 몰질량 352.0 g/mol과 함께 식에 대입하면 다음과 같다.

$$\frac{(352.0\ \text{g UF}_6/\cancel{\text{mol}}\ \text{UF}_6)(0.975\ \cancel{\text{atm}})}{(0.0821\ \text{L}\ \cancel{\text{atm}}\ \cancel{\text{mol}^{-1}}\ \cancel{\text{K}^{-1}})(366\ \cancel{\text{K}})} = d = 11.42\ \text{g/L}$$

계산된 기체 UF_6의 밀도는 11.42 g/L이다.

답이 합리적인가? STP에서 밀도는 $352\ \text{g} \div 22.4\ \text{L} = 15.7\ \text{g L}^{-1}$이다. 압력은 거의 1 atm이지만 온도는 273 K보다 상당히 높다. 기체는 가열되면 팽창한다. 그러므로 기체 1 L는 더 높은 온도에서 더 적은 양의 UF_6를 포함하고 있을 것이다. 이것은 더 높은 온도에서 밀도는 더 낮다는 것을 의미하며, 구한 답은 이 분석과 일치한다. 답은 타당하다.

실전 문제 10.15

이산화 황은 상업용 냉장에 사용되는 기체이지만 유해하기 때문에 가정용 냉장고에는 사용되지 않는다. 여러분의 냉장고에 이산화 황이 사용되었다면, 냉장고가 샐 경우 피해를 입을 수 있다. −8°C에서 압력이 93000 Pa인 SO_2 기체의 밀도는 얼마인가? (**힌트**: 몰수와 밀도는 어떻게 관련되어 있는가?)

실전 문제 10.16

방사성 기체인 라돈은 U-235에서 Pb-207로 되는 자연 방사성 붕괴 단계에서 생성된다. 대부분의 라돈은 우리에게 해를 입히지 않고 토양을 통해서 대기로 빠져나간다. 토양이 얼었거나 물에 젖어있으면, 라돈이 빠져나갈 수 있는 유일한 경로는 집이나 건물 지하의 틈새를 통한 것이다. 가정에서 라돈을 검출하려면 센서를 다락방이나 거실 또는 지하 중 어느 곳에 달아야 하는가? 답에 대한 근거도 제시하시오.

기체 밀도를 이용한 몰질량 계산 기체의 밀도를 이용하는 방법 중 한 가지는 몰질량을 계산할 때이다. 이를 위해서 밀도를 측정할 때의 온도와 압력을 알 필요가 있다. 예제 10.8은 이에 대

한 논리와 계산 과정을 보여 주고 있다.[9]

예제 10.8 기체 밀도를 이용한 몰질량 계산

테플론은 달라붙지 않는 주방용품을 코팅하는 데 사용되는 물질로, 끓는점이 −76.3°C이고 실험식이 CF_2인 유기 화합물의 고분자 반응을 통해서 만든다. 온도가 27°C이고 압력이 760 torr인 기체상에서 이 기체의 밀도는 4.06 g L^{-1}이다. 이 화합물의 몰질량과 분자식을 구하시오.

분석 예제 10.7에서는 P, T, 몰질량이 주어졌을 때 이상 기체 법칙을 사용하여 밀도를 계산하는 방법을 살펴보았다. 이와는 반대로 밀도를 알면 몰질량을 계산할 수 있다. 또한 실험식과 몰질량을 알면 분자식을 구할 수 있다.

도구 모음 예제 10.7에서와 같이 이상 기체 법칙과 밀도의 두 개념을 결합해보자.

$$d = \frac{P \times \text{몰질량}}{RT}$$

이번에도 torr를 atm으로, °C를 K로 단위를 변환해야 한다. 이 문제에는 실험식과 분자량을 이용한 분자식의 결정이 세 번째 개념이 추가되어 있다. 이를 위해 3.4절에서 배운 도구를 사용한다.

풀이 몰질량을 계산하기 위해 위의 식을 다음과 같이 재배열한다.

$$\text{몰질량} = \frac{dRT}{P}$$

계산 과정에서 R의 단위를 올바르게 제거하기 위하여 압력은 atm으로 온도는 켈빈 온도로 변환해야 한다.

(27 °C + 273)으로부터	$T = 300\ \text{K}$
$760\ \text{torr} \times \frac{1\ \text{atm}}{760\ \text{torr}}$로부터	$P = 1.00\ \text{atm}$
	$V = 1.00\ \text{L}$

계산하면 다음의 몰질량을 얻는다.

$$\text{몰질량} = \frac{(4.06\ \text{g}\ \cancel{\text{L}^{-1}})(0.0821\ \cancel{\text{L}}\ \cancel{\text{atm}}\ \text{mol}^{-1}\ \cancel{\text{K}^{-1}})(300\ \cancel{\text{K}})}{(1.00\ \cancel{\text{atm}})} = 99.99\ \text{g mol}^{-1}$$

---

[9]이상 기체 법칙을 사용해서 밀도로부터 직접 몰질량을 계산할 수 있는 식을 유도할 수 있다. 기체의 질량을 g라고 하면, 몰수 n은 다음의 비로 계산할 수 있다.

$$n = \frac{g}{\text{몰질량}}$$

이상 기체 법칙에 대입하면

$$PV = nRT = \frac{gRT}{\text{몰질량}}$$

몰질량에 대해서 풀면

$$\text{몰질량} = \frac{gRT}{PV} = \left(\frac{g}{V}\right) \times \frac{RT}{P}$$

(g/V)는 부피에 대한 질량의 비로, 밀도 d에 해당하므로 이를 대입하면 몰질량을 구하는 다음의 식을 얻는다.

$$\text{몰질량} = d\left(\frac{RT}{P}\right)$$

예제 10.8을 풀 때 이 식에 d, R, T, P를 대입해서 계산할 수 있다.

분자식을 계산하기 위해서 분자 질량(99.99 g mol^{-1})을 실험식량(50.0 g mol^{-1})으로 나누면 분자식에 CF_2가 몇 번 존재하는지 알 수 있다.

$$\frac{99.99\ \cancel{\text{g mol}^{-1}}}{50.0\ \cancel{\text{g mol}^{-1}}} = 1.998 = 2$$

결과는 2.00에 거의 가까우므로, 분자식을 찾기 위해서 실험식의 아래 첨자에 2를 곱한다.

$$\text{분자식} = C_{1\times2}F_{2\times2} = C_2F_4$$

이것은 테플론의 제조에 사용되는 테트라플루오로에틸렌의 화학식이다.

답이 합리적인가? 때로는 답이 맞는지를 알아보기 위해서 어떤 계산도 할 필요가 없는 경우가 있다. 기체의 밀도로부터 계산한 몰질량이 실험식량으로 간단하게 나누어질 수 있다는 사실이 문제를 바르게 풀었다는 것을 나타내 주고 있다.

실전 문제 10.17

실험식이 PF_2인 기체 상태의 인과 플루오린의 화합물의 밀도가 23.0°C와 750 torr에서 5.60 g L^{-1}이다. 이 화합물의 분자식을 결정하시오(**힌트**: 밀도로부터 몰질량을 계산하시오).

실전 문제 10.18

탄소와 수소만으로 구성된 화합물의 밀도가 35.5°C와 0.948 atm에서 4.27 g/L이다. 이 화합물의 몰질량은 얼마인가? 이 몰질량이 되는 C와 H의 가능한 조합은 무엇인가? 2.7절에 있는 정보를 사용하여 어느 화학식이 가장 타당한지 결정하시오.

이상 기체 법칙을 이용한 화학량론

여러 가지 화학 반응에서 기체가 소모되거나 방출된다. 다음 예제처럼 이상 기체 법칙으로 기체의 부피를 반응에 관련된 다른 물질의 양과 관련지을 수 있다.

예제 10.9 이상 기체 법칙을 이용한 기체 생성물의 부피 계산

포틀랜드(Portland) 시멘트를 생산할 때 중요한 화학 반응은 고온에서 탄산 칼슘을 산화 칼슘과 이산화 탄소로 분해하는 것이다.

$$CaCO_3(s) \longrightarrow CO_2(g) + CaO(s)$$

$CaCO_3$ 1.25 g을 열분해한다고 가정해 보자. 745 torr, 생성되는 CO_2 기체의 부피는 25°C와 745 torr에서 몇 mL이겠는가?

분석 한 물질의 질량을 반응식으로부터 예상되는 기체의 부피로 변환해야 하는 화학량론 문제이다.

도구 모음 3.5절에서 화학량론적 계산에 사용했던 모든 기술이 필요하다. 또한 기체 생성물의 예상되는 몰수를 기체의 부피로 변환하기 위해 이상 기체 법칙을 사용할 것이다. 필요한 구체적 등가 관계는 다음과 같다.

$$1\ \text{mol}\ CaCO_3 \Leftrightarrow 1\ \text{mol}\ CO_2$$
$$1\ \text{mol}\ CaCO_3 = 100.1\ \text{g}\ CaCO_3$$

여기서 계산 순서는 다음과 같다.

$$\text{g}\ CaCO_3 \longrightarrow \text{mol}\ CaCO_3 \longrightarrow \text{mol}\ CO_2 \longrightarrow \text{mL}\ CO_2$$

풀이 먼저 $CaCO_3$ 1.25 g을 $CaCO_3$의 몰수로 변환한 후, 이를 CO_2의 몰수로 변환한다. 이 값을 이상 기체 법칙의 n에 대입하여 CO_2의 부피를 구할 수 있다.

$CaCO_3$의 화학식량은 100.1이므로 $CaCO_3$의 몰수는 다음과 같다.

$$\text{CaCO의 몰수} = 1.25\ \cancel{\text{g CaCO}_3} \times \frac{1\ \text{mole CaCO}_3}{100.1\ \cancel{\text{g CaCO}_3}}$$
$$= 1.25 \times 10^{-2}\ \text{mol CaCO}_3$$

1 mol $CaCO_3$ ⇔ 1 mol CO_2이므로, 1.25×10^{-2} mol의 CO_2가 생성된다. 이를 이상 기체 법칙의 n에 대입한다.

이상 기체 법칙에 이 n 값을 사용하기 전에, 주어진 압력과 온도를 R이 요구하는 단위로 변환해야 한다.

$$P = 745\ \cancel{\text{torr}}\ \frac{1\ \text{atm}}{760\ \cancel{\text{torr}}} = 0.980\ \text{atm} \qquad T = (25.0\ °\text{C} + 273) = 298\ \text{K}$$

이상 기체 법칙을 V를 구하는 식으로 재배열한 후 다음의 계산을 한다.

$$V = \frac{nRT}{P}$$
$$= \frac{(1.25 \times 10^{-2}\ \cancel{\text{mol}})(0.0821\ \text{L}\ \cancel{\text{atm}}\ \cancel{\text{mol}^{-1}}\ \cancel{\text{K}^{-1}})(298\ \cancel{\text{K}})}{0.980\ \cancel{\text{atm}}}$$
$$= 0.312\ \text{L} = 312\ \text{mL}$$

주어진 조건에서 분해 반응으로 312 mL의 CO_2가 생성된다.

답이 합리적인가? 계산에서 모든 수치를 유효 숫자 한 개가 되도록 반올림한 후 대략적인 계산을 한다.

$$V = \frac{(1 \times 10^{-2}\ \cancel{\text{mol}})(0.1\ \text{L}\ \cancel{\text{atm}}\ \cancel{\text{mol}^{-1}}\ \cancel{\text{K}^{-1}})(300\ \cancel{\text{K}})}{1\ \cancel{\text{atm}}} = 0.3\ \text{L or } 300\ \text{mL}$$

이 답은 위에서 계산한 결과와 가까운 값이기 때문에, 우리가 한 계산이 옳다고 가정할 수 있다. 그리고 모든 단위가 상쇄되어서 부피의 단위로 리터 단위가 남는 것을 확인할 수 있다.

실전 문제 10.19

다이에틸 에터는 Grignard 합성법이나 Corey-House 합성법 등과 같은 반응에서 사용되는 유용한 유기 용매이며, 무연 가루나 흡연 마취제 등으로도 사용된다. 다음은 다이에틸 에터의 연소 반응이다.

$$C_2H_5OC_2H_5 + 6O_2 \longrightarrow 4CO_2 + 5H_2O$$

12.0 g의 다이에틸 에터를 과량의 산소 존재하에서 연소시켰을 때 25 °C와 760 torr에서 생성되는 CO_2와 H_2O의 전체 부피는 몇 mL인가? (**힌트**: 일반적인 화학량론 문제로 취급하시오.)

실전 문제 10.20

탄산 칼슘은 다양한 식품 보조제로 사용된다. 탄산 칼슘을 포함한 2.16 g의 정제를 23 °C의 250.0 mL 기체 포집용 유리구에 넣었다. 유리구를 가열하여 다음의 반응에서와 같이 탄산 칼슘을 모두 분해하였다.

$$CaCO_3(s) \longrightarrow CaO(s) + CO_2(g)$$

반응이 끝난 후 유리관을 23 °C로 냉각시킨 다음 압력을 측정하였더니 압력이 반응을 시작할 때의 755 torr에서 814 torr로 높아졌다. 이 실험에서 얻은 CO_2의 질량과 2.16 g의 정제에 포함된 $CaCO_3$의 질량은 각각 몇 g인가? 보조제에 포함된 탄산 칼슘의 질량 %는 얼마인가?

10.6 Dalton의 부분 압력 법칙

지금까지는 순수한 기체만을 다루었다. 그러나 우리 주변에는 숨을 쉬는 데 필요한 공기와 같이 혼합 기체는 매우 흔하다. 일반적으로 혼합 기체는 순수한 기체와 똑같은 법칙을 따른다. 따라서 순수한 산소 기체와 공기에 대해서 Boyle 법칙이 똑같이 적용된다. 대기 오염 물질에 대하여 연구하는 경우와 같이, 기체 혼합물의 조성에 관심을 가져야만 하는 경우가 있다. 이런 경우에 기체 혼합물의 조성에 영향을 받는 변수는 각 성분의 몰수와 각 성분이 전체 압력에 기여하는 기여도이다. 기체는 완전히 혼합되기 때문에 혼합물의 모든 성분은 같은 부피를 차지한다. 더구나 각 성분 기체의 온도도 혼합 기체 전체의 온도와 같다. 다시 말하면 혼합 기체에서 각 성분의 부피와 온도는 모두 동일하다.

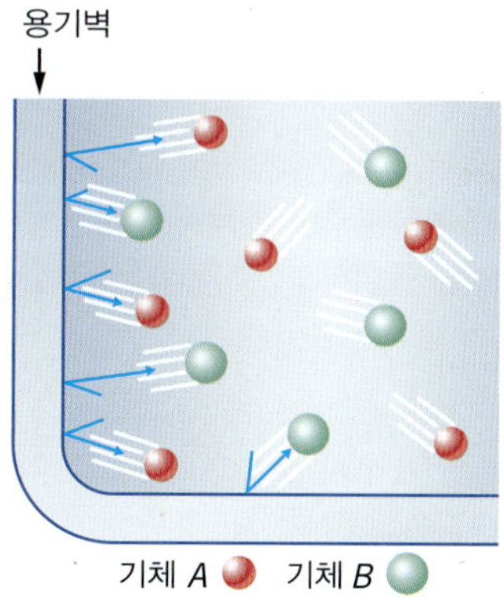

그림 10.10 분자 수준에서 본 부분 압력 두 기체 A와 B의 혼합물에서 두 기체 모두 벽에 충돌하므로 각각의 부분 압력만큼 전체 압력에 기여한다.

부분 압력

공기처럼 서로 반응하지 않는 기체들의 혼합물에서 각 기체 성분은 (몰)분율에 비례해서 전체 압력에 기여한다(**그림 10.10** 참조). 전체 압력에 대한 이 기여도를 그 기체의 **부분 압력(partial pressure)**이라고 한다. 부분 압력은 그 기체가 같은 부피의 용기에 같은 온도에서 단독으로 존재한다고 할 때 나타내는 압력이다.

기체 A의 부분 압력은 일반적으로 P_A로 나타내고, 특정 기체에 대해서는 P_{O_2}와 같이 아래 첨자를 넣어서 표현한다. Dalton은 '기체 혼합물의 전체 압력은 성분 기체들의 부분 압력의 합'이라는 **Dalton의 부분 압력 법칙(Dalton's law of partial pressure)**을 발표하였다. 이 법칙을 식으로 나타내면 다음과 같다.

$$P_{\text{전체}} = P_A + P_B + P_C + \cdots \qquad \textbf{(10.3)}$$

도구
Dalton의 부분 압력 법칙

예를 들면 CO_2가 없는 건조한 공기는 STP에서 P_{O_2}가 159.12 torr이고 P_{N_2}가 593.44 torr이며 P_{Ar}이 7.10 torr이다. 이들 부분 압력을 모두 더하면 759.66 torr로, 1.00 atm인 760 torr에 비해서 0.34 torr가 부족하다. 나머지 0.34 torr는 다른 비활성 기체를 포함한 여러 가지 미량 기체들로 인한 것이다.

실전 문제 10.21

폭발성이 있는 PETN(pentaerythritol tetranitrate)은 알려진 가장 강력한 폭발물 중 하나이다. 다음은 PETN의 분해 반응을 나타낸 것이다.

$$C(CH_2ONO_2)_4(s) \longrightarrow 2CO(g) + 4H_2O(g) + 3CO_2(g) + 2N_2(g)$$

PETN 0.0120 mol이 21 °C의 21.0 L 구형 플라스크에서 반응한다면, 반응 후 생성되는 각 기체의 부분 압력과 플라스크 안의 전체 압력은 각각 얼마인가? (**힌트**: 각 기체의 몰수를 계산하는 것으로부터 시작하시오.)

실전 문제 10.22

스쿠버 다이빙용으로 만들어진 탱크의 부피는 10.20 L이고 27 °C에서 압력이 237 atm이다. 탱크 안에서 산소를 제외한 나머지 기체의 전체 부분 압력이 92 atm이라면 탱크 안에 포함된 산소의 질량은 몇 g인가?

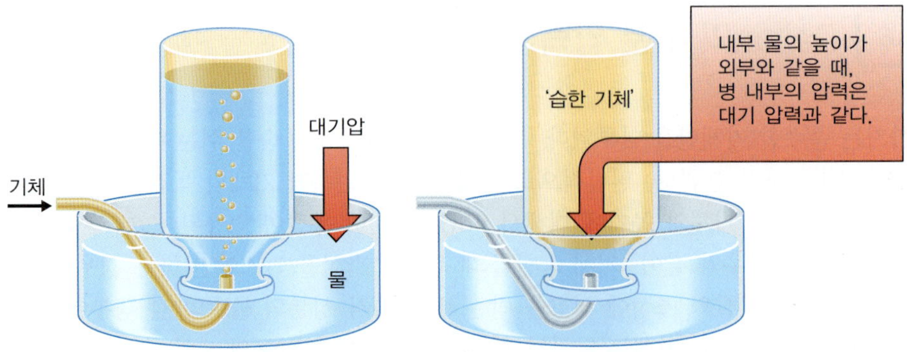

그림 10.11 기체의 수상 포집 기체가 물에서 방울을 형성하면 수증기가 기체와 섞이므로, 병 속의 전체 압력에는 그 온도에 해당하는 물의 증기 압력이 포함되어 있다.

기체의 수상 포집

해설 기압계 내부의 수은조차도 약간의 증기 압력(20 °C에서 0.0012 torr)을 나타내지만, 이 압력은 기압계나 혹은 압력계의 측정값에 영향을 주기에는 너무 작은 값이다.

실험실에서 물과 반응하지 않는 기체를 만들 때, **그림 10.11**과 같은 장치를 사용하여 물 위에 포집할 수 있다. 기체를 모으는 방식으로 인해서 기체는 수증기로 포화되어 있다(기체가 '습하다'고 말한다). 혼합 기체 안에 포함된 수증기는 다른 기체와 마찬가지로 부분 압력을 가지고 있다.

어떤 액체이든지 그 위의 공간에 존재하는 기체에는 항상 그 액체의 증기를 얼마간 포함하고 있으며, 이 증기는 그 액체의 **증기 압력(vapor pressure)**에 해당하는 압력을 나타낸다. 어떤 물질의 증기 압력은 온도에만 의존한다. **표 10.2**에 여러 가지 온도에서의 물의 증기 압력을 나타내었다. 더 자세한 표는 부록 C.5에 수록하였다.

집기병의 내부와 외부의 수면이 같아지도록 집기병 높이를 조절하면 포집된 기체의 전체 압력이 대기압과 같아지므로 $P_{전체}$는 실험실의 기압계로부터 얻을 수 있다. 따라서 건조한(수증기가 포함되지 않은) 기체가 나타내는 압력 $P_{기체}$를 Dalton의 부분 압력 법칙($P_{전체} = P_{기체} + P_{수증기}$)을 이용하여 계산할 수 있다.[10]

표 10.2 여러 온도에서 물의 증기 압력[a]

온도 (°C)	증기 압력 (torr)	온도 (°C)	증기 압력 (torr)
0	4.579	50	92.51
5	6.543	55	118.04
10	9.209	60	149.38
15	12.788	65	187.54
20	17.535	70	233.7
25	23.756	75	289.1
30	31.824	80	355.1
35	42.175	85	433.6
37[b]	47.067	90	525.8
40	55.324	95	633.9
45	71.88	100	760.0

[a] 더 자세한 표는 부록 C.5에 수록하였다.
[b] 사람의 체온

[10] 플라스크 안팎의 수면이 같지 않으면 내부의 실제 압력을 얻기 위해서 보정 압력을 계산해서 실내 압력에 적용해야 한다. 예를 들면 플라스크 내부의 수면이 외부보다 더 높다면, 플라스크 내부의 압력은 대기 압력보다 낮다. 수면의 차이를 밀리미터 단위로 읽고 이를 유체 기둥에 의해서 작용하는 압력은 유체의 밀도에 반비례한다는 사실을 이용하여 mmHg로 변환해야 한다.

예제 10.10 기체의 수상 포집

15°C에서 부피는 316 mL인 용기에 수상 포집한 산소 기체의 전체 압력이 738 torr이다. (a) 산소의 부분 압력은 torr 단위로 얼마인가? (b) 수증기를 제거한 산소의 STP에서의 부피는 몇 mL인가?

분석 이 문제는 두 부분으로 구성되어 있다. (a)에서는 수상 포집한 기체에서 물의 증기 압력과 산소의 부분 압력을 분리해야 한다. (b)에서는 기체 법칙을 사용하여 STP에서의 산소의 부피를 계산해야 한다.

도구 모음 (a)에서는 다음의 Dalton의 부분 압력 법칙을 사용한다.

$$P_{전체} = P_{수증기} + P_{O_2}$$

(b)에서는 다음의 결합 기체 법칙을 사용하는 것이 가장 편리하다.

$$\frac{P_1V_1}{T_1} = \frac{P_2V_2}{T_2}$$

이전 문제들과 같이 단위 변환이 필요하다고 생각할 수 있으나 이 식에는 R이 없으므로 단위 변환은 고려할 필요가 없다.

풀이 (a): 산소의 부분 압력을 계산하기 위하여 Dalton의 법칙을 사용한다. 표 10.2를 참고하여 필요한 15°C에서의 물의 증기 압력 12.788 torr(약 12.8 torr)를 확인한다. 이제 다음 식을 이용하여 P_{O_2}를 계산할 수 있다.

$$\begin{aligned} P_{O_2} &= P_{전체} - P_{수증기} \\ &= 738 \text{ torr} - 12.8 \text{ torr} = 725 \text{ torr} \end{aligned}$$

따라서 O_2의 부분 압력은 725 torr이다.

(b): 주어진 자료를 이용하여 다음의 표를 만들어 보자.

초기(1)		초기(2)	
P_1	725 torr(P_{O_2})	P_2	760 torr(표준 압력)
V_1	316 mL	V_2	?
T_1	288 K(15.0°C + 273)	T_2	273 K(표준 온도)

결합 기체 법칙을 V_2에 대한 식으로 재배열한다.

$$V_2 = V_1 \times \left(\frac{P_1}{P_2}\right) \times \left(\frac{T_2}{T_1}\right)$$

이제 주어진 값들을 대입하여 V_2를 계산하면 다음과 같다.

$$\begin{aligned} V_2 &= 316 \text{ mL} \times \left(\frac{725 \text{ torr}}{760 \text{ torr}}\right) \times \left(\frac{273 \text{ K}}{288 \text{ K}}\right) \\ &= 286 \text{ mL} \end{aligned}$$

따라서 기체에서 수증기를 제거한 건조한 산소는 STP에서 286 mL의 부피를 차지할 것이다.

답이 합리적인가? 건조한 O_2의 압력은 습한 기체의 압력보다 낮아야 하므로 (a)에서 얻은 답은 타당하다. (b)의 답을 확인하기 위하여 압력과 온도의 비가 부피를 어느 방향으로 움직이게 할 것인지 살펴보자. 압력이 증가하므로(725 torr ⟶ 760 torr) 부피가 작아지는 경향을 보이게 할 것이다. 온도의 변화(288 K ⟶ 273 K)도 역시 부피를 줄일 것이다. 구한 부피는 초기 부피보다 줄었으므로 (b)에서 구한 답은 아마도 문제가 없을 것이다.

실전 문제 10.23

12°C에서 부피는 327 mL인 용기에 수상 포집한 산소 기체의 전체 압력이 750 torr이다. 산소의 부분 압력을 torr 단위로 계산하고, STP에서 산소가 차지하는 부피를 mL 단위로 계산하시오(**힌트**: 12°C에서 물의 증기 압력을 찾으시오).

실전 문제 10.24

2.50 L 메테인 시료를 28°C에서 플라스크의 압력이 766 torr가 될 때까지 수상 포집하였다. 이 플라스크에 약간의 $CaSO_4(s)$를 가해서 수증기를 흡수시켰다($CaSO_4 \cdot 2H_2O(s)$가 생성됨). 물이 완전히 흡수되면 플라스크 내부의 압력은 얼마가 되는가? 몇 mol의 $CH_4(g)$가 포집되었는가? (단, 가한 $CaSO_4(s)$가 수증기를 모두 흡수하며 부피는 변하지 않는다고 가정한다.)

몰분율과 몰 백분율

해설 몰분율은 어떤 물리적 상태(기체, 액체, 고체)이든, 균일 혼합물이면 적용되는 개념이다.

혼합 기체의 조성을 설명하는 유용한 방법 중의 하나는 그 성분의 몰분율을 사용하는 것이다. **몰분율(mole fraction)**은 **모든 성분의 전체 몰수에 대한 어떤 성분의 몰수의 비이다.** 수학적으로 표현하면 A, B, C, D, ⋯, Z 성분으로 혼합된 혼합물에서, 물질 A의 몰분율은 다음과 같이 나타낼 수 있다.

도구 몰분율

$$X_A = \frac{n_A}{n_A + n_B + n_C + n_D + \cdots + n_Z} \qquad (10.4)$$

여기서 X_A는 성분 A의 몰분율이고 n_A, n_B, n_C, n_D, ⋯, n_Z는 각 성분 A, B, C, D, ⋯, Z의 몰수이다. 혼합물에서 성분들의 몰분율을 모두 더하면 언제나 1이 되어야 한다.

식 10.4에서 분모와 분자가 모두 같은 단위(몰)를 가지고 있어 서로 상쇄된다. 결과적으로 몰분율은 단위가 없다. 그럼에도 불구하고 다음의 정의를 기억하라. 몰분율은 모든 성분의 전체 **몰수**에 대한 한 성분의 **몰수**의 비를 의미한다.

때로는 혼합물에서 몰분율을 백분율에 근거해서 표현하기도 한다. 이것을 **몰 백분율(mole percent, mol%)**이라고 한다. 몰 백분율은 다음과 같이 몰분율에 100%를 곱해서 얻는다.

$$A\text{의 몰 백분율} = \frac{n_A}{n_A + n_B + n_C + n_D + \cdots + n_Z} \times 100\%$$

몰분율과 부분 압력

기체 성분의 몰수가 부분 압력에 비례하기 때문에 기체 혼합물에서 각 성분의 몰분율을 계산하는 데 부분 압력의 자료를 사용할 수 있다. 예를 들면 전체 부피가 V이고 온도가 T인 혼합 기체에서, 기체 A의 부분 압력 P_A는 이상 기체 법칙 $PV = nRT$를 이용하여 다음과 같이 구할 수 있다.

$$n_A = \frac{P_A V}{RT}$$

주어진 온도에서 임의의 혼합 기체의 경우 V, R, T가 모두 일정하므로 V/RT도 일정하다. 따라서 V/RT 대신에 새로운 상수 C를 도입해서 위의 식을 좀 더 간단한 식으로 나타낼 수 있다.

$$n_A = P_A C$$

이 식은 **혼합 기체에서 기체의 몰수는 그 기체의 부분 압력에 비례한다**고 말하는 것과 같다. 상수 C는 혼합 기체의 모든 성분에 동일하게 적용된다. 개별 기체의 몰수를 표시하기 위해서 다른 문자를 사용하여 식 10.4에서 n_B 대신 P_BC를, n_C 대신 P_CC 등을 차례로 대입할 수 있다.

$$X_A = \frac{P_AC}{P_AC + P_BC + P_CC + \cdots + P_ZC}$$

상수 C는 따로 묶어서 다음과 같이 상쇄할 수 있다.

$$X_A = \frac{P_A}{P_A + P_B + P_C + \cdots + P_Z}$$

분모는 부분 압력의 합으로 혼합 기체의 전체 압력과 같다(Dalton의 부분 압력 법칙). 그러므로 위의 식은 다음과 같이 간단하게 표시할 수 있다.

$$\boxed{X_A = \frac{P_A}{P_{\text{전체}}}} \qquad \textbf{(10.5)}$$

도구
부분 압력과 몰분율의 관계

따라서 기체 혼합물에서 기체의 몰분율은 단순히 전체 압력에 대한 부분 압력의 비이다. 식 10.5를 이용하여 몰분율을 알고 있을 때 기체 혼합물에서 한 기체의 부분 압력을 간단하게 계산할 수 있다.

예제 10.11 몰분율을 이용한 부분 압력 계산

산소 0.200 mol과 질소 0.500 mol이 혼합된 기체를 가정해 보자. 전체 압력이 745 torr라고 할 때 두 기체의 부분 압력은 각각 얼마인가?

분석 기체의 몰수와 전체 압력이 주어졌을 때 각 기체의 부분 압력을 결정하는 문제이다. 각 기체의 부분 압력을 결정하기 위하여 각 기체의 몰분율을 이용한다.

도구 모음 우선 각 기체의 몰분율을 결정하기 위해 식 10.4를 이용한다.

$$X_{O_2} = \frac{O_2\text{의 몰수}}{O_2\text{의 몰수} + N_2\text{의 몰수}} \qquad X_{N_2} = \frac{N_2\text{의 몰수}}{O_2\text{의 몰수} + N_2\text{의 몰수}}$$

식 10.5를 재배열하면 부분 압력을 구하는 다음의 식을 얻을 수 있다.

$$P_{O_2} = X_{O_2}P_{\text{전체}} \qquad P_{N_2} = X_{N_2}P_{\text{전체}}$$

풀이 O_2의 몰분율은 다음과 같이 계산할 수 있다.

$$\begin{aligned} X_{O_2} &= \frac{O_2\text{의 몰수}}{O_2\text{의 몰수} + N_2\text{의 몰수}} \\ &= \frac{0.200\text{ mol}}{0.200\text{ mol} + 0.500\text{ mol}} \\ &= \frac{0.200\text{ mol}}{0.700\text{ mol}} = 0.286 \end{aligned}$$

비슷한 방법으로 N_2에 대해서도 다음의 결과를 얻는다.[11]

[11]몰분율의 합(0.286 + 0.714)이 1.000임을 유념하라. 실제로 질소의 몰분율은 계산하는 대신에 1.00에서 산소의 몰분율을 빼서 얻을 수 있다.

$$\begin{aligned} X_{O_2} + X_{N_2} &= 1.000 \\ X_{N_2} &= 1.000 - X_{O_2} \\ &= 1.000 - 0.286 = 0.714 \end{aligned}$$

$$= \frac{0.500 \text{ mol}}{0.200 \text{ mol} + 0.500 \text{ mol}} = 0.714$$

이제 식 10.5를 사용하여 각 기체의 부분 압력을 계산할 수 있다.

$$\begin{aligned} P_{O_2} &= X_{O_2} P_{\text{전체}} \\ &= 0.286 \times 745 \text{ torr} \\ &= 213 \text{ torr} \\ P_{N_2} &= X_{N_2} P_{\text{전체}} \\ &= 0.714 \times 745 \text{ torr} \\ &= 532 \text{ torr} \end{aligned}$$

따라서 O_2와 N_2의 부분 압력은 각각 213 torr, 532 torr이다.

답이 합리적인가? 여기서 세 가지를 점검할 수 있다. 첫 번째는 몰분율이 합해져서 1.000이 되어야 하고, 두 번째는 부분 압력을 모두 더하면 745 torr가 되어야 하며, 세 번째는 N_2의 몰분율이 O_2의 몰분율의 두 배보다 조금 더 크기 때문에 N_2의 부분 압력이 O_2의 부분 압력의 두 배 조금 더 커야 한다는 것이다. 답을 조사해 보면 이것이 모두 사실이라는 것을 알 수 있으며, 따라서 풀이는 맞을 것이다.

실전 문제 10.25

H_2 2.15 g과 NO 34.0 g이 혼합된 기체의 전체 압력이 2.05 atm이라고 가정하자. 혼합물에서 각 기체의 부분 압력은 얼마인가? (**힌트**: 플라스크에 H_2와 NO가 몇 mol이 있는가?)

실전 문제 10.26

다음은 일산화 질소와 산소의 반응식이다.

$$2NO(g) + O_2(g) \longrightarrow 2NO_2(g)$$

NO(*g*) 66.0 g을 플라스크에 넣었더니 압력이 0.840 atm이 되었다. 여기에 화학량론적 양만큼의 산소 기체를 넣었을 때 반응이 시작되기 전과 반응이 끝났을 때 플라스크의 전체 압력은 각각 몇 atm이겠는가? 반응 시작 전 NO와 O_2의 몰분율은 각각 얼마인가? (단, 반응은 100% 진행한다고 가정한다.)

Graham의 분출 법칙

어떤 식당 앞을 지나가다 음식 냄새를 맡고서 입에 침이 고인 적이 있다면 확산을 직접적으로 배운 것이다! **확산(diffusion)**은 한 종류의 기체(여기서는 음식의 냄새) 분자가 자발적으로 다른 기체(식당 밖의 공기) 분자와 섞이는 현상이다(**그림 10.12(a)** 참조). 한편 **분출(effusion)**은 분자가 매우 작은 구멍을 통해 진공으로 빠져나가는 점진적인 운동이다(그림 10.12(b)). 이 두 과정의 속도는 기체 분자의 속력에 의존한다. 분자가 더 빨리 움직일수록 분출과 확산이 더 빨리 일어난다.

스코틀랜드의 화학자 Tomas Graham(1805~1896)은 여러 가지 기체에 대해서 다공성 진흙 옹기나 작은 구멍을 통한 확산 속도와 분출 속도를 조사하였다. 일정한 온도와 압력에서 여러 가지 기체들을 비교한 후, Graham은 분출 속도가 그들의 밀도의 제곱근에 반비례한다는 것을 발견하였다. 이 관계를 **Graham 법칙(Graham's law)**이라고 한다.

$$\text{분출 속도} \propto \frac{1}{\sqrt{d}} \quad \text{(같은 온도와 압력에서 비교했을 때)}$$

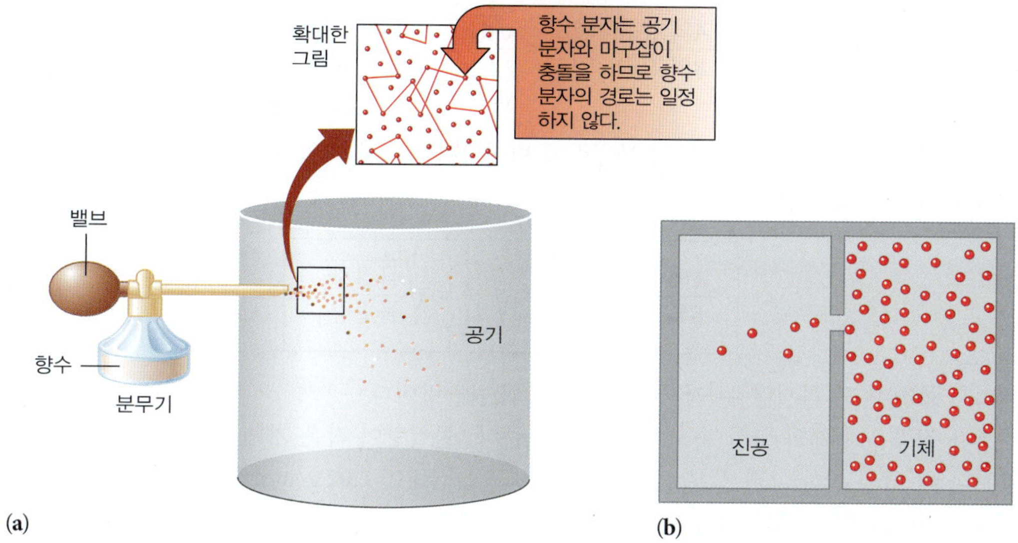

그림 10.12 기체의 자발적 운동 (a) 확산. (b) 분출

Graham 법칙은 서로 다른 기체의 분출 속도를 비교하는 데 사용된다. 분출 속도비를 쓰면 비례 상수는 제거되고 하나의 식이 만들어진다.

해설 비를 취하면, 비례 상수는 분모와 분자에서 상쇄된다.

화학과 시사 10.3

분출과 핵에너지

대부분의 원자로에 사용되는 연료는 우라늄이다. 그러나 천연 동위 원소 중 ^{235}U 한 가지만이 핵분열로 에너지를 생산한다. 불행하게도 이 동위 원소는 자연에서 발견되는 우라늄 중 매우 낮은 농도(약 0.72%)로만 존재한다. 채굴로 얻는 원소는 대부분 더 많이 존재하는 동위 원소 ^{238}U이다. 그러므로 우라늄을 연료의 형태로 가공하기 전에 ^{235}U의 농도를 2~5%로 농축해야 한다. 농축 과정에서 적어도 어느 정도까지는 동위 원소를 분리해야 한다.

두 동위 원소의 화학적 성질은 본질적으로 같기 때문에 우라늄을 화학적인 방법으로 분리하는 것은 가능하지 않다. 대신에 동위 원소의 질량이 매우 작지만 차이가 나는 것에 근거한 방법을 이용한다. 마침 우라늄은 플루오린 화합물 UF_6를 형성하는데, UF_6는 비교적 낮은 온도에서 쉽게 증발하는 성질이 있다. 동위 원소가 존재하기 때문에 UF_6 기체는 분자 질량이 각각 349와 352인 두 종류의 분자 $^{235}UF_6$와 $^{238}UF_6$로 구성된다. 질량 차이 때문에 두 분자의 분출 속도는 약간 달라서, $^{235}UF_6$는 $^{238}UF_6$보다 분출 속도가 1.0043배 빠르다. 비록 그 차이가 작다 하더라도 분출을 계속 반복한다면 어느 정도의 농축이 가능하다. 실제로 1400개의 분출 장치를 연속적으로 배열해서 필요한 수준의 농축을 얻을 수 있다.

현대의 농축 과정은 기체 원심분리기를 사용해서 $^{235}UF_6$와 $^{238}UF_6$를 분리시킨다. 원심분리기 내에서 기체는 날개바퀴에 의하여 추진된 빠른 속도로 회전한다. **그림 1**에 나타낸 것처럼, 더 무거운 $^{238}UF_6$는 원심분리기의 바깥쪽으로 약간 농축되고, $^{235}UF_6$는 중심 쪽에 약간 높은 농도를 갖게 된다. 이들을 계속해서 분리한 후 원심분리 과정을 반복하게 되면 원하는 순도를 얻게 된다.

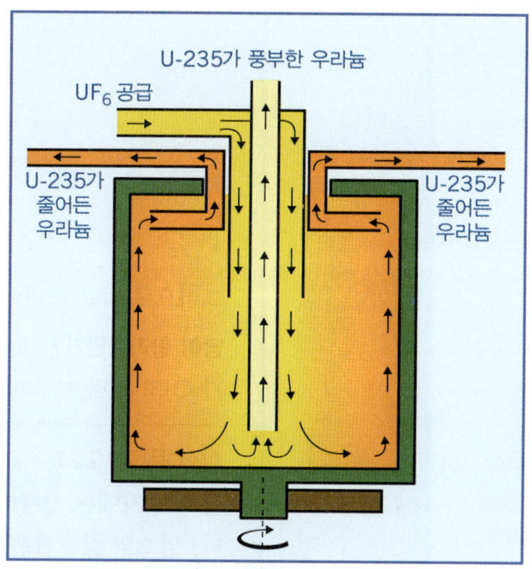

Courtesy of Informationkreis KernEnergie, Berlin

그림 1 원심분리를 이용한 동위 원소 분리

$$\frac{A\text{의 분출 속도}}{B\text{의 분출 속도}} = \frac{\dfrac{1}{\sqrt{d_A}}}{\dfrac{1}{\sqrt{d_B}}} = \frac{\sqrt{d_B}}{\sqrt{d_A}} = \sqrt{\frac{d_B}{d_A}} \tag{10.6}$$

앞에서 기체의 밀도는 기체 분자의 몰질량에 비례한다는 것을 보았다. 그러므로 식 10.6을 다음과 같이 다시 쓸 수 있다.

도구
Graham의 분출 법칙

$$\frac{A\text{의 분출 속도}}{B\text{의 분출 속도}} = \sqrt{\frac{d_B}{d_A}} = \sqrt{\frac{\text{몰질량}_B}{\text{몰질량}_A}} \tag{10.7}$$

여기서 몰질량$_A$와 몰질량$_B$는 각각 기체 A와 B의 몰질량이다.

분자 질량은 기체의 확산 속도에도 영향을 준다. 몰질량이 작은 기체는 몰질량이 더 큰 기체보다 더 빨리 확산(그리고 분출)된다. 그러므로 몰질량이 2.02 g/mol인 수소 기체는 몰질량이 16.05 g/mol인 메테인(CH_4)보다 더 빨리 확산한다.

예제 10.12 Graham 법칙 이용하기

주어진 온도와 압력에서 메테인과 산소 기체 중 어느 것이 몇 배 더 빨리 분출되는가?

분석 이는 Graham 법칙을 사용해야 하는 기체 확산 문제이다. 어느 것이 더 빠르게 분출하는지 결정하고, 또 얼마나 더 빠르게 분출하는지를 나타내는 인자를 이용하여 분출 속도비를 얻을 수 있다.

도구 모음 다음 Graham의 분출 법칙이 필요하다(식 10.7).

$$\frac{CH_4\text{의 분출 속도}}{O_2\text{의 분출 속도}} = \sqrt{\frac{O_2\text{의 몰질량}}{CH_4\text{의 몰질량}}}$$

풀이 CH_4의 몰질량은 16.0 g/mol이고, O_2의 몰질량은 32.0 g/mol이다. 따라서 몰질량이 작은 CH_4가 O_2보다 빨리 분출된다는 것을 알 수 있다. 분출 속도비는 다음과 같이 계산한다.

$$\frac{CH_4\text{의 분출 속도}}{O_2\text{의 분출 속도}} = \sqrt{\frac{O_2\text{의 몰질량}}{CH_4\text{의 몰질량}}} = \sqrt{\frac{32}{16}} = 1.414$$

이 결과를 재배열하면

$$CH_4\text{의 분출 속도} = 1.414 \times O_2\text{의 분출 속도}$$

그러므로 같은 조건에서 CH_4가 O_2보다 1.414배 더 빨리 분출된다.

답이 합리적인가? 답을 빠르게 점검하는 방법은 수식 연산의 결과가, 몰질량이 작은 CH_4가 O_2보다 더 빠르게 분출하는지를 확인하는 것이다. 계산 결과는 이것을 말해 주고 있다.

실전 문제 10.27

염소 원자에는 질량이 각각 35.0과 37.0(유효 숫자 세 자리)인 두 가지 동위 원소가 존재한다. 염소의 끓는점은 25°C이다. 25°C에서 $^{37}Cl-^{37}Cl$의 분출 속도를 $^{37}Cl-^{35}Cl$ 및 $^{35}Cl-^{35}Cl$과 비교하시오. (**힌트:** 분출 속도는 기체의 몰질량과 어떻게 관련되어 있는가?)

실전 문제 10.28

할로젠화 수소 기체는 모두 일반식 HX를 가진다. 여기서 X는 F, Cl, Br, I이다. 실험에서 HCl(*g*)이 어떤 할로젠화 수소보다 1.88배 더 빠르게 분출하는 것을 확인하였다. 그 다른 기체는 HF, HBr, HI 중 어느 것인가?

다중 개념 문제의 분석과 풀이

오래전에 저울과 오븐 이외의 다른 장비가 제대로 갖춰지지 않은 실험실에서 일하던 한 화학자가, 결정성을 갖는 것으로 보아 단일한 순수 물질로 판단되는 어떤 물질의 화학식을 결정하는 실험을 수행했다. 먼저 이 미지의 화합물 2.121 g을 6시간 동안 250°C에서 가열한 다음 냉각시키니, 물질의 질량은 1.020 g이었다. 시료가 건조되기를 기다리는 동안 물질의 용해도를 측정하였는데, 이 물질이 물에는 녹지 않지만 강산이 첨가되면 기체가 발생하면서 용해된다는 사실을 알 수 있었다. 이런 사실들을 토대로 화학자는 건조된 시료를 산과 반응시키는 장치를 만들고, 반응에서 생성되는 기체가 물에서 기포 형태로 방출되는 것을 265 mL의 빈 플라스크를 이용하여 포집하였다. 이때 온도와 압력은 각각 24°C와 738 torr였고, 기체를 포집한 후 측정한 플라스크의 질량은 182.503 g이었다. 한편 기체를 포집하기 전 공기를 채운 후 측정한 플라스크의 질량은 182.346 g이었다. 이 화합물의 화학식은 무엇인가?

분석 문제를 해결하기 위한 계획을 세워보자. (1) 건조된 화합물을 산에 녹일 때 발생하는 기체의 몰수를 결정한다. (2) 기체의 질량과 몰질량 그리고 정체를 확인하고, 이 기체를 발생시키는 원인이 되는 음이온을 결정한다. (3) 양이온이 M^+, M^{2+}, M^{3+} 중 하나일 것이라 가정하고, 음이온과의 몰비를 이용하여 양이온의 원자 질량을 결정한다. 지금까지의 결과를 이용하여 가능하다면 양이온이 무엇인지 알아낸다. (4) 수화물 내 물 분자의 수를 결정하고, 화학식을 완성한다.

Part 1

도구 모음 다음 식을 이용하여 건조한 기체만의 압력을 구할 수 있다.

$$P_{\text{건조}} = P_{\text{기체}} - P_{\text{물}}$$

기체의 몰수를 구하기 위해 이상 기체 법칙을 사용한다.

$$n = \frac{PV}{RT}$$

풀이 부록 C의 자료로부터 확인한 24°C에서의 물의 증기 압력이 22.4 torr이므로, 건조된 기체의 압력은 738 torr − 24 torr = 714 torr임을 알 수 있다. torr를 atm으로 변환하면, 0.939 atm이 된다. 한편 부피는 0.265 L이고 온도는 켈빈 단위로 297 K이다. 이 자료들을 이용하여 n을 계산하면 다음과 같다.

$$n = \frac{(0.939\ \cancel{\text{atm}})(0.265\ \cancel{\text{L}})}{(0.0821\ \cancel{\text{L}}\ \cancel{\text{atm}}\ \text{mol}^{-1}\ \cancel{\text{K}^{-1}})(297\ \cancel{\text{K}})} = 0.0102\ \text{mole}$$

Part 2

도구 모음 플라스크 안의 공기의 질량을 계산하여, 빈 플라스크의 질량을 구한다. 건조한 공기의 평균 몰질량은 28.96 g mol^{-1}이다. 기본 식은 질량을 계산하는 형태로 재배열된 이상 기체 법칙이다.

$$\text{질량} = \frac{PV \times \text{몰질량}}{RT}$$

다음에는 발생한 기체의 질량을 구하기 위해 포집한 기체가 들어 있는 플라스크에서 빈 플라스크의 질량을 뺀다. 기체의 질량을 알면 기체의 몰질량을 계산할 수 있다.

풀이 플라스크 안 공기의 질량은 다음의 식으로 계산할 수 있다.

$$\text{공기의 질량} = \frac{(0.939\ \cancel{\text{atm}})(0.265\ \cancel{\text{L}})(28.96\ \text{g}\ \cancel{\text{mol}^{-1}})}{(0.0821\ \cancel{\text{L atm mol}^{-1}\ \text{K}^{-1}})(297\ \cancel{\text{K}})} = 0.296\ \text{g 공기}$$

따라서 빈 플라스크의 질량은 다음과 같다.

$$182.346\ \text{g} - 0.296\ \text{g} = 182.050\ \text{g}$$

이제 미지 기체의 질량을 계산한다.

$$182.503\ \text{g} - 182.050\ \text{g} = 0.453\ \text{g}$$

마지막으로 미지 기체의 질량을 Part 1에서 얻은 몰수로 나누어 몰질량을 얻는다.

$$\text{몰질량} = \frac{0.453\ \text{g 기체}}{0.01020\ \text{mole 기체}} = 44.4\ \text{g mol}^{-1}$$

표 4.2를 살펴보면 44.4 g mol^{-1}에 가까운 몰질량을 갖는 기체는 CO_2(MM = 44.01 g mol^{-1}) 뿐임을 알 수 있다. 탄산염을 산으로 처리하면 CO_2가 발생한다는 것도 알고 있다. 따라서 음이온은 CO_3^{2-}로 결정한다.

Part 3

도구 모음 발생한 CO_2가 0.0102 mol이므로 화합물에 CO_3^{2-} 0.0102 mol이 포함되어 있다. 원자 질량을 이용하여 CO_3^{2-}의 질량을 계산할 수 있으므로, 구한 미지 기체 시료의 질량에서 CO_3^{2-}의 질량을 빼고 남은 질량은 양이온일 것이다. 화합물의 식은 M_2CO_3, MCO_3, $M_2(CO_3)_3$ 중 하나이므로, 3장의 화학량론적 도구들을 이용하여 각각의 화학식에 포함된 양이온의 몰수를 계산할 수 있다. Part 2에서와 몰수로 질량을 나누면, 양이온의 몰질량을 구할 수 있다.

풀이 CO_3^{2-} 이온이 0.0102 mol이므로, 탄산 이온의 질량은 다음과 같다.

$$0.0102\ \cancel{\text{moles CO}_3^{2-}} \times \frac{60.01\ \text{g CO}_3^{2-}}{1\ \cancel{\text{mol CO}_3^{2-}}} = 0.612\ \text{g CO}_3^{2-}$$

이를 Part 2에서 구한 미지 기체의 1.020 g 시료에서 빼면, 양이온은 0.408 g이 된다.

발생한 기체 시료 0.102 mol 안에 포함된 양이온의 몰수는 양이온의 전하에 달려 있다.

양이온이 $M^+(M_2CO_3)$이면:

$$M^{+}\text{의 몰수} = 0.0102\ \cancel{\text{mol CO}_3^{2-}} \times \frac{2\ \text{mol}\ M^+}{1\ \cancel{\text{mol CO}_3^{2-}}} = 0.0204\ \text{moles of}\ M^+$$

양이온이 $M^{2+}(MCO_3)$이면:

$$M^{2+}\text{의 몰수} = 0.0102\ \cancel{\text{mol CO}_3^{2-}} \times \frac{1\ \text{mol}\ M^{2+}}{1\ \cancel{\text{mol CO}_3^{2-}}} = 0.0102\ \text{moles of}\ M^{2+}$$

양이온이 $M^{3+}(M_2(CO_3)_3)$이면:

$$M^{3+}\text{의 몰수} = 0.0102\ \cancel{\text{mol CO}_3^{2-}} \times \frac{2\ \text{mol}\ M^{3+}}{3\ \cancel{\text{mol CO}_3^{2-}}} = 0.0068\ \text{moles of}\ M^{3+}$$

마지막으로 0.408 g을 각 양이온의 몰수로 나누면 가능한 양이온의 몰질량을 얻을 수 있다. 계산은 다음과 같다.

$$M^{+} = \frac{0.408\ \text{g}\ M}{0.0204\ \text{mol}\ M} = 20.0\ \text{g mol}^{-1}$$

$$M^{2+} = \frac{0.408\ \text{g}\ M}{0.0102\ \text{mol}\ M} = 40.0\ \text{g mol}^{-1}$$

$$M^{3+} = \frac{0.408\ \text{g}\ M}{0.00680\ \text{mol}\ M} = 50.0\ \text{g mol}^{-1}$$

주기율표를 보면, 원자 질량 40인 칼슘이 모든 가능성에 가장 가깝다는 것을 알 수 있다. +1가 이온인 소듐은 23의 원자 질량을 가지며, 계산된 20과 가깝다. 그러나 실험에 의하면 미지의 화합물은 물에 불용성인데, 표 4.1에 나타낸 것처럼 소듐 화합물은 일반적으로 용해된다. 따라서 화합물은 $CaCO_3$일 것이다.

Part 4

도구 모음 마지막 단계는 수화물 내 물 분자의 수를 결정하는 것이다. 화합물 1 mol당 물의 몰수를 계산하는 다른 화학량론적 단계도 필요하다. 화합물의 몰수를 알고 있으므로, 이는 3장의 화학량론적 개념을 사용해서 간단히 물의 질량 손실을 물의 몰수로 변환하면 된다.

$$H_2O\text{의 몰수} = \frac{H_2O\text{의 질량}}{H_2O\text{의 몰질량}}$$

풀이 물의 질량은 원래 질량과 건조된 질량의 차이에 해당한다.

$$H_2O\text{의 몰수} = \frac{(2.121\text{ g} - 1.020\text{ g})\ H_2O}{18.0\text{ g } H_2O\text{ mol}^{-1}} = 0.0611\text{ mol } H_2O$$

따라서 수화물 1 mol에 포함된 물의 몰수는 다음과 같다.

$$\text{수화물에서 } H_2O\text{의 몰수} = \frac{\text{mol } H_2O}{\text{mol } CaCO_3} = \frac{0.0611\text{ mol } H_2O}{0.0102\text{ mol } CaCO_3} = 5.99\text{ mol } H_2O$$

이는 6 mol의 물에 해당하므로, 최종 답은 $CaCO_3 \cdot 6H_2O$가 된다.

답이 합리적인가? 먼저 모든 단위가 제거되고 계산이 맞게 되었는지 모든 계산을 재확인하도록 한다. 또한 모든 계산이 물 분자가 정수인 수화물 $CaCO_3 \cdot 6H_2O$의 화학식에 잘 맞으므로, 문제가 올바르게 풀렸다고 할 수 있다.

10.7 기체 분자 운동론

기체 법칙들을 이미 알고 있던 19세기 과학자들은 모든 기체가 공통적인 기체 법칙들을 따르는 분자 수준에서의 원인이 무엇일까 하는 의문을 가지게 되었다. 이에 대한 답을 **기체 분자 운동론(kinetic molecular theory of gas)**에서 찾을 수 있다. 6장에서 이와 관련한 몇 가지 견해를 소개한 적이 있으며, 10.1절에서 분자 수준에서 기체가 어떠해야 하는지를 시사하는 몇 가지 관찰을 논의한 바 있다. 이제 분자 운동론이 기체의 행동을 얼마나 잘 설명할 수 있는지 좀 더 면밀하게 살펴보도록 하자.

줄여서 기체 운동론이라고도 하는 이 이론은 이상 기체의 성질에 대한 일련의 가정으로 구성되어 있다. 물리와 통계 법칙을 적용해서 관찰된 기체 법칙이 이 모형으로부터 예측될 수 있는지 확인해 본다. 그 결과는 완벽하게 성공적이었다.

기체 분자 운동론의 가정

1. 기체는 연속적이며 무작위한 빠른 운동을 하는 무수히 많은 작은 입자로 구성되어 있다.
2. 기체 입자 자체가 차지하는 부피는 용기의 부피에 비해서 너무 작아서 전체 부피에 대한 입자의 부피는 무시할 수 있다.
3. 기체 입자는 서로 간에 혹은 용기의 벽과 완전 탄성 충돌[12]을 하며, 충돌 사이에는 서로 끌어당기거나 반발하는 힘이 작용하지 않고 직선으로 움직인다.

해설 입자가 너무 작아서 크기가 아예 없다고 가정한다. 그들은 본질적으로 공간에서 점이다.

[12]**완전 탄성 충돌**에서는 충돌하는 물체들의 순간적인 변형이 있을 뿐, 마찰에 의한 에너지 손실이 없다.

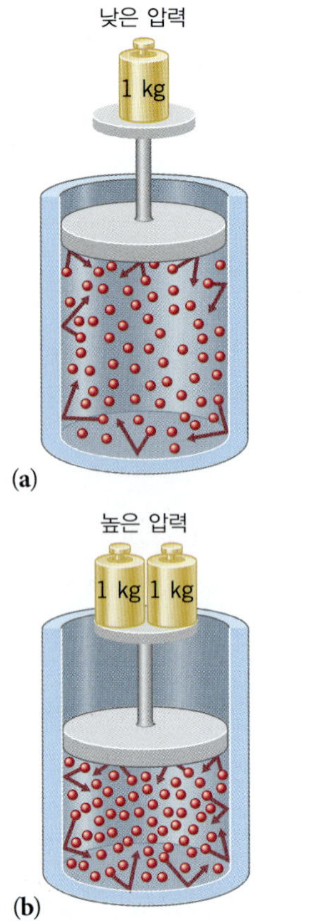

그림 10.13 분자 운동론과 압력-부피 법칙(Boyle 법칙) (a)에서 (b)로 기체의 부피를 감소시키면 용기 벽의 단위 면적당 충돌하는 분자의 수는 증가한다. 그러므로 압력은 증가한다.

요약하면 이 모형은 이상 기체를 연속적으로 움직이는 매우 작은 당구공으로 묘사한다. 그림 10.1에서 설명한 것과 같이 이 당구공(기체 입자)은 서로 간에 혹은 용기의 벽과 충돌하여 벽에 알짜 압력을 나타낸다. 기체 입자는 너무 작아서 개개의 부피는 무시되기 때문에 이상 기체는 실질적으로 빈 공간으로 가정할 수 있다.

운동론과 기체 법칙들

이 모형에 의하면 이상 기체는 빈 공간이다. 이것이 기체가 액체나 고체와는 달리 그렇게 많은 압축(압착해서 작은 부피로 만드는 것)이 가능한지에 대한 이유이다. 이것은 또한 기체는 **모든 기체에 적용할 수 있는 기체 법칙**을 가지고 있으나, 액체와 고체에는 유사한 식이 없는 이유이기도 하다. 기체 분자는 서로 충돌할 때를 제외하고는 서로 접촉하지 않으며, 상호 작용은 존재한다고 해도 극도로 작기 때문에 기체의 화학적 본질은 중요하지 않다.

수학적인 상세한 과정을 여기서 다룰 수는 없지만, 물리 법칙과 이상 기체의 모형을 사용하여 기체 법칙과 기체의 다른 특징들을 설명하는 방법을 기술할 수는 있다.

온도의 정의 분자 운동론의 가장 위대한 성과는 6.2절에서 설명한 기체의 온도에 관한 설명이다. 계산에 의하면 압력과 부피의 곱 PV는 기체 분자의 평균 운동 에너지에 비례한다.

$$PV \propto \text{평균 분자 운동 에너지}$$

그러나 기체에 대한 실험을 결과로부터 얻은 이상 기체 상태 방정식에는 궁극적으로 PV가 비례하는 또 하나의 항이 있는데, 소위 기체의 Kelvin 온도이다.

$$PV \propto T$$

(이상 기체 법칙에 의해 $PV = nRT$이므로, 여기에서 비례 상수는 nR이다.) PV가 T와 '평균 분자 운동 에너지'에 비례하기 때문에 기체의 온도가 평균 분자 운동 에너지에 비례해야만 한다.

$$T \propto \text{평균 분자 운동 에너지} \qquad \textbf{(10.8)}$$

Boyle 법칙(압력-부피 법칙) 이상 기체 모형을 사용하여 물리학자들은 기체의 압력은 기체 입자들이 용기의 벽에 수없이 충돌하여 일어나는 알짜 효과에 의한 것임을 설명할 수 있었다. **그림 10.13**에서처럼 기체 용기의 한쪽 벽이 위로(또는 밖으로) 이동이 가능한 피스톤이어서 기체의 부피가 변할 수 있다고 상상해 보자. 기체의 부피를 절반으로 줄인다면 단위 부피당 분자의 수는 두 배로 늘어난다. 이 경우에 단위 면적당 매초 마다 충돌하는 분자수가 두 배로 되며, 압력도 두 배가 될 것이다. 결과적으로 부피를 절반으로 줄이면 압력이 두 배가 되어야 하고, 이는 Boyle이 관찰한 내용과 정확히 일치한다.

$$P \propto \frac{1}{V} \quad \text{또는} \quad V \propto \frac{1}{P}$$

Gay-Lussac 법칙(압력-온도 법칙) 앞에서 배운 바와 같이, 운동론에 의하면 기체의 온도가 증가하면 기체 입자들의 평균 속도가 증가한다. 속도가 커지면 입자들은 용기의 벽을 더욱 자주 그리고 더 큰 힘으로 충돌할 것이다. 그러나 부피가 일정하면 충돌하는 **면적**이 같으므로 단위 면적당 힘(즉 압력)이 증가해야 한다. 그러므로 분자 운동론은 기체의 양이 일정할 때 압력이 온도(일정한 부피 하에서)에 비례하는 이유를 설명할 수 있다. 이것이 Gay-Lussac의 압력-온도 법칙이다.

Charles 법칙(온도-부피 법칙) 분자 운동론에 따라, 부피가 일정할 때 온도를 올리면 압력이 상승한다는 것을 방금 알았다. 그러나 기체의 온도가 상승할 때 압력이 일정하려면, 이는 온도가 상승함에 따라 용기의 부피가 팽창할 때만(즉 용기 벽의 표면적이 증가할 때) 가능하다. 그러므로 P를 일정하게 유지하면서 T를 증가시키면 기체는 팽창한다. 이것은 일정한 P에서 V는 T에 비례한다는 사실을 의미하는 또 다른 표현이다. 따라서 분자 운동론은 Charles 법칙을 잘 설명한다.

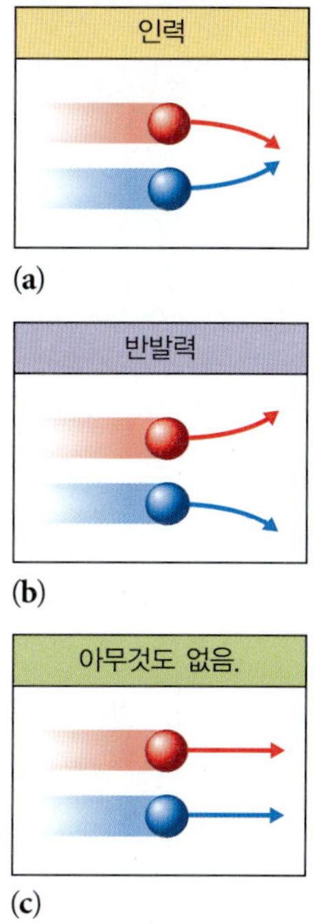

그림 10.14 기체 분자들은 서로 잡아당기거나 반발하지 않을 때 독립적으로 행동한다. 기체 분자들은 (a)에서와 같이 서로 인력이 작용하는 경우와 (b)에서와 같이 서로 반발하는 경우, 일직선으로 운동하지 않는다. 이런 경우에는 벽과의 충돌 사이에 더 먼 거리를 운동해야 하기 때문에 벽과의 충돌수가 줄어들어 압력에 영향을 주게 된다. 분자들이 (c)에서와 같이 인력이나 반발력 없이 직선 운동을 한다면, 개개의 압력은 분자들이 서로 스쳐 지나가거나 충돌을 해도 영향을 받지 않는다.

Dalton의 부분 압력 법칙 부분 압력 법칙은 이상 기체 입자들이 서로 끌어당기거나 반발하지 않으면서 충돌 간에는 일직선으로 움직인다는 운동론의 세 번째 가정을 입증하는 근거가 된다(**그림 10.14** 참조). 분자들이 상호 작용하지 않는다는 것은 그들이 독립적으로 행동한다는 것이며, 따라서 각 기체는 용기 안에 단독으로 존재하는 것처럼 행동한다. 각 기체 분자 입자가 **독립적으로** 행동하는 경우에만 부분 압력을 단순히 모두 더한 것이 전체 압력이 된다.

Graham의 분출 법칙 Graham 법칙의 중요한 조건은 분자량이 다른 두 기체의 분출 속도를 비교할 때, 두 기체 분자들이 서로 방해하지 않고 또한 온도와 압력이 같은 조건에서 분출 속도를 비교해야 한다는 것이다. 두 기체가 같은 온도에 있을 때, 그들의 입자는 동일한 평균 분자 운동 에너지를 가진다. 분자 질량이 m_1과 m_2인 두 기체를 구별하기 위해서 아래 첨자 1, 2를 사용하면, 주어진 온도에서 다음과 같이 쓸 수 있다. $\overline{KE}$는 '평균 운동 에너지'를 의미한다.

$$\overline{KE_1} = \overline{KE_2}$$

단일 분자의 경우, 운동 에너지는 $KE = \frac{1}{2}mv^2$이다. 같은 분자들이 많이 모인 경우에는 평균 운동 에너지는 $\overline{KE} = \frac{1}{2}m\overline{v^2}$이며, 이때 $\overline{v^2}$은 **속도 제곱의 평균**(**제곱 평균** 속도, mean square velocity)이라고 한다. '평균'을 의미하는 직선 기호를 질량까지 늘리지 않았는데, 그 이유는 분자들이 모두 같은 질량을 가지기 때문이다(질량의 평균은 그냥 질량이다).

두 기체 1, 2를 비교할 때, $\overline{v_1^2}$과 $\overline{v_2^2}$는 그들 분자의 속도를 제곱한 것의 평균으로 사용한다. 만약 두 기체의 온도가 동일하다면 다음의 관계가 성립한다.

$$\overline{KE}_1 = \tfrac{1}{2}m_1\overline{v_1^2} = \tfrac{1}{2}m_2\overline{v_2^2} = \overline{KE}_2$$

윗 식을 다시 배열해서 $\overline{v^2}$ 항에 대한 비를 구해보자.

$$\frac{\overline{v_1^2}}{\overline{v_2^2}} = \frac{m_2}{m_1}$$

이제 양변에 제곱근을 취하면 $(\overline{v_1})_{\text{rms}}$와 $(\overline{v_2})_{\text{rms}}$로 나타내는 **제곱 평균근 속도(root mean square velocity, rms)***의 비를 얻는다.

$$\frac{(\overline{v_1})_{\text{rms}}}{(\overline{v_2})_{\text{rms}}} = \sqrt{\frac{m_2}{m_1}}$$

제곱 평균근 속도 $\overline{v_{\text{rms}}}$는 실제로 기체 분자의 평균 속도를 의미하는 것이 아니고, 평균 운동 에너지를 가지는 분자의 속도를 나타낸다(여백에 설명한 것처럼 두 평균의 차이는 크지 않다).

해설 속도가 $6\,\text{m s}^{-1}$과 $10\,\text{m s}^{-1}$인 두 분자가 있다고 가정하자. 평균 속도는 $\frac{1}{2}(6 + 10) = 8\,\text{m s}^{-1}$이다. rms 속도는 다음과 같이 속도를 제곱한 것을 평균한 후 제곱근을 취한 것이다.

$$\overline{v_{\text{rms}}} = \sqrt{\tfrac{1}{2}(6^2 + 10^2)} = 8.2\ \text{ms}^{-1}$$

어떤 물질이든지 개별 분자의 질량은 몰질량에 비례한다. 기체의 몰질량을 MM으로 나타내면 $m \propto MM$으로 다시 쓸 수 있다. 비례 상수는 모든 기체에 대해서 동일하다(m을 원자 질량 단위로 나타낸다면, 비례 상수는 원자 질량 단위당 그램이다). 두 몰질량의 비를 취하면, 비례

*역자주
원서 교재에서는 root mean square speed에서처럼 speed란 단어를 사용하나, 번역본에서는 speed를 보다 보편적으로 사용되는 velocity로 대체하여 root mean square velocity라고 쓰고, **제곱 평균근 속도**라고 번역한다.

상수는 서로 제거되어 다음과 같이 쓸 수 있다.

$$\frac{(\overline{v_1})_{rms}}{(\overline{v_2})_{rms}} = \sqrt{\frac{m_2}{m_1}} = \sqrt{\frac{MM_2}{MM_1}}$$

이 식에 따르면 분자의 rms 속도는 분자 질량의 제곱근에 반비례한다. 이것은 주어진 온도에서 분자 질량이 큰 기체 분자가 분자 질량이 작은 기체 분자보다 평균적으로 더 천천히 운동한다는 것을 의미한다.

빠르게 움직이는 분자는 느리게 움직이는 분자보다 기벽에 뚫린 구멍을 더 자주 마주할 것으로 예상할 수 있다. 따라서 기체의 분출 속도는 분자의 평균 속도에 비례하며, 그것은 다시 $1/\sqrt{MM}$에 비례한다고 할 수 있다.

$$\text{분출 속도} \propto \overline{v_{rms}} \propto \frac{1}{\sqrt{MM}}$$

비례 상수로 k를 사용하자.

$$\text{분출 속도} = \frac{k}{\sqrt{MM}}$$

기체 1과 2를 비교하기 위하여 분출 속도의 비를 취하면 k는 서로 제거되어 다음과 같이 쓸 수 있다.

$$\frac{\text{기체 1의 분출 속도}}{\text{기체 2의 분출 속도}} = \sqrt{\frac{MM_2}{MM_1}}$$

이 식은 Graham 법칙을 나타냈던 식 10.7이다. 따라서 또 하나의 기체 법칙이 이상 기체 모형을 지지한다.

절대 영도의 정의 분자 운동론에 의하면 온도는 기체 분자의 평균 운동 에너지에 비례한다.

$$T \propto \text{평균 분자 } KE \propto \tfrac{1}{2} m\overline{v^2}$$

평균 분자 운동 에너지가 0이면, 온도도 0이 되어야 한다. 질량(m)은 0이 될 수 없으므로 평균 분자 운동 에너지가 0이 되는 유일한 방법은 v가 0이 되는 것이다. 입자는 완전히 정지해 있는 것보다 더 천천히 운동할 수는 없다. 따라서 모든 입자가 운동하는 것을 멈추면, 그 물질은 최대로 냉각된 상태이다. 이것을 절대 영도라고 한다.[13]

분자 속력의 Maxwell–Boltzmann 분포

스코틀랜드의 물리학자인 James Maxwell(1831∼1879)은 일정한 온도에서 기체 밀도가 높지 않은 다수의 기체 분자 집합에 대한 속력의 분포를 계산하였다. **그림 10.15(a)**에 2개의 서로 다른 온도에서 O_2의 속력 분포 곡선을 나타내었다. 온도가 300 K일 때, 가장 잦은 속도(most probable velocity)를 나타내는 곡선의 최댓값이 약 400 m s^{-1}이다. 그러나 온도가 1200 K일 때는 분포 곡선이 전체적으로 오른쪽으로 이동하고, 가장 잦은 속도도 약 800 m s^{-1}로 증가한다.

분포 곡선의 중요한 특징은 다음과 같다.

[13]실제로는 0 K에서조차 미세한 움직임이 있다. 속도와 위치를 동시에 정확하게 확인할 수 없다는 Heisenberg 불확실성 원리를 생각해 보자. 예를 들면 입자에 대한 속도를 알면, 입자의 위치에 불확실성이 존재한다. 절대 영도에서 입자의 움직임이 완전히 정지하면 속도의 불확실성은 없지만, **위치**에 대한 불확실성은 무한대가 된다. 입자가 어디에 있는지 전혀 알지 못한다. 그러나 우리는 입자가 실험 공간 어딘가에 있다는 것을 안다. 이는 위치에 대한 불확실성이 어느 정도 줄어든 것을 의미한다. 위치에 대한 불확실성이 줄어들어 입자의 위치를 대략적으로 말할 수 있으려면, 속도에 대한 불확실성이 어느 정도 존재해야만 한다.

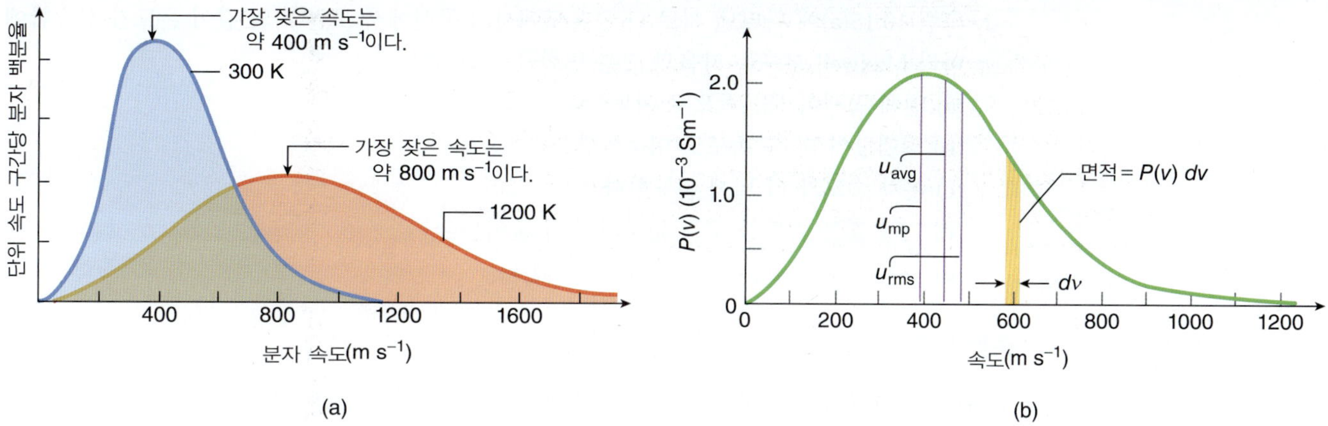

그림 10.15 (a) 300 K와 1200 K에서의 산소 기체에 대한 Maxwell 분포 곡선. (b) $T = 300$ K에서 산소 분자의 Maxwell 속도 분포에서 특징적인 속도 3가지를 나타내었다.

1. 매우 낮거나 혹은 높은 속도를 갖는 분자의 분율은 매우 작다.
2. 분자 분율이 최대가 되는 속도를 **가장 잦은 속도**(**most probable velocity**)라고 한다.
3. 가장 잦은 속도는 주어진 온도에서 가장 많은 기체 분자의 속도로 곡선에서 최댓값에 해당한다.

Maxwell의 속도 분자 법칙은 다음과 같이 나타낼 수 있다.

$$P(v) = 4\pi\left(\frac{M}{2\pi RT}\right)^{3/2} v^2 e^{-Mv^2/2RT} \tag{10.9}$$

여기서 M은 기체의 **몰질량**이고 T는 온도이며 v는 분자 속도이다. **그림 10.15(b)**는 바로 이 식을 속도에 대하여 그린 것이다. 식 10.9의 $P(v)$를 **확률 분포 함수**(probability distribution functiton)라 한다. $P(v)dv$는 속도 v를 중심으로 한 dv 구간의 속도를 갖는 분자의 분율을 나타내는 단위가 없는 양이다. 이 분율을 높이가 $P(v)$이고 폭이 dv인 줄모양의 띠의 면적과 같다(그림 10.15(b)의 노란색으로 표시한 면적). 분포 곡선의 전체 면적은 속도가 0과 무한대인 모든 분자의 분율에 해당하므로, 그 값은 1이다.

$$\int_0^\infty P(v)\ \mathrm{d}v = 1 \tag{10.10}$$

또한 속도가 v_1과 v_2 사이인 분자의 분율(frac)은 다음의 식 10.11과 같다.

$$\text{frac} = \int_{v_1}^{v_2} P(v)\ \mathrm{d}v \tag{10.11}$$

가장 잦은 속도(u_{mp})와 온도와의 관계는 다음과 같다.

$$u_{\text{mp}} = \sqrt{\frac{2RT}{M}}$$

이 관계를 이용하여 분자량과 온도가 분자 속도에 미치는 영향을 결정할 수 있다.

1. 가장 잦은 속도는 분자량에 반비례하므로 같은 온도에서 가벼운 기체는 무거운 기체보다 더 빠르게 움직인다.

2. 그림 10.15(a)에 나타낸 서로 다른 온도에서의 곡선에서 보는 바와 같이 온도가 상승함에 따라 Maxwell 분포는 다음과 같은 변화를 수반한다.
(a) 전체 곡선이 오른쪽으로 이동한다.
(b) 최댓값이 더 큰 속도로 이동한다.
(c) 분자 속도가 더 넓게 분포한다.
(d) 가장 잦은 속도를 갖는 분자의 수가 줄어든다.
(e) 낮은 속도를 갖는 분자 분율이 줄어든다.

충돌 빈도

두 원자가 반발력에 의하여 분리되기 전에 가장 가까이 접근할 수 있는 두 원자의 중심으로부터의 거리를 **충돌 지름(collision diameter)** 혹은 **유효 분자 지름(σ, effective molecular diameter)**이라고 한다. 1초 동안에 발생하는 기체 1 cm^3에 존재하는 분자간 충돌 횟수를 **충돌 빈도(Z, collision frequency)**라고 하고, 한 분자가 1초 동안 충돌하는 횟수를 **충돌수(N_C, collision number)**라고 한다. 다음 식은 충돌 지름과 평균 속도와의 관계를 나타낸다.

$$N_C = \frac{\sqrt{2}\pi u_{\text{avg}}\sigma^2 N}{V}$$

여기서 u_{avg}는 분자의 평균 속도를, N은 분자수를, V는 분자의 부피를, 그리고 σ는 충돌 지름을 나타낸다. 각 충돌은 두 분자 간의 사건이므로 충돌 빈도는 다음의 식과 같이 정의할 수 있다.

$$Z = \frac{1}{\sqrt{2}}\pi v_{\text{avg}}\sigma^2\left(\frac{N}{V}\right)^2$$

연속된 두 번의 충돌 사이에 분자가 움직이는 거리를 자유 행로라고 하고 이 거리의 평균을 **평균 자유 행로(λ, mean free path)**라고 하며, 다음과 같이 정의한다.

$$\lambda = \frac{1}{\sqrt{2}\sigma^2\left(\frac{N}{V}\right)}$$

평균 자유 행로는 분자의 크기나, 기체의 압력 및 밀도에 반비례하지만, 온도가 증가하면 평균 자유 행로도 증가한다.

10.8 실제 기체

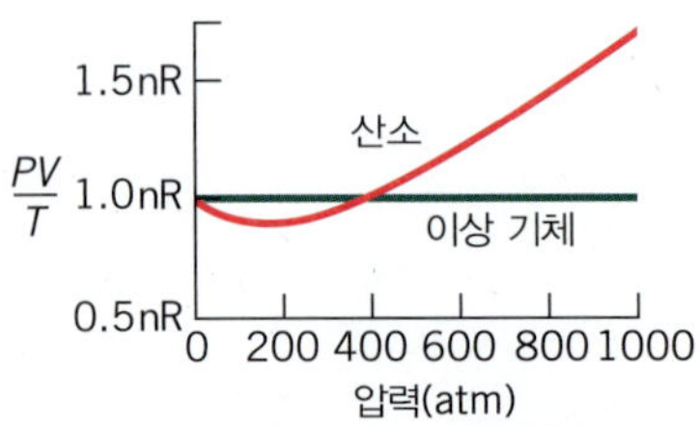

그림 10.16 이상 기체 법칙으로부터 벗어남 이상 기체에 대해서 P에 대한 PV/T 그래프는 수평이다. 그러나 O_2는 이상 기체가 아니기 때문에 그래프가 직선이 아니다.

이상 기체 법칙에 의하면 주어진 기체 시료에서 PV/T비는 두 상수의 곱인 nR과 같다. 그러나 실험적으로 실제 기체인 경우에는 PV/T가 항상 상수가 되는 것이 아니다. O_2와 같은 실제 기체의 P, V, T에 대한 실험값들을 사용해서 PV/T를 P의 함수로 도시하면 **그림 10.16**과 같은 곡선을 얻는다. 그림 10.16에서 **수평선**은 모든 P 값에 대해서 실제로 PV/T가 상수인 이상 기체에 대한 것이다.

산소와 같은 실제 기체는 두 가지 중요한 이유에서 이상 기체의 행동과는 차이가 있다. 첫째로 이상 기체는 분자 사이에 인력이 없다고 가정하지만 실제 기체에서는 서로 간에 약한 인력이 작용한다. 두 번째로 이상 기체 모형에서 기체 분자가 무한히 작다고 가정한 것이다(개개의 분자는 부피를 가지지 않는다). 그러나 실제 분자는 실제로 작지만 약간의 공간을 차지한다(분자의 운동이 갑자기 멈춰버리고 모두 가라앉았다고 가정한다면, 분자가 차지하는 순수한 공간을 상상해 볼 수 있다).

대부분의 기체는 실온과 대기압에서 다음의 두 가지 이유로 이상 기체와 거의 비슷하게 행동한다. 첫 번째 이유는 기체 분자가 워낙 빠르게 운동하고 서로 너무 멀리 떨어져 있기 때문에 서로 간의 인력을 거의 느껴지지 않는다. 결과적으로 기체는 거의 인력이 없는 것처럼 행동한다. 두 번째 이유는 분자 사이의 공간이 너무 커서 분자 자체가 점유하는 공간을 무시할 수 있다. 따라서 압력을 두 배로 하면 기체의 부피를 거의 반으로 줄일 수 있다.

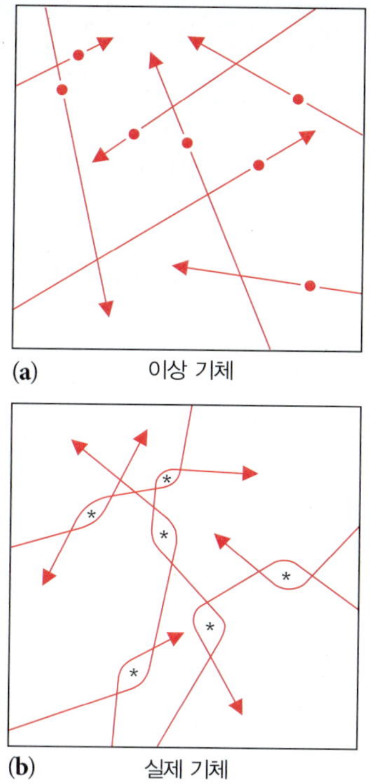

그림 10.17 인력이 실제 기체의 압력에 미치는 영향 (a) 이상 기체 분자는 직선으로 운동한다. (b) 실제 기체 분자는 서로 끌어당기는 인력으로 인하여 두 분자가 서로 접근하면 경로는 굽어진다. 별표는 분자가 서로 가까워진 점들을 나타낸다.

그림 10.16을 더 자세히 살펴보자. 1기압에 가까운 낮은 압력에서는, 산소 기체가 이상 기체처럼 행동한다. 압력이 *x*축을 따라 증가하면 기체 입자는 서로 더 가까워지게 되고, 그에 따라 관찰되는 첫 번째 효과는 인력이다. 분자 사이의 인력은 실제 기체의 압력을 이상 기체에서 예상될 수 있는 압력보다 약간 낮게 만든다. 인력은 또한 기체가 서로 인접해서 지나갈 때 분자의 경로를 꺾이게 만든다(**그림 10.17**). 분자가 이상 기체와 같이 직선으로 움직이지 않기 때문에 벽에 충돌하기까지 더 먼 거리를 이동해야 한다. 결과적으로 실제 기체 분자는 이상 기체에 비하여 벽에 충돌하는 횟수가 줄어들 것이고, 줄어든 충돌 빈도는 줄어든 압력으로 나타난다. 따라서 PV/T비는 이상 기체의 경우보다 작다. 그러므로 그림 10.16에서 O_2의 곡선은 압력이 커질 때 아래로 휘어진다.

압력이 더욱 증가하면 기체 분자도 공간을 차지한다는 사실이 인력보다 더 중요해진다. 계속되는 압력의 증가는 개별적인 입자의 부피가 아닌 분자 사이의 빈 공간만을 감소시킬 수 있다. 따라서 높은 압력에서는 분자가 차지하는 공간은 전체 부피의 상당한 부분을 차지하게 되어서, 압력을 두 배로 증가시켜도 부피가 반으로 줄이지 못한다. 결과적으로 실제 기체의 실제 부피는 이상 기체에 대해서 예측한 것보다 더 크며, PV/T비는 압력이 증가함에 따라 커진다. 그림 10.16의 우측의 O_2의 그래프에서 이와 같은 변화를 볼 수 있다.

van der Waals 식

이상 기체 상태 방정식을 변형해서 각각의 실제 기체에 대한 실험 자료에 잘 맞는 새로운 식을 얻으려는 여러 시도가 있었다. 가장 성공적인 식 중 하나가 J. D. van der Waals가 시도한 식이다. 그는 일반화된 기체 법칙에 더 잘 적용될 수 있도록 측정한 P와 V 값을 수정하는 방법을 창안하였다. 그가 유도한 식을 **실제 기체 상태**에 대한 **van der Waals 식(van der Waals equation)**이라고 한다. 이제 van der Waals가 이상 기체 법칙에 맞는 값을 얻기 위하여 P와 V에 어떻게 수정했는지를 간단히 살펴보기로 하자.

해설 네덜란드 과학자인 van der Waals(1837~1923)는 1910년에 노벨 물리학상을 수상하였다.

알고 있는 바와 같이 이상 기체라면 다음 식을 따른다.

$$P_{\text{이상}}V_{\text{이상}} = nRT$$

그러나 실제 기체에 대해서는 측정된 압력과 부피($P_{\text{측정}}$과 $V_{\text{측정}}$)를 사용하면 등식이 성립하지 않는다.

$$P_{\text{측정}}V_{\text{측정}} \neq nRT$$

그 이유는 $P_{\text{측정}}$이 $P_{\text{이상}}$보다 작고(실제 기체 분자들 사이의 인력의 결과), 측정된 부피 $V_{\text{측정}}$은 $V_{\text{이상}}$보다 크기 때문(실제 분자가 공간을 얼마간 차지하기 때문)이다. 그러므로 이상 기체 법칙을 따르는 압력과 부피를 얻기 위해서는 측정한 압력에 무엇인가를 더하고, 측정된 부피에서 무엇인가를 빼야 한다. 이와 관련한 van der Waals의 견해를 대입한 van der Waals 식은 다음과 같다.

도구
실제 기체에 대한 van der Waals 상태 방정식

측정된 압력 / 측정된 부피

$$\left(P_{측정} + \frac{n^2a}{V^2}\right)(V_{측정} - nb) = nRT \tag{10.12}$$

측정된 압력 P를 이상 기체의 압력까지 올리기 위한 수정 / 측정된 부피 V를 이상 기체가 가지는 부피로 낮추기 위한 수정

표 10.3 van der Waals 상수

물질	$a(L^2\ atm\ mol^{-2})$	$b(L mol^{-1})$
비활성 기체		
헬륨(He)	0.03421	0.02370
네온(Ne)	0.2107	0.01709
아르곤(Ar)	1.345	0.03219
크립톤(Kr)	2.318	0.03978
제논(Xe)	4.194	0.05105
그 밖의 기체		
수소(H_2)	0.02444	0.02661
산소(O_2)	1.360	0.03183
질소(N_2)	1.390	0.03913
메테인(CH_4)	2.253	0.04278
이산화 탄소(CO_2)	3.592	0.04267
암모니아(NH_3)	4.170	0.03707
물(H_2O)	5.464	0.03049
에틸 알코올(C_2H_5OH)	12.02	0.08407

상수 a와 b를 **van der Waals 상수(van der Waals constant)**라고 한다(**표 10.3** 참조). 각각의 실제 기체에 대하여 여러 가지의 P, V, T 조건들을 면밀하게 측정한 다음, 상수로 어떤 값을 사용할 때 van der Waals 식이 측정 자료와 가장 잘 일치하는지에 대한 예비 계산을 통하여 최적의 a와 b를 결정한다.

상수 a는 이상 기체 법칙에서 압력을 보정하는 항이기 때문에, a의 크기는 분자 사이의 인력에 관한 어떤 성질을 포함하고 있다. 큰 a 값은 분자 사이에 더 강한 인력이 작용한다는 것을 의미한다. 그래서 물이나 에틸 알코올과 같이 쉽게 액화되는 물질이 큰 van der Waals 상수 a를 가지며, 이는 분자 사이에 상대적으로 큰 인력이 작용한다는 것을 의미한다.

상수 b는 분자 자체가 차지하는 부피를 보정하는 항이기 때문에, 기체에서 입자의 크기에 관한 성질을 포함하고 있다. b 값이 큰 것은 분자가 큰 것을 의미한다. 표 10.3에서 비활성 기체에 대한 자료를 보면, 헬륨에서 제논으로 가면서 원자가 커짐에 따라 b 값 역시 커지는 것을 볼 수 있다. 다음 장에서 물질의 물리적 상태를 조절하는 인자인 분자 간 인력과 그 원천에 대하여 공부할 것이다.

10.9 압축 인자

낮은 온도에서 분자의 평균 운동 에너지와 속도가 낮아지기 때문에 분자간 인력이 증가한다. 한편 높은 압력에서는 분자간 반발력이 증가한다. 압력이 0에 접근하여 분자간 상호 작용을 무시할 수 있을 때 실제 기체 분자는 이상 기체처럼 행동한다.

주어진 온도와 압력에서 기체의 측정된 부피($V_{실제}$)와 이상 기체의 부피($V_{이상}$)의 비를 기체의 **압축 인자(Z, compressibility factor)**라고 한다. 이상 기체의 부피는 nRT/P이므로, 압축 인자는 다음과 같다.

$$Z = \frac{V_{실제}}{nRT/P} = \frac{PV_{실제}}{nRT} \Rightarrow Z = \frac{V_{실제}}{V_{이상}} \tag{10.13}$$

이상 기체의 경우 $PV = nRT$이므로 $Z = 1$이고, 실제 기체의 경우 $Z \neq 1$이므로 측정된 부피는 이상 기체의 부피보다 크거나 작아야 한다.

상당한 압력 범위에서 실제 기체가 이상 기체의 거동을 나타내는 온도를 **Boyle 온도(Boyle temperature)**라고 한다. 이 온도는 기체의 성질에 따라 다르다. 이 온도에서는 PV가 변하는 속도가 0에 수렴하기 때문에 다음의 식을 만족한다.

$$\boxed{T_{\text{Boyle}} = \frac{\partial PV}{\partial R} = \frac{a}{Rb} = \frac{1}{2T_{\text{inv}}}} \qquad \textbf{(10.14)}$$

여기서 a와 b는 van der Waals 상수이고 T_{inv}는 반전 온도(inversion temperature)이다.

온도가 Boyle 온도 이상으로 상승하면 기체 분자 사이의 인력이 약해지고, 기체는 이상 기체에서 양의 편차($Z > 1$)를 나타낸다. Boyle 온도보다 낮은 온도에서는 처음에는 음의 편차를 보이다가, 압력이 상승함에 따라 최솟값에 도달한 후 다시 양의 편차를 계속해서 나타낸다.

그림 10.18에서 보는 바와 같이 이상 기체의 P에 대한 Z 그래프는 P를 나타내는 x축과 평행인 직선이다. 그러나 실제 기체의 경우에는 P가 변함에 따라 Z는 1에서 편차를 보인다.

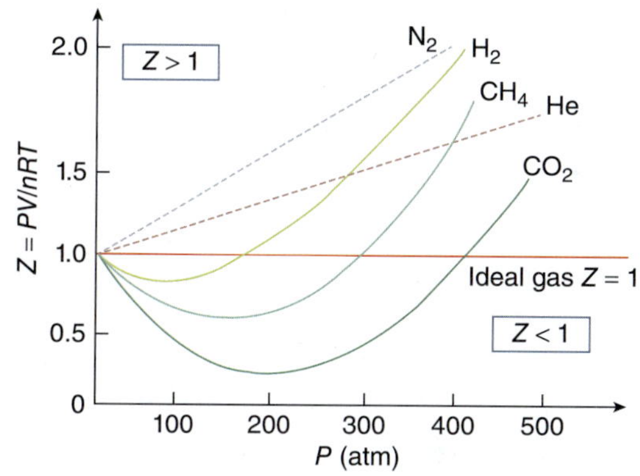

그림 10.18 실제 기체와 이상 기체의 압축 인자의 변화

1 mol의 기체에 대한 van der Waals 식 $\left(P + \frac{a}{V_{\text{m}}^2}\right)(V_{\text{m}} - b) = RT$을 다음의 두 가지 경우에 대하여 생각해 보자.

Case 1: 낮은 압력에서 $V_{\text{m}} - b \approx V_{\text{m}}$으로 가정할 수 있으므로 van der Waals 식 $\left(P + \frac{a}{V_{\text{m}}^2}\right)(V_{\text{m}} - b) = RT$은 다음과 같이 변형될 수 있다.

$$PV_{\text{m}} + \frac{a}{V_{\text{m}}} = RT$$

혹은 양변을 RT로 나누면 $\frac{PV_{\text{m}}}{RT} + \frac{a}{V_{\text{m}}RT} = \frac{RT}{RT}$ 이 되고, 따라서 Z를 다음과 같이 나타낼 수 있다.

$$Z = 1 - \frac{a}{V_{\text{m}}RT} \qquad \textbf{(10.15)}$$

해설 $Z = 1$이면 인력과 반발력이 서로 상쇄되어 무시할 수 있다. $Z > 1$이면 반발력이 인력보다 크고 기체를 압축하기 어렵다. $Z < 1$이면 인력이 반발력보다 크고 기체를 압축하는 것이 용이하다.

식 10.15는 낮은 압력에서 $Z < 1$을 나타내며, 이는 낮은 압력은 기체는 압축이 용이하고 또한 인력이 지배하는 영역임을 나타낸다.

Case 2: 높은 압력에서 $P + \frac{a}{V_{\text{m}}^2} \approx P$로 가정할 수 있으므로 van der Waals 식은 $PV_{\text{m}} - Pb = RT$가 되고, 이 식의 양변을 RT로 나누면 다음과 같다.

$$\frac{PV_{\text{m}}}{RT} = \frac{RT}{RT} + \frac{Pb}{RT}$$

그러므로 Z는 다음과 같이 나타낼 수 있다.

$$Z = 1 + \frac{Pb}{RT} \qquad \textbf{(10.16)}$$

해설 수소(헬륨도 포함)는 예외적인 거동을 보인다. 273 K에서 압력이 증가함에 따라 수소의 압축 인자는 증가하며, 모든 압력 구간에서 $Z > 1$을 나타낸다. 이는 273 K에서 수소의 운동 에너지가 매우 크고 인력이 작기 때문이다. 압력이 증가하면 기체 분자 사이의 공간이 줄어든 결과 반발력이 증가해서 양의 편차($Z > 1$)가 나타난다. 273 K보다 매우 낮은 온도에서는 음의 편차를 관찰할 수 있다.

압력이 높은 영역은 $Z > 1$이고, 반발력이 지배하는 영역이다.

위에서의 관찰을 다음과 같이 요약할 수 있다.

1. 매우 낮은 압력에서 모든 기체의 Z는 1에 가깝다. 낮은 압력에서 기체의 부피가 크기 때문에, 기체 자체의 부피는 무시할 수 있고 기체는 이상 기체와 비슷하게 거동한다.
2. 압력이 증가하면 PV/nRT가 처음에는 감소하다가($Z < 1$), 최솟값에 도달한 후 다시 증가한다.
3. 높은 압력에서 $Z > 1$이고, 따라서 압력이 증가해도 기체를 압축하는 것이 어렵다.

낮은 압력에서 기체가 이상 기체와 유사하게 거동하는 것을 보았다. 그러나 이상 기체처럼 거동하는 압력의 한계가 어디까지인지는 기체의 종류와 온도에 따라 다르다.

비리알 식

여러 가지 압력, 부피 혹은 온도 조건에서 실제 기체에 대한 다양한 식이 개발되었다. 평형에서 물질의 상태 특성을 나타내는 이와 같은 방정식을 상태 방정식이라고 한다. 다음에 나타낸 압축 인자 항으로 나타낸 상태 방정식을 **비리알 식(virial equation)**이라고 한다.

$$Z = \frac{PV_\mathrm{m}}{RT} = 1 + \frac{B}{V_\mathrm{m}} + \frac{C}{V_\mathrm{m}^2} + \cdots \tag{10.17}$$

비리알 식의 유도 과정은 다음과 같다.

$$Z = \left(1 - \frac{b}{V_\mathrm{m}}\right)^{-1} - \frac{a}{V_\mathrm{m}RT}$$

여기서 $\left(1 - \frac{b}{V_\mathrm{m}}\right)^{-1}$ 를 멱급수 형태로 전개하면 다음과 같다.

$$\left(1 - \frac{b}{V_\mathrm{m}}\right)^{-1} = 1 + \frac{b}{V_\mathrm{m}} + \left(\frac{b}{V_\mathrm{m}}\right)^2 + \left(\frac{b}{V_\mathrm{m}}\right)^3 + \cdots$$

따라서

$$Z = 1 + \left(b - \frac{a}{RT}\right) \times \frac{1}{V_\mathrm{m}} + (b^2)\left(\frac{1}{V_\mathrm{m}^2}\right) + \cdots$$

가 된다. $B = b - \frac{a}{RT}$, $C = b^2$, $D = b^3$ 인 조건에서 위 식은 식 10.17이 된다.

비리알 식은 변수 V에 대한 멱급수 전개 식이다. 계수 B, C...는 온도의 함수로 첫 번째 비리알 계수, 두 번째 비리알 계수... 등으로 불리고, 온도와 물질의 종류에 따라 다르다.

van der Waals 식을 비리알 식으로 바꾸기 1 mol의 기체에 대한 van der Waals 식은 다음과 같다.

$$\left(P + \frac{a}{V_\mathrm{m}^2}\right)(V_\mathrm{m} - b) = RT$$

혹은

$$P = \frac{RT}{(V_\mathrm{m} - b)} - \frac{a}{V_\mathrm{m}^2}$$

양변에 V_m/RT를 곱한 후 Z에 대하여 정리하면 다음과 같다.

$$\frac{PV_\mathrm{m}}{RT} = \frac{V_\mathrm{m}}{V_\mathrm{m} - b} - \frac{a}{V_\mathrm{m}RT}$$

$$Z = \left(1 - \frac{b}{V_\mathrm{m}}\right)^{-1} - \frac{a}{V_\mathrm{m}RT}$$

다음의 멱급수 전개를 대입하고 정리하면 식 10.18을 얻는다.

$$\left(1-\frac{b}{V_m}\right)^{-1}=1+\frac{b}{V_m}+\left(\frac{b}{V_m}\right)^2+\left(\frac{b}{V_m}\right)^3+\cdots$$

$$Z=1+\left(b-\frac{a}{RT}\right)\times\frac{1}{V_m}+\left(\frac{b}{V_m}\right)^2+\left(\frac{b}{V_m}\right)^3+\cdots \qquad \textbf{(10.18)}$$

식 10.17에서와 마찬가지로 이 식에서도 $B=b-\dfrac{a}{RT}$와 $C=b^2$을 얻었다.

10.10 대응 상태 법칙(Law of Corresponding States)

우선 다음과 같은 정의가 필요하다.

1. 환산 온도(reduced temperature)

$$T_R=\frac{T}{T_C}$$

여기에 임계 온도 T_C를 대입하면 다음과 같다.

$$T=\frac{8a}{27bR}T_R$$

2. 환산 부피(reduced volume)

$$V_R=\frac{V_m}{V_C}$$

여기에 임계 부피 V_C를 대입하면 다음과 같다.

$$V_m=V_RV_C$$
$$V_m=3bV_R$$

3. 환산 압력(reduced pressure)
같은 방법으로 다음과 같이 구할 수 있다.

$$P_R=\frac{P}{P_C}$$
$$P=P_RP_C$$
$$P=\frac{a}{27b^2}P_R$$

van der Waals 식 $\left(P+\dfrac{a}{V_m^2}\right)(V_m-b)=RT$에 환산 압력 P, V_m, T 대신 환산 항을 대입해서 다음의 식을 얻는다.

$$\left(\frac{1}{27b^2}P_R+\frac{a}{9b^2V_R^2}\right)(3bV_R-b)=R\left(\frac{8a}{27bR}\right)T_R$$
$$(P_RV_R^2+3)(3V_R-1)=8T_RV_R^2$$

이 식을 **환산 van der Waals 식(reduced van der Waal's equation)**이라고 한다.

종합 화학 예제

10장에서 기체에 대한 길잡이가 되는 몇 가지 원리에 대하여 배웠다. 첫 번째 길잡이는 기체의 분자 운동 모형이고 두 번째는 기체의 한 가지 특성을 다른 특성과 비교한 일련의 기체 법칙으로부터 얻어진 이상 기체 법칙과 관련된 방정식이다. 이와 같은 모든 법칙을 모아서 다양한 과학 분야에 적용할 수 있는 분자 수준이나 혹은 거시적 수준에서의 중요한 질문에 대하여 답을 구할 수 있게 되었다. 물론 화학 반응에서는 사용되는 시약에 대한 몰질량의 정보도 필요하다. 이 장에서 우리는 기체 법칙들을 이용하여 화합물의 몰질량을 결정할 수 있는 여러 가지 방법에 대하여 논의하였다.

예를 들면 기체의 밀도를 이용하여 몰질량을 구할 수 있다. 어떤 기체 실린더에 '독성 기체'라는 표시가 있다면 기체의 성분을 확인하는 것이 매우 중요하며, 기체 성분을 확인할 수 있는 하나의 방법은 밀도를 측정하는 것이다. 기체의 밀도를 결정하기 위하여 진공 상태의 부피가 알려진 용기의 무게를 잰 후, 독성 가스를 채운 용기의 무게를 다시 측정하여 그 차이로 기체의 질량을 정한다. 부피와 질량을 알기 때문에 기체의 밀도와 몰질량을 계산할 수 있다.

이 방법으로 밀도를 결정하기 위하여 준비한 500.0 cm^3 용기를 진공으로 만든 다음 측정한 무게가 545.23 g이었다. 용기에 독성 기체를 채운 후 측정한 무게는 589.32 g이었다. 이때 기체의 온도는 26.3 °C이고 압력은 688 torr이다. 독성 기체의 몰질량을 구하시오.

분석 미지의 기체 물질의 몰질량을 구하는 문제이다. 이상 기체 법칙으로부터 몰질량을 구하는 식을 유도할 수 있다.

도구 모음 이상 기체 법칙(식 10.2)과 예제 10.6에서 사용한 몰질량을 계산하는 식을 도구로 사용한다.

풀이 이상 기체 법칙은 다음과 같다.

$$PV = nRT$$

$n = g/$몰질량 이므로, 이 관계를 식에 대입하면 다음과 같다.

$$\text{몰질량} = \text{질량} \times RT/PV$$

다음과 같이 질량, 압력 및 부피를 계산한다.

기체의 질량 = 545.733 g − 545.236 g = 0.497 g
기체의 압력 = 688 torr/760 torr/atm = 0.905 atm
기체의 부피 = 500.0 cm^3 = 0.500 L
기체의 온도 = 26.3 + 272 = 299.3 K

이 자료를 대입하고 다음과 같이 몰질량을 계산한다.

몰질량 = 0.497 g × (0.0821 L atm mol^{-1} K^{-1})(299.3 K)/(0.905 atm)(0.500 L)
몰질량 = 26.99 g/mol

몰질량으로 판단하면 작은 분자인 듯하다. 이 범주에 속하는 기체로 일산화 탄소(CO, MM = 28)와 사이안화 수소(HCN, MM = 27) 기체를 생각해 볼 수 있다. 두 가지 기체 모두 몰질량이 실험값과 비슷하고 또한 독성이 있으므로, 기체의 정확한 성분을 밝히기 위하여 추가적인 실험이 필요하다.

답이 합리적인가? 모든 자료를 올바른 단위로 변환하였으므로 몰질량을 정확하게 계산하였다고 생각할 수 있다. 그러나 가능성이 있는 기체 두 가지를 얻었으므로 추가적인 실험이 필요하다.

종합 화학 문제

A. 기체의 압력이 나타나는 이유를 분자 수준에서 설명하시오. 온도를 올리거나 혹은 용기 안의 기체 분자 수가 증가하면 압력이 상승하는 이유는 무엇인가? 거시적인 기체 압력을 측정하는 방법에 대하여 설명하시오.

B. '절대 영도'의 존재를 제안한 첫 번째 실험은 무엇인가? 이 결론에 도달할 수 있었던 관찰은 무엇이며, 얻은 자료에 대한 타당한 해석에 대하여 설명하시오.

C. 주변에서 구할 수 있는 물건으로 Boyle의 실험을 재현하는 방법에 대하여 설명해 보시오. 이 교재에서 사용하는 다음의 형식을 이용하시오. **분석** 어떤 목적의 프로젝트인지를 설명하고, **도구 모음** 장비의 목록과 사용법을 설명하고, **풀이** 실험 절차를 설명하고, 그리고 마지막으로 **답이 합리적인가?**에 대한 답을 기술하시오. 시간이 허락하면 Charles과 Gay-Lussac의 실험에 대하여 같은 작업을 해보시오.

D. 기체 물질 모두를 하나의 계로 취급하는 이상 기체 모형과 실제 기체 모형의 두 가지 모형이 있다. 각각의 모형에 대하여 설명하고, 실험 결과를 설명하는 데 어떻게 이용되는지 기술하시오.

E. 작은 구멍을 통하여 기체 분자가 진공으로 분출하는 현상은 분자의 특정한 성질에 의존한다. 그 성질은 무엇인가? 이와 관련한 실험을 나타내는 수학적 분석에 '제곱 평균근' 속도라는 항이 나온다. 이 항의 의미를 기술하고 어떻게 적용되는지 설명하시오.

F. 분자 운동론은 몇 가지 간단한 가정에 기반하여 기체 분자의 거동을 기술하고 있다. 분자 운동론을 이용하여 Boyle 법칙, Charles 법칙, Gay-Lussac 법칙, Graham 법칙, Dalton의 분압 법칙에 대하여 기술하시오.

요약

학습 목표별로 정리함

거시적 혹은 분자 수준에서의 기체 성질을 설명할 수 있다.

기체는 팽창하여 어떤 용기도 채울 수 있고 쉽게 압축되며 밀도가 작고 또한 온도와 압력의 영향을 받는다.

기압계와 압력계를 이용한 압력 측정 방법을 설명할 수 있다.

대기압은 **기압계**로 측정한다. **1표준 기압(1 atm)**은 수은 기둥 760 mm 높이를 지지하는 압력이다. 이 압력은 760 **torr**이다. 정의에 의하면 1 atm = 101,325 **pascal(Pa)**이고 1 **bar** = 100 kPa이다. 열린끝 **압력계**와 닫힌끝 **압력계**는 갇혀있는 기체의 압력을 측정하는 데 이용된다.

Dalton 법칙, Charles 법칙, Gay-Lussac 법칙, 결합 기체 법칙을 설명하고 사용할 수 있다.

Boyle 법칙(압력-부피 법칙). 부피는 압력에 반비례한다. $V \propto 1/P$ 또는 $P_1V_1 = P_2V_2$

Charles 법칙(온도-부피 법칙). 부피는 Kelvin 온도에 비례한다. $V \propto T$ 또는 $V_1/V_2 = T_1/T_2$

Gay-Lussac 법칙(온도-압력 법칙). 압력은 Kelvin 온도에 정비례한다. $P \propto T$ 또는 $P_1/P_2 = T_1/T_2$

Graham의 분출 법칙. 기체 분출 속도는 기체 밀도의 제곱근(또는 분자 질량의 제곱근)에 반비례한다.

결합 기체 법칙. 주어진 기체 시료에서 PV를 T로 나눈 값은 일정하다. $PV/T = C$ 또는 $P_1V_1/T_1 = P_2V_2/T_2$

기체 법칙과 Avogadro 원리를 이용한 화학량론적 계산을 수행할 수 있다.

화학량론적 계산. 기체 법칙과 Avogadro 원리 그리고 앞에서 배운 화학량론적 방법들을 이용한 화학량론적 계산을 할 수 있다. 계산을 할 때 반응물의 질량이나 몰농도와 부피, 또는 기체의 P-V-T 자료로 시작하더라도 **mol을 계산할 수 있는 핵심적인 과정이 필요하다.** 계수를 반영한 후, 필요한 다른 종류의 단위로 언제든지 환산할 수 있다. 그림 10.19의 흐름도는 지금까지 배운 것들을 요약한 것이다.

Avogadro 원리. 같은 온도와 압력에서 같은 부피의 기체에 포함된 기체의 몰수는 동일하다. STP(273.15 K, 1.00 atm)에서 이상 기체 1 mol의 부피는 22.4 L이다.

Gay-Lussac의 부피 결합 법칙. 같은 온도와 압력에서 측정하면, 화학 반응에서 소모되거나 생성되는 기체의 부피 비는 화학량론적 계수의 비와 같다.

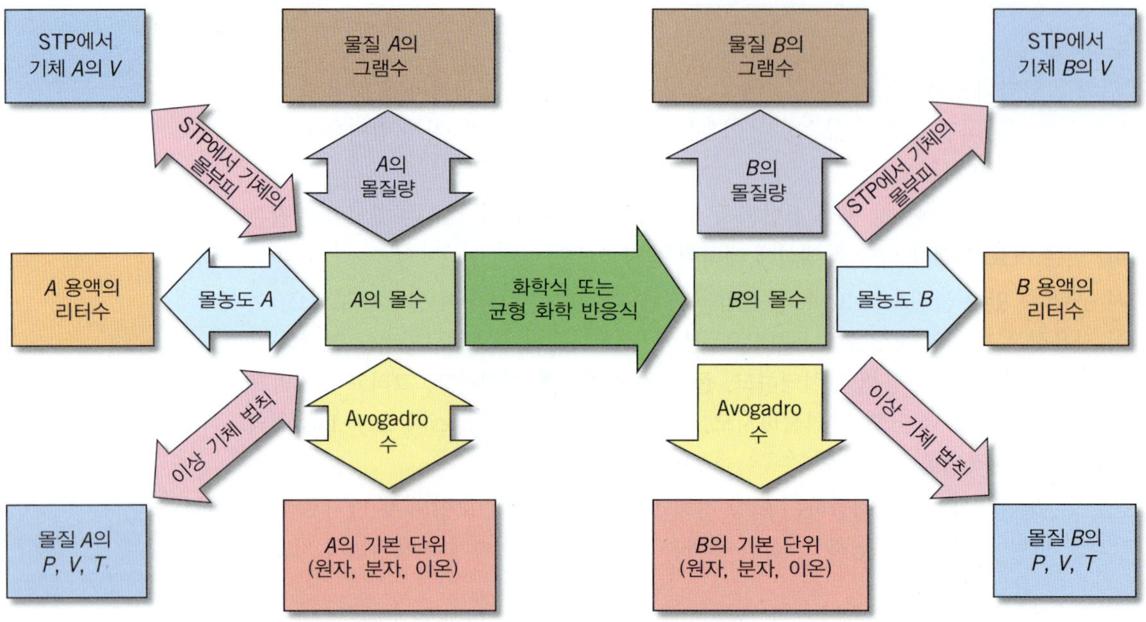

그림 10.19 화학량론적 문제를 해결하는 경로 이 도표는 실험실에서 사용하는 단위를 mol로 변환하는 방법을 나타낸 이 전의 도표(그림 4.24)에 두 가지 추가적인 방법이 더해졌다. 그림 4.24에서와 같이 사각형 항목은 주어지거나 계산된 양을 나타내고, 화살표는 변환 인자를 찾을 수 있는 도구를 나타낸다.

이상 기체 법칙을 설명하고 응용할 수 있으며, 그것이 어떻게 다른 기체 법칙들을 포함하는지를 설명할 수 있다.

이상 기체 법칙 $PV = nRT$에서 P가 atm으로, V가 L로 표현되면 R의 단위는 0.0821 L atm mol^{-1} K^{-1}이다(T는 언제나 Kelvin 온도이다). **이상 기체**는 모든 압력과 온도 영역에서 기체 법칙을 정확하게 따르는 가상적인 기체이다. 실제 기체는 기체를 액화시키는 조건으로부터 멀리 떨어진 낮은 압력과 높은 온도에서 이상 기체와 비슷한 행동을 보인다.

Dalton의 부분 압력 법칙을 설명할 수 있고 기체를 물 위에서 포집하는 데 응용할 수 있다.

Dalton의 부분 압력 법칙. 혼합 기체의 전체 압력은 구성 성분 기체들의 부분 압력의 합과 같다. 이것을 몰분율로 나타내면 $P_A = X_A P_{전체}$, $X_A = P_A/P_{전체}$이다.

몰분율. 물질 A의 몰분율(X_A)은 혼합물의 모든 성분의 몰수($n_{전체}$)에 대한 A의 몰수(n_A)의 비이다.

$$X_A = \frac{n_A}{n_{전체}}$$

기체 분자 운동론의 주된 가정들을 기술할 수 있고, 어떻게 분자 수준에서 기체 법칙들을 설명하는지를 보일 수 있다.

기체의 분자 운동론. 이상 기체는 부피가 본질적으로 0이고 지속적으로 무질서하고 무작위한 운동을 하며, 서로 간에 인력과 반발력이 없이 직선으로 운동하는 수많은 입자로 이루어져 있다.

실제 기체와 이상 기체 사이의 차이와 관련된 van der Waals 식에 포함된 수정 내용의 물리적 의미를 설명할 수 있다.

실제 기체. van der Waals 상수 a는 분자 사이의 인력의 세기에 대한 척도이고, b는 기체 분자의 상대적인 크기에 대한 척도이다.

$$\left(P_{측정} + \frac{n^2a}{V^2}\right)(V_{측정} - nb) = nRT$$

문제 풀이를 위한 도구

도구 다음과 같은 도구들이 이 장에서 도입되었다. 이들을 주의 깊게 공부하면 필요할 때 적절한 도구를 선택할 수 있다.

결합 기체 법칙(10.3절)

$$\frac{P_1V_1}{T_1} = \frac{P_2V_2}{T_2}$$

표준 몰부피(10.4절)

$$\text{기체 } 1\,\text{mol} \Leftrightarrow \text{기체 } 22.4\,\text{L}$$

이상 기체 법칙(10.5절)

$$PV = nRT$$

도구 이상 기체 법칙을 이용한 몰질량 계산(10.5절)

$$\text{몰질량} = \frac{g}{V}\frac{RT}{P} = d\frac{RT}{P}$$

Dalton의 부분 압력 법칙(10.6절)

$$P_{전체} = P_A + P_B + P_C + \cdots$$

기체를 물 위에 포집할 때

$$P_{전체} = P_{물} + P_{기체}$$

부분 압력과 몰분율의 관계(10.6절)

$$X_A = \frac{n_A}{n_{전체}} = \frac{P_A}{P_{전체}}$$

Graham의 분출 법칙(10.6절)

$$\frac{A\text{의 분출 속도}}{B\text{의 분출 속도}} = \sqrt{\frac{d_B}{d_A}} = \sqrt{\frac{M_B}{M_A}}$$

실제 기체에 대한 van der Waals 상태 방정식(10.8절)

$$\left(P_{측정} + \frac{n^2a}{V^2}\right)(V_{측정} - nb) = nRT$$

쌍으로 구성된 복습 문제 중 청색 번호를 가진 문제의 해답은 부록 B에 수록하였다. 난이도가 높은 문제는 별표(*)로 표시하였다.

복습 질문

분자 수준에서의 기체

10.1 기체의 물리적 성질 중 서로 연관된 네 가지 성질은 무엇인가?

10.2 기체가 섞이는 속도를 비교할 때, 더 높은 온도에서 기체가 섞이는 속도는 증가하는가 혹은 감소하는가? 기체의 분자 모형 관점에서 답하시오.

압력의 측정

10.3 연필로 찌를 때, 연필심 방향으로 찌르는 것이 고무 방향으로 찌르는 것보다 더 큰 상처를 낸다. 압력과 힘의 관점에서 이유를 설명하시오.

10.4 다음의 변환에 필요한 환산 인자를 구할 수 있는 등가식을 쓰시오.

(a) kPa과 atm **(b)** torr와 mmHg **(c)** bar와 Pa **(d)** torr와 atm **(e)** torr와 Pa **(f)** bar와 atm **(g)** kg/m^2와 Ib/yd^2

10.5 20°C에서 수은과 물의 밀도는 각각 13.6 g/mL와 1.00 g/mL이다. 또한 20°C에서 수은과 물의 증기압은 각각 0.0012 torr와 18 torr이다. 다음 물음에 답하시오.

(a) Torricelli 기압계에 물을 사용하는 것이 적합하지 않은 이유 두 가지를 들고 설명하시오.

(b) 물이 수은보다 열린끝 압력계에 사용하기에 더 유리한 이유 두 가지를 들고 설명하시오.

10.6 수은을 사용하는 열린끝 기압계를 이용하여 용기 안의 기체에 대한 압력을 결정하기 위하여 측정해야 하는 것은 무엇인가? 용기 안의 기체의 압력을 측정할 때 닫힌끝 압력계가 열린끝 압력계보다 유리한 장점은 무엇인가?

기체 법칙

10.7 다음에 대한 수학적인 관계식을 쓰시오.

(a) 온도–부피 법칙(Charles 법칙)

(b) 온도–압력 법칙(Gay-Lussac 법칙)

(c) 압력–부피 법칙(Boyle 법칙)

(d) 결합 기체 법칙

10.8 압력–부피 법칙을 정확하게 따르는 가상의 기체를 무엇이라 부르는가?

10.9 다음의 기체를 이상 기체와 유사한 것부터 그렇지 않은 순서대로 나열하시오.

(a) HCl, H_2, CH_3Br, H_2S

(b) SO_3, Ne, NH_3, C_3H_7OH

(c) HI, C_6H_6, $CHCl_3$, $CH_3(CH_2)_4CH_2OH$

10.10 515 mL 헬륨 시료의 압력을 773 torr에서 653 torr로, 그리고 온도를 32°C에서 57°C로 변화시키면 최종 부피는 얼마가 되는가?

10.11 13.2°C에서 일정한 질량의 기체의 압력을 2 atm에서 3 atm으로, 그리고 부피를 4 L에서 5 L로 변화시키면 최종 온도는 몇 °C가 되는가?

기체의 부피를 이용한 화학량론

10.12 Avogadro 원리를 설명하시오. 이 법칙을 만족하기 위하여 일정한 온도와 압력에서 부피를 측정해야 하는 이유는 무엇인가?

10.13 1805년 경에 Gay-Lussac과 von Humboldt는 2부피의 수소와 1부피의 산소가 반응하여 2부피의 물을 생성한다는 실험 결과를 얻었다. 그 후 몰이라는 개념은 1900년이 될 때까지 정립되지 않았으나, Avogadro는 1811년경에 수소와 산소는 이원자 분자여야 한다는 결론에 도달하였다. 이 결론에 도달한 Avogadro의 논리는 무엇인가?

10.14 다음은 반응물과 생성물이 모두 기체인 반응식이다.

$$2NO + O_2 \longrightarrow 2NO_2$$

2.0 L의 NO_2를 생성하는 데 필요한 NO와 O_2의 부피는 각각 몇 L인가? (단, 압력과 온도는 일정하다.)

10.15 다음은 질소와 수소가 반응하여 암모니아가 생성되는 반응식이다.

$$N_2 + 3H_2 \longrightarrow 2NH_3$$

반응물과 생성물은 모두 기체이다. 질소 3 L와 반응하는 데 필요한 수소와 생성되는 암모니아의 부피는 각각 얼마인가? (단, 압력과 온도는 일정하다.)

이상 기체 법칙

10.16 이상 기체 법칙을 나타내는 방정식을 쓰시오. mL torr mol^{-1} K^{-1} 단위의 기체 상수 값은 얼마인가?

***10.17** 몰질량의 의미는 무엇인가? 몰질량과 부피, 압력, 온도와의 관계식을 구하시오.

10.18 L atm mol^{-1} K^{-1} 단위의 기체 상수 값은 얼마인가?

***10.19** 기체의 밀도는 압력, 부피, 온도에 의존한다. 이상 기체 법칙으로부터 밀도와 관련한 식을 유도하시오.

10.20 35 °C와 673 torr에서 아르곤 기체의 밀도는 얼마인가?

Dalton의 부분 압력 법칙

10.21 몰분율을 정의하시오. 기체의 부분 압력과 몰분율 및 전체 압력과의 관계를 설명하시오.

10.22 Dalton의 부분 압력 법칙과 관련된 식을 쓰시오.

10.23 전체 압력이 676 torr인 헬륨과 아르곤 혼합 기체에서 헬륨의 부분 압력이 422 torr이다. 다음 물음에 답하시오.
(**a**) 아르곤의 부분 압력은 얼마인가?
(**b**) 혼합 기체에서 아르곤의 몰분율을 얼마인가?

10.24 문제 10.23에서의 기체 혼합물에서 모든 아르곤을 제거하였다. 부피와 온도가 변하지 않았다면 남은 기체의 압력은 얼마인가?

10.25 아래 그림은 기체 *A*와 *B*의 3가지 혼합물을 나타낸 것이다. 혼합물의 압력이 모두 1 atm으로 동일하다면, *A*의 부분 압력이 0.600 atm인 혼합물은 어느 것인가? 다른 혼합물에서 *A*의 부분 압력은 얼마인가? 또한 *B*의 부분 압력은 얼마인가?

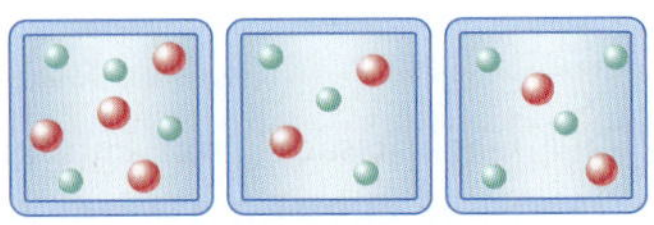

기체 *A* ● 기체 *B* ●

10.26 기체 분출 법칙을 나타내는 식을 쓰시오. 기체의 분출 속도가 밀도 혹은 분자 질량과 관계가 있는 이유는 무엇인가?

기체 분자 운동론

10.27 기체 운동론에서의 가정은 무엇인가? 기체 법칙 전체와 운동론의 가정과의 차이점은 무엇인가?

10.28 기체의 분자 운동론을 이용하여 (**a**) Charles 법칙과 (**b**) Boyle 법칙을 설명하시오.

10.29 일정한 부피에서 기체 분자의 평균 운동 에너지가 낮아졌다. 이 변화와 연동된 측정 가능한 물리량 두 가지를 제시하시오. 이 물리량의 변화는 어떤 방향이겠는가?

10.30 일정한 압력에서 기체의 온도가 내려가면 부피가 줄어드는 이유는 무엇인가? (**힌트**: 이상 기체 모형에서 온도와 부피와의 관계를 고려하라.)

10.31 운동론을 이용하여 절대 영도(0 K)가 존재하는 것을 설명하시오.

10.32 25 °C의 O_2, NO_2, NH_3, HCl 중에서 v_{rms}가 가장 큰 기체는 어느 것인가?

실제 기체

10.33 실제 기체가 이상 기체의 행동에서 벗어나는 두 가지 주된 이유는 무엇인가?

10.34 van der Waals 상수 *a* 값이 작다는 것은 기체 분자에 대하여 의미하는 것은 무엇인가?

10.35 다음의 두 분자 중 van der Waals 상수 *b*가 더 큰 분자는 어느 것인가? 그 이유는 무엇인가?

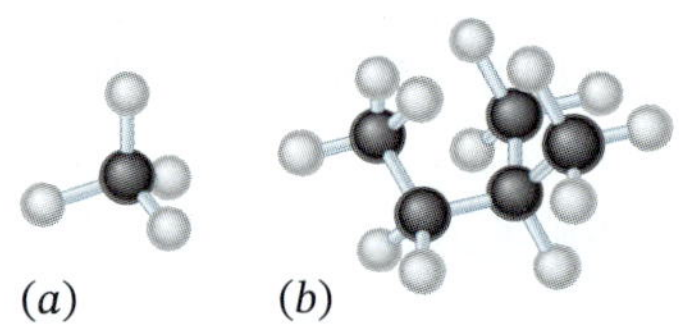

10.36 일정한 온도와 부피 조건에서 실제 기체의 압력이 이상 기체의 압력보다 더 낮은 이유는 무엇인가? 일정한 *T*와 *P*에서 실제 기체의 부피가 이상 기체의 부피보다 더 큰 이유는 무엇인가?

10.37 네온과 크립톤의 혼합 기체가 있다. 25 °C에서 평균적으로 더 빨리 움직이는 원자는 어느 것인가? 그 이유는 무엇인가?

복습 문제

압력의 측정

10.38 다음의 단위 변환을 하시오.
(**a**) 2.19 atm을 torr로 (**b**) 714 torr를 atm으로 (**c**) 309 torr를 mm Hg로 (**d**) 9.83×10^3 Pa을 torr로

10.39 다음의 압력을 torr 단위로 나타내시오.
(**a**) 0.329 atm(세계 최고봉인 에베레스트산 정상)
(**b**) 0.460 atm(미국에서 가장 높은 데날리산 정상)

10.40 다음은 우리 주변 대기에 포함된 기체의 부분 압력이다. 각각의 압력을 atm으로 환산하시오.
(**a**) 678 torr N_2 (**b**) 219 torr O_2 (**c**) 0.253 torr CO_2

10.41 열린끝 수은 압력계가 압력이 710 torr인 기체가 담긴 용기에 연결되어 있다. 대기압은 760 torr이다. 이 기구에 대한 그림을 그리고, 압력계의 두 관에서 수은의 상대적인 높이를 함께 나타내시오. 수은 높이의 차이는 몇 cm인가?

10.42 열린끝 수은 압력계가 압력이 840 torr인 기체가 담긴 용기에 연결되어 있다. 대기압은 732 torr이다. 이 기구에 대한 그림을 그리고, 압력계의 두 관에서 수은의 상대적인 높이를 함께 나타내시오. 수은 높이의 차이는 몇 cm인가?

10.43 열린끝 수은 압력계가 압력이 알려지지 않은 기체가 담긴 플라스크에 연결되어 있다. 대기에 노출된 관의 수은 높이가 플라스크에 연결된 관보다 65 mm 더 높다. 대기압은 748 torr이다. 플라스크 속 기체의 압력은 몇 torr인가?

10.44 열린끝 수은 압력계가 압력이 알려지지 않은 기체가 담긴 플라스크에 연결되어 있다. 대기에 노출된 관의 수은 높이가 플라스크에 연결된 관보다 84 mm 더 높다. 대기압은 750 torr이다. 플라스크 속 기체의 압력은 몇 torr인가?

10.45 닫힌끝 압력계에서 닫힌 관의 수은이 기체 용기에 연결된 관보다 12.5 cm 더 높다. 기체의 압력은 몇 torr인가?

10.46 용기에 들어있는 기체가 열린끝 압력계와 닫힌끝 압력계 모두에 연결되어 있다. 닫힌끝 압력계에서 수은 높이의 차이는 236 mm였고, 열린끝 압력계에서 대기압에 연결된 관의 수은 높이가 용기에 연결된 관의 높이보다 512 mm 낮았다. 대기압을 계산하시오(기구에 대한 그림을 그리는 것이 도움이 된다).

기체 법칙

10.47 부피가 912 mL이고 압력이 732 torr인 질소 시료가 있다. 같은 온도에서 부피를 660 mL로 변화시키려면 압력은 얼마가 되어야 하는가?

10.48 부피가 390 mL이고 압력이 696 torr인 기체 시료가 있다. 같은 온도에서 압력이 336 torr로 변하면 이 기체의 부피는 얼마가 되겠는가?

10.49 39°C에서 부피가 2.92 L인 기체가 있다. 압력은 일정하게 유지하면서 온도를 66°C로 상승시키면 기체의 부피는 얼마가 되겠는가?

10.50 255°C에서 압력이 840 torr인 기체 시료가 있다. 일정한 부피에서 기체의 압력을 2배로 증가시키려면 몇 도까지 가열해야 하는가?

10.51 온도가 12°C인 어느 날 여행을 출발하기에 앞서 자동차 타이어의 기압을 측정하였더니 3×10^5 Pa이었다. 한참을 달린 후 측정한 타이어 공기의 온도가 43°C였다. 타이어 공기의 압력을 Pa 단위로 구하시오.

10.52 부피가 2.37 L인 용기에서 압력이 750 torr인 헬륨 시료를 24.0°C에서 75.0°C로 가열하였다. 용기의 부피가 2.73 L로 증가하였다면, 최종 상태에서 헬륨의 압력을 torr 단위로 구하시오.

10.53 부피가 552 mL이고 압력이 1.03 atm인 네온 시료를 12.0°C에서 57.0°C로 가열하였더니 부피가 588 mL가 되었다. 최종 상태에서 네온의 압력을 atm 단위로 구하시오.

10.54 부피가 2.28 L이고 압력이 750 torr인 산소 시료를 21.0°C에서 가열하였더니 온도와 압력이 각각 371°C와 771 torr가 되었다. 산소 시료의 최종 부피는 몇 L인가?

10.55 부피가 336 mL이고 압력이 732 torr인 질소 시료를 18.0°C에서 가열하였더니 온도와 압력이 각각 35.0°C와 758 torr가 되었다. 질소 시료의 최종 부피는 몇 mL인가?

10.56 온도가 21.0°C이고 압력이 750 torr인 네온 시료 9.30 L를 12.0 L로 팽창시켰더니 압력이 327 torr가 되었다. 네온 시료의 최종 온도는 몇°C인가?

기체의 부피를 이용한 화학량론

10.57 다음은 헥세인(C_6H_{14})의 연소 반응식이다.

$$2C_6H_{14}(g) + 19O_2(g) \longrightarrow 12CO_2(g) + 14H_2O(g)$$

헥세인과 완전히 반응하여 CO_2 975 mL를 생성하는 데 필요한 O_2의 부피는 몇 mL인가? (단, 기체의 부피는 같은 온도와 압력에서 측정되었다고 가정한다.)

10.58 다음은 뷰테인(C_4H_{10})의 연소 반응식이다.

$$2C_4H_{10}(g) + 13O_2(g) \longrightarrow 8CO_2(g) + 10H_2O(g)$$

1.14 mL의 O_2와 완전히 반응하는 뷰테인의 부피는 몇 mL인가? (단, 기체의 부피는 같은 온도와 압력에서 측정되었다고 가정한다.)

***10.59** 35°C와 750 torr에서 측정한 12.0 mL C_2H_6를 완전히 연소시키는 데 필요한 산소는 298 K와 660 torr에서 몇 mL인가?

***10.60** 127°C와 825 torr에서 측정한 33.6 mL NH_3가 다음과 같이 산소와 반응하였을 때 생성되는 N_2의 최대 부피는 318°C와 735 torr에서 몇 mL인가?

$$4NH_3(g) + 3O_2(g) \longrightarrow 2N_2(g) + 6H_2O(g)$$

***10.61** 25°C와 696 torr에서 측정한 0.282 L의 CO를 120°C와 705 torr에서 측정한 156 mL의 O_2와 혼합한 연소 반응에서 생성되는 CO_2의 최대 부피는 25°C와 750 torr에서 몇 mL인가?

***10.62** 다음은 NO_2가 물에 용해되어 질산이 생성되는 반응이다.

$$3NO_2(g) + H_2O(l) \longrightarrow 2HNO_3(aq) + NO(g)$$

10.75 g의 HNO_3를 얻으려면 25°C와 752 torr에서 NO_2 기체 몇 mL가 필요한가?

이상 기체 법칙

10.63 18.0°C와 750 torr에서 O_2 0.120 g의 부피는 몇 L인가?

10.64 21.0°C와 750 torr에서 N_2 1.29 g의 부피는 몇 L인가?

10.65 25.0°C에서 2.55 L, 12.0 g의 O_2가 나타내는 압력은 몇 torr인가?

10.66 12.0 g의 물이 93°C, 2.50 L의 압력 용기에서 수증기가 되었다. 압력은 얼마인가?

10.67 18.0°C와 624 torr에서 이산화 황 시료의 부피가 26.0 mL였다. SO_2 시료의 질량은 몇 g인가?

10.68 쓰레기 매립지에 매립된 유기 물질에 박테리아가 작용하여 생성된 메테인을 상업적으로 이용하려면 함께 생성된 물을 응축시켜 제거해야 한다. 매립지에서 채취한 메테인에서 물을 제거한 후 27°C와 758 torr에서 측정한 부피가 255 mL였다. 시료에 포함된 메테인의 질량은 몇 g인가?

10.69 어떤 화학자가 기체 시료를 390 mL 유리구에 채취한 후 21.0°C에서 측정한 압력이 12.0 torr이었다. 채취한 시료의 질량이 15.5 mg이라면, 기체의 몰질량은 얼마인가?

10.70 온도가 21.0°C이고 압력이 750 torr인 기체의 밀도가 2.45 g L^{-1}이다. 이 기체의 몰질량을 계산하시오.

10.71 STP에서 다음 기체의 밀도(g L^{-1})를 유효 숫자 3자리로 계산하시오. 자료에서 공기의 밀도를 찾아보고, 각 기체로 가득 채운 풍선이 공기 중에서 뜨는지 예측해 보시오.
(a) $C_{10}H_{22}$(데케인) **(b)** F_2 **(c)** Br_2 **(d)** Xe

10.72 STP에서 다음 기체의 밀도(g L^{-1})를 유효 숫자 3자리로 계산하시오. 자료에서 공기의 밀도를 찾아보고, 각 기체로 가득 채운 풍선이 공기 중에서 뜨는지 예측해 보시오.
(a) Ar **(b)** N_2 **(c)** CH_4(메테인) **(d)** $CHCl_3$

10.73 25.0°C와 760 torr에서 산소의 밀도(g L^{-1})를 구하시오.

10.74 25.5°C와 750 torr에서 크립톤의 밀도(g L^{-1})를 구하시오.

***10.75** 다음은 가장 강력한 폭발물 중의 하나로 알려진 PETN (pentaerythritol tetranitrate)의 분해 반응이다.

$$C(CH_2ONO_2)_4(s) \longrightarrow 2CO(g) + 4H_2O(g) + 3CO_2(g) + 2N_2(g)$$

25°C에서 30.0 L 구에 PETN 시료를 넣고 분해 반응이 시작되었다. 반응이 완결된 후 구의 전체 기체 압력이 720 torr가 되기 위하여 분해되어야 할 PETN의 질량은 몇 g인가? (단, 온도는 일정하다.)

10.76 다음은 폭발성 물질인 TNT(trinitrotolune)의 분해 반응이다.

$$2C_7H_5N_3O_6(s) \longrightarrow 3N_2(g) + 5H_2O(g) + 7CO(g) + 7C(s)$$

48 g의 TNT가 모두 분해된 후, 25°C와 1.0 atm에서 전체 생성물의 부피를 구하시오.

10.77 프로필렌(C_3H_6)은 고압에서 수소와 반응하여 프로페인(C_3H_8)을 생성한다.

$$C_3H_6(g) + H_2(g) \longrightarrow C_3H_8(g)$$

18.0 g의 프로필렌과 반응하는 데 필요한 수소 기체(740 torr와 24°C에서)의 부피는 몇 L인가?

***10.78** 다음은 NO_2가 물에 용해되어 질산이 생성되는 반응이다.

$$3NO_2(g) + H_2O(l) \longrightarrow 2HNO_3(aq) + NO(g)$$

12.0 g의 HNO_3를 얻으려면 25°C와 752 torr에서 NO_2 기체 몇 mL가 필요한가?

Dalton의 부분 압력 법칙

10.79 315 torr의 N_2, 275 torr의 O_2, 285 torr의 Ar로 구성된 혼합 기체가 있다. 혼합 기체의 전체 압력은 얼마인가? 혼합 기체에서 O_2의 몰분율을 구하시오.

10.80 21 torr의 CO_2, 313 torr의 H_2, 390 torr의 N_2로 구성된 인큐베이터용 혼합 기체가 있다. 혼합 기체의 전체 압력은 얼마인가? 혼합 기체에서 CO_2의 몰분율을 구하시오.

***10.81** 20.0 cm Hg의 N_2 1.00 L와 155 torr의 O_2 1.00 L 그리고 0.450 atm의 He 1.00 L를 2.00 L 용기에 모두 주입하였다. 용기 안의 전체 압력은 얼마인가? (단, 온도는 일정하다고 가정한다.)

***10.82** 엔진 배기 검사에 사용되는 특수 기체인 BAR 97 High(NO 불포함)는 16.3 atm CO_2, 8270 torr CO, 331 mm Hg 프로페인, 108 atm N_2의 혼합 기체로 구성되어 있다. 실린더에서 전체 압력은 얼마인가?

10.83 P_{O_2}가 137 torr이고 $P_{전체}$가 788 torr인 날숨에서 산소의 몰분율과 몰백분율을 구하시오.

10.84 음식 포장에 사용되는 기체가 26,000 torr의 CO_2와 104,000 torr의 N_2로 구성되어 있다. 혼합 기체에서 CO_2의 몰분율과 몰백분율을 구하시오.

10.85 N_2, O_2, CO_2 혼합 기체의 전체 압력이 740 torr이다. 혼합 기체에서 N_2의 부분 압력이 15.0 cm Hg이고 O_2의 부분 압력은 3.75 dm Hg이다. CO_2의 부분 압력은 몇 torr인가?

***10.86** N_2와 CO_2가 혼합된 0.400 mol 시료의 전체 압력이 1690 torr이다. 시료에 포함된 CO_2는 과량의 고체 CaO에 노출되어 다음과 같이 반응한다.

$$CaO(s) + CO_2(g) \longrightarrow CaCO_3(s)$$

반응이 완결된 후 기체의 압력이 600 torr로 떨어졌다. 처음의 혼합 기체에는 CO_2가 몇 mol 들어 있었는가? (단, 기체의 부피와 온도는 일정하다고 가정한다.)

***10.87** 일산화 탄소를 22°C에서 수상 포집하였더니 기체의 부피는 268 mL였고 전체 압력은 754 torr였다. CO의 부분 압력을 torr로 계산하고, 1.00 atm과 25°C에서 건조한 CO가 차지하는 부피를 mL로 계산하시오.

10.88 문제 10.68에서의 매립지에서 얻은 메테인 기체는 수증기로 포화되어 있다. 20.0°C와 742 torr에서 244 mL의 건조한 메테인을 얻으려고 한다. 이를 위하여 필요한 수증기로 포화된 메테인 기체의 부피(같은 온도와 압력에서)는 몇 mL인가?

10.89 대기압이 746 torr인 실험실에서 수상 포집을 이용하여 1.00 atm에서 부피가 275 mL인 건조한(수분을 제거한) 산소를 얻으려고 한다. 수상 포집해야 하는 수증기로 포화된 산소의 부피는 몇 mL인가? (단, 온도는 15°C로 일정하고, 포집 장치 내부의 압력은 대기압과 같다.)

Graham 법칙

10.90 밀도가 1.96 g L^{-1}인 CO_2 기체와 밀도가 1.25 g L^{-1}인 N_2 기

체 중 어느 기체가 더 빨리 분출되는가? N_2와 CO_2의 분출 속도비를 구하시오.

10.91 다음의 기체를 25°C에서 확산 속도가 증가하는 순서대로 나열하시오.

F_2, C_3H_8, NO_2

10.92 다음 기체 중 동일한 온도에서 분출 속도가 가장 빠른 것과 느린 것은 각각 어느 것인가? 어떤 기체들이 분출을 통해 구분해내기 어려울 것인가?

CO, SO_2, NO, C_2H_6

***10.93** 미지 기체 *X*는 C_3H_8보다 1.79배 빨리 분출된다. 기체 *X*의 분자 질량은 얼마인가?

10.94 미지 기체의 분자 질량을 결정하기 위하여 미지 기체와 아르곤의 분출 속도를 비교하였더니 미지 기체가 1.58배 느린 것으로 확인되었다. 미지 기체의 분자 질량은 얼마인가? 미지 성분으로 가능한 기체는 어느 것인가?

추가 연습 문제

10.95 헥사플루오린화 우라늄은 20°C에서 증기압이 120 torr일 정도로 매우 높기 때문에 쉽게 기화시킬 수 있는 백색의 고체이다. 이 화합물에 포함된 우라늄 중 핵발전에 사용될 수 있는 우라늄-235 동위 원소는 0.7%에 불과하고, 나머지는 우라늄-238로 구성되어 있기 때문에 두 화합물을 분리해야 한다. UF_6의 기체 분출을 이용하여 우라늄-235와 우라늄-238 헥사플루오린화물을 분리할 수 있다. 어느 헥사플루오린화물이 얼마나 더 빨리 분출하겠는가? (10.6절의 **화학과 시사 10.3**에서 정보를 얻을 수 있다.)

***10.96** 기체관의 길이가 57.0 cm(약 22 in.)인 새로 고안된 오토바이용 펌프를 이용하여 타이어에 공기를 주입하고자 한다. 흡입 주기에서 펌프에 흡입된 공기의 압력이 760 torr라면, 공기의 압력을 4080 torr로 증가시키기 위하여 압축 과정에서 피스톤이 움직여야 하는 거리는 몇 cm인가? (단, 공기의 온도는 일정하다.)

***10.97** 대기압의 SI 단위는 파스칼(Pa)이다. Pa 단위의 표준 대기압을 유효 숫자 4자리로 계산하시오. 높이가 8.9 m이고 밑면의 넓이가 6.45 cm^2인 물기둥은 몇 kg인가? (다음의 자료를 참고하시오: 수은의 밀도 = 13.6 g mL^{-1}, 물의 밀도 = 1.00 g mL^{-1}, 1 mL = 1 cm^3)

***10.98** 자동차 경주를 위한 무게가 550 kg 이하인 경차를 제작하는 경우를 생각해 보자. 이 차량의 4개의 타이어가 노면에 접촉할 때, 각 접촉면은 폭 20 cm에 길이는 10 cm이다. 각 타이어의 게이지(gauge) 압력은 얼마인가? (게이지 압력은 대기압을 초과한 기체의 압력을 의미하며, 대기압은 1013.25 g cm^{-2}로 가정한다.)

***10.99** 무게가 7,600 kg인 트레일러를 이용하여 무게가 50,000 kg인 이동식 주택을 옮기려고 한다. 이 작업을 위하여 각 타이어의 게이지 압력이 5,624.8 g cm^{-2}(실제 압력은 대기압보다 5,624.8 g cm^{-2}만큼 더 높다는 의미이다.)가 되도록 공기를 주입했다. 각 타이어가 지면과 접촉하는 면적은 최대 600 cm^2(25.0 cm × 24.0 cm)이라고 할 때, 트레일러에 장착해야 하는 최소 타이어의 수는 몇 개인가? (단, 대기압은 1033.56 g cm^{-2}으로 가정한다.)

***10.100** 영화 **타이타닉**은 북대서양에서 동명의 해양 여객선이 빙하와 충돌했던 비극을 그린 작품이다. 1912년 4월 14일 충돌 직후 침몰한 여객선은 380,000 cm 아래 바닥으로 가라앉았다. 최근에 **Nautile**이라는 탐사선을 이용하여 침몰한 배를 조사한 결과 주변에서 다양한 물품들을 수거할 수 있었다. 침몰한 **타이타닉호** 주변 해저에서 탐사 활동을 하는 탐사선 **Nautile** 선체에 가해지는 압력을 구하시오. (**힌트**: 특정 압력을 가하는 액체 기둥의 높이는 액체의 밀도에 반비례한다. 바닷물의 밀도는 1.025 g mL^{-1}이고 수은의 밀도는 13.6 g mL^{-1}이며 1 atm은 1033.22 g cm^{-2}이다.)

***10.101** 두 플라스크(플라스크 1과 플라스크 2)가 밀도가 0.930 g mL^{-1}인 기름이 들어 있는 U자관으로 연결되어 있다. 플라스크 2에 연결된 관의 기름면의 높이가 플라스크 1 쪽보다 18.30 cm 더 높다. 플라스크 1은 별도의 열린끝 수은 압력계가 연결되어 있다. 공기에 노출된 수은 기둥은 플라스크 1에 연결된 쪽보다 12.00 cm 더 높다. 대기압은 741 torr이다. 플라스크 2에 든 기체의 압력은 몇 torr인가? (**힌트**: 문제 10.100의 힌트를 참조하라.)

***10.102** 깊이 100 ft에 있는 다이버의 마스크에서 빠져나온 공기 방울은 대기압이 1.00 atm인 수면으로 상승한다. 처음 공기 방울의 부피는 10.0 mL이었다. 공기는 물에 전혀 녹지 않는다고 가정하면, 공기 방울이 수면에 도달할 때 그 크기는 몇 배로 커지는가? 얻은 답을 이용해서 스쿠버 다이버들이 깊은 곳에서 수면으로 천천히 올라올 때 지속적으로 숨을 내쉬는 이유를 설명하시오(바닷물의 밀도는 약 1.025 g/mL이고, 수은의 밀도는 13.6 g/mL이다).

***10.103** 자동차 경주 선수가 그의 시합용 자동차가 경주에 필요한 높은 속도를 내는 디젤 엔진에 견줄 수 있는지 확인하려고 한다. 자동차 엔진에는 지름이 10.74 cm이고 길이가 12.52 cm인 실린더가 설치되어 있다. 압축 과정에서 실린더의 길이가 0.72 cm로 줄어들고, 내부 기체의 압력은 1.00 atm에서 48.0 atm으로 증가한다. 압축되기 전 공기의 온도는 363

K였다. 압축 후 공기의 온도(K와 °C)는 얼마인가?

***10.104** 대기압이 760 torr인 어느 추운(8.9°C) 아침에 게이지 압력(게이지 압력은 대기압을 초과한 압력을 표시한다)이 2,584 torr인 자전거를 타기 시작했다. 오후가 되어 기온이 상승하고 또한 자전거를 타는 동안의 마찰로 인하여 타이어 내부의 온도가 33.9°C로 상승하였다. 타이어 공기의 게이지 압력은 얼마인가? (단, 타이어의 부피와 대기압은 변하지 않는다고 가정한다.)

***10.105** 자동차 타이어가 견뎌내야 하는 온도 범위는 −45°C에서 48.8°C이다. −37°C에서 2,460.74 g cm^{-1}(예를 들면 Alaska의 추운 날)의 압력으로 채운 타이어가 온도가 46°C인 Death Valley에서 나타내는 압력은 같은 단위로 얼마인가? (단, 타이어 부피는 변하지 않는다고 가정한다.)

***10.106** 0.400 L의 반응 용기에 0.300 L의 O_2(25°C와 75.0 cm Hg에서 측정)와 0.390 L의 H_2 기체(45°C와 1200 torr에서 측정)를 혼합하였다. 혼합 기체를 발화시켜 물을 생성하였다. 반응이 완전히 끝난 후 온도를 120°C로 유지했을 때 반응 용기 내부의 최종 압력을 계산하시오.

***10.107** 어떤 학생이 27°C에서 12.0 mL의 H_2 기체를 수상 포집하였다. 이때 포집병 내부의 수면이 외부보다 7.50 cm 더 높았다. 실험실 내부의 대기압은 750 torr이다. 이 만큼의 수소를 얻기 위해서는 몇 그램의 아연을 HCl(*aq*)과 반응시켜야 하는가?

***10.108** O_2 75.0 g과 N_2 18.3 g의 기체를 혼합하였다. O_2와 N_2의 반응이 완결된 후 혼합 기체의 압력은 얼마인가? 이때 온도는 온도가 138°C이고 부피는 21.0 L이다. 혼합 기체에 포함된 기체들의 부분 압력은 얼마인가?

10.109 17.0°C와 1.00 atm에서 어떤 기체의 밀도가 0.08747 mg mL^{-1}이다. 이 기체의 분자 질량은 얼마인가? 이 기체로 가능한 화합물은 무엇인가?

10.110 부피와 압력이 동일한 별도의 용기에서 다음과 같은 일련의 반응이 진행되었다. 각 반응에서 초기 온도에 대한 최종 온도의 비를 구하시오.

(a) $Cl_2(g) + H_2(g) \longrightarrow 2HCl(g)$

(b) $CH_4(g) + 2O_2(g) \longrightarrow CO_2(g) + 2H_2O(g)$

(c) $S(g) + H_2(g) \longrightarrow H_2S(g)$

(d) $C_2H_4(g) + 3O_2(g) \longrightarrow 2CO_2(g) + 2H_2O(g)$

10.111 열기구를 조종하려면 프로페인 가스의 불꽃을 조정해야 한다. 프로페인 버너가 점화되었을 때 어떤 효과가 있는가? 기체의 분자 운동론을 이용하여 열기구가 뜨는 이유를 설명하시오.

***10.112** 미지 시료에 포함된 질소의 함량을 결정하는 분석법 중의 하나는 무게를 측정한 시료를 분해한 후 발생하는 N_2 기체를 수상 포집하는 방법을 이용한다. 알려진 온도와 압력에서 구한 N_2 기체의 부피를 이용하여 질량과 백분율을 계산할 수 있다. 다음 물음에 답하시오.

(a) 질량이 *W* g인 시료를 분해한 후 온도 t_C°C에서 수상 포집한 기체의 전체 압력이 *P*(torr)이고 부피가 *V*(mL)일 때, 시료에 포함된 질소의 백분율을 다음이 식을 이용하여 계산할 수 있다는 것을 증명하시오. 식에서 $P°_{H_2O}$는 물의 증기압을 나타낸다.

$$\text{N의 백분율} = 0.04489 \times \frac{V(P - P°_{H_2O})}{W(273 + t_C)}$$

(b) 이 식을 이용하여 문제 10.115에 설명된 시료에 대한 질소의 백분율을 계산하시오.

다중 개념 문제

***10.113** 실험실에서 질소를 얻는 간단한 방법은 염화 암모늄과 아질산 소듐을 동일한 몰비로 섞은 다음 반응시키는 것이다. 다음 물음에 답하시오.

(a) 25.0°C와 750 torr에서 18.0 L의 N_2를 얻으려면 이론적으로 필요한 $NaNO_2$는 몇 g인가?

(b) 12.0 L의 N_2를 얻기 위하여 이론적으로 필요한 NH_4Cl 최소량은 몇 g인가?

***10.114** 질량이 2.910 g인 미지 기체를 분해하여 1.746 g의 O_2와 1.164 g의 S를 얻었다. 반응이 시작되기 전 미지 시료의 부피는 27°C와 56.8 cm Hg에서 1200 mL였다. 미지 기체의 분자식을 구하시오.

***10.115** 일련의 반응을 이용하여 새로 개발한 말라리아 치료제 0.2394 g에 포함된 질소를 모두 N_2로 변화시켰다. 생성된 N_2 기체를 수상 포집한 부피는 23.80°C와 746.0 torr에서 18.90 mL였다. 23.80°C에서 물의 증기압은 22.110 torr이다. 또한 6.478 mg의 시료를 산소 분위기에서 연소시켜서 17.57 mg의 CO_2와 4.319 g의 H_2O를 얻었다. 이 시료에 포함된 C와 H의 백분율을 구하고, 다음 물음에 답하시오.

(a) 추가로 결정해야 하는 원소는 O뿐이라고 가정하고 화합물의 실험식을 구하시오.

(b) 화합물의 몰질량이 324라면, 분자식은 무엇인가?

10.116 상한 계란에서 나는 냄새의 원인은 황화 수소(H_2S)이다. 농도가 0.15 ppb만 되어도 대부분의 사람들은 이 냄새를 감지할 수 있다. 0.15 ppb는 10^9 L의 공간에 0.15 L의 H_2S가 존재하는 것과 같다. 일반적인 학부 실험실의 넓이는 10.5 × 6.5 × 2.5 m이다. 다음 물음에 답하시오.

(a) STP에서 H_2S의 농도가 0.15 ppb인 학부 실험실에 포함

된 H_2S의 부피는 몇 L인가?

(b) 염산과의 반응을 통해서 (a)에서 구한 양의 H_2S를 얻는 데 필요한 0.120 *M* Na_2S 용액은 몇 mL인가? (단, 생성된 모든 H_2S는 대기 중으로 방출된다고 가정한다.)

10.117 염소는 아황산 이온과 반응하여 황산 이온과 염화 이온을 생성한다. 0.210 *M* Na_2SO_3 용액 57.0 mL에 포함된 SO_3^{2-} 모두와 반응하는 데 필요한, 27 °C와 741 torr에서 측정한 Cl_2 기체는 몇 mL인가?

***10.118** 문제 10.113에서 설명한 방법을 이용하여 소량의 수소를 얻는 실험에서, 학생이 수상 포집에 사용할 수 있는 포집병의 최대 부피는 335 mL로 제한되어 있다. 25.0 °C와 0.932 atm에서 포집병에 딱 맞는 부피의 수소(수증기로 포화된)를 얻기 위하여 사용해야 하는 Zn의 최소 질량(g)과 6.00 *M* HCl의 최소 부피(mL)는 각각 얼마인가?

***10.119** 이산화 탄소는 실험실에서 염산과 탄산 칼슘의 반응으로 만들 수 있다. $CaCO_3$ 11.19 g과 0.291 *M* HCl 190 mL의 혼합물로부터 만들 수 있는 건조한 CO_2는 25.0 °C와 750 torr에서 몇 mL인가?

10.120 붕소는 수소와 다양한 형태의 특이한 화합물을 형성한다. 어느 화학자가 25.0 °C와 11 torr에서 부피가 385 mL인 유리구에서 6.3 mg의 붕소 수소화물을 얻었다. BH_3와 B_2H_6 혹은 B_4H_{10} 중 화합물의 분자식으로 옳은 것은 어느 것인가?

비판적 사고의 과제

10.121 소방관들은 화재가 난 건물에서 빠져나올 때 가능한 한 바닥에 붙어서 나오라고 조언한다. 이산화 탄소와 그 밖에 유해한 화합물들은 모두 공기보다 밀도가 높아서 바닥에 가라앉는다고 배웠다. 소방관의 조언을 따라야 하는 이유는 무엇인가?

10.122 메테인은 지구 온난화와 관련이 있는 기체 중의 하나이다. 소의 되새김은 대기의 메테인 성분을 증가시키는 중요한 원인 중의 하나이다. 대기 중의 메테인 함량을 조절하거나 혹은 줄일 수 있는 방안을 제시하시오. 가능성을 기준으로 제안된 방안에 대한 순위를 정하시오.

10.123 현대 사회에서 차량 사용의 증가와 나무를 벌목하는 행위는 지구 온난화와 관련이 있는 CO_2를 더욱 증가시키는 가장 중요한 원인 중의 하나이다. 또 다른 메테인 발생 원인을 제시하고 평가해 보시오.

***10.124** 프레온-12(CCl_2F_2)는 오존층을 감소시키고 남극 지역에서의 오존 구멍을 형성하는 데 연관된 CFC 화합물 중 하나이다. STP 상태에서 프레온-12의 밀도를 계산하고 대기의 평균 밀도와 비교하시오. 프레온-12가 어떻게 성층권에 진입해서 오존층을 위협하는지 설명해 보시오.

10.125 Boyle, Charles, Gay-Lussac의 실험을 가정의 주방에서 재현하는 경우를 생각해 보자. 기체의 압력, 온도, 부피를 어떻게 측정할 수 있는가? 어떤 기체를 사용할 것인가?

10.126 Boyle, Charles, Gay-Lussac의 실험을 가정의 주방에서 재현하려면, 압력이나 부피 혹은 온도를 각각 변화시켜야 한다. 실험 결과를 도시하는 데 필요한 4개 결과를 얻기 위하여 압력이나 부피 혹은 온도를 어떻게 변화시킬 것인지 설명하시오.

10.127 압력이나 부피 혹은 온도에 다른 단위를 사용할 수 있는가? 예를 들면 풍선의 부피를 단위로 사용하는 경우는 어떤가? 실제 부피 단위인 cm^3 대신 풍선의 지름을 사용할 수 있는가?

liv friis-larsen/Alamy Stock Photo

11장

분자간 인력과 액체 및 고체의 성질

이 장의 배경

찻잎에서 뜨거운 물로 추출한 성분은 혈류를 증진하고 콜레스테롤을 줄여주는 기능이 있다. 그러나 사진에서 보는 바와 같이 찻잎은 물 표면에 떠있다. 물 분자 사이의 인력이 충분히 크기 때문에 찻잎에 의하여 표면이 분리되는 것을 막을 수 있다. 가라앉은 잎은 물 아래로 강제로 밀어 넣은 것이다.

10장에서는 기체의 물리적 성질에 대해서 공부하였고, 모든 기체는 화학적 조성에 상관없이 거의 유사하게 거동한다는 것을 배웠다. 그러나 액체 또는 고체 상태(**응집 상태**)의 물질의 경우에는 상황이 매우 다르다. 물질이 액체 또는 고체 상태의 물질에서는, 서로 조밀하게 쌓여 있는 입자들 사이에 **분자간 인력**(intermolecular force)이라고 하는 강한 힘이 작용한다. 화학적 조성과 분자 구조는 힘의 세기를 결정하는 데 중요한 역할을 하고, 이것이 액체나 고체 상태의 한 물질이 다른 물질과 서로 완전히 다르게 거동하는 원인이 된다.

이 장에서는 먼저 물질의 상태에 따른 기본적인 차이에 대하여 살펴볼 것이다. 이를 위하여 공통적으로 관찰할 수 있는 성질과 분자 수준에서 물질의 상태에 따른 차이에 대하여 중점을 두고 논의할 예정이다. 예를 들면 찻잎을 물 위에 뜨게 하는 성질인 **표면 장력**(surface tension)은 물 분자 사이의 인력에 기인한다. 물의 **분자간 인력**(intermolecular force)은 다른 여러 가지 액체에 비하여 강하다. 물이 가장 보편적인 용매가 될 수 있는 이유가 바로 이 인력이다. 이 밖에 일상생활에서 관찰되는 여러 가지 현상들도 물질의 기본적인 특성과 관련이 있다. 또한 분자들을 응집시키는 분자간

이 장의 개요

11.1 분자간 힘
11.2 분자간 힘과 물리적 성질
11.3 상태 변화와 동적 평형
11.4 액체와 고체의 증기압
11.5 액체의 끓는점
11.6 에너지와 상태 변화
11.7 상도표
11.8 Le Châtelier 원리와 상태 변화
11.9 증발열의 결정
11.10 결정성 고체의 구조
11.11 고체 구조의 결정
11.12 결정의 형태와 물리적 성질

힘이, 액체와 고체의 물리적 성질 및 상태 변화가 일어날 때 수반되는 에너지의 변화에 어떤 영향을 미치는지를 살펴볼 것이다. 마지막으로 결정성 고체의 구조와 성질에 대해서 살펴볼 것이다.

학습 목표

이 장을 읽고 이해한 후 다음과 같은 것을 할 수 있어야 한다.

- 쌍극자 사이의 인력, 수소 결합, London 힘을 포함한 주요 분자간 힘에 대해서 설명할 수 있다.
- 분자간 인력이 물질의 거시적 성질에 미치는 영향을 설명할 수 있다.
- 동적 평형 개념을 이용하여 물질의 상태 변화를 이해할 수 있다.
- 증기압의 의미와 증기압을 이용해서 분자간 힘의 상대적 세기를 어떻게 비교할 수 있는지 설명할 수 있다.
- 끓는점과 정상 끓는점의 개념을 이해하고 응용할 수 있다.
- 물질의 상태 변화가 일어날 때 수반되는 에너지 변화량을 계산할 수 있다.
- 상도표를 이해하고 효과적으로 이용할 수 있다.
- Le Châtelier 원리를 이용하여 물질의 상태 변화를 이해할 수 있다.
- 실험을 통해 증발열을 결정하는 과정을 이해할 수 있다.
- 결정을 구성하는 개별 분자의 반복되는 기하 구조가 전체적인 결정 구조에 미치는 영향을 설명할 수 있다.
- X선 결정학의 기초를 설명할 수 있다.
- 분자간 힘이 결정의 종류에 따른 성질을 결정한다는 사실을 이해할 수 있다.

학습 목표 달성을 위한 제안

11장에서 제시된 여러 내용을 이해하는 데 도움이 되는 몇 가지 제안이다. 자신에게 효과적인 개인적인 도구가 있다면 그 방법을 적극 활용하고, 그 외에도 다음과 같은 몇 가지 방법을 활용할 것을 권한다.

1. 지금까지와 마찬가지로 전체 내용에 대한 요약을 작성하는 것이 도움이 된다. 11장의 내용을 대략 훑어보고 절의 제목 혹은 부제목을 이용한 요약을 작성한다. 도구나 굵게 표시한 단어 그리고 개념을 설명하는 그림 등을 포함하라. 이렇게 작성한 요약은 11장을 공부할 때나 수업 시간에 작성한 노트를 복습할 때 혹은 시험 공부를 할 때 유용하게 사용할 수 있다.
2. 여러 가지 분자간 힘에 대한 목록을 작성하라. 목록에는 정의, 상대적 세기, 그리고 사례 등을 포함하라.
3. 개념을 설명하는 도표나 간단한 그림을 그리는 것이 유용하다.
   a. 삽화를 이용하여 분자간 힘, 상태 변화, 그리고 상태 변화와 관련한 에너지 변화 등을 표현해 보라.
   b. 물과 그 외의 한 가지 물질에 대한 상도표를 그려보라. 상도표에 고체, 액체, 기체, 및 초임계 유체 영역을 표시하고, 상태 변화나 증기압 곡선 등을 나타내라. 물의 상도표와 다른 물질의 상도표의 차이에 대하여 설명하라.
   c. 몇 가지 결정 격자를 그리고, 격자 간 유사점과 차이점을 기술하라. 격자의 배열이 확장되어 궁극적으로 결정의 구조를 이루는 그림을 완성해보라.

11.1 분자간 힘

기체, 액체, 고체 사이에는 이미 잘 알려진 확연한 차이점들이 있다. 예를 들면 모든 기체는 팽창해서 어떤 부피의 공간이든지 채울 수 있으며, 다른 기체가 이미 그 공간을 채우고 있는 경우에도 팽창하여 서로 섞인다. 그러나 액체와 고체는 한 용기에서 다른 용기로 이동할 때 일정한 부피를 유지한다. 얼음과 같은 고체는 그 모양을 유지하지만, 물과 같은 액체는 그것을 담는 병 또는 잔의 형태에 따라 모양이 달라진다. **그림 11.1**에 요약된 바와 같이 이러한 성질들은 세 가지 상태에서 분자가 분포하는 방법에 따른 결과로 이해될 수 있다.

	관찰되는 성질	분자의 성질
기체	쉽게 압축됨 용기를 채우기 위해 자발적으로 팽창함	분자들이 거의 빈 공간에 넓게 분포되어 있음 움직임이 무질서함 분자간 인력이 매우 약함
액체	부피를 유지함 용기의 모양을 따름 흐를 수 있음 거의 압축할 수 없음	분자들은 조밀하게 쌓여 있지만 규칙성은 없음 어려움 없이 서로 맞부딪침 분자간 인력은 비교적 강함
고체	부피 유지 모양 유지 사실상 압축할 수 없음 대부분 결정 모양을 가짐	분자들이 조밀하게 쌓여 있고 매우 규칙적임 분자들이 제자리에 고정되어 있음 매우 강한 분자간 힘

그림 11.1 기체와 액체 그리고 고체의 일반적인 성질 물질의 성질은 분자들이 얼마나 조밀하게 모여 있는지와 분자간 인력의 세기로 이해될 수 있다.

거리와 분자간 인력

해설 두 분자 사이의 거리가 가까울수록 분자간 인력은 더 강하다.

만약 자석을 가지고 놀아본 적이 있다면, 자석 사이의 거리가 증가함에 따라 상호 인력이 급격히 약해진다는 것을 알고 있을 것이다. **분자간 인력**도 마찬가지로 분자들 사이의 거리에 영향을 받는다. 기체 상태에서 분자들은 서로 멀리 떨어져 있으므로 분자간 인력은 무시될 수 있다. 그 결과 기체의 화학적 조성은 그 기체의 성질에 별다른 영향을 미치지 못한다. 그러나 액체 또는 고체 상태가 되면 분자들은 서로 더 가까이 존재하고 분자간 인력도 기체 상태에 비해 훨씬 더 강하게 작용한다. 화학적 조성의 차이로 인해 생기는 분자간 인력의 차이가 매우 크기 때문에 액체와 고체의 성질은 화학적 조성에 따라 크게 좌우된다.

분자간 힘(**intermolecular force**, 분자들 사이의 인력)은 한 분자를 구성하는 원자들 사이의 결합에 비하면 매우 약한 상호 작용이다. 한 분자를 구성하는 원자들 사이의 결합은 **분자내 힘**(**intramolecular force**)이라고 할 수 있다. 예를 들면 NO 분자에서 N 원자와 O 원자는 공유 결합에 의해 매우 단단하게 서로 붙잡고 있고, 이 결합의 세기가 NO의 **화학적 성질**에 영향을 미친다. 또한 이 결합의 세기는 분자가 움직일 때 분자 본래의 형태를 유지하도록 한다. 특정 질소 원자가 이동할 때 이 질소 원자와 결합된 산소 원자도 함께 이동한다(**그림 11.2** 참조). 이와 반대로 이웃한 NO 분자와의 인력은 매우 약하다. 실제로 분자내 인력의 세기는 공유 결합의 약 4% 수준이다. 이 약한 인력은 액체나 고체 상태에서의 NO의 **물리적 성질**을 결정한다.

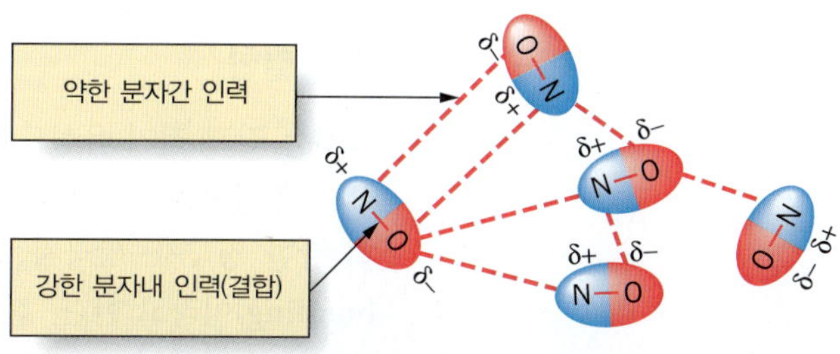

그림 11.2 일산화 질소의 분자내 인력과 분자간 인력 NO 분자에서 N과 O 원자 사이에 강한 분자내 인력(화학 결합)이 존재하고, 이 인력은 NO의 화학적 성질을 결정한다. 이웃한 NO 분자들 사이에 약한 분자간 인력이 존재하고, 약한 분자간 인력은 이 물질의 물리적 성질을 결정한다.

이 장에서는 여러 종류의 분자간 인력의 종류에 대해서 알아볼 것이다. 이 인력들은 모두 부분 양전하와 부분 음전하 사이의 인력으로부터 발생한다는 공통점을 가진다. 이런 인력들을 실제 기체의 비이상 거동을 연구한 J. D. van der Waals의 이름을 따서 **van der Waals 힘**(**van der Waals force**)이라고 부른다.

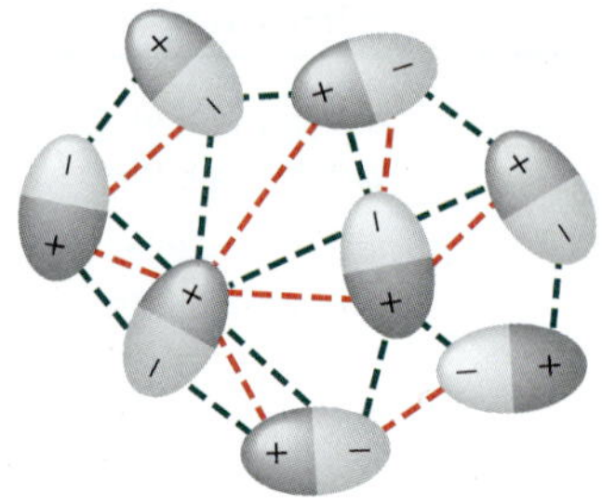

그림 11.3 쌍극자-쌍극자 인력 극성 분자간 인력은 분자들 스스로 반대 전하는 가깝게 위치하고, 같은 전하는 되도록 멀리 위치하도록 정렬하려는 경향이 있기 때문에 나타난다. 그러나 분자들은 끊임없이 움직이고 서로 충돌하기 때문에 쌍극자-쌍극자 인력에 의한 분자의 정렬은 불완전하다.

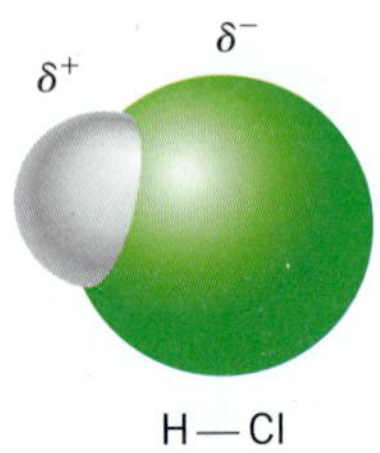

쌍극자-쌍극자 인력

8.6절과 9.3절에서 결합의 극성을 결정하는 방법과, 극성을 이용하여 분자가 극성인지 비극성인지 결정하는 방법에 대하여 배웠다. 또한 원자의 전기 음성도 값을 이용하여 극성의 정도를 예측하는 방법도 알아보았다. 8장과 9장에서 다룬 극성은 **영구 쌍극자**(permanent dipole)에 의한 것이다. 영구 쌍극자를 갖는 분자인 HCl에서 전기 음성도 값이 큰 Cl 원자는 전자를 끌어당기기 때문에, Cl 원자는 항상 부분적인 음전하를 갖는다. 그 결과 H 원자의 전자가 Cl 원자 쪽으로 끌려가서, H 원자는 부분적인 양전하를 갖게 된다. 이와 같은 HCl 분자의 부분 전하는 항상 존재하므로, 이 분자를 영구 쌍극자로 여길 수 있다.

반대되는 전하는 서로 끌어당기므로 극성 분자들은 양전하를 띤 끝부분이 다른 분자의 음전하를 띤 끝부분을 향하는 방식으로 정렬하는 경향을 보인다. 그와 동시에 분자들은 주어진 열에너지에서 기인하는 분자 운동 에너지로 인하여 끊임없이 운동하는데, 이 운동으로 인해 분자들은 서로 충돌을 반복한다. 이때 종종 서로 다른 분자의 음전하를 띤 부분끼리 또는 양전하를 띤 부분끼리 가까워지는 상황이 발생하지만, 이때 이들은 정전기적인 반발력에 의해 서로 밀어낸다. 전체적으로는 반발력보다는 인력이 효과적으로 작용하여, 그 결과 **그림 11.3**에서 볼 수 있는 것과 같이 쌍극자 사이에 알짜 인력이 작용한다. 이와 같은 종류의 분자간 힘을 **쌍극자-쌍극자 인력**(**dipole-dipole attraction**)이라고 한다.

분자간 충돌에 의해서 쌍극자들의 정렬된 상태는 쉽게 깨어지고 쌍극자 사이의 인력도 단지 약한 부분 전하에 의한 것이므로, 쌍극자-쌍극자 힘은 공유 결합과 비교하면 그 세기가 불과 1~4% 정도로 매우 약하다. 쌍극자-쌍극자 힘은 쌍극자간 거리가 멀어질수록 급격히 감소한다. 두 쌍극자를 떼어 놓는 데 필요한 에너지는 쌍극자간 거리를 d라고 하면 $1/d^3$에 비례한다.

실전 문제 11.1

쌍극자간 거리에 대한 쌍극자-쌍극자 힘의 크기를 정성적으로 나타내는 그래프를 그려보시오(**힌트**: 쌍극자-쌍극자 인력의 세기를 y축에, 쌍극자간 거리를 x축에 그리시오).

수소 결합

크기는 작고 전기 음성도 값이 큰 원자(일반적으로 플루오린, 산소, 질소)와 수소가 공유 결합으로 형성되는 분자는 매우 큰 쌍극자 모멘트를 갖는다. 그 결과 이런 분자들 사이에는 특별히 강한 쌍극자-쌍극자 인력이 발생하는데, 이러한 분자간 상호 작용을 **수소 결합**(**hydrogen bonding**)이라고 한다. 전기 음성도 값이 큰 원자는 공유 결합에 사용된 전자쌍을 자신에게로 끌어당겨 상대적으로 큰 부분 음전하를 갖는다. 동시에 수소는 큰 부분 양전하를 갖게 되어 다른 분자의 큰 부분 음전하를 갖는 원자를 강하게 끌어당긴다. 아래에 수소 결합이 만들어지는 몇 가지 예를 제시하였다. 수소 결합은 점선으로 표시하였다.

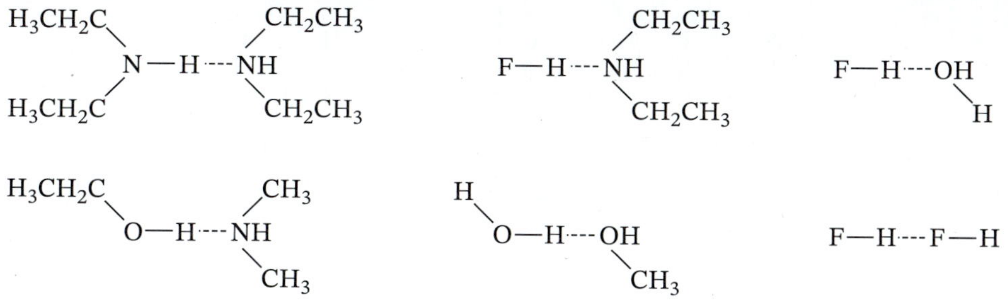

F—H, O—H, N—H 결합의 극성은 매우 크고, 크기가 작은 원자에 전하가 밀집되어 있어서 부분 전하 사이의 거리가 아주 가깝기 때문에 수소 결합이 특히 강하다. 일반적으로 수소 결합은 다른 쌍극자–쌍극자 인력보다 5~10배 정도 더 강하다.

해설 수소 결합은 공유 결합이 아니다. 물 분자 H_2O에서 산소 원자와 수소 원자 사이에 공유 결합이 형성되어 있다. 수소 결합은 서로 다른 H_2O 분자들 사이에 나타나는 인력이다.

물과 생체 계에서의 수소 결합 대부분의 물질은 액체에서 고체로 상이 변할 때 좀 더 조밀해진다. 그러나 물의 경우는 다르다(**그림 11.4**). 액체 상태의 물에서 분자들이 이동하면서 수소 결합이 끊임없이 깨어지고 다시 형성된다(그림 11.4(b)). 그러나 물이 얼면서 분자들은 위치가 고정되기 시작하며, 한 개의 물 분자는 네 개의 수소 결합을 형성한다(그림 11.4(c)). 그 결과 얼음은 같은 양의 액체 상태의 물보다 더 큰 부피를 차지하여, 얼음이 액체보다 밀도가 더 작게 된다. 이 때문에 얼음이나 빙산이 밀도가 더 큰 액체 상태 물에서 뜨게 된다. 물이 얼면서 팽창하게 되면 음료수가 담긴 유리병이나 급하게 냉각시키기 위하여 냉동실에 넣어둔 캔 음료를 터지게 만들기도 한다. 얼음의 형성은 또한 바위 틈새로 물이 스며든 곳이 쪼개지면서 침식을 일으킨다. 추운 지역에서는 물이 얼어 포장도로에 깊은 구멍을 만들어서 차도나 인도를 훼손하기도 한다.

우리 인체에 N—H와 O—H 결합을 갖는 많은 분자를 포함하고 있어 수소 결합은 특히 생체 계에서 중요하다. 단백질과 DNA가 그 예이다. 단백질은 대부분(어떤 경우에는 모두) 머리와 꼬리가 연결된 폴리펩타이드 형태의 긴 아미노산 사슬로 구성되어 있다. 폴리펩타이드 사슬의 일부분을 다음에 나타내었다.

해설 아미노산에 대해서는 8장에서 간단하게 다루었다. 폴리펩타이드는 단량체라고 하는 작은 단위들이 서로 연결되어 만들어지는 매우 큰 분자인 고분자의 한 예이다. 폴리펩타이드의 단량체는 아미노산이다.

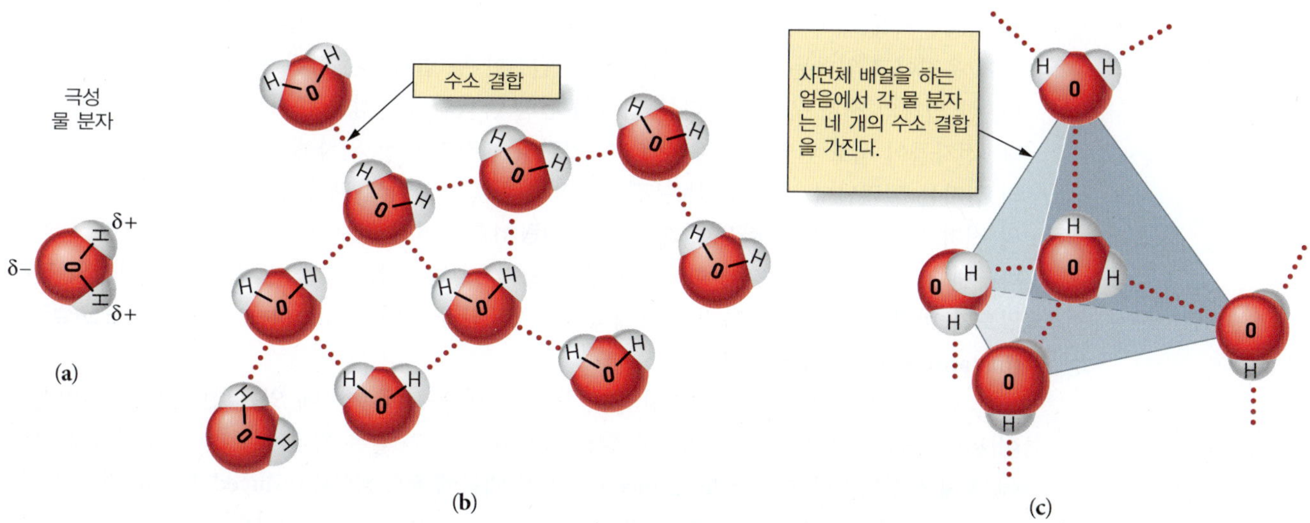

그림 11.4 물에서의 수소 결합 (a) 극성 물 분자. (b) 액체 상태의 물 분자 사이에 수소 결합(점선)이라고 하는 강한 인력이 생성된다. (c) 얼음에서 물 분자간 수소 결합을 점선으로 표시하였다. 각각의 물 분자는 사면체 배열에서 네 개의 수소 결합을 가진다.

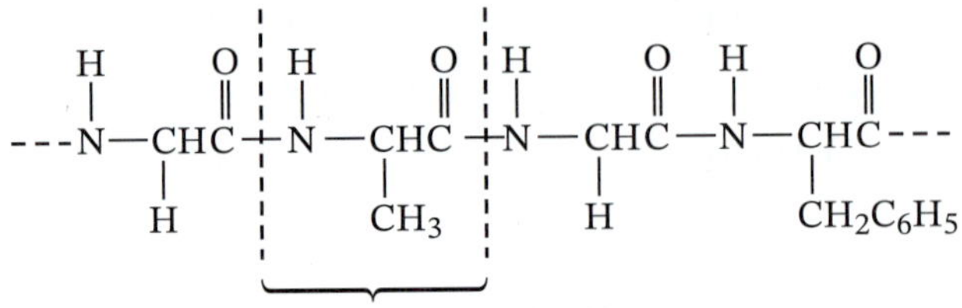

폴리펩타이드 중의 한 아미노산 부분

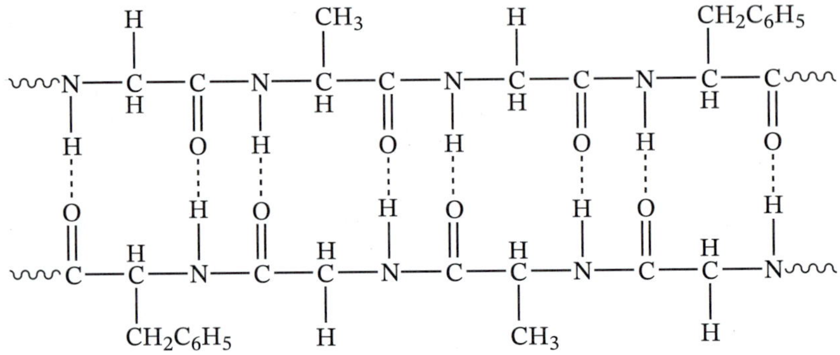

질소에 결합된 수소와 탄소와 이중 결합을 이루고 있는 산소 사이의 수소 결합을 굽은 점선으로 나타내었다.

한쪽 사슬에 포함된 N—H 단위와 다른 사슬의 C=O 기 사이의 수소 결합은 생물학적 기능에 매우 큰 영향을 미치는 단백질의 구조를 결정하는 데 중요한 역할을 한다. 수소 결합은 또한 **그림 11.5**에서와 나타낸 바와 같이 유전 정보를 전달하는 DNA의 이중 나선 구조를 형성하는 중요한 역할을 한다.

London 힘

쌍극자–쌍극자 인력과 수소 결합은 왜 극성 화합물이 쉽게 응축되어 액체가 되는지를 잘 설명해 준다. 비활성 기체나 Cl_2, CH_4와 같은 비극성 분자를 냉각시키거나 압축할 경우 액체나 고체로 응축되는 것으로 미루어 비극성 물질도 분자간 인력이 작용한다는 것을 짐작할 수 있다.

1930년에 독일의 물리학자 Fritz London은 어떻게 비극성 물질의 입자들이 분자간 인력을 가지는지에 대하여 설명하였다. 그는 어떤 원자나 분자든 그 안에 포함된 전자들이 끊임없이 움직이고 있다는 사실을 주목하였다. 인접한 두 입자에 포함된 전자의 움직임을 살펴보면, 한 입자의 전자 움직임이 다른 입자의 전자 움직임에 영향을 준다는 사실을 알게 될 것이다. 전자들이 서로 반발하기 때문에, 한 입자의 원자가 다른 입자에 접근하게 되면 다른 입자의 전자는 밀려난다. 이런 현상은 전자들이 주위를 돌아다닐 때 끊임없이 일어나고, 두 입자의 전자 밀도는 동시에 좌우로 흔들린다. **그림 11.6**은 어떤 한순간 전자 밀도의 '정지' 모양을 나타낸 것이다. 어떤 순간에 한쪽이 다른 쪽보다 더 많은 음전하를 가지게 되면 **입자의 전자 밀도가 비대칭적**이 된다. 특정 순간에 있어서 그 입자는 **쌍극자(dipole)**이며, 이를 **순간 쌍극자(instantaneous dipole)**라고 한다.

한 입자에서 순간 쌍극자가 형성되면, 그로 인해 동시에 이웃에 있는 전자 밀도가 비대칭이 된다. 결과적으로 두 번째 입자도 쌍극자가 된다. 이와 같은 쌍극자는 첫 번째 쌍극자 형성에 의해 생성되거나 혹은 **유도**(induced)되었기 때문에 **유도 쌍극자(induced dipole)**라고 한다. 쌍극자가 형성되는 방법 자체가 한 입자의 음극 끝 가까이에 다른 입자의 양극 끝이 위치하므로, 이들 사이에 쌍극자–쌍극자 인력이 존재하게 된다. 그러나 전자들은 계속해서 움직이기 때문에 쌍극자 인력이 형성되자마자 바로 사라지고, 이로 인하여 쌍극자–쌍극자 인력의 수

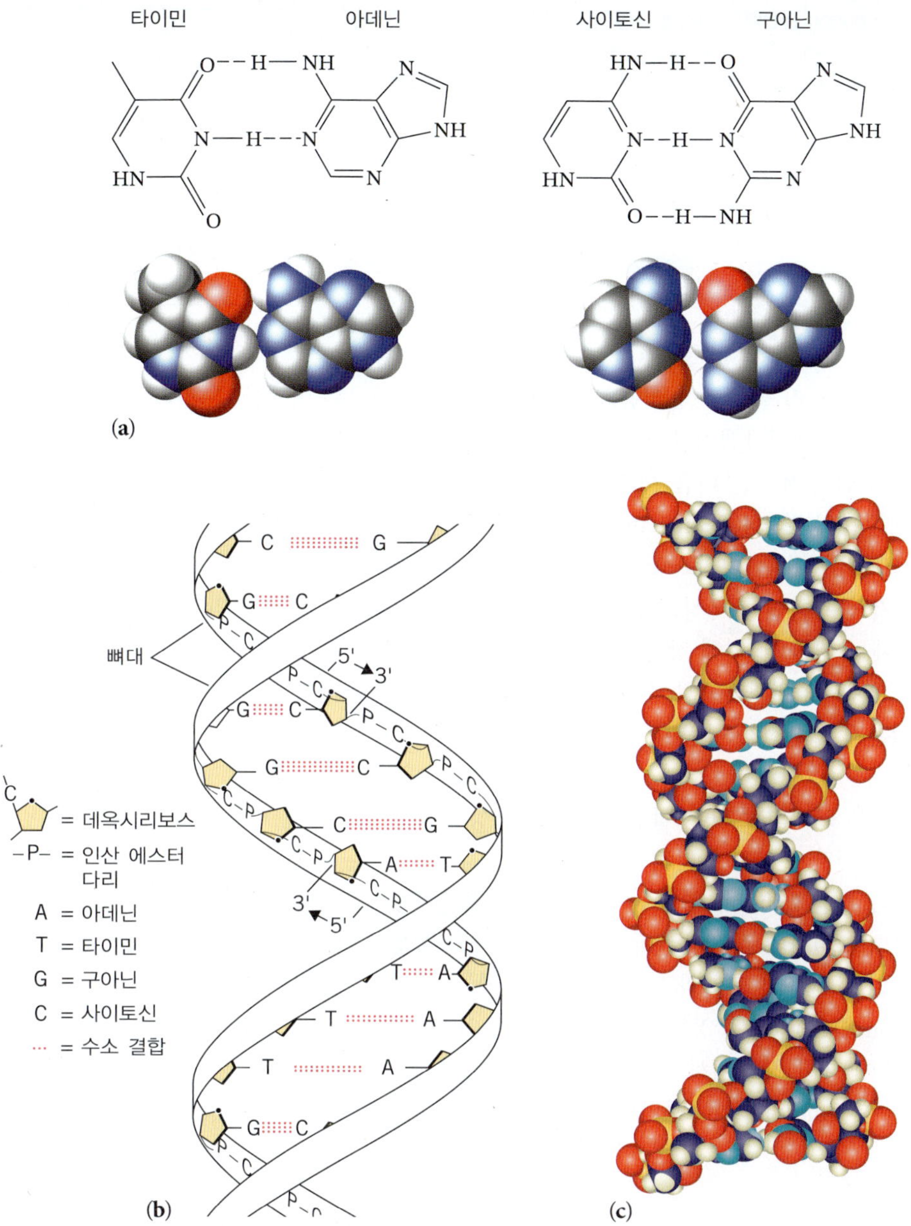

그림 11.5 DNA 이중 나선 구조를 유지해주는 수소 결합 (a) DNA에서 아데닌과 타이민 및 구아닌과 사이토신 사이의 수소 결합. (b) 그림에서 두 가닥 사이의 수소 결합은 점선으로 표시하였다. 구조의 왼쪽에 있는 범례는 DNA 분자의 다양한 구성 요소에 대한 이름이다. (c) DNA 이중 나선의 일부분에 대한 모형. 탄소 원자는 진한 파란색으로 질소 원자는 옅은 파란색으로 나타내었다.

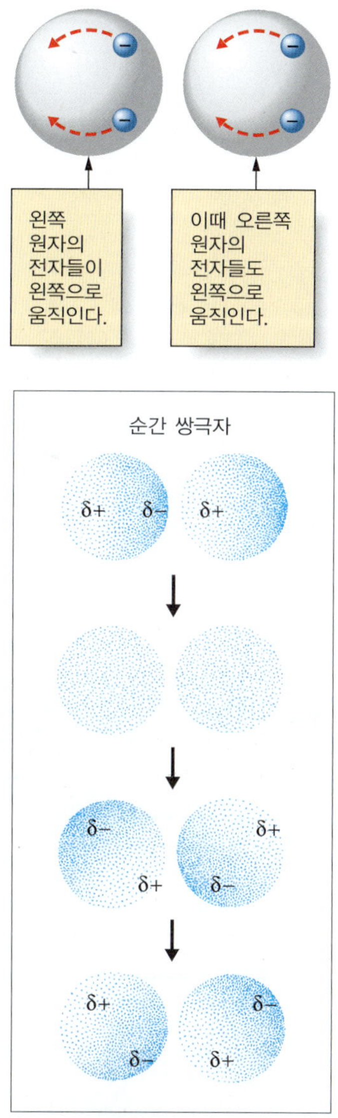

그림 11.6 전자 밀도의 순간적인 '정지' 모습 순간적인 쌍극자가 존재하는 동안에는 순간 쌍극자들 사이에 인력이 나타난다.

명이 매우 짧다. 그러나 다음 순간에 다른 배향의 쌍극자가 다시 나타나게 되며, 이로 인한 또 다른 짧은 쌍극자–쌍극자 인력이 생기게 될 것이다. 이와 같은 방법으로 생성되는 짧은 수명의 쌍극자로 인하여 입자들 사이에 순간적인 끌림이 형성되기 때문에 어느 정도의 시간 범위에서 평균적으로 알짜 인력이 존재하게 된다. 그러나 이 인력은 짧은 동안에만 존재하기 때문에 매우 약한 경향을 띤다.

방금 논의한 순간적인 쌍극자–쌍극자 인력을 **순간 쌍극자–유도 쌍극자 인력**(instantaneous dipole-induced dipole attraction)이라고 한다. 이 인력을 또한 **London 분산력(London dispersion force)** 혹은 간단하게 **London 힘(London force)** 또는 **분산력(dispersion force)**이라고도 한다.

London 힘은 **모든** 분자와 이온들 사이에 존재한다. 이 인력은 비극성 분자들 사이에 가능한 유일한 종류의 인력이지만, London 힘은 반대 전하의 이온 사이에도 존재한다. 그러나 이들의 효과는 이온간 인력과 비교해서 작다.

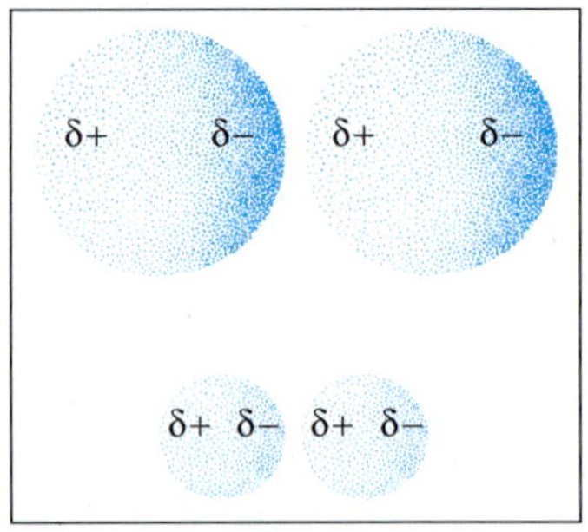

그림 11.7 London 분산력의 세기에 대한 분자 크기의 영향 큰 전자 구름은 작은 전자 구름보다 더 쉽게 변형될 수 있으므로, 큰 분자에서 순간 쌍극자의 양단에 있는 전하량은 작은 분자에서의 전하량보다 크다. 따라서 London 힘은 큰 분자가 작은 분자보다 더 강하다.

London 힘의 세기 끓는점을 이용하여 분자간 인력의 세기를 비교할 수 있다. 이 장의 뒷 부분에서 자세하게 설명하겠지만, 끓는점이 높을수록 액체 분자 사이의 인력은 더 강하다.

London 힘의 세기는 다음 세 가지 인자에 주로 의존한다는 것이 밝혀졌다. 한 가지는 입자의 전자 구름의 **분극성(polarizability)**인데, 이것은 전자 구름이 일그러지기 쉬운 정도를 나타내는 척도이며, 순간적으로 쌍극자가 형성되기 쉬운 정도를 나타낸다. **일반적으로 전자 구름의 부피가 증가하면 분극성도 증가한다.** 전자 구름이 클 때, 보통 최외각 전자들은 핵(입자가 분자일 때는 핵들)에 의해 강하게 속박되어 있지 않다. 이로 인하여 전자 구름이 다소 쉽게 변형될 수 있는데, 결과적으로 순간적인 쌍극자나 유도 쌍극자가 큰 어려움 없이 생성된다(그림 11.7). 결론적으로 전자 구름이 큰 입자는 전자 구름이 작은 비슷한 입자보다 London 힘이 더 강하다.

이와 같은 크기의 효과는 할로젠이나 비활성 기체의 끓는점을 비교하여 보면 알 수 있다(표 11.1 참조). 원자가 커짐에 따라 끓는점이 높아지는데, 이는 분자간 인력이 증가한다는 것을 의미한다(더 강한 London 힘). 원자의 크기나 혹은 원자 반지름은 원자의 질량이 증가함에 따라 커지므로 원자의 질량이 분극성을 결정한다고 잘못 이해할 수 있다. 그러나 분극성을 결정하는 요인은 원자의 크기와 얼마나 쉽게 전자 구름이 찌그러질 수 있는가 하는 것이다.

해설 London 힘은 입자간 거리가 증가함에 따라 급격하게 감소한다. London 힘에 의하여 결합된 입자들을 분리하는 데 필요한 에너지는, d를 입자간 거리라고 할 때 $1/d^6$에 비례한다.

London 힘의 세기에 영향을 주는 두 번째 인자는 분자 내 원자의 수이다. 표 11.2에 수록된 탄화수소에 대한 사례에서 보는 바와 같이 같은 원소들로 구성된 분자의 경우, 원자의 수가 증가할수록 London 힘은 증가한다. 원자의 수가 증가할수록, 길이 방향으로 순간 쌍극자가

표 11.1 할로젠과 비활성 기체의 끓는점

7A족	끓는점(°C)	8A족	끓는점(°C)
F_2	−188.1	He	−268.9
Cl_2	−34.6	Ne	−245.9
Br_2	58.8	Ar	−185.7
I_2	184.4	Kr	−153.4
		Xe	−108.1
		Rn	−61.8

표 11.2 몇 가지 탄화수소의 끓는점[a]

분자식	1기압에서의 끓는점(°C)
CH_4	−161.5
C_2H_6	−88.6
C_3H_8	−42.1
C_4H_{10}	−0.5
C_5H_{12}	36.1
C_6H_{14}	68.7
⋮	⋮
$C_{10}H_{22}$	174.1
⋮	⋮
$C_{22}H_{46}$	368.6

[a]이 표에서 각 탄화수소의 분자들은 C−C−C−C− 형태의 탄소 사슬을 가진다. 즉 한 탄소 다음에 다른 탄소가 이어지고, 탄소−탄소 사슬에 가지가 없다. 예를 들면 뷰테인의 경우, 구조식은 $CH_3CH_2CH_2CH_3$이다.

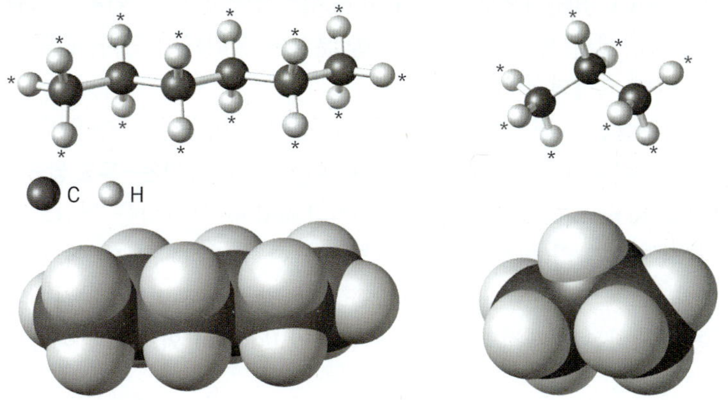

그림 11.8 **분자 내 원자의 수는 London 힘에 영향을 준다.** 공-막대 모형과 공간 채움 모형으로 나타낸 왼쪽의 C_6H_{14} 분자는 오른쪽의 길이가 더 짧은 C_3H_8 분자보다 사슬을 따라 주변의 다른 분자들을 끌어당길 수 있는 자리(*로 나타냄)를 더 많이 가지고 있다. 결과적으로 C_6H_{14}(헥세인, 68.7°C)은 C_3H_8(프로페인, −42.1°C)보다 끓는점이 높다.

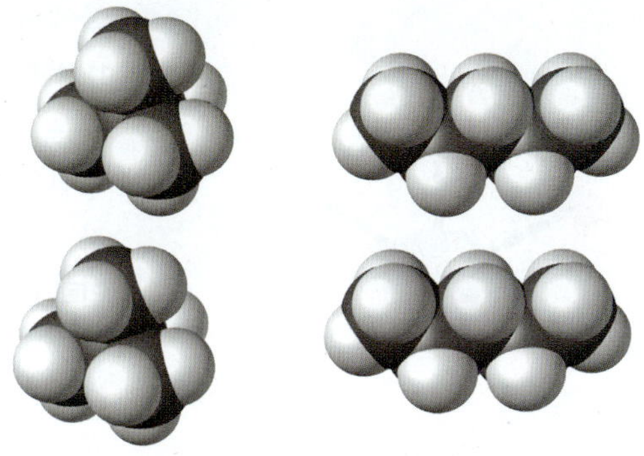

네오펜테인, $(CH_3)_4C$ bp = 9.5 °C　　*n*-펜테인, $CH_3CH_2CH_2CH_2CH_3$ bp = 36.1 °C

그림 11.9 **분자 모양이 London 힘의 세기에 영향을 준다.** 화학식이 C_5H_{12}인 두 가지 분자에 대한 공간 채움 모형이다. 이 모형에서 수소 원자를 모두 나타낸 것은 아니다. 밀집된 형태의 네오펜테인 분자 $(CH_3)_4C$가 직선형의 *n*-펜테인 분자 $CH_3CH_2CH_2CH_2CH_3$보다 이웃 분자와 상호 작용을 할 표면적이 작기 때문에, 결론적으로 보다 밀집된 형태의 분자 사이의 분자간 인력이 더 약하다.

생성되어 London 인력을 유발할 수 있는 자리의 수가 더 많다(**그림 11.8**). 각각의 위치에서의 인력의 세기가 거의 같다고 하더라도, 더 긴 분자들 사이에서 느껴지는 전체 인력이 더 크다.[1]

London 힘의 세기에 영향을 주는 세 번째 인자는 분자의 모양이다. 구성 원자의 종류와 수가 같은 분자라 하더라도, 밀집된 형태를 가진 분자의 London 힘이 긴 사슬 모양의 분자보다 더 약하다(**그림 11.9**). 밀집된 형태의 $(CH_3)_4C$ 분자는 이웃하는 분자와 상호 작용을 할 표면적이 사슬 모양의 $CH_3(CH_2)_3CH_3$ 분자보다 작다고 볼 수 있다.

요약하면 모든 물질에는 London 인력이 존재한다. 그리고 극성 분자에는 쌍극자-쌍극자 인력과 쌍극자-쌍극자 인력의 특수한 경우인 수소 결합도 함께 작용한다.

이온-쌍극자 인력과 이온-유도 쌍극자 인력

이 장에서는 주로 순물질을 구성하는 동일한 분자들 사이의 인력에 대해서 다루고 있다. 이러한 순물질을 구성하는 전기적으로 중성인 분자들 사이에 작용하는 인력과 같은 종류의 힘이, 혼합물을 구성하는 서로 다른 종류의 분자들 사이에도 작용한다. 혼합물에서 작용하는 분자간 인력에 대해서는 다음 장에서 다룰 예정이다. 여기서는 마지막으로 분자와 이온 사이에 작용하는 인력에 대해서 더 알아보고자 한다. 이온의 경우 추가적으로 두 종류의 힘이 더 작용한다. 예를 들어 이온은 극성 분자의 전하를 띤 부분과 상호 작용하여 **이온-쌍극자 인력(ion-dipole attraction)**을 형성한다. 이온 결합 화합물이 녹아 수화된 이온을 형성할 때 이와 같은 인력을 볼 수 있다. 물 분자가 양이온을 둘러쌀 때는 물 쌍극자의 음의 말단이 양이온 쪽으로 배향하고, 이와 유사하게 물 분자가 음이온을 둘러쌀 때는 물 쌍극자의 양의 말단이 음이온 쪽으로 배향한다. 이를 **그림 11.10**에 나타내었다. 이러한 인력은 고체 상태에서도 지속될 수 있다. 예를 들면 염화 알루미늄은

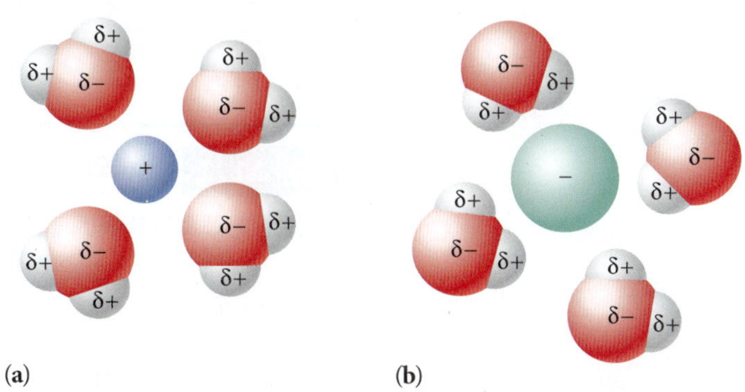

그림 11.10 **물 분자와 이온 사이의 이온-쌍극자 인력** (a) 양이온을 둘러싸고 있는 물 분자의 음의 말단과 양이온과 사이에 알짜 인력이 나타난다. (b) 음이온을 둘러싸고 있는 물 분자의 양의 말단과 음이온 사이에 알짜 인력이 나타난다.

[1]원자의 수가 London 힘의 세기에 미치는 영향은 갈대의 수에 비유할 수 있다. 갈대 하나는 강하지 않지만 갈대 한 묶음은 강해서, 끊어내는 데 큰 에너지가 필요하다.

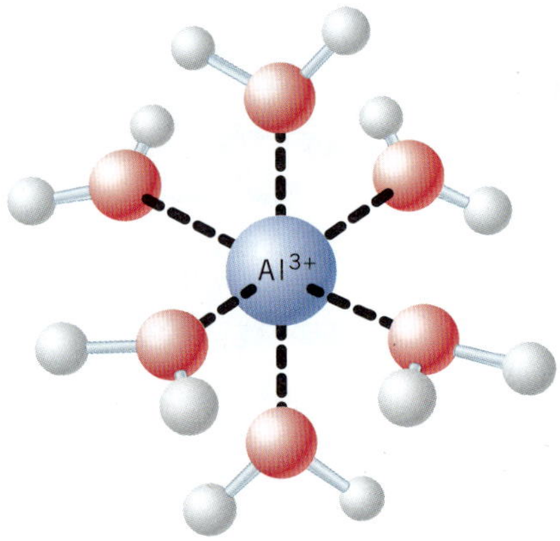

그림 11.11 수화물에서 이온-쌍극자 인력으로 결합된 물 분자 $AlCl_3 \cdot 6H_2O$에서 물 분자는 알루미늄 이온 주위의 팔면체 꼭짓점에 배열되어 있다.

물에서 수화된 형태인 $AlCl_3 \cdot 6H_2O$으로 결정화된다. 수화물에서 Al^{3+} 이온은 **그림 11.11**에 나타낸 것처럼 팔면체의 꼭짓점에 위치한 물 분자에 둘러싸여 있다. 그들은 이온-쌍극자 인력에 의해 고정되어 있는 것이다.

이온이 근처의 전자 구름을 비틀 수 있는 능력으로 인하여 이웃한 입자(용매 분자 또는 심지어 다른 이온들)에 쌍극자가 형성된다. 이로 인하여 **이온-유도 쌍극자 인력(ion-induced dipole attraction)**이 형성되는데, London 분산력을 원인으로 하는 일반적인 순간 전하와 달리 이온은 그 전하가 동요하지 않기 때문에 이 인력은 매우 강할 수 있다. 그 결과 이온에 의해서 유도되는 쌍극자는 더 오래 지속되고, 이온이 관여하여 발생하는 전체적인 인력은 일반적인 London 힘보다 강하다.

분자간 힘의 영향에 대한 평가

이 절에서는 다양한 종류의 분자간 인력과 그들이 발생할 수 있는 물질에 대하여 설명하였다(**표 11.3**의 요약 참조). 만약 물질의 분자 구조를 안다면 이러한 지식을 이용하여 물질의 성질과 분자간 인력의 상대적인 세기를 대략적으로 짐작할 수 있을 뿐만 아니라, 여러 물질의 물리적 성질을 예측하거나 이해하는 데 도움을 줄 수 있다. 예를 들어 앞서 언급한 끓는점은 분자간 인력의 세기에 의존하는 성질이다. 따라서 서로 다른 물질의 분자간 인력을 비교하면, 그들의 끓는점이 어떨지 예측할 수 있을 것이다. 예제 11.1에 이와 관련된 문제를 수록하였다.

도구
분자간 힘:
쌍극자-쌍극자
수소 결합
London 힘

도구
분자간 인력의 세기 비교하기

표 11.3 분자간 인력의 종류와 특징

분자간 인력	인력이 작용하는 물질	공유 결합에 대한 상대적 세기
쌍극자-쌍극자 인력	영구 쌍극자를 가지는 분자(즉 극성 분자) 사이에서 발생	1~5%
수소 결합	N—H, O—H, F—H 결합을 포함하는 분자일 때 발생	5~10%
London 분산력	모든 원자, 분자, 이온이 이러한 종류의 인력을 경험한다. 이것은 모든 물질에서 나타난다.	분자의 크기나 모양에 의존. 큰 분자의 경우, 많은 약한 인력들이 누적되어 전체적으로 큰 인력을 유발할 수 있다.
이온-쌍극자 인력	극성 분자와 이온이 상호 작용할 때 발생	~10%, 이온 전하량과 분자의 극성에 의존한다.
이온-유도 쌍극자 인력	이온이 분자나 다른 이온과 같은 이웃한 입자에 쌍극자를 유도할 때 작용	변하기 쉬움, 이온의 전하량이나 이웃 이온의 분극성에 의존

예제 11.1 인력의 세기를 비교하여 물질의 성질 예측하기

다음은 1-프로판올(프로필 알코올)과 프로필렌 글라이콜(무독성 부동액으로 사용되는 화합물) 그리고 저삼투성 완하제로 사용되는 글리세린(프로페인-1,2,3-트라이올)의 구조식이다. 어떤 화합물이 가장 높은 끓는점을 가질 것으로 예상되는가?

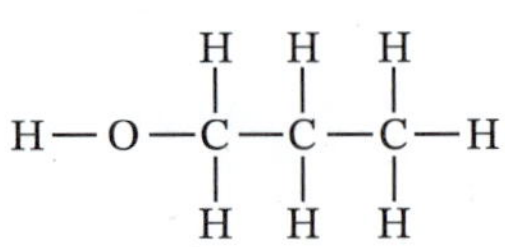

1-프로판올

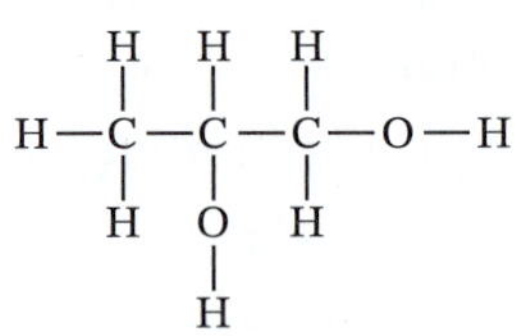

프로필렌 글라이콜

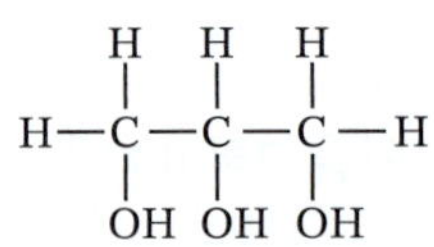

글리세린

분석 끓는점은 분자간 인력의 세기에 의해 결정된다는 것을 알고 있다. 즉 더 강한 인력을 가지는 물질이 더 높은 끓는점을 가진다. 따라서 어떤 종류의 분자간 힘이 작용하는지를 결정하고, 어느 물질이 더 강한 분자간 힘을 가지고 있는지를 알아내면 질문에 답할 수 있다.

도구 모음 사용할 도구는 분자간 인력과 그들의 상대적인 크기이다. 그리고 이러한 상호작용이 액체의 끓는점에 어떠한 영향을 미치는가이다.

풀이 3가지 물질이 모두 London 힘을 나타낼 것을 알고 있다. 왜냐하면 London 힘은 모든 분자에서 나타나기 때문이다. London 힘은 분자 크기가 클수록 강하고, 따라서 글리세린에서 더 강할 것이다.

구조를 보았을 때 3가지 물질 모두 —OH기(1-프로판올에 한 개, 프로필렌 글라이콜에 두 개, 글리세린에 3개)를 가진 것을 볼 수 있다. 따라서 3가지 액체 모두에서 수소 결합을 예상할 수 있다. 1-프로판올이나 프로필렌 글라이콜보다 글리세린이 분자당 더 많은 —OH를 가지기 때문에, 논리적으로 글리세린 분자가 수소 결합에 참여할 기회가 더 많을 것으로 예상할 수 있다. 따라서 글리세린의 수소 결합력이 가장 강할 것으로 예측할 수 있다.

이러한 분석을 종합하면 두 종류의 인력 모두 1-프로판올이나 프로필렌 글라이콜보다 글리세린에서 더 강하다는 것을 알 수 있다. 따라서 글리세린이 가장 높은 끓는점을 가진다.

답이 합리적인가? 논리를 다시 확인해 보는 것 외에 달리 점검할 수 있는 적당한 방법은 많지 않다(참고 자료를 찾아보면 1-프로판올 끓는점이 97.2°C이고 프로필렌 글라이콜의 끓는점은 188.2°C이며 글리세린의 끓는점은 290°C이다).

실전 문제 11.2

주어진 물질을 끓는점이 증가하는 순서대로 나열하시오(**힌트**: 각 분자에 대해 어떠한 종류의 분자간 인력이 있는지 결정하시오).

(a) CH_3CH_2Br, CH_3CH_3, KBr, CH_3CH_2OH

(b) $CH_3CH_2CH_2CH_2NH_2$, $CH_3CH_2OCH_2CH_3$, $CH_3CH_2CH_2CH_2OH$

실전 문제 11.3

분자식이 $C_4H_{10}O$인 화합물이 가질 수 있는 이성질체를 모두 그리시오. 이 이성질체 중 끓는점이 가장 높을 것으로 예상되는 분자와 가장 낮을 것으로 예상되는 분자는 각각 어느 것인가? 그 이유를 함께 제시하시오.

11.2 분자간 힘과 물리적 성질

이 장의 도입부에서 액체와 고체의 몇 가지 성질을 간략히 소개하였다. 지금부터 액체 및 고체에 대한 보다 상세한 논의를 시작해 보기로 하자. 우선 분자들이 어떻게 단단하게 압축되어 있는가에 주로 의존하는 두 가지 성질인, **압축률**(compressibility)과 **확산**(diffusion)에 대하여 살펴보기로 하자. 분자간 인력의 세기에 주로 의존하는 또 다른 성질에는 **부피와 모양의 보존**, **표면 장력**(surface tension), 액체에 의한 표면의 **젖음**(wet), 액체의 **점도**(viscosity), 그리고 고체 또는 액체의 **증발하는 경향**(tendency to evaporate) 등이 있다.

입자들이 단단하게 쌓인 정도에 의존하는 성질

압축성 물질의 **압축성**(compressibility)은 그 물질에 힘을 가해 부피를 줄일 수 있는 정도에 대

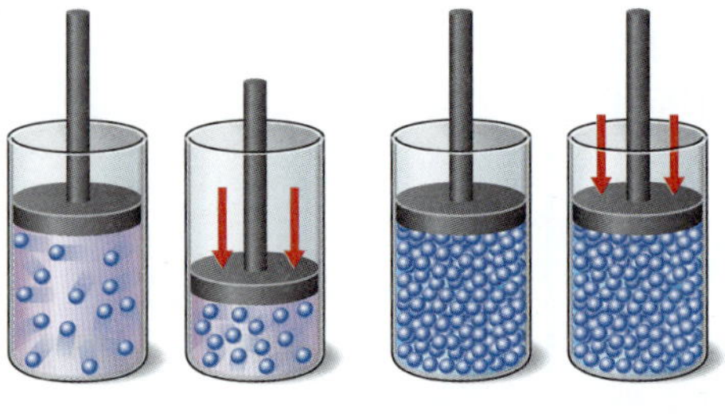

그림 11.12 분자 수준에서 본 기체와 액체에서의 압축성 (a) 기체는 분자들이 멀리 떨어져 있어 쉽게 압축된다. (b) 액체는 주어진 공간에 많은 분자가 채워져 있기 때문에 비압축성이다. 화살표는 가해지는 압력을 나타낸 것이다.

한 척도이다. **그림 11.12(a)**에서 보듯이, 기체는 분자들이 멀리 떨어져 있기 때문에 높은 압축성을 가진다. 그러나 그림 11.12(b)에서 보듯이, 액체 또는 고체의 경우에는 대부분의 공간이 분자로 채워져 있어서, 다른 분자를 더 채울 수 있는 비어 있는 공간은 매우 작다. 따라서 액체나 고체에 압력을 가하여 더 작은 부피로 압축하는 것은 무척 어려우며, 이런 성질을 물질의 **비압축성(incompressibility)**이라 말한다. 이것은 유용한 성질이다. 예를 들어 자동차의 '브레이크를 밟을 때' 발로 가하는 압력을 바퀴상의 제륜자(brake shoes)에 전달하기 위하여 브레이크액의 비압축성을 이용한다. 액체의 비압축성은 무거운 물체를 들어 올리거나 옮기는 힘을 전달하는 유체 공학의 기초가 되기도 한다.

확산 확산(diffusion)은 액체에서보다 기체에서 매우 빠르게 일어나며, 고체에서는 거의 일어나지 않는다. **그림 11.13**에서 보는 바와 같이 기체 분자는 충돌과 충돌 사이에 비교적 긴 거리를 이동하기 때문에 확산 속도가 매우 빠르다. 그러나 액체에서는 한 분자가 주위를 이동할 때 많은 충돌을 겪게 되므로, 한 곳에서 다른 곳으로 이동할 때 더 긴 시간이 걸리고 확산은 더 느려진다. 고체에서의 확산은 고체 입자들이 제자리에 단단히 고정되어있기 때문에 실온에서는 거의 존재하지 않는다. 그러나 높은 온도에서는 고체 입자들이 때때로 서로를 진동시켜 위치를 이동하기에 충분한 운동 에너지를 가질 수 있어서 확산이 느리게 일어날 수 있다. 이러한 고온에서의 고체 상태 확산은 컴퓨터와 스마트폰에 사용되는 전자 회로를 만드는 데 이용된다.

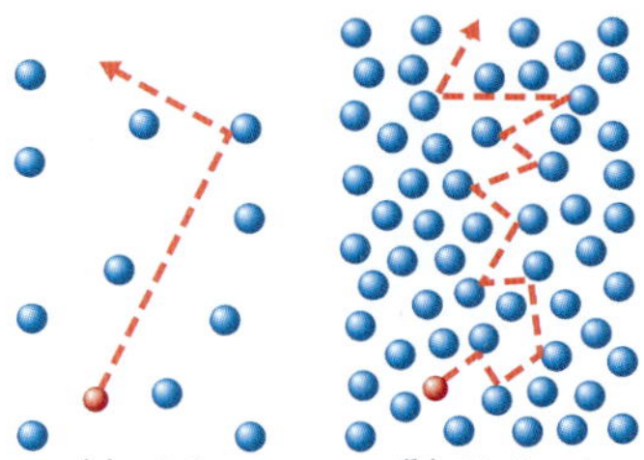

그림 11.13 분자 수준에서 본 기체와 액체에서의 확산 (a) 기체에서는 넓게 퍼져 있는 분자들 사이에 비교적 적은 수의 충돌이 일어나기 때문에 확산이 빠르다. (b) 액체에서는 조밀하게 위치한 입자들 사이의 많은 충돌 때문에 확산이 느리다.

분자간 인력의 세기에 의존하는 성질

부피와 모양의 보존 기체에서는 분자간 인력이 너무 약해서 분자들이 용기 전체를 채우기 위하여 멀리 움직이는 것을 막기 어렵다. 그 결과 그림 11.1에서와 같이 기체의 모양과 부피는 기체를 담고 있는 용기와 일치하게 된다. 그러나 액체와 고체는 분자간 인력이 매우 강해서 가까운 분자들을 서로 붙잡을 수 있다. 결과적으로 액체와 고체는 용기의 크기에 관계없이 같은 부피를 유지한다. 고체는 액체보다 인력이 더 강하다. 고체를 구성하는 입자들은 제자리에 단단하게 붙들려 있기 때문에, 고체를 한 용기에서 다른 용기로 이동시켜도 부피뿐만 아니라 모양도 보존된다.

해설 물은 강한 수소 결합 때문에 표면 장력이 일반적인 유기 용매보다 대략 2~3배 크다.

표면 장력 11장의 도입부에서 물 표면에 떠 있는 찻잎을 이용하여 **표면 장력(surface tension)**에 대하여 설명한 바 있다. 표면 장력은 액체가 표면적을 최소화하려는 경향과 연관이 있다. 기하학의 원리에 의하면 주어진 부피에 대하여 최소의 표면적을 가지는 형태는 구이다. 이것이 액체 물방울이 작은 구의 형태를 유지하는 이유이다.

표면 장력을 이해하려면 무엇보다도 물질이 퍼텐셜 에너지를 잃을 때 더 안정해진다는 것을 상기할 필요가 있다. 이 원리에 근거하여 분자들이 분자 표면보다 액체 내부에 위치하려고 하는 이유에 대하여 알아보도록 하자.

DanielBrachlow/139 images/Pixabay

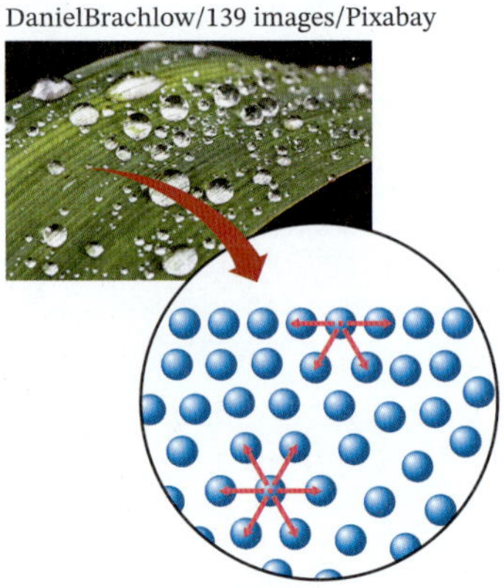

그림 11.14 표면 장력과 분자간 인력 다른 액체에서와 마찬가지로 물에서도 표면의 분자들은 용액 내부에 비해 적은 수의 분자들로 둘러싸여 있다. 그 결과 표면 분자는 액체 내부의 분자에 비해 약한 인력을 경험한다.

그림 11.14를 살펴보면 액체 **내부**에 있는 분자는 모든 방향에서 조밀하게 쌓인 분자들에 의해 둘러싸인 반면, **표면**에 있는 분자는 아래와 옆쪽에 이웃 분자들이 있지만 위쪽에는 분자들이 없다. 즉 표면에 있는 분자는 액체 내부의 분자보다 적은 수의 이웃 분자와 인력이 작용한다. 이제 내부의 분자를 표면으로 옮기는 과정을 상상해 보자. 이를 위해서는 둘러싸인 분자 일부를 떼어 내야 하는데, 분자간 인력 때문에 이웃 분자를 제거하는 데에는 일이 필요하다. 즉 표면 분자는 이웃한 분자가 적기 때문에 내부 분자에 비해 퍼텐셜 에너지가 증가하게 된다. 이 퍼텐셜 에너지를 낮추고 안정화되는 한 가지 방법은, 표면의 분자들은 서로 더 가까이 접근하여 이웃하는 분자들과 더 강한 인력을 형성하는 것이다. 분자

들이 더 가까이 위치하여 퍼텐셜 에너지를 낮추는 것은 표면 분자들 사이의 인력이 증가하는 것과 같은 의미로 해석할 수 있다. 그 결과 표면의 두 분자를 서로 떼어 놓는 데 필요한 에너지는 액체 내부의 두 분자를 서로 떼어 놓는 데 필요한 에너지보다 커진다.

앞에서 표면의 분자들은 서로 더 가까이 이동하여 퍼텐셜 에너지를 낮추고 계를 안정하게 한다는 것을 알아보았다. 액체가 자신의 퍼텐셜 에너지를 낮추는 또 다른 방법은 표면에 위치하는 분자의 수를 줄이는 것이다. 가장 낮은 에너지 상태는 액체의 표면적이 최소화되었을 때인데, 그래서 작은 양의 액체는 일반적으로 구형의 물방울 형태로 존재한다. 따라서 액체의 **표면 장력**(**surface tension**)은 구에서 평평한 형태로 표면적을 넓히는 데 필요한 에너지에 비례한다.

Hermann Eisenbeiss/Science Source

최소의 표면적을 얻으려는 액체의 자발적 경향을 이용하여 많은 일반적인 현상을 설명할 수 있다. 예를 들어 유리를 불 속에서 연마할 때 유리의 예리한 끝이 둥글게 되는 현상은 표면 장력이 원인이다. 또한 표면 장력은 물컵의 가장자리보다 더 높게 볼록한 모습으로 물을 채울 수 있는 이유이기도 하다(**그림 11.15**). 물 표면은 보이지 않는 얇은 '껍질'처럼 행동해서 물이 컵 위로 둥근 모습으로 쌓이게 한다. 액체의 표면을 살짝 누르면 옆으로 터지지 않고 버티는데, 이는 마치 표면의 껍질이 침투에 저항하는 것처럼 보인다. 이는 여백의 사진에서처럼 곤충이 물 위를 걸을 수 있는 원리와 같은 것이다.

Martin Shields / Science Source

그림 11.15 액체에서의 표면 장력 표면 장력으로 인하여 물컵의 가장자리보다 더 높게 물을 채울 수 있다.

표면 장력은 분자간 인력의 세기에 의존한다. 분자간 인력이 강한 액체의 경우에는 내부 분자와 표면 분자의 퍼텐셜 에너지 차이가 크고, 따라서 표면 장력 또한 크다. 물은 표면 장력이 (동일한 온도에서 비교했을 때) 가장 큰 물질 중의 하나이며, 물의 분자간 인력은 가장 강한 쌍극자-쌍극자 인력 중 하나인 수소 결합이다. 실제로 물의 표면 장력은 오직 London 힘만 가지는 상대적으로 비극성인 탄화수소 분자로 이루어진 가솔린에 비해서 대략 세 배이다.

액체에 의한 표면의 젖음 물과 같은 액체들은 물건을 젖게 하는 성질이 있다. **젖음**(**wetting**)은 액체가 표면 전체에 퍼져서 얇은 막을 형성하는 것이다. 물은 유리 표면에 얇은 막을 형성함으로써 자동차 앞 유리와 같은 깨끗한 유리를 젖게 한다(**그림 11.16(a)**). 그러나 물은 기름이 묻은 유리를 적시지는 못하고, 대신에 기름이 묻은 유리 위에서는 작은 물방울들을 형성한다(그림 11.16(b)).

해설 유리는 규소-산소 결합으로 이루어진 거대한 그물 구조이다.

젖음이 일어나기 위해서는 액체와 표면 사이의 분자간 인력의 세기가 액체 자체 내에서의 인력과 대략 비슷해야 한다. 물이 깨끗한 유리와 접촉할 때 두 인력의 세기는 거의 대등하다. 이는 유리의 표면이 많은 수의 산소 원자를 포함하고 있어서, 물 분자가 유리 표면의 산소 원자와 수소 결합을 형성할 수 있기 때문이다. 결과적으로 젖음이 일어나려면 물의 표면적이 넓어져야 하는데, 이에 필요한 에너지의 일부는 유리 표면과 수소 결합의 형성하는 것으로 보상된다.

유리가 기름이나 그리스의 막으로 코팅되면 물방울과 접촉하는 표면은 상대적으로 더 비극성인 분자들로 이루어진 기름으로 덮여 있게 된다(그림 11.16(b)). 이들은 London 힘에 의해 다른 분자들(물을 포함하여)을 끌어당기는데, 이는 수소 결합에 비해 약한 힘이다. 따라서 물 내부의 인력이 물 분자와 기름진 표면 사이의 인력보다 훨씬 강하다. 물-그리스 표면 간의 약한 London 힘은 물 내부의 수소 결합을 극복할 수 없으므로 물은 퍼지지 않고 방울 형태로 존재하게 된다.

세탁이나 마루를 닦는 일에 세제가 사용되는 이유 중의 하나는 세제가 물의 표면 장력을 현저히 낮추는 화학 물질인 **계면 활성제**(**surfactant**)를 포함하고 있기 때문이다. 물과 기름 사이에 분자간 인력이 작용하는 것처럼 물과 첨가된 계면 활성제 사이에도 분자간 인력이 작용하고, 따라서 계면 활성제가 녹아 있는 수용액은 닦아내야 할 표면 위에 더 쉽게 퍼지게 된다.

가솔린과 같이 표면 장력이 낮은 액체는 분자간 인력이 약하기 때문에, 이런 액체는 쉽게

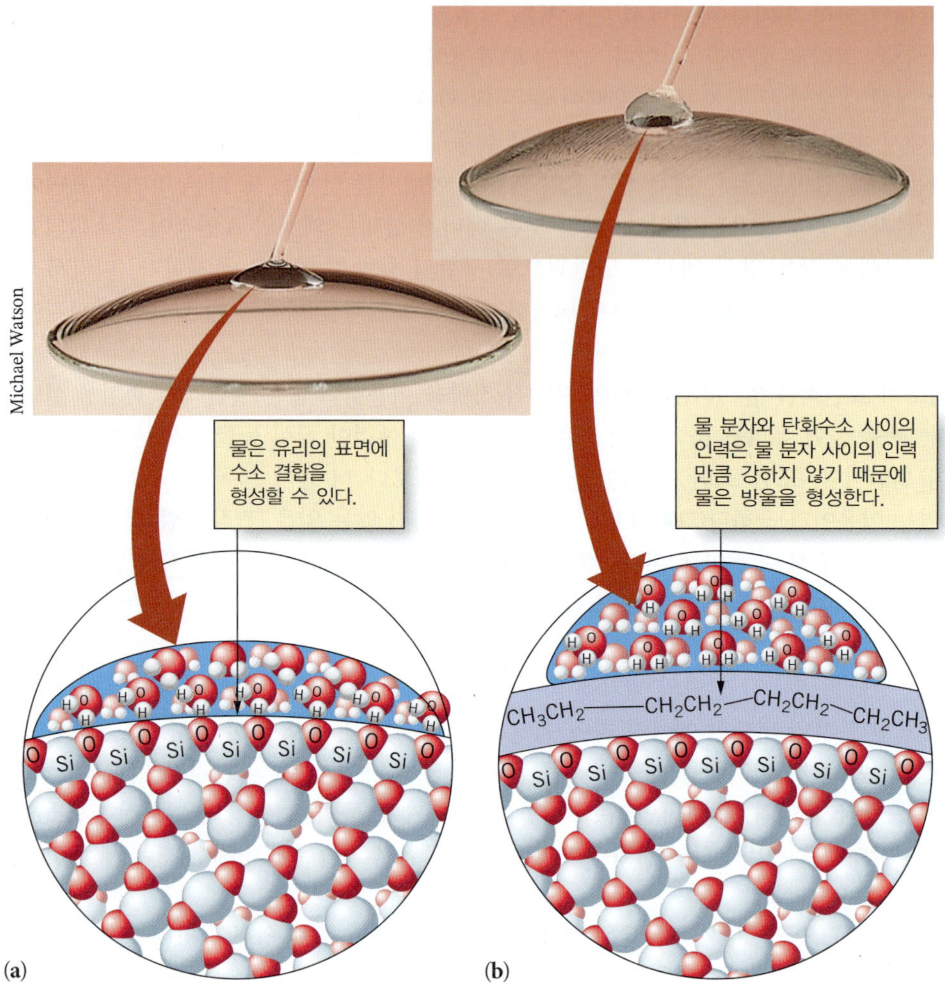

그림 11.16 분자간 인력은 물이 표면을 젖게 하는 능력에 영향을 준다. (a) 물이 깨끗한 유리 표면을 젖게 하는 것은 물과 유리 표면의 산소 원자 사이에 수소 결합이 생성되기 때문이다. (b) 표면에 기름이 묻어 있으면 물이 유리를 적시지 못한다. 물은 퍼지지 못하고 방울을 형성한다.

고체 표면을 적신다. 예를 들면 가솔린 분자들 간의 약한 인력은 가솔린과 표면 사이의 인력에 의해서 쉽게 대체되므로, 가솔린은 쉽게 얇은 막 형태로 퍼진다. 소량의 가솔린을 엎지른 적이 있다면 방울이 형성되지 않는 경험을 했을 것이다.

점도 잘 아는 바와 같이 시럽은 물보다 잘 흐르지 않고 같은 온도에서 흐름에 대한 저항이 크다. 흐름은 액체의 **형태**를 변화시키는데, 이러한 흐름에 대한 저항을 액체의 **점도(viscosity)**라고 한다. 즉, 시럽이 물보다 더 점도가 있다고 말한다. 점도라는 개념이 액체에 한정된 것은 아니다. 바위 같은 고체 물질도 그들의 모양을 바꾸는 힘이 작용하는데, 그것은 액체의 경우에 비해서 느리고 미세하다. 기체도 점도를 가지는데, 그들은 형태를 변화시키는 힘에 거의 대부분 즉각적으로 반응한다.

물질의 '내부 마찰'이라고도 불리는 점도는 분자간 인력과 분자 모양 및 크기에 영향을 받는다. 같은 크기의 분자에서 분자간 인력의 힘이 증가하면 점도가 증가한다. 예를 들어 각각 10개의 원자를 포함하고 있는 아세톤(매니큐어 제거제)과 에틸렌 글라이콜(자동차 부동액)을 비교해 보자.

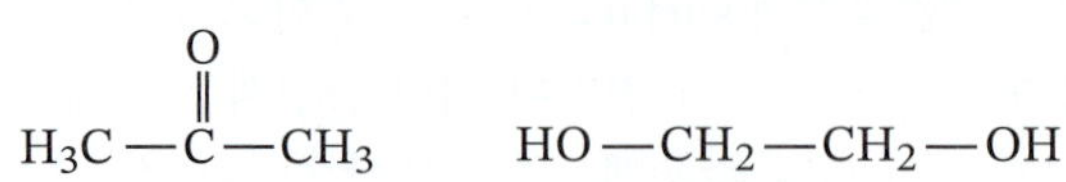

아세톤 에틸렌 글라이콜

두 물질의 분자 구조를 살펴보면 에틸렌 글라이콜이 아세톤보다 더 큰 점도를 나타내는 이유를 쉽게 알 수 있다. 아세톤은 극성 카보닐기(carbonyl group, >C=O)를 가지고 있어서 London 힘뿐만 아니라 쌍극자–쌍극자 인력의 영향을 받는다. 반면에 에틸렌 글라이콜은 두 개의 −OH기를 포함하고 있어 London 힘뿐만 아니라 분자들이 일반적인 쌍극자–쌍극자 힘보다 훨씬 강한 수소 결합에도 참여한다. 강한 수소 결합 때문에 에틸렌 글라이콜이 아세톤보다 더 큰 점도를 나타내게 되는 것이다.

해설 소량의 아세톤을 흘려 보면 매우 쉽게 흐른다는 것을 알 수 있을 것이다. 이와는 반대로 에틸렌 글라이콜은 '기름과 같은' 점도를 가져서 매우 천천히 흐른다.

분자의 크기와 서로 뭉치는 힘은 점도를 결정하는 또 다른 주요 요인이다. 기계에 사용되는 윤활유(대부분 긴 사슬 형태의 비극성 탄화수소 분자로 이루어짐)를 구성하는 길고 잘 구부러지며 서로 잘 뭉치는 분자들은, 이 분자가 가지고 있는 London 힘에 더해져 15°C에서의 물보다 대략 600배 더 큰 점도를 갖게 된다. 샐러드드레싱을 만드는 데 사용되는 올리브유나 옥수수유 같은 식물성 기름 역시 매우 큰 분자들로 이루어져 있고 전반적으로 비극성을 띤다. 올리브유는 물보다 점도가 100배 더 크다.

점도는 또한 온도에 따라 변화하는데, 온도가 낮아지면 점도는 증가한다. 예를 들면 끓는 물을 실온까지 냉각시키면 점도는 세 배 이상 증가한다. 물질이 냉각되면 점도가 증가하기 때문에, 영하의 온도에서 사용해야 하는 승용차나 트럭에는 점도가 낮은 엔진 오일을 사용하는 것이 좋다.

해설 온도가 떨어지면 분자들은 더 천천히 움직이고, 분자간 인력은 흐름을 더 효과적으로 억제한다.

증발과 승화 그리고 분자간 인력

액체와 고체의 가장 중요한 물리적 성질 중의 하나는 액체가 기체로 또는 고체가 기체로 상태 변화를 하는 경향성이다. 액체에서 기체로의 변화를 **증발(evaporation)**이라고 한다. 고체가 액체 상태를 거치지 않고 기체 상태로 바로 변화하는 것을 **승화(sublimation)**라고 한다. 고체 이산화 탄소는 녹지 않기 때문에 보통 **드라이아이스(dry ice)**라고 한다. 이 물질은 대기압하에서 **승화하여** 바로 기체 이산화 탄소로 변한다. 또 다른 사례로 좀약의 한 성분인 나프탈렌이 들 수 있는데, 이 물질은 승화하기 때문에 마치 사라지는 것처럼 보인다.

Michael Watson

증발과 승화를 이해하기 위해서는 분자들의 운동을 조사해야 한다. 고체와 액체 상태에서 분자들은 정지 상태에 있는 것이 아니고 끊임없이 움직이며 이웃 분자들과 충돌한다. 기체에서와 마찬가지로 주어진 온도에서 액체와 고체 상태에서도 입자들의 운동 에너지는 일련의 분포를 나타낸다. 이는 6.2절의 그림 6.4가 액체와 고체에 대해서도 적용된다는 것을 의미한다. 이 분포에 따르면 주어진 온도에서 작은 분율의 분자들이 매우 큰 운동 에너지를 가지고 따라서 매우 큰 속도를 갖는다는 것을 말해 준다. 이렇게 높은 속도의 분자 중에서 하나가 표면에 있다면, 그 분자는 그 이웃 분자들의 인력을 벗어나서 증기 속으로 날아갈 수 있다. 이때 분자가 증발(고체의 경우에는 승화)했다고 말한다. 분자간 인력이 강할수록 분자가 증발하거나 혹은 승화하는 데 더 큰 운동 에너지가 필요하다.

증발에 의한 냉각 액체의 증발과 관련하여 주목해야 할 점 중 하나는 증발이 냉각 효과를 일으킨다는 것이다. 샤워 후에 나와 바람을 쐬면 추위를 느낀 적이 있을 것이다. 몸에 묻은 물이 증발하면서 이런 효과를 만들어 낸다. 실제로 우리 몸은 물의 증발을 이용하여 일정한 체온을 유지한다.

그림 11.17을 살펴보면 증발에 의해 액체가 냉각되는 이유를 알 수 있다. 이 그림은 특정 온도에서 액체에 포함된 입자들의 운동 에너지 분포를 나타낸 것이다. 수평축에 표시된 화살표 중 하나는 어떤 분자가 그 이웃들의 인력을 벗어나는 데 필요한 최소 운동 에너지를 가리킨다. 이 운동 에너지 이상의 운동 에너지를 가진 분자만이 액체를 벗어날 수 있다. 다른 분자들은 벗어나기 전에 느려서 멈추게 되고 다시 액체로 떨어진다. 그림 11.17은 분자가 액체 표면

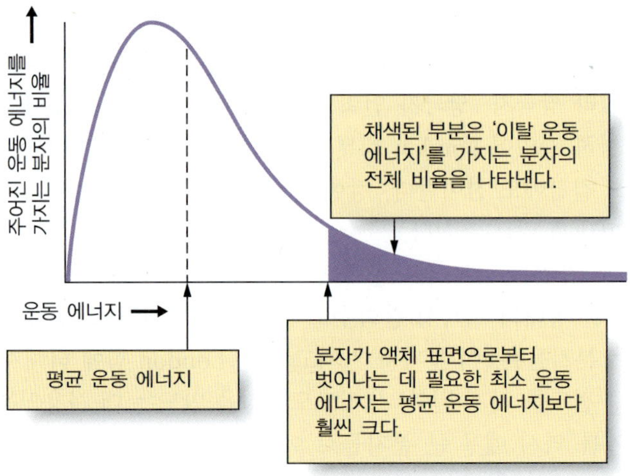

그림 11.17 증발에 의한 액체의 냉각 분자가 액체의 표면으로부터 벗어나는 데 필요한 최소 운동 에너지는 평균 운동 에너지보다 훨씬 더 크다. 분자가 이탈하게 되면 남아 있는 분자들의 평균 운동 에너지가 감소하게 되므로 온도가 내려간다.

으로부터 벗어나는 데 필요한 최소 운동 에너지가 평균 운동 에너지보다 훨씬 더 크다는 것을 보여 주는데, 이는 증발하는 분자는 남아 있는 분자보다 더 많은 양의 운동 에너지를 가지고 증발한다는 것을 의미한다. 결과적으로 남아 있는 분자들의 평균 운동 에너지는 감소한다(이는 한 학급에서 키 큰 사람을 모두 없애는 것과 유사하다고 생각할 수도 있다. 그러면 남아 있는 사람들의 평균 신장은 작아질 것이다). 절대 온도는 평균 운동 에너지에 비례하므로 온도는 더 낮아진다. 다시 말해서 증발은 남아 있는 액체를 냉각시키는 효과를 유발한다. 분자간 인력이 약할수록 분자가 탈출하는 데 필요한 최소 운동 에너지는 더 낮아지고, 따라서 냉각 효과가 더욱 빠르게 진행된다.

해설 온도와 분자간 힘이 증발 속도에 미치는 영향을 이해하기 위해서는 같은 크기의 표면적으로부터의 증발 속도를 비교해야 한다. 따라서 '증발 속도'는 '단위 표면적당 증발 속도'를 의미한다.

증발 속도 이 장의 뒷부분에서 우리는 액체의 **증발 속도**에 대하여 관심을 가지게 될 것이다. 증발 속도를 조절하는 인자에는 여러 가지가 있다. 여러 인자 중 하나인 액체의 표면적에 대해서는 이미 알고 있다. 증발은 액체의 내부가 아니라 표면에서 일어나므로, 표면적이 증가하면 더 많은 분자가 달아날 수 있어 액체가 더 빨리 증발한다. 일정한 표면적을 갖는 액체의 증발 속도는 추가적으로 온도와 분자간 인력의 세기에 영향을 받는다. 이들 인자에 대하여 개별적으로 알아보기로 하자.

도구
증발 속도에 영향을 미치는 인자들: 온도와 분자간 힘

온도가 올라가면 증발 속도 또한 빨라진다. 여러분은 이미 뜨거운 물이 찬물보다 더 빠르게 증발한다는 것을 알고 있을 것이다. 근본적인 이유는 서로 다른 온도에서의 운동 에너지 분포를 나타낸 **그림 11.18**에서 찾을 수 있다. 그래프에서 다음의 두 가지 중요한 특징을 주목하라. 첫째로 두 온도에서 분자가 이탈하는 데 필요한 최소 운동 에너지는 같다는 것이다. 이 최소

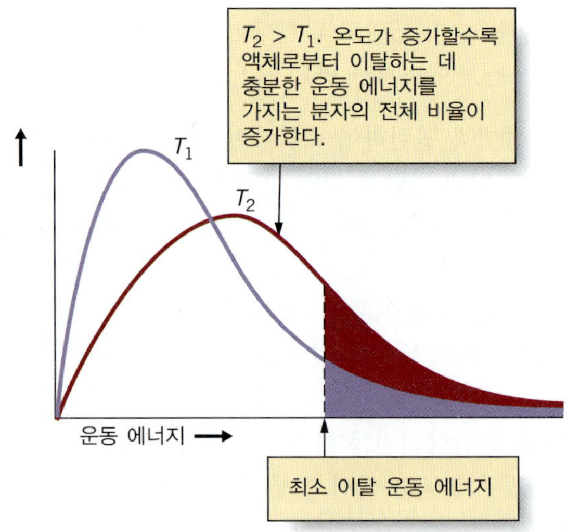

그림 11.18 액체의 증발 속도에 대한 온도의 영향 고온에서는 이탈하기에 충분한 운동 에너지를 갖는 분자의 전체 비율이 높아지므로 증발 속도가 커진다.

에너지는 분자 사이의 인력의 종류에 의해서 결정되고 온도와는 무관하다. 두 번째로 곡선에서 최소 운동 에너지 이상의 운동 에너지를 가지는 분자들의 비율을 나타내는 채색된 면적이다. 높은 온도에서 채색된 비율이 더 크며, 이것은 높은 온도에서 더 높은 비율의 액체가 증발할 수 있는 능력을 갖는다는 것을 의미한다. 증발할 수 있는 최소 에너지를 가지는 분자가 많을수록 단위 시간당 더 많은 분자가 증발할 것을 충분히 예측할 수 있다. 따라서 더 높은 온도에서 주어진 액체의 증발 속도는 더 크다.

증발 속도에 대한 분자간 인력의 영향은 같은 온도에서 서로 **다른** 액체 *A*와 *B*의 운동 에너지 분포를 나타낸 **그림 11.19**를 통해서 알 수 있다. 액체 *A*는 London 힘이 작용하는 인력이 약한 액체이다. 그림에서 보는 것과 같이 *A* 분자들이 액체 상태에서 서로 끌리는 인력이 작기 때문에 *A* 분자가 이탈하는 데 필요한 최소 운동 에너지는 비교적 작다. 액체 *B*는 분자간 인력이 훨씬 더 강한 액체이다. 수소 결합을 하는 분자를 예로 들 수 있다. *B* 분자들은 액체의 표면에서 서로 간에 더 단단히 붙들리기 때문에, 증발하기 위해서는 *A*보다 높은 운동 에너지를 가져야 한다. 그림에서 볼 수 있는 것처럼 증발하기에 충분한 에너지를 가지고 있는 분자의 전체 비율은 *B*에서보다 *A*에서 더 크며, 이것은 *A*가 *B*보다 더 빨리 증발한다는 것을 의미한다. 따라서 일반적으로 **분자 사이의 인력이 약할수록 주어진 온도에서 증발 속도는 그만큼 더 빨라진다.** 이미 이러한 현상을 본 적이 있을 것이다. 예를 들면 실온에서, 약한 쌍극자–쌍극자 힘과 London 힘을 갖는 아세톤[$(CH_3)_2CO$]은 분자들이 훨씬 더 강한 수소 결합 효과를 받는 물보다 훨씬 더 빨리 증발한다.

인력과 상변화 앞에서 우리는 기체의 경우 분자간 인력이 거의 없다고 가정하였다. 반면에 액체와 고체에서는 모두 상당히 강한 분자간 인력이 작용한다. 액체가 기체로 변화할 때 액체 상태에서 존재하는 분자간 인력을 극복하기 위한 에너지가 필요하다. 마찬가지로 물질이 승화를 통해서 또는 녹음과 끓음의 단계적 변화를 통해서 고체 상태에서 기체 상태로 바뀔 때 필요한 에너지도 고체 상태에서 작용하고 있는 분자간 인력을 극복하기 위한 것이다. 물질이 녹는 과정에서 필요한 에너지는 전체 분자간 인력 가운데 일부만을 극복하기 위한 것이다. 따라서 작용하고 있는 분자간 힘 대부분에 대한 극복이 필요한 액체의 증발 또는 고체의 승화 과정만을 이용해서 분자간 힘의 세기를 가늠할 수 있다.

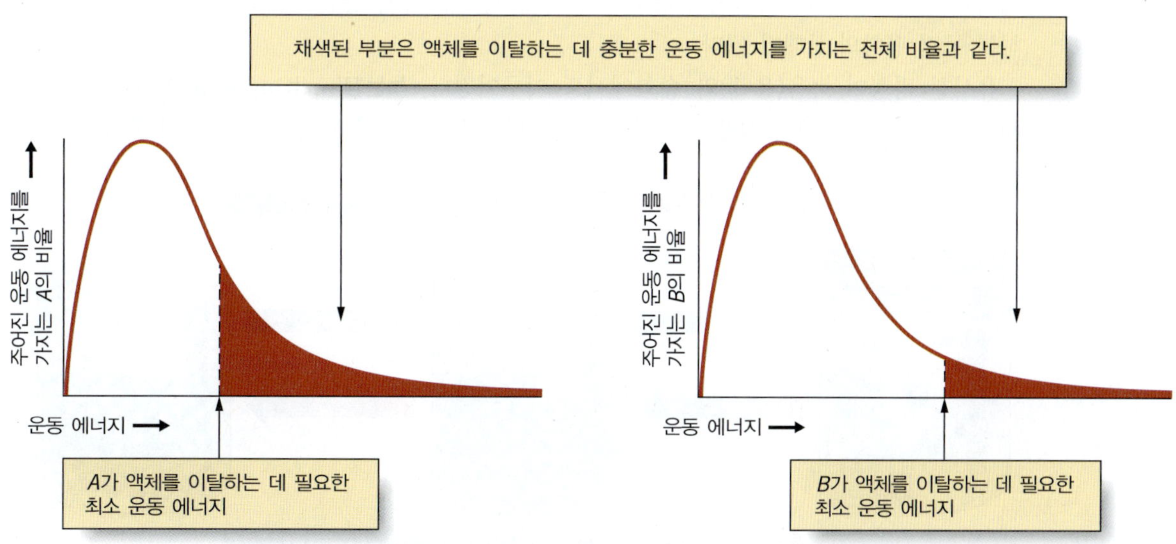

그림 11.19 서로 다른 두 액체의 운동 에너지 분포 액체 *A*와 *B*의 온도는 같다. *A*에서의 분자간 인력이 *B*에서보다 작기 때문에, *A* 분자가 이탈하는 데 필요한 최소 운동 에너지가 *B*보다 작다. 따라서 *A*가 *B*보다 빨리 증발한다.

실전 문제 11.4

매우 건조한 지역에 사는 사람들은 증발열을 이용하여 집의 온도를 낮출 수 있다. 그러나 기후가 습한 지방에서는 이러한 방법이 덜 효과적인 이유를 분자 운동론을 이용하여 설명하시오(**힌트**: 6.2절의 열전달에 대한 설명을 참고하시오).

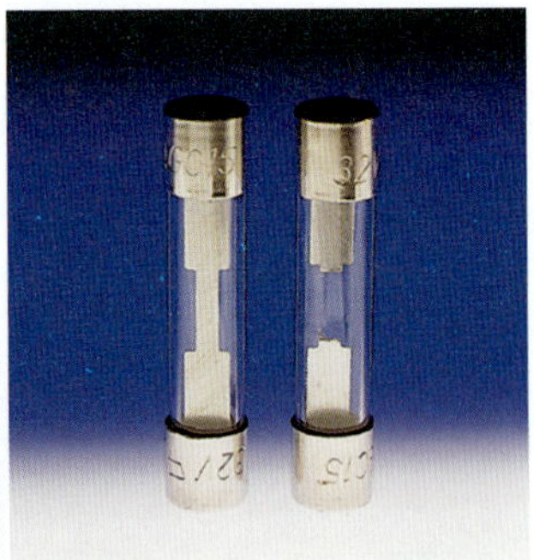

Michael Watson

융해는 녹음을 의미한다. 전류가 흐를 때 퓨즈의 얇은 금속띠의 온도가 올라간다. 과도한 전류가 흐르면 이 퓨즈가 녹아 끊어져 전자 제품의 회로를 보호한다. 사진의 왼쪽에는 새 퓨즈이고, 오른쪽에는 과도한 전류가 흐를 때 제 역할을 하여 끊어진 퓨즈이다.

해설 기체와 액체 사이의 평형은 밀폐된 용기 내에서만 가능하다. 용기가 밀폐되어 있지 않으면 기체 분자들은 용기 밖으로 나가고 액체는 결국 모두 다 기화하게 된다.

11.3 상태 변화와 동적 평형

상태 변화(**change of state**)는 물질이 한 물리적 상태에서 다른 물리적 상태로 전환될 때 일어난다(**그림 11.20**). 액체가 기체로 되는 **증발**과 고체가 기체로 되는 **승화**가 그 예가 된다. 다른 예로 얼음과 같은 고체가 녹는 **융해**(**fusion**)와 물과 같은 액체의 **응고**(**crystallization**) 또는 얼음(freezing)을 들 수 있다. 끝으로 기체는 **석출**(**deposition**) 과정을 거쳐 고체가 되고 **응축**(**condensation**) 과정을 거쳐 액체가 된다.

상태 변화와 관련한 중요한 특징 중의 하나는 어떤 특정 온도에서 항상 **동적 평형**(dynamic equilibrium) 조건을 만족하려는 경향이 있다는 것이다. 4.4절에서 화학 평형계를 예로 들어 동적 평형의 개념을 소개하였다. 동일한 일반적 원리를 액체와 증기 사이와 같은 물리적 평형에도 적용할 수 있다. 이러한 평형에 대하여 알아보도록 하자.

어떤 액체를 밀폐된 빈 용기 안에 넣으면, 곧 증발이 시작되어 물질의 분자들이 액체 위의 빈 공간을 채운다(**그림 11.21(a)**). 기체를 이루는 분자들이 액체 위의 공간에서 움직일 때 이들은 다른 분자나 용기의 벽면 혹은 액체의 표면과 충돌한다. 액체 표면에 충돌하는 분자는 자신의 운동 에너지를 액체에 전달할 수 있다. 이렇게 운동 에너지를 전달한 분자는 다시 기체로 돌아갈 수 없고, 응축되어 액체 분자가 된다.

용기에 액체를 넣은 초기에는 증발 속도는 크지만, 증기 분자의 수가 적으므로 응축 속도는 매우 작다. 증기 분자의 수가 늘어남에 따라 응축 속도가 증가한다. 이 과정은 증발 속도와 응축 속도가 같아질 때까지 계속된다(그림 11.21(b)). 어느 정도 시간이 지나면 증기로 변하는 개수와 증기에서 다시 액체가 되는 개수가 같아지고, 그 순간부터는 증기 분자의 수는 일정하게 유지될 것이다. 이 지점에서 증발과 응축이라는 두 가지 상반된 효과가 같은 속도로 발생하는 동적 평형의 상태가 된다.

유사한 평형이 녹음(융해)와 승화에서도 이루어진다. **녹는점**(**melting point**)이라는 온도에서 열을 가할 때 고체는 액체로 변하기 시작한다. 이 온도에서 고체 내의 분자와 액체 내의 분

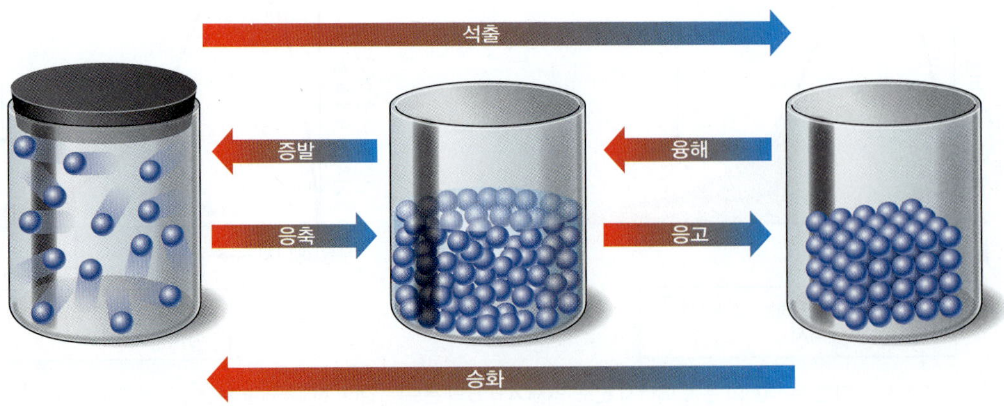

그림 11.20 기체, 고체, 액체 사이에서의 상변화

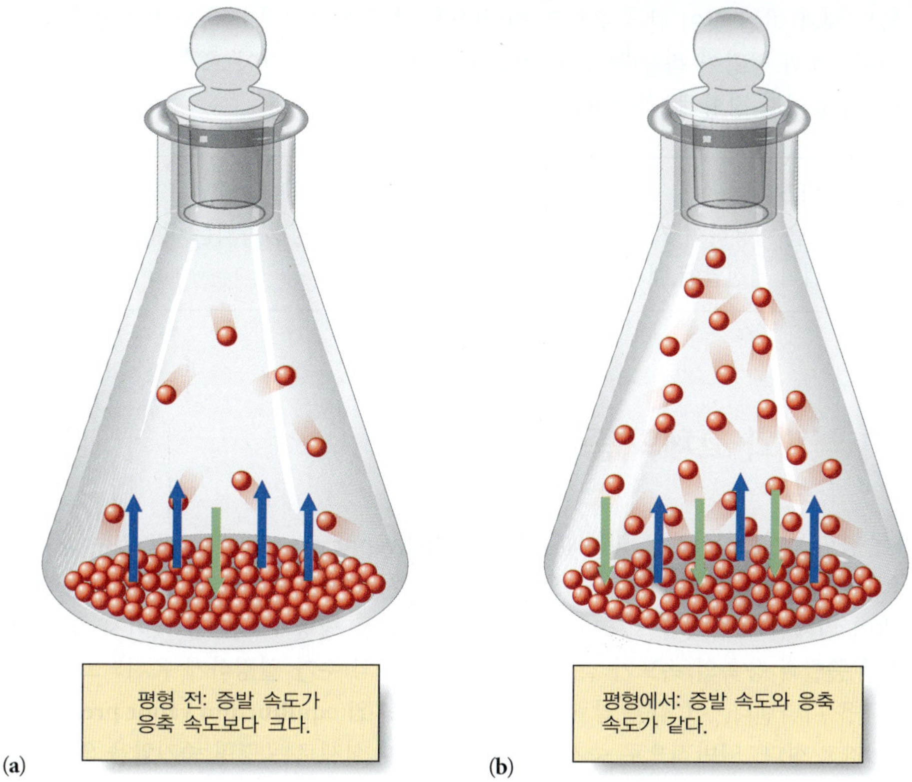

그림 11.21 밀폐된 용기에서 액체의 증발 (a) 액체가 용기내 공간으로 증발하기 시작한다. 증발 속도(진한 파란색으로 표시한 화살표)가 응축 속도(연한 녹색으로 표시한 화살표)보다 크다. (b) 증발 속도와 응축 속도가 같을 때 동적 평형에 도달한다. 주어진 시간 동안 증기가 되는 분자수와 액체가 되는 분자수가 같아서 기체 분자수의 알짜 변화는 없다.

자 사이에 동적 평형이 존재한다. 분자가 액체를 벗어나 고체가 되는 것과 같은 속도로 고체를 벗어나 액체가 된다(**그림 11.22(a)**). 고체-액체 평형 혼합물에 열을 가하거나 제거하지 않는

그림 11.22 고체-액체 평형과 고체-증기 평형 (a) 열이 가해지거나 제거되지 않는다면 녹는 것(붉은색 화살표)과 어는 것(검은색 화살표)이 같은 속도로 발생하고 고체 입자의 수는 일정하게 유지된다. (b) 증기 분자가 석출(검은색 화살표)되는 것과 같은 속도로 고체 분자가 승화(붉은색 화살표)될 때 평형이 형성된다.

다면, 녹는 것과 어는 것이 같은 속도로 일어난다. 승화에 있어서도 액체가 밀폐된 용기 속으로 증발하는 것과 상황이 똑같다(그림 11.22(b)). 어느 정도 시간이 흐른 후에는 승화 속도와 석출 속도가 같아져 평형에 도달한다.

실전 문제 11.5

분자 운동론을 이용하여 기체 상태 분자들이 액체와 충돌하면 응축되는 이유를 설명하시오(**힌트**: 6.2절의 열전달에 대한 설명을 참고하시오).

11.4 액체와 고체의 증기압

액체가 증발할 때 증기 상태로 되는 분자들은 **증기압(vapor pressure)**이라고 하는 압력을 나타낸다. 액체가 그 위에 있는 증기 공간으로 증발하기 시작하는 순간부터 증기압이 존재하게 된다. 증발이 밀폐된 용기에서 일어난다면, 증기압은 결국 평형에 도달될 때까지 증가한다. 그러나 일단 증발과 응축의 속도가 같게 되면 증기 분자의 수가 일정하게 유지되고, 증기는 일정한 압력을 나타낸다. 이 최종 압력을 **액체의 평형 증기압(equilibrium vapor pressure of the liquid)**이라고 한다. 일반적으로 증기압이라고 부를 때 실제로는 평형 증기압을 의미한다.

해설 주어진 온도에서 높은 증기압을 갖는 액체는 휘발성이 있다고 말한다.

평형 증기압을 결정하는 인자

그림 11.23은 몇 가지 액체의 온도에 대한 증기압을 보여 주는 그래프이다. 그림은 온도와 화학적 조성은 증기압에 영향을 주는 주요 인자임을 나타내고 있다. 주어진 화합물의 증기압이 온도에 영향을 받는 이유는 증기압은 전적으로 **액체 표면의 단위 면적당 증발 속도**에 의해 결정되기 때문이다. 증발 속도가 크면 평형에서 증기 상태에 있는 분자의 농도도 크다. 이는 증발 속도가 클 때 증기압이 상대적으로 크다는 의미를 나타내는 또 다른 표현이다. 주어진 액체에 대하여 온도가 증가함에 따라 증발 속도가 증가하고 증기압도 커진다.

서로 다른 두 액체를 비교하면, 분자간 힘이 더 약한 것이 증발하는 속도가 더 빠르고 증기압도 높을 것이다. 이와 같은 관계에 근거하여 그림 11.23에 제시된 4가지 액체를 비교하면, 분자간 힘은 에터, 물, 아세트산, 프로필렌 글라이콜 순으로 증가하는 것을 알 수 있다. 일반적으로 증기압은 액체를 이루는 분자들 사이의 인력의 상대적인 세기를 나타내 주는 척도라고 말할 수 있다.

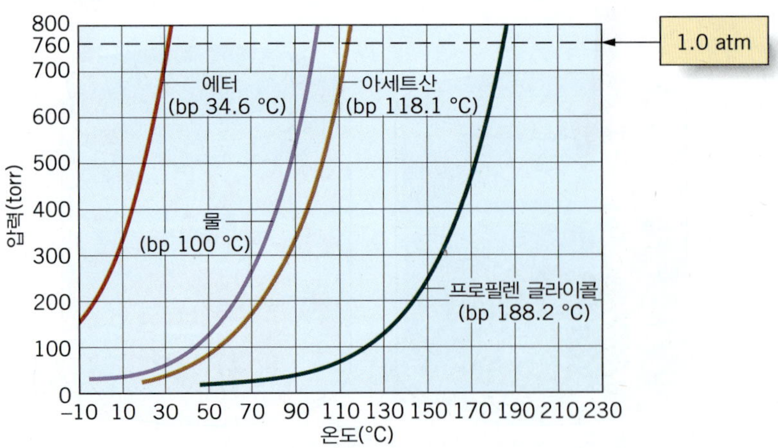

그림 11.23 몇 가지 일반적인 액체의 온도에 따른 증기압의 변화

요약하면 증기압에 영향을 미치는 인자는 다음과 같은 두 가지이다. 첫 번째는 온도로, 주어진 화합물에서 온도가 증가할수록 증기압도 증가한다. 두 번째는 분자간 인력으로, 서로 다른 두 가지 액체 중 분자간 인력이 약한 액체의 증기압이 높다.

도구
증기압에 영향을 미치는 인자

평형 증기압에 영향을 미치지 않는 인자

증기압에 관한 중요한 사실은 평형 상태에 도달했을 때 약간의 액체가 남아 있는 한, 증기압의 크기는 액체의 전체 표면적이나 용기에 담긴 액체의 부피 혹은 액체가 담긴 용기의 부피와 무관하다는 점이다. 그 이유는 이 요인들은 단위 표면적당 증발 속도에 영향을 미치지 않기 때문이다.

전체 표면적이 증가하면 전체 증발 속도도 증가하지만, 응축에 이용될 수 있는 면적도 커져 분자들이 액체로 되돌아가는 속도도 증가한다. 증발 속도와 응축 속도는 모두 동등하게 영향을 받으며, 평형 증기압은 변하지 않는다. 증발은 표면으로부터 일어나기 때문에 용기에 액체를 더 가하여도 평형에 어느 쪽으로도 영향을 줄 수 없다. 많은 양의 액체 속에 더 많은 분자가 있다고 해서 표면에서 진행되고 일련의 과정을 변화시키지 않는다.

증기압이 기체 공간의 크기에 의존하지 않는 이유를 이해하기 위하여 **그림 11.24(a)**와 같이, 움직일 수 있는 피스톤을 갖춘 실린더 안에서 기체와 평형을 이루고 있는 액체를 생각해 보자. 피스톤을 끌어당기면(그림 11.24(b)) 증기 공간의 부피가 증가한다. 증기가 팽창하면서 압력은 순간적으로 감소한다. 증기 분자는 더 큰 공간으로 퍼져서 액체 표면과 충돌하는 빈도수가 줄어들기 때문에 응축 속도 역시 감소한다. 그러나 증발 속도는 변하지 않았으므로, 물질은 응축 속도보다 증발 속도가 더 빠르게 되어 더 이상 평형이 아닌 상태가 된다(그림 11.24(b)). 이 상태에서는 응축 속도가 다시 증발 속도와 같아질 수 있도록 더 많은 액체가 증기로 바뀌는 알짜 변화가 우세할 것이다(그림 11.24(c)). 그 결과 증기압이 원래 값으로 되돌아가게 될 것이다. 따라서 액체 위의 공간이 팽창되면 더 많은 액체가 증기로 변하게 되지만 평형 증기압의 변화는 없다. 비슷한 이유로 액체 위의 증기 공간을 감소시키는 변화도 증기압에 영향을 주지 않으리란 것을 예측할 수 있다.

실전 문제 11.6

그림 11.24와 같은 기구에서 기체 상태의 분자 수를 증가시키려면 피스톤을 어느 방향으로 움직여야 하는가? (**힌트**: 피스톤을 움직인 후 다시 평형이 되면 어떤 일이 일어나는지 고려하시오.)

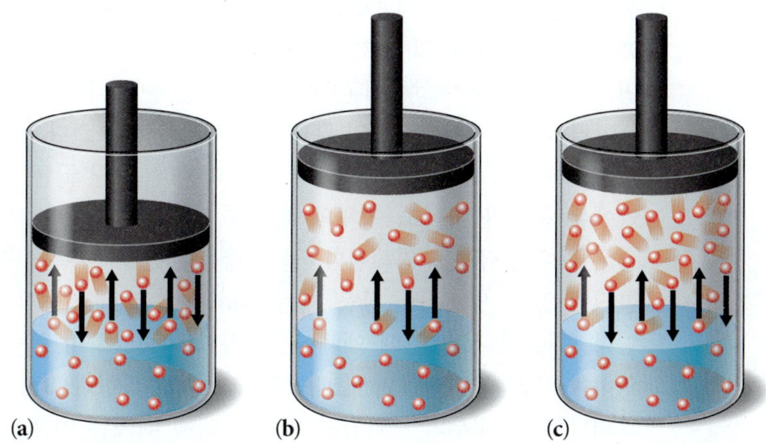

그림 11.24 액체의 증기압에 대한 부피 변화의 영향 (a) 액체와 증기 사이에 평형이 존재한다. (b) 부피가 증가하면 평형이 깨지고 압력이 낮아진다. 응축 속도는 증발 속도보다 작아진다. (c) 더 많은 액체가 증발된 후 평형이 다시 이루어진다. 응축 속도와 증발 속도가 다시 같아지고 증기압은 처음의 값으로 되돌아온다.

> **실전 문제 11.7**
> 그림 11.24와 같은 피스톤-실린더 기구에서 기체와 평형을 이루고 있는 액체를 생각해 보자. 피스톤을 아래로 밀고 잠시 후에 다시 평형에 도달하였다. 액체와 기체에 각각 존재하는 **전체 분자의 수**는 어떻게 변하겠는가?

고체의 증기압

해설 NaCl과 같이 인력이 너무나 강한 고체는 실온에서 입자가 탈출하기에 충분한 운동 에너지를 갖고 있지 않으므로 증발이 거의 일어나지 않는다. 실온에서 이들 고체의 증기압은 거의 0에 가깝다.

고체도 액체와 같이 증기압을 갖는다. 결정 속에서 이웃한 입자들은 서로 부딪히며 끊임없이 움직인다. 주어진 온도에서 운동 에너지는 넓게 분포하기 때문에, 이웃 분자로부터 떨어져 나가기에 충분한 운동 에너지를 가지고 있는 일부 분자는 표면에서 탈출하여 증기 상태가 된다. 증기 속에 있는 입자들이 결정과 충돌할 때는 다시 포착될 수가 있으므로 석출 또한 일어날 수 있다. 어느 정도 시간이 흐르면 입자들의 승화 속도가 석출 속도와 같아지는 동적 평형이 이루어진다. 고체와 평형에 있는 증기의 압력을 **고체의 평형 증기압**(**equilibrium vapor pressure of the solid**)이라고 한다. 액체에서와 마찬가지로 이 평형 증기압을 보통은 간단히 증기압이라고 한다. 액체의 증기압과 마찬가지로 고체의 증기압도 입자들 사이의 인력의 세기와 온도에 의해서 결정된다.

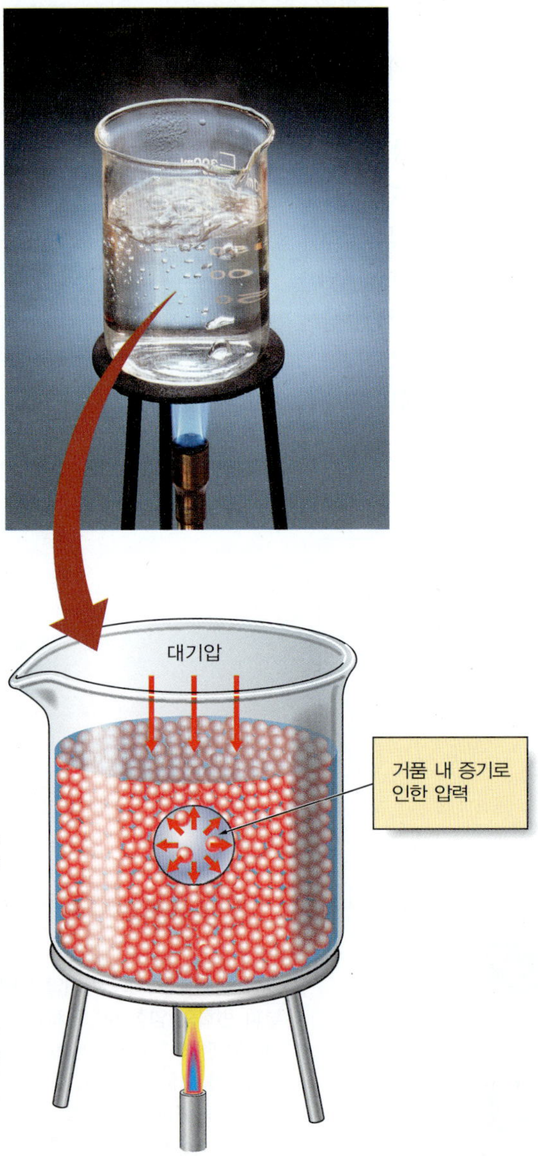

그림 11.25 끓는점에서의 액체 끓는 액체 속에 있는 기포 내부에서의 증기압은 반대되는 대기압에 대항하여 액체를 밀어낸다. 액체의 증기압이 최소한 대기압과 같아져야만 기포가 생성될 수 있다.

11.5 액체의 끓는점

주전자의 물이 끓고 있는지를 어떻게 확인할 수 있는가? 답은 물론 **기포**이다. 액체가 끓을 때는 언제나 큰 기포들이 용기 내부 표면의 여러 곳에서 형성되어 위로 상승한다. 용액의 온도는 가열하는 불꽃을 어떻게 조정하는지와 관계없이 일정하게 유지되는 것을 확인할 수 있을 것이다. 더 뜨거운 불꽃으로 가열하면 기포가 더 빠르게 만들어지지만, 온도가 상승하지는 않는다. 순수한 액체는 항상 끓는 동안에는 일정한 온도를 유지하며, 이 온도를 액체의 **끓는점**(boiling point)이라고 한다.

물의 끓는점은 LA나 New York과 같이 거의 해수면에 위치한 곳에서 측정하면 약 100°C이나, 해수면보다 약 1600m 정도 더 높은 곳에 위치한 Colorado 주의 Denver와 같은 산악 지대에서는 끓는점이 약 95°C이다. Denver의 대기압은 해수면에서보다 더 낮은 것을 고려하면, 끓는점이 대기압에 의존한다는 것을 알 수 있다.

이러한 관찰들은 몇 가지 흥미로운 의문을 일으킨다. 왜 액체는 끓는가? 그리고 왜 끓는점이 대기압에 의존하는가? 끓는 액체의 기포 안에는 공기가 아니고 **액체의 증기**를 포함하고 있다는 사실을 알면 질문에 대한 답은 분명해진다. 물이 끓을 때는 기포 속에 수증기가 포함되어 있고, 알코올이 끓을 때는 기포 속에 알코올 증기가 포함되어 있다. 기포가 성장할 때 액체가 그 속으로 증발하며, 증기의 압력에 의하여 액체가 밀려나면서 기포의 크기가 증가한다(**그림 11.25** 참조). 그러나 기포 내부의 증기압과 반대로 액체 위에는 기포에 압력을 가해 기포를 없애려고 하는 대기압이 있다. 기포가 존재하고 성장할 수 있는 유일한 방법은, 기포 안에서의 증기압이 대기가 나타내는 압력과 같아지는(혹은 약간 초과하는) 것이다. 바꾸어 말하면 액체의 온도가 액체의 증기압이 대기압과 같아질 때까지 상승하지 않으면 기포는 생성될 수 없다. 따라서 과학적 관점에서 **끓는점(boiling point)**은 액체의 증기압이 대기압과 같아지는 온도로 정의된다.

해설 세계에서 가장 높은 봉우리인 에베레스트산 정상에서 물은 69℃에서 끓는다.

이제 물이 New York에서보다 Denver에서 더 낮은 온도에서 끓는 이유를 쉽게 이해할 수 있다. 물은 증기압이 주변의 대기압과 같아질 때 끓는다. 덴버에서 대기압은 1atm보다 낮기 때문에, 그곳에서 물을 끓이기 위해 증기압이 해수면의 대기압인 1atm과 같아지게 하는 높은 온도(100℃)까지 가열할 필요가 없다. 고도가 높은 곳에서는 더 낮은 온도에서 물이 끓기 때문에 요리를 하는 데 더 많은 시간이 걸린다. 다른 극단적인 방법으로 끓는 물 위의 압력을 상승시켜 끓는점을 상승시키는 장치인 압력솥을 이용하여 요리 시간을 단축할 수 있다.

서로 다른 액체들의 끓는점을 비교하는 실험은 일정한 압력에서 수행하여야 한다. 화학자들이 선택한 압력은 표준 압력인 1atm이다. 1atm에서 액체의 끓는점을 액체의 **정상 끓는점(normal boiling point)**[2]이라고 한다(일반적으로 압력에 대한 언급 없이 보고된 끓는점은 정상 끓는점이라고 간주한다). 그림 11.23에서 증기압 곡선이 1atm의 기압을 나타내는 선과 교차하는 온도를 이용하여 에터, 물, 아세트산, 프로필렌 글라이콜의 정상 끓는점을 구할 수 있다.

도구
끓는점과 분자간 힘

끓는점과 분자간 인력

앞에서 끓는점은 액체의 분자간 인력의 세기에 의존하는 특성이라는 것을 배웠다. 인력이 강한 액체는 주어진 온도에서 증기압이 낮으므로, 액체의 증기압을 대기압까지 상승시키려면 높은 온도로 가열해야 한다. 따라서 높은 끓는점은 강한 분자간 인력에서 기인한다. 정상 끓는점 자료는 여러 액체에 대한 상대적인 분자간 인력을 비교하는 데 흔히 이용된다(예제 11.1에서 이미 사용한 경험이 있다).

몇몇 이성분 수소 화합물에 대하여 주기 번호와 끓는점의 관계를 나타낸 **그림 11.26**을 살펴보면 끓는점에 대한 분자간 인력의 영향을 정성적으로 판단할 수 있다. 4A족 원소의 수소 화합물(CH_4에서 GeH_4까지)은 주기 번호가 증가할수록 끓는점이 점차적으로 상승한다는 것을 주목하라. 이 화합물들은 사면체의 비극성 분자들이다. 주기 번호가 증가할수록 분자가 더 커지고 전자 구름이 더 쉽게 편극될 수 있기 때문에 London 힘의 세기를 증가시켜, 끓는점은 CH_4에서 GeH_4로 갈수록 조금씩 상승한다.

다른 비금속의 수소 화합물들도 3주기에서 5주기를 거쳐 비슷한 경향성을 발견할 수 있다. 따라서 5A족의 3가지 화합물(PH_3, AsH_3, SbH_3)도 London 힘의 세기가 증가함에 따라 끓는점이 점차적으로 증가한다. 6A족의 3가지 화합물(H_2S, H_2Se, H_2Te)과 7A족의 3가지 화합물(HCl, HBr, HI)도 비슷한 경향성을 나타낸다. 그러나 중요한 것은 이들 각 계열에서 2주기 구성원(NH_3, H_2O, HF)은 다른 3주기에서 5주기의 화합물로부터 예측되는 것

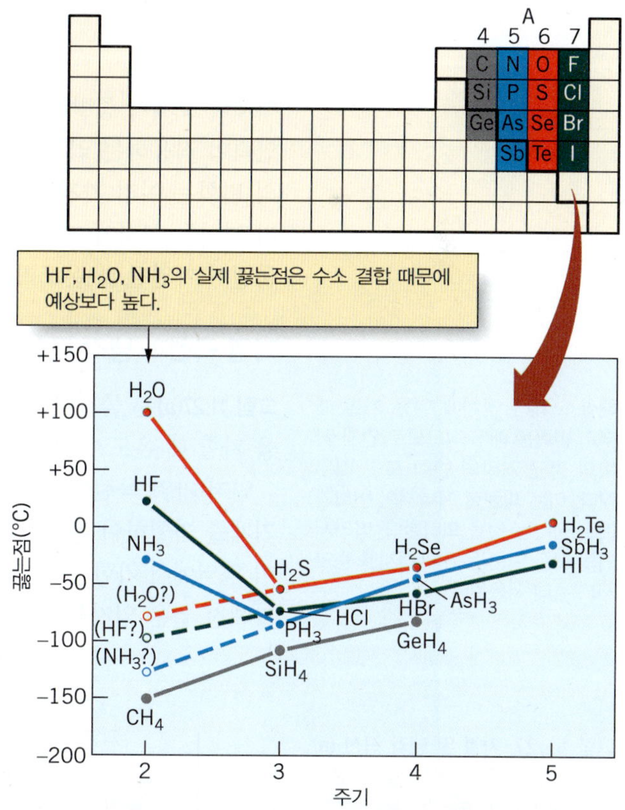

그림 11.26 끓는점에 대한 분자간 인력의 영향 주기율표의 4A, 5A, 6A, 및 7A족 원소의 수소 화합물의 끓는점

[2]**표준 끓는점**은 1bar에서 끓는점이다. 표준 끓는점과 정상 끓는점의 차이는 매우 정확한 측정을 요구하는 실험이 아니면 무시할 수 있다.

보다 훨씬 더 높은 끓는점을 가지고 있다는 것이다. 그 이유는 이 화합물 각각에 쌍극자–쌍극자 힘보다 훨씬 더 강한 수소 결합이 포함되어 있기 때문이다.

수소 결합에 의한 가장 흥미롭고 경이로운 결과는 25℃ 근처의 상온에서 물이 기체가 아니라 액체로 존재한다는 것이다. 수소 결합이 없었다면 물은 끓는점이 −80℃ 근처였을 것이고, 이렇게 낮은 온도 이하가 아니면 액체로 존재하지 못할 것이다. 또한 이와 같은 낮은 온도에서는 우리가 아는 어떤 생명체도 발생되지 않았을 것이다.

실전 문제 11.8

해수면 아래 대략 1300피트에 위치한 사해에서의 기압은 대략 830 torr이다. 물의 끓는점은 100℃에서 얼마나 올라가는가? (**힌트**: 그림 11.23으로부터 추정하시오.)

(**a**) 20℃ 이하 (**b**) 20℃에서 40℃ (**c**) 40℃에서 60℃ (**d**) 60℃ 이상

실전 문제 11.9

Alaska의 Denali 국립 공원에 있는 해발 3.85마일 높이 Denali 산 정상의 대기 압력은 약 330 torr이다. 그림 11.23을 이용하여 이 산의 정상에서 물의 끓는점을 추정하시오.

11.6 에너지와 상태 변화

액체나 고체가 증발하거나 고체가 녹을 때, 물질을 구성하는 입자들 사이의 거리는 증가한다. 인력이 작용하는 입자들을 강제로 떼어 내면 계의 퍼텐셜 에너지는 증가한다. 이러한 에너지의 변화는 여러 가지 방식으로 일상생활에 영향을 준다. 특히 물의 상태 변화와 관련된 에너지 변화는 심지어 지구의 기후에까지 영향을 미친다. 이러한 에너지 변화를 연구하기 위하여, 물질이 가열될 때 온도가 어떻게 변하는가를 조사해 보도록 하자.

가열 곡선과 냉각 곡선

그림 11.27(a)는 물질이 고체 상태로 시작해서 기체 상태가 될 때까지 물질에 **일정한 속도**로 열을 가할 때 온도가 변하는 모습을 보여주는 **가열 곡선(heating curve)**이다.

먼저 가열 곡선에서 기울기가 위로 상승하는 부분을 살펴보자. 이 영역은 고체나 액체 혹은 기체를 가열하여 온도가 상승하는 영역이다. 온도는 입자의 평균 운동 에너지와 관련되므로, 이 영역에서 가한 열은 입자의 평균 운동 에너지를 증가시키는 데에 사용된다. 바꾸어 말하면 가해진 열은 입자들이 더 빨리 움직이게 하고 더 큰 힘으로 충돌하도록 한다. 상승하는 부분

해설 고체나 액체에 열을 가할 때 부피 변화는 매우 작으므로 입자 사이의 평균 거리의 변화 또한 매우 작다. 이는 퍼텐셜 에너지의 변화가 매우 작다는 것을 의미한다. 따라서 거의 모든 열은 운동 에너지를 증가시키는 데 사용된다.

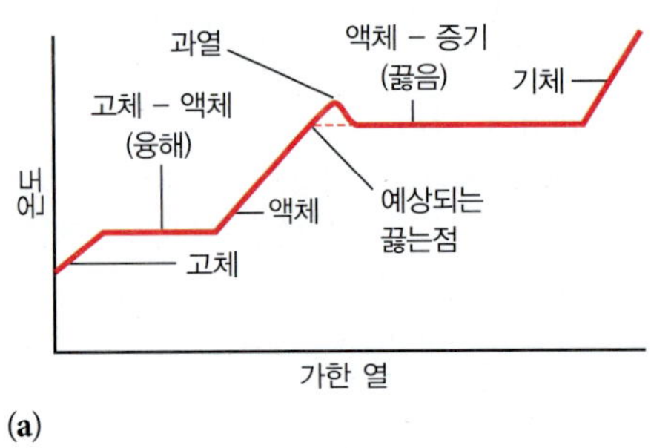

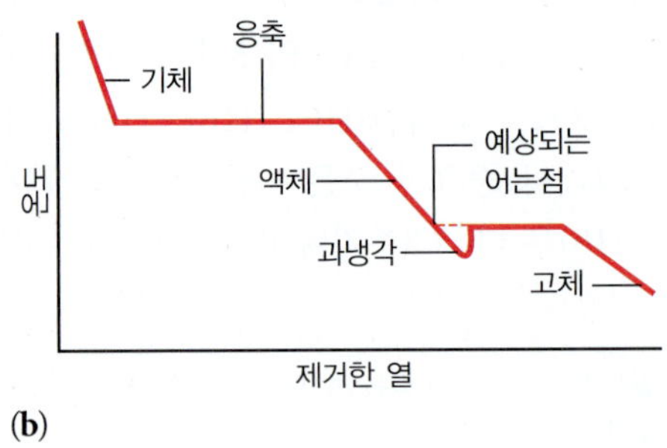

그림 11.27 가열 및 냉각 곡선 (a) 물질에 일정한 속도로 열을 가했을 때의 가열 곡선. 끓는점 이상까지 가열되면 과열이 나타난다. (b) 물질로부터 일정한 속도로 열을 제거할 때의 냉각 곡선. 액체의 온도가 어는점 아래로 내려가면 과냉각 상태가 되지만, 일단 작은 결정이 형성되면 온도가 어는점으로 상승한다.

의 기울기는 줄(J)당 섭씨온도(°C)의 단위를 갖는다. 이것은 열용량과 반대되는 단위로 기울기가 클수록 열용량은 작다는 것을 의미한다. 기체는 액체와 고체보다 열용량이 작으므로 기체 상태에서의 기울기가 가장 크다.

가열 곡선에서 온도가 일정하게 유지되는 부분에서는 입자의 평균 운동 에너지가 변하지 않는다. 이것은 가해진 모든 열이 입자의 **퍼텐셜 에너지**(potential energy)를 증가시키는 데 사용된다는 것을 의미한다. 녹는 동안에는 고체에서 단단하게 붙들려 있는 입자들이 어느 정도 유동성을 가지고 움직일 수 있는 액체 상태로 약간 분리되기 시작한다. 입자들의 분리로 증가된 퍼텐셜 에너지는 녹는 과정 동안에 주입한 열량과 같다. 끓는 동안에는 분자 사이의 거리가 훨씬 더 크게 증가한다. 이 과정에서 분자들은 액체에서의 비교적 밀집된 쌓임으로부터 기체에서의 넓은 분포를 보이는 상태로 변하기 때문에 훨씬 더 큰 퍼텐셜 에너지의 증가가 요구된다. 이것이 액체가 끓는 부분에서의 평평한 영역이 고체가 녹는 영역보다 더 긴 이유이다.

가열 곡선의 반대는 **냉각 곡선**(**cooling curve**)이다(그림 11.27(b) 참조). 냉각 곡선은 기체로부터 시작하여 고체에 도달할 때까지 일정한 속도로 열을 제거하면서 얻는다.

과열과 과냉각 그림 11.27을 다시 보면 각 곡선에서 하나씩 두 가지 독특한 특징을 볼 수 있다. 가열 곡선에서 액체에서 기체로 전이되는 지점에 작은 '급변동'이 있다. 액체가 고체로 냉각될 때도 유사한 특징이 나타난다. 이 '급변동'은 과열과 과냉각 현상을 나타낸다. **과열**(**superheating**)은 액체가 끓지 않고 끓는점 이상으로 가열되었을 때 발생한다. 과열 상태가 깨지면 과열 액체는 증기와 액체로 분출된다. 음료를 전자레인지에서 가열하면 이런 효과를 확인할 수 있다. 액체를 냉각시킬 때 응고가 되지 않고 어는점 이하로 온도를 감소시키는 것이 가능한데 이를 과냉각 상태라고 한다. 이 경우에도 액체의 과냉각 상태가 깨지면 매우 빠른 결정화가 일어난다.

도구
상변화에 수반되는 엔탈피 변화

몰융해열, 몰증발열, 몰승화열

상변화는 일정한 온도와 압력에서 일어나기 때문에 물질의 녹음 및 증발과 관련된 퍼텐셜 에너지 변화는 엔탈피 변화로 표현될 수 있다. 일반적으로 엔탈피 변화는 '1 mol'을 기초로 해서 표현되고, 관련된 변화의 종류를 나타내는 특별한 이름을 사용하여 구분한다. 예로서 '녹음' 대신 융해라는 단어를 사용해 **몰융해열**(**molar heat of fusion**, $\Delta H_{융해}$)은 고체 1 mol이 일정한 온도와 압력에서 녹아 액체가 될 때 흡수된 열이다. 유사하게 **몰증발열**(**molar heat of vaporization**, $\Delta H_{증발}$)은 액체 1 mol이 일정한 온도와 압력에서 증기 1 mol로 변화될 때 흡수된 열이다. 마지막으로 **몰승화열**(**molar heat of sublimation**, $\Delta H_{승화}$)은 1 mol의 고체가 역시 일정한 온도와 압력에서 승화되어 1 mol의 증기가 될 때 흡수된 열이다. 융해나 증발 혹은 승화와 관련된 상변화는 퍼텐셜 에너지가 증가하는 알짜 변화가 수반되기 때문에 흡열 반응이므로 ΔH는 모두 양의 값이다. 어떤 물질의 특정한 양을 녹이는 데 필요한 열을 계산하려면 다음과 같이 물질의 몰수와 몰융해열을 곱해서 얻을 수 있다.

해설 이들은 융해, 증발, 승화 엔탈피라고도 불린다.

해설
$\Delta H_{융해} = -\Delta H_{응고}$
$\Delta H_{증발} = -\Delta H_{응축}$
$\Delta H_{승화} = -\Delta H_{석출}$

$$q = n \times \Delta H_{융해} \quad \textbf{(11.1)}$$

도구
융해열

여기서 q는 필요한 열이고 n은 몰수이다. 이 식은 승화나 증발 과정에 필요한 열을 결정할 때도 사용된다. 그 경우에 $\Delta H_{융해}$ 대신에 $\Delta H_{승화}$나 $\Delta H_{증발}$이 사용된다.

일상생활에서 이러한 에너지 변화에 따른 영향의 사례를 많이 볼 수 있다. 예를 들어 얼음이 녹을 때 열(융해열)을 흡수하기 때문에 음료수를 차갑게 하려고 얼음을 첨가한다. 우리 몸은 땀을 증발시킬 때 필요한 증발열을 이용하여 체온을 유지한다. 여름에 아이스크림을 운반하는 트럭은 드라이아이스(CO_2)가 승화할 때 주변의 열을 흡수하는 원리를 이용하여 아이스크림을 차게 유지한다. 가장 중요한 사례 중의 하나는 지구의 기상 현상이 태양 에너지를 바람과 폭풍우의 에너지로 전환하는 역할을 하는 물의 증발열에 의해 주도된다는 것이다. 바다에서 발생하는 허리케인 같은 큰 폭풍우가 지속되려면, 열대지역 수자원의 급속한 증발에 의해 생성되는 것과 같은 따뜻하고 습한 공기가 계속 공급되어야 한다. 높은 구름대에서의 지속적인 응축에 의하여 비가 내리고 또한 폭풍우에 동반되는 강풍에 필요한 에너지가 공급된다.

해설 분자간 인력이 강할수록 그 분자들을 떼어놓을 때 퍼텐셜 에너지가 더 많이 증가하므로, 엔탈피 변화 ΔH 값도 더 커진다.

액체에서 결정으로의 응고와 기체에서 액체로의 응축 및 기체의 고체로의 석출은 각각 융해와 증발 및 승화 과정의 역이라 할 수 있다. 그러므로 응고열은 융해열과 같지만 수학적 부호는 반대이다. 유사하게 응축열과 석출열은 각각 그들의 상응하는 것과 반대 부호를 갖는다.

액체가 고체로 되거나 혹은 기체가 고체나 액체가 될 때 방출되는 열을 실용적으로 이용할 수 있다. 예를 들어 냉장고는 냉매 가스가 응축될 때 발생하는 열을 외부로 방출하고, 역과정에서 냉매가 증발할 때 냉장고 내부의 열을 흡수해서 내부를 냉각시키는 원리로 작동된다. 기상학자들은 대기의 '이슬점'을 사용하여 밤사이의 저온을 예측할 수 있다. 이슬점은 공기 중의 수분이 응축되기 시작하는 온도이다. 만약 밤 기온이 이슬점까지 감소하면, 수증기의 응축에 의해 방출된 열이 기온을 많이 떨어지지 않게 유지시켜 준다.

예제 11.2 상태 변화에 필요한 열량 계산하기

액체 소듐 금속은 핵반응기를 냉각시키는 열전달 물질로 사용된다. 소듐 66.0 g을 12.0°C에서 480.0°C로 가열하려면 열이 얼마나 필요한가? 소듐의 끓는점은 97.8°C이고 고체 소듐의 비열은 1.23 J/g°C이며 소듐의 몰융해열은 2.60 kJ/mol이다. 또한 액체 소듐의 비열은 1.38 J/g°C이다. 비열은 주어진 온도 범위에서 일정하다고 가정한다.

분석 다음 세 가지 과정에 대한 전체 열의 양을 계산해야 한다. (1) 고체를 녹는점까지 가열하는 과정, (2) 고체를 녹이는 과정, (3) 고체가 녹아서 된 액체를 가열하는 과정. 소듐의 양과 고체나 액체 상태에서 소듐의 비열 그리고 소듐의 융해열이 주어졌다.

도구 모음 질량이 m이고 비열이 s인 고체나 액체를 가열해서 온도가 Δt만큼 변했을 때 가한 열량(q)은 식 6.7인 $q = ms\Delta t$를 사용하여 구할 수 있다. n몰의 고체를 녹이는 과정에서 필요한 열은 식 11.1인 $q = n \times \Delta H_{융해}$를 사용하여 구한다. 이 식에서 $\Delta H_{융해}$는 소듐의 융해열이다.

풀이 먼저 12°C에서 시작해서 소듐의 녹는점인 97.8°C까지 가열하는 데 필요한 열량을 계산해 보자.

$$q_1 = ms\,\Delta t = 66.0\,\cancel{\text{g}} \times 1.23\ \text{J}\ \cancel{\text{g}^{-1}}\ \cancel{°\text{C}^{-1}} \times (97.8\ \cancel{°\text{C}} - 12.0\ \cancel{°\text{C}})$$
$$= 6965\ \text{J}$$

다음으로 97.8°C에서 소듐이 녹는 단계에서 필요한 열량은 식 11.1을 사용하여 계산한다.

$$q_2 = n \times \Delta H_{융해}$$

더 진행하기 전에 $\Delta H_{융해}$의 단위는 kJ/mol이고 고체 소듐을 가열하는 과정에서 사용한 에너지 단위는 J인 것을 주목할 필요가 있다. 단위를 통일시키기 위하여 kJ을 J 단위로 변환하자. 한편 g으로 주어진 소듐의 질량을 몰로 전환해야 한다.

$$n = 66.0\,\cancel{\text{g Na}} \times \frac{1\ \text{mol Na}}{22.99\,\cancel{\text{g Na}}} = 2.871\ \text{mol Na}$$
$$q_2 = n \times \Delta H_{융해} = 2.871\,\cancel{\text{mol Na}} \times \frac{2.60\,\cancel{\text{kJ}}}{1\,\cancel{\text{mol Na}}} \times \frac{1000\ \text{J}}{1\,\cancel{\text{kJ}}}$$
$$q_2 = 7465\ \text{J}$$

마지막 단계는 97.8°C에서 480.0°C까지 액체 소듐을 가열하는 과정이다. 따라서 첫 단계에서 사용한 식을 이용하여 흡수된 열을 계산해 보자.

$$q_3 = ms\,\Delta t = 66.0\,\text{g} \times 1.38\ \text{J g}^{-1}\,{}^\circ\text{C}^{-1} \times (480.0\,{}^\circ\text{C} - 97.8\,{}^\circ\text{C})$$
$$= 34{,}812\ \text{J}$$

계산된 세 가지 열을 모두 더하여 전체 열을 계산할 수 있다.

$$q_{\text{전체}} = q_1 + q_2 + q_3$$
$$q_{\text{전체}} = 6965\ \text{J} + 7465\ \text{J} + 34{,}812\ \text{J} = 49{,}242\ \text{J}$$

답이 합리적인가? 이 질문에는 계산이 많이 포함되어 있으므로, 대략적인 답을 추정하고 우리가 받아들일 수 있는 범위인지를 확인하는 것이 좋은 방법이다. 고체와 액체 소듐의 비열은 대략 1 J/g이고 질량은 대략 100 g이다. 온도의 변화량은 약 500°C이므로 열(q)은 약 (1 J/g°C)×(100 g)×(500°C)=50,000 J이 될 것이다. 소듐은 약 3 mol[66 g Na/(1 mol Na/23 g)]이고 $\Delta H_{\text{융해}}$는 약 2500 J/mol이다. 따라서 소듐을 녹이는 데 필요한 열은 (3 mol Na)×(2500 J/mol)=7500 J이다. 두 가지 열을 더한 57,500 J은 위에서 계산한 전체 열인 49,242 J과 비슷하므로 계산은 옳다고 할 수 있다(질량이나 최종 온도 및 융해열 등을 어림잡아서 대입한 것을 기억하라).

실전 문제 11.10

벤젠의 끓는점은 80.1°C이고, 비열용량은 액체상에서 1.8 J/g°C, 기체상에서 1.92 J/g°C이다. 벤젠의 $\Delta H_{\text{증발}}$은 30.77 kJ/mol이다. 벤젠 기체 48 g이 112.0°C에서 21.0°C로 냉각될 때 방출되는 열량은 얼마인가? (**힌트:** 벤젠은 기체에서 액체로 냉각되기 때문에, 이 문제를 풀기 위해서 3단계가 필요하다.)

실전 문제 11.11

같은 온도라고 하더라도 수증기는 물보다 심각한 화상을 초래할 수 있다. 수증기 18 g이 100.0°C에서 37°C(체온)로 냉각될 때 방출되는 열량을 계산하시오. 또한 물 18 g이 100°C에서 37°C(체온)로 냉각될 때 방출되는 열량을 함께 계산하시오. 물의 $\Delta H_{\text{증발}}$은 43.9 kJ mol^{-1}이고 비열은 4.184 J g^{-1}°C^{-1}이다.

에너지 변화와 분자간 인력

11.2절에서 설명한 것처럼 액체가 증발하거나 고체가 승화할 때 구성 입자는 입자 사이의 인력이 강한 액체 또는 고체 상태에서 입자 사이의 인력이 무시될 수 있을 정도로 약한 기체 상태로 변한다. 그러므로 $\Delta H_{\text{증발}}$과 $\Delta H_{\text{승화}}$는 분자들을 서로 분리하는 데 필요한 에너지와 직접적으로 연관되어 있다. 분자간 인력의 세기를 비교하기 위하여 $\Delta H_{\text{증발}}$이나 $\Delta H_{\text{승화}}$와 같은 값들을 확인해 볼 필요가 있다.

표 11.4에서 물과 암모니아의 증발열이 매우 크다는 것은 이들이 바로 수소 결합을 하는 물질이라는 관점에서 쉽게 이해할 수 있다. H_2O나 NH_3를 구성하는 원자와 크기가 비슷한 원자로 구성된 비극성 물질인 CH_4의 증발열은 매우 작고, 또한 HCl 및 SO_2와 같은 극성 물질들은 비극성 물질과 비교하여 증발열이 매우 크다는 것을 주목하라. 예를 들어 HCl

표 11.4 몇 가지 전형적인 증발열

물질	$\Delta H_{\text{증발}}$(kJ/mol)	인력의 형태
H_2O	+43.9	수소 결합과 London 힘
NH_3	+21.7	수소 결합과 London 힘
HCl	+15.6	쌍극자–쌍극자 인력과 London 힘
SO_2	+24.3	쌍극자–쌍극자 인력과 London 힘
F_2	+3.27	London 힘
Cl_2	+10.2	London 힘
Br_2	+15.0	London 힘
I_2	+20.9	London 힘
CH_4	+8.16	London 힘
C_2H_6	+14.7	London 힘
C_3H_8	+19.0	London 힘
C_6H_{14}	+31.9	London 힘

과 Cl_2를 비교해 보자. Cl_2가 상대적으로 큰 원자를 가지므로 HCl보다 큰 London 힘을 나타낼 것으로 예측되지만 $\Delta H_{증발}$은 HCl이 더 크다. 이는 극성 HCl 분자에는 비극성 Cl_2에는 없는 쌍극자-쌍극자 인력이 있기 때문이다.

증발열 또한 London 힘의 세기와 관련된 인자를 반영하는 요소 중 하나이다. 예를 들면 표 11.4에서 탄화수소의 분자간 인력에 대한 사슬 길이의 효과를 확인할 수 있다. CH_4에서 C_6H_{14}로 사슬 길이가 증가함에 따라 증발열도 증가하는데, 이는 London 힘의 세기가 증가하는 경향과 일치한다. 이와 유사하게 표 11.4에서 할로젠의 증발열은 구성 입자의 전자 구름이 커짐에 따라 London 힘의 세기가 증가하는 것을 보여 준다.

11.7 상도표

도구 상도표

물체가 어떤 온도와 압력 조건에서 액체나 고체 혹은 기체로 존재하는지 또는 두 상 사이에 평형 상태가 되는 온도와 압력은 무엇인지 등과 같은 정보는 매우 유용하다. 이와 같은 정보를 얻는 간단한 방법은 물질의 상(phase) 사이의 평형에 적용되는 압력-온도 관계를 나타낸 **상도표(phase diagram)**를 이용하는 것이다.

그림 11.28은 물의 상도표이다. 하나의 점에서 교차하는 3개의 선은 모두 상 사이의 평형을 나타낸다. 예를 들면 선 *BD*는 물의 증기압 곡선이다. 이 선은 물과 증기가 평형 상태로 공존할 수 있는 압력과 온도를 나타낸다. 선 *BD*에서 온도가 100°C일 때 증기압이 760 torr인데, 따라서 물은 1기압(760 torr)에서는 100°C에서 끓는다.

해설 상도표를 이용하여 어는점과 녹는점을 바로 확인할 수 있다.

고체-기체 평형선 *AB*와 액체-기체 평형선 *BD*는 점 *B*에서 교차한다. 이 점은 두 선에 모두 포함되는 점이므로, 점 *B*에서는 3가지 상이 모두 존재하는 평형 상태이다.

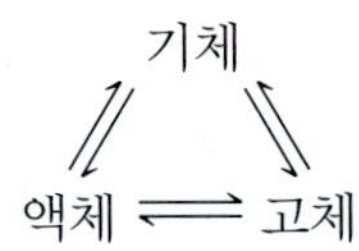

이와 같이 삼중 평형이 일어나는 온도와 압력을 그 물질의 **삼중점(triple point)**이라고 한다. 물의 삼중점은 0.01°C와 4.58 torr이다. 헬륨을 제외한 모든 화학 물질은 고체, 액체, 기체의 분자간 인력의 균형에 의하여 결정되는 고유한 삼중점이 있다. 물의 삼중점은 우리가 사용하는 국제적인 표준(SI)에서의 온도의 척도를 정의하는 데 사용된다.

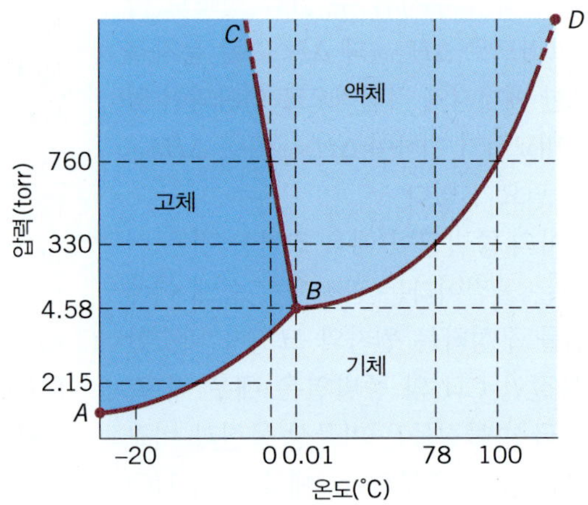

그림 11.28 물의 상도표 상도표의 몇 가지 특징을 잘 표현하기 위해서 가로축과 세로축의 값은 선형적으로 나타내지 않았다. 도표에서 점선에 해당하는 온도와 압력은 본문에서 공부할 것이다.

삼중점에서 위쪽으로 뻗는 선 *BC*는 **고체-액체 평형**과 관련된 선으로, 압력이 변화함에 따라서 녹는점 온도가 어떻게 변화하는지를 보여 준다. 이 선으로부터 고체와 액체가 평형을 이루고 있을 때의 여러 가지 온도와 압력 조건을 알 수 있다. 삼중점에서는 얼음이 온도 +0.01°C(압력은 4.58 torr)에서 녹지만, 압력이 760 torr가 되면 녹는점 온도는 조금 낮아져서 0°C가 된다. 이 도표를 통해서 얼음에 작용하는 **압력을 증가시키면 녹는점을 낮출 수 있다**는 것을 알 수 있다(**그림 11.29**).

이제 어떤 특정한 온도에서 고체-액체 평형선 *BC* 바로 밑의 압력 상태에 존재하는 얼음을 생각해 보자. 이 얼음에 대하여 일정한 온도에서 선 *BC* 바로 위의 점까지 압력을 상승시키면 얼음이 녹아서 액체가 될 것이다. 이러한 현상은 압력이 상승함에 따라서 녹는점이 더 낮아지게 되는 경우에만 일어날 수 있다.

물은 매우 특이한 현상을 보인다. **그림 11.30**의 CO_2의 상도표에서 보는 것과 같이 대부분의 물질은 압력이 증가하면 녹는점의 온도도 함께 증가한다. CO_2에 대한 고체-액체 평형선은 오른쪽으로 기울어져 있다(물에서는 왼쪽으로 기울어져 있다). 또한 이산화 탄소의 삼중점에서의 압력은 1기압보다 높다는 것을 주목하라. 대기압에서 존재하는 평형은 고체 이산화 탄소와 증기 사이의 평형뿐으로, 이때의 온도는 −78°C이다. 달리 말하면 대기압에서 드라이아이스는 −78°C에서 승화한다.

상도표의 해석

상평형을 보여주는 것 이외에도, 상도표에서 서로 교차하는 3개의 선으로 구분된 각각의 영역은 한 가지 상으로만 존재하는 온도와 압력을 보여준다. 예를 들면 그림 11.28에서 선 *BC*와 선 *BD* 사이의 영역은 물이 증기나 얼음이 아닌 액체로 존재하는 압력과 온도를 나타낸다. 760 torr에서 0°C와 100°C 사이에서는 물은 액체로 존재한다. 상도표에 의하면 압력이 760 torr일 때 25°C에서는 물은 (이미 알고 있는 바와 같이) 얼음 상태로 존재할 수 없다.

도표는 또한 온도가 25°C일 때 760 torr 압력에서 물은 수증기의 형태로 존재할 수 없다는 것도 말해 준다 (증기압이 760 torr에 도달하기 위해서는 온도가 100°C로 올라가야 한다는 것을 이미 알고 있다). 종합하면 압력이 760 torr일 때 물은 25°C에서는 액체이고 0°C 이하에서는 고체이며 100°C 이상이면 기체이다. 물의 상도표에서 서로 다른 상으로 존재하는 온도-압력 영역을 색으로 구분하였다.

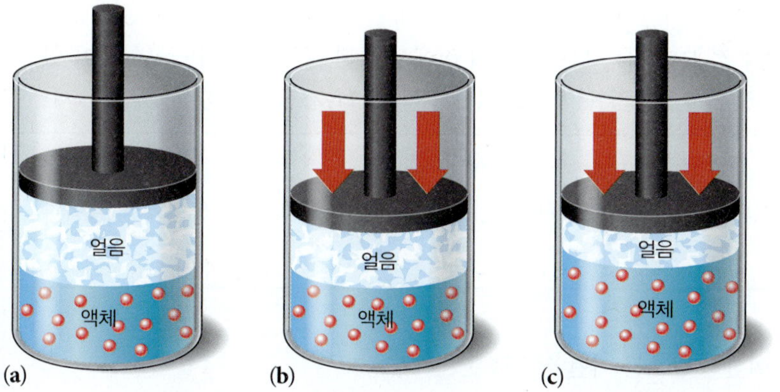

그림 11.29 H_2O(고체) H_2O(액체) 평형에 대한 압력의 효과 (a) 계는 액체 상태의 물과 고체 상태의 물 사이의 평형 상태이다. (b) 피스톤을 아래로 밀면 얼음과 물의 부피를 동시에 감소시켜 부피를 작게 하고 압력이 증가한다. (c) 일부 얼음이 녹으면 밀도가 큰 물이 생긴다. 얼음과 물의 전체 부피가 감소하면서, 압력이 떨어지게 되어 다시 평형 상태가 된다.

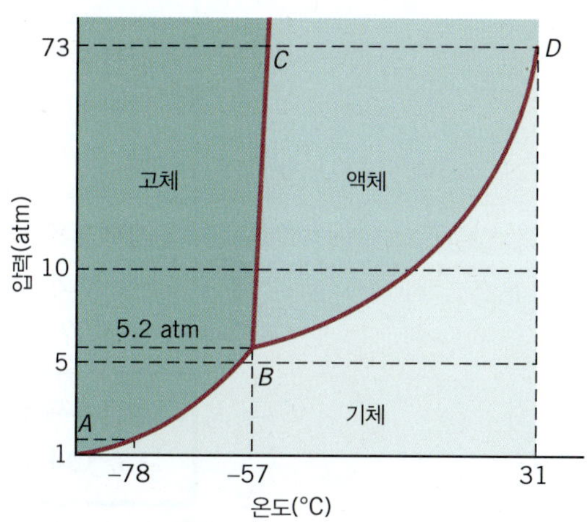

그림 11.30 이산화 탄소의 상도표 고체-액체 평형을 나타내는 선 *BC*가 오른쪽으로 기울어져 있고, 임계점(*D*)에서의 온도와 압력은 각각 31.1°C와 73 atm이다.

예제 11.3 상도표 해석하기

−60 °C와 8.40 torr에서 이산화 탄소는 어떤 상으로 존재하겠는가?

분석 특정 온도와 압력이 제시되고 '상(phase)'이라는 단어가 사용되었다는 것은 그림 11.30의 이산화 탄소의 상도표와 관련이 있다는 의미이다.

도구 모음 사용할 수 있는 도구는 이산화 탄소의 상도표이다.

풀이 먼저 상도표의 온도 축에서 −60 °C를 찾은 다음 8.40 torr까지 교차할 수 있도록 선을 위로 연장한다. 상도표에서 온도와 압력이 만나는 점은 '고체' 영역이다. 따라서 −60 °C와 8.40 torr에서 이산화 탄소는 고체 상태로 존재한다.

답이 합리적인가? 이산화 탄소의 상도표에서 삼중점인 −57 °C 이하와 5.2 torr 이상에서 이산화 탄소는 고체로 존재하는 것을 확인할 수 있으며, 이는 얻은 답과 일치한다.

예제 11.4 상도표 해석하기

0 °C의 물을 2.15 torr에서 800 torr까지 압축할 때 어떤 상변화가 일어나겠는가?

분석 "어떤 상변화가 일어나는가"라는 물음은 물의 상도표(그림 11.28)를 이용해야 하는 것을 암시한다.

도구 모음 사용할 수 있는 도구는 물의 상도표이다.

풀이 상도표에 의하면 0 °C와 2.15 torr에서 물은 기체(수증기)로 존재한다. 증기가 압축되면 0 °C에서 수직선을 따라 고체−기체 평형선과 만날 때까지 압력이 상승한다. 이때 기체가 고체인 얼음으로 점차 변하는 평형 상태가 될 것이다. 모든 증기가 얼음으로 바뀐 후, 얼음을 압축하면 760 torr에서 고체−액체 선을 만날 때까지 압력이 계속 상승한다. 모든 얼음이 액체 물로 바뀐 후, 압력이 800 torr가 될 때까지 물이 액체 상태로 존재한다. 800 torr와 0 °C에서 물의 최종 상태는 액체이다. 상변화는 기체가 고체로 변한 다음 고체가 액체로 변하는 순서로 진행된다.

답이 합리적인가? 상도표를 보지 않고서 이 현상을 확인할 방법이 많지 않다. 다만 760 torr 이상의 압력에서는 물의 어는점이 0 °C 이하일 것이라고 예상되므로 800 torr의 압력에서는 물이 액체 상태로 존재할 것이라고 추측할 수 있다.

실전 문제 11.12

그림 11.28에서 점 *B*와 점 *D*를 잇는 평형선은 이 장에 수록된 다른 그림에도 포함되어 있다. 이 선이 의미하는 것은 무엇인지 설명하시오(**힌트**: 그림 11.23을 검토하시오).

실전 문제 11.13

−20 °C와 330 torr에서의 물을 일정한 압력에서 12 °C까지 가열하면 어떤 상변화가 일어나겠는가?

실전 문제 11.14

−57 °C와 5 torr에서 이산화 탄소는 어떤 상으로 존재하겠는가?

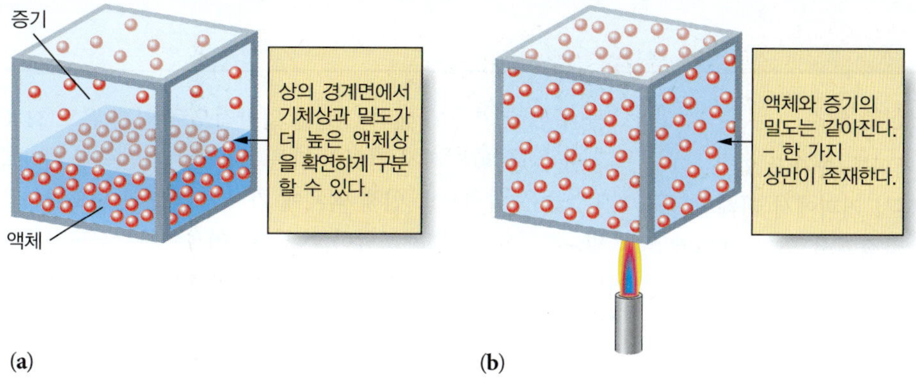

그림 11.31 밀폐된 용기에서 액체가 가열될 때 관찰되는 변화 (a) 임계 온도 이하, (b) 임계 온도 이상

초임계 유체

그림 11.30의 이산화 탄소 상도표에서 액체와 기체의 평형선은 점 *B*에서 시작하여 **임계점(critical point)**이라고 알려진 점 *D*에서 끝난다. 점 *D*에서의 온도와 압력을 각각 **임계 온도(critical temperature, T_c)**와 **임계 압력(critical pressure, P_c)**이라고 하는데, 이산화 탄소의 경우 임계 온도는 31°C이고 임계 압력은 73 atm이다. 임계 온도 이상에서는 **압력과 관계없이** 특별히 구분되는 액체상이 존재할 수 없다.

그림 11.31을 이용하여 물질이 임계점에 도달하면 어떤 일이 일어나는지 확인해 보자. 그림 11.31(a)에서 용기 안에 액체와 그 위에 약간의 증기가 함께 있는 것을 볼 수 있다. 두 상의 밀도가 서로 다르면 빛을 굴절시키는 정도가 다르므로, 밀도가 큰 액체와 밀도가 작은 증기 사이의 경계에 따라 두 상이 존재하는 것을 관찰할 수 있다. 액체가 가열되면 두 가지 현상이 나타난다. 첫 번째는 액체가 더 많이 증발하여 단위 부피당 증기 분자의 수가 증가하고, 따라서 증기의 밀도가 증가하는 것이다. 두 번째는 액체가 팽창하기 때문에, 주어진 질량에 대해 부피가 증가하여 액체 밀도가 감소한다는 것이다. 액체와 증기의 온도가 계속 상승함에 따라, 증기의 밀도는 올라가고 액체의 밀도는 떨어지게 되어 결국에는 서로 근접하게 된다. 결국 밀도가 동일해지면 액체상과 기체상은 더 이상 분리된 상태로 존재하지 않게 된다(그림 11.31(b)). 액체 상태가 존재할 수 있는 가장 높은 온도를 임계 온도라 하고, 이 온도에서의 기체의 압력을 임계 압력이라고 한다. 임계 온도 이상에서 존재하는 액체와 비슷한 밀도를 가지는 물질을 **초임계 유체(supercritical fluid)**라고 한다. 초임계 유체는 특별한 성질이 있는 유용한 용매이며, 특히 카페인이 제거된 커피를 제조하는 데 쓰이는 CO_2 초임계 유체는 좋은 사례 중의 하나이다.

물질마다 임계 온도와 임계 압력은 고유한 값을 가지며, 또한 분자간 인력에 영향을 받는다(**표 11.5** 참조). 물과 같이 분자간 인력이 강한 액체는 높은 임계 온도를 가지는 경향이 있다. 주어진 압력하에서 분자 사이의 인력이 강하면 온도가 상승함에 따라 분자들이 격렬하게 흔들릴 때도 액체 상태에서 분자들이 서로를 붙잡고 있을 수 있다. 그러나 메테인이나 헬륨과 같이 분자간 인력이 약한 물질들은 임계 온도가 낮다. 이러한 물질의 경우에는 낮은 온도에서의 작은 운동 에너지만으로도 분자간 인력을 극복하기에 충분하고, 고압하에서 분자들이 서로 가까이 위치하고 있음에도 불구하고 액체 분자들이 서로 달라붙는 현상을 막을 수 있다.

표 11.5 몇 가지 화합물의 임계 온도와 임계 압력

화합물	T_c(°C)	P_c(atm)
물	374.1	217.7
암모니아	132.5	112.5
이산화 탄소	31.1	72.9
에테인(C_2H_6)	32.2	48.2
메테인(CH_4)	−82.1	45.8
헬륨	−267.8	2.3

기체의 액화

기체 상태의 물질은 임계 온도 이하에서 압축에 의해 액화될 수 있다. 예를 들면 이산화 탄소

강의실 밖의 화학 11.1

카페인이 제거된 커피와 초임계 이산화 탄소

많은 사람이 카페인을 꺼리면서도 커피를 즐기고 있다. 그런 사람들의 요구를 충족시키기 위해서 커피에서 카페인을 제거한 디카페인 커피가 있다. 이 과정에서 염화 메틸렌(CH_2Cl_2)이나 아세트산 에틸($CH_3CO_2C_2H_5$) 등의 용매를 사용하여 카페인을 녹이는 방법이 사용된다. 그러나 카페인을 제거한 커피에 남은 아주 미량의 용매 때문에 문제가 된다. 이런 이유로 CO_2를 사용하는 방법이 사용되기 시작하였다.

Andy Washnik

초임계 CO_2는 카페인을 비롯한 여러 가지 유기물질에 아주 좋은 용매로 쓰인다. 초임계 유체로 만들기 위해 기체 상태의 CO_2를 일반적으로 임계 온도(31 °C)보다 높은 80 °C까지 가열한 다음 200기압의 압력을 가해 준다. 높은 압력으로 인해 액체에 가까울 정도의 밀도가 되지만, 기체의 성질도 포함하고 있다. 이 유체는 점도가 아주 낮아서 증기로 부드럽게 만든 커피콩 내부로 빠르게 침투할 수 있어서 수분과 카페인을 추출할 수 있다. 몇 시간 후에 97%의 카페인이 제거되면, 물과 카페인을 포함한 유체를 분리한다. CO_2 유체의 압력이 감소하게 되면 CO_2는 기체가 되고, 물과 카페인은 자연적으로 분리된다. 분리된 카페인을 회수해서 음료나 약을 제조하는 회사에 매도하기도 한다. 남아 있던 CO_2를 제거하기 위해 압력을 낮추고 온도를 120 °C로 올려주게 되면 CO_2는 날아간다.

초임계 CO_2는 카페인이 제거된 커피를 제조하는 경우만이 아니라, 허브나 향신료에서 다양한 용도로 쓰이는 향 성분을 추출하는 데도 쓰인다. 커피를 추출할 때 사용되는 초임계 CO_2는 독성이 없기 때문에 다른 용매가 미량 잔류할 때 예상되는 독성 문제에를 피할 수 있는 장점이 있다.

해설 기온이 90 °F에 이르는 매우 더운 날 CO_2 소화기가 액체로 채워져 있는 것을 느낄 수 없다. 이 온도에서 이산화 탄소(CO_2)는 초임계 상태로, 분리된 액체상은 존재하지 않는다.

는 임계 온도인 31 °C보다 낮은 실온(약 25 °C)에서 기체이다. $CO_2(g)$가 점차 압축되면 압력은 결국 CO_2에 대한 액체-증기 곡선에 도달하게 되고, 더 나아가서 CO_2는 액화될 것이다. 실제로 소화기에 채워져 있는 CO_2에서 이러한 현상을 관찰할 수 있다. 소화기에 채워져 있는 고압 상태의 CO_2는 액체 상태이다. 소화기의 온도가 31 °C(88 °F) 이하일 때, CO_2로 채워진 소화기를 흔들면 소화기 내부 액체의 출렁거림을 느낄 수 있다. 소화기를 사용하기 위하여 손잡이를 움켜쥐면 가압된 CO_2가 분사되어 불을 끈다.

임계 온도가 0 °C 이하인 산소(O_2)나 질소(N_2)와 같은 기체는 실온에서는 절대 액체가 될 수 없다. 이 기체를 압축하면 단순히 고압가스가 될 뿐이다. 액체 산소(O_2) 또는 질소(N_2)를 만들기 위해서는 고압으로 압축하는 것은 물론 온도를 매우 낮춰야 한다. 액체 질소(끓는점 −196 °C, 즉 77 K)는 종종 실험실에서 온도를 낮추는 용도로 사용된다. 액체 산소(끓는점 −183 °C, 즉 90 K)는 산화제로 사용되며, 병원에서 $O_2(g)$ 공급원으로도 사용된다.

11.8 Le Châtelier 원리와 상태 변화

이 장을 통하여 우리는 여러 가지 동적 평형을 공부했다. 한 가지 예로 밀폐된 용기에서 액체와 증기 사이에 존재하는 평형을 생각해 보자. 이 계에서 액체의 온도가 상승하면 증기압이 증가한다고 배웠다. 이러한 현상이 왜 발생하는지를 간단히 복습해 보자.

처음에 액체는 일정 압력을 나타내는 증기와 평형 상태에 있다. 온도가 상승하면 증발이 응축보다 빠르게 일어나기 때문에 평형은 더 이상 존재하지 못한다. 결국에는 증기 분자의 수(농도)가 증가하고 계에는 증기는 늘어나고 액체는 줄어든 새로운 평형에 도달한다. 증기의 농도가 더 증가하면 압력이 더 커진다.

온도의 변화에 대한 액체의 평형 증기압의 변화는 일반적인 현상의 한 예이다. 동적 평형이 어떤 교란 작용에 의해서 깨어질 때마다, 계는 가능한 한 다시 평형으로 돌아가려는 방향으로 변화한다. 또한 평형으로 복귀하는 과정에서 계에 알짜 변화가 나타나는 것을 이해하는 것이 중요하다. 즉 액체의 온도가 올라가면 액체가 증기로 변하는 알짜 변화와 함께 계는 평형으로 돌아간다. 새로운 평형에 도달했을 때, 액체의 양과 증기의 양은 이전과 다르다.

이 책의 나머지 부분에서 많은 종류의 화학적 혹은 물리적 평형을 다루게 될 것이다. 평형 상태의 계에 가해진 어떤 교란 작용의 효과들을 알고 싶을 때마다 매번 자세한 분석을 수행하는 일은 시간이 오래 걸리고 때로는 매우 어려울 수도 있다. 다행히 어떤 작용의 효과를 예측하는 비교적 간단하고 빠른 방법이 있다. 이 방법은 프랑스의 화학자 Henry Le Châtelier(1850~1936)에 의해서 1888년에 제안된 Le Châtelier 원리에 기초를 두고 있다.

도구
Le Châtelier 원리

Le Châtelier 원리

계의 동적 평형이 어떤 교란 작용에 의해서 깨어질 때, 계는 그 교란 작용을 없애고 가능한 평형을 회복하려는 방향으로 대응한다.

온도가 상승하는 액체-증기 평형 상태에 Le Châtelier 원리를 어떻게 적용할 수 있는지 살펴보자. 물론 열을 가하지 않고는 온도를 높일 수 없다. 따라서 온도가 상승할 때, 실제로 일어나는 교란 작용은 열을 가하는 것이다. 액체-증기 평형을 나타내는 식에 '열'을 다음과 같이 추가한다.

$$\text{열} + \text{액체} \rightleftharpoons \text{증기} \tag{11.2}$$

이중 화살표 ⇌는 화학 반응식에서 동적 평형을 나타낸다는 것을 기억하라. 이는 같은 속도로 일어나는 반대 변화를 의미한다. 증발은 흡열 반응이기 때문에 액체가 증기로 변화될 때는 열이 액체에 흡수되고, 증기가 액체로 응축될 때는 열이 방출된다는 것을 나타내기 위하여 열을 식 11.2의 왼쪽에 위치시켰다.

Le Châtelier 원리에 의하면 평형 상태의 계의 온도를 높이기 위해서 열을 가하면 이 계는 가해진 열의 일부를 흡수하는 방향으로 변하려고 한다는 것을 알 수 있다. 액체가 증발하는 과정은 흡열 과정이기 때문에 액체의 일부가 증발할 때 열이 제거된다. 액체가 증발하면 증기의 양이 증가하고 압력은 상승한다. 따라서 액체를 가열하면 증기압이 높아져야 한다.

식 11.2와 같은 평형 식에서 이중 화살표의 양쪽에 있는 물질의 상대적인 양을 언급하기 위해서 **평형의 위치(position of equilibrium)**라는 용어를 사용한다. 따라서 Le Châtelier 원리를 논할 때 어떤 교란 작용이 평형의 위치에 어떠한 영향을 주는가를 생각하는 것이 좋다. 예를 들어 온도가 상승하면 증기의 양은 증가하고 액체의 양은 감소한다. 이때 **평형의 위치가 이동**했다고 말하는데, 이 경우에는 평형이 증기의 방향으로 이동했다고 하거나 오른쪽으로 이동했다고 한다. Le Châtelier 원리를 사용할 때 교란 작용을 평형식의 한 방향에서 다른 방향으로 '평형의 위치를 이동시키는 것'으로 생각하는 것이 편리하다.

실전 문제 11.15

Le Châtelier 원리를 사용하여 온도 상승이 고체의 증기압에 어떠한 영향을 주는가를 예측하시오. (**힌트**: 고체 + 열 ⇌ 증기)

실전 문제 11.16

다음에 주어진 각각의 물리적 과정이 각각 발열 반응인지, 흡열 반응인지 결정하시오. 이 과정들 가운데 물질의 종류에 따라서 발열 반응이 될 수도 혹은 흡열 반응이 될 수도 있는 과정이 있는가? 끓음, 녹음, 응축, 승화, 응고.

11.9 증발열의 결정

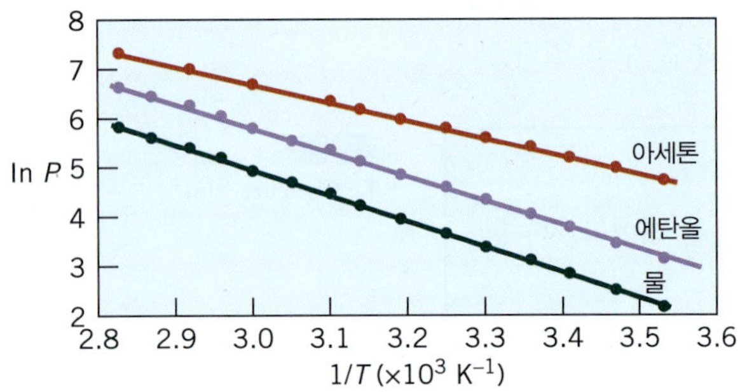

간단하게 나타내기 위하여 수평축의 숫자들은 $1/T$에 1000을 곱한 값으로 나타내었다.

그림 11.32 Clausius–Clapeyron 식의 도시 아세톤과 에탄올 그리고 물에 대한 ln P와 $1/T$의 관계를 보여 주는 그래프

11.4절에서 설명하고 **그림 11.32**에 나타낸 온도에 따른 증기압의 변화는 물질의 **증발열**에 의존한다. 그러나 이 관계를 나타내는 식은 단순한 비례식이 아닌 **자연로그**를 포함하고 있다. 자연로그는 더 잘 알려진 밑수를 10으로 하는 로그가 아니라 밑수를 e로 하는 로그이다(자연로그에 익숙하지 않다면 부록 A를 참조하라).

Clausius–Clapeyron 식

독일의 물리학자인 Rudolf Clausius(1822~1888)와 프랑스 공학자인 Benoit Clapeyron(1799~1864)은 열역학의 원리(18장에서 논의할 주제)를 사용하여 증기압과 증발열($\Delta H_{증발}$) 그리고 온도와 관련된 다음의 식을 유도하였다.

$$\ln P = \frac{-\Delta H_{증발}}{RT} + C \quad \textbf{(11.3)}$$

도구
Clausius–Clapeyron 식

$\ln P$는 증기압의 자연로그이고, R은 에너지 단위로 표시한 기체 상수($R = 8.314\,\mathrm{J\,mol^{-1}\,K^{-1}}$)이며 T는 절대 온도이고 C는 상수이다. 이 식을 **Clausius–Clapeyron 식(Clausius–Clapeyron equation)**이라고 한다.

Clausius–Clapeyron 식은 실험적으로 측정한 증기압–온도 자료에 대한 그래프를 이용하여 증발열을 결정하는 방법을 제공해 준다. 이를 알아보기 위하여 식 11.3을 다음과 같이 다시 써보자.

$$\ln P = \left(\frac{-\Delta H_{증발}}{R}\right)\frac{1}{T} + C$$

기울기가 m이고 y축에 대한 절편이 b인 직선의 일반식은 다음과 같이 주어진다.

$$y = mx + b$$

위의 두 식을 비교하면 다음과 같은 관계식을 얻을 수 있다.

$$y = \ln P \qquad x = \frac{1}{T} \qquad m = \left(\frac{-\Delta H_{증발}}{R}\right) \qquad b = C$$

이를 다시 나타내면 다음의 대응 관계를 얻을 수 있다.

$$\begin{array}{ccccccc} \ln P & = & \left(\frac{-\Delta H_{증발}}{R}\right) & \frac{1}{T} & + & C \\ \Updownarrow & & \Updownarrow & \Updownarrow & & \Updownarrow \\ y & = & m & x & + & b \end{array}$$

따라서 $1/T$에 대한 $\ln P$의 그래프는 그 기울기가 $-\Delta H_{증발}/R$인 직선이어야 한다. 물과 아세톤 그리고 에탄올에 대한 실험 자료를 도시한 그림 11.32에 이러한 직선 관계가 예시되어 있다. 그림 11.32의 그래프로부터 계산된 $-\Delta H_{증발}$ 값은 물 $43.9\,\text{kJ mol}^{-1}$, 아세톤 $32.0\,\text{kJ mol}^{-1}$, 에탄올 $40.5\,\text{kJ mol}^{-1}$이다.

서로 다른 온도에서의 두 증기압을 안다면, 식 11.3을 사용하여 $\Delta H_{증발}$을 계산할 수 있는 '두 점' 형태의 Clausius–Clapeyron 식을 다음과 같이 유도할 수 있다.

알려진 두 온도와 압력을 각각 P_1과 T_1 그리고 P_2와 T_2라고 하면 식 11.4와 11.5와 같은 두 개의 Clausius–Clapeyron 식을 쓸 수 있다.

$$\ln P_1 = \left(\frac{-\Delta H_{증발}}{R}\right)\frac{1}{T_1} + C \tag{11.4}$$

$$\ln P_2 = \left(\frac{-\Delta H_{증발}}{R}\right)\frac{1}{T_2} + C \tag{11.5}$$

다음과 같이 식 11.4에서 식 11.5를 뺀 후

$$\ln P_1 - \ln P_2 = \left(\frac{-\Delta H_{증발}}{R}\right)\frac{1}{T_1} + C - \left[\left(\frac{-\Delta H_{증발}}{R}\right)\frac{1}{T_2} + C\right]$$

다음과 같이 재정렬하고 상수를 소거한다.

$$\ln\frac{P_1}{P_2} = \left(\frac{-\Delta H_{증발}}{R}\right)\frac{1}{T_1} + \left(\frac{\Delta H_{증발}}{R}\right)\frac{1}{T_2} + C - C$$

$$\ln\frac{P_1}{P_2} = \left(\frac{\Delta H_{증발}}{R}\right)\frac{1}{T_2} - \left(\frac{\Delta H_{증발}}{R}\right)\frac{1}{T_1}$$

마지막으로 다음과 같이 사용하기 편리한 형태로 식을 재정렬한다.

$$\boxed{\ln\frac{P_1}{P_2} = \frac{\Delta H_{증발}}{R}\left(\frac{1}{T_2} - \frac{1}{T_1}\right)} \tag{11.6}$$

이 식은 온도 T_1에서 증기압 P_1과 함께 증발열의 값을 안다면, 식 11.4를 이용하여 어떤 온도 T_2에서의 증기압 P_2를 계산하는 데에도 사용될 수도 있다.

예제 11.5 온도와 증기압으로부터 증발열 계산하기

메탄올(CH_3OH)은 수소 결합과 쌍극자–쌍극자 인력 및 London 힘을 모두 가지고 있다. 64.6°C와 12.0°C에서 메탄올의 증기압은 각각 1.00 atm과 0.0992 atm이다. 메탄올의 증발열은 얼마인가?

분석 분석 주어진 두 개의 온도와 두 개의 증기압을 가지고 증발열을 얻어야 한다. 이 문제를 풀려면 Clausius–Clapeyron 식을 사용해야 한다.

도구 모음 증발열을 얻기 위해 사용해야 할 주요 도구는 다음 식이다.

$$\ln\frac{P_1}{P_2} = \frac{\Delta H_{증발}}{R}\left(\frac{1}{T_2} - \frac{1}{T_1}\right)$$

풀이 다음 자료가 주어져 있다.

$P_1 = 1.00\text{ atm}$ $\quad t_1 = 64.6\text{ °C}$

$P_2 = 0.0992\text{ atm}$ $\quad t_2 = 12.0\text{ °C}$

식을 풀기 위해 °C 온도를 켈빈(K) 단위로 전환해야 한다. 또한 계산을 진행하는 데 필요한 온도의 역수를 미리 구해 두도록 하자.

$$T_1 = 64.6\ °\text{C} + 273.15 = 337.8\ \text{K} \qquad \frac{1}{T_1} = 1/337.8\ \text{K} = 0.002960\ \text{K}^{-1}$$

$$T_2 = 12.0\ °\text{C} + 273.15 = 285.2\ \text{K} \qquad \frac{1}{T_2} = 1/285.2\ \text{K} = 0.003506\ \text{K}^{-1}$$

식에서 압력은 비의 형태로 주어졌으므로, 단위는 제거될 것이고 따라서 변환할 필요가 없다. 기체 상수 R은 $8.314\,\text{J}\,\text{mol}^{-1}\text{K}^{-1}$을 사용한다.

이제 Clausius–Clapeyron 식을 $\Delta H_{증발}$에 대한 식으로 재배열하기 위하여 Clausius–Clapeyron 식의 양변에 R을 곱한 후, $\left(\frac{1}{T_2} - \frac{1}{T_1}\right)$로 나누어 준다.

$$\Delta H_{증발} = \frac{R \times \ln \frac{P_1}{P_2}}{\left(\frac{1}{T_2} - \frac{1}{T_1}\right)}$$

마지막 식에 P_1, P_2, T_1, T_2, R의 값을 대입하면 다음과 같다.

$$\Delta H_{증발} = \frac{8.314\ \text{J mol}^{-1}\ \text{K}^{-1} \times \ln \frac{1.00\ \text{atm}}{0.0992\ \text{atm}}}{\left(\frac{1}{285.2\ \text{K}} - \frac{1}{337.8\ \text{K}}\right)}$$

앞에서 미리 구해 둔 $1/T$ 값을 이용하고 자연로그 항을 계산하면 식은 아래와 같이 좀 더 간단해진다.

$$\Delta H_{증발} = \frac{8.314\ \text{J mol}^{-1}\ \text{K}^{-1} \times 2.311}{(0.003506\ \text{K}^{-1} - 0.00296\ \text{K}^{-1})}$$

이제 분자와 분모의 연산을 수행하면 다음 값을 얻는다.

$$\Delta H_{증발} = \frac{19.21\ \text{J mol}^{-1}\ \text{K}^{-1}}{0.000546\ \text{K}^{-1}}$$

따라서 $\Delta H_{증발} = 35{,}180\,\text{J}\,\text{mol}^{-1}$ 혹은 유효 숫자를 반영해서 반올림하면 $35.2\,\text{kJ}\,\text{mol}^{-1}$이 된다.

답이 합리적인가? 첫 번째로 확인해야 할 것은 흡열 과정인 증발에 대한 $\Delta H_{증발}$의 부호는 양이어야 한다는 것이다. 두 번째는 표 11.4를 참조하여 구한 답이 다른 화합물과 비슷한 값인지 검토한다. 마지막으로 계산 과정에 오류가 없는지 확인한다.

실전 문제 11.17

헥세인(C_6H_{14})은 0.00 °C에서 증기압이 45.37 mm Hg이고 $\Delta H_{증발}$이 $30.1\,\text{kJ}\,\text{mol}^{-1}$이다. 62.2 °C에서 헥세인의 증기압은 얼마인가? (힌트: $\ln (P_1/P_2) = \ln P_1 - \ln P_2$이다.)

실전 문제 11.18

아이소프로필 알코올의 25 °C에서의 증기압은 44 mm Hg이고 $\Delta H_{증발}$은 $39.85\,\text{kJ}\,\text{mol}^{-1}$이다. 아이소프로필 알코올의 정상 끓는점은 얼마인가?

예제 11.5와 실전 문제 11.17 및 11.18은 모두 두 온도와 두 압력과 관련된 Clausius–Clapeyron 식을 이용하는 문제이다. 구하는 변수에 대하여 단순히 식을 재배열하면 된다.

그림 11.33 소금의 결정 (a) 1센트 동전의 크기와 비교되는 작은 입방체 모양의 염화 소듐의 결정 (b) 암염에 포함된 입방체 모양의 염화 소듐의 결정을 명확하게 확인할 수 있다.

11.10 결정성 고체의 구조

많은 물질이 얼거나 혹은 용액에서 고체로 분리될 때, 이들은 매우 규칙적인 모양을 갖는 결정을 형성하는 경향이 있다. 예를 들면 **그림 11.33**은 보통 소금과 암염에 포함된 염화 소듐 결정의 사진이다. 식용 소금이나 암염 모두에서 각 입자가 완전한 입방체에 매우 가깝다는 것을 주목하라. NaCl 수용액을 증발시키면 90° 각도로 교차하는 모서리를 가진 결정들이 형성된다. 그래서 NaCl은 일반적으로 입방체이다.

일반적으로 결정은 물질의 특성과 관련된 특정 각도로 만나는 평평한 면을 가지려는 경향이 있다. 이러한 외관의 규칙성은 결정 안에 포함된 입자들이 매우 질서있게 배열되어 있다는 것을 반영한다. 입자가 원자나 분자 혹은 이온 등 어떤 형태이든 이것은 사실이다.

해설 고체가 액체와 크게 다른 점은 구성 입자들이 고체의 경우 매우 규칙적으로 배열되어 있다는 점이다. 액체는 구성 입자가 움직이면서 뒤섞이고 불규칙하게 되기 때문에 먼 거리까지 규칙적으로 반복되는 구조를 유지하기 어렵다.

격자와 단위 세포

그것이 벽지 디자인이든 결정에서 규칙적으로 쌓인 입자이든 모든 반복되는 형태는 대칭적인 요소를 가지고 있다(**그림 11.34**). 예를 들어 반복 구조에서 점과 점 사이의 일정한 거리가 반복적으로 나타나고, 또한 점들을 잇는 선이 서로 특정한 각도를 이루는 구조가 반복되는 것을 확인할 수 있다.

반복 구조의 대칭성을 논의할 때 반복 구조를 동일한 반복 거리를 가지며 동일한 각도로 배향된 선을 따라 배열된 일련의 점으로 묘사하는 것이 편리하다. 이런 점들의 형태를 **격자**(**lattice**)라고 하고, 고체상에서 입자의 쌓임과 관계된 격자를 **결정 격자**(**crystal lattice**)라고 한다.

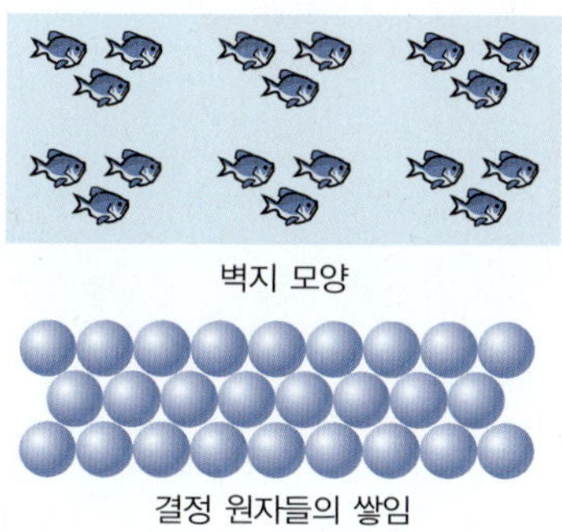

그림 11.34 반복 구조의 대칭성 벽지의 디자인과 결정에서 배열된 입자가 각각 구조 단위가 반복되는 형태를 보여주고 있다. 나타낸다. 이런 형태는 반복 단위 사이의 거리와 반복되는 구조가 이루는 각도로 기술될 수 있다.

결정에 포함된 입자의 수는 무수히 많다. 여러분이 아무리 작은 결정이라고 하더라도 그 결정의 한가운데에서 바라보면, 모든 방향으로 끝없이 채워진 입자들을 볼 수 있을 것이다. 이런 입자나 그들의 격자점들의 위치를 모두 묘사하는 것은 불가능하며, 다행스럽게 그럴 필요도 없다. 필요한 것은 **단위 세포**라고 불리는 반복 단위에 대한 기술이다. 이와 같은 지식을 바탕으로 격자의 개념을 이해하기 위하여 이차원에서 시작해 보자.

그림 11.35에 사각 꼭짓점에 격자점이 놓여있는 이차원적 **사각 격자**와 격자의 반복 단위인 **단위 세포(unit cell)**를 나타내었다. 이 단위 세포로 시작해서 한 변의 길이와 동일한 거리만큼 왼쪽, 오른쪽, 위, 아래로 반복해서 움직여 전체 격자를 형성할 수 있다. 격자의 모든 특성은 그것의 단위 세포의 성질에 포함되어 있다.

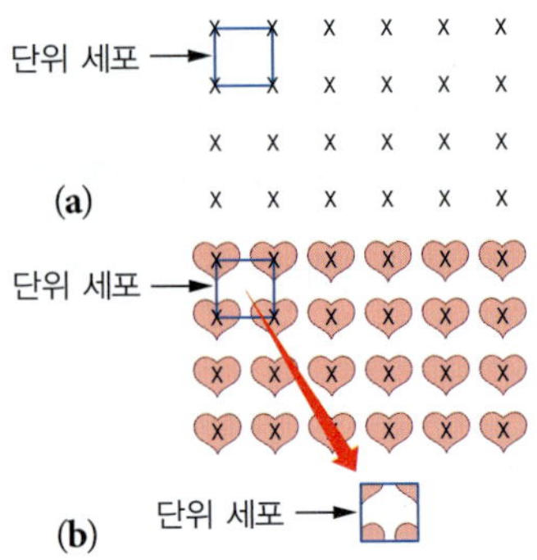

그림 11.35 이차원 격자 (a) 꼭짓점에 격자점이 있는 사각형 모양의 단위 세포를 가진 단순 사각 격자. (b) 각 격자점에 분홍색 하트가 배치된 벽지 디자인. 하트의 중앙에 표시된 x는 격자점을 나타낸다. 단위 세포의 각 격자점에는 하트의 일부분만 포함된다.

한 가지 격자로 많은 다른 디자인이나 구조를 묘사할 수 있다는 것을 이해해야 한다. 그림 11.35(b)에서 각 격자점에 분홍색 하트가 놓인 디자인을 볼 수 있다. 사각 격자라는 본질을 기반으로 다른 디자인 요소(예를 들면 장미나 다이아몬드 문양)를 사용하거나 혹은 단순히 단위 세포의 모서리의 길이를 바꿔서 수많은 디자인을 만들어 낼 수 있다. **단 한 가지 요구 조건은 같은 디자인 요소가 각 격자점에 놓여야 한다는 점이다.** 즉 한 격자점에 장미 모양이 있다면, 다른 모든 격자점에도 장미 모양이 있어야 한다는 것이다.

격자 개념을 삼차원으로 확장하는 것은 어렵지 않다. **그림 11.36**에 나타낸 **단순 입방(simple cubic**, 또는 **primitive cubic**이라고 불림) 격자는 가장 간단하고 가장 대칭적인 삼차원 격자이다. 이 구조에서의 단위 세포인 **단순 입방 단위 세포(simple cubic unit cell)**는 8개의 꼭짓점에만 격자점이 있는 정육면체 구조이다. 그림 11.36(c)는 어떤 물질의 원자들이 쌓여서 단순 입방 격자를 가지는 결정을 형성한 모습과 단위 세포를 나타낸 것이다.[3]

이차원 격자에서와 마찬가지로, 간단한 입방 격자를 이용하여 다른 많은 물질의 구조를 설명할 수 있다. 단위 세포의 **크기**는 원자 크기가 서로 다르기 때문에 다양하지만, 쌓인 구조에서의 필수적인 대칭 요소는 모두 동일하다. 격자의 이런 특성으로 인하여 몇 가지 삼차원 격자를 이용하여 무수히 많은 화합물을 묘사할 수 있게 되었다. 수학적으로 삼차원 격자는 14가지만이 존재할 수 있는데, 이는 모든 화학 물질은 이 14가지 격자 중 한 가지 형태의 결정 상태로만 존재할 수 있다는 것을 의미한다.

14개의 격자 형태를 **표 11.6**에 나타내었다. 모서리의 길이 a_1, a_2, a_3과 두 모서리 사이의 각 a_{12}, a_{23}, a_{13}에 따라 7가지 기본 격자 형태가 있으며, 기본 격자의 변형으로 더 많은 격자 형태

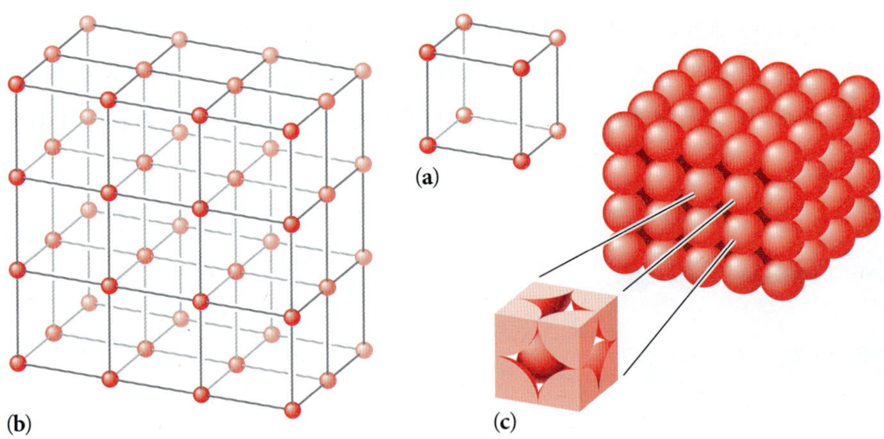

그림 11.36 삼차원 단순 입방 격자 (a) 격자점의 위치를 함께 나타낸 단순 입방 단위 세포, (b) 단순 입방 단위 세포를 쌓아 만든 단순 입방 격자의 일부분, (c) 격자점에 동일한 원자가 위치한 단순 입방 격자를 가진 결정 구조. 특정 단위 세포 안에 각 원자의 일부분만이 포함되어 있다.

[3]폴로늄은 단순 입방으로 결정화되는 동소체가 존재하는 유일한 금속이다. 이와 더불어 몇 가지 화합물이 단순 입방 격자를 형성한다.

표 11.6 결정 격자의 종류

격자 7가지		14가지 격자 형태			
		단순	체심	밑면심	면심
삼사정	$a_1 \neq a_2 \neq a_3$ $\alpha_{12} \neq \alpha_{23} \neq \alpha_{31} \neq 90°$	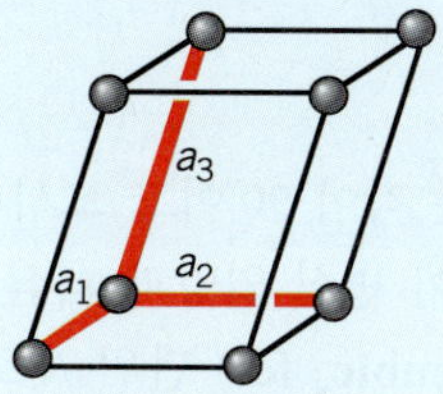			
단사정	$a_1 \neq a_2 \neq a_3$ $\alpha_{23} = \alpha_{31} = 90°$ $\alpha_{12} \neq 90°$	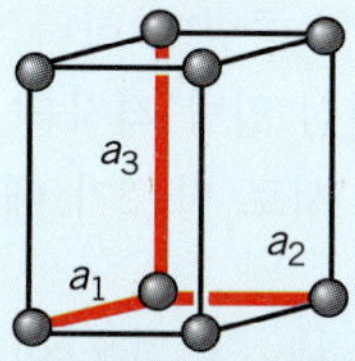	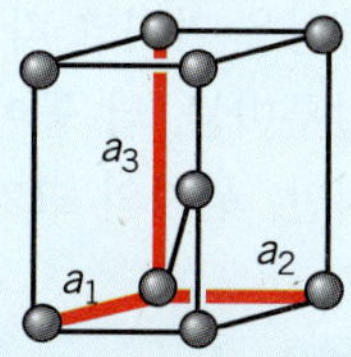		
사방정	$a_1 \neq a_2 \neq a_3$ $\alpha_{12} = \alpha_{23} = \alpha_{31} = 90°$	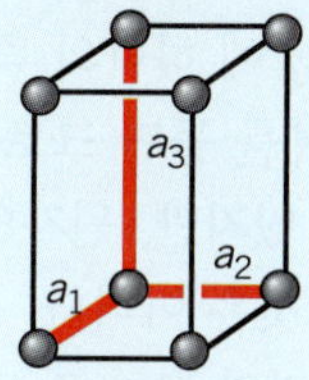	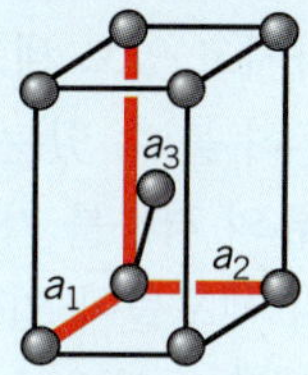	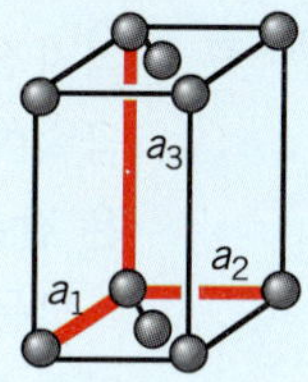	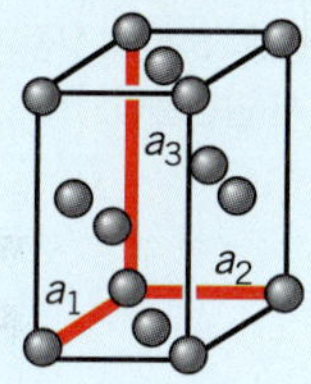
정방정	$a_1 = a_2 \neq a_3$ $\alpha_{12} = \alpha_{23} = \alpha_{31} = 90°$	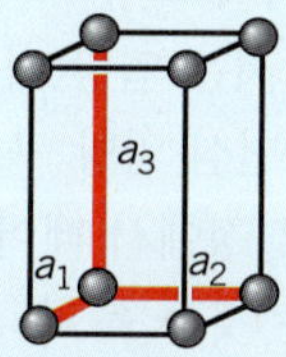	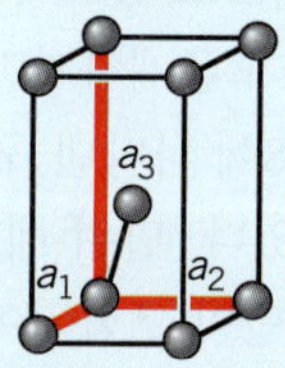		
삼방정	$a_1 = a_2 = a_3$ $\alpha_{12} = \alpha_{23} = \alpha_{31} < 120° \neq 90°$	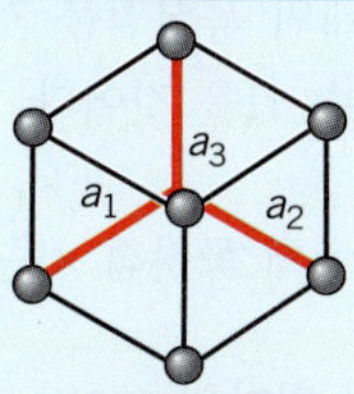			
육방정	$a_1 = a_2 \neq a_3$ $\alpha_{12} = 120°$ $\alpha_{23} = \alpha_{31} = 90°$	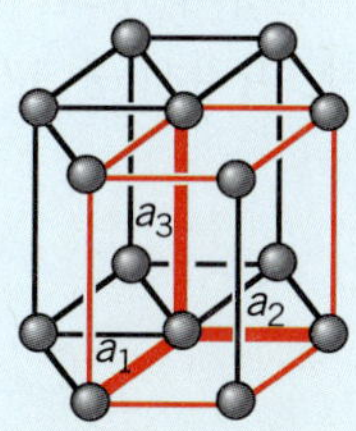			
입방	$a_1 = a_2 = a_3$ $\alpha_{12} = \alpha_{23} = \alpha_{31} = 90°$	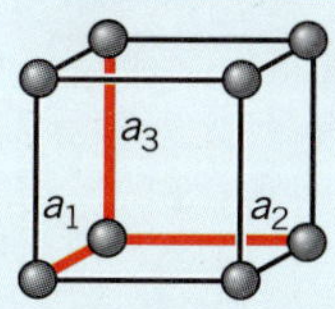	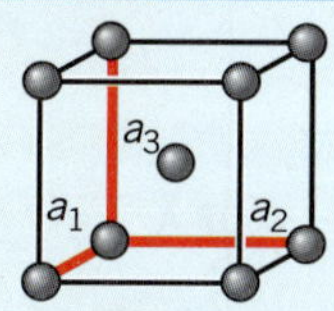		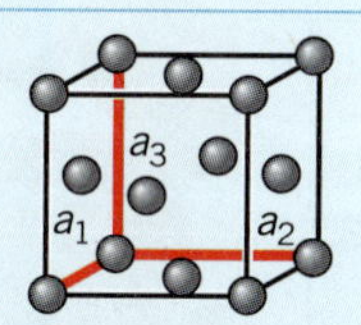

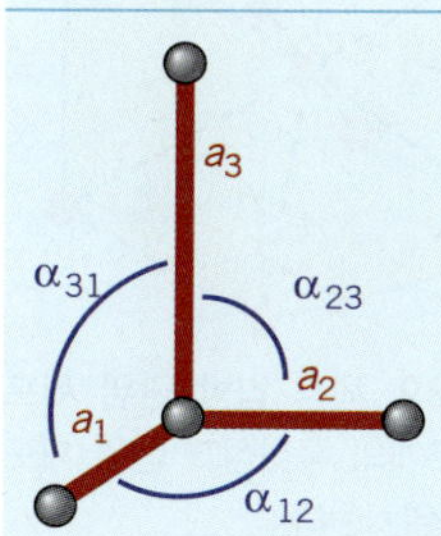

가 존재한다. 단순형은 격자 꼭짓점에만 격자점을 가지고 있다. 이와 더불어 체심 구조는 세포 중심에 격자점을 가지고 밑면심 구조는 두 개의 반대편 면에 격자점을 가지며 면심 구조는 모든 면에 격자점을 가진다.

도구
입방 단위 세포

입방 격자

입방 격자는 격자의 모든 각이 90°이고 모서리의 길이가 모두 같은 가장 단순한 형태의 격자이다. 단순 입방과 더불어 면심 입방과 체심 입방의 두 가지 다른 입방 격자가 더 가능하다. **면심 입방**(face-centered cubic, fcc) 단위 세포는 **그림 11.37**에서 보는 바와 같이 8개의 각 꼭짓점에 격자점을 가지고 각 면의 중앙에 하나의 격자점이 더해진 구조이다. 흔한 금속인 구리, 은, 금, 알루미늄, 납 등이 면심 입방 격자를 가진 결정이다. 이런 금속들은 같은 종류의 격자를 가지지만, 원자의 크기가 서로 다르기 때문에 단위 세포의 크기는 서로 다르다(**그림 11.38** 참조).

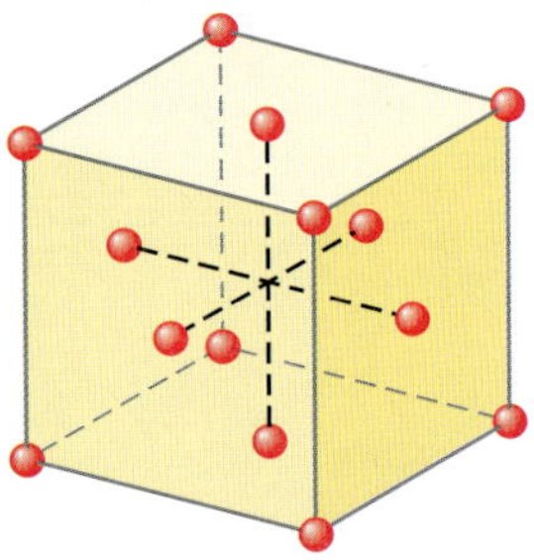

그림 11.37 면심 입방 단위 세포 격자점은 8개 꼭짓점과 각 면의 중앙에서 발견된다.

체심 입방(body-centered cubic, bcc) 단위 세포는 **그림 11.39**에 보는 바와 같이 각 모서리에 격자점을 가지고 있고 세포 중앙에 하나의 격자점이 더해진 구조이다. 체심 입방 격자는 많은 금속에서 흔히 볼 수 있는데, 예를 들면 크로뮴, 철, 백금 등이 있다. 다시 말하지만 이 금속들은 **같은 종류**의 격자를 가지고 있지만, 원자의 **다른 크기** 때문에 격자의 크기는 서로 다르다.

모든 단위 세포들이 입방인 것은 아니다. 표 11.6에 보는 바와 같이 모서리의 길이가 서로 다른 단위 세포도 있으며 모서리의 교차 각도가 90°가 아닌 경우도 있다. 더 많은 종류의 단위 세포와 격자가 존재하지만 여기서는 입방 격자와 그 단위 세포만을 다루기로 한다.

도구
단위 세포에 포함된 원자수 세기

그림 11.38에 나타낸 구리의 면심 입방 구조의 단위 세포를 보면 원자들이 부분적으로 잘린 것을 볼 수 있다. 단위 세포를 결정에서 떼어내면 각 꼭짓점에 원자 한 개의 일부분(실제로 한 원자의 1/8)만이 포함되어 있는 것을 볼 수 있다. 각 원자의 나머지는 인접한 단위 세포에 포함되어 있다. 단위 세포가 8개의 꼭짓점을 가졌기 때문에 모든 꼭짓점의 조각들을 모아 보면 완전한 한 개의 원자를 얻을 수 있을 것이다.

$$8\text{개 }\cancel{\text{꼭짓점}} \times \frac{\frac{1}{8}\text{개 원자}}{\cancel{\text{꼭짓점}}} = 1\text{개 원자}$$

면심 입방에서 각각의 면에서 원자의 1/2만 단위 세포의 내부에 존재하고, 6개의 면이 있으므로 6개의 1/2 원자가 존재한다. 따라서 총 3개의 원자가 단위 세포에 포함되어 있다.

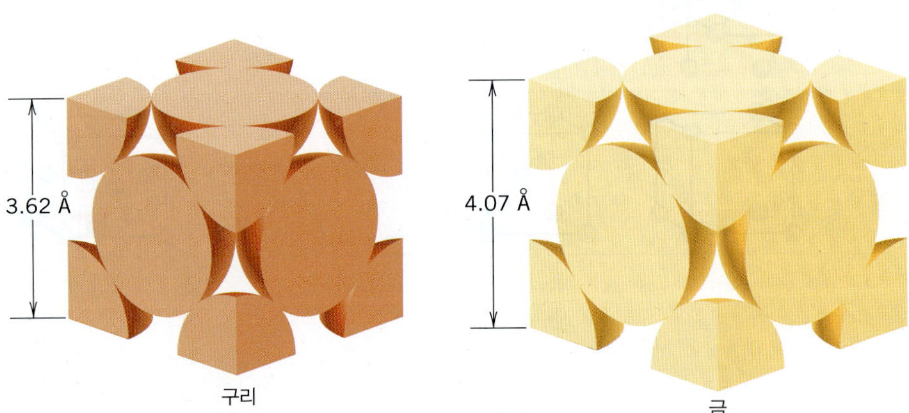

그림 11.38 구리와 금의 단위 세포 두 금속은 비슷한 면심 입방 단위 세포를 가진 면심 입방 구조이다. 원자의 배열 방식은 동일하지만, 원자의 크기가 다르기 때문에 단위 세포에서 한 모서리의 길이는 서로 다르다. ($1\,Å = 1 \times 10^{-10}$ m)

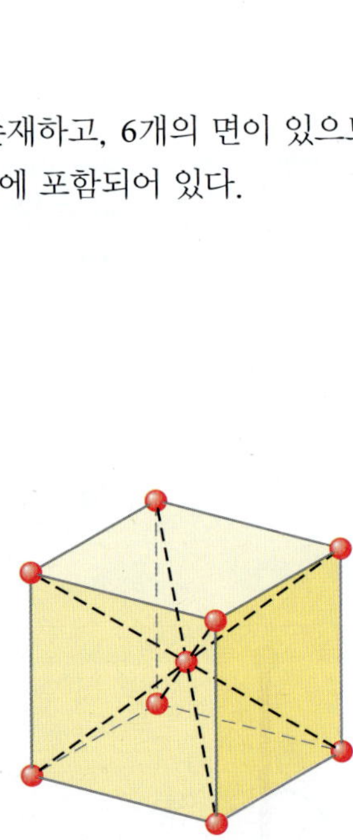

그림 11.39 체심 입방 단위 세포 격자점은 8개의 꼭짓점과 단위 세포의 중앙에 위치한다.

$$6\text{개 }\cancel{\text{면}} \times \frac{\frac{1}{2}\text{개 원자}}{\cancel{\text{면}}} = 3\text{개 원자}$$

단위 세포 내의 총 원자수는, 면에서 3개의 원자와 꼭짓점에서 한 개의 원자로부터 4개가 된다. 또한 입방체의 모서리에 원자가 있다면, 각 모서리는 단위 세포에 원자의 1/4개를 기여한다. 그리고 원자 한 개가 온전히 단위 세포 안에 들어와 있다면 1개의 원자를 기여한다. 18개의 모서리를 갖는 육방정계 결정 격자를 제외하면, 모든 결정 격자 종류는 12개의 모서리를 갖는다.

입방 격자로 결정화된 화합물

많은 금속이 입방 격자를 가지는 것을 보았다. 입방 격자를 가진 다른 종류의 화합물도 많다. 예를 들어 염화 소듐 결정의 일부분을 나타낸 **그림 11.40**을 살펴보자. 한 종류의 입자들(예를 들어 초록색으로 표시된 Cl^- 이온들)의 위치만 고려한다면, Cl^- 이온은 면심 입방 단위 세포에 대응하는 격자점에 위치해 있는 것을 발견할 수 있다. Na^+ 이온에 해당하는 보다 작은 회색 입자는 Cl^- 이온 사이의 공간을 채운다. 따라서 염화 소듐은 면심 입방 격자 구조를 갖는다고 할 수 있고, 이와 같은 미시적인 입방체 구조로 인하여 염화 소듐 결정이 거시적으로도 입방체 모양을 띠게 되는 것이다.

해설 만약 Cl^- 이온이 아니라 Na^+ 이온의 위치를 고려한다 하더라도, 마찬가지로 면심 입방 격자 구조를 갖는다는 것을 발견할 수 있다.

NaBr과 KCl 같은 많은 알칼리 할로젠화물은 NaCl에서 발견된 이온과 같은 배열을 갖는 fcc 격자로 결정화한다. 사실 이런 이온의 배열은 흔한데, 이것을 **암염 구조**(**rock salt structure**)라고 한다. NaBr과 KCl은 모두 염화 소듐과 같은 종류의 격자를 가지므로, 그림 11.40은 NaBr과 KCl의 단위 세포의 구조를 나타내는 데도 사용될 수 있다. 그러나 K^+ 이온이 Na^+보다 크고, Br^-가 Cl^-보다 크기 때문에 각 단위 세포의 크기는 다르다.

그림 11.41과 11.42에 입방 단위 세포의 다른 예를 나타내었다. **그림 11.41**의 CsCl의 구조는 얼핏 보기에는 체심 입방으로 보이지만 단순 입방체이다. 결정 격자의 각 격자점에는 동일한 화학 단위가 존재해야 한다. CsCl에서 Cs^+ 이온이 꼭짓점에서 발견되지만 중앙에는 존재하지 않고, 따라서 Cs^+ 이온은 단순 입방 단위 세포이다.

그림 11.42에서 황화 아연과 플루오린화 칼슘은 모두 NaCl과는 다른 면심 입방 단위 세포를

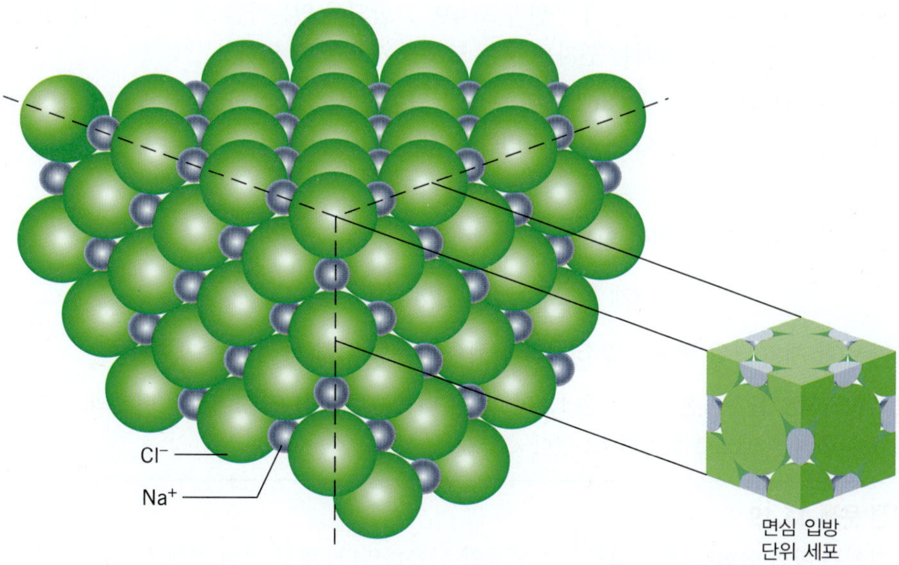

그림 11.40 염화 소듐 결정의 입자 쌓임 염화 이온은 면심 입방 단위 세포의 격자점과 연관성이 있고, 염화 이온 사이에 소듐 이온이 존재한다.

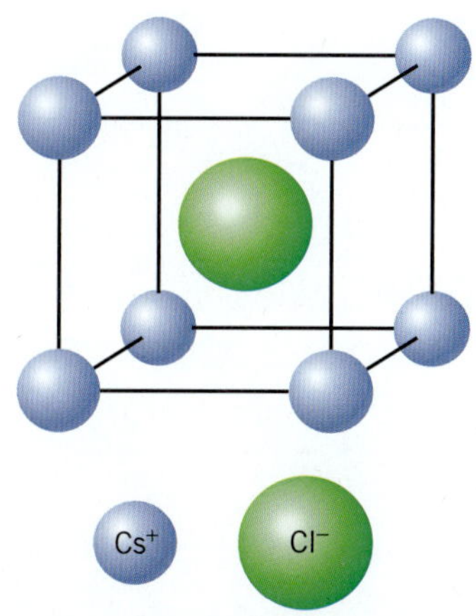

그림 11.41 염화 세슘(CsCl)의 단위 세포 염화 이온은 단위 세포 중앙에 위치한다. **주:** 단위 세포에서 이온의 위치를 편리하게 나타내기 위하여 이온을 실물 크기로 그리지 않았다.

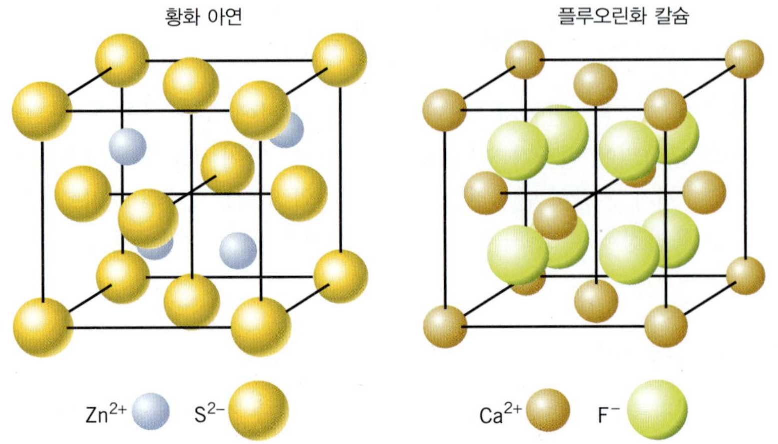

그림 11.42 면심 입방 격자에 기초한 결정 구조 황화 아연(ZnS)과 플루오린화 칼슘(CaF_2)은 면심 입방 격자에 해당하는 결정 구조를 가지고 있다. 황화 아연에서 단위 세포 안에 완전히 포함된 4개의 아연 이온과 함께 황화 이온이 fcc 격자 구조를 보여주고 있다. CaF_2에서 단위 세포 안에 완전히 포함된 8개의 플루오린화 이온과 함께 칼슘 이온은 격자점에 위치해 있다. 주: 단위 세포에서 이온의 위치를 편리하게 나타내기 위하여 이온을 실물 크기로 그리지 않았다.

가지는데, 이는 다시 한번 한 가지 기본적인 격자를 이용하여 다양한 화학적 구조를 설명할 수 있다는 것을 보여 준다.

결정 구조에 대한 화학량론의 영향

왜 화합물들이 특별한 구조로 결정화하는가 하는 의문을 가질 수 있다. 이는 복합한 논쟁거리지만, 적어도 물질의 화학량론이 한 요인이라는 것은 분명하다. 결정은 무수히 많은 동일한 단위 세포로 만들어졌기 때문에 단위 세포에서의 화학량론은 화합물 전체의 화학량론과 일치해야 한다. 이 규칙이 CsCl에 어떻게 적용되는지 알아보자.

예제 11.6 단위 세포의 원자와 이온 수 세기

염화 세슘 단위 세포에는 세슘 이온과 염화 이온이 몇 개 존재하는가?

분석 이 질문에 답하기 위해서는 다음 개념에 대한 이해가 필요하다. 결정으로부터 단위 세포 하나를 잘라냈다고 하자. 이 단위 세포는 이온의 조각들을 포함하고 있다. 따라서 단위 세포에 포함된 이온의 조각들을 전부 더하면 전체적으로 몇 개의 세슘 이온과 염화 이온이 되는지 확인할 수 있다.

도구 모음 단위 세포 안에 몇 개의 원자 조각이 포함되어 있는가를 확인하기 위해 염화 세슘의 단위 세포 안에 존재하는 원자를 세는 도구를 사용할 수 있다.

풀이 그림 11.41에 나타낸 CsCl 단위 세포로 탐험을 시작해 보자. 중앙에 완전한 형태의 염화 이온 한 개가 존재한다는 것을 확인할 수 있다.

$$\text{중앙에} = 1\ \text{Cl}^-$$

세슘 이온은 8개의 꼭짓점에 일부분이 존재한다.

$$8\text{개 꼭짓점} \times \text{꼭짓점당}\ \frac{1}{8}\text{Cs}^+ = 1\,\text{Cs}^+$$

따라서 한 개의 단위 세포에 염소 이온과 세슘 이온이 각각 한 개씩 존재한다.

답이 합리적인가? 이온의 비율은 1:1이고, 이 비율은 화학식 CsCl에서의 이온의 비와 일치하므로 올바른 답으로 확신할 수 있다.

실전 문제 11.19

과거에는 황화 아연을 흰색 안료로 오랫동안 사용하였다. 황화 아연 결정은 면심 입방 결정 구조를 갖는다. 단위 세포에 포함된 아연 원자는 몇 개인가? (**힌트**: 그림 11.42 참조)

실전 문제 11.20

그림 11.43에 나타낸 염화 소듐의 단위 세포에서 두 이온의 비는 얼마인가? 이것은 왜 중요한가?

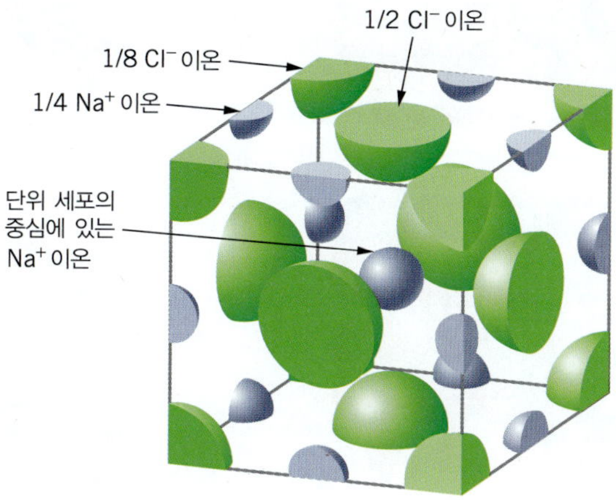

그림 11.43 염화 소듐의 단위 세포

예제 11.6과 실전 문제 11.20은 CsCl이나 NaCl이 왜 그런 결정 구조를 가질 수 있는지를 보여 준다. 단위 세포는 양이온과 음이온의 적절한 비율을 가지고 있다. 또한 그것은 $CaCl_2$ 같은 화합물이 왜 CsCl이나 NaCl과 같은 단위 세포로 결정화될 수 없는지를 설명하고 있다. CsCl이나 NaCl 구조는 양이온과 음이온의 비가 1:1이므로 양이온과 음이온 비가 1:2인 $CaCl_2$의 격자 구조로는 적합하지 않다.

최조밀 채움 고체

특히 금속과 같은 많은 고체에서 결정 구조의 모양은 한 원자 주변에 가능한 많은 이웃 원자가 배열하는 구조를 선호한다. 이웃한 원자들이 많을수록 원자 사이의 인력은 많아지고 고체가 될 때 더 에너지가 낮아진다. 밀도가 최대가 되도록 쌓인 구조를 **최조밀 채움 구조(closest-packed structure)**라고 한다. 서로 약간의 차이가 나는 두 가지 방법으로 동일한 밀도의 구조를 얻을 수 있다. 최조밀 채움 구조가 어떻게 얻어지는지 알아보기 위해 동일한 크기의 구가 쌓이는 과정을 살펴보기로 하자.

그림 11.44(a)는 파란색 구가 최대로 조밀하게 채워져 있는 한 층을 나타낸 것이다. 각 구가 한 층에서 6개의 다른 구와 접촉하고 있다는 것을 기억하라. 두 번째 층이 채워질 때 빨간색 구는 첫 번째 층에서 세 개의 구에 의해서 만들어진 움푹 팬 곳에 위치하는데, 이를 그림 11.44(b)와 11.44(c)에서 나타내었다.

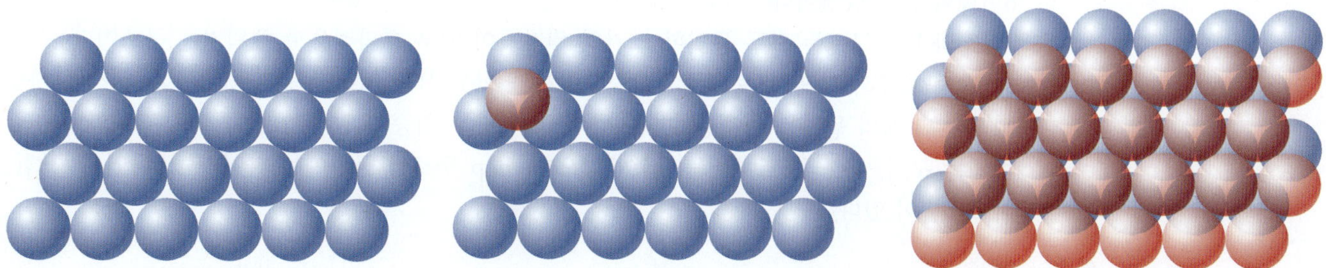

(a) (b) (c)

그림 11.44 구를 조밀하게 채우는 방법 (a) 조밀하게 채워진 첫 번째 층. (b) 두 번째 층의 구(빨간색)는 첫 번째 층에서 세 개의 구에 의해서 만들어진 움푹 팬 곳에 위치한다. (c) 두 번째 층의 구들이 첫 번째 층 위로 어떻게 쌓이는지 확인할 수 있도록 빨간색 구를 약간 투명하게 나타내었다.

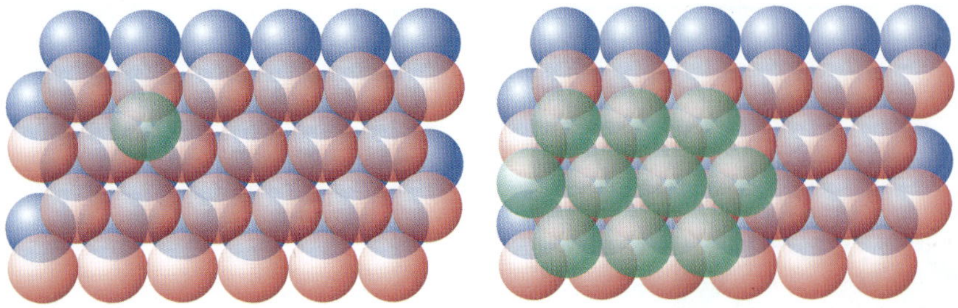

(a)

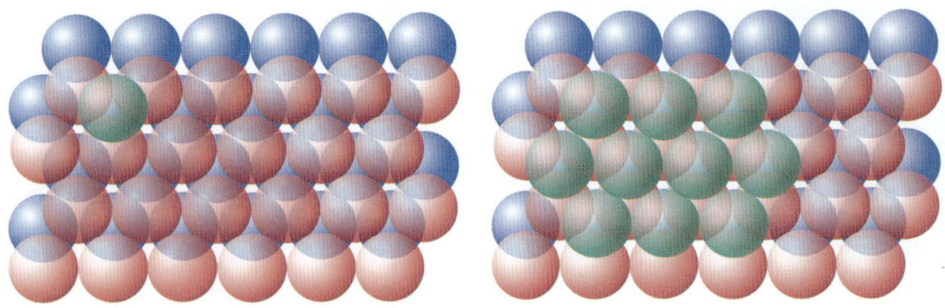

(b)

그림 11.45 최조밀 채움 구조 (a) 입방 최조밀 채움 구조. (b) 육방 최조밀 채움 구조. (a)와 (b) 모두 왼쪽 그림에서 세 번째 층의 한 원자가 쌓이는 모습을 나타내었고, 오른쪽 그림에서 세 번째 층을 부분적으로 완성시켰다. 두 가지 쌓임에 미묘한 차이가 있음을 주목하라.

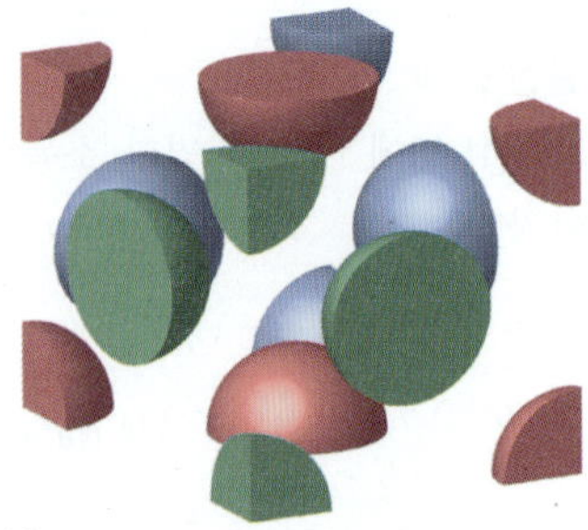

(a)

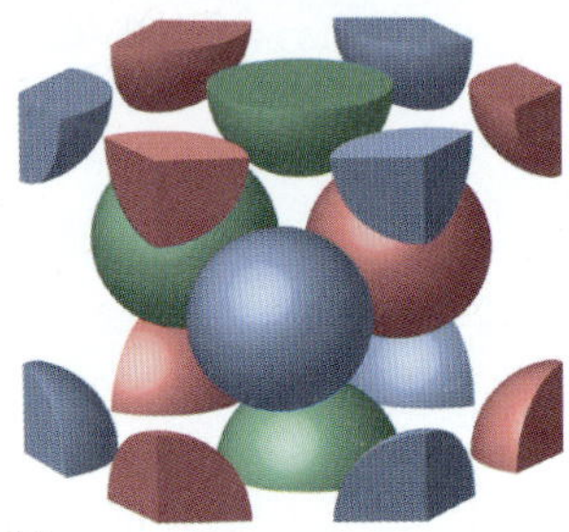

(b)

그림 11.46 최조밀 채움 구조의 단위 세포 (a) 입방 최조밀 채움. (b) 육방 최조밀 채움

두 가지 최조밀 채움 구조의 차이점은 첫 번째 층의 구와 세 번째 층의 구 사이의 상대적 배열이다. **그림 11.45(a)**에서 세 번째 층의 초록색 구는 빨간색 구 세 개가 만드는 움푹 팬 곳 위에 위치하는데, 이곳은 첫 번째 파란 구가 만드는 움푹 팬 곳의 바로 위쪽이다. 이런 배열을 하면 세 개 층의 구 어느 것도 서로 위–아래 동일한 위치에 존재하지 않는다. 이러한 것을 **입방 최조밀 채움(cubic closest packing, ccp)**이라고 하는데, 이는 **그림 11.46(a)**에서 보듯이 다른 관점에서 보았을 때 원자가 면심 입방 격자와 동일한 장소에 위치하기 때문이다. 그림 11.45(b)는 다른 최조밀 채움 구조인데, 이 경우에도 세 번째 층의 초록색 구는 빨간색 구 사이의 움푹한 곳에 위치한다. 이 위치는 첫 번째 층의 파란색 구 바로 위에 해당한다. 이러한 구의 배열을 **육방 최조밀 채움(hexagonal closest packing, hcp)**이라고 한다. 이것은 표 11.6의 육방 구조에 해당한다.

A-B-A-B ⋯ 패턴이 반복되는 층으로 구성된 hcp 구조에서 A는 첫 번째, 세 번째, 다섯 번째 ⋯ 층들의 배향을 나타내며, B는 두 번째, 네 번째, 여섯 번째 ... 층들의 배향을 나타낸다. 따라서 세 번째, 5번째, 7번째 등의 층에 있는 구는 첫 번째 층 바로 위에 있고, 네 번째, 6번째, 8번째 등의 층에 있는 구는 두 번째 층 바로 위에 있다. ccp 구조는 A-B-C-A-B-C ⋯ 패턴으로 되어 있다. 첫 번째 층은 네 번째와 같은 배향이고 두 번째는 5번째와 그리고 3번째는 6번째와 같은 방향이다.

ccp와 hcp 구조는 모두 동일한 크기의 원자들이 매우 효과적으로 채워지는 구조이다. 이러한 두 구조에서 각 원자는 항상 12개의 원자와 이웃한다. 이웃한 원자 중 6개의 원자는 자신의 층, 세 개의 원자는 아래층, 다른 세 개의 원자는 위층에 있다. ccp 구조로 결정화되는 금속에는 구리, 은, 금, 알루미늄, 납이 있으며, hcp 구조인 금속에는 타이타늄, 아연, 카드뮴, 마그네슘이 있다.

해설 몇몇 과학자들은 결정성 물질에 대하여 고체라는 용어를 사용하고, 비결정성 고체는 과냉각 액체라고 부른다.

비결정성 고체

입방체 소금 결정이 깨진 조각들은 90° 각도로 교차하는 평평한 면을 보유하고 있는 것을 볼 수 있다. 반면에 깨진 유리 조각의 면은 평평하지 않고, 그 대신 예리하고 굴곡이 진 모양을 나타낸다(**그림 11.47** 참조). NaCl과 같은 결정성 고체와 유리와 같은 **비결정성 고체(amorphous solid)** 사이의 가장 큰 차이점이 바로 이런 것이다.

비결정성(amorphous)이라는 단어는 '형태가 없는'이라는 뜻의 그리스어 *amorphos*에서 유래되었다. 비결정성 고체에는 결정에서 발견되는 넓은 범위에서 규칙적으로 반복되는 내부 구조가 없다. 서로 뒤엉킨 구조는 고체보다는 액체에 더 가깝다. 유리와 플라스틱과 같은 재료들이 비결정성 고체의 사례이다. **유리(glass)**라는 단어는 비결정성 고체를 나타내는 일반적 용어로 쓰이기도 한다.

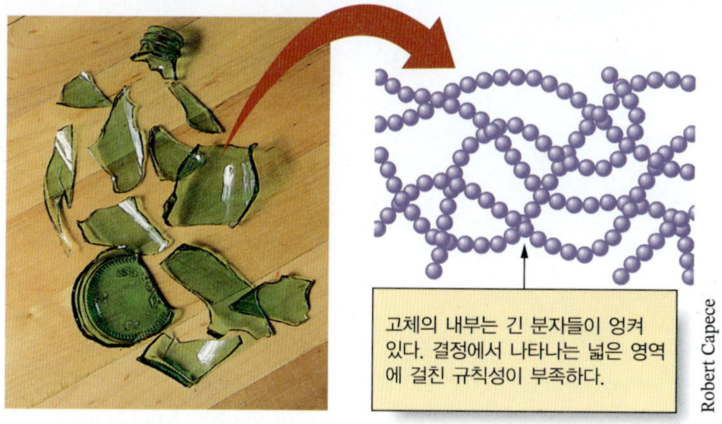

그림 11.47 유리는 비결정성 고체이다. 깨진 유리 조각의 단면은 평평하지 않고 날카롭다. 이는 유리와 같은 비결정성 고체를 구성하는 긴 분자(이해를 돕기 위하여 간단하게 나타낸)들은 서로 얽히고 무질서한 상태로 존재하기 때문에 결정의 특성인 넓은 영역에 걸친 규칙성이 존재하지 않기 때문이다.

그림 11.47에서 보는 바와 같이 비결정성 고체를 형성하는 물질은 길고 사슬 같은 분자들로 구성되어 있는데, 이들은 용액 상태에서 요리된 스파게티의 긴 가닥처럼 서로 꼬여 있다. 녹은 상태에서 결정을 형성하려면 이 긴 분자들의 꼬임이 풀리고 일정한 형태로 배열해야 한다. 그러나 액체가 식으면서 분자의 움직임이 느려진다. 액체가 아주 느리게 냉각되지 않는다면, 분자 운동이 너무 빠르게 감소되어 분자가 꼬인 상태로 물질이 고체화된다. 그러므로 비결정성 고체는 **과냉각 액체(supercooled liquid)**로 표현되기도 하는데, 이 용어는 액체 내에서 발견되는 구조적 무질서를 의미한다.

11.11 고체 구조의 결정

결정 내의 원자에 X선을 쪼이면 원자들은 일부 복사선을 흡수한 다음 다시 모든 방향으로 방출한다. 사실상 각 원자는 작은 X선 광원이 되는 효과가 있다. 결정을 구성하는 어떤 두 개의 원자를 생각해 보자. **그림 11.48**에서 보는 바와 같이 두 원자로부터 방출되는 복사선은 특정 방향에서는 위상이 맞지만 다른 방향에서는 위상이 벗어나게 된다. 7장에서 보강(위상맞음) 및 상쇄(위상벗어남) 간섭이 **회절**(diffraction)이라고 하는 현상을 만들어 내는 것을 배웠다. 많은 과학자가 X선 회절을 이용하여 극히 복잡한 화합물의 구조를 명쾌하게 결정한 공로로 노벨상을 받았다.

해설 2009년 노벨 화학상은 X선을 이용한 단백질을 형성하는 세포 중의 하나인 라이보솜의 구조 연구에 대한 것이었다.

결정에는 격자 전체에 걸쳐 균일한 간격을 가진 수많은 원자가 있다. 결정에 X선을 쪼이면, 어떤 특정 방향에서는 보강 간섭에 의해서 생긴 회절된 X선의 강한 빛살이 나타나는 반면에, 다른 방향에서는 상쇄 간섭 때문에 X선이 나타나지 않는다. 결정으로부터 나오는 X선을 사진 필름상에 노출시키면, 회절된 X선에 의하여 **그림 11.49**와 같은 **회절 무늬(diffraction pattern)**가 만들어진다. 필름은 X선이 닿는 곳만 어두워진다.[4]

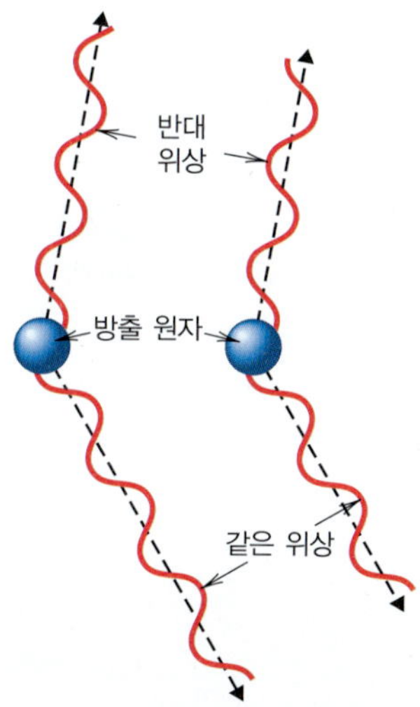

그림 11.48 결정의 원자들에 의한 X선 회절 원자로부터 방출되는 X선은 특정 방향에서는 위상이 맞지만 다른 방향에서는 위상이 벗어난다.

1913년에, 영국의 물리학자 William Henry Bragg와 그의 아들 William Lawrence Bragg는 단지 몇 개의 요인이 X선 회절 무늬의 모양을 결정한다는 것을 발견하였다. **그림 11.50**은 결정 내에 있는 연속적인 원자층(원자들의 면)으로부터 나오는 X선이 보강 간섭하는 데 필요한 조건에 대한 정보를 나타낸 것이다. 각 θ로 입사된 파장 λ인 X선이 원자층에 부딪힌다. 보강

[4]현대적인 X선 회절 기기는 전자 장치를 사용하여 X선을 검출하고 회절된 각도를 측정한다. 컴퓨터를 이용함으로써 회절 무늬 해석이 간단해졌다.

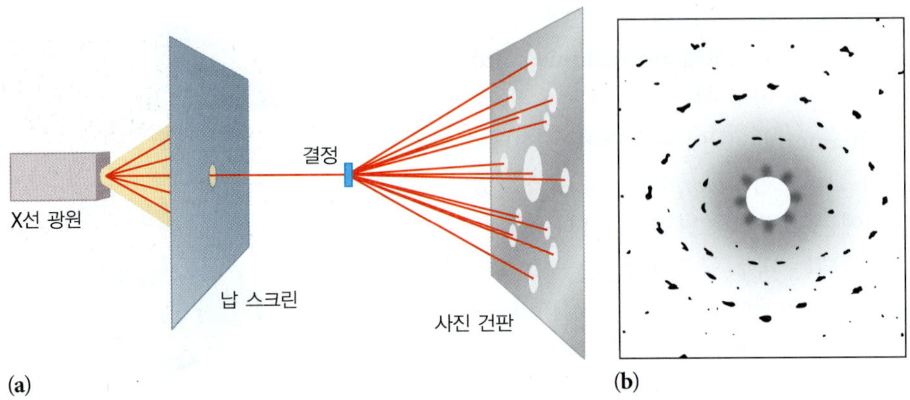

그림 11.49 X선 회절 (a) X선 회절 무늬를 생성하는 모습. (b) 염화 소듐에 의해서 생성된 X선 회절 무늬

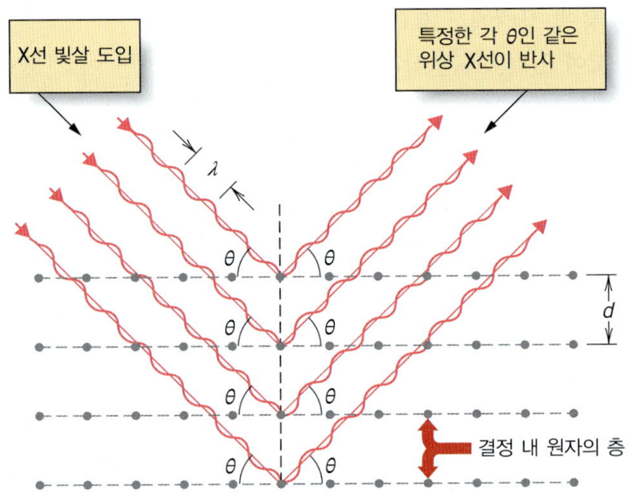

그림 11.50 결정에서 이웃한 원자층으로부터 방출되는 X선 회절 원자층 간 거리는 d이다. 파장이 λ인 X선이 원자층에 대하여 θ의 각으로 입사되고 방출된다. 방출되는 X선이 보강 간섭을 일으키려면 식 $n\lambda = 2d\sin\theta$을 만족해야 한다. 이 식에서 n은 정수이다.

간섭을 통하여 강하게 회절된 빛이 입사각과 동일한 각 θ에서 나온다. Bragg 부자는 λ와 θ 및 원자들의 면 사이의 거리 d의 관계를 나타내는 다음과 같은 **Bragg 식(Bragg equation)**을 유도했다.

도구
Bragg 식

$$n\lambda = 2d \sin \theta \tag{11.7}$$

여기서 n은 정수이다. Bragg 식은 고체 구조의 연구에서 과학자들이 사용한 기본 도구이다.

결정의 구조를 결정하기 위해 회절된 X선 빛살이 결정으로부터 나오는 각 θ를 측정한다. 이 각을 이용하여 결정 내 원자들의 다양한 평면 사이의 거리를 계산한다. 다음에는 계산된 평면 사이의 거리를 이용하여, 원자들의 층이 계산된 거리만큼 떨어져 있으려면 결정 내에 원자들이 어디에 위치해야 하는가를 역으로 추론하는 과정을 거친다. 복잡한 분자나 단백질의 경우 이런 과정은 간단한 작업이 아니며, 이를 위하여 복잡한 수학과 더불어 컴퓨터가 필요하다. 그러나 이 계산으로 단위 세포 내 원자들의 위치와 그들 사이의 거리 등과 같은 가치 있는 정보를 얻을 수 있다. 화학자들은 이와 같은 정보와 화학적 이론 및 경험적 지식 등을 이용하여 결정 내의 원자의 모양과 크기를 알아내는 연구를 하고 있다. 예제 11.7은 이러한 자료들이 어떻게 사용되는지 보여 주는 예이다.

예제 11.7 결정 구조 자료 이용한 원자 크기 계산

X선 회절 측정 장치를 이용하여 금은 단위 세포 한 변의 길이가 4.07 Å인 면심 입방 격자 구조로 결정화되는 것을 확인하였다(그림 11.38 참조). 금 원자의 반지름을 Å과 피코미터 단위로 구하시오.

분석 단위 세포의 한 변의 길이가 4.07 Å이고 단위 세포의 모양이 면심 입방 구조라는 사실이 주어졌다. 아래 그림에서 금 원자들이 한 면의 꼭짓점에서 다른 꼭짓점으로 이어지는 대각선(점선) 방향으로 접촉하고 있음을 볼 수 있다.

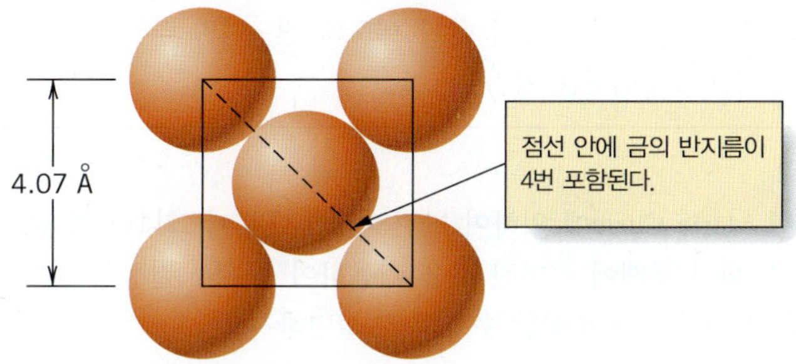

기하학을 이용하여 단위 세포 한 변의 길이인 4.07 Å으로부터 대각선의 길이를 계산할 수 있고, 또한 이 대각선의 길이는 금 원자의 반지름의 네 배와 같다. 반지름을 Å 단위로 계산한 다음 pm로 변환해야 한다.

도구 모음 사용할 수 있는 두 가지 도구는 단위 세포 내 원자의 배열과 직각삼각형의 세 변의 길이 a, b, d(빗변, 위의 그림에서 점선으로 표시된 대각선) 사이의 관계에 대한 다음의 식이다.

$$a^2 + b^2 = d^2$$

또한 Å을 피코미터로 전환하는 변환 인자가 필요하다.

$$1\ \text{Å} = 1 \times 10^{-10}\ \text{m}$$
$$1\ \text{pm} = 1 \times 10^{-12}\ \text{m}$$

풀이 단위 세포는 입방이고 단위 세포 한 변의 길이를 l이라 하면, 삼각형의 두 선분의 길이는 l로 같다. 식 $a^2 + b^2 = d^2$에서 a와 b를 l로 치환한 후 다음과 같이 재배열한다.

$$l^2 + l^2 = 2l^2 = d^2$$

위 식의 양변에 제곱근을 취하면 다음 식을 얻는다.

$$\sqrt{2l^2} = \sqrt{2} \times l = d$$

이제 실제 단위 세포 한변의 길이를 대입해서 대각선 d를 구하면 다음과 같다.

$$d = \sqrt{2} \times 4.07\ \text{Å} = 5.76\ \text{Å}$$

금 원자의 반지름을 r_{Au}라 하면, 구한 대각선$= 4 \times r_{\text{Au}}$의 관계를 이용하여 다음과 같이 r_{Au}를 구할 수 있다.

$$4 \times r_{\text{Au}} = 5.76\ \text{Å}$$
$$r_{\text{Au}} = 1.44\ \text{Å}$$

계산된 금 원자의 반지름은 1.44 Å이다.

다음으로 얻은 1.44 Å을 pm 단위로 환산한다. 1 Å은 정확히 10^{-10}미터로 정의되므로, Å 단위 대신 10^{-10}m를 사용할 수 있다.

$$1.44\ \text{Å} = 1.44 \times 10^{-10}\ \cancel{\text{m}} \times \frac{1\ \text{pm}}{1 \times 10^{-12}\ \cancel{\text{m}}} = 144\ \text{pm}$$

답이 합리적인가? 원자의 크기를 직관적 느낌으로 얻기는 힘들기 때문에 계산 확인에 주의를 기울여야 한다. 대각선의 길이는 단위 세포 가장자리의 길이보다 크기 때문에 대략 맞다. 다시 위의 그림에서 살펴보면, 대각선이 금 반지름 네 개가 모인 것임을 확인할 수 있다. 계산의 나머지는 맞기 때문에 답은 정확하다.

실전 문제 11.21

폴로늄은 단순 입방 격자 구조를 갖는 유일한 금속으로 알려져 있다. X선 실험 결과 폴로늄 결정의 단위 세포 한 변의 길이가 335 pm인 것으로 확인되었다면, 폴로늄 원자 반지름은 얼마인가? (**힌트**: 폴로늄 원자들이 단위 세포의 면, 면의 대각선, 단위 세포 입방체의 대각선을 따라서 서로 맞닿아 있는가?)

실전 문제 11.22

폴로늄은 1898년 Marie Curie에 의하여 발견되었기 때문에 그녀의 조국인 폴란드를 따서 명명되었다. 앞의 실전 문제에 주어진 값을 이용하여 폴로늄 결정의 밀도를 구하시오. 금속의 밀도로부터 결정 구조를 추정할 수 있을지 설명하시오.

11.12 결정의 형태와 물리적 성질

도구
결정의 종류에 따른 성질

고체는 다양한 성질을 가지고 있다. 다이아몬드는 매우 단단하고 나프탈렌(좀약)이나 드라이아이스는 비교적 부드럽고 쉽게 부스러진다. 소금 결정과 같은 고체는 녹는점이 높은 반면, 양초용 왁스는 낮은 온도에서 녹는다. 어떤 고체는 전기를 잘 통하기도 하고 어떤 것은 비전도성이다. 이와 같은 물리적 성질은 고체를 유지하는 인력의 세기와 고체를 이루는 입자의 종류에 의존한다. 고체의 성질을 정확히 예측할 수는 없지만, 성질들을 일반화시킬 수는 있다. 고체의 성질을 논하기 위하여 결정을 이온성, 분자성, 공유성, 금속성의 네 가지 형태로 나누는 것이 편리하다.

이온 결정

이온 결정(ionic crystal)은 격자 위치에 이온이 있으며, 이들 이온은 주로 모든 방향으로의 정전기적 인력으로 결합하고 있다. 따라서 격자의 종류는 주로 이온의 크기와 전하에 의해서 결정된다. 결정이 형성될 때 이온들은 인력을 최대로 하고 반발력을 최소로 하는 배열을 한다.

이온 결정은 정전기적 힘이 강하기 때문에 상대적으로 단단하다. 이온들이 격자에서 벗어나 자유로운 액체 상태가 되기 위하여 많은 운동 에너지가 필요하기 때문에 녹는점도 높다. 이온 사이의 힘은 많은 이온 결합 화합물이 보여 주는 깨지는 성질을 설명하는 데 이용될 수 있다. 예를 들어 망치로 충격을 가하면 염 결정은 많은 조각으로 산산이 부서진다. 원자 수준에서 보면 이러한 일이 어떻게 일어나는지를 이해할 수 있다(**그림 11.51**). 이온 결정에서 이온층이 약간 움직이면 갑자기 **같은** 전하의 이온들 바로 옆에 위치하게 되고, 곧 큰 반발력이 생겨서 고체가 분리된다.

고체 상태에서 이온 결합 화합물에 존재하는 전하들이 움직일 수 없기 때문에 이온 결정은 전도성을 띠지 않는다. 그러나 이온 결합 화합물이 녹으면 우수한 전기 전도체가 된다. 고체가 녹으면 전기적으로 대전된 이온들을 움직일 수 있게 된다.

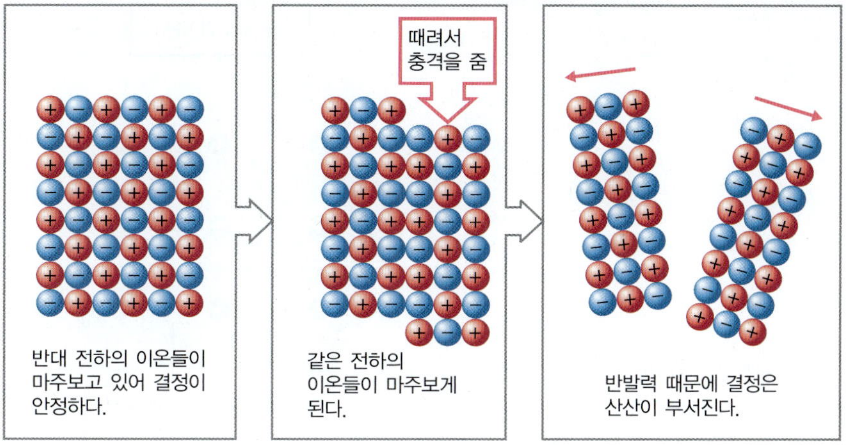

그림 11.51 충격을 가하면 이온 결정은 산산이 부서진다. 미세 관점에서 볼 때 이온 결정에 충격을 가하면 이온 층이 이동하여 같은 전하의 이온들이 마주 보게 되는 현상이 발생한다. 결과적으로 이온 간의 반발력으로 인하여 결정이 분리되고 산산이 부서진다.

분자 결정

분자 결정(molecular crystal)은 격자점들이 원자(고체 상태의 아르곤 또는 크립톤) 또는 분자(고체 상태의 황(S_8), PF_3, SO_2, H_2O)에 의해서 점유되는 고체이다. 고체 분자가 비교적 작으면 결정은 부드럽고 녹는점이 낮다. 이는 고체 내 입자들이 상대적으로 약한 분자간 인력을 갖기 때문이다. 예를 들면 아르곤 결정에서 인력은 London 힘뿐이다. SO_2는 극성 분자로 이루어졌고 London 힘 이외에 쌍극자–쌍극자 인력이 있다. 물의 결정(얼음)에서 분자들은 주로 강한 수소 결합에 의하여 그 자리에 붙잡혀 있다. 분자성 화합물은 전하를 운반할 수 없기 때문에 고체나 액체 상태에서 전기 전도성이 없다.

해설 분자 결정에서 입자들을 분리시키거나 혹은 서로를 어긋나게 하는데 에너지가 적게 필요하기 때문에 분자 결정은 부드럽다.

공유 결정

공유 결정(covalent crystal)은 격자점의 원자가 이웃 격자점의 원자와 공유 결합을 하고 있는 고체이다. 이러한 결정은 필연적으로 거대 분자이다. 결정 내에 그물처럼 엮여 있는 공유 결합이 사방으로 연결되어 있기 때문에, 이러한 고체를 **그물구조 고체(network solid)**라고 한다. 가장 전형적인 예는 다이아몬드이다(그림 11.52 참조). 공유 결정은 공유 결합으로 연결된 원자들 사이에 매우 강한 인력이 있기 때문에 매우 단단하고 녹는점 또한 높다. 또 다른 예로 석영(SiO_2, 모래의 전형적 알맹이에서 발견)과 탄화 규소(SiC, 사포에 사용되는 일반적인 연마제) 등을 들 수 있다. 공유 결정 중 규소와 같은 반도체도 존재하지만 대부분은 부도체이다.

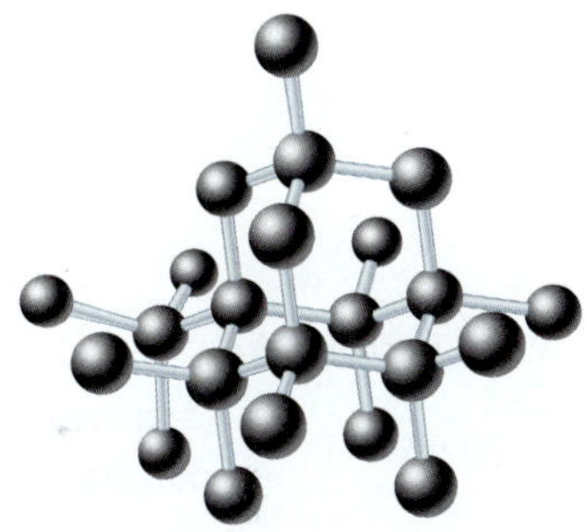

그림 11.52 다이아몬드의 구조 사면체의 각 꼭짓점에 위치한 탄소 원자는 네 개의 다른 탄소 원자와 공유 결합을 하고 있다. 그림은 다이아몬드의 아주 작은 일부분을 나타낸 것이고, 이와 같은 구조가 다이아몬드 결정 전체에 확장되어 있다.

금속 결정

금속 결정(metallic crystal)은 다른 3가지 형태의 결정들과는 아주 다른 성질을 가지고 있다. 금속 결정은 열전도성과 전기 전도성이 좋으며 금속을 연상하게 하는 광택을 나타낸다. 금속의 성질을 설명하려는 많은 모형이 개발되었다. 가장 간단한 모형은 **양이온**(핵 + 핵심부 전자)에 의해서 금속 결정 격자점이 채워진 모형이다. 금속 결정 전체에 퍼져 있는 양이온을 원자가 전자에 의해 형성된 전자들의 '구름'이 둘러싸고 있는 모형이다(그림 11.53 참조). 구름 속의 전자는 특정 양이온이 아니라 결정 전체에 속한 것이다. 전자는 한 원자에만 편재되지 않기 때문에 자유로이 쉽게 움직일 수 있는데, 이것이 금속이 높은 전기 전도성을 갖는 이유이다. 또한 전자들은 고체 내에서 운동 에너지를 쉽게 이동시킬 수 있기 때문에 금속의 열전도성 또한 좋다. 이 모형으로 금속의 광택도 설명할 수 있다. 금속에 빛을 쪼여주면 약하게 잡혀 있는 전자들이 쉽게 진동하고, 즉각적으로 동일한 진동수와 세기를 갖는 빛을 쉽게 재방출한다.

해설 9장에서 논의된 고체의 띠이론에서 다른 종류의 고체에 대한 전자 구조를 살펴볼 수 있다.

텅스텐과 같은 금속들은 녹는점이 매우 높고, 소듐(mp = 97.8 °C)이나 수은(mp =

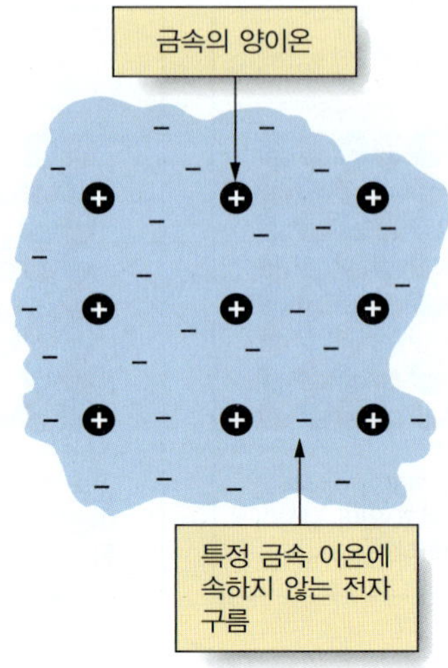

그림 11.53 금속 결정의 '전자 바다' 모형 금속 고체의 모습을 매우 단순화시킨 모형으로, 원자가 전자를 잃은 금속 원자는 움직이는 전자의 '구름'에 둘러싸인 양이온으로 존재한다.

−38.83°C) 등은 녹는점이 매우 낮다. 녹는점은 금속 결정의 양이온에 의해 결정된다. 1A족 금속은 원자가 전자를 한 개 가지고 있으므로 핵심부는 1+ 상태의 양이온으로 간주할 수 있으며, 그들을 둘러싸고 있는 '전자 바다'에 약하게 당겨지는 상태이다. 반면에 2A족의 금속의 핵심부는 2+ 상태의 전하를 가진다. 이 전하들이 전자 바다를 좀 더 강하게 끌어당기기 때문에 2A족 금속은 1A족 금속보다 녹는점이 더 높다. 텅스텐과 같이 녹는점이 매우 높은 금속에는 원자들 간이나 원자와 전자 바다 사이에 매우 강한 인력이 존재해야 하는데, 이는 그들 사이에 공유 결합이 있다는 것을 암시한다. 결정의 종류와 이들의 일반적 성질을 **표 11.7**에 수록하였다.

표 11.7 결정의 종류

결정 형태	격자 자리를 차지하는 입자	인력의 형태	전형적인 예	전형적인 성질
이온	양이온 음이온	반대 전하 이온들 사이의 인력	$NaCl$, $KMnO_4$, $NaNO_3$, $NaHCO_3$	상대적으로 단단함, 깨지기 쉬움, 높은 녹는점, 고체일 때는 비전도체이지만 녹으면 전도체
분자	원자 또는 분자	쌍극자−쌍극자 인력 런던 힘, 수소 결합	HCl, SO_2, N_2, Ar, CH_4, H_2O	무름, 낮은 녹는점, 고체와 액체 상태에서 모두 비전도체
공유(그물 구조)	원자	원자간 공유 결합	다이아몬드, SiC(탄화 규소), SiO_2(모래, 석영)	매우 단단함, 매우 높은 녹는점, 비전도체
금속	양이온	양이온과 결정 전체에 확장된 전자 구름의 인력	Mg, Au, Cr, K, Bi	매우 단단한 것부터 매우 무른 것까지의 범위, 높은 것에서 낮은 것까지의 녹는점 범위, 고체와 액체 상태 모두에서 전도성, 광택 특성을 가짐

예제 11.8 물리적 성질을 이용한 결정 형태 알아내기

오스뮴(Os, osmium) 금속은 화학식이 OsO_4인 산화물을 형성한다. OsO_4 결정은 부드럽고 40°C에서 녹으며, 액체 상태에서 전기 전도성이 없다. 고체 OsO_4는 어떤 결정 형태에 속하겠는가?

분석 이 화합물은 금속과 비금속으로 구성되어 있으므로 이온성이라고 생각할 것이다. 그러나 이 화합물의 성질은 이온 결합 물질의 성질과는 상반된다. 그러므로 금속−비금속 화합물에서 대해 이전에 배웠던 일반화에 예외가 있을 것이라고 생각해야 한다. 그러면 주어진 OsO_4의 물리적 성질은 어떤 결정 형태에 부합하는지 생각해 보라. 존재하겠는가?

도구 모음 표 11.7에 결정의 형태에 따른 일반적인 성질들을 수록하였다. 이 문제를 풀기 위해 도구로 표의 정보를 이용할 수 있다.

풀이 OsO_4의 특성인 무름과 낮은 녹는점은 고체 OsO_4가 분자성 고체이고 격자점에 OsO_4 분자가 위치하고 있다는 것을 암시한다. 액체 OsO_4가 전도성이 없다는 사실은 액체 상태에서 이온이 존재하지 않는다는 증거이기도 하다.

답이 합리적인가? 분석 자료를 검토하지 않고는 확인할 방법이 거의 없다.

실전 문제 11.23

18개의 탄소로 된 사슬로 이루어진 유기산인 스테아르산은 비누와 세제를 만드는 데 사용된다. 고체 스테아르산은 부드러우며 70°C에서 녹는다. 어떤 결정 형태가 이 화합물의 성질에 가장 잘 부합하는가? (**힌트**: 스테아르산이 실온에서 고체 상태로 존재하게 하는 지배적인 인력을 고려하라.)

실전 문제 11.24

실험식이 BN인 질화 붕소는 2730°C에서 녹고 다이아몬드만큼 단단하다. 이 화합물의 결정 형태는 어떤 형태로 추정되는가?

실전 문제 11.25

황인은 비료나 불꽃놀이에 널리 이용되는 화합물이지만 원형질의 독소 성분이기도 하다. 황인의 녹는점은 44.1°C이다. 고체 황인에 가장 부합되는 결정 형태는 무엇인가?

강의실 밖의 화학 11.2

거대 결정

우리가 볼 수 있는 가장 일반적인 결정은 소금 결정으로, 결정의 모서리 크기는 밀리미터 단위보다 작다. 그러나 2000년에 멕시코의 Naica산 아래 300 m 지점에서 광부에 의하여 거대한 석고 결정이 발견되었다. 가장 큰 결정의 길이는 11 m이고 무게는 무려 55톤이나 되었다. 이 결정들은 58°C의 황산 칼슘 수용액 속에 방해받지 않고 잠겨있었기 때문에, 수천 년에 걸쳐 이렇게 거대한 결정으로 천천히 자랄 수 있었다. 석고는 특이하게 온도가 높아질수록 덜 녹는다. 용액의 온도가 더 낮았다면 결정의 크기도 더 작았을 것이다. 그러나 용액의 온도가 따뜻하게 유지되었기 때문에 황산 칼슘이 더 많이 침전하였고 결정은 더 자랄 수 있었다.

이 동굴의 또 다른 흥미 있는 점은, 온도가 58°C로 유지되는 동안 습도는 90~100%를 유지한다는 것이다. 이러한 조건에서는 사람이 동굴 안에서 가장 찬 물체 중의 하나일 것이다. 왜냐하면 신체 온도는 37°C이기 때문이다. 이러한 공기를 호흡하면 인체 내에서 냉각되어 폐에서 공기의 수분이 응축된다. 이러한 이유로 사람이 이 동굴에서 10분 이상 머물면 익사한다고 한다.

Javier Trueba/MSF/Science Source

종합 화학 예제

11장에서 다양한 물질적 성질이 제시되었다. 어떤 성질은 조밀한 채움과 관련이 있고, 또 어떤 성질은 분자간 인력의 세기와 관련이 있다. 일반적으로 분자간 인력의 세기에 따라 물리적 성질이 변하는 경향성이 존재한다. 물리적 성질을 나열하고 각각의 성질이 분자간 인력이 증가함에 따라 어떻게 변하는지 설명하시오.

분석 이 예제는 물리적 성질들을 나열하고, 각각의 성질에 대한 분자간 인력의 영향을 기술하라는 예제이다.

도구 모음 분자간 인력과 인력의 세기가 여러 가지 물질적 성질에 미치는 영향에 대한 정보가 필요하다.

풀이 우선 예제에서 다루어야 하는 물리적 성질을 나열해 보자.

압축성(Compressibility)
확산(Diffusion)
머무름 부피와 모양(Retension volume and shape)
표면 장력(Surface tension)
용액에 의한 표면의 젖음(Wetting a surface by a liquid)
점도(Viscosity)
증발과 승화(Evaporation and sublimation)

이제 분자간 인력의 증가가 각각의 물리적 성질에 미치는 영향에 대하여 설명해 보자.

압축성: 압축성은 입자가 얼마나 조밀하게 채워졌는가에 의존하는 성질이다. 입자들이 서로 멀리 떨여져 있다면 상재적으로 압축하기 쉬울 것이다. 예를 들면 기본적으로 분자간 인력이 거의 존재하지 않는 기체는 입자가 서로 접촉할 때까지 압축될 수 있다. 그러나 분자간 인력이 강한 액체나 고체의 경우 압축성이 크게 감소한다.

확산: 확산도 입자가 얼마나 조밀하게 채워졌는가에 의존하는 성질이다. 기체에서와 같이 입자 사이에 공간이 있으면 분자간 인력은 무시할 수 있기 때문에 입자들이 기체 사이에서 확산하기 쉽다. 액체나 고체에서 확산하려는 물질은 고체나 액체의 분자간 인력을 극복해야 하기 때문에 확산이 제한적이다. 또한 액체 상태의 분자간 인력이 고체 사이의 분자간 인력보다 작기 때문에 액체 상태에서의 확산이 더 용이하다.

부피와 모양: 기체의 부피와 모양은 용기가 결정하고 액체는 모양은 용기에 따르지만 고유한 부피를 가지고 있다. 그러나 고체는 고유한 모양과 부피를 유지한다. 주어진 물질에 대하여 고체 상태에서는 분자간 인력이 강하고 액체 상태에서의 인력은 조금 감소하며 기체 상태에서는 분자간 인력이 거의 없는 것으로 간주된다. 따라서 분자간 인력이 강할수록 고유한 부피와 모양을 더욱 유지하는 경향성이 있다.

표면 장력: 표면 장력은 액체의 표면적을 넓히는 데 필요한 에너지이다. 액체의 표면적을 넓히려면 액체 내부에 위치한 입자를 표면으로 이동시켜야 하는데, 표면에 존재하는 입자의 분자간 상호작용은 감소하기 때문에 액체 내부 입자를 표면으로 이동시키려면 분자간 인력을 깨야 하고 결과적으로 이 과정에는 에너지가 요구된다. 따라서 분자간 인력이 클수록 표면 장력 또한 크다.

용액에 의한 표면의 젖음: 표면이 젖는 과정은 액체와 표면이라는 두 가지 물질 사이에 진행되는 과정이다. 표면을 적시려면 용액의 분자간 인력보다 용액과 표면 사이의 인력이 더 커야 한다. 따라서 용액의 분자간 인력이 더 클수록 표면과의 인력이 상대적으로 줄어들기 때문에 표면을 적시는 용액의 능력이 감소한다.

점도: 점도는 물질의 흐름에 대한 저항성을 나타내는 지표이다. 물질이 흐르기 위해서는 물질을 구성하는 입자 사이의 인력이 깨어지고 다시 형성되는 일련의 과정이 반복되어야 한다. 분자간 인력이 강하면 인력을 깨는 데 필요한 에너지가 크기 때문에 분자간 인력이 강할수록 점도도 크다.

증발과 승화: 액체가 증발하거나 혹은 고체가 승화하면 기체 상태가 된다. 이 과정에서 분자간 인력을 극복해야 하기 때문에, 액체나 고체의 분자간 인력이 강할수록 증발과 승화에 필요한 에너지는 증가한다.

답이 합리적인가? 11장에서 제시된 모든 물질적 성질과 분자간 인력과의 관계에 대하여 기술하였다. 분자간 인력이 강할수록 입자가 분리되는 것에 대한 저항력이 증가한다. 모든 설명이 이와 같은 논리에 기반하고 있다.

종합 화학 문제

A. 결정 격자는 모든 방향으로 하나씩 반복되는 단위 세포로 구성되어 있다. 단위 세포의 격자점에는 원자나 이온 혹은 분자가 위치하고 있으며, 격자점은 모서리로 연결되어 있다. 다음의 절차에 따라 단위 세포의 꼭짓점에 위치한 격자점은 모두 동일하다는 것을 증명하시오. 먼저 특정 단위 세포(예를 들면 사방정계에 속한 단위 세포 A)를 선택하고 이 단위 세포를 위, 아래, 왼쪽 그리고 오른쪽으로 하나의 단위 세포 단위만큼 이동시켜 바로 다음 단위 세포(예를 들면 사방정계에 속한 단위 세포 B)와 겹쳤을 때 단위 세포 A와 B의 모든 격자점이 정확하게 일치하는 것을 보이시오. 두 번째는 선택한 특정 격자점을 주변의 다른 격자점으로 이동(전체 단위 세포와 함께)시켰을 때 이동한 단위 세포의 다른 격자점 역시 주변의 다른 격자점과 정확하게 일치하는 것을 보이시오. 이는 모서리나 면심 혹은 체심 위치의 격자점 역시 동일하다는 것을 의미한다. 이 질문에 답하려면 간단한 모형을 만드는 것이 효과적이다.

B. 나뭇잎이 물 위에서 떠 있는 사진에서 보는 바와 같이 물의 표면 장력은 비교적 크다. 하나의 물 분자에 대한 표면 장력이 존재하는 것이 아니고 많은 물 분자가 모인 계에서 표면 장력이 존재하는 것이다. 물 분자가 모여 계를 이룰 때 표면 장력이 나타나는 과정을 설명하시오.

C. 점도는 액체 흐름에 대한 저항 능력을 나타내는데, 액체가 흐르려면 입자들이 서로 교차하면

물질	구조	300 K에서의 점도(Pas)
아세트산	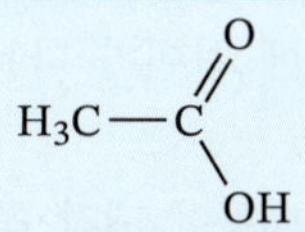	1.15×10^{-3}
아세톤	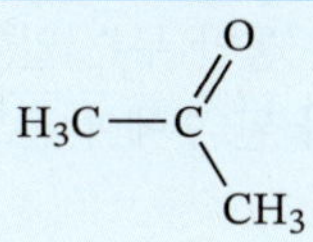	3.16×10^{-4}
헥세인	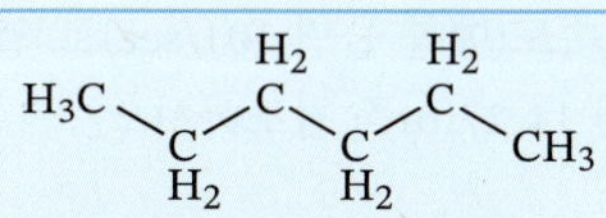	2.97×10^{-4}
글리세린	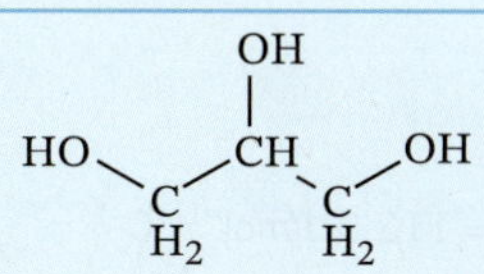	9.50×10^{-1}
물	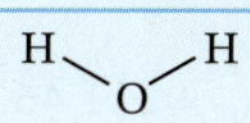	8.9×10^{-4}

서 나아가야 한다. 점도는 파스칼·초(Pa s) 단위를 사용한다. 다음의 표에 5가지 화합물에 대한 구조와 300 K에서의 점도를 수록하였다. 물질을 점도가 증가하는 순서대로 나열하고 표에 수록된 자료와 구조를 이용하여 순도가 그렇게 증가하는 이유를 설명하시오. 각 물질에 대한 적어도 3개 이상의 구조를 그리고 어떤 분자간 상호 작용이 존재하는지 밝히시오.

D. Le Châtelier 원리에 의하면 평형 상태에서 교란이 일어나면 교란을 억제하는 방향으로 반응이 진행되어 새로운 평형에 이르게 된다. 이는 안정과 변화 사이의 균형에 의한 것이다. 11장에서 고체와 액체, 액체와 기체, 고체와 기체 사이의 평형을 포함한 변화에 대하여 논의하였다. 물질의 상평형과 상태 변화를 보여 주는 실험을 제안해 보시오.

E. 전 세계적으로 수요가 많은 순수한 물은 100 °C에서 끓는다. 물은 비열($4.184\,J\,g^{-1}\,°C^{-1}$)이 높고 증발열($2.4\,kJ\,g^{-1}$) 또한 크기 때문에 증류를 이용하여 물을 정체하는 데에는 많은 에너지가 소모된다. 그러나 압력을 낮추면 물의 끓는점도 낮아진다. Clausius–Clapeyron 식을 이용하여 다른 압력에서의 끓는점을 계산할 수 있다. 낮은 압력에서 물을 끓이는 데 필요한 에너지는 낮아지지만, 압력을 낮추는 데 새로운 에너지가 필요하다.

1.0 L의 물을 정상 끓는점보다 60 °C가 낮은 40 °C에서 끓이려고 한다. 다음 물음에 답하시오.

(a) 물의 끓는점이 40 °C가 되는 계의 압력을 구하시오(물의 몰증발열은 43.9 kJ/mol이다).

(b) 1 g의 물을 20 °C에서 40 °C까지 가열하는 데 필요한 열량을 계산하시오.

(c) 낮은 압력에서 물을 끓이는 장비를 그려보시오. 압력은 액체 위 0.5 L의 공간으로부터 측정된다고 가정한다.

(d) 끓는점이 40 °C가 되도록 압력을 내리는 데 필요한 에너지를 계산하시오(에너지를 계산하기 위한 식은 $E = \Delta PV$이다).

(e) 물을 100 °C가 아닌 40 °C에서 끓일 경우 절약되는 에너지를 계산하시오. 물을 진공 증류하는 방법은 경제적인 방법인가? 비용 절감 차원에서 진공 증류를 더욱 효과적인 방법으로 만들 수 있는 에너지 절약 방법이 있는가?

F. 다음에 나타낸 에탄올에 대한 냉각 곡선은 에탄올에서 열을 제거할 때 온도 변화를 보여 준다. 다음 물음에 답하시오.

(a) 냉각 곡선에 포함된 자료를 검증할 수 있는 실험에 대하여 설명하시오. 실험에는 기체에서 액체를 거쳐 고체로 변화하는 동안 열을 어떻게 제거할 것인가와 온도를 측정하는 방법을 포함하시오.

(b) 기체의 열용량은 액체나 고체에 비하여 작고, 증발열은 융해열보다 크다. 분자간 힘과 증발열이나 융해열과 관련된 에너지를 고려하여 열용량에 차이가 나는 이유를 제시하시오. 증발열이 융해열보다 큰 이유는 무엇인가?

(c) 물질이 응축되거나 혹은 응고될 때는 온도가 일정하기 때문에 냉각 곡선이 평편하다. Le Châtelier 원리를 이용하여 이와 같은 변환이 진행되는 동안 무슨 일이 일어나는지 분자 수준에서 설명하고, 물질이 완전히 액체나 혹은 고체가 된 후에야 온도가 변하는 이유를 설명하시오.

(d) 1 mol의 에탄올에 대한 실험에서 일정한 속도(예를 들면 10 J/sec)로 열을 제거할 때 가장 긴 시간이 걸리는 과정은 무엇인가? 그림 11.27(b)를 참조하시오.

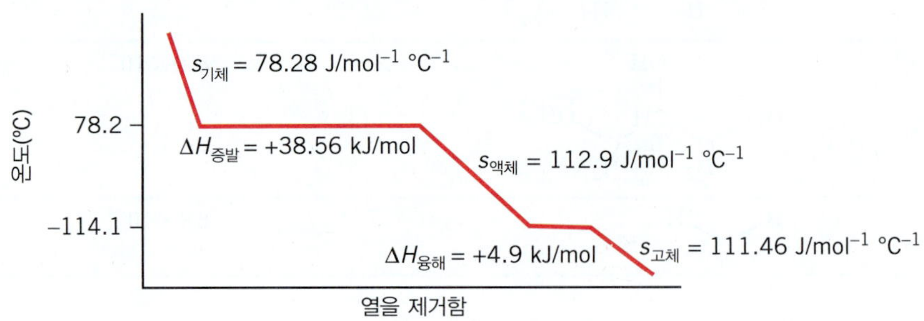

G. 입방 최조밀 채움, 육방 최조밀 채움, 입방 격자 등 여러 종류의 채움 구조에 대하여 논의하였다. 30개에서 45개의 공(테니스공이나 골프공 혹은 차가운 마시멜로)을 이용하여 언급한 3가지 격자 형태를 나타내는 층을 각각 쌓으시오. 공을 움직이지 않게 하는 데 조그만 상자를 이용하면 도움이 될 것이다. 입방 격자가 다른 구조에 비하여 덜 안정하다는 것을 확인하시오. 입방 최조밀 채움과 육방 최조밀 채움 사이에 어떤 차이가 있는지 확인하시오.

요약

학습 목표별로 정리함

쌍극자 사이의 인력, 수소 결합, London 힘을 포함한 주요 분자간 힘에 대해서 설명할 수 있다.

기체는 용기의 전체 부피를 채울 때까지 팽창한다. 액체와 고체는 용기의 크기와는 무관하게 일정한 부피를 유지한다. 고체는 모양도 일정하게 유지한다. 이러한 특징은 물질의 상태에 따라서 입자들이 조밀하게 쌓여 있는 정도와 입자들 사이에 작용하는 인력의 세기와 관련된다. 극성 분자들은 서로 **쌍극자–쌍극자 인력**을 통해서 잡아당긴다. 이 힘은 한 쌍극자의 양전하를 띤 끝단과 다른 쌍극자의 음전하를 띤 끝단 사이에서 작용한다. 쌍극자–쌍극자 인력의 특별한 경우인 **수소 결합**은 크기가 작고 전기 음성도가 매우 큰 원자(주로 질소, 산소, 플루오린)에 수소가 공유 결합된 분자들 사이에 일어난다. 수소 결합은 어떤 형태의 분자간 인력보다 훨씬 더 강하다. 비극성 분자들은 **순간 쌍극자–유도 쌍극자 인력**인 **London 분산력**에 의해서 서로에 끌린다. London 힘은 원자나 극성 및 비극성 분자 혹은 이온을 포함하는 모든 입자들 사이에 존재한다. London 힘은 입자의 전자 구름 크기가 증가함에 따라 증가한다. 이 힘은 또한 탄화수소와 같은 분자에서 사슬 길이가 증가할수록 증가한다. 큰 분자의 경우 많은 수의 원자들 사이에 작용하는 약한 London 힘이 누적되어 다른 분자간 힘보다 훨씬 커질 수 있다. **이온–쌍극자 인력**은 이온이 극성 물질과 상호 작용할 때 생긴다. **이온–유도 쌍극자 인력**은 이온이 주위의 분자나 이온에 쌍극자를 만들 때 생긴다.

분자간 인력이 물질의 거시적 성질에 미치는 영향을 설명할 수 있다.

입자가 채워질 때의 조밀성에 주로 의존하는 성질은 **압축성**(또는 그 반대인 비압축성)과 **확산**이다. 확산은 액체에서 느리고, 실온에서 고체의 경우에는 거의 존재하지 않는다. 대부분 분자간 인력의 세기에 의존하는 성질은 **부피와 모양의 보존**, **표면 장력** 및 **증발의 용이성** 등이다. **표면 장력**은 액체의 표면적을 넓히는 데 필요한 에너지와 관련이 있다. 액체 분자들이 서로에게 끌리는 것만큼 액체와 표면 사이의 인력이 강하면 액체가 표면을 **젖게** 할 수 있다. 액체의 **증발**과 고체의 **승화**는 항상 흡열 과정이다. 전체 액체의 증발 속도는 표면적이 증가하면 증가한다. 액체의 단위 표면적당 증발 속도는 온도가 상승할수록, 그리고 분자간 인력이 감소할수록 증가한다. 고체가 액체 상태를 거치지 않고 바로 기체가 되는 과정을 승화라고 한다.

동적 평형 개념을 이용하여 물질의 상태 변화를 이해할 수 있다.

융해, 얼음, **증발**, **응축**, **응고**, **승화**와 같이 한 물리적 상태로부터 다른 상태로의 변화는 **동적 평형** 상태에서 일어난다. 동적 평형에서는 반대 과정이 같은 속도로 일어나기 때문에 외관상 계의 조성은 변하지 않는다. 액체와 고체의 경우에는 밀폐된 용기 안에서 증발이 일어날 때 각각 기체와의 평형에 도달한다. 녹는점에서 고체와 액체는 평형 상태를 유지한다.

증기압의 의미와 증기압을 이용해서 분자간 힘의 상대적 세기를 어떻게 비교할 수 있는지를 설명할 수 있다.

액체의 응축과 증발 속도가 같을 때, 액체 위의 증기는 **평형 증기압**(또는 보다 일반적으로는 **증기압**)에 해당하는 압력을 나타낸다. 증기압은 단위 표면적당 증발 속도에 의해서 결정된다. 분자간 인력이 크면 증발 속도가 작고 증기압도 작다. 증발 속도가 온도가 상승하면 증가하므로 증기압도 온도가 상승하면 증가한다. 고체도 액체의 경우와 마찬가지로 증기압을 갖는다.

끓는점과 정상 끓는점의 개념을 이해하고 응용할 수 있다.

물질은 증기압이 대기압과 같을 때 끓는다. 액체의 **정상 끓는점**은 증기압이 1기압과 같아지는 온도이다. 분자간 인력이 강한 물질은 끓는점이 높다.

물질의 상태 변화가 일어날 때 수반되는 에너지 변화량을 계산할 수 있다.

가열 곡선에서 수평 부분은 가해진 열이 입자들의 평균 운동 에너지를 변화시키지 않고 퍼텐셜 에너지를 변화시키는 상태 변화에 해당한다. **과열**은 액체가 끓는점 이상으로 가열되었을 때 일어날 수 있다. **냉각 곡선**에서 수평 부분은 열이 빠져나가면서 물질을 구성하는 입자들의 평균 운동 에너지는 변화하지 않고 퍼텐셜 에너지만 감소하는 상태 변화에 해당한다. **과냉각**은 액체의 응고가 일어나지 않은 채 온도가 물질의 어는점 이하로 떨어질 때 일어난다. 과열과 과냉각 상태는 모두 불안정하다. 액체의 녹음이나 증발과 고체의 승화에 대한 엔탈피 변화는 각각 **몰융해열**($\Delta H_{융해}$), **몰증발열**($\Delta H_{증발}$), **몰승화열**($\Delta H_{승화}$)이라고 한다. 이들은 모두 흡수되는 열이고, 상대적 크기는 $\Delta H_{융해} < \Delta H_{증발} < \Delta H_{승화}$ 순이다. 이들 엔탈피 변화량은 분자간 인력이 큰 물질에서 크게 나타난다. **몰응고열**($\Delta H_{응고}$), **몰응축열**($\Delta H_{응축}$), **몰석출열**($\Delta H_{석출}$, 승화의 역과정)은 모두 발열 과정에 수반되는 엔탈피 변화량이다. 이들의 상대적 크기는 $\Delta H_{응고} < \Delta H_{응축} < \Delta H_{석출}$ 순이다.

상도표를 이해하고 효과적으로 이용할 수 있다.

상도표는 상 사이에 평형이 존재할 수 있는 온도와 압력을 나타낸 그림이다. 3개의 평형선은 **삼중점**에서 교차한다. 액체-증기 선은 **임계점**에서 끝난다. **임계 온도**에서는 액체가 그 **임계 압력**과 같은 증기압을 갖는다. 임계 온도 이상에서는 액체상이 존재할 수 없고 **초임계 유체**라고 하는 단일상이 존재한다. 상도표에서 물질이 단일상만으로 존재할 수 있는 온도-압력 영역은 평형선에 의하여 구분된다. 물은 압력이 증가할수록 녹는점이 감소한다는 점에서 대부분의 물질과 다르다.

Le Châtelier 원리를 이용하여 물질의 상태 변화를 이해할 수 있다.

평형에 있는 계에 어떤 교란이 발생하면 그 계는 그 교란의 영향을 최소화시키는 방향으로 변화하며, 가능하다면 다시 평형에 도달한다. 이 원리에 따르면 온도를 올려주면 흡열 변화가 유리하고, 부피를 감소시키면 덜 밀집된 상으로의 변화가 유리하다.

실험을 통해 증발열을 결정하는 과정을 이해할 수 있다.

물질의 증발열은 온도 변화에 따른 증기압의 변화와 관련이 있다.

결정을 구성하는 개별 분자의 반복되는 기하 구조가 전체적인 결정 구조에 미치는 영향을 설명할 수 있다.

결정성 고체를 구성하는 입자들의 매우 규칙적인 배열을 하고 있으며, 이는 점의 삼차원 배열이 반복되는 **격자** 개념을 이용하여 기술될 수 있다. 격자의 가장 간단한 부분이 **단위 세포**이다. 격자점에 위치한 단위(원자, 분자, 이온)를 바꾸거나 혹은 단위 세포의 크기를 변화시키면 동일한 격자를 이용하여 많은 다른 구조들을 묘사할 수 있다. 모든 결정은 표 11.6에 나타낸 14가지 격자 중 하나에 속한다. 입방 단위 세포에는 **단순 입방**과 **면심 입방** 그리고 **체심 입방**의 세 가지 종류가 가능하다. 염화 소듐과 많은 다른 알칼리 금속의 할로젠화물은 단위 세포당 네 개의 화학식 단위를 가지는 **암염 구조**로 결정화된다. 원자의 최조밀 채움 구조의 두 가지 형태로 **입방 최조밀 채움(ccp)**과 **육방 최조밀 채움(hcp)**이 있다. ccp 구조는 원자층이 A-B-C-A-B-C … 형태로 쌓여 있으며, hcp 구조는 원자층이 A-B-A-B … 형태로 쌓여 있다. **비결정성** 고체는 결정성 고체와 같은 규칙적인 내부 구조가 부족하다. 비결정성 고체인 유리는 때때로 **과냉각 액체**라고 불린다.

X선 결정학의 기초를 설명할 수 있다.

실험적으로 결정에 X선을 쪼였을 때 생성되는 **X선 회절 무늬**로부터 결정 구조에 관한 정보를 얻을 수 있다. 원자면 사이의 거리(d)는 Bragg 식 $n\lambda = 2d\sin\theta$에 의해 계산할 수 있다. 여기서는 n은 정수이고, λ은 X선의 파장, d는 회절된 빛을 생성하는 원자면 사이의 거리, θ는 회절된 빛의 회절 각도이다.

분자간 힘이 결정의 종류에 따른 성질을 결정한다는 사실을 이해할 수 있다.

결정은 **이온 결정**, **분자 결정**, **공유 결정**, **금속 결정**의 네 가지 일반적 형태로 나눌 수 있다. 표 11.7에 요약된 것과 같이 이들의 성질은 격자 안의 입자의 종류와 입자 간의 인력에 의존한다.

문제 풀이를 위한 도구

도구 다음과 같은 도구들이 이 장에서 도입되었다. 이들을 주의 깊게 공부하면 필요할 때 적절한 도구를 선택할 수 있다.

분자간 힘: 쌍극자-쌍극자 인력, 수소 결합, London 힘(11.1절)
쌍극자-쌍극자 인력, 수소 결합, London 힘은 액체와 고체를 이루는 분자 사이의 분자간 인력의 원인이 되는 세 가지 분자간 힘이다. 이온-쌍극자 인력, 이온-유도 쌍극자 인력은 이온과 극성 또는 비극성 물질 사이의 상호 작용이다.

분자간 인력의 세기 비교하기(11.1절)
분자 구조(VSEPR 이론을 통해 결정)로부터 분자가 극성인지 아닌지, 그리고 분자가 O—H, N—H, F—H를 가지고 있어서 수소 결합을 할 것인지를 결정할 수 있다. 이 결과로부터 분자간 인력의 세기를 예측하고 비교할 수 있다.

증발 속도에 영향을 미치는 요인: 온도와 분자간 힘(11.2절)
물질의 온도가 상승하면 그 물질을 구성하는 분자들의 평균 운동 에너지가 증가하고, 증발 속도도 빨라진다. 분자간 힘이 강할수록 증발 속도는 더 느려진다.

증기압에 영향을 미치는 인자(11.4절)
물질의 증기압에 영향을 미치는 두 가지 인자는 계의 온도와 분자간 힘이다.

끓는점과 분자간 힘(11.5절)
액체 증기압과 대기압과 같아지면 액체는 끓는다. 액체의 정상 끓는점은 1 atm에서의 액체의 끓는점이다. 끓는점은 증기압과 관련이 있기 때문에 끓는점 역시 분자간 힘의 척도가 된다.

상태 변화에 수반되는 엔탈피 변화(11.6절)
각각의 상태 변화 과정은 엔탈피 변화를 수반한다. 융해, 증발, 승화는 흡열 과정이다. 응축, 석출, 응고는 발열 과정이다. $\Delta H_{증발}$과 $\Delta H_{승화}$를 이용하여 물질을 이루는 분자간 힘의 세기를 비교할 수 있다.

융해열(11.6절)

주어진 물질의 양을 녹이는 데 필요한 열의 양은 다음 식으로 주어진다.

$$q = n \times \Delta H_{융해}$$

다른 상태 변화 과정에 대해서도 비슷한 관계식이 적용된다.

상도표(11.7절)

물질의 서로 다른 상들 사이에 존재하는 평형 상태는 어떤 온도와 압력 조건에 해당하는지, 그리고 어떤 조건에서 물질이 단일 상으로 존재하게 되는지를 상도표를 이용해서 알아낼 수 있다. 삼중점과 임계점도 상도표를 통해서 알 수 있다.

Le Châtelier 원리(11.8절)

Le Châtelier 원리를 이용하여 계가 동적 평형 상태에서 벗어났을 때 평형의 위치가 이동하는 방향을 예측할 수 있다.

Clausius–Clapeyron 식(11.9절)

증기압, 증발열, 온도 사이의 관계는 다음과 같다(식 11.3).

$$\ln P = \frac{-\Delta H_{증발}}{RT} + C$$

이 식은 '두 점(온도, 압력)'의 값을 이용한 관계식으로도 표현될 수 있다(식 11.6).

$$\ln\frac{P_1}{P_2} = \frac{\Delta H_{증발}}{R}\left(\frac{1}{T_2} - \frac{1}{T_1}\right)$$

입방 단위 세포(11.10절)

기본적인 입방 격자 구조에는 단순 입방, 면심 입방, 체심 입방의 세 가지가 있다. 단위 격자 내의 원자 배열을 알 수 있으면, 이 원자 배열에 대한 정보와 단위 세포의 크기에 대한 정보를 이용하여 원자의 반지름과 다른 성질들을 계산할 수 있다.

단위 세포에 포함된 원자수 세기(11.10절)

단위 세로가 포함하는 원자수는 단위 세포에 부분적으로 포함되어 있는 원자의 조각들을 전부 더해서 얻는다. 단위 세포의 꼭짓점에 위치하는 원자의 경우 1/8 조각, 모서리에 위치하는 원자의 경우 1/4 조각, 면에 위치하는 원자의 경우 1/2 조각으로 세고, 단위 세포 안에 완전히 포함되는 경우는 1개의 원자로 센다.

Bragg 식(11.11절)

$$n\lambda = 2d\sin\theta$$

결정의 형태에 따른 성질(11.12절)

경도, 녹는점, 전기 전도도와 같은 고체의 성질을 조사하면 고체의 격자를 구성하는 입자의 성질과 그들 사이의 인력의 종류를 예측할 수도 있다.

쌍으로 구성된 복습 문제 중 청색 번호를 가진 문제의 해답은 부록 B에 수록하였다. 난이도가 높은 문제는 별표(*)로 표시하였다.

복습 질문

분자간 힘

11.1 물질이 특정 온도에서 고체나 액체 혹은 기체로 존재하는 이유는 무엇인가? 분자간 인력의 관점에서 설명하시오.

11.2 한 용기에서 다른 용기로 옮길 때 기체와 액체 그리고 고체의 거동에서 차이점을 기술하시오. 이런 차이가 발생하는 이유는 무엇인가?

11.3 어떤 물질의 기체나 액체 혹은 고체 상태에서의 분자간 인력은 어떻게 다른가?

11.4 분자간 거리가 증가할수록 분자간 인력이 약해지는 이유는 무엇인가?

11.5 London 힘이란 무엇인가? London 힘에 대한 원자나 분자의 크기와 개수 그리고 형태에 따른 영향을 설명하시오.

11.6 순간 쌍극자–유도 쌍극자 상호 작용에 대하여 설명하시오. 이 상호 작용에 영향을 미치는 주된 요인은 무엇인가?

11.7 쌍극자–쌍극자 인력을 기술하시오. 쌍극자–쌍극자 상호 작용을 하는 분자가 어떻게 배열하는지 그림으로 나타내시오.

11.8 London 힘과 쌍극자–쌍극자 인력 그리고 수소 결합의 세기를 비교하시오.

11.9 분자간 힘과 화학 결합을 모두 고려해서 다음에 제시된 각각의 물질에 작용하는 인력을 제시하시오.

(a) 아르곤

(b) 황산 포타슘(K_2SO_4)

(c) 메틸 알코올(CH_3OH)

(d) 암모니아(NH_3)

(e) 펜테인($CH_3CH_2CH_2CH_2CH_3$)

11.10 이온–쌍극자 상호 작용이란 무엇인가? 이온–쌍극자 상호 작용을 하는 NH_3와 Mg^{2+} 이온이 배열하는 모양을 나타내는 그림을 그리시오.

11.11 이온–유도 쌍극자 상호 작용이란 무엇인가? 이온–유도 쌍극자 상호 작용을 하는 CS_2와 Mg^{2+} 이온이 배열하는 모양을 나타내는 그림을 그리시오.

분자간 힘과 물리적 성질

11.12 고체나 액체를 구성하는 입자가 조밀하게 채워진 정도에 의하여 주로 결정되는 두 가지 물리적 성질은 무엇인가? 분자간 인력이 가장 큰 영향을 미치는 물리적 성질 3가지를 제시하시오.

11.13 압축성이란 무엇인가? 고체나 액체 및 기체 중 압축하기 가장 쉬운 것은 어느 것인가? 그 이유는 무엇인가?

11.14 확산을 정의하시오. 기체보다 액체에서 확산이 느린 이유는 무엇인가? 일상생활에서 확산을 경험할 수 있는 사례를 제시하시오.

11.15 화학적 성질에 영향을 미치는 인력은 분자간 인력인가 혹은 분자내 인력인가?

11.16 뷰테인과 아이소-옥테인 중 끓는점이 더 높은 물질은 어느 것인가?

11.17 다음은 몰질량이 동일한 네오펜테인과 *n*-펜테인의 구조를 나타낸 것이다.

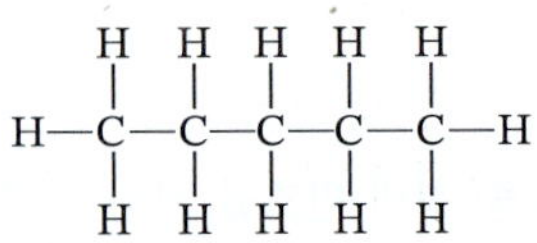
n-pentane

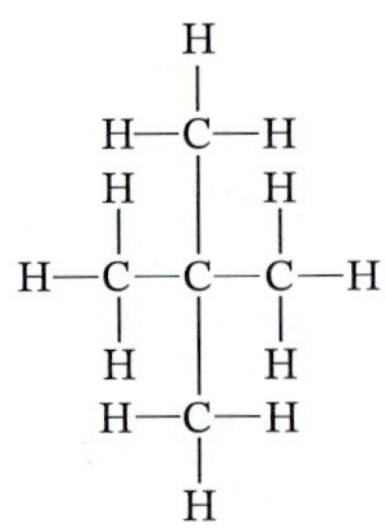
neopentane

어느 물질의 끓는점이 더 높은가? 그 이유는 무엇인가?

11.18 결빙 방지제로 사용되는 에틸렌 글라이콜의 분자간 인력은 가솔린의 분자간 인력에 비해 매우 크다. 따라서 에틸렌 글라이콜 액체에서 증발하는 분자는 가솔린에서 증발하는 분자에 비해 운동 에너지가 더 클 것이다. 그런데 이 두 액체를 각각 피부에 흘리면 에틸렌 글라이콜에 비해 가솔린의 경우 더 피부가 시원해지는 것을 느낄 수 있다. 왜 그런가?

11.19 표면 장력이란 무엇인가? 액체의 표면에 위치한 분자가 액체 내부에 위치한 분자와 다르게 거동하는 이유는 무엇인가?

11.20 에탄올(CH_3CH_2OH)과 물(H_2O) 중 동일한 온도에서 표면 장력이 더 클 것으로 예상되는 물질은 어느 것인가? 그 이유는 무엇인가?

11.21 표면의 젖음이란 어떤 의미인가? 계면 활성제란 무엇인가? 계면 활성제의 사용 목적과 작용하는 방법을 기술하시오.

11.22 PVC[폴리(바이닐클로라이드), 폴리염화바이닐]는 다양한 가정용품에 사용되는 재료로 구조는 다음과 같다.

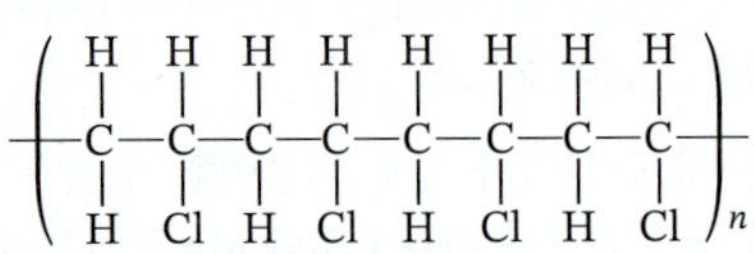
PVC

PVC 표면에 가한 물은 방울을 형성하는가? 답에 대한 근거를 함께 제시하시오.

11.23 에틸렌 글라이콜은 유압 분쇄 장치에 이용되는 액체이다. 이 액체가 유리 표면을 적실 수 있는지 설명하시오.

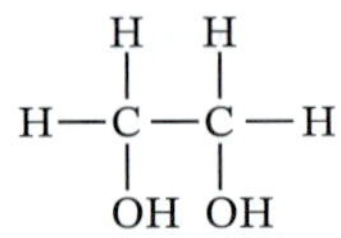
에틸렌 글라이콜

11.24 점도란 무엇인가? 온도가 기체와 액체의 점도에 미치는 영향을 설명하시오.

11.25 적정 실험에서 시료에 적정액을 가할 때 사용하는 뷰렛의 부피를 읽을 때는 메니스커스의 아랫부분을 읽는다. 유리로 만든 뷰렛의 메니스커스는 오목한 모양이지만 폴리에틸렌과 같은 비극성의 플라스틱으로 만든 뷰렛의 메니스커스는 평편한 형태이다. 유리로 만든 뷰렛과 폴리에틸렌으로 만든 뷰렛의 메니스커스 모양에 차이가 나는 이유는 무엇인가?

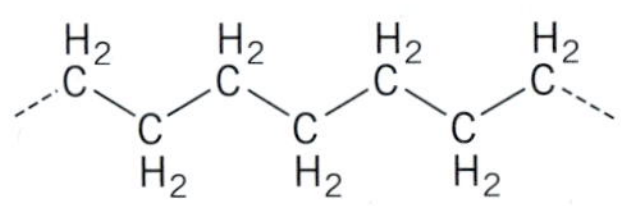
폴리에틸렌

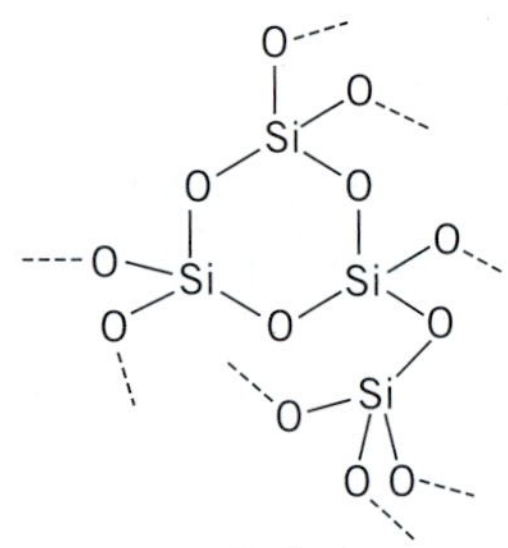
유리

11.26 그림은 아세톤(CH_3COCH_3)과 물(H_2O) 그리고 에틸렌 글라이콜(CH_2OHCH_2OH)의 구조를 공-막대 모형으로 나타낸 것이다. 3가지 물질을 점도가 증가하는 순서대로 나열하시오. 이유를 함께 제시하시오.

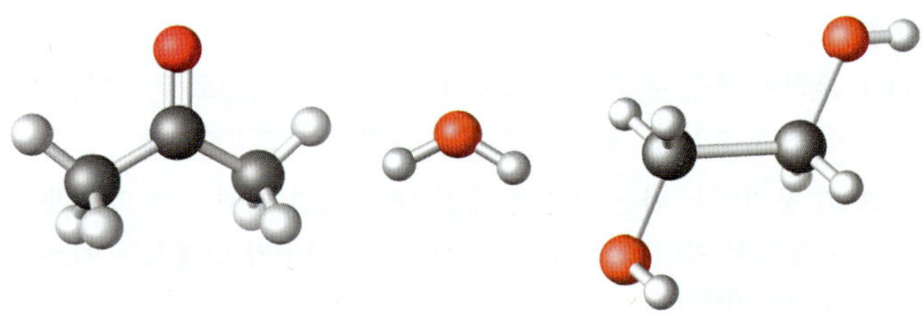
아세톤　　물　　에틸렌 글라이콜

11.27 액체의 증발 속도와 표면적과의 관계는 무엇인가? 액체의 증발 속도와 분자간 인력 그리고 분자내 인력과의 관계에 대하여 설명하시오.

11.28 액체 분자의 운동 에너지 관점에서 '액체의 온도를 올리면 증발 속도가 빨라진다'는 문장에 대한 근거를 제시하시오.

11.29 분자 수준에서 진행되는 과정에 근거하여 증발이 일어나면 액체의 온도가 낮아지는 이유를 설명하시오.

11.30 추운 겨울에 눈이 녹지 않고 사라지는 경우가 있다. 이런 일이 일어날 수 있는 이유는 무엇인가? 이 과정의 이름은 무엇

인가?

상태 변화와 동적 평형

11.31 다음의 상태 변화를 나타내는 용어를 쓰시오.
(**a**) 고체 → 기체 (**b**) 기체 → 고체 (**c**) 액체 → 기체
(**d**) 기체 → 액체 (**e**) 고체 → 액체 (**f**) 액체 → 고체

11.32 액체 표면에서 증발하는 분자의 운동 에너지는 액체의 평균 운동 에너지보다 크다. 시간이 지나면 증발한 기체 분자의 운동 에너지가 감소하는 이유는 무엇인가? 기체 분자가 액체 표면에 충돌하면 다시 기체상으로 튕겨 나오겠는가?

11.33 운동 에너지가 조금 더 큰 기체 분자가 액체 표면과 충돌하는 경우에도 기체 분자가 액체에 포획되는 이유는 무엇인가?

11.34 한 물질의 액체와 고체가 동적 평형 상태에 있을 때 어떤 일이 진행되는지 분자 수준의 관점에서 설명하시오. 이 평형에서의 온도를 지칭하는 용어는 무엇인가?

11.35 승화가 진행되는 평형 상태에서 진행되는 변화를 설명하시오.

액체와 고체의 증기압

11.36 평형 증기압을 정의하시오. 일반적으로 평형에 대하여 '동적(dynamic)'이라는 용어를 사용하는 이유는 무엇인가?

11.37 어떤 물질의 증기압이 높다는 의미는 무엇인가? 평형 증기압에서 증기압이 높은 물질은 증기압이 낮은 물질보다 기체상에 더 많은 분자를 포함하고 있는가?

11.38 다음의 요인이 변할 때 액체의 증기압에 미치는 영향에 대하여 설명하시오.
(**a**) 온도 (**b**) 액체의 표면적 (**c**) 용기에 들어 있는 액체의 부피 (**d**) 용기의 크기

11.39 다음은 자주 이용되는 몇 가지 용매의 온도 20°C에서의 증기압이다. 이 물질들을 분자간 인력이 증가하는 순서대로 나열하시오.

이황화 탄소(CS_2)	294 torr
에틸 알코올(C_2H_5OH)	44 torr
메틸 알코올(CH_3OH)	96 torr
아세톤[$(CH_3)_2CO$]	186 torr

11.40 액체-기체 평형 상태가 진행되는 용기의 크기는 평형 증기압에 영향을 미치지 않는 이유는 무엇인가?

11.41 여름에 차가운 물을 담은 유리잔의 표면에 물이 응축되는 이유는 무엇인가?

11.42 32°C의 건조한 대기에서보다 같은 온도의 습한 대기에서 더 불편함을 느끼는 이유는 무엇인가?

액체의 끓는점

11.43 액체의 정상 끓는점과 끓는점은 각각 어떤 의미인가?

11.44 현재 위치에서 물의 끓는점이 100.15°C이다. 현재 위치보다 대기압이 더 높은 곳이나 혹은 낮은 곳에서의 끓는점은 어떻게 변하는가? 그 이유는 무엇인가? 끓는점과 대기압의 관계를 어떻게 일반화할 수 있는가?

11.45 히말라야의 Everest산(8,848 m)은 세계에서 가장 높은 산이다. 대기압이 254 torr인 Everest산 정상에서 끓는점은 몇 °C 이겠는가? (그림 11.23 참조)

11.46 액체 프로판올이 끓을 때 생성되는 기포의 내부에 포함된 성분은 무엇인가?

11.47 이미 끓고 있는 액체에 열을 더 빨리 공급하면 온도는 어떻게 변하겠는가? 더 빨리 끓는 물과 천천히 끓는 물 중 어느 경우에 달걀이 더 빨리 삶아지는가?

11.48 각각 에탄올과 에틸렌 글라이콜이 담겨있는 두 용기에 하나의 진공 펌프가 열결되어 있다. 펌프를 작동시키면 각각의 액체 위의 압력은 낮아질 것이다. 이 압력이 낮아짐에 따라 어느 액체가 먼저 끓겠는가? 그 이유는 무엇인가?

$HO—CH_2—CH_2—OH$	$CH_3—CH_2—OH$
에틸렌 글라이콜	에탄올

11.49 산소와 황은 주기율표에서 같은 족에 속하고 황의 원자 번호가 산소보다 더 높다. 그런데도 25°C에서 H_2O는 액체로 존재하고 H_2S는 기체로 존재하는 이유는 무엇인가?

11.50 H—F 결합이 O—H 결합보다 더 극성이기 때문에 수소 결합은 HF가 H_2O보다 더 강하다. 그럼에도 불구하고 HF의 끓는점이 H_2O보다 더 낮은 이유를 설명하시오.

에너지와 상태 변화

11.51 다음은 어떤 물질 1 mol에 대한 냉각 곡선이다. 다음 물음에 대하여 답하시오.

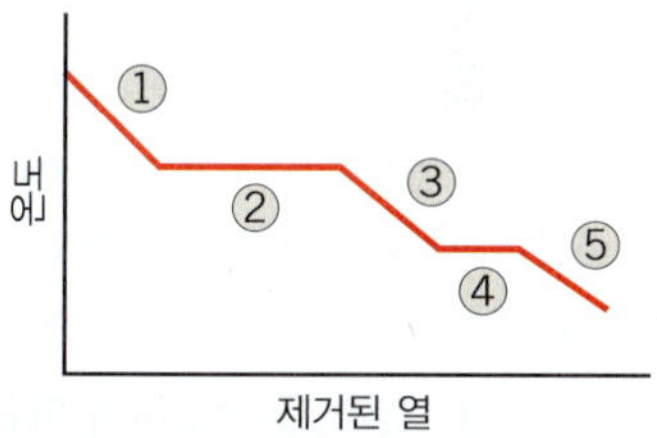

(**a**) 곡선에서 변화하는 물질의 평균 운동 에너지를 구할 수 있는 영역은 어느 곳인가?
(**b**) 제거되는 열이 주로 분자의 위치 에너지와 관계되는 영역은 어느 곳인가?
(**c**) 증발열의 방출과 관계가 있는 영역은 어느 곳인가?
(**d**) 융해열의 방출과 관계가 있는 영역은 어느 곳인가?
(**e**) 융해열과 증발열 중 더 큰 것은 어느 것인가?
(**f**) 곡선에 녹는점을 표시하시오.
(**g**) 곡선에 액체의 끓는점을 표시하시오.
(**h**) 과냉각이 존재한다면 곡선이 어떻게 변하는지 나타내시오.
(**i**) 과열이 존재한다면 곡선이 어떻게 변하는지 나타내시오.

11.52 $\Delta H_{증발}$이 $\Delta H_{융해}$보다 더 큰 이유는 무엇인가? $\Delta H_{승화}$와 $\Delta H_{증발}$의 크기를 비교하시오. 그 이유를 함께 제시하시오.

11.53 응축열(heat of condensation, $\Delta H_{응축}$)은 발열인가, 흡열인가?

11.54 따뜻한 대양에서 허리케인은 수천 마일을 이동할 수 있지만, 차가운 대양이나 대륙에서는 그 강도가 급격히 줄어든다. 그 이유는 무엇인가?

11.55 벤젠(C_6H_6)의 몰증발열은 30.8 kJ/mol이고, 물의 몰증발열은 40.7 kJ/mol이다. 두 물질 중 분자간 인력이 더 큰 물질은 어느 것인가?

11.56 증기에 의한 화상은 동일한 양의 끓는 물에 의한 화상보다 더 위험하다. 그 이유는 무엇인가?

11.57 다음 화합물 중 증발열이 더 큰 물질은 어느 것인가?

(a) $CH_3CH_2CH_3$ 혹은 $CH_3CH_2CH_2CH_2CH_3$

(b) 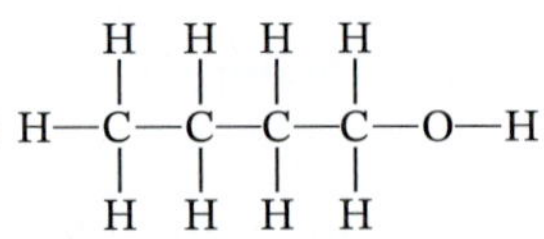 혹은 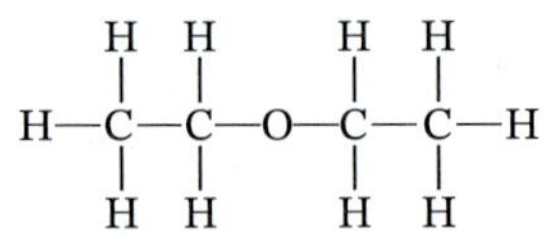

상도표

11.58 대부분의 물질에서 고체의 밀도는 액체의 밀도보다 크다. 이와 같은 물질의 경우 압력이 증가할수록 녹는점이 상승하는 것을 Le Châtelier 원리를 이용하여 설명하시오. 고체-액체 평형선의 기울기에 주의하여 이 물질에 대한 대략적인 상도표를 그리시오.

11.59 물질의 승화 과정에 미치는 압력의 영향에 대하여 설명하시오.

11.60 임계 온도와 임계 압력을 정의하시오.

11.61 초임계 유체란 무엇인가? 디카페인 커피 제조에 CO_2 초임계 유체가 사용되는 이유는 무엇인가?

11.62 삼중점의 중요한 의미는 무엇인가?

11.63 삼중점에서 평형을 이루는 물질의 상은 어느 것인가?

11.64 상온에서 수소는 높은 압력으로 압축해도 액화되지 않지만, 뷰테인은 상온에서 높은 압력을 가하면 액화된다. 이 차이를 수소와 뷰테인의 임계 온도를 이용하여 설명하시오.

11.65 물의 상도표(그림 11.28)를 참고하여 다음 각 경우에 물이 어떤 상으로 존재하는지 밝히시오.

(a) −20°C와 330 torr **(b)** 78°C와 4.58 torr
(c) 85°C와 780 torr **(d)** 30°C와 500 torr
(e) 95°C와 285 torr

Le Châtelier 원리와 상태 변화

11.66 Le Châtelier 원리를 정의하시오. 비가역 반응에 대해서도 Le Châtelier 원리를 적용할 수 있는가?

11.67 '평형의 위치'란 어떤 의미인가?

11.68 액체와 기체 사이의 평형은 다음과 같이 나타낼 수 있다.

$$\text{액체} \rightleftharpoons \text{기체}$$

(a) 한쪽으로 일어나는 변화는 흡열 과정이고 반대쪽으로 일어나는 변화는 발열 과정이다. 위의 식에 열을 반응물 또는 생성물의 형태로 추가하여 새로운 평형식을 쓰시오.

(b) 액체와 기체가 평형을 유지하는 용기의 부피는 일정하게 유지하고 온도를 낮추면 평형의 위치는 어떻게 변하는가? 또한 액체와 기체의 상대적인 양은 어떻게 달라지는가?

11.69 대부분의 고체와 액체를 가열하면 팽창한다. 고체와 액체가 평형 상태에 있을 때, 압력을 증가시키면 평형의 위치가 어느 쪽으로 변하겠는가? 이유를 설명하시오.

증발열의 결정

11.70 Clausius-Clapeyron 식을 참고하여 온도가 증가할 때 증기압이 어떻게 변하는지 예측하시오.

11.71 Clausius-Clapeyron 식에 섭씨온도를 사용할 수 있는가? 그 이유는 무엇인가?

11.72 Clausius-Clapeyron 식에 사용하는 R의 값은 얼마인가?

11.73 어떤 화합물의 증기압이 290 K에서 245 torr이고 315 K에서 354 torr이다. 이 화합물의 증발열을 구하시오.

결정성 고체의 구조

11.74 결정성 고체와 비결정 고체의 차이점은 무엇인가?

11.75 격자와 격자에 근거한 구조의 차이점은 무엇인가?

11.76 다음 그림이 나타낸 단위 세포의 종류는 무엇인가?

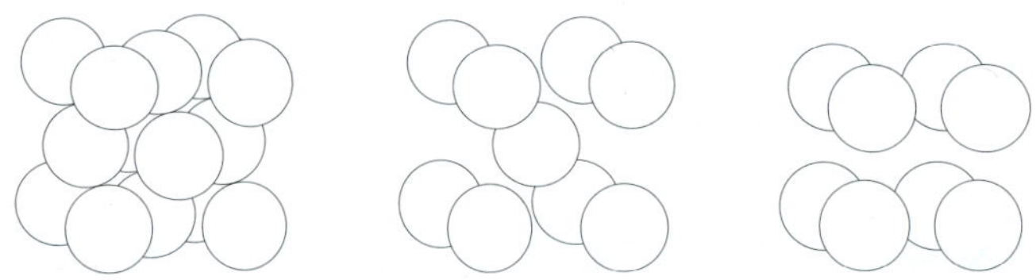

(a) (b) (c)

11.77 그림은 어떤 고체에서 두 종류의 원자가 채워진 모습을 나타낸 것이다. 꼭짓점에는 원자의 핵이 위치하고 있다. 그림의 입방체가 주어진 물질의 단위 세포인가? 이유를 설명하시오.

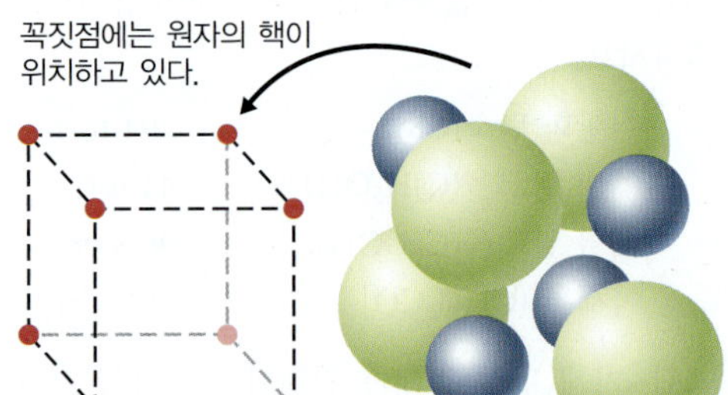

11.78 CaF_2 결정에 포함된 칼슘 이온과 플루오린화 이온의 배치를 보여주는 그림을 그리시오. 이온이 면심 입방 형태의 배치를 하는 것을 나타내시오.

11.79 구리와 금의 결정 구조의 유사점과 차이점은 각각 무엇인가? 주기율표에서의 위치에 근거할 때 은은 어떤 형태의 결정 구조를 가질 것으로 예측되는가?

11.80 결정을 형성할 수 있는 화학 물질이 수백만 종이 넘는 것을 고려할 때, 결정 격자가 14종에 불과한 것이 어떻게 가능한가?

11.81 Bragg 식을 쓰고, 각 기호를 정의하시오.

11.82 결정에 X선을 쪼여줬을 때 회절된 X선이 특정 방향으로만 나타나는 이유는 무엇인가?

결정의 형태와 물리적 성질

11.83 금속 결정에 대한 전자 바다 모형이란 무엇인가?

11.84 다음의 결정에서 입자 간 존재하는 인력의 종류는 무엇인가?

(a) 분자 결정 (b) 이온 결정 (c) 공유 결정

11.85 그물 구조형 고체를 정의하고 두 가지 사례를 제시하시오.

11.86 다이아몬드와 흑연 구조의 차이점은 무엇인가?

11.87 유리와 소듐 금속을 각각 칼로 자르면 어떤 차이가 나타나는가?

복습 문제

분자간 힘과 물리적 성질

11.88 다음 물질에는 어떤 종류의 분자간 인력(쌍극자-쌍극자, London 힘, 수소 결합)이 존재하는가?

(a) HCl (b) PBr_3 (c) SCl_6 (d) NO_2

11.89 다음 물질에는 어떤 종류의 분자간 인력이 존재하는가?

(a) CH_3CH_2OH (b) H_2Se (c) SO_3 (d) CH_3CH_3

11.90 25°C에서 뷰탄아민과 다이에틸 에터 중 어느 물질의 증기압이 더 높겠는가?

11.91 25°C에서 다이메틸 에터(CH_3OCH_3, 비극성 유기 용매)와 메탄올(CH_3OH, 극성 유기 용매) 중 어느 물질이 더 빨리 증발하겠는가?

11.92 아이오도폼 시험은 유기 정성 분석에서 메틸 케톤 작용기를 검출하는 데 사용된다. 메틸 케톤이 포함된 시료에 I_2와 NaOH 혼합 수용액을 가했을 때 옅은 노란색의 아이오도폼(CHI_3) 결정이 생성된다. 이와 유사한 형태의 $CHCl_3$는 유용한 유기 용매이다. 아이오도폼과 클로로폼의 쌍극자-쌍극자 인력의 세기와 London 힘의 세기를 각각 비교하시오. 쌍극자-쌍극자 인력과 London 힘 중 한 화합물은 고체로 다른 화합물은 액체로 존재하는 데 중요한 역할을 하는 인력은 어느 것인가?

11.93 다음의 옥테인의 두 가지 이성질체 중 점도가 더 높은 것은 어느 것인가?

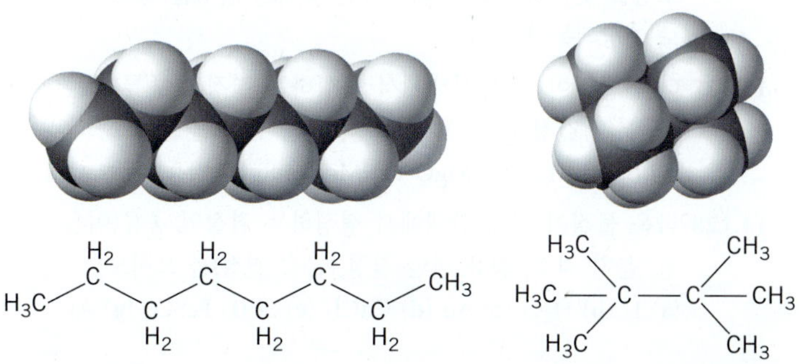

11.94 에탄올(CH_3CH_2OH)과 에탄싸이올(CH_3CH_2SH) 중 끓는점이 더 높은 것은 어느 것인가?

11.95 황과 산소는 주기율표에서 같은 족에 속한 원소이다. 이들의 탄소 화합물 CS_2와 CO_2 중 끓는점이 더 낮은 것은 어느 것인가? London 힘의 관점에서 그 이유를 제시하시오.

11.96 다음은 몇 가지 화합물에 대한 20°C에서의 증기압을 나타낸 것이다.

벤젠, C_6H_6	80 torr
아세트산, $HC_2H_3O_2$	11.7 torr
아세톤, C_3H_6O	184.8 torr
다이에틸 에터, $C_4H_{10}O$	442.2 torr
물, H_2O	17.5 torr

이 화합물을 분자간 인력이 작은 순서로 나열하시오.

11.97 문제 11.96에서 주어진 정보를 이용하여 화합물을 끓는점이 높은 화합물에서 낮은 순서로 나열하시오.

11.98 다음 물질들이 증발 과정에서 극복해야 하는 분자간 힘은 무엇인가?

(a) 메탄올(CH_3OH)

(b) 프로판나이트릴(H_3CCH_2CN)

(c) 오염화 인(PCl_5)

(d) 염화 포타슘(KCl)

11.99 다음 물질들이 기체 상태에서 액체 상태로 응축될 때 형성되는 분자간 인력은 무엇인가?

(a) 헵테인(C_7H_{16}) (b) 아세톤(H_3CCOCH_3)
(c) 브로민(Br_2) (d) 네온

에너지와 상태 변화

11.100 Mg^{2+}와 Na^+ 중 물과 더 강한 이온-쌍극자 상호 작용을 하는 이온은 어느 것인가?

11.101 Ca^{2+}와 K^+ 중 에탄올과 더 강한 이온-쌍극자 상호 작용을 하는 이온은 어느 것인가?

11.102 다음의 이온 중 산소 분자와 더 강한 이온-유도 쌍극자 인력이 작용하는 것은 어느 것인가?

(a) O^{2-} 혹은 S^{2-} (b) Mg^{2+} 혹은 Al^{3+}

11.103 다음의 이온 중 메테인과 더 강한 이온-유도 쌍극자 인력이 작용하는 것은 어느 것인가?

(a) F^- 혹은 Br^- (b) K^+ 혹은 Ca^{2+}

11.104 25°C 물의 몰증발열은 +43.9 kJ/mol이다. 291 mL(0.291

kg)의 물을 증발시키는 데 몇 kJ의 열이 필요한가?

11.105 끓는점에서 아세톤의 몰증발열은 30.3 kJ/mol이다. 8.00 g의 아세톤을 응축시키는 데 몇 kJ의 열이 필요한가?

***11.106** 온도가 93°C인 물 48.0 g을 온도가 0.0°C인 얼음 107.0 g에 넣었다. 물의 몰융해열은 6.01 kJ/mol이고 비열은 4.18 J/g°C이다. 이 자료에 근거하여 다음 물음에 답하시오.
(a) 혼합물의 최종 온도는 얼마인가?
(b) 녹는 얼음의 무게는 얼마인가?

***11.107** 질량이 12.0 g이고 온도가 끓는점인 벤젠(C_6H_6)을 39°C의 물 12.0 g에 넣었다. 벤젠의 몰융해열은 9.92 kJ/mol이다. 벤젠이 모두 녹았을 때 물의 온도는 몇°C이겠는가?

상도표

11.108 삼중점이 −57.0°C와 5.10 atm이고, −78°C에서의 증기압이 1 atm이며, 임계점에서의 온도와 압력이 각각 31°C와 73 atm인 물질에 대한 상도표를 그리시오.

11.109 문제 11.108의 상도표를 이용하여 일반 실험실 조건에서 고체 상태의 물질에 온도를 올리면 고체가 녹은 다음 증발을 하겠는가 혹은 단순히 고체가 승화를 하겠는가? 평형에서 액체의 밀도와 고체의 밀도를 비교하시오.

11.110 그림 11.30을 참고하여 CO_2의 밀도는 액체 상태와 고체 상태 중 어느 경우에 더 높은지 판단하시오.

11.111 그림 11.30을 참고하여 다음 조건에서 CO_2가 어떤 상태로 존재하는지 밝히시오.
(a) −60°C와 6 atm (b) −60°C와 2 atm
(c) −40°C와 10 atm (d) −57°C와 5.2 atm

증발열의 결정

***11.112** 수은은 낮은 증기압을 가지고 있어서 기압계에 사용된다. 수은의 증발열은 59.2 kJ/mol이고 정상 끓는점은 629.9 K이다. 291 K에서 수은의 증기압은 얼마인가?

***11.113** 물은 증발열이 43.9 kJ/mol이고 정상 끓는점이 373 K이다. 318 K에서 물의 증기압을 계산하시오.

***11.114** 서로 다른 온도에서의 증기압을 알면 Clausius–Clapeyron 식을 이용하여 증발열을 계산할 수 있다. −74.3°C와 18.7°C에서 다이에틸 에터의 증기압이 각각 1.0 mmHg와 425 mmHg라면 다이에틸 에터의 몰증발열은 얼마인가?

***11.115** 34.9°C와 45°C에서 에탄올의 증기압이 각각 100.0 mmHg와 172.4 mmHg라면 에탄올의 몰증발열은 얼마인가?

고체의 구조 결정

11.116 황화 아연의 단위 세포에 포함된 아연과 황화 이온은 각각 몇 개인가? (**힌트**: 그림 11.42를 참고하여 fcc 단위 세포에 포함된 모두 조각을 더한다.)

11.117 구리의 면심 입방 단위 세포에 포함된 구리 원자의 수는 몇 개인가? (그림 11.38참조)

11.118 코발트의 원자 반지름은 2.00 Å이다. 코발트는 면심 입방 격자 형태로 결정화된다. 코발트 단위 세포에서 모서리의 길이를 Å 단위와 pm 단위로 구하시오.

11.119 어떤 미지시료 AB의 결정 구조는 NaCl과 동일하다. A^+ 이온의 반지름이 133 pm이고 B^- 이온의 반지름이 195 pm라면 AB 결정의 단위 세포에서 모서리의 길이는 얼마인가? 화합물 AB가 무엇인지 추측할 수 있겠는가?

11.120 NaCl 단위 세포의 모서리 길이는 564.0 pm이고, 소듐 이온의 반지름은 95 pm이다. 염화 이온의 반지름은 얼마인가?

***11.121** 결정면 사이의 거리가 다음과 같을 때 파장이 192 pm인 X선의 회절 각도를 계산하시오. 계산에서 $n=1$을 사용하시오.
(a) 0.8×10^3 pm (b) 1.2×10^2 pm

***11.122** 회절각(θ)이 각각 21.0°, 27.3°, 35.4°일 때 결정면 사이의 거리를 pm 단위로 계산하시오. X선의 파장은 142 pm이고 $n=1$을 사용한다.

***11.123** 염화 세슘은 단위 세포의 꼭짓점에 Cs^+ 이온이 위치하고 Cl^- 이온 한 개가 단위 세포 중앙에 위치한 단순 입방 격자 구조(그림 11.41)를 가진다. 양이온과 음이온은 단위 세포의 대각선 방향으로 접촉하고 있으며, 단위 세포의 모서리 길이는 412.3 pm이다. Cl^- 이온의 반지름이 181 pm라고 할 때 Cs^+ 이온의 반지름을 계산하시오.

결정의 형태와 물리적 성질

11.124 화학식이 $SnCl_4$인 염화 주석(IV)은 부드러운 결정으로 −30.2°C에서 녹으며 액체는 비전도성이다. $SnCl_4$는 어떤 형태의 결정을 형성할 것으로 예상되는가?

11.125 다이아몬드는 알려진 물질 중 가장 강한 비전도성 물질로 녹는점은 4027°C이다. 다이아몬드는 어떤 종류의 결정인가?

11.126 지금은 다른 이름을 사용하지만, 한때 콜롬븀이라고 불렸던 원소가 있다. 이 원소의 특징은 광택이 나고 부드러우며 잡아당기면 늘어난다. 녹는점은 2468°C이고 고체는 전기 전도성을 갖는다. 이 원소는 어떤 형태의 결정을 형성할 것으로 예상되는가?

11.127 다음 물질이 고체 상태에서 형성하는 결정의 종류(이온 결정, 분자 결정, 공유 결합 결정, 금속 결정)를 쓰시오.
(a) Br_2 (b) LiF (c) MgO (d) Mo (e) Si (f) PH_3 (g) NaOH

11.128 다음 물질이 고체 상태에서 형성하는 결정의 종류(이온 결정, 분자 결정, 공유 결합 결정, 금속 결정)를 쓰시오.
(a) I_2 (b) H_2O (c) Au (d) $CaCl_2$ (e) Si (f) $FeSO_4$ (g) Ar

추가 연습 문제

11.129 고체 상태 $CaSO_3$에 존재하는 모든 인력을 나열하시오. 이 물질에 존재하는 이온 결합과 공유 결합에 대하여 기술하시오.

11.130 온도 25.0°C 상대 습도가 75%인 공기 12.0L 안에 포함된 수증기의 질량을 계산하시오.

11.131 모세관 작용을 이용하여 물을 가느다란 관으로 끌어 올릴 수 있다. 관이 가늘수록 물을 더 높이 올라간다. 모세관 작용이 일어날 수 있는 이유를 물과 유리관 사이의 인력과 물 분자 사이의 인력의 관점에서 설명하시오.

11.132 다음의 구조를 갖는 페놀 분자는 다른 페놀 분자를 끌어당겨지는 것에 비해 물 분자에 의하여 더 강하게 끌어당겨지는가? 이유를 설명하시오.

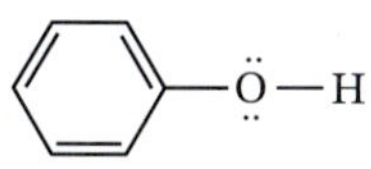

페놀

11.133 다음은 아세트산에 대한 열화학적 자료이다.

$HC_2H_3O_2(s) \longrightarrow HC_2H_3O_2(l) \qquad \Delta H_{융해} = 10.8\ kJ/mol$

$HC_2H_3O_2(l) \longrightarrow HC_2H_3O_2(g) \qquad \Delta H_{증발} = 24.3\ kJ/mol$

Hess 법칙을 사용하여 아세트산의 승화열을 kJ/mol 단위로 추정하시오.

11.134 녹는점은 화합물에서 이온 결합의 정도를 예측하는 도구로 이용되기도 한다. 녹는점이 높을수록 화합물의 이온 결합성이 더 크다. 이에 근거할 때 금속의 산화물에서 금속 이온의 전하가 증가할수록 산화물의 이온성이 줄어드는 것을 알 수 있다. 그 결과 Cr_2O_3의 녹는점은 2266°C이지만 CrO_3의 녹는점은 196°C이다. 이에 대한 원인은 11장에서 다룬 분자간 인력 세기의 변화와 어느 정도 관련이 있다. CrO_3가 전자를 공유하는 성질이 Cr_2O_3에 비하여 더 큰 이유를 제시하시오.

11.135 향수 냄새의 원인 물질의 실제 증기압은 매우 낮다. 향수 제조업자가 이런 물리적 특성을 갖는 원료를 사용하는 이유는 무엇인가?

***11.136** 금은 모서리의 길이가 407.86pm인 면심 입방 단위 세포를 갖는다. 금 원자의 반지름은 pm 단위로 계산하시오.

11.137 다음 그림이 나타내는 구조에 해당하는 단위 격자의 형태는 무엇인가? 또한 각각의 단위 격자 형태를 갖는 물질의 예를 제시하시오.

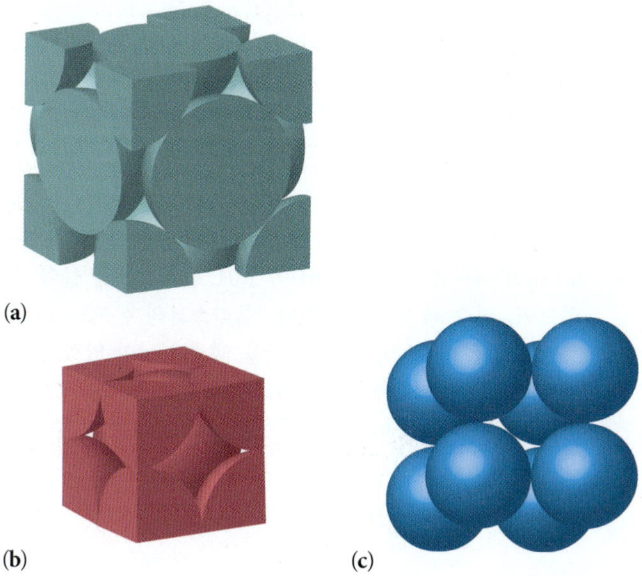

(a) (b) (c)

***11.138** 격자점에 지름이 1.00pm인 동일한 원자들이 자리하고 있다. 단순 입방, 체심 입방, 면심 입방의 각 단위 세포의 빈 공간의 부피를 pm^3 단위로 계산하시오. 이 3가지 단위 세포 중 원자의 채움이 가장 효과적인 것은 어느 것인가?

***11.139** 은의 원자 반지름은 144pm이다. 은의 격자에서 단위 세포가 다음과 같을 때 은의 밀도를 $g\,cm^{-3}$ 단위로 계산하시오. **(a)** 단순 입방 격자 **(b)** 체심 입방 격자 **(c)** 면심 입방 격자 은의 밀도가 $10.6\,g\,cm^{-3}$이라면 은의 실제 입방 격자는 어느 형태인가?

11.140 **온난 전선**이라고 불리는 습하고 더운 공기가 **한랭 전선**이라고 불리는 차갑고 건조한 공기를 만나면 구름이 형성되는 이유는 무엇인가?

다중 개념 문제

***11.141** 허쉬 밀크 초콜릿바 공장에서 전체 열량이 110kcal인 유제 원료를 이용하여 초콜릿을 만들려고 한다. 이 전체 에너지를 이용하여 −21°C의 얼음 66mL를 가열한다면 물의 최종 온도는 얼마인가? 물의 최종 상태는 무엇인가? 다음 자료를 사용하시오. $\Delta H_{증발} = 43.9\,kJ/mol$, $\Delta H_{융해} = 6.02\ kJ/mol$, $\Delta H_{승화} = 49.9\,kJ/mol$, 얼음의 비열 $= 2.05\,J\,g^{-1}\,°C^{-1}$, 물의 비열 $= 4.18\,J\,g^{-1}\,°C^{-1}$, 수증기의 비열 $= 2.08\,J\ g^{-1}\,°C^{-1}$이다. 물의 비열은 온도에 따라 변하지 않는다고 가정한다.

***11.142** 바닷물을 증류하여 식수를 얻을 수 있다. 전기 요금이 kilowatt-hour당 12센트라고 할 때 20°C의 바닷물을 증류하여 1000갤런의 식수를 얻는 데 필요한 비용을 계산하시오(1 watt × 1 second = 1 joule이고 필요한 경우 문제 11.141의 자료를 이용하라).

***11.143** 냉동 건조는 음식물을 보존하는 데 사용되는 공정이다. 딸기를 냉동 건조하려면 0.001 torr 진공하에서 −80°C까지 냉각시켜야 한다. 물이 제거되면 냉동 건조기 안의 차가운 표면에서 딸기는 냉동된다. 다음 물음에 답하시오.

(a) 150 mL의 물이 딸기가 담긴 용기에서 제거되어야 한다면 얼마만큼의 에너지가 필요한가?

(b) 어떤 상태 변화가 발생하는가?

(c) 냉동 건조기의 부피가 5 L이면, 어떤 특정 시간에 건조기 안에 존재하는 물 증기는 얼마인가?

(d) 물 1 mL가 제거되는 데 한 시간이 걸린다면, 딸기가 건조되는 데 걸리는 시간은 얼마인가?

***11.144** 인도의 Gujarat 지역에서는 알코올 섭취가 금지되어 있다. 한 경찰이 에탄올 냄새가 나는 플라스크를 발견하였다. 0.12 g의 에탄올(CH_3CH_2OH)이 1.0 L 플라스크에 들어 있었으며, 압수 즉시 밀폐하였다. 플라스크의 온도를 12°C로 낮추었을 때 플라스크에 에탄올 액체가 남아 있겠는가? 39°C에서는 어떠한가? 액체 알코올이 남아 있다면 얼마나 남아 있는가? 에탄올의 정상 끓는점은 78.37°C이고 증발열은 42.4 kJ mol^{-1}이다.

11.145 실제 기체는 기체 자체의 크기와 기체 입자 사이의 분자간 인력 때문에 이상 기체에서 벗어난다. 실제 기체에 대한 van der Waals 상태 방정식에서의 상수 *a*는 분자간 힘의 세기와 관련된 상수로 압력을 보정한다. 다음의 기체 중 이상 기체에서 가장 많이 벗어난 것은 어느 기체인가? 이상 기체에서 가장 많이 벗어나는 데 기여한 분자간 힘은 무엇인가?

기체	화학식	a (L^2 atm mol^{-2})
수소	H_2	0.02444
산소	O_2	1.360
질소	N_2	1.390
메테인	CH_4	2.253
이산화 탄소	CO_2	3.592
암모니아	NH_3	4.170
물	H_2O	5.464
에틸 알코올	C_2H_5OH	12.02

비판적 사고의 과제

11.146 물질의 증기압을 보고할 때 증기압을 측정한 온도도 함께 보고해야 한다. 그러나 상변화에 수반되는 엔탈피를 보고할 때는 온도를 특정하지 않는다. 그 이유는 무엇인가? 기술한 내용을 지지할 증거(교재에 수록된 그림 등)를 함께 제시하시오.

11.147 디카페인 커피를 제조할 때 CO_2의 초임계 유체가 이용된다. 이 유체에 대한 다른 용도를 제안해 보시오.

11.148 새롭게 침전된 결정은 매우 작지만 시간이 지나면서 삭임이라는 과정을 통하여 결정은 더 크게 성장한다. 동적 평형의 개념을 사용하여 이 현상을 설명하시오.

11.149 우리 일상에서 Le Châtelier 원리를 응용하는 사례 3가지를 제시하시오. 예를 들면 더 빨리 요리하기 위해 오븐의 열을 더 가한다.

11.150 윤활유나 오일 혹은 그리스 등은 일상생활에서 매우 중요한 재료들이다. 분자간 인력이라는 관점에서 윤활유가 어떻게 작동하는지 설명하시오.

11.151 Galileo 온도계는 온도에 의존하여 뜨거나 가라앉는 밝은색의 유리구가 있는 액체 튜브이다. 앞에서 배운 두 개의 장으로부터의 지식을 이용하여 이 온도계와 관련된 모든 과정을 설명하시오.

Mark Sykes/Science Photo Library/Getty Images

11.152 Clausius−Clapeyron 식을 사용하여 증발열이 21.7 kJ mol^{-1}이고 끓는점이 48°C인 기체의 증기압 곡선을 그리시오. 그린 증기압 곡선을 이 장에 포함된 다른 증기압 곡선과 비교해 보시오.

11.153 거의 무중력 상태인 국제 우주 정거장의 환경이 화학 반응이나 분자간 인력에 어떤 영향을 미치겠는가?

11.154 11장의 도입부에서 압력의 표준이 atm에서 bar로 변경되었다고 언급하였다. 그러나 '이 변경이 정상 끓는점에 미치는 영향은 거의 없다'라는 언급도 하였다. 여러분의 의견은 어떠한가? 확신할 수 있는지 적절한 계산을 통하여 확인하시오.

11.155 끓는점이나 증발열 혹은 융해열 및 녹는점 등을 찾을 때 참고 서적에 따라서 그 값이 다른 것을 볼 수 있다.

(**a**) 어떤 참고 서적이 가장 좋은 자료인가?

(**b**) 찾은 자료 값의 차이가 의미가 있는 것인지 어떻게 확인할 수 있는가?

12장

분자 수준에서의 혼합물: 용액의 성질

Rob Lavinsky, Wikipedia Commons, Public Domain

luchschen/Getty Images

Robert Kacpura/123rf

이 장의 배경

첫 번째 사진은 카보런덤이라 불리는 육방 결정 구조의 산화 알루미늄(Al_2O_3)이다. 이 물질은 주로 사포의 연마제로 사용된다. 소량의 크로뮴과 철 이온이 녹은 용융 상태의 산화 알루미늄(녹는점 2027°C)이 서서히 결정화되면 루비가 된다. 가운데 사진에서 보는 바와 같이 천연 루비는 그다지 매력적이지 않아서 그냥 버려질지도 모르겠다. 그러나 보석 세공사가 절단한 결정을 연마 등을 통하여 다듬으면 오른쪽 사진처럼 고가의 멋진 보석으로 재탄생한다. 이 보석에서 용매 역할을 하는 산화 알루미늄은 항상 육방 결정 구조를 가진다. 루비의 진한 붉은색은 용질에 의한 것으로, 용질의 농도에 따라 붉은색을 나타내는 정도가 다르다. 12장에서는 용매와 용질 사이의 분자 간 인력을 이용하여 어떤 물질이 용액을 형성하기에 유리한지에 대하여 논의할 예정이다. 이 외에도 화학자에게 유용한 정보인 용액의 물리적 성질에 대해서도 다룰 것이다.

4장에서는 화학 반응이 일어나는 매질로서의 용액을 공부하였다. 당시 우리의 관점은 수용액에서 일어나는 반응의 종류였다. 이 장에서는 용질의 첨가가 용매의 물리적 성질에 어떤 영향을 주는지를 알아볼 것이다. 용질을 이용하여 특정 목적에 적합한 용액을 만드는 사례는 일상생활에서 많이 볼 수 있다. 예를 들면 자동차의 라디에이터가 과열되거나 얼지 않게 하는 데 에틸렌 글라이콜(부동액, 용질)을 섞은 물(용매)을 사용한다. 에틸렌 글라이콜을 가한 수용액은 순수한 물보다 어는점은 더 낮아지고 끓는점은 더 높아지기 때문이다.

이 장의 개요

12.1 분자간 힘과 용액의 형성
12.2 용해열
12.3 온도에 의존하는 용해도
12.4 Henry 법칙
12.5 농도 단위
12.6 총괄성
12.7 불균일 혼합물

표 12.1 고체 용액의 일종인 보석류

보석의 이름	광물	색의 원인 원자
자수정	SiO_2	Mn
에메랄드	$Be_3Al_2Si_6O_{18}$	Cr, V
비취	$NaAlSi_2O_6$	Cr
청금석	$(Na, Ca)_8(AlSiO_4)_6(SO_4, S, Cl)_2$	S
공작석	$Cu_2CO_3(OH)_2$	Cu
루비	Al_2O_3	Cr, Fe
사파이어	Al_2O_3	Cr, Ti, Fe
탄자나이트	$Ca_2Al_3(SiO_4)(Si_2O_7)O(OH)$	Cr
터키석	$CuAl_6(PO_4)_4(OH)_8 \cdot 5H_2O$	Cu

이 장에서는 수용액뿐만 아니라 용매가 다른 용액에 대해서도 공부할 것이다. 물론 기체나 고체도 용액으로 존재할 수 있지만, 이 장에서는 주로 액체 용액에 대하여 논의할 것이다. 실제로 모든 기체는 분자 수준에서 완전히 혼합된다. 따라서 10장에서 공부한 기체 혼합물은 기체 용액으로 간주할 수 있다. 금속의 고체 용액은 합금이라고 부르며, 청동과 황동 같은 물질이 그 예이다. 고체 용액의 다른 사례로 긴 사슬 탄화수소의 혼합물인 파라핀 왁스나 루비 같은 보석이 있다. 표 12.1에 수록한 다양한 보석은 고체 용액의 일종으로 각각의 특징적인 색깔은 녹아 있는 금속 이온의 종류에 따라 결정된다.

학습 목표

이 장을 읽고 이해한 후 다음과 같은 것을 할 수 있어야 한다.

- 분자간 힘이 고체, 액체, 기체의 용해 과정에 어떤 영향을 미치는지를 설명할 수 있다.
- 두 물질이 용액을 형성할 때 발생하는 에너지 변화를 상세히 기술할 수 있다.
- 용해도에 미치는 온도의 영향에 대하여 설명할 수 있다.
- Henry 법칙을 이용하여 용액에서 기체의 압력과 관련된 계산을 수행할 수 있다.
- 농도 단위를 사용하여 용액을 기술하고 계산을 수행할 수 있다.
- 총괄성의 개념을 이용하여 용액의 거시적 혹은 미시적 특성을 이해하고, 관련된 계산을 수행할 수 있다.
- 서스펜션과 콜로이드와 같은 불균일 혼합물의 특성을 설명하고 응용할 수 있다.

학습 목표 달성을 위한 제안

12장의 내용을 이해하는 데 능동적 읽기를 계속 활용하고, 자신에게 효과적인 개인적인 도구가 있다면 그 방법을 적극 이용하라.

다음은 12장에서 제시된 여러 내용을 이해하는 데 도움이 되는 몇 가지 제안이다.

1. 먼저 절의 제목 혹은 부제목을 이용하여 기초적인 요약을 작성한다. 도구나 굵은체로 나타낸 단어 그리고 중요하다고 생각되는 그림 등을 포함하라. 이렇게 작성한 요약은 수업 시간에 작성한 노트를 복습할 때나 혹은 시험 공부를 할 때 유용하게 사용할 수 있다.
2. 서로 다른 분자간 인력에 대한 정의와 상대적 세기 및 사례 등을 포함한 도표를 작성하라. 분자간 상호 작용을 나타내는 그림과 더불어 서로 다른 물질 사이에 작용하는 분자간 상호 작용을 보여 주는 그림을 그려라.
3. 다음의 개념을 설명하는 도표나 간단한 그림을 그려라.
   a. 12장에서 논의된 중요한 개념과 관련된 그림을 여러분만의 방법으로 다시 그리고 설명하라.
   b. 12장에서 제시된 중요한 그래프를 여러분만의 방법으로 다시 그리고, 그 그래프가 중요한 이유를 함께 제시하라.
   c. 6장에서의 엔탈피 도표와 8장에서의 Born–Haber 도표 그리고 12장에서 용액을 형성하는 과정과 관련된 그림을 함께 제시하고, 각 개념 사이의 유사점과 차이점을 정리하라.

12.1 분자간 힘과 용액의 형성

용질을 용해시키는 액체의 능력에는 많은 차이가 있다. 예를 들면 물과 가솔린은 서로 용해되지 않지만, 물과 에탄올은 모든 비율에서 용해된다. 마찬가지로 브로민화 포타슘과 같은 염은 물에는 녹지만 페인트 시너와 같은 액체 탄화수소에서는 녹지 않는다. 이러한 차이에 대한 이유를 이해하려면 용액을 만들지 못하게 하는 요인은 물론 용액의 형성을 추진시키는 요인을 알아야 한다.

기체 분자와 자발적인 섞임

10장에서 모든 기체 용액은 자발적으로 섞여서 균일 혼합물, 즉 용액을 형성한다는 것을 배웠다. **그림 12.1**과 같이 두 기체를 분리된 방에 각각 채운 다음, 설치된 칸막이를 제거하면 기체 분자들이 섞이기 시작한다. 한쪽에서 다른 쪽으로 분자의 무질서한 이동이 일어나서 균일한 용액이 된다.

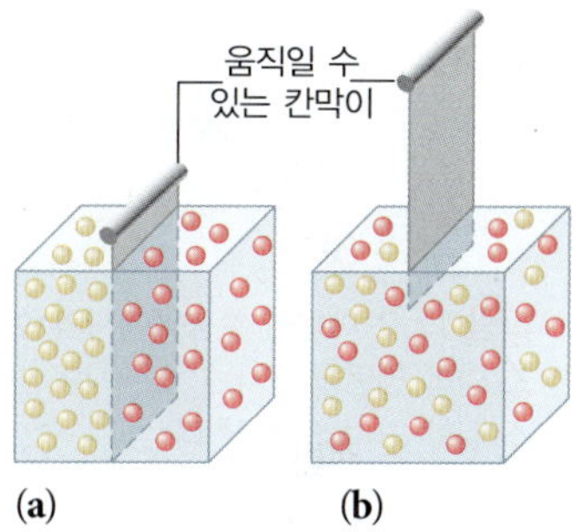

그림 12.1 **기체의 혼합** 분리된 방에 있던 두 기체는 (a) 칸막이를 제거한 직후에는 분리되어 있지만 (b) 시간이 지나면 자발적으로 섞인다.

기체의 자발적인 혼합 과정은 변화에 대한 자연의 강한 **추진력**(driving force) 중 하나를 보여준다. 계(system)는 가만히 놓아두면 확률이 가장 높은 상태가 되려고 한다[1]. 칸막이를 제거하는 순간의 용기는 접촉하고 있지만 혼합되지 않은 두 개의 서로 다른 기체를 가지고 있는 상태가 된다. 이 상태는 분자들의 자연적인 움직임에 비추어 존재할 확률이 매우 낮다. 가장 확률이 높은 분포 상태는 분자들이 완전히 섞이는 것이다. 따라서 기체 용액의 형성은 확률이 매우 낮은 상태에서 매우 높은 상태로 전이되는 과정이다.

확률이 가장 높은 상태로 되려는 추진력 때문에 용액이 형성된다. 그러나 분자간 인력 때문에 물질의 종류에 따라서 완전히 섞이려는 능력에 차이가 있다. 그러한 인력은 기체에서는 무시할 수 있을 만큼 작기 때문에, 기체 분자의 화학적인 조성과는 무관하게 기체가 섞이지 못하게 작용할 수 없다. 이것이 **모든** 기체가 자발적으로 서로 섞이는 이유이다. 그러나 액체와 고체에서는 분자간 인력 때문에 완전히 상황이 달라진다.

액체와 액체의 용해

액체 용액이 형성되려면 용매 분자와 용질 분자 사이의 인력이 용매 분자 사이의 인력이나 용질 분자 사이의 인력만큼 강해야 한다. 물과 벤젠의 혼합물과 물과 에탄올의 혼합물에 대한 사례를 살펴보자.

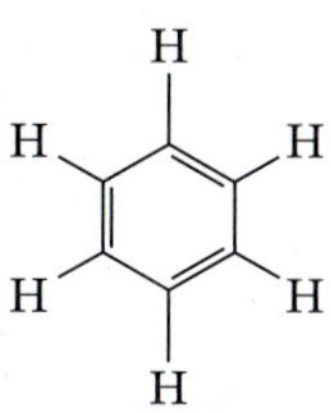

벤젠
(비극성)

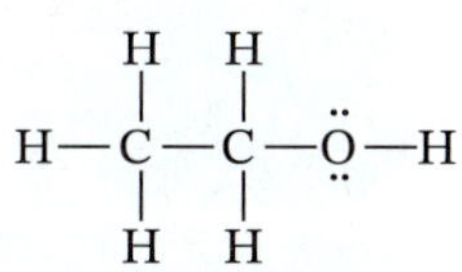

에탄올
(극성인 OH기를 가짐)

물과 벤젠(C_6H_6)은 서로 섞이지 않는다. 물 분자 사이에는 강한 수소 결합이 있지만, 벤젠 분자끼리 수소 결합을 할 수 없고 비교적 약한 London 힘으로만 서로 당기고 있다. 벤젠 속에 물 분자들을 분산시켰다고 가정해 보자. 벤젠 분자가 주위로 움직이면 때때로 물 분자끼리

[1]18장에서 이와 같은 추진력을 **엔트로피**(entropy)라고 정의할 것이다.

서로 마주치게 된다. 물 분자와 벤젠 분자 사이보다 물 분자와 다른 물 분자 사이에 훨씬 더 강한 인력이 작용하기 때문에 물 분자는 다른 물 분자와 마주칠 때마다 수소 결합으로 인하여 서로 강하게 끌어당길 것이다. 이러한 과정이 계속되면 모든 물 분자가 별개의 상(phase)으로 분리된다. 즉 물과 벤젠이 혼합된 용액은 불안정하여 점차 두 개의 상으로 분리된다. 화학자들은 이 경우에 물과 벤젠이 서로 **섞이지 않는다(immiscible)**라고 표현하는데, 이는 서로 간에 녹지 않는다는 것을 의미한다.

반면에 물과 에탄올(C_2H_5OH)은 존재 비율과 상관없이 항상 **섞인다(miscible)**. 물과 에탄올은 각각 순수한 액체 상태로 존재할 때와 거의 같은 양의 수소 결합을 형성할 수 있다(**그림 12.2**). 이와 같은 이유로 물과 에탄올 분자를 혼합하면 비교적 자유롭게 섞일 수 있다. 벤젠과 에탄올과 관련한 앞선 두 가지 사례로부터, 용액을 형성하는 과정에 용액을 형성하는 분자의 특성이 가장 중요한 역할을 하는 것을 짐작할 수 있다. 결론적으로 용액의 특성은 용매와 용질 모두의 특성에 의존한다고 말할 수 있다.

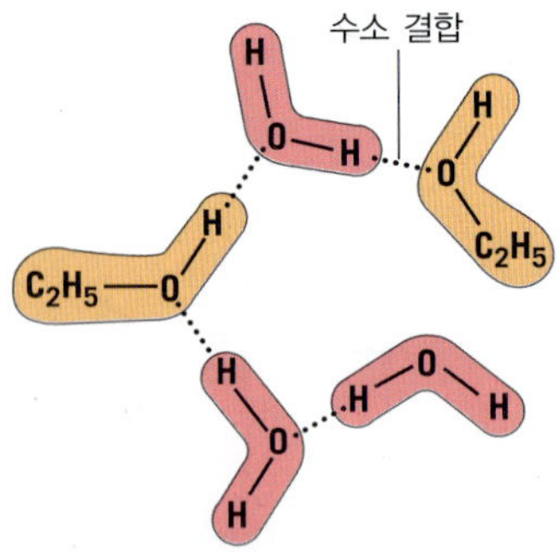

그림 12.2 **에탄올 수용액에서의 수소 결합** 에탄올 분자는 물 분자와 수소 결합(……)을 형성한다.

비슷한 것끼리 녹인다는 규칙 물–벤젠과 물–에탄올의 혼합에 대한 실험으로부터 **'비슷한 것끼리 녹인다(like dissolves like)'**는 규칙이 도출된다. 용질과 용매의 극성이 서로 '비슷할 때'는 용액을 형성하는 경향성이 있다. 그러나 용질과 용매의 극성이 아주 다르면 용액이 거의 형성되지 않는다. 이 규칙은 오랫동안 화학자들이 화학적 조성이나 분자 구조를 이용하여 두 물질이 서로 녹이는 정도를 예측하는 데 적용되어 왔다.

도구
'비슷한 것끼리 녹인다'는 규칙

액체에 대한 고체의 용해도

'비슷한 것끼리 녹인다'는 원리는 액체 용매에 대한 고체의 용해도에도 적용된다. 극성 용매는 극성인 이온 결합 화합물을 잘 녹이며, 비극성 용매는 비극성 화합물을 잘 녹인다.

그림 12.3은 물과 접촉하고 있는 NaCl 결정의 단면을 보여주고 있다. 물 분자의 쌍극자는 음

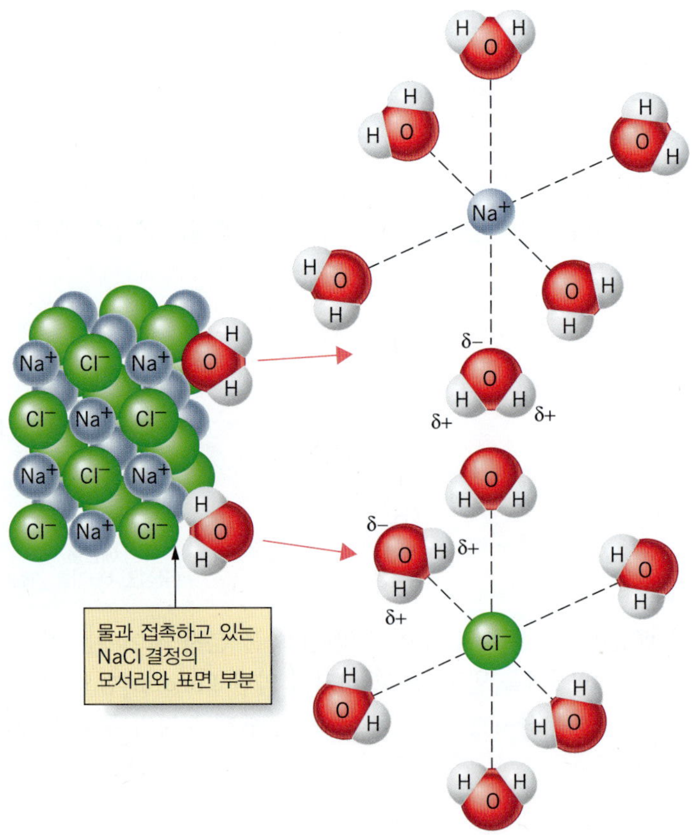

그림 12.3 **이온의 수화** 수화는 인력과 반발력의 복잡한 재배향을 동반한다. 용액이 형성되기 전에는 물 분자는 물 분자끼리만 서로 끌어당기고 Na^+와 Cl^- 이온은 결정 내에서 자기들끼리만 서로 잡아당기지만, 용액에서는 이온이 반대 전하를 갖는 상대 이온 대신에 물 분자와 접촉한다. 더욱이 물 분자는 다른 물 분자보다 이온과 더 강한 인력을 느낀다.

의 끝부분이 Na^+ 이온 쪽으로 배열되고, 양의 끝부분은 Cl^- 이온 쪽으로 배열된다. 그 결과 **이온–쌍극자**(ion–dipole) 인력이 이온들을 끌어당겨 결정에서 떼어낸다. 결정의 모서리나 가장자리에 있는 이온은 결정 내부의 다른 곳에 있는 이온보다 인접 이온의 수가 적어서 쉽게 빠져나온다. 물 분자가 이들 이온을 분리시키면 모서리와 가장자리에 새로운 이온이 노출되고, 결정의 용해가 계속 일어난다.

해설 물 분자는 결정 표면의 모든 곳에서 충돌한다. 그러나 이온을 빼내는 **성공적인** 충돌은 모서리나 가장자리에서 잘 일어난다.

결정에서 분리된 이온은 물 분자에 의해 완전히 둘러싸인다(그림 12.3 참조). 이런 현상을 이온의 **수화**(**hydration**)라고 한다. 어떤 용질 입자가 용매 분자에 의해 둘러싸이는 것을 일반화된 용어로 **용매화**(**solvation**)라고 하며, 수화는 용매화의 특별한 경우이다. 물의 쌍극자와 이온 간의 인력이 결정 내에 포함된 이온 간의 인력을 극복할 수 있을 때 이온 결합 화합물은 물에 녹을 수 있다.

설탕처럼 극성 분자로 이루어진 고체가 물에 녹는 이유도 비슷한 논리로 설명할 수 있다(**그림 12.4** 참조). 용매와 용질 사이의 쌍극자 인력으로 인하여 결정으로부터 분리된 분자가 용액으로 이동한다. 여기서도 극성 용질이 극성 용매에 녹는 '비슷한 것끼리 녹인다'는 규칙이 적용됨을 알 수 있다.

해설

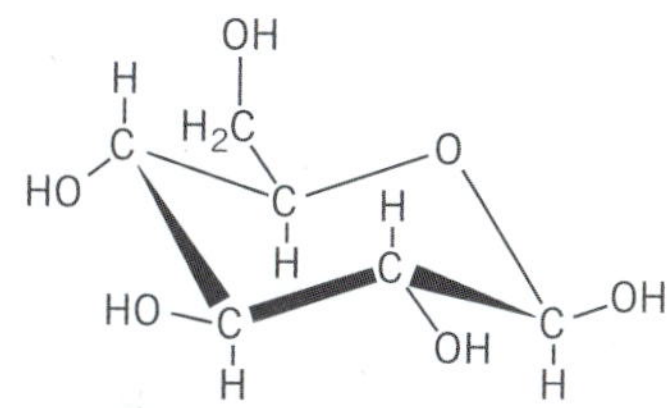

구조식에서 보듯이 설탕 분자는 물과 수소 결합을 형성할 수 있는 극성인 OH기를 가지고 있다.

왁스와 같은 비극성 고체가 왜 벤젠과 같은 비극성 용매에 용해되는지도 같은 이유로 설명할 수 있다. 왁스는 긴 사슬의 비극성 탄화수소 분자로 이루어진 고체 혼합물이며, 분자 사이에 London 힘이 작용한다. 벤젠 분자들 사이의 인력도 비슷한 크기의 London 힘이어서, 왁스 분자가 쉽게 용매인 벤젠 속으로 분산될 수 있다. 그러나 분자간 인력이 상대적으로 약하기 때문에 가장 가능성 있는 상태를 얻기 위한 추진력(엔트로피) 또한 용액의 형성에 중요한 역할을 한다.

용매 분자 사이의 인력과 용질 분자 사이의 분자간 인력의 크기가 매우 차이가 나면 두 용매와 용질은 용액을 형성하지 못한다. 예를 들면 이온성 고체나 매우 극성인 분자 고체(설탕과 같은)는 그들 입자 사이에 매우 강한 인력을 가지고 있어서, 벤젠 같은 비극성 용매 분자와의 인력은 이를 극복하기에 부족하다.

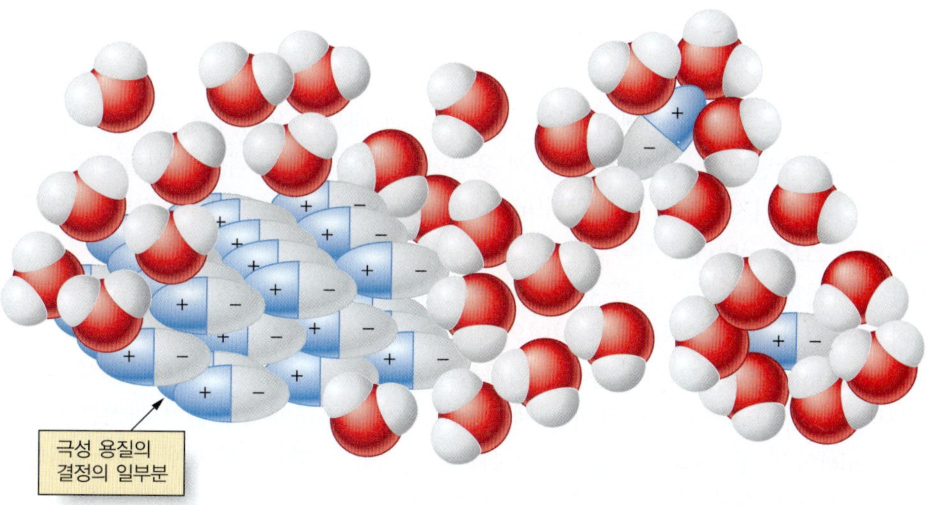

그림 12.4 극성 분자의 수화 분자성 화합물 중 글루코스와 같은 극성 분자가 자신과 같은 종류의 분자와 형성한 인력이 수용액에서는 물 분자와의 인력으로 대체된다.

실전 문제 12.1

다음 중 물에 녹는 물질은 어느 것인가?

(**a**) 염화 소듐 (**b**) 설탕 (**c**) 탄산 칼슘 (**d**) 메탄올 (**e**) 바이페닐(그림 참조)

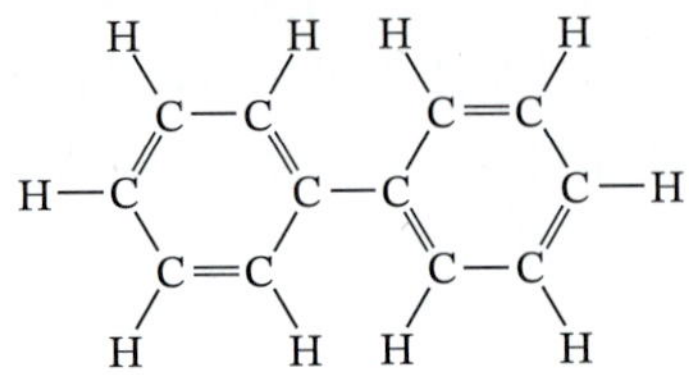

경험을 바탕으로 구한 답인가? 아니면 12장에서 논의된 논리를 사용하였는가? (**힌트**: 물질이 물에 녹는 이유는 무엇인가?)

실전 문제 12.2

다음 중 비극성인 벤젠에 녹는 물질은 어느 것인가? 결론에 도달하는 과정을 함께 설명하시오.

(**a**) 헥세인 (**b**) 브로민화 포타슘 (**c**) 트랜스 지방인 트랜스 올레산(그림 참조)

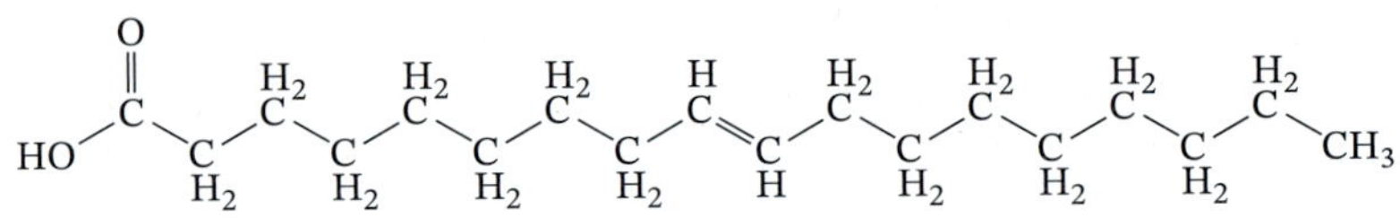

(**d**) 나프탈렌(C_8H_{10}, 그림 참조)

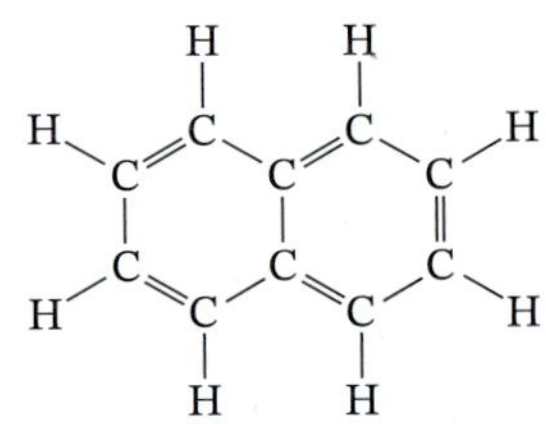

12.2 용해열

액체와 고체에서는 분자간 인력이 중요하게 작용하기 때문에 용액이 형성될 때 에너지 교환이 필수적으로 수반된다. 일정한 압력에서 용질이 용매에 녹아 용액이 형성될 때 흡수되거나 방출되는 전체 에너지를 몰용해 엔탈피(molar enthalpy of solution)[2] 또는 간단히 **용해열(heat of solution, $\Delta H_{용해}$)**이라고 한다.

용질 입자들과 용매 입자들을 분리하고 분산시켜 입자 사이의 공간을 확보하는 데는 에너지가 소모된다. 이 단계는 분자 사이의 인력을 끊고 입자를 분산시켜야 하므로 흡열 반응(endothermic)이다. 그러나 떨어진 입자들은 용액을 형성하면 가까워지는 용질과 용매 입자 사이의 인력으로 인하여 계의 퍼텐셜 에너지가 감소하게 된다. 이 과정은 발열 반응(exothermic)이다. 용해 엔탈피($\Delta H_{용해}$)는 서로 상반되는 두 엔탈피를 합한 알짜 결과이다. 엔탈피(H)는 상태 함수이므로 $\Delta H_{용해}$의 크기는 독립된 용질과 용매로부터 용액을 형성하기까지의 경로와는 무관하다.

[2]용질이 녹음에 따라 이미 녹아 있는 용질 때문에 용매의 성질이 변한다. 그러므로 몰용해열을 알고 있다 하더라도, 1L의 용매에 1몰이 아닌 용질이 녹으면 방출된 열을 정확하게 계산할 수 없다.

고체 용질이 녹은 용액

고체가 액체에 녹는 과정은 다음의 두 단계의 경로로 나누어 생각하는 것이 편리하다.

1단계 **고체 용질을 증발시켜 기체 상태의 용질 입자를 형성한다.** 용질 입자는 분자 물질의 경우는 분자이며, 이온 결합 화합물의 경우는 이온이다. 흡수된 에너지는 고체의 격자 에너지와 크기는 같고 부호가 반대이다.

2단계 **분리된 기체 용질 입자들이 용매로 들어가서 용액을 형성한다.** 이 단계는 발열 과정이며, 1 mol의 용질 입자가 용매에 녹을 때의 엔탈피 변화량을 **용매화 에너지(solvation energy)**라고 한다. 용매가 물이면 용매화 에너지는 **수화 에너지(hydration energy)**라고도 한다.

아이오딘화 포타슘 용액을 형성하는 과정에 대한 이들 단계를 보여 주는 엔탈피 도표를 그림 12.5에 나타내었다. 1단계는 KI의 격자 에너지의 반대에 해당하며, 다음과 같이 열화학 반응식으로 나타낼 수 있다.

$$KI(s) \longrightarrow K^+(g) + I^-(g) \qquad \Delta H = +632 \text{ kJ}$$

2단계는 기체 상태의 K^+와 I^- 이온의 수화 에너지에 해당한다.

$$K^+(g) + I^-(g) \longrightarrow K^+(aq) + I^-(aq) \qquad \Delta H = -619 \text{ kJ}$$

1단계와 2단계의 식의 합으로부터 얻어지는 **용해 엔탈피**(enthalpy of solution)는 1 mol의 KI 결정이 물에 녹을 때의 엔탈피 변화량이다(그림 12.5의 직접 경로에 해당한다).

$$KI(s) \longrightarrow K^+(aq) + I^-(aq) \qquad \Delta H_{용해} = +13 \text{ kJ}$$

$\Delta H_{용해}$ 값은 KI에 대한 용액 과정이 흡열 과정임을 나타낸다. 이것은 물에 KI를 넣고 혼합물을 저어주면 KI가 용해됨에 따라 용액이 냉각되는 실험 결과와 일치한다.

표 12.1은 위에서 설명한 방법으로 얻은 $\Delta H_{용해}$ 값과 직접 측정해서 얻은 $\Delta H_{용해}$ 값을 비교한 자료이다. 표에서 보는 바와 같이 계산값과 실험값이 잘 일치하지 않는다. 이것은 격자 에너지와 수화 에너지가 정확하게 알려져 있지 않고, 용해 현상에 대한 분석에 사용한 모형이 너

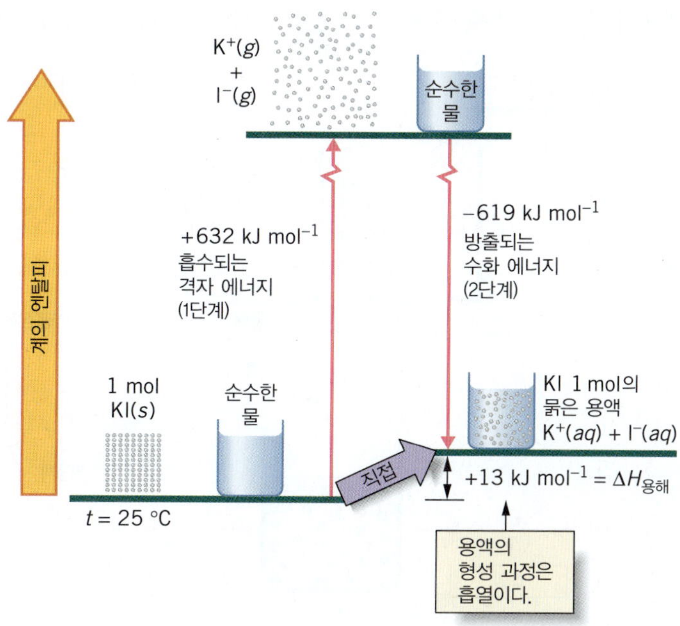

그림 12.5 아이오딘화 포타슘 1 mol의 용해열에 대한 엔탈피 도표 수화 에너지에 격자 에너지를 더하면 양의 값인 $\Delta H_{용해}$가 되며, 이것은 용해 과정이 흡열인 것을 나타낸다.

표 12.2 몇 가지 1A족 금속 할로젠화물의 격자 에너지와 수화 에너지 및 용해열

화합물	격자 에너지 (kJ mol^{-1})	수화 에너지 (kJ mol^{-1})	$\Delta H_{용해}$[a] 계산값[b] $\Delta H_{용해}$(kJ mol^{-1})	$\Delta H_{용해}$[a] 측정값 $\Delta H_{용해}$(kJ mol^{-1})
LiCl	−853	−883	−30	−37.0
NaCl	−786	−770	+16	+3.9
KCl	−715	−686	+29	+17.2
LiBr	−807	−854	−47	−49.0
NaBr	−747	−741	+6	−0.602
KBr	−682	−657	+25	+19.9
KI	−632	−619	+30	+20.33

[a]용해열은 극단적으로 묽은 용액을 형성할 때의 값이다.
[b]$\Delta H_{용해}$의 계산값 = 수화 에너지 − 격자 에너지

무 단순하기 때문이다. 그러나 '이론적으로' 큰 용해열을 갖는다고 예측한 경우에 대한 실험값도 상대적으로 큰 값을 가지며, 이 두 가지 값은 모두 같은 부호를 갖는다는 것을 주목하라(NaBr은 예외). 또한 LiCl, NaCl, KCl의 세 가지 염화물 또는 LiBr, NaBr, KBr의 세 가지 브로민화물을 비교해 보면 용해열의 변화가 같은 경향을 보이고 있음을 주목하라.

해설 매우 큰 수의 경우 백분율 오차가 작더라도 두 값의 **차이**는 비교적 클 수 있다.

액체가 액체에 녹은 용액

액체에 액체가 녹을 때의 용해열을 고려하기 위해서는 초기 상태에서 최종 상태로 가는 전체 과정을 세 단계의 경로로 나누어 생각하는 것이 유용하다(**그림 12.6** 참조). 이 경우에 한 액체는 용질로 다른 액체는 용매로 표현한다.

1단계 **용질 액체의 팽창** 첫 번째 단계에서 용질 액체의 분자들이 용매 액체 분자들을 위한 공간을 확보하기 위하여 충분히 멀리 떨어져야 한다고 상상해 보자. 이 단계는 용질 분자들의 인력을 이겨내야 하므로 계의 퍼텐셜 에너지는 증가하고, 따라서 **흡열**(endothermic) 이다.

2단계 **용매 액체의 팽창** 두 번째 단계는 첫 번째 단계와 같지만, 용매에서 일어난다. 엔탈

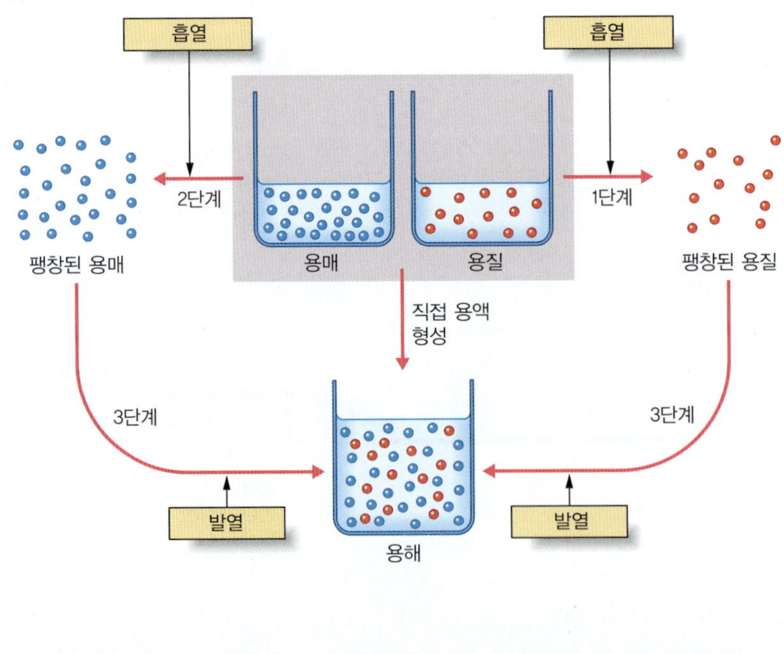

그림 12.6 두 액체의 섞이는 과정에 대한 용해 엔탈피 두 가지 액체에 의하여 형성되는 용액에 대한 엔탈피 변화를 분석하기 위하여 다음과 같은 가상의 단계를 생각할 수 있다. **1단계**: 용질인 액체 분자들은 용매 분자를 위한 공간을 만들기 위해 상당히 떨어져야 한다. 이 과정은 흡열이다. **2단계**: 용매 분자들은 용질 분자가 들어갈 공간을 마련하기 위해 더 큰 부피로 팽창돼야 하므로, 이 과정도 흡열이다. **3단계**: 팽창된 용질과 용매 분자들이 자발적으로 서로 섞이며, 또한 분자들이 서로 끌어당기므로 이 과정은 발열이다.

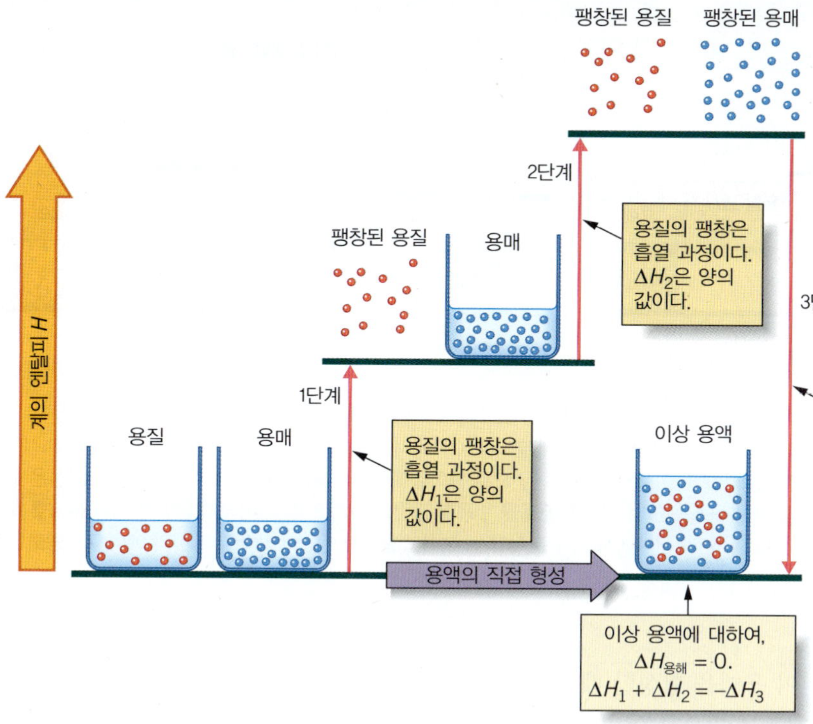

그림 12.7 이상 용액 형성에 대한 엔탈피 변화 3단계로 형성되는 경로와 직접 형성되는 경로 모두 출발점과 끝나는 점이 같으며 엔탈피 변화량도 동일하다. 흡열 단계인 1단계와 2단계에서의 양의 부호를 가진 ΔH를 합한 값은 발열인 3단계의 음의 부호인 $\Delta H_{용해}$ 값과 부호는 다르지만 크기는 같다. 그러므로 이상 용액이 형성되는 과정에서 알짜 ΔH 값은 0이다.

피 도표(**그림 12.7**)에서 두 에너지 단계들이 모두 위를 향하고 있고, 용매와 용질이 모두 약간 **'팽창된'** 상태에 있다.

3단계 **팽창된 액체들의 혼합** 세 번째 단계에서는 팽창된 용매와 용질 분자들이 서로 섞여서 용액을 형성한다. 두 액체의 분자들은 서로 간에 인력을 미치게 되어 계의 퍼텐셜 에너지가 낮아진다. 따라서 3단계는 발열이다. $\Delta H_{용해}$ 값은 이들 단계의 알짜 에너지 변화량이다.

이상 용액 그림 12.7의 엔탈피 도표는 1단계와 2단계의 가해진 에너지의 합이 3단계의 방출된 에너지와 같아서 전체 $\Delta H_{용해}$ 값이 0인 특별한 경우에 대한 자료이다. 이 경우와 거의 유사한 사례를 벤젠과 사염화 탄소가 용액을 형성하는 과정에서 볼 수 있다. 벤젠 분자 사이의 인력은 CCl_4 분자 사이의 인력 또는 벤젠 분자와 CCl_4 분자 사이의 인력과 거의 일치한다. 모든 분자간 인력이 같으면 알짜 $\Delta H_{용해}$ 값은 정확히 0이 되며, 이러한 용액을 **이상 용액(ideal solution)**이라고 한다. 여기서 **이상 용액**과 **이상 기체**(ideal gas) 사이의 차이점을 확실히 해 둘 필요가 있다. 이상 기체에서는 분자들 사이에 인력이 작용하지 않지만, 이상 용액에서는 용액을 구성하는 모든 입자 사이에 **동일한** 크기의 인력이 작용한다.

서로 용해하는 대부분의 액체의 $\Delta H_{용해}$ 값은 0이 아니고, 용해할 때 열을 방출하거나 혹은 흡수한다. 예를 들면 아세톤과 물은 용액을 형성할 때 열을 방출한다($\Delta H_{용해}$는 음의 값을 가진다). 이들 액체에서 아세톤 분자끼리 서로 미치는 인력보다 물 분자와 아세톤 분자 사이의 인력이 훨씬 더 강하기 때문에, 세 번째 단계는 앞의 두 단계를 합한 것보다 더 많은 열을 방출한다. 이는 용액에서 물 분자가 아세톤 분자와 수소 결합을 형성할 수 있지만, 아세톤 분자는 순수한 액체에서 다른 아세톤 분자와 수소 결합을 형성할 수 없기 때문이다.

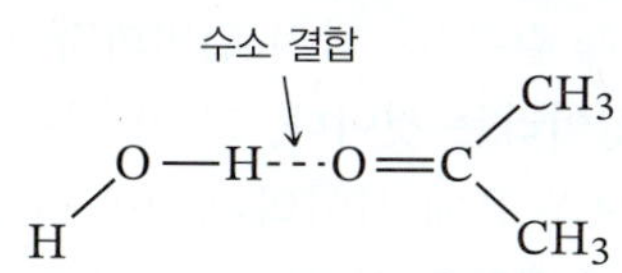

아세톤

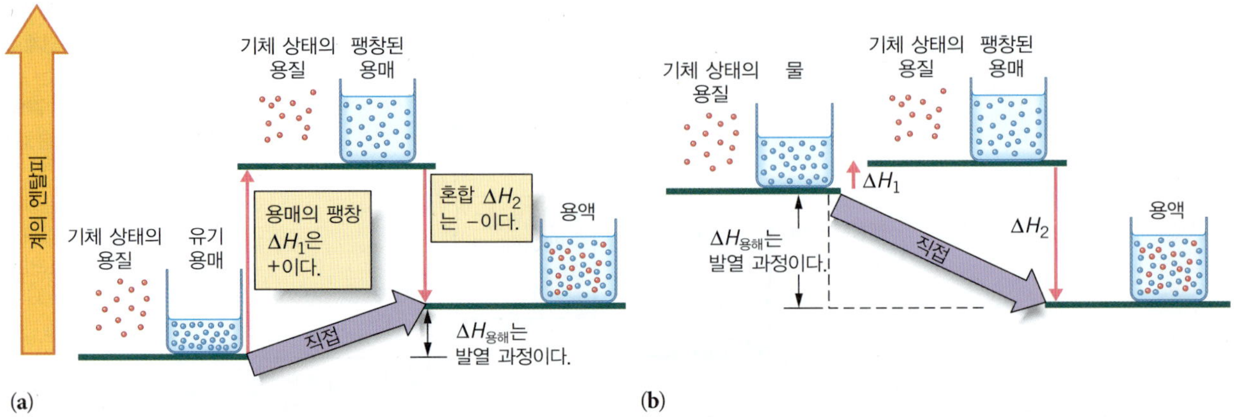

그림 12.8 기체 용해도의 분자 모형 (a) 기체가 유기 용매에 녹는 사례이다. 기체 분자를 수용하려면 용매에 '공간'을 만들어야 하는데, 이 과정에서 에너지가 흡수된다. 두 번째 단계에서 기체 분자들이 용매 분자들이 끌어당기는 공간으로 들어갈 때 에너지가 방출된다. 여기에서 용해 과정은 흡열임을 보여 준다. (b) 실온에서 물의 느슨한 수소 결합 그물 구조는 이미 기체 분자들을 수용할 공간을 가지고 있다. 따라서 용매가 기체 분자를 수용하기 위해 공간을 만드는 데 필요한 에너지는 거의 없다. 두 번째 단계에서 기체 분자가 물 분자에 끌리는 공간에 들어감에 따라 에너지가 방출된다. 이 경우에 용해 과정은 발열 과정이다.

해설 $CH_3CH_2CH_2CH_2CH_2CH_3$
헥세인

에탄올과 헥세인이 용액을 형성할 때는 열을 흡수한다. 이 경우에는 3단계에서 방출한 에너지는 1단계와 2단계에서 필요한 에너지를 보상하기에 충분하지 않기 때문에 용액이 형성됨에 따라 용액이 냉각된다. 수소 결합된 에탄올 분자 사이의 인력은 에탄올과 헥세인 사이의 인력보다 더 강하다. 따라서 에탄올 분자간의 수소 결합을 파괴할 에너지를 가해 주지 않으면 헥세인 분자가 에탄올 분자 사이로 들어갈 수가 없다.

기체의 용해

고체나 액체의 경우와는 달리 기체 분자 사이에는 매우 약한 인력만이 존재하기 때문에 '용질을 팽창'시키는 데 필요한 에너지는 무시해도 될 정도로 작다. 기체가 액체에 용해될 때 흡수되거나 방출되는 열은 그림 12.8에 나타난 것처럼 본질적으로 액체 용매가 팽창할 때 필요한 에너지와 기체가 팽창된 용매 사이에 끼어들어 갈 때 방출되는 에너지의 크기에 의존한다. 기체의 용해 과정을 다음과 같이 3가지로 구분하여 생각해 보자.

1. **기체 분자들을 수용할 수 있도록 용매에 '공간'을 만들 때 에너지가 흡수된다.** 용매는 기체 분자들을 수용하기 위해 약간 팽창되어야 한다. 이 용매의 팽창은 용매 사이의 인력을 극복해야 하므로 에너지를 약간 투입해야 한다. 특별히 물은 실온에서 느슨한 수소 결합의 그물 구조 사이에 이미 열린 공간을 포함하고 있기 때문에 공간을 만드는 데 매우 작은 에너지가 필요하다.
2. **기체 분자가 용매 사이의 공간으로 들어갈 때는 에너지가 방출된다.** 기체 분자와 주위 용매 분자 사이의 분자간 인력은 전체 에너지를 낮추며, 결과적으로 열이 방출된다. 인력이 강할수록 더 많은 양의 열이 방출된다.
3. 기체 분자들이 유기 용매의 경우보다 물에 있는 공간에 끼어 들어갈 때 더 많은 양의 에너지가 방출된다.

이와 같은 과정을 고려하면 다음과 같은 두 가지 일반화가 가능하다. **첫째는 유기 용매에서 기체의 용해열은 대부분 흡열 과정이라는 것이다.** 그 이유는 기체와 용매 분자 사이에 형성되는 인력에 의해 방출되는 에너지보다 용매 사이의 공간을 팽창시키기 위한 에너지가 더 크기 때문이다. **둘째는 물에서 기체의 용해열은 일반적으로 발열 과정이라고 할 수 있다.** 그 이유는 물은 기체 분자를 수용하기 위한 공간을 이미 포함하고 있고, 따라서 물 분자와 기체 분자가 서로 끌어당길 때 에너지가 방출되기 때문이다.

실전 문제 12.3
염화 암모늄(ammonium chloride)을 물에 용해시키는 흡열 과정에 대한 엔탈피 도표를 그리시오. (**힌트**: 어느 단계가 발열이고 어느 단계가 흡열인가?)

실전 문제 12.4
수산화 포타슘(potassium hydroxide)을 비커에 들어 있는 물에 용해시키면 열이 방출되기 때문에 비커가 따뜻해진다. 이 결과는 고체 용해 과정에 대한 엔탈피의 관점에서 무엇을 의미하는가?

12.3 온도에 의존하는 용해도

'용해도'는 특정 온도에서 주어진 질량의 용매와 **포화**(saturated) 용액을 형성하는 용질의 질량을 의미한다. 단위로는 흔히 용매 100 g당 용질의 그램수를 사용한다. 포화 용액에서는 다음의 식이 나타내는 바와 같이 용액 속에 녹아 있는 용질과 녹지 않고 남아 있는 용질 사이에 동적 평형 상태가 존재한다(그림 12.9 참조).

$$\text{용질}_{\text{녹지 않은}} \rightleftharpoons \text{용질}_{\text{녹은}}$$

(용질은 포화 용액과 접촉하고 있다) (용질은 포화 용액 속에 있다)

온도를 일정하게 유지하면 용액에서 용질의 농도는 일정하다. 그러나 용액의 온도가 변하면 이 평형은 깨져서 더 많은 용질이 녹거나 혹은 침전이 생성될 수 있다. 11장에서 공부한 Le Châtelier 원리를 사용하여 온도가 용해도에 어떤 영향을 주는지를 살펴볼 수 있다. 이 원리에 의하면 평형에 있는 계가 교란되면 계는 그 교란을 없애고 가능한 한 평형을 회복하려는 방향으로 변화한다는 것을 상기하라. 용액의 형성 과정이 흡열이면, 열을 가하면 더 많은 용질이 용해된다. 반면에 용액의 형성이 발열이면, 열을 가하면 용질의 일부가 침전될 것이다.

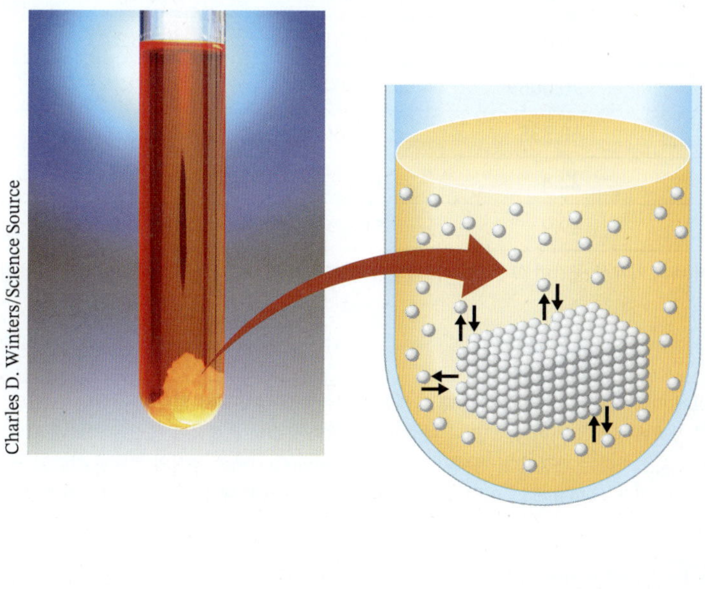

그림 12.9 분자적 관점에서의 포화 용액 포화 용액은 고체 결정과 용해된 입자 사이에 동적 평형을 유지한다. 화살표는 결정화가 일어나는 속도와 용해가 되는 속도가 같음을 나타낸다.

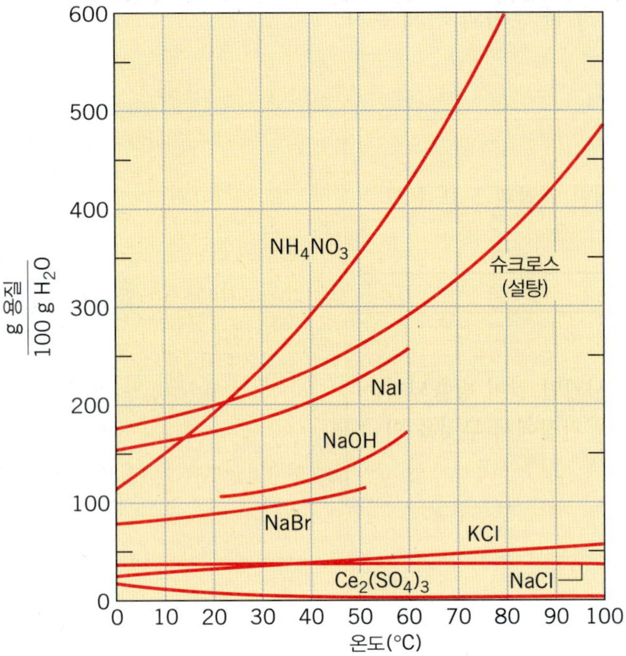

그림 12.10 몇 가지 물질의 물에서의 용해도와 온도와의 관계 대부분의 물질은 용액의 온도가 높아질 때 더 잘 녹는다. 그러나 증가되는 용해도의 크기는 상당히 다르다.

용액 형성이 흡열 과정인 어떤 포화 용액에 열을 가하는 다음의 경우를 생각해 보자.[3]

$$\text{용질}_{\text{녹지 않은}} + \text{에너지} \rightleftharpoons \text{용질}_{\text{녹은}} \qquad \textbf{(12.1)}$$

Le Châtelier 원리에 따르면 에너지를 가하여 온도를 올리면 계는 가해 준 에너지를 소모하는 방향으로 반응한다. 이 영향으로 그림 12.1의 평형은 '오른쪽으로 이동'하고 더 많은 용질이 녹게 된다. 그러므로 용해 과정이 흡열(그리고 보통 포화점 근처에서는 흡열이다)인 경우 온도가 올라가면 용질의 용해도가 증가할 것이다. 이것은 고체가 액체 용매에 녹는 과정의 일반적인 현상이다. **그림 12.10**에서 보는 바와 같이 온도가 용해도에 미치는 영향은 용질의 종류에 따라서 다양하다.

황산 세륨(III)[$Ce_2(SO_4)_3$]과 같은 몇 가지 용질은 온도가 증가함에 따라 용해도가 **감소**한다(그림 12.10). $Ce_2(SO_4)_3$의 포화 용액에 더 많은 용질을 녹이기 위해서는 에너지가 방출되어야 한다. 이 평형에 대한 반응식의 경우 에너지가 방출되기 때문에 '에너지'는 오른쪽에 놓여 있다.

$$\text{용질}_{\text{녹지 않은}} \rightleftharpoons \text{용질}_{\text{녹은}} + \text{에너지} \qquad \textbf{(12.2)}$$

이 경우에는 포화 용액에 열을 가하여 온도를 올리면 용해된 용질은 침전한다.

온도와 기체의 용해도

다른 용해도와 마찬가지로 기체의 용해도는 온도에 따라서 용해도가 증가하기도 하고 감소하기도 하는데, 그 양상은 기체와 용매의 종류에 의존한다. **표 12.3**은 압력이 1 atm인 몇 가지 기체의 물에 대한 용해도를 온도에 따라 나타낸 것이다. 산소와 같은 기체는 보통 더 낮은 온도에서 물에 더 잘 녹는다. 호수나 개울 및 대양에 녹아 있는 산소는 해양 동물의 아가미를 통해 추출된다. 일반적으로 물고기는 산소의 농도가 더 높은, 낮은 온도의 물을 찾는다. 산소 농도

표 12.3 몇 가지 기체의 물에 대한 용해열[a]

기체	온도			
	0 °C	20 °C	50 °C	100 °C
질소, N_2	0.0029	0.0019	0.0012	0
산소, O_2	0.0069	0.0043	0.0027	0
이산화 탄소, CO_2	0.335	0.169	0.076	0
이산화 황, SO_2	22.8	10.6	4.3	1.8[b]
암모니아, NH_3	89.9	51.8	28.4	7.4[c]

[a]기체의 용해도는 액체 위의 기체상 공간이 그 기체로 포화되어 있고 전체 압력이 1 atm일 때, 물 100 g당 용질의 그램수이다.
[b]90 °C에서의 용해도
[c]96 °C에서의 용해도

[3]용해열은 용매와 용질에 따라 다르다. 용액을 만들 때 가해진 용질은 아무런 변화가 없다고 가정할 수 있다. 그러나 용매는 변한다. 초기에는 순수한 용매에 용질을 가한다. 그러나 나중에는 용매와 용질의 혼합물에 용질을 가하게 된다. 용해 과정은 연속적으로 변하는 용매에 용질을 가하는 과정이다. 용매가 변화하면 용해열(즉 가해준 용질의 그램당 방출된 열)이 변하며, 심지어 발열에서 흡열로 변할 수도 있다. 흥미롭게도, 거의 포화된 용액에 용질을 가할 때 용질의 용해열은 대부분 흡열 과정이다.

가 크게 낮은 조건인 **저산소증(hypoxia)** 상태에서는 많은 물고기가 죽는다고 알려져 있다. 한편 사염화 탄소, 톨루엔, 아세톤과 같은 일반적인 유기 용매에서 H_2, N_2, CO_2, He, Ne의 용해도는 온도 상승에 따라 증가한다.

실전 문제 12.5

근육 염좌에 사용되는 일부 차가운 팩은 물과 질산 암모늄의 개별 팩으로 구성되어 있는데, 물과 질산 암모늄이 합쳐지면 매우 차가운 용액이 형성된다. 이 용액에 열을 가하면 용액의 형성과 침전물의 형성 중 어느 방향으로 평형이 이동하는가? (**힌트**: 이 흡열 반응식의 어느 쪽이 열이 위치하는가?)

실전 문제 12.6

수산화 소듐이 물에 용해되면 용액이 뜨거워진다. NaOH 포화 용액이 형성된 다음 냉각될 때 수산화 소듐이 침전될 것인가? 열화학 반응식을 이용하여 설명하시오.

12.4 Henry 법칙

액체에 대한 기체의 용해도는 압력이 증가할수록 증가한다. 분자 수준에서 이를 이해하기 위해서 움직이는 피스톤을 장치한 밀폐된 용기에서 다음의 평형이 이루어졌다고 생각해 보자(**그림 12.11(a)** 참조).

$$\text{기체} + \text{용매} \rightleftharpoons \text{용액} \tag{12.3}$$

피스톤을 아래로 누르면(그림 12.11(b)) 기체는 압축되어 압력이 증가한다. 이것으로 용액 위에 존재하는 기체 분자의 농도가 증가한다. 따라서 기체가 용액 속으로 녹아 들어가는 속도가 용액에서 기체가 떠나는 속도보다 커지게 된다. 이 과정이 계속되면 용액 속의 기체 농도가 점점 증가하게 된다. 결국 용액에서 기체가 이탈되는 속도와 용액 속으로 녹아 들어가는 속도가 같아져서 다시 평형이 이루어진다(그림 12.11(c) 참조). 그 결과로 용액 내 기체의 농도는 압력을 가하기 전보다 더 증가하게 된다.

기체의 용해도에 대한 압력의 영향은 Le Châtelier 원리와 식 12.3으로 설명할 수 있다. 이 경우에는 용액 위에 위치한 기체의 압력 증가가 평형을 교란시키는 요인이다. 계는 어떻게 압력 증가에 대응하는가? 이에 대한 답은 더 많은 양의 기체가 용액에 녹아 들어간다는 것이다. 이런 방법으로 기체의 압력은 줄어들고 용액 내 기체의 농도는 증가한다.

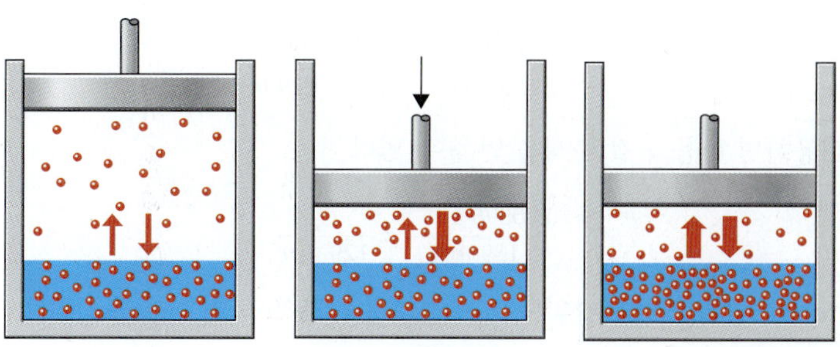

그림 12.11 압력을 증가시키면 액체에 대한 기체의 용해도가 증가한다. (a) 어떤 특정한 압력에서 증기상과 용액 사이에는 평형이 존재한다. (b) 압력을 증가시키면 평형이 깨진다. 용액을 떠나는 분자보다 용액에 녹는 기체 분자가 더 많다. (c) 더 많은 기체가 녹고 평형이 회복된다.

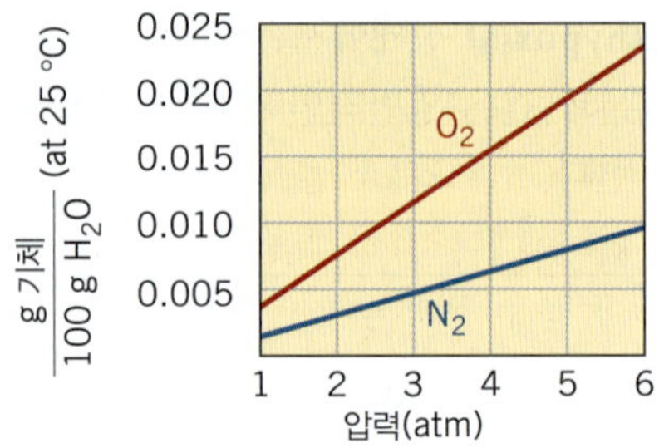

그림 12.12 압력 변화에 따른 두 기체의 물에 대한 용해도 용해되는 기체의 양은 압력이 증가함에 따라 증가한다.

도구
Henry 법칙

그림 12.12는 물에서 산소와 질소 압력의 변화에 대한 기체의 용해도의 변화가 직선의 관계가 있다는 것을 나타낸 것이다. 이것은 주어진 어떤 온도에서 액체 내에 존재하는 기체의 농도는 용액 상층에 존재하는 기체의 부분 압력에 비례한다는 **Henry 법칙(Henry's law)**으로 정량적으로 표현된다.

$$C_{기체} = k_H P_{기체} \quad (T\text{는 일정}) \tag{12.4}$$

여기에서 $C_{기체}$는 기체의 농도이고, $P_{기체}$는 용액 위의 기체의 부분 압력이다. Henry 법칙 상수라고 하는 비례 상수 k_H는 기체의 종류에 따라 그 값이 다르다. 이 식은 근사식으로서 기체의 농도와 압력이 낮을 때, 그리고 용매와 반응하지 않는 기체에 대해서 잘 맞는다.

일반적으로 자주 사용되는 Henry 법칙의 또 다른 형태는 다음과 같다.

$$\frac{C_1}{P_1} = \frac{C_2}{P_2} \tag{12.5}$$

여기에서 아래 첨자 1과 2는 각각 초기 상태와 최종 상태를 의미한다. Henry 법칙에서 비율을 취하면 Henry 법칙 상수는 상쇄된다.

Andy Washnik

병에 든 탄산 음료의 병마개를 열면 쉿소리가 나는데, 이것은 갑작스럽게 병 내부의 압력이 감소함에 따라 음료에 녹아 있는 기체의 용해도가 급격하게 감소하기 때문에 일어난다.

해설 William Henry(1774~1836)는 기체의 용해도와 압력의 관계식을 처음으로 발표한 영국의 화학자이다.

예제 12.1 Henry 법칙을 이용한 질소의 용해도

20.0°C에서 O_2의 부분 압력이 159 torr일 때, 물에 대한 산소의 용해도는 0.00896 g L^{-1}이다. 20.0°C에서 산소의 부분 압력이 129 torr일 때, 물에 대한 O_2의 용해도는 얼마인가?

분석 이 문제는 기체의 용해도에 대한 기체 압력의 영향에 관한 것이므로 Henry 법칙이 적용된다.

도구 모음 Henry 법칙 상수를 모르므로 식 12.5에 주어진 형태의 Henry 법칙을 사용한다.

$$\frac{C_1}{P_1} = \frac{C_2}{P_2}$$

풀이 먼저 자료를 모아서 초기 조건(C_1, P_1)과 최종 조건(C_2, P_2)을 찾는다.

$$C_1 = 0.00896\ \text{g L}^{-1} \quad C_2 = \text{모름}$$
$$P_1 = 159\ \text{torr} \quad P_2 = 129\ \text{torr}$$

식 12.5를 이용하면 다음과 같은 식을 얻을 수 있다.

$$\frac{0.00896\ \text{g L}^{-1}}{159\ \text{torr}} = \frac{C_2}{129\ \text{torr}}$$

양변에 129 torr를 곱하고 torr 단위를 소거한 다음 C_2를 구하면 다음과 같다.

$$C_2 = 0.00726 \text{ g L}^{-1}$$

낮은 압력에서 용해도는 $0.00726\,\text{g}\,\text{L}^{-1}$이다.

답이 합리적인가? Henry 법칙에 의하면 낮은 압력에서는 용해도가 낮아질 것으로 예상된다. 따라서 초기 농도보다 작은 값이 얻어졌으므로 답은 합당하다.

실전 문제 12.7

25°C의 표준 압력하에서 물속에 $H_2S(g)$를 불어 넣어 만든 황화 수소 용액의 농도가 0.11 M이다. $H_2S(g)$는 공기보다 밀도가 더 크기 때문에 대기압에서 순수한 $H_2S(g)$층이 용액을 덮고 있다고 가정할 수 있다. Henry 법칙 상수를 구하시오. 값은 얼마인가? $H_2S(g)$의 용해도는 이 장에서 언급된 다른 기체들의 용해도와 차이가 나는가? 차이가 난다면 그 이유는 무엇인가? (**힌트**: $H_2S(g)$의 압력은 얼마인가?)

실전 문제 12.8

20.0°C에서 P_{N_2}는 570 torr이고 P_{O_2}는 120 torr인 공기로 포화된 물 125 g에 녹아 있는 질소와 산소는 몇 g인가? 1.00 atm의 압력에서 물에 대한 순수한 산소의 용해도는 0.00324 g O_2/100.0 g H_2O이고, 물에 대한 순수한 질소의 용해도는 0.00180 g N_2/100.0 g H_2O이다.

물과 반응하는 기체의 용액

기체 상태의 이산화 황, 암모니아, 이산화 탄소(비교적 작은 양)는 산소나 질소보다 물에 훨씬 더 잘 녹는다(표 12.3 참조). 그 이유 중 하나는 용액에서 SO_2, NH_3, CO_2 분자가 물과 형성하는 수소 결합이 기체 분자를 용액에 붙잡아 두는 역할을 하기 때문이다. 더 중요한 것은 이들 기체는 다음의 화학 평형과 같이 어느 정도 물과 반응한다.

$$SO_2(aq) + H_2O \rightleftharpoons H^+(aq) + HSO_3^-(aq)$$
$$NH_3(aq) + H_2O \rightleftharpoons NH_4^+(aq) + OH^-(aq)$$
$$CO_2(aq) + H_2O \rightleftharpoons H_2CO_3(aq) \rightleftharpoons H^+(aq) + HCO_3(aq)$$

해설 물에 녹아 있는 기체를 의미하는 표현이다. 기체가 녹을 때는 또 다른 평형이 존재한다.

물과 전혀 반응하지 않는 O_2나 N_2와 비교할 때, 이 기체들은 정반응에 의하여 더 많은 농도의 기체가 용액에 녹을 수 있게 된다. 기체 상태의 삼산화 황은 물과 **정량적으로**(즉 완전히) 반응하여 황산을 형성하므로 물에 매우 잘 녹는다.[4]

$$SO_3(g) + H_2O \longrightarrow H^+(aq) + HSO_4^-(aq)$$

12.5 농도 단위

4.7절에서 용액의 부피를 측정하면 용질의 몰수를 쉽게 알 수 있기 때문에, 화학량론을 다룰 때 **몰농도**(molar concentration 또는 molarity, mol/L)가 편리한 농도 단위라는 것을 배웠다.

[4] 시판되는 '진한 황산'은 93~98% H_2SO_4로 대략 18 M이다. 이 용액은 열을 발생하며 격렬하게 물을 흡수하기 때문에 습한 공기에서 물을 흡수하기도 한다(따라서 마개 달린 병에 보관해야 한다). 황산은 밀도가 크고, 기름 성질을 나타내며, 끈적거리고, 부식성이 있기 때문에 취급에 매우 주의해야 한다. 따라서 진한 황산을 덜어낼 때는 보안경과 안전 장갑을 착용해야 한다. 또한 용액을 묽힐 때는 **항상 물에 진한 용액을 (서서히 저으면서) 부어야 한다**. 진한 용액에 물을 부으면 황산의 밀도가 물의 밀도보다 훨씬 크기 때문에 산 표면에 층을 만들 수 있다(황산의 밀도는 $1.8\,\text{g}\,\text{mL}^{-1}$이고, 물의 밀도는 $1.0\,\text{g}\,\text{mL}^{-1}$). 이때 경계면에서 강한 열이 발생되는데, 이 열에 의해 반생된 증기가 폭발하여 황산이 주위로 격렬하게 튈 수 있다.

그러나 예를 들어 **질량 백분율**, **몰랄 농도**, **몰분율**(또는 몰 백분율) 및 **질량–부피 백분율** 등의 다른 농도 단위가 있다. 서로 다른 온도에서의 물리, 화학적 성질을 연구할 때는 온도에 따라 부피가 변하기 때문에 몰농도처럼 부피에 의존하는 단위는 사용하지 않는다. 대부분의 액체는 열이 가해지면 약간 팽창하기 때문에 용액은 더 큰 부피를 차지하게 되고 용액의 몰농도는 변하게 될 것이다. 먼저 온도에 독립적인 농도 단위인 질량 백분율, 몰랄 농도 및 몰분율(또는 몰 백분율)에 대해 논의한 다음, 온도에 의존하는 농도 단위인 몰농도와 질량–부피 백분율에 대하여 설명할 것이다.

농도 백분율

용액의 농도는 흔히 **질량 백분율[percentage by mass**, 때로는 **무게 백분율**(percent by weight)이라고 부름]로 나타내는데, 이 농도는 용액 100 g당 들어 있는 용질의 그램수를 나타낸다. 질량 백분율은 %(w/w)로 나타내는데, 여기서 'w'는 '무게(weight)'를 의미한다. 용질의 질량과 용액의 질량으로부터 질량 백분율을 계산하려면 **질량 분율(mass fraction**, 용질의 질량을 용액의 질량으로 나눈 값)에 100%를 곱한 것을 사용하며 다음 식으로 나타낸다.

도구
질량 백분율

$$\text{질량 백분율} = \frac{\text{용질의 질량}}{\text{용액의 질량}} \times 100\% \qquad \textbf{(12.6)}$$

예를 들면 '0.85%(w/w) NaCl'이라고 표시된 용액이 있다고 하자. 용액에 대한 용질의 비는 100.00 g의 NaCl 용액 대 0.85 g의 NaCl이다. 백분율 농도는 다음의 예에서 설명하는 바와 같이 변환 인자로 사용할 수 있다. 또한 이 예의 경우와 같이 질량 백분율을 쓸 때 흔히 (w/w) 기호는 생략한다.[5]

예제 12.2 백분율 농도 사용하기

바닷물에는 3.5%의 소금이 포함되어 있고, 밀도는 약 1.03 g mL^{-1}이다. 62.5 L의 수족관을 완전히 채울 바닷물 용액을 만드는 데 필요한 소금은 몇 g인가?

분석 62.5 L의 바닷물 용액 안에 들어 있는 소금의 그램수를 구해야 한다. 문제를 풀기 위해서 바닷물과 소금과의 연관 관계가 필요하다. 식 12.6의 백분율 농도가 필요한 연관 관계이다. 백분율은 질량 백분율이라고 가정한다.

도구 모음 '3.5%의 소금'은 다음과 같은 변환 등가식으로 쓸 수 있다.

$$3.5\text{ g 소금} \Leftrightarrow 100\text{ g 용액}$$

밀도(1.7절 참조)로부터 다음의 변환 등가식을 얻을 수 있다.

$$1.03\text{ g 용액} \Leftrightarrow 1.00\text{ mL 용액}$$

마지막으로 L를 mL로 변환시키기 위해 표 1.5에 있는 SI 접두사를 사용한다.

풀이 먼저 질문을 식의 형태로 나타내는 것부터 시작해 보자.

---

[5]때때로 임상 실험실에서는 농도를 **질량–부피 백분율**로 보고하기도 한다. 이때 기호는 '%(w/v)'이다.

$$\text{질량/부피 백분율} = \frac{\text{용질의 질량(g)}}{\text{용액의 부피(mL)}} \times 100\%$$

예를 들면 4%(w/v) $SrCl_2$ 용액에는 용액 100 mL에 $SrCl_2$가 4 g 들어 있다. 질량 백분율 농도에서 용질의 질량과 용액의 질량은 같은 단위를 사용한다면 어떤 단위를 사용하더라도 무방하다. 질량/부피 농도 백분율을 사용할 때에는 용액의 부피는 mL 단위를, 용질의 질량은 g 단위를 사용해야 한다. 만일 농도 백분율에서 (w/v) 또는 (w/w) 표시가 없을 때는 질량 백분율이라고 가정한다. 생명 과학 분야에서 주로 사용하는 농도 단위는 g dL^{-1}이다.

$$62.5\text{ L 용액} \Leftrightarrow ?\text{ g 소금}$$

이제 답에 도달하는 데 차원 분석 도구를 이용하자.

$$62.5\,\cancel{\text{L 용액}} \times \frac{1000\,\cancel{\text{mL 용액}}}{1\,\cancel{\text{L 용액}}} \times \frac{1.03\,\cancel{\text{g 용액}}}{1\,\cancel{\text{mL 용액}}} \times \frac{3.5\text{ g 소금}}{100\,\cancel{\text{g 용액}}} = 2.3 \times 10^3\text{ g}$$

답이 합리적인가? 바닷물에 약 4%의 소금이 포함되어 있다면, 100 g의 바닷물은 약 4 g의 소금을 포함하고 있어야 한다. 바닷물 1 L가 약 1000 g이므로, 수족관 물 1 L에 들어 있는 소금은 약 40 g이다. 필요한 약 60 L의 바닷물에는 60 × 40 g, 즉 2400 g의 소금이 포함되어야 한다. 이것은 우리의 답과 차이가 크지 않다. 따라서 답은 타당하다.

실전 문제 12.9

20 °C의 물($d = 0.9982\text{ g mL}^{-1}$)에 말토스 48.0 g을 녹여 12%(w/w) 용액을 만들려고 한다. 필요한 물의 부피는 얼마인가? (**힌트**: 이 문제를 풀려면 물의 질량이 필요하다.)

실전 문제 12.10

의료적 목적으로 0.9%(w/w) NaCl 식염수를 만들려고 한다. 500 g의 식염수를 만들기 위하여 몇 g의 NaCl이 필요한가? 필요한 물은 몇 g인가? 실온에서 물의 밀도가 0.998 g mL^{-1}이라면 필요한 물의 부피는 몇 mL인가?

퍼센트는 **백분율**(parts per hundred)이라고도 한다. 다른 비슷한 농도 단위로는 **백만분율(parts per million, ppm)**과 **십억분율(parts per billion, ppb)**이 있다. 여기서 1 ppm은 10^6 g의 혼합물 속에 1 g의 성분이 들어 있는 농도이며, 1 ppb은 10^9 g의 혼합물 속에 1 g의 성분이 들어 있는 농도이다. 따라서 ppm은 질량 분율에 10^6 ppm을 곱한 것이며, ppb는 질량 분율에 10^9 ppb를 곱한 것이다.

> **도구**
> 매우 묽은 용액에서,
> 1 ppm = 1 mg/L
> 1 ppb = 1 μg/L

몰랄 농도

용매의 킬로그램당 용질의 몰수를 용액의 **몰랄 농도(molal concentration** 또는 **molality**)라고 한다. 몰랄 농도의 기호는 보통 ***m***을 사용한다.

$$\text{몰랄 농도} = m = \frac{\text{용질의 몰수}}{\text{용매의 kg수}} \tag{12.7}$$

> **도구**
> 몰랄 농도

예를 들면 물 1.00 kg에 설탕 0.500 mol이 녹아 있다면 설탕 용액의 몰랄 농도는 0.500 *m*이다. 몰랄 농도의 용액을 만들 때 용매의 무게를 측정하기 때문에 부피 플라스크는 필요하지 않다. 곧 보게 되겠지만 용액의 몇 가지 중요한 물리적 성질은 몰랄 농도와 직접적인 관련이 있다.

몰농도(molarity)와 몰랄 농도(molality)를 혼동하지 않은 것이 중요하다.

$$\text{몰랄 농도} = m = \frac{\text{용질의 몰수}}{\textbf{용매}\text{의 kg수}} \qquad \text{몰농도} = M = \frac{\text{용질의 몰수}}{\textbf{용액}\text{의 L수}}$$

> **해설** 몰랄 농도는 용액의 킬로그램당 몰수가 아니라 용매의 킬로그램당 몰수로 정의됨을 주목하라.

이 절의 시작 부분에서 지적한 것과 같이, 용액의 몰농도는 온도에 따라 약간 변화하지만 몰랄 농도는 온도와 무관하다. 그러므로 몰랄 농도는 온도 변화가 있는 실험을 할 때 더 편리하다. 몰농도와 같이 몰랄 농도는 변환 인자로 사용할 수 있다. 예를 들면 위의 설탕 용액은 다음의 등가성(equivalence)을 가진다.

$$0.500\,\text{mol 설탕} \Leftrightarrow 1.00\,\text{kg } H_2O$$

해설 이것은 용매가 물일 때만 적용된다. 다른 용매에서는 이런 조건에서도 몰농도와 몰랄 농도가 아주 다른 값을 나타낸다.

물이 용매일 때는 용액이 묽어짐에 따라 몰농도는 몰랄 농도와 거의 같아진다. 매우 묽은 용액에서 1.00L의 용액은 1.00kg의 질량을 갖는 순수한 물 1.00L와 거의 같기 때문에, 이와 같은 조건에서 L당 몰수의 비(몰농도)는 kg당 몰수의 비(몰랄 농도)와 거의 같다.

예제 12.3 주어진 몰랄 농도의 용액 만들기

염화 포타슘 0.120*m* 수용액을 만드는 실험이 있다. 이 몰랄 농도를 가진 용액을 만들려면 물 250.0g에 몇 g의 KCl을 용해시켜야 하는가?

분석 이 문제는 몰랄 농도와 물의 질량에 대한 값이 주어져 있다. 앞에서 언급한 바와 같이 몰랄 농도는 변환 인자로 사용할 수 있기 때문에 물 250.0g에 용해되어야 할 NaCl의 질량을 계산하는 데 사용할 수 있다.

도구 모음 주어진 몰랄 농도는 다음과 같이 쓸 수 있다.

$$0.120\,\text{mol KCl} \Leftrightarrow 1.00\,\text{kg } H_2O$$

다음에는 몰과 질량 사이의 변환 등가식을 쓰기 위해 KCl의 몰질량($39.0 + 35.45 = 74.5$ g KCl mol^{-1})을 계산한다.

$$1\,\text{mol KCl} = 74.5\,\text{g KCl}$$

풀이 질문을 식의 형태로 나타내면 다음과 같이 된다.

$$250.0\,\text{g } H_2O = ?\,\text{g KCl}$$

그다음 적당한 변환 인자를 사용한다.

$$250.0\,\cancel{\text{g } H_2O} \times \frac{0.120\,\cancel{\text{mol KCl}}}{1.00 \times 10^3\,\cancel{\text{g } H_2O}} \times \frac{74.5\,\text{g KCl}}{1\,\cancel{\text{mol KCl}}} = 2.24\,\text{g KCl}$$

KCl 2.44g을 250.0g의 물에 녹이면 KCl 0.120*m* 농도가 된다.

답이 합리적인가? KCl의 화학식량은 74.5이므로 0.120mol은 9g 정도이다. 0.12*m* 용액은 물 1.00kg에 약 9g의 KCl이 녹아 있다. 250g의 물을 사용한다면, 필요한 염의 양은 1/4인 2.25g이 될 것이다. 우리가 계산한 답도 이 값에 가깝다. 따라서 답은 타당하다고 할 수 있다.

실전 문제 12.11

물 250.0g에 황산 포타슘 34.80g을 녹여 용액을 만들었다. 이 용액의 몰랄 농도는 얼마인가? 이 용액의 몰농도는 몰랄 농도보다 더 큰가 혹은 더 작은가? (**힌트**: 몰농도와 몰랄 농도의 정의를 상기하시오.)

실전 문제 12.12

용질이 녹아 있는 물은 더 낮은 온도에서 언다. 물의 어는점에 대한 에탄올의 영향을 연구하기 위하여 여러 다른 몰랄 농도의 용액을 만들려고 한다. 물 200.0g을 사용하여 0.050*m*에서 0.250*m*까지 0.050*m*씩 증가하는 일련의 용액을 만드는 데 필요한 에탄올(CH_3CH_2OH)의 그램수를 계산하시오. 200g의 물을 사용하는 대신 200mL를 사용한다면 몰랄 농도가 어떻게 변하겠는가?

몰분율과 몰 백분율

10.6절에서 논의한 몰분율과 몰 백분율의 정의를 다시 복습해 보자. 어떤 물질 *A*의 몰분율 X_A

는 다음과 같이 주어진다.

$$X_A = \frac{n_A}{n_A + n_B + n_C + n_D + \cdots + n_Z} \qquad (12.8)$$

여기에서 n_A, n_B, n_C, …, n_Z는 각 성분 A, B, C, …, Z의 몰수이다. 혼합물의 모든 몰분율의 합은 항상 1이어야 한다. **몰 백분율(mole percent)**은 몰분율에 100몰%를 곱하여 얻는다.

$$A\text{의 몰 백분율} = \frac{n_A}{n_A + n_B + n_C + n_D + \cdots + n_Z} \times 100\text{몰}\% \qquad (12.9)$$

혼합물에서 모든 성분의 몰분율을 더하면 1.00이 된다. 따라서 몰 백분율을 더하면 100몰%가 되어야 한다.

몰농도와 무게/부피 농도 단위

몰농도는 변화 인자로서 유용하다는 것을 보여 주었다. 그런데 분모의 부피는 온도에 따라 변하므로 온도에 의존한다.

$$M = \frac{\text{용질의 몰수}}{\text{용액의 부피(L)}} \qquad (12.10)$$

온도 의존성이 있는 다른 농도 단위는 다음과 같이 정의되는 **질량-부피 백분율(percentage by mass-volume)**이다.

$$\%(\text{w/v}) = \frac{\text{용질의 질량(g)}}{\text{용액의 부피(mL)}} = 100\% \qquad (12.11)$$

해설 액체 용액의 경우 부피/부피 백분율(%v/v) 단위가 가끔 사용된다. 이는 100 mL 용매에 대한 용질의 mL이다.

농도 단위 사이의 변환

어느 한 단위로 나타낸 농도를 다른 단위로 변환시켜야 할 때가 있다. 농도 단위가 온도에 의존하는지 여부에 따라 변환하는 방법이 결정된다.

온도에 무관한 농도 단위 사이의 변환 다음의 예제에서 보는 바와 같이 단위에 대한 정의만 알면 온도와 무관한 농도 단위를 온도와 무관한 다른 단위로 변환시킬 수 있다. 더 복잡한 농도 변환을 하려면 아래에 나타낸 것과 비슷한 자료 표를 만들면 도움이 된다.

용매	용질	용액
질량	질량	전체 질량
몰수	몰수	전체 몰수
부피	부피	전체 부피
용매의 몰질량	용질의 몰질량	밀도

용액에 대하여 표에서와 같은 자료를 모으시오. 초록색의 항은 문제에서 주어지지 않더라도 보통은 표에서 구할 수 있다. 붉은색의 항은 알려져 있는 자료들이다. 필요한 변환을 하여 표의 나머지 부분을 채우시오.

예제 12.4 질량 백분율을 몰랄 농도로 바꾸기

소금물(brine)은 상당히 진한 염화 소듐 용액이다. 터키나 햄 혹은 가슴살을 진한 소금물에 여러 시간 동안 절이면 고기의 질감이나 맛이 좋아지는 효과가 있다. 또한 치즈를 굳히는 과정에서 진한 소금물을 사용하면 치즈의 질을 향상시킬 수 있다. 어떤 소금물 공급업자가 좋은 가격으로 1.90*m* 농도의 소금물을 공급해 주겠다고 제안하였다. 치즈 제조업체는 10.0%(w/w) NaCl 수용액을 필요로 한다. 치즈 공장에서 1.90*m* 소금물 용액을 사용할 수 있는지 설명하시오.

분석 이 문제에서 1.90*m* 농도와 10.0%(w/w) 소금물이 같은 농도인지를 알아보기 위하여 비교하는 것이 핵심이다. 따라서 몰랄 농도를 %(w/w)로 또는 %(w/w)를 몰랄 농도로 변환시키면 된다. 먼저 %(w/w)를 몰랄 농도로 변환하자.

$$\frac{10.0\ \text{g NaCl}}{100.0\ \text{g NaCl 용액}} \text{을} \quad \frac{?\ \text{mol NaCl}}{1.00\ \text{kg 물}} \text{로}$$

이를 위하여 NaCl의 질량을 NaCl의 몰수로, 그램 단위의 NaCl 용액을 kg 물 단위로 변환해야 한다.

도구 모음 질량을 몰수로 변환시키는 등식은 다음과 같다.

$$58.44\ \text{g NaCl} = 1.00\ \text{mol NaCl}$$

그리고 100.0g의 NaCl 용액을 물의 질량으로 변환시켜야 한다. 용액의 질량은 용질의 질량과 물의 질량의 합이므로 다음과 같은 식을 쓸 수 있다.

$$100.0\,\text{g NaCl 용액} = 10.0\,\text{g NaCl} + 90.0\,\text{g}\ H_2O$$

이 식으로부터 다음의 관계식을 쓸 수 있다.

$$100.0\,\text{g NaCl 용액} \Leftrightarrow 90.0\,\text{g}\ H_2O$$

그 다음 g에서 kg으로 변환하기 위한 SI 접두사를 이용할 것이다.

풀이 먼저 질문을 식의 형태로 표현해 보자.

$$\frac{10.0\ \text{g NaCl}}{100.0\ \text{g NaCl 용액}} = \frac{?\ \text{mol NaCl}}{1.00\ \text{kg 물}}$$

변환 도구를 이용하여 NaCl의 질량을 NaCl의 몰수로, 그리고 용액의 질량을 물의 kg으로 변환시킨다.

$$\frac{10.0\ \text{g NaCl}}{100.0\ \text{g NaCl 용액}} \times \frac{1\ \text{mol NaCl}}{58.44\ \text{g NaCl}} \times \frac{100.0\ \text{g NaCl 용액}}{90.0\ \text{g 물}} \times \frac{1000\ \text{g 물}}{1\ \text{kg 물}} = 1.90\ m\ \text{NaCl}$$

이 계산 결과에서 10.0% NaCl 용액은 1.90*m* 농도와 같음을 알 수 있으며, 따라서 소금물 공급업자의 소금물을 치즈 공장에서 사용할 수 있음을 알 수 있다.

답이 합리적인가? 편의상 계산에 포함된 숫자를 한 개의 유효 숫자로 반올림한 후 계산하면 다음과 같이 된다.

$$\frac{10\ \text{g NaCl}}{100\ \text{g NaCl 용액}} \times \frac{1\ \text{mol NaCl}}{50\ \text{g NaCl}} \times \frac{100\ \text{g NaCl 용액}}{100\ \text{g 물}} \times \frac{1000\ \text{g 물}}{1\ \text{kg 물}} = 2\ m\ \text{NaCl}$$

이 값은 앞에서 계산한 값과 매우 가깝다. 따라서 답이 옳다고 결론을 내릴 수 있다. 여기에서 58.6을 50으로 줄인 것은 90을 100으로 올린 것과 상쇄된다. 이렇게 하는 것은 예측한 값이 정확한 값에 가깝도록 하기 위함이다. 이러한 예측을 하는 데 계산기를 사용할 필요는 없다. 분자에 있는 5개의 0은 분모에 있는 5개의 0과 서로 상쇄된다. 결국은 10/5 = 2이다.

실전 문제 12.13

시약장에 놓여 있는 시약병에 48% 수산화 포타슘 용액이라고 표시되어 있다. 이 용액의 몰랄 농도는 얼마인가? (**힌트**: 여기에서 %는 (w/w) 백분율임을 상기하시오.)

실전 문제 12.14

진한 염산은 약 37.0% HCl이다. 이 용액의 몰랄 농도는 얼마인가?

온도에 의존하는 농도 단위 사이의 변환 이 경우의 변환은 두 단계로 이루어진다. 첫 번째로 분자에 포함된 몰과 질량 사이의 관계를 변환시키고, 두 번째로 분모에서 mL와 L 단위를 단순히 변환시키면 된다. 농도 단위는 **표 12.4**에 요약하였다.

표 12.4 농도 단위의 비교

단위	농도	온도 의존성
몰농도	$M = \dfrac{\text{용질의 몰수}}{\text{용액의 부피(L)}}$	있음
질량 백분율	$\text{질량 백분율} = \dfrac{\text{용질의 질량}}{\text{용액의 질량}} \times 100\%$	없음
질량 분율	$\text{질량 분율} = \dfrac{\text{용질의 질량}}{\text{용액의 질량}}$	없음
몰랄 농도	$m = \dfrac{\text{용질의 몰수(mol)}}{\text{용매의 질량(kg)}}$	없음
몰분율	$X_A = \dfrac{n_A}{n_A + n_B + n_C + n_D + \cdots + n_Z}$	없음
몰 백분율	$A\text{의 몰 백분율} = \dfrac{n_A}{n_A + n_B + n_C + n_D + \cdots + n_Z} \times 100\ \text{몰}\%$	없음
질량-부피 백분율	$\%(\text{w/v}) = \dfrac{\text{용질의 질량(g)}}{\text{용액의 부피(mL)}} = 100\%$	있음

온도에 무관한 농도 단위와 온도에 의존하는 농도 단위 사이의 변환 몰농도나 백분율 농도와 같은 온도에 의존하는 농도 단위와 몰랄 농도와 같은 온도에 무관한 농도를 상호 변환하고자 할 때는 용액의 밀도를 알아야 한다. 이 변환과 관련된 내용을 예제 12.5에 설명하였다.

예제 12.5 질량 백분율로부터 몰농도 구하기

시약으로 구입한 진한 황산의 농도는 93.0% H_2SO_4이다. 이 용액의 밀도는 1.8g mL^{-1}이다. H_2SO_4의 몰농도를 계산하시오.

분석 질문에 답하는 데 필요한 전체 변환을 질량 백분율과 몰농도의 정의를 이용하여 나타내면 다음과 같다.

$$\frac{93.0\ \text{g}\ H_2SO_4}{100\ \text{g}\ H_2SO_4\ \text{용액}}\ \text{을}\ \frac{?\ \text{mol}\ H_2SO_4}{1\ \text{L}\ H_2SO_4\ \text{용액}}\ \text{으로}$$

분자에서 용질인 H_2SO_4의 질량을 몰수로 변환해야 하고, 분모에서 H_2SO_4 용액의 질량을 부피(L)로 변환해야 한다.

도구 모음 H_2SO_4에 대한 질량 대 몰 등가식이 필요하다. H_2SO_4의 몰질량이 98.0이므로 다음의 등가식이 성립한다.

$$1.000 \text{ mol } H_2SO_4 = 98.0 \text{ g } H_2SO_4$$

밀도에 대한 등식을 쓰면 다음과 같다.

$$1.8 \text{ g 용액} = 1.00 \text{ mL 용액}$$

마지막으로 SI 접두사를 사용하여 올바른 부피 단위를 얻는다.

풀이 먼저 질문을 식의 형태로 쓴다.

$$\frac{93.0 \text{ g } H_2SO_4}{100 \text{ g } H_2SO_4 \text{ 용액}} \text{을 } \frac{? \text{ mol } H_2SO_4}{1 \text{ L } H_2SO_4 \text{ 용액}} \text{으로}$$

어떤 순서로 변환하더라도 같다. 여기에서는 분자를 먼저 변환시킨다.

$$\left(\frac{93.0 \cancel{\text{g } H_2SO_4}}{100 \cancel{\text{g } H_2SO_4 \text{ 용액}}}\right)\left(\frac{1 \text{ mol } \cancel{H_2SO_4}}{98.0 \text{ g } H_2SO_4}\right)\left(\frac{1.8 \cancel{\text{g } H_2SO_4 \text{ 용액}}}{1.00 \cancel{\text{mL } H_2SO_4 \text{ 용액}}}\right)\left(\frac{1000 \cancel{\text{mL } H_2SO_4 \text{ 용액}}}{1 \text{ L } H_2SO_4 \text{ 용액}}\right) = 17.08\, M \, H_2SO_4$$

따라서 93.0% H_2SO_4은 17.8 M H_2SO_4이다.

답이 합리적인가? 대략적인 계산을 이용하여 답을 예측할 수 있다. 먼저 분자의 93.0 g H_2SO_4과 분모의 98 g H_2SO_4을 상쇄하면 대략 1.0이 된다(아래 식에 붉은색으로 표시). 다음으로 분자의 1000을 분모의 100으로 나누면 10이 남는다(아래 식에 푸른색으로 표시). 남아 있는 것은 $1.8 \times 10 = 18\,M$이다. 이 계산을 다음에 나타내었다.

$$\left(\frac{\cancel{93.0}}{\cancel{100}}\right)\left(\frac{1 \text{ mol } H_2SO_4}{\cancel{98.0}}\right)\left(\frac{1.8}{1.00}\right)\left(\frac{\cancel{1000}\ 10}{1 \text{ L } H_2SO_4 \text{ 용액}}\right) = 18\, M \, H_2SO_4$$

이 값은 계산한 답과 매우 가깝다. 따라서 정확하게 계산했다고 확신할 수 있다.

실전 문제 12.15

시판용 브로민화 수소산(HBr)은 38.0% 용액이다. 이 용액의 밀도는 1.37 g mL^{-1}이다. 이 용액에서 HBr의 몰농도는 얼마인가? (**힌트**: 조성 백분율과 몰농도의 단위는 무엇인가?)

실전 문제 12.16

20.0°C에서 물 1.00 L에 질산 알루미늄[$Al(NO_3)_3$] 1 g이 녹아 있다. 이 온도에서 물의 밀도는 0.9982 g cm^{-3}이고, $Al(NO_3)_3$를 녹인 용액의 밀도는 0.9989 g cm^{-3}이다. 이 용액의 몰농도와 몰랄 농도를 각각 계산하시오.

실전 문제 12.16은 수용액의 농도가 매우 낮을 때(예를 들어 1 L에 1 g이 들어 있는 경우처럼), 몰농도와 몰랄 농도는 매우 비슷한 값을 가진다는 것을 보여 준다. 따라서 **매우 묽은** 수용액의 경우 몰랄 농도와 몰농도를 서로 바꾸어 사용할 수 있다.

12.6 총괄성

용매에 용질이 녹으면 용매의 특정 성질이 변하게 된다. 예를 들면 물에 NaCl을 녹이면 물의 끓는점이 높아지고, 어는점은 낮아진다. 이 절에서 논의할 이와 같은 용액의 물리적 성질을

총괄성(colligative property)이라고 한다. 용액의 총괄성은 혼합물에 들어 있는 입자의 상대적인 개수에 의존하고, 입자의 성질과는 관계가 없다. 우선 용질이 액체 용액에 들어 있는 용매의 증기 압력에 어떤 영향을 미치는지 살펴보기로 하자.

해설 성질에 무관하고 개수에만 의존한다는 의미의 그리스 문자인 *kolligativ*를 따서 붙여진 이름이다.

Raoult 법칙

비휘발성(nonvolatile) 용질(증발하지 않는 용질)을 녹인 모든 용액은 순수한 용매보다 증기 압력이 낮다. 이 용액에서는 용질 분자와 용매 분자 사이에 인력이 작용한다. 그 결과 용매 분자는 크든 작든 용질 분자에 의하여 끌어당겨져서 증기 분자가 되지 못하고 용액 상태에 남아 있게 되기 때문에 증기 압력이 줄어든다. 용액의 증기 압력은 용액에 존재하는 용매의 양에 비례한다. 이 비례 관계를 **Raoult 법칙(Raoult's law)**이라고 한다. 용액의 증기 압력($P_{용액}$)은 용매의 몰분율($X_{용매}$)에 순수한 용매의 증기 압력($P^{\circ}_{용매}$)을 곱한 것과 같다는 의미의 Raoult 법칙은 다음 식으로 나타낼 수 있다.

해설 Francois Marie Raoult(1830~1901)은 프랑스의 과학자였다.

도구
Raoult 법칙

$$P_{용액} = X_{용매}\, P^{\circ}_{용매} \qquad \textbf{(12.12)}$$

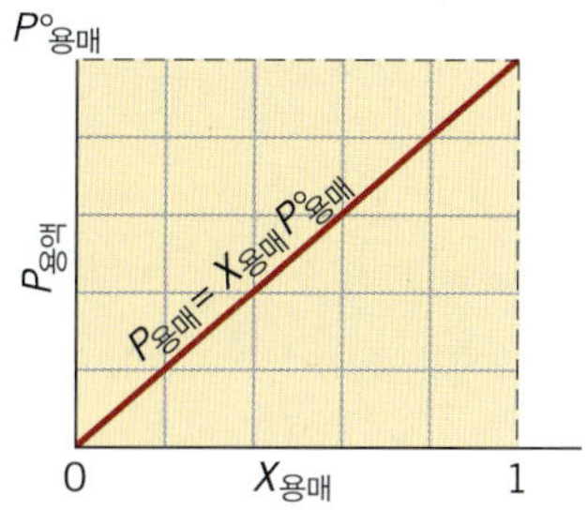

그림 12.13 Raoult 법칙 도시

따라서 **그림 12.13**에 나타낸 바와 같이 Raoult 법칙을 따르는 계에서는 모든 농도 범위에서 $X_{용매}$에 대한 $P_{용액}$을 도시하면 직선이 되어야 한다.

Raoult 법칙에서 몰분율은 용질이 아닌 용매의 몰분율임을 주목하라. 일반적으로 과학자들은 용질의 몰분율 $X_{용질}$이 증기 압력에 어떤 영향을 주는지에 더 많은 관심이 있다. 증기 압력의 변화(ΔP)는 다음 식과 같이 용질의 몰분율($X_{용질}$)에 비례한다.[6]

$$\Delta P = X_{용질}\, P^{\circ}_{용매} \qquad \textbf{(12.13)}$$

다시 말하면 증기 압력의 변화는 순수한 용매의 증기 압력에 용질의 몰분율을 곱한 것과 같다.

예제 12.6 Raoult 법칙을 이용한 증기 압력 계산

20°C에서 사염화 탄소의 증기 압력은 155 torr이다. 이 용매는 비휘발성인 양초를 녹일 수 있다. 양초는 혼합물이지만 양초의 분자식을 $C_{22}H_{46}$(몰질량 = 311 g mol^{-1})으로 나타낼 수 있다. 온도의 변화가 없을 때, CCl_4(몰질량 = 154 g mol^{-1}) 40.0 g에 양초 10.0 g을 녹여서 만든 용액의 증기 압력 내림은 얼마인가? 이 용액의 최종 증기 압력은 얼마인가? 최종 용액의 증기압은 얼마인가?

분석 이 문제는 Raoult 법칙과 몰분율을 사용한다. 용질의 몰분율을 계산한 다음 용액의 증기 압력 변화를 계산한다. 마지막으로 증기압의 변화량을 이용하여 실제 증기 압력을 구한다.

---

[6]식 12.13을 유도해 보자. ΔP는 단순히 다음 차이 값이라는 것을 주목하라.

$$\Delta P = (P^{\circ}_{용매} - P_{용액})$$

논의하는 이성분계에서 두 몰분율 $X_{용매}$와 $X_{용질}$은 더했을 때 반드시 1이 되어야 한다.

$$X_{용매} = 1 - X_{용질}$$

이제 $X_{용매}$에 대한 식을 Raoult 법칙 방정식에 대입한다.

$$P_{용액} = X_{용매} P^{\circ}_{용매}$$
$$P_{용액} = (1 - X_{용질})P^{\circ}_{용매} = P^{\circ}_{용매} - X_{용질} P^{\circ}_{용매}$$

이 식을 다시 정리하면 식 12.13이 된다.

$$X_{용매} P^{\circ}_{용매} = P^{\circ}_{용매} - P_{용액} = \Delta P$$

도구 모음 식 12.13에 주어진 Raoult 법칙을 사용한다.

$$\Delta P = X_{용질} P^{\circ}_{용매}$$

순수한 용매의 증기 압력은 알고 있고, 다음의 식 12.8을 이용하여 증기 압력 변화를 계산하는 데 필요한 용질의 몰분율을 구할 수 있다.

$$X_{용질} = \frac{n_{용질}}{n_{용매} + n_{용질}}$$

주어진 용매와 용질의 질량과 다음의 질량–몰수의 등가식을 이용하여 각각의 몰수를 계산할 수 있다.

$$1 \text{ mol } CCl_4 = 153.8 \text{ g } CCl_4 \qquad 1 \text{ mol } C_{22}H_{46} = 310.7 \text{ g } C_{22}H_{46}$$

문제의 두 번째 부분의 경우, Raoult 법칙인 식 12.12를 이용하거나 단순히 순수한 사염화탄소의 증기 압력에서 감소된 증기 압력을 빼주면 된다. 빼주는 것이 더 간단하며, 여기에서는 그 방법을 사용한다.

풀이 먼저 혼합물에 들어 있는 각 물질의 몰수를 계산한다. 계산은 다음과 같다.

CCl_4에 대해 $$40.0 \text{ g } \cancel{CCl_4} \times \frac{1 \text{ mol } CCl_4}{153.8 \text{ g } \cancel{CCl_4}} = 0.260 \text{ mol } CCl_4$$

$C_{22}H_{46}$에 대해 $$10.0 \text{ g } \cancel{C_{22}H_{46}} \times \frac{1 \text{ mol } C_{22}H_{46}}{310.7 \text{ g } \cancel{C_{22}H_{46}}} = 0.0322 \text{ mol } C_{22}Cl_{46}$$

전체 몰수는 0.292 mol이므로, 용질인 $C_{22}H_{46}$의 몰분율을 계산하면 다음과 같다.

$$X_{C_{22}H_{46}} = \frac{0.0322 \text{ } \cancel{mol}}{0.292 \text{ } \cancel{mol}} = 0.110$$

증기 압력의 감소량 ΔP는 몰분율 0.110과 순수한 CCl_4의 증기 압력(20°C에서 155 torr)을 식 12.13에 대입하여 계산할 수 있다.

$$\Delta P = 0.110 \times 155 \text{ torr} = 17.0 \text{ torr}$$

CCl_4에 양초를 넣으면 CCl_4의 증기 압력은 17.0 torr만큼 감소한다. 따라서 실제 증기 압력은 155 torr − 17 torr = 138 torr로 된다.

답이 합리적인가? 가장 빨리 점검하기 위해서는 증기 압력이 감소했는지, 감소한 양이 원래의 증기 압력보다 대략 10% 정도가 낮아졌는지를 알아보면 된다. 155 torr의 10%는 계산한 결과의 17.0 torr에 가까우므로 합리적이라고 생각할 수 있다. 전체 증기 압력을 얻는 마지막 단계는 단순히 빼주면 된다.

실전 문제 12.17

프탈산 다이뷰틸(dibutyl phthalate, $C_{16}H_{22}O_4$: 몰질량 278 g mol^{-1})은 때로 플라스틱의 연화제로 사용되는 기름이다. 이 물질의 증기 압력은 실온에서 무시할 만큼 작다. 20.0°C에서 38.0 g의 펜테인(C_5H_{12}, 몰질량 72.2 g mol^{-1})에 프탈산 다이뷰틸 12.0 g을 녹인 용액의 증기 압력은 얼마인가? 20°C에서 순수한 펜테인의 증기 압력은 541 torr이다(**힌트**: 몰분율을 먼저 계산하시오).

실전 문제 12.18

손톱이나 가구를 칠하는 용매로 알려진 아세톤(몰질량 = 58.0 g mol^{-1})의 어떤 온도에서의 증기 압력은 162 torr이다. 같은 온도에서 아세톤 156 g에 비휘발성 스테아르산(stearic acid, 몰질량 = 284.5 g mol^{-1})을 첨가하여 증기 압력을 155 torr로 감소시키려면 몇 그램의 스테아르산을 첨가해야 하는가?

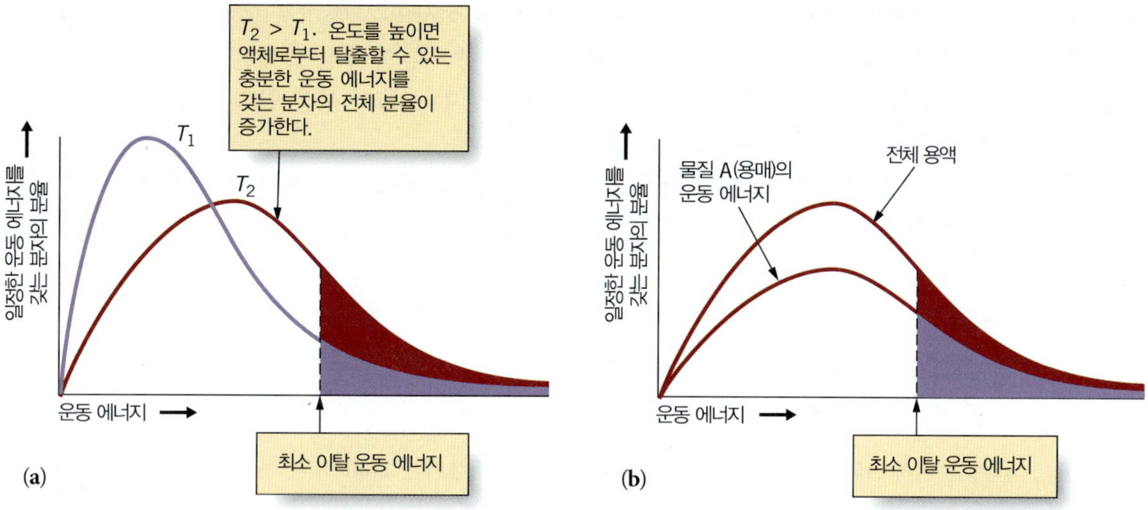

그림 12.14 운동 에너지의 분포도는 증기 압력의 감소를 설명해 준다. (a) 높은 온도(T_2)와 낮은 온도(T_1)에서의 운동 에너지 분포 곡선. 액체상을 탈출할 수 있는 분자의 분율은 높은 온도(보라색과 붉은색을 합친 것)에 비하여 낮은 온도(보라색 부분)에서 감소한다. (b) 비휘발성 용질을 (a)의 휘발성 용매와 혼합하여 용질의 몰분율이 0.333이 되도록 만든 용액에 대한 운동 에너지 분포 곡선. 보라색 면적은 액체상을 떠날 수 있는 휘발성 분자의 분율을 나타낸다. 자주색과 붉은색을 합친 것은 그 에너지를 갖는 용매 분자와 용질 분자를 합친 분율을 나타낸다. 그러나 붉은색으로 나타낸 비휘발성 분자들은 훨씬 더 높은 최소 이탈 운동 에너지를 가질 때까지 증발하지 못한다.

Raoult 법칙과 비휘발성 용질 11장에서 휘발성 액체의 증기 압력은 온도에 따라 변한다는 것을 알았다. **그림 12.14**는 온도가 낮아지거나 혹은 용액에서 증기 압력이 낮아지는 이유를 설명하는 그림이다. 그림 12.14(a)는 온도가 낮아질 때 증기 압력이 낮은 이유가 충분한 에너지를 가지고 액체상을 떠나는 분자들의 비율이 낮아지기 때문이라는 것을 보여 주고 있다. 한편 그림 12.14(b)는 용질의 몰분율이 0.333인 어떤 용액의 운동 에너지 분포를 나타낸 것으로 비휘발성 용질이 존재할 때 액체상을 떠날 수 있는 에너지를 갖는 분자의 비율이 감소하는 것을 보여 주고 있다.

그림 12.14(b)의 아래쪽 곡선은 용액에 포함된 휘발성 물질 A(용매)에 대한 운동 에너지 분포를 나타낸 것이고, 여기에 용액에 포함된 비휘발성 물질 B(용질)에 대한 운동 에너지 분포를 더하면 위쪽 곡선이 얻어진다. 따라서 위쪽 곡선은 용액 전체의 운동 에너지 분포도이다. 아래쪽 곡선의 높이는 위쪽 곡선 높이의 정확히 2/3인데, 이는 A의 몰분율이 0.667이라고 가정했기 때문이다. 또한 용액을 이탈하는 데 필요한 운동 에너지를 초과하는 분자의 전체 분율은 변하지 않았다. 변한 것은 이들 분자의 2/3만 A라는 것이다. 나머지는 비휘발성 용질 B이고 이들은 용액을 이탈하지 못한다. 분자 수준에서 바라본 이 효과를 **그림 12.15**에 나타내었다.

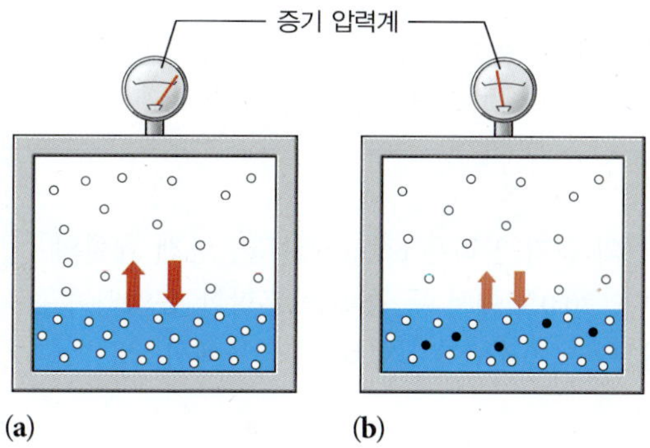

그림 12.15 분자 수준에서 바라본 용매의 증기 압력을 감소시키는 비휘발성 용질의 역할 (a) 순수한 용매와 증기 사이의 평형. 액체상에 많은 수의 용매 분자가 있고, 증발하는 속도와 응축하는 속도가 비교적 크다. (b) 일부의 용매 분자가 용질 분자로 대체된 용액. 용액에서 증발할 수 있는 용매 분자의 수가 감소해서 증발 속도가 느려진다. 평형에 도달했을 때 증기에 포함된 용매 분자의 수가 적고, 그 결과 용액의 증기 압력은 순수한 용매의 증기 압력보다 낮아진다.

Raoult 법칙과 휘발성 용질 액체 용액에서 두 가지 이상의 성분이 증발하면 증기에는 증발한 모든 물질의 분자들이 포함되어 있다. 이 계에서 각 성분의 부분 압력은 Raoult 법칙에 따라 용액에 포함된 그 성분의 몰분율에 비례한다. 또한 Dalton의 부분 압력 법칙에 따르면 전체 증기 압력은 각 성분의 부분 압력을 합한 것과 같다.

각각의 몰분율이 X_A와 X_B인 성분 A와 B로 구성된 용액을 생각해 보자. 증기에서 성분 A의 부분 압력(P_A)은 순수한 성분 A의 증기 압력인 에 용액에서의 성분 A의 몰분율을 곱한 것과 같다.

$$P_A = X_A P_A^\circ$$

그리고 같은 이유로 성분 B의 부분 압력 P_B는 다음과 같다.

해설 여기서 P_A와 P_B는 Raoult 법칙에 따라 계산된 부분 압력이라는 것을 기억하라.

$$P_B = X_B P_B^\circ$$

그러면 액체 A와 B가 들어 있는 용액의 전체 증기 압력은 Dalton의 부분 압력 법칙에 따라 다음과 같이 P_A와 P_B를 더한 것이 된다.

도구
두 휘발성 용매에 대한 Raoult 법칙

$$P_{용액} = X_A P_A^\circ + X_B P_B^\circ \qquad (12.14)$$

식 12.14는 더 일반적인 경우에 대한 Raoult 법칙 방정식이다. 예를 들어 한 성분 B가 비휘발성이라면 B의 증기 압력은 없기 때문에(P_B°가 0) $X_B P_B^\circ$ 항은 없어지고, Raoult 법칙 식인 식 12.13만 남게 된다.

예제 12.7 두 휘발성 액체가 들어 있는 용액의 증기 압력 계산하기

물과 잘 섞이는 아세톤은 헥세인과 같이 물에 녹지 않는 분자성 액체도 잘 녹이는 용매이다. 22°C에서 아세톤의 증기 압력은 164 torr이고, 물의 증기 압력은 18.5 torr이다. 물과 아세톤의 혼합물이 Raoult 법칙을 따른다고 가정하면, 39.0 mol%의 아세톤과 61.0 mol%의 물을 합한 용액의 증기 압력은 얼마인가?

분석 각 성분의 부분 압력을 계산한 다음, 두 부분 압력을 더해 $P_{전체}$를 구한다.

도구 모음 식 12.14가 도구이다.

$$P_{용액} = X_A P_A^\circ + X_B P_B^\circ$$

풀이 39.0 mol%의 아세톤과 61.0 mol%의 물에서 몰분율은 각각 0.39와 0.61이다. 따라서 각각의 부분 압력과 전체 압력은 다음과 같다.

$$P_{아세톤} = 0.39 \times 164 \text{ torr} = 63.96 \text{ torr}$$
$$P_{물} = 0.61 \times 18.5 \text{ torr} = \underline{11.285 \text{ torr}}$$
$$P_{전체} = 75.245 \text{ torr}$$

답이 합리적인가? 휘발성인 아세톤이 포함된 수용액의 증기 압력(72.245 torr)은 순수한 물의 증기 압력(18.5 torr)보다 훨씬 더 높다. 그러나 물의 몰분율이 크기 때문에 용액의 증기 압력은 순수한 아세톤의 증기 압력(164 torr)보다는 낮다. 따라서 답은 타당하다.

실전 문제 12.19
20.0°C에서 비극성 탄화수소인 사이클로헥세인의 증기 압력은 66.9 torr이고, 벤젠 계열의 탄화수소인 톨루엔의 증기 압력은 21.1 torr이다. 20.0°C에서 두 용매를 혼합한 용액의 증기 압력은 얼마인가? 이 용액에서 톨루엔의 몰분율이 0.430이다(**힌트**: 혼합물에서 모든 성분의 몰분율을 합하면 1.00이 됨을 기억하시오).

실전 문제 12.20

실전 문제 12.19의 정보를 사용하여 사이클로헥세인 122 g과 톨루엔 122 g으로 이루어진 혼합 용액의 증기 압력을 계산하시오. 동일한 부피의 사이클로헥세인과 톨루엔을 섞은 용액의 증기 압력을 계산하기 위하여 추가로 필요한 정보는 무엇인가?

이상 용액만이 Raoult 법칙을 정확하게 따른다. 실제 용액의 증기 압력은 때때로 Raoult 법칙에서 예측한 값보다 더 크거나 작게 나타날 수 있다. 이상 용액과 실제 용액의 행동에서 나타나는 차이는 섞기 전의 순수한 용매에서 작용하는 인력과 혼합 용액에서의 인력의 차이와 관련된 정보를 포함하고 있으므로 매우 유용하다. 다시 말하면 Raoult 법칙에 의하여 예측한 증기 압력을 실험적으로 얻은 값과 비교하면, 용액에 들어 있는 분자들 사이의 상대적인 인력의 세기를 비교할 수 있다. 혼합 용액에 들어있는 서로 다른 분자 사이의 인력이 순수한 용매에 들어 있는 동일한 분자 사이의 인력보다 아주 강하면, 실험으로 측정한 증기 압력이 Raoult 법칙에서 계산한 증기 압력보다 작을 것이다. 이와는 반대로 혼합물에 들어있는 서로 다른 분자들 사이의 인력이 순수한 용매 속에 들어 있는 동일한 분자들 사이의 인력보다 약하면, 실험으로 측정한 증기 압력이 Raoult 법칙에서 예측한 증기 압력보다 더 크게 나타날 것이다.

그림 12.7을 다시 참조해 보면, 혼합 용액 속에 들어 있는 서로 다른 분자 사이의 인력이 순수한 분자 사이의 인력보다 더 강하면 혼합 과정인 3단계는 1단계와 2단계를 합한 것보다 더 많은 열을 방출하는 발열 과정이 될 것이다. 그러므로 Raoult 법칙에서 예측한 값보다 더 낮은 증기 압력이 나타나면, 이 과정은 발열 과정이고 혼합물 용액이 따뜻해지는 것을 관찰할 수 있을 것이다. 같은 논리로 혼합물의 증기 압력이 Raoult 법칙에서 예측된 것보다 더 크게 나타나면 혼합열은 흡열이다. **그림 12.16**은 이상 용액과 두 종류의 비이상 용액에 대하여 몰분율에 대한 증기 압력의 변화를 나타낸 것이다.

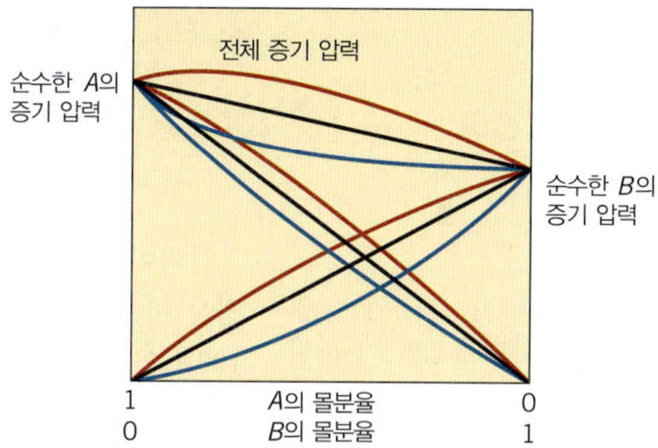

그림 12.16 이상 용액과 비이상 용액의 몰분율에 대한 증기 압력 곡선 두 가지 휘발성 용매로 형성된 용액이다. (a) 검은색 선은 혼합 용액에서의 인력과 순수한 액체에서의 인력이 같은 이상 용액에 대한 것으로 $\Delta H_{용해} = 0$이다. (b) 푸른색 곡선은 $\Delta H_{용해}$가 발열인 용액에 대한 것으로, 혼합 용액에서의 인력이 더 강하다. (c) 붉은색 곡선은 $\Delta H_{용해}$가 흡열인 용액에 대한 것으로, 혼합 용액에서의 인력이 더 약하다.

어는점 내림과 끓는점 오름

비휘발성 용질이 들어 있는 용액의 증기 압력 내림은 용액의 어는점과 끓는점에 모두 영향을 준다. **그림 12.17**에 나타낸 순수한 물과 수용액의 상도표를 이용하여 이에 대한 논의를 시작해 보자. 이 그림에서 푸른색 실선은 순수한 11.7절에서 설명한 물에 대한 상도표에서의 3개의 평형선에 해당한다. 순수한 물에 비휘발성 용질을 첨가하면 수용액의 증기 압력이 낮아지기 때문에 용액에 대한 새로운 액체–증기 평형선이 만들어진다. 이 평형선을 점 A와 점 B를 연결하는 붉은 실선으로 나타내었다.

용액이 얼 때 생성되는 고체는 순수한 얼음으로, 얼음 결정 내부에는 어떠한 용질도 존재하지 않는다. 이는 고체의 아주 질서정연한 구조가 물 분자 대신에 용질 분자가 자리를 차지하는 것을 허용하지 않기 때문이다. 그 결과 순수한 물과 수용액은 모두 상도표에서 동일한 고체–증기 평형선을 갖는다. 도표의 점 A는 용액에 대한 액체–증기 및 고체–증기 평형선의 교차점으로, 용액의 새로운 삼중점을 나타낸다. 이 삼중점에서 위로 올라가는 붉은 선은 용액에 대한 고체–액체 평형선이다.

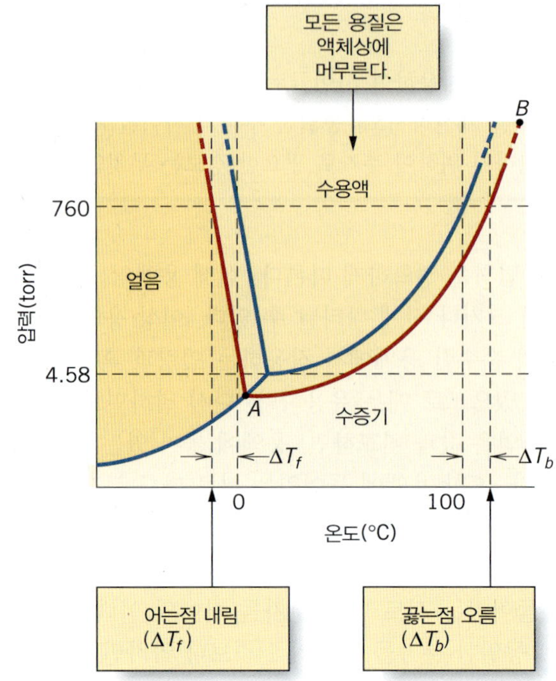

그림 12.17 물과 수용액에 대한 상도표 순수한 물(푸른색 곡선)과 비휘발성 용질의 수용액(붉은색 곡선)에 대한 상도표

해설 정상 끓는점과 정상 어는점의 정의할 때 사용하는 압력은 1 atm임을 기억하라.

압력이 1 atm(760 torr)인 직선과 고체-액체 및 액체-증기 곡선이 만나는 점을 이용하여 정상 어는점과 정상 끓는점을 확인할 수 있다. 물(푸른색 선)은 어는점이 0°C이고, 끓는점이 100°C이다. 수용액에 대한 고체-액체 곡선이 760 torr에서 만나는 온도는 0°C 이하라는 것을 주목하라. 이는 수용액의 어는점은 순수한 물의 어는점보다 더 낮다는 것을 의미한다. 어는점이 낮아지는 양을 **어는점 내림(freezing point depression)**이라 하며, 기호로는 ΔT_f로 나타낸다.

$$\Delta T_f = T_{f\text{순수}} - T_{f\text{측정}}$$

마찬가지로 용액에 대한 액체-증기 곡선이 760 torr에서 만나는 온도가 100°C보다 높은 것을 볼 수 있다. 따라서 용액은 순수한 물보다 더 높은 온도에서 끓는다. 끓는점이 증가하는 양을 **끓는점 오름(boiling point elevation)**이라 하며, 기호로는 ΔT_b로 나타낸다.

$$\Delta T_b = T_{b\text{측정}} - T_{b\text{순수}}$$

어는점 내림과 끓는점 오름은 모두 총괄성에 포함된다. ΔT_f와 ΔT_b는 용액의 몰랄 농도(m)에 비례하기 때문에 몰랄 농도와 ΔT와의 관계를 다음과 같이 간단하게 나타낸다. 그러나 이 식은 묽은 용액에서만 잘 맞는다.

도구
어는점 내림과 끓는점 오름

$$\Delta T_f = K_f m \tag{12.15}$$

$$\Delta T_b = K_b m \tag{12.16}$$

K_f와 K_b는 각각 **몰랄 어는점 내림 상수(molal freezing point depression constant)**와 **몰랄 끓는점 오름 상수(molal boiling point elevation constant)**라고 하는 비례 상수이다. 몇 가지 용매에 대한 K_f와 K_b를 **표 12.5**에 수록하였다. 각 상수의 단위는 °C m^{-1}이다. 그러므로 주어진 용매의 K_f 값은 1몰랄 농도에 대한 어는점 내림의 온도 크기에 해당한다. 물의 K_f는 1.86°C m^{-1}이므로, 1.00 m 수용액은 정상 어는점인 0.00°C보다 낮은 −1.86°C에서 얼고, 2.00 m 수용액은 −3.72°C에서 언다(이 온도에서 얼 것이라고 말하지만 실제로 계는 이상적인 경우가 거의

표 12.5 몇 가지 용매의 몰랄 끓는점 오름 상수와 몰랄 어는점 내림 상수

용매	BP(°C)	K_b(°C m^{-1})	MP(°C)	K_f(°C m^{-1})
물	100	0.512	0	1.86
아세트산	118.3	3.07	16.6	3.90
벤젠	80.2	2.53	5.45	5.07
클로로폼	61.2	3.63	−63.5	4.68
장뇌	—	—	178.4	39.7
사이클로헥세인	80.7	2.79	6.5	20.2

없다). 마찬가지로 물의 K_b는 0.518 C m^{-1}이므로 1 atm에서 1.00 m 수용액은(100 + 0.51)°C인 100.51°C에서 끓으며, 2.00 m 수용액은 101.02°C에서 끓어야 한다.

예제 12.8 총괄성을 이용하여 어는점 예측하기

요소[$CO(NH_2)_2$, 몰질량 60.06 g mol^{-1}] 10.0 g과 물 125 g으로 만든 용액의 1 atm에서의 어는점을 예측하시오.

분석 어는점 내림에 대한 식을 사용하여 해결한다. 이 식을 사용하기 위하여 용액의 몰랄 농도가 필요하다.

도구 모음 필요한 주요 도구는 어는점 내림에 대한 식 12.15이다. K_f 값을 찾아서 어는점 내림 식에 대입하면 다음과 같다.

$$\Delta T_f = (1.86\ °C\ m^{-1})m$$

한편 몰랄 농도를 구하는 식은 다음과 같다.

$$m = \frac{\text{요소의 몰수}}{\text{물 kg}}$$

요소의 몰질량을 이용하여 시료의 질량을 계산에 필요한 몰수로 변환한다.

풀이 풀어야 할 방정식을 쓰면 다음과 같다.

$$\Delta T_f = (1.86\ °C\ \text{molal}^{-1})m$$

먼저 다음과 같이 요소의 그램수를 몰수로 변환시킨다.

$$10.0\ \cancel{g\ CO(NH_2)_2} \times \frac{1\ mol\ CO(NH_2)_2}{60.06\ \cancel{g\ CO(NH_2)_2}} = 0.166\ mol\ CO(NH_2)_2$$

물 125 g은 0.125 kg이다. 따라서 몰랄 농도를 계산하면 다음과 같다.

$$\text{몰랄 농도} = \frac{0.166\ mol}{0.125\ kg} = 1.33\ m$$

구한 몰랄 농도를 사용하여 어는점 내림 문제를 푼다.

$$\begin{aligned}\Delta T_f &= (1.86\ °C\ \cancel{m^{-1}})(1.33\ \cancel{m})\\ &= 2.47\ °C\end{aligned}$$

용액은 0°C 아래의 영하 2.47°C, 즉 −2.74°C에서 언다.

답이 합리적인가? 몰랄 농도가 한 단위 변할 때마다 어는점은 대략 2°C씩 내려간다. 이 용액의 몰랄 농도는 1 m과 2 m 사이이다. 따라서 어는점 내림은 대략 2°C와 4°C 사이일 것으로 예측되고, 이는 계산한 결과와 일치한다.

실전 문제 12.21

사탕을 만들 때 설탕 수용액을 가열하여 끓는점이 235~240°F인 '소프트볼'로 만드는 단계가 있다. 이들 두 온도에서 끓는 설탕($C_{12}H_{22}O_{11}$) 용액의 질량 백분율 범위는 얼마인가? (**힌트**: 온도 변화는 ℃로 되어 있음을 기억하시오.)

실전 문제 12.22

끓는점을 102.19℃로 높이고자 할 때, 물 250g에 넣어야 할 프럭토스(몰질량 = 180.9 g mol^{-1})의 그램수를 계산하시오.

몰질량 계산 이제까지는 어는점 내림과 끓는점 오름을 **총괄성**으로 설명하였다. 즉 총괄성은 입자의 종류가 아니라 입자의 **수**에 의존하는 성질을 말한다. ΔT_f나 ΔT_b의 값이 몰랄 농도에 비례하기 때문에 실험으로 측정한 값을 미지의 용질에 대한 몰질량을 계산하는 데 유용하게 사용할 수 있다. 이에 대한 관계를 알아보기 위하여 식 12.15와 12.16에서 몰랄 농도 부분을 더 자세히 살펴보기로 하자. 우선 몰랄 농도의 정의를 확장해서 다음과 같이 나타내 보자.

$$m = \frac{\text{용질의 몰수}}{\text{용질의 kg수}} = \frac{\left(\dfrac{\text{용질의 g수}}{\text{용질의 몰질량}}\right)}{\text{용매의 kg수}}$$

이것은 ΔT_f 혹은 ΔT_b를 측정하고 용매 1kg에 포함된 용질의 질량을 알고 있다면, 나머지 미지 값인 몰질량을 구할 수 있다는 것을 의미한다. 예제 12.9는 몰질량을 어떻게 구하는지를 보여 준다.

예제 12.9 어는점 내림 자료를 이용하여 몰질량 결정하기

벤젠 80.0g에 미지의 분자 화합물 4.80g을 녹여 만든 용액의 어는점을 측정하였더니 4.25℃였다. 미지 용질의 몰질량은 얼마인가?

분석 몰질량(즉 gmol^{-1})을 계산하기 위해서는 시료의 몰수와 시료의 그램수를 알아야 한다. 질량을 몰수로 나누면 몰당 질량, 즉 몰질량이 된다. 이 예제에서는 질량이 주어져 있으므로 남은 자료를 이용하여 몰수를 계산하면 된다.

도구 모음 기본 도구는 ΔT_f에 대한 확장된 형태인 어는점 내림 식 12.15이다.

$$\Delta T_f = T_{f\text{순수}} - T_{f\text{측정}} = K_f m$$

또한 몰랄 농도의 정의를 사용한다.

$$m = \frac{\text{요소의 몰수}}{\text{물 kg}} \qquad \text{용질의 몰수} = \frac{\text{용질의 g수}}{\text{용질의 몰질량}}$$

풀이 표 12.4에 수록된 순수한 벤젠의 녹는점은 5.45℃이고, 벤젠의 K_f 값은 5.07℃m^{-1}이다. 어는점 내림의 크기는 다음과 같다.

$$\Delta T_f = 5.45\ °C - 4.25\ °C = 1.20\ °C$$

식 12.15를 이용하여 용액의 몰랄 농도를 구한다.

$$\Delta T_f = K_f m$$

$$\text{몰랄 농도} = \frac{\Delta T_f}{\Delta K_f} = \frac{1.20\ °C}{5.07\ °C\ m^{-1}} = 0.237\ m$$

이것은 용액에 들어 있는 벤젠 1kg당 0.237mol의 용질이 들어 있음을 의미한다. 그런데 벤젠은 80.0g, 즉 0.080kg이 있다. 그러므로 용액에서 실제 용질의 몰수는 다음과 같다.

$$0.080\ \cancel{\text{kg 벤젠}} \times \frac{0.237\ \text{mol 용질}}{1\ \cancel{\text{kg 용질}}} = 0.019\ \text{mol 용질}$$

이제 몰질량을 계산해 보자. 용질 0.019mol의 질량이 4.80g이다.

$$\text{용질의 몰질량} = \frac{4.80\ \text{g 용질}}{0.019\ \text{mol 용질}} = 252.6\ \text{g mol}^{-1}$$

따라서 용질 1mol의 질량은 252.6g이다.

답이 합리적인가? 식 12.15를 사용할 때 흔히 저지르는 실수는 ΔT_f를 구하지 않고 어는점 4.25°C를 직접 사용하는 것이다. 풀이 과정에서 ΔT_f를 정확하게 사용했음을 알 수 있다. ΔT_f와 K_f의 비율은 대략 1/5, 즉 $0.2m$이며, 이것은 벤젠 1kg당 용질 0.2mol의 비에 해당한다. 만들어진 용액에는 0.08kg의 용매만 들어 있으므로, 같은 비를 가지려면 용질의 양은 대략 0.02mol(2×10^{-2}mol)이 되어야 한다. 시료의 질량(약 5g)을 2×10^{-2}mol로 나누면 2.5×10^{2}g/mol, 즉 250g/mol이 된다. 이것은 앞에서 얻은 답과 거의 같다. 따라서 계산한 답이 옳다고 확신할 수 있다.

실전 문제 12.23

벤젠 93.0g에 미지 화합물 1.67g을 녹여 만든 용액의 어는점이 4.64°C였다. 미지 화합물의 몰질량은 얼마인가? (**힌트**: 핵심 관계를 파악하기 위해 물질의 몰수를 계산하는 식을 상기하시오.)

실전 문제 12.24

미지의 물질을 나프탈렌(몰질량 = 128.2g mol^{-1})과 혼합하여 12.0%(w/w)의 혼합물을 만들었다. 이 혼합물의 어는점은 76.9°C였다. 미지 물질의 몰질량은 얼마인가? (나프탈렌의 녹는점은 80.28이고, K_f = 6.9°Cm^{-1}이다.)

삼투 현상

살아 있는 생명체에는 여러 종류의 막이 있어서 혼합물과 용액을 구분하고 분리한다. 그러나 영양분과 화학 반응의 생성물이 정확하게 분배되기 위하여 어떤 물질은 막을 통과해야 한다. 다른 말로 표현하면, 이러한 종류의 막은 선택적인 **투과성**(permeability)을 가져야 한다는 것이다. 특정한 물질은 투과시키고 다른 물질은 막아주는 성질이 있는 이러한 막을 **반투막**(semipermeable membrane)이라고 한다.

반투막에 대한 이론적 배경 투과성의 정도는 막의 종류에 따라 달라진다. 예를 들면 셀로판은 물과 작은 용질 입자인 이온이나 분자는 통과시키지만, 전분이나 단백질과 같은 큰 분자는 통과시키지 못한다. 물만 통과시키고 용질은 통과시키지 않는 특별한 막도 만들 수 있다.

농도가 다른 용액을 분리하는 데 사용된 막의 종류에 따라, 두 가지 비슷한 현상인 **투석**(dialysis)과 **삼투 현상**(osmosis)이 관찰된다. 투석과 삼투 현상은 모두 막의 양쪽에 녹아 있는 물질 입자의 상대적 농도의 함수이므로 이들도 총괄성이다.

생체막과 같이 물뿐만 아니라 **작은** 용질의 입자도 통과시킬 수 있는데, 이 과정을 **투석**(**dialysis**)이라고 하며 그 막을 **투석막**(**dialyzing membrane**)이라고 한다. 단백질이나 녹말과 같은 큰 분자는 투석막을 통과하지 못한다. 인공 신장 투석기는 투석막을 사용하여 혈액 속에 들어 있는 큰 단백질 분자들은 보존하고 작은 노폐물을 제거한다.

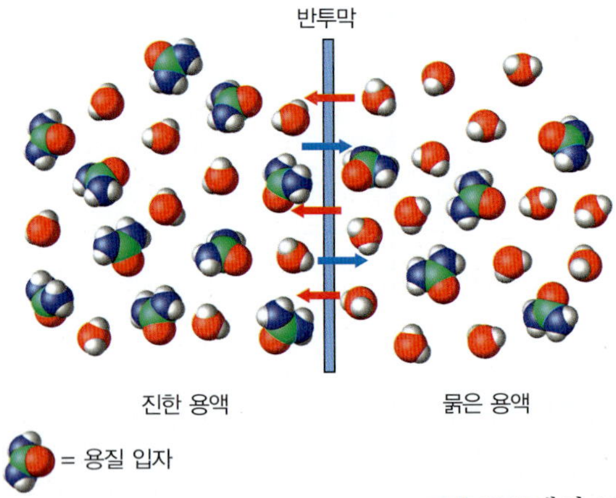

그림 12.18 삼투 현상 화살표로 나타낸 것과 같이, 용매 분자는 묽은 용액에서 진한 용액으로 더 자주 통과한다. 그 결과 용매 분자가 묽은 용액에서 진한 용액으로 점진적으로 이동한다.

반투막이 용매 분자만 통과시킬 때, 용매의 이동을 **삼투 현상(osmosis)**이라 하며, 삼투 현상을 관찰할 수 있는 특별한 막을 **삼투막(osmotic membrane)**이라고 한다.

삼투 현상이 일어나면 용매는 더 묽은 용액(또는 순수한 용매)에서 더 진한 용액 쪽으로 이동한다. 삼투 현상은 막을 중심으로 접촉하고 있는 두 용액 사이의 농도가 같게 되려는 경향성 때문에 일어난다. 막 표면에서의 용매 분자 농도는 묽은 용액 쪽이 더 크기 때문에 용매 분자가 막을 통과하여 더 진한 용액 쪽으로 통과하는 속도는 반대 방향, 즉 묽은 용액 쪽으로 통과하는 속도보다 크다(**그림 12.18**). 따라서 막을 통과하는 물의 알짜 흐름은 더 진한 용액 쪽으로 일어난다.

그림 12.19에서 보는 바와 같이 비휘발성 용질이 들어 있는 다른 농도의 두 용액을 밀폐된 용기에 넣으면 삼투 현상과 비슷한 효과를 관찰할 수 있다. 묽은 용액의 증발 속도는 진한 용액의 증발 속도보다 빠르다. 그러나 각각의 용액에 되돌아오는 속도는 같은데, 그 이유는 두 용액이 모두 같은 기체상과 접촉하고 있기 때문이다. 그 결과 두 용액은 모두 증기와 평형 상태에 있지 않게 된다. 묽은 용액의 용매 분자들은 응축되는 속도보다 증발하는 속도가 더 빠르다. 그러나 진한 용액에서는 반대 현상이 일어난다. 즉 증발하는 물 분자보다 용액으로 되돌아오는 물 분자가 더 많다. 그러므로 시간이 흐름에 따라 묽은 용액의 용매가 진한 용액 쪽으로 점점 이동하게 되며, 결국에는 두 용액이 같은 농도로 된다(그림 12.19(b)).

삼투 압력

그림 12.20에 삼투 실험을 나타내었다. 삼투막으로 씌운 관에 용액(B)을 넣고 순수한 물(A)이

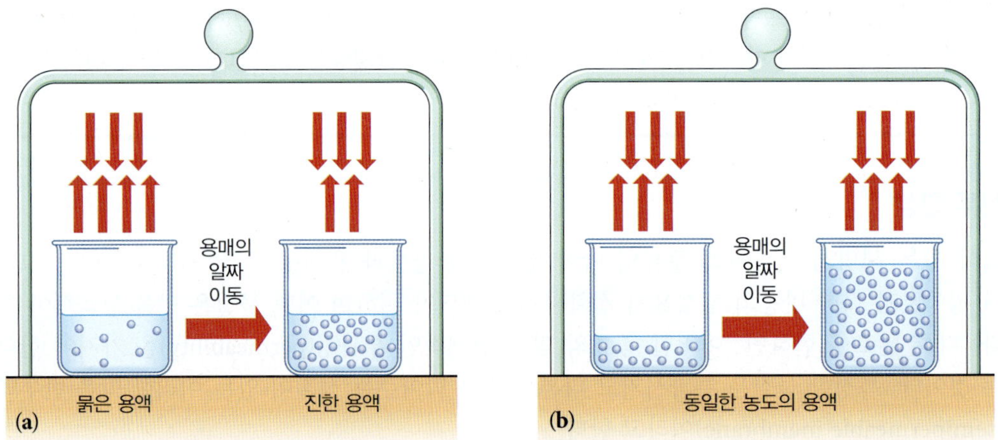

그림 12.19 증기 압력과 용매의 이동 (a) 두 용액에서 응축 속도는 같지만 증발 속도가 같지 않기 때문에, 묽은 용액에서 진한 용액으로 용매의 점진적인 알짜 이동이 일어난다. (b) 시간이 지나 계가 평형에 도달하면 두 용액의 농도는 같아진다.

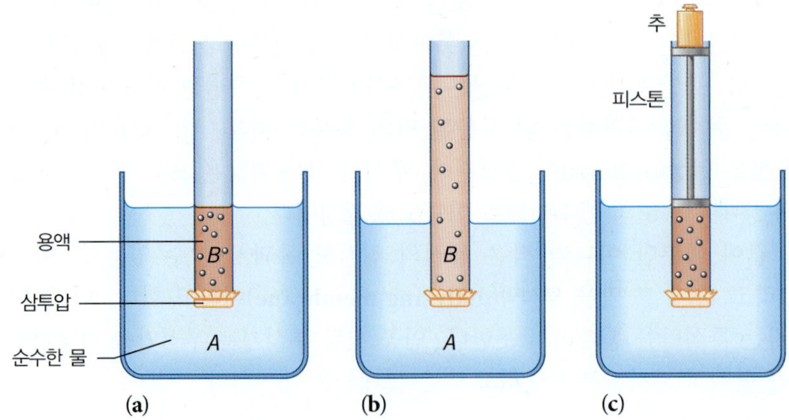

그림 12.20 삼투 현상과 삼투 압력 (a) 초기 상태에서 B 용액은 삼투막에 의해 순수한 물인 A 용액과 분리되어 있다. 아직은 삼투 현상이 일어나기 전이다. (b) 잠시 후 관 속의 액체 부피가 눈에 띄게 증가한다. 삼투 현상이 일어나고 있다. (c) 역압력은 삼투 현상을 막는 데 필요한 압력이다. 역압력의 크기를 용액의 삼투 압력이라고 한다.

들어 있는 용기에 담갔다. 시간이 흐르면 용매 분자가 용액으로 이동하여 관 속에 있는 액체의 부피가 증가한다. 그림 12.20(b)에서 물이 용액으로 이동되어 부피가 증가하는 것이 확연히 보인다.

그림 12.20(b)에서 상승하는 액체 기둥의 무게는 물 분자들이 관 안쪽의 용액 속으로 이동하지 못하도록 반대 압력을 가하는 역할을 한다. 물기둥의 높이가 증가하면 언젠가는 이 압력이 삼투 현상을 멈추게 할 만큼 충분하게 높아진다. **액체 중의 하나가 순수한 용매일 때** 삼투가 일어나지 않게 하는 데 필요한 압력과 정확히 일치하는 역압력을 그 용액의 **삼투 압력**(**osmotic pressure**)이라고 한다. 그림 12.20(c)에 설명한 것과 같이, 막의 반대쪽에 충분한 압력을 가해 주면 계는 원래의 상태로 되돌아간다.

해설 가정용 장비를 파는 상점에서 구입할 수 있는 가정용 역삼투압 장치를 이용하여 음용수에서 악취와 불순물을 제거할 수 있다. 슈퍼마켓에서 구입할 수 있는 일부 생수에는 역삼투 현상을 이용하여 정제한 물이 들어 있다.

삼투 압력이라는 용어에 압력이라는 단어를 붙여서 사용함을 주목하라. 용액이 삼투 현상과 분리된 삼투 압력이라는 특별한 압력을 가지고 있는 것은 아니다. 용액이 가진 것은 적당한 조건에서 삼투 현상과 그와 관련된 삼투 압력을 나타나게 하는 **농도**를 가지고 있을 뿐이다. 그리고 삼투 현상을 막는 데는 특정한 역압력이 필요하며, 이는 용액의 농도에 비례한다. 이 역압력을 **초과**하면 삼투 현상의 반대 과정이 진행된다. **역삼투 현상**(**reverse osmosis**)은 대양을 항해하는 배나 신선한 물을 얻을 수 없는 외진 곳 등에서 바닷물을 정제하는 데 널리 사용된다(보다 자세한 것은 화학과 시사 12.1 참조).

화학과 시사 12.1

역삼투로 만든 순수한 물

오늘날 세계는 많은 중요한 문제에 직면하고 있지만 순수하고 마실 수 있는 물이 부족한 것만큼 중요한 것은 없다. **표 1**에서 보이는 것과 같이 모든 물의 약 97%는 대양이나 바다에 있는 소금물이다. 대부분의 담수는 극지나 빙하의 얼음 상태로 존재하고 있다.

표 1 물 공급원

물 공급원	세계에 존재하는 양	1인당 양*
모든 물	$1.4\times10^{9}\,km^{3}$	$0.18\,km^{3}=1.8\times10^{8}\,m^{3}$
총 담수	$3.9\times10^{7}\,km^{3}$	$5.0\times10^{6}\,m^{3}$
담수(얼음에 갇힌)	$3.3\times10^{7}\,km^{3}$	$4.5\times10^{6}\,m^{3}$
담수(액체)	$6.0\times10^{6}\,km^{3}$	$7.7\times10^{5}\,m^{3}$

*세계 인구가 79억 명인 경우

선진국에서 매년 보통 사람이 쓰는 물은 약 $54\,m^{3}$이다. 겉보기에는 충분한 양의 물이 있는 것처럼 보이지만, 문제는 이용 가능한 물의 양이다. 온대 기후에서는 충분한 비가 내리기 때문에 보통 호수, 냇가, 대수층(지하수를 품고 있는 지층)에 충분한 물이 있다. 그러나 온대 기후 지역에는 흔히 인구 밀도가 높아서 물 사용량이 매우 많으며, 물의 오염 가능성이 크다. 건조 지대는 인구가 적지만 물이 부족하다. 어떤 경우에도 이용 가능한 기술을 사용해서 귀중한 자원인 자연수의 양을 증가시켜야 한다.

담수를 얻기 위해서는 다양한 기술이 사용될 수 있다. 물을 끓이고 응축시키는 것은 실용적으로 쓰기에는 에너지가 너무 많이 든다. 매우 큰 규모의 다단계 진공 증류 방법으로 탈염수를 생산하는 방식은 전 세계 생산량의 대략 85%를 차지하지만, 상당한 에너지가 필요하다. 역삼투는 에너지가 덜 들고 더 적은 규모의 생산에 적용될 수 있다. 다른 방법들로는 이온 교환, 전기 투석, 동결, 태양열 제습과 같은 것들이 이용되고 있다.

이 장에서 설명된 삼투 현상은 순수한 용매(주로 물)가 반투막을 통해 용질을 포함하고 있는 용액 쪽으로 자발적으로 이동하는 것을 말한다. 용매가 반투막을 통해 옮겨가려는 경향성은 삼투 압력으로 측정될 수 있다. 삼투막을 통한 물의 흐름을 역으로 바꾸려면, 삼투 압력을 초과하는 압력을 반투막의 용액 부분에 가하면 된다. 이 방법을 이용하여 바닷물과 같은 용액에서 순수한 물을 얻을 수 있다. **그림 1**은 역삼투 과정을 도식적으로 보여주는 그림이다. **그림 2**는 가동 중인 역삼투 분리관의 저장소 사진이다.

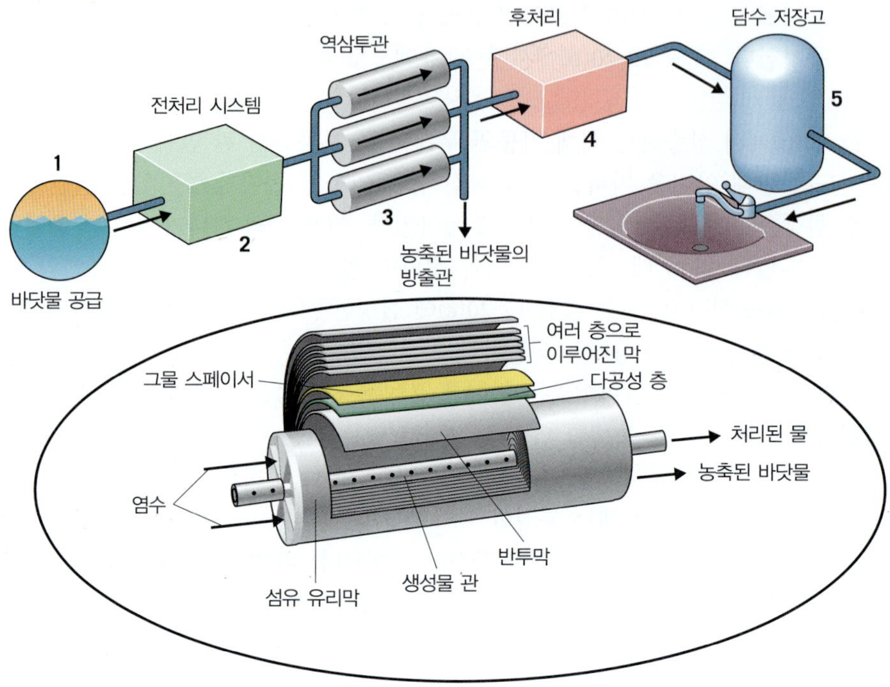

그림 1 역삼투 과정의 도식 (1) 바닷물이 여과된다. (2) 거의 모든 입자상 물질을 제거한다. (3) 분리를 위하여 압력을 가한다. (4) 정화된 물의 산도 조절을 한다. 저장하기 전에 항균제를 첨가한다. (5) 저장한다. 삽입 그림: 역삼투관의 구조도

DenGuy/Getty Images

그림 2 상업화된 역삼투 장치

삼투 압력을 나타내는 기호는 그리스 문자 파이(Π)이다. 묽은 수용액에서 Π는 온도(T)와 용액에 들어 있는 용질의 몰농도(M)에 비례한다.

$$\Pi \propto MT$$

묽은 수용액에서 비례 상수는 기체 상수 R이 되므로 다음과 같이 쓸 수 있다.

$$\boxed{\Pi = MRT} \qquad \textbf{(12.17)}$$

도구
삼투 압력

물론 M은 mol/L이고, 이것은 n/V로 쓸 수 있다. 여기에서 n은 몰수이고 V는 L로 표시된 부피이다. 식 12.17에서 M을 n/V로 치환한 다음, 정리하면 이상 기체 법칙과 같은 형태의 삼투 압력에 대한 식을 얻을 수 있다.

해설 새로운 식을 외우기 전에 삼투압에 대한 식 12.17은 이상 기체 법칙에 대한 식 10.2와 동일한 형태라는 것에 주목하라.

$$\boxed{\Pi V = nRT} \qquad \textbf{(12.18)}$$

식 12.18은 **삼투 압력에 대한 van't Hoff 식**이라고 한다.

삼투 압력은 생물학이나 의학에서 매우 중요하다. 세포는 염이 들어오는 것은 제한하고 물은 자유롭게 드나들 수 있게 하는 막으로 둘러싸여 있다. 일정한 양의 물을 유지하기 위해서

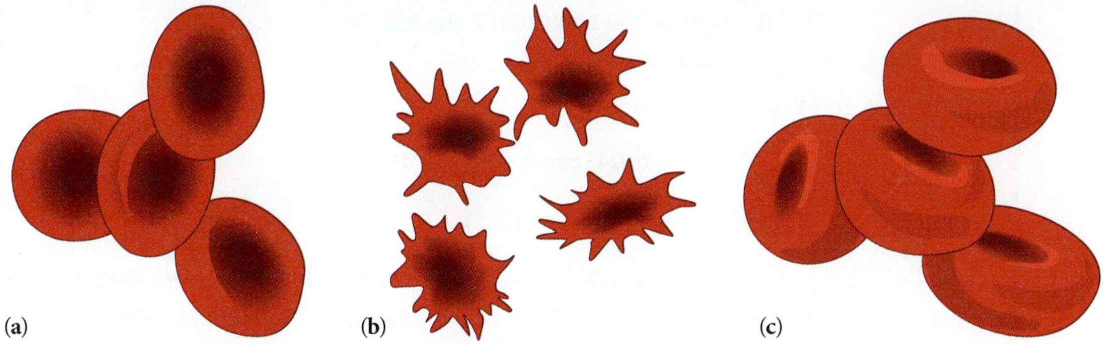

그림 12.21 적혈 세포에 대한 등장액과 고장액 및 저장액의 효과 (a) 등장액(질량으로 0.85% NaCl)에서는 막의 양쪽에 있는 용액의 삼투 압력이 같아서 세포막을 통과하는 물의 알짜 흐름이 없다. (b) 고장액(질량으로 5.0% NaCl)에서는 염의 농도가 낮은 영역(세포 내부)에서 농도가 높은 영역(고장액)으로 물이 이동하기 때문에 세포가 탈수된다. (c) 저장액(질량으로 0.1% NaCl)에서는 염의 농도가 낮은 영역(저장액)에서 농도가 높은 영역(세포 내부)으로 물이 이동하기 때문에 세포가 팽창하고 파열된다.

는 세포막의 양쪽에 있는 용액의 삼투 압력이 같아야 한다. 예를 들어 0.85% NaCl 용액은 적혈구액과 같은 삼투 압력을 가지고 있어서 이 용액에 적혈구를 담그더라도 세포는 정상적인 물의 양을 유지할 수 있다. 이 용액은 적혈 세포와 등장(isotonic)이라고 한다. 혈장은 **등장액**(isotonic solution)이다.

세포가 세포 내부의 농도보다 높은 염이 들어 있는 용액에 있다면, 삼투 현상이 일어나서 물이 세포 밖으로 이동한다. 이러한 용액을 **고장액**(hypertonic solution)이라고 한다. 세포는 수축하고 탈수되어 결국에는 죽는다. 이러한 과정에 의해 바닷물에 노출된 민물고기와 식물이 죽는다.

반면에 세포가 세포액의 삼투 압력보다 훨씬 더 낮은 삼투 압력을 갖는 용액에 있다면, 물은 세포로 이동한다. 이러한 용액을 **저장액**(hypotonic solution)이라고 한다. 예를 들어 세포를 증류수에 넣으면 세포는 팽창되어 파열된다. 콘택트렌즈를 등장인 식염수 용액이 아닌 수돗물에 넣어두면, 저장 용액 때문에 렌즈가 손상된 것을 경험하였을 것이다. **그림 12.21**에 등장액과 고장액 및 저장액이 세포에 미치는 영향을 나타내었다.

삼투 압력의 측정은 조직을 배양하는 데 사용하는 용액을 만들거나 정맥 주사로 약물을 투여할 때 매우 중요하다. 삼투 압력은 **그림 12.22**에 설명한 **삼투 압력계**(osmometer)라는 기구로 측정한다. 예제 12.10에서 보는 바와 같이 묽은 용액에서도 삼투 압력이 높게 나타날 수도 있다.

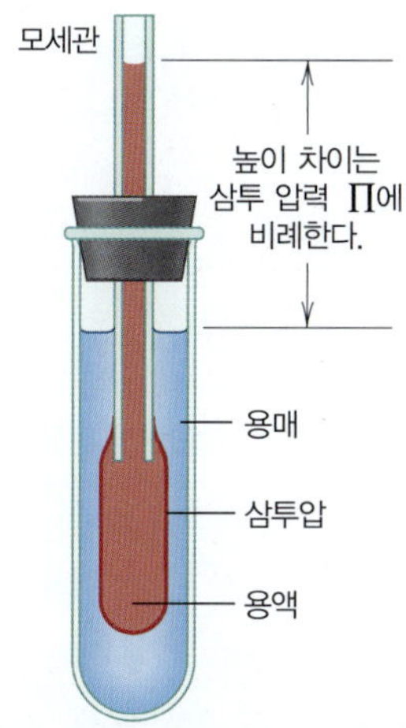

그림 12.22 간단한 삼투 압력계 삼투 현상으로 용매가 용액으로 이동할 때 모세관 용액의 높이가 올라간다. 용액의 삼투 압력에 따라 도달한 높이가 달라진다.

예제 12.10 삼투 압력 계산하기

0.00100M의 매우 묽은 슈크로스 수용액이 반투막으로 순수한 물과 분리되어 있다. 298 K에서 삼투 압력은 torr 단위로 얼마인가?

분석 이 문제는 삼투 압력의 식을 적당히 변형하여 해결하는 문제이다. 물론 단위가 정확히 상쇄되도록 정확한 R의 값을 사용해야 한다.

도구 모음 다음의 식 12.17을 사용해야 한다.

$$\Pi = MRT$$

온도는 절대 온도이고 몰농도는 몰수와 리터 단위를 가지고 있으므로 $R = 0.0821\ \text{L atm mol}^{-1}\text{K}^{-1}$을 사용해야 한다.

풀이 식 12.17에 필요한 정보를 대입하면 삼투 압력을 구할 수 있다.

$$\Pi = (0.00100\ \text{mol L}^{-1})(0.0821\ \text{L atm mol}^{-1}\text{K}^{-1})(298\ \text{K})$$
$$= 0.0245\ \text{atm}$$

마지막으로 압력을 torr 단위로 바꾼다.

$$\Pi = 0.0245\ \text{atm} \times \frac{760\ \text{torr}}{1\ \text{atm}} = 18.6\ \text{torr}$$

0.00100 M 설탕물의 삼투 압력은 18.6 torr이다.

답이 합리적인가? 1 M 용액은 RT의 삼투 압력을 가져야 한다. 기체 법칙 상수는 대략 0.08이고 온도가 300이라면, 1 M 용액의 삼투 압력은 약 24 atm이 된다. 0.001 M 용액의 삼투 압력은 이 값의 1/1000이 되어야 하므로 약 0.024 atm이다. 이는 위에서 torr 단위로 변환하기 전의 값과 비슷하다.

실전 문제 12.25

8°C에서 12.0 g의 단백질(몰질량 = 235,000 g mol^{-1})로 만든 250.0 mL 수용액의 삼투 압력은 mmHg와 mmH_2O로 각각 얼마인가? (**힌트:** 이 계산에 필요한 단위는 사용한 R의 값에 의해 결정된다.)

실전 문제 12.26

체온(37°C)에서 0.0115 M 글루코스 수용액의 삼투 압력은 torr 단위로 얼마인가? 이 용액의 끓는점과 어는점은 각각 몇 °C이겠는가?

앞의 예제에서 0.00100 M의 슈크로스 수용액의 삼투 압력이 18.6 torr(18.6 mmHg에 해당)라는 것을 알았다. 이 압력은 용액의 물기둥을 거의 25 cm 정도 상승시키기에 충분하다. 용액이 100배만큼 진한 0.100 M 설탕물이라면(한 잔의 차에 넣는 찻숟가락의 1/4 정도에 해당하는 설탕) 물기둥의 높이는 대략 25 m에 이를 것이다. 삼투 압력은 매우 키가 큰 나무의 꼭대기까지 물이 도달하게 하는 여러 메커니즘 중의 하나이다.

삼투 압력으로부터 몰질량 구하기 용질의 화학적 조성과 관계없이 묽은 용액으로 측정한 삼투 압력을 이용하여 용질의 몰농도를 결정할 수 있다. 일반적으로 용액에 들어 있는 용질의 질량과 삼투 압력을 이용하여 계산한 몰농도를 이용하여 몰질량을 계산한다.

삼투 압력에 의한 몰질량 결정은 어는점 내림이나 끓는점 오름 방법으로 구하는 것보다 더 정밀하다. 다음 예제는 삼투 압력 실험으로 몰질량을 계산하는 예를 보여 준다.

예제 12.11 삼투 압력을 이용한 몰질량 계산

미지의 분자 화합물 0.122 g이 들어 있는 수용액 100.0 mL에 대하여 20.0°C에서 측정한 삼투 압력이 16.0 torr였다. 용질의 몰질량은 얼마인가?

분석 예제 12.9에 지적한 바와 같이 질량과 몰수의 비인 몰질량을 결정하기 위해서는 시료의 질량과 몰수를 알아야 한다. 용질의 질량은 이미 주어져 있으므로, 이 질량이 몇 몰에 해당하는지를 알면 비를 계산할 수 있다.

도구 모음 몰수(n)를 계산하려면 삼투 압력 식 12.18을 이용한다.

$$\Pi V = nRT$$

주어진 압력을 변환하면 0.0211 atm이다. 20.0°C는 293 K(273 + 20.0)이고, 100.0 mL의 부피는 0.1000 L이다. 질량이 주어져 있으므로 계산을 완료하기 위한 도구로 몰질량의 정의만 필요하다.

해설

$$16.0\ \text{torr} \times \frac{1\ \text{atm}}{760\ \text{torr}} = 0.0211\ \text{atm}$$

풀이 먼저 식 12.18과 정확한 단위로 변환한 자료를 사용하여 몰수 n을 계산한다.

$$(0.0211\ \text{atm})(0.1000\ \text{L}) = (n)(0.0821\ \text{L atm mol}^{-1}\ \text{K}^{-1})(293\ \text{K})$$
$$n = 8.77 \times 10^{-5}\ \text{mol}$$

용질의 몰질량은 용질의 몰당 용질의 그램수이다.

$$\text{몰질량} = \frac{0.122\ \text{g}}{8.77 \times 10^{-5}\ \text{mol}} = 1.39 \times 10^{3}\ \text{g mol}^{-1}$$

답이 합리적인가? 식 12.18을 사용할 때, $R = 0.0821\ \text{L atm mol}^{-1}\text{K}^{-1}$을 이용하려면 압력은 반드시 대기압 단위로 해 주어야 한다. 모든 단위가 정확하게 상쇄된다면(실제로 상쇄되었다) 몰수가 정확하게 계산된 것이다. 용질의 몰수는 대략적으로 10×10^{-5} 혹은 1×10^{-4} 정도이다. 대략 0.12 g을 1×10^{-4} mol로 나누면 0.12×10^{4} g/mol 혹은 1.2×10^{3} g/mol이 얻어지며, 이 값은 우리가 구한 값에 가깝다.

실전 문제 12.27

단백질 137.2 mg을 4°C 물에 녹인 100.0 mL 수용액에 삼투 현상으로 인하여 물기둥이 6.45 cm 높아졌다. 단백질의 몰질량을 구하시오(**힌트**: 답은 매우 큰 값이어야 한다. 물기둥의 길이(cm)를 대기압 단위로 바꾸는 것을 잊지 마시오).

실전 문제 12.28

27.0°C에서 탄수화물 183.0 mg이 녹아 있는 수용액 250 mL의 삼투 압력을 측정하였더니 39.0 torr였다. 이 화합물의 분자 질량은 얼마인가?

이온성 용질의 총괄성

물의 몰랄 어는점 내림 상수는 1.86 °C m^{-1}이다. 따라서 1.00 m NaCl 용액의 어는점은 −1.86°C라고 생각할 수 있다. 그러나 실제로 이 용액의 어는점은 −3.37°C이다. 염에 의해 1.86°C의 거의 두 배에 가깝게 어는점이 내려갔다. 총괄성이 **입자**의 농도에 의존한다는 것을 기억하고 있다면 이 실험 사실을 쉽게 이해할 수 있다. NaCl(s)은 물속에서 다음과 같이 두 개의 이온으로 해리한다.

$$\text{NaCl}(s) \longrightarrow \text{Na}^{+}(aq) + \text{Cl}^{-}(aq)$$

염이 이온으로 완전히 해리한다면, 1.00 m NaCl에서 녹아 있는 용질 입자의 농도는 주어진 몰랄 농도의 두 배인 2.00 m이 된다. 이론적으로 1.00 m NaCl 용액의 어는점은 $2 \times 1.00\,m \times (-1.86°\text{C}\ m^{-1})$, 즉 −3.72°C가 되어야 한다. 그러나 실제로는 이것보다 조금 더 높은 온도인 −3.37°C에서 얼게 되는데, 이것에 대해서는 나중에 다시 설명할 것이다.

1.00 m $(NH_4)_2SO_4$ 용액에 대하여 다음과 같은 해리를 생각할 수 있다.

$$(\text{NH}_4)_2\text{SO}_4(s) \longrightarrow 2\text{NH}_4^{+}(aq) + \text{SO}_4^{2-}(aq)$$

1 mol의 $(NH_4)_2SO_4$는 총 3 mol의 이온을 생성한다(NH_4^+ 2 mol과 SO_4^{2-} 1 mol). 따라서 1.00 m $(NH_4)_2SO_4$ 용액의 어는점은 $3 \times 1.00\,m \times (-1.86°\text{C}\,m^{-1}) = -5.58°\text{C}$가 될 것으로 예상할 수 있다.

전해질 용액의 총괄성을 대략적으로 **예측**하고자 한다면, 용질이 해리되거나 이온화되는 것을 감안하여 용액의 몰랄 농도를 다시 계산해 보면 된다. 예를 들면 매우 묽은 용액에서만 사실이긴 하지만, 이온성 물질은 100% 해리한다고 가정할 수 있다.

예제 12.12 염 용액의 어는점 예측하기

$0.12\,m$ $AlCl_3$(용액에서 완전히 해리한다고 가정) 수용액의 어는점을 예측하시오.

분석 식 12.15는 어는점의 변화와 몰랄 농도 사이의 관계를 보여 준다. 그러나 지금의 예는 용질이 4개의 입자, 즉 한 개의 Al^{3+}와 3개의 Cl^-로 해리된다. 이 정보를 포함하면 어는점을 더 정확하게 예측할 수 있다.

도구 모음 기본적인 어는점 식과, 표 12.4로부터 얻은 물의 K_f를 이용한다.

$$\Delta T_f = (1.86\ °\mathrm{C}\ m^{-1})m$$

그러나 몰랄 농도는 염의 몰랄 농도가 아니라 다음과 같이 생성되는 모든 이온의 몰랄 농도가 되어야 한다.

$$AlCl_3(s) \longrightarrow Al^{3+}(aq) + 3Cl^-(aq)$$

풀이 1 mol의 $AlCl_3$는 4 mol의 이온을 생성하기 때문에, 용액에 들어 있는 이온의 유효 몰랄 농도는 염의 몰랄 농도인 $0.12\,m$의 4배이다.

$$\text{유효 몰랄 농도} = (4)(0.12\,m) = 0.48\,m$$

해설 생명과학에서는 유효 몰랄 농도를 오스몰 농도(osmolarity)라고도 부른다.

이 농도를 식 12.15에 대입한다.

$$\Delta T_f = (1.86\ °\mathrm{C}\ \cancel{m^{-1}})(0.48\ \cancel{m})$$
$$= 0.893\ °\mathrm{C}$$

어는점은 0.000°C에서 0.893°C가 내려간다. 따라서 이 용액의 어는점은 −0.893°C이다.

답이 합리적인가? 다시 계산해 본 몰랄 농도는 대략 0.5이다. 1.86(대략 2라고 가정)의 5/10는 약 0.9이다. 여기에 단위°C를 붙이고 0°C로부터 빼면 −0.9°C를 얻을 수 있다. 이것은 계산한 답에 가깝다.

실전 문제 12.29

$0.237\,m$ LiCl 수용액의 어는점을 계산하시오. 단, LiCl은 100% 해리된다고 가정한다. 그리고 해리 백분율이 0%일 때 어는점을 구하시오. (**힌트**: 용액에서 입자의 농도는 얼마인가?)

실전 문제 12.30

$MgSO_4$의 수용액 농도가 (**a**) $0.100\,m$, (**b**) $0.0100\,m$, (**c**) $0.00100\,m$일 때 어는점을 구하시오. 이들 중에서 1°C 간격으로 표시된 실험실 온도계로 측정할 수 있는 것은 어느 것인가?

다중 개념 문제의 분석과 풀이

어떤 연구원이 최근에 합성된 화합물을 분석한 자료에 대한 해석을 당신에게 의뢰하였다. 이 기사는 합성 물질 16.59 g을 취한 후 과량의 산소 분위기에서 연소시켜 이산화 탄소 28.63 g과 물 11.71 g을 얻었다. 또 다른 실험에서 1.395 g의 화합물을 금속 소듐의 존재하에서 강열하여 물질에 포함된 염소를 염화 이온으로 방출시켰다. 방출된 염화 이온을 질산 은과 반응시켰더니 2.541 g의 AgCl 침전이 얻어졌다. 마지막으로 이 화합물 5.41 g을 85.0 g의 벤젠과 혼합한 후 측정한 어는점이 3.33°C로 확인되었다. 이 화합물의 화학식은 무엇인가?

분석 화합물의 실험식을 구한 다음 분자식을 구해야 한다. 이를 위하여 다음의 순서대로 문제를 해결하는 것이 좋다. (1) 분석 반응으로부터 화합물의 조성 백분율을 계산한다. (2) 백분율로부터 실험식을 결정한다. (3) 어는점 내림을 이용하여 몰질량을 계산한다. (4) 실제 화학식을 구한다.

Part 1

도구 모음 다음의 식과 실험에서 얻은 자료를 사용하여 화합물 속에 들어 있는 탄소, 수소, 염소의 조성 백분율을 계산한다.

$$\% \text{ 조성} = \frac{\text{원소의 질량}}{\text{시료의 질량}} \times 100\%$$

이때 3장에서 배운 화학량론을 적용한 변환을 사용해야 한다.

풀이 다음과 같이 CO_2의 질량을 C의 질량으로 변환시킨다.

$$28.63 \text{ g } CO_2 \times \frac{12.011 \text{ g C}}{44.01 \text{ g } CO_2} = 7.814 \text{ g C}$$

또한 H_2O의 질량을 H의 질량으로 변환시킨다.

$$11.71 \text{ g } H_2O \left(\frac{1 \text{ mol } H_2O}{18.015 \text{ g } H_2O}\right)\left(\frac{2 \text{ mol H}}{1 \text{ mol } H_2O}\right)\left(\frac{1.008 \text{ g H}}{1 \text{ mol H}}\right) = 1.310 \text{ g H}$$

다음에는 C와 H의 백분율을 계산한다.

$$\% \text{ C} = \frac{7.817 \text{ g C}}{16.59 \text{ g 시료}} \times 100\% = 47.10\% \text{ C}$$

$$\% \text{ H} = \frac{1.310 \text{ g H}}{16.59 \text{ g 시료}} \times 100\% = 7.900\% \text{ H}$$

한편 염소의 질량은 다음과 같이 계산한다.

$$2.541 \text{ g AgCl} \left(\frac{1 \text{ mol AgCl}}{143.32 \text{ g AgCl}}\right)\left(\frac{1 \text{ mol Cl}}{1 \text{ mol AgCl}}\right)\left(\frac{35.45 \text{ g Cl}}{1 \text{ mol Cl}}\right) = 0.6285 \text{ g Cl}$$

시료에 들어 있는 염소의 백분율은 다음과 같다.

$$\% \text{Cl} = \frac{0.6285 \text{ g Cl}}{1.395 \text{ g 시료}} \times 100\% = 45.05\% \text{ Cl}$$

백분율을 더하면 약 100%가 된다. 그러므로 이 화합물에는 C, H, Cl 이외에는 어떤 다른 원소도 없다고 결론을 내릴 수 있다.

Part 2

도구 모음 100 g의 시료가 있다고 가정하고 화합물에 포함된 원소에 대한 백분율을 질량 단위로 변환한 다음, 화학량론을 적용하여 질량을 몰수로 변환한다. 마지막으로 3.4절의 과정을 이용하여 실험식을 구한다.

풀이 3가지 원소에 대해 백분율을 질량으로 바꾼 다음 다시 몰수로 변환시킨다.

$$47.10 \text{ g C} \times \frac{1 \text{ mol C}}{12.011 \text{ g C}} = 3.921 \text{ mol C}$$

$$7.900 \text{ g H} \times \frac{1 \text{ mol H}}{1.008 \text{ g H}} = 7.837 \text{ mol H}$$

$$45.05 \text{ g Cl} \times \frac{1 \text{ mol Cl}}{35.45 \text{ g Cl}} = 1.271 \text{ mol Cl}$$

위의 각 몰수를 가장 작은 값인 1.271로 나누면 다음이 얻어진다.

3.08 mol C, 6.17 mol H, and 1.00 mol Cl

이 값은 모두 정수에 가까우므로 다음과 같이 쓸 수 있다.

3 mol C, 6 mol H, and 1 mol Cl

따라서 실험식은 C_3H_6Cl이다.

Part 3

도구 모음 어는점 내림에 관한 식 12.15을 이용하여 몰질량을 구한다. 표 12.4에서 순수한 벤젠의 어는점은 5.45°C이고, 어는점 내림 상수는 5.07°Cm^{-1}이다. 이제 몰랄 농도를 구한 다음 몰질량을 구할 수 있다.

풀이 측정한 결과 어는점은 3.33°C이고, 따라서 ΔT_f는 2.12°C이다. 식 12.15를 사용하면 다음과 같이 몰랄 농도를 구할 수 있다.

$$\Delta T_f = 2.12\ °\text{C} = (5.07\ °\text{C}\ m^{-1})m$$
$$m = 0.418\ m$$

몰랄 농도는 0.418m이다.

몰랄 농도의 정의를 확장하면 다음과 같이 용질의 몰질량을 계산할 수 있다.

$$\text{몰랄 농도} = \frac{\text{용질 mol}}{\text{용매 kg}} = \frac{\text{용질 g / 용질의 몰질량}}{\text{용매 kg}}$$

$$0.418\ m = \frac{\text{용질 5.41 g / 용질의 몰질량}}{\text{용매 0.085 kg}}$$

$$\text{용질의 몰질량} = \frac{\text{용매 5.41 g}}{\text{용매 0.085 kg} \times 0.418\ m} = 152.3\ \text{g mol}^{-1}$$

Part 4

도구 모음 이제 용질의 몰질량과 실험식의 실험식량으로부터 3.4절에서 설명한 방법을 사용하여 분자식을 구한다.

풀이 몰질량을 실험식량으로 나누면 분자식 아래 첨자에 대한 곱셈 인자를 얻는다.

$$\frac{152.3}{77.5} = 1.96 = 2$$

그러므로 실험식의 모든 아래 첨자에 2를 곱하면, 분자식 $C_6H_{12}Cl_2$이 얻어진다.

답이 합리적인가? Part 4에서 여러 계산을 한 후 비로 간단한 정수를 얻으면 앞의 부분에서의 계산 결과가 옳다는 확신을 가질 수 있다. Part 1을 좀 더 살펴보면 예측한 대로 수소의 백분율이 가장 작게 나타났는데, 이것은 수소가 가장 가벼운 원소이기 때문이다. Part 2에서는 화학식에 대하여 정수비에 매우 가까운 값이 얻어졌다. Part 3에서는 어는점 내림 실험에서 예측한 대로, 대단히 작은 값도 큰 값도 아닌 몰질량이 얻어졌다. 각 Part에서 합리적인 결과를 가지고 있는 것으로 보이며 따라서 최종 결과는 옳다고 확신할 수 있다.

이온쌍의 형성 실험에 의하면 앞에서 기술한 1.00m NaCl이나 1.00m $(NH_4)_2SO_4$ 용액은 모두 계산한 만큼 낮은 온도에서 얼지 않는다. 이것은 전해질이 **완전히** 이온으로 분리된다는 가정이 잘못되었기 때문이다. **그림 12.23**에서 보는 바와 같이 반대 전하를 띠고 있는 이온의 일부는 마치 하나의 '분자'처럼 행동하는 회합한 형태의 **이온쌍(ion pair)**으로 존재한다. 또한 두 개의

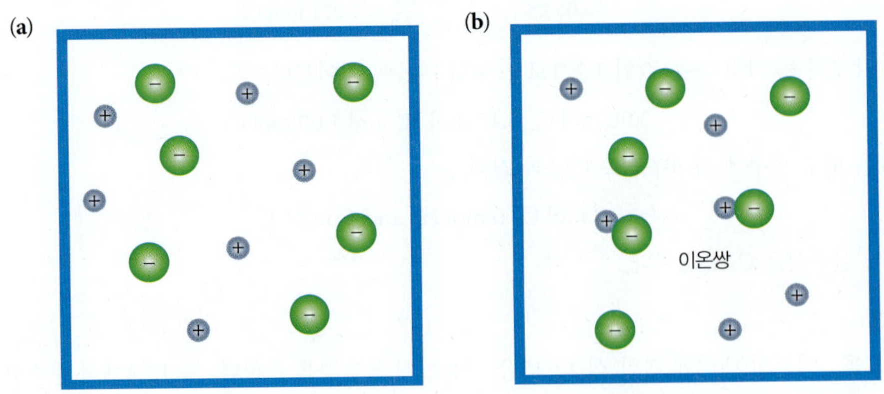

그림 12.23 NaCl 용액에서의 이온쌍 (a) NaCl이 물속에서 완전히 해리된다면, Na^+와 Cl^- 이온은 완전히 독립적으로 행동할 것이다. (b) 이온간 인력 때문에 몇 개의 이온이 서로 이온쌍을 형성하면 용액 속에서 독립적으로 행동하는 입자의 전체수가 줄어든다. 이 그림에는 두 개의 이온쌍을 나타내었다(그림을 명료화하기 위해 물 분자는 나타내지 않았다).

이온보다 더 많이 뭉친 다발(cluster) 형태로도 존재할 수 있다. 이온쌍과 다발이 형성되기 때문에 1.00 m NaCl 용액에 존재하는 **입자**의 실제 농도는 2.00 m보다 다소 작게 된다. 결과적으로 1.00 m NaCl의 어는점 내림은 100% 해리를 근거로 계산한 것보다 작게 나타난다.

전해질 용액을 묽게 만들수록 관찰된 어는점과 계산된 어는점은 점점 더 근접한다. 매우 묽은 용액에서는 이온의 충돌 횟수가 줄어들기 때문에, 상대적으로 이온쌍을 거의 형성하지 못하게 되어 이온의 **회합(association)**은 고려하지 않아도 된다. 일반적으로 매우 묽은 용액에서 용질은 100% 분리된 이온처럼 행동한다.

해설 '회합'은 해리의 반대이다. 이것은 입자가 모여서 더 큰 입자를 형성하는 것을 의미한다.

화학자들은 **van't Hoff 인자(van't Hoff factor, *i*)**를 사용하여 여러 전해질 농도에서 전해질의 해리도를 비교한다. 이 인자는 용질이 비전해질이라고 가정하고 계산한 어는점 내림 값에 대한 실제 측정한 어는점 내림 값의 비이다.

$$i = \frac{(\Delta T_f)_{\text{측정값}}}{(\Delta T_f)_{\text{비전해질로 계산한 값}}}$$

두 개의 이온으로 해리하는 NaCl, KCl, $MgSO_4$가 100% 해리한다고 가정할 때, 예상되는 van't Hoff 인자 i는 2가 된다. K_2SO_4는 세 개의 이온을 생성하므로 i의 이론값은 3이다. **표 12.6**에 몇 가지 전해질에 대하여 세 가지 다른 농도에서의 van't Hoff 인자를 나타내었다. 이 표에서 농도가 감소함(묽어짐)에 따라 실험적인 인자가 이론적인 van't Hoff 인자와 더 잘 일치하는 것을 주목하라.

표 12.6 묽힘에 따른 van't Hoff 인자의 변화

반트호프 인자 i				
	몰랄 농도 (mol 염/kg 물)			100% 해리가 일어났을 때 i 값
소금	0.1	0.01	0.001	
NaCl	1.87	1.94	1.97	2.00
KCl	1.85	1.94	1.98	2.00
K_2SO_4	2.32	2.70	2.84	3.00
$MgSO_4$	1.21	1.53	1.82	2.00

더 묽은 용액에서 해리 백분율이 증가하는 정도가 모든 염에 대해 동일한 것은 아니다. 0.1 m에서 0.001 m로 묽어질 때 i의 변화로 측정되는 KCl의 해리 백분율의 증가는 약 7% 정도이다. 그러나 K_2SO_4의 경우에는 같은 농도로 묽혔을 때 22% 정도의 증가를 보이는데, 이 차이는 음이온 SO_4^{2-}에 의한 결과이다. SO_4^{2-} 이온은 KCl의 음이온인 Cl^- 이온보다 두 배의 전하를 가지고 있어서 Cl^- 이온보다 K^+ 이온을 더 강하게 끌어당길 수 있다. 그러므로 2− 전하의 이온과 1+ 전하를 가진 이온을 묽혀서 멀리 떨어지게 하면, 1− 전하와 1+ 전하를 가진 이온보다 훨씬 더 자유롭게 활동하는 데 효과가 크다.

분자 회합 몇 가지 분자성 용질은 몰랄 농도에서 예측한 것보다 **약한** 총괄성을 나타낸다. 예측과는 다른 이러한 약한 총괄성은 용질 분자가 용액에서 회합하거나 무리를 짓는다는 증거가 된다. 예를 들면 벤조산이 벤젠에 녹으면 벤조산은 **이합체(dimer)**로 회합한다. 벤조산 분자들은 다음의 평형에서 점선으로 나타낸 수소 결합으로 서로 붙들려 있다.

해설 다이-(*di-*)는 둘이라는 뜻이므로, 이합체는 두 개의 단일 분자가 결합된 것을 의미한다.

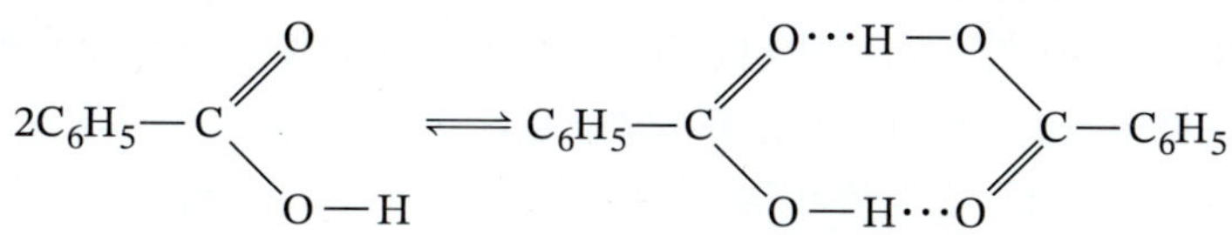

벤조산 벤조산 이합체

해설 C_6H_5−는 유기 화학에서 페닐기라고 하며, 그 구조는 다음과 같다.

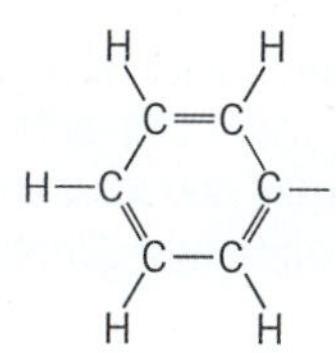

회합으로 인해 벤젠에 벤조산을 녹인 1.00 m 용액의 어는점 내림은 대략 계산된 값의 절반에 불과하다. 이합체를 형성함으로써 벤조산의 유효 분자 질량은 계산값의 두 배가 된다. 유효 분자 질량이 더 커지므로 입자의 몰랄 농도가 절반으로 줄고, 어는점 내림에 대한 영향도 절반으로 감소한다.

12.7 불균일 혼합물

이제까지는 단일상(single phase)을 가지고 있고 용액 전체가 균일한 혼합물인 참용액(true solution)을 논의하였다. 흔히 **분산(dispersion)**이라고 일컬어지는 불균일 혼합물은 두 개 이상의 상을 가지고 있으며 균일하지 않다. 많은 산업적인 공정의 반응들이 불균일 반응이고, 많은 소비재 제품들이 여러 종류의 분산으로 이루어져 있어서 불균일 혼합물은 화학적으로 매우 중요하다. **서스펜션** 분산과 **콜로이드** 분산이라는 두 가지 종류의 분산에 대하여 살펴보기로 하자.

서스펜션

서스펜션(suspension)의 특징은 용매 속에 비교적 큰 입자들이 혼합되어 있는 것이다. 서스펜션은 용매나 분산 매질에 물질을 넣고 흔들거나 기계적인 방법으로 균일하게 섞어서 만든다. 그러나 일단 혼합 과정이 멈추게 되면, 서스펜션에 들어 있는 입자는 입자들 사이의 인력으로 엉기기 시작하여 더 큰 입자로 뭉쳐지며, 곧 두 개의 상으로 분리된다. 물속에 분산되어 있는 고운 모래와 같은 다른 형태의 서스펜션은 중력 때문에 두 개의 상으로 분리된다.

흔히 사용하는 친숙한 약품에도 서스펜션으로 된 것들이 있다. 마그네시아유라고 하는 약품에는 물속에 고체 수산화 마그네슘이 분산되어 있다. 많은 항생제들은 '복용하기 전에 반드시 잘 흔들어야' 하는 수용성 서스펜션이다. 여러 가지 샐러드드레싱도 이와 같은 형태의 서스펜션이며, 흔드는 것을 멈추면 재빨리 식초 층과 기름 층으로 분리된다.

기체상이 포함된 서스펜션도 매우 흔하다. 야외에서 불을 피울 때 발생하는 그을음이 한 예이다.[7] 불을 피우면 그을음이 곧 야외를 덮어 버린다. 공기 속에 포함된 먼지나 안개에 포함된 미세한 물방울은 각각 고체나 액체가 기체상에 포함된 서스펜션의 예이다. 거품 크림이나 거품을 낸 달걀흰자에 포함된 공기 방울은 액체상에 기체가 포함된 서스팬션으로, 빨리 먹지 않으면 결국에는 두 층이 분리된다. 그러나 거품 크림이나 달걀흰자로 이루어진 서스펜션은 비교적 오래 지속되는데, 이는 높은 점도 때문에 기체 방울이 뭉쳐서 두 층으로 분리되는 것이 방해되기 때문이다.

콜로이드 분산

서스펜션에 포함된 입자가 매우 작을 때는 브라운 운동(Brownian motion, 2.7절 참조) 때문에 이들 입자는 침강하지 못한다. 침강하지 않고 다른 상으로 분리되지 않는 이들 혼합물을 **콜로이드 분산(colloidal dispersion)**이라고 한다. 일반적으로 콜로이드 입자는 1~1000 nm의 범위에 있는 크기를 가진다. 앞에서 언급한 안개 속에 들어 있는 물 입자, 매연에 포함된 그을음은 참콜로이드 물질이며 분리되지 않는다. 물에 녹은 소량의 녹말은 수용액계의 콜로이드의 한 예이며 이를 솔(sol)이라고 한다. **표 12.7**에 분산 물질(즉 콜로이드)과 분산 매질(용매)을 기준으로 분류한 콜로이드 혼합물의 몇 가지 사례를 수록하였다. 많은 혼합물에서 콜로이드 입자의 크기는 매우 작아서 육안으로는 볼 수 없다. 콜로이드 혼합물은 참용액과 매우 비슷하지만, 가시광선의 파장과 비슷한 크기의 콜로이드 입자는 빛을 산란시킨다. 이러한 산란을 **Tyndall 효과(Tyndall effect)**라고 하며, 콜로이드 혼합물에 빛살을 비추면 관찰할 수 있다. 참용액과 콜로이드 혼합물이 들어 있는 시험관에 붉은 레이저 빛살을 비췄을 때 Tyndall 효과로

해설 John Tyndal(1820~1893)은 영국 왕립연구소의 화학 분야의 Fullerian 교수로서 Michael Faraday의 뒤를 이은 저명한 물리학자이다.

[7] 석탄이나 석유를 사용하는 화력 발전소는 그을음이나 다른 입자들을 발생시키는 주요 원천이다. 현대적인 정전기를 이용하는 침전기와 세정기를 이용하여 이들 입자 대부분을 제거할 수 있다.

표 12.7 콜로이드계

유형	분산상[a]	분산 매질	흔한 예
거품	기체	액체	비누거품, 거품낸 크림
고체 거품	기체	고체	경석(pumice), 마시멜로
액체 에어로솔	액체	기체	옅은 안개, 짙은 안개, 공기 오염 물질
에멀션	액체	액체	크림, 마요네즈, 우유
고체 에멀션	액체	고체	버터, 치즈
매연	고체	기체	먼지, 스모그 내의 입자, 에어로젤
솔(콜로이드 분산)	고체	액체	물속의 녹말, 페인트, 젤리[b]
고체 솔	고체	고체	합금, 진주, 오팔

[a]콜로이드 입자는 분산된 상에 있다.
[b]젤라틴, 젤리와 같은 반고체 또는 반강체를 젤이라고 한다.

인하여 콜로이드 혼합물에서 빛살의 경로가 관찰되는 모습을 **그림 12.24**에 나타내었다.

그림 12.24는 참용액처럼 보이는 콜로이드 혼합물을 보여 주고 있다. 그러나 **에멀션(emulsion)**이라고 하는 다른 콜로이드 분산계는 우유나 거품을 낸 크림같이 보인다. 에멀션에서 분산 매질은 액체이며 콜로이드 입자의 농도는 매우 높다. 그 결과로 콜로이드 입자가 충돌하고 뭉쳐지려는 확률이 증가하여 결국에는 두 개의 상으로 분리된다.

화학자들은 에멀션에서 콜로이드 입자가 뭉쳐지는 것을 느리게 하거나 심지어 멈출 수 있도록 하는 여러 가지 방법을 알고 있다. 우리는 액체상에서 충돌의 빈도를 감소시키는 방법으로 (a) 온도를 낮추거나, (b) 점도를 높이거나, (c) 인력을 감소시키고 반발력을 높이는 방법 등을 배웠다. 이제 이들 각각의 방법에 대한 사례를 생각해보자.[8] 전통적인 아이스크림은 우유, 달걀, 크림, 설탕 및 향미료의 에멀션이다. 아이스크림은 얼려서 보관하므로, 아이스크림의 경우 콜로이드 입자는 거의 충돌하지 않는다. 거품 크림의 사례에서는 거품 안에 포함된 콜로이드 크기의 공기 방울로 인하여 일반적으로 유동성이 있는 크림의 점성을 매우 높인다. 다시 말하지만 콜로이드 입자의 이동성을 제한하면 콜로이드 입자가 뭉쳐지는 것을 막을 수 있다. **그림 12.25**는 액체-액체 에멀션인 마요네즈와 액체-고체 에멀션인 마가린 두 종류의 에멀션을 미지적인 관점에서 나타낸 것이다.

그림 12.24 Tyndall 효과 첫 번째 참용액은 붉은 레이저 빛살을 산란시키지 못한다. 그러나 참용액처럼 보이는 두 번째 시료는 콜로이드 분산이어서 입자가 빛살을 산란시킨다.

대부분의 상업적인 에멀션을 안정화시키는 주요 방법은 한 가지 상 또는 두 가지 상 모두에 전기적 전하를 부여해서 콜로이드 입자가 서로 떨어져 있도록 하는 것이다. 스테아르산 소듐과 같은 계면 활성제는 전하를 띤 말단과 전하가 없는 탄화수소 말단을 가진 긴 분자이다. 전하를 띤 말단은 물에 용해하며 **친수성(hydrophilic)**이라 하고, 반면에 탄화수소 말단은 기름에 더 쉽게 녹으며 **소수성(hydrophobic)**이라 한다. 스테아르산 소듐을 기름-물 에멀션에 첨가

[8]실제 과정에서는 세 가지 방법을 조합하여 사용하지만, 여기서는 각각의 주요 개념에 초점을 맞추기로 한다.

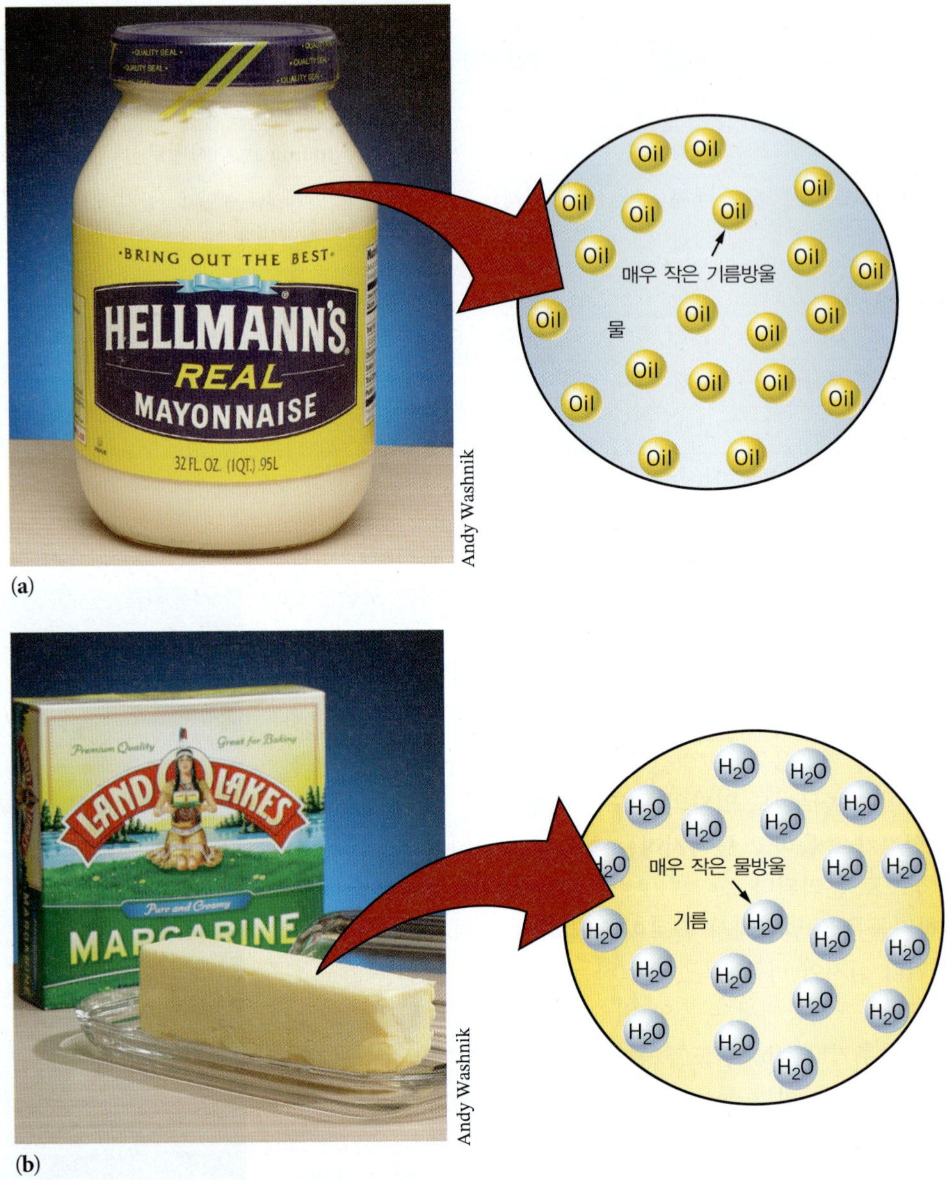

그림 12.25 친숙한 두 가지 에멀션 (a) 마요네즈는 물속에 기름이 분산된 에멀션이다. (b) 저칼로리 및 저지방 버터는 고체 유지방에 물을 분산시켜 만든다.

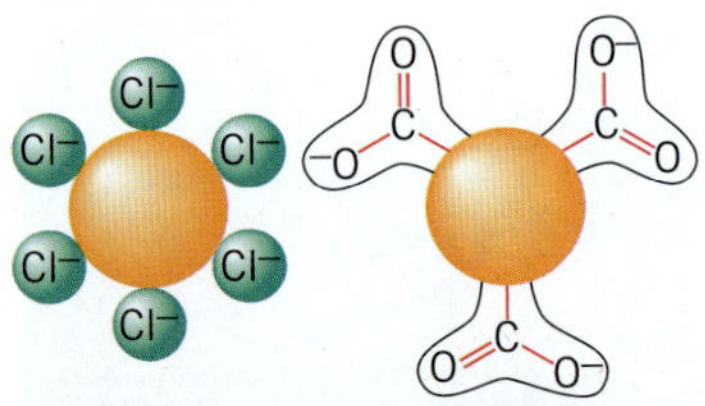

그림 12.26 콜로이드 분산의 안정화 콜로이드 입자에 전하를 부여하면 입자가 안정화된다. (a) 무기 침전에 흡착된 이온층이 형성되면 콜로이드 입자가 큰 입자로 뭉쳐지는 것이 방지된다. 이런 경우에는 침전을 여과하기가 어렵다. (b) 콜로이드 입자가 전하를 가지려면 콜로이드 입자 자체가 하전된 기를 가지거나 혹은 하전된 입자를 콜로이드 입자 표면에 흡착시킨다.

하면 소수성 말단은 기름에 녹고, 친수성 말단은 수용액 쪽으로 배향한다. 이 결과 음으로 하전된 구형의 **마이셀(micelle)**을 형성한다. 한 마이셀의 음전하와 다른 마이셀의 음전하가 서로 반발하기 때문에, 마이셀은 기름과 물의 두 개의 상으로 분리되지 않는다. 단백질 또한 기름 입자에 흡착될 수 있으며 표면에 전하를 띠고 있다. **그림 12.26**은 콜로이드 표면에 흡착된 층이 입자에 전하를 생성하는 과정을 설명하고 있다. 이러한 방법으로 안정화된 에멀션은 산이나 염기를 가하여 전하를 띠고 있는 기(group)들을 중화시키면 두 개의 상으로 분리된다. 이것을 에멀션이 '파괴된다'고 한다.

작은 무기 분자로 이루어진 결정에서, 결정을 구성하는 한 가지 이온을 과량으로 가하여 안정화에 기여하는 전하 층을 만들 수 있다. 예를 들면 납(II) 이온이 과량의 염화 이온과 함께 침전되었다면 과량의 염화 이온이 염화 납(II) 결정의 표면에 흡착되는데, 이 층을 일차 흡착층(primary adsorbed layer)이라고 한다. 염화 이온으로 구성된 일차 흡착층은 음전하를 띠기 때문에, 작은 콜로이드 입자가 서로 뭉쳐 큰 입자를 형성하기 어렵다. 그림 12.26을 통하여 이와 관련된 내용을 시각적으로 이해할 수 있다. 흔히 에멀션의 안정화는 상업적인 제조 공정에서 필요한 과정이지만, 때로는 문제가 될 수도 있음을 보게 된다. 예를 들면 위에서 설명한 염화 납(II)를 여과해서 결정을 얻으려면 극단적인 과량의 염소 이온을 사용하는 것은 지양해야 한다. 침전을 형성하기 위하여 가하는 염소 이온의 양이 너무 과하지 않게 조절하여 염화 이온이 소량만 흡착되도록 하면 흡착층의 영향이 최소화된다.

현대의 나노과학은 특이한 성질을 가진 나노미터 크기의 입자에 매우 큰 관심을 가지고 있다. 금 콜로이드는 약을 종양에 전달하는 데 유용한 나노입자이다. 흥미롭게도 금 콜로이드는 성경을 옮겨 써서 세련되고 화려한 성경책을 만드는 중세의 예술가에 의해 처음 사용되었다. 글로 표현된 금 콜로이드가 다양한 색을 만들어 낸다. 콜로이드이면서 자성을 띤 철 입자는 풀러렌과 같은 많은 흥미로운 성질을 나타낸다. 풀러렌은 9.10절에서 논의한 탄소의 동소체(C_{60})이다.

실전 문제 12.31

다음 각각의 물질을 콜로이드 분산과 서스펜션 분산으로 분류하시오. (**힌트**: 입자를 부유하게 하는 것은 무엇인가?)

(a) 우유 **(b)** 젤리 **(c)** 물에 담긴 밀가루 **(d)** 크림 속의 공기

실전 문제 12.32

다음 각 콜로이드 분산에서 분산 용매와 콜로이드 입자를 밝히시오.

(a) 마요네즈 **(b)** 치즈 **(c)** 마시멜로 **(d)** 스모그 **(e)** 비누 거품

종합 화학 예제

표 1에 수록된 6가지 액체 중 두 액체를 혼합하였을 때 서로 섞이는 쌍과 서로 섞이지 않는 쌍 및 섞였을 때 이상 용액에 가까운 용액을 형성하는 쌍을 조합하시오. 질문은 간단하게 명시되어 있지만, 답을 얻으려면 이 장과 이전 장에서 공부한 다양한 주제, 개념, 과정, 절차 및 자료에 대한 자세한 세부 사항을 함께 고려해야 한다. 이 문제는 이전 장에서 배운 기본 데이터와 개념을 어떻게 사용하는지를 보여 주며, 또한 쉽게 얻을 수 있는 다른 데이터에서 유용한 패턴을 찾는 것이 어떻게 가능한지 보여 준다.

표 1 6가지 액체[a]

물질	화학식	구조	끓는점(°C)	몰질량(g/mol)
n-헵테인	C_7H_{16}	$CH_3CH_2CH_2CH_2CH_2CH_3$	69	100
1-헥산올	$C_6H_{13}OH$	$CH_3CH_2CH_2CH_2CH_2CH_2OH$	157	102
뷰탄알	C_3H_7CHO	$CH_3CH_2CH_2CHO$	101	108
다이에틸 케톤	$(C_2H_5)_2C{=}O$	$(CH_3CH_2)_2C{=}O$	102	86
1,1,1-트라이클로로뷰테인	$Cl_3C_4H_7$	$Cl_3CCH_2CH_2CH_3$	133	161
사염화 탄소	CCl_4	CCl_4	77	154

[a]특별한 순서는 없다.

제시된 액체의 극성, 끓는점, 그리고 몰질량과 더불어 구조 및 특성을 고려하여 첫 번째 질문에 대한 답을 구한다. 8장과 9장 및 12장에서의 모형과 구조 그리고 개념을 활용할 수 있다. 주어진 과제를 완성하기 위하여 전체 과정을 다음의 4가지 단계로 나눈다.

Part 1: 두 가지 액체가 균일하게 섞이는지 판단하는 데 도움이 되는 3가지 단계에 대한 상세한 기술을 한다. 섞인 용액이 이상 용액과 유사한지도 판단해야 할 것이다. 혼합 용액을 만들 때 에너지 변화의 관점에서 각 단계를 검토해야 할 것이다. 이를 위하여 표 1의 자료를 활용하여 어떤 액체가 서로 혼합될 수 있는지 예측(제안)해 보자. 자료를 활용하는 방법에 대하여 다음의 두 Part에서 간략하게 설명할 것이다.

Part 2: 표 1에 제시된 자료 중 분자 구조를 이용하여 분자의 극성(9.3절)과 분자간 인력(IMF, 11.1절)을 추정해 보자. 구조에 대한 모형을 이용하여 제시된 액체를 (**a**) IMF가 강한 화합물부터 약한 화합물 순서로 나열하고, (**b**) 극성이 강한 화합물부터 약한 화합물 순서로 나열한다. 순위를 그렇게 정한 이유도 함께 제시한다. 이 자료를 이용하여 **표 2**를 작성한다.

Part 3: Part 2에서 정한 분자간 인력의 순위를 증명하는 어떤 실험적 자료도 포함하고 있지 않다. 예를 들어 분자간 인력이 강할 것으로 예상되는 두 화합물의 순위를 1로 정했을 때 IMF를 비교하기 위하여 사용할 수 있는 지료는 어떤 것인가? 끓는점이 이와 관련한 증거로 사용될 수 있을 것이다. 액체 상에서 분자는 IMF를 통하여 서로 끌어당겨고, 기체 상이 되면 IMF는 거의 존재하지 않는다. 액체를 기체로 변환시키려면 IMF를 극복할 수 있는 에너지를 공급하기 위하여 끓여야 한다. 두 물질의 끓는점이 비슷하면 IMF도 거의 비슷하다고 할 수 있다.

Part 4: 제시된 6가지 액체에 대하여 15가지 가능한 쌍이 존재한다. 이 조합에 대하여 섞이는지 아닌지와 섞인 용액이 이상 용액과 유사한지를 판단한 자료를 모은 **표 3**을 작성한다. 표의 자료를 활용하여 용액을 만드는 데 적용할 수 있는 기준을 제시한다.

분석 주어진 6가지 액체를 2개의 쌍으로 조합하여 교과서에서 제시한 기준에 따라 섞이는 용액, 섞이지 않는 용액, 이상 용액 등으로 구분해야 한다. 용액 형성에 중요한 특성을 나열한 표를 작성하여 일정한 규칙성을 찾아보도록 한다. 표에는 분자간 인력(IMF), 극성, 끓는점, 그리고 몰질량 등을 포함한다.

각 화합물에 대한 상대적인 극성(8.6절)과 분자간 인력(11.2절)을 평가할 수 있다. 자료를 이용하여 용액을 형성하는 과정에 대한 이해를 하면 얻은 결과를 올바르게 해석할 수 있다.

Part 1

도구 모음 용액을 만드는 과정에 대한 평가와 생성되는 용액의 종류를 결정하기 위하여 '비슷한 것끼리 녹인다'는 도구와 12.2절에서 논의한 용해열에 대한 분석을 이용한다.

풀이 NaCl의 12.2절에서 논의한 혼합물을 만드는 3가지 단계를 요약하면 다음과 같다. (i) 그림 12.6과 12.7에서 설명한 각 단계는 강한 IMF를 가진 물질 1과 물질 2의 분자를 분리하는 데 필요한 엔탈피인 ΔH_1° 및 ΔH_2°와 관계가 있다. 이 과정은 흡열 과정이며 분자간 인력에 비례한다. 용액이 형성될 때 새로운 인력인 형성되고, ΔH_1° 및 ΔH_2°를 보상할 수 있는 에너지인 ΔH_3°가 얻어진다. (ii) 분자간 인력이 약한 액체는 쉽게 분리되기 때문에 필요한 에너지가 작다. 두 액체가 섞여서 새로운 분자간 인력이 형성되고 ΔH_3°가 방출되어 안정한 용액이 형성된다. (iii) 각 액체의 분자를 분리하는 데 필요한 에너지의 크기가 매우 차이가 나면($\Delta H_1^\circ \gg \Delta H_2^\circ$), 두 액체가 섞이면서 새로운 분자간 인력이 형성되어도 소모된 에너지를 보상할 정도의 에너지를 얻을 수 없다. 그 결과 분자들이 초기의 인력이 작용하는 상태로 되돌아가서 두 액체가 각각의 상으로 분리된다. 마지막으로 그림 12.7에서 $\Delta H_1^\circ \approx \Delta H_2^\circ$인 경우와 같이 전체 용해 에너지가 0이나 혹은 0에 가까운 경우에 이상 용액이 형성된다.

Part 2

도구 모음 사용할 도구는 11장에서 논의한 분자간 인력(표 11.3)과 분자간 인력을 비교한 결과이다. 스프레드시트 프로그램을 사용하여 얻은 자료를 정리해 보자. 스프레드시트 프로그램은 자료를 만든 다음 특정한 순서로 나열할 때나 혹은 어떤 경향성을 시각적으로 나타낼 때 도움을 줄 수 있다.

풀이 혼합물을 형성할 때 분자간 인력이 가장 중요한 인자라는 것을 알고 있다. 분자간 인력이 가장 강한 것부터 가장 약한 순서로 액체를 나열해 보자. 11.1~11.2절에서 분자간 인력의 세기는 수소 결합, 쌍극자–쌍극자 인력, 이온–쌍극자 인력, 이온–유도 쌍극자 인력, London 힘의 순서라는 것을 배웠다.

주어진 분자에 대한 분자간 인력을 대략적으로 추측(표 11.3)할 수 있으므로, 분자간 인력이 서로 비슷해서 서로 섞이는 용액을 형성할 수 있는 두 액체를 조합할 수 있을 것이다. 이와는 반대로 분자간 인력의 차가 매우 두 액체는 서로 섞이지 않는 쌍으로 분류할 수 있다. 이와 같은 방법으로 작성한 표 2를 이용하면 문제에 대한 답이 가능하다.

표 2는 각 액체에 대한 IMF 순위를 나타낸 것으로, 이와 함께 극성과 끓는점의 순위도 제시되어 있다.

표 2 액체에 대한 물리적 성질

물질	화학식	IMF[1](순위)	끓는점(°C)	BP(순위)	극성(순위)	몰질량(g/mol)
1-헥산올	$C_6H_{13}OH$	1	157	1	1	102
1,1,1-트라이클로로뷰테인	$Cl_3C_4H_7$	1	133	1	1	161
다이에틸 케톤	$(C_2H_5)_2C{=}O$	2	102	2	2	86
뷰탄알	C_3H_7CHO	2	101	2	2	108
사염화 탄소	CCl_4	3	77	3	3	154
n-헵테인	C_7H_{16}	3	69	3	3	100

[1]분자간 인력: 1은 가장 강한 인력이고 3은 가장 약한 인력이다.

이 표에서 쌍극자 인력이 존재하는 1-헥산올과 1,1,1-트라이클로로뷰테인의 분자간 인력이 가장 강할 것이다. 약한 쌍극자 인력을 포함하는 다이에틸 케톤과 뷰탄알의 분자간 인력이 그 다음 순위를 차지하고, 약한 van der Waals 힘이 작용하는 *n*-헵테인과 극성 결합이 있지만 대칭 구조로 인하여 결합의 극성이 상쇄되는 사염화 탄소의 인력이 가장 약하다.

Part 3

도구 모음 필요한 도구는 끓는점과 분자간 인력이다. 주어진 화합물에 대한 이 자료는 비교적 쉽게 얻을 수 있다. 세기 성질인 끓는점(1.3절)을 이용하여 물질을 구분할 수 있다. 분자간 인력이 작용하는 액체 상에서 분자가 독립적으로 존재하는 기체 상으로 변환시키려면 IMF를 극복할 수 있는 열에너지가 필요하다.

풀이 이 단계에서 IMF를 비교하려면 표 2의 끓는점(BP)을 살펴볼 필요가 있다. 끓는점의 순위와 Part 2에서 구조와 인력을 분석한 결과와 잘 일치하는 것을 볼 수 있다.

Part 4

도구 모음 분자간 인력(표 11.3)과 앞에서 사용한 분자간 인력을 비교한 결과를 도구로 사용한다. 표 2에 정리한 IMF 관련한 순위 자료도 활용한다.

인력을 비교한 자료를 정리한 스프레드시트도 섞이는 용액과 이상 용액을 구분하는데 유용한 도구이다. 최종 답은 표 3에 정리한 내용이 질문에 대한 최종적인 답이 될 것이다. 전체적으로 6가지 액체를 조합하여 15개의 쌍을 구성할 수 있으므로 결과도 모두 15개다.

풀이 모든 답은 표 3에 정리하였다. IMF 순위가 같은 액체는 잘 섞이고 이상 용액을 형성할 것으로 판단된다. 물론 IMF 순위가 한 단계만 차이가 나는 액체도 서로 섞일 가능성이 있지만,

IMF 순위가 1인 액체와 3인 액체는 서로 섞이지 않을 것이다. 물론 최종적인 결론을 내리려면 실제로 두 액체를 섞어보는 실험이 필요하다.

표의 자료가 나타내는 경향성을 살펴보면 극성과 끓는점 순위를 이용하여 두 액체가 섞이는지를 판단할 수 있다는 점이 흥미롭다. 그러나 극성과 끓는점이 분자간 인력에 대한 척도라는 관점에서 이는 당연한 결과라고 할 수 있다.

표 3 용액 형성에 대한 예상 결과

화합물 1	화합물 2	IMF 순위 1	IMF 순위 2	섞이는가?	이상 용액?
1-헥산올	1,1,1-트라이클로로뷰테인	1	1	가능	가능
1-헥산올	다이에틸 케톤	1	2	가능성 있음	불가능
1-헥산올	뷰탄알	1	2	가능성 있음	불가능
1-헥산올	사염화 탄소	1	3	불가능	불가능
1-헥산올	*n*-헵테인	1	3	불가능	불가능
1,1,1-트라이클로로뷰테인	다이에틸 케톤	1	2	가능성 있음	불가능
1,1,1-트라이클로로뷰테인	뷰탄알	1	2	가능성 있음	불가능
1,1,1-트라이클로로뷰테인	사염화 탄소	1	3	불가능	불가능
1,1,1-트라이클로로뷰테인	*n*-헵테인	1	3	불가능	불가능
다이에틸 케톤	뷰탄알	2	2	가능	가능
다이에틸 케톤	사염화 탄소	2	3	가능성 있음	불가능
다이에틸 케톤	*n*-헵테인	2	3	가능성 있음	불가능
뷰탄알	사염화 탄소	2	3	가능성 있음	불가능
뷰탄알	*n*-헵테인	2	3	가능성 있음	불가능
사염화 탄소	*n*-헵테인	2	3	가능	가능

답이 합리적인가? 전체적인 풀이 과정에서 특별한 오류는 없다. 물질량이 분자간 인력의 세기와 연관이 있다는 예상치 못한 결과를 제외하고는 모든 결과가 논리에 부합한다. 따라서 답이 올바르다고 할 수 있다.

종합 화학 문제

A. (1) 극성 물질이 녹은 수용액과 (2) 이온 물질이 녹은 수용액을 만드는 과정에 대한 Born-Haber(열화학) 순환을 비교하시오. 문제에서의 두 가지 계에 대하여 기술하고, 각각에 대하여 유사한 과정을 비슷한 위치에 배치한 열화학 순환을 그리시오. 두 계에 대한 유사점과 차이점을 각각 나열하시오.

B. (1) 극성 기체가 녹은 수용액과 (2) 비극성 물질이 녹은 수용액을 만드는 과정에 대한 Born-Haber(열화학) 순환을 비교하시오. 문제에서의 두 가지 계에 대하여 기술하고, 각각에 대하여 유사한 과정을 비슷한 위치에 배치한 열화학 순환을 그려시오. 두 계에 대한 유사점과 차이점을 각각 나열하시오.

C. 일반적으로 과학자가 실험을 계획할 때 측정해야 하는 규모를 미리 가늠해 보고, 가능하다면 실험실에서 사용할 수 있는 기기를 사용해서 측정할 수 있도록 실험 조건을 조정한다. 예를 들면 일반적인 분석 저울은 0.1 mg부터 260 g까지 측정이 가능하기 때문에, 실험자는 측정해야 하는 최대 질량은 260 g 이하로 그리고 최소 질량을 약 1 g 이상이 되도록 실험 규모를 조

절한다. 우리는 12장에서 어는점 내림이나 끓는점 오름 혹은 삼투압 등의 3가지 총괄성을 이용하여 물질의 몰질량을 예측하는 방법에 대하여 논의하였다. 수학적인 예를 포함하여 다음 물음에 답하시오.

(a) 어는점 내림이나 끓는점 오름을 이용하려면 온도계를, 삼투압을 이용하려면 압력계를 사용해야 한다. 여러분의 실험실에서 일반적으로 사용하는 온도계와 압력계로 각각 측정할 수 있는 최대 온도나 압력 그리고 최소 온도나 압력은 얼마인가? 또한 두 측정 장비의 눈금에 대하여 함께 기술하시오.

(b) (a)에서 설명한 온도계나 압력계의 중간 정도에 해당하는 온도나 압력을 측정해서 얻을 수 있는 용질의 대략적인 농도(몰농도 혹은 몰랄 농도)는 얼마인가?

(c) 몰질량이 200 g mol^{-1} 정도인 작은 분자에 더 효과적인 방법은 어느 것인가? 몰질량이 5000 g mol^{-1} 정도인 큰 분자에 더 효과적인 방법은 어느 것인가?

요약

학습 목표별로 정리함

분자간 힘이 고체, 액체, 기체의 용해 과정에 어떤 영향을 미치는지를 설명할 수 있다.

극성이나 이온성 용질은 일반적으로 물과 같은 극성 용매에 잘 녹는다. 비극성 분자 용질은 비극성 용매에 잘 녹는다. 이 관찰은 **'비슷한 것끼리 녹인다'**는 규칙에 부합한다. 통계학적으로 더 가능한 혼합 상태로 가려는 자연의 추진력과 분자간 인력이 용액 형성의 주된 두 가지 요인이다. 용질과 용매가 모두 비극성일 때, 분자간 인력이 약하기 때문에 자연적으로 무질서해지려는 경향은 우세해진다. 이온–쌍극자 인력과 녹는 화학종의 **용매화**나 **수화**는 물과 같은 극성 용매에 이온성이나 극성 용질이 녹아 용액을 형성하는 주된 요인이다.

두 물질이 용액을 형성할 때 발생하는 에너지 변화를 상세히 기술할 수 있다.

액체에 용해된 고체의 **몰용해 엔탈피**를 **용해열**이라고도 한다. 용해열은 **용매화 에너지**(용매가 물일 때는 수화 에너지)에서 **격자 에너지**를 뺀 값이다. 이온 또는 분자를 기체 상태로 분리시키는 데 필요한 에너지는 격자 에너지와 동일한 크기이지만 부호는 반대이다. 용매화 에너지는 용질 분자와 용매 분자의 혼합이 일어날 때 용질 분자와 용매 분자 사이의 인력으로 인하여 낮아지는 퍼텐셜 에너지에 해당된다.

액체가 액체에 녹을 때 분자들을 분리하는 데 필요한 퍼텐셜 에너지 증가량이 분리된 분자들이 서로 가까워질 때 낮아지는 에너지와 같을 때 **이상 용액**이 형성된다.

기체가 기체에 녹을 때 입자들을 분리하는 데 필요한 에너지는 거의 0이다. 그리고 혼합 상태의 기체에서도 분자들이 분리된 상태로 있기 때문에 용액의 알짜 용해 엔탈피는 매우 작다. 기체가 유기 용매에 녹을 때 용해 과정은 대부분 흡열 과정이지만, 기체가 물에 녹을 때 용해 과정은 대부분 발열 과정이다.

용해도에 미치는 온도의 영향에 대하여 설명할 수 있다.

용액의 형성이 흡열일 경우 온도를 증가시키면 더 많은 용질이 용해되는 반면, 발열 반응의 경우에는 온도가 증가하면 용질이 침전된다.

Henry 법칙을 이용하여 용액에서 기체의 압력과 관련된 계산을 수행할 수 있다.

대기압 부근의 압력에서, 액체에서의 기체의 용해도는 액체 위의 기체의 부분 압력에 비례한다(**Henry 법칙**).

농도 단위를 사용하여 용액을 기술하고 계산을 수행할 수 있다.

총괄성을 연구하거나 사용하는 데 있어서, 용액의 농도는 몰분율이나 몰랄 농도를 사용한다. 용액의 **몰랄 농도(m)**는 **용매**(용액이 아니라 용매) 1 kg당 용질 몰수의 비이다. **질량 분율**과 **질량 백분율**은 용질의 몰수에 대한 정보가 중요하지 않을 때 시약에 대하여 흔히 사용되는 농도식이다. 몰분율, 몰랄 농도, 질량 백분율은 온도와 무관한 농도이다.

총괄성의 개념을 이용하여 용액의 거시적 혹은 미시적 특성을 이해하고, 관련된 계산을 수행할 수 있다.

총괄성은 용매 분자에 대한 용질 입자의 비율에 의존하는 성질이다. 이 성질에는 용액에 대한 **증기 압력 내림**, **어는점 내림**, **끓는점 오름**, **삼투 압력** 등이 있다. **Raoult 법칙**에 따르면 비휘발성(분자성) 용질이 녹은 용액의 증기 압력은 순수한 용매의 증기 압력에 용매의 몰분율을 곱한 것이다. 이 법칙의 또 다른 식에 의하면 용질에 의해서 나타난 증기 압력의 변화는 용질의 몰분율에 순수한 용매의 증기 압력을 곱한 것과 같다. 용액의 성분들이 휘발성 액체이면, Raoult 법칙에 의해 각 액체의 부분 압력을 계산할 수 있다. 부분 압력의 합이 용액의 전체 증기 압력이 된다.

이상 용액은 Raoult 법칙을 정확히 따르고, 분자 사이의 모든 인력이 동일한 용액이다. 이상 용액은 $\Delta H_{용해} = 0$이다. 비이상 용액의 용해열은 발열 또는 흡열이 될 수 있으며, 각각의 경우 Raoult 법칙에서 예측한 증기압보다 더 작거나 더 큰 증기 압력을 나타낸다.

용액의 몰랄 농도에 비례하여 용질은 **어는점 내림**과 **끓는점 오름**을 유발한다. 이때 비례 상수인 **몰랄 어는점 내림 상수** 및 **몰랄 끓는점 오름 상수**는 용매에 따라 다른 값을 가진다.

용액이 삼투막에 의해 순수한 용매(또는 덜 진한 용액)와 분리되어 있을 때, 진한 용액 쪽으로 용매의 흐름이 일어나는데, 이것을 **삼투 현상**이라고 한다. 이러한 삼투 현상을 막는 데 필요한 역압력을 **삼투 압력**이라고 한다.

서로 다른 두 용액을 분리하는 막이 투석막이면 용매 분자뿐만 아니라 작은 용질 분자나 이온도 통과시키는데, 이것을 **투석**이라고 한다.

전해질은 몰랄 농도(또는 몰농도)로 나타낸 것보다 용액에서 더 많은 이온을 형성하므로 같은 농도의 분자 화합물 용액보다 더 큰 총괄성을 나타낸다. 센 전해질은 매우 묽은 용액일 때, 특히 두 이온 모두 단일 전하를 가질 때 거의 100%에 가깝게 해리한다. 약한 전해질은 비전해질과 거의 같은 성질을 갖는다.

해리가 없다고 가정했을 때의 값에 대한 특정한 총괄성(예로 ΔT_f)의 값의 비를 **van't Hoff 인자(i)**라고 한다. NaCl이나 $MgSO_4$와 같이 하나의 화학식 단위가 두 이온으로 나누어지는 용질이 100% 해리할 때, van't Hoff 인자는 2이다. 측정된 van't Hoff 인자는 이론적인 값보다 작다. 그 이유는 용액에서 이온들이 **회합**되어 **이온쌍**을 형성하기 때문이다.

서스펜션과 콜로이드와 같은 불균일 혼합물의 특성을 설명하고 응용할 수 있다.

서스펜션은 입자가 매우 커서 혼합 과정을 멈추면 곧바로 침전이나 합체화가 일어나기 시작하는 혼합물이다. 그 결과 두 개 이상의 상이 형성된다. **콜로이드** 혼합물은 가장 큰 것이 1000 nm인 입자로 구성되어 있다. 콜로이드 혼합물은 가라앉지 않아서 **Tyndall 효과**를 사용하여 확인할 수 있다. **에멀션**이라고 하는 특별한 콜로이드 혼합물은 전기적인 전하 또는 **소수성** 및 **친수성** 반발에 의해 안정화될 수 있는 혼합물이다. 이들은 상이 섞이지 못하게 막는 역할을 한다. 계면 활성제의 소수성 및 친수성 성질은 에멀션을 안정화시키는 **마이셀**을 만든다.

문제 풀이를 위한 도구

도구 다음과 같은 도구들이 이 장에서 도입되었다. 이들을 주의 깊게 공부하면 필요할 때 적절한 도구를 선택할 수 있다.

'비슷한 것끼리 녹인다'는 규칙(12.1절)

화학적 조성과 구조와 함께 극성과 인력의 세기를 사용하여 두 물질이 용액을 형성할 수 있는지를 예측하는 데 기초가 되는 규칙이다.

Henry 법칙(12.4절)

$$C_{기체} = k_H P_{기체} \quad 또는 \quad \frac{C_1}{P_1} = \frac{C_2}{P_2}$$

질량 분율, 질량 백분율(12.5절)

$$질량\ 분율 = \frac{용질의\ 질량}{용액의\ 질량}$$

$$질량\ 백분율 = \%(w/w) = \frac{용질의\ 질량}{용액의\ 질량} \times 100\%$$

질량 백만분율 = ppm = mg/kg = mg/L(묽은 수용액에서)

질량 십억분율 = ppb = μg/kg = μg/L(묽은 수용액에서)

몰랄 농도(12.5절)

$$몰랄\ 농도 = \frac{용질의\ 몰수}{용매의\ kg수}$$

Raoult 법칙(12.6절)

$$P_{용액} = X_{용매}\, P^{\circ}_{용매}$$

두 휘발성 용매에 대한 Raoult 법칙(12.6절)

$$P_{용액} = X_A P^{\circ}_A + X_B P^{\circ}_B$$

어는점 내림과 끓는점 오름(12.6절)

어는점 내림: $\Delta T_f = K_f m$

끓는점 오름: $\Delta T_b = K_b m$

삼투 압력(12.6절)

$$\Pi V = nRT \quad 또는 \quad \Pi = MRT$$

쌍으로 구성된 복습 문제 중 청색 번호를 가진 문제의 해답은 부록 B에 수록하였다. 난이도가 높은 문제는 별표(*)로 표시하였다.

복습 질문

분자간 힘과 용액의 형성

12.1 상온과 대기압의 조건에서 다음과 같은 용액을 형성하는 원동력은 무엇인가? 단순히 '비슷한 것끼리 녹인다'는 규칙보다 더 자세한 용해 과정을 살펴보시오.

(a) 에틸 알코올이 물에 녹음
(b) 브로민화 포타슘이 물에 녹음
(c) 꽃향기가 방 안에 공기에 퍼짐

12.2 두 종류의 기체를 합치면 자발적으로 혼합되는 이유는 무엇인가?

12.3 AgCl은 물에 용해되는가? Ag^+ 이온이나 Cl^- 이온과 물 사이의 인력과 물 분자 사이의 인력 및 AgCl 고체에서 Ag^+와 Cl^- 이온 사이의 인력의 상대적 세기에 대하여 설명하시오.

12.4 에탄올(CH_3CH_2OH)과 물은 모든 비율에서 서로 혼합된다. 이는 어떤 의미인가? 에탄올의 OH기가 용액 형성에 어떤 역할을 하는가?

12.5 *n*-헵테인(C_7H_{16})은 아이소옥테인과 더불어 가솔린의 질에 대한 척도로 사용된다. *n*-헵테인은 물과 서로 섞이지 않는다는 것은 어떤 의미인가? 두 액체가 섞이지 않는 이유를 분자 구조와 분자간 인력의 관점에서 설명하시오.

12.6 염화 소듐이 물에 녹는 과정에서 이온–쌍극자 힘의 역할에 대하여 설명하시오.

12.7 황산 소듐이 사염화 탄소(CCl_4)에 녹지 않는 이유를 설명하시오.

12.8 물과 클로로폼($CHCl_3$)은 서로 섞이지 않지만, 충분한 메탄올을 가하면 3가지 액체는 잘 섞인다. 3가지 액체가 균일한 혼합물을 형성하는데 메탄올은 어떤 역할을 하는가?

12.9 용해 과정에서 인력과 척력은 어떻게 다른가? 용액을 설명할 때 각각은 어떻게 사용되는가?

용해열

12.10 커피컵 열량계와 같은 고립된 용기에서 $\Delta H_{용해}$가 $-12\,kJ\,mol^{-1}$인 어떤 가용성 화합물의 포화 용액을 제조하였다. 용질이 녹을 때 온도는 상승하는가 혹은 하강하는가?

12.11 문제 12.10에서 언급된 화합물의 경우 격자 에너지와 수화 에너지 중 그 절댓값이 더 큰 것은 어느 것인가?

12.12 Mg^{2+}와 Li^+ 중 수화 에너지가 더 큰 것은 어느 것인가? 그 이유는 무엇인가? (두 이온의 크기는 비슷하다.)

12.13 CO_2가 물에 녹을 때 $\Delta H_{용해}$가 음수인 이유는 무엇인가?

12.14 프로판온–물 용액을 형성할 때의 $\Delta H_{용해}$는 음수이다. 분자간 인력을 이용하여 그 이유를 설명하시오.

12.15 메탄올–헵테인 용액을 형성할 때의 $\Delta H_{용해}$는 양수이다. 분자간 인력을 이용하여 그 이유를 설명하시오.

12.16 어떤 고체가 물에 녹을 때 용액이 차가워졌다. 이 용질의 $\Delta H_{용해}$는 양수인가 혹은 음수인가? 답에 대한 근거를 제시하시오. 온도가 상승할 때 용해도는 증가하는가 혹은 감소하는가? Le Châtelier 원리를 이용하여 설명하시오.

12.17 액체 A와 B가 혼합물을 만들 때 $\Delta H_{용해}$가 0이다. 이에 근거하여 $A-A$, $B-B$, $A-B$ 사이의 분자간 인력의 상대적 세기를 비교하시오.

12.18 이상 용액을 형성하려면 섞이는 두 액체와 용액이 어떤 조건을 만족해야 하는가?

온도에 의존하는 용해도

12.19 그림 12.10을 참조하여 식탁용 설탕으로 포화된 87°C의 용액을 20°C로 냉각시켰을 때 침전되는 설당의 질량(g)을 구하시오. 용매의 질량은 165 g이다.

12.20 유기 용매에 일반적인 기체를 녹여 포화 용액을 만드는 과정에 대한 평형식을 쓰시오. 평형식에 생성물 또는 반응물로서 용해열을 포함시키시오.

12.21 대량의 어류 폐사의 원인이 되는 저산소증이 주로 한여름에 발생하는 이유는 무엇인가?

Henry 법칙

12.22 Henry 법칙에 대하여 설명하시오.

12.23 20°C에서 산소의 부분 압력이 762 torr일 때 물에 대한 산소의 용해도는 43.0 mg/L이다. 부분 압력이 162 torr일 때 산소의 용해도를 계산하시오.

12.24 황화 수소가 질소보다 물에 더 많이 녹는 이유는 무엇인가? 물에 대한 염화 수소의 용해도 더 크겠는가 혹은 더 작겠는가?

12.25 어떤 화학 반응은 산소가 없는 대기 환경에서 수행되어야 한다. 용액에서 산소를 제거하는 방법 중 하나는 소위 냉동–해동법으로 알려진 용액을 얼렸다 해동시키는 과정을 3회 정도 반복하는 것이다. 이 방법으로 산소를 제거할 수 있는 이유는 무엇인가?

농도 단위

12.26 다음의 농도 단위에 대한 정의를 쓰고, 이 중에서 온도에 의존하는 단위를 밝히시오. 단위 (a), (b), (d), (e)의 최댓값은 얼마이겠는가?
(a) 몰분율 (b) 몰백분율 (c) 몰랄 농도 (d) 질량 백분율
(e) 몰농도

12.27 몰농도와 몰랄 농도의 차이는 무엇인가? 온도가 변하면 두 농도 단위에서 어떤 변화가 예상되는가?

12.28 '1.364 몰랄 농도의 염화 소듐'이라는 표식이 붙은 병이 있다. 이 정보를 이용하여 얻을 수 있는 2가지 변환 인자는 무엇인가?

12.29 농도가 1.04 mol/mL인 탄소 소듐 용액의 백분율 농도는 얼마인가? 용액의 밀도는 1.105 g/mL이다. 2가지 단위 모두 **용액**에 대한 것임을 기억하라. 예를 들어 밀도는 Na_2CO_3 **용액**이 mL당 1.105 g이라는 의미이다.

총괄성

12.30 용액의 특성이 총괄성이 되기 위하여 특별히 필요한 조건은 무엇인가?

12.31 Raoult 법칙이란 무엇인가? 장점과 단점을 각각 나열하시오.

12.32 비휘발성 용질이 녹은 용매의 증기압은 어떻게 변하는가?

도표를 그려서 설명하시오.

12.33 순수한 물에 비하여 비휘발성 용질이 녹은 수용액의 (**a**) 끓는점이 상승하는 이유와 (**b**) 어는점이 하강하는 이유는 무엇인가?

12.34 투석막과 삼투막을 **반투막**이라고 부르는 이유는 무엇인가? **투과성**(permeable)의 반대 의미는 무엇인가?

12.35 투석막과 삼투막의 중요한 차이점은 무엇인가? 도표를 그려서 설명하시오.

12.36 바비큐 전문가들은 그릴에서 굽는 스테이크에 너무 많은 소금을 가하면 '소금이 육즙을 빼내기' 때문에 지양해야 한다고 말한다. 그 이유를 설명하시오.

12.37 농도가 다른 2가지 소금 용액이 삼투막에 의하여 분리되어 있다. 몰랄 농도가 높은 용액과 낮은 용액 중 물이 줄어드는 용액은 어느 것인가?

12.38 6.6%의 과당($C_6H_{12}O_6$)과 6.6% 말토스($C_{12}H_{22}O_{11}$) 중 삼투압이 더 큰 용액은 어느 것인가? 두 화합물은 모두 분자성 화합물이다.

12.39 용액에서 고체가 **회합**(associate)한다는 의미는 무엇인가? 회합이 총괄성에 미치는 영향은 무엇인가?

12.40 건포도나 말린 살구를 따뜻한 물에 넣으면 건포도와 살구는 부풀어 오르고 물에서 약간 단맛이 느껴진다. 이 현상을 설명할 수 있는 현상은 투석과 삼투 작용 중 어느 것인가?

12.41 이온 화합물이 녹아 있는 용액의 총괄성이 같은 농도의 분자 화합물이 녹은 용액에 비하여 더 큰 이유는 무엇인가?

12.42 몰랄 농도가 0.01 *m*인 어떤 염 용액에 대한 vant's Hoff 인자가 2.70이다. 농도가 0.05 *m*인 용액의 van't Hoff 인자는 0.270보다 증가하겠는가 혹은 감소하겠는가?

12.43 0.48 *m* NaCl 용액과 같은 농도의 $CaCl_2$ 용액 중 끓는점이 더 높을 것으로 예상되는 용액은 어느 것인가?

불균일 혼합물

12.44 다음 용액을 참용액이나 서스펜션 혹은 콜로이드 혼합물로 구분하시오. 또한 레이저 포인터를 이용하여 제시한 답을 확인하는 방법을 설명하시오.
(**a**) 오렌지 주스 (**b**) 사과 주스 (**c**) 향수 (**d**) 차
(**e**) 레몬 주스를 탄 차 (**f**) 그레이비 소스

12.45 지방산의 소듐 염이 기름에 물이 섞인 에멀션을 안정화할 수 있는가? 이유를 설명하시오.

12.46 교재에서 설명한 $BaSO_4(s)$와 같은 콜로이드 침전에 중성 염을 가하면 결정의 크기가 커진다. 이런 결과를 얻으려면 어떤 가정이 필요한가?

12.47 콜로이드 용액에 빛살을 통과시켰을 때 관찰되는 현상을 설명하시오.

12.48 마이셀이란 무엇인고 어떻게 형성되는지 설명하시오.

복습 문제

용해열

12.49 어떤 이온성 염을 물에 녹일 때 $\Delta H_{용해} = -39\,\text{kJ mol}^{-1}$이고 수화 에너지는 $-750\,\text{kJ mol}^{-1}$이다. 이온성 염의 격자 에너지를 구하시오.

12.50 염화 포타슘 수용액을 만드는 경우를 생각해보자. (**a**) 고체 KCl을 기체 상태의 이온으로 변환시키는 과정과 (**b**) 이온에 대한 수화를 통한 용액의 형성 과정에 대한 열화학 반응식을 쓰시오. KCl의 격자 에너지가 $-715\,\text{kJ mol}^{-1}$이고 이온의 수화 에너지가 $-686\,\text{kJ mol}^{-1}$일 때 KCl의 용해열을 kJ mol^{-1} 단위로 계산하시오. (**c**) Born-Haber 순환을 이용하여 이 과정을 설명하시오.

Henry 법칙

12.51 20.0°C에서 탄산음료의 중요 성분인 이산화 탄소의 부분 압력이 1.0 atm일 때 이산화 탄소의 물에 대한 용해도는 0.169 g L^{-1}이다. 같은 온도에서 부분 압력이 1.5 atm일 때 이산화 탄소의 용해도는 얼마인가? 얻은 답이 타당한가?

12.52 28°C에서 부분 압력이 1.0 atm인 어떤 기체의 물에 대한 용해도가 0.012 g L^{-1}이다. 같은 온도에서 부분 압력이 2배가 된다면 용해도는 어떻게 변하겠는가?

12.53 부분 압력이 760 torr인 산소 기체의 20.0°C에서의 용해도가 0.0043 g L^{-1}이고, 부분 압력이 570 torr이고 온도가 20.0°C일 때 용해도는 0.0032 g L^{-1}이다. 이 산소 기체가 Henry 법칙을 따르는지 확인하시오.

12.54 25°C에서 용액 위에 있는 수소 기체의 부분 압력이 1.0 atm일 때 물에 대한 기체의 용해도가 0.00157 g L^{-1}이고, 같은 온도에서 부분 압력이 0.85 atm일 때 용해도가 0.00133 g L^{-1}이다. 수소 기체는 Henry 법칙을 따르는가?

12.55 물 250 mL를 760 torr의 산소 기체와 함께 흔들면 0.0098 g의 O_2가 녹는다. 산소의 Henry 상수를 구하시오.

12.56 용매에 헬륨 기체 방울을 통과시키는 분사 방법을 이용하면 용매에 녹아 있는 다른 기체를 제거할 수 있다. 이때 용매 위에 헬륨 기체가 모인다. 298 K에서 용매 위의 헬륨 기체의 부분 압력이 480 torr일 때 물에 대한 헬륨 기체의 용해도는 0.00093 g L^{-1}이다. 298 K에서 He의 Henry 법칙 상수는 얼마인가?

농도 단위

12.57 시약상에서 구입할 수 있는 어떤 염산의 농도는 29%(w/w)이다. HCl 16.5 g을 포함하고 있는 염산 용액의 질량은 몇 g

인가?

12.58 플루오린화 수소산은 유리를 녹이기 때문에 반드시 플라스틱 용기에 보관해야 한다. HF 5.7g을 포함하고 있는 75%(w/w) 플루오린화 수소산의 질량은 몇 g인가?

12.59 다음의 물질이나 이온을 얻는 데 필요한 0.750m 질산 철(III) 용액의 질량을 구하시오.

(**a**) 질산 철(III) 0.020mol

(**b**) Fe^{3+} 이온 0.0500mol

(**c**) 질산 이온 0.00300mol

12.60 다음과 같은 서로 다른 농도의 염소 이온이 필요한 3가지 실험을 수행하려고 한다. 필요한 농도의 염소 이온 용액을 얻기 위해 취해야 하는 0.150m NaCl 용액의 질량은 몇 g인가?
(**a**) 0.00100mol Cl^- (**b**) 0.00500mol Cl^- (**c**) 0.0200mol Cl^-

***12.61** 3.000M NaCl 용액의 몰랄 농도를 구하시오. 용액의 밀도는 1.07$g mL^{-1}$이다.

***12.62** 에탄산(CH_3COOH) 수용액의 농도는 0.174M이고 밀도는 1.00g/mL이다. 이 용액의 몰랄 농도는 얼마인가?

12.63 2020년 유행한 Covid-19 바이러스에 대한 백신 중의 하나를 사용할 때 약 6.0μg의 mRNA를 주입해야 한다. 이 치료를 받은 90kg의 고위험군에 속한 환자의 혈정에 포함된 백신의 농도를 ppm과 ppb 단위로 구하시오. 환자가 가지고 있는 혈정의 양은 6L이다.

12.64 가장 치명적인 독소 중의 하나로 알려진 보툴리늄의 68kg의 성인에 대한 치사량은 약 129ng이다. 이 농도를 ppb 단위로 환산하시오.

12.65 어떤 메탄올(CH_3OH) 수용액의 농도가 2.28m이다. 이 용액에서 메탄올의 질량 백분율을 구하시오.

12.66 어떤 KCl 수용액의 농도가 21.9%이다. 이 용액의 몰랄 농도를 구하시오.

12.67 어떤 NH_3 수용액의 농도가 질량으로 7.50%이다. 이 용액의 몰랄 농도를 구하시오. 용액 중에 NH_3의 몰 백분율은 얼마인가?

12.68 매니큐어를 제거하는 데 사용되는 아세톤(C_3H_6O) 수용액에서 아세톤의 몰분율이 0.390이다. 이 용액에서 아세톤의 질량 백분율은 얼마인가? 아세톤의 몰랄 농도는 얼마인가?

12.69 담배의 연소 특성을 개선하기 위하여 질산 소듐($NaNO_3$)을 첨가한다. 농도가 0.480m이고, 밀도가 1.0185$g mL^{-1}$인 어떤 $NaNO_3$ 용액이 있다. 용액에서 $NaNO_3$의 몰농도와 질량 백분율을 각각 구하시오. 용액에서 $NaNO_3$의 몰분율을 구하시오.

12.70 황산의 농도가 1.89mol%인 황산 수용액의 밀도는 1.0645g mL^{-1}이다. 이 용액에 대하여 다음을 계산하시오.

(**a**) 황산의 몰랄 농도

(**b**) 산의 질량 백분율

(**c**) 용액의 몰농도

총괄성

12.71 27°C에서 물의 증기 압력은 24.6torr이다. 물 75g에 비휘발성인 만노스($C_6H_{12}O_6$) 25g을 녹인 수용액의 증기 압력은 얼마인가? (이 용액은 이상 용액이라고 가정하시오.)

12.72 20°C에서 물의 증기 압력은 17.5torr이다. 비휘발성 용질 에틸렌 글라이콜[$C_2H_4(OH)_2$]의 농도가 48%인 수용액의 증기 압력은 얼마인가?

12.73 25°C에서 벤젠(C_6H_6)과 톨루엔(C_7H_8)의 증기 압력이 각각 93.4torr, 26.9torr이다. 벤젠 29.0g과 톨루엔 71.0g을 혼합하여 용액을 만들었다. 이 용액의 증기 압력은 얼마인가?

12.74 펜테인(C_5H_{12})과 헵테인(C_7H_{16})은 가솔린에 포함된 2가지 액체 탄화수소이다. 20°C에서 펜테인의 증기 압력은 422 torr이고 과 헵테인의 증기 압력은 36.0torr이다. 동일한 질량의 두 액체를 섞은 용액의 전체 증기 압력(torr)은 얼마인가?

***12.75** 벤젠과 톨루엔은 무연 휘발유를 사용하는 엔진 효율을 증진시킨다. 40°C에서 벤젠의 증기 압력은 184torr이고, 톨루엔의 증기 압력은 58torr이다. 40°C에서 전체 증기 압력이 84 torr가 되도록 두 액체를 섞어 용액을 만들려고 한다. 이 용액에서 각 액체의 몰 백분율은 얼마로 해야 하는가?

***12.76** 33°C에서 순수한 메탄올(CH_3OH)의 증기 압력은 164torr이다. 전체 증기 압력이 156torr인 용액을 만들려면 75g의 메탄올에 몇 g의 비휘발성 용질인 글리세롤[$C_3H_5(OH)_3$]을 첨가해야 하는가?

***12.77** 클로로폼($CHCl_3$) 1.00mol에 비휘발성이면서 해리되지 않는 물질 8.3g이 포함된 용액의 증기 압력이 511torr이다. 같은 온도에서 순수한 $CHCl_3$의 증기 압력은 526torr이다. 다음을 계산하시오.

(**a**) 용질의 몰분율

(**b**) 용액에서 용질의 몰수

(**c**) 용질의 분자 질량

***12.78** 21.0°C에서 브로민화 에틸(C_2H_5Br) 21.0g에 비휘발성이면서 비극성인 화합물 12.0g을 넣은 용액의 증기 압력은 318.0 torr이다. 이 온도에서 순수한 브로민화 에틸의 증기 압력은 390torr이다. 이상 용액이라고 가정했을 때 비극성 화합물의 분자 질량은 얼마인가?

12.79 물 93g의 어는점을 3.00°C 낮추는 데 필요한 말토스($C_{12}H_{22}O_{11}$)의 질량은 몇 g인가?

12.80 벤젠 120.0g에 미지의 비해리성 화합물 8.0g을 녹인 용액이 3.45°C에서 얼었다. 미지 화합물의 분자 질량을 계산하시오.

12.81 벤젠 100.0g에 미지의 비해리성 화합물 12.0g을 녹인 용액이 81.7°C에서 얼었다. 미지 화합물의 분자 질량을 계산하시오.

***12.82** 벤젠 0.500kg에 어떤 화합물 3.84g을 녹인 용액의 어는점 내림 값이 0.307°C이었다. 비해리성인 이 화합물의 실험식이 C_4H_2N이다. 화합물의 분자 질량과 분자식을 구하시오.

12.83 다음의 물음에 답하시오.

(a) 다음을 증명하시오.

$$\text{용질의 몰질량} = \frac{\text{용질의 g수}}{\Pi V}$$

(b) 25°C에서 분자 질량이 매우 큰 용질의 농도가 $2.0\,g\,L^{-1}$인 용액의 삼투 압력이 0.021 torr이다. 화합물의 분자 질량을 계산하시오.

12.84 물에 폴리펩타이드(아미노산이 사슬 모양으로 결합되어 형성된 물질) 0.425 g을 녹여 만든 포화 용액 1.00 L의 삼투 압력이 27°C에서 3.74 torr이다. 폴리펩타이드의 대략적인 분자 질량은 얼마인가?

12.85 20.0°C에서 물의 증기 압력은 17.5 torr이다. 같은 온도에서 0.100 kg의 물에 21.5 g의 NaCl을 녹여 만든 용액의 증기 압력은 얼마인가? (용질은 완전히 해리되고 용액은 이상 용액이라고 가정하시오.)

12.86 용액의 온도가 25°C일 때, 2.0% NaCl 용액의 삼투 압력은 torr 단위로 얼마인가?

12.87 다음은 바닷물에 많이 포함된 이온들의 농도를 수록한 것이다.

이온	몰랄 농도
염소	0.566
소듐	0.486
마그네슘	0.055
황산 이온	0.029
칼슘	0.011
포타슘	0.011
중탄산 이온	0.002

자료를 이용하여 25°C에서 바닷물의 증기 압력(atm)을 예측해 보시오. 역삼투를 이용하여 바닷물을 탈염하려고 할 때 가해야 하는 최소 압력은 몇 atm인가?

12.88 0.24 m $CaCl_2$ 용액의 어는점은 얼마로 예상되는가? (완전히 해리된다고 가정하시오.)

12.89 $NiSO_4$ 0.100 m 용액의 vant's Hoff 인자가 1.19이다. 용질이 100% 해리한다면 vant's Hoff 인자는 어떻게 변하겠는가?

12.90 수용액에서 K_2SO_4가 100% 해리한다고 가정할 때 예상되는 vant's Hoff 인자는 얼마인가?

추가 연습 문제

12.91 보드카는 부피로 39.0%의 에탄올을 포함하고 있다. 물의 밀도가 $1.00\,g\,mL^{-1}$이고 에탄올의 밀도가 $0.789\,g\,mL^{-1}$라면 보드카의 몰농도와 몰분율 및 질량 백분율을 각각 구하시오.

***12.92** '감압증'은 잠수부가 깊은 물 속에서 수면으로 너무 빨리 상승할 때 혈관 안에 작은 방울이 형성되기 때문에 발생하는 응급상황을 의미한다. 정상 체온인 37°C에서 물에 대한 N_2의 용해도는 질소의 압력이 1 atm일 때 $0.015\,g\,L^{-1}$이다. 공기에 포함된 N_2는 약 78 mol%이다. 잠수부가 대기압이 1 atm인 공기를 마셨을 때 1 L 혈액(수용액으로 간주할 수 있다)에 녹아 있는 N_2의 몰수는 얼마인가? 잠수부가 30.5 m 깊이로 잠수했을 때 1 L 혈액에 녹아있는 N_2의 몰수는 얼마인가? 이 깊이에서 잠수부가 호흡하는 공기의 전체 압력은 4 atm이다. 잠수부가 대기압이 1 atm인 수면으로 갑자기 상승할 때 작은 공기 방울 형태로 방출되는 N_2는 혈액 1 L당 몇 mL인가?

12.93 모기는 한겨울에 생존하기 위하여 글리세롤($C_3H_8O_3$)을 생성한다. 물이 −17.8°C에서 얼게 하기 위하여 필요한 글리세롤의 몰분율과 몰랄 농도를 구하시오.

12.94 30°C에서 사염화 탄소 0.400 kg과 미지 화합물 43.3 g으로 구성된 혼합 용액의 증기 압력이 137 torr이다. 30°C에서 순수한 사염화 탄소의 증기 압력은 143 torr이고, 순수한 미지의 화합물의 증기 압력은 85 torr이다. 미지의 화합물의 분자 질량은 얼마인가? 용해열이 발열이라면 계산된 분자 질량은 너무 큰 것인가 혹은 너무 작은 것인가?

***12.95** 에틸렌 글라이콜($C_2H_6O_2$)을 사용한 부동액은 −42.8°C까지 어는 것을 막을 수가 있다.

(a) −42.8°C 정도까지 어는 것을 막기 위해서 물 1 kg당 몇 몰의 용질이 필요한가?

(b) 에틸렌 글라이콜의 밀도는 1.11 g/mL이다. (a)에서 구한 몰수에 해당하는 용질의 부피(mL)는 얼마인가?

(c) −42.8°C까지 어는 것을 막으려면 물 쿼트(quart)당 에틸렌 글라이콜 몇 쿼트가 필요한지 계산하시오.

12.96 29°C에서 0.057 M의 분자성 화합물 수용액의 삼투 압력은 torr 단위로 얼마인가?

***12.97** 그림 12.22에 나타낸 삼투 압력계를 이용하여 30°C에서 묽은 고분자(단량체가 결합하여 큰 분자를 형성한 화합물) 수용액의 삼투 압력을 측정하였더니 압력계에서 액체 높이의 차이가 1.65 cm였다. 이 용액의 밀도는 $1.00\,g\,mL^{-1}$로 가정할 수 있다. 다음 물음에 답하시오.

(a) 용액의 삼투 압력은 torr 단위로 얼마인가?

(b) 용액의 몰농도는 얼마인가?

(c) 용액의 어는점은 몇 도로 예상되는가?

(d) 계산 결과를 바탕으로 매우 큰 분자로 구성된 화합물의

분자 질량을 측정할 때 어는점 내림을 이용할 수 없는 이유를 제시하시오.

12.98 세제로 유용하게 사용되는 1.00m Na_3PO_4 수용액에 대하여 다음 물음에 답하시오.

(**a**) 용액에서 용질이 전혀 해리되지 않는다고 가정할 때 용액의 끓는점을 계산하시오.

(**b**) 용질이 100% 이온으로 해리한다고 가정한 Na_3PO_4의 vant's Hoff 인자를 사용하여 끓는점을 계산하시오.

(**c**) 1.00m 용액이 1atm에서 100.183°C에서 끓는다. 이 용액에서 용질의 vant's Hoff 인자를 계산하시오

***12.99** 염화 알루미늄과 황산 소듐이 섞인 1.565g의 혼합물을 녹인 수용액의 어는점 내림을 측정하였더니 2.64°C였다. 두 화합물이 수용액에서 완전히 해리한다고 가정했을 때 염화 알루미늄과 황산 소듐의 몰농도는 각각 얼마인가?

***12.100** 0.174m LiCl 수용액의 어는점이 −0.417°C이다. 이 농도에서 용질의 vant's Hoff 인자는 얼마인가? 12°C에서 0.174m LiCl 수용액의 삼투 압력은 torr 단위로 얼마인가?

다중 개념 문제

***12.101** 질산 철(II)과 염화 포타슘만을 포함하는 혼합물을 녹인 수용액의 끓는점이 104.6°C이다. 이 용액에 0.220M $K_2Cr_2O_7$ 36.3mL를 가했을 때 용액에 존재하는 Fe(II) 이온을 모두 Fe(III) 이온으로 산화시켰다. 초기 용액에 포함된 질산 철(II)과 염화 포타슘의 몰농도는 각각 얼마인가? 용액의 밀도는 1.032g/mL이고, 두 용질은 모두 완전히 해리한다고 가정한다.

***12.102** 0.200M 질산 바륨 용액 25.00mL를 0.250M 황산 포타슘 용액 14.00mL와 혼합하였다. 모든 이온성 화학종은 완전히 해리한다고 가정할 때, 혼합물의 삼투 압력은 torr 단위로 얼마인가?

***12.103** 분자식이 C_2H_6O인 화합물이 있다. 이 분자식이 가능한 모든 구조식을 그리시오. 다음 물음에 대한 답을 쓰고, 적절한 근거를 함께 제시하시오.

(**a**) 25°C에서 (a)에서 그린 구조를 가진 화합물은 각각 어느 상(고체, 액체, 기체)으로 존재하겠는가?

(**b**) 각 화합물은 물과 펜테인 중 어느 용매에 녹겠는가?

(**c**) 수소 결합이 가능한 화합물은 어느 것인가?

(**d**) 각 화합물을 전해질, 약전해질, 비전해질로 구분하시오.

***12.104** 25°C의 산성 용액에서 0.570M 염화 주석(II) 150mL에 포함된 주석(II)을 모두 주석(IV)으로 산화시키는 데 필요한 0.192M $K_2Cr_2O_7$은 몇 mL인가? 반응이 완결되었을 때 삼투 압력은 몇 torr인가?

***12.105** 황산이 포함된 중크로뮴산 이온을 이용하여 아이소프로필 알코올을 산화시키는 실험에서 생성되는 부산물을 분석하려고 한다. 산화 반응은 다음과 같다.

$$3C_3H_8O + Na_2Cr_2O_7 + 4H_2SO_4 \longrightarrow 3C_3H_6O + Cr_2(SO_4)_3 + Na_2SO_4 + 7H_2O$$

21.4g의 아이소프로필 알코올을 산화시켰을 때 12.4g의 아세톤이 생성되었다. 산화제는 중크로뮴산 소듐 이수화물 형태로 존재한다. 21.4g의 아이소프로필 알코올을 산화시키는 데 필요한 중크로뮴산 소듐 이수화물의 최소 질량은 몇 g인가? 이 반응에서 10.9g의 휘발성 부산물이 생성되었다. 부산물 8.654mg을 산소 분위기에서 연소시켜 22.368mg의 이산화 탄소와 10.655mg의 물이 생성되었다. 이때 이산화 탄소와 물 이외의 생성물은 없고 휘발성 물질은 C, H, O로만 구성된 화합물이다. 생성된 부산물 1.338g을 벤젠 115.0g에 녹인 용액의 어는점은 4.87°C이다. 부산물의 조성 백분율과 실험식을 구하시오. 부산물의 분자 질량을 구하고 분자식을 쓰시오. 이 반응에서 다른 부산물이 존재하는가?

비판적 사고의 과제

***12.106** 용매 A에는 녹고 용매 B에는 녹지 않는 유기 물질이 있다. 용매 A와 B가 섞일 수 있다면 유기 화합물은 A와 B의 혼합 용액에 녹을 수 있는가? 이 질문에 대한 답을 하려면 어떤 추가적인 정보가 필요한가?

***12.107** 문제 12.106에서 기술된 상황은 매우 흔하다. 이 결과를 유기 화합의 정제에 활용할 수 있는가?

12.108 분자 질량을 결정할 수 있는 모든 방법을 정리하고 복습한 다음, 가장 신뢰성이 높은 방법과 가장 감도가 좋은 방법 및 가장 편리한 방법이 각각 어느 것인지 찾아보시오.

12.109 어느 정도 실험 경험이 쌓인 실험자의 입장에서 0.48M 용액과 0.48m 용액 중 어느 것을 더 쉽게 제조할 수 있는가? 몰랄 농도를 이용하는 실험의 사례를 제시해 보시오.

12.110 12장은 삼투 작용에 대한 물리적 설명과 삼투 작용을 이용한 몰질량의 결정에 대하여 중점으로 논의하였다. 삼투 작용을 이용할 수 있는 다른 사례를 제시해 보시오.

12.111 12장에서 제안된 원리를 이용하여 모든 고체는 용매에 충

분한 양을 가하면 용액이 포화되는 이유를 설명하시오.

12.112 12.0g의 물질이 1.00L의 용매에 녹을 때 2.91kJ의 열이 방출되는 것이 관찰되었다. 12.0g의 물질을 다시 가하면 2.55kJ의 열이 방출된다. 상태 방정식의 개념과 12.2절에서 논의된 원리를 이용하여 이 결과를 설명하시오.

***12.113** 어는점 내림 실험과 끓는점 오름 실험에 몰랄 농도 대신에 몰농도를 사용하였다면 어떤 결과가 나타날 것인가? 몰농도 체계로 실험을 하려면 어떤 변화가 필요한가?

12.114 액체의 표면 장력에 적용한 논리와 결정에서 평면보다 모서리나 꼭지가 더 빨리 녹는다는 논리를 비교해 보시오.

12.115 $CaCl_2$로 포화된 수용액 100mL에 8.0mL의 순수한 물을 가했다. $CaCl_2$를 혼합 용액에 추가로 녹이는 경우와 순수한 물에 녹이는 경우를 분자 수준에서 비교해 보시오.

12.116 수산화 소듐 10.0M 용액을 제조할 때, 비커는 매우 뜨거워진다. 일단 용액이 실온으로 냉각된 용액을 같은 양의 물로 희석시키면 다시 용액이 매우 따뜻해진다. 한 방향으로의 발열 반응은 반대 방향으로는 흡열 반응이어야만 한다는 관점에서, 위의 관찰에 대하여 논리적으로 설명해 보시오.

MediaNews Group/Inland Valley Daily Bulletin/Getty Images

13장
반응 속도론

이 장의 배경

단거리 경주용 차는 0.25마일 이내에 시속 150마일의 속도를 낼 수 있다. 경주가 끝났을 때 단순히 브레이크만을 사용해서 안전거리 이내에 정지하는 것이 불가능하기 때문에 낙하산을 이용하여 차를 멈춰야 한다. 이처럼 빠른 속도에 도달하려면 메탄올과 나이트로메테인을 연료로 사용해야 한다. 이 혼합물이 연소되는 속도는 일반적인 가솔린이 연소되는 속도보다 빠르기 때문에 경주용 차에 요구되는 높은 속도를 낼 수 있다. 이처럼 화학 반응의 속도는 서로 다르다.

화학 반응 속도론(chemical kinetics)은 화학 반응의 속도를 다루는 학문이다. 실용적인 관점에서는 반응 속도에 영향을 주는 인자들은 무엇이며 어떻게 반응 속도를 조절할 수 있는가에 관심을 둔다. 이것은 합성 반응을 적절한 속도로 조절해야 하는 산업에서 매우 중요하다. 만약 반응이 완결되는 데 몇 주 또는 몇 개월이 걸린다면 경제성이 없을 수 있다. 반면에 반응이 너무 빠르게 일어나거나, 반응을 제어할 수 없다면 폭발이 일어날 수도 있다. 분해 반응의 속도에 관한 연구는 생산자들이 소비자들을 위하여 화학 제품이나 의약품 등의 보관 기간 또는 유효 기한을 적절하게 결정하는 데 도움이 된다. 또한 반응 속도에 관해 연구하는 더 근본적인 목적은 분자 수준에서 **어떻게** 반응물이 생성물로 바뀌는지를 이해하는 실마리를 얻는 것이다. 이렇게 미시적 수준에서의 반응을 이해하면 반응 속도를 더 정교하게 조절할 수 있고, 반응 경로를 변화시켜 새로운 생성물을 얻는 방법을 제시하거나, 불필요한 부반응을 억제하여 생성물의 수득률을 높일 수 있다.

이 장의 개요

13.1 화학 변화의 속도에 영향을 주는 인자
13.2 반응 속도 측정
13.3 속도 법칙
13.4 적분 속도 법칙
13.5 분자 수준에서의 충돌 이론
13.6 분자 수준에서의 전이 상태 이론
13.7 활성화 에너지
13.8 반응 메커니즘
13.9 촉매

학습 목표

이 장을 읽고 이해한 후 다음과 같은 것을 할 수 있어야 한다.

- 화학 물질들의 반응 속도에 영향을 주는 5가지 조건을 이해하고 이용할 수 있다.
- 실험 자료로부터 반응물이 사라지고 생성물이 생성되는 상대 속도와 반응 속도를 결정할 수 있다.
- 실험에서 얻은 초기 속도 자료를 이용하여 속도 법칙을 결정할 수 있다.
- 적분 속도 법칙의 기본적인 결과들을 이용하여 반응 차수를 결정하고 영차, 일차, 이차 반응에서 농도의 시간 의존성을 계산할 수 있다.
- 충돌 빈도와 에너지 및 배향을 포함한 충돌 이론의 분자적 관점에 입각하여 화학 반응 속도를 설명할 수 있다.
- 활성화물과 퍼텐셜 에너지 도표를 포함한 전이 상태 이론의 원리를 기술할 수 있다.
- Arrhenius 식을 이용하여 반응의 활성화 에너지를 결정할 수 있다.
- 실험 자료에 부합하는 그럴듯한 메커니즘을 제시하고 합리적인 메커니즘을 추론하는 데 반응 메커니즘의 개념을 이용할 수 있다.
- 균일 촉매와 불균일 촉매의 성질을 이해하고, 촉매가 어떻게 반응 속도를 증가시키는지 설명할 수 있다.

학습 목표 달성을 위한 제안

13장에서 제시된 여러 내용을 이해하는 데 도움이 되는 몇 가지 제안이다. 다음과 같은 질문에 대한 답을 노트에 정리하라.

1. 13장에서 배운 중요한 내용은 무엇인가?
2. 13장에서 논의된 개념 중 특별히 어려운 것은 무엇인가?

다음의 2가지 전략 또한 도움이 될 것이다.

1. 13장에서의 강의 노트를 요약하라.
2. 수업을 같이 들은 동료와 함께 배운 개념에 대하여 서로 설명해 보라.

13.1 화학 변화의 속도에 영향을 주는 인자

어떤 화학 변화의 **속도(rate)**는 그 반응의 반응물이 없어지고 생성물이 생성되는 속도를 말한다. 빠른 반응은 느린 반응보다 일정 시간 동안에 더 많은 생성물을 생성한다. 반응 속도는 단위 시간 동안에 생성된 생성물의 양 또는 소모된 반응물의 양으로 측정하는데, 일반적으로 **그림 13.1**과 같이 반응 시간에 따른 반응물 또는 생성물의 농도 변화를 이용하여 얻는다.

반응 속도의 정량적인 내용을 시작하기 전에, 먼저 반응 속도를 빠르게 또는 느리게 만드는 요인들에 대하여 정성적으로 논의해 보자. 반응 속도에 영향을 미치는 주요 인자에는 5가지가 있다.

도구
반응 속도에 영향을 미치는 인자

1. 반응물의 화학적 성질
2. 반응물이 서로 접촉할 수 있는 능력
3. 반응물의 농도
4. 온도
5. 반응 속도를 증가시키는 물질인 **촉매**

이와 같은 5가지 인자 중 첫 번째 인자인 반응물의 화학적 특성은 반응 자체의 성질과 관련이 있는 인자이다. 그러나 나머지 인자들을 변화시키면 반응 속도를 조절할 수 있다.

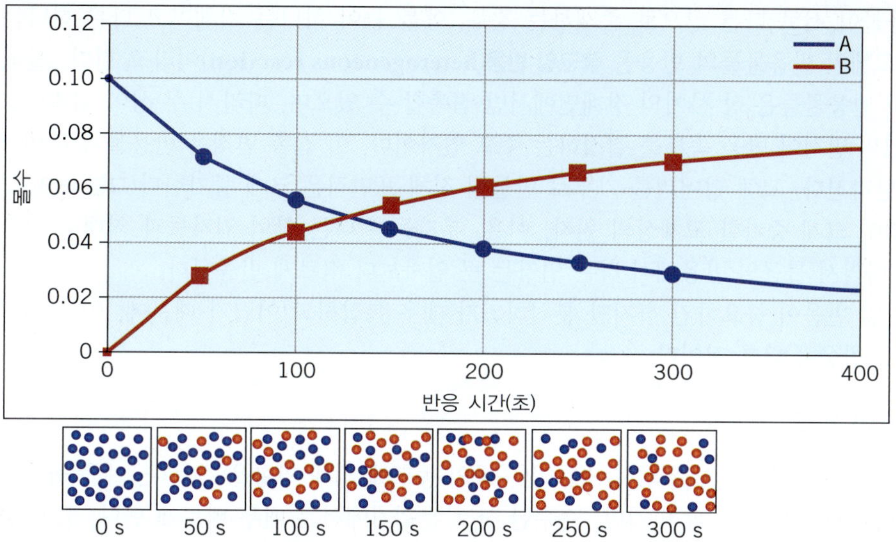

그림 13.1 **반응 속도는 시간에 따른 농도 변화를 관찰하여 측정한다.** 반응 $A \longrightarrow B$에서 시간이 지남에 따라 A 분자(파란색)의 수는 적어지고 B 분자(빨간색)의 수는 많아진다. 시간에 따른 농도 변화를 그린 그래프의 곡선이 가파를수록 반응 속도는 빠르다. 아래 박스에는 표시된 시간에서 분자 A와 B의 상대적인 수를 나타내었다.

반응물의 화학적 성질

화학 반응이 일어나는 동안에 화학 결합이 끊어지고 새로운 결합이 생성된다. 그러므로 반응 속도의 차이가 생기는 근본적인 이유는 반응물의 고유한 성질, 즉 원자나 분자 혹은 이온의 화학 결합 또는 산화 상태가 변하려는 경향 때문이다. **그림 13.2**에서와 같이 이러한 반응물의 성질에 따라 반응이 빠르게 일어나기도 하고 느리게 일어나기도 한다. 예를 들면 소듐 원자는 전자를 쉽게 잃어버리기 때문에 금속 소듐의 표면이 공기와 습기 중에 노출되면 빠르게 변색된다. 같은 조건에서 공기와 습기와 반응하는 포타슘은 소듐 원자보다 더 쉽게 전자를 잃기 때문에 반응은 훨씬 빨리 일어난다.

반응물이 서로 접촉할 수 있는 능력

대부분의 화학 반응은 반응이 일어나기 위해서 두 가지 이상의 반응물이 필요하고, 반응물의 입자들(원자, 이온, 분자)이 서로 충돌해야 한다. 이 때문에 화학 반응은 입자들이 분자 수준에서 쉽게 섞일 수 있고 서로 충돌할 수 있는 액체 용액이나 기체상에서 주로 진행된다.

모든 반응물이 동일한 상(phase)에서 일어나는 반응을 **균일 반응(homogeneous reaction)**이라고 한다. 균일 반응의 예로 물에 용해된 수산화 소듐과 염산의 중화 반응이나 가솔린 증기와 산소 기체를 적절한 비율로 섞었을 때 일어나는 기체상의 폭발 반응(폭발은 높은 온도의 기체가 매우 빠르게 생성되어 팽창하는 반응이다) 등을 생각할 수 있다.

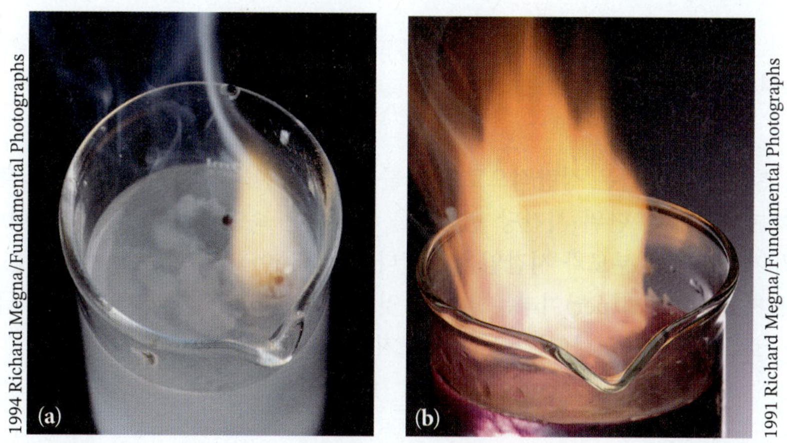

그림 13.2 **반응물의 화학적 성질은 반응 속도에 영향을 미친다.** (a) 소듐은 전자를 쉽게 잃기 때문에 물과 빠르게 반응한다. (b) 포타슘은 소듐보다 더 쉽게 전자를 잃기 때문에 물과의 반응이 더 폭발적이고 빠르다.

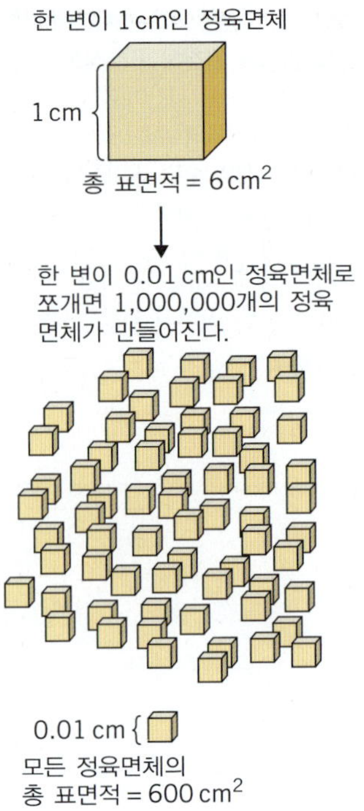

그림 13.3 고체를 분쇄한 효과 고체 덩어리 한 개를 작은 조각들로 잘게 쪼개면 조각의 총 표면적은 크게 증가한다.

반응물이 서로 다른 상으로 존재하는 경우, 예를 들어 하나는 기체이고 다른 하나는 액체 또는 고체인 반응물들의 반응을 **불균일 반응(heterogeneous reaction)**이라고 한다. 불균일 반응에서 반응물들은 상 사이의 경계면에서만 접촉할 수 있으며, 따라서 두 상이 접촉하고 있는 경계면의 면적이 반응 속도를 결정하는 주요 인자이다. 이 접촉 면적은 반응물 입자의 크기에 따라 달라진다. 고체 덩어리를 가루로 만들면 전체 표면적은 크게 증가한다(**그림 13.3**). 그리고 표면적이 크게 증가한 고체상의 원자, 이온, 분자들은 다른 상의 입자들과 최대로 접촉할 수 있다. 따라서 불균일 반응에서 작은 입자는 큰 입자보다 빠르게 반응한다.

불균일 반응이 중요하긴 하지만 분석하기가 매우 복잡하고 어렵기 때문에, 이 장에서는 주로 균일 반응을 다룰 것이다.

반응물의 농도

균일 반응이나 불균일 반응의 속도는 반응물의 농도에 의해 영향을 받는다. 예를 들면 나무는 공기 중에서도 비교적 잘 타지만, 순수한 산소 분위기에서는 매우 빠르게 탄다. 공기 중에 포함된 산소의 양이 21%가 아니고 30%이라면, 산불을 끄는 것이 불가능하다고 예측된다. 공기 중에서 강철솜을 가열시키면 빨갛게 달궈질 뿐이지만, **그림 13.4**에서 보듯이 순수한 산소 분위기에서는 불꽃을 내면서 격렬하게 탄다.

계의 온도

화학 반응은 낮은 온도보다 높은 온도에서 더 빠르게 일어난다. 예를 들어 공기의 온도가 낮아지면 곤충들의 움직임이 느려지는 것을 이미 알고 있을 것이다. 곤충은 주위 온도에 의해 체온이 결정되는 냉혈동물이다. 공기가 차가워지면 곤충의 체온도 낮아지고, 따라서 그들의 생체 내 대사 반응도 느리게 일어나므로 곤충의 행동은 둔해진다.

해설 15초 동안의 귀뚜라미 울음소리의 횟수에 37을 더하면 화씨온도(℉)를 대략 예상할 수 있다. 온도가 높을수록 울음소리의 횟수는 증가한다.

촉매의 존재

촉매는 소모되지 않으면서 화학 반응의 속도를 증가시키는 물질이다. 촉매는 우리 삶의 모든 순간에 영향을 미치고 있다. 우리 몸에서는 효소라고 하는 물질이 생화학 반응에서 촉매 역할을 하고 있다. 세포는 효소의 양을 조절하여 어떤 화학 반응을 빠르게 일어나게 하거나 억제시켜서 우리 몸에서 일어나는 화학 반응을 조절한다. 촉매는 우리의 일상생활에 꼭 필요한 가솔린, 플라스틱, 비료 등 여러 가지 제품을 생산하는 화학 산업에도 이용된다. 촉매의 종류에 따라 반응 속도를 변화시키는 정도는 다르다. 예를 들면 과산화 수소(H_2O_2)의 분해 반응에서 산화 마그네슘(IV) 촉매를 사용하면 산화 철(III)을 사용하는 경우보다 반응 속도가 훨씬 빠르다. 촉매와 관련해서는 13.9절에서 더 많은 논의를 할 예정이다.

1993 Richard Megna/Fundamental Photographs

그림 13.4 반응 속도에 미치는 농도의 영향. 공기 중에서 빨갛게 가열시킨 강철솜을 순수한 산소 속에 넣으면 불꽃을 내면서 타는 멋진 장관을 볼 수 있다.

13.2 반응 속도 측정

13.1절에서 논의한 인자들은 정량적으로도 다룰 수 있다. 이를 위하여 반응 속도를 수학식으로 표현해야 한다. 먼저 단위 시간당 변화량을 의미하는 **속도(rate)**라는 개념부터 살펴보자. 여기서 단위 시간당이란 분모가 시간임을 뜻한다. 예를 들어 시간당 15달러를 받는 일을 한다고 생각해 보자. 여기서 당(per)이라는 말은 무엇으로 나눈다는 의미이기 때문에, 급료를 다음과 같은 분수로 표현할 수 있다(시간을 hr로 표기하자).

$$\text{급료} = \text{시간당 15달러} = \frac{\text{15달러}}{1\text{ hr}} = \text{15달러 hr}^{-1}$$

여기서 1/hr을 hr^{-1}로 나타내었다.

화학 반응이 일어나면 소모되는 **반응물의 농도는 감소**하고, **생성되는 생성물의 농도는 증가**한다. 따라서 반응의 속도를 기술하는 한 가지 방법은, 화학 반응식에 포함된 물질 중에서 하나를 선택하고 단위 시간당 선택한 물질의 농도 변화를 나타내면 된다. 변화(Δ)가 '최종값−초깃값'이라는 의미이므로, 시간의 변화에 대한 물질 X의 농도 변화는 식 13.1과 같이 주어진다.

$$\begin{aligned}&\text{시간에 따른 } X\text{의 농도 변화}\\&=\frac{(\text{시간 } t_{\text{최종}}\text{에서의 } X\text{의 농도} - \text{시간 } t_{\text{초기}}\text{에서의 } X\text{의 농도})}{(t_{\text{최종}} - t_{\text{초기}})}\\&=\frac{\Delta(X\text{의 농도})}{\Delta t}=\frac{\Delta[X]}{\Delta t}\end{aligned} \tag{13.1}$$

도구
한 개의 반응물 또는 생성물에 대한 반응 속도

반응하는 속도를 증가하는 생성물의 농도로 측정하든 감소하는 반응물의 농도로 측정하든, 반응 속도는 관례적으로 항상 양의 값으로 나타낸다. 예를 들어 어떤 반응에서 한 생성물의 농도가 초당 0.50 mol/L씩 증가한다면, 이 생성물의 생성 속도는 $0.50\,\text{mol}\,\text{L}^{-1}\text{s}^{-1}$이 된다. 마찬가지로 반응물의 농도가 초당 $-0.20\,\text{mol}\,\text{L}^{-1}$씩 변한다면 이 반응물의 소모 속도는 $0.20\,\text{mol}\,\text{L}^{-1}\text{s}^{-1}$이 된다. 농도의 단위로 몰농도(mol/L)를 사용하고 시간 단위로 초(s)를 사용하여 나타낸 반응 속도의 단위는 다음과 같다.

$$\frac{\text{mol}}{\text{L s}} \quad \text{또는} \quad \text{mol L}^{-1}\text{s}^{-1} \quad \text{또는} \quad M\,\text{s}^{-1}$$

상대적 속도와 화학량론

한 물질에 대한 속도를 알고 있다면 다른 물질의 속도는 균형 화학 반응식의 계수를 사용하여 구할 수 있다. 예를 들어 다음과 같은 프로페인의 연소 반응을 생각해 보자.

$$C_3H_8(g) + 5O_2(g) \longrightarrow 3CO_2(g) + 4H_2O(g)$$

단위 시간 동안에 C_3H_8 1 mol이 소모될 때마다 5 mol의 O_2가 소모되어야 한다. 따라서 이 반응에서 산소는 프로페인보다 5배나 빠르게 $\text{mol}\,\text{L}^{-1}\text{s}^{-1}$ 단위로 반응한다. 마찬가지로 생성되는 CO_2는 소모되는 C_3H_8보다 3배 빠르게, H_2O는 4배 빠르게 생성된다. 그러므로 물질들의 반응 속도 값의 상대적인 크기는 균형 화학 반응식에 있는 그 물질들의 계수의 비와 동일하다.

반응물이 사라지는 속도와 생성물이 생성되는 속도는 서로 연관되어 있기 때문에, 시간에 따른 농도 변화를 측정할 때 어떤 물질을 선택하든 상관없다. 예를 들어 아이오딘화 수소(HI)가 H_2와 I_2로 분해하는 다음의 실험을 생각해 보자.

$$2HI(g) \longrightarrow H_2(g) + I_2(g)$$

I_2는 이 반응에서 유일하게 색을 띠는 물질이기 때문에 I_2의 농도를 관찰하는 것이 가장 쉽다. 반응이 진행됨에 따라 자주색의 I_2 증기가 생성되므로, 기기를 사용하여 자주색의 세기를 측정하면 I_2의 농도를 알 수 있다. 그리고 I_2의 생성 속도를 알면 수소의 생성 속도 또한 알 수 있다. 화학 반응식에서 H_2와 I_2의 계수가 같으므로 속도 또한 같다. 반응식에서 HI의 계수가 2이므로 HI가 소모되는 속도는 I_2가 생성되는 속도보다 두 배 더 빠르다.

예제 13.1 주어진 반응에서 반응 속도의 관계

담배 라이터의 연료인 뷰테인은 산소 중에서 연소하여 이산화 탄소와 물을 생성한다. 어떤 실험에서 뷰테인의 농도가 $0.30\,\text{mol L}^{-1}\text{s}^{-1}$의 속도로 감소한다면, 산소의 농도가 감소하는 속도와 생성물들의 농도가 증가하는 속도는 각각 얼마인가?

분석 당연히 균형 화학 반응식이 필요하다. 다음 반응식과 같이 뷰테인(C_4H_{10})은 산소 중에서 연소하여 CO_2와 H_2O를 생성한다.

$$2C_4H_{10}(g) + 13O_2(g) \longrightarrow 8CO_2(g) + 10H_2O(g)$$

이제 주어진 뷰테인의 소모 속도와 산소 및 생성물들의 속도 사이의 관계를 구해야 한다. 물질들의 반응하거나 생성되는 속도의 상대적인 비는 균형 화학 반응식에 있는 계수의 비와 동일하다.

도구 모음 화학 반응식은 뷰테인의 양과 다른 물질들 사이의 양적 관계를 나타내는 도구이다. 또 다른 도구는 물질이 반응하는 속도를 계산하는 식 13.1이다.

풀이 산소의 농도가 감소하는 속도는 다음과 같다.

$$\frac{0.30\ \cancel{\text{mol}\ C_4H_{10}}}{\text{L s}} \times \frac{13\ \text{mol}\ O_2}{2\ \cancel{\text{mol}\ C_4H_{10}}} = \frac{1.95\ \text{mol}\ O_2}{\text{L s}}$$

산소는 $1.95\,\text{mol L}^{-1}\text{s}^{-1}$의 속도로 반응한다. CO_2와 H_2O에 대해서도 같은 방법으로 계산하면 다음의 결과를 얻는다.

$$CO_2: \frac{0.30\ \cancel{\text{mol}\ C_4H_{10}}}{\text{L s}} \times \frac{8\ \text{mol}\ CO_2}{2\ \cancel{\text{mol}\ C_4H_{10}}} = \frac{1.2\ \text{mol}\ CO_2}{\text{L s}}$$

$$H_2O: \frac{0.30\ \cancel{\text{mol}\ C_4H_{10}}}{\text{L s}} \times \frac{10\ \text{mol}\ H_2O}{2\ \cancel{\text{mol}\ C_4H_{10}}} = \frac{1.5\ \text{mol}\ H_2O}{\text{L s}}$$

따라서

$$CO_2\text{의 생성 속도} = 1.2\,\text{mol L}^{-1}\text{s}^{-1}$$

$$H_2O\text{의 생성 속도} = 1.5\,\text{mol L}^{-1}\text{s}^{-1}$$

답이 합리적인가? 위의 계산이 옳다면, 나중에 구한 두 속도의 값인 1.2과 1.5의 비가 화학 반응식의 계수, 즉 8과 10의 비와 동일해야 한다(1.2 대 1.5로 동일하다).

실전 문제 13.1

아이오딘산 이온과 아황산 이온은 다음과 같이 반응한다.

$$IO_3^- + 3SO_3^{2-} \longrightarrow I^- + 3SO_4^{2-}$$

아황산 이온이 $1.9 \times 10^{-4}\,\text{mol L}^{-1}\text{s}^{-1}$의 속도로 소모된다면, 아이오딘화 이온과 황산 이온의 생성 속도는 각각 얼마인가? (**힌트**: 화학량론에 유의하시오.)

실전 문제 13.2

황화 수소를 산소 분위기에서 연소시키면 이산화 황과 물이 생성된다. 이산화 황이 $0.75\,\text{mol L}^{-1}\text{s}^{-1}$의 속도로 생성된다면, 황화 수소와 산소이 소모되는 속도는 각각 얼마인가?

선택한 물질의 종류에 따라 소모되거나 혹은 생성되는 속도가 서로 다른 경우의 불편함을 없애기 위하여 선택한 화학종의 종류와 상관없이 항상 일정한 값으로 속도를 나타낼 수 있다면 좋을 것이다. 이를 위하여 균형 화학 반응식에 포함된 특정 화학종의 상대 속도를 그 물질의 계수로 나누어보자. 이렇게 구한 값을 **반응 속도(rate of reaction)**라고 한다. 예를 들어 앞에서 다룬 프로페인의 연소 반응을 다시 살펴보자.

해설 농도의 변화 속도와 특정 물질에 대한 속도를 혼돈하지 않도록 지금까지 **반응 속도**라는 용어의 사용을 자제하였다.

$$C_3H_8(g) + 5O_2(g) \longrightarrow 3CO_2(g) + 4H_2O(g)$$

이 반응에서 반응물 O_2의 소모 속도는 다음과 같다.

$$O_2\text{의 소모 속도} = \frac{-\Delta[O_2]}{\Delta t}$$

여기서 화학식 주위의 대괄호는 그 물질의 몰농도를 뜻한다. 반응이 진행되면 O_2의 농도는 감소하므로, O_2의 소모 속도를 양의 값으로 나타내기 위하여 음수 부호(−)를 붙였다. 따라서 O_2의 소모 속도를 계수 5로 나누면 이 반응의 **반응 속도**가 구해진다.

해설 대괄호는 대괄호 안 화학종의 몰농도를 나타내는 기호이다.

$$\text{반응 속도} = -\frac{1}{5}\frac{\Delta[O_2]}{\Delta t}$$

반응에 관여하는 다른 물질들이 반응하는 속도를 그 물질의 계수로 나누면 모두 **같은** 값의 **반응 속도**가 얻어진다.

다음과 같은 일반적인 화학 반응식의 경우에

$$aA + bB \longrightarrow cC + dD$$

반응 속도는 식 13.2와 같이 나타낼 수 있다.

도구
반응 속도

$$\text{반응 속도} = -\frac{1}{a}\frac{\Delta[A]}{\Delta t} = -\frac{1}{b}\frac{\Delta[B]}{\Delta t} = \frac{1}{c}\frac{\Delta[C]}{\Delta t} = \frac{1}{d}\frac{\Delta[D]}{\Delta t} \qquad \textbf{(13.2)}$$

예제 13.2 반응 속도

예제 13.1에서 뷰테인은 산소 분위기에서 $0.30\,\text{mol}\,\text{L}^{-1}\text{s}^{-1}$의 속도로 연소하여 이산화 탄소와 물을 생성하였다. 이 반응의 반응 속도는 얼마인가?

분석 뷰테인이 반응하는 속도가 주어져 있다. 예제 13.1에 주어진 균형 화학 반응식과 화학량론적 계수를 도구로 사용할 수 있다.

$$2C_4H_{10}(g) + 13O_2(g) \longrightarrow 8CO_2(g) + 10H_2O(g)$$

뷰테인이 반응하는 속도를 반응물이나 생성물에 독립적인 반응 속도와 연계할 수 있다.

도구 모음 예제 13.1에서와 같이 반응물과 생성물의 화학량론적 비를 알려주는 균형 화학 반응식을 이용할 것이다. 그리고 식 13.2를 사용하여 반응 속도를 구할 것이다.

풀이 상대 속도가 $0.30\,\text{mol}\,\text{L}^{-1}\text{s}^{-1}$인 뷰테인은 반응물이므로 시간에 대한 농도 변화는 $-0.30\,\text{mol}\,\text{L}^{-1}\text{s}^{-1}$이다. 또한 연소 반응의 균형 화학 반응식에서 뷰테인의 계수는 2이다. 따라서 속도 반응은 다음과 같다.

$$\frac{\Delta[C_4H_{10}]}{\Delta t} = -\frac{0.30\text{ mol}}{\text{L s}}$$

$$\text{반응 속도} = -\frac{1}{2} \times \left(-\frac{0.30\text{ mol}}{\text{L s}}\right)$$

$$= 0.15\frac{\text{mol}}{\text{L s}}$$

답이 합리적인가? 뷰테인의 계수는 1보다 크기 때문에 이 연소 반응의 반응 속도는 뷰테인이 반응하는 속도보다 느려야 한다. 여기서 구한 연소 반응의 반응 속도 $0.15\,\text{mol}\,\text{L}^{-1}\text{s}^{-1}$은 뷰테인이 반응하는 속도 $0.30\,\text{mol}\,\text{L}^{-1}\text{s}^{-1}$의 반이므로 계산 결과는 타당하다.

시간에 따른 반응 속도의 변화

일반적으로 반응이 일어나는 동안 반응 속도는 일정하지 않으며, 반응물이 소모되면서 속도

표 13.1 $2H(g) \longrightarrow H_2(g) + I_2(g)$ 반응에서 HI의 농도 변화

HI의 농도 (mol/L)	시간(초) (±1초)
0.100	0
0.0716	50
0.0558	100
0.0457	150
0.0387	200
0.0336	250
0.0296	300
0.0265	350

가 변한다. 이 이유는 반응 속도가 반응물의 농도에 의존하고, 반응물의 농도는 반응이 진행되면서 변하기 때문이다. 예를 들어 **표 13.1**에 수록된 508°C에서의 아이오딘화 수소의 분해 반응에 대하여 살펴보기로 하자. 시간에 따른 HI의 몰농도의 변화와 관련된 이 자료를 그래프로 그려보면 **그림 13.5**와 같다. 반응이 시작된 후 처음 50초까지는 HI의 농도가 급격히 감소하고 있음을 주목하라. 이것은 초기 속도가 매우 빠르다는 것을 의미한다. 그러나 얼마 후 300초에서 350초 사이의 구간에서는 농도의 변화가 아주 작으며, 이는 반응 속도가 상당히 느려졌음을 의미한다. 따라서 어떤 순간에서의 곡선의 기울기는 그 시각의 반응 속도를 나타내며, 곡선의 기울기가 클수록 속도는 더욱 빠르다.

해설 평균 속도(average rate)는 시간에 따른 농도 변화의 그래프에서 곡선 위에 있는 두 점을 잇는 직선의 기울기이고, 순간 속도는 곡선 위에 있는 한 점에서 접선의 기울기이다. 평균 속도와 순간 속도의 값은 매우 다를 수 있다.

어느 특정 순간에 HI가 소모되는 속도를 **순간 속도(instantaneous rate)**라고 한다. 특별히 언급하지 않는 한 '반응 속도'는 순간 속도를 의미한다. 어느 시각의 순간 속도는 그 시각에서 곡선에 그린 접선의 기울기로 구할 수 있다. 접선의 기울기는 시간 변화에 대한 농도 변화의 비(양의 값으로 표시한)로 그래프에서 구할 수 있다. 예를 들어 그림 13.5에 반응 시작 후 100초가 지난 시각에서 아이오딘화 수소의 분해 속도를 구하는 사례를 나타내었다. 곡선에 접선을 그린 다음, 농도 변화(0.029 mol/L 감소)와 시간 변화(110초)를 측정하여 접선의 기울기를 구한다. 농도가 **감소**하는 곳에서 속도를 구하기 때문에, 속도의 값이 양의 값이 되도록 속도를 구하는 식에 **음수** 부호(−)를 붙인다.

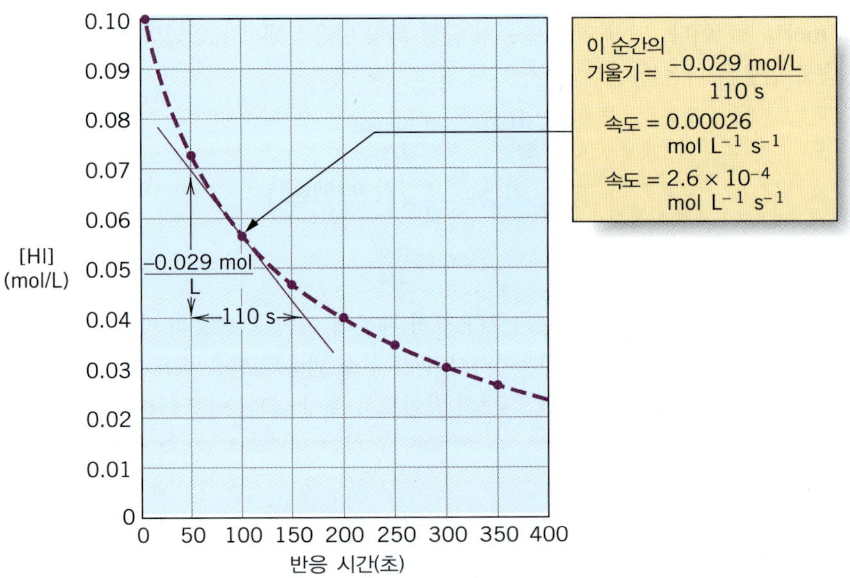

그림 13.5 시간에 대한 농도의 변화 508°C에서 반응 $2HI(g) \longrightarrow H_2(g) + I_2(g)$이 진행될 때 표 13.1의 자료를 사용하여 시간에 대한 HI 농도 변화를 나타낸 그림이다. HI가 **소모되는 양**을 측정하였기 때문에 기울기는 음의 값이다. 반응 속도의 값은 양의 값이어야 하므로, 기울기로 반응 속도를 나타낼 때는 양의 값으로 고쳐 쓴다.

$$\text{속도}_{\text{HI에 대한}} = -\left\{\frac{[\text{HI}]_{\text{최종}} - [\text{HI}]_{\text{초기}}}{t_{\text{최종}} - t_{\text{초기}}}\right\} = -\left\{\frac{-0.029\text{ mol/L}}{110\text{ s}}\right\}$$

$$\text{속도}_{\text{HI에 대한}} = 2.6 \times 10^{-4}\text{ mol L}^{-1}\text{s}^{-1}$$

따라서 반응 시작 후 110초에서 HI의 반응 속도는 2.6×10^{-4} mol L^{-1} s^{-1}이다. 다음 예제 13.3에서 이 방법을 사용하여 반응의 **초기 순간 속도**, 즉 반응이 시작된 시각 0에서 순간 속도를 구해 볼 것이다.

예제 13.3 초기 반응 속도 구하기

그림 13.5의 실험 자료로부터 508°C에서 다음 반응의 초기 반응 속도를 구하시오.

$$2\text{HI}(g) \longrightarrow \text{H}_2(g) + \text{I}_2(g)$$

분석 반응 시각 0에서 농도의 순간 변화율인 초기 반응 속도를 구하는 문제이다. 여기서 **HI에 대한 속도**와 균형 화학 반응식에서의 계수와 무관한 속도인 이 반응의 **반응 속도**를 구별해야 한다. $t = 0$에서 접선을 그려 기울기를 구하면 **HI에 대한** 순간 속도를 구할 수 있다. 이 반응의 **반응 속도**는 HI에 대한 속도 값을 균형 화학 반응식에 주어진 HI의 계수로 나누어 구한다.

도구 모음 시간에 대한 HI 농도의 변화를 나타낸 그림 13.5의 곡선에서 반응 시각 0에 대하여 그린 접선의 기울기를 구하면 HI의 초기 속도를 구할 수 있다. 두 점 (x_1, y_1)와 (x_2, y_2)를 지나는 직선의 기울기는 두 점의 좌표 값을 다음 식에 대입하여 구할 수 있다.

$$\text{기울기} = \frac{y_2 - y_1}{x_2 - x_1}$$

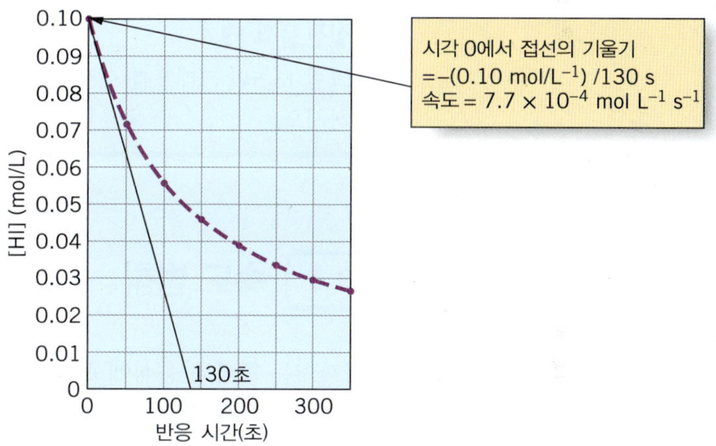

풀이 그림과 같이 그래프 위에 접선을 그릴 수 있다. 접선의 기울기를 더 정확히 구하기 위해서는 두 점을 가능한 멀리 떨어진 두 점을 이용해야 한다. 곡선 위의 한 점(0초, 0.10 mol/L)과 시간 축과 접선이 교차하는 점(130초, 0 mol/L)은 충분히 멀리 떨어져 있으므로 다음과 같이 기울기를 구할 수 있다.

$$\text{기울기} = \frac{0.0\text{ mol/L} - 0.10\text{ mol/L}}{130\text{ s} - 0\text{ s}} = -7.7 \times 10^{-4}\text{ mol L}^{-1}\text{ s}^{-1}$$

반응 시간이 증가할 때 HI의 농도는 감소하므로 기울기는 음의 값이다. 속도는 양의 값이어야 하므로 HI의 초기 속도는 7.7×10^{-4} mol L^{-1} s^{-1}이라고 답해야 한다.

이 예제에서 구해야 할 초기 반응 속도는 HI의 속도를 균형 화학 반응식에 주어진 HI의 계수로 나누어주면 얻을 수 있다.

$$\text{반응 속도} = \frac{7.7 \times 10^{-4}\text{ mol L}^{-1}\text{ s}^{-1}}{2} = 3.85 \times 10^{-4}\text{ mol L}^{-1}\text{ s}^{-1}$$

규칙에 따라 반올림하면, 답은 3.8×10^{-4} mol L^{-1} s^{-1}이다.

답이 합리적인가? 반응 시각 0초에서 HI의 순간 속도는 시간 0초와 50초 구간의 평균 속도보다 약간 빨라야 한다. 평균 속도는 표 13.1의 자료에서 서로 다른 시각의 농도 두 개를 선택하여 직접 구할 수 있다.

$$\text{기울기} = \frac{0.0716\text{ mol/L} - 0.100\text{ mol/L}}{50\text{ s} - 0\text{ s}} = -5.7 \times 10^{-4}\text{ mol L}^{-1}\text{ s}^{-1}$$

따라서 0초와 50초 사이의 평균 속도는 5.7×10^{-4} mol L^{-1} s^{-1}이다. 예상한 것과 같이 이 값

은 0초에서 HI의 순간 속도인 $7.7 \times 10^{-4} mol L^{-1} s^{-1}$보다 약간 작은 값이다.

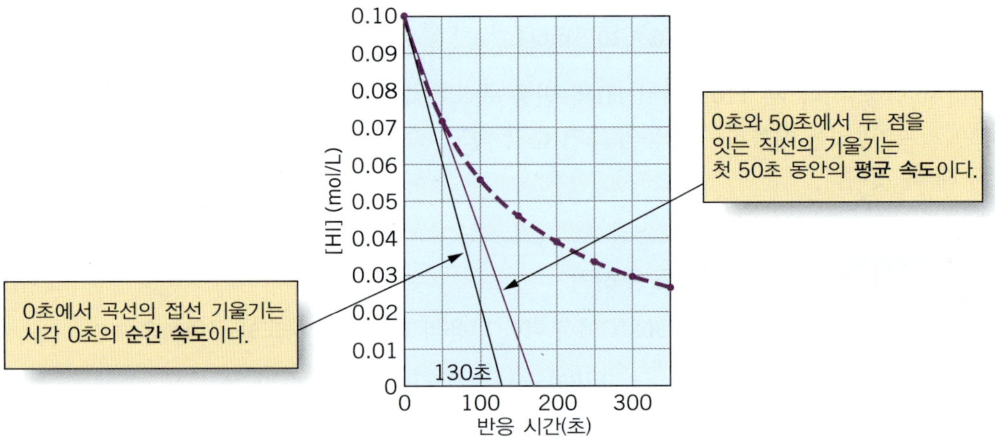

실전 문제 13.3

그림 13.5의 그래프를 이용하여 반응이 시작된 지 150초 후에 HI에 대한 반응 속도를 추정하시오(**힌트**: 그림에서 시간의 단위는 초이다).

실전 문제 13.4

그림 13.5의 그래프를 이용하여 반응이 시작된 지 210초 후에 HI에 대한 반응 속도를 추정하시오.

13.3 속도 법칙

지금까지는 화학 반응식에 포함된 **한** 물질의 반응 속도만을 다루었다. 이 속도는 어떤 반응이 진행되는 동안에 실험으로 측정할 수 있는 반응 속도이다. 이제는 관점을 넓혀서 모든 반응물의 농도가 포함된 식으로 표현되는 속도식을 알아보자.

속도 법칙과 속도 상수

해설 반응물이 소모됨에 따라 반응 속도는 느려지며, 때로는 생성물에 의해 반응이 느려지기도 한다. 속도 법칙을 결정할 때의 이러한 복잡성을 피하기 위해 초기 반응 속도를 사용한다.

반응하는 동안 균일 반응의 속도는 실험을 통해 구한 지수를 붙인 각 반응물의 몰농도의 곱에 비례한다. 다음과 같은 화학 반응을 생각해 보자.

$$A + B \longrightarrow \text{생성물}$$

이 반응의 속도는 다음과 같이 나타낼 수 있다.

$$\text{속도} \propto [A]^x[B]^y \quad \textbf{(13.3)}$$

여기서 지수 x와 y는 실험으로 정해진 값이다.

식 13.3을 **속도 상수**(**rate constant**)라 불리는 비례 상수 $\boldsymbol{k}$를 도입하여 등식 기호로 바꿀 수 있다.

도구
반응의 속도 법칙

$$\boxed{\text{속도} = k[A]^x[B]^y} \quad \textbf{(13.4)}$$

식 13.4를 A와 B의 반응에 대한 **속도 법칙**(**rate law**)이라고 한다. 일단 k, x, y의 값을 알고 있다면, 이 속도 법칙을 이용하여 어떠한 농도에서도 반응 속도를 계산할 수 있다. 예를 들어 다음 반응을 생각해 보자.

$$H_2SeO_3 + 6I^- + 4H^+ \longrightarrow Se + 2I_3^- + 3H_2O$$

이 반응의 속도 법칙은 다음과 같다.

$$속도 = k[H_2SeO_3]^x[I^-]^y[H^+]^z$$

실험을 통하여 구한 이 반응의 초기 속도(즉 반응물들이 처음으로 결합하기 시작할 때 속도)에 대한 지수는 다음과 같았다.

$$x = 1, \quad y = 3, \quad z = 2$$

온도 0°C에서 k의 값은 $5.0 \times 10^5\,L^5\,mol^{-5}\,s^{-1}$이다($k$는 온도에 따라 변하므로 온도를 명시해야 한다). 속도 법칙의 식에 지수와 k 값을 대입하면 이 반응의 반응 속도가 구해진다.

$$속도 = (5.0 \times 10^5\,L^5\,mol^{-5}\,s^{-1})[H_2SeO_3][I^-]^3[H^+]^2 \quad (0°C에서)$$

이 속도 법칙을 이용하면 H_2SeO_3, I^-, H^+의 농도가 어떤 값으로 주어지든 0°C의 반응 속도를 계산할 수 있다.

해설 k의 값은 반응마다 다르며, 또 반응이 일어나는 온도에 따라서도 다르다.

해설 속도 상수의 단위는 계산한 반응 속도의 단위가 $mol\,L^{-1}\,s^{-1}$이 되게 하는 단위이다.

예제 13.4 속도 법칙을 이용하여 반응 속도 구하기

성층권에서는 분자 상태의 산소(O_2)가 태양의 자외선에 의해 두 개의 산소 원자로 해리된다. 이 중 한 산소 원자가 성층권에 있는 오존(O_3) 분자와 충돌하면 오존 분자는 파괴되고, 다음과 같이 두 개의 산소 분자가 생성된다.

$$O(g) + O_3(g) \longrightarrow 2O_2(g)$$

이 반응은 성층권에서 오존이 파괴되고 생성되는 순환 과정의 한 부분이다. 고도 25 km에서 오존과 산소 원자의 농도가 각각 $[O_3] = 3.4 \times 10^{-8}\,M$과 $[O] = 4.2 \times 10^{-14}\,M$이고 이 반응의 속도 법칙이 다음과 같을 때, 오존이 분해되는 반응의 속도는 얼마인가?

$$반응\ 속도 = 5.16 \times 10^5\,L\,mol^{-1}\,s^{-1}\,[O_3][O]$$

분석 반응 속도를 구하는 데 필요한 속도 법칙이 주어졌으므로, 주어진 몰농도를 이 속도 법칙에 대입하여 풀면 답을 구할 수 있다.

도구 모음 주어진 속도 법칙과 농도를 사용하여 오존의 파괴 속도를 구할 것이다.

풀이 단위를 소거시키기 위하여 속도 상수와 농도의 단위들을 모두 분수 형태로 바꾸고 속도 법칙에 대입해 보자.

$$속도 = \left(\frac{5.16 \times 10^5\,\cancel{L}}{\cancel{mol}\,s}\right) \times \left(\frac{3.4 \times 10^{-8}\,\cancel{mol}}{\cancel{L}}\right) \times \left(\frac{4.2 \times 10^{-14}\,mol}{L}\right)$$

각 숫자를 계산하고 단위를 소거하면 다음과 같은 결과가 얻어진다.

$$속도 = \frac{7.368 \times 10^{-16}\,mol}{L\,s} = 7.4 \times 10^{-16}\,mol\,L^{-1}\,s^{-1}$$

답이 합리적인가? 간단하게 확인할 방법은 없다. 속도 상수와 각 농도의 지수만을 이용하여 계산해 보면 구한 속도의 값이 적절한 크기의 값임을 확인할 수 있고, 또한 적어도 마지막으로 얻은 답의 단위가 속도 단위로 적절하다는 것을 확인할 수 있다.

실전 문제 13.5

다음은 어떤 반응과 그 반응의 속도 법칙이다.

$$2NO(g) + 2H_2(g) \longrightarrow N_2(g) + 2H_2O(g) \text{ is}$$
$$\text{속도} = k[NO]^2[H_2]$$

NO와 H_2의 농도가 모두 1.9×10^{-6} mol L^{-1}일 때 반응 속도가 6.78×10^{-3} mol L^{-1}s^{-1}이다. 다음 물음에 답하시오.

(a) 반응 속도 상수는 얼마인가?

(b) 반응 속도 상수의 단위는 무엇인가? (**힌트**: 반응 속도의 단위를 주목하라.)

실전 문제 13.6

HI가 I_2와 H_2로 분해하는 반응의 속도 법칙은 다음과 같다.

$$\text{속도} = k[HI]^2$$

508 °C에서 HI의 농도가 0.0558 M일 때 반응 속도가 2.5×10^{-4} mol L^{-1}s^{-1}이었다(그림 13.5 참조). 다음 물음에 답하시오.

(a) k 값은 얼마인가?

(b) k의 단위는 무엇인가?

반응 차수

보통 속도 법칙의 지수는 화학 반응식의 계수와 아무런 관계가 없지만, 다음에 나타낸 아이오딘화 수소의 분해 반응의 경우처럼 화학 반응식의 계수와 속도 법칙의 지수가 일치하는 경우도 있다.

$$2HI(g) \longrightarrow H_2(g) + I_2(g)$$

다음은 이 반응의 속도 법칙이다.

$$\text{속도} = k[HI]^2$$

속도 법칙에서 [HI]의 지수 2는 전체 화학 반응식에서 HI의 계수와 우연히 일치하였다. 그러나 **실험을 하지 않고 지수가 계수와 동일하다고 예측할 수 있는 근거는 없다.** 따라서 막연히 화학 반응의 계수와 속도 법칙의 지수가 동일하다고 가정해서는 **절대로** 안 된다. 이것은 많은 학생이 실수하는 함정이다.

속도 법칙에 있는 지수를 각 반응물에 대한 **반응 차수(order of the reaction)**[1]라고 한다. 예를 들어 기체 상태의 N_2O_5가 NO_2와 O_2로 분해하는 다음 반응을 생각해 보자.

$$2N_2O_5(g) \longrightarrow 4NO_2(g) + O_2(g)$$

이 반응의 속도 법칙은 다음과 같다.

$$\text{속도} = k[N_2O_5]$$

해설 농도 항의 지수가 1일 때, 1은 보통 생략한다.

$[N_2O_5]$의 지수는 1이므로, 반응 속도는 N_2O_5에 대하여 **일차**(first order)라고 한다. HI의 분해 반응의 속도 법칙에서 HI 농도의 지수는 2이므로, 반응 속도는 HI에 대하여 **이차**(second order)이다.

결론적으로 속도 법칙이 다음과 같은 경우에는

$$\text{속도} = k[H_2SeO_3][I^-]^3[H^+]^2$$

[1]반응 차수를 기술하는 이유는 계산하기가 매우 편리해지기 때문이다. 즉 반응 차수가 같으면 자료를 다루는 계산식이 동일하다. 여기서는 더 자세히 다루지는 않겠지만, 이 용어에 친숙해져야 한다. 반응 속도에 대한 농도의 영향을 설명하기 위하여 이 용어를 종종 사용할 것이다.

반응 속도가 H_2SeO_3에 대하여 일차, I^-에 대하여 삼차, H^+에 대하여 이차라는 것을 의미한다.

반응의 **전체 반응 차수(overall order of a reaction)**는 속도 법칙에 있는 각 반응물의 차수를 모두 합한 값이다. 따라서 N_2O_5의 분해 반응은 일차 반응이고, HI의 분해 반응은 이차 반응이다. H_2SeO_3 반응의 전체 반응 차수는 $1+3+2=6$이다.

속도 법칙에서 지수는 일반적으로 작은 정수의 값이지만, 가끔 지수가 분수이거나 음수인 경우도 있다. 음의 지수는 농도 항이 분모에 있다는 것이며, 그 화학종의 농도가 증가할수록 반응 속도가 감소한다는 것을 의미한다. 생성물의 양이 극단적으로 많은 경우에 때로는 음의 지수가 나타난다.

반응이 **영차 반응(zero-order reaction)**인 경우도 있다. 이 반응의 반응 속도는 모든 반응물의 농도와 무관하다. 영차 반응은 보통 반응물에 소량의 촉매가 섞여 있을 때 일어난다. 마치 복잡한 대형마트에 하나의 계산대만 열려 있는 상황과 비슷하다. 그 속도는 계산하기 위하여 줄을 서서 기다리는 사람들의 수와 관계없다. 즉 줄은 선 사람이 몇 명인지와 관계없이, 기다리는 사람들은 일정한 속도로 움직인다. 영차 반응의 한 가지 예는 간에서 일어나는 에틸 알코올의 제거 반응이다. 간에 있는 사용 가능한 촉매 분자의 수는 항상 일정하기 때문에, 혈중 알코올의 농도와 관계없이 체내에서 알코올이 제거되는 속도는 일정하다. 또 다른 영차 반응의 예로는 뜨거운 백금의 표면에서 암모니아 기체가 H_2와 N_2로 분해되는 반응이 있다. 기체상의 암모니아 농도와 무관하게 일정한 속도로 암모니아가 분해된다.

암모니아가 분해되는 영차 반응을 속도 법칙으로 나타내면 다음과 같다.

$$\text{속도} = k$$

여기서 속도 상수 k의 단위는 $mol\,L^{-1}s^{-1}$이다. 속도 상수는 촉매의 양과 질, 표면적에 의해 결정된다. 예를 들어 암모니아를 뜨거운 백금 가루(총 표면적이 넓은) 사이로 통과시키면 단지 뜨거운 백금 표면 위로 통과시킬 때보다 암모니아의 분해 속도를 높일 수 있다.

모든 속도 법칙에서 속도 상수 k는 반응이 얼마나 빠르게 일어나는지를 알려주는 지표이다. k 값이 크면 반응은 빠르게 일어나고, k 값이 작다면 반응은 느리게 일어난다. k의 단위는, 속도 법칙으로 계산한 반응 속도의 단위가 $mol\,L^{-1}s^{-1}$이 되는 단위여야 한다. 전체 반응 차수에 따라 결정되는 k의 단위를 **표 13.2**에 나타내었다.

표 13.2 속도 법칙 차수에 의해 결정되는 k의 단위

속도 법칙 차수	k의 단위
0	$mol\,L^{-1}s^{-1}$
1	s^{-1}
2	$L\,mol^{-1}s^{-1}$
3	$L^2mol^{-2}s^{-1}$
4	$L^3mol^{-3}s^{-1}$

실전 문제 13.7

다음은 IO_3^-와 SO_3^{2-}가 반응하는 반응식과 속도 법칙을 나타낸 것이다.

$$IO_3^- + 3SO_3^{2-} \longrightarrow I^- + 3SO_4^{2-}$$
$$\text{속도} = k[IO_3^-][SO_3^{2-}]$$

각 반응물에 대한 반응 차수는 각각 얼마인가? 전체 반응 차수는 얼마인가? (**힌트**: 농도 항에 지수가 없다면 실제로 지수가 1임을 상기하시오.)

실전 문제 13.8

실험을 통하여 확인한 결과 어떤 반응의 속도 법칙이 Cl_2에 대하여 이차이고 NO에 대하여 일차임이 밝혀졌다. 이 반응의 속도 법칙을 쓰시오.

실전 문제 13.9

HCO_2H와 브로민의 균형 화학 반응식과 속도 법칙은 다음과 같다.

$$HCO_2H(aq) + Br_2(aq) \longrightarrow 2H^+(aq) + 2Br^-(aq) + CO_2(aq)$$
$$\text{속도} = k[Br_2]$$

HCO_2H와 브로민에 대한 반응 차수는 얼마인가? 전체 반응 차수는 얼마인가?

실험 자료로 속도 법칙 구하기

도구
반응 차수 구하기

전체 반응에 대한 속도 법칙에서 지수는 실험으로 결정된다고 여러 차례 강조하였다. 실험은 지수들의 값이 얼마인지를 확실하게 알 수 있는 유일한 방법이다. 지수를 구하기 위하여 농도의 변화가 반응 속도에 어떠한 영향을 주는지를 조사한다. 예를 들어 다음과 같은 가상 반응을 살펴보자.

$$A + B \longrightarrow \text{생성물}$$

이 실험에 대한 5번의 실험을 통하여 **표 13.3**에 수록한 결과를 얻었다고 가정하자. 이 반응의 속도 법칙은 다음과 같은 형식으로 주어질 것이다.

$$\text{속도} = k[A]^x[B]^y$$

표에서 농도와 반응 속도 사이의 관계를 살펴보면 x와 y의 값을 알아낼 수 있다. 농도와 속도 사이의 관계를 알아내는 가장 쉬운 한 가지 방법은 서로 다른 조건에 있는 값들의 비를 구해 보는 것이다. 이 방법은 매우 유용하므로 속도 법칙의 지수를 구하는 문제에서 이 방법을 어떻게 적용하는지를 자세히 살펴보기로 하자. 표 13.3의 실험 1, 2, 3에서 B의 농도는 0.10 M으로 동일하다. 처음 세 개의 실험에서 속도의 차이는 $[A]$의 차이 때문에 생긴 것이 분명하다. 속도 법칙으로부터 B의 농도가 일정하다면, 속도는 $[A]^x$에 비례해야 한다는 것을 알 수 있다. 따라서 실험 2와 1의 속도 비를 구하면 다음과 같다.

해설 농도와 속도에 붙은 아래 첨자는 자료로 이용한 실험 번호를 나타낸다.

$$\frac{\text{속도}_2}{\text{속도}_1} = \frac{k[A]_2^x[B]_2^y}{k[A]_1^x[B]_1^y} = \frac{k}{k}\left(\frac{[A]_2}{[A]_1}\right)^x\left(\frac{[B]_2}{[B]_1}\right)^y$$

위 식의 왼쪽 항에 실험 1과 2의 결과를 대입하면 다음과 같다.

$$\frac{\text{속도}_2}{\text{속도}_1} = \frac{0.40\ \cancel{\text{mol}}\ \cancel{\text{L}^{-1}}\ \cancel{\text{s}^{-1}}}{0.20\ \cancel{\text{mol}}\ \cancel{\text{L}^{-1}}\ \cancel{\text{s}^{-1}}} = 2.0$$

그리고 식의 오른쪽 항에 농도를 대입하면, 값이 동일한 $[B]_2^y$과 $[B]_1^y$ 및 분자와 분모의 속도 상수 k가 소거되어 다음을 얻을 수 있다.

표 13.3 반응 $A + B \longrightarrow$ 생성물의 농도-속도 자료

실험	초기 농도 $[A]$ (mol L^{-1})	초기 농도 $[B]$ (mol L^{-1})	생성물의 초기 생성 속도 ($\text{mol L}^{-1}\text{s}^{-1}$)
1	0.10	0.10	0.20
2	0.20	0.10	0.40
3	0.30	0.10	0.60
4	0.30	0.20	2.40
5	0.30	0.30	5.40

$$\frac{k[0.20\ \text{mol L}^{-1}]_2^x\,[0.10\ \text{mol L}^{-1}]_2^y}{k[0.10\ \text{mol L}^{-1}]_1^x\,[0.10\ \text{mol L}^{-1}]_1^y} = \frac{[0.20\ \text{mol L}^{-1}]_2^x}{[0.10\ \text{mol L}^{-1}]_1^x} = 2.0^x$$

좌우항을 계산한 두 결과를 등식 $2.0 = 2.0^x$으로 나타낼 수 있다. 등식 관계를 만족하려면 $x = 1$이 되어야 한다. 실험 1, 2, 3을 조합한 각 쌍에 대하여 동일한 절차에 의해 다음의 관계를 얻을 수 있다.

$$2.0 = 2.0^x \text{ (실험 2와 1을 비교)}$$
$$3.0 = 3.0^x \text{ (실험 3과 1을 비교)}$$
$$1.5 = 1.5^x \text{ (실험 3과 2를 비교)}$$

이 모든 식을 만족하는 x의 값은 $x = 1$뿐이다. 따라서 이 반응은 A에 대하여 일차 반응임이 확실하다.

같은 방법을 사용하여, A의 농도가 같을 때 $[B]$의 지수를 구할 수 있다. 마지막 3개의 실험에서는 A의 농도가 동일하고 B의 농도는 서로 다르다. 이번에는 B의 농도가 속도에 영향을 주고 있다. 먼저 다음과 같이 실험 4와 3의 속도 비를 구해보자.

$$\frac{\text{속도}_4}{\text{속도}_3} = \frac{k[A]_4^x[B]_4^y}{k[A]_3^x[B]_3^y}$$

여기서 $[A]_4 = [A]_3$이므로 A 농도 항을 소거하고, 또한 속도 상수 k도 분자 분모에서 소거하여 다음의 결과를 얻는다.

$$\frac{\text{속도}_4}{\text{속도}_3} = \frac{[B]_4^y}{[B]_3^y} = \left(\frac{[B]_4}{[B]_3}\right)^y$$

실험 3, 4, 5를 조합한 각 쌍에 대한 최종 결과는 다음과 같다.

$$4.0 = 2.0^y \text{ (실험 4와 3을 비교)}$$
$$9.0 = 3.0^y \text{ (실험 5와 3을 비교)}$$
$$2.25 = 1.5^y \text{ (실험 5와 4를 비교)}$$

이들 식을 만족하는 y의 값은 $y = 2$뿐이다. 따라서 이 반응은 B에 대하여 이차 반응임이 확실하다.

지수가 불확실하다면 로그함수의 수학적 성질을 이용하여 구할 수도 있다. 앞에서 구한 식에 로그를 적용해 보자.

$$\frac{\text{속도}_4}{\text{속도}_3} = \left(\frac{[B]_4}{[B]_3}\right)^y$$

이 식의 양변에 다음과 같이 로그를 취한다.

$$\log\left(\frac{\text{속도}_4}{\text{속도}_3}\right) = \log\left(\frac{[B]_4}{[B]_3}\right)^y$$

해설 부록 A에서 로그함수에 대한 더 많은 정보를 얻을 수 있다.

로그 항에 있는 지수 y는 로그 항 밖으로 나오고, 따라서 농도 항의 로그값에 y를 곱한 값과 같아진다.

$$\log\left(\frac{\text{속도}_4}{\text{속도}_3}\right) = y \times \log\left(\frac{[B]_4}{[B]_3}\right)$$

예를 들어 표 13.3의 실험 5와 4의 자료를 대입하면 다음의 결과를 얻는다.

$$2.25 = 1.5^y$$
$$\log(2.25) = y\log(1.5)$$
$$0.352 = y(0.76)$$

$$y = \frac{0.352}{0.176} = 2$$

구한 농도 항의 지수를 적용하면 이 반응의 속도 법칙은 다음과 같음을 알 수 있다.

$$\text{속도} = k[A]^1[B]^2 = k[A][B]^2$$

이제 속도 상수 k 값을 구하기 위하여 속도 법칙을 다음과 같이 재배열하고, 선택한 한 실험의 농도와 속도를 속도 법칙에 대입해 보자.

$$k = \frac{\text{속도}}{[A][B]^2}$$

표 13.3의 첫 번째 실험 자료를 다음과 같이 대입한다.

$$k = \frac{0.20 \text{ mol L}^{-1} \text{ s}^{-1}}{(0.10 \text{ mol L}^{-1})(0.10 \text{ mol L}^{-1})^2}$$
$$= \frac{0.20 \text{ mol L}^{-1} \text{ s}^{-1}}{0.0010 \text{ mol}^3 \text{ L}^{-3}}$$

단위들을 소거하여 다음과 같은 올바른 단위를 포함하는 k가 얻어진다.

$$k = 2.0 \times 10^2 \text{ L}^2 \text{ mol}^{-2} \text{ s}^{-1}$$

표 13.4에 실험 자료를 사용하여 각 반응물에 대한 반응 차수를 추론한 결과를 요약하였다.

실전 문제 13.10

표 13.3에 있는 다른 4가지 실험 자료를 사용하여 이 반응에 대한 k 값을 계산하시오. 구한 k 값을 서로 비교하시오. 구한 k의 단위는 각각 무엇인가? (**힌트**: 속도 법칙의 지수들을 잊지 마시오.)

실전 문제 13.11

실전 문제 13.10에서 구한 속도 법칙을 이용하여, 다음과 같은 조건에서 반응 속도가 어떻게 변하는지 설명하시오.

표 13.4 농도 및 속도 변화와 반응 차수 사이의 관계

농도 변화의 비	속도 변화의 비	속도 법칙에서 농도 항의 지수
2	속도 불변	0
3	속도 불변	0
4	속도 불변	0
2	$2 = 2^1$	1
3	$3 = 3^1$	1
4	$4 = 4^1$	1
2	$4 = 2^2$	2
3	$9 = 3^2$	2
4	$16 = 4^2$	2
2	$8 = 2^3$	3
3	$27 = 3^3$	3
4	$64 = 4^3$	3

(a) B의 농도를 세 배로 증가시킨다.
(b) A의 농도를 세 배로 증가시킨다.
(c) A의 농도를 세 배로 증가시키고 B의 농도를 반으로 줄인다.

예제 13.5 속도 법칙의 지수 구하기

염화 설퓨릴(sulfuryl chloride, SO_2Cl_2)은 방부제인 클로로페놀(chlorophenol)을 제조하는 데 사용된다. 다음은 어떤 온도에서 SO_2Cl_2의 분해 반응과 실험 결과를 나타낸 것이다.

$$SO_2Cl_2(g) \longrightarrow SO_2(g) + Cl_2(g)$$

SO_2Cl_2의 초기 농도($mol\,L^{-1}$)	SO_2의 초기 생성 속도($mol\,L^{-1}\,s^{-1}$)
0.100	2.2×10^{-6}
0.200	4.4×10^{-6}
0.300	6.6×10^{-6}

이 반응에 대한 속도 법칙과 속도 상수 값을 각각 구하시오.

분석 실험 자료를 사용하여 SO_2Cl_2의 분해 반응의 속도 법칙을 구하는 문제이다. 속도 법칙의 지수를 구한 다음 단위를 포함한 속도 상수 k를 구해야 한다. k를 구할 때 이미 구한 속도 법칙과 한 가지 실험에서의 자료를 사용한다.

도구 모음 먼저 예상되는 속도 법칙에 대한 일반적인 식을 도구로 사용하여 결정해야 하는 지수가 무엇인지 확인한다. 실험 자료를 이용하여 반응 차수를 결정하는 절차를 도구로 사용한다. 마지막으로 속도 법칙과 전체 반응 차수를 이용하여 적절한 단위를 포함한 k를 구한다.

풀이 속도 법칙은 속도 $= k[SO_2Cl_2]^x$ 형태로 예측할 수 있다. 두 가지 실험에 대한 속도 법칙의 비를 쓰면 다음과 같다.

$$\frac{속도_2}{속도_1} = \frac{\cancel{k}[SO_2Cl_2]_2^x}{\cancel{k}[SO_2Cl_2]_1^x}$$

속도 상수 k를 분자 분모에서 소거한다. 실험 1과 2의 결과를 살펴보면 농도를 $0.100\,M$에서 $0.200\,M$로 두 배로 하면, 초기 속도가 두 배($2.2 \times 10^{-6}\,mol\,L^{-1}\,s^{-1}$에서 $4.4 \times 10^{-6}\,mol\,L^{-1}\,s^{-1}$으로)로 증가함을 확인할 수 있다. 또한 첫 번째와 세 번째 실험 자료를 살펴보면 농도가 세 배($0.100\,M$에서 $0.300\,M$로) 증가할 때, 속도도 세 배($2.2 \times 10^{-6}\,mol\,L^{-1}\,s^{-1}$에서 $6.6 \times 10^{-6}\,mol\,L^{-1}\,s^{-1}$으로) 증가함을 알 수 있다. 이러한 관찰 결과를 수학적으로 $2 = 2^x$, $3 = 3^x$로 요약할 수 있다. 이러한 변화는 이 반응이 SO_2Cl_2의 농도에 대하여 일차임을 나타낸다. 따라서 속도 법칙은 다음과 같이 주어진다.

$$속도 = k[SO_2Cl_2]^1 = k[SO_2Cl_2]$$

k값을 구하기 위해서는 세 가지 실험 중 하나를 사용하면 된다. 여기서는 첫 번째 실험을 선택하여 그 결과를 다음의 식에 대입한다.

$$k = \frac{속도}{[SO_2Cl_2]}$$

$$k = \frac{2.2 \times 10^{-6}\,\cancel{mol\,L^{-1}}\,s^{-1}}{0.100\,\cancel{mol\,L^{-1}}} = 2.2 \times 10^{-5}\,s^{-1}$$

답이 합리적인가? 다른 속도와 농도의 조합을 선택하더라도 동일한 k 값이 얻어져야 한다.

해설 실험 2와 3을 사용하여 계산할 수도 있다. 세 번째 실험에서는 농도를 두 번째 실험보다 1.5배 증가시켰는데 속도도 동일하게 1.5배 증가하였다. 따라서 이들 자료로부터도 이 반응의 반응 차수가 일차인 것을 알 수 있다.

두 번째와 세 번째 실험 자료를 각각 사용하여 구한 결과도 모두 $2.2 \times 10^{-5}\,s^{-1}$이다. 매번 동일한 결과가 얻어진다는 사실로부터 속도 법칙과 계산이 타당한 것을 확신할 수 있다.

예제 13.6 속도 법칙의 지수 구하기

자료는 다음과 같은 수소에 의한 산화 질소(nitric oxide)의 환원 반응에서 얻은 실험값이다.

$$2H_2(g) + 2NO(g) \longrightarrow N_2(g) + 2H_2O(g)$$

초기 농도 ($mol\,L^{-1}$)		H_2O의 초기 생성 속도 ($mol\,L^{-1}\,s^{-1}$)
$[H_2]$	$[NO]$	
0.10	0.10	1.23×10^{-3}
0.20	0.10	2.46×10^{-3}
0.10	0.27	8.97×10^{-3}

이 반응의 속도 법칙을 결정하시오.

분석 이 문제에서 반응물은 두 가지이다. 이들의 농도가 속도에 어떻게 영향을 미치는가를 살펴보려면 한 번에 농도 하나씩만 변화시켜야 한다. 따라서 어떤 반응물의 농도가 동일한 두 개의 실험을 선택하고, 다른 반응물의 농도 변화의 영향을 살펴보아야 한다. 그런 다음에 다른 반응물에 대해서도 동일한 방법으로 계산한다.

도구 모음 예제 13.5에서 사용한 것과 동일한 도구를 사용할 것이다. 즉 예상되는 속도 법칙의 일반적인 식을 기술한 다음에, 실험 자료를 사용하여 반응 차수를 구한다.

풀이 예상되는 속도 법칙은 다음과 같은 식으로 표현된다.

$$속도 = k[H_2]^x[NO]^y$$

처음 두 개의 실험값들을 살펴보자. 여기에서 NO의 농도는 동일하므로 따라서 속도는 H_2의 농도에 의해서만 영향을 받는다. H_2의 농도가 두 배 증가하였고, 속도도 두 배 증가하였다. 따라서 이 반응은 H_2에 대하여 일차이다. 즉 $x = 1$이다.

다음에는 H_2의 농도가 동일한 두 개의 실험을 선택해야 한다. 첫 번째와 세 번째 실험에서 $[NO]_1 = 0.10\,mol\,L^{-1}$이고 $[NO]_3 = 0.27\,mol\,L^{-1}$이다. 첫 번째 실험의 초기 반응 속도는 $1.23 \times 10^{-3}\,mol\,L^{-1}\,s^{-1}$이고, 세 번째 실험의 초기 반응 속도는 $8.97 \times 10^{-3}\,mol\,L^{-1}\,s^{-1}$이다.

이 값들은 다루기 쉬운 값들이 아니지만 두 반응 속도의 비를 구해 보자.

$$\frac{속도_1}{속도_3} = \frac{k[H_2]_1^x\,[NO]_1^y}{k[H_2]_3^x\,[NO]_3^y}$$

윗 식에서 나타낸 바와 같이 이 식에서 k와 $[H_2]$를 소거시키면 다음과 같다.

$$\frac{속도_1}{속도_3} = \frac{[NO]_1^y}{[NO]_3^y}$$

$$\log\left(\frac{속도_1}{속도_3}\right) = \log\left(\frac{[NO]_1}{[NO]_3}\right)^y = y\log\left(\frac{[NO]_1}{[NO]_3}\right)$$

이제 실험 자료를 사용하여 y의 값을 구해 보자.

$$\log\left(\frac{1.23 \times 10^{-3}}{8.97 \times 10^{-3}}\right) = y\log\left(\frac{0.10}{0.27}\right)$$

$$\log(0.137) = y\log(0.37)$$

$$-0.863 = y(-0.431)$$

$$y = 2$$

따라서 이 반응의 속도 법칙은 다음과 같다.

$$속도 = k[H_2][NO]^2$$

답이 합리적인가? 우리의 속도 법칙이 올바르다면, 각각의 실험 결과로부터 계산한 속도 상수 값은 실험 오차 범위 내에서 일치해야 한다. 첫 번째 자료에 대한 속도 상수는 다음과 같이 계산된다.

$$k_1 = \frac{속도_1}{[H_2]_1^1[NO]_1^2} = \frac{1.23 \times 10^{-3} \text{ mol L}^{-1}}{(0.10 \text{ mol L}^{-1})(0.10 \text{ mol L}^{-1})^2} = 1.23 \text{ L}^2 \text{ mol}^{-2} \text{ s}^{-1}$$

두 번째와 세 번째 실험의 자료로부터 얻은 속도 상수에 대해서도 모두 동일한 값을 얻을 수 있다. 따라서 올바른 속도 법칙이라고 확신할 수 있다.

실전 문제 13.12

다음은 A와 B의 반응식과 반응에 대한 속도 법칙을 결정하기 위한 실험 결과를 나타낸 것이다.

$$2A(g) + 2B(g) \longrightarrow C(g) + 2D(g)$$

초기 농도 (mol L^{-1})		C의 초기 생성 속도
$[A]$	$[B]$	($\text{mol L}^{-1}\text{ s}^{-1}$)
0.40×10^{-4}	0.30×10^{-4}	1.0×10^{-8}
0.80×10^{-4}	0.30×10^{-4}	4.0×10^{-8}
0.80×10^{-4}	0.60×10^{-4}	8.0×10^{-8}

다음 물음에 대하여 답하시오(**힌트**: $[B]$의 값만 서로 다른 두 개의 실험과 $[A]$의 값만 서로 다른 두 개의 실험을 찾으시오).

(a) 이 반응의 속도 법칙은 무엇인가?
(b) 속도 상수의 값은 얼마인가?
(c) 속도 상수의 단위는 무엇인가?

실전 문제 13.13

일반인 슈크로스(설탕)는 산성 용액에서 물과 반응하여 다음과 같이 분자식이 동일한 글루코스와 과당을 생성한다.

$$\underset{\text{슈크로스}}{C_{12}H_{22}O_{11}} + H_2O \longrightarrow \underset{\text{글루코스}}{C_6H_{12}O_6} + \underset{\text{과당}}{C_6H_{12}O_6}$$

이 반응에 대한 속도 법칙을 결정하는 실험을 통하여 다음의 결과를 얻었다.

초기 농도 (mol L^{-1})	글루코스의 생성 속도 ($\text{mol L}^{-1}\text{ s}^{-1}$)
0.18	8.47×10^{-5}
0.41	1.94×10^{-4}
1.12	5.08×10^{-4}

다음 물음에 대하여 답하시오.

(a) 슈크로스의 반응 차수는 얼마인가?
(b) 속도 상수의 값과 단위를 구하시오.

실전 문제 13.14

다음은 어떤 반응 $A + B \longrightarrow C + D$에 대한 속도 법칙을 결정하기 위한 실험의 결과이다.

초기 농도 ($mol\,L^{-1}$)		C의 초기 생성 속도 ($mol\,L^{-1}s^{-1}$)
$[A]$	$[B]$	
0.40	0.30	1.00×10^{-4}
0.60	0.30	2.25×10^{-4}
0.80	0.60	1.60×10^{-3}

다음 물음에 대하여 답하시오(**힌트**: $[A]$의 지수를 구하고, 이를 사용하여 $[B]$의 지수를 구하시오).

(a) 이 반응의 속도 법칙은 무엇인가?

(b) 속도 상수의 값은 얼마인가?

(c) 속도 상수의 단위는 무엇인가?

(d) 전체 반응 차수는 얼마인가?

13.4 적분 속도 법칙

속도 법칙은 반응물의 농도에 따라 반응 속도가 어떻게 변하는가를 알려준다. 그러나 종종 농도가 시간에 따라 어떻게 변하는가에 더 관심이 있다. 예를 들어 어떤 화합물을 생성하고자 할 때, 반응물의 농도가 특정 값까지 감소하는 데 얼마나 시간이 걸리는지 알고 싶을 것이다. 그래야 언제 반응을 멈추고 생성물을 분리할지를 결정할 수 있다.

반응물의 농도와 시간의 관계는 반응 속도 법칙에서 유도할 수 있다. 반응 시작 시각부터 특정 시각 t까지 순간 반응 속도를 더하면, 즉 '적분하면' 농도를 시간의 함수로 나타낸 **적분 속도 법칙**(integrated rate law)을 얻을 수 있다. 적분 속도 법칙은 반응 차수에 따라 달라진다. 복잡한 반응의 경우에 농도와 시간의 관계식은 수학적으로 매우 복잡하므로, 이 책에서는 한 가지 반응물만 포함하는 간단한 일차 반응과 이차 반응에 대해서만 살펴볼 것이다.

일차 반응

반응물이 한 가지인 **일차 반응(first-order reaction)**의 속도 법칙은 다음과 같은 형태이다.

$$속도 = k[A]$$

적분을 이용하여 다음과 같은 A의 농도와 시간 사이의 관계식을 유도할 수 있다.[2]

[2]일차 반응에 대한 적분 속도 법칙을 얻는 과정은 다음과 같다. 반응물 A의 순간 속도는 다음과 같다.

$$속도 = \frac{-d[A]}{dt} = k[A]$$

이 식을 다음과 같이 재배열한다.

$$\frac{d[A]}{[A]} = -k\,dt$$

다음에 $t = 0$부터 $t = t$까지 A의 농도가 $[A]_0$에서 $[A]_t$까지 변하는 구간을 적분한다.

$$\int_{[A]_0}^{[A]_t} \frac{d[A]}{[A]} = \int_0^t -k\,dt$$

$$\ln[A]_t - \ln[A]_0 = -kt$$

로그함수의 성질을 이용하여 두 농도를 묶으면 다음 결과가 얻어진다.

$$\ln\frac{[A]_0}{[A]_t} = kt$$

$$\ln \frac{[A]_0}{[A]_t} = kt \tag{13.5}$$

도구
일차 반응의 적분 속도 법칙

여기서 기호 'ln'은 자연로그를 나타낸다. 등식 기호(=)의 왼쪽 항은 $[A]_0$($t=0$에서 A의 초기 농도)와 $[A]_t$(반응이 시작한 후 시각 t에서 A의 농도)의 비에 자연로그를 취한 것이다.

식 13.5의 양쪽 항에 모두 역로그를 취한 후에 재배열하면, 시각 t에서의 농도를 시간의 함수로 나타낸 식 13.6을 얻을 수 있다.[3]

$$[A]_t = [A]_0\, e^{-kt} \tag{13.6}$$

해설 t가 증가하면 $-kt$가 더 큰 음수가 되므로, e^{-kt}는 감소한다.

식 13.6의 e는 자연로그의 밑($e=2.718\ldots$)이다. 식 13.6은 A의 농도가 시간에 따라 지수적으로 감소하는 것을 보여 준다. 농도를 계산할 때는 로그 형태의 식 13.5나 지수 형태의 식 13.6을 사용할 수 있다. 두 농도의 값을 모두 알고 있다면 식 13.5를 사용하는 것이 가장 편리하고, $[A]_0$ 또는 $[A]_t$를 구하고자 한다면 식 13.6을 사용하는 것이 더 쉽다.

예제 13.7 일차 반응에서 농도-시간 계산

오산화 이질소(dinitrogen pentoxide)는 매우 불안정하다. 기체상에서 또는 사염화 탄소(carbon tetrachloride)와 같은 비수용성 용액 상태에서 오산화 이질소가 사산화 이질소(dinitrogen tetroxide)와 산소 분자로 분해되는 반응은 일차 반응이다. 다음은 오산화 이질소의 분해 반응과 속도 법칙을 나타낸 것이다.

$$2N_2O_5 \longrightarrow 2N_2O_4 + O_2$$
$$\text{속도} = k[N_2O_5]$$

45 °C의 사염화 탄소 용액에서 이 반응의 속도 상수는 $6.22\times10^{-4}\,s^{-1}$이다. 초기 농도가 $0.600\,M$인 N_2O_5가 45 °C에서 분해를 시작할 때 정확히 1시간 후에 N_2O_5의 농도는 얼마가 되겠는가?

분석 일차 반응에서 농도와 시간의 관계를 다루는 문제로 1시간 후의 N_2O_5 농도를 구해야 한다. 초기 농도는 $0.600\,M$이고, 이 반응의 속도 상수는 45 °C에서 $6.22\times10^{-4}\,s^{-1}$이다.

도구 모음 일차 반응의 적분 속도 법칙인 식 13.5 또는 식 13.6을 도구로 사용해야 한다. 특히 식을 이용하여 미지 농도를 구해야 한다. 한 가지 농도를 구할 때 사용하기 적합한 식은 식 13.6이다. k의 단위에 시간 단위(hr)가 아닌 초 단위(s)가 포함되어 있다는 사실을 상기하고, 계산에서 1시간을 초 단위로 바꿔 주어야 한다($1.00\,hr = 3.60\times10^3\,s$).

풀이 먼저 필요한 값들을 나열해 보자.

$$[N_2O_5]_0 = 0.600\,M \qquad [N_2O_5]_t = ?\,M$$
$$k = 6.22\times10^{-4}\,s^{-1} \qquad t = 3.60\times10^3\,s$$

식 13.6의 형태인 $[N_2O_5]_t = [N_2O_5]_0 e^{-kt}$에 위에 제시된 값들을 대입하고 계산한다.

$$\begin{aligned}[N_2O_5]_t &= [0.600\,M]_0 e^{-(6.22\times10^{-4}\,s^{-1})(3.60\times10^3\,s)}\\ &= (0.600\,M)\times e^{-2.239}\\ &= (0.600\,M)\times 0.1065\\ &= 0.0639^4\,M\end{aligned}$$

해설 공학용 계산기를 사용하면 $e^{-2.339}$의 값을 간단히 구할 수 있다. 대부분의 계산기에서 ln의 역함수를 누르면 된다.

[3] 로그함수의 성질 때문에 $\ln x = a$라면 $e^{\ln x} = e^a$이다. 여기서 $e^{\ln x} = x$이므로 $x = e^a$이다. 밑이 10인 상용로그에서도 비슷한 관계식이 성립한다. $\log x = a$이면 $10^{\log x} = x = 10^a$이다.

[4] 로그 값과 역로그 값의 유효 숫자에는 특별한 규칙이 있다. 어떤 값의 로그를 취할 때, **소수점 다음**에 있는 숫자의 개수는 그 로그 값의 유효 숫자의 개수와 같다. 예를 들면 e에 -2.24 거듭제곱을 취한 $e^{-2.24}$의 값은 -2.24의 역로그 값과 같다. -2.24는 소수점 아래에 두 개의 숫자를 가지므로, 역로그 값인 0.1064…도 유효 숫자가 두 개인 0.11이 되어야 한다.

1시간 후에 N_2O_5의 농도는 0.0639 M로 줄어들었다.

식 13.5를 사용하여 계산할 수도 있다. 먼저 농도의 비를 구하기 위하여 k와 t를 다음과 같이 대입한다.

$$\ln\frac{[N_2O_5]_0}{[N_2O_5]_t} = (6.22\times10^{-4}\ \cancel{s^{-1}})\times(3.60\times10^3\ \cancel{s})$$

$$\ln\frac{[N_2O_5]_0}{[N_2O_5]_t} = 2.239$$

식의 양변에 역로그를 취하면, 왼쪽 항은 다음과 같이 쓸 수 있다.

$$\text{antiln}\left(\ln\frac{[N_2O_5]_0}{[N_2O_5]_t}\right) = \frac{[N_2O_5]_0}{[N_2O_5]_t}$$

오른쪽 항 2.239의 역로그는 e의 2.239 제곱이 된다.

$$\text{antiln}\ (2.239) = e^{2.239} = 9.384 \quad \text{(유효 숫자 몇 자리를 더 보존함)}$$

왼쪽 항과 오른쪽 항을 다음과 같이 정리한다.

$$\frac{[N_2O_5]_0}{[N_2O_5]_t} = 9.384$$

이제 알고 있는 농도 $[N_2O_5]_0 = 0.600\,M$을 대입하고 $[N_2O_5]_t$에 대하여 풀면 다음의 결과를 얻는다.

$$[N_2O_5]_t = \frac{0.600\ M}{9.384} = 0.0639\ M \qquad \text{(정확히 반올림함)}$$

이 문제에서의 반올림은 시간과 속도 상수에 포함된 유효 숫자 3자리를 기준으로 한다. 이 예제와 같은 문제를 풀 때는 지수 형태의 식 13.6을 사용하는 것이 훨씬 편리하다는 것을 알았을 것이다.

답이 합리적인가? N_2O_5의 최종 농도가 초기 농도보다 **작은지** 확인하여 보라. 반응물은 반응에 의해 소모되기 때문에 계산된 최종 농도가 초기 농도 0.600 M보다 큰 값이라면 계산하는 과정에 큰 실수가 있었을 것이다. 또한 식 13.5와 식 13.6을 각각 사용하여 동일한 결과가 얻어졌으므로 답이 올바르다는 것을 확신할 수 있다(이와 같은 문제를 풀 때 두 가지 방법으로 모두 계산할 필요는 없다. 여기서는 단지 어떤 식을 사용해도 된다는 것을 보여주기 위한 목적이다).

실전 문제 13.15

소비자 제품을 기획할 때는 보관 기간을 2년으로 정하는 것이 바람직하다. '보관 기간 2년'은 제품의 주성분이 2년 동안 5% 이상 감소하지 않아야 한다는 것을 의미한다. 이 반응이 일차 반응이라면, 주성분의 분해 반응의 속도 상수는 얼마이어야 하는가? (**힌트**: 주성분의 초기 백분율과 최종 백분율은 각각 얼마인가?)

실전 문제 13.16

실전 문제 13.13에서 다음의 슈크로스가 산성 용액에서 물과 반응하는 것을 살펴보았다.

$$\underset{\text{슈크로스}}{C_{12}H_{22}O_{11}} + H_2O \longrightarrow \underset{\text{글루코스}}{C_6H_{12}O_6} + \underset{\text{과당}}{C_6H_{12}O_6}$$

이 반응은 일차 반응이며, H^+의 농도가 0.10 M일 때, 35°C에서 속도 상수는 6.17×10^{-4} s^{-1}이다. 어떤 실험에서 슈크로스의 초기 농도가 0.40 M이라고 가정하자. 다음 물음에 답하시오.

(a) 반응이 시작된 지 정확히 두 시간 뒤에 슈크로스의 농도는 얼마가 되겠는가?
(b) 슈크로스의 농도가 0.30 M로 감소할 때까지 몇 분이 소요되겠는가?

일차 반응의 속도 상수 구하기 로그함수의 성질[5]을 이용하여, 식 13.5를 다음과 같은 바꿀 수 있다.

$$\ln[A]_0 - \ln[A]_t = kt$$

이 식을 재배열하면 다음과 같이 직선의 식이 된다.

$$\begin{array}{ccccc} \ln[A]_t & = & -kt & + & \ln[A]_0 \\ \updownarrow & & \updownarrow\updownarrow & & \updownarrow \\ y & = & mx & + & b \end{array}$$

해설 직선의 식은 보통 다음과 같이 표현한다.

$$y = mx + b$$

여기서 x와 y는 변수이고 m은 기울기이며 b는 y축의 절편이다.

$\ln[A]_t$(수직축) 값을 t의 값(수평축)에 대하여 그리면, 기울기가 $-k$인 직선이 얻어진다. 이러한 직선의 관계를 사염화 탄소 용액에서 N_2O_5가 N_2O_4와 O_2로 분해하는 반응에 대한 **그림 13.6**에서 볼 수 있다.

반응에서 어떤 반응물에 대한 차수가 일차인지를 확인하는 방법 중의 하나가 시간에 대한 농도의 자연로그를 도시해서 직선이 얻어지는가를 확인하는 것이다.

반응물의 반감기 반응물의 **반감기(half-life, $t_{1/2}$)**는 반응물의 양이 절반으로 줄어드는 데 걸리는 시간으로, 특히 일차 반응에서 반응물이 얼마나 빠르게 반응하는가를 기술하는 데 편리한 도구이다. 빠른 반응은 반응물이 빠르게 소모되므로 반감기가 짧다. 반감기에 관한 식은 반응 차수에 따라 다르다.

앞으로 반응 차수라는 용어는 전체 반응 차수를 의미하는 용어로 사용할 것이다. 전체 반응 차수가 아닌 경우에는 '특정 반응물에 대한' 반응 차수라고 부를 것이다. 반응이 일차 반응일 때 반감기가 되면 다음과 같이 $[A]_t$는 $[A]_0$의 절반이 된다.

$$[A]_t = \tfrac{1}{2}[A]_0$$

따라서 식 13.5에 $[A]_t$ 대신 $\frac{1}{2}[A]_0$를 대입해서 반감기($t_{1/2}$)를 구할 수 있다.

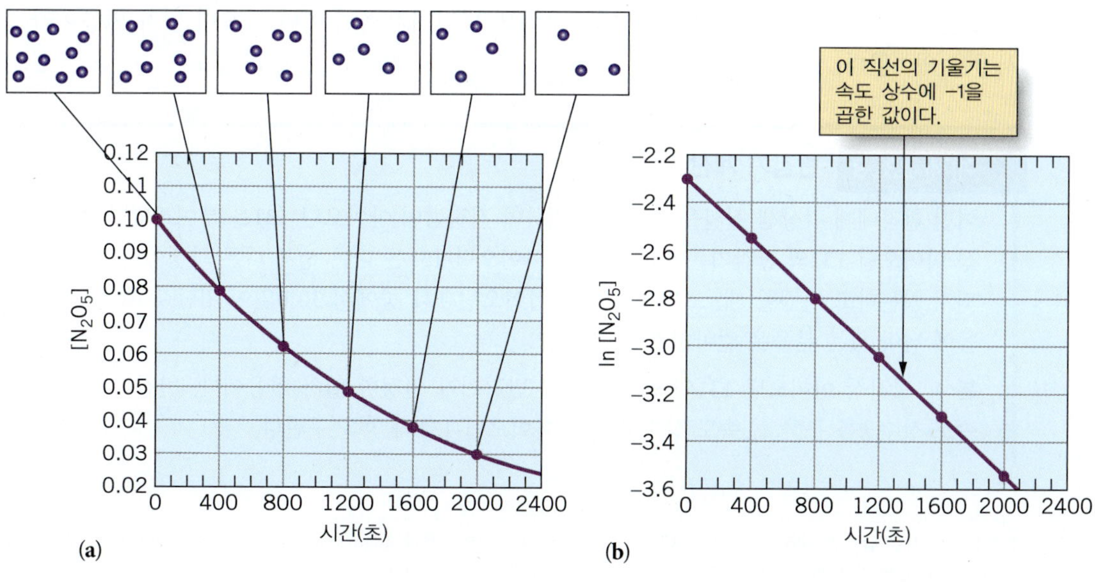

그림 13.6 N_2O_5의 분해 반응 (a) 45°C에서 분해 반응에 대한 시간과 농도 관계를 나타낸 그래프. (b) 시간에 대한 농도의 로그 값을 그리면 직선이 얻어진다. 직선 기울기는 이 반응의 속도 상수에 −1을 곱한 값과 같다. 작은 박스에는 남아 있는 N_2O_5 분자의 상대적 양을 나타내었다.

[5]분수의 로그함수는 다음과 같이 바꿀 수 있다. $\ln(\frac{a}{b}) = \ln a - \ln b$

그림 13.7 아이오딘-131의 방사성 붕괴는 일차 반응이다. 동위 원소의 초기 농도를 $[I]_0$로 표시하였다. 작은 박스에는 잔류하는 ^{131}I의 상대적인 양을 나타낸 것이다.

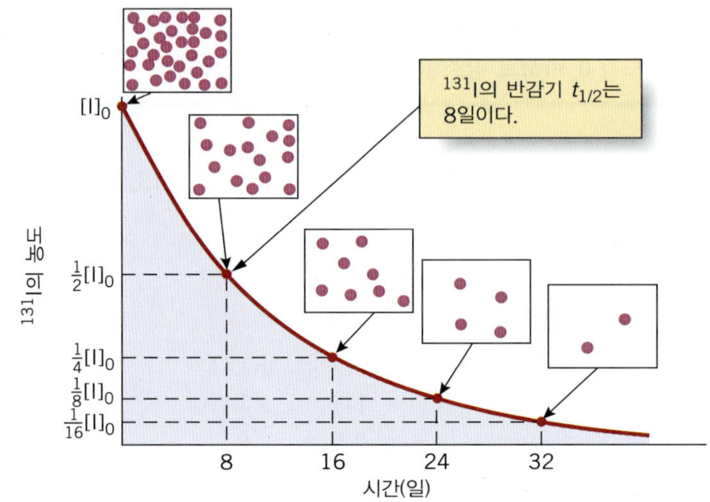

$$\ln \frac{[A]_0}{\frac{1}{2}[A]_0} = kt_{1/2}$$

여기서 왼쪽 항은 ln 2가 되므로, $t_{1/2}$에 관한 식으로 바꿔 주면 식 13.7이 된다.

도구
일차 반응의 반감기

$$t_{1/2} = \frac{\ln 2}{k} \tag{13.7}$$

특정 반응의 속도 상수 k는 상수이므로, 반감기 역시 온도와는 무관하게 모든 일차 반응에서 상수이다. 즉 **일차 반응의 반감기는 반응물의 초기 농도에 영향을 받지 않는다.** 자연에서 흔히 일어나는 일차 반응 중에 하나인 방사성 동위 원소가 '붕괴하는' 반응을 예를 들어 설명할 수 있다. 실제로 방사성 물질의 수명에 관해 이야기할 때 반감기라는 말을 들어보았을 것이다.

해설 ln 2는 0.693이기 때문에 식 13.7을 다음과 같이 나타내기도 한다.

$$t_{1/2} = \frac{0.693}{k}$$

아이오딘의 불안정한 방사성 동위 원소인 아이오딘-131은 방사선을 방출하면서 핵반응을 일으킨다[6](핵화학에 대한 자세한 내용은 21장 핵화학에서 다룬다). 이때 방사선의 세기는 **그림 13.7**에서 보는 바와 같이 시간에 따라 감소되는데, 이를 **붕괴**(decay)된다고 한다. 초기의 ^{131}I 양이 절반으로 줄어드는 데 8일이 걸린다는 사실을 주목하라. 그리고 이후 8일 동안 남아 있던 ^{131}I가 다시 절반으로 줄어드는 과정이 되풀이된다. 초기의 양과 관계없이 ^{131}I의 양이 절반으로 줄어드는 데 8일이 걸리는데, 이것은 ^{131}I의 반감기가 상수이며 반응이 일차 반응이라는 사실을 의미한다.

예제 13.8 반감기 계산

어떤 환자에게 갑상샘 질환을 진단하기 위하여 적정량의 아이오딘-131을 투여하였다. 방사성 아이오딘-131의 반감기는 8.02일이다. 아이오딘-131은 다른 생체 다른 과정에서는 소모되지 않는다고 가정할 때, 초기에 투여한 아이오딘-131 중에서 30.0일이 지난 후에 환자의 몸에 남아 있는 분율은 얼마인가?

분석 방사성 아이오딘-131의 붕괴 과정은 반감기가 일정한 일차 반응이다. 반감기로부터 속도 상수 k를 구하고, 속도 상수로 남은 아이오딘-131의 양을 구한다.

[6]아이오딘-131은 갑상샘 질환을 진단하는 데 쓰인다. 갑상샘은 '아담의 사과(Adam's apple)'라고 부르는 곳 바로 아래의 호흡기관에 붙어 있는 작은 조직이다. 호르몬을 만드는 데 아이오딘화 이온이 사용되므로, 환자에게 비방사성의 I^- 이온과 혼합된 $^{131}I^-$를 일정량 투여하면 두 이온 모두 갑상샘에서 흡수된다. 갑상샘의 (일시적인) 방사능 변화를 측정하면 갑상선 기능의 정상 여부를 진단할 수 있다.

도구 모음 반감기로부터 속도 상수 k를 구하는 데 다음의 식 13.7을 도구로 사용한다.

$$t_{1/2} = \frac{\ln 2}{k}$$

그리고 25.0일이 지난 후에 남아 있는 양을 구하는 데 식 13.5를 도구로 사용한다.

$$\ln \frac{[A]_0}{[A]_t} = kt$$

풀이 먼저 식 13.7을 재배열하여 일차 반응의 속도 상수 k를 구한다(모든 계산이 끝날 때까지 유효 숫자 하나를 추가하여 계산하자).

$$k = \frac{\ln 2}{t_{1/2}} = \frac{0.693}{8.02\text{일}} = 0.08641\text{일}^{-1}$$

이제 식 13.5를 사용하여 두 농도의 비 $\frac{[A]_0}{[A]_t}$를 구해 보자.

$$\ln \frac{[A]_0}{[A]_t} = kt = (0.08641\text{일}^{-1})(30.0\text{일}) = 2.59$$

다음과 같이 양쪽에 역로그를 취한다.

$$\frac{[A]_0}{[A]_t} = e^{2.59} = 13.33$$

초기 농도 $[A]_0$는 30.0일 후의 농도에 비해 13.33배 크다. 따라서 30.0일 후 남아 있는 농도의 분율은 0.08이다.

$$\frac{1}{13.33} = 0.075 = 0.08 \quad \text{정확히 반올림함}$$

답이 합리적인가? 반감기 8일의 4배는 32일이다. 그런데 30은 32와 매우 비슷한 수이므로, 32일 후에 남아 있는 양을 구한다고 가정하면 반감기의 개념을 4번 적용하면 된다. 초기에 존재하는 분율을 1이라고 하면 다음과 같은 표를 만들 수 있다.

반감기	0	1	2	3	4
분율	1	½	¼	⅛	1/16

아이오딘-131의 절반이 첫 번째 반감기 동안 없어지고 남아 있는 양의 절반이 다시 두 번째 반감기 동안 없어지는 등 이와 같은 과정이 되풀이된다. 따라서 4번째 반감기가 지난 후에 남아 있는 양의 분율은 $1/16$이며, 이는 구한 $1/13.33$과 매우 비슷하다.

해설 n번의 반감기가 지난 후 남아 있는 양은 $(\frac{1}{2})^n$, 즉 $\frac{1}{2^n}$이다.

실전 문제 13.17

실전 문제 13.13에서 물과 슈크로스의 반응은 슈크로스에 대하여 일차 반응이라는 것을 알았다. 주어진 실험 조건에서 이 반응의 속도 상수는 $6.17 \times 10^{-4}\,s^{-1}$이었다. 이 반응의 $t_{1/2}$를 분 단위로 구하시오. 슈크로스의 3/4이 반응하는 데 몇 분이 소요되겠는가? (**힌트**: 남아 있는 슈크로스의 분율은 얼마인가?)

실전 문제 13.18

실전 문제 13.15의 답을 이용하여 보관 기간이 2년인 주성분의 반감기를 구하시오.

실전 문제 13.19

방사성 동위 원소 우라늄-237의 반감기는 6.75일이다. 30일 후에 남아 있는 우라늄-237는 몇 %이겠는가?

탄소-14 연대 측정

해설 Willard F. Libby는 고대 유물의 탄소-14 연대 측정법을 발견한 공로로 1960년에 노벨 화학상을 받았다.

방사성 동위 원소의 붕괴는 일차 반응이다. 일차 반응의 반감기는 초기 농도와는 무관하기 때문에 몇몇 방사성 동위 원소는 물체의 연대를 측정하는 도구로 사용된다. 예를 들면 탄소-14를 이용하여 600년에서 60,000년 전에 살아있던 물질의 연대를 효과적으로 측정할 수 있다.

탄소-14는 방사성 동위 원소로 반감기가 5730년이고 속도 상수는 $k = 1.21 \times 10^{-4}\,\text{yr}^{-1}$이다. 이 동위 원소는 대기권 상층에서 우주선(cosmic rays)이 질소 원자에 작용하여 소량 만들어진다. 일단 생성된 탄소-14는 대기권의 하층으로 분산된다. 이후에 이산화 탄소로 산화되고 광합성에 의해 지구의 생명계로 들어간다. 탄소-14는 우선 식물 속으로 들어간 후, 이것을 먹는 동물의 구성 물질 속에 포함된다. 탄소-14는 계속 붕괴되지만 생명체는 새로운 탄소-14를 계속 섭취한다. 이 결과로 지구 전체적으로는 탄소-14가 일정 상태에 있게 된다. 식물이나 동물이 살아 있는 동안에는 탄소-14와 탄소-12의 비율은 일정하다. 이들이 죽을 때 생체 내에는 가장 많은 양의 탄소-14가 포함되어 있지만, 탄소-14가 붕괴하면서 그 양은 서서히 줄어든다. 붕괴는 일차 반응으로 그 속도 상수는 초기 탄소 원자의 수와 무관하다. 따라서 탄소-14와 탄소-12의 비율은, 죽은 후 측정이 이루어진 시간까지 경과한 햇수와 관련시킬 수 있다. 탄소-14에 의한 연대 측정은, 측정 대상이 죽은 후 지금까지 대기 중에 존재하는 탄소-14의 일정 상태가 크게 변하지 않았다는 결정적인 가정하에 이루어진다.[7]

해설 모든 연대 측정 실험에서 사용할 수 있는 시료는 극히 소량이고, '현대의' 물질로 오염되지 않도록 특별한 주의를 기울여야 한다.

살아 있는 생체 시료의 $^{14}C/^{12}C$ 비율은 약 1.2×10^{-12}이다. 따라서 대기 중의 $^{14}CO_2$와 평형 상태를 이루고 있는 생체의 탄소 시료 1.0 g에는 5.8×10^{10}개의 탄소-14 원자와 4.8×10^{10}개의 탄소-12 원자가 존재한다. 이 비율은 ^{14}C의 반감기마다 반으로 줄어든다.

어떤 물체의 연대 측정은 방사성 붕괴가 일차 반응이라는 사실을 이용한다. 탄소를 포함하고 있는 생명체가 죽은 순간의 $^{14}C/^{12}C$ 비율을 r_0라고 하고 t년이 지난 현재의 $^{14}C/^{12}C$ 비율을 r_t라고 할 때, 이를 식 13.5에 대입하면 다음의 식을 얻는다.

$$\ln\frac{r_0}{r_t} = kt \qquad \textbf{(13.8)}$$

여기서 k는 붕괴 반응의 속도 상수(^{14}C의 붕괴 상수)이고, t는 경과한 시간이다. 이제 k 대신 $k = 1.21 \times 10^{-4}\,\text{yr}^{-1}$을 식 13.8에 대입하면 연대를 측정할 수 있는 식 13.9를 얻는다.

도구
탄소-14 연대 측정

$$\ln\frac{r_0}{r_t} = (1.21 \times 10^{-4}\ \text{yr}^{-1})t \qquad \textbf{(13.9)}$$

식 13.9에 이전에 살았던 생명체의 현재 $^{14}C/^{12}C$ 비율을 측정하여 대입하면 그 생명체가 살았던 연대를 구할 수 있다.

여기서 방사성 핵의 개수를 사용하지 않고, 세기 성질인 $^{14}C/^{12}C$의 비를 사용했음을 알아야 한다. 시료의 크기가 일정한 것이 아니기 때문에 시료의 세기 성질을 사용해야 연대를 측정할 수 있다.

[7]지구로 쏟아지는 우주선(cosmic ray)의 세기와 지구의 자기장이 장기간에 걸쳐 느리게 변하고, 1900년대에는 엄청난 양의 석탄과 석유를 연소시키면서 많은 양의 탄소-12가 대기 중으로 유출되기도 하였기 때문에, 대기 중에 존재하는 탄소-14 원자의 양은 수시로 변하고 있다. 탄소-14 연대 측정의 오차를 줄이기 위하여, 측정값을 나이테로 측정한 값에 맞추어 보정하고 있다. 예를 들어 Newfoundland 지방의 L'Anse aux Meadows에 위치한 바이킹 유적지의 연대를 탄소-14 연대 측정법으로 측정한 결과는 AD 895±30년이었다. 그러나 보정을 하면 바이킹이 정착한 연대는 AD 997년으로 측정되었다. 이는 Lief Ericksson이 현재 L'Anse aux Meadows 지역임이 확실한 'Vinland' 지역에 정착했다는 아이슬란드의 영웅 전설 내용과 정확히 일치한다.

예제 13.9 ^{14}C 연대 측정법을 이용한 유물의 연대 측정

질량 분석계를 사용하여 $^{14}C/^{12}C$의 비율을 측정하였더니 고대 목재 유물 시료의 비율은 3.3×10^{-13}이고 현대 식물의 경우 그 비율이 1.2×10^{-12}이었다. 이 유물의 연대는 얼마인가?

분석 $^{14}C/^{12}C$의 비율이 주어진 유물의 연대를 구하라는 문제이다.

도구 모음 다음의 식 13.9에 $r_0 = 1.2 \times 10^{-12}$과 $r_t = 3.3 \times 10^{-13}$을 대입한다.

$$\ln \frac{r_0}{r_t} = (1.21 \times 10^{-4}\ \text{yr}^{-1})t$$

풀이 현재의 $^{14}C/^{12}C$ 비율 1.2×10^{-12}를 r_0에 그리고 3.3×10^{-13}를 r_t에 각각 대입하면 다음의 결과를 얻는다.

$$\ln \frac{1.2 \times 10^{-12}}{3.3 \times 10^{-13}} = (1.21 \times 10^{-4}\ \text{yr}^{-1})t$$
$$\ln(3.6) = 1.281 = (1.21 \times 10^{-4}\ \text{yr}^{-1})t$$

이제 $t(1.281/1.21 \times 10^{-4}\ \text{yr}^{-1})$를 계산해서 구한 이 유물의 연대는 1.1×10^4 yr(11,000년)이다.

답이 합리적인가? 고대 유물이라고 하였으므로 11,000년 전의 것이라는 것은 타당하다(만약 식 13.9에 잘못 대입하였다면 음의 값이 얻어질 수도 있고, 그러한 답은 분명 이치에 맞지 않는다).

실전 문제 13.20

나무로 만든 오래된 유물의 $^{14}C/^{12}C$ 비율이 살아 있는 나무의 5분의 1이라는 사실을 확인하였다. 이 목제품은 얼마나 오래된 것인가? (단, ^{14}C의 $t_{1/2} = 5730$년이다.) (**힌트**: 적분 속도 법칙과 반감기의 관계를 상기하시오.)

실전 문제 13.21

탄소-14 연대 측정의 검정 곡선은 지속적으로 갱신되고 있다. 2010년 이전에는 5% 미만 또는 95% 이상 붕괴된 시료의 연대 측정 결과는 인정할 수 없을 정도의 큰 오차가 있었다. 5% 이상 95% 미만으로 붕괴된 시료의 연대 측정 결과만을 신뢰할 수 있다면, 측정 결과를 신뢰할 수 있는 시료 나이의 범위는 어떻게 되겠는가?

이차 반응과 속도 상수

설명을 간단하게 하기 위하여 속도 법칙에 하나의 반응물만 포함하는 **이차 반응(second-order reaction)**에 대해서만 살펴보기로 하자.

$$\text{속도} = k[B]^2$$

이러한 속도 법칙의 반응에서 농도와 시간 사이의 관계는 일차 반응의 식과는 매우 다른 13.10으로 주어진다.

$$\boxed{\frac{1}{[B]_t} - \frac{1}{[B]_0} = kt} \qquad \textbf{(13.10)}$$

도구
이차 반응의 적분 속도 법칙

여기서 $[B]_0$는 B의 초기 농도이고, $[B]_t$는 어떤 시각 t에서 B의 농도이다.

시간에 따른 농도 변화가 식 13.10으로 주어지는 이차 반응의 속도 상수 k는 일차 반응에서 사용한 방법과 비슷한 그래프 방법으로 구할 수 있다. 식 13.10을 다음과 같은 직선 식의 형태

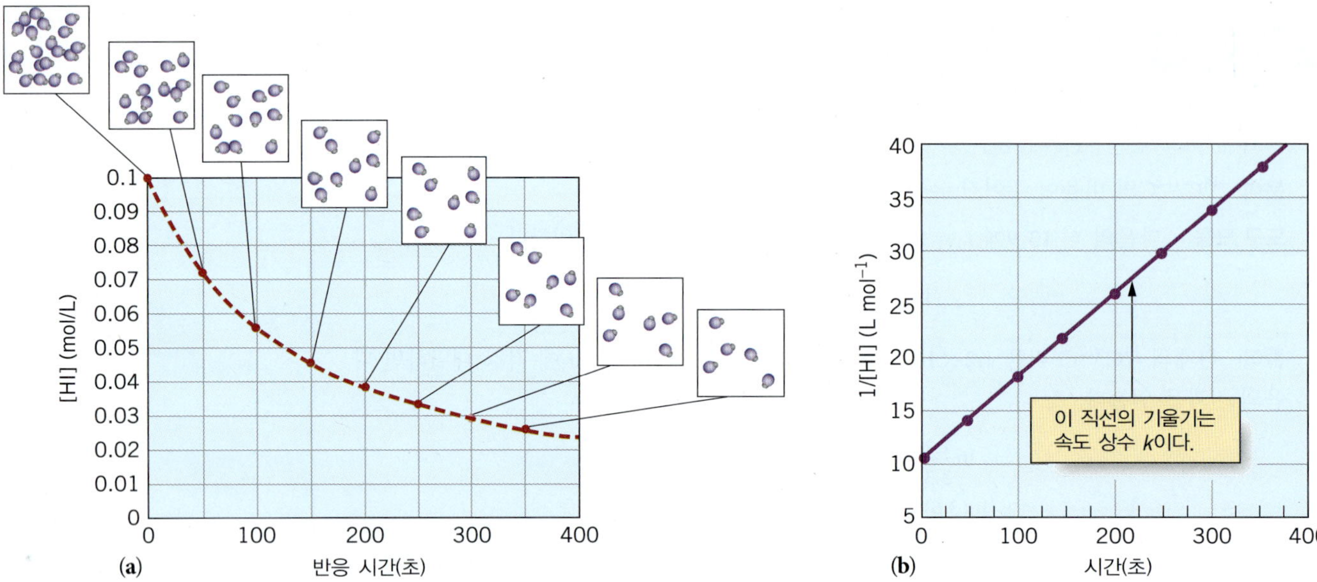

그림 13.8 이차 반응의 반응 속도 (a) 표 13.1의 HI 분해 반응의 자료를 사용하여 시간에 따른 농도 변화를 도시한 그래프. (b) 시간에 대한 1/[HI]를 도시하면 직선이 얻어진다.

로 재배열할 수 있다.

$$\begin{array}{ccccc} \dfrac{1}{[B]_t} & = & kt & + & \dfrac{1}{[B]_0} \\ \updownarrow & & \updownarrow\updownarrow & & \updownarrow \\ y & = & mx & + & b \end{array}$$

반응이 이차 반응인 경우에, 시간에 따른 $1/[B]_t$의 변화를 그리면 기울기가 k인 직선이 얻어져야 한다. 표 13.1의 HI 분해 반응의 자료를 사용하여 그래프를 그렸을 때 직선이 얻어지는 것을 **그림 13.8**에서 볼 수 있다.

이차 반응의 반감기 이차 반응의 반감기는 반응물의 초기 농도에 따라 달라진다. 이차 반응인 HI 기체의 분해 반응에 대한 그림 13.8을 살펴보면 이 사실을 알 수 있다. 아이오딘화 수소의 농도가 0.10M일 때 반응이 시작되었다. 125초 후에 HI의 농도가 0.050M로 줄어들었으므로, HI의 초기 농도가 0.10M일 때 반감기는 125초이다. 농도 0.050M을 다음 '초기' 농도로 정하고, 농도가 0.025M로 감소할 때까지 소요된 시간을 구하면 250초이다(총 반응 시간은 375초이다). 초기 농도를 0.10M에서 0.050M로 절반으로 줄이면, 반감기는 125초에서 250초로 두 배 증가한다.

여기서 HI의 분해 반응과 같은 이차 반응의 반감기는 반응물의 초기 농도에 반비례한다는 것을 알 수 있다. 반감기와 속도 상수의 관계식은 식 13.11과 같다.

도구
이차 반응의 반감기

$$t_{1/2} = \frac{1}{k \times (\text{반응물의 초기 농도})} = \frac{1}{k \times [B]_0} \tag{13.11}$$

예제 13.10 이차 반응의 농도-시간 계산

염화 나이트로실(NOCl)은 다음 반응식과 같이 NO와 Cl_2로 천천히 분해된다.

$$2NOCl \longrightarrow 2NO + Cl_2$$

이 반응의 속도 법칙은 NOCl에 대하여 이차이다.

$$\text{속도} = k[\text{NOCl}]^2$$

어떤 온도에서 속도 상수 $k = 0.030\,\text{L mol}^{-1}\,\text{s}^{-1}$이다. 밀폐된 반응 용기에 있는 NOCl의 초기 농도가 0.060 M이라면, 35분 후에 농도는 얼마가 되겠는가?

분석 이차 반응의 속도 법칙이 주어졌다. 35분(= 2100초) 후의 NOCl의 몰농도 $[\text{NOCl}]_t$를 계산해야 한다.

도구 모음 이 문제를 풀기 위해 사용해야 하는 식은 이차 반응의 적분 속도 법칙인 식 13.10이다.

풀이 자료들을 정리해 보면 다음과 같다.

$$[\text{NOCl}]_0 = 0.060\ M \qquad [\text{NOCl}]_t = ?\ M$$
$$k = 0.030\ \text{L mol}^{-1}\,\text{s}^{-1} \qquad t = 2100\ \text{s}$$

이 값을 다음의 식에 대입한다.

$$\frac{1}{[\text{NOCl}]_t} - \frac{1}{[\text{NOCl}]_0} = kt$$

값들을 대입하면

$$\frac{1}{[\text{NOCl}]_t} - \frac{1}{(0.060\ \text{mol L}^{-1})} = (0.030\ \text{L mol}^{-1}\,\text{s}^{-1}) \times (2100\ \text{s})$$

이를 $1/[\text{NOCl}]_t$에 대하여 풀면

$$\frac{1}{[\text{NOCl}]_t} - 16.67\ \text{L mol}^{-1} = 63\ \text{L mol}^{-1}$$
$$\frac{1}{[\text{NOCl}]_t} = 79.67\ \text{L mol}^{-1}$$

양변에 역수를 취하고 구한 $[\text{NOCl}]_t$의 값은 다음과 같다.

$$[\text{NOCl}]_t = \frac{1}{79.67\ \text{L mol}^{-1}} = 0.0125\ \text{mol L}^{-1} = 0.0125\ M$$

NOCl의 몰농도는 0.060 M에서 35분 후에 0.0125 M로 감소한다.

답이 합리적인가? NOCl의 농도가 감소하였으므로 답은 타당해 보인다.

실전 문제 13.22

예제 13.10의 반응에서 NOCl의 농도가 0.035 M에서 0.005 M로 감소하는 데 걸리는 시간을 구하시오(**힌트**: 식 13.10을 풀 때 시간은 양의 값이어야 한다).

실전 문제 13.23

염화 나이트로실 시료를 분석하기 위하여 오전 11시 35분에 시료를 채취하였다. 같은 날 오후 3시 45분에 시료를 분석하였더니 NOCl의 농도가 0.00040 M이었다. 시료를 채취한 순간에 NOCl의 농도는 얼마였는가? (예제 13.10을 참조하시오.)

영차 반응

영차 반응(zero-order reaction)은 농도 항의 지수가 0이므로 반응 속도가 반응물의 농도에 영향을 받지 않는 반응이다.

$$\text{속도} = k[A]^0 = k$$

영차 반응의 경우 적분 속도 법칙이 다음과 같기 때문에 반응물의 농도를 시간에 따라 그리면 직선이 얻어진다.

도구
영차 적분 속도 법칙

$$\boxed{[A]_t = -kt + [A]^0} \qquad (13.12)$$

일차 반응이나 이차 반응에서 사용했던 방법으로 이 식을 그래프로 그리면, 기울기의 반대 부호 값으로 속도 상수 k를 구할 수 있다. $[A]_t = \frac{1}{2}[A]_0$를 식 13.12에 대입하면 다음의 영차 반응의 반감기에 관한 식을 구할 수 있다.

도구
영차 반응의 반감기

$$\boxed{t_{1/2} = \frac{1}{k}\frac{[A]_0}{2}} \qquad (13.13)$$

속도 법칙, 반응 차수, 적분 속도 법칙, 반감기와 관련된 중요 식을 **표 13.5**에 요약하였다.

표 13.5 중요 속도식의 요약

반응 차수	속도 법칙	적분 속도 법칙	반감기 식
0	속도 $= k$	$[A]_t = -kt + [A]_0$	$t_{1/2} = \frac{1}{k}\frac{[A]_0}{2}$
1	속도 $= k[A]$	$[A]_t = [A]_0\, e^{-kt}$	$t_{1/2} = \frac{\ln 2}{k}$
2	속도 $= k[B]^2$	$\frac{1}{[B]_t} - \frac{1}{[B]_0} = kt$	$t_{1/2} = \frac{\ln}{k \times [B]_0}$

그래프를 이용한 반응 차수 분석

반응 시간에 따른 농도가 변하는 반응물이 하나뿐인 특별한 경우에는 적분 속도 법칙과 속도 법칙을 그래프로 나타내는 것은 대단히 유용하다. 적분 속도 법칙을 적절히 도시하여 반응 차수를 결정하는 데 시간에 대한 농도 변화 자료를 이용할 수 있다. 반응물의 농도를 시간에 대하여 그렸을 때 직선이 되는 영차 반응의 경우, 속도 상수는 기울기에 반대 부호를 붙이면 된다. 일차 반응의 경우에는 반응물 농도의 자연로그 값을 시간에 대하여 그렸을 때 직선 그래프가 얻어지고, 이 직선 기울기의 반대 부호 값이 속도 상수이다. 이차 반응의 경우에는 농도의 역수값을 시간에 대해 그려야 직선이 만들어지며, 이 직선의 기울기가 속도 상수이다. 이와 관련된 자료를 **표 13.6**에 요약하였다.

표 13.6 그래프를 이용한 반응 차수 분석

반응 차수	직선 그래프	속도 상수 k	반감기의 의존성
0	시간 대 $[X]$	− (직선 기울기)	초기 농도에 의존
1	시간 대 $\ln [X]$	− (직선 기울기)	농도와 무관
2	시간 대 $1/[X]$	양의 기울기 초기	농도에 의존

예제 13.11 반감기 계산

540 °C에서 반응 $2HI(g) \longrightarrow H_2(g) + I_2(g)$의 속도 법칙은 속도 $= k[HI]^2$이고, $k = 0.147$ L mol^{-1}s^{-1}이다. HI의 초기 농도가 0.15 M일 때, 이 온도에서 반감기는 얼마인가?

분석 속도 법칙으로 이 반응은 이차 반응임을 알 수 있고, 이 반응의 반감기를 구해야 한다. 이차 반응의 경우에 반감기는 초기 농도에 의존한다는 사실을 상기하라.

도구 모음 반감기를 구하기 위해서는 식 13.11을 이 문제 해결의 도구로 사용해야 한다.

풀이 초기 농도는 $0.15\,\text{mol L}^{-1}$이고, $k = 0.147\,\text{L mol}^{-1}\,\text{s}^{-1}$이다. 이 값들을 식 13.11에 대입해서 반감기를 구한다.

$$t_{1/2} = \frac{1}{(0.147\ \text{L mol}^{-1}\ \text{s}^{-1})(0.15\ \text{mol L}^{-1})}$$
$$= 45.35\ \text{s}$$

답이 합리적인가? 0.147를 0.15로 바꾸어 대략적인 답을 구해 보자.

예상되는 답은 $\frac{1}{0.15 \times 0.15} = 45$이다. 이 값은 우리가 구한 값에 가깝다. 또한 단위는 서로 소거되어 초 단위만 남는다. 이 두 가지로 구한 답이 타당하다고 생각된다.

실전 문제 13.24

반응 $2NO_2 \longrightarrow 2NO + O_2$는 NO_2에 대하여 이차 반응이다. $NO_2(g)$의 초기 농도가 $7.84 \times 10^{-4}\,\text{mol L}^{-1}$이고 초기 반응 속도가 $3.42 \times 10^{-7}\,\text{mol L}^{-1}\,\text{s}^{-1}$일 때 속도 상수는 얼마인가? 이 반응의 반감기는 얼마인가? (**힌트**: 주어진 값을 식에 대입하기 전에 먼저 속도 법칙을 정하고 푸시오.)

실전 문제 13.25

어떤 반응의 $t_{1/2}$이 반응물의 초기 농도와 무관하다고 알려졌다. 이 반응의 반응 차수는 얼마라고 생각되는가? 답의 근거를 제시하시오.

반응 속도와 속도 법칙 그리고 적분 속도 법칙

반응 속도(13.2절)와 속도 법칙(13.3절) 그리고 적분 속도 법칙(13.4절)은 반응 속도론에서의 서로 다른 양상을 표현하는 식이다. 이 3가지 개념을 비교한 자료를 **표 13.7**에 수록하였다. 속도 법칙과 적분 속도 법칙에서 사용되는 속도 상수는 반응이 얼마나 빨리 진행하는지를 결정하는 인자이고, 반응의 차수는 지수 x와 y로 나타낸다.

표 13.7 반응 속도와 속도 법칙 그리고 적분 속도 법칙의 비교

반응 속도	반응이 진행하는 속도 반응 $aA + bB \longrightarrow cC + dD$에 대하여 반응 속도 $= -\frac{1}{a}\frac{\Delta[A]}{\Delta t} = -\frac{1}{b}\frac{\Delta[B]}{\Delta t} = \frac{1}{c}\frac{\Delta[C]}{\Delta t} = \frac{1}{d}\frac{\Delta[D]}{\Delta t}$
속도 법칙	특정 시간에 반응 속도의 농도 의존성을 나타냄 일차 반응 $aA \longrightarrow dD$ 속도 $= k[A]$ 이차 반응 $bB \longrightarrow eE$ 속도 $= k[B]^2$ 영차 반응 $cC \longrightarrow fF$ 속도 $= k$ 일반적인 표현 $aA + bB \longrightarrow cC + dD$ 속도 $= k[A]^x[B]^y$
적분 속도 법칙	반응물이 한 가지인 반응에서 시간에 따른 농도의 변화를 나타냄 일차 반응 $\ln\frac{[A]_0}{[A]_t} = kt$ 이차 반응 $\frac{1}{[B]_t} - \frac{1}{[B]_0} = kt$ 영차 반응 $[C]_t = -kt + [C]_0$

13.5 분자 수준에서의 충돌 이론

온도가 10℃ 오를 때마다 반응 속도는 약 2배 증가한다는 경험적인 규칙이 있다. 그러나 실제 속도 증가량은 반응마다 조금 다르다. 온도는 분명히 반응 속도에 큰 영향을 미친다. 온도가 반응 속도에 영향을 미치는 이유를 이해하려면 관찰 결과 결과를 설명할 수 있는 이론적인 모형이 필요하다. 가장 단순한 모형은 **충돌 이론**이다.

충돌 이론

충돌 이론(**collision theory**)의 기본 가정은 반응 속도가 반응 분자들 사이의 초당 **유효** 충돌수에 비례한다는 것이다. **유효 충돌**(**effective collision**)이란 생성물의 분자들이 실제로 만들어지는 충돌의 의미한다. 따라서 유효 충돌의 빈도를 증가시킬 수 있는 인자는 모두 반응 속도를 증가시킨다.

해설 0.1 *M* HI가 그림 13.5에서와 같이 분해될 때 10^{18}번 충돌 중에서 단 1개의 HI만이 알짜 화학 반응에 이른다. 다른 충돌에서는 HI가 반응하지 않고 서로 튕길 뿐이다.

초당 유효 충돌의 수에 영향을 주는 여러 인자 중 하나는 **농도**이다. 반응물의 농도를 증가시키면 유효 충돌을 포함한 모든 형태의 초당 충돌수가 증가할 수밖에 없다. 13.8절에서 농도의 중요성에 대하여 다시 살펴볼 것이다.

반응 분자들 사이에 일어나는 모든 충돌이 화학적 변화를 일으키지는 않는다. 우리는 기체나 액체상에서 반응물의 원자나 분자들 사이에 초당 매우 무수히 많은 충돌이 일어난다는 것을 이미 알고 있다. 모든 충돌이 유효하다면, 모든 반응들은 순식간에 끝날 것이다. 그러나 **모든 충돌의 극히 일부분만이 실질적인 알짜 변화를 일으킨다.** 왜 그런 소수의 충돌만이 유효한지 고찰해 보자.

분자의 배향 대부분의 반응에서 두 반응 분자가 서로 충돌할 때 반응이 일어나기 위해서는 이들이 올바르게 배향되어 있어야 한다. 예를 들어 다음과 같은 반응을 살펴보기로 하자.

$$2NO_2Cl \longrightarrow 2NO_2 + Cl_2$$

이 반응은 두 단계로 진행하는 것으로 보인다. 그중 한 단계는 NO_2Cl 분자와 염소 원자가 충돌하는 것이다.

$$NO_2Cl + Cl \longrightarrow NO_2 + Cl_2$$

그림 13.9에서 보는 바와 같이 Cl 원자가 충돌할 때 NO_2Cl 분자의 배향은 중요하다. 그림 13.9(a)와 같은 배향으로 충돌하면 N−Cl 결합을 끊고 새로운 Cl−Cl 결합을 형성할 수 있을 만큼 충분히 두 Cl 원자가 가까이 접근하지 못하므로 Cl_2 분자가 생성되기 어렵다. 그림 13.9(b)는 NO_2Cl과 Cl이 충돌하여 실제로 생성물을 만들 수 있는 올바른 배향을 보여 준다.

분자의 운동 에너지 반응물들이 올바르게 배향되어 있다고 하여도 모든 충돌이 생성물을 생성할 만큼 충분한 에너지를 가지고 있지는 않다. 이 때문에 전체 충돌 중에서 극히 일부의 충돌만이 실질적인 화학 변화로 이어진다. 반응이 성공적으로 진행되려면 충돌하는 입자들은 **활성화 에너지**(**activation energy**, E_a)라고 하는 최소한의 운동 에너지를 가지고 충돌해야 한다. 성공적인 충돌에서는 입자들이 서로 충돌할 때 활성화 에너지가 위치 에너지로 바뀌고, 반응물의 화학 결합은 생성물의 화학 결합으로 바뀐다. 대부분의 화학 반응에서 활성화 에너지는 매우 큰 값이므로, 올바른 배향으로 충돌하는 분자들 중 단지 일부만이 활성화 에너지를 가지고 있다.

해설 활성화 에너지(E_a) 혹은 그 이상의 에너지를 갖는 분자 분율(f_{KE})은 다음 식과 같이 주어진다.

$$\ln f_{KE} = Ae^{-E_a/RT}$$

충돌하는 동안에 실제로 어떤 일이 일어나는가를 자세히 조사해 보면 활성화 에너지의 존재를 이해할 수 있다. 오래된 결합이 끊어지고 새로운 결합이 형성되기 위해서는 충돌하는 입자들의 원자핵들이 서로 충분히 가까이 접근해야 한다. 분자들이 서로 접근하는 과정에서 전자

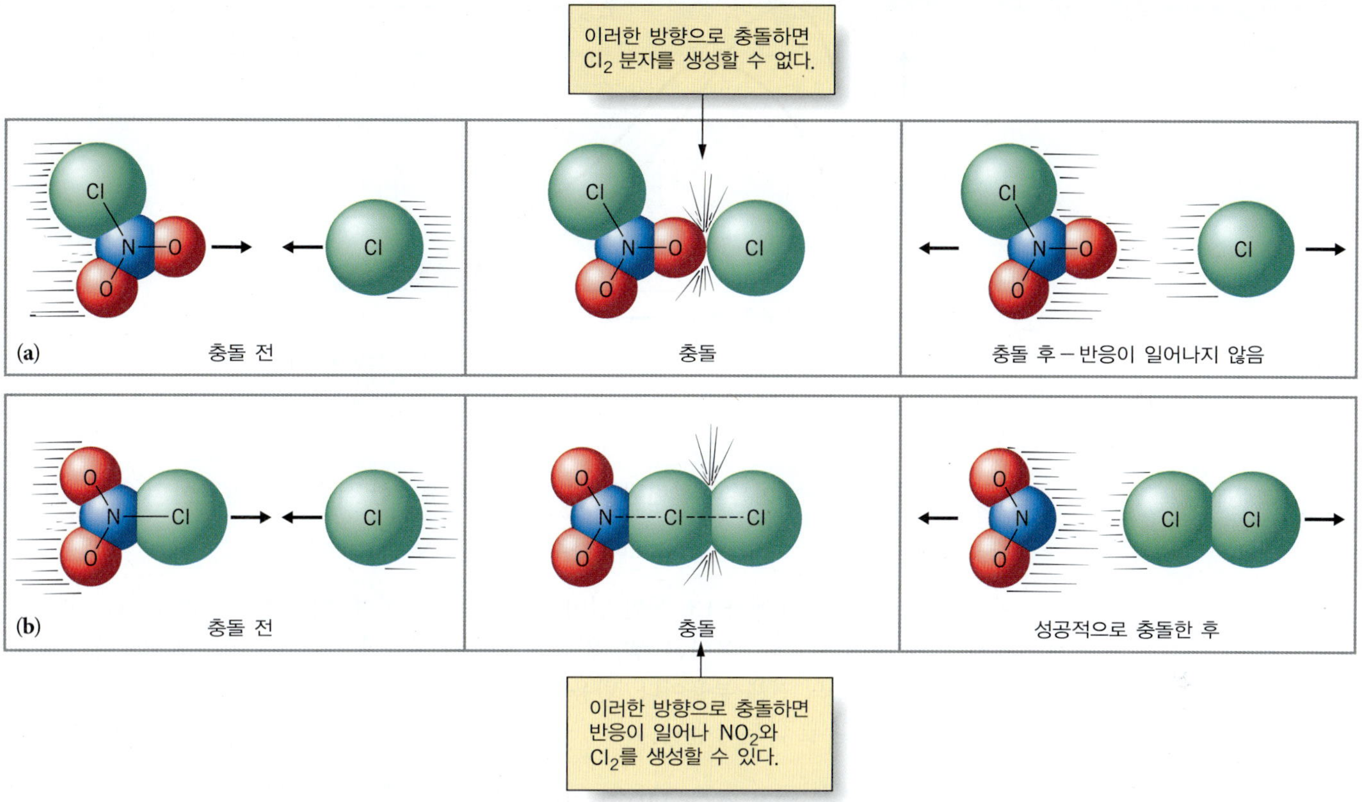

그림 13.9 반응에서 충돌이 일어날 때 분자 배향의 중요성 NO_2Cl이 분해되어 NO_2와 Cl_2가 생성되는 반응에서 중요한 단계는 NO_2Cl 분자와 Cl 원자의 충돌이다. (a) 효과가 없는 배향으로 충돌, (b) 올바른 배향으로 충돌

구름의 반발이 있으므로, 분자들의 총 운동 에너지가 이 반발을 이겨낼 수 있을 만큼 충분해야 분자들은 서로 충돌할 수 있다. 만약 충분하지 않으면, 분자들은 빗겨 가거나 방향을 바꾸어 튀어 나가면서 서로 멀어진다. **그림 13.10**과 같이, 큰 운동 에너지를 가지고 빠르게 움직이는 분자들만 이 핵과 전자들이 느끼는 반발력을 극복할 수 있는 충분한 충돌 에너지를 갖고 충돌하여, 이어지는 결합 파괴와 결합 생성에 의한 화학 변화를 일으킬 수 있다.

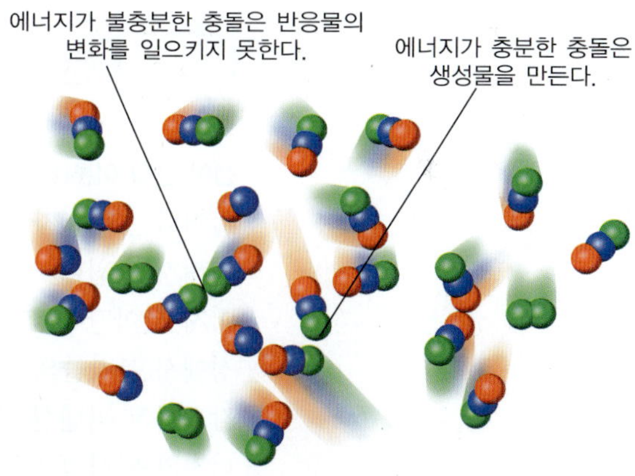

그림 13.10 생성물을 만드는 데 필요한 충돌 에너지

온도의 영향 활성화 에너지라는 개념을 이용하면 온도가 높아지면 반응 속도가 증가하는 이유를 설명할 수 있다. 동일한 반응 혼합물이지만 온도가 서로 다른 두 운동 에너지 곡선에 대한 **그림 13.11**을 살펴보기로 하자. 그림 11.18에서와 마찬가지로 각 곡선은 전체 충돌 중 특정한 값의 운동 에너지(가로축)를 갖는 충돌의 **분율**(세로축)을 나타내고 있다. 온도를 높이면 최대점은 오른쪽으로 이동하고 곡선은 조금 평평해진다. 그러나 **반응의 활성화 에너지는 약간의 온도 변화에는 영향을 받지 않는다.** 다시 말하면, 온도가 높아지면서 곡선이 더 평평해지고 최대점이 오른쪽으로 이동해도 E_a의 값은 변함이 없다.

그림 13.11의 곡선 아래에 음영으로 나타낸 부분의 면적은 운동 에너지가 활성화 에너지보다 큰 충돌의 분율의 합을 의미한다. **반응 분율**(reacting fraction)이라고 부를 수 있는 이 분율의 합은 낮은 온도보다 높은 온도에서 상대적으로 훨씬 더 크다. 왜냐하면 온도를 조금만 높여도 곡선의 많은 부분이 활성화 에너지 너머로 이동하기 때문이다. 다시 말해서 더 높은 온도에서는 단위 시간 동안 화학 변화를 일으키는 충돌의 수가 훨씬 더 많으며, 따라서 반응은 높은 온도에서 더 빠르게 진행된다.

그림 13.11 서로 다른 두 온도에서 반응 혼합물의 운동 에너지 분포

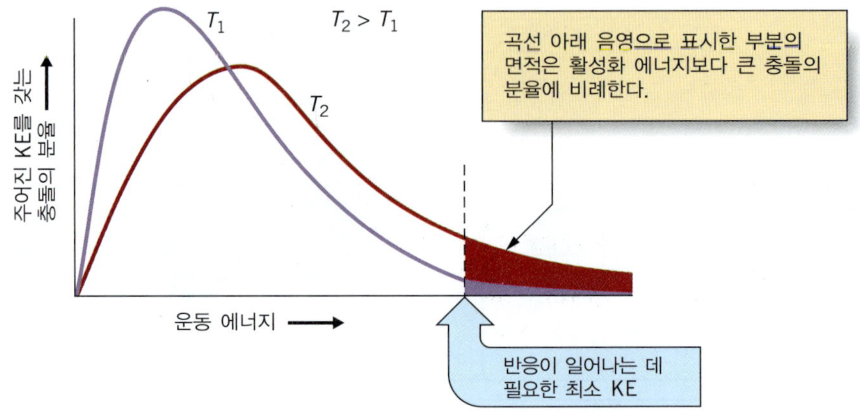

분자 수준에서 충돌 이론과 관련된 세 가지 인자를 요약한 식을 다음과 같이 세울 수 있다.

$$\text{반응 속도(분자수}\,\mathrm{L^{-1}\,s^{-1}}) = N \times f_{\text{배향}} \times f_{\mathrm{KE}}$$

여기서 N은 혼합물 1 L에서 1초 동안 일어나는 총 충돌수이며, 이 값은 약 $10^{27}\,\mathrm{L^{-1}\,s^{-1}}$이다. 나머지 두 항 중에서 $f_{\text{배향}}$은 올바른 배향을 가진 충돌의 분율이고, f_{KE}는 반응에 필요한 운동 에너지를 가진 충돌의 전체 분율이다. 반응 속도를 실험실 수준의 단위인 $\mathrm{mol\,L^{-1}\,s^{-1}}$으로 바꾸려면 Avogadro 수로 나누어 준다.

$$\text{반응 속도}(\mathrm{mol\,L^{-1}\,s^{-1}}) = \frac{\text{반응 속도}(\cancel{\text{분자수}}\ \mathrm{L^{-1}\,s^{-1}})}{6.02 \times 10^{23}(\cancel{\text{분자수}}\ \mathrm{mol^{-1}})}$$

13.6 분자 수준에서의 전이 상태 이론

전이 상태 이론(**transition state theory**)을 이용하여 반응 분자들이 서로 충돌할 때 어떤 일이 일어나는지를 자세히 설명할 수 있다. 분자들이 정면으로 충돌할 때 분자들의 움직임은 점점 느려져 마침내 서로 달라붙어 정지하였다가 대부분의 경우에는 원래의 분자 상태로 다시 떨어져 날아간다. 그러나 충돌이 반응이 일어나면 분리된 입자들은 생성물 입자이다. 충돌 과정에서 분자들의 속도가 느려질 때 어떤 일이 일어나든 관계없이, 분자들의 총 운동 에너지는 감소하고 퍼텐셜 에너지(PE)는 증가한다. 이것은 테니스공이 라켓에 부딪힐 때 공의 운동 에너지가 일시적으로 사라지는 것과 같다. 변형된 라켓과 공에 있던 퍼텐셜 에너지는 즉시 공의 운동 에너지로 다시 바뀌면서 공을 새로운 방향으로 날려 보낸다.

퍼텐셜 에너지 도표

해설 위치 에너지 표면을 언덕 지형의 지형도로 시각화할 수 있다. 언덕을 넘어가는 다양한 경로가 존재할 수 있지만, 단순화된 퍼텐셜 에너지 도표는 반응물에서 생성물까지 화학 반응이 진행하는 한 가지 경로에 대한 자세한 정보를 보여 주는 것이다.

활성화 에너지와 총 퍼텐셜 에너지 변화의 관계를 보여 주기 위하여 종종 **그림 13.12**와 같은 **퍼텐셜 에너지 도표**(potential energy diagram)를 사용한다. 세로축은 충돌하는 입자들의 운동 에너지가 바뀌면서 변하는 퍼텐셜 에너지를 나타낸다. **반응 좌표**(**reaction coordinate**)라고 하는 가로축은 반응물이 생성물로 변하는 반응 정도를 나타낸다. 이 좌표로 반응물이 서로 만나 생성물로 변하는 반응 경로를 추적할 수 있다. 활성화 에너지는 반응물과 생성물 사이에 있는 퍼텐셜 에너지의 '언덕' 또는 장벽으로 인식된다. 적어도 E_a보다 큰 퍼텐셜 에너지로 변환될 수 있는 운동 에너지를 가지고, 올바른 배향으로 충돌하는 분자들만이 이 언덕을 넘어 생성물을 생성할 수 있다.

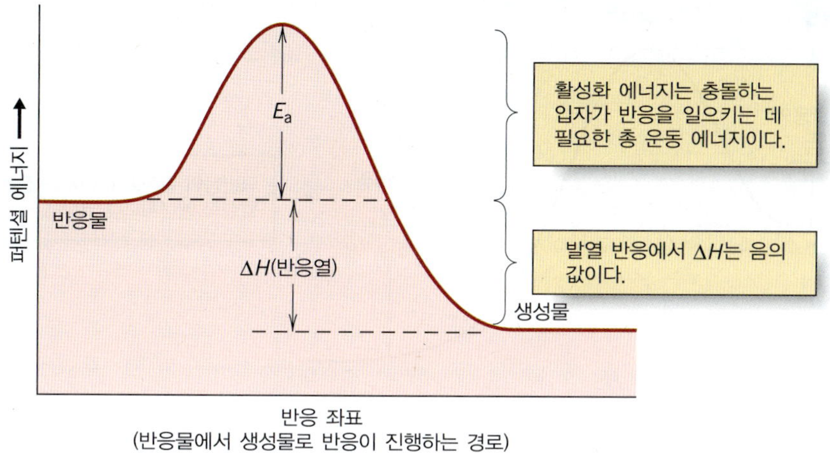

그림 13.12 발열 반응의 퍼텐셜 에너지 도표

그림 13.13에 성공적인 충돌과 성공하지 못한 충돌의 진행 과정을 비교할 수 있는 퍼텐셜 에너지 도표를 나타내었다. 두 반응물 분자들이 충돌하기 시작하면 움직임이 느려지고 운동 에너지가 퍼텐셜 에너지로 변환되면서 퍼텐셜 에너지 장벽을 오르기 시작하는 과정을 생각할 수 있다. 그러나 분자들의 초기 운동 에너지의 합이 E_a보다 작다면 그림 13.13(a)에서와 같이 언덕의 꼭대기에 도달할 수 없다. 이 상태의 분자들은 분리되어 반응물 쪽으로 되돌아간다. 화학적인 변화 없이 원래의 운동 에너지를 가지고 서로 떨어져 나간다. 즉 알짜 반응이 일어나지 않는다. 한편 그림 13.13(b)에서와 같이 충돌하는 분자들의 운동 에너지 합이 E_a보다 크거나 같다면, 그리고 분자들이 올바르게 배향되어 있다면, 반응물은 활성화 에너지 장벽을 넘어서 생성물 분자를 형성할 수 있다.

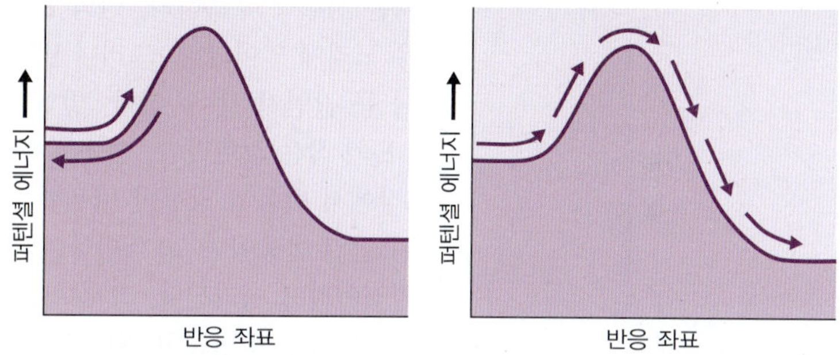

(a) 성공적이지 못한 충돌: 충돌한 분자들은 변화 없이 서로 떨어진다

(b) 성공적인 충돌: 활성화 에너지 장벽을 넘어서 생성물을 생성한다.

그림 13.13 두 가지 충돌의 차이 (a) 반응이 일어나지 못하는 충돌 (b) 반응이 일어나는 충돌

반응열 그림 13.12와 같은 반응의 퍼텐셜 에너지 도표는 6장에서 도입한 개념인 **반응열**(heat of reaction, ΔH)을 이해하는 데 도움이 된다. 반응열은 반응물의 퍼텐셜 에너지와 생성물의 퍼텐셜 에너지의 차이이다. 그림 13.12는 생성물의 퍼텐셜 에너지가 반응물보다 더 낮은 **발열 반응**의 퍼텐셜 에너지 도표이다. 이러한 계에서는 퍼텐셜 에너지의 알짜 감소가 일어나면서 생성되는 생성물 분자의 운동 에너지는 증가한다. 평균 분자 운동 에너지가 증가하기 때문에 발열 반응이 일어나는 동안에 계의 온도는 올라간다.

흡열 반응의 퍼텐셜 에너지 도표는 **그림 13.14**와 같다. 여기서는 생성물의 퍼텐셜 에너지가 반응물보다 **더 높기** 때문에 생성물을 생성하기 위하여 반응열이라는 알짜 에너지를 공급해 주어야 한다. 흡열 반응이 진행되면 분자의 운동 에너지가 퍼텐셜 에너지로 바뀌는 알짜 변화가 있기 때문에 냉각 효과가 나타난다. 분자들의 **전체** 운동 에너지가감소하면 **평균** 운동 에너지도 감소하고, 따라서 온도가 떨어진다.

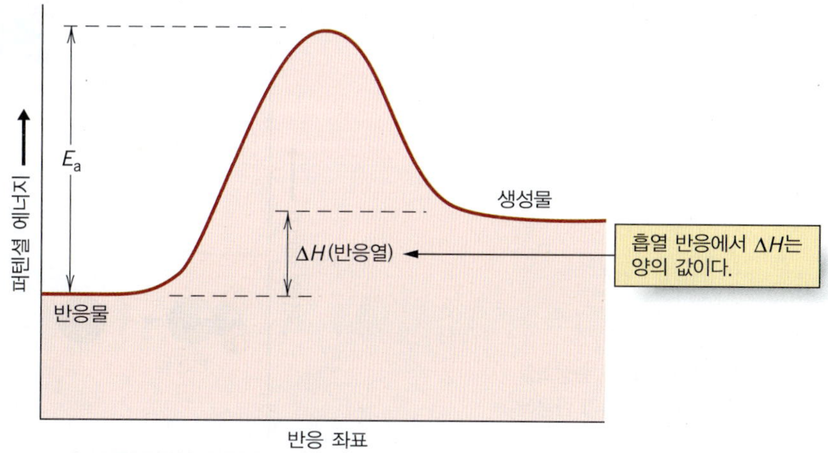

그림 13.14 흡열 반응의 에너지 도표

흡열 과정에서는 E_a가 반응열보다 항상 더

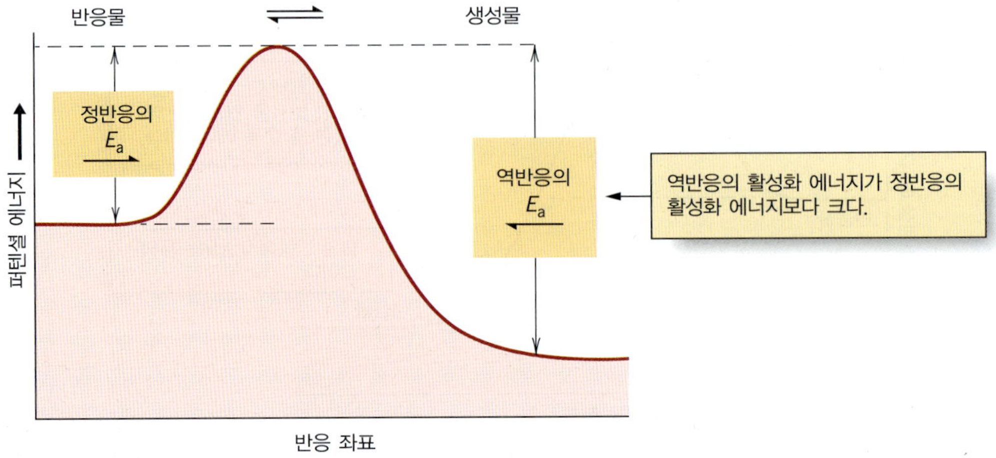

그림 13.15 정반응과 역반응의 활성화 에너지 장벽

크다는 사실에 주목하라. 만약 ΔH가 큰 양의 값이라면, E_a는 더 큰 값이어야 하므로 반응은 매우 느리게 일어난다. 그러나 발열 반응(ΔH는 음의 값)의 경우에는 ΔH 값으로부터 E_a가 얼마나 큰 값인지 알 수 없다. 발열 반응이라도 E_a가 큰 값이라면 반응은 느리게 일어날 수 있다. E_a가 작은 값이라면, 반응은 빠르고 반응열이 빠르게 방출될 것이다.

6장에서 반응의 방향이 바뀌면 엔탈피 변화(ΔH)의 부호도 바뀐다는 것을 알았다. 즉 정반응이 발열 반응이면 그 역반응은 흡열 반응이고, 그 역도 성립한다. 일반적으로 반응은 보통 가역적이라고 여겨진다. 그러나 정반응이 발열 반응인 반응의 에너지 도표(그림 13.12)를 다시 살펴보면, 이 반응의 역반응은 흡열 반응이고 정반응보다 **활성화 에너지가 훨씬 더 크다**는 것을 알 수 있다. 정반응과 역반응의 뚜렷한 차이점은 활성화 에너지 장벽의 상대적인 높이이다(**그림 13.15**).

활성화 에너지를 연구하는 주된 이유 중 하나는, 활성화 에너지가 유효한 충돌이 일어날 때 실제로 어떤 일이 일어나는지에 관한 정보를 제공하기 때문이다. 예를 들어 그림 13.9(b)에서 NO_2Cl이 Cl 원자와 충돌하여 성공적으로 반응이 진행되는 과정에 대하여 설명하였다. 이 충돌이 일어나는 동안에 N−Cl 결합이 부분적으로 끊어지고 새로운 Cl−Cl 결합이 부분적으로 형성되는 순간이 있다. 성공적인 충돌 과정에서 이 짧은 순간을 반응의 **전이 상태(transition state)**라고 한다. **그림 13.16**에 나타낸 바와 같이 전이 상태의 퍼텐셜 에너지는 퍼텐셜 에너지 도표의 정점에 해당한다. 이 순간에 잠시 존재하는 결합이 부분적으로 끊어지고 부분적으로

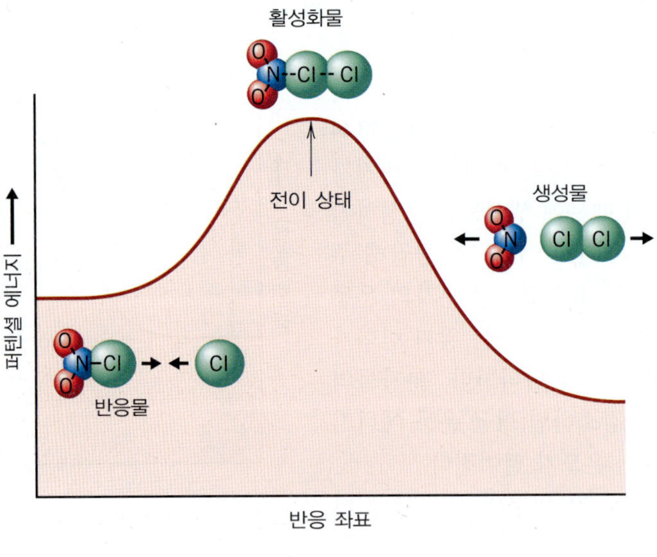

그림 13.16 전이 상태와 활성화물
다음과 같은 NO_2Cl과 Cl의 반응에서 생성된 활성화물

$$NO_2Cl + Cl \longrightarrow NO_2 + Cl_2$$

형성된 불안정한 화학종인 $O_2N\cdots Cl\cdots Cl$을 **활성화물(activated complex)**이라고 한다.

활성화 에너지의 크기는 활성화물이 생성되는 동안에 결합이 끊어지거나 혹은 형성되는 과정의 상대적인 중요성을 알려 준다. 결합이 끊어지는 과정은 에너지를 흡수하는 과정이기 때문에, 예를 들어 활성화 에너지가 매우 큰 경우에는 결합이 끊어지는 과정이 활성화물의 형성에 크게 기여한다는 것을 알려 준다. 반대로 활성화 에너지가 작으면 결합 세기가 비슷한 결합이 끊어지고 생성된다는 의미이다.

13.7 활성화 에너지

활성화 에너지는 활성화물이 형성될 때 일어나는 결합 절단과 결합 형성의 상대적인 중요성에 관한 실마리를 제공하는 유용한 값이라고 하였다. 속도 상수 k에 대한 온도의 영향을 알면 활성화 에너지의 크기 E_a를 측정할 수 있다.

Svante Arrhenius는 1889년에 활성화 에너지가 속도 상수와 관련이 있음을 발견하였다. 그의 이름은 4장에서 산과 염기 그리고 전해질을 설명할 때 들어본 적이 있을 것이다. **Arrhenius 식**의 일반적인 형태는 다음과 같다.

$$\boxed{k = Ae^{-E_a/RT}} \tag{13.14}$$

도구
Arrhenius 식

여기서 k는 속도 상수이고 e는 자연로그 함수의 밑이고, T는 켈빈 온도이다. 비례 상수인 A는 **진동 인자(frequency factor)** 또는 **지수 앞자리 인자(pre-exponential factor)**라고 한다. R은 기체 상수로, 반응 속도론에서는 에너지 단위인 $R = 8.314\,\mathrm{J\,mol^{-1}\,K^{-1}}$를 사용한다.[8]

그래프를 이용한 활성화 에너지 구하기

식 13.14는 보통 다음과 같은 로그함수 형태로 표현한다. 양변에 자연로그를 취하고

$$\ln k = \ln A - E_a/RT$$

이 식을 다시 쓰면 다음과 같다.

$$\ln k = \ln A + (-E_a/R) \times (1/T) \tag{13.15}$$

속도 상수 k는 온도 T에 따라 변하므로 $\ln k$도 $(1/T)$의 값에 따라 변한다. 이 두 가지 양, 즉 $\ln k$와 $(1/T)$를 변수로 정의하면 식 13.15는 직선 식이 된다.

---

[8]여기에 주어진 R의 단위는 SI 단위이다. 즉 줄(J), 몰(n), 켈빈(K)이다. 이 단위들로 R을 계산하려면 먼저 일반적인 기체 법칙을 정의하는 식을 살펴볼 필요가 있다.

$$R = \frac{PV}{nT}$$

10장에서 표준 압력과 표준 온도의 조건은 1 atm과 273.15 K라고 하였다. 표준 몰부피를 L 단위로 나타내면 22.414 L이다. 1 atm $= 1.01325 \times 10^5\,\mathrm{N\,m^{-2}}$인데, 여기서 N은 힘의 SI 단위인 뉴턴(newton)이고, m은 길이의 SI 단위인 미터(meter)이다. 따라서 m^2은 면적의 SI 단위이다. 10장에서 단위 면적의 힘의 단위인 $\mathrm{N\,m^{-2}}$는 파스칼(Pa), 힘과 거리의 곱의 단위인 N·m는 에너지의 SI 단위로 줄(J)이라고 하였다. 부피의 SI 단위는 길이의 SI 단위를 사용하여 m^3으로 표시해야 하므로 $1\,\mathrm{L} = 10^{-3}\,\mathrm{m^3}$이다. 이제 R을 SI 단위로 계산해 보면 다음과 같다.

$$\begin{aligned} R &= \frac{(1.01325 \times 10^5\,\mathrm{N\,m^{-2}})(22.414 \times 10^{-3}\,\mathrm{m^3})}{(1\,\mathrm{mol})(273.15\,\mathrm{K})} \\ &= 8.314\,\mathrm{N\,m\,mol^{-1}\,K^{-1}} = 8.314\,\mathrm{J\,mol^{-1}\,K^{-1}} \end{aligned}$$

$$\begin{array}{ccccccc} \ln k & = & \ln A & + & (-E_a/R) & \times & (1/T) \\ \updownarrow & & \updownarrow & & \updownarrow & & \updownarrow \\ y & = & b & + & m & & x \end{array}$$

활성화 에너지를 구하려면 우선 $(1/T)$에 대한 $\ln k$의 그래프로부터 직선의 기울기를 구한 후에 다음 관계식을 이용한다.

$$\text{기울기} = -E_a/R$$

예제 13.12에서 이 방법을 어떻게 사용하는지 알아보자.

예제 13.12 그래프로 활성화 에너지 구하기

NO_2가 NO와 O_2로 분해하는 반응의 균형 화학 반응식은 다음과 같다.

$$2NO_2(g) \longrightarrow 2NO(g) + O_2(g)$$

이 반응에 대한 속도 상수 자료는 다음과 같다.

속도 상수 k(L mol^{-1} s^{-1})	온도(°C)
7.8	405
9.9	415
14	425
18	435
24	445

그래프를 사용하여 이 반응의 활성화 에너지를 mol당 kJ의 단위로 구하시오.

분석 주어진 여러 온도에서의 속도 상수 자료를 그래프로 그리고, 기울기와 $-E_a/R$의 관계를 이용하여 활성화 에너지를 구하는 문제이다.

도구 모음 사용해야 할 도구는 식 13.15이다. 그러나 속도에 관한 자료로부터 활성화 에너지를 그래프 방법으로 구하려면 켈빈 온도의 역수에 대한 $\ln k$를 도시해야 하므로, 그래프를 그리기 전에 주어진 자료를 $\ln k$와 $1/T$로 변환해야 한다.

풀이 첫 번째 자료를 사용하여 변환하는 방법은 다음과 같다.

$$\ln k = \ln(7.8) = 2.05$$

$$\frac{1}{T} = \frac{1}{(405+273)\text{K}} = \frac{1}{678\,\text{K}}$$

$$= 1.475 \times 10^{-3}\ \text{K}^{-1}$$

그래프를 그리기 위한 자료의 '유효 숫자'는 한 개 더 보존하였다. 다른 자료를 변환시킨 값은 다음 표와 같다. 이제 $1/T$에 대하여 $\ln k$의 그래프를 그리면 다음 그림과 같다.

$\ln k$	$1/T$ (K^{-1})
2.05	1.475×10^{-3}
2.29	1.453×10^{-3}
2.64	1.433×10^{-3}
2.89	1.412×10^{-3}
3.18	1.393×10^{-3}

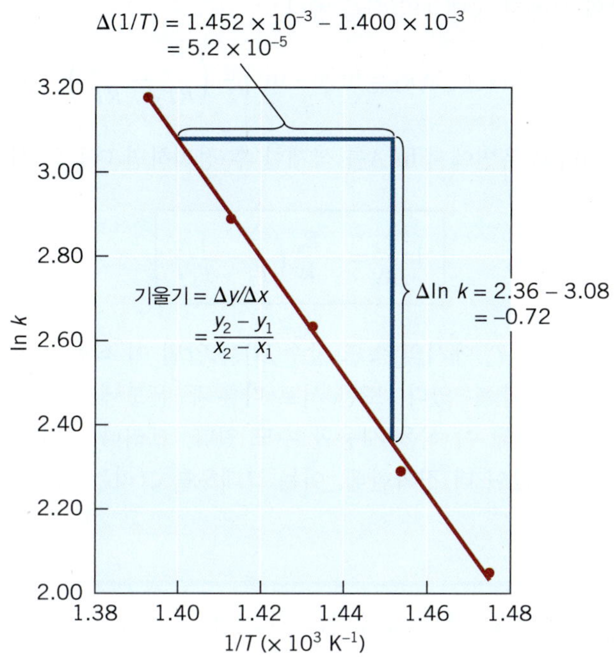

직선의 기울기는 다음과 같은 비로 구한다.

$$\begin{aligned}\text{기울기} &= \frac{\Delta(\ln k)}{\Delta(1/T)} \\ &= \frac{-0.72}{5.2 \times 10^{-5}\ \text{K}^{-1}} \\ &= -1.4 \times 10^{4}\ \text{K} = -E_a/R\end{aligned}$$

부호를 바꾸고 계산하면 E_a는 다음과 같다.

$$\begin{aligned}E_a &= (8.314\ \text{J mol}^{-1}\ \text{K}^{-1})(1.4 \times 10^{4}\ \text{K}) \\ &= 1.2 \times 10^{5}\ \text{J mol}^{-1} \\ &= 1.2 \times 10^{2}\ \text{kJ mol}^{-1}\end{aligned}$$

답이 합리적인가? 활성화 에너지는 항상 양의 값이어야 하고, 구한 결과도 양의 값이다. 또한 단위를 확인해 보면 kJ mol^{-1} 단위로 올바른 단위이다. 동일한 그래프에서 다른 두 점을 선택하여 기울기의 값을 확인해 볼 수도 있다.

해설 x축의 표시가 혼란스러울 수 있다. x축의 1.38을 예로 들면, 원래 값을 단순한 수치인 1.38로 만들기 위해 10^3을 곱한 것으로, 원래 값은 1.38×10^{-3}이란 의미이다.

다른 온도에서의 속도 상수 계산하기

만약 활성화 에너지와 어떤 온도에서의 속도 상수를 알고 있다면, 식 13.14에서 유도된 다음 관계식을 사용하여 다른 온도의 속도 상수를 계산할 수 있다.

$$k = Ae^{-\frac{E_a}{RT}}$$

$$\ln k = \ln A - \frac{E_a}{RT}$$

$$\ln k = \ln A - \frac{E_a}{R} \times \frac{1}{T}$$

상태 1 $\qquad \ln k_1 = \ln A - \dfrac{E_a}{RT_1}$

상태 2 $\qquad \ln k_2 = \ln A - \dfrac{E_a}{RT_2}$

다음과 같이 상태 2의 식에서 상태 1의 식을 뺀다.

$$\ln k_2 - \ln k_1 = \ln A - \ln A - \left(\frac{E_a}{RT_2} - \frac{E_a}{RT_1}\right)$$

좌변의 로그항을 정리하고 우변에서 ln A를 삭제한 후 정리하면 다음의 식 13.16을 얻는다.

도구
변형된 Arrhenius 식

$$\ln\frac{k_2}{k_1} = -\frac{E_a}{R}\left(\frac{1}{T_2} - \frac{1}{T_1}\right) \tag{13.16}$$

활성화 에너지와 어떤 온도(T_1)에서의 속도 상수(k_1)을 알면 이 식을 이용하여 다른 온도(T_2)에서의 속도 상수(k_2)를 구할 수 있다. 또한 서로 다른 두 온도에서 측정한 속도 상수로부터 활성화 에너지를 계산하는 데 이 식을 사용할 수도 있다. 그러나 일반적으로 앞에서 살펴본 그래프 방법으로 구한 E_a 값이 더 정확한데, 이는 그래프를 그리는 데 사용된 자료의 수가 더 많기 때문이다.

예제 13.13 다른 온도에서의 속도 상수 구하기

진동 인자가 동일한 어떤 두 가지 이차 반응의 활성화 에너지가 5 kcal/mol 차이가 난다. (a) 750 °C와 (b) 900 °C에서 두 반응의 속도 상수의 비를 각각 구하시오.

분석 반응 차수가 모두 이차 반응이며 활성화 에너지가 5 kcal/mol 차이가 나는 두 반응이 주어졌다. 두 반응의 진동 인자는 동일하다.

도구 모음 모음 같은 온도에서 반응 2에 대한 식 13.15에서 반응 1에 대한 식 13.15를 빼면 다음의 관계식을 얻는다.

$$\ln k_2 - \ln k_1 = \frac{1}{RT}(E_1 - E_2) \quad \text{혹은} \quad \ln\frac{k_2}{k_1} = \frac{1}{RT}(\Delta E)$$

풀이 (a) 앞에서 구한 식에 $R = 1.987\ \text{cal mol}^{-1}\ \text{K}^{-1}$과 750 °C(750 + 273 = 1023 K) 및 cal 단위의 $\Delta E(\Delta E_a = 5 \times 10^3\ \text{cal})$를 대입하면 다음을 구할 수 있다.

$$\ln\frac{k_2}{k_1} = \frac{1}{1.987\ \cancel{\text{cal}}\ \cancel{\text{mol}^{-1}}\ \cancel{\text{K}^{-1}} \times 1023\ \cancel{\text{K}}}(5 \times 10^3\ \cancel{\text{cal}}\ \cancel{\text{mol}^{-1}})$$

$$\ln\frac{k_2}{k_1} = 2.4606$$

$$\frac{k_2}{k_1} = 11.7066$$

(b) 식에 $R = 1.987\ \text{cal mol}^{-1}\ \text{K}^{-1}$과 900 °C(900 + 273 = 1173 K) 및 cal 단위의 $\Delta E(\Delta E_a = 5 \times 10^3\ \text{cal})$를 대입하면 다음을 구할 수 있다.

$$\ln\frac{k_2}{k_1} = \frac{1}{1.987\ \cancel{\text{cal}}\ \cancel{\text{mol}^{-1}}\ \cancel{\text{K}^{-1}} \times 1173\ \cancel{\text{K}}}(5 \times 10^3\ \cancel{\text{cal}}\ \cancel{\text{mol}^{-1}})$$

$$\ln\frac{k_2}{k_1} = 2.1452$$

$$\frac{k_2}{k_1} = 8.5404$$

답이 합리적인가? 간단하게 확인할 수 있는 방법은 없지만, 적어도 높은 온도의 k 값이 낮은 온도의 값보다 큰 값으로 구해졌고, 이는 당연한 결과이다.

실전 문제 13.26

반응 $CH_3I + HI \longrightarrow CH_4 + I_2$의 속도 상수를 측정하였더니 323°C에서 $k = 2.8\,L\,mol^{-1}s^{-1}$이고, 399°C에서 $k = 19\,L\,mol^{-1}s^{-1}$이었다. 다음 물음에 답하시오.

(a) E_a를 kJ/mol^{-1} 단위로 구하시오.

(b) 410°C에서 속도 상수는 얼마이겠는가? (**힌트**: Arrhenius 식은 켈빈 온도를 사용함을 기억하시오.)

실전 문제 13.27

오존은 대기권 상층에서 반응식 $O_3(g) \longrightarrow O_2(g) + O(g)$과 같이 산소 분자와 산소 원자로 분해된다. 이 반응의 활성화 에너지는 93.1 kJ/mol이다. 600 K에서 이 반응의 속도 상수는 $3.37 \times 10^3 M^{-1}s^{-1}$이다. 속도 상수가 이 값의 10배, 즉 $3.37 \times 10^4 M^{-1}s^{-1}$이 되는 온도는 몇 도인가?

실전 문제 13.28

반응물의 농도가 동일하다면 속도 상수는 반응 속도에 비례한다. 소비자 상품의 안정성을 심사하는 기준은 30°C에서 2년 동안 분해되는 양이 10% 미만이어야 한다. 30°C에서 2년 동안 분해된 양과 같은 10%가 1주일 동안 분해되도록 하려면 오븐을 몇 도로 설정해야 하는가? 활성화 에너지는 268 kJ mol^{-1}이라고 가정하시오(**힌트**: Arrhenius 식을 푸는 데 필요한 모든 정보가 주어졌다).

다중 개념 문제의 분석과 풀이

압력솥은 음식을 조리하는 시간을 줄여 준다. 밀폐된 용기 안에서 증기의 압력이 높아지고, 이 때문에 물의 끓는 온도가 높아지기 때문이다(그림 11.23 물의 증기압 곡선 참조). 조리는 화학적 변화를 일으키는 과정이므로 음식은 더 높은 온도에서 더 빨리 조리된다. 종종 압력솥의 내부 압력은 2.0기압까지 올라간다. 1.0파운드(약 453 g)의 콩을 1기압에서 조리할 때 55분이 걸린다면, 이 압력솥으로 조리할 때는 얼마나 걸리겠는가? 밀폐되지 않은 용기의 압력은 1.0기압이고 물의 끓는점은 100°C이다. 압력솥의 용기의 부피는 4.0 L이고 이 용기 안에 있는 기체의 몰수는 0.13 mol에서 0.25 mol로 증가하며 $E_a = 1.77 \times 10^5\,J\,mol^{-1}K^{-1}$이라고 가정한다. 또 조리는 액체 상에서 일어나고 콩은 물에 잠겨 있으므로, 반응물의 농도는 변하지 않는다. 따라서 속도 상수는 반응 속도에 직접 비례한다.

분석 물의 정상 끓는점보다 더 높은 온도의 압력솥에서 1.0파운드의 콩을 조리하는 데 걸리는 시간을 구하는 문제이다. 온도에 의해 결정되는 속도 상수를 알아야 하므로 Arrhenius 식을 사용할 것이다. 여기서 어떤 형태의 Arrhenius 식을 사용할 것인지 결정해야 한다. 조리 시간인 55 min/lb(분/파운드)를 반응 속도로 바꾸고, 반응에서 농도가 변하지 않으면 반응 속도는 속도 상수에 직접 비례한다는 사실을 이용한다. 또한 압력이 가해지지 않은 반응에서의 온도 100°C와 이 과정의 활성화 에너지가 주어졌으므로 식 13.16을 사용하여 더 높은 온도에서의 반응 속도를 구할 수 있다. 속도 상수와 반응 속도는 비례하기 때문에 속도 상수의 비 대신에 반응 속도를 사용할 수 있다.

안타깝게도 더 높은 온도의 값이 주어지지 않았으므로 먼저 이 온도를 구해야 한다. 용기의 부피와 기체의 몰수가 주어졌으므로 이상 기체 법칙 $PV = nRT$를 이용하면 더 높은 압력에서의 기체 온도를 구할 수 있다.

이제 하나의 반응 속도와 두 가지 온도 그리고 활성화 에너지를 알고 있으므로 다른 반응 속도를 구할 수 있다. 이 문제를 다음과 같이 세 단계로 나누어 해결하자. (1) 압력솥의 온도를 구한다. (2) 대기압에서 이 반응의 속도를 구한다. (3) Arrhenius 식을 사용하여 더 높은 온도에서의 속도를 구한 다음 콩을 조리하는 데 걸리는 시간을 계산한다.

Part 1

도구 모음 압력솥의 온도를 구하기 위하여 이상 기체 법칙($PV = nRT$)을 도구로 사용한다.

풀이 먼저 필요한 자료들을 정리해 보자.

압력: $P = 2.0\ \text{atm}$ 부피: $V = 4.0\ \text{L}$

몰수: $n = 0.25\ \text{mol}$ 기체 상수: $R = 0.0821\ \text{L atm mol}^{-1}\ \text{K}^{-1}$

식을 온도에 대한 식으로 재배열해 보자.

$$PV = nRT$$

$$T = \frac{PV}{nR}$$

위의 값을 온도에 대한 식에 대입하면 더 높은 온도를 구할 수 있다.

$$T = \frac{(2.0\ \text{atm})(4.0\ \text{L})}{(0.25\ \text{mol})(0.0821\ \text{L atm mol}^{-1}\ \text{K}^{-1})}$$

$$T = 390\ \text{K}$$

Part 2

도구 모음 100℃에서 콩을 조리하는 데 걸리는 시간이 55 min/lb이라고 주어졌다. 이 값으로 속도를 구해야 한다. 조리 시간의 역수를 취하면 1분당 조리되는 양이 구해질 것이다.

$$\text{속도} = \frac{1.0\ \text{lb}}{55\ \text{min}}$$

$$\text{속도} = 0.0182\ \text{lb min}^{-1}$$

Part 3

도구 모음 이제 두 가지 온도와 느린 반응의 속도 그리고 활성화 에너지를 알고 있다. 이 단계에서는 도구로 변형된 Arrhenius 식인 다음이 식 13.16을 사용한다.

$$\ln\left(\frac{k_2}{k_1}\right) = \frac{-E_a}{R}\left(\frac{1}{T_2} - \frac{1}{T_1}\right)$$

풀이 k_2를 구하기 위하여 위 식에서 대입할 다른 값들을 나열해 보자.

$E_a = 1.77 \times 10^5\ \text{J mol}^{-1}$

$R = 8.314\ \text{J mol}^{-1}\ \text{K}^{-1}$

$T_1 = 373\ \text{K}$ $\text{속도}_1 = 0.0182\ \text{lb/min}$

$T_2 = 390\ \text{K}$ $\text{속도}_2 = ?$

이 값들을 식 13.16에 대입하면

$$\ln\left(\frac{\text{속도}_2}{0.0182\ \text{lb/min}}\right) = \frac{-1.77 \times 10^5\ \text{J mol}^{-1}}{8.314\ \text{J mol}^{-1}\ \text{K}^{-1}}\left(\frac{1}{390\ \text{K}} - \frac{1}{373\ \text{K}}\right)$$

$$\ln\left(\frac{\text{속도}_2}{0.0182\ \text{lb/min}}\right) = -(2.13 \times 10^4\ \text{K})(2.56 \times 10^{-3}\ \text{K}^{-1} - 2.68 \times 10^{-3}\ \text{K}^{-1})$$

$$\ln\left(\frac{\text{속도}_2}{0.0182\ \text{lb/min}}\right) = -(2.13 \times 10^4\ \text{K})(-1.17 \times 10^{-4}\ \text{K}^{-1})$$

$$\ln\left(\frac{\text{속도}_2}{0.0182\ \text{lb/min}}\right) = 2.49$$

$$\frac{\text{속도}_2}{0.0182\ \text{lb/min}} = e^{2.49}$$

$$\frac{\text{속도}_2}{0.0182\ \text{lb/min}} = 12$$

$$\text{속도}_2 = 0.0182\ \text{lb/min} \times 12 = 0.22\ \text{lb/min}$$

마지막으로 압력솥에서 콩 1.0파운드를 조리하는 데 몇 분이 걸리는지 구해야 하므로, k_2 값의 역수를 취하고 1.0 lb를 곱해 준다.

$$\text{시간} = \frac{1\ \text{min}}{0.22\ \text{lb}} \times 1.0\ \text{lb}$$

$$\text{시간} = 4.5\ \text{min, 즉 약 5분}$$

답이 합리적인가? 한 가지 확인 방법은 논리를 따지는 것이다. 온도가 높아졌을 때 속도가 증가하였는가? 콩을 조리하는 데 걸리는 시간이 짧아졌는가? 이 두 질문의 답이 모두 '그렇다'이므로 풀이가 올바르다고 생각할 수 있다. 다음에 확인해 볼 수 있는 것은 걸린 시간의 타당성이다. 온도가 충분히 높아서 5분만에 조리되었다면 타당하다.

13.8 반응 메커니즘

균형 화학 반응식은 일반적으로 알짜 변화만을 기술한다. 그러나 보통 알짜 변화는 화학 반응식에서는 분명히 드러나지 않는 간단한 여러 반응들이 합쳐진 결과이다. 예를 들어 프로페인(C_3H)의 연소 반응을 살펴보자.

$$C_3H_8(g) + 5O_2(g) \longrightarrow 3CO_2(g) + 4H_2O(g)$$

당구 게임을 해 보았다면, 이 반응이 한 개의 프로페인 분자와 5개의 산소 분자가 동시에 단 한번 충돌하여 일어날 수 있는 간단한 반응이 아니라는 것을 알 것이다. 평평한 이차원 바닥면에서 단지 한 번의 '클릭'으로 세 개의 공을 모아 달라붙게 만드는 것도 거의 불가능하다. 하물며 삼차원 공간에서 6개의 분자가 **동시에** 충돌할, 그것도 그중에서 한 개는 C_3H_8 분자이고 나머지 5개는 O_2 분자여야 하는 충돌의 가능성은 전혀 없어 보인다. 대신 프로페인의 연소 반응은 훨씬 가능성이 높은, 짧은 순간 동안만 존재하는 화학종들의 충돌을 포함한 여러 단계를 거치면서 빠르게 일어난다. 모두 합하면 실제 관측되는 전체 반응이 되는 일련의 각 단계를 **반응 메커니즘(reaction mechanism)**이라고 한다. 반응 메커니즘에 관한 정보는 반응 속도에 관한 연구의 결과로부터 얻어진다.

반응 메커니즘의 각 단계는 단일 단계 과정이라는 간단한 화학 반응이다. **단일 단계 과정(elementary process)**은 분자들이 충돌하여 일어나는 반응이다. 단일 단계 과정의 속도 법칙은 이 단계 반응의 화학식에 있는 계수를 농도항의 지수로 대입하여 바로 기술할 수 있다. 따라서 지수를 구하기 위한 실험이 필요 없다. 대부분의 반응에서 단일 단계 과정에는 순간적으로 존재하는 화학종이 포함되기 때문에 각 단일 단계 과정을 직접 관측할 수는 없고, 단지 알짜 반응만 관측할 수 있다. 그러므로 화학자들이 기술하는 메커니즘은 반응물이 생성물로 바뀌는 변화가 어떻게 일어나는지를 단계적으로 설명하는 일종의 **모형**이다.

메커니즘의 각 단계를 직접 관측할 수 없기 때문에, 반응의 메커니즘을 알아내기 위해서는 약간의 창의성이 필요하다. 그러나 **메커니즘으로부터 유도된 전체 반응의 속도 법칙은 실험적으로 얻은 전체 반응의 속도 법칙과 일치해야 하고, 두 반응에서 동일한 화학량론을 제공해야 하므로** 제안된 메커니즘이 타당한지는 쉽게 확인할 수 있다.

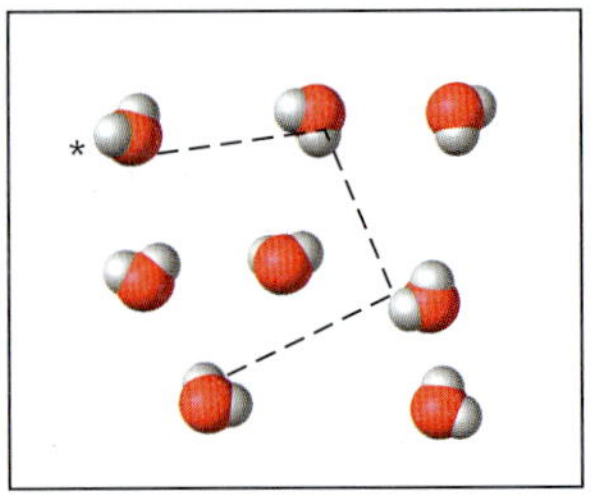

$t = 1s$

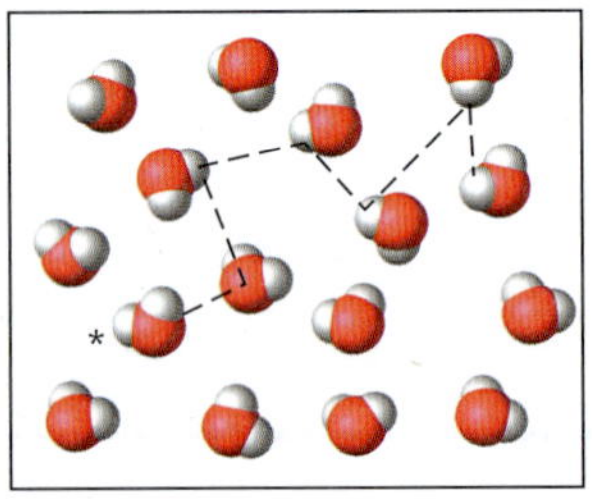

$t = 1s$

그림 13.17 단위 시간당 상대 충돌수 농도를 두 배로 증가시키면 별표(*)로 표지된 분자 한 개의 단위 시간당 충돌수가 두 배로 증가한다. 이러한 분자의 수도 두 배로 늘어났으므로 총 충돌수는 네 배로 증가한다.

단일 단계 과정

두 개의 동일한 분자가 충돌하여 곧바로 생성물을 형성하는 다음과 같은 단일 단계 과정을 살펴보자.

$$2NO_2 \longrightarrow NO_3 + NO \tag{13.17}$$
$$\text{속도} = k[NO_2]^x$$

지수 x의 값을 어떻게 예측할 수 있을까? NO_2의 농도를 두 배로 증가시킨다고 가정해 보자. **그림 13.17**에서 보는 바와 같이 NO_2 분자의 수가 두 배로 되고, 각 NO_2 분자가 충돌할 수 있는 이웃 분자의 수도 두 배가 된다. 따라서 NO_2—NO_2의 초당 충돌수는 두 배의 두 배, 즉 네 배로 증가할 것이다. 이 때문에 속도도 2^2인 네 배로 증가한다. 이전에 살펴본 것처럼, 농도를 두 배로 증가시켰을 때 속도가 네 배 증가하면 속도 법칙에서 그 반응물의 농도에 대한 지수는 2여야 한다. 따라서 식 13.17이 단일 단계 과정에 대한 것이라면 속도 법칙은 다음과 같아야 한다.

$$\text{속도} = k[NO_2]^2$$

이 단일 단계 과정의 속도 법칙에서의 지수는 화학 반응식의 계수와 같다는 점에 주목하라. 따라서 다른 단일 단계 과정에 대해서도 이와 같이 분석하면 다음과 같은 동일한 규칙이 얻어진다.

도구
단일 단계 과정의 속도 법칙

> 단일 단계 과정의 속도 법칙에서 반응물의 지수는 그 단일 단계 과정의 화학 반응식에 포함된 반응물의 계수와 같다.

이 규칙은 단일 단계 과정에만 적용된다는 것을 명심해야 한다. 전체 반응에 대한 균형 화학 반응식만 알고 있다면,속도 법칙의 지수를 구하는 유일한 방법은 실험을 하는 것이다.

속도 법칙과 속도 결정 단계

단일 단계 과정의 속도 법칙을 예측하는 능력은 화학자들이 반응 메커니즘을 예측하는 데 어떻게 도움을 주는가? 이 질문에 대한 답을 구하기 위하여 다음 두 반응의 메커니즘을 결정하는 과정에 대하여 살펴보기로 하자. (훨씬 복잡한 반응계도 많이 있다. **강의실 밖의 화학 13.1**에서 매우 중요한 자유 라디칼의 연쇄 반응을 설명하겠다.) 반응 메커니즘과 실험적인 속도 법칙이 사용되는 두 가지 방법을 살펴보자.

강의실 밖의 화학 13.1

자유 라디칼, 옥테인값, 폭발 그리고 노화

자유 라디칼(free radical)은 한 개 이상의 홀전자를 가지고 있는 매우 반응성이 큰 화학종이다. Cl_2 분자가 적당한 에너지의 광자(빛)를 흡수할 때 생성되는 염소 원자가 그 좋은 예이다.

$$Cl_2 + \text{빛에너지}(h\nu) \longrightarrow 2Cl\cdot$$

원자 또는 분자의 기호 옆에 붙은 점은 홀전자를 나타내며, 이 입자가 자유 라디칼임을 의미한다. 자유 라디칼의 반응성이 매우 큰 이유는 전자가 이온 결합 또는 공유 결합을 형성하여 쌍을 이루려는 경향이 있기 때문이다.

자유 라디칼은 예를 들어 도시 지역의 광화학적 스모그 현상을 일으키는 데 관여하는 등 많은 기체상 반응에서 중요한 역할을 한다. 자유 라디칼이 관여하는 반응은 또한 유용하게 이용되기도 한다. 예를 들어 플라스틱은 자유 라디칼이 관여하는 메커니즘에 의해 일어나는 반응으로 생산된다. 또한 자유 라디칼은 석유화학 산업에서 가장 중요한 과정의 하나인 **열분해**(thermal cracking)에도 관여하고 있다. 열분해 반응은 긴 사슬의 탄화수소에서 C−C 결합이나 C−H 결합을 끊어 작은 분자들로 분해시킴으로써 옥테인값이 높은 가솔린을 생산하는 데 이용된다. 뷰테인의 열분해 반응에서 자유 라디칼이 생성되는 예를 살펴보자. 뷰테인을 700~800°C로 가열할 때 일어나는 주요 반응 중의 하나는 다음과 같다.

$$CH_3—CH_2 : CH_2—CH_3 \xrightarrow{\text{가열}} CH_3—CH_2\cdot + CH_3—CH_2\cdot$$

뷰테인의 가운데 있는 C−C 결합을 여기에서는 이들 탄소 원자 사이의 시그마 결합을 형성한 전자쌍을 의미하는 두 개의 점(:)으로 표시하였다(Lewis 구조를 그릴 때는 결합을 나타내기 위해 결합 전자쌍을 선으로 대신함을 기억하라). 결합이 끊어질 때 전자쌍이 나누어져 두 개의 자유 라디칼이 생성된다. 이 반응에서는 두 개의 에틸 라디칼($CH_3CH_2\cdot$)이 생성된다.

자유 라디칼 반응은 라디칼을 생성하기 위해서 화학 결합이 끊어져야 하기 때문에 초기에 큰 활성화 에너지를 갖는 경향이 있다. 그러나 일단 자유 라디칼이 생성되면 반응은 매우 빠르게 진행된다.

자유 라디칼의 연쇄 반응

많은 경우에 자유 라디칼은 반응물 분자와 반응하여 생성물 분자와 또 다른 자유 라디칼을 생성한다. 이러한 단계를 포함하는 반응을 **연쇄 반응**(**chain reaction**)이라고 한다.

폭발적으로 일어나는 많은 반응들은 자유 라디칼 메커니즘을 포함한 연쇄 반응이다. 이러한 반응 중에 가장 잘 알려진 반응은 수소와 산소로부터 물이 생성되는 반응이다. 이 메커니즘에 포함된 단일 단계 과정들의 역할을 살펴보자.

반응은 자유 라디칼을 생성하는 **개시 단계**(**initiation step**)로 시작된다.

$$H_2 + O_2 \xrightarrow{\text{뜨거운 표면}} 2OH\cdot \quad (\text{개시})$$

이어지는 **전파 단계**(**propagation step**)에서 생성물과 또 다른 자유 라디칼이 생성된다.

$$OH\cdot + H_2 \longrightarrow H_2O + H\cdot \quad (\text{전파})$$

H_2와 O_2의 반응은 메커니즘의 **가지 단계**(**branching step**)에서 폭발적으로 일어난다.

$$\left.\begin{array}{l} H\cdot + O_2 \longrightarrow OH\cdot + O\cdot \\ O\cdot + H_2 \longrightarrow OH\cdot + H\cdot \end{array}\right\} \quad (\text{가지})$$

이 단계에서 하나의 H·와 O_2의 반응으로 두 개의 OH·와 한 개의 H·가 알짜로 생성된다. H·가 산소와 반응할 때마다 반응계 안에는 자유 라디칼의 수가 증가한다. 자유 라디칼의 수가 급격히 증가하면 반응 속도는 폭발적으로 빨라진다. 연쇄 반응의 메커니즘에는 자유 라디칼이 제거되는 **종결 단계**(**termination step**)도 포함한다. H_2와 O_2의 반응에서 반응 용기의 벽은 H·를 제거하여 연쇄 과정을 멈추게 하는 역할을 한다.

$$2H\cdot \xrightarrow{\text{용기 벽}} H_2$$

자유 라디칼과 노화

생체의 생화학적 기능에도 자유 라디칼이 관여하고 있다는 직접적인 실험 증거가 있다. 반응성이 매우 큰 자유 라디칼들은 여러 반응에 관여하는데, 그중에서 가장 흥미로운 것은 이들이 노화 과정에 명백히 관여하고 있다는 것이다. 한 가지 이론은 자유 라디칼이 콜라젠(collagen)에 있는 단백질 분자를 공격한다고 본다. 콜라젠은 긴 사슬 형태의 단백질로 구성되어 있으며, 특히 유연한 조직으로 구성된 폐, 피부, 근육, 혈관 등의 체내 곳곳에서 발견된다. 자유 라디칼이 콜라젠 섬유질을 공격하여 이들 사이에 가교 반응이 일어나면 콜라젠은 굳어지고 덜 유연해진다. 이러한 결과는 노화 또는 과도한 일광욕 때문에 피부가 굳어지고 거칠어지는 현상에서 쉽게 찾아볼 수 있다(**그림 1** 참조).

자유 라디칼은 또한 신체를 구성하는 지방(지질)에도 영향을 미치는데, 지질의 대사 과정에 관여하는 효소를 산화시키거나 비활성화시킨다. 오랜 시간 동안 축적된 손상은 세포에서 일어나는 이들의 활성을 점진적으로 감소시킨다. 흥미롭게도 바이타민 E는 자유 라디칼의 억제제이다. 바이타민 E 섭취가 부족하면 빛에 의한 손상이나 노화와 유사한 증상이 나타난다.

노화에 관한 또다른 이론은 자유 라디칼이 세포의 핵 안에 있는 DNA를 공격한다는 것이다. DNA는 세포가 정상적인 기능을 하는 데 필요한 화학적 활성을 조정하는 물질이다. 자유 라디칼과의 반응으로 DNA의 결합이 서서히 누적되면 세포의 기능은 떨어지고 최종적으로는 세포 기능을 상실하여 세포가 죽게 된다.

GUIZIOU Franck/Hemis/Alamy Stock Photo

그림 1 네팔에 사는 이 여인처럼 장기간 햇빛에 노출된 사람들은 자외선에 의해 피부가 손상되기 때문에 주름이 많이 생긴다.

첫 번째 사례 : 첫 단계가 속도 결정 단계인 경우

먼저 다음의 기체의 반응을 살펴보자.

$$2NO_2Cl \longrightarrow 2NO_2 + Cl_2 \quad (13.18)$$

실험적으로 구한 속도는 NO_2Cl에 대하여 일차이고, 따라서 속도 법칙은 다음과 같다.

$$\text{속도} = k[NO_2Cl] \quad \textbf{(실험 결과)}$$

첫 번째 질문은 '전체 반응(식 13.18)이 NO_2Cl 분자 두 개가 충돌하는 한 단계로 일어날 수 있는가?'이다. 답은 '아니다'이다. 만약 한 단계로 일어난다면, 예상되는 속도 법칙에 $[NO_2Cl]^2$ 항이 포함되어야 하기 때문이다. 그러나 실험적인 속도 법칙은 NO_2Cl에 대하여 일차이다. 예측한 속도 법칙과 실험적인 속도 법칙이 일치하지 않으므로, 반응 메커니즘을 밝히기 위해서는 더 조사해 보아야 한다.

화학적 통찰과 여기서 논하지 않은 다른 정보에 근거하여, 화학자들은 식 13.18의 실제 반응 메커니즘은 다음과 같은 두 개의 단일 단계 과정으로 이루어져 있다고 믿는다.

$$NO_2Cl \longrightarrow NO_2 + Cl$$
$$NO_2Cl + Cl \longrightarrow NO_2 + Cl_2$$

해설 여기에서 생성된 Cl 원자를 **반응성 중간체**(reactive intermediate)라고 한다. Cl 원자는 농도가 낮고 매우 빠르게 반응하기 때문에 실제로 관측하기 어렵다.

두 단일 단계 반응을 합하면 **중간체**(intermediate)인 Cl이 소거되어 식 13.18과 같은 알짜 전체 반응이 얻어진다. **단일 단계 과정을 합했을 때 전체 반응이 얻어지는지를 확인하는 것은 메커니즘을 검증하는 또 하나의 중요한 방법이다.**

모든 다단계 메커니즘에서는 보통 한 단계가 다른 단계들보다 매우 느리게 진행된다. 예를 들어 이 메커니즘에서는 첫 단계가 매우 느리게 진행되고, 일단 Cl이 생성되면 매우 빠르게 다른 NO_2Cl 분자와 반응하여 최종 생성물을 만든다고 알려져 있다.

다단계 반응에서 최종 생성물은 느린 단계의 생성물보다 빠르게 만들어질 수 없으므로, 반응 메커니즘에서 느린 단계를 **속도 결정 단계(rate-determining step)** 또는 **속도 제한 단계(rate limiting step)**라고 한다. 따라서 위의 두 단계 메커니즘에서는 첫 번째 반응이 속도 결정 단계이다. 왜냐하면 최종 생성물은 Cl 원자가 만들어지는 속도보다 더 빠르게 만들어질 수 없기 때문이다.

속도 결정 단계는 조립 라인에서 느리게 일하는 사람과 같다. 다른 사람이 아무리 빠르게 일해도, 생산 속도는 느리게 일하는 사람이 얼마나 빨리 일하느냐에 의해 결정된다. 따라서 속도 결정 단계의 속도를 조절하는 인자는 전체 반응의 속도도 조절한다. 이 사실은 **속도 결정 단계의 속도 법칙이 전체 반응의 속도 법칙과 직접적으로 연관되어 있다는 것을 의미한다.**

속도 결정 단계는 단일 단계 과정이기 때문에 반응물의 계수로 속도 법칙을 직접 예측할 수 있다. 결합이 상대적으로 느리게 끊어지면서 NO_2와 Cl를 생성하는 NO_2Cl의 계수는 1이다. 따라서 예상되는 이 단계의 속도 법칙은 다음과 같다.

$$\text{속도} = k[NO_2Cl] \quad \textbf{(예측 결과)}$$

두 단계의 메커니즘으로 예측한 속도 법칙이 실험적으로 구한 속도 법칙과 일치한다. 비록 두 속도 법칙이 일치한다는 사실이 가정한 메커니즘이 옳다는 것을 **증명**하지는 못하더라도, 제시된 메커니즘이 반응 속도론의 관점에서 상당히 타당하다는 것을 보여 준다.

두 단계 과정의 메커니즘을 퍼텐셜 에너지 도표를 이용하여 설명할 수도 있다. 전체 과정이 단일 과정이라면, 전체 과정에 대한 퍼텐셜 에너지 도표는 활성화 에너지 장벽을 극복하기에 충분한 에너지를 가진 반응물이 충돌하여 생성물을 형성하는 그림 13.14와 13.15와 비슷할 것이다. 그러나 두 단계 과정이라면, 두 개의 활성화 장벽 및 두 개의 활성화물 그리고 한 개의 중간체를 가지는 퍼텐셜 에너지 도표가 얻어질 것이다. **그림 13.18**에서 보는 바와 같이 첫

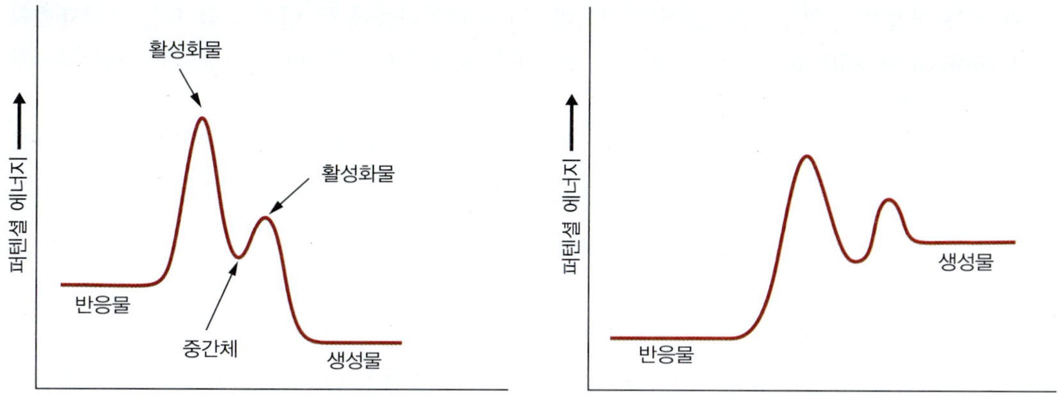

(a) 발열 반응에 대한 퍼텐셜 에너지 도표 (b) 흡열 반응에 대한 퍼텐셜 에너지 도표

그림 13.18 첫 번째 단계가 속도 결정 단계인 메커니즘에 대한 퍼텐셜 에너지 도표 반응 좌표에서 활성화 에너지가 더 큰 첫 번째 단계가 속도 결정 단계이다. 봉우리에 존재하는 반응하는 화합물의 구조가 활성화물이며, 두 봉우리 사이에 중간체가 위치한다. (a) 발열 반응의 경우에는 생성물의 퍼텐셜 에너지가 생성물보다 낮다. (b) 흡열 반응의 경우에는 생성물의 퍼텐셜 에너지가 반응물보다 높다.

번째 단계가 속도 결정 단계인 반응의 경우에는 첫 번째 단계의 활성화 에너지가 더 높다.

두 번째 사례 : 두 번째 단계가 속도 결정 단계인 경우

두 번째로 살펴볼 반응 메커니즘은 다음과 같은 기체상 반응에 대한 것이다.

$$2NO + 2H_2 \longrightarrow N_2 + 2H_2O \qquad \textbf{(13.19)}$$

실험적으로 구한 속도 법칙은 다음과 같다.

$$\text{속도} = k[NO]^2[H_2] \qquad \textbf{(실험 결과)}$$

이 속도 법칙을 보면 반응식 13.19가 단일 단계 과정이 아니라는 것을 금방 알 수 있다. 만약 단일 단계 과정이라면 $[H_2]$의 지수가 2여야 한다. 따라서 반응 메커니즘은 분명히 두 단계 이상으로 이루어져야 한다.

실험 결과와 일치하는 속도 법칙을 얻을 수 있는 화학적으로 타당한 메커니즘으로 다음과 같은 두 단계로 이루어진 반응을 생각할 수 있다.

$$2NO + H_2 \longrightarrow N_2O + H_2O \qquad (\text{느림})$$
$$N_2O + H_2 \longrightarrow N_2 + H_2O \qquad (\text{빠름})$$

앞에서 언급한 것처럼 메커니즘을 검증하는 한 가지 방법은 두 반응식을 합한 결과가 전체 반응식과 일치하는지 확인하는 것인데, 이 경우에 실제로 그러하다. 또한 두 번째 단계의 반응은 실제로 별도의 실험에서 관찰되었다. N_2O는 알려진 화합물이며, H_2와 반응하여 N_2와 H_2O를 만든다. 메커니즘을 검증하는 또 다른 방법은 속도 결정 단계라고 가정한 첫 번째 단계에서 NO와 H_2의 계수로 예측한 다음의 속도 법칙이 실험 결과와 일치하는가를 확인하는 것이다.

$$\text{속도} = k[NO]^2[H_2] \qquad \textbf{(예측 결과)}$$

이 속도 법칙은 실험으로 결정된 속도 법칙과 일치한다. 그러나 제안된 메커니즘에 여전히 심각한 문제점이 있다. 만일 느린 반응으로 가정한 단계가 실제로 단일 단계 과정이라면 세 개의 분자, 즉 두 개의 NO 분자와 한 개의 H_2 분자가 동시에 충돌해야 한다. 이런 삼중 충돌(three-way collision)은 극히 일어나기 힘들므로, 만약 메커니즘에 삼중 충돌이 포함된다면 전체 반응은 극히 느리게 일어날 것이다. 반응 메커니즘에 두 입자 충돌 또는 **이분자 충돌(bimolecular collision)**보다 더 많은 분자들의 동시 충돌을 단일 단계 과정으로 포함하는 경우는 매우 드물다.

화학자들은 식 13.19의 반응이 다음과 같은 세 개의 이분자 단일 단계 과정으로 일어난다고 믿는다.

$$2NO \rightleftharpoons N_2O_2 \qquad \text{(빠름)}$$
$$N_2O_2 + H_2 \longrightarrow N_2O + H_2O \qquad \text{(느림)}$$
$$N_2O + H_2 \longrightarrow N_2 + H_2O \qquad \text{(빠름)}$$

해설 감도가 좋은 분석법으로 중간 생성물인 N_2O_2를 검출한다면 제안된 메커니즘이 옳다는 것을 뒷받침할 수 있다.

이 메커니즘의 첫 단계에서는 정반응으로 불안정한 중간체 N_2O_2가 만들어지는 즉시, 역반응에 의해 다시 NO로 분해되는 평형이 빠르게 이루어질 것으로 가정하였다. 속도 결정 단계는 N_2O_2와 H_2가 반응하여 N_2O와 물 분자를 생성하는 반응이다. 세 번째 단계는 앞서 언급한 반응과 같다. 여기서도 세 단계를 모두 더하면 알짜 전체 반응이 된다는 것에 주목하라.

두 번째 단계가 속도 결정 단계이므로, 전체 반응의 속도 법칙은 이 단계의 속도 법칙과 일치해야 한다. 예측되는 속도 법칙은 다음과 같다.

$$\text{속도} = k[N_2O_2][H_2] \qquad \textbf{(13.20)}$$

그러나 실험으로 결정된 속도 법칙은 화학종 N_2O_2를 포함하지 않는다. 따라서 전체 반응에서 N_2O_2의 농도를 반응물의 농도로 나타낼 방법을 찾아야 한다. 가역 반응인 메커니즘의 첫 단계를 자세히 살펴보자.

NO가 반응물인 정반응의 속도는 다음과 같다.

$$\text{속도(정반응)} = k_f[NO]^2$$

N_2O_2가 반응물인 역반응의 속도는 다음과 같다.

$$\text{속도(역반응)} = k_r[N_2O_2]$$

해설 동적 평형에서 정반응과 역반응이 똑같은 속도로 일어난다는 것을 상기하라.

두 반응이 동적 평형을 이루면, 다음과 같이 정반응과 역반응의 속도는 같아야 한다.

$$k_f[NO]^2 = k_r[N_2O_2] \qquad \textbf{(13.21)}$$

식 13.20의 속도 법칙에서 $[N_2O_2]$를 소거해야 하므로, 식 13.21를 재배열하여 $[N_2O_2]$에 대한 식을 구해 보자.

$$[N_2O_2] = \frac{k_f}{k_r}[NO]^2$$

이를 식 13.20의 속도 법칙에 대입하면 다음의 속도 식을 얻는다.

$$\text{속도} = k\frac{k_f}{k_r}[NO]^2[H_2]$$

모든 상수를 결합하여 하나의 상수(k')로 대체하면

$$\text{속도} = k'[NO]^2[H_2] \qquad \textbf{(예측 결과)}$$

해설 간단한 일차 또는 이차 속도 법칙을 따르지 않고 이 절에서 다룬 것보다 복잡한 메커니즘을 가진 반응들도 많다. 이런 반응에서는 더 복잡한 반응 속도론을 이용하여 복잡하게 얽혀 있는 단일 단계 과정들을 알아내는 데 필요한 실마리를 얻을 수 있다.

이제 메커니즘으로 유도한 속도 법칙이 실험으로 결정된 속도 법칙과 일치한다. 따라서 세 단계 메커니즘은 반응 속도론의 관점에서 타당하다고 할 수 있다.

지금까지 살펴본 절차는 연속적인 여러 단계를 포함하는 메커니즘으로 진행하는 많은 반응에 적용할 수 있다. 속도 결정 단계보다 앞서 일어나는 단계에서는 불안정한 중간체가 관여하

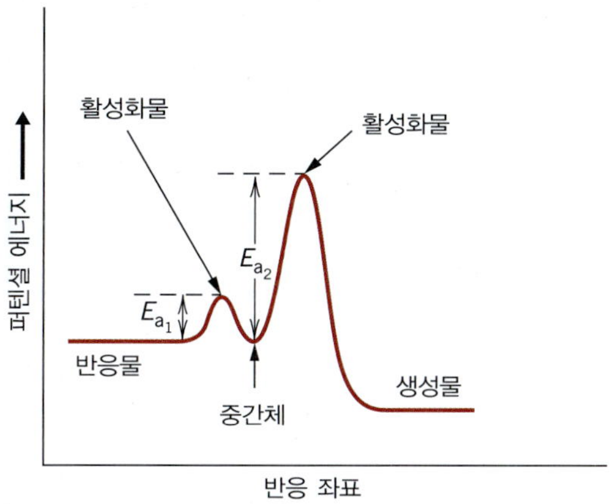

(a) 발열 반응에 대한 퍼텐셜 에너지 도표

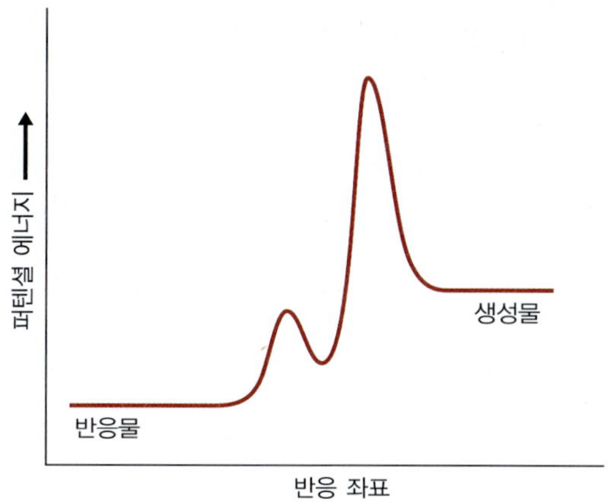

(b) 흡열 반응에 대한 퍼텐셜 에너지 도표

그림 13.19 두 번째 단계가 속도 결정 단계인 메커니즘에 대한 퍼텐셜 에너지 도표 반응 좌표에서 첫 번째 단계에 비하여 두 번째 단계의 활성화 에너지가 더 크다. 봉우리에 존재하는 반응하는 화합물의 구조가 활성화물이며, 두 봉우리 사이에 중간체가 위치한다. (a) 발열 반응의 경우에는 생성물의 퍼텐셜 에너지가 생성물보다 낮다. (b) 흡열 반응의 경우에는 생성물의 퍼텐셜 에너지가 반응물보다 높다.

는 평형이 빠르게 이루어진다고 간주한다.

두 단계 과정의 메커니즘을 퍼텐셜 에너지 도표를 이용하여 설명할 수도 있다. 전체 과정이 단일 과정이라면, 전체 과정에 대한 퍼텐셜 에너지 도표는 활성화 에너지 장벽을 극복하기에 충분한 에너지를 가진 반응물이 충돌하여 생성물을 형성하는 그림 13.14와 13.15와 비슷할 것이다. 그러나 두 단계 과정이라면, 두 개의 활성화 장벽 및 두 개의 활성화물 그리고 한 개의 중간체를 가지는 퍼텐셜 에너지 도표가 얻어질 것이다. 그림 13.18에서 보는 바와 같이 첫 번째 단계가 속도 결정 단계인 반응의 경우에는 첫 번째 단계의 활성화 에너지가 더 높다.

그림 13.19에 나타낸 바와 같이 더 큰 활성화 에너지가 두 번째 단계와 관련이 있다는 점을 제외하고, 두 번째 단계가 속도 결정 단계인 메커니즘에 대한 퍼텐셜 에너지 도표는 첫 번째 단계가 속도 결정 단계인 경우와 거의 유사하다. 물론 발열 반응과 흡열 반응 모두 두 번째 과정이 속도 결정 단계인 메커니즘이 가능하다.

제안된 메커니즘을 실험 속도 법칙과 연관시키기 화학자들이 어떤 메커니즘의 타당성을 증명하거나 반증하는 다른 실험을 고안할 수는 있지만, 가장 강력한 증거는 실험으로 얻은 전체 반응의 속도 법칙이다. 어떤 메커니즘이 매우 타당하게 보여도, 단일 단계 과정들을 이용하여 예측한 속도 법칙이 실험 결과와 일치하지 않으면, 그 메커니즘은 잘못된 것으로 폐기해야 한다.

어떤 경우에는 실험으로 결정된 속도 법칙이 두 개의 서로 다른 메커니즘을 제안하고 이 두 개가 모두 타당한 것으로 여겨질 수도 있다. 반응 메커니즘을 검증하는 한 가지 방법은 독특한 중간체의 존재를 확인하는 것이다. 앞에서 논의한 두 메커니즘 모두 N_2O를 포함하고 있지만, 두 번째 메커니즘에서는 특히 N_2O_2라는 중간체가 관여하고 있다. 따라서 실험으로 반응 중에 N_2O_2가 존재하는 것을 확인할 수 있다면, 이는 두 번째 메커니즘이 옳다는 또 하나의 증거가 될 수 있다.

실전 문제 13.29

다음 반응 중 단일 단계 과정인 반응을 모두 고르시오. 선택하지 않은 반응들은 왜 단일 단계 과정이 아닌지 그 이유를 설명하시오. (**힌트**: 정확히 같은 시간에 몇 개의 분자가 충돌할 수 있을까?)

(a) $2N_2O_5 \longrightarrow 2N_2O_4 + O_2$
(b) $NO + O_3 \longrightarrow NO_2 + O_2$
(c) $2NO + H_2 \longrightarrow N_2O + H_2O$
(d) $C_3H_8(g) + 5O_2(g) \longrightarrow 3CO_2(g) + 4H_2O(g)$
(e) $C_{12}H_{22}O_{11} + H_2O \longrightarrow C_6H_{12}O_6 + C_6H_{12}O_6$
(f) $3H_2 + N_2 \longrightarrow 2NH_3$

실전 문제 13.30

오존(O_3)은 일산화 질소(NO)와 반응하여 이산화 질소와 산소를 생성한다.

$$NO + O_3 \longrightarrow NO_2 + O_2$$

이 반응은 광화학적 스모그가 발생할 때 일어나는 반응의 하나이다. 이 반응이 단일 단계로 일어난다면, 예측되는 속도 법칙은 무엇인가?

실전 문제 13.31

NO_2Cl의 분해 반응 메커니즘은 다음과 같다.

$$NO_2Cl \rightleftharpoons NO_2 + Cl$$
$$NO_2Cl + Cl \longrightarrow NO_2 + Cl_2$$

이 메커니즘에서 두 번째 단계가 속도 결정 단계라면, 예측되는 속도 법칙은 무엇인가?

13.9 촉매

촉매(**catalyst**)는 소모되지 않으면서 화학 반응의 속도를 변화시키는 물질이다. 다시 말해서 반응이 시작될 때 첨가한 촉매는 화학 반응이 완결된 후에도 화학적으로 변하지 않고 모두 그대로 남는다. 촉매에 의해 일어나는 현상을 **촉매 작용**(**catalysis**)이라고 한다. 넓은 의미에서 두 종류의 촉매가 있다. 정촉매(positive catalyst)는 반응의 속도를더 빠르게 하며, 보통 억제제(inhibitor)라고 부르는 역촉매(negative catalyst)는 속도를 더 느리게 한다. 앞으로 '촉매'라는 용어는 일반적인 의미의 정촉매라는 의미로 사용할 것이다.

촉매는 전체 반응에 드러나지는 않지만 반응 메커니즘을 변화시키는 데 관여한다. 촉매는 **그림 13.20**에 나타낸 바와 같이 속도 결정 단계에서의 활성화 에너지를 낮춰서, 촉매가 없는 반응보다 생성물 쪽으로 가는 반응의 속도를 더 빠르게 한다. 이 새로운 경로에서는 활성화 에너지가 더 작아 반응에 필요한 최소 에너지를 갖는 반응물 분자들의 충돌 분율이 더 커지므로 반응은 더 빠르게 진행된다.

촉매를 두 그룹으로 나눌 수 있다. **균일 촉매**(**homogeneous catalyst**)는 반응물과 동일한 상으로 존재하는 촉매이며, **불균일 촉매**(**heterogeneous catalyst**)는 반응물과 다른 상으로 존재하는 촉매이다.

균일 촉매

균일 촉매의 예는 황산의 제조 방법으로 지금은 사용하지 않는 방법인 **연실법**(lead chamber process)에서 찾아볼 수 있다. 이 방법에서는 다음과 같이 황을 연소시켜 SO_2를 생성시키고,

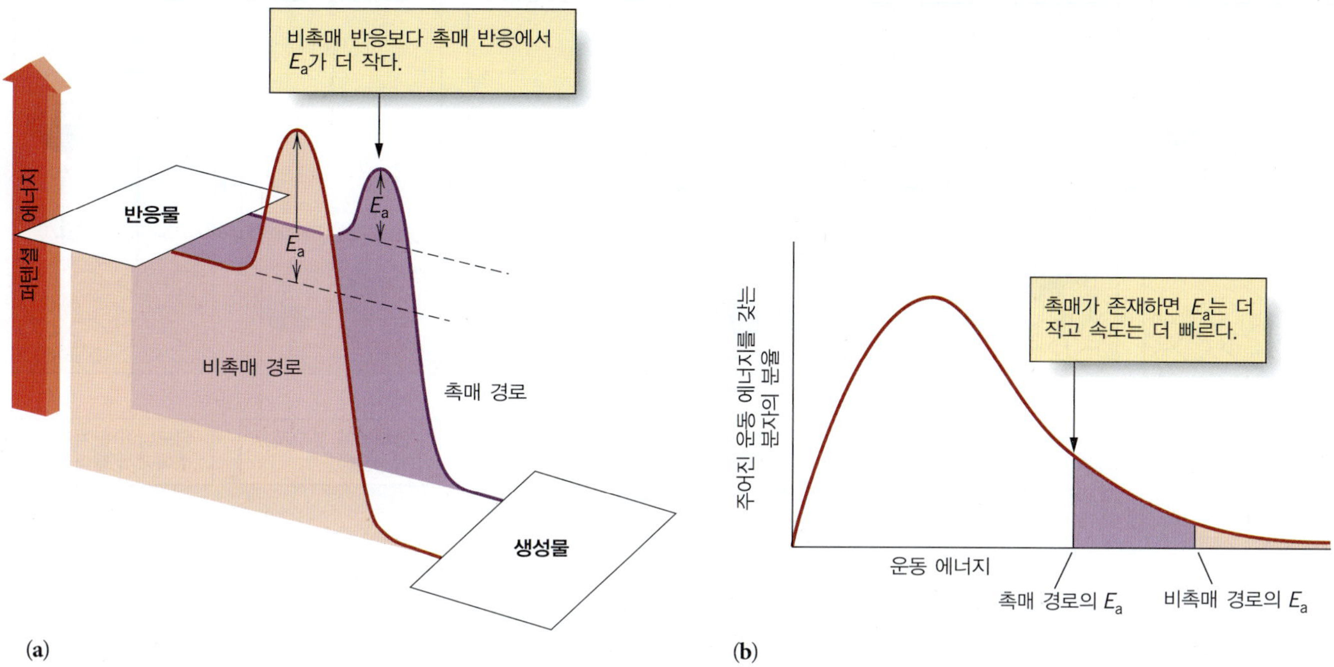

그림 13.20 반응에서 촉매의 효과 (a) 촉매는 반응물에서 생성물로 가는, 활성화 에너지가 낮은 또 다른 경로를 만들어 준다. (b) 반응이 촉매 경로로 진행하면 반응에 필요한 충분한 에너지를 가진 분자들의 분율이 더 커진다.

이것을 SO_3로 산화시킨 다음 SO_3를 물에 녹여 H_2SO_4를 만든다.

$$S + O_2 \longrightarrow SO_2$$
$$SO_2 + \tfrac{1}{2}O_2 \longrightarrow SO_3$$
$$SO_3 + H_2O \longrightarrow H_2SO_4$$

해설 현대의 황산 제조 공정인 접촉법에서, 이산화 황이 삼산화 황으로 산화되는 것을 촉진하는 데 사용되는 오산화 바나듐(V_2O_5)은 불균일 촉매이다.

촉매의 아무런 도움이 없다면, SO_2가 SO_3로 산화되는 두 번째 반응은 느리게 진행된다. 연실법에서는 납으로 안쪽 벽을 덮은 커다란 반응실에 NO, NO_2, 공기, 많은 양의 수증기의 혼합물을 채우고 SO_2를 반응시킨다. NO_2가 빠르게 SO_2를 산화시키면 NO와 SO_2가 생성된다. 이때 NO는 산소에 의해 다시 NO_2로 산화된다.

$$NO_2 + SO_2 \longrightarrow NO + SO_3$$
$$NO + \tfrac{1}{2}O_2 \longrightarrow NO_2$$

해설 NO_2는 두 번째 반응에서 재생되므로 다시 사용할 수 있다. 따라서 NO_2는 반응 혼합물에 아주 소량만 있어도 효과적으로 촉매 작용을 한다.

산소를 운반하는 촉매로 작용하는 NO_2는 SO_2가 SO_3로 산화하는 경로의 에너지를 낮추는 역할을 한다. 모든 촉매와 마찬가지로 NO_2는 화학적으로 변하지 않고, 그 양 또한 결코 변하지 않는다는 사실에 주목하라.

불균일 촉매

불균일 촉매는 일반적으로 고체이며, 촉매의 표면에서 반응을 촉진시키는 작용을 한다. 표면에 **흡착(adsorption)**된 한 개 혹은 그 이상의 반응 분자들이 표면과 상호 작용하여 반응성이 증가한다. 수소와 질소로부터 암모니아를 합성하는 Harber 과정이 그 예이다.

해설 흡착(adsorption)은 분자들이 표면에 달라붙는 현상이다. 흡수(absorption)는 스펀지가 물을 빨아들이는 것처럼, 분자가 구조에 들어가는 것을 말한다.

$$3H_2 + N_2 \longrightarrow 2NH_3$$

이 반응은 알루미늄과 포타슘의 산화물을 소량 함유하고 있는 철 촉매의 표면에서 진행된다. 수소 분자와 질소 분자가 촉매 표면에 달라붙어 있는 동안 해리된다고 추측된다. 생성된 수소 원자 원자와 질소 원자가 결합 암모니아를 생성한다. 마지막에는 생성된 암모니아 분자

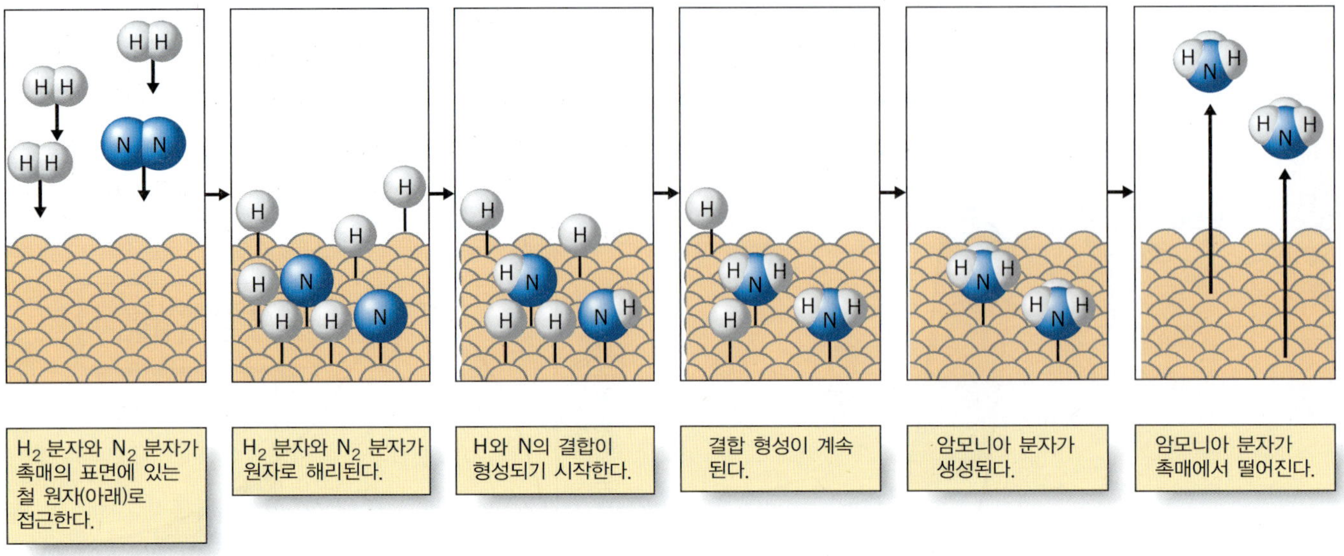

그림 13.21 Haber 공정 촉매 표면에서 질소와 수소가 암모니아 분자를 생성하는 촉매 과정

(a) (b)

그림 13.22 석유 산업에서 촉매는 매우 중요하다. (a) 정유 공장의 촉매 분해 증류탑 (b) 여러 정제 공정에서 사용되고 있는 알갱이나 가루 등 여러 모양의 다양한 촉매들

그림 13.23 대부분의 신형 자동차에서 사용되는 현대적인 촉매 변환기 촉매를 지지해 주는 역할을 하는 다공성 세라믹을 보여 주기 위하여 변환기의 일부를 절단하였다.

들이 표면에서 떨어져 나가고, 비워진 촉매의 표면에서 다음 반응이 일어난다. 이러한 일련의 과정을 **그림 13.21**에 나타내었다.

불균일 촉매는 여러 중요한 생산 공정에서 이용되고 있다. 석유 산업에서는 **그림 13.22**에 나타낸 정유 공장에서 불균일 촉매를 사용하여 탄화수소를 작은 조각으로 분해시킨 다음, 다시 조합하여 가솔린의 유용한 성분들로 변환시킨다. 정유 과정에서는 이러한 촉매의 양을 조절하여 원유로부터 가솔린이나 제트 연료 또는 연료용 기름을 시장 수요에 맞추어 적절한 비율로 생산할 수 있다.

무연 휘발유를 사용하는 자동차에는 **그림 13.23**과 같은 촉매 변환기를 부착하여, 배기가스로 방출되는 일산화 탄소나 연소되지 않은 탄화수소 및 질소 산화물과 같은 오염물의 농도를 낮춘다. 촉매는 벌집 모양의 내열성 세라믹에 분산되어 있는 나노미터 크기의 백금, 루테늄, 로듐 입자들이다. 촉매 변환기는 질량에 대한 표면적의 비가 크기 때문에 많은 양의 배기가스를 효과적으로 처리할 수 있다. 배기가스에 공기를 혼합시켜 촉매를 통과시키면 CO, NO, O_2가 흡착된다. NO는 N 원자와 O 원자로 해리되고, O_2도 원자로 해리된다. 질소 원자가 짝을 이루면 N_2가 생성되고, CO는 산소 원자에 의해 산화되어 CO_2를 생성한다. 연소되지 않은 탄화수소들도 H_2O와 CO_2로 산화된다. 촉매 변환기에 들어 있는 촉매는 옥테인값을 높이기 위해 첨가한 테트라에틸 납[$Pb(C_2H_5)_4$]과 같은 납 화합물 때문에 촉매 기능을 잃거나 오염된다. 결국 1995년에 유연 휘발유 사용이 금지되었다. 유연 휘발유를 사용하면 자동차의 배기가스에 납이 포함되어 배출되기 때문에 때문에 환경 문제를 발생시키기도 한다.

또한 촉매의 오염은 많은 생산 공정에서 커다란 문제가 되고 있다. 예를 들어 메탄올(CH_3OH)은 다음과 같은 두 반응에 의해서 석탄과 수증기로부터 만들 수 있는 미래의 연료이다.

$$\text{C (석탄으로부터)} + H_2O \longrightarrow CO + H_2$$

이어지는 반응은

$$CO + 2H_2 \longrightarrow CH_3OH$$

두 번째 단계에서 사용되는 촉매는 산화 아연 고체 용액에 달라붙어 있는 구리(I) 이온이다. 그러나 황은 촉매와 반응하여 촉매의 기능을 상실시키기 때문에 오염된 석탄에 존재하는 미량의 황을 제거해야 한다.

효소 생체에서 **효소**(enzyme)라고 하는 복잡한 단백질 분자들은 살아 있는 세포에서 일어나는 거의 모든 반응에서 촉매로 작용한다. 효소에는 '활성 자리(active site)'라는 특이한 구조의 영역이 있는데, 이 활성 자리의 촉매 작용으로 반응의 전이 상태 에너지가 낮아진다. 이 때문에 반응 속도가 엄청나게 빨라진다. 여러 가지 독약은 중요한 효소계의 기능을 방해하는 것으로 알려져 있다. 중금속은 황이 있는 작용기와 결합하여 활성 자리의 구조를 변경시킨다. 현대의 많은 의약품들이 생체 내에서 특정 효소의 촉매 기능을 억제하는 방법으로 약리 작용을 나타낸다. 의약 산업에서 화학자들은 효소의 활성 자리에 맞는 적절한 구조의 의약용 분자를 설계하는 데 분자 모델링 기술을 사용하고 있다.

자체 촉매 반응

반응 생성물 중의 하나가 반응의 경로를 변화시키는 경우가 있다. 따라서 이런 생성물은 자신이 생성되는 반응이나 혹은 그와 연결된 반응에서 촉매 역할을 한다고 할 수 있다. 이와 같은 생성물을 **자체 촉매**(autocatalyst)라 하고 자체 촉매가 작용하는 과정을 **자체 촉매 반응**(**autocatalysis**)이라고 한다. 자체 촉매 반응에서는 생성물 중의 적어도 한 가지가 반응물로 작용한다. 자체 촉매 반응을 다음과 같이 간단하게 나타낼 수 있다.

$$A + B \longrightarrow 2B$$

반응 초기에는 촉매가 거의 존재하지 않기 때문에 반응이 매우 느리게 진행하지만, 촉매의 양이 증가함에 따라 반응 속도도 점진적으로 증가한다. 그러나 반응이 진행함에 따라 반응물이 많이 감소하면 반응 속도는 다시 감소하게 된다. 반응물이나 생성물의 농도가 곡선의 형태를 나타내면 그 반응이 자체 촉매 반응이라고 생각할 수 있다. 다음은 옥살산 이온이 자체 촉매로 작용하는 자체 촉매 반응이다.

$$2MnO_4^- + 16H^+ + \underset{\text{(자체 촉매)}}{5C_2O_4^{2-}} \longrightarrow 2Mn^{2+} + 8H_2O + 10CO_2$$

이외에 할로폼 반응, 헤모글로빈과 산소의 반응, 용액에서 자체 촉매 표면에서의 금속 나노입자의 성장, DNA의 복제 등이 자체 촉매 반응의 사례들이다.

화학의 주요 사건 13.2

Marie Maynard Daly

침샘과 췌장에서 분비되는 아밀레이스(amylase)는 녹말을 설탕으로 변화시키는 효소이다. 이 효소가 없다면 우리 인간은 음식의 녹말 성분에 저장된 에너지를 활용하지 못했을 것이다.

흑인 최초로 화학 박사 학위를 받은 Mary Maynard Daly(1921~2003)는 아밀레이스가 소화 과정에 어떻게 참여하는지에 관한 연구를 수행하였다. 1947년 Columbia 대학교에서 PhD 학위를 위하여 제출된 논문의 제목은 '옥수수 녹말 분해 생성물에 대한 췌장 아밀레이스의 역할'이었다.

박사 과정이 끝난 후 Daly 박사는 Rockefeller 연구소에서 미국 암 협회의 지원으로 인체에서 단백질의 생성 과정에 관한 연구를 수행하였다. 이때는 DNA의 구조나 기능에 대한 정보가 얻어지기 전의 시기이다. Daly 박사는 1955년에 Columbia 대학교의 College of Physicians and Surgeons에서 연구를 시작했으며, 1960년부터는 Albert Einstein College of Medicine에 재직하였다. 이 무렵 Quentin B. Deming 박사와 동맥 대사 분야와 높은 콜레스테롤 수치나 동맥혈관 막힘이 심장 마비의 위험성을 높이는 원인 등에 대한 공동 연구를 수행하였다. 그녀는 모든 업적을 바탕으로 1966년 미국 과학진흥협회(AAAS)의 위원에 선임되었고, 전미 기술협회(NTA)에 의하여 미국의 과학, 공학, 및 기술 분야를 빛낸 50인의 여성 과학자 중 한 명으로 선정되었다. 그녀의 아밀레이스에 관한 연구 결과를 통하여 옥수수 녹말의 효소 반응의 생성물에 대한 상세한 과정에 밝혀졌다. 췌장에서 생성되는 아밀레이스의 양은 섭취되는 기질에 의하여 조절된다. 이 연구에서의 기질은 섭취되는 옥수수 녹말이다. 아밀레이스가 옥수수 녹말을 보다 간단한 설탕으로 분해하는 과정을 이해하는 것은 소화 과정이나 곡물을 알코올로 변환시키는 과정을 이해하는 데 매우 중요하다. 생성된 설탕을 발효시켜 알코올을 만든다. 아밀레이스를 이용하여 옥수수 녹말을 과당으로 이루어진 옥수수 시럽을 만들 수도 있다.

Archives of the Albert Einstein College of Medicine, Ted Burrows, photographer

종합 화학 예제

다음의 반응을 생각해 보자.

$$Cl_2(g) + CHCl_3(g) \longrightarrow HCl(g) + CCl_4(g)$$

이 반응에 대하여 다음의 3가지 단일 단계로 이루어진 메커니즘이 제안되었고, 이때 속도 결정 단계는 두 번째 단계이다.

(i) $Cl_2 \rightleftharpoons 2Cl\cdot$ 정반응에 대한 속도 상수는 k_f, 역반응에 대한 속도 상수는 k_r

(ii) $Cl\cdot + CHCl_3 \longrightarrow HCl + CCl_3\cdot$ k_2

(iii) $CCl_3\cdot + Cl\cdot \longrightarrow CCl_4$ k_3

Lewis 구조를 이용하여 각 단계의 반응을 나타내는 반응식을 쓰고, 3가지 단계가 전체 반응에 이르는 과정에 대하여 설명하시오. 그린 반응식을 이용하여 첫번째와 세번째 과정이 빠르게 진행되는 이유와 두번째 과정이 느린 이유를 설명하시오. 마지막으로 전체 반응의 속도 법칙은 다음과 같음을 증명하시오.

$$속도 = k_2\left(\frac{k_f}{k_r}\right)^{1/2}[CHCl_3]([Cl_2])^{1/2}$$

분석 이 문제는 3개의 부분으로 구성되어 있다. 먼저 반응의 각 단계에 대한 도표를 그려야 한다. 반응에서 전자를 점으로 표시하고, 오비탈에 한 개만 존재하는 라디칼은 한 개의 점으로 표시한다. 두 번째는 그린 도표를 이용하여 두 번째 단계의 속도가 느린 이유를 설명해야 한다. 마지막으로 각 단일 단계로부터 전체 반응에 대한 속도 법칙을 수학적으로 유도한다.

Part 1

도구 모음 메커니즘의 각 단계를 나타내는 데 분자의 Lewis 구조가 필요하다.

풀이 메커니즘에 포함된 모든 반응물과 생성물의 Lewis 구조를 그린다. 결합이 끊어져서 생성되는 라디칼은 하나의 전자를 이용하여 나타낸다. 두 개의 라디칼이 만나서 결합을 형성한다.

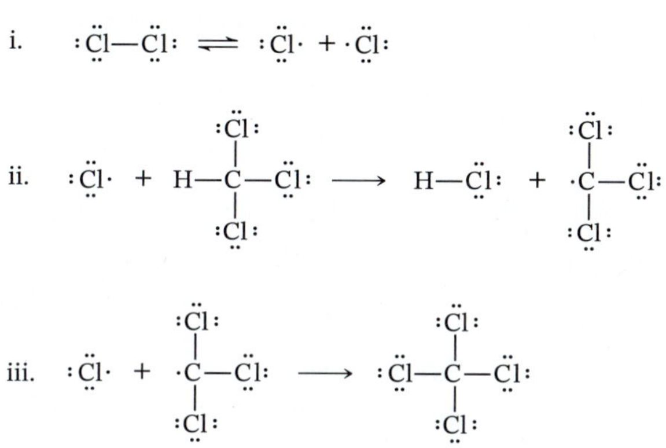

Part 2

도구 모음 VSEPR에 의하여 결정되는 화합물의 구조를 이용하여 반응물의 유효 충돌이 이루어지는 방법에 대하여 고려해 본다.

풀이 메커니즘의 첫 번째 단계에서 Cl—Cl 결합이 끊어지면 결합 전자가 각각의 Cl 원자에 하나씩 배치되어 Cl 라디칼이 생성된다. 이 반응은 결합 한 개가 끊어지는 과정으로 에너지가 충분하다면 빠르게 진행할 것이다. 라디칼이 결합하여 다시 Cl—Cl 결합이 생성되는 역반응도 빠르게 진행한다.

두 번째 단계에서 반응이 일어나려면 다음 그림에서와 같이 충분한 에너지를 가진 Cl 라디칼이 $CHCl_3$에 유효한 방향에서 접근한 후 충돌해야 한다.

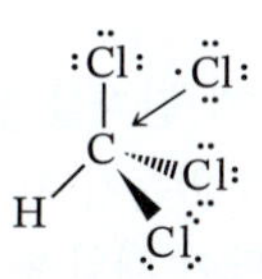

유효하지 않은 배향

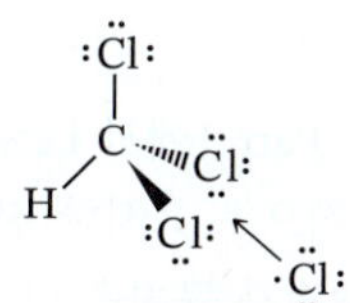

유효하지 않은 배향

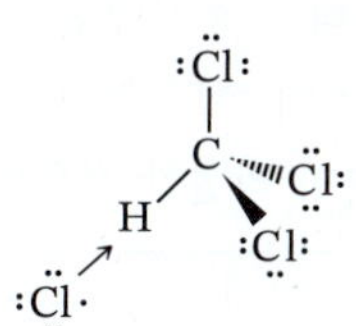

활성화 에너지를 극복하기에 충분한 에너지를 가지고 유효한 배향으로 충돌함

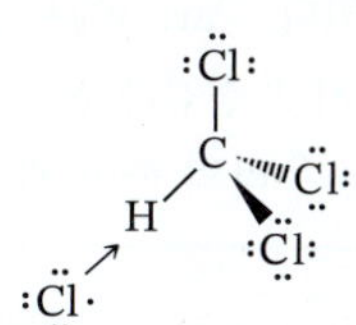

유효한 배향에서 충돌하지만 활성화 에너지를 극복하기에는 에너지가 충분치 않음

두 번째 단계에서 두 입자가 접근하여 C—H 결합이 끊어지고 Cl—H 결합이 생성되려면 두 입자가 충돌할 때의 유효한 배향과 활성화 에너지를 극복하는데 필요한 높은 에너지가 요구된다. 이와 같은 제한으로 인하여 두 번째 단계의 속도 상수는 첫 번째 단계에 비하여 작을 것으로 예상된다.

3번째 단계에서는 결합이 이루어지고 새로운 생성물이 만들어진다. 이 경우에도 유효한 배향이 요구되지만 결합이 끊어지는 것이 아니고 생성되는 것이므로 에너지 장벽은 비교적 낮을 것이다.

Part 3

도구 모음 제안된 메커니즘을 기반으로 전체 속도 법칙을 결정해야 한다. 단일 단계 과정에 대한 속도 법칙을 도구로 이용하여 반응의 속도 법칙을 유도한다.

풀이 속도 결정 단계(두 번째 단계)에 대한 속도 법칙부터 시작해 보자.

$$\mathrm{Cl\cdot + CHCl_3 \longrightarrow HCl + CCl_3\cdot} \quad k_2$$
$$\text{속도} = k_2[\mathrm{Cl\cdot}][\mathrm{CHCl_3}]$$

그러나 Cl·은 전체 반응에서의 반응물이 아니므로 첫 번째 단계에서 얻은 다음의 Cl·에 대한 식을 대입해서 소거해야 한다.

$$\mathrm{Cl_2 \rightleftharpoons 2Cl\cdot}$$
$$\text{속도}_{\text{정반응}} = k_f[\mathrm{Cl_2}]$$
$$\text{속도}_{\text{역반응}} = k_r[\mathrm{Cl\cdot}]^2$$
$$\text{속도}_{\text{정반응}} = \text{속도}_{\text{역반응}}$$
$$k_f[\mathrm{Cl_2}] = k_r[\mathrm{Cl\cdot}]^2$$
$$[\mathrm{Cl\cdot}]^2 = \frac{k_f}{k_r}[\mathrm{Cl_2}]$$
$$[\mathrm{Cl\cdot}] = \left(\frac{k_f}{k_r}[\mathrm{Cl_2}]\right)^{1/2}$$

이 식을 두 번째 단계의 속도식에 대입한다.

$$\text{속도} = k_2\left(\frac{k_f}{k_r}[\mathrm{Cl_2}]\right)^{1/2}[\mathrm{CHCl_3}]$$
$$\text{속도} = \left(\frac{k_f}{k_r}\right)^{1/2} k_2([\mathrm{Cl_2}])^{1/2}[\mathrm{CHCl_3}]$$
$$\text{속도} = \left(\frac{k_f}{k_r}\right)^{1/2} k_2[\mathrm{CHCl_3}]([\mathrm{Cl_2}])^{1/2}$$

답이 합리적인가? Part 1에서 Lewis 구조를 이용하여 메커니즘의 각 단계를 설명하였다. 답을 점검하기 위하여 점으로 표시한 전자의 수가 필요한 수만큼 그려져 있는지 확인할 수 있다. 라디칼을 제외하고 8전자 규칙을 만족하는지 확인하고, 관련된 오비탈이 채워져 있는지도 확인해야 한다. Part 2에 대한 답은 3차원 분자 모형을 이용하여 배향에 따라 유효한 충돌이 어느 것인지 확인해 볼 수도 있다. Part 3에서는 문제 풀이에 사용된 수학을 다시 점검해보고 풀이 과정에 대한 논리가 적절한지를 점검해 본다. 또한 문제 풀이를 위한 출발점이 속도 결정 단계인지 확인하는 것도 필요하다. 우리의 풀이 과정은 이 모든 점검 사상에 대하여 적절한 것으로 판단된다.

종합 화학 문제

A. 반응 $\mathrm{NO}(g) + \mathrm{O_2}(g) \longrightarrow 2\mathrm{NO_2}(g)$에 대하여 반응하는 동안의 반응물과 생성물의 농도 변화를 측정하고 반응 속도를 결정하였다. 다음은 시간에 대한 반응물과 생성물의 농도를 도시한 것이다.

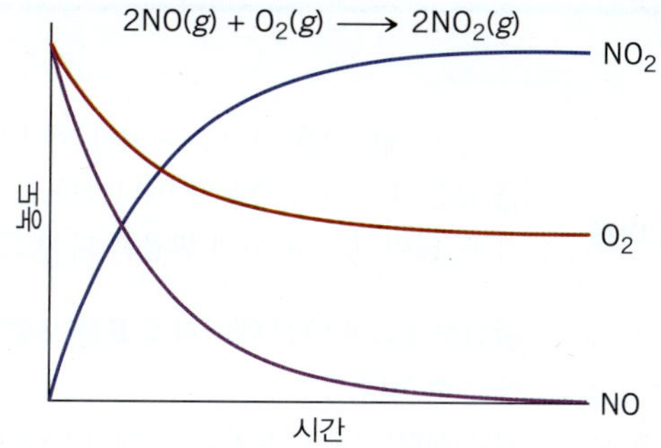

반응 온도를 올리면 각 곡선이 어떻게 변하는지 설명하시오. NO의 초기 농도를 늘이면 농도 곡선은 어떻게 변하겠는가? 반응이 시작할 때 생성물을 가하면 농도 곡선은 어떻게 변하겠는가? 반응 촉매를 가하면 농도 곡선은 어떻게 변하겠는가?

B. 반응 초기 속도를 이용하여 속도 법칙을 결정하였다. 반응이 시작할 때의 반응 조건은 무엇인가? 속도 법칙을 결정하기 위하여 이와 같은 조건이 필요한 이유는 무엇인가?

C. 반응 $N_2O_5(g) \longrightarrow 2NO_2(g) + \frac{1}{2}O_2(g)$에 대한 속도 법칙을 결정하기 위하여 시간에 대한 농도 변화를 관찰하고 다음과 같은 결과를 얻었다. 이 자료를 도시하고 분석한 다음 반응의 차수(일차, 이차, 혹은 영차)를 결정하시오. 반응의 반감기를 결정하시오. 반응의 차수를 결정하는 방법에 대하여 설명하시오.

시간(초)	농도(mol/L)
0	2.11×10^{-02}
60	1.56×10^{-02}
120	1.16×10^{-02}
180	8.50×10^{-03}
240	6.29×10^{-03}
300	4.76×10^{-03}
360	3.40×10^{-03}
420	2.55×10^{-03}
480	1.87×10^{-03}
540	1.36×10^{-03}
600	1.02×10^{-03}

D. 반감기가 14.268일인 방사성 동위 원소 P-32의 방사능을 가리는 데 아크릴로 만든 플렉시글라스를 사용한다. 인체에서 암세포는 일반 세포에 비하여 인에 대한 친화성이 더 높기 때문에 P-32를 악성 종양 추적제로 사용한다. P-32에 오염된 의복은 반감기에 12배에 해당하는 기간 동안 플렉시글라스에 보관해야 한다. 2월에 P-32에 오염된 겨울용 두꺼운 외투를 반감기의 12배에 해당하는 기간이 지난 후 바로 착용할 수 있는가? 그 이유는 무엇인가? 반감기의 12배에 해당하는 기간이 지난 후 남아 있는 P-32의 백분율은 얼마인가? 이 붕괴 과정의 속도 법칙을 속도 상수를 포함하여 나타내고, 속도 상수의 단위를 쓰시오.

E. 화장품 회사에서는 제품의 안정성이나 유통 기한과 관련된 정보를 얻기 위하여 안정도 검사를 한다. 안정도를 측정하기 위하여 제품을 5년이라는 긴 시간 동안 보관하는 것은 효과적이지 못하기 때문에, 더 높은 온도과 습도 조건에서 제품의 안정도를 측정해서 측정의 시간을 단축한다. 일반적으로 안정도 측정은 40°C, 30°C, 25°C, 5°C에서 6개월 동안 진행되며 초기(0개월)와 3개월 및 6개월 후의 시료에 대하여 측정한다. 25°C에서 검사한 어떤 제품이 5년 후에 95% 유효 성분이 유지하고 있었다. 같은 제품을 40°C에서 측정하였더니 6개월 후에 95%의 유효 성분을 유지하고 있었다. 이 제품이 분해되는 반응의 활성화 에너지를 구하시오. 15°C에서 측정할 때 동일한 양의 유효 성분이 남을 때까지 걸리는 기간은 얼마인가? 이 측정에 5°C가 포함된 이유는 무엇인가?

요약

학습 목표별로 정리함

화학 물질들의 반응 속도에 영향을 주는 5가지 조건을 이해하고 이용할 수 있다.

반응의 빠르기 또는 **반응 속도**는 (1) 반응물의 특성, (2) 반응물들이 서로 충돌할 기회, (3) 반응물의 농도, (4) 온도, (5) 촉매의 존재와 같은 다섯 가지 인자에 의해 조절된다. **불균일 반응**의 속도는 주로 두 상의 접촉 면적에 의해 결정된다. **균일 반응**의 속도는 반응물의 농도에 의해 결정된다. 속도는 반응물이나 생성물의 시간에 따른 농도 변화를 측정하여 구한다.

실험 자료로부터 반응물이 사라지고 생성물이 생성되는 상대 속도와 반응 속도를 결정할 수 있다.

속도는 시간에 따른 반응물이나 생성물의 농도 변화를 관찰하여 측정한다.

$$\text{속도} = \Delta(\text{농도})/\Delta(\text{시간})$$

모든 화학 반응에서 생성물이 형성되는 속도와 반응물이 사라지는 속도의 상대적 크기는 균형 화학 반응식의 계수와 연계되어 있다.

실험에서 얻은 초기 속도 자료를 이용하여 속도 법칙을 결정할 수 있다.

반응의 **속도 법칙**은 반응 속도와 반응물의 몰농도의 관계를 나타낸다. 속도는 반응물들의 몰농도의 곱에 비례하며, 여기서 각 농도는 적당한 지수로 거듭제곱되어 있다. 지수의 값은 실험으로 결정해야 한다. 비례 상수 k는 **속도 상수**라고 한다. 속도 법칙에서 지수의 합을 그 반응의 **차수**(또는 전체 차수)라고 한다.

적분 속도 법칙의 기본적인 결과들을 이용하여 반응 차수를 결정하고 영차, 일차, 이차 반응에서 농도의 시간 의존성을 계산할 수 있다.

적분 속도 법칙은 어떤 주어진 시간 t에서 반응물의 농도와 반응물의 초기 농도 및 속도 상수 사이의 관계를 나타낸 것이다. **반감기**($t_{1/2}$)는 반응물이 절반으로 줄어드는 데 걸리는 시간이다. 일차 반응의 반감기는 반응의 속도 상수에만 관계하고 초기 농도와는 무관한 상수이다. 이차 반응의 반감기는 반응물의 초기 농도와 속도 상수에 모두 반비례한다. 영차 반응의 반감기는 속도 상수에 반비례하고 초기 농도에 비례한다.

충돌 빈도와 에너지 및 배향을 포함한 충돌 이론의 분자적 관점에 입각하여 화학 반응 속도를 설명할 수 있다.

충돌 이론에 의하면 반응 속도는 반응 입자들의 초당 유효 충돌수에 의존하며, 전체 충돌수에 대한 **유효 충돌수**의 분율은 극히 작다. 분율이 작은 이유는 분자들이 유효한 배향으로 충돌해야 되기 때문이기도 하지만, 주된 이유는 충돌하는 분자들이 **활성화 에너지**(E_a)라는 최소 운동 에너지를 가지고 있어야 하기 때문이다. 온도가 높아지면 더 큰 분율의 충돌이 충분한 에너지를 가지게 되므로 초당 유효 충돌수가 더 많아지고, 따라서 반응은 더 빠르게 일어난다.

활성화물과 퍼텐셜 에너지 도표를 포함한 전이 상태 이론의 원리를 기술할 수 있다.

전이 상태 이론은 분자들의 에너지와 충돌하는 핵들의 배향 사이의 관계를 가시적으로 보여 준다. 이 이론에서 활성화 에너지는 반응의 퍼텐셜 에너지 도표에 에너지 장벽으로 표현된다. **반응열**은 반응물과 생성물의 알짜 퍼텐셜 에너지 차이이다. 가역 반응에서 정반응과 역반응의 E_a 값은 에너지 도표에서 확인할 수 있다. 에너지 도표에서 가장 높은 점에 있는 화학종이 **활성화물**이며, **전이 상태**에 있다고 말한다.

Arrhenius 식을 이용하여 반응의 활성화 에너지를 결정할 수 있다.

Arrhenius 식은 활성화 에너지와 온도의 변화가 속도 상수에 어떻게 영향을 미치는지를 알려준다. Arrhenius 식 또는 Arrhenius 식을 적절히 변형한 식을 이용한 계산으로 E_a 값을 구할 수 있다. 계산으로 구하려면 서로 다른 두 온도에서 측정한 두 개의 속도 상수 값이 필요하다. 그래프 방법을 사용하면 여러 온도에서 측정한 속도 상수들을 사용하므로 더욱 정확한 값을 구할 수 있다. 활성화 에너지와 어떤 온도에서의 속도 상수를 이용하여 다른 온도에서의 속도 상수를 계산할 수 있다.

실험 자료에 부합하는 적절한 메커니즘을 제시하고 합리적인 메커니즘을 추론하는 데 반응 메커니즘의 개념을 이용할 수 있다.

알짜 화학 변화를 일으키는 일련의 단일 단계 과정이 그 반응의 **메커니즘**이다. 반응 중간체들은 보통 검출되지 않기 때문에, 메커니즘은 하나의 이론이다. 메커니즘으로 예측된 속도 법칙이 실험 자료로 구한 속도 법칙과 일치해야 그 메커니즘의 타당성이 입증된다. **속도 결정 단계**나 또는 다른 **단일 단계 과정**의 속도 법칙에 있는 지수는 그 단일 단계 과정의 균형 화학 반응식의 반응 계수와 같다.

균일 촉매와 불균일 촉매의 성질을 이해하고, 촉매가 어떻게 반응 속도를 증가시키는지 설명할 수 있다.

촉매란 반응 속도를 변화시키지만 반응에서 소모되지 않는 물질이다. 역촉매는 반응을 억제한다. 정촉매는 적어도 한 단계의 활성화 에너지가 비촉매 반응보다 더 작은 다른 반응 경로를 만들어준다. **균일 촉매**는 반응물과 동일한 상의 촉매이다. **불균일 촉매**는 반응물들이 흡착되어 반응하는 표면을 가짐으로써 활성화 에너지가 더 작은 경로를 만들어준다. 생체에서 작용하는 촉매를 효소라고 한다.

문제 풀이를 위한 도구

도구 다음과 같은 도구들이 이 장에서 도입되었다. 이들을 주의 깊게 공부하면 필요할 때 적절한 도구를 선택할 수 있다.

반응 속도에 영향을 미치는 인자(13.1절) 반응 속도에 영향을 미치는 다섯 가지 인자는 (1) 반응물의 화학적 특성, (2) 반응물들이 서로 접촉할 수 있는 능력, (3) 반응물의 농도, (4) 반응 온도, (5) 반응 속도를 증가시키는 물질인 촉매이다.

한 개의 반응물 또는 생성물에 대한 반응 속도(13.2절)

$$X\text{의 반응 속도} = \frac{\Delta(X\text{의 농도})}{\Delta t}$$

반응 속도는 항상 양의 값으로 표현된다. 따라서 반응물의 경우에 농도는 감소하므로 부호를 양의 부호로 바꿔야 한다.

반응 속도(13.2절) 반응 $aA + bB \longrightarrow cC + dD$에 대한 속도식은 다음과 같이 나타낸다.

$$\text{속도} = -\frac{1}{a}\frac{\Delta[A]}{\Delta t} = -\frac{1}{b}\frac{\Delta[B]}{\Delta t} = \frac{1}{c}\frac{\Delta[C]}{\Delta t} = \frac{1}{d}\frac{\Delta[D]}{\Delta t}$$

반응의 속도 법칙(13.3절)

$$\text{속도} = k[A]^x[B]^y$$

반응 차수 구하기(13.3절)

$$\frac{\text{속도}_2}{\text{속도}_1} = \frac{k[A]_2^x[B]_2^y}{k[A]_1^x[B]_1^y} = \frac{k}{k}\left(\frac{[A]_2}{[A]_1}\right)^x\left(\frac{[B]_2}{[B]_1}\right)^y$$

일차 반응의 적분 속도 법칙(13.4절)

$$\ln\frac{[A]_0}{[A]t} = kt$$

일차 반응의 반감기(13.4절)

$$\ln 2 = kt_{1/2}$$

$$\text{혹은} \quad k = \frac{\ln 2}{t_{1/2}}$$

탄소-14 연대 측정(13.4절) 탄소-14의 반감기는 5730년이고 속도 상수는 $1.21 \times 10^{-4}\ \text{yr}^{-1}$이다. 측정하고자 하는 물체의 연대는 이 시료의 $^{14}C/^{12}C$ 비(r_t)를 현재 시료의 $^{14}C/^{12}C$ 비(r_0)와 비교하여 구할 수 있다.

$$\ln\frac{r_0}{r_t} = (1.21 \times 10^{-4}\ \text{yr}^{-1})t$$

이차 반응의 적분 속도 법칙(13.4절) 속도 $= k[B]^2$이고 k 값이 주어진 이차 반응의 경우에, 이 식은 일정 반응 시간 후의 반응물의 농도를 구하거나, 농도가 어떤 값으로 줄어드는 데 걸리는 시간을 구할 때에 사용된다.

$$\frac{1}{[B]_t} - \frac{1}{[B]_0} = kt$$

이차 반응의 반감기(13.4절)

$$t_{1/2} = \frac{1}{k \times (\text{반응물의 초기 농도})} = \frac{1}{k \times [B]_0}$$

영차 적분 속도 법칙(13.4절) 속도 $= k$인 영차 반응의 경우 반응 속도는 반응물의 농도와 무관하고, 적분 속도 법칙은 다음과 같다.

$$[A]_t = -kt + [A]_0$$

영차 반응의 반감기(13.4절)

$$t_{1/2} = \frac{1}{k}\frac{[A]_0}{2}$$

Arrhenius 식(13.7절)

$$k = A_e^{-E_a/RT}$$

변형된 Arrhenius 식(13.7절)

$$\ln\left(\frac{k_2}{k_1}\right) = \frac{-E_a}{R}\left(\frac{1}{T_2} - \frac{1}{T_1}\right)$$

단일 단계 과정의 속도 법칙(13.8절) 속도 법칙의 지수들은 그 단일 단계 과정의 화학 반응식에 포함된 반응물의 계수와 같다.

쌍으로 구성된 복습 문제 중 청색 번호를 가진 문제의 해답은 부록 B에 수록하였다. 난이도가 높은 문제는 별표(*)로 표시하였다.

복습 질문

화학 변화 속도에 영향을 주는 인자

13.1 화학 반응의 속도에 영향을 주는 인자를 나열하시오. 각각의 인자가 반응 속도에 어떻게 영향을 미치는지 설명하시오.

13.2 기체상 반응이 고체상 반응보다 더 효과적인 이유는 무엇인가? 화학 반응을 일반적으로 왜 용액상에서 진행하는가?

13.3 화학 물질 제조업자가 반응 속도에 영향을 미치는 인자에 관심이 많은 이유는 무엇인가?

13.4 **균일 반응**과 **불균일 반응**을 예를 포함하여 비교하시오.

13.5 불균일 반응에서 반응 속도에 미치는 반응 입자의 크기의 영향을 설명하시오. 고체의 표면적을 증가시키는 효과적인 방법은 무엇인가?

13.6 소방수들은 다음과 같은 '화재 삼각형'에 대해 교육을 받는다.

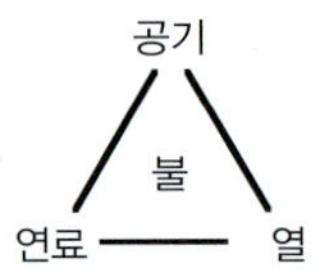

3개의 꼭짓점을 구성하는 어느 한 요소를 제거하면 화재는 진화된다. 이 절에서 토론한 인자 중 화재 삼각형에 영향을 주는 것은 어느 것인가?

13.7 작업 시 공기보다 순수한 산소가 더 위험한 이유는 무엇인가?

13.8 에폭시 접착제가 경화되는 속도는 혼합된 경화제의 양에 의존한다. 이 사례에서 반응 속도에 영향을 주는 인자는 무엇인가?

13.9 포유류와는 달리 곤충은 체온을 조절하는 능력이 없다. 낮은 온도에서 곤충의 움직임은 민첩하지 못하고 느려진다. 13장에서 논의된 원리를 이용하여 이와 같은 현상을 설명하시오.

13.10 매우 차가운 물에 빠져서 죽었을 것으로 짐작되던 사람이 생존하는 경우가 있다. 이와는 반대로 같은 시간 동안 따뜻한 물에 빠졌던 사람은 죽는 확률이 높다. 화학 반응의 속도에 영향을 미치는 인자 개념을 이용하여 이 사실을 설명하시오.

반응 속도 측정

13.11 반응의 순간 속도와 평균 속도는 어떻게 다른가?

13.12 반응 속도와 반응에 참여하는 한 성분에 대한 속도는 어떻게 다른가?

13.13 실험에서 얻어진 시간에 대한 농도 자료를 이용하여 초기 순간 속도를 결정하는 방법을 설명하시오.

13.14 반응 속도의 부호와 단위는 무엇인가?

13.15 다음은 반응 $2NO(g) + Cl_2(g) \longrightarrow 2NOCl(g)$이 진행되는 동안 시간에 대한 반응물과 생성물의 농도를 측정한 결과이다. NO와 Cl_2 및 NOCl의 농도를 나타내는 곡선은 각각 어느 것인가? 그 근거를 제시하시오.

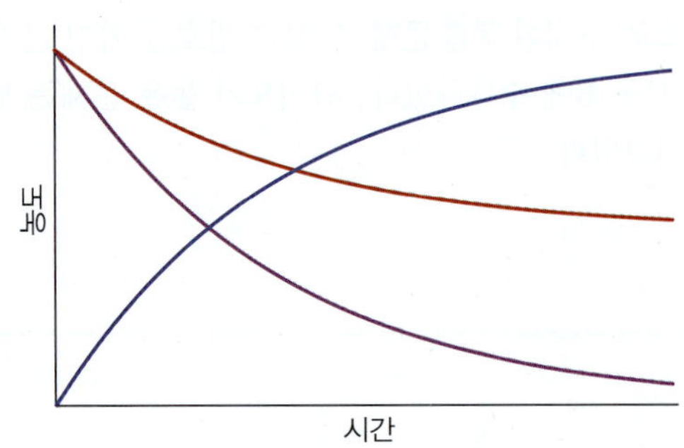

13.16 화학 반응에서 순간 속도를 결정하는 방법을 설명하시오. 어떤 자료가 필요하고, 그 자료를 어떻게 활용해야 하는가?

속도 법칙

13.17 (a) 일차 반응과 (b) 이차 반응 그리고 (c) 영차 반응에서의 속도 상수의 단위는 각각 무엇인가? 이 속도 상수의 단위가 서로 다른 이유는 무엇인가?

13.18 영차 반응과 일차 반응에서 반응 속도가 농도에 의존하는 경향은 어떻게 다른가? 일차 반응과 이차 반응에서의 차이점은 어떤가?

13.19 전체 균형 화학 반응식의 계수를 이용하여 속도 법칙에서의 계수를 확실하게 예측하는 방법이 있는가?

13.20 어떤 반응물의 농도를 10배로 증가시켰더니 반응 속도가 1,000배 증가하였다. 이 반응물에 대한 반응 차수는 얼마인가?

13.21 반응물의 농도를 두 배로 증가시키면 반응 속도도 두 배로 증가한다면, 이 반응물에 대한 반응 차수는 얼마인가?

13.22 어떤 반응물에 대한 반응 차수가 2일 때, 이 반응물의 농도를 두 배로 증가시키면 반응 속도는 어떻게 변하는가?

13.23 어떤 실험에서 반응물의 농도를 3배로 증가시켰더니 반응 속도가 27배 증가하였다. 이 반응물에 대한 반응 차수는 얼마인가?

13.24 생물학적 반응에서는 화학 변화가 일어나는 **기질**과 효소의 충돌을 포함한다. 많은 경우에 반응 속도는 효소의 농도에 의존하지만 기질의 농도와는 무관하다. 이 반응에서 기질에 대한 반응 차수는 얼마인가?

적분 속도 법칙

13.25 (a) 일차 반응과 (b) 이차 반응 그리고 (c) 영차 반응에 대한 적분 속도 식을 $[A]_t$를 계산할 수 있는 식으로 재배열하시오. 필요하다면 초기 농도는 $[A]_0$로 나타내시오.

13.26 (a) 일차 반응과 (b) 이차 반응 그리고 (c) 영차 반응에서 각각의 반감기가 초기 농도에 어떻게 의존하는가?

13.27 식 13.7과 13.11로부터 일차 반응과 이차 반응의 반감기를 구하는 식을 유도하시오.

13.28 다음은 영차 반응에 대한 적분 속도 법칙이다.

$$[A]_t = -kt + [A]_0$$

영차 반응의 반감기를 구하는 식을 유도하시오.

13.29 반응물의 농도를 반으로 줄였을 때 (a) 이차 반응과 (b) 영차 반응의 반감기는 어떻게 변하는가?

13.30 주어진 온도에서 속도 상수가 같은 두 가지 영차 반응의 반감기가 서로 동일한 이유는 무엇인가? 반응 차수가 일차인 두 반응의 반감기가 서로 동일하려면 어떤 조건을 만족해야 하는가? 반응 차수가 이차인 두 반응의 반감기가 서로 동일하려면 어떤 조건을 만족해야 하는가?

13.31 다음의 그래프가 각각 일차 반응, 이차 반응, 영차 반응 중 어느 것에 해당하는지 구분하시오.

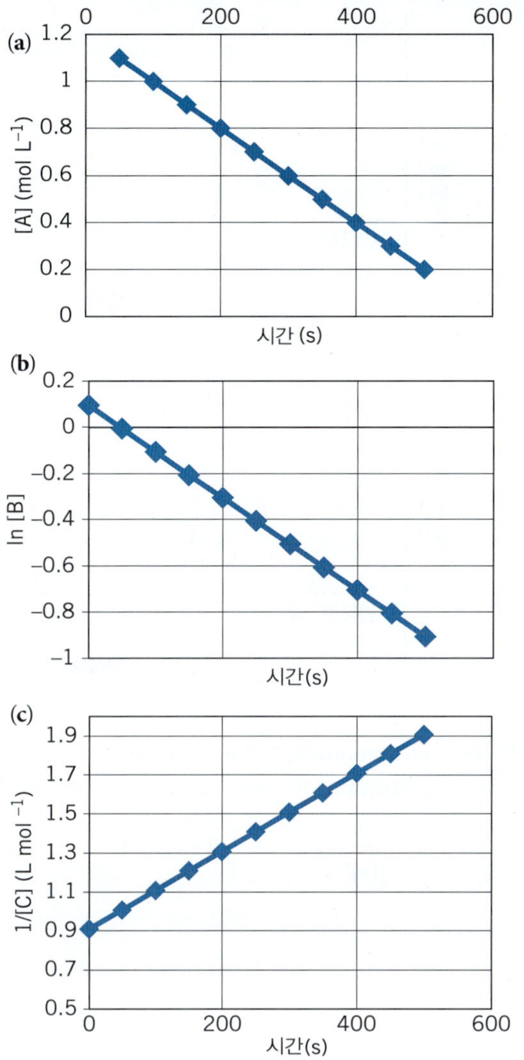

분자 수준에서의 충돌 이론

13.32 충돌 이론에서의 기본 가정은 무엇인가?

13.33 화학 변화가 일어날 수 있는 유효 분자 충돌에 영향을 미치는 두 가지 인자는 무엇인가?

13.34 반응 속도론의 관점에서 온도를 올리면 반응 속도가 빨라지는 이유를 설명하시오.

13.35 어떤 사람이 충돌 이론이란 '반응을 단단한 구가 충돌하는 모형으로 다루는 것이다'라고 말한다. 이 주장에 대한 당신의 의견을 기술하고 (필요하다면) 전이 상태 이론과 비교하시오.

분자 수준에서의 전이 상태 이론

13.36 전이 상태 이론이 화학 반응을 기술하는 요점은 무엇인가?

13.37 교재의 도움 없이 다음 반응에 대한 퍼텐셜 에너지 도표를 그리시오.
(a) 발열 반응
(b) 흡열 반응

13.38 어떤 사람이 전이 상태 이론은 '분자가 충돌하기 시작하는 순간부터 분리될 때까지 과정을 설명하는 이론이다'라고 말한다. 이 주장에 대한 당신의 의견을 기술하고 (필요하다면) 충돌 이론과 비교하시오.

활성화 에너지

13.39 활성화 에너지란 무엇인가?

13.40 Arrhenius 식을 쓰고, 식에 포함된 모든 변수와 상수를 정의하시오.

13.41 활성화 에너지와 속도 상수의 관계를 설명하시오.

13.42 Arrhenius 식을 이용하여 반응 온도를 낮추면 반응 속도도 감소한다는 것을 보이시오.

13.43 다음의 계산 결과를 올바른 유효 숫자로 나타내시오.
(a) ln 19.34
(b) ln 7.83×10^{-7}

반응 메커니즘

13.44 **단일 단계 과정**의 정의는 무엇인가? 단일 단계 과정은 반응 메커니즘과 어떻게 연계되어 있는가?

13.45 **속도 결정 단계**란 무엇인가? 메커니즘에서 속도 결정 단계는 어느 것인가?

13.46 반응 메커니즘에서 중간체와 활성화물이란 각각 무엇인가?

13.47 강의실 밖의 화학 13.1에서 자유 라디칼에 관한 사례를 다루었다. 자유 라디칼이란 무엇인가? 특정 반응에서 자유 라디칼 메커니즘이 중요한 이유는 무엇인가?

13.48 3개의 분자가 동시에 충돌해야 하는 반응과 2개의 분자가 동시에 충돌해야 하는 반응을 비교하려고 한다. 다른 모든 조건이 동일하다고 가정할 때 통계적인 관점에서 어느 반응이 더 빨리 진행하겠는가? 그 이유를 제시하시오.

13.49 단일 단계 과정이 다음에 제시된 내용과 어떻게 관련되어 있는지 설명하시오.
(a) 단일 단계 과정의 속도 법칙 (b) 전체 반응의 속도 법칙
(c) 전체 반응의 계수

13.50 두 단계로 진행되는 발열 반응에 대한 퍼텐셜 에너지 도표를 그리시오. 속도 결정 단계는 첫 번째 단계이다. 도표에 반응의 활성화 에너지, 중간체, 활성화물, 반응열을 나타내시오.

촉매

13.51 촉매로서 '독(poison)'은 어떻게 작용할까?

13.52 **균일 촉매**에 대하여 정의하고, 균일 촉매가 작용하는 방법을 설명하시오.

13.53 대부분의 자동차에서 사용하는 촉매 변환기의 사용 목적은 무엇인가? 이때 사용하는 촉매는 균일 촉매인가 혹은 불균일 촉매인가?

13.54 다음은 비촉매 조건에서 한 단계로 진행하는 어떤 반응에 대한 반응 좌표 그래프이다.

비촉매 반응

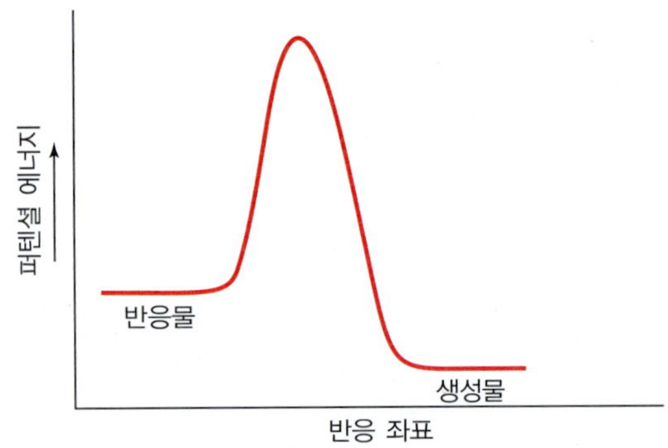

주어진 그래프에 근거하여 다음 각 반응에 해당하는 반응 좌표 그래프를 그림 (**a**)~(**d**)에서 찾고, 그 이유를 설명하시오.

(**a**) 촉매를 가한 반응
(**b**) 완전히 다른 반응
(**c**) 발열 반응
(**d**) 흡열 반응

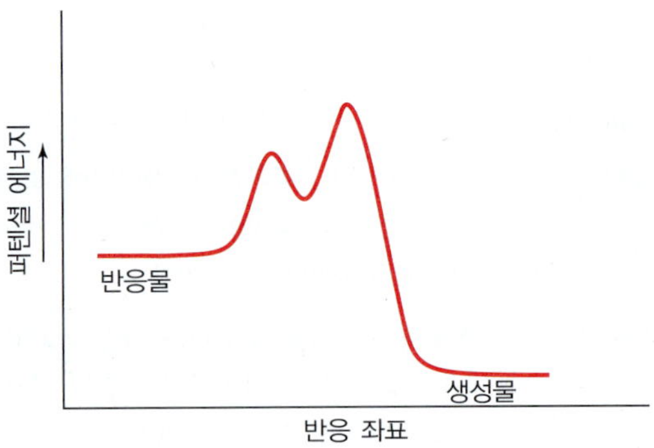

(**a**)

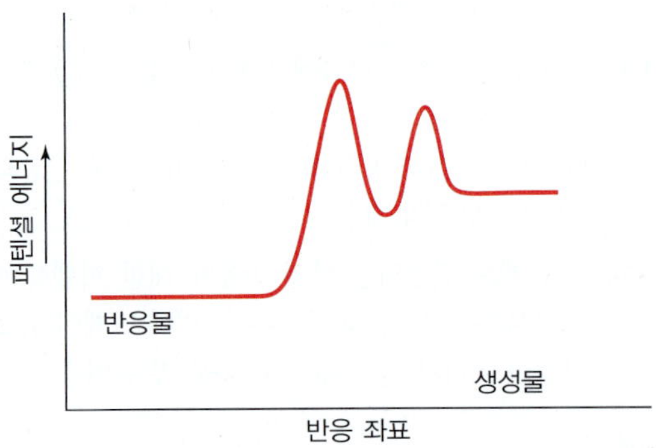

(**b**)

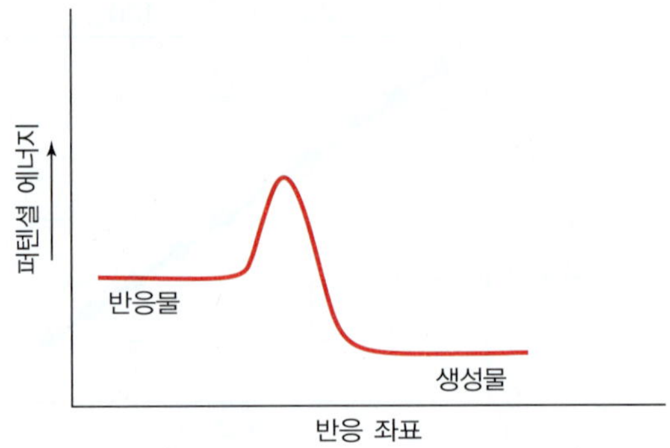

(**c**)

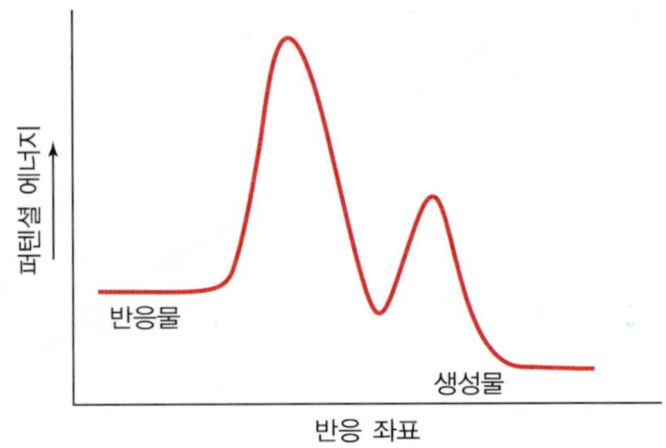

(**d**)

13.55 **흡착**(adsorption)과 **흡수**(absorption)의 차이를 설명하시오. 불균일 촉매와 관련이 있는 용어는 어느 것인가?

13.56 촉매 변환기를 장착한 차에 유연 휘발유를 사용하지 못하는 이유는 무엇인가?

복습 문제

반응 속도 측정

13.57 다음은 다양한 유기 합성에 사용되는 화학 시약인 SO_2Cl_2의 분해 반응식과 특정 온도에서 얻은 시간에 대한 농도 변화 자료이다.

$$SO_2Cl_2 \longrightarrow SO_2 + Cl_2$$

시간(분)	$[SO_2Cl_2]$ (mol L^{-1})
0	0.1000
1.00×10^2	0.0876
2.00×10^2	0.0768
3.00×10^2	0.0673
4.00×10^2	0.0590
5.00×10^2	0.0517
6.00×10^2	0.0453

7.00×10^2	0.0397
8.00×10^2	0.0348
9.00×10^2	0.0305
1.000×10^3	0.0267
1.100×10^3	0.0234

시간에 따른 농도 변화 그래프를 그리고, $t = 300$분과 $t = 700$분에서의 접선 기울기를 이용하여 SO_2 생성에 대한 순간 속도를 구하시오.

13.58 다음은 향수, 염료, 플라스틱을 포함한 다양한 화학약품 제조에 사용되는 아세트알데하이드(CH_3CHO)의 분해 반응식과 535°C에서 얻은 시간에 대한 농도 변화 자료이다.

$$CH_3CHO \longrightarrow CH_4 + CO$$

$[CH_3CHO]$ (mol L^{-1})	시간(초)
0.200	0
0.153	0.20×10^2
0.124	0.40×10^2
0.104	0.60×10^2
0.090	0.80×10^2
0.079	1.00×10^2
0.070	1.20×10^2
0.063	1.40×10^2
0.058	1.60×10^2
0.053	1.80×10^2
0.049	2.00×10^2

시간에 따른 농도 변화 그래프를 그리고, $t = 90$초와 $t = 150$초에서의 접선 기울기를 이용하여 CH_3CHO 분해에 대한 순간 속도를 구하시오.

13.59 반응 $2A + B \longrightarrow 3C$에서 B의 소모 속도는 0.40 mol $L^{-1}s^{-1}$이었다. A의 소모 속도와 C의 생성 속도는 각각 얼마인가?

13.60 반응 $2C_2H_6 + 7O_2 \longrightarrow 4CO_2 + 6H_2O$에서 C_2H_6와 O_2가 사라지는 속도를 비교해 보시오. 또한 H_2O의 생성 속도와 산소의 소모 속도를 비교해 보시오.

13.61 다음은 가솔린 성분 중 끓는점이 낮은 성분인 헥세인의 연소 반응을 나타낸 것이다.

$$2C_6H_{14}(g) + 19O_2(g) \longrightarrow 12CO_2(g) + 14H_2O(g)$$

이 반응에서 C_6H_{14}가 감소되는 속도는 1.20 mol $L^{-1}s^{-1}$이었다. 다음 물음에 답하시오.

(a) O_2의 반응 속도는 얼마인가?

(b) CO_2의 생성 속도는 얼마인가?

(c) H_2O의 생성 속도는 얼마인가?

13.62 다음은 N_2O_5의 분해 반응식이다.

$$2N_2O_5 \longrightarrow 4NO_2 + O_2$$

반응이 진행되는 어느 순간에 N_2O_5가 분해되는 속도는 3.8×10^{-6} mol $L^{-1}s^{-1}$이었다. 이 순간에 NO_2와 O_2의 생성 속도는 얼마인가?

13.63 다음 반응에 대한 물음에 답하시오.

$$CH_3Cl(g) + 3Cl_2(g) \longrightarrow CCl_4(g) + 3HCl(g)$$

(a) 반응물과 생성물 각각에 대한 반응 속도를 나타내시오.

(b) HCl에 대한 순간 반응 속도가 0.059 Ms^{-1}이면, 반응의 순간 속도는 얼마인가?

13.64 다음은 독성이 매우 강한 포스핀이 인과 수소로 분해되는 반응을 나타낸 것이다. 다음 물음에 답하시오.

$$4PH_3(g) \longrightarrow P_4(g) + 6H_2(g)$$

(a) 반응물과 생성물 각각에 대한 반응 속도를 나타내시오.

(b) PH_3에 대한 순간 반응 속도가 0.47 Ms^{-1}이면, 반응의 순간 속도는 얼마인가?

속도 법칙

13.65 다음은 산성 용액에서 I^-가 산화되는 반응에 대한 반응식과 속도 법칙을 나타낸 것이다.

$$H_2SeO_3 + 6I^- + 4H^+ \longrightarrow Se + 2I_3^- + 3H_2O$$

$$\text{속도} = (5.0 \times 10^5\ L^5\ mol^{-5}\ s^{-1})[H_2SeO_3][I^-]^3[H^+]^2 \quad (0°C\text{에서})$$

반응물의 농도가 다음과 같을 때 이 반응의 반응 속도를 구하시오.

$$[H_2SeO_3] = 3.5 \times 10^{-2}\ M,$$
$$[I^-] = 3.0 \times 10^{-3}\ M,$$
$$[H^+] = 1.5 \times 10^{-3}\ M.$$

13.66 다음은 중화 반응과 중화 반응의 속도 법칙을 나타낸 것이다.

$$H^+(aq) + OH^-(aq) \longrightarrow H_2O$$
$$\text{속도} = (1.3 \times 10^{11}\ L\ mol^{-1}\ s^{-1})[OH^-][H^+]$$

$[H^+] = 1.0 \times 10^{-7} M$이고 $[OH^-] = 1.0 \times 10^{-7} M$인 중성의 물에서 이 반응의 반응 속도를 구하시오.

13.67 자동차의 배기가스에서 소량 방출되는 NO를 산화시키면 도시 대기 오염 성분인 붉은 갈색의 NO_2가 생성된다.

$$2NO(g) + O_2(g) \longrightarrow 2NO_2(g)$$

이 반응의 속도 법칙은 속도 $= k[NO]_2[O_2]$이고, 25°C에서 $k = 7.1 \times 10^9 L^2 mol^{-2} s^{-1}$이다. $[NO] = 0.0024$ mol/L이고 $[O_2] = 0.048$ mol/L일 때 반응 속도는 얼마인가?

13.68 N_2O_5 분해 반응의 속도 법칙은 속도 $= k[N_2O_5]$이다. $k = 2.5 \times 10^{-5} s^{-1}$이라면 N_2O_5의 농도가 0.0038 mol/L일 때 반응 속도는 얼마인가?

13.69 어떤 효소 반응의 속도 법칙은 기질에 대해 일차 반응이다. 이 반응의 속도 상수는 $7.7 \times 10^2 Ms^{-1}$이다. 이 반응에서 기질의 초기 농도가 0.195 mol/L이라면, 초기 반응 속도는 얼마인가?

13.70 방사성 물질인 라돈-220은 폴로늄-216으로 붕괴된다. 이 붕괴 반응은 탄소-14의 방사성 붕괴처럼 일차 반응이고, 속도 상수는 $0.0125\ s^{-1}$이다. 라돈-220의 농도가 $1.0\times10^{-9}\ mol\ L^{-1}$이라면 속도 상수는 얼마인가?

13.71 다음은 다음의 반응에 대한 M과 N의 반응에 대한 반응식과 실험 결과를 나타낸 것이다.

$M + N \longrightarrow P + Q$

초기 농도 ($mol\ L^{-1}$)		초기 반응 속도
[M]	[N]	($mol\ L^{-1}\ s^{-1}$)
0.015	0.015	3.75×10^{-3}
0.030	0.015	7.5×10^{-3}
0.030	0.035	6.75×10^{-2}

이 반응의 속도 법칙은 무엇인가? 속도 상수를 적절한 유효 숫자로 나타내시오.

13.72 마취 가스로 이용되는 사이클로프로페인(C_3H_6)은 다음과 같이 느리게 프로필렌으로 재배열된다.

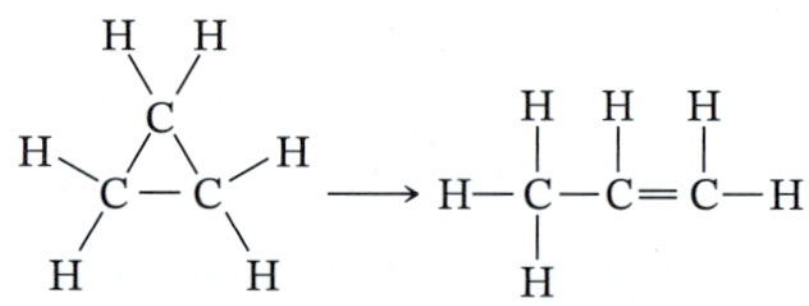

사이클로프로페인 프로필렌

어떤 온도에서 다음과 같은 농도와 반응 속도와 관련된 자료를 얻었다.

사이클로프로페인의 초기 농도 ($mol\ L^{-1}$)	프로필렌의 초기 생성 속도 ($mol\ L^{-1}\ s^{-1}$)
0.100	5.90×10^{-5}
0.150	8.85×10^{-5}
0.200	11.8×10^{-5}

이 반응의 속도 법칙은 무엇인가? 반응의 속도 상수를 올바른 단위와 함께 나타내시오.

13.73 아이오딘화 이온과 하이포염소산 이온(OCl^-, 클로락스라는 염소 표백제의 주성분)의 반응식은 $OCl^- + I^- \longrightarrow OI^- + Cl^-$이다. 다음은 빠르게 진행되는 이 반응과 관련된 속도 자료이다.

초기 농도 ($mol\ L^{-1}$)		Cl^-의 초기 생성 속도
[OCl^-]	[I^-]	($mol\ L^{-1}\ s^{-1}$)
1.6×10^{-3}	1.6×10^{-3}	1.75×10^{4}
7.6×10^{-3}	1.6×10^{-3}	8.31×10^{4}
1.6×10^{-3}	9.6×10^{-3}	1.05×10^{5}

이 반응의 속도 법칙은 무엇인가? 반응의 속도 상수를 올바른 단위와 함께 나타내시오.

13.74 자동차 엔진에서 생성되는 소량의 NO로부터 스모그 형성이 시작된다. 문제 13.67에서 설명한 것처럼 NO는 반응 $2NO(g) + O_2(g) \longrightarrow 2NO_2(g)$에 따라 이산화 질소로 빠르게 산화된다. 다음은 이 반응에 관한 속도 실험으로부터 얻은 자료이다.

초기 농도 ($mol\ L^{-1}$)		NO_2의 초기 생성 속도
[O_2]	[NO]	($mol\ L^{-1}\ s^{-1}$)
0.0010	0.0010	7.10
0.0037	0.0010	26.3
0.0037	0.0062	1011

이 반응의 속도 법칙은 무엇인가? 반응의 속도 상수를 올바른 단위와 함께 나타내시오.

13.75 어떤 온도에서 반응 $2ICl + H_2 \longrightarrow I_2 + 2HCl$에 대한 실험에서 다음과 같은 자료를 얻었다.

초기 농도 ($mol\ L^{-1}$)		I_2의 초기 생성 속도
[ICl]	[H_2]	($mol\ L^{-1}\ s^{-1}$)
0.12	0.12	0.0015
0.78	0.12	0.0098
0.12	0.089	0.0011

이 반응의 속도 법칙은 무엇인가? 반응의 속도 상수를 올바른 단위와 함께 나타내시오.

13.76 다음은 반응 $A + B + C \longrightarrow$ 생성물에 대한 실험에서 얻은 자료이다.

초기 농도 ($mol\ L^{-1}$)			초기 반응 속도
[A]	[B]	[C]	($mol\ L^{-1}\ s^{-1}$)
0.010	0.010	0.010	2.35×10^{-3}
0.020	0.010	0.010	4.70×10^{-3}
0.020	0.020	0.010	4.23×10^{-2}
0.020	0.020	0.020	4.23×10^{-2}

이 반응에 대한 속도식을 결정하시오.

적분 속도 법칙

13.77 반응 $SO_2Cl_2(g) \longrightarrow SO_2(g) + Cl_2(g)$에 따라 진행되는 SO_2Cl_2의 분해 반응에 대한 자료가 문제 13.57에 주어졌다. 그래프법을 이용하여 이 자료가 일차 속도 법칙과 일치하는 것을 보이고, 반응의 속도 상수를 결정하시오.

13.78 문제 13.58에 주어진 자료를 이용하여 반응이 일차 반응인지 혹은 이차 반응인지 확인하시오. 그래프를 이용하여 속도 상수를 결정하시오.

13.79 문제 13.57에서 다루었던 SO_2Cl_2의 분해 반응은 일차 반응이고, 320°C에서 속도 상수 k는 $2.2\times10^{-5}s^{-1}$이다. 용기 안의 SO_2Cl_2의 초기 농도가 $0.0025\,M$이라면 (**a**) 0.5시간 후와 (**b**) 12.0시간 후 SO_2Cl_2의 농도는 얼마가 되겠는가?

13.80 문제 13.58에서 설명한 아세트알데하이드(CH_3CHO)의 분해 반응에 대한 반응 차수와 530°C에서의 속도 상수를 문제 13.78

에서 결정하였다. 아세트알데하이드의 초기 농도가 0.450M일 때, (**a**) 60분 후와 (**b**) 150분 후 아세트알데하이드 농도는 얼마가 되겠는가?

13.81 일차 반응에서 반응물의 농도가 초기 농도의 17.5%로 줄어드는 데 50.0분이 걸렸다. 이 반응의 속도 상수는 min^{-1} 단위로 얼마인가?

13.82 이차 반응에서 반응물의 농도가 초기 농도의 10.0%로 줄어드는 데 20.0분이 걸렸다. 이 반응의 속도 상수는 $L\,mol^{-1}\,min^{-1}$ 단위로 얼마인가?

13.83 생체 내에서 약의 농도는 종종 체중 킬로그램당 밀리그램으로 나타낸다. 어떤 동물의 몸 안에서 약 성분의 초기 농도가 35.0 mg/체중 kg이었다. 2시간 후에 약의 농도가 20.0 mg/체중 kg으로 감소하였다. 신진대사에 의하여 약이 제거되는 과정이 일차 반응이라면, 이 과정에 대한 속도 상수를 min^{-1}의 단위로 나타내시오.

13.84 문제 13.64에서 설명한 바와 같이 포스핀(PH_3)은 680°C에서 인(P_4)와 수소로 분해한다. 초기 포스핀의 농도가 $1.9\times10^{-6}\,g\,L^{-1}$인 포스핀의 초기 농도가 180 s 후에 $0.55\times10^{-6}\,g\,L^{-1}$로 감소하였다. 이 반응의 속도 상수를 s^{-1} 단위로 나타내시오.

13.85 다음은 아이오딘화 수소가 분해하는 반응식이다.

$$2HI(g) \longrightarrow H_2(g) + I_2(g)$$

이 반응은 이차 반응이고 750°C에서의 속도 상수가 $1.6\times10^{-3}\,L\,mol^{-1}\,s^{-1}$이다. 농도가 $2.9\times10^{-2}\,M$인 HI의 초기 농도가 $9.0\times10^{-4}\,M$이 될 때까지 걸리는 시간은 몇 분인가?

13.86 $NOBr(g)$이 $NO(g)$와 $Br_2(g)$를 생성하는 다음 반응은 이차 반응이다.

$$2NOBr(g) \longrightarrow 2NO(g) + Br_2(g)$$

어떤 온도에서 속도 상수가 $0.712\,L\,mol^{-1}\,s^{-1}$이었다. 용기 안에 들어 있는 NOBr의 초기 농도 0.35M이 0.035M이 될 때까지 걸리는 시간은 얼마인가?

13.87 어떤 일차 반응의 반감기가 30분이다. 3.0시간 후에 남는 반응물의 농도를 초기 농도에 대한 분율로 표시하면 얼마인가?

13.88 스트론튬-90의 반감기는 28년이다. 스트론튬-90이 현재 지구에 존재하는 모든 스트론튬-90의 1/64배로 줄어드는 데 걸리는 시간은 얼마가 되겠는가?

13.89 문제 13.57에서 구한 그래프를 이용하여 SO_2Cl_2의 농도가 0.100 $mol\,L^{-1}$에서 0.050 $mol\,L^{-1}$로 감소할 때까지 걸리는 시간을 구하시오. 농도가 0.050 $mol\,L^{-1}$에서 0.025 $mol\,L^{-1}$까지 감소하는 데 걸리는 시간은 얼마인가? 이 반응의 차수를 결정하시오(**힌트**: 반감기와 농도와의 관계에 주목하시오).

13.90 문제 13.58에서 구한 그래프를 이용하여 CH_3CHO의 농도가 0.200 $mol\,L^{-1}$에서 0.100 $mol\,L^{-1}$로 감소할 때까지 걸리는 시간을 구하시오. 농도가 0.100 $mol\,L^{-1}$에서 0.050 $mol\,L^{-1}$까지 감소하는 데 걸리는 시간은 얼마인가? 이 반응의 차수를 결정하시오(**힌트**: 반감기와 농도와의 관계에 주목하시오).

13.91 일차 반응으로 분해되는 과산화 수소의 반감기는 공기 중에서 10시간이다. 과산화 수소가 초기 농도의 20%로 감소하는 데 걸리는 시간은 얼마인가?

13.92 SO_2Cl_2는 일차 반응으로 붕괴하고 반감기는 4.88×10^3초이다. SO_2Cl_2의 초기 농도 0.024M이 0.0040M이 될 때까지 걸리는 시간은 얼마인가?

13.93 암석 시료 750 mg에 포타슘-40($t_{1/2}=1.3\times10^9$년) 3.85×10^{-6} mol과 아르곤-40 3.85×10^{-6} mol이 포함되어 있다. 이 암석은 얼마나 오래된 것인가? (**힌트**: 문제를 해결하기 위하여 아르곤-40의 기원을 어떻게 가정해야 하는가?)

13.94 화산재로 덮여 죽은 나무에서 탄소-12에 대한 탄소-14의 비를 측정하더니 3.9×10^{-14}이었다. 이 화산은 분출된 지 얼마나 되었는가?

13.95 한 도시의 유적지에서 발굴한 목재 문틀이 7500년 전의 것이었다면, 이 목재에서 탄소-14와 탄소-12의 비는 얼마일 것으로 예상되는가?

13.96 1.3×10^9년 전의 것으로 추측되는 암석에 2.66×10^{-7} mol의 아르곤-40이 포함되어 있다면, 이 암석에 포함된 포타슘-40 ($t_{1/2}=1.3\times10^9$년)은 얼마이겠는가? 문제 13.93의 가정을 참조하라.

활성화 에너지

13.97 다음은 어떤 반응의 속도 상수를 측정한 값을 나타낸 것이다.

속도 상수($L\,mol^{-1}\,s^{-1}$)	온도(°C)
0.67×10^{-4}	2.20×10^2
1.19×10^{-4}	2.40×10^2
1.76×10^{-4}	2.60×10^2
2.21×10^{-3}	2.80×10^2
2.75×10^{-3}	3.00×10^2

그래프 방법과 식 13.16을 사용한 계산 방법으로 각각 구한 이 반응의 활성화 에너지를 kJ/mol의 단위로 나타내시오. E_a를 계산할 때 위 표의 첫 번째와 마지막 자료를 사용하시오.

13.98 다음은 여러 온도에서 반응

$$HI(g) + CH_3I(g) \longrightarrow CH_4(g) + I_2(g)$$

에 대한 속도 상수를 측정한 자료이다.

속도 상수($L\,mol^{-1}\,s^{-1}$)	온도(°C)
1.91×10^{-2}	2.05×10^2
2.74×10^{-2}	2.10×10^2
3.90×10^{-2}	2.15×10^2
5.51×10^{-2}	2.20×10^2
7.73×10^{-2}	2.25×10^2
1.08×10^{-1}	2.30×10^2

그래프 방법과 식 13.16을 사용한 계산 방법으로 각각 구한 이 반응의 활성화 에너지를 kJ/mol의 단위로 나타내시오. E_a를 계산할 때 위 표의 첫 번째와 마지막 자료를 사용하시오.

13.99 NOCl의 분해 반응 $2NOCl \longrightarrow 2NO + Cl_2$의 속도 상수는 100 °C에서 7.3×10^{-5} L mol^{-1}s^{-1}이고, 130°C에서 1.0×10^{-3} L mol^{-1}s^{-1}이다. 이 반응의 E_a는 kJ mol^{-1}의 단위로 얼마인가? 373 K의 자료를 사용하여 진동 인자(frequency factor) A를 구하시오. 573 K에서 속도 상수는 얼마인가?

13.100 마취제로 사용되는 사이클로프로페인이 프로필렌으로 재배열되는 반응(문제 13.72 참조)의 속도 상수는 573K에서 1.3×10^{-6}s^{-1}이고 703K에서 1.1×10^{-5}s^{-1}이다. 이 반응의 E_a는 kJ mol^{-1}의 단위로 얼마인가? 703K의 자료를 사용하여 진동 인자 A를 구하시오. 350°C에서 속도 상수는 얼마인가?

13.101 N_2O_5가 분해되는 반응의 활성화 에너지는 103 kJ/mol이고 진동 인자는 4.3×10^{13}s^{-1}이다. (**a**) 25°C와 (**b**) 373K에서의 속도 상수를 각각 구하시오.

13.102 35°C에서 다음 반응의 속도 상수는 6.2×10^{-5}s^{-1}이다.

$$\underset{\text{슈크로스}}{C_{12}H_{22}O_{11}} + H_2O \longrightarrow \underset{\text{포도당}}{C_6H_{12}O_6} + \underset{\text{과당}}{C_6H_{12}O_6}$$

이 반응의 활성화 에너지는 108 kJ mol^{-1}이다. 55 °C에서 이 반응의 속도 상수를 구하시오.

반응 메커니즘

13.103 스모그 현상을 일으키는 반응 중의 하나인 NO가 NO_2로 산화하는 반응은 일산화 탄소의 존재하에서 일어난다. 이 반응에 대한 가능한 메커니즘은 다음과 같다.

$$CO + \cdot OH \longrightarrow CO_2 + H\cdot$$
$$H\cdot + O_2 \longrightarrow HOO\cdot$$
$$HOO\cdot + NO \longrightarrow \cdot OH + NO_2$$

점이 붙어 있는 화학식은 홀전자를 가진, 반응성이 매우 큰 화학종인 자유 라디칼을 나타낸 것이다. 이 반응의 알짜 화학 반응식을 쓰시오.

13.104 어떤 반응이 다음의 메커니즘을 따른다고 한다.

$$2NO \longrightarrow N_2O_2$$
$$N_2O_2 + H_2 \longrightarrow N_2O + H_2O$$
$$N_2O + H_2 \longrightarrow N_2 + H_2O$$

이 반응에서 일어나는 전체 알짜 변화는 무엇인가? 반응의 중간체들은 무엇인가?

13.105 다음의 단일 단계 과정에 대한 속도 법칙을 쓰시오. 각 단일 단계의 반응 차수는 얼마인가? 반응이 진행될 확률이 매우 낮은 것은 어느 것인가?

(**a**) $A \longrightarrow D$

(**b**) $A + B \longrightarrow D$

(**c**) $A + 2B \longrightarrow D$

13.106 다음의 단일 단계 과정에 대한 속도 법칙을 쓰시오. 각 단일 단계의 반응 차수는 얼마인가? 반응이 진행될 확률이 매우 낮은 것은 어느 것인가?

(**a**) $B \longrightarrow D + E$

(**b**) $2B \longrightarrow D + E$

(**c**) $A + B + C \longrightarrow D$

13.107 다음의 반응이 한 단계의 충돌로 일어난다면, 예상되는 속도 법칙은 무엇인가?

$$NO_2 + CO \longrightarrow NO + CO_2$$

실제 반응 속도 법칙은 속도 $= k[NO_2]^2$이다. 이 반응이 NO_2와 CO 사이의 한 단계 충돌로 일어나는 것이 가능한가? 설명하시오.

13.108 다음의 반응이 한 단계로 일어난다면, 예상되는 속도 법칙은 무엇인가?

$$2NO_2(g) + F_2(g) \longrightarrow 2NO_2F(g)$$

실제 반응 속도 법칙은 속도 $= k[NO_2][F_2]$이다. 이 속도 법칙이 더 합리적인 이유는 무엇인가?

13.109 다음의 일반적인 반응을 생각해 보자.

$$AB + C \longrightarrow AC + B$$

이 반응이 한 단계로 일어난다면 예상되는 반응 속도 법칙은 무엇인가?

13.110 이산화 질소가 일산화 탄소와 반응하여 일산화 질소와 이산화 탄소를 생성하는 반응식은 $NO_2(g) + CO(g) \longrightarrow NO(g) + CO_2(g)$이다. 이 반응에서 속도 결정 단계인 첫 번째 단계는 NO_2 두 분자가 충돌하여 NO_3와 NO를 생성한다. 다음 단계에서 중간체인 NO_3가 CO와 반응하여 CO_2를 생성한다. 제안된 메커니즘에 대한 속도 법칙은 무엇인가?

13.111 일산화 질소가 산소와 반응하여 이산화 질소가 되는 반응에 대하여 다음과 같은 메커니즘이 제안되었다.

$$2NO(g) \rightleftharpoons N_2O_2(g) \qquad \text{(빠름)}$$
$$N_2O_2(g) + O_2(g) \longrightarrow 2NO_2(g) \qquad \text{(느림)}$$

제안된 메커니즘에서 중간체는 어느 것인가? 전체 반응에 대한 균형 반응식과 속도 법칙을 쓰시오.

13.112 클로로폼과 염소가 반응하여 사염화 탄소와 염화 수소가 생성되는 반응에 대하여 다음과 같은 메커니즘이 제안되었다.

$$Cl_2(g) \rightleftharpoons 2Cl(g) \qquad \text{(빠름)}$$
$$Cl(g) + CHCl_3(g) \longrightarrow HCl(g) + CCl_3(g) \qquad \text{(느림)}$$
$$CCl_3(g) + Cl(g) \longrightarrow CCl_4(g) \qquad \text{(빠름)}$$

제안된 메커니즘에서 중간체는 어느 것인가? 전체 반응에 대한 균형 반응식과 속도 법칙을 쓰시오.

추가 연습 문제

13.113 다음은 사이클로뷰테인[$C_4H_8(g)$]이 에틸렌[$C_2H_4(g)$]을 생성하는 반응과 시간에 대한 농도의 변화를 측정한 자료이다.

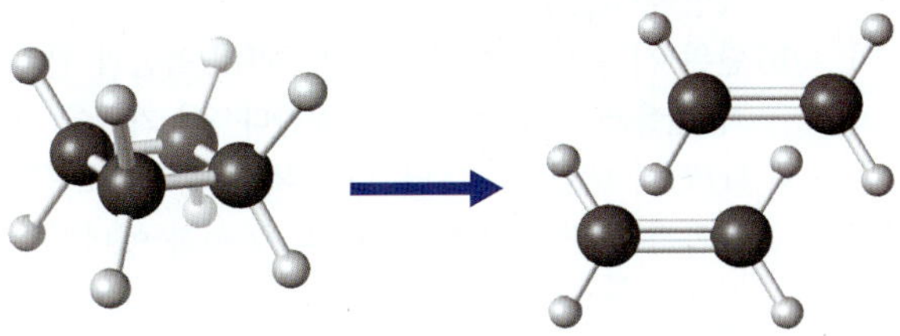

$$C_4H_8(g) \longrightarrow 2C_2H_4(g)$$

시간(분)	$[C_4H_8]$(mol L^{-1})
0	0.00912
2.00×10^3	0.00720
4.00×10^3	0.00565
6.00×10^3	0.00447
8.00×10^3	0.00353
1.00×10^4	0.00278

같은 그래프에 생성되는 C_2H_4와 분해되는 C_4H_8 각각에 대한 시간에 따른 농도 변화를 도시하시오. $t=3.00\times10^3$s와 $t=7.00\times10^3$s에서 C_2H_4가 생성되는 속도 및 C_4H_8이 분해되는 속도는 각각 얼마인가? 생성 속도와 분해 속도 사이의 관계에 대하여 설명하시오.

13.114 포도주의 나이는 시료에 미량 존재하는 방사성 삼중수소(^3H)의 양을 이용하여 측정할 수 있다. 삼중수소는 대기 상층에 분포한 수증기가 우주선(cosmic ray)에 노출될 때 생성되기 때문에 자연계에 존재하는 물은 모두 이 동위 원소를 미량 포함하고 있다. 그러나 일단 포도주가 밀봉되면 물에서 삼중수소가 새로 생성되는 것은 무시할 수 있으므로, 초기에 들어 있던 삼중수소의 양은 반감기가 12.5년인 일차 반응으로 붕괴되어 그 양이 점점 줄어든다. 어떤 포도주의 삼중수소 농도가 신선한 포도주에 포함된 삼중수소 농도의 5%라면, 이 포도주의 나이는 얼마이겠는가?

13.115 다음 그래프의 적절한 위치에 반응물, 생성물, $\Delta H_{반응}$, 활성화 에너지(E_a), 전이 상태 등을 표시하시오. 이 반응은 발열 반응인가 혹은 흡열 반응인가? 그래프 위에 촉매 반응의 경로를 그리시오.

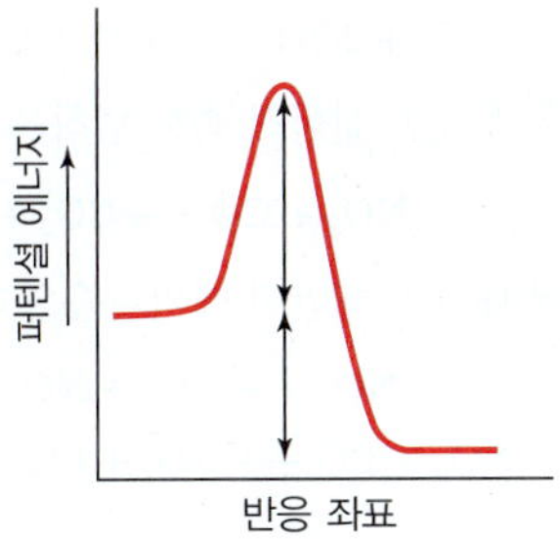

13.116 생명체가 죽으면 더 이상 대기 중의 이산화 탄소에 포함된 탄소-14를 흡입할 수 없으므로 탄소-14는 한때 살았던 생명체의 연대를 측정하는 데 이용될 수 있다. 미라의 조직 시료에 존재하는 탄소-14의 양이 생체 시료 값의 약 77.0%로 측정되었다면, 이 미라의 나이는 얼마인가? 탄소-14의 반감기는 5730년이다.

***13.117** 세슘-137($t_{1/2}=30$년)로 이루어진 염화 세슘이 120년 후에는 몇 % 남아 있겠는가? 생성된 화합물은 무엇인가?

***13.118** 다음 반응에서 반응물의 농도를 3배로 증가시키면 반응 속도는 어떻게 변하겠는가?

(a) $SO_2Cl_2 \longrightarrow SO_2 + Cl_2$ 속도 $= k[SO_2Cl_2]$

(b) $2HI \longrightarrow H_2 + I_2$ 속도 $= k[HI]^2$

(c) $ClOO \longrightarrow Cl + O_2$ 속도 $= k$

(d) $NH_4^+(aq) + NO_2^-(aq) \longrightarrow N_2(g) + 2H_2O$
속도 $= k[NH_4^+][NO_2^-]$

(e) $2H_2(g) + 2NO(g) \longrightarrow N_2(g) + 2H_2O(g)$
속도 $= k[H_2][NO]^2$

***13.119** 다음 반응은 대도시 주변의 대기에서 발생하는 반응 중의 하나이다.

$$2NO_2(g) + O_3(g) \longrightarrow N_2O_5(g) + O_2(g)$$

이 반응에 대한 메커니즘에는 NO_3 화학종이 포함되는 것으로 판단되며, 전체 반응에 대하여 관찰된 속도 법칙은 속도 $=k[NO_2][O_3]$이다. 이 반응에 대한 메커니즘을 제안하시오. 메커니즘에는 NO_3가 포함되어야 하고, 메커니즘을 이용하여 얻은 속도 법칙은 관찰된 속도 법칙과 일치해야 한다.

***13.120** 다음은 어떤 반응에 대하여 제안된 메커니즘이다.

$$(1)\ 2A \rightleftharpoons A_2 \qquad (빠름)$$
$$(2)\ A_2 + E \longrightarrow B + C \qquad (느림)$$

이 메커니즘의 첫 번째 단계는 매우 빠른 가역 과정으로 평형 상태(정반응과 역반응이 같은 속도로 진행되는)에 있고, 두 번째 단계는 느린 단계이다. 다음 물음에 답하시오.

(a) 단계 (1)의 정반응에 대한 속도 법칙을 쓰시오.

(b) 단계 (1)의 역반응에 대한 속도 법칙을 쓰시오.

(c) 속도 결정 단계에 대한 속도 법칙을 쓰시오.

(d) 이 화학 변화로 일어나는 알짜 반응의 화학 반응식을 쓰시오.

(a)와 **(b)**의 결과를 이용하여, 전체 균형 화학 반응식의 반응물 농도로 속도 결정 단계의 속도 법칙을 다시 쓰시오.

13.121 0.10M HCl 용액에서 요소 $(NH_2)_2CO$는 다음과 같이 분해한다.

$$(NH_2)_2CO(aq) + 2H^+(aq) + H_2O \longrightarrow 2NH_4^+(aq) + CO_2(g)$$

75°C에서 $k=2.25\times10^{-6}\,min^{-1}$이고 80°C에서 $k=1.05\times10^{-5}\,min^{-1}$이다. 90°C에서 0.0020$M$의 요소가 분해를 시작하다면, 요소의 농도가 0.0012M로 줄어드는 데 몇 분이 걸리

겠는가?

13.122 속도 법칙이 속도 = $k[A]^n$인 반응의 log $[A]$에 대한 log(속도) 그래프는 기울기가 반응 차수에 해당하는 직선임을 증명하시오. 문제 13.57에서 다룬 반응에 대하여 t = 150, 300, 450, 600 s에서의 반응 속도를 측정한 다음, log$[SO_2Cl_2]$에 대한 log(속도)의 그래프를 그리고, SO_2Cl_2의 반응 차수를 결정하시오.

13.123 많은 반응에서 온도가 15℃ 올라갈 때마다 반응 속도는 약 두 배 빨라진다. 30℃의 반응 속도보다 40℃의 반응 속도가 두 배 빠르다면, 이 반응의 활성화 에너지는 kJ mol^{-1} 단위로 얼마인가?

13.124 가열하였을 때 어떤 일차 반응의 속도 상수가 3배가 되었다면, 반응 속도는 어떻게 변하겠는가? 단, 농도는 일정하다.

***13.125** 다음의 퍼텐셜 에너지 도표에서 촉매 반응의 경로는 어느 것인가? 촉매 반응에 대한 메커니즘에는 몇 개의 단계가 포함되겠는가? 속도 결정 단계는 어느 것인가?

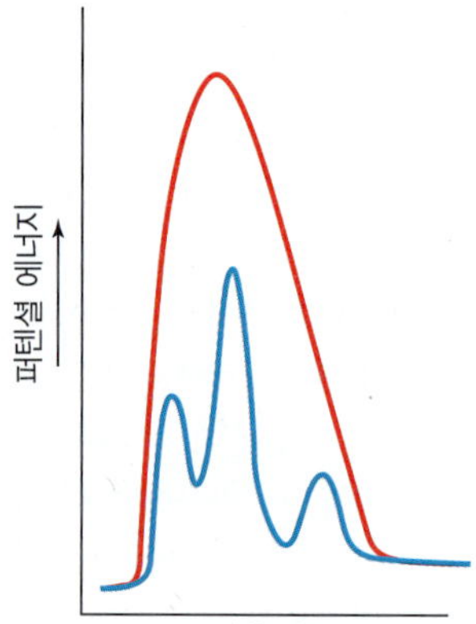

***13.126** 사진 필름을 현상하는 과정은 현상액에 의하여 할로젠화 은이 환원되는 과정에 의하여 결정된다. 어떤 온도에서 현상에 걸리는 시간은 현상 과정의 속도 상수에 반비례한다. 다음은 서로 다른 온도에서 Kodak D-76 현상액을 이용하여 Kodak Tri X 필름을 현상하는 데 걸리는 시간을 측정한 자료이다.

온도(℃)	현상 시간(분)
18	10
20	9
21	8
22	7
24	6

이 자료를 이용하여 현상 과정에 대한 활성화 에너지(kJ mol^{-1})를 구하시오. 25℃에서 현상할 때 걸리는 시간은 얼마인가?

***13.127** 귀뚜라미는 주위 온도에 따라 체온이 달라지는 냉혈 곤충이기 때문에, 귀뚜라미의 울음 빈도는 주위 온도에 따라 달라진다. 귀뚜라미의 울음 빈도를 이용하여 주변의 온도를 추정할 수 있는데, 예를 들면 8초 동안의 울음 횟수에 4를 더한 값으로 섭씨온도를 추정할 수 있다고 알려져 있다. 즉 t_C = (8초당 울음 횟수) + 4이다. 다음 물음에 답하시오.

(a) 25, 30, 35, 40℃에서 귀뚜라미의 8초당 울음 횟수를 각각 계산하시오.

(b) 단위 시간당 울음 횟수는 귀뚜라미 울음과 관련된 생화학 반응의 속도 상수에 비례한다. 이 가정에 근거하여, $(1/T)$에 대한 ln(8초당 울음 횟수)의 그래프를 그리고, 울음과 관련된 생화학 반응의 활성화 에너지를 계산하시오.

(c) 45℃에서 귀뚜라미는 8초 동안 몇 번 울겠는가?

***13.128** 달걀을 요리하면 알부민이라는 단백질이 변성된다. 특정한 수준으로 변성시키는 데 걸리는 시간은 이 과정의 속도 상수에 반비례한다. 이 반응의 활성화 에너지는 비교적 높은 418 kJ mol^{-1}이다. 보통 3분이 걸리는 달걀 요리를 대기압이 355 torr인 Alaska의 McKinley산 정상에서 요리한다면 얼마나 걸리겠는가?

***13.129** 이 문제는 강의실 밖의 화학 13.1에 기초한 문제이다. 다음은 브로민과 수소 반응에 대하여 제안된 메커니즘이다. 다음 물음에 대하여 답하시오.

$$Br_2 \longrightarrow 2Br\cdot$$
$$Br\cdot + H_2 \longrightarrow HBr + H\cdot$$
$$H\cdot + Br_2 \longrightarrow HBr + Br\cdot$$
$$2Br\cdot \longrightarrow Br_2$$

(a) 메커니즘에서 개시 단계는 어느 것인가?

(b) 전파 단계는 어느 것인가?

(c) 종결 단계는 어느 것인가?

(d) 메커니즘에 다음의 단계가 포함되어 있다.

$$H\cdot + HBr \longrightarrow H_2 + Br\cdot$$

이 반응이 HBr 생성 반응에 어떤 영향을 미치겠는가?

13.130 다음의 두 메커니즘이 나타내는 각각의 전체 반응이 서로 일치하는 것을 보이시오.

메커니즘 1

$$OCl^- + H_2O \longrightarrow HOCl + OH^-$$
$$HOCl + I^- \longrightarrow HOI + Cl^-$$
$$HOI + OH^- \longrightarrow H_2O + OI^-$$

메커니즘 2

$$OCl^- + H_2O \longrightarrow HOCl + OH^-$$
$$I^- + HOCl \longrightarrow ICl + OH^-$$
$$ICl + 2OH^- \longrightarrow OI^- + Cl^- + H_2O$$

13.131 다음 반응에 대한 실험적 속도 법칙은 속도 = $k[NO_2]^2$이다.

$$NO_2 + CO \longrightarrow CO_2 + NO,$$

이 반응에 대하여 제안된 메커니즘은 다음과 같다.

$$2NO_2 \longrightarrow NO_3 + NO \qquad \text{(느림)}$$
$$NO_3 + CO \longrightarrow NO_2 + CO_2 \qquad \text{(빠름)}$$

메커니즘에 의하여 제안된 속도 법칙과 실험적 속도 법칙이 서로 일치하는 것을 보이시오.

13.132 스프레드시트 프로그램을 이용하여 (**a**) 문제 13.97과 (**b**) 문제 13.98의 자료에 대한 그래프를 각각 그리시오. 지수를 바꿔가면서 그래프에 잘 맞는 최적의 다항식(polynomial equation)을 구하시오. 구한 최적의 다항식에 대한 일차 미분을 통해서 얻은 기울기를 이용하여 활성화 에너지를 $kJ mol^{-1}$ 단위로 구하시오.

13.133 스프레드시트 프로그램을 이용하여 (**a**) 문제 13.57과 (**b**) 문제 13.58 그리고 (**c**) 문제 13.113의 자료에 대한 각각의 그래프를 그리시오. 지수를 바꿔가면서 그래프에 잘 맞는 최적의 다항식을 구하시오. 이제 구한 최적의 다항식에 대한 특정 온도에서의 일차 미분을 통해서 얻은 기울기를 이용하여 앞의 각 문제에 대한 답을 다시 계산하고, 두 계산 값을 비교하시오.

13.134 방사성 물질인 라돈-220이 알파 입자를 방출하면서 폴로늄-216으로 붕괴하는 과정은 속도 상수가 $0.0125\,s^{-1}$인 일차 반응이다. 흡입한 입자 한 개에 1pg의 ^{220}Rn이 포함되어 있다면, 1초 동안에 방출하는 알파 입자의 수는 몇 개인가?

다중 개념 문제

***13.135** 327°C에서 에탄올이 분해하는 촉매 반응의 속도 상수는 $4.00 \times 10^{-5} mol L^{-1} s^{-1}$이다. 시간에 대한 에탄올 농도에 대한 그래프는 직선이다. 이 반응의 균형 반응식은 다음과 같다.

$$C_2H_5OH(g) \longrightarrow C_2H_4(g) + H_2O(g)$$

에탄올의 초기 농도가 $0.025 mol L^{-1}$일 때 반응 용액의 압력이 327°C에서 1.4 atm이 될 때까지 걸리는 시간은 얼마인가?

***13.136** 2007년 12월 19일 다음과 같이 메틸 사이클로펜타다이에닐(methyl cyclopentadienyl) 이합체와 소듐이 반응하여 사이클로펜타다이엔-Na(cyclopentadiene-Na)와 수소를 생성하는 반응 도중 일부 기기의 오작동으로 인하여 T2 Laboratory, Inc.의 반응기가 폭발하였다. 공정상 온도가 182°C로 상승하면 반응기의 온도를 낮추도록 설계가 되어 있었다. 폭발이 있던 날에는 냉각 시스템이 작동하지 못했고, 온도는 더 큰 에너지를 방출하는 두 번째 반응이 시작되는 199°C까지 상승하였다. 유기 반응에서의 일반적인 활성화 에너지는 약 50 kJ/mol 수준이다. 이 반응의 반응열은 40 kJ/mol이고, 산업 규모(약 10,000 mol)의 반응기의 열용량은 $7.5 \times 10^6 J °C^{-1}$ 정도이다. 25 °C에서 일반적인 반응의 속도 상수가 $1 \times 10^{-5} s^{-1}$이라면, 외부 냉각기의 가동 없이 모든 열이 동시에 반응기에 공급되었을 때 반응의 속도 상수는 얼마이겠는가? 반응이 182°C에서 시작되고 모든 열이 동시에 방출되었다면, 반응기의 온도가 199°C까지 상승할 수 있는가?

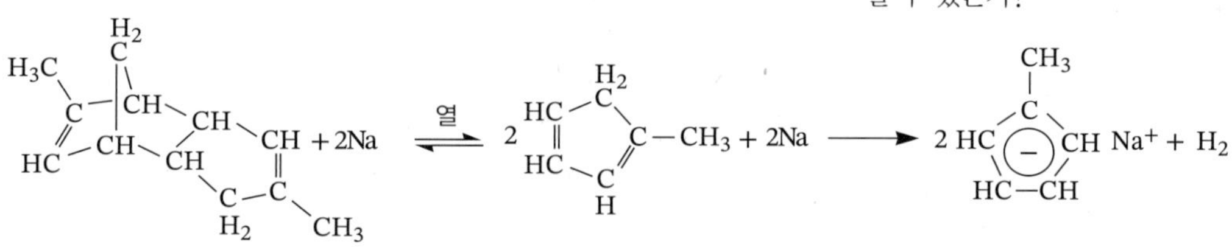

비판적 사고의 과제

***13.137** 충격이나 마찰 혹은 정전기 등에 매우 민감한 물질인 1차 폭약(primary explosive)은 매우 작은 에너지로도 폭발이 시작될 수 있다. 2차나 혹은 3차 폭약의 폭발 반응은 일반적으로 더 큰 에너지가 필요한데, 때로는 일차 폭약을 이용하여 폭발을 유도하기도 한다. 퍼텐셜 에너지 도표를 이용하여 일차 폭약이 이차 폭약의 폭발을 유도할 수 있는 이유를 설명하시오.

13.138 음의 값을 가지는 활성화 에너지도 가능하다. 이에 대한 근거를 제시하시오.

***13.139** 3단계로 이루어진 메커니즘이 있다. 퍼텐셜 에너지 도표에 3개의 피크가 나타나겠는가? 그렇다면, 속도 결정 단계를 어떻게 구분할 수 있는가?

13.140 ^{14}C를 이용한 측정에서 신뢰성이 있는 연대는 어느 범위인가?

13.141 반응이 가역적이라면(즉 생성물이 다시 반응물을 생성한다면), 속도 법칙은 어떤 형태인가?

13.142 오존층은 고에너지 복사선을 차단하기 때문에 우리 건강에 도움을 준다. 오존이 생성되고 파괴되는 과정에 일정 상태가 적용되는 속도론을 이용하여 오존층이 작동하는 원리를 설명할 수 있다. 단일 단계 반응인 이 과정을 수학적으로 나타내시오. 하는 원리는

***13.143** 매우 빠른 반응의 반응 속도는 어떻게 측정할 수 있을까? 매우 느린 반응에서는 어떻게 측정할까?

***13.144** 톤 단위로 진행되는 반응에서 균일 촉매와 불균일 촉매 중 어느 것이 더 효과적으로 작동하겠는가? 이유는 무엇인가?

cjp/iStock/Getty Images

14장

화학 평형

이 장의 배경

사진의 저글링 곡예사가 다루는 공 가운데 3개는 공중에서 오른손에서 왼손 쪽으로 움직이고, 1개는 왼손에서 오른손으로 이동한다. 움직이는 공을 반응물이나 생성물이라고 생각해 보자. 그러면 저글링은 미시적 관점에서의 평형을 거시적 관점에서 바라보는 것과 유사하다. 공중에 떠 있는 공은 생성물을 나타내고, 양손에 들려 있는 공은 반응물을 나타낸다고 생각해 보자. 생성물인 공이 왼손에 닿으면 반응물이 되고 오른손을 거쳐 다시 생성물로 바뀐다. 저글링에서나 화학 평형 관점에서나 생성물을 반응물로 나눈 비는 항상 일정하다. 생성물은 계속해서 반응물이 되고 반응물은 다시 생성물로 변하기 때문에 이와 같은 현상을 동적 평형이라고 한다.

13장에서 반응물이 소모되고 생성물이 생성됨에 따라 대부분의 화학 반응이 느려진다는 사실을 살펴보았다. 특히 반응물과 생성물의 농도가 변하는 속도에 영향을 미치는 인자들이 무엇인지에 초점을 맞추어 다루었다. 이 장과 다음 세 개의 장에서는 화학계의 최종 상태, 즉 농도가 변하지 않는 상태인 동적 화학 평형(dynamic chemical equilibrium)에 대하여 다룰 것이다.

이미 책의 앞부분에서 여러 차례 동적 평형의 개념을 다루었다. 동적 평형은 두 개의 반대 과정이 동일한 속도로 일어날 때 나타난다는 것을 상기하라. 예를 들어 액체–증기 평형에서 일어나는 두 반대 과정은 증발과 응축이다. 약산의 이온화와 같은 화학 평형에서는 화학식에 표시된 정반응과 역반응이 두 반대 과정이다. 평형계에 영향을 주는 요인들을 이해하는 것은 화학뿐만 아니라 다른 모든 과학 분야에서도 중요하다. 생체 세포가 생존하기 위해서는 세포 내의 물질의 농도를 조절해야 하므로 생물학에서도 중요하다. 지구 온난화, 산성비, 성층권의 오존층 파괴와 같은 현재의 많은 환경 문제에 영향을 미치는 화학 반응들을 이해하기 위해서도 필수적이다.

이 장의 개요

14.1 화학계에서의 동적 평형

14.2 평형 법칙

14.3 압력 혹은 농도에 기초한 평형 법칙

14.4 불균일 반응에서의 평형 법칙

14.5 평형의 위치와 평형 상수

14.6 평형과 Le Châtelier 원리

14.7 평형 상수의 계산

14.8 평형 상수를 이용한 농도 계산

학습 목표

이 장을 읽고 이해한 후 다음과 같은 것을 할 수 있어야 한다.

- 동적 평형의 본질을 기술하고 설명할 수 있다.
- 평형 법칙의 기초를 설명할 수 있다.
- 몰농도와 기체 압력을 이용한 평형 법칙을 각각 쓰고, 서로 변환할 수 있다.
- 평형 법칙에 고체와 순수한 액체가 포함되지 않는 이유를 이해하고 설명할 수 있다.
- 평형 위치의 지표로서 평형 상수 값을 해석할 수 있다.
- Le Châtelier 원리와 반응 지수(Q)를 사용하여, 평형을 기준으로 계가 어느 위치에 있는지 해석할 수 있다.
- 평형 상수를 결정할 수 있는 실험을 기술하고, 실험으로부터 얻은 데이터를 어떻게 사용하는지를 기술할 수 있다.
- 표에 주어진 평형 상수 값과 실험 데이터를 사용하여 평형 혼합물에 있는 모든 화학종의 평형 농도나 압력을 계산할 수 있다.

학습 목표 달성을 위한 제안

14장에 대하여도 여러 번 언급한 능동적 읽기를 계속하라는 당부를 하고 싶다. 또한 여러분 자신에 잘 적용할 수 있는 나름의 방법을 찾았다면 계속 사용할 것을 권장한다.

기체나 용액의 물리적 성질을 다룬 내용과는 달리, 이미 논의한 속도론과 마찬가지로 이 장에서는 화학 반응에 대하여 살펴볼 것이다. 중요한 정보를 기억하는 데 도움이 될 수 있도록 항상 노트에 정리할 것을 다시 강조한다.

1. 우선 14장의 내용을 요약하고 도구나 중요한 식과 그림에 대한 요점을 정리하는 것이 좋다. 그리고 여러 분만의 방법으로(교재와는 다른) 평형, 동적 평형, Le Châtelier 원리 등과 관련된 정의를 요약해 보라..
2. 14장에서 **농도표**를 작성하는 것에 대하여 살펴볼 것이다. 상세한 농도표를 작성한 다음, 표의 각 행과 열 사이의 관계에 대하여 자세한 설명을 기술하라.

14.1 화학계에서의 동적 평형

이 장에서는 우선 화학계에 일반적으로 적용되는 원리를 사용하여 평형에 대해 논의하는 것으로 시작한다. 16장과 17장에서는 수용액에서의 평형을 중심으로 공부하고, 18장에서는 화학 평형의 개념을 화학 변화의 에너지론과 연관시켜 다룰 것이다.

분자 관점에서 평형의 해석

화학계가 평형에 도달하는 과정을 살펴보자. 예를 들어 N_2O_4 기체가 NO_2 기체로 분해되는 반응을 살펴보자.

$$N_2O_4(g) \longrightarrow 2NO_2(g) \tag{14.1}$$

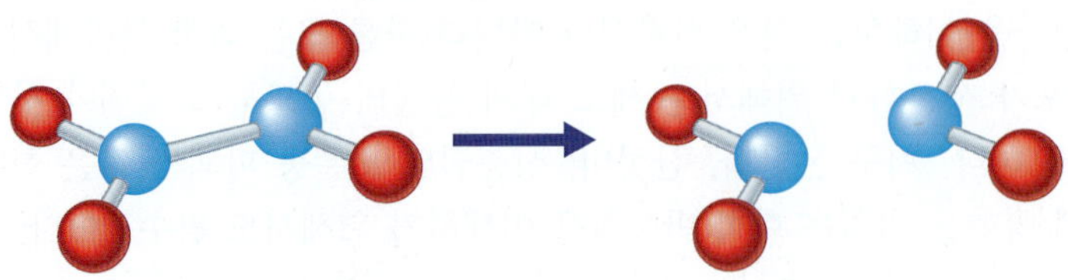

이 반응이 비가역적이라면 시간이 지남에 따라 N_2O_4의 농도는 0에 도달할 때까지 계속해서 감소할 것이다. 그러나 **그림 14.1**에서 보는 바와 같이 N_2O_4의 최종 농도는 0이 아닌 어떤 일정

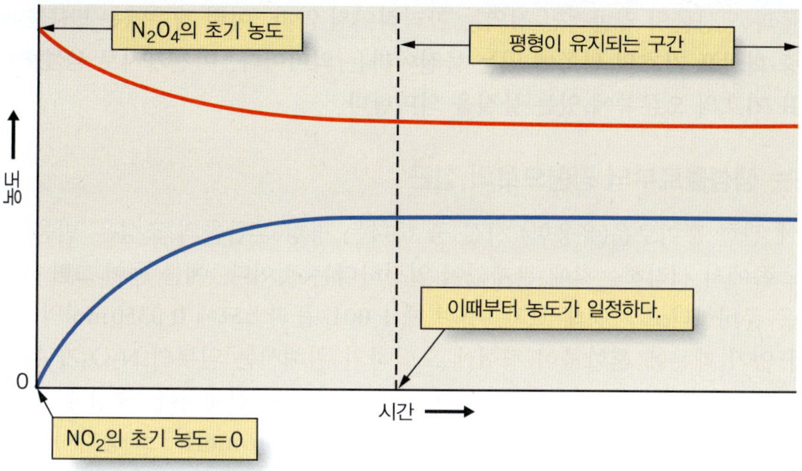

그림 14.1 평형에 도달하는 과정 반응식 $N_2O_4(g) \longrightarrow 2NO_2(g)$으로 나타낸 $N_2O_4(g)$가 $NO_2(g)$로 분해되는 과정에서 $N_2O_4(g)$와 $NO_2(g)$의 농도가 초기에는 상대적으로 빠르게 변하지만, 시간이 경과함에 따라 농도 변화는 점점 느려진다. 평형에 도달하면 $N_2O_4(g)$와 $NO_2(g)$의 농도가 더 이상 변하지 않고 일정해진다.

한 값에 도달하게 된다. 한편 NO_2의 농도 역시 마지막 일정한 값까지 증가하게 된다.

이러한 관찰 결과는 위의 반응이 실질적으로 양 방향으로 진행될 수 있음을 의미한다. NO_2가 생성되어 반응 혼합물 내에 축적되면 NO_2 분자 사이의 충돌에 의해 N_2O_4 분자가 생성될 수 있게 되어 다음과 같은 반응이 일어나기 시작한다.

$$2NO_2(g) \longrightarrow N_2O_4(g) \quad \textbf{(14.2)}$$

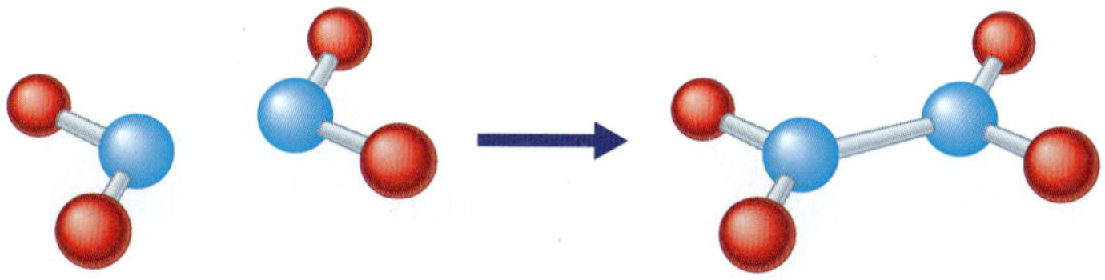

식 14.1에 의하여 NO_2 농도가 증가하면 식 14.2의 반응 속도가 증가하게 된다. 식 14.2에 의해 N_2O_4는 재생성되기 때문에 N_2O_4의 농도 감소는 점차 느려지게 된다. 그림 14.1에서 보는 바와 같이, 최종적으로 N_2O_4와 NO_2의 농도가 더 이상 변화되지 않는 최종 상태에 이르게 된다. 이 상태에서는 **정반응(forward reaction)**의 속도(식 14.1)와 **역반응(reverse reaction)**의 속도(식 14.2)가 같아진다. N_2O_4 분자가 생성되는 속도와 동일한 속도로 분해되면 **동적 평형**(dynamic equilibrium)에 도달하였다고 한다. 4.4절에서 배웠듯이 평형을 나타내기 위하여 반응식에 이중 화살표 기호($\rightleftharpoons$)를 사용한다.

해설 평형 $A \rightleftharpoons B$에서 왼쪽에서 오른쪽으로 진행하는 반응을 정반응이라 하고, 오른쪽에서 왼쪽으로 진행하는 반응을 역반응이라 한다.

$A \longrightarrow B$ (정반응)
$A \longleftarrow B$ (역반응)

평형 상태에 도달한 이후에도 정반응과 역반응은 계속해서 일어난다.

$$N_2O_4(g) \rightleftharpoons 2NO_2(g) \quad \textbf{(14.3)}$$

대부분의 화학계는 충분한 시간이 주어진다면 동적 평형 상태에 도달한다. 그러나 어떤 반응에서는 평형 상태에서 존재하는 반응물 또는 생성물의 양이 거의 0에 가깝기 때문에 평형 상태를 관측하기가 매우 어려운(심지어는 불가능한) 경우도 있다. 예를 들어 실온의 수증기에서는 다음과 같은 평형을 이루는 H_2나 O_2의 양이 관측할 수 있을 정도로 존재하지 않는다.

$$2H_2O(g) \rightleftharpoons 2H_2(g) + O_2(g)$$

물 분자는 매우 안정하기 때문에 물 분자가 분해되는 것을 관측할 수 없다. 그러나 이러한 경우에도 평형이 존재한다고 가정하는 것이 **편리**할 때가 있다.

화학 평형에서 반응물과 생성물의 의미 식 14.3의 정반응에서 N_2O_4는 반응물이고 NO_2는 생성물이다. 그러나 역반응에서는 NO_2가 반응물이고 N_2O_4는 생성물이다. 계가 평형 상태에 있으면 반응물과 생성물의 일반적인 정의는 합리적이지 않다. **이런 경우에는 반응물(reactant)은 단순히 이중 화살표 기호의 왼쪽에 있는 물질이라는 의미이다. 마찬가지로 생성물(product)은 이중 화살표 기호의 오른쪽에 있는 물질을 의미한다.**

반응물 또는 생성물로부터 평형으로의 접근

화학 평형에 관한 흥미로운(유용한) 사실 중 하나는 평형 혼합물의 조성은 '반응물'이나 '생성물' 중 어느 쪽에서 시작하는지에 관계없이 일정하다는 것이다. 예를 들어 **그림 14.2**와 같은 두 가지 실험을 준비한다고 가정해 보자. 첫 번째 1.00 L 플라스크에 0.0350 mol의 N_2O_4를 넣는다. NO_2가 없기 때문에 혼합물이 평형에 도달하기 위해서는 일부의 N_2O_4가 분해되어야 한다. 따라서 식 14.3의 반응은 정방향(왼쪽에서 오른쪽)으로 진행된다. 평형에 도달하면 N_2O_4의 농도는 0.0292 mol L^{-1}로 감소하고, NO_2의 농도는 0.0116 mol L^{-1}로 증가하게 된다.

해설 mol L^{-1}(또는 mol/L)는 몰농도(M)의 단위이다.

두 번째 1.00 L 플라스크에 첫 번째 플라스크에 넣은 0.0350 mol의 N_2O_4가 완전히 분해된 경우에 생성되는 NO_2와 동일한 양인 0.0700 mol의 NO_2를 넣는다. 두 번째 플라스크에는 초기에 N_2O_4가 없기 때문에 식 14.3의 역방향(오른쪽에서 왼쪽)으로 반응이 일어나 NO_2끼리 서로 결합해서 평형에 도달하기에 충분한 N_2O_4가 만들어져야 한다. 두 번째 플라스크가 평형을 이루었을 때 농도를 측정해 보면 N_2O_4의 농도는 0.0292 mol L^{-1}이고 NO_2의 농도는 0.0116 mol L^{-1}로, 첫 번째 실험 결과와 똑같음을 알 수 있다.

여기서 두 물질을 만드는 산소와 질소의 전체 양이 동일하다면, 반응이 순수한 NO_2로 시작하든지 혹은 순수한 N_2O_4로 시작하든지 항상 같은 평형 조성에 도달함을 알 수 있다. 다른 화학계에서도 유사한 관측을 할 수 있으며, 이를 다음과 같이 일반화할 수 있다.

도구
평형에 도달

> 전체 계의 조성이 주어지면 평형이 정반응으로 도달하는지 혹은 역반응으로 도달하는지와는 상관없이 평형 농도는 항상 동일하다.

반응식의 생성물 쪽에서 반응이 시작하여 평형에 도달한다고 생각하는 것이 더 편리한 경우가 많이 있다.

실전 문제 14.1

이 장의 도입부에 수록된 사진은 동적 평형을 어떻게 나타내고 있는가? 동적 평형과 다른 점은 무엇인가? 그림 14.2의 3개의 용기에 들어 있는 산소(붉은 원) 원자와 질소 원자(파란 원)의 수가 동일하다는 것을 증명하시오. 이 사실이 의미하는 것은 무엇인가?

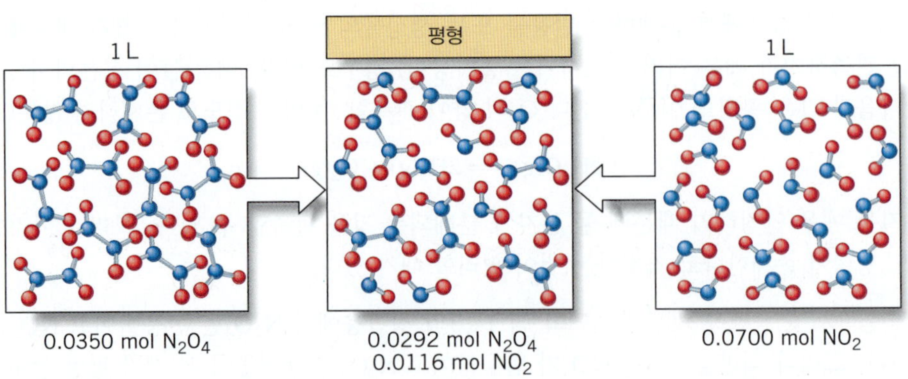

그림 14.2 평형에서 반응의 가역성

$$N_2O_4(g) \rightleftharpoons 2NO_2(g)$$

전체적인 계의 조성이 같다면, 정방향이나 혹은 역방향으로 각각 도달한 평형 상태의 전체적인 조성은 동일하다.

14.2 평형 법칙

평형 상태에 있는 화학계에서 반응물과 생성물의 몰농도 사이에는 간단하면서도 예측할 수 있는 관계가 있다. 이것을 알아보기 위하여 기체상의 수소와 아이오딘이 반응하여 아이오딘화 수소를 생성하는 반응을 살펴보자.

$$H_2(g) + I_2(g) \rightleftharpoons 2HI(g)$$

그림 14.3은 10.0 L 반응 용기에서 초기 생성물과 반응물의 양이 서로 다른 조건에서 시작하여 평형이 이루어졌을 때 평형에서의 각 기체의 양을 측정한 결과를 나타낸 것이다. 평형에 도달했을 때 H_2와 I_2 및 HI의 양은 실험마다 서로 다르고, 따라서 몰농도도 서로 다르다. 이런 사실은 특별히 놀랄 만한 일은 아니고, 흥미로운 것은 농도 사이의 관계가 매우 단순하다는 사실이다.

해설 몰농도는 각 물질의 몰수를 부피 10.0 L로 나누어 구한다.

그림 14.3의 각 실험에서 HI의 평형 몰농도를 제곱한 후, 이것을 H_2와 I_2의 평형 몰농도의 곱으로 나누어주면 모든 실험에서 동일한 값이 얻어진다. 이 관계를 **표 14.1**에 나타내었다. 여기에서 화학식에 붙인 대괄호 기호는 몰농도를 나타낸다.

표 14.1의 마지막 열에 주어진 값을 계산할 때 사용한 다음과 같은 분수식을 **질량 작용식(mass action expression)**[1]이라고 한다.

$$\frac{[HI]^2}{[H_2][I_2]}$$

이 용어의 어원은 중요하지 않으며, 단지 이러한 분율을 의미하는 이름으로 생각하라. 질량

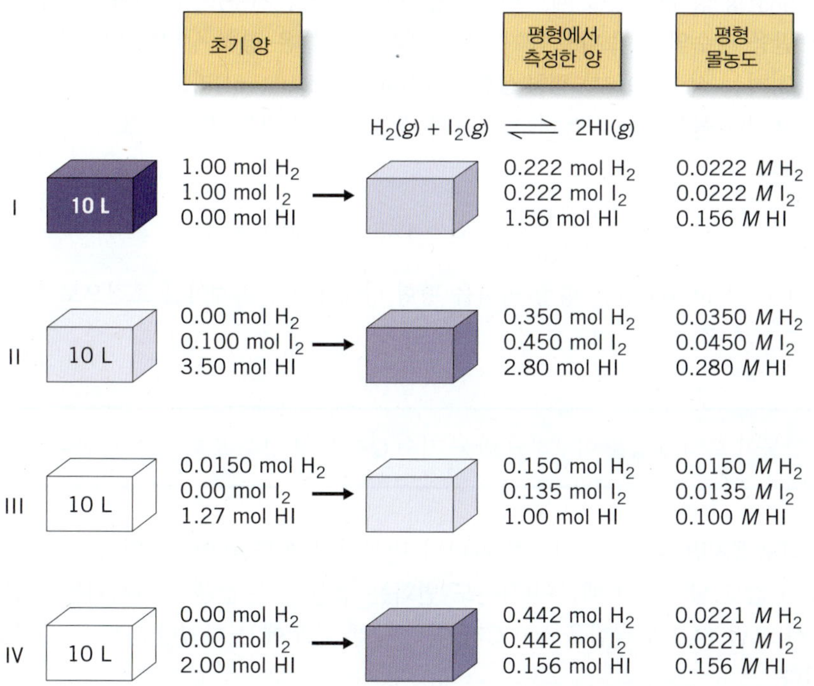

그림 14.3 H_2, I_2 HI 기체의 평형을 살펴보기 위한 네 가지 실험 440°C에서 10.0 L 반응 용기에 서로 다른 양의 반응물과 생성물을 넣었을 때 일어나는 평형 반응은 다음과 같다.

$$H_2(g) + I_2(g) \rightleftharpoons 2HI(g)$$

평형에 도달했을 때 존재하는 반응물과 생성물의 양은 실험마다 다르며, 따라서 평형 농도도 서로 다르다.

[1]질량 작용식은 18장에서 살펴볼 열역학에서 유도된다. 기술적으로 질량 작용식의 각 농도는 표준 상태의 값으로 나누어준 다음에 식에 대입해야 한다. 이렇게 하면 모든 질량 작용식은 단위가 없는 값으로 표시된다. **용액 상태의 물질인 경우,** 표준 상태는 유효 몰농도 1 M이다. 따라서 질량 작용식에서 농도가 몰농도로 주어진 경우에는 각 농도를 1 M(1 mol L^{-1})로 나누어도 질량 작용식의 수치에는 차이가 없다. **기체의 경우,** 표준 상태는 1 bar이다. 따라서 기체의 각 농도는 주어진 압력에서의 농도로 나누어주거나, 또는 각 부분 압력을 1 bar로 나누어주면 된다. 식을 단순화하기 위해서 보통 질량 작용식에서 표준 상태의 단위들을 표시하지 않는다. 나중에 이 값들이 수치로 단순하게 바뀌는 것을 살펴보게 될 것이다.

표 14.1 평형 농도와 질량 작용식의 값

실험	평형 농도 ($mol\,L^{-1}$) $[H_2]$	$[I_2]$ $\rightleftharpoons$	$[HI]$	$\frac{[HI]^2}{[H_2][I_2]}$
I	0.0222	0.0222	0.156	$(0.156)^2/(0.0222)(0.0222) = 49.4$
II	0.0350	0.0450	0.280	$(0.280)^2/(0.0350)(0.0450) = 49.8$
III	0.0150	0.0135	0.100	$(0.100)^2/(0.0150)(0.0135) = 49.4$
IV	0.0221	0.0221	0.156	$(0.156)^2/(0.0221)(0.0221) = 49.7$
				평균 = 49.5

작용식의 값을 **반응 지수(reaction quotient)**라고 하고, 보통 문자 Q로 표시한다. 위 반응의 경우 다음과 같이 쓸 수 있다.

$$Q = \frac{[HI]^2}{[H_2][I_2]}$$

이 식은 평형 상태이든 아니든 모든 H_2, I_2, HI 농도 상태에서 사용할 수 있다.

표 14.1에서 H_2, I_2, HI가 440°C에서 동적 평형 상태에 있을 때, 반응 지수 Q의 값은 거의 49.5로 유사함을 주목하라. 실제로 그림 14.3의 실험을 다른 농도에서 여러 번 반복해도 온도가 440°C에서 계가 평형에 도달하면 동일한 반응 지수를 얻게 될 것이다. 따라서 평형 상태에 있는 이 반응에 대하여 다음과 같이 쓸 수 있다.

$$\frac{[HI]^2}{[H_2][I_2]} = 49.5 \qquad \text{(440°C에서의 평형에서)} \qquad \textbf{(14.4)}$$

해설 식 14.4는 때로는 평형식 또는 질량 작용 법칙으로 불린다.

이러한 관계를 계의 **평형 법칙(equilibrium law)**이라고 한다. 이 식은 440°C에서 세 가지의 기체 혼합물이 평형 상태에 있을 때, 질량 작용식의 값(반응 지수)이 49.5이라는 중요한 의미를 나타낸다. 반응 지수의 값이 다르면, 이 온도에서 기체들은 평형 상태에 있지 않다. 주어진 평형 계를 특정하는 상수 49.5를 **평형 상수(equilibrium constant)**라고 한다. 평형 상수는 보통 K_c(질량 작용식에 몰농도를 사용하므로 아래 첨자 **c**를 씀)라는 기호로 표시한다. 따라서 평형 법칙은 다음과 같다.

$$\frac{[HI]^2}{[H_2][I_2]} = K_c = 49.5 \qquad \text{(440°C에서)} \qquad \textbf{(14.5)}$$

어떤 경우에는 식 14.5와 같은 평형 법칙을 평형 상태에서 만족해야할 조건으로 생각하면 유용하다.

도구 평형의 조건

반응 혼합물이 화학 평형을 이루려면 반응 지수 Q가 평형 상수 K_c와 같아야 한다.

해설 일반적으로 온도가 달라지면 K_c도 변하기 때문에 K_c 값을 기술할 때는 반드시 온도를 명시해야 한다. 예를 들면 평형 반응 $CH_4(g) + H_2O(g) \rightleftharpoons CO(g) + 3H_2(g)$에서 온도 변화에 따른 K_c의 변화는 다음과 같다.

$K_c = 1.78 \times 10^{-3}$ 800°C에서
$K_c = 4.68 \times 10^{-2}$ 1000°C에서
$K_c = 5.68$ 1500°C에서

이미 의식했겠지만 K_c 값을 언급할 때마다 반복하여 온도를 언급하였다. 온도가 달라지면 평형 상수의 값도 달라지기 때문이다(온도 변화는 평형 상수 값을 변화시키는 유일한 변화이다). 따라서 그림 14.3의 실험을 440°C가 아닌 다른 온도에서 하였다면 다른 값의 K_c가 얻어졌을 것이다.

균일 평형

균일 반응(homogeneous reaction) 또는 **균일 평형(homogeneous equilibrium)**이란 모든 반응물과 생성물이 동일하게 기체상 또는 액체상으로 존재하는 경우를 의미한다. 위에서 설명한 기체들의 경우 모든 기체가 자유롭게 섞이는 단일한 상으로 존재하기 때문에 균일 평형을 나

타낸다. 수용액과 같이 반응물과 생성물이 동일한 액체상에서 섞이는 평형도 많이 존재한다. 이와 같은 수용액상에서의 평형은 16장과 17장에서 배울 것이다.

균일 반응에 대한 중요한 한 가지 사실은 질량 작용식과 평형 법칙을 언제나 균형 화학 반응식의 계수로부터 예측할 수 있다는 것이다. 예를 들면 화학식을 *D*, *E*, *F*, *G*로, 이들의 계수를 *d*, *e*, *f*, *g*로 표현한 다음과 같은 일반적인 화학 반응식을 생각해보자.

$$dD + eE \rightleftharpoons fF + gG \tag{14.6}$$

이 반응의 질량 작용식은 다음과 같다.

$$\frac{[F]^f[G]^g}{[D]^d[E]^e}$$

질량 작용식에서의 지수는 균형 화학 반응식의 화학량론적 계수와 같다.

이 반응에서 평형 조건은 다음 식으로 주어진다.

$$\frac{[F]^f[G]^g}{[D]^d[E]^e} = K_c \tag{14.7}$$

도구
평형 법칙

이 식을 만족시키는 유일한 농도는 **평형 농도**(equilibrium concentration) 뿐이다.

해설 전체 균형 반응식으로부터 **속도 법칙**을 예측할 수는 없지만, **평형 법칙**은 예측할 수 있다.

질량 작용식을 쓸 때에 항상 생성물의 몰농도는 분자에, 반응물의 몰농도는 분모에 쓴다는 것을 상기하라. 또한 각 농도 항에 적당한 지수를 쓴 다음에, 이들을 더하지 말고 곱해야 한다는 것을 명심하라.

예제 14.1 평형 법칙 쓰기

다음은 Harber–Bosch 공정에서 질소와 수소 기체로부터 암모니아 기체를 생산하는 평형 반응을 나타낸 것이다.

$$N_2 + 3H_2 \rightleftharpoons 2NH_3$$

이 반응의 평형 법칙을 쓰시오.

분석 문제 해결 과정은 화학 평형과 관련된 문제를 다룰 때 반복해서 수행해야 하는 간단한 문제이다.

도구 모음 식 14.6과 14.7에 나타낸 형태의 식에 단순히 화학식과 계수를 바꿔주면 된다.

풀이 평형 법칙이란 질량 작용식이 평형 상수와 같다고 나타내는 것이다. 질량 작용식을 쓰려면 생성물의 농도를 분자에, 반응물의 농도를 분모에 놓는다. 균형 화학 반응식에서의 계수는 평형식에서 농도에 대한 지수로 표현된다. 결국 평형 법칙은 다음과 같다.

$$\frac{[NH_3]^2}{[N_2][H_2]^3} = K_c$$

답이 합리적인가? 생성물이 분자에, 반응물이 분모에 놓였는지 확인한다. 또한 지수가 균형 화학 반응식의 계수와 일치하는지 확인한다. 여기서 지수가 1일 때는 생략하였음을 주목하라.

실전 문제 14.2

다음 반응의 평형 법칙을 쓰시오(**힌트**: 평형 법칙은 생성물을 반응물로 나눈 것임을 기억하시오).

(a) $2H_2(g) + O_2(g) \rightleftharpoons 2H_2O(g)$
(b) $2N_2O_3(g) + O_2(g) \rightleftharpoons 4NO_2$

실전 문제 14.3

다음은 어떤 반응에 대한 평형 법칙을 나타낸 것이다.

$$\frac{[CO][H_2]^3}{[CH_4][H_2O]} = K_c$$

이 평형 법칙에 대한 화학 반응식을 쓰시오.

질량 작용식에서 생성물의 농도를 분자에 쓰고, 반응물의 농도를 분모에 쓰는 규칙은 절대적인 것이 아니며, 다만 화학자들이 정한 규칙이다. 질량 작용식이 상수라면 당연히 이 값의 역수도 상수이다(이것을 K_c'로 놓자).

$$\frac{[HI]^2}{[H_2][I_2]} = K_c \qquad \frac{[H_2][I_2]}{[HI]^2} = \frac{1}{K_c} = K_c'$$

질량 작용식을 쓰는 규칙이 있다는 것은 매우 유용하다. 왜냐하면 어떤 반응에 대한 평형 상수 값을 쓸 때 굳이 질량 작용식을 함께 나타낼 필요가 없기 때문이다. 예를 들어 어떤 온도에서 다음 반응의 $K_c = 10.0$이라고 하자.

$$2NO_2(g) \rightleftharpoons N_2O_4(g)$$

화학 반응식으로부터 올바른 질량 작용식과 정확한 평형 법칙을 나타낼 수 있다.

$$K_c = \frac{[N_2O_4]}{[NO_2]^2} = 10.0$$

다시 말하면 균형 화학 반응식은 평형 법칙을 쓰는 데 필요한 모든 정보를 포함하고 있다.

평형 법칙 다루기

도구
평형 반응식 다루기

화학 평형식들을 결합하여 관심이 있는 다른 화학 반응에 대한 식을 얻을 수 있다는 것은 유용하다. 이 과정에서 원하는 반응을 얻기 위해 어떤 반응식의 역을 만들거나, 반응식의 계수에 어떤 값을 곱하거나, 반응식들을 더하는 등의 다양한 조작을 한다. 열화학을 설명할 때 이러한 조작을 통하여 ΔH 값이 어떻게 바뀌는지 살펴보았다. 질량 작용식과 평형 상수 값을 바꾸는 데 몇 가지 다른 규칙을 적용해야 한다.

평형 방향 바꾸기 **반응식의 방향을 바꾸면, 새로운 평형 상수는 처음 평형 상수의 역수가 된다.** 이 사실은 이미 앞에서 살펴보았다. 예를 들면 다음 평형 반응식의 경우

$$PCl_3 + Cl_2 \rightleftharpoons PCl_5 \qquad K_c = \frac{[PCl_5]}{[PCl_3][Cl_2]}$$

이 평형 반응식을 역으로 나타내면 질량 작용식은 처음 식의 역수이다. 따라서 K_c'는 $1/K_c$와 같다.

$$PCl_5 \rightleftharpoons PCl_3 + Cl_2 \qquad K_c' = \frac{[PCl_3][Cl_2]}{[PCl_5]}$$

계수에 상수 곱하기

화학 반응식의 계수에 어떤 상수를 곱하면 평형 상수는 그 상수로 거듭 제곱한 값이 된다. 예를 들어 다음 반응식에서

$$\mathrm{PCl_3 + Cl_2 \rightleftharpoons PCl_5} \qquad K_c = \frac{[\mathrm{PCl_5}]}{[\mathrm{PCl_3}][\mathrm{Cl_2}]}$$

계수에 2를 곱하면 다음과 같아진다.

$$\mathrm{2PCl_3 + 2Cl_2 \rightleftharpoons 2PCl_5} \qquad K_c'' = \frac{[\mathrm{PCl_5}]^2}{[\mathrm{PCl_3}]^2[\mathrm{Cl_2}]^2}$$

두 질량 작용식을 비교해 보면 $K_c'' = K_c^2$이다.

평형 반응식 더하기 평형 반응식을 더하면 평형 상수는 각 반응의 평형 상수를 곱한 값이 된다. 예를 들어 다음 두 식을 더해 보자.

$$\mathrm{2N_2 + O_2 \rightleftharpoons 2N_2O} \qquad K_{c_1} = \frac{[\mathrm{N_2O}]^2}{[\mathrm{N_2}]^2[\mathrm{O_2}]}$$

$$\mathrm{2N_2O + 3O_2 \rightleftharpoons 4NO_2} \qquad K_{c_2} = \frac{[\mathrm{NO_2}]^4}{[\mathrm{N_2O}]^2[\mathrm{O_2}]^3}$$

$$\mathrm{2N_2 + 4O_2 \rightleftharpoons 4NO_2} \qquad K_{c_3} = \frac{[\mathrm{NO_2}]^4}{[\mathrm{N_2}]^2[\mathrm{O_2}]^4}$$

K_{c_1}의 질량 작용식과 K_{c_2}의 질량 작용식을 곱하면 K_{c_3}의 질량 작용식이 얻어진다. 따라서 $K_{c_1} \times K_{c_2} = K_{c_3}$이다.

해설 평형 상수를 구분하기 위해 아래 첨자로 번호를 붙였다.

$$\frac{[\mathrm{N_2O}]^2}{[\mathrm{N_2}]^2[\mathrm{O_2}]} \times \frac{[\mathrm{NO_2}]^4}{[\mathrm{N_2O}]^2[\mathrm{O_2}]^3} = \frac{[\mathrm{NO_2}]^4}{[\mathrm{N_2}]^2[\mathrm{O_2}]^4}$$

실전 문제 14.4

25°C에서 다음 반응에 대하여 $K_c = 7.0 \times 10^{25}$이다.

$$\mathrm{2NO}(g) + \mathrm{O_2}(g) \rightleftharpoons \mathrm{2NO_2}(g)$$

반응 $\mathrm{NO_2}(g) \rightleftharpoons \mathrm{NO}(g) + \frac{1}{2}\mathrm{O_2}(g)$의 K_c 값을 구하시오. (**힌트:** 처음의 반응식에서 새 반응식을 만들기 위하여 어떤 조작을 수행하였는가?)

실전 문제 14.5

다음은 두 평형 반응과 25°C에서 각각의 평형 상수를 나타낸 것이다.

$$\mathrm{2CO}(g) + \mathrm{O_2}(g) \rightleftharpoons \mathrm{2CO_2}(g) \qquad K_c = 2.99 \times 10^{91}$$

$$\mathrm{2H_2}(g) + \mathrm{O_2}(g) \rightleftharpoons \mathrm{2H_2O}(g) \qquad K_c = 8.7 \times 10^{80}$$

이 자료를 이용하여 다음 반응의 K_c를 계산하시오.

$$\mathrm{H_2O}(g) + \mathrm{CO}(g) \rightleftharpoons \mathrm{CO_2}(g) + \mathrm{H_2}(g)$$

14.3 압력 혹은 농도에 기초한 평형 법칙

반응물과 생성물이 모두 기체인 경우에는 질량 작용식을 몰농도 또는 기체의 부분 압력으로 표현할 수 있다. 이것은 기체의 몰농도가 부분 압력에 비례하기 때문이다(**그림 14.4**). 다음의 이상 기체 법칙을

$$PV = nRT$$

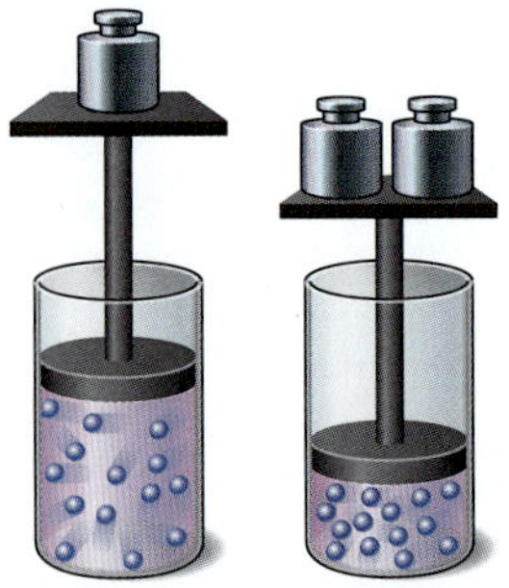

(a) (b)

그림 14.4 기체의 몰농도는 압력에 비례한다. (a)에서 (b)로 변할 때 압력은 두 배로 증가하고, 부피는 반으로 감소한다.

도구
부분 압력을 사용한 평형 법칙

해설 일정한 온도에서 단위 부피당 기체의 몰수를 두 배로 증가시키면 압력도 두 배로 높아진다.

압력 P에 대해서 풀면 다음과 같다.

$$P = \left(\frac{n}{V}\right)RT$$

여기서 n/V의 단위는 mol/L이므로, n/V는 몰농도를 뜻한다. 따라서 다음의 식을 얻을 수 있다.

$$\boxed{P = (\text{몰농도}) \times RT} \tag{14.8}$$

용기 내의 기체가 한 종류만 있거나 혹은 혼합물로 있는 경우 모두에 식 14.8을 적용할 수 있다. 기체 혼합물인 경우에 P는 기체의 부분 압력이다.

식 14.8의 관계를 이용하여 기체 간의 반응에 대한 질량 작용식을 몰농도 대신에 부분 압력으로 나타낼 수 있다. 다음과 같이 식 14.6으로 나타낼 수 있는 일반적인 기체상 평형에 대하여

$$dD + eE \rightleftharpoons fF + gG$$

부분 압력으로 표시된 질량 작용식은 다음과 같다.

$$\boxed{K_P = \frac{(P_F)^f(P_G)^g}{(P_D)^d(P_E)^e}} \tag{14.9}$$

그러나 농도에서 압력을 사용하는 경우 평형 상수 값이 달라지므로 몰농도로 표현할 때에는 기호 K_c를 사용하고, 부분 압력으로 표현할 때에는 기호 K_P를 사용한다. 예를 들어 질소와 수소가 반응하여 암모니아를 생성하는 다음의 평형 반응에 대하여

$$N_2(g) + 3H_2(g) \rightleftharpoons 2NH_3(g)$$

평형 법칙은 다음과 같이 두 가지 방법 중 하나로 나타낼 수 있다.

$$\frac{[NH_3]^2}{[N_2][H_2]^3} = K_c \quad \text{(질량 작용식에 몰농도가 사용되었다)}$$

$$\frac{P_{NH_3}^2}{P_{N_2}P_{H_2}^3} = K_P \quad \text{(질량 작용식에서 부분 압력이 사용되었다)}$$

K_c는 평형 몰농도를 이용하여 계산하고, K_P는 평형 부분 압력을 이용하여 계산한다.

예제 14.2 K_P에 대한 식 쓰기

다음은 삼산화 황(SO_3)을 만드는 평형 반응식이다.

$$2SO_2(g) + O_2(g) \rightleftharpoons 2SO_3(g)$$

이 평형에 대한 K_P의 식을 쓰시오.

분석 이 문제는 평형 법칙에서 K_c 대신 K_P를 사용하는 것 이외에는 예제 14.1과 매우 유사하다.

도구 모음 다음과 같이 식 14.6과 식 14.9로 주어지는 기본 틀이 우리의 도구이다.

$$dD + eE \rightleftharpoons fF + gG$$

$$K_P = \frac{(P_F)^f(P_G)^g}{(P_D)^d(P_E)^e}$$

풀이 질량 작용식에서는 항상 생성물을 분자에 놓고, 반응물을 분모에 놓는다. 이때 균형 반응식에서 계수를 부분 압력의 지수로 나타내면 이 반응의 K_P 식은 다음과 같다.

$$K_P = \frac{P^2_{SO_3}}{P^2_{SO_2}P_{O_2}}$$

답이 합리적인가? 질량 작용식에서 생성물은 분자에 그리고 반응물은 분모에 있는지와 균형 화학 반응식의 계수가 지수로 올바르게 사용되었는지를 확인한다.

실전 문제 14.6

부분 압력을 사용하여 다음 반응의 평형 법칙을 쓰시오(**힌트:** 질량 작용식을 어떻게 표현하는지 기억하시오).

$$CO(g) + 2H_2(g) \rightleftharpoons CH_3OH(g)$$

실전 문제 14.7

부분 압력을 사용하여 다음 반응의 평형 법칙을 쓰시오

$$H_2(g) + Cl_2(g) \rightleftharpoons 2HCl(g)$$

K_P와 K_c의 관계

모든 반응물과 생성물이 기체이거나 순수한 물질이라면 평형 법칙을 K_c나 K_P 두 가지 방법으로 표시할 수 있지만, 반응에 용액 상태의 물질이 포함되어 있다면 K_c에 대한 평형 법칙만을 쓸 수 있다. 평형 법칙을 두 가지 방법으로 나타낼 수 있는 반응에서 K_P 값과 K_c가 동일한 경우도 있지만, 많은 반응에서는 두 값이 서로 다르다. 따라서 어느 한 값으로부터 다른 값을 계산할 수 있는 관계식이 필요하다. K_P와 K_c의 상호 변환은 식 14.8에서와 같은 부분 압력과 몰농도 사이의 관계를 이용한다.

$$(\text{몰농도}) \times RT$$

마찬가지로 식 14.8을 몰농도에 대한 식으로 변화시켜 얻은 P/RT를 K_c의 질량 작용식에 포함된 몰농도 대신에 치환시키면, K_c의 값을 K_P의 값으로 바꿀 수 있다. 지금까지의 설명은 다소 복잡하지만, 이들 식으로부터 유도된 다음의 일반식(식 14.10)을 이용하면 K_P와 K_c 사이의 변환을 보다 쉽게 수행할 수 있다.

$$\boxed{K_P = K_c(RT)^{\Delta n_g}} \quad \textbf{(14.10)}$$

도구
K_P와 K_c 사이의 변환

이 식에서 Δn_g는 반응물에서 생성물로 반응이 진행될 때 기체의 몰수가 변화한 값이다.

$$\boxed{\Delta n_g = (\text{기체 생성물의 몰수}) - (\text{기체 반응물의 몰수})} \quad \textbf{(14.11)}$$

Δn_g 값은 균형 화학 반응식의 계수를 이용하여 구한다. 예를 들면 2 mol의 질소(N_2)와 1 mol의 산소(O_2)가 반응하여 2 mol의 N_2O가 생성되는 다음의 반응을 생각해보자.

$$2N_2(g) + O_2(g) \rightleftharpoons 2N_2O(g)$$

총 3 mol의 기체 반응물로부터 2 mol의 기체 생성물이 생성되므로, 이 반응의 Δn_g의 값은 −1이다.

어떤 반응에서는 Δn_g 값이 0이다. 예를 들어 HI의 분해 반응을 살펴보자.

$$2HI(g) \rightleftharpoons H_2(g) + I_2(g)$$

반응식의 양변에 각각 2 mol의 기체가 있으므로, Δn_g 값은 0이다. (RT)의 0제곱은 1이므로, $K_P = K_c$이다.

예제 14.3 K_P와 K_c 사이의 변환

600 °C에서 질소와 수소가 반응하여 암모니아를 만드는 다음 반응의 $K_c = 5.0 \times 10^{-2}$이다.

$$N_2(g) + 3H_2(g) \rightleftharpoons 2NH_3(g)$$

이 반응의 K_P 값을 구하시오.

분석 K_P와 K_c의 변환은 식 14.10을 사용한다. 그러나 변환하기에 앞서 R과 T의 단위를 명확히 해야 한다. 식에서 온도를 나타낼 때 대문자 T는 켈빈 온도를 의미한다. 따라서 섭씨 온도를 켈빈 온도로 변환시켜야 한다. 다음에는 적절한 R 값을 선택해야 한다. 식 14.8에서 부분 압력을 atm 단위로, 농도를 mol L^{-1} 단위로 표현하면, 이들 단위를 모두 포함하는 R 값은 $0.0821 \text{ L atm mol}^{-1} \text{K}^{-1}$이다.

도구 모음 앞에서 살펴본 바와 같이, 식 14.10에 주어진 값을 대입하면 된다.

$$K_P = K_c(RT)^{\Delta n_g}$$

유효 숫자를 3개만 고려한다면, 켈빈 온도는 $T_K = t_C + 273$의 관계식에 의해 구할 수 있다. 또한 식 14.11을 이용하여 Δn_g를 구할 수 있다.

$$\Delta n_g = (\text{기체 생성물의 몰수}) - (\text{기체 반응물의 몰수})$$

풀이 Δn_g를 먼저 계산해 보자. 반응식의 계수로부터 생성물 기체 2 mol과 반응물 기체 4 mol [1 mol $N_2(g)$와 3 mol $H_2(g)$]이므로, $\Delta n_g = (2) - (1+3) = -2$이다.

이 값들을 정리하면 다음과 같다.

$$K_c = 5.0 \times 10^{-2} \qquad T = (600 + 273)\text{ K} = 883\text{ K}$$
$$\Delta n_g = -2 \qquad R = 0.0821 \text{ L atm mol}^{-1} \text{ K}^{-1}$$

위의 값들을 K_P에 대입하면 다음과 같다.

$$\begin{aligned} K_P &= (5.0 \times 10^{-2}) \times [(0.0821) \times (873)]^{-2} \\ &= (5.0 \times 10^{-2}) \times (71.7)^{-2} \\ &= 9.8 \times 10^{-4} \end{aligned}$$

이 반응에서는 K_P의 값은 K_c의 값과 매우 다르다.

답이 합리적인가? 이 문제를 풀 때, 올바른 R 값을 사용하고 온도를 켈빈 단위로 사용했는지 확인해야 한다. 이 반응에서처럼 Δn_g가 음의 값이라면, $(RT)^{\Delta n_g}$의 값은 1보다 작아야 한다. 따라서 K_P의 값은 K_c의 값보다 작아야 하며, 이것은 계산 결과와 일치한다.

실전 문제 14.8

마취제로 사용되며, 때로는 '웃음 가스'라고 불리는 일산화 이질소(N_2O)는 다음 반응식과 같이 질소와 산소로 분해하는 경향이 강하다.

$$2N_2O(g) \rightleftharpoons 2N_2(g) + O_2(g)$$

그런데 실온(25 °C)에서 이 반응은 매우 느리게 진행되므로, 이 기체는 비교적 안정하다. 25 °C에서 이 분해 반응의 $K_c = 7.3 \times 10^{34}$이다. 25 °C에서 이 반응의 K_P 값은 얼마인가? (**힌트**: Δn_g를 계산할 때 주의하시오.)

실전 문제 14.9

유용한 연료 중 하나인 메탄올(CH_3OH)은 다음 반응과 같이 일산화 탄소와 수소의 반응으로 합성된다.

$$CO(g) + 2H_2(g) \rightleftharpoons CH_3OH(g)$$

300 °C에서 이 반응의 $K_P = 3.1 \times 10^{-2}$이다. K_P 값과 K_c 값 중 어느 것이 더 클 것으로 예상하는가? 300 °C에서 K_c 값을 계산하시오.

14.4 불균일 반응에서의 평형 법칙

반응물이나 생성물이 두 개 이상의 상으로 진행되는 반응을 **불균일 반응(heterogeneous reaction)**이라고 한다. 대표적인 예로 고체인 숯이 기체인 산소와 반응하는 연소 반응이다. 또 다른 예로 탄산수소 소듐(베이킹소다)을 불 위에 뿌릴 때 발생하는 열분해 반응을 생각할 수 있다.

$$2NaHCO_3(s) \rightleftharpoons Na_2CO_3(s) + H_2O(g) + CO_2(g)$$

$NaHCO_3$을 밀폐된 용기에서 열분해시키면 CO_2와 H_2O가 빠져나갈 수 없으므로, 기체와 고체의 불균일 평형이 이루어진다.

$$2NaHCO_3(s) \rightleftharpoons Na_2CO_3(s) + H_2O(g) + CO_2(g)$$

앞에서 설명한 방법으로 이 반응에 대한 평형 법칙을 다음과 같이 나타낼 수 있다.

$$\frac{[Na_2CO_3(s)][H_2O(g)][CO_2(g)]}{[NaHCO_3(s)]^2} = K$$

그러나 주어진 온도에서 순수한 액체나 고체의 농도는 변하지 않기 때문에 순수한 액체와 고체가 포함되는 반응의 평형 법칙은 더 간단하게 쓸 수 있다. **모든 순수한 액체 또는 고체의 경우 단위 부피에 대한 양의 비는 일정**하다. 예를 들어 1 mol의 $NaHCO_3$ 결정의 부피는 38.9 cm^3이다. 2 mol의 $NaHCO_3$ 부피는 두 배인 77.8 cm^3이지만(**그림 14.5**), 리터 당 몰수(즉 몰농도)는 동일하다.

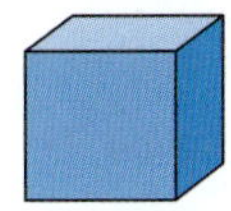

1 mol $NaHCO_3$
38.9 cm^3

몰농도 $= \frac{1 \text{ mol } NaHCO_3}{0.0389 \text{ L}}$
$= 25.7$ mol/L

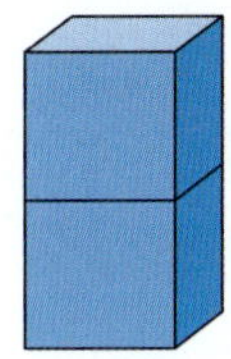

2 mol $NaHCO_3$
77.8 cm^3

몰농도 $= \frac{2 \text{ mol } NaHCO_3}{0.0778 \text{ L}}$
$= 25.7$ mol/L

그림 14.5 고체 상태 물질의 농도는 일정하다. 몰수를 두 배로 하면 부피도 두 배가 된다. 하지만 부피당 몰수 비는 일정하다.

마찬가지로 순수한 Na_2CO_3 고체에서 Na_2CO_3의 농도도 일정한 상수이다. 이것은 평형 법칙에 세 개의 상수(K와 두 개의 농도 항)가 있다는 것을 의미한다. 따라서 모든 상수를 하나로 묶어 다음과 같이 나타낼 수 있다.

$$[H_2O(g)][CO_2(g)] = \frac{[NaHCO_3(s)]^2}{[Na_2CO_3(s)]}K = K_c$$

다음과 같은 반응식을 이용하여 지금까지의 설명을 일반화할 수 있다.

$$aA(s) + bB(g) \rightleftharpoons cC(s) + dD(g)$$

도구
불균일 반응에서의 평형 법칙

여기서 대문자는 반응물이나 생성물을 나타내고, 소문자는 화학량론적 계수를 나타낸다. 고체(순수한 화합물)는 평형 법칙에 포함시키지 않으므로 이 반응에 대한 평형 법칙을 다음과 같이 쓸 수 있다.

$$K = \frac{[D]^d}{[B]^b}$$

참고 문헌의 표에 주어진 평형 상수들은 모든 상수들이 결합해서 나타낸 것이다.[2]

이제까지 다룬 모든 반응은 고체, 액체, 기체를 포함하는 반응이었다. 용액에서의 반응에서 다루는 반응물과 생성물은 순수한 고체나 액체가 아니고 농도가 변하므로, 평형 법칙에서 몰

[2] 열역학에서는 '유효 농도' 또는 **활동도(activity)**를 사용하여 질량 작용식을 더 효율적으로 다루고 있다. 열역학에서는 모든 순수한 액체와 고체의 활동도는 1이라고 정의하고, 따라서 이런 물질과 관련된 항은 질량 작용식에서 생략될 수 있다.

농도를 사용하여 K_c를 나타낼 수 있다.

예제 14.4 불균일 반응의 평형 법칙 쓰기

염화 수은(I)은 전기화학에서 기준 전극 재료로 사용되는 냄새가 없는 흰색 고체이다. 염화 수은(I)을 생성하는 반응은 다음과 같다.

$$2Hg(l) + Cl_2(g) \rightleftharpoons Hg_2Cl_2(s)$$

이 반응의 평형 법칙을 쓰시오.

분석 불균일 평형의 질량 작용식에는 고체나 액체를 포함시키지 않는다. 따라서 Hg와 Hg_2Cl_2를 제외하고 Cl_2만 포함시킨다.

도구 모음 앞에서 설명한 평형 법칙을 쓰는 방법을 도구로 사용한다.

풀이 균형 화학 반응식에서 수은(Hg)과 Hg_2Cl_2는 고체이므로 제외하고 기체인 Cl_2만을 이용해서 나타낸 평형 법칙은 다음과 같다.

$$\frac{1}{[Cl_2(g)]} = K_c$$

답이 합리적인가? 풀이가 합리적인지를 살펴보는 것밖에는 확인할 것이 별로 없다.

실전 문제 14.10

다음 반응의 평형 법칙을 쓰시오(**힌트**: 앞의 설명을 참조하시오).

$$NH_3(g) + HCl(g) \rightleftharpoons NH_4Cl(s)$$

실전 문제 14.11

다음 불균일 반응의 평형 법칙을 쓰시오.

(a) $CaO(s) + SO_2(g) \rightleftharpoons CaSO_3(g)$

(b) 고체 Ag_2CrO_4를 물에 용해시키면: $Ag_2CrO_4(s) \rightleftharpoons 2Ag^+(aq) + CrO_4^{2-}(aq)$

(c) $CaCO_3(s) + H_2O(l) + CO_2(aq) \rightleftharpoons Ca^{2+}(aq) + 2HCO_3^-(aq)$

14.5 평형의 위치와 평형 상수

생성물의 농도를 질량 작용식의 분자로 표현하면 평형 상수 값의 크기로 평형에 도달하였을 때 반응이 완결 쪽으로 얼마만큼 진행되었는지를 의미하는 **평형의 위치(position of equilibrium)**를 알 수 있다는 장점이 있다. 예를 들어 다음 반응의 평형 상수는 25°C에서 $K_c = 9.1 \times 10^{80}$이다.

$$2H_2(g) + O_2(g) \rightleftharpoons 2H_2O(g)$$

이 기체 반응의 평형 법칙은 다음과 같이 나타낼 수 있다.

$$K_c = \frac{[H_2O]^2}{[H_2]^2[O_2]} = \frac{9.1 \times 10^{80}}{1}$$

해설 이 경우에 25°C에서 한 분자의 O_2와 두 분자의 H_2를 발견하기 위해서는 실제로 약 200,000 L의 수증기가 필요하다.

K_c를 분수로 나타냈으므로, 질량 작용식에서 분자는 분모와 비교하여 매우 크다는 것을 의미하고, 따라서 H_2O의 농도는 H_2와 O_2의 농도에 비해서 매우 커야 한다. 그러므로 평형 상태에서 수소와 산소 원자의 거의 대부분은 H_2O에서 발견되고, H_2와 O_2로는 거의 존재하지 않는다. 따라서 K_c 값이 매우 크다는 것은 **평형의 위치가 훨씬 오른쪽에 위치**하고 H_2와 O_2의 반

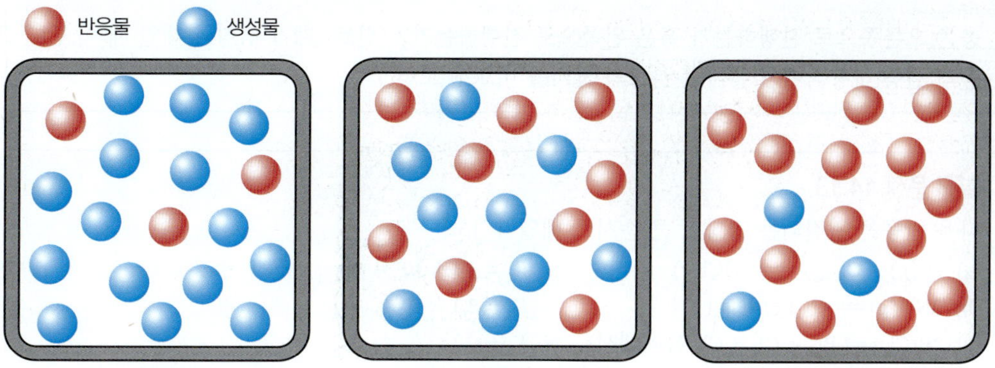

$K \gg 1$
반응이 거의 완결된다.

$K = 1$
반응물과 생성물의 농도가 같은, 평형에 도달한다.

$K \ll 1$
평형이 도달했을 때 거의 반응이 일어나지 않는다.

그림 14.6 평형의 위치와 K의 크기 반응물 $\rightleftharpoons$ 생성물 형태의 반응과 관련된 세 가지 평형 상태. $K \gg 1$이면 생성물의 농도는 반응물의 농도보다 매우 크다. $K = 1$이면 둘의 농도는 같다. $K \ll 1$이면 생성물의 농도는 반응물의 농도보다 매우 작다.

응에서의 반응이 거의 완결된다는 것을 알려 준다.

N_2와 O_2가 반응하여 NO를 생성하는 다음 반응의 평형 상수는 25°C에서 $K_c = 4.8 \times 10^{-31}$로 매우 작다.

$$N_2(g) + O_2(g) \rightleftharpoons 2NO(g)$$

반응에 대한 평형 법칙은 다음과 같다.

$$\frac{[NO]^2}{[N_2][O_2]} = 4.8 \times 10^{-31} = \frac{4.8}{10^{31}}$$

이 경우에는 분모가 분자에 비하여 매우 큰 값이므로, N_2와 O_2의 농도는 NO의 농도에 비해 매우 커야 한다. 이는 25°C의 평형에서 N_2와 O_2 혼합물에는 이들로부터 생성된 NO가 거의 없음을 뜻한다. 평형 상태가 되어도 반응이 완결되는 쪽으로 거의 진행하지 못하고, **평형의 위치는 훨씬 왼쪽에 있다.**

해설 25°C의 공기에서 NO의 평형 농도는 대략 10^{-17} mol/L여야 한다. 하지만 자동차가 유발하는 대기 오염 등 다양한 반응으로부터 NO가 생성될 수 있으므로, 보통 이 값보다는 더 크다.

평형 상수와 평형의 위치 사이의 관계를 다음과 같이 요약할 수 있다(**그림 14.6**도 참조).

K가 매우 클 때	반응은 거의 완결된다. 평형의 위치는 생성물 쪽에 훨씬 가까이 있다.
$K \approx 1$ 일 때	평형에서 반응물과 생성물의 농도는 거의 같다. 평형의 위치는 대략 반응물과 생성물의 거의 중간에 있다.
K가 매우 작을 때	매우 적은 양의 생성물이 만들어진다. 평형의 위치는 반응물 쪽에 훨씬 가까이 있다.

도구
K 값 크기의 중요성

위 요약에서 평형 상수 K의 아래 첨자를 생략하였다. K_P와 K_c 중 어느 것을 사용하든지 반응이 진행된 정도에 대한 정성적인 예측이 같기 때문이다.

여러 반응의 평형 상수 값들을 비교해 보면 어느 반응이 더 많이 완결되는지를 알 수 있다. 그러나 K 값이 크게 다르지 않다면, 균형 화학 반응식에 나타난 반응물과 생성물의 분자수가 같은 경우에만 직접 비교하여 판단할 수 있으므로 결론을 내릴 때 주의해야 한다.

실전 문제 14.12

동일한 농도의 H_2와 Cl_2 그리고 HCl를 혼합하여 $H_2(g) + Cl_2(g) \rightleftharpoons 2HCl(g)$의 반응이 진행되는 경우를 생각해 보자. 이 반응의 $K_c = 1.1 \times 10^{-21}$이라면, 평형에 도달하기 위하여 반

응은 오른쪽으로 진행하는가 혹은 왼쪽으로 진행하는가? (**힌트**: 계가 평형 상태일 때 이 반응의 질량 작용식에서 분자와 분모의 크기를 비교해 보라.)

실전 문제 14.13

다음 반응을 완결되는 경향이 큰 순서로 배열하시오.

(a) $H_2(g) + Cl_2(g) \rightleftharpoons 2HCl(g)$ $K_c = 1.1 \times 10^{-21}$

(b) $2NO(g) \rightleftharpoons N_2(g) + O_2(g)$ $K_c = 2.1 \times 10^{30}$

(c) $2BrCl \rightleftharpoons Br_2 + Cl_2$ (CCl_4 용액에서) $K_c = 0.14$

14.6 평형과 Le Châtelier 원리

14.8절에서는 평형계의 조성을 계산하는 방법을 살펴볼 것이다. 그러나 평형 반응과 관계된 연구에서 평형 농도를 정확하게 알아야 할 필요는 없다. 어떤 경우에는 평형에서 반응물이나 생성물의 상대적인 양을 조절하기 위하여 어떤 조치가 필요한지 알고 싶은 경우가 있을 것이다. 예를 들어 가솔린 엔진을 설계할 때 오염 물질인 산화 질소의 생성을 최소화하는 방법을 알고 싶을 수도 있고, N_2와 H_2를 반응시켜 NH_3를 생성하고자 할 때 NH_3의 수득률을 최대로 높이는 방법을 알고 싶을 수도 있을 것이다.

11장에서 소개한 Le Châtelier 원리를 이용하여 화학 평형의 변화를 정성적으로 예측할 수 있다. 이는 액체–증기 평형과 같은 물리 변화와 관련된 평형에 미치는 외부 영향에 대하여 예측하는 방법과 매우 유사하다. **Le Châtelier 원리(Le Châtelier's principle)**란 **외부의 영향으로 평형이 깨어지면, 계는 외부의 영향을 상쇄하는 방향으로 변화를 일으켜 가능한 최대로 계를 원래의 평형 상태에 가깝게 되돌린다**는 것이다. 화학 평형에 영향을 주는 '외부 영향'의 종류에 대하여 살펴보자.

도구
Le Châtelier 원리

반응물이나 생성물의 첨가 또는 제거

해설 반응 지수 Q는 질량 작용식의 수치임을 기억하라.

계가 평형에 있을 때, 반응 지수 Q와 K는 같다. 균일계에 대하여 반응물이나 생성물을 첨가하거나 제거하면 Q의 값은 변하므로 더 이상 K 값과 동일하지 않게 되고, 따라서 평형이 깨진다. 다시 말하면, 평형 상태에서 계가 교란되었으므로, Le Châtelier 원리에 따라 교란된 변화와 반대 방향으로 계의 반응이 일어나야 한다. 만약 계에 어떤 물질을 첨가하면 첨가한 물질의 일부를 제거하는 방향으로 반응이 일어날 것이고, 계의 어떤 물질을 제거하면 그 물질을 보충하는 방향으로 반응이 진행될 것이다.

표 14.2 Q와 K의 비교

	반응 방향
$Q > K$	반응물 쪽
$Q < K$	생성물 쪽
$Q = K$	평형에 머무름

Q와 K의 값을 비교하면 반응의 진행 방향을 예측할 수 있다. Q가 K보다 크면, 반응은 역반응, 즉 반응물이 생기는 쪽으로 진행하여 Q 값을 감소시키도록 할 것이다. Q가 K보다 작으면, 반응은 생성물이 생기는 정반응 쪽으로 진행하여 Q 값을 증가시켜 평형에 도달할 것이다. **표 14.2**에 이를 요약하였다.

예를 들어 다음과 같은 구리의 두 가지 **착이온(complex ion)** 사이의 평형을 살펴보자.

해설 $[Cu(H_2O)_4]^{2+}$와 $[CuCl_4]^{2-}$를 착이온이라고 한다. 착이온은 금속 이온이 다른 물질과 배위 공유 결합을 하고 있는 이온으로, 착이온의 화학식은 대괄호를 사용하여 나타낸다. 이와 관련하여 21장을 참고하라.

$$\underset{\text{푸른색}}{[Cu(H_2O)_4]^{2+}(aq)} + 4Cl^-(aq) \rightleftharpoons \underset{\text{노란색}}{[CuCl_4]^{2-}(aq)} + 4H_2O$$

식 아래에 표시한 것과 같이, $[Cu(H_2O)_4]^{2+}(aq)$는 푸른색이고, $[CuCl_4]^{2-}(aq)$는 노란색이다. 두 착이온의 혼합물은 **그림 14.7**의 가운데에 있는 시험관처럼 두 이온의 중간색인 청록색을 띤다.

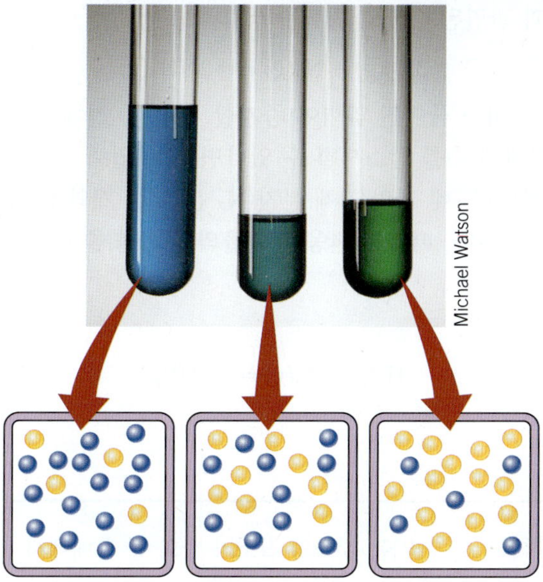

그림 14.7 평형 위치에 대한 농도 변화의 효과 가운데 청록색 용액은 푸른색의 $[Cu(H_2O)_4]^{2+}$와 노란색의 $[CuCl_4]^{2-}$의 혼합물이다. 오른쪽은 가운데 용액의 일부를 취하여 진한 HCl을 첨가한 용액이다. 이 용액은 더 진한 녹색을 띠는데, 이것은 평형이 $[CuCl_4]^{2-}$ 쪽으로 이동하였기 때문이다. 왼쪽은 가운데 용액의 일부를 취하여 물을 첨가한 용액이다. 평형이 $[Cu(H_2O)_4]^{2+}$ 쪽으로 이동하였기 때문에 푸른색을 띤다.

이들 구리 이온의 평형 혼합물에 염화 이온을 첨가한다고 가정해 보자. 계는 Cl^- 이온과 $[Cu(H_2O)_4]^{2+}(aq)$를 반응시켜 Cl^- 이온 일부를 제거시킬 수 있다. 따라서 더 많은 $[CuCl_4]^{2-}(aq)$가 만들어지고(그림 14.7의 오른쪽), 평형이 '오른쪽으로 이동' 또는 '생성물 쪽으로 이동'하였다라고 한다. 새로운 평형에서는 $[Cu(H_2O)_4]^{2+}(aq)$는 줄어들고, $[CuCl_4]^{2-}$와 H_2O는 증가한다. 또한 가해 준 염화 이온이 모두 반응에 참여하지는 않기 때문에 Cl^-의 양도 증가한다. 다시 말하면 새로운 평형 위치에서는 Q가 K_c와 같아지도록 **모든** 농도가 변한다. 마찬가지로 평형 혼합물에 물을 가하면 평형의 위치는 왼쪽으로 이동한다(그림 14.7의 왼쪽). H_2O와 $[CuCl_4]^{2-}$가 반응하여 H_2O를 일부 제거할 수 있으므로 더 많은 푸른색의 $[Cu(H_2O)_4]^{2+}$가 생성된다.

반응물이나 생성물의 일부를 제거하면 평형의 위치도 변할 것이다. 예를 들면 두 가지 구리 착이온을 포함하고 있는 평형 상태의 용액에 Ag^+를 첨가하면 푸른색이 진해지는 것을 볼 수 있다. 이는 Ag^+가 Cl^-와 반응하여 다음의 두 번째 반응과 같이 불용성 AgCl이 생성되고, 감소한 Cl^-을 일부 보충하기 위하여 첫 번째 평형 반응은 왼쪽으로 이동하여 푸른색의 $[Cu(H_2O)_4]^{2+}$를 생성한 결과이다.

$$\underset{\text{푸른색}}{[Cu(H_2O)_4]^{2+}(aq)} + 4Cl^-(aq) \rightleftharpoons \underset{\text{노란색}}{[CuCl_4]^{2-}(aq)} + 4H_2O$$

$$Ag^+(aq) + Cl^-(aq) \rightleftharpoons AgCl(s)$$

평형 위치는 제거된 물질의 일부를 보충하는 쪽으로 이동한다.

> 평형 위치는 첨가한 반응물 또는 생성물을 제거하는 방향으로 이동하거나, 제거한 반응물 또는 생성물을 보충하는 방향으로 이동한다.

기체 평형에서의 부피 변화

기체 반응 혼합물의 부피를 변화시키면 몰농도와 부분 압력이 변하므로, 기체의 부피 변화는 평형 위치에 영향을 미칠 것으로 예상할 수 있다. **강의실 밖의 화학 14.1**에서 다루고 있는 암모니아의 공업적 합성과 관련된 다음의 평형을 생각해보자.

$$3H_2(g) + N_2(g) \rightleftharpoons 2NH_3(g)$$

만약 반응 혼합물의 부피를 줄이면 압력이 증가할 것이다. 기체의 분자수가 적을수록 압력이 낮아지므로, 기체 분자의 수를 감소시킬 수 있다면 계는 압력 변화를 상쇄시킬 수 있다. 반응이 오른쪽으로 진행한다면, 네 개의 기체 분자(N_2 분자 한 개와 H_2 분자 세 개)가 없어지고 두 개의 NH_3 분자가 생성된다. 따라서 반응 혼합물의 부피를 줄이면 평형은 오른쪽으로 이동한다.

이제 다음 평형을 살펴보자.

$$H_2(g) + I_2(g) \rightleftharpoons 2HI(g)$$

강의실 밖의 화학 14.1

Haber 공정: 세계 인구를 위한 식량 공급에 기여하다

대중 매체는 화학이 피를 부르는 산업이라고 비난하지만, 화학 산업이 없었다면 오늘날 기근이 전 세계에 널리 퍼져 있을 것이란 사실을 아는 사람은 많지 않다. 실제로 화학 산업에 기초한 비료, 살충제, 제초제, 추수 및 공급 등에 의하여 증산된 여분의 식량이 세계 인구의 약 3분의 1을 지탱하고 있다. 질소를 포함하는 비료는 식품 체인에서 가장 중요한 역할을 한다. 질소(N_2)는 대기의 약 80%를 차지하지만, 가장 강력한 결합 중의 하나인 삼중 결합으로 이루어져 있기 때문에 미생물에 의한 암모니아 생산만이 가능하였다. 그러나 이 방법으로 생산되는 암모니아의 양은 폭발적으로 증가하는 인구를 지탱하기에는 매우 부족하다. 오늘날 암모니아는 Haber 공정(또는 Haber−Bosch 공정)이라고 알려진 산업 공정을 이용하여 H_2와 N_2를 반응시켜 얻는다.

상온과 상압에서 질소는 어떠한 물질과도 반응하지 않는다. N_2 분자에 있는 강한 삼중 결합을 끊으려면 매우 높은 활성화 에너지가 필요하기 때문에 이 반응은 매우 느리다. 따라서 H_2와 N_2를 산업적으로 반응시키기 위해서는 고압과 고온이 필수적이다. 1909년 여름에 Fritz Haber는 이러한 반응의 어려움을 극복하기 위한 방법을 제시했으며, 이후 Carl Bosch는 이를 산업적인 규모로 확장시켰다. Haber와 Bosch는 이 공로로 노벨상을 수상하였다.

근대의 암모니아 합성 공장에서는 메테인(CH_4)이 주성분인 천연가스로부터 수소를 얻는다. 메테인은 산화 니켈 촉매하에서 수증기와 반응하게 된다.

$$CH_4(g) + H_2O(g) \xrightarrow{\text{산화 니켈 촉매}} CO(g) + 3H_2(g)$$

$$CO(g) + H_2O(g) \xrightarrow{\text{산화 니켈 촉매}} CO_2(g) + H_2(g)$$

최종적으로 메테인과 수증기가 수소 기체와 이산화 탄소로 변환된다. 질소가 78% 정도 포함되어 있는 공기로부터 Haber 공정에서 필요한 질소를 얻는다. 반응의 최종 단계에서는 수소와 질소가 산화 철 촉매에서 결합한다.

$$3H_2(g) + N_2(g) \rightleftharpoons 2NH_3(g) \quad \Delta H° = -92.4\ \text{kJ mol}^{-1}$$

평형의 위치가 오른쪽으로 움직이도록 약 150~250 atm의 높은 압력을 가한다. 이 반응은 발열 반응이기 때문에 온도가 상승하면 암모니아의 농도가 감소하는 역반응으로 평형이 이동하지만, 이를 감수하고 높은 온도(300~500°C)가 사용된다. 이는 촉매 효율을 증가시키고 적절한 반응 속도를 얻기 위해 필수적인 과정이다. 이러한 조건에서는 반응물이 촉매와 한번 반응할 때 겨우 15%의 수득률을 얻게 되지만, 반응 혼합물을 여러 차례 촉매와 접촉시키고 각 단계에서 냉각을 통해 암모니아를 계속해서 분리한다. 반응하지 않은 기체를 반복해서 반응시키면 최종 수득률은 거의 98%에 이르게 된다.

암모니아 자체를 땅에 직접 가하면 토양의 수분과 결합하여 비료로 사용될 수 있다(**그림 1**). 암모니아는 다른 비료에 비하여 질소 함량이 크고 단가가 저렴하기 때문에 큰 농장에서 많이 사용되고 있다. 특히 대규모 농장은 액체 암모니아를 다루는 안전 장비들을 갖추고 있다. 암모니아 기체는

Doug Martin/Science Source

그림 1 농부가 비료로 작용하도록 토양에 직접 암모니아 기체를 주입하는 기계를 작동하고 있다.

포타슘 염이나 암모니아 염으로 분리될 수 있는 질산 이온이나 아질산 이온 생산의 기초 원료가 되기도 한다. 질산이나 아질산염은 더 좋은 비료를 생산하기 위해 필수 식물 영양소와 결합될 수 있는 고체이다.

앞에서 언급한 제초제나 살충제는 작물에 해를 끼치는 벌레나 잡초를 제거하는 화학 물질이다. 이런 물질은 부적절한 사용으로 인하여 효과가 감소될 수 있으며, 이를 방지하기 위하여 올바르게 사용하는 것이 매우 중요하다.

Haber와 Bosch가 암모니아를 합성하는 공정을 개발한 이래로 거의 한 세기에 걸쳐 운송수단이 발전한 것도 식량 증산에 크게 이바지하였다. 트럭이나 배 혹은 항공기에서의 식품을 냉각시킬 수 있게 되면서 더 많은 식품이 소비자에게 전달할 수 있게 된 것이다. 이와 같은 획기적인 이동 수단의 개발로 인하여 '계절 식품'이라는 개념이 무의미하게 되었다. 싱싱한 과일을 계절을 막론하고 즐길 수 있게 된 것이다.

이 반응은 어느 쪽으로 진행하든 기체 분자의 수가 변하지 않는다. 따라서 이 반응은 압력 변화와 무관하고, 결국 반응 용기의 부피를 변화시켜도 평형에 거의 영향을 미치지 않는다.

기체가 참여하는 평형계에서 부피 변화의 효과를 분석하는 가장 간단한 방법은 반응식의 양쪽에 있는 기체 물질의 분자수를 세는 것이다.

온도 변화

평형계의 온도를 변화시키기 위해서는 열을 가하거나 제거해 주어야 한다. 예를 들어 14.1절에서 살펴본 $N_2O_4(g)$가 $NO_2(g)$로 분해되는 반응은 정반응 방향으로 $\Delta H° = +57.9$kJ인 흡열 반응이다.

해설 온도는 주어진 반응의 K 값을 변화시킬 수 있는 유일한 인자이다.

$$N_2O_4(g) \rightleftharpoons 2NO_2(g) \qquad \Delta H° = +57.9 \text{ kJ}$$

평형에 있는 혼합물의 온도를 올리기 위해 열을 가하면, 평형의 위치는 열을 흡수하는 방향으로 움직인다. 주어진 반응은 왼쪽에서 오른쪽으로 진행될 때 흡열 반응이기 때문에 평형의 위치는 오른쪽으로 움직이게 된다. 그 결과 NO_2의 농도는 증가하고 N_2O_4의 농도는 감소한다.

때로는 화학 반응식에 에너지를 포함시키면 이러한 효과를 분석하기 쉬워진다. 이 반응에서 열은 정반응 방향으로 흡수되기 때문에 우리는 열을 반응물에 포함시킬 수 있다.

$$\text{열} + N_2O_4(g) \rightleftharpoons 2NO_2(g)$$

반응물을 첨가하면 반응이 정반응 방향으로 진행되는데, 이 경우 열은 반응물처럼 취급할 수 있다.

평형에서 열을 제거해서 온도를 낮추면 열을 가하는 것과 반대 효과를 일으킨다. 이와 같은 평형의 교란은 제거된 열을 부분적으로 대신하는 발열 방향으로 반응을 촉진시킨다. 앞선 반응에서 오른쪽에서 왼쪽으로의 반응은 발열 과정이므로, 계로부터 열을 제거하면 평형의 위치는 왼쪽으로 움직인다. 그 결과 N_2O_4의 농도는 증가하고 NO_2의 농도는 감소한다.

흡열 반응에서는 온도를 올리면 생성물의 농도가 증가한다.
발열 반응에서는 온도를 낮추면 생성물의 농도가 증가한다.

이 원리를 이용하면 온도계를 사용하지 않고도 반응이 흡열인지 발열인지를 결정할 수 있다. **그림 14.8**은 앞에서 설명한 구리 착이온의 평형에 대한 온도의 영향을 보여 주고 있다. 이 반응 혼합물을 가열하면 평형이 생성물 쪽으로 이동하였음을 볼 수 있는 색변화를 나타낸다. 따라서 이 반응은 흡열 반응이다.

그림 14.7 평형에 대한 온도의 영향
$[Cu(H_2O)_4]^{2+}(aq) + 4Cl^-(aq) \rightleftharpoons [CuCl_4]^{2-}(aq) + 4H_2O$
가운데 시험관은 두 가지 착이온의 평형 혼합물이다. 왼쪽 그림과 같이 용액을 얼음으로 냉각시키면, 평형은 $[Cu(H_2O)_4]^{2+}$ 쪽으로 이동하여 용액은 푸른색이 된다. 오른쪽 그림과 같이 용액을 끓는 물을 이용하여 가열하면, 평형은 $[CuCl_4]^{2-}$ 쪽으로 이동한다. 이러한 결과는 정반응이 흡열 반응임을 나타낸다.

해설 18장에서 K와 온도의 정량적 관계를 살펴볼 것이다.

반응의 평형 상수(K)에 대한 온도 변화의 효과 농도 또는 부피 변화는 평형의 위치를 변화시킬 수 있지만 평형 상수는 변화시키지 않는다. 그러나 온도를 변화시키면 K 값이 변하기 때문에 결과적으로 평형의 위치도 변한다. 반응의 엔탈피는 평형을 결정하는 주요한 요인이다. 다음의 암모니아 생성 반응을 살펴보자.

$$3H_2(g) + N_2(g) \rightleftharpoons 2NH_3(g) \quad \Delta H^\circ = -46.19 \text{ kJ}$$

$$\frac{[NH_3]^2}{[N_2][H_2]^3} = K_c$$

이 반응은 발열 반응이므로 온도를 올리면 평형은 왼쪽으로 이동한다. 다시 평형 상태가 되면, NH_3의 농도는 감소하고 N_2와 H_2의 농도는 증가한다. 따라서 질량 작용식의 분자는 더 작아지고 분모는 더 커지므로, 평형 상수 K_c의 값도 작아진다.

> 발열 반응의 온도를 높이면 평형 상수는 더 작아진다.
> 흡열 반응의 온도를 높이면 평형 상수는 더 커진다.

촉매와 평형의 위치

해설 촉매는 화학 반응식에 나타나지 않는다. 따라서 질량 작용식에도 나타나지 않는다.

촉매란 반응에서 실제로 소모되지 않으면서 화학 반응의 속도에 영향을 주는 물질이라는 것을 상기하라. 따라서 **촉매는 계의 평형의 위치에는 영향을 줄 수 없다.** 촉매를 사용하는 이유는 계가 평형에 빨리 도달하게 하는 것이다.

일정 부피에서 비활성 기체 첨가에 따른 압력 변화

부피의 변화만이 기체 반응물과 생성물로 이루어진 평형계의 압력을 변화시키는 유일한 방법은 아니다. 총 부피를 일정하게 유지하면서 다른 기체를 가해도 압력은 변한다. 가해 준 기체가 이미 존재하는 어떤 기체와도 반응하지 않는다면(즉 가해 준 기체가 평형 상태에 있는 물질들에 비활성이라면), 반응물과 생성물의 농도와 부분 압력은 변하지 않는다. 농도는 평형 법칙을 계속 만족하므로 반응 지수는 여전히 K_c와 동일하고, 따라서 평형의 위치는 변함이 없을 것이다.

예제 14.5 Le Châtelier 원리의 응용

반응 $CH_4(g) + H_2O(g) \rightleftharpoons CO(g) + 3H_2(g)$는 흡열 반응으로, 1500°C에서 $K_c = 5.67$이다. 이 평형에 다음과 같은 변화를 주었을 때 $CO(g)$의 양은 어떻게 변화하겠는가?

(a) $H_2O(g)$ 첨가

(b) 용기의 부피를 늘려 압력을 낮춤

(c) 반응 혼합물의 온도를 높임

(d) 계에 촉매 첨가

(e) 평형 상수 값이 변하는 경우는 어느 것인지 찾고, 이때 K_c 값이 증가하는지 혹은 감소하는지 밝히시오.

분석 이 문제는 다양한 변화가 평형의 위치에 어떠한 영향을 미치게 되는지 묻고 있으며, Le Châtelier 원리는 문제를 해결하는 단서가 될 것이다.

도구 모음 여러 종류의 교란과 그 효과를 예측하는 방법은 앞에서 배웠다. 교란의 형태에 따라 적당한 도구를 선택하면 된다.

풀이 **(a)** H_2O를 첨가하면 평형은 오른쪽으로 이동한다. 즉 첨가한 H_2O의 일부를 소모시키는 방향으로 이동한다. CO의 양은 증가할 것이다.

(b) 계의 압력이 떨어지면 계는 더 많은 기체 분자를 생성시켜 압력을 올림으로써 부분적인 변화를 상쇄시킨다. 반응이 왼쪽에서 오른쪽으로 진행되면, 두 개의 분자(한 개의 CH_4와 한 개의 H_2O)가 소모되고 네 개의 분자(한 개의 CO와 세 개의 H_2)가 생성된다. 따라서 반응은 오른쪽으로 진행하며, 결과적으로 CH_4와 H_2O가 반응하여 평형에서 CO의 양은 증가할 것이다.

(c) 이 반응의 정반응은 흡열 반응이므로 열을 반응물로 표시하여 식을 쓰면 다음과 같다.

$$\text{열} + CH_4(g) + H_2O(g) \rightleftharpoons CO(g) + 3H_2(g)$$

열을 가하여 온도를 높이면 계는 열에너지를 흡수하는 대응을 한다. 따라서 평형은 오른쪽으로 이동하며 평형에서 CO의 양은 증가할 것이다.

(d) 촉매는 평형에 빠르게 도달하게 하지만, 화학 평형의 위치에는 영향을 주지 않는다. 따라서 평형에서 CO의 양은 변하지 않을 것이다.

(e) 마지막으로 평형 상수 K를 변화시키는 것은 온도의 변화뿐이다. 흡열 반응에서 온도를 높이면 (열을 가하면) K_c는 커진다.

답이 합리적인가? 추론 과정을 검토해 보는 것 외에 따로 할 수 있는 것이 없다. 추론 과정의 타당성을 검토해 보면 올바른 답이라는 것을 확신할 수 있다.

실전 문제 14.14

평형 상태의 반응 혼합물이 담겨 있는 용기의 부피를 줄이면 새로운 평형에서 H_3PO_4의 양은 어떻게 되겠는가? (**힌트**: 이 평형은 불균일 평형임을 주목하시오.)

$$PCl_5(g) + 4H_2O(g) \rightleftharpoons H_3PO_4(l) + 5HCl(g)$$

실전 문제 14.15

다음은 $\Delta H° = -88$ kJ인 평형 반응식이다.

$$PCl_3(g) + Cl_2(g) \rightleftharpoons PCl_5(g)$$

평형에서 다음의 경우에 Cl_2 양의 변화를 예측하시오.

(a) PCl_3 첨가, **(b)** PCl_5 첨가, **(c)** 온도를 높임, **(d)** 용기의 부피를 줄임. 각각의 변화는 이 반응의 K_P 값에 어떤 영향을 주겠는가?

14.7 평형 상수의 계산

14.5절에서 살펴본 바와 같이 평형 상수의 크기를 살펴보면 평형에서 반응이 대략 어느 정도 진행하는지를 알 수 있다. 그러나 단순한 정성적인 평형 농도보다는 정확한 평형 농도를 알아야 할 경우도 있다. 이런 경우에는 평형 법칙을 사용하여 농도를 계산할 수 있다.

기체 반응의 평형은 K_c나 K_P를 사용하여 계산할 수 있지만, 용액에서의 반응인 경우에는 K_c만 사용할 수 있다. 그러나 농도를 이용하든 혹은 부분 압력을 이용하든 기본적인 원리는 동일하다.

전체적으로 평형 계산은 크게 다음의 두 범주로 나눌 수 있다.

1. 알고 있는 평형 농도나 부분 압력으로부터 평형 상수 계산하기
2. 알고 있는 K_c나 K_P를 사용하여 하나 이상의 평형 농도나 부분 압력을 계산하기

여기서는 평형 상수를 계산하는 법을 배우게 될 것이다. 간단하게 설명하기 위하여 K_c와 몰농도를 이용하는 문제만을 다룰 것이다.[3]

K_c 값을 구하는 한 가지 방법은 평형에 도달한 후 반응 용기에 포함된 반응물과 생성물의 농도를 측정하고, 이 평형 농도를 평형 법칙에 대입하여 계산하는 것이다. 예를 들어 다음의 N_2O_4의 분해 반응을 생각해보자.

$$N_2O_4(g) \rightleftharpoons 2NO_2(g)$$

14.1절에서 보았듯이, 25°C에서 1.00L의 플라스크에 0.0350mol의 N_2O_4를 넣으면, 평형에서 N_2O_4와 NO_2의 농도는 다음과 같다.

$$[N_2O_4] = 0.0292 \text{ mol/L} \qquad [NO_2] = 0.0116 \text{ mol/L}$$

평형 농도를 평형 법칙의 질량 작용식에 다음과 같이 대입한다.

$$\frac{[NO_2]^2}{[N_2O_4]} = K_c$$

$$\frac{(0.0116)^2}{(0.0292)} = K_c$$

구한 K_c는 다음과 같다.

$$K_c = 4.61 \times 10^{-3}$$

농도표

도구 농도표

평형 상수를 계산하는 데 필요한 모든 평형 농도가 주어지는 경우는 드물다. 대개 반응 혼합물의 초기 조성과 평형 농도를 구하는 데 필요한 약간의 추가적인 자료가 주어진다. 초기 조성과 평형 농도 사이의 관계를 정리하는 것을 돕기 위하여, 화학 반응식과 더불어 **농도표(concentration table)**를 작성하는 것이 도움이 된다. 이 표는 반응이 평형 상태로 진행하는 동안에 각 물질의 농도가 어떻게 변하는지를 표 형태로 정리한 것이다. 표는 우선 화학 반응식에 나타난 물질의 개수와 같은 수의 열(column)을 포함하고 있으며, **초기 농도**(initial concentration), **농도 변화**(changes in concentration), **평형 농도**(equilibrium concentration)

[3] $P = MRT$이므로 273K에서 1M 농도 기체의 압력은 약 22.4atm 혹은 17025torr이다. 일반적으로 모든 기체의 부분 압력 혹은 몰농도의 합이 5atm 혹은 0.2M 이상인 기체를 다루는 실험에서는 고압에 견디는 특수한 장비가 필요하다.

라고 제목을 붙인 3개의 행으로 구성되어 있다. 표 안에는 몰농도($mol\,L^{-1}$) 단위의 수치나 x와 같은 변수가 들어간다. 각 행의 값들을 어떻게 구하는지 살펴보자.

초기 농도 초기 농도는 반응 혼합물을 준비했을 때 각 물질의 농도이다. 모든 물질이 혼합되기 전에는 반응이 시작되지 않는다고 가정한다. 때로는 문제에서 초기 농도가 주어지는데, 이 경우에는 각 값을 해당하는 화학식 아래에 써주면 된다. 특정한 부피에 용해된 반응물 또는 생성물의 몰수가 주어지는 경우에는 몰농도를 계산해야 한다. 문제에서 양이나 농도가 주어지지 않은 반응물 또는 생성물은 초기 반응 혼합물에 이 물질이 포함되어 있지 않은 것이므로 이들의 초기 농도를 0으로 놓는다.

해설 평형 상수 K_c를 사용하면, 농도표의 모든 값들의 단위는 몰농도여야 함을 상기하라.

농도 변화 반응 혼합물이 초기 단계에서 평형 상태가 아니므로 계가 평형에 도달하기 위하여 화학 반응이 (왼쪽 또는 오른쪽으로) 진행할 것이다. 반응이 일어나면 농도가 변한다. 농도가 증가하는 경우에는 + 부호를, 감소하는 경우에는 − 부호를 사용한다.

농도 변화는 언제나 균형 화학 반응식에 있는 계수들의 비와 동일한 비로 일어난다. 이를 이해하기 위하여 다음과 같은 평형을 생각해보자.

해설 농도 변화는 반응의 화학량론에 따라 결정된다. 농도 변화 중에서 한 가지 값을 알 수 있다면, 다른 농도 변화는 균형 화학 반응식의 계수를 사용하여 구할 수 있다.

$$3H_2(g) + N_2(g) \rightleftharpoons 2NH_3(g)$$

평형에 도달하는 동안에 $N_2(g)$의 농도가 $0.10\,M$ 줄어들었다면, '농도 변화' 행에 채워지는 값은 다음과 같다.

	$3H_2(g)$	+	$N_2(g)$	$\rightleftharpoons$	$2NH_3(g)$
농도 변화:	$-3 \times (0.10\,M)$		$-1 \times (0.10\,M)$		$+2 \times (0.10\,M)$
	↓		↓		↓
	$-0.30\,M$		$-0.10\,M$		$+0.20\,M$

'농도 변화' 행의 값을 쓸 때 **반응물들의 농도는 모두 같은 방향으로 변하고, 생성물들의 농도는 모두 반대 방향으로 변한다는 것을 기억하라.** 어떤 반응물의 농도가 줄어들면 '농도 변화' 행에서 모든 반응물의 값에는 − 부호가 있어야 하며, 모든 생성물의 값에는 +부호가 있어야 한다. 이 예에서 N_2는 H_2와 반응하여(따라서 이들의 농도는 둘 다 감소) NH_3를 생성한다(따라서 농도는 증가).

14.8절에서 다루는 많은 문제에서 K_c와 초기 농도로부터 평형 농도를 구해야 하는데, 이 문제를 해결하기 위하여 '농도 변화' 행의 모든 수치를 찾아내는 것이 관건이다. 때로는 농도 변화에 해당하는 값을 미지수로 나타내야 하는 경우도 있다.

평형 농도 평형 농도는 계가 평형 상태에 도달했을 때 반응물과 생성물의 농도이다. 이 값들은 초기 농도에 농도 변화를 더하여 얻어진다.

$$(\text{초기 농도}) + (\text{농도 변화}) = (\text{평형 농도})$$

평형 농도는 평형 법칙을 만족하는 유일한 값들이다. 이 절에서는 K_c를 계산하기 위해 마지막 열에 있는 값을 사용할 것이다.

농도표는 평형 문제를 분석하고 정리하는 매우 유용한 도구이다. 앞으로 살펴보겠지만 거의 모든 문제에서 농도표를 사용할 것이다. 다음 예제는 평형 상수를 계산하는 데 농도표를 어떻게 사용하는지를 보여 준다.

예제 14.6 평형 농도로부터 K_c 구하기

어떤 온도에서 0.400 mol의 H_2와 0.400 mol의 I_2를 2.00 L 플라스크에 넣고 반응이 시작되어, 일정 시간이 지난 후 다음과 같은 평형이 이루어졌다.

$$H_2(g) + I_2(g) \rightleftharpoons 2HI(g)$$

반응을 관찰하는 데 이용되는 I_2 증기의 보라색의 세기가 옅어진 정도를 측정하여 평형에서 I_2의 농도가 0.040 mol L^{-1}로 감소하였음을 알았다. 이 온도에서 이 반응의 K_c 값은 얼마인가?

분석 모든 평형 문제의 첫 번째 단계는 균형 화학 반응식과, 이 반응식의 평형 법칙을 쓰는 것이다. 이미 주어진 반응식에 의하면 평형 법칙은 다음과 같다.

$$\frac{[HI]^2}{[H_2][I_2]} = K_c$$

K_c의 값을 계산하려면 H_2, I_2, HI의 평형 농도를 질량 작용식에 대입해야 한다. 유일하게 $[I_2]$의 평형 농도만 주어졌다. 다른 농도들을 구하기 위해서는 화학량론적 추론을 해 보아야 한다.

도구 모음 이 문제를 풀기 위한 기본 도구는 앞에서 설명한 방법으로 만드는 농도표이다. 표의 마지막 행에 속하는 값들을 구해서 평형 법칙에 대입하여 K_c의 값을 구할 수 있다. 표는 반드시 몰농도를 포함해야 하므로 몰농도의 정의를 알아야 할 것이다.

풀이 첫 번째 단계에서는 문제에서 주어진 자료를 표에 기입한다. 이때 반드시 몰농도를 사용해야 한다는 것을 기억하라. 문제에서는 몰수와 용기의 부피가 주어졌으므로 H_2와 I_2의 초기 농도를 몰농도로 구하면 각각 (0.400 mol/2.00 L) = 0.200 M이다. 반응 혼합물에 HI는 넣지 않았으므로 HI의 초기 농도는 0으로 놓는다. 이 값들을 첫 번째 행에 빨간색으로 나타내었다. 문제에는 I_2의 평형 농도가 주어졌으므로, 이 값(역시 빨간색)을 마지막 행에 기록하였다. 다른 값(검은색)들은 계산하여 아래와 같은 표를 만들었다.

	$H_2(g)$	+	$I_2(g)$	$\rightleftharpoons$	$2HI(g)$
초기 농도(M)	0.200		0.200		0
농도 변화(M)	−0.160		−0.160		+2(0.160)
평형 농도(M)	0.040		0.040		0.320

농도 변화 I_2의 초기 농도와 평형 농도는 주어졌으므로 그 차이로부터 I_2의 변화를 구할 수 있다(−0.16 M). 다른 변화는 균형 화학 반응식의 계수로 명시된 몰비로부터 구한다. H_2와 I_2의 계수(즉 1)는 동일하므로 이들의 변화도 동일하다. HI는 계수가 2이므로, HI의 변화는 I_2 변화의 두 배이어야 한다. 반응물의 농도는 감소하므로 이들의 농도 변화는 음(−)이어야 하고, 생성물의 농도는 증가하므로 이들의 농도 변화는 양(+)이어야 한다.

평형 농도 H_2와 HI에 대해서 초기 농도 값에 농도 변화 값을 더하기만 하면 된다. 이제 표의 마지막 행에 나타낸 평형 농도를 질량 작용식에 대입하여 K_c 값을 구한다.

$$K_c = \frac{(0.320)^2}{(0.040)(0.040)} = 64$$

답이 합리적인가? 우선 평형 법칙을 꼼꼼하게 조사해 본다. 언제나 생성물은 분자에, 반응물은 분모에 위치해야 한다. 각 지수가 균형 화학 반응식의 계수와 동일한지를 확인하라.

다음에는 농도표의 모든 값이 몰농도인지를 확인하라. HI의 초기 농도가 0임을 주의하라. HI의 농도는 0보다 작아질 수 없으므로 HI의 농도 변화는 양이어야 하고, 농도표에서 양의 값임을 확인할 수 있다. 두 반응물의 농도 변화가 동일한 부호이고, 생성물의 부호와 반대임을 확인하라. 농도표를 만들 때 농도 변화의 부호들 사이의 관계는 언제나 옳아야 하고, 반드시 이것을 확인해야 한다.

마지막으로 각 평형 농도를 질량 작용식에 올바르게 대입했는지 확인한다. 이 모든 것이 적절하다면 문제를 올바르게 풀었다고 확신할 수 있다. 답을 재확인하기 위하여 계산기로 다시 한번 계산해 보라.

실전 문제 14.16
어떤 실험에서 $O_2(g)$와 $CO(g)$를 혼합하여 다음과 같은 반응이 진행되었다.

$$2CO(g) + O_2(g) \rightleftharpoons 2CO_2(g)$$

반응이 평형에 도달하였을 때 O_2의 농도가 $0.040\,mol\,L^{-1}$만큼 감소하였다. CO와 CO_2의 평형 농도를 구하시오(**힌트**: 반응이 평형에 도달할 때 농도 변화들 사이의 관계를 고려하라).

실전 문제 14.17
다음은 공업적으로 수소를 제조하는 중요한 반응이다. 500°C에서 다음 반응이 평형을 이루었다.

$$CO(g) + H_2O(g) \rightleftharpoons CO_2(g) + H_2(g)$$

평형에서 반응 용기 안의 농도는 아래와 같다. 이 반응의 평형 상수 K_c의 값은 얼마인가?
$[CO] = 0.180\,M$, $[H_2O] = 0.0411\,M$, $[CO_2] = 0.150\,M$, $[H_2] = 0.200\,M$.

실전 문제 14.18
250°C에서 0.200 mol의 $PCl_3(g)$와 0.100 mol의 $Cl_2(g)$를 1.00 L 용기에 혼합한 후 시작된 반응이 평형에 도달하였을 때, 용기에 0.120 mol의 PCl_3가 남아 있었다. 다음 물음에 답하시오.

$$PCl_3(g) + Cl_2(g) \rightleftharpoons PCl_5(g)$$

(**a**) 반응물과 생성물의 초기 농도는 얼마인가?
(**b**) 반응이 평형에 도달하였을 때 각 물질의 농도는 얼마나 변하였는가?
(**c**) 반응물과 생성물의 평형 농도는 얼마인가?
(**d**) 주어진 온도에서 반응의 K_c 값은 얼마인가?

14.8 평형 상수를 이용한 농도 계산

예제 14.7에서 나타낸 바와 같이, 이런 유형의 가장 간단한 계산 문제에서는 하나의 평형 농도를 제외한 모든 농도가 주어지는 경우로 간단한 계산을 통해서 답을 얻을 수 있다.

예제 14.7 **K_c를 사용하여 평형 농도 계산하기**

상업적으로 수소를 제조하는 데 1500°C에서 $K_c = 5.67$인 다음의 가역 반응이 이용되고 있다.

$$CH_4(g) + H_2O(g) \rightleftharpoons CO(g) + 3H_2(g)$$

고압 반응기에서 진행된 반응이 평형에 도달하였을 때 평형 기체 혼합물의 농도는 각각 $[CO] = 0.500\,M$, $[H_2] = 1.000\,M$, $[CH_4] = 0.600\,M$이었다. 1500°C의 평형 상태에서 존재하는 $H_2O(g)$의 농도는 얼마인가?

분석 하나를 제외하고 모든 평형 농도는 제시되어 있다. 평형 법칙에 의해 평형 농도는 서로 연관되어 있으므로 필요한 값을 대입해서 $[H_2O]$를 계산할 수 있다.

도구 모음 모든 평형 문제를 해결하려면 도구로 균형 화학 반응식과 평형 법칙이 필요하다. 이미 평형 반응식을 알고 있으므로 평형 법칙을 다음과 같이 쓸 수 있다.

$$K_c = \frac{[CO][H_2]^3}{[CH_4][H_2O]}$$

(지금쯤이면 이 같은 절차에 익숙해야 하며, 그렇지 않다면 14.2절을 복습하라.)

풀이 문제에서 주어진 값들을 평형 법칙에 대입하고, 모르는 양을 계산한다.

$$5.67 = \frac{[0.500][1.00]^3}{[0.600][H_2O]}$$

식을 이용하여 $[H_2O]$에 대해 풀면 다음과 같다.

$$[H_2O] = \frac{[0.500][1.00]^3}{[0.600](5.67)} = \frac{0.500}{3.402} = 0.1469$$

답이 합리적인가? 이런 종류의 문제는 언제나 모든 평형 농도를 질량 작용식의 식에 대입하여 계산한 Q가 주어진 평형 상수와 일치하는지 확인할 수 있다. 물의 농도를 0.15M로 반올림해서 구한 Q는 약 5.6이다.

$$Q = \frac{[CO][H_2]^3}{[CH_4][H_2O]} = \frac{(0.500)(1.00)^3}{(0.600)(0.15)} = 5.6$$

계산기로 답을 구하기 전에 수치들을 소거하여 암산해 본다. H_2O의 농도를 반올림하면서 약간의 오차가 생겼지만, Q 값과 K_c가 거의 일치하므로 문제를 정확히 풀었다고 확신할 수 있다.

실전 문제 14.19

25°C에서 다음의 N_2O_4 분해 반응의 평형 상수 $K_c = 4.61 \times 10^{-3}$이다.

$$N_2O_4(g) \rightleftharpoons 2NO_2(g)$$

평형 상태의 4.00 L 용기에 0.0656 mol N_2O_4가 들어 있었다. 이 용기에 들어 있는 NO_2의 농도는 얼마인가? (**힌트**: 평형에서 용기에 들어 있는 N_2O_4의 농도는 얼마인가?)

실전 문제 14.20

아세트산 에틸($CH_3CO_2C_2H_5$)은 접착제, 도료, 플라스틱의 제조 및 특히 음식의 향료로도 사용되는 중요한 용매이다. 다음은 아세트산과 에탄올을 이용하여 아세트산 에틸을 제조하는 반응식이다.

$$\underset{\text{에탄산 (아세트산)}}{CH_3CO_2H} + \underset{\text{에탄올}}{C_2H_5OH} \rightleftharpoons \underset{\text{에탄산 에틸 (아세트산 에틸)}}{CH_3CO_2C_2H_5} + H_2O$$

25°C에서 이 반응의 $K_c = 4.10$이다. 평형 상태에서 측정된 각 화합물의 농도는 다음과 같다.
$[CH_3CO_2H] = 0.260\,M$, $[H_2O] = 0.00910\,M$, $[CH_3CO_2C_2H_5] = 0.960\,M$.
평형 상태의 혼합물에 들어 있는 에탄올의 농도는 얼마인가?

해설 아세트산의 구조는 다음과 같다.

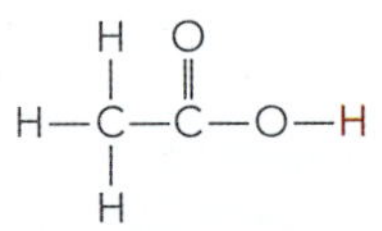

여기서 이온화로 해리되는 수소는 붉은색으로 나타내었다. 아세트산의 화학식은 CH_3CO_2H(분자 구조 강조) 또는 $HC_2H_3O_2$(산이 일양성자산인 것을 강조)로 나타낸다.

K_c와 초기 농도 이용하기

초기 농도와 K_c를 사용하여 평형 농도를 구하는 경우에는 조금 더 복잡한 계산이 필요하다. 어떤 문제들은 너무 복잡하여 컴퓨터가 필요한 경우도 있지만, 여기서는 간단한 계산 문제를 다루면서 일반적인 원칙만을 살펴보기로 하자. 그래도 약간의 수학이 필요하며, 이런 경우에 농도표가 특히 큰 도움이 된다.

예를 들어 아래의 4가지 정보가 주어지면 다음 반응에 포함된 반응물과 생성물의 평형 농도를 계산할 수 있다.

$$CO(g) + H_2O(g) \rightleftharpoons CO_2(g) + H_2(g)$$

(a) 평형 법칙
(b) 평형 상수 K_c 값
(c) 초기 농도
(d) 평형에 도달했을 때의 초기 농도의 변화량

화학 반응식으로부터 평형 법칙을 나타낼 수 있고, 500°C에서의 평형 상수 값($K_c = 4.06$) 또한 쓸 수 있지만, 만약 평형 상수가 주어지지 않았다면 표에서 찾을 수 있다. 또한 초기 농도는 문제의 일부로 주어져야 한다. 500°C에서 1.00 L 반응 용기에 0.100 mol의 $CO(g)$와 0.100 mol의 $H_2O(g)$를 넣었다고 하자. 우리가 해야 할 일은 평형에 도달하는 과정에서 농도가 얼마나 변했는지 결정하는 것이다. 이 작업을 위하여 농도표를 작성하는 것이 유용하다.

농도표를 만들기 위해서는 **'초기 농도'**, **'농도 변화'**, **'평형 농도'** 행에 넣을 값들을 알아야 한다.

초기 농도 CO와 H_2O의 초기 농도는 각각 0.100 mol/1.00 L = 0.100 M이고, 초기에 CO_2와 H_2를 반응 용기에 넣지 않았으므로 이들의 초기 농도는 0이다. 이들 수치는 표에서 빨간색으로 표시되어 있다.

농도 변화 어느 정도의 CO_2와 H_2가 생성되면 반응이 평형에 도달한다. 이는 일정량의 CO와 H_2O가 반응해야 한다는 것을 의미한다. 그러나 얼마만큼의 CO와 H_2O가 반응해야 하는지는 아직 모른다. 이 답을 알면 평형 농도를 계산할 수 있다.

반응한 CO의 농도(리터당 몰수)를 x라고 놓자. 그러면 CO의 농도 변화는 $-x$이다(CO의 농도는 감소하기 때문에 음이 된다). CO와 H_2O는 1:1의 몰비로 반응하므로 H_2O의 농도 변화도 $-x$이다. 1 mol의 CO가 반응하면 CO_2와 H_2가 각각 1 mol씩 생성되므로 CO_2와 H_2의 농도는 x만큼 증가한다(농도 변화는 $+x$이다). 이 변화량은 표에서 파란색으로 나타내었다.

해설 반응하는 H_2O의 리터당 몰수나 생성되는 CO_2나 H_2의 리터당 몰수를 x로 놓을 수도 있다. CO를 정의할 때 x를 사용하는 것이 특별한 의미가 있는 것은 아니다.

평형 농도 평형 농도는 다음과 같이 구한다.

(초기 농도) + (농도 변화) = (평형 농도)

완성된 농도표는 다음과 같다.

	$CO(g)$	+	$H_2O(g)$	$\rightleftharpoons$	$CO_2(g)$	+	$H_2(g)$
초기 농도(M)	0.100		0.100		0		0
농도 변화(M)	$-x$		$-x$		$+x$		$+x$
평형 농도(M)	$0.100 - x$		$0.100 - x$		x		x

해설 평형 농도를 나타내는 값은 평형 법칙을 나타내는 식을 만족해야 한다.

마지막 행에 있는 값들이 평형 법칙을 만족시키므로, 질량 작용식에 대입하여 x를 풀어 보자.

$$\frac{(x)(x)}{(0.100 - x)(0.100 - x)} = 4.06$$

이 문제에서는 양변에 각각 제곱근을 취하면 x의 방정식을 쉽게 풀 수 있다.

$$\sqrt{\frac{(x)^2}{(0.100 - x)^2}} = \frac{(x)}{(0.100 - x)} = \sqrt{4.06} = 2.01$$

양변에 $(0.100 - x)$를 곱하면

$$x = 2.01(0.100 - x)$$
$$x = 0.201 - 2.01x$$

양변에 $2.01x$를 더하면

$$x + 2.01x = 0.201$$
$$3.01x = 0.201$$
$$x = 0.0668$$

이제 x의 값을 구했으므로, 표의 마지막 행에 있는 평형 농도를 계산할 수 있다.

$$[CO] = 0.100 - x = 0.100 - 0.0668 = 0.033\ M$$
$$[H_2O] = 0.100 - x = 0.100 - 0.0668 = 0.033\ M$$
$$[CO_2] = x = 0.0668\ M$$
$$[H_2] = x = 0.0668\ M$$

구한 값을 점검하기 위해 구한 평형 농도를 질량 작용식에 대입하고, 반응 지수를 계산한다.

$$Q = \frac{(0.0668)(0.0668)}{(0.033)(0.033)} = 4.1$$

Q가 K_c와 매우 가까우므로 답은 합리적이다. 다음 예제에서 앞에서 배운 화학 및 수학적 풀이와는 다른 변형된 문제를 살펴보기로 하자.

예제 14.8 K_c를 사용하여 평형 농도 계산하기

앞에서 설명한 바와 같이 500°C에서 다음 반응의 평형 상수 $K_c = 4.06$이다.

$$CO(g) + H_2O(g) \rightleftharpoons CO_2(g) + H_2(g)$$

1.00 L의 반응 용기에 CO와 H_2O가 각각 0.0600 mol인 기체를 CO_2와 H_2가 각각 0.100 mol인 기체와 혼합했다고 가정하자. 이 온도에서 혼합물이 평형에 도달했을 때, 각 물질의 농도는 얼마인가?

분석 앞에서와 동일한 방법으로 풀어나갈 것이다. 그런데 이번에는 초기 농도가 0인 물질이 없으므로 x의 부호를 정하는 것이 간단하지 않다. 부호를 정하는 가장 좋은 방법은 초기 농도를 사용하여 초기 반응 지수를 계산하는 것이다. 그러면 Q와 K_c를 비교할 수 있으며, 추론을 통해 Q가 K와 같아지려면 반응이 어느 방향으로 진행해야 하는지를 알 수 있다.

도구 모음 이 반응의 평형 법칙은 다음과 같다.

$$\frac{[CO_2][H_2]}{[CO][H_2O]} = K_c$$

도구 중 하나는 질량 작용식으로, 이것을 이용하여 Q의 초기 값을 구할 수 있다. 평형에 도달하기 위해 반응이 어떠한 방향으로 진행될 것인지를 알 수 있다면, 농도표를 만들 수 있다.

풀이 먼저 아래 농도표의 첫 행에 있는 초기 농도를 사용하여 반응 지수의 초기 값을 구해보자.

해설 대략적으로 Q 값을 근사해보고, Q가 K_c보다 크거나 작은지 알아본다. 이 경우에 $0.1/0.06 = 1.66$이고 1.66×1.66이 4보다 작다는 것을 알 수 있다.

$$Q_{초기} = \frac{(0.100)(0.100)}{(0.0600)(0.0600)} = 2.78 < K_c$$

여기서 $Q_{초기}$가 K_c보다 작으므로 계는 평형에 있지 않다. 평형에 도달하기 위해서 Q는 증가해야 하므로 반응이 진행되면서 CO_2와 H_2의 농도가 증가해야 한다. 따라서 CO_2와 H_2의 농도 변화는 양의 값이 되어야 하고, CO와 H_2O의 농도 변화는 음의 값이 되어야 한다. 다음은 완성된 농도표이다.

	CO(g)	+	$H_2O(g)$	$\rightleftharpoons$	$CO_2(g)$	$H_2(g)$
초기 농도(M)	0.0600		0.0600		0.100	0.100
농도 변화(M)	$-x$		$-x$		$+x$	$+x$
평형 농도(M)	$0.0600 - x$		$0.0600 - x$		$0.100 + x$	$0.100 + x$

앞에서와 같이 평형 농도를 질량 작용식에 대입하면 다음과 같다.

$$\frac{(0.100 + x)(0.100 + x)}{(0.0600 - x)(0.0600 - x)} = \frac{(0.100 + x)^2}{(0.0600 - x)^2} = 4.06$$

양변에 제곱근을 취하면

$$\sqrt{\frac{(0.100 + x)^2}{(0.0600 - x)^2}} = \sqrt{4.06} \Rightarrow \frac{(0.100 + x)}{(0.600 - x)} = 2.01$$

x를 구하기 위해, 먼저 양변에 $(0.0060 - x)$를 곱하면

$$0.100 + x = 2.01(0.0600 - x)$$
$$0.100 + x = 0.121 - 2.01x$$

x항을 한 변에 모으고 상수항을 다른 변에 모은 후 x를 계산한다.

$$x + 2.01x = 0.121 - 0.100$$
$$3.01x = 0.021$$
$$x = 0.0070$$

마지막으로 평형 농도를 계산할 수 있다.

$$[CO] = [H_2O] = (0.0600 - x) = 0.0600 - 0.0070 = 0.0530\ M$$
$$[CO_2] = [H_2] = (0.100 + x) = 0.100 + 0.0070 = 0.107\ M$$

답이 합리적인가? 구한 평형 농도를 사용하여 반응 지수를 계산해 보자.

$$\frac{(0.107)(0.107)}{(0.0530)(0.0530)} = 4.08$$

이 값은 K_c에 가까운 값이므로 타당하다(계산 과정에서 반올림이 있었기 때문에 **정확히** K_c와 일치하지는 않는다).

앞의 예제에서는 평형 농도를 질량 작용식에 대입하여 얻은 식의 양변에 제곱근을 취하여 쉽게 답을 구하였다. 그러나 다음 예제에서 볼 수 있듯이, 계산이 언제나 간단한 것은 아니다.

예제 14.9 K_c를 사용하여 평형 농도 계산하기

어떤 온도에서 다음 반응의 평형 상수 $K_c = 4.50$이다.

$$N_2O_4(g) \rightleftharpoons 2NO_2(g)$$

같은 온도에서 0.500 mol의 N_2O_4를 2.00 L 용기에 넣었다면, 두 기체의 평형 농도는 얼마인가?

분석 예제 14.8에서와 같이, 평형에서 질량 작용식은 K_c와 같아야 한다. 평형 농도가 주어지지 않았기 때문에, 미지의 평형 농도를 질량 작용식에 넣어서 방정식을 풀어야 한다.

도구 모음 이런 유형의 문제에서의 기본 도구는 다음의 평형 법칙과 반응에 대한 농도표이다.

$$\frac{[NO_2]^2}{[N_2O_4]} = 4.50$$

또한 문제에서 주어진 자료로부터 N_2O_4의 초기 몰농도를 계산하기 위해 몰농도의 정의도 활용해야 한다. 또한 필요한 경우 답을 구하기 위한 이차방정식을 얻어야 한다.

풀이 첫 단계는 농도표를 작성하는 것이다.

초기 농도 N_2O_4의 초기 농도는 0.500 mol/2.00 L = 0.250 M이다. NO_2는 반응 용기에 없었으므로 NO_2의 초기 농도는 0.000 M이다.

농도 변화 반응 혼합물에 NO_2가 없었기 때문에 이 농도는 증가해야 한다. 또한 NO_2가 생

해설 초기 농도가 0이면 반드시 '농도 변화'는 양의 값이어야 한다. 왜냐하면 농도는 음의 값이 될 수 없기 때문이다.

해설 x의 계수는 균형 화학 반응식의 계수와 같이 놓는다. 이렇게 하면 올바른 비가 얻어진다.

도구
이차방정식의 근의 공식

성되면 N_2O_4의 농도는 감소해야 한다. 반응하는 N_2O_4의 리터당 몰수를 x라고 놓으면, N_2O_4의 농도 변화는 $-x$이다. 반응의 화학량론에 따라 NO_2는 $2x$만큼 증가하므로, NO_2의 농도 변화는 $+2x$이다.

평형 농도 이전의 예제에서와 같이 각 열의 초기 농도와 농도 변화를 합하여 평형 농도를 구한다. 다음은 완성된 농도표이다.

	$N_2O_4(g)$	$\rightleftharpoons$	$2NO_2(g)$
초기 농도(M)	0.250		0
농도 변화(M)	$-x$		$+2x$
평형 농도(M)	$0.250-x$		$2x$

풀이를 위해 평형 농도를 질량 작용식에 대입한다.

$$\frac{(2x)^2}{(0.250-x)} = \frac{4x^2}{(0.250-x)} = 4.50 \tag{14.12}$$

이번에는 좌변이 완전한 제곱의 형태가 아니므로, 예제 14.8처럼 양변에 제곱근을 취할 수 없다. 그러나 식에 x_2, x, 상수항이 포함되어 있으므로 이차방정식의 근의 공식을 이용하여 x를 풀 수 있다. 다음과 같은 이차방정식에서

$$ax^2 + bx + c = 0$$

근의 공식을 이용하면 x에 대해 풀 수 있다.

$$x = \frac{-b \pm \sqrt{b^2 - 4ac}}{2a} \tag{14.13}$$

식 14.12로 돌아가서 양변에 $(0.250-x)$를 곱하면

$$4x^2 = 4.50(0.250-x)$$
$$4x^2 = 1.125 - 4.50x$$

각 항을 순서대로 정리하면 다음과 같다.

$$4x^2 + 4.50x - 1.125 = 0$$

따라서 이차방정식의 근의 공식에 $a=4$, $b=4.50$, $c=-1.125$를 대입하면 다음과 같다.

$$x = \frac{-4.50 \pm \sqrt{(4.50)^2 - 4(4)(-1.125)}}{2(4)}$$
$$x = \frac{-4.50 \pm \sqrt{38.25}}{8}$$
$$x = \frac{-4.50 \pm 6.18}{8}$$

$\pm$항 때문에 이 식을 만족하는 x의 값은 두 개로, $x=0.210$와 $x=-1.335$이다. 그런데 음의 값인 -1.335를 사용하면 NO_2의 평형 농도는 음이 될 것이다. 음의 농도는 있을 수 없으므로, 양의 값인 $x=0.210$만이 화학적으로 의미가 있다. $x=0.210$를 사용하여 평형 농도를 구하면 다음과 같다.

$$[N_2O_4] = 0.250 - 0.210 = 0.04\ M$$
$$[NO_2] = 2(0.210) = 0.42\ M$$

일반적으로 화학 계산에서 이차방정식을 풀 때는 언제나 한 근만이 타당하며, 다른 근은 화학적인 의미에서 비상식적인 결과를 만든다.

답이 합리적인가? 여기서도 계산된 평형 농도를 사용하여 반응 지수를 평가할 수 있다. 반응 지수를 계산해 보면 $Q=4.41$가 얻어지고, 이 값은 주어진 K_c에 가까운 타당한 값이다.

실전 문제 14.21

어떤 실험에서 0.200 mol의 H_2와 0.200 mol의 I_2를 1.00 L 고압 반응 용기에 넣은 후 다음의 반응이 평형에 도달하였다.

$$H_2(g) + I_2(g) \rightleftharpoons 2HI(g)$$

실험 온도에서 위 반응의 평형 상수 $K_c = 49.5$이다. H_2, I_2, HI의 평형 농도는 각각 얼마인가? (**힌트**: 제곱근을 취해서 수학 계산을 간단하게 할 수 있는지 살펴보시오.)

실전 문제 14.22

어떤 실험에서 0.300 mol의 H_2와 0.150 mol의 I_2를 15.00 L 용기에 반응 용기에 넣은 후 다음의 반응이 평형에 도달하였다.

$$H_2(g) + I_2(g) \rightleftharpoons 2HI(g)$$

실험 온도에서 위 반응의 평형 상수는 $K_c = 74.75$이다. H_2, I_2, HI의 평형 농도는 각각 얼마인가? (**힌트**: 이차방정식을 사용하시오.)

평형에 관한 문제들은 앞에서 살펴본 것보다 훨씬 복잡할 수도 있으며, 때때로 x에 대해 3차나 4차 이상의 높은 차수를 갖는 식이 얻어지기도 한다. 그러나 복잡한 계산이 필요한 경우에도 때로는 가정을 세워 문제를 단순화한 후 쉽게 해결할 수도 있다.

K_c가 매우 작은 경우의 계산

반응의 K_c가 매우 작으면 평형의 위치는 매우 왼쪽으로 치우쳐 있고, 따라서 생성되는 생성물의 양은 매우 소량이다. 이런 경우에 반응물은 초기 양에서 아주 소량만 감소하게 되어 그 변화가 매우 작을 것이다. 이런 경우에는 반응물의 초기 농도와 평형 농도가 같다고 가정하여 계산 과정을 매우 단순화할 수 있다. 예를 들어 0.352 M의 플루오린화수소산 용액에서 플루오린화 수소는 0.0002 M만이 해리된다. 따라서 반응 후 남아 있는 플루오린화수소산의 양은 다음과 같다.

$$0.325\,M_{\text{초기}} - 0.0002\,M_{\text{반응}} = 0.3248\,M_{\text{평형}}(0.325\,M\text{: 반올림한 후})$$

유효 숫자를 고려하면 반응한 양을 적용하더라도 초기 농도와 평형 농도의 차이가 없다. 예제 14.10에서 이와 유사한 경우의 평형 농도 계산에 대하여 살펴보기로 하자.

예제 14.10 K_c가 작은 반응에서 평형 계산 단순화하기

환경친화적인 연료인 수소는 물에 상당히 많이 존재한다. 그러나 연료로 사용하려면 먼저 아래의 반응식에서와 같이 물을 H_2와 O_2로 분리해야 한다. 한 가지 가능한 방법은 열분해인데, 이 경우 고압의 장비가 요구되는 매우 높은 반응 온도가 요구된다. 1000 °C에서도 이 반응의 평형 상수는 $K_c = 7.3 \times 10^{-18}$ 밖에 되지 않는다.

$$2H_2O(g) \rightleftharpoons 2H_2(g) + O_2(g)$$

1000 °C 반응 용기에 들어 있는 H_2O의 초기 농도가 0.100 M이었다면, 평형에 도달했을 때 H_2의 농도는 얼마인가?

분석 이전의 문제와 비슷하게 미지의 평형 농도를 구하기 위하여 일련의 방정식을 푸는 여러 과정을 거칠 것으로 예상된다. 그러므로 앞에서의 일반적인 접근법을 따라 단계적으로 문제를 풀어보기로 하자.

도구 모음 다음의 평형 법칙은 절대적으로 필요한 도구이다.

$$\frac{[H_2]^2[O_2]}{[H_2O]^2} = 7.3 \times 10^{-18}$$

또 다른 하나는 농도표이다.

풀이 첫 번째 단계는 농도표를 작성하는 것이다. 농도의 변화는 알 수 없으니, 이를 미지수 x로 나타내기로 하자.

초기 농도 H_2O의 초기 농도는 0.100 M이고, H_2와 O_2는 모두 0 M이다.

농도 변화 농도는 항상 균형 반응식의 계수와 같은 비율로 변한다. 따라서 이 행에서 x의 계수는 균형 반응식의 계수와 동일해야 한다. 초기에는 생성물이 없기 때문에 생성물의 농도 변화는 양의 값이어야 하며, 물의 농도 변화는 음의 값이어야 한다. 이와 같은 정보를 바탕으로 완성된 농도표는 다음과 같다.

	$2H_2O(g)$	$\rightleftharpoons$	$2H_2(g)$	+	$O_2(g)$
초기 농도(M)	0.100		0		0
농도 변화(M)	$-2x$		$+2x$		$+x$
평형 농도(M)	$0.100 - 2x$		$2x$		x

다음으로 농도표의 마지막 행의 평형 농도 값을 질량 작용식에 대입한다.

$$\frac{(2x)^2(x)}{(0.100 - 2x)^2} = 7.3 \times 10^{-18}$$

또는

$$\frac{(4x^3)}{(0.100 - 2x)^2} = 7.3 \times 10^{-18}$$

이 식은 (x^3 항이 포함된) **삼차방정식**으로, x 값을 구하기가 어렵다. 이 예에서는 K_c 값이 매우 작아 물이 거의 분해되지 않으므로 다음과 같이 가정할 수 있다.

해설 K_c가 아주 작기 때문에 문제를 풀기 이전에 H_2와 O_2는 거의 생성되지 않을 것이라고 이미 추측할 수 있다.

$$0.100 - 2x \approx 0.100$$

이 가정에 따라 분모의 $(0.100-2x)^2$를 $(0.100)^2$로 치환하면 위 식을 다음과 같이 간단하게 해결할 수 있다.

$$\frac{(4x^3)}{(0.100)^2} = 7.3 \times 10^{-18}$$

$$4x^3 = (7.3 \times 10^{-18})(0.100)^2 = 7.3 \times 10^{-20}$$

$$x^3 = (7.3 \times 10^{-20})/4 = 1.8 \times 10^{-20}$$

$$x = \sqrt[3]{1.8 \times 10^{-20}}$$

$$x = 2.6 \times 10^{-7}$$

구한 x의 값은 실제로 매우 작은 값임에 주목하라. 이 값의 두 배 값을 0.100에서 뺀 결과를 적당한 유효 숫자(소수점 이하 세 자리)로 반올림하면 여전히 0.100이 얻어진다.

해설 숫자를 더하거나 뺄 때의 유효 숫자 규칙을 사용한다.

$$\begin{array}{r} 0.100 \\ -0.00000052 \\ \hline 0.100 \end{array}$$

빨간색 자릿수는 반올림으로 소거된다.

$$\begin{array}{ll} 0.100 & \\ -0.00000052 & \text{(빨간색 숫자를 반올림함)} \\ \hline 0.100 & \text{(정확히 반올림함)} \end{array}$$

따라서 앞의 가정이 적절함을 알 수 있다. 마지막으로 H_2의 농도($[H_2] = 2x$)를 구해야 한다.

$$[H_2] = 2(2.6 \times 10^{-7}) = 5.2 \times 10^{-7}\ M$$

답이 합리적인가? 이 반응의 평형 상수는 매우 작은 값(7.3×10^{-18})이다. 따라서 평형에서 생성물의 양도 매우 작을 것으로 예상된다. H_2의 농도가 매우 작은 값으로 구해진 것은 타당하다. 초기에 반응물만 있었으므로 x의 값은 양의 값으로, 따라서 반응이 진행하면서 생성물의 양은 증가하고 반응물의 양은 감소할 것이라는 예측과 일치하는 결과를 얻었다. 마지막으로 질량 작용식이 평형 상수와 일치하는 것을 계산으로 확인할 수 있다.

$$Q = \frac{[H_2]^2[O_2]}{[H_2O]^2} = \frac{(5.2 \times 10^{-7})^2(2.6 \times 10^{-7})}{(0.100)^2} = 7.0 \times 10^{-18}$$

계산된 값이 주어진 평형 상수와 조금 차이가 나는 이유는 세제곱근으로 x 값을 구할 때 반올림이 되었기 때문이다.

근사 계산이 가능한 경우들 K_c 또는 K_P 값이 매우 작을 때, 평형의 위치는 매우 왼쪽으로 치우쳐 있어 생성물의 양은 매우 작다. 이는 반응물만으로 반응을 시작했을 때 반응물의 농도는 거의 변하지 않는다는 것을 의미한다. 이런 조건에서는 반응물의 평형 농도가 반응물의 초기 농도에서 매우 작은 농도 변화인 x를 빼주는 경우에 해당하므로, 예제 14.10처럼 계산을 단순화시키는 가정이 타당하다. 마찬가지로 매우 큰 수에 아주 작은 수인 x를 더하는 경우에도 x(또는 $2x$)를 무시할 수 있다. 주의할 점은 x를 더하거나 빼는 경우에만 x를 무시할 수 있으며, 어떤 값에 x를 곱하거나 나눌 때는 결코 x를 무시할 수 없다는 것이다. 다음 예들을 살펴보자.

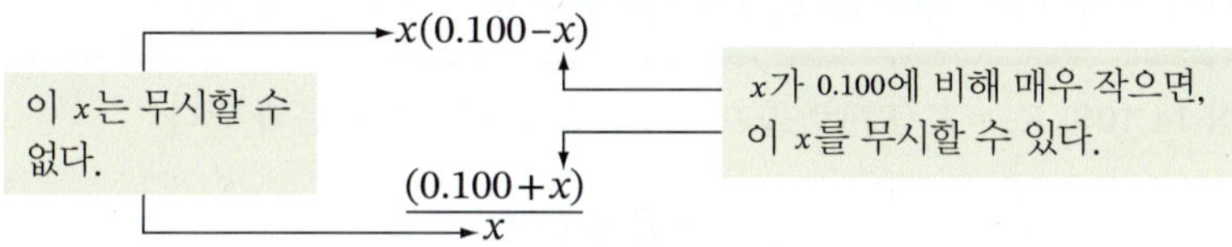

도구
평형 계산의 단순화

일반적으로 x를 빼거나 혹은 더하는 농도가 K보다 1000배 이상 크면 앞에서의 단순화 가정은 타당하다. 0.100에서 $2x$를 빼는 앞의 예제에서 0.100은 $1000 \times (7.3 \times 10^{-18})$보다 훨씬 크기 때문에 $0.100 - 2x \approx 0.100$이라는 가정은 타당하다. 그러나 단순화 가정이 타당하게 보여도 계산을 마친 후에 항상 이 가정이 옳은지를 확인해야 한다. 확인 결과 가정이 타당하지 않다는 것이 확인되면 다른 계산 방법을 찾아야 한다.

실전 문제 14.23

25°C에서 $2NH_3(g) \rightleftharpoons N_2(g) + 3H_2(g)$ 반응의 평형 상수는 $K_c = 2.3 \times 10^{-9}$이다. 1.00 L 용기에 0.035 mol의 NH_3를 넣고 시작된 반응이 평형에 도달하였을 때 N_2와 H_2의 농도는 각각 얼마이겠는가? (**힌트**: 앞의 예제 14.10에서 농도표 다음에 있는 계산을 복습하시오.)

실전 문제 14.24

다음은 N_2와 O_2가 반응하여 NO를 생성하는 반응으로, 25°C에서 이 반응의 평형 상수는 $K_c = 4.8 \times 10^{-31}$이다.

$$N_2(g) + O_2(g) \rightleftharpoons 2NO(g)$$

25°C에서 압력이 1기압인 공기 중에 N_2의 농도는 0.033 M이고 O_2의 농도는 0.00810 M이라고 할 때, 25°C에서 이 반응에 의하여 생성되는 NO가 대기 중에 존재하는 평형 농도를 구하시오(단, 주어진 농도를 N_2 및 O_2의 초기 농도로 가정하시오).

다중 개념 문제의 분석과 풀이

다음 반응의 K_P는 25°C에서 1.65×10^{11}이다.

$$2NO(g) + O_2(g) \rightleftharpoons 2NO_2(g)$$

25°C에서 1.00L의 빈 용기에 1.15g의 NO와 온도와 압력이 각각 33°C와 800torr에서 부피가 645 mL인 O_2를 혼합하였다. 혼합물이 평형에 도달했을 때 세 종류의 기체 농도는 각각 얼마인가?

분석 '빈 용기'라는 것이 특정되어 있다는 것을 주목하라. 공기가 채워져 있다면 문제는 훨씬 복잡할 것이다. 일반적인 평형 문제에서와 같이 평형 법칙을 이용한다. 기체 반응에 대하여 다음과 같이 쓸 수 있다.

$$\frac{[NO_2]^2}{[NO]^2[O_2]} = K_c \quad \text{또는} \quad \frac{P_{NO_2}^2}{P_{NO}^2 P_{O_2}} = K_P$$

주어진 K_P를 14.3절에서 배운 바와 같이 K_c로 변환할 수 있다. 물론 K_P를 이용하여 문제를 풀 수도 있지만, 평형 농도를 구하는 문제이므로 K_c를 이용하는 것이 더 편리하다.

농도표를 만들기 전에 반응물의 농도를 계산한다. NO의 경우, 4장에서 배운 바와 같이 g을 mol로 변환해야 한다. O_2의 경우 P, V, T를 사용하여 O_2의 몰수를 계산한다.

도구 모음 식 14.10의 $K_P = K_c(RT)^{\Delta n_g}$를 이용해서 K_c를 구하면 다음과 같다.

$$K_c = \frac{K_P}{(RT)^{\Delta n_g}} = K_P(RT)^{-\Delta n_g} \tag{14.14}$$

$R = 0.082\,\text{L atm mol}^{-1}\text{K}^{-1}$이고, T는 켈빈 온도라는 것을 기억하라.

용기 내의 NO의 몰수를 계산하기 위해 NO의 분자 질량 $30.01\,\text{g mol}^{-1}$을 이용한다. 또한 O_2의 몰수를 얻기 위해서는 이상 기체 방정식을 이용하여 다음 식에 따라 n_{O_2}를 계산한다.

$$n_{O_2} = \frac{PV}{RT}$$

몰농도의 정의가 각 반응물의 몰농도를 계산하기 위한 도구로 사용된다.

풀이 먼저 K_c를 계산한다. 화학 반응식의 반응 계수를 몰수로 대체할 수 있으므로, 2mol의 기체 생성물과 3mol의 기체 반응물로 이루어지는 반응에서, $\Delta n_g = -1$이다. 이 값을 식 14.14에 대입해서 K_c를 구한다.

$$\begin{aligned} K_c &= 1.65 \times 10^{11}[(0.0821\ \text{L atm mol}^{-1}\ \text{K}^{-1}) \times (298\ \text{K})]^{-(-1)} \\ &= 4.04 \times 10^{12} \end{aligned}$$

다음은 각 반응물의 초기 몰수를 계산한다.

NO의 mol수

$$1.15\ \cancel{\text{g NO}} \times \frac{1\ \text{mol NO}}{30.01\ \cancel{\text{g NO}}} = 0.0383\ \text{mol NO}$$

O_2의 mol수

$$\begin{aligned} n_{O_2} = \frac{PV}{RT} &= \frac{\left(\dfrac{800\ \cancel{\text{torr}}}{760\ \cancel{\text{torr/atm}}}\right) \times 0.645\ \cancel{\text{L}}}{(0.0821\ \cancel{\text{L}}\ \cancel{\text{atm}}\ \text{mol}^{-1}\ \cancel{\text{K}}^{-1}) \times (298\ \cancel{\text{K}})} \\ &= 0.0278\ \text{mol}\ O_2 \end{aligned}$$

두 반응물은 모두 1.00L 용기에 들어 있으므로, 초기 농도는 $[NO] = 0.0383\,M$, $[O_2] = 0.0278\,M$이다. NO_2는 처음에 넣지 않았으므로 NO_2의 초기 농도는 0이다. 다음은 이 반응에 대해 작성된 농도표이다.

	$2NO(g)$	+	$O_2(g)$	$\rightleftharpoons$	$2NO_2(g)$
초기 농도(M)	0.0383		0.0278		0
농도 변화(M)	$-2x$		$-x$		$+2x$
평형 농도(M)	$0.0383 - 2x$		$0.0278 - x$		$2x$

평형에서의 농도를 평형 법칙에 대입해서 다음의 식을 얻는다.

$$K_c = 4.04 \times 10^{12} = \frac{(2x)^2}{(0.0383 - 2x)^2(0.0278 - x)}$$

x(또는 $2x$)를 무시할 수 있을 정도로 매우 작기 때문에 x를 소거한 후 계산을 수행하려는 유혹이 있을 수 있다. 그러나 여기서는 이에 해당되지 않는다. 이 반응의 K_c 값이 매우 크므로 반응은 거의 완결되며, 따라서 최소 하나의 반응물은 거의 완전히 소모된다. **이는 농도 변화가 작지 않으며 무시할 수 없음을 의미한다.** 따라서 이제 문제를 다시 정리해서 풀이가 가능한 형태로 바꿀 수 있는지 살펴보아야 한다.

문제의 재구성

분석 평형에 매우 가까운 상태에 대한 계산을 할 수 있는 식이 있다면 풀이는 가능하다. 이 반응에서 K_c의 크기가 매우 크므로 평형의 위치는 매우 오른쪽으로 치우쳐 있다. 평형 농도는 항상 같은 값이므로 평형에 도달하는 방향이 오른쪽이든 혹은 왼쪽이든 상관이 없다. 이 문제에서 다음과 같은 두 가지 단계에 걸쳐 평형에 도달한다고 가정하자. 1단계는 초기의 NO와 O_2가 완전히 반응하여 NO_2를 형성한다. 이 경우는 사실상 한계 반응물과 관련된 문제가 된다. 2단계는 오른쪽으로부터 평형에 접근한다고 생각하고, 생성물에서 시작하는 새로운 농도표를 다시 작성한다.

도구 모음 도구는 3장에서 배운 한계 반응물 문제를 해결하는 방법이다.

풀이 0.0383 mol의 NO와 0.0278 mol의 O_2의 반응에서부터 시작하자. 이 경우에는 NO가 한계 물질이고 O_2는 과량이다. 따라서 모든 NO가 반응했다면, 소모되는 O_2는 0.0192 mol이다.

$$0.0383\ \cancel{\text{mol NO}} \times \frac{1\ \text{mol } O_2}{2\ \cancel{\text{mol NO}}} = 0.0192\ \text{mol } O_2$$

모든 NO가 반응하면 반응식의 계수로부터 0.0383mol의 NO_2가 생성되고, 남은 O_2의 양은 (0.0278 mol − 0.0192 mol) = 0.0086 mol이 되는 것을 알 수 있다.

도구 모음 도구는 처음에 문제를 풀기 위해 사용했던 것과 동일하다.

풀이 새로운 초기 조건은 다음과 같다.

$$[NO] = 0\ M \quad \text{(초기 물질은 모두 소모되었다고 가정한다.)}$$
$$[O_2] = 0.0086\ M$$
$$[NO_2] = 0.0383\ M$$

새로운 농도표는 다음과 같다. '농도 변화'에 해당하는 행에서 부호가 바뀌었음을 주목하라. 이는 생성물로부터 반응이 진행되고, 반응은 오른쪽에서 왼쪽으로 일어나기 때문이다.

	$2NO(g)$	+	$O_2(g)$	$\rightleftharpoons$	$2NO_2(g)$
초기 농도(M)	0		0.0086		0.0383
농도 변화(M)	$+2x$		$+x$		$-2x$
평형 농도(M)	$2x$		$0.0086 + x$		$0.0383 - 2x$

마지막 행에 있는 값을 질량 작용식에 대입하여 다음의 식을 얻는다.

$$K_c = 4.04 \times 10^{12} = \frac{(0.0383 - 2x)^2}{(2x)^2(0.0086 + x)}$$

새로운 반응(초기 반응의 역반응)의 평형 상수는 초기 평형 상수의 역수인 $1/4.04\times10^{12}$으로 매우 작으므로, 이 반응의 평형은 생성물 쪽에 매우 치우쳐 있고 x와 $2x$는 초기 농도에 비해 매우 작을 것으로 예측할 수 있다. 따라서 이제는 x와 $2x$를 무시해도 된다. 이 가정을 바탕으로 반응 지수는 다음과 같다.

$$K_c = 4.04 \times 10^{12} = \frac{(0.0383)^2}{(2x)^2(0.0086)}$$

이를 x에 대하여 풀면 $x = 1.03\times10^{-7}$을 얻는다. 농도표의 마지막 행을 이용하면 구한 평형 농도는 각각 다음과 같다.

$$[NO] = 2 \times (1.03 \times 10^{-7}) = 2.06 \times 10^{-7}\ M$$

$$[O_2] = 0.0086 + (1.03 \times 10^{-7}) = 0.0086\ M \quad \text{(정확히 반올림됨)}$$

$$[NO_2] = [0.0383 - 2 \times (1.03 \times 10^{-7})] = 0.0383\ M \quad \text{(정확히 반올림됨)}$$

답이 합리적인가? 재구성한 문제에서 타당한 가정을 이용하여 방정식을 쉽게 풀 수 있도록 단순화시켰다. 또한 구한 값들을 질량 작용식에 대입하여 확인할 수 있다.

$$Q = \frac{(0.0383)^2}{(2.06 \times 10^{-7})^2(0.0086)} = 4.02 \times 10^{12}$$

Q와 $K_c(4.04\times10^{12})$가 거의 일치하므로, 이러한 접근 방식이 옳다는 것을 확인할 수 있다.

종합 화학 예제

$NO(g)$가 $N_2(g)$와 $O_2(g)$로 분해하는 반응의 평형 상수는 2.1×10^{30}이다. 온도와 압력이 각각 25°C와 1 atm인 건조한 공기가 들어있는 플라스크 1.00 L에 1.5×10^{-2} g의 $NO(g)$를 넣고 시작된 반응이 25°C에서 평형에 도달했을 때 $NO(g)$, $N_2(g)$, $O_2(g)$의 농도는 각각 얼마이겠는가?

분석 $NO(g)$, $N_2(g)$, $O_2(g)$의 농도를 계산하는 비교적 간단한 문제이다. 농도를 나타내는 다양한 방법이 있지만 이 경우에는 몰농도를 사용하는 것이 적당하다. 문제에서 $NO(g)$를 가할 때 공기의 일부분이 치환되는지 여부를 밝히지 않았으므로, 가한 $NO(g)$의 부피만큼 공기가 치환되는 경우(Part 1)와 단순히 플라스크에 가해진 $NO(g)$가 25°C에서 플라스크 내부의 압력을 증가시키는 경우(Part 2) 모두를 고려해 보자.

도구 모음 질량을 몰수로 바꾸거나 혹은 몰농도를 계산하는 단순한 식을 알아야 한다. 기체 법칙과 관련된 식도 필요하다. 마지막으로 이 반응에 대한 평형 법칙과 모든 농도와 관련된 정보를 기록한 농도표가 필요하다. 건조한 공기의 평균 몰질량(28.97 g mol^{-1})과 공기에 포함된 산소와 질량의 함량이 각각 20.95%와 78.09%라는 사실도 알아야 한다.

Part 1

풀이 플라스크에 가한 1.5×10^{-2} g의 $NO(g)$의 부피를 계산하기 위하여 다음 식에서 출발하여 $NO(g)$의 몰수를 구한다.

$$?\ \text{mol NO}(g) = 1.5 \times 10^{-2}\ \text{g of NO}(g)$$

$NO(g)$의 몰질량은 30.01 g mol^{-1}이고 g 단위를 소거하고 mol 단위가 남는 변환 인자가 필요하다. 지금부터는 기체를 나타내는 (g) 표현은 생략하기로 한다.

$$?\ \text{mol NO} = 1.5 \times 10^{-2}\ \text{g NO}\left(\frac{1\ \text{mol NO}}{30.01\ \text{g NO}}\right) = 0.00050\ \text{mol NO}$$

이제 이상 기체 법칙을 이용하여 NO의 부피를 계산하는 다음의 식을 얻는다.

$$V = \frac{nRT}{P}$$

식의 n에 0.00050 mol, P에 1 atm, T에 298 K, R에 0.008206 L atm mol^{-1}K^{-1}을 각각 대입해서 구한 NO의 V는 0.122 L이다.

$$V = \frac{(0.00050\ \text{mol})(0.08206\ \text{L atm mol}^{-1}\ \text{K}^{-1})(298\ \text{K})}{1.00\ \text{atm}} = 0.122\ \text{L}$$

따라서 플라스크에는 0.878 L(1.000 L − 0.122 L = 0.878 L)의 건조한 공기와 0.122 L의 NO(g)가 혼합된 기체가 존재한다. 또한 자료에 의하면 건조한 공기의 평균 몰질량은 28.97 g mol^{-1}이고, STP에서 이상 기체의 몰부피는 22.4 L이다. 이 자료를 바탕으로 다음 식에서 출발하여 STP에서 0.878 L에 포함된 O_2와 N_2의 질량을 각각 계산할 수 있다.

$$?\ \text{g}\ O_2 = 0.878\ \text{L dry air}$$

먼저 몰부피=22.4 L를 이용하여 건조한 공기의 부피를 몰수로 바꾼 다음 공기에 포함된 산소와 질소의 질량(g)을 각각 구한다. 마지막으로 공기에 포함된 산소와 질소의 몰수를 구한다. 변환 인자와 함께 나타낸 식은 다음과 같다.

$$?\ \text{g dry air} = 0.878\ \text{L dry air}\left(\frac{1\ \text{mol dry air}}{22.4\ \text{L dry air}}\right)\left(\frac{28.97\ \text{g dry air}}{1\ \text{mol dry air}}\right) = 1.136\ \text{g dry air}$$

$$?\ \text{mol}\ O_2 = 1.136\ \text{g dry air}\left(\frac{20.95\%\ O_2}{100\%\ \text{dry air}}\right)\left(\frac{\text{mol}\ O_2}{32.00\ \text{g}\ O_2}\right)$$
$$= 0.00744\ \text{mol}\ O_2$$

용기에 포함된 질소의 몰수는 다음과 같다.

$$?\ \text{mol}\ N_2 = 1.136\ \text{g dry air}\left(\frac{78.09\%\ N_2}{100\%\ \text{dry air}}\right)\left(\frac{\text{mol}\ N_2}{28.02\ \text{g}\ N_2}\right)$$
$$= 0.0317\ \text{mol}\ N_2$$

실험에 사용한 용기의 부피가 1.00 L이므로 플라스크에 포함된 NO, O_2, N_2의 농도는 각각 0.0005 M, 0.00744 M, 0.0317 M이다. 이 초기 농도와 평형 반응을 이용하여 작성한 농도표는 다음과 같다.

반응식	$2NO(g)$	$\rightleftharpoons$	$O_2(g)$	+	$N_2(g)$
초기 농도(M)	0.0005 M		0.00744 M		0.0317 M
농도 변화(M)	$-2x$		$+x$		$+x$
평형 농도(M)	$0.0005 - 2x$		$0.00744 + x$		$0.0317 + x$

다음은 반응에 대한 평형 법칙이다.

$$K = \frac{[N_2][O_2]}{[NO]^2} = 2.1 \times 10^{30}$$

초기 농도를 이용하여 반응 지수 Q를 계산하면 평형의 어느 지점에 있는지를 알 수 있다.

$$Q = \frac{[N_2][O_2]}{[NO]^2} = \frac{(0.0317)(0.00744)}{(0.00050)^2} = 493$$

Q 값이 K에 비하여 매우 작으므로 반응은 오른쪽으로 진행하고, 그 결과 대부분의 NO가 반응하여 평형에서의 [NO]는 0에 가까울 것으로 예상할 수 있다. 이는 반응이 진행한 후 평형이 되면 0.0005 M의 NO가 반응하여 0.00025 M의 O_2와 0.00025 M의 N_2가 생성되고, 결과적으로 새로 생성된 양을 원래의 양에 더하면 O_2와 N_2의 농도는 각각 0.00769 M과 0.03195 M이라고 가정할 수 있다. 또한 평형에서 NO는 극미량 존재한다.

새로운 농도를 평형 법칙에 대비하여 평형 상수를 구하면 다음과 같다.

$$2.1 \times 10^{30} = \frac{[0.03195][0.00769]}{[NO]^2}$$

위 식을 다음과 같이 [NO]에 대해 정리할 수 있다.

$$[NO]^2 = \frac{[0.03195][0.00769]}{2.1 \times 10^{30}} = 4.91 \times 10^{-34}$$

이제 제곱근을 취하여 구한 [NO]는 다음과 같다.

$$[NO] = 2.22 \times 10^{-17}\,M$$

O_2와 N_2 각각의 농도에서 $2.22 \times 10^{-17}\,M$을 빼도 유효숫자 범위에서 O_2와 N_2의 농도는 각각 0.00769 M과 0.03195 M이다.

답이 합리적인가? 문제를 해결하는 전 과정에서의 논리와 계산을 점검해보면, 가정은 적절하고 계산 과정 또한 옳다는 것을 알 수 있다. 따라서 답이 합리적이라고 판단된다.

Part 2

분석 두 번째는 플라스크에 존재하는 O_2와 N_2의 양은 변하지 않고 NO를 가하는 경우이다. 이 경우에는 플라스크 내부 압력이 증가(플라스크의 부피가 일정하다고 가정)할 것이다. Part 1에서 정리한 평형에서의 정량적인 관계는 이 경우에도 유사하게 적용할 수 있다.

도구 모음 Part 1에서 필요한 도구를 모두 제시하였다.

풀이 플라스크에 가한 NO의 몰수를 이미 구했고, 따라서 NO 몰농도는 0.00050 mol L^{-1}로 Part 1에서와 동일하다.

플라스크에 포함된 산소와 질소의 질량 또한 NO를 가하기 전 각각의 질량과 동일하다. STP에서 건조한 공기 28.97 g이 22.4 L를 차지한다. 한편 건조한 공기는 20.95%의 산소와 78.09%의 질소로 구성되어 있으므로 22.4 L의 건조한 공기에는 0.2095 mol의 산소와 0.7809 mol의 질소가 포함되어 있다. 따라서 두 기체 각각의 몰농도를 구하면 다음과 같다.

$$O_2\text{의 몰농도} = [O_2] = \left(\frac{0.2095\text{ mol }O_2}{22.4\text{ L}}\right) = 0.00935\,M$$

$$N_2\text{의 몰농도} = [N_2] = \left(\frac{0.7809\text{ mol }N_2}{22.4\text{ L}}\right) = 0.0349\,M$$

Part 1에서와 같이 평형에서 O_2와 N_2의 농도는 0.00025 M씩 증가하여 각각 0.00960 M과 0.03515 M이 된다. 이제 Part 1에서와 같이 평형 법칙에 새로운 농도와 K 값을 입력하면 다음과 같다.

$$2.1 \times 10^{30} = \frac{[0.03515][0.00960]}{[NO]^2}$$

위 식을 다음과 같이 [NO]에 대해 정리할 수 있다.

$$[NO]^2 = \frac{[0.03515][0.00960]}{2.1 \times 10^{30}} = 1.61 \times 10^{-34}$$

이제 제곱근을 취하여 구한 [NO]는 다음과 같다.

$$[NO] = 1.27 \times 10^{-17}\,M$$

O_2와 N_2 각각의 농도에서 $1.27 \times 10^{-17}\,M$을 빼도 유효 숫자 범위에서 O_2와 N_2의 농도는 각각 0.00960 M과 0.03515 M이다.

답이 합리적인가? 다시 전체 과정을 살펴보자. 모든 단계를 적절하게 처리하였고, 그 결과가 Part 1에서의 값에 부합한다. Part 1에서 플라스크에 포함된 공기 중 약 12%가 줄어들기 때문에 Part 1에서의 산소와 질소의 양은 Part 2에서의 양보다 약 12% 정도 작을 것을 예상할 수 있다. 실제로 계산한 값은 9% 정도 작고, 이는 합리적인 수준이라고 판단할 수 있다.

종합 화학 문제

13장에서는 화학 반응 속도론을 소개하였고, 14장에서는 화학 평형을 소개하였다.

A. 7장에서 우주는 존재하는 모든 범위라고 정의하였다. 화학에서 계란 연구 대상이 되는 영역을 구성하는 물질로 정의할 수 있다. 우주에서 계를 제외한 영역을 주위라고 한다. 그 외에도 열린계, 닫힌계, 고립계 등을 정의하였다.

첫 번째 질문: 열린계, 닫힌계, 고립계를 정의하는 특성은 무엇인가? 식, 도표, 사진 등을 이용하여 설명하시오. 반응 속도에 대한 실험이 가능한 계와 평형에 대한 실험이 가능한 계를 모두 제시하시오.

두 번째 질문: 속도론적 계와 평형계의 차이점은 무엇인가? 식, 도표, 사진 등을 이용하여 설명하시오.

세 번째 질문: 반응 속도를 연구하는 이유 5가지를 예를 들어 설명하시오.

네 번째 질문: 화학 평형을 연구하는 이유 5가지를 예를 들어 설명하시오.

B. 14장을 시작하는 사진에서 저글링을 이용하여 동적 평형을 설명하였다. 동적 평형을 설명할 수 있는 사례(화학이 포함되지 않은) 3가지를 추가로 제시하시오.

C. 그림 14.1은 평형 상태의 계를 그림을 이용하여 상징적으로 나타내고 있다. 이와 유사하게 14.4절에서 설명한 중탄산 소듐의 분해나 혹은 산화 칼슘을 이용하여 대기 오염 물질을 제거하는 반응과 같은 불균일 반응에 적용할 수 있는 상징적인 그림을 나타내 보시오.

D. 측정한 반응물(혹은 생성물도 포함)을 혼합한 후, 평형 상태에 도달한 여부를 어떻게 확인할 수 있는가? 평형 상태를 확인하기 위하여 몇 번의 측정이 필요한가? 1회의 측정만으로 평형 상수를 결정할 수 있는 이유는 무엇인가? 이와 유사하게 평형 상수를 알고 있다면 단 한 번의 측정만으로 다른 모든 물질의 농도를 결정할 수 있는가?

E. 반응 $A + 3B \rightleftharpoons P + 2Q$에서 4몰의 A와 3몰의 B가 반응하여 5분 후에 평형에 도달했을 때의 A, B, C, D의 농도를 나타내는 그래프를 그리시오.

F. 발열 반응인 $A + 3B \rightleftharpoons P + 2Q$에 대하여 다음의 5가지 경우에 평형 상태에서 존재하는 P에 대하여 시간을 x축, $[P]$를 y축에 나타낸 그래프를 그리시오. 각 그래프에서 $[P]$가 처음 10분 동안 일정하고, 그 후에 60분까지 변하는 형태로 나타내시오. 계산 과정 없이 단순한 $[P]$의 변화를 나타내시오.

(a) 평형 상태의 혼합 용액에 P를 25% 추가로 가한 경우

(b) 평형 상태의 혼합 용액에 약간 양의 B를 가한 경우

(c) 평형 상태의 혼합 용액에 b에서 가한 양의 3배에 해당하는 B를 가한 경우

(d) 평형 상태의 혼합 용액에 얼음을 가하고, 가한 얼음이 6분 후에 완전히 녹은 경우

(e) 평형 상태의 혼합 용액에 존재하는 Q의 2배에 해당하는 양을 가한 경우

힌트: 정확한 계산을 필요로 하는 문제가 아니라 대략적인 변화의 추이를 나타내는 것임을 다시 한번 상기하시오.

요약

학습 목표별로 정리함

동적 평형의 본질을 기술하고 설명할 수 있다.

화학계에서 정반응과 역반응이 같은 속도로 일어날 때 동적 평형을 이루며, 반응물과 생성물의 농도는 일정한 값으로 유지된다. 반응 전체의 화학 조성이 동일하다면 반응이 순수한 '반응물'에서 시작하였든, 순수한 '생성물'에서 시작하였든, 반응물과 생성물의 혼합물에서 시작하였든 상관없이, 평형 상태에서 존재하는 반응물이나 생성물의 농도는 항상 일정하다.

평형 법칙의 기초를 설명할 수 있다.

질량 작용식은 분수식이다. **균일 평형** 반응에서 각 생성물의 농도를 반응식의 계수로 거듭제곱을 한 다음, 서로 곱하여 분자에 표시한다. 같은 방법으로 분모에는 각 반응물의 농도를 반응식의 계수로 거듭제곱을 한 다음, 서로 곱하여 표시한다. 질량 작용식의 값을 **반응 지수(Q)**라고 한다. 평형 상태에서 반응 지수는 **평형 상수(K_c)**와 같다. 만약 질량 작용식에 기체의 부분 압력을 사용하면 K_P를 구할 수 있다. 평형 상수의 크기는 평형에 도달했을 때 반응이 완결되는 정도에 대략 비례한다. 평형 반응식에 대하여 모든 계수에 동일한 수를 곱하거나, 반응의 방향을 바꾸거나, 두 개 이상의 식을 더하거나 하는 수학적 조작을 할 수 있다. 이 경우에 '**문제 풀이를 위한 도구**'에서의 규칙들을 적용할 수 있다.

몰농도와 기체 압력을 이용한 평형 법칙을 각각 쓰고, 서로 변환할 수 있다.

화학 반응식의 양쪽에 있는 기체의 몰수가 같은 경우에만 K_P와 K_c의 값이 동일하다. 기체의 몰수가 같지 않다면 K_P와 K_c의 관계는 식 $\boldsymbol{K_P = K_c(RT)^{\Delta n_g}}$로 주어진다. 여기서 $R = 0.0821\,\text{L atm mol}^{-1}\,\text{K}^{-1}$이고 T는 절대 온도를 사용해야 한다는 것을 기억하라. 또한 Δn_g는 균형 반응식에서 **기체** 생성물의 몰수와 **기체** 반응물의 몰수의 차이다.

평형 법칙에 고체와 순수한 액체가 포함되지 않는 이유를 이해하고 설명할 수 있다.

두 개 이상의 상으로 존재하는 물질들로 이루어진 평형을 **불균일 평형**이라고 한다. 불균일 평형의 질량 작용식에서 순수한 액체나 순수한 고체의 농도는 생략하는데, 이는 K 값 계산에 사용하는 이들의 농도가 일정하기 때문이다.

평형 위치의 지표로서 평형 상수 값을 해석할 수 있다.

K 값이 매우 크면, 평형 상태에서 반응 혼합물의 대부분은 거의 생성물이다. K 값이 매우 작으면, 평형 상태에서 반응 혼합물의 대부분은 거의 반응물이다. K 값이 1에 가까우면, 평형 상태에서 생성물과 반응물의 혼합물이 형성된다.

Le Châtelier 원리와 반응 지수(Q)를 사용하여, 평형을 기준으로 계가 어느 위치에 있는지 해석할 수 있다.

질량 작용식에 대한 Q 값을 K와 비교하면 반응이 어느 방향으로 진행할지를 결정할 수 있다. Q가 K보다 작으면 반응은 생성물 쪽으로 진행할 것이며, Q가 K보다 크면 반응은 반응물 쪽으로 진행할 것이다. Q가 K와 같으면 반응은 평형 상태에 있다.

Le Châtelier 원리는 **평형이 교란되면 계는 교란에 의한 영향에 대항하는 방향으로 화학 변화가 일어나 새로운 평형을 이룬다**는 원리이다. 반응물이나 생성물을 첨가해 주면 반응은 가해 준 물질을 소모하는 방향으로 진행된다. 반응물이나 생성물의 일부를 제거하면 제거된 물질을 보충하는 방향으로 반응이 진행된다. 압력을 올리면(부피를 줄여) 기체의 몰수를 감소시키는 방향으로 반응이 진행된다. 고체와 액체만을 포함하는 반응에서는 압력 변화는 평형에 실질적인 영향을 주지 않는다. 온도를 높이면 흡열 반응의 방향으로 평형이 이동한다. 정반응이 흡열 반응인 경우에 온도를 올리면 K 값이 커진다. **온도 변화는 K를 변화시키는 유일한 인자이다.** 촉매 또는 비활성 기체의 첨가는 평형에 영향을 주지 않는다.

평형 상수를 결정할 수 있는 실험을 기술하고, 실험으로부터 얻은 데이터를 어떻게 사용하는지를 기술할 수 있다.

평형 농도만이 평형 법칙을 만족시킨다. 질량 작용식에 평형 농도를 대입시켜 얻은 값 Q는 K_c나 K_P와 같다.

표에 주어진 평형 상수 값과 실험 데이터를 사용하여 평형 혼합물에 있는 모든 화학종의 평형 농도나 압력을 계산할 수 있다.

화학계의 초기 농도는 반응 시작 전에 반응 혼합물을 만드는 실험자에 의해서 결정되지만, 농도의 상대적 변화는 그 반응의 화학량론에 의해 결정된다. 초기 농도에 비하여 농도 변화가 매우 작다면, 그 변화는 무시할 수 있으며 평형 법칙에서 유도되는 계산식이 간단해진다. 일반적으로 초기 농도가 K보다 1000배 이상 큰 경우에 이러한 단순화가 유효하다. 평형은 양쪽 방향에서 도달할 수 있으므로, 계산을 단순화하기 위해 반응물보다는 생성물의 초기 양을 이용하는 방향으로 계산 과정을 재구성할 수 있다. 일반적으로 K가 매우 작으면 반응물의 초기 양을 이용하고, K가 매우 크면 생성물의 초기의 양을 이용하는 것이 편리하다.

문제 풀이를 위한 도구

도구 다음과 같은 도구들이 이 장에서 도입되었다. 이들을 주의 깊게 공부하면 필요할 때 적절한 도구를 선택할 수 있다.

평형에 도달(14.1절) 반응이 반응물 쪽에서 진행하였든 생성물 쪽에서 진행하였든 관계없이 평형에서의 화학적 조성은 동일하다는 것을 기억하라. K_c나 K_P가 매우 클 때의 평형 문제에서는 반응이 일단 완결(반응물이 모두 생성물로 바뀜)된 다음에 생성물 쪽에서 반응이 진행되어 평형에 도달한다고 가정하면 문제가 매우 단순해진다.

평형의 조건(14.2절) 계가 평형에 도달하면 Q 값은 평형 상수 값과 같아진다. Q를 계산할 수 있다면 계가 평형에 있는지를 결정할 수 있다. 따라서 Q와 K를 비교함으로써 반응이 평형에 도달하기 위해 어느 방향으로 진행되어야 하는지를 결정할 수 있다.

평형 법칙(14.2절) 균일 반응에서 다음과 같은 화학 반응식의

$$dD + eE \rightleftharpoons fF + gG$$

평형 법칙은 다음과 같다.

$$K_c = \frac{[F]^f[G]^g}{[D]^d[E]^e}$$

평형 반응식 다루기(14.2절) 평형 화학 반응식을 변형하거나 두 개 이상의 평형 반응식을 더해야 할 때가 종종 있다. 다음의 도구들은 새로운 평형 반응식의 평형 상수를 구하는 데 이용된다.

- 두 개의 반응식을 더하는 경우, 두 K 값을 곱하여 새로운 K를 구한다.
- 평형 반응식에 상수 n을 곱하는 경우, K 값을 n 거듭제곱하면 새로운 반응식의 K 값이 구해진다.
- 반응식을 역으로 쓰는 경우, K 값의 역수를 취하면 새로운 K 값이 구해진다.

부분 압력을 사용한 평형 법칙(14.3절) 다음의 기체 반응에서 부분 압력을 이용하여 새로운 평형 상수(K_P)를 나타낼 수 있다.

$$dD + eE \rightleftharpoons fF + gG$$

$$K_P = \frac{(P_F)^f(P_G)^g}{(P_D)^d(P_E)^e}$$

K_P와 K_c의 변환(14.3절) K_P와 K_c의 관계식은 다음 식과 같다.

$$K_P = K_c(RT)^{\Delta n_g}$$

$R = 0.0821\,\text{L atm mol}^{-1}\text{K}^{-1}$이고 $\Delta n_g(= n_{생성물} - n_{생성물})$는 생성물과 반응물에서의 기체의 몰수 변화라는 것을 기억하라.

불균일 반응에서의 평형 법칙(14.4절) 다음과 같은 불균일 반응에 대한 평형 법칙에 순수한 고체와 순수한 액체의 항은 포함되지 않는다는 것을 기억하라.

$$aA(s) + bB(g) \rightleftharpoons cC(s) + dD(g)$$

$$K = \frac{[D]^d}{[B]^b}$$

K 값 크기의 중요성(14.5절)

평형의 위치를 대략적으로 추정하는 데 이 도구를 사용할 수 있다.

- K 값이 매우 큰 경우, 평형의 위치는 오른쪽(생성물 쪽)에 훨씬 가까이 있다.
- K 값이 매우 작은 경우, 평형의 위치는 왼쪽(반응물 쪽)에 훨씬 가까이 있다.

Le Châtelier 원리(14.6절) 평형의 위치를 이동시키는 데 영향을 주는 요인들은 다음과 같다.

- 반응물이나 생성물의 첨가 또는 제거
- 기체 평형에서 부피의 변화
- 온도 변화에 따른 K의 변화
- 촉매와 비활성 기체는 평형의 위치에 영향을 주지 않는다.

농도표(14.7절) 농도표를 만들 때 다음 사항들을 기억하라.

- 표의 모든 값은 몰농도(mol L^{-1})의 단위로 주어져야 한다.
- 문제에서 초기 농도나 양이 주어지지 않은 반응물 또는 생성물의 초기 농도는 0으로 놓는다.
- 초기 농도가 0인 물질의 경우에, 반응이 평형 쪽으로 진행하면 그 물질의 농도 변화는 양의 값이어야 한다.
- 각 물질의 농도 변화의 비는 균형 반응식의 계수비와 같아야 한다. 미지의 농도 변화를 나타내는 x의 계수는 균형 반응식의 계수와 같아야 한다.
- 마지막 행의 값(평형 농도)들만 평형 법칙을 만족시킨다.

이차방정식의 근의 공식(14.8절) 방정식 $ax^2 + bx + c = 0$의 해는 다음과 같다.

$$x = \frac{-b \pm \sqrt{b^2 - 4ac}}{2a}$$

평형 계산의 단순화(14.8절) 반응물의 초기 농도가 $1000 \times K$보다 크다면 반응이 평형에 도달하는 동안 반응물의 농도 변화는 상대적으로 작을 것이다. 따라서 초기 농도에서 이 매우 작은 농도 변화 값을 빼거나 더해야 할 때는 이 값을 무시할 수 있다고 가정해도 된다. **이러한 근사를 이용하여 문제를 푼 경우에는 답을 구한 후에 반드시 가정의 타당성을 확인해야 한다.** 이 도구는 K 값이 매우 작고 반응물의 초기 농도를 알고 있거나, K 값이 매우 크면서 생성물의 초기 농도를 알고 있을 때 특히 유용하다.

쌍으로 구성된 복습 문제 중 청색 번호를 가진 문제의 해답은 부록 B에 수록하였다. 난이도가 높은 문제는 별표(*)로 표시하였다.

복습 질문

화학계에서의 동적 평형

14.1 평형 반응 $A \rightleftharpoons P$에서 시간에 따른 반응물 A와 생성물 P의 농도 변화를 나타내는 그래프를 그리시오. 생성물의 초기 농도는 0으로 가정하시오. 그래프에 평형이 도달한 지점을 표시하시오.

14.2 그림은 문제 14.1에서의 반응에 대한 초기 상태를 나타낸 것이다. 14.1에서의 그래프를 기준으로 평형 이전의 두 지점과 평형 이후의 두 지점에 대한 반응물과 생성물의 상대적 양을 나타내는 그림을 그리시오. (단, 반응물은 (●)로 생성물은 (○)으로 나

타내시오.)

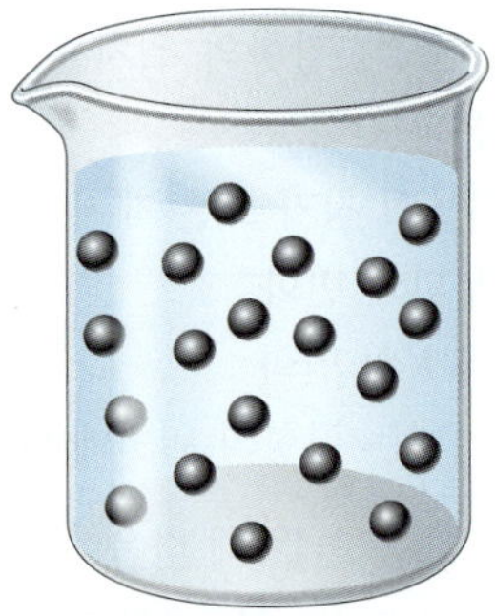

14.3 14.1의 반응에서 70%의 반응물과 30%의 생성물로 된 혼합물이 반응할 때의 그래프를 그리시오.

14.4 다음은 문제 14.3에서의 반응에 대한 초기 상태를 나타낸 것이다. 14.1에서의 그래프를 기준으로 평형 이전의 두 지점과 평형 이후의 두 지점에 대한 반응물과 생성물의 상대적 양을 나타내는 그림을 그리시오. (단, 반응물은 (●)로 생성물은 (○)으로 나타내시오.)

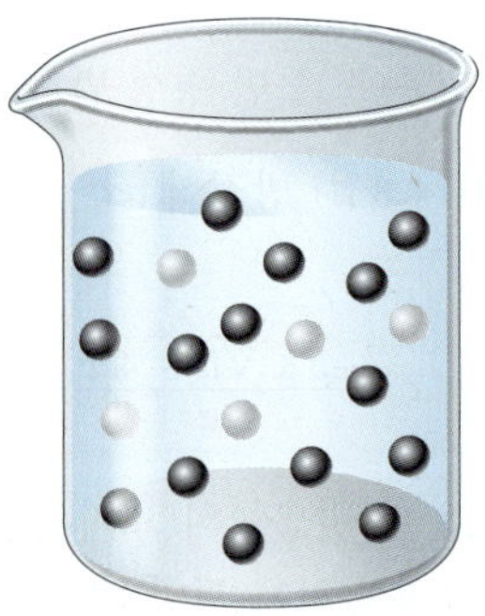

14.5 화학 평형을 기술할 때 반응물과 생성물의 의미는 무엇인가?

평형 법칙

14.6 **평형 법칙**이란 무엇인가? **질량 작용식**과의 차이점은 무엇인가?

14.7 **반응 지수**를 나타내는 기호와 정의를 쓰시오.

14.8 반응식과 평형 상수가 주어지면 질량 작용식을 나타낼 필요가 없는 이유는 무엇인가?

14.9 반응 지수와 K_c가 일치하는 경우는 무엇인가?

14.10 질량 작용식을 나타내는 방법을 기술하시오.

압력 혹은 농도에 기반한 평형 법칙

14.11 K_P를 나타내는 식을 쓰는 방법을 문장으로 설명하시오.

14.12 K_P와 K_c의 관계를 나타내는 식을 쓰고 모든 기호를 정의하시오. 이 식에서 사용하는 R의 값과 단위를 쓰시오.

14.13 다음 평형 반응에 대한 물음에 답하시오.

$$2N_2O_3(g) + O_2(g) \rightleftharpoons 4NO_2(g)$$

(**a**) 이 반응의 K_P를 K_c로 변환할 때 사용해야 하는 Δn_g는 얼마인가?

(**b**) 이 반응의 K_c를 K_P로 변환할 때 사용해야 하는 Δn_g는 얼마인가?

14.14 어떤 반응의 평형 법칙이 다음과 같다. 물음에 답하시오.

$$K_P = \frac{P_{BrF_3}^2}{P_{F_2}^3 P_{Br_2}}$$

(**a**) 주어진 반응에 대한 평형 반응식을 쓰시오.

(**b**) K_c를 나타내는 식을 쓰시오.

불균일 반응에서의 평형 법칙

14.15 **불균일 평형**과 **균일 평형**의 차이점은 무엇인가?

14.16 다음의 불균일 평형을 생각해 보자.

$$2NaHSO_3(s) \rightleftharpoons Na_2SO_3(s) + SO_2(g) + H_2O(g)$$

K_P를 K_c로 변환할 때 사용해야 하는 Δn_g는 얼마인가?

14.17 불균일 반응에 대한 질량 작용식에서 순수한 액체나 고체의 농도를 생략하는 이유는 무엇인가?

평형의 위치와 평형 상수

14.18 반응 $A \longrightarrow B$에서 Q가 K보다 작은 경우에 대하여 생각해 보자. 평형에 도달하기 위하여 필요한 반응은 정반응인가, 역반응인가? 수학을 이용하여 답에 대한 근거를 제시하시오.

14.19 문제 14.18에서의 반응을 토대로, 다음 3가지 경우에서 시간에 따른 A와 B의 농도 변화를 나타내는 그래프를 그리고, 그래프에서 평형에 도달하는 위치를 나타내시오.

(**a**) K가 매우 큰 경우 (**b**) K가 매우 작은 경우 (**c**) $K=1$인 경우

14.20 225°C에서 다음 반응의 평형 상수 $K_P = 6.3 \times 10^{-3}$이다.

$$CO(g) + 2H_2(g) \rightleftharpoons CH_3OH(g)$$

반응은 거의 완결될 것으로 예상되는가?

14.21 다음은 몇 가지 평형 반응과 평형 상수를 나타낸 것이다.

(**a**) $2CH_4(g) \rightleftharpoons C_2H_6(g) + H_2(g)$ $K_c = 9.5 \times 10^{-13}$

(**b**) $CH_3OH(g) + H_2(g) \rightleftharpoons CH_4(g) + H_2O(g)$ $K_c = 3.6 \times 10^{20}$

(**c**) $H_2(g) + Br_2(g) \rightleftharpoons 2HBr(g)$ $K_c = 2.0 \times 10^{9}$

반응이 완결되는 정도가 큰 순으로 반응을 나열하시오.

평형과 Le Châtelier 원리

14.22 Le Châtelier 원리를 기술하시오.

14.23 다음 반응이 평형에 있을 때 반응물을 가하면 평형이 오른쪽으로 이동하는 이유를 반응 지수를 이용하여 설명하시오.

$$PCl_3(g) + Cl_2(g) \rightleftharpoons PCl_5(g)$$

14.24 부피를 반으로 줄이면 압력은 2배가 된다. 부분 압력을 이용하여 나타낸 다음 반응의 반응 지수를 이용하여 부피를 반으로 줄이면 평형이 왼쪽으로 이동하는 이유를 설명하시오.

$$N_2O_4(g) \rightleftharpoons 2NO_2(g)$$

14.25 온도를 높였을 때 다음 반응의 K_P가 어떻게 변하는지 설명하시오. (**힌트**: 각 반응에서 가한 열은 반응물인가 생성물인가?)

(a) $CO(g) + 2H_2(g) \rightleftharpoons CH_3OH(g)$ $\Delta H° = -18$ kJ
(b) $N_2O(g) + NO_2(g) \rightleftharpoons 3NO(g)$ $\Delta H° = +155.7$ kJ
(c) $2NO(g) + Cl_2(g) \rightleftharpoons 2NOCl(g)$ $\Delta H° = -77.07$ kJ

14.26 화학 반응에서 촉매가 평형의 위치에 영향을 미치지 않는 이유는 무엇인가? 반응에서 촉매의 역할이 무엇인가 설명하시오.

14.27 일정한 부피에서 비활성 기체를 가하면 압력이 증가함에도 불구하고 평형의 위치에 영향을 미치지 않는 이유는 무엇인가?

복습 문제

평형 법칙

14.28 다음 각 기체 반응에 대한 평형 법칙을 몰농도를 이용하여 나타내시오.
(a) $2PCl_3(g) + O_2(g) \rightleftharpoons 2POCl_3(g)$
(b) $PCl_3(g) + Cl_2(g) \rightleftharpoons PCl_5(g)$
(c) $CO_2(g) + H_2(g) \rightleftharpoons CO(g) + H_2O(g)$
(d) $N_2H_4(g) + 6H_2O_2(g) \rightleftharpoons 2NO_2(g) + 8H_2O(g)$
(e) $SOCl_2(g) + H_2O(g) \rightleftharpoons SO_2(g) + 2HCl(g)$

14.29 다음 각 기체 반응에 대한 평형 법칙을 몰농도를 이용하여 나타내시오.
(a) $3Br_2(g) + PH_3(g) \rightleftharpoons PCl_3(g) + 3HBr(g)$
(b) $PCl_3(g) + PBr_3(g) \rightleftharpoons PCl_2Br(g) + PClBr_2(g)$
(c) $N_2(g) + 3H_2(g) \rightleftharpoons 2NH_3(g)$
(d) $H_2O(g) + Cl_2O(g) \rightleftharpoons 2HOCl(g)$
(e) $Br_2(g) + 5F_2(g) \rightleftharpoons 2BrF_5(g)$

14.30 다음 수용액에서의 반응에 대한 평형 법칙을 쓰시오.
(a) $Cu^{2+}(aq) + 4NH_3(aq) \rightleftharpoons Cu(NH_3)_4{}^{2+}(aq)$
(b) $Co(H_2O)_6{}^{2+}(aq) + 2OH^-(aq) \rightleftharpoons Co(H_2O)_4(OH)_2(aq) + 2H_2O(l)$

14.31 다음 수용액에서의 반응에 대한 평형 법칙을 쓰시오.
(a) $HClO(aq) + H_2O \rightleftharpoons H_3O^+(aq) + ClO^-(aq)$
(b) $CO_3{}^{2-}(aq) + HSO_4{}^-(aq) \rightleftharpoons HCO_3{}^-(aq) + SO_4{}^{2-}(aq)$

14.32 다음 각 반응에 대하여 몰농도 및 부분 압력을 이용한 평형 법칙을 각각 쓰시오. 각 반응에서 K_c와 K_P를 비교하시오.
(a) $H_2(g) + Br_2(g) \rightleftharpoons 2HBr(g)$
(b) $\frac{1}{2}H_2(g) + \frac{1}{2}Br_2(g) \rightleftharpoons HBr(g)$

14.33 다음 반응의 평형 법칙을 쓰시오.

$$HBr(g) \rightleftharpoons \tfrac{1}{2}H_2(g) + \tfrac{1}{2}Br_2(g)$$

이 반응의 K_c와 문제 14.32의 반응 (a)의 K_c를 비교하시오.

압력과 농도를 이용한 평형 법칙

14.34 문제 14.28의 반응에 대하여 부분 압력으로 평형 법칙을 쓰시오.

14.35 문제 14.29의 반응에 대하여 부분 압력으로 평형 법칙을 쓰시오.

14.36 40°C에서 295 mL의 용기에 담긴 NH_3의 압력이 705 torr였다. 암모니아의 몰농도는 얼마인가?

14.37 160°C의 용기에 담긴 수증기의 농도가 0.0300 *M*이다. 이 용기에서 H_2O의 부분 압력은 얼마인가?

14.38 다음 반응 중 $K_P = K_c$인 경우는 어느 것인가?
(a) $CO_2(g) + H_2(g) \rightleftharpoons CO(g) + H_2O(g)$
(b) $PCl_3(g) + Cl_2(g) \rightleftharpoons PCl_5(g)$
(c) $N_2O_4(g) \rightleftharpoons 2NO_2(g)$

14.39 다음 반응 중 $K_P = K_c$인 경우는 어느 것인가?
(a) $2H_2(g) + C_2H_2(g) \rightleftharpoons C_2H_6(g)$
(b) $N_2(g) + O_2(g) \rightleftharpoons 2NO(g)$
(c) $2NO(g) + O_2(g) \rightleftharpoons 2NO_2(g)$

14.40 반응 $CO(g) + 2H_2(g) \rightleftharpoons CH_3OH(g)$의 평형 상수 K_P는 250°C에서 7.3×10^{-3}이다. 같은 온도에서 반응의 K_c 값은 얼마인가?

14.41 반응 $HCO_2H(g) \rightleftharpoons CO(g) + H_2O(g)$의 평형 상수 K_P는 600°C에서 2.4×10^6이다. 같은 온도에서 반응의 K_c 값은 얼마인가?

14.42 반응 $N_2O(g) + NO_2(g) \rightleftharpoons 3NO(g)$의 평형 상수 K_c는 375°C에서 3.3×10^{-4}이다. 같은 온도에서 반응의 K_P 값은 얼마인가?

14.43 다음은 촉매를 이용하여 가솔린 엔진의 배기가스에서 NO를 CO와 반응시켜 제거하는 반응식이다.

$$2NO(g) + 2CO(g) \rightleftharpoons N_2(g) + 2CO_2(g)$$

이 반응의 평형 상수 K_c는 270°C에서 2.7×10^{59}이다. 같은 온도에서 반응의 K_P 값은 얼마인가?

14.44 반응 $CO(g) + 2H_2(g) \rightleftharpoons CH_3OH(g)$의 평형 상수 K_c는 673°C에서 0.5이다. 같은 온도에서 반응의 K_P 값은 얼마인가?

14.45 반응 $COCl_2(g) \rightleftharpoons CO(g) + Cl_2(g)$의 평형 상수 K_P는 400°C에서 4.35×10^{-2}이다. 같은 온도에서 반응의 K_c 값은 얼마인가?

불균일 반응에서의 평형 법칙

14.46 다음 염산 용액의 몰농도를 구하시오(단, 염산 용액의 밀도는 1.18 g/mL이다).
(a) 22.0 mL (b) 100 mL (c) 1.00 L

14.47 아이오딘화 수소의 밀도는 2.85 g cm^{-3}이다. 순수한 HI 15.0 cm^{3}의 몰농도는 얼마인가? 순수한 HI 30.0 g의 몰농도는 얼마인가?

14.48 다음 각 불균일 반응의 K_c를 나타내는 평형 법칙을 쓰시오.

(a) $2C(s) + O_2(g) \rightleftharpoons 2CO(g)$
(b) $2NaHSO_3(s) \rightleftharpoons Na_2SO_3(s) + H_2O(g) + SO_2(g)$
(c) $2C(s) + 2H_2O(g) \rightleftharpoons CH_4(g) + CO_2(g)$
(d) $CaCO_3(s) + 2HF(g) \rightleftharpoons CO_2(g) + CaF_2(s) + H_2O(g)$
(e) $CuSO_4 \cdot 5H_2O(s) \rightleftharpoons CuSO_4(s) + 5H_2O(g)$

14.49 다음 각 불균일 반응의 K_c를 나타내는 평형 법칙을 쓰시오.
(a) $CaCO_3(s) + 2HF(g) \rightleftharpoons CO_2(g) + CaF_2(s) + H_2O(g)$
(b) $AgCl(s) + Br^-(aq) \rightleftharpoons AgBr(s) + Cl^-(aq)$
(c) $Cu(OH)_2(s) \rightleftharpoons Cu^{2+}(aq) + 2OH^-(aq)$
(d) $3CuO(s) + 2NH_3(g) \rightleftharpoons 3Cu(s) + N_2(g) + 3H_2O(g)$

14.50 다음 불균일 반응의 평형 상수 K_c는 25°C에서 1.6×10^{-34}이다.

$$2HCl(g) + Br_2(s) \rightleftharpoons 2HBr(g) + Cl_2(g)$$

0.200 mol의 HCl과 고체 Br_2를 1.00 L 용기에 넣었다고 가정하자. 이 용기에 들어 있는 HBr과 Cl_2의 평형 농도는 얼마인가?

14.51 다음 반응의 평형 상수는 K_c는 25°C에서 360이다.

$$AgCl(s) + Br^-(aq) \rightleftharpoons AgBr(s) + Cl^-(aq)$$

0.10*M*의 Br^-가 들어 있는 용액에 AgCl 고체를 가했을 때 Br^-와 Cl^-의 평형 농도는 얼마인가?

평형과 Le Châtelier 원리

14.52 반응 $C_2H_4(g) + H_2O(g) \rightleftharpoons CH_3CH_2OH(g)$의 $\Delta H° = -44.6$ kJ이다. 다음과 같은 변화가 일어날 때 CH_3CH_2OH의 평형 농도는 어떻게 변하겠는가?
(a) $CO(g)$ 첨가
(b) $H_2(g)$ 제거
(c) 용기의 부피 줄임
(d) 촉매 첨가
(e) 온도 높임

14.53 다음과 같은 변화가 일어날 때 반응

$$\text{열} + CH_4(g) + 2H_2S(g) \rightleftharpoons CS_2(g) + 4H_2(g)$$

의 평형의 위치는 어떻게 이동하겠는가?
(a) $CH_4(g)$ 첨가
(b) $H_2(g)$ 첨가
(c) $CS_2(g)$ 제거
(d) 용기 부피를 줄임
(e) 온도 상승

14.54 $\Delta H°$가 155.7kJ인 다음의 평형 반응을 생각해 보자.

$$N_2O(g) + NO_2(g) \rightleftharpoons 3NO(g)$$

평형에서 다음과 같은 변화가 주어진다면 평형의 위치는 어떻게 이동하겠는가?
(a) N_2O 첨가
(b) NO_2 제거
(c) NO 첨가
(d) 반응 혼합물의 온도 높임
(e) 일정 부피에서 반응 혼합물에 헬륨 기체를 첨가
(f) 일정 온도에서 용기의 부피를 줄임

14.55 $\Delta H°$가 −77.07kJ인 다음의 평형 반응을 생각해 보자.

$$2NO(g) + Cl_2(g) \rightleftharpoons 2NOCl(g)$$

평형에서 다음과 같은 변화가 주어진다면 Cl_2의 양은 어떻게 변하겠는가?
(a) $NO(g)$ 제거
(b) $NOCl(g)$ 첨가
(c) 온도 높임
(d) 일정 온도에서 용기의 부피 줄임

평형 상수 계산

14.56 다음은 에틸렌(C_2H_4)과 물이 반응하여 에탄올을 생성하는 반응이다.

$$C_2H_4(g) + H_2O(g) \rightleftharpoons C_2H_5OH(g)$$

어떤 온도에서 이 기체 혼합물이 평형을 이루었을 때 부분 압력은 다음과 같았다. $P_{C_2H_4} = 0.00600$ atm, $P_{H_2O} = 0.0150$ atm, $P_{C_2H_5OH} = 0.0719$ atm. K_P를 계산하시오.

14.57 어떤 고온에서 3.50L의 공압 용기에 들어있는 1.50 mol의 HCl이 다음 반응과 같이 분해한다.

$$2HCl(g) \rightleftharpoons H_2(g) + Cl_2(g)$$

평형에서 측정한 Cl_2의 농도가 0.0895*M*이었다. 이 온도에서 반응의 K_c를 구하시오.

14.58 가열된 500 mL 용기에 들어있는 0.050 mol의 에테인(C_2H_6)이 다음 반응과 같이 분해한다.

$$C_2H_6(g) \rightleftharpoons 2H_2(g) + C_2H_2(g)$$

평형에서 측정한 C_2H_6의 농도가 0.066 mol L^{-1}이었다. 이 반응의 K_c를 구하시오.

14.59 고온의 고압 용기에서 $NO_2(g) + NO(g) \rightleftharpoons N_2O(g) + O_2(g)$ 반응이 평형에 도달하였다. 처음 반응 용기에 넣은 각 물질의 초기 농도는 $[N_2O] = 0.184M$, $[O_2] = 0.377M$, $[NO_2] = 0.0560M$, $[NO] = 0.294M$이었다. 혼합물 중에서 유일하게 색을 띠는 기체인 NO_2의 농도를 색의 세기를 이용하여 측정한 NO_2의 평형 농도는 0.118*M*이었다. 이 온도에서 반응의 K_c를 구하시오.

14.60 다음은 500K에서 인과 염소를 반응시킬 때 생성되는 PCl_5와 PCl_3 사이의 평형 반응이다.

$$PCl_5(g) \rightleftharpoons PCl_3(g) + Cl_2(g)$$

500K의 빈 1.00L 플라스크에 0.176g의 PCl_5를 넣고 시작된 반응이 평형에 도달하였을 때 전체 압력이 0.0893atm이었다. 평형에서 PCl_5, PCl_3, Cl_2의 부분 압력과 평형 상수를 각각 계산하시오.

14.61 다음은 400K에서 N_2O_4가 NO_2로 분해하는 반응을 나타낸 것이다.

$$N_2O_4(g) \rightleftharpoons 2NO_2(g)$$

400K의 빈 1.00L 플라스크에 0.618g의 $N_2O_4(g)$를 넣고 시작된 반응이 평형에 도달하였을 때 전체 압력이 0.331atm이었

다. 평형에서 N_2O_4와 NO_2의 부분 압력과 평형 상수를 각각 계산하시오.

평형 상수를 이용한 농도 계산

14.62 어떤 온도에서 다음 반응의 평형 상수 K_c는 0.18이다.

$$PF_3(g) + F_2(g) \rightleftharpoons PF_5(g)$$

같은 온도의 반응 용기에 $[PF_3]=0.0420M$, $[F_2]=0.0240M$, $[PF_5]=0.00500M$의 혼합 기체가 들어 있었다. 다음 물음에 답하시오.

(a) 반응 지수를 계산하고 계가 평형 상태인지 확인하시오.
(b) 평형 상태가 아니라면, 평형에 도달하기 위하여 반응이 진행해야 하는 방향을 제시하시오.

14.63 485°C에서 다음 반응의 평형 상수는 K_c는 70.0이다.

$$SO_2(g) + NO_2(g) \rightleftharpoons NO(g) + SO_3(g)$$

485°C의 반응 용기에 $[SO_2]=0.00250M$, $[NO_2]=0.00350M$, $[NO]=0.0250M$, $[SO_3]=0.0400M$의 혼합 기체가 들어 있었다. 다음 물음에 답하시오.

(a) 이 반응은 평형 상태에 있는가?
(b) 평형 상태가 아니라면, 평형에 도달하기 위하여 반응이 진행해야 하는 방향을 제시하시오.

14.64 어떤 온도에서 다음 반응의 평형 상수 K_c는 0.500이다.

$$N_2(g) + O_2(g) \rightleftharpoons 2NO(g)$$

평형 상태의 반응 혼합물에 $0.0180M$의 N_2와 $0.0220M$의 O_2가 포함되어 있다면, $NO(g)$의 농도는 얼마인가?

14.65 어떤 온도에서 다음 반응의 평형 상수 K_P는 0.0180이다.

$$N_2(g) + 3H_2(g) \rightleftharpoons 2NH_3(g)$$

평형 상태의 기체 혼합물에서 NH_3의 부분 압력은 22.2atm이고 N_2의 부분 압력은 1.18atm이었다면, $H_2(g)$의 부분 압력은 얼마인가?

14.66 25°C에서 CCl_4를 용매로 사용하는 다음 반응의 평형 상수 K_c는 0.145이다.

$$2BrCl \rightleftharpoons Br_2 + Cl_2$$

BrCl의 초기 농도가 $0.075M$이라면, Br_2와 Cl_2의 평형 농도는 얼마인가?

14.67 25°C에서 CCl_4를 용매로 사용하는 다음 반응의 평형 상수 K_c는 0.145이다.

$$2BrCl \rightleftharpoons Br_2 + Cl_2$$

Br_2와 Cl_2의 초기 농도가 각각 $0.0300M$이라면, 이들의 평형 농도는 얼마인가?

14.68 어떤 온도에서 다음 반응의 평형 상수 K_c는 0.750이다.

$$SO_3(g) + NO(g) \rightleftharpoons NO_2(g) + SO_2(g)$$

0.280mol의 SO_3와 0.280mol의 NO를 8.00L 용기에 넣고 반응시켰다면, 각 기체의 평형 농도는 얼마이겠는가?

14.69 문제 14.68에서의 반응을 위하여 0.140mol의 NO_2와 0.140mol의 SO_2의 반응 혼합물을 4.00L 용기에 넣었다. 계가 평형에 도달한 후의 4가지 기체의 평형 농도를 각각 구하시오. 이 평형 농도를 문제 14.68의 계산 결과와 비교하고 그 결과를 설명하시오.

14.70 어떤 온도에서 다음 반응의 평형 상수 K_c는 0.400이다.

$$CO(g) + H_2O(g) \rightleftharpoons CO_2(g) + H_2(g)$$

각 기체 1.00mol을 100.0L 용기에 넣고 반응시켰을 때 이들의 기체의 평형 농도는 각각 얼마이겠는가?

14.71 25°C에서 CCl_4를 용매로 사용하는 다음 반응의 평형 상수 K_c는 0.145이다.

$$2HI \rightleftharpoons H_2 + I_2$$

용액에서 각 물질의 초기 농도가 $0.0400M$이었다면 평형 농도는 얼마이겠는가?

14.72 25°C에서 다음 반응의 평형 상수 K_c는 3.2×10^{-34}이다.

$$2HCl(g) \rightleftharpoons H_2(g) + Cl_2(g)$$

초기에 $0.0450M$의 HCl을 반응시켜 평형에 도달하였을 때 H_2와 Cl_2의 평형 농도는 얼마가 되겠는가?

14.73 200°C에서 다음 반응의 평형 상수는 K_c는 1.4×10^{-10}이다.

$$N_2O(g) + NO_2(g) \rightleftharpoons 3NO(g)$$

0.200mol의 N_2O와 0.400mol의 NO_2를 4.00L 반응 용기에 넣고 반응시켜 평형에 도달하였을 때, NO의 농도는 얼마인가?

14.74 2000°C에서 다음의 CO_2 분해 반응의 평형 상수는 $K_c=6.4\times10^{-7}$이다.

$$2CO_2(g) \rightleftharpoons 2CO(g) + O_2(g)$$

1.00×10^{-2}mol의 CO_2가 들어 있는 1.00L 용기를 2000°C로 가열했을 때 CO의 평형 농도는 얼마인가?

14.75 500°C에서 물이 분해하여 수소와 산소를 생성하는 다음 반응의 평형 상수는 K_c는 6.0×10^{-28}이다.

$$2H_2O(g) \rightleftharpoons 2H_2(g) + O_2(g)$$

초기에 5.00L 반응 용기에 0.015mol의 H_2O이 들어 있었다면, 이 온도의 평형에서 H_2와 O_2는 각각 몇 mol이 들어 있겠는가?

14.76 어떤 온도에서 다음 반응의 평형 상수는 $K_c=0.18$이다.

$$PCl_3(g) + Cl_2(g) \rightleftharpoons PCl_5(g)$$

같은 온도에서 0.052 mol의 PCl_5를 4.00L 용기에 넣고 반응시켰다면, 평형에서 PCl_3의 농도는 얼마인가?

14.77 400°C에서 다음 반응의 평형 상수 K_c는 70.0이다.

$$SO_2(g) + NO_2(g) \rightleftharpoons NO(g) + SO_3(g)$$

이 온도에서 0.100 mol의 SO_2, 0.0600 mol의 NO_2, 0.0800 mol의 NO, 0.120mol의 SO_3를 10.0L 용기에 넣고 반응시켰다. 계가 평형에 도달하였을 때 각 기체의 몰농도를 구하시오.

14.78 어떤 온도에서 다음 반응의 평형 상수 K_c는 0.500이다.

$$SO_3(g) + NO(g) \rightleftharpoons NO_2(g) + SO_2(g)$$

0.500 mol의 SO_3와 1.00 mol의 NO를 10.00 L 용기에 넣고 반응시켜 평형에 도달하였다면, NO_2와 SO_2의 농도는 각각 얼마인가?

14.79 25°C에서 다음 반응의 평형 상수 K_c는 0.180이다.

$$2BrCl \rightleftharpoons Br_2 + Cl_2$$

$[BrCl] = 0.0500\,M$, $[Br_2] = 0.0450\,M$, $[Cl_2] = 0.0300\,M$인 용액을 반응시켰을 때 각 물질의 평형 농도를 구하시오.

***14.80** 어떤 온도에서 다음 반응의 평형 상수는 $K_c = 4.3 \times 10^5$이다.

$$HCO_2H(g) \rightleftharpoons CO(g) + H_2O(g)$$

5.00 L 용기에 0.200 mol의 $HCO_2(g)$를 반응시켰을 때 평형에서 $CO(g)$와 $H_2O(g)$의 농도는 얼마인가? (**힌트:** K가 매우 클 때 평형의 위치는 어디인가?)

***14.81** 25°C에서 반응 $H_2(g) + Br_2(g) \rightleftharpoons 2HBr(g)$의 K_c는 2.0×10^9이다. 0.100 mol의 H_2와 0.200 mol의 Br_2를 10.0 L의 용기에 넣고 반응시켰을 때, 모든 물질의 평형 농도를 각각 구하시오.

추가 연습 문제

14.82 25°C에서 반응 $N_2O_4(g) \rightleftharpoons 2NO_2(g)$의 평형 상수 K_P는 0.140이다. 평형 상태의 용기에 포함된 N_2O_4의 부분 압력이 0.350 atm이었다. 다음 물음에 답하시오.

(**a**) 반응 혼합물에서 NO_2의 부분 압력은 얼마인가?

(**b**) 기체 혼합물의 전체 압력은 얼마인가?

14.83 25°C에서 다음 반응이 평형에 도달했을 때 혼합물에 들어 있는 기체들의 농도는 $[NO_2] = 0.28\,M$, $[NO] = 6.9 \times 10^{-8}\,M$, $[N_2O] = 0.035\,M$이었다. 이 반응의 K_P를 구하시오.

$$N_2O(g) + NO_2(g) \rightleftharpoons 3NO(g)$$

14.84 25°C에서 수용액에서 진행되는 다음 반응의 평형 상수 K_c는 1×10^{-85}이다.

$$7IO_3^-(aq) + 9H_2O + 7H^+(aq) \rightleftharpoons I_2(aq) + 5H_5IO_6(aq)$$

이 반응의 평형 법칙을 쓰시오.

***14.85** 어떤 온도에서 다음 반응의 평형 상수는 K_c는 0.914이다.

$$NO_2(g) + NO(g) \rightleftharpoons N_2O(g) + O_2(g)$$

4.00 L 용기에 0.250 mol의 NO_2, 0.275 mol의 NO, 0.175 mol의 N_2O, 0.225 mol의 O_2를 혼합한 후 시작된 반응이 평형에 도달하였을 때, 각 기체의 평형 농도를 구하시오.

***14.86** 27°C에서 다음 반응의 평형 상수 K_P는 1.5×10^{18}이다.

$$2NH_3(g) \rightleftharpoons N_2(g) + 3H_2(g)$$

0.025 mol의 NH_3를 1.50 L 용기에 넣고 반응시켜 평형에 도달하였다면 NH_3, N_2, H_2의 평형 농도는 각각 얼마이겠는가?

14.87 다음 평형을 생각해 보자.

$$2NaHSO_3(s) \rightleftharpoons Na_2SO_3(s) + H_2O(g) + SO_2(g)$$

평형에서 다음과 같은 변화가 주어진다면 평형의 위치는 어떻게 이동하겠는가?

(**a**) 반응 용기에 $NaHSO_3$ 첨가

(**b**) 반응 용기에서 Na_2SO_3 제거

(**c**) 반응 용기에 H_2O 첨가

(**d**) 일정 온도에서 반응 용기의 부피 증가

14.88 어떤 온도에서 다음 반응의 평형 상수는 $K_c = 0.914$이다.

$$NO_2(g) + NO(g) \rightleftharpoons N_2O(g) + O_2(g)$$

5.00 L 용기에 각 기체 0.250 mol씩을 혼합한 후 시작된 반응이 평형에 도달하였을 때, 각 기체의 평형 농도는 얼마가 되겠는가? 평형 혼합물에 0.050 mol의 NO_2를 첨가한 후 도달한 새로운 평형에서 각 기체의 농도를 구하시오.

***14.89** 어떤 온도에서 다음 반응의 평형 상수는 $K_c = 0.784$이다.

$$NO_2(g) + NO(g) \rightleftharpoons N_2O(g) + O_2(g)$$

평형에서 N_2O의 농도가 0.0450 M이 될 때까지 6.00 L의 용기에 동일한 양의 NO와 NO_2를 넣었다. 용기에 NO와 NO_2를 몇 mol씩 넣어야 하는가?

***14.90** 어떤 온도에서 다음 반응의 평형 상수는 K_P는 4.0이다.

$$F_2(g) + PF_3(g) \rightleftharpoons PF_5(g)$$

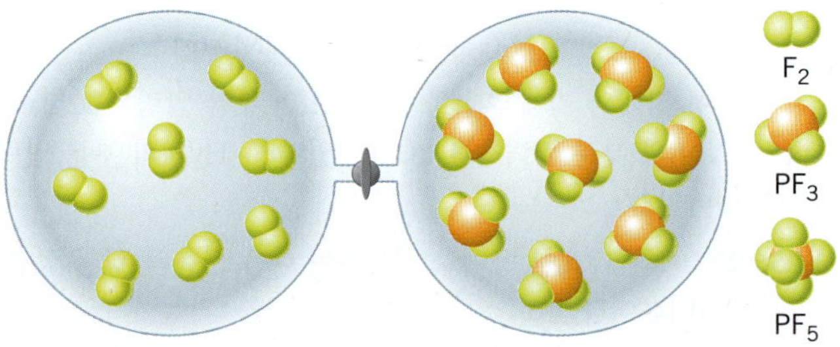

그림과 같이 두 개의 1.00 L 구에 각각 0.500 atm의 $F_2(g)$와 $PF_3(g)$를 채웠다. 다음 물음에 답하시오.

(**a**) 두 구 사이에 있는 잠금 꼭지를 열었더니 압력이 감소하였다. 압력이 안정해졌을 때 실험 장치에서 기체의 조성을 보여 주는 그림을 그리시오.

(**b**) 압력이 안정해진 이후에 계속 일어나는 화학 반응들을 나열하시오.

(**c**) 왼쪽 유리구에 들어 있는 기체를 모두 오른쪽 유리구로 옮기고 잠금 꼭지를 닫았다고 가정하자. 평형에 도달했을 때 기체 혼합물의 조성을 보여 주는 두 번째 그림을 그리시오.

(**d**) 한 개의 구로 구성된 계와 두 개의 구로 구성된 계에서 화학 조성이 어떻게 다른지 설명하시오.

14.91 다음 반응의 평형 상수는 K_c는 1.0×10^{-11}이다.

$$PCl_5(g) \rightleftharpoons PCl_3(g) + Cl_2(g)$$

4.00L의 용기에 0.40mol의 PCl_5를 주입한 후 시작된 반응이 평형에 도달하였을 때 용기에 존재하는 PCl_3의 몰수는 얼마인가?

***14.92** 다음 반응은 $HNO_2(g)$를 생성하기 위한 기체상 반응이다.

$$NO(g) + NO_2(g) + H_2O(g) \rightleftharpoons 2HNO_2(g)$$

20°C의 15.0L의 유리 용기에 $[NO]=[NO_2]=3.59\times10^{-3}M$ 그리고 $[HNO_2]=0M$인 혼합 기체를 주입한 후 반응이 시작되었다. $H_2O(g)$의 초기 부분 압력은 22.5torr였다. 평형 상태에서 측정한 HNO_2의 농도가 $5.0\times10^{-4}M$일 때 반응의 K_c를 구하시오.

14.93 500°C에서 다음 반응의 평형 상수 K_P는 1.45×10^{-5}이다.

$$3H_2(g) + N_2(g) \rightleftharpoons 2NH_3(g)$$

이 온도에서 평형 상태의 반응 혼합물에서 NH_3와 N_2의 부분 압력은 각각 4.26×10^{-4}bar와 0.80bar이다. 평형에서 반응 혼합물에 들어 있는 모든 기체의 몰농도를 구하시오. 구한 농도를 이용하여 K_p를 계산하고, 식 14.10을 이용하여 계산한 K_p 값과 비교하시오.

다중 개념 문제

***14.94** 400.0°C에서 다음 반응의 평형 상수 K_P는 1.6×10^6이다.

$$HCHO_2(g) \rightleftharpoons CO(g) + H_2O(g)$$

25°C의 2.00L 반응 용기에 0.391g의 $H_2O(l)$와 부분 압력이 0.177atm인 $CO(g)$의 혼합물을 준비한 후, 용기를 닫고 400°C까지 가열한 후 반응이 진행하여 평형에 도달하였다. 평형에서 $HCHO_2$의 부분 압력은 얼마인가?

14.95 2000°C에서 다음 반응의 평형 상수 K_c는 6.4×10^{-7}이다.

$$2CO_2(g) \rightleftharpoons 2CO(g) + O_2(g)$$

1.00×10^{-2}mol의 CO_2가 들어 있는 1.00L 용기를 2000°C로 가열할 때, 평형에 도달할 때까지 흡수하거나 혹은 방출하는 열은 몇 J인가?

***14.96** 460°C에서 다음 반응의 평형 상수 K_c는 85.0이다.

$$SO_2(g) + NO_2(g) \rightleftharpoons NO(g) + SO_3(g)$$

이 온도에서 0.0255mol의 SO_2, 0.0600mol의 NO_2, 0.0800mol의 NO, 0.0446mol의 SO_3를 10.0L 용기에 주입한 후 시작된 반응이 평형에 도달하였을 때 전체 압력은 초기 압력에 비하여 얼마만큼 변하겠는가?

***14.97** 25°C에서 다음 반응의 평형 상수 K_c는 1.88×10^{-10}이다.

$$N_2O(g) + NO_2(g) \rightleftharpoons 3NO(g)$$

온도와 압력이 각각 25°C와 800torr인 NO 기체 400mL를 5.00L에 주입한 후 시작된 반응이 평형에 도달하였다. 평형에서 N_2O와 NO의 몰농도를 구하시오. 25°C의 평형에서 혼합물의 전체 압력(torr)은 얼마인가?

***14.98** 400°C에서 다음 반응의 평형 상수 K_c는 2.9×10^4이다.

$$HCHO_2(g) \rightleftharpoons CO(g) + H_2O(g)$$

반응 용기에 $[CO]=0.020M$과 $[H_2O]=0.030M$의 혼합물을 주입한 후 시작된 반응이 평형에 도달하였다. 평형에서의 $HCHO_2$의 몰농도를 구하시오. 이 온도에서 평형 혼합물의 밀도는 얼마인가?

***14.99** 25.0°C에서 반응 $N_2O_4(g) \rightleftharpoons 2NO_2(g)$의 K_P는 0.140이다. 25.0°C에서 4.00L의 반응 용기에 0.0300mol의 N_2O_4와 0.0142mol의 NO_2를 주입한 후 반응이 시작되었다. 평형에서 기체 혼합물의 밀도(g/L)는 초기 밀도에 비하여 얼마만큼 변하겠는가?

비판적 사고의 과제

14.100 균형 반응식에서의 계수는 평형 법칙에서 농도의 지수로 사용된다. 그러나 속도 법칙에서는 이 규칙이 항상 적용되지는 않는 이유는 무엇인가?

14.101 평형 농도가 매우 유용한 정보인 이유는 무엇인가?

14.102 아래에 구멍이 있는 용기에 물을 주입하는 장치가 있다. 물이 유입되는 속도와 배수되는 속도가 일치하도록 조절하면 용기에 남아 있는 물의 양은 일정할 것이다. 이 상태는 평형 상태인가? 설명하시오.

14.103 화학 이외의 분야에서도 평형 법칙을 적용할 수 있다. 이에 대하여 사례를 들어 설명하시오.

14.104 계가 동적 평형에 도달하는 것을 방해하는 요인은 무엇이 있는가? 사례를 들어 설명하시오.

14.105 수 세기가 지나도 지구의 대기는 해양 및 육지와 여전히 평형을 이루지 못하고 있다. 그 원인이 되는 인자들은 무엇인가?

14.106 매우 작은 결정으로 구성된 혼합물이 포화 용액과 접촉하고 있는 계를 오랫동안 연구한 결과 아주 작은 결정은 녹고 큰

결정은 더 커지는 것을 확인하였다. 이 현상을 동적 평형의 개념으로 설명하시오.

14.107 Le Châtelier 원리를 이용하여 반응 혼합물에 반응물이나 혼합물을 가하거나 혹은 제거할 때 어떤 일이 일어나는지를 정성적으로 설명할 수 있다. 불균일 반응에서 순수한 고체나 액체가 제거될 때 Le Châtelier 원리를 적용하지 못하는 이유는 무엇인가?

Yuri Smityuk / Getty Images

15장

산과 염기: 분자적 관점

이 장의 배경

사진에 보이는 러시아 동캄차카에 위치한 Maly Semyachik 화산 분화구의 담록색의 호수는, 화산으로부터 방출된 여러 가지 산과 다양한 화합물을 포함하고 있으며, 특히 주변의 토지가 눈과 얼음으로 뒤덮인 상태에서도 얼지 않고 액체 상태를 유지하고 있다. 재미있는 것은 알루미늄으로 만든 노를 이용하는 고무보트를 이용하여 호수를 탐사하는 과학자들이 호수 한가운데서 움직이지 못하는 일이 발생하였는데, 이는 알루미늄이 산성 용액에서 녹기 때문이다.

4장에서 산과 염기라는 화합물을 소개하였다. 레몬이나 토마토와 같은 식품이나 배수구 청소 용제 혹은 암모니아와 같은 가정용품에서부터 아미노산과 같은 생물학적으로 중요한 화합물에 이르기까지 많은 물질이 산 또는 염기의 범주에 포함된다. 산-염기 반응은 4장에서 논의되었던 Arrhenius의 산-염기에 대한 제한된 설명을 넘어서 보다 확장된 개념을 제공해 줄 수 있는 유용한 도구이다. 이제 산과 염기에 대한 확장된 분류법을 공부하고, 산과 염기의 세기의 주기적 경향성과 세라믹 칼과 같은 유용한 기능성 제품을 생산하는 데 이용되는 산-염기 화학을 이해하기 위하여 다시 산과 염기와 관련된 논의를 시작하려고 한다.

이 장의 개요

15.1 Brønsted-Lowry 산과 염기

15.2 Brønsted-Lowry 산과 염기의 세기

15.3 산 세기의 주기적 경향

15.4 Lewis 산과 염기

15.5 원소와 그 산화물의 산-염기 성질

15.6 기능성 세라믹과 산-염기 화학

학습 목표

이 장을 읽고 이해한 후 다음과 같은 것을 할 수 있어야 한다.

- Brønsted-Lowry 산과 염기를 구분하고, 짝산-짝염기 쌍과 양쪽성 물질이라는 용어를 설명할 수 있다.
- Brønsted-Lowry 산과 염기의 세기를 비교하여 더 강한 것과 약한 것을 구분하고, 짝산-짝염기 쌍의 상대적 세기를 비교할 수 있다.
- 주기율표를 사용하여 이성분산과 산소산의 세기에 대한 경향을 설명할 수 있다.
- Lewis 산과 염기를 정의하고, 이들을 Arrhenius 정의 및 Brønsted-Lowry 정의와 비교할 수 있다.
- 주기율표를 사용하여 어떤 원소가 산(또는 염기)을 형성할 가능성이 있는지 예측할 수 있다.
- 솔-젤 과정을 포함한 산-염기 화학을 이용한 '기능성 세라믹'의 생산 과정에 대하여 설명할 수 있다.

학습 목표 달성을 위한 제안

각 장에서 학습한 내용에 대한 요약을 정리하고 연습문제를 풀어 보는 것은 매우 중요한 과정이다. 화학과 관련된 여러 가지 내용을 정리할 노트북을 준비해 두는 것이 좋다. 다음은 15장에서 다루는 여러 내용을 이해하는 데 도움이 되는 몇 가지 제안이다.

1. 교재의 내용을 읽거나 혹은 강의를 들을 때 항상 메모하는 습관이 필요하다. 메모에는 질문이나 도표 혹은 그림 등을 포함한 무질서한 형태일 수도 있다. 그러나 개념 사이의 연관을 나타내기도 하고 때로는 문제에 대한 여러분의 답을 적어보는 등 다양한 형태의 기록을 남기기를 추천한다.
2. 15장에서 중요한 개념 두 가지를 선택하고, 이 개념을 다른 사람들에게 설명할 수 있는 자료를 만들어 보라.
3. 15장에서 이해하기 어려운 개념 두 가지를 선택하고 강사나 강의 조교, 혹은 동료에게 질문하고 도움을 청하라.

15.1 Brønsted–Lowry 산과 염기

Andy Washnik

그림 15.1 기체 HCl과 기체 NH_3의 반응 각각의 기체가 진한 수용액으로부터 탈출하여 서로 혼합되면 용기 위에 NH_4Cl의 미세 결정으로 이루어진 구름이 만들어진다.

4장에서 산은 물에서 H_3O^+를 생성하고 염기는 OH^-를 만드는 물질로 정의하였다. Arrhenius에 따르면, 산–염기 중화 반응은 산과 염기가 결합하여 물과 염을 생성하는 반응이다. 그러나 H_3O^+나 OH^- 또는 심지어 H_2O를 포함하지 않는 많은 반응이 중화와 유사하다. 예를 들면 진한 염산과 진한 암모니아수가 담긴 두 용기의 뚜껑을 열어 놓은 채로 바로 옆에 두면, 두 용기로부터 나온 증기가 혼합될 때 흰색 구름이 만들어진다(**그림 15.1** 참조). 이 구름은 작은 염화 암모늄 결정으로, 이 결정은 열린 용기로부터 방출된 암모니아와 염화 수소 기체가 공기 중에서 혼합되어 반응할 때 만들어진다.

$$NH_3(g) + HCl(g) \longrightarrow NH_4Cl(s)$$

흥미로운 사실은 이 반응이 암모니아(염기) 수용액이 염화 수소(산) 수용액에 의해 중화될 때 일어나는 알짜 반응과 동일하다는 것이다. 그러나 기체 상태 반응은 물이 포함되지 않았기 때문에 Arrhenius 정의에 따른 산–염기 중화 반응으로 설명하는 것은 적절하지 않다.

수용액 반응과 기체 반응을 비교해 보면 두 반응은 공통점이 있다. 두 반응 모두 한 입자로부터 다른 입자로의 **양성자**(proton, 수소 이온 H^+) 이동을 포함한다.[1] 4.6절에서 논의한 바와 같이 HCl이 완전히 이온화되는 물속에서는 H_3O^+로부터 NH_3로 양성자가 이동한다. 이 이온 반응식은 아래와 같다.

$$NH_3(aq) + H_3O^+(aq) + Cl^-(aq) \longrightarrow \underbrace{NH_4^+(aq) + Cl^-(aq)}_{NH_4Cl\text{의 이온}} + H_2O$$

기체상에서 양성자는 HCl 분자로부터 NH_3 분자로 직접 이동한다.

[1]수소 원자로부터 전자 한 개가 제거되면 핵만 남고, 그것이 바로 양성자이다. 그러므로 수소 이온 H^+는 양성자로 구성되어 있고, 양성자와 수소 이온이라는 말은 종종 서로 혼용된다.

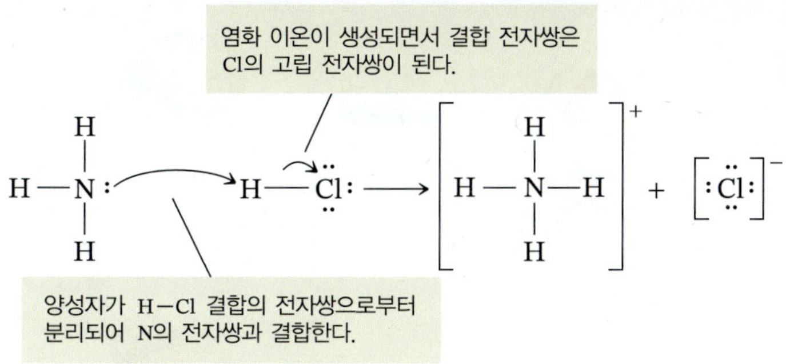

해설 굽은 화살표는 이온을 형성하는 동안 전자가 어떻게 이동하고 재배열되는가를 보여 준다. H−Cl 결합에 있는 전자쌍으로부터 분리된 H^+가 NH_3 분자의 질소 원자의 전자쌍과 결합한다. H−Cl 결합의 전자쌍은 전체적으로 Cl로 이동하여 Cl^- 이온이 형성된다.

해설 NH_4^+ 내의 특정 수소 원자 하나에 양전하가 표시되어 있을지라도, 이 양전하는 수소 원자 4개 모두에 균등하게 퍼져 있다.

암모늄 이온과 염화 이온이 생성된 후 두 이온은 합쳐져서 염화 암모늄 결정을 형성한다.

양성자 이동 반응

덴마크 화학자 Johannes Brønsted(1879~1947)와 영국 과학자 Thomas Lowry(1874~1936)는 산-염기 반응에서 가장 중요한 사건은 단순히 양성자가 한 입자에서 다른 입자로 이동하는 것임을 인식하였다. 이에 따라 Brønsted와 Lowry는 산과 염기를 다음과 같이 다시 정의하였다.

> **Brønsted–Lowry의 산과 염기 정의**[2]
> **Brønsted–Lowry 산(Brønsted–Lowry acid)**은 양성자 주개이다.
> **Brønsted–Lowry 염기(Brønsted–Lowry base)**는 양성자 받개이다.

도구
Brønsted–Lowry 정의

산과 염기에 대한 Brønsted–Lowry 개념의 핵심은 **산-염기 반응은 양성자 이동 반응**이라는 것이다. 따라서 염화 수소가 암모니아와 반응할 때 HCl 분자는 NH_3 분자에 양성자를 제공하므로 염화 수소는 산이고, NH_3 분자는 양성자를 받으므로 암모니아는 염기이다.

물이 용매일 때도 화학자들은 Arrhenius 정의보다 Brønsted–Lowry 정의를 더 자주 사용한다. 또 다른 양성자 이동 반응의 예인 염화 수소와 물이 반응하여 하이드로늄 이온(hydronium ion, H_3O^+)과 염화 이온(Cl^-)을 형성하는 반응도 양성자 이동이 포함되고 따라서 Brønsted–Lowry의 산-염기 반응이다. HCl 분자가 물 분자와 충돌하는 과정에서 양성자가 물 분자로 이동하므로 HCl 분자는 산이고 물 분자는 염기가 된다.

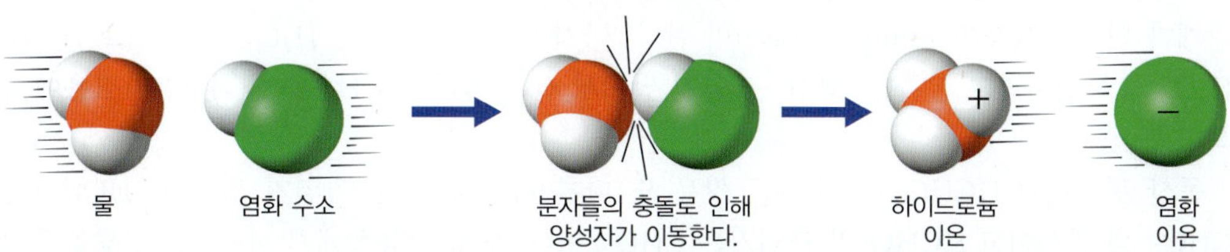

해설 H_3O^+에서 양전하는 실제로 3개의 수소 모두에 걸쳐 균등하게 분포된다.

[2]Brønsted와 Lowry 모두 양성자 이동이라는 개념을 이용하여 산과 염기를 정의한 공로를 인정을 받고 있지만, Brønsted는 이 개념을 더 확장시켰다. 양성자 이동 반응에 포함된 물질을 언급할 때, 간단히 **Brønsted 산**과 **Brønsted 염기**라는 단어를 자주 사용할 것이다.

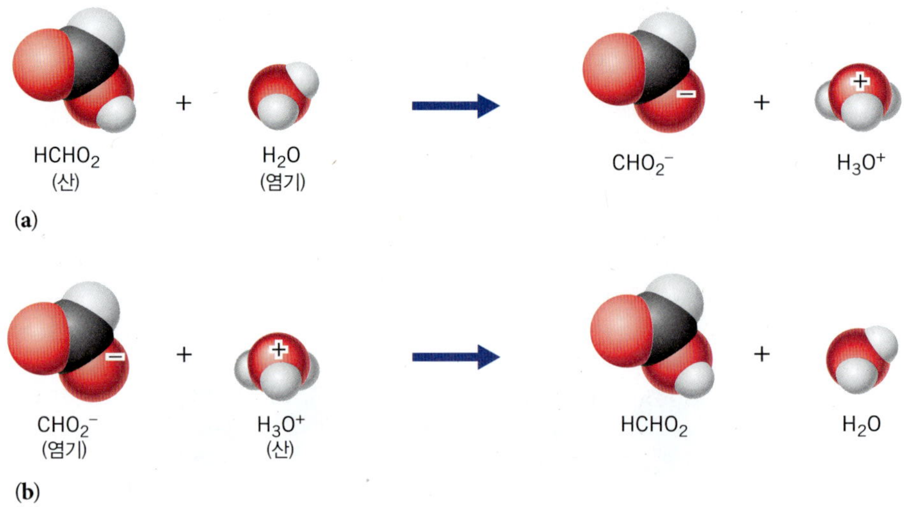

그림 15.2 폼산 수용액에서 Brønsted–Lowry 산과 염기 (a) 폼산에서 한 개의 양성자가 물 분자로 이동하므로 $HCHO_2$은 산이고 H_2O는 염기이다. (b) 하이드로늄 이온에서 CHO_2^- 이온으로 양성자가 이동하므로 H_3O^+는 산이고 CHO_2^-는 염기이다.

짝산과 짝염기

정반응과 역반응이 있는 화학 평형으로 산–염기 반응을 논의하는 데 Brønsted–Lowry 견해를 이용해 보자. 폼산(formic acid, $HCHO_2$)을 이용하여 4.4절에서 공부한 약산 용액의 화학 평형에 대하여 설명해 보자. 폼산은 약산이기 때문에 물이 단지 용매 역할만 하는 것이 아니라 양성자 받개인 화학 반응물이기도 한, 다음의 화학 평형으로 폼산의 이온화를 나타낸다.[3]

해설

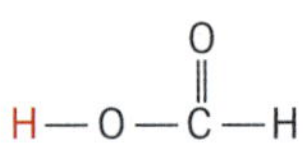

폼산($HCHO_2$)

붉은색의 H만이 산–염기 반응에 이용된다.

$$HCHO_2(aq) + H_2O \rightleftharpoons H_3O^+(aq) + CHO_2^-(aq)$$

그림 15.2(a)에서 보듯이 정반응에서 폼산 분자는 한 개의 양성자를 물 분자에 제공하고 폼산 이온(CHO_2^-)으로 변한다. 따라서 $HCHO_2$는 **양성자 주개(proton donor)**인 Brønsted 산으로 거동한다. 물은 $HCHO_2$로부터 양성자를 받기 때문에 **양성자 받개(proton acceptor)**인 Brønsted 염기로 작용한다.

해설

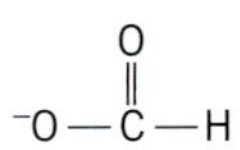

폼산 이온(CHO_2^-)

그림 15.2(b) 나타낸 역반응에서 H_3O^+는 CHO_2^-에 양성자를 제공하기 때문에 Brønsted 산으로 행동하며, CHO_2^-는 양성자를 받으므로 Brønsted 염기로 작용한다.

이 평형은 양성자 이동이 포함된 전형적인 예이며, 평형에서 두 가지 산($HCHO_2$와 H_3O^+)과 두 가지 염기(H_2O와 CHO_2^-)를 구별할 수 있다. 평형의 오른쪽 산(H_3O^+)은 왼쪽의 염기(H_2O)로부터 생성되고, 오른쪽 염기(CHO_2^-)는 왼쪽에 있는 산($HCHO_2$)으로부터 생성됨을 주목하라.

양성자 한 개의 차이로 서로 구별되는 두 물질을 **짝산–짝염기 쌍(conjugate acid-base pair)**이라고 한다. H_2O와 이 보다 양성자 한 개가 더 많은 H_3O^+는 짝산–짝염기 쌍의 좋은 예이다. 짝산–짝염기 쌍에서 양성자 주개를 **짝산(conjugate acid)**이라 하고 다른 하나는 양성자 받개가 되므로 **짝염기(conjugate base)**라 한다. 다시 말하면 H_3O^+는 H_2O의 짝산이고 H_2O는 H_3O^+의 짝염기라고 말한다. **짝산–짝염기 쌍에서 산은 염기보다 H^+를 한 개 더 가졌음에 주목하라.**

도구
짝산–짝염기 쌍

폼산 평형에서 $HCHO_2$와 CHO_2^- 쌍은 또 다른 하나의 짝산–짝염기 쌍이다. $HCHO_2$는 CHO_2^-의 짝산이고 $HCHO_2$의 짝염기는 CHO_2^-이다. 평형 반응식에서 산–짝염기 쌍을 강조하는 방법은 하나의 선으로 그 쌍을 연결하는 것이다.

---

[3]아세트산을 나타낼 때 이온화할 수 있는 수소를 앞에 써서 $HC_2H_3O_2$로 표현(HCl과 HNO_3에서와 같이)하는 것처럼 폼산의 식은 $HCHO_2$로 그리고 폼산 이온의 식은 CHO_2^-로 표현한다. 그러나 화학 구조의 관점에서 보면 폼산 내에 산성 수소는 C가 아니라 O에 결합되어 있기 때문에 화학자들은 폼산을 HCO_2H로 쓰기를 선호한다.

$$\underset{\text{산}}{HCHO_2} + \underset{\text{염기}}{H_2O} \rightleftharpoons \underset{\text{산}}{H_3O^+} + \underset{\text{염기}}{CHO_2^-} \qquad (15.1)$$

(짝쌍: $HCHO_2$ – CHO_2^-; 짝쌍: H_2O – H_3O^+)

도구
짝산–짝염기 평형

Brønsted–Lowry 산–염기 평형에 반드시 존재하는 두 개의 짝산–짝염기 쌍을 찾아내서 기술하는 방법을 이해하는 것이 중요하다.

예제 15.1 짝산과 짝염기의 화학식 결정하기

암모니아(NH_3)와 염화 암모늄(NH_4Cl)을 이용하여 실험실에서 사용할 pH 미터를 검정하기 위한 완충 용액을 제조하였다. 완충 용액에서 짝산은 어느 것인가?

분석 짝산 또는 짝염기라는 단어는 문제에 Brønsted–Lowry의 산–염기 개념을 포함하고 있음을 알려 준다.

도구 모음 짝산–짝염기 쌍에서 두 화학종은 단 한 개의 H^+ 수의 차이만 있고, 여분의 수소를 가지고 있는 것이 산이다.

풀이 완충용액에서 짝산을 찾기 위하여 NH_3와 NH_4Cl로 이루어진 완충 용액을 살펴보자. 용액에서 NH_4Cl은 NH_4^+와 H^+로 존재한다. 이제 NH_3와 NH_4^+는 H^+ 한 개가 차이가 나는 관계임을 알 수 있고, 따라서 짝산–짝염기 쌍이라는 것을 알 수 있다.

Brønsted–Lowry 정의에 따르면 짝산은 짝염기보다 H^+ 한 개를 더 많이 포함하고 있다. 따라서 암모늄 이온인 NH_4^+가 짝산이다.

답이 합리적인가? 답을 점검하기 위하여 각각의 쌍에서 두 화학식을 비교해 본다.

$$NH_3 \qquad NH_4^+$$

각각의 경우에서 왼쪽의 화학식은 오른쪽의 화학식보다 H^+를 한 개 더 적게 갖고 있으므로, 왼쪽 화학식이 짝염기이다.

실전 문제 15.1

다음 중 짝산–짝염기 쌍은 어느 것인가? 다른 것들이 짝산–짝염기 쌍이 아닌 이유를 설명하시오(**힌트:** 짝산–짝염기 쌍은 한 개의 H^+에 의해 구분됨을 기억하시오).

(a) H_3PO_4와 $H_2PO_4^-$ **(b)** HI와 H^+ **(c)** NH_2^-와 NH_3 **(d)** HNO_2와 NH_4^+
(e) CO_3^{2-}와 CN^- **(f)** HPO_4^{2-}와 $H_2PO_4^-$

실전 문제 15.2

다음 각각의 Brønsted–Lowry 산에 대한 짝염기의 화학식을 쓰시오.

(a) HPO_4^{2-} **(b)** HF **(c)** HSO_4^- **(d)** HCN **(e)** HNO_3

다음 각각의 Brønsted–Lowry 염기에 대한 짝산의 화학식을 쓰시오.

(f) HPO_4^{2-} **(g)** OH^- **(h)** SO_4^{2-} **(i)** I^- **(j)** NO_3^-

예제 15.2 Brønsted–Lowry 산–염기 반응에서 짝산–짝염기 쌍 확인하기

황산수소 소듐은 금속의 산화물 피막을 세척하거나 염소의 살균력을 위한 산성을 유지하는 데 이용된다. 황산수소 소듐의 음이온(HSO_4^-)은 인산 이온(PO_4^{3-})과 다음과 같이 반응한다.

$$HSO_4^-(aq) + PO_4^{3-}(aq) \longrightarrow SO_4^{2-}(aq) + HPO_4^{2-}(aq)$$

짝산–짝염기 쌍 2가지를 찾으시오.

분석 반응식에서 짝산–짝염기 쌍을 확인하려면 두 가지 요소를 확인해야 한다.
(1) 짝쌍 구성 화학종의 차이는 수소 이온(H^+) 하나이다.
(2) 식 15.1에서와 같이 짝쌍 구성 화학종은 서로 화살표의 반대쪽에 위치해야 한다. 짝쌍에서 더 많은 수의 수소를 가진 것이 산이다.

도구 모음 우리는 두 가지 짝쌍에서 산–염기 구성 성분 사이의 상관관계를 설정하는 틀로서 짝산–짝염기의 정의와 평형식 15.1 그리고 짝산–짝염기 평형식을 사용할 것이다.

풀이 반응식에서 두 개의 화학식이 'PO_4^{3-}' 단위를 포함하고 있고 따라서 두 화학식은 같은 짝쌍에 속해야만 한다. 수소의 수가 더 많은 HPO_4^{2-}가 Brønsted–Lowry 산이 되어야 하고, 반면에 PO_4^{3-}는 Brønsted 염기가 되어야 한다. 그러므로 하나의 짝산–짝염기 쌍은 HPO_4^{2-}와 PO_4^{3-}이다. 또 다른 두 개의 이온인 HSO_4^-와 SO_4^{2-}는 두 번째 짝산–짝염기 쌍에 속한다. HSO_4^-가 짝산이고 SO_4^{2-}가 짝염기이다.

짝쌍

$$\underset{\text{산}}{HSO_4^-(aq)} + \underset{\text{염기}}{PO_4^{3-}(aq)} \rightleftharpoons \underset{\text{염기}}{SO_4^{2-}(aq)} + \underset{\text{산}}{HPO_4^{2-}(aq)}$$

짝쌍

답이 합리적인가? 각 짝쌍에서 하나의 구성원이 서로 화살표의 반대쪽에 있다는 것과, 각 쌍의 구성 성분은 서로 한 개의 H^+ 차이가 나야 하는 조건을 만족하는 것을 확인할 수 있다.

실전 문제 15.3

다음은 메틸아민을 뜨거운 빙초산에 통과시켜 아세트산 메틸암모늄 수용액을 생성하는 반응이다.

$$CH_3COOH(aq) + CH_3NH_2(g) \rightleftharpoons CH_3COO^-(aq) + CH_3NH_4^+(aq)$$

이 반응에서 짝산–짝염기 쌍을 구분하시오.

실전 문제 15.4

베이킹파우더는 탄산 수소 소듐($NaHCO_3$)과 인산이수소 칼슘[$Ca(H_2PO_4)_2$]을 포함하고 있다. 여기에 물을 가하면 다음의 알짜 이온 반응식으로 표현되는 반응이 일어난다.

$$HCO_3^-(aq) + H_2PO_4^-(aq) \longrightarrow H_2CO_3(aq) + HPO_4^{2-}(aq)$$

이 반응에서 두 개의 Brønsted 산과 두 개의 Brønsted 염기를 확인하시오(H_2CO_3는 분해되어 CO_2를 방출하는데, 이것이 빵 반죽을 부풀게 하는 원인이 된다).

양쪽성 물질

어떤 분자나 이온은 그들과 혼합된 물질의 종류에 의존하여 산으로 또는 염기로 작용할 수 있다. 예를 들면 물은 염화 수소와 반응할 때, HCl 분자로부터 한 개의 양성자를 **받기** 때문에 **염기**로서 거동한다.

$$\underset{\text{염기}}{H_2O} + \underset{\text{산}}{HCl(g)} \longrightarrow H_3O^+(aq) + Cl^-(aq)$$

한편 물이 약염기인 암모니아와 반응할 때는 산으로 작용한다.

$$\underset{\text{산}}{H_2O} + \underset{\text{염기}}{NH_3(aq)} \longrightarrow NH_4^+(aq) + OH^-(aq)$$

정반응에서 H_2O는 NH_3에 한 개의 양성자를 **제공**하고 있다. 함께 존재하는 다른 물질에 따라 산 또는 염기로 반응할 수 있는 물질은 **양쪽성(amphoteric)**이 있다고 말한다. 유사한 단어인 **양쪽성 양성자성(amphiprotic)**은 양성자를 주거나 받을 수 있는 물질을 나타낸다.

해설 모든 양쪽성 양성자성 물질은 양쪽성이 있지만 양쪽성 물질이 모두 양쪽성 양성자성인 것은 아니다.

분자나 이온 모두 양쪽성 또는 양쪽성 양성자성 물질이 될 수 있다. 예를 들면 제빵 소다의 탄산수소 이온과 같은 산성염(acid salt)의 음이온은 양쪽성이다. 염기에 양성자를 제공할 수도 있고 또는 산으로부터 양성자를 받을 수도 있다. 수산화 이온에 대하여 HCO_3^- 음이온에 포함된 양성자를 OH^-에 제공할 수 있기 때문에 탄산수소 이온은 산이다.

$$\underset{\text{산}}{HCO_3^-(aq)} + \underset{\text{염기}}{OH^-(aq)} \longrightarrow CO_3^{2-}(aq) + H_2O$$

그러나 하이드로늄 이온(H_3O^+)으로부터 한 개의 양성자를 받을 수 있기 때문에 HCO_3^-는 염기이기도 하다.

$$\underset{\text{염기}}{HCO_3^-(aq)} + \underset{\text{산}}{H_3O^+(aq)} \longrightarrow H_2CO_3(aq) + H_2O$$

실전 문제 15.5

다음 중 양쪽성인 것과 양쪽성이 아닌 것을 구분하고 그 이유를 제시하시오(**힌트**: 양쪽성 물질은 H^+를 제공할 수도 있고, H^+와 반응할 수도 있어야 한다).

(a) $H_2PO_4^-$ **(b)** $H_2S(l)$ **(c)** H_3PO_4 **(d)** NH_4^+ **(e)** H_2O **(g)** HNO_2

실전 문제 15.6

암모니아(NH_3)는 양쪽성 물질이다. 이 사실을 보여 주는 사례를 제시하시오.

15.2 Brønsted–Lowry 산과 염기의 세기

Brønsted–Lowry 산과 염기들이 양성자를 잃거나 얻는 능력은 서로 다르다. 이런 능력을 비교하는 방법과 중심 원소의 주기율표에서의 위치에 따른 차이를 예측하는 방법에 대하여 알아보자.

기준 물질에 대한 산과 염기의 비교

Brønsted–Lowry 산의 세기는 염기에 양성자를 제공하는 능력과 관련이 있기 때문에 산이 염기와 반응하는 정도를 이용하여 측정한다. 반응이 완결되면 될수록 더 강한 산이다. 일련의 산들의 세기를 비교하려면 기준 염기가 필요한데, 수용액에서는 기준 염기로 물을 이용한다.

4장에서 Arrhenius의 관점에서 강산과 약산을 논의했을 때 언급된 많은 개념이, 동일한 산을 Brønsted–Lowry 개념을 이용하여 설명할 때도 이용된다. HCl이나 HNO_3와 같은 산은 강력한 양성자 주개이기 때문에 물과 완전히 반응하여 H_3O^+를 생성한다. 따라서 이들 산을 강한 Brønsted–Lowry 산으로 분류한다. 한편 HNO_2(아질산)이나 $HC_2H_3O_2$(아세트산)과 같은 산은 매우 약한 양성자 주개이고 물과의 반응은 완결됨과는 거리가 멀기 때문에 이들 산은 약산으로 분류된다.

비슷한 방법으로, Brønsted 염기의 상대적인 세기는 양성자를 받아서 결합하는 능력에 따라 서열이 정해진다. 염기의 세기를 비교하기 위한 기준 산으로 양쪽성 양성자성인 물을 선택할 수 있다. 산화 이온과 같은 강력한 양성자 받개인 물질은 물과 완전히 반응하므로 강한 Brønsted–Lowry 염기로 취급한다.

$$O^{2-} + H_2O \xrightarrow{100\%} 2OH^-$$

암모니아와 같은 약한 양성자 받개는 물과 완전히 반응하지 못하므로 약염기로 분류된다.

물에서 하이드로늄 이온과 수산화 이온

매우 강력한 양성자 주개인 HCl과 HNO_3는 물에서 양성자를 잃고 H_3O^+ 이온을 생성한다. 산을 일반식 H*A*로 표현하고 반응식을 쓰면 다음과 같다.

$$\underset{\text{산}}{HA} + \underset{\text{염기}}{H_2O} \xrightarrow{100\%} \underset{\text{산}}{H_3O^+} + \underset{\text{염기}}{A^-}$$

두 반응 모두 완결되기 때문에 HCl과 HNO_3 중에 어느 것이 더 좋은 양성자 주개(더 강한 산)인지를 확실하게 구분할 수 없다. 두 산의 세기를 비교하려면 물보다 양성자를 받는 경향이 약한 기준 염기가 필요하다. 물에서 HCl과 HNO_3은 산인 H_3O^+로 모두 전환된다. 따라서 **H_3O^+가 수용액에서 찾을 수 있는 가장 강한 산**이라는 결론을 내릴 수 있다. 이보다 강한 산은 모두 물과 완전히 반응하여 H_3O^+를 생성하기 때문이다.

수산화 이온에 관해서도 비슷한 결론을 얻을 수 있다. 강한 Brønsted 염기인 O^{2-}는 물과 완전히 반응하여 OH^-를 생성함을 알고 있다. 또 다른 매우 강력한 양성자 받개인 아마이드 이온(NH_2^-)도 물과 완전히 반응한다.

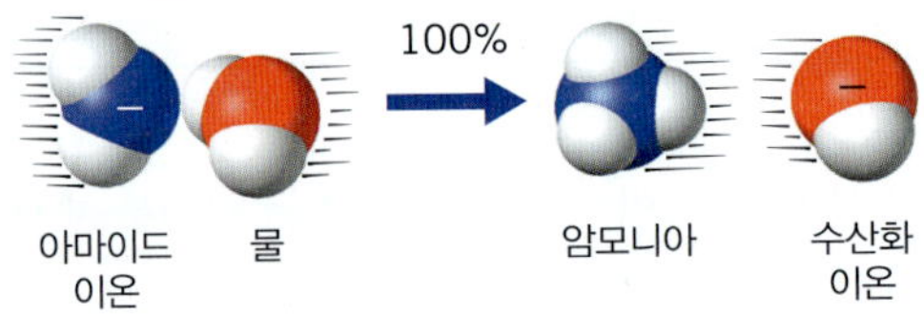

물론 이 반응은 일반적인 화학 반응식으로 아래와 같이 표현할 수도 있다.

$$\underset{\text{염기}}{NH_2^-} + \underset{\text{산}}{H_2O} \xrightarrow{100\%} \underset{\text{산}}{NH_3} + \underset{\text{염기}}{OH^-}$$

수용액에서 O^{2-}와 NH_2^-는 모두 물과 완전히 반응하여 OH^-를 생성하기 때문에, 물을 기준 염기로 사용하여 두 이온 중에 어느 것이 더 좋은 양성자 받개인지 구분하기 어렵다. 따라서 **OH^-가 수용액에서 발견할 수 있는 가장 강한 염기**라 할 수 있는데, 이보다 강한 염기는 물과 완전히 반응하여 OH^-를 생성하기 때문이다.

짝쌍들의 산–염기 세기 비교하기

수용액에서의 산의 이온화 반응식에는 두 개의 Brønsted–Lowry 산이 나타난다. 하나는 산 그 자체이고, 다른 하나는 하이드로늄 이온이다. 두 가지 산 중에 어느 산이 더 강한가는 평형의 위치로 알 수 있다. 평형이 왼쪽에 위치하는 아세트산의 평형을 사용하여 그 방법에 대하여 알아보자.

$$\underset{\text{산}}{HC_2H_3O_2(aq)} + \underset{\text{염기}}{H_2O} \rightleftharpoons \underset{\text{산}}{H_3O^+(aq)} + \underset{\text{염기}}{C_2H_3O_2^-(aq)}$$

이 평형에서 두 개의 Brønsted–Lowry 산인 $HC_2H_3O_2$와 H_3O^+가 양성자 받개에게 서로 양성자를 제공하려는 경쟁관계에 있는 것으로 생각해 보자. 이온화가 가능한 양성자가 거의 대부분 $HC_2H_3O_2$ 분자에 붙어 있고, 비교적 적은 양의 양성자만이 H_3O^+ 이온에 머문다는 사실은 하이드로늄 이온이 아세트산 분자보다 더 좋은 양성자 주개라는 것을 의미한다. 이는 하이드로늄 이온이 아세트산 분자보다 강한 Brønsted–Lowry 산이라는 사실을 의미하며, 결과적으로 평형의 위치로부터 이와 같은 상대적인 산의 세기를 추론할 수 있다. 아세트산 평형에 동시에 존재하는 두 개의 염기($C_2H_3O_2^-$와 H_2O)도 양성자를 받기 위해 경쟁한다. 그러나 평형에서 최초에 아세트산이 가지고 있는 대부분의 양성자는 여전히 $HC_2H_3O_2$ 분자에 존재하고, 상대적으로 적은 양이 H_3O^+의 형태로 H_2O와 결합하고 있다. 이는 양성자 주개로부터 양성자를 얻어 결합함에 있어 아세트산 이온이 물 분자보다 더 효과적임을 의미한다. 즉, 아세트산 이온이 물보다 더 강한 염기라는 의미이며, 이 역시 아세트산 평형의 위치로부터 유추할 수 있다. 아세트산 평형에 대한 앞의 분석으로부터 중요한 결과가 도출된다. 두 개의 산 중에 더 약한 산과 두 개의 염기 중에 더 약한 염기 모두 평형의 위치에 의해 선호된 반응식의 왼쪽에 존재한다는 것에 주목하라.

$$HC_2H_3O_2(aq) + H_2O \rightleftharpoons H_3O^+(aq) + C_2H_3O_2^-(aq)$$

더 약한 산 / 더 약한 염기 / 더 강한 산 / 더 강한 염기

← 산–염기 평형의 위치는 약산과 약염기가 위치한 쪽을 선호한다.

도구
산–염기 세기와 평형의 위치

산–염기 세기의 역관계 짝산과 짝염기의 상대적 세기를 예측하는 데 도움을 주는 또 하나의 근거로 역관계를 생각할 수 있다.

Brønsted 산이 강할수록 그 산의 짝염기는 약해진다.

도구
산–염기 세기에서 역관계

$HCl(g)$은 매우 강한 Brønsted 산으로, 묽은 수용액에서 100% 이온화된다는 것을 기억해보자.

$$HCl(g) + H_2O \xrightarrow{100\%} H_3O^+(aq) + Cl^-(aq)$$

강산 HCl의 짝염기인 Cl^- 이온은 매우 약한 Brønsted–Lowry 염기이기 때문에, 4장에서 설명했던 바와 같이 이런 강산의 이온화에는 평형을 나타내는 이중 화살표를 사용하지 않는다. 매우 강한 양성자 주개인 H_3O^+가 존재하더라도 Cl^- 이온은 양성자와 재결합하지 않는다. 따라서 강산인 HCl의 짝염기인 Cl^-는 매우 약한 염기라고 할 수 있다.

다음과 같이 요약되는 **역관계(reciprocal relationship)**가 존재한다.

Brønsted 산이 약할수록 그것의 짝염기는 강해진다.

예를 들어 OH^-와 O^{2-}의 짝쌍 관계를 생각해 보자. 수산화 이온은 짝산이고, 산화 이온은 짝염기이다. 지금까지 염기로만 알고 있던 수산화 이온은 이 관계에서 **극히** 약한 Brønsted–Lowry 산임에 주목하자. OH^-가 매우 약한 산이라면 그것의 짝염기인 산화 이온은 예외적으로 강한 염기여야 한다. 이미 배웠던 바와 같이 산화 이온은 물과의 반응이 100% 완결되는 강염기이다. 이것이 다음 평형 반응식에서 이중 평형 화살표를 사용하지 않는 이유이다.

$$O_2^- + H_2O \xrightarrow{100\%} OH^- + OH^-$$

염기 / 산 / 산 / 염기

매우 강한 염기인 O^{2-}는 매우 약한 짝산(OH^-)을 갖는다.

양쪽성 물질은 산과 혼합하면 염기로, 염기와 혼합하면 산으로 작용할 것이다. 만약에 두 개의 양쪽성 물질이 함께 혼합되면 어떤 것이 산으로 그리고 어떤 것이 염기로 작용할까? 이에 대한 분명한 답은 **'더 강한 산이 산으로 작용하고 다른 물질은 염기로 작용한다'**이다. 아래의 반응의 평형 위치는 반응식의 왼쪽(반응물쪽)에 놓여 있다.

$$H_2S(aq) + HCO_3^-(aq) \rightleftharpoons HS^-(aq) + H_2CO_3(aq)$$

산 염기 염기 산

← 평형의 위치는 왼쪽에 놓여 있다. HCO_3^-가 HS^-보다 더 약한 염기이다.

이는 $H_2CO_3(aq)$가 $H_2S(aq)$보다 더 강한 산이고 따라서 짝염기인 $HCO_3^-(aq)$가 $HS^-(aq)$보다 더 약하다는 의미로 해석될 수 있다. 그러므로 $HS^-(aq)$가 포함된 용액을 $HCO_3^-(aq)$가 포함한 용액과 혼합한다면 반응은 아래와 같을 것이다.

$$HS^-(aq) + HCO_3^-(aq) \rightleftharpoons H_2S(aq) + CO_3^{2-}(aq)$$

염기 산 산 염기

이는 더 강한 염기인 $HS^-(aq)$가 더 약한 염기인 HCO_3^-로부터 H^+를 제거해서 결과적으로 HCO_3^-가 산으로 작용하도록 만들기 때문이다.

예제 15.3 평형 위치를 예측하는 데 역관계 이용하기

아세트산이 사이안화 수소보다 더 강한 산이라는 사실에 근거할 때, 다음 반응에서 평형의 위치는 왼쪽이겠는가 혹은 오른쪽이겠는가?

$$HCN + CH_3COO^- \rightleftharpoons CH_3COOH + CN^-$$

분석 위의 반응식에서 산은 $HC_2H_3O_2$와 HCN이다. 답을 구하려면 평형의 위치와 관련된 산들의 상대적 세기에 대한 정보를 알아야 한다.

도구 모음 이 문제를 해결하는 데 필요한 도구 중 하나는 산–염기 평형의 위치는 더 약한 산과 약한 염기를 선호한다는 것이고, 다른 하나는 짝산–짝염기 쌍의 구성원들의 세기가 역관계에 있다는 사실이다.

풀이 아세트산과 HCN의 상대적인 세기에 관련된 정보를 포함하고 있는 평형 반응식을 이용한다.

$$HCN + C_2H_3O_2^- \rightleftharpoons HC_2H_3O_2 + CN^-$$

더 약한 산 더 강한 산

다음으로, 더 강한 산의 짝염기는 더 약하고 더 약한 산의 짝염기는 더 강해야 한다는 역관계를 이용하여 두 염기의 세기를 결정하고 표기한다.

$$HCN + CH_3\,COO^- \rightleftharpoons CH_3\,COOH + CN^-$$

더 약한 산 더 약한 염기 더 강한 산 더 강한 염기

평형의 위치는 더 약한 산과 염기가 놓인 쪽을 선호하므로 왼쪽이다.

답이 합리적인가? 다음의 두 가지 사항을 점검해야 한다. 우선 더 약한 산과 염기는 반응식에 같은 쪽에 있어야 한다는 것이다. 답에 그렇게 표시되어 있으므로 제안된 답은 올바른 답이다. 다음으로 반응은 더 약한 산과 약한 염기의 방향으로 진행된다는 것이다. 따라서 평형의 위치는 왼쪽에 놓일 것이며 이는 제안된 답과 일치한다.

실전 문제 15.7

NaOH와 NH_3를 포함하고 용액에서 진행되는 평형 반응에서 평형의 위치를 설명하시오.

실전 문제 15.8

HClO가 HNO_2보다 약한 산이라면, 다음 평형이 반응물을 선호하는지 혹은 생성물을 선호하는지 결정하시오.

$$HClO(aq) + NO_2^-(aq) \rightleftharpoons ClO^-(aq) + HNO_2(aq)$$

15.3 산 세기의 주기적 경향

대부분의 산은 비금속 화합물로, HCl(aq)과 같은 수소 화합물의 용액 혹은 물과 반응하여 H_2SO_4와 같은 산소산을 만드는 비금속 산화물의 용액이다. 이들 산의 세기는 비금속 원소의 주기율표 내의 위치에 따라 체계적으로 변한다.

이성분산 세기의 경향성

우리가 HX, H_2X로 표현하는 수소와 비금속으로 이루어진 대부분의 화합물(모두는 아니지만)은 산성을 나타내는데, 이들을 **이성분산(binary acid)**이라고 한다. **표 15.1**에 수용액에서 산성을 나타내는 이성분산들이 나열되어 있다. 강산은 특별히 별표로 표시되어 있다.

이성분산의 상대적인 세기는 다음의 두 가지 방식에 따라 주기율표와 연관되어 있다.

같은 주기에서 이성분산의 세기는 왼쪽에서 오른쪽으로 갈수록 증가한다.
같은 족에서 이성분산의 세기는 위에서 아래로 갈수록 증가한다.

도구
이성분산 세기의 주기적 경향

이성분산의 세기는 H−X 결합의 세기와 반비례 관계에 있다. 수소가 H^+ 이온으로 분리되기 위해서는 이 결합이 반드시 끊어져야 하므로 결합 세기를 감소시키는 모든 요인이 산의 세기를 증가시킬 것이다. 결합 세기를 결정하는 두 가지 요인은 비금속 X의 전기 음성도와 H−X 결합의 길이이다.

표 15.1 산성을 나타내는 수소와 비금속 이성분 화합물[a]

주기	6A족	
2	(H_2O)	
3	H_2S	황화수소산(Hydrosulfuric acid)
4	H_2Se	셀레늄화수소산(Hydroselenic acid)
5	H_2Te	텔루륨화수소산(Hydrotelluric acid)
	7A족	
2	HF	플루오린화수소산(Hydrofluoric acid)
3	*HCl	염산(Hydrochloric acid)
4	*HBr	브로민화수소산(Hydrobromic acid)
5	*HI	아이오딘화수소산(Hydroioidic acid)

[a]화합물의 수용액에 대한 이름들이다.
*강산

원자 X의 전기 음성도는 H$-X$ 결합의 극성에 영향을 미치기 때문에 전기 음성도가 증가함에 따라 H의 부분적 양전하(δ^+)가 커지게 된다. 그 결과 결합된 수소가 H^+로 더 쉽게 분리되어 그 분자는 더 우수한 양성자 주개가 된다.

한 주기의 왼쪽에서 오른쪽으로 가면서 원자의 크기는 크게 변하지 않으므로 H$-X$ 결합 길이 또한 거의 같고, 따라서 산 세기에 대한 영향도 거의 없다. 주된 영향은 왼쪽에서 오른쪽으로 갈수록 증가하는 X의 전기 음성도 변화이다. 예를 들면 3주기 내에서 왼쪽에서 오른쪽으로 S에서 Cl까지 가면서 전기 음성도가 증가하므로 HCl이 H_2S보다 강한 산임을 알 수 있다. 이와 유사하게 2주기 내에서 O에서 F로 갈수록 전기 음성도가 증가하므로 결국 HF가 H_2O보다 강한 산이다.

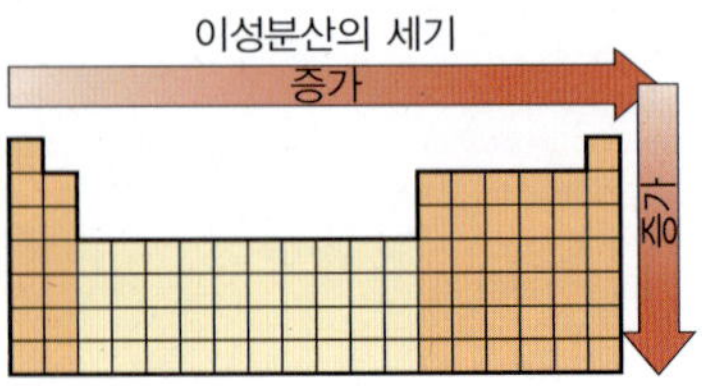

족에서 아래로 내려가면서 두 가지 대립되는 요소가 있다. 전기 음성도가 감소하여 H$-X$ 결합의 극성이 줄어든다. 한편 X 원자의 크기는 증가하여 H$-X$ 결합 길이는 크게 증가하고 H$-X$ 결합 세기는 큰 폭으로 감소한다.[4] 극성의 감소는 산을 약하게 만드는 경향이 있으나, 결합 길이의 증가는 산을 강하게 만드는 경향이 있다. 족에서 아래로 내려갈수록 산의 세기가 강해지는 것으로 미루어 결합 길이의 변화가 우세한 것으로 보인다. 예를 들면 할로젠 이성분산의 상대적인 산성의 세기는 다음과 같다.

$$\text{HF} < \text{HCl} < \text{HBr} < \text{HI}$$

경향성으로 판단한 결과와 같이 실제로 HF가 가장 약한 산이고 HI가 가장 강한 산이다. 동일한 경향을 일반식 H_2X로 표현되는 6A족 원소의 이성분산의 계열에서도 확인할 수 있다.

산의 세기는 산이 특정 염기에 양성자를 주는 능력에 의존한다. 앞에서도 언급한 바와 같이 물은 양성자를 받는 경향성이 너무 강하기 때문에, 물이 염기가 되는 경우 HCl이나 HBr 혹은 HI와 같은 강산의 양성자 주개로서의 경향성을 구분하기 어렵다. 수용액에서 3가지 산 모두 완전히 해리하기 때문에 산의 세기가 모두 동일하게 되는 **평준화 효과**(leveling effect)가 발생한다. 이들 산의 세기를 구분하려면 물보다 양성자를 받는 능력이 약한 용매(예를 들면 HF나 $HC_2H_3O_2$ 수용액)를 사용해야 한다.

실전 문제 15.9

다음의 산을 가장 약한 것으로부터 가장 강한 순서로 배열하시오(**힌트**: 이들은 모두 이성분산이다). (**a**) HI, HF, HBr (**b**) HCl, PH_3, H_2S (**c**) H_2Te, H_2O, H_2Se (**d**) AsH_3, HBr, H_2Se (**e**) HI, PH_3, H_2Se

실전 문제 15.10

주기율표만을 사용하여 다음 중 더 강한 산을 선택하시오.
(**a**) HBr, HI (**b**) H_2Te, HCl (**c**) PH_3, H_2S

산소산 세기의 경향성

4장에서 배운 바와 같이 수소, 산소, 그리고 비금속 혹은 준금속 원소로 이루어진 산을 **산소산**(**oxoacid**)이라고 한다. **표 15.2**에 몇 가지 산소산을 나타내었는데, 특히 물속에서 강산인 것은 별표로 표시하였다.

---

[4]작은 원자는 큰 원자보다 더 강한 결합을 하려는 경향이 있어서, 족에서 아래로 내려갈수록 X 원자가 더 커짐에 따라 H$-X$ 결합 세기는 급격히 감소한다.

표 15.2 비금속과 준금속의 몇 가지 산소산[a]

주기	4A족	5A족	6A족	7A족
2	H_2CO_3(탄산, carbonic acid)	*HNO_3(질산, nitric acid) HNO_2(아질산, nitrous acid)		HFO(하이포플루오린산, hypofluorous acid)
3		H_3PO_4(인산, phosphoric acid) H_3PO_3(아인산[b], phosphorous acid)	*H_2SO_4(황산, sulfuric acid) H_2SO_3(아황산[c], sulfurous acid)	*$HClO_4$(과염소산, perchloric acid) *$HClO_3$(염소산, chloric acid) $HClO_2$(아염소산, chlorous acid) HClO(하이포염소산, hypochlorous acid)
4		H_3AsO_4(비소산, arsenic acid) H_3AsO_3(아비소산, arsenic acid)	*H_2SeO_4(셀레늄산, selenic acid) H_2SeO_3(아셀레늄산, selenous acid)	*$HBrO_4$(과브로민산[d], perbromic acid) *$HBrO_3$(브로민산, bromic acid)
5			$Te(OH)_6$(텔루륨산, telluric acid)[e] H_2TeO_3(아텔루륨산, tellurous acid)	HIO_4[과아이오딘산[f], periodic acid(H_5IO_6)] HIO_3(아이오딘산, iodic acid)

[a]강산은 *로 표시되어 있다. 강한 이양성자산의 첫 번째 양성자는 완전히 이온화된다.
[b]아인산은 화학식이 삼양성자산으로 표시됨에도 불구하고, 이양성자산이다.
[c]가정한 화학식. 수용액은 실제로 용해된 이산화 황[$SO_2(aq)$]을 포함하고 있다.
[d]순수한 과브로민산은 불안정하고, 이수화물로 알려져 있다.
[e]$Te(OH)_6$는 이양성자산이다.
[f]H_5IO_6는 ($HIO_4 + 2H_2O$)에 의해 제조된다.

모든 산소산의 공통된 구조적 특징은 중심 원자에 결합된 O—H기의 존재이다. 예를 들면 6A족 두 원소의 산소산 구조는 다음과 같다.

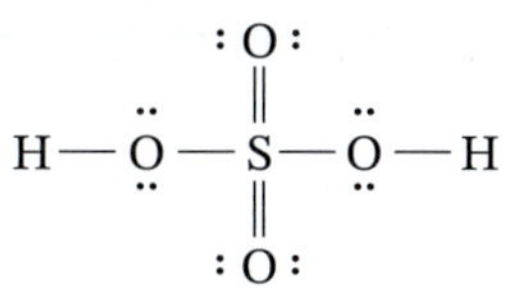

H_2SO_4
황산

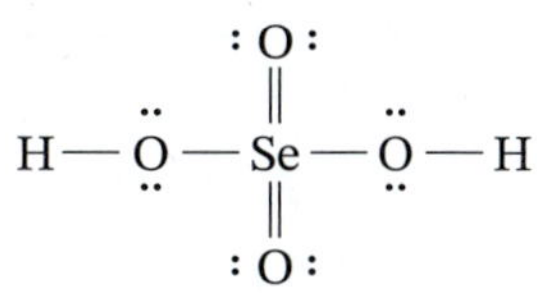

H_2SeO_4
셀레늄산

산소산에서 H^+로 이온화되는 수소는 항상 O—H 결합에서 유래된다. 따라서 산소산의 세기는 '산소와 결합한 원자단이 O—H 결합의 극성과 세기에 어떤 영향을 미치는가'에 의해 결정된다. 원자단이 O—H 결합의 극성을 증가시키면 결합의 세기가 감소할 것이다. 이 경우에는 H가 H^+ 형태로 더 쉽게 분리되기 때문에 산의 세기가 증가한다.

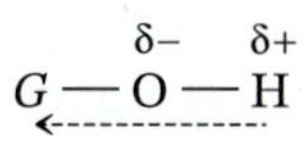

O—H기에 결합된 원자단 *G*가 O원자로부터 전자 밀도를 끌어당기면 O는 결합 전자를 당겨 결합을 더 극성으로 만든다.

O—H 결합의 극성에 영향을 미치는 두 가지 인자는 산소산 내에 중심 원자의 전기 음성도와 중심 원자에 결합된 산소의 수이다.

중심 원자의 전기 음성도 효과 중심 원자의 전기 음성도 효과를 알아보기 위하여 동일한 수의 산소 원자를 가진 산소산들을 비교해 보면, 중심 원자의 전기 음성도가 증가함에 따라 산소산은 더 좋은 양성자 주개(즉 더 강한 산)가 됨을 확인할 수 있다. 다음 그림에서 이러한 효과를 확인할 수 있다.

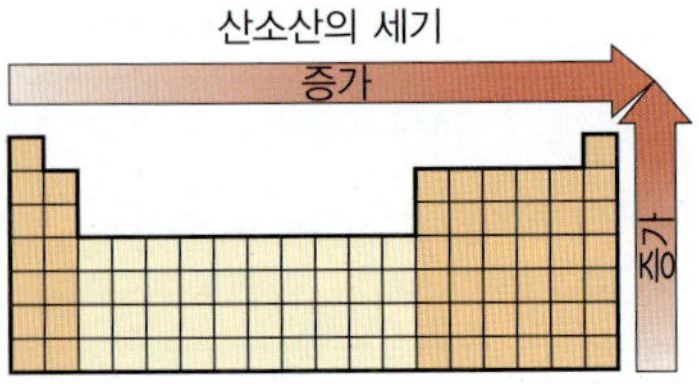

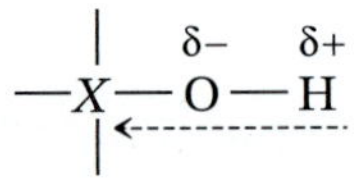

X의 전기 음성도가 증가함에 따라 전자 밀도가 O로부터 더욱 당겨지고 순차적으로 결합 전자 밀도가 당겨진다. 결과적으로 결합의 극성이 증가하고 분자는 더 좋은 양성자 주개가 된다.

전기 음성도가 같은 족에서는 아래로부터 위로 갈수록, 같은 주기에서는 왼쪽에서 오른쪽으로 갈수록 증가하기 때문에 다음과 같은 일반화가 가능하다.

> 산소산의 중심 원자가 같은 수의 산소 원자와 결합하고 있을 때, 같은 족에서는 아래에서 위로 갈수록, 한 주기 내에서는 왼쪽에서 오른쪽으로 갈수록 산의 세기가 증가한다.

예를 들면 6A족에서 황이 셀레늄보다 전기 음성도가 더 크므로 H_2SO_4는 H_2SeO_4보다 강한 산이다. 이와 유사하게 HXO_4로 표현되는 할로젠을 포함하는 산의 세기는 다음 순서로 증가한다.

$$HIO_4 < HBrO_4 < HClO_4$$

3주기 내에서 왼쪽에서 오른쪽으로 이동할 때 나타나는 H_3PO_4, H_2SO_4, $HClO_4$ 산의 상대적인 세기는 다음과 같다.

$$H_3PO_4 < H_2SO_4 < HClO_4$$

실전 문제 15.11

다음 중 더 강한 산을 선택하고 그 이유를 설명하시오(**힌트**: 각 쌍은 동일한 수의 산소 원자를 가지고 있음에 주의하시오).

(**a**) $HClO_3$, $HBrO_3$ (**b**) H_3PO_4, H_2SO_4

실전 문제 15.12

다음 중 더 약한 산을 선택하고 그 이유를 설명하시오.

(**a**) H_3PO_4, H_3AsO_4 (**b**) HIO_4, H_2TeO_4

중심 원자에 결합된 산소 수의 영향 중심 원자가 동일하면 **고립 산소 원자**(lone oxygen atom)의 수가 증가함에 따라 산소산은 더 좋은 양성자 주개가 된다(**고립 산소**는 중심 원자와는 결합하지만 수소와는 결합하지 않은 산소이다). 따라서 HNO_3가 HNO_2보다 더 강한 산이다. 그 이유를 이해하기 위하여 두 물질의 분자 구조를 살펴보자.

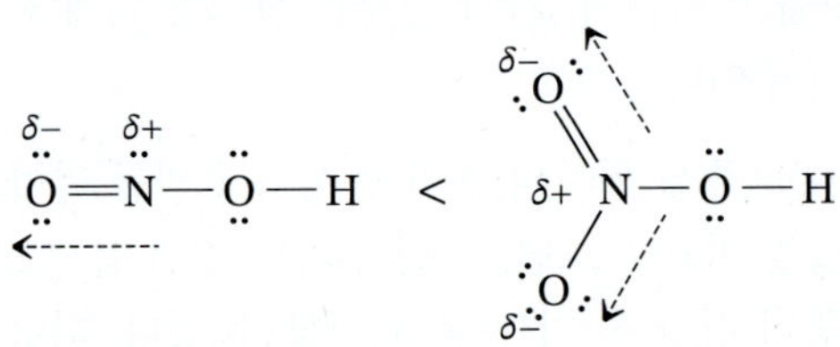

아질산 질산

산소산에서 고립 산소가 중심 원자로부터 전자 밀도를 끌어당기면 중심 원자가 O—H 결합의 전자 밀도를 끌어오는 능력이 증가한다. 이는 마치 고립 산소들이 중심 원자의 전기 음성도를 증가시키는 것과 같다. 결과적으로 고립 산소가 많을수록 O—H 결합의 극성이 증가하고 따라서 더 강한 산이 된다. 이런 효과는 두 개의 고립 산소를 가진 HNO_3가 한 개의 고립 산소를 가지는 HNO_2보다 크므로 HNO_3가 더 강한 산이다.

해설 산소는 전기 음성도가 두 번째로 큰 원소로, 결합된 다른 원자로부터 전자 밀도를 끌어오는 경향이 크다.

염소의 산소산에서도 다음과 같은 유사한 효과를 확인할 수 있다.

$$HClO < HClO_2 < HClO_3 < HClO_4$$

이들 화합물의 구조를 비교하면 다음과 같다.

해설 분자 구조를 반영한 하이포염소산의 화학식은 HOCl이나, 염소의 몇 가지 산소산 간의 세기의 경향성을 비교하기 쉽도록 여기서는 HClO로 적었다.

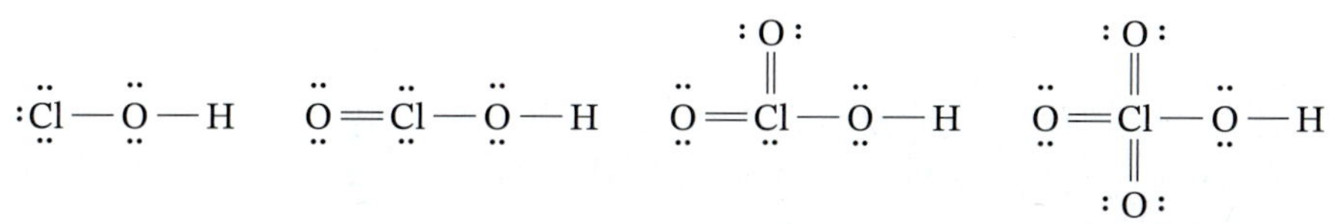

HClO　　$HClO_2$　　$HClO_3$　　$HClO_4$

이들 구조는 모두 O—H 결합이 한 개뿐이기 때문에 전체 산소 원자의 수에서 1을 빼주면 쉽게 고립 산소 원자의 수를 계산할 수 있다. 이와 관련하여 다음과 같이 일반화가 가능하다.

> 중심 원자가 동일하면 산소산의 산 세기는 중심 원자에 결합된 고립 산소의 수에 따라 증가한다.

도구
산소산 세기의 경향성

유기 화합물에서의 산의 세기에 대한 고립 산소의 영향을 비교하기 위하여 아래의 분자를 비교해 보자.

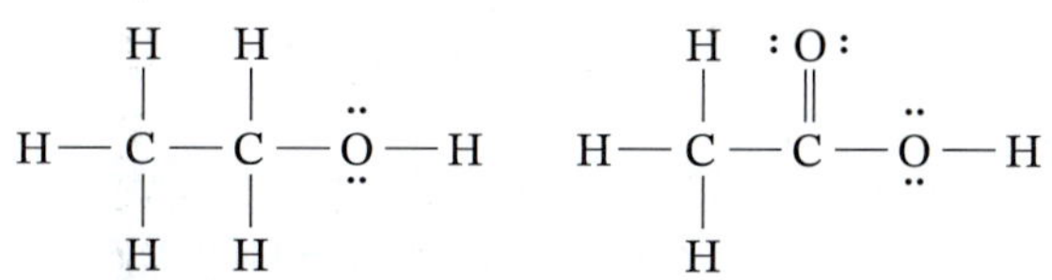

에탄올　　아세트산

물에서 에탄올(에틸 알코올)은 산성을 띠지 않지만, 에탄올에서 OH기에 인접한 탄소에 결합된 두 개의 수소 원자를 산소로 치환한 아세트산은 에탄올보다 더 좋은 양성자 주개가 된다. 탄소로부터 전자 밀도를 끌어당기는 산소의 능력이 O—H 결합의 극성을 증가시키기 때문이다.

역관계-분자 관점의 해석 15.2절에서 산의 세기와 그 산의 짝염기 세기 사이의 역관계에 대하여 언급하였다. 산소산의 경우 고립 산소는 이온화 반응에서 생성된 음이온의 염기도를 결정하는 데 일정 부분 역할을 한다. 두 가지 산 $HClO_3$와 $HClO_4$에 대하여 생각해 보자.

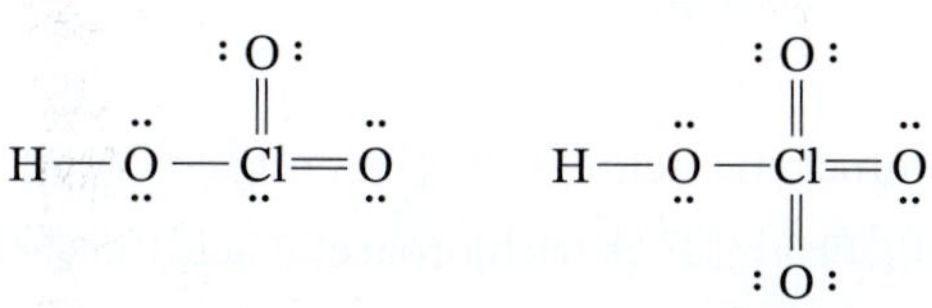

$HClO_3$　　$HClO_4$

$HClO_3$와 $HClO_4$에서 양성자가 이온화하면 ClO_3^-와 ClO_4^- 음이온이 생성된다.

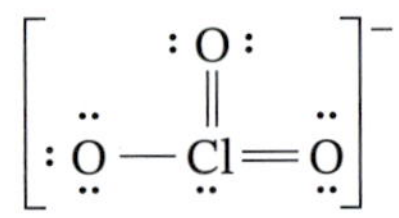

ClO_3^-

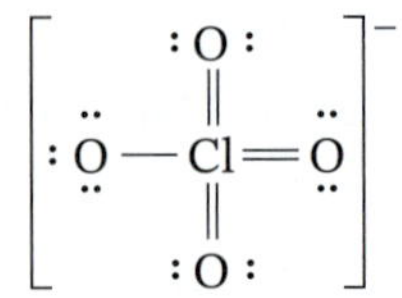

ClO_4^-

해설 안정화에 기여하는 전자들의 비편재화에 대한 개념은 9.8절에서 설명하였다.

산소산의 이온화로 생성된 **산소산 음이온(oxoanion)**에서 대부분의 음전하는 **고립** 산소에 비편재화되어 있다. 그러나 ClO_3^- 이온에서는 단일 음전하가 세 개의 산소에 분포되어, 각각의 산소는 약 $\frac{1}{3}-$의 유효 전하를 가진다. 이는 8.7절에서 공부한 규칙에 의해 얻어진 **형식** 전하가 아니다. 이온이 가진 1−의 전하는 세 개의 산소에 비편재되어 각각의 산소에 $\frac{1}{3}-$의 유효 전하가 존재한다는 의미이다. 같은 이유로, ClO_4^- 이온에서 각각의 산소는 약 $\frac{1}{4}-$의 전하를 가진다. ClO_4^-의 산소에 부여된 전하가 더 작기 때문에 H_3O^+로부터 H^+ 이온을 끌어당기는 능력이 ClO_3^-보다 저하되고, 따라서 ClO_4^-는 ClO_3^-보다 더 약한 염기가 된다. 결과적으로 더 강한 산의 음이온은 더 약한 염기가 된다.

실전 문제 15.13

다음 각 쌍에서 더 강한 산을 선택하고 그 이유를 설명하시오(**힌트:** 이 문제는 산에서 산소 원자의 효과에 관한 것이다).

(**a**) H_2SO_3, H_3PO_3 (**b**) H_3PO_4, $HClO_4$

실전 문제 15.14

다음 각 쌍에서 더 강한 산을 선택하고 그 이유를 설명하시오.

(**a**) HOI, HIO_3 (**b**) H_3SO_4, H_2SO_3

유기산의 세기 알코올에서 2개의 H 원자를 고립 산소로 바꾸면, 바뀐 분자는 산성을 나타내는 것을 알았다. 할로젠과 같은 전기 음성도가 큰 작용기가 $-CO_2H$ 작용기에 근접한 탄소 원자와 결합하면 그 분자의 산도는 더 증가될 수 있다. 그림에서 보는 바와 같이 X로 표현된 이와 같은 작용기가 유기산의 탄소 원자로부터 전자 밀도를 끌어당겨 O−H 결합의 극성을 더 증가시키고 결과적으로 이는 분자의 산성을 증가시키는 요인이 된다.

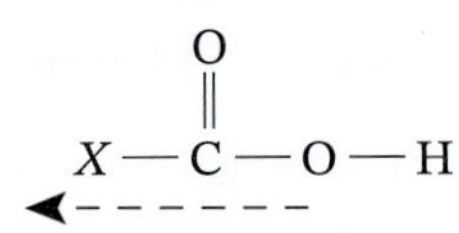

X의 전자를 끌어당기는 능력이 증가할수록 결합의 극성은 증가하여 그 분자는 더 강한 산성이 된다.

따라서 염화 아세트산(chloroacetic acid)은 아세트산보다 더 강한 산이고, 이염화 아세트산(dichloroacetic acid)과 삼염화 아세트산(trichloroacetic acid)의 순서대로 강한 산이 된다.

$$CH_3CO_2H < CH_2ClCO_2H < CHCl_2CO_2H < CCl_3CO_2H$$

첨가된 염소는 O−H 결합으로부터 전자 밀도를 더 끌어당겨 결합을 더 약하게 만들고 결과적으로 산을 더 강하게 한다.

실전 문제 15.15

다음 분자들의 산도를 비교하시오. (**힌트:** 산에 붙어 있는 작용기의 전기 음성도가 어떤 순서로 변하는가?)

(a)

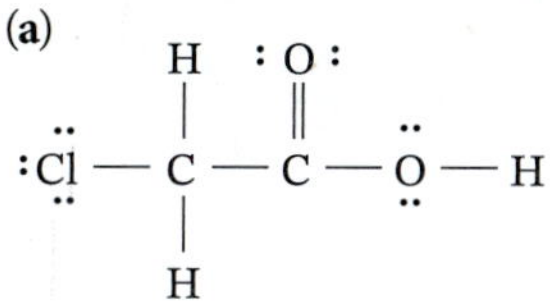

(b)

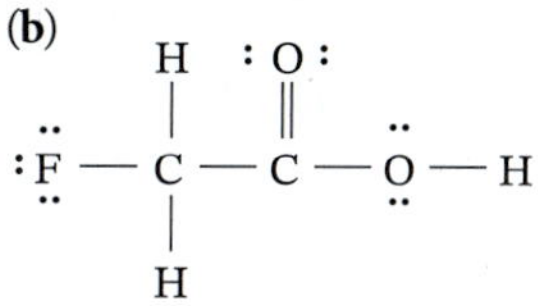

(c)

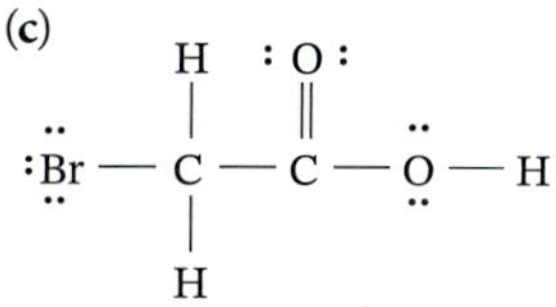

실전 문제 15.16

다음 산들을 산도가 증가하는 순서대로 나열하시오.

CH_3COOH, CCl_3COOH, CF_3COOH, CBr_3COOH.

15.4 Lewis 산과 염기

이전의 논의에서 산과 염기의 특성을 양성자를 잃거나 얻으려는 경향으로 설명하였다. 그러나 산–염기 반응 중 양성자 이동을 포함하지 않는 많은 사례가 있다. 예를 들어 기체 상태 SO_3를 CaO 고체 표면 위로 통과시키면 $CaSO_4$가 생성된다.

$$CaO(s) + SO_3(g) \longrightarrow CaSO_4(s) \quad \textbf{(15.2)}$$

이들 반응물 각각을 물에 먼저 용해시키면 물과 반응하여 $Ca(OH)_2$와 H_2SO_4를 형성하고, 이들 용액을 혼합하면 다음 반응이 일어난다.

$$Ca(OH)_2(aq) + H_2SO_4(aq) \longrightarrow CaSO_4(s) + 2H_2O \quad \textbf{(15.3)}$$

동일한 초기 물질인 CaO와 SO_3가 각각의 두 반응에서 최종적으로 동일한 생성물인 $CaSO_4$를 생성한다. 반응 15.3이 산–염기 반응이라면 반응 15.2도 산–염기 반응으로 분류해야 한다. 그러나 반응 15.2에는 이동하는 양성자가 없으므로 산–염기 정의를 보다 일반화할 필요가 있다. 본인의 이름을 딴 Lewis 기호로 유명한 G. N. Lewis가 보다 확장된 산–염기 개념을 정의하였다.

산과 염기의 Lewis 정의

1. **Lewis 산(Lewis acid)**은 배위 공유 결합이 형성되는 과정에서 전자쌍을 받을 수 있는 이온 또는 분자종이다.
2. **Lewis 염기(Lewis base)**는 배위 공유 결합이 형성되는 과정에서 전자쌍을 줄 수 있는 이온 또는 분자종이다.
3. **중화(neutralization)**는 주개(염기)와 받개(산) 사이의 배위 공유 결합 형성 반응이다.

도구
Lewis 산–염기 정의

Lewis 산–염기 반응의 예

BF_3와 NH_3 사이의 반응은 Lewis **산–염기 중화 반응(acid–base neutralization)**의 사례이다. 전자쌍을 주는 질소와 그 전자쌍을 받는 붕소 사이에 결합이 형성되기 때문에 반응은 발열 반응이다.

해설 BCl_3와 암모니아 사이의 비슷한 반응이 8장에서 설명되었다. 두 개의 작은 분자의 결합으로 만들어진 BF_3NH_3와 같은 화합물을 **첨가 화합물(addition compound)**이라고 한다.

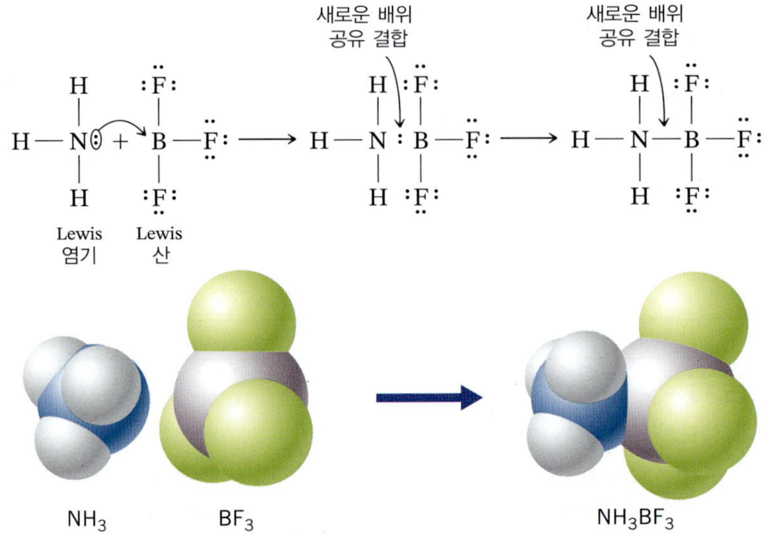

암모니아와 트라이플루오린화 붕소 사이에 결합이 형성됨에 따라 붕소 주위의 기하 구조가 평면 삼각형에서 사면체로 변하는데, 이것은 붕소가 네 개의 결합을 가질 때 예상되는 모양이다.

암모니아 분자는 **Lewis 염기**로 작용하고 있다. BF_3에서 붕소 원자는 원자가 껍질에 전자가 6개뿐이어서 옥텟을 만족하기 위해 전자가 2개 더 필요하며, 암모니아 분자로부터 전자쌍을 받는다. 여기서 BF_3는 **Lewis 산**으로 작용하고 있다.

이 예에서 보는 바와 같이 Lewis 염기는 완전히 채워진 원자가 껍질과 **비공유 전자쌍**을 가진 물질(예를 들면 NH_3, H_2O, O^{2-})이다. 반면 Lewis 산은 BF_3, H^+처럼 완전히 채워지지 않은 원자가 껍질을 가진 물질이다.

어떤 물질은 심지어 중심 원자의 원자가 껍질이 완전히 채워진 경우에도 Lewis 산이 될 수 있다. 이는 중심 원자가 이중 결합을 가지고 있을 때 가능하다. 이 이중 결합은 인접한 원자에 전자쌍을 이동시켜, Lewis 염기로부터 제공되는 전자쌍에 대한 공간을 확보할 수 있다. 이산화 탄소를 수산화 소듐 수용액에 주입하면, 기체는 즉시 탄산수소 이온이 된다.

$$CO_2(g) + OH^-(aq) \longrightarrow HCO_3^-(aq)$$

Lewis 산–염기 이론은 이 반응에서의 전자 이동을 다음과 같이 나타낸다.

해설 배위 공유 결합은 일단 형성되면 다른 공유 결합과 동일하다는 것을 기억하라. 이 용어는 결합을 형성하는 전자쌍이 어디서 왔는지를 나타내는 것이다.

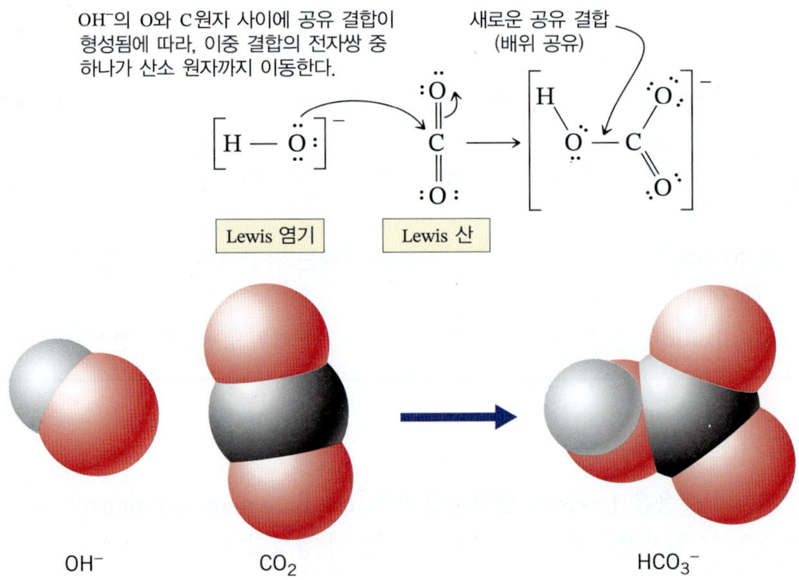

OH^- 이온의 산소로부터 전자쌍이 제공되면 한 개의 결합이 생기므로 OH^- 이온은 Lewis 염기이다. 탄소 원자가 전자쌍을 받으므로 CO_2는 Lewis 산이다.

전자를 8개보다 더 많이 소유할 수 있는 원자가 껍질을 가진 물질 또한 Lewis 산이 될 수 있다. 예를 들면 Lewis 산인 이산화 황과 Lewis 염기인 산화 이온이 아황산 이온을 생성하는 반응을 생각해 보자. 산성 무수물인 이산화 황 기체가 염기성 무수물인 고체 산화 칼슘과 혼합될 때 다음 반응이 일어나서 아황산 칼슘($CaSO_3$)이 생성된다.

$$SO_2(g) + CaO(s) \longrightarrow CaSO_3(s)$$

SO_2의 두 가지 공명 구조 중 하나와 아황산 이온의 세 가지 공명 구조 중 하나를 이용하여 아황산 이온이 생성될 때 전자들이 어떻게 재배치되는가를 알아보자.

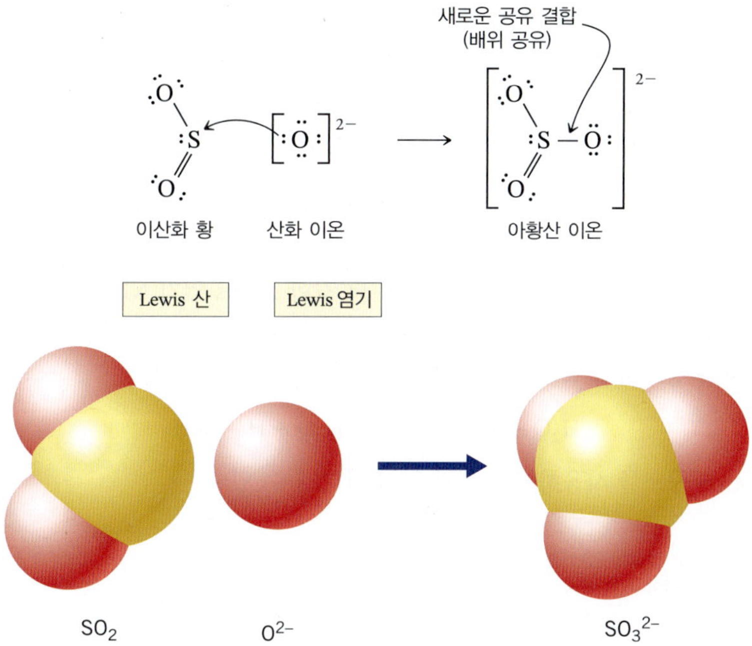

SO_2의 황에 결합된 전기 음성도가 매우 큰 두 개의 산소에 의하여 황에 부분적인 양전하가 형성되고 산화 이온과 황 사이에 배위 공유 결합이 형성된다. 이 경우에서 황은 원자가 껍질에 8개보다 더 많은 수의 전자를 수용할 수 있어 전자쌍의 재배치가 불필요하다.

Lewis 산과 염기로 행동하는 물질의 종류는 **표 15.3**에 요약되어 있다. 표를 공부한 다음에 다음의 실전 문제를 풀어 보자.

표 15.3 Lewis 산과 Lewis 염기인 물질의 유형

Lewis 산
완전히 채워지지 않은 원자가 껍질을 가진 분자나 이온(예: BF_3, H^+)
완전히 채워진 원자가 껍질을 가지고 있으나 더 많은 전자들에 대한 공간을 만들기 위해 이동할 수 있는 다중 결합을 가진 분자나 이온(예: CO_2)
전자를 추가로 소유할 수 있는 중심 원자를 가진 분자나 이온(일반적으로 3주기에서 7주기까지의 원자)(예: SO_2)
Lewis 염기를 받아들일 수 있는 금속이나 금속 이온(예: Fe, Zn^{2+})
Lewis 염기
비공유 전자쌍을 가지고 있고 채워진 원자가 껍질을 가진 분자나 이온(예: O^{2-}, NH_3)

실전 문제 15.17

다음의 각 반응에서 Lewis 산과 Lewis 염기를 구분하시오(**힌트**: 반응물의 Lewis 구조를 그리시오).

(a) $NH_3 + H^+ \rightleftharpoons NH_4^+$

(b) $SeO_3 + Na_2O \rightleftharpoons Na_2SeO_4$

(c) $Ag^+ + 2NH_3 \rightleftharpoons Ag(NH_3)_2^+$

(d) $H^+ + OH^- \longrightarrow H_2O$

Lewis 산-염기 개념을 이용한 Brønsted-Lowry 산-염기 반응의 이해

산과 염기에 대한 Brønsted-Lowry 정의나 Lewis 정의 모두 한 개의 양성자 이동을 포함하는 반응을 설명할 수 있다. 예를 들어 수용액에서 하이드로늄 이온과 암모니아 사이의 반응을 생각해 보자.

$$H_3O^+ + NH_3 \longrightarrow H_2O + NH_4^+$$

Brønsted-Lowry 정의를 적용하면 산인 H_3O^+는 염기인 NH_3와 반응하여 각각의 짝염기인 H_2O와 짝산인 NH_4^+를 생성한다.

Lewis 정의를 이용하여 이 반응을 해석하면 더 강한 Lewis 염기(NH_3)가 더 약한 Lewis 염기(H_2O)로부터 얻은 Lewis 산(양성자 H^+)에게 전자쌍을 주는 반응으로 이해할 수 있다. 이동하는 양성자를 강조하기 위하여 반응식을 다음과 같이 쓸 수 있다.

$$H_2O{-}H^+ + NH_3 \longrightarrow H_2O + H^+{-}NH_3$$

이 반응을 Lewis 구조를 사용하여 다음과 같이 나타낼 수 있다.

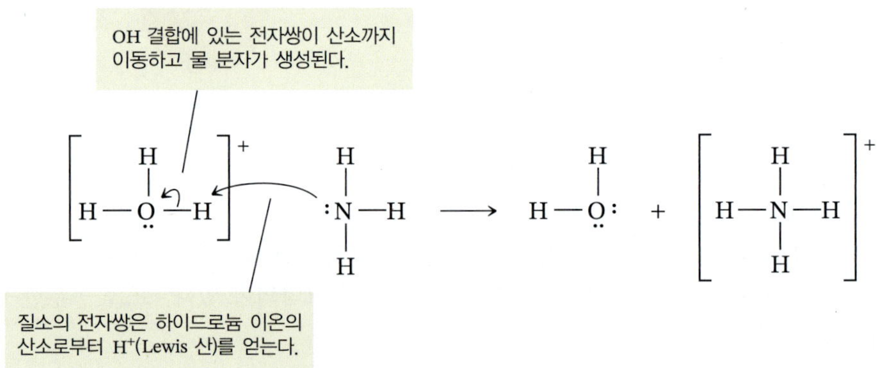

분자 모형으로 나타낸 반응은 다음과 같다.

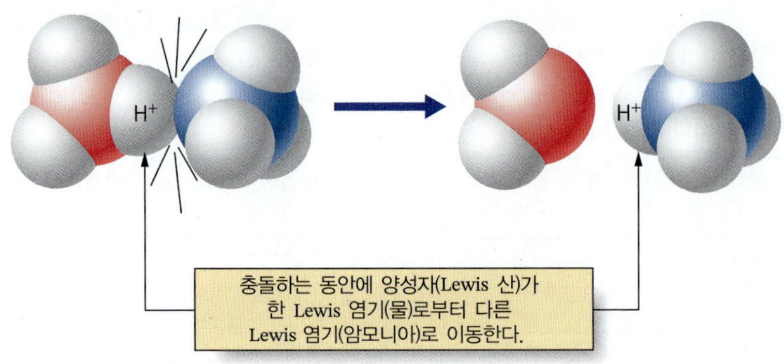

일반적인 Brønsted–Lowry 산–염기 반응을 Lewis 관점에서는 양성자가 더 강한 Lewis 염기에 결합된 형태를 선호하는 평형 반응으로 해석할 수 있다.

주의할 점은 양성자 이동 반응을 해석함에 있어 Brønsted–Lowry의 개념과 Lewis 개념을 **동시에** 적용하지 말아야 한다는 것이다. Brønsted–Lowry의 개념을 이용하여 짝산–짝염기 개념을 논할 때 Lewis 개념을 동시에 사용하면 혼란만 가중시킬 뿐이다.

15.5 원소와 그 산화물의 산–염기 성질

산을 생성할 확률이 높은 원소는 주기율표 오른쪽 상단의 비금속들이다. 염기성 수산화물을 생성할 가능성이 높은 원소는 주기율표 내에 금속에 위치한 원소들인데, 특히 1A족(알칼리 금속)과 2A족(알칼리 토금속)이다.

일반적으로 특정 원소의 산 혹은 염기적인 특성은 원소의 **산화물**이 물과 어떻게 반응하는지에 따라서 결정된다. Na_2O나 CaO와 같은 금속 산화물은 물과 반응하여 수산화물을 생성하기 때문에, 이들 산화물을 **염기성 무수물**(basic anhydride: 'anhydride'는 '물이 없음'을 의미한다)이라고 한다.

$$Na_2O + H_2O \longrightarrow 2NaOH \quad \text{수산화 소듐}$$
$$CaO + H_2O \longrightarrow Ca(OH)_2 \quad \text{수산화 칼슘}$$

물과 금속 산화물의 반응은 실제로는 산화 이온이 H_2O 분자로부터 H^+를 얻어 OH^- 이온이 되는 반응으로 생각할 수 있다.

많은 금속 산화물은 물에 용해되지 않기 때문에 산화 이온이 직접 H_2O 분자로부터 H^+ 이온을 얻기 어려우나, 고체 산화물 내의 산화 이온을 직접 공격할 수 있는 산과는 반응할 수 있다. 예를 들면 산화 철(Ⅲ)은 다음과 같이 산과 반응한다.

$$Fe_2O_3(s) + 6H^+(aq) \longrightarrow 2Fe^{3+}(aq) + 3H_2O$$

이 반응은 철에서 녹을 제거하기 위하여 산업 현장에서 사용하는 방법이다.

비금속 산화물은 보통 **산성 무수물**(acidic anhydride)로 물과 반응하여 산성 용액을 만든다. 다음은 비금속 산화물로부터 산이 만들어지는 전형적인 예이다.

$$SO_3(g) + H_2O \longrightarrow H_2SO_4(aq) \quad \text{황산}$$
$$N_2O_5(g) + H_2O \longrightarrow 2HNO_3(aq) \quad \text{질산}$$
$$CO_2(g) + H_2O \longrightarrow H_2CO_3(aq) \quad \text{탄산}$$

수화된 금속 이온의 산성 성질

이온 결합 화합물이 물에 용해될 때 용매 분자들이 이온 주위로 모이는 **수화**(hydrated)가 일어난다. 이때 수화된 금속 양이온은 주위 물 분자의 산소 원자에 존재하는 부분 음전하와 결합하는 Lewis 산(금속 양이온)과 Lewis 염기(물) 반응이 진행된다. 한편 수화된 금속 이온과 결합한 물 분자는 아래 평형에서와 같이 Brønsted 산으로 작용한다. 간단하게 나타내기 위하여 반응식에서 금속 양이온을 $n+$의 알짜 양전하(n은 M에 따라서 1, 2, 3 중의 하나다)를 가진 **일**수화물(monohydrate), 즉 $M(H_2O)^{n+}$로 표시하였다.

해설 종종 이온과 물 분자 사이의 인력은 용매인 물이 증발할 때도 지속될 만큼 충분히 강하다. 그림 2.15에 나타낸 $CuSO_4 \cdot 5H_2O$는 수용액에서 고체로 결정화된다.

$$[M(H_2O)]^{n+} + H_2O \rightleftharpoons [MOH]^{(n-1)+} + H_3O^+$$

다시 말하면 수화된 금속 이온은 물속에서 양성자 주개로 행동하는데, 이제 그 이유에 대하여 알아보자.

금속 이온에 있는 양전하는 물 분자를 끌어당기고 O—H 결합으로부터 전자 밀도를 끌어당겨, O—H 결합의 극성을 증가시킨다(**그림 15.3**). 이는 H에 부분 양전하를 증가시키고 O—H 결합을 약화시키며, 그 결과 주변의 또 다른 물 분자로 H^+가 이동하여 하이드로늄 이온이 생성된다. 전체 과정은 다음과 같이 나타낼 수 있다.

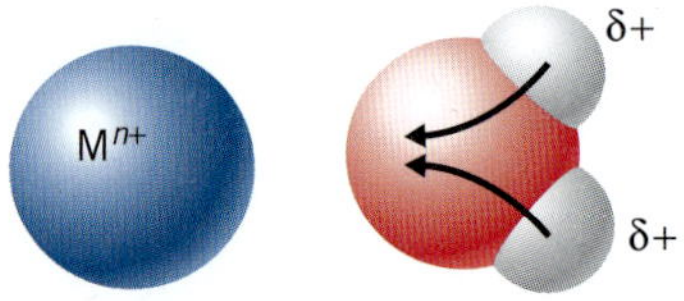

그림 15.3 금속 양이온에 의한 물분자의 분극화 금속 이온의 양전하는 물 분자의 H 원자로부터 전자 밀도를 끌어온다. 이는 H—O 결합 세기를 약화시켜 H^+가 가까운 물 분자로 쉽게 이동할 수 있게 한다.

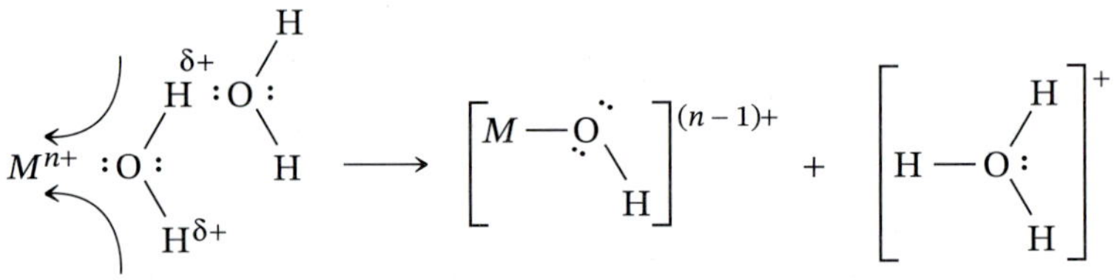

금속 이온의 양전하에 의해 물의 O—H결합의 전자 밀도가 줄어들어 (굽은 화살표로 표시) 수소의 양전하가 증가한다. 그 결과 H^+가 물 분자로 이동하는 것이 촉진된다.

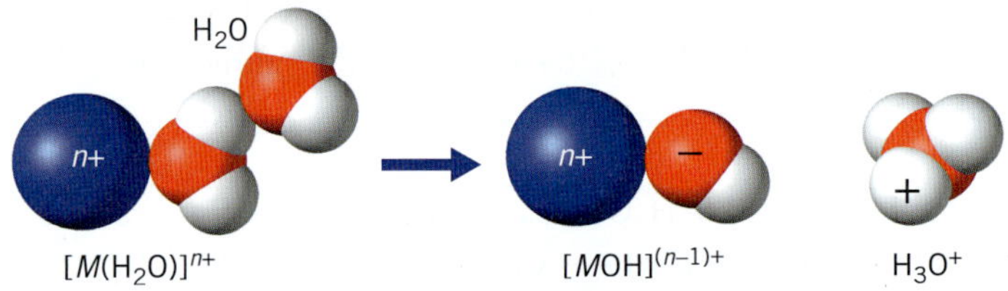

금속 이온이 산성 용액을 생성하는 정도를 결정하는 중요한 요소는 금속 이온의 전하량과 금속 이온의 크기이다. 금속 이온의 전하가 증가함에 따라 분극화시키는 효과가 증가하게 되고 그 결과로 H^+의 방출이 쉬워진다. 이는 전하가 큰 금속 이온은 전하가 작은 이온보다 강한 산성 용액을 생성한다는 의미이다.

양이온이 작으면 양전하가 집중되기 때문에 양이온의 크기 또한 양이온의 산도에 영향을 미친다. 매우 응집된 양전하는 분산된 양전하보다 O—H 결합으로부터 전자를 더 잘 끌어당길 수 있다. 그러므로 일정한 양전하에 대하여 양이온이 더 작을수록 용액의 산성이 더 강해진다.

양전하와 양이온의 부피(금속 이온의 부피)의 비인 **양전하 밀도**(positive charge density)를 이용하여 크기와 전하량의 효과를 동시에 고려할 수 있다.

$$\text{전하 밀도} = \frac{\text{이온 전하}}{\text{이온 부피}}$$

양전하 밀도가 크면 클수록 금속 이온은 O—H 결합으로부터 전자 밀도를 끌어당기는 데 더 효과적이어서 수화된 양이온의 산성이 점점 더 강해진다.

도구
금속 양이온의 산성 성질

큰 양전하를 가진 매우 작은 양이온은 큰 양전하 밀도를 가지므로 매우 강한 산성을 띠는 경향이 있다. 수화된 알루미늄 이온인 육수화물[$Al(H_2O)_6^{3+}$]이 그 예이다(**그림 15.4** 참조). 이

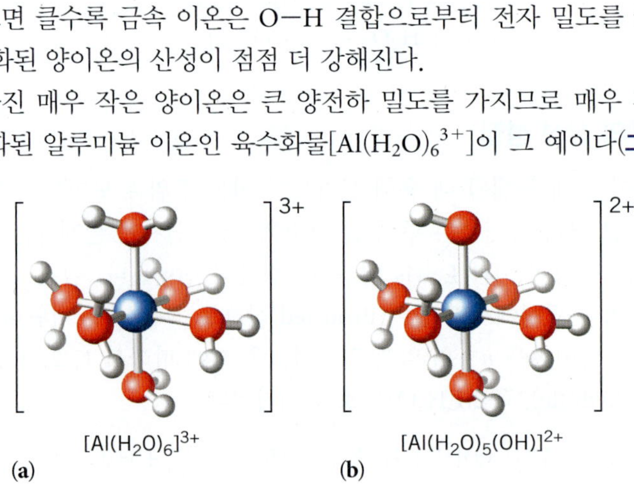

그림 15.4 수화된 알루미늄 이온은 물에서 약한 양성자 주개이다. (a) 큰 전하를 가진 Al^{3+} 이온(청색)은 수용액에서 물 분자 6개와 결합하여 화학식이 $Al(H_2O)_6{}^{3+}$인 팔면체 구조를 이룬다. (b) 수화된 알루미늄이 양성자를 잃으면 물 분자가 수산화 이온으로 변하고 전체적으로 한 단위의 양전하가 줄어들어 이온은 $Al(H_2O)_5(OH)^{2+}$의 화학식을 갖는다.

이온은 아래의 평형으로 인하여 물에서 산성을 띤다.

$$[Al(H_2O)_6]^{3+}(aq) + H_2O \rightleftharpoons [Al(H_2O)_5(OH)]^{2+}(aq) + H_3O^+(aq)$$

평형 위치가 실제로 생성물을 강하게 선호하지 않을지라도 충분한 하이드로늄 이온을 생성한다. 0.1 M $AlCl_3$ 수용액은 0.1 M 아세트산 용액과 같은 양인 1×10^{-3} M의 하이드로늄 이온을 생성한다.

금속 이온의 산성 성질의 주기적 경향 원자 크기는 주기율표의 한 주기에서 왼쪽에서 오른쪽으로 갈수록 감소하고, 한 족에서 아래로 갈수록 증가한다. 양이온 크기도 이 경향에 따라 족의 위쪽에 위치한 금속의 양이온이 부피가 가장 작고, 따라서 가장 큰 전하 밀도를 갖는다. 그러므로 주기율표에서 족의 상단에 위치한 수화된 금속 이온들의 산성이 같은 족에서 제일 크다.

1+의 전하만 갖는 1A족 금속의 양이온(Li^+, Na^+, K^+, Rb^+, Cs^+)은 수용액에서 H_3O^+ 농도를 증가시키는 경향이 거의 없다.

2A족에서 Be^{2+} 양이온은 매우 작아서 수화된 이온이 약한 산이 될 만큼 충분한 전하 밀도를 가진다. 2A족의 다른 양이온(Mg^{2+}, Ca^{2+}, Sr^{2+}, Ba^{2+})은 원자 번호가 증가함에 따라 전하 밀도가 점차 작아진다. 이들 양이온의 수화물이 수용액에서 약간의 하이드로늄 이온을 생성하지만, 그 양은 무시할 수 있다.

몇몇 전이 금속 이온, 특히 3+의 전하를 가진 이온은 산성을 띤다. 예를 들면 Fe^{3+}와 Cr^{3+}의 염은 수용액에서 각각 $Fe(H_2O)_6{}^{3+}$와 $Cr(H_2O)_6{}^{3+}$로 존재하기 때문에 산성을 나타내며, 이전에 토의했던 $Al(H_2O)_6{}^{3+}$와 유사한 이온화 반응을 한다.

산화수가 금속 산화물의 산도에 미치는 영향

모든 금속 산화물이 염기성은 아니다. 금속 이온에 부여된 산화수(또는 전하)가 증가하면 그 금속 이온은 더 **산성**을 띠게 되어 더 좋은 전자쌍 받개가 된다. 금속 수화물의 경우 물 분자의 OH 결합으로부터 전자 밀도를 끌어당기기 때문에 수화물 그 자체가 약한 양성자 주개가 되는 것을 설명하였다. 전하가 증가할수록 금속 이온의 산도가 증가하는 현상은 그 금속 산화물의 염기도에도 영향을 미친다.

산화 크로뮴(VI)(CrO_3)의 사례에서 볼 수 있듯이, 금속 이온이 높은 산화 상태로 존재할 때 산화물 그 자체가 산성을 나타낼 수 있다. CrO_3가 물에 용해되어 만들어진 용액인 크로뮴산(chromic acid)은 매우 강한 산성을 띤다. 용액 내에 존재하는 중요한 화학종의 하나인 H_2CrO_4는 95% 이상 이온화되는 강한 산이다. 이 산은 크로뮴산 이온($CrO_4{}^{2-}$)을 포함하는 염을 형성한다.

Na_2O와 CaO에서와 같이 금속의 양전하가 비교적 작은 경우에는 산화물이 염기성을 띠는 경향이 있다. 3+ 전하를 갖는 이온의 산화물은 염기성이 약하고 산성을 나타내기 시작한다. 이런 산화물은 산과 염기로 모두 작용할 수 있는 **양쪽성**이다. 산화 알루미늄은 산과도 염기와도 반응할 수 있는 좋은 예이다. 산화 알루미늄이 산에 용해될 때 다음과 같이 염기적 성질을 나타낸다.

$$Al_2O_3(s) + 6H^+(aq) \longrightarrow 2Al^{3+}(aq) + 3H_2O$$

이전에 언급한 바와 같이 수화된 알루미늄 이온은 6개의 물 분자로 둘러싸여 있으며 산성 용액에서 $Al(H_2O)_6{}^{3+}$ 형태로 존재한다.

한편, 산화 알루미늄이 염기에 용해될 때 다음의 반응에서와 같이 산의 성질을 나타낸다.

$$Al_2O_3(s) + 2OH^-(aq) \longrightarrow 2AlO_2{}^-(aq) + H_2O$$

실제로 염기성 용액에서 알루미늄을 포함하는 화학종의 화학식은 윗 식에 나타낸 것보다 더 복잡하지만 간단하게 $[Al(H_2O)_2(OH)_4]^-$로 표현할 수 있다. 두 화학식의 차이는 이온이 형성될 때 포함되는 물 분자의 수임에 유의하라.

$[Al(H_2O)_2(OH)_4]^-$는 ($AlO_2^- + 4H_2O$)와 같은 것이다.

알루미늄을 포함한 이온에 대한 화학식을 표현하는 형태와는 무관하게 그 이온은 양이온이 아닌 음이온이다.

실전 문제 15.18

Al_2O_3의 양쪽성 성질을 나타내는 거동에 대하여 설명하시오.

15.6 기능성 세라믹과 산-염기 화학

세라믹 재료들은 선사시대부터 이어져 오는 긴 역사를 가지고 있다. 13,000년 된 토기는 세계 곳곳에서 발견되고 있다. 오늘날 양산되는 **세라믹(ceramics)**은 벽돌, 시멘트, 유리 같은 흔한 무기 건축 자재들을 포함하고 있다. 우리는 자기, 타일, 씽크대, 화장실, 그리고 도자기나 작은 조각상 등과 같은 세라믹을 생활 주변에서 쉽게 발견할 수 있다. 이런 재료들은 지각에서 얻어지는 점토, 실리카(모래) 그리고 다른 규산염(규소와 산소로 이루어진 음이온을 포함한 화합물) 같은 무기물로 만들어진다.

최근에 **기능성 세라믹**(advanced ceramics)이라고 하는 상당히 새로운 집단의 물질이 제조되어 첨단 기술 분야에 활용되고 있다. 휴대 전화, 칼, 디젤 엔진과 같이 예상하지 못한 분야에서 이와 같은 세라믹이 이용되고 있다.

세라믹의 원료로부터 세라믹을 제조하는 데 여러 가지 방법이 이용되고 있다. 많은 경우에 세라믹의 성분을 매우 미세한 가루로 먼저 분쇄한다. 이 가루를 물과 혼합하여 슬러리를 만든 다음 거푸집에 부어서 구조적인 강도가 크지 않은 고체 형태로 굳힌다(다른 방법으로, 미세한 가루를 바인더와 혼합하고 원하는 형태로 찍어낸다). 이렇게 만들어진 고체를 불가마에 넣고 종종 1000°C 이상의 높은 온도로 가열하면 미세한 입자들이 **소결(sintering)**이라는 과정에 의해 서로 결합하여 완성된 세라믹이 제조된다. 소결은 때때로 미세 입자를 부분적으로 녹이기도 하지만 대부분의 입자들은 전반적으로 고체 상태로 존재한다.

방금 설명한 전통적인 방법으로 세라믹을 만드는 데는 몇 가지 문제점이 있다. 우선 분쇄 과정으로는 균일하면서 크기가 매우 작은 입자를 얻는 것이 어렵기 때문에 이 방법으로 얻은 원료로 만든 세라믹에는 종종 작은 균열과 빈틈이 포함되고, 이런 균열과 빈틈은 물리적 강도에 부정적인 영향을 미친다. 이와 더불어 가루 형태의 여러 성분이 섞여 있기 때문에 세라믹의 화학적 조성을 재현성 있게 조절하기 어렵다.

강의실 밖의 화학 15.1

기능성 세라믹 재료의 활용

세라믹의 조성이나 제조 방법을 조절하면 모든 세라믹이 공통적으로 지닌 몇 가지 성질 이외에 특별한 성질을 얻을 수도 있다. 예를 들면 거의 모든 세라믹 재료는 녹는점이 높고 강철보다 더 단단해서 질소화 붕소(BN)와 같은 몇 가지 재료는 가장 단단한 물질로 알려진 다이아몬드와 거의 동일한 강도를 갖는다. 단단하면서 비교적 저렴한 탄화 규소(SiC)는 사포나 연마판의 연마제로 널리 사용되고 있다.

세라믹 재료는 높은 강도와 비교적 낮은 밀도를 갖고 있어 우주 산업 분야에서 유용하게 활용되고 있다. 세라믹은 열전달 속도가 느리기 때문에 로켓 엔진 표면의 보호막으로 사용되기도 하고, 엔진을 만드는 데 사용되는 금속이 녹는 것을 방지하기도 한다. 우주 왕복선(**그림 1**)의 외부에는 우주로부터 재진입하는 동안 열 차단 역할을 하는 보호 세라믹 타일이 부착되어 있다. 이 타일은 일반적인 모래 성분인 SiO_2를 이용하여 제조된 낮은 밀도의 다공성 실리카로 만든다. 이 타일은 매우 높은 온도에서 견딜 수 있고 매우 낮은 열전도도를 갖고 있어, 왕복선 몸체로의 열전달을 막아준다.

첨단 기술을 이용하여 얻은 기능성 세라믹은 비교적 신소재로, 새로운 활용 분야가 끊임없이 확대되고 있다. 이들 신소재의 다양한 활용 분야에 대한 예를 들어보자.

솔(sol)-젤(gel) 공정 또는 다른 방법으로 광학 부품의 표면에 도포된 얇은 세라믹 필름은 반사 방지막이나 혹은 빛에 대한 필터로 이용된다. 질소화 타이타늄(TiN)의 얇은 막으로 코팅해서 드릴의 날과 같은 연장의 마모를 줄일 수 있다(**그림 2**).

높은 강도를 가진 지르코니아(ZrO_2)는 의학 분야에서 고관절 대체 부품으로 이용되기도 하고, 강철보다 더 오랫동안 날카로움이 유지되는 칼 또는 골프화 바닥에 부착하는 세라믹 골프 스파이크를 만드는 데 사용되고 있다.

접시와 같은 평편한 결정 형태인 질소화 붕소(BN) 분말은 서로 잘 미끄러지는 성질이 있기 때문에 매끄러운 느낌이 요구되는 화장품에 사용된다(**그림 3**). 붕소를 포함하는 또 다른 세라믹인 탄화 붕소는 케블라(Kevlar) 중합체와 함께 방탄복을 만드는 데 사용된다. 방탄복을 때린 총알은 운동 에너지의 대부분을 흡수하는 세라믹에 의해 산산조각이 나고, 나머지 에너지는 안쪽의 케블라에 의하여 흡수된다.

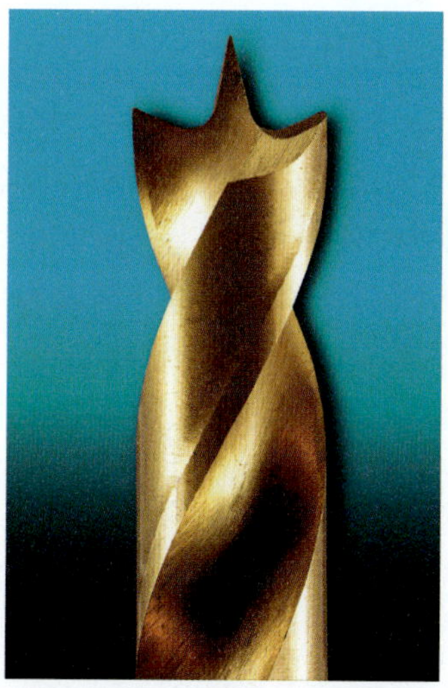

Andy Washnik

그림 2 질소화 타이타늄 질소화 타이타늄(TiN)의 얇은 황금색 피막을 입힌 드릴 날은 강철 드릴 날보다 더 오랫동안 날카로움을 유지한다.

James L. Amos/Science Source

그림 1 우주 왕복선의 열 차단 우주 왕복선 Challenger 호의 표면에 많은 열 차단 세라믹 타일이 부착되어 있다. 우주선이 완성된 1986년에 촬영된 이 Challenger 호는 이륙 직후 비극적 사고에 의해 추락하였다. 이륙하는 동안에 받은 타일들의 손상이 2003년 2월에 발생한 Columbia 호의 소실과 승무원들의 사망에 대한 원인인 것으로 밝혀졌다.

강도가 매우 높고 내마모성이 좋은 질소화 규소(Si_3N_4)는 밀도가 낮고 또한 매우 높은 온도와 강한 화학물질에 대한 내구성이 좋기 때문에 디젤 엔진용 부품을 만드는 데 사용되고 있다.

압전성 세라믹은 형체가 변형되면 전기적 전위를 생성하는 특성을 가지고 있다. 반대로 압전성 세라믹에 전기적 전위를 가하면 세라믹은 변형된다. 한 회사가 이 두 성질을 이용한 압전 부품을 부착한 지능형 스키를 생산하고 있다. 스키의 진동으로 인하여 스키가 변형될 때 나타나는 전위를 감지하고 반대 전위를 가해서 스키의 진동을 상쇄시킬 수 있다. 지능형 재료(smart material) 기술은 미사일 공격으로부터 미국을 방어하기 위해 계획된 스타워즈(Star Wars) 무기 체계에 포함된 광학 부품들의 진동을 감소시키기 위하여 처음 개발되었다.

Andy Washnik

그림 3 화장품에 들어 있는 세라믹 질소화 붕소(BN)는 다양한 화장품의 성분으로 사용된다.

솔–젤 공정

솔–젤 공정(sol-gel process) 기법을 이용하여 몇몇 세라믹이 가지고 있는 입자 크기와 균일성에 관한 문제점을 해결할 수 있다. 이와 관련된 화학은 이번 장에서 논의된 산–염기 반응과 유사하다. 출발 물질은 몇 개의 알콕사이드기와 결합한 금속 또는 준금속(예: Si)의 염이나 화합물이다. **알콕사이드(alcoxide)**는 알코올에서 수소 이온을 제거해서 얻은 음이온이다.[5] 예를 들면 에탄올에서 H^+를 제거하면 에톡사이드 이온이 생성된다.

$$\underset{\text{에탄올}}{C_2H_5OH} \xrightarrow{-H^+} \underset{\text{에톡사이드 이온}}{C_2H_5O^-}$$

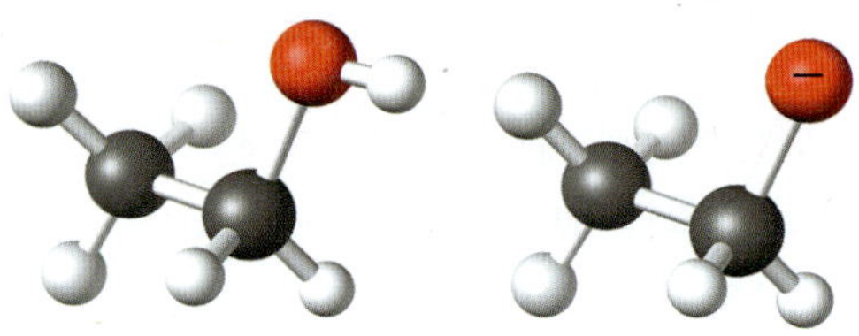

에톡사이드 이온은 일반적으로 에탄올에 용해되는 금속 이온과 염을 형성하는데, 이는 용매와 용질이 서로 유사하다는 점을 고려한다면 놀랄 일이 아니다.

알코올은 H^+ 이온을 잃는 경향이 거의 없는 극히 약한 산이다. 따라서 알콕사이드 이온은 H^+에 대하여 **매우 강한 친화력**을 가진 매우 강한 염기이다. 알콕사이드 이온을 물에 가하면 알콕사이드 이온이 H_2O로부터 H^+를 얻어 알코올과 수산화 이온이 생성되는 반응이 즉각적으로 일어난다.

$$C_2H_5O^- + H_2O \xrightarrow{100\%} C_2H_5OH + OH^-$$

이 반응이 최종적으로 세라믹 재료를 제조하는 일련의 반응의 초기 반응이다. 지르코늄(IV) 에톡사이드[$Zr(C_2H_5O)_4$]를 사용하여 이 과정을 설명해 보자. 초기 반응은 $Zr(C_2H_5O)_4$의 알코올 용액에 물을 서서히 가하면서 시작되는데, 이때 에톡사이드 이온은 에탄올로 바뀌고 수산화 이온이 생성된다. 이 반응은 물과의 반응이기 때문에 **가수분해(hydrolysis)**라고 한다. 이 과정의 첫 단계의 반응식은 다음과 같다.

해설 솔–젤 공정에서 사용되는 전형적인 금속은 높은 산화 상태를 가진 Si, Ti, Zr, Al, Sn, Ce이다.

$$Zr(C_2H_5O)_4 + H_2O \longrightarrow Zr(C_2H_5O)_3OH + C_2H_5OH$$

지르코늄 이온의 큰 양전하로 인하여 OH^-와 단단히 결합하는 동시에 O–H 결합의 분극화를 유발하여 O–H 결합이 약해진다. $Zr(C_2H_5O)_3OH$ 두 분자가 서로 만나면 한 지르코늄 이온과 결합한 OH로부터 한 양성자가 다른 지르코늄 이온과 결합한 OH로 이동하는 산–염기 반응이 진행된다. 그 결과 한 개의 물 분자와 두 개의 지르코늄 이온이 산소로 연결된 화합물이 만들어진다.

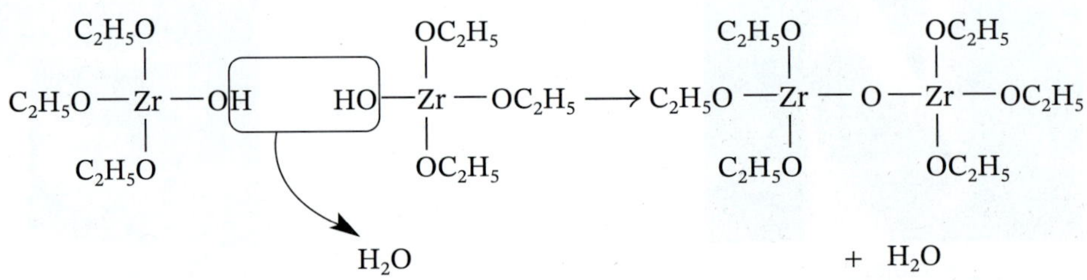

[5]알킬(alkyl)기는 알케인에서 수소 원자를 제거할 때 얻게 되는 탄화수소 조각이다. 예를 들어 메틸기(CH_3-)는 메테인(CH_4)으로부터 유래된 일종의 알킬기이다. 알코올을 일반식 R–OH로 표시할 때 R은 알킬기를 나타내고 알콕사이드 이온의 화학식은 $R-O^-$로 나타낸다.

물을 더 가하면 에톡사이드 이온이 에탄올 분자로 바뀌고 지르코늄 이온 사이를 연결하는 산소 다리가 점점 더 많이 만들어지는 과정이 계속된다. 그 결과로 산소로 연결된 지르코늄 원자의 그물 구조가 만들어진다. 이 생성물은 수산화 이온이 많이 포함된 매우 작고 불용성인 입자(본질적으로 산화물) 형태이다. 이들 입자는 알코올 용매 내에 분산되어 젤과 같은 특성을 갖는다.[6]

형성된 솔–젤 현탁액은 **그림 15.5**에 나타낸 것과 같은 다양한 분야에 활용될 수 있다. 침적 도장(dip coating) 방법으로 표면에 석출시켜 매우 얇은 세라믹 코팅을 만들 수 있으며, 주형을 이용하여 반고체 젤라틴과 같은 물질(젖은젤)을 생성하기도 한다. 젖은젤의 용매를 증발시켜 **건조젤(xerogel)**이라고 하는 다공성 고체를 만들 수 있다. 건조젤을 좀 더 가열하면 다공성 구조가 깨지고 고밀도의 세라믹이나 균일한 구조를 갖는 유리가 생성된다. 초임계 상태(용매의 임계 온도보다 높은 온도에서)에서 젖은젤의 용매를 제거하면 **에어로젤(aerogel)**이라고 하는 매우 다공성이며 극히 낮은 밀도를 갖는 고체가 만들어진다(복습 질문 1.96의 사진 참조). 젤 현탁액의 점도를 조절하면 세라믹 섬유를 제조할 수도 있고, 침전을 이용하면 매우 균일한 초미세 가루를 만들 수 있다. 한 가지 물질을 어떻게 취급하느냐에 따라서 이렇게 다양한 형태가 만들어진다는 사실이 놀라울 뿐이다.

해설 건조젤은 미세한 다공성 구조로 인해 매우 큰 내부 표면적을 갖고 있다. 몇몇 건조젤은 유용한 촉매로 사용되고 있다.

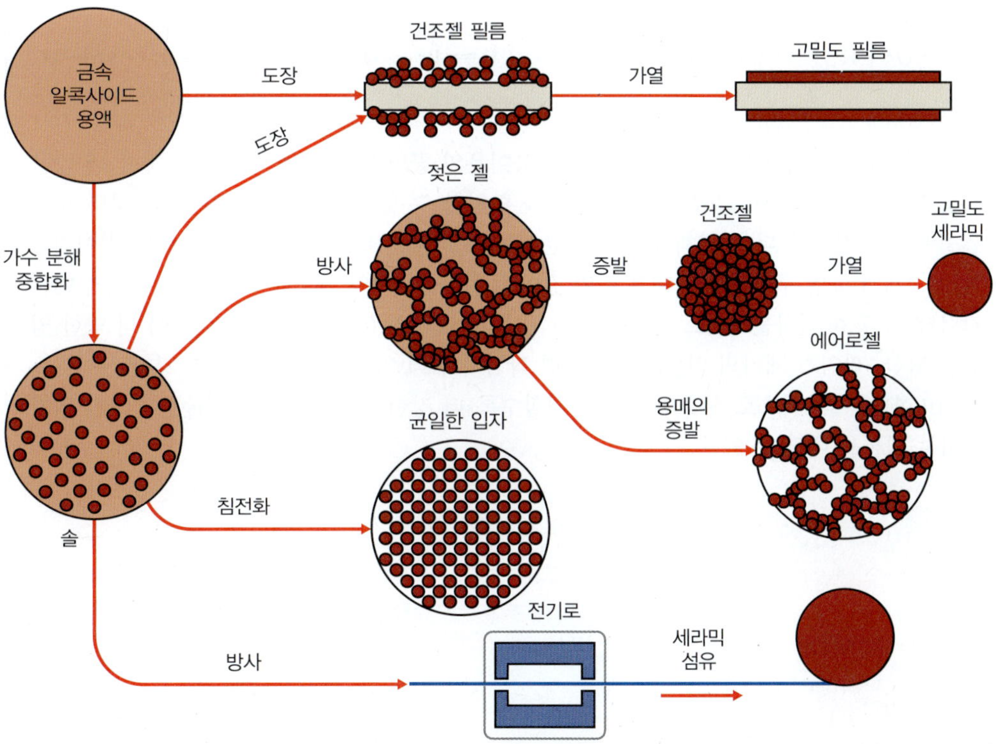

그림 15.5 솔–젤 기술에 의하여 얻어지는 생성물

[6]입자 크기는 실제 용액에서 발견되는 것보다 크지만 일반적인 침전물보다는 작다. 이와 같은 형태의 혼합물을 **콜로이드**(colloid)라고 하며, 액체 매질에 분산된 작은 고체 입자로 이루어진 콜로이드를 **솔**(sol)이라고 한다. 솔–젤이라는 이름은 여기에서 유래되었다.

종합 화학 예제

브로민을 포함하는 일련의 산소산에는 HBrO, $HBrO_2$, $HBrO_3$, $HBrO_4$ 등이 있다. 이 산을 산의 세기가 증가하는 순으로 배열하고 그 이유를 설명하시오.

분석 주어진 일련의 산들을 산성의 세기가 증가하는 순으로 배열하고 그렇게 배열한 이유를 설명해야 한다.

도구 모음 필요한 도구로 첫째 Lewis 구조를 그리고, 둘째 산소산의 세기가 증가하는 경향성을 파악한 다음, 마지막으로 산-염기 세기의 역관계를 이용한다.

풀이 첫 번째 단계로 다음과 같은 산소산의 Lewis 구조를 그린다.

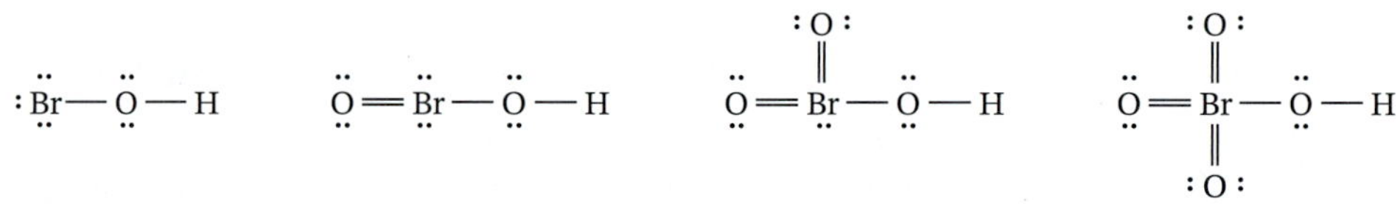

HBrO　　HBrO_2　　HBrO_3　　HBrO_4

그림에서 오른쪽으로 갈수록 산소 하나가 브로민에 첨가된다. 중심 원자와 결합하는 산소는 전기 음성도가 큰 원자로, 아래 그림의 화살표로 나타낸 바와 같이 O–H 결합으로부터 더 많은 전자 밀도를 끌어당긴다. 따라서 중심 원자에 결합한 산소가 많을수록 O–H 결합은 더 약해지고, 결과적으로 산소산의 산성 성질이 더 강해진다. 전자 밀도의 크기와 방향을 화살표로 나타내면 다음과 같다.

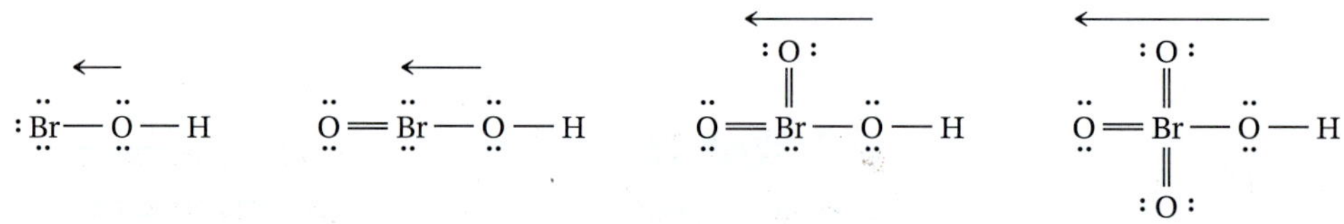

해리 후 생성되는 음이온은 산의 짝염기이다. 음이온의 공명 구조를 살펴보면, 산소가 더 많을수록 공명 구조를 더 많이 그릴 수 있다는 것을 확인할 수 있다. 음이온에 기여하는 공명 구조가 많을수록 음전하가 더욱 전체 음이온에 분산될 수 있다. BrO^-의 공명 구조는 1개뿐이지만 BrO_4^-는 4개의 공명 구조가 나타내는 바와 같이 음전하를 4개의 산소에 분산시킬 수 있기 때문에 각 산소의 유효 전하를 $\frac{1}{4}$–로 감소시킬 수 있다. 따라서 BrO_4^-가 BrO^-에 비하여 더 약한 염기이다. 짝산–짝염기 세기의 역관계에 의하면 짝염기가 더 약하면 그 짝산은 더 강한 산이라는 것을 의미한다. 결과적으로 산소의 수가 증가할수록 더 강한 산이고 그 짝염기는 더 약한 염기가 된다는 결론을 내릴 수 있다.

다음은 짝염기의 공명 구조를 나타낸 것이다.

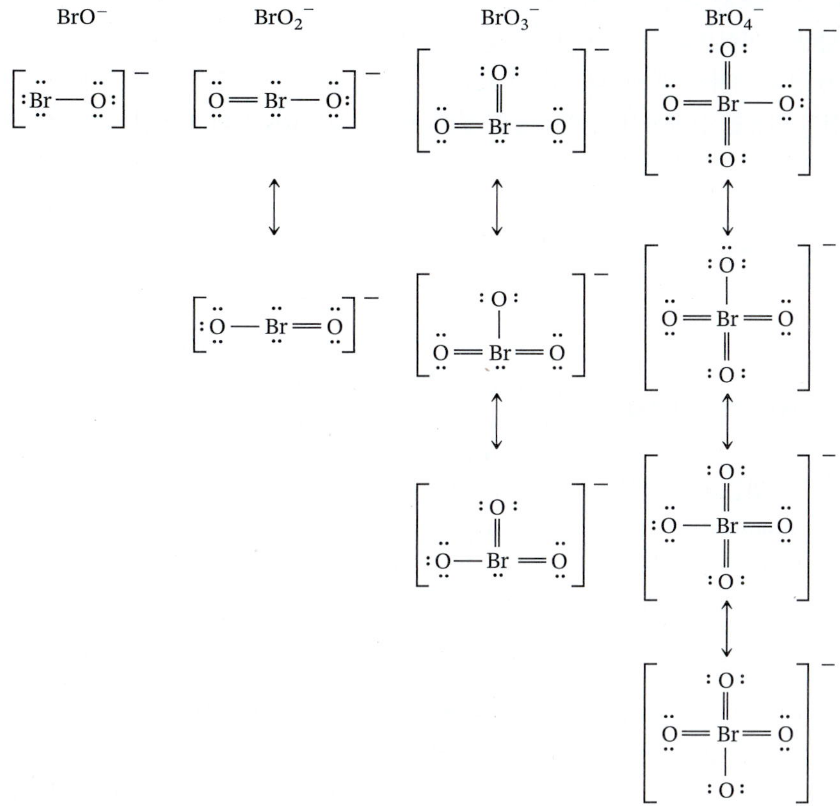

답이 합리적인가? 답이 합리적인지를 점검하기 위하여 산과 짝염기의 공명 구조가 8전자 규칙을 만족했는지, 형식 전하가 올바른지 등을 점검할 수 있다. 또한 BrO_2^-와 BrO_3^-의 유효 전하를 확인하고 이 염기들의 세기가 BrO^-와 BrO_4^-의 중간에 위치하는지 살펴본다. 마지막으로 표 15.2에 수록된 강산과 약산의 목록과 비교하는 것도 가능하다.

종합 화학 문제

A. 교재에서 산과 염기에 대한 Arrhenius 개념과 Brønsted-Lowry 개념 그리고 Lewis 개념을 살펴보았다. 3가지 개념을 각각 설명하시오. 각각의 정의를 이용하여 중화 반응을 설명하시오. HF, H_2SO_3, CO_2는 3가지 이론에서 말하는 산의 정의를 만족하는가? KOH, NH_3, CaO는 3가지 이론에서 말하는 염기의 정의를 만족하는가? 화합물의 Lewis 구조를 포함해서 설명하시오.

B. 이성분산의 주기적 경향성을 결합 길이와 전기 음성도를 이용하여 설명하시오. 대략적인 주기율표를 그리고 산의 세기, 결합 길이, 전기 음성도의 경향성을 나타내시오. 이들 사이에 상호 관련성이 존재하는가?

C. Brønsted-Lowry 산의 세기는 산소가 다른 원자와 결합하고 있을 때 O-H 결합의 세기에 반비례한다. HIO_3, $HBrO_3$, $HClO_3$와 H_3AsO_4, H_2SeO_4, $HBrO_4$ 등의 산소산의 세기에 대한 경향성을 중심 원자의 전기 음성도, 중심 원자와 결합한 산소의 수, 결합 길이의 관점에서 설명하시오.

D. 싸이오황산($H_2S_2O_3$)은 황산에서 산소 원자 하나가 황으로 치환된 산으로 다음의 2가지 구조가 가능하다. 첫 번째 구조는 이중 결합을 하는 산소가 황으로 치환된 구조이고, 다른 하나는 해리할 수 있는 수소가 결합한 산소 중 하나가 황으로 치환된 구조이다. 이 산에 대한 다음 물음에 답하시오.

(a) 싸이오황산의 2가지 구조와 황산의 구조를 그리시오.
(b) 어느 구조가 더 합리적인가?
(c) 황산과 싸이오황산 중 더 강한 산은 어느 것인가? 그 이유를 설명하시오.

E. Lewis 산은 전자쌍 받개이다. BF_3가 BH_3보다 더 강한 산인 이유와 Mn^{7+}가 Mn^{2+}보다 더 강한 산인 이유를 설명하시오. 양성자를 제공하는 산과 Lewis 산의 차이점은 무엇인가?

요약

학습 목표별로 정리함

Brønsted-Lowry 산과 염기를 구분하고, 짝산-짝염기 쌍과 양쪽성 물질이라는 용어를 설명할 수 있다.

Brønsted-Lowry 산(간단히 **Brønsted 산**으로도 언급됨)은 양성자 주개이고, **Brønsted-Lowry 염기**(또는 간단히 Brønsted 염기)는 양성자 받개이다. Brønsted-Lowry 정의에 따르면 산-염기 반응은 양성자가 이동하는 반응이다. Brønsted 산과 염기를 포함한 평형에서는 두 개의 **짝산-짝염기 쌍**이 존재한다. 주어진 산-염기 쌍을 구성하는 물질들은 단지 한 개의 H^+에 의해 서로 구분되는데, 산이 염기보다 H^+를 한 개 더 갖는다. 다른 반응물의 특성에 따라 산이나 혹은 염기가 될 수 있는 물질은 **양쪽성**이라고 하며, 이때 양성자 이동 반응이 가능하면 **양쪽성 양성자성**이라 한다.

Brønsted-Lowry 산과 염기의 세기를 비교하여 더 강한 것과 약한 것을 구분하고, 짝산-짝염기 쌍의 상대적 세기를 비교할 수 있다.

Brønsted-Lowry 산-염기 반응식은 두 조합의 짝산-짝염기 쌍으로 이루어져 있다. 하나의 산-염기 쌍에서 산과 다른 산-염기 쌍에서의 염기가 반응물이며, 이들의 대응하는 물질은 생성물이다. 평형의 위치가 반응물 쪽에 위치하면, 반응물은 두 개의 짝산-짝염기 쌍에서 약한 구성원이다. 평형의 위치가 생성물 쪽에 위치하면 그 반대의 결론을 내릴 수 있다. 이 정보를 이용하여 두 짝산 중 어느 것이 더 강한가를 확인할 수 있다. 평형의 위치가 반응물에 위치한다면, 반응물인 짝산은 생성물인 짝산보다 약하다. 평형 위치가 생성물에 위치한다면 그 반대이다. 평형의 위치가 생성물에 위치한다면, 반응물 염기는 두 염기 중에서 더 강하다고 예측할 수 있다.

주기율표를 사용하여 이성분산과 산소산의 세기에 대한 경향을 설명할 수 있다.

이성분산은 수소와 비금속만을 포함하는 산이다. 그들의 세기는 같은 족에서는 위에서 아래로 갈수록, 같은 주기에서는 왼쪽에서 오른쪽으로 갈수록 증가한다. 수소와 다른 한 가지 원소에 산소 원자를 추가로 포함하고 있는 **산소산**은 같은 중심 원자에 대하여 산소 원자의 수가 증가함에 따라 세기가 증가한다. 음전하가 비편재되면 산소산 음이온의 안정성이 증가하고 따라서 음이온은 더 약한 염기가 되어 결국에 그 음이온의 짝산은 더 강해진다. 같은 수의 산소를 가진 산소산은 같은 족에서는 위에서 아래로, 같은 주기에서는 왼쪽에서 오른쪽으로 갈수록 세기가 증가한다.

Lewis 산과 염기를 정의하고, 이들을 Arrhenius 정의 및 Brønsted-Lowry 정의와 비교할 수 있다.

Lewis 산은 배위 공유 결합에서 Lewis 염기로부터 전자쌍을 받아들인다. **Lewis 염기**는 채워진 원자가 껍질을 가지고 있고, 적어도 한 개의 비공유 전자쌍을 가지고 있어야 한다. Lewis 산은 한 개의 전자쌍을 받을 수 있는 채워지지 않은 원자가 껍질을 가지고 있거나, 전자쌍이 이동하여 Lewis 염기가 제공하는 전자쌍을 받을 수 있는 공간을 만들 수 있는 이중 결합을 가지고 있거나, 8개 전자 이상의 전자를 받아들일 수 있는 원자가 껍질을 가지고 있어야 한다.

주기율표를 사용하여 어떤 원소가 산(또는 염기)을 형성할 가능성이 있는지 예측할 수 있다.

금속의 산화물은 그 이온의 전하가 작은 경우에는 염기성 무수물이다. 1A와 2A족 금속의 산화물은 산을 중화시키고, 물과 반응하여 용해되는 금속 수산화물을 형성하는 경향이 있다. 금속 이온의 수화물은 그 이온이 3+ 전하를 가질 때와 같이 그 금속 이온의 양전하 밀도가 충분히 큰 경우에 양성자 주개가 되는 경향이 있다. 작은 베릴륨 이온(Be^{2+})은 약한 산성의 수화된 이온을 형성한다. 금속 산화물은 그 금속의 산화수가 커짐에 따라 산성이 증가한다. 산과 염기 모두에 용해되는 산화 알루미늄은 양쪽성이다. 물에 녹아 크로뮴산을 형성하는 산화 크로뮴(VI)은 산성이다.

솔-젤 과정을 포함한 산-염기 화학을 이용한 '기능성 세라믹'의 생산 과정에 대하여 설명할 수 있다.

일반적인 세라믹 재료들은 지구의 지각으로부터 얻어지는 무기 광물로부터 만들어진다. 세라믹 재료를 미세한 가루로 분쇄하고 일정한 형태로 만든 다음, **소결**이 일어나는 높은 온도에서 굽는다. 소결은 미세한 입자를 딱딱한 고체가 되도록 서로 견고하게 붙게 한다. 금속 **알콕사이드**와 물의 반응을 이용한 **솔-젤 공정**을 이용하여 알코올에 분산된 극히 작고 젤과 같은 입자를 얻고, 이 입자를 이용하여 코팅, **건조젤**, **에어로젤**, 섬유, 혹은 세라믹을 만들기 위한 초미세 가루 등을 제조하는 다양한 방법이 알려져 있다.

문제 풀이를 위한 도구

도구 다음과 같은 도구들이 이 장에서 도입되었다. 이들을 주의 깊게 공부하면 필요할 때 적절한 도구를 선택할 수 있다.

Brønsted-Lowry 정의(15.1절)

산은 양성자 주개이고, 염기는 양성자 받개이다.

짝산-짝염기 쌍(15.1절)

모든 짝산-짝염기 쌍은 산과 그 산보다 양성자(H^+)가 한 개 적은 염기로 구성된다.

짝산-짝염기 평형(15.1절)

짝산은 항상 반응식에서 그의 짝염기와 반대 위치에 놓이며, Brønsted-Lowry 산-염기 평형은 전형적으로 2개의 짝산-짝염기 쌍으로 구성된다.

산-염기 세기와 평형의 위치(15.2절)

산-염기 평형에서, 평형은 더 약한 산과 염기를 선호한다. 평형의 위치를 사용하여 평형에서 산이나 염기의 상대적 세기를 결정할 수 있다.

산-염기 세기에서 역관계(15.2절)

산이 강할수록 그 산의 짝염기는 더 약해진다. 하나 이상의 산-염기 쌍을 다룰 때, 이 도구는 평형의 위치를 설정하는 데 도움을 줄 수 있다.

이성분산의 세기의 주기적 경향(15.3절)

H−*X* 결합에 대한 산도는 한 주기에서 왼쪽에서 오른쪽으로 갈수록, 한 족에서 위에서 아래로 갈수록 증가한다.

산소산 세기의 경향성(15.3절)

중심 원자의 전기 음성도가 증가할 수록 산소산의 산도는 증가(산소 원자의 수가 동일하다면)한다. 동일한 중심 원자에 대하여 중심 원자와 결합한 산소 원자의 수가 증가할수록 산소산의 세기는 증가한다.

Lewis 산-염기 정의(15.4절)

Lewis 산은 전자쌍을 받고 Lewis 염기는 전자쌍을 준다. 산-염기 중화 반응에서 생성된 결합은 배위 공유 결합이다.

금속 양이온의 산성 성질(15.5절)

금속 양이온의 전하가 증가하고 이온의 크기가 감소함에 따라 그 금속 양이온은 물 분자를 더 잘 분극화시킨다. 물속에서 산성 용액을 생성하는 다른 금속 양이온의 상대적인 능력을 비교할 때 이 기준을 사용하라.

쌍으로 구성된 복습 문제 중 청색 번호를 가진 문제의 해답은 부록 B에 수록하였다. 난이도가 높은 문제는 별표(*)로 표시하였다.

복습 질문

Brønsted-Lowry 산과 염기

15.1 짝산과 짝염기의 화학식에서의 차이는 무엇인가?

15.2 $H_2Cr_2O_7$은 $Cr_2O_7^{2-}$의 짝산인가? 그 이유는 무엇인가?

15.3 HOI와 OI^-가 짝산-짝염기 쌍인 이유와 I^-와 HOI가 짝산-짝염기 쌍이 아닌 이유를 설명하시오. 짝산-짝염기 쌍에서 산과 염기를 구분하는 방법은 무엇인가?

15.4 양쪽성 양성자성(amphiprotic)과 양쪽성(amphoteric)의 차이는 무엇인가?

15.5 아세트산($HC_2H_3O_2$)은 진한 황산에서는 Brønsted 염기로 작용하고 물에서는 Brønsted 산으로 작용하는 것을 나타내는 화학 반응식을 쓰시오. 아세트산이 양쪽성인 이유는 무엇인가?

Brønsted-Lowry 산과 염기의 세기

15.6 H_3O^+가 수용액에서 존재하는 가장 강한 산인 이유는 무엇인가? 순수한 황산(H_2SO_4)에서 존재할 수 있는 가장 강한 산은 무엇인가? OH^-가 수용액에서 존재하는 가장 강한 염기인 이유는?

15.7 산-염기 평형에서 더 강한 산과 더 약한 염기가 화살표의 같은 쪽에 존재할 수 있는가? 그 이유는 무엇인가?

15.8 다음의 평형 반응에서 평형의 위치는 왼쪽에 위치한다. 두 가지 산 중에서 더 강한 산은 어느 것인가?

$$HCN(aq) + H_2O \rightleftharpoons H_3O^+(aq) + CN^-(aq)$$

15.9 다음의 반응에서 $C_6H_5NH_2$가 수산화 이온보다 더 약한 염기이고, $C_6H_5NH_3^+$가 물보다 더 강한 산이다. 평형의 위치는 왼쪽인가 혹은 오른쪽인가? 그 근거를 함께 제시하시오.

$$C_6H_5NH_2(aq) + H_2O \rightleftharpoons C_6H_5NH_3^+(aq) + OH^-(aq)$$

15.10 아세트산($HC_2H_3O_2$)은 아질산(HNO_2)보다 약한 산이다. $C_2H_3O_2^-$와 NO_2^- 중 더 약한 염기는 어느 것인가?

15.11 브로민화 수소(HBr)는 매우 강한 산으로 수용액에서 100% 해리한다. 다음 반응에서 평형의 위치는 왼쪽인가 혹은 오른쪽인가?

$$Br^-(aq) + H_2O \rightleftharpoons HNO_3(aq) + OH^-(aq)$$

15.12 HI는 HBr보다 더 강한 양성자 주개(Brønsted-Lowry 산)이지만, 수용액에서 두 산은 모두 100% 해리하고 따라서 산의 세

기가 동일하다. 두 산의 세기를 구분하기 위하여 필요한 용매는 어떤 특성이 요구되는가?

***15.13** 폼산($HCHO_2$)과 아세트산($HC_2H_3O_2$)은 모두 약산으로 분류되지만 수용액에서 $HCHO_2$가 더 많이 해리한다. 그러나 암모니아 용매에서 두 산은 모두 100% 해리하기 때문에 두 산의 세기는 동일하게 된다. 이 결과를 설명하시오.

15.14 산에서 산성 수소의 결합 M—H의 세기와 산의 세기 사이의 관계를 설명하시오.

산의 세기의 주기적 경향

15.15 산에서 산성 수소의 결합 M—H의 세기에 영향을 미치는 두 가지 인자는 무엇인가?

15.16 주기율표의 주기에서 오른쪽에서 왼쪽으로 갈수록 이성분산의 세기는 어떻게 변하는가? 족에서 위에서 아래로 가는 경우는 어떠한가?

15.17 주기율표의 주기에서 오른쪽에서 왼쪽으로 갈수록 산소산의 세기는 어떻게 변하는가? 족에서 위에서 아래로 가는 경우는 어떠한가?

15.18 동일한 중심 원자를 갖는 일련의 산소산에서 산소의 수에 따라 산의 세기가 변하는 경향성을 설명하시오. 이러한 경향성은 무엇 때문인가?

15.19 HCl이 HF보다 더 강한 산인 이유는 무엇인가?

15.20 NH_3와 H_2O 중 더 강한 산은 어느 것인가?

15.21 원자 번호가 85인 아스타틴(At)은 방사성 물질로 자연에서 극히 미량만 존재한다. 14장에서 공부한 내용을 바탕으로 다음 물음에 답하시오.

(a) HAt와 HI 중 더 강한 산은 어느 것인가?

(b) $HAtO_3$와 $HBrO_3$ 중 더 강한 산은 어느 것인가?

15.22 NH_2^-는 OH^-보다 더 강한 Brønsted 염기이다. NH_3와 H_2O 중 더 강한 산으로 어느 것인가?

15.23 다음의 두 분자 중 더 강한 Brønsted–Lowry 산은 어느 것인가? 그 이유는 무엇인가?

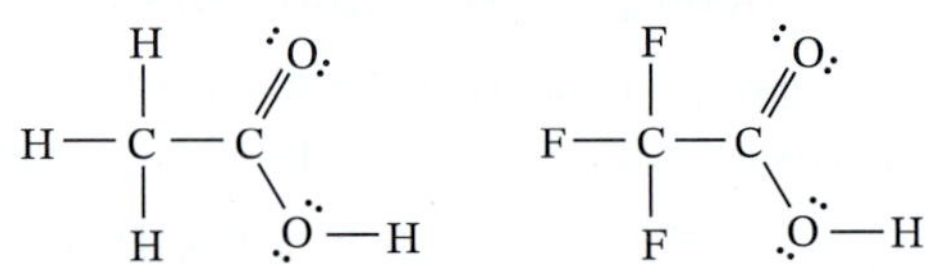

15.24 다음의 두 가지 평형과 이들의 평형 상수를 생각해 보자.

$$HCHO_2 + H_2O \rightleftharpoons H_3O^+ + CHO_2 \qquad K = 1.8 \times 10^{-4}$$

$$HOCl + H_2O \rightleftharpoons H_3O^+ + OCl^- \qquad K = 3.0 \times 10^{-8}$$

어느 것이 강한 산인가?

Lewis 산과 염기

15.25 Lewis 산과 염기를 정의하시오.

15.26 원자 오비탈 관점에서 Lewis 산과 염기에 필요한 요건은 무엇인가?

15.27 트라이플루오린화 붕소는 플루오린화 이온과 반응하여 테트라플루오린화 붕소(BF_4^-) 이온을 형성한다. Lewis 기호를 이용하여 배위 공유 결합을 포함하는 반응식을 쓰시오.

15.28 Lewis 구조를 이용하여 BH_3가 테트라하이드로퓨란(tetrahydrofuran)과 반응하는 반응식을 쓰시오.

15.29 Lewis 구조를 이용하여 $N(CH_3)_3$와 H_2O 사이의 Lewis 산–염기 반응에 대한 반응식을 쓰시오. 반응에서 Lewis 산과 염기는 각각 어느 것인가?

15.30 산화 이온(O^{2-})이 Lewis 염기로 작용할 수 있지만 Lewis 산으로는 작용할 수 없는 이유는 무엇인가?

15.31 SbF_3 분자가 Lewis 산으로 작용할 수 있는 이유는 무엇인가?

15.32 칼슘이 산소와 반응할 때 칼슘 원자가 산소 원자에게 전자쌍을 제공한다. 이 반응이 Lewis 산–염기 반응이 아닌 이유는 무엇인가?

원소와 그 산화물의 산-염기 성질

15.33 비금속 산화물은 산을 형성하고 금속 산화물은 염기를 형성하는 이유는 무엇인가?

15.34 14장에 공부한 내용에 의거하여 새로 발견된 원소를 금속이나 혹은 비금속으로 분류하기 위하여 이용할 수 있는 성질(물질적 혹은 화학적)을 제시하시오.

15.35 BF_3는 유기 물질인 에터(ether)와 반응하여 첨가 화합물을 만든다. Lewis 기호를 사용하여 BF_3와 다이메틸 에터의 반응을 쓰시오. 다이메틸 에터의 구조는 다음과 같다.

$$H_3C\ddot{\underset{\cdot\cdot}{O}}CH_3$$

15.36 어떤 원소의 산화물이 물에 녹아서 산성 용액을 만든다면, 이 원소는 금속인가 혹은 비금속인가?

15.37 붕산(boric acid)은 개미나 바퀴벌레를 죽이는 데 사용하는 독성 물질이다. 약산인 붕산의 화학식은 H_3BO_3으로 나타내지만 더 정확한 화학식은 $B(OH)_3$이다. 붕산은 Brønsted–Lowry 정의에 의한 산은 아니지만 Lewis 개념에 의하면 산으로 분류할 수 있다. Lewis 구조를 이용하여 $B(OH)_3$가 물과 반응하여 약한 Brønsted 산을 생성하는 반응을 나타내시오.

15.38 OsO_4는 산성 무수물인가 혹은 염기성 무수물인가? 그 이유를 함께 제시하시오.

15.39 Cu^+와 Cu^{2+} 중 더 강한 산성 용액을 만드는 이온은 무엇인가?

15.40 알칼리 금속의 이온의 용액은 거의 산성을 나타내지 않는다. 그 이유는 무엇인가?

15.41 다음의 산화물이 물과 반응할 때 생성되는 산 혹은 염기는 무엇인가?

(a) NO_2 **(b)** SO_2 **(c)** CaO

15.42 산화물 MnO, MnO_2, Mn_2O_7에 대한 다음 물음에 답하시오.

(a) 산성이 가장 강한 산화물은 어느 것인가?

(b) 염기성이 가장 강한 산화물은 어느 것인가?

(c) 양쪽성인 산화물은 어느 것인가?

15.43 Al_2O_3이 다음 물질과 반응하는 반응식을 쓰시오.
(a) 강산
(b) 강염기

기능성 세라믹과 산-염기 화학

15.44 기능성 세라믹이란 무엇인가? 원료 물질로부터 세라믹을 만드는 방법을 쓰시오.

15.45 소결(sintering)이란 무엇인가?

15.46 솔–젤 공정을 기술하시오. 재래식 방법으로 제조된 세라믹과, 솔–젤 공정에 의해 제조된 세라믹의 주요한 차이는 무엇인가?

15.47 솔–젤 공정을 설명하고, 크기가 균일한 입자를 얻는 방법을 제시하시오.

15.48 건조젤(xerogel)을 에어로젤(aerogel)로 변화시키는 방법을 설명하시오. 에어로젤의 밀도가 낮은 이유는 무엇인가?

복습 문제

Brønsted-Lowry 산과 염기

15.49 다음 각각에 대한 짝산의 화학식을 쓰시오.
(a) Cl^- (b) HCO_3^- (c) CH_3NH_2 (d) NH_2^- (e) $HCr_2O_7^-$

15.50 다음 각각에 대한 짝산의 화학식을 쓰시오.
(a) MnO_4^- (b) OCN^- (c) $(CH_3)NH_2$ (d) HSO_4^-

15.51 다음의 각각에 대한 짝염기의 화학식을 쓰시오.
(a) $H_2PO_4^-$ (b) HCO_3^- (c) HSCN (d) HIO_2 (e) H_2SO_3

15.52 다음의 각각에 대한 짝염기의 화학식을 쓰시오.
(a) NH_3 (b) HOCl (c) C_6H_5COOH (d) HSO_4^-

15.53 다음 반응에서 짝산–짝염기 쌍을 구분하시오.
(a) $HClO_4(aq) + H_2O(l) \rightleftharpoons H_3O^+(aq) + ClO_4^-(aq)$
(b) $H_2SO_3(aq) + H_2O(l) \rightleftharpoons H_3O^+(aq) + HSO_3^-(aq)$
(c) $HC_2H_3O_2(aq) + H_2O(l) \rightleftharpoons H_3O^+(aq) + C_2H_3O_2^-(aq)$
(d) $H_2S(g) + H_2O(l) \rightleftharpoons H_3O^+(aq) + HS^-(aq)$

15.54 다음 반응에서 짝산–짝염기 쌍을 구분하시오.
(a) $NH_3 + NH_3 \rightleftharpoons NH_4^+ + NH_2^-$
(b) $C_6H_5COO^- + (CH_3)_3NH^+ \rightleftharpoons C_6H_5COOH + (CH_3)_3N$
(c) $NH_3 + HI \rightleftharpoons NH_4^+ + I^-$
(d) $CH_3C \equiv CH + NaNH_2 \rightleftharpoons CH_3C \equiv CNa + HNH_2$

15.55 다음 중 짝산–짝염기 쌍인 것은 어느 것인가? 짝산–짝염기 쌍이 아닌 것은 그 이유를 제시하시오.
(a) HCl, Cl^- (b) $HClO_4^-$, ClO_4^- (c) $H_3PO_4^-$, HPO_4^{2-}
(d) HBr, HBrO

15.56 다음중 양쪽성인 물질은 어느 것인가? 각 물질이 양쪽성인 이유 혹은 양쪽성이 아닌 이유를 제시하시오.
(a) H_2O (b) NO_2^- (c) ZnO (d) $HCr_2O_7^-$ (e) O_2^{2-}
(f) $(CH_3)_3NH^+$

산의 세기의 주기적 경향

15.57 다음 중 더 강한 산을 선택하고 이유를 설명하시오.
(a) HBr과 HCl (b) PH_3와 NH_3 (c) H_2S와 HBr

15.58 다음 중 더 강한 산을 선택하고 이유를 설명하시오.
(a) H_2S와 H_2Se (b) HF와 HI (c) AsH_3와 NH_3

15.59 다음 중 더 강한 산을 선택하고 이유를 설명하시오.
(a) HClO와 $HClO_2$ (b) H_2SeO_4와 H_2SeO_3

15.60 다음 중 더 강한 산을 선택하고 이유를 설명하시오.
(a) H_3AsO_4와 H_3PO_4 (b) H_2CO_3와 HNO_2
(c) H_2SeO_4와 $HClO_4$

Lewis 산과 염기

15.61 Lewis 기호를 이용하여 다음 반응을 나타내고, 반응에서 Lewis 산과 Lewis 염기를 구별하시오.

$$OH^- + H^+ \longrightarrow H_2O$$

15.62 Lewis 기호를 이용하여 다음 반응을 나타내고, 반응에서 Lewis 산과 Lewis 염기를 구별하시오.

$$BF_3 + F^- \longrightarrow BF_4^-$$

***15.63** 이염화 베릴륨($BeCl_2$)의 고체 고분자 사슬 구조는 다음과 같다.

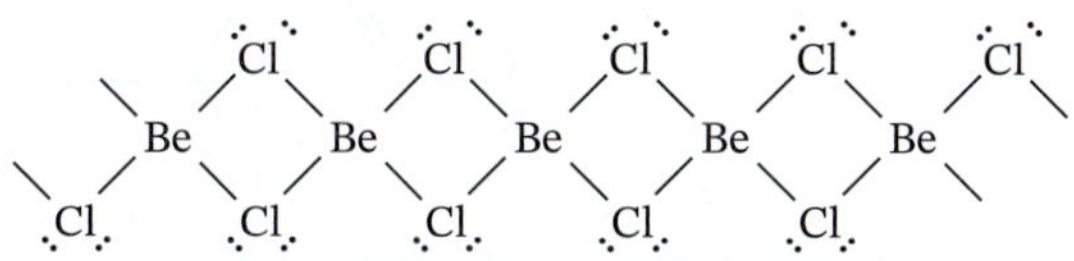

고분자 사슬의 식은$(BeCl_2)_n$으로 나타낼 수 있으며, 여기서 n은 매우 큰 수이다. Lewis 구조를 이용하여 반응 $n BeCl_2 \longrightarrow (BeCl_2)_n$가 Lewis 산–염기 반응임을 보이시오.

***15.64** 두 개의 염화 알루미늄($AlCl_3$) 분자는 다음과 같은 형태로 존재한다.

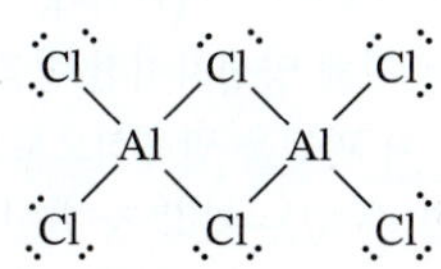

Lewis 구조를 이용하여 반응 $2AlCl_3 \longrightarrow Al_2Cl_6$가 Lewis 산–염기 반응임을 보이시오.

15.65 Lewis 구조를 이용하여 다음 반응을 나타내고, 반응에서 Lewis 산과 Lewis 염기를 구별하시오.

$$SO_2 + H_2O \longrightarrow H_2SO_3$$

15.66 Lewis 구조를 이용하여 다음 반응을 나타내고, 반응에서 Lewis 산과 Lewis 염기를 구별하시오.

$$SO_2 + O^{2-} \longrightarrow SO_3^{2-}$$

*15.67 Lewis 구조를 이용하여 다음 반응에서 하나의 Lewis 산으로부터 Lewis 염기가 다른 Lewis 산으로 이동하는 것을 나타내고, 반응에서 Lewis 산과 Lewis 염기를 구별하시오.

$$CO_3^{2-} + SO_2 \longrightarrow CO_2 + SO_3^{2-}$$

*15.68 Lewis 구조를 이용하여 다음 반응에서 Lewis 염기가 다른 Lewis 염기를 치환하는 것을 나타내고, 반응에서 2개의 Lewis 염기와 1개의 Lewis 산을 구별하시오.

$$F^- + H_2O \longrightarrow HF + OH^-$$

원소와 그 산화물의 산-염기 성질

15.69 $[Cr(H_2O)_6]^{3+}$ 이온은 약한 산성이다. 이 착이온이 물에서 Brønsted–Lowry 산으로 거동하는 것을 나타내는 반응식을 쓰시오.

15.70 $[Fe(H_2O)_6]^{2+}$ 이온은 산으로 작용한다. 이 착이온이 물에서 Brønsted–Lowry 산으로 거동하는 것을 나타내는 반응식을 쓰시오.

15.71 화합물 $Mg(OH)_2$는 염기성이지만, $Si(OH)_4$는 산성(silicic acid, 규산)이다. 그 이유는 무엇인가?

15.72 K_2O는 염기성 무수물이고 NO_2는 산성 무수물인 이유는 무엇인가?

추가 연습 문제

15.73 (a) 다이메틸 아민[$(CH_3)_2NH$]의 짝산과 짝염기의 화학식은 각각 무엇인가? 다이메틸아민과 구조가 비슷한 트라이멜틸 아민은 짝염기가 존재하지 않는 이유는 무엇인가?

15.74 다음은 산인 이부프로펜의 구조를 나타낸 것이다. 수용액에서 산으로 작용하는 반응식을 쓰시오. 분자의 어느 영역이 산으로 작용하는가? 짝염기의 구조를 그리시오. 8장의 9절 **탄소 공유 결합 화합물**에서 논의한 바와 같이 유기산은 카복실기인 –COOH를 포함하고 있다. 다음 구조에서 카복실기의 짝상–짝염기 쌍의 구조를 그리시오.

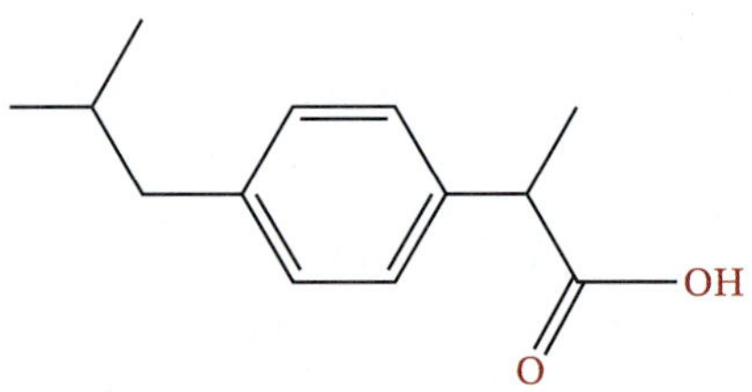

*15.75 용매가 암모니아인 용액에서 소듐 아마이드($NaNH_2$)는 염화 암모늄과 중화 반응을 한다. 소듐 아마이드가 100% 해리한다고 가정할 때 중화 반응에 대한 분자 반응식, 이온 반응식, 알짜 이온 반응식을 각각 쓰시오. 반응에서 산과 염기는 각각 어느 것인가?

15.76 암모니아는 −33°C에서 액화된다. 물의 경우와 유사하게 액체 암모니아는 자체 양성자이전 반응을 통하여 NH_2^-와 NH_4^+를 형성한다. 이 과정을 반응식으로 나타내시오. 액체 암모니아에서 존재할 수 있는 가장 강한 산은 무엇인가? 암모니아의 짝산과 짝염기는 각각 무엇인가?

*15.77 액체 SO_2를 용매로 사용할 때 $SOCl_2$와 Na_2SO_3 사이의 반응은 일종의 중화 반응(산과 염기가 반응하여 용매와 염을 생성)이다. 이 반응에 대한 반응식을 쓰고, 반응에서 산과 염기를 구분하시오. 반응에서 Lewis 산과 염기 각각의 변화에 대하여 설명하시오.

*15.78 다음은 공–막대 모형을 이용하여 벤즈아마이드의 구조를 나타낸 것이다.

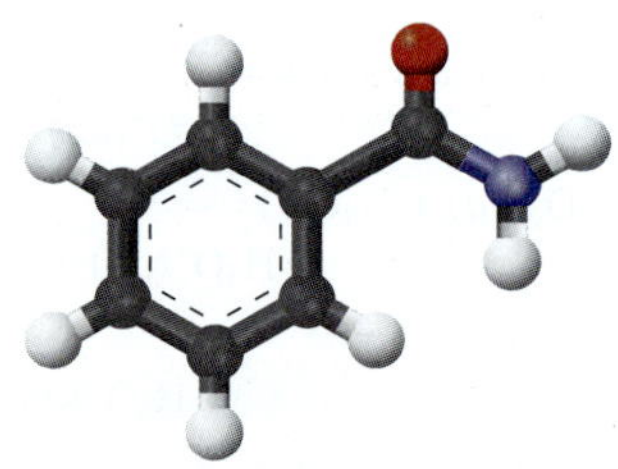

벤즈아마이드의 염기성 세기를 암모니아와 비교해 보시오. 답의 근거를 제시하시오.

15.79 다음은 공간 채움 모형을 이용하여 나타낸 두 가지 염기의 구조이다. 여기서 파란색은 질소를, 회색은 탄소를, 흰색은 수소를 나타낸다.

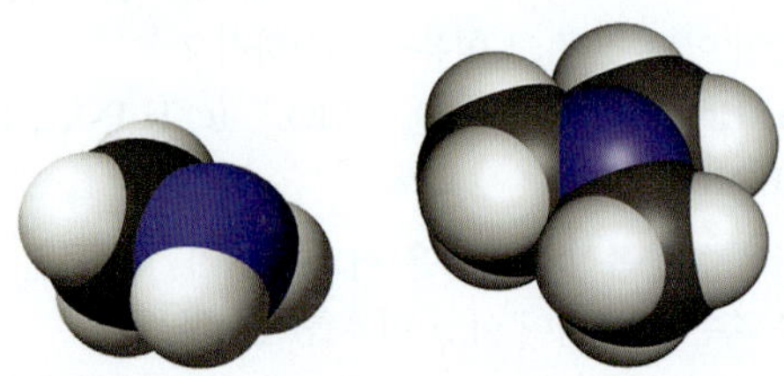

어느 화합물이 더 강한 염기인가?

15.80 다음의 두 가지 분자 중 더 센 Brønsted–Lowry 산은 어느 것인가? 그 이유는 무엇인가?

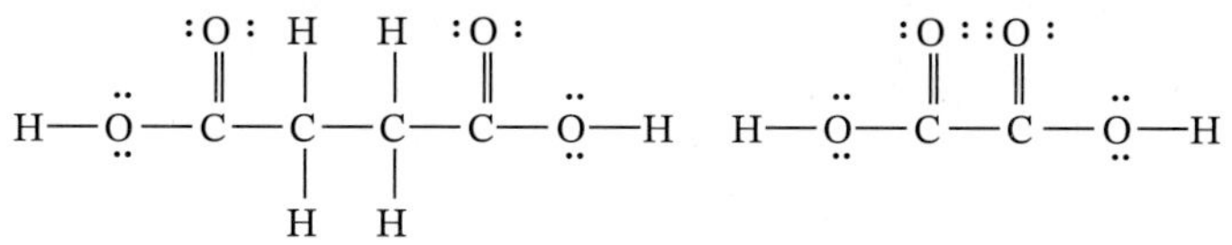

15.81 황산수소 이온의 양쪽성 양성자성 성질을 나타내는 반응식을 쓰시오.

***15.82** 수산화 소듐은 염기이고 $Al(H_2O)_3(OH)_3$는 양쪽성이며 O_3ClOH (일반적으로 $HClO_4$로 나타냄)는 산성이다. 각 화합물에 한 개가 상의 OH가 포함되어 있음에도 불구하고 각 화합물의 산-염기 특성이 다른 이유는 무엇인가?

15.83 하이드라진(N_2H_4)은 암모니아보다 약한 Brønsted-Lowry 염기이다. 다음 반응에서 평형의 위치가 오른쪽이겠는가 혹은 왼쪽이겠는가? 답의 근거를 제시하시오.

$$N_2H_5^+ + NH_3 \rightleftharpoons N_2H_4 + NH_4^+$$

15.84 다음의 반응에서 두 개의 Brønsted-Lowry 산과 염기를 각각 구분하시오.

$$NH_2OH + CH_3N^+ \rightleftharpoons NH_3OH^+ + CH_3NH_2$$

15.85 15.84 문제의 반응에서 평형의 위치가 왼쪽에 존재한다. 두 가지 짝산 중에서 더 강한 산은 어느 것인가?

15.86 다음 반응에서 Lewis 산-염기 반응은 어느 것인가? 그 이유는 무엇인가?

(a) $HNO_3 + KOH \longrightarrow KNO_3 + H_2O$

(b) $HSO_3^- + H_2O \longrightarrow H_2SO_4 + OH^-$

(c) $PCl_3 + Cl_2 \longrightarrow PCl_5$

(d) $HCN + KBr \longrightarrow KCN + HBr$

***15.87** 용매가 각각 $H_2O(l)$와 $HF(l)$인 다음의 두 반응에서 $HBrO_3$의 해리도가 더 큰 것은 어느 것인가? 그 근거를 제시하시오.

$$HBrO_3 + H_2O \rightleftharpoons H_3O^+ + BrO_3^-$$
$$HBrO_3 + HF \rightleftharpoons H_2F^+ + BrO_3^-$$

다중 개념 문제

***15.88** VSEPR 이론에 근거하여 $[Cr(H_2O)_6]^{3+}$ 이온의 구조를 그리시오. 4개의 물 분자에서 양성자가 해리된 이온의 가능한 구조 2가지를 그리고, 어느 구조가 더 안정한지 설명하시오.

15.89 H_3AsO_4, Na_3AsO_4, H_3AsO_3, Na_3AsO_3 화합물을 각각 0.10M을 포함하고 있는 혼합물을 만들었다. 평형 상태에서 용액 내에 존재하는 주화학종의 화학식과 화학 구조와 평형 반응식을 쓰시오.

비판적 사고의 과제

15.90 Arrhenius 산은 모두 Brønsted-Lowry 산인가? Arrhenius 산은 모두 Lewis 산인가? 그 이유는 무엇인가? 예외적인 사례를 제시하시오.

15.91 HBr과 HI의 산의 세기를 비교할 수 있는 방법은 무엇인가?

15.92 아민은 $-NR_2$($R = H$ 혹은 알킬기)기를 포함하고 있는 유기 화합물이다. 아민은 산인가 염기인가? 아마이드는 $-NR_2$기 이웃한 위치에 $-C{=}O$를 포함하고 있다. 아마이드는 산인가 염기인가? 아닐린은 벤젠 고리에서 하나의 수소가 $-NH_2$로 치환된 화합물이다. 아닐린은 산인가 염기인가?

15.93 금속 표면의 금속이 주변의 산성 산화물과 반응하는 것으로 정의되는 부식으로 인하여 경제적 손실이 발생한다. 부식의 의미를 설명하고, 여러분 개인에게 미치는 영향에 대한 사례를 제시해 보시오.

15.94 그림 7.32만을 사용하여 가장 강한 산성 양이온 5가지를 제시하시오. 선택한 기준은 무엇인가? 여러분의 선택을 확인할 수 있는 추가 자료는 무엇인가?

16장

수용액에서의 산-염기 평형

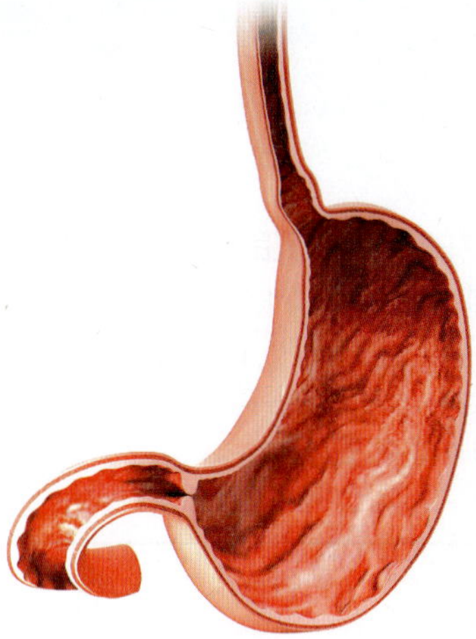

PIXOLOGICSTUDIO/Getty Images

이 장의 배경

산과 염기를 공부하는 장에 사람의 위 사진이 수록된 이유는 무엇일까? 산과 염기는 살아 있는 조직을 파괴할 수 있기 때문에 조심스럽게 다루거나 혹은 피해야 할 위험 물질로 인식되고 있다. 그러나 인체에서 위는 가장 강한 산을 고농도로 함유할 뿐만 아니라, 인간의 생명을 유지하기 위하여 산을 분비하고 있다. 위는 주로 염산이 0.1 M에서 0.001M 수준으로 포함되어 pH가 1~3 범위인 액체를 분비한다. 이와 더불어 위 근육은 소화 효소와 섞인 음식을 갈아서 장으로 운반하는 역할도 수행한다. 장에 도달한 음식에 대한 추가적인 소화 작용을 거쳐 얻어진 영양분은 혈액을 통해 필요한 세포에 전달된다. 흥미로운 것은 우리가 먹는 음식과 비슷하게 생긴 위 자체는 소화 작용을 하지 않는다는 사실이다. 그 이유는 위벽이 음식물을 잘게 쪼개는 일 외에 또 다른 임무를 수행하기 때문이다. 위벽에 존재하는 보호막은 위 근육을 보호하는 데 필요한 점액을 분비한다. 의사들은 위장 장애가 발생하면, 통증을 유발하는 산을 중화하는 데 필요한 중탄산 소듐을 복용할 것을 권장한다.

음식이 주로 산성인 이유는 위에서 분비되는 위액이 산성이기 때문이 아니라, 질병을 유발하는 박테리아가 산성 조건에서 억제되기 때문이다. 음식에는 식초나 구연산 이외에도 인산이 포함된 경우도 있다. 16장에서 논의될 또 다른 주제인 염기는 주로 세척 작용이 있으며, 이 장의 뒷부분에서 다시 논의할 예정이다. 이 장에서는 15장에서 소개한 산과 염기의 화학적 성질에 대한 개념을 심화시키고, 14장에서 배운 화학 평형의 원리를 산과 염기에 적용할 것이다. 분자 극성과 전자의 비편재화 개념에 대한 원리를 이용하여, 산과 염기의 세기를 정성적으로 비교할 수 있었다. 이 장의 목표는 산-염기 화학의 정량적 측면을 연구할 때 이러한 개념들을 적용해 보는 것이다. 특히 용액의 pH와 관련이 있는 하이드로늄 이온의 농도에 영향을 주는 산이나 염기 및 그들의 혼합물에 관하여 공부할 예정이다.

여기서 우리가 논의하게 될 원리는 환경이나 법의학 혹은 생화학 분야의 문제를 연구하는 실험실에서도 응용할 수 있다. 재료 과학이나 나노기술에 관심이 있는 높은 수준의 실험실에서도 종종 산-염기 평형을 이용한다. 화장품이나 식품 및 음료수 혹은 세척용 화학 물질과 같은 소비자 중심의 생산품을 만드는 산업 분야에서 안전하고 효과적인 소비자 제품을 생산하기 위하여 pH를 다룰 줄 아는 화학자를 고용한다.

이 장의 개요

16.1 물과 pH 그리고 'p' 표기법

16.2 강산과 강염기 용액의 pH

16.3 이온화 상수 K_a와 K_b

16.4 K_a와 K_b 값의 결정

16.5 약산과 약염기 용액의 pH

16.6 염 용액의 산-염기 성질

16.7 완충 용액

16.8 다양성자산

16.9 산-염기 적정

학습 목표

이 장을 읽고 이해한 후 다음과 같은 것을 할 수 있어야 한다.

- pH를 정의하고 'p' 표기법을 사용할 수 있다.
- 강산과 강염기 수용액의 pH를 결정하는 방법을 설명할 수 있다.
- 산 이온화 상수 K_a와 염기 이온화 상수 K_b의 식을 쓰고, 그들이 서로 어떻게 관련이 있는지 설명할 수 있다.
- 실험 자료를 이용하여 산과 염기의 이온화 상수를 결정하는 방법을 설명할 수 있다.
- 약산 또는 약염기 용액의 pH와 용액에 존재하는 염의 평형 농도를 결정할 수 있다.
- 염 용액이 어떻게 산성이나 염기성이 될 수 있는지 설명할 수 있다.
- 완충 용액의 정의 및 제조 방법, 작동 원리, pH 변화를 계산하는 방법을 설명할 수 있다.
- 다양성자산을 정의하고, 다양성자산 용액에 존재하는 모든 화학종의 농도를 계산하는 방법을 설명할 수 있다.
- 산과 염기의 반응에 대한 적정 곡선을 그리고 설명할 수 있다.

학습 목표 달성을 위한 제안

16장에서는 화학 분야는 물론 그 외의 많은 분야에서도 매우 중요한 개념과 기본적인 실험 기법을 공부할 것이다. 이와 관련한 내용을 공부할 때마다 요점을 정리하는 것이 좋다.

16장을 공부하는 동안 전체 내용에 대한 요약과 더불어 중요한 개념이나 식을 노트에 정리하라. 노트 한두 장에 식을 정리하고 여러분의 단어를 이용하여 그 내용에 대한 설명을 정리할 것을 추천한다.

예제에서 문제를 푸는 수학적인 단계를 정리하라. 적용된 근사법은 무엇이고 또 왜 적용하였는지를 기술하라. 교재의 예제와 유사한 시험 문제가 출제된 적은 없는가?

마지막으로 이 장에서 배운 정보를 어느 과학 분야에서 사용하는지 생각해보라. 단순히 생물이나 화학 분야라고 언급하지 말고 해당 과학에 속한 하위 분야까지 살펴보자.

16.1 물과 pH 그리고 'p' 표기법

우리 주변에는 수천 가지의 약산과 약염기가 있고 그들의 세기도 다양하다. 예를 들면 식초 속에 포함된 아세트산과 코카콜라 속의 탄산은 약산으로 분류된다. 그러나 탄산은 산의 세기가 아세트산의 약 3%에 불과하다. 이런 차이를 정량적으로 연구하기 위해서는 산-염기 평형을 수학적으로 탐구해야 한다. 그러려면 모든 수용액에서 존재하는 특히 중요한 평형, 즉 물 자체의 이온화를 우선 논의해야 한다.

감도가 좋은 기기를 사용하면 순수한 물이 약하게 전류를 통하는 것이 관찰되는데, 이는 매우 작은 농도의 이온이 존재함을 나타낸다. 그들은 다음의 평형식으로 나타내는 물 자체의 매우 미세한 자체 이온화(self-ionization) 또는 **자동이온화**(autoionization)로부터 생성된 것이다.

해설 간단히 나타내기 위하여 수용액에 존재하는 이온에 대해 사용하는 (*aq*)를 생략하였다.

$$H_2O + H_2O \rightleftharpoons H_3O^+ + OH^-$$

정반응은 H_2O 두 분자의 충돌이 있어야 가능하다.

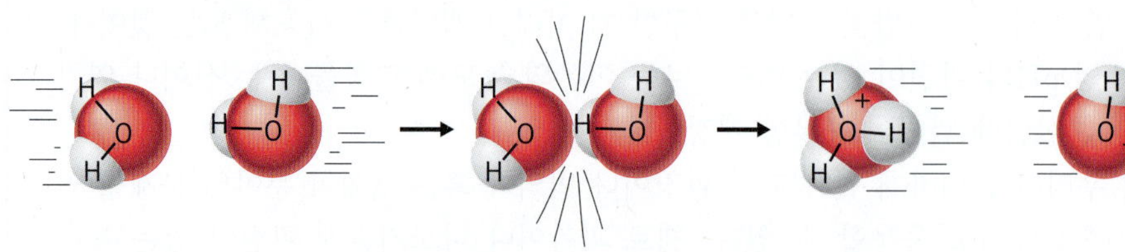

14.4절의 논의에 따르면 이 평형 법칙을 다음과 같이 나타낼 수 있다.

도구
물의 이온곱 상수 K_w

$$[H_3O^+]\,[OH^-] = K_w \tag{16.1}$$

물은 55.6의 일정한 몰농도를 가진 순수한 액체이기 때문에, 이 평형 법칙에 포함하지 않는다. 자동이온화 평형의 중요성 때문에 이 평형 상수를 특별한 기호 K_w로 표시하고, **물의 이온곱 상수(ion product constant of water)**라고 한다.

종종 편의상 수소 이온을 운반하는 물 분자는 생략하고 H_3O^+ 대신에 H^+로 쓰기도 한다. 그러면 물의 자동이온화에 대한 평형 반응식은 다음과 같이 단순화된다.

$$H_2O \rightleftharpoons H^+ + OH^-$$

K_w에 대한 식도 마찬가지로 단순화된다.

$$\boxed{[H^+][OH^-] = K_w} \tag{16.2}$$

순수한 물에서는 이온이 같은 수로 만들어지므로 자동이온화로 생성되는 H^+와 OH^-의 농도가 같다. 그 농도는 25°C에서 다음의 값을 갖는다.

$$[H^+] = [OH^-] = 1.0 \times 10^{-7} \text{ mol L}^{-1}$$

그러므로 25°C에서 두 이온의 농도를 식 16.2에 대입하면 다음과 같이 K_w를 구할 수 있다.

$$K_w = (1.0 \times 10^{-7}) \times (1.0 \times 10^{-7})$$

$$\boxed{K_w = 1.0 \times 10^{-14}} \tag{16.3}$$

다른 평형 상수와 마찬가지로 같이 K_w 값도 온도에 따라 변한다(**표 16.1** 참조). 다른 언급이 없다면 25°C에서의 평형을 다루게 될 것이다.

표 16.1 여러 온도에서의 K_w

온도(°C)	K_w
0	1.1×10^{-15}
10	2.9×10^{-15}
20	6.8×10^{-15}
25	1.0×10^{-14}
30	1.5×10^{-14}
37[a]	2.5×10^{-14}
40	2.9×10^{-14}
50	5.5×10^{-14}
60	9.6×10^{-14}

[a]정상 체온

$[H^+]$와 $[OH^-]$에 대한 용질의 영향

물의 자동이온화는 **모든** 수용액에서 일어나지만, 다른 용질들의 영향으로 인해 H^+와 OH^-의 몰농도가 서로 다를 수도 있다. 그럼에도 불구하고 그들의 곱인 K_w는 항상 1×10^{-14}이다. 비록 식 16.1~16.3이 순수한 물에 대해서 유도되었다 하더라도 이들 식은 모든 묽은 수용액에 동일하게 적용된다. 이를 다음과 같이 요약할 수 있다. H^+와 OH^-의 몰농도가 실제 서로 같지 않더라도, **모든 수용액에서 $[H^+]$와 $[OH^-]$의 곱은 K_w와 같다.**

산성, 염기성, 중성 용액의 기준

물의 자동이온화와 관련하여 주목할 점은 **용액에 존재하는 용질의 종류와는 무관하게 모든 수용액에는 H^+와 OH^-가 모두 존재한다는 것이다.** 즉, 산인 HCl 용액에 약간의 OH^-가 존재하고 염기인 NaOH 용액에도 약간의 H_3O^+ 이온이 존재한다. 다만 두 이온의 상대적인 양에 따라 용액을 산성 혹은 염기성으로 분류하는 것이다.

중성 용액(neutral solution)은 H^+와 OH^-의 몰농도가 같은 용액이다. **산성 용액(acidic solution)**은 어떤 용질의 영향으로 OH^-의 몰농도보다 H_3O^+의 몰농도가 더 큰 용액이다. 한편 **염기성 용액(basic solution)**에서는 OH^-의 몰농도가 H_3O^+의 몰농도보다 더 크다.

중성 용액	$[H_3O^+] > [OH^-]$
산성 용액	$[H_3O^+] = [OH^-]$
염기성 용액	$[H_3O^+] < [OH^-]$

물의 자동이온화 상수를 살펴보면 산과 염기에 대한 몇 가지 정량적인 관계를 얻을 수 있다. 예를 들면 0.0020 M H_3O^+ 용액에 존재하는 극히 작은 OH^-의 농도를 식 16.3을 이용하

여 다음과 같이 계산할 수 있다.

$$[OH^-] = \frac{K_w}{[H_3O^+]} = \frac{1.0 \times 10^{-14}}{2.0 \times 10^{-3}} = 5.0 \times 10^{-12}$$

수산화 이온의 농도를 알고 있다면, 비슷한 방법으로 하이드로늄 이온의 농도 또한 결정할 수 있다.

실전 문제 16.1

시중에서 판매되는 진한 염산의 농도는 15.6 mol/L이다. 이 용액에서 하이드로늄 이온의 몰농도를 15.6 M로 가정할 때 수산화 이온의 농도는 얼마인가? (**힌트**: 방금 논의한 관계식을 이용하시오.)

실전 문제 16.2

어떤 탄산수소 소듐($NaHCO_3$) 수용액에서 수산화 이온의 몰농도가 $7.8 \times 10^{-6}\,M$이다. 수소 이온의 몰농도는 얼마인가? 이 용액은 산성인가 염기성인가 혹은 중성인가?

pH의 개념

방금 논의한 것처럼 대부분의 약산과 약염기에서 H^+와 OH^-의 몰농도는 매우 작다. 지수로 표현된 수를 쓰거나 비교하는 것은 항상 쉬운 것은 아니다. 덴마크 화학자인 S. P. L. Sørenson(1869~1939)은 더 쉬운 접근법을 제안하였다.

도구 pH의 정의

매우 작은 $[H^+]$ 값을 쉽게 비교하기 위하여 Sørenson은 다음과 같이 나타내는 용액의 **pH**를 정의하였다.

$$pH = -\log[H^+] \qquad (16.4)^1$$

로그의 성질에 따라 식 16.4는 다음과 같이 나타낼 수도 있다.

$$[H^+] = 10^{-pH} \qquad (16.5)$$

한 용액의 H^+의 몰농도를 알고 있다면 식 16.4를 이용하여 그 용액의 pH를 계산할 수 있다. 한편 pH를 알고 있고 수소 이온의 몰농도를 계산하고자 한다면 식 16.5를 적용할 수 있다. 예를 들면 수소 이온 농도 $[H^+]$가 3.6×10^{-4}이라면, 이 값의 로그를 취하고(−3.44이다) 부호를 바꾸면 결과적으로 pH는 3.44가 된다. 디지털 계산기를 사용하면 로그 키를 누르고 부호를 바꾸면 된다. 식 16.5를 사용하여 수소 이온 농도를 결정하기 위해서는 pH의 부호를 바꾸고 역로그를 취하면 된다. 예를 들어 pH가 12.58이면 우선 그것을 −12.58로 바꾼 다음 계산기를 사용하여 역로그를 취하면 된다. 이 경우에 결과는 $2.6 \times 10^{-13} = [H^+]$이다.

해설 pH 계산하기:

$$\begin{aligned} pH &= -\log[H^+] \\ &= -\log(3.6 \times 10^{-4}) \\ &= -(-3.44) \\ &= 3.44 \end{aligned}$$

해설 $[H^+]$ 계산하기:

$$\begin{aligned} -\log[H^+] &= pH \\ -\log[H^+] &= 12.58 \\ \log[H^+] &= -12.58 \\ [H^+] &= \text{antilog}(-12.58) \\ [H^+] &= 10^{-12.58} \\ [H^+] &= 2.6 \times 10^{-13}\,M \end{aligned}$$

해설 아직도 이러한 계산에 대해 의문을 가지고 있다면, 부록 A의 수학 복습을 참고하라.

산성, 염기성, 중성 용액 pH는 산도를 나타내는 척도로 사용될 수 있기 때문에, pH 값을 이용하여 산성, 염기성, 중성을 정의할 수 있다. 25°C에서 순수한 물 또는 중성인 용액에서 다음의 관계가 성립한다.

$$[H^+] = [OH^-] = 1.0 \times 10^{-7}\,M$$

[1]이 식이나 혹은 이와 유사한 식 16.6에서 괄호 안의 숫자 부분만을 이용하여 로그값을 구했다. 물리적인 단위는 $mol\,L^{-1}$이어야 하지만 계산을 위해 따로 떼어 놓았다.

그러므로 식 16.4에 의하여 25°C에서 중성 용액의 pH는 7.00이다.[2]

산성 용액은 $[H^+]$가 $10^{-7}M$보다 더 큰 용액이므로 7.00보다 작은 pH를 갖는다. 따라서 용액의 산도가 증가하면 그 용액의 pH는 감소하게 된다.

염기성 용액은 $[H^+]$ 값이 $10^{-7}M$보다 작은 용액이므로 7.00보다 큰 pH를 갖는다. 용액의 산도가 감소함에 따라 그 용액의 pH는 증가한다. 25°C에서 이 관계를 다음과 같이 요약할 수 있다.

해설 중성의 pH는 25°C에서만 7.00이다. 다른 온도의 중성 용액에서도 여전히 $[H^+]=[OH^-]$이지만, K_w는 온도에 따라 변하기 때문에 $[H^+]$와 $[OH^-]$의 값도 변한다. 이로 인하여 중성 용액의 pH가 7.00과 다른 값을 가지게 된다. 예를 들면 정상 체온(37°C)의 중성 용액에서 $[H^+]=[OH^-]=1.6\times10^{-7}$이고, 따라서 pH = 6.80이다.

$pH = 7.00$	**중성 용액**
$pH < 7.00$	**산성 용액**
$pH > 7.00$	**염기성 용액**

몇 가지 일반적인 물질에 대한 pH 값을 **그림 16.1**에 나타내었다.

pH와 관련된 특징 중의 하나는 pH 크기가 조금만 변해도 수소 이온 농도는 크게 변한다는 것이다. 로그 척도이기 때문에, pH가 1 단위 변하면 수소 이온 농도는 10배가 변한다. 예를 들면 pH 6에서 수소 이온 농도는 $1\times10^{-6}\,\text{mol L}^{-1}$이지만, pH 5에서 수소 이온 농도는 $1\times10^{-5}\,\text{mol L}^{-1}$로 10배 크다. 그것은 큰 차이이다.

수소 이온의 농도가 $1M$보다 큰 용액을 만들 수 있으며 이러한 용액은 pH 값이 음수이다. 그러나 이와 같은 높은 농도에서는 수소 이온의 몰농도를 직접 사용하는 것이 더 좋다. 예를 들면 $[H^+]$ 값이 $2.00M$인 용액에서 '2.00'은 간단히 다룰 수 있는 수이므로, 그에 대응하는 pH 값을 사용하여 더 이상 단순화시킬 수 없다. $[H^+]$가 $2.00M$일 때 식 16.4에 의해 계산된 pH는 −log (2.00), 즉 −0.301이다. 음의 pH 값이 잘못된 것은 아니지만 pH가 $[H^+]$의 실제 값을 사용하는 것보다 이점이 없다는 것이다.

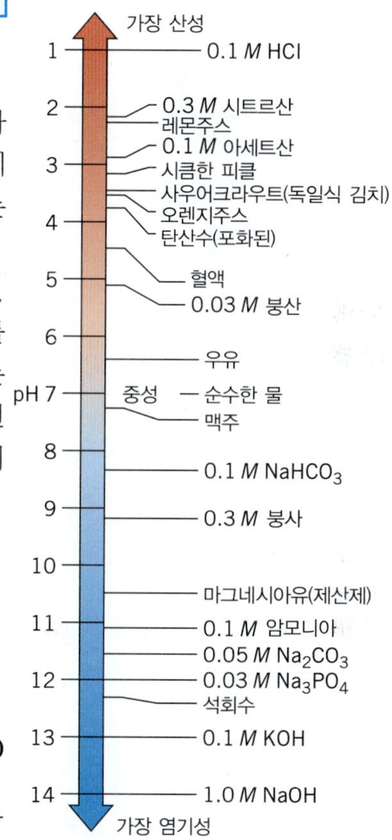

그림 16.1 몇 가지 물질에 대한 pH 척도

'p' 표기법

pH의 로그적 정의인 식 16.4는 $[H^+]$ 외에도 다른 양에도 적용할 수 있어서 매우 유용하다. 어떤 임의의 양 X에 대하여 pX를 다음과 같이 정의할 수 있다.

$$pX = -\log X \tag{16.6}$$

도구
p 함수(pX)의 정의

예를 들어 작은 농도의 수산화 이온을 나타내기 위하여 다음과 같이 용액의 **pOH**를 정의할 수 있다.

$$pOH = -\log[OH^-]$$

마찬가지로 K_w에 대해서도 다음과 같이 **pK_w**를 정의할 수 있다.

$$pK_w = -\log K_w$$

25°C에서 pK_w의 수치는 $-\log(1.0\times10^{-14})$, 즉 14.00이다.

$$pK_w = 14.00 \quad (25\,°\text{C에서})$$

식 16.1과 16.2에서 모든 항의 로그를 취하고 부호를 변화시켜 식 16.7과 같은 pH와 pOH

[2]로그에서 유효 숫자에 대한 규칙은 어떤 수의 로그 값에서 소수점 이하의 수는 그 수의 유효 숫자의 개수와 같다는 것을 기억하라. 예를 들면 3.2×10^{-5}는 단지 두 개의 유효 숫자를 가지고 있다. 휴대용 계산기에 표시된 이 수의 로그값은 −4.494850022이다. 이것을 정확히 반올림한 로그 값은 −4.49이다.

및 pK_w 사이의 유용한 관계식을 유도할 수 있다.

도구
pK_w와 pH 및 pOH의 관계

$$pH + pOH = pK_w = 14.00 \quad (25\,°C에서) \tag{16.7}$$

이것은 25℃에서 용액에 포함된 용질이 무엇이든 수용액의 pH와 pOH의 합이 14.00이라는 것을 말해 준다.

pH 계산

이제 식 16.4와 16.7을 사용한 몇 가지 pH 계산을 살펴보자. 이 장에서 이와 유사한 계산을 자주 수행하게 될 것이다.

어떤 용액의 $[H^+]$가 $6.3 \times 10^{-5}\,M$이라면, 로그를 취하고 부호를 바꾸어 pH를 계산할 수 있다. 계산한 pH는 4.20이다. 이제 두 가지 방법으로 pOH를 결정할 수 있다. 식 16.2를 사용하여 $[OH^-]$를 계산한 다음에 로그를 취하고 부호를 바꾸어 pOH를 계산할 수 있다. 더 쉬운 방법은 식 16.7을 이용하여 단순히 14.00에서 pH를 빼서 pOH 9.80을 계산하는 것이다. 식 16.4와 16.7을 종합하면, $[H^+]$, $[OH^-]$, pH, pOH 중의 하나를 알고 있을 때 다른 세 개를 구할 수 있다는 것을 알 수 있다. 다음의 실전 문제는 이러한 계산과 관련된 예이다.

해설 pH와 pOH의 계산

$$pH = -\log(6.3 \times 10^{-5})$$
$$= -(-4.20)$$
$$= 4.20$$
$$pK_w = 14.00 = 4.20 + pOH$$
$$pOH = 14.00 - 4.20$$
$$= 9.80$$

실전 문제 16.3

오래된 석탄이나 광물 광산에서 배출되는 물의 pH는 4.0 이하인 경우가 많고, 이런 이유로 환경론자들은 이 물을 '산성 광산 배출수'라고 부른다. 그 원인은 지하수와 황철광(FeS)에 포함된 산소와의 반응에서 기인하는 것으로 짐작된다. pH가 3.75인 산성 광산 배출수의 pOH, $[H^+]$, $[OH^-]$는 각각 얼마인가? (**힌트**: pH, pOH, $[H^+]$, $[OH^-]$가 모두 K_w 및 pK_w와 상호 연관됨을 기억하시오.)

실전 문제 16.4

비가 공기 중의 오염 물질을 씻어 내기 때문에, 세계 곳곳 호수들의 pH가 변하고 있다. New England주에 위치한 어떤 호수의 수소 이온의 농도가 $3.2 \times 10^{-5}\,mol\,L^{-1}$인 것으로 밝혀졌다. 이 호수의 pH, pOH는 각각 얼마인가? 물이 산성인가 혹은 염기성인가?

실전 문제 16.5

다음 pH 값에 대응하는 $[H^+]$와 $[OH^-]$의 값을 각각 구하시오. 각 용액이 산성인지 혹은 염기성인지 밝히시오.

(a) 2.90(레몬주스의 근사적인 pH)
(b) 3.85[사우어크라우트(소금에 절인 양배추, 독일식 김치)의 근사적인 pH]
(c) 10.81(제산제인 마그네시아유의 근사적인 pH)
(d) 4.11(오렌지주스의 평균적인 pH)
(e) 11.61(묽은 가정용 암모니아의 pH)

pH 미터 **그림 16.2**에 나타낸 pH 미터를 이용하여 용액의 pH를 쉽게 측정할 수 있다. 먼저 용액의 수소 이온 농도에 민감한 전극을 pH를 알고 있는 표준 용액에 담가서 기기를 보정한다. 다른 용액의 pH를 측정하려면 보정된 전극을 그 용액에 담그기만 하면 된다. 표준 pH 교정 용액이 매우 정확하기 때문에, pH 미터의 정확도는 보통 ±0.02 pH 단위이다.

16.2 강산과 강염기 용액의 pH

많은 용질들이 수용액의 pH에 영향을 준다. 이 절에서는 용액에서 강산과 강염기가 어떻게 거동하고, 그들이 녹아 있는 용액의 pH를 어떻게 계산하는지 살펴볼 것이다. 약산과 약염기도 비슷한 효과를 나타내는데, 이에 대하여는 다음 절에서 논의하게 될 것이다.

Richard Megna/Fundamental Photographs

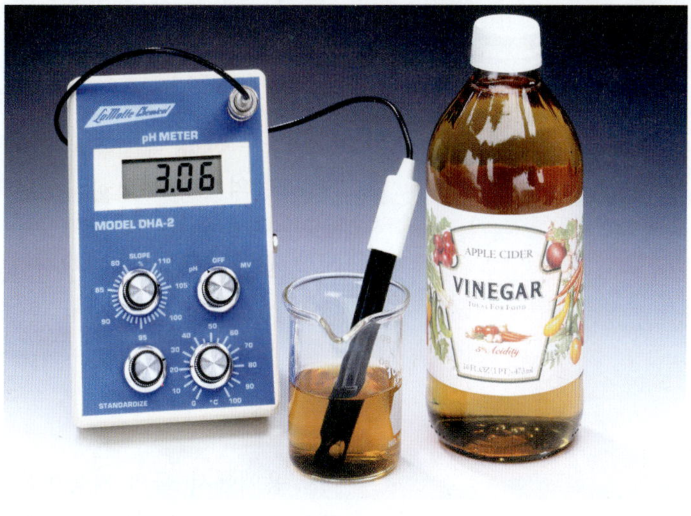

그림 16.2 pH 미터 pH가 알려진 용액으로 기기를 보정한 후, 복합 전극을 시험하고자 하는 용액에 담그고 기기에 표시된 pH를 읽는다.

강산과 강염기

15.2절에서 강산과 강염기는 완전히 해리되는 것으로 간주한다는 것을 알았다. 따라서 강산과 강염기의 용액에서 H^+와 OH^-의 농도를 계산하는 작업은 비교적 간단하다.

용질이 HCl이나 HNO_3와 같은 강한 일양성자산의 H^+의 몰농도는 강산의 몰농도와 같을 것이다. 따라서 0.010 *M* HCl 용액은 0.010 mol L^{-1}의 H^+를 포함하며, 0.0020 *M* HNO_3 용액은 0.0020 mol L^{-1}의 H^+를 포함하고 있다.

해설 필요할 경우 4.4절에 있는 강산의 목록을 참고하라.

강한 일양성자산 용액의 pH를 계산하기 위해서는 그 산의 몰농도로부터 얻은 H^+의 몰농도를 사용한다. 따라서 위에서 언급한 0.010 *M* HCl 용액의 pH는 2.00이다.

비슷한 방법으로 강한 염기에 대하여 OH^- 농도를 계산하는 것도 가능하다. 0.050 *M* NaOH 용액에서 염기는 완전히 해리되며 해리할 때 NaOH 1 mol이 OH^- 1 mol을 방출하기 때문에, 이 용액은 0.050 mol L^{-1}의 OH^-를 포함한다. $Ba(OH)_2$와 같은 염기의 경우에는 다음과 같이 각 염기 1 mol당 2 mol의 OH^-가 방출된다고 생각해야 한다.

$$Ba(OH)_2(s) \longrightarrow Ba^{2+}(aq) + 2OH^-(aq)$$

그러므로 리터당 0.010 mol의 $Ba(OH)_2$가 포함된 용액에서 OH^-의 농도는 0.020 *M*이 될 것이다. 일단 OH^-의 농도를 알면 pOH를 계산할 수 있고, 그것으로부터 pH를 계산할 수 있다. 아래의 실전 문제를 통하여 이러한 방법을 숙지할 수 있을 것이다.

실전 문제 16.6

0.010 *M* HCl 용액의 $[H^+]$와 pH 및 pOH를 계산하시오(**힌트**: HCl은 강산이다).

실전 문제 16.7

NaOH 0.50 g을 측정한 후 물에 녹여서 만든 100.0 mL 용액의 pOH와 $[H^+]$ 및 pH를 계산하시오.

물의 이온화에 대한 용질의 영향

앞의 계산에서 물의 자동이온화는 산 용액의 전체 $[H^+]$와 염기 용액의 전체 $[OH^-]$에 거의 기여하지 못한다는 중요하고도 옳은 가정을 하였다.[3] 이에 대하여 더 자세히 논의해 보자.

[3]매우 묽은 산 또는 염기 용액을 다룰 때는 물의 자동이온화를 무시할 수 없다.

산 용액에서 H^+ 공급원은 실제로 두 가지로, 하나는 산 자체의 이온화이고 다른 하나는 물의 자동이온화이다.

$$[H^+]_{\text{전체}} = [H^+]_{\text{용질로부터}} + [H^+]_{H_2O\text{로부터}}$$

해설 비슷한 식이 염기 용액 속에서 OH^- 평형 농도에도 적용된다.
$[OH^-]_{\text{전체}} =$
$[OH^-]_{\text{용질로부터}} + [OH^-]_{H_2O\text{로부터}}$

매우 묽은 산 용액을 제외하고, 물에 의해 제공되는 H^+의 양($[H^+]_{\text{로부터}}$)은 산에 의해 제공되는 H^+의 양($[H^+]_{\text{용질로부터}}$)과 비교해서 매우 작다. 예를 들면 $0.020\,M$ HCl에서 OH^-의 몰농도는 $5.0 \times 10^{-13}\,M$이다. 이 산성 용액에서 OH^-의 유일한 공급원은 물의 자동이온화이고, 물의 자동이온화로 생성되는 OH^-와 H^+의 양은 같다. 그러므로 $[H^+]_{H_2O\text{로부터}}$는 역시 $5.0 \times 10^{-13}\,M$이다. 이제 이 용액에 대한 전체 $[H^+]$를 계산하면 다음과 같다.

$$[H^+]_{\text{전체}} = \underset{(\text{HCl로부터})}{0.020\,M} + \underset{(H_2O\text{로부터})}{5.0 \times 10^{-13}\,M}$$

$$= 0.020\,M \quad (\text{정확히 반올림함})$$

산 용액에서 물의 자동이온화는 용질에 의해 제공되는 H^+에 의해 억제된다. 이는 Le Châtelier 원리로 간단히 설명할 수 있다. 다음에 나타낸 물의 자동이온화 반응에서 H^+가 외부의 공급원(예를 들면 산성 용질)으로부터 공급되면 평형의 위치는 왼쪽으로 이동될 것이다.

$$H_2O \rightleftharpoons H^+ + OH^-$$

어떤 용질로부터 H^+가 첨가되면 평형의 위치는 왼쪽으로 이동한다.

계산 결과가 보여 주듯이, 자동이온화 반응으로부터 생성된 H^+와 OH^-의 농도는 중성 용액에서의 값인 $1.0 \times 10^{-7}\,M$ 이하로 감소된다. 그러므로 매우 묽은 용액($10^{-6}\,M$ 이하)을 제외하고, 산 용액의 모든 H^+는 용질로부터 유래된다고 가정한다. 마찬가지로 염기 용액에서 모든 OH^-는 용질의 해리로부터 유래하는 것으로 생각할 수 있다.

16.3 이온화 상수 K_a와 K_b

16장에서 이미 배운 바와 같이 약산과 약염기는 물에서 완전히 이온화되지 않고 일부는 용액 중에서 분자로 존재하며, 물과 반응하여 생성된 이온과 평형을 이루고 있다. 이러한 평형을 정량적으로 다루기 위하여 평형 반응에 대한 올바른 화학 반응식을 쓸 줄 아는 것이 중요하며, 이것으로부터 올바른 평형 법칙을 얻을 수 있다. 다행히도 이 물질들이 반응하는 방식에 적용되는 일정한 형식이 있다. 일단 특정한 산이나 염기에 대한 반응식을 올바르게 쓰는 방법을 배우게 되면, 다른 것에 대한 올바른 반응식도 쓸 수 있게 될 것이다.

약산과 물의 반응

수용액에서 모든 약산은 똑같이 행동한다. 그들은 Brønsted 산이고, 따라서 양성자 주개이다. $HC_2H_3O_2$, HSO_4^-, NH_4^+ 등이 그 예이다. 물에서 이들은 다음과 같은 평형에 관여한다.

$$HC_2H_3O_2 + H_2O \rightleftharpoons H_3O^+ + C_2H_3O_2^-$$
$$HSO_4^- + H_2O \rightleftharpoons H_3O^+ + SO_4^{2-}$$
$$NH_4^+ + H_2O \rightleftharpoons H_3O^+ + NH_3$$

각 경우에 산은 물과 반응하여 H_3O^+와 대응하는 짝염기를 만들어 내는 것을 주목하라. 약산과 음이온의 화학식을 각각 HA와 A^-로 나타내는 일반적인 방법을 사용하면 이 반응을 다음과 같이 나타낼 수 있다.

$$\boxed{HA + H_2O \rightleftharpoons H_3O^+ + A^-} \qquad \textbf{(16.8)}$$

도구
약산의 이온화에 대한 일반식

HA는 앞의 식에서 보는 바와 같이 항상 전기적으로 중성일 필요는 없다. $HC_2H_3O_2$와 같이 분자이거나, HSO_4^-와 같이 음이온이거나, NH_4^+와 같이 양이온일 수도 있다. 이때 생성되는 짝염기의 실질 전하는 원래 산의 전하에 의존할 것이다.

14장에서 전개된 절차에 따라 식 16.8의 평형 반응에 대한 일반적인 평형 법칙을 다음과 같이 쓸 수 있다(물의 농도는 생략하였다).

$$\boxed{K_a = \frac{[H_3O^+][A^-]}{[HA]}} \qquad \textbf{(16.9)}$$

해설 때로는 K_a를 산 해리 상수(acid dissociation constant)라고 한다. 그러나 중성의 분자가 분리되어 두 개의 이온이 형성되므로 이온화 반응이기도 하다.

새로운 상수 K_a를 **산 이온화 상수(acid ionization constant)**라고 한다. H_3O^+를 H^+로 줄여서 이온화 반응을 다음과 같이 간단히 쓸 수도 있다.

$$HA \rightleftharpoons H^+ + A^-$$

이제 새로운 반응에 대한 평형 법칙은 다음과 같이 간단히 나타낼 수 있다.

$$\boxed{K_a = \frac{[H^+][A^-]}{[HA]}} \qquad \textbf{(16.10)}$$

여러분은 약산의 이온화에 대한 반응 반응식을 쓰는 법을 배워야 하고, 그 반응의 K_a에 해당하는 평형 법칙을 쓸 수 있어야 한다. 예를 들어 약산 HNO_2의 이온화 반응은 다음과 같다.

$$HNO_2 \rightleftharpoons H^+ + NO_2^-$$

이에 해당하는 평형 법칙은 다음과 같다.

$$K_a = \frac{[H^+][NO_2^-]}{[HNO_2]}$$

Andy Washnik

여기에 보인 육류 제품들은 방부제로 아질산 이온(NO_2^-)을 포함하고 있다.

실전 문제 16.8
다음 각 산에 대해 물에서의 이온화 반응식을 쓰고, 적당한 K_a 식을 쓰시오(**힌트**: 각 산의 짝염기를 결정하시오).
(a) CF_3COOH **(b)** $(CH_3)_2NH_2^+$ **(c)** HSO_3^-

실전 문제 16.9
다음 각 산에 대해 물에서의 이온화 반응식을 쓰고, 적당한 K_a 식을 쓰시오.
(a) CCl_3COOH **(b)** H_2PO_3 **(c)** $HClO$

약산의 경우 K_a 값은 대개 매우 작아서 pH와 비슷하게 로그 형태로 표현하는 것이 편리하다. 따라서 산의 **pK_a**를 다음과 같이 정의할 수 있다.

해설 $K_a = \text{antilog}(-pK_a)$ 또는 $K_a = 10^{-pK_a}$

$$pK_a = -\log K_a$$

약산의 세기는 K_a 값에 의해 결정된다. 즉 K_a 값이 클수록 산은 더 강하고 더 많이 이온화된다. pK_a를 정의하는 반응식에 나타나는 음의 부호로 인해 산이 강할수록 pK_a 값은 **작아진다.**

해설 강산의 K_a 값은 매우 큰 값으로, 표에 수록하지 않았다.

해설 약산과 약염기의 이온화 상수 표에는 일반적으로 산–염기 쌍 중 분자 형태에 대한 값만을 수록한다. 표 16.3에 몇 가지 분자 형태의 약염기에 대한 값을 나타내었다.

표 16.2 25°C에서 약한 일양성자산의 K_a와 pK_a

산의 이름	화학식	K_a	pK_a
아이오딘산	HIO_3	1.7×10^{-1}	0.77
클로로아세트산	$HC_2H_2O_2Cl$	1.4×10^{-3}	2.85
아질산	HNO_2	4.6×10^{-4}	3.34
플루오린화수소산	HF	3.5×10^{-4}	3.46
사이안산	HOCN	2×10^{-4}	3.7
폼산	$HCHO_2$	1.8×10^{-4}	3.74
바비투르산	$HC_4H_3N_2O_3$	9.8×10^{-5}	4.01
질화수소산	HN_3	2.5×10^{-5}	4.60
아세트산	$HC_2H_3O_2$	1.8×10^{-5}	4.74
뷰탄산	$HC_4H_7O_2$	1.5×10^{-5}	4.82
프로판산	$HC_3H_5O_2$	1.3×10^{-5}	4.89
하이포아염소산	HOCl	3.0×10^{-8}	7.52
사이안화수소산	HCN	4.9×10^{-10}	9.31
페놀	HC_6H_5O	1.3×10^{-10}	9.89
과산화 수소	H_2O_2	2.4×10^{-12}	11.62

몇 가지 대표적인 약산의 K_a와 pK_a 값을 **표 16.2**에 수록하였다. 더 많은 목록은 부록 C에 수록하였다.

실전 문제 16.10

표 16.2를 사용하여 아세트산보다는 강하고 폼산보다는 약한 산을 모두 찾으시오(**힌트**: 산의 세기와 직접 관련된 K_a 값에 주목하는 것이 더 쉬울 수도 있다).

실전 문제 16.11

두 산 *HA*와 *HB*의 pK_a는 각각 2.16, 5.14이다. 어느 것이 더 강한 산인가? 이들 산의 K_a 값은 얼마인가?

약염기와 물의 반응

모든 약염기는 물에서 약산과 유사한 방법으로 거동한다. 이들은 약한 Brønsted 염기이며, 양성자 받개이다. 암모니아(NH_3)나 아세트산 이온($C_2H_3O_2^-$)을 예로 들 수 있다. 이들과 물의 반응은 다음과 같다.

$$NH_3 + H_2O \rightleftharpoons NH_4^+ + OH^-$$

$$C_2H_3O_2^- + H_2O \rightleftharpoons HC_2H_3O_2 + OH^-$$

도구
약염기의 이온화에 대한 일반식

각 예에서 본 바와 같이, 염기는 물과 반응하여 OH^- 이온과 염기에 대응하는 짝산을 만든다. 염기를 기호 *B*로 나타내면 염기의 반응식도 다음과 같은 일반식으로 나타낼 수 있다.

$$B + H_2O \rightleftharpoons BH^+ + OH^- \qquad \textbf{(16.11)}$$

해설 K_b는 **염기 해리 상수**(base dissociation constant)라고도 한다. 그러나 중성의 분자가 분리되어 두 개의 이온이 형성되므로 이온화 반응이기도 하다.

약산에서와 마찬가지로, B가 반드시 전기적으로 중성일 필요는 없다. 이 반응에 대하여 다음 평형 법칙을 얻을 수 있다. 기호 K_b로 나타내는 새로운 평형 상수를 **염기 이온화 상수(base**

ionization constant)라고 한다.

$$K_b = \frac{[BH^+][OH^-]}{[B]} \qquad \textbf{(16.12)}$$

예를 들면 약염기인 프로필아민($CH_3CH_2CH_2NH_2$)의 이온화 반응식과 평형 법칙은 다음과 같다.

$$CH_3CH_2CH_2NH_2 + H_2O \rightleftharpoons CH_3CH_2CH_2NH_3^+ + OH^-$$

$$K_b = \frac{[CH_3CH_2CH_2NH_3^+][OH^-]}{[CH_3CH_2CH_2NH_2]}$$

실전 문제 16.12

다음 각 염기에 대한 수용액에서의 이온화 반응식과, K_b에 대한 적절한 식을 쓰시오(**힌트:** 식 16.12 참조).

(a) $(CH_3)_3N$(트라이메틸아민) **(b)** SO_3^{2-}(아황산 이온) **(c)** NH_2OH(하이드록실아민)

해설

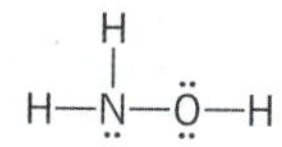

하이드록실 아민, NH_2OH

실전 문제 16.13

다음 각 양쪽성 물질이 염기로서 작용하는 이온화 반응식과 K_b 식을 쓰시오.

(a) HAs^- **(b)** HSO_4^- **(c)** ClO_4^{2-} **(d)** CO_3^{2-}

약염기의 K_b 값은 보통 작은 숫자이므로, 그 평형 상수를 나타낼 때 로그 표기법을 종종 사용한다. 따라서 **pK_b**는 다음과 같이 정의된다.

$$pK_b = -\log K_b$$

해설 K_b = antilog $(-pK_b)$ 또는 $K_b = 10^{-pK_b}$

표 16.3에 몇 가지 염기 분자와 이들의 K_b와 pK_b 값을 수록하였다. 더 많은 목록은 부록 C를 참고하라.

K_a와 K_b의 곱

대표적인 약산인 폼산($HCHO_2$, 불개미의 침과 관련이 있는 물질)은 이온화 반응식은 다음과 같다.

표 16.3 25°C에서 약염기 분자의 K_a와 pK_a

염기의 이름	화학식	K_a	pK_a
뷰틸아민	$C_4H_9NH_2$	5.9×10^{-4}	3.23
메틸아민	CH_3NH_2	4.5×10^{-4}	3.35
암모니아	NH_3	1.8×10^{-5}	4.74
스트리크닌	$C_{21}H_{22}N_2O_2$	1.8×10^{-6}	5.74
모르핀	$C_{17}H_{19}NO_3$	1.6×10^{-6}	5.80
하이드라진	N_2H_4	1.3×10^{-6}	5.89
하이드록실아민	$HONH_2$	1.1×10^{-8}	7.96
피리딘	C_5H_5N	1.8×10^{-9}	8.75
아닐린	$C_6H_5NH_2$	4.3×10^{-10}	9.37

해설 이온화 상수 표는 대개 산–염기 쌍 중에서 분자 형태에 대해서만 값이 주어진다.

$$HCHO_2 + H_2O \rightleftharpoons H_3O^+ + CHO_2^-$$

앞에서 논의한 바와 같이 이 반응에 대한 K_a 식은 다음과 같다.

$$K_a = \frac{[H^+][CHO_2^-]}{[HCHO_2]}$$

해설 폼산과 폼산 이온의 구조는 다음과 같다.

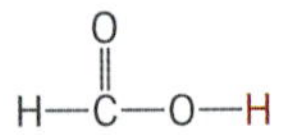

폼산, $HCHO_2$
(산성 수소는 빨간색으로 표시함.)

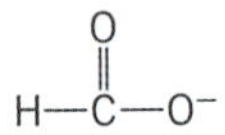

폼산 이온, CHO_2^-

폼산의 구조식은 분자 구조를 강조하기 위해서 HCOOH라고 쓰기도 한다. 이 책에서는 산성 수소를 먼저 나타내기 위하여 폼산의 구조식을 $HCHO_2$라고 표기하였다.

폼산의 짝염기는 폼산 이온(CHO_2^-)이며, 이런 이온을 포함하는 용질(예를 들면 $NaCHO_2$)이 물에 녹을 때 그 용액은 약한 염기성을 띤다. 다시 말하면, 폼산 이온은 폼산의 짝염기이므로 약염기로 작용한다. 폼산 이온과 물의 반응은 다음과 같다.

$$CHO_2^- + H_2O \rightleftharpoons HCHO_2 + OH^-$$

이 염기의 K_b 식은 다음과 같다.

$$K_b = \frac{[HCHO_2][OH^-]}{[CHO_2^-]}$$

이러한 산-염기 쌍의 평형 상수 사이에는 중요한 관계가 성립한다. 즉 산의 K_a와 염기의 K_b의 곱은 K_w와 같다. 두 질량 작용식을 곱하면 다음과 같이 이 관계식을 증명할 수 있다.

$$K_a \times K_b = \frac{[H^+][\cancel{CHO_2^-}]}{[\cancel{HCHO_2}]} \times \frac{[\cancel{HCHO_2}][OH^-]}{[\cancel{CHO_2^-}]} = [H^+][OH^-] = K_w$$

실제로 모든 짝산-짝염기의 쌍에 대해서 다음의 관계가 성립한다.

$$\boxed{K_a \times K_b = K_w} \qquad (16.13)$$

도구 K_a와 K_b 사이의 반비례 관계

식 16.13을 만족하기 위하여 짝산의 K_a 값이 크면 대응하는 짝염기의 K_b는 작은 값을 가져야 한다. 다시 말하면 K_a와 K_b는 서로 반비례의 관계이다.

식 16.13에 표현된 관계로부터 몇 가지 중요한 결과를 얻을 수 있다. 첫째는 산-염기 쌍에 대하여 K_a와 K_b를 모두 표시할 필요가 없다는 점이다. 즉 하나의 K 값을 알면 다른 K 값을 계산할 수 있다. 예를 들면 $HCHO_2$의 K_a 값이나 NH_3의 K_b 값은 대부분의 표에서 찾을 수 있으나, CHO_2^-의 K_b 값이나 NH_4^+의 K_a 값은 표에 나와 있지 않다. 이 값들이 필요하면 식 16.13을 이용하여 계산해서 얻을 수 있다.

실전 문제 16.14
염기인 메틸아민(CH_2NH)의 K_b는 4.5×10^{-4}이다. 메틸암모늄 이온($CH_3NH_3^+$)의 K_a는 얼마인가? (**힌트:** K_a와 K_b는 서로 반비례 관계임을 상기하시오.)

실전 문제 16.15
페놀(C_6H_5OH)의 K_a는 1.0×10^{-10}이다. $C_6H_5O^-$ 이온의 K_b 값은 얼마인가?

또 다른 흥미롭고도 유용한 점은 **서로 짝쌍으로 맺어진 산과 염기의 세기는 서로 반비례한다는 것이다.** 이 관계를 **그림 16.3**에 나타내었다. K_a와 K_b의 곱은 상수이므로, K_a 값이 클수록 K_b 값은 작다. 다시 말하면 **산의 세기가 강할수록 그 짝염기의 세기는 약하다**(15장에서 Brønsted 산과 염기의 세기를 논의할 때 주목했던 사실이다). 이러한 관계는 16.6절에서 더 상세하게 논의될 것이다.

도구 pK_a와 pK_b 사이의 관계

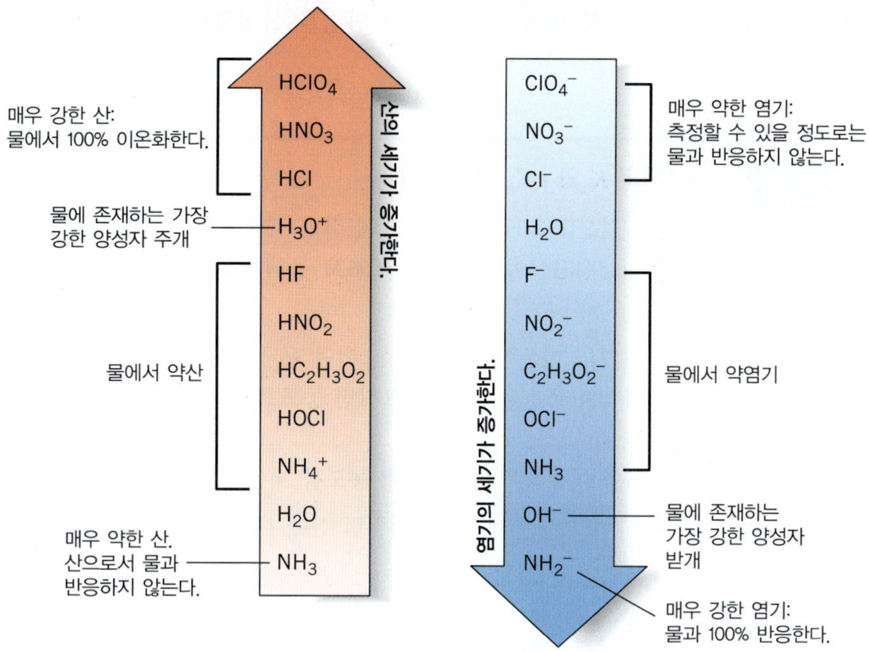

그림 16.2 짝산–짝염기 쌍의 상대적 세기 산의 세기가 강할수록 그 짝염기의 세기는 약해지고, 산의 세기가 약할수록 그 짝염기의 세기는 강해진다. 매우 강한 산은 거의 100% 이온화하기 때문에 그 짝염기는 물과 거의 반응하지 않는다.

식 16.13의 양변에 음이 로그(−log)를 취하면 이온화 상수를 p 표기법으로 나타낸 식 16.14를 얻을 수 있다. 다시 말하면 25°C에서 짝산과 짝염기의 pK_a와 pK_b를 더하면 14.00이 되어야 한다.

해설

$$-\log(K_a \times K_b) = -\log K_w$$
$$(-\log K_a) + (-\log K_b) = -\log K_w$$
$$pK_a + pK_b = pK_w$$

$$pK_a + pK_b = pK_w = 14.00 \quad (25\,°\text{C에서}) \tag{16.14}$$

16.4 K_a와 K_b 값의 결정

이 절에서의 목표는 수용액에서 약산과 약염기의 평형을 정량적으로 다루는 일반적인 방법을 이해하는 것이다. 일반적으로 평형 계산은 다음의 두 가지로 구분된다. 첫 번째는 산 또는 염기의 초기 농도와 측정된 용액의 pH로부터(또는 용액의 평형 조성에 대한 몇 가지 다른 자료로부터) K_a 또는 K_b 값을 계산하는 것이다. 두 번째는 16.5절에서 논의하게 될 초기 농도와 K_a나 K_b를 이용하여 평형 농도를 계산하는 것이다.

초기 농도와 평형 자료를 이용하는 방법

이런 형태의 문제에서 첫 번째 목표는 K_a나 K_b의 정의에서 질량 작용식을 계산하는 데 필요한 모든 평형 농도를 얻는 것이다(물론 그 이유는 평형 상태에서 반응 지수 Q 값이 평형 상수와 같기 때문이다). 산이나 염기의 몰농도는 용액이 담겨 있는 용기에 붙어 있는 라벨로부터 알 수 있다. 또한 평형 농도 중에서 적어도 한 가지를 계산할 수 있는 정보가 주어진다. 예를 들면 H^+의 평형 농도를 계산할 수 있는 용액의 pH 측정값이 주어지거나(이러한 용액에서 평형이 재빨리 이루어지므로, pH를 측정하여 H^+의 평형 농도를 계산하는 데 사용할 수 있다), 다음과 같이 정의되는 산이나 염기의 **이온화 백분율(percentage ionization)**이 주어진다.

해설 법칙은 일반적으로 수학적 관계식으로 나타낸다. 질량 작용 법칙은 따라서 질량 작용식으로 나타낸다.

$$\text{이온화 백분율} = \frac{\text{리터당 이온화된 몰수}}{\text{초기의 몰농도}} \times 100\% \tag{16.15}$$

도구 이온화 백분율

언급된 몇 가지 자료로부터 K_a와 K_b를 계산하는 방법을 설명하는 다음의 예제를 살펴보기로 하자.

예제 16.1 pH로부터 K_a와 pK_a 계산하기

Susan Kaprov

많은 사람이 핫도그 토핑으로 사우어크라우트(소금에 절인 양배추, 독일식 김치)와 겨자소스를 가장 선호한다. 젖산은 소금에 절인 양배추에서 신맛을 내는 원인 물질이다.

신 우유에 존재하는 젖산($HC_3H_5O_3$)은 소금에 절인 양배추의 시큼한 맛이 나는 원인 물질이다. 젖산은 일양성자산이다. 젖산 0.100 M 용액의 pH는 25°C에서 2.44이다. 이 온도에서 젖산의 K_a와 pK_a를 계산하시오.

분석 약산이나 약염기의 이온화를 포함하는 어떤 문제이든 첫 번째 단계는 균형 화학 반응식과 평형 법칙을 쓰는 것이다. 필요하면 농도표를 이용하여 필요한 화학량론적 추론을 할 수 있다.

주어진 용액의 pH를 이용하여 H^+의 **평형 농도**를 계산할 수 있다.

도구 모음 젖산은 산이므로 실전 문제에서처럼 산에 대한 평형 반응식을 쓰고, 다음에 K_a 식을 쓴다.

$$HC_3H_5O_3 \rightleftharpoons H^+ + C_3H_5O_3^- \qquad K_a = \frac{[H^+][C_3H_5O_3^-]}{[HC_3H_5O_3]}$$

$[H^+]$를 계산하는 데 식 16.5가 필요하며, 14.8절에 주어진 요약을 이용하여 농도표를 만들고 사용할 것이다.

풀이 도구 모음에서 나타낸 K_a를 계산하려면 평형에서의 $[H^+]$와 $[C_3H_5O_3^-]$ 그리고 $[HC_3H_5O_3]$가 필요하다는 것을 알 수 있다. 문제를 해결하는 데 농도표를 만드는 것이 도움이 될 것이다. H^+와 $C_3H_5O_3^-$ 이온의 유일한 원천은 초기에 존재하는 유일한 용질인 $HC_3H_5O_3$(0.100 M)의 이온화이므로, 농도표에 입력할 그들의 초기 농도는 0이다. 농도 변화를 미지수 x로 나타내자. 초기 농도와 농도 변화를 더하면 평형 농도가 된다. 이들은 표에 검은색으로 표시되어 있다.

이제 pH로부터 평형에서의 $[H^+]$를 구하고 농도표에 붉은색으로 나타내 보자.

$$\begin{aligned}[H^+] &= 10^{-2.44} \\ &= 0.0036\ M\end{aligned}$$

이것으로부터 x가 0.0036임을 알 수 있다. x를 알면 농도표에서 초록색으로 표시되어 있는 $HC_3H_5O_3$와 $C_3H_5O_3^-$의 평형 농도를 계산할 수 있다.

	$HC_3H_5O_3$	$\rightleftharpoons$	H^+	+	$HC_3H_5O_3^-$
초기 농도(M)	0.100		0		0
농도 변화(M)	$-x$		$+x$		$+x$
평형 농도(M)	$(0.100 - x)$		x		x
pH를 기초로 한 평형 농도값	$(0.100 - 0.0036) = 0.096$ (정확히 반올림함)		0.0036		0.0036

표에서 마지막 행에 나타낸 평형 농도를 K_a 식에 대입하면 K_a를 계산할 수 있다.

$$K_a = \frac{(3.6 \times 10^{-3})(3.6 \times 10^{-3})}{0.096} = 1.4 \times 10^{-4}$$

그러므로 젖산의 이온화 상수는 1.4×10^{-4}이다. K_a에 음의 로그를 취하여 pK_a를 구하면 다음과 같다.

$$pK_a = -\log K_a = -\log(1.4 \times 10^{-4}) = 3.85$$

답이 합리적인가? 약산은 이온화 상수가 작으므로, 얻은 K_a 값은 타당해 보인다. 농도표의 값들이 타당한지도 확인해야 한다. 예를 들어 이온들에 대한 '변화' 값이 모두 양이라는 것은 그들 농도가 모두 증가한다는 것을 의미한다. 이온의 농도가 0보다 작을 수는 없으므로, 이것은 타당하다. 이온화 반응에 의해 농도 변화가 일어나므로 그들은 모두 같은 방향으로 변해야 한다. 또한 이온화에 의해 이온이 형성되므로 산 분자의 농도는 감소해야 한다.

때로는 물질의 이온화 백분율을 구할 수 있는 실험 결과가 주어지는 경우도 있다. 12.6절에서 논의한 삼투압이나 어는점 내림 혹은 끓는점 오름 등이 그 예이다. 다음 예제는 이온화 백분율을 알고 있을 때 메틸아민과 같은 염기의 K_b 값을 구하는 방법을 보여 주는 사례이다.

예제 16.2 이온화 백분율로부터 K_b와 pK_b 계산하기

메틸아민(CH_3NH_2)은 매우 자극성이 있는 냄새를 가진 약염기이다. 0.200 M CH_3NH_2 수용액에서 염기의 8.4%만이 이온화된다. 메틸아민의 K_b와 pK_b는 얼마인가?

메틸아민은 식초에 절인 청어에서 나는 생선 비린내의 부분적인 원인 물질이다.

분석 이 문제에서는 염기의 이온화 백분율이 주어졌으므로 용액 중 이온의 평형 농도를 계산할 수 있다. 이 값을 이용하여 앞 예제에서와 같은 방법으로 문제를 풀 수 있다.

도구 모음 앞의 예제와 같이 균형 화학 반응식(식 16.11의 약염기 식 참조)이 필요하며, 그에 따른 평형 법칙을 쓸 수 있다(식 16.12의 약염기의 평형 법칙의 식 참조).

$$CH_3NH_2 + H_2O \rightleftharpoons CH_3NH_3^+ + OH^-$$

$$K_b = \frac{[CH_3NH_3^+][OH^-]}{[CH_3NH_2]}$$

또한 식 16.15의 이온화 백분율을 이용하여 평형 농도 중 적어도 하나를 계산할 수 있다.

풀이 화학 반응식과 적절한 열과 행으로 농도표를 만드는 것부터 시작해보자. 초기 농도는 반응이 일어나기 전의 농도이다. 그러므로 이온들의 초기 농도는 0으로 표시된다. 일반적으로 농도의 변화를 변수 x로 사용하여 변화 행에 표시하며, 평형 농도는 마지막 행에 위의 두 행에 있는 값의 합으로 표시한다. 그러나 이 문제에서는 백분율 조성을 이용하여 바로 표를 완결할 수 있다.

이온화 백분율이 8.4%라는 것은 CH_3NH_2가 8.4%만큼 반응했다는 의미이다. 이 정보를 식 16.15에 대입하여 다음을 얻는다.

해설 0.200 M의 8.4%를 구하기 위해서 식 17.15를 재배열하였다.

$$\frac{\text{리터당 이온화된 } CH_2NH_2\text{의 몰수}}{0.200\ M} \times 100\% = 8.4\%$$

따라서 이 용액의 평형 상태에서 이온화된 염기의 리터당 몰수는 다음과 같다.

$$\text{리터당 이온화된 } CH_3NH_2\text{의 몰수} = \frac{8.4\% \times 0.200\ M}{100\%} = 0.0168\ M$$

이 값은 CH_3NH_2 농도의 **감소**를 의미하며, 농도표에 $-0.0168\ mol\ L^{-1}$이라고 나타낸다. 이제 $[CH_3NH_2]$의 변화를 이용하여 다른 화학종의 농도를 구할 수 있다. CH_3NH_2가 반응할 때 $CH_3NH_3^+$와 OH^-가 생성되므로, $[CH_3NH_3^+]$와 $[OH^-]$는 모두 $0.0168\ mol\ L^{-1}$임을 알 수 있다.

	H_2O	+	CH_3NH_2	⇌	$CH_3NH_3^+$	+	OH^-
초기 농도(M)			0.200		0		0
농도 변화(M)			−0.0168		0.0168		0.0168
평형 농도(M)			(0.200 − 0.0168) = 0.19832		0.0168		0.0168

이제 평형 농도들을 질량 작용식에 대입하면 K_b와 pK_b를 계산할 수 있다.

$$K_b = \frac{(0.0168)(0.0168)}{(0.19832)} = 1.42 \times 10^{-3}$$

그리고

$$pK_b = -\log(1.42 \times 10^{-3}) = 2.85$$

답이 합리적인가? 우선, K_b 값이 작다는 것에 근거할 때 계산이 올바른 것으로 보인다. 이온에 대한 '농도 변화' 행의 대수 부호가 맞는지 확인해야 한다. 두 이온 모두 초기 농도는 0이므로 모두 증가해야만 하는데, 이에 부합하다는 것을 표에서 확인할 수 있다. CH_3NH_2에 대한 변화는 두 이온의 변화와는 반대의 부호여야 하며, 표에서 그렇게 확인된다. 따라서 전체적으로 이 문제는 바르게 풀이된 것으로 보인다.

실전 문제 16.16

살리실산은 아세트산과 반응하여 아스피린(아세틸살리실산)을 생성한다. 0.500M의 살리실산 용액의 pH는 1.2이다. 살리실산의 K_a와 pK_a를 계산하시오(**힌트:** 먼저 pH를 $[H^+]$로 변환하시오).

해설

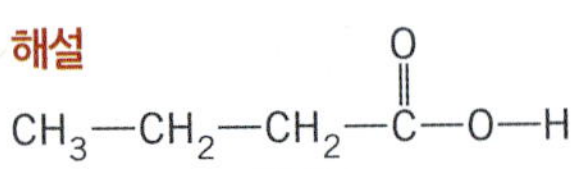

뷰탄산

$HC_4H_7O_2$

실전 문제 16.17

버터가 썩을 때 나는 불쾌한 냄새는 대부분 아세트산과 구조가 비슷한 일양성자성 약산인 뷰탄산($HC_4H_7O_2$)에서 기인한다. 0.0100M 뷰탄산 용액은 20°C에서 3.8% 이온화된다. 20°C에서 뷰탄산의 K_a와 pK_a를 계산하시오.

실전 문제 16.18

심한 통증을 줄이는 데 모르핀보다 더 효과적인 물질은 거의 없다. 모르핀은 식물에서 얻어지는 유사 알칼리 화합물인 알칼로이드의 일종이며, 알칼로이드는 모두 약염기이다. 0.010 M 모르핀 용액의 pOH는 3.90이다. 모르핀에 대한 K_b와 pK_b를 계산하시오(모르핀이 염기라는 사실만 필요하므로 모르핀의 화학식을 알 필요는 없다. 따라서 반응식에 모르핀은 임의의 기호로 나타내면 된다).

16.5 약산과 약염기 용액의 pH

여러분이 언젠가 새로운 산 혹은 염기를 합성한다면 K_a와 K_b 값을 결정함으로써 그것의 성질을 확인할 필요가 있을 것이다. 이 값은 실험실에서 pH나 $[H^+]$를 계산할 때 자주 이용된다.

평형 농도 계산

평형 농도 계산의 핵심은 문제를 주의 깊게 검토하여, 해답을 얻는 데 필요한 평형 법칙을 제공하는 올바른 화학 반응식을 세우는 일이다. 이 사실을 명심하면서 문제 해결을 위한 올바른

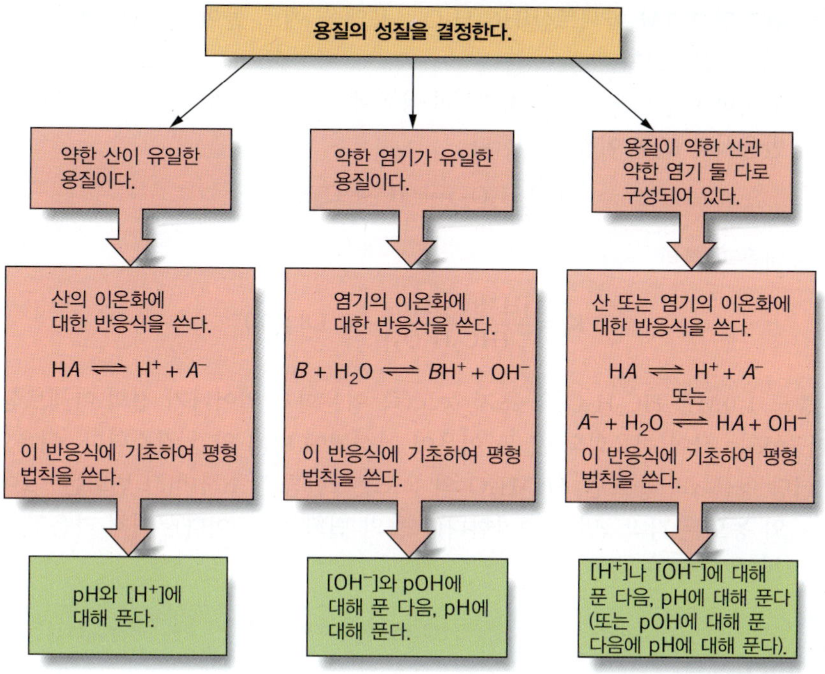

그림 16.4 산-염기 평형 문제를 다루는 접근 방법 결정하기 용질의 성질에 따라 접근 방법이 달라진다. 여기서 논의한 도표를 따라 하면 올바른 접근 방법을 선택할 수 있다.

접근 방법을 선택하는 전체 그림을 그려보자.

K_a나 K_b 값이 주어진 대부분의 문제는 다음 세 가지 부류 중 하나에 속한다. (1) 수용액이 **약산만**을 용질로 포함한 경우, (2) 수용액이 **약염기만**을 용질로 포함한 경우, (3) 용액이 약산과 그 약산의 짝염기 **모두**를 포함한 경우. 이제 각각의 상황에 대한 문제를 다루는 접근 방법을 논의해 보고, 이를 요약한 **그림 16.4**를 살펴보도록 하자.

1. 용액이 약산만을 포함하는 경우에 문제는 **반드시** K_a를 사용하여 풀어야 한다. 이것은 문제에 대한 올바른 화학 반응식이 약산의 이온화라는 것을 의미한다. 또한 그 산의 짝염기에 대한 K_b 값이 주어진다면 문제를 풀기 위해서 식 16.13을 이용하여 K_a를 계산해야 한다는 것을 의미한다.
2. 용액이 약염기만을 포함한다면, 문제는 **반드시** K_b를 사용하여 풀어야 한다. 이 문제에 필요한 화학 반응식은 약염기의 이온화이다. 약염기의 짝산에 대한 K_a 값이 주어진다면 문제를 풀기 위해서 식 16.13을 이용하여 K_b를 계산해야 한다.
3. 약산과 그 짝염기를 모두 포함하는 용액은 몇 가지 특별한 성질을 가지며, 이에 대하여 나중에 다시 논의할 것이다(이러한 용액을 **완충 용액**이라고 한다). 이와 같은 혼합물에 대한 문제를 다루기 위해서는 K_a나 K_b 중 어느 하나를 선택하여 사용할 수 있다. 어느 것을 사용하든지 같은 답을 얻게 되므로 관계없다. K_a를 사용하기로 했다면, 사용할 화학 반응식은 산의 이온화에 대한 것이어야 한다. K_b를 사용하기로 결정한다면, 올바른 화학 반응식은 염기의 이온화에 대한 것이다. 대개 K_a나 K_b 중 어떤 것을 사용할지는 어느 상수가 쉽게 얻어지는가를 기준으로 선택한다.

해설 방법 1과 2는 약산과 약염기 용액, 또는 산이나 염기로 작용하는 이온을 가진 염의 용액에 적용한다. 방법 3은 17.7절에서 논의할 완충 용액에 적용한다.

계산의 단순화

14장에서 평형 상수값이 작을 때 종종 계산을 단순화하는 가정을 통해 평형 농도를 얻는 계산에 드는 수고를 많이 줄일 수 있다는 것을 배웠다. 많은 산-염기 평형 문제에서 이러한 단순화는 특히 유용하다.

해설

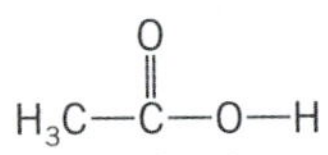

아세트산

$HC_2H_3O_2$

$K_a = 1.8 \times 10^{-5}$인 $1.0\,M$ 아세트산($HC_2H_3O_2$) 용액을 예로 들어 이 용액에서 평형 농도를 어떻게 결정하는지 살펴보자.

평형에 대한 화학 반응식으로 시작하자. 이 용액에 포함된 유일한 용질은 약산이기 때문에 산의 이온화 반응식과 K_a를 이용해야 한다.

$$HC_2H_3O_2 \rightleftharpoons H^+ + C_2H_3O_2^-$$

평형 법칙은 다음과 같다.

$$K_a = \frac{[H^+][C_2H_3O_2^-]}{[HC_2H_3O_2]} = 1.8 \times 10^{-5}$$

주어진 농도 $1.0\,M$을 $HC_2H_3O_2$의 초기 농도(즉 이온화가 일어나기 전의 아세트산 농도)로 취한다. 이 농도는 산이 이온화되고, 또 이온이 형성됨에 따라 약간 감소한다. 이온화된 아세트산의 리터당 양을 x라 놓으면, $HC_2H_3O_2$의 농도는 x만큼 감소하며(그 변화는 $-x$이다). H^+와 $C_2H_3O_2^-$의 농도는 각각 x만큼 증가한다(그들의 변화는 $+x$이다). 이제 다음과 같은 농도 표를 만들 수 있다.

해설 이온이 아직 용질로부터 공급된 것이 아니므로 이온의 초기 농도는 0으로 놓는다.

	$HC_2H_3O_2$	$\rightleftharpoons$	H^+	+	$C_2H_3O_2^-$
초기 농도(M)	1.0		0		0
농도 변화(M)	$-x$		$+x$		$+x$
평형 농도(M)	$1.0-x$		x		x

표의 마지막 행의 값은 평형 법칙을 만족해야 하므로, 이 값들을 질량 작용식에 대입하면 다음과 같이 된다.

$$\frac{(x)(x)}{(1.0-x)} = 1.8 \times 10^{-5}$$

이 식은 x^2을 포함하며, 14장에서와 같이 이차방정식을 이용하여 풀 수 있다. 그렇지만 약산과 약염기를 포함하는 이와 유사한 계산은 단순화할 수 있다. 그 이유를 살펴보자.

평형 상수 1.8×10^{-5}은 아주 작으므로 평형에서 매우 적은 양의 아세트산이 이온화됨을 예상할 수 있다. 이것은 x가 매우 작다는 것을 뜻하므로 근사적으로 $(1.0-x) \approx 1.0$이라고 가정할 수 있다. $1.0-x$ 대신 1.0을 대입하면 다음과 같이 된다.

해설 1.0에서 x를 빼고 그 결과를 유효 숫자 자릿수까지 반올림한다고 가정하면 결과는 1.0이 된다.

$$\frac{(x)(x)}{(1.0-x)} = \frac{x^2}{1.0} = 1.8 \times 10^{-5}$$

이제 x에 대해 풀면 $x = 0.0042\,M$이다. x 값은 실제로 $1.0\,M$에 비해 무시할 수 있을 만큼 작다는 것을 알 수 있다(즉 $1.0\,M$에서 $0.0042\,M$을 빼고 적절히 반올림하게 되면 $1.0\,M$이 된다). 결과적으로 $[H^+] = [C_2H_3O_2^-] = 0.0042\,M$, $[C_2H_3O_2] = 1.0\,M$이 된다. 이를 바탕으로 pH를 구할 수 있다.

$$\begin{aligned} pH &= -\log[H^+] \\ &= -\log(0.0042) \\ &= 2.38 \end{aligned}$$

이런 근사법을 쓸 때 **산의 초기 농도를 평형 농도로 사용하는 것을 주목하라.** 평형 상수가 작고 용질의 농도가 상당히 높을 때(이 장에서 다루는 대부분의 경우), 이 근사법은 타당하다. 몇 가지 예를 살펴본 다음, 이 근사법이 타당하지 않은 조건을 논할 것이다.

이제 일반적인 산-염기 평형 문제 몇 가지를 살펴보자.

실전 문제 16.19

어떤 학생이 0.20 M의 프로피온산($HC_3H_5O_2$)을 사용하는 실험을 계획하고 있다. 이 용액의 $[H^+]$와 pH를 계산하시오. 프로피온산의 $K_a = 1.3 \times 10^{-5}$이다(**힌트**: 이차 방정식을 사용하기보다 가정을 이용하는 것을 고려해 보시오).

실전 문제 16.20

벤조산($HC_6H_5CO_2$)은 한 개의 H^+만 이온화되는 일양성자산으로, $K_a = 6.3 \times 10^{-5}$이다. 벤조산 0.023 M의 $[H^+]$와 pH를 계산하시오.

실전 문제 16.21

바이타민 B의 원료인 니코틴산($HC_6H_4NO_2$)은 $K_a = 1.4 \times 10^{-5}$인 약산이다. 0.050 M $HC_6H_4NO_2$의 $[H^+]$와 pH를 계산하시오.

해설

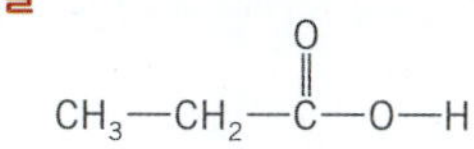

프로피온산
$HC_3H_5O_2$

Andy Washnik

프로피온산의 칼슘염인 프로피온산 칼슘은 제빵류의 방부제로 사용된다.

만약 염기 분자의 초기 농도를 알고 있다면 이미 논의한 방법과 유사하게 pH를 결정할 수 있다. 그러나 계산 결과로 나오는 값은 수산화 이온의 농도임을 명심해야 한다. 즉 pOH에서 pH로 전환하는 과정이 필요하다.

예제 16.3 용액의 pH와 용질의 이온화 백분율 계산하기

어떤 하이드라진(N_2H_4) 용액의 농도가 0.50 M이다. 이 용액의 pH와 하이드라진의 이온화 백분율을 구하시오. 하이드라진의 $K_b = 1.3 \times 10^{-6}$이다.

분석 K_b(K_b의 'b'는 **염기**(base)의 이온화 상수를 의미한다) 값으로부터 하이드라진이 약염기라는 것은 명백하다. 용액의 유일한 용질이 약염기이므로 약염기의 이온화에 대한 반응식을 쓰고 K_b에 대한 식을 세워야 한다.

도구 모음 화학 반응식을 쓰기 위해서는 N_2H_4의 짝산의 화학식이 필요하다. N_2H_4의 짝산은 H^+ 한 개가 추가된 것이므로 화학식이 $N_2H_5^+$이다. 이제 도구로 사용할 균형 화학 반응식과 평형 법칙은 다음과 같다.

$$N_2H_4 + H_2O \rightleftharpoons N_2H_5^+ + OH^-$$

$$K_b = \frac{[N_2H_5^+][OH^-]}{[N_2H_4]}$$

농도표와 적당한 근사식을 이용할 것이다.

이온화 백분율을 계산하기 위하여 식 16.15가 필요하다.

$$\text{이온화 백분율} = \frac{\text{리터당 이온화된 몰수}}{\text{리터당 전체 몰수}} \times 100\%$$

이 식을 풀기 위해서는 리터당 이온화된 염기의 몰수가 필요하다. 농도표는 이 계산을 정확히 수행하는 데 도움이 된다.

풀이 일단 농도표를 만들어 보자. $N_2H_5^+$와 OH^-의 유일한 공급원은 N_2H_4의 이온화이다. 그러므로 초기 농도는 둘 다 0이 된다. $N_2H_5^+$와 OH^-는 같은 양이 생성되며, 그들의 농도 변화는 $+x$로 놓을 수 있다. N_2H_4의 농도는 x만큼 감소하며, 그 변화는 $-x$로 표시한다.

	H_2O	+	N_2H_4	$\rightleftharpoons$	$N_2H_5^+$	+	OH^-
초기 농도(M)			0.50		0		0
농도 변화(M)			$-x$		$+x$		$+x$
평형 농도(M)			$(0.50-x) \approx 0.50$		x		x

K_b는 매우 작기 때문에 $[N_2H_4] \approx 0.50\,M$이다(앞에 언급했듯이, 초기 농도는 평형 농도와 같다고 가정한다). 이를 다음과 같이 K_b 식에 대입한다.

$$\frac{(x)(x)}{(0.50-x)} \approx \frac{(x)(x)}{0.50} = 1.3 \times 10^{-6}$$

x에 대해 풀면 $x = 8.1 \times 10^{-4}$이다. 이 값은 수산화 이온의 농도를 나타내고, 이것으로부터 pOH를 계산할 수 있다.

$$\text{pOH} = -\log(8.1 \times 10^{-4}) = 3.09$$

용액의 pH는 다음의 관계식으로부터 구할 수 있다.

$$\text{pH} + \text{pOH} = 14.00$$

따라서

$$\text{pH} = 14.00 - 3.09 = 10.91$$

이온화 백분율은 농도표로부터 리터당 이온화하는 N_2H_4의 양을 나타내는 x 값(즉 N_2H_4 농도의 변화)을 사용하여 구한다.

$$\begin{aligned}\text{이온화 백분율} &= \frac{8.1 \times 10^{-4}\,M}{0.50\,M} \times 100\% \\ &= 0.16\%\end{aligned}$$

즉 이온화된 염기는 0.16%이다.

답이 합리적인가? 우선 x의 값이 가정을 만족하는지 확인($0.50 - 0.00081 = 0.50$)할 수 있다. 수산화 이온의 농도는 매우 작고 pH는 염기 용액임을 나타내고 있다. 더욱이 수산화 이온의 작은 농도는 계산된 이온화 백분율이 작은 것과 일치한다. 앞의 예제처럼 K_b를 계산하기 위하여 평형 농도를 사용할 수 있다.

실전 문제 16.22

아닐린($C_6H_5NH_2$)은 직물 염색에 사용되는 아닐린 염료로 알려져 있는 많은 염료의 출발 물질이다. 아닐린의 K_b 값은 4.3×10^{-10}이다. $0.025\,M$ 아닐린 용액의 pOH는 얼마인가? (**힌트:** OH^-의 농도를 계산하시오.)

실전 문제 16.23

피리딘(C_5H_5N)은 아주 불쾌한 냄새가 나는 액체로, $K_b = 1.8 \times 10^{-9}$이다. $0.005\,M$ 피리딘 수용액의 pH는 얼마인가?

실전 문제 16.24

페놀(C_6H_5OH)은 $K_a = 1.3 \times 10^{-10}$인 산성 유기 화합물이다. 페놀은 벤젠의 탄소와 결합하고 있는 6개의 수소 중 하나가 −OH로 치환된 구조를 가지고 있다. 페놀의 −OH기에 존재하는 O−H 결합은 비교적 약하기 때문에 H^+ 이온으로 해리할 수 있으며, 그 결과 페놀이 약산으로 작용할 수 있다. 수용액에서 페놀의 이온화 반응식을 쓰시오. $0.15\,M$ 페놀 수용액의 pH는 얼마인가?

단순화법이 틀리는 경우 우리가 지금까지 살펴본 예제에서는 약산이나 약염기의 초기 농도를 평형 농도로 사용할 수 있는 조건에서 계산을 단순화하였다. 뺄셈에 대한 유효 숫자 규칙을 올바르게 사용할 때 초기 농도가 거의 변하지 않는 경우에만 이와 같은 단순화가 가능하다.

어떤 경우에는 평형 농도에서 이온화되는 농도를 빼면 평형 농도가 초기 농도와 약간 차이가 생기는 조건에서 답을 계산해야 할 때도 있다. 그러한 경우에는 이차 방정식 근의 공식 또는 부록 A에 설명된 연속 근사법을 쓸 수 있다. 그러나 이 두 방법은 지루하고 오히려 오차를 발생시킬 수 있는 단계를 더 많이 포함하고 있으므로, 단순화법을 사용할 수 있는 조건을 좀 더 완화할 수 있는 경우에 대하여 살펴보기로 하자.

해설 단순화법을 적용하기 어려울 때는 근의 공식을 이용한 이차방정식 풀이를 이용할 수 있다. 근의 공식을 이용하는 방법은 14.8절의 예제 14.9에 상세하게 설명되어 있다.

pH 계산이 얼마나 정확해야 하는가를 자문할 때 두 가지 요인을 고려해야 한다. 첫째, 대부분의 이온화 상수는 대개 두 자리의 유효 숫자를 갖는다. 그러므로 계산한 수소 이온의 농도 역시 두 자리의 유효 숫자를 가져야 한다. 보통 측정의 불확정도는 맨 마지막 자리에서 ±1을 갖는 것을 상기하라. 두 자리 숫자의 불확정도는 1%에서 10% 범위의 상대 불확정도를 의미한다. 둘째, 실험을 통하여 결정된 수소 이온 농도는 보통 ±0.02 pH 단위 또는 ±5% 오차를 갖는다. 일반적으로 우리가 실험실에서 pH를 측정할 때보다 더 정확하게 계산해야 할 필요는 없다. 이 두 가지 실험적 오차 범위를 고려하면, 단순화법을 사용하여 pH를 계산할 때 오차가 ±5%보다 작을 경우 그 계산 결과는 수용할 만하다고 판단할 수 있다. 이제 계산에서 단순화법을 적용할 수 있는지를 판단할 수 있는 다음과 같은 편리한 규칙을 논의해 보기로 하자. 이와 같은 규칙을 얻은 상세한 과정에 대한 설명은 생략하기로 한다. 그 규칙은 다음과 같이 '약산의 초기 농도 C_{HA} 또는 약염기의 초기 농도 C_B가 이온화 상수 값보다 100배 더 큰 경우 단순화법을 사용할 수 있다'라는 문장으로 정리할 수 있다.[4]

$$C_{HA} > 100 \times K_a \quad \text{또는} \quad C_B > 100 \times K_b$$

도구 단순화 가정을 적용할 수 있는 기준

K_a 또는 K_b에 100을 곱하는 것은 어렵지 않으므로 계산 전에 단순화법 사용이 가능한지 쉽게 확인해 볼 수 있다.

16.6 염 용액의 산–염기 성질

NaCl나 KNO_3 용액과 같이 상당수의 염용액은 중성의 pH를 가진다. 그러나 모든 염의 용액이 중성인 것은 아니다. 예를 들면 $NaC_2H_3O_2$와 같은 염들은 약염기성인 반면, NH_4Cl과 같은 염은 약산성을 나타낸다. 이러한 특성을 이해하려면 염의 이온들이 용액의 pH에 미치는 영향을 살펴보아야 한다.

16.3절에서 약산과 약염기는 분자성 물질에 한정되지 않음을 보았다. 예를 들어 NH_4^+는 약산의 성질이 있고, $C_2H_3O_2^-$는 약염기의 성질을 나타낸다. 이와 같은 이온들은 양이온과 음이온이 함께 존재하는 화합물의 형태로 존재한다. 그러므로 물속에서 NH_4^+를 생성하기 위해서는 NH_4Cl과 같은 염이 필요하고, 물속에서 $C_2H_3O_2^-$와 같은 이온을 생성하기 위해서는 $NaC_2H_3O_2$와 같은 염이 필요하다.

해설 물과 염이 반응하여 산성 용액이나 염기성 용액이 되는 과정을 종종 **가수분해(hydrolysis)**라고도 한다. 가수분해는 **물과의 반응**을 의미하기 때문이다.

[4]수소 이온 농도를 정확히 계산하려면, 이차방정식을 사용해서 '참값'을 얻을 수 있다. 그 값을 아래에 주어진 식을 사용하여 단순화법을 사용한 계산 결과와 비교함으로써 단순화법 계산의 오차를 확인할 수 있다.

$$\frac{[H^+]_{단순화법} - [H^+]_{이차방정식}}{[H^+]_{이차방정식}} \times 100\% = \%\ 오차$$

C_a/K_a의 비를 위의 %오차와 비교해 보면, C_a/K_a의 비가 100보다 크면 오차는 대략 5%보다 작다는 것을 확인할 수 있다.

Richard Megna/Fundamental Photographs

그림 16.5 약산으로서의 암모늄 이온 측정된 NH_4NO_3 용액의 pH는 7보다 작다. 이는 용액이 산성임을 나타낸다. 16.9절에서 다루는 pH 지시약인 브로모티몰 블루를 첨가하면, 용액은 산성을 나타내는 연한 노란색을 띠게 된다.

염은 두 가지 이온을 포함하고 있으므로 염 용액의 pH는 양이온이나 음이온, 또는 모두에 의해 영향을 받을 수 있다. 그러므로 용액의 pH에 미치는 염의 영향을 예측하기 위해서는 양이온과 음이온 **모두**를 고려해야 한다.

산성 양이온

만일 염의 양이온이 용액의 pH에 영향을 미칠 수 있다면, 양이온이 약산으로 거동함으로써 영향을 미치게 된다. 그러나 모든 양이온이 산성인 것은 아니다. 그 가능성을 살펴보도록 하자.

분자성 염기의 짝산 암모늄 이온(NH_4^+)은 분자성 염기인 NH_3의 짝산이다. 우리는 이미 NH_4Cl에 의해 생성되는 NH_4^+가 약산임을 배웠다. **그림 16.5**에서 보는 것처럼 이 염의 용액은 pH가 7보다 낮다. NH_4^+가 산으로 작용하는 반응에 대한 식은 다음과 같다.

$$NH_4^+(aq) + H_2O \rightleftharpoons NH_3(aq) + H_3O^+(aq)$$

간단한 형태로 나타낸 반응식과 K_a에 대한 식은 다음과 같다.

$$NH_4^+(aq) \rightleftharpoons NH_3(aq) + H^+(aq) \quad K_a = \frac{[NH_3][H^+]}{[NH_4^+]}$$

이온들에 대한 K_a 값은 표에 나와 있지 않으므로 다음의 관계식을 이용하여 K_a 값을 계산해야 한다.

$$K_a \times K_b = K_w$$

표 16.3에서 NH_3에 대한 K_b는 1.8×10^{-5}으로 주어져 있다. 그러므로 K_a를 다음과 같이 구하면 다음과 같다.

$$K_a = \frac{K_w}{K_b} = \frac{1.0 \times 10^{-14}}{1.8 \times 10^{-5}} = 5.6 \times 10^{-10}$$

약산성인 하이드라진 양이온($N_2H_5^+$)을 다른 예로 생각해 보자.

$$N_2H_5^+(aq) \rightleftharpoons N_2H_4(aq) + H^+(aq) \qquad K_a = \frac{[N_2H_4][H^+]}{[N_2H_5^+]}$$

표에서 N_2H_4에 대한 K_b 값은 1.3×10^{-6}이다. 이것으로부터 K_a 값을 계산하면 7.7×10^{-9}이 된다.

이러한 예를 통해 다음의 결론에 도달할 수 있다.

> 분자성 염기의 짝산인 양이온은 약산인 경향이 있다.

도구
산성 양이온의 종류

분자성 염기의 짝산이 아닌 양이온은 일반적으로 Na^+, K^+, Ca^{2+}와 같은 금속 이온이다. 15장에서 1A족 금속 양이온이 매우 약한 산이고, 용액의 pH에 영향을 미칠 수 없다고 배웠다. Be^{2+}를 제외하면 2A족 양이온도 pH에 영향을 미치지 않는다.

염기성 음이온

Brønsted 산이 양성자를 잃을 때 그것의 짝염기가 생성된다. 예를 들면 Cl^-는 HCl의 짝염기이고, $C_2H_3O_2^-$는 $HC_2H_3O_2$의 짝염기이다.

$$HCl + H_2O \longrightarrow Cl^- + H_3O^+$$
$$HC_2H_3O_2 + H_2O \rightleftharpoons C_2H_3O_2^- + H_3O^+$$

Cl^-와 $C_2H_3O_2^-$는 둘 다 염기지만, $C_2H_3O_2^-$만 이 수용액의 pH에 영향을 미친다. 15장에서 배운 짝산–짝염기 쌍에 대한 지식을 살펴보면 그 이유를 알 수 있다.

앞에서 산의 세기와 그 짝염기의 세기 사이에는 반대의 관계, 즉 산이 강할수록 짝염기는 약하다는 것을 배웠다. 그러므로 수용액에서 HCl과 같은 **아주 강한** 산 또는 100% 이온화되는 다른 매우 강산(예를 들면 HNO_3)의 경우, 그 짝염기의 세기는 (측정이 가능할 정도로 용액의 pH에 영향을 미치기에는) **매우 약하다**. 따라서 다음의 일반화가 가능하다.

> 강산의 짝염기는 너무 약해서 용액의 pH에 영향을 미치지 못한다.

Richard Megna/Fundamental Photographs

그림 16.6 아세트산 이온은 물에서 약염기이다. $KC_2H_3O_2$의 용액 pH는 7보다 크다. BTB 용액을 가하면 용액은 염기성을 나타내는 파란색을 띤다.

아세트산은 $K_a(1.8 \times 10^{-5})$ 값을 보더라도 HCl보다 매우 약하다. 아세트산은 약산이므로 그것의 짝염기인 $C_2H_3O_2^-$는 Cl^-보다 매우 강하고, 따라서 pH에 영향을 미칠 수 있다고 예측할 수 있다(**그림 16.6** 참조). 식 $K_a \times K_b = K_w$를 이용하여 $HC_2H_3O_2$에 대한 K_a로부터 $C_2H_3O_2^-$의 K_b 값을 계산할 수 있다.

$$K_b = \frac{1.0 \times 10^{-14}}{1.8 \times 10^{-5}} = 5.6 \times 10^{-10}$$

따라서 다음과 같은 또 다른 일반화가 가능하다.

> 약산의 음이온은 약염기이며, 용액의 pH에 영향을 미칠 수 있다. 즉 염기성 용액을 만든다.

도구
염기성 음이온의 종류

염의 산–염기 성질

특정 염이 수용액의 pH에 미치는 영향을 알아보려면 반드시 각각의 이온이 수용액 내에서 어떻게 반응하는지를 확인해야 한다. 이와 관련하여 다음의 4가지 경우가 가능하다.

1. 양이온과 음이온 어느 것도 pH에 영향을 미치지 않으면 용액은 중성이다.
2. 염의 양이온이 산성이면 그 용액은 산성이다.
3. 염의 음이온이 염기성이면 그 용액은 염기성이다.
4. 염이 산성인 양이온과 염기인 음이온을 모두 가지고 있다면, 용액의 pH는 산과 염기의 **상대적** 세기를 나타내는 이온의 K_a와 K_b 값에 의해 정해진다.

하이포염소산 소듐(NaOCl)과 질산 칼슘[$Ca(NO_3)_2$]을 예로 들어 각각의 염 용액이 산일지 혹은 염기성일지를 어떻게 예측할 수 있는지 살펴보자. 두 염이 용해된 반응식을 다음과 같이 쓸 수 있다.

$$NaOCl(s) \xrightarrow{H_2O} Na^+(aq) + OCl^-(aq)$$
$$Ca(NO_3)_2(s) \xrightarrow{H_2O} Ca^{2+}(aq) + 2NO_3^-(aq)$$

이제 각 이온이 약산(음이온의 경우)이나 약염기(양이온의 경우) 중 어느 것과 관련되는지를 확인한다. 즉 각각의 음이온에 수소 이온을 첨가하면 HOCl과 HNO_3로 된다. HNO_3는 강산 중의 하나이기 때문에 NO_3^- 이온은 용액의 pH에 영향을 주지 않는다. 반면에 HOCl은 약산이기 때문에 짝염기인 OCl^-는 약한 염기성을 나타낸다. 이제 관심을 양이온으로 돌려 보자.

해설 음이온이 산성이 될 수 있는 유일한 경우는, HSO_4^-와 같이 다양성자산이 부분적으로 중화되어 생성된 음이온의 경우이다.

1A족과 2A족에 속한 두 양이온을 포함하고 있고, 이들 각각은 극히 약한 산이어서 용액의 pH에 영향을 미치지 않는다. 따라서 네 이온 중 OCl^-만이 pH에 영향을 줄 것이다. 하이포염소산 이온은 약산의 짝염기인 것이 확인되었고, 따라서 수용액은 염기성이다. 질산 칼슘 용액은 어떤 이온도 pH에 영향을 주지 않으므로 중성이다.

실전 문제 16.25

다음 각 용액은 산성, 염기성, 중성 중 어느 것인가? (**힌트**: 이 화합물에 대한 이온들을 쓰고, 각각의 이온들의 짝산과 짝염기가 무엇인지 확인하시오.)

(**a**) $NaNO_2$ (**b**) KCl (**c**) NH_4Br

실전 문제 16.26

다음 각 용액은 산성, 염기성, 중성 중 어느 것인가?

(**a**) $NaNO_3$ (**b**) NaBr (**c**) NH_4Cl

음이온은 짝염기이고 양이온은 짝산이라는 개념을 익혔으므로, 그 용액의 pH를 계산할 수 있다. 계산 과정은 분자성 약산 또는 분자성 약염기를 포함한 용액의 pH를 계산할 때와 정확하게 동일한 방법을 사용한다.

예제 16.4 염 용액의 pH 계산하기

세탁이나 건물 및 실외 가구의 이끼나 곰팡이 제거에 사용되는 가정용 표백제는 하이포염소산 소듐(NaOCl) 용액이다. $K_a = 3.0 \times 10^{-8}$인 0.10M NaOCl 용액의 pH는 얼마인가?

분석 이와 같은 문제는 이미 배운 다른 산–염기 평형 문제와 같이 다음 순서로 푼다. (1) 용질의 성질을 결정한다. 즉 용질이 약산, 약염기인가? 혹은 둘 다 존재하는가? (2) 적절한 화학 반응식과 평형 법칙을 쓴다. (3) 문제를 풀어나간다.

도구 모음 Na^+는 1A족에 속하기 때문에 pH에 아무 영향도 주지 않는다는 것을 알 수 있다. 그러나 OCl^-는 약산인 HOCl의 짝염기이다. 그러므로 주어진 용액은 약염기가 포함된 용액이고, 따라서 적절한 화학 반응식과 K_b가 필요하다. 필요한 반응식은 OCl^-와 물이 어떻게 반응하는지 나타내는 반응식이다.

해설 이 평형에 대한 정확한 화학 반응식을 쓰기가 어렵다면 16.3절을 다시 공부해야 한다.

$$OCl^- + H_2O \rightleftharpoons HOCl + OH^-$$

이 평형 반응에 대한 평형 법칙은 다음과 같다.

$$K_b = \frac{[HOCl][OH^-]}{[OCl^-]}$$

OCl^-의 K_b 값을 알지는 못하지만, HOCl의 K_a 값이 3.0×10^{-8}인 것을 알 수 있다. 따라서 다음의 식을 사용하여 K_b 값을 계산할 수 있다.

$$K_b = \frac{K_w}{K_a} = \frac{1.0 \times 10^{-14}}{3.0 \times 10^{-8}} = 3.3 \times 10^{-7}$$

이제 계산에 사용한 농도를 얻기 위하여 농도표를 작성해 보자.

풀이 앞에서 균형 화학 반응식과 평형 법칙과 함께, K_a 값으로부터 계산된 K_b 값도 제시되었다.

이제 농도표를 만들어보자. HOCl과 OH^-는 OCl^-의 반응을 통해서만 생성되므로 이들의 농도는 x만큼 증가하고, OCl^-의 농도가 x만큼 감소한다.

	H_2O	+	OCl^-	$\rightleftharpoons$	HOCl	+	OH^-
초기 농도(M)			0.10		0		0
농도 변화(M)			$-x$		$+x$		$+x$
평형 농도(M)			$(0.10 - x) \approx 0.10$		x		x

평형에서 HOCl과 OH^-의 농도는 x로 같다.

$$[HOCl] = [OH^-] = x$$

K_b 값이 매우 작으므로 $[OCl^-] \approx 0.10\,M$로 놓을 수 있다(x가 너무 작으면 염기의 초기 농도를 염기의 평형 농도로 사용할 수 있다). K_b 식에 각 농도를 대입하여 x를 계산한다.

$$\frac{(x)(x)}{(0.10 - x)} \approx \frac{(x)(x)}{0.10} = 3.3 \times 10^{-7}$$
$$x = 1.8 \times 10^{-4}\,M$$

x값은 OH^-의 농도를 나타내므로, 이로부터 다음과 같이 pOH와 pH를 계산한다.

$$[OH^-] = 1.8 \times 10^{-4}\,M$$
$$pOH = -\log(1.8 \times 10^{-4}) = 3.74$$
$$pH = 14.00 - pOH$$
$$= 14.00 - 3.74$$
$$= 10.26$$

이 용액의 pH는 10.26이다.

답이 합리적인가? 우선, 가정을 검토하고 그것이 정확한지를 알아본다($0.10 - 0.00018 = 0.10$). 또한 염의 성질을 고려하면 염기성 용액이 예상된다. 계산된 pH는 염기성을 나타내며, 따라서 타당한 답임을 예측할 수 있다. 답의 정확도를 검토하기 위하여 다음과 같이 계산된 평형 농도를 질량 작용식에 대입하고 계산한다.

$$\frac{[HOCl][OH^-]}{[OCl^-]} = \frac{(x)(x)}{0.10} = \frac{(1.8 \times 10^{-4})^2}{0.10} = 3.2 \times 10^{-7}$$

구한 답은 주어진 K_b 값과 매우 유사하며, 따라서 위의 계산이 옳다는 것을 알 수 있다.

실전 문제 16.27

염화 메틸암모늄(CH_3NH_3Cl) 25.0 g이 충분한 양의 물에 녹아 500.0 mL의 용액이 되었을 때, 용액의 pH는 얼마인가? (**힌트:** CH_3NH_3Cl 용액의 몰농도는 얼마인가?)

실전 문제 16.28

$0.50\,M$ KNO_2 용액의 pH는 얼마인가?

실전 문제 16.29

$0.20\,M$ 암모니아 용액 500.0 mL와 $0.20\,M$ HBr 용액 500.0 mL를 혼합하여 생성된 NH_4Br 용액의 pH는 얼마인가?

약산과 약염기의 염

양이온과 음이온 모두 용액의 pH에 영향을 미치는 염이 많이 존재한다. 염이 용액의 pH에 미치는 알짜 영향은 두 이온의 상대적인 세기에 의존한다. 양이온과 음이온의 상대적인 세기가 같다면, 이 염은 용액의 pH에 영향을 미치지 않는다. 예를 들면 아세트산 암모늄에서 암모늄 이온은 산성 양이온이고, 아세트산 이온은 염기성 음이온이다. 그런데 NH_4^+의 K_a는 5.6×10^{-10}이고, $C_2H_3O_2^-$의 K_b는 5.6×10^{-10}이다. 양이온은 H^+ 이온을 생성하는 반면, 음

해설 만일 양이온이나 음이온이 모두 pH에 영향을 미치지 않는다면 그 염 용액은 중성일 것이다(다른 산성 또는 염기성 용질이 존재하지 않는다면).

이온은 같은 양만큼 OH^- 이온을 생성한다. 따라서 아세트산 암모늄 수용액에서는 $[H^+] = [OH^-]$이므로, 이 용액의 pH는 7이다.

이제 폼산 암모늄(NH_4CHO_2)을 생각해 보자. 폼산 이온(CHO_2^-)은 약산인 폼산의 짝염기이므로 Brønsted 염기이고, K_b는 5.6×10^{-11}이다. 이 값을 암모늄 이온의 K_a 값 5.6×10^{-10}과 비교해 보라. 염기로서 폼산 이온의 세기보다 산으로서의 암모늄 이온의 세기가 약간 더 크다. 결과적으로 폼산 암모늄 용액은 약한 산성을 띠게 된다. 여기서 pH 계산에 대한 언급은 하지 않았으며, 단지 용액이 산성, 염기성, 중성 중 어느 용액에 해당하는지만 예측하였다.

실전 문제 16.30

사이안화 암모늄(NH_4CN)의 수용액은 산성, 염기성, 중성 용액 중 어느 것인가? (**힌트**: 여기서 음이온과 양이온은 표 16.2와 16.3에 표시된 산과 염기의 짝산과 짝염기이다.)

실전 문제 16.31

아질산 암모늄(NH_4NO_2)의 수용액은 산성, 염기성, 중성 용액 중 어느 것인가?

16.7 완충 용액

많은 화학적 혹은 생물학적 계는 pH에 매우 민감하다. 만약 혈액의 pH가 정상적인 7.35~7.42 범위가 아닌 7.00~8.00 범위 안에서 변한다면, 우리는 죽게 될 것이다. pH가 5 미만인 호수와 시내에서는 대개 어류가 살아남지 못한다. 따라서 pH의 변화는 때로 원하지 않는 결과를 초래할 수 있고, pH에 민감한 계는 어떤 반응에 의해 H^+나 OH^-가 생성되거나 혹은 소모되는 것에 대한 예방이 필요하다. 완충제는 이러한 일을 수행하는 용질들의 혼합물이다. 용질들의 혼합물이 녹아 있는 용액은 완충되었다고 말하거나 완충 용액이라고 한다.

완충제의 성분

완충제(buffer)는 소량의 강산이나 강염기가 첨가될 때 pH 변화가 크지 않게 저항할 수 있게 하는 용질을 포함하고 있다. 일반적으로 완충제는 약한 Brønsted 산과 그것의 짝염기로 이루어진 두 가지 용질로 되어 있다. 이다. 분자 형태의 산이 사용되면 그 짝염기는 물에 잘 녹는 그 산의 염이 사용된다. 아세트산과 아세트산 소듐으로 이루어진 완충제가 그 좋은 예이다. 염의 아세트산 이온은 Brønsted 염기로서 작용한다. 혈액에서 탄산(H_2CO_3, 약한 이양성자산)과 탄산수소 이온(HCO_3^-, 짝염기)은 물질대사로 인한 체내 유기산의 생성에도 불구하고 매우 일정한 pH 농도를 유지하기 위한 완충제로 쓰인다. 또 다른 흔히 사용되는 완충제는 NH_4Cl과 같은 염에 의해 제공되는 약한 산성 양이온(NH_4^+)과, 그것의 짝염기(NH_3)로 이루어져 있다.

완충제에 있어서 중요한 점은 특정 pH에서 용액의 pH를 일정하게 유지하는 것과 pH7인 중성 상태를 유지하는 것의 차이점을 인식하는 것이다. pH7의 완충 용액뿐만 아니라 모든 pH 영역에서의 완충 용액을 만들 수 있다. 또한 완충제는 pH의 변화에 대한 저항성을 갖는 것이지, pH를 일정하게 유지시키는 것이 아니라는 것을 명심해야 한다.

완충 작용 원리

도구
완충 작용의 원리

완충 작용을 하기 위해서는 첨가된 강산이나 강염기를 완충제가 중화시킬 수 있어야 한다. 바로 이것이 완충제의 짝산과 짝염기 성분이 하는 일이다. 예를 들어 아세트산($HC_2H_3O_2$)과 아세트산 소듐($NaC_2H_3O_2$)과 같은 염에 의해 제공된 아세트산 이온($C_2H_3O_2^-$)으로 이루어진 완충계를 생각해 보자. 완충제에 H^+(강산으로부터)를 가하면 아세트산 이온(약한 짝염기)이 다음과 같이 H^+와 반응할 수 있다.

$$H^+(aq) + C_2H_3O_2^-(aq) \longrightarrow HC_2H_3O_2(aq)$$

따라서 첨가된 H^+는 완충제의 Brønsted 염기($C_2H_3O_2^-$)의 일부를 (약한) 짝산($HC_2H_3O_2$)으로 변화시킨다. 이 반응은 강산의 첨가에 의해 일어날 수 있는 H^+의 급격한 증가와, 강산을 가했을 때의 pH 변화(감소)를 방지한다.

해설 첨가된 H^+가 모두 중화되는 것은 아니기 때문에 pH는 약간 낮아진다. pH가 얼마나 변하는지는 다시 논의할 것이다.

비슷한 반응이 강염기가 완충제에 첨가될 때 일어난다. 강염기로부터 유래한 OH^-는 일부의 $HC_2H_3O_2$와 반응할 것이다.

$$HC_2H_3O_2(aq) + OH^-(aq) \longrightarrow C_2H_3O_2^-(aq) + H_2O$$

여기서 첨가된 OH^-는 완충제의 Brønsted 산($HC_2H_3O_2$)과 반응하여 이것의 짝염기($C_2H_3O_2^-$)로 변화시킨다. 이것은 pH를 크게 증가시키는 원인이 되는 OH^-가 대량으로 형성되는 것을 막는다. 종합하면 완충제를 구성하는 한 성분은 용액 속에 들어온 H^+를 중화시키고, 다른 성분은 OH^-를 중화시킨다. 완충제를 이해하는 것은 화학자가 연구 과제의 프로토콜에서부터 소비자 제품을 디자인하는 데 이르기까지 다양한 응용에 사용하는 중요한 도구이다.

실전 문제 16.32

메틸아민(CH_3NH_2)과 염화 메틸암모늄(CH_3NH_3Cl)[이것은 메틸암모늄 이온($CH_3NH_3^+$)을 공급한다]은 완충 용액을 만드는 데 사용될 수 있다. 강산이 완충 용액에 첨가될 때, 메틸암모늄 이온 혹은 메틸아민의 농도는 증가하는가? 강염기가 완충 용액에 첨가될 때 농도가 감소하는 것은 메틸암모늄 이온인가 혹은 메틸아민인가? 그 이유와 함께 설명하시오. (**힌트**: 완충 용액 성분 중 어느 것이 HCl과 반응하는가? 어느 것이 NaOH와 반응하는가?)

실전 문제 16.33

NH_3와 NH_4^+(NH_4Cl로부터)로 이루어진 완충제에 대해서 (**a**) 소량의 강산이 첨가될 때, (**b**) 소량의 강염기가 첨가될 때 일어나는 화학 반응식을 쓰시오.

완충 용액의 pH 계산

완충 용액 혼합물의 pH 계산은 16.5절에서 사용했던 방법을 약간 수정하면 된다. 다음 예제를 통하여 그 원리를 살펴보기로 하자.

예제 16.5 완충 용액의 pH 계산하기

한 학생이 약한 산성 물질에 의해 금속 합금이 얼마나 빨리 부식되는지를 알아보기 위해 0.050 *M* $NaC_2H_3O_2$와 0.040 *M* $HC_2H_3O_2$가 들어 있는 완충 용액을 만들었다. 이 용액의 pH는 얼마인가?

분석 이 용액은 약산인 $HC_2H_3O_2$와 이것의 짝염기 $C_2H_3O_2^-$를 모두 포함하고 있는 완충 용액이다. 앞에서 우리는 두 가지 용질이 모두 있다면 K_a와 K_b 중 편한 것을 사용하여 계산하면 된다는 것을 배웠다.

도구 모음 표에 $HC_2H_3O_2$의 K_a가 1.8×10^{-5}으로 나와 있으므로 가장 간단한 방법은 K_a와, 이에 대응하는 산의 이온화에 관한 균형 화학 반응식을 이용하는 것이다.

$$HC_2H_3O_2 \rightleftharpoons H^+ + C_2H_3O_2^-$$

$$K_a = \frac{[H^+][C_2H_3O_2^-]}{[HC_2H_3O_2]}$$

또한 앞에서 배웠던 근사법을 사용할 수 있는데, 이런 근사법은 대부분의 완충 용액에 적용이 가능하다.

풀이 이 문제에서도 위에 나타낸 화학 반응식과 K_a에 대한 식에서 시작한다. 다음에는 논리적으로 진행할 수 있도록 농도표를 만들어 보자. 문제에서 주어진 $HC_2H_3O_2$와 $C_2H_3O_2^-$의 농도를 초기 농도로 한다. 강산으로부터 유래된 H^+가 존재하지 않으므로 이 농도값은 0으로 놓는다. H^+의 초기 농도가 0이면, 그 농도는 평형 상태가 되면 증가하므로 H^+의 변화량은 $+x$이다. 다른 값들도 이 값에 따라 변한다. 완충 용액의 경우 x는 아주 작은 양이므로 마지막 행을 근사법을 사용하여 나타내도 된다. 완성된 표는 다음과 같다.

	$HC_2H_3O_2$ $\rightleftharpoons$	H^+ +	$C_2H_3O_2^-$
초기 농도(M)	0.040	0	0.050
농도 변화(M)	$-x$	$+x$	$+x$
평형 농도(M)	$(0.040 - x) \approx 0.040$	x	$(0.050 + x) \approx 0.050$

마지막으로 표의 마지막 행에 있는 값들을 K_a 식에 대입한다.

$$\frac{(x)(0.050 + x)}{(0.040 - x)} \approx \frac{(x)(0.050)}{(0.040)} = 1.8 \times 10^{-5}$$

이 식을 이용하여 x에 대한 값을 구한다.

$$x = \frac{(0.040) \times (1.8 \times 10^{-5})}{(0.050)} = 1.44 \times 10^{-5}$$

x가 $[H^+]$와 같으므로 $[H^+] = 1.44 \times 10^{-5} M$이다. 따라서 pH는 다음과 같이 된다.

$$pH = -\log(1.44 \times 10^{-5}) = 4.84$$

그러므로 이 완충 용액의 pH는 반올림하면 4.84이다.

해설 x의 값이 초기 농도에 비해 아주 작다는 점을 주목하라. 따라서 여기서의 근사법은 타당하다.

답이 합리적인가? 풀이에서 가정했던 것들을 점검하면 $0.040 - 0.0000144 = 0.040$ 그리고 $0.050 + 0.0000144 = 0.050$이어서 합리적이다. 또한 계산해서 얻은 평형 농도를 질량 작용 식에 대입해서 점검해 볼 수도 있다. 그 결과는 다음과 같다.

$$\frac{[H^+][C_2H_3O_2^-]}{[HC_2H_3O_2]} = \frac{(1.4 \times 10^{-5})(0.050)}{(0.040)} = 1.8 \times 10^{-5}$$

이 반응 지수는 K_a와 같으며, 따라서 우리가 얻은 값은 올바른 평형 농도들이다.

실전 문제 16.34

$C_2H_3O_2^-$의 K_b 값을 이용하여 앞의 예제 16.5 완충 용액의 pH를 계산하시오. $C_2H_3O_2^-$와 물의 평형 반응식을 쓰고, 이 반응식에 대한 평형식 K_b를 쓰시오(문제를 정확하게 푼다면 예제와 동일한 농도를 얻을 것이다).

실전 문제 16.35

아세트산($HC_2H_3O_2$) 100.0 g과 아세트산 소듐($NaC_2H_3O_2$) 100.0 g을 함께 충분한 물로 녹여 1 L의 완충 용액을 만들었다. 이 용액의 pH는 얼마인가?

공통 이온 효과 위 예제의 용액이 아세트산만 0.040M 농도로 포함한다면, 계산된 $[H^+]$는 $8.5 \times 10^{-4}M$로, 0.050M의 $C_2H_3O_2^-$를 함께 갖고 있는 완충 용액의 경우보다 훨씬 높다. 아세트산만 있는 용액에 $C_2H_3O_2^-$ 이온을 가진 아세트산 소듐을 넣으면 산의 이온화가 억제되는데, 이것은 바로 Le Châtelier 원리의 한 예이다. 예를 들어 다음과 같은 평형을 생각해 보자.

$$HC_2H_3O_2 \rightleftharpoons H^+ + C_2H_3O_2^-$$

Le Châtelier 원리에 따르면, $C_2H_3O_2^-$ 이온을 첨가할 경우 반응은 이것을 줄이는 쪽으로 진행된다. 따라서 위의 평형은 왼쪽으로 이동하며, 그 결과 $[H^+]$가 감소한다.

이 예에서 아세트산 이온은 아세트산의 평형 반응과 가해주는 아세트산 소듐에 모두 들어 있는데, 이와 같은 이온을 **공통 이온(common ion)**이라고 하며, 공통 이온이 들어감으로써 아세트산의 이온화를 억제하는 현상을 **공통 이온 효과(common ion effect)**라고 한다. 17장에서 염의 용해도를 다룰 때 이런 현상을 다시 보게 될 것이다.

완충 용액 계산의 단순화법 완충 용액 계산에 이용할 수 있는 두 가지 유용한 단순화법이 있다. 그 첫째는 예제 16.5에서 이미 적용하였다.

> 완충 용액의 혼합물에서 **초기** 농도와 평형 농도는 아주 비슷하므로 약산과 그 짝염기의 초기 농도를 평형 농도로 사용할 수 있다.

해설 몇몇 완충계에서는 이러한 단순화가 맞지 않을 수도 있다. 하지만 이 책에서는 그런 경우를 다루지 않는다.

질량 작용식이 산과 그 짝염기의 몰농도(용액 1L에 있는 용질의 몰수)의 비를 포함하고 있기 때문에 추가적인 단순화가 가능하다. 산과 그 짝염기의 단위를 다음과 같이 약산 HA의 질량 작용식에 대입해 보자.

$$K_a = \frac{[H^+][A^-]}{[HA]} = \frac{[H^+](\text{mol } A^- \cancel{L^{-1}})}{(\text{mol } HA^- \cancel{L^{-1}})} = \frac{[H^+](A^- \text{ 몰수})}{(HA^- \text{ 몰수})} \quad \textbf{(16.16)}$$

위 식의 분모와 분자에서 L^{-1}이 약분됨을 주목하라. 어떤 산–염기 쌍에서 $[H^+]$는 짝산에 대한 짝염기의 **몰비**로 결정되므로 굳이 몰농도를 쓸 필요가 없다.

> 완충 용액일 경우에는 K_a(또는 K_b) 식에 산과 그 짝염기의 양을 나타내기 위해 몰농도나 몰수 중 하나를 쓸 수 있다. 다만 이때 둘의 농도의 단위는 같은 단위를 써야 한다.

또한 식 16.16에서 유도된 보다 중요한 관계는 완충 용액을 묽히더라도 pH는 변하지 않는다는 것이다. 용액을 묽히면 용액의 부피는 변하지만 용질의 몰수는 변하지 않는다. 따라서 몰비와 $[H^+]$ 모두 변하지 않는다.

원하는 pH의 완충 용액 만들기

완충 용액의 수소 이온 농도는 K_a와 산–염기 쌍의 농도비(또는 몰비)라는 두 요소에 의해 결정된다. 이는 식 16.16을 정리하여 $[H^+]$에 대해 풀면 알 수 있다.

$$[H^+] = K_a \frac{[HA]}{[A^-]} \quad \textbf{(16.17)}$$

또는

$$[H^+] = K_a \frac{\text{mol } HA}{\text{mol } A^-} \quad \textbf{(16.18)}$$

짝산-짝염기 쌍 용액은 산과 염기의 몰(또는 몰농도)비가 0.1에서 10 범위일 때 일반적으로 완충 용액으로 작용한다. 이 비가 0.1보다 작으면, 가해진 염기에 의해 큰 pH 변화가 일어날 것이다. 이 비가 10 이상이면, 약간의 산을 가해도 큰 pH 변화가 일어날 것이다. 이 비가 대략 1.0 수준일 때 가해진 강산이나 강염기에 대한 완충 작용이 가장 효과적이다. 그러므로 어떤 특정한 pH 부근에서 잘 작용하는 완충 용액을 만들기 위해서는, 가능한 한 원하는 pH에 근접한 K_a를 갖는 산을 찾아야 한다. 일반적으로 pK_a는 원하는 pH의 ±1pH 단위 이내여야 한다.

$$pH = pK_a \pm 1$$

또한 짝산과 짝염기의 농도가 높을 때 pH 변화에 대한 저항력이 증가한다. pH 변화에 대한 저항력을 **완충 용량(buffer capacity)**이라 하며, 이것은 1L의 완충 용액의 pH를 1.0pH 단위만큼 변화시키는 데 필요한 강산이나 강염기의 몰수로 정의한다. 생물학 실험에서는 산-염기 쌍의 독성도 고려해야 하므로 선택의 폭은 상당히 줄어들 수 있다.

예제 16.6 정해진 pH를 갖는 완충 용액 만들기

어떤 실험에서 pH가 5.00인 완충 용액이 필요하다. 아세트산과 아세트산 소듐을 이용하여 이 완충 용액을 만들 수 있을까? 만들 수 있다면, pH = 5.00인 용액이 되려면 아세트산과 아세트산 소듐의 몰비는 얼마여야 하는가? 이 완충 용액을 만들려면 1.0mol의 $HC_2H_3O_2$를 포함한 1.0L의 용액에 $NaC_2H_3O_2$를 몇 몰 넣으면 되는가?

분석 이 문제에서 결정해야 하는 것은 세 가지이다. 첫 번째는 실제로 아세트산을 이용하여 pH = 5.00인 완충 용액을 제조할 수 있는가이다. 두 번째는 적절한 반응식을 사용하여 몰비를 계산하는 것이고, 세 번째는 사용될 아세트산 소듐의 양을 결정해야 한다.

도구 모음 첫 번째 도구는 효과적인 완충 용액을 제조하는 데 필요한 pK_a와 pH와의 관계를 나타내는 식이다.

$$pH = pK_a \pm 1$$

만일 K_a 값만 알고 있다면 pK_a 값을 계산하기 위해 식 16.6도 필요하다. 다음으로 pH를 $[H^+]$로 변환하는 식이 필요하고, 구한 $[H^+]$를 식 16.16에 대입하여 필요한 몰비를 계산한다. 몰비를 알면 필요한 $C_2H_3O_2^-$의 몰수를 계산할 수 있고, 따라서 $NaC_2H_3O_2$의 몰수도 계산할 수 있다.

풀이 아세트산에 대한 K_a 값은 1.8×10^{-5}이다. 원하는 pH가 5.00이므로 선택한 산의 pK_a는 5.00 ± 1이어야 한다. pK_a 값을 계산하기 위하여 식 16.6을 사용한다.

$$pK_a = -\log(1.8 \times 10^{-5}) = 4.74$$

따라서 아세트산이 이 완충 용액 제조에 적절하다고 결정할 수 있다.

다음에는 용질의 몰비를 계산하기 위해 식 16.18을 사용한다.

$$[H^+] = K_a \times \frac{(HC_2H_3O_2\ \text{몰수})}{(C_2H_3O_2^-\ \text{몰수})}$$

먼저 몰비에 대해 풀어 보자.

$$\frac{(HC_2H_3O_2\ \text{몰수})}{(C_2H_3O_2^-\ \text{몰수})} = \frac{[H^+]}{K_a}$$

원하는 pH = 5.00이므로 $[H^+] = 1.0 \times 10^{-5}$이고, 아세트산의 $K_a = 1.8 \times 10^{-5}$이다. 이를 위 식에 대입하여 몰비를 구한다.

$$\frac{(HC_2H_3O_2\ \text{몰수})}{(C_2H_3O_2^-\ \text{몰수})} = \frac{1.0 \times 10^{-5}}{1.8 \times 10^{-5}} = 0.56$$

이것이 필요한 완충 용액 성분의 **몰비**이다.

마지막으로 우리가 준비하는 용액에는 $HC_2H_3O_2$ 1.0 mol이 존재하므로, 필요한 아세트산 이온의 몰수는 다음과 같다.

$$C_2H_3O_2^-\text{의 몰수} = \frac{1.0\ \text{mol}\ HC_2H_3O_2}{0.56}$$
$$= 1.8\ \text{mol}\ C_2H_3O_2^-$$

$NaC_2H_3O_2$ 1 mol당 $C_2H_3O_2^-$가 1 mol 포함되어 있으므로, 용액을 만드는 데 필요한 $NaC_2H_3O_2$는 1.8 mol이다.

답이 합리적인가? $C_2H_3O_2^-$와 $HC_2H_3O_2^-$의 몰비가 1:1이면 $pH = pK_a = 4.74$가 된다. 그런데 원하는 pH 5.00은 4.74보다 조금 더 염기성이므로, 필요한 짝염기의 양은 짝산의 양보다 많을 것으로 예상할 수 있다. 따라서 $NaC_2H_3O_2$가 1.8 mol이라는 우리의 답은 합리적이다.

실전 문제 16.36

표 16.2에서 pH가 5.25인 완충 용액을 만드는 데 사용할 수 있는 산과 그것의 소듐염을 선택하시오. 만일 농도가 0.200 *M*이고 부피가 500.0 mL인 산 용액이 있다면, 원하는 pH를 얻기 위해 녹여야 할 소듐염은 몇 g인가? (**힌트**: 이 문제의 답을 구하려면 여러 단계를 거쳐야 한다. 첫 단계는 짝산과 짝염기의 몰농도 비를 결정하는 것이다.)

실전 문제 16.37

어떤 화학자가 pH = 3.90인 완충 용액이 필요하였다. 폼산과 폼산의 염인 폼산 소듐은 이 완충 용액을 만드는 데 적절한 쌍인가? 만들 수 있다면, 산($HCHO_2$)과 염의 음이온(CHO_2^-)의 몰비는 얼마인가? 0.10 mol의 $HCHO_2$가 들어 있는 용액에 몇 g의 $NaCHO_2$를 넣어야 하는가?

생물학 강의를 들으면, **Henderson–Hasselbalch 식(Henderson–Hasselbalch equation)**이라고 하는 로그 형태의 식 16.19를 보게 된다. 이것은 식 16.17의 양변에 음의 로그를 취하여 정리한 것이다.

해설 '음의 로그를 취한다'는 로그를 구한 다음 부호를 반대로 바꾼다는 의미이다.

$$pH = pK_a + \log\frac{[A^-]}{[HA]} \tag{16.19}$$

생명과학에서 사용되는 대부분의 완충 용액에서는, 음이온 A^-는 Na*A*처럼 1+의 전하를 가진 양이온의 염으로부터 나오며, 산은 일양성자산이다. 이와 같은 조건에서 이 식을 다음과 같이 쓰기도 한다.

도구 Henderson–Hasselbalch 식

$$pH = pK_a + \log\frac{[\text{salt}]}{[\text{acid}]} \tag{16.20}$$

이 장의 끝에 나오는 완충 용액과 관련된 문제에 이 식을 응용해 보기 바란다.

완충 용액의 pH 변화 계산하기

앞에서 완충 용액이 어떻게 소량의 강산이나 강염기를 중화하고, pH가 크게 변화하는 것을 막아 주는지 살펴보았다. 여기서는 이 지식을 이용하여 pH가 실제로 얼마나 변하는지를 계산해 본다.

예제 16.7 완충 용액의 pH 변화에 대한 억제력 계산하기

NH_3 0.20 mol과 NH_4Cl 0.075 mol을 녹인 완충 용액 100 mL에 HCl 0.10 mol을 첨가하였다면 pH는 얼마나 변하겠는가?

분석 이 문제에는 두 번의 계산이 필요하다. 첫 번째는 원래 완충 용액의 pH를 계산하는 것이고, 두 번째는 HCl을 첨가한 후 혼합 용액의 pH를 계산하는 것이다. 두 번째 계산을 위해서는 가한 산이 NH_3와 NH_4^+의 양을 얼마나 변화시켰는지 알아야 한다.

도구 모음 초기 용액의 pH를 계산하기 위해서는 NH_3에 대한 평형 반응식과 K_b 값이 필요하다.

$$NH_3 + H_2O \rightleftharpoons NH_4^+ + OH^- \qquad K_b = \frac{[NH_4^+][OH^-]}{[NH_3]} = 1.8 \times 10^{-5}$$

HCl을 첨가한 후 용액의 pH를 계산하기 위해서는 이 혼합물에서 HCl에 대한 화학 반응식이 필요하다. HCl은 강산이므로 완충 용액의 짝염기(이 경우에는 NH_3)와 정량적으로(완전히) 반응한다. 이에 대한 균형 분자 반응식은 다음과 같다.

$$NH_3 + HCl \longrightarrow NH_4Cl$$

이 경우에는 다음과 같이 알짜 이온 반응식을 쓰는 것이 더 편리하다.

$$NH_3 + H^+ \longrightarrow NH_4^+$$

가한 HCl 모두가 NH_3과 반응하여 생성되는 NH_4^+을 결정한다. 그다음에 새로 구한 NH_3와 NH_4^+의 양을 사용하여 pH를 계산할 수 있다.

풀이 HCl을 첨가하기 전의 완충 용액의 pH를 계산하는 것부터 시작하자. 이 용액에는 0.20 mol의 NH_3와 NH_4Cl 염이 완전히 해리해서 생긴 0.075 mol의 NH_4^+가 들어 있다. 이 양을 질량 작용식의 농도 대신에 대입하여 $[OH^-]$에 대해 풀어 보자.

해설 이 용액은 0.075 mol의 Cl^-도 포함하고 있지만, 이 이온은 평형에는 포함되지 않는다.

$$1.8 \times 10^{-5} = \frac{(NH_4^+ \text{ 몰수}) \times [OH^-]}{(NH_3 \text{ 몰수})} = \frac{(0.075) \times [OH^-]}{(0.20)}$$

$[OH^-]$를 구하면 다음과 같다.

$$[OH^-] = 4.8 \times 10^{-5}$$

pH를 계산하려면 pOH의 값을 구하고, 이 값을 14.00에서 빼면 된다.

$$pOH = -\log(4.8 \times 10^{-5}) = 4.32$$

$$pH = 14.00 - 4.32 = 9.68$$

이것이 HCl을 첨가하기 전의 pH이다.

다음에는 완충 용액에 HCl을 첨가했을 때 일어나는 반응을 생각해 보자. 0.10 mol의 HCl이 완전히 해리하므로 0.10 mol의 H^+를 첨가한 셈이다. 산 0.10 mol은 NH_3 0.20 mol과 반응하여 NH_4^+ 0.10 mol을 만든다. 이 때문에 NH_3의 몰수는 0.10 mol만큼 감소하는 반면, NH_4^+의 몰수는 0.10 mol만큼 증가한다. 산을 가한 후에 용액에 존재하는 NH_3와 NH_4^+의 몰수는 다음과 같다.

해설 이 반응의 평형 상수는 1.8×10^{10}이므로 이 반응은 거의 완결된다. 첨가된 모든 H^+가 NH_3와 반응한다.

원래 완충 용액에 있던 몰수 / 반응 때문에 변화된 몰수

$$NH_3\text{의 몰수} = 0.20 \text{ mol} - 0.10 \text{ mol} = 0.10 \text{ mol } NH_3$$

$$NH_4^+\text{의 몰수} = 0.075 \text{ mol} + 0.010 \text{ mol} = 0.085 \text{ mol } NH_4^+$$

새로 구한 NH_3와 NH_4^+의 양을 사용하여 완충 용액의 pH를 다시 구한다.

$$1.8 \times 10^{-5} = \frac{(NH_4^+ \text{ 몰수}) \times [OH^-]}{(NH_3 \text{ 몰수})} = \frac{(0.085)[OH^-]}{(0.10)}$$

$[OH^-]$를 구하면 다음과 같다.

$$[OH^-] = 2.12 \times 10^{-5}$$

pH를 계산하려면 pOH의 값을 구하고, 이것을 14.00에서 빼면 된다.

$$pOH = -\log(2.12 \times 10^{-5}) = 4.67$$

$$pH = 14.00 - 4.67 = 9.33$$

이것이 HCl을 첨가한 후의 pH이다. 문제에서 구하는 것은 pH의 변화이므로 두 pH 값의 차이를 계산한다.

$$pH\text{의 변화} = 9.33 - 9.68 = -0.35$$

따라서 pH는 0.67 pH 단위만큼 감소했다.

답이 합리적인가? 일반적으로 pH의 변화가 매우 작다고 가정할 수 있다(1.0 pH 단위 이하). H^+나 OH^-를 완충 용액에 첨가했을 때 pH가 얼마만큼 변했는지를 알 수 있는 간단한 방법은 없다. 그러나 변화의 방향은 예측할 수 있다. H^+를 완충 용액에 첨가하면 pH가 다소 낮아지고, OH^-를 첨가하면 pH가 높아진다. 이 예제에서는 H^+를 완충 용액에 첨가하였으므로 pH가 감소해야 한다.

실전 문제 16.38

1.00 mol의 $HC_2H_3O_2$와 1.00 mol의 $NaC_2H_3O_2$가 들어 있는 완충 용액 1.00 L에 NaOH 0.15 mol을 첨가하면 pH는 얼마나 변하는가? (**힌트**: NaOH는 $HC_2H_3O_2$와 $NaC_2H_3O_2$ 중 어느 것과 반응하는가? 그 반응에 대한 식을 쓰시오.)

실전 문제 16.39

10.0 g의 CH_3COOH와 10.0 g의 CH_3COONH_4 혼합물을 녹인 0.500 L의 완충 용액이 있다. 이 완충 용액의 pH는 얼마인가? 1.00 g의 HCl을 이 혼합물에 첨가하면 pH는 얼마나 변하는가?

앞의 예제에 나온 계산들을 다시 생각해 보면 완충 용액이 pH의 급격한 변화를 막는 데 얼마나 효과적인지를 잘 파악할 수 있다. 예제에서 용액에 있는 NH_3의 약 50%와 반응하기에 충분한 양의 염산을 첨가해도 pH는 0.35 pH 단위밖에 변하지 않았음을 주목하라. 만일 같은 0.10 mol HCl을 순수한 물 100 mL에 첨가했다면 $[H^+] = 1.00\,M$인 용액이 될 것이다. 이 용액은 pH가 0으로, 상당히 산성인 용액이다. 그러나 위 문제의 완충 용액은 같은 양의 염산이 첨가되었는데도 pH가 9.01으로, 산 첨가 후에도 여전히 염기성이다. 이것은 놀라운 결과임에 분명하다.

16.8 다양성자산

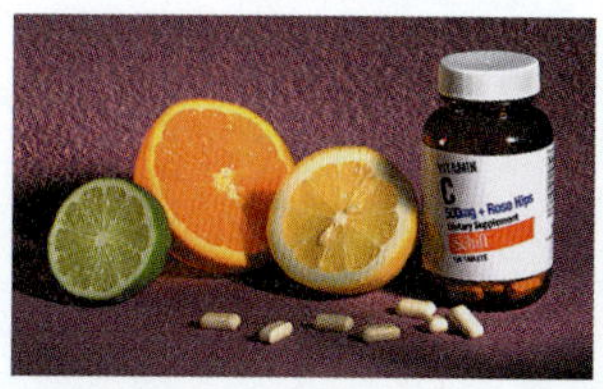
Andy Washnik

바이타민 C 많은 과일과 채소는 분자식이 $H_2C_6H_6O_6$인 약한 이양성자산인 아스코브산(ascorbic acid, 바이타민 C)을 함유하고 있다.

약산에 대한 지금까지의 논의는 일양성자산의 평형에 관한 것이었다. 물론 한 분자가 H^+를 한 개 이상 내놓을 수 있는 산도 많다. 이런 산을 다양성자산이라고 한다. 황산(H_2SO_4)이나 탄산(H_2CO_3) 혹은 인산(H_3PO_4) 등이 그 사례이다. 이런 산은 단계마다 양성자를 한 개씩 내놓으면서 여러 단계로 이온화한다. H_2CO_3나 H_3PO_4와 같은 약한 다양성자산의 경우, 단계별로 평형을 이룬다. 하지만 우리가 강산이라고 알고 있는 황산조차도 두 번째 양성자는 완전히 이온화하지 않고 평형을 이룬다. 이 절에서는 약한 다양성자산과 그 염에 초점을 맞추어 논의할 것이다.

먼저 이양성자산인 탄산(H_2CO_3)에 대하여 논의해 보자. 탄산은 물에서 다음과 같이 두 단계로 이온화하는데, 각 단계는 H^+ 이온이 물 분자로 이동하는 평형 반응이다.

$$H_2CO_3 + H_2O \rightleftharpoons H_3O^+ + HCO_3^-$$

$$HCO_3^- + H_2O \rightleftharpoons H_3O^+ + CO_3^{2-}$$

도구
다양성자산은 단계별로 이온화된다.

H_3O^+ 대신에 H^+를 사용하여 다음과 같이 반응식을 단순화할 수도 있다.

$$H_2CO_3 \rightleftharpoons H^+ + HCO_3^-$$

$$HCO_3^- \rightleftharpoons H^+ + CO_3^{2-}$$

단계마다 고유의 이온화 상수 K_a를 가지며, 이를 첫 번째 단계에 대해서는 K_{a_1}로, 두 번째 단계에 대해서는K_{a_2}로 나타낸다.

$$K_{a_1} = \frac{[H^+][HCO_3^-]}{[H_2CO_3]} = 4.3 \times 10^{-7}$$

$$K_{a_2} = \frac{[H^+][CO_3^{2-}]}{[HCO_3^-]} = 5.6 \times 10^{-11}$$

각각의 이온화가 H^+ 전체 몰농도에 기여한다는 점을 주목하라. 여기서 우리의 목표 중 하나는 산의 농도와 K_a 값을 $[H^+]$와 관련짓는 것이다. 언뜻 이것은 아주 어려운 과제로 보이지만 단순화를 통하여 비교적 간단히 문제를 풀 수 있다.

계산을 단순화하기

많은 다양성자산에 대한 계산을 단순화할 수 있는 중요한 요인은 순차적 이온화 상수 값들이 서로 크게 차이가 난다는 점이다. H_2CO_3의 경우에는 K_{a_1}이 K_{a_2}보다 훨씬 크다(거의 10,000배 정도). 이와 유사하게 다른 많은 이양성자산도 K_{a_1}와 K_{a_2}의 차이가 크다는 것을 관찰할 수 있다. 이런 현상이 일어나는 이유 중에 하나는, HA^- 이온보다는 중성 H_2A로부터 훨씬 쉽게 H^+가 제거될 수 있기 때문이다. 반대 전하 사이의 강한 인력이 두 번째 이온화를 방해한다. **표 16.4**에서 보는 바와 같이, 통상적으로 K_{a_1}은 K_{a_2}보다 10^4에서 10^5배 정도 크다. 인산(H_3PO_4)과 같은 삼양성자산의 경우 이차 산 이온화 상수가 삼차 산 이온화 상수보다 훨씬 크다.

해설 추가적인 다양성자산의 K_a 값들은 부록 C에 수록되어 있다.

K_{a_1}이 K_{a_2}보다 훨씬 크기 때문에, 평형에서 산 용액에 존재하는 사실상의 모든 H^+는 첫 번째 이온화 단계에서 생성된 것이다. 이를 다음과 같이 요약할 수 있다.

$$[H^+]_{\text{평형}} = [H^+]_{\text{1단계}} + [H^+]_{\text{2단계}}$$

$$[H^+]_{\text{1단계}} \gg [H^+]_{\text{2단계}}$$

이 조건에서는 다음과 같은 근사가 가능하다.

$$[H^+]_{\text{평형}} \approx [H^+]_{\text{1단계}}$$

이 식은 H^+ 농도를 계산하는 것에만 관심이 있다면, 산을 일양성자산인 것처럼 취급하여 두 번째 이온화 단계를 무시할 수 있다는 것을 의미한다. 한편 HCO_3^-의 평형 농도는 다음과 같이 구한다.

$$[HCO_3^-]_{\text{평형}} = [HCO_3^-]_{\text{1단계}} - [CO_3^{2-}]_{\text{2단계}}$$

표 16.4 다양성자산의 산 이온화 상수

		단계별 이온화에 대한 산 이온화 상수 (25°C)		
이름	화학식	일차	이차	삼차
비소산	H_3AsO_4	5.5×10^{-3}	1.7×10^{-7}	5.1×10^{-12}
아스코브산(바이타민 C)	$H_2C_6H_6O_6$	8.0×10^{-5}	1.6×10^{-12}	
탄산	H_2CO_3	4.3×10^{-7}	5.6×10^{-11}	
시트르산(18°C)	$H_3C_6H_5O_7$	7.4×10^{-4}	1.7×10^{-5}	4.0×10^{-7}
황화수소산	$H_2S(aq)$	8.9×10^{-8}	1×10^{-19}	
옥살산	$H_2C_2O_4$	5.9×10^{-2}	6.4×10^{-5}	
인산	H_3PO_4	7.5×10^{-3}	6.2×10^{-8}	4.2×10^{-13}
셀레늄산	H_2SeO_4	큼	1.2×10^{-2}	
아셀레늄산	H_2SeO_3	3.5×10^{-3}	1.5×10^{-9}	
황산	H_2SO_4	큼	1.2×10^{-2}	
아황산	H_2SO_3	1.5×10^{-2}	6.3×10^{-8}	
텔루륨산	H_6TeO_6	2×10^{-8}	1×10^{-11}	
아텔루륨산	H_2TeO_3	3.5×10^{-3}	2.0×10^{-8}	

그러나 $[CO_3^{2-}]_{2단계} = [H^+]_{2단계}$이고, $[H^+]_{2단계}$는 매우 작으므로, 다음과 같은 근사가 가능하다.

$$[HCO_3^-]_{평형} \approx [HCO_3^-]_{1단계}$$

그러므로 다음의 결론은 타당하다.

$$[H^+]_{평형} = [HCO_3^-]_{평형}$$

마지막 식을 이용하여 다음과 같은 흥미로운 결과를 얻을 수 있다.

$$K_{a_2} = \frac{[H^+]\,[CO_3^{2-}]}{[HCO_3^-]} = 5.6 \times 10^{-11} = [CO_3^{2-}]$$

즉 유일한 용질이 탄산일 때는, 탄산 이온의 몰농도는 단순히 K_{a_2}와 같다는 의미이다. 다른 이양성자산에 대해서도 K_{a_1}과 K_{a_2}가 크게 다르기만 하다면, 이 결론을 똑같이 적용할 수 있다.

예제 16.8에서 이런 관계가 어떻게 적용되는지를 보여 준다.

예제 16.8 다양성자산 용액에서 용질 화학종의 농도 계산하기

0.040 M H_2CO_3 용액에 존재하는 모든 화학종의 농도와 용액의 pH를 계산하시오.

분석 위에서 전개된 절차를 이용하여 $[H^+]$, pH, $[H_2CO_3]$, $[HCO_3^-]$, $[CO_3^{2-}]$를 결정한다.

도구 모음 모든 평형 문제에서와 같이 화학 반응식과 K_a 식에서 시작한다.

$$H_2CO_3 \rightleftharpoons H^+ + HCO_3^- \qquad K_{a_1} = \frac{[H^+]\,[HCO_3^-]}{[H_2CO_3]} = 4.3 \times 10^{-7}$$

$$HCO_3^- \rightleftharpoons H^+ + CO_3^{2-} \qquad K_{a_2} = \frac{[H^+]\,[CO_3^{2-}]}{[HCO_3^-]} = 5.6 \times 10^{-11}$$

이들 반응식을 세운 다음, 화학적 직관에 따라 이 식들을 적절히 이용하면 된다. 여기서 다음의 두 근사식을 유용하게 사용할 수 있다.

$$[H^+]_{평형} \approx [H^+]_{1단계}$$

$$[HCO_3^-]_{평형} \approx [HCO_3^-]_{1단계에서\ 생성된}$$

풀이 16.5절에서와 같이 H_2CO_3를 마치 일양성자산인 것처럼 취급하자. H_2CO_3의 일부가 이온화된다는 걸 알고 있으므로, 이 양을 x라 하자. H_2CO_3 용액 1리터당 $x$mol이 이온화된다면, H^+와 HCO_3^-는 1리터당 $x$mol이 생성되고 H_2CO_3의 농도는 x만큼 감소한다.

	H_2CO_3	$\rightleftharpoons$	H^+	+	HCO_3^-
초기 농도(M)	0.040		0		0
농도 변화(M)	$-x$		$+x$		$+x$
평형 농도(M)	$0.040-x$		x		x

K_{a_1}식에 다음과 같이 대입한다.

$$\frac{x^2}{(0.040-x)} = \frac{x^2}{0.040} = 4.3\times10^{-7}$$

x에 대해 풀면 $x=1.3\times10^{-4}$이므로 $[H^+]=[HCO_3^-]=1.3\times10^{-4}$이다. 우리가 사용한 단순화 가정이 옳으며, $[H_2CO_3]$는 여전히 $0.040\,M$에 머물러 있음을 알 수 있다. 이로부터 pH를 계산할 수 있다.

$$pH = -\log(1.3\times10^{-4}) = 3.89$$

이제 CO_3^{2-}의 농도를 계산해 보자. 다음의 K_{a_2} 식으로부터 이 농도를 구할 수 있다.

$$K_{a_2} = \frac{[H^+][CO_3^{2-}]}{[HCO_3^-]} = 5.6\times10^{-11}$$

해설 주어진 용액에 대해 K_{a_1}과 K_{a_2}의 식에서 사용되는 H^+의 값은 동일해야 한다는 것을 명심하라. H^+의 평형 농도는 하나뿐이다.

지금까지의 여러 가지 분석을 종합하면, 다음의 근사식들을 사용할 수 있다는 결론을 내릴 수 있다.

$$[H^+]_{평형} \approx [H^+]_{1단계}$$

$$[HCO_3^-]_{평형} \approx [HCO_3^-]_{1단계에서\ 생성된}$$

위에서 얻은 값들을 K_{a_2}에 대입하여 계산하면 다음과 같다.

$$\frac{(\cancel{1.3\times10^{-4}})[CO_3^{2-}]}{(\cancel{1.3\times10^{-4}})} = 5.6\times10^{-11}$$

$$[CO_3^{2-}] = 5.6\times10^{-11} = K_{a_2}$$

모든 화학종의 평형 농도를 요약하면 다음과 같다.

$$[H_2CO_3] = 0.040\,M$$
$$[H^+] = [HCO_3^{2-}] = 1.3\times10^{-4}\,M,\ \ pH = 3.89$$
$$[CO_3^{2-}] = 5.6\times10^{-11}\,M$$

답이 합리적인가? 먼저 우리가 사용한 가정들을 점검해 보자. 첫 번째는 초기 농도가 수소 이온의 농도보다 훨씬 크다고 가정했으며, 그 값은 $(0.040-0.00013=0.040)$이다. 두 번째 가정은 생성된 CO_3^{2-}의 양이 첫 번째 단계에서 계산한 HCO_3^-(및 H^+) 농도와 비교하여 훨씬 작을 것이라는 것이다. 이 가정도 역시 참이다$(1.3\times10^{-4}-5.6\times10^{-11}=1.3\times10^{-4})$. 또한 두 번째 단계에서 생긴 수소 이온의 양은 무시할 정도로 작다$(1.3\times10^{-4}+5.6\times10^{-11}=1.3\times10^{-4})$는 사실도 확인할 수 있다.

가정들을 점검하여 그것들이 모두 참이라는 것을 확인했다. pH는 7보다 작으며, 이것은 산 용액이라는 점에서 우리가 기대하는 바이다. 증명이 더 필요하다면, 얻은 값들을 적절한 질량 작용식에 대입하여 답을 간편하게 확인하면 된다.

$$\frac{(1.3\times10^{-4})(1.3\times10^{-4})}{0.040} = 4.2\times10^{-7}\quad K_{a_1}에\ 상당히\ 가까운\ 값$$

$$\frac{(1.3\times10^{-4})(5.6\times10^{-11})}{(1.3\times10^{-4})} = 5.6\times10^{-11}\quad K_{a_2}와\ 같다$$

문제에서는 H_2CO_3 용액에 존재하는 모든 화학종에 대해 묻고 있다. 반응 혼합물에 존재하는 남은 다른 두 가지 화학종은 물과 수산화 이온인데, 최종 답에는 이 화학종들도 포함되어야 한다.

실전 문제 16.40

인산(H_3PO_4)에 대한 세 단계 이온화 평형 반응식을 각각 쓰고, 각 단계에 대한 K_a 식을 쓰시오(**힌트**: 각 단계에서 한 개의 양성자가 이온화된다는 것을 기억하시오).

실전 문제 16.41

아스코브산(바이타민 C)은 이양성자산($H_2C_6H_6O_6$)이다(표 16.4 참조). 0.10 *M* 용액에 대한 $[H^+]$와 pH 그리고 $[C_6H_6O_6^{2-}]$를 계산하시오.

위의 예제에서 확인할 수 있는 가장 흥미로운 특징 중 하나는, **다양성자산이 유일한 용질인 용액에서는 두 번째 이온화 단계에서 생성된 이온의 농도는 K_{a_2}와 같다**는 것이다.

다양성자산의 염

염 용액의 pH는 염의 양이온, 음이온, 또는 두 가지 모두가 물과 반응할 수 있는지에 따라 결정된다는 것을 앞에서 배웠다. 간단한 설명을 위해 여기에서 논의하는 다양성자산의 염은 소듐이나 포타슘 이온과 같은 산의 성질이 없는 양이온을 포함하는 경우로 제한한다. 다시 말하면 염기성인 음이온만이 용액의 pH에 영향을 주는 경우만 다룬다.

다양성자산 염의 전형적인 예로 탄산 소듐(Na_2CO_3)을 생각할 수 있다. 이 화합물은 H_2CO_3의 염인데, 염의 탄산 이온은 OH^- 이온을 생성하는 두 가지 평형 반응에 의하여 용액의 pH에 영향을 주는 Brønsted 염기이다. 이 두 가지 평형 반응과 해당하는 K_b 식은 다음과 같다.

$$CO_3^{2-}(aq) + H_2O \rightleftharpoons HCO_3^-(aq) + OH^-(aq)$$

$$K_{b_1} = \frac{[HCO_3^-][OH^-]}{[CO_3^{2-}]} \qquad \textbf{(16.21)}$$

$$HCO_3^-(aq) + H_2O \rightleftharpoons H_2CO_3(aq) + OH^-(aq)$$

$$K_{b_2} = \frac{[H_2CO_3][OH^-]}{[HCO_3^-]} \qquad \textbf{(16.22)}$$

이 평형 반응식들에 포함된 화학종들의 농도를 결정하는 데 필요한 계산은 약한 이양성자산에 대한 계산과 매우 비슷하다. 유일한 차이는 이 경우의 화학 반응은 산이 아니라 염기의 반응이라는 것뿐이다. **실제 계산에서 단순화와 관련된 가정들은 약한 다양성자산의 경우와 거의 똑같다.**

먼저 식 16.21과 16.22의 두 가지 평형에 대한 K_{b_1}과 K_{b_2} 값을 결정하기 위하여 표에 있는 H_2CO_3에 대한 K_{a_1}과 K_{a_2}의 값과 더불어 $K_a \times K_b = K_w$ 관계식을 이용한다.

이 절의 도입부에서 $HCO_3^-(aq)$와 $CO_3^{2-}(aq)$는 K_{a_2}와 관련되어 있음을 보았다. CO_3^{2-}를 포함한 염이 물과 반응할 때 CO_3^{2-}는 염기이고(식 16.21), 그 짝산은 HCO_3^-이다. 따라서 K_{b_1}은 K_{a_2}에서와 동일한 짝산–짝염기 쌍을 포함하므로, 다음과 같이 K_{a_2}를 이용하여 K_{b_1}을 계산해야 한다.

$$K_{b_1} = \frac{K_w}{K_{a_2}} = \frac{1.0 \times 10^{-14}}{5.6 \times 10^{-11}} = 1.8 \times 10^{-4}$$

해설 일반적으로 다양성자산의 짝염기인 음이온의 K_b 값은 표로 나타내지 않는다. 필요할 때는 다양성자산의 적절한 K_a 값을 사용하여 계산할 수 있다.

마찬가지로 $H_2CO_3(aq)$과 $HCO_3^-(aq)$는 K_{a_1}과 관련되어 있다. HCO_3^-가 염기일 때(식 16.22), 그 짝산은 H_2CO_3이다. 따라서 K_{b_2}를 계산하기 위해서 K_{a_1}을 사용해야 하는데, 이는 두 경우 모두 평형식에서 같은 짝산-짝염기 쌍을 갖고 있기 때문이다.

해설 K_{b_1} 값은 K_{a_2} 값으로부터, 그리고 K_{b_2} 값은 K_{a_1} 값으로부터 얻을 수 있다는 것을 기억하라.

$$K_{b_2} = \frac{K_w}{K_{a_1}} = \frac{1.0 \times 10^{-14}}{4.3 \times 10^{-7}} = 2.3 \times 10^{-8}$$

이제 두 가지 K_b 값을 비교해 보자. CO_3^{2-}에 대한 $K_{b_1} = 1.8 \times 10^{-4}$이고, 더 약한 염기인 HCO_3^-에 대한 K_{b_2}는 2.3×10^{-8}이다. 따라서 CO_3^{2-}의 K_b 값은 HCO_3^-의 K_b 값보다 거의 10,000배 더 크다. 즉 CO_3^{2-}와 물의 반응(식 16.21)은 HCO_3^- 경우(식 16.22)보다 OH^-를 훨씬 더 많이 생성하는 것을 짐작할 수 있다. 전체 OH^- 양에 대한 후자의 기여는 비교적 작으므로 무시해도 무방하다. 여기서 이용한 단순화는 약한 다양성자산의 이온화를 다룰 때와 거의 같다.

$$[OH^-]_{평형} = [OH^-]_{1단계에서\ 생성된} + [OH^-]_{2단계에서\ 생성된}$$
$$[OH^-]_{1단계에서\ 생성된} \gg [OH^-]_{2단계에서\ 생성된}$$
$$[OH^-]_{평형} \approx [OH^-]_{1단계에서\ 생성된}$$

따라서 다양성자산의 염기성 음이온 용액의 pH를 계산할 때 **다른 반응들은 무시하고 K_{b_1}만 고려**하면 된다. 이 단순화를 적용한 예제를 공부해 보자.

예제 16.9 약한 이양성자산 염 용액의 pH 계산

Paul Silverman/Fundamental Photographs

탄산 소듐을 가성 성분으로 사용하는 세제들 세제는 염기성 용액일 때 기름과 때를 가장 잘 녹일 수 있다. 이 제품들의 염기성 성분은 탄산 소듐이다. Na_2CO_3 염은 비교적 독성이 없고, 포함된 탄산 이온은 비교적 강한 염기이다. 탄산 이온은 Ca^{2+} 이온을 불용성인 $CaCO_3$로 침전시키는 연수제로도 기능한다.

0.20 *M* Na_2CO_3 용액의 pH는 얼마인가?

분석 앞에서의 논의를 기반으로 예제 16.4에서 풀이했던 일양성자산 염의 경우와 같은 방법으로 이 문제에 접근한다.

도구 모음 HCO_3^-과 물의 반응은 무시할 수 있으므로, 다음이 유일하게 관련이 있는 평형이다.

$$CO_3^{2-} + H_2O \rightleftharpoons HCO_3^- + OH^- \qquad K_{b_1} = \frac{[HCO_3^-][OH^-]}{[CO_3^{2-}]} = 1.8 \times 10^{-4}$$

K_{b_1} 값은 이 예제 앞에서 논의한 바와 같이 K_{a_2}로부터 계산한다.

풀이 반응하는 CO_3^{2-}의 양을 x mol L^{-1}으로 하자. 단순화 가정을 사용해서 작성한 농도표는 다음과 같다.

	H_2O	+	CO_3^{2-}	$\rightleftharpoons$	HCO_3^-	+	OH^-
초기 농도(*M*)			0.20		0		0
농도 변화(*M*)			$-x$		$+x$		$+x$
평형 농도(*M*)			$(0.20 - x) \approx 0.20$		x		x

이제 이 표의 마지막 행의 값들을 탄산 이온의 평형식에 대입하여 $[OH^-]$에 해당하는 x와 pOH를 구할 수 있다.

$$\frac{[HCO_3^-][OH^-]}{[CO_3^{2-}]} = \frac{(x)(x)}{(0.20 - x)} \approx \frac{(x)(x)}{0.20} = 1.8 \times 10^{-4}$$

$$x = [OH^-] = 6.0 \times 10^{-3} \text{mol L}^{-1}$$

그리고

$$pOH = -\log(6.0 \times 10^{-3}) = 2.22$$

마지막으로, 14.00에서 pOH를 빼서 pH를 계산한다.

$$pH = 14.00 - 2.22 = 11.78$$

따라서 0.20 M Na_2CO_3 용액의 pH는 11.78로 계산되었다. 염기성 음이온과 중성 양이온으로 이루어진 염의 수용액은 염기성인 예를 여기서도 볼 수 있다.

답이 합리적인가? 적절히 반올림했을 때 (0.20 − 0.0048 = 0.20) 가정이 타당하다는 것을 확인할 수 있기 때문에 계산 결과는 합리적이다. 또한 구한 pH 값은 염기성 용액에 해당하는데, 이는 염의 음이온이 약한 염기로 작용할 때의 예측과 부합한다. 전체적으로 답은 합리적이다.

실전 문제 16.42

탄산수소 소듐 용액은 약한 알칼리성(대략 pH 8.3)이고, 이와 비슷한 수산화 소듐(양잿물) 용액은 pH가 12 이상인 강한 염기성이다. 양잿물을 마시면 죽지는 않더라도 심한 내상을 일으키는 반면, 탄산수소 소듐은 제산제로 흔히 사용되고 있다. 탄산 소듐 용액은 탄산수소 소듐 용액보다 더 강한 염기성이다. 0.10 M 탄산 소듐 용액의 pH를 계산하고 탄산수소 소듐의 대체물로 적합한지 판단하시오(**힌트**: 이 문제에서 짝염기는 탄산 이온이다).

실전 문제 16.43

25 °C에서 0.50 M Na_2SO_3 용액의 pH는 얼마인가? 이양성자산인 H_2SO_3에 대한 $K_{a_1} = 1.5 \times 10^{-2}$이고, $K_{a_2} = 6.3 \times 10^{-8}$이다.

실전 문제 16.44

약한 다양성자산 용액에 대해 배운 것을 토대로 유추하면, 0.010 M Na_3PO_4 용액에서 H_3PO_4의 몰농도는 얼마인가?

16.9 산–염기 적정

4장에서 산–염기 적정의 전체 과정에 대하여 논의하면서, 적정 측정값들이 여러 화학량론 계산에서 어떻게 이용될 수 있는지를 살펴보았다. 적정 과정은 **지시약(indicator)**의 변색이 일어나는 **종말점(end point)**에서 중단된다. 이상적인 상황에서는 이 종말점이 산과 염기의 계산된 화학량론적 당량에 해당하는 이론적인 **당량점(equivalence point)**과 일치한다. 이러한 이상적인 결과를 얻기 위해서는 적절한 지시약을 잘 선택해야 한다. 적정되는 용액의 pH가 적정액의 첨가에 따라 어떻게 변화하는지를 학습함으로써 이 과정을 더 잘 이해할 수 있다.

적정 과정의 각 단계에서 첨가된 적정액의 부피에 대해 용액의 pH를 그래프로 그린 **적정 곡선(titration curve)**을 얻을 수 있다. 적정 곡선을 그리기 위한 pH 값들은 적정 중에 pH 미터를 사용하여 실험적으로 얻거나, 아래에서 설명하는 절차에 따라 계산으로 얻을 수 있다.

> **해설** 적정 시약은 뷰렛으로부터 플라스크의 용액으로 천천히 첨가되는 용액을 말한다.

교재에서는 계산 방법을 이용하는데, 적정 곡선의 모든 pH는 4가지 종류의 방법으로 계산할 수 있다는 것을 배우게 될 것이다. 그중 두 가지 계산법은 적정 곡선상의 시작점과 당량점에서의 계산 방법과 관련이 있다. 나머지 두 가지 계산법은 단순한 한계 반응물 계산으로, (a) 시작점과 당량점 사이의 혼합물과 (b) 당량점 이후에 대한 것이다.

> **도구**
> 적정 곡선은 4가지 영역으로 나누어 다룬다.

해설 모든 산-염기 반응에서 산과 염기의 반응비가 1:1인 것은 아니다. 항상 균형 화학 반응식에 기반을 두어야 한다.

Peter Lerman

산-염기 적정 종말점을 확인하기 위해 종종 페놀프탈레인이 사용된다.

강산-강염기 적정

NaOH 표준 용액을 이용하여 HCl(aq)을 적정하는 경우는 강산을 강염기로 적정하는 사례에 해당한다. 이 적정의 분자 반응식과 알짜 이온 반응식은 다음과 같다.

$$\mathrm{HCl}(aq) + \mathrm{NaOH}(aq) \longrightarrow \mathrm{NaCl}(aq) + \mathrm{H_2O}$$

$$\mathrm{H^+}(aq) + \mathrm{OH^-}(aq) \longrightarrow \mathrm{H_2O}$$

준비된 0.2000 M HCl 용액 25.00 mL에 적정액인 0.2000 M NaOH로 적정하는 경우에 대하여 논의해 보자. 적정 곡선은 적정의 여러 단계에서 유효 숫자 두 개로 계산한 용액의 pH를 적정액의 부피에 대해 도시해서 얻는다.

시작점. 적정액이 첨가되기 전에는 적정 플라스크에 담긴 용액은 0.2000 M HCl뿐이다. 이 산은 강산이므로 다음과 같이 쓸 수 있다.

$$[\mathrm{H^+}] = [\mathrm{HCl}] = 0.2000\ M$$

초기의 pH는

$$\mathrm{pH} = -\log(0.2000) = 0.70$$

시작점부터 당량점 이전까지. 간단한 한계 반응물 문제이므로 남아 있는 과량의 반응물의 농도를 계산해야 한다. 먼저 초기에 0.2000 M HCl 용액 25.00 mL에 존재하는 HCl의 양을 계산한다.

$$25.00\ \mathrm{mL\ HCl\ 용액} \times \frac{0.2000\ \mathrm{mol\ HCl}}{1000\ \mathrm{mL\ HCl\ 용액}} = 5.000 \times 10^{-3}\ \mathrm{mol\ HCl}$$

이제 뷰렛으로부터 0.2000 M NaOH 용액 10.00 mL가 첨가되었다고 가정해 보자. 첨가된 NaOH의 양은 다음과 같다.

$$10.00\ \mathrm{mL\ NaOH\ 용액} \times \frac{0.2000\ \mathrm{mol\ NaOH}}{1000\ \mathrm{mL\ NaOH\ 용액}} = 2.000 \times 10^{-3}\ \mathrm{mol\ NaOH}$$

해설 적정액의 몰농도와 부피는 더 정밀하게 알 수 있지만, 우리가 계산하는 pH는 유효 숫자를 두 개만 사용한다. 이보다 더 정밀하게 얻기는 어렵고 실제 실험에서는 거의 필요하지도 않다.

HCl의 몰수가 NaOH보다 더 많으므로(또한 화학 반응식의 몰비는 1:1), 염기는 HCl 2.000×10^{-3} mol을 중화시키고, 남아 있는 HCl의 양은 다음과 같다.

$$(5.000 \times 10^{-3} - 2.000 \times 10^{-3})\ \mathrm{mol\ HCl} = 3.000 \times 10^{-3}\ \mathrm{mol\ HCl}\ \ (\text{남아 있는})$$

[$\mathrm{H^+}$]를 구하기 위해서 남은 몰수를 용액의 전체 부피인 25.00 mL + 10.00 mL = 35.00 mL = 0.03500 L로 나눈다.

$$[\mathrm{H^+}] = \frac{3.000 \times 10^{-3}\ \mathrm{mol}}{0.03500\ \mathrm{L}} = 8.571 \times 10^{-2}\ M$$

해설

$$[\mathrm{H^+}] = \frac{M_AV_A - M_BV_B}{V_A + V_B}$$

용액의 pH는 1.07이다.

첨가된 NaOH의 부피가 당량점 부피보다 작은 범위에서는 이러한 계산을 반복하여 다양한 NaOH 부피에서의 pH를 계산할 수 있다. 스프레드시트는 많은 수의 데이터 포인트에서 용액의 pH를 빨리 계산할 수 있도록 도와주지만, 적정 곡선의 특성을 알기 위해서는 몇 개의 점만으로도 충분하다.

해설 모든 강산-강염기 적정의 당량점에서의 pH는 7.00이다.

당량점. 첨가된 NaOH의 부피를 다음과 같이 계산할 수 있다.

$$M_{\mathrm{HCl}} \times V_{\mathrm{HCl}} = M_{\mathrm{NaOH}} \times V_{\mathrm{NaOH}}$$

$$V_{\mathrm{NaOH}}(\text{당량점에서}) = \frac{(0.2000\ M_{\mathrm{HCl}})(25.00\ \mathrm{mL\ HCl})}{(0.2000\ M_{\mathrm{NaOH}})} = 25.00\ \mathrm{mL_{NaOH}}$$

해설

$$[\mathrm{OH^-}] = \frac{M_BV_B - M_AV_A}{V_A + V_B}$$

당량점에서는 정확하게 모든 산이 염기로 중화되며, HCl이나 NaOH 어느 것도 과량으로 존재하지 않는다. 용액은 NaCl만을 포함하게 되며, NaCl 용액은 중성이므로 pH = 7.00이다.

모든 강산과 강염기 적정에서 당량점에서의 pH는 7.00이다.

당량점 이후. 과량의 염기가 존재하게 된다. 앞에서의 경우와 비슷하게 산이나 염기의 몰수를 계산하면 된다. 그러나 이 경우에는 염기가 더 많으므로 산의 몰수를 빼서 과량으로 존재하는 염기의 몰수를 계산하고, 이 값을 용액의 부피로 나누어 줌으로써 $[OH^-]$와 pH를 계산할 수 있다.

표 16.5는 소량의 적정 시약을 가하면서 계산한 전체 플라스크 용액의 pH를 계산한 결과를 나타낸 것이고, **그림 16.7**은 가해준 $0.2000\,M$ NaOH 용액의 부피에 대한 전체 용액의 pH를 도시한 결과를 나타낸 것이다. 이것은 강염기로 강산을 적정할 때의 전형적인 적정 곡선이다. 거의 pH = 7.00인 당량점에 도달할 때까지 용액의 pH가 매우 천천히 증가하는 것을 주목하라. 당량점에서 염기를 소량 첨가하면 pH 변화를 나타내는 적정 곡선은 급격히 증가한다. 더 많은 염기를 가하면 곡선은 기울기가 줄어들고 pH는 서서히 증가하게 된다.

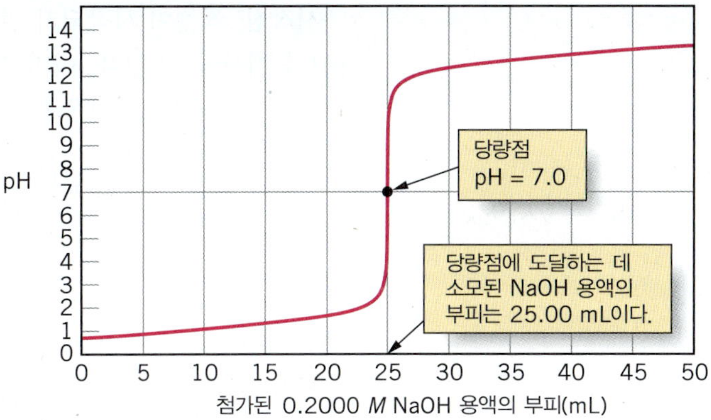

그림 16.7 강산을 강염기로 적정하는 경우의 적정 곡선 이 적정 곡선은 0.2000 M HCl을 0.2000 M NaOH로 적정하는 동안 pH의 변화를 보여 준다.

약산–강염기 적정

강염기를 이용하여 약산을 적정하는 경우에 대한 계산은 강염기에 의한 강산의 적정보다는 좀 더 복잡하다. 이 경우에는 약산과 약산의 짝염기를 포함하는 평형을 고려해 주어야 하기 때문이다. 예를 들어 $0.2000\,M$ NaOH로 $0.2000\,M$ $HC_2H_3O_2$ 25 mL를 적정하는 경우에 대한 계산과 적정 곡선에 대하여 알아보기로 하자. 앞에서와 마찬가지로 4가지 단계에 대한 계산이 필요하지만 다른 식을 사용해야 한다. 이 적정에서의 분자 반응식과 알짜 이온 반응식은 다음과 같다.

$$HC_2H_3O_2 + NaOH \longrightarrow NaC_2H_3O_2 + H_2O$$
$$HC_2H_3O_2 + OH^- \longrightarrow C_2H_3O_2^- + H_2O$$

두 용액의 농도가 같고 산과 염기가 1:1의 몰비로 반응하므로, 당량점에 도달하는 데 염기가 정확히 25.00 mL가 필요하다. 이러한 기초 지식을 가지고 적정 곡선을 따라 몇몇 단계점에서 pH를 계산해 보자.

표 16.5 강산을 강염기로 적정하는 경우에 대한 자료. 시료는 $0.2000\,M$ HCl 25.00 mL이고 적정 시약은 $0.2000\,M$ NaOH이다.

HCl의 초기 부피(mL)	HCl의 초기 양 (mol)	첨가된 NaOH의 부피(mL)	NaOH의 양 (mol)	초과된 시약의 양 (mol)	용액의 전체 부피(mL)	과량 이온의 몰농도 (mol L^{-1})	pH
25.00	5.000×10^{-3}	0	0	5.000×10^{-3} (H^+)	25.00	0.2000 (H^+)	0.70
25.00	5.000×10^{-3}	10.00	2.000×10^{-3}	3.000×10^{-3} (H^+)	35.00	8.571×10^{-2} (H^+)	1.07
25.00	5.000×10^{-3}	20.00	4.000×10^{-3}	1.000×10^{-3} (H^+)	45.00	2.222×10^{-2} (H^+)	1.65
25.00	5.000×10^{-3}	24.00	4.800×10^{-3}	2.000×10^{-4} (H^+)	49.00	4.082×10^{-3} (H^+)	2.39
25.00	5.000×10^{-3}	24.90	4.980×10^{-3}	2.000×10^{-5} (H^+)	49.90	4.000×10^{-4} (H^+)	3.40
25.00	5.000×10^{-3}	24.99	4.998×10^{-3}	2.000×10^{-6} (H^+)	49.99	4.000×10^{-5} (H^+)	4.40
25.00	5.000×10^{-3}	25.00	5.000×10^{-3}	0	50.00	0	7.00
25.00	5.000×10^{-3}	25.01	5.002×10^{-3}	2.000×10^{-6} (OH^-)	50.01	3.999×10^{-5} (OH^-)	9.60
25.00	5.000×10^{-3}	25.10	5.020×10^{-3}	2.000×10^{-5} (OH^-)	50.10	3.992×10^{-4} (OH^-)	10.60
25.00	5.000×10^{-3}	26.00	5.200×10^{-3}	2.000×10^{-4} (OH^-)	51.00	3.922×10^{-3} (OH^-)	11.59
25.00	5.000×10^{-3}	50.00	1.000×10^{-2}	5.000×10^{-3} (OH^-)	75.00	6.667×10^{-2} (OH^-)	12.82

시작점. 적정이 시작되기 전에 용액은 단순히 약산인 $HC_2H_3O_2$의 용액이며, K_a를 사용하여 pH를 계산할 수 있다. 이미 여러 경우에서 단순화된 가정들이 잘 맞는다는 것을 확인하였다. 이와 관련된 계산은 다음과 같이 요약된다.

해설

$$[H^+] = \sqrt{K_a M_{HA}}$$

$$K_a = \frac{[H^+][C_2H_3O_2^-]}{[HC_2H_3O_2]} = \frac{(x)(x)}{(0.200 - x)} \approx \frac{(x)(x)}{0.200} = 1.8 \times 10^{-5}$$

$$x^2 = 3.6 \times 10^{-6} \text{ (반올림함)}$$

$$x = [H^+] = 1.9 \times 10^{-3}$$

계산 결과를 이용하여 계산한 pH는 2.72이며, 이것이 NaOH가 첨가되기 전의 pH이다.

시작점부터 당량점 이전까지. $HC_2H_3O_2$에 NaOH를 첨가함에 따라 반응으로 인하여 $C_2H_3O_2^-$ 이온이 생성되므로, 전체 용액은 $HC_2H_3O_2$와 $C_2H_3O_2^-$를 함께 포함하게 된다(이 용액은 완충 용액이다). 평형 법칙을 다시 정리하여 다음과 같이 나타낼 수 있다.

$$[H^+] = \frac{K_a[HC_2H_3O_2]}{[C_2H_3O_2^-]} = \frac{K_a(\text{mol } HC_2H_3O_2)}{(\text{mol } C_2H_3O_2^-)} \qquad \textbf{(16.23)}$$

이제 NaOH를 첨가한 후에 남아 있는 아세트산($HC_2H_3O_2$)의 몰수를 결정하기 위해서 한계 반응물과 관련된 계산을 수행한다. 또 동시에 생성된 아세트산 이온($C_2H_3O_2^-$)의 몰수를 계산하는 것이다.

해설 4장에서 몰농도에 부피(L)를 곱해 주면 용질의 몰수를 구할 수 있다고 배운 것을 기억하라.

10.00 mL NaOH 용액을 첨가했을 때 어떤 반응이 일어나는지 생각해 보자. 아세트산의 초기 몰수는 다음과 같이 구할 수 있다.

$$0.2000\ M\ HC_2H_3O_2 \times 0.02500\ L = 5.000 \times 10^{-3}\ \text{mol } HC_2H_3O_2$$

첨가된 NaOH의 몰수는

$$0.20000\ M\ \text{NaOH} \times 0.01000\ L = 2.000 \times 10^{-3}\ \text{mol NaOH}$$

남은 아세트산의 몰수는

$$5.000 \times 10^{-3}\ \text{mol} - 2.000 \times 10^{-3}\ \text{mol} = 3.000 \times 10^{-3}\ \text{mol } HC_2H_3O_2$$

제시된 반응식에 따르면 첨가된 NaOH의 몰수는 생성된 아세트산 이온의 몰수와 화학량론적으로 같게 된다. 따라서 $C_2H_3O_2^-$의 농도는 2.000×10^{-3} mol이다. 아세트산과 아세트산 이온의 몰수와 K_a를 식 6.23에 대입해서 수소 이온의 농도를 구할 수 있다.

해설

$$[H^+] = K_a \frac{M_A V_A - M_B V_B}{V_A + V_B}$$

$$[H^+] = \frac{(1.8 \times 10^{-5})(3.000 \times 10^{-3}\ \text{mol } HC_2H_3O_2)}{(2.000 \times 10^{-3}\ \text{mol } C_2H_3O_2^-)} = 2.7 \times 10^{-5}\ M$$

따라서 pH = 4.57이다. 첨가된 NaOH의 부피를 0에서부터 25 mL까지의 범위 안에서 선택하여 방금 사용한 계산한 방법을 반복함으로써 더 많은 데이터 점을 얻을 수 있다. 훨씬 더 많은 데이터 점을 얻으려면, 스프레드시트 프로그램에 위의 식들을 대입해서 반복 계산을 하면 된다.

당량점. 당량점에서는 $HC_2H_3O_2$가 모두 반응하고 용액은 $NaC_2H_3O_2$(Na^+ 이온과 $C_2H_3O_2^-$ 이온의 혼합물) 염을 포함한다.

해설 적정에서 당량점은 첨가된 염기의 부피에 대하여 pH 미터를 사용하여 측정한 pH 값을 도시한 후, pH 값이 가파르게 상승하는 점을 이용하여 확인할 수 있다. pH 미터를 사용할 경우에는 지시약을 사용할 필요가 없다.

처음에 $HC_2H_3O_2$ 5.000×10^{-3} mol로 적정을 시작했으므로, 전체 부피가 0.05000 L인 용액에는 5.000×10^{-3} mol의 $C_2H_3O_2^-$가 포함되어 있다. 따라서 $C_2H_3O_2^-$의 농도는 다음과 같다.

$$[C_2H_3O_2^-] = \frac{5.00 \times 10^{-3}\ \text{mol}}{0.0500\ L} = 0.100\ M$$

$C_2H_3O_2^-$는 염기이므로 염기와 물의 반응식과 K_b를 다음과 같이 쓸 수 있다.

$$C_2H_3O_2^-(aq) + H_2O \rightleftharpoons HC_2H_3O_2(aq) + OH^-(aq)$$

$$K_b = \frac{[OH^-][HC_2H_3O_2]}{[C_2H_3O_2^-]} = \frac{K_w}{K_a} = 5.6 \times 10^{-10}$$

위 평형 반응에서 생성된 $[OH^-]$와 $[HC_2H_3O_2]$를 x라 하고, 이를 질량 작용식에 대입하면 다음을 얻을 수 있다.

$$\frac{[OH^-][HC_2H_3O_2]}{[C_2H_3O_2^-]} = \frac{(x)(x)}{(0.100 - x)} \approx \frac{(x)(x)}{0.100} = 5.6 \times 10^{-10}$$

$$x^2 = 5.6 \times 10^{-11}$$

$$x = [OH^-] = 7.5 \times 10^{-6}\ M$$

해설 $[OH^-] = \sqrt{K_b \frac{M_A V_A}{V_A + V_B}}$

pOH를 계산하면 5.12가 된다. 따라서 pH는 (14.00 − 5.12), 즉 8.88이다. 당량점에서 용액은 Brønsted 염기($C_2H_3O_2^-$)를 포함하기 때문에 이 적정의 당량점에서의 pH는 8.88로 염기성이다. 결론적으로 **강염기로 약산을 적정할 경우 당량점에서의 pH는 7보다 크다.**

해설 적정에서 전체 반응을 **중화 반응**이라고 하는데도 불구하고, 당량점에서의 용액이 중성이 아닌 염기성이라는 사실이 흥미롭다.

당량점 이후. 당량점에서는 다음의 평형 반응으로 인하여 용액이 염기성이 된다.

$$C_2H_3O_2^-(aq) + H_2O \rightleftharpoons HC_2H_3O_2(aq) + OH^-(aq)$$

그러나 당량점 이후에 OH^-를 더 가할수록 이 경로에 의한 OH^-의 생성은 억제된다. 따라서 당량점 이후에 용액의 pH에 영향을 미치는 OH^-의 원천은 대부분 당량점 이후에 첨가된 염기로부터이다. 따라서 이 지점부터는 앞에서 논의한 HCl과 NaOH 적정에서의 당량점 이후의 계산을 따른다. 다시 말하면 추가로 가한 NaOH의 몰수와 용액의 최종 부피를 이용하여 $[OH^-]$와 pOH 그리고 pH를 구하면 된다.

해설 $[OH^-] = \frac{M_B V_B - M_A V_A}{V_A + V_B}$

지금까지 설명한 적정에 대한 자료와 적정 곡선을 각각 **표 16.6**와 **그림 16.8**에 나타내었다. 처음에는 pH의 변화가 완만하게 일어나다가 당량점을 통과할 때 급변하고, 마지막에는 그림 16.7의 적정 곡선의 뒤쪽 반쪽과 비슷한 모양을 보인다.

실전 문제 16.45

아세트산($HC_2H_3O_2$)과 같은 약산을 KOH로 적정할 때, 다음의 각 단계에서 용액에 존재하는 모든 화학종을 높은 농도에서 낮은 농도의 순서로 나열하시오(**힌트:** H_2O는 위의 문제에서 항상 가장 먼저 나오고, $[H^+]$나 $[OH^-]$는 가장 나중에 나온다).

(a) 당량점 **(b)** 적정 시작점 **(c)** 당량점 이후 **(d)** 당량점 이전

표 16.6 약산을 강염기로 적정하는 경우에 대한 자료. 시료는 0.2000 M $HC_2H_3O_2$ 25.00 mL이고, 적정 시약은 0.2000 M NaOH이다.

HCl의 초기 부피(mL)	HCl의 초기 양 (mol)	pH
없음	1.9×10^{-3} (H^+)	2.72
10.00	2.7×10^{-5} (H^+)	4.57
24.90	7.2×10^{-8} (H^+)	7.14
24.99	7.1×10^{-9} (H^+)	8.14
25.00	7.5×10^{-6} (OH^-)	8.88
25.01	4.0×10^{-5} (OH^-)	9.60
25.10	4.0×10^{-4} (OH^-)	10.60
26.00	3.9×10^{-3} (OH^-)	11.59
35.00	3.3×10^{-2} (OH^-)	12.52

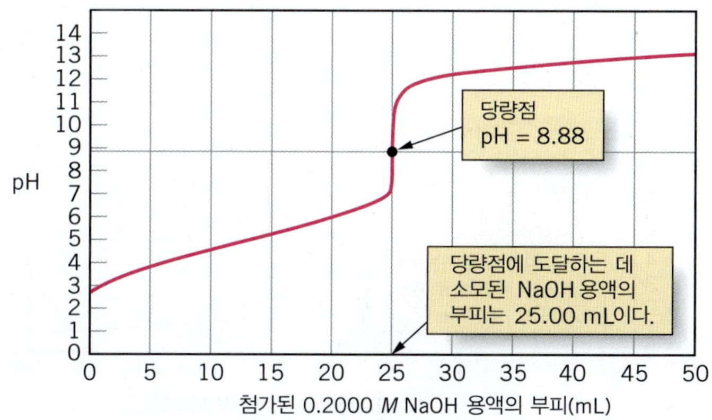

그림 16.8 약산을 강염기로 적정할 때의 적정 곡선 이 적정 곡선은 0.2000 M 아세트산을 0.2000 M NaOH로 적정하는 동안의 pH 변화를 보여 준다.

실전 문제 16.46

$0.100\,M$ $HCHO_2$ 20.0 mL를 $0.100\,M$ NaOH로 적정한다고 가정하자. 다음의 각 단계에서의 용액의 pH를 계산하시오.

(a) 염기를 첨가하기 전 **(b)** $HCHO_2$ 절반이 중화되었을 때 **(c)** 염기 15.0 mL를 첨가한 후 **(d)** 당량점

실전 문제 16.47

$0.20\,M$ $HCHO_2$ 50.0 mL에 $0.15\,M$ NaOH 30.0 mL를 가한 경우 pH는 얼마가 되겠는가?

약염기–강산 적정

여기에 포함된 계산도 약산–강염기 적정의 경우와 거의 같다. 실제 계산은 하지 않지만, 필요한 내용을 복습해보자.

$0.2000\,M$ NH_3 25.00 mL를 $0.2000\,M$ HCl로 적정하는 경우를 생각해 보자. 이에 대한 분자 반응식과 알짜 이온 반응식은 다음과 같다.

$$NH_3(aq) + HCl(aq) \longrightarrow NH_4Cl(aq)$$
$$NH_3(aq) + H^+(aq) \longrightarrow NH_4^+(aq)$$

적정 시작 전. 이 지점에서 용액은 단순히 약염기인 NH_3의 용액이다. 유일한 용질이 염기이기 때문에 pH를 계산할 때는 K_b를 사용해야 한다.

시작점부터 당량점 이전까지. NH_3에 HCl을 첨가함에 따라 중화 반응에 의하여 NH_4^+가 생성되고, 용액은 NH_3와 NH_4^+를 포함하게 되므로 완충 용액이 된다. 남아 있는 암모니아 몰수와 HCl의 첨가에 의해 생성된 NH_4^+의 몰수를 계산하기 위해 한계 반응물 계산을 수행한다. 약산의 적정에서와 같이 계산을 위하여 평형 법칙을 이용한다.

당량점. 여기서는 NH_3가 모두 반응하여 용액은 NH_4Cl 염을 포함한다. NH_4^+의 농도를 계산하고, 약산의 pH를 계산한 경우와 같은 방법을 이용한다.

당량점 이후. HCl이 추가로 첨가됨으로써 생긴 H^+는 어떤 반응도 하지 않으므로 용액은 점점 더 산성이 된다. 반응하지 않는 과량의 HCl의 양에 의하여 결정되는 H^+의 농도를 pH 계산에 직접 사용한다.

그림 16.9에 암모니아를 HCl로 적정하는 경우에 대한 적정 곡선을 나타내었다.

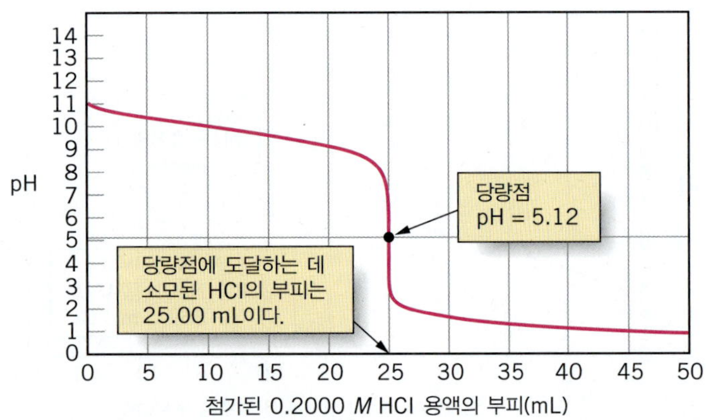

그림 16.9 약염기를 강산으로 적정할 때의 적정 곡선 이 적정 곡선은 $0.2000\,M$ NH_3를 $0.2000\,M$ HCl로 적정하는 동안의 pH 변화를 보여준다.

이양성자산의 적정 곡선

아스코브산(바이타민 C)과 같은 약한 이양성자산을 강염기로 적정할 때는 두 개의 양성자가 중화되므로 두 개의 당량점이 존재한다. K_{a_1}과 K_{a_2}의 값이 10,000배 이상 차이가 난다면 중화 반응은 단계적으로 일어나며, 이때의 적정 곡선에서 pH의 급격한 증가가 두 번 나타난다. 계산이 너무 복잡해서 여기서 계산을 하지는 않지만, 이 적정에 대한 적정 곡선의 일반적인 모양을 **그림 16.10**에 나타내었다.

산–염기 지시약

적정의 종말점은 용액의 색이 한 색깔에서 다른 색으로 변화

할 때라는 것을 5장에서 배웠다. 용액의 색을 변화시키는 물질은 산–염기 지시약이다. 지시약이 어떻게 색변화를 일으키는지 알아보자.

산–염기 지시약으로 사용되는 대부분의 염료는 약산이다. 따라서 지시약을 H*In*으로 나타내 보자. 이온화되지 않은 상태인 H*In*이 특정한 색을 띠고, 그것의 짝염기인 In^-는 다른 색을 띤다. 색이 전혀 다를수록 더 좋은 지시약이다. 용액에서 지시약은 전형적인 산–염기 평형을 나타낸다.

$$\underset{\text{산성형 (하나의 색)}}{\mathrm{H}In(aq)} \rightleftharpoons \mathrm{H}^+(aq) + \underset{\text{염기성형 (다른 색)}}{In^-(aq)}$$

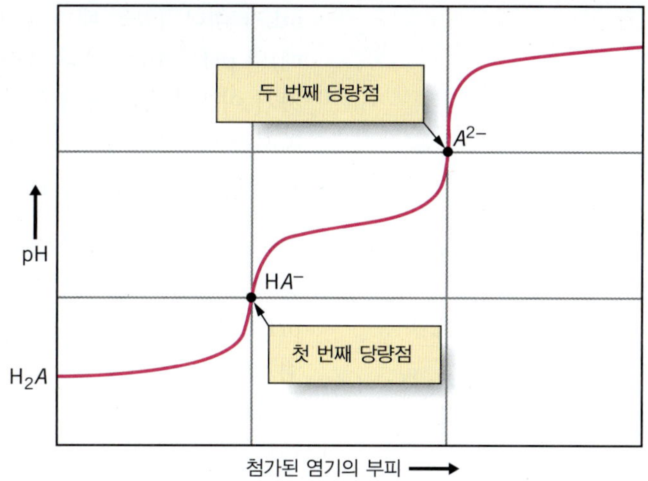

그림 16.10 이양성자산 H_2A를 강염기로 적정할 때의 적정 곡선 각각의 당량점에 가까워지면 pH가 급격히 증가하는 것을 볼 수 있다.

지시약의 산 이온화 상수 K*In*은 다음과 같다.

$$K_{In} = \frac{[\mathrm{H}^+][In^-]}{[\mathrm{H}In]}$$

H^+ 농도가 높은 강산성 용액에서 이 평형은 왼쪽으로 이동하게 되고, 대부분의 지시약은 수소 이온이 결합된 '산성형'으로 존재한다. 이런 조건에서는 H*In*의 산성형 색이 관찰된다. 용액이 염기성이면 H^+의 농도는 감소하고, 평형은 In^-을 향해 오른쪽으로 이동하게 되며, 지시약이 탈양성자화된 '염기성형'인 In^-의 지시약 색이 관찰된다. **표 16.7**에 몇 가지 자주 이용되는 지시약의 색변화가 일어나는 대략적인 pH 범위를 나타내었다.

해설 지시약과 같은 분자들은 빛의 가시광선 스펙트럼의 일부를 흡수할 수 있다. 흡수되지 않은 영역이 그 분자의 색으로 관찰되는 것이다. 붉은색과 노란색 파장을 흡수하는 분자는 파란색으로 보인다.

도구
산–염기 지시약의 원리

일반적으로 $[\mathrm{H}In]/[In^-]$의 비가 10보다 크다면(즉 pH가 $\mathrm{p}K_{In}$보다 1 pH 단위 작다면) 용액은 H*In* 분자의 색을 나타내고, 그 비가 0.1 이하인 경우에는(즉 pH가 $\mathrm{p}K_{In}$보다 1 pH 단위 크다면) In^- 음이온의 색이 나타나게 된다.

그림 16.7~16.10에서 보았듯이, 보통 산–염기 적정에서 당량점을 지날 때 pH에 급격히 큰 변화가 일어난다. 예를 들면 NaOH로 HCl을 적정할 때 당량점에서 반 방울 전(염기 24.97

표 16.7 대표적인 산–염기 지시약

지시약	변색이 일어나는 근사적 pH 범위	색 변화 (낮은 pH에서 높은 pH 방향)
메틸 그린(Methyl green)	0.2~1.8	노란색에서 파란색
티몰 블루(Thymol blue)	1.2~2.8	노란색에서 파란색
메틸 오렌지(Methyl orange)	3.2~4.4	빨간색에서 노란색
에틸 레드(Ethyl red)	4.0~5.8	무색에서 빨간색
메틸 퍼플(Methyl purple)	4.8~5.4	보라색에서 녹색
브로모크레솔 퍼플(Bromocresol purple)	5.2~6.8	노란색에서 보라색
브로모티몰 블루(Bromothymol blue)	6.0~7.6	노란색에서 파란색
페놀 레드(Phenol red)	6.4~8.2	노란색에서 빨간색/보라색
리트머스(Litmus)	4.7~8.3	빨간색에서 파란색
크레솔 레드(Cresol red)	7.0~8.8	노란색에서 빨간색
티몰 블루(Thymol blue)	8.0~9.6	노란색에서 파란색
페놀프탈레인(Phenolphthalein)	8.2~10.0	무색에서 분홍색
티몰프탈레인(Thymolphthalein)	9.4~10.6	무색에서 파란색
알리자린 옐로 R(Alizarin yello R)	10.1~12.0	노란색에서 빨간색
클레이톤 옐로(Clayton yello)	12.2~13.2	노란색에서 황갈색

mL가 적하되었을 때)의 pH는 3.92이지만, 당량점 반 방울 후(염기 25.03 mL가 적하되었을 때)의 pH는 10.08까지 올라간다. 큰 pH 변화(3.92에서 10.08로)는 지시약의 평형 위치를 갑자기 이동시켜서, 용액에 포함된 대부분의 지시약이 산성형으로 존재하는 조건에서 대부분의 지시약이 염기성형으로 존재하는 조건으로 변화된다. 이때 산성형의 색깔이 염기성형의 색깔로 변하는 것을 눈으로 관찰할 수 있다.

pH 측정 및 추산하기 앞에서 pH는 pH 미터(그림 16.2)라는 기기를 이용하여 측정한다는 것을 언급하였다. 완충 용액의 pH는 비교적 안정적이므로 이를 이용하여 pH 미터를 보정한다. pH 미터의 정확도는 표준 완충 용액의 ±0.02 pH 단위 수준이다. 최신 pH 미터의 경우 소수점 이하 3자리나 4자리 수준의 정확도를 나타내기도 한다.

pH를 알아내는 덜 정확한 방법은 산-염기 지시약을 이용하는 것이다. 표 16.7에 몇 가지 대표적인 지시약의 종류와 변색 범위를 수록하였다. 지시약은 좁은 pH 값 범위에서 색 변화를 일으키는데, **그림 16.11**에 몇 가지 지시약에 대하여 변색 범위 양쪽 pH에서의 지시약의 색을 비교하여 나타내었다. 이와 더불어 한 가지 이상의 지시약 염료가 들어 있는 pH 시험지를 사용할 수도 있다. 대략적인 pH 값을 얻기 위해서는 용액 한 방울을 시험지에 떨어뜨리고 그 결과 나타나는 색을 색상표와 비교하면 된다. **그림 16.12**에서 보는 바와 같이 시판되는 시험지(예: Hydrion)에는 몇 가지 염료들이 주입되어 있으며, 보관함에는 색상표가 붙어 있다. 리트머스 종이는 최초의 pH 시험지 중의 한 가지로, 아직도 화학 실험실에서 흔히 사용된다. 리트머스 종이는 다공성의 종이에 리트머스 염료를 주입하고 산 또는 염기에 노출시켜서 빨간색 또는 파란색으로 만든 다음 건조시킨 것이다.

해설 리트머스는 lichens라 불리는 이끼류에서 추출한다.

리트머스는 pH 4.7 이하에서는 빨간색, pH 8.3 이상에서는 파란색을 나타낸다. 이러한 색

Andy Washnik

그림 16.11 몇 가지 산-염기 지시약의 색깔

Andy Washnik

그림 16.12 pH 시험지 이용하기 비커에 담겨 있는 레몬즙 용액 한 방울을 Hydrion 시험지에 떨어뜨리면 색이 오렌지색으로 변한다. 색상표와 대조하면, 이 색은 pH5의 색깔보다는 pH3에 가깝다는 것을 확인할 수 있다.

의 변화는 거의 중성에 가까운 pH 6.5를 중심으로 pH 4.7~8.3 범위에 걸쳐 일어난다. 어떤 용액이 산성인지 알아보려면 그 용액을 파란색 리트머스 종이에 한 방울 떨어뜨려 본다. 분홍색으로 변하면, 그 용액은 산성이다. 마찬가지로, 용액이 염기성인지 알아보려면 용액 한 방울을 빨간색 리트머스 종이에 떨어뜨린 후 파란색으로 변하면 그 용액은 염기성이다. 용액이 중성에 가까우면 빨간색과 파란색 리트머스 종이 모두 색의 변화가 없을 것이다.

종합 화학 예제

당신은 감독관으로서 신입 직원에게 연구원의 실험에 필요한 완충 용액 제조에 필요한 상세한 과정을 설명하려고 한다. 완충 용액을 만드는 전체적인 과정은 다음의 4가지 단계로 이루어져 있다.

1. 연구원의 필요(needs)를 확인한다.
2. 필요한 시약을 보관하고 있는지 확인한다.
3. 연구원의 필요에 맞는 계산을 수행한다.
4. 완충 용액을 제조하는 자세한 과정을 기록한다.

신입 직원에게 완충 용액을 만드는 방법을 설명할 때 참고해야 할 4가지 단계로 이루어진 전체 과정에 대한 절차를 상세하게 기술하시오.

Part 1

풀이 신입 직원의 인수인계가 적절하게 이루어지려면 다른 연구원이 필요한 것이 무엇인지를 명확하게 확인할 필요가 있다. 연구원에 대한 점검표를 작성하기 위하여 완충 용액 제조에 대한 확실한 이해가 필수적이다.

도구 모음 화학식과 균형 화학 반응식 및 약산과 약염기의 이온화 반응식 등이 기본적인 도구로 필요하다. 또한 K_w에 대한 K_a와 K_b(pK_w에 대한 pK_a와 pK_b)의 관계와 Henderson-Hasselbalch 식 등을 추가적인 도구로 사용할 수 있다.

풀이 이 단계에서 다음과 같은 질문에 대한 답을 구해보는 것이 유용하다.
1. 실험실에 완충 용액에 제조에 대한 설명서(혹은 관련 문헌)가 있는가?
2. 없다면, 실험에 필요한 특별한 약산 혹은 약염기는 무엇인가?
3. 완충이 필요한 pH는?
4. 완충이 필요한 화학 반응은 무엇인가?
5. 계획된 실험에서 생성되는 산(혹은 염기)의 최대량은 어느 정도로 예상되는가?
6. 실험에서 허용되는 pH 변화는 어느 정도인가?
7. 필요한 완충 용액의 부피는 얼마인가?

Part 2

풀이 Part 1에서의 질문에 대한 답을 통하여 용액을 제조하는 설명서와 필요한 시약의 종류는 정해졌다. 완충 용액을 사용할 연구원과 상의하여 최종 선택을 하면 된다.

도구 모음 완충 용액에 필요한 올바른 약산과 약염기를 선택하기 위하여 Henderson-Hasselbalch 식과 그 사용법을 도구로 이용한다.

풀이 Part 1의 첫 번째 질문에 대한 답이 '그렇다'이면 제조 방법과 시약은 이미 특정되어 있는 것이다. 그 대답이 '아니다'이면 Part 1의 세 번째 질문에서 묻고 있는 완충 용액의 pH를 알아야 한다. 선택할 약산의 pK_a가 용액의 pH ± 1 범위에 속해야 한다. 이 범위에 속하는 약산의 목록을 작성해서 연구원과 상의하도록 한다. 약염기를 사용하려면 먼저 그 짝산의 pK_a를 계산해서 앞에서 언급한 범위에 속하는지 확인할 필요가 있다. 이때 다음의 식을 이용한다.

$$pK_a = pK_w - pK_b. \tag{1}$$

Part 3

풀이 이제 제조해야 할 완충 용액의 pH와 사용해야 할 짝산–짝염기 쌍을 선택하였다. Henderson–Hasselbalch 식을 이용하여 필요한 pH에 적합한 약산과 약염기의 비를 계산한다.

도구 모음 요구되는 pH에 맞는 짝산–짝염기 쌍의 비를 계산하기 위하여 Henderson–Hasselbalch 식과 그 사용법을 알아야 한다. 또한 pH 변화의 개념을 이해하고 계산할 수 있어야 한다.

풀이 필요한 Henderson–Hasselbalch 식은 다음과 같다.

$$\text{pH} = pK_a + \log\left(\frac{[\text{초기 짝염기}]}{[\text{초기 짝산}]}\right) \tag{2}$$

이 식을 재배열하고 역로그를 취하면 다음과 같다.

$$\text{pH} - pK_a = \log\left(\frac{[\text{초기 짝염기}]}{[\text{초기 짝산}]}\right) \tag{3}$$

$$\text{antilog}(pK_a - \text{pH}) = \left(\frac{[\text{초기 짝염기}]}{[\text{초기 짝산}]}\right) \tag{4}$$

이 식을 이용하여 짝산에 대한 짝염기의 비를 계산할 수 있다. 다시 말하면 짝산과 짝염기 중 하나의 양을 알면 다른 물질의 양을 계산할 수 있다.

실험에서 허용되는 최대 pH 변화 범위(ΔpH)가 주어졌다면, 이에 따른 허용되는 최대 수소 이온의 농도 변화($\Delta[H^+]$)를 다음의 식으로 계산할 수 있다.

$$\text{antilog}(pK_a - \text{pH} + \Delta\text{pH}) = \left(\frac{[\text{최종 짝염기}]}{[\text{최종 짝산}]}\right) \tag{5}$$

식 5에서 짝산과 짝염기의 최종 농도를 제외한 다른 값들은 알고 있다. 그러나 식 4로부터 짝산과 짝염기의 초기 농도비를 알고 있으므로 다음의 관계식을 얻을 수 있다.

$$\left(\frac{[\text{초기 짝염기}]}{[\text{초기 짝산}]}\right) = \frac{[\text{최종 짝염기}] \pm x}{[\text{최종 짝산}] \pm x} \tag{6}$$

용액의 pH가 상승(즉 $\Delta\text{pH} > 0$)하면 짝염기의 농도가 증가하므로 분자의 $\pm x$의 부호는 양이고, 짝산의 양은 감소하므로 분모의 $\pm x$의 부호는 음이다. 이와는 반대로 용액의 pH가 감소(즉 $\Delta\text{pH} < 0$)하면 분자의 $\pm x$의 부호는 음이고, 분모의 $\pm x$의 부호는 양이다. x 값은 pH가 내려가는 경우에는 가해준 산의 mol L^{-1}로, pH가 상승하는 경우에는 가해준 염기의 mol L^{-1}로 대체할 수 있다.

Part 4

풀이 이 단계는 완충 용액을 실제로 제조하는 과정에 대한 것이다. 제조 과정은 준비된 시약에 따라 다르다. 이에 대하여 풀이에서 설명한다.

도구 모음 3장에서 배운 화학량론을 필요한 도구이다.

풀이 준비된 시약에 따라 몇 가지 서로 다른 방법을 사용할 수 있다.

1. 짝산과 짝염기가 모두 준비된 경우

2. 짝산만 준비된 경우

3. 짝염기만 준비된 경우

방법

1. 첫 번째 방법에서는 요구된 부피의 완충 용액을 만드는 데 필요한 짝산과 짝염기의 양을 측정

한 후 녹인다.

2. 두 번째 방법에서는 필요한 짝산과 짝염기의 몰수를 더하고, 더한 몰수에 해당하는 짝산을 측정한다. 측정한 짝산을 모두 녹인 용액에 필요한 짝염기를 만들 수 있을 만큼의 강염기를 가한다.
3. 세 번째 방법에서는 필요한 짝산과 짝염기의 몰수를 더하고, 더한 몰수에 해당하는 짝염기를 측정한다. 측정한 짝염기를 모두 녹인 용액에 필요한 짝산을 만들 수 있을 만큼의 강염기를 가한다. 검정된 pH 미터를 이용하여 제조된 완충 용액의 pH를 점검하는 것이 좋다. 어떤 실험실에서는 방법 2 혹은 3을 이용할 때 pH 미터가 목표로 하는 pH에 도달할 때까지 강산이나 혹은 강염기를 가한다.

답이 합리적인가? Part 1에서 작성한 목록에 빠진 것이 없는 것으로 판단되므로 답이 합리적이라고 할 수 있다. Part 2에서 짝산을 선택하는 절차를 따랐으므로 문제가 없어 보인다. Part 3는 Henderson–Hasselbalch 식을 이용하여 짝산과 짝염기의 비를 계산하는 과정을 포함하고 있다. 두 번째 부분은 가해준 산이나 혹은 염기에 따른 농도 변화를 알아보는 복잡한 계산에 대한 것이다. Part 4에서의 완충 용액을 제조하는 3가지 방법은 논리적이고 실제 실험에 부합한다. 신입 직원이 업무를 수행하는데 문제가 없어 보인다.

종합 화학 문제

A. 수소 이온이 생성되는 어떤 실험에서 아세트산과 아세트산 소듐의 혼합물을 이용하여 용액의 pH를 4.5에 맞추었다. 이 실험에서 생성되는 수소 이온은 최대 $0.250\,\text{mol L}^{-1}$이다. 반응이 시작한 후 용액의 pH 변화를 ± 0.1 이하로 유지하려면, 초기에 혼합한 아세트산과 아세트산 소듐의 최소 농도는 얼마여야 하는가?

B. 완충 용액을 제조할 때, 원하는 pH ± 1 범위의 pK_a 값을 가지는 약산을 사용해야 한다는 경험 법칙을 언급한 바가 있다. 약산을 강산 염기로 적정할 때의 적정 곡선을 그리고, 적정 곡선을 이용하여 언급한 경험 법칙이 타당하다는 것을 설명하시오.

C. 약염기를 이용하여 pH가 7보다 낮은 완충 용액을 제조하는 방법에 대하여 설명하시오.

D. 주어진 pH에서 작동하는 완충 용액을 만드는 데 사용할 수 있는 약산이나 염기가 둘 이상인 경우도 있다. 완충 용액 제조에 사용할 시약을 선택할 때 추가로 고려해야 할 사항은 무엇인가?

E. 완충 능력은 완충 용액 1 L의 pH를 ±1만큼 변화시키는 데 필요한 강염기나 혹은 강산의 몰수로 정의된다. 다음 물음에 답하시오.
(**a**) 완충 용액이 둘 이상의 완충 능력을 가질 수 있는가?
(**b**) 약산의 적정 곡선을 이용하여 (**a**)에 대한 답의 근거를 제시하시오.

요약

학습 목표별로 정리함

pH를 정의하고 'p' 표기법을 사용할 수 있다.

물은 자체적으로 반응하여 적은 양의 H_3O^+(종종 H^+로 축약됨)와 OH^- 이온을 생성한다. 순수한 물과 묽은 수용액에서 이러한 이온의 농도는 다음의 식이 나타내는 관계를 가진다.

$$[H^+][OH^-] = K_w = 1.0 \times 10^{-14} \quad (25°C\text{에서})$$

K_w는 **물의 이온곱 상수**이며, 순수한 물에서 두 이온의 농도는 다음과 같다.

$$[H^+] = [OH^-] = 1.0 \times 10^{-7}$$

용액의 **pH**는 $pH = -\log[H^+]$에 의해 정의된다. pH가 감소할수록 산도, 즉 $[H^+]$는 증가한다. 같은 방식으로 **pOH**$(= -\log[OH^-])$

는 염기성 용액을 설명하는 데 사용된다. 수소 이온의 농도가 1.0×10^{-7}을 초과하면, 즉 pH가 7보다 작으면 산성 용액이다. 수소 이온의 농도가 1.0×10^{-7}보다 작으면, 즉 pH가 7보다 크면 염기성 용액이다.

강산과 강염기 수용액의 pH를 결정하는 방법을 설명할 수 있다.

pH를 계산할 때 강산과 강염기는 수용액에서 100% 이온화된다고 가정한다.

산 이온화 상수 K_a와 염기 이온화 상수 K_b의 식을 쓰고, 그들이 서로 어떻게 관련이 있는지 설명할 수 있다.

약산 HA는 다음과 같은 반응식에 따라 이온화된다.

$$HA + H_2O \rightleftharpoons H_3O^+ + A^-$$

또는 더 단순하게 쓰면 다음과 같다.

$$HA \rightleftharpoons H^+ + A^-$$

이 반응의 평형 상수는 **산 이온화 상수(K_a)**라고 한다.

$$K_a = \frac{[H_3O^+][A^-]}{[HA]}$$

약염기인 B는 다음 일반식에 의해 이온화된다.

$$B + H_2O \rightleftharpoons BH^+ + OH^-$$

이 반응의 평형 상수는 **염기 이온화 상수(K_b)**라고 한다.

$$K_b = \frac{[BH^+][OH^-]}{[B]}$$

K_a(또는 K_b) 값이 작을수록 Brønsted 산(또는 염기)으로서의 세기도 작다. 산과 염기의 상대적인 세기를 비교하기 위한 또 다른 방법은 K_a와 K_b의 음의 로그인 **pK_a**와 **pK_b**를 이용하는 것이다. 산과 염기가 **강할수록** pK_a와 pK_b 값은 **더 작다**.

실험 자료를 이용하여 산과 염기의 이온화 상수를 결정하는 방법을 설명할 수 있다.

K_a와 K_b 값은 산과 염기의 초기 농도와 용액의 pH 또는 산과 염기의 이온화 백분율로부터 얻을 수 있다. 측정된 pH는 평형에서의 $[H^+]$ 값을 알려 준다.

약산 또는 약염기 용액의 pH와 용액에 존재하는 염의 평형 농도를 결정할 수 있다.

약산 또는 약염기와 관련된 문제들은 다음의 세 가지로 분류된다. (1) 약산인 용질만 존재할 경우(K_a 식을 사용한다.) (2) 약염기인 용질만 존재할 경우(K_b 식을 사용한다.) (3) 약산과 그의 짝염기를 모두 포함하는 용액의 경우(K_a와 K_b 중 하나를 사용할 수 있다.)

산(또는 염기)의 초기 농도가 K_a(또는 K_b)보다 100배 이상 클 경우에는, 질량 작용식에서 산이나 염기의 초기 농도를 평형에서의 농도로 생각해도 무방하다. 이 근사를 사용할 수 없는 경우에는 이차 함수를 사용하여 계산한다.

염 용액이 어떻게 산성이나 염기성이 될 수 있는지 설명할 수 있다.

양이온이 산성이지만 음이온은 중성이라면, 이 염의 용액은 산성이다. 전하 밀도가 높은 금속 이온은 보통 산성이지만, 1A족과 2A족(Be_2^+는 제외)의 이온들은 그렇지 않다. **분자성** 약염기인 NH_3의 짝산인 NH_4^+와 같은 양이온은 그 자체가 양성자 주개이고 산성이다. 염의 음이온이 **약산**의 짝염기일 때, 그 음이온은 약염기이다. Cl^-와 NO_3^-와 같은 강산의 음이온은 용액의 pH에 영향을 주지 않을 정도로 매우 약한 Brønsted 염기이다.

어떤 염을 구성하는 양이온과 음이온이 각각 약염기와 약산으로부터 나온 것이라면, pH에 미치는 전체 효과는 두 이온 중 어떤 것이 좀 더 강한가에 따라 결정된다.

완충 용액의 정의 및 제조 방법, 작동 원리, pH 변화를 계산하는 방법을 설명할 수 있다.

약산과 약염기 모두를 포함하는 용액(보통 약산과 그 짝염기)을 **완충 용액**이라고 하는데, 음이온 A^-가 강산의 H^+를 흡수할 수 있고

$$A^- + H^+ \longrightarrow HA$$

산 HA가 강염기의 OH^-를 흡수하여 pH의 변화를 줄이기 때문이다.

$$HA + OH^- \longrightarrow A^- + H_2O$$

완충 용액의 pH는 약산과 약염기의 비에 의해 조절되는데, 이 비는 몰농도나 몰수로 표현된다.

$$[H^+] = K_a\frac{[HA]}{[A^-]} \quad [H^+] = K_a\frac{\text{mol } HA}{\text{mol } A^-}$$

$[H^+]$는 A^-에 대한 HA의 비로 결정되기 때문에 희석을 하더라도 완충 용액의 pH는 변하지 않는다. 완충 용액을 구성하는 짝산의 pK_a가 목표 pH에서 ±1 단위 이내에 있을 때, 완충 용액의 효과가 최대가 된다.

다양성자산을 정의하고, 다양성자성산 용액에 존재하는 모든 화학종의 농도를 계산하는 방법을 설명할 수 있다.

다양성자산은 각각의 양성자가 이온화되는 과정에 대한 별도의 pK_a 값이 존재한다. 연속적인 이온화 과정의 pK_a 값들은 종종 10^4에서 10^5 정도의 차이가 있다. 이런 이유로 인하여 다양성자산의 pH를 K_{a_1}만을 이용하여 계산할 수 있다. 용액에 다양성자산만 존재한다면, 두 번째 이온화에 의해 생성되는 음이온 A^{2-}의 농도는 K_{a_2}와 같다.

약산인 다양성자산의 음이온은 염기이기 때문에 물과의 반응에 의해 분자성 다양성자산을 생성한다. 이양성자산의 경우, $K_{b_1} = K_w/K_{a_2}$과 $K_{b_2} = K_w/K_{a_1}$의 관계식이 성립한다. $K_{b_1} \gg K_{b_2}$의 관계가 일반적이기 때문에 모든 OH^-는 첫 번째 과정에서 생성된다고 보아도 무방하며, 따라서 용액의 pH는 K_{b_1}만 사용하여 구할 수 있으며, 반응식은 다음과 같다.

$$A^{2-} + H_2O \rightleftharpoons HA^- + OH^-$$

산과 염기의 반응에 대한 적정 곡선을 그리고 설명할 수 있다.

가해준 적정 시약의 부피에 대한 pH 값의 그래프를 그려서 **적정 곡선**을 얻는다. 적정 곡선에는 적정 반응에 대한, 당량점과 평형 상수를 포함하는 중요한 정보가 담겨 있다.

적정 곡선의 특징을 나타내는데 유용한 pH를 계산할 수 있는 4가지 영역이 있다.

(a) 산 또는 염기만 존재하는 시작점에서의 pH

(b) 시작점과 당량점 사이의 부피가 가해졌을 때의 용액의 pH

(c) 당량점에서의 pH

(d) 당량점 이후의 pH

산–염기 지시약은 약산으로서 짝산과 짝염기의 색깔이 다르다. 당량점에서 급격한 pH의 변화에 의해 지시약은 특정 색에서 다른 색으로 빠르게 변한다. 당량점 근처의 pH에서 적절히 작용하는 지시약을 선택하면, 적정이 당량점에 도달하는 것을 지시약의 급격한 색변화로 알 수 있다.

문제 풀이를 위한 도구

도구 다음과 같은 도구들이 이 장에서 도입되었다. 이들을 주의 깊게 공부하면 필요할 때 적절한 도구를 선택할 수 있다.

물의 이온곱 상수 K_w(16.1절)

$$K_w = [H^+][OH^-] \quad \text{또는} \quad K_w = [H_3O^+][OH^-]$$

25°C에서 K_w 값은 1.0×10^{-14}이다.

pH의 정의(16.1절)

$$pH = -\log[H^+]$$

p 함수(p*X*)의 정의(16.1절)

$$pX = -\log X$$

pK_w와 pH 및 pOH의 관계(16.1절)

$$pH + pOH = pK_w \qquad pK_w = 14.00 \quad 25\,°C\text{에서}$$

약산의 이온화에 대한 일반식(16.3절)

$$HA + H_2O \rightleftharpoons H_3O^+ + A^- \quad \text{또는} \quad HA \rightleftharpoons H^+ + A^-$$

약염기의 이온화에 대한 일반식(16.3절)

$$B + H_2O \rightleftharpoons BH^+ + OH^-$$

K_a와 K_b 사이의 반비례 관계(16.3절)

$$K_a \times K_b = K_w$$

pK_a와 pK_b 사이의 관계(16.3절)

$$pK_a + pK_b = pK_w \qquad pK_w = 14.00 \quad \text{at } 25\,°C$$

이온화 백분율(16.4절)

$$\text{이온화 백분율} = \frac{\text{리터당 이온화된 몰수}}{\text{초기의 몰농도}} \times 100\%$$

단순화 가정을 적용할 수 있는 기준(16.5절)

$$C_{HA} > 100 \times K_a \quad \text{또는} \quad C_B > 100 \times K_b$$

산성 양이온과 염기성 음이온의 종류(16.6절) 여기서 발전된 개념들을 사용하여 어떤 염 용액이 산성인지, 염기성인지 또는 중성인지를 결정할 수 있다. 또한 용액의 액성을 결정하는 것은 염 용액의 pH를 계산하기 위한 첫 번째 단계이다.

완충 작용의 원리(16.7절) 이러한 반응은 강산 또는 강염기가 완충 용액에 첨가되었을 때, 짝산과 짝염기의 농도가 어떻게 변화하는지를 보여 준다. H^+를 첨가하면 $[A^-]$는 감소하고, $[HA]$는 증가한다. OH^-를 첨가하면 $[HA]$는 감소하고, $[A^-]$는 증가한다. 이러한 반응들은 용액의 pH가 크게 변화하는 것을 막아 준다.

Henderson–Hasselbalch 식(16.7절)

$$pH = pK_a + \log\frac{[A^-]}{[HA]}$$

다양성자산은 단계적으로 이온화된다.(16.8절) 다양성자산의 화학식에는 이온화될 수 있는 양성자가 한 개 이상이다. 각각의 양성자는 연속적으로 이온화되고, 그 이온화 반응식은 앞에서 언급한 약산의 이온화에 대한 일반식과 비슷한 형태를 보일 것이다.

적정 곡선은 4가지 영역으로 나누어 다룬다.(16.9절) 적정 곡선은 시료에 첨가된 적정 시약의 부피에 대한 pH의 그래프이다. 적정 곡선의 pH 변화를 나타내는 데 유용한 4가지 영역이 있다. (a) 시작점, (b) 시작점부터 당량점까지, (c) 당량점, (d) 당량점 이후.

산–염기 지시약의 원리(16.9절) 적정 지시약은 짝산이 한 가지 색을 띠고 짝염기가 다른 색을 띠는 약산이며, 용액의 pH에 따라 색이 변한다.

> **쌍으로 구성된 복습 문제 중 청색 번호를 가진 문제의 해답은 부록 B에 수록하였다. 난이도가 높은 문제는 별표(*)로 표시하였다.**

복습 질문

물과 pH 그리고 'p' 표기법

16.1 (a) 암모니아의 자동이온화에 대한 화학 반응식을 쓰고 (b) K_{NH_3}에 대한 평형 법칙을 쓰시오.

16.2 다음의 용어를 이용하여 수용액의 산성 및 염기성 그리고 중성에 대한 정의를 쓰시오.
(a) $[H^+]$와 $[OH^-]$ (b) pH와 pOH

16.3 25°C에서 pOH가 7.35인 수용액에서 $[H^+]$를 구하시오.

16.4 화학자들이 H^+ 이온의 농도 대신 pH 표기법을 사용하는 이유는 무엇인가?

16.5 공통 이온 효과란 무엇인가? 물의 자동이온화를 예로 들어 설명하시오.

16.6 평준화 효과에 대하여 설명하시오.

16.7 물 1갤런에 1순가락 분량의 소금을 녹인 것과 같은 묽은 용액에 포함된 염소 이온의 농도를 p 표기법으로 나타낼 수 있는가?

강산과 강염기 용액의 pH

16.8 다음 지시약들이 강산과 강염기 용액에서 어떤 색을 나타내는가? (답을 확인하려면 표 16.7을 찾아보시오.)

	아래 용액 중의 색	
지시약	산	염기
페놀프탈레인		
브로모티몰 블루		
티몰 블루		

16.9 산이나 염기를 강산이나 강염기로 분류할 때 기준이 되는 가장 중요한 화학적인 특성은 무엇인가? 강산과 강염기의 예를 들어 보시오. 강염기를 확인하는 방법은 무엇인가?

16.10 산의 세기와 농도의 차이점은 무엇인가?

16.11 어떤 강염기는 속쓰림의 원인이 되는 위산을 경감시키는 데 안전하게 사용될 수 있다. 치명적인 결과를 유발하는 강염기와 약으로 사용될 수 있는 강염기의 차이점은 무엇인가?

16.12 강산 1.0*M* 수용액에서 물의 자동이온화 반응을 무시할 수 있는 이유는 무엇인가?

16.13 0.45*M* HCl 25.0mL를 0.35*M* NaOH 30.0mL에 가했다. 다음 물음에 답하시오(힌트: 최종 혼합 용액의 H^+의 농도를 결정하시오).

(**a**) 용액에서 일어나는 화학 반응식을 쓰시오.

(**b**) 반응물이 모두 반응한 후 용액의 pH는 얼마인가?

K_a와 K_b 결정하기

16.14 (**a**) 약산 *HA*와 (**b**) 약염기 *B*에 대한 이온화 반응식과 K_a 혹은 K_b에 대한 평형 법칙을 각각 쓰시오.

16.15 다음 중 약산과 강산 혹은 비전해질을 가장 잘 나타내는 도표는 각각 어느 것인가?

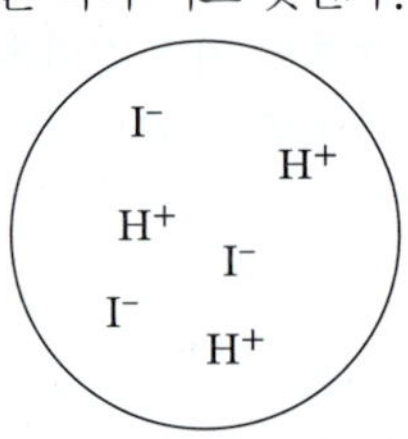

(a)

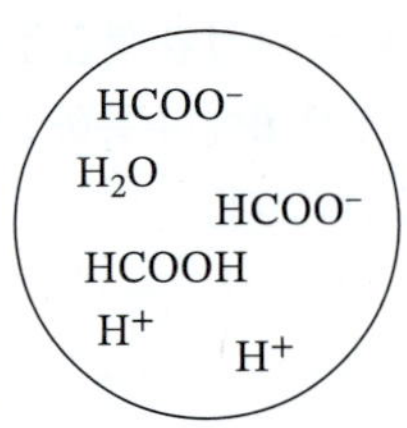

(b)

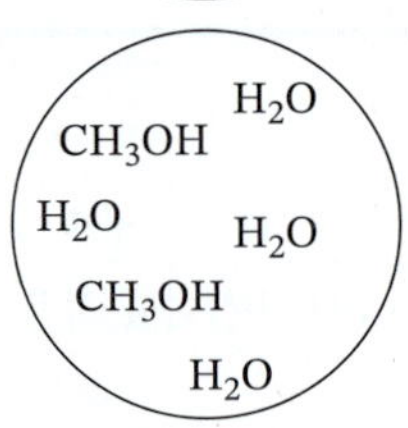

(c)

16.16 약산과 약염기는 평형 상수 K_a와 K_b를 사용하지만 강산과 강염기에 대한 평형 상수는 없는 이유는 무엇인가?

16.17 수용액에서 다음 약산의 이온화 반응식을 쓰시오(다양성자 산의 경우에는 첫 번째 이온화 반응식만 쓰시오).

(**a**) C_6H_5OH (**b**) $CH_3CH_2(OH)COOH$

(**c**) $(CH_3)_2NH_2^+$ (**d**) HClO

16.18 문제 16.17에서의 각 이온화 반응에 대한 K_a 식을 쓰시오.

16.19 수용액에서 다음 약염기의 이온화 반응식을 쓰시오.

(**a**) $(CH_3)_2NH$ (**b**) $C_6H_5O^-$

(**c**) $CH_3CH_2(Cl)COO^-$ (**d**) ClO_4^-

16.20 문제 16.19에서의 각 이온화 반응에 대한 K_b 식을 쓰시오.

16.21 HCN과 HF의 pK_a는 각각 9.31과 3.46이다. CN^-와 F^- 중 더 강한 Brønsted 염기는 어느 것인가?

16.22 다음 화합물의 짝산의 구조식을 그리시오.

(a)

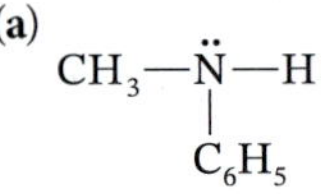

(b)

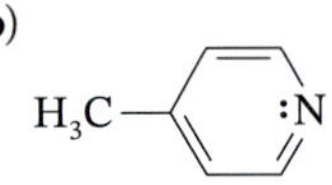

(c)

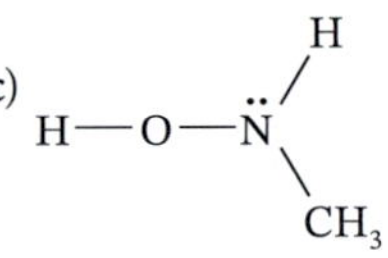

16.23 다음 화합물의 짝염기의 구조식을 그리시오.

(a)

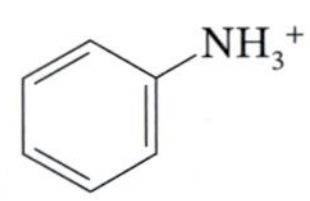

(b)

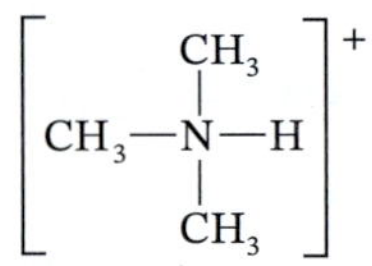

(c)

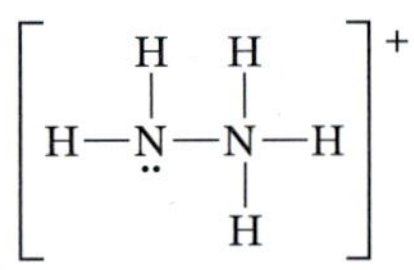

16.24 이온화 백분율에 대한 정의를 식으로 나타내시오.

약산 및 약염기 용액의 pH

16.25 약산과 약염기 용액의 pH를 계산할 때 산이나 염기의 초기 농도를 평형 농도로 사용할 수 있다는 가정이 성립하기 위한 기준은 무엇인가?

16.26 다음 중 pH를 계산할 때 산과 염기의 초기 농도를 평형 농도 대신 사용할 수 있는 용액은 어느 것인가?

(**a**) 0.020*M* $HC_2H_3O_2$ (**b**) 0.10*M* CH_3NH_2

(**c**) 0.002*M* N_2H_4 (**d**) 0.050*M* $HCHO_2$

16.27 이차 방정식이란 무엇인가? 어떤 경우의 평형 농도를 구할 때 사용하는가?

16.28 우루과이 관목에서 추출한 새로운 약물 성분은 약한 유기성 염기이다. 이 화합물 0.100*M* 수용액의 pH가 10.80이라면, 이 물질의 K_b는 얼마인가?

염용액의 산-염기 성질

16.29 아스피린의 성분은 아세틸살리실산으로, 이 산은 일양성자 산이고 K_a 값이 3.3×10^{-4}이다. 아스피린 소듐 염의 수용액은 산성, 염기성, 혹은 중성 중 어느 것일까?

16.30 황산 이온(SO_4^{2-})의 K_b 값은 9.83×10^{-13}이다. Na_2SO_4 용액은 산성, 염기성, 혹은 중성 중 어느 것일까?

16.31 다음 각각의 화합물 0.2*M* 용액을 제조하였다. 용액의 pH가 **(a)** 산성 **(b)** 염기성 **(c)** 중성인 용액의 화학식을 쓰시오.
NaBr, NH_4Cl, KI, NaCN, $Mg(C_2H_3O_2)_2$, $RbNO_3$, KCl

16.32 $B(OH)_3$ 수용액을 적신 리트머스 시험지의 색은 붉은색일까 혹은 파란색일까?

16.33 뷰티르산 포타슘($KC_4H_7O_2$)은 물과 반응할 수 있는가? 반응한다면, 0.120*M* 용액의 pH를 계산하시오($KC_4H_7O_2$의 $K_a = 1.5\times10^{-5}$이다).

16.34 산의 평형 농도와 관련한 가정이 성립하기 위한 클로로아세트산($HC_2H_2O_2Cl$)의 최소 농도는 얼마인가? ($HC_2H_2O_2Cl$의 $K_a = 1.4\times10^{-3}$이다.)

완충 용액

16.35 완충 용액을 만들기 위하여 필요한 두 물질은 서로 어떤 관계인가?

16.36 다음의 각 쌍의 화합물이 완충제의 쌍으로 작용하는 것을 보여 주는 이온 반응식을 쓰시오.

(a) H_2CO_3와 $NaHCO_3$(혈액에서 작용하는 탄산 완충제)

(b) NaH_2PO_4와 Na_2HPO_4(체세포에서 작용하는 인산 완충제)

(c) NH_4Cl와 NH_3

(d) 페놀과 소듐 페녹사이드

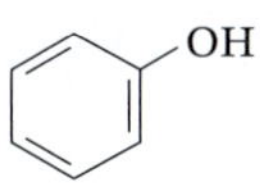

과
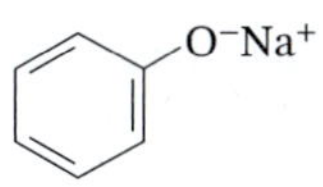

16.37 $KC_2H_3O_2$ 0.125*M*과 $HC_2H_3O_2$ 0.100*M*로 이루어진 완충용액의 pH를 계산하시오. 아세트산의 pK_a는 4.74이다.

다양성자산

16.38 H_2SeO_3의 단계적 이온화에 대한 평형 반응식을 쓰고, K_{a_1}과 K_{a_2}를 나타내는 식을 쓰시오.

16.39 첫 번째 양성자는 강한 산성이고 두 번째 양성자는 약한 산성을 띠는 이양성자산을 가장 잘 나타내는 그림은 어느 것인가?

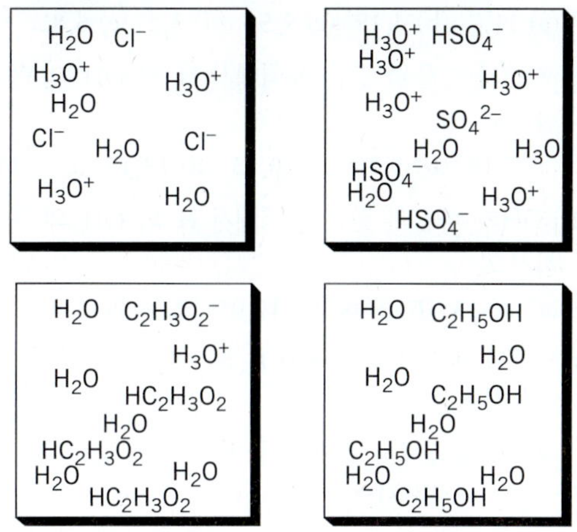

16.40 인산(H_3PO_4)은 삼양성자산이다. 수용액에서 이 산의 3가지 단계의 이온화 반응식과 3가지 K_a 식을 쓰시오.

16.41 다양성자산의 이온화가 포함된 문제를 다룰 때, 문제를 단순화하기 위하여 사용하는 일반적인 가정은 무엇인가? 가정이 성립하지 않는 조건은 무엇인가?

16.42 다음 수용액에 존재하는 화학 평형에 대한 반응식을 쓰시오.
(a) Na_2SO_4 **(b)** $Mg_3(PO_4)_2$ **(c)** $Na_2C_4H_4O_6$

산-염기 적정

16.43 산-염기 적정에서 사용되는 당량점과 종말점을 정의하시오.

16.44 다음 각 경우의 당량점에서 용액의 pH는 산성, 중성, 염기성 중 어느 것인가?

(a) 아세트산 용액을 수산화 소듐으로 적정하는 경우

(b) 하이드라진 용액을 질산으로 적정하는 경우

(c) 질산 용액을 수산화 포타슘으로 적정하는 경우

16.45 묽은 브로민화수소산을 수산화 포타슘으로 적정할 때 브로모티몰 블루와 티몰 블루 중 더 적합한 지시약은 어느 것인가? 그 이유는 무엇인가?

16.46 폼산을 KOH로 적정할 때 지시약으로 메틸 오렌지를 사용한다면 종말점과 당량점이 일치하겠는가? 그렇지 않다면, 이 적정에 더 적합한 지시약을 그 근거와 함께 제시해 보시오.

복습 문제

물과 pH 그리고 'p' 표기법

16.47 수산화 이온의 농도가 다음과 같은 용액에서 $[H^+]$, pH, pOH를 계산하시오.

(a) 0.005*M* **(b)** $2.5\times10^{-5}\,M$
(c) $5.0\times10^{-8}\,M$ **(d)** $4.1\times10^{-12}\,M$

16.48 수소 이온의 농도가 다음과 같은 용액에서 $[OH^-]$, pH, pOH를 계산하시오.

(a) $3.5\times10^{-7}\,M$ **(b)** 0.0017*M*
(c) $2.5\times10^{-11}\,M$ **(d)** $7.9\times10^{-2}\,M$

16.49 pH가 다음과 같은 용액에서 H^+와 OH^-의 몰농도를 계산하시오.
(a) 7.96 **(b)** 2.35 **(c)** 10.85 **(d)** 13.75 **(e)** 6.25

16.50 pH가 다음과 같은 용액에서 H^+와 OH^-의 몰농도를 계산하시오.

(a) 11.7 (b) 4.18 (c) 9.55 (d) 3.2 (e) 6.85

16.51 pOH가 다음과 같은 용액에서 H^+와 OH^-의 몰농도를 계산하시오.
(a) 7.19 (b) 1.26 (c) 10.85 (d) 13.15 (e) 5.24

16.52 pOH가 다음과 같은 용액에서 H^+와 OH^-의 몰농도를 계산하시오.
(a) 11.15 (b) 5.98 (c) 12.05 (d) 4.55 (e) 3.25

16.53 인간의 체온인 37°C에서 K_w는 2.5×10^{-14}이다. 다음 물음에 답하시오.
(a) 이 온도에서 순수한 물에서의 $[H^+]$, $[OH^-]$, pH, pOH를 계산하시오.
(b) 이 온도에서 pH, pOH, pK_w 사이의 관계를 식으로 나타내시오.
(c) 이 온도에서 물은 중성인가?

16.54 상점에서 파는 청량 음료의 $[H^+]$가 3.4×10^{-4} mol L^{-1}이다. 이 용액의 pH를 구하시오.

16.55 유리 세척제의 $[OH^-]$가 6.3×10^{-5} mol L^{-1}이다. 이 시료의 pH를 구하시오.

16.56 청소용 세제로 주로 염기를 사용한다. 어떤 세제 용액의 $[OH^-]$가 1.8×10^{-5} mol L^{-1}이다. 이 시료의 pH를 구하시오.

16.57 중수(D_2O)는 물과 유사하게 이온화한다. 20°C에서 이온곱 상수 K_w는 8.9×10^{-16}이다. 20°C에서 이 용액의 $[D^+]$와 $[OD^-]$를 구하시오. pD와 pOD를 계산하시오. 중성에서의 pD는 얼마인가?

16.58 물의 끓는점인 100°C에서 K_w는 51.3×10^{-14}이다. 이 온도에서 순수한 물에서의 $[H^+]$, $[OH^-]$, pH, pOH를 계산하시오. 이 온도에서 pH, pOH, pK_w 사이의 관계를 식으로 나타내시오.

16.59 황이나 질소의 산화물 형태의 물질로 오염된 대기에 비가 내리면 '산성비'가 된다. 산성비의 pH가 3.5 이하가 되면 나무나 식물에 치명적인 해를 입힌다. pH가 2.95인 산성비에 포함된 수소 이온의 농도를 구하시오. 수소 이온의 농도가 계산된 수소 이온의 농도보다 2배가 높은 용액에 포함된 수소 이온의 농도는 얼마인가?

강산과 강염기 용액의 pH

16.60 HNO_3 0.00065 M 용액에 포함된 H^+의 농도를 계산하시오. 이 용액은 pH는 얼마인가? 이 용액의 OH^-의 농도는 얼마인가?

16.61 $HClO_4$ 0.051 M 용액에 포함된 H^+의 농도를 계산하시오. 용액에 포함된 OH^-의 농도는 얼마인가? H^+의 농도가 반으로 줄어들면 pH는 얼마만큼 변하는가?

16.62 NaOH 6.0 g을 녹여 1.00 L로 만든 용액이 있다. 이 용액에 포함된 OH^-의 몰농도를 구하시오. 이 용액의 pH와 pOH는 얼마인가? 수소 이온의 농도는 얼마인가?

16.63 $Ba(OH)_2$ 1.25 g을 녹여 250 mL로 만든 용액이 있다. 이 용액에 포함된 OH^-의 몰농도를 구하시오. 이 용액의 pH와 pOH는 얼마인가? 수소 이온의 농도는 얼마인가?

16.64 어떤 $Ca(OH)_2$ 용액의 pH가 11.60이었다. 이 용액에 녹인 $Ca(OH)_2$의 몰농도를 계산하시오. 용액의 pH가 10.60이 되도록 묽힌 용액에서 $Ca(OH)_2$의 몰농도는 얼마인가?

16.65 어떤 HCl 용액의 pH가 3.15였다. 이 용액 0.100 L에는 몇 그램의 HCl이 녹아 있는가? pH가 두 배인 용액 100 mL에 포함된 HCl은 몇 그램인가?

16.66 NaOH 0.0020 M 용액에서, 물의 이온화로 생성되는 OH^-는 용액 1 L당 몇 몰이 생성되는가?

16.67 어떤 HBr 용액에서 물의 이온화에 의하여 생성되는 H^+ 이온의 농도가 1.75×10^{-10}이다. H^+의 전체 농도는 얼마인가?

*16.68 $Ba(OH)_2$ 2.64 μg을 녹여 만든 1.00 L의 용액이 있다. 이 용액의 pH를 계산하시오. 물의 이온화에 의하여 생성되는 수소 이온의 농도는 얼마인가?

*16.69 HNO_3 2.8×10^{-7} M 용액의 pH를 계산하시오. 물의 이온화에 의하여 생성되는 수소 이온의 농도는 얼마인가?

16.70 달걀의 보관 기간이 길어지면 내부에서 이산화 탄소가 확산됨에 따라 달걀 흰자의 pH가 7.9에서 9.3까지 상승한다. pH 9.1일 때 달걀에 존재하는 수소 이온의 농도를 계산하시오.

산과 염기의 이온화 상수: K_a과 K_b

16.71 $HC_2H_3O_2$의 K_a는 1.8×10^{-5}이다. $C_2H_3O_2^-$의 K_b를 계산하시오.

16.72 벤조산 이온 $C_6H_5COO^-$의 K_b는 1.6×10^{-10}이다. 벤조산의 K_a를 구하시오.

16.73 아이오딘산(HIO_3)의 pK_a는 0.77이다. 다음 물음에 답하시오.
(a) 짝염기의 화학식을 쓰고 K_b를 구하시오.
(b) 짝염기는 아세트산 이온에 비하여 더 강한 염기인가 혹은 더 약한 염기인가?

16.74 분석에 이용되는 시약인 쿠페론[cupferron, $C_6H_5N(NO)OH$]의 K_a는 25°C에서 6.9×10^{-5}이다. 다음 물음에 답하시오.
(a) 짝염기의 K_b를 구하시오.
(b) 짝염기는 페녹사이드보다 더 강한 염기인가 혹은 더 약한 염기인가?

약산과 약염기 용액의 pH

*16.75 pH 11.35인 용액 500 mL를 제조하기 위하여 필요한 NH_3의 몰수를 계산하시오.

*16.76 NH_3 0.160 M 용액의 pH가 11.32이다. 이 용액에서 이온화된 암모니아의 백분율을 구하시오.

16.77 약산 HA 0.20 M 용액의 pH가 3.22이다. 약산의 이온화 백분율을 계산하시오. 약산의 K_a는 얼마인가?

16.78 포함된 어떤 산의 농도가 0.15M인 우유의 pH가 2.80이다. 이 산의 이온화 백분율을 구하시오. 산의 K_a는 얼마인가?

16.79 약염기 0.12M 용액에서 약염기의 이온화 백분율이 0.012%이다. 이 용액의 pH를 구하시오. 이 약염기의 K_b는 얼마인가?

16.80 약염기 0.025M 용액에서 약염기의 이온화 백분율이 0.025%이다. 이 용액의 pH를 구하시오. 이 약염기의 K_b는 얼마인가?

16.81 아이오딘산(HIO_3)은 중요한 산화제이자 중간 수준의 강산이다. 아이오딘산 0.100M 용액의 $[H^+]$가 7.1×10^{-2} mol L^{-1}이라면 아이오딘산의 K_a와 pK_a는 각각 얼마인가?

16.82 클로로아세트산($HC_2O_2O_2Cl$)은 아세트산보다 더 강한 일양성자산이다. 이 산 0.20M 용액의 pH는 1.50이다. 이 산의 K_a와 K_b를 각각 계산하고, 아세트산과 비교하시오. 클로로아세트산의 K_a가 아세트산보다 더 큰 이유를 설명하시오.

16.83 에틸아민($CH_3CH_2NH_2$)은 암모니아와 같이 강한 자극성 냄새가 나는 Brønsted 염기이다. 이 염기 0.10M 용액의 pH가 11.87이다. 이 염기의 K_b와 pK_b 그리고 이온화 백분율을 각각 계산하시오.

16.84 Brønsted 염기인 하이드록실아민($HONH_2$) 0.25M 용액의 pH가 11.11이다. $HONH_2$의 K_b와 pK_b 그리고 이온화 백분율을 각각 구하시오.

***16.85** 젖산($HC_3H_5O_2$) 용액 0.150M에 존재하는 모든 용질의 농도를 각각 구하시오. 이 용액의 pH는 얼마인가? 젖산의 K_a는 1.4×10^{-4}이다.

16.86 과산화 수소(H_2O_2) 용액 0.50M에 존재하는 모든 용질의 농도를 각각 구하시오. 이 용액의 pH는 얼마인가? H_2O_2의 K_a는 2.4×10^{-12}이다.

16.87 정제되지 않은 아편에서 추출한 기침 억제제인 코데인(codenine)은 pK_b = 5.80인 약염기이다. 0.020M 코데인 용액의 pH를 구하시오(Cod를 코데인의 기호로 사용하시오).

16.88 악취가 나는 액체인 피리딘(C_5H_5N)은 물에서 pK_b가 8.77인 약염기로 작용한다. 피리딘 0.50M 수용액의 pH를 구하시오.

16.89 어떤 아세트산 용액의 pH가 2.95이다. 이 용액에서 아세트산의 농도를 구하시오.

16.90 pH가 10.15인 용액 100 mL를 제조하는 데 필요한 NH_3의 몰수를 구하시오.

***16.91** 사이안화 소듐 0.0050M 용액의 pH를 구하시오.

***16.92** K_a가 2.2×10^{-4}인 트라이클로로아세트산 0.010M 용액의 pH를 구하시오.

염 용액의 산-염기 성질

16.93 NaCN 0.20M 용액의 pH를 구하시오. 이 용액에서 HCN의 농도는 얼마인가?

16.94 $NaNO_2$ 0.50M 용액의 pH를 구하시오. 이 용액에서 HNO_2의 농도는 얼마인가?

16.95 CH_3NH_3Cl 0.15M 용액의 pH를 구하시오. CH_3NH_2의 K_b는 4.5×10^{-4}이다.

16.96 브로민화 하이드라지늄 N_2H_5Br 0.02M 용액의 pH를 계산하시오.

16.97 니코틴산의 소듐염(나이아신으로도 알려져 있음) 0.18M 용액의 pH는 9.05이다. 니코틴산의 K_a를 구하시오.

16.98 약염기인 B는 BH^+와 Cl^-로 구성된 염을 형성한다. 이 염 0.20M 용액의 pH가 3.98이다. 염기 B의 K_b를 구하시오.

***16.99** 액체 염소 표백제는 일반적으로 무게로 약 5.1%의 하이포염소산 소듐(NaOCl)이 녹아 있는 수용액이다. 이 정보를 이용하여 표백제의 pH를 계산하시오. NaOCl이 이 용액의 유일한 용질이고, 표백제의 밀도는 1.0 g/mL이다.

***16.100** 어떤 분자성 염기 B의 짝산은 화학식이 BH^+이고 pK_a가 6.25이다. 이 양이온의 염인 BHY 용액은 약한 염기성을 나타낸다. Y^-의 짝산인 HY의 pK_a의 값은 6.25보다 크겠는가 혹은 작겠는가? 그 이유와 함께 설명하시오.

완충 용액

16.101 0.15M $HC_2H_3O_2$와 0.25M $C_2H_3O_2^-$가 들어 있는 용액의 pH를 구하시오. $HC_2H_3O_2$의 K_a는 1.8×10^{-5}이다.

16.102 0.50M NH_3와 0.75M NH_4^+가 들어 있는 용액의 pH를 NH_3의 K_b를 이용하여 계산하시오.

16.103 문제 16.101을 아세트산 이온의 K_b를 이용하여 다시 계산하시오. 적절한 반응식과 평형 법칙을 함께 쓰시오.

16.104 문제 16.102의 완충 용액에 대한 pH를 NH_4^+의 K_a를 이용하여 다시 계산하시오.

***16.105** 문제 16.101의 완충 용액 1.00 L에 0.025 mol의 HCl를 가했을 때 pH 변화를 계산하시오.

16.106 문제 16.102의 완충 용액 0.100 L에 0.15M NaOH 15.0 mL를 가했을 때 pH 변화를 계산하시오.

***16.107** 염기성 용액에서 작동하는 어떤 단백질 분해 효소가 0.25M NH_3와 0.20M NH_4Cl로 구성된 완충 용액 2.50 mL에서 1초당 1.8 μmol의 수소 이온을 생성한다. 단백질 분해가 35초 동안 진행된 후에 NH_3와 NH_4^+ 이온의 농도 변화를 각각 구하시오.

***16.108** 어떤 가수 분해 효소가 0.25M $HC_2H_3O_2$와 0.50M $C_2H_3O_2^-$로 구성된 완충 용액 5.00 L에서 1분당 0.89×10^{-7} mol의 수소 이온을 생성한다. 가수 분해가 3.0분 동안 진행된 후에 $HC_2H_3O_2$와 $C_2H_3O_2^-$의 농도 변화를 각각 구하시오.

***16.109** 문제 16.107에서 완충 용액의 초기 및 최종 pH를 구하시오. pH의 변화는 얼마인가?

***16.110** 문제 16.108에서 완충 용액의 초기 및 최종 pH를 구하시오.

pH의 변화는 얼마인가?

16.111 pH가 4.00인 완충 용액을 제조하기 위하여 0.15*M* 아세트산($pK_a = 4.74$) 용액 1L에 가해야 하는 아세트산 소듐($NaC_2H_3O_2$)의 질량은 몇 g인가?

16.112 pH가 2.90인 완충 용액을 제조하기 위하여 0.09*M* 폼산($pK_a = 3.74$) 용액 500mL에 가해야 하는 폼산 포타슘($KCHO_2$)의 질량은 몇 g인가?

16.113 아세트산 0.100mol과 아세트산 소듐 0.110mol을 녹인 0.100L의 완충 용액에 0.100*M* HCl 30.00mL를 가했다. 용액의 초기 및 최종 pH를 구하시오. 같은 양의 HCl을 125mL의 순수한 물에 가했을 때 용액의 pH는 얼마이겠는가?

16.114 문제 16.102에서 설명한 완충 용액 1L의 pH를 0.03만큼 낮추려면 0.08*M* HCl 몇 mL를 가해야 하는가? 순수한 물 1L의 pH를 0.03만큼 낮추기 위하여 가해야 하는 0.08*M* HCl의 부피는 몇 mL인가?

다양성자산

***16.115** 아스코브산(바이타민 C) 0.50*M* 용액에 존재하는 모든 용질의 농도를 구하시오. 이 용액의 pH는 얼마인가?

***16.116** 황과 같은 족에 속하는 텔루륨은 황산과 유사한 텔루륨산을 형성한다. 이 산의 화학식은 H_2TeO_4와 $2H_2O$가 합해진 형태의 H_6TeO_6이다. 이 산은 이양성자산으로 K_{a_1}과 K_{a_2}는 각각 2×10^{-8}과 1×10^{-11}이다. H_6TeO_6 0.25*M* 용액에 존재하는 H^+와 $H_5TeO_6^-$ 그리고 $H_4TeO_6^{2-}$의 농도를 각각 계산하시오. 이 용액의 pH는 얼마인가?

***16.117** H_3PO_4 2.0*M* 용액에서의 평형에 관여하는 모든 용질의 농도를 계산하시오. 이 용액의 pH는 얼마인가?

***16.118** 비소산 H_3AsO_4 0.18*M* 용액의 pH를 구하시오. 이 용액에 존재하는 $H_2AsO_4^-$와 $HAsO_4^{2-}$의 농도는 각각 얼마인가?

***16.119** 아인산 H_3PO_3은 실제로는 K_{a_1}과 K_{a_2}가 각각 5.0×10^{-2}과 2.0×10^{-7}인 이양성자산이다. H_3PO_3 1.0*M* 용액에서 $[H^+]$와 $[H_2PO_3^-]$ 그리고 $[HPO_3^{2-}]$를 각각 구하시오. 이 용액의 pH는 얼마인가?

16.120 옥살산($H_2C_2O_4$) 용액 0.015*M*의 pH를 구하시오.

***16.121** Na_2SO_3 0.24*M* 용액에 존재하는 모든 용질의 농도를 구하시오. 이 용액의 pH는 얼마인가?

***16.122** $MgCO_3$ 0.183*M* 용액에 존재하는 모든 용질의 농도를 구하시오. 이 용액의 pH는 얼마인가?

16.123 시트르산 소듐($Na_3C_6H_5O_7$)은 채혈한 혈액의 응고 방지제로 쓰인다. 이 염 0.12*M* 용액의 pH를 구하시오.

16.124 옥살산 소듐($Na_2C_2O_4$) 0.22*M* 용액의 pH를 구하시오.

16.125 Na_3PO_4 0.50*M* 용액에 존재하는 H_3PO_4와 $H_2PO_4^-$ 그리고 HPO_4^{2-}의 농도를 각각 구하시오. 이 용액의 pH는 얼마인가?

***16.126** 강염기를 이용하여 Na_2CO_3 0.25*M* 용액의 pH를 11.00으로 조정하였다. 이 용액에서 HCO_3^-의 농도를 구하시오.

산-염기 적정

16.127 0.180*M* $HC_2H_3O_2$ 30.0mL와 0.250*M* NaOH 30.0mL를 혼합한 용액의 pH를 구하시오.

***16.128** 0.150*M* $HC_2H_3O_2$ 10.0mL와 0.250*M* KOH 10.0mL를 혼합한 용액의 pH를 구하시오.

16.129 0.050*M* 폼산($HCHO_2$) 50.0mL를 0.050*M* 수산화 소듐으로 적정할 때, 당량점에서의 pH를 구하시오. 적정하는 동안 부피 변화에 유의해야 한다. 이 적정에 적합한 지시약을 표 16.7에서 선택하시오.

16.130 0.25*M* 암모니아 수용액 10.0mL를 0.10*M* 브로민화수소산으로 적정할 때, 당량점에서의 pH를 구하시오. 이 적정에 적합한 지시약을 표 16.7에서 선택하시오.

***16.131** 0.1000*M* 아세트산 용액 75.00mL를 0.1000*M* NaOH로 적정하려고 한다. 다음의 각 경우에 대한 용액의 pH를 계산하시오.

(a) 적정 시작 전
(b) 염기 25.00mL를 가한 후
(c) 아세트산의 반이 적정되었을 때
(d) 당량점

***16.132** 0.2000*M* 암모니아 용액 10.00mL를 0.1000*M* HCl로 적정하려고 한다. 다음의 각 경우에 대한 용액의 pH를 계산하시오.

(a) 적정 시작 전
(b) 산 15.00mL를 가한 후
(c) NH_3의 반이 적정되었을 때
(d) 당량점

추가 연습 문제

***16.133** 아세트산 2.0*M*, 0.20*M*, 0.020*M*에서의 이온화 백분율을 각각 계산하시오. 용액의 농도가 묽어질 때 이온화 백분율은 어떻게 변하는가? 이온화 백분율을 *y* 축으로, 0에서 −5 범위에서의 log*M*을 *x* 축으로 한 그래프를 그리시오.

***16.134** 0.050*M* HNO_3과 0.15*M* 아세트산의 혼합 용액의 pH를 구하시오. 이 용액에서 아세트산 이온의 농도는 얼마인가?

16.135 0.200*M* NH_3 200mL와 0.200*M* HCl 150mL를 혼합한 용액을 제조하였다. 이 혼합 용액의 pH를 구하시오(단, 최종 용액의 부피는 두 용액의 부피의 합으로 가정하시오).

***16.136** 15.0g의 순수한 $HC_2H_3O_2$와 25.0g의 $NaC_2H_3O_2$를 녹여 부피가 775mL인 용액을 만들었다. 다음 물음에 답하시오.

(**a**) 이 용액의 pH를 구하시오.

(**b**) 0.250M NaOH 25.0mL를 가하면 용액의 pH는 얼마가 되는가?

(**c**) 처음의 완충 용액 775mL에 0.40M HCl 25.0mL를 가하면, pH는 얼마가 되는가?

***16.137** 약한 산성 용액에서 어떤 곰팡이 성장에 관한 실험에 필요한 pH가 5.12인 아세트산 완충 용액을 제조하려고 한다. 0.0100mol의 NaOH나 0.0100mol의 HCl을 가해도 용액의 pH는 5.12에서 ± 0.10 범위를 유지해야 한다. 다음 물음에 답하시오.

(**a**) 완충 용액 제조에 필요한 아세트산과 아세트산 소듐 이수화물의 최소 몰수를 구하시오.

(**b**) 완충 용액에서 아세트산과 아세트산 소듐의 몰농도를 각각 구하시오.

(**c**) 순수한 물 255mL에 0.0100mol NaOH를 가한 용액의 pH를 구하시오.

(**d**) 순수한 물 255mL에 0.0100mol HCl을 가한 용액의 pH를 구하시오.

***16.138** 0.150M NH_4CN 용액의 pH는 7.00인가, 혹은 7보다 크거나 작은가? 그 이유는 무엇인가?

***16.139** $2.3\times10^{-2}M$ 아세트산 암모늄($NH_4C_2H_3O_2$) 용액의 pH를 구하시오.

***16.140** pH 9.26인 용액을 만들기 위하여 0.050M HNO_3 용액 0.250L에 넣어 주어야 할 암모니아 기체의 부피는 25.2°C와 745torr에서 몇 mL인가?

16.141 HCl이 H_2SO_4보다 더 강한 양성자 주개이지만, 수용액에서는 두 산의 세기가 동일해서 모두 100% 이온화한다. 그 이유는 무엇인가? 두 Brønsted 산의 세기를 구분하려면 용매의 어떤 성질이 필요한가?

16.142 황산 수소 이온 HSO_4^-는 K_a가 1.2×10^{-2}인 중간 정도의 세기를 가진 산이다. 다음 물음에 답하시오.

(**a**) 이 산의 이온화 평형에 대한 반응식과 K_a에 대한 식을 쓰시오.

(**b**) 0.010M HSO_4^-($NaHSO_4$를 녹인 용액에서) 용액의 pH를 구하시오. 단순화 가정을 사용하지 말고, 이차 방정식을 푸시오.

(**c**) 일반적인 단순화 과정을 이용하여 계산한 0.010M HSO_4^- 용액에서의 $[H^+]$는 얼마인가?

(**d**) 이차 방정식이 아닌 단순화를 이용하여 계산한 결과의 오차를 구하시오.

16.143 대량의 아스코브산을 원하는 사람은 6.0g의 아스코브산이 포함된 음료수를 마시기도 한다. 이 음료수의 부피를 0.250L로 가정할 때 pH를 구하시오.

16.144 0.1000M HCl 25.00mL를 0.1000M NaOH로 적정할 때, 다음 부피의 염기를 초기의 HCl 용액에 가했을 때의 전체 용액의 pH를 구하시오. 이 실험에 대한 적정 곡선을 그리시오(전체 부피를 고려해야 한다는 사실을 명심하시오).

(**a**) 0.00mL (**b**) 10.00mL (**c**) 24.90mL
(**d**) 24.99mL (**e**) 25.00mL (**f**) 25.01mL
(**g**) 25.10mL (**h**) 26.00mL (**i**) 50.00mL

16.145 다음은 HF와 F^-가 혼합된 수용액을 나타낸 것이다. 이 혼합 용액에서 pH와 HF의 pK_a의 값이 동일한가? 답의 근거를 제시하시오. 3개의 OH^-를 가하면 HF 분자와 F^- 이온의 수는 어떻게 변하겠는가? 2개의 H^+를 가하면 HF 분자와 F^- 이온의 수는 어떻게 변하겠는가?

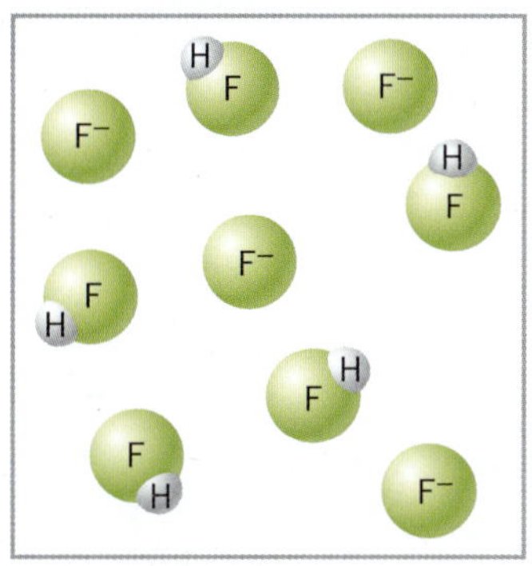

다중 개념 문제

***16.146** 0.005M HCl 용액 0.100 L에 0.01M NaOH 용액 몇 mL를 가해야 pH 4.00의 용액이 되는가?

16.147 마그네시아유는 수산화 마그네슘이 물에 분산된 것이다. $Mg(OH)_2$가 불용성이지만 물에 녹은 소량의 $Mg(OH)_2$로 인하여 그 용액은 pH가 10.08인 염기성을 띤다. 마그네시아유 두 숟갈에는 산화 마그네슘 몇 그램이 녹아 있을까? (단, 한 숟갈의 부피는 14.8mL이다.)

16.148 pH가 3.25인 HCl 용액 250mL에 들어 있는 HCl을 모두 중화시키려면, 0.0200M KOH 용액이 몇 mL 필요한가?

16.149 pH가 10.15인 LiOH 용액 45.0mL를 완전히 중화하는 데 HNO_3 용액 15.0mL가 쓰였다. HNO_3 용액의 몰농도는 얼마인가?

16.150 0.000300M HCl 용액 50.0mL를 0.00020M NaOH 용액 30.0mL에 가했다. 이 혼합 용액의 pH는 얼마인가?

***16.151** 25°C와 734torr에서 10.0mL인 HCl 기체를 257mL의 순수한 물에 가했다. HCl이 물에 모두 녹았다고 가정할 때

이 용액의 pH를 구하시오.

***16.152** 문제 16.151의 HCl 기체를 pH가 10.50인 NaOH 용액 20.00L에 가해 모두 녹였다면, 이 용액의 pH는 얼마이겠는가?

***16.153** K_a가 5.0×10^{-2}인 다이클로로아세트산($HC_2HO_2Cl_2$) 0.50 *M* 용액의 어는점을 계산하시오(이 용액의 밀도는 1.0g/mL로 가정한다).

비판적 사고의 과제

16.154 물을 가열하면 pH는 어떻게 변할까? 이 결과는 물의 자동이온화가 발열 반응과 흡열 반응 중 어느 것임을 뜻하는가?

16.155 용액의 pH가 음수일 수 있는가? pH 값이 음수가 되는 사례를 제시하시오.

16.156 이차방정식을 사용하지 않고 단순화를 통해 농도를 계산할 때 허용되는 오차는 최대 5% 정도이다. 수소 이온의 농도에 포함된 오차 5%를 pH에 대한 오차로 나타내시오. $[H^+]$가 $1.0\times10^{-3}M$인 경우의 pH 오차와 $5.0\times10^{-6}M$인 경우의 pH 오차는 동일한가?

16.157 주변에서 사용하는 제품에 완충 용액이 포함된 사례를 들어보시오. 선택한 제품에 완충 용액을 사용하는 이유는 무엇인가?

16.158 완충 용액을 제조할 때, pK_a가 사용하려는 pH에서 ±1 범위인 산을 사용해야 하는 이유는 무엇인가? 이 조건을 만족하지 못할 때 발생하는 문제점은 무엇인가?

16.159 다음의 제품에 사용할 완충제는 어떤 짝산-짝염기 쌍을 사용해야 하는가?
(a) 처방전 없이 구매할 수 있는 약 **(b)** 음식 **(c)** 화장품
(d) 샴푸

16.160 최적의 건강 상태를 유지하려면 37°C에서 혈액의 pH는 7.35~7.45의 좁은 범위를 유지해야 한다. 혈액에서 이 범위 이내로 pH를 완충시킬 수 있는 짝산-짝염기 쌍으로 어떤 것이 있는가?

16.161 인산을 사용하는 다양한 소비제품의 목록을 작성하시오.

16.162 Arrhenius가 $pH=-\ln[H^+]$로 정의했다면, pH 척도는 어떻게 달라지겠는가? 중성 용액의 pH는 얼마가 되겠는가?

G. CIGOLINI/Getty Images

17장

용해도와 동시 평형

이 장의 배경

대부분의 패류들은 조개껍데기에 의존해서 생존한다. 이 껍데기는 해변의 모래를 만드는 불용성염의 주성분인 탄산 칼슘으로 구성되어 있다. 17장에서는 이와 같은 불용성 염의 용해도와 염의 용해도를 반응의 원동력으로 이용하는 방법 및 용해도를 변화시키는 방법 등에 대하여 논의할 예정이다.

이 책의 앞부분에서는 평형 원리가 어떻게 산과 염기 수용액에 적용될 수 있는지를 배웠다. 이 장에서는 이러한 원리를 확대하여 침전물의 형성과 용해(4장에서 다룬 주제이기도 하다)에 관련된 반응을 살펴볼 것이다. 이런 종류의 반응은 우리 주위에서 쉽게 관찰할 수 있다. 예를 들면 바다 달팽이의 일종인 개오지(보배고둥)는 침전 반응을 통하여 탄산 칼슘으로 이루어진 껍질 형태의 보호구를 만든다. 사람의 몸에 과량으로 존재하는 옥살산 칼슘이나 인산 칼슘은 신장 결석의 형태로 석출되기도 한다(강의실 밖의 화학 4.1). 또한 우리 입속에서는 묽은 산에 의해 인산 칼슘과 수산화 칼슘으로 이루어진 무기물인 치아의 에나멜층이 녹기도 한다. 음용수의 오염 여부를 판단하기 위하여 침전 반응이나 용해도가 매우 낮은 특정 이온 화합물을 형성시키는 침전 반응을 이용할 수도 있다. 예를 들면 음용수에 포함된 염소 이온을 검출하는 간단한 시험법으로 AgCl 침전을 형성하는 방법이 이용된다.

이 장의 개요

17.1 용액에서 불용성염의 평형

17.2 염기성염의 용해도

17.3 용액에서 금속 산화물과 금속 황화물의 평형

17.4 선택적 침전

17.5 착이온을 포함한 평형

17.6 착물화와 용해도

학습 목표

이 장을 읽고 이해한 후 다음과 같은 것을 할 수 있어야 한다.

- 중성염의 용해도를 계산할 수 있다.
- 수소 이온 농도가 염기성염의 용해도에 미치는 영향을 이해할 수 있다.
- 산화물과 황화물이 특별한 이유와 왜 이들의 용해도를 구하는 데 특정 방법이 필요한지를 설명할 수 있다.
- 정성 및 정량 분석을 위한 이온의 분리에 선택적 침전 방법을 사용할 수 있다.
- 착물이 관련된 반응에서 평형을 설명하고 이용할 수 있다.
- 착물화 반응을 이용한 용해도의 증가를 이해할 수 있다.

학습 목표 달성을 위한 제안

언제나처럼 각 장에서 다룬 내용을 요약하고 개념을 각자의 언어로 정리하며 문제를 풀어보는 습관을 가질 것을 권한다. 다음은 이 장에서 다루는 여러 내용을 이해하는 데 도움이 되는 몇 가지 제안이다.

1. 용해도곱 상수(K_{sp})와 이온곱(Q)을 이용하여 불용성염의 생성을 예측하는 방법을 보여주는 도표를 그려보라.
2. 잘 녹지 않는 염기성염이 산에 의하여 녹는 과정을 보여주는 그림을 그려보라. 그림에 불용성염에 대한 평형식과 염과 산 사이의 반응을 포함시켜라. 이 그림에 적합한 염기성염과 산을 선택하는 것이 필요하다.
3. 그림 17.9(정성 분석 절차)를 이용하여 HCl을 먼저 가하고, 0.3 *M* HCl 용액에 H_2S를 가한 후, NaOH 용액에 H_2S를 추가로 가한 다음, 마지막으로 $CaCO_3$를 가하는 이유를 설명해 보라. 시약을 가하는 순서를 바꿀 수 있는가? HCl을 가하기 전에 H_2S를 가하거나 혹은 HCl이나 H_2S보다 $CaCO_3$를 먼저 가하면 어떤 일이 일어나는가?
4. Le Châtelier 원리를 이용하여 AgCl과 같은 불용성염의 침전을 만들고, 착물화 반응을 이용하여 다시 녹이는 방법에 대하여 설명해 보라(**힌트**: 화학 반응식을 쓰시오).

17.1 용액에서 불용성염의 평형

해설 염이 용액 속에 녹아들어 가면 완전하게 해리되고, 따라서 평형은 고체와 용액에 녹은 이온들 사이에 이루어짐을 기억하라.

용해도곱 상수 K_{sp}

4장에서 기술한 불용성염 중에서 어떤 것도 **완전하게** 불용성이지는 않다. 예를 들어 용해도 규칙에 의하면 AgCl은 '불용성'이지만, 일정량의 고체 AgCl을 물에 넣게 되면 매우 소량이지만 물에 녹는다. 일단 용액이 포화되면, 녹지 않은 AgCl과 용액 속의 이온들은 다음과 같은 평형을 이룬다.

$$AgCl(s) \rightleftharpoons Ag^+(aq) + Cl^-(aq)$$

고체 반응물(AgCl)이 수용액의 이온들과 평형을 이루기 때문에 이는 불균일 평형이라고 할 수 있다. 비록 평형 상태에 있지만, 이온이 서로 반응하여 고체를 형성하고 일부 고체가 녹는 과정이 지속적으로 진행된다. 이와 같은 이온의 변화를 두 가지 실험을 통하여 나타낼 수 있다. 첫 번째 실험은 **그림 17.1**에 나타낸 것과 같이 염화 은으로 포화된 용액에서 시작해 보자.

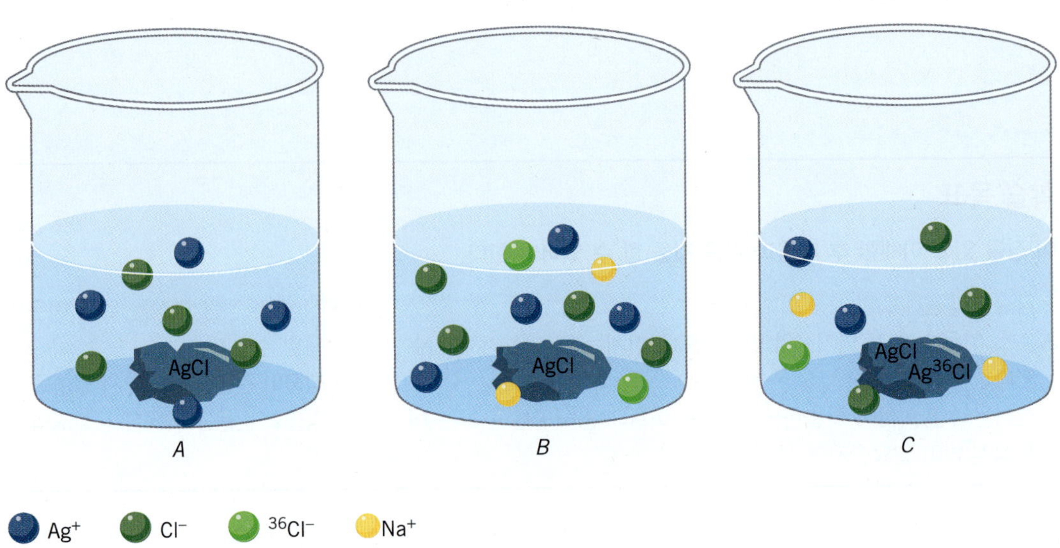

그림 17.1 동적 불균일 평형 비커 *A*의 용액에는 고체 AgCl이 은 이온 및 염소 이온과 동적 평형을 이루고 있다. 비커 *B*는 비커 *A*에 방사성 동위 원소인 $^{36}Cl^-$를 포함하는 소량의 NaCl을 가한 것이다. 비커 *C*에서는 고체 침전에 방사성인 $^{36}Cl^-$가 포함된 것을 보여준다. 이는 용액과 고체의 방사능을 측정해서 확인할 수 있다.

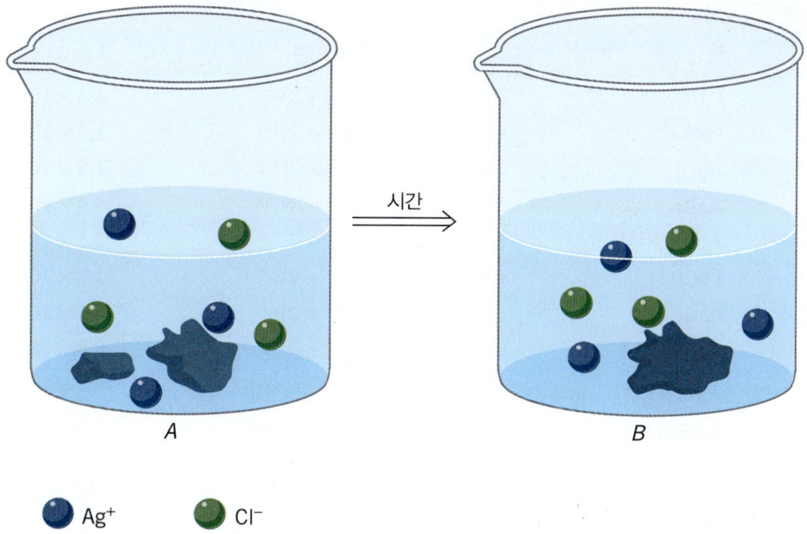

그림 17.2 Ostwald 숙성 비커 *A*에 AgCl로 포화된 용액과 서로 다른 크기의 두 AgCl 고체가 서로 평형을 이루고 있다. 어느 정도 시간이 흐르면 비커에 들어 있는 작은 크기의 AgCl 고체는 서서히 사라지고, 큰 고체는 크기가 더 성장한다(비커 *B*). 고체와 용액 사이의 동적 평형에 의하여 녹아 있는 이온이 침전을 형성할 때 만날 확률이 더 높은 크기가 더 큰 고체 위에서 침전된다.

이 용액에 염화 이온이 ^{36}Cl 동위 원소로 치환된 NaCl을 소량 가하면, 그림 17.1의 비커 *B*에서와 같이 용액에는 원래의 AgCl로부터 나온 염화 이온과 Na^{36}Cl로부터 나온 염소 이온이 공존한다. 어느 정도 시간이 흐른 뒤 고체 AgCl를 살펴보면, 그림 17.1의 비커 *C*에서와 같이 고체의 Cl 중 일부가 ^{36}Cl로 치환된 것을 확인할 수 있다. 염소-36 이온이 침전할 수 있는 유일한 방법은 동적 평형을 통해서이다.

두 번째 실험은 **그림 17.2**의 비커 A에서와 같이 염화 은 용액이 서로 다른 크기의 두 염화 은 고체와 평형을 이루는 상황에서 시작해 보자. 이때 평형은 염화 은이 녹는 과정과 침전을 형성하는 과정을 모두 포함한다. 이 평형 과정에서 용액에 존재하는 이온은 만날 확률이 더 큰 염화 은 고체 표면에서 침전을 형성하게 되어 **Ostwald 숙성(Ostwald ripening)**이라는 결과가 나타난다. 용액에 더 많은 이온이 녹는 것에 비례하여 작은 고체는 점점 더 작아지고, 큰 고체는 더 커지는 과정이 그림 17.2의 비커 *B*에 나타낸 것과 같이 작은 고체가 모두 사라질 때까지 지속된다.

수용액에서의 AgCl(*s*)의 평형에 대하여 14.4절에서 논의된 절차에서와 같이 고체를 생략한 질량 작용식을 이용하여 식 17.1과 같은 평형 법칙을 쓸 수 있다.

$$[Ag^+][Cl^-] = K_{sp} \tag{17.1}$$

이때 평형 상수 K_{sp}를 **용해도곱 상수(solubility product constant)**라고 한다(왜냐하면 계가 용해도 평형에 있으며, 이 **상수**는 이온 농도의 **곱**(product)과 같기 때문이다).

도구
용해도곱 상수 K_{sp}

여기서 용해도와 용해도곱의 차이를 이해하는 것이 중요하다. 염의 용해도는 일정량의 용매에 용해되어 **포화 용액(saturated solution)**을 만드는 데 필요한 염의 양을 의미한다. **용해도곱(solubility product)**은 포화 용액에서 이온의 몰농도 곱으로 나타낸 수학적 표현이다.

염의 용해도는 온도에 따라 달라지므로, K_{sp}의 값은 그 값이 결정된 특정 온도에서만 유효하다. 몇몇 일반적인 K_{sp} 값을 **표 17.1**과 부록 C에 수록하였다.

해설 이 경우에 '곱'을 화학적 의미보다는 수학적 의미로 사용한다.

이온곱과 불용성염의 반응 지수

본 교재 14장에서 질량 작용식의 값을 **반응 지수(reaction quotient, *Q*)**라고 한다고 설명하였다. 이 절에서 설명하고 있는 것과 같은 간단한 용해도 평형에서는 질량 작용식을 이온 농도의 적절한 거듭제곱으로 표현하기 때문에 *Q*는 염의 **이온곱(ion product)**이라 부르기도 한다.

표 17.1 용해도곱 상수

종류	염		염의 이온	K_{sp} (25 °C)
할로젠화물	CaF_2	$\rightleftharpoons$	$Ca^{2+} + 2F^-$	3.4×10^{-11}
	PbF_2	$\rightleftharpoons$	$Pb^{2+} + 2F^-$	3.3×10^{-8}
	$AgCl$	$\rightleftharpoons$	$Ag^+ + Cl^-$	1.8×10^{-10}
	$AgBr$	$\rightleftharpoons$	$Ag^+ + Br^-$	5.4×10^{-13}
	AgI	$\rightleftharpoons$	$Ag^+ + I^-$	8.5×10^{-17}
	$PbCl_2$	$\rightleftharpoons$	$Pb^{2+} + 2Cl^-$	1.7×10^{-5}
	$PbBr_2$	$\rightleftharpoons$	$Pb^{2+} + 2Br^-$	6.6×10^{-6}
	PbI_2	$\rightleftharpoons$	$Pb^{2+} + 2I^-$	9.8×10^{-9}
수산화물	$Al(OH)_3$	$\rightleftharpoons$	$Al^{3+} + 3OH^-$	3×10^{-34} (a)
	$Ca(OH)_2$	$\rightleftharpoons$	$Ca^{2+} + 2OH^-$	5.0×10^{-6}
	$Fe(OH)_2$	$\rightleftharpoons$	$Fe^{2+} + 2OH^-$	4.9×10^{-17}
	$Fe(OH)_3$	$\rightleftharpoons$	$Fe^{3+} + 3OH^-$	2.8×10^{-39}
	$Mg(OH)_2$	$\rightleftharpoons$	$Mg^{2+} + 2OH^-$	5.6×10^{-12}
	$Zn(OH)_2$	$\rightleftharpoons$	$Zn^{2+} + 2OH^-$	3×10^{-17} (b)
탄산염	Ag_2CO_3	$\rightleftharpoons$	$2Ag^+ + CO_3^{2-}$	8.5×10^{-12}
	$MgCO_3$	$\rightleftharpoons$	$Mg^{2+} + CO_3^{2-}$	6.8×10^{-8}
	$CaCO_3$	$\rightleftharpoons$	$Ca^{2+} + CO_3^{2-}$	3.4×10^{-9} (c)
	$SrCO_3$	$\rightleftharpoons$	$Sr^{2+} + CO_3^{2-}$	5.6×10^{-10}
	$BaCO_3$	$\rightleftharpoons$	$Ba^{2+} + CO_3^{2-}$	2.6×10^{-9}
	$CoCO_3$	$\rightleftharpoons$	$Co^{2+} + CO_3^{2-}$	1.0×10^{-10}
	$NiCO_3$	$\rightleftharpoons$	$Ni^{2+} + CO_3^{2-}$	1.4×10^{-7}
	$ZnCO_3$	$\rightleftharpoons$	$Zn^{2+} + CO_3^{2-}$	1.5×10^{-10}
크로뮴산염	Ag_2CrO_4	$\rightleftharpoons$	$2Ag^+ + CrO_4^{2-}$	1.1×10^{-12}
	$PbCrO_4$	$\rightleftharpoons$	$Pb^{2+} + CrO_4^{2-}$	1.8×10^{-14} (d)
황산염	$CaSO_4$	$\rightleftharpoons$	$Ca^{2+} + SO_4^{2-}$	4.9×10^{-5}
	$SrSO_4$	$\rightleftharpoons$	$Sr^{2+} + SO_4^{2-}$	3.4×10^{-7}
	$BaSO_4$	$\rightleftharpoons$	$Ba^{2+} + SO_4^{2-}$	1.1×10^{-10}
	$PbSO_4$	$\rightleftharpoons$	$Pb^{2+} + SO_4^{2-}$	2.5×10^{-8}
옥살산염	CaC_2O_4	$\rightleftharpoons$	$Ca^{2+} + C_2O_4^{2-}$	2.3×10^{-9}
	MgC_2O_4	$\rightleftharpoons$	$Mg^{2+} + C_2O_4^{2-}$	4.8×10^{-6}
	BaC_2O_4	$\rightleftharpoons$	$Ba^{2+} + C_2O_4^{2-}$	1.2×10^{-7}
	FeC_2O_4	$\rightleftharpoons$	$Fe^{2+} + C_2O_4^{2-}$	2.1×10^{-7}
	PbC_2O_4	$\rightleftharpoons$	$Pb^{2+} + C_2O_4^{2-}$	2.7×10^{-11}

[a]알파형, [b]비결정형, [c]방해석형, [d]10°C에서

따라서 AgCl 용액에서는 다음과 같이 나타낼 수 있다.

$$\text{이온곱} = [Ag^+][Cl^-] = Q$$

불포화(unsaturated) 용액에서는 다양한 염 농도가 가능하므로 Q 값 또한 다양하다. 그러나 **포화**(saturated) 용액에서는 Q의 값은 K_{sp}와 같다. 포화되지 않은 용액에서 Q 값은 K_{sp}보다 작기 때문에 Q 값을 K_{sp} 값과 비교하여 용액이 포화되었는지를 알아볼 수 있다.

많은 염들이 해리되면서 주어진 화학식당 특정 이온을 한 개 이상 생성하고, 이에 따라 이온곱 식에 지수가 도입되게 된다. 예를 들면 **그림 17.3**에서와 같이 아이오딘화 수은(II)(HgI_2)가 침전될 때 다음과 같은 평형이 이루어진다.

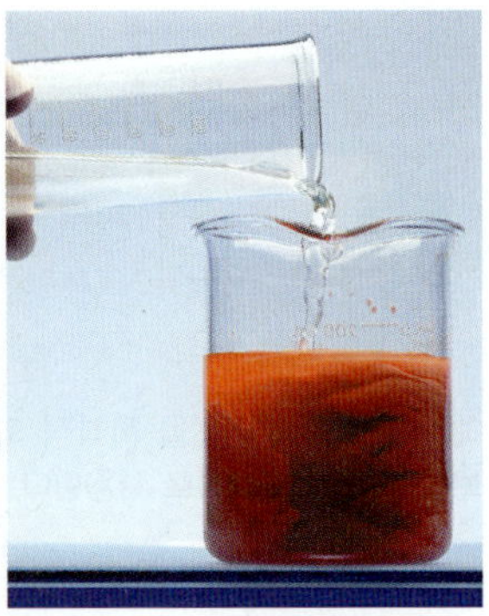

Richard Megna/Fundamental Photographs

그림 17.3 아이오딘화 수은(II) 아이오딘화 소듐 용액에 아세트산 수은(II)를 첨가하면 물에 녹지 않는 선홍색의 아이오딘화 수은(II)(HgI_2) 침전이 생성된다.

$$HgI_2(s) \rightleftharpoons Hg^{2+}(aq) + 2I^-(aq)$$

14장에서 논의된 것처럼 화학 반응식의 계수를 질량 작용식의 지수로 사용하여 평형 법칙을 구할 수 있다.

$$[Hg^{2+}][I^-]^2 = K_{sp}$$

이와 같이 이온곱에서 각 농도항은 이온이 해리되면서 화학식 단위마다 생성되는 이온의 개수와 같은 수의 지수를 포함한다. 이는 정확한 이온곱 식을 얻기 위해서는 염을 구성하는 이온의 화학식을 반드시 알아야 한다는 것을 의미한다. 다시 말하면 BiI_3는 한 개의 Bi^{3+}와 세 개의 I^-로 구성된다는 사실을 알아야 한다는 것이다.

실전 문제 17.1

다음 염들에 대한 이온곱 식을 쓰시오(**힌트**: 불균일 평형임을 기억하시오).
(**a**) 아이오딘화 납(II) (**b**) 수산화 스트론튬

실전 문제 17.2

1900년대 초기부터 의약품으로 많이 처방된 칼로멜이라 불리는 염화 수은(I)(HgCl)은 독성이 크면서 물에 잘 녹지 않는 물질이다. Hg(I)이 다원자 양이온을 형성한다는 것을 고려하여 칼로멜에 대한 K_{sp} 식을 쓰시오.

몰용해도로부터 K_{sp} 결정하기

도구
몰용해도

염의 K_{sp} 값을 결정하는 한 가지 방법은 용해도(특정량의 용액을 포화 용액으로 만드는 데 필요한 염의 양)를 측정하는 것이다. 1리터의 **포화 용액**을 만드는 데 필요한 염의 몰수를 의미하는 **몰용해도(molar solubility)**를 이용하면 편리하다. 용해된 염 전부가 화학식에 포함된 이온들로 100% 해리한다는 가정하에 K_{sp}를 계산하는 데 몰용해도를 사용한다.[1]

용해도곱을 포함한 많은 계산에 농도 변화가 포함되기 때문에, 14장에서 소개된 농도표를 사용하면 풀이 과정을 정리하고 계산하는 데 도움이 된다는 사실에 주목하라. 농도표에는 용해 과정에서의 농도 값과 농도의 변화를 모두 나타낼 수 있다. 예제 17.1를 이용하여 이에 대한 사례를 살펴보기로 하자.

예제 17.1 용해도 자료로부터 K_{sp} 계산하기

밝은 노란색을 나타내는 고체 결정인 아이오딘화 납(PbI_2)의 물에 대한 용해도는 20°C에서 1.6×10^{-3} mol L^{-1}이다. 이 온도에서 PbI_2의 K_{sp}를 구하시오.

분석 불용성염에 관한 용해도 문제는 균형 화학 반응식에서 시작하는 것이 좋다. 그런 다음 용해도곱 상수 K_{sp}에 대한 식을 세운다.

도구 모음 필요한 첫 번째 도구는 균형 화학 반응식에서 유도된 K_{sp}에 대한 식이다.

[1]이 가정은 브로민화 은과 같이 단일 전하로 하전된 이온으로 구성된 불용성염에는 상당히 잘 맞는다. 용해도 평형에 관련된 계산의 본질을 간단하게 설명하기 위해 용해된 염은 모두 100% 해리하는 것처럼 거동한다는 가정하에서 논의를 진행하도록 한다. 이 가정은 완전히 옳은 것은 아니며, 특히 다가 이온으로 구성된 염의 경우에는 더욱 차이가 나기 때문에 여기서 기술하는 계산의 정확도는 제한될 수밖에 없다. 12.6절에서 염의 해리가 불완전한 이유를 살펴보았다.

$$PbI_2(s) \rightleftharpoons Pb^{2+}(aq) + 2I^-(aq)$$

$$K_{sp} = [Pb^{2+}][I^-]^2$$

풀이 도구 모음에서 설명한 균형 화학 반응식과 용해도곱 상수에서 시작해 보자. 주어진 용해도를 이용하여 생성되는 각 이온의 몰농도를 계산해야 한다.

$$Pb^{2+}\text{의 몰농도} = \frac{1.6 \times 10^{-3}\ \text{mol of}\ PbI_2}{1.0\ \text{L}} \times \frac{1\ \text{mol}\ Pb^{2+}}{1\ \text{mol}\ PbI_2} = 1.6 \times 10^{-3}\ \text{mol L}^{-1}\ Pb^{2+}$$

$$I^-\text{의 몰농도} = \frac{1.6 \times 10^{-3}\ \text{mol of}\ PbI_2}{1.0\ \text{L}} \times \frac{2\ \text{mol}\ I^-}{1\ \text{mol}\ PbI_2} = 3.2 \times 10^{-3}\ \text{mol L}^{-1}\ I^-$$

이 농도를 K_{sp} 식에 대입한다.

$$K_{sp} = (1.6 \times 10^{-3}) \times (3.2 \times 10^{-3})^2 = 1.64 \times 10^{-8}$$

따라서 계산된 PbI_2의 K_{sp}는 20°C에서 1.64×10^{-8}이다.

해설 용해도 자료로부터 계산한 K_{sp}는 표 17.1에 주어진 값과 단지 4%만 차이가 난다.

답이 합리적인가? 결과는 쉽게 검산할 수 있다. 1.6×3.2×3.2만 계산한 후 구한 용해도곱과 비교하면 계산이 올바르다는 것을 확신할 수 있다.

예제 17.2 몰용해도 자료로부터 K_{sp} 계산하기

그림 17.3에 나타낸 것과 같은 선홍색 고체인 아이오딘화 수은(HgI_2)의 물에 대한 용해도는 25°C에서 $1.9 \times 10^{-10}\ \text{mol L}^{-1}$이다. HgI_2의 K_{sp}를 구하시오.

분석 이 문제는 예제 17.1과 아주 유사하다. 이 경우에는 HgI_2가 녹을 때, HgI_2 1개당 1개의 Hg^{2+} 이온과 2개의 I^- 이온이 생성된다.

도구 모음 예제 17.1에서와 같이 균형 반응식과 K_{sp} 식이 필요한 도구이다. 예제 17.1에서와 같이 은과 아이오딘 이온의 농도를 구하기 위해 평형 반응식과 염의 몰용해도를 이용하고, 구한 이온의 농도를 이용하여 K_{sp} 값을 결정한다.

풀이 균형 평형 반응식과 K_{sp} 식은 다음과 같다.

$$HgI_2(s) \rightleftharpoons Hg^{2+}(aq) + 2I^-(aq) \quad K_{sp} = [Hg^{2+}][I^-]^2$$

이제 K_{sp}을 구하기 위해 $[Hg^{2+}]$와 $[I^-]$가 필요하다. 주어진 몰용해도와 화학 반응식을 이용하여 변환 인자를 구한다.

$$Hg^{2+}\text{의 몰농도} = \frac{1.9 \times 10^{-10}\ \cancel{\text{mol}\ HgI_2}}{1.00\ \text{L 용액}} \times \frac{1\ \text{mol}\ Hg^{2+}}{1\ \cancel{\text{mol}\ HgI_2}} = 1.9 \times 10^{-10}\ \text{mol L}^{-1}\ Hg^{2+}$$

$$I^-\text{의 몰농도} = \frac{1.9 \times 10^{-10}\ \cancel{\text{mol}\ HgI_2}}{1.00\ \text{L 용액}} \times \frac{2\ \text{mol}\ I^-}{1\ \cancel{\text{mol}\ HgI_2}} = 3.8 \times 10^{-10}\ \text{mol L}^{-1}\ I^-$$

이 농도를 질량 작용식에 대입하여 K_{sp}를 구한다.

$$K_{sp} = (1.9 \times 10^{-10})(3.8 \times 10^{-10})^2$$

숫자 부분만을 계산하면 1.9×3.8×3.8=27.4이고, 지수 부분을 계산하면 10+10+10=30이 되어 다음과 같은 값을 얻을 수 있다.

$$= 27.4 \times 10^{-30}$$

$$= 2.7 \times 10^{-29} \quad \text{(반올림 후)}$$

그러므로 25°C에서 HgI_2의 K_{sp}는 2.7×10^{-29}이다.

전체 숫자를 입력하여 계산하지 않은 점을 주목하라. 지수 부분을 덧셈 처리하는 것이 편하기 때문에 가수를 분리하여 계산한다. 이렇게 계산하면 마지막 결과에서 반올림 처리하여 유효 숫자를 맞추기가 쉽다.

답이 합리적인가? 계산은 간단하다. 계산기에 전체 숫자를 입력하여 결과가 같은지 확인할 수 있다. 이온의 농도를 계산할 때, 올바른 몰비를 사용해야 하고 이를 확인해야 한다. 한 농도가 제곱이 되기 때문에, **제곱이 되는 농도를 올바른 위치에 대입해서 계산해야 한다.** 실수로 바꿔어 계산하면 용해도곱 값이 1/4배로 적게 나올 것이다.

실전 문제 17.3

크로뮴산 납(II)($PbCr_2O_4$)의 물에 대한 용해도는 20°C에서 $0.17 \times 10^{-3}\ g\ L^{-1}$이다. 이것을 사용하여 $PbCr_2O_4$의 K_{sp}를 계산하시오. $PbCr_2O_4$는 물에서 100% 해리한다고 가정한다. (**힌트**: $PbCr_2O_4$의 몰용해도는 얼마인가?)

실전 문제 17.4

인산 은은 생물학적 시료에 대한 유용한 착색제이다. 25°C에서 물 1 L에 Ag_3PO_4 4.3×10^{-5} mol이 녹는다. Ag_3PO_4의 K_{sp}를 계산하시오.

K_{sp}로부터 몰용해도 계산하기

용해도를 이용하여 K_{sp}를 계산할 수 있을 뿐만 아니라 K_{sp} 값으로부터 용해도를 계산할 수도 있다. 예제 17.3과 17.4에서 이와 관련된 사례를 살펴보기로 하자.[2]

예제 17.3 K_{sp}로부터 몰용해도 계산하기

25°C에서 순수한 물에 대한 CaF_2의 몰용해도는 얼마인가?

분석 이 문제를 풀기 위해서는 용해도 평형 반응식과 평형 법칙(K_{sp} 식)과 표 17.1에 나타낸 K_{sp} 값이 필요하다. 14.7절에서와 같이 농도표를 작성하고 정량적인 변화를 추적한다.

도구 모음 이 문제를 풀기 위한 관련 반응식은 다음과 같다.

$$CaF_2(s) \rightleftharpoons Ca^{2+}(aq) + 2F^-(aq)$$

$$K_{sp} = [Ca^{2+}][Cl^-] = 3.4 = 10^{-11}$$

이 반응식으로 농도표를 만들 수 있다. 우선, 용매가 순수한 물이므로 초기에 Ca^{2+} 이온과 F^- 이온이 용액 속에 존재하지 않는다는 것은 알고 있다. 그 이온들의 초기 농도는 0이다. 다음으로, '변화' 행을 살펴보자. 녹는 양을 알지 못하기 때문에 **미지수를 염의 몰용해도인 용액 1리터에 녹은 CaF_2의 몰수를 의미하는 s로 표기한다.** CaF_2 1 mol에서 Ca^{2+} 1 mol과 F^- 2 mol이 생성되므로, 이 이온들의 농도는 각각 s와 $2s$로 농도표에 기입한다.

해설 일반적으로 미지수는 x를 사용하지만 여기서는 용해도(solubility)를 의미하는 s를 사용한다.

풀이 농도표는 다음과 같다.

	Ca^{2+}	$2F^-$
초기 농도	0	0
농도 변화	s	$2s$
평형 농도	s	$2s$

[2]앞에서도 언급했지만 이러한 계산은 용해된 염이 실제로는 염의 화학식에 해당하는 이온들로 100% 해리하지는 않는다는 사실을 무시한다. 이것은 다가 이온염의 경우에 특히 문제가 되고, 따라서 그러한 염의 용해도가 K_{sp} 값으로부터 계산된다면 대략적인 근삿값으로 생각되어야 한다. 사실, K_{sp}와 관련된 많은 계산은 추정값만을 제공한다.

해설 s를 몰용해도로 정의하면 '변화' 행에 있는 s의 계수는 평형식에서의 Ca^{2+}와 F^-의 계수와 같다.

평형 농도를 K_{sp} 식에 대입하면 다음과 같다.

$$[Ca^{2+}][F^-]^2 = 3.4 \times 10^{-11}$$
$$(s)(2s)^2 = 4s^3 = 3.4 \times 10^{-11}$$
$$s^3 = 24.5 \times 10^{-12}$$
$$s = 2.9 \times 10^{-4}$$

따라서 순수한 물에 대한 CaF_2의 몰용해도는 2.9×10^{-4} mol L^{-1}이다.

답이 합리적인가? 용매가 물이므로 초기 농도는 0이다. s가 몰용해도라면 염이 녹아들어갈 때 Ca^{2+}와 F^-의 농도 변화량은 각각 s와 $2s$이다. 계산 과정을 점검해 보면 올바로 수행했다는 것을 알 수 있으므로 답은 맞다고 할 수 있다.

Lawrence Migdale/Science Source

무색 용액인 아이오딘화 소듐 용액과 질산 납(II) 용액을 섞으면 노란색의 PbI_2 침전물이 형성된다.

예제 17.4 K_{sp}로부터 몰용해도 계산하기

K_{sp}를 이용하여 25°C에서 물에 대한 아이오딘화 납(II)의 몰용해도를 계산하시오.

분석 이 문제의 열쇠는 한 개의 아이오딘화 납(II)에 대해 두 개의 아이오딘화 이온이 생성된다는 것을 아는 것이다. 이 문제에 있어서 균형 화학 반응식과 K_{sp} 식을 쓰는 데 아이오딘화 납(II)의 화학식이 필요하다. 또한 아이오딘화 납(II)의 몰용해도를 구하기 위하여 농도표를 작성해야 한다.

도구 모음 필요한 도구는 2장에서 명명법 규칙을 이용하여 아이오딘화 납(II)의 화학식을 결정할 필요가 있다는 점을 제외하고는, 예제 17.3에서 사용한 도구와 같다. 그다음 평형 반응식과 K_{sp} 식을 이용한다.

풀이 아이오딘화 납(II)의 화학식으로 PbI_2를 결정한다. 화학 반응식과 K_{sp} 식을 쓰고 표 17.1에서 K_{sp} 값을 찾는다.

$$PbI_2(s) \rightleftharpoons Pb^{2+}(aq) + 2I^-(aq) \qquad K_{sp} = [Pb^{2+}][I^-]^2 = 9.8 \times 10^{-9}$$

농도표에서 용매가 물이므로 초기 이온의 농도는 0이다. 이전처럼 염의 몰용해도를 s라고 정의하면 '변화' 행의 s의 계수는 화학 반응식에서의 이온의 계수와 같게 된다. 이 절차를 따르면 정확한 몰비를 반영한 농도의 변화량을 얻을 수 있다.

농도표는 다음과 같다.

	$PbI_2(s)$	$\rightleftharpoons$	$Pb^{2+}(aq)$	+	$2I^-(aq)$
초기 농도(M)	—*		0		0
농도 변화(M)	—		$+s$		$+2s$
평형 농도(M)	—		s		s

*고체의 농도는 일정하고, 이미 K_{sp}에 반영되어 있기 때문에 농도표에는 나타내지 않는다.

평형 농도를 K_{sp} 식에 대입하면 다음과 같다.

$$[Pb^{2+}][I^-]^2 = 9.8 \times 10^{-9}$$
$$(s)(2s)^2 = 4s^3 = 9.8 \times 10^{-9}$$
$$s^3 = 2.45 \times 10^{-9}$$
$$s = 1.3 \times 10^{-3} \quad \text{(반올림 후)}$$

따라서 순수한 물에서 PbI_2의 몰용해도는 1.3×10^{-3} mol L^{-1}이다.

답이 합리적인가? 표에 기입된 내용을 점검해 보자. 용매가 물이므로 초기 농도는 0이다. 리터당 녹는 PbI_2의 몰수(즉 몰용해도)를 s로 놓으면 '변화' 행에 있는 s의 계수는 균형 화학 반응식의 Pb^{2+}와 Cl^-의 계수와 일치해야 한다. '변화' 행의 입력 값은 올바른 값이다. 계산할 때 $2s$를 제곱하면 $4s^2$이 됨에 주의한다. $4s^2$과 s를 곱하면 $4s^3$이 된다. 그다음 과정들은 쉽게 확인할 수 있다.

실전 문제 17.5

25°C에서 순수한 물에 대한 (**a**) AgBr, (**b**) $PbBr_2$의 몰용해도를 계산하시오(**힌트**: 예제 17.4의 풀이를 참고하시오).

실전 문제 17.6

물에 대한 $HgSO_4$의 몰용해도를 구하시오. $HgSO_4$의 K_{sp}는 1.4×10^{-18}이다.

공통 이온 효과

용해도가 낮은 화합물인 염화 납(II)를 물에 넣고 한참 저어서 다음과 같은 평형이 이루어졌다고 생각해 보자.

$$PbCl_2(s) \rightleftharpoons Pb^{2+}(aq) + 2Cl^-(aq)$$

여기에 $Pb(NO_3)_2$와 같은 가용성 납 화합물의 진한 용액을 가하게 되면 $PbCl_2$ 용액 내에 Pb^{2+}의 농도가 증가하게 되어, 평형의 위치가 왼쪽으로 이동하게 됨에 따라 일정량의 $PbCl_2$가 침전될 것이다. 이 현상은 단순히 Le Châtelier 원리의 적용 사례인데, 결과적으로 순수한 물에서보다 Pb^{2+}를 포함하는 용액에서 $PbCl_2$의 용해도가 낮다는 것을 의미한다. NaCl과 같이 가용성 염화염의 진한 용액을 $PbCl_2$ 포화 용액에 가해도 동일한 효과를 얻을 수 있다. 가해진 Cl^-가 평형을 왼쪽으로 이동시켜 용해된 $PbCl_2$의 양을 감소시키게 된다.

위에서 기술된 현상은 16장에서 다룬 바 있는 **공통 이온 효과(common ion effect)**의 예이다. 이 경우, $Pb(NO_3)_2$가 가해지면 Pb^{2+}가 **공통 이온(common ion)**이며, NaCl이 가해지면 Cl^-가 공통 이온이 된다. **그림 17.4**에서 볼 수 있는 것처럼, 비교적 잘 녹는 염인 NaCl이더라도 공통 이온으로 작용할 수 있는 Cl^- 이온을 포함하는 진한 염산을 가하게 되면 포화 용액으로부터 고체가 생성될 수 있다. 공통 이온 효과는 염의 용해도를 상당히 낮출 수 있다. 예제 17.5

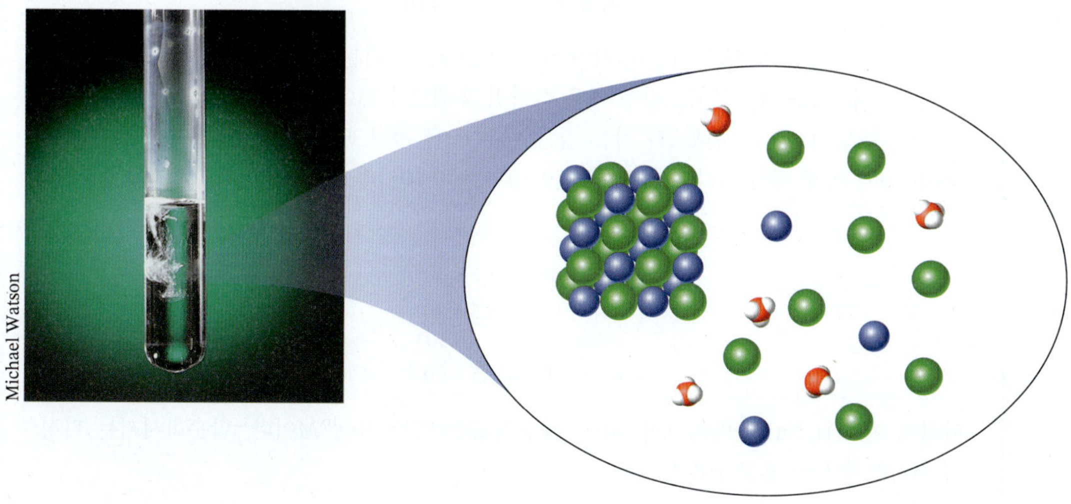

그림 17.4 공통 이온 효과 $NaCl(s) \rightleftharpoons Na^+(aq) + Cl^-(aq)$의 평형 상태인 NaCl 포화 용액이 들어 있는 시험관에 공통 이온인 Cl^-(초록색으로 나타냄)를 포함하는 진한 HCl 몇 방울을 가하게 되면 평형이 왼쪽으로 이동하게 된다. 그 결과 NaCl의 흰색 결정이 생성된다.

는 공통 이온 효과에 관한 전형적인 문제이다. 이 문제에서는 불용성염에 포함된 이온의 농도가 K_{sp}로부터 구해진 값보다 매우 클 때, 계산 과정을 단순화하는 방법에 대하여도 설명하고 있다.

예제 17.5 공통 이온 효과와 관련된 계산하기

0.10 *M* NaI 용액에서 AgI의 몰용해도는 얼마인가?

분석 AgI와 NaI는 같은 이온을 포함하고 있기 때문에 공통 이온 효과에 관한 계산을 하는 데 좋은 예이다. 일반적으로 문제를 풀기 위해 용해도 평형에 대한 균형 화학 반응식과 평형 법칙(K_{sp} 식)과 표 17.1의 K_{sp} 값이 필요하다. 예제 17.4와 같은 농도표를 작성해야 하지만, 여기서는 용액에 이미 용질이 존재하는 것을 고려해야 한다.

도구 모음 평형에 관한 균형 화학 반응식과 적절한 K_{sp} 식, 표 17.1에서 구할 수 있는 K_{sp} 값을 가지고 시작한다.

$$AgI(s) \rightleftharpoons Ag^+(aq) + I^-(aq); K_{sp} = [Ag^+][I^-] = 8.5 \times 10^{-17}$$

우선 앞에서의 사례와 같이 용매에 AgI를 가해서 녹인다고 생각해 보자. 그러나 이번에는 용매가 순수한 물이 아니라 AgI염의 이온 중 한 가지를 포함하는 NaI 용액이다. NaI는 완전히 해리되어 0.01 *M* Na^+와 0.10 *M* I^-가 생성된다. 따라서 I^-의 초기 농도는 0.10 *M*이다. 다음에는 AgI의 몰용해도를 s로 놓는다. AgI가 리터당 s mol 녹으면 Ag^+와 I^-의 농도는 각각 $+s$만큼 변화한다. 마지막으로 평형 농도는 초기 농도와 변화량을 더해서 구할 수 있다.

풀이 농도표는 다음과 같다.

	Ag^+	I^-
초기 농도	0	0.10
농도 변화	s	s
평형 농도	s	$0.10 + s$

평형 농도를 K_{sp}에 대입하면 다음과 같다.

$$K_{sp} = [Ag^+][I^-]$$

$$(s)(0.10 + s) = 8.5 \times 10^{-17}$$

언뜻 보기만 해도 이 식을 간단히 하지 않는 이상 s를 구하는 과정이 매우 어려울 것을 알 수 있다. 다행히도 AgI의 K_{sp} 값이 매우 작아서 용해도가 매우 낮기 때문에 식을 간단히 할 수 있는 방법이 있다. 용해도가 작은 염은 매우 조금 녹기 때문에 s의 값 또한 매우 작다. s가 0.10에 비해 매우 작다고 가정하면, $0.10 + s \approx 0.10$이라고 할 수 있다. 0.10 *M*을 I^- 농도에 대입하면 다음과 같다.

$$(s)(0.10) = 8.5 \times 10^{-17}$$

$$(s) = \frac{8.5 \times 10^{-17}}{(0.10)}$$

$$(s) = 8.5 \times 10^{-16}$$

따라서 0.10 *M* NaI 용액에서의 AgI의 몰용해도는 8.5×10^{-16} *M*이다. 단순화시키는 가정이 타당한지 항상 검토해야 한다.

답이 합리적인가? 먼저 표에 기입된 내용을 점검해 보자. 초기 농도는 용액으로부터 구할 수 있는데, 이 용액에는 Ag^+는 없고 I^-가 0.10 *M*만큼 들어 있다. s를 몰용해도로 놓게 되면 '변화' 행에 들어갈 s의 계수는 평형에 대한 균형 화학 반응식에서의 계수와 같게 된다. 이 시점에서 농도표를 다시 점검하고, 답을 확인하기 위해 K_{sp}를 다시 계산할 수 있다.

실전 문제 17.7

0.10 M $CaCl_2$ 용액에서 AgCl의 몰용해도를 계산하시오. 이 답과 순수한 물에서의 AgCl의 몰용해도를 비교하시오. (**힌트**: 0.10 M $CaCl_2$에서 Cl^- 농도는 얼마인가?)

실전 문제 17.8

바다의 식물성플랑크톤에게 니켈은 필수 원소이다. 인산(PO_4^{3-}) 이온의 농도가 2.0×10^{-6} M인 바닷물에서 인산 니켈[$(Ni_3(PO_4)_2$]의 몰용해도를 구하시오. 인산 니켈은 100% 해리한다고 가정하시오. $Ni_3(PO_4)_2$의 K_{sp}는 4.7×10^{-32}이다. (**선택 질문**: 바닷물이 $Ni_3(PO_4)_2$로 포화되었을 때 1온스(28.3 g)의 Ni를 얻는 데 필요한 바닷물은 몇 갤런인가?)

예제 17.4에서 순수한 물에서 PbI_2의 몰용해도는 1.3×10^{-3} M인 것을 확인하였다. 0.10 M NaI가 포함된 물에서 PbI_2의 용해도는 9.8×10^{-7} M으로 1000배 이상 감소한다. 전에도 언급한 바와 같이 공통 이온 효과는 대개 고체의 형성 방향으로 평형을 이동하여 불용성 화합물의 용해도를 크게 감소시킨다. 공통 이온 효과에 의하여 **염의 용해도가 증가되는 경우는 없다**.

해설 피해야 할 실수: 농도표에서 s와 같은 미지수에만 계수를 곱한다. 초기 농도와 같은 주어진 자료에는 계수를 곱해서는 안 된다.

침전이 형성되는지 예측하기

용액에서 염의 이온 농도를 알고 있다면 K_{sp} 값을 사용하여 침전이 형성되는지 예측할 수 있다. 이것은 Q 값(이온곱)을 계산하여 용액이 불포화나 포화 혹은 과포화 상태인지를 알 수 있기 때문이다. **염의 침전이 형성되려면 용액은 반드시 과포화 상태여야 한다.**

불포화 상태의 용액에서는 이온 농도가 포화 용액의 요건보다 작으며, 따라서 Q가 K_{sp}보다 작고 침전이 형성되지 않는다. 포화 용액에서는 Q와 K_{sp}가 같고 침전이 형성되지 않을 것이다(침전이 형성된다면 용액은 불포화 상태로 될 것이고, 침전물은 다시 녹아들어 갈 것이다). 용액이 과포화 상태라면 이온 농도는 포화의 요건보다 크게 되고 Q가 K_{sp}보다 크게 된다. 마지막 경우에서만 침전이 형성됨을 예상할 수 있다. 이 내용은 아래와 같이 요약된다.

도구
침전 예측하기

침전이 형성되는 경우	$Q > K_{sp}$	(과포화 상태)
침전이 형성되지 않는 경우	$Q = K_{sp}$	(포화 상태)
	$Q < K_{sp}$	(불포화 상태)

예를 들면 0.015 M NaCl과 0.15 M $Pb(NO_3)_2$를 포함하는 용액에서 $PbCl_2$ 침전이 형성되겠는가? 각 화학식에 한 개의 염화 이온과 한 개의 납 이온이 있으므로 이들 이온의 농도는 염의 농도와 같은 값이다. 이 농도를 이용하여 $PbCl_2$의 Q를 계산하면 다음과 같다.

$$Q = [Pb^{2+}][Cl^-]^2 = (0.15)(0.015)^2 = 3.4 \times 10^{-5}$$

표 17.1에서 확인한 $PbCl_2$의 $K_{sp} = 1.7 \times 10^{-5}$이다. $Q > K_{sp}$이므로 침전이 생긴다는 것을 알 수 있다.

해설 일반적인 경우 과포화 용액에서 여분의 염이 침전되는 것을 방지하기는 어렵다(아세트산 소듐은 특이한 예외라 할 수 있다. 이 염의 과포화 용액은 쉽게 만들 수 있다).

다음의 실전 문제를 통하여 침전이 생길 것인지 예측해 보라.

실전 문제 17.9

Hg^{2+}의 농도가 0.0025 M이고, I^-의 농도가 0.030 M인 용액에 대한 이온곱을 계산하시오. 이 용액에서 HgI_2 침전이 형성되겠는가? (**힌트**: HgI_2의 이온곱은 어떤 형태인가?)

실전 문제 17.10

Cl^-의 농도가 6.8×10^{-4} M이고, Ag^+의 농도가 9.6×10^{-5} M인 용액에 대한 이온곱을 계산하시오. 침전이 형성되겠는가?

이온의 농도가 주어지기 때문에 실전 문제는 복잡하지 않았고, Q와 K_{sp}의 값을 간단히 비교하면 답을 얻을 수 있다. 알려진 농도의 두 용액을 혼합할 때도 같은 원리를 사용할 수 있다. 차이점은 용액을 섞을 때 희석을 고려해서 이온의 농도를 다시 계산해야 한다는 것이다. 다음 예제에서 그 사례를 살펴보자.

예제 17.6 용액을 혼합할 때 침전이 형성되는지 예측하기

1.0×10^{-4} M NaCl 50.0 mL와 1.0×10^{-6} M $AgNO_3$ 50.0 mL를 섞었을 때 생성될 수 있는 침전은 무엇인가? 예상되는 침전이 실제로 형성되겠는가? (전체 부피는 단순히 두 부피를 더해서 구할 수 있다고 가정한다.)

분석 이 문제에서 물어보고 있는 것은 NaCl과 $AgNO_3$ 사이에 상호 교환 반응이 일어날 것인가이다. 4장에 나온 용해도 규칙을 이용하여 이 반응에서 어떤 침전이 생성되는지 예측할 수 있어야 한다. 용해도 규칙에 의해 침전이 예상된다면, 최종 용액의 이온 농도를 이용하여 화합물의 이온곱을 계산할 수 있다. 이온곱이 염의 K_{sp}보다 크면 침전이 예상될 것이다.

해설 이 문제를 풀려면 두 개 장에서 나온 도구를 같이 사용해야 한다.

Q를 정확히 계산하기 위해 용액이 섞인 후의 이온 농도를 사용해야 한다. 그러므로 이온곱을 계산하기 전에, 먼저 용액이 섞이게 되면 용질의 농도가 묽어진다는 점을 잊지 말아야 한다. 희석에 관한 문제는 4.7절에서 다루었다.

도구 모음 첫 번째 도구는 각 생성물이 가용성인지 혹은 불용성인지를 확인하는 데 도움이 되는 용해도 규칙(4.6절)이다. 다음에는 이온곱에 적용할 수 있는 이온의 농도를 알기 위해 희석식(4.7절, 식 4.6)을 이용해야 한다.

$$V_{묽은} \times M_{묽은} = V_{진한} \times M_{진한}$$

마지막으로, 침전을 형성하는지를 결정하기 위해 이온곱을 계산하고, Q와 K_{sp}를 비교할 것이다.

풀이 먼저 NaCl과 $AgNO_3$의 가능한 상호 교환 반응식을 작성하는 것으로 시작한다. 용해도 규칙을 이용하면 각 생성물이 가용성인지 혹은 불용성인지를 결정할 수 있다.

$$NaCl(aq) + AgNO_3(aq) \longrightarrow AgCl(s) + NaNO_3(aq)$$

용해도 규칙에 의하면 AgCl이 침전됨을 예상할 수 있다. 그런데 Ag^+와 Cl^-의 농도가 실제로 충분한지 확인해야 한다.

처음 용액에서 1.0×10^{-6} M $AgNO_3$ 용액은 Ag^+ 1.0×10^{-6} M을 포함하고, 1.0×10^{-4} M NaCI 용액은 Cl^- 1.0×10^{-4} M을 포함한다. 희석된 후 이온의 농도를 결정하기 위해 식 4.6을 이용한다.

$$V_{묽은} \times M_{묽은} = V_{진한} \times M_{진한}$$

$M_{묽은}$에 대해 풀면 다음과 같다.

$$M_{묽은} = \frac{M_{진한} \times V_{진한}}{V_{묽은}}$$

두 용액의 초기 부피가 각각 50.0 mL이므로 두 용액이 합쳐지면 최종 부피는 100 mL가 된다.

$$[Ag^+]_{묽은} = \frac{(50.0\text{ mL})(1.0 \times 10^{-6}\ M)}{100.0\text{ mL}} = 5.0 \times 10^{-7}\ M$$
$$[Cl^-]_{묽은} = \frac{(50.0\text{ mL})(1.0 \times 10^{-4}\ M)}{100.0\text{ mL}} = 5.0 \times 10^{-5}\ M$$

이제 AgCl의 해리 반응식으로부터 다음의 Q 식을 얻는다.

$$AgCl(s) \rightleftharpoons Ag^+(aq) + Cl^-(aq)$$
$$Q = [Ag^+][Cl^-]$$

위에서 계산된 농도를 Q 식에 대입하면 다음과 같다.

$$Q = (5.0 \times 10^{-7})(5.0 \times 10^{-5}) = 2.5 \times 10^{-11}$$

표 17.1에 AgCl의 K_{sp} 값이 1.8×10^{-10}으로 주어져 있다. Q 값이 K_{sp}보다 작으므로 최종 AgCl 용액은 불포화 상태이며, 침전은 생성되지 않을 것이다.

답이 합리적인가? 상호 교환 반응식 쓰기, 희석 후 이온 농도 계산하기(부피가 두 배로 되었으므로 농도는 반으로 된다), 올바른 이온곱 식 쓰기 등이 점검해야 할 사항들이다. 모두 올바르게 이용되었고, 따라서 위의 답은 정확하다.

실전 문제 17.11

$1.0 \times 10^{-3}\ M$ $Pb(NO_3)_2$ 용액 100.0 mL와 $2.0 \times 10^{-3}\ M$ $MgBr_2$ 용액 100.0 mL를 섞었을 때, 생성될 것으로 예상되는 침전은 무엇인가? 예상되는 침전이 실제로 생성되겠는가? 전체 부피는 단순히 두 부피를 더해서 구할 수 있다고 가정한다. (**힌트**: 이 문제를 푸는 데 어떤 도구들이 필요한가?)

실전 문제 17.12

$0.20\ M$ $Pb(NO_3)_2$ 용액 10.0 mL와 $0.060\ M$ NaCl 용액 5.0 mL를 섞었을 때, 생성될 것으로 예상되는 침전은 무엇인가? 예상되는 침전이 실제로 생성되겠는가? 전체 부피는 단순히 두 부피를 더해서 구할 수 있다고 가정한다.

17.2 염기성염의 용해도

앞 절에서 '중성염', 즉 강산과 강염기가 반응하여 생성된 염의 용해에 대해 다루었다. 강염기와 약산이 반응하여 생성된 염은 염기성염으로 물에서 약한 염기성을 갖는다.

용해도가 작은 염기성염이 물에 용해되면 아주 적은 수의 이온이 생성되고, 그보다 적은 수의 이온이 물과 반응한다. 많은 경우에 염기성염의 계산은 17.1절에서 다룬 중성염의 계산과 유사하다. K_{sp}가 매우 작아서 몰용해도가 낮거나 혹은 염을 생성하는 데 사용한 약산이 상대적으로 강할수록 계산 결과는 더 정확하다.

염기성염의 용해도는 산에 의해 크게 영향을 받는다. 산성 용액에 고체 플루오린화 칼슘(CaF_2)을 넣으면 플루오린화 이온(F^-)은 수소 이온과 반응하여 플루오린화 수소(HF)를 생성한다. 반응의 결과 플루오린화 이온이 감소하므로 Le Châtelier 원리에 의해 더 많은 플루오린화 칼슘이 녹게 된다.

$$CaF_2(s) \rightleftharpoons Ca^{2+}(aq) + 2F^-(aq) \quad \text{그리고} \quad 2F^-(aq) + 2H^+ \rightleftharpoons 2HF(aq)$$

결론적으로 CaF_2 같은 염기성염은 산성 용액에 더 잘 녹는다. 실제로 이 두 단계 반응은 거의 동시에 일어나서 한 반응처럼 보인다.

$$CaF_2(s) + 2F^-(aq) + 2H^+(aq) \rightleftharpoons Ca^{2+}(aq) + 2F^-(aq) + 2HF(aq)$$

$$CaF_2(s) + 2H^+(aq) \rightleftharpoons Ca^{2+}(aq) + 2HF(aq)$$

이와 유사한 인산 철(III)($FePO_4$)의 경우를 생각해 보자. 용해 반응식은 다음과 같다.

$$FePO_4(s) \rightleftharpoons Fe^{3+}(aq) + PO_4{}^{3-}(aq) \qquad \textbf{(17.2)}$$

인산 이온은 다소 강한 염기이고 수소 이온과 다음의 식 17.3와 같이 반응한다.

$$PO_4{}^{3-}(aq) + H^+(aq) \rightleftharpoons HPO_4{}^{2-}(aq) \qquad \textbf{(17.3)}$$

$PO_4{}^{3-}$ 이온이 H^+ 이온과 반응하면 용액 중 인산 이온의 농도가 감소하고, 따라서 Le Châtelier 원리에 의하여 더 많은 $FePO_4$가 용해되어 새로운 평형에 도달하게 된다.

위 사실로부터 얻을 수 있는 중요한 결론 하나는 염기성염에 산을 첨가하면 음이온이 제거되기 때문에 염의 용해를 증가시킬 수 있다는 것이다. 식 17.2와 17.3의 두 반응식을 합하면 다음과 같다.

$$FePO_4(s) + PO_4{}^{3-}(aq) + H^+(aq) \rightleftharpoons Fe^{3+}(aq) + PO_4{}^{3-}(aq) + HPO_4{}^{2-}(aq)$$

$$FePO_4(s) + H^+(aq) \rightleftharpoons Fe^{3+}(aq) + HPO_4{}^{2-}(aq)$$

반응식을 살펴보면 산을 첨가하였을 때 반응이 정반응 쪽으로 이동함을 알 수 있다.

산성염에 대해서도 유사한 원리를 적용할 수 있다. 산성염 용액에 염기를 첨가하면, 염기가 산성 양이온과 반응하기 때문에 염의 용해도가 증가한다.

동시 평형 동시 평형은 주어진 반응계에서 둘 또는 그 이상의 평형 반응이 동시에 일어나는 것을 말한다. 이 경우에 모든 평형 반응에 대한 수학적 관계가 동시에 만족되어야 한다. 이와 같은 평형을 다루는 방법은 각각의 화학 반응식을 모두 더해서 전체 반응에 대한 하나의 화학 반응식을 얻고, 14.2절에서 논의한 평형 상수를 다루는 방법을 적용하여 전체 반응에 대한 평형 상수를 구하는 것이다.

식 17.2와 17.3을 더하여 약간 녹는 염과 약산의 동시 평형을 다음과 같이 나타낼 수 있다.

$$FePO_4(s) + H^+(aq) \rightleftharpoons Fe^{3+}(aq) + HPO_4{}^{2-}(aq) \qquad \textbf{(17.4)}$$

식 17.2의 평형 상수는 K_{sp}이고 식 17.3의 평형 상수는 H_3PO_4의 3차 이온화 반응의 평형 상수인 K_{a_3}의 역수인 $1/K_{a_3}$이다. 따라서 반응식 17.4의 전체 평형 상수와 질량 작용식은 다음과 같다.

해설 식 17.2와 17.3을 더한 것이므로 K_{sp}와 $1/K_{a_3}$를 곱해야 한다.

$$K_{\text{전체}} = K_{sp}\frac{1}{K_{a_3}} = \frac{[Fe^{3+}][HPO_4{}^{2-}]}{[H^+]} = 9.9 \times 10^{-16}\left(\frac{1}{4.2 \times 10^{-13}}\right) = 2.3 \times 10^{-3}$$

이 식을 풀어서 $FePO_4$의 용해도를 구하는 것은 이 책의 범위를 넘어선다. 그러나 다음의 다중 개념 문제에서 산의 농도를 미리 알고 있을 경우에 용해도를 구하는 방법에 대하여 살펴볼 것이다.

다중 개념 문제의 분석과 풀이

1.50 *M* 질산 용액에서 CaF_2의 용해도는 얼마인가?

분석 이와 같이 아주 간단히 기술되는 문제라도 다중 개념을 적용해야 하는 경우도 있다. 먼저 (1) 염이 중성인지, 산성인지, 혹은 염기성인지 구분할 수 있어야 하고, (2) 관여하는 모든 평형 반응을 알아야 하며, (3) 답을 구하기 위해 적절한 평형 계산을 수행해야 한다.

Part 1

도구 모음 16.6절에서 배운 산과 염기의 염에 대한 개념을 상기할 필요가 있다.

풀이 CaF_2의 성질을 구분하기 위해 화학식을 Ca^{2+}와 F^- 두 이온으로 나눈 다음, 양이온에 OH^-를 더하고 음이온에 H^+를 더해서 염을 생성하는 두 출발 물질을 결정한다.

$$Ca^{2+} + 2OH^- \rightleftharpoons Ca(OH)_2 \quad \text{그리고} \quad F^- + H^+ \rightleftharpoons HF$$

CaF_2는 강염기 $Ca(OH)_2$와 약산 HF가 반응하여 생성된 염이다. 따라서 Ca^{2+}는 **매우 약한** 짝산이고 F^-는 약한 짝염기이다. 약한 짝염기는 매우 약한 짝산보다 더 강하므로 CaF_2는 염기성염임을 알 수 있고, 동시 평형과 관련된 문제임을 예상할 수 있다.

Part 1

도구 모음 모음 이 단계에서는 문제에 포함된 서로 다른 평형들을 조합해야 한다. 두 가지 균형 화학 반응식을 찾아서 조합하고, 관련된 K_{sp}와 K_a 값을 찾는다.

풀이 CaF_2의 용해 평형 반응식은 다음과 같다.

$$CaF_2(s) \rightleftharpoons Ca^{2+}(aq) + 2F^-(aq)$$

약산 HF의 이온화 평형 반응식은 다음과 같다.

$$HF(aq) \rightleftharpoons F^-(aq) + H^+(aq)$$

$K_{sp}(CaF_2) = 3.4 \times 10^{-11}$이고 $K_a(HF) = 3.5 \times 10^{-4}$이다. $2F^-$를 소거시키기 위해 다음과 같이 HF의 이온화 반응식에 2를 곱하고 역반응을 취해 두 반응식을 더한다.

$$\begin{array}{rcl} CaF_2(s) & \rightleftharpoons & Ca^{2+}(aq) + 2F^-(aq) \\ 2F^-(aq) + 2H^+(aq) & \rightleftharpoons & 2HF(aq) \\ \hline CaF_2(s) + 2H^+(aq) & \rightleftharpoons & Ca^{2+}(aq) + 2HF(aq) \end{array}$$

전체 반응의 평형 상수는 다음과 같다.

$$K_{전체} = \frac{K_{sp}}{K_a K_a} = \frac{3.4 \times 10^{-11}}{(3.5 \times 10^{-4})(3.5 \times 10^{-4})} = 2.8 \times 10^{-4}$$

질산은 강산이므로 완전히 이온화한다고 하면, 초기 $[H^+]$는 1.50 *M*이다. 농도표는 다음과 같다.

	$CaF_2(s)$	+	$2H^+(aq)$	$\rightleftharpoons$	$2HF(aq)$	+	$Ca^{2+}(aq)$
초기 농도(*M*)	—*		1.50		0		0
농도 변화(*M*)	—		$-2s$		$+2s$		$+s$
평형 농도(*M*)	—		$1.50-2s$		$2s$		s

*예제 17.4 농도표의 각주를 참조하라.

이제 농도표의 평형 농도를 대입하여 CaF_2의 용해도를 구할 수 있다.

$$K_{전체} = 2.8 \times 10^{-4} = \frac{[Ca^{2+}][HF]^2}{[H^+]^2}$$

$$2.8 \times 10^{-4} = \frac{(s)(2s)^2}{(1.50 - 2s)^2}$$

앞에서 다룬 복잡한 반응의 경우와 같이 $2s \ll 1.50\,M$임을 이용하여 계산을 단순화시킨다.

$$2.8 \times 10^{-4} = \frac{(s)(2s)^2}{(1.50)^2}$$

$$6.3 \times 10^{-4} = s(4s^2) = 4s^3$$

$$1.58 \times 10^{-4} = s^3$$

$$s = 5.4 \times 10^{-2}$$

$2s = 0.11\,M$로 $1.50\,M$에 비해 1/10이 되지 않으므로 위에서의 근사는 적절하다는 것을 확인할 수 있다. 따라서 산 농도가 $1.5\,M$일 때 CaF_2의 몰용해도는 $5.4 \times 10^{-2}\,mol\,L^{-1}$이다.

답이 합리적인가? 근사가 적절하다고 확인하였고 계산상에 심각한 실수가 보이지 않는다.

실전 문제 17.13

다음 염에 대해 산을 첨가했을 때 용해도가 증가할지 판단하시오(**힌트**: 염을 중성, 산성, 염기성으로 구분하시오).

(**a**) AgBr (**b**) $CaCO_3$ (**c**) Ag_2CrO_4 (**d**) $Zn(CN)_2$

실전 문제 17.14

$1.0\,M$ H^+ 용액에서 Hg_2CrO_4의 몰용해도를 구하시오.

다중 개념 문제에서 플루오린화 이온이 산과 반응할 때 CaF_2의 용해도를 계산하였다. 최초의 분석은 동시 반응으로 플루오린화 이온이 감소하고, Le Châtelier 원리에 의해 용해도가 증가한다는 것이다. 플루오린화 이온과 물의 반응을 무시하고 순수한 물에서 CaF_2의 용해도를 계산한다면 그 값은 $2.0 \times 10^{-4}\,mol\,L^{-1}$일 것이다. 동시 평형은 용해도를 증가시키고, 이것은 Le Châtelier 원리에 부합한다.

17.4절에서 $[H^+]$가 몰용해도에 미치는 영향을 이용하여 여러 가지 양이온이 존재할 때 한 가지 양이온만을 선택적으로 침전시킬 수 있는 실험적인 조건을 결정하는 방법에 대하여 공부할 것이다.

17.3 용액에서 금속 산화물과 금속 황화물의 평형

불용성 산화물과 황화물을 포함하는 수용액 평형은, 음이온이 용매인 물과 반응하기 때문에 지금까지 살펴보았던 것보다 복잡하다. 금속 산화물이 물에 녹는다는 것은 이온이 단순히 해리되어 용액에 남아 있는 것이 아니라, 해리된 이온이 물과 반응한다는 것을 뜻한다. 예를 들어 Na^+와 O^{2-} 이온으로 구성된 산화 소듐은 물에 쉽게 녹는다. 그러나 이 용액은 산화 이온인 O^{2-}를 포함하지는 않는다. 그 대신 다음 반응과 같이 수산화 소듐이 생성된다.

$$Na_2O(s) + H_2O \longrightarrow 2NaOH(aq)$$

실제로는 Na_2O 결정이 분해되면서 생성된 산화 이온이 물과 반응하게 된다.

$$O^{2-}(s) + H_2O \longrightarrow 2OH^-(aq)$$

산화 이온은 너무나 강력한 염기여서 실험적으로는 측정할 수 있을 만큼의 양이 물에 존재하지 않는다. O^{2-}의 K_b 값 1×10^{22}가 매우 큰 값이라는 사실로부터 그 이유를 짐작할 수 있다. 따라서 불용성 금속 산화물을 만들기 위하여 직접적으로 수용액에 산화 이온을 가할 방법은 없다. 왜냐하면 산화 이온이 물과 반응하여 수산화 이온을 만들기 때문이다. 불용성 금속 수산화물이 아니라 불용성 금속 산화물이 용액에서 침전하는 경우는, 특정 금속이 OH^-와 반응한 다음 O^{2-}를 추출해내고 용액 속에 H^+(또는 H_2O)를 남길 수 있기 때문이다. 예를 들어 **그림 17.5**에서와 같이 수용성 은염에 OH^-를 가하게 되면 은 이온은 갈색의 산화 은(Ag_2O)으로 침전된다.

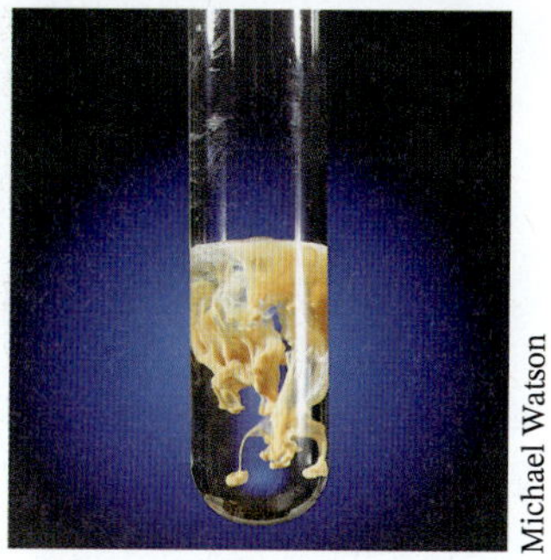

그림 17.5 산화 은 질산 은 용액에 수산화 소듐 용액을 가하면 갈색의 진흙 같은 산화 은 침전이 형성된다.

$$2Ag^+(aq) + 2OH^-(aq) \longrightarrow Ag_2O(s) + H_2O$$

이 반응의 역반응은 Ag_2O의 용해도 평형에 해당한다.

$$Ag_2O(s) + H_2O \rightleftharpoons 2Ag^+(aq) + 2OH^-(aq)$$

금속 황화물과 산화물에 대한 용해도 평형

산소로부터 6A족 원소인 황으로 관심을 돌려 금속 황화물을 살펴보면, 황화물이 산화물과 많은 유사성이 있다는 사실을 알게 될 것이다. 그 한 가지는 산화 이온(O^{2-})처럼 황화 이온(S^{2-})도 강력한 Brønsted–Lowry 염기여서 보통의 수용액에서는 존재하지 않는다는 것이다. $8\,M$ NaOH 조건에서 다음 반응에 따라 생성될지도 모른다고 생각되는 황화 이온은 아직까지 수용액에서는 관찰된 적이 없다.

$$OH^- + HS^- \longrightarrow H_2O + S^{2-}$$

$8\,M$ NaOH 용액은 매우 비정상적인 농도이다. 따라서 Na_2O와 마찬가지로 Na_2S가 녹을 때 2가 음이온인 S^{2-}를 생성하는 것이 아니라 다음과 같이 물과 반응하면서 녹는다.

$$Na_2S(s) + H_2O \longrightarrow 2Na^+(aq) + HS^-(aq) + OH^-(aq)$$

Na_2O와 마찬가지로, Na_2S 결정이 분해되어 이온이 용액 속으로 들어가는 즉시 물과 황화 이온이 반응하게 된다.

$$S^{2-}(s) + H_2O \longrightarrow HS^-(aq) + OH^-(aq)$$

해설 실험실에서 금속 이온에 대한 정성 분석을 수행할 때, 금속 몇몇 금속 이온을 황화물 침전으로 만들어 다른 이온으로부터 분리시킨다.

대부분의 금속 황화물은 물에서 매우 낮은 용해도를 가진다. 황화 수소 기체를 여러 종류의 금속 이온(예를 들어 Cu^{2+}, Pb^{2+}, Ni^{2+})이 녹아 있는 수용액에 불어넣어 주면 여러 가지 금속 황화물이 침전한다. **그림 17.6**에서 볼 수 있는 것과 같이 이 침전물들의 대다수가 독특한 색

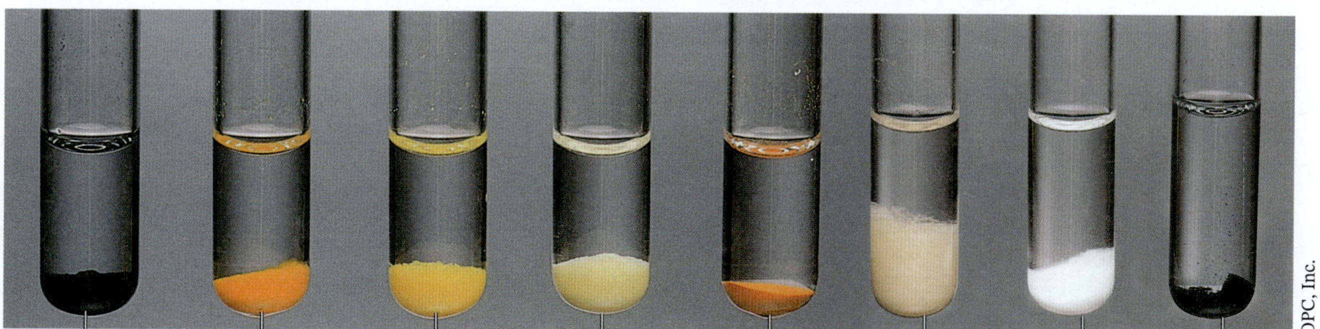

CuS CdS As_2S_3 SnS_2 Sb_2S_3 MnS ZnS FeS

그림 17.6 몇몇 금속 황화물의 색

을 나타내기 때문에 용액에 존재하는 금속 이온의 정체를 알아낼 수 있다. 불용성 금속 황화물의 용해도 평형을 나타내기 위해서는 황화 이온과 물의 반응을 고려해야 한다. 예를 들어 CuS의 평형은 다음과 같이 쓸 수 있다.

$$CuS(s) + H_2O \rightleftharpoons Cu^{2+}(aq) + HS^-(aq) + OH^-(aq) \tag{17.5}$$

이 반응식으로부터 이온곱 $[Cu^{2+}][HS^-][OH^-]$을 끌어낼 수 있고, 따라서 CuS의 용해도곱 상수는 다음 식으로 나타낼 수 있다.

$$K_{sp} = [Cu^{2+}][HS^-][OH^-]$$

상당수의 금속 황화물에 대해 이런 형태의 K_{sp} 값들이 **표 17.2**의 마지막 열에 수록되어 있다. K_{sp}의 값이 얼마나 다양한 값($2 \times 10^{-53} \sim 3 \times 10^{-11}$까지 10^{42} 만큼의 차이)을 갖는지 주목하라.

산 불용성 황화물

황화 아연과 같이 많은 금속 황화물은 산과 반응하여 용해된다.

$$ZnS(s) + 2H^+(aq) \longrightarrow Zn^{2+}(aq) + H_2S$$

그러나 산 불용성 황화물(acid-insoluble sulfide)로 구분되는 어떤 금속 황화물들은 K_{sp} 값이 매우 작아서 산에서도 녹지 않는다. 여기에 속하는 양이온은 충분한 산성 용액 조건에서 황화수소를 불어넣어 줌으로써 다른 양이온으로부터 분리하여 침전시킬 수 있다. 용액이 산성일 경우 용해도 평형을 지금까지와는 다르게 생각해야 한다. 산에서는 HS^-와 OH^-가 중화될 것이며, 그 이온들의 짝산인 H_2S와 H_2O가 형성될 것이다. 이러한 조건에서 용해도 평형에 관한 반응식은 다음과 같다.

$$CuS(s) + 2H^+(aq) \rightleftharpoons Cu^{2+}(aq) + H_2S(aq)$$

반응식이 변함에 따라 용해도곱 평형에 대하여 다음과 같이 새로운 질량 작용식을 사용해야

표 17.2 황화물 형태의 선택적 침전으로 분리 가능한 금속 이온들[a]

금속 이온	황화물	K_{spa}	K_{sp}
산 불용성 황화물			
Hg^{2+}	HgS(검은색형)	2×10^{-32}	2×10^{-53}
Ag^+	Ag_2S	6×10^{-30}	6×10^{-51}
Cu^{2+}	CuS	6×10^{-16}	6×10^{-37}
Cd^{2+}	CdS	8×10^{-7}	8×10^{-28}
Pb^{2+}	PbS	3×10^{-7}	3×10^{-28}
Sn^{2+}	SnS	1×10^{-5}	1×10^{-26}
염기 불용성 황화물(산 용해성 황화물)			
Zn^{2+}	α-ZnS	2×10^{-4}	2×10^{-25}
	β-ZnS	3×10^{-2}	3×10^{-23}
Co^{2+}	CoS	5×10^{-1}	5×10^{-22}
Ni^{2+}	NiS	4×10^{1}	4×10^{-20}
Fe^{2+}	FeS	6×10^{2}	6×10^{-19}
Mn^{2+}	MnS (분홍색형)	3×10^{10}	3×10^{-11}
	MnS (녹색형)	3×10^{7}	3×10^{-14}

[a] 25°C에서의 자료임. R.J. Meyers, *J. Chem. Ed.*, vol. 63, 1986, p. 687. 참조할 것.

한다. 이 식을 **산 용해도곱(acid solubility product, K_{spa})**이라고 한다. 여기서 아래 첨자인 'a'는 용액이 산성임을 표시한다.

도구
산 용해도곱 상수 K_{spa}

$$K_{spa} = \frac{[Cu^{2+}][H_2S]}{[H^+]^2}$$

표 17.2에는 금속 황화물의 K_{spa} 값도 나와 있다. 모든 K_{spa} 값이 K_{sp} 값보다 10^{21}배 크다는 것을 주목하라. 금속 황화물은 물보다 묽은 산 용액에서 훨씬 더 잘 녹는다. 그러나 산 불용성 황화물은 너무 불용성이기 때문에 그중 가장 잘 녹는 황화 주석(SnS)의 경우도 중간 농도의 산성 용액에서 간신히 녹는다. 황화물은 두 가지 부류로 나눌 수 있는데, 산 불용성 황화물과 산 용해성 황화물, 다른 표현으로 염기 불용성 황화물(base-insoluble sulfide)이 있다. 17.4절에서 다루겠지만, 산 용액에서 황화물의 용해도가 차이가 나는 것을 이용하여 금속 이온을 두 부류로 나눌 수 있다.

예제 17.7 황화 철(II)의 몰용해도

오래된 달걀을 끓는 물에 삶으면 때로는 노른자 주위에 초록색 원이 만들어진다. 이것은 노른자에 포함된 철이 황화 수소와 반응해서 생긴 것이다. FeS의 몰용해도가 0.075 *M*이 되는 데 필요한 pH를 구하시오.

분석 FeS의 몰용해도를 이용하여 Fe^{2+}와 H_2S의 농도를 결정한 다음, 이를 이용하여 수소 이온의 농도를 구하면 pH를 쉽게 계산할 수 있다.

도구 모음 적절한 평형식과 표 17.2에서 얻은 FeS의 K_{spa} 값을 이용하여 다음과 같은 평형 반응식과 평형 법칙을 쓸 수 있다.

$$FeS(s) + 2H^+(aq) \rightleftharpoons Fe^{2+}(aq) + H_2S(aq) \quad K_{spa} = \frac{[Fe^{2+}][H_2S]}{[H^+]^2} = 6 \times 10^2$$

FeS의 몰용해도를 $[Fe^{2+}]$와 $[H_2S]$로 변환하기 위해 적절한 화학량론 계산이 필요하다.

풀이 1 mol의 FeS가 녹으면 1 mol의 Fe^{2+}가 생성되므로, 0.075 mol L^{-1}의 FeS 용액을 위해서는 $[Fe^{2+}]$가 0.075 *M*이어야 한다. 마찬가지로 1 mol의 FeS는 1 mol의 S^{2-}를 생성하고, 이는 H_2S 1 mol에서 변환된 것이므로 $[H_2S]$도 0.075 *M*이다.

$$\frac{[Fe^{2+}][H_2S]}{[H^+]^2} = \frac{(0.075)(0.075)}{[H^+]^2} = 6 \times 10^2$$

$[H^+]$에 대해 계산하면

$$\frac{(0.075)(0.075)}{6 \times 10^2} = 9.3 \times 10^{-6} = [H^+]^2$$
$$[H^+] = 3.1 \times 10^{-3}$$
$$pH = 2.5 \quad \text{(반올림 후)}$$

FeS의 용해도가 0.075 *M*인 용액을 얻기 위해서는 용액의 pH가 2.5여야 한다.

답이 합리적인가? K_{spa} 값으로부터 FeS가 산 용해성이며, 위의 식에서 어느 정도의 농도로 존재한다는 것을 알 수 있다. 전체 계산 과정을 살펴보는 것 외에는 답을 점검할 방법이 별로 없다.

실전 문제 17.15

NiS의 몰용해도가 0.022 *M*이 되는 데 필요한 pH를 구하시오. (**힌트:** 표 17.2에서 볼 때 NiS는 산 용해성인가?)

실전 문제 17.16

물 2.5×10^6 L에 4.00 g PbS를 녹이는 데 필요한 pH는 얼마인가?

17.4 선택적 침전

선택적 침전(selective precipitation)이란 여러 가지 이온이 포함된 용액에서 특정 금속 이온만을 침전시키는 것을 뜻한다. 일반적으로 불용성으로 간주되는 염들의 용해도가 서로 크게 다른 경우에 선택적 침전이 종종 가능하다. 예를 들어 AgCl과 $PbCl_2$의 K_{sp} 값은 각각 1.8×10^{-10}과 1.7×10^{-5}인데, 이를 물에 대한 몰용해도로 바꾸면 AgCl은 1.3×10^{-5} M이고, $PbCl_2$는 1.6×10^{-2} M이 된다. 몰용해도로 보면 염화 납(II)는 AgCl보다 물에 대략 1200배 정도 더 잘 녹는 셈이다. 어떤 용액에 Pb^{2+}가 0.10 M 그리고 Ag^+가 0.10 M 섞여 있을 때, Cl^-를 서서히 가하면 AgCl이 먼저 침전될 것이다(**그림 17.7**). 실제로 $PbCl_2$가 침전되기 시작하기 전에 Ag^+의 농도는 1.6×10^{-8} M으로 감소한다는 것도 계산할 수 있다. 따라서 납이 침전되기 전에 거의 모든(99.99998%) 은이 용액으로부터 제거되며, 따라서 두 이온은 효과적으로 분리될 수 있다. 성공적인 분리를 위하여 Cl^-의 농도를 조절하는 방법을 알아야 한다. 19장에서 원하는 Cl^-의 농도를 확일할 수 있는 전기 화학적 방법에 대해서 배우게 될 것이다.

예제 17.8 할로젠화 은의 선택적 침전

0.20 M Br^-와 0.20 M I^-를 포함한 용액에서, 선택적 침전에 의해 두 할로젠 이온을 분리할 수 있는 $AgNO_3$의 최대 농도는 얼마인가?

분석 용액에서 한 이온은 제거되고 다른 이온은 남아 있을 수 있는 Ag^+ 이온의 농도를 구하는 문제이다. 어떤 고체가 먼저 침전되는지 알아야 하고, 첫 번째 이온을 고체로 침전시키고 다른 이온은 용액에 남게 하는 은 이온의 농도를 결정해야 한다.

도구 모음 표 17.1에서 다음의 평형에 대한 K_{sp} 상수를 찾을 수 있다.

그림 17.7 선택적 침전 묽은 염화 소듐 용액을 Ag^+ 이온과 Pb^{2+} 이온이 들어 있는 용액에 가하면(질산염의 형태로 녹아 있는 상태), 용해도가 낮은 AgCl이 좀 더 용해도가 높은 $PbCl_2$보다 먼저 침전된다. AgCl이 모두 침전된 다음 $PbCl_2$의 침전이 형성되기 시작한다.

$$AgBr(s) \rightleftharpoons Ag^+(aq) + Br^-(aq) \qquad K_{sp} = 5.0 \times 10^{-13}$$
$$AgI(s) \rightleftharpoons Ag^+(aq) + I^-(aq) \qquad K_{sp} = 8.5 \times 10^{-17}$$

아이오딘화 은(AgI)은 브로민화 은(AgBr)보다 용해도가 작기 때문에 아이오딘화 은이 먼저 침전될 것이다. 따라서 아이오딘화 은 고체를 여과하면 I^-와 Br^- 두 이온이 분리된다. 이제 아이오딘화 이온을 침전시키는 은 이온의 농도를 결정해야 한다. 이를 위하여 은 이온이 없는 용액에 은 이온을 천천히 가해주는 실험을 상상해 보자. 은 이온의 농도가 증가함에 따라 어느 순간 아이오딘화물이 침전되기 시작하는데, 이때가 AgI 침전이 생성되는 데 필요한 은 이온의 최저 농도이다. 용액에 은 이온을 추가로 가해주면 더 많은 아이오딘화 은 침전이 생성되다가 어느 순간에 AgBr 침전이 생성되기 시작할 것이다. AgBr 침전이 생성되기 직전의 Ag^+의 농도가 사용할 수 있는 최대 농도가 된다. 문제에 답하려면 이 최대 농도를 계산해야 한다.

풀이 Br^- 이온을 침전시키는 데 필요한 Ag^+의 최소 농도가 얼마인지 먼저 계산해야 한다. Br^- 농도는 0.20*M*이므로 용해도곱을 사용하여 AgBr 침전을 생성하는 데 필요한 Ag^+의 최소 농도를 계산할 수 있다.

$$AgBr(s) \rightleftharpoons Ag^+(aq) + Br^-(aq)$$
$$K_{sp} = [Ag^+][Br^-]$$
$$5.0 \times 10^{-13} = [Ag^+](0.20\ M)$$
$$2.5 \times 10^{-12}\ M = [Ag^+]$$

따라서 은 이온의 농도가 $2.5 \times 10^{-12} M$ 또는 그 이하로 유지되고 있는 동안, Br^- 이온은 침전되지 않는다. 이제 분리가 충분한지를 판단하기 위하여 아이오딘화 이온의 농도가 충분히 감소하였는지 계산해 보자. 은 이온의 농도가 $2.5 \times 10^{-12} M$일 때, 용액에 존재하는 아이오딘화 이온의 농도가 얼마인지 계산하기 위해서 은 이온의 농도를 AgI의 K_{sp} 식에 대입해 보자.

$$AgI(s) \rightleftharpoons Ag^+(aq) + I^-(aq)$$
$$K_{sp} = [Ag^+][I^-]$$
$$8.5 \times 10^{-17} = (2.5 \times 10^{-12}\ M)[I^-]$$
$$4.7 \times 10^{-5}\ M = [I^-]$$

아이오딘화 이온의 초기 농도는 0.20*M*이었지만, 이제는 $3.4 \times 10^{-5} M$이다. 이 수준이면 아이오딘화 이온이 완전히 침전된 것으로 간주할 수 있다. 따라서 가할 수 있는 은 이온의 최대 농도는 $2.5 \times 10^{-12} M$이다.

답이 합리적인가? 브로민화 은이 침전되기 전에 아이오딘화 은이 충분히 침전된다는 계산 결과를 얻었다. K_{sp} 값의 차이를 고려하면 이와 같은 결과를 충분히 예상할 수 있다. 계산의 수식과 추론이 정확한지 다시 한번 확인하는 것이 좋다.

실전 문제 17.17

칼슘 이온(0.25*M*)과 바륨 이온(0.05*M*)을 포함한 용액에서 바륨 이온을 선택적으로 침전시키기 위하여 가할 수 있는 SO_4^{2-} 이온의 최대 농도는 얼마인가? (**힌트**: 우선 칼슘 이온이 침전되는 황산 이온의 농도를 계산하라.)

실전 문제 17.18

0.10*M* $CaCl_2$와 0.20*M* $MgCl_2$를 포함한 용액에서, 칼슘을 침전시키지 않으면서 마그네슘을 $MgSO_4$로 분리하기 위하여 가할 수 있는 황산 이온의 최대 농도는 얼마인가?

금속 황화물

산 불용성 금속 황화물과 염기 불용성 금속 황화물의 K_{spa} 값이 크게 다르기 때문에 용액의 pH를 조절하여 해당 양이온을 분리하는 것이 가능하다. 황화 수소가 산 불용성 양이온의 황화물만을 선택적으로 침전시키도록 용액의 pH를 조절할 수 있다. 이때 다른 양이온은 용액에 남아 있게 된다. 이를 위하여 몰농도가 0.1 M인 H_2S 포화 용액이 사용된다. 예제 17.9는 각각 산 불용성과 염기 불용성에 속하는 Cu^{2+}와 Ni^{2+} 두 금속 양이온을 황화물의 형태로 선택적으로 침전시키는 데 필요한 pH를 계산하는 과정을 설명한 사례이다.

예제 17.9 염기 불용성 양이온으로부터 산 불용성 양이온 황화물의 선택적 침전

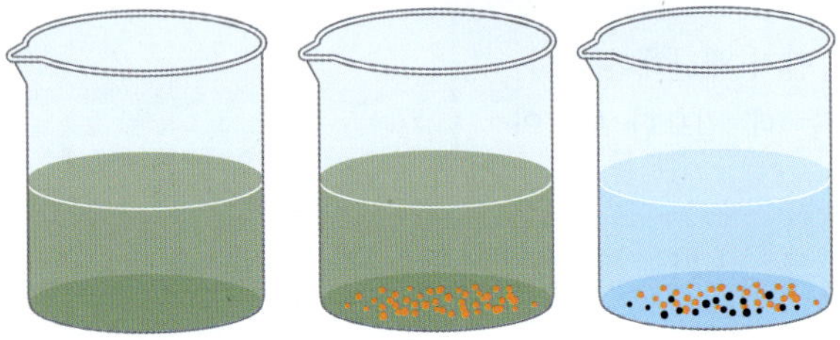

(a) (b) (c)

그림 17.8 S^{2-}**를 이용한** Ni^{2+}**와** Cu^{2+}**의 침전 형성** 이 실험에서는 다음과 같은 3가지 흥미로운 상태가 있다. (a) Ni^{2+}와 Cu^{2+} 모두 용액에 존재하는 상태. 수용액 상태의 Ni^{2+}는 초록색을 나타낸다. (b) 오렌지색의 CuS 침전이 생성되고 Ni^{2+}는 용액에 존재하는 상태. (c) CuS와 NiS 침전이 모두 생성되는 상태. NiS 침전을 검은색으로 나타내었다.

Cu^{2+}와 Ni^{2+}의 농도가 각각 0.010 M인 H_2S 포화 용액($[H_2S]$ = 0.1 M)에서 두 금속 이온을 분리할 수 있는 수소 이온의 농도(그리고 pH) 범위를 구하시오.

분석 Cu^{2+}와 Ni^{2+} 그리고 H_2S의 농도를 알고 있는 상태에서 선택적 침전을 할 수 있는 수소 이온의 농도 범위를 결정하는 문제이다. 수소 이온 농도의 하한값에서 용액은 좀 더 염기성이고, 수소 이온 농도의 상한값에서는 좀 더 산성 용액일 것이다. 수소 이온 농도가 증가함에 따라 황화물은 더 많이 용해될 것이다. **그림 17.8**에서와 같이 문제에서 3가지 중요한 pH 영역이 있다. 첫 번째는 두 이온이 모두 용액에 존재하는 pH이고, 두 번째는 더 가용성인 이온만 용액에 존재하는 pH이며, 세 번째는 두 이온이 모두 침전을 형성하는 pH이다.

두 이온이 모두 용액에 존재할 수 있도록 산성 조건을 유지하지 않으면 두 금속 이온은 모두 황화물 형태의 침전을 형성할 것이다. 문제에서는 이온이 용액 상태로 존재하는지를 결정하기 위하여 산성 조건을 제시하고 있으므로, 평형을 K_{spa}로 다루는 것이 편리하다.

$$\mathrm{NiS}(s) + 2\mathrm{H}^+(aq) \rightleftharpoons \mathrm{Ni}^{+}(aq) + \mathrm{H_2S}(s) \qquad K_{spa} = \frac{[\mathrm{Ni}^{2+}][\mathrm{H_2S}]}{[\mathrm{H}^+]^2}$$

$$\mathrm{CuS}(s) + 2\mathrm{H}^+(aq) \rightleftharpoons \mathrm{Cu}^{2+}(aq) + \mathrm{H_2S}(s) \qquad K_{spa} = \frac{[\mathrm{Cu}^{2+}][\mathrm{H_2S}]}{[\mathrm{H}^+]^2}$$

K_{spa} 식에 포함된 4개의 항 중에서 3개($[Cu^{2+}]$, $[H_2S]$, K_{spa})의 값을 알고 있으므로 $[H^+]$를 구할 수 있다. 계산된 H^+의 농도를 유지할 수 있으면 금속 이온은 용액에 존재할 것이고, 계산된 H^+ 농도가 너무 높으면 특정 금속 이온은 침전을 형성할 것이다.

이 문제는 두 가지 질문으로 압축할 수 있다. 첫째는 용액에서 더 잘 녹는 황화물을 용액 상태로 유지하기 위한 최대의 염기성 조건이 무엇이냐 하는 것이다. 이 질문의 답은 $[H^+]$의 하한값이다. 좀 더 낮은 H^+ 농도에서는 화합물이 침전되기 때문에 H^+의 농도가 구한 값과 같거나 조금 더 큰 농도를 가져야 한다. 두 번째 질문은 용액에서 보다 적게 용해되는 황화물을 침전으로 유지하기 위한 수소 이온의 농도는 무엇인가이다(질문에 대한 답은 $[H^+]$의 상한값이다. 더 적게 용해되는 황화물이 침전을 유지하기 위해서는 H^+ 농도는 구한 값보다 더 낮아야 한다). 두 한계값을 알면, 용해도가 작은 황화물이 침전되고 용해도가 큰 황화물은 용액에 남아 있을 수 있는 수소 이온 농도 범위를 알 수 있다.

도구 모음 문제를 풀기 위해서는 올바른 평형식과 표 17.2의 K_{spa} 값을 이용하여 문제를 해결하는 데 필요한 식을 얻을 수 있다.

$$CuS(s) + 2H^+(aq) \rightleftharpoons Cu^{2+}(aq) + H_2S(aq) \qquad K_{spa} = \frac{[Cu^{2+}][H_2S]}{[H^+]^2} = 6 \times 10^{-16}$$

$$NiS(s) + 2H^+(aq) \rightleftharpoons Ni^{2+}(aq) + H_2S(aq) \qquad K_{spa} = \frac{[Ni^{2+}][H_2S]}{[H^+]^2} = 4 \times 10^{1}$$

산성 용액에서 NiS의 용해도가 CuS의 용해도보다 더 크다. H^+의 농도가 증가함에 따라 더 많은 양의 NiS가 녹을 것이다(사실 둘 다 더 잘 녹겠지만, NiS의 용해도가 CuS보다 훨씬 많이 증가한다). 이제 가능한 많은 양의 CuS 침전이 생성되지만 NiS 침전은 생성되지 않는 H^+ 이온의 농도를 결정해야 한다. 평형 상수식을 이용하여 CuS와 NiS의 용해도 한계에서의 H^+ 농도를 계산해야 한다.

풀이 0.010 M Ni^{2+} 농도와 0.1 M H_2S 농도를 토대로 필요한 $[H^+]$의 하한값을 계산해 보자. $[H^+]$를 계산된 값 이상으로 유지하면 NiS는 침전이 되지 않을 것이다. 먼저 K_{spa} 식에 주어진 값들을 대입한다.

$$K_{spa} = \frac{[Ni^{2+}][H_2S]}{[H^+]^2} = \frac{(0.010)(0.10)}{[H^+]^2} = 4 \times 10^{1}$$

이제 다음과 같이 $[H^+]$를 구할 수 있다.

$$[H^+]^2 = \frac{(0.010)(0.10)}{4 \times 10^{1}}$$
$$[H^+] = 5 \times 10^{-3}\,M$$

이 값보다 낮은 $[H^+]$에서는 NiS는 용액에 녹지 않는다. 이 $[H^+]$ 농도를 pH 값으로 환산하면 2.3이다.

다음은 상한값을 찾아야 한다. CuS 침전이 생성되지 않으면, Cu^{2+} 농도는 주어진 값인 0.010 M이다. 따라서 이 값과 H_2S 농도(0.1 M)를 Cu^{2+}의 K_{spa} 식에 대입한다.

$$K_{spa} = \frac{[Cu^{2+}][H_2S]}{[H^+]^2} = \frac{(0.010)(0.10)}{[H^+]^2} = 6 \times 10^{-16}$$

$[H^+]$에 대해 풀면 다음과 같다.

$$[H^+]^2 = \frac{(0.010)(0.10)}{6 \times 10^{-16}} = 2 \times 10^{12}$$
$$[H^+] = 1 \times 10^{6}\,M$$

$[H^+] = 1 \times 10^6\,M$를 유지하면 CuS가 침전되는 것을 방지할 수 있다. 그러나 리터당 10^6, 즉 백만 mol의 H^+를 녹일 수는 없다! 따라서 계산된 $[H^+]$ 값이 의미하는 것은, 아무리 강한 산성 용액일지라도 H_2S로 포화시킨 용액에서 CuS가 침전되는 것을 방지할 수 없다는 것이다(이제 CuS가 왜 '산 불용성 황화물'인지 알았을 것이다).

H^+의 농도에 대한 하한값은 $5 \times 10^{-3}\,M$이지만 이론적인 상한값은 존재 가능한 물리적 범위를 넘어서기 때문에 실제적인 상한값은 존재하지 않는다.

만약 0.010 M Cu^{2+}와 0.010 M Ni^{2+}를 포함하는 용액의 pH를 2.3 이하로 유지하면(더 산성으로), 용액을 H_2S로 포화시킬 때 대부분의 Cu^{2+}는 CuS로 침전하지만 Ni^{2+}는 모두 용액에 그대로 남아 있을 것이다.

답이 합리적인가? K_{spa} 값으로부터 CuS는 산에서 매우 불용성인 반면, NiS는 훨씬 더 가용성인 것을 알 수 있고, 이와 같은 관점에서 보면 결과는 합리적이라고 할 수 있다. 전체 계산 과정을 다시 한번 살펴보는 것 말고는 답을 점검해 볼 별다른 방법은 없다.

실전 문제 17.19

H_2S로 포화($[H_2S] = 0.1\,M$)된 $0.0050\,M$ Cd^{2+} 용액을 생각해 보자. 이 용액의 pH가 3.5라면 CdS가 침전되겠는가? (**힌트**: 용액에서 침전이 일어날지를 알아보려면 어떤 관계식을 사용해야 하는가?)

실전 문제 17.20

Hg^{2+}와 Fe^{2+}를 각각 $0.010\,M$ 포함하는 용액을 H_2S로 포화시키려고 한다. Hg^{2+}는 HgS로 침전하지만 Fe^{2+}는 용액에 남을 수 있게 되는 pH의 상한값을 구하시오.

실제 실험실에서는 산 불용성 황화물을 염기 불용성 황화물과 분리할 때 $[H^+] \approx 0.3\,M$ 조건을 사용하는데, 이것을 pH로 환산하면 0.5 정도이다. 이 조건에서는 염기 불용성 황화물은 침전하지 않게 된다. 예제 17.9를 보면 NiS가 왜 '염기 불용성 황화물'로 분류되는지 알 수 있을 것이다. H_2S로 포화시킨 용액이 염기성이라면, pH는 물론 2.3보다는 높을 것이며 NiS도 침전될 것이다.

금속 탄산염

pH 조절에 의한 선택적 침전의 원리는 약산에서 유래한 음이온을 포함하는 모든 계에 적용될 수 있다. 물에 거의 녹지 않는(표 17.1 참조) 금속 탄산염이 그 사례에 포함된다. 예를 들어 물에서 탄산 마그네슘이 해리하는 반응을 다음과 같은 평형과 K_{sp} 값으로 나타낼 수 있다.

$$MgCO_3(s) \rightleftharpoons Mg^{2+}(aq) + CO_3^{2-}(aq) \qquad K_{sp} = 6.8 \times 10^{-8}$$

탄산 스트론튬에 대한 평형 반응식은 다음과 같다.

$$SrCO_3(s) \rightleftharpoons Sr^{2+}(aq) + CO_3^{2-}(aq) \qquad K_{sp} = 5.6 \times 10^{-10}$$

이 탄산염들의 K_{sp} 값 차이를 이용하여 스트론튬 이온으로부터 마그네슘 이온을 분리할 수 있을까? 탄산 이온의 농도를 조절할 수 있다면 분리가 가능하다. 탄산 이온은 비교적 강한 Brønsted–Lowry 염기이기 때문에 용액의 pH를 조절함으로써 간접적으로 농도를 조절할 수 있다. 이것은 수소 이온이 다음의 평형을 이루는 한 화학종이기 때문이다.[3]

$$H_2CO_3(aq) \rightleftharpoons H^+(aq) + HCO_3^-(aq) \qquad K_{a_1} = 4.3 \times 10^{-7}$$

$$HCO_3^-(aq) \rightleftharpoons H^+(aq) + CO_3^{2-}(aq) \qquad K_{a_2} = 5.6 \times 10^{-11}$$

$$CO_2(aq) + H_2O \rightleftharpoons H_2CO_3(aq) \rightleftharpoons H^+(aq) + HCO_3^-(aq)$$

수소 이온 농도가 증가한다면 두 반응의 평형은 Le Châtelier에 따라 왼쪽으로 이동할 것이고, 탄산 이온의 농도를 감소시킬 것이다. 따라서 $[CO_3^{2-}]$의 값은 pH가 감소함에 따라 감소하게 된다. 반대로, 수소 이온 농도가 감소하여 용액이 좀 더 염기성이 되면, 두 반응식의 평형은 오른쪽으로 이동할 것이다. 따라서 탄산 이온의 농도는 pH가 증가함에 따라 증가하게

[3]수용액 상태의 탄산과 관련된 상황은 화학식에 $CO_2(aq)$로 표현할 수 있는 용해된 CO_2의 존재 때문에 복잡하다. 사실 대부분의 용해된 CO_2는 $H_2CO_3(aq)$로 존재하는 것이 아니라 $CO_2(aq)$로 존재한다. 그러나 $H_2CO_3(aq)$를 $CO_2(aq)$ 대신 사용할 수도 있는데, 후자가 상황에 따라 전자로 쉽게 바뀌기 때문이다. CO_2가 용해된 용액에는 다음과 같은 두 개의 탄산을 포함하는 연속적 평형이 존재한다.

$$CO_2(aq) + H_2O \rightleftharpoons H_2CO_3(aq) \rightleftharpoons H^+(aq) + HCO_3^-(aq)$$

$H_2CO_3(aq)$에 대한 K_{a_1} 값은 이 두 평형에 대한 각각의 평형 상수의 곱과 같다.

된다. 앞으로 다룰 계산을 위해 다음과 같이 두 탄산수소 이온의 평형을 더해서 탄산, 탄산 이온, 수소 이온의 몰농도를 연결시키는 하나의 전체 평형식으로 만들어 놓으면 편리하다.

$$H_2CO_3(aq) \rightleftharpoons H^+(aq) + HCO_3^-(aq)$$

$$\underline{HCO_3^-(aq) \rightleftharpoons H^+(aq) + CO_3^{2-}(aq)} \quad \textbf{(17.6)}$$

$$H_2CO_3(aq) \rightleftharpoons 2H^+(aq) + CO_3^{2-}(aq)$$

14장에서 살펴본 것처럼 두 개의 평형을 더해서 얻어지는 세 번째 평형의 평형 상수는 두 평형의 평형 상수의 곱이 된다. 따라서 식 17.6의 평형 상수 K_a는 다음과 같이 구할 수 있다.

$$K_a = K_{a_1}K_{a_2} = \frac{[H^+]^2[CO_3^{2-}]}{[H_2CO_3]}$$

$$K_a = (4.3 \times 10^{-7})(5.6 \times 10^{-11}) \quad \textbf{(17.7)}$$

$$= 2.4 \times 10^{-17}$$

도구 이양성자산의 통합 K_a 식

이 K_a 값을 이용하여, K_{sp} 값 차이를 사용하여 Mg^{2+}와 Sr^{2+}를 분리할 수 있는 pH 범위를 구하는 방법을 이해할 수 있다. 이온의 분리를 위하여 용액을 CO_2로 포화시키게 되는데, 이 CO_2로부터 다음 평형식에 의해 H_2CO_3가 빠르게 생성된다.

해설 세 개의 농도 중 두 개가 알려졌을 때만 식 17.7을 사용할 수 있다.

$$CO_2(aq) + H_2O \rightleftharpoons H_2CO_3(aq)$$

따라서 0.030M CO_2를 포함하는 용액은 사실상 0.030M H_2CO_3를 포함한다고 할 수 있다.

예제 17.10 탄산염의 선택적 침전에 의한 금속 이온의 분리

질산 마그네슘과 질산 바륨의 농도가 각각 0.25M인 어떤 용액에 이산화 탄소를 불어 넣어 $CO_2(aq)$의 농도가 약 0.050M인 포화된 용액으로 만들었다. 이 용액에서 한 양이온은 탄산염으로 침전되고 다른 양이온은 용액에 남아 있을 pH 범위를 구하시오.

분석 이 문제는 사실 두 가지로 구성되어 있다. 첫째는 한 탄산염은 침전시키고 다른 것은 침전시키지 않는 $[CO_3^{2-}]$ 값의 범위를 구하는 것이고, 둘째는 이 범위의 $[CO_3^{2-}]$를 유지할 수 있는 pH를 구하는 것이다. 첫 번째 질문에 답하기 위해 두 탄산염의 K_{sp}와 각 이온의 몰농도를 이용하여 포화 용액에서의 CO_3^{2-} 농도를 구한다. 더 잘 녹는 탄산염이 침전되는 것을 방지하기 위해 CO_3^{2-}의 농도는 이 탄산염의 포화에 필요한 농도보다 같거나 작아야 한다. 덜 녹는 탄산염의 경우는 구한 CO_3^{2-}의 농도보다 더 높은 농도를 유지해야 침전이 가능할 것이다.

두 번째 질문에 답하기 위해 H_2CO_3의 통합 K_a 식을 사용하여 첫 번째 질문에서 구한 CO_3^{2-} 농도를 만들 수 있는 $[H^+]$ 값을 구한다. $[H^+]$를 알게 된다면 pH 값을 구하는 것은 간단하다.

도구 모음 문제를 해결하기 위해 필요한 도구는 $MgCO_3$와 $BaCO_3$에 대한 K_{sp} 값과 평형 반응식을 통하여 결정한 질량 작용식이다.

$$K_{sp} = [Mg^{2+}][CO_3^{2-}] = 6.8 \times 10^{-8}$$
$$K_{sp} = [Ba^{2+}][CO_3^{2-}] = 5.1 \times 10^{-9}$$

또한 탄산에 대한 통합 K_a 식이 필요하다.

$$K_a = \frac{[H^+]^2[CO_3^{2-}]}{[H_2CO_3]} = 2.4 \times 10^{-17}$$

풀이 두 염의 포화 용액을 만드는 데 필요한 $[CO_3^{2-}]$ 값을 알아야 한다.

탄산 마그네슘의 경우:

$$[CO_3^{2-}] = \frac{K_{sp}}{[Mg^{2+}]} = \frac{6.8 \times 10^{-8}}{(0.25)} = 2.7 \times 10^{-7}\ M$$

탄산 바륨의 경우:

$$[CO_3^{2-}] = \frac{K_{sp}}{[Ba^{2+}]} = \frac{5.6 \times 10^{-10}}{(0.25)} = 2.2 \times 10^{-8}\ M$$

K_{sp} 값을 바탕으로, 둘 중 $MgCO_3$가 더 잘 용해된다는 것을 알 수 있다. 따라서 Mg 이온이 용액에 존재하는 상태에서 Ba을 $BaCO_3$로 침전시키려면 $[CO_3^{2-}]$를 $2.2 \times 10^{-8}\,M$보다는 크고 $2.7 \times 10^{-7}\,M$보다 작거나 같게 유지해야 한다.

이제 두 번째 계산 단계로 $[CO_3^{2-}]$의 한계값에 해당하는 $[H^+]$의 값을 구해 보자. 이를 위해 식 17.7에 주어진 K_a 식을 사용한다. 우선 $[H^+]$의 제곱에 대한 식에서 용해된 CO_2의 몰농도인 $0.050\,M$을 $[H_2CO_3]$의 값으로 사용한다.

$$[H^+]^2 = K_a \times \frac{[H_2CO_3]}{[CO_3^{2-}]}$$

$$[H^+]^2 = 2.4 \times 10^{-17} \times \frac{(0.050)}{[CO_3^{2-}]}$$

이 식에 $[CO_3^{2-}]$의 양쪽 경계값을 대입하여 $[H^+]^2$의 두 한곗값을 계산한다. 한곗값을 알기만 하면 쉽게 $[H^+]$와 pH를 확인할 수 있다. 탄산 마그네슘에서 $MgCO_3$의 침전을 방지하기 위해서는 $[CO_3^{2-}]$가 $2.7 \times 10^{-7}\,M$보다는 크지 않아야 하므로 $[H^+]^2$는 다음 값보다는 작지 않아야 한다.

$$[H^+]^2 = 2.4 \times 10^{-17} \times \frac{(0.050)}{(2.7 \times 10^{-7})} = 4.4 \times 10^{-12}$$

$$[H^+] = 2.1 \times 10^{-6}\ M$$

이 값은 pH 5.7에 해당한다. 더 높은(더 염기성인) pH에서는 탄산 마그네슘이 침전된다. 따라서 $pH \leq 5.7$이면 $MgCO_3$의 침전을 막을 수 있다. 탄산 바륨에 대해서는 $[Ba^{2+}]$가 $0.10\,M$인 조건에서 $BaCO_3$ 포화 용액을 만들기 위해서는 $[CO_3^{2-}]$의 값이 앞에서 계산한 것처럼 $2.2 \times 10^{-8}\,M$이어야 한다. 여기에 대응하는 $[H^+]^2$의 값은 다음과 같다.

$$[H^+]^2 = 2.4 \times 10^{-17} \times \frac{(0.050)}{(2.2 \times 10^{-8})} = 5.4 \times 10^{-11}$$

$$[H^+] = 0.74 \times 10^{-5}\ M$$

$$pH = 5.1$$

$BaCO_3$를 침전시키려면 $[CO_3^{2-}]$가 $2.2 \times 10^{-8}\,M$보다 커야 하며, 이는 $[H^+]$가 $0.74 \times 10^{-5}\,M$보다 작아야 함을 의미한다. $[H^+]$가 $0.74 \times 10^{-5}\,M$보다 작다는 것은 pH가 5.1보다 크다는 것을 뜻한다. 따라서 $BaCO_3$를 주어진 용액에서 침전시키려면 $pH > 5.1$의 조건이 되어야 한다.

요약하면, 주어진 용액의 pH가 5.1보다는 크고 5.7 이하로 유지되면 Ba^{2+}는 $BaCO_3$로 침전하지만 Mg^{2+}는 용액에 녹은 채로 남아 있을 것이다.

답이 합리적인가? 이 답이 맞는지를 알아보는 유일한 방법은 추론과 계산을 다시 한번 확인해 보는 것이다. 점검해 보면 맞을 것이라는 확신이 든다. 두 K_{sp} 값이 아주 많이 차이가 나지는 않는다는 점을 주목하라(약 40배 정도만 다를 뿐이다). 따라서 성공적으로 분리를 수행하기 위해서는 pH를 조금 좁은 범위(5.1~5.7까지)로 유지해야 하는 것은 당연하다.

실전 문제 17.21

옥살산 바륨(BaC_2O_4)의 K_{sp}는 1.2×10^{-7}이고, 옥살산($H_2C_2O_4$)의 K_{a_1}과 K_{a_2}는 각각 5.9×10^{-2}와 6.4×10^{-5}이다. $0.10\,M$ $H_2C_2O_4$와 $0.050\,M$ $BaCl_2$를 포함하는 용액을 만들려고 할 때, BaC_2O_4 침전물이 형성되지 않도록 하는 데 필요한 H^+의 최소 농도는 얼마인가? (**힌트:** $H_2C_2O_4$의 통합 K_a 식을 이용하시오.)

실전 문제 17.22

질산 바륨과 질산 코발트의 농도가 각각 $0.10\,M$인 어떤 용액에 이산화 탄소의 농도가 $0.030\,M$이 되도록 이산화 탄소를 불어 넣었다. 이 용액에서 한 양이온은 탄산염으로 침전하고, 다른 하나는 용액에 이온으로 존재하도록 하기 위한 pH 범위를 구하시오.

금속 이온 분리: 정성 분석

시료에 어떤 원소들이 들어 있는지 결정하는 과정을 정성 분석(qualitative analysis)이라고 한다. 금속 이온은 다른 pH 조건에서 다양한 음이온과의 선택적인 침전에 의하여 분리될 수 있다. 금속 양이온은 침전제의 종류에 따라 다섯 가지 그룹으로 구분된다. 첫 번째 그룹은 염화물로 Pb^{2+}, Hg_2^{2+}, Ag^+ 이온이 침전된다. 용액에 HCl을 가하면서 침전물을 생성시킨다. 다음은 HCl 농도를 $0.3\,M$로 만든 용액에 H_2S를 첨가할 때 침전이 이루어지는 그룹이다. 이 단계에서 모든 산 불용성 황화물이 침전을 형성한다(표 17.2의 Hg^{2+}, Ag^+, Cu^{2+}, Cd^{2+}, Pb^{2+}, Sn^{2+} 뿐만 아니라 Bi^{3+}, As^{3+}, Sb^{3+}). 세 번째는 용액을 염기성으로 만드는 NaOH를 첨가하여 침전이 되는 그룹으로, 염기 불용성 황화물인 MnS, FeS, NiS, CoS, ZnS과 $Fe(OH)_3$, $Al(OH)_3$, $Cr(OH)_3$ 등의 수산화물이 이 그룹에 속한다. 네 번째 그룹은 CO_3^{2-}를 용액에 첨가하여 $MgCO_3$, $CaCO_3$, $SrCO_3$, $BaCO_3$와 같은 탄산염으로 침전되는 그룹이다. 마지막 그룹은 완전 가용성인 금속 양이온으로 Na^+, K^+, NH_4^+ 등이 이에 해당한다. 이러한 분류 체계를 **그림 17.9**에 요약하였다. 많은 다른 정성 분석 체계가 개발되었기 때문에, 원하는 이온이 그림 17.9에 없다면 문헌 조사를 통해 그 이온이 포함된 방법을 찾을 수 있을 것이다.

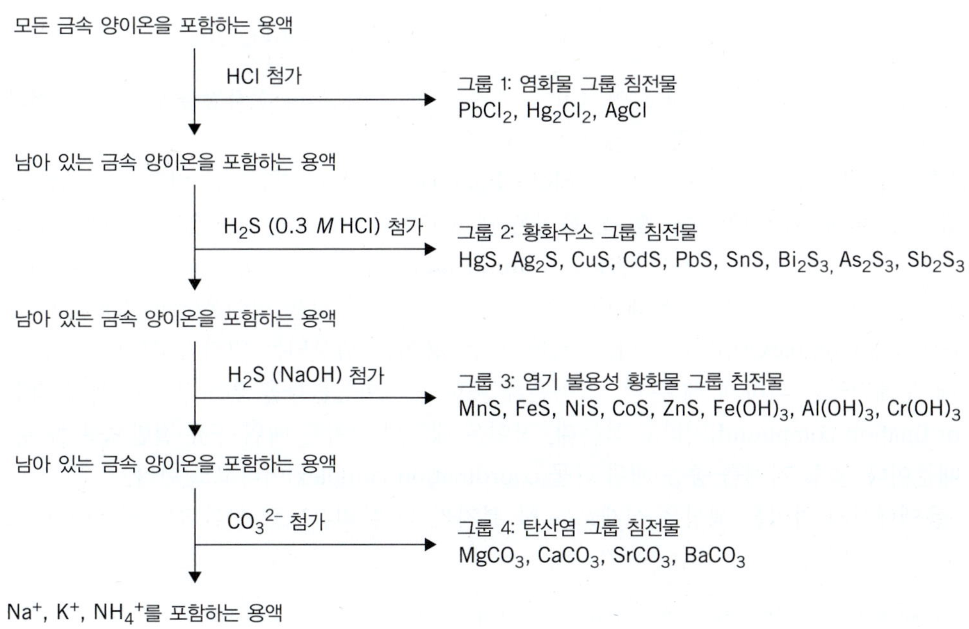

그림 17.9 정성 분석 체계의 개요

17.5 착이온을 포함한 평형

착이온의 형성

그림 17.10 Cu^{2+}와 물의 착이온 황산구리 수용액은 착이온인 $[Cu(H_2O)_6]^{2+}$를 포함하기 때문에 푸른색을 띤다.

앞에서의 금속을 포함하는 화합물에 대한 논의에서 금속이 관련된 화학 결합은 오직 이온 결합뿐이라는 인상을 주었다. 이는 1A족의 알칼리 금속과 같은 일부 금속에 대해서는 이론의 여지가 없을 정도로 진실에 가깝다. 그러나 많은 다른 금속 이온, 특히 전이 금속과 후전이 금속의 경우에는 그렇지 않다. 이러한 금속들의 이온은 Lewis 산으로(즉 배위 공유 결합 형성 시 전자쌍 **받개(acceptor)**로) 작용할 수 있기 때문이다. 이처럼 많은 금속이 Lewis 산–염기 반응에 참여함으로써 다른 원자와 전자를 공유하는 결합을 하게 된다. 구리(II) 이온이 그 대표적 예이다. $CuSO_4$나 $Cu(NO_3)_2$와 같은 구리(II)의 염 수용액에서 구리는 단순히 Cu^{2+} 이온으로 존재하는 것이 아니라, 각각의 Cu^{2+} 이온이 6개의 물 분자와 결합하여 $[Cu(H_2O)_6]^{2+}$의 화학식을 갖는 연한 푸른색 이온을 생성한다(**그림 17.10** 참조). 이러한 화학종을 **착이온(complex ion)**이라고 하는데, 그 이유는 그것이 간단한 화학종 여러 개가 모여서 구성된 형태이기 때문이다(즉 단순하지 않고 복잡하다는 뜻이다). $[Cu(H_2O)_6]^{2+}$ 이온[4]이 형성되는 화학 반응식은 다음과 같다.

$$Cu^{2+} + 6H_2O \longrightarrow [Cu(H_2O)_6]^{2+}$$

이 반응을 Lewis 구조를 사용하여 다음과 같이 그림으로 나타낼 수 있다.

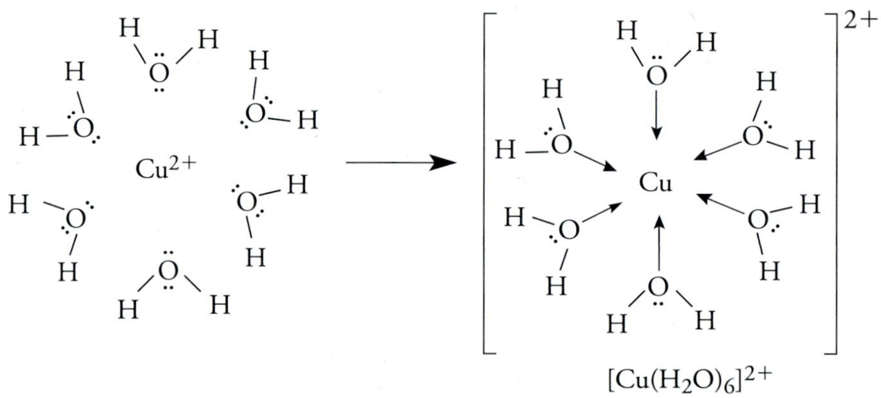

해설 Lewis 염기는 배위 공유 결합이 형성될 때 전자쌍 주개임을 기억하라.

해설 리간드는 '결합'을 뜻하는 라틴어 *ligare*에서 유래했다.

이 그림에서 알 수 있는 바와 같이, Cu^{2+} 이온은 물 분자로부터 전자쌍을 받는다. 그러므로 Cu^{2+}는 Lewis 산이고, 각각의 물 분자는 Lewis 염기이다.

금속 이온에 결합하는 Lewis 염기를 **리간드(ligand)**라고 한다. 리간드는 비공유 전자쌍을 가진 중성 분자(예: H_2O)일 수도 있고, 음이온(예: Cl^-이나 OH^-)일 수도 있다. 리간드에서 실제로 전자쌍을 제공하는 원자를 **주개 원자(donor atom)**라 하고, 금속 이온을 받개(acceptor)라고 한다. 한 금속 이온이 한 개 이상의 리간드와 결합된 것을 착이온(complex ion) 또는 단순히 착물(complex)이라고 한다. '착물'이라는 용어는 생성되는 입자가 전기적으로 중성일 때 문제점들을 피하게 해 준다. 착이온을 포함하는 화합물들을 일반적으로 배위 화합물(coordination compound)이라고 하는데, 착이온 내부의 결합은 배위 공유 결합으로 볼 수 있기 때문이다. 착물 자체를 종종 배위 착물(coordination complex)이라고도 한다.

수용액에서의 착이온 생성은 실제로는 물 분자가 다른 리간드로 치환되는 반응이다. **그림**

[4]주어진 전하가 착이온 전체의 전하라는 것을 나타내기 위하여 착이온을 대괄호로 묶어서 나타낸다.

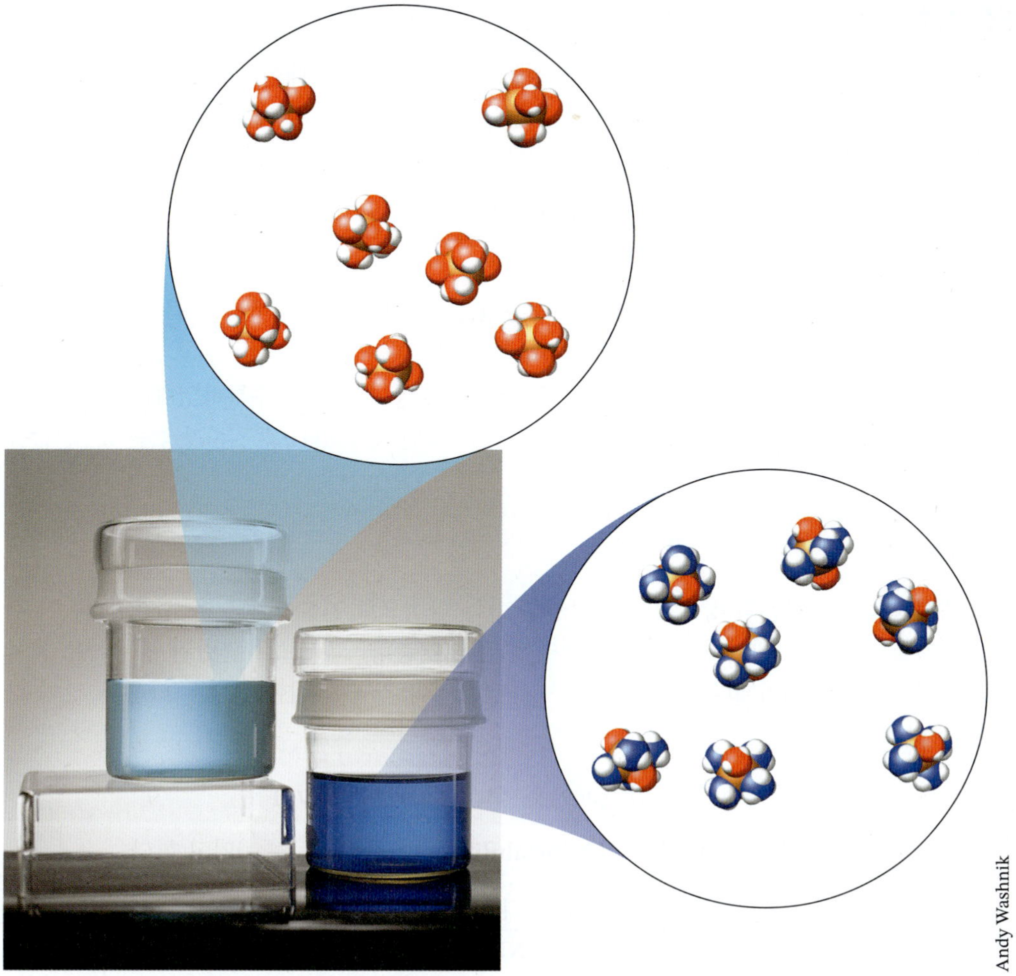

그림 17.11 Cu^{2+}**와 암모니아의 착이온** 암모니아 분자가 $[Cu(H_2O)_6]^{2+}$(왼쪽)의 물 분자를 치환하여 짙은 푸른색의 $[Cu(NH_3)_4]^{2+}$ 이온(오른쪽)을 형성한다. 분자 관점에서 $[Cu(NH_3)_4]^{2+}$ 양이온의 구리 이온에 물 분자 두 개가 약하게 붙어 있는 것을 볼 수 있다.

17.11에서 보는 바와 같이 구리 이온 수용액에 NH_3가 가해지면 $[Cu(H_2O)_6]^{2+}$ 이온 내의 물 분자가 차례차례 NH_3 분자로 치환되어, 결국 짙은 푸른색 착물인 $[Cu(NH_3)_4]^{2+}$가 생성된다. 연속적인 각 단계의 반응은 하나의 평형을 이루고, 따라서 전체 화학계는 많은 화학종을 포함하게 되며 매우 복잡해진다. 다행히 리간드의 농도가 금속 이온에 비해 매우 클 때는 중간 착물의 농도가 매우 작기 때문에, 최종 착물의 생성에 관한 전체 반응만을 고려하면 된다. 여기서 논의되는 착이온 평형은 이런 경우로만 제한할 것이다. 그러므로 $[Cu(NH_3)]_4{}^{2+}$의 형성에 대한 평형식은 다음과 같이 그 착물이 마치 한 단계로 형성되는 것처럼 쓸 수 있다.

$$[Cu(H_2O)_6]^{2+}(aq) + 4NH_3(aq) \rightleftharpoons [Cu(NH_3)_4]^{2+}(aq) + 6H_2O$$

평형을 단순히 정량적으로 다루려면 평형식에서 물 분자를 생략하는 것이 편리하다. (14장에서 논의한 바와 같이 수용액에서 H_2O의 농도는 사실상 일정하다고 볼 수 있기 때문에 질량작용식에 포함시키지 않는 것이 적절하다.) 이를 종합하면 앞에서의 평형식을 다음과 같이 단순화된 형태로 쓸 수 있다.

$$Cu^{2+}(aq) + 4NH_3(aq) \rightleftharpoons [Cu(NH_3)_4]^{2+}(aq)$$

여기서 이런 평형을 다루는 목적은 이러한 평형 자체를 배우는 것과 이 평형이 금속 염의 용해도에 미치는 영향을 이해하는 것이다.

해설 Le Châtelier 원리에 따라 암모니아의 농도가 높아지면 반응은 오른쪽으로 이동되어, 모든 Cu^{2+} 이온이 암모니아 분자와 효과적으로 착물을 형성한다.

형성 상수

도구
착이온의 형성 상수

평형에 대한 화학 반응식에서 착이온이 생성물이면, 그 반응에 대한 평형 상수를 **형성 상수**(**formation constant**, $K_{형성}$)라고 한다. 예를 들어 과량의 NH_3가 존재할 때 $[Cu(NH_3)_4]^{2+}$의 형성에 대한 평형 법칙은 다음과 같다.

$$\frac{[[Cu(NH_3)_4]^{2+}]}{[Cu^{2+}][NH_3]^4} = K_{형성}$$

때로는 이 평형 상수를 **안정도 상수**(**stability constant**)라고도 한다. 이 값이 클수록 평형에서의 착물의 농도는 더 커지고, 착물은 더 안정하게 된다.

표 17.3에 여러 가지 착이온의 평형과 그에 관련된 평형 상수들을 수록하였다(부록 C에 더 많은 예가 수록되어 있다). 이 표에서 가장 안정한 착물인 $[Co(NH_3)_6]^{3+}$는 가장 큰 $K_{형성}$ 값을 가진다.

불안정도 상수

어떤 화학자들은 착이온의 상대적인 안정성을 다른 방식으로 기술하는 것을 선호한다. 이 접근법은 착물의 형성이 아니라 그것의 분해에 초점을 맞춘다. 그러므로 관련된 평형식은 착물 형성의 역반응으로 표기된다. 예를 들면 구리–암모니아 착물에 대한 평형은 다음과 같이 나타낼 수 있다.

$$[Cu(NH_3)_4]^{2+}(aq) \rightleftharpoons Cu^{2+}(aq) + 4NH_3(aq)$$

이 평형에 대한 평형 상수를 **불안정도 상수**(**instability constant**, $K_{불안정도}$)라고 한다.

$$K_{불안정도} = \frac{[Cu^{2+}][NH_3]^4}{[[Cu(NH_3)_4]^{2+}]} = \frac{1}{K_{형성}}$$

$K_{불안정도}$가 $K_{형성}$의 역수임을 주목하라. 표 17.3의 마지막 열에 여러 착물에 대한 $K_{불안정도}$ 값을 수록하였다. $K_{불안정도}$가 클수록 그 착물이 불안정하다는 것을 의미하기 때문에, 표에서 가장 불안정한 착물인 $[Co(NH_3)_6]^{2+}$가 가장 큰 $K_{불안정도}$ 값을 가지는 것을 확인할 수 있다.

표 17.3 몇몇 착이온의 형성 상수와 불안정도 상수

리간드	평형	$K_{형성}$	$K_{불안정도}$
NH_3	$Ag^+ + 2NH_3 \rightleftharpoons [Ag(NH_3)_2]^+$	1.6×10^7	6.3×10^{-8}
	$Co^{2+} + 6NH_3 \rightleftharpoons [Co(NH_3)_6]^{2+}$	5.0×10^4	2.0×10^{-5}
	$Co^{3+} + 6NH_3 \rightleftharpoons [Co(NH_3)_6]^{3+}$	4.6×10^{33}	2.2×10^{-34}
	$Cu^{2+} + 4NH_3 \rightleftharpoons [Cu(NH_3)_4]^{2+}$	1.1×10^{13}	9.1×10^{-14}
	$Hg^{2+} + 4NH_3 \rightleftharpoons [Hg(NH_3)_4]^{2+}$	1.8×10^{19}	5.6×10^{-20}
F^-	$Al^{3+} + 6F^- \rightleftharpoons [AlF_6]^{3-}$	1×10^{20}	1×10^{-20}
	$Sn^{4+} + 6F^- \rightleftharpoons [SnF_6]^{2-}$	1×10^{25}	1×10^{-25}
Cl^-	$Hg^{2+} + 4Cl^- \rightleftharpoons [HgCl_4]^{2-}$	5.0×10^{15}	2.0×10^{-16}
Br^-	$Hg^{2+} + 4Br^- \rightleftharpoons [HgBr_4]^{2-}$	1.0×10^{21}	1.0×10^{-21}
I^-	$Hg^{2+} + 4I^- \rightleftharpoons [HgI_4]^{2-}$	1.9×10^{30}	5.3×10^{-31}
CN^-	$Fe^{2+} + 6CN^- \rightleftharpoons [Fe(CN)_6]^{4-}$	1.0×10^{24}	1.0×10^{-24}
	$Fe^{3+} + 6CN^- \rightleftharpoons [Fe(CN)_6]^{3-}$	1.0×10^{31}	1.0×10^{-31}

강의실 밖의 화학 17.1

더 이상의 물때는 없다-착이온과 용해도

센물(2가 양이온, 특히 Ca^{2+}를 낮은 농도로 포함하는 물)은 샤워실 타일이나 샤워 커튼 혹은 욕조에 '물때' 또는 '센물 자국'으로 부르는 불용성 물질을 침착시킨다. 이러한 침착물은 칼슘 이온이 비누에 있는 음이온과 결합할 때 생성되는데, 탄산수소 이온을 포함하는 센물이 증발할 때도 다음과 같이 탄산 칼슘($CaCO_3$)의 침전이 유발되기도 한다.

$$Ca^{2+}(aq) + 2HCO_3^-(aq) \longrightarrow CaCO_3(s) + CO_2(g) + H_2O$$

이러한 침전을 방지하는 다양한 제품이 팔리고 있는데, 이런 상품들은 칼슘 이온과 착이온을 형성하여 물때와 탄산 칼슘 침착물의 용해도를 증가시키는 효과를 이용하는 것이다. 이러한 상품에 들어 있는 주요 성분은 **에틸렌다이아민테트라아세트산(ethylenediaminetetraacetic acid**, 줄여서 **H_4EDTA**)이라고 하는 유기 화합물이다. 네 개의 산성 수소를 푸른색으로 나타낸 화합물의 구조는 다음과 같다.

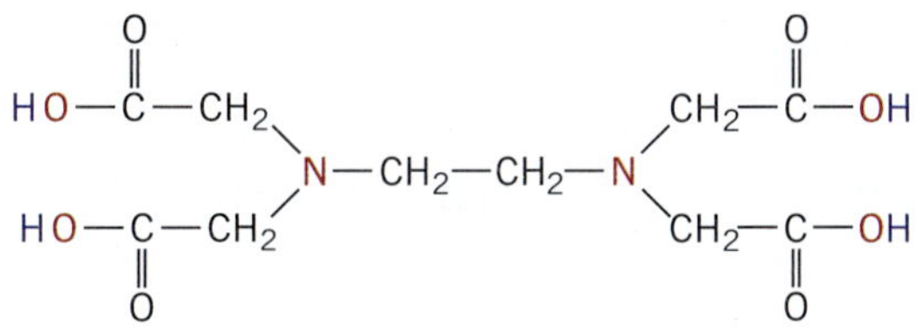

H_4EDTA
산성 수소는 푸른색으로,
주개 원자는 붉은색으로 표시하였다.

산성 수소는 푸른색으로, 주개 원자는 붉은색으로 표시하였다. 이 분자는 뛰어난 착물 형성 리간드이다. 6개의 주개 원자(붉은색)를 가지고 있는데, 이 원자들은 오른쪽 위의 그림에 나타낸 것처럼 금속 이온과 결합하여 리간드 자신이 금속 이온 주위를 둘러쌀 수 있도록 한다(리간드에 포함된 여러 원소들을 구분하는 일반적인 색을 이용함). H_4EDTA가 산성 수소를 모두 잃게 되면 금속 이온은 6개의 주개 원자에 의해 둘러싸여 정팔면체 형태를 이룬다.

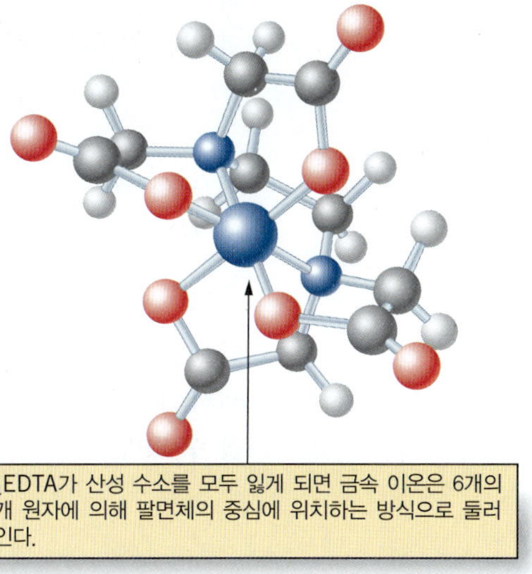

Clean Shower라 불리는 상품(**그림 1**)은 계면 활성제라는 물질과 더불어 H_4EDTA를 포함하고 있다. EDTA가 칼슘 이온과 결합하면 H^+ 이온을 두 개만 방출한다.

$$H_4EDTA(aq) + Ca^{2+}(aq) \longrightarrow CaH_2EDTA(aq) + 2H^+(aq)$$

이때 방출된 H^+는 비누에 있는 음이온과 결합하여 물에는 잘 녹지 않는 지방산이라 불리는 중성 유기 화합물을 형성한다. 그런데 제품 안에 들어 있는 계면 활성제가 지방산을 녹여서 침착물이 생기는 것을 방지할 수 있다. 샤워가 끝난 후 Clean Shower 제품을 젖은 벽 표면에 분사하게 되면 위에서 설명한 생성물들이 형성된다. 다음번 샤워할 때 수용성 생성물들이 씻겨 내려가게 되어 물때가 끼는 것이 방지되고, 샤워실 벽도 깨끗하게 유지될 수 있다.

Andy Washnik

그림 1 EDTA를 포함하고 있는 Clean Shower는 샤워기나 욕조에 생길 수도 있는 물때와 센물 자국의 생성을 방지한다.

17.6 착물화와 용해도

할로젠화 은은 극단적인 불용성염이다. 예를 들면 AgBr의 K_{sp}는 25°C에서 겨우 5.4×10^{-13}이다. AgBr 포화 용액에서 두 이온의 농도는 각각 7.3×10^{-7} mol L^{-1}로 매우 낮다. 녹지 않은

AgBr이 남아 있는 평형 상태의 포화 용액 상태에서 출발해 보자. 이제 그 용액에 암모니아 수용액을 가하기 시작한다. NH_3 분자는 은 이온에 강하게 결합하는 리간드이므로, 용액에 존재하는 미량의 Ag^+ 이온과 결합하여 $[Ag(NH_3)_2]^+$ 착물을 형성하기 시작한다. 그 반응은 다음과 같은 착이온 평형 반응이다.

$$Ag^+(aq) + 2NH_3(aq) \rightleftharpoons [Ag(NH_3)_2]^+(aq) \qquad K_{형성} = 1.6 \times 10^7$$

정반응은 용액으로부터 착물화되지 않은 Ag^+ 이온을 제거하기 때문에 다음의 평형을 교란시킨다.

$$AgBr(s) \rightleftharpoons Ag^+(aq) + Br^-(aq) \qquad K_{sp} = 5.4 \times 10^{-13}$$

암모니아가 착물화되지 않은 Ag^+ 이온을 제거하기 때문에 용해도 평형을 오른쪽으로 이동시켜서, 더 많은 Ag^+ 이온이 생성된다. 두 평형이 어떻게 관련되어 있는지 다음의 도표로 살펴볼 수 있다.

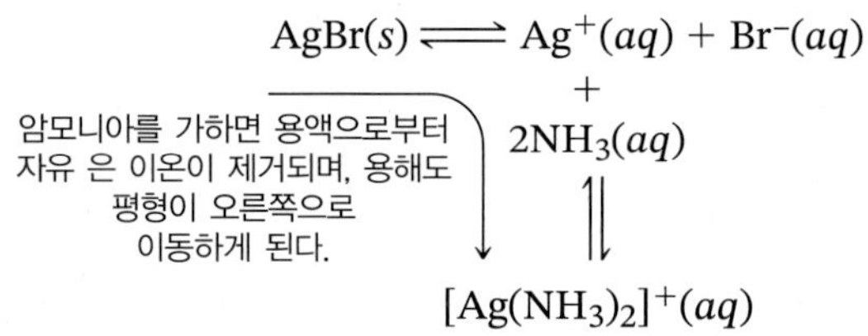

따라서 암모니아를 가하게 되면 더 많은 $AgBr(s)$이 녹게 된다. 이것은 Le Châtelier 원리가 적용되고 있는 예이다. 이 예를 통하여 다음과 같은 일반화가 가능하다: 불용성염의 용해도는 그 이온 중 하나가 가용성 착이온으로 변할 때 증가한다. 어떤 일이 일어나는가를 이해하기 위하여 두 관련 평형식을 합쳐 보자.

착이온 평형:	$Ag^+(aq) + 2NH_3(aq) \rightleftharpoons [Ag(NH_3)_2]^+(aq)$
용해도 평형:	$AgBr(s) \rightleftharpoons Ag^+(aq) + Br^-(aq)$
두 평형의 합:	$AgBr(s) + 2NH_3(aq) \rightleftharpoons [Ag(NH_3)_2]^+(aq) + Br^-(aq)$

알짜 전체 반응에 대한 평형 상수 식은 다음과 같이 일반적인 형태로 나타낸다. $[AgBr(s)]$의 항은 생략되는데, 이것이 고체이므로 항상 일정한 값을 가지기 때문이다.

$$K_c = \frac{[[Ag(NH_3)_2]^+][Br^-]}{[NH_3]^2}$$

두 식을 더해서 얻은 세 번째 평형식의 K_c는 $K_{형성}$과 K_{sp}의 곱이 된다. $[Ag(NH_3)_2]^+$의 $K_{형성}$ 값과 AgBr의 K_{sp} 값을 알고 있으므로, 이 둘을 곱하면 브로민화 은–암모니아 계의 전체 K_c 값을 구할 수 있다.

$$K_c = K_{형성} \times K_{sp}$$
$$K_c = (1.6 \times 10^7)(5.4 \times 10^{-13})$$
$$= 8.6 \times 10^{-6}$$

이 접근법은 금속 이온과 착물을 형성할 수 있는 물질을 용액에 가할 때 불용성염의 용해도를 계산하는 방법을 제시해 준다. 예제 17.11를 통하여 이것이 어떻게 적용되는지를 살펴보기로 하자.

예제 17.11 리간드가 존재하는 경우의 난용성염의 용해도 계산하기

2.0 M NH_3 용액 1.0 L에 AgBr 몇 mol이 용해되는가?

분석 브로민화 은은 물에 불용성이지만, NH_3를 첨가하면 AgBr이 더 녹을 수 있다. 이 예제는 $K_{형성}$과 K_{sp}를 함께 사용하여 물에서 용해되는 AgBr의 양을 계산하는 문제이다.

도구 모음 농도표를 사용하기 전에 몇 가지 준비를 해야 한다. 이러한 종류의 문제를 다룰 때 도구로 사용할 전체 균형 화학 반응식과 평형 상수와 관련된 식이 필요하다. 전체 평형은 다음과 같다.

$$AgBr(s) + 2NH_3(aq) \rightleftharpoons [Ag(NH_3)_2]^+(aq) + Br^-(aq)$$

K_c에 대한 식은 앞에서 계산한 것과 같다.

$$K_c = \frac{[[Ag(NH_3)_2]^+][Br^-]}{[NH_3]^2} = 8.6 \times 10^{-6} \qquad \text{(앞에서 계산한 것과 같다.)}$$

이제 농도표를 만들기 위해 암모니아 용액에 고체 AgBr을 가하는 것을 생각해 보자. 반응이 일어나기 전에는 NH_3의 농도가 1.0 M이고 $[Ag(NH_3)_2]^+$의 농도는 0이다. 암모니아 용액에서 Br^-의 농도는 0이다. 용액 속에서 AgBr의 몰용해도를 s로 정의하면 $[Ag(NH_3)_2]^+$와 Br^-의 농도는 모두 s만큼 증가하고, 암모니아의 농도는 $2s$만큼 감소한다(균형 화학 반응식에서 NH_3의 계수가 2이므로). 평형값은 초기 행과 변화 행을 더하면 구할 수 있다. 그러나 Br^-의 농도를 $Ag(NH_3)^{2+}$와 같다고 놓는 것은 K형성이 매우 큰 값인 경우에만 성립한다는 것을 유의할 필요가 있다. 사실상 불용성인 AgBr로부터 녹아 나오는 모든 Ag^+ 이온은 착이온으로 바뀌게 된다. 용액 속에는 상대적으로 매우 소량의 Ag^+ 이온만이 존재하므로 $Ag(NH_3)^{2+}$와 Br^- 이온의 수는 거의 같게 된다.

풀이 농도표는 다음과 같다.

	$AgBr(s)$	+	$2NH_3(aq)$	$\rightleftharpoons$	$[Ag(NH_3)_2]^+(aq)$	+	$Br^-(aq)$
초기 농도(M)	—*		2.0		0		0
농도 변화(M)	—		$-2s$		$+s$		$+s$
평형 농도(M)	—		$2.0-2s$		s		s

*예제 17.4의 농도표 각주 참조

어려운 작업은 다 끝났다. 이제 해야 할 일은 농도표의 마지막 행에 있는 값들을 K_c의 식에 대입해 보는 것이다.

$$K_c = \frac{[[Ag(NH_3)_2]^+][Br^-]}{[NH_3]^2} = \frac{(s)(s)}{(2.0-2s)^2} = 8.6 \times 10^{-6}$$

양변에 제곱근을 취하면 간단히 풀 수 있다.

$$\frac{(s)}{(2.0-2s)} = \sqrt{8.6 \times 10^{-6}} = 2.9 \times 10^{-3}$$

s에 대해 풀고 적절한 유효 숫자에서 반올림하면 다음과 같다.

$$s = 5.8 \times 10^{-3}$$

암모니아 용액에서의 AgBr의 몰용해도를 s로 정의했기 때문에 2.0 M NH_3 용액 1.0 L에 AgBr이 5.8×10^{-3} mol 녹는다고 할 수 있다(물론 이것이 많은 양은 아니다. 그러나 이에 비하여 1.0 L의 순수한 물에는 AgBr이 7.1×10^{-7} mol만 녹는다. 따라서 AgBr은 순수한 물에서보다 2.0 M NH_3 용액에 거의 7500배 더 잘 녹는 것이다).

답이 합리적인가? 모든 것이 농도표 작성에 사용된 추론에 달려 있다. 특히 AgBr의 존재와 착물 형성의 결과로서 NH_3의 농도 변화를 $-2s$라고 놓은 것이 중요하다. 이것을 이해한다면, 나머지 계산은 복잡하지 않을 것이다.

실전 문제 17.23

0.10 M NH_3 용액에서 염화 은의 용해도를 계산하고, 순수한 물에서의 용해도와 비교하시오. AgCl에 대한 K_{sp}는 표 17.1을 참조하시오[**힌트:** AgCl에서 기인하는 모든 Ag^+는 $[Ag(NH_3)_2]^+$을 형성한다고 가정하시오].

실전 문제 17.24

AgCl 0.10 mol을 녹이기 위해서는 5.0 L의 물에 NH_3 몇 mol을 가해야 하는가? 형성되는 착이온은 $[Ag(NH_3)_2]^+$이다.

종합 화학 예제

용해도곱 상수의 크기는 황산 칼슘($CaSO_4$)의 4.9×10^{-5}와 수산화 알루미늄[$Al(OH)_3$]의 3×10^{-34} 및 황화 수은(II)의 2×10^{-53} 등 매우 다양하다. 각 화합물의 몰용해도를 구하시오. 각 물질의 포화 용액에서 1개의 양이온을 포함하는 용액의 최소 부피는 얼마인가?

분석 두 부분으로 구성된 이 문제는 각 화합물의 몰용해도를 구하고, 양이온 한 개를 포함하는 각각의 포화 용액의 부피를 구하는 문제이다. 1 L에 포함된 양이온의 수를 계산한 다음, 몰용해도를 이용하여 포화 용액의 부피를 계산할 수 있다. 모든 양이온이 용액 전체에 골고루 분포된 것으로 가정한다.

도구 모음 용해도곱 상수와 몰용해도를 구할 때 사용하는 도구를 이용할 것이다.

$$CaSO_4(s) \rightleftharpoons Ca^{2+}(aq) + SO_4^{2-}(aq) \qquad K_{sp} = [Ca^{2+}][SO_4^{2-}] = 4.9 \times 10^{-5}$$

$$Al(OH)_3(s) \rightleftharpoons Al^{3+}(aq) + 3OH^-(aq) \qquad K_{sp} = [Al^{3+}][OH^-]^3 = 3 \times 10^{-34}$$

$$HgS(s) \rightleftharpoons Hg^{2+}(aq) + S^-(aq) \qquad K_{sp} = [Hg^{2+}][S^{2-}] = 2 \times 10^{-53}$$

풀이

Part 1

몰용해도를 구하기 위하여 용해도곱 상수 식과 농도표를 이용한다. $CaSO_4$부터 시작해 보자.

	$CaSO_4(s)$	$\rightleftharpoons$	$Ca^{2+}(aq)$	+	$SO_4^{2-}(aq)$
초기 농도(M)	—*		0		0
농도 변화(M)	—		$+s$		$+s$
평형 농도(M)	—		s		s

*예제 17.4의 농도표 참조. 고체의 농도는 일정하기 때문에 생략하고 K_{sp}에 포함시킨다.

이제 농도표에 제시된 값을 K_{sp} 식에 대입하고 s를 계산한다.

$$[Ca^{2+}][SO_4^{2-}] = 4.9 \times 10^{-5}$$
$$(s)(s) = 4.9 \times 10^{-5}$$
$$s = 7.0 \times 10^{-3}$$

계산된 $CaSO_4$의 몰용해도는 7.0×10^{-3} mol L^{-1}이다.

$Al(OH)_3$에 대해서도 비슷한 계산을 할 수 있다.

	$Al(OH)_3(s)$	$\rightleftharpoons$	$Al^{3+}(aq)$	+	$3OH^-(aq)$
초기 농도(M)	—		0		0
농도 변화(M)	—		$+s$		$+3s$
평형 농도(M)	—		s		$3s$

이제 농도표에 제시된 값을 K_{sp} 식에 대입하고 s를 계산한다.

$$[Al^{3+}][OH^-]^3 = 3 \times 10^{-34}$$
$$(s)(3s)^3 = 3 \times 10^{-34}$$
$$27s^4 = 3 \times 10^{-34}$$
$$s^4 = \frac{3 \times 10^{-34}}{27}$$
$$s^4 = 1.1 \times 10^{-35}$$
$$s = 1.8 \times 10^{-9} = 2 \times 10^{-9} \text{ (반올림함)}$$

계산된 $Al(OH)_3$의 몰용해도는 $2 \times 10^{-9}\,mol\,L^{-1}$이다.

HgS에 대하여 전체 계산 과정을 다시 수행한다.

	$HgS(s)$	$\rightleftharpoons$	$Hg^{2+}(aq)$	+	$S^{2-}(aq)$
초기 농도(M)	—*		0		0
농도 변화(M)	—		$+s$		$+s$
평형 농도(M)	—		s		s

*예제 17.4의 농도표의 각주 참조.

이제 농도표에 제시된 값을 K_{sp} 식에 대입하고 s를 계산한다.

$$[Hg^{2+}][S^{2-}] = 2 \times 10^{-53}$$
$$(s)(s) = 2 \times 10^{-53}$$
$$s = 4 \times 10^{-27}$$

계산된 HgS의 몰용해도는 $4 \times 10^{-27}\,mol\,L^{-1}$이다.

Part 2

이제 Ca^{2+}나 Al^{3+} 혹은 Hg^{2+} 양이온 한 개를 포함하는 용액의 최소 부피를 각각 계산해 보자. Ca^{2+} 용액의 몰용해도는 $7.0 \times 10^{-3}\,mol\,L^{-1}$이다. 이 정보를 이용하여 용액 1 L에 포함된 양이온의 수를 다음과 같이 계산할 수 있다.

$$\frac{7.0 \times 10^{-3}\ \text{mol } Ca^{2+}}{1\ \text{L}}\left(\frac{6.022 \times 10^{23}\ Ca^{2+}}{1\ \text{mol } Ca^{2+}}\right) = 4.2 \times 10^{21}\ Ca^{2+}/\text{L}$$

따라서 이 값의 역수는 이온 한 개를 포함하는 부피에 해당한다.

$$\frac{1\ \text{L}}{4.2 \times 10^{21}\ Ca^{2+}} = 2.4 \times 10^{-22}\ \text{L}/Ca^{2+}$$

$Al(OH)_3$ 용액 1 L에 포함된 양이온의 수를 계산하면 다음과 같다.

$$\frac{2 \times 10^{-9}\ \text{mol } Al^{3+}}{1\ \text{L}}\left(\frac{6.022 \times 10^{23}\ Al^{3+}}{1\ \text{mol } Al^{3+}}\right) = 1.2 \times 10^{15}\ Al^{3+}/\text{L}$$

이 값의 역수는 이온 한 개를 포함하는 부피에 해당한다.

$$\frac{1\ \text{L}}{1.2 \times 10^{15}\ Al^{3+}} = 8 \times 10^{-16}\ \text{L}/Al^{3+}$$

HgS 용액 1 L에 포함된 양이온의 수를 계산하면 다음과 같다.

$$\frac{4 \times 10^{-27}\ \text{mol } Hg^{2+}}{1\ \text{L}}\left(\frac{6.022 \times 10^{23}\ Hg^{2+}}{1\ \text{mol } Hg^{2+}}\right) = 2.7 \times 10^{-3}\ Hg^{2+}/\text{L}$$

이 값의 역수는 이온 한 개를 포함하는 부피에 해당한다.

$$\frac{1\ \text{L}}{2.7 \times 10^{-3}\ \text{Hg}^{2+}} = 4 \times 10^{2}\ \text{L/Hg}^{2+}$$

3가지 용액에 대한 몰용해도와 부피를 정리하면 다음과 같다.

	K_{sp}	몰용해도(mol L^{-1})	부피(L/이온)
$CaSO_4$	4.9×10^{-5}	7.0×10^{-3} mol L^{-1}	2.4×10^{-22} L/Ca^{2+}
$Al(OH)_3$	3×10^{-34}	2×10^{-9} mol L^{-1}	8×10^{-16} L/Al^{3+}
HgS	2×10^{-53}	4×10^{-27} mol L^{-1}	4×10^{2} L/Hg^{2+}

HgS 포화 용액에서 한 개의 Hg^{2+} 양이온을 포함하는 용액의 부피는 400 L이고, $CaSO_4$ 용액에서 한 개의 Ca^{2+} 양이온을 포함하는 부피는 약 10^{-22} L 수준이다. 한편 Al^{3+} 이온 한 개를 포함하는 $Al(OH)_3$ 용액의 부피는 그 중간 정도인 1 fL(femtoliter) 수준이다.

답이 합리적인가? 문제를 해결하는 과정에 대한 논리와 계산을 점검할 수 있다. 한 가지 점검해야 할 것은 숫자의 크기이다. 주어진 K_{sp} 값의 범위는 10^{48}이고 몰용해도는 10^{24}이며 부피는 10^{20} 정도이다. 용해도가 크게 차이가 나는 것을 감안하면 이 정도 범위는 타당한 수준이라고 할 수 있다. 마지막으로 HgS 포화 용액에는 Hg^{2+} 이온이 거의 존재하지 않는다고 간주할 수 있다. 용액 400 L에서 겨우 한 개의 Hg^{2+} 이온을 찾을 수 있을 뿐이다.

종합 화학 문제

A. 미국의 환경 보호국(EPA)에서는 휴대용 생수에 포함된 염소 이온의 허용치를 250 ppm으로 규제하고 있다. 이 농도를 mg L^{-1}과 몰농도로 각각 변환하시오.

B. 17장의 도입부에서 언급한 바와 같이 비용이 많이 드는 정량 분석을 하기 전에 침전 반응을 이용하여 간단한 시험을 할 수 있다. 식수에 포함된 염소 이온을 확인하는 데 사용될 수 있는 AgCl 침전법이 그 사례이다. New York 주의 Long Island에서와 같이 바다에 근접한 대수층에서 식수를 채취하는 경우에는 바닷물이 대수층에 침투하는지를 판단하기 위하여 염소 분석을 자주 수행한다. 2%(w/v)의 $AgNO_3$를 이용하여 검출할 수 있는 염소 이온의 최소 농도는 얼마인가?

C. 납은 또 다른 식수 오염 물질로 뉴스에 자주 오르내린다. 식수에 포함된 납은 주로 오래된 납관이나 납땜에서 침출된 Pb^{2+} 이온이다. EPA는 안전 식수 규정을 통하여 식수에 대한 납의 허용치를 15 ppb로 강화하였다. 0.1 *M* H_2S 용액을 이용하여 허용치를 초과하는 납을 검사할 수 있는 시험법을 제시하시오. 절차를 상세하게 설명하시오.

D. **(a)** 질산 은과 염화 이온 사이의 침전 반응을 이용하여 염소 이온이 허용치인 250 ppm을 초과하는지 확인할 수 있는 간단한 시험법을 만들어 보시오. 검사에서 용액이 탁해지거나 침전이 형성되지 않으면 EPA 규제에 합격한 것으로 판단하고, 그 반대의 결과를 나타내면 식수로 적합하지 않은 것으로 판단한다. 검사를 위하여 5.0 mL의 시료에 약 0.050에 해당하는 $AgNO_3$ 용액 한 방울을 가한다. **(b)** 질산 은 용액 한 방울에 해당하는 부피가 0.050 mL ± 0.01 mL라면 침전을 형성할 수 있는 염소 이온의 최대 및 최소 농도는 얼마인가?(시료 물의 부피는 정확히 5.0 mL라고 가정한다.) **(c)** 물 시료의 부피가 4.9 mL에서 5.1 mL 범위라면 검출 가능한 염소 이온의 농도 범위는 무엇인가?(질산 은의 부피는 정확하게 0.050 mL라고 가정한다.)

E. 납과 관련된 문제점 중의 하나는 Pb^{2+} 이온이 인체 내부의 뼈나 다른 장기에 포함된 같은 +2가인 Ca^{2+} 이온을 대체한다는 것이다. Pb^{2+}와 Ca^{2+} 이온은 황산 이온을 이용하여 $PbSO_4$와 $CaSO_4$ 형태로 분리할 수 있다. Pb^{2+}와 Ca^{2+} 이온의 농도가 각각 0.01 *M*인 0.100 L 용액에 0.1 *M* Na_2SO_4를 천천히 가하면, $PbSO_4$ 침전이 먼저 생성되고 나중에 $CaSO_4$ 침전이 나중에

생성된다. (**a**) $PbSO_4$ 침전이 처음 생성될 때(즉 $Q = K_{sp}$ 일 때) Pb^{2+} 이온의 농도는 얼마인가? (**b**) $CaSO_4$ 침전이 생성되기 시작할 때 Pb^{2+} 이온의 농도는 얼마인가? (**c**) $CaSO_4$ 침전이 생성되기 시작할 때, 침전된 Pb^{2+}의 분율을 구하시오(단, 전체 부피는 원래의 부피에 가한 부피를 더해서 구한다).

F. 3가지 물질을 불용성염의 형태로 침전시켜 분리하려고 할 때, 가장 녹지 않는 물질의 0.1%가 남아 있고 두 번째로 잘 녹는 물질의 99.9%가 제거되는 조건을 만족하는 데 필요한 K_{sp}의 차이를 계산해 보시오. 3가지 물질이 모두 양이온과 음이온이 1:1로 구성된 MX 형태의 이온 화합물인 것으로 가정하시오. 이온 화합물이 1:2인 MX_2 형태이면 앞에서 구한 답이 어떻게 변하는가?

G. 금속 이온의 착물화는 불용성염을 녹이는 데 이용될 수 있다. 부록 C의 표 C.7에 수록된 형성 상수 목록과 표 C.6의 용해도곱 상수 목록을 참고하여 AgCl과 $HgBr_2$ 및 $CuCrO_4$를 녹이는 데 가장 적합한 착물화 반응이 각각 무엇인지 제시하시오. 반응을 선택할 때 고려해야 할 특이 사항(예를 들면 안전이나 비용 등)이 있는가? 설명하시오.

H. 페인트에 납 성분이 포함되어 있는지 시험하는 상업용 검출기는 황화 이온이 포함된 도포용 도구를 이용하여 검출 물질을 페인트 표면에 바른다. 이때 표면이 검게 바뀌면 페인트에 납이 포함된 것을 의미한다. (**a**) 17장에서 논의된 물질 중 검출 용액을 만드는 데 적합한 물질은 어느 것인가? 선택한 이유를 설명하시오. (**b**) 검출 용액은 산성, 중성, 염기성 중 어느 것이 적당한가? 이유를 설명하시오. (**c**) 허위 음성을 유발할 수 있는 원인에는 어떤 것이 있으며, 허위 음성을 피하는 방법은 무엇인가? (**d**) 허위 양성을 유발할 수 있는 원인에는 어떤 것이 있으며, 허위 양성을 피하는 방법은 무엇인가?

요약

학습 목표별로 정리함

중성염의 용해도를 계산할 수 있다.

염의 용해도 평형에 대한 질량 작용식을 **이온곱**이라고 한다. 이 값은 생성되는 이온 몰농도의 곱과 같은데, 각 이온의 농도에 염의 화학식에서 이온이 갖는 아래 첨자만큼의 지수를 취해야 한다. 주어진 온도에서 염의 포화 용액에서 이온곱의 값 Q는 **용해도곱 상수** K_{sp}와 같다. 염의 이온곱 Q가 용해곱 상수보다 크면 침전이 형성된. 용해도 평형에 있어서 공통 이온 효과는 가용성염의 용해도를 낮추게 한다.

수소 이온 농도가 염기성염의 용해도에 미치는 영향을 이해할 수 있다.

염기성염은 약산의 짝염기인 음이온을 갖는다. 염기성염의 음이온은 수소 이온과 반응하여 약산을 생성하고 용액에서 제거된다. 산성 용액은 염기성염의 용해도를 증가시키고, 염기성 용액은 산성염의 용해도를 증가시킨다.

산화물과 황화물이 특별한 이유와 왜 이들의 용해도를 구하는 데 특정 방법이 필요한지를 설명할 수 있다.

금속 황화물이 용해될 때, 황화 이온(S^{2-})이 생성되지 않고 산화물의 경우에서도 수용액에서 산화 이온(O^{2-})이 생성되지 않는다. 많은 금속 황화물과 산화물은 물보다는 산성 용액에 훨씬 더 잘 녹고 이 들 용해도를 나타내기 위해 산 **용해도곱**(K_{spa})이 사용된다.

정성 및 정량 분석을 위한 이온의 분리에 선택적 침전 방법을 사용할 수 있다.

산 불용성 황화물은 H_2S로 포화된 산성 용액에서 염기 불용성으로부터 선택적으로 분리될 수 있다. pH를 조절하여 탄산염과 같은 다른 약산의 염을 선택적으로 침전시킬 수 있다. 염화 이온은 Ag^+, Pb^{2+}, $Hg_2{}^{2+}$를 선택적으로 침전시킬 수 있다. 선택적 침전 방법을 순차적으로 수행하여 이온들을 정성적으로 확인할 수 있다.

착물이 관련된 반응에서 평형을 설명하고 이용할 수 있다.

착이온을 포함하는 배위 화합물(착물 또는 배위 착물이라고도 함)은 금속 이온과 여러 개의 리간드로부터 형성된다. **리간드**는 Lewis 염기(전자쌍 주개)이며, 전기적으로 중성이거나 음전하를 띤다. 물과 암모니아는 흔히 볼 수 있는 중성 리간드이다. 금속 이온은 전자쌍 받개(Lewis 산)로 작용한다. 과량의 리간드가 존재할 때 금속–리간드 착물의 형성에 대한 평형 상수를 그 착물의 **형성 상수**($K_{형성}$)라고 한다.

착물화 반응을 이용한 용해도의 증가를 이해할 수 있다.

암모니아와 안정한 착물인 $[Ag(NH_3)_2]^+$를 형성하는 양이온 Ag^+와 같이, 그 양이온이 안정한 착물을 형성하는 염은 리간드가 존재하면 더 잘 녹게 된다. 이러한 용해도 증가는 용해 반응과 착물화 반응을 포함하는 동시 평형에서 화학적으로 잘 설명될 수 있다.

문제 풀이를 위한 도구

도구 다음과 같은 도구들이 이 장에서 도입되었다. 이들을 주의 깊게 공부하면 필요할 때 적절한 도구를 선택할 수 있다.

용해도곱 상수 K_{sp}(17.1절) K_{sp}는 포화 용액에서 평형 법칙을 기술할 때 적용되는 평형 상수를 일컫는다.

몰용해도(17.1절) 포화 용액 1 L에 녹은 용질의 몰수로 정의된다.

침전 예측하기(17.1절)

$Q > K_{sp}$, 침전이 형성된다.

$Q \leq K_{sp}$, 침전이 형성되지 않는다.

산 용해도곱 상수 K_{spa}(17.3절)

K_{spa} 값은 주어진 pH에서 황화물의 용해도를 구하는 데 사용된다.

이양성자산의 통합 K_a 식(17.4절)

이양성자산인 H_2A의 K_{a_1}과 K_{a_2}를 통합하면 다음과 같은 식을 얻는다.

$$K_a = K_{a_1}K_{a_2} = \frac{[H^+]^2[CO_3^{2-}]}{[H_2CO_3]}$$

착이온 형성 상수(17.5절)

$K_{형성}$를 이용하여 착물의 상대적인 안정성과 리간드를 포함하는 용액에서 염의 용해도를 판단할 수 있다.

쌍으로 구성된 복습 문제 중 청색 번호를 가진 문제의 해답은 부록 B에 수록하였다. 난이도가 높은 문제는 별표(*)로 표시하였다.

복습 질문

용액에서 불용성염의 평형

17.1 염의 용해도는 이온곱이나 용해도곱과 어떻게 연관되는가?

17.2 몰용해도를 정의하시오. 몰용해도를 이용하여 이온곱 상수를 결정하는 방법을 설명하시오.

17.3 다음의 평형을 이용하여 K_{sp} 식에 $Ba(NO_3)_2$의 농도가 포함되지 않는 이유를 설명하시오.

$$Ba(NO_3)_2(s) \rightleftharpoons Ba^{2+}(aq) + 2NO_3^{2-}(aq)$$

17.4 Le Châtelier 원리란 무엇인가? 농도의 영향에 대하여 설명하시오. $BaCl_2$의 용해도 평형과 용액에 KCl을 가하는 사례를 이용하여 공통 이온 효과를 설명하시오.

17.5 용액에서 침전이 형성되려면 K_{sp}에 대하여 어떤 조건이 만족되어야 하는가?

17.6 K_{sp}를 이용하여 계산한 용해도의 정확도를 제한하는 원인을 설명하시오.

17.7 NaCl과 같은 용해성 염에 대하여 K_{sp}를 사용하지 않는 이유는 무엇인가?

17.8 온도가 상승할 때 불용성염의 용해도가 증가한다면, 온도가 상승할 때 K_{sp} 값은 증가하는가 혹은 감소하는가?

17.9 크로뮴산 납(II)($PbCrO_4$)은 수 세기 동안 페인트의 주홍색 안료로 널리 사용되어 왔다. $PbCrO_4$의 포화 수용액 100.0 mL에는 $PbCrO_4$ 4.33 μg이 녹아 있다. 이 염의 K_{sp}를 구하시오.

17.10 $PbCO_3$의 K_{sp}는 7.4×10^{-14}이다. 순수한 물에 대한 $PbCO_3$의 몰용해도는 얼마인가?

염기성염의 용해도

17.11 어떤 조건에서 중성염의 용해도 평형과 염기성염의 용해도 평형에 차이가 나는가?

17.12 다음 용해도 평형을 참고하여 $Ba_3(PO_4)_2$가 염기성염인지 밝히시오. 이유를 설명하시오.

$$Ba_3(PO_4)_2(s) \rightleftharpoons 3Ba^{2+}(aq) + 2PO_4^{3-}(aq)$$

17.13 수용액에서 물은 이온을 공급할 수 있다. 어떤 종류의 염이 물과 공통 이온을 포함하는가?

17.14 $MgCO_3$ 포화 용액에 산을 가하면 마그네슘 이온의 농도가 증가하겠는가 혹은 감소하겠는가? $MgBr_2$을 가하는 경우는 어떠한가? 반응식을 쓰고 답에 대한 근거를 제시하시오.

17.15 CaI_2 용액에 $AgBr(s)$을 가하면 $CaBr_2$ 용액이 된다. 용액에서의 평형 반응식을 이용하여 이 현상을 설명하시오.

17.16 고체 $Ca(OH)_2$가 포함된 물에 $HCl(aq)$를 가하면 $Ca(OH)_2$가 녹는 이유를 Le Châtelier 원리를 이용하여 설명하시오. $HCl(aq)$을 가한 후 평형 반응식을 쓰시오.

17.17 다음 중 산을 가했을 때 용해도가 증가하는 염은 어느 것인가? 염기를 가하면 용해도가 증가하는 염이 있는가? 용해도가 pH와 상관이 없는 염은 어느 것인가?
(a) PbS (b) $CaCO_3$ (c) $MgSO_4$ (d) $CuCl_2$ (e) PbI_2

용액에서 금속 산화물과 황화물의 평형

17.18 산화 소듐은 물에 잘 녹지만, 용액에 산화 이온은 존재하지 않는다. 반응식을 이용하여 산화 이온이 존재하지 않는 이유를 설명하시오.

17.19 황화 마그네슘이 물에 녹을 때 진행되는 화학 반응식을 쓰시오.

17.20 황화 니켈(II)(NiS)에 대해 다음 물음에 답하시오.
(a) 포화 수용액에서의 용해도 평형식과 K_{sp} 식을 쓰시오(주

의: 용액에 황화 이온은 존재하지 않는다).

(**b**) 산성 포화 수용액에서의 용해도 평형식과 K_{spa} 식을 쓰시오.

선택적 침전

17.21 $[Pb^{2+}]$와 $[Fe^{2+}]$가 각각 0.020 M인 용액에서 두 금속 이온 중 하나만 황화물로 선택적으로 침전시킬 수 있는 pH를 계산하시오. $[H_2S]$는 0.100 M이라고 가정한다.

17.22 크로뮴산 용액의 pH를 이용하여 CrO_4^{2-}의 농도를 조절하려고 한다. H_2CrO_4의 농도를 안다고 할 때, 이 목적에 적합한 결합 반응식은 무엇인가?

17.23 Pb^{2+}와 Cu^{2+} 그리고 Ni^{2+}를 포함하는 용액에서 선택적 침전을 이용하여 금속 이온을 분리하는 방법을 설명하시오.

착이온을 포함한 평형

17.24 금속 착물에서 금속 이온과 암모니아의 결합에 대하여 설명하시오. 금속은 반드시 이온이어야 하는가? 설명하시오.

17.25 싸이오황산 소듐을 가하면 AgCl의 용해도가 증가하는 이유를 설명하시오.

17.26 코발트(II) 이온(Co^{2+})은 암모니아와 반응하여 착이온 $Co(NH_3)_6^{2+}$를 형성한다. 다음 항으로 표현되는 평형 상수에 해당되는 화학 반응식을 쓰시오.

(**a**) $K_{형성}$ (**b**) $K_{불안정도}$

착물화와 용해도

17.27 다음의 불용성염에 대해 용해도 평형 반응식과 K_{sp} 식을 쓰시오. 염에 포함된 금속 이온이 주어진 리간드와 착물을 형성할 때의 화학 반응식과 $K_{형성}$ 식을 쓰시오. 리간드가 포함된 용액에서 불용성염이 녹을 때 일어나는 전체 반응식과 이 반응에 대한 평형 상수 K_c에 대한 식을 쓰시오.

(**a**) $Fe(OH)_3$와 $6CN^-$ 이온

(**b**) $CoCO_3$와 $6NH_3$ 분자

(**c**) $Al(OH)_3$와 $6F^-$ 이온

17.28 Le Châtelier 원리를 이용하여 암모니아 수용액을 가하면 AgCl의 용해도가 증가하는 이유를 설명하시오. NH_3 용액에 AgCl을 녹인 후, HNO_3를 가하면 AgCl 침전이 다시 생성되는 이유를 설명하시오.

복습 문제

용액에서 불용성염의 평형

17.29 다음 각 화합물에 대한 K_{sp} 식을 쓰시오.

(**a**) Hg_2Cl_2 (**b**) AgBr (**c**) $PbBr_2$ (**d**) CuCl (**e**) HgI_2

17.30 다음 각 화합물에 대한 K_{sp} 식을 쓰시오.

(**a**) AgI (**b**) CuI (**c**) $AuCl_3$ (**d**) Hg_2I_2 (**e**) PbI_2

17.31 다음 각 화합물에 대한 K_{sp} 식을 쓰시오.

(**a**) $Ca_3(PO_4)_2$ (**b**) Ag_2CO_3 (**c**) $ZnCrO_4$ (**d**) $Ba(OH)_2$ (**e**) $CaCO_3$ (**f**) LiOH

17.32 다음 각 화합물에 대한 K_{sp} 식을 쓰시오.

(**a**) $Fe_3(PO_4)_2$ (**b**) Ag_3PO_4 (**c**) $PbCrO_4$ (**d**) $Al(OH)_3$ (**e**) $ZnCO_3$ (**f**) $Zn(OH)_2$

17.33 문제 17.29와 17.31에 포함된 화합물을 K_{sp} 값만을 이용하여 상대적인 용해도를 확인할 수 있는 화합물끼리 묶으시오.

17.34 문제 17.30와 17.32에 포함된 화합물을 K_{sp} 값만을 이용하여 상대적인 용해도를 확인할 수 있는 화합물끼리 묶으시오.

17.35 Li_2CO_3와 $MgCO_3$ 중 물에 더 잘 녹는 화합물은 무엇인가?

17.36 $BaSO_4$와 $SrCO_3$ 중 물에 더 잘 녹는 화합물은 무엇인가?

17.37 0°C에서 물에 대한 $CaCl_2$의 용해도는 59.5 g/100 mL이다. 이 정보를 이용하여 $CaCl_2$의 K_{sp}를 계산하시오.

17.38 15°C에서 크로뮴산 스트론튬의 용해도는 0.12 g/100 mL이다. $SrCrO_4$의 K_{sp}를 계산하시오.

17.39 비록 Ba^{2+}가 독성이 있지만 황산 바륨($BaSO_4$)은 삼켜도 큰 위험이 없을 정도로 용해도가 낮다. 25°C에서 1.50 L의 물에 $BaSO_4$는 겨우 0.00368 g 정도만 녹는다. $BaSO_4$의 몰용해도와 K_{sp}를 구하시오.

17.40 아세트산 은은 50.0 mL의 물에 최대로 0.400 g이 녹는다. 이 염의 몰용해도와 K_{sp}를 구하시오.

17.41 BaF_2 포화 용액 100.0 mL를 증발시켰더니 0.132 g BaF_2가 남았다. 이 정보를 이용하여 BaF_2의 K_{sp}를 구하시오.

17.42 $MgCrO_4$ 포화 용액 150 mL를 증발시켰더니 0.625 g의 $MgCrO_4$가 남았다. 이 염의 K_{sp}를 구하시오.

17.43 25°C에서 인산 은의 물에 대한 용해도는 1.8×10^{-5} mol L^{-1}이다. 이 염의 K_{sp}를 구하시오.

17.44 물에 대한 PbI_2의 몰용해도는 얼마인가?

17.45 물에 대한 $Ag_2C_2O_4$의 몰용해도를 구하시오.

17.46 물에 대한 $Zn(CN)_2$의 몰용해도를 구하시오(CN^-와 물의 반응은 무시하시오).

17.47 물에 대한 CaF_2의 몰용해도를 구하시오(F^-와 물의 반응은 무시하시오).

17.48 25°C에서 CdF_2과 Li_3PO_4의 K_{sp}는 각각 6.44×10^{-3}과 2.37×10^{-4}이다. CdF_2과 Li_3PO_4 중 어느 염의 몰용해도가 더 큰가? 각 염의 용해도를 mol L^{-1} 단위로 계산하시오.

17.49 25 °C에서 CuCN와 $Zn(CN)_2$의 K_{sp}는 각각 3.2×10^{-20}과 3×10^{-16}이다. CuCN와 $Zn(CN)_2$ 중 어느 염의 몰용해도가 더 큰가? 각 염의 용해도를 g/100 mL 단위로 계산하시오.

17.50 화학식이 MX인 불용성염의 K_{sp}가 3.2×10^{-10}이다. MX와 몰용해도가 같은 불용성염 MX_3의 K_{sp}를 구하시오.

17.51 화학식이 M_3X_2인 불용성염의 K_{sp}가 1.5×10^{-20}이다. 몰농도가 M_3X_2의 두 배인 불용성염 MX_2의 K_{sp}를 구하시오.

17.52 탄산 카드뮴의 K_{sp}는 5.2×10^{-12}이다. $CdCO_3$의 몰용해도를 구하시오. 수용액 0.500 L에 $CdCO_3$는 몇 그램 녹겠는가? (CO_3^{2-}와 물의 반응은 무시하시오.)

17.53 0.10 M $BaCl_2$ 용액에서 $BaSO_3$의 몰용해도는 8.0×10^{-6} M이다. $BaSO_3$의 K_{sp}를 구하시오.

17.54 0.10 M Na_2CrO_4 용액에서 $MgCO_3$의 몰용해도는 3.5×10^{-6} M이다. $MgCO_3$의 K_{sp}를 구하시오.

17.55 염화 구리(I)의 K_{sp}는 1.9×10^{-7}이다. 다음 조건에서 염화 구리(I)의 몰용해도를 구하시오.
(a) 순수한 물
(b) 0.0175 M HCl 용액
(c) 0.175 M $CaCl_2$ 용액

17.56 염화 수은(I)의 K_{sp}는 1.4×10^{-18}이다. 다음 조건에서 염화 수은(I)의 몰용해도를 구하시오.
(a) 순수한 물
(b) 0.020 M HCl 용액
(c) 0.020 M $MgCl_2$ 용액
(d) 0.020 M $Hg_2(NO_3)_2$ 용액

17.57 pH가 5.50인 용액에서 $Mg(OH)_2$의 몰용해도를 구하시오.

17.58 pH가 9.50인 약염기성 용액에서 $Al(OH)_3$의 몰용해도를 구하시오.

17.59 0.10 M HCl 용액에 존재할 수 있는 Pb^{2+}의 최대 농도는 얼마인가?

17.60 0.30 M Na_2SO_4 용액에 존재할 수 있는 Ag^+의 최대 농도는 얼마인가?

17.61 0.10 M $Pb(C_2H_3O_2)_2$ 용액과 0.10 M NaBr 용액 중 브로민화 납(II)의 용해도가 더 낮은 용액은 어느 것인가?

17.62 0.05 M $Pb(NO_3)_2$ 용액과 0.05 M $Na_2C_2O_4$ 용액 중 옥살산 납(II)의 용해도가 더 낮은 용액은 어느 것인가?

17.63 25 °C의 다음 조건에서 Ag_2CrO_4의 몰용해도를 구하시오. 25 °C에서 Ag_2CrO_4의 K_{sp}는 1.1×10^{-12}이다.
(a) 0.175 M $AgNO_3$
(b) 0.175 M Na_2CrO_4

17.64 25 °C의 다음 조건에서 $Ca(OH)_2$의 몰용해도를 구하시오. 25 °C에서 $Ca(OH)_2$의 K_{sp}는 5.6×10^{-12}이다.
(a) 0.10 M NaOH
(b) 0.10 M $CaSO_4$

17.65 pH가 8.50인 완충 용액에서 $Fe(OH)_3$의 몰용해도를 구하시오.

17.66 (a) 0.10 M $NiCl_2$와 (b) 0.10 M KOH 용액에서 $Ni(OH)_2$의 몰용해도를 각각 구하시오.

*__17.67__ 0.10 M $FeCl_2$ 용액 250 mL에 2.20 g의 NaOH(s)를 가하면 몇 g의 $Fe(OH)_2$가 생성되겠는가? 최종 용액에서 Fe^{2+}의 농도는 얼마인가? $Fe(OH)_2$의 K_{sp}는 4.9×10^{-19}이다.

*__17.68__ 0.20 M $NiCl_2$ 용액 500 mL에 3.00 g의 NaOH(s)를 가하면 몇 g의 $Ni(OH)_2$가 생성되겠는가? 최종 용액의 pH를 계산하시오. $Ni(OH)_2$의 K_{sp}는 5.5×10^{-16}이다.

17.69 0.0150 mol $Pb(NO_3)_2$와 0.0120 mol NaCl을 녹인 1.00 L 용액에서 $PbCl_2$ 침전이 생성되겠는가?

17.70 아세트산 은($AgC_2H_3O_2$)의 K_{sp}는 2.3×10^{-3}이다. 0.030 mol $AgNO_3$와 0.50 mol $Ca(C_2H_3O_2)_2$를 녹인 1.00 L 용액에서 침전이 생성되겠는가?

17.71 0.0100 M $Pb(NO_3)_2$ 용액 50.0 mL를 다음 용액과 섞었을 때 $PbBr_2$가 침전되겠는가?
(a) 0.0200 M KBr 25.0 mL (b) 0.200 M NaBr 25.0 mL

17.72 0.100 M $AgNO_3$ 용액 25.0 mL를 0.0260 M NaCl 용액 45.0 mL와 섞었을 때 염화 은 침전이 생성되겠는가? AgCl의 K_{sp}는 1.8×10^{-10}이다.

17.73 0.0100 M NaBr 용액과 0.0100 M $Pb(NO_3)_2$ 용액을 각각 50.0 mL씩 섞는다고 하자. 침전이 형성되겠는가? 형성된다면, 평형에서 각 이온의 몰농도를 계산하시오.

17.74 0.05 M Mn^{2+}와 0.05 M Cd^{2+}가 섞여 있는 용액을 서서히 염기성으로 만드는 경우에, $Mn(OH)_2$가 침전되기 시작할 때 Cd^{2+}의 농도는 얼마인가? 용액의 부피는 변하지 않는다고 가정한다.

*__17.75__ 과량의 $Ca(OH)_2$(s)가 들어 있는 $Ca(OH)_2$ 포화 용액 1.000 L에 0.05 M HCl 15.0 mL를 가했다. HCl이 모두 반응하였을 때, Ca^{2+}의 몰농도와 용액의 pH를 각각 구하시오.

*__17.76__ $Mg(OH)_2$ 현탁액에 고체 NH_4Cl을 첨가하면 약간의 $Mg(OH)_2$가 녹는다. 다음 물음에 답하시오.
(a) NH_4Cl을 첨가한 후 용액에 존재하는 모든 평형 반응식을 쓰시오.
(b) 0.100 mol의 $Mg(OH)_2$가 용해되려면 1.0 L 현탁액에 NH_4Cl 몇 mol을 가해야 하는가?
(c) NH_4Cl을 포함하는 용액에 0.10 mol의 $Mg(OH)_2$가 녹은 후 용액의 pH는 얼마인가?

*__17.77__ 1.0 mol의 $AgNO_3$와 1.0 mol의 $HC_2H_3O_2$를 녹인 1.0 L의 용액에서 침전이 형성되겠는가? $AgC_2H_3O_2$의 K_{sp}는 2.3×10^{-3}이고, $HC_2H_3O_2$의 K_a는 1.8×10^{-5}이다.

17.78 물에 대한 $Al(OH)_3$의 몰용해도를 구하시오(**힌트**: 물의 자동 이온화를 고려해야 한다).

염기성 염의 용해도

***17.79** 제산제에 들어 있는 수산화 마그네슘의 25°C에서의 용해도는 7.05×10^{-3} g L^{-1}이다. $Mg(OH)_2$의 K_{sp}를 구하시오.

***17.80** 순수한 물에서 수산화 크로뮴(III)의 몰용해도를 구하시오. 수산화 크로뮴(III) 포화 용액에서 수산화 이온의 몰농도는 얼마인가?

17.81 순수한 물과 1.0 *M* HCl 용액에서 $Sr_3(PO_4)_2$의 몰용해도를 각각 구하시오(**힌트:** 이 용액에서 인산 이온은 HPO_4^{2-}로만 존재할 수 있다).

***17.82** $AgNO_3$ 0.200 *M*과 질산 0.10 *M*을 포함하는 용액 0.175 L에 고체 아세트산 소듐 몇 g을 넣어야 아세트산 은이 침전하기 시작하는가? $HC_2H_3O_2$의 K_a는 1.8×10^{-5}이고, $AgC_2H_3O_2$의 K_{sp}는 2.3×10^{-3}이다.

***17.83** $AgNO_3$ 0.05 *M*과 아세트산 0.01 *M*을 포함하는 용액 100 mL에 고체 플루오린화 포타슘 몇 g을 넣어야 아세트산 은이 침전하기 시작하는가? HF의 $K_a = 3.5 \times 10^{-4}$이고 $HC_2H_3O_2$의 $K_a = 1.8 \times 10^{-5}$이며, $AgC_2H_3O_2$의 $K_{sp} = 2.3 \times 10^{-3}$이다.

***17.84** 0.20 *M* Mn^{2+}와 0.20 *M* Sn^{2+}를 포함하고 있는 용액 0.500 L에 1.0 *M* NH_3 500 mL를 가했을 때, $Mn(OH)_2$ 침전이 생성되는 것을 막기 위하여 가해야 하는 HCl의 최소 질량은 몇 g인가? $Mn(OH)_2$의 K_{sp}는 1.6×10^{-13}이다. 모든 주석은 다음 반응에서와 같이 $Sn(OH)_2$로 침전된다고 가정한다.

$$Sn^{2+}(aq) + 2NH_3(aq) + 2H_2O \longrightarrow Sn(OH)_2(s) + 2NH_4^+(aq)$$

용액에서 금속 산화물과 황화물의 평형

***17.85** 순수한 물과 1.0 *M* HNO_3 용액에서 CdS의 몰용해도를 각각 구하시오.

***17.86** 순수한 물과 2.0 *M* HNO_3 용액에서 β-ZnS의 몰용해도를 각각 구하시오.

***17.87** 6 *M* HCl 용액에 황화 니켈이 녹는가? 답을 구하는 계산 과정을 제시하시오.

***17.88** 8 *M* HCl 용액에 MnS가 녹는가? 답을 구하는 계산 과정을 제시하시오.

선택적 침전

17.89 AgCl과 AgBr은 모두 불용성염이지만, K_{sp} 값을 보면 알 수 있듯이 AgBr은 AgCl보다 용해도가 훨씬 낮다. Cl^-와 Br^-의 농도가 각각 0.050 *M*인 용액 1.00 L에 고체 $AgNO_3$를 가한다면(부피의 변화는 일어나지 않는다), AgCl이 처음으로 침전되기 시작할 때의 [I^-]는 얼마인가?

17.90 Pb^{2+}와 Ba^{2+}의 농도가 각각 0.15 *M*인 용액 100 mL에 고체 Na_2SO_4를 천천히 가하고 있다. 다음 물음에 답하시오.

(**a**) $BaSO_4$ 침전이 형성되기 시작할 때의 Pb^{2+}의 농도(mol L^{-1})을 구하시오.

(**b**) $BaSO_4$ 침전이 형성되기 시작할 때, 침전된 납 이온의 백분율을 구하시오.

17.91 0.10 *M* Cu^{2+}와 0.10 *M* Mn^{2+} 혼합 용액에서 Cu^{2+}를 $Cu(OH)_2$로 선택적으로 침전시킬 수 있는 pH 범위를 구하시오. $Mn(OH)_2$의 K_{sp}는 1.6×10^{-13}이고 $Cu(OH)_2$의 K_{sp}는 4.8×10^{-20}이다.

17.92 0.010 *M* 질산 납(II) 100 mL와 0.010 *M* 질산 코발트(II) 100 mL를 섞을 때, 두 금속 이온 중 한 이온만 선택적으로 침전이 형성하는 pH를 구하시오. 이 pH에서 [H^+]는 얼마인가?

17.93 0.010 *M* Pb^{2+}와 0.010 *M* Co^{2+}가 섞여 있는 혼합 용액에서 황화 이온을 이용하여 두 금속 이온 중 한 이온만 선택적으로 침전이 형성하는 pH와 [H^+]를 각각 구하시오.

17.94 Mn^{2+}와 Sn^{2+}의 농도가 각각 0.050 *M*인 H_2S 포화 용액에서 선택적 침전법으로 두 이온을 최대로 분리할 수 있는 pH를 구하시오(표 17.2에서 녹색형 MnS를 가정하시오).

17.95 K_{sp}가 2.3×10^{-9}인 불용성 옥살산 칼슘(CaC_2O_4)으로 인해 종종 신장 결석이 생성된다. 옥살산 칼슘은 K_{sp}가 4.8×10^{-6}인 옥살산 마그네슘(MgC_2O_4)보다 용해도가 매우 낮은 물질이다. Ca^{2+}와 Mg^{2+}가 각각 0.05 *M*의 농도로 포함된 용액이 있다고 하자. 용액에 0.20 *M* 옥살산($H_2C_2O_4$)도 포함되어 있다면, Ca^{2+}를 CaC_2O_4로 침전시키는 방법으로 두 이온의 분리를 최대화할 수 있는 pH 값은 얼마인가? $H_2C_2O_4$의 $K_{a_1} = 5.9 \times 10^{-2}$고 $K_{a_2} = 6.4 \times 10^{-5}$이다.

17.96 0.100 *M* $FeCl_2$ 용액에 고체 $Mn(OH)_2$를 첨가하였다. 반응이 종료된 후, 용액 중의 Mn^{2+}와 Fe^{2+}의 몰농도는 각각 얼마인가? 용액의 pH는 얼마인가? $Mn(OH)_2$의 K_{sp}는 1.6×10^{-13}이다.

17.97 La^{3+}와 Co^{2+}의 농도가 각각 0.010 *M*인 용액에서 두 금속 이온 중 한 이온만 탄산염으로 선택적으로 침전시킬 수 있는 용액의 [H^+]와 pH는 얼마인가? $La_2(CO_3)_3$의 K_{sp}는 4.0×10^{-34}고 $CoCO_3$의 K_{sp}는 1.4×10^{-13}이다. CO_2가 포화된 수용액에서 H_2CO_3의 농도는 1.6×10^{-2} M이다.

***17.98** 어떤 금속 도금 공장에서 Zn^{2+}와 Ni^{2+}로 오염된 폐기물이 발생한다. 탄산염으로 침전시켜서 두 금속 이온을 분리한 후 재활용할 수 있다. Zn^{2+} 이온을 탄산염으로 침전시킨 다음, Ni^{2+} 이온을 침전시키는 방법으로 두 이온을 분리하기 위한 pH 범위를 구하시오. 두 이온의 농도는 모두 0.05 *M*이고 CO_2는 0.05 *M*으로 포화되어 있다.

착이온을 포함한 평형

17.99 다음 착이온의 $K_{형성}$와 관련된 평형 반응식과 평형 법칙을 쓰시오.

(**a**) $[Cr(OH)_4]^-$ (**b**) $[CdI_4]^{2-}$ (**c**) $[AlF_6]^{3-}$

17.100 다음 착이온의 $K_{형성}$와 관련된 평형 반응식과 평형 법칙을 쓰시오.

(**a**) $[Ag(S_2O_3)_2]^{3-}$ (**b**) $[Zn(NH_3)_4]^{2+}$ (**c**) $[SnS_3]^{2-}$

17.101 다음 착이온의 $K_{형성}$와 관련된 평형 반응식과 평형 법칙을 쓰시오.

(a) $[Cu(NH_3)_4]^{2+}$ (b) $[Ag(CN)_2]^-$ (c) $[Zn(OH)_4]^{2-}$

17.102 다음 착이온의 $K_{형성}$와 관련된 평형 반응식과 평형 법칙을 쓰시오.

(a) $[Ag(NH_3)_2]^+$ (b) $[Ni(CN_4)]^{2-}$ (c) $[Cr(CN)_6]^{4-}$

17.103 다음 착이온의 $K_{불안정도}$와 관련된 평형 반응식과 평형 법칙을 쓰시오.

(a) $[Co(NH_3)_6]^{3+}$ (b) $[HgI_4]^{2-}$ (c) $[Fe(CN)_6]^{4-}$

17.104 다음 착이온의 $K_{불안정도}$와 관련된 평형 반응식과 평형 법칙을 쓰시오.

(a) $[Hg(NH_3)_4]^{2+}$ (b) $[SnF_6]^{2-}$ (c) $[Fe(CN)_6]^{3-}$

17.105 PbI_4^{2-}의 $K_{형성}$은 3.0×10^4이고 PbI_2의 K_{sp}는 9.8×10^{-9}이다. 이 정보들을 이용하여 다음 반응의 K_c를 구하시오.

$$PbI_2(s) + 2I^-(aq) \rightleftharpoons PbI_4^{2-}(aq)$$

17.106 $[Ag(S_2O_3)_2]^{3-}$의 전체 형성 상수는 2.9×10^{-13}이고 K_{sp}는 5.0×10^{-13}이다. 다음 평형 반응에 대한 K_c를 구하시오.

$$[Ag(S_2O_3)]^-(s) + S_2O_3^{2-}(aq) \rightleftharpoons [Ag(S_2O_3)_2]^{3-}(aq).$$

17.107 1.2 L의 물에 0.11 mol $Fe(OH)_3$를 $Fe(CN)_6^{3-}$ 형태로 녹이기 위해 첨가해야 할 고체 NaCN의 질량은 몇 g인가? 필요한 자료는 표 17.1과 17.3을 참고하시오(편의상 CN^-와 물의 반응은 무시한다).

17.108 사진을 현상할 때 필름을 싸이오황산 소듐($Na_2S_2O_3$) 용액에 담가서 빛에 노출되지 않은 브로민화 은을 제거한다. 이 때 은 이온이 싸이오황산 이온($S_2O_3^{2-}$)과 반응하여 착이온인 $[Ag(S_2O_3)_2]^{3-}$를 형성하게 되는데, 이 때문에 필름에 남아 있는 AgBr이 용해된다. 2.00 M $Na_2S_2O_3$ 용액 250 mL에 녹을 수 있는 AgBr은 몇 g인가? $[Ag(S_2O_3)_2]^{3-}$의 $K_{형성}$은 2.0×10^{13}이고 AgBr의 K_{sp}는 5.4×10^{-13}이다.

17.109 아이오딘화 은은 용해도가 매우 낮은 불용성이고, 유리 기구에서 제거하기가 어렵다. 그러나 비교적 안정한 착이온인 AgI_2^-($K_{형성} = 1 \times 10^{11}$)를 형성하므로, I^-이 들어 있는 용액에서는 AgI가 상당히 잘 녹는다. AgI_2^- 이온이 들어 있는 용액을 물로 희석할 때 AgI가 침전된다. 이 현상이 일어나는 이유를 관련된 평형을 사용하여 설명하시오. 1.0 M KI 용액 125 mL에는 AgI 몇 그램이 녹겠는가?

17.110 은은 용해도가 매우 낮은 불용성염 AgI를 형성하며, 또한 가용성 착물인 AgI_2^-($K_{형성} = 1 \times 10^{11}$)를 형성하기도 한다. AgI 0.10 mol을 물 0.500 L에 녹이기 위해서 아이오딘화 포타슘 몇 그램을 가해야 하는가? (힌트: 용액에 가해지는 모든 아이오딘화 이온을 고려해야 한다.)

17.111 $Ag(CN)_2^-$의 형성 상수는 5.3×10^{18}이다. 표 17.1의 자료를 사용하여 0.005 M KCN 용액에서 AgI의 몰용해도를 계산하시오.

17.112 임의의 이가 양이온 M^{2+}이 다음과 같이 리간드(L)와 착이온을 형성할 수 있다고 가정하자.

$$M^{2+} + 2L \rightleftharpoons [M(L)_2]^{2+}$$

이 양이온은 또한 불용성염 MCl_2를 형성하기도 한다. 다음 중 어떤 조건에서 주어진 양의 리간드로 더 많은 양의 염을 녹이겠는가? 계산 과정을 설명하고 그 근거를 제시하시오.

(a) $K_{형성} = 1 \times 10^2$ 그리고 $K_{sp} = 1 \times 10^{-15}$

(b) $K_{형성} = 1 \times 10^{10}$ 그리고 $K_{sp} = 1 \times 10^{-20}$

17.113 2.0 M NH_3에서 $Cu(OH)_2$의 몰용해도를 계산하시오(NH_3가 염기로 작용하는 반응은 무시하시오).

17.114 2.0 M NH_3에서 CdS의 몰용해도는 3.6×10^{-3} mol L^{-1}이다. 착이온 $[Cd(NH_3)_4]^{2+}$의 불안정도 상수의 값을 구하시오. 반응 $NH_3 + H_2O \rightleftharpoons NH_4^+ + OH^-$은 무시하시오.

***17.115** 더 잘 녹는 물질이 침전하기 시작할 때, 상대적으로 덜 녹는 물질이 0.01%보다 적게 남아 있으면 두 혼합물을 선택적 침전으로 분리할 수 있다고 정의한다. 두 이온에 대한 선택적 분리가 가능하기 위한 침전의 K_{sp} 비를 구하시오. 두 화합물 모두 양이온과 음이온 비가 1:1인 물질로 가정하시오.

***17.116** Pb^{2+}와 Cu^{2+} 그리고 Co^{2+}가 포함된 용액에서 이온을 분리하려고 한다. 실험자가 용액에 H_2S를 가한 다음 용액의 pH를 0.5로 맞추었다. 이때 생성된 침전을 모은 다음, 용액의 pH를 8.0으로 높인 후 생성된 또 다른 침전을 모았다. 마지막으로 실험자는 염화 납(II)이 침전될 것을 예상하면서 HCl을 가했다. 실험자가 $PbCl_2$ 침전을 얻을 수 있겠는가? 첫 번째와 두 번째 침전은 무엇인가?

***17.117** 0.048 M NaCl 용액 50.0 mL에 0.12 M $AgNO_3$ 용액 50.0 mL를 가하는 실험에 대한 다음 물음에 답하시오.

(a) 생성되는 AgCl의 질량은 얼마인가?

(b) 침전이 담겨 있는 용액에 포함된 모든 이온의 농도를 구하시오.

(c) 침전되는 Ag^+ 이온은 몇 퍼센트인가?

***17.118** Ca^{2+}의 농도가 175 ppm인 센물 1.00 L에 Na_2CO_3 2.00 g을 녹였다. 최종 용액에서 Ca^{2+}의 농도를 ppm으로 구하시오(Na_2CO_3를 첨가하여도 부피는 변하지 않고, 수용액의 밀도는 모두 1.00 g L^{-1}이라고 가정하시오).

착물화와 용해도

***17.119** AgI와 AgBr 침전이 모두 들어 있는 수용액에서 Ag^+와 Br^- 그리고 I^-의 농도를 각각 구하시오.

***17.120** NaCN의 주요한 용도 중의 하나는 광석으로부터 금을 추출할 때, 금을 Au^+로 산화시킨 다음 CN^-와 가용성 착물을 만드는 공정이다. 0.25 M NaCN 용액에서 Au^+의 용해도는 얼마인가?

***17.121** 6 M HCl 용액에서 $PbCl_2$의 몰용해도를 구하시오. 이때 생성되는 착물의 식을 쓰시오.

***17.122** 금을 제련하는 과정은 광석을 CN^- 용액에서 산화제를 이용하여 Au^+ 이온을 만드는 과정이 포함되어 있다. 0.20 M KCN 용액에서 Au^+의 용해도를 구하시오.

추가 연습 문제

***17.123** NH_3 0.30 mol과 $CuSO_4$ 0.03 mo이 혼합된 0.500 L의 용액에서 Cu^{2+} 이온의 몰농도를 구하시오. NH_3의 K_b는 1.8×10^{-5}고 $CuSO_4$의 K_{sp}는 4.8×10^{-20}이며 $[Cu(NH_3)_4]^{2+}$의 $K_{형성}$은 1.1×10^{13}이다.

***17.124** 어느 전기 도금 회사가 폐수에 포함된 Cr^{3+}와 Ni^{2+}를 수산화물 형태로 침전시켜 회수하려고 한다. Cr^{3+}와 Ni^{2+}의 농도가 $1.0\times10^{-5} M$ 이하가 되게 하기 위한 pH 조건을 구하시오.

***17.125** **강의실 밖의 화학 17.1**에서 설명한 바와 같이 EDTA 화합물은 물때 제거용으로 사용된다. EDTA는 또한 납과 수은 같은 중금속에 의한 중독의 치료제로도 사용되고 있다. EDTA와 납과의 반응은 다음과 같다.

$$Pb^{2+}(aq) + EDTA^{4-}(aq) \rightleftharpoons PbEDTA^{2-}(aq) \quad K = 1.1\times10^{18}$$

pH가 10.50일 때 0.05 M $EDTA^{4-}$를 포함한 0.20 M $Pb(NO_3)_2$ 용액 100.0 mL에서 $Pb(OH)_2$가 침전되겠는가?

17.126 Hg^+와 Pb^{2+}의 농도가 각각 0.01 M인 혼합 용액에 아이오딘화 소듐을 가할 때 먼저 침전되는 이온은 어느 것인가? 두 금속 이온을 선택적으로 분리할 수 있는 I^-의 농도를 구하시오.

17.127 다음과 같은 금속 이온들의 혼합된 용액이 있다.

$$Cu^{2+},\ Co^{2+},\ Ba^{2+},\ Pb^{2+},\ Ag^+,\ Mn^{2+},\ Ca^{2+},\ Bi^{3+}$$

이 이온들을 분리하는 방법을 기술하시오. 모든 이온을 분리할 수 있는가? 서로 분리되지 않는 이온은 어느 것인가?

17.128 NaCl과 NaBr의 농도가 각각 0.020 M인 용액이 있다. 다음은 이 용액에 0.200 M $Pb(NO_3)_2$ 용액을 천천히 가하는 일련의 과정에서 몇 가지 용액 상태를 나타낸 분자 수준의 그림을 나타낸 것이다. 이 그림에서 Br^-는 주황색으로 Cl^-는 초록색으로 나타내었다. 구경꾼 이온이나 다른 이온에 비하여 농도가 현저히 낮은 이온은 나타내지 않았다. $PbCl_2$와 $PbBr_2$의 K_{sp}는 각각 1.7×10^{-5}와 6.6×10^{-6}이다. 다음 물음에 답하시오.

(1) 다음 그림을 질산 납(II)를 가하는 시간에 따른 순서대로 나열하시오. 관련이 없는 그림은 제외하시오.

(2) 제거한 그림이 있다면 그 이유를 제시하시오.

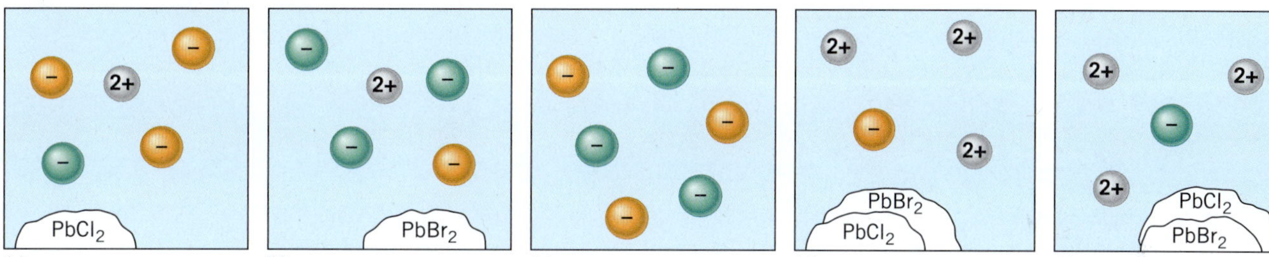

(a) (b) (c) (d) (e)

다중 개념 문제

***17.129** 1초에 한 방울의 속도로 포화 $CaCO_3$ 용액이 떨어져 쌓인 석순(stalagmite)의 나이는 얼마일까? 석순은 높이가 16 ft이고 지름이 10 ft인 원뿔 모양이고, $CaCO_3$의 밀도는 2.71 g cm^{-3}이다. 물 1 mL는 20방울이고 방울이 석순을 때릴 때 물은 증발된다고 가정한다.

***17.130** 요즘에는 벽과 천장의 마감재로 두꺼운 종이 사이에 석고가 들어 있는 석고보드를 사용한다. 석고는 $CaSO_4\cdot 2H_2O$로 이루어진 물질이다. 누수가 발생해서 천장에 사용된 5 cm 두께의 석고보드에 하루에 0.50 L의 속도로 물이 떨어진다고 가정해보자. 황산 칼슘의 K_{sp}를 이용하여 천장에 지름이 2 cm인 구멍을 내는 데 걸리는 시간(일)을 계산하시오. 석고의 밀도는 0.97 g cm^{-3}이다.

***17.131** 고체 상태의 $PbCl_2$ 10.0 g이 함께 들어 있는 $PbCl_2$ 포화 용액 500 mL에 0.20 M HCl 몇 mL를 가해야 Pb^{2+}의 농도가 0.0010 M로 감소하겠는가?

***17.132** 대리석의 주성분은 용해도가 낮은 $CaCO_3$이다. 불행하게도 대리석은 산성비에 의하여 파괴되는 특성이 있다. pH가 5.60인 수용액과 pH가 4.30인 산성비에서 $CaCO_3$의 용해도는 각각 얼마인가?

***17.133** $Ba(OH)_2$ 포화 용액의 pH는 10.2이다. $Ba(OH)_2$의 K_{sp}를 결정하시오.

17.134 수산화 아연은 불용성인 염기성염이다. 그러나 용액에 수산화 이온을 가하면 $[Zn(OH)_4]^{2-}$ 착이온이 형성되기 때문에 수산화 아연의 용해도는 증가한다. 이와 관련한 평형 반응은 다음과 같다.

$$Zn(OH)_2(s) \rightleftharpoons Zn^{2+}(aq) + 2OH^-(aq) \qquad K_{sp} = 3\times10^{-13}$$

$$Zn^{2+}(aq) + 4OH^-(aq) \rightleftharpoons [Zn(OH)_4]^{2-}(aq) \qquad K_{form} = 2\times10^{20}$$

pH가 12.1인 용액에서 $Zn(OH)_2$의 용해도를 계산하시오.

***17.135** $CdCO_3$ 포화 용액의 삼투압은 25°C에서 0.097 atm이다. 이 정보를 이용하여 $CdCO_3$의 K_{sp}를 계산하시오. 물과 탄산

이온의 반응은 무시하시오.

***17.136** $PbCl_2$ 포화 용액의 녹는점은 −0.089°C이다. 이 결과를 이용해서 계산한 $PbCl_2$의 K_{sp}는 얼마인가? 용액의 밀도는 1.00 g mL^{-1}이고 염화 납(II)는 완전히 해리한다고 가정하시오.

비판적 사고의 과제

17.137 황화 수은(II)의 용해도곱 상수는 3×10^{-14}이다. 소량의 HgS를 녹인 1.0 L의 수용액이 있다. 평형에 도달했을 때 용액에 존재하는 Hg^{2+}와 S^{2-} 이온의 개수는 각각 몇 개인가? 계산이 정확하다면 용액에서 HgS(*s*)와 이온 사이에 실제로 평형이 존재한다고 할 수 있는가? 설명하시오.

17.138 수산화 코발트 용액에 암모니아 수용액을 천천히 가했더니, 연한 푸른색 침전이 생성되었다가 다시 녹아서 진한 푸른색 용액이 되었다. 이 변화와 관련된 화학 반응식을 쓰고 설명하시오.

17.139 실용적인 측면에서, 황산염을 이용한 선택적 침전 방법으로 Pb^{2+}와 Sr^{2+} 이온을 효과적으로 분리할 수 있는가? 계산을 사용하여 근거를 제시하시오.

17.140 염화 은과 브로민화 은으로 각각 도금된 두 개의 은 선을 순수한 물이 담겨 있는 비커에 함께 넣었다. 오랜 시간이 흐르면서 두 선의 도금 성분에 어떤 변화가 일어나겠는가? 근거와 함께 설명하시오

Chad Cowan/Getty Images

18장

열역학

이 장의 배경

열역학(thermodynamics)은 커피에 설탕이 녹는 것부터 사진에 나타낸 토네이도까지 우리 주변에서 일어나는 모든 일과 관련되어 있다. 허리케인, 천둥 번개, 소나기, 눈보라, 토네이도는 모두 지구 표면에서 대기 중으로 에너지가 전달되면서 발생한다. 북반구에서 폭풍의 운동 방향이 시계 반대 방향인 것은 자전하는 지구와 대기 사이의 상호작용에 의한 결과이다. 이 장에서는 실험실이나 심지어 태양계는 물론 그 이상의 규모에서 일어나는 거시적 반응으로 확장될 수 있는 열역학의 미시적 특징을 논의할 것이다.

우리는 경험을 통해 고압 기단이 저압 기단과 상호 작용할 때 흔히 격렬한 폭풍이 발생할 것이라고 예측한다. 지구 표면과 대기 사이의 열과 물의 교환은 열역학 원리에 의해 지배된다. 세상에서 우리가 관찰하는 화학은 **일어날 수** 있는 것과 **일어날 수 없는** 것에 의해 제어된다. 또 다른 예로, 옥테인(C_8H_{18})과 같은 탄화수소 연료는 산소가 있으면 연소되어 CO_2와 H_2O를 형성하고 열을 방출한다. 일단 연소 반응이 시작되면 **자발적으로**(즉, 외부의 도움 없이 스스로) 진행되며, 이를 사용하여 자동차를 움직일 수 있고, 전기를 생산하고, 가정과 사무실의 난방을 할 수 있다. 반면에, 혼합된 CO_2와 H_2O가 자발적으로 반응하여 탄화수소를 형성할 수 있는 방법은 **없다**. 이 반응은 자발적으로 일어날 수 없다. 이 반응이 자발적으로 일어난다면 화석 연료 공급 문제와 온실가스 발생 문제를 쉽게 해결할 수 있다.

위에서 살펴본 관찰들을 통해 다음과 같은 근본적인 질문이 생긴다. 물질이 결합할 때 화학 반응의 가능 여부를 결정하는 것은 무엇인가? 이 질문에 대한 답을 하기 위해서는 6장 에너지와 화학 변화에서 소개한 주제들을 확장한 개념인 열역학에 대해 알아야 한다. 곧 알게 되겠지만, 열역학을 이용하여 반응의 가능 여부를 결정할 수 있을 뿐만 아니라, 다른 측면에서 화학 평형에 대해 설명할 수도 있고, 평형 상수값을 구하는 다른 방법에 대해서도 알게 될 것이다.

이 장의 개요

18.1 열역학 제1법칙
18.2 자발적 변화
18.3 엔트로피
18.4 열역학 제2법칙
18.5 열역학 제3법칙
18.6 표준 자유 에너지 변화($\Delta G°$)
18.7 최대 일과 ΔG
18.8 자유 에너지와 평형
18.9 평형 상수와 $\Delta G°$
18.10 결합 에너지

학습 목표

이 장을 읽고 이해한 후 다음과 같은 것을 할 수 있어야 한다.

- 열역학 제1법칙을 기술하고 에너지 변화와 엔탈피 변화의 차이를 설명할 수 있다.
- 자발적 변화의 방향이 의미하는 것을 설명할 수 있다.
- 화학 반응에서 엔트로피의 크기와 엔트로피 변화의 부호에 영향을 주는 인자들을 설명할 수 있다.
- 엔트로피를 이용하여 열역학 제2법칙을 기술하고 Gibbs 자유 에너지의 중요성을 설명할 수 있다.
- 열역학 제3법칙과 표준 생성 엔트로피의 연관성을 설명할 수 있다.
- 표준 자유 에너지 변화를 계산할 수 있다.
- Gibbs 자유 에너지 변화와 반응에서 생기는 최대 에너지의 관계를 설명할 수 있다.
- Gibbs 자유 에너지 변화와 평형 위치의 관계를 설명할 수 있다.
- 평형 상수로부터 Gibbs 자유 에너지 변화를 구하는 방법을 제시할 수 있다.
- 엔탈피를 이용하여 결합 에너지를 정의할 수 있다.

학습 목표 달성을 위한 제안

18장에서는 화학 분야뿐만아니라 다양한 연구 분야에 매우 중요한 열역학적 개념과 상세한 연구 방법을 다룬다. 전체 내용을 공부하는 동안 전체 내용에 대한 요약을 계속해서 노트에 정리하는 것이 중요하다. 개념을 이해하기 위하여 노트에 중요한 개념과 식 그리고 연구 방법을 각자의 단어를 이용하여 정리하는 것이 개념을 이해하는 효과적인 방법이다. 또한 반응에 대한 Gibbs 자유 에너지, 엔트로피, 엔탈피 사이의 관계를 노트에 정리해 두는 것을 권장한다.

이 장을 공부하면 반응이 일어나는 이유나 자발적인 반응이 무엇인지에 대한 답을 얻을 수 있다. 또한 이 장의 내용을 이해하면 Gibbs 자유 에너지와 엔트로피 그리고 엔탈피 등의 기본적인 용어에 대한 크기와 부호를 예측할 수 있는 개념 또한 배우게 될 것이다. 이와 관련된 도구를 노트에 잘 정리해 둘 것을 권장한다.

18.1 열역학 제1법칙

해설 *Thermo*는 열을 의미하고, *dynamics*는 운동을 의미한다.

화학 열역학(chemical thermodynamics)은 화학 변화에서 에너지의 역할과 화학적 과정의 자발성을 연구하는 학문이다. 화학 열역학은 수 세기 동안 수행해 온 실험적 관찰을 정리한 몇 가지 법칙에 기반을 두고 있다. 각 법칙은 에너지, 열, 일, 온도 사이의 관계를 기술하고 있다. 법칙들은 매우 다양한 방식으로 나타내고 매우 다양한 현상의 기초가 되기 때문에 이를 기술하는 대안적인 표현이면서도 동등한 방식이 많이 있다. 편의상 숫자로 구분하여 열역학 제1법칙, 제2법칙, 제3법칙이라고 한다.

6장에서 언급되었던 **열역학 제1법칙**(first law of thermodynamics)은 내부 에너지는 열이나 일로 변환될 수는 있지만 창조되거나 소멸될 수는 없다고 명시하고 있다. 이 법칙은 6장에서 엔탈피 변화를 계산할 때 이용하였던 Hess 법칙의 기본이라는 것을 기억하라. 열역학 제1법칙을 좀 더 자세하게 알아보자.

기호 E로 표시되는 계의 **내부 에너지(internal energy)**는 입자의 모든 운동 에너지와 퍼텐셜 에너지의 합으로 나타낸 계의 전체 에너지라는 것을 기억하라. 화학 반응에 대한 내부 에너지의 변화(ΔE)는 다음과 같이 정의된다.

$$\Delta E = E_{\text{생성물}} - E_{\text{반응물}}$$

따라서 ΔE는 계로 에너지가 들어오면 양의 값이고, 계에서 빠져나가면 음의 값이다.

열역학 제1법칙에 따르면 계와 주위 사이에는 두 가지 방법으로 에너지를 교환할 수 있다. 하나는 기호 q로 나타내는 열의 흡수 또는 방출에 의해서이고, 다른 하나는 일(work, w)과 연관이 있다. 기체가 압축되는 것처럼 **계에 대하여 일을 행하였을** 때, 계는 에너지를 얻고 저장한다. 반대로, 기체가 팽창하여 외부 압력하에서 피스톤을 밀어내는 것처럼 **계가 주위에 대해 일을 할** 때, 계는 퍼텐셜 에너지의 일부를 운동 에너지로 바꾸고, 그 운동 에너지는 주위로 전달되어 계는 에너지 일부를 잃는다. **열역학 제1법칙(first law of thermodynamics)**은 에너지의 알짜 변화를 다음 식과 같이 수학적으로 나타낼 수 있다.

해설 ΔE = (들어온 열) + (들어온 일)

$$\Delta E = q + w$$

6장에서 에너지 변화에 대한 양의 부호는 계가 얻은 에너지를 뜻하고, 음의 부호는 **그림 18.1**의 기관차처럼 계가 잃은 에너지를 뜻한다는 것을 배웠다. 따라서

q가 (+)이면 계는 열을 흡수한다.
q가 (−)이면 계는 열을 방출한다.
w가 (+)이면 계에 대해 일이 행해진다.
w가 (−)이면 계에 의해 일이 행해진다.

실험실에서 어떤 반응의 q가 양의 부호일 때 반응이 진행되면서 용매와 플라스크로부터 열을 흡수하므로 반응물이 담긴 비커는 차가워지고, 반대로 열이 방출되는 반응이 일어나면 비커가 따뜻해지는 것을 관찰한 적이 있을 것이다. 비슷하게, 특히 기체가 방출되는 경우, w가 음의 부호를 가질 때 계가 팽창되는 것을 관찰한 적이 있을 것이다.

6장에서 ΔE는 두 상태 함수 간 차이, 즉 $E_{최종} - E_{초기}$라는 것을 배웠는데, 이 값은 한 상태에서 다른 상태로 어떻게 변화했는지에 의존하지 않는 값이다. 6.5절에 있는 그림 6.9에서 나타낸 바와 같이, q와 w의 값은 계의 변화에 크게 의존하는 값이므로 상태 함수가 아니다. 공학자들은 종종 주어진 변화에 대해 열의 형태로 손실되는 에너지를 최소화하면서 최대의 일을 얻고자 노력한다. 비율 $w/\Delta E$를 주어진 공정의 열역학 효율이라고 한다.

Pierre Longnus/The Image Bank/Getty Images

그림 18.1 팽창하는 기체는 일을 할 수 있다. 기관차의 동력을 담당하는 증기 엔진에서 물이 열을 흡수하여 높은 온도와 압력을 갖는 증기로 변한다(q는 양의 값). 이 증기는 팽창하며 피스톤을 밀어내어 기관차를 움직이게 한다. 팽창 과정에서 증기는 일을 하며, w는 음의 값이다.

Lawrence Manning/Getty Images

그림 18.2 기체에 행해지는 일 외부 압력에 의해 기체가 **압축**될 때 기체에 일이 행해졌기 때문에 w는 양의 값이다. 기체가 압축될 때 V는 감소하므로 부피 변화에 음의 부호를 붙여 주면($-\Delta V$) 기체의 압축에 의한 w가 양의 값이 되는 것을 알 수 있다.

압력–부피 일

우리와 연관되어 화학계(chemical system)가 할 수 있는(또는 이들에 의해 행해진) 일에는 두 가지 종류가 있다. 하나는 19장에서 살펴보고 논의할 전기와 관련된 일이다. 다른 하나는 외부 압력이 작용하는 상태에서 계의 압축이나 팽창과 관련된 일이다. 타이어에 공기를 넣기 위해 기체를 압축하는 일이 이러한 예의 하나이다(**그림 18.2**). 6장에서 논의한 이러한 '압력–부피' 일, 즉 $P-V$ 일은 다음 식으로 나타낸다.

$$w = -P\Delta V$$

여기서 P는 계에 작용하는 **외부 압력**(external pressure)이다.

$P-V$ 일이 **그림 18.3**의 경유 엔진을 작동시키는 일과 비슷하다면, 단지 화학 변화와 관련된

© Albert Pego/Shutterstock

그림 18.3 경유 엔진의 효율은 크다. 경유 엔진의 실린더에서 공기는 작은 부피로 압축될 때 압축에 의한 일에너지가 열에너지로 변환되므로 매우 뜨거워진다. 온도가 매우 높기 때문에 연료가 실린더로 주입되면서 점화된다. 작은 폭발이 피스톤을 밀어올려 큰 트럭이나 경유 기관차와 같은 중장비에 동력을 공급한다.

일의 한 종류이며 ΔE에 대한 식은 다음 형태로 나타낼 수 있다.

$$\Delta E = q + (-P\Delta V) = q - P\Delta V$$

6장에서 부피가 변하지 않는 용기에서 반응이 일어날 때, 전체 에너지 변화는 열로 나타나야 한다는 것을 배웠다. 따라서 ΔE를 일정한 부피에서의 열(q_v)이라고 한다.

$$\Delta E = q_v$$

실전 문제 18.1

이상 기체 분자는 분자 간의 인력이 없으므로 기체가 팽창할 때 퍼텐셜 에너지의 변화가 없다. 또한 일정한 온도에서 팽창하면 운동 에너지도 변하지 않는다. 따라서 이상 기체가 **등온**(**isothermal**, 일정 온도) 팽창할 때 $\Delta E = 0$이다. 이상 기체가 일정한 외부 압력 14.0 atm 하에서 1.0 L에서 12.0 L로 등온 팽창한다고 하자. 이 변화에서 q와 w는 L atm 단위로 각각 얼마인가? (**힌트**: 계가 일을 한 것인지, 계에 일을 한 것인지를 판단하시오. 이 경우에 q와 w의 합은 얼마이어야 하는가?)

실전 문제 18.2

단열 조건(**adiabatic**, 계와 주위 사이에 열의 이동이 없는 상태)에서 외부 압력을 주어 기체를 압축하면 기체의 온도는 증가한다. 그 이유는 무엇인가?

엔탈피

일정한 부피의 용기에서 반응이 일어나는 경우는 거의 없다. 보통 대기압과 같은 일정 압력을 갖는 열린 용기에서 반응이 진행된다. 일정 압력에서 반응열을 연구하기 위하여 엔탈피 개념을 도입하였다. **엔탈피**(**enthalpy**, H)는 다음 식으로 정의되었음을 기억하라.

$$H = E + PV$$

6.6절에서 다룬 것처럼, 일정 압력에서 **엔탈피 변화**(**enthalpy change**, ΔH)는 q_p와 같다.

$$\Delta H = q_p$$

여기서 q_p는 **일정 압력 반응열**(**heat at constant pressure**)이다.

ΔE와 ΔH의 차이

해설 고체와 액체만을 포함하는 반응의 경우 ΔV 값은 매우 작으므로, 이 반응의 ΔE와 ΔH는 거의 같다.

6장에서 ΔE와 ΔH가 같지 않다는 것을 배웠다. 이들은 압력-부피 일인 $-P\Delta V$만큼 차이가 난다.

$$\Delta E - \Delta H = -P\Delta V$$

반응에서 기체가 생성되거나 소모될 때만 ΔE와 ΔH의 차이가 유의미하며, 이런 경우에도 차이가 그렇게 크지 않다. 압력-부피 일의 계산 방법을 알아야 ΔH에서 ΔE를(또는 ΔE에서 ΔH를) 계산할 수 있다.

반응에서 기체가 이상 기체로 거동하면, 이상 기체 법칙을 사용할 수 있다. 이것을 V에 대해 풀면 다음과 같다.

$$V = \frac{nRT}{P}$$

따라서 부피 변화에 대해서는 다음과 같이 나타낼 수 있다.

$$\Delta V = \Delta\left(\frac{nRT}{P}\right)$$

압력과 온도가 일정하면 n만 변한다. n의 변화를 Δn으로 나타내고 다시 쓰면 다음과 같다.

$$\Delta V = \Delta n\left(\frac{RT}{P}\right)$$

따라서 반응이 일정한 압력에서 일어날 때, 부피 변화는 기체의 몰수 변화에 따라 달라진다. 물론 화학 반응에서 반응물과 생성물이 모두 기체인 것은 아니므로, Δn을 정확하게 계산하기 위하여 기체 몰수의 변화 $\Delta n_{기체}$로 나타내야 하며, 다음과 같이 정의된다.

$$\Delta n_{기체} = (n_{기체})_{생성물} - (n_{기체})_{반응물}$$

따라서 $P\Delta V$의 곱은 다음과 같다.

$$P\Delta V = P \times \Delta n\left(\frac{RT}{P}\right) = \Delta n_{기체}RT$$

ΔH에 이를 대입하면 다음 식이 얻어진다.

$$\boxed{\Delta H = \Delta E + \Delta n_{기체}RT} \quad \textbf{(18.1)}$$

도구
ΔE와 ΔH의 변환

다음 예제는 변화의 경로에 따른 일과 열을 계산하는 과정을 설명하고 있다.

예제 18.1 열역학 제1법칙을 이용하여 행해진 일의 계산

그림에 나타낸 바와 같이, 이상 기체는 $x \rightarrow y \rightarrow z \rightarrow x$의 순환을 한다. 이 순환을 완료하기 위하여 계가 흡수한 알짜 열은 10J이다. $z \rightarrow x$ 과정에서 기체에 행해진 일을 추정하시오.

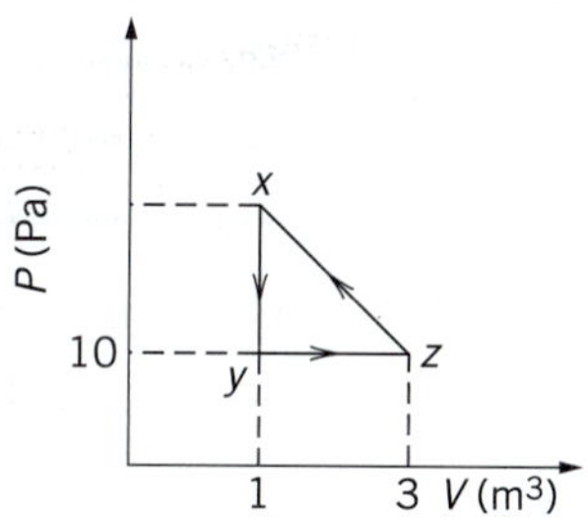

분석 순환 과정을 완료한 후, 계는 출발했을 때와 같은 상태에 도달한다. 따라서 초기 상태와 최종 상태의 내부 에너지는 같고 $\Delta E = 0$이다. 그러므로 순환 과정에서 흡수된 열은 계가 행한 일의 양과 같다. 위의 순환 과정에 대한 전체 일 $w = w_{xy} + w_{yz} + w_{zx}$로 나타낼 수 있다. 또한 일정 부피에서 계가 행한 일은 0이라는 것을 알고 있다.

도구 모음 과정과 사용된 식을 분석해야 한다.

열역학 제1법칙, $\Delta E = q + w$

순환 과정에 대하여 $E_{최종} = E_{초기} (\Delta E = 0)$

따라서 $q = -w = -(w_{xy} + w_{yz} + w_{zx})$

풀이 $x \rightarrow y \rightarrow z \rightarrow x$ 순환 과정에서 계가 행한 또는 계에 행해진 전체 일을 계산하면 다음과 같다.

$$q = -(w_{xy} + w_{yz} + w_{zx})$$

일 w_{zx}를 계산하려면 q, w_{xy}, w_{yz}를 정량화해야 한다.

순환 과정에서 흡수된 열은 다음과 같다.

$$q = 10\ \text{J}$$

$x \rightarrow y$ 경로에 대하여,

$$\Delta V = 0;\ w_{xy} = -P\Delta V = -P \times 0 = 0\ \text{J}$$

$y \rightarrow x$ 경로에 대하여,

$$\Delta V = (3 - 1) = 2\ \text{m}^3 \text{ 그리고 } P = 10\ \text{Pa}$$

$w_{yz} = -P\Delta V = -10\,\text{Pa} \times 2\,\text{m}^3 = -20\,\text{Pa m}^3 = -20\,\text{J}(1\,\text{J} = 1\,\text{Pa m}^3)$ (음의 부호는 계가 일을 행한 것을 나타냄)

그러므로,

$$10 = -[0\,\text{J} + (-20\,\text{J}) + w_{zx}]$$

$$w_{zx} = 10\,\text{J}(\text{양의 부호는 계에 일이 행해진 것을 나타냄})$$

답이 합리적인가? 간단하게 열역학 제1법칙을 이용하여 순환 과정에서 계에 행해진 일을 계산하였다. $x \rightarrow y$ 경로에서는 계의 부피가 일정하게 유지되므로 계에 행해진 일은 없다. $y \rightarrow z$ 경로에서는 부피가 증가하고 계가 팽창 일을 하므로 일은 음수이다. 이와 반대로, $z \rightarrow x$ 경로에서는 부피가 감소하고, 기체를 압축하기 위해 계에 일이 행해지므로 일은 양수이다. 따라서 전체 일은 $-20 + 10 = -10$이고, 이는 계가 흡수한 열과 같다.

실전 문제 18.3

45°C에서 다음 발열 반응에 대해 ΔE와 ΔH의 차이를 kJ로 계산하시오. ΔE와 ΔH 중 발열의 양이 큰 것은 어느 것인가? (**힌트**: 온도를 주목하시오.)

$$2N_2O(g) + 3O_2(g) \longrightarrow 4NO_2(g)$$

실전 문제 18.4

화합물 A(몰질량 = 100 g)의 상전이 반응은 다음과 같다.

	α-A (고체)	⟶	β-A (고체)
(밀도)	($2.70\,\text{g cm}^{-3}$)		($2.94\,\text{g cm}^{-3}$)

1.0 bar 압력에서 ΔH와 ΔE의 차이를 계산하시오(**힌트**: $1.0\,\text{bar} = 10^5\,\text{Pa}$이고, 몰부피 = 몰질량/밀도이다).

18.2 자발적 변화

열역학으로 에너지 변화를 설명하는 방법에 대해 복습하였으므로 이제 열역학을 공부하는 주된 목적 중의 하나인, 계에서 일어나는 변화가 자발적인지 아닌지를 결정하는 인자들 사이의 관계를 알아보도록 하자. **자발적 변화(spontaneous change)**는 외부의 지속적인 도움이 없어도 스스로 일어나는 변화이다. 예를 들어 폭포에서 물이 흘러내리거나, 난로에서 천연가스가 연소되거나, 따뜻한 날 차가운 음료수 속의 얼음덩어리가 녹는 현상 등이다. 이 현상들은 스스로 진행되는 것들이다.

일부 자발적 변화는 매우 빠르게 일어난다. 광산에서 폭발물이 폭발하거나 매니큐어 제거제 몇 방울이 증발하는 경우를 예로 들 수 있다. 반면에 철의 부식이나 돌의 침식과 같은 자발적 현상은 느리게 진행되므로, 오랜 시간이 지나야 그 변화를 알 수 있다. 심지어 보통의 조건에서 매우 느린 속도로 진행되기 때문에 이 변화가 전혀 자발적으로 진행되지 않는 것처럼 보이는 경우도 있다. 휘발유–산소 혼합물은 실온에서 두 물질이 매우 느리게 반응하므로 매우 안정한 것처럼 보인다. 그러나 이 혼합물이 불꽃에 노출되면 반응 속도가 매우 빨라져 폭발적으로 반응한다.

일상생활에서도 분명하게 자발적이 **아닌** 일들을 목격하기도 한다. 아침에 지나다가 본 흩어져 있던 벽돌 더미가 나중에 벽돌담이 되어 있는 것을 볼 수 있다. 벽돌담이 저절로 생기지 않는다는 것은 경험을 통해 알고 있다. 이처럼 벽돌 더미가 벽돌담이 되는 것은 자발적이 아니다. 즉 벽돌공의 노력이 필요하다. 유사하게 물이 수소와 산소로 분해되는 것도 자발적이 아니다. 물을 보면서 항상 안정하다는 것을 알고 있다. 그럼에도 불구하고 전기 분해(electrolysis)라는 과정을 통해 물에 전류를 흘려주어 물을 분해할 수 있다(**그림 18.4**).

$$2H_2O(l) \xrightarrow{\text{전기 분해}} 2H_2(g) + O_2(g)$$

그러나 전기 분해는 전류가 흐를 때만 계속되고, 전류의 공급이 멈추는 순간 전기 분해도 멈춘다. 이는 자발적 변화와 비자발적 변화의 차이를 설명해 주는 예이다. 자발적 현상은 한번 시작되면 끝날 때까지 지속적으로 진행하려는 경향이 있다. 자발적인 반응이 끝나는 것은 한계 반응물이 완전히 소모되거나(3.6절) 화학 평형에 도달하는 것(14.1절)과 같은 두 가지 경우이다. 반면, 비자발적 반응은 한계 반응물이 소모되지 않았거나 동적 평형에 도달하지 않았더라도 일종의 외부 도움을 받는 동안에만 지속될 수 있다.

Charles D. Winters/Science Source

그림 18.4 물을 전기 분해하면 H_2 기체와 O_2 기체가 생성된다. 이 반응은 전기가 공급되는 동안에만 지속될 수 있는 비자발적 변화이다.

비자발적 변화의 또 다른 공통적인 특성은, 자발적 변화가 수반될 때만 일어날 수 있다는 것이다. 예를 들어 벽돌공이 음식을 먹으면 일련의 자발적인 생화학 반응들이 일어나 벽돌벽을 쌓는 데 필요한 힘을 제공하게 된다. 마찬가지로 물의 비자발적 전기 분해에 필요한 전기를 얻기 위해서 일종의 자발적인 기계적 변화나 화학적 변화가 필요하다. 짧게 말해, **모든 비자발적 현상은 자발적 현상을 희생하면서 일어난다.** 일어나는 모든 현상은 직접적이든 간접적이든 자발적 변화가 관련되어 있다.

해설 비자발적 반응들을 자발적 반응들과 연결하여 비자발적 반응들이 완결되도록 유도하는 것은 생화학에서 중요한 원리이다.

위에서 언급한 산소와 휘발유 증기의 반응을 통해 자발적 변화에 대한 중요한 사항을 관찰할 수 있다. 이 물질들이 확실하게 반응을 일으켜 자발적일지라도 실온에서는 **반응 속도**가 너무 느려 마치 혼합물이 안정한 상태에 있는 것처럼 보인다. 즉, 반응 속도가 너무 느리기 때문에 반응이 비자발적인 것처럼 **보인다**. 자연에는 자발적이지만 변화가 관찰되지 않을 정도로 느린 속도로 일어나는 반응들이 많이 있다. 흔히 생화학 반응들이 이런 반응들이다. 예를 들어 촉매인 효소가 없으면 생화학 반응들은 너무 느려 사실상 일어나지 않는다. 생명체는 자발적인 반응이나 그 반응의 생성물이 필요할 때 선택적으로 효소를 사용하도록 하여 화학 반응을 조절한다.

자발적 변화의 방향

자발적 변화의 방향을 결정하는 것은 무엇인가? **그림 18.5**에 나타낸 것과 같은 몇 가지 일상적인 현상을 생각해 보자. 은이 변색될 때는 열을 방출하므로 반응이 일어나면 계의 내부 에

(a) Eskay Lim/Getty Images (b) SAEED KHAN/Getty Images (c) Viorika/E+/Getty Images

그림 18.5 흔히 볼 수 있는 세 가지 자발적 현상 (a) 변색된 은수저와 변색되지 않은 스테인리스강 포크 (b) 덤불과 나무의 연소 (c) 고드름의 녹음

너지는 낮아진다. 마찬가지로, 가연성 식물 혼합물의 화학 물질은 나무와 덤불이 타서 CO_2와 H_2O를 생성할 때 열과 빛을 방출하여 화학 에너지를 잃는다. 고드름은 흡열 과정에서 열을 흡수한다. 고체 상태 물이 액체 상태로 변할 때 엔트로피가 증가하기 때문에 가능한 일이다. 많은 자발적 반응들은 확실한 발열 반응이어서, (19세기의 일부 화학자들이 그랬던 것처럼) 에너지가 계에서 흘러나가기 때문에 자발적 변화가 일어난다고 결론짓고 싶을 수도 있다. 이와 같이 에너지를 낮추는 과정을 자발적 변화의 '추진력(driving force)'이라고 하였다. 화학 반응에서는 열에너지의 손실 외에도 퍼텐셜 에너지 변화가 일어날 수 있다. 예를 들어 탄산음료 캔을 떨어뜨리면 퍼텐셜 에너지가 낮아지게 되기 때문에 캔은 자발적으로 바닥으로 떨어진다. 계의 퍼텐셜 에너지를 낮추는 변화도 발열 과정이기 때문에, 자발성의 고전적 개념을 다음과 같이 말할 수 있다. **열을 방출하는 변화는 자발적으로 진행되는 경향이 있다.**

해설 전부는 아니지만 열을 방출하는 대부분의 화학 반응은 자발적으로 일어난다.

하지만 이것이 사실이라면, 그림 18.5(c)에서의 고드름이 녹는 현상은 어떻게 설명할 수 있을까? 실온에서 얼음이 녹는 현상은 분명한 자발적 과정이다. 그러나 얼음은 녹으면서 주위에서 열을 흡수한다. 이렇게 흡수된 열로 인해 고체 얼음에서 녹은 얼음은 본래의 고체 얼음보다 높은 내부 에너지를 갖는다. 이것은 자발적이지만 흡열 과정인 경우의 한 예이다. 이외에도 자발적 흡열 과정의 예는 많다. 예를 들어 손톱 매니큐어 제거제에 들어있는 아세톤의 증발, 진공으로 이산화 탄소 기체의 팽창, 아세트산과 탄산 소듐의 반응, 화학 '보냉팩'에 사용한 특정한 염이 열을 흡수하면서 물에 녹는 것 등이다.

12장에서 용액의 형성 과정을 논의하였는데, 용액 형성의 주요 추진력 중 하나는 혼합된 상태가 혼합되지 않은 상태보다 훨씬 더 높은 확률을 갖는다는 사실이라고 말했다. 이와 같은 논의를 사용하여 자발적 과정의 방향을 설명할 수 있다.

실전 문제 18.5

다음 과정은 자발적인가? (**힌트**: 반응이 자발적이기 위해 필요한 것이 무엇인가?)

(a) 더운 날 아이스크림이 녹는 것
(b) 녹슨 동전을 광택나는 동전으로 바꾸는 것
(c) 우라늄의 방사능
(d) 강에서 헤엄치는 물고기
(e) $3O_2(g) \xrightarrow{h\nu} 2O_3(g)$의 광반응
(f) 기체의 단열 팽창

실전 문제 18.6

다음에 기술된 각 과정은 비자발적이다. 자발적 과정이 되도록 다시 기술하시오. 각 과정을 반응으로 간주했을 때, 자발적으로 만들기 위해 화학 반응식에 무엇을 했는가?

(a) 돌이 언덕 위로 굴러가기
(b) 카운터에 놓인 채로 아이스티 한 잔이 완전히 얼기
(c) 염화 소듐이 물에 녹아 수산화 소듐과 염산 형성하기

18.3 엔트로피

뜨거운 물체를 차가운 물체와 접촉시키면 열은 뜨거운 물체에서 차가운 물체로 자발적으로

이동한다는 것을 6장에서 배웠다. 하지만 이러한 현상은 왜 일어나는가? 에너지는 열이 흐르는 방향과 관계없이 보존되기 때문에, 에너지 보존 법칙이 이러한 설명에 도움이 되지는 않는다.

열이 자발적으로 흐를 때 어떤 현상이 일어나는지 분석하기 위해 각각 높은 온도와 낮은 온도를 갖는 두 물체를 접촉시키는 경우를 생각해 보자. 평균 운동 에너지와 온도의 관계로 인하여, 높은 온도의 물체에는 빠르게 움직이는 분자가 많고, 낮은 온도의 물체에는 느리게 움직이는 분자가 많을 것으로 예상된다. 물체가 접촉한 곳에서는 빠르게 움직이는 '뜨거운' 분자와 느리게 움직이는 '차가운' 분자가 연관된 분자 충돌이 많이 일어난다. 이러한 충돌에서 느린 분자들은 에너지를 잃고, 빠른 분자들은 에너지를 얻을 것 같지는 않다. 대신 빠른 분자들은 운동 에너지를 잃어 느려지고, 느린 분자들은 운동 에너지를 얻어 빨라질 것이다. 시간이 지남에 따라 수많은 충돌의 결과로 인해 뜨거운 물체는 차가워지고, 차가운 물체는 따뜻해진다. 이런 일이 일어나는 동안 두 물체의 운동 에너지를 합한 전체 운동 에너지는 계 안에 있는 모든 분자에 분산된다.

해설 움직이는 공이 정지된 공을 치는 당구 경기를 상상해 보자. 충돌이 일어나면 큐로 친 공은 전부는 아니지만 어느 정도의 속력을 잃고, 맞은 공은 이제 움직이는 것을 관찰할 수 있다. 그 결과 큐로 친 '뜨거운' 공에서 정지된 '차가운' 공으로 에너지가 전달된다.

여기서 배운 것은 분자 간 충돌의 결과로 인해 열이 흐른다는 것이다. 더 큰 척도로 보면, 열의 흐름에 의해 일어난 물체 사이의 운동 에너지가 균일하게 분포되는 것은 열이 전혀 흐르지 않는 상황보다 훨씬 더 일어날 확률이 크며, 이는 자발적 변화의 방향 결정에 대한 확률의 역할을 보여 준다. **자발적 과정은 확률이 낮은 상태에서 확률이 높은 상태로 진행하려고 한다.** 확률이 높은 상태는 분자들 사이에 에너지를 분포시키기 위한 더 많은 경우가 허용되는 상태이므로, 자발적 과정은 에너지를 분산시키려는 경향이 있다고 말할 수 있다.

계에서의 에너지 분포

화학적, 물리적 사건들의 결과를 결정하는 데 통계적 확률이 중요하므로, 열역학은 에너지가 계 안에서 분포되는 동등한 방법의 경우의 수를 뜻하는 **엔트로피**(entropy, S)라는 상태 함수를 정의한다. 에너지를 분포시키는 방법의 경우의 수가 많을수록 통계적 확률도 커지고, 따라서 엔트로피 값은 커진다. 에너지를 분포시키는 다른 방법을 가질 수 있는 두 가지 분자 계에 대한 엔트로피 차이를 **그림 18.6**에 나타내었다. 동등한 상태에 에너지를 분포시키는 가시적인 다른 방법을, 돈을 이용하여 **그림 18.7**에 나타내었다.

해설 특정 상태의 통계적 확률이 클수록, 그 상태의 엔트로피도 더 커진다.

엔트로피는 상태 함수이므로, **엔트로피 변화**(entropy change, ΔS)는 초기 상태와 최종 상태 사이의 경로와 무관하다. 따라서 다음과 같이 쓸 수 있다.

$$\Delta S = S_{\text{최종}} - S_{\text{초기}}$$

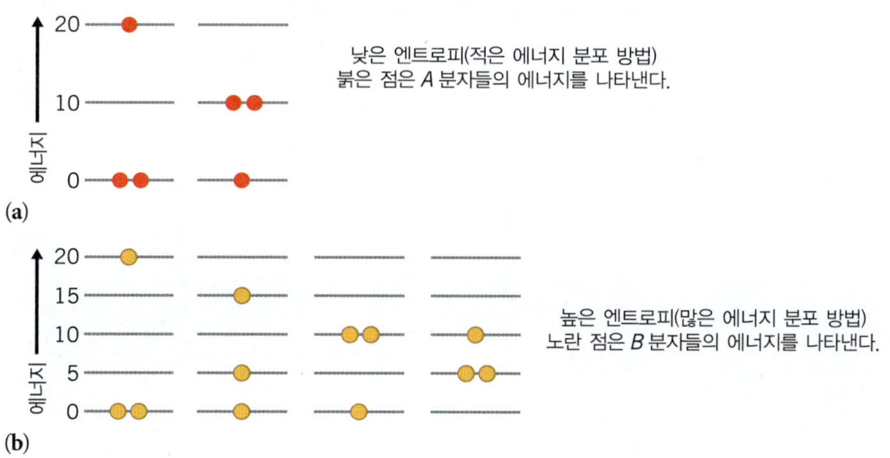

그림 18.6 양의 ΔS 값은 계의 분자에 에너지가 분포될 수 있는 경우의 수가 증가하는 것을 의미한다. 반응 $A \rightarrow B$를 고려해 보자. 여기서 A는 10 에너지 단위의 배수에 해당하는 에너지를 갖고, B는 5 에너지 단위의 배수에 해당하는 에너지를 갖는다. 세 분자의 반응 혼합물의 전체 에너지가 20단위일 때, (a) 20단위의 에너지를 A의 세 분자에 분포시키는 방법은 두 가지가 있다. (b) 20단위의 에너지를 B의 세 분자에 분포시키는 방법은 네 가지가 있다. 같은 에너지를 분포시키는 데 A보다 B가 경우의 수가 많으므로 B의 엔트로피가 A의 엔트로피보다 크다.

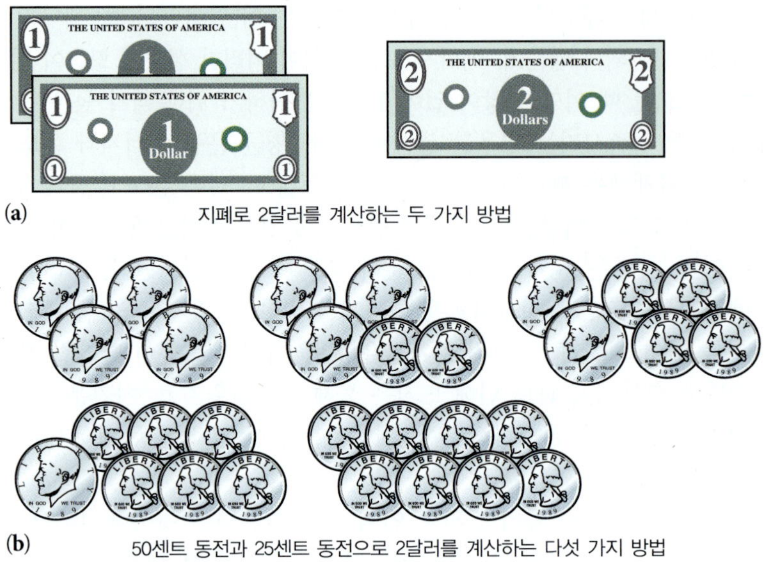

그림 18.7 엔트로피 에너지가 돈이면 엔트로피는 돈을 계산하는 다른 방법의 수를 나타낸다. 예를 들어, (a) 미국 지폐를 사용하여 2달러를 계산하는 방법은 두 가지뿐이다. 그러나 (b) 50센트 동전과 25센트 동전을 사용하여 2달러를 계산하는 방법은 다섯 가지가 있다. 동전을 사용하는 계의 엔트로피는 지폐만 사용하는 계의 엔트로피보다 크다고 생각할 수 있다.

화학 반응에 대해서 다음과 같이 나타낸다.

$$\Delta S = S_{생성물} - S_{반응물}$$

$S_{최종}$이 $S_{초기}$보다 크면(또는 $S_{생성물}$이 $S_{반응물}$보다 크면) ΔS의 값은 양이다. ΔS가 양의 값이면 계가 배열할 수 있는 에너지가 동등한 방법의 수가 증가하는 것을 의미하며, 이러한 종류의 변화는 자발적인 경향이 있다는 것을 확인했다. 엔트로피에 대한 일반적인 설명은 다음과 같다.

> 계의 엔트로피 증가를 수반하는 현상은 자발적일 가능성이 높다.

ΔS에 영향을 주는 인자

특정한 변화에 대한 ΔS가 양일지, 음일지 예측하는 것은 종종 가능하다. 이는 여러 인자들이 예측 가능한 방식으로 엔트로피 변화의 크기에 영향을 미치기 때문이다.

도구
엔트로피에 영향을 주는 인자: 부피 변화

부피 그림 18.8에 나타낸 것과 같이 기체는 부피가 증가하면 엔트로피가 증가한다. 그림 18.8(a)와 같이 기체가 들어있는 부분과 진공인 부분이 제거 가능한 칸막이로 분리된 용기의 한쪽에 기체가 들어있다. 그림 18.8(b)에 나타낸 것과 같이 칸막이를 제거하는 순간을 상상해 보자. 순간적으로 기체 분자들은 더 큰 용기의 한쪽 끝에만 있게 되는 상황이 된다. 전체 운동 에너지가 더 큰 부피에 있는 분자들에 분포될 수 있는 많은 경우의 수가 있다. 따라서 그림 18.8(b)와 같은 배열은 거의 불가능하다. 기체 분자들은 자발적으로 팽창하여, 그림 18.8(c)와

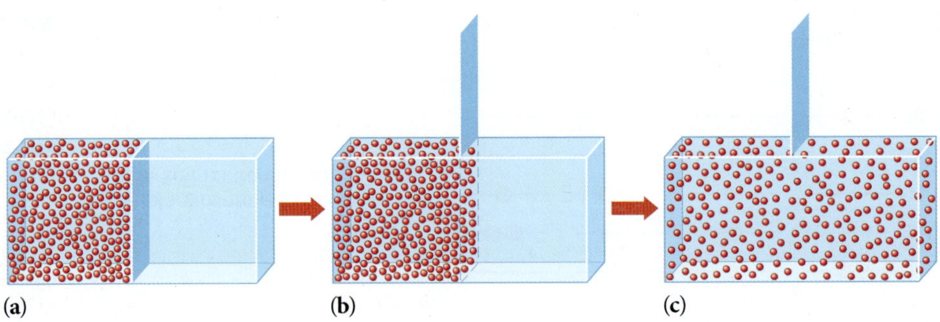

그림 18.8 진공으로 기체의 팽창 (a) 용기 안의 기체가 칸막이에 의해 진공과 분리되어 있다. (b) 칸막이를 제거하는 순간의 기체, (c) 기체는 확률이 더 큰(더 높은 엔트로피) 입자 분포를 갖기 위해 팽창한다.

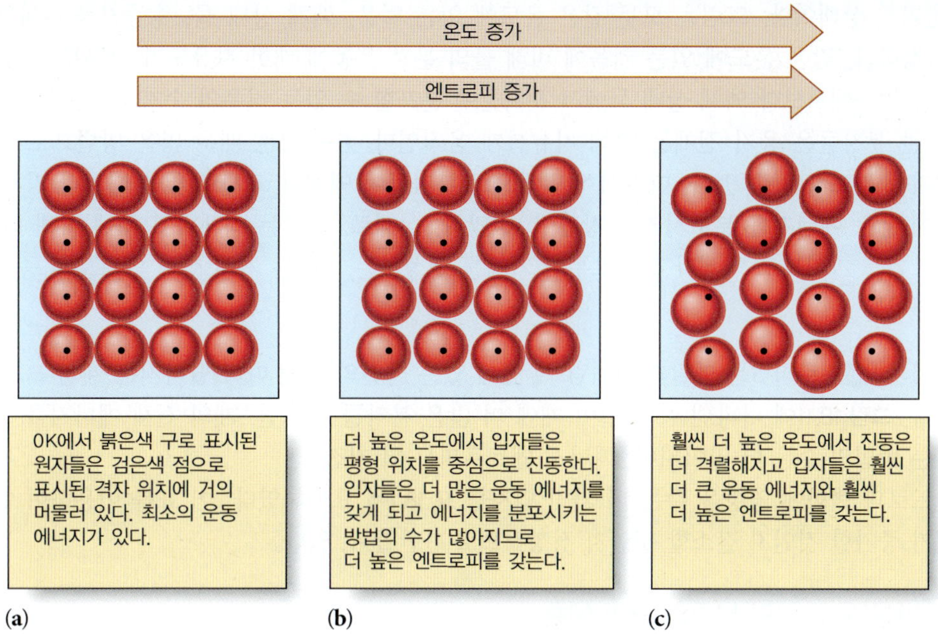

그림 18.9 온도에 따른 엔트로피의 변화 (a) 0K에서 붉은색 구로 표시된 원자들은 검은색 점으로 표시된 평형 격자 위치에 있다. 엔트로피는 본질적으로 0이다. (b) 더 높은 온도에서 입자들은 평형 위치를 중심으로 진동하며 분자들에 운동 에너지를 분포시키는 방법이 더 다양해진다. 따라서 엔트로피는 (a)보다 높다. (c) 훨씬 더 높은 온도에서 진동이 더욱 격렬해지고, 어느 순간에도 입자들은 더 많은 배열을 하게 된다. 엔트로피는 (b)보다 높다.

같이 확률이 더 큰(엔트로피가 더 큰) 입자 분포를 갖는다.

온도 엔트로피는 온도에도 영향을 받는다. 즉 온도가 높을수록 엔트로피는 커진다. 예를 들어, 물질이 0K에서 고체일 때, 그 입자는 본질적으로 움직이지 않는다. 운동 에너지가 거의 없기 때문에 입자들에 운동 에너지를 분포시킬 수 있는 방법 또한 거의 없다. 따라서 고체의 엔트로피는 상대적으로 낮다(**그림 18.9(a)**). 고체가 열을 흡수하면 입자들의 운동 에너지는 온도에 따라 증가한다. 이로 인해 결정 내의 입자들은 움직이고 진동하게 되므로, 특정한 순간(그림 18.9(b))에 입자가 정확하게 격자 위치에서 발견되지 않는다. 낮은 온도에서보다 더 많은 운동 에너지를 갖게 되고, 그 에너지를 분자들에 분포시키는 방법이 더 많으므로 엔트로피는 커진다. 온도가 더 올라가면 입자들은 훨씬 더 많은 운동 에너지를 갖게 되고, 그 에너지를 분포시키는 가능한 방법의 수는 훨씬 많아져 고체의 엔트로피가 훨씬 더 높아진다(그림 18.9(c)).

도구
엔트로피에 영향을 주는 인자: 온도 변화

물리적 상태 계의 엔트로피에 영향을 주는 주된 인자 중 하나는 **그림 18.10**에 나타낸 것처럼 계

도구
엔트로피에 영향을 주는 인자: 물리적 상태

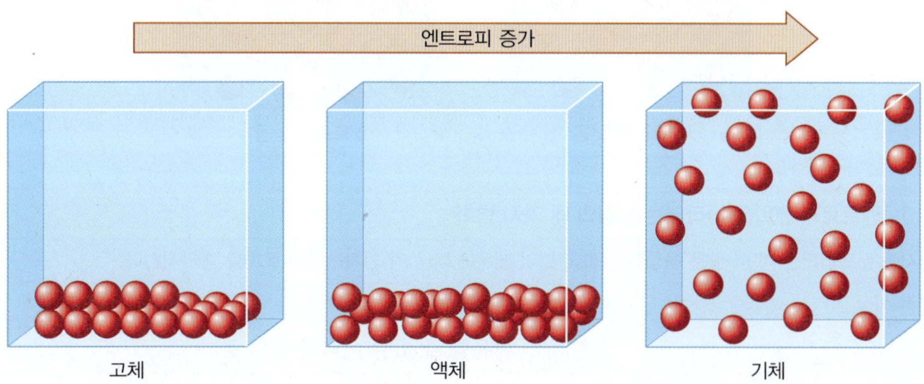

그림 18.10 고체, 액체, 기체 상태에서 물질의 엔트로피 비교 결정성 고체는 매우 낮은 엔트로피를 갖는다. 액체 분자들은 더 자유롭게 움직일 수 있고, 분자들에 운동 에너지를 분포시킬 수 있는 방법의 수가 많기 때문에 액체는 더 높은 엔트로피를 갖는다. 모든 입자는 아직도 용기의 한쪽 끝(바닥)에만 존재한다. 기체는 용기 전체에 걸쳐 입자들이 무질서하게 분포되어 있어서 분자들에 운동 에너지를 분포시킬 수 있는 방법이 아주 많기 때문에 가장 높은 엔트로피를 갖는다.

의 물리적 상태이다. 그림은 모두 같은 온도에 있는 얼음, 액체 상태 물, 수증기를 나타낸다고 가정하자. 같은 온도에 있는 얼음에 비해 물의 분자 운동에 대한 자유도가 크므로 운동 에너지는 얼음에서보다 액체 상태 물에서 분자들에 분포할 수 있는 경우의 수가 많다. 수증기에 있는 물 분자들은 용기 전체를 통해 자유롭게 움직인다. 수증기는 매우 많은 방법으로 운동 에너지를 분포시킬 수 있다. 따라서 일반적으로 분자들이 액체나 고체로 있을 때보다 기체 분자들에 운동 에너지를 분포시키는 방법이 더 많다. 실제로, 기체는 액체나 고체에 비해 더 큰 엔트로피를 가지므로 액체나 고체로부터 기체를 생성하는 변화는 거의 항상 엔트로피 증가가 수반된다.

도구
엔트로피에 영향을 주는 인자: 입자의 수

입자의 수 엔트로피 S는 엔탈피 H처럼 계 안에 있는 물질의 양에 따라 달라지는 계의 크기 성질이다. **그림 18.11**에 나타낸 바와 같이 계에 더 많은 분자를 넣으면, 계의 전체 에너지를 분포시키는 방법의 수는 더 많아지며, 따라서 엔트로피는 더 커진다.

엔트로피 변화에 영향을 주는 네 가지 인자를 **표 18.1**에 요약하였다. 이 표를 이용하여 엔트로피가 증가할 것인지 감소할 것인지 정성적으로 판단할 수 있다.

화학 반응에서 ΔS의 부호와 크기 예측

반응에서 엔트로피 변화의 부호를 예측하는 데 도움이 되는 인자가 두 가지 있는데, 기체가 생성되거나 소모되는 것과 반응물의 분자 수 대비 생성물의 분자 수이다.

기체의 엔트로피가 액체나 고체의 엔트로피보다 훨씬 크기 때문에, 기체가 생성되거나 소모되는 화학 반응에서 엔트로피 변화의 부호는 쉽게 예측할 수 있다. 예를 들어 탄산수소 소듐이 열분해되면 CO_2와 H_2O의 두 가지 기체가 생성된다.

$$2NaHCO_3(s) \xrightarrow{열} Na_2CO_3(s) + CO_2(g) + H_2O(g)$$

기체 생성물의 양이 기체 반응물의 양보다 더 많기 때문에 반응의 엔트로피 변화는 양일 것이라는 것을 예측할 수 있다. 반면에 다음 반응에서는 반응이 진행됨에 따라 기체 분자 수가 감소하기 때문에 엔트로피 변화는 음이다(이 반응은 기체 혼합물에서 이산화 황을 제거하는 데 사용할 수 있다).

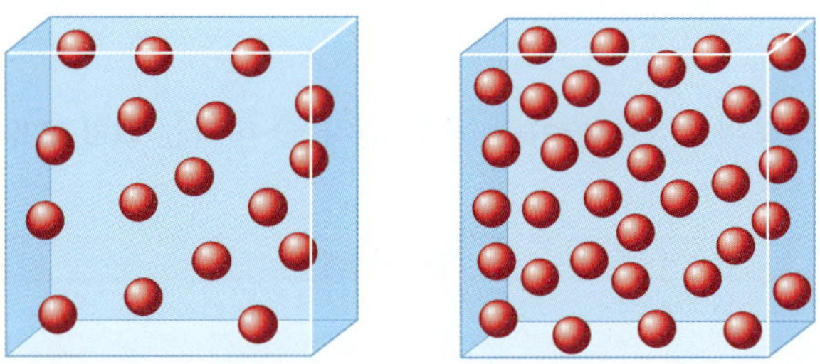

그림 18.11 엔트로피는 입자의 수에 의해 영향을 받는다. 계에 입자를 추가하면 계 안에서 에너지를 분포시킬 수 있는 경우의 수가 증가하므로, 다른 조건이 모두 동일할 때 더 많은 입자를 생성하는 반응은 양의 ΔS 값을 갖는다.

표 18.1 엔트로피 변화를 나타내는 물질의 네 가지 변화

에너지를 분포시키는 데 더 많은 동등한 방법이 있기 때문에 다음 각 인자는 엔트로피를 증가시킨다.	
증가된 성질	**변화의 효과**
부피	이용할 수 있는 에너지 상태 증가
온도	운동 에너지 상태 증가
물리적 상태(고체, 액체, 기체)	고체 → 액체 → 기체 순으로 더 많은 에너지 상태
반응으로 인한 입자의 수	분자의 수 증가로 에너지 상태 증가

$$CaO(s) + SO_2(g) \longrightarrow CaSO_3(s)$$

화학 반응에서 ΔS의 부호에 영향을 주는 또 다른 주된 인자는 반응의 진행에 따른 전체 분자 수의 변화이다. 반응이 일어나는 동안 더 많은 분자가 생성되면 분자들에 에너지를 분포시킬 수 있는 방법의 수가 많아진다. **다른 조건이 모두 같을 때, 계의 입자수를 증가시키는 반응은 양의 엔트로피 변화를 갖는 경향이 있다.**

예제 18.2 ΔS 부호 예측하기

표 18.1을 이용하여 다음 반응에서 ΔS 부호를 예측하시오.

(a) $C_6H_5COOH(s) + \frac{15}{2}O_2(g) \longrightarrow 7CO_2(g) + 3H_2O(l)$

(b) $CuSO_4(s) + 5H_2O(l) \longrightarrow CuSO_4 \cdot 5H_2O(s)$

분석 부피, 온도, 물리적 상태, 입자의 수와 같은 주어진 특정한 계의 엔트로피 변화에 영향을 줄 수 있는 모든 인자를 고려할 필요가 있을 것이다. 온도 변화는 나타내지 않았기 때문에 고려할 필요가 없다.

도구 모음 우리에게 필요한 도구는 계의 엔트로피에 영향을 주는 다음의 두 인자이다. (1) 기체 분자 수의 변화로 인한 부피의 변화, (2) 반응물에서 생성물로 될 때의 입자수의 변화.

풀이 반응 (**a**)에서 C_6H_5COOH 고체와 O_2 기체가 반응하여 액체와 기체가 형성된다. 더 많은 분자가 생성되기 때문에 분자들에 에너지를 분포시킬 수 있는 방법이 더 많아지며 이는 엔트로피가 증가해야 하는 것을 의미한다. 따라서 ΔS는 양수이어야 한다. 반응물과 생성물의 입자 수에 주목하더라도 같은 결론에 도달한다. 또한 고체와 기체 반응물에서 액체와 기체 생성물로 물리적 상태 변화가 일어난 것도 엔트로피가 증가한다는 것을 뒷받침한다. 따라서 반응은 양의 ΔS를 가지려 한다.

반응 (**b**)의 경우 반응물과 생성물의 분자 수를 셀 수 있다. 반응식의 왼쪽에는 분자 6개가 있고, 오른쪽에는 1개가 있다. 1개의 분자에 운동 에너지를 분포시키는 방법이 6개의 분자에 분포시키는 방법보다 적으므로 반응 (**b**)의 경우 ΔS는 음일 것으로 예상된다. 반응식의 양쪽에서 액체의 몰수를 세어도 같은 결론에 도달한다. 왼쪽에는 5 mol의 액체가 있고, 오른쪽에는 0 mol의 액체가 있다. 또한 반응물에 있는 고체상과 액체상이 생성물에서 하나의 고체상으로만 변하는 것을 볼 수 있다. 따라서 ΔS는 음일 것으로 예상된다.

답이 합리적인가? 첫째, 자료에 맞지 않는 아이디어를 제거하면서 계를 평가하는 매우 중요한 절차를 사용하였다. 이 절차가 제대로 진행되었으면 여기서 할 수 있는 유일한 검토 사항은 추론 과정을 주의 깊게 다시 살펴보는 것이다. 이유가 합리적이면 답은 맞다고 할 수 있다. 이제 예제 18.2에 사용된 원리를 적용하여 다음 실전 문제를 풀 차례이다.

실전 문제 18.7

다음 반응에 대해 ΔS가 양인지, 음인지를 예측하시오. (**힌트**: 이온의 운동에 대한 자유도는 어떻게 영향을 받는가?)

$$Ag^+(aq) + Br^-(aq) \longrightarrow AgBr(s)$$

실전 문제 18.8

다음 상황에서 엔트로피 변화의 부호를 예측하시오.

(a) 설탕이 물에 녹는 과정

(b) 고체 아이오딘의 가열

실전 문제 18.9

다음 반응에 대한 ΔS의 부호를 예측하고 표 18.1의 인자 중 예측에 가장 중요한 인자는 무엇인지 타당한 설명을 하시오.

(a) 광반응, $6CO_2(g) + 6H_2O(l) \xrightarrow{h\nu} C_6H_{12}O_6(s) + 6O_2(g)$

(b) 물의 전기 분해, $2H_2O(l) \longrightarrow 2H_2(g) + O_2(g)$

(c) 철의 부식

(d) 석탄의 연소

18.4 열역학 제2법칙

지금까지 어떤 물리적 변화 또는 화학적 변화의 자발성에 영향을 주는 두 가지 인자, 즉 엔탈피와 엔트로피에 대해 공부하였다. 때로는 이 두 가지 인자가 동시에 작용하여 변화를 촉진하는데, 휘발유가 연소될 때 열이 방출되고(발열 변화) 기체의 부피가 커진다(엔트로피 증가).

많은 경우 얼음이 녹는 경우와 같이, 엔탈피와 엔트로피 변화는 서로 반대이다. 녹는 과정은 열을 흡수하는 흡열 과정으로, 과정을 비자발적으로 만들려고 한다. 하지만 녹음에 수반되는 큰 분자 운동의 자유도 증가는 반대 효과를 가져와 변화를 자발적으로 만들려고 한다.

엔탈피와 엔트로피가 서로 상반된 효과를 나타낼 때 변화의 자발성 방향에 영향을 줄 수 있는 중요한 인자는 온도이다. 예를 들어 고체인 얼음과 액체인 물의 혼합물을 생각해 보자. 이 혼합물의 온도를 25°C로 올리면 모든 고체 얼음이 녹을 것이다. 25°C에서 **고체 → 액체** 변화는 자발적이다. 반면에 혼합물을 −25°C로 냉각시키면 응고가 일어나 −25°C에서는 반대의 변화, 즉 **액체 → 고체** 변화가 자발적이다. 따라서 **실제로 자발성에 영향을 줄 수 있는 세 가지 인자는 엔탈피 변화, 엔트로피 변화, 온도이다.**

해설 ΔS, ΔH와 T를 알면, 계가 자발적 변화를 할 수 있는지 결정할 수 있다.

열역학 제2법칙

열역학 제2법칙(second law of thermodynamics)은 관찰된 과학적 현상을 가장 잘 설명한 통합 법칙 중의 하나로, 사실상 **우주에서 자발적 변화가 일어날 때는 언제든지 우주의 전체 엔트로피는 증가한다**($\Delta S_{우주} > 0$)는 것을 말하고 있다. 여기서 엔트로피가 증가한다는 것은 계만이 아니라 우주(계 + 주위)의 전체 엔트로피에 대한 것임을 주목하라. 이는 전체 엔트로피 변화가 양이므로 주위의 엔트로피가 많이 증가하면 계의 엔트로피가 감소할 수도 있다는 것을 의미한다. 일어나고 있는 모든 현상은 어떤 형태의 자발적인 변화에 기인한 것이므로 우주의 엔트로피는 끊임없이 증가하고 있다.

이제 우주의 엔트로피 변화에 대해 자세히 알아보자. 앞서 언급한 대로 이 물리량은 계의 엔트로피 변화와 주위의 엔트로피 변화의 합이다.

$$\Delta S_{우주} = S_{계} + S_{주위}$$

주위의 엔트로피 변화는 **계에서** 주위**로** 전달된 열($q_{주위}$)을 열이 전달될 때의 절대 온도 T로 나눈 것이다.

$$\Delta S_{주위} = \frac{q_{주위}}{T}$$

에너지 보존 법칙에 의하면, 주위로 전달된 열은 계에 가해진 열에 음의 부호를 붙인 것과 같다. 따라서 다음과 같이 쓸 수 있다.

$$q_{주위} = -q_{계}$$

열역학 제1법칙을 공부하면서 일정한 온도와 압력에서 일어나는 변화의 $q_{계} = \Delta H$인 것을 배웠다. 이 관계들을 위 식에 대입하면 다음 식이 얻어진다.

$$\Delta S_{주위} = \frac{-\Delta H_{계}}{T}$$

따라서 우주의 전체 엔트로피 변화는 다음과 같다.

$$\Delta S_{우주} = \Delta S_{계} - \frac{\Delta H_{계}}{T}$$

위 식의 오른쪽을 다시 정리하면 다음 식이 얻어진다.

$$\Delta S_{우주} = \frac{T\Delta S_{계} - \Delta H_{계}}{T}$$

식의 양쪽에 T를 곱하면 다음 식이 얻어진다.

$$T\Delta S_{우주} = T\Delta S_{계} - \Delta H_{계}$$

또는

$$T\Delta S_{우주} = -(\Delta H_{계} - T\Delta S_{계})$$

자발적 변화일 경우 $\Delta S_{우주}$는 양이어야 하므로 괄호 속의 양인 $(\Delta H_{계} - T\Delta S_{계})$는 음이어야 한다. 따라서 자발적 변화에 대해 다음과 같이 말할 수 있다.

$$\Delta H_{계} - T\Delta S_{계} < 0 \qquad \textbf{(18.2)}$$

Gibbs 자유 에너지

식 18.2를 통해 어떤 현상의 자발성을 결정하는 데는 ΔH, ΔS, 온도 사이의 관계를 적절히 조절해야 한다는 것을 알 수 있다. 이제 이것을 편리하게 나타내기 위한 또 다른 열역학적 상태 함수를 소개하고자 한다. 이를 미국의 유명한 과학자 중의 한 사람인 Josiah Willard Gibbs (1839~1903)의 이름을 기념하기 위하여 **Gibbs 자유 에너지(Gibbs free energy, G)**라 한다(나중에 알게 되겠지만, 이것이 어떤 변화에서 유용한 일을 하는 데 '자유로운' 또는 '이용할 수 있는' 최대 에너지와 관련되기 때문에 **자유 에너지**라고 한다). 자유 에너지는 다음 식으로 정의된다.

해설 자유 에너지에서 자유라는 말의 어원은 18.7절에서 논의할 것이다.

$$\boxed{G = H - TS} \qquad \textbf{(18.3)}$$

따라서 일정한 T와 P에서 **Gibbs 자유 에너지 변화(Gibbs free energy change, ΔG)**는 다음과 같다.

$$\boxed{\Delta G = \Delta H - T\Delta S} \qquad \textbf{(18.4)}$$

도구
Gibbs 자유 에너지

G는 전적으로 상태 함수들의 항으로 정의되므로 역시 상태 함수이다. 그러므로 다음과 같이 나타낼 수 있다.

$$\boxed{\Delta G = G_{최종} - G_{초기}} \qquad \textbf{(18.5)}$$

식 18.2와 18.4를 비교하면 다음과 같은 자유 에너지 변화의 특별한 중요성을 알 수 있다.

> 일정한 온도와 압력에서 계의 자유 에너지가 감소되는 변화만이 자발적으로 진행될 수 있다.

도구
ΔG를 이용한 자발성 예측

해설 때로는 자유 에너지가 감소하는 반응을 **자유 에너지 감소**(exergonic)라고 하며, 자유 에너지가 증가하는 반응을 **자유 에너지 증가**(endergonic)라고 한다.

바꾸어 말하면, 자발적인 변화에서는 $G_{최종}$은 $G_{초기}$보다 작아야 하고, ΔG는 음이어야 한다. 이것을 기억하면서, 이제는 ΔH, ΔS, T를 이용하여 자발성을 결정하는 과정을 알아보자.

ΔH가 음이고 ΔS가 양인 경우 휘발유의 성분인 옥테인의 연소 반응은 다음과 같다.

$$2C_8H_{18}(l) + 25O_2(g) \longrightarrow 16CO_2(g) + 18H_2O(g)$$

이 반응은 많은 양의 열을 방출하는 발열 반응이다. 또한 계의 입자수가 증가하고 기체의 부피가 많이 늘어나기 때문에 엔트로피는 크게 증가된다. 이 변화에서는 ΔH가 음이고, ΔS가 양이므로 두 인자 모두 자발성을 선호한다. 이것이 ΔG의 부호에 어떤 영향을 주는지 살펴보자.

$$\begin{aligned} &\Delta H\text{가 음}(-) \\ &\Delta S\text{가 양}(+) \\ &\Delta G = \Delta H - T\Delta S \\ &\quad\;= (-) - [T(+)] \end{aligned}$$

절대 온도는 양의 값만을 가지므로, 이와 관계없이 ΔG는 음의 값을 갖게 된다. 이것은 온도와 관계없이 이 변화는 반드시 자발적으로 진행된다는 것을 의미한다. 실제로, **그림 18.12(a)**와 같은 연소 반응은 항상 자발적이기 때문에 일단 불이 붙으면 모든 가능한 연료나 산소가 없어질 때까지 거의 모든 온도에서 지속될 것이다.

ΔH가 양이고 ΔS가 음인 경우 변화가 흡열 반응이고 엔트로피가 낮아지면 두 인자는 모두 자발성에 반대로 작용한다.

$$\begin{aligned} &\Delta H\text{가 양}(+) \\ &\Delta S\text{가 음}(-) \\ &\Delta G = \Delta H - T\Delta S \\ &\quad\;= (+) - [T(-)] \end{aligned}$$

이제, 온도와 관계없이 ΔG는 양이 될 것이고, 변화는 반드시 비자발적이다. 그림 18.12(b)에서 나타낸, 화산이 폭발한 후 이산화 탄소와 물이 다시 합쳐져 나무와 산소를 형성하는 것이 한 가지 예이다.[1] 이러한 일을 동영상으로 보았다면, 경험상 동영상이 거꾸로 재생되고 있음

그림 18.12 ΔH, ΔS, T를 알면 과정의 자발성을 예측할 수 있다. (a) 기름 램프에서 일어나는 연소 반응과 같이, ΔH가 음이고 ΔS가 양일 때의 반응은 모든 온도에서 자발적이다. (b) ΔH가 양이고 ΔS가 음일 때의 과정은 비자발적이다. 화산재, 이산화 탄소, 물을 가만히 내버려 두어도 자발적으로 결합되어 나무가 되지 않는다. (c) ΔH와 ΔS가 같은 부호를 가질 때는, 자발적인지 아닌지를 온도가 결정한다. 아이스크림은 0°C 이하에서 자발적으로 얼고, 0°C 이상에서 자발적으로 녹는다.

[1]식물은 흡수한 이산화 탄소와 물로부터 나무를 만들 수는 있지만, 그 반응 자체는 자발적이 **아니다**. 식물 세포들은 이와 같은 비자발적 반응을 음의 ΔG 값을 갖는 복잡한 일련의 반응들과 결합해서 나무를 만든다. 단계적 반응들을 **함께 결합**시킨 전체 반응은 자발적이다. 같은 과정이 인간 세포에서 비자발적 과정을 진행시키는 데 사용된다. 당과 다른 영양분의 분해로 유발되는 절댓값이 매우 큰 음의 자유 에너지 변화가 간단한 출발 물질에서 복잡한 단백질을 합성하는 비자발적 과정과 결합되어 세포를 자라게 하고 생명을 유지하게 한다.

을 알 수 있다.

ΔH와 ΔS가 같은 부호를 갖는 경우 ΔH와 ΔS가 같은 부호를 가질 때 온도가 자발성을 조절하는 결정적인 인자가 된다. ΔH와 ΔS가 모두 양이면,

$$\Delta G = (+) - [T(+)]$$

따라서 ΔG는 양의 ΔH에서 양의 $T\Delta S$를 뺀 것이다. $T\Delta S$가 ΔH보다 클 때만 ΔG는 음이며, 이러한 경우는 온도가 높을 때만 가능하다. 다시 말해서 **ΔH와 ΔS가 모두 양일 때의 변화는 높은 온도에서는 자발적이지만 낮은 온도에서는 그렇지 않다**. 이러한 변화의 예는 바로 얼음이 녹는 과정이다.

$$H_2O(s) \longrightarrow H_2O(l)$$

이 변화는 흡열 과정이고, 또한 엔트로피의 증가를 수반한다. 얼음이 녹는 것은 높은 온도(0°C 이상)에서는 자발적이지만 낮은 온도(0°C 이하)에서는 자발적이 아닌 것을 알고 있다.

마찬가지 이유로, ΔH와 ΔS가 모두 음일 때는 낮은 온도에서만 ΔG 값이 음이 된다(변화가 자발적이다).

$$\Delta G = (-) - [T(-)]$$

ΔH의 절댓값이 $T\Delta S$의 절댓값보다 클 때만 ΔG가 음이 될 것이다. 이러한 변화는 낮은 온도에서만 자발적이다. 물이 어는 과정이 일례이다(그림 18.12(c) 참조).

$$H_2O(l) \longrightarrow H_2O(s)$$

이 반응은 엔트로피의 감소가 수반된 발열 변화이다. 낮은 온도(즉 0°C 이하)에서만 자발적이다.

물리적 변화와 화학적 변화의 자발성을 나타내는 ΔG에 대한 ΔH와 ΔS의 부호의 효과를 **그림 18.13**에 요약해 놓았다.

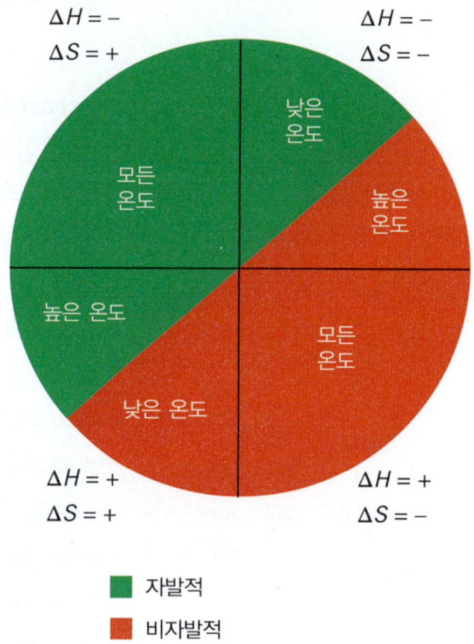

그림 18.13 온도의 함수로 자발성에 대한 ΔH와 ΔS 부호의 효과의 요약 ΔH와 ΔS가 같은 부호를 가질 때 자발성은 온도에 의해 정해진다.

실전 문제 18.10

다음 반응은 자발적으로 예상되는가? (**힌트**: 엔트로피와 엔탈피가 자발성에 미치는 영향을 기억하시오.)

(a) $2N_2(g) + O_2(g) \longrightarrow 2N_2O(g)$ $\Delta H = +163.2$ kJ

(b) $C_3H_8(g) + 5O_2(g) \longrightarrow 3CO_2(g) + 4H_2O(g)$ $\Delta H = -2044$ kJ

(c) $2H_2O_2(l) \longrightarrow 2H_2O(l) + O_2(g)$ $\Delta H = -98.0$ kJ

실전 문제 18.11

반응 $a\text{A} + b\text{B} \longrightarrow c\text{C} + d\text{D}$에서 $\Delta H = +3.3\,\text{kJ mol}^{-1}$이고, $\Delta S = +10.00\,\text{J mol}^{-1}\,\text{K}^{-1}$이다. 어떤 온도 이상에서 이 반응이 자발적으로 일어나는가?

18.5 열역학 제3법칙

앞에서 물질의 엔트로피가 온도에 어떻게 의존하는지 설명하였고, 0 K에서 결정 내 질서가 최대이고 엔트로피가 최소라는 것을 언급하였다. **열역학 제3법칙(third law of thermodynamics)**

은 한 단계 더 나아가 다음과 같이 말하고 있다. 즉 **0 K에서 완벽하게 정렬된 순수한 결정성 물질의 엔트로피는 0이다.**

$$T = 0\,\text{K에서}\ S = 0$$

Nernst 열 정리(Nernst heat theorem)는 독일의 물리화학자 Nernst(Walter Hermann Nernst)가 실험적 관찰을 통해 개발하였다. 실험 결과는 규칙적인 분자 배열의 엔트로피가 $T = 0$ K에서 0이라는 관점과 일치하는 것으로 나타났으며 다음과 같이 요약할 수 있다. **모든 물리적 과정이나 화학적 과정에 수반되는 엔트로피 변화는 절대 0도에서 0이 된다. 단, 관련된 모든 물질은 완벽한 결정성이어야 한다.**

엔트로피 값이 0이 되는 온도를 알기 때문에, 0 K 이상의 온도에 있는 물질의 전체 엔트로피의 양은 실험적인 측정과 계산에 의해서 결정될 수 있다. 따라서 0 K에서 온도를 올리면서 일련의 가역적/비가역적 과정들을 고려하여 원하는 어떤 온도에서도 모든 화학 물질의 절대 엔트로피를 결정할 수 있다.

해설 온도 25°C, 압력 1 atm은 6장에서 ΔH를 논의할 때 사용했던 것과 같은 표준 조건이다.

온도 298 K(25 °C), 압력 1 atm에서 물질 1 mol의 엔트로피를 **표준 엔트로피(standard entropy, $S°$)**라고 하며, 몇 가지 물질에 대한 표준 엔트로피의 값을 **표 18.2**에 나타내었다.[2] 엔트로피는 에너지/온도(즉 J/K)의 단위를 가짐에 주목하라. 그 이유는 **강의실 밖의 화학 18.1**에서 설명할 것이다.

표 18.2 298.15K에서 몇 가지 대표적인 물질들의 표준 엔트로피

물질	$S°$ ($\text{J mol}^{-1}\text{K}^{-1}$)	물질	$S°$ ($\text{J mol}^{-1}\text{K}^{-1}$)	물질	$S°$ ($\text{J mol}^{-1}\text{K}^{-1}$)
$Ag(s)$	42.55	$CaO(s)$	40	$N_2(g)$	191.5
$AgCl(s)$	96.2	$Ca(OH)_2(s)$	76.1	$NH_3(g)$	192.5
$Al(s)$	28.3	$CaSO_4(s)$	107	$NH_4Cl(s)$	94.6
$Al_2O_3(s)$	51.0	$CaSO_4 \cdot \frac{1}{2}H_2O(s)$	131	$NO(g)$	210.6
$C(s)$(흑연)	5.69	$CaSO_4 \cdot 2H_2O(s)$	194.0	$NO_2(g)$	240.5
$CO(g)$	197.9	$Cl_2(g)$	223.0	$N_2O(g)$	220.0
$CO_2(g)$	213.6	$Fe(s)$	27	$N_2O_4(g)$	304
$CH_4(g)$	186.2	$Fe_2O_3(s)$	90.0	$Na(s)$	51.0
$CH_3Cl(g)$	234.2	$H_2(g)$	130.6	$Na_2CO_3(s)$	136
$CH_3OH(l)$	126.8	$H_2O(g)$	188.7	$NaHCO_3(s)$	102
$CO(NH_2)_2(s)$	104.6	$H_2O(l)$	69.96	$NaCl(s)$	72.38
$CO(NH_2)_2(aq)$	173.8	$HCl(g)$	186.7	$NaOH(s)$	64.18
$C_2H_2(g)$	200.8	$HNO_3(l)$	155.6	$Na_2SO_4(s)$	149.4
$C_2H_4(g)$	219.8	$H_2SO_4(l)$	157	$O_2(g)$	205.0
$C_2H_6(g)$	229.5	$HC_2H_3O_2(l)$	160	$PbO(s)$	67.8
$C_8H_{18}(l)$	466.9	$Hg(l)$	76.1	$S(s)$	31.9
$C_2H_5OH(l)$	161	$Hg(g)$	175	$SO_2(g)$	248.5
$Ca(s)$	41.4	$K(s)$	64.18	$SO_3(g)$	256.2
$CaCO_3(s)$	92.9	$KCl(s)$	82.59		
$CaCl_2(s)$	114	$K_2SO_4(s)$	176		

[2] 앞에서(6장에서) 표준 상태를 설명할 때 **표준 압력**은 1 atm으로 정의하였다. 이것이 열역학에서 원래 사용하던 압력 단위이다. 그러나 SI(국제단위계)에서 압력의 단위를 기압이 아닌 파스칼(Pa)로 인정하였다. 상당한 논란 끝에 SI는 **바(bar)**를 열역학적 양들에 대한 표준 압력으로 채택하였다. 1 bar = 10^5 Pa이다. 1 bar는 1 atm과 1.3% 정도 차이가 있고, 이 책에서 취급하고 있는 열역학적 양들은 1 atm일 때와 1 bar일 때의 값이 미미한 차이만을 나타낸다. 이용할 수 있는 대부분의 열역학적 자료는 여전히 1 bar가 아닌 1 atm에서 얻어진 것이므로 표준 압력으로 계속해서 1 atm을 사용할 것이다.

강의실 밖의 화학 18.1

묘비에 새겨진 식

1870년에 Ludwig von Boltzmann(**그림 1**)은 현대 과학을 탄생시킨 통계 역학이라는 아이디어와 개념을 개발하였다. 통계 역학은 확률의 법칙에 기반하여 수많은 입자의 성질과 이들이 어떻게 상호 작용하는지를 설명한다.

Hulton Archive/Getty Images

그림 1 Ludwig von Boltzmann(1844년 2월 20일~1906년 9월 5일)

이 분야의 연구에서, Boltzmann은 엔트로피에 대한 유명한 식을 도입하였다.

$$S = k \ln W$$

실제로 이 식은 오스트리아의 Vienna에 있는 그의 묘비에 새겨져 있다(**그림 2**). 이 식에서 입자의 엔트로피는 Boltzmann 상수 $k = 1.38 \times 10^{-23}\,\text{J mol}^{-1}\text{K}^{-1}$에 입자가 머물 수 있는 서로 다른 미시 상태(microstate)의 수인 W의 자연 로그를 곱한 것과 같다. 모든 미시 상태의 성질들을 조합하면, 입자의 압력, 부피, 온도, 개수에 기반하여 관찰하는 계의 거시 상태 또는 상태가 정의된다. 미시 상태의 설명이나 계산은 현 논의의 범위에서 벗어나지만, Boltzmann 식의 두 가지 흥미로운 결과를 쉽게 설명할 수 있다.

우선, 한 원소로 구성된 완벽한 결정인 간단한 계를 생각해 보자. 이러한 결정에서는 오직 하나의 원자 배열만이 있는데, 11장에서 다룬 것과 같이 흔히 면심 입방체나 체심 입방체이다. 이제 온도를 0 K로 낮추어 보자. 운동 에너지는 온도에 정비례하므로, 원자의 운동 에너지 또는 운동은 0이 된다(양자 역학은 이것이 전적으로 참은 아니라고 한다). 그 결과, 0 K에서 완벽한 결정은 모든 원자가 완전하게 정렬된 오직 하나의 미시 상태만이 가능하다. $W = 1$일 때 Boltzmann 식을 풀면, $\ln 1 = 0$이므로 0 K에서 완벽한 결정의 엔트로피는 0이어야 한다. 이것이 바로 열역학 제3법칙이다.

Frantisek Zboray

그림 2 Boltzmann의 묘비와 흉상 위에 새겨진 Boltzmann 식

흥미로운 두 번째 결과는 엔트로피 변화에 관한 것이다. 용기 속에 이상 기체가 들어있다면, 이것은 기체 분자의 압력, 부피, 온도, 개수를 정의하는 미시 상태의 개수, 즉 $W_{초기}$를 갖는다. 계에 변화가 일어난 후, 다른 개수의 미시 상태 $W_{최종}$을 갖는다. 이것을 다음과 같은 엔트로피 변화 식으로 쓸 수 있다.

$$\begin{aligned}\Delta S &= k \ln W_{최종} - k \ln W_{초기} \\ &= k \ln(W_{최종}/W_{초기})\end{aligned}$$

이상 기체에서 미시 상태는 입자의 위치와 운동량에 기반하여 정의된다. 기체를 등온 팽창시키면 온도와 입자의 운동량 mv는 변하지 않는다. 그러나 입자가 머물 수 있는 위치의 수는 부피 변화에 정비례하여 변한다. 예를 들어 이상 기체 1 mol을 취한 후 부피를 3배로 하면 엔트로피 변화는 다음과 같다.

$$\begin{aligned}\Delta S &= (1.38 \times 10^{-23}\,\text{J 분자}^{-1}\,\text{K}^{-1}) \times \ln(3) \\ &= 1.52 \times 10^{-23}\,\text{J 분자}^{-1}\,\text{K}^{-1}\end{aligned}$$

물질 1 mol에 대한 Avogadro수를 곱하면 다음과 같다.

$$\begin{aligned}\Delta S &= \left(\frac{1.52 \times 10^{-23}\,\text{J}}{\text{분자 K}}\right)\left(\frac{6.02 \times 10^{-23}\,\text{분자}}{\text{mole}}\right) \\ &= 9.13\,\text{J mol}^{-1}\,\text{K}^{-1}\end{aligned}$$

1 mol 기체를 팽창시켰기 때문에 엔트로피 변화는 $9.13\,\text{J K}^{-1}$이다.

반응에서 $\Delta S°$의 계산

일단 여러 가지 물질들의 표준 엔트로피를 알면, 어떤 화학 반응에 대한 **표준 엔트로피 변화(standard entropy change, $\Delta S°$)**는 6장에서 $\Delta H°$를 계산한 것과 같은 방법으로 계산할 수 있다.

도구
표준 엔트로피 변화

$$\Delta S° = (\text{생성물의 } S°\text{의 합}) - (\text{반응물의 } S°\text{의 합}) \quad (18.6)$$

해설 이것은 Hess 법칙과 같은 형태의 계산이다. 그러나 원소들의 $S°$ 값이 0이 아니라는 점을 명심해야 한다.

만약 어떤 화합물 1 mol이 그것을 구성하고 있는 원소들로부터 생성되는 반응이면, 계산하는 $\Delta S°$ 값은 **표준 생성 엔트로피(standard entropy of formation, $\Delta S_f°$)**라고 할 수 있다. $\Delta S_f°$ 값은 표로 나타내지 않았지만, 어떤 목적으로 이 값들이 필요한 경우 표에 있는 $S°$ 값으로 계산할 수 있다.

예제 18.3 표준 엔트로피로부터 $\Delta S°$ 계산하기

요소(소변 속에 있는 화합물)는 공업적으로 CO_2와 NH_3로부터 제조한다. 요소의 활용 중 하나는 비료이며, 이때 요소는 흙 속에서 물과 느리게 반응하여 암모니아와 이산화 탄소를 생성한다. 암모니아는 식물 성장에 필요한 질소의 공급원이다.

$$\underset{\text{요소}}{CO(NH_2)_2(aq)} + H_2O(l) \longrightarrow CO_2(g) + 2NH_3(g)$$

요소 1 mol이 물과 반응할 때 표준 엔트로피 변화는 얼마인가?

분석 화학 반응에서 일어나는 것을 나타내는 방법으로 표준 엔트로피를 다룰 필요가 있다. 6장에서 배웠던 표준 반응열 계산 방법과 비슷하다는 것을 알면 된다.

도구 모음 식 18.6을 이용하여 반응에 대한 표준 엔트로피 변화를 계산한다. 이를 위해 위에서 제시한 균형 화학 반응식이 필요하고, 표 18.2에서 자료를 찾아 옆의 표와 같이 정리하면 된다.

물질	$S°$ ($\text{J mol}^{-1}\text{ K}^{-1}$)
$CO(NH_2)_2(aq)$	173.8
$H_2O(l)$	69.96
$CO_2(g)$	213.6
$NH_3(g)$	192.5

풀이 식 18.6을 적용하면 다음과 같다.

$$\Delta S° = [S°_{CO_2(g)} + 2\,S°_{NH_3(g)}] - [S°_{CO(NH_2)_2(aq)} + S°_{H_2O(l)}]$$

$$= \left[1\ \text{mol CO}_2 \times \left(\frac{213.6\ \text{J}}{(\text{mol CO}_2)\ \text{K}}\right) + 2\ \text{mol NH}_3 \times \left(\frac{192.5\ \text{J}}{(\text{mol NH}_3)\ \text{K}}\right)\right]$$

$$- \left[1\ \text{mol CO(NH}_2)_2 \times \left(\frac{173.8\ \text{J}}{(\text{mol CO(NH}_2)_2)\ \text{K}}\right) + 1\ \text{mol H}_2\text{O} \times \left(\frac{69.96\ \text{J}}{(\text{mol H}_2\text{O})\ \text{K}}\right)\right]$$

$$= (598.6\ \text{J/K}) - (243.8\ \text{J/K})$$

$$= 354.8\ \text{J/K}$$

해설 각 항에서 단위 mol은 소거되므로 $\Delta S°$ 단위는 J/K임을 주의하라.

따라서 이 반응에 대한 표준 엔트로피 변화는 +354.8 J/K이다(이것을 $+354.8\ \text{J K}^{-1}$로 쓸 수도 있다).

답이 합리적인가? 이 반응에서는 액체 반응물로부터 기체가 생성되었다. 기체는 액체에 비해 엔트로피가 훨씬 크므로 $\Delta S°$는 양으로 예상되고, 답도 그에 부합한다.

실전 문제 18.12

298 K, 1 atm에서 에테인(C_2H_6)이 연소하여 $CO_2(g)$와 $H_2O(l)$를 생성하는 반응에 대한 표준 엔트로피 변화를 계산하시오.

실전 문제 18.13

다음 반응에 대한 표준 엔트로피 변화 S°를 $\mathrm{J\,K^{-1}}$ 단위로 계산하시오.

(a) $CaSO_4(s) + \frac{1}{2}H_2O(l) \longrightarrow CaSO_4 \cdot \frac{1}{2}H_2O(s)$

(b) $C_2H_4(g) + H_2(g) \longrightarrow C_2H_6(g)$

18.6 표준 자유 에너지 변화(ΔG°)

25 °C(298 K), 1 atm에서 정해진 ΔG를 **표준 자유 에너지 변화(standard free energy change, ΔG°)**[3]라고 한다. 몇 가지 방법으로 반응에 대한 ΔG°를 구한다. 그중 한 가지 방법은 식 18.4와 유사한 식을 이용하여 ΔH°와 ΔS°로부터 ΔG°를 계산하는 것이다.

$$\Delta G^\circ = \Delta H^\circ - (298.15\ \mathrm{K})\,\Delta S^\circ$$

도구
ΔH°와 ΔS°로부터 ΔG° 계산하기

평형 상수를 측정하여 실험적으로 ΔG° 값을 계산할 수도 있는데, 이 방법은 나중에 논의될 것이다.

예제 18.4 ΔH°와 ΔS°로부터 ΔG° 계산하기

ΔH°와 ΔS° 값으로부터 요소와 물의 반응에 대한 ΔG°를 계산하시오.

$$CO(NH_2)_2(aq) + H_2O(l) \longrightarrow CO_2(g) + 2NH_3(g)$$

분석 이 문제는 두 부분으로 구성되어 있다. 6장에서 표준 반응열 ΔH° 계산 방법을 배웠고, 이 장에서는 ΔS°를 구하는 방법을 배웠다. 일단 ΔH°와 ΔS°를 알면, 이들을 조합하여 올바른 방식으로 ΔG°를 구할 수 있다.

도구 모음 다음 식을 이용하여 ΔG°를 계산할 수 있다.

$$\Delta G^\circ = \Delta H^\circ - (298.15\ \mathrm{K})\,\Delta S^\circ$$

물리량을 계산하기 전에 문제에서 문장으로 주어진 것에 대한 균형 화학 반응식이 필요하다. 표 6.2에 있는 자료와 Hess 법칙을 이용하여 ΔH°를 계산한다. 표 18.2에 있는 자료와 식 18.6을 이용하여 비슷한 방법으로 ΔS°를 계산한다. 이 계산은 이미 예제 18.3에서 해보았다.

풀이 먼저 표 6.2에 있는 자료를 이용하여 ΔH°를 계산한다.

$$\begin{aligned}\Delta H^\circ &= [\Delta H^\circ_{\mathrm{f}\,CO_2(g)} + 2\Delta H^\circ_{\mathrm{f}\,NH_3(g)}] - [\Delta H^\circ_{\mathrm{f}\,CO(NH_2)_2(aq)} + 2\Delta H^\circ_{\mathrm{f}\,H_2O(l)}]\\ &= \left[1\ \mathrm{mol\ CO_2(g)} \times \left(\frac{-393.5\ \mathrm{kJ}}{\mathrm{mol\ CO_2(g)}}\right) + 2\ \mathrm{mol\ NH_3(g)} \times \left(\frac{-46.19\ \mathrm{kJ}}{\mathrm{mol\ NH_3(g)}}\right)\right]\\ &\quad - \left[1\ \mathrm{mol\ CO(NH_2)_2(aq)} \times \left(\frac{-391.2\ \mathrm{kJ}}{\mathrm{mol\ CO(NH_2)_2(aq)}}\right) + 1\ \mathrm{mol\ H_2O(l)} \times \left(\frac{-285.9\ \mathrm{kJ}}{\mathrm{mol\ H_2O(l)}}\right)\right]\\ &= (-485.9\ \mathrm{kJ}) - (-677.1\ \mathrm{kJ})\\ &= +191.2\ \mathrm{kJ}\end{aligned}$$

[3]가끔 표준 자유 에너지 변화에 대한 기호를 쓸 때 온도를 아래 첨자로 나타낸다. 예를 들어 ΔG°를 ΔG°_{298}로도 쓸 수 있다. 나중에 알게 되겠지만, 온도를 정확히 표시해 주어야 할 경우가 있다.

예제 18.3에서 $\Delta S°$가 $+354.8\ \mathrm{J\ K^{-1}}$임을 알았다. $\Delta G°$를 계산하기 위하여 $\Delta S°$의 유효 숫자의 개수와 일치하도록 적어도 유효 숫자 네 자리 이상으로 나타낸 절대 온도도 필요하다. 표준 온도는 정확히 25°C이므로 $T_K = (25.00 + 273.15)\mathrm{K} = 298.15\mathrm{K}$이다. 또한 $\Delta H°$와 $T\Delta S°$의 에너지 단위를 동일한 SI 접두사로 나타내어 올바르게 계산할 수 있도록 해야 한다. 단위를 바꾸어 $\Delta S°$가 $+354.8\mathrm{J\ K^{-1}}$에서 $+0.3548\mathrm{kJ\ K^{-1}}$이 되도록 한다. 이를 $\Delta G°$식에 대입한다.

$$\Delta G° = +191.2\ \mathrm{kJ} - (298.15\ \mathrm{K})(0.3548\ \mathrm{kJ\ K^{-1}})$$
$$= +191.2\ \mathrm{kJ} - 105.8\ \mathrm{kJ}$$
$$= +85.4\ \mathrm{kJ}$$

따라서 이 반응의 $\Delta G°$는 $+85.4\mathrm{kJ}$이다.

답이 합리적인가? 답이 합리적인가를 확인하는 것은 쉽지 않다. 숫자가 올바르게 입력되었는지, + 및 − 기호가 올바르게 사용되었는지, 수학을 올바르게 수행했는지 확인해야 한다.

실전 문제 18.14

N_2O_4에 대한 $\Delta H_f°$와 $\Delta S_f°$를 사용하여 원소들로부터 N_2O_4 1 mol이 생성되는 반응에 대한 $\Delta G°$를 구하시오(**힌트:** 화학 반응식을 쓰시오).

실전 문제 18.15

표 6.2와 표 18.2에 있는 자료를 이용하여 산화 철(III)(녹에 있는 산화 철)의 생성 반응에 대한 $\Delta G°$를 계산하시오. 반응식은 다음과 같다.

$$4Fe(s) + 3O_2(g) \longrightarrow 2Fe_2O_3(s)$$

6.9절에서, Hess 법칙을 이용하여 여러 가지 반응의 $\Delta H°$를 계산할 수 있기 때문에 표준 생성열을 정리한 표는 매우 유용하다는 것을 공부하였다. 비슷하게 **표준 생성 자유 에너지(standard free energy of formation, $\Delta G_f°$)**를 이용하여 반응이나 물리적 변화에 대한 $\Delta G°$를 계산할 수 있다.

도구
$\Delta G_f°$ 값을 이용한 $\Delta G°$ 계산하기

$$\Delta G° = (\text{생성물의 } \Delta G_f°\text{의 합}) - (\text{반응물의 } \Delta G_f°\text{의 합}) \tag{18.7}$$

몇 가지 대표적인 물질들에 대한 $\Delta G_f°$ 값을 **표 18.3**에 나타내었다. 예제 18.5에서 $\Delta G_f°$ 값을 이용하여 반응의 $\Delta G°$를 계산하는 방법을 다룬다.

표 18.3 298.15K에서 몇 가지 화합물의 표준 생성 자유 에너지

물질	$\Delta G_f°$ (KJ mol^{-1})	물질	$\Delta G_f°$ (KJ mol^{-1})	물질	$\Delta G_f°$ (KJ mol^{-1})
$Ag(s)$	0	$CaO(s)$	−604.2	$K_2SO_4(s)$	−1316.4
$AgCl(s)$	−109.7	$Ca(OH)_2(s)$	−896.76	$N_2(g)$	0
$Al(s)$	0	$CaSO_4(s)$	−1320.3	$NH_3(g)$	−16.7
$Al_2O_3(s)$	−1576.4	$CaSO_4\cdot\frac{1}{2}H_2O(s)$	−1435.2	$NH_4Cl(s)$	−203.9
$C(s)$(흑연)	0	$CaSO_4\cdot 2H_2O(s)$	−1795.7	$NO(g)$	+ 86.69
$CO(g)$	−137.3	$Cl_2(g)$	0	$NO_2(g)$	+51.84

(계속)

표 18.3 (계속)

물질	$\Delta G_f°$ (KJ mol^{-1})	물질	$\Delta G_f°$ (KJ mol^{-1})	물질	$\Delta G_f°$ (KJ mol^{-1})
$CO_2(g)$	−394.4	$Fe(s)$	0	$N_2O(g)$	+103.6
$CH_4(g)$	−50.79	$Fe_2O_3(s)$	−741.0	$N_2O_4(g)$	+98.28
$CH_3Cl(g)$	−58.6	$H_2(g)$	0	$Na(s)$	0
$CH_3OH(l)$	−166.2	$H_2O(g)$	−228.6	$Na_2CO_3(s)$	−1048
$CO(NH_2)_2(s)$	−197.2	$H_2O(l)$	−237.2	$NaHCO_3(s)$	−851.9
$CO(NH_2)_2(aq)$	−203.8	$HCl(g)$	−95.27	$NaCl(s)$	−384.0
$C_2H_2(g)$	+209	$HNO_3(l)$	−79.91	$NaOH(s)$	−382
$C_2H_4(g)$	+68.12	$H_2SO_4(l)$	−689.9	$Na_2SO_4(s)$	−1266.8
$C_2H_6(g)$	−32.9	$HC_2H_3O_2(l)$	−392.5	$O_2(g)$	0
$C_2H_5OH(l)$	−174.8	$Hg(l)$	0	$PbO(s)$	−189.3
$C_8H_{18}(l)$	+17.3	$Hg(g)$	+31.8	$S(s)$	0
$Ca(s)$	0	$K(s)$	0	$SO_2(g)$	−300.4
$CaCO_3(s)$	−1128.8	$KCl(s)$	−408.3	$SO_3(g)$	−370.4
$CaCl_2(s)$	−750.2				

예제 18.5 $\Delta G_f°$ 값을 이용한 $\Delta G°$ 계산

곡물을 발효시켜 얻는 에탄올(C_2H_5OH)은 휘발유에 첨가하여 연료 혼합물인 E85(에탄올 85%, 휘발유 15%)를 제조하는 데 이용된다. 액체 에탄올이 연소되어 $CO_2(g)$와 $H_2O(g)$를 생성하는 반응의 $\Delta G°$는 얼마인가?

Daniel Acker/Bloomberg/Getty Images

분석 $\Delta G°$를 계산하는 과정은 $\Delta H°$와 $\Delta S°$를 계산하는 방법과 같다.

도구 모음 도구는 식 18.7이다.

$$\Delta G° = (\text{생성물의 } \Delta G_f°\text{의 합}) - (\text{반응물의 } \Delta G_f°\text{의 합})$$

이 식을 사용하기 위해서 이 반응의 균형 화학 반응식과 각 반응물과 생성물의 $\Delta G_f°$가 필요하다. 자유 에너지 자료는 표 18.3에 주어져 있다.

풀이 우선 이 반응의 균형 화학 반응식을 쓴다.

$$C_2H_5OH(l) + 3O_2(g) \longrightarrow 2CO_2(g) + 3H_2O(g)$$

식 18.7을 적용하면 다음을 얻을 수 있다.

$$\Delta G° = \left[2\Delta G°_{f\,CO_2(g)} + 3\Delta G°_{f\,H_2O(g)}\right] - \left[\Delta G°_{f\,C_2H_5O(l)} + 3\Delta G°_{f\,O_2(g)}\right]$$

$\Delta H_f°$에서와 마찬가지로 표준 상태에서 원소들에 대한 $\Delta G_f°$ 값은 0이다. 따라서 표 18.3의 자료를 이용하면 다음을 얻을 수 있다.

$$\Delta G° = \left[2\text{ mol }CO_2(g) \times \left(\frac{-394.4\text{ kJ}}{\text{mol }CO_2(g)}\right) + 3\text{ mol }H_2O(g) \times \left(\frac{-228.6\text{ kJ}}{\text{mol }H_2O(g)}\right)\right]$$
$$- \left[1\text{ mol }C_2H_5OH(l) \times \left(\frac{-174.8\text{ kJ}}{\text{mol }C_2H_5OH(l)}\right) + 3\text{ mol }O_2(g) \times \left(\frac{0\text{ kJ}}{\text{mol }O_2(g)}\right)\right]$$
$$= (-1474.6\text{ kJ}) - (-174.8\text{ kJ})$$
$$= -1299.8\text{ kJ}$$

이 반응의 표준 자유 에너지 변화는 -1299.8 kJ이다.

답이 합리적인가? 이 반응은 C, H, O만을 포함하는 화합물의 연소 반응이다. 매우 흔하게 일어나는 이와 같은 연소 반응은 음의 $\Delta G°$ 값을 갖는 자발적 반응이다. 이런 면에서 볼 때 이 답은 맞다고 할 수 있다.

실전 문제 18.16

철광석을 원소 상태 철로 정제하는 대규모 공업적 방법 중 하나는 고온에서 일산화 탄소와 반응시키는 것이다. 산화 철(III)과 일산화 탄소가 반응하여 원소 상태 철과 이산화 탄소를 만드는 반응의 $\Delta G°$를 계산하시오(**힌트**: 균형 화학 반응식을 쓸 때 유의하시오).

실전 문제 18.17

표 18.3의 자료를 이용하여 다음 반응에 대한 $\Delta G°_{반응}$을 kJ 단위로 계산하시오.

(a) $\frac{1}{2}N_2(g) + \frac{1}{2}O_2(g) \longrightarrow NO(g)$

(b) $Ca(OH)_2(s) + 2HCl(g) \longrightarrow CaCl_2(s) + 2H_2O(g)$

18.7 최대 일과 ΔG

자발적인 화학 반응의 주요 용도 중 하나는 유용한 일을 만드는 것이다. 예를 들어 휘발유 엔진이나 경유 엔진에서 연료가 연소되어 자동차와 중장비에 동력이 공급되고, 배터리에서 일어나는 화학 반응은 자동차의 시동을 걸고, 휴대폰, iPod, 노트북 컴퓨터를 비롯한 모든 종류의 최신 전자 장치를 작동하게 한다.

그러나 화학 반응이 일어날 때 그 에너지가 항상 일을 하는 데 이용되는 것은 아니다. 예를 들어, 열려진 상태의 접시에서 휘발유를 태우면 방출된 에너지는 모두 열로 손실되어 유용한 일을 하지 못한다. 그래서 공학자들은 일의 형태로 가능한 한 많은 에너지를 얻는 방법을 찾기 위해 노력한다. 그들의 주요 목표 중 하나는 화학적 에너지를 일로 변환시키는 효율을 극대화하고, 주위 환경으로 열로 전달되는 비생산적인 에너지의 양을 최소화하는 것이다.

해설 휘발유 엔진과 경유 엔진은 그다지 효율적이지 않기 때문에 연료의 연소로 생긴 에너지의 대부분은 일이 아닌 열로 나타난다. 이 때문에 이와 같은 엔진에는 냉각기관이 필요하다.

과학자들은 열역학적으로 가역적이라고 하는 조건에서 반응이 일어날 때, 화학적 에너지가 최대로 일로 변환된다는 사실을 발견하였다. 어떤 과정의 추진력이 그 힘보다 극히 작은 양만큼 차이나는 다른 힘과 맞서고 있어서, 맞서는 힘이 조금만 증가하여 변화의 방향이 바뀐다면, 이 과정을 **열역학적으로 가역적(thermodynamically reversible)**이라고 정의한다. 거의 **가역적인 과정(reversible process)**의 예를 **그림 18.14**에 나타내었는데, 피스톤 위의 액체 상태 물에 의해 압축된 실린더 안의 기체가 피스톤을 밀어내어 피스톤이 특정 위치에 있는 것(평형 상태)을 볼 수 있다. 물 분자가 증발하면 외부 압력이 약간 감소하므로 기체가 조금 팽창할 수 있고, 적은 양의 일을 할 수 있다. 점차적으로, 물 분자가 하나씩 차례로 증발함에 따라 실린더 내부의 기체는 조금씩 팽창하여 주위에 일을 한다.

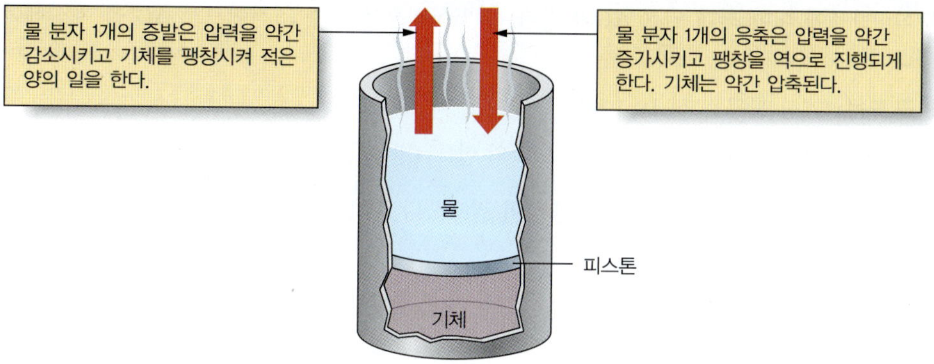

그림 18.14 기체의 가역 팽창 물 분자가 하나씩 증발하면서 외부 압력은 점차 감소하고 기체는 조금씩 팽창하여 단계마다 적은 양의 일을 한다. 물 분자가 액체로 응축되면 이 과정은 역으로 진행될 것이다. 맞서는 압력을 조금만 증가시켜도 팽창은 역전되는데, 이것이 바로 가역 과정을 일으키는 것이다.

그러나 언제든지 물 분자의 응축에 의해 이 과정이 역으로 일어날 수도 있다.[4]

비록 가역적으로 진행된 반응에서 최대의 일을 얻을 수 있더라도 열역학적으로 가역 과정은 매우 느린 속도로 진행되는 수많은 단계를 필요로 한다. 일이 합리적인 속도로 끝날 수 없다면 그 일은 거의 가치가 없다. 따라서 우리의 목표는 최대 효율을 갖는 열역학적 가역성에 접근하는 것인데, 만족할만한 속도로 일을 제공할 수 있는 변화가 진행되어야 한다.

열역학적인 가역성과 유용한 일과의 관계는 자동차 배터리의 방전에 관한 논의(6.5절)에서 이미 살펴보았다. 무거운 렌치로 배터리를 합선시키면 아무 일도 하지 않고 모든 에너지가 열로 나타났던 것을 기억하여라. 이 경우 방전에 맞서는 것이 없어서 열역학적으로 가장 비가역적인 방법으로 일어나게 된다. 그러나 전류가 작은 전동기를 통해 흐르면 전동기 자체가 전기의 흐름에 대한 저항을 제공하고, 배터리가 방전되면서 에너지의 일부가 일로 나타난다. 이 경우 전동기에 의한 저항 때문에 방전은 거의 열역학적으로 가역적인 방식으로 일어나고, 상대적으로 많은 양의 가용 에너지가 전동기에 의해 수행되는 일의 형태로 나타난다.

이러한 논의에서 볼 때, "한 반응에서 유용한 일로 활용되는 데 이용할 수 있는 에너지의 양은 한정되어 있는가?"라는 질문이 자연스럽게 나오게 된다. 이 질문에 대한 답은 Gibbs 자유에너지에서 찾을 수 있다.

> 반응으로 생성되는 에너지 중 일로 활용될 수 있는 에너지의 최대량은 **이론적으로** ΔG와 같다.

이는 열의 형태로 주위로 손실되지 않기 때문에 자유롭게 일로 이용되는 에너지이다. 따라서 ΔG 값을 결정하여 주어진 반응이 효과적인 유용한 에너지원이 될 수 있는지, 없는지를 알 수 있다. 또한 주어진 계로부터 얻은 실질적인 일의 양과 관련 반응의 ΔG 값을 비교하여 계의 효율을 측정할 수 있다.

예제 18.6 최대 일 계산하기

25°C, 1 atm에서 옥테인[$C_8H_{18}(l)$] 1 mol이 산소에 의해 산화되어 $CO_2(g)$와 $H_2O(l)$로 될 때, 유용한 최대 일을 계산하시오.

[4]화학 반응이 정방향과 역방향으로 모두 진행될 수 있기 때문에 화학 반응을 '가역적'이라고 하는데, 반응이 일어날 때 농도가 평형 상태의 농도에 비해 아주 미세하게 다르지 않는 한, **열역학적으로 가역적**이라고 말할 수 없다.

분석 반응에 대한 최대 일은 ΔG와 같다. 열역학적으로 표준 조건이므로 $\Delta G°$를 계산해야 한다.

도구 모음 계산 도구는 식 18.7이다.

$$\Delta G° = (\text{생성물의 } \Delta G_f^\circ\text{의 합}) - (\text{반응물의 } \Delta G_f^\circ\text{의 합})$$

풀이 먼저 이 반응의 균형 화학 반응식이 필요하다. C_8H_{18} 1 mol의 완전 산화(연소) 반응은 다음과 같다.

$$C_8H_{18}(l) + 12\tfrac{1}{2}O_2(g) \longrightarrow 8CO_2(g) + 9H_2O(l)$$

여기에 식 18.7을 적용하면

$$\Delta G° = [8\Delta G^\circ_{f\ CO_2(g)} + 9\Delta G^\circ_{f\ H_2O(l)}] - [\Delta G^\circ_{f\ C_8H_{18}(l)} + 12.5\Delta G^\circ_{f\ O_2(g)}]$$

표 18.3을 참조하고, mol 단위를 소거하면

$$\begin{aligned}\Delta G° &= [8 \times (-394.4)\ \text{kJ} + 9 \times (-237.2)\ \text{kJ}] - [1 \times (+17.3)\ \text{kJ} + 12.5 \times (0)\ \text{kJ}]\\ &= (-5290\ \text{kJ}) - (+17.3\ \text{kJ})\\ &= -5307\ \text{kJ}\end{aligned}$$

따라서 25°C, 1 atm에서 1 mol의 C_8H_{18}의 산화 반응으로 얻을 수 있는 일의 양은 5307 kJ 이하로 예상할 수 있다.

답이 합리적인가? 계산할 때 각 항의 부호가 맞는지를 확인하라. 또한 정확한 $\Delta G°$ 값에 화학량론적 계수를 곱했는지를 확인한다. 마지막으로, 액체 상태 물에 대한 정확한 $\Delta G°$ 값을 사용했는지를 확인한다. 표에는 액체 상태 물과 기체 상태 물에 대한 $\Delta G°$ 값이 모두 있으므로, 흔히 이 값을 잘못 사용하는 실수를 한다.

실전 문제 18.18

25°C에서, 에탄올[$C_2H_5OH(l)$] 125 g의 연소로 얻을 수 있는 최대 일을 계산하시오. 이 값을 $C_8H_{18}(l)$ 125 g의 연소로 얻은 최대 일과 비교하시오. 어느 것이 더 좋은 연료인가? (**힌트**: 몰당 얻을 수 있는 일은 이미 앞의 예제에서 계산하였다.)

실전 문제 18.19

25°C, 1 atm에서 알루미늄 1.00 mol이 $O_2(g)$에 의해 산화되어 $Al_2O_3(s)$가 생성될 때 얻을 수 있는 최대 일을 계산하시오(추진 로켓에서 알루미늄의 연소는 우주 왕복선을 발사대에서 띄워 올리는 데 필요한 에너지의 일부를 제공한다. **그림 18.15**).

John Raoux/AP Photo

그림 18.15 우주 왕복선의 발사 Al_2O_3의 생성열이 절댓값이 큰 음수이므로 우주 왕복선을 발사대에서 띄우는 고체 상태 추진 로켓에 동력을 제공한다.

최첨단 화학 18.2

열역학적 효율과 지속 가능성

지속 가능성이라는 개념에는 인간이 일상적인 활동의 누적 효과를 고려하고, 이러한 활동을 재조정하여 우리 자신을 멸망으로 몰아넣지 않아야 한다는 아이디어가 내재해 있다. 이제까지 살았던 모든 종의 99.9%가 현재 멸종되었다고 한다. 인간은 생각하고 계획하는 능력을 갖고 있기 때문에 이와 같은 운명을 피할 가능성이 있다. 화학자, 물리학자, 생물학자들은 이러한 노력을 성공적으로 수행할 도구를 개발하는 데 매우 중요하다.

열역학은 우리가 자원을 사용하는 능력에 한계가 있다는 것을 알려주기 때문에 이 논의에 포함된다. 예를 들어 열역학 제1법칙은 내부 에너지의 변화는 계의 일과 열의 변화의 합이라고 제안한다. 일이 에너지 변화의 유용한 부분이고, 열이 낭비되는 에너지라면, $w/(q + w)$는 계의 효율이라고 할 수 있다. 몇 가지 기기들의 효율을 **표 1**에 나타내었다. 또 다른 효율 측정 방법이 있다. 예를 들어 Nicolas Leonard

표 1 다양한 기기의 효율

양초	0.04%
기체 맨틀	0.2%
텅스텐 전구	2~3%
소형 형광등	12%까지
형광등	15%까지
발광 다이오드	22%까지
전동기	75~90%

Sadi Carnot는 열 엔진의 효율은 $(T_{고온} - T_{저온})/T_{고온}$이라고 제안하였다. 여기서 고온은 엔진 내부의 온도이고, 저온은 배기가스의 온도이다. 최대 Carnot 효율은 작동 온도와 폐열 온도 간의 차이가 가장 큰 엔진에서 구현된다. 몇 가지 열 엔진의 효율을 **표 2**에 나타내었다.

공학자들과 과학자들은 지속 가능한 에너지 경제를 달성하는 방법 중 하나가 효율을 극대화하는 것임을 알고 있다.

효율에 대한 최근의 지속 가능성 계산은 열역학적 효율과 함께, 공정의 모든 요소에 대한 비용을 포함한다. 발전 설비의 경우, 설비를 사용하는 대지 비용, 설비를 건축하는 비용, 폐기물 처리 비용, 환경으로 CO_2, NO_x, SO_2, 열을 방출하는 것에 대한 환경 영향 평가 비용을 포함한다(**그림 1, 2**). 고용, 관리, 규제 비용도 포함된다.

Andre Kudyusov/Getty Images

그림 1 연소는 효율이 낮고 오염 물질을 증가시키는 에너지를 생산한다.

지속 가능성 계산의 어려움은 최종적으로 의미 있는 값에 이들 모든 요인을 추가하는 적절한 방법을 찾는 것이다.

표 2 열 엔진의 대략적인 효율

증기 엔진	8%
휘발유 엔진	25~30%
경유 엔진	40%
증기 터빈	60%

enry Georgi/Aurora Photos Inc.

그림 2 풍력 터빈은 현장의 오염 물질이 거의 없는 풍력 에너지를 전기 에너지로 바꾼다.

발전 같은 간단한 일에 위와 같은 많은 요인이 포함된다는 사실로부터 화학자 및 다른 과학자들이 중요한 기여를 할 기회가 많은 것을 알 수 있다. 고급 윤활유는 많은 기계 장치의 효율을 높이는 데 도움이 된다. 화학자와 재료 과학자들은 매우 높은 온도에서 오랜 시간 동안 견딜 수 있는 소재들을 고안하고 제조한다. 내구성이 뛰어난 소재는 잦은 수리 때문에 '가동 중단 시간'을 줄여 효율을 높인다. 텅스텐의 녹는점은 3683 K이지만, 잘 부서지는 성질 때문에 전기 터빈에 사용되지 않는다. 그러나 고온에서 작동하는 발전기에서는 질소화 텅스텐과 질소화 규소의 내구성 막을 입힘으로써 성공적으로 사용된다. 이와 동일한 소재가 상업용 항공기의 최신 제트 엔진 터빈에 사용된다(**그림 3**).

Ian Leonard/Alamy Images

그림 3 고속, 고온 터빈 날개를 보여 주는 제트 엔진의 모습

18.8 자유 에너지와 평형

우리는 변화의 ΔG 값이 음일 때 그 변화는 자발적으로 진행되고, ΔG가 양의 값일 때 비자발적이라는 것을 배웠다. 그러나 ΔG 값이 양의 값도 아니고 음의 값도 아닐 때, 즉 변화가 자발적인 것도 비자발적인 것도 아닐 때, 계는 평형 상태에 있다. 이와 같은 일은 ΔG가 0일 때 일어난다.

> 어떤 계가 동적인 평형 상태에 있을 때
>
> $$G_{\text{생성물}} = G_{\text{반응물}} \text{ 그리고 } \Delta G = 0$$

다시 물이 어는 것을 고려해 보자.

$$H_2O(l) \rightleftharpoons H_2O(s)$$

0°C 이하에서 이 변화에 대한 ΔG는 음의 값이며, 어는 과정은 자발적이다. 반면에 0°C 이상에서는 ΔG가 양의 값이고, 어는 과정은 비자발적이다. 온도가 정확하게 0°C이면 $\Delta G = 0$이 되고, 얼음–물의 혼합물은 평형 조건에 있게 된다. 열이 가해지거나 계에서 열이 제거되지 않는 한, 어는 것도 녹는 것도 모두 자발적이 아니며, 얼음과 물은 영원히 함께 존재할 수 있다.

평형과 일

우리는 ΔG를 계로부터 이용할 수 있는 일의 양을 특정하는 물리량으로 알고 있다. 평형에서 ΔG는 0이기 때문에 이용할 수 있는 일의 양도 0이다. 그러므로 계가 평형에 있을 때 계로부터 어떠한 일도 얻어낼 수 없다. 예를 들어 자동차의 시동을 거는 데 이용되는 납 축전지를 다시 생각해 보자.

축전지가 완전히 충전되어 있을 때는 방전 반응의 생성물은 사실상 존재하지 않는다. 그러나 화학 반응물은 매우 많은 양이 존재한다. 따라서 반응물의 전체 자유 에너지는 생성물의 전체 자유 에너지를 훨씬 능가하고, $\Delta G = G_{\text{생성물}} - G_{\text{반응물}}$이므로 이 계의 ΔG는 절댓값이 큰 음의 값을 갖는다. 이는 일을 하는 데 이용할 수 있는 에너지가 많다는 것을 의미한다. 축전지가 방전되면서 반응물이 생성물로 변환되기 때문에 $G_{\text{생성물}}$는 점점 커지고 $G_{\text{반응물}}$는 점점 작아진다. 결과적으로 ΔG는 절댓값이 작은 음의 값으로 되고, 일을 하는 데 이용할 수 있는 에너지는 줄어든다. 마침내 축전지는 평형에 도달한다. 반응물의 전체 자유 에너지와 생성물의 전체 자유 에너지가 같게 되어 $G_{\text{생성물}} - G_{\text{반응물}} = 0$, 즉 $\Delta G = 0$이 된다. 더 이상 일을 얻어낼 수 없고, 축전지는 '수명이 다 되었다'고 한다.

녹는점과 끓는점의 추정

$H_2O(l) \longrightarrow H_2O(s)$와 같은 상변화에서, 평형은 대기압에서 어떤 특정 온도 조건에서만 존재할 수 있다. 물의 경우 그 온도는 0°C이다. 0°C 이상의 온도에서 액체 상태인 물만 존재할 수 있고, 0°C 이하에서 액체 상태 물은 얼어 얼음이 된다. 이 결과는 상변화에서 ΔH와 ΔS 사이에 흥미로운 관계를 만들어 낸다. $\Delta G = 0$이므로

$$\Delta G = 0 = \Delta H - T\Delta S$$

따라서

$$\Delta H = T\Delta S$$

이고

$$\Delta S = \frac{\Delta H}{T} \tag{18.8}$$

만약 상변화에 대한 ΔH와 두 상이 공존할 수 있는 온도를 알면, 상변화에 대한 ΔS를 계산할 수 있다. 또 다른 흥미로운 관계는 다음과 같다.

$$T = \frac{\Delta H}{\Delta S} \tag{18.9}$$

따라서 ΔH와 ΔS를 알면, 평형이 일어나는 온도를 계산할 수 있다.

예제 18.7 상변화의 평형 온도 계산하기

$CS_2(l) \longrightarrow CS_2(g)$의 상변화에 대해 $\Delta H° = +27.5\,kJ\,mol^{-1}$이고, $\Delta S° = 86.4\,J\,mol^{-1}\,K^{-1}$이다. ΔH와 ΔS가 거의 온도와 무관하다고 가정하고, 1 atm에서 $CS_2(l)$와 $CS_2(g)$가 평형을 이루는 대략적인 섭씨온도를 계산하시오.

분석 물질의 정상 끓는점은 액체상과 기체상이 1 atm의 압력에서 평형을 이루는 온도이다(11.5절 참조). 이 문제에서는 ΔH와 ΔS 대신 각각 $\Delta H°$와 $\Delta S°$를 대입하여 문제를 풀어야 한다는 것을 강하게 암시한다. 조금 전에 논의한 식을 사용하여 그렇게 할 수 있다.

해설 ΔH와 ΔS는 온도 변화에 의해 크게 변하지 않는다. 온도 변화는 반응물과 생성물 모두의 엔탈피 및 엔트로피에 대해 같은 정도로 영향을 주기 때문이다. 그러므로 반응물과 생성물 사이의 차이는 매우 일정하게 유지된다.

도구 모음 평형을 이루는 온도는 식 18.9에 의해 주어진다. ΔH와 ΔS가 온도에 크게 의존하지 않는다고 가정하면, 이 반응에 대한 $\Delta H°$와 $\Delta S°$를 사용하여 대략적인 끓는점을 계산할 수 있다. 즉

$$T \approx \frac{\Delta H°}{\Delta S°}$$

풀이 위 식에 문제에서 주어진 값을 대입하면

$$T \approx \frac{27.5 \times 10^3\ J\ mol^{-1}}{86.4\ J\ mol^{-1}\ K^{-1}}$$
$$\approx 318\ K$$

섭씨온도는 $(318 - 273)°C = 45°C$이다. 단위를 정확하게 소거하기 위하여 $\Delta H°$를 kJ 단위가 아닌 J 단위로 나타낸 것에 주목하라. 또한 계산으로 얻은 끓는점이 정상 끓는점의 측정값인 46.3°C에 꽤 근접한 것도 흥미로운 사실이다.

답이 합리적인가? $\Delta H°$ 값은 27,500이고, $\Delta S°$ 값은 약 86이므로 온도는 대략 320 K이어야 한다. 계산으로 얻은 값인 318 K는 320 K에서 크게 벗어나지 않으므로 답은 합리적이다.

실전 문제 18.20

암모니아의 기화열은 $21.7\,kJ\,mol^{-1}$이고, 암모니아의 끓는점은 −33.3°C이다. 액체 암모니아의 기화에 대한 엔트로피 변화 값을 계산하시오. (**힌트**: 엔트로피 변화에 대해 예상되는 부호는 무엇인가?)

실전 문제 18.21

수은의 증발열은 $60.7\,kJ\,mol^{-1}$이다. $Hg(l)$의 $S° = 76.1\,J\,mol^{-1}\,K^{-1}$이고, $Hg(g)$의 $S° = 175\,J\,mol^{-1}\,K^{-1}$이다. 액체 수은의 정상 끓는점을 계산하시오.

자유 에너지 도표

반응이 일어나는 동안 자유 에너지 변화를 더 잘 이해하기 위한 한 가지 방법은 **자유 에너지 도표(free energy diagram)**를 살펴보는 것이다. 예를 들어 이전에 보았던 N_2O_4가 NO_2로 분해되는 반응을 살펴보자.

$$N_2O_4(g) \longrightarrow 2NO_2(g)$$

14.1절에서 화학 평형에 관해 논할 때 이 계의 평형은 **어느** 쪽에서 시작하든지 동일한 평형에 도달하게 되며, 전체 계의 조성을 일정하게 시작하면 항상 같은 평형 농도를 얻게 되는 것을 알았다.

그림 18.16에 나타낸 반응에 대한 자유 에너지 도표는 반응물에서 생성물로 진행되는 과정에서 자유 에너지가 어떻게 변하는지를 보여 준다. 도표 왼쪽은 순수한 $N_2O_4(g)$ 1 mol의 자유 에너지를 나타내고, 오른쪽은 순수한 $NO_2(g)$ 2 mol의 자유 에너지를 나타낸다. 가로축을 따라 곡선에 있는 점들은 두 물질의 혼합물을 나타낸다. 반응물(N_2O_4)에서 생성물($2NO_2$)로 진행하는 도중에 자유 에너지가 최솟값을 갖는 점이 있다는 것을 주목하라. 이 점의 자유 에너지는 순수한 N_2O_4나 순수한 NO_2보다 낮다.

해설 계가 자유 에너지 곡선에서 '내려가는 쪽'으로 이동할 때 $G_{최종} < G_{초기}$이며, ΔG는 음의 값을 갖는다. 음의 ΔG 값을 갖는 변화는 자발적으로 일어난다.

모든 계는 자발적으로 자유 에너지 곡선의 최솟값을 찾아간다. 반응이 순수한 $N_2O_4(g)$에서 시작된다면 반응은 왼쪽에서 오른쪽으로 진행되어 일부 $NO_2(g)$가 생성될 것이다. 왜냐하면 NO_2 방향으로 진행하면 자유 에너지가 낮아지기 때문이다. 반응이 순수한 $NO_2(g)$에서 시작되어도 변화가 일어난다. 자유 에너지 곡선을 따라 내려가면서 이제는 역반응[즉 $2NO_2(g) \longrightarrow N_2O_4(g)$]이 일어난다. 자유 에너지 곡선의 '최솟값'에 도달하면 계는 평형 상태가 된다. 11.8절과 14.6절에서 배운 것처럼, 계가 교란되지 않으면 평형 혼합물의 조성은 일정하게 유지될 것이다. 이제 그 이유가 조성이 변하면 최솟값의 좌우로 이동하여 곡선을 따라 올라가야 하기 때문이라는 것을 알았다. 자유 에너지의 증가는 자발적이 아니므로 이런 일은 일어나지 않는다.

그림 18.16에서 주목해야 할 것은 $\Delta G°$가 양의 값을 가졌음에도 불구하고 어느 정도의 반응은 자발적으로 정방향으로 진행된다는 점이다. 그러나 이 정반응은 많이 진행되지 못하고 곧 평형에 도달하게 된다. 이 반응과 비교하기 위하여 **그림 18.17**에 $\Delta G°$가 음인 반응에 대한 자유 에너지 곡선의 형태를 나타내었다. 이 그림에서 평형에 도달하면 상당히 많은 반응물이 생성

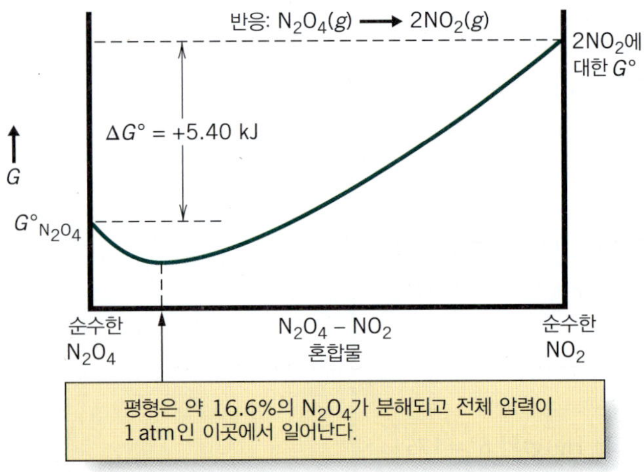

그림 18.16 $N_2O_4(g)$의 분해 반응에 대한 자유 에너지 도표 곡선의 최솟값은 평형에서 반응 혼합물의 조성을 나타낸다. $\Delta G°$가 양의 값이므로 평형은 반응물에 가까운 쪽에 위치한다. 계가 평형에 이르렀을 때 소량의 생성물만 형성된다.

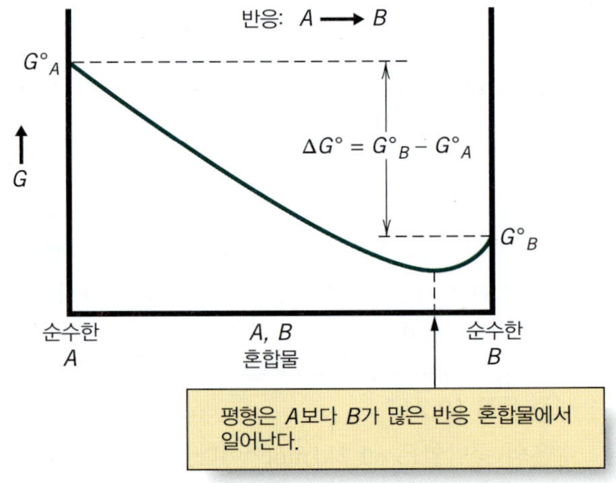

그림 18.17 음의 $\Delta G°$를 갖는 반응에 대한 자유 에너지 곡선 $G°_B$는 $G°_A$보다 낮기 때문에 $\Delta G°$는 음의 값을 갖는다. 이로 인해 평형의 위치는 훨씬 오른쪽, 즉 생성물 쪽에 위치한다. 계가 평형에 도달하면 많은 양의 생성물이 존재하고 소량의 반응물이 남게 된다.

물로 변환된 것을 알 수 있다. 따라서 $\Delta G°$는 **순수한 반응물과 순수한 생성물 사이에 놓여 있는 평형 위치의 정보를 제공한다.**

$\Delta G°$와 평형의 위치

- $\Delta G°$가 양일 때, 평형의 위치는 반응물 가까이에 있고, 평형에 도달할 때까지 약간의 반응만 진행된다. 이 반응은 비자발적인 반응이다.
- $\Delta G°$가 음일 때, 평형의 위치는 생성물 가까이에 있고, 평형에 도달할 때까지 많은 양의 생성물이 형성된다. 이 반응은 자발적인 반응이다.
- $\Delta G° = 0$일 때, 평형의 위치는 반응물과 생성물의 중간에 있고, 평형에 도달했을 때 반응물과 생성물 모두 상당한 양이 존재한다. 순수한 반응물이나 순수한 생성물만으로 반응을 시작해도 반응은 자발적으로 보인다.

도구
$\Delta G°$를 이용하여 평형의 위치 결정하기

$\Delta G°$와 평형의 위치

일반적으로 대부분의 반응에 대한 $\Delta G°$ 값은 $N_2O_4 \longrightarrow 2NO_2$ 반응에 대한 $\Delta G°$보다 훨씬 더 크다. 더욱이 반응이 진행되는 정도는 $\Delta G°$의 크기에 매우 민감하다. $\Delta G°$ 값이 상당히 큰 양의 값(약 20 kJ 이상)이면, 반응은 관찰할 수 없을 만큼 거의 진행되지 않을 것이다. 반면 $\Delta G°$의 절댓값이 상당히 큰 음의 값(약 −20 kJ)이면, 반응은 거의 완결될 것이다.[5] 실제로, **$\Delta G°$의 크기와 부호는 관찰할 수 있을 정도의 자발적인 반응이 일어날 것인지를 알아볼 수 있는 지표 역할을 한다.**

예제 18.8 $\Delta G°$를 이용한 반응 결과의 예측

25°C에서 다음 반응은 관찰할 수 있을 정도로 일어날 것인가?

$$CO(g) + H_2O(l) \longrightarrow CO_2(g) + H_2(g)$$

분석 이 질문에 답을 하기 전에 먼저 반응에 대한 $\Delta G°$의 크기와 부호를 알아야 한다. 이 자료를 통해 평형의 위치를 알 수 있다.

도구 모음 $\Delta G°$와 평형의 위치의 관계가 이 문제를 푸는 데 필요한 한 가지 도구이다. 또 하나의 도구는 표준 자유 에너지 변화($\Delta G°$)를 계산하는 데 필요한 식 18.7이다.

풀이 먼저 표 18.3의 자료를 이용하여 반응에 대한 $\Delta G°$를 계산하자. 계산 방법은 앞에서 한 것과 같다.

$$\begin{aligned}\Delta G° &= [\Delta G°_{f\,CO_2(g)} + \Delta G°_{f\,H_2(g)}] - [\Delta G°_{f\,CO(g)} + \Delta G°_{f\,H_2O(l)}] \\ &= [1\text{ mol} \times (-394.4\text{ kJ/mol}) + 1\text{ mol} \times (-0\text{ kJ/mol})] \\ &\quad - [1\text{ mol} \times (-137.3\text{ kJ/mol}) + [1\text{ mol} \times (-237.2\text{ kJ/mol}) \\ &= -19.9\text{ kJ}\end{aligned}$$

$\Delta G°$가 절댓값이 큰 음의 값이므로 이 온도에서는 매우 많은 양의 생성물이 형성된다. 따라서 CO_2와 H_2의 형성을 예상할 수 있다.

답이 합리적인가? 계산에서 각 항의 부호를 확인하라. 또한 생성물의 자유 에너지에서 반

[5]앞에서 살펴본 것처럼, 변화가 일어나는 것을 실질적으로 관찰할 수 있으려면 자발적인 반응의 속도가 어느 정도 빨라야 한다. 예를 들면 산화 질소가 N_2와 O_2로 분해되는 반응은 열역학적으로 자발적이다($\Delta G°$는 음). 그러나 그 반응의 분해 속도가 너무 느려서 이 물질들은 안정한 것처럼 보인다.

응물의 자유 에너지를 뺐는지 확인하라. 이 문제는 숫자를 더하거나 빼는 과정을 포함하고 있다. 부호를 고려하지 않고 모든 숫자를 더한다면, 가장 큰 양의 값을 얻을 것이다. 마찬가지로, 이 합의 부호를 음으로 하면 절댓값이 가장 큰 음의 값이 될 것이다. 답은 합리적이다.

실전 문제 18.22

표 18.3의 자료를 이용하여 25°C에서 다음 반응이 '자발적으로 일어나는지'를 결정하시오(**힌트**: 숫자의 부호에 유의하시오).

$$SO_2(g) + \tfrac{1}{2}O_2(g) \longrightarrow SO_3(g)$$

실전 문제 18.23

표 18.3의 자료를 이용하여 25°C에서 다음 반응이 진행될 때 $CaCO_3(s)$의 생성을 관찰할 수 있을지 판단하시오.

$$CaCl_2(s) + H_2O(g) + CO_2(g) \longrightarrow CaCO_3(s) + 2HCl(g)$$

온도에 따른 $\Delta G°$의 변화

지금까지는 자유 에너지와 평형의 관계를 이야기할 때 특정 온도인 25°C로 조건을 제한해 왔다. 그렇다면 다른 온도에서는 어떻게 될까? 평형은 25°C가 아닌 다른 조건에서도 확실하게 존재할 수 있으며, 14장에서 이미 Le Châtelier 원리를 이용해 온도가 평형의 위치에 어떠한 영향을 주는가를 배웠다. 이제 열역학은 이것을 어떻게 다루는지 살펴보자.

25°C에서 평형의 위치는 순수한 생성물의 자유 에너지에서 순수한 반응물의 자유 에너지를 빼서 결정된다는 것을 배웠다. 이 값을 $\Delta G°_{298}$로 나타내고 아래 첨자 '298'은 온도 298 K를 나타낸다. $\Delta G°_{298}$는 다음 식으로 정의된다.

$$\Delta G°_{298} = (\Delta G°_{298})_{\text{생성물}} - (\Delta G°_{298})_{\text{반응물}}$$

25°C가 아닌 다른 온도에서도, 평형의 위치를 결정해 주는 것은 생성물의 자유 에너지에서 반응물의 자유 에너지를 뺀 값이다. 이 값을 $\Delta G°_T$라고 하고, 25°C(298 K)가 아닌 다른 온도에서는 다음 식으로 나타낼 수 있다.

$$\Delta G°_T = (\Delta G°_T)_{\text{생성물}} - (\Delta G°_T)_{\text{반응물}}$$

여기서 $(\Delta G°_T)_{\text{생성물}}$과 $(\Delta G°_T)_{\text{반응물}}$은 온도 T에서 각각 순수한 생성물과 반응물의 전체 자유 에너지를 나타낸다.

이제 $\Delta G°_T$를 계산하는 방법을 찾아야 한다. 앞에서 $\Delta G°$는 다음 식으로 계산된다는 것을 알았다.

$$\Delta G° = \Delta H° - (298\ \text{K})\,\Delta S°$$

따라서 다른 온도 T에서는 다음 식과 같이 된다.

$$\Delta G°_T = \Delta H°_T - T\Delta S°_T$$

이제 목표에 좀 더 가까이 간 것 같다. 반응에 대한 $\Delta H°_T$와 $\Delta S°_T$의 값을 알면 문제를 풀 수 있다.

$\Delta G°_T$를 계산하는 위의 식 자체에 온도가 변수로 들어있기 때문에 $\Delta G°_T$의 크기는 분명히 온도에 의해 크게 영향을 받는다. 그러나 예제 18.7의 해설 부분에서 언급한 것처럼, 반응에 대한 ΔH와 ΔS의 크기는 온도 변화에 상대적으로 덜 민감하다. 따라서 $\Delta H°_T$와 $\Delta S°_T$의 합리적인 근삿값으로 $\Delta H°_{298}$와 $\Delta S°_{298}$을 사용할 수 있으므로 $\Delta G°_T$에 대한 식을 다음과 같이 나타낼 수 있다.

도구
25°C가 아닌 온도에서 $\Delta G°$ 계산하기

$$\boxed{\Delta G_T^\circ \approx \Delta H_{298}^\circ - T\Delta S_{298}^\circ} \qquad (18.10)$$

다음 예제를 통해 이 식이 유용하게 사용되는 것을 알 수 있다.

예제 18.9 25°C가 아닌 다른 온도에서 ΔG° 구하기

앞에서 다음 반응의 ΔG°는 25°C에서 5.40 kJ의 값을 갖는 것을 알았다. 125°C에서 이 반응의 ΔG_T°의 근삿값은 얼마인가?

$$N_2O_4(g) \longrightarrow 2NO_2(g)$$

분석 우리가 가지고 있는 표준 생성 자유 에너지 값은 25°C에 대한 값이므로, 이 문제에서 표준 생성 자유 에너지로 ΔG°를 계산할 수 없다. 따라서 위에서 언급한 대체 방식을 사용해야 하는데, 식 18.10, ΔH°와 ΔS°가 필요하다.

도구 모음 식 18.10이 이 문제를 푸는 데 필요한 도구이다.

$$\Delta G_T^\circ \approx \Delta H_{298}^\circ - T\Delta S_{298}^\circ$$

이 식을 사용하기 위해 ΔH°와 ΔS°의 값이 필요하다. ΔH°는 식 6.8, Hess 법칙으로 계산한다. ΔS°는 식 18.6으로 계산한다.

$$\Delta S^\circ = (\text{생성물의 } \Delta S^\circ\text{의 합}) - (\text{반응물의 } \Delta S^\circ\text{의 합})$$

표 6.2에 있는 자료를 이용하여 Hess 법칙으로 구한 표준 생성열은 다음과 같다.

$N_2O_4(g)$ $\quad \Delta H_f^\circ = +9.67\ \text{kJ/mol}$
$NO_2(g)$ $\quad \Delta H_f^\circ = +33.8\ \text{kJ/mol}$

그 다음, 표 18.2의 절대 엔트로피 자료를 이용하여 반응에 대한 ΔS°를 계산할 수 있다.

$N_2O_4(g)$ $\quad S^\circ = 304\ \text{J/mol K}$
$NO_2(g)$ $\quad S^\circ = 240.5\ \text{J/mol K}$

풀이 먼저 Hess 법칙과 확보한 자료를 이용하여 ΔH°를 계산한다.

$$\begin{aligned}\Delta H^\circ &= [2\Delta H^\circ_{f\,NO_2(g)}] - [\Delta H^\circ_{f\,N_2O_4(g)}] \\ &= \left[2\ \text{mol} \times \left(\frac{33.8\ \text{kJ}}{\text{mol}}\right)\right] - \left[1\ \text{mol} \times \left(\frac{9.67\ \text{kJ}}{\text{mol}}\right)\right] \\ &= +57.9\ \text{kJ}\end{aligned}$$

이제 식 18.6을 이용하여 ΔS°를 계산한다.

$$\begin{aligned}\Delta S^\circ &= \left[2\ \text{mol} \times \left(\frac{240.5\ \text{J}}{\text{mol K}}\right)\right] - \left[1\ \text{mol} \times \left(\frac{304\ \text{J}}{\text{mol K}}\right)\right] \\ &= +177\ \text{J K}^{-1} \text{ 또는 } 0.177\ \text{kJ K}^{-1}\end{aligned}$$

섭씨온도 125°C는 398 K이므로 에너지 변화를 ΔG_{398}°이라고 할 수 있다. $T = 398$ K를 식 18.10에 대입하면 다음과 같이 계산할 수 있다.

$$\begin{aligned}\Delta G_{398}^\circ &\approx (+57.9\ \text{kJ}) - (398\ \text{K})(0.177\ \text{kJ K}^{-1}) \\ &\approx -12.5\ \text{kJ}\end{aligned}$$

25°C에서 +5.40 kJ이었던 ΔG_T°가 125°C에서 −12.5 kJ로 변한 것을 주목하라.

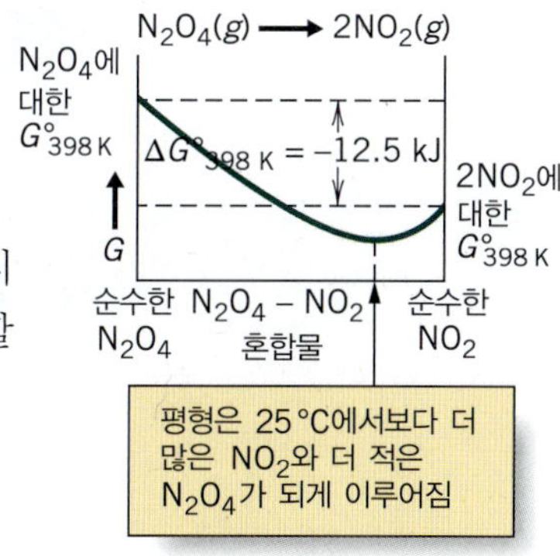

답이 합리적인가? 보통은, 계산을 정확하게 했는지 확인하기 위하여 각 항의 부호를 다시 확인할 수 있다. 그러나 이 문제의 경우에는 답이 Le Châtelier 원리에 일치하는가 확인할 수 있다.

이 반응은 흡열 반응이기 때문에 열은 반응물에 나타낸다.

$$\text{열} + N_2O_4(g) \rightleftharpoons 2NO_2(g)$$

열을 가하면 평형의 위치는 생성물 쪽으로 이동할 것으로 예상된다. 25°C에서 ΔG_T°가 양의 값을 갖는 것은 평형의 위치가 반응물 가까운 곳에 있다는 것을 의미한다. 125°C에서 ΔG_T°가 음의 값을 갖는 것은 평형의 위치가 생성물 가까운 곳에 있다는 것을 의미한다. 그 결과 평형의 위치는 생성물 쪽으로 이동하고, 우리의 예상과 일치한다.

실전 문제 18.24

예제 18.3과 18.4에서 다음 반응의 ΔH°와 ΔS° 값을 계산하였다. 75°C에서 이 반응의 ΔG_T°를 구하시오(**힌트**: 단위에 주의하시오).

$$CO(NH_2)_2(aq) + H_2O(l) \longrightarrow CO_2(g) + 2NH_3(g)$$

실전 문제 18.25

표 18.3의 자료를 이용하여 다음 반응의 ΔG_{298}°를 구하시오.

$$2NaHCO_3(s) \longrightarrow Na_2CO_3(s) + CO_2(g) + H_2O(g)$$

그런 후에, 표 6.2의 자료와 식 18.10을 이용하여 200°C에서 일어나는 반응에 대한 ΔG_{473}°의 근삿값을 계산하시오. 온도가 올라갈 때 이 반응의 평형의 위치는 어떻게 변하겠는가?

18.9 평형 상수와 ΔG°

앞에서 우리는 반응에서 평형의 위치가 ΔG°의 부호와 크기에 따라 결정된다는 사실을 정성적으로 배웠다. 또한 반응이 진행되는 방향은 계의 조성이 자유 에너지 곡선에서 최솟값을 기준으로 어디에 있느냐에 따라 달라진다는 것도 배웠다. 따라서 반응이 자유 에너지를 낮추는 방향(즉 ΔG가 음인 방향)일 때만 자발적으로 진행될 것이다.

여기에서 증명하지는 않겠지만, 정량적으로 ΔG와 ΔG°의 관계는 다음 식과 같이 나타낸다.

도구
반응 지수와 ΔG의 관계

$$\Delta G = \Delta G^\circ + RT \ln Q \qquad \textbf{(18.11)}$$

해설 14장에서 Q를 반응 지수로 정의하였으며, 반응 지수는 질량 작용 식의 수치이다.

여기서 R은 적절한 에너지 단위의 기체 상수(예를 들어 $8.314\ J\ mol^{-1}\ K^{-1}$)이고, T는 절대 온도이며, $\ln Q$는 14.2절에 소개한 반응 지수의 자연로그이다. 기체 반응의 경우에 Q는 atm 단위로 나타낸 부분 압력을 사용하여 계산된 값이고[6], 용액에서 일어나는 반응일 경우에 Q는 몰농도로 계산한다. 예제 18.10에서 설명한 바와 같이, ΔG°와 혼합물의 조성을 알면 식 18.11을 이용하여 반응 혼합물의 자발적인 변화의 방향을 예측할 수 있다.

해설 14장에서 Q와 K를 비교하여 반응의 방향을 예상할 수 있다는 것도 배웠다.

예제 18.10 자발적인 반응의 방향 결정

$2NO_2(g) \rightleftharpoons N_2O_4(g)$ 반응의 ΔG_{298}°는 N_2O_4 1 mol당 −5.40 kJ이다. 반응 혼합물에서 NO_2의 부분 압력은 0.25 atm이고, N_2O_4의 부분 압력은 0.60 atm이다. 25°C에서 이 반응이 평형에 도달하려면 어느 방향으로 반응이 진행되어야 하겠는가?

분석 반응은 평형에 도달하려는 방향으로 자발적으로 진행되기 때문에, 사실상 반응의 정

[6]엄밀하게 말하면, 압력은 ΔG° 자료를 얻을 때 사용한 단위에 따라 atm이나 bar로 나타내야 한다. 간편하게 하기 위해 모든 계산에서 더 익숙한 atm 단위를 사용할 것이다. atm과 bar는 단지 1% 차이밖에 나지 않기 때문에 오류가 발생할 가능성은 매우 낮다.

반응과 역반응 가운데 어느 쪽이 자발적인지를 결정하는 문제이다. 14장에서 Q와 K를 비교하여 반응이 어느 방향으로 진행될 것인지 결정하는 것을 배웠다. ΔG의 부호를 결정하여 화학 반응의 방향을 예측할 수도 있다.

도구 모음 식 18.11을 이용하여 정반응의 ΔG를 계산할 수 있다. ΔG가 음수이면 정반응이 자발적이다. 그러나 ΔG가 양수이면 정반응은 비자발적이고 실제로 역반응이 자발적이다. 식 18.11을 풀기 위해 Q 값을 올바르게 계산하려면, 정확한 질량 작용 식이 필요하다. 이 반응에 대해 부분 압력의 항으로 나타낸 질량 작용 식은 다음과 같이 Q를 정의한다.

$$Q = \frac{P_{N_2O_4}}{(P_{NO_2})^2}$$

풀이 Q에 대한 질량 작용 식을 이용하면 위 식은 다음과 같이 된다.

$$\Delta G = \Delta G° + RT \ln\left(\frac{P_{N_2O_4}}{(P_{NO_2})^2}\right)$$

그다음, 다음과 같은 자료를 모은다.

$$\begin{aligned} \Delta G°_{298} &= -5.40 \text{ kJ mol}^{-1} & T &= 298 \text{ K} \\ &= -5.40 \times 10^3 \text{ J mol}^{-1} & P_{N_2O_4} &= 0.60 \text{ atm} \\ R &= 8.314 \text{ J mol}^{-1} \text{ K}^{-1} & P_{NO_2} &= 0.25 \text{ atm} \end{aligned}$$

사용하는 기체 상수 R의 에너지 단위와 일치시키기 위해 $\Delta G°$의 에너지 단위를 J로 바꾼 것을 주목하라. 다음 단계는 ΔG 식에 자료를 대입하는 것이다. 반응 지수는 항상 차원이 없는 양이므로 이 계산에서 부분 압력의 단위를 제거하였다.[7] 계산 결과는 다음과 같다.[8]

$$\begin{aligned} \Delta G &= -5.40 \times 10^3 \text{ J mol}^{-1} + (8.314 \text{ J mol}^{-1} \text{ K}^{-1})(298 \text{ K}) \ln\left[\frac{0.60}{(0.25)^2}\right] \\ &= -5.40 \times 10^3 \text{ J mol}^{-1} + (8.314 \text{ J mol}^{-1} \text{ K}^{-1})(298 \text{ K}) \ln(9.6) \\ &= -5.40 \times 10^3 \text{ J mol}^{-1} + (8.314 \text{ J mol}^{-1} \text{ K}^{-1})(298 \text{ K})(2.26) \\ &= -5.40 \times 10^3 \text{ J mol}^{-1} + 5.60 \times 10^3 \text{ J mol}^{-1} \\ &= +2.0 \times 10^2 \text{ J mol}^{-1} \end{aligned}$$

ΔG가 양이므로 정반응은 비자발적이다. 평형에 이르기 위해서는 역반응이 일어나 일부 N_2O_4가 분해될 것이다.

답이 합리적인가? 확인할 간단한 방법은 없다. 그러나 오른쪽 두 항에서 에너지 단위가 같은지 확인할 수 있다. 여기서 R의 단위와 일치시키기 위해 $\Delta G°$의 단위를 J로 바꾼 것을 주목하라. 또한 R의 온도 단위와 일치시키기 위해 온도는 절대 온도로 나타낸 것을 주목하라.

실전 문제 18.26

앞의 예제에서 NO_2의 부분 압력이 0.260 atm이고, N_2O_4의 부분 압력이 0.598 atm일 경우 ΔG를 계산하시오. 이 계는 평형을 기준으로 어느 쪽에 있는가? (**힌트**: 평형에서 이 계의 ΔG는 얼마인가?)

[7] 이 교재의 범위를 넘어서는 이유 때문이기는 하지만, 사실은 반응 지수나 평형 상수를 계산하기 위해 사용하는 질량 작용 식의 양은 비율이다. 부분 압력의 경우, atm 단위로 나타낸 압력은 1 atm으로 나눈 것이고, 농도의 경우, 몰농도를 1 M로 나눈 것이다. 이로 인해 단위가 상쇄되어 Q나 K의 값은 차원이 없는 값이 된다.

[8] 13.4절의 각주에서 설명한 것과 같이, 어떤 물리량의 로그를 취할 경우 그 값의 **소수점 아래** 자릿수는 물리량의 유효 숫자의 개수와 같다. 0.60 atm과 0.25 atm이 모두 2개의 유효 숫자를 가지므로 대괄호 안의 물리량에 로그를 취한 값(2.26)은 소수점 아래 둘째 자리가 되도록 반올림해야 한다.

실전 문제 18.27

예제 18.10에서 NO_2의 부분 압력이 0.60 atm이고, N_2O_4의 부분 압력이 0.25 atm일 경우, 평형에 도달하려면 반응은 어느 방향으로 진행될 것인가?

열역학적 평형 상수의 계산

계가 평형에 도달하면 생성물의 자유 에너지와 반응물의 자유 에너지는 같고 ΔG는 0이 된다는 것을 앞에서 배웠다. 또한 평형에서 반응 지수는 평형 상수와 같다.

$$\text{평형에서} \quad \begin{cases} \Delta G = 0 \\ Q = K \end{cases}$$

이것을 식 18.11에 대입하면 다음과 같다.

$$0 = \Delta G^\circ + RT \ln K$$

위 식을 정리하면 다음과 같이 된다.

도구
열역학적 평형 상수 결정하기

$$\boxed{\Delta G^\circ = -RT \ln K} \tag{18.12}$$

이 식으로부터 계산된 평형 상수 K를 **열역학적 평형 상수(thermodynamic equilibrium constant)**라고 하는데, 기체가 관련된 반응에서는 K_p(atm 단위의 부분 압력)에 해당되고, 용액에서 일어나는 반응에서는 K_c(mol L^{-1} 단위의 몰농도)에 해당된다.[9]

식 18.12를 이용하면 측정이나 계산으로 얻은 ΔG° 값으로부터 평형 상수를 구할 수 있으므로 유용하다. 이미 배운 것처럼 ΔG°는 표에 있는 ΔG_f° 값을 이용하여 Hess 법칙으로 계산할 수 있다. 이 식을 이용하여 측정된 평형 상수로부터 ΔG° 값을 얻을 수도 있다.

예제 18.11 Gibbs 자유 에너지 변화의 계산

흔히 대기 오염과 관련된 갈색 안개는 적갈색 기체인 이산화 질소(NO_2)에 의한 것이다. 자동차 엔진에서 생성된 일산화 질소(NO)의 일부가 공기 중으로 배출되면 산소에 의해 산화되어 NO_2가 된다.

$$2NO(g) + O_2(g) \rightleftharpoons 2NO_2(g)$$

25.00 °C에서 이 반응의 평형 상수 K_p는 1.7×10^{12}이다. 위 반응의 ΔG°를 (**a**) J mol^{-1}, (**b**) kJ mol^{-1} 단위로 구하시오.

분석 평형 상수와 표준 자유 에너지에 관한 식을 이용한다. 해야 할 일은 계산에 필요한 모든 적절한 정보를 모으는 것이다.

도구 모음 표준 자유 에너지 변화(ΔG°)와 평형 상수 사이의 관계는 식 18.12로 나타낸다.

$$\Delta G^\circ = -RT \ln K_p$$

ΔG°를 계산하는 데 필요한 자료는 다음과 같다. 섭씨온도가 소수점 아래 둘째 자리까지 주어졌으므로 절대 온도를 계산할 때 $T_K = t_C + 273.15$를 이용한다.

$$R = 8.314 \text{ J mol}^{-1} \text{ K}^{-1}$$

[9]열역학적 평형 상수의 질량 작용 식에서 기체는 **항상** 부분 압력으로 표현해야 한다. 압력 단위는 ΔG° 자료를 얻을 때 사용한 규칙에 따라 atm이나 bar와 같은 표준 압력 단위를 사용해야 한다. 기체와 용액에 있는 물질이 관련된 불균일 평형에서는 질량 작용 식에 부분 압력(기체)과 몰농도(용액)를 함께 사용할 것이다.

$$T = 298.15\ \text{K}$$
$$K_p = 1.7 \times 10^{12}$$

풀이 (**a**) 이 값들을 식에 대입하면 다음과 같다.

$$\begin{aligned}\Delta G° &= -(8.314\ \text{J mol}^{-1}\ \text{K}^{-1} \times 298.15\ \text{K}) \ln(1.7 \times 10^{12}) \\ &= -(8.314\ \text{J mol}^{-1}\ \text{K}^{-1} \times 298.15\ \text{K}) \times (28.16) \\ &= -6.980 \times 10^4\ \text{J mol}^{-1} \qquad \text{(유효 숫자 4개로)}\end{aligned}$$

(**b**) J을 kJ로 바꾸면 다음과 같다.

$$\Delta G° = -69.80\ \text{kJ mol}^{-1}$$

답이 합리적인가? K_p 값을 보면 평형의 위치가 매우 오른쪽에 놓여 있다는 것을 알 수 있는데, 이는 $\Delta G°$가 절댓값이 큰 음의 값을 가져야 한다는 것을 의미한다. 따라서 답 −69.80 kJ mol^{-1}은 합리적으로 보인다.

해설 이 계산으로 얻은 $\Delta G°$의 단위는 1 mol에 대한(mol^{-1}) 것이다. 이는 반응물과 생성물의 계수가 다른 크기의 양이 아닌 몰을 나타내는 것으로 보고 있다는 것을 상기시켜 준다.

실전 문제 18.28

$N_2(g) + 3H_2(g) \rightleftharpoons 2NH_3(g)$ 반응의 K_p는 25.0℃에서 6.9×10^5이다. 이 반응의 $\Delta G°$를 kJ 단위로 구하시오. (**힌트**: 단위와 유효 숫자에 주의하시오.)

실전 문제 18.29

$NH_4Cl(s) \longrightarrow NH_3(g) + HCl(g)$ 반응에 대하여 표 18.3의 자료를 이용하여 25℃에서의 K_p를 계산하시오.

18.10 결합 에너지

열역학적 자료를 이용하여 평형에서 화학적 계의 성질은 물론 화학 반응의 자발성을 예측하는 것을 알게 되었다. 이와 같은 열역학적 연구의 유용하고 중요한 이점 이외에도 또 다른 이점이 있다. 반응열, 특히 생성열을 공부함으로써 반응하는 물질의 화학 결합에 관한 기본적인 정보를 얻을 수 있다. 화학 반응의 결과로 반응물의 결합과 다른 결합을 갖는 생성물이 얻어지기 때문이다. 생성물의 전체 결합 에너지의 합을 반응물의 전체 결합 에너지의 합과 비교하여 그 차이만큼 잃거나 얻는 열로 나타난다.

결합 에너지(bond energy)는 **화학 결합을 끊어 전기적으로 중성인 조각들을 생성하는 데 필요한 에너지의 양**이라는 것을 기억하라. 화학 반응이 진행되는 동안 반응물 내의 결합이 끊어지고 생성물이 얻어질 때 새로운 결합이 형성되기 때문에 결합 에너지는 화학적 성질을 연구하는 데 유용한 물리량이다. 결합이 끊어지는 첫 번째 단계는 물질의 반응성을 조절하는 인자 중 하나이다. 예를 들어 원소 상태인 질소는 반응성이 매우 낮은데, 이는 일반적으로 N_2의 매우 강한 삼중 결합 때문이다. 이 결합을 간단히 한 단계로 끊는 반응은 일어나지 않는다. N_2가 반응할 때, N_2의 결합 3개가 한 번에 하나씩 단계적으로 끊어지면서 반응한다.

해설 N_2 분자의 결합 에너지가 커서, 질소 산화물의 생성열은 양의 값(흡열 반응)이다.

결합 에너지의 측정

H_2, O_2, Cl_2와 같은 단순한 이원자 분자의 결합 에너지는 대개 **분광학적으로** 측정한다. 불꽃이나 전기 불꽃을 사용하여 분자들을 들뜨게 하면 들뜬 분자들이 빛을 방출한다. 방출된 빛의

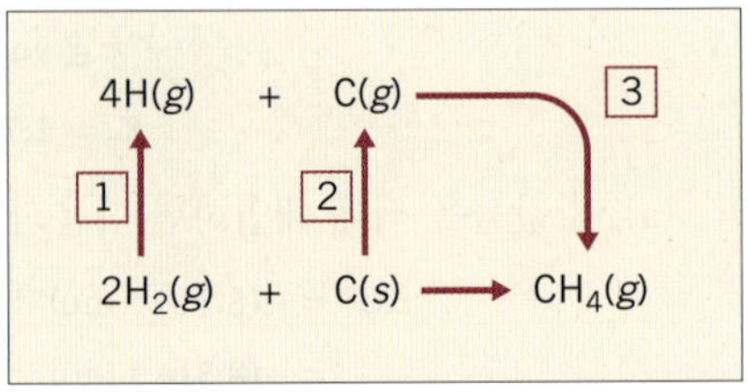

그림 18.18 표준 상태의 원소로부터 메테인이 형성되는 두 가지 경로 본문에서 설명한 것처럼 위 경로의 단계 1, 2, 3은 원소의 기체 원자 형성과 CH_4의 결합 형성에 관련된 것이다. 아래 경로는 표준 상태에서 원소가 직접 결합하여 CH_4를 형성하는 것에 해당하는 경로이다. H는 상태 함수이기 때문에 위 경로의 엔탈피 변화의 합은 아래 경로의 엔탈피 변화(ΔH_f°)와 같아야 한다.

해설 여기에 설명하고 있는 결합의 끊어짐은 결합 전자를 두 원자에 동등하게 나누는 것이다. 기호로 나타내면 다음과 같다.

$$A{:}B \longrightarrow A\cdot + \cdot B$$

스펙트럼을 분석하여 결합을 끊는 데 필요한 에너지의 양을 계산한다.

좀 더 복잡한 분자에 대해서는 열화학적 자료를 이용하여 Hess 법칙과 같은 계산 방법으로 결합 에너지를 계산할 수 있다. 메테인의 표준 생성열을 이용하여 이러한 계산이 어떻게 이루어지는지 알아보자. 그러나 이러한 계산을 하기 전에, 우선 기호 $\Delta H_{원자화}$로 나타내는 **원자화 에너지(atomization energy)**라는 열화학적인 양을 정의해야 한다. 이는 1 mol의 기체 분자에 있는 모든 화학 결합을 끊어 생성물로 기체 상태의 원자들을 만드는 데 필요한 에너지의 양이다. 예를 들어 메테인의 원자화 반응은 다음과 같다.

$$CH_4(g) \longrightarrow C(g) + 4H(g)$$

이 과정의 엔탈피 변화가 $\Delta H_{원자화}$이다. 이 특정 분자의 $\Delta H_{원자화}$는 1 mol의 CH_4에 있는 모든 C—H 결합을 끊는 데 필요한 에너지의 양에 해당된다. 따라서 메테인의 $\Delta H_{원자화}$를 4로 나누면 kJ mol^{-1} 단위로 나타낸 평균 C—H 결합 에너지가 된다.

그림 18.18은 표준 생성열 ΔH_f°를 이용하여 원자화 에너지를 계산하는 방법을 보여 준다. 아래 경로에 원소로부터 CH_4가 형성되는 화학 반응식이 나타나 있다.

물론 이 반응의 엔탈피 변화는 ΔH_f°이다. 이 그림에서 $CH_4(g)$를 형성하는 또 다른 3단계 경로도 볼 수 있다. 첫 번째 단계는 H_2 분자의 H—H 결합이 끊어져서 기체 상태 수소 원자를 생성하는 단계이고, 두 번째 단계는 고체 탄소가 승화하여 기체 상태 탄소 원자를 생성하는 단계이며, 세 번째 단계는 기체 원자들이 결합하여 CH_4 분자를 형성하는 단계이다. 이 변화들은 그림에서 1, 2, 3으로 표시되어 있다.

해설 기체 상태 원자의 표준 생성열에 대한 더 많은 자료가 정리된 표는 부록 C에 있다.

$\Delta H = H_{최종} - H_{초기}$, 즉 상태 함수의 차이이므로, 한 상태에서 다른 상태로의 알짜 엔탈피 변화는 취해진 경로와 관계없이 같다. 이는 위 경로를 따른 엔탈피 변화의 합은 아래 경로를 따른 엔탈피 변화 ΔH_f°와 같아야 된다는 것을 의미한다. 위 경로에 따른 변화를 열화학적 반응식으로 나타내어 Hess 법칙에 따라 계산하면 더 쉽게 알 수 있다.

표 18.4 표준 상태의 원소에서 기체 상태 원자가 될 때, 몇 가지 기체에 대한 표준 생성열

원자	원자의 몰당 ΔH_f° (kJ mol^{-1})[a]
H	217.89
Li	161.5
Be	324.3
B	560
C	716.67
N	472.68
O	249.17
S	276.98
F	79.14
Si	450
P	332.2
Cl	121.47
Br	112.38
I	107.48

[a]원소로부터 기체 원자가 형성되는 것은 결합이 끊어지는 흡열 반응이기 때문에 모든 값은 양수이다.

단계 1과 단계 2는 **기체 원자의 표준 생성열**(standard heat of formation of gaseous atom)이라는 엔탈피 변화를 나타낸다. 이 물리량에 대한 값은 많은 원소에 대해 측정되어 있고, 일부는 **표 18.4**에 주어져 있다. 단계 3은 원자화의 역반응이므로 이 반응의 엔탈피 변화는 $\Delta H_{원자화}$에 음의 부호를 붙인 값이 될 것이다(역반응이면 ΔH의 부호를 바꾼다는 것을 기억하라).

(단계 1)	$2H_2(g) \longrightarrow 4H(g)$	$\Delta H_1^\circ = 4\Delta H_{f\,H(g)}^\circ$
(단계 2)	$C(s) \longrightarrow C(g)$	$\Delta H_2^\circ = \Delta H_{f\,C(g)}^\circ$
(단계 3)	$4H(g) + C(g) \longrightarrow CH_4(g)$	$\Delta H_3^\circ = -\Delta H_{원자화}$
	$2H_2(g) + C(s) \longrightarrow CH_4(g)$	$\Delta H^\circ = 4\Delta H_{f\,CH_4(g)}^\circ$

처음 3개의 반응식을 합하면 $C(g)$와 $4H(g)$는 소거되고, 표준 상태에 있는 원소로부터 CH_4가 형성되는 반응식이 얻어진다는 점을 주목하라. 이는 처음 3개의 반응식의 ΔH° 값을 더하면 CH_4의 ΔH_f°가 얻어지는 것을 의미한다.

$$\Delta H_1^\circ + \Delta H_2^\circ + \Delta H_3^\circ = \Delta H_{f\,CH_4(g)}^\circ$$

ΔH_1°, ΔH_2°, ΔH_3°를 대입하여 $\Delta H_{원자화}$에 대하여 풀어보자. 우선 ΔH° 값에 대입하면,

$$4\Delta H^\circ_{f\,H(g)} + \Delta H^\circ_{f\,C(g)} + (-\Delta H_{원자화}) = \Delta H^\circ_{f\,CH_4(g)}$$

그 다음 $(-\Delta H_{원자화})$에 대해 풀면

$$-\Delta H_{원자화} = \Delta H^\circ_{f\,CH_4(g)} - 4\Delta H^\circ_{f\,H(g)} - \Delta H^\circ_{f\,C(g)}$$

부호를 바꾸고 식의 오른쪽을 재배열하면

$$\Delta H_{원자화} = 4\Delta H^\circ_{f\,H(g)} + \Delta H^\circ_{f\,C(g)} - \Delta H^\circ_{f\,CH_4(g)}$$

이제 오른쪽에 나타낸 물질에 대한 ΔH_f°의 값들이 필요하다. 표 18.4에서 $\Delta H^\circ_{fH(g)}$와 $\Delta H^\circ_{fC(g)}$ 값을, 표 6.2에서 $\Delta H^\circ_{fCH_4(g)}$ 값을 얻을 수 있다. 이 값들을 0.1 kJ/mol까지 반올림하여 사용한다.

$$\Delta H_{f\,H(g)} = +217.9\ \text{kJ/mol}$$
$$\Delta H^\circ_{f\,C(g)} = +716.7\ \text{kJ/mol}$$
$$\Delta H^\circ_{f\,CH_4(g)} = -74.8\ \text{kJ/mol}$$

이 값들을 대입하면 $\Delta H_{원자화}$가 얻어진다.

$$\Delta H_{원자화} = 1663.1\ \text{kJ/mol}$$

이 값을 4로 나누면 이 분자의 평균 C−H 결합 에너지의 추정값이 얻어진다.

$$\text{결합 에너지} = \frac{1663.1\ \text{kJ/mol}}{4}$$
$$= \text{C—H 결합에 대하여}\ \ 415.8\ \text{kJ/mol}$$

이 값은 **표 18.5**에 있는 많은 다른 화합물로부터 구한 평균 C−H 결합 에너지 값과 매우 비슷하다. 표 18.5에 있는 다른 결합 에너지들도 열화학적 자료를 기반으로 유사한 계산으로 얻은 것이다.

표 18.5 몇 가지 평균 결합 에너지

결합	결합 에너지 (KJ mol^{-1})	물질	결합 에너지 (KJ mol^{-1})
C—C	348	C—Br	276
C═C	612	C—I	238
C≡C	960	H—H	436
C—H	412	H—F	565
C—N	305	H—Cl	431
C═N	613	H—Br	366
C≡N	890	H—I	299
C—O	360	H—N	388
C═O	743	H—O	463
C—F	484	H—S	338
C—Cl	338	H—Si	376

생성열의 추정

많은 다른 화합물에서 같은 종류의 공유 결합의 결합 에너지가 거의 같다는 것은 놀라운 일이다. 이는 예를 들어 C_3H_6, $C_{15}H_{32}$나 C−H 결합을 포함하는 수많은 다른 화합물에서와 같이 CH_4에서 C−H 결합은 거의 같다는 것을 의미한다.

결합 에너지는 화합물에 따라 크게 달라지지 않으므로, 표에 있는 결합 에너지를 이용하여 물질들의 생성열을 추정할 수 있다. 예를 들어, 기체 상태의 메틸 알코올[$CH_3OH(g)$]의 표준 생성열을 계산해 보자. 메탄올의 구조식은 다음과 같다.

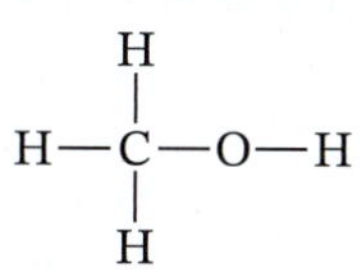

계산을 위하여 **그림 18.19**에 나타낸 것과 같이, 원소로부터 화합물이 생성되는 두 가지 경로를 설정한다. 아래 경로는 $\Delta H^\circ_{fCH_3OH(g)}$에 해당하는 엔탈피 변화가 있는 경로이고, 위 경로는 기체 원자들이 분자에서 결합을 형성할 때 방출되는 에너지를 따라가는 경로이다. 위 경로의 에너지는 표 18.5에 있는 결합 에너지를 이용하여 계산할 수 있다. 앞에서와 같이, 위 경로를 따른 엔탈피 변화의 합

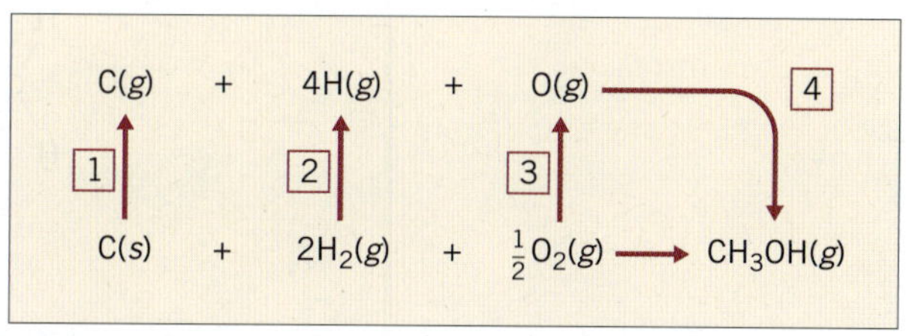

그림 18.19 표준 상태의 원소로부터 기체 상태 메틸 알코올이 형성되는 두 가지 경로 각 경로에 대해 본문에서 설명하고 있다.

은 아래 경로에 따른 엔탈피 변화와 같아야 하므로 $\Delta H^\circ_{\mathrm{f\,CH_3OH}(g)}$를 계산할 수 있다.

단계 1, 2, 3은 원소로부터 기체 원자가 형성되는 단계이며, 각 단계의 엔탈피 변화 값은 표 18.4에서 얻을 수 있다.

$$\Delta H^\circ_1 = \Delta H^\circ_{\mathrm{f\,C}(g)} = 1\ \mathrm{mol} \times 716.7\ \mathrm{kJ/mol} = 716.7\ \mathrm{kJ}$$

$$\Delta H^\circ_2 = 4\Delta H^\circ_{\mathrm{f\,H}(g)} = 4\ \mathrm{mol} \times (217.9\ \mathrm{kJ/mol}) = 871.6\ \mathrm{kJ}$$

$$\Delta H^\circ_3 = \Delta H^\circ_{\mathrm{f\,O}(g)} = 1\ \mathrm{mol} \times (249.2\ \mathrm{kJ/mol}) = 249.2\ \mathrm{kJ}$$

이 값들의 합 +1837.5 kJ은 처음 세 단계에 투입된 전체 에너지(알짜 ΔH°)이다.

원자가 공유 결합을 형성할 때 **항상 에너지가 방출**되기 때문에 기체 원자로부터 CH_3OH 분자가 형성되는 과정은 발열 반응이다. 이 분자에는 3개의 C—H 결합, 1개의 C—O 결합, 1개의 O—H 결합이 있다. 결합 형성으로 방출되는 에너지는 표 18.5로부터 얻은 이들의 결합 에너지와 같다.

결합	에너지(kJ)
3(C—H)	3 × (412) = 1236
C—O	360
O—H	463

이 값들을 모두 합하면 2059 kJ이 된다. 따라서 그림 18.19의 단계 4에 대한 엔탈피(ΔH°_4)는 −2059 kJ(결합 형성이 발열 반응이므로)이다. 이제 위 경로에 대한 전체 엔탈피 변화를 계산할 수 있다.

$$\Delta H^\circ = (+1837.5\ \mathrm{kJ}) + (-2059\ \mathrm{kJ})$$
$$= -222\ \mathrm{kJ}$$

이 값은 $CH_3OH(g)$의 ΔH°_f와 같게 계산되어야 한다. 이 값을 기체 상태 CH_3OH 분자에 대해 실험적으로 구한 ΔH°_f 값 −201 kJ/mol과 비교해 보자. 얼핏 보기에는 잘 맞지 않는 것 같지만 상대적으로 보면 계산값(−222 kJ)과 실험값의 차이는 단지 약 10%에 지나지 않는다.

예제 18.12 반응 엔탈피의 계산

표 18.5의 결합 에너지 자료를 이용하여 다음 반응의 엔탈피를 계산하시오.

$$C_2H_4(g) + H_2(g) \longrightarrow C_2H_6(g)$$

분석 이 문제에서는 첨가 반응이 일어나는 동안 몇 개의 결합이 끊어지고 몇 개의 결합이 형성되는지 고려해야 한다. 결합이 끊어질 때 에너지를 흡수하고, 결합이 형성될 때 에너지를 방출하는 것을 알고 있으므로 표 18.5에 주어진 결합 에너지를 이용하여 반응 엔탈피를 계산할 수 있다.

도구 모음 반응을 도식으로 나타낼 수 있다.

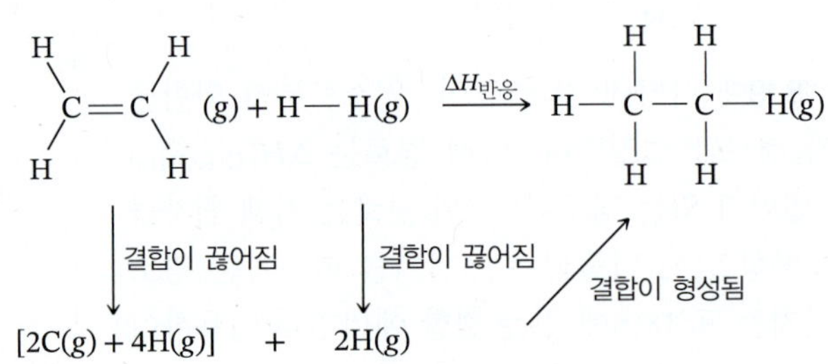

표 18.5의 자료를 이용하여 다음과 같이 표준 결합 에너지를 찾는다.

C—C	348 kJ mol^{-1}
C=C	612 kJ mol^{-1}
C—H	412 kJ mol^{-1}
H—H	436 kJ mol^{-1}

그런 다음, 결합 에너지를 이용하여 반응에 대한 $\Delta H_{반응}$을 계산한다.

풀이 반응 엔탈피($\Delta H_{반응}$)는 반응이 일어나는 동안 흡수되거나 방출된 에너지의 양을 의미한다.

우선, 반응물의 결합을 끊는 데 필요한 전체 에너지를 계산한다.

1개의 C=C 결합이 끊어짐 $= 1 \times 612$ kJ $mol^{-1} = 612$ kJ mol^{-1}

4개의 C−H 결합이 끊어짐 $= 4 \times 412$ kJ $mol^{-1} = 1648$ kJ mol^{-1}

1개의 H−H 결합이 끊어짐 $= 1 \times 436$ kJ $mol^{-1} = 436$ kJ mol^{-1}

필요한 전체 에너지 = +2696 kJ mol^{-1}(에너지 흡수로 양의 값)

이제, 생성물의 결합을 형성되기 위하여 방출하는 전체 에너지를 계산한다.

1개의 C−C 결합이 형성됨 $= 1 \times 348$ kJ $mol^{-1} = 348$ kJ mol^{-1}

6개의 C−H 결합이 형성됨 $= 6 \times 412$ kJ $mol^{-1} = 2472$ kJ mol^{-1}

방출된 전체 에너지 = −2820 kJ mol^{-1}(에너지 방출로 음의 값)

따라서 $\Delta H_{반응}$ = 방출된 전체 에너지 + 흡수된 전체 에너지

$\Delta H_{반응} = -2820$ kJ $mol^{-1} + 2696$ kJ $mol^{-1} = -124$ kJ mol^{-1}

답이 합리적인가? 결합 에너지를 이용하여 계산된 $\Delta H_{반응}$ 값은 −124 kJ mol^{-1}이다. 표 C.2에 값이 주어진 화합물의 형성 엔탈피를 이용하여 계산된 $\Delta H^\circ_{반응}$은 약 −137 kJ mol^{-1}이다. 두 값이 크게 차이가 나지 않으므로 답은 합리적이다.

실전 문제 18.30

기체 상태 1-프로판올($CH_3CH_2CH_2OH$)과 2-브로모뷰테인($CH_3CHBrCH_2CH_3$)의 생성열을 계산하시오(**힌트**: 결합 형성은 발열 반응임을 기억하시오).

실전 문제 18.31

기체 상태 사이클로헥세인(C_6H_{12})의 생성열을 계산하시오. 사이클로헥세인은 6개의 탄소가 고리를 형성하고, 각 탄소에 2개의 수소가 결합하고 있는 화합물이다. 벤젠(C_6H_6)에 대해서도 생성열을 계산하시오(벤젠의 구조는 8.8절 참조).

종합 화학 예제

부록 C2의 표와 더불어 6장과 18장에 있는 적절한 표를 이용하여 *n*-뷰테인의 연소 반응에 대한 Gibbs 자유 에너지(ΔG°), 엔탈피(ΔH°), 엔트로피(ΔS°), 평형 상수(K_{eq})를 계산하는 데 필요한 자료를 찾으시오. 450 K의 온도에서 이 값들을 계산하시오. 계산된 값을 사용하여 이 반응에서 엔트로피가 증가하는지, 반응이 자발적인지 비자발적인지, 발열 반응인지 흡열 반응인지를 결정하시오.

분석 *n*-뷰테인의 연소에 대한 정보가 필요하다. 따라서 첫 번째로 해야 할 일은 균형 화학 반응식을 쓰는 것이다. 그런 다음 적절한 식과 기법을 이용하여 450 K에서 ΔG°, ΔH°, ΔS°, K_{eq}를 계산해야 한다. 마지막으로, 계산된 값을 기반으로 결론을 얻는다.

도구 모음 **Part 1**에서는 4장에서 배운 것을 토대로 화학식 쓰는 법과 연소 반응의 균형을 맞추는 기술이 필요하다. **Part 2**에는 반응열(엔탈피) 계산(6장에서 배움)과 이 장에서 배운 이 반응에 대한 Gibbs 자유 에너지, 엔트로피, 평형 상수 계산이 모두 포함된다.

Part 1

풀이 이 반응은 연소 반응이므로 반응물에는 *n*-뷰테인(C_4H_{10})과 산소(O_2), 생성물에는 이산화탄소(CO_2)와 물(H_2O)에 대한 화학식이 필요하다. 화학식만 나타낸 반응식은 다음과 같다.

$$C_4H_{10} + O_2 \longrightarrow CO_2 + H_2O$$

탄소는 $4CO_2$와 균형을 이루고, 수소는 $5H_2O$와 균형을 이룬다.

$$C_4H_{10} + O_2 \longrightarrow 4CO_2 + 5H_2O$$

생성물에 13개의 산소 원자가 있으므로 반응물에 6.5개의 O_2 분자가 있어야 한다.

$$C_4H_{10} + 6.5O_2 \longrightarrow 4CO_2 + 5H_2O$$

모든 계수에 2를 곱하여 모두 정수로 만든다.

$$2C_4H_{10}(g) + 13O_2(g) \longrightarrow 8CO_2(g) + 10H_2O(g)$$

Part 2

풀이 $\Delta G°$, $\Delta H°$, $\Delta S°$에 대한 열역학적 값을 얻기 위해 부록 C2의 표에 있는 값(아래 표에 요약됨)에 Part 1에서 얻은 각 화합물에 대한 화학량론적 계수를 곱한다. 모든 생성물의 생성열의 합에서 모든 반응물의 생성열의 합을 뺀다.

	$2C_4H_{10}(g)$	+	$13O_2(g)$	$\longrightarrow$	$8CO_2(g)$	+	$10H_2O(g)$
ΔH_f°	−126		0		−393.5		−241.8
ΔG_f°	−17		0		−394.4		−228.6
ΔS_f°	310.2		205		213.6		188.7

엔탈피는 다음과 같이 계산된다.

$$\Delta H^\circ_{\text{반응}} = (\text{모든 생성물의 } \Delta H_f^\circ\text{의 합}) - (\text{모든 반응물의 } \Delta H_f^\circ\text{의 합})$$

$$\Delta H^\circ = \{(8)(\Delta H^\circ_{f\,CO_2}) + (10)(\Delta H^\circ_{f\,H_2O})\} - \{(2)(\Delta H^\circ_{f\,C_4H_{10}}) + (13)(\Delta H^\circ_{f\,O_2})\}$$

$$\Delta H^\circ = \{(8)(-393.5\text{ kJ}) + (10)(-241.8\text{ kJ})\} - \{(2)(-126\text{ kJ}) + (13)(0)\}$$

$$\Delta H^\circ = (-5566\text{ kJ}) - (-252\text{ kJ}) = -5{,}314\text{ kJ}$$

다음으로 $\Delta S^\circ_{\text{반응}}$을 계산한다.

$$\Delta S^\circ = \{(8)(\Delta S^\circ_{f\,CO_2}) + (10)(\Delta S^\circ_{f\,H_2O})\} - \{(2)(\Delta S^\circ_{f\,C_4H_{10}}) + (13)(\Delta S^\circ_{f\,O_2})\}$$

$$\Delta S^\circ = \{(8)(213.6\text{ J/K}) + (10)(188.7\text{ J/K})\} - \{(2)(310.2\text{ J/K}) + (13)(205\text{ J/K})\}$$

$$\Delta S^\circ = (3595.8\text{ J/K}) - (3285.4\text{ J/K}) = 310.4\text{ J/K}$$

Gibbs 자유 에너지에 대해서도 유사한 계산을 수행할 수 있지만, 298 K의 결과만 얻어진다. 방금 계산한 $\Delta H°$와 $\Delta S°$ 값을 사용하여 Gibbs 자유 에너지를 계산할 수 있다. 기본 식은 다음과 같다.

$$\Delta G^\circ = \Delta H^\circ - T\Delta S^\circ$$

앞에서 계산한 엔탈피와 엔트로피를 입력하면 식은 다음과 같다.

$$\begin{aligned}\Delta G^\circ &= -5314\text{ kJ} - (450\text{ K})(310.4\text{ J/K}) \\ &= -5314\text{ kJ} - 139.68\text{ kJ} \\ &= -5754\text{ kJ}\end{aligned}$$

마지막으로 평형 상수와 $\Delta G°$의 관계는 다음 식과 같다.

$$\Delta G° = -RT\ln K$$
$$\ln K = -\Delta G°/RT = 5754 \times 1000/[(8.314)(450)] = 1538$$

수학적으로 자연로그의 값을 2.303으로 나누어 자연로그를 밑이 10인 로그로 변환할 수 있다. 즉, $\ln K/2.303 = \log K$이다. 그렇게 하면 다음과 같이 얻어진다.

$$\log K = 667.8$$
$$K = 10^{667.8} = 10^{0.8} \times 10^{667}$$

$10^{0.8}$의 값은 6.3이므로 K의 값은 다음과 같다.

$$K = 6.3 \times 10^{667}$$

계산 결과, K는 매우 크다.

답이 합리적인가? 이 장에서 설명한 정성적인 관계와 수치로 나온 답변을 연관시켜 볼 수 있다. 뷰테인은 쉽게 점화되고 많은 열을 발생시키는 연료라는 것을 알고 있다. 따라서 엔탈피 계산은 합리적으로 보인다. 뷰테인의 연소 반응에서 15 mol의 기체 분자가 18 mol의 기체 분자를 생성하기 때문에 합리적으로 엔트로피는 크게 증가될 것으로 예상되고 계산값도 그렇게 얻어졌다. 또한 뷰테인이 연소될 때 반응물이 남는 것을 본 적이 없다. 반응은 정반응 쪽으로 완결될 것으로 예상된다. Gibbs 자유 에너지가 절댓값이 큰 음수 값인 것과 계산된 평형 상수가 매우 큰 것도 우리의 예상을 뒷받침한다. 열역학적 변수의 추정값과 계산값을 연관 짓는 방법을 배웠다.

종합 화학 문제

A. 엔탈피의 변화는 일정한 압력에서의 반응열이다. 물에 대한 몇 가지 필요한 자료를 아래 표에 나타내었다. 물이 녹을 때의 몰 엔탈피 변화가 물이 끓을 때의 몰 엔탈피 변화보다 작은 이유를 설명하시오. 또한 액체 상태 물의 비열이 고체 상태 물이나 수증기의 비열보다 큰 이유는 무엇인가? 상태 변화가 얼음, 물, 증기를 가열하는 것보다 더 많은 에너지를 필요로 하는 이유는 무엇인가?

ΔH (kJ mol^{-1})	반응
6.070	$H_2O(s) \longrightarrow H_2O(l)$
40.660	$H_2O(l) \longrightarrow H_2O(g)$
s (J g^{-1} °C^{-1})	**비열**
36.72	얼음
75.32	물
35.97	수증기

B. 문제 A에서 얻은 정보를 이용하여 각 상(고체, 액체, 기체)에서 물 분자의 인력과 운동을 설명하고, 온도가 −20°C에서 120°C로 증가하면서 계가 한 가지 상에서 다른 상으로(고체에서 액체로, 액체에서 증기로) 바뀔 때 어떤 일이 일어나는지 설명하시오.

C. 태평양 해류(Pacific Current)와 멕시코만 만류(Gulf Stream)는 무엇인가? 열역학과 이러한 현상은 어떤 관련이 있는가?

D. 북반구에서 기상 체계는 서쪽에서 동쪽으로 이동하는 경향이 있다. 지구본을 잠깐 살펴보면 많은 대륙이 목초 지대는 녹색으로, 건조 지대는 갈색으로 칠해진 육지로 되어 있음을 알 수 있다. 열역학을 이용하여 목초 지대는 항상 산맥의 서쪽에서 위치하고 사막은 동쪽에 위치한다는 가설을 세우시오.

E. 6장과 18장에 있는 원리를 이용하여 다음 반응에 대한 Gibbs 자유 에너지($\Delta G°$), 엔탈피($\Delta H°$), 엔트로피($\Delta S°$), 평형 상수의 상대적 크기를 추정하시오.

$$2Na(s) + 2H_2O(l) \longrightarrow H_2(g) + 2NaOH(aq)$$
$$HCl(aq) + NaHCO_3(aq) \longrightarrow NaCl(aq) + H_2O(l) + CO_2(g)$$
$$2NO_2(g) \rightleftharpoons N_2O_4(g)$$

마지막으로, 이 반응들은 자발적인지 비자발적인지, 발열 반응인지 흡열 반응인지 예상하시오. 얻은 결론을 설명하시오.

F. 다음 세 가지 물질 중 충분한 산소 속에서 연소될 때 g당 가장 높은 최대 일을 제공하는 것은 무엇인가?

CH_4, C_8H_{18}, C

G. 화학 수업을 듣지 않은 사람이 학생에게 실온에서 물을 수소와 산소로 분해시키는 촉매 관련 벤처 기업에 투자할 기회를 제안한다. 이 아이디어에 투자를 권고하거나 권고하지 않을 이유를 설명하시오.

H. 공–막대 모형과 선 구조로 주어진 C_6H_{14}의 세 이성질체인 *n*-헥세인, 2-메틸펜테인, 2,2-다이메틸뷰테인의 구조를 고려하여, 엔트로피가 증가하는 순서로 이성질체를 배열하시오. 이유를 설명하시오.

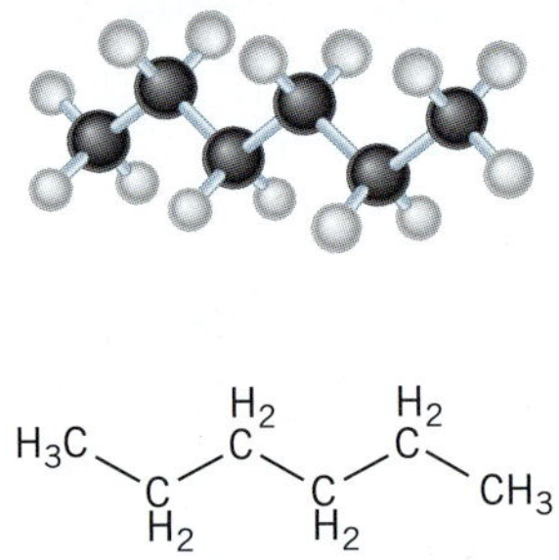

n-헥세인

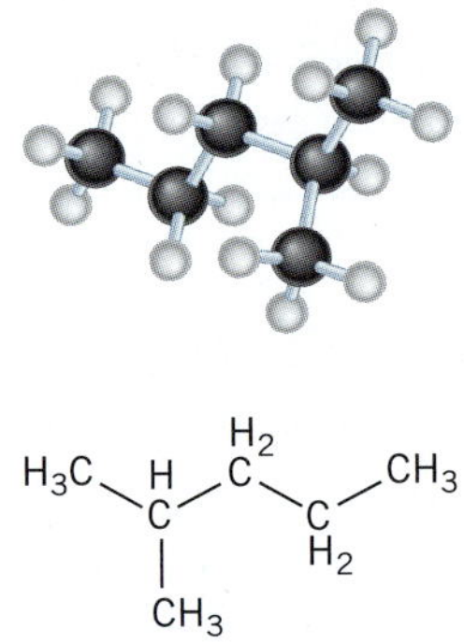

2-메틸펜테인

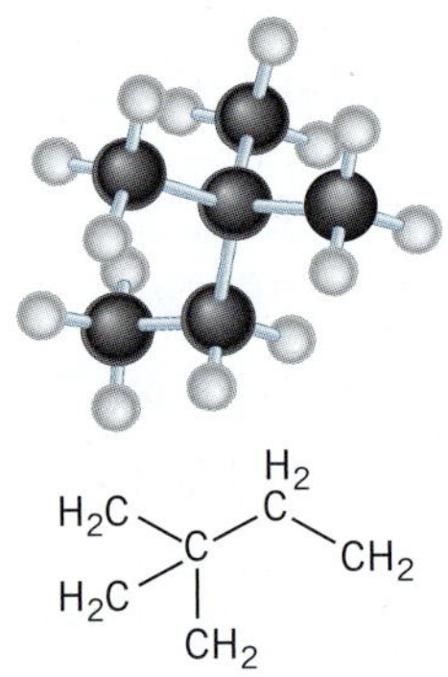

2,2-다이메틸뷰테인

요약

학습 목표별 정리함

열역학 제1법칙을 기술하고 에너지 변화와 엔탈피 변화의 차이를 설명할 수 있다.

열역학 제1법칙은, 계의 **내부 에너지** 변화(ΔE)는 계가 흡수한 열(q)과 계에 행해진 일(w)의 합과 같다는 것을 기술한다. 압력–부피의 일에서 $w = -P\Delta V$인데, 여기서 P는 외부 압력이고, $\Delta V = V_{최종} - V_{초기}$이다. 일정 부피에서의 반응열($q_v$)은 ΔE와 같으며, 일정 압력에서의 반응열(q_p)은 ΔH와 같다. ΔH 값은 일정한 대기압에서 변화가 일어날 때, 대기를 밀어내며 소비한 일만큼 ΔE와 차이가 난다. 화학 반응인 경우, $\Delta H = \Delta E + \Delta n_{기체}RT$이며, 여기에서 $\Delta n_{기체}$는 반응물에서 생성물로 변할 때 기체의 몰수 변화이다.

자발적 변화의 방향이 의미하는 것을 설명할 수 있다.

자발적 변화는 외부의 도움 없이 일어나는 반면, 비자발적 변화는 계속적인 외부의 도움이 필요하며 다른 자발적인 과정과 연결되고 수반되는 경우에만 일어날 수 있다.

화학 반응에서 엔트로피의 크기와 엔트로피 변화의 부호에 영향을 주는 인자들을 설명할 수 있다.

자발성은 통계적 확률과 관련되어 있다. 즉 자발적인 과정은 확률이 낮은 상태에서 확률이 높은 상태로 진행하려는 경향이 있다. 상태의 확률과 관련된 열역학적 양은 **엔트로피**(S)이다. 엔트로피는 상태가 실현될 수 있는 에너지적으로 동등한 방식의 수, 즉 미시 상태의 수(W)를 측정하는 상태 함수이다. 일반적으로 액체의 엔트로피는 고체보다 약간 더 높고, 기체의 엔트로피는 액체보다 훨씬 더 높다. 기체의 부피와 온도가 증가하면 엔트로피는 증가한다. 화학 반응에서 분자의 수가 증가하면 엔트로피가 증가하는 경향이 있다.

엔트로피를 이용하여 열역학 제2법칙을 기술하고 Gibbs 자유 에너지의 중요성을 설명할 수 있다.

열역학 제2법칙은 자발적인 변화가 일어날 때 우주(계와 주위)의 엔트로피는 항상 증가한다는 것을 말해 준다.

Gibbs 자유 에너지(G)는 상태 함수이며 그 변화(ΔG)를 이용하여 화학적 변화 또는 물리적 변화의 자발성에 대한 엔탈피와 엔트로피 변화의 복합적인 영향을 평가할 수 있다. 계의 자유 에너지가 감소하면(ΔG가 음의 값이면), 그 변화는 반드시 자발적이다. ΔH와 ΔS가 같은 부호를 가질 때, 온도가 자발성을 결정하는 핵심 인자로 작용한다.

열역학 제3법칙과 표준 생성 엔트로피의 연관성을 설명할 수 있다.

열역학 제3법칙: 절대 0도(0 K)에서 순수한 결정성 물질의 엔트로피는 0이다. 25 °C, 1 atm을 기준으로 계산한 표준 엔트로피($S°$, 표 18.2)를 이용하여 화학 반응의 $\Delta S°$를 계산할 수 있다.

표준 자유 에너지 변화를 계산할 수 있다.

25 °C, 1 atm에서 측정한 ΔG 값을 **표준 자유 에너지 변화**($\Delta G°$)라 한다. Hess 법칙을 이용하면 **표준 생성 자유 에너지**($\Delta G_f°$)를 이용하여 화학 반응에 대한 $\Delta G°$를 구할 수 있다.

Gibbs 자유 에너지 변화와 반응에서 생기는 최대 에너지의 관계를 설명할 수 있다.

어떤 계에서 ΔG 값은 유용한 일의 형태로 얻을 수 있는 에너지의 최대량과 같고, 그 값은 변화가 **가역 과정**으로 일어날 때만 얻을 수 있다. 모든 실제 변화는 비가역적이기 때문에 항상 이론적으로 얻을 수 있는 것보다 적은 일을 얻게 되며, 나머지는 열로 손실된다.

Gibbs 자유 에너지 변화와 평형 위치의 관계를 설명할 수 있다.

계가 평형에 도달하면 $\Delta G = 0$이 되고, 계로부터 유용한 일을 얻을 수 없다. 상변화의 경우(예를 들면 고체 $\rightleftharpoons$ 액체), $\Delta S = \Delta H/T$ 식으로 ΔS와 ΔH의 관계를 나타낼 수 있다. 여기에서 T는 두 상이 평형을 이루고 있는 온도이다.

화학 반응에서 평형은 순수한 반응물과 생성물 사이에 있는 자유 에너지 곡선의 최솟값에서 이루어진다. 평형 혼합물의 조성은 반응물 ⟶ 생성물 축을 따라 가면서 최솟값이 위치한 곳에서 결정된다. 즉 자유 에너지의 최솟값이 생성물 가까이에 있으면 반응물에 비해 생성물의 비율이 커지고, 반응은 완결되는 방향으로 진행된다.

$\Delta G°$가 절댓값이 큰 음의 값을 갖는 반응은 평형에 도달했을 때 생성물이 많이 생성되기 때문에 자발적으로 일어나는 것으로 보인다. $\Delta G°$가 큰 양의 값을 갖는 경우에는 극히 적은 양의 생성물이 형성되기 때문에 반응을 관찰하는 것은 어렵다.

평형 상수로부터 Gibbs 자유 에너지 변화를 구하는 방법을 제시할 수 있다.

반응의 자발성은 ΔG(농도의 변화에 따른 자유 에너지 변화)에 의해 결정된다. 이것은 표준 자유 에너지 변화($\Delta G°$)와 $\Delta G = \Delta G° + RT \ln Q$의 관계를 갖는다. 여기서 Q는 계의 반응 지수이다. 평형에서 $\Delta G° = -RT \ln K$이다. 기체 반응의 경우 $K = K_p$이고, 용액 반응인 경우 $K = K_c$이다.

엔탈피를 이용하여 결합 에너지를 정의할 수 있다.

결합 에너지는 결합을 끊어 중성 조각을 만드는 데 필요한 에너지의 양이다. 한 분자의 모든 결합 에너지의 합은 **원자화 에너지**($\Delta H_{원자화}$)이고, 몰 개념으로 표현하면 1 mol의 분자를 각각의 원자로 분해하는 데 필요한 에너지이다. 기체 화합물의 생성열은 물질에서 발견되는 원소의 원자들을 생성시키는 데 필요한 에너지의 합에 원자화 에너지의 부호를 바꾼 값을 더해 준 것과 같다.

문제 풀이를 위한 도구

도구 다음과 같은 도구들이 이 장에서 도입되었다. 이들을 주의 깊게 공부하면 필요할 때 적절한 도구를 선택할 수 있다.

ΔE와 ΔH의 변환(18.1절)

$$\Delta H = \Delta E + \Delta n_{기체} RT$$

엔트로피에 영향을 주는 인자(18.3절)

- **부피**: 부피가 증가하면 엔트로피가 증가한다.
- **온도**: 온도가 증가하면 엔트로피가 증가한다.
- **물리적 상태**: $S_{기체} \gg S_{액체} > S_{고체}$. 기체가 형성되는 반응의 ΔS는 거의 항상 양이다.
- **입자의 수**: 입자들의 수가 증가할 때 엔트로피는 증가한다.

Gibbs 자유 에너지(18.4절)

$$\Delta G = \Delta H - T\Delta S$$

ΔG를 이용한 자발성 예측(18.4절)

- ΔG가 0보다 작으면 반응은 자발적이다.
- ΔG가 0보다 크면 반응은 비자발적이다.

표준 엔트로피 변화(18.5절)

$$\Delta S° = (\text{생성물의 } S°\text{의 합}) - (\text{반응물의 } S°\text{의 합})$$

$\Delta H°$와 $\Delta S°$로부터 $\Delta G°$ 계산하기(18.6절)

$$\Delta G° = \Delta H° - (298.15\ \text{K})\Delta S°$$

$\Delta G_f°$ 값을 이용한 $\Delta G°$ 계산하기(18.6절)

$$\Delta G° = (\text{생성물의 } \Delta G_f°\text{의 합}) - (\text{반응물의 } \Delta G_f°\text{의 합})$$

$\Delta G°$를 이용하여 평형의 위치 결정하기(18.8절)

- $\Delta G°$가 큰 양의 값일 때: 평형의 위치는 반응물 쪽에 가깝다.
- $\Delta G°$가 절댓값이 큰 음의 값일 때: 평형의 위치는 생성물 쪽에 가깝다.
- $\Delta G° = 0$일 때: 평형의 위치는 반응물과 생성물 중간 정도에 있다.

25 °C가 아닌 온도에서 $\Delta G°$ 계산하기(18.8절)

$$\Delta G_T° \approx \Delta H_{298}° - T\Delta S_{298}°$$

반응 지수와 ΔG의 관계(18.9절)

$$\Delta G = \Delta G° + RT \ln Q$$

- ΔG가 음의 값이면, 반응의 정반응이 자발적이다.

- ΔG가 양의 값이면, 반응의 역반응이 자발적이다.
- $\Delta G = 0$이면, 반응은 평형 상태이다.

열역학적 평형 상수 결정하기(18.9절)

$$\Delta G^\circ = -RT \ln K$$

쌍으로 구성된 복습 문제 중 청색 번호를 가진 문제의 해답은 부록 B에 수록하였다. 난이도가 높은 문제는 별표(*)로 표시하였다.

복습 질문

열역학 제1법칙

18.1 **열역학**이라는 용어를 설명하시오.

18.2 열역학 제1법칙을 스스로 설명해 보시오. 열과 일의 항으로 내부 에너지의 변화를 정의하는 식은 무엇인가? 부호의 의미를 포함하여 내부 에너지, 열, 일에 대한 기호의 의미를 정의하시오.

18.3 계의 내부 에너지 변화(ΔE)를 실험적으로 측정할 수 있는 방법을 기술하시오.

18.4 열역학 제1법칙의 설명에서 상태 함수인 물리량과 상태 함수가 아닌 물리량은 무엇인가?

18.5 ΔE와 ΔH를 열역학적 양으로 정의하시오. 둘 사이의 관계를 설명하시오.

18.6 이상 기체는 가역적인 방식으로 등온 및 단열 팽창한다. q, w, ΔE, ΔH 중 어느 것이 양수인지, 음수인지, 0인지 판단하시오.

18.7 일정한 부피에서 발열 반응이 일어나는 동안 기체가 생성되어 압력이 증가한다고 가정하자. 이 반응의 ΔE와 ΔH를 비교하시오. 이유를 설명하시오.

18.8 다음 변화 중에서 절댓값이 가장 큰 음의 ΔE 값을 수반하는 것은 무엇인가?
(**a**) 용수철의 압축과 가열 (**b**) 압축된 용수철의 팽창과 냉각
(**c**) 용수철의 압축과 냉각 (**d**) 압축된 용수철의 팽창과 가열

자발적 변화

18.9 **자발적인 변화**란 무엇인가? 자발적인 과정의 방향은 무엇인가? 화학 반응의 겉보기 자발성을 결정하는 데 반응 속도론은 어떤 역할을 하는가?

18.10 최근에 자발적으로 발생한 변화 5가지를 나열하시오. 일어나게 한 비자발적인 변화 5가지를 나열하시오.

18.11 다음 중 자발적인 변화로 생각되는 것은 무엇인가?
(**a**) 더운 날 얼음이 녹는다.
(**b**) Alaska에 있는 집에서 물이 끓는다.
(**c**) 자동차의 긁힌 부분에 녹이 슨다.
(**d**) 더러운 옷이 깨끗해진다.
(**e**) 철의 부식

18.12 화학적/물리적 과정에서 엔탈피 변화는 사건의 자발성을 결정하는 데 어떤 역할을 하는가?

18.13 과정의 초기 상태와 최종 상태의 확률은 과정의 자발성에 어떤 영향을 주는가?

엔트로피

18.17 서로 다른 기체를 각각 담고 있는 2개의 용기를 서로 연결하면 두 용기에서 혼합물의 조성이 같아질 때까지 기체는 서서히 확산된다. 확률의 개념으로 이를 설명하시오.

18.15 **엔트로피**란 무엇인가? 측정 단위를 쓰시오.

18.16 물질의 엔트로피는 (**a**) 온도의 증가, (**b**) 부피의 감소, (**c**) 액체에서 고체로의 변화, (**d**) 개별 원자로의 해리에 의해 어떤 영향을 받는가?

18.17 다음 각각의 엔트로피 변화는 양수인가, 음수인가?
(**a**) 차가운 유리 외부에 수분이 응축된다.
(**b**) 구름 속에 빗방울이 형성된다.
(**c**) 자동차 엔진의 실린더에서 휘발유가 기화된다.
(**d**) 타이어에 공기를 주입한다.
(**e**) 자동차 앞 유리에 성에가 낀다.
(**f**) 커피에 든 설탕이 녹는다.

18.18 물의 녹는점인 0°C(1 atm)에서 얼음(s) $\rightleftharpoons$ 물(l)의 평형은 가역 과정이므로 $\Delta S = 0$이다. 그러나 고체가 녹을 때 엔트로피가 증가한다는 것을 잘 알고 있다. 상반되는 두 가지 설명을 조정하시오.

열역학 제2법칙

18.19 열역학 제2법칙을 설명하시오.

18.20 계의 엔트로피 변화가 음인 과정이 어떻게 여전히 자발적일 수 있는가?

18.21 $\Delta S_{우주}$, $\Delta S_{계}$, $\Delta S_{주위}$라는 용어를 설명하고, 서로 어떻게 관련되어 있는지 설명하시오. 자발적 과정의 엔트로피가 고립계에서 어떻게 증가하는지 설명하시오.

18.22 반응 주위의 엔트로피와 반응 엔탈피의 관계를 설명하시오.

18.23 Gibbs 자유 에너지를 스스로 정의해 보시오.

18.24 ΔH와 ΔS의 부호의 관점에서, 다음 중 어떤 상황에서 변화가 자발적인가?
(**a**) 모든 온도에서 자발적인가?
(**b**) 낮은 온도에서는 자발적이고 높은 온도에서는 아닌가?
(**c**) 높은 온도에서는 자발적이고 낮은 온도에서는 아닌가?

열역학 제3법칙

18.25 열역학 제3법칙을 스스로 설명해 보시오.

18.26 표준 상태의 원소에 대한 ΔH 값은 $0\,kJ\,mol^{-1}$이지만, 표준 엔트로피 S 값은 $0\,J\,mol^{-1}K^{-1}$이 아닌 이유를 설명하시오.

18.27 0K에서 두 이상 기체의 혼합 엔트로피가 양일 것으로 예상되는가? 그 이유와 함께 설명하시오.

18.28 0K에서 물의 $S=0$인가? 설명하시오.

18.29 Nernst 열 정리를 기술하고 그 응용을 쓰시오.

표준 자유 에너지 변화($\Delta G°$)

18.30 일정한 온도와 압력에서 일어나는 반응에 대한 Gibbs 자유 에너지의 변화를 나타내는 식은 무엇인가? 298.15K의 $\Delta H°$와 $\Delta S°$를 이용하여 다른 온도에서 $\Delta G°$를 계산할 수 있는 이유는 무엇인가?

18.31 표 18.2의 표준 생성 자유 에너지를 이용하여 다음 반응에 대한 $\Delta G°$(단위: kJ)를 계산하시오.

(**a**) $2C_2H_5OH(l) + 6O_2(g) \longrightarrow 4CO_2(g) + 6H_2O(l)$

(**b**) $2HNO_3(l) + 2HCl(g) \longrightarrow Cl_2(g) + 2NO_2(g) + 2H_2O(l)$

최대 일과 ΔG

18.32 열역학적으로 가역적 과정과 비가역적 과정을 설명하시오. 가역적 일에 의해 계는 최대 일을 얻는 이유는 무엇인가?

18.33 이상 기체의 단열 팽창으로 냉각 효과가 일어난다. 최대 냉각이 언제 얻어지는지 설명하시오.

18.34 글루코스(포도당)가 인체에서 산화되어 에너지를 만들 때, 에너지의 일부는 ATP(아데노신 삼인산염) 분자를 만드는 데 사용된다. 그러나 글루코스의 산화로 방출된 전체 에너지 중 실제로 38%만이 ATP를 만들 때 사용된다. 나머지 에너지는 어떻게 되었는가?

18.35 일산화 탄소는 흔히 공업용 연료로 사용된다.

(a) 25°C, 1atm에서 1mol의 CO를 연소시켜 얻을 수 있는 최대 열은 얼마인가? 반응은 다음과 같다.

$$2CO(g) + O_2(g) \longrightarrow 2CO_2(g)$$

(b) 25°C, 1atm에서 1mol의 CO를 연소시켜 얻을 수 있는 최대 일은 얼마인가?

자유 에너지와 평형

18.36 자유 에너지와 평형의 관계는?

18.37 물의 끓는점에서 액체와 수증기는 1atm의 압력에서 평형 상태에 있다. 반응에 대한 $\Delta H°$와 $\Delta S°$를 이용하여 물의 끓는점을 계산하시오.

$$H_2O(l) \rightleftharpoons H_2O(g)$$

(**a**) 답은 실제 끓는점과 비교하여 어떤가?

(**b**) 이는 ΔH와 ΔS가 온도에 따라 거의 변하지 않는다는 설명을 뒷받침하는가?

18.38 따뜻한 물체를 차가운 물체에 접촉시키면 점차 둘 다 같은 온도가 된다. 이것은 분자 수준에서 엔트로피 및 자발성과 어떻게 관련되어 있는지 설명하시오.

18.39 양의 $\Delta G°$를 갖는 화학 반응의 자유 에너지 곡선의 모양을 그리시오. 평형에 해당하는 반응 혼합물의 조성을 나타내시오.

18.40 절댓값이 큰 음수인 $\Delta G°$를 갖는 많은 반응은 실제로 25°C, 1atm에서 일어나는 것이 관찰되지 않는다. 왜 그런가?

평형 상수와 $\Delta G°$

18.41 반응의 $\Delta H°$와 $\Delta S°$가 모두 음의 값이라 가정하자. 온도를 올리면, 평형 상태에 존재하는 생성물의 양은 적어지는가, 많아지는가?

18.42 열역학적 평형 상수와 실험으로 측정한 평형 상수는 어떻게 다른가?

18.43 산소 분자에 의해 이산화 황은 삼산화 황으로 산화된다.

$$2SO_2(g) + O_2(g) \rightleftharpoons 2SO_3(g)$$

표준 반응열 $\Delta H° = -196.6\,kJ$, 표준 반응 엔트로피 $\Delta S° = -189.6\,J\,K^{-1}$이다. 이 반응의 K_p 값은 (**a**) 25°C에서 (**b**) 500°C에서 각각 얼마인가?

18.44 반응의 평형 상수와 표준 자유 에너지 변화는 어떤 관계인가? 어떤 정보가 특정 화학 반응에 대한 평형 상수를 제공하는가?

결합 에너지

18.45 원자화 에너지라는 용어를 정의하시오.

18.46 CH_3CN 분자의 원자화 에너지를 kJ/mol 단위로 계산하시오. 이 분자의 구조는 다음과 같다.

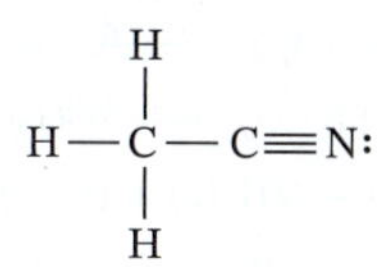

18.47 기체 C_2 분자의 결합 에너지는 $602\,kJ\,mol^{-1}$이다. 왜 $C(g)$의 표준 생성열은 이 값의 절반과 같지 않은가?

18.48 CH_4의 첫 번째 C—H 결합이 끊어지는 결합 에너지는 이 분자의 평균 C—H 결합 에너지와 같은가? 그 이유와 함께 설명하시오.

복습 문제

열역학 제1법칙

18.49 계가 주위에 0.250kJ의 일을 행하는 동안 250J의 열을 잃었다. 변화에 대한 ΔE 값은 얼마인가? 전체 변화는 발열인가, 흡열인가?

18.50 어떤 변화에 대한 ΔE 값은 −2545 J이다. 변화가 일어나는 동안 계는 925 J의 열을 흡수한다. 계가 일을 하였는가, 계에 일이 행해졌는가? 관련된 일을 J 단위로 나타내시오.

18.51 한 번의 펌프질로 400 cm^3의 공기를 타이어에 주입하는 수동 펌프로 자동차 타이어에 공기를 넣고 있고, 펌프질을 하는 동안 타이어의 반대 압력이 정상 대기압인 1.03 atm보다 2 atm 높다고 가정하자. 각 펌프질을 하는 동안 행한 일을 J 단위로 계산하시오(1 L atm = 101.325 J).

18.52 베이킹 소다($NaHCO_3$) 수용액과 식초($HC_2H_3O_2$) 사이에 일어나는 반응을 고려하자.

$$NaHCO_3(aq) + HC_2H_3O_2(aq) \longrightarrow NaC_2H_3O_2(aq) + H_2O(l) + CO_2(g)$$

이 반응이 1.00 atm의 압력에서 일어나면, 온도 25°C에서 1.00 mol의 $NaHCO_3$가 반응할 때 계가 대기를 밀어내면서 행한 일의 양을 L atm 단위로 나타내시오(**힌트**: 기체 법칙을 검토하시오).

18.53 다음 압력–부피로 나타낸 도표는 계가 초기(i)에서 최종(f)으로 변환되는 것을 나타낸다. iaf를 통한 변환은 80 J의 열을 흡수하고 30 J의 일을 한다.

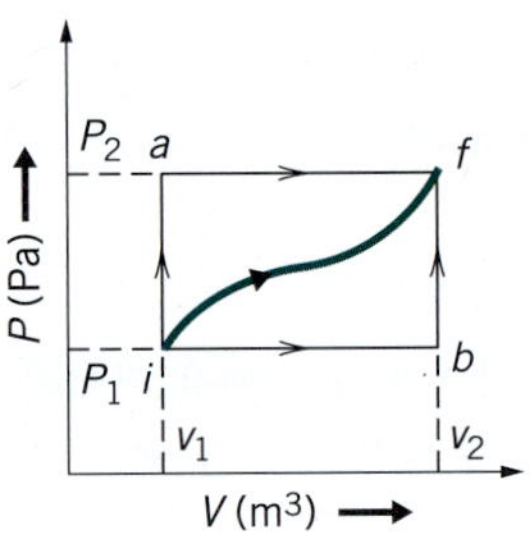

(a) 경로 ibf 동안 일이 10 J라면 흡수된 열의 양은 얼마인가?

(b) 계가 경로 if를 통해 직접 가면 20 J의 일을 한다면, 이 과정에서 흡수 또는 방출된 열의 양은 얼마인가?

18.54 25°C에서 다음 반응의 $\Delta H°$와 $\Delta E°$를 계산하시오(필요한 경우 부록 C의 표 C.2의 자료를 참조하시오).

(a) $2C_2H_2(g) + 5O_2(g) \longrightarrow 4CO_2(g) + 2H_2O(g)$

(b) $C_2H_2(g) + 5N_2O(g) \longrightarrow 2CO_2(g) + H_2O(g) + 5N_2(g)$

(c) $NH_4Cl(s) \longrightarrow NH_3(g) + HCl(g)$

(d) $(CH_3)_2CO(l) + 4O_2(g) \longrightarrow 3CO_2(g) + 3H_2O(g)$

18.55 다음 반응에 대하여 $\Delta H° = -163.14$ kJ이다.

$$2N_2O(g) \longrightarrow 2N_2(g) + O_2(g)$$

25°C에서 N_2O 150 g의 분해에 대한 ΔE 값은 얼마인가? ΔH가 온도에 따라 크게 변하지 않는다고 가정하면 227°C에서 같은 반응에 대한 ΔE는 얼마인가?

18.56 20°C에서 20.0 L 용기에 4.00 atm의 압력으로 뷰테인 [$C_4H_{10}(g)$]이 들어있다. 우선 기체의 압력을 1 atm으로 만들고 온도를 30°C로 올리면 이 뷰테인의 연소에 의해 얻을 수 있는 최대 일은 얼마인가? 생성물도 이와 같은 온도, 압력으로 되돌아간다고 가정한다.

자발적 변화

18.57 다음 반응에 대한 ΔS의 부호를 예측하시오.

(a) −5°C에서 얼음의 승화

(b) $HCl(g) \longrightarrow H^+(aq) + Cl^-(aq)$

(c) $CuSO_4 \cdot 5H_2O(s) \xrightarrow{\text{열}} CuSO_4(s) + 5\,H_2O(g)$

18.58 표 18.1을 지침으로 사용하여 다음 반응에 대한 ΔS의 부호를 예측하시오.

(a) $NH_3(g) + \frac{7}{2}O_2(g) \longrightarrow NO_2(g) + \frac{3}{2}H_2O(g)$

(b) $Ca(HCO_3)_2(s) \xrightarrow{\text{열}} CaCO_3(s) + H_2O(g) + CO_2(g)$

(c) $Fe(s) + 2HCl(aq) \longrightarrow FeCl_2(aq) + H_2(g)$

18.59 표 6.2의 자료를 이용하여 다음 반응에 대한 $\Delta H°$를 계산하시오. $\Delta H°$ 값을 기반하여 자발적으로 일어나는 것을 선호하는 반응은 어느 것인가?

(a) $CaO(s) + CO_2(g) \longrightarrow CaCO_3(s)$

(b) $C_2H_2(g) + 2H_2(g) \longrightarrow C_2H_6(g)$

(c) $3CaO(s) + 2Fe(s) \longrightarrow 3Ca(s) + Fe_2O_3(s)$

18.60 표 6.2의 자료를 이용하여 다음 반응에 대한 $\Delta H°$를 계산하시오. $\Delta H°$ 값을 기반하여 자발적으로 일어나는 것을 선호하는 반응은 어느 것인가?

(a) $NH_4Cl(s) \longrightarrow NH_3(g) + HCl(g)$

(b) $2C_2H_2(g) + 5O_2(g) \longrightarrow 4CO_2(g) + 2H_2O(g)$

(c) $C_2H_2(g) + 5N_2O(g) \longrightarrow 2CO_2(g) + H_2O(g) + 5N_2(g)$

엔트로피

18.61 화학 계에 동등하고 구별 가능한 2개의 입자 A와 B가 있다. 다음 각 경우에서 입자들을 2개의 상자에 배열할 때 서로 다른 방법의 경우의 수는 얼마인가? (a) 최대 2개의 입자가 한 상자에 들어있는 경우, (b) 최대 1개의 입자가 한 상자에 들어있는 경우. 엔트로피가 가장 작은 배열은 무엇인가?

18.62 화학 계에 0, 5, 10, 15, 20 J의 에너지를 가질 수 있는 3개의 입자가 있다. 계의 전체 에너지가 30 J일 때 입자들을 묶을 수 있는 서로 다른 방법은 몇 가지인가?

18.63 다음 중 어떤 계가 높은 엔트로피를 갖는가? 이유를 설명하시오.

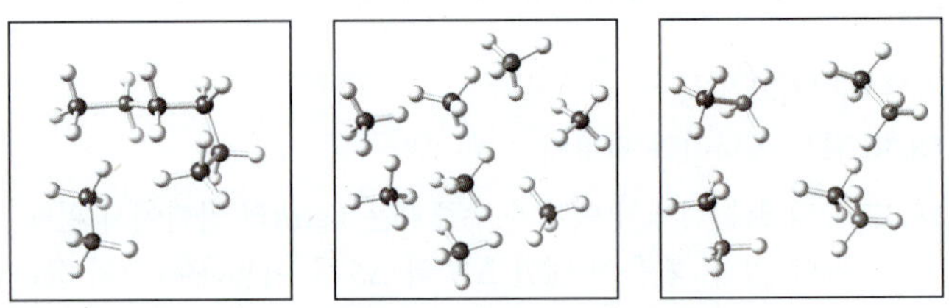

(a) (b) (c)

18.64 다음 중 어떤 계가 높은 엔트로피를 갖는가?

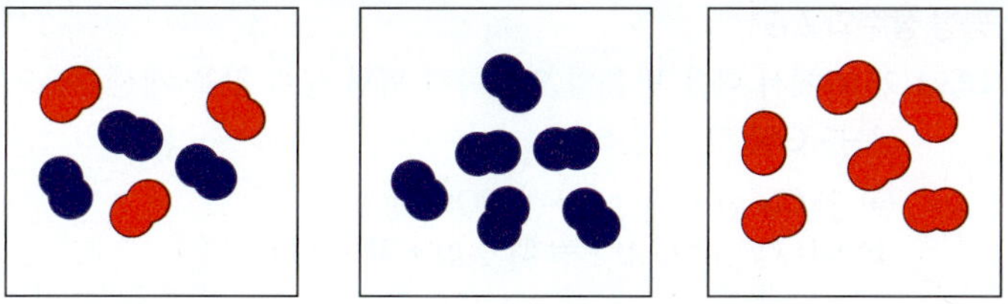

(a) (b) (c)

18.65 다음 반응이 일정한 온도에서 일어날 때 반응에 대한 ΔS의 부호를 결정하기 위해 고려해야 할 인자는 무엇인가?

$$2NO_2(g) \longrightarrow N_2O_4(g)$$

18.66 다음 반응에 대한 ΔS의 부호를 결정하기 위해 고려해야 할 인자는 무엇인가?

$$2Al(s) + \tfrac{3}{2}O_2(g) \longrightarrow Al_2O_3(s) \quad \Delta H° = -1670\ kJ$$

18.67 다음 반응에 대한 엔트로피 변화의 부호를 예측하시오.

(a) $PCl_3(g) + Cl_2(g) \longrightarrow PCl_5(g)$
(b) $SO_2(g) + CaO(s) \longrightarrow CaSO_3(s)$
(c) $CO_2(g) + H_2O(l) \longrightarrow H_2CO_3(aq)$
(d) $Ni(s) + 2HCl(aq) \longrightarrow H_2(g) + NiCl_2(aq)$

18.68 다음 반응에 대한 엔트로피 변화의 부호를 예측하시오. 다음 반응 중 엔트로피 변화가 최대인 반응은 무엇인지 설명하시오.

(a) $Ca(s) + O_2(g) \longrightarrow CaO(s)$
(b) $CaCO_3(s) \longrightarrow CaO(s) + CO_2(g)$
(c) $C(s) + O_2(g) \longrightarrow CO_2(g)$
(d) $N_2(g) + O_2(g) \longrightarrow 2NO(g)$

열역학 제2법칙

18.69 어떤 조건에서 반응이 자발적으로 일어나는가?

(a) $2C_2H_6(g) + O_2(g) \longrightarrow 2C_2H_5OH(g)$,
$\Delta S < 0$이고 $\Delta H < 0$
(b) $CaCl_2(s) \longrightarrow Ca^{2+}(aq) + 2Cl^-(aq)$,
$\Delta S > 0$이고 $\Delta H > 0$

18.70 어떤 조건에서 반응이 자발적으로 일어나는가?

(a) $Al_2O_3(s) + 2Fe(s) \longrightarrow Fe_2O_3(s) + 2Al(s)$ $\Delta S > 0$이고 $\Delta H > 0$
(b) $CS_2(g) \longrightarrow CS_2(l)$ $\Delta S < 0$이고 $\Delta H < 0$

열역학 제3법칙

18.71 표 18.2의 자료를 이용하여 다음 반응의 $\Delta S°$를 $J\ K^{-1}$ 단위로 계산하시오. $\Delta S°$ 값만 고려할 때, 이 반응 중 자발적으로 일어나는 것을 선호하는 것은 무엇인가?

(a) $N_2(g) + 3H_2(g) \longrightarrow 2NH_3(g)$
(b) $CO(g) + 2H_2(g) \longrightarrow CH_3OH(l)$
(c) $2C_2H_6(g) + 7O_2(g) \longrightarrow 4CO_2(g) + 6H_2O(g)$
(d) $Ca(OH)_2(s) + H_2SO_4(l) \longrightarrow CaSO_4(s) + 2H_2O(l)$
(e) $S(s) + 2N_2O(g) \longrightarrow SO_2(g) + 2N_2(g)$

18.72 표 18.2의 자료를 이용하여 다음 반응의 $\Delta S°$를 $J\ K^{-1}$ 단위로 계산하시오.

(a) $CaSO_4(s) + \frac{1}{2}H_2O(l) \longrightarrow CaSO_4 \cdot \frac{1}{2}H_2O(s)$
(b) $2NO(g) + O_2(g) \longrightarrow 2NO_2(g)$
(c) $HC_2H_3O_2(l)$의 형성
(d) $CaCO_3(s) + H_2SO_4(l) \longrightarrow CaSO_4(s) + H_2O(g) + CO_2(g)$
(e) $NH_4Cl(s)$의 형성

18.73 다음 화합물의 $\Delta S_f°$를 $J\ mol^{-1}K^{-1}$ 단위로 계산하시오.

(a) $C_2H_6(g)$ (b) $(CH_3)_2CO(l)$ (c) $CuSO_4 \cdot 5H_2O(s)$

18.74 다음 화합물의 $\Delta S_f°$를 $J\ mol^{-1}K^{-1}$ 단위로 계산하시오.

(a) $NaOH(s)$ (b) $Fe_2O_3(s)$ (c) $AgNO_3(s)$

18.75 대기 오염 물질인 이산화 질소(NO_2)는 빗물에 용해되어 묽은 질산 용액을 형성한다. 반응식은 다음과 같다.

$$3NO_2(g) + H_2O(l) \longrightarrow 2HNO_3(l) + NO(g)$$

이 반응의 $\Delta S°$를 $J\ K^{-1}$ 단위로 계산하시오.

18.76 사과즙 발효 식초는 사과 사이다 또는 사과 머스크(사과 와인)에서 아세트산 박테리아에 의한 에탄올 발효에 의해 생산된다. 반응식은 다음과 같다.

$$C_2H_5OH(l) + O_2(g) \longrightarrow HC_2H_3O_2(l) + H_2O(l)$$

이 반응의 $\Delta S°$를 $J\ K^{-1}$ 단위로 계산하시오.

표준 자유 에너지 변화($\Delta G°$)

18.77 포스젠($COCl_2$)은 제1차 세계대전 때 전쟁용 가스로 사용되었다. 포스젠은 폐 속의 수분과 반응하여 HCl을 형성하고, 이것이 폐를 체액과 CO로 채워 희생자를 질식시킨다. 둘 다 결국 죽음으로 이어진다. $COCl_2(g)$의 $S° = 284\ J\ mol^{-1}K^{-1}$이고 $\Delta H_f° = -223\ kJ/mol$이다. 이 정보와 표 18.2의 자료를 이용하여 $COCl_2(g)$의 $\Delta G_f°$를 $kJ\ mol^{-1}$ 단위로 계산하시오.

18.78 알루미늄과 철은 모두 쉽게 산화된다. 그러나 추가적인 산화를 방지하는 조밀한 Al_2O_3 보호막을 형성하는 알루미늄과는 달리, 산화 철은 부서지기 쉽고 깨지기 쉽다. 산화 철은 쉽게 벗겨져 추가적으로 철이 노출되어 지속적인 산화가 일어난다. 표 6.2와 18.1의 자료를 이용하여 Al_2O_3와 Fe_2O_3에 대한 $\Delta G_f°$를 계산하시오.

18.79 표 18.3의 자료를 이용하여 다음 반응의 $\Delta G°$를 kJ 단위로 계산하시오.

(a) $SO_3(g) + H_2O(l) \longrightarrow H_2SO_4(l)$
(b) $2NH_4Cl(s) + CaO(s) \longrightarrow CaCl_2(s) + H_2O(l) + 2NH_3(g)$
(c) $CaSO_4(s) + 2HCl(g) \longrightarrow CaCl_2(s) + H_2SO_4(l)$

18.80 표 18.3의 자료를 이용하여 다음 반응의 $\Delta G°$를 kJ 단위로 계산하시오.

(a) $2HCl(g) + CaO(s) \longrightarrow CaCl_2(s) + H_2O(g)$
(b) $2AgCl(s) + Ca(s) \longrightarrow CaCl_2(s) + 2Ag(s)$
(c) $3NO_2(g) + H_2O(l) \longrightarrow 2HNO_3(l) + NO(g)$

***18.81** 주어진 자료를 이용하여

(i) $C(s) + O_2(g) \longrightarrow CO_2(g)$ $\Delta G_1^\circ = -394.4\ kJ\ mol^{-1}$

(ii) $H_2O(g) \longrightarrow H_2(g) + \frac{1}{2}O_2(g)$ $\Delta G_2^\circ = +228.6\ kJ\ mol^{-1}$

(iii) $N_2(g) + 3H_2(g) \longrightarrow 2NH_3(g)$ $\Delta G_3^\circ = -33.4\ kJ\ mol^{-1}$

(iv) $CO_2(g) + 2NH_3(g) \longrightarrow H_2O(g) + CO(NH_2)_2(s)$
$\Delta G_4^\circ = +2.0\ kJ\ mol^{-1}$

다음 반응의 ΔG°를 계산하시오.

$$C(s) + 2H_2(g) + N_2(g) + \tfrac{1}{2}O_2(g) \longrightarrow CO(NH_2)_2(s)$$

***18.82** 주어진 다음 반응과 ΔG° 값들을 이용하여

$COCl_2(g) + 4NH_3(g) \longrightarrow CO(NH_2)_2(s) + 2NH_4Cl(s)$ $\Delta G^\circ = -332.0\ kJ$

$COCl_2(g) + H_2O(l) \longrightarrow CO_2(g) + 2HCl(g)$ $\Delta G^\circ = -141.8\ kJ$

$NH_3(g) + HCl(g) \longrightarrow NH_4Cl(s)$ $\Delta G^\circ = -91.96\ kJ$

다음 반응의 ΔG°를 계산하시오.

$$CO(NH_2)_2(s) + H_2O(l) \longrightarrow CO_2(g) + 2NH_3(g)$$

최대 일과 ΔG

18.83 가소홀(gasohol)은 휘발유와 에탄올(곡물 알코올, C_2H_5OH)의 혼합물이다. 25°C, 1 atm에서 2.00 mol의 C_2H_5OH를 연소시킬 때 얻을 수 있는 최대 일의 양을 계산하시오.

$$C_2H_5OH(l) + 3O_2(g) \longrightarrow 2CO_2(g) + 3H_2O(g)$$

18.84 25°C, 1 atm에서 $C_2H_6(g)$ 100 g을 완전 연소시킬 때 얻을 수 있는 비팽창 일의 최대 양을 계산하시오.

자유 에너지와 평형

18.85 이전에 마취제로 사용되었지만 현재는 발암물질로 여겨지는 클로로폼의 기화열 $\Delta H_{기화} = 31.4\ kJ\ mol^{-1}$이다. $CHCl_3(l) \longrightarrow CHCl_3(g)$ 변화의 $\Delta S^\circ = 94.2\ J\ mol^{-1}\ K^{-1}$이다. 예상되는 $CHCl_3$의 끓는점은 몇 도인가? (즉, 1 atm의 압력에서 액체와 증기가 평형을 이루는 온도는 얼마인가?)

18.86 금의 융해열(녹음열)은 12.5 kJ mol^{-1}이다. 엔트로피 변화는 9.35 J K^{-1} mol^{-1}이다. 금의 녹는점을 계산하시오. 실제 녹는점은 1064.18°C이다.

18.87 휘발유의 미량 성분인 아이소옥테인의 끓는점은 99.3°C이고, 기화열은 37.7 kJ mol^{-1}이다. 아이소옥테인 1 mol의 기화에 대한 ΔS(J mol^{-1} K^{-1} 단위)는 얼마인가?

18.88 아세톤(매니큐어 제거제)의 끓는점은 56.2°C이다. $(CH_3)_2CO(l) \longrightarrow (CH_3)_2CO(g)$의 변화에 대한 $\Delta H^\circ = 31.9\ kJ\ mol^{-1}$이다. 이 변화에 대한 ΔS°는 얼마인가?

18.89 25°C에서 다음 반응(불균형 화학 반응식)이 자발적으로 일어나는지 판단하시오.

$$C_2H_5OH(l) + H_2SO_4(l) \longrightarrow CO_2(g) + SO_2(g) + H_2O(g)$$

18.90 다음 반응(불균형 화학 반응식) 중 25°C, 1 atm에서 자발적일 것으로 예상되는 반응은 무엇인가?

(a) $C_2H_2(g) + H_2(g) \longrightarrow C_2H_6(g)$

(b) $NH_3(g) + O_2(g) \longrightarrow NO(g) + H_2O(g)$

평형 상수와 ΔG°

18.91 25°C에서 다음 반응의 열역학적 평형 상수 값을 계산하시오(부록 C의 자료 참조).

(a) $2PCl_3(g) + O_2(g) \rightleftharpoons 2POCl_3(g)$

(b) $CH_4(g) + O_2(g) \rightleftharpoons CO_2(g) + 2H_2O(g)$

18.92 25°C에서 다음 반응의 열역학적 평형 상수 값을 계산하시오(부록 C의 자료 참조). $\Delta G^\circ_{f,\ H_2O_2} = -105.6\ kJ\ mol^{-1}$이다.

(a) $N_2H_4(g) + 2O_2(g) \rightleftharpoons 2NO(g) + 2H_2O(g)$

(b) $N_2H_4(g) + 6H_2O_2(g) \rightleftharpoons 2NO_2(g) + 8H_2O(g)$

18.93 반응 $NO_2(g) + NO(g) \rightleftharpoons N_2O(g) + O_2(g)$의 $\Delta G^\circ_{1273} = -9.67\ kJ$이다. 1000.0°C의 1.00 L 반응 용기에 0.0250 mol NO_2, 0.050 mol NO, 0.025 mol N_2O, 0.0250 mol O_2가 들어있다. 반응이 평형 상태에 있는가? 아니면 평형에 도달하기 위해 반응이 진행되는 방향은 어느 쪽인가?

18.94 $CO(g) + H_2O(g) \rightleftharpoons HCHO_2(g)$ 반응의 $\Delta G^\circ_{673} = +79.8\ kJ\ mol^{-1}$이다. 673 K에서 2.50 L의 혼합물에 0.040 mol CO, 0.022 mol H_2O, 3.8×10^{-3} mol $HCHO_2$이 들어있다면, 반응은 평형 상태인가? 아니면 반응이 자발적으로 진행되는 방향은 어느 쪽인가?

18.95 가상 반응 $AB + CD \rightleftharpoons AD + BC$에서, 25°C에서 화합물 AB 1 mol이 CD 1 mol과 반응한다. 평형이 이루어졌을 때 각 반응물은 1/10 mol만 남아 있었다. 부피 변화가 없다는 것을 고려하여 반응의 평형 상수와 ΔG°를 계산하시오. 이 K_p 값으로 판단할 때, 메테인 생산 방법으로 이 반응을 연구하는 것이 추구할 가치가 있는가?

18.96 살아있는 세포 내에서 일어나는 중요한 반응 중 하나는 생명체에 에너지를 공급하기 위해 일어나는 반응으로 아데노신 삼인산염(ATP)과 물이 반응하여 아데노신 이인산염(ADP)과 자유 인산 이온을 형성하는 것이다.

$$ATP + H_2O \rightleftharpoons ADP + PO_4^{3-}$$

이 반응의 ΔG°_{310} 값은 37°C(사람의 정상 체온)에서 $-33\ kJ\ mol^{-1}$이다. 이 온도에서 반응의 평형 상수를 계산하시오.

18.97 $\Delta G^\circ = 0$인 반응의 평형 상수 값은 얼마인가? 순수한 생성물로 반응을 시작하면 계의 조성은 어떻게 되겠는가?

18.98 자동차 연료인 휘발유를 대체할 수 있는 메탄올은 H_2와 CO를 반응시켜 제조할 수 있다.

$$CO(g) + 2H_2(g) \rightleftharpoons CH_3OH(g)$$

750.0 K에서 이 반응의 $K_p = 5.62 \times 10^{-2}$이다. 이 반응의 ΔG°_{750}를 kJ 단위로 구하시오.

결합 에너지

18.99 표 18.5의 자료를 이용하여 $CO(NH_2)_2$의 대략적인 원자화 에너지를 계산하시오.

18.100 아세트산 에틸 분자 1 mol에서 결합이 형성되는 동안 방출되는 에너지의 양은 대략 얼마인가? 아세트산 에틸의 구조식은 다음과 같다.

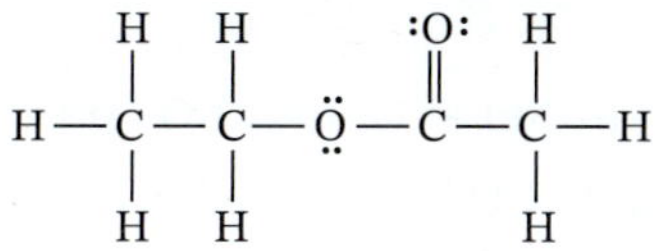

18.101 에탄올 증기[$C_2H_5OH(g)$]의 표준 생성열은 $-235.3\,kJ\,mol^{-1}$이다. 표 18.4의 자료와 C−C, C−H, O−H 결합의 평균 결합 에너지를 이용하여 이 분자의 C−O 결합 에너지를 추정하시오. 분자의 구조는 다음과 같다.

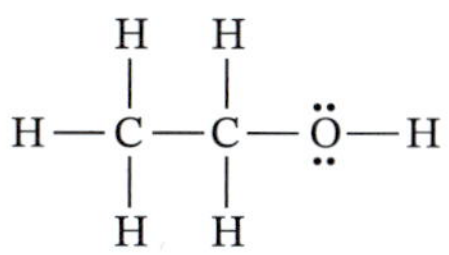

18.102 에틸렌[$C_2H_4(g)$]의 표준 생성열은 $+52.284\,kJ\,mol^{-1}$이다. 이 분자의 C=C 결합 에너지를 계산하시오.

18.103 이황화 탄소(CS_2)는 루이스 구조 $\ddot{S}$=C=$\ddot{S}$를 가지며, $CS_2(g)$의 $\Delta H_f^\circ = +115.3\,kJ\,mol^{-1}$이다. 표 18.4의 자료를 이용하여 이 분자의 평균 C=S 결합 에너지를 계산하시오.

18.104 기체 이산화 황(SO_2)의 $\Delta H_f^\circ = -296.81\,kJ\,mol^{-1}$이다. 표 18.3의 자료를 이용하여 이 분자의 평균 S−O 결합 에너지를 계산하시오.

18.105 $IF_7(g)$의 $\Delta H_f^\circ = -941.0\,kJ\,mol^{-1}$이다. 표 18.4의 자료를 이용하여 IF_7의 평균 I−F 결합 에너지를 계산하시오.

18.106 이전 문제의 결과와 부록 C의 표 C.3에 있는 자료를 이용하여 $IF_7(g)$의 표준 생성열을 계산하시오. $IF_7(g)$에 대한 ΔH_f°의 측정값은 $-941\,kJ\,mol^{-1}$이다. 계산된 ΔH_f° 값과 실험으로 측정한 값의 차이는 몇 %인가?

18.107 표 18.5의 자료를 이용하여 표준 상태에서 다음 수소 첨가 반응의 엔탈피를 계산하시오.

$$HC{\equiv}CH(g) + 2H_2(g) \longrightarrow H_3C{-}CH_3(g)$$

18.108 표 18.4와 18.5의 자료를 이용하여 표준 상태에서 다음 산화 반응의 엔탈피를 결정하시오.

$$H_2C{=}CH_2(g) + 3O_2(g) \longrightarrow 2CO_2(g) + 2H_2O(l)$$

***18.109** CF_4와 CCl_4 중 생성열의 발열량이 더 큰 물질은 무엇인가?

***18.110** 표에 있는 결합 에너지를 이용하여 계산한 벤젠(C_6H_6)의 ΔH_f° 값은 실험으로 측정된 ΔH_f° 값에 매우 가까울 것으로 예상하는가? 답을 합리화하시오.

추가 연습 문제

18.111 부록 C의 표 C.2를 보면, 물에 녹을 때 일부 이온은 음의 엔트로피를 갖는다. 예를 들어 $Ca^{2+}(aq)$의 $S^\circ = -52.1\,J\,mol^{-1}K^{-1}$이다. 용매화된 이온이 어떻게 음의 엔트로피를 가질 수 있는지 설명하시오.

18.112 염화 칼슘과 탄산 칼슘의 용해에 대한 ΔG°를 계산하시오. 계산한 값을 이용하여 용해도 규칙에 나타난 염화 칼슘과 탄산 칼슘의 용해도를 설명하시오.

18.113 압력은 atm으로 나타내고 부피는 L로 나타내면 $P\Delta V$의 단위는 Latm이다. 10장에서 1 atm = 101,325 Pa이고, 1장에서 1 L = 1 dm^3이라는 것을 배웠다. 이 정보를 이용하여 1 L atm은 몇 J에 해당하는지 계산하시오.

18.114 열려 있는 비커에 담긴 25°C 물에 소듐 금속 30 g을 넣을 때 대기에 한 일을 계산하시오. 일정 부피의 밀폐된 용기에서 반응이 일어나면 행한 일은 얼마인가? (반응은 이상적으로 거동한다고 가정한다.)

***18.115** 일정 온도에서 이상 기체가 팽창할 때 변화에 대한 $\Delta E = 0$이다. 그 이유는 무엇인가?

***18.116** 실제 기체가 일정 온도에서 팽창할 때 변화에 대한 $\Delta E > 0$이다. 그 이유는 무엇인가?

18.117 피스톤이 장착된 실린더에 들어있는 이상 기체는 일정한 온도에서 4.5 bar의 압력과 5.00 L의 부피에서 1 bar의 일정한 반대 압력에 대해 20.00 L의 최종 부피로 팽창한다. 기체가 흡수하는 열의 양을 J 단위로 나타내시오(**힌트**: 1 L bar = 100 J).

***18.118** 피스톤이 장착된 실린더에 압력이 3.00 atm, 부피가 10.00 L인 기체가 들어있다. 25°C로 온도를 일정하게 유지하기 위해 전체 장치는 수조에 담겨 있다. 피스톤의 고정 장치를 풀면 기체는 실린더 내부의 압력이 외부 대기압(1 atm)과 같아질 때까지 팽창한다. 이상 기체의 거동으로 가정하고, 일정한 온도에서 기체가 팽창할 때 기체가 한 일의 양을 계산하시오.

***18.119** 추가 연습 문제 18.118에 기술된 실험을 반복하되, 이번에는 추를 피스톤 위에 올려놓아 2 atm의 압력이 작용하도록 한다. 기체가 팽창하면 압력은 2 atm으로 낮아진다. 그런 다음 추를 제거하고 기체를 최종 압력 1 atm으로 다시 팽창시킨다. 두 번의 팽창이 일어나는 동안 장치의 온도는 25°C로 일정하게 유지되었다. 각 단계에서 기체가 행한 일의 양을 계산하시오. 이 두 단계 팽창에서 결합된 전체 일의 양과 추가 연습 문제 18.118에 기술된 단일 단계 팽창에서 기체가 행한 일의 양을 비교하시오. 어떻게 기체를 팽창시키면 더 많은 일을 얻을 수 있는가?

18.120 아이오딘화 포타슘을 물에 녹이면 혼합물은 차가워진다. 이 변화에 대해 $T\Delta S$와 ΔH 중 어느 것의 크기가 더 큰가?

***18.121** 다음 반응에 대하여 $\Delta G^\circ = -5407\,kJ$이다. $C_4H_{10}(g)$에 대한 ΔG_f°의 값을 구하시오. 25°C에서 반응에 대한 K_c 값을 계산하시오.

$$2C_4H_{10}(g) + 13O_2(g) \longrightarrow 8CO_2(g) + 10H_2O(g)$$

***18.122** $H_2O(g) + CO(g) \rightleftharpoons H_2(g) + CO_2(g)$ 반응의 평형 상수는 1200 K에서 0.44이다. 1200 K에서 다음 반응의 ΔG를 계산하시오.

$$2H_2(g) + 2CO_2(g) \rightleftharpoons 2CO(g) + 2H_2O(g)$$

18.123 주어진 자료를 이용하여 500 K에서 다음 반응의 ΔG를 계산하시오.

$$SO_2(g) + Cl_2(g) \rightleftharpoons SO_2Cl_2(g)$$

물질	$SO_2(g)$	$Cl_2(g)$	$SO_2Cl_2(g)$
ΔH°_f (kJ mol^{-1})	−296.9	0	−364.0
S°(J K^{-1} mol^{-1})	+248.5	+223.0	+311.9

***18.124** 실온(25 °C), 15.0 L의 용기에서 기체 AB_2는 $AB_2(g) \rightleftharpoons AB(g) + B(g)$ 반응식에 따라 분해된다. AB_2의 초기 압력이 500 mmHg이고, 전체 평형 압력이 900 mmHg이다. 반응의 ΔG° 값을 계산하시오.

***18.125** 다음 반응에 대해 $\Delta H^\circ = -42.9$ kJ이고, $\Delta S^\circ = -26.1$ J K^{-1}이다.

$$N_2O(g) + O_2(g) \rightleftharpoons NO_2(g) + NO(g)$$

0.200 mol의 N_2O와 0.200 mol의 O_2를 525 °C에서 2.00 L 용기에 넣고 이 평형이 이루어졌다고 가정하자. 반응한 N_2O는 몇 %인가? (**참고:** ΔH와 ΔS는 상대적으로 온도에 민감하지 않으므로 ΔH°_{298}과 ΔS°_{298}은 각각 ΔH°_{798}과 ΔS°_{798}과 거의 같다.)

18.126 표 18.4의 자료를 이용하여 질소 분자와 산소 분자의 결합 에너지를 계산하시오.

18.127 사염화 탄소(CCl_4)의 기화열은 29.9 kJ mol^{-1}이다. 이 정보와 표 18.3과 표 18.4의 자료를 이용하여 액체 상태 CCl_4의 표준 생성열을 추정하시오.

18.128 25 °C에서 0.0490 mol O_2와 0.0150 mol N_2O를 1.00 L 용기에 넣고 다음과 같은 평형이 이루어졌다.

$$2N_2O(g) + 3O_2(g) \rightleftharpoons 4NO_2(g)$$

평형 상태에서 NO_2 농도는 0.020 M이었다. 반응의 ΔG° 값을 계산하시오.

다중 개념 문제

***18.129** 에틸 알코올(C_2H_5OH)은 휘발유 대체 연료로 제안되어 왔다. 예제 18.5에서 C_2H_5OH 1 mol의 연소에 대한 ΔG°를 계산하였고, 예제 18.6에서 옥테인 1 mol의 연소에 대한 ΔG°를 계산하였다. 휘발유가 옥테인(휘발유 성분 중 하나)과 비슷한 성질을 가졌다고 가정하자. C_2H_5OH의 밀도는 0.7893 g/mL이고, C_8H_{18}의 밀도는 0.7025 g/mL이다. C_2H_5OH와 C_8H_{18}을 각각 1갤런(3.78 L)씩 연소하였을 때 얻을 수 있는 최대 일을 계산하시오. **부피**를 기준으로 하면, 어느 것이 더 좋은 연료인가?

***18.130** 다음 그림에서 *abcdac* 과정이 진행될 때 기체가 한 일을 계산하시오.

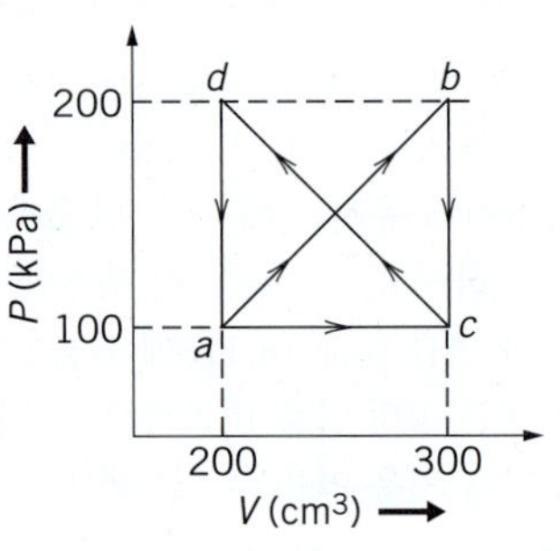

***18.131** 당신은 최근 재산을 물려받았고 그 직후 발명가가 일생일대의 투자 거래를 제안하며 당신에게 접근하였다. 발명가는 물과 메테인을 반응시켜 잠재적으로 가치 있는 두 가지 연료인 메탄올과 수소 기체를 만드는 '계'를 발견하였다. 발명가와의 면담에서 혁신적인 새로운 촉매가 생성물을 선호하도록 반응의 평형 위치를 이동시키고 (STP에서) 사용된 메테인 117 m^{3}당 134 kg의 메탄올이 생성된다고 주장하였다. 새로운 재산을 위험에 투자하기로 결정하기 전에 화학적 원리에 대한 지식을 활용하여 이 프로젝트의 모든 결함을 찾아보시오.

***18.132** 어떤 약산의 pK_a는 5.83이다. 21.26 °C에서 이 약산 0.00525 M 용액 100.0 mL를 22.18 °C에서 0.00634 M 수산화 소듐 45.6 mL와 반응($HA + OH^- \longrightarrow A^- + H_2O$)시키면 혼합물의 온도는 24.88 °C로 올라간다. 이 약산의 이온화($HA \longrightarrow A^- + H^+$)와 관련된 엔트로피 변화는 얼마인가? (혼합 용액의 부피는 혼합 전 두 용액의 부피의 합이고, 두 용액의 밀도는 1.000 g cm^{-3}이며, 비열은 순수한 물과 같다고 가정한다.)

비판적 사고의 과제

18.133 다음 설명을 논하시오. 0 K에 가까운 세계는 거의 전적으로 위치 에너지에 의해 제어된다. NASA는 우주의 평균 온도가 2.73 K라고 말한다. 우주에 대해 이것이 의미하는 것은 무엇인가?

18.134 반응에서 촉매가 평형의 위치에 영향을 줄 수 있다면, 영구기관(에너지를 투입하지 않고도 에너지를 얻을 수 있는 기계)을 만드는 것이 가능할 수도 있다. 어떻게 그런 기계가 만들어질 수 있을지 상상해 보라. 이것은 왜 열역학 제1법칙에 위배되는가?

18.135 이 장의 시작 부분에서 CO_2와 H_2O가 반응하여 탄화수소 연료가 만들어지는 것은 비자발적인 반응이라는 것을 보았다. 열역학에 따르면 이 반응의 평형 위치는 어디에 놓여 있겠는가? 왜 그런가?

Handout/Getty Images

19장

전기화학

이 장의 배경

태양 에너지를 사용하는 시험용 항공기인 Solar Impulse를 이용하여 Abu Dhabi에서 출발하여 지구 한 바퀴를 돌아 다시 Abu Dhabi로 돌아오는 시험 비행을 성공적으로 마쳤다. 일본에서 Hawaii로 가는 비행 도중 배터리에 열적 손상이 발생하였기 때문에, 태양광 에너지를 패널에 모은 다음 배터리에 저장한 에너지만을 이용하는 전체 비행을 마치기까지 16개월 이상이 소요되었다. 비행에 충분한 에너지를 얻기 위하여 비행기의 전체 표면을 태양광 패널로 덮고, 날개의 크기는 보잉 747기와 맞먹는 63 m에 이르렀다. 비행을 돕고 더 많은 태양 전지를 수용할 수 있는 큰 날개를 달았으나 비행체의 무게는 중형 승용차의 무게인 1,600 kg에 불과하였다.

이 장에서는 산화(전자 잃음)와 환원(전자 얻음) 과정을 어떻게 분리하여 물리적으로 다른 장소에서 일어나게 할 수 있는지에 대하여 배울 것이다. 배터리나 태양 전지와 같은 갈바니 전지에서 이와 같은 배치가 가능하면, 이 전지에서의 자발적인 산화–환원 반응을 이용하여 전기를 생산할 수 있다. 이와는 반대로 **전기 분해**에서는 전기를 사용하여 비자발적인 산화–환원 반응이 일어난다.

이 장의 개요

19.1 갈바니(볼타) 전지
19.2 전지 전위
19.3 표준 환원 전위의 활용
19.4 $E^\circ_{전지}$와 ΔG°
19.5 전지 전위와 농도
19.6 전기
19.7 전해 전지
19.8 전기 분해의 화학량론
19.9 전기 분해의 응용

학습 목표

이 장을 읽고 이해한 후 다음과 같은 것을 할 수 있어야 한다.

- 갈바니 전지를 설계하고 사용할 수 있다.
- 갈바니 전지 전위를 예측할 수 있다.
- 표준 환원 전위를 사용하여 자발적인 반응을 예측할 수 있다.
- 표준 전지 전위와 표준 자유 에너지를 관련지을 수 있다.
- 용질의 농도와 전지 전위를 관련지을 수 있다.
- 전기의 생성 과정을 이해할 수 있다.
- 전기 분해의 성질을 설명할 수 있다.
- 전기 분해 정보를 정량적으로 사용할 수 있다.
- 전기 분해의 실용적인 응용을 설명할 수 있다.

학습 목표 달성을 위한 제안

각 장의 첫머리에 주어진 자료를 학습하는 방법에 대한 제안이 있다. 대부분의 내용은 학습 내용과 무관하게 전체 영역에 적용할 수 있는 제안들이다. 특히 능동적 읽기, 요점 정리, 노트북에 정리하기, 여러 명이 함께 공부하기 등을 강조하였다. 0장에서 제시된 학습 목표 달성을 위한 제안은 19장에서도 공통적으로 적용할 수 있는 내용이니 다시 읽어보길 권장한다.

특히 19장에서는 갈바니 전지와 전해 전지 각각에서 산화 전극과 환원 전극의 전하를 표시하고 전자와 양이온(음이온)의 이동 방향을 나타내는 도표를 그려 볼 것을 권장한다. 갈바니 전지와 전해 전지의 차이점을 요약하는 것도 중요하다.

19.1 갈바니(볼타) 전지

핸드폰에서 노트북 컴퓨터나 전기 자동차에 이르기까지, 배터리는 광범위한 일상 생활용품의 휴대용 전원 장치로 활용되고 있다. 배터리에서는 자발적인 산화-환원 반응에 의해 생성된 전자가 도선을 통하여 이동함으로써 에너지가 얻어진다. 이와 같이 전기를 발생하는 장치를 전기가 근육 수축을 일으키는 현상을 발견한 이탈리아의 동물학자인 Luigi Galvani(1737~1798)의 이름을 따서 **갈바니 전지(galvanic cell)**라고 한다. 또는 전지를 직접 고안한 Alessandro Volta(1745~1827)를 기념해서 **볼타 전지(voltaic cell)**라고도 한다.

갈바니 전지의 구조

반짝이는 금속 구리 조각을 질산 은 수용액에 넣으면, 그림 19.1에서 보는 바와 같이 구리 표면에 서서히 회백색 물질이 석출되고 수화된 Cu^{2+} 이온이 수용액에 녹아 들어가 수용액은 옅은 푸른색이 되는 반응이 자발적으로 진행된다. 이 반응에 대한 반응식은 다음과 같다.

$$2Ag^{+}(aq) + Cu(s) \longrightarrow Cu^{2+}(aq) + 2Ag(s)$$

이 반응은 발열 반응이지만 모든 에너지가 열의 형태로 발산되므로 유용한 에너지로 활용되기는 어렵다.

유용한 **전기**(electrical) 에너지를 얻기 위해서는 전체 반응에 포함된 두 반쪽 반응이 분리된 용기나 영역인 **반쪽 전지(half-cell)**에서 각각 일어나게 해야 한다. 이 과정에서 전자는 외부 전선을 통해 흘러야 원하는 장치가 완성된다. 이런 전자의 흐름은 레이저 포인터나 휴대용 컴퓨터, 또는 아이팟과 같은 장치를 작동하는 데 사용된다. 이러한 갈바니 전지는 그림 19.2에 나타낸 것처럼 두 개의 반쪽 전지로 구성되어 있다. 왼쪽에 있는 은 전극은 $AgNO_3$ 용액에 담겨

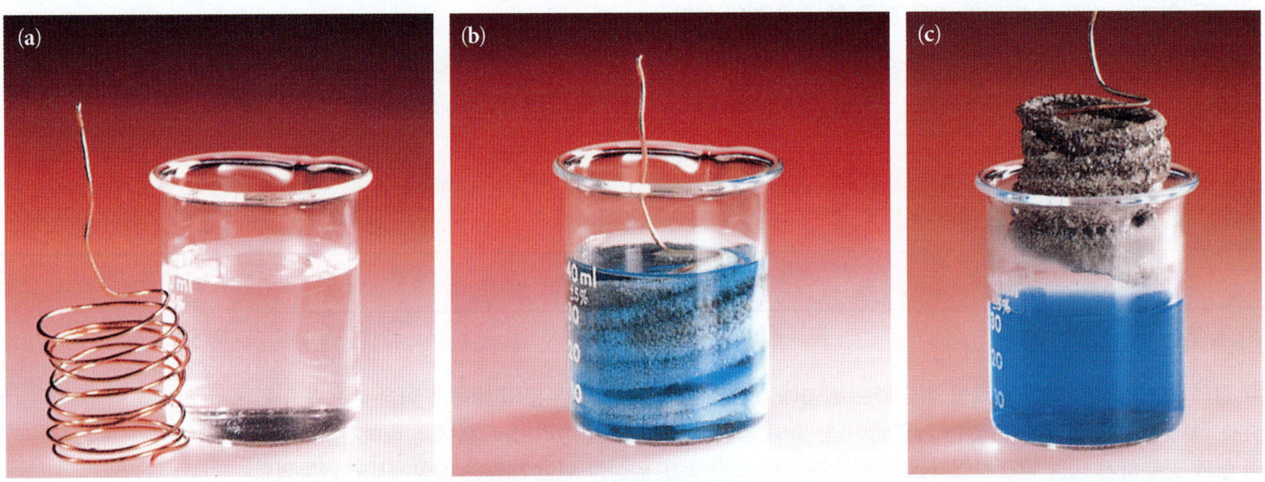

Michael Watson

그림 19.1 질산 은 용액에서 구리의 반응 (a) 구리 코일이 질산 은 용액이 담긴 비커 옆에 놓여 있다. (b) 구리 코일을 질산 은 용액에 넣으면 구리가 녹으면서 용액은 푸른색으로 변하고, 구리선에는 반짝이는 결정 형태로 금속 은이 석출된다. (c) 시간이 지나면 더 많은 구리가 용액에 녹고 대부분의 은은 금속으로 석출된다.

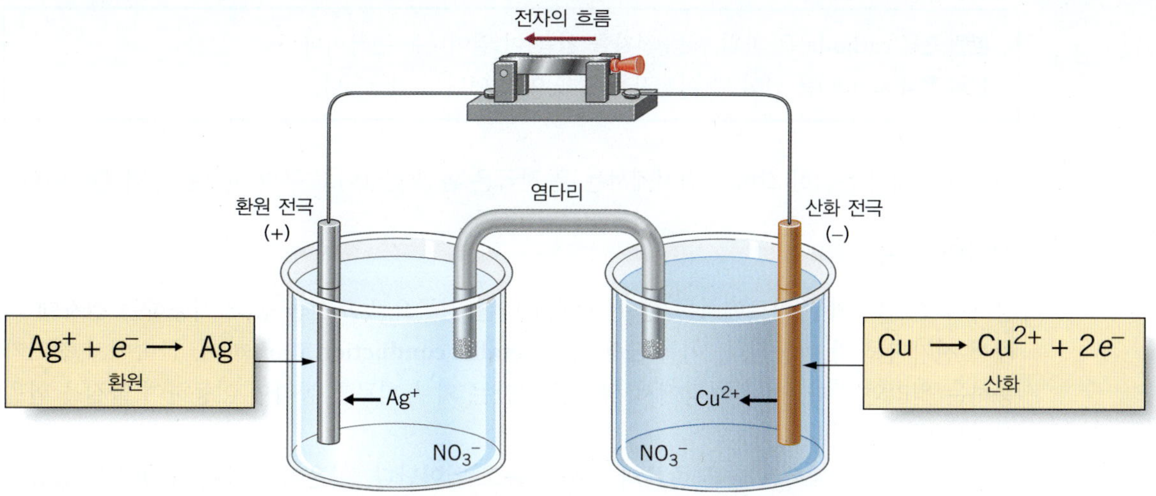

그림 19.2 갈바니 전지 전지는 두 개의 반쪽 전지로 구성된다. 한쪽의 반쪽 전지에서 산화가 일어나고 다른 반쪽 전지에서는 환원이 일어난다.

있고, 오른쪽에 있는 구리 전극은 $Cu(NO_3)_2$ 용액에 담겨 있다. 두 전극은 외부 도선으로 연결되어 있고, 두 용액은 **염다리**(salt bridge)로 연결되어 있다. 염다리의 기능은 잠시 후에 다시 설명할 것이다. 스위치를 닫아 회로를 연결시키면 왼쪽 반쪽 전지에서는 Ag^+가 Ag로 자발적으로 환원되고, 오른쪽 반쪽 전지에서는 Cu가 Cu^{2+}로 자발적으로 산화된다. 각각의 반쪽 전지에서 일어나는 반응은 5장의 이온−전자법에서 다룬 **반쪽 반응**(half-reaction)이다. 은 반쪽 전지와 구리 반쪽 전지에서의 반쪽 반응은 각각 다음과 같다.

$$Ag^+(aq) + e^- \longrightarrow Ag(s) \qquad \text{(환원)}$$

$$Cu(s) \longrightarrow Cu^{2+}(aq) + 2e^- \qquad \text{(산화)}$$

이 반응이 진행되면 구리는 산화되고, 이때 생성된 전자는 외부 회로를 통해 반대쪽 전극으로 이동하여 Ag^+를 환원시켜 반짝이는 금속 은이 석출된다.

전지 반응

갈바니 전지에서 일어나는 전체 반응을 **전지 반응**(**cell reaction**)이라고 한다. 전지 반응을 얻으려면 반쪽 반응에서 잃은 전자와 얻은 전자를 같게 한 후, 두 반쪽 전지에서 일어나는 반응을 더해야 한다. 따라서 앞에서의 반응에 대한 전지 반응을 얻기 위해서는 은의 환원 반쪽 반응에 2를 곱하고 두 반쪽 반응을 더하면 된다($2e^-$가 양쪽에서 서로 상쇄되는 것을 주목하라). 이 방법은 5.2절에서 다룬 이온−전자법에 의해 산화−환원 반응을 완결시키는 방법과 정확하게 일치한다.

해설 전자가 반응물에 있으면 그 과정은 환원이고, 생성물에 있으면 그 과정은 산화이다.

$$\begin{array}{rl} 2Ag^+(aq) + 2e^- \longrightarrow 2Ag(s) & \text{(환원)} \\ Cu(s) \longrightarrow Cu^{2+}(aq) + 2e^- & \text{(산화)} \\ \hline 2Ag^+(aq) + Cu(s) + \cancel{2e^-} \longrightarrow 2Ag(s) + Cu^{2+}(aq) + \cancel{2e^-} & \text{(전지 반응)} \end{array}$$

해설 이 반응에서 상쇄된 전자 두 개는 이동한 전자 수와 같다. 전지 반응에서의 전자 수는 나중에 Nernst 식을 다룰 때 중요하다.

갈바니 전지에서 전극 명명하기

전기 화학에서 전극은 환원 전극과 산화 전극으로 구분한다. 전극의 이름은 항상 전극에서 일어나는 화학 변화를 기준으로 다음과 같은 명명한다.

도구
전극 이름과 전극 반응

환원 전극(**cathode**)은 환원 반응(전자를 얻음)이 일어나는 전극이다.
산화 전극(**anode**)은 산화 반응(전자를 잃음)이 일어나는 전극이다.

따라서 앞에서 논의한 갈바니 전지에서는 은 전극은 환원 전극이고 구리 전극은 산화 전극이다.

전하의 전도

갈바니 전지의 외부 회로에서는 한 전극에서 다른 전극으로 도선을 통해 이동하는 **전자**에 의해서 전기 전하가 이동된다. 이를 **금속 전도**(**metallic conduction**)라고 하며, 금속에서 전기가 통하는 원리와 같다. 산화 과정에서 생성된 전자는 외부 회로를 통하여 이동하여 물질을 환원시키는 데 사용된다.

전기 화학 전지에서는 다른 종류의 전하 이동도 일어난다. 이온이 포함된 용액(또는 용융된 이온 결합 화합물)에서는 **전자가 아니라 용액에서 이온이 움직여서 전하의 이동이 일어난다.** 이온에 의한 전하의 이동을 **전해성 전도**(**electrolytic conduction**)라고 한다.

구리와 은으로 구성된 갈바니 전지에서 반응이 일어날 때, **그림 19.3**에서 나타낸 바와 같이 구리 양이온은 산화 전극 주변 용액으로 녹아 들어가는 반면에, 은 이온은 주변 용액으로부터 환원 전극으로 석출된다. 갈바니 전지가 작동하기 위해서는 양쪽 용액이 전기적으로 중성을 유지해야 한다. 이를 위하여 용액에서 이온이 나가거나 들어와야 한다. 예를 들면 구리가 산화될 때 산화 전극 주위의 용액은 Cu^{2+} 이온의 농도가 증가하므로, 전하 균형을 이루기 위해서 음이온이 필요하게 된다. 비슷하게 Ag^+ 이온이 환원될 때는 NO_3^- 이온만 남게 되며 전하 균형을 맞추기 위해서 양이온이 필요하게 된다. 그림 19.2에 나타낸 **염다리**는 용액의 전기적 중성을 유지하는데 필요한 이온의 이동을 가능하게 해서 용액의 전기적 중성을 유지한다. 염다리는 전기 회로를 완성하기 위해서도 필요한 요소이다.

해설 염다리는 KNO_3이나 KCl로 포화된 뜨거운 한천 용액으로 만든다. U자형 유리관에 포화된 한천 용액을 넣고 식히면 고형화가 된다. 염 이온은 염다리를 통해 이동할 수 있지만, 한천은 원래의 위치에 남는다.

염다리는 이온 성분이 전지 반응에 참여하지 않는 KNO_3이나 KCl과 같은 염이 녹아있는 용액으로 채워진 관이다. 관의 양 끝은 다공성 마개로 되어 있어 용액이 새는 것은 방지하는 동

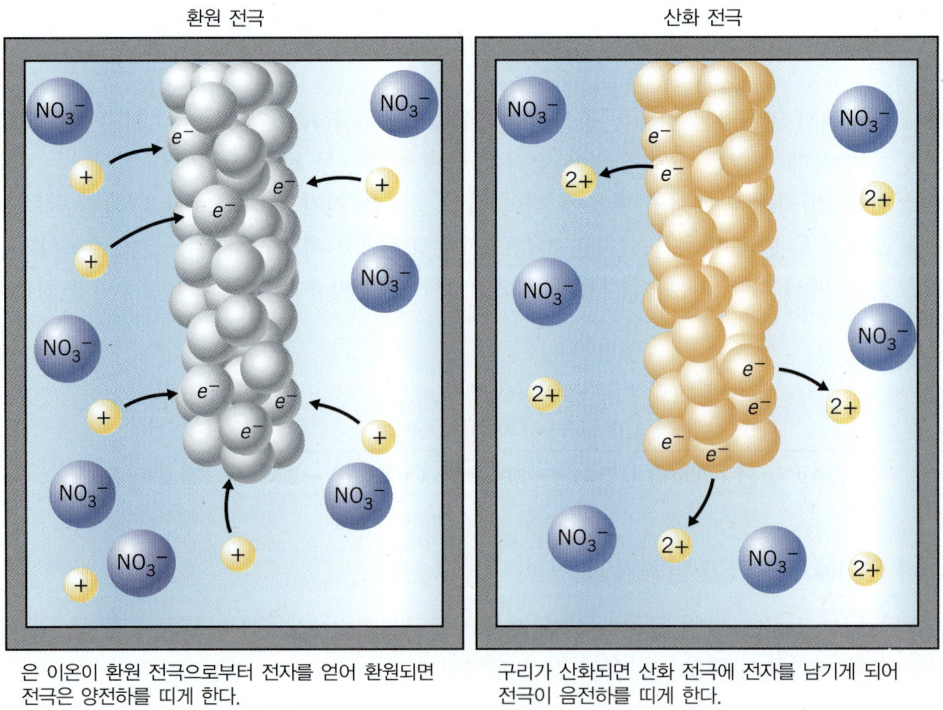

그림 19.3 구리-은 갈바니 전지에서 산화 전극과 환원 전극에서 일어나는 변화를 보여 주는 그림 19.2의 확대된 모양(크기를 반영한 것은 아님) 산화 전극에서 구리가 산화될 때 Cu^{2+} 이온은 용액으로 녹아 들어가고 전자는 전극에 남는다. Cu^{2+} 이온이 전극에서 멀리 떨어져 나가거나 NO_3^- 이온이 전극 주위로 오지 않으면 전극 주위의 용액은 양전하를 나타내게 될 것이다. 환원 전극에서는 용액에 녹아 있는 Ag^+ 이온이 전극 표면에서 전자를 받아 은 원자가 된다. 더 많은 은 이온이 전극 주위로 오지 않거나 음이온이 멀어지지 않으면 전극 주위의 용액은 음전하를 나타내게 될 것이다.

시에, 두 반쪽 전지 용액 사이의 이온 교환은 가능하도록 되어 있다.

전지가 작동되는 동안 음이온은 염다리로부터 구리 반쪽 전지 용액으로 확산되는데, 이 과정 중 극히 일부의 Cu^{2+} 이온도 염다리 안으로 들어올 수 있다. 이 두 과정이 구리 반쪽 전지가 전기적으로 중성을 유지하는 데 도움을 준다. 은 반쪽 전지에서는 염다리로부터 양이온이 나오는 동시에, 극히 일부지만 NO_3^- 이온이 염다리로 들어가서 전기적 중성을 유지할 수 있다.

염다리가 없으면 용액의 전기적 중성이 유지될 수 없기 때문에 전지가 지속적으로 전류를 생성하는 것이 불가능하다. 그러므로 전지가 작동하기 위해서는 이온을 포함한 용액과의 접촉을 통한 **전해 접촉**(electrolytic contact)이 반드시 유지되어야 한다.

갈바니 전지가 작동되는 동안 이온의 이동을 전반적으로 살펴보면, 음이온은 음이온이 과량으로 존재하는 환원 전극으로부터 멀어지고 (산화 전극에서 형성되는 양이온의 전하와 균형을 이루기 위해) **산화 전극으로** 이동하는 것을 알 수 있다. 비슷하게 양이온은 양이온이 과량으로 존재하는 산화 전극으로부터 멀어지고 (환원 전극에서 형성되는 음이온의 전하와 균형을 이루기 위하여) **환원 전극으로** 이동한다. 이를 종합하면 다음과 같이 요약할 수 있다.

> 양이온은 환원 전극으로 이동한다.
> 음이온은 산화 전극으로 이동한다.

전극의 전하

그림 19.2와 19.3에 나타낸 갈바니 전지의 산화 전극에서 구리 원자가 자발적으로 산화되어 Cu^{2+} 이온의 형태로 용액에 녹는다. 이때 전극에 남는 전자로 인하여 전극이 약간의 음전하를 띠게 되기 때문에 산화 전극은 **음의 극성**(negative polarity)을 갖는다고 표현한다. 환원 전극에서는 전자가 자발적으로 Ag^+ 이온과 결합하여 중성 원자로 산화된다. Ag^+ 이온이 전극의 일부가 된다는 점에서 전극이 약간의 양전하를 띠게 되는 것이므로 환원 전극은 **양의 극성**(positive polarity)을 갖는다고 표현한다. 전지가 작동하는 동안 외부 회로를 통하여 산화 전극에서 환원 전극으로 전자(전류)가 이동하여 환원 전극과 산화 전극의 음전하와 양전하의 크기를 작게 유지한다. 전자가 산화 전극에서 환원 전극으로 이동하지 않으면 전극 표면에서 일어나는 화학 반응은 멈춘다.

해설 전체 반응의 자유 에너지 변화가 자발적 반응에 해당하기 때문에 전극 사이에 작은 전하 차이가 발생한다. 전기적 중성을 유지하려는 자연적 경향성에 의하여 전극에 전하가 축적되는 것이 억제되고, 외부 회로를 통한 자발적인 전기 흐름이 촉진된다.

표준 전지 표기법

화학자들은 갈바니 전지의 구성을 간결하게 나타내는 편리한 방법을 고안하였다. 예를 들면 균형 화학 반응식이 $Cu(s) + 2Ag^+(aq) \longrightarrow Cu^{2+}(aq) + 2Ag(s)$인 구리–은 전지를 다음과 같이 표현하는 것이다.

도구 표준 전지 표기법

$$Cu(s) \mid Cu^{2+}(aq) \parallel Ag^+(aq) \mid Ag(s)$$

표준 전지 표기법(standard cell notation)의 관례에 따라서 산화 반쪽 전지를 왼쪽에 놓고 산화 전극 물질부터 표시한다. 이 경우는 구리 금속이 산화 전극이다. 세로선은 구리 전극과 그 주위의 용액 사이에 **상의 경계**(phase boundary)를 의미하고, 이중 세로선은 두 반쪽 전지의 용액을 연결한 염다리의 양 끝에 있는 두 상의 경계를 의미한다. 환원 반쪽 전지는 오른쪽에 표시하며, 오른쪽 끝에 환원 전극 물질을 쓴다. 따라서 표준 전지 표기법에서 전극(구리와 은)은 양쪽 끝에 표시한다.

해설 표준 전지 표기법은 전지 도표라고도 한다.

해설 산화 전극에서 Cu는 반응물이고 Cu^{2+}로 산화되며, 반면에 환원 전극에서는 Ag^+가 반응물이고 Ag로 환원된다.

염다리

산화 전극 | 환원 전극

$$Cu(s)\,|\,Cu^{2+}(aq)\,||\,Ag^+(aq)\,|\,Ag(s)$$

산화 전극 / 산화 전해질 / 환원 전해질 / 환원 전극

반쪽 전지에서 반응물의 산화된 상태나 환원된 상태가 가용성인 경우가 종종 있는데, 이 경우에는 전극으로 사용될 수 없다. 이런 경우에는 백금, 탄소, 금과 같은 비활성 전극이 전자 전달을 위한 장소로 사용될 수 있다. 예를 들어 갈바니 전지를 Zn^{2+} 용액에 아연 금속이 담긴 산화 전극과, Fe^{2+}와 Fe^{3+}를 포함한 용액에 백금 전극이 담겨 있는 환원 전극으로 구성할 수 있다. 이에 대한 전지 반응은 다음과 같다.

$$2Fe^{3+}(aq) + Zn(s) \longrightarrow 2Fe^{2+}(aq) + Zn^{2+}(aq)$$

이 갈바니 전지를 전지 표기법으로 나타내면 다음과 같다.

해설 Fe^{2+}와 Fe^{3+}는 용액에 균일하게 섞여 있으므로 어느 것을 먼저 나타내도 상관없다.

$$Zn(s)\,|\,Zn^{2+}(aq)\,||\,Fe^{2+}(aq), Fe^{3+}(aq)\,|\,Pt(s)$$

여기서 환원 반응에 참여하는 두 가지 철 이온은 쉼표로 분리하였다. 이 전지에서는 비활성 백금 전극 표면에서 Fe^{3+}가 Fe^{2+}로 환원된다.

예제 19.1 갈바니 전지

금속 아연을 황산 구리(II) 용액에 넣으면 다음 반응이 자발적으로 일어난다.

$$Zn(s) + Cu^{2+}(aq) \longrightarrow Zn^{2+}(aq) + Cu(s)$$

이 반응을 활용한 갈바니 전지를 다음과 같이 기술해 보시오. 산화 및 환원 반쪽 전지 반응은 무엇인가? 전지를 표준 전지 표기법으로 나타내시오. 전지의 개략도를 그리고, 환원 전극과 산화 전극, 각 전극의 전하, 이온의 이동 방향, 전자의 흐름 방향 등을 모식도에 표시하시오.

분석 전지 반응에 대한 식으로부터 산화 전극과 환원 전극을 확인하는 것이 문제 풀이에 대한 관건이다. 정의에 의하면 환원 반응이 일어나는 전극을 환원 전극이라 하고, 산화 반응이 일어나는 전극을 산화 전극이라 명명하는 점을 상기하라.

도구 모음 산화 –환원 반응을 완성하기 위해서 5.2절에서 다룬 이온–전자법의 원리를 사용할 수 있다. 반쪽 반응이 균형을 맞춘 반쪽 반응 중 산화 반응은 산화 전극에서, 그리고 환원 반응은 환원 전극에서 일어난다. 마지막으로 앞에서 설명한 표준 전지 표기법을 이용하여 전지에 대한 개략도를 그린다.

풀이 두 반쪽 반응은 다음과 같다.

$$Zn(s) \longrightarrow Zn^{2+}(aq) + 2e^- \text{ (산화 전극 반응)}$$
$$Cu^{2+}(aq) + 2e^- \longrightarrow Cu(s) \text{ (환원 전극 반응)}$$

표준 전지 표기법을 나타내기 위하여 산화 전극에서 일어나는 산화 반응부터 고려해 보자. 산화 반쪽 전지는 전극으로 사용되는 아연 금속이 Zn^{2+}[예를 들면 $Zn(NO_3)_2$나 $ZnSO_4$에서 녹아 나온]를 포함한 용액에 담겨 있어야 한다. 표기법에 의하면 산화 반쪽 전지는 다음과 같이 세로선 왼쪽에 전극 물질을 쓰고 오른쪽에 산화 반응의 생성물을 쓴다.

$$Zn(s)\,|\,Zn^{2+}(aq)$$

환원 전지에서는 용액에 포함된 구리 이온 $Cu^{2+}(aq)$[예를 들면 $Cu(NO_3)_2$나 $CuSO_4$에서 녹

아 나온]이 환원 전극으로부터 전자를 얻고 금속 구리로 환원된다. 따라서 환원 반쪽 전지를 나타내기 위하여 세로선 오른쪽에 전극 물질을 쓰고 왼쪽에 환원되는 물질을 쓴다.

$$Cu^{2+}(aq)\,|\,Cu(s)$$

표준 전지 표기법에서는 다음과 같이 염다리를 의미하는 이중 세로선을 중심으로 왼쪽에 아연 산화 반쪽 전지를 표시하고 오른쪽에 구리 환원 반쪽 전지를 표시한다.

산화 전극 $Zn(s)\,|\,Zn^{2+}(aq)\,||\,Cu^{2+}(aq)\,|\,Cu(s)$ 환원 전극

산화 반쪽 전지 환원 반쪽 전지

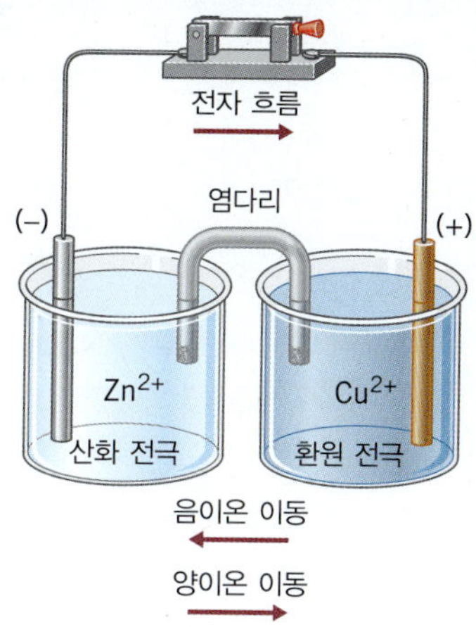

아연–구리 전지 이 예제에서 설명한 전지 표기법에 의해 왼쪽에 산화 전극을, 오른쪽에 환원 전극을 나타낸다. 이 전지 그림에서는 산화 반쪽 전지를 왼쪽에 나타냈지만, 그림 19.2에서처럼 오른쪽에 나타낼 수도 있다. 실험실 탁자에 전지를 놓는 위치에 따라 산화 전극과 환원 전극이 결정되는 것은 아니라는 것을 명심해야 한다.

여백에 이 전지의 대략적인 그림을 나타내었다. 갈바니 전지에서 산화 전극은 항상 음전하를 띠므로 아연 전극은 (−)로 그리고 구리 전극은 (+)로 나타낸다. 외부 회로에서 전자는 음의 전극에서 양의 전극으로 이동한다(즉 아연 전극에서 구리 전극으로 이동한다). 용액에서 음이온은 산화 전극 방향으로 움직이고 양이온은 환원 전극 방향으로 움직이므로, 여백의 그림에서와 같이 염다리를 중심으로 음이온과 양이온의 이동 방향을 표시한다.

답이 합리적인가? 답은 어떤 물질이 산화되고 환원되는가에 따라 결정되므로 먼저 이것을 확인하자. 산화는 전자를 잃는 것이므로 전자를 잃고 Zn^{2+}가 되는 아연이 산화된다. 따라서 아연은 산화 전극이다. 아연이 산화 전극이면 구리는 반드시 환원 전극이 되어야 한다. 전체적으로 표기법으로 나타낸 전지는 아연의 산화에 의해 전자가 생성되고 이 전자는 산화 전극에서 환원 전극으로 이동해야 하는 논리에 부합한다.

실전 문제 19.1

다음의 자발적 산화–환원 반응을 이용한 갈바니 전지에 대한 물음에 답하시오.

$$Cd(s) + Sn^{2+}(aq) \longrightarrow Cd^{2+}(aq) + Sn(s)$$

산화 전극과 환원 전극에서의 반쪽 반응을 쓰시오. 표준 전지 표기법을 이용하여 전지의 개략도를 그리고 각 구성 요소에 대한 이름을 쓰시오(**힌트**: 어떤 물질이 산화되고 어떤 물질이 환원되는지 결정하시오).

실전 문제 19.2

다음의 갈바니 전지에 대한 물음에 답하시오.

$$Cr(s)\,|\,Cr^{3+}(aq)\,||\,Cl^{-}(aq),\,Cl_2(g)\,|\,Pt(s)$$

산화 전극과 환원 전극의 반쪽 반응과 전체 전지 반응식을 쓰시오. 표준 전지 표기법을 이용하여 전지의 개략도를 그리고 각 구성 요소에 대한 이름을 쓰시오.

19.2 전지 전위

갈바니 전지는 외부 회로를 통해 전자를 흐르게 하는 능력이 있다. 이런 능력의 크기를 **전위(potential)**로 나타낸다. 전위는 **볼트(volt, V)**의 단위로 표시하는데, 볼트는 회로를 통하여 전하가 흐를 때 단위 **쿨롬(coulomb, C)**당 운반되는 에너지(J)의 양으로 정의된다. 따라서 1볼트의 전위에서 흐르는 전하는 쿨롬당 1 J의 에너지를 운반하며, 이를 수식으로 나타내면 다음과 같다.

$$1\ V = 1\ J/C \tag{19.1}$$

해설 갈바니 전지에서 발생한 전위를 기전력(**electromotive force**, emf)이라고도 한다. 현대 전기 화학에서는 전지 전위와 표준 전지 전위를 나타내는 기호로 각각 $E_{전지}$와 $E°_{전지}$가 사용된다.

2019년 국제도량형국에서 기본 상수를 이용하여 SI 기본 단위를 다시 정의할 때, 양성자 한 개의 전하량에 해당하는 기본 전하량(q)을 이용하여 새롭게 정의한 쿨롬(C)은 다음과 같다.

$$1\,\mathrm{C} \equiv \frac{q}{1.602176634 \times 10^{-19}}$$

$$1\,\mathrm{C} = 6.241509074 \times 10^{18}\,q$$

갈바니 전지의 전위는 회로를 통해 흐른 전하량에 따라 변한다. 주어진 전지가 발생시킬 수 있는 **최대** 전위를 **전지 전위(cell potential**, $E_{전지}$)라 하는데, 이 값은 전극 물질의 조성이나 반쪽 전지에 포함된 이온의 농도 및 온도에 따라 달라진다. 전기 화학에서 **표준 상태(standard state)**는 온도 25°C, 용질의 농도 1.00M, 기체의 압력 1.00atm인 상태로 정의된다. 계가 표준 상태에 있을 때 갈바니 전지의 전위를 **표준 전지 전위(standard cell potential)**라고 하고, $E^\circ_{전지}$로 표시한다.

전지 전위는 주로 수 볼트 이하이다. 예를 들어 **그림 19.4**에 나타낸 은과 구리 전극으로 구성된 갈바니 전지의 표준 전지 전위는 0.46V이고, 자동차용 배터리 안에 전지 한 개가 생성할 수 있는 전위도 대략 2V이다. 따라서 자동차의 구동에 필요한 높은 전위(~12V)를 내기 위해서는 여러 전지를 직렬로 연결하여 사용한다.

19.5절에서 표준 상태가 아닌 계에 대한 전지 전위($E_{전지}$)를 계산하는 방법을 다룰 것이다. 온도와 용질의 농도 및 기체의 압력을 안다면, 전지 전위가 표준 전지 전위와 얼마나 차이가 나는지를 계산할 수 있다. 전지 전위의 계산에 관한 내용은 나중에 자세히 다루겠지만, 대부분의 경우에 표준 전지 전위와 전지 전위의 차이는 일반적으로 0.5V 이내이고 부호가 같다는 것을 인식하는 것이 중요하다. 따라서 표준 전지 전위로 전지 전위를 표현할 수 있기 때문에 표준 상태가 아닌 전지 전위에 대한 설명에서도 표준 전지 전위를 이용하여 일반적 설명을 할 예정이다.

환원 전위

해설 전지에서 전하가 흐르면 내부 저항을 극복하기 위해 전지 전위의 일부분을 잃게 되어, 측정된 전압은 원래의 $E_{전지}$보다 작게 된다.

편리를 위하여 반쪽 전지가 자연적으로 전자를 얻어서 환원이 되는 경향이 있다고 가정하자. 이런 경향성의 크기를 반쪽 반응의 **환원 전위(reduction potential)**로 나타낸다. 표준 상태에서 측정된 환원 전위를 **표준 환원 전위(standard reduction potential)**라고 한다. 환원되는 물질의 표준 환원 전위를 표시하기 위해 E에 위첨자 °를 더하고 물질을 나타내는 기호를 아래 첨자로 표시한다. 예를 들어 다음 반쪽 반응의 표준 환원 전위에 대한 기호는 $E^\circ_{Cu^{2+}}$로 나타낸다.

$$Cu^{2+}(aq) + 2e^- \longrightarrow Cu(s)$$

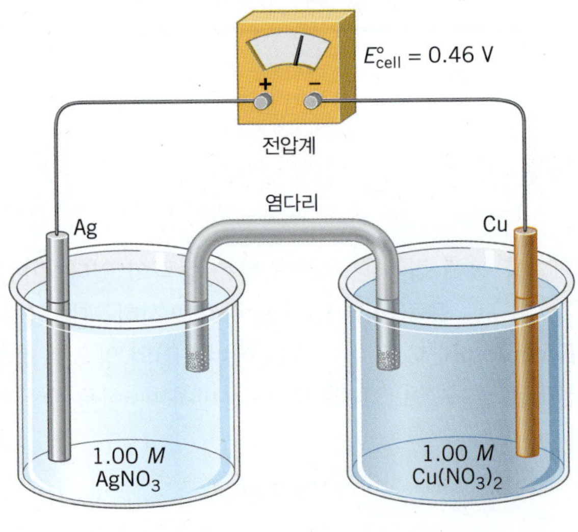

그림 19.4 표준 전지 전위를 측정하는 장치의 구성 반쪽 전지에서 Cu^{2+} 이온과 Ag^+ 이온의 농도는 각각 1.00M이다. 올바른 측정을 위해서 항상 전압계의 음의 단자를 산화 전극에 그리고 양의 단자는 환원 전극에 연결해야 한다.

때때로 반응물과 생성물이 모두 중요하게 여겨질 때 $E^\circ_{Cu^{2+}/Cu}$와 같이 표기할 수 있다.

두 반쪽 전지를 연결하여 갈바니 전지를 만들 때, 표준 환원 전위가 큰 전지(환원 반응의 경향이 큰 전지)는 표준 환원 전위가 더 작아서 산화 반응이 일어나는 전지로부터 전자를 받는다. **갈바니 전지의 경우 항상 양의 값으로 나타나는 표준 전지 전위는 다음과 같이 한쪽 반쪽 전지의 표준 환원 전위와 다른 쪽 반쪽 전지의 표준 환원 전위의 차**로 계산할 수 있다.

해설 표준 환원 전위를 **표준 전극 전위(standard electrode potential)**라고도 한다.

해설 갈바니 전지의 전지 전위는 항상 양의 값이라는 것을 기억하라.

$$E^\circ_{전지} = \left[\begin{array}{c}환원되는 물질의 \\ 표준 환원 전위\end{array}\right] - \left[\begin{array}{c}산화되는 물질의 \\ 표준 환원 전위\end{array}\right] \quad (19.2)$$

도구

$E^\circ_{전지} = E^\circ_{환원} - E^\circ_{산화}$

그림 19.4의 구리–은 전지에서의 반응을 살펴보자.

$$2Ag^+(aq) + Cu(s) \longrightarrow 2Ag(s) + Cu^{2+}(aq)$$

전지 반응으로부터 은 이온은 환원되고 구리 이온은 산화되는 것을 알 수 있다. 전지 반응으로부터 얻은 다음의 두 환원 반쪽 반응을 비교하면, 실제 반응에서 은 이온이 환원되므로 Ag^+의 환원은 Cu^{2+}의 환원보다 더 큰 경향성을 가져야 한다.

$$Ag^+(aq) + e^- \longrightarrow Ag(s)$$
$$Cu^{2+}(aq) + 2e^- \longrightarrow Cu(s)$$

이는 Ag^+의 표준 환원 전위가 Cu^{2+}의 표준 환원 전위보다 더 양(+)의 값이어야 한다는 것을 의미한다. 다른 표현으로 $E^\circ_{Cu^{2+}}$와 $E^\circ_{Ag^+}$의 값을 알면 식 19.2과 같이 은의 큰 환원 전위 값에서 구리의 작은 환원 전위 값을 빼서 다음과 같이 항상 양의 결과를 보여 주는 $E^\circ_{전지}$를 계산할 수 있다.

해설 반쪽 반응의 전자의 수를 맞추지 않고 표준 환원 전위를 사용한 것을 주목하라.

$$E^\circ_{cell} = E^\circ_{Ag^+} - E^\circ_{Cu^{2+}}$$

수소 전극

불행하게도 반쪽 전지의 표준 환원 전위를 독립적으로 측정하는 것은 불가능하다. 우리가 측정할 수 있는 것은 연결된 두 반쪽 전지의 전위차이다. 따라서 표준 환원 전위를 정하기 위해서 기준 전극을 임의로 선택해야 하고, 기준 전극의 표준 환원 전위를 **정확히 0 V**로 정의한다. 이러한 목적으로 사용하는 기준 전극이 **그림 19.5**에 나타낸 **표준 수소 전극(standard hydrogen electrode)**이다. 그림 19.5에서 보는 바와 같이 표준 수소 전극은 백금 전극에 1.00 atm의 수소 기체를 뿜어 주는 형태의 전극으로, 이 전극은 수소 이온의 농도가 1.00 M인 25°C 용액에 담겨 있다. 이때 백금 전극 표면을 고운 백금 입자로 코팅처리하여 전극의 표면적을 증가시키면 촉매 효과가 증가하여 전극 반응이 더 효과적으로 일어날 수 있다. 표준 수소 전극에서의 반쪽 전지 반응은 다음과 같다.

$$2H^+(aq, 1.00\ M) + 2e^- \rightleftharpoons H_2(g, 1.00\ atm)$$
$$E^\circ_{H^+} \equiv 0\ V \quad (정확히)$$

이중 화살표는 반응이 가역적이란 것을 의미할 뿐, 평형을 의미하지는 않는다. 반쪽 반응이 환원 반응이 될지 산화 반응이 될지는 쌍을 이루는 반쪽 전지의 환원 전위에 따라 결정된다.

그림 19.6은 표준 수소 전극과 구리 전극을 연결한 갈바니 전지이다. 전압계의 + 단자를 구리 전극에 연결하고 − 단자를 수소 전극에 연결한 후 측정한 표준 전지 전위가 +0.34 V였다. 따라서 구리 전극은 Cu^{2+}가 Cu로 환원되는 환원 전극이고, 수소 전극은 H_2가 H^+로 산화되는 산화 전극이 되어야 한다. 그러므로 반쪽 반응 및 전지 반응은 다음과 같고,

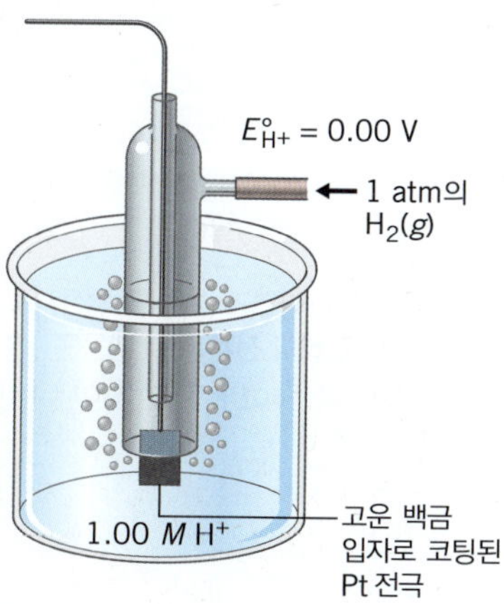

그림 19.5 수소 전극 반쪽 반응은 $2H^+(aq) + 2e^- \rightleftharpoons H_2(g)$이다.

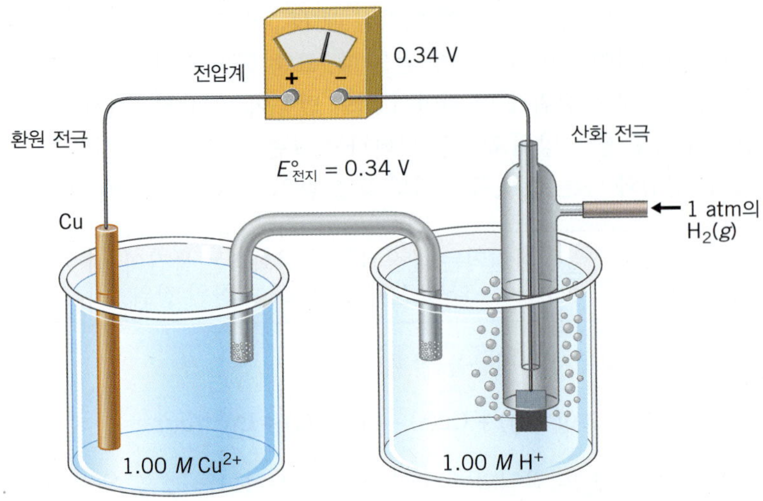

그림 19.6 구리와 수소 전극으로 구성된 갈바니 전지 전지 반응은 $Cu^{2+}(aq) + H_2(g) \longrightarrow Cu(s) + 2H^+(aq)$이다.

$$\begin{array}{rl} Cu^{2+}(aq) + 2e^- \longrightarrow Cu(s) & (\text{환원 전극}) \\ H_2(g) \longrightarrow 2H^+(aq) + 2e^- & (\text{산화 전극}) \\ \hline Cu^{2+}(aq) + H_2(g) \longrightarrow Cu(s) + 2H^+(aq) & (\text{전지 반응})^1 \end{array}$$

식 19.2를 사용하여 $E^\circ_{Cu^{2+}}$와 $E^\circ_{H^+}$로 $E^\circ_{전지}$를 나타내면 다음과 같다.

$$E^\circ_{전지} = E^\circ_{Cu^{2+}} - E^\circ_{H^+}$$

환원되는 물질의 환원 전위 ↑ ($E^\circ_{Cu^{2+}}$), 산화되는 물질의 환원 전위 ↑ ($E^\circ_{H^+}$)

측정된 표준 전지 전위는 0.34 V이고, $E^\circ_{H^+}$는 0.00 V이다. 그러므로 Cu^{2+}의 환원 전위는 수소 전극에 대해서 +0.34 V이다(표준 환원 전위가 음의 값을 가지는 경우도 있으므로 전위 값과 함께 + 표시를 한다).

$$0.34\text{ V} = E^\circ_{Cu^{2+}} - 0.00\text{ V}$$

이제 **그림 19.7**에 나타낸 것과 같은 아연 전극과 수소 전극으로 구성된 갈바니 전지를 살펴보

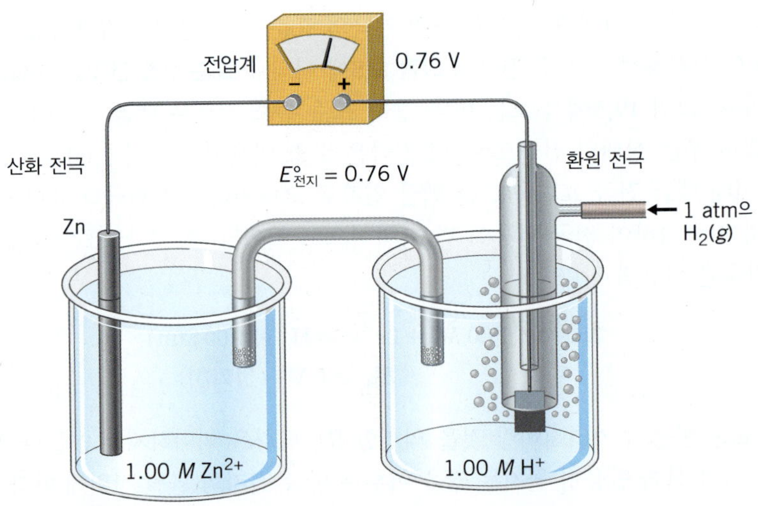

그림 19.7 아연과 수소 반쪽 전지로 구성된 갈바니 전지 전지 반응은 $Zn(s) + 2H^+(aq) \longrightarrow Zn^{2+}(aq) + H_2(g)$이다.

[1]이 전지를 전지 표기법으로 나타내면 다음과 같다.

$$Pt(s) \mid H_2(g) \mid H^+(aq) \parallel Cu^{2+}(aq) \mid Cu(s)$$

수소 전극(이 경우는 산화 전극)은 이중 세로선 왼쪽에 나타낸다. 수소 전극에는 서로 접촉하고 있는 고체, 기체 및 액체의 세 가지 상을 두 개의 단일 수직선으로 분리해서 나타낸다.

자. 이번에는 수소 전극을 양의 단자에 그리고 아연 전극을 음의 단자에 연결하고 측정한 표준 전지 전위가 +0.76 V였다. 이것은 수소 전극이 환원 전극이고 아연 전극이 산화 전극이라는 것을 의미한다. 따라서 수소 이온이 환원되고 아연이 산화되는 반쪽 반응과 전지 반응을 다음과 같이 정리할 수 있다.

$$2H^+(aq) + 2e^- \longrightarrow H_2(g) \quad \text{(환원 전극)}$$
$$Zn(s) \longrightarrow Zn^{2+}(aq) + 2e^- \quad \text{(산화 전극)}$$
$$2H^+(aq) + Zn(s) \longrightarrow H_2(g) + Zn^{2+}(aq) \quad \text{(전지 반응)}^2$$

식 19.2에 측정된 표준 전지 전위 0.76 V와 $E^\circ_{H^+} = 0.00\text{ V}$를 대입해서 표준 전지 전위를 구하면 다음과 같이 주어진다.

$$E^\circ_{\text{전지}} = E^\circ_{H^+} - E^\circ_{Zn^{2+}}$$
$$0.76\text{ V} = 0.00\text{ V} - E^\circ_{Zn^{2+}}$$
$$E^\circ_{Zn^{2+}} = -0.76\text{ V}$$

아연의 표준 환원 전위가 음수인 것에 주목하라. 어떤 물질이 음의 표준 환원 전위 값을 가지고 있다는 것은, 이 물질은 H^+가 환원되는 힘만으로는 쉽게 환원되지 않는다는 것을 의미한다. 다시 말하면, 위에서 예로 든 Zn은 수소 전극과 쌍을 이루면 환원되지 않는다는 것을 뜻한다.

앞에서 설명한 것처럼 많은 반쪽 반응의 표준 환원 전위를 표준 수소 전극과 비교할 수 있다. **표 19.1**에 전형적인 반쪽 반응의 표준 환원 전위를 나열하였다. 표는 위에서부터 환원 전위가 감소하는 순서로 정리되어 있다. 표의 위쪽은 환원의 경향이 강한 반응이고, 아래쪽은 산화의 경향이 강한 반응이다.

표 19.1 25°C에서 표준 환원 전위[a]

반쪽 반응	E° (V)
$F_2(g) + 2e^- \rightleftharpoons 2F^-(aq)$	+2.87
$S_2O_8^{2-}(aq) + 2e^- \rightleftharpoons 2SO_4^{2-}(aq)$	+2.01
$PbO_2(s) + HSO_4^- + 3H^+ + 2e^- \rightleftharpoons PbSO_4(s) + 2H_2O$	+1.69
$MnO_4^-(aq) + 8H^+(aq) + 5e^- \rightleftharpoons Mn^{2+}(aq) + 4H_2O$	+1.51
$PbO_2(s) + 4H^+(aq) + 2e^- \rightleftharpoons Pb^{2+}(aq) + 2H_2O$	+1.46
$BrO_3^-(aq) + 6H^+(aq) + 6e^- \rightleftharpoons Br^-(aq) + 3H_2O$	+1.44
$Au^{3+}(aq) + 3e^- \rightleftharpoons Au(s)$	+1.42
$Cl_2(g) + 2e^- \rightleftharpoons 2Cl^-(aq)$	+1.36
$O_2(g) + 4H^+(aq) + 4e^- \rightleftharpoons 2H_2O$	+1.23
$Br_2(aq) + 2e^- \rightleftharpoons 2Br^-(aq)$	+1.07
$NO_3^- + 4H^+(aq) + 3e^- \rightleftharpoons NO(g) + 2H_2O$	+0.96
$Ag^+(aq) + e^- \rightleftharpoons Ag(s)$	+0.80
$Fe^{3+}(aq) + e^- \rightleftharpoons Fe^{2+}(aq)$	+0.77
$I_2(s) + 2e^- \rightleftharpoons 2I^-(aq)$	+0.54
$NiO_2(s) + 2H_2O + 2e^- \rightleftharpoons Ni(OH)_2(s) + 2OH^-(aq)$	+0.49
$Cu^{2+}(aq) + 2e^- \rightleftharpoons Cu(s)$	+0.34

(계속)

해설 이중 화살표의 왼쪽에 위치한 물질은 산화제이다. 이 물질들은 반응이 왼쪽에서 오른쪽으로 진행되면 환원되면서 다른 물질을 산화시킨다. 가장 강한 산화제는 표의 가장 위에서 찾을 수 있다(예: F_2).

[2]이 전지는 다음과 같이 표시한다.

$$Zn(s)\,|\,Zn^{2+}(aq)\,||\,H^+(aq)\,|\,H_2(g)\,|\,Pt(s)$$

이 경우에는 환원 전극인 수소 전극을 이중 세로선 오른쪽에 표시한다.

표 19.1 (계속)

반쪽 반응	$E°$ (V)
$SO_4^{2-}(aq) + 4H^+(aq) + 2e^- \rightleftharpoons H_2SO_3(aq) + H_2O$	+0.17
$AgBr(s) + e^- \rightleftharpoons Ag(s) + Br^-(aq)$	+0.07
$2H^+(aq) + 2e^- \rightleftharpoons H_2(g)$	0
$Sn^{2+}(aq) + 2e^- \rightleftharpoons Sn(s)$	−0.14
$Ni^{2+}(aq) + 2e^- \rightleftharpoons Ni(s)$	−0.25
$Co^{2+}(aq) + 2e^- \rightleftharpoons Co(s)$	−0.28
$Cd^{2+}(aq) + 2e^- \rightleftharpoons Cd(s)$	−0.40
$Fe^{2+}(aq) + 2e^- \rightleftharpoons Fe(s)$	−0.44
$Cr^{3+}(aq) + 3e^- \rightleftharpoons Cr(s)$	−0.74
$Zn^{2+}(aq) + 2e^- \rightleftharpoons Zn(s)$	−0.76
$2H_2O + 2e^- \rightleftharpoons H_2(g) + 2OH^-(aq)$	−0.83
$Al^{3+}(aq) + 3e^- \rightleftharpoons Al(s)$	−1.66
$Mg^{2+}(aq) + 2e^- \rightleftharpoons Mg(s)$	−2.37
$Na^+(aq) + e^- \rightleftharpoons Na(s)$	−2.71
$Ca^{2+}(aq) + 2e^- \rightleftharpoons Ca(s)$	−2.87
$K^+(aq) + e^- \rightleftharpoons K(s)$	−2.92
$Li^+(aq) + e^- \rightleftharpoons Li(s)$	−3.05

[a] 더 자세한 자료는 부록 표 C.9를 참조할 것

해설 이중 화살표의 오른쪽에 위치한 물질은 환원제이다. 이 물질들은 반응이 오른쪽에서 왼쪽으로 진행되면 산화된다. 가장 강한 화원제는 표의 가장 아래에서 찾을 수 있다(예: Li).

강의실 밖의 화학 19.1

철의 부식과 음극화 보호

광석에서 철을 비롯한 여러 금속을 얻는 방법이 발견된 뒤로 금속을 사용하는 데 어려운 문제 중 하나는 금속이 주변 환경에 포함된 물질과 반응하는 부식이다. 우리 주변에서 많이 사용되는 철과 강철의 부식은 특히 심각한 문제를 발생시킨다.

철이 녹스는 과정에는 산소와 수분을 포함하는 복잡한 화학 반응이 포함된다(**그림 1** 참조). 철은 산소가 없는 순수한 물이나 혹은 산소만 있고 수분이 없는 상태에서는 녹슬지 않는다. 자연계의 부식 과정은 그림의 도표에 나타낸 것처럼 전기 화학적 반응이다. 물의 존재하에서 철 표면의 한 영역에서 철이 산화되어 Fe^{2+}로 용액에 녹는다.

$$Fe(s) \longrightarrow Fe^{2+}(aq) + 2e^-$$

이 영역에서 철은 산화 전극으로 작용한다.

철이 산화될 때 생성된 전자는 철이 산소에 노출된 다른 영역으로 금속을 통해 이동한다. 이 영역이 금속 표면 위에 형성된 환원 영역이 되며, 이 영역에서 산소가 수산화 이온으로 환원되는 반응이 진행된다.

$$\tfrac{1}{2}O_2(aq) + H_2O + 2e^- \longrightarrow 2OH^-(aq)$$

산화 영역에서 형성된 철(II) 이온이 물을 통해 천천히 확산되어 수산화 이온과 만나면 $Fe(OH)_2$가 형성되고, 다시 산소에 의해 $Fe(OH)_3$로 쉽게 산화된다. 이 수산화물이 물을 잃어 완전히 탈수되면 산화물이 된다.

$$2Fe(OH)_3 \longrightarrow Fe_2O_3 + 3H_2O$$

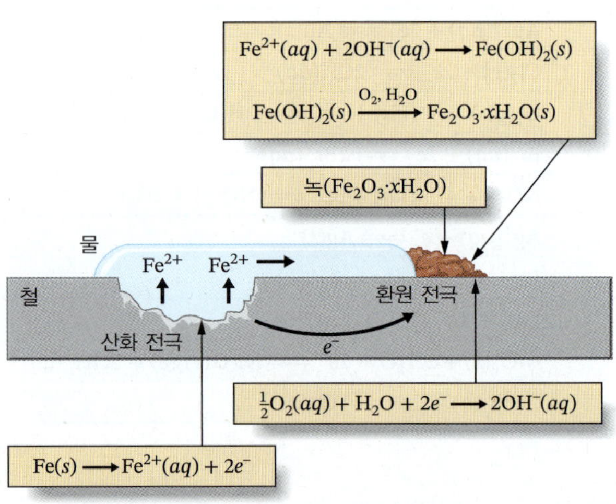

그림 1 철의 부식 산화 영역에서 철이 Fe^{2+}로 녹는다. 전자는 금속을 통해 이동하고 산소는 환원되어 OH^-를 형성한다. Fe^{2+}와 OH^-가 결합하고 공기에 의해 산화가 진행된 후 녹을 형성한다.

한편 $Fe(OH)_3$가 부분적으로 탈수되면 **녹**(rust)이 형성된다. 녹은 수산화물과 산화물 사이의 물질로서, 일반적으로 **수화된 산화물**(hydrated oxide)이라 하며, 그 화학식은 보통 $Fe_2O_3 \cdot xH_2O$로 나타낸다.

철의 부식에 관한 메커니즘은 이 부식 과정의 흥미로운 면을 보여 준다. 아마도 자동차 차체에서 부식이 시작되는 부분은 주로 페인트 표면이 벗겨진 부분이라는 것을 인식하고 있을 것이다. 그러나 부식은 페인트 표면 아래서 더 깊숙이 진행되어 차체를 손상시킨다. 산화 영역에서 생성된 Fe^{2+} 이온은 페인트의 구멍 깊숙이 이동하여 마지막으로 산소와 반응하여 녹을 형성한다.

음극화 보호

철이 녹스는 것을 방지하는 방법 가운데 하나는 철에 다른 금속을 도금하는 것이다. '주석' 캔은 실제로는 얇은 주석을 입힌 철 캔이다. 그러나 주석 표면에 흠이 나서 내부 철이 노출되면 철의 환원 전위가 주석보다 낮기 때문에 철의 부식이 촉진된다. 즉 철은 전기 화학 전지에서 산화 전극이 되고 쉽게 산화된다.

철의 부식을 방지하는 또 다른 방법으로 **음극화 보호**(cathodic protection)가 있다. 이 방법은 철에 산화되기 더 쉬운 금속을 연결하여 부식을 방지하는 방법이다. 이렇게 하면 철을 환원 전극이 되고, 연결된 다른 금속은 산화 전극이 된다. 부식이 일어나면 철은 환원 전극으로 작용하고, 다른 금속이 산화되므로 철의 산화는 방지된다. 아연이 다른 금속의 음극화 보호용 금속으로 흔히 사용된다. 예를 들면 아연 희생 산화 전극을 선박의 방향타에 부착한다(**그림 2** 참조). 방향타가 물속에 잠기면 아연이 서서히 부식되고 방향타는 부식되지 않는다. 산화 전극을 주기적으로 교체하면 부식을 지속적으로 방지할 수 있다.

혹독한 날씨를 견뎌야 하는 강철 물체에 종종 얇은 아연 도금을 입히는데, 이것을 아연 도금 강판이라고 한다. 사슬고리 울타리나 금속 쓰레기통이 아연 도금 강판으로 되어 있는 것을 보았을 것이다. 흠이 나서 철이 노출되어도 도금된 금속이 더 쉽게 **산화**되므로 철이 부식되는 것이 방지된다.

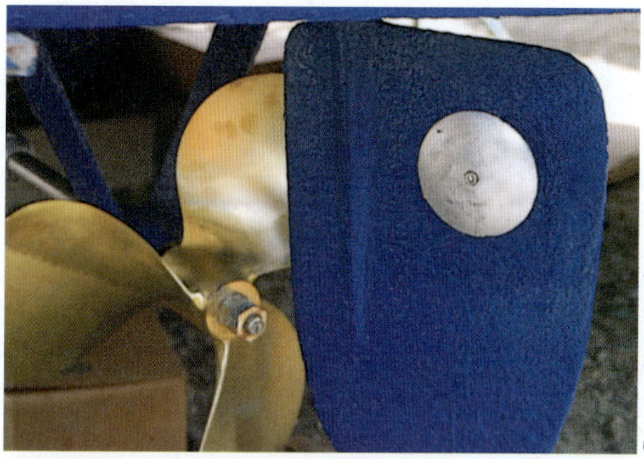

Courtesy James Brady

그림 2 음극화 보호 선박 진수 전에 음극화 보호를 위해서 청동으로 만든 방향타에 반짝이는 새 아연 금속판을 부착한다. 시간이 흐르면 반응성이 더 작은 청동 대신 아연이 부식된다(방향타는 따개비의 성장을 막기 위해 특수한 파란색 페인트로 칠이 되어 있다).

예제 19.2 표준 전지 전위 계산하기

앞에서 설명한 표준 전지 전위가 +0.46 V인 은–구리 갈바니 전지의 전지 반응은 다음과 같다.

$$2Ag^+(aq) + Cu(s) \longrightarrow 2Ag(s) + Cu^{2+}(aq)$$

여기서 Cu^{2+}의 표준 환원 전위($E^\circ_{Cu^{2+}}$)는 +0.34 V이다. Ag^+의 표준 환원 전위($E^\circ_{Ag^+}$)는 얼마인가?

분석 표준 전지 전위는 두 표준 환원 전위의 차이다. 세 변수 중에서 둘을 알고 있으므로, 수학적으로 답을 찾을 수 있다.

도구 모음 전지의 표준 전위와 두 표준 환원 전위 값 중에서 하나를 알고 있으므로, 식 19.2에 의해 나머지 미지의 표준 환원 전위를 계산할 수 있다.

$$E^\circ_{전지} = E^\circ_{환원} - E^\circ_{산화}$$

산화–환원의 규칙을 적절하게 적용하여 어떤 물질이 산화되고 환원되는지를 구별하면 올바른 계산이 가능하다.

풀이 은의 전하는 Ag^+에서 Ag로 변한다. 산화수는 +1에서 0으로 감소되므로 Ag^+는 환원된다. 이와 유사하게 구리는 Cu에서 Cu^{2+}로 산화된다. 이를 식 19.2에 다음과 같이 적용할 수 있다.

$$E^\circ_{전지} = E^\circ_{Ag^+} - E^\circ_{Cu^{2+}}$$

환원되는 물질의 환원 전위

산화되는 물질의 환원 전위

$E^\circ_{전지}$와 $E^\circ_{Cu^{2+}}$ 값을 대입하고 $E^\circ_{Ag^+}$를 구하면 다음과 같다.

$$0.46\text{ V} = E^\circ_{Ag^+} - 0.34\text{ V}$$

$$E^\circ_{Ag^+} = 0.46\text{ V} + 0.34\text{ V}$$
$$= 0.80\text{ V}$$

따라서 은 이온의 표준 환원 전위는 +0.80 V이다.

답이 합리적인가? 표준 전지 전위는 두 표준 환원 전위의 차이다. 0.80 V와 0.34 V의 차이는 (큰 수에서 작은 수를 빼면) 0.46 V이다. 우리가 계산한 Ag^+에 대한 표준 환원 전위 값이 옳은 것을 확인할 수 있다. 최종 확인을 위해서 표 19.1의 자료를 확인할 수도 있다.

실전 문제 19.3

다음의 경우에 진행되는 반응식을 스시오.

(**a**) 니켈 금속 선을 $ZnSO_4$ 수용액에 담근다.

(**b**) 아연 금속 선을 $NiSO_4$ 수용액에 담근다.

실전 문제 19.4

0어떤 갈바니 전지의 표준 환원 전위 값이 1.93 V이다. 이 갈바니 전지의 한 반쪽 전지가 $Mg(s)$ 전극과 $Mg^{2+}(aq)$로 구성되어 있다. 다른 반쪽 전지의 표준 환원 전위 값을 구하고, 표 19.1을 이용하여 이 전지에서 다른 반쪽 반응식이 무엇인지 확인하시오.

이제 어떤 경우에 **전지 전위**를 사용하고, 어떤 경우에 **표준 전지 전위**를 사용하는지 알아보자. 정의에 따라 표준 전지 전위는 계가 표준 상태일 경우에 사용된다. 전지 전위는 표준 상태를 포함해서 **모든 경우**에 사용할 수 있다. 다음 두 절에서는 편의상 표준 환원 전위를 사용할 것이다.

19.3 표준 환원 전위의 활용

앞 절에서 표준 환원 전위와 표준 전지 전위를 어떻게 정하는지 다루었다. 이와 함께 수소 전극의 표준 환원 전위를 이용하여 다른 전극의 표준 환원 전위를 결정하는 방법을 배웠다. 이제 표준 전지 전위를 어떻게 활용하는지 살펴보자.

자발적 반응 예측하기

해설 엄격하게 말해서 E° 값을 이용한 예측은 표준 상태에 대해서만 가능하다. E° 값이 작은 경우에는 반응물의 농도 변화에 의해 자발적 반응의 방향이 바뀔 수 있으므로 주의해야 한다.

표준 상태에서 두 반쪽 반응의 물질을 섞을 때 자발적 반응을 예측하는 것은 어렵지 않다. 우리는 이미 **환원 전위가 더 큰 반쪽 반응은 표시된 대로 환원 반응을 하고, 다른 반쪽 반응은 반대로 산화 반응을 한다는 사실을 알고 있다.** 표 19.1에는 표준 환원 전위 값이 큰 양수를 가진 반쪽 반응은 위쪽에 그리고 작은 반응은(더 큰 음수를 가질수록) 아래쪽에 나열되어 있다.

표 5.3의 활성도 서열도 같은 방법으로 나열되어 있는데, 5.6절에서 배운 개념을 확장시키면 표 19.1에서의 각 **반쪽 반응의 위치**(position of the half-reaction)에 기반한 자발적 반응의 예측이 가능하다.

주어진 두 반쪽 반응 중에서 표의 위에 나열된 반쪽 반응이 더 큰 양의 표준 환원 전위 값을 가지므로 환원 반응이 일어난다. 다른 반쪽 반응은 반응이 반대로 진행되어 산화가 일어난다. 이 개념은 $E^\circ_{전지}$ 값을 계산하지 않고 단지 반응의 자발성을 알고자 할 때, 또는 해결했던 문제를 빠르게 검토할 때 매우 유용하다. 이와 더불어 **자발적인 반응에서의 반응물(reactant)은 위에 있는 반쪽 반응의 왼쪽에, 그리고 낮은 곳에 있는 반쪽 반응의 오른쪽에 있는 물질이다**(항상 옳은 것은 아니지만 표준 상태가 아니더라도 위의 설명을 일반적으로 적용할 수 있다).

예제 19.3 자발적 반응 예측하기

Cl_2와 Br_2를 Cl^-와 Br^-가 표함된 수용액에 가하면 어떤 자발적 반응이 일어나는가? 표준 상태로 가정하시오.

분석 자발적 산화-환원 반응에서는 더 쉽게 환원되는 물질이 환원된다. Cl_2와 Br_2 중에서 어느 물질이 환원될지 결정하기 위해서는 자료가 필요하다. Cl^-와 Br^-는 산화 상태가 더 낮아질 수 없으므로 환원될 수 없다.

도구 모음 표 19.1에 있는 Cl_2와 Br_2의 환원 반쪽 반응의 위치를 이용하여 E° 값을 비교할 수 있다.

풀이 가능한 두 환원 반쪽 반응식은 다음과 같다.

$$Cl_2(g) + 2e^- \longrightarrow 2Cl^-(aq)$$
$$Br_2(aq) + 2e^- \longrightarrow 2Br^-(aq)$$

표 19.1을 참고하면 Cl_2의 환원이 Br_2보다 더 위에 있음을 알 수 있다. 즉 Cl_2가 더 큰 양의 표준 환원 전위를 갖는다. 이는 Cl_2는 환원되고 Br^-는 산화된다는 것을 의미한다.

$$Cl_2(g) + 2e^- \longrightarrow 2Cl^-(aq) \qquad \text{(환원)}$$
$$2Br^-(aq) \longrightarrow Br_2(aq) + 2e^- \qquad \text{(산화)}$$

두 반쪽 반응을 더하면 다음의 전체 반응이 얻어진다.

$$Cl_2(g) + 2Br^-(aq) \longrightarrow Br_2(aq) + 2Cl^-(aq)$$

답이 합리적인가? 제시된 반응에 대한 표준 전지 전위($E^\circ_{전지} = 1.36\,V - 1.07\,V = +0.29\,V$)를 계산할 수 있다. $E^\circ_{전지}$가 양수이므로 풀이가 적절하다고 확인할 수 있다.

실전 문제 19.5

관련 반쪽 반응의 표 19.1에서의 위치를 이용하여 25°C에서 모든 이온이 1.0M일 때 다음 반응이 자발적으로 일어나는지 예측하시오. 만일 아니라면 자발적 반응에 관한 식을 쓰시오(**힌트**: 이 식의 반쪽 반응을 찾으시오).

$$Fe^{3+}(aq) + Sn^{2+}(aq) \longrightarrow 2Fe^{2+}(s) + Sn(s)$$

실전 문제 19.6

표준 상태에서 Br^-, SO_4^{2-}, H_2SO_3, Br_2가 산성 용액에서 혼합되어 있을 때 일어나는 자발적 반응이 무엇인가? 표 19.1에서의 반쪽 반응의 위치를 이용하시오.

표준 전지 전위 계산하기

표준 환원 전위를 사용하거나 혹은 표 19.1에서 주어진 두 반쪽 반응의 위치를 이용하여 자발적 산화–환원 반응을 예측할 수 있다는 것을 배웠다. 예제 19.4에서 보는 바와 같이 주어진 반응으로 구성된 갈바니 전지에 대한 표준 전지 전위 값을 결정할 수 있다.

예제 19.4 갈바니 전지에 대한 전지 반응과 표준 전지 전위 예측하기

자동차 시동에 사용되는 일반적인 납축전지는 각각 납과 산화 납(IV)(PbO_2)으로 이루어진 전극과 황산이 포함된 전해질 용액으로 구성된다. 이 전지에서 반쪽 반응과 표준 환원 전위는 다음과 같다.

$$PbO_2(s) + 3H^+(aq) + HSO_4^-(aq) + 2e^- \rightleftharpoons PbSO_4(s) + 2H_2O \qquad E^\circ_{PbO_2} = 1.69\text{ V}$$

$$PbSO_4(s) + H^+(aq) + 2e^- \rightleftharpoons Pb(s) + HSO_4^{2-}(aq) \qquad E^\circ_{PbO_4} = -0.36\text{ V}$$

이 전지에 대한 전지 반응을 쓰고 표준 전지 전위를 구하시오.

분석 계가 표준 상태에 있으면 자발적 반응을 비교적 쉽게 예측할 수 있다. 자발적인 전지 반응은 큰 양의 표준 환원 전위를 갖는 반응이 환원되고, 반면에 다른 반쪽 반응은 반대로 산화되는 반응이다. 이 방법이 표준 전지 전위 값이 양의 값을 가지는 유일한 방법이다.

도구 모음 표준 전지 전위는 식 19.2와 같이 계산할 수 있다.

$$E^\circ_{\text{전지}} = E^\circ_{\text{환원}} - E^\circ_{\text{산화}}$$

환원이 되는 반응과 산화가 되는 반응을 결정하고, 5.2절의 방법을 사용하여 두 반쪽 반응을 합한다.

해설 반쪽 반응은 산화–환원 반응의 균형을 맞추기 위한 이온–전자법에서 사용된 과정과 동일하다는 것을 기억하라.

풀이 PbO_2가 $PbSO_4$보다 더 큰 양의 표준 환원 전위 값을 가지므로 첫 번째 반쪽 반응은 쓰인 그대로 진행될 것이다. 두 번째는 역반응이 일어나서 산화 반응이 일어난다. 전지에서 두 반쪽 반응은 다음과 같다.

$$PbO_2(s) + 3H^+(aq) + HSO_4^-(aq) + 2e^- \longrightarrow PbSO_4(s) + 2H_2O$$

$$Pb(s) + HSO_4^-(aq) \longrightarrow PbSO_4(s) + H^+(aq) + 2e^-$$

두 반쪽 반응에 모두 두 개의 전자가 있으므로 두 반쪽 반응을 더해서 전자를 소거하면 다음 전지 반응을 얻는다.

$$PbO_2(s) + Pb(s) + 2H^+(aq) + 2HSO_4^-(aq) \longrightarrow 2PbSO_4(s) + 2H_2O$$

표준 전지 전위는 다음의 식을 이용하여 구한다.

$$E^\circ_{\text{전지}} = (\text{환원되는 물질의 } E^\circ) - (\text{산화되는 물질의 } E^\circ)$$

첫 번째 반쪽 반응은 환원되고 두 번째 반쪽 반응은 산화되므로 다음 식에 의하여 구한 값은 2.05 V이다.

$$\begin{aligned} E^\circ_{\text{전지}} &= E^\circ_{PbO} - E^\circ_{PbSO_4} \\ &= (1.69\text{ V}) - (-0.36\text{ V}) \\ &= 2.05\text{ V} \end{aligned}$$

답이 합리적인가? 표 19.1에서 이 예제의 두 반쪽 반응의 상대적 위치를 확인하면, PbO_2는 환원되고 납은 산화된다는 것을 예상할 수 있다. 따라서 반쪽 반응을 올바르게 조합하였으며, 계산이 올바르다고 확신할 수 있다.

실전 문제 19.7

다음 두 반쪽 반응으로 구성된 갈바니 전지에 대한 전지 반응을 쓰고 표준 전지 전위를 구하시오(**힌트**: 반응의 자발성 여부는 표준 전지 전위에 근거한다).

$$AgBr(s) + e^- \rightleftharpoons Ag^+(aq) + Br^-(aq) \quad E° = 0.07\ V$$
$$MnO_4^-(aq) + 8H^+ + 5e^- \rightleftharpoons Mn^{2+}(aq) + 4H_2O \quad E° = 1.51\ V$$

실전 문제 19.8

다음 두 반쪽 반응으로 구성된 갈바니 전지에 대한 전지 반응을 쓰고 표준 전지 전위를 구하시오.

$$Br_2(g) + 2e^- \rightleftharpoons 2Br^-(aq)$$
$$PbO_2(aq) + 4H^+(aq) + 2e^- \rightleftharpoons Pb^{2+}(aq) + 2H_2O$$

다중 개념 문제의 분석과 풀이

1.0*M* 질산 알루미늄 수용액에 들어 있는 알루미늄 전극과 1.0*M* 질산 구리(II) 수용액에 들어 있는 구리 전극으로 구성된 갈바니 전지가 있다. 각각의 용액이 들어 있는 두 비커를 염다리로 연결하고 측정한 전지 전위는 얼마이겠는가? 산화 전극과 환원 전극은 각각 어느 것인가? 자발적 전지 반응을 쓰시오.

분석 이 문제는 앞의 예제와 유형이 비슷한 문제이고, 이전 예시에서 주어진 다양한 자료를 많이 포함하고 있다. 따라서 같은 방법으로 풀 수 있으나 약간의 작업이 더 필요하다. **Part 1**에서 명명법을 이용하여 올바른 화학식을 작성한 후, 필요에 따라 용해도 규칙을 사용하여 물질에 대한 이온 상태를 표시한다. **Part 2**는 Part 1에서 작성한 물질에 대한 반쪽 반응식을 각각 작성하고 구경꾼 이온을 제거한다. 그런 다음 두 반쪽 반응식을 합쳐 하나의 알짜 이온 반응식을 만든다. **Part 3**은 자발적 반응과 표준 전지 전위를 구할 수 있는 표준 환원 전위를 찾아서 계산하는 단계이다. **Part 4**에서는 전극에서 일어나는 반응을 이용하여 산화 전극과 환원 전극을 결정해 본다.

Part 1

도구 모음 필요하다면 2.6절에서 다룬 명명법과 관련한 내용을 다시 복습하고 화합물과 이온의 화학식을 쓴다. 표 4.1의 용해도 규칙을 참고하여 특정 화합물이 물에 용해되는지 결정하고, 만약 수용성 화합물이라면 생성되는 이온을 올바른 이온의 형태로 작성한다.

풀이 알루미늄의 이온은 항상 Al^{3+}이라는 사실과 다원자 이온인 질산 이온의 화학식을 이용하여 질산 알루미늄의 화학식은 $Al(NO_3)_3$로 나타낼 수 있다. 로마숫자 (II)는 Cu^{2+}가 염화 이온과 반드시 $CuCl_2$를 형성한다는 것을 의미한다. 두 화합물은 모두 용해되어 Al^{3+}, Cu^{2+}, NO_3^-, Cl^- 등의 이온을 생성한다. 또한 구리와 알루미늄은 금속 형태의 원소로 존재할 수 있음을 기억하라.

Part 2

도구 모음 5.1절의 산화수 개념과 5.2절의 환원 반쪽 반응의 개념을 이용하여 전자와 산화된 형태의 물질은 화살표의 왼쪽에, 환원된 형태의 물질은 화살표의 오른쪽에 적어 식을 만든다. 두 개의 반쪽 반응식이 필요할 것이다.

풀이 Al^{3+}와 Cu^{2+}는 Al과 Cu의 산화된 형태이므로 각각 아래의 식과 같이 쓸 수 있다.

$$Al^{3+} + 3e^- \longrightarrow Al$$
$$Cu^{2+} + 2e^- \longrightarrow Cu$$

이러한 반쪽 반응식을 작성할 때, 산화수가 변하지 않는 구경꾼 이온인 NO_3^-와 Cl^- 이온은 포함하지 않는다. 표 19.1을 참고하지 않고 이 두 반쪽 반응을 합치는 데에 두 가지 방법을 사용할 수 있다. 전자 수를 같게 만든 후(첫 번째 반쪽 반응식에 2를 곱한 후 두 번째 반쪽 반응식에 3을 곱한다), 두 반쪽 반응식을 빼면 아래의 식을 얻는다.

$$2Al^{3+} + 3Cu \longrightarrow 3Cu^{2+} + 2Al$$

또는

$$3Cu^{2+} + 2Al \longrightarrow 2Al^{3+} + 3Cu$$

Part 3

도구 모음 표 19.1의 자료를 이용하여 $E^\circ_{Al^{3+}}$와 $E^\circ_{Cu^{2+}}$ 값을 찾고, 식 19.2를 이용하여 표준 전지 전위를 결정할 수 있다.

풀이 각각의 표준 환원 전위 값은 $E^\circ_{Al^{3+}} = -1.66\ V$, $E^\circ_{Cu^{2+}} = +0.34\ V$이다. 따라서 Part 2에서 구한 두 반쪽 반응에 대한 표준 전지 전위를 각각 구하면 다음과 같다.

$$2Al^{3+} + 3Cu \longrightarrow 3Cu^{2+} + 2Al \qquad E^\circ_{전지} = -1.66\ V - (+0.34\ V) = -2.00\ V$$

그리고

$$3Cu^{2+} + 2Al \longrightarrow 2Al^{3+} + 3Cu \qquad E^\circ_{전지} = +0.34\ V - (-1.66\ V) = +2.00\ V$$

두 번째 반응에 대한 $E^\circ_{전지}$ 값이 양수이므로, 두 번째 반응이 자발적 반응이다.

Part 4

도구 모음 전극의 종류를 결정하기 위해 산화 전극과 환원 전극의 정의를 이용할 것이다.

풀이 산화는 항상 산화 전극에서 발생하며 Al이 Al^{3+}로 산화되는 것은 자발적인 반응이므로 알루미늄 전극은 산화 전극이다. 또한 환원은 항상 환원 전극에서 발생한다. 구리 이온은 구리 전극에서 구리 금속으로 환원되므로 구리 전극은 환원 전극이다.

답이 합리적인가? 이 두 반쪽 반응을 표 19.1에서 찾아 두 반응의 상대적인 위치를 이용하면 두 선택한 반응이 자발적인 반응이라는 것을 알 수 있다. 또한 환원된 물질과 산화된 물질을 정확하게 파악하여 식 19.2를 바르게 적용하였고, 산화 전극과 환원 전극을 찾아냈음을 알 수 있다.

실전 문제 19.9

25 °C에서 1.0 *M* 과염소산 구리(II) 수용액과 1.0 *M* 질산 크로뮴(III) 수용액이 들어 있는 비커에 각각 구리선과 크로뮴 덩어리를 넣었다. 두 전극으로 이루어진 갈바니 전지에 대한 자발적 반응을 쓰고, 표준 전지 전위를 구하시오(**힌트**: 먼저 반쪽 반응식을 쓰시오).

실전 문제 19.10

1.0 *M* 황산 철(II)와 1.0 *M* 황산 철(III)로 이루어진 수용액이 담긴 비커와, 1.0 *M* 질산 주석(II)와 1.0 *M* 질산 주석(IV)로 이루어진 수용액이 담긴 다른 비커에 각각 백금 전극이 들어 있는 갈바니 전지가 있다. 표준 전지 전위를 구하고, 이때 진행되는 자발적 반응을 쓰시오.

자발적 반응의 전지 전위

반응물이 담긴 혼합물에서 어떤 산화–환원 반응이 자발적으로 일어날지를 예측할 수 있는 것과 마찬가지로 제시된 어떤 특정한 반응이 자발적일지 아닐지 예측하는 것도 가능하다.

> 표준 전지 전위의 계산 값이 양수이면 그 반응은 자발적이고, 계산 값이 음수이면 역반응이 자발적이다.

도구
$E^\circ_{전지}$와 자발적 반응

예를 들어 이전 문제에서 자발적 반응에 대한 표준 전지 전위를 얻기 위해서 양의 값을 얻는 방향으로 표준 환원 전위를 뺐다. 따라서 제시된 어떤 특정한 반응식에 대해 계산한 전지 전위 값이 양수로 나왔다면 그 반응은 자발적 반응이다. 만일 계산된 표준 전지 전위 값이 음이면 반응은 비자발적 반응이며, 반대 방향이 자발적 반응이다.

예제 19.5 표준 전지 전위의 계산을 이용한 자발적 반응의 결정

표준 상태에서 다음 각 반응이 자발적 반응인지 결정하고, 만일 반응이 비자발적 반응이면 자발적 반응에 대한 반응식을 쓰시오.

(a) $2Ag(s) + 2H^+(aq) \longrightarrow 2Ag^+(aq) + H_2(g)$

(b) $Cr(s) + NO_3^-(aq) + 4H^+(aq) \longrightarrow Cr^{3+}(aq) + NO(g) + 2H_2O$

분석 제시된 각 반응에 대하여 표준 전지 전위를 계산하는 것이 목표이다. 이를 위해 각 반응에 대하여 산화 반쪽 반응과 환원 반쪽 반응을 찾아서 확인해야 한다. 이를 이용하여 계산한 표준 전지 전위가 양수이면 반응은 자발적 반응이고, 음수이면 역반응이 자발적 반응이다.

도구 모음 $E^\circ_{전지}$ 값의 수학적 부호가 반응이 자발적인지 알려주므로 식 19.2를 사용할 것이다. 5.2절에서 설명한 반쪽 반응과 표 19.1의 표준 환원 전위가 필요하다.

풀이 문제에서 주어진 두 반응에 대해 $E^\circ_{전지}$는 다음과 같이 결정할 수 있다.

(a) 반응식에 포함된 두 반쪽 반응식은 다음과 같다.

$$2Ag(s) \longrightarrow 2Ag^+(aq) + 2e^- \quad (산화)$$
$$2H^+(aq) + 2e^- \longrightarrow H_2(g) \quad (환원)$$

H^+는 환원되고 Ag는 산화되므로 식 19.2은 다음과 같이 나타낼 수 있다.

$$E^\circ_{전지} = E^\circ_{H^+} - E^\circ_{Ag^+}$$

환원되는 물질의 표준 환원 전위 ($E^\circ_{H^+}$)

산화되는 물질의 표준 환원 전위 ($E^\circ_{Ag^+}$)

표 19.1의 값을 대입하여 계산하면 다음과 같다.

$$E^\circ_{전지} = (0.00\ V) - (0.80\ V)$$
$$= -0.80\ V$$

계산된 표준 전지 전위 값이 음수이므로 (a)에서 정반응은 자발적 반응이 아니다. 다음과 같은 역반응이 자발적이다.

$$2Ag^+(aq) + H_2(g) \longrightarrow 2Ag(s) + 2H^+(aq)$$

(b) 반응식에 포함된 두 반쪽 반응식은 다음과 같다.

$$Cr(s) \longrightarrow Cr^{3+}(aq) + 3e^- \ (산화)$$
$$NO_3^-(aq) + 4H^+(aq) + 3e^- \longrightarrow NO(g) + 2H_2O \ (환원)$$

NO_3^-가 환원되고 Cu는 산화되므로 식 19.2는 다음과 같이 나타낼 수 있다.

해설 크로뮴은 산화제인 NO_3^- 때문에 질산(HNO_3)에 녹는다.

$$E^\circ_{\text{전지}} = E^\circ_{NO_3^-} - E^\circ_{Cr^{3+}}$$

표 19.1의 값을 대입하여 계산하면 다음과 같다.

$$\begin{aligned} E^\circ_{\text{전지}} &= (0.96\ V) - (-0.74\ V) \\ &= 1.70\ V \end{aligned}$$

계산된 표준 전지 전위 값이 양수이므로 (**b**)에서 정반응은 자발적 반응이다.

답이 합리적인가? 표 19.1에 반쪽 반응의 상대적 위치에 주목하면 답이 옳은지 확인할 수 있다.

실전 문제 19.11

다음의 각 반응식을 표준 상태에서 자발적 반응의 형태로 나타내시오(**힌트:** 표준 전지 전위의 부호를 결정하시오).

(**a**) $2Br^-(aq) + I_2(s) \longrightarrow Br_2(aq) + 2I^-(aq)$

(**b**) $Mn^{2+}(aq) + 5Ag^+(aq) + 4H_2O \longrightarrow MnO_4^-(aq) + 5Ag(s) + 8H^+(aq)$

실전 문제 19.12

표준 상태에서 다음 중 자발적으로 진행되는 반응이 어느 것인지 결정하고, 그 이유를 설명하시오.

(**a**) $2Br^-(aq) + 2HOCl(aq) + 2H^+(aq) \longrightarrow Br_2(aq) + Cl_2(g) + 2H_2O$

(**b**) $3Zn^{2+}(aq) + 2Cr(s) \longrightarrow 3Zn(s) + 2Cr^{3+}(aq)$

19.4 $E^\circ_{\text{전지}}$와 ΔG°

전지 전위로부터 산화–환원 반응의 자발성을 예상할 수 있다는 사실은 결코 우연이 아니다. 전지 전위는 반응의 자유 에너지 변화와 관련이 있다. 18장에서 반응의 ΔG는 화학 반응으로부터 최대로 얻을 수 있는 유용한 일이란 것을 배웠다. 이 관계는 다음과 같이 나타낼 수 있다.

$$-\Delta G = \text{최대 일} \quad \textbf{(19.3)}$$

전기적인 계에서 전지의 전위에 의해서 생성된 전기 전하의 흐름에 의해 얻을 수 있는 유용한 일은 다음 식으로부터 계산할 수 있다.

$$\text{최대 일} = n\mathscr{F}E_{\text{전지}} \quad \textbf{(19.4)}$$

도구
Faraday 상수

이 식에서 n은 이동한 전자의 몰수이고 $\mathscr{F}$는 전자 1 mol의 전하량에 해당하는 **Faraday 상수**(**Faraday constant**, 9.65×10^4 C/전자 1 mol)라고 하며 $E_{\text{전지}}$는 볼트(V)로 나타내는 전지 전위이다. 단위 분석을 통하여 식 19.4의 단위가 일의 단위와 같다는 것을 알 수 있다. 식 19.1에서 1 V = 1 J/C로 정의하였으므로 식 19.4를 다음과 같이 정리할 수 있다.

해설 더 정확하게는 1$\mathscr{F}$ = 96,485 C/mol이다.

$$\text{최대 일} = \underset{n}{\cancel{\text{mol } e^-}} \times \underset{\mathscr{F}}{\frac{\cancel{\text{coulombs}}}{\cancel{\text{mol } e^-}}} \times \underset{E_{\text{전지}}}{\frac{\text{joule}}{\cancel{\text{coulomb}}}} = \text{joule}$$

또한 식 19.3과 19.4를 결합하면 다음과 같다.

도구
ΔG와 $E_{\text{전지}}$의 관계

$$\boxed{\Delta G_{\text{반응}} = -n\mathscr{F}E_{\text{전지}}} \quad \textbf{(19.5)}$$

표준 상태에서의 전지 전위는 **표준 전지 전위**이므로 표준 자유 에너지 변화와도 다음과 같이 연계할 수 있다.

$$\Delta G^\circ_{반응} = -n\mathscr{F}E^\circ_{전지} \tag{19.6}$$

도구
ΔG°와 $E^\circ_{전지}$의 관계

18장에서 논의한 바에 따르면 ΔG가 음의 값이면 반응은 자발적 반응이고, 이때 $E_{전지}$는 양의 값을 갖는다.

지금까지는 $E_{전지}$ 전위가 $E^\circ_{전지}$인 표준 상태의 계에 대한 자발성 여부를 정하는 데 주목하였다. 뒤에 나오는 19.5절에서 표준 상태가 아닌 계에서 $E_{전지}$를 계산하는 방법에 대하여 배우고 또한 반응의 자발성 여부도 명확하게 예측할 것이다. 또한 단위와 관련한 몇 가지 규칙도 다시 확인해야 한다. ΔH°나 ΔG° 혹은 다른 표준 상태의 열역학적 변수들은 모두 가장 낮은 정수를 계수로 갖는 특정한 균형 반응식에 대한 것이다. 그리고 6.6절에서 설명된 바와 같이 열에너지나 자유 에너지 값은 반응식에 나타낸 계수로 표현되는 화학량론적 몰수에 대한 것이다. 따라서 화학 반응식을 쓸 때 $\Delta H^\circ_{반응}$ 혹은 $\Delta G^\circ_{반응}$라는 표현과 그 값을 함께 적어서 혼란을 피할 수 있다.

예제 19.6 표준 자유 에너지 변화의 계산

예제 19.5(b)에서 구한 다음의 전지 반응에 기반한 전지의 표준 전지 전위는 25 °C에서 1.70 V였다. 이 반응의 $\Delta G^\circ_{반응}$을 계산하시오.

$$Cr(s) + NO_3^-(aq) + 4H^+(aq) \longrightarrow Cr^{3+}(aq) + NO(g) + 2H_2O$$

분석 $E^\circ_{전지}$와 $\Delta G^\circ_{반응}$의 관계식을 사용할 필요가 있다. 식에 사용할 n은 주어진 반응식으로부터 결정할 수 있다. 또한 V를 J/C으로 변환해야 한다.

도구 모음 문제를 푸는 도구는 식 19.6이다.

$$\Delta G^\circ_{반응} = -n\mathscr{F}E^\circ_{전지}$$

$\mathscr{F}$와 $E^\circ_{전지}$가 주어졌고, 5.2절에서 다룬 방법에 의해 구한 완결된 반응식으로부터 이동한 전자의 수 n을 구할 수 있다. Faraday 상수는 다음과 같다.

$$1\mathscr{F} = \left(\frac{96500\ \text{C}}{1\ \text{mol}\ e^-}\right)$$

V를 J/C으로 바꾸기 위해 식 19.1을 이용한다.

풀이 식 19.6을 풀기 위해서는 n을 결정해야 한다. 반응식의 계수는 몰수에 대응된다는 것을 고려하여, 1 mol의 Cr이 Cr^{3+}로 산화되면서 3 mol의 전자가 NO_3^-로 이동한다. 그러므로 Cr 1 mol의 반응에 대해 $n = 3$ mol의 e^-가 이동한다. 최종적으로 1.70 V를 1.70 J/C으로 고치고, 모든 정보를 식 19.6에 대입하면 다음과 같다.

$$\begin{aligned}\Delta G^\circ_{반응} &= -\left(\frac{3\ \cancel{\text{mol}\ e^-}}{\text{mol 반응}}\right)\times\left(\frac{96500\ \cancel{\text{C}}}{1\ \cancel{\text{mol}\ e^-}}\right)\times\left(\frac{1.70\ \text{J}}{\cancel{\text{C}}}\right)\\ &= -4.9\times10^5\ \text{J mol}^{-1}\ \text{반응}^{-1}\ \text{또는 간단히}\ -4.9\times10^5\ \text{J mol}^{-1}\\ &= -490\ \text{kJ mol}^{-1}\end{aligned}$$

이것은 1 mol의 Cr이 1 mol의 질산 이온과 반응할 때 생성되는 에너지이다.

답이 합리적인가? 대략적으로 계산을 해 보자. Faraday 상수는 대략 100,000, 즉 10^5이고, 또한 $n\times E^\circ_{전지} = 3\times1.70 = 5.1$이다. 따라서 ΔG°는 대략 5.1×10^5 또는 51.0×10^3 J이 되어야 하므로 답은 옳은 것 같다. 또한 자발적 반응을 예측하는 데 필요한 양의 $E^\circ_{전지}$와 음의 ΔG°는 모두 자발적 반응을 의미한다는 사실이 중요하다.

실전 문제 19.13

어떤 반응의 $E^\circ_{전지}$가 2.73 V이고, ΔG°는 -3.16×10^3 kJ이다. 이 반응에서 몇 mol의 전자가 이동했는가? (**힌트**: 식 19.6 참조)

실전 문제 19.14

실전 문제 19.11과 19.12에 설명된 갈바니 전지에서 일어나는 반응에 대한 ΔG°를 구하시오.

$E^\circ_{전지}$와 평형 상수

전기 화학은 평형 상수를 결정하는 데 유용하게 사용된다. 18.9절에서 $\Delta G^\circ_{반응}$과 평형 상수를 다음의 관계식으로 나타낼 수 있다는 것을 배웠다.

$$\Delta G^\circ_{반응} = -RT \ln K_c$$

여기서 전기 화학 반응이 용액에서 일어나므로 평형 상수로 K_c를 사용하였다. 이 장의 초반에서 $\Delta G^\circ_{반응}$과 $E^\circ_{전지}$가 다음과 같은 관계에 있다는 것을 배웠다.

$$\Delta G^\circ_{반응} = -n\mathcal{F}E^\circ_{전지}$$

따라서 위 두 식으로부터 평형 상수와 $E^\circ_{전지}$의 관계를 다음의 식과 같이 나타낼 수 있다.

$$-n\mathcal{F}E^\circ_{전지} = -RT \ln K_c$$

$E^\circ_{전지}$에 대하여 식을 정리하면 다음과 같다.[3]

도구
$E^\circ_{전지}$와 K_c의 관계

$$E^\circ_{전지} = \frac{RT}{n\mathcal{F}} \ln K_c \tag{19.7}$$

단위를 일치시키기 위해서 R은 8.314 J mol^{-1} K^{-1}을 사용해야 하고 온도는 켈빈 온도 T를, $\mathcal{F}$는 9.65×10^4 C/mol을, n은 반응에서 이동한 전자의 몰수를 사용한다.

예제 19.7 $E^\circ_{전지}$로부터 평형 상수 계산하기

25 °C에서 표준 전지 전위가 0.320 V인 다음 반응에 대한 K_c를 구하시오.

$$NiO_2(s) + 2Cl^-(aq) + 4H^+(aq) \longrightarrow Cl_2(g) + Ni^{2+}(aq) + 2H_2O$$

분석 표준 전지 전위와 평형 상수의 관계식을 알고 있다. 관계식에 포함된 각 변수의 값을 대입하고 단위를 소거하여 올바른 단위가 되도록 한다.

도구 모음 식 19.7이 이 문제를 푸는 도구이다.

$$E^\circ_{전지} = \frac{RT}{n\mathcal{F}} \ln K_c$$

계산을 위하여 이 식에 포함된 $E^\circ_{전지}$, n, R, T, $\mathcal{F}$ 등의 값이 필요하다. 주의할 점은 T는 반드시 절대 온도를 사용하고 R의 단위는 반드시 J mol^{-1} K^{-1}을 사용한다.

풀이 대입할 각 변수의 값을 정리하면 다음과 같다.

[3] 역사적 이유로 일반적으로 식 19.7은 자연로그와 다음의 관계가 있는 상용로그로 나타낸다.

$$\ln x = 2.303 \log x$$

25 °C(298 K)에서 R과 T 그리고 $\mathcal{F}$를 대입하고 2.303을 곱하면 0.0592 J/C이 된다. J/C은 V와 같으므로 식 19.7은 다음과 같이 된다.

$$E^\circ_{전지} = \frac{0.0592\ \text{V}}{n} \log K_c$$

여기서 n은 전지 반응에서 이동한 전자의 몰수이다.

$$T = 25\ ^\circ\text{C} = 298\ \text{K} \qquad E^\circ_{\text{전지}} = 0.320\ \text{V} = 0.320\ \text{J C}^{-1}$$
$$R = 8.314\ \text{J (mol 반응)}^{-1}\ \text{K}^{-1} \qquad \mathcal{F} = 9.65 \times 10^4\ \text{C/mole}\ e^-$$
$$n = 2\ \text{mole}\ e^-/\text{mol 반응}$$

식 19.7을 $\ln K_c$에 대해서 정리하고 정리한 값을 대입하면 다음과 같다.

$$\ln K = E^\circ_{\text{전지}} \frac{n\mathcal{F}}{RT}$$

$$\ln K = (0.320\ \text{J C}^{-1}) \frac{\dfrac{2\ \cancel{\text{mol}\ e^-}}{\cancel{\text{mol 반응}}} \times \dfrac{9.65 \times 10^4\ \text{C}}{\cancel{\text{mol}\ e^-}}}{\dfrac{8.314\ \text{J}}{\cancel{(\text{mol 반응})}\ \cancel{\text{K}}} \times 298\ \cancel{\text{K}}}$$

$$\ln K = \frac{0.320\ \cancel{\text{J}}}{\cancel{\text{C}}} \times \frac{116.85\ \cancel{\text{C}}}{\cancel{\text{J}}} = 24.9$$

$$\ln K = 24.9$$

역로그를 취하여 구한 K_c는 다음과 같다.

$$K_c = e^{24.9} = 7 \times 10^{10}$$

답이 합리적인가? 정성적인 확인을 위하여 $E^\circ_{\text{전지}}$의 크기와 K_c의 크기를 비교해 보자. $E^\circ_{\text{전지}}$가 양의 값이면 ΔG°는 음의 값이고, 18장에서 ΔG°가 음수일 때 반응은 생성물 쪽으로 평형을 이룰 때까지 자발적으로 진행된다는 것을 배웠다. 그러므로 K_c는 클 것으로 예상되며, 이것은 계산된 결과와 잘 맞는다.

실전 문제 19.15

298 K에서 다음 반응에 대하여 계산된 표준 전지 전위 $E^\circ_{\text{전지}}$는 −0.230 V이다.

$$2Fe^{2+}(aq) + I_2(s) \rightleftharpoons 2Fe^{3+}(aq) + 2I^-(aq)$$

이 반응에 대한 K_c를 계산하시오. 이 반응은 자발적 반응인가? 비자발적 반응이면 자발적 반응에 대한 K_c는 무엇인가? (**힌트**: 여기서는 식 19.7의 도구가 중요하다.)

실전 문제 19.16

표 19.1을 사용하여 다음 두 반쪽 반응에 대한 자발적 반응에 대한 식을 쓰시오. 반응에 대한 평형 법칙을 쓰고, 표준 전지 전위를 사용하여 평형 상수를 계산하시오.

$$Ag^+(aq) + e^- \longrightarrow Ag(s)$$
$$AgBr(s) + e^- \longrightarrow Ag(s) + Br^-(aq)$$

Scherl/Sueddeutsche Zeitung Photo/Alamy Stock Photo

Walther Nernst(1864~1941)는 그의 이름을 딴 Nernst 식을 개발한 물리화학 교수이다.

19.5 전지 전위와 농도

25 °C에서 전지의 모든 이온의 농도가 1.00 M이고, 기체의 부분 압력이 1.00 atm일 때의 전지 전위를 표준 전지 전위라 한다. 그러나 농도나 압력이 변하면 전위도 변한다. 예를 들면 작동하고 있는 전지나 배터리의 전위는 반응물이 소모됨에 따라 전지 반응이 평형 상태가 될 때까지 서서히 감소한다. 평형에 도달하면 전위는 0이 되고 배터리는 '죽는다'.

Nernst 식

열역학을 이용하여 전지 전위에 대한 농도의 효과를 이해할 수 있다. 18.9절에서 자유 에너지 변화는 반응 지수 Q와 다음 관계를 갖는다는 것을 배웠다.

$$\Delta G = \Delta G° + RT \ln Q$$

ΔG와 ΔG°를 식 19.5와 19.6에서 정의된 관계식으로 치환하면 다음과 같다.

$$-n\mathscr{F}E_{전지} = -n\mathscr{F}E°_{전지} + RT \ln Q$$

양변을 $-n\mathscr{F}$로 나누면 정리하면 **Nernst 식(Nernst equation)**[4]으로 알려진 다음의 식을 얻을 수 있다.

도구 Nernst 식

$$E_{전지} = E°_{전지} - \frac{RT}{n\mathscr{F}} \ln Q \quad (19.8)$$

이 식은 독일의 화학자이며 물리학자인 Walther Nernst의 이름을 따서 명명한 식이다. 만일 $Q = 1$이면 $\ln Q = 0$이 되고, $E_{전지} = E°_{전지}$가 된다.

갈바니 전지에 대한 Nernst 식을 쓸 때, 이온의 몰농도와 기체의 부분 압력(atm)을 사용하는 질량 작용식(Q 값을 계산할 수 있는)을 세워야 한다.[5] 따라서 수소 전극(H_2의 부분 압력이 반드시 1 atm일 필요는 없다)이 포함된 다음의 전지 반응

$$Cu^{2+}(aq) + H_2(g) \longrightarrow Cu(s) + 2H^+(aq)$$

에 대한 Nernst 식을 다음과 같이 나타낼 수 있다.

해설 이와 같은 불균일 반응의 질량 작용식에서 고체 $Cu(s)$의 농도는 포함되지 않는다.

$$E_{전지} = E°_{전지} - \frac{RT}{n\mathscr{F}} \ln \frac{[H^+]^2}{[Cu^{2+}]P_{H_2}}$$

예제 19.8 $\Delta E_{전지}$에 대한 농도 영향 계산하기

다음의 갈바니 전지에서 $[Cr^{3+}] = 2.56 \times 10^{-3}\,M$이고 $[Cu^{2+}] = 3.15 \times 10^{-4}\,M$이다.

$$Cr(s)\,|\,Cr^{3+}(aq)\,||\,Cu^{2+}(aq)\,|\,Cu(s)$$

전지 전위를 계산하시오.

분석 표준 상태가 아닌 계의 전지 전위는 Nernst 식을 사용하여 계산해야 한다. 이전 문제와 마찬가지로 완결된 화학 반응식에서 옳은 변수를 찾아 적절히 사용해야 한다.

도구 모음 $\Delta E_{전지}$를 결정하기 위해서 식 19.8의 Nernst 식으로 시작한다.

$$E_{전지} = E°_{전지} - \frac{RT}{n\mathscr{F}} \ln Q$$

이동한 전자의 몰수인 n과 Q를 계산하는 데 필요한 질량 작용식(14장)을 작성하려면 5장에서 다룬 균형 화학 반응식이 필요하다.

풀이 다음과 같이 구리의 표준 환원 전위가 크로뮴보다 더 크므로, 주어진 전지에서 크로뮴이 산화되고 구리가 환원된다.

$$Cu^{2+}(aq) + 2e^- \longrightarrow Cu(s) \qquad E° = 0.34\ V$$

$$Cr^{3+}(aq) + 3e^- \longrightarrow Cr(s) \qquad E° = -0.74\ V$$

얻은 전자($6e^-$)와 잃은 전자($6e^-$)가 동일하게 처리하고 얻은 전지 반응은 다음과 같다.

---

[4]자연로그 대신 상용로그를 사용하고 25°C의 온도와 상수 값을 대입하면 다음과 같은 Nernst 식을 얻을 수 있다.

$$E_{전지} = E°_{전지} - \frac{0.0592\ V}{n} \log Q$$

[5]이온의 상호 작용 때문에 이온의 실제 농도와 몰농도가 항상 같지는 않다. 그러므로 엄격히 말해서 질량 작용식에서 활동도로 표현되는 유효 농도를 사용해야 한다. 계산하기 어려운 유효 농도 대신 몰농도를 사용해서 전지 전위를 계산하면 실제 값과 약간의 차이가 발생한다는 것을 알아야 한다.

$$\begin{array}{ll} 3 \times [\mathrm{Cu}^{2+}(aq) + 2e^- \longrightarrow \mathrm{Cu}(s)] & \text{(환원)} \\ 2 \times [\mathrm{Cr}(s) \longrightarrow \mathrm{Cr}^{3+}(aq) + 3e^-] & \text{(산화)} \\ \hline 2\mathrm{Cr}(s) + 3\mathrm{Cu}^{2+}(aq) \longrightarrow 2\mathrm{Cr}^{3+}(aq) + 3\mathrm{Cu}(s) & \text{(전지 반응)} \end{array}$$

이동한 전체 전자수가 6이므로 $n = 6$이다. 이제 이 계에 대한 Nernst 식을 세우면 다음과 같다.

$$E_{\text{전지}} = E^\circ_{\text{전지}} - \frac{RT}{6\mathscr{F}} \ln \frac{[\mathrm{Cr}^{3+}]^2}{[\mathrm{Cu}^{2+}]^3}$$

먼저 표준 환원 전위을 이용하여 다음과 같이 $E^\circ_{\text{전지}}$를 계산한다.

이제 질량 작용식을 세우고 반응 지수를 계산하기 위하여 주어진 이온의 농도를 대입한다. 이용하여 반응 지수를 계산해야 한다. 15.4절에서 다룬 불균일 평형에 대한 질량 작용식에 대한 지침에 따라 두 고체는 질량 작용식에 포함되지 않았다는 것을 주목하라.

$E^\circ_{\text{전지}}$를 구하면

$$\begin{aligned} E^\circ_{\text{전지}} &= E^\circ_{\mathrm{Cu}^{2+}} - E^\circ_{\mathrm{Cr}^{3+}} \\ &= 0.34\ \mathrm{V} - (-0.74\ \mathrm{V}) \\ &= 1.08\ \mathrm{V} \end{aligned}$$

이제 $E_{\text{전지}}$ 값을 구하기 위하여 Nernst 식에 $E^\circ_{\text{전지}}$, $R = 8.314\ \mathrm{J\ mol^{-1}\ K^{-1}}$, $T = 298\ \mathrm{K}$, $n = 6$, $\mathscr{F} = 9.65 \times 10^4\ \mathrm{C/mol}$, $[\mathrm{Cu}^{2+}] = 3.15 \times 10^{-4}\ M$, $[\mathrm{Cr}^{3+}] = 2.56 \times 10^{-3}\ M$을 다음과 같이 대입한다.

$$E_{\text{전지}} = 1.08\ \mathrm{V} - \frac{\dfrac{8.314\ \mathrm{J}}{\cancel{(\text{mol 반응})}\cancel{\mathrm{K}}} \times 298\ \cancel{\mathrm{K}}}{6\ \dfrac{\cancel{\text{mol } e}}{\cancel{\text{mol 반응}}} \times \dfrac{96500\ \mathrm{C}}{\cancel{\text{mol } e}}} \ln \frac{[2.56 \times 10^{-3}]^2}{[3.15 \times 10^{-4}]^3}$$

J/C는 전위 단위 V와 등가이므로, 다음과 같이 계산한 전지 전위는 1.03 V이다.

$$\begin{aligned} E_{\text{전지}} &= 1.08\ \mathrm{V} - (0.00428\ \mathrm{V})\ln(2.1 \times 10^5) \\ &= 1.08\ \mathrm{V} - (0.00428\ \mathrm{V})(12.255) \\ &= 1.08\ \mathrm{V} - 0.0524\ \mathrm{V} \\ &= 1.0276\ \mathrm{V} \approx 1.03\ \mathrm{V} \end{aligned}$$

답이 합리적인가? 답을 확인할 간단한 방법은 없지만, 작은 값인 1.03 V는 합리적이다. 이 밖에 고려해야 할 중요한 사항 몇 가지가 있다. 먼저 반쪽 반응식을 올바르게 결합하여 **(a)** $E^\circ_{\text{전지}}$를 계산하였는지와 **(b)** 완결된 반응식이 옳은지를 확인해야 한다. 다음으로 완결된 반응식으로부터 질량 작용식이 올바르게 작성하였는지와 이동한 전자의 수 n이 옳은지를 확인한다. 마지막으로 절대 온도와 $R = 8.314\ \mathrm{J\ mol^{-1}\ K^{-1}}$을 사용했는지 확인해야 한다.

예제 19.9 반응의 자발성은 농도에 따라 달라질 수 있다

산에서 금속 주석의 반응은 다음과 같다.

$$\mathrm{Sn}(s) + 2\mathrm{H}^+(aq) \longrightarrow \mathrm{Sn}^{2+}(aq) + \mathrm{H}_2(g)$$

25°C에서 계가 **(a)** 표준 상태에 있을 때, **(b)** pH가 2.00일 때, **(c)** pH가 5.00일 때의 전지 전위를 각각 계산하시오. **(b)**와 **(c)**의 경우 $[\mathrm{Sn}^{2+}] = 0.010\ M$이고 H_2의 부분 압력은 0.965 atm이다.

분석 표준 전지 전위와 그 밖의 상태에 대한 전지 전위 계산을 위해서 이 장에서 제시된 식을 사용할 것이다.

도구 모음 표준 상태인 (**a**)의 경우 식 19.2를 사용하여 표준 전지 전위($E^\circ_{전지}$)를 구할 수 있으며 구한 표준 전지 전위($E^\circ_{전지}$)가 전지 전위($E_{전지}$)이다.

$$Q = \frac{[Sn^{2+}]P_{H_2}}{[H^+]^2}$$

(**b**)와 (**c**)를 해결하려면 식 19.8의 Nernst 식을 도구로 사용해야 한다. 이동한 전자의 몰수(n)는 화학 반응식으로부터 구한다. 14.2절을 참조하여 Nernst 식에 사용할 Q를 다음과 같이 작성한다.

풀이 (**a**)의 경우 두 표준 환원 전위의 차이는 다음과 같다.

$$\textbf{(a)}\ E^\circ_{전지} = 0.00 - (-0.14) = +0.14\ \text{V}$$

(**b**)와 (**c**)의 경우 다음의 Nernst 식에 $R = 8.314\ \text{J mol}^{-1}\text{K}^{-1}$, $T = 298\ \text{K}$, $\mathscr{F} = 9.65 \times 10^4$ C/mol e^-를 대입한다.

$$E_{전지} = E^\circ_{전지} - \frac{RT}{n\mathscr{F}} \ln \frac{[Sn^{2+}]P_{H_2}}{[H^+]^2}$$

반응 동안에 주석이 전자 두 개를 잃고 Sn^{2+}가 되는 반응이므로 이동한 전자가 $n = 2$ mol e^-임을 알 수 있다. pH 2.00과 5.00인 용액에서 수소 이온 농도는 각각 $1.0 \times 10^{-2}\,M$과 $1.0 \times 10^{-5}\,M$이다. 관련된 값을 Nernst 식에 대입하여 계산하면 다음과 같은 결과를 얻는다.

$$\textbf{(b)}\ E_{전지} = 0.14\ \text{V} - \frac{\frac{8.314\ \text{J}}{(\cancel{\text{mol 반응}})\cancel{\text{K}}} \times 298\ \cancel{\text{K}}}{\frac{2\ \cancel{\text{mol } e^-}}{\cancel{\text{mol 반응}}} \times \frac{9.65 \times 10^4\ \text{C}}{\cancel{\text{mol } e^-}}} \ln \frac{(0.010)(0.965)}{(1.0 \times 10^{-2})^2}$$

$$E_{전지} = 0.14\ \text{V} - 0.06\ \text{V} = +0.08\ \text{V}$$

$$\textbf{(c)}\ E_{전지} = 0.14\ \text{V} - \frac{\frac{8.314\ \text{J}}{(\cancel{\text{mol 반응}})\ \text{K}} \times 298\ \cancel{\text{K}}}{\frac{2\ \cancel{\text{mol } e^-}}{\cancel{\text{mol 반응}}} \times \frac{9.65 \times 10^4\ \text{C}}{\cancel{\text{mol } e^-}}} \ln \frac{(0.010)(0.965)}{(1.0 \times 10^{-5})^2}$$

$$E_{전지} = 0.14\ \text{V} - 0.24\ \text{V} = -0.10\ \text{V}$$

표준 상태에서 반응은 자발적 반응이고, pH = 2.00에서 반응은 자발적 반응이지만 전위는 작은 양의 값이다. pH 5.00에서 반응은 비자발적이므로 역반응이 일어날 것이다.

답이 합리적인가? pH에 따라 답이 일정하게 변하는 것은 결과가 합당하다는 것을 나타낸다. 자연로그값은 쉽게 예측하기 어려우므로 처음 계산의 역순으로 계산기에 값을 대입하여 계산해 보면 확인할 수 있다.

실전 문제 19.17

$0.03\,M$ Cu^{2+} 수용액에 담긴 구리 전극과 $1.5 \times 10^{-4}\,M$ Mg^{2+} 수용액에 담긴 마그네슘 전극으로 구성된 갈바니 전지가 있다. 균형 화학 반응식을 쓰고, 25°C에서 전지 전위를 계산하시오(**힌트**: 반응에 대한 Nernst 식을 세우시오).

실전 문제 19.18

pH가 8.0이고 H_2 기체의 압력이 2.5 atm인 수소 전극의 전위를 계산하시오.

측정된 $E_{전지}$를 이용한 농도 결정

해설 전기 화학적 분석은 작동이 간편하고 자동화를 통한 컴퓨터 분석에 적합하기 때문에 많은 과학자들이 이용하고 있다.

농도와 전지 전위 사이의 관계식을 이용하여 갈바니 전지에서 산화–환원 반응의 반응물과 생성물의 농도를 결정할 수 있다. 전자 장치의 발전과 더불어 실험적으로 측정된 전지 전위를 이용하여 이온성이 아니거나 전기 화학적 변화와 직접적인 관계가 없는 물질을 포함해서 용

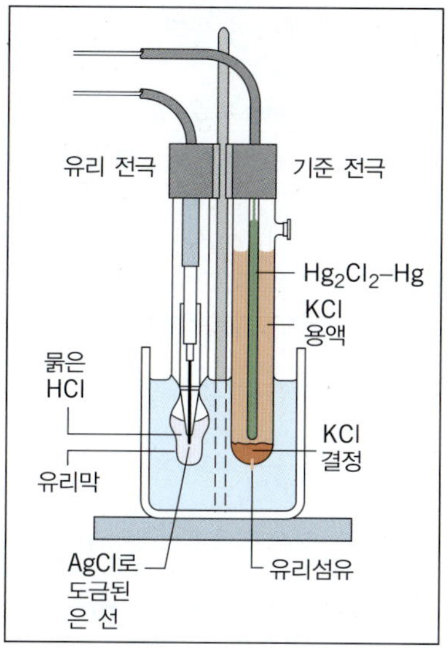

그림 19.8 pH 미터에 사용되는 전극 왼쪽의 전극을 **유리 전극**이라 한다. 묽은 HCl 용액에 담긴 AgCl로 도금된 은 선으로 구성되어 있다. 이 반쪽 전지의 전위는 전극 아래의 얇은 유리막 안과 밖의 $[H^+]$의 차이에 의존한다. 오른쪽은 다른 반쪽 전극인 기준 전극이다. 두 전극으로 구성된 갈바니 전지는 용액의 pH에 비례하는 전지 전위를 생성한다.

액에 있는 모든 종류의 물질에 대한 관찰과 분석이 가능하다. **그림 19.8**에 나타낸 pH 미터는 수소 이온 농도와 유리 전극이라 불리는 전극의 전위 사이의 로그함수적 관계에 의해 작동된다.

예제 19.10 Nernst 식을 이용한 농도 결정

수용액 시료에서 Cu^{2+}의 농도를 측정하기 위해서 0.300 M $ZnSO_4$ 수용액에 담긴 아연 전극으로 구성된 반쪽 전지와 시료 용액에 구리 전극을 넣은 반쪽 전지를 염다리로 연결한 전기 화학 전지를 구성하고, 구리 반쪽 전지의 시료 용액을 바꾸면서 전지 전위를 측정하였다. 25°C에서 한 시료에 대한 전지 전위가 0.85 V였다. 이 전지에서 구리 전극은 환원 전극으로 작동한다. 이 시료 용액의 구리 이온 농도는 얼마인가?

분석 이 문제에서 $E_{전지}$는 주어졌고 $E^\circ_{전지}$는 표 19.1에 제시된 표준 환원 전위로부터 구할 수 있다. Nernst 식의 $\ln Q$에 있는 농도 중 한 개의 미지수가 있다. Nernst 식에 모든 변수를 대입하면 산술적으로 문제 풀이가 가능하다.

도구 모음 다음의 Nernst 식(식 19.8)과 갈바니 전지와 관련된 화학 반응식이 필요하다.

$$E_{전지} = E^\circ_{전지} - \frac{RT}{n\mathscr{F}} \ln Q$$

구리는 산화 전극이므로 Ag^+는 환원되는 것을 의미한다. 따라서 전지 반응식은 다음과 같다.

$$Zn(s) + 2Cu^{2+}(aq) \longrightarrow Zn^{2+}(aq) + Cu(s)$$

균형 반응식으로부터 질량 작용식, n, $E^\circ_{전지}$를 결정할 수 있다. 은 이온의 농도와 함께 R과 Faraday 상수는 알고 있으므로, 남는 변수는 이 문제에서 묻고 있는 $[Cu^{2+}]$이다.

풀이 전자가 두 개 이동하였으므로 $n = 2$이고, Nernst 식은 다음과 같다.

$$E_{전지} = E^\circ_{전지} - \frac{RT}{2\mathscr{F}} \ln \frac{[Zn^{2+}]}{[Cu^{2+}]}$$

$E^\circ_{전지}$ 값은 표 19.1의 표준 환원 전위로부터 계산할 수 있다. 구리 이온이 환원된다는 것을 알고 앞에서 사용했던 일반적인 과정으로 풀면 다음과 같다.

$$\begin{aligned} E^\circ_{전지} &= E^\circ_{Cu^{2+}} - E^\circ_{Zn^{2+}} \\ &= (+0.34\ V) - (-0.76\ V) \\ &= 1.10\ V \end{aligned}$$

이 값을 Nernst 식에 대입하여 농도에 대하여 풀면

$$0.85\ \text{V} = 1.10\ \text{V} - \frac{\frac{8.314}{(\text{mol 반응})\ \text{K}} \times 298\ \text{K}}{\frac{2\ \text{mol}\ e^-}{(\text{mol 반응})} \times \frac{96500\ \text{C}}{\text{mol}\ e^-}} \ln \frac{[Zn^{2+}]}{[Cu^{2+}]}$$

유효 숫자 한 자리를 더 남기면 ln ($[Zn^{2+}]/[Cu^{2+}]$)는 다음과 같다.

$$\ln \frac{[Zn^{2+}]}{[Cu^{2+}]} = 19.5$$

역로그를 취하면 질량 작용식에 대한 다음의 값을 얻는다.

$$\frac{[Zn^{2+}]}{[Cu^{2+}]} = 3.0 \times 10^8$$

Zn^{2+}의 농도가 0.300 M인 것을 알고 있으므로 Cu^{2+} 농도 값을 구할 수 있다.

$$[Cu^{2+}] = \frac{[Zn^{2+}]}{3.0 \times 10^8} = \frac{0.300}{3.0 \times 10^8} = 1.0 \times 10^{-9}\ M\ (\text{반올림한 값})$$

답이 합리적인가? 문제 해결에 가장 중심이 되는 화학 반응식이 올바른지를 확인해야 한다. 수학 기호에 주의하고 R과 켈빈 온도 척도를 옳게 사용하였는지 주의해야 한다. 또한 농도비의 로그항을 먼저 계산한 다음 자연로그에 대한 역로그를 취한 후, $[Zn^{2+}]$의 값을 대입하고 $[Cu^{2+}]$를 구하는 과정에 주목하라.

마지막으로 흥미로운 것은 전기 화학 전지에 의해 생성된 전위를 측정하여 매우 낮은 Cu^{2+}의 농도를 간단하게 얻을 수 있다는 사실이다. 많은 시료의 농도를 측정하는 것 또한 매우 쉽다. 시료를 바꿔가면서 전위를 측정하기만 하면 된다.

실전 문제 19.19

두 개의 수용액 시료를 분석하기 위하여 다음과 같은 전기화학 전지를 구성하였다.

$$Cu(s) \mid Cu^{2+}(aq) \parallel Ag^+\ (0.225\ M) \mid Ag(s)$$

두 시료에 대한 실험에서 측정한 전지 전위($E_{\text{전지}}$)가 각각 0.57 V와 0.82 V였다. 각 시료에서의 Cu^{2+} 이온의 농도를 결정하시오.

실전 문제 19.20

0.0200 M Cu^{2+} 수용액에 담긴 구리 전극과 미지 농도의 Mg^{2+} 수용액에 담긴 마그네슘 전극으로 구성된 갈바니 전지가 있다. 이 전지에서의 반응은 다음과 같다. 25°C에서 전지 전위가 2.82 V였다면 마그네슘 이온의 농도는 얼마인가?

$$Mg(s) + Cu^{2+}(aq) \longrightarrow Mg^{2+}(aq) + Cu(s)$$

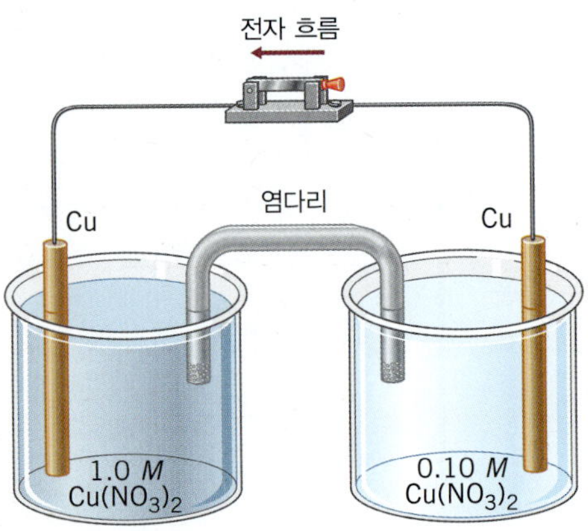

농도 전지

전지 전위의 농도 의존성에 의해 같은 물질로 구성되었으나 용질의 농도가 다른 두 반쪽 전지로 갈바니 전지를 만들 수 있다. 예를 들면 구리 이온 농도가 0.10 M과 1.0 M인 두 용액에 각각 담긴 두 개의 구리 전극으로 이루어진 전지를 생각해보자(**그림 19.9**). 이 전지를 작동시키면 두 용액의 Cu^{2+} 농도가 같아질 때까지 반응이 진행할 것이다. 따라서 더 묽은 용액인 0.10 M Cu^{2+}를 포함하는 반

그림 19.9 농도 전지 스위치를 연결하면 두 반쪽 전지의 Cu^{2+} 용액의 농도가 같아지는 방향으로 반응이 진행한다. 묽은 반쪽 전지에서 산화가 일어나고 더 진한 반쪽 전지에서 환원이 일어난다.

쪽 전지에서 구리는 산화되어 구리 이온이 생성되고, 구리 이온의 농도가 더 진한 반쪽 전지에서는 환원 반응이 진행되어 구리 이온의 농도가 줄어든다. 다시 말하면 묽은 용액의 반쪽 전지는 산화 전극이 되고, 진한 용액의 반쪽 전지는 환원 전극이 된다.

$$\underset{\text{산화 전극}}{Cu(s) \mid Cu^{2+}(0.10\,M)} \parallel \underset{\text{환원 전극}}{Cu^{2+}(1.0\,M) \mid Cu(s)}$$

자발적 전지 반응에서 각각의 반쪽 반응은 다음과 같다.

$$\begin{array}{r} Cu(s) \longrightarrow Cu^{2+}(0.10\,M) + 2e^- \\ Cu^{2+}(1.0\,M) + 2e^- \longrightarrow Cu(s) \\ \hline Cu^{2+}(1.0\,M) \longrightarrow Cu^{2+}(0.10\,M) \end{array}$$

이 전지에 대한 Nernst 식은 다음과 같이 나타낼 수 있다.

$$E_{\text{전지}} = E^\circ_{\text{전지}} - \frac{RT}{n\mathscr{F}} \ln \frac{[Cu^{2+}]_{\text{묽은}}}{[Cu^{2+}]_{\text{진한}}}$$

각 반쪽 전지에서 같은 물질을 다루기 때문에 $E^\circ_{\text{전지}} = 0\,V$(정확히)이다. Nernst 식에 $n = 2$와 $T = 298\,K$를 대입하면 다음과 같이 $E_{\text{전지}}$를 구할 수 있다.

$$E_{\text{전지}} = 0.0\,V - \frac{\dfrac{8.314\,J}{(\text{mol 반응})K} \times 298\,K}{\dfrac{2\,\text{mol}\,e^-}{\text{mol 반응}} \times \dfrac{9.65 \times 10^4\,C}{\text{mol}\,e^-}} \ln \frac{(0.10)}{(1.0)}$$
$$= 0.030\,V$$

이 농도 전지에서 한 용액은 다른 용액보다 10배 진하지만 생성되는 전위는 겨우 0.03 V이다. 농도 전지에서 생성되는 전위차는 일반적으로 매우 작다. 그러나 생체계의 생체막 사이에 발생한 이온(예로 K^+)의 농도 차이에 의해 생성되는 막전위는 신경 신호의 전달 과정에서 중요하게 작용한다.

이와 같이 전위차가 매우 작다는 것은 표준 상태가 아닌 어떤 계에서 Q가 0.10과 10 사이인 경우 $E_{\text{전지}} \approx E^\circ_{\text{전지}}$이라고 가정할 수 있고, 따라서 자발적 반응을 예측할 때 19.2와 19.3절의 결과를 일반화할 수 있다.

19.6 전기

Stan Sherer

현존하는 가장 오래된 배터리는 1938년에 이라크의 Baghdad에서 발견된 것으로, 구리관과 그 안에 들어있는 철봉으로 구성되어 있다. 여기에 식초와 같은 산성 액체를 채우면, 작은 전류를 생산할 수 있다.

전기를 얻기 위해 가장 많이 사용하는 방법은 터빈의 자기장 안에서 전선을 감은 코일을 회전시키는 방법이다. 여러 가지 형태의 터빈에서 코일을 회전시키기 위하여 고온의 수증기, 수력, 풍력 등의 다양한 방법이 이용되고 있다. 고온의 수증기는 석탄이나 천연가스, 또는 도시의 생활 쓰레기를 연소하여 얻는다. 이러한 터빈 장치는 대단위 인구 밀집 지역에 위치한 큰 중앙 전기 발전기에 사용된다. 연료의 에너지가 전기 에너지로 완전히 변환되지 않기 때문에 발전 효율은 보통 35~45%이며, 또한 공해 방지를 위해서 많은 투자가 필요하다.

약 90%의 효율을 나타내는 수력 발전은 청정하고 환경친화적인 장점을 가지고 있다. 그러나 수력 발전은 커다란 저수용 댐 건설을 필요로 한다. 이외에도 소비원으로부터 멀리 떨어져 있어 먼 거리를 운반하는 동안 상당한 양의 전기가 손실된다는 단점이 있다. 풍력 발전 역시 청정하고 무공해라는 장점이 있으며 효율이 약 50% 정도 된다. 소비자와 비교적 가까운 거리에 건설할 수 있으나 매일의 날씨나 심지어는 시간에 따라 바람의 속도가 달라지므로 전기 생산에 변화가 심하다.

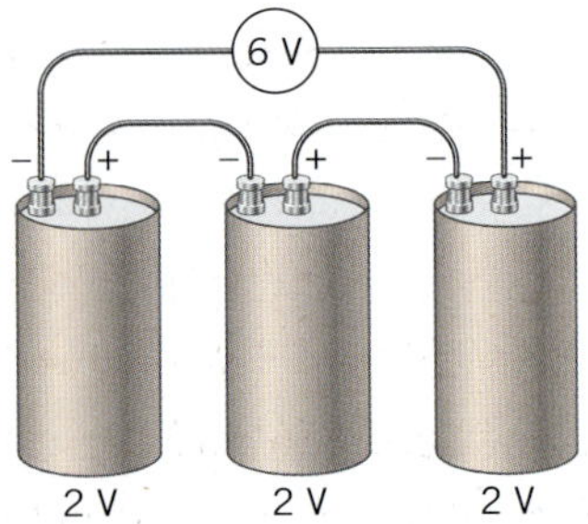

2V 전지 세 개가 직렬로 연결되면 각 전위를 더해서 전체적으로 6V가 된다. 오늘날 자동차에는 일반적으로 6개의 단위 전지를 연결한 12V 전지를 사용한다.

화학자는 전기 생산의 효율을 증가시키는 연소 과정이나 터빈을 만드는 새로운 소재와 관련한 연구가 매우 중요한 시점이다. 이 절에서는 화학 전위와 물질의 고유한 전기적 특성을 이용하여 소량의 전기 생산을 하는 장치에 대하여 다룰 것이다

배터리

가장 널리 알려진 갈바니 전지의 활용 사례는 **배터리(battery)**라는 휴대용 전기 에너지 생산 장치이다.[6] 이 장치는 **일차 전지(primary cell**, 충전되도록 고안되지 않은 전지; 에너지가 고갈되면 폐기)와 **이차 전지(secondary cell**, 반복적인 사용을 위하여 고안된 전지; 재충전이 가능하다)로 구분할 수 있다.

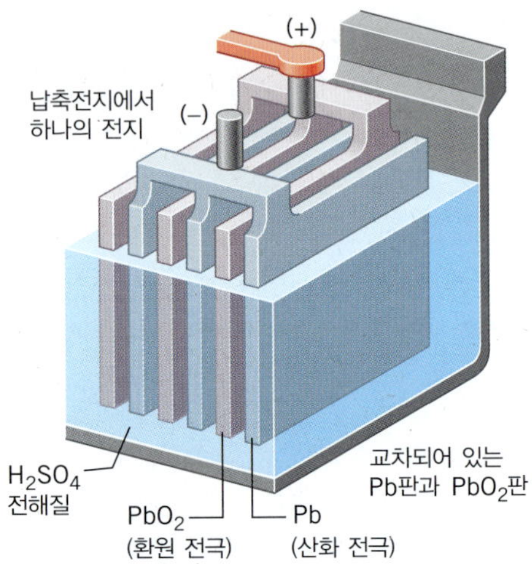

그림 19.10 납축전지 대부분의 자동차에 사용되는 12V 납축전지는 그림과 같이 6개의 전지로 구성되어 있다. 여러 개의 판이 연결된 산화 전극과 환원 전극으로 구성되어 있는 것에 주목하라. 이 전지를 이용하여 자동차의 시동에 필요한 큰 전류를 만들어 낸다.

납축전지

자동차 시동을 걸 때 사용되는 일반적인 **납축전지(lead storage battery)**는 각각의 전위가 약 2V인 여러 개의 갈바니 전지를 직렬로 연결한 전지이다. 대부분의 자동차 배터리는 6개의 전지가 직렬로 연결되어 있어 약 12V의 전압을 내지만, 그 이외에도 6V나 24V 혹은 32V 배터리도 있다.

그림 19.10은 전형적인 납축전지를 나타낸 것이다. 각 전지에서 산화 전극은 납판이고 환원 전극은 PbO_2가 입혀진 판이며 전해질은 황산이다. 배터리가 방전될 때 전극 반응은 다음과 같다.

$$PbO_2(s) + 3H^+(aq) + HSO_4^-(aq) + 2e^- \longrightarrow PbSO_4(s) + 2H_2O \quad \text{(환원 전극)}$$

$$Pb(s) + HSO_4^-(aq) \longrightarrow PbSO_4(s) + H^+(aq) + 2e^- \quad \text{(산화 전극)}$$

따라서 각 전지에서 일어나는 알짜 반응은 다음과 같이 나타낼 수 있다.

$$PbO_2(s) + Pb(s) + \underbrace{2H^+(aq) + 2HSO_4^-(aq)}_{2H_2SO_4} \longrightarrow 2PbSO_4(s) + 2H_2O$$

전지가 방전되면 황산 농도는 감소하고 결과적으로 전해질 용액의 밀도도 감소한다. 배터리의 상태를 점검하는 데 사용하는 **액체 비중계(hydrometer)**는 **그림 19.11**에서 보는 바와 같이 부유물이 담긴 유리관과 유리관으로 배터리액을 끌어드릴 수 있는 고무구로 되어 있다. 부유물이 가라앉는 깊이는 액체의 밀도에 반비례하기 때문에 부유물이 깊게 가라앉을수록 산의 밀도가 낮고, 배터리의 충전량이 적다는 것을 의미한다. 대개는 배터리의 충전 상태를 부유물의 좁은 목 부분에 표시된 눈금으로 나타낸다.

납축전지의 주요한 장점은 외부 전원을 사용해서 반대 전압을 걸어주면 방전 중 진행되는 자발적 전지 반응의 역반응이 일어날 수 있다는 것이다. 다시 말하면 전기 분해로 배터리를 재충전할 수 있고 이때의 재충전 반응은 다음과 같다.

$$2PbSO_4(s) + 2H_2O \xrightarrow{\text{전기 분해}} PbO_2(s) + Pb(s) + 2H^+(aq) + 2HSO_4^-(aq)$$

납축전지를 부적절하게 충전시키면 폭발성이 있는 H_2 기체가 생성될 수 있다. 최신 납축전지는 납–칼슘 합금을 산화 전극으로 사용하는데, 이 전지는 구멍 낼 필요가 없이 배터리를 밀봉할 수 있어서 전해질이 유출되는 것을 막을 수 있다.

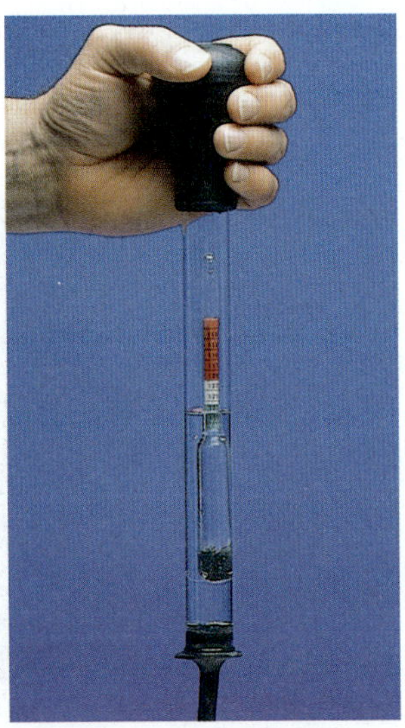

OPC, Inc.

그림 19.11 배터리 비중계 배터리의 산 용액을 유리관 속으로 빨아드린다. 부유물이 가라앉는 깊이는 산의 농도에 반비례하므로 배터리의 충전 상태를 확인할 수 있다.

[6] 엄밀하게 말해서 전지는 산화 전극과 환원 전극으로 구성된 하나의 전기 화학적 단위이고 배터리는 전지들이 직렬로 연결된 집합체이다.

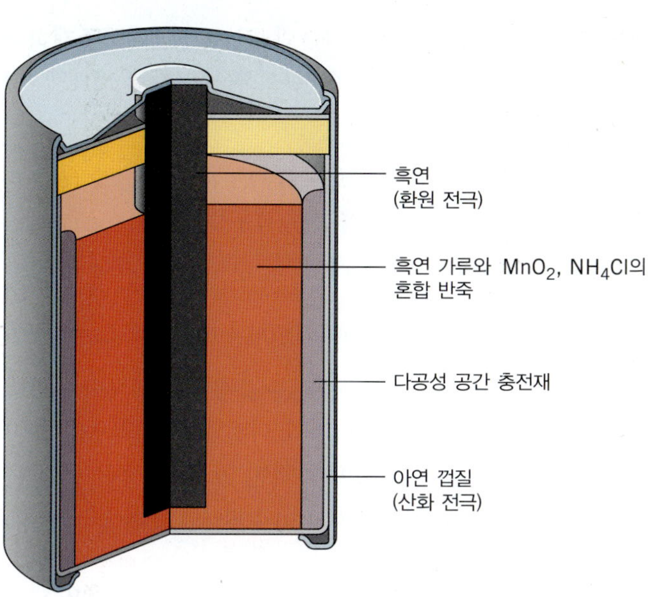

그림 19.12 아연–흑연 건전지 (Leclanché 전지) 단면도

아연–이산화 망가니즈 전지 초기에 사용했던 비교적 저렴한 1.5V 건전지는 **아연–이산화 망가니즈 전지(zinc-manganese dioxide dry cell)** 또는 **Leclanché 전지(Leclanché cell**, 발명자인 George Leclanche의 이름을 사용했다)이다. 손전등이나 장난감 등과 같은 장치에 전력을 공급하는 데 사용되는 이 건전지는 실제로 건조한 상태는 아니다(**그림 19.12** 참조). 이 전지의 바깥 껍질은 아연으로 산화 전극 역할을 하고, 환원 전극(+극)은 젖은 반죽 형태의 흑연 가루와 이산화 망가니즈 그리고 염화 암모늄으로 둘러싸인 탄소(흑연) 막대로 되어 있다.

해설 이 전지는 상당한 양의 황산 용액이 들어 있는 납축전지에 비해 '건조하다'.

산화 반응은 단순한 아연의 산화이다.

$$Zn(s) \longrightarrow Zn^{2+}(aq) + 2e^- \quad \text{(산화 전극)}$$

환원 전극 반응은 복잡하며 혼합 생성물이 생긴다. 다음은 주요 반응 중 하나이다.

$$2MnO_2(s) + 2NH_4^+(aq) + 2e^- \longrightarrow Mn_2O_3(s) + 2NH_3(aq) + H_2O \quad \text{(환원 전극)}$$

환원 전극에서 생성되는 암모니아는 산화 전극에서 생성되는 Zn^{2+}의 일부와 반응하여 착이온 $[Zn(NH_3)_4^{2+}]$을 형성한다. 환원 전극의 반쪽 반응이 매우 복잡하기 때문에 전체 전지 반응을 간단히 나타내기 어렵다.

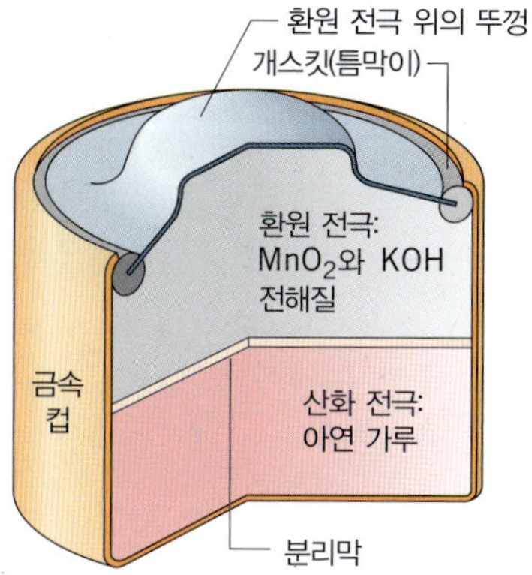

그림 19.13 알칼리 건전지의 개략도

Leclanché 배터리의 일종으로 염기성 전해질을 사용하는 **알칼리 배터리(alkaline battery)** 또는 **알칼리 건전지(alkaline dry cell)**가 더 많이 이용되고 있다. **그림 19.13**에서 보는 바와 같이 이 배터리는 염기성 조건에서 Zn과 MnO_2를 반응물로 사용한다. 반쪽 전지 반응과 전체 전지 반응은 다음과 같고 약 1.54V의 전압을 얻을 수 있다.

해설 알칼리 배터리도 일차 전지이다.

해설 크기는 작지만 에너지를 더 많이 공급할 수 있는 배터리는 당연히 높은 **에너지 밀도(energy density**, 단위 부피당 사용 가능한 에너지)를 갖는다.

$$\begin{array}{ll} Zn(s) + 2OH^-(aq) \longrightarrow ZnO(s) + H_2O + 2e^- & \text{(산화 전극)} \\ 2MnO_2(s) + H_2O + 2e^- \longrightarrow Mn_2O_3(s) + 2OH^-(aq) & \text{(환원 전극)} \\ \hline Zn(s) + 2MnO_2(s) \longrightarrow ZnO(s) + Mn_2O_3(s) & \text{(알짜 전지 반응)} \end{array}$$

이 전지는 더 저렴한 아연–탄소 전지보다 보존기간이 더 길고 큰 전류를 더 오랫동안 전달할 수 있다.

니켈–금속 수소화물 배터리 Ni–MH 배터리로 알려진 이 배터리는 이차 전지로서 니켈–카드뮴(즉 '니카드') 배터리를 대체하여 핸드폰이나 디지털카메라, 심지어 전기 자동차와 같은 장치에 전력을 제공하는 데 사용할 수 있다.

해설 Ni–MH 전지는 가볍고 높은 에너지 밀도, 즉 배터리 $1\,cm^3$당 더 많은 전자를 의미하는 에너지 밀도가 더 높은 장점이 있다.

Ni-MH 전지에서 환원 전극은 니켈이 +3의 산화 상태로 존재하는 니켈 화합물인 NiO(OH)이고 전해질은 KOH 용액이다. 금속 수소화물을 기호 MH로 나타낸 방전될 때의 반쪽 전지 반응은 다음과 같다.

$$MH(s) + OH^-(aq) \longrightarrow M(s) + H_2O + e^- \quad \text{(산화 전극)}$$
$$NiO(OH)(s) + H_2O + e^- \longrightarrow Ni(OH)_2(s) + OH^-(aq) \quad \text{(환원 전극)}$$

다음은 전제 전지 반응이며 전지가 충전될 때 반응은 이 반응과 반대 방향으로 진행된다.

$$MH(s) + NiO(OH)(s) \longrightarrow Ni(OH)_2(s) + M(s) \quad E^\circ_{\text{전지}} = 1.35\ V$$

MH로 표시된 산화 전극 반응물에서 중요한 성분은 실제로 물에서 +1 상태로 산화되는 수소이다. 특정한 금속 합금[예를 들면 $LaNi_5$(란타넘과 니켈의 합금)와 Mg_2Ni(마그네슘과 니켈의 합금)]은 상당한 양의 수소를 흡수하여 저장할 능력이 있고, 저장된 수소는 가역적인 전기 화학 반응에 참여할 수 있다. 금속 **수소화물**(metal hydride)이란 용어는 수소를 저장할 수 있는 합금을 의미한다.

니켈–금속 수소화물 전지의 주요 장점은 동일한 부피의 구형 충전용 니카드 전지와 비교했을 때 50% 이상의 에너지를 더 저장할 수 있다는 것이다. 다시 말하면 두 전지의 질량과 부피가 같다면 니켈–금속 수소화물 전지는 니켈–카드뮴 전지에 비해 50% 이상 더 오래 쓸 수 있다.

리튬 배터리 리튬은 다른 어떤 금속보다 낮은 표준 환원 전위를 가지므로(표 19.1) 산화 전극 물질로서 매우 매력적이다. 이외에도 리튬은 매우 가벼운 금속이므로 리튬을 반응물로 사용하는 전지는 역시 가볍다. 갈바니 전지에서 리튬 사용의 주요 문제점은 금속이 물과 급격하게 반응해서 수소 기체와 수산화 리튬을 생성한다는 것이다.

$$2Li(s) + 2H_2O \longrightarrow 2LiOH(aq) + H_2(g)$$

그러므로 과학자들은 갈바니 전지에서 리튬을 사용하기 위해서 수용액 전해질을 피하는 방법을 개발해야 했다. 1970년대에 전해질로 사용할 리튬염을 녹일 수 있는 유기 용매나 혹은 혼합 용매가 소개되었다.

오늘날 리튬 배터리는 두 종류, 즉 한번 쓰고 버리는 일차 전지와 재충전용 전지로 나누어진다. 재충전이 불가능한 전지 중 가장 흔한 것은 **리튬–이산화 망가니즈 배터리**(**lithium-manganese dioxide battery**)로 일차 리튬 전지의 80%를 차지한다. 이 전지는 고체 리튬 산화 전극과 열처리된 MnO_2로 만들어진 환원 전극을 사용한다. 한편 탄산 프로필렌과 다이메톡시에테인(여백의 그림 참조)이 혼합된 용액에 $LiClO_4$와 같은 리튬염이 녹아 있는 것을 전해질로 사용한다. 전지 반응은 다음과 같다(위 첨자는 망가니즈의 산화수이다).

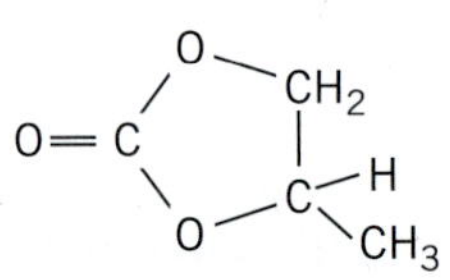

탄산 프로필렌

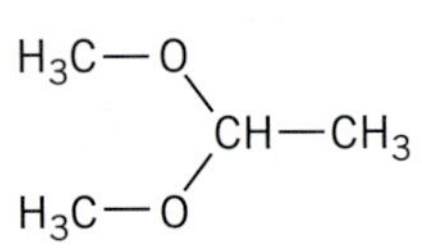

다이메톡시에테인

$$Li \longrightarrow Li^+ + e^- \quad \text{(산화 전극)}$$
$$Mn^{IV}O_2 + Li^+ + e^- \longrightarrow Mn^{III}O_2(Li^+) \quad \text{(환원 전극)}$$
$$Li + Mn^{IV}O_2 \longrightarrow Mn^{III}O_2(Li^+) \quad \text{(알짜 전지 반응)}$$

이 전지는 알칼리 건전지의 두 배 이상인 약 3.4V의 전압을 생산하고, 가벼운 리튬을 사용하기 때문에 동일한 무게의 알칼리 건전지보다 두 배 이상의 많은 에너지를 생산한다. 이 전지는 섬광 전구와 같이 높은 전류나 에너지가 요구되는 기구에 사용된다.

리튬 이온 전지 **리튬 이온 전지**(**lithium ion cell**)는 휴대폰이나 디지털 카메라 혹은 노트북 컴퓨터에 사용되는 이차 전지로 금속 리튬 대신 리튬 이온을 사용한다. 전지 작동에 실제로 산화와 환원이 포함되지 않고 전하 균형을 이루기 위하여 외부 회로에서의 전자의 이동에 대응하여 Li^+ 이온이 한 전극으로부터 다른 전극으로 이동한다. 전지의 작동 원리에 대하여 알아보자.

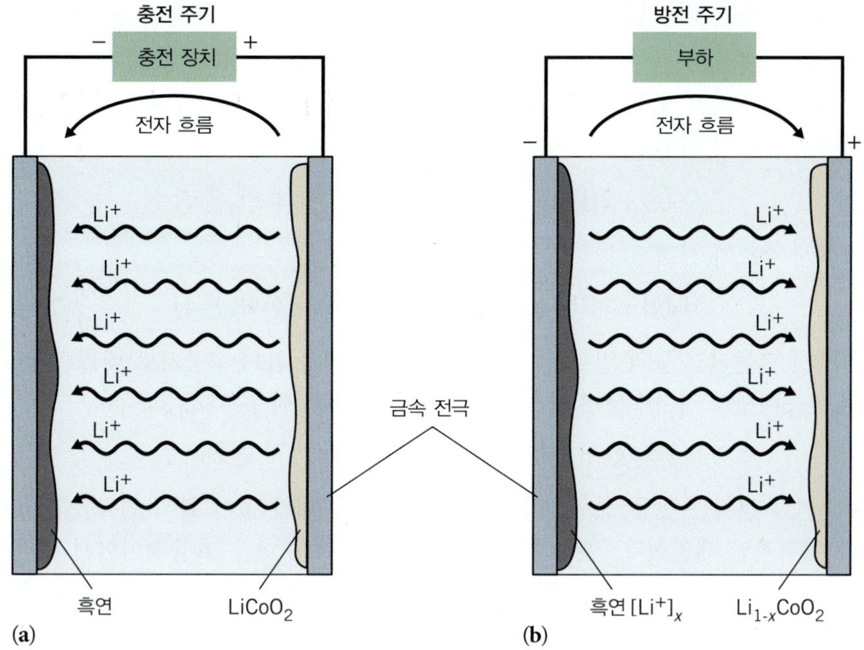

그림 19.14 리튬 이온 전지 (a) 충전 주기에서는 외부에서 공급되는 전원에 의하여 전자가 외부 회로를 통하여 흐르고, 리튬 이온은 $LiCoO_2$ 전극으로부터 흑연 전극으로 이동한다. (b) 방전 주기에서는 리튬 이온이 자발적으로 $LiCoO_2$ 전극으로 돌아가고, 전하 균형을 맞추기 위하여 전자가 충전 주기에서와는 반대 방향으로 외부 회로를 통하여 흐른다.

Li^+ 이온은 흑연[7]이나 $LiCoO_2$와 같은 결정을 이루는 원자층 사이에 끼어 들어가는 성질[**삽입(intercalation)**이라 부르는 과정]이 있다. 초기 상태의 전지는 흑연의 탄소층 사이에 Li^+ 이온이 없는 '비충전' 상태에 있다. 전지가 충전되면, **그림 19.14(a)**에서 보듯이 Li^+ 이온은 $LiCoO_2$를 떠나서 전해질을 통하여 흑연 전극(그림에서 C_6로 표시)으로 이동한다.

해설 '인터컬레이션'이라고 발음한다.

초기 충전:

$$LiCoO_2 + C_6 \longrightarrow Li_{1-x}CoO_2 + Li_xC_6$$

그림 19.14(b)는 전지가 자발적으로 방전되어 전기 에너지를 공급할 때이며, Li^+ 이온은 전해질을 통해 다시 산화 코발트 쪽으로 이동하고, 반면에 전자는 외부 회로를 통하여 흑연 전극으로부터 산화 코발트 전극으로 이동한다. 이동한 Li^+ 이온의 수를 y로 놓으면, 방전 '반응'은 다음과 같이 된다.

해설 이 식에서 아래 첨자 x는 일부 Li^+ 이온이 충전하는 동안 이동하는 것을 의미한다. 마찬가지로 아래 첨자 y는 방전하는 동안 일부 Li^+ 이온이 되돌아가는 것을 의미한다.

방전:

$$Li_{1-x}CoO_2 + Li_xC_6 \longrightarrow Li_{1-x+y}CoO_2 + Li_{x-y}C_6$$

따라서 각각의 충전과 방전 주기에서 Li^+ 이온이 두 전극 사이를 서로 다른 방향으로 이동하고, 이에 대응해서 전자는 전하 균형을 맞추는 방향으로 외부 회로를 통해 이동한다.

연료 전지

지금까지 다룬 갈바니 전지는 전극 반응물이 모두 소모됨에 따라 결국에는 수명이 다한다. 그러나 연료 전지는 전극 반응물이 계속 공급되는 전지로, 반응물이 계속 공급되는 한 이론적으로는 무한정 계속적으로 작동할 수 있는 전기 화학 전지이다. 그러므로 연료 전지는 전력이 장시간 필요한 경우 사용할 수 있는 매우 유익한 전원 장치이다.

그림 19.15는 초기에 고안된 수소–산소 **연료 전지(fuel cell)**를 나

[7]흑연은 탄소의 한 형태로, 벤젠과 비슷하게 고리가 연결된 형태의 층으로 구성되어 있다.

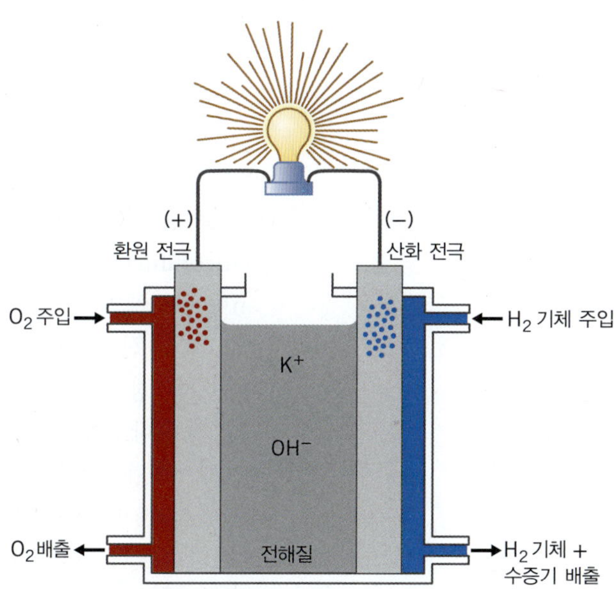

그림 19.15 수소–산소 연료 전지

타낸 것이다. 중앙에 전해질인 고온(~200°C) 상태의 진한 수산화 포타슘 용액이 있고, 양쪽에는 전극 반응을 도와주는 촉매(일반적으로 백금)를 포함한 두 개의 다공성 전극이 전해질과 접촉한 상태로 위치하고 있다. 일정 압력의 기체 수소와 산소가 전극과 접촉되도록 순환된다. 환원 전극에서 산소가 환원된다.

$$O_2(g) + 2H_2O + 4e^- \longrightarrow 4OH^-(aq) \quad \text{(환원 전극)}$$

산화 전극에서 수소가 산화된다.

$$H_2(g) + 2OH^-(aq) \longrightarrow 2H_2O + 2e^- \quad \text{(산화 전극)}$$

산화 전극에서 만들어진 물의 일부는 순환되는 수소 기체와 함께 수증기로 배출된다. 산화 반응과 환원 반응에서의 전자수를 일치시키고 얻은 알짜 전지 반응은 다음과 같다.

$$2H_2(g) + O_2(g) \longrightarrow 2H_2O \quad \text{(알짜 전지 반응)}$$

수소–산소 연료 전지는 반응 생성물이 물이기 때문에 공해가 없어 화석 연료를 사용하는 엔진에 대한 매력적인 대안이다. 연료 전지는 열역학적으로도 매우 효율적이어서 디젤이나 휘발유 엔진이 25~30%의 열효율을 갖는 데 비하여, 가능한 에너지의 75%를 유용한 일로 변환할 수 있다. 그러나 수소 연료를 생산하는 가격이 비싸고, 가연성이 큰 수소의 운반과 저장이 중요한 문제점으로 지적되고 있다.

광전지

물질의 전기적 특성과 빛에너지를 결합시켜서 전자를 흐르게 하는 다양한 장치가 있다. 이러한 장치를 **광전 변환 소자**(photovoltaics)라고 한다.

광전 변환 장치(photovoltaic device)는 (a) 전자를 물질로부터 분리한 후 (b) 외부 전기 회로를 통해서 전자가 흘러 다시 원래의 위치로 돌아올 수 있는 장치이다. 외부 회로를 통해서 전자가 흐르는 과정에서 전자의 에너지를 이용하여 유용한 일을 수행할 수 있다.

비록 최신의 광전 변환 장치는 매우 복잡하고 정교하지만, 근본 원리를 이해하기 위한 간단한 모형을 살펴보기로 하자. 먼저 반도체 물질인 초고순도의 규소(또는 저마늄)를 생각해 보자. 이 물질이 유용하게 이용되려면 적절한 양의 인(P)이나 붕소(B)가 도핑(doping)이라고 불리는 과정에 의해 첨가되어야 한다. 규소는 다이아몬드와 비슷하게 정사면체 결정성 그물 구조를 갖는 것으로 배웠다. 첨가된 붕소는 결정에서 한 개의 규소 원자를 치환하고 주변 네 개의 규소 원자 중 세 개의 규소 원자와만 결합하게 된다. 이러한 결합의 부재를 **정공(hole)** 또는 **양전하 운반체(positive charge carrier)**라고 한다. 규소에 원자가 전자가 5개인 인이 첨가되면 이들 중 4개는 주변의 규소 원자와 결합하게 되지만 남는 한 개의 전자는 결정 구조를 이동할 수 있는 **음전하 운반체(negative charge carrier)**가 된다. 정리하면 규소에 붕소가 첨가된 반도체를 **p형 반도체(p-type semiconductor)**라 하고, 인이 첨가된 반도체를 **n형 반도체(n-type semiconductor)**라 한다.

n형 반도체와 p형 반도체를 함께 조합시키면 독특한 특성을 나타내는 반도체 접합이 형성된다. 먼저 전자가 n형 반도체에서 p형으로 이동한 후 정공과 결합한다. 그 결과 전하 운반체인 전자와 정공이 결핍된 층이 생기게 된다. 이렇게 결핍된 층이 생기면 전자가 더 이상 흐를 수 없게 된다. 만일 배터리의 음극에 n형 반도체를 연결하면, 전자가 결핍된 층이 사라지면서 전자가 n형에서 p형으로 이동할 수 있다. 배터리를 반대로 연결하면 전자가 결핍된 층은 더 커지면서 전자는 반대 방향으로 흐를 수 없게 된다. 이 장치가 전자를 한쪽으로만 흐르게 하는 전형적인 다이오드이다.

이제 이 반도체에 전자를 들뜨게 하기에 충분한 에너지를 갖는 빛을 쪼여서 전자–정공 쌍

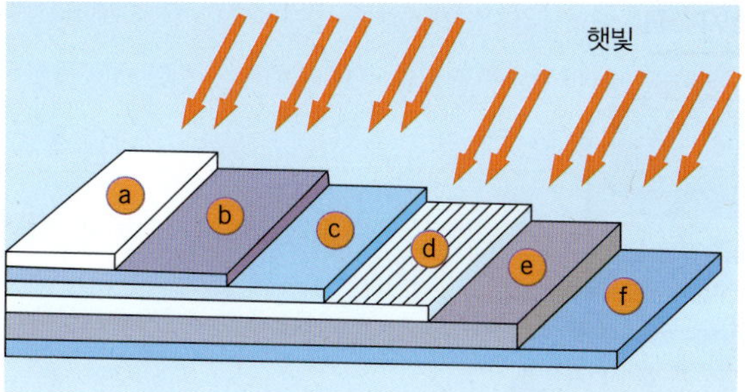

그림 19.16 광전지 내부의 개략도 (a) 보호용 유리판, (b) 반사 방지 코팅, (c) 그물 망 전극, (d) n형 반도체, (e) p형 반도체, (f) 전극. 전지 두께는 약 0.3 mm이고, n형 반도체 두께는 약 0.002 mm 이다.

Stocktrek Images/Getty Images

그림 19.17 넓은 면적의 광전지로 다량의 전기를 생산할 수 있다.

을 만들어 보자. 이렇게 형성된 전자–정공 쌍은 다이오드 내의 다른 전자나 정공과 결합할 수 있다. 이런 경우 전자는 흐르지 못하게 된다. 유용한 전자 흐름을 얻으려면 전자가 흐를 수 있는 또 다른 경로가 필요하다. 다이오드 양 끝에 도선(또는 전극)을 연결하고 이를 외부 회로와 연결시킨다. 이 외부 회로는 전자를 n형에서 p형으로 쉽게 흐르게 한다. 물론 외부 회로에 전구, 모터, 측정 장치, 컴퓨터, 또는 전자의 흐름을 이용할 수 있는 다른 전기 장치를 연결하여 흐르는 전자를 이용할 수 있다.

이 광전지를 유용한 장치로 사용하기 위해서는 **그림 19.16**에 나타낸 것과 같은 부수적인 장치가 필요하다. 먼저 장치를 보호하기 위한 유리판이 더해진다. 다음으로 빛을 흡수할 수 있도록 반사 방지 코팅이 더해지고, 빛이 잘 통과할 수 있도록 그물망 형태의 환원 전극을 n형 물질에 설치한다. 다음에는 p형 반도체와 접합시킨 다음 마지막으로 산화 전극으로 작용하는 금속 전극을 설치한다. 각각 약 0.5V를 생성하는 광전지 24개를 직렬로 연결하면 12V의 전기를 생산하는 장치가 된다. 전압이나 전류 범위를 향상시키기 위하여 다른 형태의 광전지도 가능하다. **그림 19.17**은 소규모의 주거 단지나 상가에서 사용할 수 있는 수준의 전기를 생산할 수 있는 대규모 광전지 집합체이다.

19.7 전해 전지

앞 절에서 자발적인 산화–환원 반응이 어떻게 전기 에너지를 생성하는지를 살펴보았다. 이제 반대의 경우인 비자발적 산화–환원 반응을 일으키기 위하여 전기 에너지를 사용하는 경우에 대하여 생각해보자.

전기가 이온 결합 화합물의 용융액이나 전해질 용액을 통과하면 **전기 분해(electrolysis)**라는 화학 반응이 일어난다. **그림 19.18**에 전기 분해에 이용하는 장치인 **전해 전지(electrolysis cell** 또는 **electrolytic cell)**를 나타내었다. 이 전지에는 용융 염화 소듐이 들어 있다(전기 분해를 하는 물질은 반드시 용융되어 있거나 용액 내에 있어야 이온들이 자유롭게 움직일 수 있고 전도가 일어난다). 전지에 포함된 전극은 용융 염화 소듐 또는 전기 분해 생성물과 반응하지 않는 **비활성 전극**(inert electrode)으로, 이 전극이 직류 전류(DC) 전원에 연결되어 있다.

DC 전원은 전자를 한 전극에서 외부 회로를 통해 다른 전극으로 보내는 '전자 펌프'의 역할을 한다. 전자가 제거되는 전극은 양전하를 띠게 되며, 다른 전극은 음전하를 띠게 된다. 전기가 흐르기 시작하면 화학 변화가 진행된다. 산화 전극에서는 음전하를 가진 염화 이온이 전자

해설 전기 분해를 위해서는 전자 흐름이 바뀌는 교류를 사용하지 않고, 오직 한 방향으로만 움직이는 직류를 사용해야 한다.

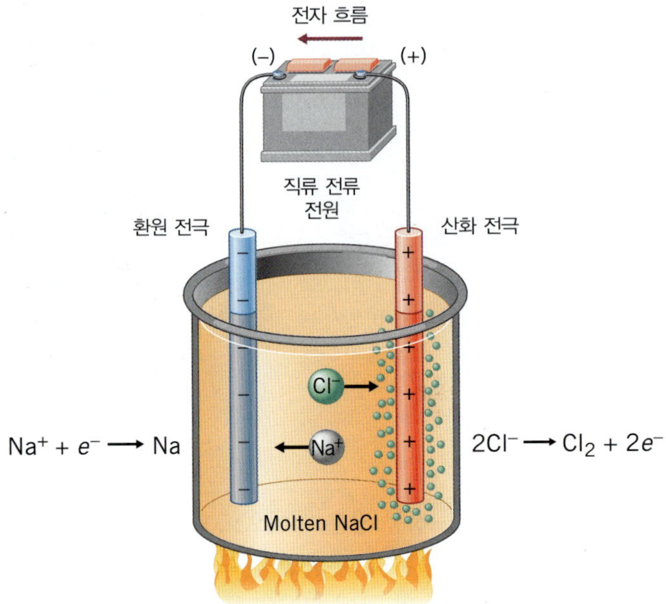

그림 19.18 용융 염화 소듐의 전기 분해 전해 전지에서 전류를 통하면 용융 염화 소듐이 금속 소듐과 기체 염소로 분해된다. 이때 두 생성물이 멀리 떨어져 있지 않으면 다시 반응하여 NaCl이 생성된다.

를 잃고 산화된다. DC 전원은 외부 전기 회로를 통해 전자를 환원 전극으로 보낸다. 환원 전극에서는 전자가 양전하를 띤 소듐 이온 쪽으로 이동하는 환원이 일어난다. 화학 변화의 특성 때문에 **양으로 하전된 전극이 산화 전극이고 음으로 하전된 전극이 환원 전극**이다.

전극에서 일어나는 화학 변화는 다음의 화학 반응식으로 나타낼 수 있다.

$$Na^+(l) + e^- \longrightarrow Na(l) \qquad \text{(환원 전극)}$$
$$2Cl^-(l) \longrightarrow Cl_2(g) + 2e^- \qquad \text{(산화 전극)}$$

갈바니 전지에서와 마찬가지로 전해 전지에서 일어나는 전체 반응도 전지 반응이라고 한다. 전지 반응을 얻기 위해서 반쪽 전지에서 잃고 얻는 전자를 같게 해서 두 반쪽 반응을 더하면 된다.

$$\begin{array}{rl} 2Na^+(l) + 2e^- \longrightarrow 2Na(l) & \text{(환원 전극)} \\ 2Cl^-(l) \longrightarrow Cl_2(g) + 2e^- & \text{(산화 전극)} \\ \hline 2Na^+(l) + 2Cl^-(l) + 2e^- \longrightarrow 2Na(l) + Cl_2(g) + 2e^- & \text{(전지 반응)} \end{array}$$

식용 소금은 매우 안정하다. 소듐과 염소가 반응하여 염화 소듐을 생성하는 반응이 높은 발열 반응이기 때문에 염화 소듐은 보통 분해되지 않는다. 그러므로 원래 비자발적 반응에 전기를 가하여 반응을 일으킨 것을 나타내기 위하여 반응식의 화살표 위에 **전기 분해**라는 용어를 적는다.

$$2Na^+(l) + 2Cl^-(l) \xrightarrow{\text{전기 분해}} 2Na(l) + Cl_2(g)$$

전해 전지와 갈바니 전지의 비교

갈바니 전지에서 자발적인 전지 반응은 산화 전극에 전자를 축적시키고 환원 전극으로부터 전자를 제거한다. 결과적으로 산화 전극은 약간의 음전하를 띠고 환원 전극은 약간의 양전하를 띤다. 대부분의 갈바니 전지에서 반응물은 서로 분리된 상태로 존재해야 하지만, **전해 전지**에서는 상황이 반대이다. 대부분 두 전극이 한 용액에 담겨 있다. 산화 전극에서 산화가 강제로 일어나야 하기하기 때문에 전극 주변의 반응물로부터 전자를 가져올 수 있도록 전극이 양으로 하전되어야 한다. 반면에 환원 전극은 음으로 하전되어서 강제로 반응물이 전극으로부터 전자를 받게 한다.

전해 전지	갈바니 전지
환원 전극은 음(환원)	환원 전극은 양(환원)
산화 전극은 양(산화)	산화 전극은 음(산화)
산화 전극과 환원 전극이 같은 용기에 있는 경우가 종종 있다.	산화 전극과 환원 전극이 보통 다른 용기에 있다.
반응이 일어나도록 에너지를 가한다.	반응으로부터 에너지를 얻는다.

해설 과학자들은 전극에서 일어나는 반응의 특성에 따라 산화 전극과 환원 전극의 명칭을 사용하기로 합의하였다. 산화 반응이 일어나면 산화 전극이라 하고 환원 반응이 일어나면 환원 전극이라 한다.

전해 전지와 갈바니 전지에서 환원 전극과 산화 전극의 전하가 다르지만, 용액의 이온은 항상 같은 방향으로 이동한다. 두 종류의 전지 모두에서 양이온은 환원 전극으로 이동한다. 전해 전지에서 양이온은 음으로 하전되어 있는 환원 전극으로 전기적 인력에 의하여 끌리는 반면, 갈바니 전지에서는 이온이 환원되면 남게 되는 음이온과 전하 균형을 맞추어 주기 위하여 양이온이 환원 전극으로 이동한다. 비슷한 이유로 음이온은 산화 전극으로 이동한다. 전해 전지에서 음이온은 전기적 인력에 의하여 양전하로 하전된 산화 전극으로 이동하고, 갈바니 전지에서는 용액에서 증가한 양전하와 전하 균형을 맞추기 위하여 음이온이 산화 전극으로 이동한다.

해설 전해 전지와 갈바니 전지 양쪽 모두에서 양이온은 환원 전극으로 이동하고 음이온은 산화 전극으로 이동한다.

분자 수준에서의 전기 분해

용융염이나 전해질 용액이 전기를 전도할 수 있는 것은 반응이 전극 표면에서 일어나기 때문에 가능하다. 예를 들어 하전된 전극을 용융 NaCl에 넣었을 때 전극은 반대 전하의 이온층으로 둘러싸이게 된다. **그림 19.19**를 이용하여 산화 전극에서 어떤 일이 일어나는지 살펴보자. 전극이 양전하를 띠기 때문에 Cl^- 음이온과 인력이 작용하여 음이온이 전극을 둘러싸게 된다. 염화 이온이 충분히 가까울 때 산화 전극의 양전하가 이온으로부터 전자를 끌어당긴다. 이 때 염화 이온이 산화되어 중성의 Cl 원자로 변하고, 이 원자는 다시 결합하여 Cl_2 분자가 된다. 분자는 중성이므로 전극 표면에서 멀리 떨어져 나간다. 전극 주위의 액체는 신속하게 주변의 다른 음이온으로 채워지고, 음이온이 떠난 그 주변은 양으로 하전된다. 주변 액체의 전기적

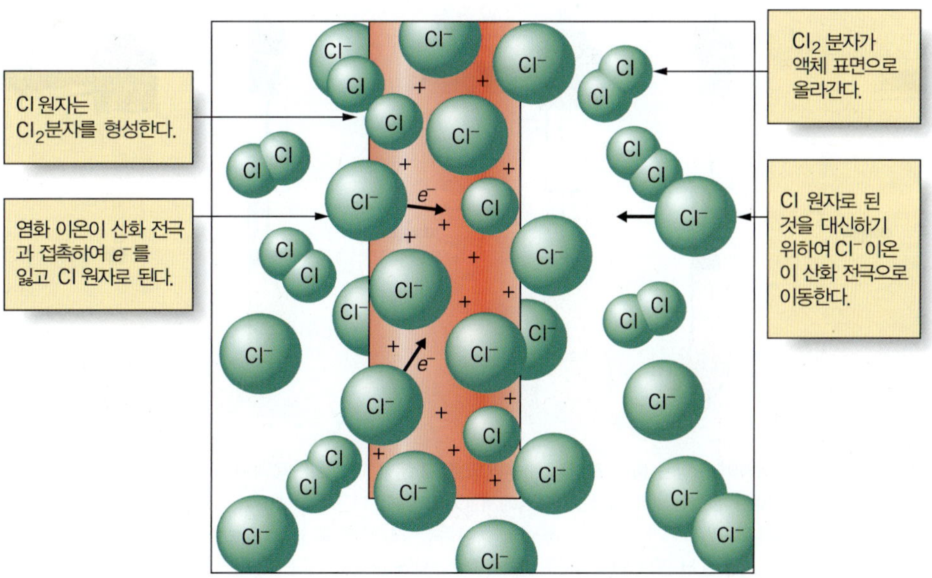

그림 19.19 미시적 관점에서 살펴본 용융 NaCl의 전기 분해에서 산화 전극에서 일어나는 변화 전극의 양전하가 Cl^- 이온을 끌어당긴다. 전극의 표면에서, 전자가 제거된 염화 이온은 중성의 Cl 원자가 되고, 이 원자가 결합한 Cl_2는 전극으로부터 멀어진 다음 기체 형태로 표면으로 상승한다.

그림 19.20 분자적 관점에서 본 황산 포타슘 수용액의 전기 분해 전기 분해의 생성물은 수소와 산소 기체이다.

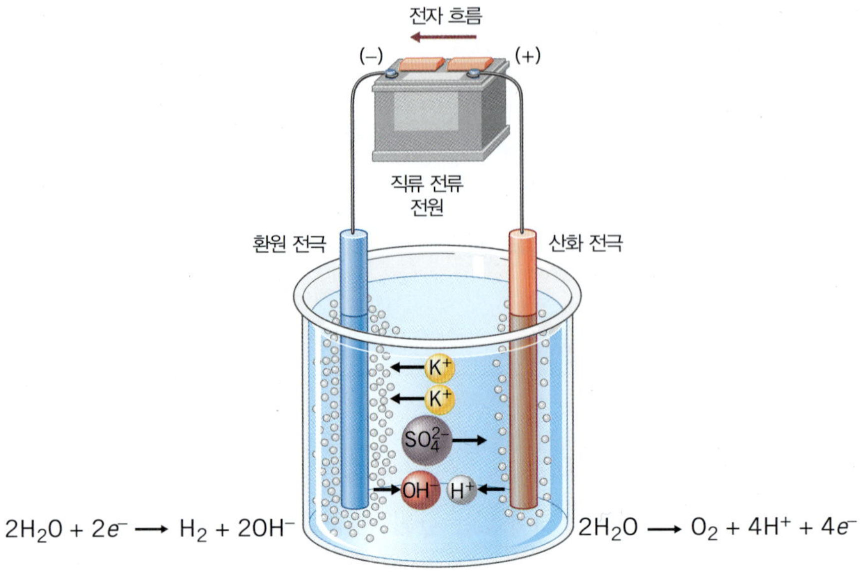

균형을 이루기 위하여 멀리 떨어져 있는 음이온이 전극 근처 액체로 이동하게 된다. 이런 식으로 음이온이 점차로 산화 전극으로 이동한다. 비슷한 과정에 의해서 액체를 통하여 음으로 하전된 환원 전극 주위로 확산된 양이온의 환원이 진행된다.

수용액에서 물의 전기 분해

수용액에서 전기 분해가 일어날 때는 전극에서 경쟁 반응이 일어날 수 있기 때문에 전극 반응을 예측하기가 더 어렵다. 용질의 산화와 환원뿐만 아니라 용매인 물의 산화와 환원 반응을 고려해야 한다. **그림 19.20**에 나타낸 황산 포타슘 용액에서 전기 분해가 일어나는 경우를 예로 생각해 보자. 생성물은 수소와 산소이다. 환원 전극에서는 K^+ 이온이 아닌 물이 환원된다.

$$2H_2O(l) + 2e^- \longrightarrow H_2(g) + 2OH^-(aq) \quad \text{(환원 전극)}$$

산화 전극에서는 황산 이온이 아닌 물이 산화된다.

$$2H_2O(l) \longrightarrow O_2(g) + 4H^+(aq) + 4e^- \quad \text{(산화 전극)}$$

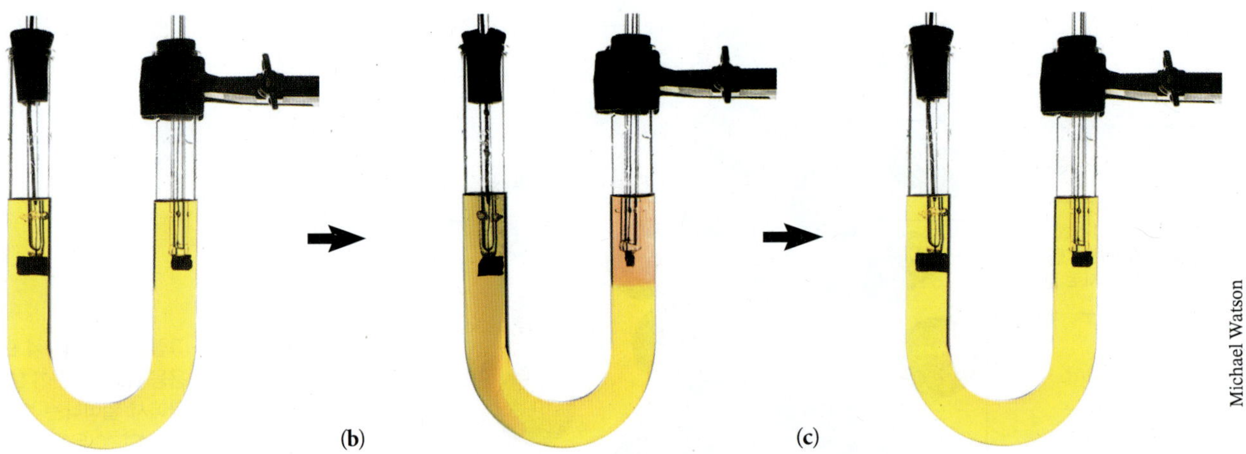

(a) (b) (c)

그림 19.21 산–염기 지시약이 포함된 황산 포타슘 수용액의 전기 분해 (a) 초기 용액의 노란색은 용액이 중성이라는 것을 의미한다. (b) 전기 분해가 진행됨에 따라 산화 전극에서 (O_2와 함께) H^+가 발생되어 용액을 분홍색으로 변하게 한다. 환원 전극에서는 H_2가 발생하고 OH^-가 생성되어 용액의 색이 푸른 보라색으로 변한다. (c) 전기 분해가 끝나고 용액을 저어 주면 전기 분해에 의해 생성된 H^+와 OH^-가 서로 중화되어 다시 노란색이 된다.

그림 19.21에서와 같이 용액에 가한 산-염기 지시약의 색깔 변화로 전기 분해가 진행됨에 따라 OH^-가 생성되는 환원 전극 주변은 용액이 염기성으로 변하며, H^+가 생성되는 산화 전극 주위에서는 용액이 산성이 되는 것을 알 수 있다. 또한 H_2와 O_2 기체를 따로 포집할 수 있다.

표 19.1의 표준 환원 전위 자료를 참고하면 왜 물의 산화-환원 반응이 일어나는지를 이해할 수 있다. 예를 들어 다음 두 경쟁 반응을 생각해 보자.

$$K^+(aq) + e^- \longrightarrow K(s) \qquad E^\circ_{K^+} = -2.92\ V$$
$$2H_2O(l) + 2e^- \longrightarrow H_2(g) + 2OH^-(aq) \qquad E^\circ_{H_2O} = -0.83\ V$$

물은 K^+보다 더 작은 음수의 표준 환원 전위를 가지며, 이것은 H_2O가 K^+보다 환원되기 더 쉽다는 의미이다. 결과적으로 전기 분해를 하면 물이 더 쉽게 환원되어 환원 전극에서 H_2 기체가 관찰된다.

산화 전극에서 아래와 같은 가능한 산화 반쪽 반응이 있다.

$$2SO_4^{2-}(aq) \longrightarrow S_2O_8^{2-}(aq) + 2e^-$$
$$2H_2O \longrightarrow 4H^+(aq) + O_2(g) + 2e^-$$

표 19.1에는 위 반응과 반대 방향으로 쓰인 다음의 반응식에 대한 표준 환원 전위가 있다.

$$S_2O_8^{2-}(aq) + 2e^- \longrightarrow 2SO_4^{2-}(aq) \qquad E^\circ_{S_2O_8^{2-}} = +2.01\ V$$
$$O_2(g) + 4H^+(aq) + 4e^- \longrightarrow 2H_2O \qquad E^\circ_{O_2} = +1.23\ V$$

E° 값은 $S_2O_8^{2-}$가 O_2보다 더 쉽게 환원된다는 것을 말해 준다. 그러나 $S_2O_8^{2-}$가 더 쉽게 환원된다면 생성물인 SO_4^{2-}의 **산화는 더 어려울 것**이다. 다시 말하면 **표준 환원 전위가 더 작은 반응은 그 역반응인 산화가 더 용이**하다는 것을 의미한다. 결과적으로 전기 분해가 진행되면 SO_4^{2-} 대신 물이 산화되고, 산화 전극에서 O_2가 관찰된다.

앞에서 언급한 것과 비슷한 방법으로 K_2SO_4 수용액의 전기 분해에 대한 전체 전지 반응을 구할 수 있다. 잃은 전자수와 얻은 전자수가 같아야 하므로, 산화 반응이 한 번 일어날 때마다 환원 반응은 두 번 일어나야 한다.

$$2 \times [2H_2O(l) + 2e^- \longrightarrow H_2(g) + 2OH^-(aq)] \qquad \text{(환원 전극)}$$
$$2H_2O(l) \longrightarrow O_2(g) + 4H^+(aq) + 4e^- \qquad \text{(산화 전극)}$$

두 식을 더한 다음 물에 대한 계수를 조정하고 양쪽의 전자를 소거하면 다음의 전지 반응을 얻을 수 있다.

$$6H_2O(l) \longrightarrow 2H_2(g) + O_2(g) + 4H^+(aq) + 4OH^-(aq)$$

같은 수의 수소 이온과 수산화 이온이 생성된다는 것을 주목하라. 그림 19.21에서 용액을 저어 주면 두 이온이 합쳐져서 물이 생성된다는 것을 보았다.

$$6H_2O(l) \longrightarrow 2H_2(g) + O_2(g) + \underbrace{4H^+(aq) + 4OH^-(aq)}_{4H_2O}$$

그러면 알짜 변화는 다음과 같다.

$$2H_2O \xrightarrow{\text{전기 분해}} 2H_2(g) + O_2(g)$$

전기 분해에서 구경꾼 이온의 역할 비록 K^+와 SO_4^{2-} 모두 반응에 참여하지는 않지만, K_2SO_4와 같은 전해질은 전극에서 전기적 중성을 유지하기 위하여 전기 분해에서 필요한 요소이다. 산화 전극에서 H^+ 이온이 생기면 용질의 SO_4^{2-} 이온에 의해 전하 균형이 맞추어진다. 이와 비슷하게 환원 전극에서 OH^- 이온이 생기면 용질의 K^+ 이온에 의해 전하 균형이 맞추어진다. 이런 방식으로 매 순간 용액의 각 영역에는 동일한 수의 양이온과 음이온이 있으며 그 결과 중성이 유지된다.

표준 환원 전위와 전해 생성물

브로민화 구리(II)($CuBr_2$) 수용액의 전기 분해에서 예상되는 생성물이 무엇인지 예측해 보자. 이를 위하여 가능한 전극 반쪽 반응과 표 19.1의 표준 환원 전위에 대한 정보가 필요하다. 환원 전극에서 가능한 반응은 다음과 같이 구리 이온의 환원과 물의 환원이다.

$$Cu^{2+}(aq) + 2e^- \longrightarrow Cu(s) \qquad E^\circ_{Cu^{2+}} = +0.34\ V$$
$$2H_2O(l) + 2e^- \longrightarrow H_2(g) + 2OH^-(aq) \qquad E^\circ_{H_2O} = -0.83\ V$$

Cu^{2+}의 표준 환원 전위가 더 큰 양의 값이므로 환원 전극에서 Cu^{2+}가 환원될 것을 예측할 수 있다.

산화 전극에서 가능한 반응은 Br^-의 산화와 물의 산화이다. 이에 대한 반쪽 반응은 다음과 같다.

$$2Br^-(aq) \longrightarrow Br_2(aq) + 2e^-$$
$$2H_2O(l) \longrightarrow O_2(g) + 4H^+(aq) + 4e^-$$

표 19.1에서 확인한 이 산화 반응의 역반응에 대한 E° 값과 환원 반응식은 다음과 같다.

$$Br_2(aq) + 2e^- \longrightarrow 2Br^-(aq) \qquad E^\circ_{Br_2} = +1.07\ V$$
$$O_2(g) + 4H^+(aq) + 4e^- \longrightarrow 2H_2O(l) \qquad E^\circ_{O_2} = +1.23\ V$$

이 자료에 의하면 O_2가 Br_2보다 더 쉽게 환원되는 것을 나타내므로, 이는 Br^-가 H_2O보다 더 쉽게 산화된다는 것을 의미한다. 그러므로 산화 전극에서 Br^-가 산화되는 것을 예측할 수 있다.

전기 분해를 실제로 수행하면 위의 예측이 옳다는 것을 확인할 수 있다. 환원 전극 반응과 산화 전극 반응 그리고 알짜 전지 반응은 다음과 같다.

$$Cu^{2+}(aq) + 2e^- \longrightarrow Cu(s) \qquad \text{(환원 전극)}$$
$$2Br^-(aq) \longrightarrow Br_2(aq) + 2e^- \qquad \text{(산화 전극)}$$
$$Cu^{2+}(aq) + 2Br^-(aq) \xrightarrow{\text{전기 분해}} Cu(s) + Br_2(aq) \qquad \text{(알짜 전지 반응)}$$

예제 19.11 전기 분해 반응의 생성물 예측하기

0.50 M $ZnSO_4$와 0.50 M $NiSO_4$ 혼합물이 녹아 있는 수용액을 전기 분해하려고 한다. 표준 환원 전위에 근거할 때, 각 전극에서 예상되는 생성물은 무엇인가? 예상되는 알짜 전지 반응은 무엇인가?

분석 환원 전극과 산화 전극에서 경쟁 반응을 고려할 필요가 있다. 환원 전극에서는 표준 환원 전위가 가장 큰 값을 갖는 반쪽 반응이 일어날 것으로 예측된다. 산화 전극에서는 표준 환원 전위가 가장 작은 값을 갖는 반쪽 반응의 역반응인 산화가 일어난다.

도구 모음 문제 풀이의 주요 도구는 표준 환원 전위표이다. 표 19.1과 확장된 표인 부록 C.9 혹은 참고 문헌을 이용하여 더 광범위한 자료를 찾을 수 있다.

풀이 환원 전극에서 예상되는 경쟁 반응인 두 양이온과 물의 환원 반응에 대한 각각의 반응식과 표준 환원 전위는 다음과 같다.

$$Ni^{2+}(aq) + 2e^- \rightleftharpoons Ni(s) \qquad E° = -0.25\ V$$
$$Zn^{2+}(aq) + 2e^- \rightleftharpoons Zn(s) \qquad E° = -0.76\ V$$
$$2H_2O + 2e^- \rightleftharpoons H_2(g) + 2OH^-(aq) \qquad E° = -0.83\ V$$

표준 환원 전위가 가장 큰(혹은 가장 작은 음의 값) 반응은 Ni^{2+}의 환원 반응이므로, Ni^{2+} 이온이 환원 전극에서 환원되어 금속 니켈이 생성된다.

산화 전극에서 경쟁하는 산화 반응은 물과 SO_4^{2-} 이온이 산화되는 반응이다. 표 19.1의 모든 자료는 환원 형태로 제시되어 있다는 것을 감안하여 산화되는 물과 SO_4^{2-} 이온이 오른쪽에 나타나 있는 반쪽 반응은 각각 다음과 같다.

$$S_2O_8^{2-}(aq) + 2e^- \rightleftharpoons 2SO_4^{2-}(aq) \qquad E° = +2.01\ V$$
$$O_2(g) + 4H^+(aq) + 4e^- \rightleftharpoons 2H_2O \qquad E° = +1.23\ V$$

표준 환원 전위 $E°$가 가장 작은 반쪽 반응은 그 역반응인 산화 반응이 가장 쉽게 진행되므로, 물의 산화 반응인 다음의 산화 반쪽 반응을 예상할 수 있다.

$$2H_2O \rightleftharpoons O_2(g) + 4H^+(aq) + 4e^-$$

산화 전극에서 O_2 생성이 예상된다.

위의 두 예상되는 반쪽 반응으로부터 다음과 같은 알짜 전지 반응을 예상할 수 있다.

$$2H_2O \longrightarrow O_2(g) + 4H^+(aq) + 4e^- \qquad \text{(산화 전극)}$$
$$2 \times [Ni^{2+}(aq) + 2e^- \longrightarrow Ni(s)] \qquad \text{(환원 전극)}$$
$$2H_2O + 2Ni^{2+}(aq) \longrightarrow O_2(g) + 4H^+(aq) + 2Ni(s) \qquad \text{(알짜 전지 반응)}$$

답이 합리적인가? 최종 답을 점검하기 위하여 표 19.1에서 각각의 반쪽 반응의 위치를 확인하는 것이 유용하다. 표에서 환원 반쪽 반응이 위에 있을수록 환원의 경향이 커진다. 경쟁이 되는 환원 반응 중에서 Ni^{2+}의 반응이 가장 위에 있으므로 Ni^{2+}의 환원이 예상되고, 환원 전극에서 금속 니켈 이 석출된다.

이와는 반대로 표의 가장 아래쪽에 있는 반쪽 반응이 역반응인 산화 경향성이 크다. 이런 근거에 의해서 물의 산화가 SO_4^{2-} 이온의 산화보다 더 쉽고, 따라서 산화 전극에서는 H_2O가 산화되고 전극에서 O_2가 생성된다.

물론 전기 분해 반응을 실험적으로 수행하여 풀이의 결론을 확인할 수도 있다.

실전 문제 19.21

Fe^{2+}와 I^-가 포함된 수용액을 전기 분해 할 때 산화 전극에서 예상되는 생성물은 무엇인가? (**힌트**: Fe^{2+}와 I^- 그리고 H_2O에 대하여 산화 전극에서 가능한 세 가지 산화 반쪽 반응을 쓰시오.)

실전 문제 19.22

$Cd(NO_3)_2$와 $Sn(NO_3)_2$가 포함된 0.1 M HNO_3 수용액을 제조하였다. 표 19.1을 참고하여 이 용액을 전기 분해 할 때 환원 전극과 산화 전극에서 예상되는 생성물은 각각 무엇인가?

예측이 어긋나는 경우 대부분의 경우에 전기 분해 반응을 예측하는 데 표준 환원 전위를 사용할 수 있으나, 표준 환원 전위가 전기 분해 생성물 예측에 성공적이지 못한 경우가 있다. 농도가 표준 상태와 크게 차이가 나서 전극 전압의 부호가 바뀌거나 혹은 착이온의 형성이 영향을 미쳐서 예상치 못한 생성물을 형성할 수도 있다. 어떤 경우에는 전극 자체가 문제가 될 수도 있다. 예를 들면 비활성인 백금 전극을 사용하여 NaCl 수용액을 전기 분해하면 산화 전극에서 Cl_2가 생성된다. 이 생성물이 표준 환원 전위를 이용하여 예측한 생성물과 일치하는지 확인하기 위하여 O_2와 Cl_2의 표준 환원 전위를 살펴보자.

$$Cl_2(g) + 2e^- \rightleftharpoons 2Cl^-(aq) \qquad E^\circ = +1.36\ \text{V}$$
$$O_2(g) + 4H^+(aq) + 4e^- \rightleftharpoons 2H_2O \qquad E^\circ = +1.23\ \text{V}$$

표준 환원 전위에 의하면 그 값이 더 작은 O_2의 역반응이 더 쉽게 진행될 것으로 예측할 수 있다(즉 물이 분해되어 O_2가 생성된다). 표준 환원 전위에 의한 예측대로라면 O_2가 생성되어야 하지만 실험적으로는 Cl_2가 생성되는 결과를 얻었다. 전극 표면의 특성과 그것이 산소와 어떻게 작용하는가에 부분적으로 답이 있다. 더 자세한 설명은 본 교재의 범위 밖에 있으므로 여기서는 설명하지 않겠지만, 이렇게 예측이 어긋나는 경우가 있으므로 전기 분해 생성물을 단순히 표준 환원 전위에 근거해서 예측하는 데 주의를 기울여야 한다.

19.8 전기 분해의 화학량론

Classic Image/Alamy Images

영국의 화학자이자 물리학자인 Michael Faraday(1791~1867)의 이론은 전동기와 발전기, 변환기 등의 발명에 많은 기여를 하였다.

1833년경에 Faraday는, 전기 분해 동안 일어나는 화학 변화의 양은 전해 전지를 통과하는 전하량에 직접 비례한다는 사실을 발견했다. 예를 들어 다음과 같은 환원 전극에서의 구리 이온의 환원에 대하여 생각해보자.

$$Cu^{2+}(aq) + 2e^- \longrightarrow Cu(s)$$

이 반응식으로부터 금속 구리 1 mol의 석출에는 전자 2 mol이 필요하다는 것을 알 수 있다. 따라서 산화나 환원 반쪽 반응은 소모되거나 생성되는 화학 물질의 양과 공급해야 될 전류, 즉 전자의 양과의 관계를 보여주는 관계식이라고 할 수 있다. 그러나 이 정보를 사용하려면 전자의 양과 관련된 정량적인 관계를 알 수 있는 전기적 측정법이 필요하다.

전류의 SI 단위는 **암페어(ampere**, A)이고, 전하의 SI 단위는 쿨롬(coulomb, C)이다. 1암페어는 1초 동안 1 쿨롬의 전하량이 도선의 주어진 한 점을 지날 때 흐르는 전류로 정의된다. 이것은 전하량(쿨롬)이 전류(A)와 시간(초)의 곱이라는 것을 의미한다.

도구
1쿨롬 = 1암페어 × 1초

$$1\ \text{쿨롬} = 1\ \text{암페어} \times 1\ \text{초}$$
$$1\ \text{C} = 1\ \text{A s} \qquad \textbf{(19.9)}$$

예를 들어 4 A의 전류가 10초 동안 도선을 흐른다면 40 C의 전하가 도선에 흐른 것이다.

$$(4\ \text{A}) \times (10\ \text{s}) = 40\ \text{A s} = 40\ \text{C}$$

앞에서 언급했듯이 1 mol 전자의 전하량은 9.65×10^4 C이며, Faraday를 기념해서 이를 Faraday 상수($\mathscr{F}$)라고 한다.

$$1\ \text{mol}\ e^- \Leftrightarrow 9.65 \times 10^4\ \text{C}\ (\text{유효 숫자 세 자리까지})$$
$$1\mathscr{F} \equiv 9.65 \times 10^4\ \text{C/mol}\ e^-$$

이제 전기 분해 동안에 일어나는 화학 변화의 양을 실험실에서 측정한 전하량과 연관시키는 방법을 알게 되었다. 실험하는 동안 흐른 전류(A)와 시간(초)을 이용하여 흐른 전하량을 쿨롬 단위로 계산할 수 있고, 이 정보를 이용하여 전자의 양을 몰 단위로 계산하면 산화나 환원에 수반하는 화학 변화량을 계산할 수 있다. 다음 예제는 전기 분해와 관련된 원리를 다루고 있으나, 갈바니 전지에서도 유사한 계산을 적용할 수 있다. **그림 19.22**에 전기 분해와 관련된 계산이 앞에서 배운 화학량론 계산에 어떻게 적용되는지를 보여주는 순서도를 나타내었다. 그림 3.6과 4.24 그리고 10.17에서 이와 비슷한 계산 경로를 이미 다루었다.

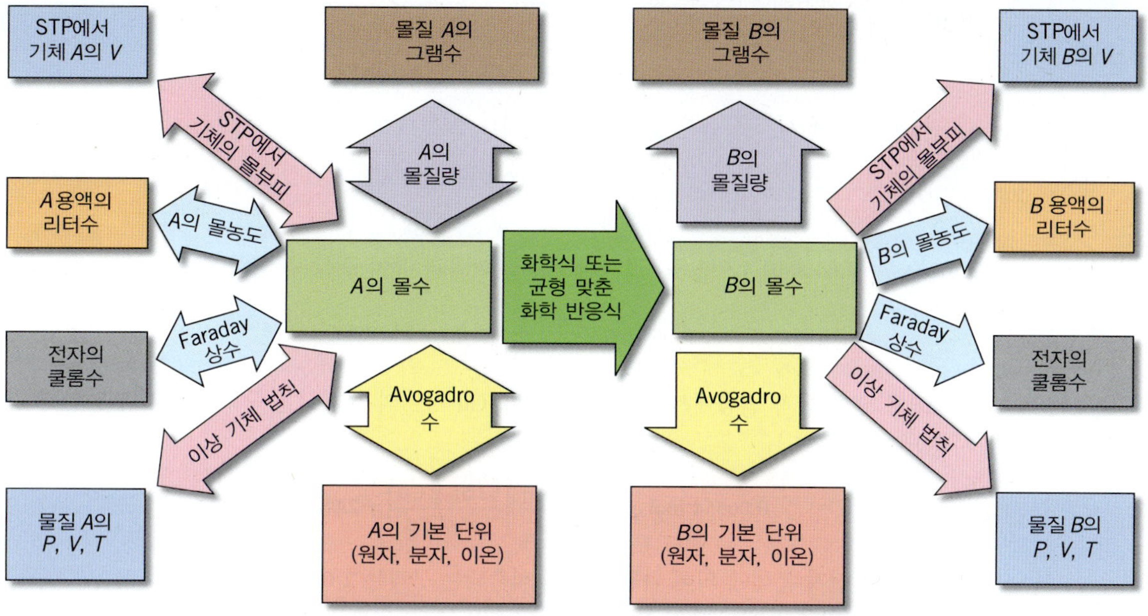

그림 19.22 전기 분해와 관련된 화학량론을 포함한 순서도

예제 19.12 전기 분해와 관련된 계산

$CuSO_4$ 용액에 5.00 A의 전류를 21.0분 5초 동안 흘렸을 때 전해 전지의 환원 전극에서 석출되는 구리는 몇 g인가?

분석 이 문제는 전류와 시간을 석출되는 구리의 그램수로 변환해야 하는 화학량론적 계산 문제이다.

도구 모음 그림 19.22를 이용하면 문제 풀이에 필요한 도구를 조합하는 데 도움이 된다.

$$1\ C = 1\ A\ s$$

식 19.9가 사용된 전자의 전하량을 결정하는 도구이다. Faraday 상수는 전자의 몰수를 결정하는 변환 인자이다. 다음으로 균형 맞춘 반쪽 반응이 전자의 몰수와 Cu의 몰수를 연관시키기 위한 도구로 사용된다. 환원되는 이온은 Cu^{2+}이므로 반쪽 반응은 다음과 같다.

$$Cu^{2+} + 2e^- \longrightarrow Cu$$

그러므로 다음의 대응관계가 있다.

$$1\ mol\ Cu \Leftrightarrow 2\ mol\ e^-$$

마지막으로, 3장에서 다룬 관계식을 사용하여 Cu의 몰수로부터 Cu의 질량을 구한다. 해를 구하는 풀이 과정을 나타내는 도표는 다음과 같다.

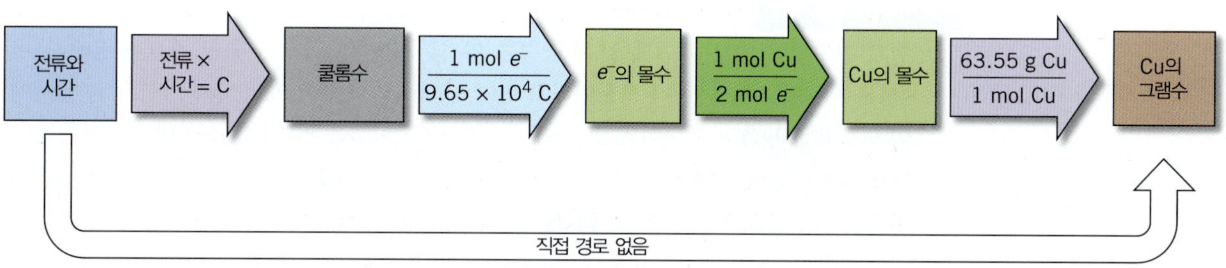

계산을 순차적으로 해야 하므로 유효 숫자는 하나 더 유지하다가 마지막에 반올림하여 맞출 것이다.

풀이 먼저 분을 초로 변환한다.

$$21.0\text{분 } 5\text{초} = 1260\,s + 5\,s = 1265\,s$$

다음에는 전류에 시간을 곱해 쿨롬수를 얻는다($1\,A\,s = 1\,C$).

$$(1265\ s) \times (5.00\ A) = 6325\ A\ s$$
$$= 6325\ C$$

$1\,mol\,e^- \Leftrightarrow 9.65 \times 10^4\,C$이므로, 전자의 몰수를 다음과 같이 구할 수 있다.

$$6325\ \cancel{C} \times \left(\frac{1\ mol\ e^-}{96500\ \cancel{C}}\right) = 0.06554\ mol\ e^-$$

다음으로 균형 반쪽 반응에서의 $mol\,e^-$와 mol Cu 사이의 관계식을 구리의 원자량과 함께 사용한다.

$$0.06554\ \cancel{mol\ e^-}\left(\frac{1\ \cancel{mol\ Cu}}{2\ \cancel{mol\ e^-}}\right)\left(\frac{63.55\ g\ Cu}{1\ \cancel{mol\ Cu}}\right) = 2.0825\ g\ Cu$$

반올림하면 전기 분해에 의해 환원 전극에 석출되는 구리는 2.08 g이다.

위의 모든 단계에 여러 변환 인자들을 연결시키고, 단위를 소거하기 위해 인자 표기법을 이용하여 한 번의 계산으로 처리할 수 있다. 아래의 식에서 $9.65 \times 10^4\,C$은 $9.65 \times 10^4\,A\,s$와 같다.

$$5.00\ \cancel{A} \times \left\{\left(21.0\ \cancel{min} \times \frac{60\ \cancel{s}}{1\ \cancel{min}}\right) + 5\ s\right\} \times \frac{1\ \cancel{mol\ e^-}}{96500\ \cancel{A\ s}}\left(\frac{1\ \cancel{mol\ Cu}}{2\ \cancel{mol\ e^-}}\right)\left(\frac{63.55\ g\ Cu}{1\ \cancel{mol\ Cu}}\right) = 2.08\ g\ Cu$$

답이 합리적인가? 단위가 올바르게 소거되는 것을 확인하여 올바른 계산식을 사용했는지를 점검한다. 대략적인 답을 예측하기 위해 모든 수의 유효 숫자를 소수점 첫째 자리로 반올림한다.

$$g\ Cu = 5\cancel{A} \times 20\ \cancel{min} \times \frac{60\ \cancel{s}}{1\ \cancel{min}} \times \frac{1\ \cancel{mol\ e^-}}{10 \times 10^4\ \cancel{A\ s}} \times \frac{1\ \cancel{mol\ Cu}}{2\ \cancel{mol\ e^-}} \times \frac{60\ g\ Cu}{1\ \cancel{mol\ Cu}}$$

단위가 적절하게 소거되었고, 분모 분자에 있는 숫자 2를 다시 소거할 수 있다. 그리고 다음을 얻기 위해 모든 수를 십의 지수로 쓸 수 있다.

$$\frac{5 \times 2 \times 10^1 \times 6 \times 10^1 \times 6 \times 10^1}{10 \times 10^4 \times 2} = \frac{5 \times 6 \times 6 \times 10^3}{10^5} = 18 \times 10^{-1} = 1.8\ g\ Cu$$

이는 정답과 매우 유사한 값이고, 단위가 적절하게 소거되었으므로 계산이 옳은 것을 확인할 수 있다.

예제 19.13 전기 분해와 관련된 계산

전기 전도성이 있는 표면에 얇은 금속을 입히는 방법은 전기 분해의 중요한 응용 분야 중 하나이다. 이 기술을 전기 도금이라고 한다. 3.00 A의 전류를 사용하여 어떤 금속 물체에 금속 니켈 0.500 g을 도금하려면 몇 분이 걸리겠는가? 니켈은 +2의 산화 상태에서 환원된다.

분석 이 문제는 예제 19.12의 반대이다. 화학량론을 이용하여 문제에서 주어진 니켈의 질량으로부터 필요한 전하량을 계산해야 한다.

도구 모음 질량을 몰로 변환하는 것은 매우 익숙할 것이다. 다음 단계는 화학 반응식을 완성하는 것이다. 니켈은 +2 상태에서 금속으로 환원되므로 완성된 식은 다음과 같다.

$$Ni^{2+} + 2e^- \longrightarrow Ni(s)$$

이 반응식으로부터 다음의 대응 관계를 얻을 수 있다.

$$1 \text{ mol Ni} \Leftrightarrow 2 \text{ mol } e^-$$

이를 이용하여 필요한 전자의 몰수를 계산할 수 있다. 다음으로 Faraday 상수를 사용하여 필요한 전하량을 구한다. 식 19.9에 의하면 쿨롬은 암페어와 초의 곱이므로 금속을 도금하는 데 필요한 시간을 계산할 수 있다. 아래 그림은 그림 19.22로부터 유추될 수 있는 일련의 계산 과정을 나타낸 것이다.

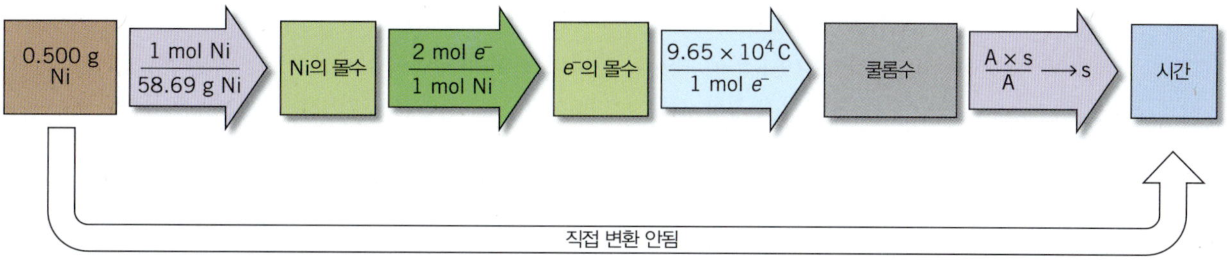

풀이 먼저 필요한 전자의 몰수를 계산(최소한 여분의 유효 숫자를 하나 이상 사용하라)한 다음 필요한 쿨롬수를 계산한다.

해설 단계적인 계산에서는 반올림에 의한 오차를 최소화하기 위하여 일반적으로 유효 숫자를 하나 이상 더 사용한다.

$$0.500 \text{ g Ni}\left(\frac{1 \text{ mol Ni}}{58.69 \text{ g Ni}}\right)\left(\frac{2 \text{ mol } e^-}{1 \text{ mol Ni}}\right) = 0.01704 \text{ mol } e^-$$

$$0.01704 \text{ mol } e^-\left(\frac{9.65\times10^4 \text{ C}}{1 \text{ mol } e^-}\right) = 1.644\times10^3 \text{ C} = 1.644\times10^3 \text{ A s}$$

이것은 전류와 시간의 곱이 1.644×10^3 A s라는 것을 말해 준다. 문제에서 주어진 전류는 3.00 A이므로, 1.644×10^3 A s를 3.00 A로 나누면 필요한 시간이 초가 되고, 이것을 분으로 바꾼다.

해설 필요한 쿨롬수를 계산하고, 전류를 알면 필요한 시간을 계산할 수 있고, 또는 전기분해 시간이 주어지면 전류를 계산할 수 있다.

$$\left(\frac{1.644\times10^3 \text{ A s}}{3.00 \text{ A}}\right)\left(\frac{1 \text{ min}}{60 \text{ s}}\right) = 9.133 \text{ min}$$

이를 반올림을 하면 9.13분이 된다. 변환 인자를 이용하여 한 번에 계산할 수도 있다.

$$0.500 \text{ g Ni}\left(\frac{1 \text{ mol Ni}}{58.69 \text{ g Ni}}\right)\left(\frac{2 \text{ mol } e^-}{1 \text{ mol Ni}}\right)\left(\frac{9.65\times10^4 \text{ C}}{1 \text{ mol } e^-}\right)\left(\frac{1 \text{ A s}}{1 \text{ C}}\right)\left(\frac{1}{3.00 \text{ A}}\right)\left(\frac{1 \text{ min}}{60 \text{ s}}\right) = 9.13 \text{ min}$$

답이 합리적인가? 앞의 예제처럼 단위가 적절하게 소거되었는지 확인하고, 모든 수를 단위 없이 유효 숫자 한 자리로 반올림한 과학적 표기로 기술한 후 계산해 보자.

$$0.5\left(\frac{1}{60}\right)\left(\frac{2}{1}\right)\left(\frac{10\times10^4}{1}\right)\left(\frac{1}{1}\right)\left(\frac{1}{3}\right)\left(\frac{1}{60}\right) = \frac{0.5\times2\times10\times10^4}{60\times3\times60}$$

$$= \frac{10^5}{6\times3\times6\times10^2}$$

$$= \frac{10^5}{108\times10^2} = \frac{10^5}{10^4} = 10$$

이 값은 풀이의 답과 매우 유사하고 단위가 소거되는 것을 확인하면 계산이 옳다는 것을 확신하게 된다.

실전 문제 19.23

4.00 A의 전류로 30분 동안 용융 NaCl을 전기 분해하면 산화 전극에서 생성되는 Cl_2 기체는 질량은 얼마인가? (**힌트:** 예제 19.13의 단계별 도표가 유용할 것이다.)

실전 문제 19.24

14.0A로 $AuCl_3$ 용액을 전기 분해할 때 3.00g의 금을 석출하는 데 필요한 시간은 몇 분인가?

실전 문제 19.25

24.6g의 나이트로벤젠을 40분 동안에 환원시키려면 몇 A의 전류가 필요한가? (전류의 효율은 75%이며, 나이트로벤젠의 몰질량은 123g이다.)

실전 문제 19.26

그림 19.2(19.1절)에 제시된 갈바니 전지의 용액이 125mL이고, 외부 회로를 통해서 전지에 0.550A의 일정한 전류가 3.46시간 동안 흐른다고 가정하자. 이 시간 동안 구리 이온 농도는 얼마나 증가하겠는가?

Serhii Shcherbyna/Shutterstock

이 오토바이는 전기 분해를 이용한 크로뮴 도금으로 광택을 내고 있다. 강하고 빛나는 크로뮴 도금은 장식용뿐만 아니라 부식 방지를 위한 보호막으로도 작용한다.

19.9 전기 분해의 응용

전기화학은 과학 분야와 일상생활에서 다양하게 응용된다. 이 교재에서는 일반적이고 중요한 전기 분해의 산업적인 이용 사례 몇 가지만 다룰 예정이다.

산업적 응용

전기 분해는 화학 실험에서 유용한 도구로 쓰일 뿐 아니라 산업에서도 많이 이용된다. 이 절에서는 전기 도금과 관련된 화학과 중요한 몇 가지 화합물의 생산에 대해 간단히 알아보자.

전기 도금 **전기 도금(electroplating)**은 예제 19.12와 19.13에서 다룬 바와 같이 전기 분해의 응용 분야로, 한 금속을 다른 금속에 보통 0.03~0.05mm의 두께로 얇게 입혀 장식용 또는 보호막으로 사용하기 위해 이용하는 방법이다. 이 방법은 금속 물체의 외관과 내구성을 향상시키기 위해 흔히 쓰는 기술이다. 강철에 광택이 나는 금속인 크로뮴을 얇게 코팅해서 아름답고 녹이 슬지 않도록 하는 것이 한 예이다.

전기 도금에 사용하는 용액의 정확한 조성은 도금할 금속에 따라 달라지는데, 이 조성은 가공 표면의 외관과 내구성에 영향을 끼친다. 예를 들면 질산 은($AgNO_3$) 용액으로부터 도금된 은은 다른 금속 표면에 잘 달라붙지 않는다. 그러나 $Ag(CN)_2^-(aq)$를 포함하는 사이안화 은 용액으로 도금하면 밝고 눈부신 코팅 결과를 얻을 수 있다. 사이안화 이온이 포함된 용액에서 전기 도금되는 다른 금속으로는 금과 카드뮴이 있다. 보호막으로 사용될 수 있는 니켈은 황산 니켈 용액으로 도금되며, 크로뮴은 크로뮴산(H_2CrO_4) 용액으로 도금된다.

알루미늄 생산 알루미늄은 유용하지만 반응성이 매우 크다. 알루미늄은 광석에서 금속을 얻는 전통적인 방식으로는 환원시키기가 어렵다. 초기에는 용융 형태의 알루미늄 화합물을 전기 분해하여 알루미늄을 생산하려고 하였으나, 무수 할로젠화염(수화되지 않는)을 제조하기 어려웠고 녹기보다는 증발하는 특성으로 인하여 실패하였다. 반면에, 산화 알루미늄(Al_2O_3)은 대단히 높은(2000°C 이상) 녹는점을 가지고 있어 그것을 녹이는 실용적 방법을 찾을 수 없었다.

1886년에 Charles M. Hall은 Al_2O_3가 용융 상태의 빙정석(Na_3AlF_6)이라는 광물에 녹아서 비교적 녹는점이 낮은 전도성 혼합물이 되고, 이것을 전기 분해하면 알루미늄을 얻을 수 있다는 것을 발견하였다. 프랑스의 Paul Héroult도 거의 동시에 이 방법을 개발하였기 때문에

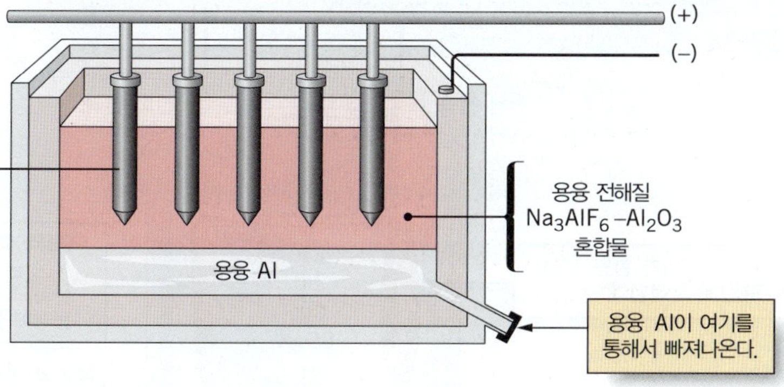

그림 19.23 전기 분해에 의한 알루미늄의 생산 이 장치는 Hall–Héroult 과정을 이용하여 알루미늄을 생산하는 데 사용된다. 용융 빙정석(Na_3AlF_6)에 녹은 Al_2O_3이 해리된 Al^{3+}는 금속 Al로 환원되고, O^{2-}는 O_2로 산화된 후 탄소 산화 전극과 반응하여 CO_2가 된다. 얻은 용융 알루미늄은 전지의 아래에서 주기적으로 수거하고, 빙정석에 다시 Al_2O_3를 넣어 준다. 탄소 산화 전극은 O_2와 반응하여 소모되므로 가끔 교환해 주어야 한다.

알루미늄을 생산하는 이 방법을 **Hall–Héroult 과정(Hall–Héroult process)**이라고 한다(**그림 19.23** 참조). 보크사이트(bauxite)라고 하는 광석으로부터 얻은 순수한 산화 알루미늄이 용융 빙정석에 녹으면 Al^{3+}와 O^{2-} 이온으로 해리된다. 환원 전극에서는 알루미늄이 환원되어 자유 금속이 생기는데, 이것은 밀도가 낮은 용매 아래로 용융 알루미늄층을 형성한다. 한편 탄소 산화 전극에서는 산화 이온이 산화되어 O_2를 만든다.

$$4[Al^{3+} + 3e^- \longrightarrow Al(l)] \quad \text{(환원 전극)}$$
$$3[2O^{2-} \longrightarrow O_2(g) + 4e^-] \quad \text{(산화 전극)}$$
$$4Al^{3+} + 6O^{2-} \longrightarrow 4Al(l) + 3O_2(g) \quad \text{(전지 반응)}$$

산화 전극에서 생기는 산소는 탄소 전극과 반응(CO_2를 생성)하므로 전극을 자주 교체해 주어야 한다.

알루미늄 생산에는 매우 많은 양의 전기가 소모되므로 경제적 측면뿐만 아니라 에너지 절약이라는 관점에서도 알루미늄의 재활용이 적극 권장되고 있다.

해설 오늘날 알루미늄은 골조용 금속, 호일, 전선, 창문틀, 부엌용 주전자나 팬 등에 사용된다.

소듐의 생산 소듐은 용융 염화 소듐을 전기 분해하여 얻는다(19.7절의 그림 19.18 참조). 생성된 금속 소듐과 염소 기체는 멀리 격리시켜 놓지 않으면 격렬하게 반응하여 다시 NaCl로 된다. 이를 위하여 **Downs 전지(Downs cell)**라고 하는 특별한 장치를 이용한다.

소듐과 염소는 모두 상업적으로 중요하다. 염소는 폴리 염화 바이닐(polyvinyl chloride, PVC)과 같은 플라스틱과 여러 종류의 용매 혹은 산업용 화학물질의 제조에 널리 쓰인다. 연간 생산되는 염소의 일부는 음용수를 소독하는 데 사용된다.

해설 PVC는 우비에서부터 전선의 절연재나 상수도와 하수도관에 이르기까지 다양한 용도의 물건을 만드는 데 사용된다. 미국에서는 PVC 플라스틱의 연간 필요량이 약 150억 파운드에 이른다.

미국에서는 사라졌지만 다른 나라에서는 아직도 많이 사용되는, 가솔린의 옥테인값을 높이기 위한 물질인 테트라에틸 납의 제조에 소듐이 사용된다. 또한 소듐은 에너지 효율이 높은 소듐 증기 램프의 생산에도 사용되는데, 이 램프는 밝은 오렌지색 빛을 내는 가로등이나 상업용 조명에 사용된다.

Chris R. Sharp/Science Source

구리 정제 Kennecott의 Utah 구리 제련소의 전해 제련 탱크에 사용된 99.96% 순도의 구리 환원 전극의 모습이다. 불순한 구리 산화 전극을 녹여 환원 전극에 순수한 금속으로 석출시키는 데 약 28일 걸린다.

구리의 정제 광석에서 처음 얻은 구리의 순도는 대략 99% 정도이다. 이 구리에 포함된 은, 금, 백금, 철, 아연 등의 불순물들은 구리의 전기 전도도를 떨어뜨리므로 99% 순도의 구리도 전선용 도선으로 사용하기 위해서는 반드시 추가로 정련해야 한다.

구리의 정련에 사용되는 전지는 황산 구리와 황산 용액을 전해질로 하는 전해 전지로 산화 전극은 불순물을 포함한 구리를 사용하고 환원 전극은 순도가 매우 높은 판형 구리를 사용한다(**그림 19.24** 참조). 특정한 전압에서 전지가 작동되면, 구리와 구리보다 더 쉽게 산화되는 불

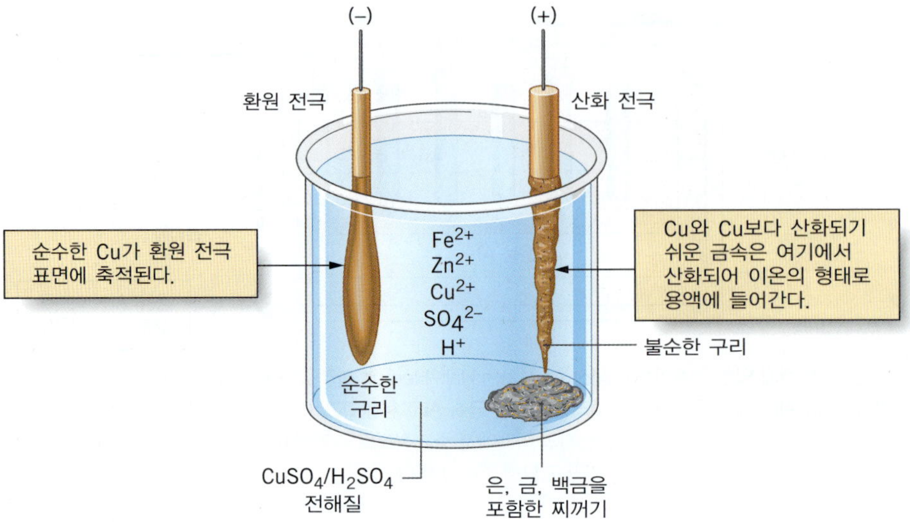

그림 19.24 **전기 분해를 이용한 구리의 정제** 불순한 구리 산화 전극이 녹고, 순수한 구리가 환원 전극에 석출된다. 구리보다 쉽게 환원되지 않는 금속 이온은 용액에 남고, 구리보다 쉽게 산화되지 않는 금속은 용기 바닥에 '산화 전극 퇴적물'로 쌓인다.

해설 미국에서 연간 은 생산량의 1/4과 금 생산량의 1/8을 구리 정련으로부터 얻는다.

순물(철과 아연)만 산화 전극에서 산화되어 용액에 녹고, 반응성이 작은 금속은 전극에서 고체로 떨어져 용기 밑바닥에 가라앉는다. 환원 전극에서 구리 이온은 환원되지만, 아연 이온과 철 이온 등은 구리 이온보다 환원되기 어려우므로 용액 속에 남아 있게 된다. 전기 분해가 진행됨에 따라 불순한 구리 산화 전극은 점차 녹고, 약 99.96% 순도의 구리 환원 전극은 점점 더 커진다. 용기에 쌓이는 산화 전극 퇴적물인 침전물을 주기적으로 수거하면, 회수된 고가의 은, 금, 백금 등의 금속이 사실상 전체 정련 과정의 비용을 보상해 준다.

소금물의 전기 분해 **소금물(brine)**이라는 진한 염화 소듐 수용액의 전기 분해는 가장 중요한 상업적인 전기 분해 반응 중 하나이다. 환원 전극에서는 물이 소듐 이온보다 더 잘 환원되어 H_2가 발생한다.

$$2H_2O(l) + 2e^- \longrightarrow H_2(g) + 2OH^-(aq) \quad \text{(환원 전극)}$$

앞에서 공부한 바에 의하면 물이 염화 이온보다 더 잘 산화되지만, 전극에서의 복잡한 요인들로 인해 실제로는 염화 이온이 산화된다. 따라서 산화 전극에서 Cl_2가 생성된다.

$$2Cl^-(aq) \longrightarrow Cl_2(g) + 2e^- \quad \text{(산화 전극)}$$

그러므로 알짜 전지 반응은 다음과 같다.

$$2Cl^-(aq) + 2H_2O(l) \longrightarrow H_2(g) + Cl_2(g) + 2OH^-(aq)$$

용액에서 직접 전기 분해에 관여하지 않는 구경꾼 이온이 소듐을 식에 포함시키면 이 반응이 중요한 이유를 알 수 있다.

$$\underbrace{2Na^+(aq) + 2Cl^-(aq)}_{2NaCl(aq)} + 2H_2O \longrightarrow H_2(g) + Cl_2(g) + \underbrace{2Na^+(aq) + 2OH^-(aq)}_{2NaOH(aq)}$$

해설 수산화 소듐은 일반적으로 양잿물(lye) 또는 가성소다(caustic soda)로 알려져 있다.

따라서 전기 분해를 이용하여 값싼 소금물을 전기 분해하면 H_2, Cl_2, NaOH와 같은 값비싼 화합물을 얻을 수 있다. 수소는 식물성 기름을 비롯한 여러 화합물을 만드는 데 사용되며, 염소의 용처는 앞에서 언급하였다. 산업적으로 가장 중요한 염기인 수산화 소듐의 용도에는 비누와 종이의 제조, 산업용 반응에서의 산의 중화, 알루미늄 광석의 정제 등이 있다.

소금물의 산업용 전기 분해에서는 H_2와 Cl_2가 섞여서 반응(폭발)하지 않도록 분리하여 포집하는 것이 필요하다. 반응에서 얻은 NaOH가 반응하지 않은 NaCl에 의해 오염되는 것도 방지해야 한다. 마지막으로 Cl_2가 NaOH 존재하에 남아 있으면 Cl_2와 OH^-의 반응에서 생긴 하

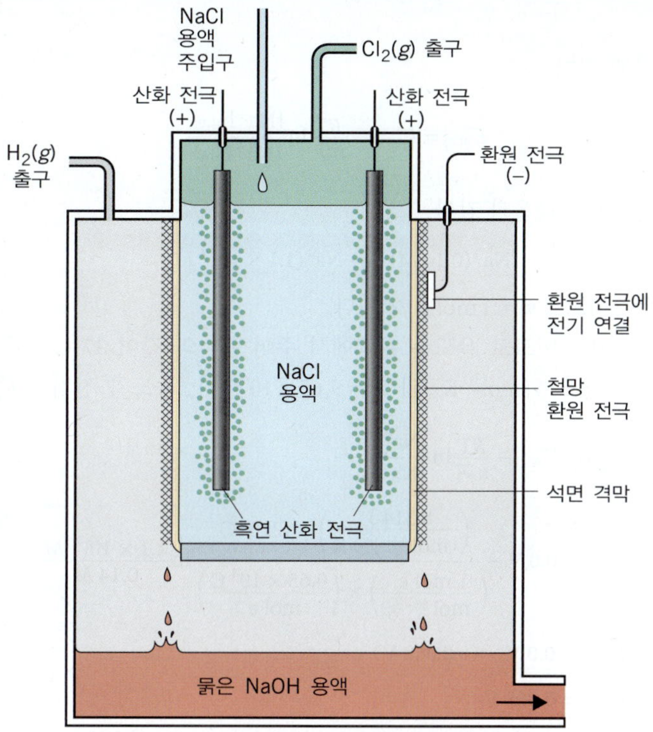

그림 19.25 전기 분해를 이용하여 NaCl 수용액으로부터 NaOH를 생산하는 데 쓰이는 격막 전지 철망 형태의 환원 전극에 의해 지지되어 있는 격막으로 둘러싸인 NaCl 용액이 들어 있는 원통 모양 전지의 단면도이다.

이포염소산 이온(OCl^-)에 의해서 용액이 오염될 수 있다는 것도 염두에 두어야 한다.

$$Cl_2(g) + 2OH^-(aq) \longrightarrow Cl^-(aq) + OCl^-(aq) + H_2O$$

그러나 어떤 공정에서는 생성되는 Cl_2를 제거하지 않고, 수산화 이온과 반응시켜 하이포염소산 소듐 수용액을 제조하는 데 사용하기도 한다. 전기 분해 시 용액을 격렬하게 저어서 Cl_2가 날아가지 않도록 하면 전기 분해가 일어나는 동안에 NaOCl 용액을 만들 수 있는데, 이 용액을 5%로 묽힌 용액은 액체 세탁 표백제(클로락스®)로 판매된다.

오늘날 제조되는 대부분의 순수한 NaOH는 **격막 전지(diaphragm cell)**라는 장치에서 생산된다. 격막 전지의 형태는 다양하지만 기본적인 특징은 **그림 19.25**에 나타나 있다. 전지는 다공성 석면으로 된 격막을 둘러싸고 있는 철망 형태의 환원 전극으로 구성된다. 전지의 윗부분에서 가한 NaCl 용액이 격막을 통해 서서히 스며 나온다. 용액이 철 환원 전극에 닿을 때 발생한 수소를 외부로 배출시킨다. 이때 생성물인 NaOH를 포함하고 있는 묽은 용액은 전지에서 떨어져 나와 아랫부분의 저장실로 떨어진다. 한편 전지 내부의 산화 전극에서 염소가 생성된다. 생성된 Cl_2는 산화 전극 근처에 OH^-가 없기 때문에 OCl^-를 생성할 수 없고, 단순히 용액 밖으로 빠져나온 Cl_2를 그림에 나타낸 것과 같이 포집한다.

종합 화학 예제

생물학적 계에서 막의 양단에 동일한 이온이 서로 다른 농도로 존재할 때 전기화학적 전위가 발생한다. 예를 들면 적혈구와 혈장에서의 소듐 이온의 농도는 각각 $1.1 \times 10^{-2} M$과 $0.14 M$으로 서로 다르다. 37℃에서 세포막 양단에 형성되는 전위를 계산하시오.

분석 문제에서의 사례를 농도 차를 이용하여 전류를 만들어 내는 농도 전지로 다룰 수 있다. 세포에서의 소듐 이온의 농도는 $1.1 \times 10^{-2} M$이고 혈장에서의 농도는 $0.14 M$이다. Nernst 식을 이용하여 전위를 계산할 수 있다.

도구 모음 농도 전지를 포함하는 문제이므로 전기화학 반응식을 쓰고, 이동하는 전자의 수를 결정해야 한다.

Nernst 식은 다음과 같다.

$$E_{전지} = E^\circ_{전지} - \frac{RT}{n\mathscr{F}}\ln\frac{[Na^+]_{묽은}}{[Na^+]_{진한}}$$

풀이 전기 화학 반응식은 다음과 같다.

$$Na^+(0.14\,M) \longrightarrow Na^+(1.1 \times 10^{-2}\,M)$$

포함된 전자의 수는 1이므로 $n = 1\,mol\,e^-$가 된다.

인체에서 진행되는 반응이므로 온도는 문제에서 주어진 바와 같이 37°C 혹은 310K가 된다. 두 상수 값은 각각 $R = 8.314\,J\,mol^{-1}K^{-1}$과 $\mathscr{F} = 9.65 \times 10^4$이다. 농도차 전지의 $E^\circ_{전지} = 0.0\,V$이다.

$$E_{전지} = E^\circ_{전지} - \frac{RT}{n\mathscr{F}}\ln\frac{[Na^+]_{묽은}}{[Na^+]_{진한}}$$

$$E_{전지} = 0.0\,V - \frac{\left(\frac{8.314\,J}{(mol\,반응)\,K}\right) \times (310\,K)}{\left(\frac{1\,mol\,e^-}{mol\,반응}\right) \times \left(\frac{9.65 \times 10^4\,C}{mol\,e^-}\right)}\ln\frac{1.1 \times 10^{-2}\,M}{0.14\,M}$$

$$E_{전지} = 0.0\,V - (-0.068\,V)$$

$$E_{전지} = 0.068\,V$$

답이 합리적인가? 전위가 비교적 작은 값으로, 이는 농도차 전지의 일반적인 전위이다. 반응이 인체에서 진행되는 반응이므로 전위가 비교적 작은 값이어야 한다. 농도가 10배 차이가 나는 Cu^{2+} 농도차 전지에서 전위가 0.03V인 것을 계산한 적이 있다. 문제에서의 농도 차이도 약 10배이고, 1개의 전자가 포함된 전지이므로 계산된 볼트(V)는 약 2배 정도일 것이다.

종합 화학 문제

A. 질산 구리 용액에 담긴 구리 전극과 질산 마그네슘 용액에 담긴 마그네슘 전극으로 구성된 갈바니 전지에서 진행되는 반응을 나타내는 원자 수준에서의 그림을 이용하여 전류와 관련된 전자와 이온의 이동을 나타내시오.

B. 표 19.1을 이용하여 (가장) 큰 전위를 얻을 수 있는 전지를 구성해 보시오. 전지를 만들거나 사용할 때의 용이성과 더불어 전지 구성 장치의 안정성을 함께 고려하시오. 구성된 전지가 AA와 같은 휴대용 배터리에 적합한지 혹은 자동차에 부착해서 사용하는 자동차용 배터리에 적합한지 생각해 보고, 휴대성과 안정성 사이의 균형이 여러분이 구성하려는 전지의 형태에 미치는 영향을 서술하시오.

C. 산화 상태를 아는 어떤 금속 이온을 전기 분해를 이용하여 이온이 포함된 용액으로부터 석출시키려고 한다. 이때 금속 성분을 확인할 수 있는 방법은 무엇인가?

D. 미국 국립표준기술원(NIST)이 기준 전압을 결정하는 데 사용하는 Weston 전지의 산화 전극은 카드뮴–수은 아말감(12.5% 카드뮴 + 87.5% 수은)과 전해질(황산 카드뮴 용액)로 구성되어 있으며, 환원 전극은 수은과 전해질(황산 수은 반죽)로 구성되어 있다(**그림 1**).

Weston 전지를 전지 표기법으로 나타내면 Cd(Hg, 12.5% Cd) | $CdSO_4(aq$, 포화$)$ || $Hg_2SO_4(s)$ | $Hg(l)$이고, 20°C에서의 전위는 1.01830V이다. 온도의 변화에 따른 전위 변화는 다음의 식을 이용하여 계산할 수 있다.

$$E_t = E_{20} - [4.06 \times 10^{-5}(t - 20)] - [9.5 \times 10^{-7}(t - 20)^2] - [1 \times 10^{-8}(t - 20)^3]$$

Weston 전지의 전압이 일정한 이유는 무엇인가? 온도가 하강하면 전위가 작아지는 이유는 무엇인가? 온도와 전위와의 관계는 다소 복잡하다. 윗 식의 유도 과정을 설명해 보시오.

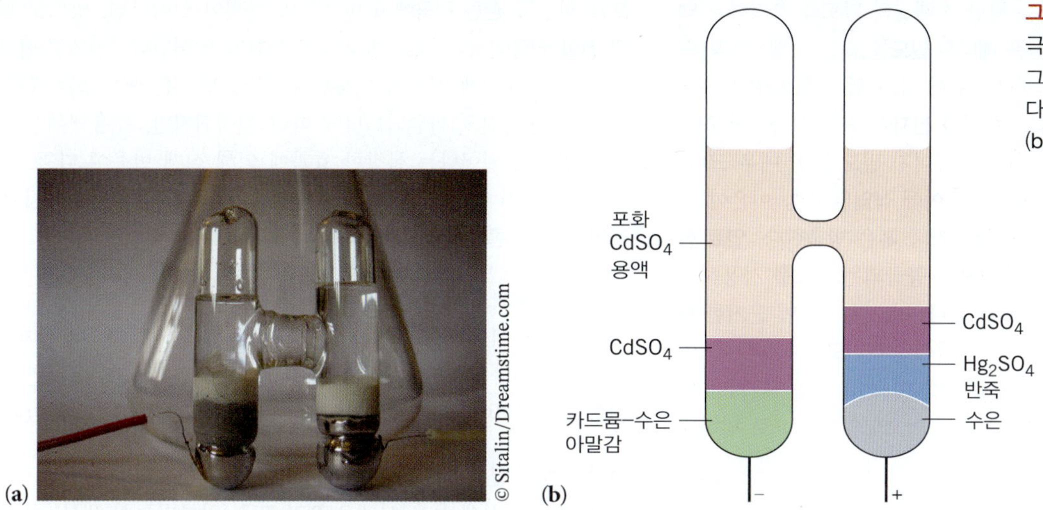

그림 1 오른쪽의 수은 환원 전극 위에 Hg_2SO_4 반죽이 있고, 그 위에 고체 $CdSO_4$가 덮여있다. (a) Weston 전지의 사진, (b) Weston 전지의 모식도

E. 1983년 이전에는 1센트 동전을 주조하는 데 100% 구리를 사용하였지만, 이후로는 97.5% 아연을 구리로 얇게 코팅해서 만든다. 1983년 이전에 주조된 동전은 질산에는 녹지만 염산에는 녹지 않는다. 그 이유는 무엇인가? 동전 표면을 긁어서 아연이 노출된 최근 동전을 염산 용액에 넣으면 어떤 일이 발생하는가?

요약

학습 목표별로 정리함

갈바니 전지를 설계하고 사용할 수 있다.

두 **반쪽 전지**로 구성된 **갈바니 전지**에서, 각각의 반쪽 전지는 반쪽 반응과 관련된 전해질 혼합물을 포함하는 용액과 접촉하고 있는 **전극**으로 구성되어 있다. 전지에서의 반응은 산화 및 환원 반쪽 반응으로 분리되며, 전자는 외부 회로를 통해 이동한다. 환원은 **환원 전극**에서 일어나고, 산화는 **산화 전극**에서 일어난다. 갈바니 전지에서 환원 전극은 양으로 하전되고, 산화 전극은 음으로 하전된다. 반쪽 전지를 연결하는 **염다리**를 통해서 양이온은 환원 전극으로, 음이온은 산화 전극으로 이동하여 용액의 전기적 중성을 유지한다.

갈바니 전지 전위를 예측할 수 있다.

모든 이온의 농도가 1.00M, 관련된 모든 기체의 부분 압력이 1.00 atm, 온도는 25.0°C일 때의 **전지 전위**(볼트 단위)를 **표준 전지 전위**라고 한다.

표준 환원 전위를 사용하여 자발적인 반응을 예측할 수 있다.

표준 전지 전위는 두 반쪽 전지의 **표준 환원 전위**의 차이다. 자발적 반응에서는 표준 환원 전위가 더 큰 반쪽 전지에서 환원이 일어나고, 다른 반쪽 전지에서 산화가 일어난다. 고립된 반쪽 전지의 표준 환원 전위는 측정이 불가능하지만, $E° = 0.00\,V$인 **수소 전극**을 이용하여 값을 정한다. H^+보다 환원되기 더 쉬운 화학종의 표준 환원 전위는 양의 값이고, 환원되기 더 어려운 화학종은 음의 값을 갖는다. 표준 환원 전위는 $E°_{전지}$를 계산하는 데 사용된다. 표준 환원 전위는 갈바니 전지에서 산화 –환원 반응이 자발적으로 진행될지 예측하는 데 사용될 수 있다.

표준 전지 전위와 표준 자유 에너지를 관련지을 수 있다.

$E°_{전지}$를 이용하여 반응의 $\Delta G°$와 K_c를 계산할 수 있다. 이 계산에는 1 mol의 전자에 의해 전달되는 전하량(C)에 해당하는 **Faraday 상수**($1\,\mathscr{F} = 96,485 \times 10^4\,C/mol\,e^-$)가 포함된다.

용질의 농도와 전지 전위를 관련지을 수 있다.

Nernst 식은 전지 전위에 대한 표준 전지 전위와 반응 지수의 **관계식**이다. 이 식은 표준 상태가 아닌 조건에서 전지 전위를 계산하는 데 사용된다. 전지 전위를 측정하고 Nernst 식을 이용하여 특정 성분의 농도를 결정할 수 있다.

전기의 생성 과정을 이해할 수 있다.

아연–이산화 망가니즈 전지(**Leclanché 전지** 또는 일반적인 건전지)와 일반 **알칼리 배터리**(일반 알칼리 배터리는 본질적으로 일반 건전지와 같은 반응을 사용한다)는 **일차 전지**로, 재충전이 되지 않는다. **납축전지**와 **니켈–금속 수소화물(NiMH) 배터리**는 **이차 전지**이며 재충전이 가능하다. 납축전지의 충전 상태는 황산 전해질의 밀도를 측정하는 **액체 비중계**로 측정할 수 있다. 높은 **에너지 밀도**를 갖는 니켈–금속 수소화물 배터리는 산화 전극의 반응물로서 금속 합금에 함유된 수소를 사용한다. 일차 **리튬–망가니즈 이산화 전지**와 충전이 가능한 **리튬 이온 전지**는 큰 전지 전위를 생성하고, 에너지 밀도 또한 매우 크다. **리튬 이온 전지**는 전극 물질의 원자층 사이에 **삽입**된 리튬 이온이 전극 사이를 이동하면서 에너지를 저장하거나 혹은 방출한다. **연료 전지**는 열역학적 효율이 높으며 연속적으로 공급되는 연료를 사용하기 때문에 지속적으로 전력을 공급할 수 있다. 반도체 기술에 근거한 **광전지**는 **p형**과 **n형 반도체**의 접합으로 만들어진 **다이오드**(전류를 한 방향으로만 흐르게 하는 특성을 가진 장치)를 이용한다. 빛에너지에 의하여 반도체 물질로부터 분리된 전자는 다이오드의 특성으로 인하여 쉽게 외부 회로를 통해 흐르게 된다.

전기 분해의 성질을 설명할 수 있다.

전해 전지에 전류를 흘려주면 비자발적인 반응을 일어나게 한다. 음으로 하전된 **환원 전극**에서 반응물의 환원이 일어나면, 양으로 하전된 **산화 전극**에서는 다른 반응물의 산화가 일어난다. 전해질 용액에서는 전자 대신에 이온이 이동한다. 전극 반응은 어느 화학종이 가장 쉽게 산화되고 환원되느냐에 따라 결정되지만, 수용액에서는 전극 표면에서 일어나는 복잡한 효과에 의해 실제 반응이 다를 수 있다. 물의 전기 분해에서 전극의 전기적 중성을 유지하기 위해서 전해질이 반드시 존재해야 한다.

전기 분해 정보를 정량적으로 사용할 수 있다.

전류(**암페어**)에 시간(초)을 곱하면 전하량(C)을 얻는다. 이 관계식과 산화 전극이나 환원 전극에서 일어나는 반쪽 반응을 이용하면 화학 변화량과 실험에서 측정한 전류 및 시간과의 관계를 얻을 수 있다.

전기 분해의 실용적인 응용을 설명할 수 있다.

전기 분해의 실제 응용 사례로 **전기 도금**, 알루미늄의 생산, 구리 **정제**, 용융 소금과 소금물의 전기 분해 등이 있다.

문제 풀이를 위한 도구

도구 다음과 같은 도구들이 이 장에서 도입되었다. 이들을 주의 깊게 공부하면 필요할 때 적절한 도구를 선택할 수 있다.

전극 이름과 전극 반응(19.1절)

환원 전극에서는 환원(전자 얻음)이 일어난다. 산화 전극에서는 산화(전자 잃음)가 일어난다.

표준 전지 표기법(19.1절)

산화 전극|산화 전극 전해질||환원 전극 전해질|환원 전극

||는 염다리를 의미한다. 다음은 전지를 나타낸 예이다.

$$Cu(s)\,|\,Cu^{2+}(aq)\,||\,Ag^{+}(aq)\,|\,Ag(s)$$

환원 전위는 $E^\circ_{전지}$를 계산하는 데 사용된다.(19.2절)

$$E^\circ_{전지} = E^\circ_{환원} - E^\circ_{산화}$$

$E^\circ_{전지}$와 자발적인 반응(19.3절)

$E^\circ_{전지} > 0\,V$이면 반응은 자발적이다.

Faraday 상수(19.4절)

$$1\mathcal{F} = 96{,}485.340\ C/mol\ e^-$$

표준 전지 전위는 열역학적인 양과 관련이 있다.(19.4절)

$$\Delta G = -n\mathcal{F}E$$

$$E^\circ_{전지} = \frac{RT}{n\mathcal{F}}\ln K_c$$

Nernst 식(19.5절)

$$E_{전지} = E^\circ_{전지} - \frac{RT}{n\mathcal{F}}\ln Q$$

전하량은 암페어 단위의 전류 및 초 단위의 시간과 관련이 있다.(19.8절)

$$C = A \times t$$

짝으로 구성된 복습 문제 중 청색 번호를 가진 문제의 해답은 부록 B에 수록하였다. 난이도가 높은 문제는 별표(*)로 표시하였다.

복습 질문

갈바니 전지

19.1 전기 화학 전지란 무엇인가? 갈바니 전지를 예로 들어 설명하시오.

19.2 전기 화학 전지에서 염다리의 역할은 무엇인가?

19.3 구리–은 전지에서 Cu^{2+}와 Ag^{+} 용액이 서로 다른 용기로 분리되어야 하는 이유는 무엇인가?

19.4 반쪽 전지 반응이란 무엇인가? 갈바니 전지의 환원 전극과 산화 전극에서 일어나는 반쪽 전지 반응을 지칭하는 일반적인 이름은 무엇인가? 갈바니 전지에서 산화 전극과 환원 전극의 전기 전하의 부호는 무엇인가?

19.5 갈바니 전지에서 전자의 이동 방향에 대하여 설명하시오.

19.6 전지 표기법에서 전극와 반응에 참여하는 물질을 배열하는 순서에 대하여 설명하시오. 하나의 세로 줄(|)과 두 개의 세로 줄(||)의 의미는 각각 무엇인가?

19.7 다음의 용액에서와 같이 알루미늄은 주석을 치환한다.

$$2Al(s) + 3Sn^{2+}(aq) \longrightarrow 2Al^{3+}(aq) + 3Sn(s)$$

어떤 갈바니 전지에서의 반응이 위 반응과 동일하다면, 이 전지에서의 산화 전극과 환원 전극에서의 반쪽 전지 반응은 각각 무엇인가? 각 전극의 전하 부호는 무엇인가?

19.8 복습 질문 19.7에서의 갈바니 전지에 대한 대략적인 그림을 그리시오. 그림에 산화 전극과 환원 전극을 나타내고, 각 전극의 부호와 전자가 이동하는 방향을 쓰시오.

전지 전위

19.9 **전지 전위**와 **표준 전지 전위**의 차이점은 무엇인가?

19.10 다음 반응에 대한 Nernst 식을 쓰시오.

$$MnO_2(s) + 2H^+(aq) + H_3PO_2(aq) \longrightarrow Mn^{2+}(aq) + H_3PO_3(aq) + H_2O \qquad E^\circ_{전지} = 1.73\text{ V}$$

19.11 표 19.1에 수록되지 않은 금속을 이용하여 갈바니 전지를 구성할 때, 전지에서 산화 전극과 환원 전극을 구분하는 데 필요한 실험 정보는 무엇인가?

19.12 다음의 전지는 갈바니 전지로 전지 전위가 항상 양의 값이다. 이 정보에 기반할 때 예상되는 전지 반응은 무엇인가?

$$Zn(s) \mid Zn^{2+}(aq) \parallel Ag^+(aq) \mid Ag(s)$$

표준 환원 전위의 이용

19.13 표준 기준 전극이란 무엇인가? 왜 중요한가?

19.14 $Zn^{2+} \mid Zn$를 전극을 표준 기준 전극으로 선택하고 $E^\circ_{Zn^{2+}}$를 0.00 V로 정의한다면, 이 기준 전극에 대한 수소 전극의 표준 환원 전위는 무엇인가?

19.15 반쪽 전지의 환원 전극 전위를 통하여 얻을 수 있는 정보는 무엇인가? $Mg^{2+} \mid Mg$ 전극의 표준 전극 전위를 결정하는 방법을 설명하시오.

19.16 $E^\circ_{전지}$를 직접 계산하지 않고 다음의 반쪽 반응을 포함하는 자발적 전지 반응을 결정하시오.

$$BrO_3^-(aq) + 6H^+(aq) + 6e^- \rightleftharpoons Br^-(aq) + 3H_2O \qquad E^\circ = +1.44\text{ V}$$

$$H_3AsO_4(aq) + 2H^+(aq) + 2e^- \rightleftharpoons HAsO_2(aq) + 2H_2O \qquad E^\circ = +0.58\text{ V}$$

19.17 표 19.1의 표준 전극 전위를 참고하여 F^-를 F_2로 산화시킬 수 있는 물질을 제시하시오.

$E^\circ_{전지}$와 ΔG°

19.18 표준 전지 전위와 반응의 표준 자유 에너지의 변화 사이의 관계를 나타내는 식을 쓰고, 모든 변수를 정의하시오.

19.19 평형 상수와 전지 전위 사이의 관계를 나타내는 식을 쓰고, 모든 변수를 정의하시오.

19.20 평형에 도달했을 때 갈바니 전지의 전지 전위와 ΔG는 각각 얼마인가?

19.21 25°C에서 다음 반응의 평형 상수 $K_c = 2.2 \times 10^{13}$이다.

$$PbI_2(s) + Zn(s) \rightleftharpoons Pb(s) + 2I^-(aq) + Zn^{2+}(aq)$$

이 반응의 $E^\circ_{전지}$는 얼마인가?

전지 전위와 농도

19.22 농도 전지란 무엇인가? 이 전지의 $E^\circ_{전지} = 0\text{ V}$인 이유는 무엇인가?

19.23 갈바니 전지의 산화 전극과 환원 전극을 직접 구리 선으로 연결하면 어떤 일이 일어나는가?

19.24 25°C에서 다음 전지의 $E_{전지}$는 0.74 V이다.

$$Cd(s) \mid Cd^{2+}(1.0) \parallel Cu^{2+}(1.0\text{ M}) \mid Cu(s)$$

동일한 물질을 이용하여 더 큰 양의 전지 전위를 갖는 전지를 구성하는 방법은 무엇인가?

19.25 다음의 불균형 반응식에 대한 Nernst 식을 쓰시오. 필요하면 표 19.1을 참고하시오.

$$Cd(s) + Cr^{3+}(aq) \longrightarrow Cd^{2+}(aq) + Cr(s)$$

전기

19.26 납축전지가 방전할 때의 산화 전극과 환원 전극 반응을 각각 쓰시오. 납축전지의 전지 반응에서 얻는 표준 전위가 2 V일 때 12 V의 전위를 얻는 방법은 무엇인가?

19.27 액체 비중계의 구조와 이 기구를 이용하여 밀도를 측정하는 방법에 대하여 설명하시오. 액체 비중계를 이용하여 납축전지의 충전 상태를 확인할 수 있는 이유는 무엇인가?

19.28 건전지란 무엇인가? 일반적인 건전지에서의 전극 반응을 쓰시오.

19.29 알칼리 건전지에서의 전극 반응을 쓰시오.

19.30 재충전이 가능한 니켈-금속 수소화물 전지에 대하여 설명하시오. 이 전지가 충전할 때와 방전할 때의 환원 전극 반응과 산화 전극 반응 및 알짜 전지 반응을 각각 쓰시오. 니켈-카드뮴 전지에 비하여 니켈-금속 수소화물 전지가 가진 장점은 무엇인가?

19.31 전지에서 리튬이 매력적인 산화 전극 물질인 이유 2가지를 제시하시오. 이 목적으로 리튬을 사용할 때의 문제점은 무엇인가?

19.32 구매가 가능한 재충전이 불가능한 일차 리튬 전지의 예를 들어보시오. 이 전지에서 산화 전극 반응과 환원 전극 반응 및 알짜 전지 반응을 쓰시오.

19.33 일반적인 리튬 이온 이차 전지와 리튬 전지와의 차이점은 무엇인가? 전지가 충전될 때와 방전될 때 어떤 반응이 일어나는지를 예와 함께 설명하시오.

19.34 리튬과 비슷한 방법으로 백금과 팔라듐은 많은 양의 수소를 삽입할 수 있다. 이 물질을 배터리의 재료로 사용하지 않는 이유는 무엇인가?

19.35 수소–산소 연료 전지에 대하여 설명하시오. 전통적인 전지에 비하여 연료 전지가 유용한 이유는 무엇인가?

19.36 수소 이외에 연료 전지에서 연료로 사용할 수 있는 물질 2가지를 제시하시오. 4가지 형태의 연료 전지를 나열해 보시오.

전해 전지

19.37 전해 전지에서 산화 전극과 환원 전극의 전하 부호는 각각 무엇인가? **비활성 전극**(inert electrode)의 의미는 무엇인가?

19.38 갈바니 전지와 전해 전지에서, 전극으로의 이온 이동이 동일한 이유를 설명하시오.

19.39 전해질에 의한 전도가 유지되기 위하여 전기 분해 반응이 전극에서 일어나야 하는 이유는 무엇인가?

19.40 BaI_2 수용액에서 전기 분해가 진행될 때 산화 전극에서 I_2가 생성되고 환원 전극에서 H_2가 생성된다. 산화 전극과 환원 전극에서의 반쪽 반응을 각각 쓰시오.

19.41 NaCl 수용액을 전기 분해할 때 산화 전극과 환원 전극에서의 pH 변화에 대하여 설명하시오. NaCl이 전기 분해되는가? 이 전기 분해에서 NaCl의 역할은 무엇인가?

19.42 전해 전지와 갈바니 전지의 유사점과 차이점을 쓰시오.

19.43 전해 전지와 갈바니 전지의 구조를 각각 그리시오. 그림에 산화 전극과 환원 전극에서의 반응을 쓰고, 전자의 이동 방향과 두 전극의 전하 부호를 함께 나타내시오.

전기 분해의 화학량론

19.44 **패러데이**란 무엇인가? 패러데이와 측정된 전류 및 시간과의 관계에 대하여 설명하시오.

19.45 전류가 일정할 때 0.20 mol의 Ag^+를 Ag로 석출하는 실험과 0.20 mol Al^{3+}를 Al으로 석출하는 실험에서, 더 오랜 시간이 필요한 것은 어느 경우인가? 그 이유는?

19.46 다음은 전기 분해를 이용하여 $Cr_2O_7^{2-}$를 생성하는 반응식이다. 전해 전지에서 0.0150 mol $Cr_2O_7^{2-}$를 생성하기 위해서 흘려주어야 하는 전자는 몇 몰인지 계산하시오.

$$2Cr^{3+} + 7H_2O \longrightarrow Cr_2O_7^{2-} + 14H^+ + 6e^-$$

19.47 직렬로 연결된 2개의 전해 전지에 전류를 흘려주었다. 이때 두 전지에 흐르는 전류는 동일하다. 첫 번째 전지에는 Cu^{2+}가 포함되어 있고 두 번째 전지에는 Fe^{2+}가 포함되어 있다. 석출된 금속의 질량이 더 큰 전지는 어느 것인가? 이유를 설명하시오.

전기 분해의 응용

19.48 **전기 도금**(electroplating)이란 무엇인가? 은을 전기 도금하는 장치를 그리시오. 전기 도금을 하는 목적은 무엇인가?

19.49 알루미늄 금속을 생산하는 데 이용되는 Hall–Héroult 과정에 대하여 설명하시오. 산화 전극에서의 반쪽 반응과 환원 전극에서의 반쪽 반응을 각각 쓰시오. 전체 전지 반응은 무엇인가?

19.50 Hall–Héroult 과정에서 탄소 전극을 자주 교체해야 하는 이유는 무엇인가?

19.51 전기 분해를 이용한 구리의 정련에 대하여 설명하시오. **(a)** 산화 전극과 **(b)** 환원 전극에서의 화학 반응을 각각 쓰시오.

19.52 Downs 전지의 모양을 그리고, 그와 같은 특별한 구조가 필요한 이유를 쓰시오.

복습 문제

갈바니 전지

19.53 다음 갈바니 전지에 대한 반쪽 반응식과 균형 전지 반응식을 쓰시오.

(a) $Sn(s) \mid Sn^{2+}(aq) \parallel Al^{3+}(aq) \mid Al(s)$

(b) $Pb(s), PbSO_4(s) \mid HSO_4^-(aq) \parallel H^+(aq), HSO_4^-(aq) \mid PbO_2(s), PbSO_4(s)$

(c) $Cd(s) \mid Cd^{2+}(aq) \parallel Cl^-(aq), Cl_2(g) \mid Pt(s)$

(d) $Co(s) \mid Co^{2+}(aq) \parallel Ag^+(aq) \mid Ag(s)$

19.54 다음 갈바니 전지에 대한 반쪽 반응식과 균형 전지 반응식을 쓰시오.

(a) $Tl(s) \mid Tl^+(aq) \parallel Cu^{2+}(aq) \mid Cu(s)$

(b) $Pt(s) \mid H_2(g), H^+(aq) \parallel Br^-(aq), Br_2(g) \mid Pt(s)$

(c) $Pt(s) \mid H_2(g) \mid OH^-(aq) \mid O_2(g) \mid Pt(s)$

(d) $Cr(s) \mid Cr^{3+}(aq) \parallel MnO_4^-(aq), Mn^{2+}(aq), H^+(aq) \mid Pt(s)$

19.55 다음 갈바니 전지를 전지 표기법으로 나타내시오. 반쪽 반응에서 반응물이 용액에 존재하거나 기체인 경우에 비활성의 백금 전극을 사용하는 것으로 가정하시오.

(a) $NO_3^-(aq) + 4H^+(aq) + 3Fe^{2+}(aq) \longrightarrow 3Fe^{3+}(aq) + NO(g) + 2H_2O$

(b) $Cl_2(g) + 2Br^-(aq) \longrightarrow Br_2(aq) + 2Cl^-(aq)$

(c) $NiO_2(s) + Fe(s) + 2H_2O \longrightarrow Ni(OH)_2(s) + Fe(OH)_2(s)$

(d) $2Fe^{3+} + CH_3CHO + H_2O \longrightarrow 2Fe^{2+} + CH_3COOH + 2H^+$

19.56 다음 갈바니 전지를 전지 표기법으로 나타내시오. 반쪽 반응에서 반응물이 용액에 존재하거나 기체인 경우에 비활성의 백금 전극을 사용하는 것으로 가정하시오.

(a) $2Fe^{3+}(aq) + Sn^{2+}(aq) \longrightarrow 2Fe^{2+}(aq) + Sn^{4+}(aq)$

(b) $NiO_2(s) + 4H^+(aq) + 2Ag(s) \longrightarrow Ni^{2+}(aq) + 2H_2O + 2Ag^+(aq)$

(c) $3Br_2(aq) + 2Al(s) \longrightarrow 6Br^-(aq) + 2Al^{3+}(aq)$

(d) $Au^{3+}(aq) + Ag(s) \longrightarrow Au(s) + 3Ag^+(aq)$

19.57 다음의 전지 표기법으로 나타낸 갈바니 전지를 그리고 다음 물음에 답하시오.

$$Fe(s) \mid Fe^{3+}(aq) \parallel Ag^+(aq) \mid Ag(s)$$

(a) 산화 전극과 환원 전극을 나타내시오.

(b) 각 전극의 전하 부호를 나타내시오.

(c) 외부 회로에서의 전자의 이동 방향을 나타내시오.

(d) 알짜 전지 반응식을 쓰시오.

19.58 다음의 전지 표기법으로 나타낸 갈바니 전지를 그리고 다음 물음에 답하시오.

$$Pt(s) \mid Fe^{2+}(aq), Fe^{3+}(aq) \parallel Br_2(aq), Br^-(aq) \mid Pt(s)$$

각 부품에 대한 이름과 두 반쪽 전지에 포함된 전해질의 성분을 나타내시오. 각각의 전하 부호와 함께 산화 전극과 환원 전극을 표시하시오. 알짜 전지 반응식을 쓰시오.

전지 전위

19.59 표 19.1을 사용하여 다음 중 더 좋은 환원제를 각각 선택하시오.

(a) $Ni(s)$ 또는 $Au(s)$ (b) $Cl^-(aq)$ 또는 $Br^-(aq)$

(c) $Sn(s)$ 또는 $Cd(s)$ (d) $I^-(aq)$ 또는 $H_2(g)$

19.60 표 19.1을 사용하여 다음 중 더 좋은 산화제를 각각 선택하시오.

(a) $NO_3^-(aq)$ 또는 $MnO_4^-(aq)$

(b) $Au^{3+}(aq)$ 또는 $Co^{2+}(aq)$

(c) $PbO_2(s)$ 또는 $Cl_2(g)$

(d) $NiO_2(s)$ 또는 $HOCl(aq)$

19.61 표 19.1을 사용하여 다음 각 반응에 대한 표준 전지 전위를 계산하시오.

(a) $NO_3^-(aq) + 4H^+(aq) + 3Fe^{2+}(aq) \longrightarrow 3Fe^{3+}(aq) + NO(g) + 2H_2O$

(b) $Br_2(aq) + 2Cl^-(aq) \longrightarrow Cl_2(g) + 2Br^-(aq)$

(c) $Au^{3+}(aq) + 3Ag(s) \longrightarrow Au(s) + 3Ag^+(aq)$

(d) $Cu^{2+}(aq) + Mg(s) \longrightarrow Cu(s) + Mg^{2+}(aq)$

19.62 표 19.1을 사용하여 다음 각 반응에 대한 표준 전지 전위를 계산하시오.

(a) $3Cd(s) + 2Au^{3+}(aq) \longrightarrow 3Cd^{2+}(aq) + 2Au(s)$

(b) $Fe(s) + Br_2(aq) \longrightarrow Fe^{2+}(aq) + 2Br^-(aq)$

(c) $2Cr(s) + 3Cu^{2+}(aq) \longrightarrow 2Cr^{3+}(aq) + 3Cu(s)$

19.63 다음의 반쪽 반응을 참고하여 H_2SO_3, $S_2O_3^{2-}$, HOCl, Cl_2가 포함된 자발적 반응을 예측하시오.

$2H_2SO_3 + 2H^+ + 4e^- \rightleftharpoons S_2O_3^{2-} + 3H_2O$ $\quad E^\circ_{H_2SO_3} = 0.40\text{ V}$

$2HOCl + 2H^+ + 2e^- \rightleftharpoons Cl_2 + 2H_2O$ $\quad E^\circ_{HOCl} = 1.63\text{ V}$

19.64 다음은 두 반쪽과 표준 전위를 나타낸 것이다.

$$2SO_4^{2-} + NiO_2 + 2H_2O \longrightarrow S_2O_8^{2-} + Ni(OH)_2 + 2OH^-$$

위 자료를 이용하여 표준 상태에서 다음 반응이 자발적으로 진행되는지를 예측하시오.

$NiO_2 + 2H_2O + 2e^- \rightleftharpoons Ni(OH)_2 + 2OH^-$ $\quad E^\circ_{NiO_2} = 0.49\text{ V}$

$S_2O_8^{2-} + 2e^- \rightleftharpoons 2SO_4^{2-}$ $\quad E^\circ_{S_2O_8^{2-}} = 2.01\text{ V}$

19.65 다음의 두 반쪽 반응으로 구성된 갈바니 전지의 전지 반응과 표준 전지 전위를 계산하시오.

$BrO_3^- + 6H^+ + 6e^- \rightleftharpoons Br^- + 3H_2O$ $\quad E^\circ_{BrO_3^-} = 1.44\text{ V}$

$I_2 + 2e^- \rightleftharpoons 2I^-$ $\quad E^\circ_{I_2} = 0.54\text{ V}$

19.66 다음의 두 반쪽 반응으로 구성된 갈바니 전지의 전지 반응과 표준 전지 전위를 계산하시오.

$MnO_2 + 4H^+ + 2e^- \rightleftharpoons Mn^{2+} + 2H_2O$ $\quad E^\circ_{MnO_2} = 1.23\text{ V}$

$PbCl_2 + 2e^- \rightleftharpoons Pb + 2Cl^-$ $\quad E^\circ_{PbCl_2} = -0.27\text{ V}$

19.67 표 19.1을 이용하여 다음 각 반응에 대한 $E^\circ_{전지}$를 계산하고, 표준 상태에서 자발적으로 진행되는지를 예측하시오.

(a) $2Au^{3+} + 6I^- \longrightarrow 3I_2 + 2Au$

(b) $H_2SO_3 + H_2O + Br_2 \longrightarrow 4H^+ + SO_4^{2-} + 2Br^-$

(c) $2Cr + 3Ca^{2+} \longrightarrow 2Cr^{3+} + 3Ca$

(d) $SO_4^{2-} + 4H^+ + 2I^- \longrightarrow H_2SO_3 + I_2 + H_2O$

19.68 표 19.1을 이용하여 다음 각 반응에 대한 $E^\circ_{전지}$를 계산하고, 표준 상태에서 자발적으로 진행되는지를 예측하시오.

(a) $Br_2 + 2Cl^- \longrightarrow Cl_2 + 2Br^-$

(b) $3Fe^{2+} + 2NO + 4H_2O \longrightarrow 3Fe + 2NO_3 + 8H^+$

(c) $Ni^{2+} + Fe \longrightarrow Fe^{2+} + Ni$

(d) $S_2O_8^{2-} + Ni(OH)_2 + 2OH^- \longrightarrow 2SO_4^{2-} + NiO_2 + 2H_2O$

$E^\circ_{전지}$와 ΔG°

19.69 298 K에서 다음 전지 반응의 $E^\circ_{전지} = 0.230\text{ V}$이다. 이 반응의 ΔG°를 계산하시오.

$$2Fe^{3+}(aq) + 2I^-(aq) \longrightarrow 2Fe^{2+}(aq) + I_2(s)$$

19.70 다음은 두 반쪽 반응식과 표준 환원 전위를 나타낸 것이다.

$2ClO_3^- + 12H^+ + 10e^- \rightleftharpoons Cl_2 + 6H_2O$ $\quad E^\circ_{ClO_3^{2-}} = 1.47\text{ V}$

$S_2O_8^{2-} + 2e^- \rightleftharpoons 2SO_4^{2-}$ $\quad E^\circ_{S_2O_8^{2-}} = 2.01\text{ V}$

이 반응에 대한 (a) $E^\circ_{전지}$와 (b) ΔG°를 계산하고, 반응의 K_c를 구하시오.

19.71 표 19.1을 이용하여 298 K에서 다음 반응에 대한 K_c를 구하시오.

$$MnO_4^- + 5Fe^{2+} + 8H^+ \rightleftharpoons Mn^{2+} + 5Fe^{3+}$$

19.72 다음 반응의 $E^\circ_{전지}$는 -0.015 V이다. 이 반응의 K_c를 구하시오.

$$2AgI + Sn \rightleftharpoons Sn^{2+} + 2Ag + 2I^-$$

전지 전위와 농도

19.73 다음 전지 반응에 대한 $E^\circ_{전지} = 2.48\text{ V}$이다. Ni^{2+}와 Ag^+의 농도가 각각 $0.03\,M$과 $0.025\,M$이고 용액의 pH가 2.00일 때 전지 전위를 구하시오.

$$NiO_2(s) + 4H^+(aq) + 2Ag(s) \longrightarrow Ni^{2+}(aq) + 2H_2O + 2Ag^+(aq)$$

19.74 다음 전지 반응에 대한 $E^\circ_{전지} = 0.135\,V$이다. $[Cr_2O_7^{2-}] = 0.012\,M$, $[H^+] = 0.11\,M$, $[IO_3^-] = 0.00017\,M$, $[Cr^{3+}] = 0.0015\,M$일 때 전지 전위를 구하시오.

$$3I_2(s) + 5Cr_2O_7^{2-}(aq) + 34H^+ \longrightarrow 6IO_3^-(aq) + 10Cr^{3+}(aq) + 17H_2O$$

***19.75** 다음과 같은 전지를 구성하였다.

$$Mg(s) + Cd^{2+}(aq) \longrightarrow Mg^{2+}(aq) + Cd(s) \qquad E^\circ_{cell} = 1.97\,V$$

1.00 M $MgSO_4$ 용액에는 마그네슘 전극을 담그고 미지 농도의 Cd^{2+} 용액에는 카드뮴 전극을 담근 전지의 전위를 측정하였더니 1.83 V였다. 미지 Cd^{2+} 용액의 농도는 얼마였는가?

***19.76** AgCl이 코팅된 은 전극은 다음의 반쪽 전지 반응에 의해 염화 이온에 감응한다.

$$AgCl(s) + e^- \rightleftharpoons Ag(s) + Cl^- \qquad E^\circ_{AgCl} = 0.2223\,V$$

수용액에 포함된 염화 이온 농도를 측정하기 위하여 AgCl 반쪽 전지와 1.00 M $CuSO_4$ 용액에 담긴 구리 전극을 이용한 반쪽 전지를 이용하여 갈바니 전지를 구성하였다. 구리 전극을 환원 전극으로 사용하여 측정한 수용액 시료의 전지 전위가 0.0895 V라면, 수용액에 포함된 염화 이온의 농도는 얼마인가? (단, $E^\circ_{Cu^{2+}} = +0.3419\,V$이다.)

***19.77** 1.50 M $NiSO_4$ 용액에 담긴 니켈 전극과 미지 농도의 Cr^{3+} 용액에 담긴 크로뮴 전극으로 구성된 갈바니 전지가 있다. 크로뮴 전극을 산화 전극으로 하여 측정한 이 전지의 전위가 0.528 V 라면 Cr^{3+}의 농도는 얼마인가? (단, 이 전지의 표준 전지 전위는 0.487 V이다.)

***19.78** 25°C에서 1.00 M Cu^{2+} 용액에 담긴 구리 전극과 H_2의 부분 압력이 1 atm이고 수소 이온의 농도가 알려지지 않은 수소 전극 이루어진 갈바니 전지가 있다. 이 전지의 $E^\circ_{전지}$가 +0.3419 V였다. 다음 물음에 답하시오.

(a) 용액의 pH를 $E^\circ_{전지}$와 $E_{전지}$으로 나타낸 식을 유도하시오.

(b) pH가 5.15라면 전지 전위는 얼마인가?

(c) 전지 전위가 0.645 V라면 pH는 얼마인가?

***19.79** $ZnSO_4$의 농도가 각각 0.02 M과 0.2 M인 두 전극으로 구성된 농도 전지의 25°C와 60°C에서의 전지 전위를 각각 구하시오.

전해 전지

19.80 황산 알루미늄 수용액에서 전기 분해를 수행할 때 각 전극에서 예상되는 생성물은 무엇인가? 이 반응에 대한 알짜 전지 반응식을 쓰시오.

19.81 과염소산 세슘 수용액에서 전기 분해를 수행할 때 각 전극에서 예상되는 생성물은 무엇인가? 이 반응에 대한 알짜 전지 반응식을 쓰시오.

19.82 Li_3PO_4와 $CuCl_2$를 포함하는 수용액에서 전기 분해를 수행할 때 각 전극에서 예상되는 생성물은 무엇인가?

19.83 $BaCl_2$와 CuI_2를 포함하는 수용액에서 전기 분해를 수행할 때 각 전극에서 예상되는 생성물은 무엇인가? 이 반응에 대한 알짜 전지 반응식을 쓰시오.

19.84 표 19.1을 이용하여 수용액을 전기 분해할 때 환원 전극에서 환원되지 않을 것으로 예측되는 이온을 나열하시오.

19.85 표 19.1을 이용하여 수용액을 전기 분해할 때 산화 전극에서 산화되지 않을 것으로 예측되는 이온을 나열하시오.

전기 분해의 화학량론

19.86 다음 각 반응에 필요한 전자의 몰수는 얼마인가?

(a) 1.50 mol Cr^{3+}를 Cr로 환원

(b) 1.0×10^{-2} mol Mn^{2+}를 MnO_4^-로 산화

(c) 용융 $MgCl_2$로부터 5.00 g의 Mg를 생성

(d) $CuSO_4$ 수용액으로부터 41.0 g의 Cu를 생성

19.87 다음 각 반응에 필요한 전자의 몰수는 얼마인가?

(a) 0.36 mol O_2를 물로 환원

(b) 2.6×10^{-2} mol Ag와 2.6×10^{-2} mol Br^-를 이용하여 AgBr 생성

(c) $Sn(NO_3)_2$ 수용액으로부터 0.56 g의 주석을 생성

(d) $AgNO_3$ 수용액으로부터 1.56톤의 은을 생성

19.88 염기성 용액에서 3.50 A의 전류로 1.2시간 동안 전기 분해할 때, 철 산화 전극에서 생성되는 $Fe(OH)_2$는 몇 그램인가?

19.89 다음의 갈바니 전지의 전극을 연결하여 1.0시간 동안 9.65 A의 전류가 흐르게 하였다. 이때 산화 전극이 감소한 질량과 환원 전극이 증가한 질량을 각각 구하시오(Zn과 Ag의 몰질량은 각각 65.4 g, 107.9 g이다).

$$Zn(s) \mid Zn^{2+}(aq) \parallel Ag^+(aq) \mid Ag(s)$$

19.90 2.50 A의 전류로 Cr^{3+}을 전기 환원시켜서 크로뮴 금속 85.0 g을 얻는 데 걸리는 시간은 얼마인가?

19.91 납축전지를 0.15 A의 전류로 충전시킬 때 $PbSO_4$로부터 35.0 g의 납을 생성하는 데 걸리는 시간은 얼마인가? 반쪽 반응은 $Pb + HSO_4^- \longrightarrow PbSO_4 + H^+ + 2e^-$이다.

19.92 2.00시간 동안 용융 $MgCl_2$를 전기 분해하여 60.0 g의 마그네슘을 얻으려면 몇 암페어의 전류가 필요한가?

19.93 Hall–Héroult 과정을 이용하는, Al_2O_3로부터 알루미늄 금속을 얻는 대규모 전해 전지를 이용하여 24시간 동안 409 kg의 알루미늄을 생산할 수 있다. 이때 필요한 전류는 얼마인가?

***19.94** Cl_2 기체가 다른 생성물과 반응하는 것이 방지된 전기 분해 장치를 이용하여 소금물(NaCl) 250 mL를 2.00 A의 전류로 20.00분 동안 전기 분해하였다. 전기 분해 후 수용액의 수산화 이온의 농도는 얼마인가?

***19.95** 2.00 M NaCl 용액 100.0 mL를 1.45 A의 전류로 25.0분 동안 용액을 저으면서 전기 분해하였다. 이 전기 분해에서 생성된 하이포염소산 소듐의 농도는 얼마인가?

추가 연습 문제

***19.96** 와트(W)는 초당 줄(J/s)에 해당하는 전기 일률의 단위이다. 어떤 계산기를 작동하는 수은 전지의 환원 전극은 1.10g의 HgO이고 전지 전위가 1.34V이다. 이 수은 전지에 의하여 작동되는 계산기가 2.0×10^{-3}W를 소비한다면 이 수은 전지를 이용하여 계산기를 사용할 수 있는 시간을 구하시오. 전지 반응은 다음과 같다.

$$HgO(s) + Zn(s) \longrightarrow ZnO(s) + Hg(l)$$

***19.97** 298K에서 다음과 같은 갈바니 전지를 구성하였다.

$$| Cu(s) | Cu^{2+}(aq) \| Ag^{+}(aq) | Ag(s)$$

반쪽 전지의 Ag^+와 Zn^{2+}의 초기 농도는 각각 1.00*M*이고, 전해질 용액의 부피는 각각 100mL이다. 이 전지에 9.65A의 전류를 10분 동안 일정하게 흘려주었을 때 전지 전압은 얼마인가?

19.98 다음은 아연-구리 갈바니 전지에서의 전지 반응이다.

$$Zn(s) + Cu^{2+}(aq) \longrightarrow Zn^{2+}(aq) + Cu(s)$$

이온의 농도가 각각 $[Cu^{2+}] = 0.0100\,M$, $[Zn^{2+}] = 1.0\,M$일 때, 25°C에서의 전지 전위를 구하시오.

***19.99** 표준 수소 전극과 AgBr이 코팅된 Ag 전극이 0.25*M* HBr 용액에 담긴 전극으로 이루어진 갈바니 전지의 전지 전위는 얼마인가? Ag/AgBr 전극의 반쪽 반응과 표준 환원 전위는 다음과 같고, AgBr의 K_{sp} 값은 5.4×10^{-13}이다.

$$AgBr(s) + e^- \rightleftharpoons Ag(s) + Br^-(aq) \qquad E°_{AgBr} = +0.070\text{ V}$$

***19.100** 한 학생이 전기 분해 장치를 설치하고 3*M* H_2SO_4 용액에 1.22A의 전류를 30.0분 동안 흘려주었다. 환원 전극에서 생성된 H_2 기체를 수상 포집한 결과 27°C에서 부피와 압력이 각각 288mL와 767torr였다. 이 자료를 사용하여 흘려준 전자의 전하량을 쿨롬으로 계산하시오. 27°C에서 물의 증기압은 26.7torr이다.

***19.101** 25°C에서 수소 전극이 0.10*M* 아세트산 용액에 담겨 있다. 이 전극은 0.10*M* $FeCl_2$ 용액에 철제 못이 담겨 있는 전극과 연결되어 있다. 이 전지의 전압을 구하시오. $P_{H_2} = 1.00$ atm으로 가정하시오.

***19.102** H_2CrO_4 용액에서 10.0시간 동안에 두께가 0.10mm이고 면적이 1.00m^2인 크로뮴 도금을 얻기 위해 필요한 전류는 얼마인가? 크로뮴의 밀도는 7.19g cm^{-3}이다.

19.103 산화 상태가 알려지지 않은 바나듐(원소 기호 V)을 포함한 용액에서 1.25A의 전류로 1시간 동안 전기 분해하였더니 환원 전극에서 바나듐 0.792g이 얻어졌다. 바나듐 이온의 원래 산화 상태는 무엇인가?

***19.104** 다음의 일련의 화학종에 대한 환원 전위를 비교하고, 환원 전위가 각 화학종의 전자 친화도, 이온화 에너지, 전기 음성도와 각각 어떤 연관성이 있는지 설명하시오. 연관성이 없는 경우에는 그 이유를 제시하시오.

(a) F_2, Cl_2, Br_2, I_2
(b) Li^+, Na^+, K^+, Rb^+, Cs^+
(c) Mg^{2+}, Ca^{2+}, Sr^{2+}, Ba^{2+}

***19.105** 1.00*M* HCl 용액에 담겨 있는 Ag/AgCl 전극의 표준 환원 전위는 0.2223V이고 반쪽 반응은 다음과 같다.

$$AgCl(s) + e^- \rightleftharpoons Ag(s) + Cl^-(aq)$$

두 번째 Ag/AgCl 전극이 농도를 모르는 Cl^- 용액에 담겨 있다. 두 전극을 연결하였을 때 전지 전위는 0.0237V였다. 미지 용액에서 Cl^-의 몰농도는 얼마인가?

19.106 다음 갈바니 전지의 전지 전위를 구하고, 전지에서 산화 전극과 환원 전극이 각각 어느 것인지 결정하고 자발적 전지 반응의 반응식을 쓰시오.

$$Ag(s) | Ag^{+}(3.0 \times 10^{-4}\,M) \| Fe^{3+}(1.1 \times 10^{-3}\,M), Fe^{2+}(0.040\,M) | Pt(s)$$

다중 개념 문제

***19.107** NaCl 수용액 500mL를 1.50A의 전류로 45.00분 동안 전기 분해하였다. 이 장치에서 Cl_2 기체가 다른 생성물과 반응하는 것은 방지되었다. 전기 분해가 끝난 후 용액을 0.525*M* HCl 용액으로 적정할 때 종말점까지 몇 mL의 HCl 용액이 필요하겠는가?

***19.108** NaCl 수용액을 2.50A의 전류로 15.0분 동안 전기 분해하였다. 25°C에서 수상 포집한 전체 기체의 압력이 750torr였다면, 생성된 Cl_2 기체는 몇 mL인가? 25°C에서 물의 증기압은 23.76torr이다.

***19.109** 묽은 H_2SO_4 수용액을 0.750A의 전류로 15.00분 동안 전기 분해할 때, 환원 전극에 생성되는 H_2 기체의 부피는 20.0°C와 735 torr에서 몇 mL인가?

***19.110** 25°C에서 다음의 반쪽 반응을 이용한 갈바니 전지를 구성하였다. 구리 반쪽 전지의 전해 용액은 1.00*M* $CuSO_4$ 용액 100mL이고, 철 반쪽 전지의 전해 용액은 0.100*M* $FeSO_4$ 용액 50.0mL이다.

$$Fe^{2+}(aq) + 2e^- \rightleftharpoons Fe(s) \qquad E°_{Fe^{2+}} = -0.447\text{ V}$$

$$Cu^{2+}(aq) + 2e^- \rightleftharpoons Cu(s) \qquad E°_{Cu^{2+}} = +0.3419\text{ V}$$

철 반쪽 전지의 용액에 0.500 M NaOH 용액 50.0 mL를 잘 저어 주면서 가한 후 측정한 전지 전위가 1.175 V였다. $Fe(OH)_2$의 K_{sp}를 구하시오.

***19.111** 다음은 두 가지 반쪽 반응과 표준 환원 전위이다.

$$Ag^+ + e^- \longrightarrow Ag \qquad E^\circ_{Ag^+} = +0.80\ V$$
$$AgBr + e^- \longrightarrow Ag + Br^- \qquad E^\circ_{AgBr} = +0.07\ V$$

브로민화 은의 몰용해도를 구하시오.

***19.112** 혈청에 존재하는 염화 이온 농도의 범위는 보통 0.096~0.106 M이다. 은 산화 전극에서 은 이온을 만들어서 염화 이온과 침전을 형성시키기 위한 전기 분해 장치를 만들었다. 3.00 mL의 혈청을 전기 분해 장치에 넣고 0.500 A 전류를 흘려줄 때, 시료에 포함된 염화 이온을 모두 침전시키는 데 걸리는 시간(초)의 범위를 구하시오.

***19.113** 1.00 M NaCl 수용액을 36.0분 동안 젓지 않고 전기 분해한 후, 0.125 M HCl로 적정하였더니 산 17.5 mL가 소모되었다. 전기 분해하는 동안 흘려준 평균 전류는 몇 A인가?

19.114 다음은 두 가지 반쪽 반응과 표준 환원 전위이다.

$$Co^{3+}(aq) + e^- \longrightarrow Co^{2+}(aq) \qquad E^\circ = 1.84\ V$$
$$O_2(g) + 4H^+(aq) + 4e^- \longrightarrow 2H_2O \qquad E^\circ = 1.23\ V$$

두 반쪽 반응에 의하면 수용액에서 Co^{3+} 이온을 이용하여 물을 산화시킬 수 있음을 알 수 있다. 그러나 1.00 M NH_3 수용액에서 $[Co(NH_3)_6]^{3+}$는 물을 산화시킬 수 없다는 것을 주어진 자료를 이용하여 증명하시오. $[Co(NH_3)_6]^{3+}$와 $[Co(NH_3)_6]^{2+}$의 형성 상수는 각각 5×10^{33}과 5×10^{5}이다.

비판적 사고의 과제

***19.115** 생화학계에서 일반적인 표준 상태인 $[H^+] = 1.00\,M$은 현실적이지 못하다. 이와 관련한 다음 물음에 답하시오.

(**a**) pH = 7.00을 수소 이온의 표준 상태로 정하면, 표 19.1에서 표준 환원 전위가 변하는 반쪽 반응은 어느 것인가?

(**b**) pH = 7.00에서 (**a**)에서 선택된 반응의 표준 환원 전위는 얼마인가? 이것을 $E^{\circ\prime}_{전지}$라고 하며, 프라임(′) 표시는 pH = 7.00에서의 전위임을 의미한다.

19.116 표 19.1에서 리튬의 반쪽 반응의 표준 환원 전위를 0 V로 정의한 새로운 표를 작성하시오. 새로운 정의를 사용할 때 표준 전지 전위와 관련된 계산 결과가 달라질 수 있는가?

19.117 다음은 산성 용액에서 망가니즈와 관련된 일련의 환원 반쪽 반응에 관계되는 298 K에서의 E° 값을 나타낸 것이다.

$$MnO_4^- \xrightarrow{0.56\ V} MnO_4^{2-} \xrightarrow{2.26\ V} MnO_2 \xrightarrow{0.95\ V} Mn^{3+} \xrightarrow{1.50\ V} Mn^{2+} \xrightarrow{-1.18\ V} Mn$$

$MnO_4^- \longrightarrow Mn$와 관련된 반쪽 전지 반응의 E°를 계산하시오.

19.118 현재의 전기 요금을 기준으로 각각의 무게가 0.45온스인 알루미늄 캔 24개를 생산하는 데 드는 비용을 계산하시오. 교류를 직류로 전환하는 효율은 100%로 가정한다.

***19.119** 대부분의 손전등은 2개 이상의 배터리를 직렬로 연결하여 사용한다. 19장에서 학습한 갈바니 전지 개념을 이용하여 새 배터리 하나와 이미 사용한 배터리 하나를 사용하는 경우, 전구에 불이 켜진다고 해도 그 밝기가 매우 약한 빛만을 얻는 이유를 설명하시오.

19.120 두 전해 전지를 직렬로 연결하면 두 전지에 흐르는 전자의 수는 항상 동일하다. 전해 전지 두 개를 직렬로 연결하여 사용하면 전지 한 개를 사용하는 것보다 두 배의 생성물을 얻을 수 있고, 따라서 그 결과로 생산 비용(전력 생산 비용)을 크게 줄일 수 있어서 이윤이 크게 증가할 것이라고 한 학생이 주장하였다. 이 학생의 주장이 옳은가? 이 주장에 대하여 전기 화학의 원리에 기초하여 여러분의 이유를 설명하시오.

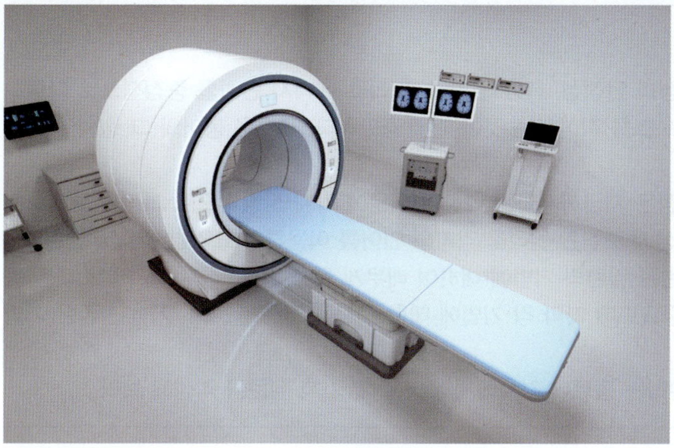

Kittipong Jirasukhanont/Dreamstime LLC

20장

핵반응과 화학에서의 역할

이 장의 배경

사진의 자기 공명 영상(MRI) 장치는 인체에서 특정 핵종의 정확한 위치를 확인하기 위하여 사용된다. 컴퓨터가 작성한 인체의 단층 사진에 핵종의 위치와 관련한 정보가 나타난다. 특정 핵종의 존재 혹은 결손에 대한 자료를 이용하여 의사가 신체가 정상적으로 작동하는지 판단하고, 이를 바탕으로 적절한 처치나 혹은 수술의 필요성을 판단하게 된다.

원자 내의 전자 분포가 원자의 화학적 성질을 결정하고, 원자핵이 원자에서 전자의 수와 에너지를 결정하기 때문에 화학적 관점에서 원자핵에 대한 관심이 매우 높다. 대부분의 동위 원소 핵이 안정하지만, 또 많은 원소가 불안정한 핵을 가진 한 개 이상의 동위 원소를 가지고 있다. 이러한 원소들은 독특한 성질을 가지기 때문에 특별히 유용하기도 하고 관심사가 되기도 한다. 불안정한 핵은 핵반응을 일으킬 수 있으며, 입자나 에너지로 이루어진 방사선을 방출하는 경향을 보인다. 21세기의 과학과 기술에 있어서 핵반응과 붕괴, 그리고 이때 방출하는 입자들은 이론, 의학, 분석, 환경, 안전, 그리고 에너지 해결과 같은 광범위한 분야에 이용되고 있다. 이 장에서는 이러한 특성 몇 가지를 조사하고, 급격하게 변화되고 있는 이 분야에 대한 적극적인 연구를 제안하려고 한다.

이 장의 개요

20.1 질량-에너지 보존 법칙

20.2 핵결합 에너지

20.3 방사능

20.4 안정도띠

20.5 변환

20.6 방사능 측정

20.7 방사성 핵종의 의학 및 분석 분야에서의 응용

20.8 핵분열과 핵융합

학습 목표

이 장을 읽고 이해한 후 다음과 같은 것을 할 수 있어야 한다.

- 질량과 에너지 보존을 결합한 법칙을 이용할 수 있다.
- 핵결합 에너지와 핵안정성을 설명할 수 있다.
- 방사성 핵종과 그들의 방사 특성을 기술할 수 있다.
- '안정도띠'의 특성을 이해할 수 있다.
- 현대의 변환법을 설명할 수 있다.
- 방사능을 측정하는 방법에 관한 지식을 시연할 수 있다.
- 방사성 핵종의 실제 응용에 대한 설명을 할 수 있다.
- 핵분열과 핵융합의 과정과 그 차이를 설명할 수 있다.

학습 목표 달성을 위한 제안

이 장에서는 원자핵의 기본적인 특성과 안정성, 핵붕괴 과정, 그리고 에너지 변화를 중점적으로 다루고 있다. 지금까지와 마찬가지로 요약 노트를 작성하는 것이 매우 중요하다. 새로운 용어와 그 정의에 대한 목록을 작성하라.

핵반응에 대한 균형을 맞추는 과정은 지금까지와는 다르기 때문에 각자의 방법으로 과정을 요약하는 것이 필요하다. 이와 더불어 핵안정성에 포함된 원리를 각자의 언어를 이용하여 요약할 것을 추천한다.

이 장에서는 핵반응과 방출과 관련된 일련의 기법에 대하여 배우게 될 것이다. 각각의 기법에 대한 목록을 작성하고 여러분이 생각하는 중요도에 따라 각 기법에 대한 순서를 결정해 보라. 가능한 많은 기법을 고려하라.

지금까지와 마찬가지로 함께 공부하는 동료나 강사에게 물어볼 몇 가지 질문을 작성해 보라.

20.1 질량-에너지 보존 법칙

도입부 사진은 혁명적인 의료 기구의 일종인 자기 공명 영상(MRI) 장치를 보여주고 있다. 20.7절에서 상세하게 다루게 될 이 장치는 유기 화학자들이 유기 분자의 구조를 밝히기 위하여 사용하는 자기 공명 분광기(NMR)와 밀접한 관계가 있다. 강하고 균일한 자기장에서 어떤 핵종은 특정 주파수의 라디오파 복사선을 흡수한다. 1973년에 Paul Lauterbur은 불균일한 자기장에서 핵종의 위치를 특정할 수 있다는 사실을 확인하였다. 예를 들면 **그림 20.1**에서 보는 바와 같이 시험관이나 생체 안에 존재하는 양성자의 위치를 확인하는 것이 가능하다. 이 업적으로 Paul Lauterbur는 **그림 20.2**에 나타낸 화학자들이 이용하는 분광기와 관련된 기술을 응용하여 도입부 사진과 같은 MRI에 적용할 수 있는 기술을 개발한 Peter Mansfield와 함께 2003년에 노벨 생리학상을 수상하였다.

불안정한 원자핵이 관련된 변화는 일반적인 화학 반응보다 훨씬 더 많은 양의 에너지 변화를 수반한다. 이러한 에너지 변화가 일어나는지 과정을 이해하기 위하여, 이 장의 이전까지

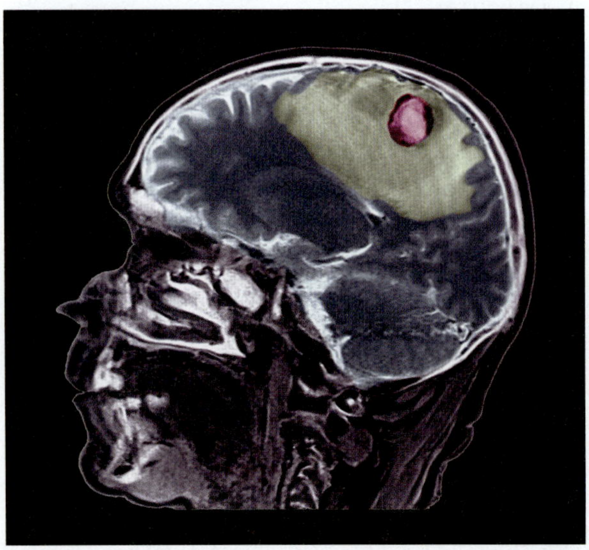

그림 20.1 뇌종양에 대한 단층 사진 MRI를 이용하여 뇌에 발현된 종양의 위치를 분홍색으로 표시된 것과 같이 정확하게 확인할 수 있다.

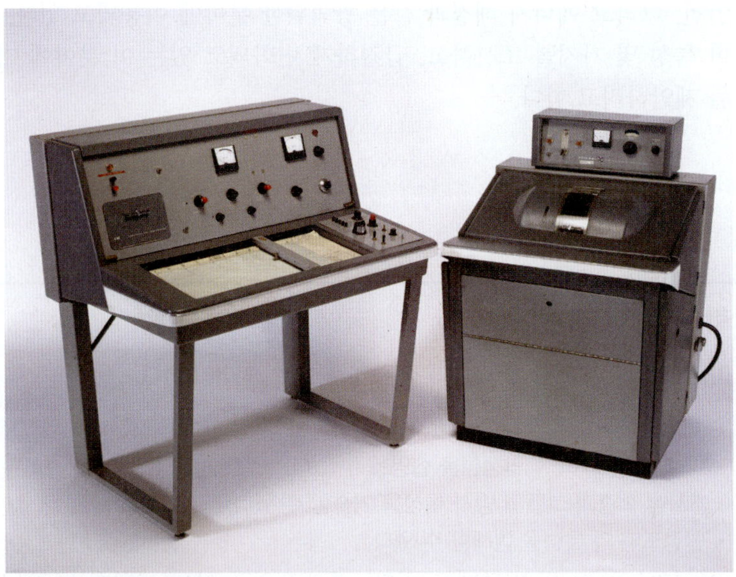

그림 20.2 MRI를 개발하기 위하여 사용된 초기 기기의 모습 사진과 같은 NMR 장비를 변형시켜 인체 내부에 대한 3차원 단층 사진을 얻을 수 있는 장비를 개발하였다.

는 서로 별개이며 독립적이라고 생각되었던 물리적 법칙인 에너지 보존 법칙과 질량 보존 법칙을 다시 검토하는 것부터 시작하기로 하자. 화학 반응에서는 이 두 법칙은 독립적인 것으로 취급되지만, 핵반응의 경우에는 그렇지 않다. 이 두 법칙은 좀 더 심화된 일반적인 법칙의 서로 다른 측면이라고 할 수 있다.

1900년대 초기에 원자 및 핵물리학의 발전에 따라 물리학자는 모든 상황에서 입자의 질량을 항상 일정한 것으로 취급할 수 없다는 사실을 알게 되었다. 입자의 질량(m)은 입자의 속도(v)에 의존하는데, 이것은 관찰자에 상대적인 속도를 의미한다. 입자의 질량은 식 20.1과 같이 입자의 속도 및 빛의 속도(c)와 연관되어 있다.

해설 $c = 2.99792458 \times 10^8\,\mathrm{m\,s^{-1}}$, 빛의 속도

$$m = \frac{m_0}{\sqrt{1-(v/c)^2}} \qquad \textbf{(20.1)}$$

입자의 속도 v가 0인 경우 관찰자에 대한 상대 속도가 없다는 것을 의미한다. 이 경우에 v/c 비가 0이 되면 전체 분모는 1이 되어 식 20.1은 다음과 같이 된다.

$$m = m_0$$

기호 m_0는 입자의 정지 질량을 나타낸다.

정지 질량이란 화학 시료와 같이 어떤 물체가 정지한 상태(우리의 관점에서)에 있거나, 아주 비현실적으로 빠르게 움직이지는 않는 일반 실험 과정에서 측정되는 값이다. 입자의 속도가 빛의 속도 c에 근접하는 경우에만 식 20.1에서 v/c 항이 중요하게 된다. v가 c에 근접함에 따라 v/c 비는 1에 가까워지고, 분모인 $[1-(v/c)^2]$는 0에 가까워진다. 실제로 0이라면 m은 ($m_0 \div 0$)이 되어 무한대로 커진다. 즉 빛의 속도로 움직이는 입자의 질량 m은 무한대로 무거워지는데, 이는 물리적으로 불가능한 것이다. 따라서 빛의 속도는 입자가 가질 수 있는 속도의 절대 상한 값으로 볼 수 있다.

일상생활에서의 속도의 경우, 식 20.1에 의해 계산된 어떠한 물체의 질량도 정지 질량과 네 개나 다섯 개 유효 숫자까지 일치하게 된다. 그 차이는 질량 측정 장치로 감지될 수 없기 때문에 일상적인 연구에서는 질량이 보존되는 것처럼 보이며, 화학에서의 질량 보존 법칙은 이와 같은 범주에서 작용하는 것이다.

실전 문제 20.1

$53.6\,\mathrm{m\,s^{-1}}$의 속도로 움직이는 테니스공의 질량은 얼마인가? 국제테니스연맹(ITF)에서 규정하고 있는 테니스공의 정지 질량은 57.7 g이다. (**힌트:** 테니스공의 속도가 질량에 어떤 영향을 미치는가?)

실전 문제 20.2

실전 문제 20.1에서와 동일한 테니스공의 속도가 $3.36 \times 10^6\,\mathrm{m\,s^{-1}}$으로 증가한다면, 테니스공의 질량은 얼마가 되겠는가?

질량–에너지의 보존 법칙 우리는 물질이 '무'에서 생기지 않는 것을 알고 있고, 따라서 한 물체가 빠른 속도로 움직일 때 얻는 여분의 질량은 그 물체의 속력을 높이는 에너지로부터 올 수밖에 없다. 그러므로 물리학자들은 질량과 에너지는 상호 변환이 가능하다는 것과, 고에너지 물리학의 세계에서는 질량 보존 법칙과 에너지 보존 법칙이 서로 다른 것이거나 독립된 것이 아니라는 사실을 깨닫게 되었다. 결과적으로 이를 결합한 단일 법칙인 **질량–에너지 보존 법칙**(**law of conservation of mass-energy**)이 등장하게 되었다.

MPI/Archive Photos/Getty Images

Albert Einstein(1879~1955)은 1921년에 노벨 물리학상을 수상하였다.

질량–에너지 보존 법칙
우주에 있는 전체 에너지와 전체 질량(에너지와 등가로 표현된)의 합은 일정하다.

Einstein 식

해설 일반 대중에게는 Einstein 식이 $E = mc^2$로 알려져 있다.

도구
Einstein 식

Einstein은 질량이 에너지로 변환될 때의 에너지 변화량(ΔE)와 정지 질량의 변화(Δm_0) 사이의 관계를 다음과 같은 **Einstein 식(Einstein equation)**으로 정리하여 발표하였다.

$$\boxed{\Delta E = \Delta m_0 c^2} \tag{20.2}$$

여기에서 c는 빛의 속도인 $3.00 \times 10^8\,\mathrm{m\,s^{-1}}$이다.

에너지 변화 값이 매우 크더라도 빛의 속도가 매우 크기 때문에 질량의 변화 Δm_0는 지극히 작다. 예를 들어 메테인의 연소는 단위 몰당 상당한 양의 열을 방출한다.

$$CH_4(g) + 2O_2(g) \longrightarrow CO_2(g) + 2H_2O(l) \qquad \Delta H^\circ = -890\ \mathrm{kJ}$$

890 kJ의 열에너지 방출은 질량 감소에 해당하는데, 이는 Einstein 식에 의하면 9.89 ng의 손실과 같다. 이는 1 mol CH_4와 2 mol O_2 전체 질량의 약 1×10^{-7}%이다. 이렇게 작은 질량의 변화는 실험실 저울로는 측정할 수 없으므로 실용적인 관점에서 질량은 보존된다고 할 수 있다. Einstein 식이 전자의 재배열과 관련된 화학 반응과 같은 분야에 직접적으로 응용되지는 않지만, 그 중요성은 1939년에 **핵분열(fission**, 무거운 원자들이 깨져서 더 가벼운 원자들이 형성됨)이 최초로 관찰되어 확실히 증명되었다.

20.2 핵결합 에너지

20.3절에서 더 논의하겠지만, 원자핵에는 양성자 사이의 반발력을 이겨낼 수 있을 만큼 매우 강력한 인력이 작용하고 있다. 따라서 원자핵을 각각의 양성자나 중성자와 같은 **핵자(nucleon)**로 쪼개기 위해서는 상당한 양의 에너지를 공급해야 한다. 이러한 에너지를 **핵결합 에너지(nuclear binding energy)**라고 한다.

핵이 형성될 때 방출된 결합 에너지에 해당하는 양의 에너지를 흡수하게 되면 핵이 깨지고 각각의 핵자가 생성된다. 이 핵자들은 그들이 흡수한 에너지에 해당하는 등가 질량(mass equivalent)만큼 여분의 질량을 가지게 된다. 핵자들의 질량을 더한다면, 그 합은 그 핵자들이 원래 모여 있던 핵의 질량보다 커야 한다. 그리고 이것이 실제 관찰된 결과와 일치한다. 주어진 원자핵에서, 모든 핵자의 정지 질량의 합은 원자핵의 실제 질량보다 항상 약간 크다. 그 질량 차이를 **질량 결손(mass defect)**이라 하며, 이에 해당하는 에너지는 핵결합 에너지와 등가이다.

핵결합 에너지는 핵이 실제로 가지고 있는 에너지가 아니라, 핵을 쪼개는 데 필요한 에너지라는 것을 명심하라. 그러므로 핵결합 에너지가 클수록 핵은 더 안정하다.

핵결합 에너지의 계산

Einstein 식을 사용한 핵결합 에너지의 계산을 헬륨-4의 예를 통해 살펴 보자. 분리된 양성자의 정지 질량은 1.007276466621 u이고 중성자의 정지 질량은 1.00866491595 u이다. 헬륨-4의 원자 번호는 2이므로, 원자핵은 네 개의 핵자(두 개의 양성자와 두 개의 중성자)로 구성되어 있다. 헬륨-4 핵 한 개의 정지 질량은 4.0015061792 u로 알려져 있다. 그러나 네 개의 분리된 핵자들의 정지 질량의 합은 4.031882765142 u로 위의 값보다 약간 큰데, 이와 관련된 계산을 다음에 나타내었다.

> **해설** 대부분의 과학용 계산기는 10자리 이상의 유효 숫자를 다룰 수 없으므로 이제부터는 7자리의 유효 숫자만을 사용한다.

$$\text{양성자 2개의 질량: } 2 \times 1.007276466621\ \text{u} = 2.014552933242\ \text{u}$$

$$\text{중성자 2개의 질량: } 2 \times 1.00866491595\ \text{u} = \underline{2.01732983190\ \text{u}}$$

$$^{4}\text{He에 들어 있는 핵자의 전체 정지 질량} = 4.031882765142\ \text{u}$$

헬륨-4 핵에 대한 질량 결손, 즉 계산된 값과 측정된 정지 질량 값(7자리 유효 숫자로 반올림함)의 차이는 0.030377 u이다.

$$\underbrace{4.031883\ \text{u}}_{\text{핵자 4개의 질량}} - \underbrace{4.001506\ \text{u}}_{\text{핵의 질량}} = \underbrace{0.030377\ \text{u}}_{\text{질량 결손}}$$

Einstein 식을 사용하여 He-4 원자핵에 대한 질량 결손에 해당하는 핵결합 에너지를 유효 숫자 5자리까지 계산해 보자. 질량 결손을 반올림해서 0.030377 u로 하자. 에너지를 J 단위로 계산하기 위해 $1\,\text{J} = 1\,\text{kg}\,\text{m}^2\,\text{s}^{-2}$을 사용해야 하고, 원자 질량 단위(u)로 표시된 질량을 kg으로 바꿔야 한다. 이 책 뒤표지 안쪽의 상수표를 유효 숫자 7자리로 나타내면 $1\,\text{u} = 1.660539 \times 10^{-24}\,\text{g}$, 즉 $1\,\text{u} = 1.660539 \times 10^{-27}\,\text{kg}$임을 알 수 있다. 이 값을 Einstein 식에 대입하여 결합 에너지를 계산하면 다음과 같다.

$$\Delta E = \Delta mc^2 = \underbrace{(0.030377\ \cancel{\text{u}}) \times \frac{1.660539 \times 10^{-27}\ \text{kg}}{1\ \cancel{\text{u}}}}_{\Delta m\ (\text{in kg})} \times \underbrace{(2.997924 \times 10^{8}\ \text{m s}^{-1})^2}_{c^2}$$

$$= 4.5335 \times 10^{-12}\ \text{kg m}^2\ \text{s}^{-2}$$

$$= 4.5335 \times 10^{-12}\ \text{J}$$

헬륨-4 핵에는 4개의 핵자가 있으므로 핵자당 결합 에너지는 $(4.5335 \times 10^{-12}\,\text{J}/4\ \text{핵자})$ 또는 $1.1334 \times 10^{-12}\ \text{J/핵자}$이다.

헬륨-4 핵 한 개가 형성될 때 방출되는 $4.5335 \times 10^{-12}\,\text{J}$의 에너지는 매우 작은 양이다. 그러나 Avogadro 수(혹은 1 mol)만큼의 헬륨-4 핵(전체 질량은 단지 4 g 정도이다)이 생성될 때의 알짜 에너지 방출량은 다음과 같다.

$$(6.022141 \times 10^{23}\ \cancel{\text{핵}}\ \text{mol}^{-1}) \times (4.5335 \times 10^{-12}\ \text{J}/\cancel{\text{핵}}) = 2.7301 \times 10^{12}\ \text{J mol}^{-1}$$

이것은 단지 헬륨 4 g이 형성될 때 나오는 거대한 에너지이다. 이 에너지로 100 W 백열전구를 거의 900년 동안이나 켜 놓을 수 있다!

> **실전 문제 20.3**
> 철-56 원자핵의 질량 결손을 계산하시오. 철-56의 질량은 55.934939 u이다. (**힌트**: 철-56에는 양성자와 중성자가 몇 개씩 들어 있는가?)

> **실전 문제 20.4**
> 질량이 15.994915 u인 산소-16 원자핵의 핵자당 결합 에너지를 계산하시오.

결합 에너지와 핵안정성

그림 20.3은 여러 가지 원소의 질량수에 따른 핵자당 결합 에너지 그래프이다. 핵자당 결합 에

그림 20.3 **핵자당 결합 에너지** 질량수에 따른 결합 에너지 그래프를 살펴보면 처음에는 질량수가 증가함에 따라 핵의 안정도가 증가하다고 철-56을 지나면서 안정도가 감소하는 것을 볼 수 있다.

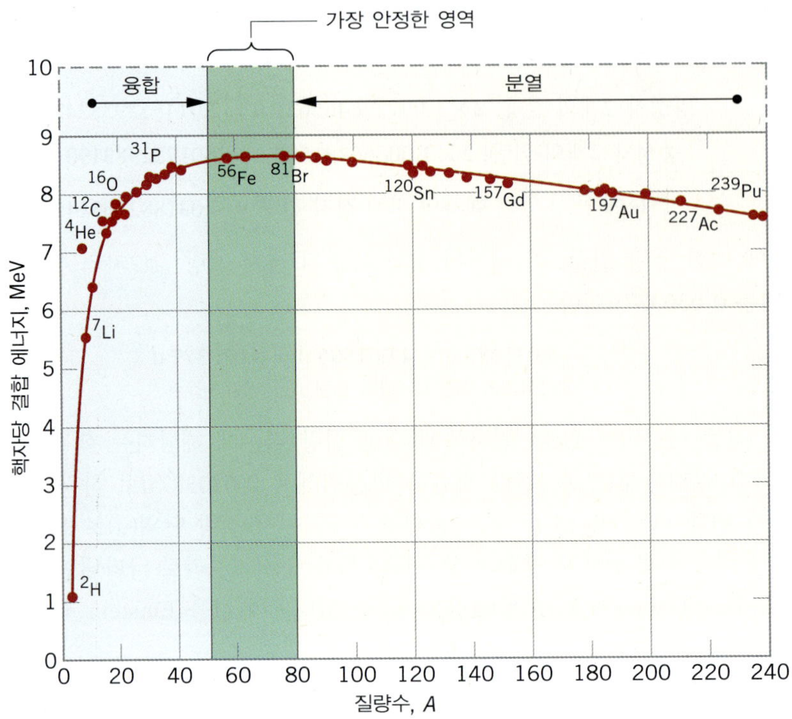

Based on an image from D. Halliday, R. Resnick, and J. Walker, Fundamentals of Physics, 9th ed., revised, 2011. John Wiley & Sons, Inc.

너지가 클수록 핵이 안정하다는 의미이므로, 그래프가 나타내는 바와 같이 핵자당 결합 에너지가 최대인 철-56의 원자핵이 모든 핵 중에 가장 안정하다는 것을 의미한다. 그러나 그림 20.3의 그래프에서 철-56의 최대점이 다른 원소와 많은 차이가 나는 것은 아니다. 따라서 주기율표의 가운데 영역에 위치한 중간 정도의 질량수를 가진 원소들이 자연에서 가장 안정한 동위 원소를 가진다고 할 수 있다.

해설 융합을 의미하는 다른 용어는 0장에서 사용된 핵합성(nucleosynthesis)이다.

질량수가 작은 핵들은 핵자당 결합 에너지가 작다. 이러한 두 개의 핵을 합쳐서 보다 무거운 핵을 형성하는 과정을 **핵융합(nuclear fusion)**이라고 하는데, 이 과정을 통해 더 안정한 핵이 만들어지고 핵자당 결합 에너지가 큰 폭으로 증가한다. 이 여분의 에너지는 두 개의 가벼운 핵이 융합될 때 방출되고, 이는 0장에서 다룬 별의 중심부에서 방출되는 에너지나 수소 폭탄의 파괴력의 근원이다. 핵융합은 20.8절에서 자세히 다룬다.

해설 '원자 융합'과 '원자 분열'이라는 용어가 핵융합과 핵분열 대신 사용되기도 한다.

그림 20.3의 그래프를 따라 질량수가 보다 큰 쪽을 살펴보면 원자핵의 결합 에너지가 감소하고 따라서 안정성도 감소하는 것을 알 수 있다. 그러므로 가장 무거운 원자들 중에서, 더 가벼운 원소로 쪼개지는 핵분열을 통해 더 안정한 형태로 변화하는 동위 원소를 찾을 수 있을 것이다. 20.8절의 주제인 **핵분열(nuclear fission)**은 원자핵의 자발적 분해를 통해 중간 정도의 질량수를 가진 동위 원소를 형성하는 과정이라고 할 수 있다.

20.3 방사능

수소를 제외한 모든 원자핵은 하나 이상의 양성자를 갖고 있으며 각 양성자는 양전하를 띤다. 같은 전하끼리는 서로 반발하므로 핵이 어떻게 안정하게 유지될 수 있는지 살펴보기로 하자. 그러나 염화 소듐 결정 내부의 이온 간에 존재하는 것과 같은 정전기적 인력과 반발력이 원자핵에서 작용하는 유일한 힘은 아니다. 양성자들은 정전기적으로 서로 반발하지만, **강한 핵력**

(nuclear strong force)이라고 하는 다른 종류의 인력도 핵 내부에서 작용하고 있다. 이 강한 핵력은 아주 짧은 거리에서만 작용하는데, 양성자 간의 정전기적 반발력을 극복하여 양성자와 중성자를 원자핵이라는 공간에 붙들어 놓는다. 한편 중성자들도 양성자들을 좀 더 멀리 떨어뜨려 놓음으로써 양성자들 사이의 반발력을 감소시킨다.

해설 이웃하고 있는 중성자들은 서로 정전기적 반발력이 없고 강한 인력만을 느낀다.

핵이 양성자를 많이 가지고 있으나 혼합된 중성자 수가 상대적으로 적어서 양성자–양성자 반발력을 완화시키기 어려운 경우에는 한 가지 중요한 현상이 나타난다. 그런 핵은 핵을 하나로 유지하기 위하여 과량의 에너지를 가지고 있기 때문에 많은 경우에 불안정하다. 불안정한 원자핵은 에너지를 낮추고 안정성을 높이기 위해 핵의 일부분을 내놓고, 많은 경우에 이와 동시에 높은 에너지의 전자기 복사선을 방출하는 경향이 있다. 이와 같은 시료로부터 나오는 입자의 흐름(또는 광자)을 **핵방사선(nuclear radiation)**이라 하고, 이 현상을 **방사능(radioactivity)**이라고 한다. 이런 특성을 나타내는 동위 원소를 **방사성 핵종(radionuclide)**이라고 한다. 자연에 있는 350여 개의 동위 원소 중 약 60개가 방사성이다.

해설 Marie Curie는 1896년에 동료가 연구하던 방출을 기술하기 위하여 방사능이라는 용어를 처음 사용하였다.

방사성 핵종 시료에서 모든 원자가 동시에 변화하지는 않는다. 방사선이 방출되는 속도(방사능의 세기로 간주됨)는 시료 안의 동위 원소의 종류에 따라 결정된다. 오랜 시간 방사성 핵종이 안정한 핵종으로 바뀜에 따라 시료 안에 남아 있는 방사성 핵종의 원자수는 감소하는데, 이에 따라 방사선의 세기가 감소하게 된다. 이와 같은 현상을 방사성 핵종이 **방사성 붕괴(radioactive decay)**가 된다고 표현한다.

자연계에서 발생하는 중요한 세 종류의 **원자 방사선(atomic radiation)**은 알파, 베타, 감마 방사선이며, 그 외의 방사선도 존재한다. **표 20.1**에 요약한 여러 가지 방사선에 대하여 자세하게 살펴보기로 하자.

핵반응식

핵의 붕괴를 기호로 나타내기 위해 **핵반응식(nuclear equation)**을 사용한다. 예를 들어 우라늄-238이 알파 붕괴를 통해 토륨-234로 변하는 것을 다음과 같이 나타낼 수 있다.

해설 ^{238}U의 알파 입자 붕괴와 같은 핵변환은 화학적 환경에 의존하지 않는다. 우라늄이 자유 원소 상태이든 혼합물 형태이든 동일한 핵반응식이 적용된다.

$$^{238}_{92}\text{U} \longrightarrow {}^{234}_{90}\text{Th} + {}^{4}_{2}\text{He}$$

화학 반응과는 달리 **핵반응(nuclear reaction)**은 새로운 동위 원소를 생성하며, 따라서 핵반응식의 균형을 맞추기 위해서는 별도의 규칙들이 필요하다.

핵반응식의 균형을 맞추기 위한 규칙

1. 화살표 양쪽 질량수의 합이 같아야 한다.
2. 화살표 양쪽 원자 번호(핵전하)의 합이 같아야 한다.

도구
핵반응식 균형 맞추기

우라늄-238의 붕괴에 대한 핵반응식에서 (90 + 2) = 92로 원자 번호가 균형이 맞추어졌으며, (234 + 4) = 238로 질량수도 균형을 이루었다. 전기적 전하는 존재하더라도 포함되지 않는 점에 유의하라. 예를 들어 알파 입자는 2+의 전하를 가졌다. 만일 중성인 우라늄-238에서 알파 입자가 방출되면, 토륨 입자는 초기에 2−의 전하를 가진다. 그러나 전하를 띤 입자들은 결국에는 서로에게서 또는 움직이는 공간인 매질로부터 전자를 얻거나 잃게 된다.

알파 방사선

알파 방사선(alpha radiation)은 **알파 입자(alpha particle)**라고 하는 헬륨 원자핵의 흐름으로, 기호로는 $^{4}_{2}$He 또는 $^{4}_{2}\alpha$로 나타내는데, 여기서 4는 질량수이고 2는 원자 번호를 나타낸다. 알파

표 20.1 핵반응

방사능 종류	입자	기호	반응식 사례	예
알파 방사선	${}^{4}_{2}He$	${}^{4}_{2}\alpha$	${}^{A}_{Z}X \rightarrow {}^{A-4}_{Z-2}Y + {}^{4}_{2}He$ ${}^{263}_{106}Sg \rightarrow {}^{259}_{104}Rf + {}^{4}_{2}He$	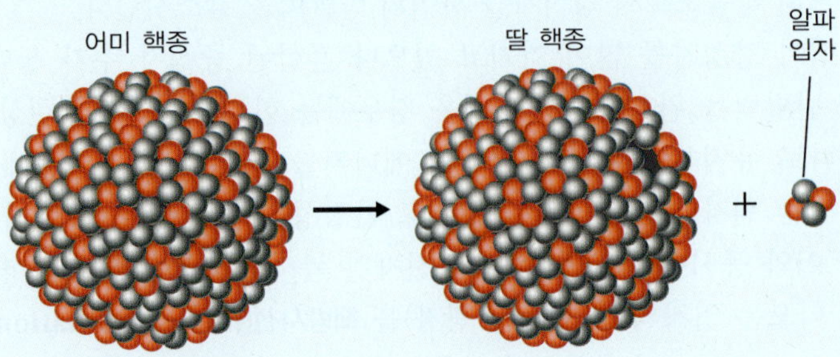
베타 방사선	${}^{0}_{-1}e$	${}^{0}_{-1}\beta$	${}^{A}_{Z}X \rightarrow {}^{A}_{Z+1}Y + {}^{0}_{-1}e + \bar{\nu}$ ${}^{14}_{6}C \rightarrow {}^{14}_{7}N + {}^{0}_{-1}e + \bar{\nu}$	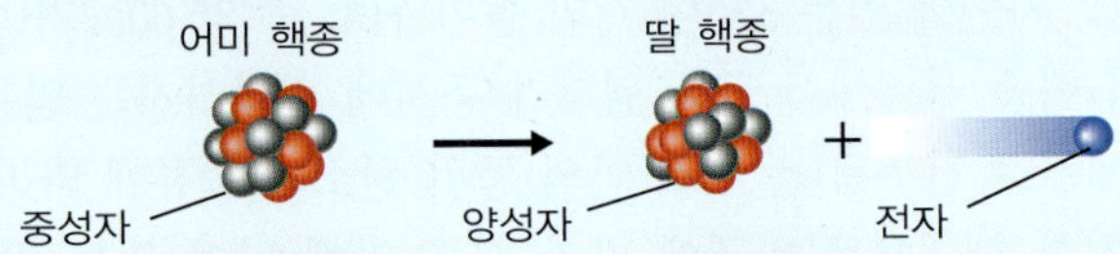
감마 방사선	${}^{0}_{0}\gamma$	γ	${}^{A}_{Z}X^{*} \rightarrow {}^{A}_{Z}X + \gamma$ ${}^{60}_{28}Ni^{*} \rightarrow {}^{60}_{28}Ni + \gamma$	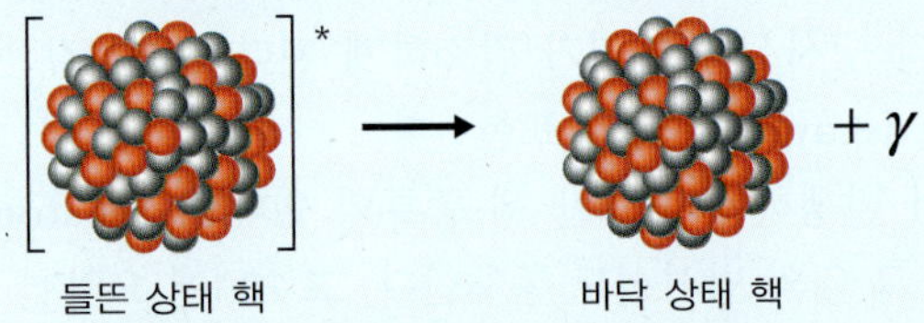
양전자 방출	${}^{0}_{+1}e$	${}^{0}_{+1}\beta$	${}^{A}_{Z}X \rightarrow {}^{A}_{Z-1}Z + {}^{0}_{1}e + \nu$ ${}^{54}_{27}Co \rightarrow {}^{54}_{26}Fe + {}^{0}_{1}e + \nu$	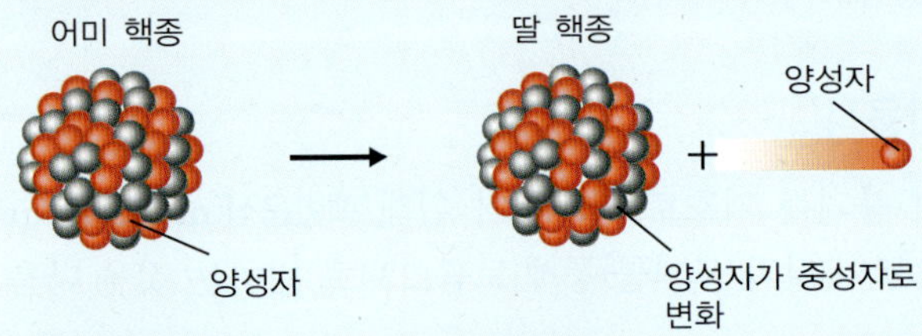
중성자 방출	${}^{1}_{0}n$	${}^{1}_{0}n$	${}^{A}_{Z}X \rightarrow {}^{A-1}_{Z}X + {}^{1}_{0}n$ ${}^{87}_{36}Kr \rightarrow {}^{86}_{36}Kr + {}^{1}_{0}n$	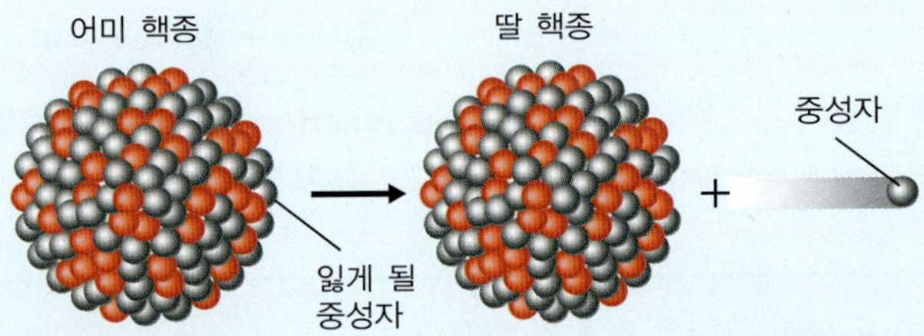
전자 포획	${}^{0}_{-1}e$	${}^{0}_{-1}e$	${}^{A}_{Z}X + {}^{0}_{-1}e \rightarrow {}^{A}_{Z-1}Y + \nu$ ${}^{50}_{23}V + {}^{0}_{-1}e \rightarrow {}^{50}_{22}Ti + \nu$	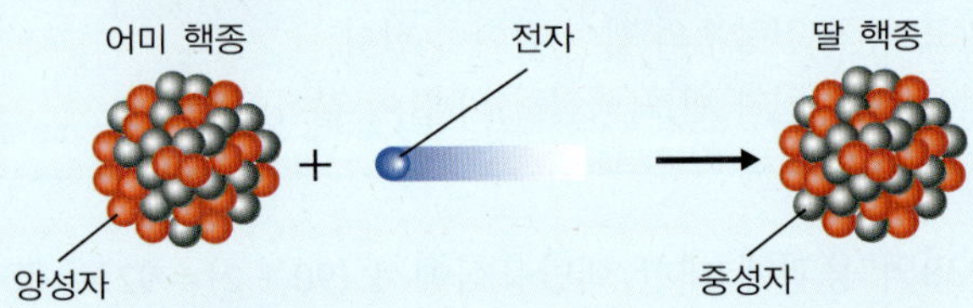

해설 0장에서 동위 원소를 표기할 때 화학 기호 X 앞쪽에 질량수 A를 위 첨자로, 원자 번호 Z를 아래 첨자로 써서 ${}^{A}_{Z}X$로 나타낸다는 것을 배웠다. 이와 같은 표기법을 핵반응에 관여하는 입자들을 나타낼 때도 이용한다. 원자핵이 아닌 입자의 경우, Z는 그 입자의 전하를 표시한다.

입자는 2+ 전하를 가지지만, 전하는 기호에서 생략한다.

알파 입자는 방사성 핵종이 일반적으로 방출하는 것 중에서 가장 무겁다. **그림 20.4**에 나타낸 바와 같이 알파 입자는 방출될 때 원자의 전자 오비탈을 뚫고 빛의 속도의 10분의 1까지의 속도를 가지고 원자로부터 튀어 나온다. 그러나 크기 때문에 멀리 갈 수는 없다. 공기 중에서는 대부분 몇 cm만 이동해도 공기 분자와 충돌하여 운동 에너지를 잃고 전자를 얻어서 중성의 헬륨 원자로 바뀐다. 알파 입자는 피부를 투과할 수 없으나 충분한 양에 노출된다면 심각한 피부 화상을 입게 된다. 알파 입자 방출체가 공기나 음식을 통해 폐나 장의 부드러운 조직

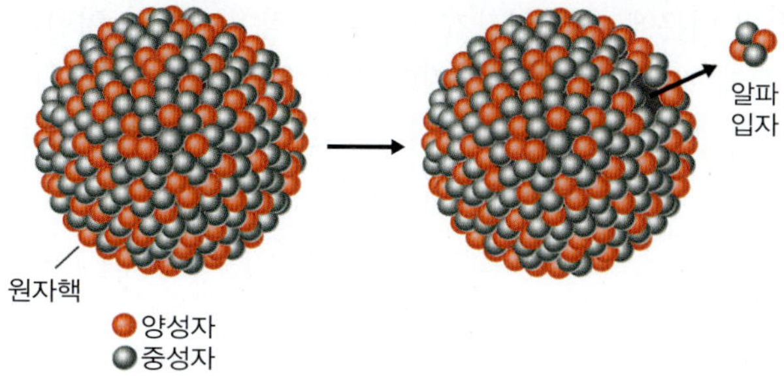

그림 20.4 원자핵으로부터 알파 입자의 방출 한 원자핵으로부터 ^4_2He를 제거하면 원자 번호는 2만큼 감소하고, 질량수는 4만큼 감소한다.

에 들어가게 되면 암을 포함한 심각한 질병을 유발할 수 있다.

베타 방사선

자연적으로 발생하는 **베타 방사선(beta radiation)**은 전자의 흐름인데, 본 교재에서는 **베타 입자(beta particle)**라고 부르기도 한다. 전자의 질량수는 0이고 전하는 1−이기 때문에 핵반응식에서 베타 입자를 $^{\ 0}_{-1}e$ 또는 $^{\ 0}_{-1}\beta$의 기호로 표시한다. 다음은 수소-3(삼중수소)가 베타 입자를 방출하면서 붕괴하는 반응식을 나타낸 것이다.

해설 가끔 베타 입자를 $^{\ 0}_{-1}\beta$ 또는 β^- 기호로 간단히 나타낸다.

$$\underset{\text{삼중수소}}{^3_1H} \longrightarrow \underset{\text{헬륨-3}}{^3_2He} + \underset{\text{베타 입자 (전자)}}{^{\ 0}_{-1}e} + \underset{\text{반중성미자}}{\bar{\nu}}$$

반중성미자(나중에 더 자세하게 설명됨)와 베타 입자는 모두 전자 껍질이 아닌 원자핵으로부터 방출된다. 그러나 이들이 핵 속에 이미 존재한다고 생각해서는 안 되는데, 이는 들뜬 원자로부터 방출되기 전에 이미 광자가 존재했다고 생각하지 않는 것과 마찬가지이다(**그림 20.5**). 베타 입자와 반중성미자는 중성자가 양성자로 변하는 붕괴 과정 중에서 생성된다.

$$\underset{\text{중성자 (원자핵 내)}}{^1_0n} \longrightarrow \underset{\text{베타 입자 (방출)}}{^{\ 0}_{-1}e} + \underset{\text{양성자 (원자핵 내 잔류)}}{^1_1p} + \underset{\text{반중성미자 (방출)}}{\bar{\nu}}$$

방사성 핵종으로부터 방출될 때 각각의 에너지가 동일한 알파 입자와는 다르게, 베타 방출체로부터 방출되는 베타 입자의 에너지는 0에서부터 각각의 방사성 핵종이 가질 수 있는 최대 한곗값에 이르기까지 다양한 값을 가질 수 있다. 이런 사실은 에너지 보존 법칙에 맞지 않기 때문에 핵물리학자들을 곤혹스럽게 만들었다. 이 문제를 해결하기 위해, 1927년에 Wolfgang Pauli는 베타 방출에는 전기적으로 중성이며 거의 질량이 없는 또 다른 붕괴 입자의 방출이 수반될 것이라고 제안하였다. Enrico Fermi는 그 이름을 작은 중성 입자라는 의미로 중성미자(neutrino)라 제안하였으나, 최종적으로 **반중성미자(antineutrino)**로 명명되었으며 기호로는 $\bar{\nu}$로 표기한다.

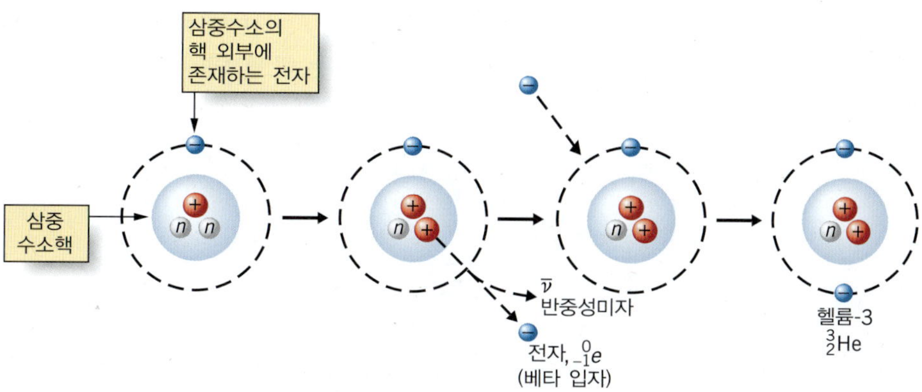

그림 20.5 삼중수소 핵으로부터 베타 입자의 방출 베타 입자가 방출되면 중성자가 양성자로 변한다. 이 변화로 생성된 양이온은 전자 한 개를 얻어 중성 원자가 된다.

전자는 극히 작기 때문에 베타 입자가 매질을 움직이는 동안 어떤 원자나 분자와 충돌할 가능성은 낮다. 처음에 가졌던 운동 에너지에 따라 달라지기는 하지만, 베타 입자는 건조한 공기 중에서 300 cm(약 10피트)까지도 이동할 수 있다. 그러나 가장 높은 에너지를 가진 베타 입자만이 사람이나 동물의 피부를 투과할 수 있다.

감마 방사선

해설 감마 광자들은 질량이나 전하를 띠지 않기 때문에 $^{0}_{0}\gamma$의 기호로 나타낸다.

대부분의 핵붕괴에 수반되는 **감마 방사선(gamma radiation)**은 고에너지 광자로, 핵반응식에서 $^{0}_{0}\gamma$ 또는 간단히 γ 기호로 나타낸다. 감마 방사선은 특히 침투성이 커서, 납과 같이 조밀한 물질만이 이를 효과적으로 차단할 수 있다.

감마 방사선의 방출은 핵 에너지 준위 간의 전이를 포함한다. 원자가 오비탈 에너지 준위를 가진 것처럼, 핵은 자기 자신의 에너지 준위를 가지고 있다. 핵이 알파 입자나 베타 입자를 방출하면 때로는 들뜬 상태에 머물러 있지만, 감마선 광자를 방출하면 핵은 좀 더 안정한 낮은 에너지 상태로 전이한다. 예를 들어 코발트-60이 베타 입자를 방출하면서 생성된 들뜬 핵 상태의 니켈-60 동위 원소(별표로 표시)는 2개의 γ 입자를 방출하면서 안정화된다.

$$^{60}_{27}\text{Co} \longrightarrow {}^{60}_{28}\text{Ni}^* + {}^{0}_{-1}e \longrightarrow {}^{60}_{28}\text{Ni} + 2\gamma$$

전자 볼트 방사선의 에너지는 **전자 볼트(electron volt)**라는 새로운 에너지 단위를 사용하며, 약자로 **eV**라고 쓴다. 1 eV는 전자가 1볼트에서 가속될 때 얻는 에너지이다. 전자 볼트와 줄(J) 사이에는 다음과 같은 관계식이 존재한다.

$$1\ \text{eV} = 1.602 \times 10^{-19}\ \text{J}$$

해설 질량과 에너지의 상호 변환

$1\ \text{eV} \Leftrightarrow 1.783 \times 10^{-36}\ \text{kg}$

$1\ \text{MeV} \Leftrightarrow 1.783 \times 10^{-27}\ \text{g}$

$1\ \text{GeV} \Leftrightarrow 1.783 \times 10^{-24}\ \text{g}$

전자 볼트는 매우 적은 양의 에너지이므로 흔히 킬로전자 볼트, 메가전자 볼트, 기가전자 볼트와 같은 단위가 통상적으로 사용된다. 라듐-224에서 방출되는 알파 입자는 5 MeV의 에너지를 가지며, 수소-3(삼중수소)은 0.05∼1 MeV 에너지의 베타 방사선을 방출한다. 음식에 포함된 박테리아와 기생충을 제거하는 데 사용되는 코발트-60으로부터 나오는 감마 방사선은 1.173∼1.332 MeV의 에너지를 가진 광자로 구성되어 있다.

예제 20.1 균형 핵반응식 쓰기

핵발전소나 원자 폭탄 폭발 후 생기는 방사성 폐기물인 유로퓸-155(^{155}Eu)은 베타 방사선을 방출한다. 유로퓸-155의 붕괴에 대한 균형 핵반응식을 쓰시오.

분석 핵반응식의 균형을 맞추는 문제이며, 이를 위해서는 원자 번호와 질량수를 확인하고 균형을 맞추어야 한다.

도구 모음 주어진 정보를 이용하여 간단한 반응식을 먼저 쓴다. 반응물 Eu가 베타 입자와 미지의 물질로 붕괴되는 반응에 대한 균형을 맞추어야 한다. 그러므로 핵반응식의 균형을 맞추는 데 필요한 규칙을 도구로 이용하여 반응식을 완결하는 데 필요한 정보를 도출한다.

풀이 불완전한 핵반응식은 다음과 같다.

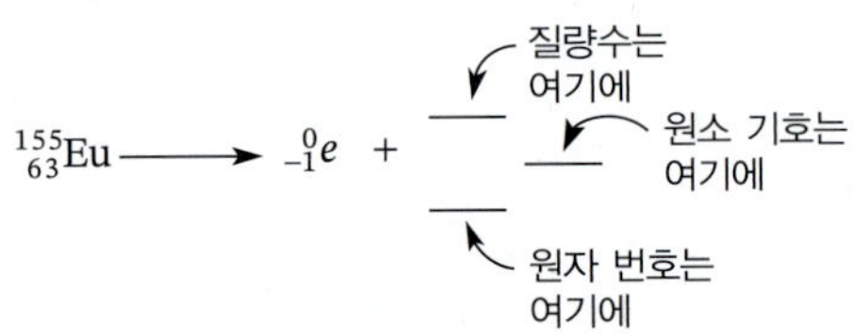

Z와 A 값을 먼저 결정하고, 그 정보를 이용하여 결정된 원소 기호를 X에 대입한다. 베타

입자의 질량수는 0이므로 미지 생성물 X의 질량수는 155이어야 하고, 따라서 위첨자는 155이다. X의 아래 첨자는 $63 = -1 + x$를 만족해야 하므로 64이다. 따라서 미지 생성물은 원자 번호가 64인 가돌리늄으로 기호는 Gd이다. 따라서 균형 반응식에 포함될 미지 생성물의 기호는 $^{155}_{64}Gd$이다. $^{155}_{64}Gd$를 대입한 균형 핵반응식은 다음과 같다.

$$^{155}_{63}\text{Eu} \longrightarrow {}^{0}_{-1}e + {}^{155}_{64}\text{Gd}$$

답이 합리적인가? 원자 번호가 56인 원소가 가돌리륨이라는 것 이외에도, 핵반응식에서 반응식의 양쪽에서 원자 번호의 합뿐만 아니라 질량수의 합도 155로 같아야 한다는 조건을 동시에 만족시키고 있다.

실전 문제 20.5

Marie Curie가 받은 두 개의 노벨상 중 하나는 라듐 원소를 분리하고 그 특성을 연구한 공로 덕분이다. 이 라듐은 얼마 지나지 않아 암을 치료하는 데 널리 사용되게 되었다. 라듐-226(^{226}Ra)은 알파와 감마 방사선을 방출하여 라돈-222를 생성한다. 라듐-226의 붕괴에 대한 균형 핵반응식을 작성하고 입자를 식별하시오(**힌트**: 반드시 원자 번호와 질량수의 균형을 맞추시오).

실전 문제 20.6

아이오딘은 갑상샘의 기능을 원활하게 작동시키는 데 필수적인 영양소로, 대부분 아이오딘 성분이 많이 포함된 해산물이나 아이오딘이 첨가된 소금을 통하여 섭취된다. 그러나 불행하게도 핵발전소의 폐기물에 포함된 방사성 핵종 중의 하나인 ^{131}I은 인체에 해롭다. 베타 방출체인 아이오딘-131의 붕괴에 대한 균형 핵반응식을 쓰시오.

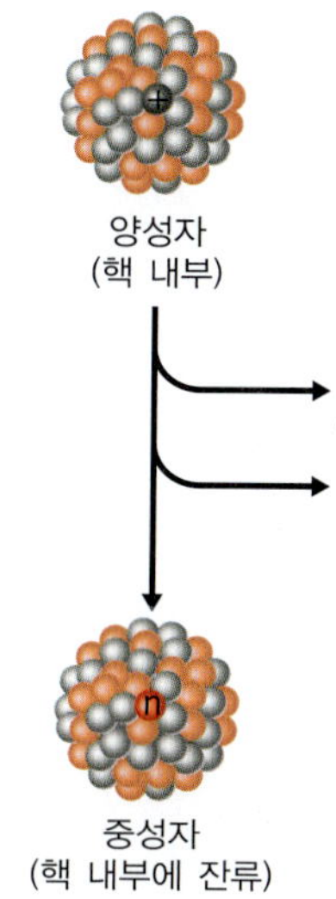

그림 20.6 양전자의 방출에 의해 양성자가 중성자로 바뀐다.

양전자와 중성자 방출

여러 인공 동위 원소(자연에서 발견된 것이 아닌 20.5절에서 다루는 방법으로 합성된 동위 원소)는 **양전자(positron)**를 방출하는데, 이것은 전자의 질량을 가진 입자로 음전하 대신 양전하를 가지고 있으며, 기호는 $^{0}_{1}e$로 나타낸다. 양전하는 핵 속에서 양성자가 중성자로 변환되면서 생성된다(**그림 20.6**). 베타 방출과 같이, 양전자 방출은 전하와 질량이 없는 입자인 중성미자(neutrino, ν)를 함께 방출하는데, 중성미자는 반물질 영역에 있는 반중성미자($\bar{\nu}$)의 대응 물질이다. 예를 들어 코발트-54는 양전자 방출체로서 철의 안정한 동위 원소로 변한다.

$$^{54}_{27}\text{Co} \longrightarrow {}^{54}_{26}\text{Fe} + \underset{\text{양전자}}{{}^{0}_{1}e} + \underset{\text{중성미자}}{\nu}$$

해설 때로는 양전자를 $^{+}\beta$ 기호로 나타내기도 한다.

양전자가 방출되면 결국에는 전자와 충돌하게 되고, **그림 20.7**에서 보듯이 이 둘은 서로를 소멸시킨다. 그들의 질량은 궁극적으로 소멸 방사 광자(annihilation radiation photon)라고 불리는 두 개의 감마선 광자의 에너지로 변하는데, 각각의 에너지는 511 keV이다.

양전자는 일반 물질의 입자(전자)를 파괴하기 때문에 반물질의 입자라고 한다. **반물질(antimatter)**로 분류되려면 그 입자는 반드시 보통의 물질 중에 대응 물질이 있어야 하고, 그

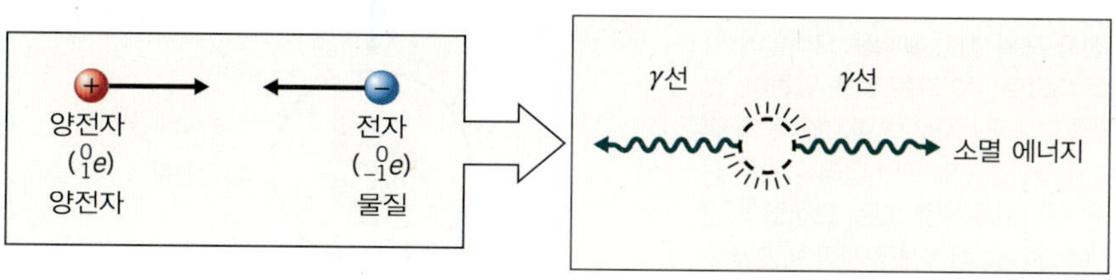

그림 20.7 양전자와 전자가 충돌하면 감마선이 생성된다. 양전자와 전자의 소멸은 서로 반대 방향으로 진행하는 두 개의 감마선 광자를 만든다.

들이 충돌할 때 그 둘은 반드시 서로를 소멸시켜야 한다. 예를 들어 중성자와 반중성자는 그러한 쌍의 사례로, 접촉하게 되면 서로를 소멸시킨다.

또 다른 형태의 핵반응인 **중성자 방출(neutron emission)**은 동일한 원소의 다른 동위 원소를 형성한다. 예를 들어 크립톤-87은 다음과 같이 크립톤-86으로 붕괴한다.

$$^{87}_{36}\text{Kr} \longrightarrow {}^{86}_{36}\text{Kr} + \underset{\text{중성자}}{^{1}_{0}n}$$

X선과 전자 포획

해설 진찰실에서 흔히 쓰는 X선은 100 keV 이하의 에너지를 갖는다.

감마선과 마찬가지로 **X선(X-ray)**은 고에너지 전자기 복사선이지만, 감마선보다는 에너지가 낮다. X선은 몇 가지 합성된 방사성 핵종에 의해 방출되기는 하지만, 의학적 진단에 필요할 경우에는 고에너지 전자선을 금속에 부딪치게 해서 발생시킨다.

전자 포획(electron capture) 역시 또 다른 형태의 핵반응으로, 자연적으로는 매우 드물게 일어나지만 합성 방사성 핵종 사이에서는 잘 일어난다. 예를 들면 $n = 1$ 또는 $n = 2$의 오비탈에 있는 전자가 바나듐-50 핵으로 포획되면 바나듐-50은 안정한 ^{50}Ti로 변환된다. 이 변화는 X선과 중성미자의 방출을 동반한다.

$$^{50}_{23}\text{V} \xrightarrow{\text{전자 포획}} {}^{50}_{22}\text{Ti} + \text{X선} + \nu$$

그림 20.8에 나타낸 바와 같이 전자 포획의 알짜 효과는 결국 양성자가 중성자로 변환하는 것이다.

$$\underset{\text{양성자 (원자핵 내)}}{^{1}_{1}p} + \underset{\text{전자(1s 오비탈에서 포획)}}{^{0}_{-1}e} \longrightarrow \underset{\text{중성자 (원자핵 내)}}{^{1}_{0}n}$$

전자 포획은 원자의 질량수는 변화시키지 않고 원자 번호만을 변화시킨다. 이것은 첫 번째나 두 번째 전자 껍질에 구멍을 만들며, 결국 더 높은 에너지 오비탈의 전자가 그 구멍을 메우려고 전이할 때 X선이 방출된다. 또 오비탈에 있던 전자를 포획한 핵들은 들뜬 상태로도 존재할 수 있어 감마선을 방출할 수도 있다.

방사성 붕괴 계열

방사성 핵종이 안정한 동위 원소로 붕괴하지 않고 불안정한 방사성 핵종으로 붕괴하는 경우도 있다. 이런 붕괴는 안정한 동위 원소가 될 때까지 계속 붕괴가 일어나게 된다. 그와 같은 일련의 연속적인 핵반응 순서를 **방사성 붕괴 계열(radioactive disintegration series)**이라고 한다. 4가지 방사성 붕괴 계열이 자연계에 존재한다. **그림 20.9**에 나타낸 우라늄-238의 붕괴가 가장 잘 알려져 있다.

방사성 핵종의 붕괴 속도는 다양하며, 이 속도를 주로 13.4절에서 배운 반감기($t_{1/2}$)로 나타

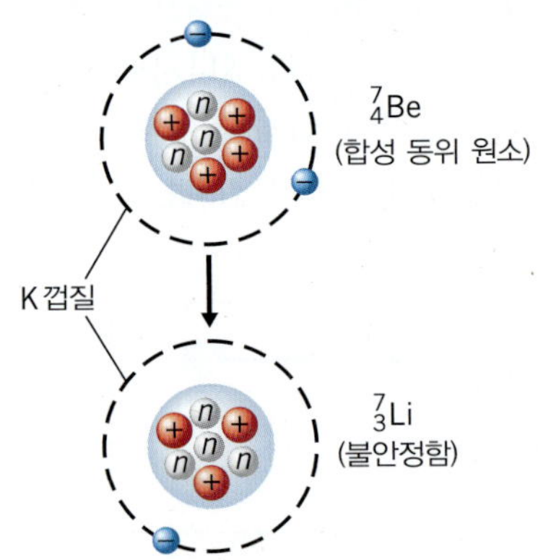

그림 20.8 전자 포획 전자 포획은 오비탈에 있던 전자가 핵 속으로 들어가는 것을 말하며, 결국 이것은 양성자를 중성자로 변화시킨다. 그 결과 낮은 에너지 준위를 갖는 오비탈에 공간이 생기며, 더 높은 에너지 준위를 갖는 오비탈의 전자가 이 공간에 채워질 때 X선 입자가 방출된다.

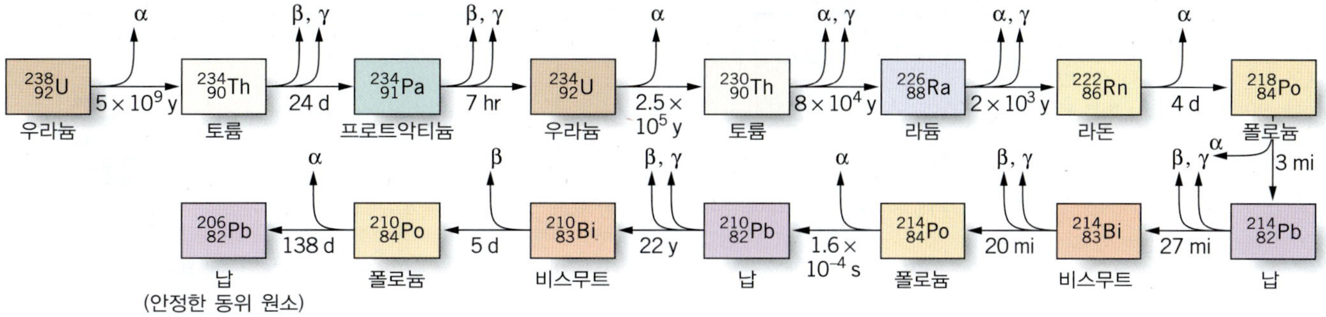

그림 20.9 우라늄-238 방사성 붕괴 계열 각각의 화살표 아래의 시간은 그 동위 원소의 반감기이다(y: 년, m: 달, d: 일, hr: 시간, mi: 분, s: 초).

표 20.2 대표적인 반감기

원소	동위 원소	반감기	방사능 또는 붕괴 방식
자연계에 존재하는 방사성 핵종			
포타슘	$^{40}_{19}K$	1.3×10^9년	베타, 감마
텔루륨	$^{123}_{52}Te$	9.2×10^{16}년	전자 포획
네오디뮴	$^{144}_{60}Nd$	2.3×10^{15}년	알파
사마륨	$^{149}_{62}Sm$	4×10^{14}년	알파
레늄	$^{187}_{75}Re$	4×10^{10}년	베타
라돈	$^{222}_{86}Rn$	3.82일	알파
라듐	$^{226}_{88}Ra$	1.59×10^3년	알파, 감마
토륨	$^{230}_{90}Th$	7.54×10^4년	알파, 감마
우라늄	$^{238}_{92}U$	4.47×10^9년	알파
합성된 방사성 핵종			
삼중수소	$^{3}_{1}H$, $^{3}_{1}T$	12.3년	베타
산소	$^{15}_{8}O$	124초	양전자
인	$^{32}_{15}P$	14.3일	베타
테크네튬*	$^{99m}_{43}Tc$	6.02시간	감마
아이오딘	$^{131}_{53}I$	8.03일	베타
세슘	$^{137}_{55}Cs$	30.2년	베타
스트론튬	$^{90}_{38}Sr$	28.9년	베타
플루토늄	$^{238}_{94}Pu$	87.8년	알파
아메리슘	$^{243}_{95}Am$	7.39×10^3년	알파

*m은 수명(lifetime)이 비교적 긴 들뜬 상태인 준안정 상태를 의미한다.

낸다. 핵 과학에서 **반감기**(half-life)란 어떤 시료가 처음 양의 절반이 되도록 붕괴되는 데 걸리는 시간을 말한다. 방사성 붕괴가 일차 과정이어서, 반감기는 처음 존재하는 핵의 수와는 관계없다. **표 20.2**에 나타낸 바와 같이 방사성 핵종의 반감기는 아주 다양하다.

20.4 안정도띠

그림 20.10은 모든 원소의 알려진 동위 원소에 대하여 양성자수에 대한 중성자수를 도시한 그

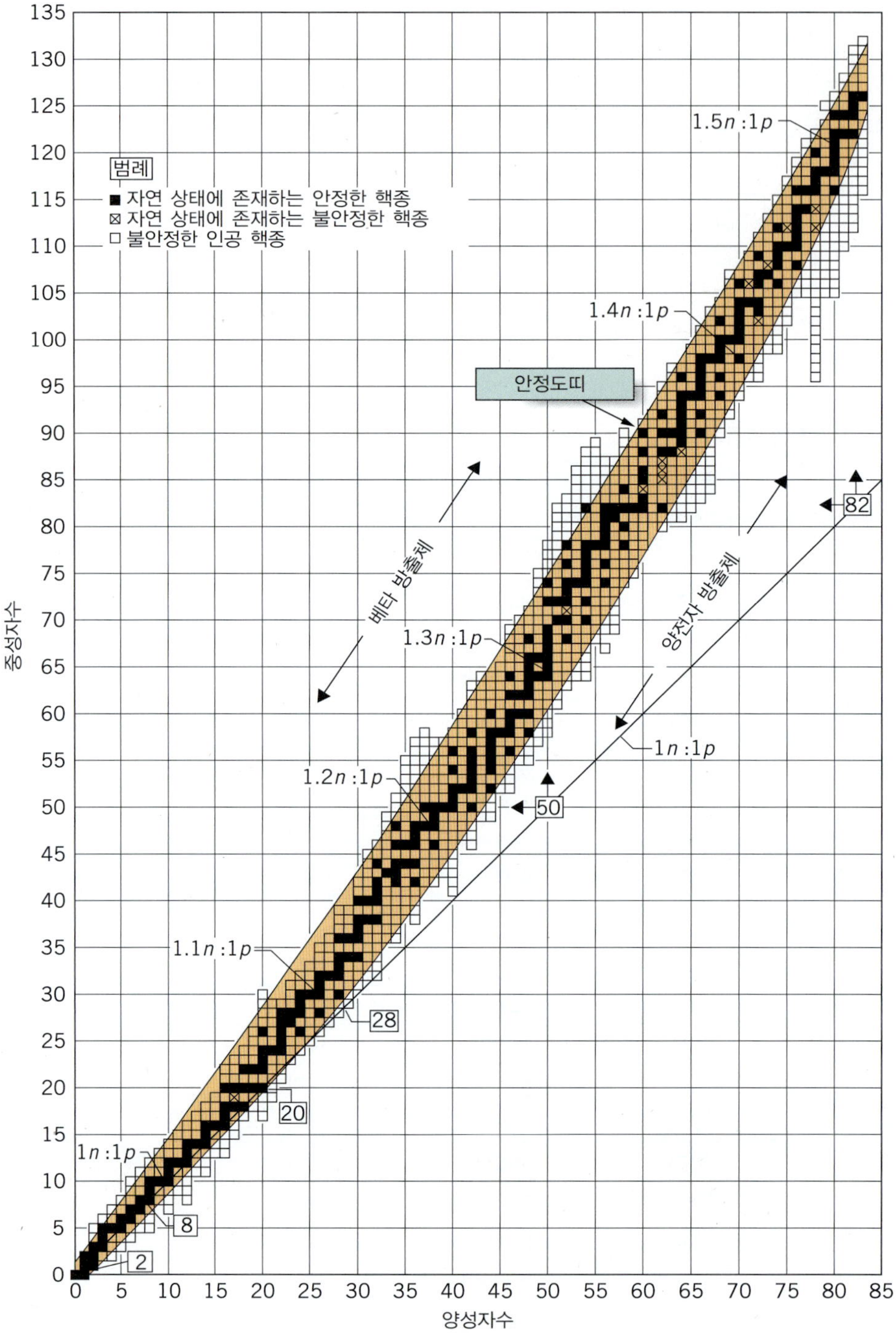

그림 20.10 안정도띠 안정한 핵은 양성자수에 대한 중성자수를 도시한 그래프의 좁은 띠 안에 포함되어 있다. 띠에서 멀리 떨어져 있는 핵은 불안정하다.

래프이다. 이 그래프에는 안정하거나 혹은 불안정한 모든 동위 원소를 포함하고 있다. 그림 20.10의 두 곡선에 의하여 둘러싸인 **안정도띠(band of stability)**는 모든 안정한 핵종이 포함된 영역이다. 83번 원소인 비스무트보다 더 큰 동위 원소는 안정한 동위 원소가 존재하지 않기 때문에 그림에 20.10에 포함되지 않았다. 모든 불안정한 동위 원소를 배제한 매끄러운 곡선을 그리기가 어렵기 때문에 안정도띠 안에 몇몇 불안정한 동위 원소도 포함되어 있다.

안정도띠의 안쪽이나 바깥쪽 어디에도 있지 않은 동위 원소는 반감기가 너무 짧아 감지할 수가 없는 동위 원소이다. 예를 들어 중성자 50개와 양성자 60개를 가진 동위 원소는 너무 불안정해서, 이 동위 원소를 만드는 것이 거의 불가능하다.

양성자수가 증가함에 따라 띠가 위쪽으로 약간 휘어지고 있다는 사실에 주목하라. 양성자수가 증가함에 따라 중성자 대 양성자수의 비는 그림 20.10에 직선으로 나타낸 간단한 1:1의 비로부터 점점 증가한다. 핵 속에 점점 더 많은 수의 양성자가 있게 됨으로써 강한 핵력을 보완하고 정전기력에 의한 양성자–양성자 반발을 줄여주는 데 필요한 중성자수가 훨씬 더 많아지게 된다.

불안정한 원자핵의 핵반응

83보다 더 큰 원자 번호를 가진 동위 원소는 알파 방출체이다. 안정도띠 왼쪽 위에 있는 동위 원소는 베타 방출체인 경향이 있고, 오른쪽 아래에 있는 것은 양전자 방출체이다. 이러한 경향을 합리적인 설명이 가능하다.

알파 방출체 알파 방출체는 대부분 원자 번호 83 이상인 방사성 핵종들이다. 이들의 원자핵은 너무 많은 양성자를 포함하고 있어서, 가장 효과적 방법인 알파 입자의 방출을 통하여 양성자수를 줄인다.

해설 핵반응에서 양성자를 ${}^{1}_{1}\mathrm{H}$ 기호로 나타내기도 한다.

베타 방출체 베타 방출체는 일반적으로 안정도띠의 위에 있다. 따라서 양성자에 대한 중성자비가 아주 크다. 따라서 다음과 같은 베타 붕괴에 의해서 핵이 중성자를 잃고 양성자를 얻는 방법으로 양성자에 대한 중성자 비를 감소시킬 수 있다.

$$ {}^{1}_{0}n \longrightarrow {}^{1}_{1}p + {}^{0}_{-1}e + \bar{\nu} $$

예를 들면 플루오린-20은 베타 붕괴에 의해 양성자에 대한 중성자 비가 11/9에서 10/10로 감소된다.

$$ {}^{20}_{9}\mathrm{F} \longrightarrow {}^{20}_{10}\mathrm{Ne} + {}^{0}_{-1}e + \bar{\nu} $$

$$ \frac{\text{중성자}}{\text{양성자}} = \frac{11}{9} \longrightarrow \frac{10}{10} $$

생성된 핵인 네온-10은 안정도띠의 중앙에 가까워진다. 그림 20.10의 플루오린 영역을 확대

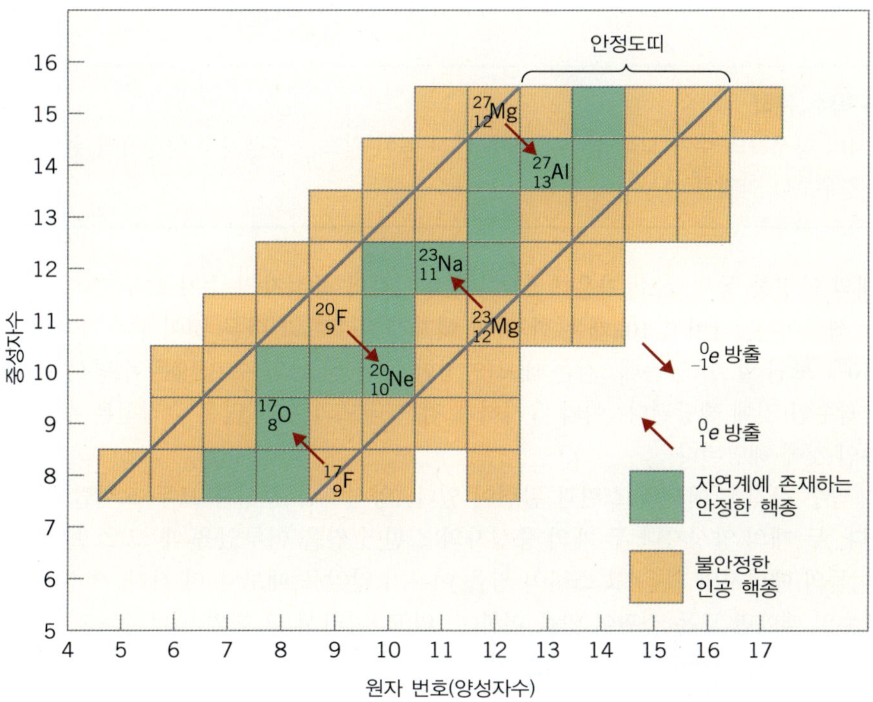

그림 20.11 안정도띠를 확대한 부분 마그네슘-27과 플루오린-20으로부터 베타 붕괴가 일어나면 중성자/양성자 비가 줄어들고, 안정도띠에 더 가까워진다. 이와는 반대로 마그네슘-23과 플루오린-17로부터 양전자 붕괴가 일어나면 이 비를 증가시키고, 역시 안정도띠로 더 가까이 가게 된다.

한 **그림 20.11**을 통하여 이러한 변화를 더욱 명확하게 확인할 수 있다. 그림 20.11은 또한 마그네슘-27이 베타 붕괴를 하여 양성자에 대한 중성자의 비를 낮추고 알루미늄-27로 변하는 것도 보여주고 있다.

양전자 방출체 중성자수가 너무 적어서 불안정한 핵은 양전자를 방출하여 양성자에 대한 중성자의 비를 증가시킨다. 예를 들어 플루오린-17 핵은 양전자와 중성미자를 방출하는 과정을 통하여 양성자에 대한 중성자 비를 높이고, 결과적으로 안정성이 증가한 산소-17로 변하게 된다(그림 20.11 참조).

$$^{17}_{9}\text{F} \longrightarrow {}^{17}_{8}\text{O} + {}^{0}_{1}e + \nu$$

$$\frac{\text{중성자}}{\text{양성자}} = \frac{8}{9} \longrightarrow \frac{9}{8}$$

마그네슘-23이 양전자 붕괴를 하여 소듐-23으로 되는 것도 이와 비슷한 변화이다(그림 20.11 참조).

> **실전 문제 20.7**
> 산소-14은 중성자가 부족한 핵을 가진 동위 원소이며 양전자 방출체이다. 산소-14의 붕괴에 대한 균형 핵반응식을 쓰시오. (**힌트**: 양전자가 방출되면 어떤 핵종이 생성되는가?)

> **실전 문제 20.8**
> 탄소-21은 중성자가 풍부한 중성자 방출체이다. 탄소-21의 붕괴에 대한 균형 핵반응식을 쓰시오.

홀수–짝수 규칙

안정한 핵의 조성을 살펴보면 자연계는 양성자와 중성자의 수가 짝수인 것을 선호한다는 것을 알 수 있다. 이것을 요약한 것이 **홀수–짝수 규칙(odd–even rule)**이다.

도구
홀수–짝수 규칙

> **홀수–짝수 규칙**
> 중성자와 양성자의 수가 모두 짝수인 핵을 가진 동위 원소는 중성자와 양성자의 수가 모두 홀수인 경우보다 안정할 가능성이 훨씬 더 높다.

해설 5개의 안정한 동위 원소 $^{1}_{1}\text{H}$, $^{6}_{3}\text{Li}$, $^{10}_{5}\text{B}$, $^{14}_{7}\text{N}$, $^{138}_{57}\text{La}$는 모두 홀수 개의 양성자와 중성자를 가진다.

264개의 안정한 동위 원소 가운데 5개만이 양성자와 중성자의 수가 모두 홀수이고, 157개는 모두 짝수이다. 나머지 102개는 한 가지 핵자가 홀수이고 다른 것이 짝수이다. 이것은 그림 20.10을 보면 알 수 있는데, 검은 네모(안정한 동위 원소)의 수가 많은 수평선은 주로 중성자수가 짝수인 것에 해당된다. 이와 유사하게 검은 네모의 수가 많은 수직선은 주로 양성자수가 짝수인 것에 해당된다.

홀수–짝수 규칙은 핵자의 스핀과 관련이 있다. 양성자와 중성자 모두 오비탈 전자와 같이 회전한다. 두 개의 양성자나 두 개의 중성자의 스핀이 쌍을 이루었을 때 그 스핀은 서로 반대이며, 이들의 에너지의 합은 그 스핀이 쌍을 이루지 않았을 때보다 더 작다. 양성자와 중성자 수가 짝수일 때에만 모든 스핀이 쌍을 이룰 수 있고, 따라서 그 핵의 에너지는 더 낮아지게 되어 더 안정해진다. 안정도가 가장 낮은 핵은 홀수 개의 양성자와 홀수 개의 중성자를 갖는 경향이 있다.

핵요술수

핵의 안정성을 간편하게 알 수 있는 또 다른 방법은 핵자의 요술수에 기초한다. 안정한 동위 원소는 특정한 수의 양성자나 중성자를 가지는데, 이때의 특정한 양성자나 중성자의 수를 요술수라 한다. 핵자의 **요술수(magic number)**는 2, 8, 20, 28, 50, 82, 126이다. 그림 20.10에서 이 숫자들이 포함된 영역을 확인할 수 있다(요술수 126은 예외).

$^{4}_{2}He$, $^{16}_{8}O$, $^{40}_{20}Ca$와 같이 양성자와 중성자의 수가 모두 동일한 요술수인 경우, 그 동위 원소는 매우 안정하다. 두 요술수가 동일한 주석의 동위 원소인 $^{100}_{50}Sn$는 안정도띠에서 많이 벗어나 있어서 반감기가 몇 초에 불과할 정도로 매우 불안정하지만, 반감기가 수 밀리초인 이웃한 다른 방사성 핵자에 비하여 상대적으로 더 안정하다. 실제로 $^{100}_{50}Sn$는 충분히 관찰할 수 있을 정도의 안정도를 가지고 있다. 납의 안정한 동위 원소인 $^{208}_{82}Pb$는 82개의 양성자와 126개의 중성자에 해당하는 서로 다른 요술수를 가지고 있다.

해설 요술수보다 안정한 핵을 위한 중성자/양성자 비의 조건을 만족하는 것이 더 중요하다. 82가 요술수임에도 불구하고, 82개의 양성자와 82개의 중성자를 가진 동위 원소는 안정도띠에서 멀리 떨어져 있다.

핵껍질 모형(nuclear shell model)은 핵이 전자와 비슷한 껍질 구조와 에너지 준위를 가지고 있다는 개념에 기초를 두고 있다. 이미 아는 바와 같이, 전자 준위도 주에너지 준위에 허용된 전자의 최대 수와 같은 특별한 수와 관련이 있다. 다시 말하면 주에너지 준위가 각각 1, 2, 3, 4, 5, 6, 7일 때 허용되는 전자의 수인 2, 8, 18, 32, 50, 72, 98 등이 그 수이다. 가장 화학적으로 안정한 원소인 비활성 기체의 전자의 전체 수는 특별한 무리(2, 10, 18, 36, 54, 86개 전자)를 이룬다. 따라서 특별한 수의 무리가 핵의 경우에만 적용되는 것은 아니다.

실전 문제 20.9

토륨-226은 양성자 90개와 중성자 136개를 가지고 있다. Th-226 동위 원소의 가장 가능성이 큰 방사성 붕괴는 어떤 것인가? (**힌트**: 그림 20.10에서 Th-226는 안정도띠의 어떤 위치에서 발견되는가?)

실전 문제 20.10

Glenn Seaborg는 그 누구보다 많은 합성 원소를 발견한 사람이며, 원자 번호가 106인 시보귬은 이 사람의 이름을 따서 명명하였다. 시보귬-262 동위 원소의 가장 가능성이 큰 방사성 붕괴 경로는 어떤 것인가?

20.5 변환

하나의 동위 원소가 다른 것으로 변하는 것을 **변환(transmutation)**이라고 하며, 방사성 붕괴가 유일한 원인이다. 변환을 시킬 수 있는 다른 방법은 고에너지 입자로 핵에 충격을 주는 것인데, 이때 사용하는 고에너지 입자는 방사성 동위 원소에서 방출되는 알파 입자, 원자로에서 나오는 중성자, 수소핵에서 전자를 제거해 만든 양성자가 있다. 더 큰 에너지를 갖는 충돌 입자로 만들기 위해서는 양성자와 알파 입자를 사이클로트론이나 싱크로트론 혹은 선형 가속기를 이용한 전기장에서 가속시킬 수 있다. **그림 20.12**는 큰 자석을 이용하여 집중시킨 가속 이온을 충돌시켜 새로운 핵을 생성시키는 상대론적 중이온 가속기에 대한 사진이다. 이와 같은 가

그림 20.12 Brookhaven National Laboratory의 상대론적 중이온 가속기(RHIC) 가속기로부터 목표 원자의 전자 껍질을 뚫고 핵과 충돌하는데 필요한 에너지를 얻은 이온 빛살을 2개의 강력한 자석을 이용하여 작은 영역에 집중시킨 다음 목표 원자와 충돌시킨다.

속기는 이온 입자의 에너지를 증가시켜, 이온이 목표 원자의 전자 구름을 관통해서 핵 안으로 진입할 수 있게 해 준다. 그러나 베타 입자는 가속이 되더라도 목표 원자의 전자들에 의한 반발 때문에 핵 안으로 진입할 수 없다.

복합핵

충돌 입자가 포획되는 순간에 에너지와 질량은 모두 표적 원자의 핵에 더해진다. 이렇게 형성된 **복합핵(compound nucleus)**이라는 새로운 핵은 여분의 에너지를 가지는데, 이 에너지는 핵자들 사이로 빠르게 분산되더라도 복합핵 자체가 일반적으로 어느 정도 불안정해진다. 여분의 에너지를 제거하기 위해 복합핵은 일반적으로 중성자, 양성자, 전자 등을 방출하며, 때로는 방사선을 방출하기도 한다. 이렇게 되면 처음의 표적 원자의 핵과는 다른 동위 원소의 새로운 핵이 생성되며, 결국 변환이 일어나게 된다.

해설 여기서 복합(compound)은 화합물을 의미하는 것이 아니라 조합(combination)을 말하는 것이다.

Ernest Rutherford는 인공 변환을 가장 먼저 관찰한 사람이었다. 그림 20.13에 나타낸 바와 같이 Rutherford가 질소 원자가 들어 있는 방에 알파 입자를 통과시키자 기존의 알파 방사선이 아닌 새로운 방사선이 생겼는데, 이 방사선은 양성자의 흐름으로 밝혀졌다. Rutherford는 이 현상을 질소-14 핵이 충격을 주는 알파 입자를 포획했을 때 생긴 플루오린-18 복합핵이 붕괴하여 양성자가 생긴 것으로 설명하였다.

해설 별표(*)는 고에너지를 가진 복합핵을 나타낸다.

$$\underset{\text{알파 입자}}{{}^{4}_{2}\text{He}} + \underset{\text{질소핵}}{{}^{14}_{7}\text{N}} \longrightarrow \underset{\text{플루오린 (복합핵)}}{{}^{18}_{9}\text{F}^*} \longrightarrow \underset{\text{산소(드물지만 안정한 동위 원소)}}{{}^{17}_{8}\text{O}} + \underset{\text{양성자 (고에너지)}}{{}^{1}_{1}p}$$

또 다른 예는 양성자를 리튬-7에 충돌시켜 알파 입자를 합성하는 것이다. 생성된 복합핵 베릴륨-8은 두 개의 알파 입자로 분열된다.

$$\underset{\text{양성자}}{{}^{1}_{1}p} + \underset{\text{리튬}}{{}^{7}_{3}\text{Li}} \longrightarrow \underset{\text{베릴륨}}{{}^{8}_{4}\text{Be}^*} \longrightarrow \underset{\text{알파 입자}}{2\,{}^{4}_{2}\text{He}}$$

붕괴 방식 복합핵은 여러 방법으로 만들어질 수 있다. 예를 들면 알루미늄-27은 다음과 같은 여러 방법에 의해 만들어진다.

$${}^{4}_{2}\text{He} + {}^{23}_{11}\text{Na} \longrightarrow {}^{27}_{13}\text{Al}^*$$

$${}^{1}_{1}p + {}^{26}_{12}\text{Mg} \longrightarrow {}^{27}_{13}\text{Al}^*$$

$${}^{2}_{1}\text{H} + {}^{25}_{12}\text{Mg} \longrightarrow {}^{27}_{13}\text{Al}^*$$

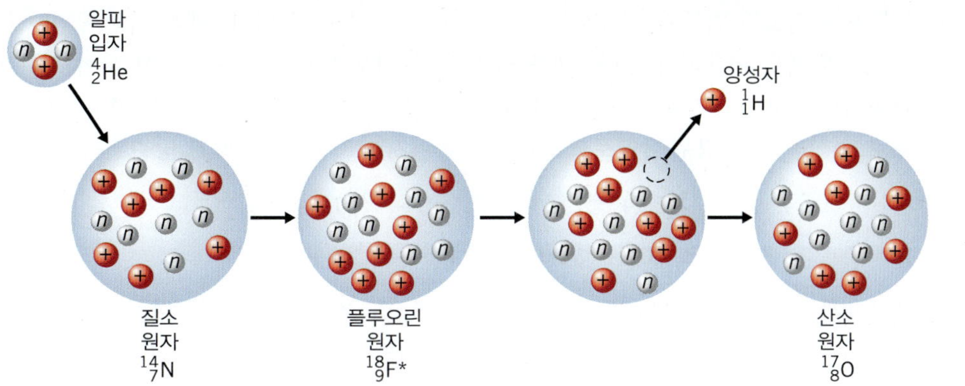

그림 20.13 질소가 산소로 변환 질소-14의 핵이 알파 입자를 포획하면 플루오린-18의 복합핵이 된다. 이후 양성자를 방출하고 산소-17의 핵이 된다.

$^{27}_{13}Al^*$가 가지고 있는 에너지(*)는 복합핵이 만들어진 과정에 따라 다르다. 또한 이 에너지의 차이에 따라 붕괴하는 과정이 다르기 때문에 아래와 같은 다양한 과정이 관찰된다. 이 과정을 살펴보면 수많은 인공 동위 원소를 합성할 때 어떤 것은 왜 안정하고, 어떤 것은 왜 불안정한가를 이해할 수 있다.

해설 ^2_1H는 중양성자이다. 이는 중수소 원자의 핵이다. 양성자가 수소의 핵인 것처럼 중양성자는 중수소의 핵이다.

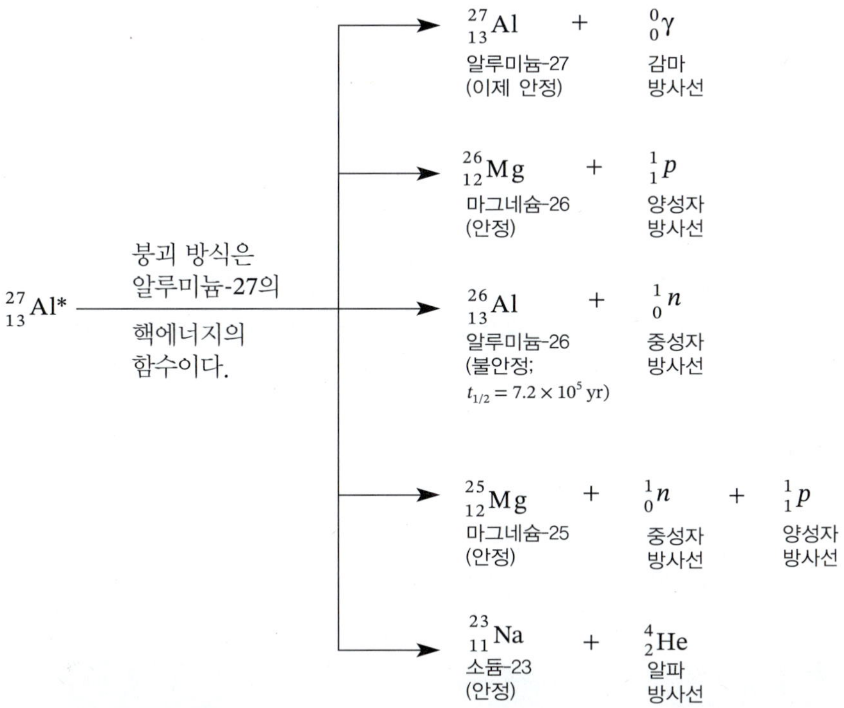

합성 원소

천 종 이상의 동위 원소가 변환에 의하여 만들어졌다. 이 중 900여 개가 자연에 존재하지 않는 것들로, 안정도띠 안쪽에 투명한 사각형으로 표시된 것들이다(그림 20.10). 자연계에 존재하는 원자 번호가 83보다 큰 동위 원소는 모두 반감기가 매우 길다. 한때는 존재했었지만 반감기가 너무 짧아 지금은 발견되지 않는 것도 있다. 넵투늄(원자 번호 93) 이후의 원소는 **초우라늄 원소(transuranium element)**라고 하는데, 모두 인공적으로 만들어진 동위 원소이다. 원자 번호 93~103의 원소는 원자 번호 90인 토륨에서 시작된 주기율표의 악티늄 계열에 속한다. 이 계열보다 더 큰 104번에서 118번까지의 원소도 만들어졌다. IUPAC는 2011년에 114번과 116번의 이름을 각각 플레로븀(flerovium, Fl)과 리버모륨(livermorium, Lv)으로 명명하였으며, 2016년에 113, 115, 117, 118번의 이름을 최종적으로 각각 니호늄(nihonium, Nh), 모스코븀(moscovium, Mc), 테네신(tennessine, Ts), 오가네손(oganesson, Og)으로 명명하였다.

해설 원소 114와 116은 각각 Russia Dubna의 Flervon 실험실과 Califormia Livermore Lawrence Livermore 실험실에서 발견된 후 지명을 따서 명명되었다.

가장 무거운 원소를 만들기 위해서는 중성자보다 더 큰 충격 입자, 예를 들면 알파 입자나 무거운 원자의 핵을 이용해야 한다. 예를 들어 원자 번호 116, 질량수 293인 리버모륨(Lv)은 칼슘-48과 퀴륨-248가 융합된 다음 세 개의 중성자가 방출한 결과로 얻는다. 플루토늄-244를 칼슘-48로 충격을 주는 경우 플레로븀-289가 만들어지며 3개의 중성자가 방출된다.

$$^{48}_{20}\text{Ca} + ^{248}_{96}\text{Cm} \longrightarrow ^{296}_{116}\text{Lv}^* \longrightarrow ^{293}_{116}\text{Lv} + 3^{1}_{0}n$$

$$^{48}_{20}\text{Ca} + ^{244}_{94}\text{Pu} \longrightarrow ^{292}_{114}\text{Fl} \longrightarrow ^{289}_{114}\text{Fl} + 3^{1}_{0}n$$

이와 유사하게 원자 번호가 111인 원자(뢴트게늄, Rg)도 비스무트-209를 니켈-64로 충돌시켜 얻은 복합핵이 중성자를 잃어버릴 때 생성된다. 이처럼 대부분의 무거운 원소들은 아주 불안정하여 반감기가 1000분의 1초보다도 짧다. 그러나 원자 번호 114번인 원소는 예외이다. 반감기가 수십 초 정도인 두 개의 동위 원소가 검출되었다.

20.6 방사능 측정

원자 방사선은 통과하는 물질의 분자로부터 전자를 떼어 내어 이온을 만들기 때문에, 이를 **이온화 방사선(ionizing radiation)**이라고 한다. 이온이 발생하는 원리를 이용하여 방사선을 검출하는 몇 가지 장치가 있다.

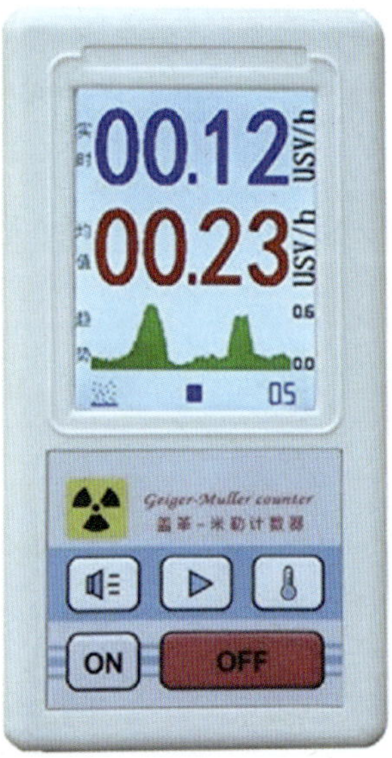

그림 20.14 Geiger 계측기 핵방사선 검출기, 베타, 감마, X선 검출기, 방사능 검출기, 개인 방사선량계, 이동신 방사선량계 등에 사용되는 장비이다.

그림 20.14에 나타낸 **Geiger 계측기(Geiger counter)**의 한 구성품인 Geiger–Müller 관은 관의 창을 투과하기에 충분한 고에너지를 가진 베타 및 감마 방사선을 검출하는 데 사용된다. 관 안쪽에는 방사선에 의하여 이온이 형성되는 낮은 압력의 기체가 들어 있다. 이 이온에 의하여 펄스 형태의 전류가 흐르고, 이 펄스에 의하여 전류 증폭기와 펄스 계수기 그리고 가청 신호 장치가 작동된다.

섬광 탐침(scintillation probe)은 이온화 방사선 입자가 부딪치면 약한 섬광을 내는 특별한 화합물인 인광체(phosphor)가 스크린 표면에 입혀져 있다. 이 섬광을 광증배관을 이용하여 증폭한 후 자동으로 그 수를 계수하는 방법으로 방사선의 세기를 측정한다.

일정 기간 방사선에 노출된 사진 필름의 어두운 정도는 노출된 방사선의 총량과 비례한다. 그림 20.15에 나타낸 **필름 방사선량계(film dosimeter)**는 이 원리를 이용한 것으로, 방사선이 발

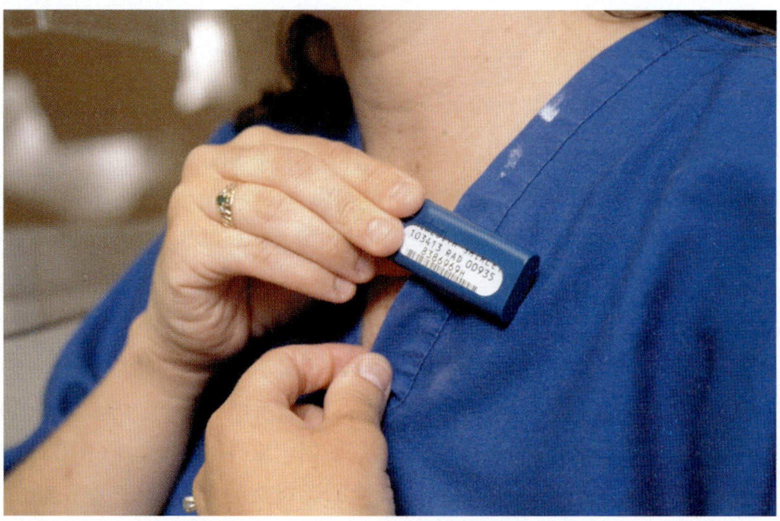

Cliff Moore/Science Source

그림 20.15 배지형 방사선량계

생하는 장치 주변에서 일하는 사람들이 주로 착용한다. 방사선량계로 측정한 전체 방사선 노출량이 일정량을 초과하는 경우, 즉 필름이 어두운 색으로 바뀌는 경우 그 작업자는 방사선에 노출량이 적은 작업장으로 재배치되어야 한다.

방사능 단위

방사성 물질의 **활동도(activity)**는 초당 분열수로 나타낸다. 활동도의 SI 단위는 **베크렐(becquerel, Bq)**이며, 이것은 1초당 한 번의 분열을 의미한다. 예를 들어 1리터의 공기에는 탄소-14가 이산화 탄소로 변화되면서 생기는 0.04 Bq의 활동도가 존재한다. 천연 우라늄 1 g이 갖는 활동도는 대략 2.6×10^4 Bq이다.

라듐의 발견자인 Marie Curie의 이름을 딴 **퀴리(curie, Ci)**는 방사능에 대한 좀 더 오래된 단위로서 라듐-226 시료 1.0 g이 방출하는 방사능에 해당한다.

$$1 \text{ Ci} = 3.7 \times 10^{10} \text{분열 s}^{-1} = 3.7 \times 10^{10} \text{ Bq} \qquad \textbf{(20.3)}$$

해설 베크렐 단위는 방사능 발견자인 Henri Becquerel(1852~1908)의 이름을 딴 것으로, Becquerel은 1903년에 노벨 물리학상을 받았다.

아주 많은 양의 방사성 물질이 존재할 때의 활동도는 방사성 핵의 수 N에 비례한다는 것이 실험적으로 밝혀졌다.

$$\text{활동도} = kN$$

해설 여기에서 **분열**이라는 것은 한 번의 방사선 방출을 일으키는 한 번의 핵변화를 의미하며, 여기서 방사선은 알파 입자, 베타 입자 또는 감마 광자일 수 있다.

비례 상수 k를 **붕괴 상수(decay constant)**라고 한다. 붕괴 상수는 각 방사성 핵종의 특성을 나타내는데, 이는 시료에서 핵자 한 개 당 활동도를 의미한다. 활동도가 1초당 붕괴되는 수를 나타내기 때문에 1초당 핵의 수 변화는 다음과 같이 쓸 수 있다.

$$\text{활동도} = -\frac{\Delta N}{\Delta t} = kN \qquad \textbf{(20.4)}$$

도구
방사성 붕괴 법칙

이 식을 **방사성 붕괴 법칙(law of radioactive decay)**[1]이라고 한다. 이 법칙에 의하면 방사성 붕괴는 일차 속도 법칙을 따르며, 붕괴 상수는 농도보다 오히려 핵의 수에 의존한다.

13장에서 일차 반응의 반감기는 다음과 같은 식 13.7로 주어진다는 것을 상기해 보라.

$$t_{1/2} = \frac{\ln 2}{k} = \frac{0.693}{k}$$

도구
방사성 핵종의 반감기

방사성 동위 원소의 반감기를 알고 있다면, 위 식을 이용하여 이 원소의 붕괴 상수를 계산할 수 있으며, 예제 20.2에서 설명하는 것과 같이 양이 주어진 동위 원소의 활동도를 계산할 수 있다.

예제 20.2 방사성 붕괴 법칙 이용하기

NASA의 *Cassini* 우주선과 같은 태양계 밖의 우주를 탐사하는 우주선이 효과적으로 작동하려면 우주선을 따뜻하게 가열해야 한다. 그런데 태양계 밖 심우주에서는 태양 에너지를 이용하는 것이 불가능하므로 여백의 사진과 같은 약 2.7 g의 작은 알갱이 크기의 이산화 플루토늄(plutonium dioxide)의 방사성 붕괴로부터 발생되는 열을 이용한다. PuO_2가 모두 플루토늄 ^{238}Pu으로 구성되어 있다면, 이 플루토늄의 활동도는 몇 베크렐(Bq)인가? (단, ^{238}Pu의 반감기는 87.8년이다.)

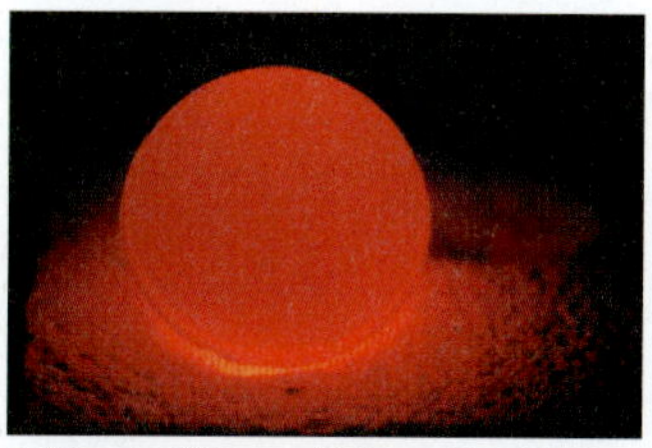
US Dept. of Energy/Science Source

[1]방사성 핵 수의 변화인 ΔN이 음수이기 때문에 활동도를 양수로 만들기 위하여 −기호를 사용한다는 것을 기억하라.

분석 순수한 연료의 활동도를 구하는 문제이다. 이를 위해서는 물질의 양과 붕괴 속도를 알아야 한다. 이를 위하여 시료에 포함된 ^{238}Pu 원자의 수를 구하고, ^{238}Pu 반감기로부터 일차 과정의 속도 상수 k를 알아내야 한다.

도구 모음 활동도를 구하는 도구는 식 20.4이다. 그러나 이 식을 이용하기 위해서는 붕괴 상수 k와 알갱이 크기의 이산화 플루토늄에 존재하고 있는 질량수가 238인 플루토늄의 원자수 N이 필요하다. 주어진 반감기로부터 붕괴 상수(s^{-1} 단위)를 구하기 위해 식 13.7을 재배열한다.

시료가 2.7g PuO_2를 포함하고 있으므로 3장에서 배운 화학량론을 이용하여 Pu 원자의 개수를 계산한다. 변환 순서는 다음과 같다.

$$2.7\text{ g PuO}_2 \longrightarrow \text{PuO}_2\text{ 몰수} \longrightarrow \text{Pu 몰수} \longrightarrow \text{Pu 원자수}$$

풀이 우선, 반감기로부터 붕괴 상수를 구하기 위해서는 반감기를 초로 변환해야 한다.

$$87.8\text{년} \times \frac{365\text{일}}{1\text{년}} \times \frac{24\text{시간}}{1\text{일}} \times \frac{60\text{분}}{1\text{시간}} \times \frac{60\text{ s}}{1\text{분}} = 2.77 \times 10^{9}\text{ s}$$

붕괴 상수에 관한 식 13.7을 이용하여 구한 붕괴 상수는 다음과 같다.

$$k = \frac{\ln 2}{t_{1/2}} = \frac{0.693}{2.77 \times 10^{9}\text{ s}}$$
$$= 2.50 \times 10^{-10}\text{ s}^{-1}$$

다음에는 알약 크기의 연료 속에 존재하고 있는 ^{238}Pu 원자의 수가 필요하다.

$$2.7\text{ g PuO}_2 \times \frac{1\text{ mol PuO}_2}{270\text{ g PuO}_2} \times \frac{1\text{ mol Pu}}{1\text{ mol PuO}_2} \times \frac{6.02 \times 10^{23}\text{ Pu 원자}}{1\text{ mol Pu}} = 6.0 \times 10^{21}\text{ Pu 원자}$$

식 20.4의 방사성 붕괴 법칙을 이용하여 연료가 갖는 활동도를 구하면 다음과 같다.

$$\text{활동도} = kN$$
$$= (2.50 \times 10^{-10}\text{ s}^{-1}) \times (6.0 \times 10^{21}\text{ Pu 원자})$$
$$= 1.5 \times 10^{12}\text{ Pu 원자/초}$$

베크렐은 초당 붕괴 수로 정의되고, 플루토늄 원자 한 개가 한 번의 붕괴에 해당하므로 활동도는 1.5×10^{12} Bq로 나타낼 수 있다.

답이 합리적인가? 붕괴 상수의 크기를 산술적으로 계산하는 것보다 더 쉬운 방법은 없다. PuO_2의 화학식량이 270 g mol^{-1}이므로, 이 화합물 2.7g은 화학식량의 1/100에 해당한다. 따라서 시료에 포함된 Pu의 몰수는 1/100 mol이므로 Pu 원자의 수는 6.02×10^{23}개의 1/100에 해당하는 6.02×10^{21}개이다. 따라서 알약 크기의 연료 속에 존재하는 Pu 원자의 수는 타당하다.

이 연료의 활동도는 식 20.3에 주어진 라듐-226 1g의 활동도의 40배에 해당하므로, ^{238}Pu의 그램당 활동도는 대략 ^{226}Ra의 그램당 활동도의 15배 정도이다.

실전 문제 20.11

비방사성 금속과 플루토늄-238 혼합물 1.00g의 활동도는 6.22×10^{11} Bq이다. 혼합물 중 플루토늄-238의 질량은 몇 퍼센트인가? (**힌트**: 시료에 들어 있는 ^{238}Pu 원자는 몇 개인가?)

실전 문제 20.12

라돈-222에 대하여 EPA에서 규정한 허용값은 공기 1리터당 4 pCi(피코퀴리)이다. 허용값에 해당하는 활동도를 나타내는 공기 1리터에 포함된 ^{222}Rn의 원자수를 계산하시오.

방사선의 에너지와 방사선이 흡수되는 정도에 따라 핵방사선이 미치는 영향은 다양하다. **그레이(gray, Gy)**는 흡수된 조사량(absorbed dose)의 SI 단위이며, 1그레이는 흡수하는 물질 1 kg당 흡수된 에너지 1 J에 해당한다. 과거에 많이 사용된 rad는 조직 1 kg 당 흡수되는 에너지 10^{-2} J에 해당하는 양을 나타낸다. 따라서 1 Gy는 100 rad와 같다. 사람이 4.5 Gy(450 rad)의 방사능에 노출된다면, 그 절반은 60일 이내에 사망한다.

해설 그레이(gray)는 영국 방사선학자인 Harold Gray의 이름을 따라 지어졌다. Rad는 radiation absorbed dose의 첫 글자를 따서 표기한 것이다.

방사선의 영향력은 흡수된 에너지뿐만 아니라 방사선의 종류 및 조직 자체에도 영향을 받기 때문에 그레이는 생물학적 영향에 대해 연구할 때의 비교 기준값으로는 적합하지 않다. 등가 조사량(dose equivalent)의 SI 단위인 **시버트(sievert, Sv)**는 이 문제를 해결하기 위해서 고안되었다. 의약 분야에서 아직도 등가 조사량의 오래된 단위인 **rem**이 사용되는데, 그 값은 10^{-2} Sv와 같다. 미국 정부가 정한 노동자에게 허용된 최대 노출량은 주당 0.3 rem이다. 의료용 X선의 조사량은 약 0.004 rem(4 mrem) 수준이다.

해설 **Rem**은 röntgen equivalent for man의 첫 글자를 따서 표기한 것으로, 여기서 röntgen은 X선 및 감마 방사선에 대한 단위이다.

방사선과 생체 조직

25 rem(0.25 Sv)을 쪼이게 되면 사람의 혈액에서 눈에 띄는 변화가 관찰된다. 방사선병(radiation sickness)이라고 하는 일련의 증상이 약 100 rem에서 시작되고 200 rem에서는 심각한 수준에 이른다. 증상으로는 오심, 구토, 설사, 탈수, 피로, 출혈, 탈모 등이 있다. 약 400 rem 정도에 노출된 사람 중 절반은 60일 이내에 죽고, 600 rem에 노출되면 일주일 내에 모두 죽는다. 1986년에 체르노빌 근처 우크라이나 에너지 공단에서 증기 폭발로 인한 핵반응로가 파괴되었을 때 많은 근로자들이 최소한 400 rem에 노출되었다.

자유 라디칼 형성 아주 적은 양의 조사량도 생물학적으로 해롭다. 위험 유발 인자는 조사량과 관계된 열에너지가 아니라, 이온화 방사선이 자유 라디칼이라고 하는 홀전자(짝을 이루지 않은 전자)를 가진 불안정한 이온 또는 중성 물질을 만들 수 있다는 사실 때문이다. 예를 들어 물은 이온화 방사선과 다음과 같이 반응한다.

$$\mathrm{H{-}\ddot{\underset{..}{O}}{-}H} \xrightarrow{\text{방사선}} [\mathrm{H{-}\dot{\underset{..}{O}}{-}H}]^+ + {}^{\ 0}_{-1}e$$

생성된 양이온은 불안정해서 다음과 같이 분해된다.

$$[\mathrm{H{-}\dot{\underset{..}{O}}{-}H}]^+ \longrightarrow \underset{\text{양성자}}{\mathrm{H}^+} + \underset{\text{하이드록실 라디칼}}{\mathrm{:\dot{\underset{..}{O}}{-}H}}$$

양성자는 주변의 전자와 결합하여 수소 원자 H·가 된다.

수소 원자와 하이드록실 라디칼은 모두 **자유 라디칼[free radical**, 간단히 라디칼(radical)이라고도 함]의 일종이다. 한 개 이상의 홀전자를 가진 중성 입자 혹은 하전된 입자를 의미하는 라디칼은 화학적으로 반응성이 매우 좋다. 생성된 라디칼이 어떤 반응을 하는지는 주변의 환경에 따라 다르지만, 대체로 생체 세포 내에서 바람직하지 않은 일련의 사슬 반응의 개시제 역할을 한다. 이것이 방사선의 에너지에 의한 위해성보다 생체에 더 크게 해를 주는 요인이다. 인간에게 600 rem의 조사량은 치명적인 양이지만, 물에 같은 양이 조사된다면 3600만 개 분자 중 단지 한 개의 물 분자를 이온화시킬 수 있는 양이다.

바탕 방사선 자연계에는 방사성 핵종이 존재하기 때문에 우리가 이온화 방사선의 노출로부터 완전히 자유로울 수는 없다. 지구는 태양과 성간 공간으로부터 높은 에너지 광자로 이루어진 우주선에 노출되어 있다. 이 우주선은 공기 중의 질소 분자와 반응하여 베타 방출체인 탄소-14를 생성하고, 이 탄소는 광합성에 의하여 이산화 탄소의 형태에서 당류나 녹말의 형태로 음식에 저장되어 먹이 사슬에 들어온다. 지각에 존재하는 방사성 핵종으로부터 방출되는 방

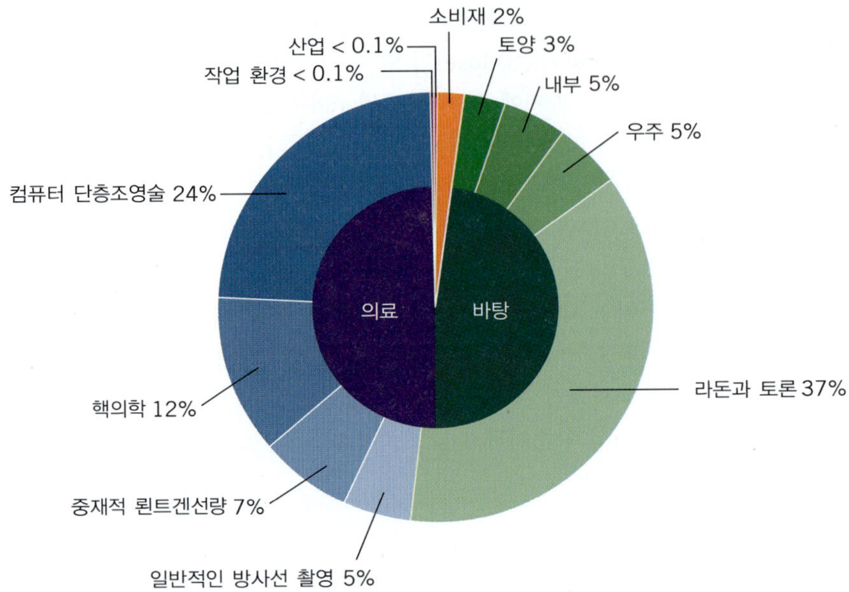

연평균 방사선 조사량

원천	라돈과 토론	컴퓨터 단층 조영술	핵의학	중재적 뢴트겐선량	우주	일반적인 방사선 촬영	내부	토양	소비재	작업 환경	산업
단위 mrem (미국) mSv (세계)	228 mrem 2.28 mSv	147 mrem 1.47 mSv	77 mrem 0.77 mSv	43 mrem 0.43 mSv	33 mrem 0.33 mSv	33 mrem 0.33 mSv	29 mrem 0.29 mSv	21 mrem 0.21 mSv	13 mrem 0.13 mSv	0.5 mrem 0.005 mSv	0.3 mrem 0.003 mSv

자료: National Council on Radiation Protection & Measurement(NCRP), Report No. 160.

그림 20.16 방사선 노출 경로 미국인의 평균 노출량인 610밀리램 방사선의 노출 경로 비율. 토론(Thoron)은 토륨-224가 붕괴되어 생성된 라돈의 방사성 동위 원소 이름이다.

사선도 존재한다. 지표면에서 40 cm까지는 1 평방킬로미터당 알파 방출체인 라듐이 평균 1 g 정도 존재한다. 자연 상태에 존재하는 베타 방출체인 포타슘-40도 우리 몸에 존재하고 있다. 탄소-14와 포타슘-40은 성인의 체내에서 1분당 5×10^5회 정도의 핵붕괴를 일으킨다. 그림 20.9에 나타낸 ^{238}U 붕괴 과정에서 생성되는 라돈 기체는 지하 암반으로부터 지하실의 균열을 통하여 집 내부로 스며든다. 세계원자력협회에 따르면 **그림 20.16**에 요약한 바와 같이 사실상 우리가 평균적으로 접하는 방사능의 절반 이상이 라돈-222과 라돈의 붕괴 생성물에서 기인한다. 병원이나 치과에서 사용되는 진단용 X선에 의해서도 이온화 방사선에 노출된다.

이러한 원천에서 기인하는 방사선량을 모두 합한 것을 **바탕 방사선(background radiation)**이라고 한다. 한 통계에 의하면, 미국에서 1년에 평균적으로 1인당 노출되는 방사능의 양은 약 360 mrem으로, 이 중 82%는 자연에서 기인하고 나머지 18%는 의료용 기기에서 기인한다.

방사선 차단 감마 방사선과 X선은 납과 같이 매우 밀도가 큰 물질에 의해서만 효과적으로 차단될 수 있다. 방사선의 세기가 거리의 제곱에 따라 감소하기 때문에 방사선 원천으로부터 멀리 떨어지면 방사선의 피해를 줄일 수 있다. 이 관계식을 **역제곱 법칙(inverse square law)**이라 하며, 수학적으로 다음과 같이 쓴다. 여기서 d는 방사선원으로부터의 거리를 의미한다.

$$\text{방사선 세기} \propto \frac{1}{d^2}$$

거리 d_1에서 세기 I_1이 알려져 있다면 식 20.5를 이용하여 거리 d_2에서 세기 I_2를 계산할 수 있다.

도구
역제곱 법칙

$$\boxed{\frac{I_1}{I_2} = \frac{{d_2}^2}{{d_1}^2}} \qquad (20.5)$$

이 법칙은 방사선원이 아주 작고 방사선이 모든 방향으로 균등하게 나아가며 장애물이 없는 경우에만 적용된다.

실전 문제 20.13

만약에 어떤 방사선원으로부터 발생하는 방사선의 세기가 5.0 m 떨어진 곳에서 4.8단위였다면, 방사선의 세기를 0.30단위로 감소시키기 위해서는 방사선원으로부터 얼마나 멀리 떨어져야 하는가? (**힌트**: 방사선의 세기와 거리 사이의 관계식을 고려하라.)

실전 문제 20.14

작은 방사선원으로부터 10 m 거리에 있을 때 방사선의 세기가 1.5단위였다면, 거리가 2 m인 곳에서의 세기는 얼마인가?

20.7 방사성 핵종의 의학 및 분석 분야에서의 응용

원소의 화학적 특성은 핵의 구성이 아니라 오비탈 전자의 수와 배치에 의존하기 때문에, 특정 원소에서 방사성 동위 원소와 안정한 동위 원소의 화학적 특성은 동일하다. 이러한 사실은 방사성 핵종을 활용하는 기반이 된다. 방사성 핵종의 물리 · 화학적 성질은 과학자들의 흥미를 유발시켜, 방사성 핵종으로부터 얻는 방사선들을 의학적 또는 분석적 목적으로 응용할 수 있게 되었다. 흔적량 분석, 중성자 방사화 분석, 방사능 연대 측정 등의 사례에 대하여 논의해보기로 하자.

흔적량 분석

흔적량 분석(tracer analysis)은 방사성 핵종의 화학적 형태와 특정 성질로 인하여 방사성 핵종이 어떤 계의 특정한 위치에 분포되는 원리를 이용한다. 방사선의 세기를 측정하면 그 위치를 확인할 수 있다. 예를 들어 아이오딘화 이온 형태의 아이오딘-131은 우리 몸에서 유일하게 아이오딘 이온을 이용하는 갑상샘으로 이동하게 된다. 갑상샘은 아이오딘화 이온을 이용하여 타이록신 호르몬을 생성한다. 활동성이 작은 갑상샘은 아이오딘화 이온을 농축시킬 수 없고 정상 갑상샘에 비해 약한 방사선을 방출할 것이기 때문에, 아이오딘-131 이온을 측정하면 갑상샘의 활성을 모니터할 수 있다.

무게 분석에 동위 원소를 이용하면 좀 더 정확한 결과를 얻을 수 있다. 예를 들어 황산 칼슘($CaSO_4$)은 물에 약간 녹기 때문에 $CaSO_4$ 침전을 이용하여 무게 분석을 하면 물에 용해된 양으로 인해 큰 오차가 발생한다. 베타 방출물인 ^{45}Ca를 용액에 일정량 첨가한 후 알려지지 않은 양의 칼슘과 공침시킨다. 그리고 침전물의 칼슘-45의 활동도를 첨가된 칼슘의 활동도와 비교한다. 가령 회수한 0.500 g의 $CaSO_4$ 침전에 대하여 측정한 방사성 칼슘의 활동도가 처음 첨가된 양의 75%라면, 알려지지 않은 물질에 포함된 전체 칼슘 이온 주 75%만이 침전되었다고 말할 수 있다. 그러므로 0.500 g $CaSO_4$는 실제 값의 75%이므로 침전으로 얻을 수 있는 전체 $CaSO_4$는 0.500 g/0.75 = 0.667 g $CaSO_4$이다.

흔적량 분석은 뇌종양의 위치를 정확히 알아내는 데에도 사용되는데, 뇌종양은 테크네튬-99*m*으로부터 만들어진 과테크네튬산 이온(pertechnetate ion, TcO_4^-)을 유일하게 축적시킬 수 있다.[2] 몇 가지 면에서 염화 이온과 비슷한 이 강한 감마 방출체는 의학에서 가장 널리

해설 테크네튬-99*m*은 골수암 위치를 찾는 검사에도 사용된다. 암 활성자리에 농축된 T_c를 검사 장치를 이용하여 찾을 수 있다.

사용되는 방사성 핵종 중의 하나이다.

중성자 방사화 분석

많은 안정한 핵들도 중성자를 포획함으로써 감마 방사선을 내는 방출체로 변할 수 있는데, 이 과정을 이용하여 **중성자 방사화 분석**(**neutron activation analysis**)을 수행한다. 중성자를 포획한 후 감마 방사선을 방출하는 과정을 다음과 같은 반응식으로 표현할 수 있는데, 여기서 A는 질량수를, X는 중성자를 포획하는 가상 원소 기호를 나타낸다.

$$\underset{\substack{\text{분석 대상인}\\ \text{원소 } X\text{의}\\ \text{동위 원소}}}{{}^{A}X} + \underset{\text{중성자}}{{}^{1}_{0}n} \longrightarrow \underset{\substack{\text{복합핵}\\ \text{(불안정)}}}{{}^{A+1}X^{*}} \longrightarrow \underset{\substack{\text{보다 안정한}\\ \text{형태의 } X\text{의}\\ \text{새로운 동위 원소}}}{{}^{A+1}X} + \underset{\substack{\text{감마}\\ \text{방사선}}}{{}^{0}_{0}\gamma}$$

중성자를 포획한 복합핵은 특정한 진동수(또는 에너지)를 가진 감마 방사선을 방출하며, 각 동위 원소에 대해 고유한 이들 진동수는 알려져 있다(중성자 포획 후, 모든 동위 원소가 감마선 방출체가 되는 것은 아니다). 방출된 감마 방사선의 진동수(또는 에너지)를 측정함으로써 원소를 확인할 수 있고, 감마 방사선의 세기를 측정하여 그 원소의 농도를 계산할 수 있다.

중성자 방사화 분석은 매우 민감하여 10^{-9}% 수준의 농도도 측정할 수 있다. 이 방법은 많은 원소를 동시에 분석할 수 있는 다원자 분석법이면서 시료를 소모하지 않는 비파괴 분석법이다. 이 방법을 이용하여 염료의 화학 조성이나 존재하는 미량 원소를 기반으로 예술품 및 고대 유물의 진위 여부를 알 수 있다. 납, 수은, 비소 등의 중금속에 중독되어 사망한 사람의 머리카락에서 미량의 중금속의 존재를 확인할 수 있다. 머리카락의 경우 상대적으로 일정한 속도로 자라기 때문에 두피로부터 중금속이 포함된 부위의 길이를 측정함으로써 독극물에 노출된 시점도 예측할 수 있다.

의료 진단 기술

단층조영술(**tomography**) 혹은 컴퓨터 단층조영술은 눈에 보이지 않는 곳에 대한 사진이나 형상을 통하여 현재의 상태를 조사하는 기술이다. 이 기술을 숨겨진 보물을 찾아내거나 혹은 대형 사고의 희생자를 구하는 데 사용하기도 하고, 의사가 인체 기관이 정상적으로 작동하는지를 판단하는 데 이용되기도 한다. 때로는 한 기관에 대한 여러 자료를 컴퓨터로 조합한 하나의 영상을 얻을 수도 있다. 자료를 얻는 데 이 장에서 설명한 X선이나 감마선을 사용하지만, 라디오파나 음파를 이용하기도 한다. 여기서 설명할 몇 가지 의학 진단 기술을 **표 20.3**에 요약하였다.

표 20.3 핵을 이용한 영상 기술

의학 영상 기술	사용되는 방사선	방출 측정	사용되는 핵의 성질
컴퓨터 단층 영상	X선	X선의 세기	고밀도 조직에 의한 X선 가림
초음파 영상	초음파	반사된 음파	고밀도 물질에 의하여 반사된 음파
자기 공명 영상	라디오파와 강자기장	핵의 공명 신호	핵스핀
양성자 방출 영상	반감기가 짧은 방사성 동위 원소로부터 얻은 양성자	전자와 양전자가 소멸될 때 방출되는 감마선	양성자 방출

[2]테크네튬-99*m*에서 *m*이란 준안정 상태로 있는 동위 원소를 말한다. 이 핵은 테크네튬-99*m*이 붕괴하여 생성되는 테크네튬-99의 핵보다 더 높은 에너지 준위를 갖는다.

양전자 방출 단층조영술(Positron Emission Tomography) 양전자 방출 조영술에서는 분열할 때 양전자(양의 전하를 가진 전자)를 방출하는 동위 원소를 사용하는데, 이 분열의 반감기가 매우 짧다. 양전자가 전자를 소멸시킬 때 방향이 서로 반대인 두 감마선을 방출한다. 여러 대의 검출기가 감마선이 검출기에 도달할 때까지의 시간을 정확하게 측정하고, 두 감마선이 도달하는 시차를 이용하면 환자의 어느 부위에서 양전자가 발생했는지 확인할 수 있다. 의사는 이렇게 얻은 양전자 지도를 이용하여 양전자가 밀집된 장기를 확인한 다음 질병을 진단하고 또한 적절한 치료를 한다. 이 진단 기술을 **최첨단 화학 20.1**에 상세하게 설명하였다.

이 방법이 작동하려면 발병한 장기에 동위 원소가 농축되어야 한다. 이와 같이 작용하는 동위 원소가 매우 드물기 때문에 동위 원소를 포도당, 비타민, 호르몬 포함된 형태로 합성해서 환자에게 주입한다. 사용되는 동위 원소의 반감기가 매우 짧기 때문에, 합성 반응은 단계가 많지 않은 빠른 반응으로, 생성물을 손쉽게 분리할 수 있어야 한다.

X선 단층조영술(CT Scan) 잘 알려진 바와 같이 'Cat Scan'은 일련의 X선 영상을 조합하여 신체의 특정 부분에 대한 3차원 영상을 만들어 내는 기술이다. 새로운 전자 기술을 이용하여 파일로 저장된 X선 촬영 사진을 조합한 단층 영상을 만든다. 의료진은 컴퓨터를 이용하여 얻은 영상을 다양한 각도나 깊이에서 확인할 수 있기 때문에 질병에 대한 효과적인 진단이 가능하다. 형광투시경을 응용한 CT scan 기기를 이용하여 결과를 실시간으로 관찰할 수도 있다.

자기 공명 영상(MRI) 장치 이 장을 시작할 때 자기 공명 조영술을 언급하였다. 라디오파 에너지를 의심스러운 핵에 가해서 20.4절에서 설명한 바와 같이 핵의 스핀 상태를 변화시킨다. MRI는 양성자(^{1}H)나 인(^{31}P) 혹은 플루오린(^{19}F)을 검출하는 역할을 한다. 라디오파 에너지 펄스를 흡수하면 시료 핵의 스핀 상태가 변한다. 스핀이 원래 상태로 돌아올 때 핵의 종류에 따라 특정한 진동수의 복사선을 방출하게 되는데, 진동수를 관찰하여 존재하는 핵종의 종류를 파악할 수 있다. 이 장비에서는 매우 강한 자기장을 얻기 위하여 초전도 자기를 사용한다. 자기장을 기울이면 신체의 서로 다른 위치에 존재하는 양성자가 흡수하는 라디오파의 진동수가 차이가 난다. 양성자가 흡수하는 진동수의 차이를 이용하여 신체에 대한 양성자 지도를 작성할 수 있다. 컴퓨터를 이용하여 정보를 모으고 조합하면 단층 영상을 만들 수 있다.

초음파 소노그램(Ultrasound Sonogram) 소노그램은 단층 영상을 만들어 내는 것이 아니고 신체의 일부분이 움직이는 영상을 실시간으로 관찰하는 것이다. 이 검사는 특히 동맥이나 정맥을 흐르는 혈액의 흐름을 관찰하는 데 유용하다. 전자봉에 연결한 탐침 장비를 환자의 피부에 접촉시켜 신호를 감지한다. 인체에 침투한 초음파가 뼈와 같은 고밀도 장기에 의하여 반사된다. 동맥이나 정맥을 흐르는 혈류는 도플러 효과에 의하여 감지될 수 있다. 검출기 방향으로 흐르는 혈액에 의하여 초음파의 진동수가 증가하고 검출기에서 멀어지는 혈액에 의하여 진동수가 감소하는 효과를 이용한다. 동맥이나 정맥의 손상 혹은 막힘 등을 진단하는 데 혈액의 흐름은 중요한 요소로 작용한다. 초음파 영상이 의료진에게 직접 전송될 수 있기 때문에 원격 진료에 이용되기도 한다.

최첨단 화학 20.1

양전자 방출 단층조영술(PET)

양전자 방출 단층조영술(positron emission tomography)에서 PET 주사(PET scan)는 뇌 기능을 연구하는 중요한 방법이며, 이를 위해 양전자 방출제가 사용된다. 이 기술은 양전자를 방출하는 방사성 핵종을 포도당과 같은 분자에 화학적으로 결합시켜 혈액으로부터 직접 뇌에 흡수시키는 것으로 시작된다. 이것은 마치 방사능 발생기를 직접 뇌 속으로 삽입하는 것으로, 외부에서 X선이나 감마선과 같은 것을 쪼여 주는 것과 다르다. 예를 들어 탄소-11은 포도당 분자($C_6H_{12}O_6$)의 탄소-12를 대체할 수 있는 양전자 방출체이다(이와 같은 포도당을 만드는 한 가지 방법은 잎이 무성한 식물인 근대로 하여금 $^{11}CO_2$를 이용한 광합성으로 포도당을 생산하도록 하는 것이다).

미량의 탄소-11로 치환된 포도당을 이용한 PET 검사는 포도당이 정상적으로 잘 흡수되지 않는 상황인 조울증, 조현병, 알츠하이머병 등을 감지한다. 탄소-11로 치환된 포도당이 섭취된 후에 특별히 포도당을 사용하는 뇌의 위치로부터 방출된 양전자가 전자와 반응할 때 발생하는 감마선을 신체의 외부의 방사선 검출기가 검출한다. 이러한 양전자들은 서로 반대 방향으로 방출되는 감마선을 생성한다. 서로 180도 떨어진 방향으로 방출된 감마선이 검출되면, 검출될 때까지 걸린 시간을 사용해서 방사선이 생성된 정확한 위치를 역추적할 수 있다. 표지된 포도당을 사용하여 뇌에서의 위치에 대한 지도를 그리면, 뇌기능을 보여 주는 사진을 만들어 낼 수 있다. 예를 들어 PET를 이용한 검사를 하면(**그림 1**)은 흡연자의 뇌에서 포도당을 섭취하는 양이 비흡연자보다 적다는 것을 **그림 2**에서 보여 주고 있다.

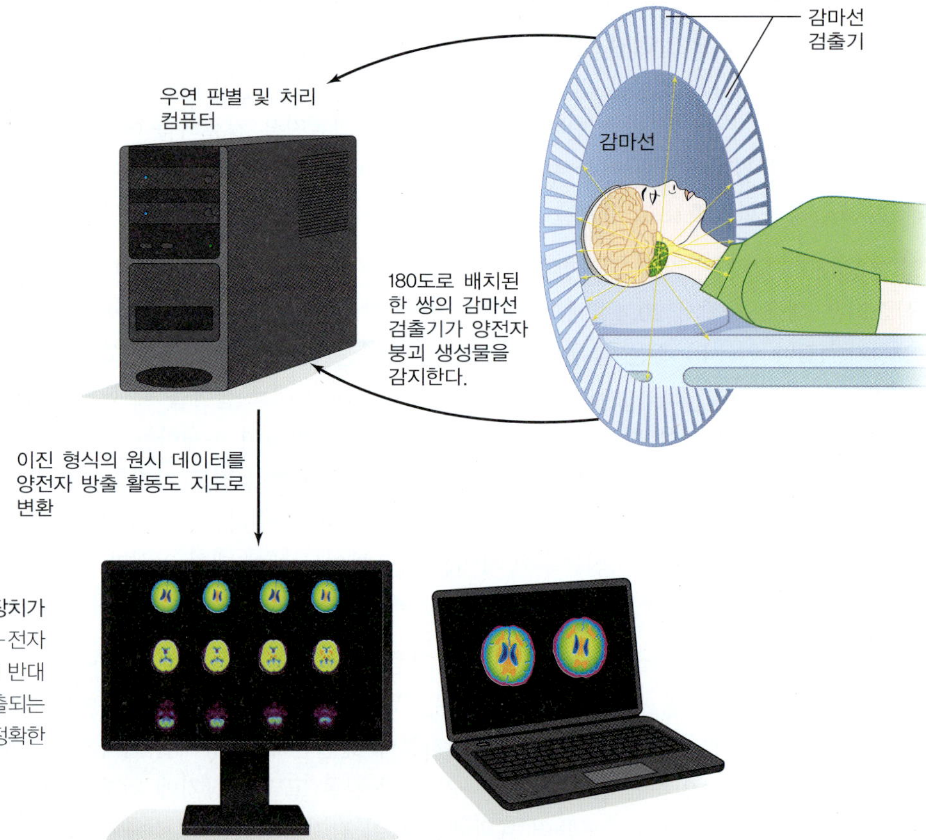

그림 1 **양전자 방출 단층조영술(PET) 장치가 작동하는 원리를 보여주는 그림** 양전자–전자 소멸이 발생하면 2개의 감마선이 정확히 반대 방향(180도)으로 방출된다. 감마선이 검출되는 시간 차이를 측정하여 양전자 방출체의 정확한 위치를 계산한다.

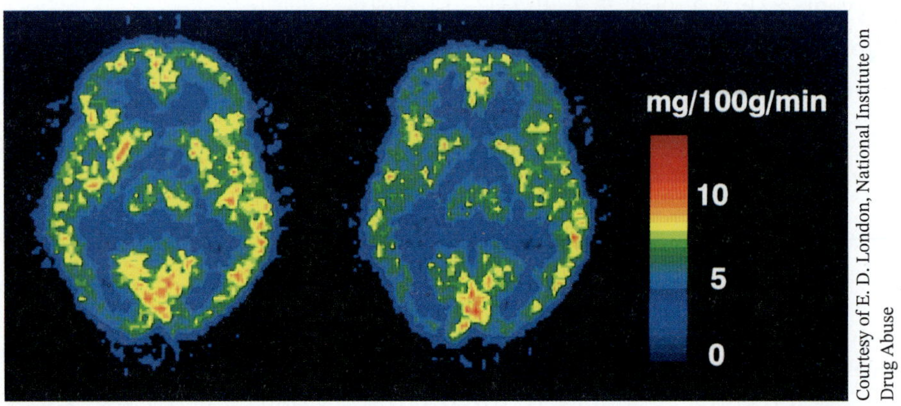

그림 2 **뇌의 활동을 연구하는 양전자 방출 단층 영상(PET)** 왼쪽은 비흡연자에 대한 것이고 오른쪽은 흡연자에 대한 것이다. 이 PET 영상은 니코틴이 존재할 때 포도당의 대사가 넓은 영역에서 감소되는 것을 보여준다.

> **실전 문제 20.15**
> 셀레늄-72는 전자를 포획하고 PET 영상 촬영에 이용되는 비소-72로 붕괴한다. 이와 관련한 셀레늄-72 분열에 대한 균형 핵반응식을 쓰시오.

방사능 연대 측정

자연에 존재하는 방사성 핵종을 사용하여 퇴적물이나 고고학적 발견물의 나이를 측정하는 것을 **방사능 연대 측정(radiological dating)**이라고 한다. 이것은 방사성 핵종의 반감기가 전 지질 시대를 걸쳐 일정하다는 전제하에 가능하다. 반감기는 열, 압력, 자기 또는 전기적 충격과 같은 모든 환경적 요인에 대해 영향을 받지 않는다는 실험적 증거에 따르면 그 전제는 타당하다고 할 수 있다. 탄소-14 분석에 의한 고고학적 유물의 방사능 연대 측정은 13.4절에서 반응속도론의 관점에서 이미 언급하였다.

지질학적 연대 측정 지질학적인 연대 측정에서는 우라늄-238 계열(그림 20.9)에서와 같이 방사성 원소 붕괴 계열에서 '어미(parent)'와 '딸(daughter)'의 관계에 있는 동위 원소의 쌍을 찾아야 한다. 예를 들어 우라늄-238('어미'로서)과 납-206('딸'로서)이 방사능 연대 측정의 동위 원소 쌍으로 사용된다. 주어진 크기의 시료에서 ^{206}Pb 원자와 ^{238}U 원자의 합은 암석이 고체화될 때의 초기 ^{238}U 원자의 양(N_0)에 해당하고, 현재의 ^{238}U 원자의 양은 남아 있는 동위 원소의 양(N_t)에 해당한다. 우라늄-238은 지질학적인 연대 측정에 필수적인 긴 반감기를 가지고 있다. 암석 시료에 포함된 우라늄-238과 납-206 원자의 수를 결정한 다음, 적분 속도식을 이용하여 그 암석의 나이를 계산할 수 있다. 마그마의 온도는 대부분 1000°C 이상이기 때문에 암석이 형성된 초기에는 휘발성이 있는 납(끓는점 327°C)은 존재하지 않는다.

암석의 연대 측정에 가장 널리 사용되는 동위 원소는 아마도 포타슘-40/아르곤-40 쌍일 것이다. 자연계에 존재하는 방사성 핵종인 포타슘-40은 우라늄-238과 비슷한 반감기를 가지고 있다. 포타슘-40은 다음과 같이 전자 포획에 의하여 아르곤-40으로 붕괴한다.

$$^{40}_{19}K + ^{\ 0}_{-1}e \longrightarrow ^{40}_{18}Ar$$

이 핵반응에 의해 생성된 아르곤은 암석의 결정 격자 속에 붙잡혀 남아 있다가 암석 시료가 녹을 때에만 방출된다. 질량 분석기(0.5절)를 이용하여 암석에 존재하는 $^{40}_{18}Ar$과 $^{40}_{19}K$의 양을 측정한다. 아르곤-40과 포타슘-40의 총합은 암석이 고체화될 때 존재하는 $^{40}_{19}K$의 전체 양으로, 현재의 $^{40}_{19}K$ 양은 시간 t 경과 후 남은 양을 의미한다. 측정된 아르곤-40 대 포타슘-40의 비와 $^{40}_{19}K$의 반감기를 이용하여 암석 시료의 나이를 추정할 수 있다.

우라늄-238과 포타슘-40은 반감기가 매우 길기 때문에, 이들을 사용하여 연대 측정을 하려면 암석의 나이가 적어도 300,000년이 되어야 의미 있는 결과를 얻을 수 있다.

해설 ^{238}U의 $t_{1/2} = 4.51 \times 10^9$년이고 ^{40}K의 $t_{1/2} = 1.3 \times 10^9$년이다.

탄소-14를 이용한 고대 생명체의 연대 측정 13장에서 자세히 논의한 바와 같이 ^{14}C와 ^{12}C의 비를 측정하여 나무나 뼈로 만들어진 고대 유기 시료의 나이를 측정할 수 있다.

탄소-14 연대 측정에는 두 가지 접근 방법이 있으며, 두 가지 경우 모두 시료를 연소시켜 CO_2를 발생시켜야 한다. Willard F. Libby(1960년 노벨 화학상 수상)에 의해 제안된 방법은 연대를 측정할 유기체로부터 얻은 시료에 대하여 탄소 그램당 방사능(N_t)과 을 측정하고 현재의 시료에 대하여 측정한 탄소 그램당 방사능(N_0)을 측정한 다음, 일차 반응에 대한 적분 속도식을 이용하여 계산한다.

해설 탄소 연대 측정 시, 시료가 최근의 탄소나 탄소 화합물로 오염되지 않도록 특히 주의해야 한다.

탄소-14를 이용하는 최신 방법은 탄소-14의 피크를 탄소의 다른 동위 원소(질소-14도 포함)로부터 분리할 수 있는 질량 분석계를 이용하여 방사성 동위 원소인 탄소-14뿐만 아니라 모든 동위 원소의 수를 함께 세는 것이다. 이 방법은 아주 적은 양(Libby 방법이 1~20g이 필요한 데 비하여 0.5~5mg 필요)의 시료만을 연소시켜 더 정확한 결과를 제공한다. 이 방법을 이용하여 70,000년 된 것까지 연대 측정이 가능하며, 특히 약 60,000년 이내의 시료는 매우 정확하게 연대를 측정할 수 있다.

20.8 핵분열과 핵융합

핵분열(nuclear fission)은 무거운 원자핵이 두 개의 더 가벼운 핵으로 분열하는 것을 말한다. 반면 핵융합(nuclear fusion)은 가벼운 두 개의 핵이 합쳐져 무거운 핵을 만드는 과정이다. 많은 양의 에너지를 생성하는 두 반응에 대하여 논의해 보자.

핵분열 반응

중성자는 전기적으로 중성이기 때문에 전자구름을 쉽게 투과하여 핵에 도달할 수 있다. 1930년대 초에 Enrico Fermi는 매우 느리게 움직이는 열중성자(thermal neutron)도 포획될 수 있다는 것을 발견했다(열중성자란 상온에서 평균 운동 에너지가 주변에 존재하는 다른 입자들과 같은 중성자를 말한다). Fermi는 열중성자를 우라늄에 충돌시키면 우라늄보다 훨씬 작은 여러 가지 종류의 핵이 생성되는 것을 발견했다.

당시에는 깨닫지 못했지만, 그가 관찰한 것은 우라늄-238의 동위 원소로 자연에 소량 존재하는 우라늄-235의 핵분열에 의한 것이었다. 이 핵분열에 대한 반응식은 다음과 같다.

$$^{235}_{92}\text{U} + ^{1}_{0}n \longrightarrow X + Y + b\,^{1}_{0}n$$

X와 Y는 중간 정도의 원자 번호를 갖는 다양한 종류의 핵을 나타낸 것으로 현재는 30가지 이상이 확인되었다. 계수 b의 평균값은 2.47로, 분열이 일어날 때 생성되는 중성자의 평균수이다. 대표적인 핵분열 반응은 다음과 같다.

$$^{235}_{92}\text{U} + ^{1}_{0}n \longrightarrow ^{236}_{92}\text{U}^* \longrightarrow ^{92}_{36}\text{Kr} + ^{141}_{56}\text{Ba} + 3\,^{1}_{0}n$$

실제로 분열하는 것은 우라늄-236의 복합핵이다. 이 핵은 중성자 144개와 양성자 92개를 가지고 있어서 중성자/양성자 비가 약 1.6이다. 분열 초기 생성물인 크립톤과 바륨 동위 원소의 중성자/양성자 비도 이와 비슷한데, 이는 36~56개의 양성자를 가진 안정한 동위 원소에 대한 중성자/양성자 비인 1.2~1.3(그림 20.10)에 비하면 너무 큰 값이다. 따라서 분열 초기에 생성된 크립톤과 바륨 방사성 핵종은 즉시 중성자를 방출하는데, 이들을 이차 중성자(secondary neutron)라고 하며 이 중성자의 에너지는 열중성자보다 훨씬 더 크다.

중성자 포획 후 핵분열을 할 수 있는 동위 원소를 **핵분열성 동위 원소(fissile isotope)**라고 한다. 원자로에서 사용되는 우라늄의 핵분열성 동위 원소는 우라늄-235이며, 우라늄 동위 원소 중 그 존재 비율은 0.72%이다. 우라늄-233과 플루토늄-239와 같은 두 가지 핵분열성 동위 원소는 원자로에서 만들 수 있다.

핵연쇄 반응 핵분열에 의해 생긴 이차 중성자는 주위의 물질과 충돌하여 느리게 움직이는 열중성자가 된다. 이 중성자는 새로운 우라늄-235 원자에 의해 포획될 수 있다. 한 번의 분열에서 평균 두 개 이상의 새로운 중성자가 생성되기 때문에 **핵연쇄 반응(nuclear chain reaction)**이 일어날 수 있다(**그림 20.17**). 연쇄 반응이란 한 반응에서 생긴 생성물이 그 반응을 반복해서 일어날 수 있게 하는 반응을 말한다.

우라늄-235의 시료의 양이 매우 적으면, 생성된 중성자를 주위로 잃는 속도가 충분히 빠

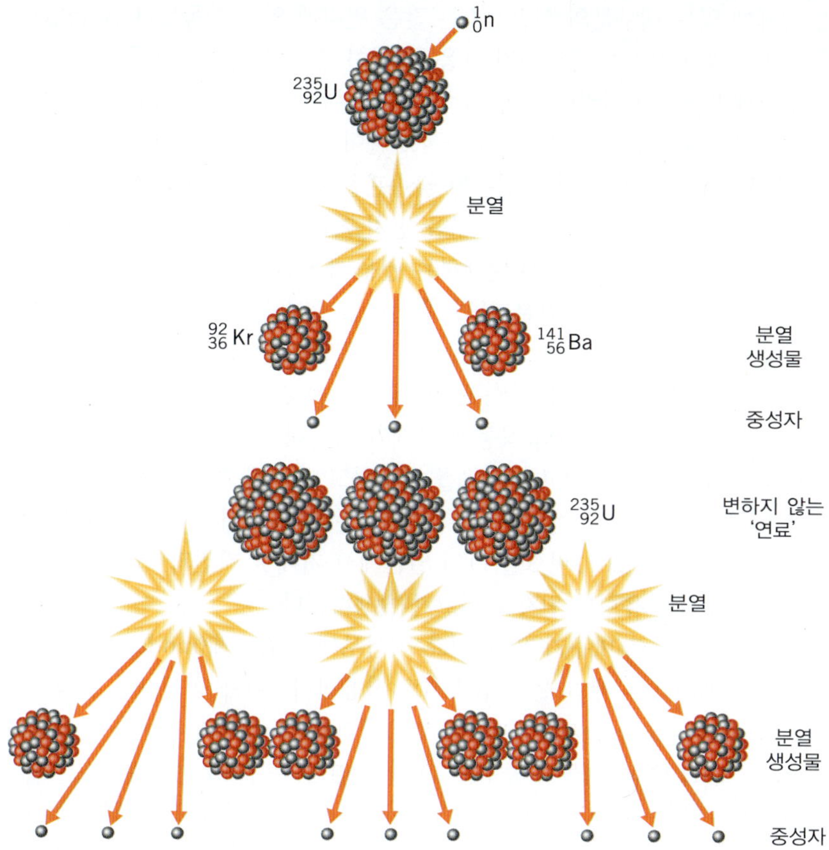

그림 20.17 **핵연쇄 반응** 핵분열성 동위 원소의 농도가 임계 질량보다 크면, 분열에 의해 방출된 중성자가 핵분열성 동위 원소 핵에 포획되어 또 다른 핵분열을 유발한다. 일반 원자로에서는 핵분열성 동위 원소의 양이 매우 적기 때문에 연쇄 반응이 일어나기 어렵고 또한 비분열성 물질로 된 조절 막대를 원자로에 넣었다 뺐다 하면 생성되는 과량의 중성자를 포획할 수 있기 때문에 핵분열을 조절할 수 있고, 따라서 발생된 열을 바로 제거할 수 있다.

르게 진행되므로 연쇄 반응은 일어나지 않는다. 그러나 시료의 양이 우라늄-235의 **임계 질량(critical mass**, 약 50 kg) 이상인 경우에는 중성자의 손실이 충분하지 않아서 연쇄 반응을 막을 수 없다. 이 경우에는 원자 폭탄이 폭발하는 경우와 같이 전체 시료가 순간적으로 분열하게 된다. 다시 말하면 원자 폭탄이 터지기 위해서는 임계 질량 이하의 우라늄-235(또는 플루토늄-239) 두 개를 강제로 합쳐서 임계 질량이 되게 해야 한다.

핵발전 우라늄-235의 핵자당 결합 에너지(약 7.6 MeV, 그림 20.3)는 새로 생성되는 핵종의 결합 에너지(약 8.5 MeV)보다 작다. 따라서 한 번의 분열에 대한 알짜 변화는 다음과 같이 계산할 수 있다(각 결과에서 유효 숫자 두 자리까지만 계산했음).

해설 $1\text{ MeV} = 1.602 \times 10^{-13}\text{ J}$

크립톤-92의 결합 에너지:

$$(8.5\text{ MeV}/\text{핵자}) \times 92\text{핵자} = 800\text{ MeV}$$

바륨-141의 결합 에너지:

$$(8.5\text{ MeV}/\text{핵자}) \times 141\text{핵자} = \underline{1200\text{ MeV}}$$

$$\text{생성물의 전체 결합 에너지: } 2000\text{ MeV}$$

우라늄-235의 결합 에너지:

$$(7.6\text{ MeV}/\text{핵자}) \times 235\text{핵자} = 1800\text{ MeV}$$

전체 결합 에너지의 차이를 대략적으로 계산하면 $2000\text{ MeV} - 1800\text{ MeV} = 200\text{ MeV}(3.2 \times 10^{-11}\text{ J})$이다. 이 값은 각각의 핵분열이 일어날 때 생성되는 에너지이다. 1 kg(4.25 mol)의 우라늄-235 분열에 의해 생성되는 에너지는 약 8×10^{13} J로, 이는 100와트 전구를 3000년 동안 켤 수 있는 에너지이다.

해설 우라늄-235 1 kg으로부터 얻을 수 있는 에너지는 석탄 3000톤 또는 석유 13,200배럴에 해당하는 양이다.

핵발전소 전 세계에 있는 대부분의 핵발전소는 같은 원리에 의해 작동된다. 핵분열로 얻은 에너지를 이용하여 기체의 압력을 증가시킨 다음, 압력이 증가한 기체를 이용하여 직접 혹은 간접적으로 전기 발생기를 작동시킨다. 핵발전소의 심장부는 연료 핵심부(fuel core)에서 핵분열이 일어나는 원자로(reactor)이다. U-235가 2~4% 들어 있는 유리 알갱이 형태의 산화 우라늄을 넣은 클래딩(cladding)이라는 길고 밀봉된 금속관을 여러 개 묶어서 연료로 사용한다. 원자로의 연료 핵심부에는 이와 같은 금속관 묶음 장치 여러 개가 채워져 있고, 이 장치의 금속관 사이를 순환하는 냉매가 핵분열에서 발생하는 열을 제거한다.

핵발전소에서 원자 폭탄에서와 같은 폭발이 진행될 위험성은 없다. 원자 폭탄은 농도가 85% 이상인 우라늄-235 또는 농도가 93% 이상인 플루토늄-239를 필요로 한다. 그러나 원자로에 핵분열할 수 있는 동위 원소의 양은 2~4%에 불과하고, 대부분은 일반적으로 붕괴하지 않는 우라늄-238이다. 그러나 냉매의 작동에 문제가 발생하여 핵분열에 의한 열을 제거하지 못하면, 반응로의 중심부가 용융되고 원자로를 보호하고 있는 두꺼운 벽이 무너지게 된다. 때로는 핵분열에 의한 고열이 냉각수를 수소와 산소를 분해하고, 이 수소와 산소가 재결합하면서 거대한 폭발이 발생한다. 2011년 3월 11일 일본에서 거대한 지진과 쓰나미에 의해 원자로 냉각계의 고장으로 이러한 유형의 원자로 사고가 발생하였다.

이차 중성자를 열중성자로 바꾸기 위해 연료 핵심부에는 감속제(moderator)가 있는데, 대부분의 일반 원자로에서 냉각제인 물을 감속제로 사용한다. 이차 중성자와 감속제 분자와의 충돌에 의해 감속제의 온도가 증가하는데, 이 열에너지가 결국 전기 터빈을 작동시키는 증기를 생성하게 된다. 물(H_2O)과 더불어 중수(D_2O)와 흑연이 감속제로 사용된다.

해설 D_2O는 중수소 산화물이다. 중수소는 수소의 동위 원소이다.

일반 핵발전소에는 끓는물 원자로(boiling water reactor)와 가압된 물 원자로(pressurized water reactor)의 두 가지 형태의 원자로가 있다. 이 유형의 원자로는 모두 보통의 물을 감속제로 사용하기 때문에 경수로(light water reactor)라고 한다. 미국에 있는 원자로의 약 3분의 2는 **그림 20.18**에 나타낸 것과 같은 가압된 물 원자로이다. 이런 원자로에는 두 가지 형태의 물 순환이 있다. 일차 순환에서는 원자로의 핵심부를 통해 흐르는 물이 핵분열로부터 생긴 열에너지를 얻게 된다. 이 물은 고압하에서 액체 상태로 유지된다(그래서 이름이 가압된 물 원자로이다).

그림 20.18에서 보듯이 일차 순환 과정에서 가열된 뜨거운 물은 증기 발생기에 있는 이차 순환 고리에 열에너지를 전달한다. 고온과 고압 상태의 증기가 터빈을 작동시키면 증기 압력은 감소한다. 터빈의 끝에 설치된 냉각기는 강이나 호수에 있는 물에 의해 작동되는데, 냉각기에 의하여 터빈 내부의 압력이 감소되면 증기가 물로 변한다. 다시 재생성된 물이 고압 증기로 바뀌고 순환된다. 끓는 물 원자로에서는 냉각 고리가 하나뿐이다. 원자로에서 가열된 물

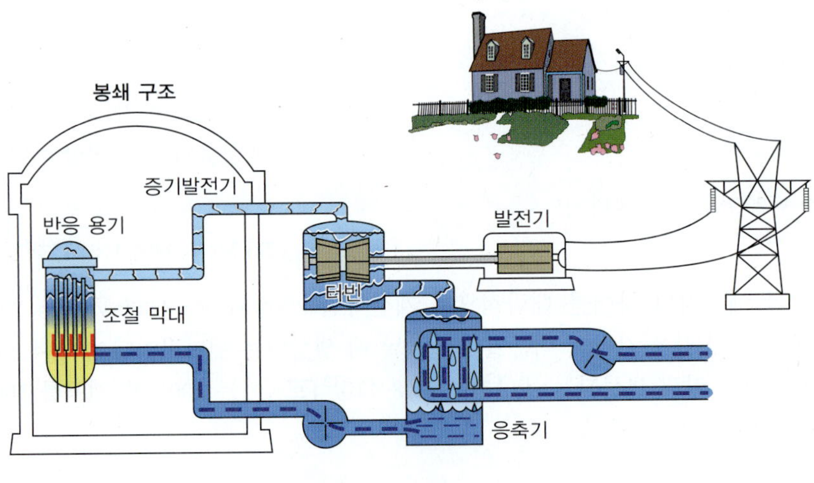

Based on an image of a Boiling Water Reactor from the United States Nuclear Regulatory Commission, www.nrc.gov, March 29, 2012.

그림 20.18 미국의 핵발전소에서 사용하는 가압된 물 원자로 일차 냉각 순환 고리의 물이 중심부에 있는 연료 중심부를 지날 때 핵연쇄 반응에서 생성된 열을 흡수한 후 이차 순환 고리로 이동한다. 고온의 증기는 이차 순환 고리의 터빈을 작동시키고 다시 냉각되어 재사용된다.

이 터빈을 움직이는 증기로 변한다.

방사성 폐기물 핵발전소의 방사성 폐기물은 기체, 액체, 고체 모두를 포함한다. 기체는 주로 크립톤과 제논의 방사성 핵종이다. 그러나 크립톤-85($t_{1/2}$=10.4년)를 제외하고 다른 기체들은 반감기가 짧아서 비교적 빨리 붕괴한다. 붕괴하는 동안 기체 폐기물이 밖으로 새지 못하도록 보관해야 하는데, 클래딩이 이 역할을 한다. 핵분열에 의해 생성되는 또 다른 위험한 방사성 핵종은 아이오딘-131, 스트론튬-90, 세슘-137이다.

해설 세슘-137은 반감기가 30년이고, 스트론튬-90은 28.1년이다. 두 핵종 모두 베타 방출체이다.

인간은 갑상샘 호르몬인 타이록신(thyroxine)을 만들기 위하여 아이오딘화 이온을 갑상샘에 농축하기 때문에 아이오딘-131이 문제가 된다. 갑상샘에서 아이오딘-131이 붕괴하여 위험한 베타 방사선을 방출하면 갑상샘암 또는 갑상샘 기능 저하를 유발한다. 아이오딘-131 중독에 대한 효과적인 대응책은 정상 아이오딘(아이오딘화 소듐)을 많이 섭취하는 것으로, 갑상샘에서 불안정한 아이오딘-131의 음이온보다 안정한 아이오딘화 이온을 취할 확률을 높이는 것이다.

세슘-137과 스트론튬-90도 인간에게 여러 가지 문제를 초래한다. 세슘은 소듐과 같이 1A족에 속하기 때문에, 체내에서 방사성 세슘-137 양이온은 소듐 이온이 작용하는 모든 곳에서 발견된다. 칼슘과 같은 2A족인 스트론튬-90의 양이온은 뼈 조직에서 칼슘 이온을 대체할 수 있으며, 골수에 방사선을 쪼여 백혈병을 유발할 수도 있다. 그러나 세슘-137과 스트론튬-90의 반감기는 비교적 짧다.

폐기물 중 어떤 방사성 핵종은 반감기가 너무 길어 고체 원자로 폐기물은 수십 세기 동안 인간으로부터 격리되어야 한다. 많은 연구 결과에 의하면 고체 방사성 폐기물을 지진이나 화산 폭발로부터 안전하게 만드는 가장 효과적인 과정은 폐기물을 유리나 암석 같은 고체로 변환시켜 암반층이나 산속 깊이 매장하는 것이라고 믿어진다. 그러한 장소를 찾는 것은 과학적으로나 정치적으로 상당한 논란의 주제가 되고 있다.

핵융합

그림 20.3의 핵결합 에너지 곡선의 최고점 왼쪽에 속하는 두 개의 가벼운 핵을 접합 또는 융합(fusing)하면, 핵결합 에너지의 순증가가 일어나서 이에 해당하는 에너지가 방출된다는 것을 20.2절에서 언급하였다. 이 과정을 핵융합(nuclear fusing)이라 하고, 이때 방출하는 에너지는 핵분열의 경우보다 훨씬 더 크다. 그러나 풀어야 할 많은 어려운 기술적 문제들이 남아 있기 때문에, 이 에너지를 평화적 목적으로 사용하는 데는 해결해야 할 과제가 아직도 많이 남아 있다.

수소의 동위 원소인 **중수소(deuterium**, $^2_1$H)는 핵융합의 모든 과정에서 핵심적인 연료이다. 중수소는 물에 포함된 것까지 포함해서 자연계의 모든 수소 원자의 0.015%의 비율로 존재한다. 이 낮은 비율에도 불구하고, 지구에는 중수소를 사실상 무한정 공급할 수 있는 풍부한 물이 있다.

핵융합 반응로 안에서 성공적으로 일어날 가능성이 가장 높은 핵융합 반응에는 중수소와 또 하나의 수소의 동위 원소인 삼중수소($^3_1$H)가 사용된다.

$$\underset{\text{중수소}}{^2_1\text{H}} + \underset{\text{삼중수소}}{^3_1\text{H}} \longrightarrow \underset{\text{헬륨}}{^4_2\text{He}} + \underset{\text{중성자}}{^1_0n} + 17.6\text{ MeV}$$

이것은 헬륨 원자 한 개가 형성될 때 2.82×10^{-12}J, 또는 He 1 mol이 형성될 때 1.70×10^9kJ의 에너지가 생성됨을 나타낸다. 이 반응의 한 가지 문제점은 삼중수소가 상대적으로 반감기가 짧고 방사성이 있으므로 자연계에 존재하지 않는다는 것이다. 그러나 리튬이나 중수소로부터 다른 핵반응을 통하여 삼중수소를 만들 수 있다.

핵분열과 핵융합에서 얻는 에너지를 질량의 관점에서 비교하면, 핵융합에 의하여 ^{4}He 1kg이 생성될 때 4.2×10^{14}J의 에너지가 생성되는 데 비하여, ^{235}U 1kg의 핵분열에서는 대략 8×10^{13}J의 에너지가 생성된다. 그러므로 질량을 기준으로 비교하면 핵분열보다는 핵융합 반응에서 5배나 더 많은 에너지가 생성된다. 0.005km^{3}의 바닷물 속에 존재하는 중수소의 핵융합 에너지만으로도 1년간 미국에서 필요한 에너지 수요를 만족시킬 수 있다.

열핵융합 핵융합의 주된 과학적 문제는 원자핵 사이의 힘(인력)이 정전기력(반발력)을 이겨낼 수 있을 정도로 핵융합 상태가 오랫동안 지속될 수 있도록 만드는 것이다. 핵에 가까이 가게 하기 위해서는 많은 시간이 걸린다. 20.3절에서 논의한 것처럼, 원자핵 간의 강한 인력은 정전기 힘보다 훨씬 더 짧은 거리에서 작용한다. 그러므로 충돌하는 두 핵자는 핵력이 작용할 수 있는 짧은 거리까지 접근하기 전에는 서로 반발한다. 따라서 이 정전기적 장벽을 이겨내기 위해서는 접근하는 두 핵자의 운동 에너지가 매우 중요하다. 또한 핵융합으로 실질적인 전기 에너지 생산이 가능해지려면, 한 번에 많은 수의 원자핵이 이 장벽을 이겨낼 수 있는 에너지를 얻어야 한다. 따라서 큰 가속기에서의 상대적으로 격리된 핵융합 반응은 소용이 없다. 반응기에 충분한 양의 핵에너지를 제공해 줄 수 있는 유일한 방법은 열에너지로 제공해 주는 것이다. 이것이 전체 과정을 **열핵융합(thermonuclear fusion)**이라고 부르는 이유이다. 이러한 열에너지를 공급하려면 섭씨 1억 도 이상의 높은 온도가 필요하다!

융합시키고 싶은 핵을 가진 원자에서 먼저 전자를 벗겨내야 한다. 그러므로 시작 단계에서는 많은 에너지가 소모되지만, 전체 과정에서는 소모되는 에너지보다 훨씬 더 큰 에너지를 얻을 수 있다. 이때 전기적으로 중성이며 핵과 전자가 결합되지 않은 기체상의 혼합물이 생성되는데, 이를 **플라스마(plasma)**라고 한다. 플라스마는 같은 전하를 띤 핵이 모두 2 fm(2×10^{-15} m) 내에 있도록 밀집되게 만들어야 한다. 이것은 일상적인 상태에서 대략 200 mg cm^{-3}의 밀도가 200 g cm^{-3}으로 밀집되어야 하는 것을 의미한다. 이는 핵이 융합할 수 있도록 오랫동안 플라스마를 수십억 기압의 압력에서 가두어야 한다는 것을 의미하며, 태양 중심에서보다 몇 배는 더 큰 온도가 필요하다.

열핵융합 반응의 실질적이고 평화적인 사용은 아직도 먼 미래에 있지만, 군사적인 적용은 50년이 넘게 시도되고 있다. 열핵융합 반응은 수소 폭탄이 폭발되는 에너지의 근원이다. 이 융합을 일으킬 에너지는 우라늄이나 플루토늄에 기반한 핵분열 폭탄으로 공급된다.

태양과 별에서의 핵융합 자연은 우주가 창조된 이래 별에서 진행되는 핵융합을 에너지의 근원으로 사용해 왔다. 별에서의 높은 온도(15메가켈빈 온도 이상)와 큰 중력이 핵융합 반응에 필요한 높은 밀도와 운동 에너지를 제공한다. 우리의 태양과 유사한 질량을 가진 별에서 진행되는 주요 과정을 양성자-양성자 순환이라고 한다.

해설 태양 내부의 온도는 약 1500만 켈빈(15 MK)이다.

양성자-양성자 순환

$$2(^1_1\text{H} + ^1_1\text{H}) \longrightarrow 2\,^2_1\text{H} + 2\,^0_1e + 2\nu$$
$$2(^1_1\text{H} + ^2_1\text{H}) \longrightarrow 2\,^3_2\text{He} + 2\gamma$$
$$\underline{^3_2\text{He} + ^3_2\text{He} \longrightarrow ^4_2\text{He} + 2\,^1_1\text{H}}$$
$$\text{Net: } 4\,^1_1\text{H} \longrightarrow ^4_2\text{He} + 2\,^0_1e + 2\nu + 2\gamma$$

생성된 양전자가 플라스마에서 전자와 결합하고 소멸될 때 감마선과 여분의 에너지를 생성한다. 실질적으로 모든 중성미자는 태양을 빠져나가고, 이 과정에서 생성된 에너지의 2% 이하만이 태양계로(그리고 그 너머로) 전달한다. 한 번의 순환 과정에서 26.2 MeV, 즉 4.20×10^{-12}J의 에너지가 만들어지는데, 이것은 알파 입자 1 mol이 생성될 때의 에너지 2.53×10^{-12}J에 해당한다. 이것이 우리가 앞으로 50억 년 동안 계속 이용하게 될 태양 에너지의 근원이다.

다중 개념 문제의 분석과 풀이

베릴륨-7은 태양에서 생성되는 원소 중 하나로, 질량은 7.01692983 u이다. ^{7}Be 1.00 kg이 생성될 때 방출되는 에너지와 동일한 양의 에너지를 얻으려면 기름 몇 kg을 연소시켜야 하겠는가? 기름은 여러 종류의 화합물로 이루어져 있으나, 여기서는 기름의 화학식을 $C_{20}H_{42}$로, ΔH_f°는 −2330 kJ/mol로 가정하라.

분석 두 개의 반응과 거기에서 생성되는 에너지를 비교하는 문제이다. 첫 번째 반응은 핵반응이고, 이 반응에서 방출되는 에너지를 사용하여 두 번째 반응인 연소 반응에 필요한 물질의 양을 계산해야 한다. 풀이 과정을 다음과 같이 네 부분으로 나누어 생각해보자. (1) 첫 번째 반응에서 ^{7}Be의 결합 에너지를 결정하고, (2) ^{7}Be 1.00 kg이 생성되는 과정에서 방출되는 에너지를 결정한다. 다음에는 기름으로 관심을 옮겨 (3) $C_{20}H_{42}$의 연소열을 확인하고, (4) ^{7}Be이 생성하는 만큼의 열을 방출하는 $C_{20}H_{42}$의 양을 결정한다.

해설 정지 질량 정보를 찾을 때는 Nuclear Regulatory Commission (NRC), National Institute of Standard and Technology (NIST), International Union of Pure and Applied Chemistry(IUPAC)와 같이 공신력이 있는 곳의 정보를 이용한다.

Part 1

도구 모음 ^{7}Be 원자핵에 있는 양성자와 중성자, ^{7}Be 원자핵 자체의 정지 질량을 사용하여 계산한 질량 결손을 통해 ^{7}Be의 핵결합 에너지를 구한다. ^{7}Be의 정지 질량에 관한 참고 자료를 찾아야 한다.

풀이 ^{7}Be의 구성과 양성자 및 중성자의 질량으로부터 시작한다. ^{7}Be에는 네 개의 양성자와 세 개의 중성자가 있는데, 양성자의 질량은 1.0073 u이고 중성자의 질량은 1.0087 u이다.

4개의 양성자에 대해: $4 \times 1.0073\ \text{u} = 4.0292\ \text{u}$
3개의 중성자에 대해: $3 \times 1.0087\ \text{u} = 3.0261\ \text{u}$
^{7}Be의 핵자들의 정지 질량 총합 $= 7.0553\ \text{u}$

핵자들의 질량과 ^{7}Be 핵질량(= 7.0169 u)의 차로부터 질량 결손을 계산한다.

$$\underset{\text{핵자 7개의 질량}}{7.0553\ \text{u}} - \underset{\text{핵질량}}{7.0169\ \text{u}} = \underset{\text{질량 결손}}{0.0384\ \text{u}}$$

Part 2

도구 모음 질량 결손을 알고 있으므로, 다음의 Einstein 식을 적용하여 손실된 질량에 대한 에너지를 계산할 수 있다.

$$E = mc^2$$

여기서 m은 결손 질량인 0.0384 u(대략 유효 숫자 3개로 반올림)이고, c는 빛의 속도인 $2.9979 \times 10^8\ \text{m s}^{-1}$이다. 원자 한 개에 대한 에너지 손실을 계산한 후에 Avogadro 수와 ^{7}Be의 몰질량을 사용하여 원자 한 개를 mol 단위로, 다시 이 값을 질량으로 환산하면 ^{7}Be 1.00 kg에 대한 에너지 손실을 계산할 수 있다.

풀이 Part 2의 첫 번째 단계는 Einstein 식을 사용하여 ^{7}Be 핵 한 개가 생성될 때 방출되는 에너지양을 계산하는 것이다.

$$E = mc^2$$
$$E = (0.0384\ \cancel{\text{u}}) \times \frac{1.660539 \times 10^{-27}\ \text{kg}}{1\ \cancel{\text{u}}} \times (2.9979 \times 10^8\ \text{m s}^{-1})^2$$
$$= 5.73 \times 10^{-12}\ \text{kg m}^2\ \text{s}^{-2}$$

$\text{kg m}^2\ \text{s}^{-2}$은 줄(Joule)의 SI 단위이므로 답은 5.6970×10^{-12} J로 써야 한다. 여기서 계산한 에너지는 ^{7}Be 핵 한 개에 대한 것이므로 1.00 kg ^{7}Be에서 방출되는 에너지의 양을 계산할 필요가 있다.

$$E = 1.00\ \cancel{\text{kg Be}} \times \frac{1000\ \cancel{\text{g Be}}}{1\ \cancel{\text{kg Be}}} \times \frac{1\ \cancel{\text{mol Be}}}{7.0169\ \cancel{\text{g Be}}} \times \frac{6.022 \times 10^{23}\ \cancel{\text{원자 Be}}}{1\ \cancel{\text{mol Be}}} \times \frac{5.73 \times 10^{-12}\ \text{J}}{1\ \cancel{\text{원자 Be}}}$$
$$= 4.92 \times 10^{14}\ \text{J}$$

이 결과를 kJ 단위로 변환하면 4.92×10^{11} kJ이다. 이 값은 ^{7}Be 1.00 kg이 형성될 때 방출되는 에너지양이다.

Part 3

도구 모음 이제 동일한 양의 에너지를 얻기 위하여 연소시켜야 하는 기름의 양을 구해야 한다. 3.5절에서 다루었던 방법으로 균형 연소 반응식을 구해야 한다. 그리고 6.8절에서 다루었던 Hess 법칙을 사용하여 1 mol의 $C_{20}H_{42}$이 연소할 때 방출되는 열을 계산한다.

풀이 반응물은 O_2이고 생성물은 CO_2와 H_2O임을 알고 있으므로 골격 반응식을 다음과 같이 쓸 수 있다.

$$C_{20}H_{42}(l) + O_2(g) \longrightarrow CO_2(g) + H_2O(g)$$

3.5절에서 다룬 방법으로 구한 균형 반응식은 다음과 같다.

$$2C_{20}H_{42}(l) + 61O_2(g) \longrightarrow 40CO_2(g) + 42H_2O(g)$$

부록 C의 표 C.2로부터 $CO_2(g)$와 $H_2O(g)$의 생성 엔탈피를 찾아서 식에 대입하여 연소열을 구한다.

$$\Delta H^\circ = \left[40\ \text{mol CO}_2(g) \times \left(\frac{-395\ \text{kJ}}{\text{mol CO}_2(g)}\right) + 42\ \text{mol H}_2\text{O}(g) \times \left(\frac{-241.8\ \text{kJ}}{\text{mol H}_2\text{O}(g)}\right)\right] - \left[2\ \text{mol C}_{20}\text{H}_{42}(l) \times \left(\frac{-2330\ \text{kJ}}{\text{mol C}_{20}\text{H}_{42}(l)}\right)\right]$$

$$\Delta H^\circ = -21{,}240\ \text{kJ}$$

이 값이 $C_{20}H_{42}$ 2 mol이 연소할 때 방출되는 열량이다.

Part 4

도구 모음 마지막으로 몇 kg의 $C_{20}H_{42}$가 4.83×10^{11} kJ의 에너지를 방출할 것인지를 계산해야 한다. $C_{20}H_{42}$ 2 mol의 연소에 의해 21,240 kJ의 에너지가 발생한다는 정보를 이용하여 하나의 변환 인자를 구한다. 필요한 또 다른 변환 인자는 $C_{20}H_{42}$의 몰질량이다.

풀이 이 단계에서는 아래에서와 같이, 반응열과 몰질량을 이용하여 4.89×10^{11} kJ을 $C_{20}H_{42}$의 g 수로 변환한다.

$$4.92 \times 10^{11}\ \text{kJ} \times \frac{2\ \text{mol C}_{20}\text{H}_{42}}{2.124 \times 10^{4}\ \text{kJ}} \times \frac{282.6\ \text{g C}_{20}\text{H}_{42}}{1\ \text{mol C}_{20}\text{H}_{42}} = 1.31 \times 10^{10}\ \text{g C}_{20}\text{H}_{42}$$

이제 g을 kg으로 변환하면 다음을 얻는다.

$$1.31 \times 10^{10}\ \text{g C}_{20}\text{H}_{42} \times \frac{1\ \text{kg C}_{20}\text{H}_{42}}{1000\ \text{g C}_{20}\text{H}_{42}} = 1.31 \times 10^{7}\ \text{kg C}_{20}\text{H}_{42}$$

답이 합리적인가? 이 값은 너무나 큰 값이다. 답이 맞는지 확인하기 위해서는 모든 지수를 확인하고 지수를 조합한 결과가 구한 답과 유사한지 점검해 본다.

종합 화학 예제

토탄 늪지는 수백 혹은 수천년 동안 유기 물질이 퇴적된 습지이다. 극히 드문 경우이기는 하지만 습지에서 사고나 범죄 또는 전쟁으로 희생된 사람의 유해도 발견된다. 북유럽에서는 수천 년 동안 이 늪지에서 채굴한 토탄을 건조한 후 가정이나 농장에서 연료로 사용하였다. 때로는 토탄에 포함된 유해가 발견되기도 한다. 발견된 유해 중 바이킹 시대의 여왕 Gunnhild로 짐작되는 Haraldskaer 여인[1]이라고 명명된 유해가 있다. 탄소-14 연대 측정법을 이용하여 이 여인이 늪에

[1]J. van der Plicht et al. *Journal of Archeological Science* **31** (2004) 471–491

빠진 대략적인 연대를 확인한 결과 유해의 나이는 여왕보다 1500년이나 더 오래된 것으로 밝혀졌다. 이와 같은 오류는 늪지에 포함된 다양한 유기 물질에 의한 오염을 고려하면 놀라운 것은 아니다. 100g 이상의 시료가 요구되는 탄소-14 연대 측정법에서는 이와 같은 오염이 일어날 가능성이 매우 높다. 최신 분석 기법인 가속 질량 분석법(AMS)에 요구되는 시료의 양은 수 밀리그램 수준이다. 유해에서 다른 물질로 오염되지 않은 수 밀리그램의 시료를 채취하는 것은 어렵지 않기 때문에, AMS 방법을 사용하면 오염에 의한 오류를 줄일 수 있다. 또한 질량 분광법에서는 탄소-14 핵의 붕괴에서 기인하는 알파 입자를 측정하지 않고 탄소-14 원자의 수를 직접 측정하기 때문에 정확도를 높일 수 있다.

유해에서 얻은 5.23g의 시료를 적절히 처리해서 오염 물질을 최대한 제거한 다음 연소시켜 CO_2를 얻었다. CO_2를 환원시켜 얻은 탄소를 알갱이 형태로 만든 다음 가속 질량 분석법(AMS)을 이용하여 분석을 수행하였다. 옥살산 일차 표준물질에 대한 AMS 분석도 함께 시행하였다. AMS 실험에서 얻은 C-12, C-13, C-14 피크에 대한 결과는 표에 나타내었다.

이 결과와 필요한 다른 정보를 이용하여 다음 물음에 답하시오. 유해의 겉보기 나이는 얼마인가? 이 실험에 대한 불확정도를 예측할 수 있는가? 연대 측정 결과에 오류를 일으킬 수 있는 역사적 사건 3가지를 제시하시오.

가속 질량 분석법 실험 결과

(실험에서 *y*-축의 단위는 'count'이다.)

시료	C-12	C-13	C-14
현재의 조직(tissue)량 (전체 탄소에 대한 %)	98.89%	1.11%	1.00×10^{-12} %
표준 물질에 대한 기기 분석 값	0.3796×10^{16} counts	0.4290×10^{14} counts	1.434×10^{4} counts
유해 조직 시료에 대한 기기 분석 값값	6.845×10^{16} counts	7.695×10^{14} counts	8.864×10^{4} counts

분석

Part 1. 우선 유해의 나이를 결정해야 한다. 예제 13.7과 13.8에서 설명한 과정을 이용한다. 3가지 동위 원소의 양에 대한 정보가 주어졌으므로, C-14/C-12와 C-14/C-13의 비를 이용하여 나이를 계산할 수 있다.

Part 2. 두 결과(C-14/C-12에서 얻은 결과와 C-14/C-13에서 얻은 결과)의 차이와 2장에서 논의한 개념을 이용하여 불확정도를 예측할 수 있다.

Part 3. 질문에 답하려면 교재를 다시 공부하고 신문이나 인터넷 등을 참고해서 연대 측정에 영향을 미치는 사건을 유채해야 한다.

도구 모음

Part 1. 일차 반응에 대한 적분 속도식(식 13.9)과 표준 물질에 대한 C-14/C-12 비가 유해로 발견된 사람이 생존했을 때의 C-14의 양에 비례하고, 발견된 유해에서 측정된 C-14/C-12 비는 붕괴 후 남은 C-14의 양에 비례한다는 개념이다. 같은 논리를 C-14/C-13 비에도 적용할 수 있다.

Part 2. 1.5절에서 측정에서의 오차와 불확실성에 대하여 논의하였다. 여기서는 두 결과의 차이를 이용하여 방법의 불확정도를 결정한다.

Part 3. 13.4절의 탄소-14 연대 측정법을 설명할 때 연대 측정 결과에 오차를 유발하는 몇 가지 요인을 설명하였다.

풀이

Part 1: 주어진 자료를 정리하여 다음의 식 13.9에 대입한다.

$$\ln\left(\frac{r_0}{r_t}\right) = (1.21 \times 10^{-4}\,y^{-1})t$$

r_0와 r_t는 각각 유해로 발견된 사람이 생존했을 때의 C-14/C-12 비와 발견된 유해에 대한 C-14/C-12 비라는 것을 명심해야 한다. 자료 표에서 주어진 값을 다음과 같이 대입한다.

$$\ln\left(\frac{(1.434 \times 10^4 \text{ counts})/(0.3796 \times 10^{16} \text{ counts})}{(8.846 \times 10^4 \text{ counts})/(6.845 \times 10^{16} \text{ counts})}\right) = (1.21 \times 10^{-4}\,y^{-1})t$$

분자에 쓰인 값은 표의 2번째 줄의 값이고, 분모에 사용된 값은 표의 3번째 줄의 값이다. 좌변을 계산하여 정리하면 다음과 같다.

$$1.07266 = (1.21 \times 10^{-4}\,y^{-1})\,t$$

다음과 같이 속도 상수로 나누고 t를 구한다.

$$t = \frac{1.07266}{1.21 \times 10^{-4}\,y^{-1}} = 8.865 \times 10^3\,y = 8860\,y$$

이 결과로 유해로 발견된 사람이 사망한 후 8860년이 경과했다는 것을 알 수 있다. 한편 C-14/C-13 비와 동일한 과정을 이용하여 t를 구하면 8800년이라는 결과를 얻는다.

Part 2: C−14/C−12 비와 C−14/C−13 비를 이용하여 계산한 결과는 사망 후 각각 8860년과 8800년이 경과했다는 것을 의미하며, 두 결과의 차이는 60년이다. 연대를 측정할 그 외의 다른 자료가 없으므로 두 결과의 평균값인 8830년을 결과로 제시하는 것이 타당하다. 또한 대략적인 불확정도를 ±30년으로 제시할 수 있다.

Part 3: 13장에서 고대 유물의 연대를 측정에 대한 설명한 내용을 검토하라. 우주선에 의하여 N-14가 C-14로 변환하는 과정에 의하여 C-14의 양에 미세한 변화가 발생한다는 것을 알고 있다. 이와 더불어 1900년대 중반에 발생한 원자 폭탄의 폭발로 인하여 대기에 C-14를 포함한 여러 가지 동위 원소가 증가했다. 또한 1900년대 가파르게 증가한 화석 연료의 사용으로 인하여 대기 성분에 C-14을 포함한 탄소가 증가하였다.

연대 측정 결과에 오류가 발생하는 이유는 다양하다. 전문가를 포함한 많은 사람들의 주목을 이끈 유물로 Yale 대학교 고서 보관 도서관에서 발견된 Vinland 지도와 바이킹이 북아메리카를 방문했던 증거를 들 수 있다. 이탈리아의 Torino 대성당에 보관 중인 수의도 그 중요성으로 인하여 많은 사람들 사이에 논란이 되고 있다.

미국의 국립표준기술원(NIST)과 같은 기관에서는 위에서 언급한 사건들에 의하여 영향을 받지 않은 옥살산 표준 물질을 찾는 노력에 박차를 가하고 있으며, 이런 표준 물질이 제공된다면 보다 정밀한 연대 측정이 가능할 것이다.

답이 합리적인가? 유해에 대한 정확한 연대는 알 수 없다. 유해와 함께 발견된 다른 물체에 대한 실험 결과가 때로는 중요한 보강 자료가 되기도 한다. 계산에 이용된 수식을 다시 점검해서 오류가 없는지도 확인할 필요가 있다. 제시된 불확정도는 대략적인 값이지만 계산 결과에 어느 정도 타당하는 것을 나타내고 있다.

종합 화학 문제

A. 방사성 동위 원소를 이용하여 역사적인 물건에 대한 연대를 측정할 때 정확도는 연대가 반감기 t의 $0.1t_{1/2}$~$10t_{1/2}$에 속할 때 가장 높다. 50년에서 지구 나이까지의 연대를 모두 측정하려고 필요한 최소한의 동위 원소는 몇 가지인가?

B. PET 검사를 할 때 환자는 지름이 약 7피트인 고리 형태의 검출기 안에 눕는다. 다음 물음에

답하시오. (**a**) 감마선의 속도를 빛의 속도로 가정할 때, 양전자가 검사 장비의 정중앙에서 소멸될 때(2개의 감마선을 방출)부터 감마선이 검출기에 도달할 때까지 걸리는 시간은 얼마인가? (**b**) 중앙에서 3인치 떨어진 곳의 양전자로부터 생성된 2개의 감마선이 서로 180도 떨어진 방향으로 진행할 때, 각각의 감마선이 검출기에 도착하는 시간은 얼마인가? 두 감마선이 도착하는 시간의 차이는 얼마인가?

C. 방사성 동위 원소가 두 가지 붕괴 형식을 가질 수 있는가? 설명하시오.

D. 방사성 동위 원소를 이용하여 의료 기술에는 자기 공명 영상, X선 단층 영상, 초음파 영상, 양전자 방출 단층 영상 등이 있다. 각 장치를 사용하는 방사선이 가장 위험한 것부터 가장 안전한 순서대로 나열하시오. 그 이유를 설명하시오. 각 기술이 제공하는 정보는 무엇인가?

E. 동위 원소가 붕괴하는 모든 방법을 모두 기술하는 규칙은 매우 길고 복잡하다. 결합의 안정성에 기초하여 핵변환을 예측하고 이해할 수 있는 과정에 대한 규칙을 만들어 보시오. 과정에 방출하는 방사선을 포함하시오.

요약

학습 목표별로 정리함

질량과 에너지 보존을 결합한 법칙을 이용할 수 있다.

질량과 에너지는 상호 변환할 수 있다. **Einstein 식** $\Delta E = \Delta mc^2$(c는 빛의 속도)은 두 물리량을 변환할 수 있는 식이다. 우주의 전체 에너지와 에너지에 해당하는 양으로 계산된 모든 질량의 합은 일정하며, 이것을 **질량–에너지 보존 법칙**이라고 한다.

핵결합 에너지와 핵안정성을 설명할 수 있다.

핵자들이 핵을 형성할 때 약간의 질량은 에너지로 변한다. **핵결합 에너지**에 해당하는 이 양은 핵을 다시 깨뜨릴 때 필요한 양이다. 핵자당 결합 에너지가 클수록 그 핵은 더 안정하다.

방사성 핵종과 그들의 방사 특성을 기술할 수 있다.

방사능은 핵이 다른 핵으로 변하는 것이다. 핵에서 양성자가 서로 반발하는 정전기력은 강한 핵력에 의해 극복된다. 중성자 대 양성자의 비가 핵 안정성의 요인이다. 자연계에 존재하는 **방사성 핵종**은 방사능을 사용하여 중성자/양성자 비를 낮춘다. **알파 입자**가 방출되면 질량수는 4, 원자 번호는 2가 줄어든 핵이 남게 된다. **베타 입자**가 방출되면 질량수는 같으나 원자 번호가 하나 더 큰 핵이 생긴다. **감마 방사선**이 방출되면 질량수나 핵은 원자 번호의 변화 없이 약간의 에너지를 잃는다.

핵반응식은 화살표 양쪽이 균형을 이루도록 질량수와 원자 번호의 균형을 맞춘다. 방출 에너지는 일반적으로 **전자 볼트**(eV)나 그 배수로 표시한다($1\,\text{eV} = 1.602 \times 10^{-19}\,\text{J}$). 우라늄-238과 같이 자연계에서 매우 긴 반감기를 가진 방사성 핵종은 안정한 동위 원소가 생성될 때까지 '딸' 방사성 동위 원소가 계속 붕괴되는 것을 보여주는 **방사성 붕괴 계열**의 맨 앞에 위치한다.

'안정도띠'의 특성을 이해할 수 있다.

안정한 핵종이란 일반적으로 **안정도띠**라는 곡선 띠 속에 속해 있는 핵이다. 안정도띠란 모든 핵종의 양성자수에 대한 중성자수를 도시한 그래프이다. 중성자/양성자 비가 너무 큰 방사성 핵종은 이 비를 낮추려고 베타 입자를 방출한다. 중성자/양성자 비가 너무 낮은 것은 일반적으로 그들의 비를 높이기 위해 **양전자**를 방출한다. 중성자수와 양성자수가 모두 짝수인 핵의 동위 원소는 모두 홀수인 것보다 일반적으로 훨씬 안정하다. 이것이 **홀수–짝수 규칙**이다. 모든 중성자와 양성자가 쌍을 이루고 있는 어떤 핵자이든 쌍을 이루고 있지 않은 것보다 에너지적으로 훨씬 안정하다. 양성자와 중성자의 특별한 수 2, 8, 20, 28, 50, 82, 126과 같은 **요술수**를 가진 동위 원소는 다른 것보다 일반적으로 더 안정하다.

현대의 변환법을 설명할 수 있다.

양성자, 중양성자, 알파 입자, 중성자 등의 충격 입자가 포획되면 핵자와 포착된 입자의 에너지를 가진 복합핵이 생성된다. 이 **복합핵**의 붕괴 양식은 여분의 에너지의 함수이지, 여분의 질량의 함수는 아니다. 원자 번호가 93 이상인 모든 원소를 포함하여 많은 **방사성 핵종**이 이런 핵반응을 통해 만들어진다.

동위 원소의 종류에 따라 합성 방사성 핵종은 알파, 베타, 감마 방사선을 방출한다. 어떤 것은 **양전자**(**반물질**의 형태)를 방출하는데, 이것은 전자와 충돌하여 소멸되면서 감마 방사선을 방출한다. 다른 합성 방사성 핵종은 **전자 포획**을 통하여 붕괴되면서 **X선**을 방출한다. 어떤 방사선 핵종은 **중성자**를 방출하기도 한다.

방사능을 측정하는 방법에 관한 지식을 시연할 수 있다.

Gieger 계측기나 **섬광 계측기**와 같은 **이온화 방사선**을 검출하고 측정하는 기기는 방사선이 공기나 다른 물질에서 이온을 생성하는 능력을 이용한다. 이런 방사선은 **자유 라디칼**을 생성하기 때문에 생체 조직에 해를 입힐 수 있다. **퀴리**(**Ci**)와 **베크렐**(**Bq**)은 방사능 원천이 얼마나 활발한지를 나타내는 SI 단위이다. $1\,\text{Ci} = 3.7 \times 10^{10}\,\text{Bq}$이고 $1\,\text{Bq} = 1$분열/초에 해당한다. 정상적인 환경에서 **바탕 방사선**으로 인해

일 년에 밀리렘 정도의 방사선에 노출된다. 자연에 존재하는 라돈, 우주선, 땅과 빌딩 벽돌에 있는 방사성 핵종, 의학용 X선, 핵발전소로부터 나오는 모든 것이 이 바탕 방사선이 된다.

그레이(Gy)는 흡수량에 대한 SI 단위로서 질량당 얼마만큼의 에너지가 흡수되는가를 나타내는 데 사용되며, $1\,Gy = 1\,J\,kg^{-1}$이다. 과거에 사용하던 단위인 **rad**는 0.01 Gy이다. SI 단위인 **시버트**와 오래된 단위인 **rem** 역시 여러 가지 조직에 의해 흡수된 조사량과 여러 가지 방사선에 의해 유발된 조사량을 비교하는 데 사용된다. 방사선으로부터 보호하려면, 밀도가 큰 차폐 물질(납이나 두꺼운 콘크리트)로 막거나, 방사성 핵종이나 X선의 과다 사용을 피하며, 방사선 세기가 그 원천으로부터 거리의 제곱에 감소한다는 **역제곱 법칙**을 활용할 수 있다.

방사성 핵종의 실제 응용에 대한 설명을 할 수 있다.

흔적량 분석에서는 소량의 방사성 핵종을 사용하여, 핵종의 화학적 혹은 생물학적 경로를 섬광 계측기와 같은 기기를 이용해 확인한다. **중성자 방사화 분석**에서 중성자 충돌을 이용하여 원소를 γ 방사체가 되게 한다. 방출된 γ 선을 검출하면 원소의 종류와 농도를 확인할 수 있다. **의학적 진단**에 사용되는 방법은 X선에서 초음파에 이르는 다양한 에너지의 복사선을 이용하여 얻은 단층 영상 등의 이미지를 활용하여 질병 진단이나 치료에 이용한다. **방사성 연대 측정**은 방사성 핵종의 반감기를 이용해서 지질학적 · 고고학적 유물의 연대를 측정한다. 방사성 핵종은 또한 화학자들에게 반응의 효율 또는 생성물의 수득률을 확인할 수 있게 한다.

핵분열과 핵융합의 과정과 그 차이를 설명할 수 있다.

자연계에 존재하는 우라늄-235와 우라늄-238로부터 만들 수 있는 플루토늄-239가 현재 원자로에서 연료로 사용되고 있는 **핵분열성 동위원소**이다. 동위 원소가 열중성자를 포착하면 동위 원소가 여러 방법 중 한 가지 방법으로 분열하여 두 개의 가벼운 동위 원소와 에너지 그리고 몇 개의 중성자로 나누어진다. 생성된 중성자는 또 다른 분열을 유발하여 결국 **핵연쇄 반응**이 일어나게 된다. 분열성 동위 원소가 임계 질량 이상 존재하면 핵연쇄 반응을 조절할 수 없어서 원자 폭탄에서와 같은 폭발이 일어난다. 가압된 물 원자로가 발전용 핵분열 원자로로 가장 흔하게 사용된다. 핵에너지와 관련된 가장 중요한 문제는 방사성 폐기물의 저장이다.

열핵융합은 두 개의 가벼운 핵이 합쳐져 하나의 무거운 원소를 형성하는 것으로, 이때 핵분열보다 더 많은 에너지를 방출한다. 전형적인 반응은 $^{2}_{1}H$와 $^{3}_{1}H$가 결합하여 $^{4}_{2}H$와 한 개의 중성자로 되는 것이다. 이 핵융합이 시작되려면 높은 온도와 고압이 필요하다. 별에서 중력은 높은 온도의 **플라스마**를 포함해서 융합이 일어나게 한다. 수소 폭탄에서도 반응은 핵분열 폭탄에 의해 일어난다. 핵융합이 평화적인 에너지 자원으로 활용하기 위하여 과학자들은 과학적 기술적 장애를 극복하려는 노력에 박차를 가하고 있다.

문제 풀이를 위한 도구

도구 다음과 같은 도구들이 이 장에서 도입되었다. 이들을 주의 깊게 공부하면 필요할 때 적절한 도구를 선택할 수 있다.

Einstein 식(20.1절)

$$\Delta E = \Delta m_0 c^2 \text{ (또는 } E = mc^2\text{)}$$

핵반응식 균형 맞추기(20.3절)

핵반응식의 균형을 맞추려면 다음 두 개의 기준을 적용해야 한다.

1. 화살표 양쪽의 질량수의 합은 동일해야 한다.
2. 화살표 양쪽의 원자 번호의 합은 동일해야 한다.

홀수–짝수 규칙(20.4절)

중성자와 양성자가 모두 짝수 개일 때 동위 원소는 모두 홀수일 때보다 안정할 가능성이 높다.

방사성 붕괴 법칙(20.6절)

$$\text{활동도} = \frac{\Delta N}{\Delta t} = kN$$

활동도의 단위는 초당 붕괴 단위(dps) 또는 Bq이다. 붕괴 상수 k는 s^{-1}의 단위를 갖는 일차 속도 상수이고, 시료 내의 방사성 핵종의 원자수는 N으로 표현한다.

방사성 핵종의 반감기(20.6절)

$$t_{1/2} = \frac{\ln 2}{k} = \frac{0.693}{k}$$

여기서 $t_{1/2}$는 반감기이며 k는 붕괴 상수이다.

역제곱 법칙(20.6절)

$$\frac{I_1}{I_2} = \frac{d_2^{\,2}}{d_1^{\,2}}$$

I는 방사선의 세기를 나타내며 d는 방사선원으로부터의 거리를 나타낸다.

쌍으로 구성된 복습 문제 중 청색 번호를 가진 문제의 해답은 부록 B에 수록하였다. 난이도가 높은 문제는 별표(*)로 표시하였다.

복습 질문

질량과 에너지의 보존

20.1 물체의 최고 속도에 절대적인 제한이 존재하는가? 그렇다면 최고 속도는 얼마이고, 제한이 존재하는 이유는 무엇인가?

20.2 전자와 같은 아원자 입자가 움직일 때 상대 질량을 고려해야 하는 중요한 이유는 무엇인가?

20.3 다음을 정의하시오.

(**a**) 질량–에너지 보존 법칙

(**b**) Einstein 식

20.4 입자의 정지 질량과 움직이는 입자의 질량의 차이는 무엇인가? 대부분의 계산에서 정지 질량을 사용하는 이유는 무엇인가?

핵결합 에너지

20.5 수소를 제외한 모든 안정한 핵에서 핵을 구성하는 핵자 질량의 합이 핵의 실제 질량보다 더 큰 이유는 무엇인가?

20.6 무거운 원자의 핵은 핵분열을 할 수 있다. 가벼운 원자가 핵분열을 하기 어려운 이유는 무엇인가?

20.7 질량 결손이란 무엇인가? 원자의 핵에서 질량 결손이 발생하는 이유는 무엇인가?

방사능

20.8 방사능의 의미를 서술하시오. 방사능 현상을 설명할 때 붕괴라는 용어를 사용하는 이유는 무엇인가?

20.9 자연계에서 발견되는 방사성 핵종에서 주로 관찰되는 복사선은 무엇인가?

20.10 알파 방사선, 베타 방사선, 감마 방사선의 침투 효과를 비교하시오. 차이가 나는 이유는 무엇인가?

20.11 감마선과 X선의 생성 과정의 차이를 설명하시오. 두 방사선의 이온화 능력을 비교하시오.

20.12 전자 포획이 발생하면 어떤 현상이 일어나는가?

20.13 플루오린의 안정한 동위 원소의 질량수는 19이다. ^{17}F와 ^{20}F에서 진행될 붕괴에 대하여 예측할 수 있는가?

20.14 ^{35}K와 ^{45}K는 불안정한 동위 원소이다. 두 동위 원소 중 하나는 β^-를 방출하면서 붕괴하고, 다른 동위 원소는 β^+를 방출하면서 붕괴한다. 두 동위 원소에 대한 붕괴 과정을 예측해 보시오.

20.15 원자 번호가 증가함에 따라 중성자/양성자 비가 변하는 패턴을 기술하시오. 이 사실로부터 어떤 추론이 가능한가?

20.16 원자 번호가 큰 핵과 작은 핵을 비교할 때 알파 방출체일 가능성이 더 높은 핵은 어느 것인가? 이유를 설명하시오.

안정도띠

20.17 안정도띠를 도시할 때 사용하는 자료는 무엇인가? 안정도띠 그래프에서 실제 안정한 영역을 판단하는 기준은 무엇인가?

20.18 ^{24}Na와 ^{24}Mg 중 더 안정한 핵은 어느 것인가?

20.19 주석-112는 안정한 핵종이지만 인듐-112는 짧은 반감기($t_{1/2} = 15$분)를 가진 불안정한 핵종이다. 두 핵종의 안정도가 차이가 나는 원인은 무엇인가?

20.20 란타넘-139는 안정한 핵종이지만 란타넘-140은 반감기($t_{1/2}$)가 40시간인 불안정한 핵종이다. 두 핵종의 안정도가 차이가 나는 원인은 무엇인가?

20.21 핵에 다음의 변화가 일어날 때 중성자/양성자 비는 어떻게 변하는지 예측해 보시오. 양전자 방출을 할 가능성이 높은 핵종은 안정도띠에서 어떤 위치에 있는 핵종인가?

(**a**) 전자 포획 (**b**) 양전자 방출 (**c**) β^- 붕괴

20.22 니켈의 동위 원소 ^{54}Ni, ^{55}Ni, ^{56}Ni, ^{57}Ni 중 ^{56}Ni의 반감기가 가장 길다. 그 이유는 무엇인가?

20.23 다음의 경우에 주기율표에서 원자 번호가 중간 이하인 핵종이 붕괴할 때 방출하는 입자는 무엇인가? 해당 입자를 방출할 때 얻는 장점은 무엇인가?

(**a**) 중성자/양성자 비가 큰 경우

(**b**) 중성자/양성자 비가 작은 경우

변환

20.24 복합핵은 형성된 직후 붕괴한다. 복합핵이 특히 불안정한 이유는 무엇인가? 복합핵의 들뜸 에너지를 계산하는 방법을 설명하시오.

20.25 알루미늄-27 복합핵이 붕괴하는 경로가 여러 가지인 이유는 무엇인가?

20.26 Rutherford는 헬륨 핵이 N-14 핵과 충돌할 때 생성되는 복합핵에 대한 이론적인 배경을 제시하였다. 이 복합핵이 붕괴할 때 양성자가 아닌 중성자를 방출한다면 또 다른 생성물은 무엇인가?

20.27 알파 입자나 혹은 다른 핵보다 중성자를 사용하는 것이 복합핵을 생성하는 데 더 유리한 이유는 무엇인가?

방사능 측정

20.28 방사능 측정 장비로서 섬광 계측기가 가진 장점은 무엇인가?

20.29 작은 에너지를 가진 방사선도 인체에 매우 위험한 이유는 무엇인가?

20.30 다음에 대한 SI 및 일반 단위를 각각 쓰시오.

(**a**) 방사성 시료의 활동도

(**b**) 핵에서 방출되는 복사선이나 입자의 에너지

(**c**) 주어진 질량당 흡수하는 에너지

(**d**) 생물학적 영향을 평가하기 위한 등가 조사량

20.31 의과학 분야에서 시버트(Sv) 단위가 필요한 이유는 무엇인가?

20.32 반감기가 긴 방사성 물질과 짧은 물질 중 섭취했을 때 더 위험한 물질은 어느 것인가? 두 물질 모두 하루 이내에 체내에서 배출된다.

방사성 핵종의 의료 및 분석 분야에서의 응용

20.33 의학 진단 분야에서 사용되는 방사성 핵종의 반감기는 짧아야 하는 이유는 무엇인가? 반감기가 너무 짧으면 어떤 문제점이 발생하는가?

20.34 의료 진단에 α 방출체를 사용할 수 있는가? 설명하시오.

20.35 중성자 방사화 분석이란 무엇이고 어떻게 사용되는지 설명하시오.

20.36 ^{99}Mo로부터 ^{99}Tc를 얻었다. 두 동위 원소 모두 불안정하지만 ^{99}Tc만 의료 목적의 방사능 흔적 분석에 사용된다. 그 이유는 무엇인가?

20.37 고대 지질 형성과 관련한 연대 측정에 우라늄/납의 비를 사용할 때 요구되는 가정은 무엇인가?

20.38 탄소-14를 이용하여 연대를 측정하고자 하는 시료가 대기에 의하여 오염되면 심각한 문제가 야기된다. 그 이유는 무엇인가?

20.39 바탕 방사선의 원인이 되는 방사선(복사선)의 사례를 제시하시오.

20.40 20장에서 논의한 단층 영상 4가지는 무엇인가? 각각의 단층 영상을 만드는 데 필요한 방사선은 무엇인가? 가장 위험한 방사선을 사용하는 것은 어느 것인가?

20.41 실험적인 관점에서 MRI(자기 공명 영상)를 얻으려면 NMR(핵자기 공명) 실험을 어떻게 수정해야 하는가?

20.42 Doppler 효과란 무엇인가? Doppler 효과를 이용하는 영상 진단법은 무엇인가? 이용 방법을 설명하시오.

20.43 PET란 무엇인가? 이 장치가 체내에서 문제가 있는 세포나 조직을 찾아내는 방법에 대하여 설명하시오.

20.44 물질에서 두 입자의 소멸을 이용하여 영상을 만들어 내는 영상 장치는 어느 것인가?

핵분열과 융합

20.45 다음의 용어를 설명하시오.
(a) 열중성자 **(b)** 핵분열 **(c)** 핵분열성 동위 원소 **(d)** 핵융합
(e) 임계 질량 **(f)** 발사(체) 입자(projectile particle)
(g) 핵단면적

20.46 자연계에 존재하는 핵분열성 동위 원소는 어느 것인가?

20.47 우라늄-235가 분열하는 연쇄 반응이 가능한 이유는 무엇인가? 핵반응로에서 연쇄 반응을 조절하는 방법은 무엇인가?

20.48 핵분열이 일어날 때 방출되는 중성자를 이용하여 다른 핵의 분열을 지속시킬 수 있는가?

20.49 핵반응로에서 중수의 역할은 무엇인가?

20.50 핵발전소에서는 핵폭탄의 폭발과 같은 현상이 일어나지 않는 이유는 무엇인가?

20.51 Cs, Sr, I 등의 방사능 폐기물이 대중이나 정부기관의 특별 관심 대상이 되는 이유는 무엇인가?

20.52 태양에서 진행되는 주된 핵반응을 쓰시오. 이 반응에 의하여 생성되는 에너지는 얼마인가?

복습 문제

질량과 에너지의 보존

***20.53** 정지 질량이 100g인 물체가 다음과 같은 상대 속도로 움직일 때의 질량을 계산하시오(속도가 빛의 속도에 점점 더 가까워지는 것을 주목하라).
(a) $3.00\times10^{7}\,\mathrm{m\,s^{-1}}$ **(b)** $2.00\times10^{8}\,\mathrm{m\,s^{-1}}$
(c) $2.90\times10^{8}\,\mathrm{m\,s^{-1}}$

***20.54** 정지 질량(m_0)이 1.000kg인 물체의 질량이 다음과 같을 때 물체가 움직이는 속도를 $\mathrm{m\,s^{-1}}$ 단위로 구하시오.
(a) 1.05kg **(b)** 1.5kg **(c)** 5.0kg

20.55 100J의 에너지에 해당하는 등가 질량을 그램 단위로 계산하시오.

20.56 1.00kg의 질량에 해당하는 등가 에너지를 kJ 단위로 계산하시오.

20.57 메테인을 연소시켜 이산화 탄소 1mol이 생성될 때 발생하는 에너지와 등가인 질량을 g 단위로 계산하시오. 모든 측정이 1atm, 25°C에서 이루어졌다. 이 값은 반응물 전체 질량의 몇 퍼센트나 되는가?

20.58 수소 1mol을 완전히 연소시켜 얻을 수 있는 에너지(285.9 kJ)에 해당하는 등가 질량을 부하시오.

핵결합 에너지

20.59 질량이 4.002603u인 헬륨 핵의 결합 에너지를 J/핵자 단위로 계산하시오.

20.60 질량이 3.0160u인 삼중수소 핵의 결합 에너지를 J/핵자 단위로 계산하시오.

20.61 아메리슘-241 핵의 질량이 241.0568291u라면, 질량 결손은 얼마인가? Am-241 핵의 결합 에너지를 계산하시오.

20.62 구리-65 핵의 질량이 64.927789u라면, 질량 결손은 얼마인가? Cu-65 핵의 결합 에너지를 계산하시오.

방사능

20.63 빈칸에 기호를 써서 다음 핵반응식을 완성하시오.

(a) ${}^{11}_{5}\mathrm{B} + {}^{1}_{1}\mathrm{p} \longrightarrow {}^{4}_{2}\mathrm{He} +$ ________

(b) ${}^{9}_{4}\mathrm{B} + {}^{1}_{1}\mathrm{p} \longrightarrow {}^{4}_{2}\mathrm{He} +$ ________

(c) ${}^{245}_{56}\mathrm{Cm} \longrightarrow {}^{4}_{2}\mathrm{He} +$ ________

(d) ${}^{146}_{56}\mathrm{Ba} \longrightarrow {}^{0}_{-1}e +$ ________

(e) ${}^{58}_{29}\mathrm{Cu} \longrightarrow {}^{0}_{1}e +$ ________

(f) ${}^{68}_{32}\mathrm{Ge} \xrightarrow{\text{전자 포획}}$ ________

20.64 빈칸에 기호를 써서 다음 핵반응식을 완성하시오.

(a) ${}^{237}_{92}\mathrm{U} + {}^{0}_{-1}e \longrightarrow ? \xrightarrow{?} {}^{233}_{91}\mathrm{Pa}$

(b) ${}^{241}_{94}\mathrm{Pu} \xrightarrow{?} {}^{241}_{95}\mathrm{Am} \xrightarrow{-\alpha} ?$

(c) ${}^{239}_{93}\mathrm{Np} \xrightarrow{?} {}^{239}_{94}\mathrm{Pu} \xrightarrow{?} {}^{235}_{92}\mathrm{U}$

20.65 다음 각 변화에 대한 균형 핵반응식을 쓰시오.

(a) 이리듐-166이 알파 입자를 방출한다.
(b) 마그네슘-28이 베타 입자를 방출한다.
(c) 마그네슘-21이 양전자를 방출한다.
(d) 넵투늄-235가 전자를 포획한다.

20.66 다음의 핵반응에 대한 균형 핵반응식을 쓰시오.

(a) 철-55가 전자를 포획한다.
(b) 포타슘-55가 베타 입자를 방출한다.
(c) 루테늄-93이 양전자를 방출한다.
(d) 캘리포늄-251이 알파 입자를 방출한다.

20.67 핵반응에 의하여 다음과 같은 생성물을 만드는 방사성 핵종의 기호를 원자 번호 및 질량수와 함께 쓰시오.

(a) 알파 입자를 방출하고 페르뮴-257이 생성된다.
(b) 베타 입자를 방출하고 비스무트-211이 생성된다.
(c) 양전자를 방출하고 네오디뮴-141이 생성된다.
(d) 전자 포획에 의해 탄탈럼-179가 생성된다.

20.68 핵반응에 의하여 다음과 같은 생성물을 만드는 방사성 핵종의 기호를 원자 번호 및 질량수와 함께 쓰시오.

(a) 전자를 포획에 의해 루비듐-80이 생성된다.
(b) 베타 입자를 방출하고 알루미늄-27이 생성된다.
(c) 양전자를 방출하고 마그네슘-50이 생성된다.
(d) 알파 입자를 방출하고 우라늄-228이 생성된다.

20.69 아이오딘-109가 텔루륨-108로 붕괴될 때 함께 생성되는 입자는 무엇인가?

20.70 코발트-58이 전자 포획에 의해 붕괴될 때 생성되는 핵자의 기호를 쓰시오.

안정도띠

20.71 염소-36 동위 원소는 양전자 방출이나 베타 입자 방출을 통해서 붕괴할 수 있다. 어느 붕괴가 더 가능성이 높은가? 그 이유는 무엇인가? 균형 핵반응식을 쓰시오.

20.72 아르곤-37은 베타 입자 방출이나 전자 포획을 통하여 붕괴할 수 있다. 어느 붕괴가 더 가능성이 높은가? 그 이유는 무엇인가? 균형 핵반응식을 쓰시오.

20.73 폴로늄-210의 붕괴 중 가능성이 가장 높은 과정은 어느 것인가? 균형 핵반응식을 쓰시오.

20.74 규소-32의 붕괴 중 가능성이 가장 높은 과정은 어느 것인가? 균형 핵반응식을 쓰시오.

변환

20.75 텅스텐-176이 전자 포획에 의하여 생성되는 불안정한 핵은 양전자를 방출하고 안정한 핵으로 붕괴한다. 각 단계에 대한 균형 핵반응식을 쓰시오.

20.76 질소-14에 알파 입자를 충돌시키면 산소-17과 양성자가 생성된다. 합성 핵을 포함한 균형 핵반응식을 쓰시오.

20.77 브로민-81에 감마선을 충돌시키면 중성자가 방출되고 안정한 브로민 동위 원소가 생성되는 핵변환이 일어난다. 균형 화학 반응식을 쓰시오.

20.78 납-208에 충돌시켜 중성자 방출을 통하여 질량수가 112인 어떤 원소의 동위 원소를 생성하는 데 필요한 아연의 동위 원소는 어느 것인가?

20.79 소듐-11 핵으로 충돌시켜 중성자 방출을 통하여 ${}^{27}_{13}\mathrm{Al}$를 생성하는 핵종의 기호를 쓰시오.

방사능 측정

20.80 아이오딘-131($t_{1/2} = 8.07$일) 2.00 mg이 붕괴를 시작하여 반감기의 6배만큼 시간이 흐른 후 남는 양은 얼마인가?

20.81 테크네튬-99m 9.00 ng이 반감기의 네 배 정도의 시간(약 24시간)이 지난 후에는 얼마만큼의 양이 붕괴되었겠는가?

20.82 어떤 방사선 작업자가 작고 차폐되지 않은 방사능 물질로부터 1.0 m의 거리에서 1.6단위의 방사선에 노출되었다면, 노출을 0.32 단위로 감소시키기 위하여 이 방사능 물질로부터 유지해야 하는 거리는 얼마인가?

20.83 방사선 작업자가 차폐되지 않는 작은 방사능 물질로부터 노출되는 방사선 세기를 25% 줄이기 위해서 멀어져야 하는 거리는 얼마인가?

20.84 2.4 m 거리에서 작업하는 사람에서 조사된 방사선량이 6.4 rem이라면 시간당 노출량을 0.50 rem으로 감소시키기 위하여 방사선원으로부터 유지해야 하는 거리는 얼마인가?

20.85 방사능 근로자가 방사선원으로부터 4.0 m 떨어진 거리에서 30분 일하는 동안 55 mrem의 방사선량에 노출되었다면, 이 근로자가 0.50 m 떨어진 거리에서 같은 시간 동안 작업할 때 노출되는 방사선량은 얼마인가?

20.86 방사성 동위 원소의 활동도가 1 Ci와 1 Bq가 되려면 동위 원소의 초당 분열 횟수는 각각 얼마여야 하는가?

20.87 의학에서 사용되는 어떤 방사성 금속 시료의 활동도가 3.5 mCi이다. 이 시료의 활동도(Bq)와 초당 분열 횟수는 각각 얼마인가?

20.88 어떤 흡연 감지기에 반감기가 1.7×10^5일인 0.20 mg 아메리슘-241이 사용되고 있다. 이 동위 원소의 활동도를 Bq과 μCi 단위로 각각 구하시오.

20.89 스트론튬-90은 핵무기의 낙하물에 포함된 위험한 방사성 동위 원소로 반감기는 1.05×10^4일이다. ^{90}Sr 1.00g의 활동도를 Bq과 μCi 단위로 각각 구하시오.

20.90 아이오딘-131은 갑상샘에 축적되는 동위 원소이다. 만약 1.00mg의 ^{131}I의 활동도가 4.62×10^{12}Bq이라면 ^{131}I의 붕괴 상수는 얼마인가? 반감기를 초 단위로 구하시오.

방사성 핵종의 의료 및 분석 분야에서의 응용

***20.91** Cs-137(베타 방출체, $t_{1/2}=30.2$년)로 이루어진 염화 세슘은 150년이 지난 후에는 몇 %가 남겠는가? 붕괴 후 생성물은 무엇인가?

***20.92** 스트론튬-90(베타 방출체, $t_{1/2}=28.9$년)으로 이루어진 어떤 폐기물의 활동도가 $0.245\,Ci\,g^{-1}$이다. 이 폐기물의 활동도가 $1.00 \times 10^{-6}\,Ci\,g^{-1}$으로 줄어드는 데 몇 년이 걸리겠는가?

20.93 실험실 근무자가 자신도 모르는 사이에 아이오딘-131(베타 방출체, $t_{1/2}=8.03$일)로 이루어진 아이오딘화 소듐에 노출되었다. 노출 사고를 28.0일 만에 인지하였고, 그 시점에 시료의 활동도는 $25.6 \times 10^{-5}\,Ci\,g^{-1}$이었다. 실험실 근무자의 노출이 시작된 시점에서 시료의 활동도를 Ci/g 단위로 계산하시오.

20.94 테크네튬-99m(감마 방출체, $t_{1/2}=6.02$시간)은 의료 진단에 널리 사용된다. 어느 날 아침에 준비한 시료의 활동도가 4.52×10^{-6}Ci이라면, 8.00시간 동안의 실험이 끝난 후의 활동도는 얼마인가?

***20.95** 어떤 화학자가 100.0mL의 바닷물이 들어 있는 삼각 플라스크에 활동도가 2.25×10^{-6}Ci인 ^{45}Ca을 가했다. 이 용액에 황산 소듐을 가한 후 생성된 $CaSO_4$ 침전을 거르고 말린 후 무게를 재었더니 65.6mg이었다. 한편 이 침전의 활동도는 1.75×10^{-8}Ci였다. 바닷물에 포함된 칼슘 이온의 농도를 구하시오.

***20.96** 어떤 화학자가 21.0mL의 우유가 들어 있는 삼각 플라스크에 약 50mL의 물과 활동도가 7.32×10^{-6}Ci인 ^{45}Ca를 가하고 잘 섞었다. 이 용액에 황산 소듐을 가한 후 생성된 $CaSO_4$ 침전을 거르고 말린 후 무게를 재었더니 12.8mg이었다. 한편 이 침전의 활동도는 2.75×10^{-6}Ci였다. 우유에 포함된 칼슘 이온의 농도를 구하시오.

20.97 암석 시료 0.500g이 2.45×10^{-6}mol의 포타슘-40($t_{1/2}=1.3 \times 10^9$년)과 1.22×10^{-6}mol의 아르곤-40을 포함하고 있다. 이 암석의 연대를 추정하시오. (아르곤-40의 기원에 대하여 어떠한 가정이 가능한가?)

20.98 2.23×10^{-6}mol의 아르곤-40을 포함하고 있는 암석의 나이가 1.3×10^9년이라면 이 암석에 포함된 포타슘-40의 양은 얼마이겠는가?

***20.99** 화산재에 의하여 매장된 고목의 탄소-14/탄소-12 비가 3.6×10^{-14}이다. 화산 분출은 언제 발생하였겠는가?

***20.100** 고대 도시 발굴 과정에서 발견된 목재로 된 문의 연대가 9.0×10^3년이었다. 이 목재에 포함된 탄소-14/탄소-12의 비는 얼마이겠는가?

핵분열과 융합

20.101 다음 핵분열에 대한 반응식에서 빈칸에 해당하는 생성물의 기호를 쓰시오.

$$^{235}_{92}U + ^{1}_{0}n \longrightarrow ^{94}_{38}Sr + \_\_\_ + 2^{1}_{0}n$$

20.102 문제 20.101에서 두 생성물은 불안정하다. 두 생성물에 대하여 가능성이 가장 큰 분열 과정은 알파 방출, 베타 방출, 양전자 방출 중 어느 것이겠는가? 그 이유를 설명하시오. 문제 20.101의 분열에 의하여 생성된 여분의 중성자는 어떻게 되는가?

20.103 태양으로부터 4×10^{23}kW의 에너지가 방출된다면, 초당 몇 번의 핵융합 반응이 일어나겠는가?

추가 연습 문제

20.104 ^{24}Mg가 8.0Mev의 에너지를 가진 $^{2}_{1}D$과 충돌할 때 생성되는 복합핵의 들뜸 에너지를 계산하시오($^{24}_{12}Mg$와 $^{26.99}_{13}Al$ 및 $^{2}_{1}D$의 질량은 각각 23.985045와 25.986900 및 2.014102이다).

***20.105** 지하수의 나이는 물에 들어 있는 삼중수소와 헬륨-3의 비를 측정하면 알 수 있다. 새로 생성된 지하수가 70년이 되었을 때 물에 남아 있는 삼중수소는 몇 퍼센트이겠는가? 삼중수소와 ^3He의 몰수의 합이 나타내는 것은 무엇인가?

20.106 다음과 같은 변화에 대한 균형 핵반응식을 쓰시오.

(a) 황-35가 베타 입자를 방출한다.
(b) 토륨-230이 알파 입자를 방출한다.
(c) 테크네튬-97이 전자를 포획한다.
(d) 염소-34가 양전자를 방출한다.

***20.107** 마그네슘-24 원자 핵의 결합 에너지(J/핵자)를 유효 숫자 5자리로 구하시오. 원자의 겉보기 질량은 23.9850u이다. 핵자당 결합 에너지가 가장 큰 동위 원소에 대한 정보를 찾으려면 20장의 어느 그림을 이용해야 하는가?

20.108 다음 변화에 대한 균형 맞춘 핵반응식을 쓰시오.

(a) 탄소-10이 양전자를 방출한다.
(b) 큐륨-243이 알파 입자를 방출한다.
(c) 바나듐-49가 전자를 포획한다.
(d) 산소-20이 베타 입자를 방출한다.

***20.109** 어떤 동위 원소가 자발적으로 베타 입자를 방출한다면, 딸핵에 비하여 어미핵이 더 가져야 하는 최소 질량은 얼마인가? 설명하시오.

***20.110** ^{15}C가 양전자를 방출하는 붕괴의 반감기는 2.5 s이다. 다음 물음에 답하시오. (제공: Prof. W. J. Wysochansky, Georgia Southern University.)

(**a**) 붕괴에 의한 생성물을 적절한 기호로 나타내시오.

(**b**) ^{15}C 1000 mg이 붕괴되기 시작한 후 1.0분이 경과했을 때 남아 있는 ^{15}C의 양은 얼마인가?

20.111 암석 시료가 2.07×10^{-5} mol의 ^{40}K와 1.156×10^{-5} mol의 ^{40}Ar을 포함하고 있다. 모든 ^{40}Ar이 ^{40}K의 붕괴로부터 기인한다고 가정했을 때, 이 암석의 연대는 얼마인가? (^{40}K의 $t_{1/2} = 1.3 \times 10^9$년이다.)

20.112 오래된 고대 유물의 나무 조각에 포함된 ^{14}C 함량이 살아있는 나무의 1/10이 존재하고 있음이 밝혀졌다. 이 나무 조각은 몇 년이 지난 것인가? (^{14}C의 $t_{1/2} = 5730$년이다.)

***20.113** 삼산화 이질소(N_2O_3)는 기체 상태에서 다음과 같은 평형 반응에 의하여 대부분 NO와 NO_2로 분해된다.

$$N_2O_3 \rightleftharpoons NO + NO_2$$

N_2O_3의 구조를 결정하기 위하여, NO와 N의 동위 원소로 표지한 $^*NO_2$의 혼합물을 준비하였다. 시간이 지난 뒤 이 혼합물을 분석한 결과, 상당량의 $^*NO$와 $^*NO_2$ 모두가 포함되어 있음을 알게 되었다. 어떻게 이 사실이 N_2O_3의 구조가 ONONO임을 증명하는가?

***20.114** 반응 $(CH_3)_2Hg + HgI_2 \longrightarrow 2CH_3HgI$ 은 다음의 구조를 가지는 전이 상태를 통해 진행된다고 믿어진다.

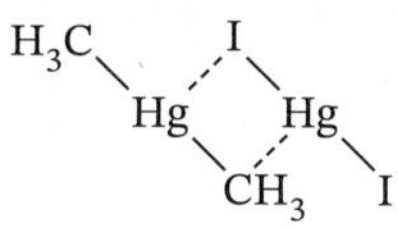

이 전이 상태가 옳다면 CH_3HgI와 $^*HgI_2$를 혼합하여 반응시키면 *로 표시된 Hg 동위 원소의 뒤섞임은 어떻게 되겠는가?

20.115 부피가 알려지지 않은 냉매를 포함하고 있는 크고 복잡한 냉각 장치가 있다. 냉매의 부피를 결정하기 위하여 냉매에 580 cpm/g(cpm은 count per minute, 즉 분당 측정되는 방사선 수임)의 고유 활동도(specific activity)를 나타내는 ^{14}C 원자를 포함하는 메탄올 10 mL를 첨가하였다. 냉매를 회전시켜 완전히 혼합한 후 시료를 채취해 고유 활동도를 측정한 결과 29 cpm/g이었다. 이 냉매의 부피를 mL로 구하시오. 메탄올의 밀도는 0.792 g/mL이고, 냉매의 밀도는 0.884 g/mL이다.

20.116 갑상샘병인 바제도병을 치료하기 위해 아이오딘-131이 사용된다. 갑상샘의 크기에 따라 치료에 이용되는 ^{131}I의 양이 다른데, 일반적으로 갑상샘 1 g당 94 μCi를 나타내는 ^{131}I이 처방된다. 갑상샘이 25 g이라면 몇 g의 ^{131}I를 처방해야 하는가? 복용한 ^{131}I 모두 갑상샘에 축적된다고 가정하시오.

***20.117** 다음은 열핵폭탄(수소 폭탄)의 연료로 사용되는 $^6_3Li^+$와 $^2_1H^-$로 이루어진 염인 LiH와 관련된 핵반응식이다.

$$^6_3Li^+ + ^2_1H^- \longrightarrow ^4_2He + ^3_1H$$

위 반응을 참고하여 ^{235}U의 핵분열을 이용한 폭탄을 핵융합을 이용한 폭탄의 개시 연료로 사용되는 방법에 대하여 설명하시오.

20.118 2006년 ^{248}Cf와 ^{48}Ca를 충돌시켜 ^{294}Og를 합성하는 방법이 발표되었다. 이 합성과 관련하여 또 다른 생성물을 포함한 핵반응식을 쓰시오.

***20.119** 지하에서 누출되어 가정집으로 침투하는 방사성이 있는 불활성 기체인 라돈은 많은 문제를 초래한다. 반감기가 3.823일이며 알파 방출체인 라돈-222에 노출되면 폐암이 걸린 위험이 높아진다. 리터당 4 pCi 수준(EPA의 기준)으로 노출된 흡연자의 사망 확률은 1000명 중 62명이며, 비흡연자는 10000명당 73명이다. 어떤 가정집의 대기를 분석한 결과 방사능의 활동도가 4.1 pCi L^{-1}이었다면 공기 1 L에 포함된 ^{222}Ra 원자의 수는 몇 개인가?

***20.120** 동위 원소 ^{145}Pr는 1.80 MeV의 에너지를 가진 베타 입자를 방출하면서 붕괴한다. 어떤 사람이 사고로 140 Bq/g의 고유 활동도(그램당 활동도)를 가진 Pr 3.0 mg을 삼켰다고 가정하자. ^{145}Pr의 20분 동안의 흡수 조사량을 Gy와 rad의 단위로 구하시오. 모든 베타 입자는 인체에 흡수된다고 가정한다.

20.121 ^{36}Cl은 방사성이지만 ^{35}Cl과 ^{37}Cl은 방사성이 아닌 이유는 무엇인가? ^{36}Cl 붕괴의 약 98%는 전자 방출을 통해서 진행되고 약 2%는 양전자 방출을 통해서 일어난다. 붕괴 과정을 나타내는 핵반응식을 쓰시오.

다중 개념 문제

***20.122** 고유 활동도가 843 cpm/g(count per min per g)인 ^{51}Cr로 표지된 $K_2Cr_2O_7$과 고유 활동도가 345 cpm/g인 ^{14}C으로 표지된 옥살산 이온으로 착물을 합성하였다. 크로뮴-51이 전자를 포획하면 감마선을 방출하면서 붕괴하고 탄소-14는 베타선을 방출하면서 붕괴한다. 베타선과 감마선을 검출하는 방식이 다르기 때문에 각각의 입자를 독립적으로 측정해야 한다. 합성된 착이온이 방출하는 감마선을 측정한 결과 165 cpm이었고, 베타선은 83 cpm이었다. 이 결과를 이용하여 착이온에서 크로뮴(III) 한 개와 결합한 옥살산 이온의 수를 결정하시오(**힌트**: 반응물에 대한 정보를 이용하여 Cr 이온과 옥살산 이온 1몰당 cpm을 계산하시오).

***20.123** 베타 방출체인 이리듐-192는 의료 분야에서 특정 암을 치

료하는 데 사용된다. 철사 모양의 ^{192}Ir을 종양 근처에 정해진 시간만큼 삽입했다가 제거한다. 순수 백금으로 코팅된 ^{192}Ir 선은, 그 지름과 방출되는 방사선의 양에 따라 판매된다. 판매되는 선의 한 유형은 길이가 140mm이고 선형 겉보기 활동도가 30~130MBq/cm이며 활성 지름(이리듐-192)과 외경(백금)은 각각 0.1mm와 0.3mm이다. 다음 물음에 답하시오.

(a) 겉보기 활동도가 30MBq/cm라면, 이 선에 포함된 ^{192}Ir의 전체 양은 얼마나 되는가?

(b) 이 선이 종양에 50시간 동안 삽입되어 있었다면 종양에 흡수된 방사선량은 얼마인가?

(c) 이 선을 납 튜브 속에 넣어서 배송하는 이유는 무엇인가?

비판적 사고의 과제

20.124 비방사성 염화 은으로 코팅한 은선을 방사성 동위 원소인 ^{36}Cl으로 표지한 염화 은 용액에 넣었다. 어느 정도 시간이 흐른 후 AgCl을 분석한 결과 약간의 ^{36}Cl이 포함된 것을 확인하였다. 이 실험 결과에 대하여 설명하시오.

20.125 2000년 전의 것으로 믿어 왔던 어떤 면으로 된 천 조각이 있다고 가정하자. 이 천 조각의 연대를 확인하기 위하여 탄소 연대 측정 실험을 한 결과, 단지 700년이 되었다는 것을 알 수 있었다. 만약 이 천 조각이 실제로 2000년이 된 유물이라면, 어떤 요인으로 인하여 실험 결과가 700년으로 나왔겠는가?

20.126 2006년에 전 소련 스파이 Alexander Litvinenko는 폴로늄 동위 원소인 ^{210}Po에 의해 독살당했다. 그는 알파 입자 방출체인 이 동위 원소를 섭취한 지 23일 후에 죽었다. 다음 질문에 대답할 수 있는 자료를 인터넷에서 찾아보시오. Litvinenko는 1mg의 ^{210}Po를 섭취했고, 그것이 인체의 세포에 균일하게 퍼졌다고 가정하면, 몇 개의 ^{210}Po 원자가 각각의 인체 세포로 이동하였겠는가? (그의 몸은 평균 성인의 정상적인 세포수를 지녔다고 가정한다.) 또한 1초당 방사선에 의하여 영향을 받은 세포수도 계산하시오. 하나의 ^{210}Po에 의해 방출되는 알파 입자 한 개에 의해 영향을 받는 평균 세포수의 추정치를 알아야 한다는 것을 기억하라.

20.127 리버모륨(Lv)의 간단한 수소 화합물의 화학식을 쓰시오. 이 화합물 수용액은 어떤 화학적 특성이 있겠는가?

20.128 이온화 방사선의 광자 한 개가 GM 관 안의 불활성 기체를 이온화시키면 일련의 전류 흐름이 형성된다. GM 관이 두 개 이상의 광자에 동시에 노출되었을 때 GM 관을 이용하여 광자의 수를 셀 수 있겠는가?

20.129 국제 순수 및 응용 화학자 협회(IUPAC)에서 원자 번호가 114와 116인 원소에 대하여 명명한 이름은 각각 플레로븀(flerovium)과 리버모륨(livermorium)이다. IUPAC에서 새롭게 발견되거나 혹은 합성된 원소에 대하여 적용하는 명명법에 대하여 기술해 보시오.

20.130 엑셀과 같은 프로그램을 이용하여 식 20.1을 속도(x축)에 대한 m/m_0(y축) 형태의 그래프로 그리시오. 이때 속도는 0에서 빛의 속도 범위를 가진다. 이 그래프를 이용하여 속도가 변함에 따른 질량의 변화에 대하여 설명하시오.

20.131 표 20.1의 핵반응을 다시 공부한 다음 각각의 반응에 나타난 어미 핵자와 딸 핵자의 종류와 기호 등을 확인해 보시오.

Junghans

21장
금속 착물

이 장의 배경

태양전지 시계는 빛 에너지를 전기 에너지로 변환하여 시계에 전력을 공급한다. 빛은 시계 앞면에 있는 태양광 패널에 흡수되고, 전기 에너지는 충전식 배터리에 저장된다. 이와 같은 태양전지의 효율을 높이기 위하여 일반적으로 루테늄 기반의 금속 착물이 태양 에너지를 모은 다음 태양전지에 전자를 주입하는 것을 도와준다.

앞선 장들에서 원소들이 서로 반응하는 방식과 생성되는 화합물의 종류를 이해하기 위해 화학자들이 개발하여 사용해온 많은 개념을 배웠다. 예를 들어, 화학 반응 속도론에 대한 논의에서는 반응 속도에 영향을 미치는 다양한 인자를 배웠고, 열역학을 공부할 때는 엔탈피와 엔트로피 변화가 화학 변화를 관찰할 수 있는 가능성에 대해 어떤 영향을 미치는지 배웠다. 그러나 우리는 주로 개념 자체에 집중하여 공부하였고, 그 개념을 강화하고 옳다는 것을 설명하기 위해 사용되는 화학적 거동의 예를 다루었다. 이제 우리가 사용할 수 있는 이 모든 개념을 기반으로, 반대 방향에 중점을 두어 금속 화합물의 일부 물리화학적 성질을 조사하기 위해 개념들을 적용할 것이다.

이 장에서는 17장에서 처음 소개된 주제인 금속의 착이온에 대해 깊이 있게 살펴볼 것이다. 식품 방부제부터 산소 운반에 관여하는 헤모글로빈의 헴과 같이 생화학 반응의 촉매로 사용되는 데까지 응용되는 이런 물질들은 다양한 구조와 색을 갖는다.

이 장의 개요

21.1 착이온
21.2 금속 착물 명명법
21.3 배위수와 구조
21.4 금속 착물의 이성질체
21.5 금속 착물의 결합
21.6 금속 이온의 생물학적 기능

학습 목표

이 장을 읽고 이해한 후 다음과 같은 것을 할 수 있어야 한다.

- 다른 종류의 리간드에 대해 설명하고, 리간드를 포함하는 금속 착물의 화학식을 쓰는 규칙을 설명할 수 있다.
- 금속 착물의 명명 규칙을 사용할 수 있다.
- 각각의 일반적인 배위수와 관련된 기하 구조를 보여 주고 구조를 그릴 수 있다.
- 주어진 금속 착물의 모든 이성질체의 구조식을 쓸 수 있다.
- 결정장 이론으로 금속 착물의 성질을 설명하는 방법을 기술할 수 있다.
- 생체 내의 몇 가지 일반적인 금속 착물의 생물학적 기능을 설명할 수 있다.

학습 목표 달성을 위한 제안

21장은 금속 착물에 대한 명명법, 화학식, 모양, 그리고 결합 등에 대하여 중점적으로 논의한다. 금속 착물을 이해하기 위하여 구조를 그리는 방법이나 3차원 모양을 2차원으로 표현하는 방법 그리고 *d*-오비탈에 속한 전자에 대한 이해가 요구된다. 다음은 이 장에서 다루는 여러 내용을 이해하는 데 도움이 되는 몇 가지 제안이다.

1. 이 장을 시작하기 전에 전체 내용을 요약하라.
2. 이 장에서 다루는 구조와 이름을 작성하라.
3. 이 장을 공부한 다음 스스로에게 다음과 같은 질문을 해보라.
   a. 21장에서 이해한 개념은 무엇인가?
   b. 추가적인 이해가 필요한 개념은 무엇인가?
   c. 부족한 이해를 보충하기 위하여 언제 누구에게 도움을 요청할 것인가?
4. 같이 공부하는 동료 모두가 이 장의 내용을 충분히 이해할 수 있도록 서로 협력하라.

21.1 착이온

17.5절에서 **금속 착이온**[**complex ion**, 또는 간단하게 **착물(complex)**]에 대하여 설명하였다. 착이온은 분자나 음이온이 금속 이온과 공유 결합을 이루어 보다 더 복잡한 화학종을 형성할 때 생성되는 물질이다. 예로 들었던 두 가지는 연한 푸른색의 $[Cu(H_2O)_6]^{2+}$ 이온과 진한 푸른색의 $[Cu(NH_3)_4]^{2+}$ 이온이었다. 또한, 착이온 형성이 염의 용해도에 어떻게 영향을 미치는가를 설명하였지만, 이런 물질의 중요성은 용해도 평형을 훨씬 뛰어넘는 것이다. 금속, 특히 전이 금속으로 이루어진 착이온은 매우 많으며, $[Cu(NH_3)_4]^{2+}$와 같은 착물의 성질, 반응, 구조, 결합을 연구하는 것은 화학의 중요한 전문 분야가 되었다. 금속 착물의 연구는 예를 들어 **그림 21.1**에 나타낸 헴 속의 철 이온과 같이 생화학 분야까지 확장된다. 우리 인체의 거의 모든 금속은 궁극적으로 생화학적 기능을 수행하기 위해 착물에 결합되기 때문이다.

해설 배위 공유 결합은 공유된 전자 2개가 모두 한 원자에서 온다. 물론, 일단 결합이 형성되면 배위 공유 결합은 다른 공유 결합과 같다.

본론으로 들어가기 전에, 앞으로 논의에 사용할 기본 용어들을 살펴보자. 금속 이온과 배위 공유 결합으로 결합하는 분자나 이온을 **리간드(ligand)**라고 한다(예: $[Cu(NH_3)_4]^{2+}$에서 NH_3 분자). 리간드는 금속-리간드 결합을 형성할 때 금속 이온에 제공할 수 있는 하나 이상의 비공유 전자쌍을 갖는 하나 이상의 원자를 포함하는 중성 분자 또는 음이온이다.

따라서 금속 이온과 리간드의 반응은 리간드가 Lewis 염기이고, 금속 이온은 Lewis 산인 Lewis 산-염기 반응이다.

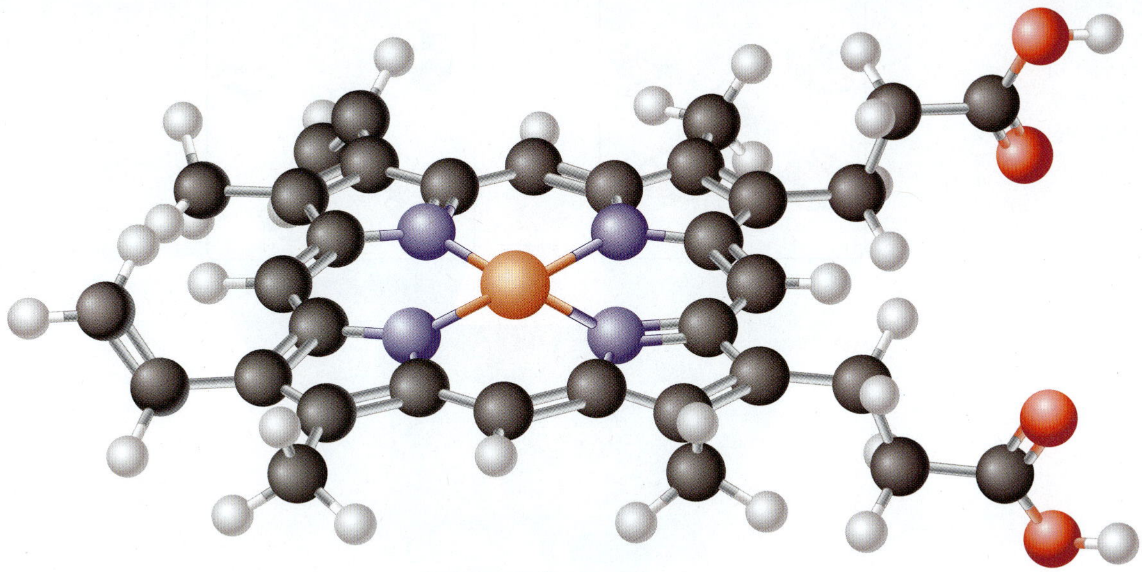

그림 21.1 철(II) 이온을 포함하고 있는 헴의 구조 철은 산소와 결합하여 인체를 통해 산소를 운반할 수 있다.

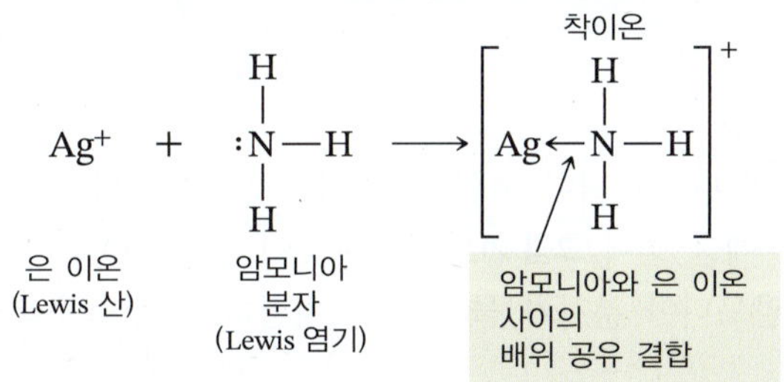

금속에 전자쌍을 제공하는 리간드 내의 원자를 **주개 원자(donor atom)**라 하고, 금속을 **받개(acceptor)**라고 한다. 따라서 앞의 $[AgNH_3]^+$의 예에서 암모니아 분자의 질소가 주개 원자이고, 은 이온이 받개이다. 금속–리간드 결합이 형성되는 방식 때문에 결합은 배위 공유 결합(coordinate covalent bond)이고, 금속 착물을 포함하는 화합물을 종종 **배위 화합물(coordination compound)**이라 한다. 착물은 때때로 **배위 착물(coordination complex)**로 불리기도 한다.

리간드의 종류

이와 같은 금속 착물에서 Lewis 염기인 리간드는 단원자 이온에서부터 금속과 한 개 이상의 결합을 형성할 수 있는 복잡한 리간드까지 다양하며, 리간드는 중성이나 음이온일 수 있다.

리간드로 작용하는 음이온에는 할로젠화 이온(F^-, Cl^-, Br^-, I^-)과 황화 이온(S^{2-})과 같은 간단한 단원자 이온들이 있다. 일반적인 다원자 음이온 리간드로는 아질산 이온(NO_2^-), 사이안화 이온(CN^-), 수산화 이온(OH^-), 싸이오사이안화 이온(SCN^-), 싸이오황산 이온($S_2O_3^{2-}$) 등이 있다. (전체 목록이 아니라 일부만 예로 나타낸 것이다.)

리간드로 작용하는 가장 일반적인 중성 분자는 물이며, 실제로 수용액에서 일어나는 대부분의 금속 이온의 반응은 금속에 몇 개의 물 분자가 결합된 이온인 착이온과의 반응이다. 예를 들어 구리(II) 이온[1]은 $[Cu(H_2O)_6]^{2+}$ 착이온을 형성하고, 코발트(II) 이온도 물 분자와 결합하

[1]이전 장에서 사용한 화학식 $[Cu(H_2O)_4]^{2+}$는 사실상 너무 단순하게 나타낸 것이다. 수용액 상태의 Cu(II) 착물에서 일반적으로 2개의 물 분자는 다른 4개의 리간드 원자보다 Cu^{2+} 이온에 느슨하게 결합되어 결합 길이가 길다. 그러므로 물과 구리(II) 착물은 Cu^{2+} 이온과 강하게 결합한 4개의 물 분자와 약하게 결합한 2개의 물 분자를 나타내기 위하여 $[Cu(H_2O)_6]^{2+}$로 쓸 수도 있다.

그림 21.2 니켈의 착이온 (왼쪽) 초록색 $[Ni(H_2O)_6]^{2+}$ 이온을 포함하는 염화 니켈 수용액. (오른쪽) 염화 니켈 수용액에 암모니아를 넣으면 푸른색 $[Ni(NH_3)_5(H_2O)]^{2+}$ 이온이 형성된다.

여 $[Co(H_2O)_6]^{2+}$를 형성한다. 또 다른 중성 리간드는 질소 원자에 1개의 비공유 전자쌍을 갖는 암모니아(NH_3)이다. 예를 들어 **그림 21.2**에서 보듯이 $[Ni(H_2O)_6]^{2+}$ 이온을 포함한 수용액에 암모니아를 가하면 암모니아 분자가 물 분자를 치환하여 색이 초록색에서 푸른색으로 극적으로 변한다.

$$\underset{\text{(초록색)}}{[Ni(H_2O)_6]^{2+}(aq)} + 5NH_3(aq) \longrightarrow \underset{\text{(푸른색)}}{[Ni(NH_3)_5(H_2O)]^{2+}(aq)} + 5H_2O$$

지금까지 논의한 각 리간드는 단 한 개의 원자만을 사용하여 금속 이온에 결합할 수 있다. 이와 같은 리간드를 **한자리 리간드(monodentate ligand)**라 하는데, 이는 금속 이온을 '물기' 위해 '한 개의 이(tooth)'만 갖는다는 것을 나타낸다.

2개 이상의 주개 원자를 갖는 리간드도 많이 있으며, 이들을 통틀어서 **여러 자리 리간드(polydentate ligand)**라 한다. 여러 자리 리간드 중에서 가장 일반적인 것은 2개의 주개 원자를 갖는 **두자리 리간드(bidentate ligand)**이다. 이들이 착물을 형성할 때 2개의 주개 원자가 같은 금속 이온에 결합한다. 옥살산 이온과 에틸렌다이아민(착물의 화학식에서는 약자로 *en*으로 씀)은 두자리 리간드의 예이다.

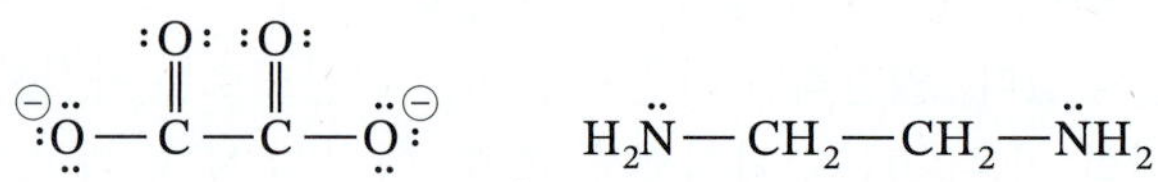

옥살산 이온　　　　에틸렌다이아민

이런 리간드가 금속 이온과 결합하면 다음과 같은 고리 구조가 형성된다.

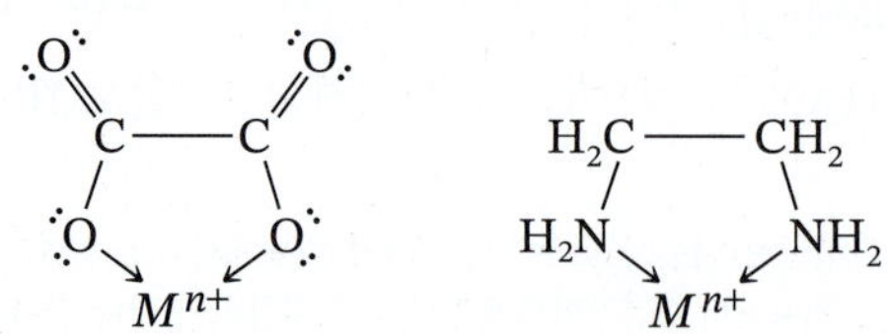

옥살산 이온의 착물　　　　에틸렌다이아민 착물

표 21.1 몇 가지 일반적인 리간드

리간드 이름	화학식
아세토나이트릴로	CH_3CN
아세테이토	CH_3COO^-
암민	NH_3
아쿠아	H_2O
아자이도	N_3^-
브로모	Br^-
사이아노	CN^-
클로로	Cl^-
에틸렌다이아민(en)	$NH_2CH_2CH_2NH_2$
에틸렌다이아민테트라아세테이트($EDTA^{4-}$)	$(OOCCH_2)_2NCH_2CH_2N(CH_2COO)_2^{4-}$
하이드록소	OH^-
아이오도	I^-
나이트라이토	ONO^-
나이트로	ONO^-
옥살레이토(ox^{2-})	$COOCOO^{2-}$
설파이도	S^{2-}
싸이오설페이토	SSO_3^{2-}

[a]빨간색으로 표시된 원소는 금속 이온과 결합하는 원소이다.

이와 같은 고리 구조를 포함하는 착물을 킬레이트(chelate)[2]라 한다. 이 장 뒤에서 언급하겠지만, 이와 같은 구조는 '착이온 화학'에서 중요하다.

리간드 목록을 **표 21.1**에 나타내었다. 금속과 결합하는 원자는 빨간색으로 표시하였다. 일부 리간드는 서로 다른 원자를 통해 결합할 수 있다. 예를 들어, NO_2^- 이온은 N이나 O를 통해 결합할 수 있다.

가장 일반적인 여러 자리 리간드 중 하나는 에틸렌다이아민테트라아세테이트(ethylenediaminetetraacetate)라는 화합물로, 다행히도 $EDTA^{4-}$(또는 분석 화학자들은 Y^{4-})라는 약자를 사용하여 나타낸다.

해설 때때로 리간드 $EDTA^{4-}$를 소문자를 사용하여 $edta^{4-}$로 나타내는 약자를 쓰기도 한다.

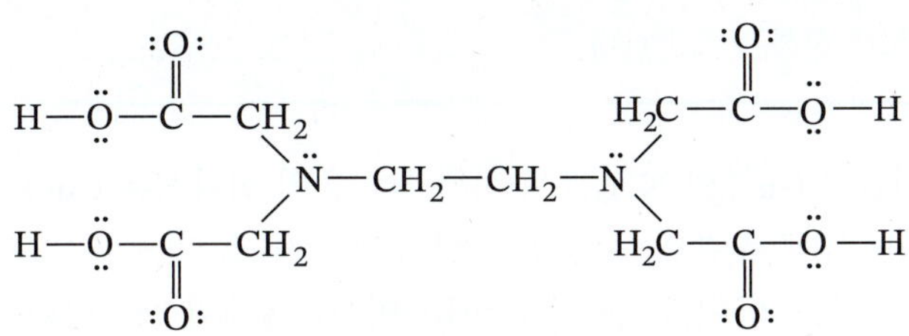

에틸렌다이아민테트라아세트산(H_4EDTA)

산소 원자에 결합된 H 원자들은 양성자로 쉽게 제거되어 이 리간드는 4−의 전하를 갖는 음이온이 된다. $EDTA^{4-}$의 구조는 다음과 같고, 주개 원자는 빨간색으로 표시하였다.

[2]**킬레이트**(chelate)라는 용어는 게의 집게발이라는 뜻을 가진 그리스어 *chele*에서 유래되었다. 두자리 리간드는 마치 게가 먹이를 잡고 있는 것과 같이 2개의 '집게발'(주개 원자)로 금속 이온을 잡고 있다. (과학자에게 상상력이 부족하고 누가 말할 수 있겠는가?)

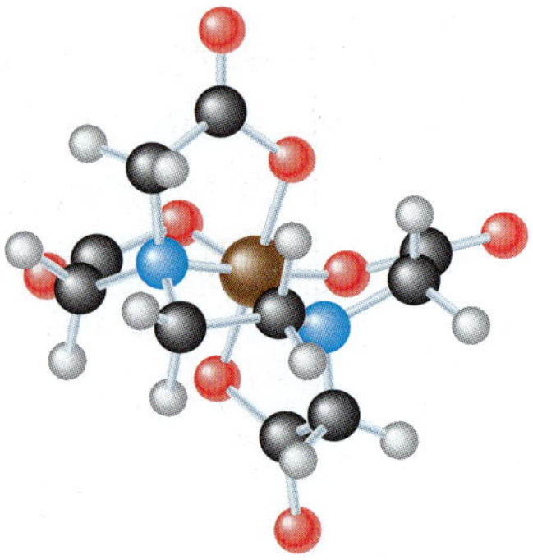

EDTA 착물의 구조 금속 이온은 2개의 질소와 4개의 산소와 결합되어 착물의 가운데에 있다.

해설 EDTA의 칼슘염을 사용하는 이유는 $EDTA^{4-}$ 이온이 뼈에서 Ca^{2+} 이온을 추출하여 해로울 수 있기 때문이다.

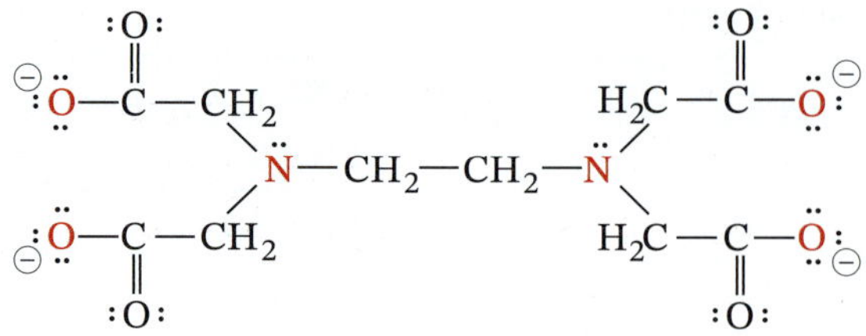

$EDTA^{4-}$

$EDTA^{4-}$ 이온은 6개의 주개 원자를 갖고 있으며, 이로 인해 금속 이온 주위를 완전히 둘러싸서 매우 안정한 착물을 형성한다.

EDTA는 특히 유용하고 중요한 리간드이다. EDTA는 비교적 독성이 없어 식품의 변질을 지연시키기 위해 소량 사용할 수 있다. 예를 들어 샐러드드레싱 병에 붙어 있는 라벨의 성분 표시 중 $CaNa_2EDTA$(EDTA 칼슘 다이소듐염)가 적힌 것을 종종 볼 수 있다. 이 염으로부터 얻을 수 있는 $EDTA^{4-}$는 샐러드 기름과 산소의 반응을 촉진시켜 변질을 유발하는 미량의 금속 이온과 결합하여 가용성 착이온을 형성한다.

많은 종류의 샴푸에는 물을 단물로 만들기 위해 Na_4EDTA가 들어 있다. $EDTA^{4-}$는 Ca^{2+}, Mg^{2+}, Fe^{3+} 이온과 결합하여 물에서 그 이온들을 제거하기 때문에 그 이온들이 샴푸에 들어 있는 세제의 세정 작용을 방해하는 것을 막아준다. 비슷한 응용의 예를 **강의실 밖의 화학 17.1**에서 다루었다.

EDTA는 혈액의 응고 과정에 필요한 칼슘 이온과 착물을 형성하여 혈액의 응고를 멈추게 한다. 이러한 이유로 EDTA는 임상 화학자들이 분석을 위해 채취한 전혈에 첨가된다. 뜻하지 않게 Hg^{2+}나 Pb^{2+}와 같은 유독한 중금속을 섭취했을 때, 인체로부터 그 이온들을 제거하는 데 도움이 될 수 있으므로, EDTA는 중금속 중독의 치료제로도 사용되고 있다.

금속 착물의 화학식 쓰기

착물의 화학식을 적을 때는 다음 규칙을 이용한다.

도구
착물의 화학식을 쓰는 규칙

1. 항상 금속 이온의 기호를 먼저 쓰고 다음에 리간드를 쓴다.
2. 두 가지 이상의 리간드가 존재하면 음이온 리간드를 먼저 쓴 후(영어 알파벳 순서로), 중성 리간드를 쓴다(알파벳 순서로).
3. 착물의 전하는 금속 이온의 전하와 리간드 전하의 합과 같다.
4. 전하가 0이 아니면 화학식은 대괄호 안에 쓰고, 착물의 전하는 대괄호 밖에 쓴다. 전하가 0일 경우 대괄호와 전하는 생략한다.

해설 여기에서 대괄호는 몰농도를 나타내지 않는다. 대괄호가 몰농도를 나타내는지 그렇지 않은지는 문맥을 통해 알 수 있다.

예를 들어 앞에서 언급한 Cu^{2+}와 NH_3로 구성된 착이온의 화학식은 Cu를 먼저 쓰고, 리간드를 뒤에 써서 $[Cu(NH_3)_4]^{2+}$로 쓴다. 구리 이온이 2+의 전하를 가지고 있고, 암모니아 분자는 중성이므로 착물의 전하는 2+이다. 또한 구리(II) 이온은 4개의 사이안화 이온(CN^-)과 결합하여 $[Cu(CN)_4]^{2-}$의 착물을 형성한다. 금속 이온은 2개의 (+) 전하를 제공하고, 4개의 사이안화 이온은 총 4개의 (−) 전하를 제공한다. 그러므로 이들의 합은 −2가 되며, 착이온은 2−의 전하를 갖는다.

괄호는 리간드가 금속 이온에 결합되어 주위를 돌아다닐 수 있을 정도로 자유롭지 못함을 강조하고 있다. 많은 크로뮴(III) 착이온 중의 하나는 5개의 물 분자와 1개의 염화 이온을 리간드로 포함하고 있다. 이 모든 리간드가 Cr^{3+} 이온에 결합되어 있는 것을 나타내기 위하여 괄호를 써서 착이온을 $[CrCl(H_2O)_5]^{2+}$와 같이 쓴다. 만약 염화물로 분리된다면 화학식은 $[CrCl(H_2O)_5]Cl_2$로 쓰고, 이때 $[CrCl(H_2O)_5]^{2+}$는 양이온이므로 먼저 쓴다. 화학식 $[CrCl(H_2O)_5]Cl_2$는 5개의 물 분자와 1개의 염화 이온이 크로뮴 이온에 결합되어 있는데, 다른 2개의 염화 이온은 **상대 이온(counter ion)**으로서 착화합물 염을 전기적으로 중성을 만들기 위해 존재하는 것을 보여 준다.

2장에서 수화물에 대해 배운 바 있으며, 그중 하나는 아름다운 푸른색을 나타내는 황산 구리(II)의 수화물[$CuSO_4 \cdot 5H_2O$]이었다. 그때는 금속 착물을 배우지 않았기 때문에 물 분자들을 구별하지 않았으나, 5개의 물 분자 중 4개는 착이온 $[Cu(H_2O)_4]^{2+}$로, 결정 내에 존재함을 나타내기 위해 $[Cu(H_2O)_4]SO_4 \cdot H_2O$로 써야 한다. 다섯 번째 물 분자는 황산 이온과 수소 결합을 이루면서 결정 내에 잡혀 있는 것이다.

금속염의 다른 많은 수화물은 실제로 물이 리간드로 되어 있는 금속 착이온을 포함하고 있다. 예를 들어 염화 코발트(II)와 같은 코발트염은 수용액으로부터 육수화물(hexahydrate, 염의 화학식 단위당 6개의 H_2O를 포함하고 있음을 뜻함)로 결정화된다. 화합물 $CoCl_2 \cdot 6H_2O$(**그림 21.3**)는 실제로 $[Co(H_2O)_6]Cl_2$로, 분홍색의 착물 $[Co(H_2O)_6]^{2+}$를 포함하고 있다. 이 이온 때문에 용액은 그림 21.3에서와 같은 분홍색을 띠게 된다. 대부분의 금속염 수화물이 착이온을 포함하고 있다고 해도 그것을 구별하기 어려우므로, 이들 수화물의 화학식을 $[Cu(H_2O)_4]SO_4 \cdot H_2O$ 대신 $CuSO_4 \cdot 5H_2O$와 같이 나타내는 방법이 허용되고 있다.

Michael Watson

그림 21.3 육수화물 염에서 코발트(II) 이온의 색 $[Co(H_2O)_6]^{2+}$ 이온은 분홍색이며 $CoCl_2 \cdot 6H_2O$ 결정과 $CoCl_2 \cdot 6H_2O$ 수용액 모두 같은 색이다.

예제 21.1 착이온의 화학식 쓰기

화학식 $Na_3[Fe(C_2O_4)_3]$를 갖는 착이온의 이름을 쓰시오.

분석 Na^+와 $[Fe(C_2O_4)_3]^{3-}$ 이온으로 구성되어 있다. 한 가지 종류의 리간드($C_2O_4^{2-}$)만 있다.

도구 모음 사용할 도구는 이름 쓰는 규칙이다.

풀이 음이온의 이름을 먼저 쓰고 양이온의 이름을 쓴다($[Fe(C_2O_4)_3]^{3-}$ 소듐). 음이온 착물에서는 리간드를 먼저 이름을 붙인다. 리간드의 수는 접두사로 나타낸다(트라이옥살라토). 그다음에 금속 이온의 이름을 쓴다. 착물이 금속 이온을 포함하는 음이온이므로 접미사 '산'(철산)을 붙인다.
금속의 산화 상태는 괄호 안에 로마 숫자로 나타낸다.
따라서 착물의 이름은 트라이옥살레이토철(III)산 소듐이다.

답이 합리적인가? 확인 사항: 음이온을 먼저 쓰고 양이온을 나중에 썼는가? 리간드 수를 접두사로 언급했는가? 음이온 착물에 대해 접미사로 '산'을 접미사를 붙였는가? 금속 이온의 산화 상태를 정확하게 계산하였는가? 각 질문에 대한 답은 '예'이므로 전반적으로 맞는 것 같다.

실전 문제 21.1

Ag^+와 2개의 싸이오황산 이온($S_2O_3^{2-}$)에 의해 형성된 착이온의 화학식을 쓰시오. 이 착이온을 암모늄 염으로 분리할 수 있을 때 그 염의 화학식은 무엇인가? (**힌트**: 이온 결합 화합물인 염은 전기적으로 중성임을 기억하시오.)

실전 문제 21.2

다이아민플루오린화 은은 충치 치료에 사용된다. 착이온과 염의 화학식을 쓰시오.

실전 문제 21.3

코발트(III), 4개의 암모니아 분자, 2개의 염화 이온으로 형성된 착이온의 화학식은 무엇인가? 금속 이온이 6개의 암모니아 분자와 결합한 착이온의 화학식은 무엇인가?

킬레이트 효과

해설 한자리 리간드인 암모니아는 금속에 1개의 주개 원자를 제공한다. 두자리 리간드인 에틸렌다이아민(en)은 2개의 질소 주개 원자를 갖는다. 따라서 6개의 암모니아 분자와 3개의 에틸렌다이아민 분자가 제공하는 주개 원자 수는 같다.

에틸렌다이아민과 옥살산 이온과 같은 두자리 리간드가 형성하는 착물의 흥미로운 점은, 한자리 리간드로 형성된 유사한 착물에 비해 더 높은 안정성을 보인다는 것이다. 예를 들어 $[Ni(en)_3]^{2+}$과 $[Ni(NH_3)_6]^{2+}$ 착물은 둘 다 Ni^{2+} 이온에 6개의 질소 원자가 결합하고 있음에도 불구하고, $[Ni(en)_3]^{2+}$이 훨씬 더 안정하다. 형성 상수를 비교하면 이것을 정량적으로 알 수 있다.

$$Ni^{2+}(aq) + 6NH_3(aq) \rightleftharpoons [Ni(NH_3)_6]^{2+}(aq) \qquad K_{형성} = 2.0 \times 10^8$$
$$Ni^{2+}(aq) + 3en(aq) \rightleftharpoons [Ni(en)_3]^{2+}(aq) \qquad K_{형성} = 4.1 \times 10^{17}$$

에틸렌다이아민 착물은 암모니아 착물보다 2×10^9배나 더 안정하다. 여러 자리 리간드로 형성된 착물의 특별한 안정성을 **킬레이트 효과(chelate effect)**라고 하는데, 하나의 중심 금속에 결합하는 리간드의 결합 자리가 2개 이상인 화합물에서 일어나는 효과이기 때문에 붙여진 이름이다. 금속과 리간드를 포함하는 고리가 형성되며 5원자 고리나 6원자 고리일 때 특별한 안정성이 얻어진다. 금속, 2개의 주개 원자, 2개의 주개 원자를 서로 연결하는 원자들의 수를 모두 세어 고리 안의 원자 수를 결정한다. 옥살산 이온의 착물과 에틸렌다이아민 착물은 모두 5원자 고리를 갖는다.

킬레이트 효과와 관련된 2가지 이유가 있는데, 일단 형성된 착물이 쉽게 해리되는지를 조사하면 가장 잘 이해할 수 있다. 한 가지 이유는 주개 원자 한 개가 떨어질 때, 그 리간드가 금속 이온 근처를 이탈할 확률과 관련 있는 것으로 보인다. 두자리 리간드의 한쪽 끝이 금속에서 떨어지더라도 다른 끝이 여전히 결합되어 있기 때문에, 떨어진 주개 원자는 멀리 갈 수 없다. 다른 쪽 끝이 떨어지기 전에 떨어진 끝이 금속 이온과 다시 결합할 확률이 높기 때문에, 전체적으로 리간드는 견고하게 결합된 것처럼 보인다. 그러나 한자리 리간드의 경우, 리간드가 떨어지면 그 리간드를 금속 이온 주위에 붙잡아줄 수 있는 것이 없다. 리간드는 주위의 용액으로 쉽게 이동하여 손실될 수 있다. 결과적으로, 한자리 리간드는 여러 자리 리간드만큼 금속 이온에 강하게 결합하지 않는다.

두 번째 이유는 해리의 엔트로피 변화와 관련이 있다. 화학 반응에서 입자의 수가 증가하면 엔트로피 변화가 양이 된다는 것을 18장에서 배웠다. 두 착물 모두 해리되면 더 많은 입자를 생성하므로, 둘 다 엔트로피 변화는 양이다. 그러나 두 반응을 비교해 보면,

$$[Ni(NH_3)_6]^{2+}(aq) \rightleftharpoons Ni^{2+}(aq) + 6NH_3(aq) \qquad K_{불안정도} = 5.0 \times 10^{-9}$$
$$[Ni(en)_3]^{2+}(aq) \rightleftharpoons Ni^{2+}(aq) + 3en(aq) \qquad K_{불안정도} = 2.4 \times 10^{-18}$$

해설 $\Delta G° = -RT \ln K$를 상기하라. 해리에 대한 $\Delta G°$가 유리할수록 평형 상수가 더 커져야 하며, 실제로 암모니아 착물에 대한 불안정도 상수가 더 크다는 것을 알 수 있다.

착물의 해리에 의한 입자 수의 알짜 증가는 암모니아 착물의 경우 6개인 반면 에틸렌다이아민 착물의 경우 3개인 것을 알 수 있다. 이는 착물의 해리에 대한 엔트로피 변화는 암모니아 착물이 에틸렌다이아민 착물보다 더 큰 양수라는 것을 의미한다. 엔트로피 변화가 더 큰 것은 분해에 대해 더 유리한 $\Delta G°$를 의미하므로, 평형에서 암모니아 착물이 더 많이 해리되어야 한다. 실제로 이것은 불안정도 상수($K_{불안정도}$)에 의해서도 알 수 있다(17.5절에서 $K_{불안정도} = 1/K_{형성}$이었다는 것을 상기하라).

21.2 금속 착물 명명법

2장에서 화합물의 명명법을 소개하였으며, 거기서 단순한 무기 화합물의 명명 체계도 논의

하였다. 국제 순수 및 응용 화학 연맹(International Union of Pure and Applied Chemistry, IUPAC)에서 개정하여 최신 상태로 유지되고 있는 이 명명 체계는 금속 착물에까지 확대되어 적용되고 있다. 배위 착물을 명명하기 위해 정한 몇 가지 규칙을 아래에 나타내었다. 다음과 같은 규칙에 따라 명명된 이름 중 일부는 처음에는 발음하기가 어렵고 좀 이상하게 들릴지도 모른다. 그러나 이 체계와 다른 어떤 명명 체계를 배우는 근본 목적은, 각 화합물에 그 자신의 고유한 이름을 붙이고, 주어진 이름에 맞는 화합물의 화학식을 쓸 수 있도록 하는 방법을 제공하는 것이다.

배위 착물의 명법 규칙

1. 음이온 화학종의 이름을 양이온 화학종의 앞에 쓴다. 이것은 NaCl과 같은 다른 이온 결합 화합물에 적용되는 규칙과 같다. 즉 음이온의 이름을 먼저 쓰고 양이온의 이름을 뒤에 쓴다(예: 염화 소듐). 영어 이름은 양이온의 이름을 먼저 쓰고 음이온의 이름을 뒤에 쓴다(예: sodium chloride).

2. 음이온 리간드의 이름은 항상 접미사 -오(-o)로 끝난다.

(a) 리간드 이름이 -화(-ide)로 끝나는 것은 일반적으로 접미사 -오(-o)로 바뀐다.

음이온		리간드
염화 이온	Cl^-	클로로-
브로민화 이온	Br^-	브로모-
사이안화 이온	CN^-	사이아노-
산화 이온	O^{2-}	옥소-

(b) 아-산(-ite)과 -산(-ate)으로 끝나는 리간드는 각각 -아이토(-ito)와 -에이토(-ato)로 된다.

음이온		리간드
탄산 이온	CO_3^{2-}	카보네이토-
싸이오황산 이온	$S_2O_3^{2-}$	싸이오설페이토-
싸이오사이안산 이온	SCN^-	싸이오사이아네이토-(황과 결합)
		아이소싸이오사이아네이토-(질소와 결합)
옥살산 이온	$C_2O_4^{2-}$	옥살레이토-
아질산 이온	NO_2^-	나이트라이토-(산소와 결합; 착물의 화학식에서 ONO로 씀)
	NO_2^-	나이트로-(질소와 결합; 하나의 예외)

3. 중성의 리간드는 중성 분자와 같은 이름으로 주어진다. 따라서 에틸렌다이아민 분자가 리간드로 작용할 때는 착물의 이름에서 에틸렌다이아민이라 부른다. 그러나 이 규칙에 매우 중요한 두 가지 예외는 물과 암모니아이다. 이들이 리간드로 작용할 때는 다음과 같은 이름으로 부른다.

H_2O 아쿠아 NH_3 암민(영어 이름 ammine에 **m**이 2개인 것을 주의하라.)

4. 특정 리간드가 2개 이상 있을 때 그 수를 나타내기 위하여 접두사 다이(di-=2), 트라이(tri-=3), 테트라(tetra-=4), 펜타(penta-=5), 헥사(hexa-=6) 등을 붙인다. 이 접두사의 사용으로 혼동이 일어날 때는 비스(bis-=2), 트리스(tris-=3), 테트라키스(tetrakis-=4) 등을 대신 사용한다. 한 착물에 2개의 염화 이온 리간드가 있을 때, 이 법칙에 따라 **다이클로로**(dichloro-)로 나타낸다(리간드 이름의 끝부분에도 주의하라). 그러나 2개의 에틸렌다이아민 리간드가 존재할 때 접두어 **다이**(di-)를 사용하면 혼동이 일어날 수도 있다. 착물의

도구
착물의 명명 규칙

해설 표에 있는 클로로(chloro)나 브로모(bromo)와 같은 이름은 전통적으로 사용해 온 것이며, 사용이 허용된다. 엄격한 IUPAC 명명법은 단순히 영어 이름의 -e를 삭제하고 -o로 바꾸는 것이므로 클로라이도(chlorido), 브로마이도(bromido) 등으로 해야 한다. 따라서 S 리간드의 이름은 설파이도(sulfido)가 된다.

해설 여기서는 비스(*bis*-)를 사용하여, 의사소통할 때 그 의미가 2개의 에틸렌다이아민 분자라는 것이 분명해지도록 하였다.

이름을 읽는 사람은 다이에틸렌다이아민이 에틸렌다이아민 두 분자를 의미하는지, 아니면 다이에틸렌다이아민이라는 물질 한 분자를 의미하는지 궁금할 수 있다. 이런 문제를 피하기 위해 **비스(에틸렌다이아민)**[bis(ethylenediamine)]과 같이 리간드 이름을 괄호 안에 넣고 그 앞에 **비스**(bis)를 쓴다.

5. **착물의 화학식에는 금속의 원소 기호를 먼저 쓰고, 리간드의 기호를 쓴다. 리간드 중에서는 음이온 리간드를 먼저 쓰고(알파벳 순으로), 중성 리간드를 쓴다(역시 알파벳 순으로). 착물의 이름에서 전하에 상관없이 알파벳 순으로 리간드의 이름을 먼저 쓰고, 다음에 금속 이름을 쓴다.** 예를 들어 Co^{3+}, 2개의 Cl^-(클로로- 리간드), 1개의 CN^-(사이아노- 리간드), 3개의 NH_3(암민- 리간드)로 구성된 착물을 가정해 보자. 전기적으로 중성인 화학식은 $[CoCl_2(CN)(NH_3)_3]$로 적을 수 있다. 이 착물의 이름에서 금속의 이름을 쓰기 전에 리간드의 이름은 **트라이암민다이클로로사이아노**-(triamminedichlorocyano-; 3개의 NH_3 리간드를 의미하는 **트라이암민**-, 2개의 Cl^- 리간드를 의미하는 **다이클로로**-, CN^-를 의미하는 **사이아노**-)가 된다. 알파벳 순서에서 접두사인 **트라이**(tri-), **다이**(di-)는 무시한다. 따라서 **암민**-(ammine-)이 **클로로**-(chloro-)보다 알파벳 순서로 앞서기 때문에 **트라이암민**-(triammine-)을 **다이클로로**-(dichloro-) 앞에 쓴다. 같은 이유로 **다이클로로**-(dichloro-)를 **사이아노**-(cyano-)보다 먼저 쓴다. 착물의 최종 이름은 규칙 7의 아래에 주어져 있다.

해설 리간드의 알파벳 순서는 접두사의 첫 글자가 아니라 리간드 이름의 첫 글자에 따른 순서이다.

6. **음이온 착이온은 항상 접미사 -산(-ate)으로 끝난다.** 한글 이름은 금속 원자의 이름 뒤에 -산을 붙인다. 영어 이름의 경우 대부분은 금속 원자의 영어 이름에 이 접미사 -ate를 붙이지만, 금속의 영어 이름이 -ium, -um, -ese로 끝나면 이것을 빼고 -ate를 붙인다.

금속	음이온 착물에서 금속 이름
알루미늄(aluminum)	알루미늄산(aluminate)
크로뮴(chromium)	크로뮴산(chromate)
망가니즈(manganese)	망가니즈산(manganate)
니켈(nickel)	니켈산(nickelate)
코발트(cobalt)	코발트산(cobaltate)
아연(zinc)	아연산(zincate)
백금(platinum)	백금산(platinate)
바나듐(vanadium)	바나듐산(vanadate)

라틴어 이름에서 유래된 금속에 대해서는 라틴어의 어간에 접미사 -ate를 붙인다[그러나 수은(mercury)은 예외로 음이온을 수은산(mercurate)이라 한다].

금속	어간	음이온 착물에서 금속 이름
철(iron)	ferr-	철산(ferrate)
구리(copper)	cupr-	구리산(cuprate)
납(lead)	plumb-	납산(plumbate)
은(silver)	argent-	은산(argenate)
금(gold)	aur-	금산(aurate)
주석(tin)	stann-	주석산(stannate)

중성 착물이나 양으로 하전된 착물에서 금속은 **접미사를 붙이지 않고** 항상 그 원소의 이름으로 나타낸다.

7. 착물 내 금속의 산화 상태는 그 금속 이름 뒤의 괄호 속에 로마 숫자로 나타낸다.[3] 예를 들면

$[CoCl_2(CN)(NH_3)_3]$는 트라이암민다이클로로사이아노코발트(III)이다.

$[Co(NH_3)_6]^{3+}$는 헥사암민코발트(III) 이온이다.

$[CuCl_4]^{2-}$는 테트라클로로구리(II)산 이온이다.

띄어쓰기 안 함

리간드 이름과 금속 이름 사이, 금속 이름과 로마 숫자로 산화 상태를 나타내는 괄호 사이는 띄어쓰기를 안 한다는 것을 유념하라.

다음에 몇 가지 추가적인 예를 나타내었다. 조심스럽게 명명 규칙을 적용하는 방법을 살펴보자. 그런 후에 다음 실전 문제들을 해결해 보자.

해설 다시 한번 강조하지만, 리간드의 알파벳 순서는 접두사의 첫 글자가 아니라 리간드 이름의 첫 글자에 따른 순서이다.

$[Ni(CN)_4]^{2-}$	테트라사이아노니켈(II)산 이온
$K_3[CoCl_6]$	헥사클로로코발트(III)산 포타슘
$[CoCl_2(NH_3)_4]^+$	테트라암민다이클로로코발트(III) 이온
$Na_3[Co(NO_2)_6]$	헥사나이트로코발트(III)산 소듐
$[Ag(NH_3)_2]^+$	다이암민은(I) 이온
$[Ag(S_2O_3)_2]^{3-}$	다이싸이오설페이토은(I)산 이온
$[Mn(en)_3]Cl_2$	염화 트리스(에틸렌다이아민)망가니즈(II)
$[PtCl_2(NH_3)_2]$	다이암민다이클로로백금(II)

실전 문제 21.4

다음 각 화합물에 대한 화학식을 쓰시오(**힌트**: 각 이름을 여러 부분으로 나눠보시오).

(a) 헥사클로로주석(IV)산 이온 **(b)** 다이아쿠아테트라사이아노철(II)산 암모늄

(c) 다이브로모비스(에틸렌다이아민)오스뮴(II)

실전 문제 21.5

다음 화합물의 이름을 쓰시오.

(a) $K_3[Fe(CN)_6]$ **(b)** $[CrCl_2(en)_2]_2SO_4$ **(c)** $[Co(H_2O)_6]_2[CrF_6]$ (Co의 산화수는 +2이다.)

21.3 배위수와 구조

착물을 공부할 때 가장 흥미로운 것 중의 하나는 착물이 형성하는 다양한 종류의 구조이다. 많은 경우, 구조는 금속 이온의 **배위수(coordination number)**와 관련이 있다. 배위수는 **금속 이온에 배위 공유 결합한 주개 원자의 수**로 정의된다. 예를 들어 $[Ni(CN)_4]^{2-}$ 착물에서 니켈

[3]예를 들어 사염화구리(2−)산과 같이 산화수 대신 착물의 전체 전하를 쓸 수 있다.

이온에 4개의 사이안화 이온이 결합하고 있으므로, 이 착물에서 Ni^{2+}의 배위수는 4이다. 같은 방법으로 $[Cr(H_2O)_6]^{3+}$ 이온에서 Cr^{3+}의 배위수는 6이고, $[Ag(NH_3)_2]^+$에서 Ag^+의 배위수는 2이다.

가끔 착물의 화학식에 배위수가 분명히 드러나지 않을 때가 있다. 예를 들어, 한 금속 이온에 동시에 결합할 수 있는 2개 이상의 주개 원자를 갖는 많은 여러 자리 리간드를 배웠다. 가끔 금속에 2개 이상의 여러 자리 리간드가 결합하여 $[Cr(H_2O)_2(en)_2]^{3+}$, $[Cr(en)_3]^{3+}$와 같은 화학식을 갖는 착물을 형성한다. 예로 든 두 착물에서 Cr^{3+}의 배위수는 6이다. $[Cr(en)_3]^{3+}$ 이온에는 각각 2개의 주개 원자를 제공하는 에틸렌다이아민 리간드가 3개 있으므로 모두 6개의 주개 원자가 있고, $[Cr(H_2O)_2(en)_2]^{3+}$에는 2개의 에틸렌다이아민 리간드가 모두 4개의 주개 원자, 2개의 물 분자가 나머지 2개의 주개 원자를 제공하므로 모두 6개의 주개 원자가 있다.

배위수와 기하 구조

금속 착물에 대해 일반적으로 특정 배위수와 관련된 특정 기하학적 구조가 있다.

해설 보통 VSEPR 모형은 전이 금속 착물의 기하 구조를 예측하는 데 이용되지 않는데, 금속이 부분적으로 채워진 *d* 부껍질을 갖는 경우에는 제대로 된 결과를 얻을 수 없기 때문이다.

배위수 2 $[Ag(NH_3)_2]^+$, $[Ag(CN)_2]^-$와 같은 착물을 예로 들 수 있다. 이 착물들은 대개 다음과 같은 선형 구조를 갖는다.

$$[H_3N—Ag—NH_3]^+ \quad \text{그리고} \quad [NC—Ag—CN]^-$$

Ag^+ 이온은 완전히 채워진 *d* 부껍질을 갖기 때문에 VSEPR 이론으로 기하 구조를 예측할 수 있는 주족 원소처럼 거동하므로, 이 구조는 이론적 모형에 기반하여 예상한 것과 정확하게 일치한다.

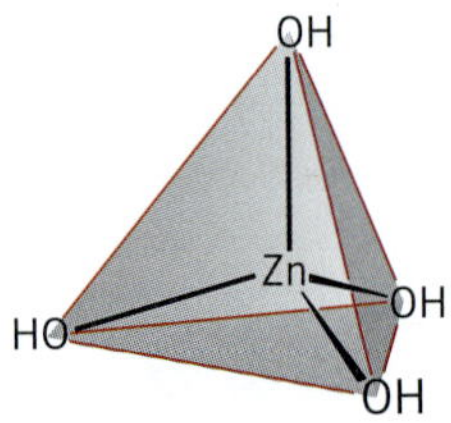

정사면체
$[Zn(OH)_4]^{2-}$

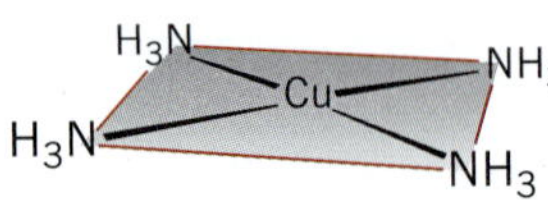

사각 평면
$[Cu(NH_3)_4]^{2+}$

그림 21.4 정사면체와 사각 평면 기하 구조 정사면체와 사각 평면 기하 구조는 금속 이온이 배위수 4를 갖는 착물에서 생기는 구조이다. 구리 착물에서 지면 뒤로 기울어진 사각 평면 구조를 볼 수 있다.

배위수 4 금속 이온에 4개의 리간드 원자가 결합할 때, 일반적으로 정사면체와 사각 평면의 2가지 기하 구조가 얻어진다. 이를 **그림 21.4**에 나타내었다. 일반적으로 Zn^{2+}와 같이 *d* 부껍질이 완전히 채워진 금속 이온의 착물들이 정사면체 기하 구조를 갖는 것을 볼 수 있다. $[Zn(NH_3)_4]^{2+}$와 $[Zn(OH)_4]^{2-}$를 예로 들 수 있다.

Cu^{2+}, Ni^{2+}, Pd^{2+}, 특히 Pt^{2+}의 착물에서 사각 평면 기하 구조가 관찰된다. $[Cu(NH_3)_4]^{2+}$, $[Ni(CN)_4]^{2-}$, $[PtCl_4]^{2-}$을 예로 들 수 있다. Pt^{2+}의 사각 평면 착물은 다른 착물보다 상당히 안정하기 때문에 가장 잘 연구되었다.

배위수 6 착이온에서 가장 흔한 배위수는 6이다. $[Al(H_2O)_6]^{3+}$, $[Co(C_2O_4)_3]^{3-}$, $[Ni(en)_3]^{2+}$, $[Co(EDTA)]^-$을 예로 들 수 있다. 소수의 예외를 제외하고 배위수 6을 갖는 모든 착물은 정팔면체 구조이다. **그림 21.5**에 나타낸 바와 같이 한자리 리간드나 두자리 리간드로 만들어진 착

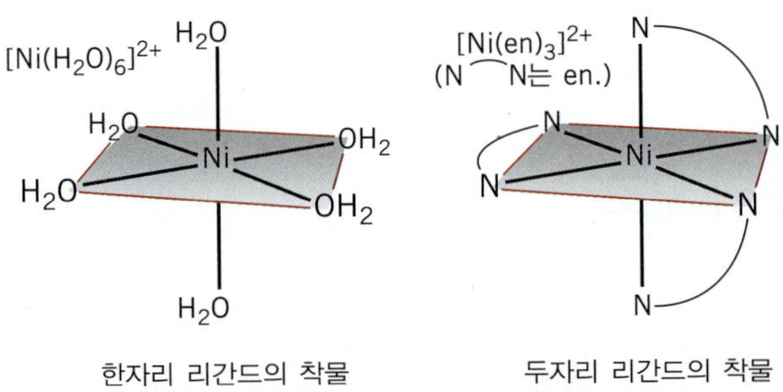

그림 21.5 정팔면체 착물 이 기하 구조를 갖는 착물은 물과 같은 한자리 리간드나 에틸렌다이아민(en)과 같은 여러 자리 리간드와 결합하여 형성될 수 있다. 에틸렌다이아민 착물의 그림을 간단하게 나타내기 위하여, 리간드의 주개 질소 원자와 결합하고 있는 원자들인 $-CH_2-CH_2-$은 N 원자들을 연결하는 곡선으로 나타내었다. 두자리 리간드의 질소 원자들이 정팔면체의 인접한 위치에 연결된 것도 주목하라. 이것은 이 책에서 소개되는 모든 여러 자리 리간드의 경우에 대해서도 마찬가지이다.

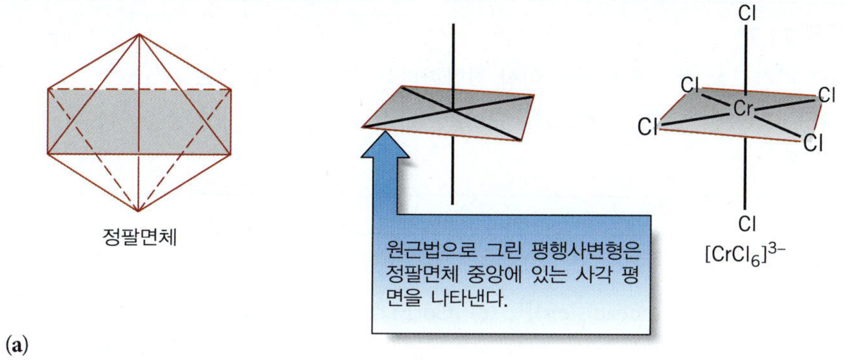

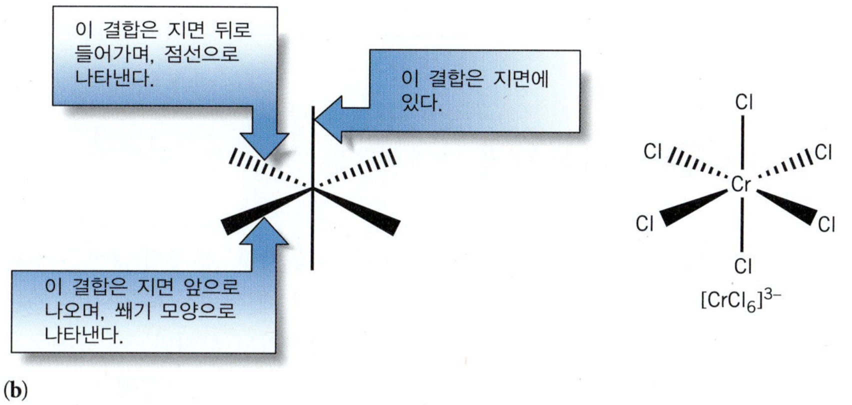

그림 21.6 정팔면체 착물 $[CrCl_6]^{3-}$를 나타내는 방법 (a) 9.1절에서 배운 것과 유사한 방식의 그림 (b) 정팔면체를 나타내는 다른 방법

표 21.2 몇 가지 금속 이온에 대한 배위수

금속 이온	배위수	금속 이온	배위수
Al^{3+}	4, 6	Ni^{2+}	4, 6
Sc^{3+}	6	Cu^{+}	2, 4
Ti^{4+}	6	Cu^{2+}	4, 6
V^{3+}	6	Zn^{2+}	4
Cr^{3+}	6	Pd^{2+}	4
Mn^{2+}	6	Ag^{+}	2
Fe^{2+}	6	Pt^{2+}	4
Fe^{3+}	6	Pt^{4+}	6
Co^{2+}	4, 6	Au^{+}	2, 4
Co^{3+}	6	Au^{3+}	4

물들은 배위수 6인 정팔면체 구조이다. 정팔면체 착물의 모양을 기술할 때, 대부분의 화학자는 **그림 21.6**에 나타낸 정팔면체 그림 중 하나를 사용한다. 몇 가지 금속 이온에 대한 일반적인 배위수를 **표 21.2**에 정리하였다.

> **실전 문제 21.6**
> $[Cr(C_2O_4)_3]^{3-}$에서 금속 이온의 배위수는 얼마인가? (**힌트**: 리간드를 확인하고 구조를 그리시오.)

실전 문제 21.7
킬레이트 리간드는 금속에 두자리 이상 결합한다는 점을 명심하시오.
(**a**) $[CoCl_2(C_2O_4)_2]^{3-}$, (**b**) $[Cr(C_2O_4)_2(en)]^-$, (**c**) $[Co(EDTA)]^-$에서 금속 이온의 배위수는 얼마인가?

실전 문제 21.8
(**a**) $[Co(acac)_3]$, (**b**) $[Co(acac)_2(en)]^+$, (**c**) $[Co(EDTA)]^-$에서 금속 이온의 배위수는 얼마인가? (**힌트**: acac는 아세틸아세토네이트, 즉 2,4-펜테인다이오네이트이다.) 착물의 배위 기하 구조는 무엇인가?

21.4 금속 착물의 이성질체

Michael Watson

염화 크로뮴(III) 육수화물 화학 물질 공급업체에서 구입한 염화 크로뮴(III) 수화물은 실제로는 $[CrCl_2(H_2O)_4]Cl \cdot 2H_2O$이다. 이 물질이 고체 상태와 수용액 상태에서 모두 초록색으로 보이는 것은 착이온 $[CrCl_2(H_2O)_4]^+$ 때문이다.

화학식으로부터 착물의 이름을 짓고 배위수를 결정할 수 있지만, 분자의 구조를 정확히 결정하는 것은 훨씬 어려운 일이다. 8장에서 Lewis 구조를 그릴 때 논의한 바와 같은 간단한 규칙을 사용하여 합리적인 구조를 추측하는 것이 때때로 가능하기는 하지만, 이 규칙들은 간단한 분자나 이온에만 적용된다. 더 복잡한 물질에서는, 일반적으로 구조 결정에 필요한 실험을 하지 않고서는 분자나 이온의 구조를 확실하게 알 수 있는 방법은 없다.

화학식만으로 구조를 확실하게 예측할 수 없는 이유 중의 하나는, 보통 화학식에 있는 원자들의 배열 방법이 다양하기 때문이다. 실제로 같은 화학식을 갖는 두 가지 이상의 서로 다른 화합물이 각각 분리되는 경우가 자주 있다. 예를 들어 염화 크로뮴(III) 용액으로부터 각각 고유한 색과 다른 성질을 갖는 서로 다른 세 가지 고체를 분리할 수 있다. 세 가지 고체는 모두 전체적인 조성이 같고, 다른 자료가 없으면 화학식은 모두 $CrCl_3 \cdot 6H_2O$로 쓴다. 그러나 이 고체들은 실제로 서로 다른 세 가지 착이온의 염이라는 것이 실험으로 밝혀졌다. 이 화합물들의 실제 화학식과 색은 다음과 같다.

$[Cr(H_2O)_6]Cl_3$	보라색
$[CrCl(H_2O)_5]Cl_2 \cdot H_2O$	청록색
$[CrCl_2(H_2O)_4]Cl \cdot 2H_2O$	초록색

전체적인 조성이 같더라도 이 물질들 각각은 그 자체만의 고유한 성질을 갖는 별개의 화합물이다.

같은 화학식을 갖는 두 가지 이상의 화합물이 존재하는 것을 **이성질 현상(isomerism)**이라 한다. 위의 예에서 각 염을 $CrCl_3 \cdot 6H_2O$의 **이성질체(isomer)**라고 부른다. 배위 화합물에서 이성질 현상은 다양한 방식으로 일어날 수 있다. $CrCl_3 \cdot 6H_2O$의 경우, 물 분자와 염화 이온이 결정에서 붙들려 있는 다양한 방식이 가능하기 때문에 이성질체가 존재한다. 한 예에서 모든 물 분자가 리간드로 작용하는 반면, 다른 두 예에서 물 분자 일부는 수화물 상태로 존재하고 염화 이온 일부가 금속 이온에 결합되어 있다. 어떤 면에서 이와 유사한 또 다른 한 예는 $Cr(NH_3)_5SO_4Br$이다. 이 '물질'은 다음 두 이성질체로 분리될 수 있다.

$$[CrSO_4(NH_3)_5]Br \quad \text{그리고} \quad [CrBr(NH_3)_5]SO_4$$

이 두 이성질체는 Ag^+, Ba^{2+}와 반응하는 능력이 다르기 때문에 화학적으로 구별할 수 있다. 첫 번째 이성질체는 수용액 속에서 Ag^+와 반응하여 AgBr의 침전을 생성하지만 Ba^{2+}와는 반응하지 않는다. 이는 Br^- 이온이 자유 이온으로 용액 속에 존재한다는 것을 알려준다. 또한 SO_4^{2-}가 크로뮴에 결합되어 있어 Ba^{2+}와 반응하여 불용성 $BaSO_4$를 생성할 수 없다는 것도 알려준다.

해설 Ag_2SO_4는 가용성이지만 $BaSO_4$는 불용성이다. $BaBr_2$는 가용성이지만 AgBr은 불용성이다.

두 번째 이성질체([$CrBr(NH_3)_5$]SO_4)의 수용액은 Ba^{2+} 수용액과 반응하여 $BaSO_4$의 침전을 생성하는데, 이는 용액 속에 SO_4^{2-} 자유 이온이 존재한다는 것을 의미한다. 그러나 Br^- 이온이 크로뮴에 결합되어 있어 용액 속에 Br^- 자유 이온으로 존재할 수 없기 때문에 Ag^+와 반응하지 않는다. 두 이성질체는 전체 조성은 같아도 전혀 다른 방식의 화학적 거동을 보이기 때문에 분명히 구별되는 화합물이다.

입체 이성질 현상

배위 화합물에서 발견되는 더욱 흥미로운 종류의 이성질 현상 중 하나는 **입체 이성질 현상(stereoisomerism)**인데, 이는 **공간에서 원자들의 다양한 배향이 가능하여 그 결과로 일어나는 이성질체들 사이의 차이**로 정의된다. 즉, 입체 이성질 현상이 존재할 때 서로 결합되어 있는 원자들은 같지만, 그 원자들이 서로에 대해 공간에서 배열되는 방식이 다른 화합물들이 있다.

입체 이성질 현상의 한 형태를 **기하 이성질 현상(geometric isomerism)**이라 하고, 다음 예를 통해 가장 잘 이해할 수 있다. 화학식 $PtCl_2(NH_3)_2$를 갖는 사각 평면 착물을 생각해 보자. 그림에 나타낸 바와 같이 백금 주위에 리간드를 배열하는 방법은 두 가지이다. **시스 이성질체(*cis* isomer)**에서 염화 이온들은 **서로 이웃해** 있고, 암모니아 분자들도 서로 이웃해 있다. **트랜스 이성질체(*trans* isomer)**에서 같은 리간드들은 서로 **반대 쪽**에 위치하고 있다. 이성질체를 구별하고 명명할 때, **시스**(cis)는 '같은 쪽에'를 의미하고, **트랜스**(trans)는 '반대쪽에'를 의미한다.

해설 왼쪽에 있는 이성질체 시스-$PtCl_2(NH_3)_2$는 '**시스플라틴**'이라는 항암제이다. 이 화합물의 시스 이성질체만이 종양에 대해 임상적 활성을 갖는 것은 흥미롭다. **트랜스** 이성질체는 전혀 효과가 없다.

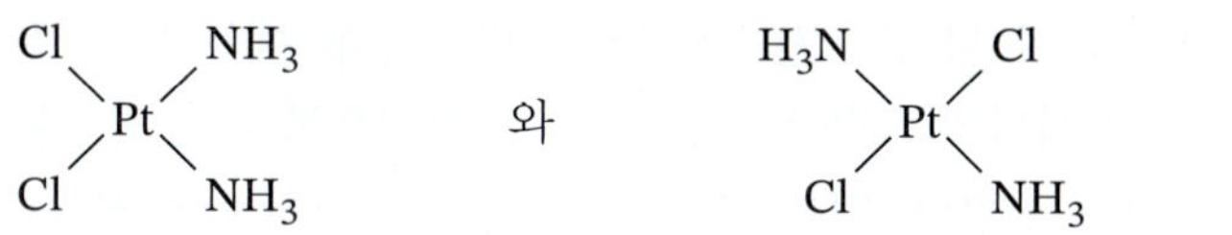

시스-이성질체 / 시스-다이암민다이클로로백금(II) 와 트랜스-이성질체 / 트랜스-다이암민다이클로로백금(II)

기하 이성질 현상은 정팔면체 착물에서도 일어난다. 예를 들어 $[CrCl_2(H_2O)_4]^+$와 $[CrCl_2(en)_2]^+$ 이온을 생각해 보자. 둘은 모두 시스와 트랜스 이성질체로 분리될 수 있다.

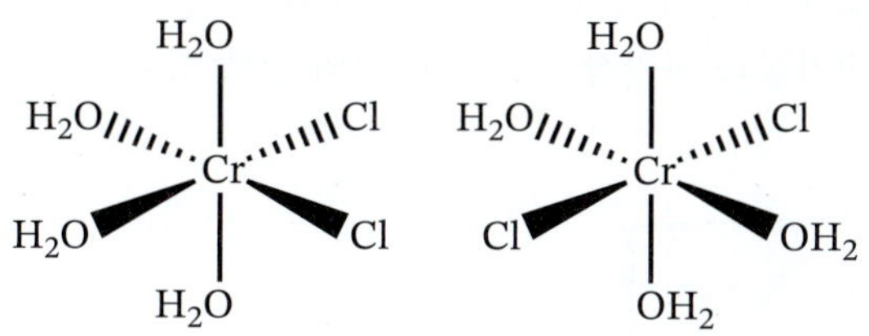

시스 트랜스

$[CrCl_2(H_2O)_4]^+$

시스 이성질체에서 2개의 염화 이온 리간드는 모두 금속 이온의 같은 쪽에 있고, 트랜스 이성질체에서 2개의 염화 이온 리간드는 금속 이온의 중심을 지나는 직선의 반대 쪽 끝에 있다.

카이랄성

기하 이성질 현상보다 훨씬 미묘한 두 번째 형태의 입체 이성질 현상이 있다. 분자가 자신의 **거울상과 서로 겹쳐지지 않는다**는 한 가지 작은 차이를 제외하고는 두 분자가 정확히 같을 때 이 현상이 나타난다. 두 분자의 관계는 왼손과 오른손의 관계와 같다[실제로 이와 같은 이성질체들 사이의 관계를 때때로 손잡이성(handedness)이라는 용어로 지칭한다].

그림 21.7 오른손과 왼손의 한 가지 차이점 왼손 장갑은 오른손에 맞지 않는다.

해설 카이랄성(chirality)은 왼손과 오른손처럼 구조적으로 서로 관련된 물체를 의미하는 '손잡이성(handedness)'에 대한 기술 용어이다.

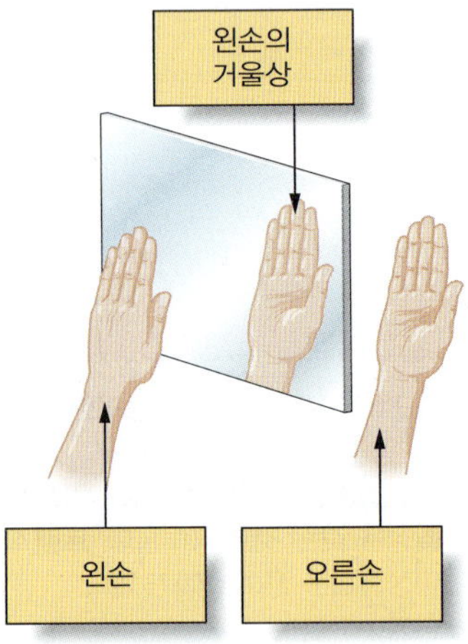

그림 21.8 두 손은 서로의 거울상이다. 거울에 반사된 왼손의 거울상은 오른손과 똑같게 보인다.

겉으로 보기에 비슷하지만 두 손이 완전히 똑같지는 않다. 한 손을 다른 손 위에 얹고 손바닥을 아래로 하면, 엄지손가락은 서로 반대 방향을 가리킨다. 두 물체가 일치하지 않는 부분 없이 '하나가 다른 것에' 꼭 들어맞는 능력을 **겹침성(superimposability)**이라 한다. 왼손과 오른손은 이와 같은 능력이 없기 때문에 **겹칠 수 없음**(nonsuperimposable)이라 한다. 이는 왼손 장갑에 오른손이 맞지 않는 이유이다(**그림 21.7**). 오른손이 왼손에 해당하는 공간에 **정확하게** 일치하지 않는다.

두 손은 서로 거울상이기도 하다. 왼손을 들어 거울에 향하게 한 다음 **그림 21.8**에 나타낸 것과 같이 거울에 반사된 모습을 보면 오른손과 똑같다는 것을 볼 수 있다. '거울을 통과하여' 도달할 수 있다면, 오른손 장갑은 왼손의 반사된 모습에 완벽하게 들어맞을 것이다. 따라서 두 손은 겹칠 수 없는 서로의 거울상이다. 두 물체가 **겹칠 수 없는 서로의 거울상**인 경우, 두 물체는 동일하지 않으며 **카이랄(chiral)** 또는 **카이랄성(chirality)**을 갖는다고 한다. 왼손과 오른손은 이 성질을 가지며 정확히 똑같지는 않다.

두자리 리간드를 갖는 카이랄 착물 배위 화합물 중에서 가장 일반적인 카이랄성의 예는 2개나 3개의 두자리 리간드를 갖는 정팔면체 착물에서 일어난다(예: $[CoCl_2(en)_2]^+$와 $[Co(en)_3]^{3+}$). $[Co(en)_3]^{3+}$ 착물에 대한 **거울상 이성질체(enantiomer)**라는 겹치지 않는 2개의 이성질체를 **그림 21.9**에 나타내었다. $[CoCl_2(en)_2]^+$ 착물에 대하여 **그림 21.10**에 나타낸 것과 같이 시스 이성질체만 카이랄이다.

보다시피 카이랄 이성질체들은 서로 아주 사소한 차이만 있을 뿐이다. 이 차이가 매우 미묘하기 때문에 카이랄 이성질체들의 성질은 대부분 같다. 카이랄 이성질체들의 녹는점과 끓는점은 같고, 거의 모든 화학 반응에서 카이랄 이성질체들의 거동은 완전히 유사하다. 카이랄 분자나 이온 사이의 차이가 나타나는 유일한 방식은 그 분자나 이온이 역시 손잡이성을 갖는 물리적 '탐침'이나 화학적 '탐침'과 상호작용하는 방식이다. 예를 들어 두 반응물이 모두 카이랄인 경우, 반응물 중 하나의 특정한 이성질체는 일반적으로 다른 반응물의 두 이성질체 각각에 대해 약간 다르게 거동한다. 이는 아미노산과 같은 관련된 많은 분자가 카이랄성인 생화학 반응에서 매우 큰 효과를 나타낸다.

광학 이성질체 카이랄 이성질체들의 차이점 중 하나는 편광에 영향을 미치는 방식이다. 빛은 벡터처럼 거동하는 전기장 성분과 자기장 성분을 모두 갖는 **전자기 방사선**(electromagnetic radiation)이다. 이 벡터들은 빛의 파동이 진행하는 방향에 수직 방향으로 진동한다[**그림 21.11(a)**]. 보통의 빛에서 광자의 전기장과 자기장의 진동은 빛의 진행 방향을 중심으로 무작위

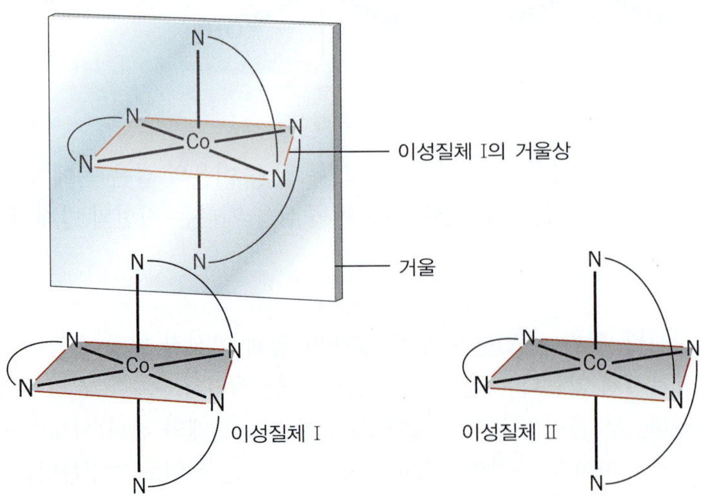

그림 21.9 $[Co(en)_3]^{3+}$**의 두 이성질체** 이성질체 II는 이성질체 I의 거울상으로 되어 있다. 이성질체 II를 어떻게 돌리더라도 이성질체 I과 겹칠 수 없다.

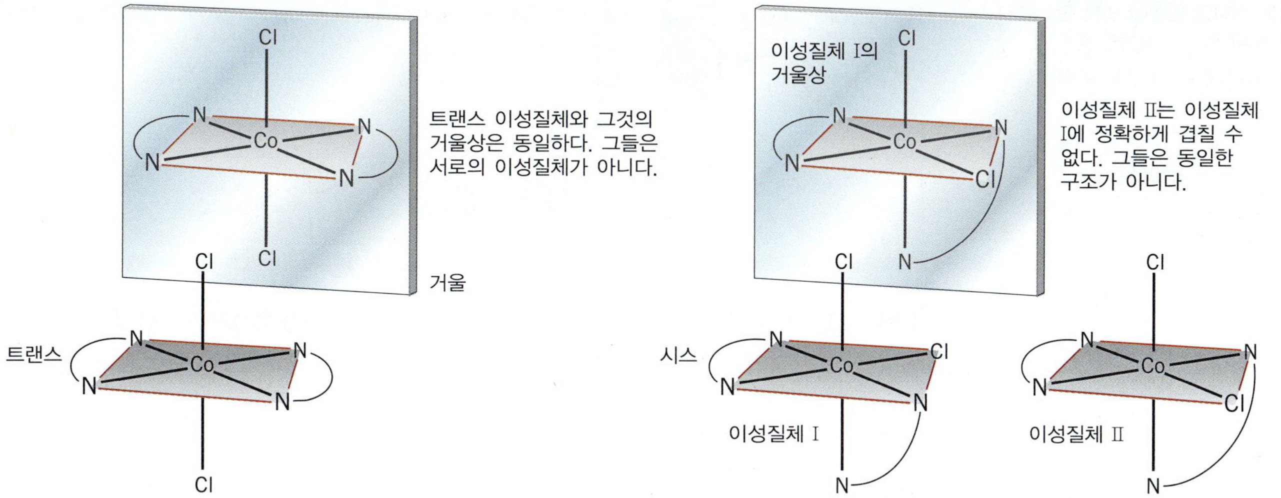

그림 21.10 **$[CoCl_2(en)_2]^+$ 이온의 이성질체들** 트랜스 이성질체의 거울상은 본래의 트랜스 이성질체와 정확하게 겹칠 수 있기 때문에 트랜스 이성질체는 카이랄이 아니다. 그러나 시스 이성질체(이성질체 I)의 거울상(이성질체 II)은 본래의 시스 이성질체와 겹칠 수 없기 때문에 시스 이성질체는 카이랄이다.

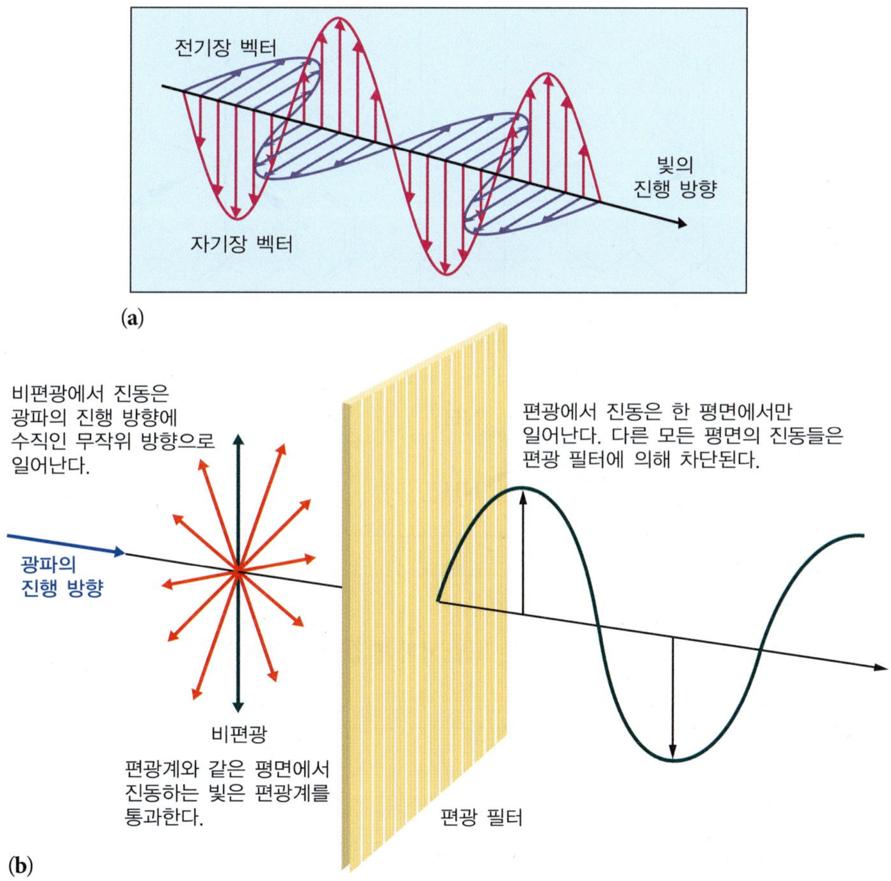

그림 21.11 **비편광과 편광** (a) 빛은 진행 방향과 수직으로 진동하는 전기장 성분과 자기장 성분을 갖는다. (b) 비편광에서 광자의 전자기 진동은 광파의 진행 방향 축을 중심으로 무작위 각도로 배향한다. 편광 필터는 특정 평면에 있지 않은 진동을 통과하지 못하도록 차단하는 효과를 나타낸다. 그 결과를 평면 편광이라 한다.

로 배향한다. **평면 편광(plane-polarized light)**에서는 모든 진동이 같은 평면에서 일어난다[그림 21.11(b)]. 보통의 빛을 여러 가지 방법으로 편광시킬 수 있다. 한 가지 방법은 편광 선글라스처럼 특수 플라스틱 필름을 통과시키는 것이다. 이는 한 평면에 있는 진동을 제외한 다른 모든 진동들을 차단하는 효과가 있다[그림 21.11(b)]. 7장에서 빛의 성질을 소개할 때 전자기파에 대해 처음 논의하였다.

그림 21.12 카이랄 물질에 의한 편광의 회전 평면 편광이 카이랄 물질의 용액을 통과하면 편광면이 왼쪽이나 오른쪽으로 회전한다. 이 그림의 예에서는 빛의 편광면이 (광원을 바라볼 때) 왼쪽으로 회전한다.

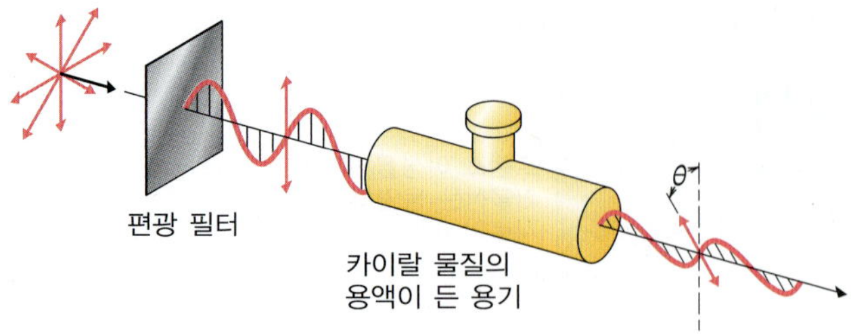

그림 21.9와 21.10에 설명한 것과 같은 카이랄 이성질체는 **그림 22.12**에서 설명하는 것처럼 평면 편광을 회전시키는 능력을 갖는다. 이 현상 때문에 카이랄 이성질체를 **광학 이성질체**(**optical isomer**)라고 한다.

실전 문제 21.9

이 화합물들은 어떤 형태의 이성질체인가? (**힌트**: 원자들의 연결은 화합물마다 어떻게 다른가?)

(a)

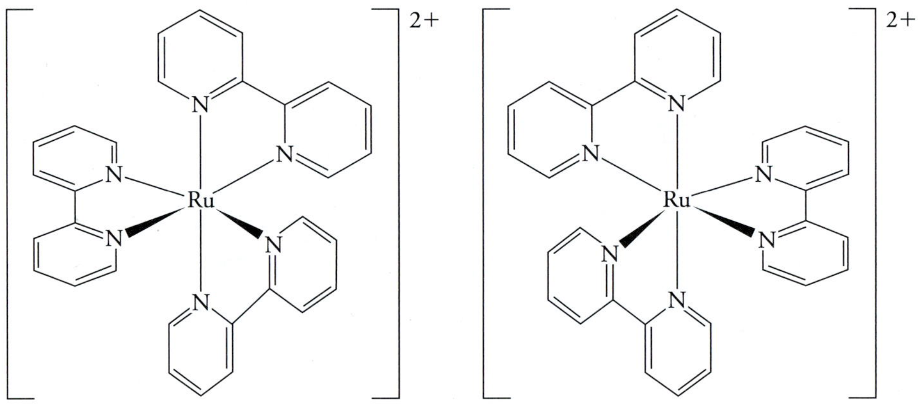

(b)

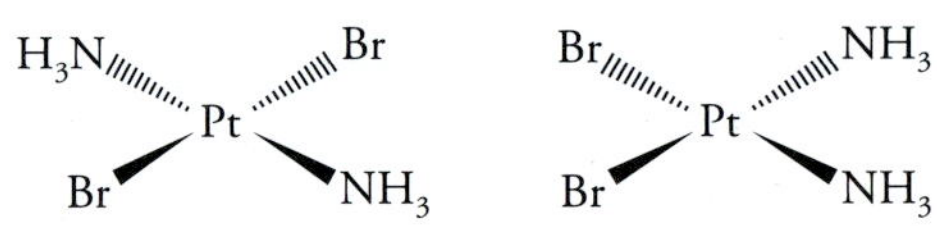

실전 문제 21.10

양이온 코발트 착물 $[Co(NH_3)_5(NO_2)]^{2+}$는 노란색과 빨간색을 갖는 2개의 이성질체를 갖는다. 두 이성질체의 구조를 그리시오.

21.5 금속 착물의 결합

전이 금속 착물은 두 가지 특별한 면에서 다른 금속 착물과 다르다. (1) 주족 금속 착물이 무색(항상 그렇지는 않음)인 데 비하여, 전이 금속 착물은 보통 색을 띤다. (2) 전이 금속 착물의 자기적 성질은 종종 금속 이온에 결합된 리간드의 영향을 받는다. 예를 들어 **그림 21.13**에 나타낸 일련의 코발트 착물의 경우와 같이, 주어진 금속 이온이 다른 리간드와 착물을 형성하면서 여러 가지 색을 나타내는 것이 특이한 일은 아니다. 또한 전이 금속 이온은 부분적으로 채워

Michael Watson

그림 21.13 **착이온의 색은 리간드의 성질에 따라 달라진다.** 밝은 색으로 보이는 각 용액에는 Co^{3+}의 착이온이 포함되어 있다. 다양한 색이 나타나는 것은 착물에서 코발트 이온에 결합된 리간드(분자나 음이온)가 다르기 때문이다.

진 *d* 부껍질을 가지는 경우가 흔하기 때문에 많은 전이 금속 이온들은 쌍을 이루지 않은 *d* 전자를 가지고 있을 것으로 예상되며, 이러한 금속 이온을 포함하는 화합물은 상자기성이어야 한다. 그러나 주어진 금속 이온에 대하여 홀전자 수는 착물마다 항상 같지는 않다. 예를 들어 $[Fe(H_2O)_6]^{2+}$ 이온에서 Fe^{2+}가 갖는 6개의 3*d* 전자 중 홀전자는 4개지만, $[Fe(CN)_6]^{4-}$ 이온에서 모든 전자는 쌍을 이루고 있다. 그 결과 $[Fe(H_2O)_6]^{2+}$ 이온은 상자기성이고, $[Fe(CN)_6]^{4-}$ 이온은 반자기성이다.

결정장 이론

착이온에서 결합을 설명하기 위한 이론은 착이온의 색과 자기적 성질도 설명할 수 있어야 한다. 이 성질들을 설명할 수 있는 가장 간단한 이론 중 하나가 **결정장 이론(crystal field theory)**이다. 이 이론은 원래 결정 안에 있는 전이 금속 이온의 거동을 설명하는 데 사용되었기 때문에 그 이름이 붙여졌다. 이 이론이 전이 금속 착물에 대해서도 잘 적용된다는 것이 나중에 밝혀졌다.

해설 더 완전한 이론들은 금속–리간드 결합의 공유 결합 성질도 고려하지만, 그럼에도 불구하고 결정장 이론은 착물의 색과 자기적 성질을 설명하는 유용한 모형이다.

결정장 이론은 착물 내의 공유 결합을 무시한다. 이 이론은 양전하를 띠고 있는 금속 이온과 리간드가 제공하는 전자들의 음전하 사이의 정전기적 인력에 의해 기본적으로 착물이 안정화된다고 가정한다. 리간드의 음전하가 금속 이온의 *d* 오비탈의 에너지에 영향을 주어 착물의 에너지에 어떻게 영향을 미치는지를 조사하는 방식이 바로 결정장 이론의 독특한 접근법이며, 이것이 우리가 여기서 집중해야 할 내용이다. 그러므로 이 이론을 이해하기 위해서는 *d* 오비탈의 모양과 배향을 아는 것이 필수적이다. *d* 오비탈은 7장에서 설명하였으며, **그림 21.14**에 다시 나타내었다.

먼저, *d* 오비탈 중 네 개는 같은 모양을 가지지만 서로 다른 방향으로 향하고 있음을 주목하라. 이들은 $d_{x^2-y^2}$, d_{xy}, d_{xz}, d_{yz} 오비탈이다. 각각은 4개의 전자 밀도 로브(lobe)를 갖는다. d_{z^2}

해설 *d* 오비탈을 나타내는 기호는 양자 역학의 수학에서 유래하였다.

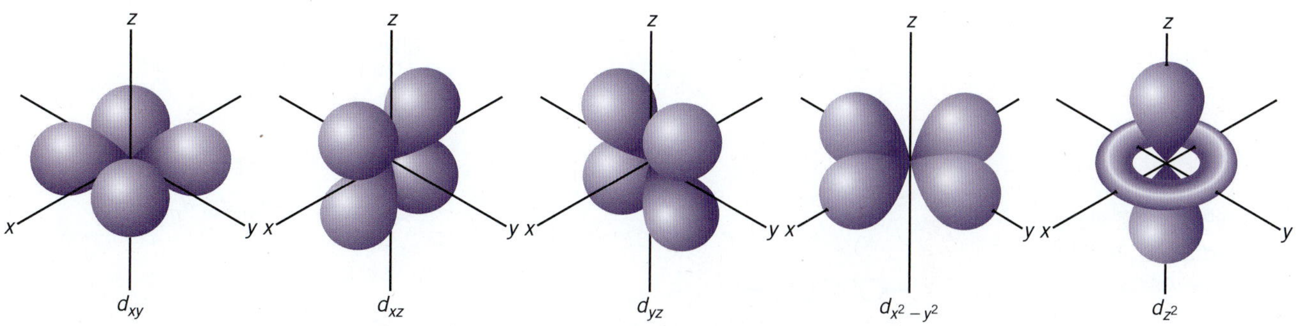

그림 21.14 *d* 부껍질에 속하는 5개 *d* 오비탈의 모양과 방향성

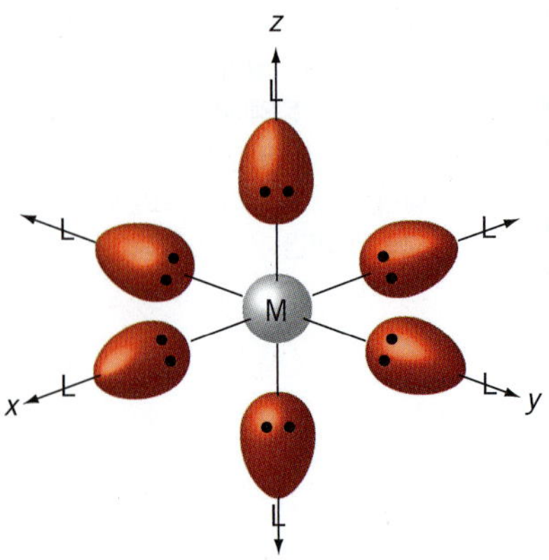

그림 21.15 x, y, z **축을 따라 놓인 리간드를 갖는 정팔면체 착이온** 검은 점들은 리간드의 비공유 전자쌍들을 나타내는데, 금속 이온을 향하도록 배향되어 있다.

으로 나타낸 다섯 번째 d 오비탈은 z축을 따라 서로 반대 방향으로 향하고 있는 2개의 로브와 xy 평면에 집중된 중심 주위에 전자 밀도의 작은 도넛 모양의 고리를 갖는다.

가장 중요한 것은 d 오비탈의 로브가 향하는 **방향**(direction)이다. 그중 3개, 즉 d_{xy}, d_{xz}, d_{yz}는 x, y, z축 **사이**를 향하는 것을 주목하라. 다른 두 오비탈인 d_{z^2}과 $d_{x^2-y^2}$는 x, y, z 축을 **따라** 최대 전자 밀도를 갖는다.

이제 이 좌표계에서 정팔면체 착물을 만드는 것을 생각해 보자. **그림 21.15**에 나타낸 바와 같이 각 축을 따라 리간드들을 가져와 정팔면체 착물을 만들 수 있다. 답하고자 하는 질문은 '이 리간드들이 d 오비탈의 에너지에 어떻게 영향을 미치는가?'이다.

고립된 원자나 이온에서 주어진 d 부껍질에 있는 모든 d 오비탈은 같은 에너지를 갖는다. 그러므로 전자는 차지하고 있는 d 오비탈에 상관없이 같은 에너지를 갖는다. 하지만 정팔면체 착물에서 더 이상 이것은 참이 아니다. 전자가 $d_{x^2-y^2}$이나 d_{z^2} 오비탈에 있으면 d_{xy}, d_{xz}, d_{yz} 오비탈에 있을 때보다 리간드의 음전하에 더 가깝게 있게 된다. 전자 자체는 음으로 하전되어 있고 리간드의 전하에 의해 반발되기 때문에, 전자의 퍼텐셜 에너지는 $d_{x^2-y^2}$, d_{z^2} 오비탈에서가 d_{xy}, d_{xz}, d_{yz} 오비탈에서보다 높게 된다. 그러므로 착물이 형성될 때 d 부껍질은 **그림 21.16**에 나타낸 바와 같이 실제로 2개의 새로운 에너지 준위로 갈라진다. 전자가 차지하는 오비탈에 상관없이 접근하는 리간드의 음전하에 의해 반발되기 때문에 전자의 에너지가 증가하는 것을 알 수 있다. 그러나 전자가 리간드 사이를 향하고 있는 오비탈을 차지할 때보다 리간드를 똑바로 향하고 있는 오비탈을 차지할 때 반발이 **더 크다**(더 높은 에너지를 갖는다).

정팔면체 착물에서 두 조로 분리된 d 오비탈들의 에너지 준위 사이의 차이를 **결정장 갈라짐**(**crystal field splitting**)이라 한다. 결정장 갈라짐은 보통 기호 Δ(델타)로 나타내고, 그 크기는 다음과 같은 인자들에 따라 달라진다.

도구
정팔면체 착물에 대한 결정장 갈라짐

리간드의 성질. 어떤 리간드는 다른 리간드보다 d 오비탈 에너지의 갈라짐을 더 크게 만든다. 예를 들어 주어진 금속 이온에 대하여, 사이안화 이온은 항상 큰 Δ 값을 제공하고, F^- 이온은 항상 작은 Δ 값을 제공한다. 이에 대해서는 뒤에서 좀 더 자세히 설명할 것이다.

금속의 산화 상태. 주어진 금속과 리간드에 대해서 금속의 산화수가 증가하면 Δ의 크기는 증가한다. 금속에서 전자를 더 많이 제거할수록 이온의 양전하는 더 커지고, 이온의 크기는 더 작아진다. 이는 리간드가 금속에 더 강하게 끌려서 착물의 중심 쪽으로 더 가까이 접근할 수 있다는 것을 의미한다. 그 결과, 리간드들이 x, y, z 축을 따라 d 오비탈에 더 가까이 접근하게 되고, 그로 인해 더 큰 반발이 일어난다. 이는 2개의 d 오비탈 에너지 준위의 갈라짐을 더 크게 하고, Δ 값을 더 크게 한다.

주기율표에서 금속이 속해 있는 주기. 리간드와 산화 상태가 정해져 있을 때, 족의 아래로 갈

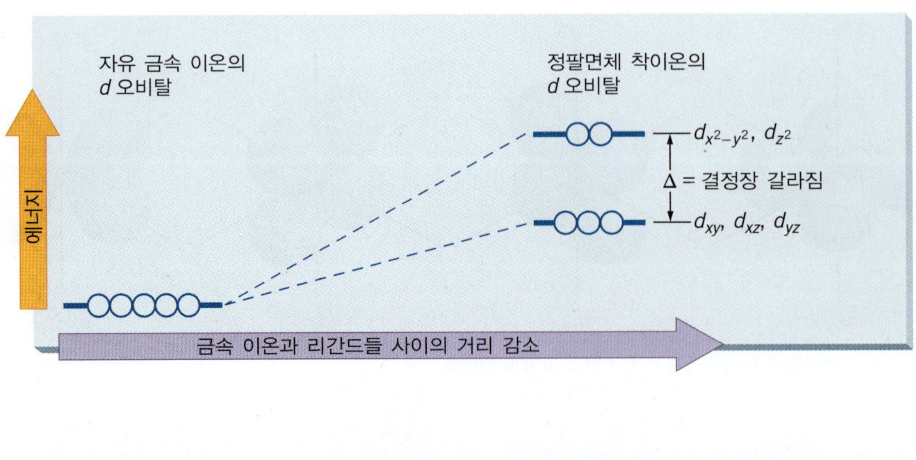

그림 21.16 정팔면체 착물을 형성할 때 금속 이온의 d 오비탈 에너지의 변화 리간드가 금속 이온에 접근할 때 d 오비탈은 2개의 새로운 에너지 준위로 갈라진다.

수록 Δ의 크기가 증가한다. 다시 말해서, 정해진 리간드에 대해 첫 번째 줄 전이 금속 원소의 이온은 같은 족의 무거운 원소의 이온에 비해 작은 Δ 값을 갖는다. 따라서 같은 리간드를 갖는 Ni^{2+} 착물과 Pt^{2+} 착물을 비교하면, 백금 착물의 결정장 갈라짐이 더 크다는 것을 알 수 있다. 더 큰 이온(예를 들어 Pt^{2+})에서 d 오비탈은 더 크고, 핵에서 리간드의 방향으로 더 멀리 확장되어 있다는 것으로 이를 설명할 수 있다. 이로 인해 리간드 오비탈과 더 많이 겹칠 수 있고, 리간드와 리간드를 향하는 오비탈들 사이의 더 큰 반발이 일어난다.

Δ의 크기는 금속 이온의 산화 상태 안정성, 착물의 색, 착물의 자기적 성질을 포함한 착물의 여러 가지 성질을 결정하는 데 대단히 중요하다. 몇 가지 예를 살펴보도록 하자.

산화 상태의 안정성

크로뮴이 형성하는 양이온들을 비교해 보면, Cr^{2+} 이온은 매우 쉽게 Cr^{3+}로 산화되는 것을 볼 수 있다. 결정장 이론으로 이를 설명할 수 있다. 물에서 이 이온들은 각각 $[Cr(H_2O)_6]^{2+}$와 $[Cr(H_2O)_6]^{3+}$로 존재할 것으로 예상된다. 각 착물에서 d 오비탈 에너지 준위의 에너지와 전자 배치를 조사해 보자(**그림 21.17**).

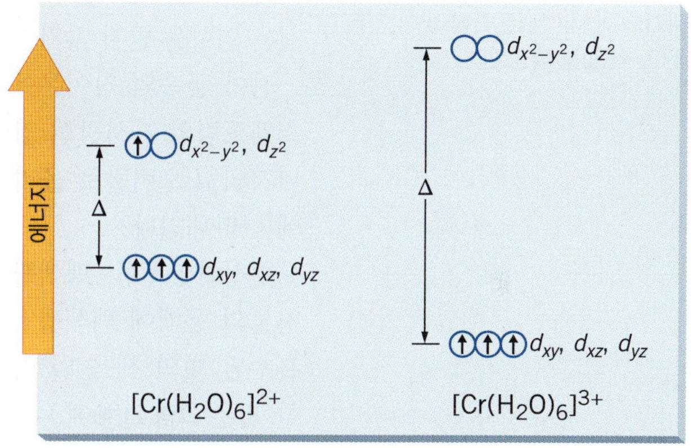

그림 21.17 $[Cr(H_2O)_6]^{2+}$와 $[Cr(H_2O)_6]^{3+}$ 이온의 에너지 도표 Cr^{3+} 이온이 Cr^{2+} 이온보다 작고, 리간드들이 Cr^{3+} 금속 이온에 더 가까이 당겨져 $d_{x^2-y^2}$ 오비탈과 d_{z^2} 오비탈이 느끼는 반발이 증가하기 때문에 Δ의 크기는 크로뮴(III) 착물이 더 크다.

원소 크로뮴의 전자 배치는 다음과 같다.

$$Cr \qquad [Ar]3d^5 4s^1$$

전자 2개를 제거하면 Cr^{2+} 이온이 되고, 전자 3개를 제거하면 Cr^{3+}가 된다.

$$Cr^{2+} \qquad [Ar]3d^4$$
$$Cr^{3+} \qquad [Ar]3d^3$$

다음으로, Hund 규칙에 따라 다양한 d 오비탈에 d 전자를 배치하는데, Cr^{2+} 경우에는 다음 중 하나를 선택해야만 한다. 두 에너지 준위 중 낮은 준위에 모든 전자를 배치해야 하는가, 아니면 두 에너지 준위에 분산시켜 배치해야 하는가? 도표를 보면, 네 번째 전자가 낮은 에너지의 d 오비탈 준위에 있는 다른 전자 중 하나와 쌍을 이루지 않는다는 것을 알 수 있다. 대신, 3개의 전자는 낮은 에너지 준위에 들어가고 네 번째의 전자는 높은 에너지 준위에 들어간다. **왜** 이러한 일이 일어나는지는 나중에 논의하고, 지금은 2개의 에너지 도표를 이용하여 Cr^{2+}가 매우 쉽게 산화되는 이유를 설명할 것이다.

실제로 Cr(II)가 Cr(III)로 산화되는 것을 선호하는 두 가지 인자가 있다. 첫째, Cr^{2+}에서 전자를 하나 제거하여 Cr^{3+}가 될 때 전자는 **더 높은** 에너지 준위에서 빠지므로, 크로뮴(II)을 산화시키면 높은 에너지의 전자 1개가 **제거**된다. 두 번째 인자는 크로뮴의 산화 상태 증가로 인해 생기는 효과이다. 이미 지적한 바와 같이, 산화 상태 증가로 인해 Δ의 크기는 증가되고, 보다시피 남아 있는 전자 3개의 에너지는 낮아진다. 따라서 높은 에너지를 갖는 전자를 제거하는 것과 남은 전자들의 에너지를 낮추는 것 모두 산화가 일어나도록 도와주므로 $[Cr(H_2O)_6]^{2+}$ 이온은 매우 쉽게 $[Cr(H_2O)_6]^{3+}$로 산화된다.

금속 착물의 색

빛이 원자, 분자, 이온에 흡수될 때, 광자의 에너지는 전자를 한 에너지 준위에서 다른 준위로 들뜨게 한다. 염화 소듐과 같은 많은 물질에서는 전자가 채워진 가장 높은 에너지 준위와 전자가 채워지지 않은 가장 낮은 에너지 준위 사이의 에너지 차이가 매우 커서, 전자를 들뜨게

그림 21.18 $[Cr(H_2O)_6]^{3+}$ 착물에 의한 광자의 흡수 (a) $[Cr(H_2O)_6]^{3+}$ 이온의 바닥 상태 전자 배치 (b) 빛 에너지는 *d* 오비탈의 낮은 에너지 준위에서 높은 에너지 준위로 전자를 들뜨게 한다.

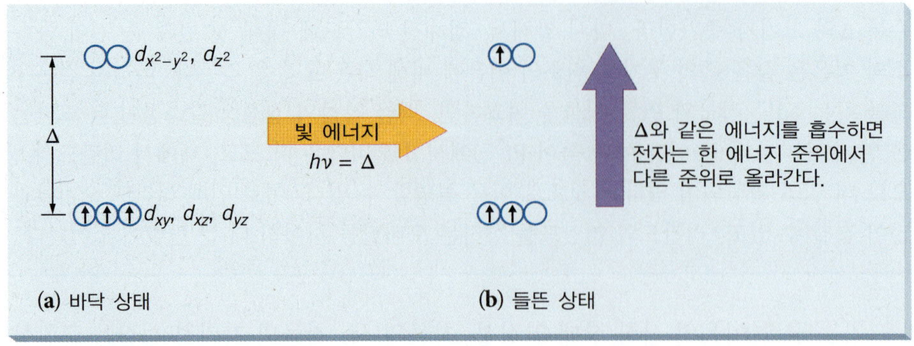

해설 $E = h\nu$를 기억하시오. 흡수된 광자의 에너지는 흡수된 빛의 진동수(및 파장)를 결정한다.

하는 데 필요한 에너지를 갖는 광자의 파장은 스펙트럼의 가시광선 영역을 벗어난다. 가시광선은 영향을 받지 않기 때문에, 즉 변하지 않은 채 반사되기 때문에 그 물질은 흰색으로 보인다.

전이 금속의 착이온에서 *d* 오비탈의 에너지 준위들 사이의 차이가 그리 크지 않기 때문에 스펙트럼의 가시광선 영역의 파장을 갖는 광자는 전자를 낮은 에너지의 *d* 오비탈에서 높은 에너지의 *d* 오비탈로 올라가게 할 수 있다. $[Cr(H_2O)_6]^{3+}$ 이온에 대한 이러한 과정을 **그림 21.18**에 나타내었다.

주지하였듯이, 백색광은 가시광선 스펙트럼의 모든 파장과 모든 색의 광자들을 포함한다. 착물의 용액에 백색광을 비추면, 투과된 빛은 착물에 흡수된 빛을 **제외한** 모든 색을 갖는다. 흡수된 빛의 색을 알면, 용액을 통과한 빛의 색을 결정하는 것은 어려운 일이 아니다. 필요한 것은 **그림 21.19**에 나타낸 것과 같은 색상환이다. 색상환에서 서로 마주 보고 있는 색이 **보색**(**complementary color**)이다. 녹청색은 빨간색의 보색이고, 노란색은 자청색의 보색이다. 물질이 백색광을 받아 특정한 색을 흡수하면, 반사되거나 투과된 빛의 색은 그것의 보색이다. $[Cr(H_2O)_6]^{3+}$ 이온의 경우, 전자가 낮은 준위의 *d* 오비탈에서 높은 준위로 올라갈 때 흡수되는 빛은 575 nm의 파장을 갖는 노란색이다. 이것이 이 이온 용액이 보라색을 띠는 이유이다.[4]

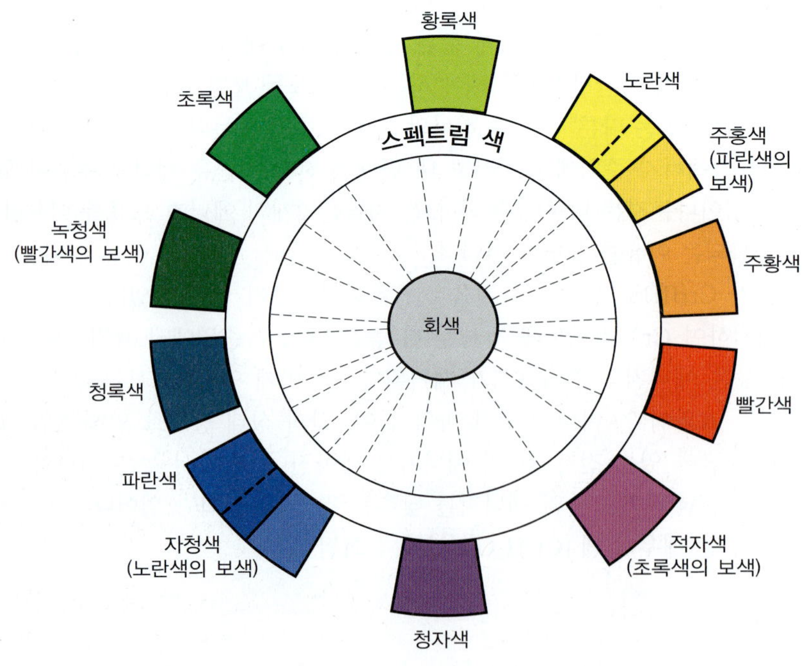

그림 21.19 **색상환** 서로 마주 보고 있는 색을 보색이라 한다. 물질이 특정한 색을 흡수하면 반사되거나 투과된 색은 그것의 보색으로 보인다. 그러므로 빨간색을 흡수하는 물질은 녹청색으로 보이고, 반대로 녹청색을 흡수하는 물질은 빨간색으로 보인다.

[4]여러 가지 파장에 대한 사람 눈의 민감도가 다양하기 때문에 색을 인지하는 것은 여기서 설명한 것보다는 좀 더 복잡하다. 예를 들어 사람의 눈은 빨간색보다 초록색에 훨씬 더 민감하다. 따라서 화합물이 이 두 색을 같은 세기로 반사하면, 사람의 눈은 빨간색보다 초록색을 더 잘 보기 때문에 이 물질은 단순하게 초록색으로 보인다.

빛의 파장과 화합물에 의해 흡수된 빛의 양을 측정하는 장치가 **그림 21.20**에 나타낸 분광광도계이다.

빛의 에너지와 진동수 사이의 관계 때문에, 착물에 의해 흡수된 빛의 색은 Δ의 크기에 따라 달라지는 것을 알 수 있다. 즉 Δ의 크기가 클수록 광자는 더 많은 에너지를 가져야 하고 흡수되는 빛의 진동수는 더 커질 것이다. 특정 산화 상태에 있는 정해진 금속 이온에 대해 Δ의 크기는 리간드에 따라 달라진다. 어떤 리간드들은 결정장 갈라짐을 크게 하고 다른 리간드들은 갈라짐을 작게 한다. 예를 들어 암모니아는 물보다 갈라짐을 크게 하므로 $[Cr(NH_3)_6]^{3+}$는 $[Cr(H_2O)_6]^{3+}$보다 더 높은 에너지와 더 큰 진동수를 갖는 빛을 흡수한다($[Cr(NH_3)_6]^{3+}$ 이온은 파란색 빛을 흡수하여 주황색으로 보인다). 리간드를 바꾸면 Δ가 변하기 때문에, 같은 금속 이온도 넓은 범위의 색을 갖는 다양한 착물을 형성할 수 있다.

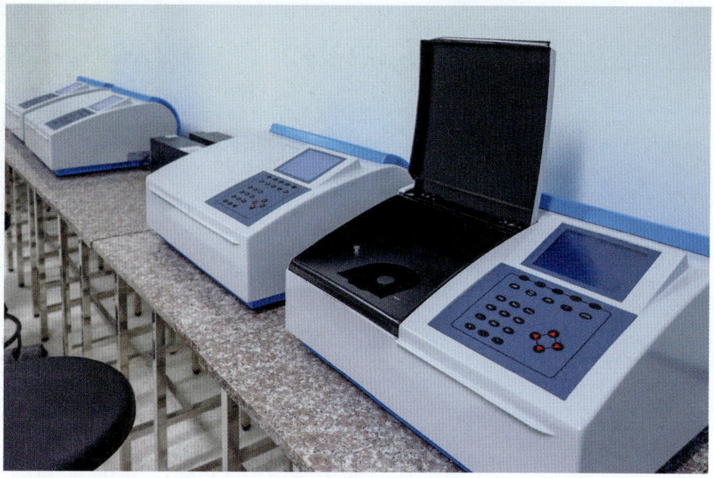
Anucha Cheechang/Shutterstock

그림 21.20 실험실에서 볼 수 있는 전형적인 분광광도계

한 금속 이온에서 결정장 갈라짐을 크게 만드는 리간드는 다른 금속의 착물에서도 Δ를 크게 만든다. 예를 들어, 매우 효과가 큰 리간드인 사이안화 이온은 결합하는 금속과 무관하게 항상 Δ를 매우 크게 만든다. 암모니아는 사이안화 이온보다 효과가 작지만 물보다 효과가 크다. 따라서 결정장 갈라짐을 크게 만드는 효과가 큰 순서에 따라 리간드를 나열할 수 있다. 이 순서를 **분광화학적 계열(spectrochemical series)**이라 한다. 몇 가지 일반적인 리간드를 세기가 감소하는 순서대로 나열하면 그 계열은 다음과 같다.

$$CN^- > NO_2^- > en > NH_3 > H_2O > C_2O_4^{2-} > OH^- > F^- > Cl^- > Br^- > I^-$$

도구
분광화학적 계열

정해진 금속 이온에 대하여 사이안화 이온은 Δ를 가장 크게 만들고 아이오딘화 이온은 Δ를 가장 작게 만든다.

착물의 자기적 성질

해설 착물이 흡수하는 빛의 진동수를 측정하여 리간드의 순서를 결정할 수 있다.

Cr^{2+} 착물에서 d 오비탈에 전자가 분포하는 문제로 돌아가 보자. 앞에서 본 바와 같이, 이 이온은 4개의 d 전자를 가지고 있으며, 이 전자들을 d 오비탈에 배치할 때 네 번째 전자를 어디에 배치할지 결정해야 한다는 것에 주목하였다. 처음 3개의 전자에 대한 배치는 의문의 여지가 없이 정해진다. 그 전자들은 스핀이 쌍을 이루지 않은 상태로 낮은 에너지 준위의 d 오비탈 3개에 나누어 배치된다. 다시 말해서, 7장에서 배운 Hund 규칙을 따른다. 그러나 네 번째 전자에 이르면 낮은 에너지의 d 오비탈 중 하나에 이미 존재하고 있는 전자 하나와 네 번째 전자를 쌍을 이루게 할 것인지, 아니면 높은 에너지 준위의 d 오비탈 중 하나에 채울 것인지를 결정해야 한다.[5] 만약 이 전자를 낮은 에너지 준위에 채우면 추가적인 안정성(더 낮은 에너지)이 얻어지지만, 이미 전자 한 개가 채워진 오비탈에 전자를 채우기 위해 **짝지음 에너지(pairing energy, P)**가 필요하기 때문에 안정성의 일부가 손실된다. 반면, 네 번째 전자를 높은 에너지 준위에 배치하면 전자가 쌍을 이루는 부담은 덜 수 있으나, 이 역시 전자가 더 높은 에너지를 갖게 한다. 따라서 네 번째 전자에 대해서 '짝지음'과 '배치'는 착물의 에너지에 반대되는 방식으로 영향을 미친다.

[5]원자에서 에너지 준위는 항상 넓은 간격으로 벌어져 있기 때문에 이전에는 이런 종류의 결정을 내릴 필요가 없었다. 그러나 착이온에서 두 d 오비탈의 에너지 준위 사이의 간격은 상당히 작다.

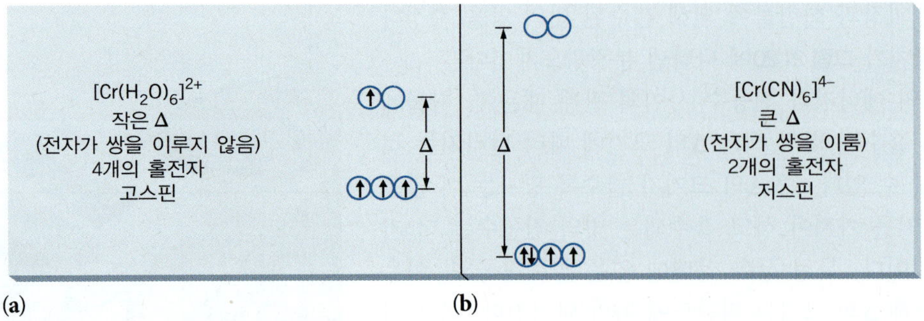

그림 21.21 4개의 *d* 전자를 갖는 착물에서 전자 분포에 미치는 Δ의 영향 (a) Δ가 작을 때 전자들은 홀전자로 남아 있다. (b) Δ가 클 때 낮은 에너지 준위가 전자 4개를 모두 수용하며 그중 2개가 쌍을 이룬다.

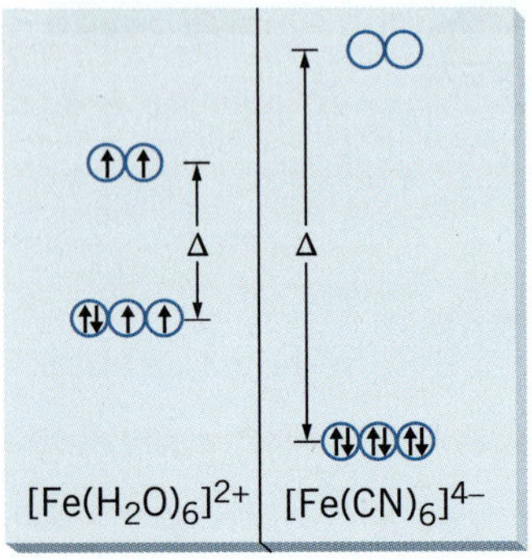

그림 21.22 $[Fe(H_2O)_6]^{2+}$와 $[Fe(CN)_6]^{4-}$에서 *d* 전자의 분포 사이안화 이온의 착물에 대한 Δ의 크기는 물의 착물에 대한 Δ의 크기에 비해 훨씬 더 크다. 이로 인해 $[Fe(CN)_6]^{4-}$에서 낮은 준위의 *d* 오비탈에서 전자가 최대로 쌍을 이룬다.

네 번째 전자가 낮은 준위에 들어가 쌍을 이룰지, 아니면 낮은 에너지 준위에 이미 들어 있는 다른 전자와 같은 스핀을 가지면서 높은 준위에 들어갈지를 결정하는 중요한 인자는 Δ의 크기이다. Δ가 짝지음 에너지 *P*보다 크면, 네 번째 전자가 낮은 준위의 한 전자와 쌍을 이루면 안정성이 더 커진다. Δ가 *P*보다 작으면 전자들이 가능한 많은 오비탈에 분포해야 안정성이 더 커진다. $[Cr(H_2O)_6]^{2+}$와 $[Cr(CN)_6]^{4-}$ 착물이 이를 잘 설명하고 있다.

물은 Δ를 크게 하지 않는 리간드이므로 $P > \Delta$이고, 전자가 쌍을 이루는 것이 최소로 일어난다. 이는 **그림 21.21(a)**의 $[Cr(H_2O)_6]^{2+}$ 착물에 대한 에너지 준위 도표로 설명할 수 있다. 그러나 사이안화 이온이 리간드일 때 Δ가 매우 크며, 이로 인해 네 번째 전자는 낮은 준위의 *d* 오비탈에 있는 한 전자와 쌍을 이루게 된다. 이는 그림 21.21(b)에 나타나 있다. 두 착물의 상자기성 정도를 측정하면 $[Cr(H_2O)_6]^{2+}$는 4개의 홀전자를 갖고, $[Cr(CN)_6]^{4-}$는 단지 2개의 홀전자를 갖는다는 것을 실험으로 입증할 수 있다.

정팔면체 크로뮴(II) 착물에서는 홀전자 수와 관련하여 두 가지 가능성이 있다. Δ의 크기에 따라 홀전자가 4개 또는 2개이다. 홀전자 수가 최대일 때 착물을 **고스핀 착물(high-spin complex)**이라 하고, 홀전자 수가 최소일 때 착물을 **저스핀 착물(low-spin complex)**이라 한다. 금속이 d^4, d^5, d^6, d^7의 전자 배치를 가질 때는 고스핀과 저스핀의 정팔면체 착물이 가능하다. 다음과 같은 전자 배치를 갖는 Fe^{2+} 이온을 포함하는 다른 예를 살펴보자.

$$Fe^{2+} \qquad [Ar]3d^6$$

이 절의 서두에서, $[Fe(H_2O)_6]^{2+}$ 이온은 상자기성이고 4개의 홀전자를 갖는 반면, $[Fe(CN)_6]^{4-}$ 이온은 반자기성이기 때문에 홀전자가 없다는 것을 언급하였다. 이제 **그림 21.22**을 참고하면 그 이유를 알 수 있다. 물은 약한 갈라짐을 만들고 쌍을 이룬 전자를 최소화한다. Fe^{2+} 이온에 있는 6개의 *d* 전자를 배치시킬 때, 높은 준위까지 일단 1개씩 채운 다음, 1개의 전자는 낮은 준위에서 다른 전자와 반드시 쌍을 이루어야 한다. 그 결과 4개의 쌍을 이루지 않은 *d* 전자를 갖는 고스핀 착물이 된다. 그러나 사이안화 이온은 갈라짐을 크게 만들기 때문에 $\Delta > P$이다. 이는 낮은 준위에서 전자가 최대로 쌍을 이루고, 저스핀 착물이 형성된다는 것을 의미한다. 6개의 전자는 낮은 에너지 준위의 *d* 오비탈 3개 모두를 완전히 채우기에 꼭 맞는 양이며, 모든 전자가 쌍을 이루므로 이 착물은 반자기성이다.

결정장 이론과 다른 기하 구조

결정장 이론은 정팔면체 이외의 다른 기하 구조로 확장할 수 있다. 착물의 구조 변화가 *d* 오비탈의 에너지에 영향을 주어 갈라짐 방식을 변하게 한다.

사각 평면 착물 정팔면체 착물에서 *z* 축을 따라 놓여 있는 리간드들을 제거하면 사각 평면 착

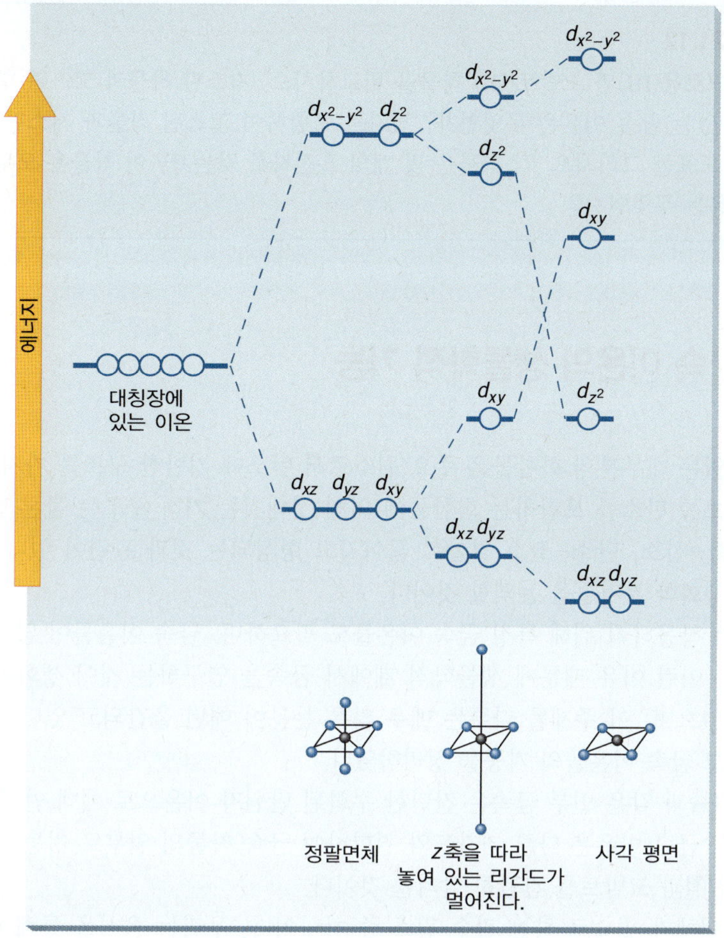

그림 21.23 여러 가지 구조의 착물에서 d 오비탈의 에너지 착물의 기하 구조의 변화에 따라 d 오비탈의 갈라짐 방식이 달라진다.

물을 만들 수 있다. 이렇게 되면 z 축을 따라 놓여 있던 리간드들에 의한 반발을 더 이상 받지 않기 때문에 xy 평면에 있는 리간드들은 금속 쪽으로 조금 더 가까이 접근할 수 있다. 이와 같은 변화가 d 오비탈의 에너지에 미치는 효과를 **그림 21.23**에 나타내었다. z 축 방향을 향하는 d 오비탈들이 느끼는 반발이 감소되므로 d_{z^2}, d_{xz}, d_{yz} 오비탈의 에너지가 낮아지는 것을 알 수 있다. 동시에 xy 평면에 있는 오비탈의 에너지는 더 큰 반발을 느끼므로 $d_{x^2-y^2}$과 d_{xy}의 에너지는 높아진다.

니켈(II) 이온(8개의 d 전자를 가짐)은 사이안화 이온과 결합하여 사각 평면 기하 구조를 갖는 반자기성 착물을 형성한다. 이 착물에서 사이안화 이온에 의하여 생성되는 강한 장은 d_{xy}와 $d_{x^2-y^2}$ 오비탈 사이의 에너지 분리를 크게 만들며, 결국 저스핀 착물을 형성한다. 이 착물의 전자 분포를 **그림 21.24**에 나타내었다.

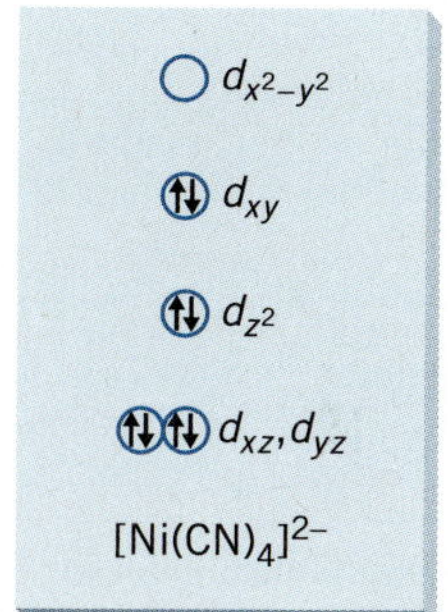

그림 21.24 반자기성 $[Ni(CN)_4]^{2-}$ 이온에서 니켈의 d 오비탈의 전자 분포

해설 그림 21.23에서 d 오비탈들의 에너지가 변하면, $d_{x^2-y^2}$의 에너지가 높아지는 것과 같은 정도로 d_{z^2}의 에너지가 낮아진다. 마찬가지로 d_{xy}의 에너지가 높아지는 것의 절반만큼 d_{xz}와 d_{yz}의 에너지가 낮아진다. 그렇기 때문에 모든 d 오비탈이 채워져 있으면, 기하 구조의 변화는 착물 전체의 에너지에 아무런 영향을 주지 않는다.

정사면체 착물 정사면체 착물에서 d 오비탈의 갈라짐 방식을 **그림 21.25**에 나타내었다. 이 경우에 리간드들은 축과 축 사이로 금속 중심으로 접근하기 때문에 에너지 준위의 순서는 정팔면체 착물의 에너지 준위 순서와 정반대이다. 또한 결정장 갈라짐의 크기 Δ는 정팔면체 착물보다 정사면체 착물이 훨씬 작다(실제로, 같은 금속 이온, 같은 리간드에 대해 $\Delta_{정사면체} \approx 4/9\Delta_{정팔면체}$이다). 이와 같이 작은 Δ는 항상 짝지음 에너지보다 작기 때문에 정사면체 착물은 거의 항상 고스핀 착물이다.

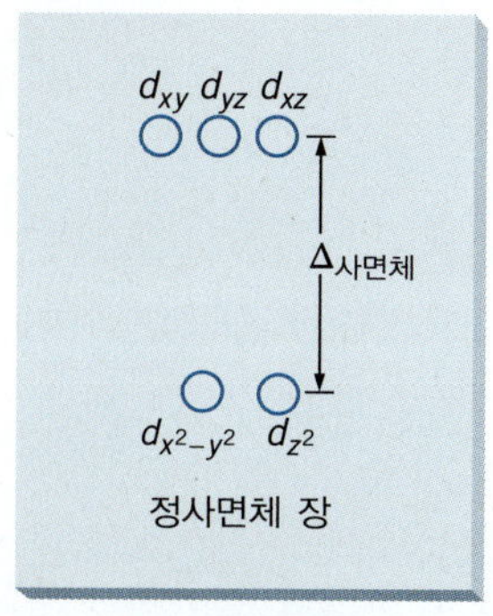

그림 21.25 정사면체 착물에서 d 오비탈의 갈라짐 방식 정사면체 구조의 결정장 갈라짐($\Delta_{정사면체}$)은 정팔면체 구조의 결정장 갈라짐($\Delta_{정팔면체}$)보다 작다. 같은 리간드를 갖는 착물의 경우 $\Delta_{정사면체} \approx 4/9\Delta_{정팔면체}$이다.

> **실전 문제 21.11**
> 정사면체 Ni(0) 착물의 에너지 준위 도표를 그리시오. 이 화합물은 몇 개의 홀전자를 갖는가?

> **실전 문제 21.12**
> 정팔면체 크로뮴(III)과 코발트(III) 착물을 비교하시오. 저스핀 착물과 고스핀 착물을 모두 형성할 수 있는 금속 이온은 무엇인가? 전자를 포함하여 고스핀 착물과 저스핀 착물의 에너지 준위 도표를 그리시오. 각 착물은 몇 개의 홀전자를 갖는가? 이 착물은 모두 상자성인가? 그 이유는 무엇인가?

21.6 금속 이온의 생물학적 기능

우리 인체에 있는 대부분의 화합물은 주요 원소로서 탄소에 기반한 구조를 가지며, 그 화합물들의 기능은 보통 탄소를 포함하는 화합물에 의해 정해지는 기하 구조는 물론 탄소–탄소, 탄소–수소, 탄소–산소, 탄소–질소 결합이 끊어지고 형성되는 것과 관련이 있다. 22장에서 몇 가지 종류의 생화학 분자들을 논의할 것이다.

우리 인체가 작동하기 위해 특정 금속 이온들도 필요하며, 금속 이온들이 없으면 생명을 유지할 수 없다. 이런 이유 때문에 생물학적 계에서 금속을 연구하는 것이 생화학의 매우 중요한 분야가 되었으며, 이 주제를 다루는 매우 많은 논문이 매년 출간되고 있다. **표 21.3**에 일부 필수 금속과 그 금속 이온들의 기능을 정리하였다.

소듐과 포타슘과 같은 일부 금속은 간단한 수화된 단원자 이온으로 체액 안에 존재한다. 그러나 대부분의 금속 이온은 다른 리간드와 결합하여 금속 착물의 일부로 기능을 수행한다. 두 가지 금속, 즉 철과 코발트를 간단히 살펴볼 것이다.

철은 우리 인체가 필요로 하는 필수 원소 중 하나이다. 우리는 음식을 통해 다양한 방법으로 철을 얻는다. 이 장의 서두에 소개한 것과 같이, 철은 필요할 때 사용할 수 있도록 혈액 내 산소 운반과 근육 조직 내 산소를 유지하는 것에 관여한다. 철은 기본 리간드 구조가 다음과 같은 착물에 결합한 Fe^{2+}로 존재한다.

표 21.3 생물학적으로 중요한 일부 금속들과 그 이온들이 관련된 인체의 해당 기능

금속	인체 기능
Na, Ca	혈압과 혈액 응고
Fe	산소 운반과 저장
Ca	이와 뼈 형성
Ca	요로 결석 형성
Zn	혈액의 pH 조절
Ca, Mg	근육 수축
K	위 산성도의 유지
Fe, Cu	호흡
Cu	뼈 건강
Ca, Fe, Co	세포 분열

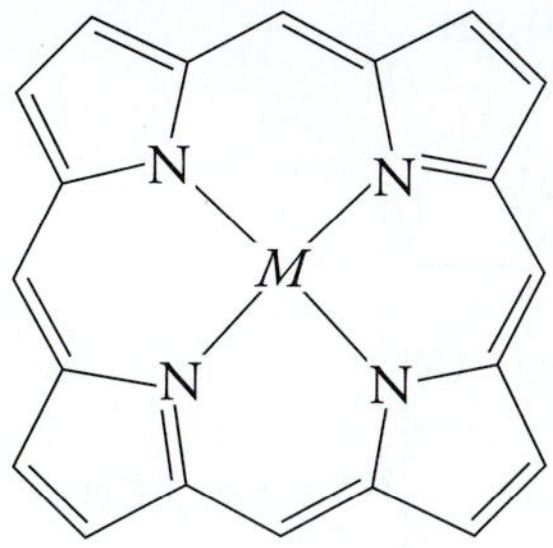

금속 이온에 결합하는 질소 원자들이 사각 평면 배열을 갖는 이와 같은 리간드 구성을 **포피린 구조**(porphyrin structure)라 한다. 이것이 헴(heme)이라는 생물학적 활성 단위의 리간드 구조이다. 헴은 혈액 단백질인 헤모글로빈(hemoglobin)과 근육 조직에 있는 마이오글로빈(myoglobin)의 산소 운반 성분이다.

폐에서 O_2 분자는 혈액에 흡수되어 헤모글로빈의 헴 단위의 Fe^{2+} 이온에 결합한다(**그림 21.26**). 혈액 순환은 O_2를 필요로 하는 조직으로 운반하고, 그때 Fe^{2+}에 의해 O_2가 방출된다. 이 과정에서 포피린 리간드의 중요한 기능 중 하나는 Fe^{2+}가 O_2에 의해 산화되는 것을 막아주는 것이다(실제로 철이 Fe^{3+}로 산화되면 더 이상 O_2를 운반할 수 없다). 근육 조직에서 단백질 마이오글로빈의 헴 단위는 헤모글로빈으로부터 O_2를 받아서 필요할 때까지 O_2를 붙들고 있다. 근육이 열심히 일해야 할 때 많은 양의 O_2를 이용할 수 있도록 근육 조직은 이런 방법으로 O_2를 저장할 수 있다.

헴 단위는 사이토크롬(cytochrome)이라는 단백질에도 존재하는데, 여기서 철은 +2와 +3의 산화 상태를 취하면서 전자 전달 반응에 관여한다.

헴과 유사한 구조는 바이타민 영양제에 흔히 포함되는 바이타민 B_{12}의 형태인 사이아노코발라민(cyanocobalamin)에서 발견된다(**그림 21.27**). 여기에서 Co^{2+} 이온은 헴에서 발견되는 것과 약간 다른 사각 평면 리간드 구조[**코린 고리**(corrin ring)라고 함]에 결합되어 있다. 특정 효소(생물학적 촉매)들이 기능하기 위해서는 코발라민이 필요하다. 바이타민 B_{12}는 필수 영양

해설 포피린 구조는 엽록소에도 존재하는데, 엽록소에서 중심에 결합된 금속은 Mg^{2+}이다. 엽록소는 식물이 이산화 탄소와 물을 포도당과 산소로 전환하는 데 사용하는 햇빛(태양 에너지)을 흡수한다.

해설 헤모글로빈의 철은 CO_2와도 결합하고, 숨을 내쉴 때 방출되도록 CO_2를 다시 폐로 운반하는 데 도움을 준다.

해설 전이 금속이 다양한 산화 상태로 존재할 수 있는 것이 생물학적계에서 전이 금속을 이용하는 한 가지 이유이다. 전이 금속들은 쉽게 산화–환원 반응에 참여할 수 있다. 구리(I) 이온과 구리(II) 이온은 생화학적 산화–환원 반응의 촉매로 작용하는 데 관여하는 또 다른 쌍을 구성한다.

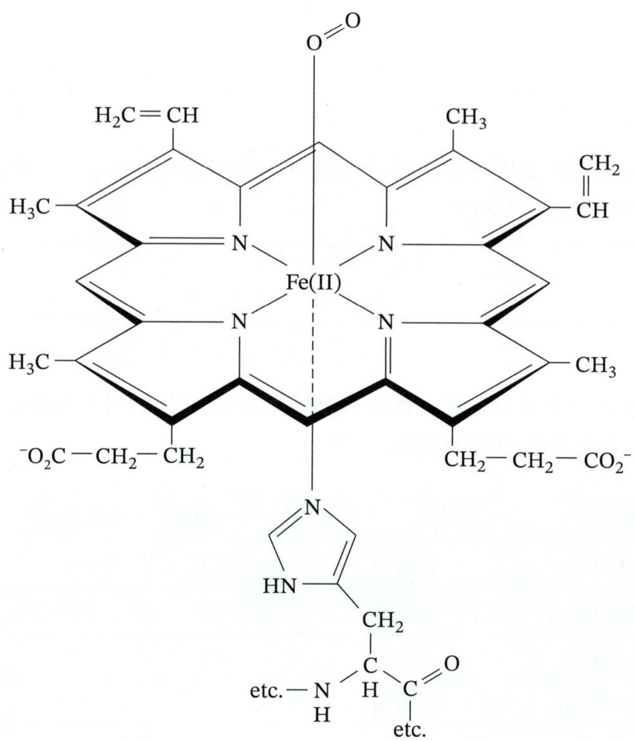

그림 21.26 헴에서 산소와 결합한 철(II) 헴의 포피린 고리 리간드는 O_2 분자와 결합하는 Fe^{2+} 이온을 둘러싼다. 산소가 결합된 형태에서 Fe^{2+}는 구조에서 정팔면체로 배위된다.

그림 21.27 사이아노코발라민의 구조 리간드 구조의 일부인 질소 원자들의 사각 평면 배열의 중심에 코발트 이온이 있음을 주목하라. 전체적으로 코발트는 주개 원자들에 의해 정팔면체로 둘러싸여 있다.

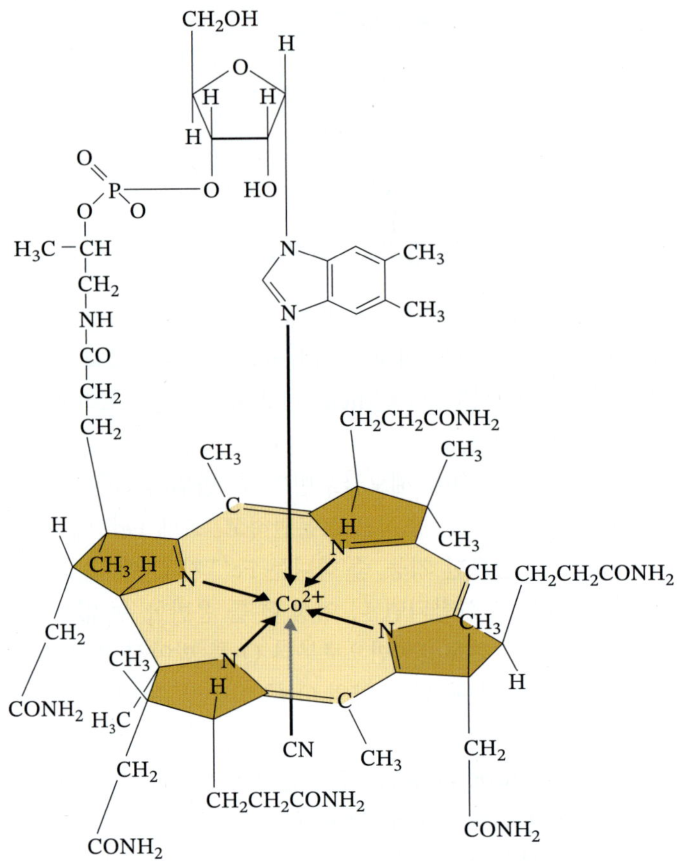

바이타민 B_{12}

소이며, 이 바이타민의 결핍은 악성 빈혈의 원인이 된다.

여기서는 금속 이온이 생물계에서 수행하는 중요한 역할에 대한 몇 가지 예만을 설명하였다. 이는 다른 탄소 기반 화합물로는 이행될 수 없는 역할이며, 그중 일부를 22장에서 다룰 것이다.

실전 문제 21.13

코발트 이온은 사이아노코발라민에 착물 형태로 존재하는가? 코발트의 배위 환경을 설명하시오(**힌트**: 그림 21.26 참조).

종합 화학 예제

배위 화합물 연구의 초창기에 일련의 코발트 화합물을 분석하였다. 이 화합물들을 질산 은과 반응시키면 침전되는 염화 은의 양이 다르다.

화합물	색	침전된 AgCl의 당량수
$CoCl_3(NH_3)_6$	노란색	3
$CoCl_3(NH_3)_5$	자주색	2
$CoCl_3(NH_3)_4$	초록색	1
$CoCl_3(NH_3)_4$	보라색	1

이 화합물들의 구조와 주어진 자료 분석을 바탕으로 염화 은의 당량수가 다른 이유를 설명하시오. 또한, 구조를 사용하여 화학식 $CoCl_3(NH_3)_4$를 갖는 두 화합물의 색이 서로 다른 이유를 설명하시오.

분석 화합물의 구조와 염화 이온이 금속에 결합하는 방식에 근거하여 이 질문에 대한 답을 해야 한다. 이 정보를 통해 염화 이온이 은 이온과 반응할 수 있는 이유를 이해할 수 있다. 또한, 화학식이 같은 두 화합물은 분명히 서로 이성질체이다. 가능한 이성질체의 유형은 기하 이성질체, 입체 이성질체, 카이랄 이성질체이다. 화합물의 색이 다르기 때문에 카이랄 이성질체는 고려하지 않아도 되므로 화합물은 기하 이성질체 또는 입체 이성질체이다. 일단 구조를 살펴본 후 이성질체 유형을 결정할 수 있다.

도구 모음 사용할 도구는 착물의 화학식을 쓰는 데 사용하는 규칙들이다. 화학식을 사용하여 화합물의 구조를 결정할 것이다. 다양한 유형의 이성질체에 대한 정의를 또 다른 도구로 사용하여 화학식 $CoCl_3(NH_3)_4$를 갖는 화합물들의 차이를 결정할 수 있다.

풀이 먼저, 이 화합물들의 구조를 결정하도록 하자.

첫 번째 화합물인 $CoCl_3(NH_3)_6$의 경우, 이 화합물이 질산 은과 반응하면 3당량의 AgCl이 생성되는 것을 알고 있다.

$$CoCl_3(NH_3)_6 + 3AgNO_3 \longrightarrow Co(NH_3)_6(NO_3)_3 + 3AgCl$$

이는 3개의 염화 이온이 코발트 금속 중심에 결합되지 않은 이 착물의 상대 이온이라는 것을 의미한다. 6개의 NH_3 리간드는 배위수 6인 정팔면체 착물을 생성한다.

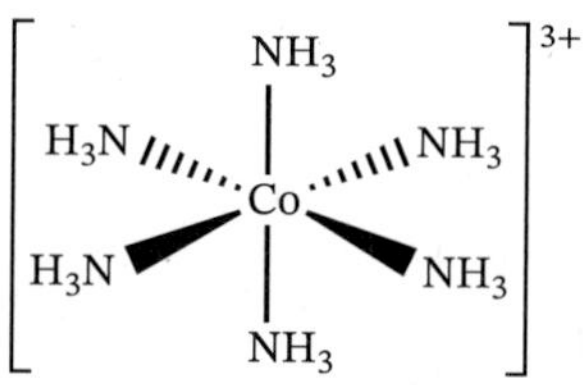

두 번째 화합물인 $CoCl_3(NH_3)_5$는 단지 2당량의 AgCl을 만든다.

$$CoCl_3(NH_3)_5 + 2AgNO_3 \longrightarrow CoCl(NH_3)_5(NO_3)_2 + 2AgCl$$

염화 이온 중 하나는 리간드이어야 하므로 코발트에 결합된 NH_3 리간드는 5개이다.

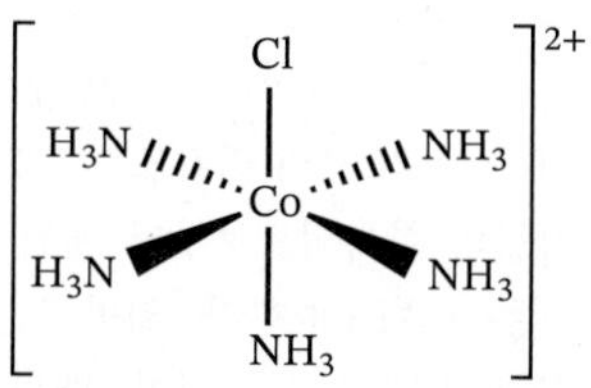

마지막 두 화합물의 경우에도 반응은 같다.

$$CoCl_3(NH_3)_4 + AgNO_3 \longrightarrow CoCl_2(NH_3)_4(NO_3) + AgCl$$

염화 이온 중 2개는 리간드이어야 하므로 코발트에 결합된 NH_3 리간드는 4개이다. 2개의 염화 이온이 있기 때문에 이들을 배열하는 방법은 시스와 트랜스 두 가지이다.

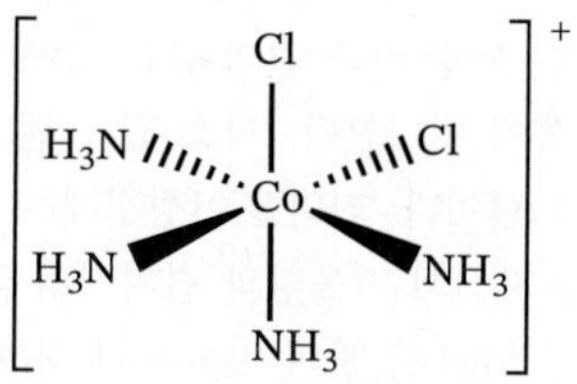

시스

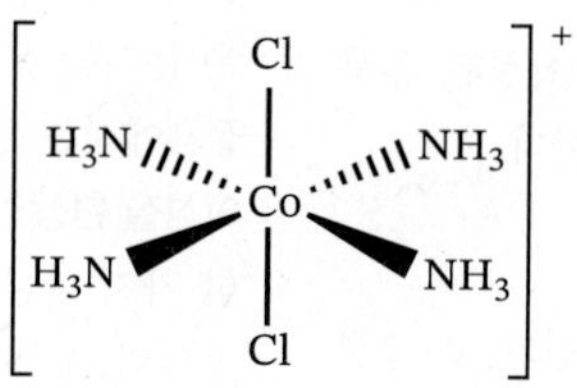

트랜스

두 이성질체인 시스-$CoCl_3(NH_3)_4$와 트랜스-$CoCl_3(NH_3)_4$는 리간드의 결합 방식이 다르므로 d 오비탈의 갈라짐과 색이 다르다.

답이 합리적인가? 화합물들은 모두 정팔면체이고, 리간드와 금속의 관계는 질산 은과의 반응 논리를 따른다. 또한, 두 화합물의 색이 다른 것을 기하 이성질체를 이용하여 설명하였다.

종합 화학 문제

A. 대부분의 금속 착물은 색을 띤다. 예를 들어 $[Ru(en)_3]^{2+}$는 빨간색이고 $[Ru(en)_3]^{3+}$는 초록색이다. 그러나 아연(II)와 은(I) 착물은 무색이다. 화합물의 d 오비탈에 있는 전자를 고려하여 이 현상을 설명하시오.

B. 망가니즈는 사이안화 이온과 반응하여 화학식 $[Mn(CN)_6]^{5-}$, $[Mn(CN)_6]^{4-}$, $[Mn(CN)_6]^{3-}$를 갖는 3개의 저스핀 착이온을 형성한다. 금속 착물에 대한 양상에 따라 각 착이온에서 Mn의 산화수를 결정하고, d 오비탈의 전자 분포를 그리고, d 오비탈에 있는 홀전자 수를 구하시오. 이 화합물들이 고스핀 상태가 아닌 저스핀 상태인 이유를 설명하시오.

C. 코발트는 $[CoCl_6]^{4-}$와 $[CoCl_4]^{2-}$ 같은 사면체 착물과 팔면체 착물을 모두 형성할 수 있다. 두 화합물에 대한 d 오비탈의 갈라짐은 어떻게 다른가? 화합물들은 고스핀 상태인가, 저스핀 상태인가? 이유를 설명하시오.

D. 시스-플라틴[*cis*-$PtCl_2(NH_3)_2$]은 항암 치료에 효과가 있는 반면, 트랜스 이성질체인 *trans*-$PtCl_2(NH_3)_2$는 효과가 없다. 약물이 DNA나 단백질과 같은 인체 내 구조와 상호 작용해야 효과적이라는 것을 고려하시오. 어떻게 *cis*-$PtCl_2(NH_3)_2$가 이와 같은 상호 작용을 더 잘 할 수 있는가?

요약

학습 목표별로 정리함

다른 종류의 리간드에 대해 설명하고, 리간드를 포함하는 금속 착물의 화학식을 쓰는 규칙을 설명할 수 있다.

착이온을 포함하는 **배위 화합물**(**착물** 또는 **배위 착물**이라고도 함)은 금속 이온과 여러 가지 리간드로 만들어진다. **리간드**는 Lewis 염기이고, 가지고 있는 **주개 원자**의 수에 따라 **한자리 리간드**, **두자리 리간드**, 또는 일반적인 **여러 자리 리간드**가 된다. 물은 가장 흔하게 접하는 한자리 리간드이다. 여러 자리 리간드는 2개 이상의 원자를 통해 한 금속에 결합하여 **킬레이트**라는 고리 구조를 만든다. 흔하게 접하는 두자리 리간드는 옥살산 이온과 에틸렌다이아민(en)이고, 흔하게 접하는 여러 자리 리간드는 6개의 주개 원자를 가지고 있는 에틸렌다이아민테트라아세트산(EDTA)이다.

여러 자리 리간드가 결합된 착물은 한자리 리간드로 형성된 유사한 착물보다 더 안정하다. 이 현상을 **킬레이트 효과**라고 한다.

금속 착물의 명명 규칙을 사용할 수 있다.

착물의 이름은 IUPAC이 정한 일련의 규칙에 따라 결정한다. 21.2절에 그 규칙을 요약하였다.

각각의 일반적인 배위수와 관련된 기하 구조를 보여 주고 구조를 그릴 수 있다.

착물에서 금속 이온의 **배위수**는 금속 이온에 결합된 주개 원자의 수이다. 여러 자리 리간드는 2개 이상의 주개 원자를 제공하기 때문에, 착물의 화학식으로부터 배위수를 결정할 때 반드시 주개 원자들을 모두 고려해야 한다. 일반적인 배위수와 관련된 기하 구조는 다음과 같다. 배위수 2는 선형, 배위수 4는 정사면체 또는 사각 평면(특히 Pt^{2+}의 착물), 배위수 6은 정팔면체이다.

주어진 금속 착물의 모든 이성질체의 구조식을 쓸 수 있다.

같은 화학식을 갖는 구별되는 2개 이상의 화합물은 서로 **이성질체**이다. **입체 이성질체**는 같은 원자들이 서로 결합되어 있지만 공간에서 원자들이 서로 다르게 배열한다. **시스 이성질체**에서 결합된 원자단들은 분자를 통과하는 특정 기준 면의 같은 쪽에 위치한다. **트랜스 이성질체**에서는 반대 쪽에 위치한다. 시스 및 트랜스 이성질 현상은 **기하 이성질 현상**의 한 유형이다. **카이랄** 이성질체는 모든 면에서 똑같으나 한 가지 다른 점은 자신의 거울상과 겹쳐지지 않는다는 것이다. 이런 종류의 이성질체는 $M(AA)_3$형의 착물에 존재하는데, 여기서 M은 금속 이온이고, AA는 두자리 리간드이다. 또한 **시스**-$M(AA)_2a_2$형의 착물에도 존재하는데, 여기서 a는 한자리 리간드이다. 서로 거울상인 카이랄 이성질체를 **거울상 이성질체**라 한다. 그것들은 **평면 편광**을 회전시킬 수 있기 때문에 **광학 이성질체**라 한다.

결정장 이론으로 금속 착물의 성질을 설명하는 방법을 기술할 수 있다. 정팔면체 착물에서 리간드들이 d 부껍질을 2개의 에너지 준위로 갈라지게 하여 d 오비탈의 에너지에 영향을 준다. 낮은 에너지 준위는 d_{xy}, d_{xz}, d_{yz} 오비탈로 구성되고, 높은 에너지 준위는 d_{z^2}과 $d_{x^2-y^2}$으로 구성된다. 2개의 새로운 d 에너지 준위들 사이의 에너지 차이가 **결정장 갈라짐**(Δ)이고, 같은 리간드에 대해 금속 이온의 산화 상태가 증가하면 Δ도 증가하며, 그 금속이 속한 주기에 따라 달라진다. 같은 금속 이온에 대해 Δ는 리간드에 따라 달라진다.

분광화학적 계열에서 리간드는 Δ를 크게 만드는 능력 순으로 배열되어 있다. 사이안화 이온은 가장 큰 결정장 갈라짐을 만드는 반면, 아이오딘화 이온은 가장 작은 결정장 갈라짐을 만든다. Δ가 **짝지음 에너지**(같은 오비탈에 두 전자가 쌍을 이루게 하는 데 필요한 에너지)보다 클 때 **저스핀** 착물이 생성된다. **고스핀** 착물은 Δ가 짝지음 에너지보다 작을 때 생성된다. 낮은 에너지 준위의 d 오비탈에서 높은 에너지 준위의 d 오비탈로 전자 한 개가 올라갈 때 Δ와 에너지가 같은 빛이 흡수되며, 투과된 빛 속에 남아 있는 색에 의해 착물의 색이 결정된다. 또한 결정장 이론으로 많은 산화 상태의 상대적인 안정성을 설명할 수 있다.

다른 기하 구조에서는 다른 방식의 d 오비탈 갈라짐이 일어난다. 사각 평면과 정사면체 기하 구조에서 일어나는 갈라짐 방식을 각각 그림 21.23와 21.25에 나타내었다. 정사면체 착물의 Δ 값은 정팔면체 착물의 Δ 값의 약 4/9이다.

생체 내의 몇 가지 일반적인 금속 착물의 생물학적 기능을 설명할 수 있다. 살아 있는 생명체에 필요한 대부분의 금속은 착이온 형태로 결합될 때 그 역할을 수행한다. 헴은 사각 평면 포피린 리간드 안에 붙들려 있는 Fe^{2+}를 포함하고 있으며, 헤모글로빈과 마이오글로빈에서 O_2와 결합한다. 헴은 Fe^{2+}와 Fe^{3+}가 관여하는 산화–환원 반응에 참여하는 사이토크롬에서도 발견된다. 악성 빈혈이라는 바이타민 결핍증을 막기 위해서 인체가 필요로 하는 바이타민 B_{12}는 포피린 고리와 유사한 코린 고리 구조 안에 Co^{2+}를 포함하고 있다.

문제 풀이를 위한 도구

도구 다음과 같은 도구들이 이 장에서 도입되었다. 이들을 주의 깊게 공부하면 필요할 때 적절한 도구를 선택할 수 있다.

착물의 화학식을 쓰는 규칙(21.1절)

1. 금속 이온의 기호가 항상 먼저 오고 리간드가 뒤에 온다.
2. 2가지 이상의 리간드가 있을 때, 음이온 리간드를 (알파벳 순서대로) 먼저 쓰고, 중성 리간드를 (역시 알파벳 순서대로) 나중에 쓴다.
3. 착물의 전하는 금속 이온의 전하와 리간드의 전하를 합한 값이다.
4. 전하가 0이 아닌 경우 화학식을 대괄호 안에 넣은 후 착물의 전하는 대괄호 밖에 위 첨자로 나타낸다.

착물의 명명 규칙(21.2절) 착물의 명명법은 앞에서 배운 명명법을 확장한 규칙을 따른다.

정팔면체 착물에 대한 결정장 갈라짐(21.5절) 결정장 이론의 원리를 정팔면체 착물에 적용하는 기초를 그림 21.16에 나타내었다. 대상 착물의 갈라짐 도표를 만들고 Hund 규칙에 따라 d 오비탈에 전자를 배치한다. d^4, d^5, d^6, d^7 전자 배치의 경우에는 저스핀 배치와 고스핀 배치 중 선호하는 것을 결정해야 한다.

분광화학적 계열(21.5절)

$CN^- > NO^- > en > NH_3 > H_2O > C_2O_4^{2-} > OH^- > F^- > Cl^- > Br^- > I^-$

쌍으로 구성된 복습 문제 중 청색 번호를 가진 문제의 해답은 부록 B에 수록하였다. 난이도가 높은 문제는 별표(*)로 표시하였다.

복습 질문

착이온

21.1 Lewis 산–염기 반응으로 착이온 $[Ni(H_2O)_6]^{2+}$의 형성을 기술할 수 있다. 설명하시오.

(**a**) 이 반응에서 Lewis 산과 Lewis 염기의 화학식은 무엇인가?
(**b**) 리간드의 화학식은 무엇인가?
(**c**) 주개 원자를 제공하는 화학종의 이름은 무엇인가?
(**d**) 주개 원자는 어떤 원자이며, 그렇게 정한 이유는 무엇인가?
(**e**) 받개인 화학종의 이름은 무엇인가?

21.2 리간드가 되려면 분자/이온도 Lewis 염기이어야 한다. 그 이유를 설명하시오.

21.3 Cl^-, OH^-, CN^- 등과 같은 일반적인 리간드는 음전하를 띤다. (**a**) 중성 리간드, (**b**) 양이온 리간드의 예를 들어보시오.

21.4 착이온을 포함하는 물질을 종종 배위 화합물이라고 부르는 이유는 무엇인가?

21.5 Lewis 구조를 사용하여 각각의 성분으로부터 $[Cu(H_2O)_6]^{2+}$,

$[Cu(NH_3)_4]^{2+}$, $[CuCl_4]^{2-}$ 이온의 형성 과정을 그림으로 나타내시오.

21.6 **두자리**로 분류된 리간드의 구조에 대해 사실이어야만 하는 것은 무엇인가?

21.7 다음을 한자리, 두자리, 여러 자리로 표시하시오.
(a) PPh_3 (b) AcO^- (c) NH_3 (d) en (e) CO (f) EDTA

21.8 **킬레이트**란 무엇인가? Lewis 구조를 사용하여 옥살산 이온($C_2O_4^{2-}$)이 킬레이트 시약으로 기능하는 방식을 도표로 나타내시오.

21.9 N,N'-비스(살리실리덴)에틸렌다이아민의 구조식을 쓰시오. 주개 원자는 몇 개인가?

21.10 철(III) 이온(Fe^{3+})은 $C_2O_4^{2-}$와 1:3 착물을 형성한다. 이 착물이 전하를 갖는다면 알짜 전하는 얼마이며, 이 착물에 대한 적절한 화학식은 무엇인가?

21.11 $[Co(NH_3)_6]^{3+}$와 $[Co(en)_3]^{3+}$ 중 안정한 착물은 무엇인가? 그 이유는 무엇인가?

21.12 킬레이트 효과란 무엇인가? 리간드의 해리가 킬레이트 효과에 어떤 영향을 미치는가? 킬레이트 효과에서 엔트로피의 역할은 무엇인가?

금속 착물 명명법

21.13 착물의 이름을 붙일 때 금속과 리간드의 순서는 어떻게 되는가? 금속의 산화 상태는 어떻게 나타내는가?

21.14 음이온 리간드가 배위 착물 이름의 일부일 때 음이온 리간드의 이름은 어떻게 바뀌는가?

21.15 배위 착물에서 물과 암모니아의 이름은 어떻게 되는가?

21.16 착물의 이름을 쓸 때, 두 가지 유형 이상의 리간드를 포함하는 착물에서 리간드의 순서는 어떻게 되는가? 숫자를 나타내는 접두사를 사용하여 혼동이 발생할 수 있는 경우 어떤 접두사를 사용하는가?

21.17 착물의 리간드에 대한 숫자 접두사, 그 접두사가 나타내는 수, 간단한 접두사를 사용하여 혼동이 발생할 수 있는 경우 사용되는 접두사를 나열하시오.

21.18 배위 착물에서 금속의 산화 상태는 어떻게 나타내는가?

배위수와 구조

21.19 **배위수**란 무엇인가? 중심 금속 이온의 배위수가 4인 착물에서 일반적으로 관찰되는 구조들은 무엇인가? 배위수가 6인 착물에서 관찰되는 가장 일반적인 구조는 무엇인가?

21.20 같은 한자리 리간드만 포함하는 정팔면체 착물의 구조를 그려보시오. 금속은 M, 리간드는 L로 나타내시오.

***21.21** 정팔면체 $[Cr(ox)_3]^{3-}$ 이온의 구조를 그려보시오[ox는 옥살산 이온($C_2O_4^{2-}$)을 나타내는 기호임]. 같은 ox 리간드의 주개 원자가 서로 트랜스 위치를 차지하는 것이 가능한가?

21.22 배위수가 다음과 같을 때의 기하 구조(들)를 제시하시오.
(a) 2 (b) 3 (c) 4

21.23 (a) 정사면체 구조, (b) 사각 평면 구조, (c) 삼각 쌍뿔 구조, (d) 정팔면체 구조를 그리시오.

금속 착물의 이성질체

21.24 **입체 이성질 현상**, **기하 이성질질 현상**, **카이랄 이성질 현상**, **거울상 이성질 현상**을 정의하시오.

21.25 일반적인 화학식 MA_nB_m(M은 금속 중심, A와 B는 각각 다른 리간드임)을 사용하여 (a) 입체 이성질 현상, (b) 기하 이성질 현상, (c) 카이랄 이성질체, (d) 거울상 이성질체의 예를 그려보시오.

21.26 **시스**와 **트랜스** 이성질체란 무엇인가? 각각의 예를 그려보시오.

21.27 정팔면체 착물의 동면(facial) 이성질체와 자오선(meridional) 이성질체를 그림으로 그려서 설명하시오.

21.28 광학 이성질체와 기하 이성질체의 차이는 무엇인가?

금속 착물의 결합

21.29 적절한 좌표축에 5개의 d 오비탈을 그리고 표시를 나타내시오.

21.30 x, y, z 축 사이를 향해 있는 d 오비탈은 무엇인가? 좌표축을 따라 향해 있는 d 오비탈은 무엇인가?

21.31 정팔면체 착물의 d_{z^2} 또는 $d_{x^2-y^2}$ 오비탈에 존재하는 전자가 느끼는 반발은 d_{xy}, d_{xz}, d_{yz} 오비탈에 존재하는 전자가 느끼는 반발과 같은가? 설명하시오.

21.32 정사각형 기둥으로 변형된 장에서 d 오비탈의 에너지 도표를 그리시오(정팔면체 장에서 리간드가 z 축을 따라 멀어진 경우).

21.33 전이 금속 착물에서 d 오비탈의 결정장 갈라짐에 영향을 미치는 다양한 인자를 나열하시오. 각 인자의 역할을 설명하시오.

21.34 정팔면체 코발트(II) 착물이 코발트(III) 착물로 쉽게 산화되는 이유를 설명하시오. d 오비탈 에너지 도표를 그리고 d 오비탈에 전자를 배치할 때 큰 Δ 값으로 가정하시오.

21.35 같은 산화 상태의 같은 금속이 서로 다른 색의 착물을 형성할 수 있는 이유를 설명하시오.

21.36 착물의 색이 파란색이면 착물이 흡수한 빛의 색은 무엇인가? 착물의 색이 빨간색이면 착물이 흡수한 빛의 색은 무엇인가?

21.37 **분광화학적 계열**이라는 용어가 의미하는 것은 무엇인가? 계열 내 리간드의 순서는 어떻게 정할 수 있는가?

21.38 **저스핀** 착물과 **고스핀** 착물이라는 용어가 의미하는 것은 무엇인가?

21.39 고스핀과 저스핀의 정팔면체 착물이 모두 가능한 d-오비탈 전자 배치는 무엇인가?

21.40 Δ의 크기에 영향을 미치는 금속과 리간드의 인자는 무엇인가?

21.41 $[Cr(CN)_6]^{3-}$ 이온이 가시광선의 광자를 흡수할 때 d-오비탈 전자 배치에 어떤 일이 일어나는지 그림을 그려 나타내시오.

21.42 착물 $[Ni(CN)_4]^{2-}$는 반자기성이다. 이 착물에 대한 *d*-오비탈 에너지 준위 도표를 그리고 오비탈의 전자 배치를 나타내시오.

21.43 아래 왼쪽에 나타낸 착물 $[MA_2B_4]$를 고려하시오. 이 착물에서 리간드 *A*가 금속 쪽으로 약간 이동하고 4개의 리간드 *B*가 각각 *x* 축과 *y* 축을 따라 금속에서 약간 먼 쪽으로 이동하여 착물의 구조가 변형되어 오른쪽 구조가 되었다고 가정하자. 이와 같은 구조적 변형은 *d*-오비탈의 에너지 준위 갈라짐 양상에 어떤 영향을 미치는가? 갈라짐 양상을 그림을 그려 설명하시오.

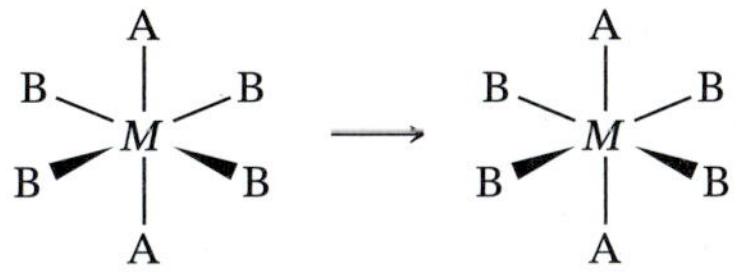

금속 이온의 생물학적 기능

21.44 포피린의 구조를 그리시오. Fe^{2+}와 같은 금속 이온과 착물을 형성할 때 어떤 구조 변화가 생길 것으로 예상되는가?

21.45 포피린 고리 구조의 중심에 금속 이온이 결합되어 있으면 배위수는 얼마인가? (리간드는 포피린뿐이라고 가정한다.)

21.46 마이오글로빈에 존재하는 철의 산화수는 얼마인가? 저스핀 상태인가, 고스핀 상태인가?

21.47 바이타민 B_{12}와 헴에서 리간드 고리 구조의 유사성은 무엇인가? 코발라민에 배위 결합으로 결합된 금속은 무엇인가?

21.48 생물학적 계에서 구리의 중요한 역할은 무엇인가?

복습 문제

착이온

21.49 색소 프러시안 블루에는 6개의 사이안화 이온이 결합한 철(II) 이온의 착물이 포함되어 있다. 이 착이온의 알짜 전하와 화학식은 무엇인가? 이 착물의 IUPAC 이름은 무엇인가?

21.50 AgCl은 물에 녹지 않지만 암모니아 용액으로 처리하면 은 이온이 착이온을 형성한다. 이 착이온의 화학식과 IUPAC 이름은 무엇인가? 이 착이온은 소듐 이온이나 염화 이온의 염으로 존재할 수 있는가? 가능한 염의 화학식을 쓰시오(대괄호와 괄호를 올바르게 사용하시오).

21.51 Cr^{3+}, 2개의 NH_3 리간드, 4개의 NO_2^- 리간드를 포함하는 착물의 정확한 전하를 포함하는 화학식을 쓰시오. 이 착이온에는 몇 개의 기하 이성질체가 가능한가?

21.52 Co^{3+}, 2개의 Cl^-, 2개의 에틸렌다이아민 리간드를 포함하는 착물의 정확한 전하를 포함하는 화학식을 쓰시오.

금속 착물 명명법

21.53 착이온의 이름을 쓸 때 리간드인 다음 분자나 이온의 이름은 어떻게 쓰는가?

(a) SO_4^{2-} **(b)** S^{2-}
(c) $(CH_3)_2NH$ **(d)** SH^-

21.54 다음 각각에 대한 IUPAC 이름을 쓰시오.

(a) $[Ni(H_2O)_6]Cl_2$ **(b)** $[Mn(CN)_4(NH_3)_2]^-$
(c) $[CoCl_3(NH_3)_3]^-$ **(d)** $K_3[Cr(C_2O_4)_3]$
(e) $[Co(NO_2)_6]^{3-}$

21.55 다음 각각에 대한 IUPAC 이름을 쓰시오.

(a) $[AgBr_2]^-$ **(b)** $[SnS_2]^{2-}$
(c) $[Co(en)_2(NH_3)_2]SO_4$ **(d)** $[CrCl(NH_3)_5]SO_4$
(e) $K_3[Fe(C_2O_4)_3]$

21.56 다음 각각에 대한 화학식을 쓰시오.

(a) 테트라아쿠아다이사이아노코발트(III) 이온
(b) 테트라암민옥살레이토구리(II)
(c) 염화 펜타암민클로로코발트(III)
(d) 테트라클로로백금(II)산 이온
(e) 테트라클로로구리(II)산 이온

21.57 다음 각각에 대한 화학식을 쓰시오.

(a) 다이클로로비스(유레아)구리(II)
(b) 비스(에틸렌다이아민)다이나이트로루테늄(III) 이온
(c) 트라이옥살레이토크로뮴(III)산 소듐
(d) 에틸렌다이아민테트라아세테이토철(III)산 이온
(e) 다이암민다이클로로백금(II)

배위수와 구조

21.58 $[Ni(acac)_2(H_2O)_2]$에서 니켈의 배위수는 얼마인가? (acac는 아세틸아세토네이트 이온이다.) 이 착물에서 니켈의 산화수는 얼마인가?

21.59 배위수가 4인 착물은 정사면체 또는 사각 평면 기하 구조를 갖는다. 4배위 착물의 기하 구조를 결정하는 주요 인자는 무엇인가?

21.60 문제 21.54의 각 착물에 대해 착물에 포함된 금속의 배위수와 산화수를 구하시오.

21.61 문제 21.55의 각 착물에 대해 착물에 포함된 금속의 배위수와 산화수를 구하시오.

21.62 **(a)** $[Zn(NH_3)_4]^{2+}$와 **(b)** 트라이옥살레이토크로뮴(III)산 이온에 대한 합리적인 구조를 그리시오.

21.63 **(a)** $[CoBr(NH_3)_3]^{2+}$와 **(b)** 다이클로로에틸렌다이아민백금(II)에 대한 합리적인 구조를 그리시오.

21.64 NTA는 한때 세제에 사용되었던 물질인 나이트릴로트라이아세트산(nitrilotriacetic acid)의 약자이다. 그 구조는 다음과 같다.

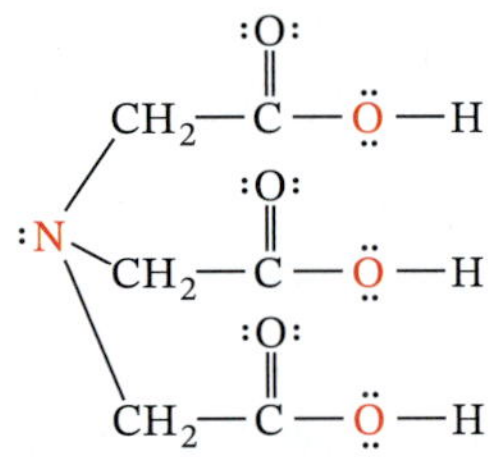

이 리간드에 있는 4개 주개 원자는 빨간색으로 나타내었다. 이 리간드를 포함하는 정팔면체 착물의 구조를 그리시오. 2개의 물 분자도 금속 이온에 결합되어 있고, NTA에 있는 주개 산소 원자 각각은 정팔면체에서 NTA의 질소에 인접한 위치에 결합한다.

21.65 화합물 트리스(아미노에틸)아민의 약자는 'tren'이다.
(a) 주개 원자일 가능성이 가장 높은 원자는 무엇인가?
(b) $[Cu(tren)]^{2+}$ 착물에서 구리의 배위수는 얼마인가?
(c) 착물 $[Cu(tren)(N_3)]^{+}$의 구조를 그리시오.
(d) $[Cu(tren)]^{2+}$와 $[Cu(NH_3)_4]^{2+}$ 중 수용액에서 더 안정할 것으로 예상되는 착물은 무엇인가?
(e) 트라이에틸렌테트라아민의 구조는 무엇인가?

금속 착물의 이성질체

***21.66** 아래 그림은 어떤 착물을 그린 2가지 구조이다. 각 구조는 실제로 서로 다른 이성질체인가, 같은 것인가? 답을 설명하시오.

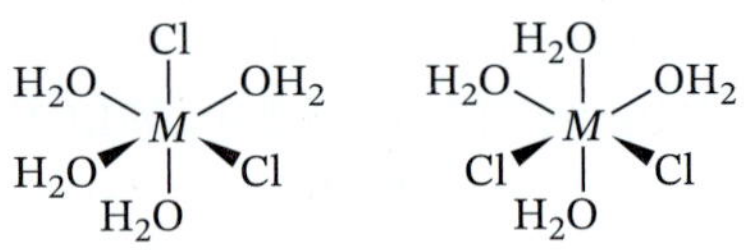

구조 I 구조 II

***21.67** 다음은 착물 $[Co(H_2O)_3(dien)]^{3+}$의 이성질체 중 하나에 대한 구조이다. 이 착물의 이성질체들은 카이랄인가? 합리적인 근거를 제시하시오.

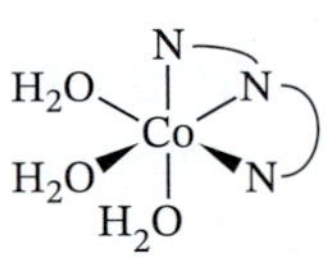

다이엔의 구조는 다음과 같다.

$\ddot{N}H_2-CH_2-CH_2-\ddot{N}H-CH_2-CH_2-\ddot{N}H_2$

***21.68** 사각 평면 착물 $[PtBrCl(NH_3)_2]$의 이성질체들을 그리고 시스-/트랜스-를 표시하시오.

***21.69** 착물 $[CoCl_3(NH_3)_3]$에 대해 2가지 형태의 이성질체를 그리시오.

***21.70** $Ni(en)_2Cl_2$의 카이랄 이성질체를 그리시오. 이 착물의 비카이랄 이성질체가 있는가?

금속 착물의 결합

***21.71** 어느 착물의 Δ가 더 클 것으로 예상되는가?
(a) $[Fe(H_2O)_6]^{2+}$ 또는 $[Fe(H_2O)_6]^{3+}$
(b) $[CrI_6]^{3-}$ 또는 $[CrCl_6]^{3-}$

***21.72** 다음 착물들을 흡수하는 빛의 파장이 증가하는 순서로 배열하시오.
$[Cr(H_2O)_6]^{3+}$, $[CrCl_6]^{3-}$, $[Cr(en)_3]^{3+}$, $[Cr(CN)_6]^{3-}$, $[Cr(ox)_3]^{3-}$, $[CrI_6]^{3-}$, $[Cr(NH_3)_6]^{3+}$.

***21.73** 다음 중 흡수하는 빛의 진동수가 가장 클 것으로 예상되는 착물은 무엇인가?
$[FeF_6]^{3-}$, $[Fe(ox)_3]^{3-}$, $[Fe(CN)_6]^{3-}$.

***21.74** 다음 중 흡수하는 빛의 파장이 더 길 것으로 예상되는 착물은 무엇인가?
(a) $[Cr(H_2O)_6]^{3+}$ 또는 $[Cr(CN)_6]^{3-}$
(b) $[Mn(CN)_6]^{3-}$ 또는 $[Mn(CN)_6]^{4-}$

***21.75** 다음 각 쌍에서 흡수하는 빛의 파장이 더 짧을 것으로 예상되는 착물은 무엇인가? 합리적인 근거를 제시하시오.
(a) $[RuCl(NH_3)_5]^{2+}$ 또는 $[FeCl(NH_3)_5]^{2+}$
(b) $[Ru(NH_3)_6]^{2+}$ 또는 $[Ru(NH_3)_6]^{3+}$

***21.76** 착물 $[CoA_6]^{3+}$는 빨간색이다. 착물 $[CoB_6]^{3+}$는 초록색이다. 리간드 A와 B 중에서 결정장 갈라짐을 더 크게 만드는 리간드는 무엇인가? 답을 설명하시오.

***21.77** 문제 21.76에 기술된 두 리간드 A와 B에 대해서, $[CoA_6]^{2+}$와 $[CoB_6]^{2+}$ 중 더 쉽게 산화될 것으로 예상되는 착물은 무엇인가? 답을 설명하시오.

***21.78** 문제 21.76과 21.77의 착물을 참조할 때, $[CoA_6]^{2+}$의 색은 빨간색과 파란색 중 어디에 가까울 것인가?

***21.79** $[CoF_6]^{3-}$, $[Co(H_2O)_6]^{3+}$ 중 고스핀일 가능성이 더 높은 착물은 무엇인가? 반자기성일 가능성은 있는가?

21.80 착물 $[Cr(CN)_6]^{4-}$는 저스핀과 고스핀 중 어느 상태일 가능성이 더 높은가? 반자기성일 가능성은 있는가?

21.81 다음 정팔면체 착물에 대해 d-오비탈의 전자 배치를 쓰시오.
(a) V(III) 착물
(b) 갈라짐 에너지 Δ가 짝지음 에너지 P보다 큰 Mn(II) 착물
(c) Δ가 P보다 작은 Mn(II) 착물
(d) Ag(I) 착물
(e) Δ가 P보다 큰 Rh(III) 착물

21.82 다음 정팔면체 착물에 대해 d-오비탈의 전자 배치를 쓰시오.
(a) Ti(II) 착물
(b) 갈라짐 에너지 Δ가 짝지음 에너지 P보다 작은 Fe(II) 착물
(c) Δ가 P보다 큰 Cr(II) 착물
(d) Cd(II) 착물
(e) Δ가 P보다 큰 경우 Mo(II) 착물

21.83 다음 정팔면체 착물에 대해 d-오비탈의 전자 배치를 쓰고, 홀

전자 수를 나타내시오.
(a) 고스핀 Co(II) 착물
(b) 저스핀 Co(II) 착물
(c) 저스핀 Fe(III) 착물
(d) Nb(IV) 착물
(e) 저스핀 Pt(IV) 착물

21.84 다음 정팔면체 착물에 대해 d-오비탈의 전자 배치를 쓰고, 홀전자 수를 나타내시오.
(a) 고스핀 Cr(II) 착물
(b) 저스핀 Cr(II) 착물
(c) 고스핀 Fe(III) 착물
(d) Zr(IV) 착물
(e) Au(III) 착물

21.85 다음 착이온을 고스핀과 저스핀으로 분류하고 그 이유를 설명하시오.
(a) 홀전자가 없는 $[Ru(CN)_6]^{4-}$
(b) 1개의 홀전자를 갖는 $[Ru(CN)_6]^{3-}$
(c) 4개의 홀전자를 갖는 $[Co(NH_3)_6]^{3+}$
(d) 3개의 홀전자를 갖는 $[CoF_6]^{4-}$
(e) 4개의 홀전자를 갖는 $[Cr(H_2O)_6]^{2+}$

21.86 다음 착이온을 고스핀과 저스핀으로 분류하고 그 이유를 설명하시오.
(a) 5개의 홀전자를 갖는 $[Mn(NH_3)_6]^{2+}$
(b) 홀전자가 없는 $Cr(CO)_6$
(c) 3개의 홀전자를 갖는 $[Co(C_2O_4)_3]^{4-}$
(d) 3개의 홀전자를 갖는 $[RhBr_6]^{4-}$
(e) 1개의 홀전자를 갖는 $[Ru(en)_3]^{3+}$

***21.87** $[Fe(H_2O)_6]^{4+}$와 $[Fe(CN)_6]^{4-}$에 대한 d-오비탈 에너지 준위 도표를 그리고 각각에 대해 홀전자 수를 예측하시오.

***21.88** $[MnF_6]^{2-}$와 $[Mn(CN)_6]^{3-}$에 대한 d-오비탈 에너지 준위 도표를 그리고 각각에 대해 홀전자 수를 예측하시오.

추가 연습 문제

***21.89** Ni^{2+} 이온은 4배위나 6배위 착물을 형성할 수 있다. 빨간색 화합물일 가능성이 높은 것과 파란색 화합물일 가능성이 높은 것은 각각 무엇인가?

***21.90** 착물 $(NH_4)_2[Pd(SCN)_4]$에 대해 자유 리간드의 구조를 그리고, 착물의 구조를 그리고, 착물의 모양을 나타내고, 중심 금속 이온의 산화 상태를 나타내시오.

***21.91** 첫 번째 줄 전이 금속의 대부분은 2+ 이온을 형성하며, 다른 산화 상태는 흔하지 않다. 이 금속들이 2+ 이온을 형성하는 이유는 무엇인가?

***21.92** 착물 $[Co(EDTA)]^-$는 카이랄인가? 그림을 그려서 설명하시오.

***21.93** 착물 $[PtCl_2(NH_3)_2]$는 구별되는 2가지 이성질체 형태로 얻어질 수 있다. 정사면체 모형을 만들고 착물이 정사면체이면 2개의 이성질체는 불가능하다는 것을 보이시오.

***21.94** $[Ag(NH_3)_2]^+$와 $[Ag(CN)_2]^-$는 모두 선형 착물이다. 리간드가 z 축을 따라 놓여 있을 때, 선형 착물의 d 오비탈에 대한 결정장 에너지 준위 도표를 그리시오.

21.95 0.757g의 $CrCl_3 \cdot 6H_2O$를 물 100mL에 녹여 용액을 만들었다. 질산 은 용액을 가하여 AgCl 침전을 얻은 후, 혼합물로부터 여과하고 세척하고 건조시켜 질량을 측정하였다. AgCl의 질량은 0.814g이었다.
(a) 이 화합물의 크로뮴 착이온의 화학식은 무엇인가?
(b) 이 화합물의 올바른 화학식은 무엇인가?
(c) 이 화합물의 착이온의 구조를 그리시오.
(d) 착물의 다른 이성질체는 몇 개 그릴 수 있는가?

***21.96** 화합물 $Cr_2(NH_3)_3(H_2O)_3Cl_6$는 양이온과 음이온이 모두 정팔면체 착이온인 중성염이다. 이와 같은 전체 조성을 갖는 이성질체(가능한 구조 이성질체와 카이랄 이성질체 포함)는 몇 개인가?

21.97 착물 $[Co(CN)_6]^{4-}$는 완전한 정팔면체일 것으로 예상되지 않는다. 대신, xy 평면의 리간드는 Co^{2+} 이온에 더 가깝게 끌려가고 z 축에 있는 리간드는 Co^{2+} 이온으로부터 약간 멀리 이동한다. 이 장에서 얻을 수 있는 정보를 이용하여, 이 착물에서 정팔면체 기하 구조의 변형으로 인해 알짜 에너지 낮아짐이 일어나는 이유를 설명하시오.

***21.98** $[CoCl_2(en)(NH_3)_2]^+$의 모든 이성질체를 그리시오. 시스 클로로 이성질체와 트랜스 클로로 이성질체에 표시하시오.

***21.99** 구리(II) 수용액은 파란색이고, 아연(II) 수용액은 무색이다. 그 이유는 무엇인가?

다중 개념 문제

***21.100** 은도금 공정에서는 용액 내 Ag^+ 공급원으로 $[Ag(CN)_2]^-$를 사용하기도 한다. 화학자는 2.5M NaCN 5.0L와 0.4M $AgNO_3$ 20L를 사용하여 용액을 만들었다. 자유 Ag^+ 이온의 농도는 얼마인가? 이 과정에서 AgCl을 사용하지 않는

이유는 무엇인가?

***21.101** 5개의 *d*-오비탈 중 4개는 모양이 유사하고 단지 좌표축에 대한 배향만 다르다. 그러나 한 오비탈은 특이해 보인다. 특이한 오비탈이 무엇인지 밝히고, 그 차이에 대한 이유를 설명하시오(**힌트:** 그림 21.13 참조).

***21.102** 백금(IV)은 배위수 6인 화합물을 만든다. Pt^{4+} 화합물은 염화 이온과 암민 리간드로 만들어졌다. 화합물의 실험식은 $PtCl_4(NH_3)_6$로 결정되었다. 분리된 화합물 0.1*M* 용액에 대한 삼투압이 0.734atm이며, 화합물 0.126g이 $AgNO_3$와 반응하면 AgCl 0.0209g이 생성된다. 화합물은 물에서 몇 개의 이온을 형성하는가? 이 화합물의 구조는 무엇인가? 형성될 가능성이 있는 다른 이성질체는 무엇인가? 용액에서 방출한 이온은 몇 개인가?

비판적 사고의 과제

21.103 *d* 오비탈이 π 결합의 형성에 참여할 수 있다는 것을 9.10절의 각주 5에서 언급하였다. 2개의 *d*-오비탈 사이, *d* 오비탈과 *p*-오비탈 사이에 π 결합이 형성되는 것을 그림을 그려서 설명하시오.

21.104 $[Co(C_2O_4)_3]^{3-}$의 두 카이랄 이성질체(그림으로 나타냄)는 각각 오른쪽이나 왼쪽으로 비틀어진 프로펠러로 볼 수 있다. 이성질체들은 나타낸 바와 같이 Δ와 Λ 표시로 구분한다. 두 이성질체의 50−50 혼합물은 라셈 혼합물이라 하며 평면 편광을 회전시키지 않는다. 다양한 실험실 절차를 이용하여 라셈 혼합물에 존재하는 두 이성질체를 서로 분리할 수 있다. 그러나 이 착물의 경우 단일 이성질체 용액은 불안정하며 라셈화 과정을 통해 점차적으로 두 이성질체의 혼합물로 바뀐다. 라셈화는 두 이성질체 사이의 평형(즉, $\Delta \rightleftharpoons \Lambda$)에 도달할 때까지 한 이성질체를 다른 이성질체로 전환하는 과정이다. $[Co(C_2O_4)_3]^{3-}$ 이성질체의 라셈화에 대해 제안된 한 가지 메커니즘은 옥살산 이온이 해리된 후 재배열되고, $C_2O_4^{2-}$이 다시 결합된다는 것이다.

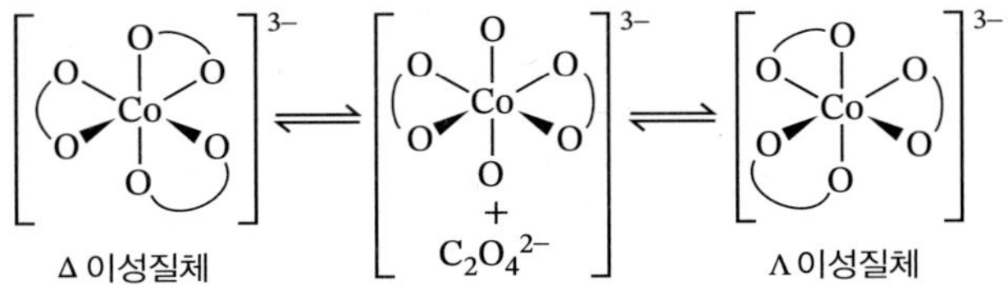

이 메커니즘이 실제로 $[Co(C_2O_4)_3]^{3-}$의 라셈화에 해당하는 메커니즘인지를 확인하기 위해 어떤 실험을 수행할 수 있는가?

Giulio Di Gregorio/Alamy Stock Photo

22장

유기 화합물, 중합체 및 생화학 물질

이 장의 배경

전통적인 이탈리아 노천 식료품 시장의 사진으로 **유기 화학**을 다루는 마지막 장을 시작한다. 음식이라고 생각하는 모든 것이 유기 화합물로 이루어져 있기 때문에 식료품 시장 사진은 무엇보다도 더 **유기 화학**에 관련된 사진으로 적절하다. 이전 장에서는 식량 생산을 촉진하기 위해 암모니아와 같은 무기 물질을 사용하는 것에 주목해 왔다. 다른 무기 화합물들은 곤충과 침입 식물이 농작물에 피해를 주는 것을 막기 위한 살충제나 제초제 역할을 한다. 그러나 유기 화합물은 의약, 섬유, 연료, 플라스틱, 중합체, 심지어 현대 TV와 컴퓨터에 사용되고 있는 유기 발광 다이오드(OLED) 등과 같이 더 많은 분야에서 사용된다.

8.9절에서 일상에서 기본적으로 접하는 많은 물질이 공유 결합으로 연결된 탄소 원자를 기반으로 한 분자 구조를 갖는다는 것을 알았다. 이미 이 책 전반에서 다양한 유기 화합물의 예를 살펴 보며 논의해 왔다. 탄화수소, 알코올, 케톤(예: 아세톤), 유기산과 같은 물질이 유기 화합물이다. 이와 같은 화합물은 엄청나게 많으며, 이들을 연구하는 학문이 **유기 화학**이라는 화학의 한 분야를 이룬다. 한때 살아있는 생명체(유기체)만이 유기 화합물을 합성할 수 있다고 믿었던 적이 있었기 때문에 **유기 화학**이라는 이름이 붙여졌다. 분자 수준에서 생명체는 탄소 화합물 없이 존재할 수 없다. 개별 생명체의 고유성과 함께 놀라울 정도로 다양한 생명체가 존재할 수 있는 것은 주로 탄소 원소와 탄소 화합물의 성질 때문이다. 이 장에서는 미래에 배우게 될 생화학 수업에 도움이 될 수 있는 **유기 화학**을 소개할 것이다.

이 장의 개요

22.1 유기 구조와 작용기

22.2 탄화수소: 구조, 명명법, 반응

22.3 산소를 포함한 유기 화합물

22.4 암모니아의 유기 유도체

22.5 유기 중합체

22.6 탄수화물, 지질, 단백질

22.7 핵산, DNA, RNA

학습 목표

이 장을 읽고 이해한 후 다음과 같은 것을 할 수 있어야 한다.

- 작용기에 따른 유기 화합물의 구조식을 쓸 수 있다.
- 알케인, 알켄, 알카인, 방향족 탄화수소의 명명 규칙과 주요 반응을 기술할 수 있다.
- 알코올, 에터, 알데하이드, 케톤, 카복실산, 에스터의 이름과 주요 반응을 기술할 수 있다.
- 아민과 아마이드의 이름, 화학식, 주요 반응을 기술할 수 있다.

- 중합체의 구조, 합성, 성질을 설명할 수 있다.
- 일반적인 탄수화물, 지질, 단백질을 명명하고 그들의 성질을 기술할 수 있다.
- DNA, RNA의 구조가 유전 정보를 전달하고 단백질을 합성하는 방식을 설명할 수 있다.

학습 목표 달성을 위한 제안

22장에서는 유기 화합물에 대한 구조와 반응에 대한 심도 있는 개념이 소개된다. 전체 내용에 대한 요약을 계속해서 노트에 정리하는 것이 중요하다. 다음은 이 장에서 다루는 여러 내용을 이해하는 데 도움이 되는 몇 가지 제안이다.

1. 중요한 개념이나 그와 관련된 질문 등을 이용하여 22장의 전체 내용을 요약하라.
2. 유기 화합물의 특성과 반응을 이해하는 데 유기 화합물의 구조를 파악하는 것이 매우 중요하다. 기초적인 형태의 분자식으로 주어진 유기물에 대한 Lewis 구조나 일반 구조식 혹은 축합 구조 등을 그려보는 연습이 필요하다. 선형 구조를 그려보고, 이성질체의 구조를 비교해 보라.
3. 간단한 반응을 요약한 노트를 작성할 것을 추천한다.
4. 흥미로운 유기 반응이나 분자에 대한 특성을 요약한 지속적인 관심이 요구된다. 특히 중합체(고분자), 생물학적 분자, DNA나 핵산, 막을 형성하는 분자 등과 같은 특별한 분자에 대하여 따로 정리해 보는 것이 도움이 될 것이다. 생물 관련 과목을 수강하고 있다면 일반 화학의 내용과 생물 과목의 연관 관계를 살펴보는 것도 도움이 된다.

22.1 유기 구조와 작용기

유기 화학(organic chemistry)은 무기 화합물로 분류되지 않는 탄소 화합물의 제조법, 성질, 반응을 연구하는 학문이다. 무기 화합물은 탄소 산화물, 금속 이온의 탄산수소염과 탄산염, 금속 사이안화물, 약간의 다른 화합물 등이다. 수천만 개의 탄소 화합물이 알려져 있으며, 극소수를 제외하고 이들 대부분은 유기 화합물로 분류된다.

탄소 원소의 고유한 성질

해설 황 원자도 긴 사슬을 만들 수 있지만, 동시에 다른 원소의 원자와 강하게 결합할 수 없다.

탄소 원자들이 서로 강한 공유 결합을 형성하고, 동시에 다른 비금속 원자와도 강하게 결합할 수 있기 때문에 수많은 유기 화합물이 존재할 수 있다. 예를 들어, 중합체 구슬을 만들 때 사용되는 폴리(염화 바이닐) 분자는 길게 연결된 수천 개의 탄소 원자에 수소 원자와 염소 원자가 결합된 사슬로 되어 있다.

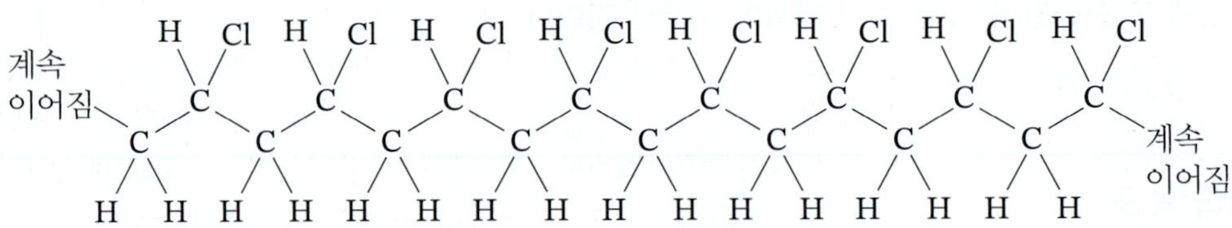

폴리(염화 바이닐)(한 분자의 일부분)

수소 원자가 결합된 14족(4A족) 다른 원소들이 서로 결합하여 만든 가장 긴 원자 사슬은 규소 8개, 저마늄 5개, 주석 2개, 납 1개로 알려져 있다.

해설 뷰테인의 이성질체는 8.9절에서도 논의하였다.

유기 화합물이 엄청나게 많이 존재하는 것을 설명할 수 있는 다른 이유는, 8.9절에서 간단히 언급된 이성질 현상(isomerism) 때문이다(착이온의 이성질 현상은 21장에서 다루었다). 이

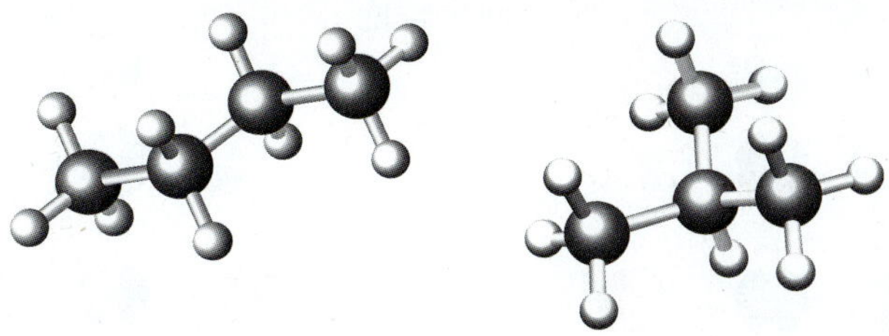

$CH_3CH_2CH_2CH_3$
뷰테인

CH_3
|
CH_3CHCH_3
2-메틸프로페인
(아이소뷰테인)

(a)

CH_3OCH_3
다이메틸 에터

CH_3CH_2OH
에탄올

(b)

그림 22.1 이성질체의 공–막대 모형 (a) C_4H_{10}의 이성질체. 뷰테인은 왼쪽에, 2-메틸프로페인(아이소뷰테인)은 오른쪽에 나타내었다. (b) C_2H_6O의 이성질체. 다이메틸 에터는 왼쪽에, 에탄올은 오른쪽에 나타내었다.

성질체는 분자식은 같으나 분자 구조가 다른 화합물이라는 것을 기억하라. 뒤에서 배우게 되겠지만 매우 많은 종류의 이성질체가 있다. C_4H_{10}와 C_2H_6O의 2가지 이성질체를 예로써 **그림 22.1**에 나타내었다.

해설 VSEPR 이론으로 그림 22.1에 나타낸 탄소 주위의 정사면체 기하 구조를 예측할 수 있다.

그림 22.1에 나타낸 화합물의 구조식은 다양한 방식으로 나타낼 수 있다. 완전한 Lewis 구조로 나타낼 때는 원자들 사이의 모든 결합과 비공유 전자쌍이 표기된다.

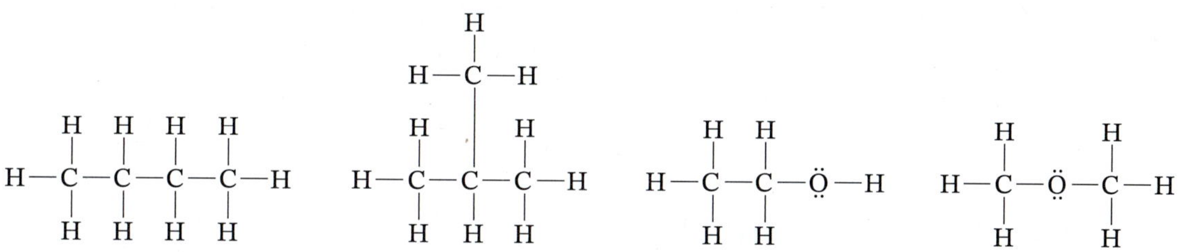

뷰테인
BP −1.0 °C

2-메틸프로페인
(아이소뷰테인)
BP −11.7 °C

에탄올
BP 78.4 °C

다이메틸 에터
BP −24 °C

각 이성질체의 끓는점이 서로 다른 것을 주목하라. 8장에서 논의한 바와 같이, 이성질체는 각각 고유한 성질을 갖는 서로 다른 화합물이다.

구조식을 쓸 때 공간과 시간을 절약하기 위해서 아래에 나타낸 바와 같이 **축약 구조식**[**condensed structural formula**, 또는 **축약 구조**(**condensed structure**)]을 쓸 수 있으며, 축약 구조식으로도 C—H, C—C, C—O 결합을 '이해'할 수 있다. 거의 모든 유기 화합물에서 탄소는 4개의 결합, 질소는 3개의 결합, 산소는 2개의 결합, 수소는 1개의 결합을 형성하기 때문에 이렇게 쓸 수 있다.

도구
축약 구조

여기서 잠깐, 축약 구조식과 Lewis 구조식을 비교해 보자. 또한 2-메틸프로페인에서 설명한 것과 같이 축약 구조를 그리는 방법에는 여러 가지가 있다는 것을 주목하라.

CH_3
|
CH_3CHCH_3 또는 $CH_3CH(CH_3)CH_3$ 또는 $(CH_3)_3CH$

해설 탄소 원자 수가 많은 화합물의 가능한 이성질체 중 실제로 만들어지는 것은 그렇게 많지 않다. 일부 이성질체가 존재할 수 없는 것은 분자 내에 밀집도가 너무 심하다는 것 이외의 다른 이유는 없다.

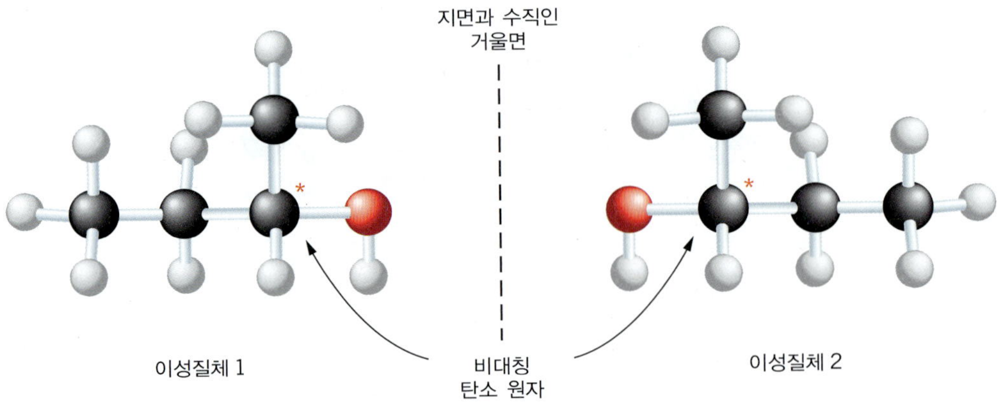

그림 22.2 **뷰탄-2-올의 카이랄 이성질체** 이성질체 2는 이성질체 1의 거울상이다. 이성질체 1을 비틀거나 회전시켜도 정확하게 이성질체 2로 만들 수 없다. 이것은 2개의 이성질체가 겹쳐지지 않는 서로의 거울상이라는 것을 의미한다.

이 장 전반에 걸쳐 축약 구조를 자주 쓸 것이다. 축약 구조를 쓸 때, 각 탄소의 전체 결합 수가 4가 되도록 수소 개수가 충분한지 확인하라.

21장에서 특정 이성질체의 카이랄성을 다루었다. 탄소 원자가 4가지 서로 다른 원자나 원자단과 결합한 **비대칭 탄소 원자(asymmetric carbon atom)**를 포함할 때, 유기 화합물은 **카이랄성(chirality)**을 나타낸다. 예를 들어, 뷰탄-2-올(또는 2-뷰탄올)은 빨간색으로 나타낸 비대칭 탄소에 H, OH, CH_3, CH_2CH_3가 결합되어 있다.

화학식	이성질체 수
C_8H_{18}	18
$C_{10}H_{22}$	75
$C_{20}H_{42}$	366,319
$C_{40}H_{82}$	6.25×10^{13} (추정)

$$\begin{array}{c}\text{OH}\\ | \\ \text{CH}_3\text{CHCH}_2\text{CH}_3\end{array}$$

뷰탄-2-올
2-뷰탄올

광학 이성질체 또는 입체 이성질체라고 하는 이 화합물들의 겹치지 않는 거울상 이성질체 2개를 **그림 22.2**에 나타내었다.

옆에 있는 표를 보면 분자당 탄소 수가 증가함에 따라 주어진 화학식에 대한 가능한 이성질체가 엄청나게 많아진다는 것을 알 수 있다.

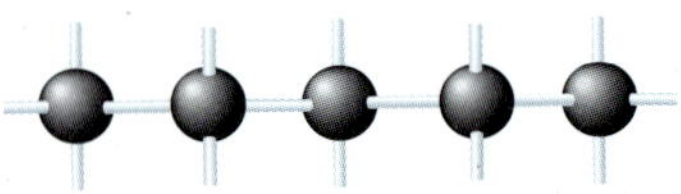

곧은 사슬

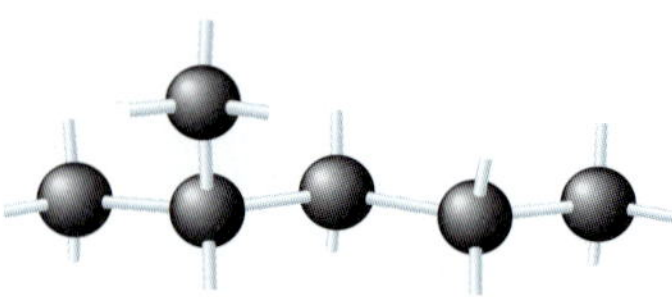

가지 사슬

열린 사슬 화합물과 고리 화합물

폴리(염화 바이닐)(이 절의 시작 부분에 그림으로 나타냄)에서와 같이 탄소 원자들의 연속된 배열을 **곧은 사슬(straight chain)**이라 한다. 이는 단지 3개 이상의 다른 탄소 원자가 결합된 탄소 원자가 없다는 것을 의미한다. 이는 분자의 모양을 일컫는 것이 아니다. 폴리(염화 바이닐)의 분자 모형을 만들 때, 나선형으로 감겨도 이 탄소 골격은 여전히 곧은 사슬이라고 한다. 곧은 사슬에는 탄소 가지가 없다.

가지 사슬(branched chain) 또한 매우 흔하다. 예를 들어, 휘발유의 옥테인값의 표준인 아이소옥테인은 탄소 원자(검은색) 5개로 된 주사슬과 3개의 CH_3 가지(빨간색)를 갖고 있다.

$$\begin{array}{l}\quad\;\;\text{CH}_3\;\;\text{CH}_3\\ \quad\;\;\;|\qquad\;\;| \\ \text{CH}_3\text{CCH}_2\text{CHCH}_3\\ \quad\;\;\;| \\ \quad\;\;\text{CH}_3\end{array}$$

아이소옥테인

해설 휘발유에 들어있는 많은 알케인 중 하나인 아이소옥테인은 다양한 종류의 휘발유의 옥테인값을 정하는 표준이다. 순수한 아이소옥테인의 옥테인값을 100으로 정한다.

탄소 고리(carbon ring) 화합물도 흔하다. 예를 들어, 사이클로헥세인은 6개의 탄소 원자로 된 고리를 갖는다.

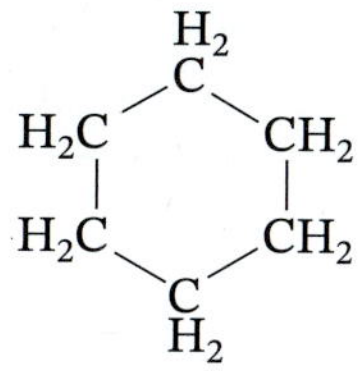

사이클로헥세인

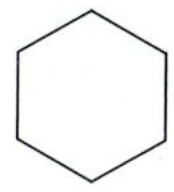

사이클로헥세인
(완전 축약 구조)

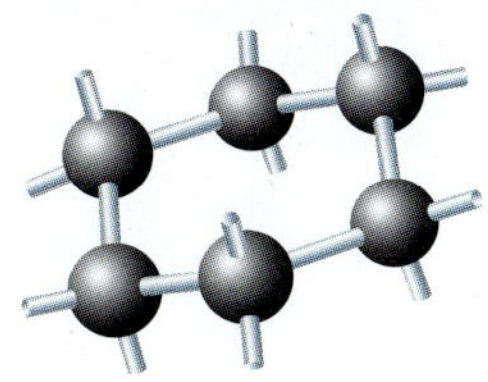

탄소 고리

사이클로헥세인의 매우 편리한 완전 축약 구조에서도 거의 모든 것을 '이해'할 수 있다. 육각형과 같은 다각형을 사용하여 고리를 나타낼 때 다음과 같은 규칙을 사용한다.

도구
축약 구조로 사용되는 다각형

다각형을 사용하여 고리 나타내기

1. O나 N(또는 다른 다중 결합을 할 수 있는 원자)을 꼭짓점에 명확하게 나타내지 않으면, 꼭짓점은 C이다.
2. 2개의 꼭짓점을 연결하는 선은 이웃하고 있는 고리 원자 사이의 공유 결합(단일 결합)이다.
3. 꼭짓점의 탄소 원자가 전체 4개의 결합을 이루어야 하므로 남은 결합은 H 원자가 결합한 것으로 이해한다.
4. 이중 결합은 항상 명확하게 나타낸다.

다음 고리 화합물로 이 규칙을 설명할 수 있다.

사이클로프로페인

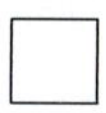

사이클로뷰테인

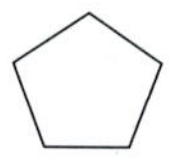

사이클로펜테인

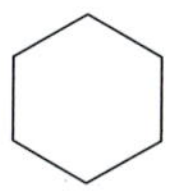

사이클로헥세인

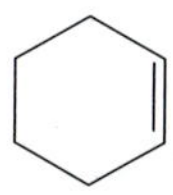

사이클로헥센

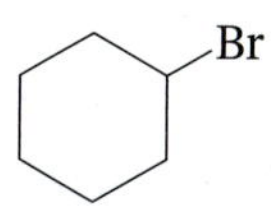

브로모사이클로헥세인

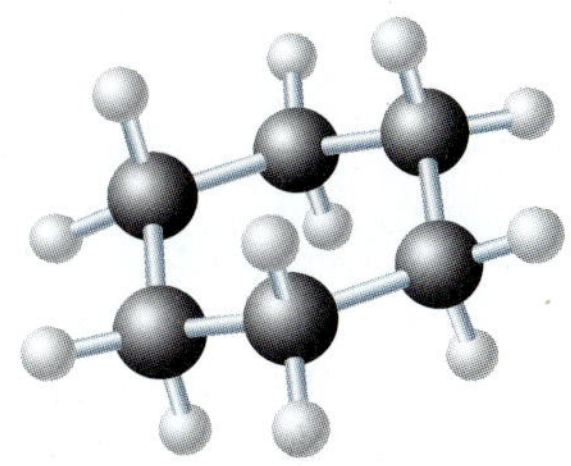

사이클로헥세인

고리의 크기에 이론적 상한선은 없다.

많은 화합물이 **헤테로 고리(heterocyclic)**를 갖는다. 이 분자들은 파이롤, 피페리딘, 테트라하이드로파이란과 같이 고리에 탄소가 아닌 다른 원자를 갖는다.

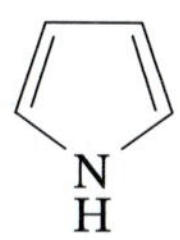

파이롤

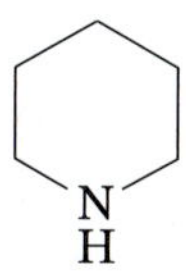

피페리딘

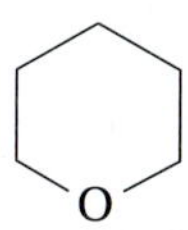

테트라하이드로파이란

탄소가 아닌 다른 원자를 헤테로 원자(heteroatom)라 하고, 헤테로 원자에 결합된 수소나 다른 원소의 모든 원자는 항상 나타내어 '이해'할 수 있도록 한다.

고리 표현 방식과 유사한 방식이 종종 열린 사슬 분자에도 사용된다. 예를 들어, 펜테인의 구조는 다음과 같이 나타낸다.

$CH_3—CH_2—CH_2—CH_2—CH_3$

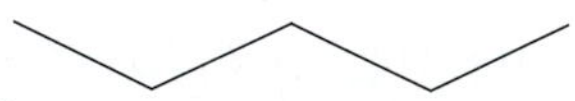

펜테인

오른쪽에는 탄소 원자 사이의 결합 4개가 연결된 선 4개로 나타나 있다. 각 선의 끝부분(선들이 연결되는 곳 포함)에는 탄소 원자와 탄소가 가져야 하는 4개의 결합을 설명할 수 있는 충분한 수소 원자가 있다. 탄소가 아닌 원자를 구조에 나타내면, 그 자리에 있었던 탄소 원자 대신 그 원자가 결합하고 있는 것이다.

실전 문제 22.1

다음 유기 화합물의 분자식과 축약 구조식을 쓰시오. (**힌트**: 이 구조에서 탄소를 어떻게 나타내는가?)

(a) 

(b) 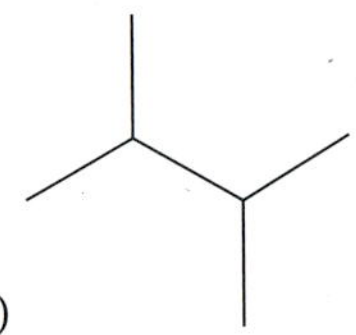

(c) 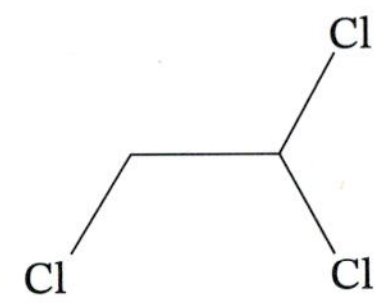

실전 문제 22.2

6개의 탄소로 이루어진 고리에서, 가장 멀리 떨어진 2개의 고리 탄소에 각각 CH_3가 1개씩 결합되어 있는 유기 화합물의 구조를 그리시오. 이 화합물의 이름과 화학식을 쓰시오.

유기 화합물의 족과 작용기

수많은 유기 화합물에 대한 연구는 8.9절에서 배운 **작용기**(functional group)에 따라 **유기 화합물의 족**(organic families)으로 분류할 수 있기 때문에 다루기가 쉽다. 좀 더 자세한 목록은 표 22.1에 나타내었다.

작용기는 분자 내의 작은 구조 단위이며, 화합물의 화학 반응이 대부분 작용기에서 일어난다. 예를 들어, 모든 **알코올**은 **알코올기**를 갖기 때문에 모든 알코올은 공통적인 특정한 화학적 성질을 갖는다. 알코올족에서 가장 간단한 분자인 메탄올(또는 메틸 알코올)은 탄소 1개만 갖고 있다.

해설 유기산은 카복실기를 갖는다는 것을 8장에서 배웠음을 기억하라.

에탄올 분자는 탄소 2개를 갖는다. 마찬가지로 카복실산(**유기산, organic acid**)족의 모든 화합물은 카복실기(carboxylic group)를 갖는다. 분자당 탄소 2개를 갖는 카복실산은 친숙한 약산인 에탄산(또는 아세트산)이다.

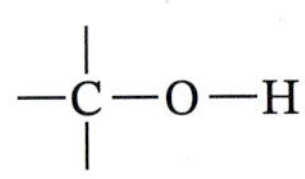

알코올기

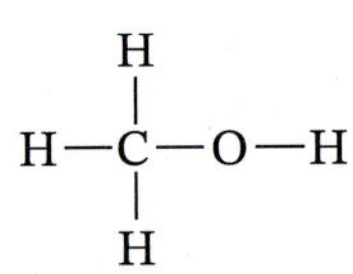

메탄올(메틸 알코올)

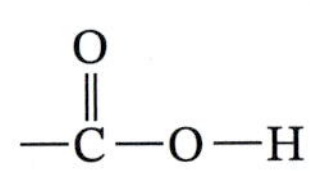

카복실기

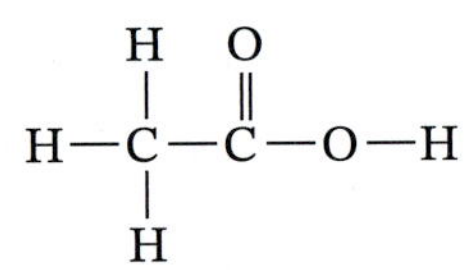

에탄산(아세트산)

표 22.1에 나타낸 알케인족은 단지 C—C와 C—H 단일 결합으로만 이루어진 분자로, 작용기는 없다. C와 H의 전기 음성도가 거의 같기 때문에 이 결합은 사실상 비극성이다. 그러므로 알케인 분자는 모든 유기 분자 중에서 이온이나 극성 분자를 끌어당기는 능력이 가장 작다. 결과적으로 알케인 분자는 강산이나 강염기와 같은 극성이나 이온성 반응물 및 다이크로뮴산 이온이나 과망가니즈산 이온과 같은 일반적인 산화제와는 적어도 실온에서는 반응하지 않는다.

구조식에서 기호 R 표 8.4와 표 22.1에서, 작용기는 기호 **R**에 붙어 있는 것을 볼 수 있다. 화학자들은 구조에서 기호 R을 사용하여 순수한 알케인류 탄화수소기를 나타내며, R은 작용기와 반응할 수 있는 물질과는 반응하지 않는다. 예를 들어, **아민**(**amine**)의 한 가지 형태를 화학

표 22.1 몇 가지 중요한 유기 화합물의 족

족	구조/작용기	예
	C와 H만 존재	
탄화수소	**탄화수소족**	
	알케인: 단일 결합만 있음	$H_3C—CH_3$
	알켄: 이중 결합이 있음	$H_2C{=}CH_2$
	알카인: 삼중 결합이 있음	$HC{\equiv}CH$
	방향족: 벤젠 고리	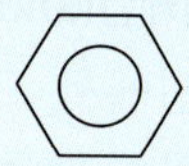
	산소도 함께 존재	
알코올	ROH	CH_3CH_2OH
에터	ROR′	CH_3OCH_3
알데하이드	$R\overset{O}{\overset{\Vert}{C}}H$	$CH_3\overset{O}{\overset{\Vert}{C}}H$
케톤	$R\overset{O}{\overset{\Vert}{C}}R'$	$CH_3\overset{O}{\overset{\Vert}{C}}CH_3$
카복실산	$R\overset{O}{\overset{\Vert}{C}}OH$	$CH_3\overset{O}{\overset{\Vert}{C}}OH$
에스터	$R\overset{O}{\overset{\Vert}{C}}OR'$	$CH_3\overset{O}{\overset{\Vert}{C}}OCH_3$
	질소도 함께 존재	
아민	RNH_2, RNHR′, RNR′R″	CH_3NH_2 CH_3NHCH_3 $CH_3\overset{CH_3}{\overset{\vert}{N}}CH_3$
	산소와 질소도 함께 존재	
아마이드 (펩타이드)	$R\overset{O}{\overset{\Vert}{C}}—\overset{R''(H)}{\overset{\vert}{N}}R'(H)$	

도구
작용기

식 $R—NH_2$로 나타내는데, 여기서 R은 CH_3, CH_3CH_2, $CH_3CH_2CH_2$ 등이다. 아민은 암모니아와 유사한 작용기를 갖는 화합물이므로 암모니아와 같이 약한 Brønsted 염기이며, 하이드로늄 이온(H_3O^+)과 반응한다. 따라서 아민 분자 중 탄화수소 부분의 크기와는 무관하게 강산과 $R—NH_2$ 형태의 아민과의 반응을 다음 반응식과 같이 단 하나의 반응식으로 요약할 수 있다.

$$R—NH_2 + H_3O^+ \longrightarrow R—NH_3^+ + H_2O$$

22.2 탄화수소: 구조, 명명법, 반응

탄화수소(hydrocarbon)는 C와 H 원자만으로 이루어진 분자이다. 사실상 우리가 사용하는 모든 탄화수소는 석탄, 석유, 천연가스와 같은 화석 연료에서 얻는다. 여백의 그림에 나타

VanderWolf Images/Shutterstock

정유 공장 정제 탑에는 뜨거운 원유에 들어있는 커다란 분자의 결합을 끊어 자동차 엔진에 적합한 작은 분자로 만드는 촉매가 들어있다.

낸 바와 같이, 정유 공정 중 하나는 원유(천연가스를 제거한 석유)를 끓여서, 미리 정한 온도 범위에서 얻어지는 증기를 선택적으로 응축하는 것이다. 예를 들어 휘발유(gasoline)는 대략 40~200°C 사이에서 끓는 분액으로, 5~12개의 탄소 원자를 갖는 분자들로 이루어져 있다. 등유(kerosene)와 제트 연료(jet fuel) 분액은 더 많은 탄소 원자를 갖는 분자를 포함하며, 175~325°C 범위에서 얻어지므로 휘발유의 범위와 일부 겹친다.

탄화수소는 알케인, 알켄, 알카인, 방향족 탄화수소와 같이 네 종류로 나눌 수 있다(표 22.1 참조). 모두 물에 녹지 않고, 충분한 산소가 공급되면 연소되어 이산화 탄소와 물로 된다.

앞에서 언급한 **알케인(alkane)**에 포함된 탄소 원자들은 단일 결합만으로 다른 원자들과 결합하고 있다. 알케인에서 모든 탄소 원자는 sp^3 혼성 오비탈을 사용하여 결합을 형성하기 때문에 각 탄소 주위의 원자들은 정사면체 배열을 갖는다. 알케인족 열린 사슬 분자의 일반식은 C_nH_{2n+2}이다.

해설 포화 용액이 자신이 받아들일 수 있는 만큼의 용질을 포함하는 것과 같이, 알케인은 탄소 원자가 받아들일 수 있는 만큼의 수소 원자를 포함하고 있다는 의미에서 포화되었다고 한다.

알켄(alkene)은 그림 9.32에서 설명한 것과 같이 탄소–탄소 이중 결합을 1개 이상 갖는다. **알카인(alkyne)**은 그림 9.35에서 설명한 것과 같이 탄소–탄소 삼중 결합을 1개 이상 갖는다. 알켄과 알카인은 적절한 조건에서 추가적인 H 원자를 받아들여 알케인 분자가 될 수 있기 때문에 **불포화 화합물(unsaturated compound)**이라 한다. 이 반응은 나중에 공부할 것이다. 알케인은 단일 결합만 갖는 탄화수소이기 때문에 **포화 화합물(saturated compound)**이고, 추가적인 H 원자를 받아들일 수 없다.

간단한 Lewis 구조로 나타낼 때, 고리에 있는 탄소 원자가 이중 결합을 갖고 있기 때문에 벤젠으로 대표되는 **방향족 탄화수소(aromatic hydrocarbon)**도 불포화 탄화수소이다.

벤젠

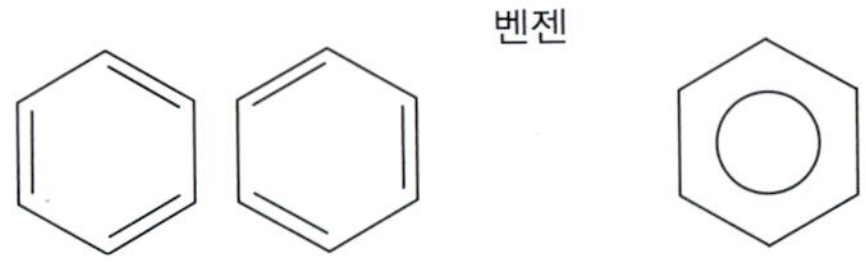

둘 다 벤젠 공명 구조

비편재 결합을 강조한 대안적인 구조

나중에 논의하겠지만, 고리의 π 결합 체계의 비편재 특성으로 인해 화학 반응에서 방향족 화합물은 알켄이나 알카인과는 전혀 다르게 거동한다.

알케인의 IUPAC 명명법

해설 앞선 논의에서 유기 화합물의 관용명뿐만 아니라 공식적인 IUPAC 이름도 제공하였다.

유기 화합물의 명명에 대한 **IUPAC 규칙(IUPAC rule)**은 체계적인 방식을 따른다. IUPAC 명명에서 가장 마지막 음절은 화합물의 족을 나타낸다. 예를 들어, 모든 포화 탄화수소의 이름은 -**에인**(-ane)으로 끝난다. 각 족에 대해 특정 분자 안의 어미 사슬(parent chain) 또는 어미 고리(parent ring)를 선택하고 명명하는 규칙이 있다. 그다음 화합물은 치환기(substituent)가 어미 사슬이나 어미 고리에 붙은 것으로 간주한다. 알케인을 명명하면서 이 원리들이 어떻게 적용되는지 알아보자.

도구
알케인의 명명

알케인을 명명하는 IUPAC 규칙

1. 모든 알케인(사이클로알케인 포함)의 이름은 -**에인**(-ane)으로 끝난다.
2. 어미 사슬은 구조에서 연속적으로 이어진 가장 긴 탄소 사슬이다. 예를 들어, 다음의 가지 사슬 알케인은

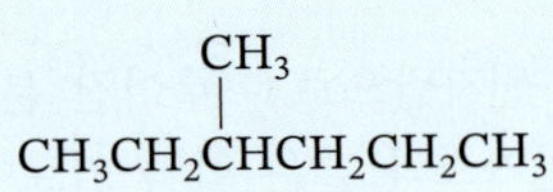

다음 어미 사슬로부터 '만들어진' 것으로 간주한다.

$$CH_3CH_2CH_2CH_2CH_2CH_3$$

왼쪽에서 세 번째 탄소에 있는 수소 원자 하나가 CH_3로 치환되었다.

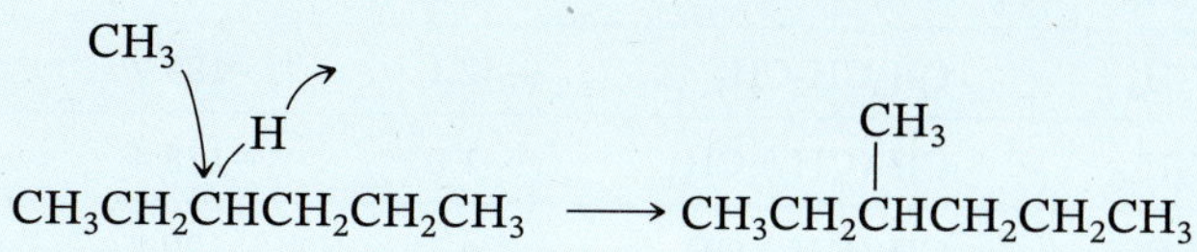

3. 어미 사슬의 탄소 수를 결정하기 위해 이름의 끝부분 **-에인**(ane) 앞에 접두사를 붙여야 한다. 탄소 수 1~10인 사슬의 접두사는 다음과 같다. **표 22.2**의 탄화수소 이름에 접두사를 사용한 것을 볼 수 있다.

메ㅌ-	1 C	헥ㅅ-	6 C
에ㅌ-	2 C	헵ㅌ-	7 C
프로ㅍ-	3 C	옥ㅌ-	8 C
뷰ㅌ-	4 C	노ㄴ-	9 C
펜ㅌ-	5 C	데ㅋ-	10 C

위 예의 어미 사슬에 있는 탄소는 6개이므로 어미 사슬의 이름은 헥세인이다: 6개의 탄소를 나타내는 **헥ㅅ**-(-hex)와 알케인족을 나타내는 **-ㅔ인**(-ane)으로 구성된다. 따라서 대상 알케인의 이름은 어미 사슬인 헥세인(hexane)의 유도체로 보인다.

4. 어미 사슬의 탄소 원자는 사슬의 어느 쪽이든 끝에서부터 번호를 매겨 첫 번째 가지의 위치가 가능한 두 숫자 중 작은 숫자가 되도록 한다. 따라서 예를 든 화합물에서 위치 4가 아닌 위치 3에 가지(CH_3)가 있기 때문에 번호를 매기는 방향은 오른쪽에서 왼쪽으로 가는 것이 아니라 왼쪽에서 오른쪽으로 가는 것이 옳은 방향이다.

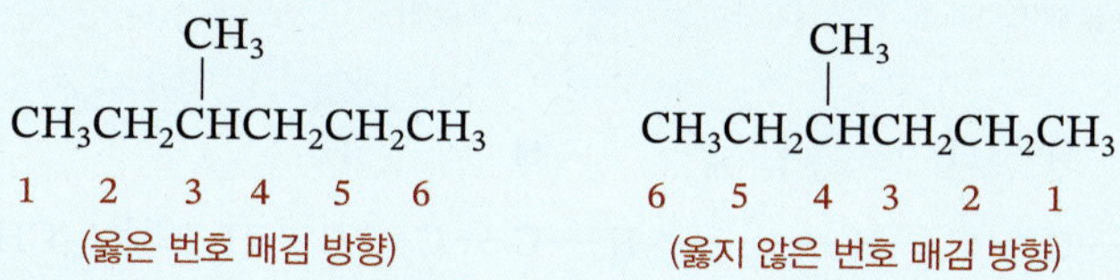

5. 어미 사슬에 붙어 있는 각 가지의 이름을 붙여야 하기 때문에 이제 일부 알케인류 가지의 이름을 배워야 한다.

알킬기

탄소와 수소만으로 구성되어 있고, 단일 결합만으로 결합되어 있는 모든 가지를 **알킬기(alkyl group)**라고 하고, 모든 알킬기의 이름은 **-일**(-yl)로 끝난다. 알킬기는 알케인에서 수소 원자 1개를 제거한 것으로 생각하라. 예를 들어, 메테인과 에테인에서 수소 1개를 제거하면 각각 메틸기(methyl group)와 **에틸기(ethyl group)**가 된다.

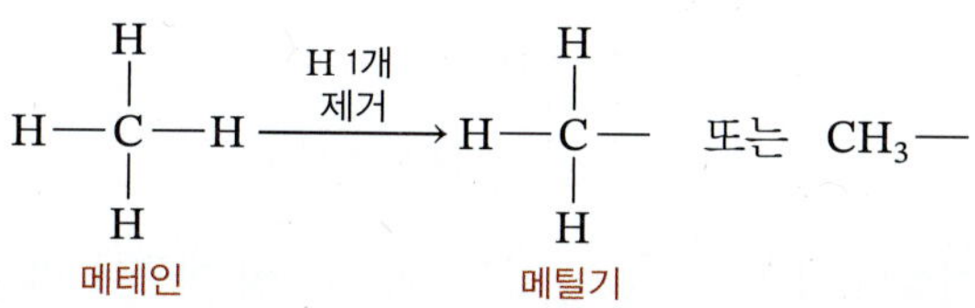

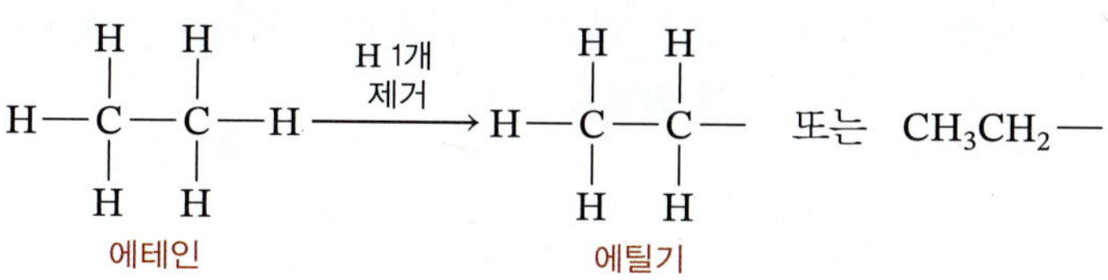

표 22.2 곧은 사슬 알케인

IUPAC 이름	분자식	구조	끓는점(°C)	녹는점(°C)	밀도(g mL^{-1}, 20°C)
메테인	CH_4	CH_4	−161.5	−182.5	
에테인	C_2H_6	CH_3CH_3	−88.6	−183.3	
프로페인	C_3H_8	$CH_3CH_2CH_3$	−42.1	−189.7	
뷰테인	C_4H_{10}	$CH_3(CH_2)_2CH_3$	−1.0	−138.4	
펜테인	C_5H_{12}	$CH_3(CH_2)_3CH_3$	36.1	−129.7	0.626
헥세인	C_6H_{14}	$CH_3(CH_2)_4CH_3$	68.7	−95.3	0.659
헵테인	C_7H_{16}	$CH_3(CH_2)_5CH_3$	98.4	−90.6	0.684
옥테인	C_8H_{18}	$CH_3(CH_2)_6CH_3$	125.7	−56.8	0.703
노네인	C_9H_{20}	$CH_3(CH_2)_7CH_3$	150.8	−53.5	0.718
데케인	$C_{10}H_{22}$	$CH_3(CH_2)_8CH_3$	174.1	−29.7	0.730

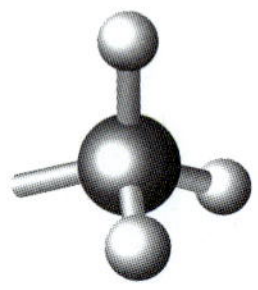
메틸기

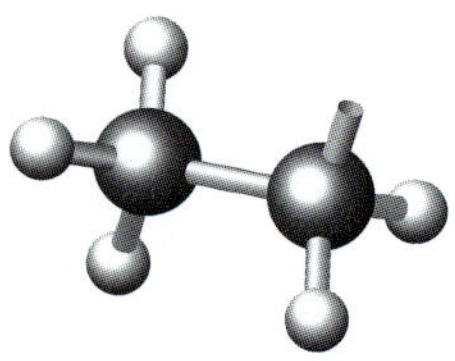
에틸기

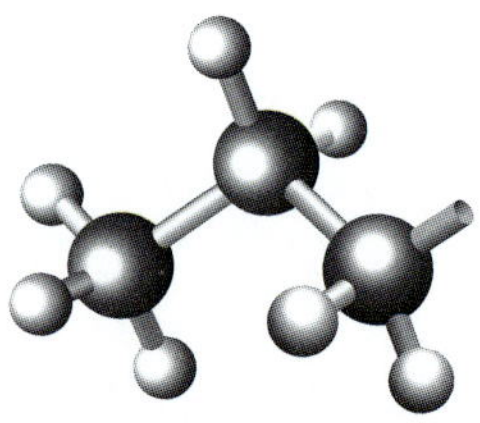
프로필기

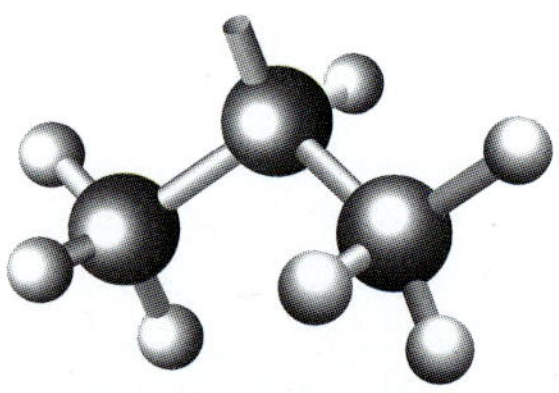
1-메틸에틸기
(아이소프로필기)

해설 아이소프로필은 관용명이고, 1-메틸에틸은 공식적인 IUPAC 이름이다.

프로페인에서는 탄소 원자 3개로 된 사슬의 가운데와 양 끝이 위치가 서로 같지 않기 때문에 프로페인으로 얻을 수 있는 알킬기는 끝의 탄소에서 H가 1개 제거된 프로필과 가운데 탄소에서 H가 1개 제거된 1-메틸에틸[또는 **아이소프로필(isopropyl)**] 2개이다.

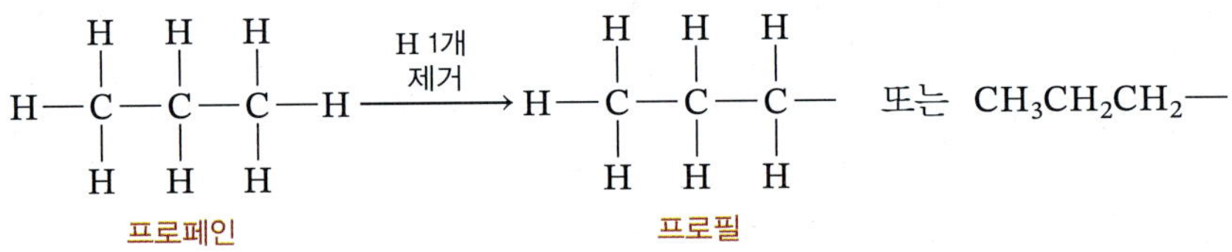

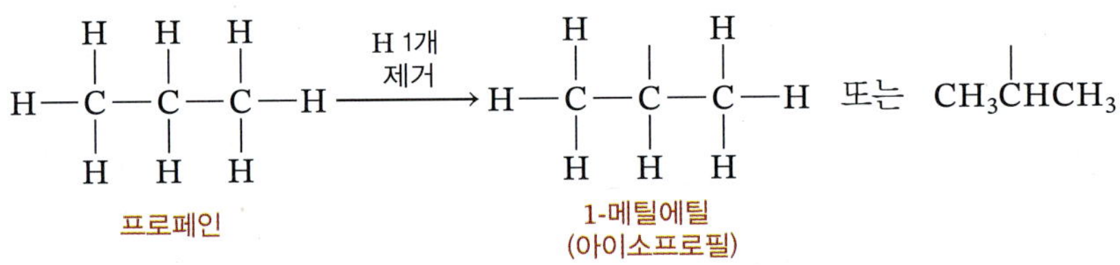

4개 이상의 탄소 원자를 갖는 알킬기의 IUPAC 이름은 알지 않아도 된다. 이제 IUPAC 규칙을 계속 공부해 보자.

6. 각 알킬기의 이름을 어미 사슬의 이름 앞에 접두사처럼 붙이고, 그 이름 앞에 사슬에서 결합되어 있는 위치를 나타내는 숫자를 쓰고, 숫자와 이름 사이에 하이픈(-)을 넣는다. 따라서 맨 처음 예로 든 화합물의 이름은 3-메틸헥세인(3-methylhexane)이다.

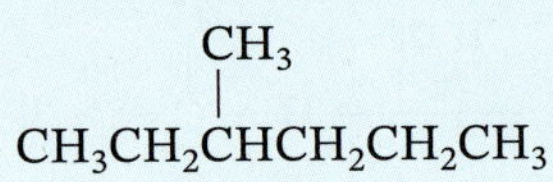

7. 어미 사슬에 2개 이상의 작용기가 붙어 있을 때, 각각의 이름과 위치를 나타내는 숫자를 나타내야 한다. 알킬 치환기의 이름은 알파벳 순으로 나열한다. 항상 숫자와 글자 사이에 하이픈을 넣는다. 다음 분자로 이를 설명해 보자.

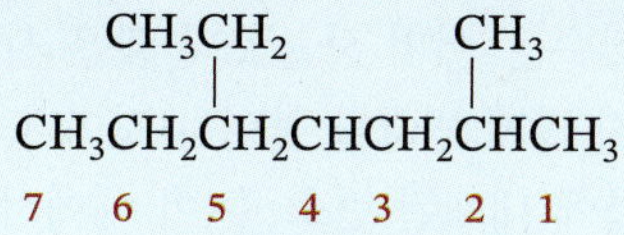

5-에틸-2-메틸헵테인

8. 같은 치환기가 2개 이상일 때, 다이-(di-, 2), 트라이-(tri-, 3), 테트라-(tetra, 4) 등과 같은 접두사를 사용한다. 최종 이름에는 숫자를 사용하여 모든 알킬기의 위치를 나타내야 한다. 이름에서 숫자와 숫자는 항상 쉼표(comma)로 구분한다. 다음의 예를 들어,

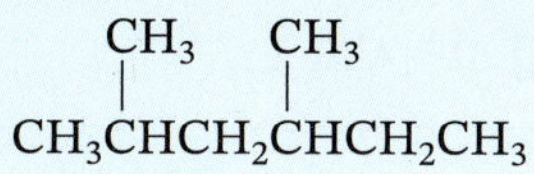

옳은 이름: 2,4-다이메틸헥세인
옳지 않은 이름: 2,4-메틸헥세인
3,5-다이메틸헥세인
2-메틸-4-다이메틸헥세인
2-4-다이메틸헥세인

9. 같은 작용기가 같은 탄소에 붙어 있을 때, 그 위치를 나타내는 숫자를 반복해서 이름에 쓴다. 예를 들어,

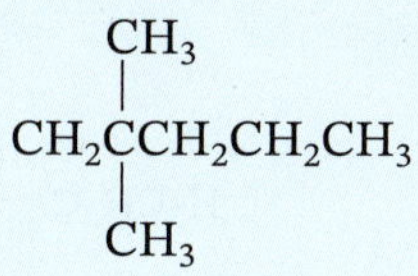

옳은 이름: 2,2-다이메틸펜테인
옳지 않은 이름: 2-다이메틸펜테인
2,2-메틸펜테인

해설 아직도 많은 화합물에 대해 관용명을 널리 사용하고 있다. 예를 들어, 2-메틸프로페인의 관용명은 아이소뷰테인이다.

이것이 알케인을 명명하는 IUPAC 규칙의 전부는 아니지만, 이 정도로도 우리에게 필요한 이름을 붙일 수 있다.

예제 22.1 UPAC 규칙을 사용하여 알케인의 이름 붙이기

다음 화합물의 IUPAC 이름은 무엇인가?

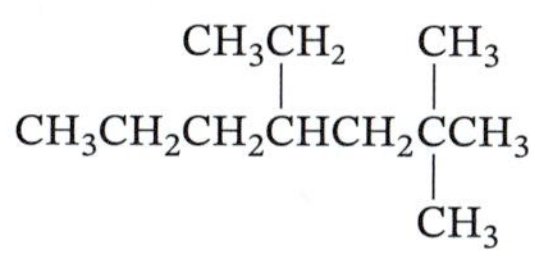

분석 작용기에 따라 규칙이 조금씩 다르기 때문에 유기 화합물의 이름을 붙일 때 해야 할 첫 번째 단계는 이 화합물이 속한 족을 확인하는 것이다. 그런 후에 어미 사슬을 찾고, 가지 사슬을 찾는다.

도구 모음 물론 도구는 알케인을 명명하는 IUPAC 규칙이다.

풀이 이름의 끝은 -**에인**으로 끝나야 한다. 가장 긴 사슬에 있는 탄소는 7개이므로 어미 알케인의 이름은 헵테인(heptane)이다. 첫 가지에 작은 숫자가 가도록 어미 사슬의 오른쪽에서 왼쪽으로 번호를 매겨야 한다.

2번 탄소에 탄소 1개인 메틸기 2개가 있다. 4번 탄소에 탄소 2개인 에틸기 1개가 있다. 알파벳 순서에 따라 에틸이 메틸 앞에 오며, 이들을 모아 다음과 같이 최종 이름을 완성한다(알킬기의 알파벳 순서는 다이-, 트라이- 같은 접두사를 붙이기 전의 이름을 기준으로 한다).

4-에틸-2,2-다이메틸헵테인

하이픈으로 숫자와 단어 구분 | 쉼표로 두 숫자 구분 | 하이픈 없음, 쉼표 없음, 띄어쓰기 없음

답이 합리적인가? 가장 흔한 실수는 '어미 사슬'보다 짧은 사슬을 선택하는 것인데, 실수하지 않았다. 또 다른 실수는 옳지 않게 번호를 붙이는 것이다. 일부 사람들이 사용하는 전체적인 점검 방법 중 하나는 이름에 내포된 탄소 수(이 예에서 $2+1+1+7=11$)를 세고 이를 구조에서 직접 센 수와 비교하는 것이다. 숫자들이 일치하지 않으면 자신이 옳지 않을 수도 있다는 것을 알 수 있다.

실전 문제 22.3

학생이 화합물의 이름을 1,1,1-트라이메틸에테인으로 잘못 붙였다. 화합물의 정확한 이름은 무엇인가? (**힌트**: 1,1,1-트라이메틸에테인의 구조를 그리시오.)

실전 문제 22.4

다음 화합물의 IUPAC 이름을 쓰시오. 어미 사슬을 찾을 때, 그 사슬이 비틀리고 꺾여있더라도 가장 긴 연속 탄소 사슬을 찾아야 한다.

(a) 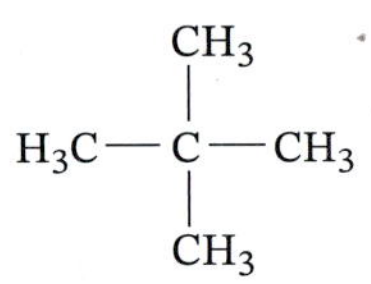
(b) 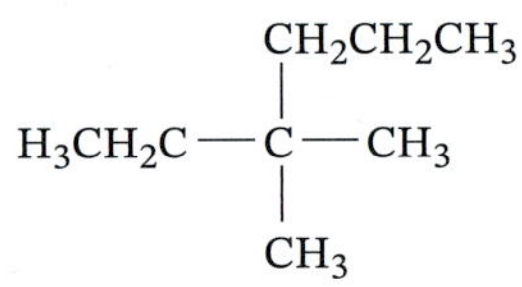
(c) 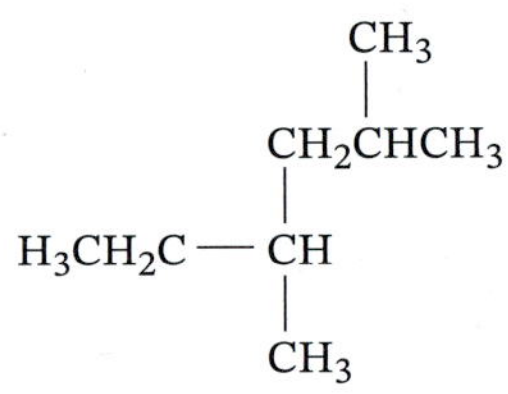

알케인의 화학적 성질

실온에서 알케인은 상대적으로 반응성이 없다. 알케인은 H_2SO_4와 같은 강산이나, NaOH와 같은 강염기 수용액과 반응하지 않는다. 모든 탄화수소와 같이, 알케인은 공기 중에서 연소되어 물과 탄소 산화물(CO_2, CO)로 된다. 뜨거운 질산, 염소, 브로민도 알케인과 반응한다. 예를 들어, 메테인의 염소화 반응으로 다음 화합물들이 얻어진다.

해설 할로젠은 탄소 원자와 단일 결합을 형성한다. 여기에 나타낸 염소가 결합된 메테인 유도체들의 이름은 IUPAC 이름이 아닌 관용명이다.

CH_3Cl	CH_2Cl_2	$CHCl_3$	CCl_4
염화 메틸	염화 메틸렌	클로로폼	사염화 탄소

알케인을 공기가 없는 높은 온도에서 가열하면 더 작은 분자로 끊어지는 '열분해(crack)'가 일어난다. 예를 들어, 메테인을 열분해하면 미세한 탄소 가루와 수소가 얻어진다.

$$CH_4 \xrightarrow{\text{높은 온도}} C + 2H_2$$

에테인의 제어된 열분해로 에텐(관용명 에틸렌)이 얻어진다.

$$\underset{\text{에테인}}{CH_3CH_3} \xrightarrow{\text{높은 온도}} \underset{\text{에텐}}{CH_2{=}CH_2} + H_2$$

에틸렌은 유기 화학 산업에서 가장 중요한 원료 물질 중 하나이다. 또한 에틸렌을 이용하여 에탄올, 에틸렌 글라이콜(부동액)뿐만 아니라 폴리에틸렌 플라스틱 제품을 만든다.

해설 $HOCH_2CH_2OH$
에틸렌 글라이콜

알켄과 알카인

1개 이상의 이중 결합을 갖는 탄화수소는 알켄족이다. 열린 사슬 알켄의 일반식은 C_nH_{2n}이다. 삼중 결합을 갖는 탄화수소는 알카인족이고, 열린 사슬 알카인의 일반식은 C_nH_{2n-2}이다.

모든 탄화수소와 마찬가지로, 알켄과 알카인은 사실상 비극성이므로 물에 녹지 않으며 가연성이다. 가장 친숙한 알켄은 에텐과 프로펜(관용명은 각각 에틸렌과 프로필렌)으로, 각각 폴리에틸렌과 폴리프로필렌의 원료 물질이다. 중요한 알카인인 에타인(관용명 아세틸렌)은 (용접에 사용하는) 산소-아세틸렌 토치의 연료이다.

$CH_2{=}CH_2$	$CH_3CH{=}CH_2$	$HC{\equiv}CH$
에텐(에틸렌)	프로펜(프로필렌)	에타인(아세틸렌)

알켄과 알카인의 IUPAC 명명법 알켄을 명명하는 IUPAC 규칙은 알케인의 명명 규칙을 적용하지만, 중요한 두 가지 다른 점이 있다. 첫째, 어미 사슬이 다른 사슬보다 짧더라도 반드시 이중 결합을 포함해야 한다. 둘째, 어미 알켄 사슬의 탄소 원자는 어느 쪽이든 끝에서부터 번호를 매겨 이중 결합의 첫 번째 탄소에 가능한 두 숫자 중 작은 숫자가 되도록 해야 한다. 이중 결합의 위치를 분명하게 알고 있으면 **-엔**(*-ene*) 또는 **-아인**(*-yne*)으로 끝나기 바로 직전 어미 사슬의 이름에 앞뒤로 하이픈으로 구분하여 이 숫자(작은 수)를 넣는다. 번호 매기는 방향을 결정할 때, 가지 위치의 숫자는 고려하지 않는다. 그 외에, 앞에서 한 것과 같이 알킬기의 이름과 위치를 쓴다. 다음은 옳게 이름을 붙인 알켄의 몇 가지 예이다.

> **도구**
> 알켄과 알카인의 명명

$CH_3CH_2CH{=}CH_2$
뷰트-1-엔
(뷰트-3-엔이 아님)

$CH_3CH{=}CHCH_3$
뷰트-2-엔

$CH_3CH_2CH(CH_3)CH_2CH{=}C(CH_3)CH_3$
2,5-다이메틸헵트-2-엔
(3,6-다이메틸-5-헵텐이 아님)

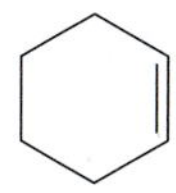
사이클로헥센

사슬에 숫자를 매길 때, 이중 결합의 첫 번째 탄소의 숫자 하나만을 사용하여 이중 결합의 위치를 나타내는 것을 주목하라.

일부 알켄은 2개의 이중 결합을 갖는데, 이를 **다이엔**(diene)이라 한다. 3개의 이중 결합을 갖는 것은 **트라이엔**(triene)이라 한다. 각 이중 결합의 위치는 숫자로 나타내야 한다.

$CH_2{=}CHCH{=}CHCH_3$	$CH_2{=}CHCH_2CH{=}CH_2$	$CH_2{=}CHCH{=}CHCH{=}CH_2$
펜타-1,3-다이엔	펜타-1,4-다이엔	헥사-1,3,5-트라이엔

기하 이성질 현상 9.6절에서 설명한 바와 같이, 결합이 끊어지지 않고서는 탄소-탄소 이중 결합을 중심으로 분자의 한 부분이 다른 부분에 대해 회전하는 것은 일어날 수 없다. 결과적으로 이중 결합의 탄소에 결합된 원자의 배향이 자신의 정해진 자리에 고정된다. 이로 인해 많은 알켄이 **기하 이성질 현상**(**geometric isomerism**)을 나타낸다. 따라서 시스-뷰트-2-엔과 트랜스-뷰트-2-엔(일반적으로 각각 시스-2-뷰텐과 트랜스-2-뷰텐으로 명명)은 서로 **기하 이성질체**(**geometric isomer**)이다(다음 그림 참조). 둘의 분자식은 C_4H_8로 같을 뿐만 아니라 동일한 골격과 동일한 원자로 구성된 동일한 결합 구조, 즉 $CH_3CH{=}CHCH_3$를 갖는다. 2개의 뷰트-2-엔에서 이중 결합에 붙어 있는 2개의 CH_3기의 **배향**만이 다르다.

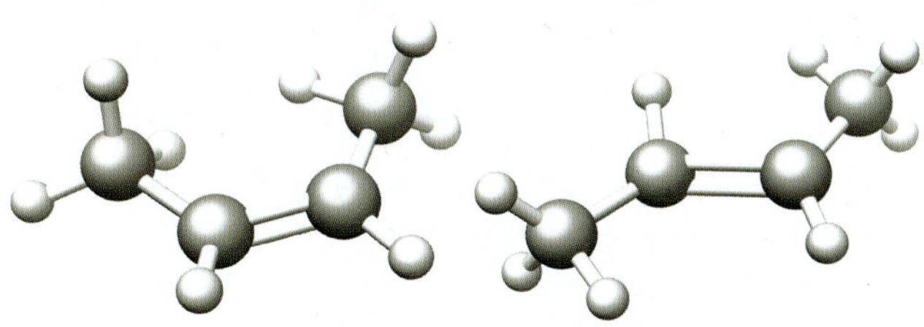

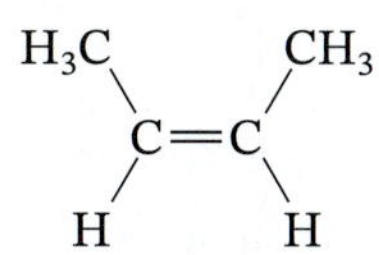

시스-뷰트-2-엔
BP 3.72 °C

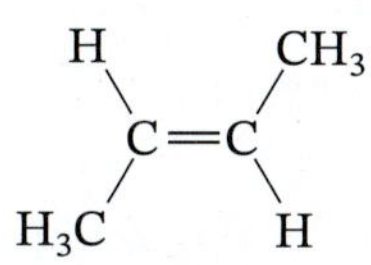

트랜스-뷰트-2-엔
BP 0.88 °C

해설 고리 구조에서도 자유 회전이 일어나지 못하기 때문에, 고리 화합물의 기하 이성질체도 가능하다. 1,2-다이메틸사이클로프로페인의 두 이성질체가 그 예이다. 아래 그림에서, 고리는 지면 뒤로 기울어 있고, 고리의 앞 모서리는 굵은 선으로 나타내었다.

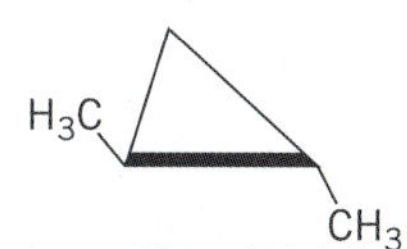

트랜스 이성질체
BP 28 °C

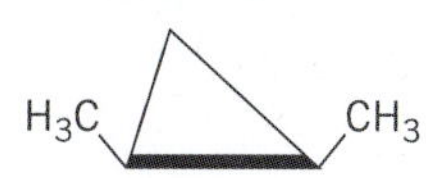

시스 이성질체
BP 37 °C

시스(*cis*)는 '같은 쪽', **트랜스**(*trans*)는 '반대쪽'을 의미한다. 이와 같은 배향의 차이로 인해, 2개의 뷰트-2-엔 기하 이성질체는 끓는점과 같은 물리적 성질의 차이를 보인다. 그러나 각 이성질체는 1개의 이중 결합을 갖기 때문에 시스-2-뷰텐과 트랜스-2-뷰텐의 **화학적** 성질은 비슷하다.

도구
알켄과 알카인의 반응

알켄의 반응 이중 결합은 단일 결합보다 전자 밀도가 커서, 양성자와 같은 친전자성 화학종들은 이중 결합의 π 결합에 있는 전자 밀도에 자연적으로 끌려온다. 그 결과 알켄은 강한 양성자 주개가 제공한 양성자와 쉽게 반응한다. 반응물은 두 부분으로 나뉘어 이중 결합의 두 탄소에 각각 결합하는 **첨가 반응**(**addition reaction**)이 일어난다. 예를 들어, 에텐은 다음과 같이 쉽게 염화 수소와 반응한다.

$$CH_2{=}CH_2 + H{-}Cl(g) \longrightarrow Cl{-}CH_2{-}CH_3$$

이중 결합을 가로질러 염화 수소 분자가 첨가된다고 하는데, HCl의 수소는 이중 결합을 이루던 한쪽 탄소에, 염소는 다른 쪽 탄소에 결합한다. π 결합의 전자쌍이 밖으로 나와 HCl 분자에서 H^+를 가져가고, 그 과정에서 Cl^-가 생성된다. 본래의 탄소–탄소 이중 결합의 한쪽 탄소가 H와 결합을 형성하기 때문에 이중 결합의 다른 쪽 탄소에 양(+) 전하가 남는다.

해설 곡선 화살표는 전자쌍 재배열 방식을 나타낸다는 것을 상기하라. 일반적으로 원자의 움직임을 나타내는 데 곡선 화살표를 사용하지 않는다.

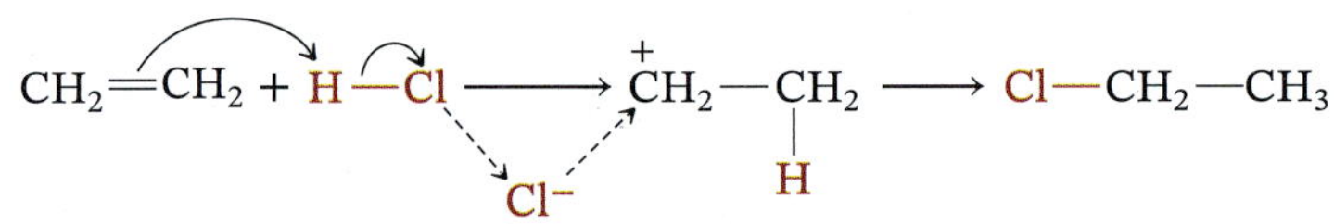

해설 옥텟이 아닌 6개의 원자가 전자만을 갖는 탄소를 포함하는 탄소 양이온은 일반적으로 짧은 순간만 존재한다.

H^+ 전달 결과, 탄소가 양전하를 띠는 탄소 양이온(carbocation)이라는 매우 불안정한 양이온이 생성된다. 그 후 양전하를 띠는 탄소가 빠르게 Cl^- 이온을 끌어당겨 생성물인 클로로에테인이 얻어진다.

다른 예로 뷰트-2-엔을 들 수 있다. 에텐과 같이, 뷰트-2-엔에도 HCl이 첨가된다.

$$\underset{\text{뷰트-2-엔}}{CH_3CH{=}CHCH_3} + HCl \longrightarrow \underset{\text{2-클로로뷰테인}}{CH_3\underset{\large Cl}{\underset{|}{C}}HCH_2CH_3}$$

또한 브로민화 수소, 아이오딘화 수소, 황산('황산 수소')도 알켄 이중 결합에 첨가된다. 알카인도 유사한 첨가 반응을 한다.

황산과 같은 산 촉매가 있으면 물 분자도 이중 결합에 첨가된다. 그 결과로 얻어진 생성물은 알코올이다. 예를 들어, 에텐의 이중 결합에 H_2O를 첨가하면 생성물로 에탄올이 얻어진다.

$$\underset{\text{에텐}}{H_2C{=}CH_2} + HOH \xrightarrow[\text{촉매}]{H_2SO_4} \underset{\text{에탄올}}{\underset{\underset{\large H}{|}}{H_2C}{-}\underset{\underset{\large OH}{|}}{CH_2}}$$

알켄 이중 결합에 첨가되는 다른 무기 화합물로는 염소, 브로민, 수소가 있다. 염소나 브로민은 실온에서 쉽게 반응한다. 예를 들어, 에텐과 브로민의 반응으로 1,2-다이브로모에테인이 얻어진다.

$$\underset{\text{에텐}}{CH_2{=}CH_2} + Br{-}Br \longrightarrow \underset{\text{1,2-다이브로모에테인}}{\underset{\underset{\large Br}{|}}{CH_2}{-}\underset{\underset{\large Br}{|}}{CH_2}}$$

알켄에 수소를 첨가한 생성물은 알케인이다. 이와 같은 반응을 수소 첨가 반응(hydrogenation)이라 한다. 이 반응은 예를 들어, 백금 분말과 같은 촉매가 필요하며, 때로는 일상의 실온과 대기압보다 높은 온도와 높은 압력이 필요하다. 2-뷰텐(시스 또는 트랜스)의 수소 첨가 반응의 생성물은 뷰테인이다.

$$\underset{\text{뷰트-2-엔 (시스 또는 트랜스)}}{CH_3CH{=}CHCH_3} + H{-}H \xrightarrow[\text{촉매}]{\text{열, 압력}} \underset{\quad\ H\qquad\ H}{CH_3\overset{}{C}H{-}CHCH_3} \text{ 또는 } \underset{\text{뷰테인}}{CH_3CH_2CH_2CH_3}$$

방향족 탄화수소

가장 흔한 **방향족 화합물(aromatic compound)**은 벤젠 고리(benzene ring)를 포함하는데, 벤젠 고리는 6개의 탄소 원자로 이루어진 고리를 갖고, 각 탄소는 1개의 수소나 다른 원자나 원자단에 결합되어 있다. 벤젠 고리는 육각형으로 나타내는데, 단일 결합과 이중 결합을 교대로 표시하거나 원으로 나타낸다. 예를 들어,

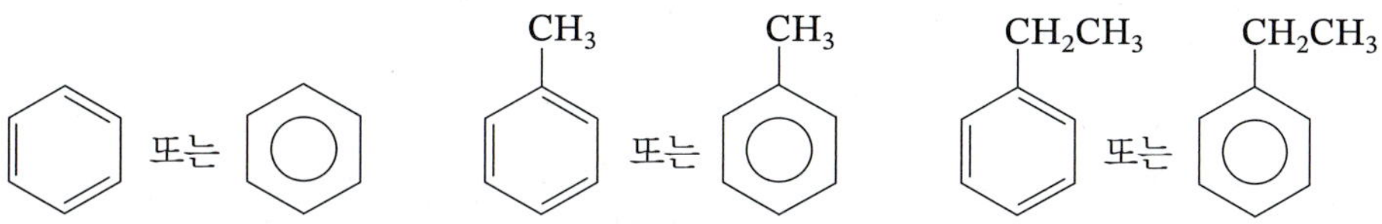

벤젠 톨루엔 (메틸벤젠) 에틸벤젠

원이 벤젠 고리의 비편재 결합을 좀 더 잘 나타내는 방법이라는 것을 9.8절에서 설명하였다.

벤젠의 분자 오비탈 관점에서, 고리 π 전자의 비편재는 고리를 매우 안정하게 한다. 벤젠의 첨가 반응이 쉽게 일어나지 않는 이유는 고리 π 전자의 비편재로 인한 고리의 안정성 때문이다. 첨가 반응은 전자 밀도의 비편재를 방해한다. 그 대신, 벤젠 고리에서 일어나는 가장 일반적인 반응은 고리의 수소 원자 중 하나를 다른 원자나 원자단으로 바꾸는 **치환 반응(substitution reaction)**이다. 예를 들어, 벤젠은 촉매인 염화 철(III)($FeCl_3$)의 존재하에서 염소와 반응하여 첨가 생성물 1,2-다이클로로 화합물이 아닌 치환 생성물 클로로벤젠을 생성한다. 벤젠의 공명 구조를 사용해야만 이 점을 극적으로 나타낼 수 있다.

> **해설** 탄화수소와 탄화수소의 산소 유도체나 질소 유도체는 방향족이 아니라 지방족 화합물이라 한다.

> **해설** 이 반응에서, $FeCl_3$는 촉매이다. 곡선 화살표로 지시한 HCl은 생성물이다.

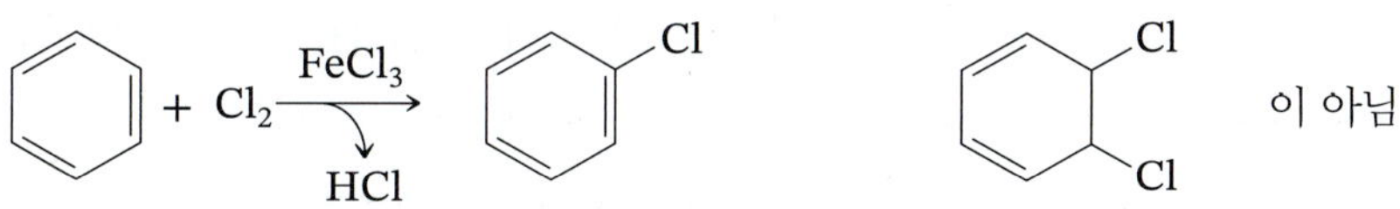

클로로벤젠 (이중 결합에 염소가 첨가되면 이 화합물이 형성됨)

첨가 반응이 아닌 치환 반응을 해야만 벤젠 고리의 비편재와 매우 안정한 π 전자 구조가 그대로 유지된다고 추론할 수 있다.

적절한 촉매가 존재하면, 벤젠은 황산뿐만 아니라 염소, 브로민, 질산과 치환 반응을 한다(Cl_2와 Br_2는 알켄의 이중 결합에 쉽게 첨가되는 것을 상기하라).

$$C_6H_6 + Br_2 \xrightarrow{FeBr_3\ \text{촉매}} \underset{\text{브로모벤젠}}{C_6H_5{-}Br} + HBr$$

$$C_6H_6 + HNO_3 \xrightarrow{H_2SO_4\ \text{촉매}} \underset{\text{나이트로벤젠}}{C_6H_5{-}NO_2} + H_2O$$

$$C_6H_6 + H_2SO_4 \longrightarrow \underset{\text{벤젠설폰산}}{C_6H_5{-}SO_3H} + H_2O$$

22.3 산소를 포함한 유기 화합물

우리가 접하는 대부분의 유기 화합물은 탄화수소가 아니지만 모두 탄화수소에서 유도된 것으

로 보이는 조각들을 가지고 있다. 이 절에서는 표 22.1에 있는 산소를 포함하는 작용기를 갖는 화합물을 공부한다.

알코올과 에터

알코올(alcohol)은 8장에서 다루었다. 일반적으로 알코올은 3개의 다른 기가 단일 결합으로 붙어 있는 탄소에 OH기가 결합된 화합물이다. 알킬기를 나타내는 기호 R을 사용하면, 알코올의 일반 구조는 ROH이다.

구조적으로 가장 간단한 4개의 알코올은 다음과 같다(IUPAC 이름 아래의 괄호 안에 있는 것은 관용명이다).

CH_3OH	CH_3CH_2OH	$CH_3CH_2CH_2OH$	CH_3CHCH_3 (2번 탄소에 OH)
메탄올 (메틸 알코올)	에탄올 (에틸 알코올)	프로판-1-올 (프로필 알코올)	프로판-2-올 (아이소프로필 알코올)
BP 65 °C	BP 78.5 °C	BP 97 °C	BP 82 °C

에탄올은 주류에 들어있는 알코올이며, 휘발유에 첨가하여 '가소올(gasohol)'을 만들기도 하는데 연료 E-85의 85%를 차지한다(나머지는 휘발유이다).

에터(ether) 분자는 1개의 산소에 2개의 알킬기가 결합된 화합물인데, 두 R기는 같거나 다를 수도 있다. 몇 가지 예에 대한 관용명은 다음과 같다.

CH_3OCH_3	$CH_3CH_2OCH_2CH_3$	$CH_3OCH_2CH_3$	$R—O—R'$
다이메틸 에터	다이에틸 에터	에틸 메틸 에터	에터
BP −23 °C	BP 34.5 °C	BP 11 °C	(일반적 구조)

다이에틸 에터는 한때 외과 수술 중 마취제로 널리 사용되었던 '에테르'이다.

알코올과 **에터**의 끓는점이 다른 것은 수소 결합의 영향 때문이다. 에터 분자 사이에는 수소 결합이 존재할 수 없으므로 간단한 에터의 끓는점은 매우 낮고, 분자 크기가 유사한 알코올의 끓는점보다 훨씬 낮다. 예를 들어, 뷰탄-1-올[$CH_3CH_2CH_2CH_2OH$, 끓는점 117 °C]은 구조 이성질체인 다이에틸 에터(끓는점 34.5 °C)보다 83 °C 더 높은 온도에서 끓는다.

도구
알코올의 명명

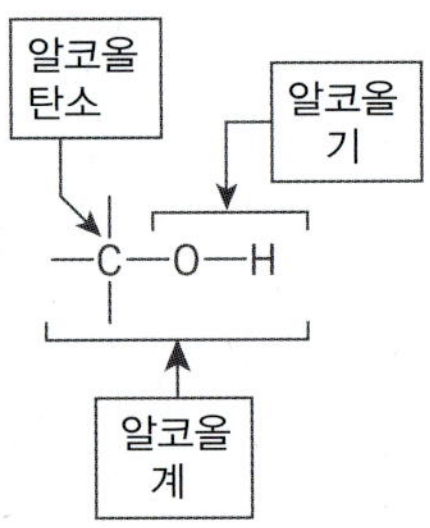

알코올의 명명 알코올의 이름은 -올(-ol)로 끝난다. 어미 사슬에 해당하는 탄화수소의 이름 끝에 있는 -e를 -올로 바꾼다. 알코올의 어미 사슬은 OH기가 결합된 탄소를 포함하는 가장 긴 사슬이어야 한다. 사슬은 알킬 치환기와 무관하게 OH기가 붙어 있는 자리에 가장 작은 수가 배정되도록 번호를 매긴다.

알코올과 에터의 중요한 반응 알케인처럼 에터는 화학적으로 거의 반응성이 없다. 에터는 (알케인과 마찬가지로) 연소되고, 진한 산에서 끓이면 분해된다.

대조적으로 알코올은 다양한 화학 반응을 일으킨다. 알코올계의 탄소 원자, 즉 알코올 탄소 원자가 최소 1개의 H 원자와 결합되어 있으면, 이 H를 산화제로 제거할 수 있다. OH기의 H 원자도 제거되고, 산소는 탄소와 이중 결합을 형성한다. 2개의 H 원자는 물 분자의 일부가 되는데, 산화제가 O 원자를 제공하여 H_2O가 만들어지는 것으로 생각할 수 있다. 이 시점에서 정리해 보면, 본래 알코올 탄소에 결합되어 있는 H 원자의 개수에 따라 생성물의 족이 달라진다.

도구
알코올의 산화

알코올 탄소에 2개의 H 원자를 갖는 RCH_2OH 형태의 알코올이 산화되면 우선 알데하이드가 생성되고, 알데하이드는 추가적으로 산화되어 카복실산이 된다(이 절에서 나중에 알데하이드와 카복실산에 대해 좀 더 논의할 것이다).

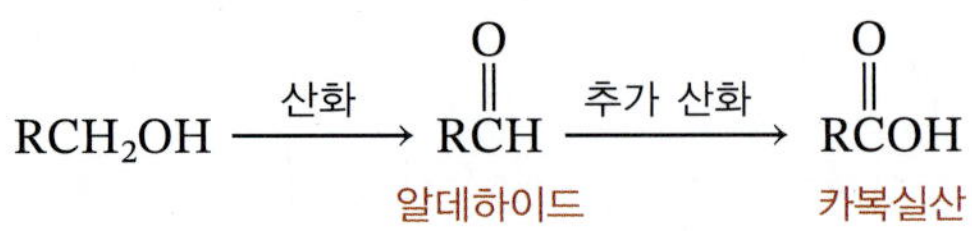

산성 조건에서 산화제로 다이크로뮴산 이온을 사용할 때, 알데하이드 형성에 대한 알짜 이온 반응식은 다음과 같다.

$$3RCH_2OH + Cr_2O_7^{2-} + 8H^+ \longrightarrow 3RCH{=}O + 2Cr^{3+} + 7H_2O$$

해설 알데하이드기(CH=O)는 가장 쉽게 산화되는 작용기 중의 하나이고, 카복실기(CO_2H)는 가장 산화되기 어려운 작용기 중의 하나이다.

알데하이드는 알코올보다 훨씬 더 쉽게 산화되기 때문에 알데하이드가 형성될 때, 용액에서 제거하지 않으면 아직 반응하지 않은 산화제를 소모하면서 해당 카복실산으로 변한다.

R_2CHOH 형태의 알코올이 산화되면 **케톤**(ketone)이 생성된다. 예를 들어, 프로판-2-올은 산화되어 흔히 아세톤으로 알려진 프로판온으로 된다.

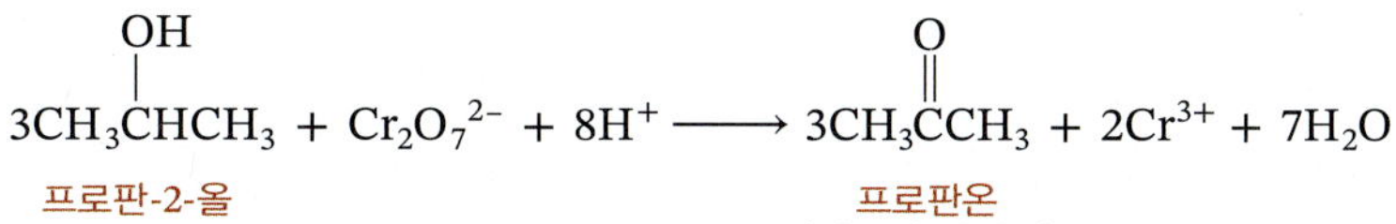

케톤은 쉽게 산화되지 않으므로, 알코올이 산화되어 케톤이 형성될 때 추가적인 산화를 방지하기 위하여 산화제로부터 케톤을 제거할 필요는 없다.

R_3COH 형태의 알코올은 알코올 탄소에 제거할 수 있는 H 원자가 없기 때문에, 유사한 방법으로 산화시킬 수 없다.

알코올의 다른 반응 진한 황산과 같은 강산의 존재하에서 알코올 분자에서 물 분자가 손실되고 탄소–탄소 이중 결합이 생성되는 반응이 일어난다. **탈수 반응**(dehydration)인 이 반응은 **제거 반응**(elimination reaction)의 한 예이다.

도구
알코올의 탈수 반응

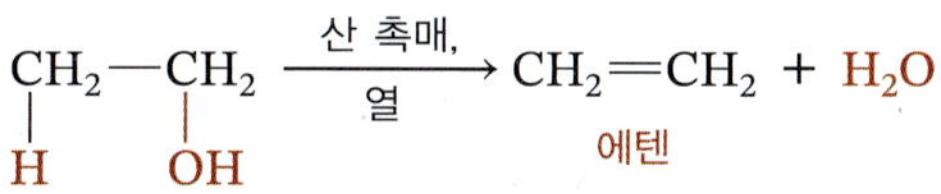

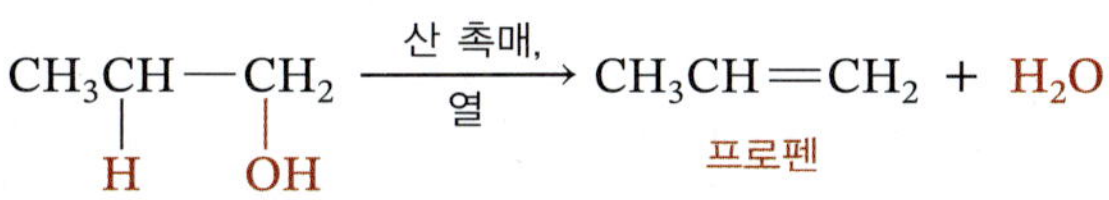

물의 제거가 가능한 이유는 OH기의 O 원자가 양성자–받개 능력을 갖기 때문이다. 알코올은 진한 강산에 대해 Brønsted 염기로 작용하는 물 분자와 닮아서 양성자화된 형태가 관련된 평형 혼합물을 만든다. 예를 들어, 에탄올을 진한 황산에 녹인 후 진한 황산과 반응시키면 다음 반응식에 따라 반응한다(H_2SO_4를 $H{-}OSO_3H$로 표기).[1]

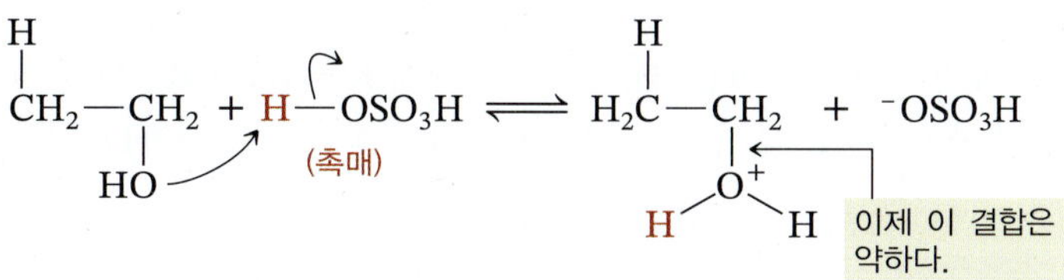

유기 양이온은 하이드로늄 이온의 에틸 유도체인 $CH_3CH_2OH_2^+$에 지나지 않으며, H_3O^+의 산소에 결합된 3개의 결합 모두와 마찬가지로 이 **양이온의 산소에 결합된 3개의 결합 모두 약하다.**

이제 물 분자는 CH_2기에 붙잡혀 있던 전자쌍을 가지고 떨어진다. 남은 유기 화학종은 탄소

[1]첫 번째 곡선 화살표는 OH기의 O와 같이 한 분자에 결합된 원자가 비공유 전자쌍을 이용하여 촉매에 있는 수소와 같은 다른 분자의 원자를 떼어 내는 방법을 설명하는 것이다. 두 번째 곡선 화살표는 황산에 있는 H와 O 사이의 모든 결합 전자가 형성되는 황산수소 이온에 남게 되는 것을 설명하는 것이다. 따라서 수소는 H^+로 전달된다.

양이온이다.

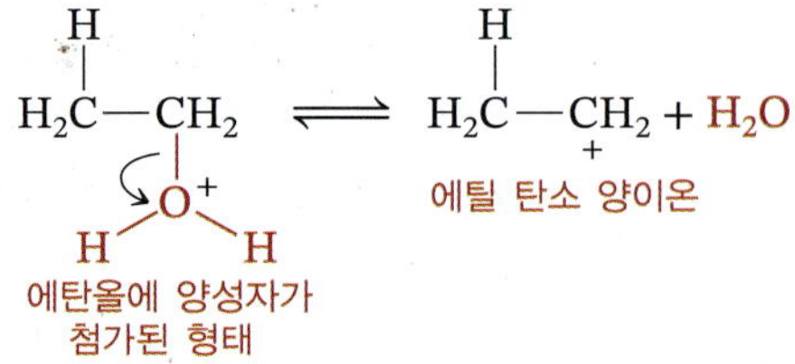

앞에 언급한 바와 같이, 탄소 양이온은 불안정하다. 에틸 탄소 양이온($CH_3CH_2^+$)은 양성자를 잃고 안정해지며, HSO_3O^-와 같은 양성자 받개에게 양성자를 제공하여 촉매 $H-OSO_3H$를 다시 생성한다. 이탈되는 양성자와 결합되어 있던 전자쌍은 남겨져 생성물의 새로운 결합, 즉 이중 결합의 두 번째 결합을 형성한다. 다음 반응식은 이런 단계를 나타낸다. 이제 모든 탄소 원자는 옥텟 규칙을 만족한다.

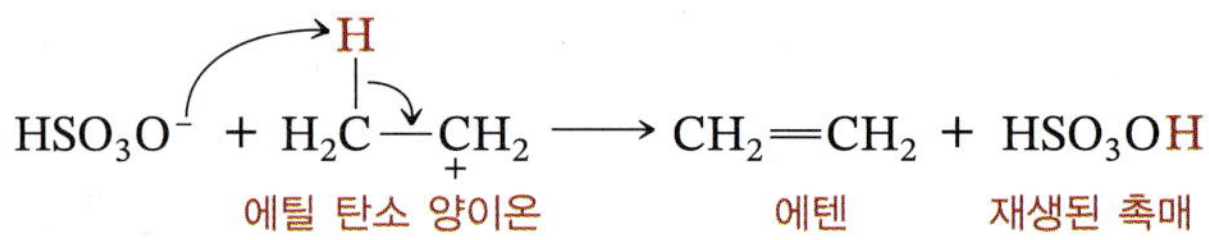

에탄올의 탈수 반응의 마지막 몇 단계, 즉 H_2O의 분리, 양성자 이탈, 이중 결합 형성, 촉매의 재생은 아마도 동시에 일어날 것이다. 촉매인 H_2SO_4에 대한 두 가지 사실을 주목하라. 첫째, 산은 강한 결합을 갖는 화학종인 알코올을 전략적으로 약한 결합을 갖는 화학종인 양성자 첨가된 알코올로 전환시키는 역할을 한다. 둘째, 촉매로 작용하기 위해서 H_2SO_4는 재생되어야 한다.

산성 조건에서 진하고 강한 이성분산을 사용하여 알코올의 OH기를 할로젠 원자로 치환할 수 있다.

도구
알코올의 치환 반응

$$\underset{\text{에탄올}}{CH_3CH_2OH} + HI(\text{진한}) \xrightarrow{\text{열}} \underset{\substack{\text{아이오도에테인}\\\text{(아이오딘화 에틸)}}}{CH_3CH_2I} + H_2O$$

$$\underset{\text{프로판-1-올}}{CH_3CH_2CH_2OH} + HBr(\text{진한}) \xrightarrow{\text{열}} \underset{\substack{\text{1-브로모프로페인}\\\text{(브로민화 프로필)}}}{CH_3CH_2CH_2Br} + H_2O$$

22.2절의 염소와 벤젠의 반응과 같이 이 반응들도 **치환 반응(substitution reactions)**이다. 각 반응의 첫 번째 단계는 알코올의 OH기로 H^+가 전달되어 OH기에 양성자가 첨가된 형태가 얻어지는 단계이다.

$$R—OH + H^+ \longrightarrow R—OH_2^+$$

산 촉매는 H^+를 제공하여 $R-OH_2^+$를 형성함으로써 R−OH의 R−O 결합을 약하게 하는 역할을 한다. 할로젠화 이온(X^-)의 농도가 높으면, 이 화학종은 $R-OH_2^+$와 성공적으로 반응하여 OH_2(H_2O)를 치환하고 R−X를 생성한다.

알데하이드와 케톤

8장에서 **카보닐기(carbonyl group**, >C=O)를 설명하였고, 알데하이드와 케톤에 카보닐기가 존재한다는 것을 언급하였으며, 알코올의 산화에서 이 화합물들이 형성되는 과정을 살펴보았다.

C=O기 탄소에 결합된 원자들로 알데하이드와 케톤을 구별할 수 있다. 카보닐기 탄소 원자에 H 원자 1개와 탄화수소기(또는 두 번째 H) 1개가 결합하면 그 화합물은 알데하이드이다. C=O의 C가 탄화수소기 2개와 결합하면, 그 화합물은 케톤이다.

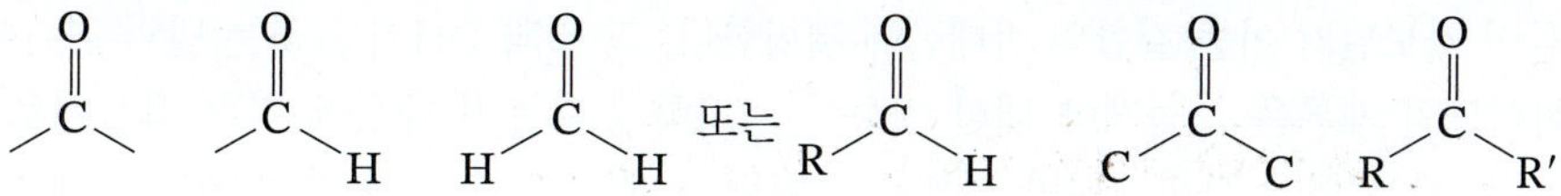

카보닐기 알데하이드기 알데하이드 케톤기 케톤

알데하이드기는 종종 CHO로 축약하여 나타내고, 카보닐기의 이중 결합은 '이해'한 것으로 간주한다. 케톤기(또는 케토기)는 때때로 CO로 축약하여 나타낸다.

극성 카보닐기는 수소 결합에 참여할 수 있어서 카보닐기를 포함하는 화합물은 대략 같은 분자 크기의 탄화수소보다 물에 훨씬 더 잘 녹는다.

카보닐기는 폭넓게 존재한다. 알데하이드기는 글루코스(포도당)와 같은 대부분의 당 분자에 존재한다. 다른 흔한 당인 프럭토스(과당)에는 케톤기가 존재한다.

알데하이드와 케톤의 명명 알데하이드의 IUPAC 이름은 -**알**(al)로 끝난다. 어미 사슬은 알데하이드기를 포함하는 가장 긴 사슬이다. 따라서 탄소가 3개인 알데하이드의 이름은 탄소가 3개인 알케인의 이름 '프로페인(propane)'에서 마지막 글자 -e를 -al로 바꾸기 때문에 프로판알(propanal)이다. 정의에 따라 알데하이드기는 사슬의 끝에 있기 때문에 항상 알데하이드기의 탄소를 위치 1이 배정되도록 시작하여 사슬의 번호를 매긴다. 따라서 이 규칙에 의해 알데하이드기의 위치를 나타내는 숫자는 이름에 쓸 필요가 없다. 예를 들어, 2-메틸프로판알(2-methylpropanal)로 명명한다.

> **도구** 알데하이드와 케톤의 명명

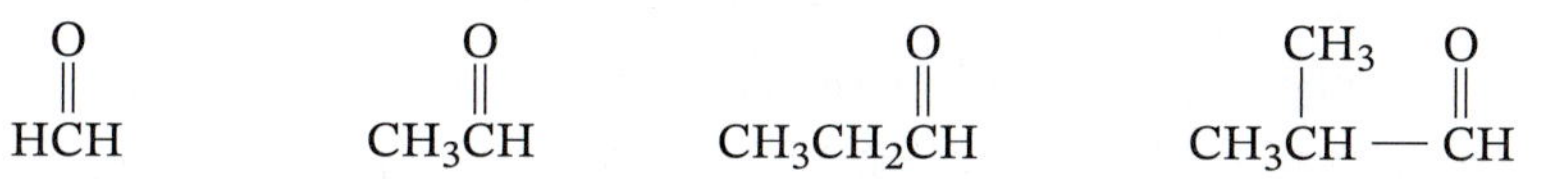

메탄알 (폼알데하이드) BP −21 °C	에탄알 (아세트알데하이드) BP 21 °C	프로판알 BP 49 °C	2-메틸프로판알 (2-메틸-1-프로판알이 아님) BP 64 °C

알데하이드는 자체 분자 사이에 수소 결합을 형성할 수 없기 때문에 비슷한 분자 크기의 알코올보다 낮은 온도에서 끓는다.

케톤의 IUPAC 이름은 -**온**(-one)으로 끝난다. 어미 사슬은 카보닐기를 포함해야 하며, 카보닐 탄소에 작은 숫자가 배정되는 쪽에서부터 번호를 매겨야 한다. 숫자를 넣지 않아 불확실하다고 판단될 때는 항상 케톤기의 위치를 나타내는 숫자를 이름에 포함시켜야 한다.

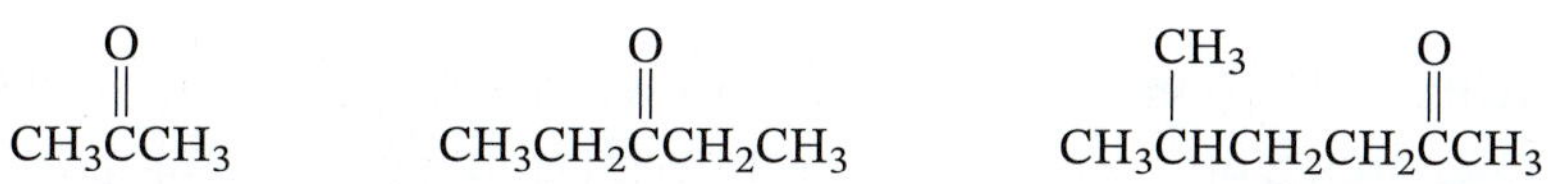

프로판온 (아세톤) BP 56.5 °C	펜탄-3-온 BP 101.5 °C	5-메틸헥산-2-온 (2-메틸헥산-5-온이 아님) BP 145 °C

> **해설** 탄소가 3개인 사슬에서 카보닐기가 다른 위치에 있으면 그 화합물은 케톤이 아니라 알데하이드인 프로판알이므로 '프로판-2-온'이라고 쓸 필요가 없다.

알데하이드와 케톤의 반응 알데하이드와 케톤 모두 카보닐기의 이중 결합에 수소를 첨가할 수 있다. 이 반응은 알켄의 이중 결합에 수소를 첨가하는 반응과 같으며, 대략 동일한 조건(즉, 금속 촉매, 열, 압력)에서 일어난다. 이 반응을 수소 첨가 반응(hydrogenation) 또는 환원 반응(reduction)이라 한다. 예를 들어,

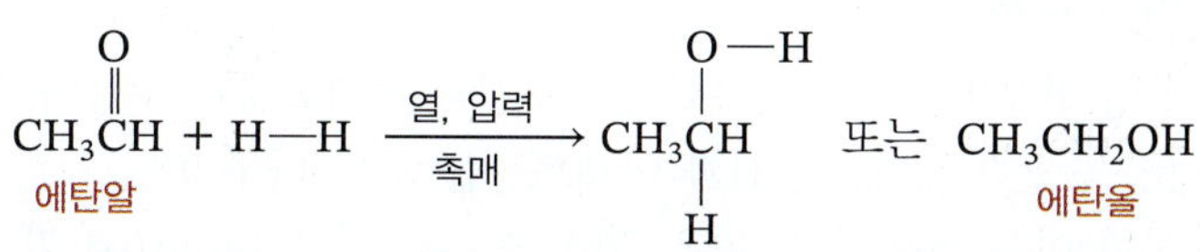

> **도구** 알데하이드와 케톤의 환원

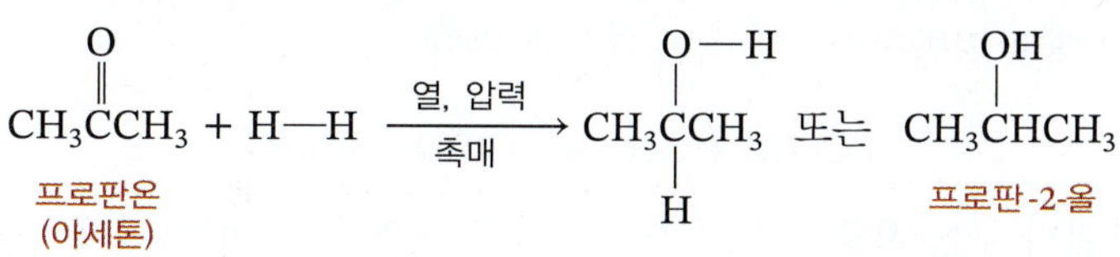

H 원자들이 카보닐기 이중 결합의 반대쪽에 결합한다. 그 결과 OH기를 갖는 단일 결합이 된다.

알데하이드와 케톤은 산화제에 대한 거동이 현저하게 다르기 때문에 다른 작용기로 구분된다. 알데하이드는 쉽게 산화되지만 케톤은 산화되기 매우 어렵다. 보관 중에도 병에 들어있는 공기나 어쩔 수 없이 병으로 스며드는 공기 속 산소에 의해 알데하이드는 서서히 산화된다.

카복실산과 에스터

카복실산(carboxylic acid)은 카보닐기 탄소에 OH가 결합되어 있다.

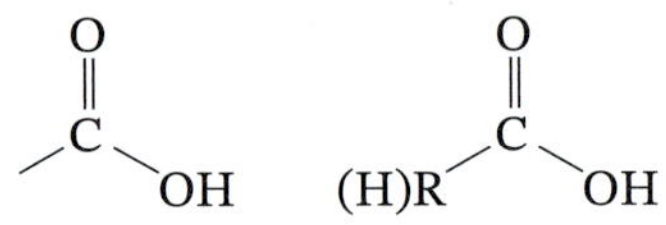

카복실기 카복실산

괄호 안에 있는 H는 카복실기의 C에 결합된 작용기가 R이나 H라는 의미이다. **축약 화학식(condensed formula)**에서 **카복실기(carboxyl group)**는 종종 CO_2H(또는 COOH)로 나타낸다.

도구 유기산의 명명

카복실산의 IUPAC 이름은 -**산**(-oic acid)으로 끝난다. 어미 사슬은 카복실 탄소를 포함하는 가장 긴 사슬이어야 하고, 카복실 탄소는 위치 1로 번호를 매긴다. 어미 사슬과 같은 탄소 수를 갖는 탄화수소의 이름의 끝에 있는 -e를 -**산**(-oic acid)으로 바꾼다. 예를 들어,

해설 카복실산은 C=O 이중 결합의 산소와 OH기를 모두 갖고 있기 때문에 카복실산 분자들은 서로 강하게 수소 결합을 한다. 유사한 분자 크기의 알코올에 비해 끓는점이 높은 것은 서로 간의 수소 결합 때문이다.

HCO_2H	CH_3CO_2H	$CH_3CH(CH_3)CH_2CO_2H$
메탄산 (폼산)	에탄산 (아세트산)	2-메틸뷰탄산
BP 101 °C	BP 118 °C	BP 176 °C

카복실산을 사용하여 다음 절에서 논의할 두 가지 종류의 중요한 유도체인 에스터(ester)와 아마이드(amide)를 합성한다. 카복실기의 OH를 OR로 치환한 것이 **에스터(ester)**이다.

해설 카복실산 유도체는 산으로부터 만들어지거나 가수분해에 의해 산으로 바뀔 수 있는 화합물이다.

$$\text{(H)R}\overset{\text{O}}{\overset{\|}{\text{C}}}\text{OR}' \quad \text{또는} \quad \text{(H)RCO}_2\text{R}', \quad \text{예를 들어,} \quad \text{CH}_3\overset{\text{O}}{\overset{\|}{\text{C}}}\text{O(CH}_2)_7\text{CH}_3$$

에스터 에탄산 옥틸 (오렌지향)

도구 에스터의 명명

에스터의 IUPAC 이름은 어미 사슬 카복실산의 이름 다음에 한 칸 띄고, O 원자에 결합된 알킬기의 이름을 쓴다(영어명: O 원자에 결합된 알킬기의 이름으로 시작하여, 한 칸 띄고 어미 사슬 카복실산 이름의 -ic acid를 -ate로 바꾼다). 예를 들어,

HCO_2CH_3	$CH_3CH_2CO_2CH_2CH_3$	$CH_3CH(CH_3)CH_2CO_2CH(CH_3)CH_3$
메탄산 메틸	프로판산 에틸	3-메틸뷰탄산 아이소프로필
BP 31.5 °C	BP 99 °C	BP 142 °C

카복실산과 에스터의 반응

카복실기는 약한 산성 작용기이므로 카복실기를 포함하는 화합물은 수용액에서 약산이 된다. 사실상, 이전에 약산을 논의할 때, 폼산과 아세트산을 모두 다루었다. 모든 수용성 및 불용성 카복실산은 수산화 이온, 탄산수소 이온, 탄산 이온과 같은 Brønsted 염기를 중화시킨다. OH^-와의 반응에 대한 일반적인 반응식은 다음과 같다.

$$RCO_2H + OH^- \xrightarrow{H_2O} RCO_2^- + H_2O$$

카복실기는 단백질의 구성 요소인 모든 아미노산에 존재하며, 이에 대해서는 22.4절에서 자

세히 논의할 것이다.

산 촉매의 존재하에서 어미 카복실산과 알코올을 혼합한 용액을 가열하는 것이 에스터를 만드는 한 가지 방법이다(이 반응이 어떻게 일어나는지 자세하게 설명하지는 않을 것이다). 다음과 같은 형태의 평형이 형성되지만, 일반적으로 화학량론적 양보다 훨씬 더 많은 양(보통 싼 가격의 반응물)의 알코올을 사용하여 평형의 위치를 에스터 쪽으로 이동시킨다.

$$\underset{\text{카복실산}}{\mathrm{R\overset{O}{\overset{\|}{C}}OH}} + \underset{\text{알코올}}{\mathrm{HOR'}} \xrightleftharpoons{\mathrm{H^+}\ \text{촉매}} \underset{\text{에스터}}{\mathrm{R\overset{O}{\overset{\|}{C}}OR'}} + \mathrm{H_2O}$$

도구
에스터의 형성

예를 들어,

$$\underset{\substack{\text{뷰탄산}\\ (\mathrm{BP\ 166\ ^\circ C})}}{\mathrm{CH_3CH_2CH_2\overset{O}{\overset{\|}{C}}OH}} + \underset{\substack{\text{에탄올}\\ (\mathrm{BP\ 78.5\ ^\circ C})}}{\mathrm{HOCH_2CH_3}} \xrightleftharpoons[\text{열}]{\mathrm{H^+}\ \text{촉매}} \underset{\substack{\text{뷰탄산 에틸}\ (\mathrm{BP\ 120\ ^\circ C})\\ (\text{파인애플향})}}{\mathrm{CH_3CH_2CH_2\overset{O}{\overset{\|}{C}}OCH_2CH_3}} + \mathrm{H_2O}$$

에스터를 산 촉매 존재하에서 화학량론적 양보다 훨씬 더 많은 양의 물과 함께 가열하면 어미 산과 알코올로 가수분해된다. 위에 나타낸 것과 같은 평형이 형성되지만, 에스터 가수분해에서 물이 과량으로 있기 때문에 평형은 카복실산과 알코올을 선호하도록 왼쪽으로 이동한다. 이는 Le Châtelier 원리의 또 다른 예이다.

에스터는 염기성 수용액의 작용으로도 분해되는데, 이때 카복실산은 산 형태가 아닌 음이온 형태로 나타난다. 이 반응을 에스터의 **비누화 반응(saponification)**이라 한다. 다음은 간단한 에스터인 에탄산 에틸에 대한 수산화 소듐 수용액의 작용을 나타낸 것이다.

$$\underset{\substack{\text{에탄산 에틸}\\ (\text{아세트산 에틸})}}{\mathrm{CH_3\overset{O}{\overset{\|}{C}}OCH_2CH_3}(aq)} + \mathrm{NaOH}(aq) \xrightarrow{\text{열}} \underset{\substack{\text{에탄산 이온}\\ (\text{아세트산 이온})}}{\mathrm{CH_3\overset{O}{\overset{\|}{C}}O^-}(aq)} + \mathrm{Na^+}(aq) + \underset{\text{에탄올}}{\mathrm{HOCH_2CH_3}(aq)}$$

도구
에스터의 비누화 반응

에스터기는 음식물 중 지방과 유지 분자에 풍부하게 들어있다. 음식을 소화시킬 때 강산에 의해서가 아니라 촉매인 효소에 의해서 에스터기의 가수분해가 일어난다. 체액이 약한 염기성을 나타내는 장에서 이와 같은 소화가 일어나기 때문에, 카복실산의 음이온이 형성된다. 에스터 역시 좋은 향을 가지며, 많은 과일 향의 원인 물질이다. 예를 들어, 아세트산 옥틸은

$$\underset{\text{아세트산 옥틸}}{\mathrm{CH_3\overset{O}{\overset{\|}{C}}OCH_2CH_2CH_2CH_2CH_2CH_2CH_2CH_3}}$$

오렌지의 특징적인 향을 제공한다. 다른 에스터와 향에 대해서는 **해설**의 표를 참조하라.

해설

에스터	향
$HCO_2CH_2CH_3$	럼주
$HCO_2CH_2CH(CH_3)_2$	산딸기
$CH_3CO_2(CH_2)_4CH_3$	바나나
$CH_3CO_2(CH_2)_2CH(CH_3)_2$	배
$CH_3CO_2(CH_2)_7CH_3$	오렌지
$CH_3(CH_2)_2CO_2CH_2CH_3$	파인애플
$CH_3(CH_2)_2CO_2(CH_2)_4CH_3$	살구

예제 22.2 알코올의 산화 생성물

뷰탄-1-올을 다이크로뮴산 이온으로 산화시켜 얻은 유기 생성물의 구조는 무엇인가? 산화가 일어나지 않으면, 일어나지 않는다고 하시오.

분석 먼저 뷰탄-1-올의 구조를 결정해야 한다. 산화 생성물은 알코올 탄소 원자에 붙어 있는 수소의 수에 따라 달라진다.

도구 모음 먼저 명명 규칙을 이용하여 뷰탄-1-올의 구조를 그려야 한다. 알코올 탄소에 수소 원자가 없으면 다이크로뮴산 이온에 의해 산화가 일어나지 않는다. 알코올 탄소에 수소

1개가 있으면 우리가 사용하는 도구에 따라 예상되는 생성물은 케톤이다. 알코올 탄소에 수소 2개가 있으면 생성물은 알데하이드이고, 알데하이드는 추가적으로 산화되어 카복실산이 될 수 있다.

풀이 명명 규칙에 의하면 뷰탄-1-올에서 탄소 4개가 단일 결합으로 결합된 탄소 사슬의 1번 탄소에 알코올의 OH기가 결합되어 있다. 구조를 그릴 때 각 탄소는 4개의 결합을 가져야만 한다는 것을 기억해야 한다.

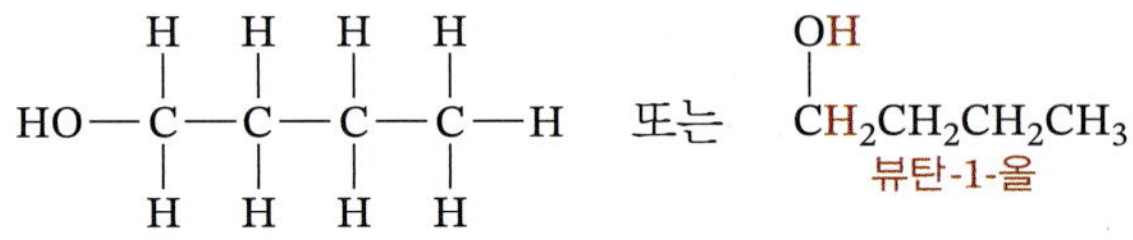

OH를 오른쪽으로 이동시키면서 OH의 O를 각 C에 결합시켜 본다.

알코올 탄소에 H 2개가 있으므로 생성물은 알데하이드이다. 빨간색으로 나타낸 H 원자 2개를 지우고, C와 O 사이에 이중 결합을 넣는다(생성물은 뷰탄알이다).

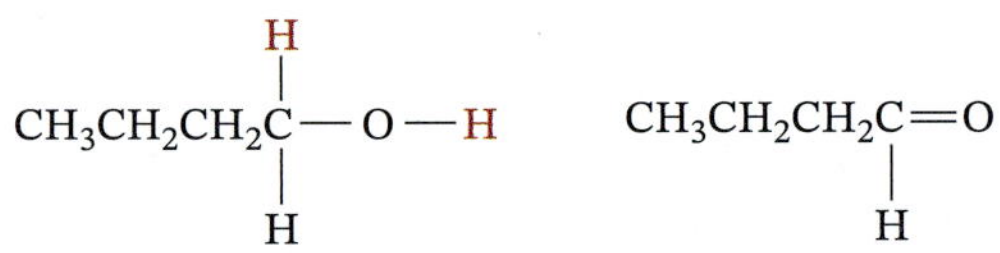

뷰탄알(알데하이드)

답이 합리적인가? 출발 물질에서 알코올의 탄소에 결합된 알킬기는 $CH_3CH_2CH_2$이다. 하지만 알킬기의 종류와 관계없이 형태가 정해진 알코올의 산화 반응은 모두 같은 과정으로 일어난다. RCH_2OH 형태의 모든 알코올은 이와 같은 방식으로 산화되어 알데하이드가 된다.

무거운 원자인 C와 O로 이루어진 '골격'은 산화 과정에서 변하지 않기 때문에 뷰탄알의 골격은 뷰탄-1-올과 같다. 이미 살펴본 바와 같이 산화 과정으로 C와 O 사이에 이중 결합이 생긴다.

실전 문제 22.5

알코올의 산화로 다음 생성물이 얻어졌다. 원래 알코올의 화학식은 무엇인가? (**힌트**: 산화에 의해 알코올 탄소에서 제거된 수소는 몇 개인가?)

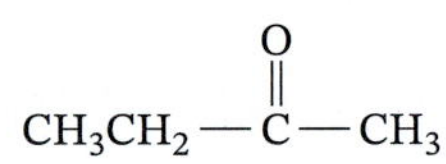

실전 문제 22.6

다음 알코올을 다이크로뮴산 이온으로 산화시킬 때 형성되는 생성물이 있다면 그 구조는 무엇인가? (**a**) 뷰탄-2-올 (**b**) 메탄올 (**c**) 2-메틸뷰탄-2-올

실전 문제 22.7

다음 반응의 주요 유기 생성물(들)에 대한 구조식(들)을 쓰시오.

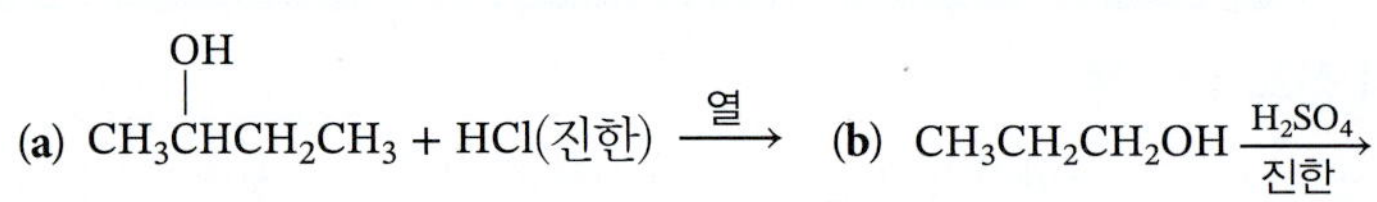

실전 문제 22.8

다음 반응식을 완성하고, 주요 유기 생성물의 구조식을 쓰시오. 생성물의 이름은 무엇인가?

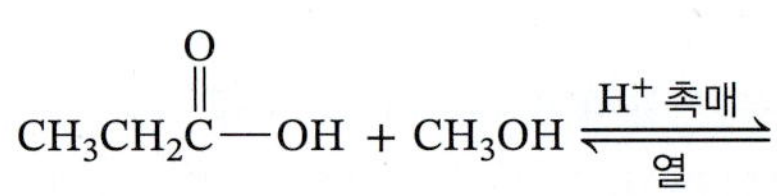

실전 문제 22.9

다음 화합물의 구조식을 쓰시오.

(**a**) 2-메틸프로판-2-올 (**b**) 2,3-다이메틸펜탄온 (**c**) 펜탄-2-온 (**d**) 프로판산 메틸

실전 문제 22.10

다음 반응의 주요 유기 생성물(들)의 구조식(들)을 쓰시오.

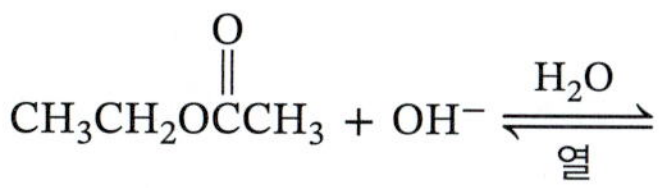

22.4 암모니아의 유기 유도체

8장에서 설명한 바와 같이, 아민(amine)은 암모니아의 수소 1~3개를 탄화수소기로 치환한 암모니아의 유기 유도체이다. 몇 가지 아민의 예는 다음과 같다. 이름은 IUPAC 이름이 아닌 관용명으로 나타내었다.

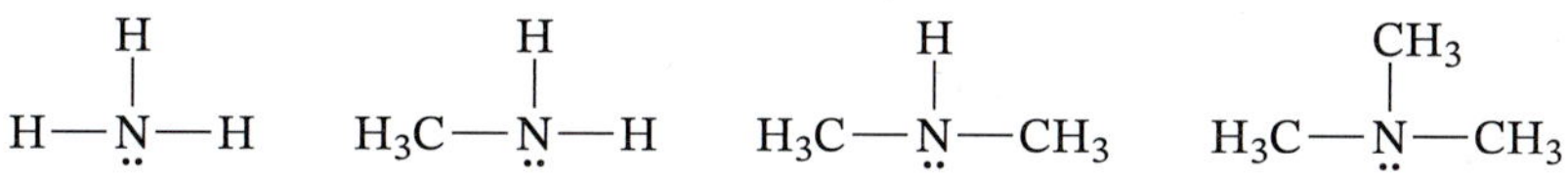

암모니아 BP −33.4°C　메틸아민 BP −8°C　다이메틸아민 BP 8°C　트라이메틸아민 BP 3°C

N−H 결합은 O−H 결합만큼 극성이 크지 않기 때문에 수소 결합은 그다지 크지 않고, 아민의 끓는점은 비슷한 분자 크기의 알코올의 끓는점보다 낮다. 분자 질량이 작은 아민은 물 분자와 아민 분자 사이에 수소 결합을 형성하기 때문에 물에 녹는다.

해설 다음은 분자 간 인력의 세기가 감소하는 순서이다.

CH_3CH_2OH, BP 78.5 °C

$CH_3CH_2NH_2$, BP 17 °C

$CH_3CH_2CH_3$, BP −42 °C

아민의 염기성과 반응성

8.9절에서 아민은 약한 Brønsted 염기라고 설명하였다. 암모니아처럼 거동하여, 물에 녹을 수 있는 아민은 낮은 농도의 수산화 이온이 함께 존재하는 평형을 이룬다. 예를 들어,

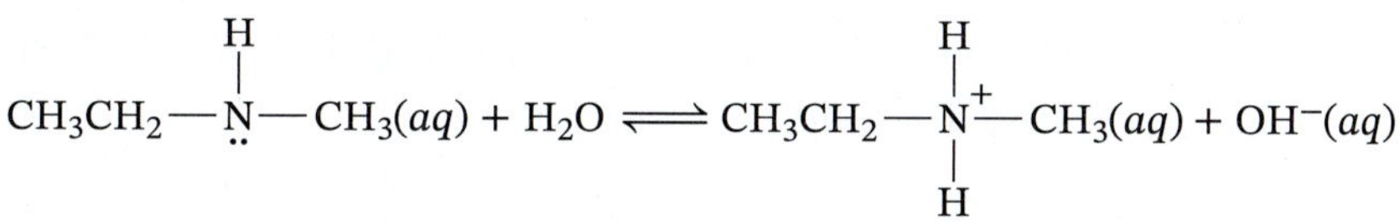

에틸메틸아민　에틸메틸암모늄 이온

결과적으로, 아민 수용액은 리트머스 시험지로 검사하면 염기로 나타나고, pH 값은 7보다 크다.

아민을 염산과 같은 산과 혼합하면 아민과 산은 거의 정량적으로 반응한다. 아민은 양성자를 받아들여 거의 완전히 양성자 첨가된 형태로 변한다. 예를 들어,

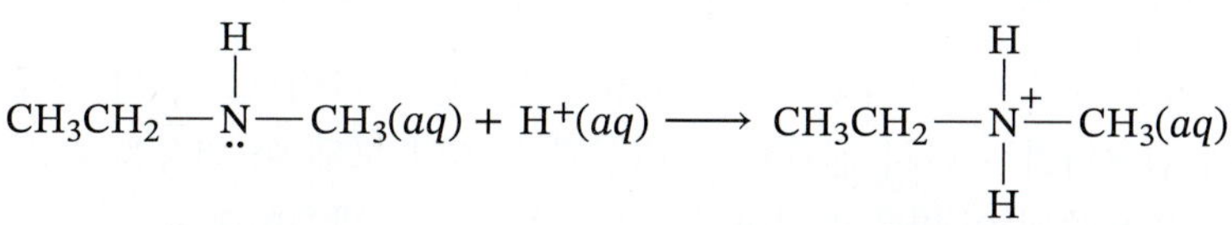

에틸메틸아민　에틸메틸암모늄 이온 (양성자 첨가된 아민)

심지어 물에 녹지 않는 아민도 이 반응을 진행시켜 염으로 만들면 전기적으로 중성인 원래의 아민보다 훨씬 더 물에 잘 녹는다.

해설

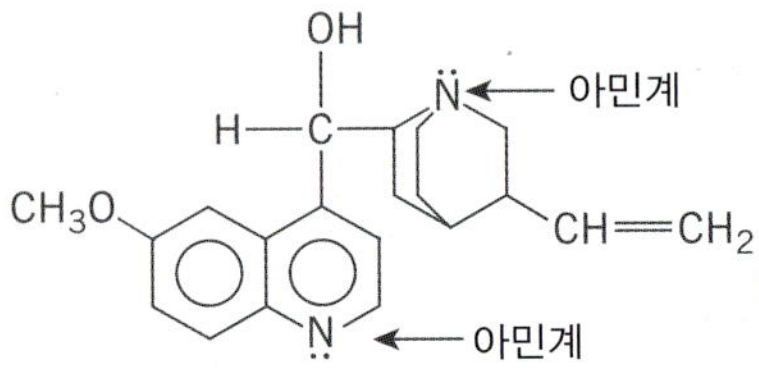

퀴닌
(항말라리아제)

(말라리아 치료에 사용되는) 퀴닌과 같은 많은 중요한 의약용 화학 물질이 아민이며, 일반적으로 약물이 고체가 아닌 수용액으로 투여될 수 있도록 양성자 첨가된 형태로 환자에게 제공한다. 이 전략은 정맥 주사를 통해 소량씩 주입해야 하는 의약품에 대해 특히 중요하다.

약한 Brønsted 산인 양성자 첨가된 아민 양성자 첨가된 아민이란 치환된 암모늄 이온이다. 암모늄 이온 자체와 같이, 양성자 첨가된 아민은 약한 Brønsted 산이다. 양성자 첨가된 아민은 강염기를 중화시킬 수 있다.

$$\underset{\text{메틸암모늄 이온}}{CH_3NH_3^+(aq)} + OH^-(aq) \longrightarrow \underset{\text{메틸아민}}{CH_3NH_2(aq)} + H_2O$$

이 반응은 아민의 양성자 첨가 반응의 역반응이며, 전하를 띠지 않는 아민 분자가 생성된다.

아마이드: 카복실산의 유도체

카복실산은 단백질에서 볼 수 있는 작용기인 **아마이드(amide)**로 전환될 수도 있다. 아마이드에서 카복실기의 OH는 질소로 치환되고, 질소에 H와 탄화수소기의 조합(H 2개, H 1개+R 1개, R 2개, R 1개+R′ 1개)이 결합할 수 있다.

$$\underset{\text{간단한 아마이드}}{\text{(H)R}\overset{\overset{\displaystyle O}{\|}}{C}NH_2} \quad \text{또는} \quad \text{(H)RCONH}_2, \quad \text{예를 들어,} \quad \underset{\text{에탄아마이드 (아세트아마이드)}}{CH_3\overset{\overset{\displaystyle O}{\|}}{C}NH_2}$$

간단한 아마이드는 질소에 결합된 탄화수소기가 없고 단지 수소 원자 2개만 결합되어 있다. 그러나 H 원자 중 1개 또는 2개를 탄화수소기로 치환할 수 있으며, 결과적으로 얻어지는 물질은 여전히 아마이드이다.

간단한 아마이드의 IUPAC 이름은 어미 카복실산의 이름 끝의 **-산**을 **-아마이드**로 바꾼다(영어명으로는 먼저 어미 카복실산의 이름을 쓰고, 이름 끝의 -oic acid 대신에 -amide를 붙인다). 예를 들어,

$$\underset{\text{프로판아마이드}}{CH_3CH_2CONH_2} \qquad \underset{\text{펜탄아마이드}}{CH_3CH_2CH_2CH_2CONH_2} \qquad \underset{\text{4-메틸펜탄아마이드}}{CH_3\overset{\overset{\displaystyle CH_3}{|}}{C}HCH_2CH_2CONH_2}$$

간단한 아마이드를 제조하는 한 가지 방법은 에스터 합성 방법과 유사하다. 즉 카복실산과 과량의 암모니아 혼합물을 가열하여 아마이드를 제조한다.

도구
아마이드의 형성

$$\textbf{일반적인 반응식:} \quad \underset{\text{카복실산}}{R\overset{\overset{\displaystyle O}{\|}}{C}OH} + \underset{\text{암모니아}}{H{-}NH_2} \xrightarrow{\text{열}} \underset{\text{간단한 아마이드}}{R\overset{\overset{\displaystyle O}{\|}}{C}NH_2} + H_2O$$

$$\textbf{반응식의 예:} \quad CH_3\overset{\overset{\displaystyle O}{\|}}{C}OH + H{-}NH_2 \xrightarrow{\text{열}} CH_3\overset{\overset{\displaystyle O}{\|}}{C}NH_2 + H_2O$$

에스터와 같이 아마이드도 가수분해될 수 있다. 간단한 아마이드를 물과 함께 가열하면 어미 카복실산과 암모니아로 다시 전환된다. 강산과 강염기 모두 이 반응을 촉진시킨다. 다음 반응식에서 알 수 있듯이 이 반응은 아마이드 형성 반응의 역반응이다.

도구
아마이드의 가수분해

$$\textbf{일반적인 반응식:} \quad \underset{\text{간단한 아마이드}}{R\overset{\overset{\displaystyle O}{\|}}{C}NH_2} + H{-}OH \xrightarrow{\text{열}} \underset{\text{카복실산}}{R\overset{\overset{\displaystyle O}{\|}}{C}OH} + NH_3$$

반응식의 예:

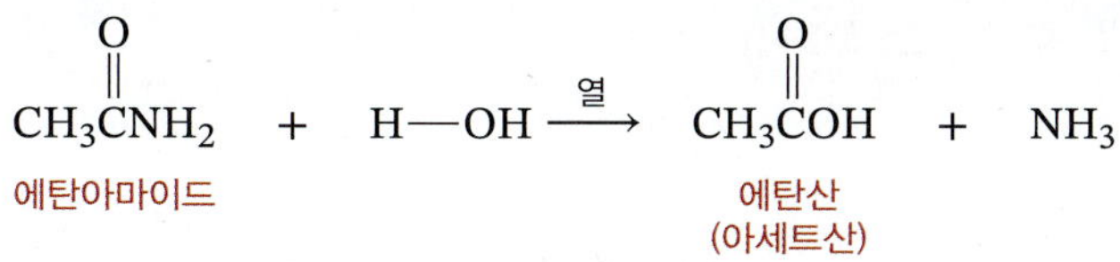

소변으로 배출되는 요소는 탄산(H_2CO_3)의 아마이드이며, 가수분해 생성물은 암모니아와 이산화 탄소(H_2CO_3의 분해로 형성됨)이다.

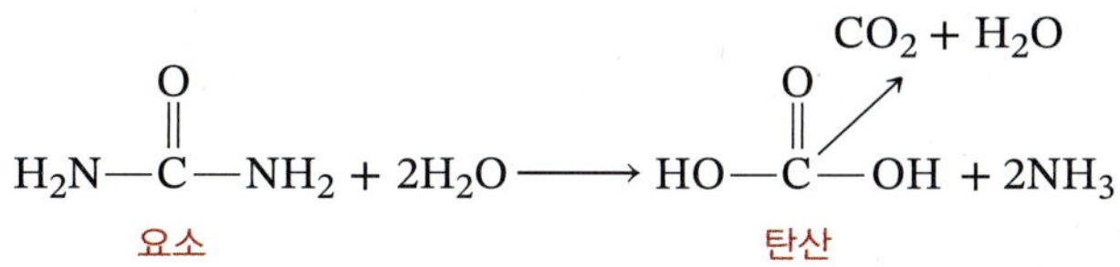

아기의 젖은 기저귀에서 점차 암모니아 냄새가 나는 이유를 이 반응으로 설명할 수 있다. 토양에서 요소가 가수분해되면 식물에게 좋은 질소 공급원인 암모니아를 방출하기 때문에 요소는 상업적인 비료로 사용된다.

염기성이 아닌 아마이드 간단한 아마이드에 NH_2기가 있음에도 불구하고, 아마이드는 아민이나 암모니아와 같은 Brønsted 염기가 아니다. 다음 두 가지 공명 구조를 살펴보면 이해할 수 있다.

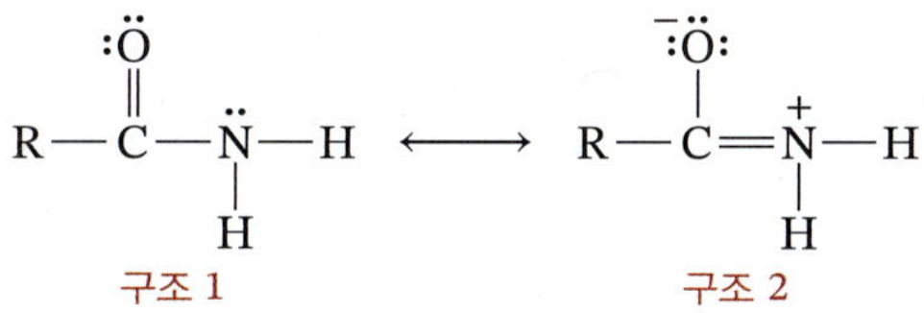

실질적으로, 구조 1의 질소에 있는 고립 전자쌍은 구조 2에서 볼 수 있듯이 부분적으로 산소에 비편재된다. 이로 인해 H^+에 전자쌍을 제공하는 것은 아마이드 질소에 있는 고립 전자쌍이 아민 질소에 있는 해당 고립 전자쌍보다 더 어렵다. 결과적으로 아마이드 질소는 양성자를 받으려는 경향이 거의 없으므로 산–염기 관점에서 아마이드는 중성 화합물이다.

실전 문제 22.11

생성물의 구조식을 그려 다음 반응식을 완성하시오(**힌트**: 작용기와 작용기의 성질을 확인하시오).

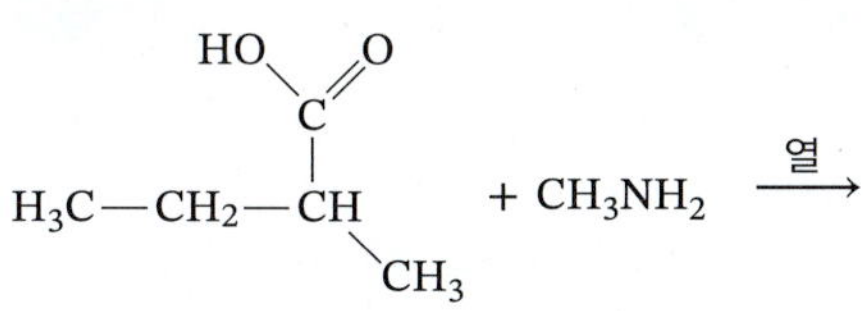

실전 문제 22.12

다음 반응에서 주요 유기 생성물(들)의 구조식(들)을 쓰시오.

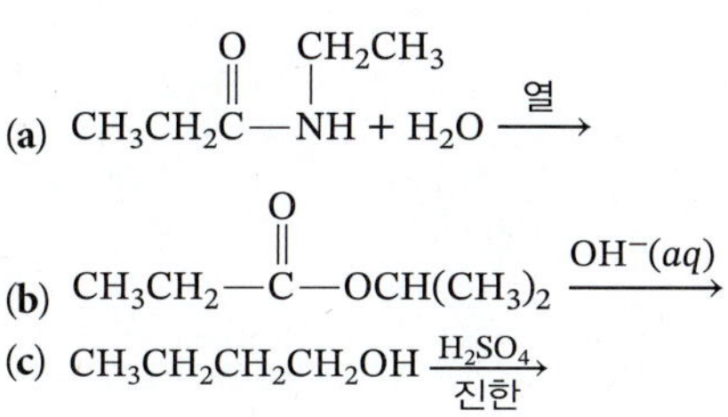

22.5 유기 중합체

지금까지 공부한 거의 모든 화합물은 상대적으로 작은 분자로 이루어져 있다. 그러나 우리 주변의 세상에서 접하는 많은 물질은 **거대 분자**(**macromolecule**, 원자 수백 개 또는 수천 개로 만들어진 분자)로 이루어져 있다. 자연에서 거대 분자를 갖는 물질을 어디에서나 볼 수 있다. 나무 및 목재로 만든 물건에 강도를 제공하는 섬유질과 모든 생명체에서 볼 수 있는 단백질 그리고 DNA도 거대 분자에 포함된다. 생물학적으로 유래된 거대 분자는 22.6절과 22.7절에서 논의할 것이고, 이 절에서는 플라스틱과 합성 섬유에서 볼 수 있는 합성 거대 분자를 살펴볼 것이다.

중합체 분자 내의 질서

모든 **중합체**(**polymer**) 분자는 계속해서 반복되는 작은 특유한 구조적 특징을 갖는 거대 분자 물질이다. 식기 세척기에 안전하게 사용할 수 있는 식품 용기, 실내 · 외 카펫, 인조 잔디 등 다양한 용도로 사용되는 중합체인 폴리프로필렌(polypropylene)이 그 예이다. 폴리프로필렌 분자는 다음과 같은 일반적인 구조를 갖는다.

$$\text{계속 이어짐}-CH_2-\overset{\overset{\large CH_3}{|}}{CH}-CH_2-\overset{\overset{\large CH_3}{|}}{CH}-CH_2-\overset{\overset{\large CH_3}{|}}{CH}-CH_2-\overset{\overset{\large CH_3}{|}}{CH}-CH_2-\overset{\overset{\large CH_3}{|}}{CH}-\text{계속 이어짐}$$

폴리프로필렌

중합체는 CH_3기가 주기적 간격으로 붙어 있는 긴 탄소 사슬[중합체의 '**골격**(**backbone**)']로 이루어져 있는 것을 주목하라.[2]

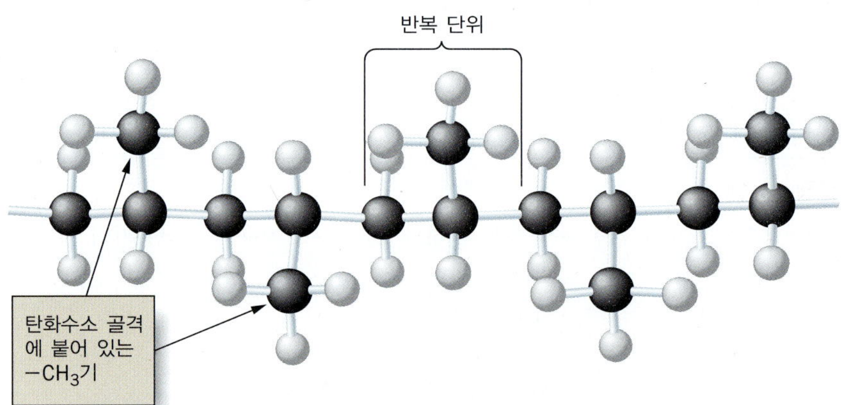

폴리프로필렌 중합체의 일부분

중합체 구조를 공부하다 보면, 1개의 구조 단위가 반복적으로(실제로 수천 번) 나타나는 것을 알 수 있다. 실제로 중합체의 구조는 일반적으로 반복 단위만을 괄호로 묶고, 수천 단위가 반복된다는 의미로 괄호에 아래 첨자 n을 붙여서 나타낸다.

---

[2]분자를 나타낸 그림은 CH_3기가 다른 CH_3기와 골격에 대해 상대적으로 배향할 수 있는 한 가지 방식을 보여 준다. 다른 배향도 가능하며, 이는 중합체의 물리적 성질에 영향을 준다.

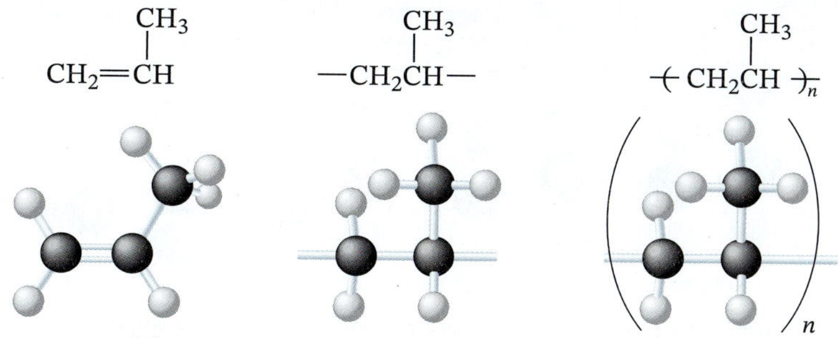

프로필렌　　프로필렌의 반복 단위　　폴리프로필렌

n 값은 주어진 중합체 시료 내에 있는 모든 분자에 대해 같은 값은 아니다. 그래서 중합체는 크기가 같은 분자로 구성되는 것이 아니라 같은 반복 단위를 갖는 종류만 같은 분자로 구성된다. 이름이 (알켄을 명명할 때 사용한) **-엔**(*-ene*)으로 끝나지만, '폴리프로필렌'에는 이중 결합이 없다는 사실에 유의하라. 중합체는 출발 물질인 프로필렌(IUPAC명: 프로펜)의 이름을 따서 명명되었다.

단위체(monomer)라는 화학 원료 물질이 중합체의 반복 단위를 제공한다. 따라서 프로필렌은 폴리프로필렌의 단위체이다. 단위체로부터 중합체를 만드는 반응을 **중합(polymerization)**이라 하고, 동사는 '중합하다(polymerize)'이다. (전부는 아니지만) 대부분의 유용한 중합체는 유기 화합물 단위체로부터 형성된다.

사슬 성장 중합체

기본적으로 두 가지 방법(첨가와 축합)으로 단위체가 결합하여 중합체를 형성한다. 한 단위체를 다른 것에 단순히 첨가하는 과정은 단위체 단위로 이루어진 매우 긴 사슬이 생성될 때까지 계속해서 이어진다. 이 과정으로 형성된 중합체를 **사슬 성장 중합체(chain-growth polymer)** 또는 **첨가 중합체(addition polymer)**라고 한다. 앞에서 논의한 폴리프로필렌은 에틸렌(CH_2CH_2) 단위체로부터 형성된 폴리에틸렌(polyethylene)과 같이 사슬 성장 중합체이다. 적절한 조건과 개시제(initiator)라는 물질의 도움으로 에틸렌의 탄소−탄소 이중 결합에 있는 전자쌍은 쌍을 이루지 않는 홀전자로 된다. 개시제는 1개의 탄소에 결합하여 다른 탄소에 홀전자를 생성한다. 그 결과 다른 에틸렌의 이중 결합을 공격할 수 있는 자유 라디칼(free radical)이라는 매우 반응성이 큰 물질이 생성된다. 공격에 의해 이중 결합에 있는 전자쌍 중 하나가 홀전자로 된다. 전자 1개는 자유 라디칼의 홀전자와 공유되어 두 탄화수소 단위를 서로 연결하는 결합을 형성한다. 다음 반응에서 설명하는 것과 같이 다른 홀전자는 사슬 끝으로 이동한다.

도구
첨가 중합

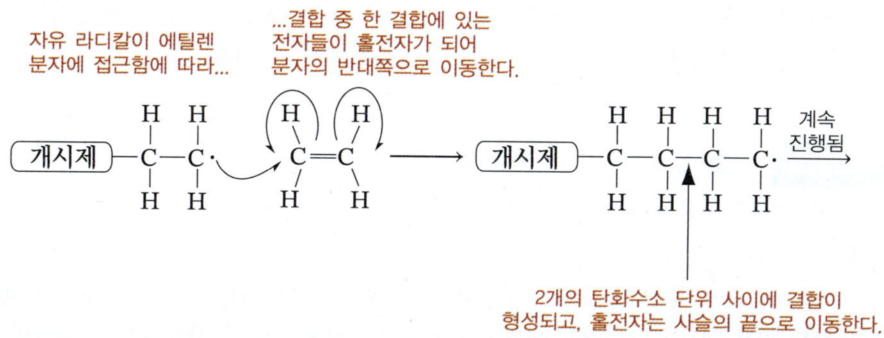

이 과정은 긴 탄화수소 사슬이 성장하면서 계속해서 반복된다. 결국 사슬은 종결되고 그 결과 폴리에틸렌 분자가 만들어진다. 분자가 매우 커서 여전히 사슬 한 끝에 존재하는 개시제는 전체로 보면 중요하지 않은 부분이므로 중합체의 구조를 쓸 때 일반적으로 개시제는 무시한다.

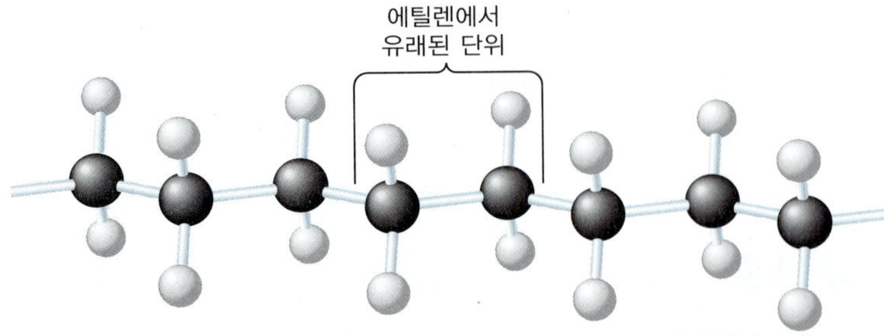

폴리에틸렌 분자의 일부분. 화학식이 C_2H_4인 단위체로부터 형성되지만, 실제 반복 단위는 CH_2이다.

중합체가 형성되는 과정은 중합체의 최종 구조에 중요한 영향을 미친다. 예를 들어, 가장 저렴한 방법으로 폴리에틸렌을 만들 때는 **가지치기(branching)**가 일어나는데, 이는 중합체 분자의 길이가 길어질수록 분자의 주골격에서 탄화수소 사슬이 가지를 치면서 성장하는 것을 의미한다. 다른 좀 더 비싼 과정으로 가지치기 없이 분자를 생성할 수 있으며, 이는 중합체의 성질에 상당한 영향을 미친다.

폴리에틸렌, 폴리프로필렌 이외에도 **폴리스타이렌(polystyrene)**이라는 또 다른 매우 흔한 사슬 성장 중합체가 있으며, 스타이렌의 중합 과정으로 형성된다.

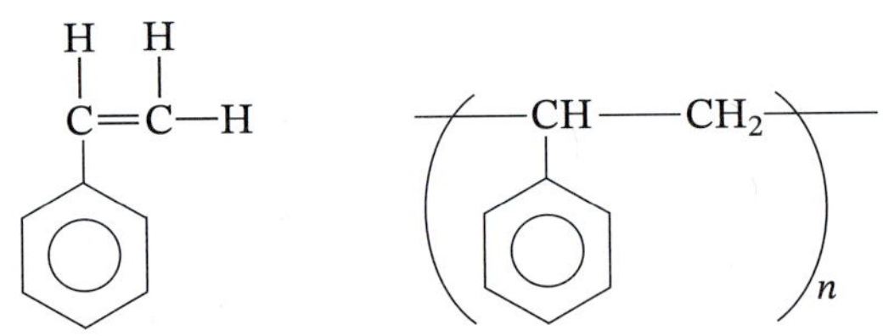

스타이렌($C_6H_5—CH=CH_2$) 폴리스타이렌

Dennis MacDonald/Age Fotostock/Media Bakery

그림 22.3 스타이로폼 DuPont™ 스타이로폼™ 상표로 출시된 압출 폴리스타이렌(XPS) 단열재는 고도로 보호되는 상표이다. 여기에 설치되는 단열재는 커피컵이나 아이스박스에 사용하는 스타이로폼과는 매우 다르다.

스타이렌은 프로필렌과 유사하지만 메틸기($-CH_3$) 대신 벤젠 고리를 갖고 있다. 그러므로 중합체의 탄화수소 골격의 원자에 하나 걸러 하나씩 C_6H_5-가 결합되어 있다. 폴리스타이렌은 폴리에틸렌만큼 많은 용도로 사용된다. 투명한 플라스틱 음료수 컵, 주물 성형된 자동차 부품, 컴퓨터와 주방 용품의 덮개(housing)를 만드는 데 사용된다. 때때로 폴리스타이렌을 제품으로 가공할 때 용융된 폴리스타이렌에 이산화 탄소 같은 기체를 불어 넣는다. 뜨거운 액체가 굳으면서 작은 기체 주머니가 생기고 그 안에 기체가 갇힌다. 생성물은 우리에게 친숙한 스타이로폼 컵이나 단열재 같은 발포 플라스틱(foamed plastic)이다(**그림 22.3**).

에틸렌, 프로필렌, 스타이렌과 유사한 수백 가지 물질과 그 물질들의 할로젠 유도체를 단위체로 사용할 수 있는지 검토해왔다. **표 22.3**에는 몇 가지 예를 나타내었다.

예제 22.3 사슬 성장 중합체의 화학식 쓰기

표 22.3의 정보를 이용하여 3개의 반복 단위를 나타내는 폴리(아세트산 바이닐) 중합체의 구조를 그리시오.

분석 우리가 다루는 중합체는 사슬 성장 중합체이므로 전체 $CH_2=CHOAc$ 분자가 계속해서 반복될 것을 예상할 수 있다. 에틸렌에서 살펴본 바와 같이 중합체는 이중 결합이 열리면서 형성될 것이다.

도구 모음 이 문제를 풀기 위해 사용할 도구는 중합체를 형성할 때 단위체 단위가 서로 첨가되는 방법이다.

표 22.3 에틸렌($CH_2=CH_2$) 관련 화합물로부터 형성된 일부 첨가 중합체

중합체	단위체	용도
폴리에틸렌	$H_2C=CH_2$	식료품 봉지, 병, 어린이 장난감, 방탄조끼
폴리프로필렌	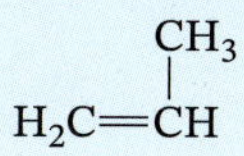	식기 세척기–안전 플라스틱 주방용품, 실내 · 외 카펫, 밧줄
폴리스타이렌	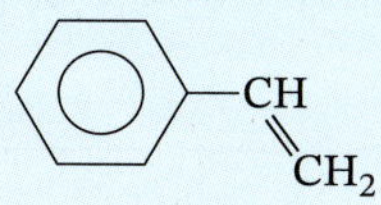	플라스틱 컵, 장난감, 주방용품 덮개, 스타이로폼™ 단열재
폴리(염화 바이닐) (PVC)	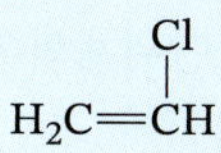	단열재, 신용 카드, 주택용 비닐 외장재, 병, 플라스틱 파이프
폴리테트라플루오로에틸렌 (테플론)	$F_2C=CF_2$	조리 기구의 눌어붙지 않는 표면, 밸브
폴리(아세트산 바이닐) (PVA)	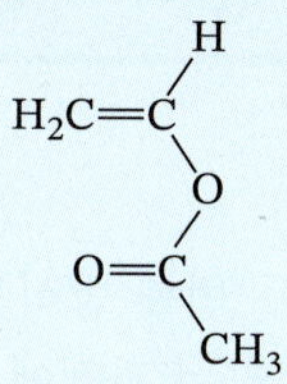	라텍스 페인트, 코팅제, 접착제, 주물 성형 제품
폴리(메타크릴산 메틸) (PMMA)	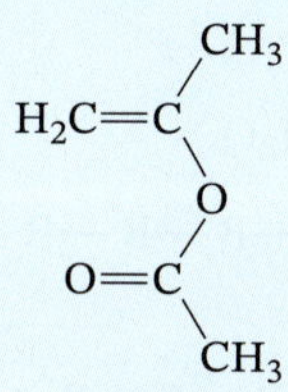	비산 방지 창호, 코팅제, 아크릴 페인트, 주물 성형 제품

해설 '할로젠 유도체'는 1개 이상의 할로젠 원자가 어미 분자에 있는 수소를 치환한 화합물이다. 따라서 CH_3Cl은 CH_4의 할로젠 유도체이다.

풀이 이중 결합이 열리면 2개의 다른 단위체 단위에 결합된다.

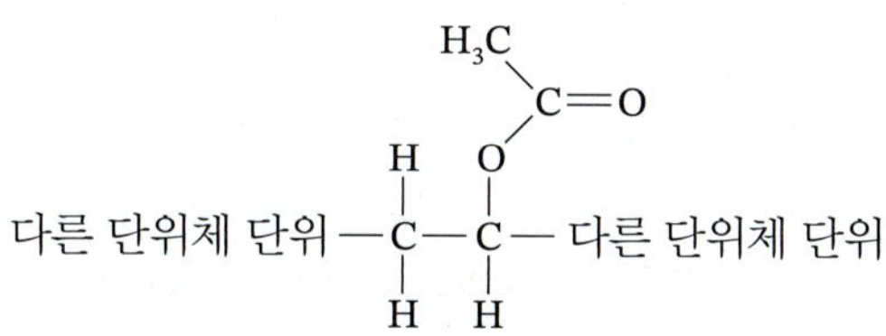

문제에 대한 답을 얻기 위하여 3개의 반복 단위를 결합시켜야 한다.

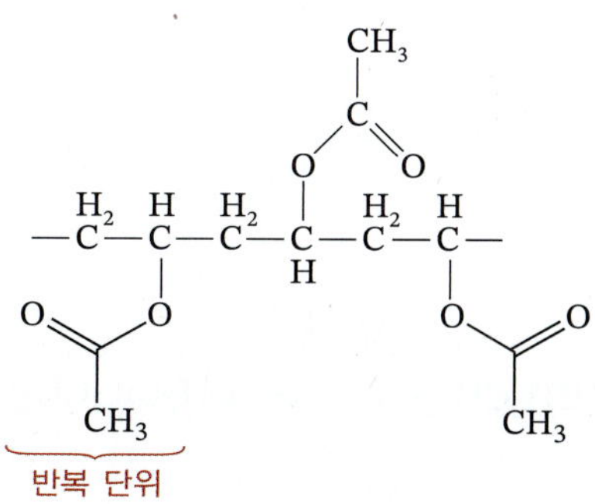

중합체에 대한 일반식은 반복 단위를 n번 나타내야 한다.

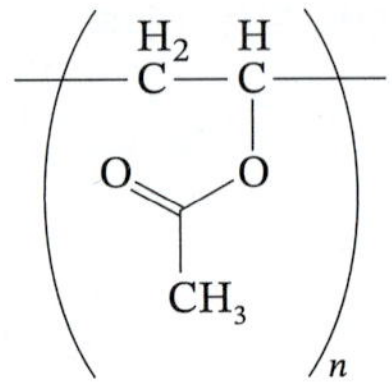

답이 합리적인가? 반복 단위가 단위체의 분자식과 같은지를 확인하는 이외에는 여기서 검토할 것은 많지 않다.

실전 문제 22.13

뷰트-2-엔이 중합되었다고 가정해 보자. 중합체에서 단위체의 반복 단위 3개를 나타내는 그림을 그리시오. (**힌트**: 뷰트-2-엔의 구조는 무엇인가?)

실전 문제 22.14

중합체 테플론에서 단위체의 반복 단위 3개를 나타내는 화학식을 쓰시오(표 22.3 참조).

단계 성장 중합체

도구
축합 중합

단위체 단위가 결합하여 중합체를 형성할 수 있는 두 번째 방식은 2개의 단위체 단위가 결합하면서 작은 분자가 제거되는 **축합(condensation)**이라는 과정에 의한 것이다. 간단한 방법으로 이 과정을 다음과 같이 그림으로 나타낼 수 있다.

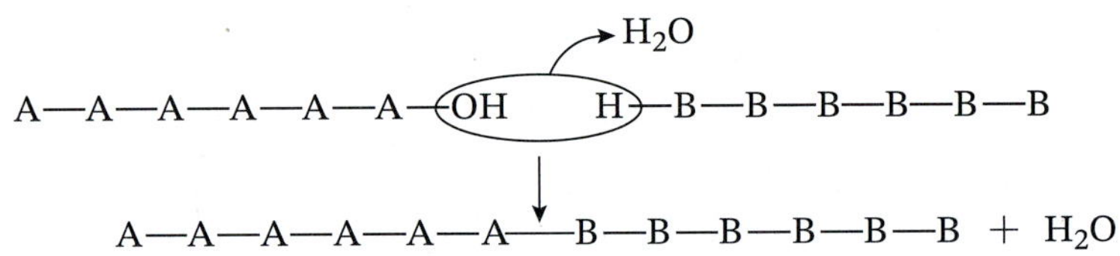

이 예에서 한 분자의 OH기는 다른 분자의 H와 서로 결합하여 물 분자를 형성한다. 동시에 두 분자 A와 B는 공유 결합으로 결합된다. 이것이 A와 B의 양쪽 끝에서 일어나도록 만들 수 있으면 긴 사슬이 형성되고, **축합 중합체(condensation polymer)** 또는 **단계 성장 중합체(step-growth polymer)**가 생성된다.

가장 친숙한 축합 중합체 2개는 **나일론(nylon)**과 폴리에스터(polyester)이다. 나일론은 두 가지 다른 화합물의 결합으로 형성되어 공중합체(copolymer)로 간주된다. 처음 제조된 나일론은 6개의 탄소 원자를 가진 두 화합물의 결합으로 형성된 것이었기 때문에 **나일론 6,6(nylon 6,6)**이라 부른다.

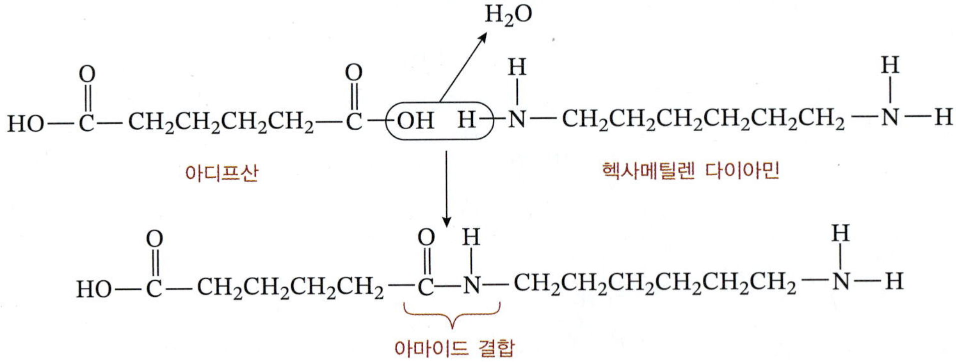

아디프산은 2개의 카복실기를 포함하고 있다는 것을 주목하라(다이카복실산이라 한다). 다른

화합물은 2개의 아민기를 갖기 때문에 다이아민이다. 물이 제거되면서 두 분자는 22.4절에서 논의한 아마이드 결합(amide bond)으로 결합된다. 비단이나 우리 몸에서 발견되는 단백질에서 이와 동일한 결합이 발견된다.

아마이드 결합을 갖는 반응 생성물에는 여전히 한쪽 끝에 카복실기가 있고, 다른 끝에 아민기가 있으므로 추가적인 축합 반응이 일어나 최종적으로 나일론 6,6이 형성된다.

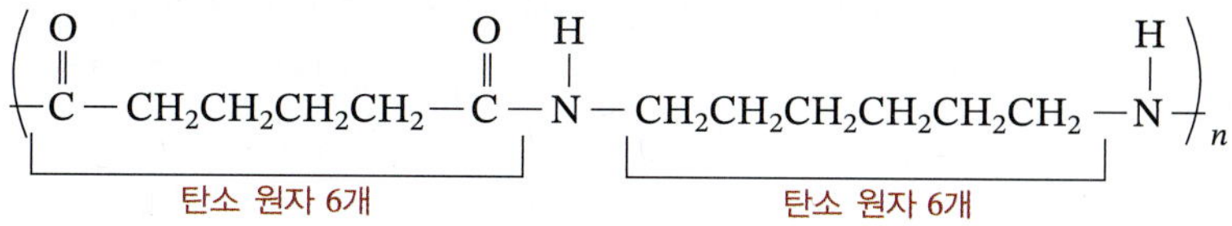

나일론 6,6

나일론은 1940년에 발명되었고, 여성의 스타킹에 비단 대신 사용되어 인기가 있었다. 나일론은 강한 탄성 섬유를 형성하므로, 각종 의류와 수많은 다른 제품을 만드는 데 사용되는 섬유뿐만 아니라 낚시줄을 만드는 데도 사용되었다.

또 다른 형태의 축합 중합체는 에스터 결합의 형성을 이용하여 단위체들을 연결한다. 이에 대한 예가 다음에 나타낸 폴리에스터이다.

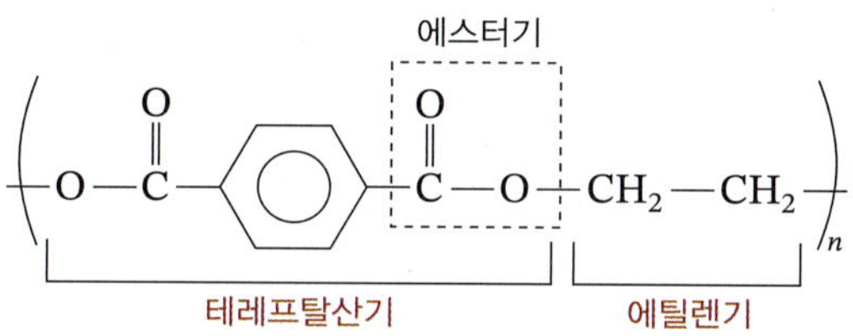

폴리(테레프탈산 에틸렌), PET로도 알려짐

이 공중합체는 알코올인 에틸렌 글라이콜과, 에스터인 테레프탈산 다이메틸의 축합으로 만들어진 것이다. 첫 단계는 다음과 같다.

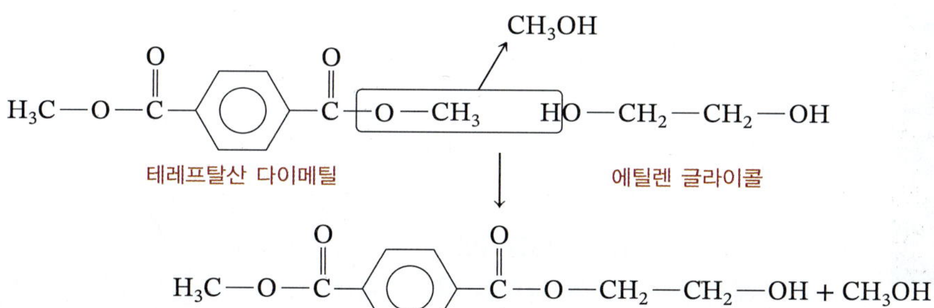

이번에는 빠져나온 작은 분자가 H_2O가 아닌 CH_3OH라는 것을 주목하라. 계속적으로 중합이 일어나 최종적으로 앞에 나타낸 PET 중합체가 생성된다. 이 중합체는 다크론(Dacron)이라는 이름으로도 불리기 때문에 들어 본 적이 있을 것이다.

다양한 단위체를 사용하여 다양한 성질을 갖는 폴리에스터를 만들 수 있다. 그 용도로는 직물용 섬유, 물과 음료를 담을 수 있는 깨지지 않는 플라스틱병 등이 있다. 마이어(Mylar) 필름은 비산 방지 창호와 안경에 사용된다. 금속 처리한 마이어 필름은 에너지 효율이 높은 창호, 보온 담요, 기체가 쉽게 빠져나가지 않는 헬륨 풍선 등에 사용된다.

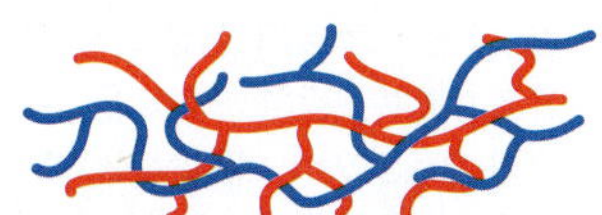

(a) 가지 달린 2개의 중합체 사슬이 질서가 거의 없는 상태로 꼬여 있다.

(b) 중합체 사슬은 정렬되어 큰 결정성을 가지며, 촘촘하게 쌓인 구조를 만든다.

그림 22.4 비결정성 및 결정성 폴리에틸렌 **(a)** LDPE에 가지치기가 일어나면, 중합체 가닥은 정렬될 수 없어 비결정성 제품이 얻어진다. **(b)** 선형 HDPE는 결정성이 매우 좋기 때문에 HDPE로 매우 강한 섬유를 만든다.

물리적 성질과 중합체의 결정성

화학적 안정성 이외에도 물리적 성질은 중합체에 요구되는 가장 중요한 특성이다. 예를 들어, 바람직한 테플론의 성질은 화학적으로 활성이 없는 것과 거의 모든 것에 대한 미끄러운 성질이다. 좀 벌레가 나일론을 먹지 못하는 것은 실제로 화학적 성질이지만, 나일론의 가치는 뛰어난 강도와 매우 아름다운 섬유로 직물을 만들 수 있다는 것에 있다. 다크론은 곰팡이에 대한 내성이 있어 그 섬유는 면과 같이 곰팡이로 인해 약해지지 않는다. 다크론은 면보다 작은 질량으로 큰 강도를 낼 수 있으며, 다크론 섬유는 그다지 많이 늘어나지 않는 성질을 가지고 있기 때문에 돛을 만들 수 있다.

해설 HDPE 분자는 끝과 끝을 붙여 한 줄로 연결된 대략 30,000개의 CH_2 단위를 포함한다.

해설 UHMWPE 분자는 끝과 끝을 붙여 한 줄로 연결된 200,000~400,000개의 CH_2 단위를 포함한다.

여러 면에서 중합체의 물리적 성질은 각 중합체 가닥이 고체에서 쌓이는 방식과 연관되어 있다. 예를 들어, 이전에 폴리에틸렌을 만드는 가장 저렴한 방법으로 가지가 있는 생성물이 얻어진다는 것을 언급하였다. 가지는 분자가 질서정연하게 배열되는 것을 방해하므로 분자들은 꼬이고 얽혀 본질적으로 비결정형 고체(이는 결정성 고체에서 볼 수 있는 형태의 질서가 없는 것을 의미한다)가 얻어진다. **그림 22.4(a)**를 참조하라. 이와 같은 비결정형 제품을 저밀도 폴리에틸렌(low density polyethylene, LDPE)이라 하는데, 중합체 분자는 비교적 분자 질량이 작고, 고체는 구조적 강도가 거의 없다. LDPE는 식료품점의 비닐봉지를 만드는 데 사용되는 폴리에틸렌의 일종이다.

Billy Black UPI Photo Service/Newscom

그림 22.5 스펙트라 섬유 스펙트라 섬유로 제작된 강하고 가벼운 돛을 사용한 Brad Van Liew는 2002~2003년 세계 일주 요트 경주인 'Around Alone'에서 우승하였다. Van Liew는 7개월 동안 31,094마일(50,040km)을 항해하여 경주에서 우승하였다.

여러 가지 방법으로 가지가 없는 형태의 폴리에틸렌을 200,000~500,000 u 범위의 분자 질량을 갖도록 만들 수 있다. 이 중합체를 선형(linear) 폴리에틸렌 또는 고밀도 폴리에틸렌(high density polyethylene, HDPE)이라 한다. HDPE에서 중합체 가닥은 그림 22.4(b)에 설명한 것과 같이 서로 나란히 정렬되어 큰 범위의 질서(따라서 결정성)를 만들 수 있다. 이로 인해 분자를 쉽게 섬유로 만들 수 있고, 분자들이 크고 매우 잘 쌓이기 때문에 분자 사이의 London 힘은 매우 강하다. 그 결과 강하고 질긴 섬유가 얻어진다. 예를 들어, DuPont의 타이벡®(Tyvek®)은 얇은 결정성 HDPE 폴리에틸렌 섬유를 무작위로 배향시키고 압력을 가해 눌러 종이와 비슷한 소재로 만든 것이다. 타이벡®은 가볍고 튼튼하며, 방수, 찢어짐 방지, 천공 방지, 마모 방지 능력이 있다. Federal Express(미국 배송회사)는 타이벡®을 수년 동안 봉투 제작에 사용해 왔고, 건축업자들은 물과 공기의 침투를 막기 위하여 신축 건축물의 보호막으로 입히는 데 타이벡®을 사용하여 난방과 냉방 비용을 낮추었다. 타이벡®을 사용하여 위험한 환경에서 사용할 수 있는 제한적 용도의 보호 의류를 만들 수도 있다.

적절한 조건에서 선형 폴리에틸렌 분자는 매우 길게 만들어져 분자 질량이 300만~600만인 분자를 갖는 초고분자량 폴리에틸렌(ultrahigh-molecular-weight polyethylene, UHMWPE)을 형성할 수 있다. 이 중합체로 만든 섬유는 매우 강해서 방탄조끼를 만드는 데 사용된다! Honeywell은 스펙트라(Spectra)라는 배향성 폴리에틸렌 중합체를 생산하고 있는데, 이 중합체는 강하고 절단 방지 직물로 짤 수 있는 유연한 섬유를 만든다. 이는 수술용 칼에 의해 베이는 것을 방지하는 수술 장갑용 얇고 가벼운 안감, 산업용 작업 장갑, 심지어 범선용 돛으로도 사용된다(**그림 22.5** 참조). 다른 플라스틱과 혼합하면 군용이나 스포츠용 헬멧과 같은 강하고 견고한 형태로 성형할 수 있다.

다른 우수한 섬유 형성 중합체도 각 중합체 가닥 사이에 강하게 상호 작용을 할 수 있는 모양을 갖는 긴 분자를 갖고 있다. 예를 들어, 나일론은 개별 분자 사이에 강한 수소 결합을 형성하는 극성 카보닐기($>$C=O)와 N−H 결합을 갖고 있다.

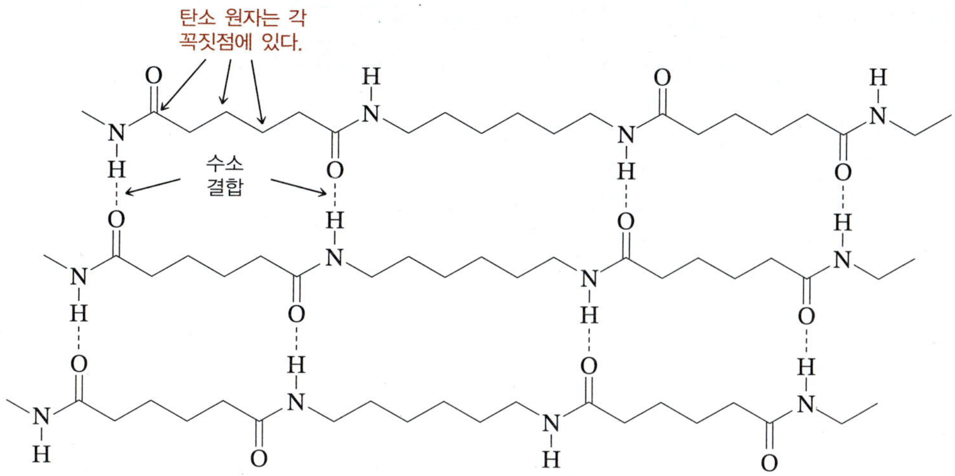

수소 결합으로 서로 붙잡혀 있는 3개의 나일론 6,6 가닥

나일론의 또 다른 형태인 케블라(Kevlar)도 중합체 분자 사이에 강한 수소 결합을 형성하며 결정성이 매우 좋다. 강한 케블라 섬유는 방탄조끼를 만드는 데도 사용된다. 섬유가 매우 강하기 때문에 경주용 배의 얇고 강한 선체를 만드는 데도 사용된다. 이와 같은 가벼운 경주용 배는 안전 문제없이 속도와 성능을 향상시킨다.

이전 문단에서 언급한 바와 같이, 매우 강하고 질긴 중합체는 결정성이 매우 좋은 반면, 부드럽고 신축성 있는 중합체는 무질서하고 비결정성의 중합체 분자 배열을 갖는다. 많은 경우, 결정화 정도는 제조 공정으로 조절할 수 있다. 보통 액체 중합체 혼합물을 천천히 냉각하면 높은 수준의 결정성을 갖는 제품이 얻어진다. 천천히 냉각하면 긴 분자들이 정렬할 시간을 갖는다. 액체 중합체 혼합물을 고체 상태로 빠르게 냉각하면 보통 부드럽고 유연한 비결정성 형태가 된다. 중합체 사슬은 액체 상태에서 무작위로 배열되어 있고, 빠르게 냉각하면 무작위로 배열된 상태를 유지한 채로 고체가 된다.

Bryn Williams/Alamy Stock Photo

고속 경주용 배는 종종 케블라로 만든 선체로 제작된다. 중합체의 강도가 크기 때문에 선체를 얇게 만들어 무게를 줄이고 속력을 높일 수 있다.

22.6 탄수화물, 지질, 단백질

생화학(biochemistry)은 생명체의 화학 물질, 그 물질들이 세포(cell)로 조직되는 과정, 그리고 그 물질 사이의 화학적 상호 작용을 체계적으로 연구하는 학문이다. 생화학 물질은 고립된 화합물 자체만으로는 생명이 없지만, 생명은 분자에 기반을 두고 있다. 화학 물질이 조직(tissue)의 세포로 조직화될 때만 조직 복구, 세포 재생, 에너지 생성, 폐기물 제거 및 다른 수많은 기능의 조정을 가능하게 하는 상호 작용이 일어날 수 있다. 생물의 세계는 단백질, 녹말, 셀룰로스, 유전자 화학 물질과 같은 수많은 천연 중합체를 포함하는 대부분 유기 화합물로 구성되어 있다.

생명체가 존재하기 위해서는 재료, 에너지, 정보 즉 '청사진'이 필요하다. 이 절에서는 이를 공급하는 물질인 탄수화물(carbohydrate), 지질(lipid), 단백질(protein), 핵산(nucleic acid)의 구조에 초점을 둘 것이며, 이 분자들은 물과 몇 가지 종류의 이온과 함께 세포와 조직을 구성하는 기본 물질이다.

탄수화물

우리가 제대로 기능하기 위해 필요한 화학 에너지의 주요 공급원 역할을 하는 대부분의 **탄수화**

그림 22.6 글루코스의 구조 세 가지 형태의 글루코스가 수용액에서 평형을 이루고 있다. 열린 형태에 있는 곡선 화살표는 열린 형태가 고리 형태로 닫힐 때 결합의 재배향 방식을 보여 준다. 고리가 닫히는 순간 CH=O기의 방향 전환에 따라 C-1의 새로운 OH기는 두 가지의 가능한 배향인 α 또는 β 중 하나를 취한다. 이 구조에서 굵은 선으로 나타낸 결합을 사용하여 보는 사람에게 더 가까운 분자 부분을 나타내었다.

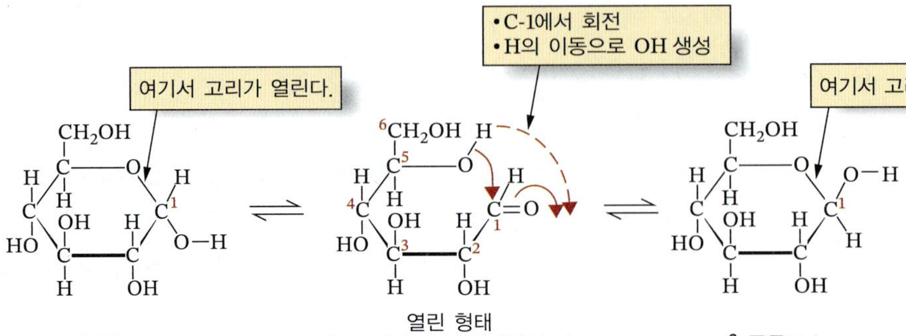

물(carbohydrate)은 **단당류(monosaccharide)**라는 간단한 단위의 중합체이다. 가장 흔한 단당류는 펜타하이드록시알데하이드(pentahydroxyaldehyde)인 글루코스(glucose, 포도당)인데, 이는 아마도 전체 생물계에서 가장 널리 생성되는 구조 단위일 것이다. 글루코스는 혈액의 주요 탄수화물이며, 셀룰로스나 녹말과 같은 매우 중요한 다당류(polysaccharide)를 만드는 구성 단위를 제공한다. 펜타하이드록시케톤(pentahydroxyketone)인 프럭토스(fructose, 과당)는 설탕을 소화할 때 글루코스와 함께 만들어진다. 꿀에는 프럭토스가 풍부하게 들어있다.

해설 녹말, 설탕, 면은 모두 탄수화물이다.

대부분의 단당류 분자는 물에 녹으면 두 가지 이상의 구조가 포함된 평형 상태로 존재한다. 예를 들어, **그림 22.6**에서 보듯이 글루코스는 물속의 평형 상태에서 2개의 고리 형태와 1개의 열린 사슬 형태로 존재한다. 유일하게 자유 알데하이드기를 갖는 열린 사슬 형태는 용질 분자의 0.1% 미만에 해당한다. 그런데도 글루코스 수용액의 용질은 여전히 폴리하이드록시알데하이드의 반응을 제공한다. 이는 특정 반응이 단 1개의 형태에서만 일어날 때, 열린 형태와 두 고리 형태 사이에 형성된 평형이 (Le Châtelier 원리에 따라) 빠르게 이동하여 열린 형태를 계속 공급하기 때문에 가능하다.

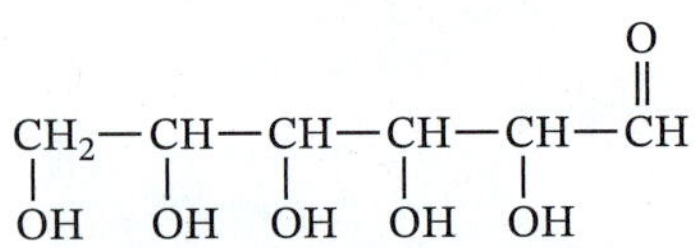

글루코스(열린 사슬 형태)
폴리하이드록시알데하이드

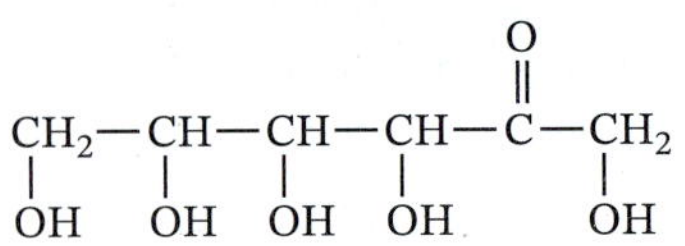

프럭토스(열린 사슬 형태)
폴리하이드록시케톤

이당류 물과 반응하여 2개의 단당류 분자로 갈라지는 탄수화물을 **이당류(disaccharide)**라고 한다. 슈크로스(sucrose, 설탕, 사탕수수, 사탕무)가 그 예이며, 이를 가수분해하면 글루코스와 프럭토스로 된다.

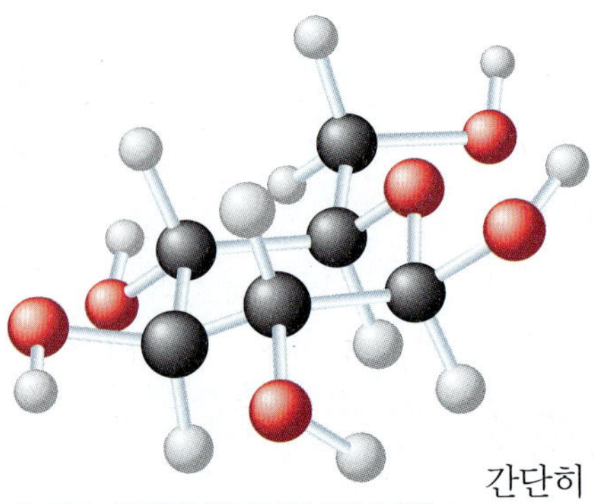

각 탄소 주위의 원자들이 정사면체 배열을 하기 때문에 단당류의 고리 형태 6원자 고리는 실제로는 우리가 그린 구조식이 암시하는 것과 같은 편평한 구조가 아니다. 예를 들어, β-글루코스는 위와 같은 구조를 갖는다.

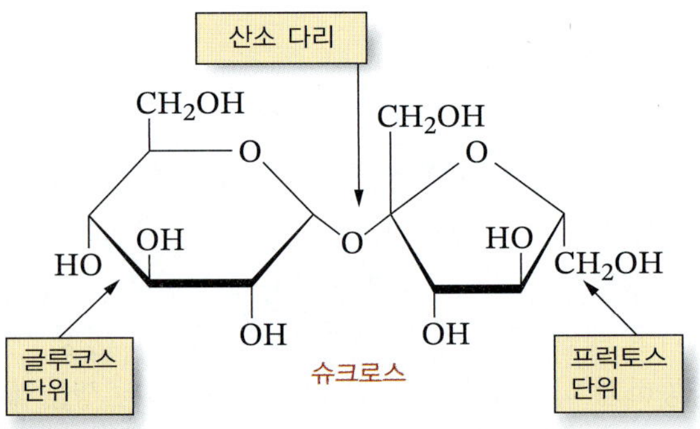

슈크로스

간단히 슈크로스는 Glu—O—Fru로 나타낸다. 여기서 Glu는 글루코스 단위, Fru는 프럭토스 단위이며, 이들은 산소 다리(—O—)로 연결되어 있다. 슈크로스의 가수분해는 이당류를 소화하는 화학 반응이며, 다음과 같이 나타낼 수 있다.[3]

$$\underset{\text{슈크로스}}{\text{Glu—O—Fru}} + H_2O \xrightarrow[\text{가수분해}]{\text{소화}} \text{글루코스} + \text{프럭토스}$$

[3]슈크로스와 다른 탄수화물의 단순화된 구조로는 상세한 것들을 다 설명할 수 없다. 그러나 이 교재는 넓은 시각으로 다루기 때문에 상세한 것을 알기 위해서는 다른 교재를 참고하라.

락토스(lactose, 젖당)는 가수분해되어 글루코스와 글루코스의 이성질체인 갈락토스(Gal)로 되는데, 이는 락토스를 소화하는 반응이다.

$$\underset{\text{락토스}}{\text{Gal—O—Glu}} + H_2O \xrightarrow[\text{가수분해}]{\text{소화}} \text{갈락토스} + \text{글루코스}$$

다당류 식물은 에너지 수요에 필요한 글루코스 단위를 **다당류(polysaccharide)**라는 거대 중합체 당 분자의 일종인 **녹말(starch)** 분자에 저장한다. 녹말은 흔히 씨나 뿌리(예: 감자)에서 발견된다. 녹말은 두 종류의 글루코스 중합체로 이루어져 있다. 구조적으로 간단한 종류는 녹말의 약 20% 정도를 차지하는 아밀로스(amylose)이다. 아밀로스의 구조는 다음과 같이 나타내고, 여기서 O는 글루코스 단위를 연결하는 산소 다리이다.

$$\text{Glu}\text{—}(\text{O—Glu})_n\text{—OH}$$

아밀로스; n은 매우 크다.

아밀로스 분자는 평균적으로 1000개 이상의 글루코스 분자가 산소 다리로 연결되어 있다. 산소 다리는 소화 과정에서 물이 아밀로스와 반응할 때 공격을 받아 끊어지는 곳이다. 글루코스 분자는 방출되어 궁극적으로 혈액 순환으로 전달된다.

$$\text{아밀로스} + nH_2O \xrightarrow[\text{가수분해}]{\text{소화}} \text{글루코스 } n\text{개}$$

녹말의 대부분은 아밀로스 분자보다 훨씬 더 큰 분자인 아밀로펙틴(amylopectin)으로 이루어져 있다. 아밀로펙틴 분자는 여러 개의 아밀로스 분자로 구성되어 있으며, 한 아밀로스 단위의 끝에서 다른 아밀로스 단위의 '사슬' 어딘가에 이르는 자리까지 산소 다리로 연결되어 있다.

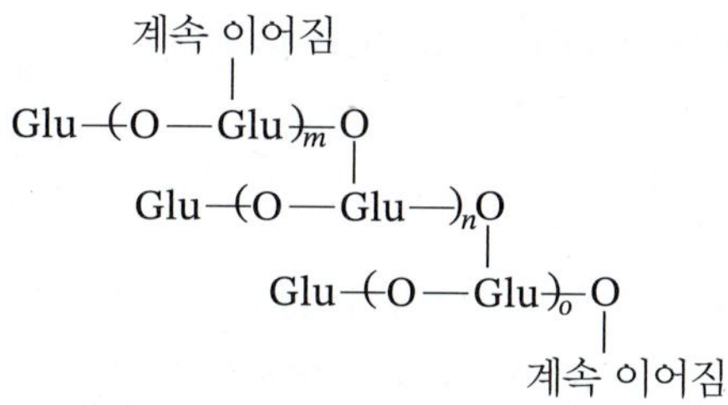

아밀로펙틴(m, n, o는 매우 큰 수)

다양한 식물종들의 녹말에서 얻어지는 아밀로펙틴 시료에서 관찰되는 분자 질량은 5만에서 수백만의 범위에 이른다(분자 질량 백만은 약 6000개의 글루코스 단위에 해당한다).

동물은 에너지로 사용하기 위해 글루코스 단위를 아밀로펙틴의 구조와 매우 유사한 분자 구조를 갖는 다당류인 **글라이코젠(glycogen)**으로 저장한다. 녹말이 풍부한 음식을 먹고 글루코스 분자를 혈액으로 전달할 때, 건강한 혈액 농도를 유지하는 데 필요한 양 이외의 남는 글루코스는 간과 근육과 같은 특정 조직에 의해 순환에서 제거된다. 간 세포와 근육 세포는 글루코스를 글라이코젠으로 바꾼다. 나중에, 많은 에너지가 필요하거나 식사를 하지 않는 동안에는 뇌와 다른 조직의 필요를 채울 수 있는 혈액 내 글루코스 농도를 충분히 유지하기 위해 저장된 글라이코젠으로부터 글루코스 단위가 방출된다.

셀룰로스 셀룰로스는 아밀로스와 매우 유사하게 글루코스의 중합체이지만, 다른 기하 구조로 배향된 산소 다리를 갖는다. 인간에게는 셀룰로스 산소 다리를 가수분해하는 데 필요한 효소가 없기 때문에 상추와 같은 셀룰로스 물질은 탄수화물을 공급하는 음식으로 사용할 수 없고, 단지 섬유질로만 사용한다. 풀과 잎을 먹는 소와 같은 동물들의 소화 기관에는 셀룰로스를 작은 분자로 바꾸는 박테리아가 살고 있으며, 숙주 생명체들은 박테리아가 생성한 분자들을 자신의 용도에 맞게 사용한다.

해설 셀룰로스는 식물 세포벽의 주요 물질이며, 면의 약 100%는 셀룰로스로 이루어져 있다.

지질

지질(lipid)은 물에 녹지 않지만 다이에틸 에터나 벤젠과 같은 비극성 용매에 녹는 천연 물질이다. 지질 분자에 요구되는 유일한 구조적인 조건이 전반적으로 탄화수소류가 큰 부분을 차지하여 상대적으로 비극성이어야 한다는 것이기 때문에 지질족에 속하는 물질은 대단히 많다. 예를 들어, 콜레스테롤은 물론 에스트라다이올(estradiol), 테스토스테론(testosterone)과 같은 성호르몬도 지질족에 속한다. 구조를 보면 지질이 얼마나 탄화수소와 유사한지 알 수 있다.

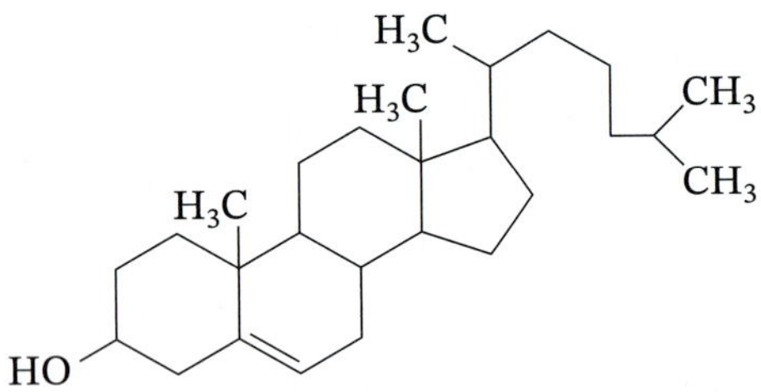

콜레스테롤

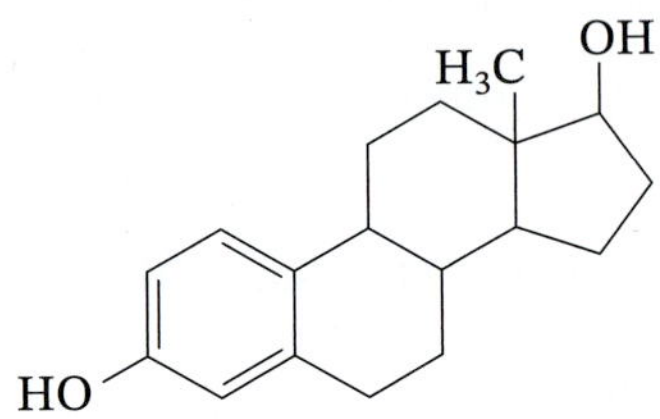

에스트라다이올
(여성 성호르몬)

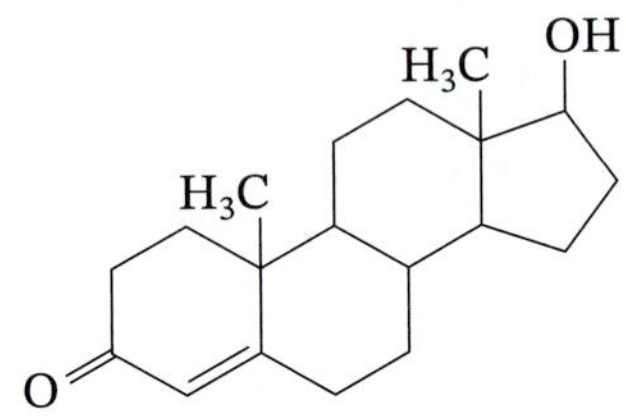

테스토스테론
(남성 성호르몬)

트라이아실글라이세롤 우리 음식에 있는 식용 지방과 기름(올리브유, 옥수수유, 유지방, 돼지기름과 같은 물질)도 지질족에 속한다. 이들은 **트라이아실글라이세롤(triacylglycerol)**이고, 이는 글라이세롤(3개의 OH기를 갖는 알코올)과 여러 종류의 긴 사슬 카복실산 3개가 반응하여 형성된 에스터이다. 특정 기름과 지방에는 특정 비율의 지방산이 있다. 식품 과학자들은 기름이나 지방을 분석하고, 다양한 지방산의 비율을 측정하는 방식으로 제품을 식별한다.

해설

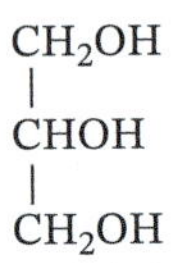

글라이세롤

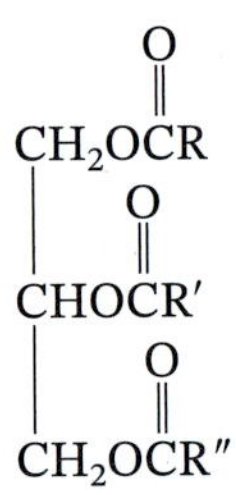

트라이아실글라이세롤
(일반적인 구조 특징)

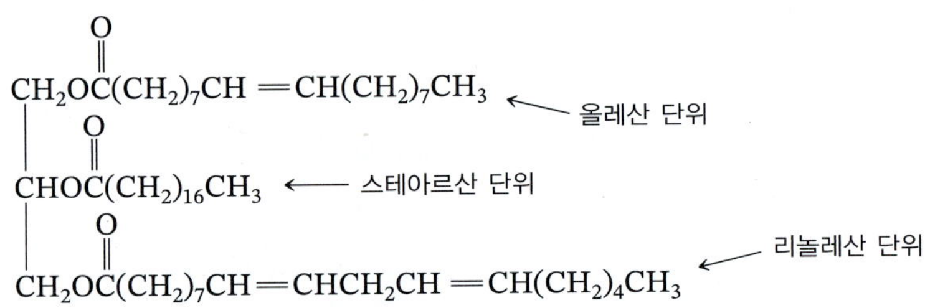

트라이아실글라이세롤
(식물성 기름에 들어있는 전형적인 분자)

트라이아실글라이세롤을 만드는 데 사용되는 카복실산을 **지방산(fatty acid)**이라 하며, 일반적으로 탄소 원자 수가 짝수인 가지 없는 사슬에 1개의 카복실기만을 갖는다(**표 22.4**). 트리아실글라이세롤의 긴 탄화수소 사슬로 인하여 물에 대한 불용성을 포함한 물리적 성질이 탄화수소와 거의 유사하다. 많은 지방산은 1개 이상의 탄소–탄소 이중 결합을 갖는다.

해설 요리용 기름(흔히 식용유)은 분자당 여러 개의 알켄기가 있기 때문에 고도 불포화 기름으로 광고한다.

올리브유, 옥수수유, 땅콩기름과 같이 식물성 원료에서 얻은 트라이아실글라이세롤을 식물

표 22.4 일반적인 지방산

지방산	탄소 원자 수	구조	녹는점(°C)
미리스트산	14	$CH_3(CH_2)_{12}CO_2H$	54
팔미트산	16	$CH_3(CH_2)_{14}CO_2H$	63
스테아르산	18	$CH_3(CH_2)_{16}CO_2H$	69
올레산	18	$CH_3(CH_2)_7CH{=}CH(CH_2)_7CO_2H$	13
리놀레산	18	$CH_3(CH_2)_4CH{=}CHCH_2CH{=}CH(CH_2)_7CO_2H$	−5
리놀렌산	18	$CH_3CH_2CH{=}CHCH_2CH{=}CHCH_2CH{=}CH(CH_2)_7CO_2H$	−16

성 기름(vegetable oil)이라 하며, 실온에서 액체이다. 돼지기름이나 쇠기름과 같이 동물성 원료에서 얻은 트라이아실글라이세롤을 동물성 지방(animal fat)이라 하며, 실온에서 고체이다. 식물성 기름은 일반적으로 동물성 지방보다 분자당 이중 결합을 더 많이 갖기 때문에 고도 불포화(polyunsaturated) 기름이라 한다. 이중 결합은 보통 시스이므로 분자들이 구부러져서 분자들끼리 서로 가까이 밀착하기 어렵고, London 힘이 크게 작용하지 않는다. 따라서 고체보다는 액체인 경향이 있다. 액체 경향이 있는 시스 지방산과 달리 이중 결합이 없거나 트랜스 배향의 이중 결합을 갖는 지방산은 쉽게 굳어 건강에 해로운 것으로 여겨져 왔다.

트라이아실글라이세롤의 소화 트라이아실글라이세롤은 가수분해, 즉 물과 반응하여 소화된다. 장의 윗부분에 있는 소화액에는 이 반응의 촉매 작용을 하는 라이페이스(lipase)라는 효소가 들어있다. 예를 들어, 앞에서 설명한 트라이아실글라이세롤의 완전한 소화 과정은 다음 반응과 같이 일어난다.

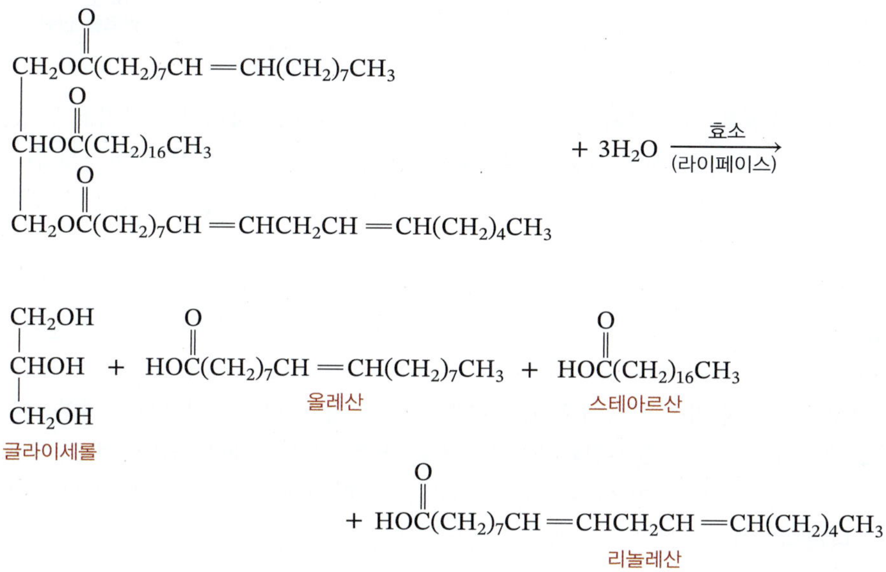

실제로 지질의 소화가 일어나는 매질은 염기성이기 때문에 산의 음이온이 형성된다.

트라이아실글라이세롤이 결합되어 있는 지방산이, 음이온으로 방출될 정도로 충분한 염기의 존재하에서 가수분해될 때, 이 반응을 비누화 반응(saponification)이라 한다. 긴 사슬 지방산염의 혼합물이 일반 비누(soap)의 구성 성분이다.

식물성 기름의 수소 첨가 반응 식물성 기름은 일반적으로 유지방보다 저렴하게 생산할 수 있지만, 기름이 액체이기 때문에 빵에 바를 때 사용하는 사람은 거의 없다. 유지방과 같은 동물성 지방은 실온에서 고체이고, 식물성 기름과 동물성 지방의 유일한 차이는 분자당 탄소–탄소 이중 결합 수이다. 따라서 단순히 식물성 기름의 이중 결합에 수소를 첨가하면 지질이 액체에서 고체로 바뀐다.

해설 식물성 기름의 수소 첨가 반응으로 시스와 트랜스 이성질체 모두에 수소 원자가 첨가되며, London 인력이 최대인 직선 사슬 포화 분자가 얻어진다.

식물성 기름의 부분적 수소 첨가 반응으로 이중 결합 주위의 원자들이 시스에서 트랜스로 재배열될 수 있다. 그 결과로 얻어진 제품을 **트랜스 지방**(trans fat)이라 한다. 트랜스 지방의 섭취는 관상동맥 질환과 연관되어 있기 때문에 이제 식품의 트랜스 지방 함량을 식품 표지에 나타내야 한다. 맥도날드, 웬디스, KFC, 타코벨과 같은 패스트푸드 체인점들은 프렌치프라이 요리에 사용하던 트랜스 지방 기름을 다른 기름으로 바꾸었다. 미국 New York 시에서는 모든 음식점에서 트랜스 지방의 사용을 금지하고 있다.

동물의 세포막 동물 세포막의 구조와 관련된 지질은 트라이아실글라이세롤이 아니다. 일부는 글라이세롤 단위의 세 번째 자리에 인산 단위가 붙어 있는 다이아실글라이세롤이다. 인산 단위는 차례로 에스터와 유사한 연결 구조로 아미노 알코올 단위에 결합된다. 인산 단위는 −1의 전하를 띠고 아미노 단위는 +1의 전하를 띤다. 이와 같은 지질을 글라이세로인지질(glycerophospholipid)이라 한다. 레시틴(lecithin)은 그 일례로 요리를 할 때 유화제로 사용한다.

해설 레시틴에서 아미노 알코올 단위는 양이온인 콜린에 의해 제공된다.

$$HOCH_2CH_2\overset{+}{N}(CH_3)_3$$

에탄올아민(양성자 첨가된 형태)은 인지질에 존재하는 또 다른 아미노 알코올이다.

$$HOCH_2CH_2NH_3^+$$

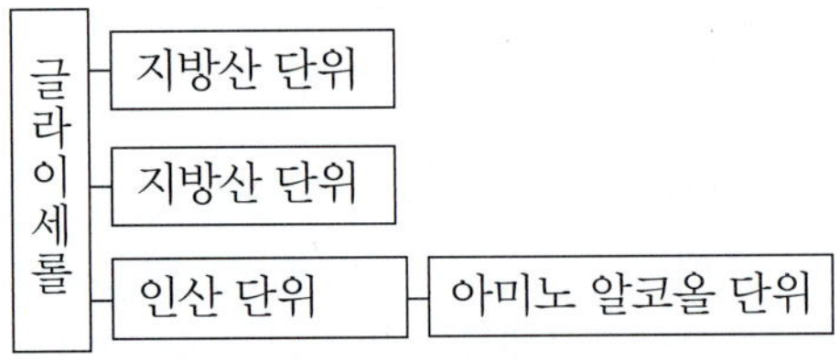

글라이세로인지질, 일반적 구조

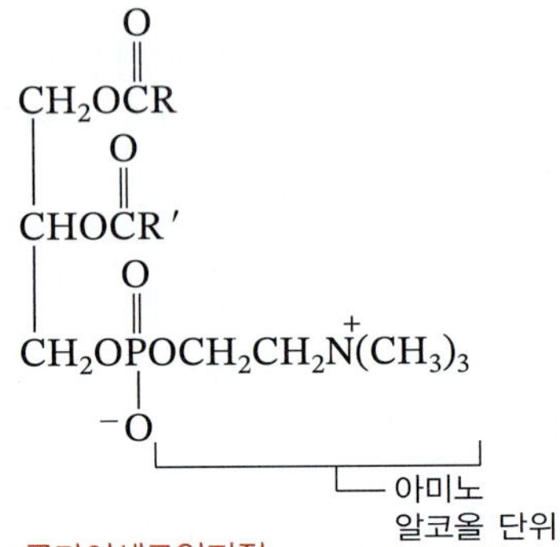

글라이세로인지질 (포스파티딜콜린, '레시틴')

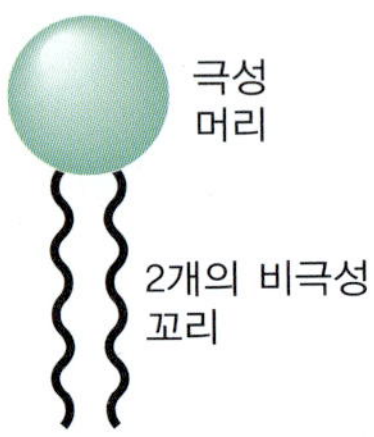

글라이세로인지질 기호

글라이세로인지질은 지질 분자가 극성을 띠고, 심지어 이온성 자리까지 가지고 있으면서도 여전히 물에 잘 녹지 않는 것이 가능하다는 것을 보여준다. 같은 분자 내에 비극성 단위와 극성 단위 또는 이온성 단위가 조합되어 글라이세로인지질과 유사한 물질이 동물 세포막의 주요 구성 단위가 될 수 있다.

글라이세로인지질 분자의 순수한 탄화수소류 부분(지방산 단위에서 제공한 긴 R기)은 **소수성(hydrophobic**, '물을 싫어'하여 물 분자를 피한다)이다. 전하를 띠는 부분은 **친수성(hydrophilic**, '물을 좋아'하여 물 분자에 끌린다)이다. 그러므로 수용성 매질에서 글라이세로인지질 분자는 소수성 가지 사슬이 물에 노출되는 것을 최소화하고, 친수성 자리와 물 사이의 접촉을 최대화하는 방식으로 응집된다. 이와 같은 상호 작용이 대략 글라이세로인지질 분자가 응집하여 동물 세포의 지질 이중층(lipid bilayer) 막을 형성할 때 일어나는 일이며, 이를 **그림 22.7**에 나타내었다. 물 분자가 존재하지 않는 층의 중심에 소수성 가지 사슬들이 서로 얽혀 있다. **친수성기(hydrophilic group)**는 세포 안팎의 수용성 매질에 노출되어 있다. 그림 22.7에 막을 강화시키는 것을 도와주는 콜레스테롤과 콜레스테롤 에스터 분자는 나타내지 않았다. 따라서 콜레스테롤은 동물의 세포막에 필수적이다.

세포막은 여러 가지 역할을 제공하는 단백질 단위도 포함한다. 일부 단백질은 호르몬이나

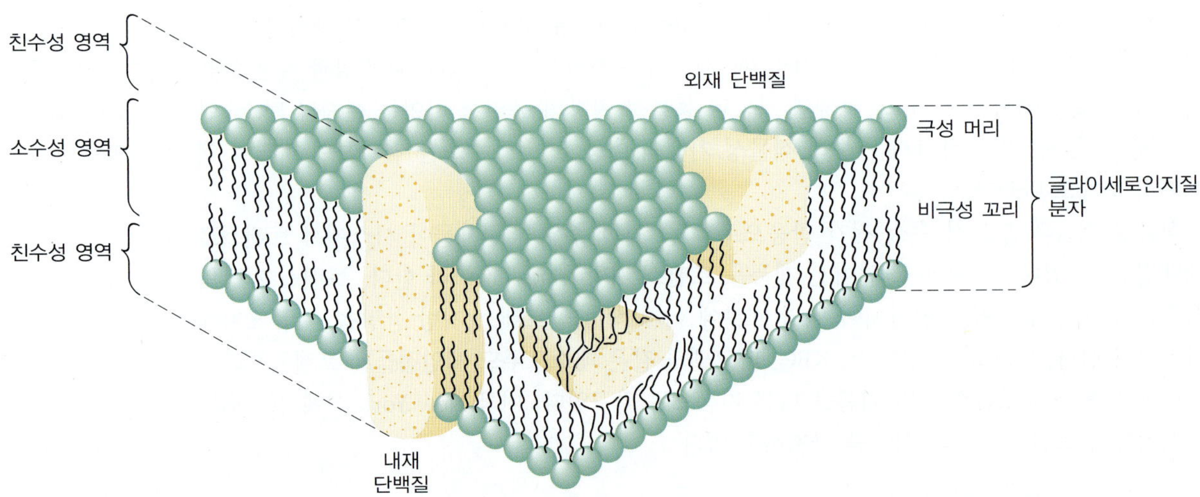

그림 22.7 동물 세포막 동물 세포막의 지질 분자는 이중층으로 이루어져 있다.

신경 전달 물질과 같은 분자를 인식할 수 있는 분자 인식 자리이다. 다른 단백질은 Na^+, K^+, Ca^{2+}, Cl^-, HCO_3^- 등과 같은 이온이 세포의 안팎으로 이동하기 위한 통로(channel)를 제공한다. 일부 단백질은 글루코스와 같은 작은 유기 분자를 운반하기 위한 통로이다.

단백질

단백질은 인체에서 물을 제외한 중량의 약 절반을 차지하는 커다란 물질군이다. 단백질은 모든 세포에서 발견되며 효소, 호르몬, 신경 전달 물질의 역할을 한다. 단백질은 혈액에 산소를 운반할 뿐만 아니라 대사 과정의 일부 노폐물도 운반한다. 생명체에서 다른 어떤 화합물군도 이렇게 다양한 기능을 갖고 있지 않다.

해설 신경 전달 물질(neurotransmitter)은 신경 자극을 전달하기 위하여 한 신경 세포의 끝과 다음 신경 세포의 바깥면 사이를 이동하는 작은 분자이다.

단백질(protein)의 지배적인 구조 단위는 **α-아미노산(α-amino acid)**이라는 일련의 단위체들로 만들어진 **폴리펩타이드(polypeptide)**라는 거대 분자이다. 대부분의 단백질 분자는 폴리펩타이드 단위 이외에 작은 유기 분자 또는 금속 이온들이 포함하고 있고, 온전한 단백질은 이와 같은 화학종 없이는 특징적인 생물학적 기능을 할 수 없다.

폴리펩타이드의 단위체 단위는 모두 공통적인 구조적 특징을 갖는 약 20개의 α-아미노산이다. 단백질을 만드는 데 사용되는 20개 아미노산의 몇 가지 예를 다음에 나타내었다. 기호 R은 아미노산 곁사슬(side chain)을 나타낸다. 모든 아미노산의 이름은 관용명이며, 각 아미노산은 영어 세 글자로 된 기호로 나타내기도 한다.

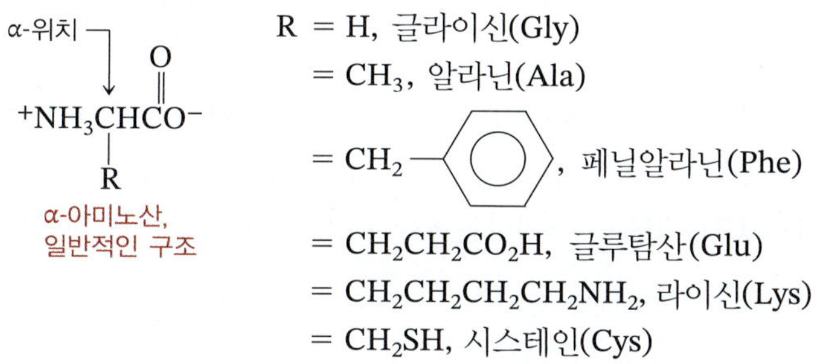

가장 간단한 아미노산은 '곁사슬'이 H인 글라이신(glycine)이다.

순수한 상태의 모든 아미노산과 같이 글라이신은 같은 분자에 양전하와 음전하가 분리되어 있는 쌍극성 이온(dipolar ion)으로 존재한다. 이와 같은 이온은 양성자 주개인 카복실기에서 양성자 받개인 아미노기로 양성자가 전달되는 내부 자체 중화에 의해 생성된다.

$$NH_2CH_2CO_2H \longrightarrow {}^{+}NH_3CH_2CO_2^-$$

글라이신 　　　　 글라이신, 쌍극성 이온 형태

해설 쌍극성 이온 형태의 정식 명칭은 쯔비터 이온(zwitterion)이다.

폴리펩타이드 폴리펩타이드는 아미노산의 공중합체이다. 한 아미노산의 카복실기는 다른 아미노산의 아미노기와 아마이드 결합으로 연결된다. 아마이드 결합은 나일론에서 본 것과 같은 종류의 카보닐–질소 결합이지만 여기 펩타이드에서는 **펩타이드 결합(peptide bond)**이라 한다. 두 아미노산 글라이신과 알라닌이 물을 방출하면서 연결되는 과정(다단계 과정)을 살펴보자.

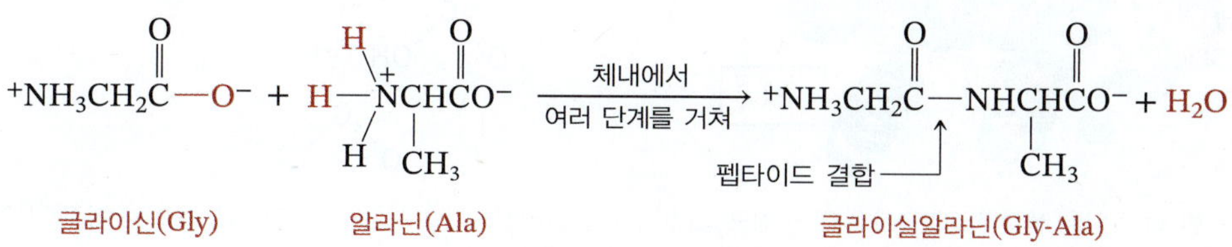

이 반응의 생성물인 글라이실알라닌은 2개의 아미노산이 펩타이드 결합으로 연결된 다이펩타

이드(dipeptide)의 예이다. (생화학자들은 이와 같은 생성물의 구조식을 기술하기 위하여 종종 아미노산에 대한 영어 세 글자 기호를 사용한다. 이 경우에는 Gly-Ala이다.)

글라이신과 알라닌의 역할을 달리하여 다른 다이펩타이드 Ala-Gly의 형성에 대한 반응식을 쓸 수 있다.

해설 인공 감미료인 아스파탐(NutraSweet®)은 다이펩타이드의 메틸 에스터이다.

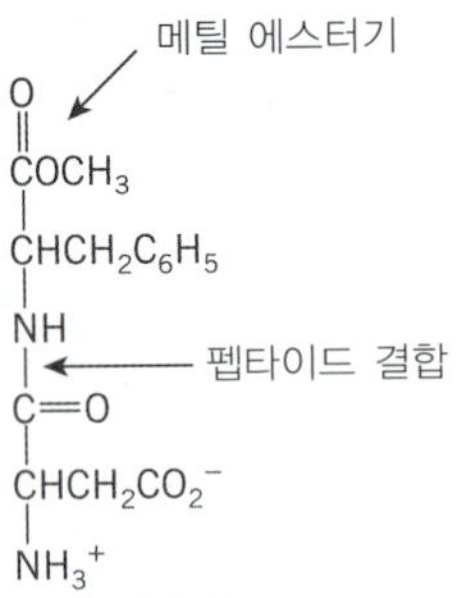

아스파탐

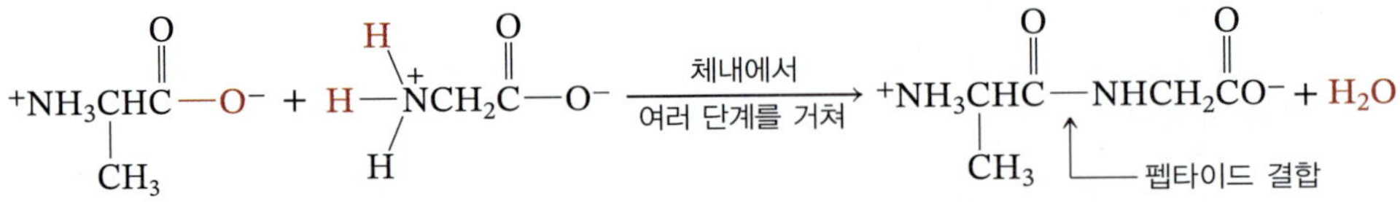

알라닌(Ala) 글라이신(Gly) 알라닐글라이신(Ala-Gly)

이와 같은 2개의 다이펩타이드를 만드는 것은 글자 N과 O로 2개의 두 글자 단어를 만드는 것과 같다. 한 가지 순서를 취하면 NO가 되고, 다른 순서를 취하면 ON이 된다. 두 단어는 완전히 다른 의미를 갖지만 같은 글자들로 이루어져 있다.

각 다이펩타이드 Gly-Ala와 Ala-Gly는 사슬의 한쪽 끝에 CO_2^-를 가지고, 다른 쪽 끝에 $^+NH_3$기를 갖는다. 따라서 다이펩타이드 분자의 각 끝은 여전히 20개 아미노산 중 어느 것과도 또 다른 펩타이드 결합을 형성할 수 있다. 예를 들어, 글라이실알라닌이 페닐알라닌(Phe)과 결합하면 Gly-Ala-Phe 또는 Phe-Gly-Ala 서열을 갖는 2개의 서로 다른 트라이펩타이드(tripeptide)를 형성할 수 있다. 각 트라이펩타이드의 한쪽 끝에 CO_2^-를 가지고, 다른 쪽 끝에 $^+NH_3$를 갖는다. 따라서 아미노산 단위의 매우 긴 서열이 어떻게 서로 연결될 수 있는지를 알 수 있다.

폴리펩타이드 사슬의 길이가 늘어나면, 가능한 아미노산의 조합은 천문학적으로 증가한다. 예를 들어, 위에서 사용한 세 가지 아미노산(Gly, Ala, Phe)만으로 α-탄소 원자에 붙어 있는 3개의 곁사슬인 H, CH_3, $CH_2C_6H_5$만 차이나는 6가지 서로 다른 트라이펩타이드 서열이 가능하다.

단백질 구조 많은 단백질은 하나의 폴리펩타이드로 구성되어 있다. 하지만, 대부분의 단백질은 2개 이상의 폴리펩타이드의 집합체와 연관되어 있다. 일부 단백질에서는 동등한 폴리펩타이드로 되어 있지만, 다른 단백질에서는 모여 있는 폴리펩타이드가 다르다. 더욱이 비교적 작은 유기 분자가 집합체에 포함될 수도 있고, 때로는 금속 이온이 존재하기도 한다. 따라서 '단백질'과 '폴리펩타이드'라는 용어는 동의어가 아니다. 예를 들어, **그림 22.8**의 헤모글로빈

해설 헤모글로빈은 혈액 내 산소 운반체이다.

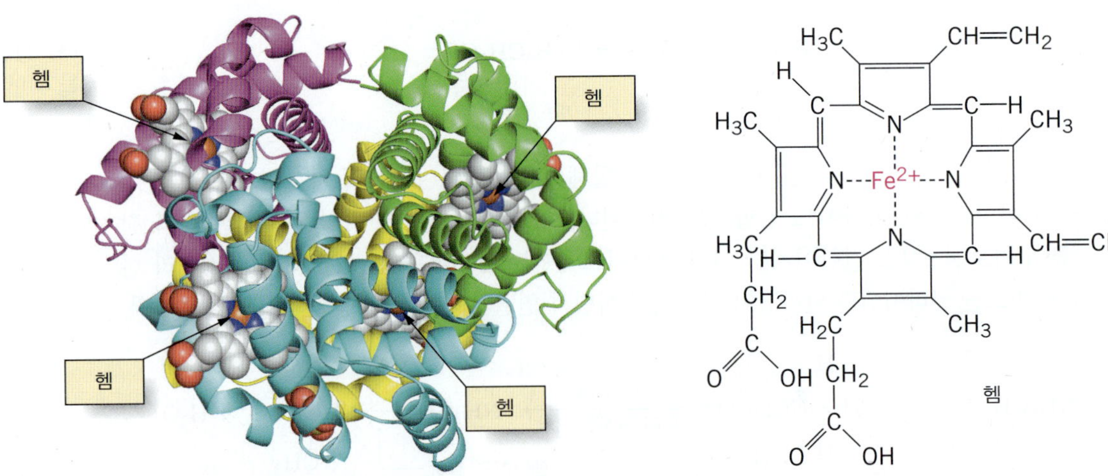

그림 22.8 헤모글로빈 각각 다른 색깔의 리본으로 나타낸 헤모글로빈의 4개 폴리펩타이드 사슬은 4개의 끼어 들어간 헴 단위 주위로 뒤틀리고 구부러져 있다. 각 헴 단위는 중심에 O_2와 결합할 수 있는 Fe^{2+}를 포함하고 있다.

(hemoglobin)은 방금 설명한 모든 특징을 갖고 있다. 헤모글로빈은 4개의 폴리펩타이드(유사한 두 쌍)와 혈액의 붉은색을 유발하는 유기 화합물인 4개의 헴(heme) 분자로 구성되어 있다. 결과적으로 헴은 철(II) 이온을 붙잡고 있다. 전체 묶음이 단백질인 헤모글로빈이다. 4개 중 하나라도 없거나, 철이 Fe^{2+} 대신 Fe^{3+}로 존재하는 것과 같이 어떤 방식으로라도 변형되면, 이 물질은 헤모글로빈이 아니며, 혈액에서 산소를 운반할 수 없다.

그림 22.8에서 헤모글로빈에 있는 각 폴리펩타이드 단위의 가닥들이 어떻게 감겨 있고, 감긴 코일들이 어떻게 비틀리고 꼬여 있는지를 주목하라. 이러한 폴리펩타이드의 모양은 아미노산 서열에 의해 결정된다. 그 이유는 곁사슬의 크기가 다른 데다가 일부는 친수성이고, 다른 것은 소수성이기 때문이다. 폴리펩타이드 분자는 소수성기와 주변의 물의 접촉을 최소화하고, 친수성기와 물분자의 접촉을 최대화하는 방식으로 꼬이고 감긴다. 또한 인접한 고리의 N—H기와 C=O기 사이의 수소 결합으로 나선 모양이 유지된다.

천연 형태(native form)라고 부르는 단백질의 최종 모양은 분자 구조체의 다른 어떤 것과 마찬가지로 기능의 수행 능력에 매우 중요하다. 예를 들어, 헤모글로빈의 곁사슬 R기 중 하나를 다른 것으로 바꾸는 것만으로도 헤모글로빈의 모양이 바뀌고, 낫 모양 적혈구 빈혈이라는 쇠약한 질병 상태가 초래된다.

해설 낫 모양 적혈구 빈혈 증세가 있는 사람의 헤모글로빈의 소단위 중 하나에서 $-CH_2CH_2CO_2H$ 곁사슬이 있어야 할 자리에 아이소프로필[$-CH(CH_3)_2$] 곁사슬이 있다.

효소

살아 있는 세포 내에 있는 촉매를 **효소(enzyme)**라고 하며, 사실상 모두 단백질이다. 일부 효소는 Mn^{2+}, Co^{2+}, Cu^{2+}, Zn^{2+}와 같은 금속 이온이 필요하며, 이 금속 이온들은 모두 좋은 식단에 포함되어야 하는 미량 원소(trace element)들이다. 어떤 효소들은 완전한 효소가 되기 위해 바이타민 B 분자가 필요하기도 하다.

해설 중금속 이온은 폴리펩타이드에서 시스테인 곁사슬의 HS기에 결합한다.

가장 위험한 독 중 일부는 종종 신경 신호 전달에 필요한 효소를 비활성화시켜 독성을 일으킨다. 예를 들어, 치명적인 식중독인 보툴리눔 식중독을 일으키는 보툴리눔 독소는 신경계 효소를 비활성화시킨다. Hg^{2+}나 Pb^{2+} 같은 중금속 이온 역시 효소를 비활성화시키기 때문에 독이다.

실전 문제 22.15

다음 화합물을 탄수화물, 지질, 아미노산으로 분류하시오. (**힌트**: 화합물 각 족의 구조적 특징은 무엇인가?)

(a) 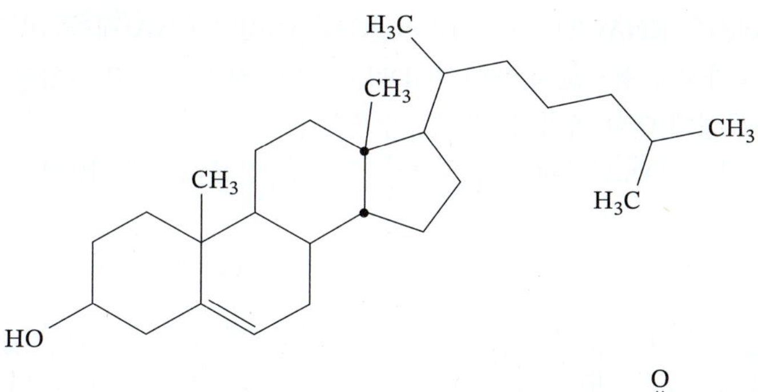

(b) 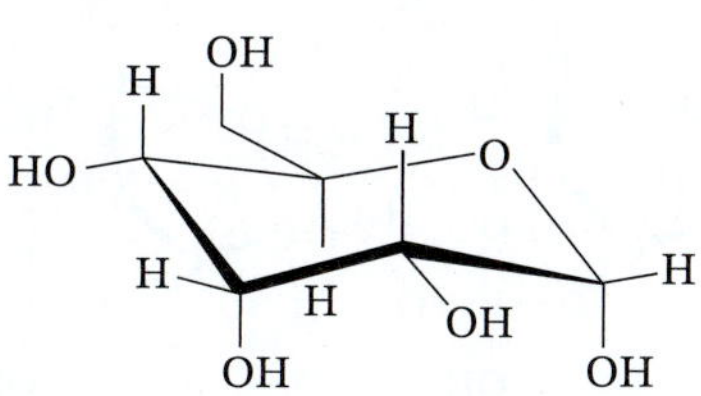

(c) 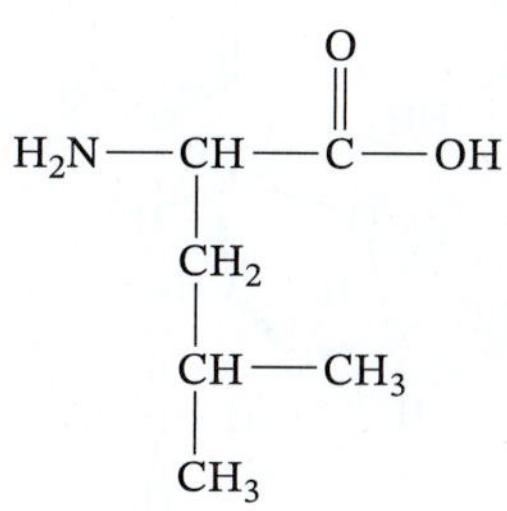

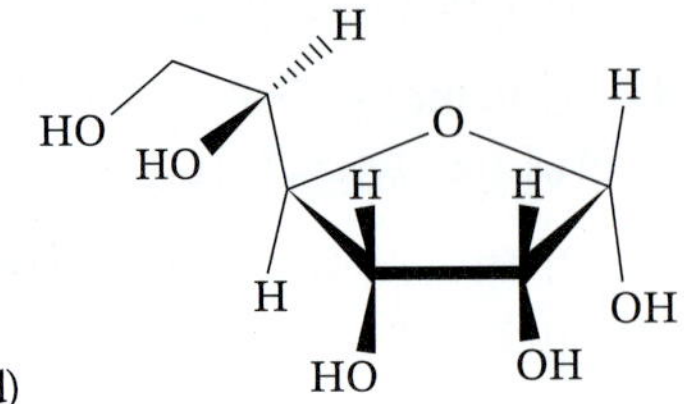

(d)

(e)

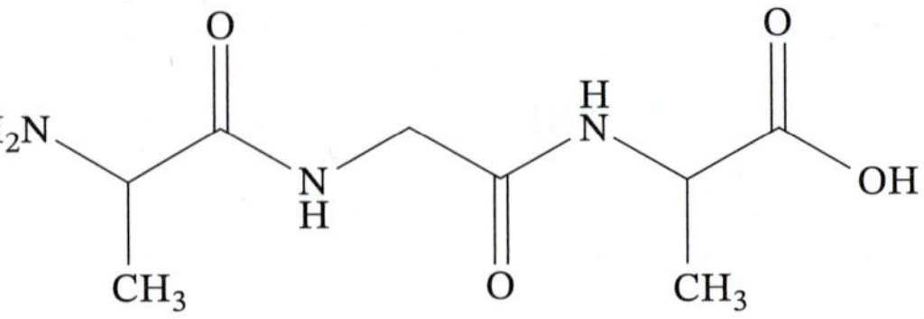

$CH_2OC(O)—(CH_2)_{16}CH_3$
|
$CHOC(O)—(CH_2)_{16}CH_3$
|
(f) $CH_2OC(O)—(CH_2)_{16}CH_3$

실전 문제 22.16

다음 글라이세로인지질에서 친수성 부분과 소수성 부분을 표시하시오.

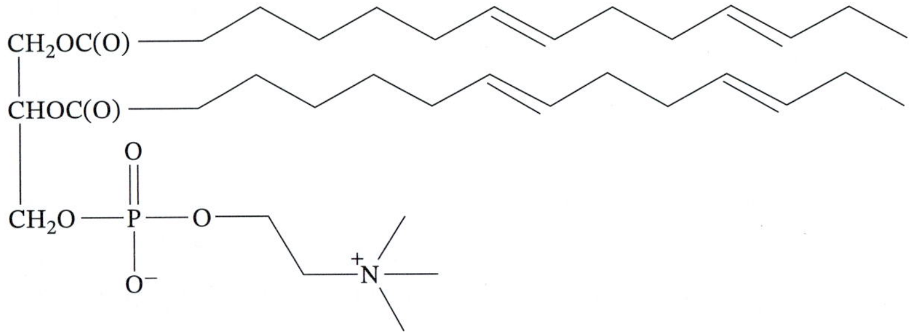

22.7 핵산, DNA, RNA

해설

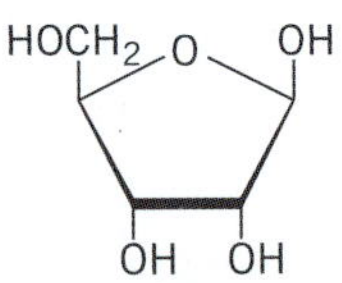

리보스

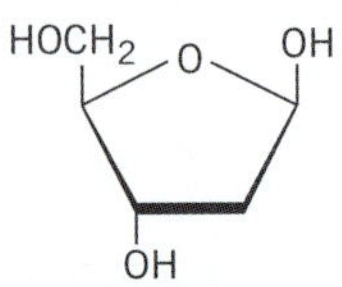

데옥시리보스

유기체의 폴리펩타이드는 핵산이라는 화합물군의 화학적 지시에 따라 만들어진다. 모든 종뿐만 아니라 종의 모든 개체의 유사성과 고유성은 모두 이 화합물의 구조적 특징에 따라 달라진다.

DNA와 RNA

넓게 보면, **핵산(nucleic acid)**은 **RNA**(리보핵산, **ribonucleic acid**)와 **DNA**(데옥시리보핵산, **deoxyribonucleic acid**) 두 가지 유형으로 존재한다. DNA는 유전자의 실질적인 화학 물질이며, 우리가 물려받는 모든 특성에 대한 화학적 기초를 제공한다.

그림 22.9에 나타낸 바와 같이, DNA 분자의 주사슬인 '골격'은 인산과 당분자(단당류)가 교

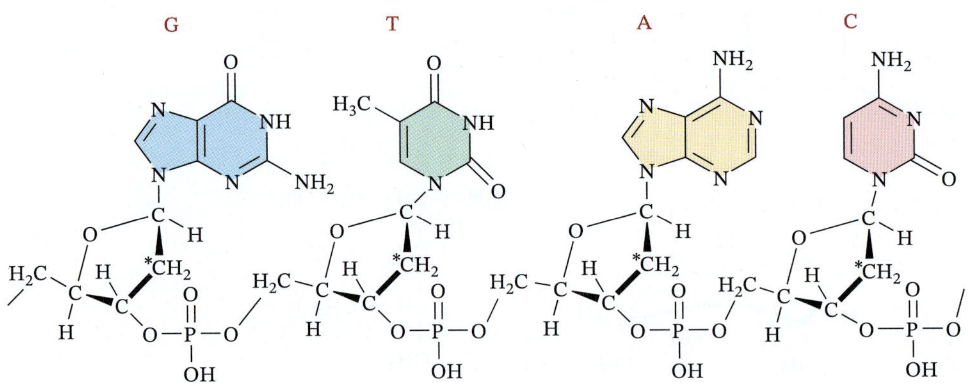

그림 22.9 핵산 DNA 염기 4개 각각의 특징을 나타낸 DNA 사슬의 일부분. 별표로 표시한 자리에 각각 OH기가 있으면, 주요 '골격'은 RNA이다. RNA에는 T 대신 U가 있다.

대로 결합하는 단위로 이루어져 있다. RNA에서 단당류는 리보스(ribose, RNA에서 R에 해당)이고, DNA에서 단당류는 데옥시리보스(deoxyribose, 데옥시는 '산소 단위 1개 없음'을 의미)이다. 따라서 DNA와 RNA는 모두 다음과 같은 체계를 갖고 있는데, 여기서 G는 작용기를 나타내고, 각 G 단위는 고유한 핵산 곁사슬을 나타낸다.

$$\begin{array}{ccccccccccc} & & G^1 & & & & G^2 & & & & G^3 \\ & & | & & & & | & & & & | \\ \text{인산} & — & \text{당} & — & \text{인산} & — & \text{당} & — & \text{인산} & — & \text{당} — \text{계속 이어짐} \end{array}$$

모든 핵산에 있는 골격 체계는 수천 개의 반복 단위만큼 길다.
DNA에서 당은 데옥시리보스이다.
RNA에서 당은 리보스이다.

곁사슬 G는 모두 헤테로고리 아민들이고, 아민들의 분자 모양은 그 기능과 많은 관련이 있다. 이들은 수용액에서 염기성인 아민이므로 핵산의 염기(base)라고 하고, 알파벳 한 글자로 나타낸다. A는 아데닌(adenine), T는 타이민(thymine), U는 유라실(uracil), G는 구아닌(guanine), C는 사이토신(cytosine)이다.

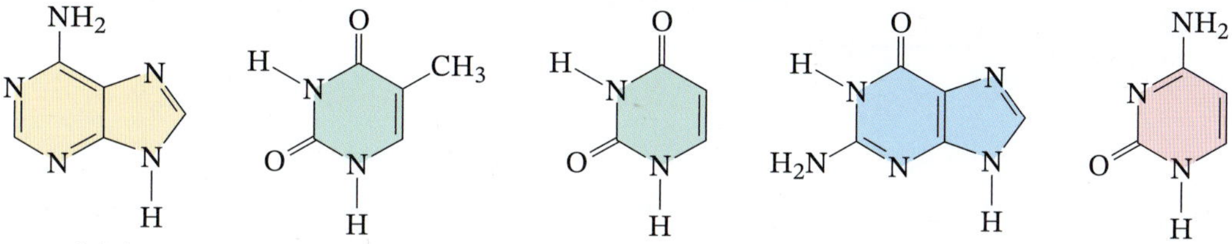

아데닌 A　　타이민 T　　유라실 U　　구아닌 G　　사이토신 C

DNA에는 A, T, G, C가 있고, RNA에는 A, U, G, C가 있다. 이와 같은 몇 개의 염기가 유전 알파벳의 '글자'이다. 우리의 전체 유전적 구조를 기술하는 정보 전달 언어가 네 '글자', A, T, G, C만으로 구성된다는 것은 놀라운 신비이다.

DNA 이중 나선

1953년, 영국의 F. H. C. Crick과 미국의 J. D. Watson은 DNA는 서로 얽혀 있고 반대 방향으로 이어지는 2개의 분자 가닥이 나선형 계단처럼 감긴 **DNA 이중 나선(DNA double helix)**이라는 형태로 세포에 존재한다고 추론하였다. 수소 결합은 두 가닥을 함께 잡아주는 데 도움이 되지만, 다른 인자들도 관련되어 있다.

해설 Crick과 Watson은 Rosalind Franklin의 X선 자료를 이용하여 DNA의 나선 구조를 추론함으로써, Maurice Wilkins와 함께 1962년 노벨생리의학상을 공동으로 수상하였다. DNA 구조는 그림 11.5에 나타내었다.

염기는 N—H기와 O=C기를 갖기 때문에, 그 작용기 사이에 수소 결합(···)이 형성될 수 있다.

$$\mathrm{N{-}\overset{\delta+}{H}\cdots\overset{\delta-}{O}{=}C}$$

그러나 최대의 수소 결합을 형성하기 위해 가장 잘 '맞는' 분자의 기하 구조를 갖는 염기는 특별한 염기 쌍(pair)으로만 존재한다. 각 쌍의 작용기는 쌍의 염기 사이에 수소 결합이 이루어지도록 분자 내에서 정확하게 올바른 위치에 있다. 그림 22.10에서 보듯이 DNA의 A는 오로지 T와 쌍을 이루고, G나 C와는 절대로 쌍을 이루지 않는다. 마찬가지로 C는 오로지 G와 쌍을 이루고, A나 T와는 절대로 쌍을 이루지 않는다. 따라서 DNA 이중 나선에서 한 가닥에 있는 모든 G의 맞은편에 다른 가닥의 C가 존재한다. 한 가닥에 있는 모든 A의 맞은편에 다른 가닥의 T가 존재한다.

아데닌(A)은 유라실(U)과도 쌍을 이룰 수 있는데, U는 RNA에 존재한다. A-U 쌍을 이루는 것은 RNA의 역할에 중요한 인자이다.

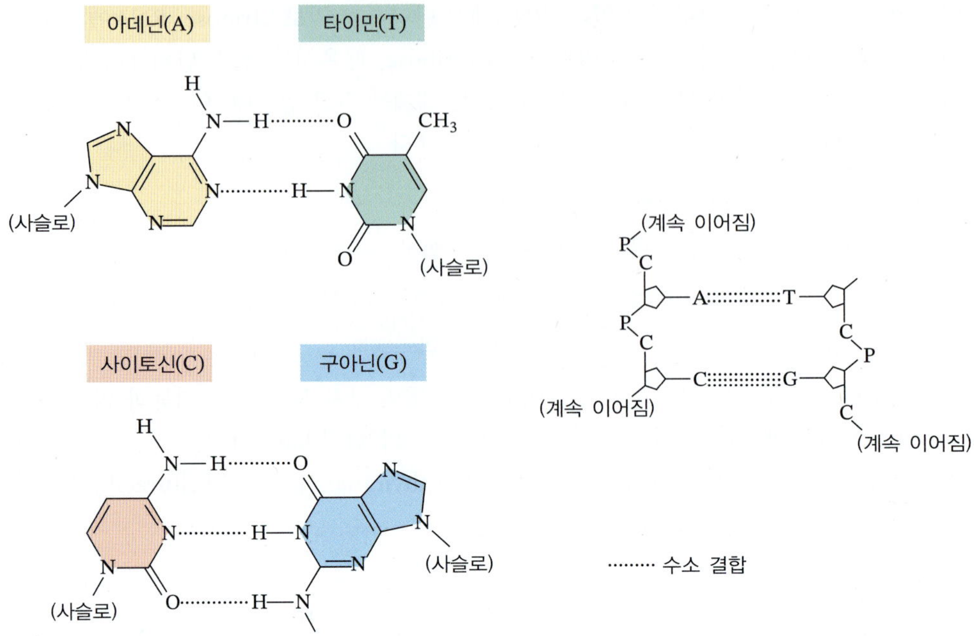

그림 22.10 DNA에서의 염기쌍의 형성 수소 결합은 점선으로 나타내었다.

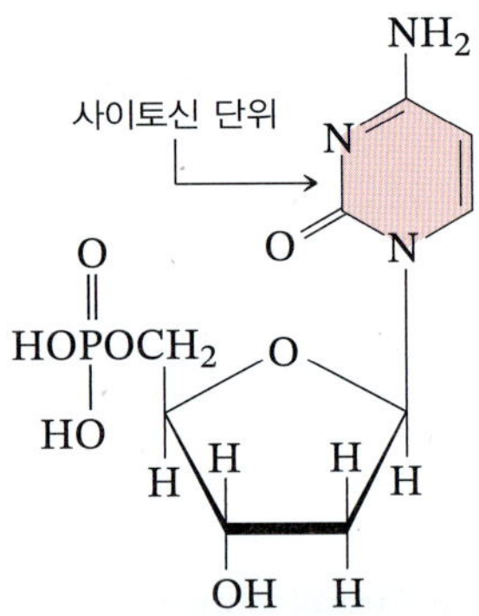

결사슬로 사이토신을 사용하는 전형적인 뉴클레오타이드

DNA 복제 세포 분열에 앞서 세포는 각 딸세포(daughter cell)가 완전한 형태의 DNA를 가질 수 있도록 자신의 DNA 복제품을 만든다. 이와 같은 생식 복제를 **DNA 복제(replication)** 라고 한다.

A는 오로지 T와 쌍을 이루고, C는 오로지 G와 쌍을 이루도록 하는 염기쌍 형성의 제한으로 인해 DNA 복제의 정확성이 얻어진다(**그림 22.11**). 그림 22.11에서 가닥에 붙지 않은 글자 A, T, G, C는 여기서 염기만을 의미하지 않고, DNA의 단위체 전체 분자를 나타낸다. 이 단위체들을 뉴클레오타이드(nucleotide)라 하는데, 하나의 특정 염기에 결합된 인산–당 단위로 이루어진 분자들이다(여백의 그림 참조). 뉴클레오타이드는 세포가 만들고, '세포액'에 존재한다.

효소는 복제의 각 단계에 대해 촉매 작용을 한다. 복제가 일어날 때, 어미 DNA 이중 나선의 두 가닥이 분리되고, 새로운 가닥에 대한 단위체가 노출된 단일 가닥을 따라 조립된다. 단위체의 조립 순서는 전적으로 염기들이 쌍을 이루는 특이성에 의해 결정된다. 예를 들어, 어미 가닥의 T 염기는 염기 A를 갖는 뉴클레오타이드만 받아들일 수 있다. 2개의 딸 이중 나선은 어미와 동일하며, 각각은 어미로부터 한 가닥씩 가져간다. 새로운 이중 나선 1개는 한 딸세포로 가고, 다른 1개는 다른 딸세포로 간다.

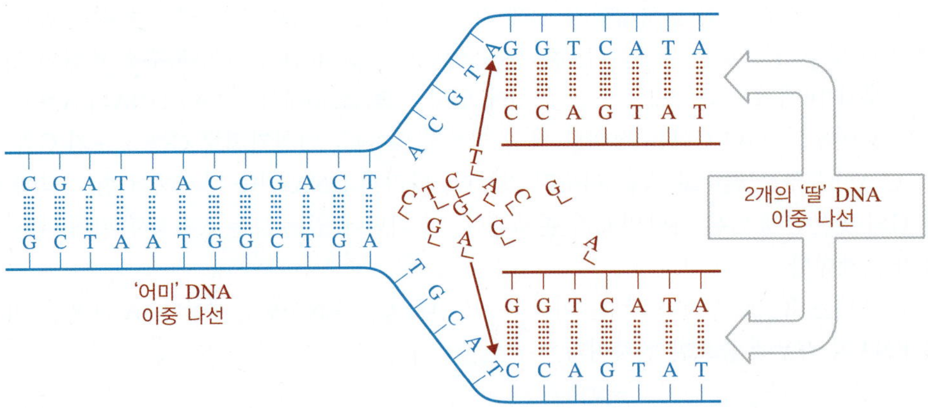

그림 22.11 염기쌍의 형성과 DNA의 복제

유전자와 폴리펩타이드 합성

하나의 인간 유전자는 1000~3000개의 염기를 갖고 있지만, 그 염기들은 DNA 분자에서 연달아 나타나지는 않는다. 다세포 유기체에서 유전자는 DNA 전체 분자도 아니고, DNA 분자에 있는 연속적인 서열도 아니다. 단일 유전자는 모두 합쳐서 특정 폴리펩타이드에 필요한 유전적 지시를 전달하는 DNA 사슬의 특정 부분 전체로 구성된다.

세포에서 각 폴리펩타이드는 자신의 유전자의 지시에 따라 만들어진다. 대략적으로 유전자에서 폴리펩타이드에 이르는 단계들은 다음과 같다.

DNA —전사→ RNA —번역→ 폴리펩타이드

(세포핵에서 유전 정보를 판독하여 RNA로 전달한다.)

(이제 핵 밖의 RNA에 있는 유전 정보를 사용하여 폴리펩타이드 합성을 지시한다.)

전사(transcription)로 나타낸 단계는 DNA의 염기 서열이 나타내는 유전 정보가 RNA의 상보적(complementary) 염기 서열에 전사되는 것을 정확히 수행하지만, RNA에는 T가 아니라 U가 있다. **번역(translation)**은 RNA의 염기 서열을 새로운 폴리펩타이드의 곁사슬 서열로 바꾸는 것을 의미한다. 이것은 한 언어(DNA/RNA 염기 서열)를 다른 언어(폴리펩타이드의 곁사슬 서열)로 번역하는 것과 같다.

폴리펩타이드 합성의 번역 단계는 여러 단계와 여러 형태의 다른 RNA가 관련되어 있다. 이 과정에서 세포는 **코돈(codon)**이라 불리는 3개의 핵산 염기 조합을 특정 아미노산과 연관시킨 암호를 통해, 성장 중인 폴리펩타이드 사슬에 어떤 아미노산 단위가 다음에 이어져야 하는지를 알려준다.

아미노산이 어떤 코돈과 연관되는 것이 **유전 암호(genetic code)**를 구성하며, 이로 인해 세포는 4개의 글자로 이루어진 RNA 알파벳(A, U, G, C)에서 20개의 글자로 이루어진 아미노산 알파벳(아미노산의 곁사슬)으로 번역할 수 있다. 암호의 가장 주목할만한 특징 중 하나는 암호가 본질적으로 보편적이라는 것이다. 예를 들어, 사람에게 알라닌을 특정하는 코돈은 박테리아, 땅돼지, 낙타, 토끼, 노린재 등의 유전 기관에서도 알라닌을 특정한다. 전체 생물 세계에서 이와 같은 화학적 연대감은 엄청나서 겸손해지기까지 한다.

실전 문제 22.17

리보스 고리와 데옥시리보스 고리를 그리시오. 두 고리의 차이는 무엇인가? (**힌트**: RNA는 단당류인 리보스를 사용하고, DNA는 단당류인 데옥시리보스를 사용한다.)

실전 문제 22.18

이중 나선에서 쌍을 이루는 염기쌍들은 어떤 것들이 있는가? 이 염기쌍을 만들기 위해 수소 결합을 하는 원소들은 무엇인가?

종합 화학 예제

파인애플 향을 갖는 화합물을 합성해야 한다. 실험실에 HCl, H_2SO_4, HNO_3, NaCl, NaOH, $HC_2H_3O_2$, KOH와 같은 무기 화합물과 함께 프로판알, 뷰탄알, 에탄알이 있다. 다른 선택지에는 NaCl, Na_2SO_4와 같은 염과 $K_2Cr_2O_7$과 같은 산화제도 있다. 유리 기구, 수소 첨가 반응과 증류 과정을 수행할 수 있는 장치도 있다. 파인애플 향을 갖는 화합물은 무엇인가? 확보한 화합물로 원하는 화합물을 만들기 위한 반응과 실험을 제안하시오. 파인애플 향을 갖는 화합물 중에서 어느 것의 향이 가장 오래 지속될까?

분석

Part 1. 세 가지 유기 화합물을 가져가서 그것들과 실험실에 흔한 다른 화학 물질을 사용하여 파인애플 향을 갖는 화합물을 만드는 방법을 제시해야 한다. 이 장에서 에스터가 종종 좋은 향기를 갖는다는 것을 배웠다. 문헌(웹사이트)을 검색하여 주어진 화합물과 연관된 화합물로 3개의 에스터를 만들 수 있다는 것을 찾았다.

Part 2. 문헌 검색을 통해 유기산과 알코올을 소량의 황산 촉매와 함께 반응시키면 에스터가 합성된다는 것을 알게 되었다. 우리가 가진 것은 모두 알데하이드이다. 필요한 반응물을 만들기 위한 반응과 실험을 제안해야 한다. 알데하이드는 산으로 산화되거나 알코올로 환원될 수 있다.

Part 3. 일단 알코올과 산을 만들어 정제한 후, 이들을 반응시켜 에스터를 만들어야 한다. 합성된 에스터는 정제해야 한다.

Part 4. 마지막으로, 가장 오래 지속되는 향은 가장 느리게 증발하는 향일 것이다. 이는 일반적으로 끓는점이 가장 높은 향을 의미하며, 끓는점 역시 문헌에서 찾을 수 있다.

도구 모음

Part 1. 에스터 합성과 관련된 도구가 필요하고, 22.3절의 알데하이드를 알코올과 산으로 전환하는 도구를 사용해야 한다.

Part 2. 알데하이드를 산으로 산화시키는 반응과 알데하이드를 알코올로 환원시키는 반응이 필요하며, 필요한 도구는 Part 1과 같다.

Part 3. 에스터 형성에 대한 도구를 사용하여 파인애플 향을 갖는 에스터를 합성하는 가능한 모든 반응을 쓸 수 있다.

Part 4. 에스터의 끓는점을 찾아 비교하면 가장 오래 지속되는 향을 찾을 수 있다. 사용할 도구는 11.2절에 있는 증발 속도에 영향을 미치는 인자들이다.

풀이

Part 1. 이 풀이에는 합성 가능한 에스터의 성질을 찾기 위한 문헌 검색이 수반된다. 반응물들의 가능한 반응들을 표로 만들면 가장 쉽게 문헌 검색을 할 수 있다. 파인애플 향을 갖는 에스터를 생성하는 세 가지 반응은 빨간색으로 나타내었다.

산으로 산화된 알데하이드	알코올로 환원된 알데하이드	형성된 산	형성된 알코올	형성된 에스터
에탄알	에탄알	에탄산	에탄올	에탄산 에틸
프로판알	프로판알	프로판산	프로판-1-올	프로판산 프로필
뷰탄알	뷰탄알	뷰탄산	뷰탄-1-올	뷰탄산 뷰틸
에탄알	뷰탄알	에탄산	뷰탄-1-올	에탄산 뷰틸
프로판알	에탄알	프로판산	에탄올	프로판산 에틸
뷰탄알	프로판알	뷰탄산	프로판-1-올	뷰탄산 프로필
에탄알	프로판알	에탄산	프로판-1-올	에탄산 프로필
프로판알	뷰탄알	프로판산	뷰탄-1-올	프로판산 뷰틸
뷰탄알	에탄알	뷰탄산	에탄올	뷰탄산 에틸

Part 2. 산을 합성하기 위한 알데하이드 산화 반응은 모두 산성 용액에서 다이크로뮴산 포타슘($K_2Cr_2O_7$)을 사용하여 진행할 수 있다.

$$3CH_3CHO + Cr_2O_7^{2-} + 8H^+ \longrightarrow 2Cr^{3+} + 4H_2O + 3CH_3COOH \quad \text{(에탄산)}$$
$$CH_3CH_2CHO + Cr_2O_7^{2-} + 8H^+ \longrightarrow 2Cr^{3+} + 4H_2O + CH_3CH_2COOH \quad \text{(프로판산)}$$
$$CH_3CH_2CH_2CHO + Cr_2O_7^{2-} + 8H^+ \longrightarrow 2Cr^{3+} + 4H_2O + CH_3CH_2CH_2COOH \quad \text{(뷰탄산)}$$

알코올을 합성하기 위해 알데하이드를 고온, 고압에서 $H_2(g)$와 백금 촉매로 환원시킨다.

$$CH_3CHO + H_2(g) \xrightarrow[\text{촉매}]{\text{열, 압력}} CH_3CH_2OH \qquad (\text{에탄올})$$

$$CH_3CH_2CHO + H_2(g) \xrightarrow[\text{촉매}]{\text{열, 압력}} CH_3CH_2CH_2OH \qquad (\text{프로판-1-올})$$

$$CH_3CH_2CH_2CHO + H_2(g) \xrightarrow[\text{촉매}]{\text{열, 압력}} CH_3CH_2CH_2CH_2OH \qquad (\text{뷰탄-1-올})$$

이 반응은 모두 알데하이드가 완전히 소모되도록 진행시킬 수 있다. 산은 증류로 정제할 수 있고, 알코올은 약하게 가열하여 남아 있는 $H_2(g)$를 제거한 다음 백금 촉매를 제거하는 여과를 통해 정제할 수 있다.

Part 3. 파인애플 냄새를 갖는 에스터는 앞의 표에 빨간색으로 나타내었다. 그 세 가지 에스터를 합성하기 위하여 일반적으로 같은 양(mol)의 산과 알코올을 황산과 함께 반응 플라스크에 넣는다. 2개의 알코올 에탄올과 뷰탄-1-올이 필요하고(에스터 이름의 뒷부분), 프로판산과 뷰탄산도 필요하다(에스터 이름의 앞부분). 혼합물을 약 1시간 동안 환류한 다음 실온으로 냉각한다. 에스터화 반응은 완결되지 않고, 평형에 도달한다. 웹사이트에서 사용한 물질의 물리적 성질을 조사하여 다음 표를 만든다.

에스터	사용한 산의 끓는점(°C)	사용한 알코올의 끓는점(°C)	형성된 에스터의 끓는점(°C)
뷰탄산 뷰틸	163	117.7	166
프로판산 에틸	141.2	78	99
뷰탄산 에틸	141.2	117.7	121

관심 대상인 3개의 에스터가 각 반응 혼합물(산, 알코올, 에스터)에서 끓는점이 가장 낮은 물질이면 상대적으로 쉬운 정제 방법인 증류를 할 수 있어서 좋았을 것이다. 하지만 혼합물 성분의 끓는점을 비교해 보면 증류로는 각 물질을 분리할 수 없을 것으로 보인다. 다행히 12.1절과 12.2절에서 논의한 극성과 용해도에 대한 지식을 사용할 수 있다. 혼합물을 보면, 모두 알코올, 유기산, 에스터를 포함하고 있다. 혼합물에 있는 알코올과 산(특히 탄소 원자 4개 이하인 작은 분자)은 물에 녹는다. 에스터는 많은 양이 물에 녹을 만큼 극성이 충분하지 않아서 일반적으로 에스터는 물에 섞이지 않는다. 이는 상이 2개라는 것을 나타낸다. 하나의 상은 반응하지 않은 알코올, 산, 이온성 물질을 포함하는 수용액층이고, 다른 비수용액 상은 주로 에스터로 이루어져 있다. 분별 깔때기를 사용하여 두 층을 분리할 수 있다. 에스터의 가수분해를 위해서는 산과 상당량의 물이 필요하지만 에스터 상에는 존재하지 않기 때문에 에스터는 가수분해되지 않는다. 이렇게 얻은 에스터를 단순 증류하면 좀 더 정제된 화합물을 얻을 수 있다.

Part 4. 마지막 표의 자료를 기반으로 가장 오래 지속되는 향에 대한 답을 찾을 수 있다. 뷰탄산 뷰틸의 끓는점은 122°C로 가장 높기 때문에 가장 오래 지속된다.

답이 합리적인가? Part 1에서, 합성 가능한 서로 다른 에스터는 9개였다. 문헌에 따르면 그중 3개는 파인애플 향을 갖고, 이는 합리적인 것 같다. Part 2에서, 본문에 나오는 반응을 주어진 반응의 견본으로 사용하였다. 각 생성물을 형성하기 위한 산화-환원 반응은 올바른 균형 화학 반응식으로 나타내야 한다. 반응식을 확인해 보면 균형 화학 반응식인 것을 알 수 있다. Part 3에서, 에스터를 합성하고 정제하는 과정을 제시하였다. 관련 자료를 분석해 보면 증류는 실현 가능한 정제 방법이 아니지만, 분별 깔때기를 사용한 두 상의 분리 과정은 분자의 극성과 용해도를 고려할 때 가능한 분리 방법이다.

종합 화학 문제

A. 방금 풀었던 종합 화학 예제에서는 알데하이드가 유기산으로 산화된다고 주장한다. 5장에서

배운 내용을 바탕으로 이를 산화 과정으로 볼 수 있는 이유를 최소한 2가지 제시하시오.

B. 5장에서 배운 내용을 바탕으로, 알데하이드가 알코올로 전환되는 것은 환원 과정으로 볼 수 있다. 이때 알데하이드에 어떤 일이 일어나는지 2가지의 증거를 제시하고 설명하시오.

C. 유기 분자를 표현하는 방법으로 '구조식'과 더불어 '선 구조'에 대해서도 배웠다. (**a**) 구조식을 사용하는 것이 더 나을 수 있다고 생각하는 두 가지 방식은 무엇인가? (**b**) 구조식 대신 선 구조를 사용하는 두 가지 이유를 제시하시오.

D. 중합체가 가질 수 있는 서로 다른 물리적 성질을 최소 5가지 이상 제시하고 설명하시오.

E. 중합체를 만드는 데 사용된 단위체가 같더라도 두 중합체 시료의 물리적 특징이 다를 수 있다. 중합체의 물리적 성질을 달라지게 하는 물리적 방법 한 가지와 화학적 방법 한 가지를 제시하고 설명하시오.

F. 생물학적 분자의 소수성 성질의 중요성을 논하시오. 이것은 생물의 진화와 어떤 관련이 있는가?

G. 트라이아실글라이세라이드는 글라이세롤(3개의 $-OH$기를 갖는 분자)과 3개의 지방산으로 구성되어 있는데 지방산은 글라이세롤과 에스터 결합을 형성하고 있다. 지방산에 시스-배열을 하는 1개의 이중 결합이 있으면 지방산은 쉽게 굳지 않는다. 이와 같은 지방산은 쉽게 굳는 트랜스-지방산이나 이중 결합이 없는 지방산보다 건강에 더 좋은 것으로 여겨진다. 시스-이성질체가 포화 지방산이나 트랜스-지방산보다 잘 굳지 않는 이유를 그림을 그려 설명하시오.

요약

학습 목표별로 정리함

작용기에 따른 유기 화합물의 구조식을 쓸 수 있다.

유기 화학은 탄소의 공유 결합 화합물을 연구하는 학문이며, 탄소 산화물, 탄산염, 탄산수소염 등 다른 몇 가지는 제외된다. 탄화수소기에 붙어 있는 **작용기**를 기반으로 유기 화합물을 분류한다. 각 족을 이루는 화합물들은 같은 종류의 화학적 성질을 가지며, 이는 작용기와 작용기가 아닌 부분의 상대적 비율에 따라 달라진다. 수소 결합은 OH기나 NH기를 갖는 화합물의 끓는점과 물에 대한 용해도에 크게 영향을 미친다. 유기 화합물은 흔히 정해진 분자식에 해당하는 가능한 구조가 2개 이상 존재하기 때문에 이성질 현상을 나타낸다. **비대칭 탄소 원자**를 포함하는 분자는 카이랄성을 나타낸다.

알케인은 유기 화합물 족 중에서 극성이 가장 작고 반응성도 가장 작다. 알케인의 탄소 골격은 **곧은 사슬**, **가지 사슬**, **고리**로 존재할 수 있다. 알케인이 열린 사슬이면 단일 결합을 중심으로 자유로운 회전이 가능하다. 고리에 탄소가 아닌 다른 원자가 포함될 수 있지만 **헤테로 고리 화합물**은 탄화수소가 아니다.

알케인, 알켄, 알카인, 방향족 탄화수소의 명명 규칙과 주요 반응을 기술할 수 있다.

IUPAC 규칙에 의해, 알케인의 이름은 **-에인**(-ane)으로 끝난다. 접두사는 가장 긴 연속 사슬인 어미 사슬의 탄소 수로 나타내고, 가지에서 가장 가까운 끝에서부터 사슬의 탄소에 번호를 매긴다. **알킬기**는 알케인의 치환기이다.

알케인은 일반적으로 강산, 강염기와 반응하지 않는다. 높은 온도에서 알케인 분자는 열분해되어 H_2와 불포화 탄화수소로 된다.

불포화 탄화수소에서, 탄소−탄소 이중 결합을 중심으로 자유로운 회전이 일어나지 않으므로 **기하 이성질 현상**이 가능하다. π 결합의 전자쌍은 알켄을 Brønsted 염기로 작용하게 하여, 알켄은 강한 이성분산과 **첨가 반응**을 하거나 산 촉매의 존재하에서 물과 첨가 반응을 한다. 알켄은 (금속 촉매 존재하에서) 수소를 첨가하기도 한다. 브로민과 염소는 온화하고 촉매가 없는 조건에서 첨가된다. 오존과 같은 강한 산화제는 쉽게 알켄을 공격하여 분자를 끊어버린다.

벤젠과 같은 **방향족 탄화수소**는 알켄과 같은 첨가 반응을 하지 않는다. 대신에 **치환 반응**을 한다. 적절한 촉매 존재하에서 벤젠은 염소, 브로민, 질산, 황산과 치환 반응을 한다.

알코올, 에터, 알데하이드, 케톤, 카복실산, 에스터의 이름과 주요 반응을 기술할 수 있다.

알코올(ROH)과 **에터**(ROR′)는 물의 알킬 유도체이다. 에터는 알케인과 같이 화학적 성질이 거의 없다. 알코올은 H_2O를 내놓는 **제거 반응**을 하여 알켄으로 바뀐다. HI와 같이 진하고 강한 이성분산은 OH기를 할로젠으로 치환하는 **치환 반응**으로 알코올과 반응한다. 산화제는 RCH_2OH 형태의 알코올을 먼저 알데하이드로 전환시킨 다음 카복실산으로 전환시킨다. 산화제는 R_2CHOH 형태의 알코올을 케톤으로 바꾼다. 알코올은 카복실산과 반응하여 에스터를 형성한다.

가장 쉽게 산화되는 유기 화합물 중에서 **알데하이드**는($RCH{=}O$)는 카복실산으로 산화된다. **케톤**($RCOR'$)의 산화는 잘 일어나지 않는다. 알데하이드와 케톤은 수소를 첨가하여 알코올을 만든다.

카복실산(RCO_2H)은 약산이지만 강염기를 중화시킨다. 카복실산 음이온은 Brønsted 염기이다. 카복실산을 알코올과 함께 가열하면 에스터로 바뀔 수 있다.

에스터(RCO_2R')는 물과 반응하여 어미 산과 알코올로 되돌아간다. 가수분해에 염기성 수용액을 사용하면 그 과정을 비누화 반응이라고 하며, 생성물은 어미 산의 카복실산염과 알코올이다.

아민과 아마이드의 이름, 화학식, 주요 반응을 기술할 수 있다.

간단한 **아민**(RNH_2)과 알킬기로 더 치환된 $RNHR'$와 $RNR'R''$는 암모니아의 유기 유도체이므로 강산을 중화시킬 수 있는 약염기이다. 아민의 짝산은 좋은 양성자 주개로, 강염기를 중화시킬 수 있다. 간단한 **아마이드**($RCONH_2$)는 산과 암모니아로 만들 수 있으며, 아마이드는 가수분해되어 어미 산과 3개의 결합을 갖는 질소 화합물(암모니아나 아민)로 되돌아갈 수 있다. 아마이드는 염기성이 아니다.

중합체의 구조, 합성, 성질을 설명할 수 있다.

거대 분자인 **중합체**는 작은 특징이 계속해서 매우 많이 반복되는 수많은 원자로 이루어져 있다. **사슬 성장 중합체** 또는 **첨가 중합체**인 **폴리프로필렌**은 **단위체** 프로필렌의 **중합**에 의해 형성되며, 폴리프로필렌 탄화수소 **골격**의 탄소에 하나 걸러 하나씩 메틸기(CH_3)가 결합되어 있다. 역시 첨가 중합체인 폴리에틸렌과 폴리스타이렌은 각각 에틸렌과 스타이렌의 반응으로 생성된다. **축합 중합체**(**단계 성장 중합체**)는 2개의 단위체 단위 사이에 공유 결합이 형성될 때 수반되는 H_2O나 CH_3OH 같은 작은 분자가 제거되면서 형성된다. **나일론**과 **폴리에스터**는 2개의 다른 단위체로부터 형성되기 때문에 공중합체이다.

에틸렌의 중합은 **가지치기**가 일어날 수 있고, 가지치기로 인해 저밀도 폴리에틸렌(LDPE)이라는 비결정성 중합체가 생성된다. 고밀도 폴리에틸렌(HDPE)과 초고분자량 폴리에틸렌(UHMWPE)은 가지가 없고, 결정성이 좋아 중합체가 강해진다. 나일론의 성질은 중합체 가닥 사이의 수소 결합의 영향을 받는다.

일반적인 탄수화물, 지질, 단백질을 명명하고 그들의 성질을 기술할 수 있다.

글루코스 단위는 **녹말**, 글라이코젠, 셀룰로스, 슈크로스, 락토스에 존재하며, 꿀에는 간단한 단당류로 존재한다. 글루코스는 혈액 속의 주요 '당'이다. **단당류**인 글루코스는 한 가지 형태에서 펜타하이드록시알데하이드이지만, 2개의 고리 형태로도 존재한다. **이당류**와 **다당류**에서 두 고리 형태가 산소 다리로 연결되어 있다. 락토스(젖당)에서 글루코스와 갈락토스 단위가 결합되어 있다. 슈크로스(설탕)에서 글루코스와 프럭토스 단위가 연결되어 있다.

주요한 다당류인 녹말(아밀로스와 아밀로펙틴), 글라이코젠, 셀룰로스는 모두 글루코스의 중합체인데, 가지치기 방식과 기하 구조가 다르다. 이당류와 녹말의 소화에는 단당류를 만들기 위해 산소 다리의 가수분해가 필요하다.

비극성 용매에는 비교적 녹지만 물에는 녹지 않는 생물계의 천연 물질은 **지질**이라는 큰 화합물 족에 속하는 물질이다. 성호르몬, 콜레스테롤, 영양소로 중요한 트라이아실글라이세롤, 세포막에 필요한 글라이세로인지질과 다른 인지질 등이 지질에 포함된다.

트라이아실글라이세롤은 글라이세롤과 여러 개의 긴 사슬, 종종 불포화 지방산 중 3개로 만들어진 트라이에스터이다. 트라이아실글라이세롤을 소화할 때 에스터 결합의 가수분해가 일어나고, **지방산**의 음이온이 (글라이세롤과 함께) 생성된다.

글라이세로인지질 분자는 소수성이 큰 부분과 친수성인 부분으로 되어 있다. 글라이세로인지질 분자는 세포막의 주요 성분인데, 지질 이중층으로 배열되어 있다.

자연계의 **아미노산**은 대부분 동일한 탄소 원자(아미노산의 알파 위치라 부름)에 $-NH_3^+$기와 $-CO_2^-$기가 결합된 화합물이다. 약 20개의 아미노산이 폴리펩타이드와 단백질의 구조에 중요하다. 2개의 아미노산이 **펩타이드 결합**(아마이드 결합)으로 연결되면, 이 화합물은 다이펩타이드이다. 많은 아미노산 단위를 포함하는 **폴리펩타이드**에는 규칙적인 간격으로 여러 개(때로는 수천 개)의 펩타이드 결합이 존재한다. 폴리펩타이드의 고유한 성질은 사슬의 길이와 곁사슬기의 서열에 있다.

어떤 **단백질**은 한 가지의 폴리펩타이드만으로 되어 있지만, 대부분의 단백질은 2가지 이상의 (때로는 다른) 폴리펩타이드와 종종 폴리펩타이드가 아닌 성분(유기 분자) 및 금속 이온을 포함한다. 거의 모든 **효소**는 단백질이다. 주요 독과 일부 약은 효소를 비활성화시키는 작용을 한다.

DNA, RNA의 구조가 유전 정보를 전달하고 단백질을 합성하는 방식을 설명할 수 있다.

주어진 단백질에 필요한 정확한 아미노산 서열을 갖는 폴리펩타이드는 **핵산**의 통제하에서 만들어진다. 핵산은 골격 구조가 오탄당 단위가 반복되는 서열로 만들어진 중합체이다. 각 당의 단위에는 아데닌(A), 타이민(T), 구아닌(G), 사이토신(C), 유라실(U)과 같은 헤테로고리 아민인 염기가 있다. **DNA**에서 당은 데옥시리보스이고, **염기**는 A, T, G, C이다. **RNA**에서 당은 리보스이고, 염기는 A, U, G, C이다.

DNA는 **이중 나선** 구조로 세포핵 안에 존재한다. 두 가닥은 특정한 염기쌍 사이에 존재하는 수소 결합에 의해 함께 연결되어 있다. DNA에서 A는 항상 T와 쌍을 이루고, C는 항상 G와 쌍을 만든다. RNA에서 염기 U는 T를 대체하고, A는 U와도 쌍을 이룰 수 있다. 염기 A, U, G, C는 유전 알파벳의 4개 글자이고, 폴리펩타이드 합성에서 하나의 아미노산을 암호화하는 특정한 조합은 한 가닥에 나란히 있는 3개의 염기이다. DNA **복제**는 세포에 의해 DNA 이중 나선을 이루고 있는 원래 두 가닥의 정확한 복제품을 합성하는 것이다.

문제 풀이를 위한 도구

도구 다음과 같은 도구들이 이 장에서 도입되었다. 이들을 주의 깊게 공부하면 필요할 때 적절한 도구를 선택할 수 있다.

축약 구조(22.1절) 비금속이 옥텟 규칙을 만족하면서 형성할 수 있는 공유 결합의 수

14족(4A족): 결합 4개, 15족(5A족): 결합 3개,
16족(6A족): 결합 2개, 17족(7A족): 결합 1개, 수소: 결합 1개

축약 구조를 쓸 때, 질문에서 주어진 원소에 결합된 수소 원자 수가 그 원자에 필요한 전체 결합 수에서 그 원자에 붙어 있는 수소가 아닌 다른 원자 수를 뺀 것과 같은지 확인하시오.

축약 구조로 사용되는 다각형(22.1절) 탄소 원자는 다각형의 각 꼭짓점에 있는 것으로 이해한다. 고리에 있는 다른 원소는 분명하게 나타낸다. 다각형의 모서리는 공유 결합을 나타낸다. 이중 결합은 분명하게 나타낸다. 나머지 결합은 각 꼭짓점에 있는 원자에 필요한 공유 결합 수에 따라 수소 원자가 공유 결합을 하고 있는 것으로 이해한다.

작용기(22.1절) 분자 내의 작용기(표 22.1)에 따라 물질을 유기 화합물의 족으로 분류하고, 화합물은 자신이 가지고 있는 작용기에 따라 일련의 특정 반응을 일으킬 수 있다.

유기 화합물의 IUPAC 명명법

모든 화합물에 대해, 탄소 원자의 가장 긴 사슬이나 작용기를 갖는 가장 긴 사슬을 화합물의 이름을 붙일 때 어미 사슬로 정의한다.

알케인(22.2절)

첫 번째 치환기에 가장 작은 번호가 부여되는 쪽의 끝에서부터 사슬에 번호를 매긴다. 이름은 -**에인**(-ane)으로 끝나고, 사슬의 탄소 원자 수를 나타내는 접두사는 표 22.2에 나타내었다. 알킬 치환기의 위치는 알킬기 이름 앞에 숫자와 하이픈으로 명시한다. 알킬기는 영어 알파벳 순으로 명시한다.

알켄과 알카인(22.2절)

알켄의 이름은 -**엔**(-ene)으로 끝나고, 알카인의 이름은 -**아인**(-yne)으로 끝난다. 명명 규칙은 이중 결합 또는 삼중 결합의 첫 번째 탄소가 두 가지 가능한 번호 중 작은 번호가 되도록 사슬에 번호를 매긴다는 것을 제외하고는 알케인의 명명 규칙과 비슷하다.

알코올(22.3절)

이름은 -**올**(-ol)로 끝난다. −OH기에 가장 작은 번호가 부여되는 쪽의 끝에서부터 어미 사슬에 번호를 매긴다.

알데하이드와 케톤(22.3절)

알데하이드의 이름은 -**알**(-al)로 끝난다. 케톤의 이름은 -**온**(-one)으로 끝난다. 카보닐기에 가장 작은 번호가 부여되는 쪽의 끝에서부터 어미 사슬에 번호를 매긴다.

카복실산(22.3절)

이름은 -**산**(-oic acid)으로 끝난다.

에스터(22.3절)

이름은 어미 카복실산의 이름을 먼저 쓰고, 그 뒤에 한 칸 띄고 O 원자에 붙어 있는 알킬기의 이름을 쓴다. 영어의 경우, 이름은 O 원자에 붙어 있는 알킬기의 이름으로 시작한다. 그 뒤에 한 칸 띄고 어미 카복실산의 이름을 쓰는데, 카복실산의 이름을 -oic acid에서 -ate로 바꾼다.

알켄과 알카인의 반응(22.2절)

분자의 구성 성분이 이중 결합의 각 탄소에 첨가된다.

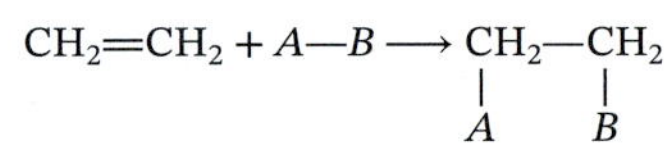

알코올의 반응

알코올의 산화(22.3절)

생성물은 알코올 탄소에 결합된 수소 원자 수에 따라 달라진다.

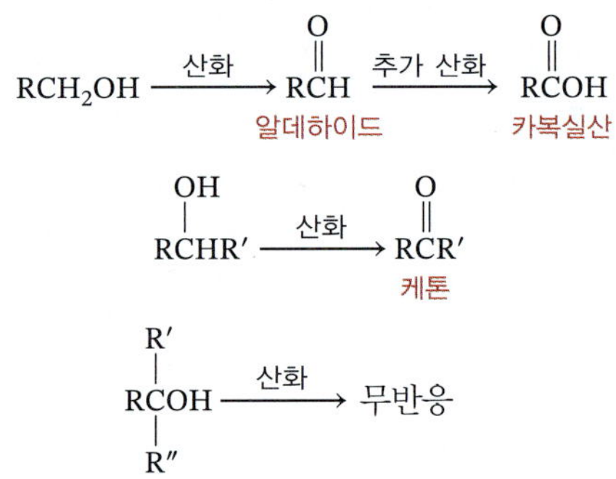

알코올의 탈수 반응(22.3절)

알코올의 치환 반응(22.3절)

$$ROH + HX(\text{진한}) \xrightarrow{\text{열}} RX + H_2O$$

알데하이드와 케톤의 반응: 환원 반응(22.3절)

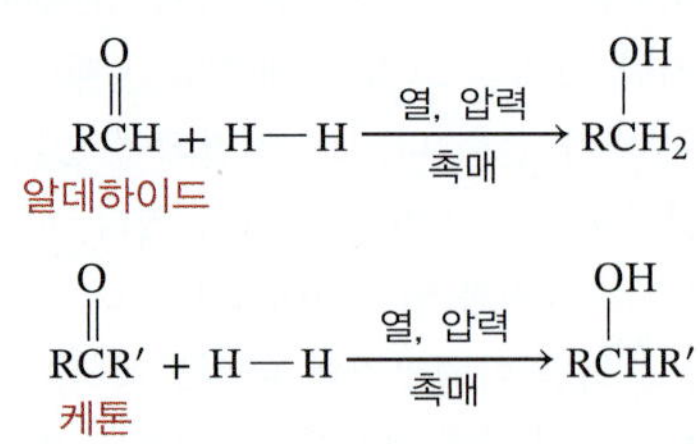

유기산의 반응

중화 반응(22.3절)

카복실산은 염기와 반응하여 염을 만든다.

$$RCO_2H + OH^- \longrightarrow RCO_2^- + H_2O$$

에스터의 형성(22.3절)

에스터는 카복실산과 알코올의 반응으로 형성된다.

$$\underset{\text{카복실산}}{RC(=O)OH} + \underset{\text{알코올}}{HOR'} \rightleftharpoons \underset{\text{에스터}}{RC(=O)OR'} + H_2O$$

에스터의 비누화 반응(22.3절)

$$\underset{\text{에스터}}{RC(=O)OR'(aq)} + OH^-(aq) \xrightarrow{\text{열}} \underset{\text{카복실산 이온}}{RC(=O)O^-(aq)} + \underset{\text{알코올}}{R'OH(aq)}$$

아마이드의 형성(22.4절)

$$\underset{\text{카복실산}}{RC(=O)OH} + \underset{\text{암모니아}}{H{-}NH_2} \xrightarrow{\text{열}} \underset{\text{간단한 아마이드}}{RC(=O)NH_2} + H_2O$$

아마이드의 가수분해(22.4절)

$$\underset{\text{간단한 아마이드}}{RC(=O)NH_2} + H{-}OH \xrightarrow{\text{열}} \underset{\text{카복실산}}{RC(=O)OH} + NH_3$$

첨가 중합(22.5절)

자유 라디칼 메커니즘으로 점진적으로 성장하는 사슬에 단위체 단위들을 첨가하면 긴 중합체 사슬이 생성된다. 중합체의 반복 단위는 단위체 자체의 화학식이다.

축합 중합(22.5절)

H_2O이나 CH_3OH와 같은 작은 분자가 제거되고, 남아 있는 조각들끼리 공유 결합을 형성하면서 단위체가 연결된다. 공중합의 경우, 반복 단위는 두 단위체에서 제거된 작은 분자를 뺀 것이다.

쌍으로 구성된 복습 문제 중 청색 번호를 가진 문제의 해답은 부록 B에 수록하였다. 난이도가 높은 문제는 별표(*)로 표시하였다.

복습 질문

유기 구조와 작용기

22.1 3,5-다이메틸헥세인으로 옳지 않게 이름이 붙여진 화합물의 옳은 이름은 무엇인가?

22.2 유기 구조에서 R은 무엇을 나타내는가? $R{-}CH_3$가 아이소뷰테인 화합물을 나타낸다면 R의 축합 구조는 무엇인가?

22.3 다양한 원자가 일반적으로 형성하는 결합의 수를 고려할 때 다음 구조 중 가능한 것은 무엇인가?

(a) CH_3CHCH_3

(b) $CH_3CHCHCH_3$

(c) $CH_3CH_3CH_2CH_2CH_3$

22.4 다음의 축약 구조를 쓰시오.

(a)

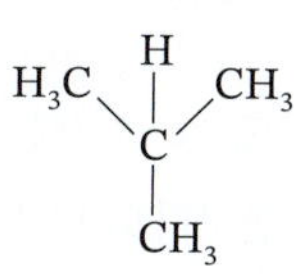

(b)

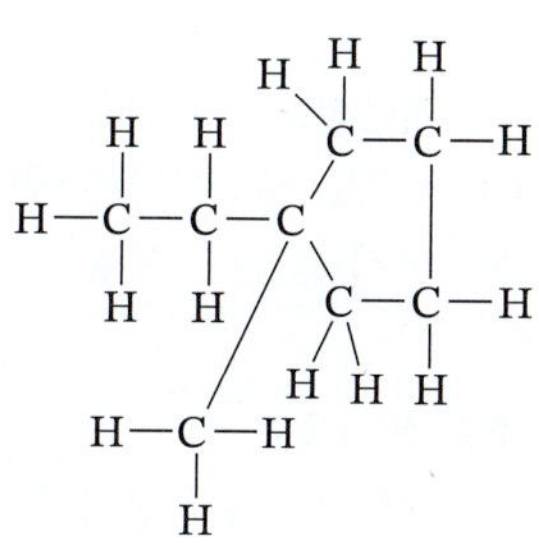

(c)

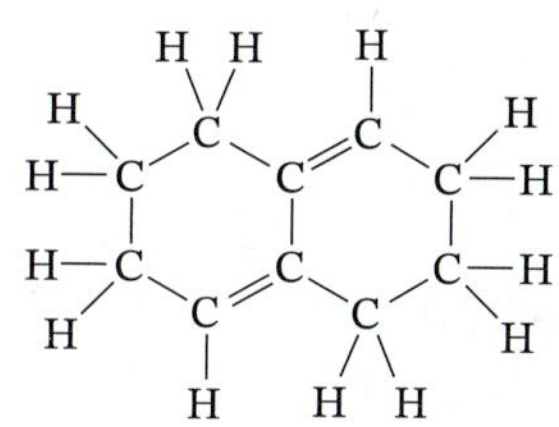

22.5 유기 화학 연구에서 작용기 개념이 갖는 중요성은 무엇인가?

22.6 다음 각각에 대해 축약 구조식을 쓰고, 분자에 존재하는 작용기를 찾고 이름을 쓰시오.

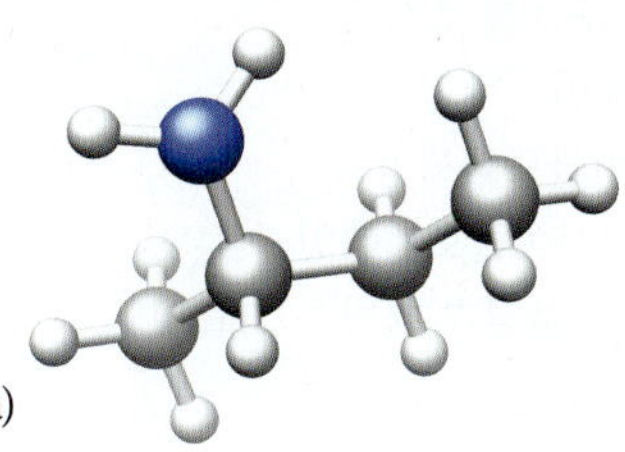

(a)

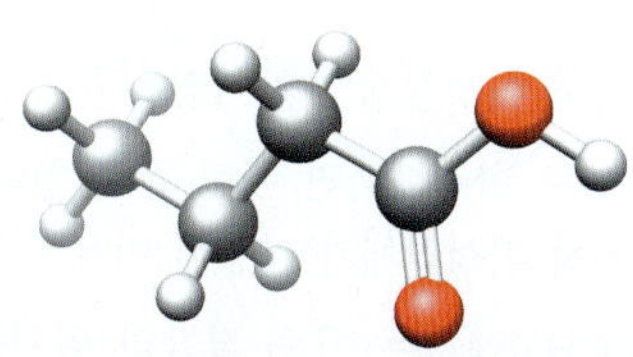

(b)

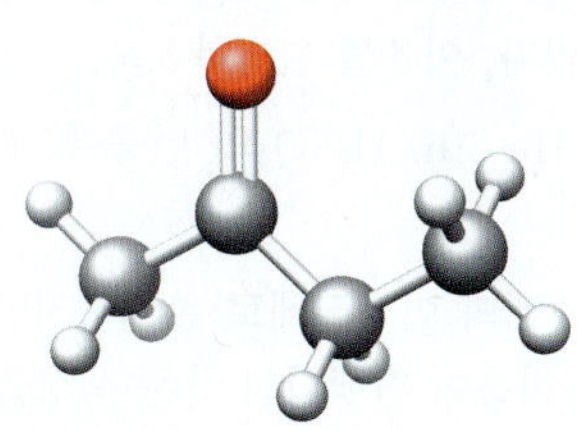

(c)

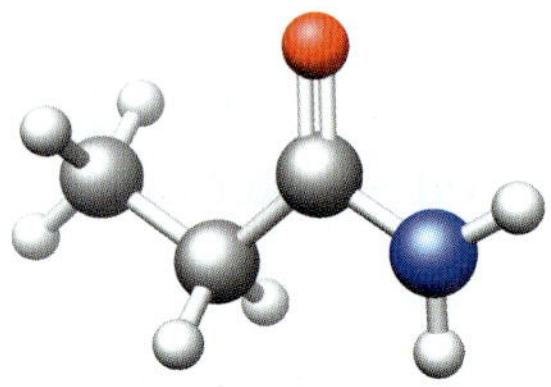

(d)

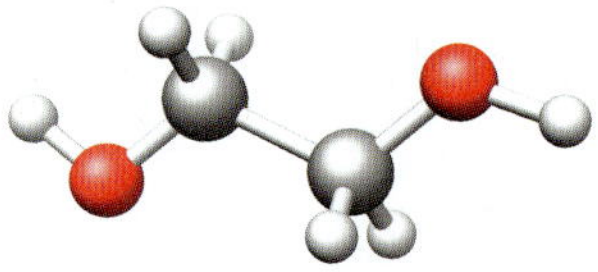

(e)

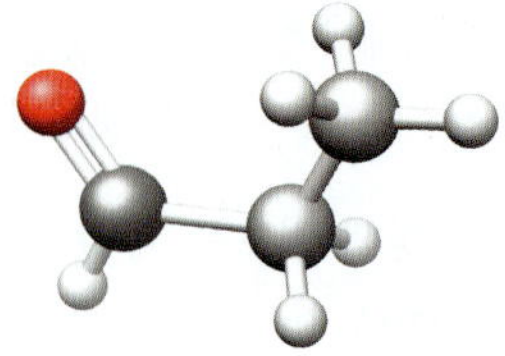

(f)

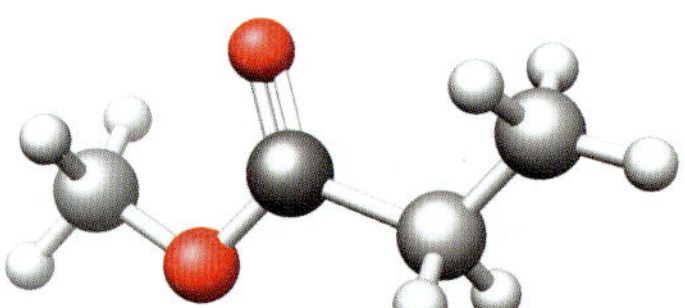

(g)

22.7 두 물질을 서로 이성질체라고 부르려면 두 물질에 대해 무엇이 참이어야만 하는가?

탄화수소: 구조, 명명법, 반응

22.8 펜테인과 2,4-다이메틸펜테인 중에서 끓는점이 더 높은 것은 어느 것인가? 추론으로 설명하시오.

22.9 일반적으로, 작용기를 가지고 있는 분자가 더 많은 화학적 반응성을 나타내는 이유는 무엇인가? 왜 알케인은 아민만큼 많은 반응을 보여주지 않는가?

22.10 다음 화합물의 축약 구조를 쓰시오.

(a) 2,3-다이메틸헵테인
(b) 1,3-다이메틸사이클로헥세인
(c) 1,1,3-트라이에틸사이클로펜테인
(d) 6-에틸-5-아이소프로필-7-메틸옥트-1-엔
(e) 시스-펜트-2-엔
(f) 트랜스-뷰트-2-엔

22.11 기하 이성질체와 광학 이성질체의 차이점은 무엇인가?

22.12 이중 결합을 중심으로 회전하려면 어떤 일이 일어나야만 하는가? 이로 인해 기하 이성질체가 가능한 이유는 무엇인가?

22.13 프로펜($CH_3CH{=}CH_2$)에서는 이중 결합의 위치를 찾기 위한 번호가 필요하지 않다. 이유를 설명하시오.

22.14 2-메틸프로펜과 **(i)** HBr, **(ii)** H_2SO_4의 반응에 대한 단계별 반응식을 쓰시오.

22.15 뷰트-2-엔 화합물은 2개의 이성질체로 존재하지만, 두 이성질체 모두 수소 첨가 반응이 진행되면 같은 생성물을 생성한다. 구조를 그려 이 진술을 설명하시오.

22.16 다음 물질이 뜨거운 진한 황산에 대해 나타내는 화학적 거동에 대해 유사점과 차이점을 말하시오.

(a) 사이클로헥세인 **(b)** 사이클로헥센 **(c)** 벤젠

산소를 포함한 유기 화합물

22.17 $CH_3CH_2CH_2OH$가 $CH_3CH_2CH_2CH_3$보다 물에 더 잘 녹는 이유를 설명하시오. 끓는점이 높은 것은 어느 것인가? 추론을 설명하시오.

22.18 다음 화합물의 구조를 조사하시오.

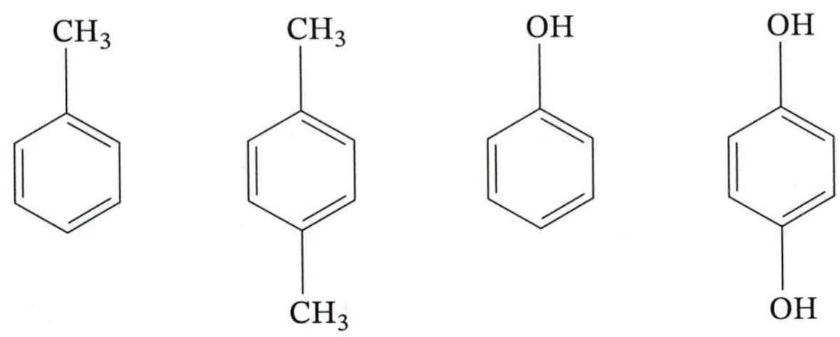

A **B** **C** **D**

(a) 이 화합물들을 끓는점이 가장 높은 물질부터 끓는점이 가장 낮은 물질까지 순서를 정하시오. 추론을 설명하시오.

(b) 이 화합물들을 물에 대한 용해도가 가장 낮은 화합물부터 시작하여 물에 대한 용해도가 가장 높은 화합물까지 순서를 정하시오. 추론을 설명하시오.

22.19 다음에 대한 축약 구조를 쓰시오. 물에 더 잘 녹는 것은 어느 것인가? 설명하시오.

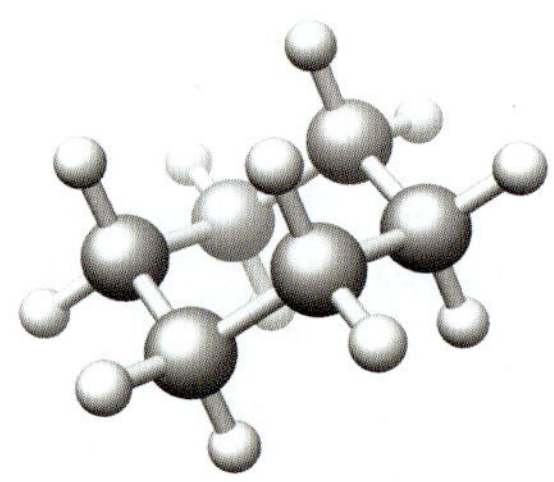

(a)

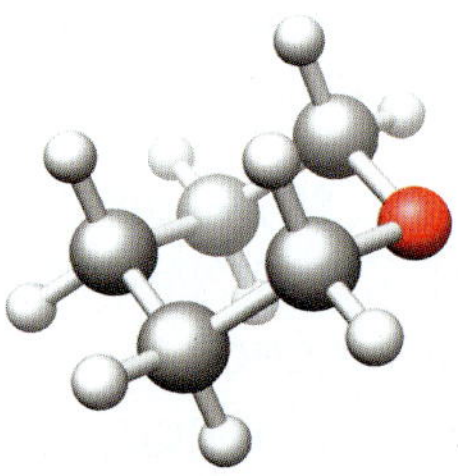

(b)

22.20 다음을 끓는점이 증가하는 순으로 나열하고 추론을 설명하시오.

(a) 에틸 알코올 **(b)** 아세트알데하이드 **(c)** 아세톤

22.21 아세트산은 97°C에서 끓는 1-프로판올보다도 더 높은 118°C에서 끓는다. 아세트산의 끓는점이 더 높은 것을 어떻게 설명할 수 있는가?

22.22 에탄산 메틸은 어미 산인 에탄산보다 더 많은 원자를 가지고 있다. 그러나 에탄산 메틸(끓는점 59°C)은 에탄산(끓는점 118°C)보다 훨씬 낮은 온도에서 끓는다. 어떻게 이를 설명할 수 있는가?

22.23 다음 화합물의 축약 구조를 쓰시오.

(a) 3-메틸뷰탄알 **(b)** 4-메틸옥탄-2-온
(c) 3-클로로뷰탄알 **(d)** 2-메틸프로판산

22.24 다음 화합물의 축약 구조를 쓰시오.

(**a**) 펜탄-2,3-다이온
(**b**) 2,3-다이메틸뷰트-1-엔-1-올
(**c**) 2-아미노뷰탄산
(**d**) 2-메틸프로판산 사이클로헥실

***22.25** 다이크로뮴산 이온에 의해 산화되지 않는 뷰탄올의 이성질체는 무엇인가? 구조와 IUPAC 이름을 쓰시오.

22.26 작용기가 1개인 유기 산소 화합물은 염기 수용액에 녹지만 산 수용액에는 녹지 않는다. 이 화합물은 우리가 공부한 유기 화합물 족 중에서 어느 것인가? 설명하시오.

22.27 프로판산, 메탄올, 소량의 강산이 혼합된 용액에 존재하는 평형 반응식을 쓰시오. 이 반응의 생성물의 이름과 구조는 무엇인가?

암모니아의 유기 유도체

22.28 에탄아마이드는 실온에서 고체인 반면, 1-아미노뷰테인은 분자 질량이 거의 같고 액체이다. 설명하시오.

22.29 아민(RNH_2)의 끓는점은 비슷한 수의 원자를 갖는 알코올의 끓는점만큼 높지 않다. 왜 그런가?

22.30 작용기가 1개인 유기 질소 화합물은 염산 수용액에 녹지만 수산화 소듐 수용액에는 녹지 않는다. 어떤 종류의 유기 화합물인가?

***22.31** 하이드라진은 Brønsted 염기이지만 요소는 염기성을 나타내지 않는다. 설명을 제시하시오.

NH_2NH_2 (하이드라진)　　$NH_2C(=O)NH_2$ (요소)

22.32 다음 상황에서 형성될 것으로 예상되는 생성물을 쓰시오. 반응이 일어나지 않으면 '무반응'이라 쓰시오.

(**a**) $CH_3CH_2CH_2NH_2 + HBr(aq) \longrightarrow$
(**b**) $CH_3CH_2CH_2CH_3 + HI(aq) \longrightarrow$
(**c**) $CH_3CH_2CH_2NH_3^+ + H_3O^+ \longrightarrow$
(**d**) $CH_3CH_2CH_2NH_3^+ + OH^- \longrightarrow$

유기 중합체

22.33 거대 분자란 무엇인가? 자연적으로 존재하는 거대 분자 물질 두 가지의 이름을 쓰시오.

22.34 단위체란 무엇인가? (**a**) 폴리스타이렌, (**b**) 폴리테트라플루로에틸렌, (**c**) 폴리(염화 바이닐)을 만드는 데 사용하는 단위체의 구조를 그리시오.

22.35 중합체란 무엇인가? 중합체를 형성하는 두 가지 주요 방법을 논하시오.

22.36 **중합체 골격**은 무엇을 의미하는가?

22.37 첨가 중합체와 축합 중합체의 차이점은 무엇인가?

22.38 3개의 반복 단위를 보여주는 폴리스타이렌의 구조를 쓰시오. 폴리스타이렌 플라스틱의 3가지 용도는 무엇인가?

22.39 단일중합체와 공중합체의 차이점은 무엇인가?

22.40 폴리카보네이트 중합체는 폴리에스터이다. 다음에 예를 하나 나타내었다.

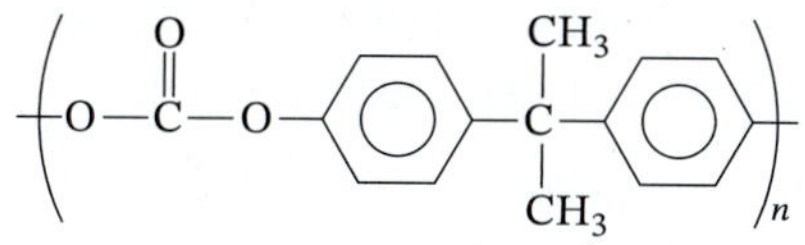

폴리에스터로 분류되는 구조적 특징을 찾으시오. 폴리카보네이트로 분류되는 구조적 특징을 찾으시오.

22.41 저밀도 지질 단백질(LDLP)과 고밀도 지질 단백질(HDLP)이란 무엇인가? HDLP는 쉽게 섬유를 형성하지만 LDLP는 그렇지 않은 이유는 무엇인가?

22.42 초고분자량 폴리에틸렌(UHMWPE)이란 무엇인가? 이 중합체의 분자량 범위는 얼마인가?

22.43 중합체의 결정성은 중합체의 물리적 성질에 어떻게 영향을 미치는가?

22.44 나일론이 강한 섬유를 형성하는 이유는 무엇인가?

22.45 수소 결합이 어떻게 Kevlar 중합체 사슬을 함께 묶을 수 있는지 보여주시오. Kevlar의 구조식은 다음과 같다.

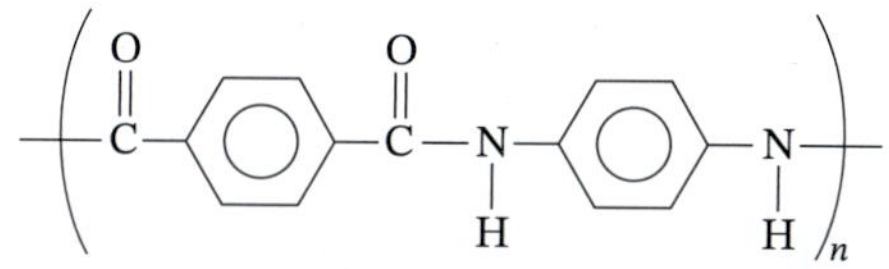

***22.46** HDPE, UHMWPE, Kevlar와 같은 결정성 중합체의 응용 분야는 무엇인가?

탄수화물, 지질, 단백질

22.47 생화학 분야에서는 어떤 것을 연구하는가?

22.48 다음 다당류가 완전히 가수분해되면 어떤 단당류가 형성되는가? (**a**) 녹말, (**b**) 글라이코젠, (**c**) 셀룰로스, (**d**) 슈크로스, (**e**) 락토스. 슈크로스가 소화될 때 형성되는 화합물의 이름을 쓰시오. 락토스의 소화로 얻어지는 화합물은 무엇인가? 화합물들의 이름을 쓰시오.

22.49 글루코스는 세 가지 형태로 존재하며, 그중 하나만이 폴리하이드록시알데하이드이다. 고리 형태의 다른 글루코스 수용액에서도 알데하이드의 반응이 진행되는 이유는 무엇인가?

22.50 다음 화합물의 가수분해 완결로 얻어지는 생성물(들)은 무엇인가? (이름만 제시하시오.)

(**a**) 아밀로스
(**b**) 아밀로펙틴

22.51 인간이 셀룰로스를 글루코스 공급원으로 사용할 수 없는 이유는 무엇인가?

22.52 글라이코젠이란 무엇인가? 인체에서 어떤 기능을 하는가?

22.53 지질은 어떻게 정의되는가? 비극성 용매에서 지질이 탄수화물보다 더 잘 녹는 이유는 무엇인가?

22.54 콜레스테롤은 에스터는 아니지만 여전히 지질로 정의된다. 왜 그런가?

22.55 옥수수유와 같은 제품을 '고도 불포화'라고 광고하지만, 영양적으로 중요한 모든 지질에는 불포화 C=O 그룹이 있다. '고도 불포화'가 지칭하는 것은 무엇인가?

22.56 자연적으로 존재하는 지질을 가수분해하여 다음 화합물을 얻을 수 있는가? 설명하시오.

$CH_3(CH_2)_2CH{=}CHCH_2CH{=}CHCH_2CH{=}CH(CH_2)_7CO_2H$

22.57 모든 폴리펩타이드의 단위체에서 **(a)** 유사한 점과 **(b)** 다른 점을 구체적인 방식으로 설명하시오.

22.58 펩타이드 결합이란 무엇인가? 나일론의 아마이드 결합과 유사한 점은 무엇인가?

22.59 **(a)** 2개의 이성질체 폴리펩타이드, **(b)** 2개의 다른 폴리펩타이드 사이의 구조적 차이를 설명하시오.

22.60 **폴리펩타이드**와 **단백질**을 구분하는 이유는 무엇인가?

22.61 개략적으로, 폴리펩타이드 가닥의 최종 모양을 결정하는 데 작용하는 인력은 무엇인가?

22.62 대부분의 효소는 어떤 종류의 물질로 구성되는가?

22.63 가장 치명적인 화학 독은 어떤 종류의 물질에 작용하는가? 예를 제시하시오.

22.64 개략적으로, 무작위로 조직화된 서열의 혼합물보다는 특정 아미노산 서열을 폴리펩타이드로 만드는 문제를 인체는 어떻게 해결하는가?

핵산, DNA, RNA

22.65 이중 나선의 두 DNA 가닥 사이에 존재하는 인력의 종류는 무엇인가?

22.66 이중 나선의 두 DNA 가닥은 구조적으로 어떻게 연관되어 있는가?

22.67 구조적으로 DNA와 RNA는 어떻게 다른가?

22.68 다음 중 **(a)** DNA의 A, **(b)** RNA의 A, **(c)** DNA나 RNA의 C와 쌍을 이루는 염기는 무엇인가?

22.69 전사 과정은 어떤 핵산으로 시작하고, 어떤 핵산으로 끝나는가?

22.70 번역 과정은 어떤 핵산으로 시작하는가? 번역의 최종 결과는 무엇인가?

복습 문제

유기 구조와 작용기

22.71 다음 각 분자식에 대해 전체 (확장) 구조를 쓰시오. 다양한 종류의 원자가 가져야 하는 결합의 수를 기억하시오. 어떤 경우에는 이중 결합이나 삼중 결합을 사용해야 한다(**힌트**: 시행착오를 통해 접근해야 한다).

(a) CH_5N **(b)** C_2HBr **(c)** CH_2Cl_2
(d) NH_3O **(e)** C_2H_5N **(f)** C_2H_6O

22.72 다음 각 분자식에 대해 전체 (확장) 구조를 쓰시오. 문제 22.71의 지침을 따르시오.

(a) C_2H_4 **(b)** CHO_2^- **(c)** CH_2O
(d) HCN **(e)** C_3H_3N **(f)** CH_4O

22.73 다음 각 화합물이 속하는 족의 이름은 무엇인가?

(a) 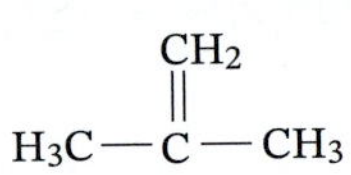
(b) 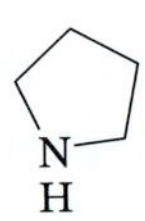
(c) 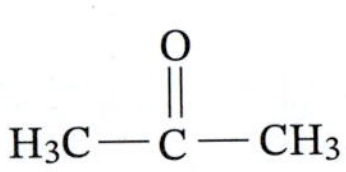
(d) 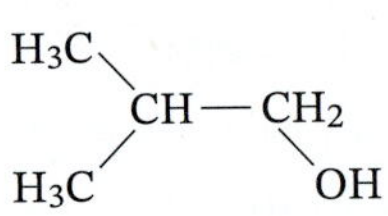
(e) $H_3C-O-CH_3$

22.74 다음 각 화합물이 속하는 유기 족은 무엇인가?

(a) $C(CH_3)_4$ **(b)** $CH_3-O-CH_2CH_3$
(c) 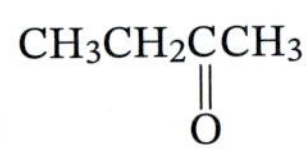 **(d)** CH_3NH_2
(e) 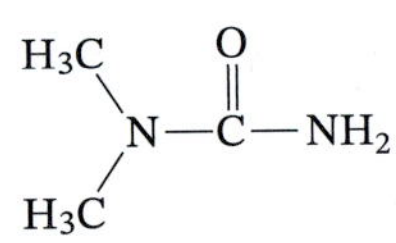

22.75 문제 22.73에서 포화 화합물인 화합물을 찾으시오.

22.76 문제 22.74에서 포화 화합물인 화합물을 찾으시오.

22.77 다음 화합물을 아민 또는 아마이드로 분류하시오. 다른 작용기가 있으면 그 이름도 쓰시오.

(a) $CH_3CH_2NH_2$ **(b)** $CH_3CH_2NHCH_3$
(c) 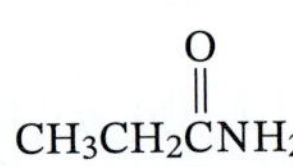 **(d)** $CH_3CH_2NO_2$

22.78 다음 각 구조에 존재하는 작용기의 이름을 쓰시오.

(a) $CH_3OCH_2NH_2$
(b) 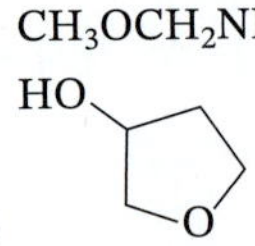
(c) 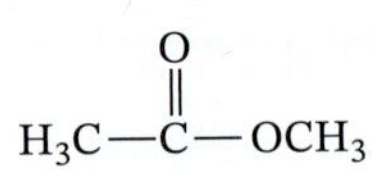

(d) 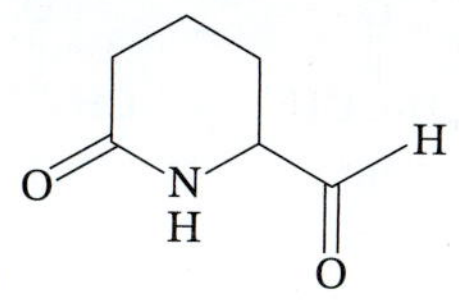

22.79 각 쌍의 두 물질이 같은 물질인지, 이성질체인지, 관련이 없는지 결정하시오.

(a)  

(b)  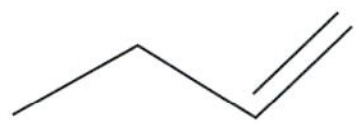

(c)  

(d) 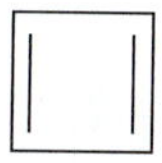 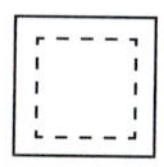

22.80 각 쌍을 조사하여 두 물질이 같은 물질인지, 이성질체인지, 관련이 없는지 결정하시오.

(a) $CH_3CH_2C(=O)OH$과 $HOC(=O)CH_2CH_3$

(b) $HC(=O)OCH_2CH_3$과 $CH_3CH_2C(=O)OH$

(c) $HC(=O)OCH_2CH_2OH$과 $HOCH_2CH_2C(=O)OH$

(d) $CH_3C(=O)CH_2CH_3$과 $CH_3CH_2C(=O)CH_3$

(e) 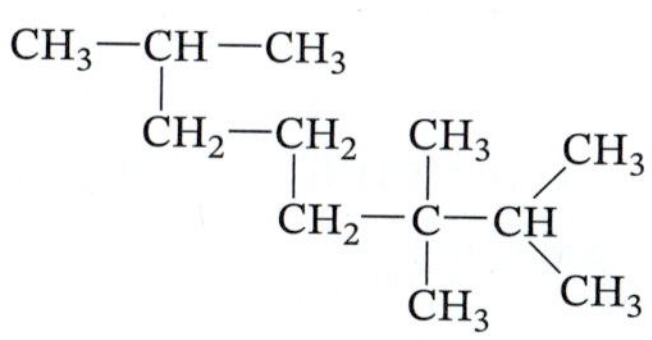

과

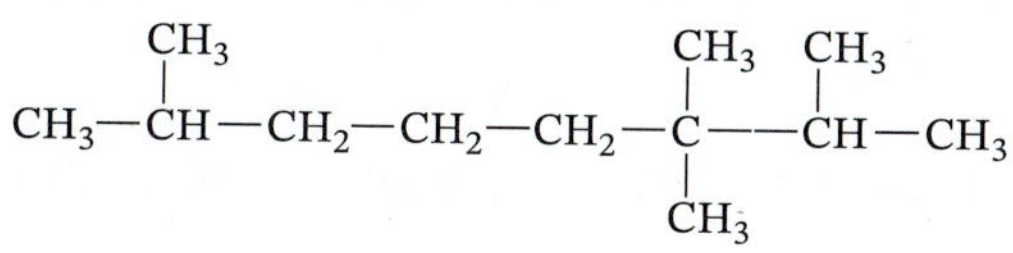

탄화수소: 구조, 명명법, 반응

22.81 다음 탄화수소의 IUPAC 이름을 쓰시오.

(a) $CH_3CH_2CH_2CH_2CH_3$

(b) $CH_3CH_2CH_2CH(CH_3)CH_3$

(c) $CH_3CH(CH_3)CH_2CH(CH_3)CH_2CH_3$

22.82 다음 화합물의 IUPAC 이름을 쓰시오.

(a) $CH_3CH(CH_2CH_3)CH_2CH(CH_3)CH_2CH_3$

(b) $CH_3C(=CHCH_3)CH_2CH_2CH(CH_3)CH_3$

(c) $H_3CC{\equiv}CCH(CH_2CH_3)CH_3$

22.83 (존재할 경우) 다음 화합물의 시스, 트랜스 이성질체의 구조를 쓰시오.

(a) $CH_2{=}CHBr$

(b) $CH_3CH{=}CHCH_2CH_3$

(c) $CH_3C(Br){=}CHBr$

22.84 (존재할 경우) 다음 화합물의 시스, 트랜스 이성질체의 구조를 쓰시오.

(a) $H_3CC(CH_3){=}C(CH_3)CH_3$ (H3CCCH3 ‖ H3CCCH3)

(b) $HC(=CHCH_3)CH_2CH_2CH_3$

(c) $H_3CC(=CH_2)CH_2CH_3$

22.85 첨가 반응으로 에틸렌이 다음 각 물질과 반응할 때 형성되는 생성물의 구조를 쓰시오(필요한 촉매나 다른 조건은 제공된다고 가정하시오).

(a) H_2 **(b)** Cl_2 **(c)** Br_2
(d) $HCl(g)$ **(e)** $HBr(g)$ **(f)** H_2O (산에서)

22.86 프로펜이 양성자 주개 화학종과 첨가 반응을 일으킬 때, 가능한 두 가지 생성물 양이온 중에서 하나가 훨씬 더 안정하다. 프로펜과 다음 각 시약의 반응으로 얻어지는 안정한 양이온을 예측하시오. 이 사실을 바탕으로 프로펜과 다음 각 시약의 반응으로 얻어지는 최종 생성물을 예측하시오.

(a) 염화 수소

(b) 아이오딘화 수소

(c) 산 촉매 존재하의 물

22.87 뷰트-2-엔을 사용하여 문제 22.85의 질문에 답하시오.

22.88 사이클로헥센을 사용하여 문제 22.86의 질문에 답하시오.

22.89 벤젠 1 mol에 Cl_2 1 mol을 첨가할 때 생성되는 것은 무엇인가? 그 대신 Cl_2, 벤젠, $AlCl_3$ 촉매를 함께 가열할 때 형성되는 것은 무엇인가? (구조를 쓰시오.)

22.90 황산 촉매 존재하에서 벤젠과 질산이 반응하여 생성되는 생성물을 예측하시오. 양이온 중간체의 모든 공명 구조를 나타

내는 반응 메커니즘을 쓰시오.

산소를 포함한 유기 화합물

22.91 분자당 3개 이하의 탄소 원자를 갖는 모든 알코올(포화, 불포화 모두)의 구조를 그리고 IUPAC 이름을 쓰시오.

22.92 5개 이하의 탄소 원자를 갖는 가능한 모든 포화 케톤의 구조를 그리고 IUPAC 이름을 쓰시오.

***22.93** 일반식 $C_4H_{10}O$를 갖는 가능한 모든 에터의 구조를 그리고 IUPAC 이름을 쓰시오.

22.94 일반식 C_4H_8O를 갖는 가능한 모든 알데하이드의 구조를 그리고 IUPAC 이름을 쓰시오.

***22.95** 다음 화합물이 산-촉매 탈수 반응을 할 때 생성물의 구조를 쓰시오.

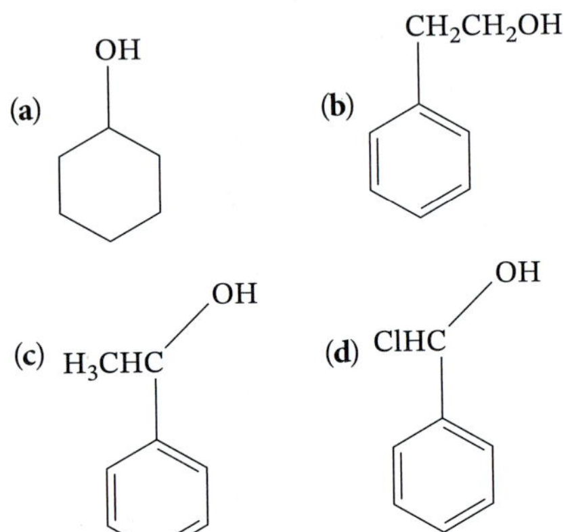

***22.96** 프로판-2-올의 산-촉매 탈수 반응의 생성물의 구조를 쓰시오. 반응 메커니즘을 쓰시오.

***22.97** 문제 22.95의 알코올을 진한 아이오딘화 수소산과 가열할 때 형성되는 치환 생성물의 구조를 쓰시오.

***22.98** 문제 22.95에 주어진 화합물의 산화에 의해 생성될 수 있는 알데하이드나 케톤의 구조를 쓰시오.

***22.99** 산 촉매하에서 에탄올을 가열하면 에텐과 물이 형성된다. 즉, 제거 반응이 일어난다. 뷰탄-2-올을 유사한 조건에서 가열하면 (같은 양은 아니지만) 2개의 알켄이 형성된다. 두 알켄의 구조와 IUPAC 이름을 쓰시오.

***22.100** 문제 22.99에서 두 알켄의 형성이 전적으로 통계적으로 정해졌다면, 두 알켄의 몰비를 정수비로 나타내시오. 그 이유도 설명하시오.

***22.101** 다음 두 화합물 중 쉽게 산화되는 것은 무엇인가? 산화 생성물의 구조를 쓰시오.

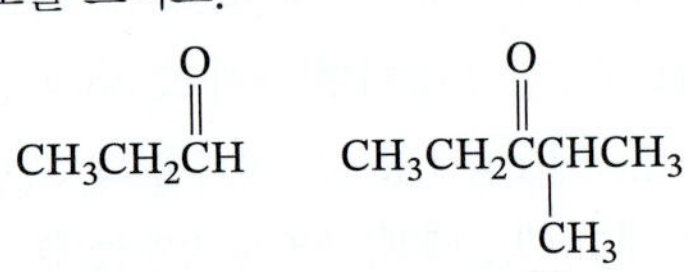

(a) (b)

22.102 다음 중 제시된 화학적 성질을 갖는 화합물은 무엇인가? 반응 생성물의 구조를 쓰시오.

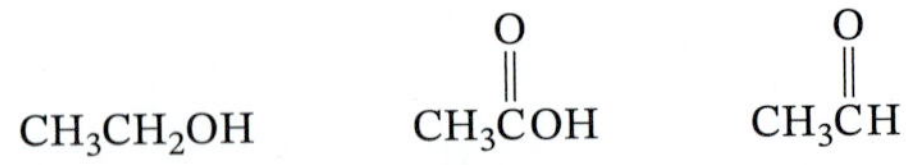

(a) (b) (c)

(a) 쉽게 산화된다.
(b) NaOH를 중화시킨다.
(c) 메틸 알콜과 반응하여 에스터를 형성한다.
(d) 알데하이드로 산화될 수 있다.
(e) 물이 제거되어 알켄이 될 수 있다

암모니아의 유기 유도체

***22.103** 다음 각 상황에서 형성되는 생성물의 구조를 쓰시오. 반응이 일어나지 않으면 '무반응'이라 쓰시오.

(a) $CH_3CH_2CO_2^- + HCl(aq) \longrightarrow$
(b) $CH_3CH_2CO_2CH_3 + H_2O \xrightarrow{\text{열}}$
(c) $CH_3CH_2CH_2CO_2H + NaOH(aq) \longrightarrow$
(d) $CH_3CH_2COOH + NaCl \longrightarrow$

***22.104** 다음 각 상황에서 형성되는 생성물의 구조를 쓰시오. 반응이 일어나지 않으면 '무반응'이라 쓰시오.

(a) $CH_3CH_2CO_2H + NH_3 \xrightarrow{\text{열}}$
(b) $CH_3CH_2CH_2CONH_2 + H_2O \xrightarrow{\text{열}}$
(c) $CH_3CH_2CO_2CH_3 + NaOH(aq) \xrightarrow{\text{열}}$

***22.105** 다음 화합물을 물과 가열하여 생성되는 더 작은 분자의 유기 생성물은 무엇인가?

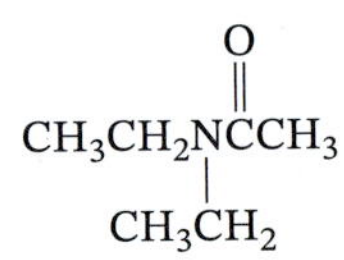

***22.106** 다음 중 제시된 반응을 일으키는 화학종은 무엇인가? 형성되는 생성물의 구조를 쓰시오.

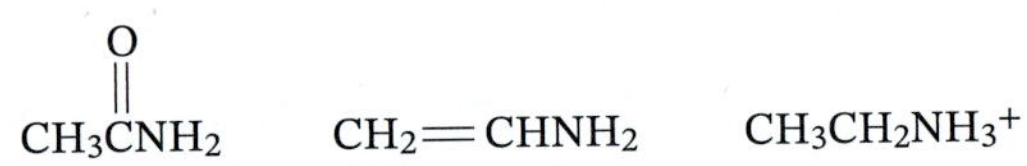

(a) 묽은 염산을 중화시킨다.
(b) 가수분해
(c) 묽은 수산화 소듐을 중화시킨다.

유기 중합체

22.107 염화 바이닐의 구조는 다음과 같다. 이 화합물은 에틸렌, 프로필렌과 같은 방식으로 사슬 성장 중합체를 형성한다. 3개의 반복 단위를 포함하는 폴리(염화 바이닐) 중합체의 일부분을 그리시오.

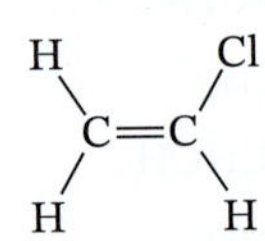

염화 바이닐

22.108 다음 두 화합물이 Dacron 형성과 같은 방식으로 중합한다면, 중합체의 반복 단위는 무엇인가?

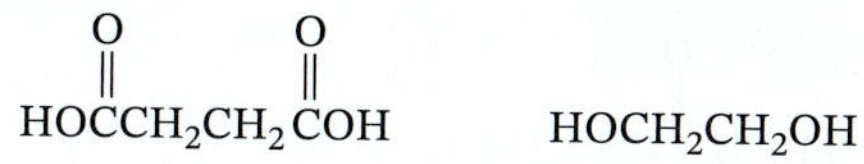

***22.109** 다음 단위체로 만든 폴리에스터인 Kodel을 사용하여 구겨지지 않는 직물을 짜기 위한 섬유를 만든다.

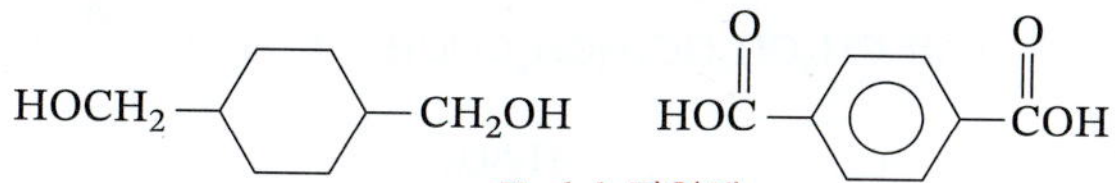

Kodel 단위체

Kodel의 반복 단위 구조는 무엇인가?

22.110 다음 두 화합물이 나일론 형성과 같은 방식으로 중합한다면, 중합체의 반복 단위는 무엇인가?

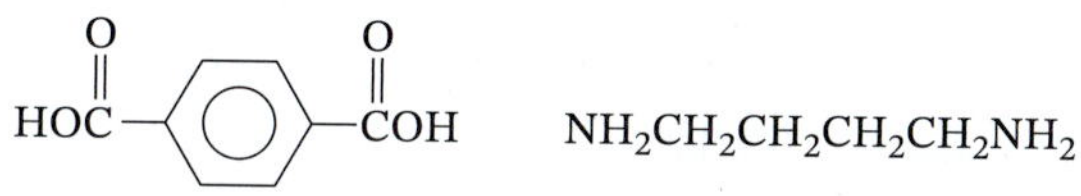

탄수화물, 지질, 단백질

22.111 다음 지방산의 화학식을 쓰시오: 팔미트산, 올레산, 미리스트산. 또한, 이 세 가지 지방산으로 구성된 트라이아실글라이세롤의 구조를 그리시오.

22.112 다음 트라이아실글라이세롤의 가수분해의 완결로 얻어지는 생성물의 구조를 쓰시오.

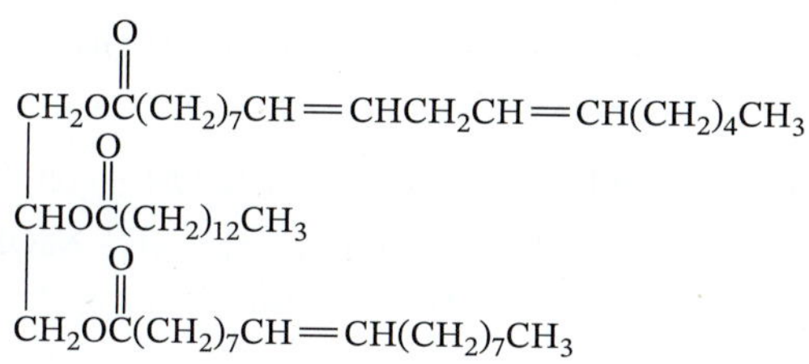

***22.113** 문제 22.112에 제시된 구조를 갖는 지질에 대해 수소 첨가 반응의 완결로 얻어지는 트라이아실글라이세롤의 구조를 쓰시오.

***22.114** 문제 22.112의 화합물이 비누화 반응을 일으킬 때 얻어지는 생성물은 무엇인가? 이름과 구조를 제시하시오.

***22.115** 글라이세로인지질 분자에서 소수성 자리를 제공하는 부분은 무엇인가? 친수성 자리를 제공하는 부분은 무엇인가?

***22.116** 동물 세포막의 구조를 일반적인 용어로 설명하시오. 어떤 종류의 분자가 존재하는가? 그 분자들은 어떻게 배열되어 있는가? 세포막을 온전하게 유지하는 힘은 무엇인가? 단백질 구성 성분은 어떤 기능을 수행하는가?

22.117 가수분해되어 β-알라닌 한 분자와 히스티딘 한 분자를 생성할 수 있는 다이펩타이드의 구조를 쓰시오.

22.118 가수분해되어 3개의 알라닌 분자를 생성할 수 있는 트라이펩타이드의 구조는 무엇인가?

22.119 가수분해되어 아스파르트산과 페닐알라닌을 생성할 수 있는 다이펩타이드의 구조를 쓰시오.

22.120 다음 화합물이 완전히 소화되었을 때 생성되는 아미노산들의 쌍극성 이온 형태의 구조를 쓰시오.

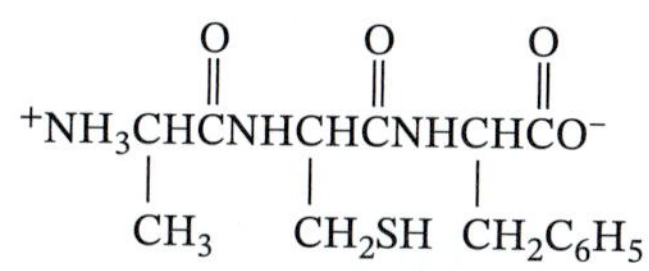

추가 연습 문제

22.121 다음 중 실온에서 묽은 HCl 수용액을 중화시킬 수 있는 화학종을 예측하시오.

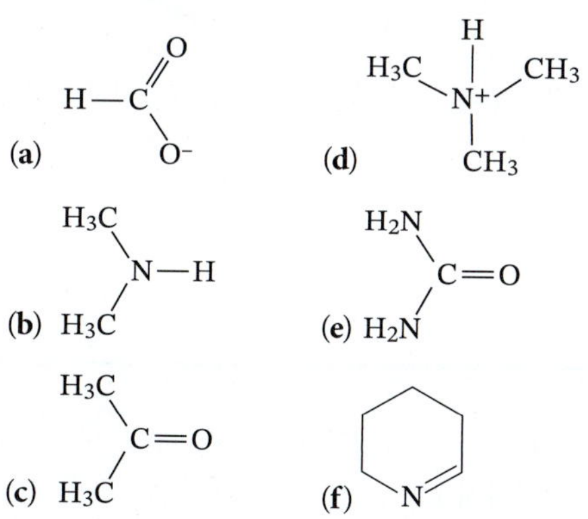

22.122 다음 화합물에 대한 구조식을 쓰시오.
(**a**) 테트라하이드로퓨란 (**b**) 페놀 (**c**) 테레프탈산 (**d**) 피리딘

22.123 스틸벤(stilbene)은 열에 의해 Z-형태에서 E-형태의 이성질체로 전환될 수 있다.

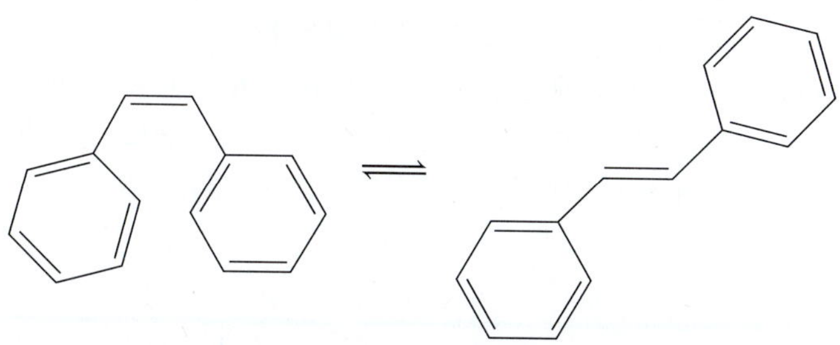

튀김기 조건에서 불포화 식물성 기름에 어떤 일이 일어날 것으로 예상되는가?

22.124 다음 중 끓는점이 높을 것으로 예상되는 것은 무엇인가? 답에 대한 이유를 제시하시오.

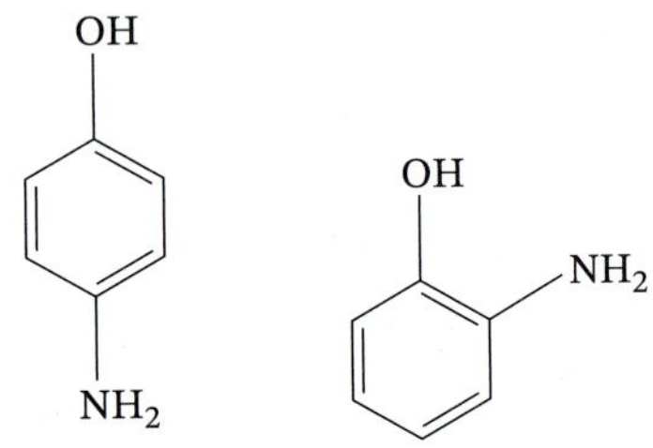

A B

*22.125 각 상황에서 형성되는 유기 생성물의 구조를 쓰시오. 반응이 일어나지 않으면 '무반응'이라 쓰시오.

(a) 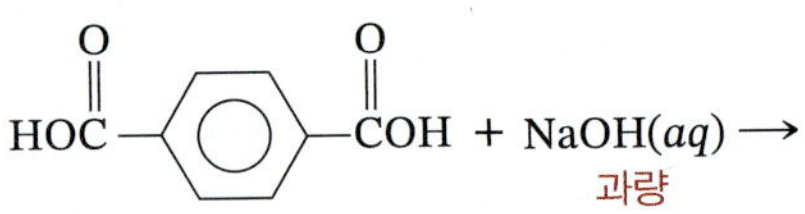

(b) $CH_3\overset{O}{\overset{\|}{C}}CH_2CH_2CH_3 + H_2 \xrightarrow[\text{촉매}]{\text{열, 압력}}$

(c) $CH_3N^+H_2CH_2CH_2CH_3 + OH^-(aq) \longrightarrow$

(d) $CH_3CH_2OCH_2CH_2\overset{O}{\overset{\|}{C}}OCH_3 + H_2O \xrightarrow{\text{열}}$

(e) 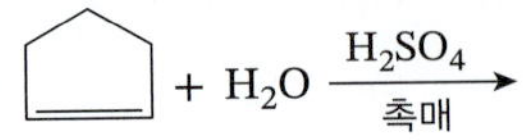

(f) 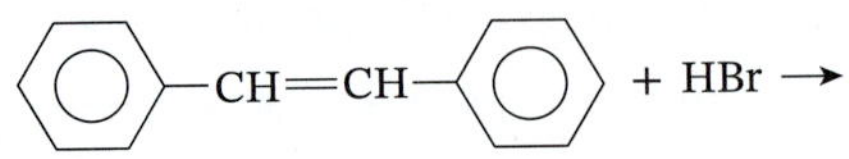

22.126 PVC는 어떻게 만드는가? PVC에서 염소가 결합된 탄소 원자와 인접한 탄소 원자에는 염소가 결합되어 있지 않은 이유는 무엇인가?

다중 개념 문제

*22.127 미지의 알코올은 아래에 나타낸 **A** 또는 **B**이다. 산성 조건에서 다이크로뮴산 소듐과 같은 강한 산화제 과량으로 미지의 알코올을 산화시킨 후, 분리된 유기 생성물은 수산화 소듐을 중화시킬 수 있었다.

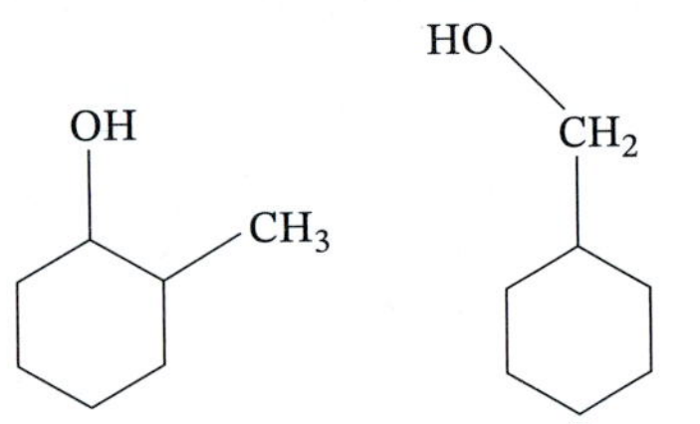

A B

(a) 이 알코올은 어느 것인가? 선택에 대한 이유를 제시하시오.

(b) 산화 생성물의 분자식은 무엇인가?

(c) 생성물의 구조식을 그리시오.

(d) 알코올 36.8 g을 산화시키는 데 필요한 다이크로뮴산 소듐의 최소 질량(g)은 얼마인가?

(e) 알코올 36.8 g을 산화시킨 후 모두 모은 생성물은 NaOH 몇 g을 중화시킬 수 있는가?

*22.128 다중 개념 문제 22.127에서 기체 화합물 **B** 11.35 g이 완전 연소될 때 방출되는 열은 몇 kJ인지 추정하시오(**힌트**: 결합 에너지 자료를 사용하여 화합물의 표준 생성열을 추정하시오).

22.129 5.00 mg의 일양자성 유기산 시료를 순수한 산소 조건에서 연소시키면 9.989 mg의 CO_2와 4.090 mg의 H_2O가 생성된다. 이 산의 실험식과 분자식은 무엇인가? 0.750 g의 산과 완전히 반응하는 데 필요한 0.250 *M* KOH는 몇 mL인가? 이 산이 에탄올과 형성하는 에스터의 구조를 그리시오.

22.130 0.2081 g의 유기산을 0.1016 *M* NaOH 50.00 mL에 녹였을 때, 유기산 시료를 완전히 중화하고 남은 NaOH를 중화하기 위해 0.1182 *M* HCl 23.78 mL를 사용하였다. 주어진 자료를 이용하여 유기산의 화학식 질량을 계산하시오. 답은 유기산의 분자 질량이어야 하는가? 설명하시오.

22.131 양파를 자를 때 눈물을 흘리게 하는 화합물의 분자 구조는 다음과 같다.

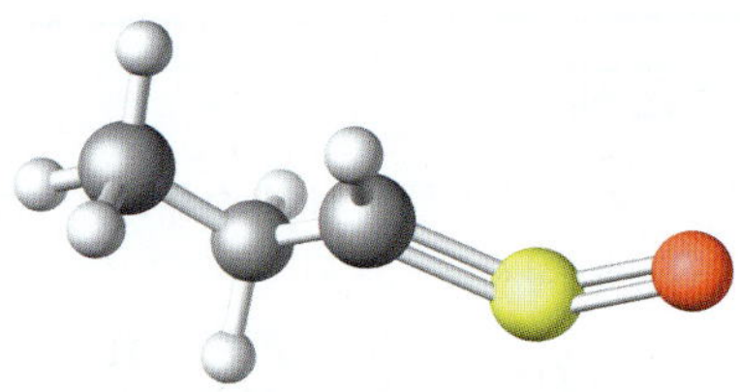

이 화합물의 완전 연소에 대한 화학 반응식을 쓰시오. 화합물로부터 생성되는 황 화합물은 무엇인가?

비판적 사고의 과제

22.132 화합물 AX_2Y_2는 2개의 이성질체 형태로 존재하는 반면, 다른 화합물 BX_2Y_2는 1개의 이성질체로만 존재한다. 이 화합물 중에서 어느 것이 유기 화합물인지 예측할 수 있는가? 추론을 설명하시오.

22.133 글라이신을 제외한 아미노산의 α-탄소 원자는 카이랄 중심이다. 이와 같은 광학 활성 물질의 두 가지 가능한 거울상

이성질체 중 하나만 자연적으로 생성된다. 이것이 생명체에서 아미노산이 합성되는 메커니즘에 대해 암시하는 것은 무엇인가?

22.134 전기 음성도를 이용하여 아마이드인 메틸아마이드

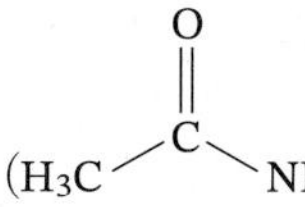

가 염기성이 아닌 이유를 설명하시오. 공명 구조를 그려 위의 사실을 뒷받침할 수 있는가?

22.135 다음은 당 분자의 고리 구조이다. 이 당 분자에 몇 개의 카이랄 중심이 있는가? 몇 개의 이성질체가 가능한가?

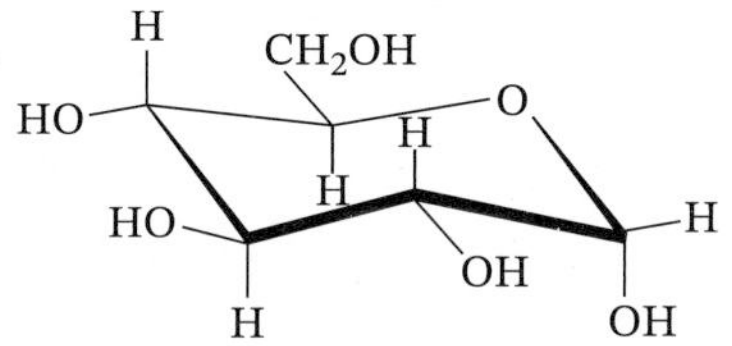

22.136 다음에 나타낸 두 단위체의 축합 중합으로 형성된 중합체의 반복 단위는 무엇인가?

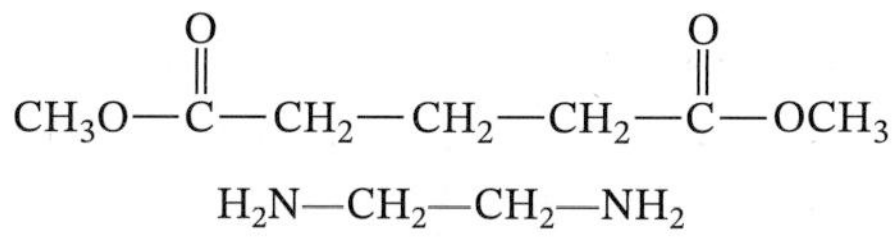

부록 A

수학 복습

This appendix provides a brief review of the math topics that you will use in solving the chemistry problems in this book. When you are having difficulty in following the math in worked examples, when you are unsure how to proceed with solving the math in an exercise or problem, or when the answers you obtain do not match those in Appendix B, refer to the topics discussed. A more complete review is available on WileyPLUS.

A.1 ▸ Exponential and Scientific Notation

Very large and very small numbers can be expressed as powers of ten in which a number between 1 and 10 is multiplied by 10 raised to a power (e.g., 3.2×10^5 or 1.66×10^{-6}). This format of writing numbers is called **exponential notation**, **standard scientific notation**, or **scientific notation**. Some examples are given in Table A.1.

TABLE A.1

Number	Exponential Form
1	1×10^0
10	1×10^1
100	1×10^2
1000	1×10^3
10,000	1×10^4
100,000	1×10^5
1,000,000	1×10^6
0.1	1×10^{-1}
0.01	1×10^{-2}
0.001	1×10^{-3}
0.0001	1×10^{-4}
0.00001	1×10^{-5}
0.000001	1×10^{-6}
0.0000001	1×10^{-7}

The Meaning of Positive and Negative Exponents

Positive Exponents Suppose you come across a number such as 6.4×10^4, which is just 64,000, or 6.4 multiplied by 10 four times.

$$6.4 \times 10^4 = 6.4 \times 10 \times 10 \times 10 \times 10 = 64{,}000$$

Changing 6.4×10^4 from exponential notation to a regular number involves changing the exponent on the 10 to zero (recall that $10^0 = 1$) and then moving the decimal point in the 6.4 so we don't change the *value of the number*. To do this, just increase the value of the 6.4 the same amount that we decreased the power of 10. In this case, move the decimal point four places to the right.

For changing numbers greater than 1.0 into scientific notation, count the number of places you would have to move the decimal point to the left to put it just after the first digit in the number. For example, for 60,530, you would have to move the decimal point four places to the left

$$6\ \underset{4}{\underbrace{0}}\ \underset{3}{\underbrace{5}}\ \underset{2}{\underbrace{3}}\ \underset{1}{\underbrace{0}}$$

which decreased the value by ten for each move of the decimal point. To avoid changing the value of the number, the exponent on the 10 is increased by one for each move of the decimal point. We rewrite it as 6.0530×10^4.

We check our answer by being sure that if we decreased the exponential part, the numerical part is increased (or vice-versa).

Negative Exponents When we have a small number (less than 1) in scientific notation, for example 1.4×10^{-4}, the power of ten is a negative number. Negative powers of ten are treated the same way as positive values, always being sure to increase the number while decreasing the exponent or vice-versa. We can convert 1.4×10^{-4} to a regular number as we did before, Since we will be *increasing* the exponential from 10^{-4} to 10^0, we need to *decrease* the numerical part from 1.4 to 0.00014.

To express a number smaller than 1 in scientific notation, we count the number of places the decimal has to be moved to put it to the right of the first nonzero digit.

$$\underset{\text{5 places}}{0.\underbrace{00006}8901}$$

Since we have increased the value of the numerical part, we need to decrease the exponential by the same amount. So we must decrease the exponential from its starting value, 10^0, to 10^{-5}. This number, 0.000068901 can be re-written as 6.8901×10^{-5}.

Multiplying and Dividing Numbers Written in Exponential and Scientific Notation

Let's take an example: Solve the following equation for ν.

$$\nu = \frac{(7.284 \times 10^4)(6.45 \times 10^{31})}{(1.238 \times 10^{28})(2.37 \times 10^{-2})}$$

Now we will group the numbers and then group the exponents as

$$\nu = \frac{(7.284 \times 6.45)(10^{31} \times 10^4)}{(1.238 \times 2.37)(10^{-2} \times 10^{28})}$$

We all know how to multiply and divide regular numbers and get 16.0 when properly rounded. Now for the exponents.

$$\nu = 16.0\frac{(10^{31} \times 10^4)}{(10^{-2} \times 10^{28})}$$

Multiplication of powers of 10 involves adding the exponents. The numerator will be $10^{31+4} = 10^{35}$ and the denominator will be $10^{-2+28} = 10^{26}$. Division of powers of 10 involves subtracting the denominator exponent from the numerator exponent. We get $10^{35-26} = 10^9$. Our answer is

$$\nu = 16.0 \times 10^9 = 1.60 \times 10^{10}$$

To review, there are two steps in multiplying and/or dividing numbers that are written in scientific notation.

1. Multiply and divide the decimal parts of the numbers (the parts that precede the multiplication signs).
2. To obtain the exponent on the 10 in the answer, add the exponents of the 10s for multiplication and subtract the denominator exponent from the numerator exponent for division.

A.2 ▸ Logarithms

A logarithm is simply an exponent. For example, if we have an expression

$$N = a^b$$

we see that to obtain N we must raise a to the b power. The exponent b is said to be the logarithm of N; it is the exponent to which we must raise a, which we call the base, to obtain the number N.

$$\log_a N = b$$

We can define a logarithm for any base we want. The two most frequently encountered logarithm systems in the sciences are *common logarithms* with a base of 10, or $\log_{10}$, and *natural logarithms*, in which the base is e, where $e = 2.7182818\ldots$ However, for any system of logarithms there are some useful relationships that evolve from the behavior of exponents in arithmetic operations.

For Multiplication:

If $N = A \times B$
then $\log N = \log A + \log B$

For Division:

If $N = \frac{A}{B}$

then $\log N = \log A - \log B$

For Exponentials:

If $N = A^b$

then $\log N = b \log A$

Common Logarithms

The common logarithm or $\log_{10}$ of a number N is the exponent to which 10 must be raised to equal the number N. To determine the common logarithm, or log for short, all you need to do is enter the number in your calculator, and press the "log" key. To reverse the process, take the antilogarithm or antilog. Enter the logarithm in your calculator and press the "10^x" key(s).

Natural Logarithms

In the sciences there are many phenomena in which observed quantities are related to each other logarithmically, and the exponential relationship involves powers of e, which is said to be the base of the natural logarithms. The quantity e is derived from calculus and is an irrational number—that is a nonrepeating decimal. To eight significant figures its value is

$$e = 2.7182818\ldots$$

Natural logarithms use the symbol ln instead of log. Thus, if the number N equals e^x,

$$N = e^x$$

then

$$\log_e N = \ln e^x = x$$

As with common logarithms, the natural logarithm is obtained on your calculator with a press of a key, only this time, the key to use is the "ln" key. To reverse the process, enter the natural logarithm and press the "e^x" key(s). This gives the antinatural logarithm or antiln for short.

Relating Common and Natural Logarithms There is a simple relationship between common and natural logarithms. To four significant figures,

$$\ln N = 2.303 \log N$$

This very simple equation helps us out when you get an error message <E> when you press the "e" key on your calculator to take the anti ln of a number. Let's go through the process to see how this is done.

Assume we find that

$$\ln K = 432.38$$

is the result of a calculation. If we press the "e" key on the calculator, an error symbol, such as <E>, appears telling us that the result is too large for your calculator. To solve this, we can divide both sides of the equation by 2.303 to yield

$$\ln \frac{K}{2.303} = \log_{10} K$$

$$\log_{10} K = \frac{432.38}{2.303}$$

$$\log_{10} K = 187.74$$

Our number is now in base-10 or $10^{187.74}$. That is still not a number we can use. The next step is to rewrite the answer as

$$= 10^{187} \times 10^{0.74}$$

Now we can take the antilog of $10^{0.74}$ and find it equals 5.50. Our answer is now written as

$$= 5.50 \times 10^{187}$$

A.3 ▶ Method of Successive Approximations

The *method of successive approximations* is not only much faster than using the quadratic formula, particularly with a scientific calculator, but it is also just as accurate. This method can be used even when the exponents are greater than two. The procedure is outlined in **Figure A.1**, which we will apply to solving the same equation below for x.

STEP 1 We apply the simplifying approximation that $x \ll 0.010$ to the equation, even though we know it is not really applicable.

$$\frac{x^2}{(0.010 - x)} = 1.4 \times 10^{-3}$$

for which we obtain the solution $x = 3.7 \times 10^{-3}$. This is our *first approximation.*

STEP 2 We substitute $x = 3.7 \times 10^{-3}$ (our *first approximation*) into the term in the denominator, $(0.100 - x)$, and then re-compute x. This gives us

$$\frac{x^2}{(0.010 - 0.0037)} = 1.4 \times 10^{-3}$$

or

$$x^2 = (0.006) \times 1.4 \times 10^{-3}$$

Taking only the positive root,

$$x = 2.9 \times 10^{-3} \text{ (second approximation)}$$

We call $x = 2.9 \times 10^{-3}$ our *second approximation.*

STEP 3 We compare the second approximation to the first and we see they are not the same, so we repeat Step 2.

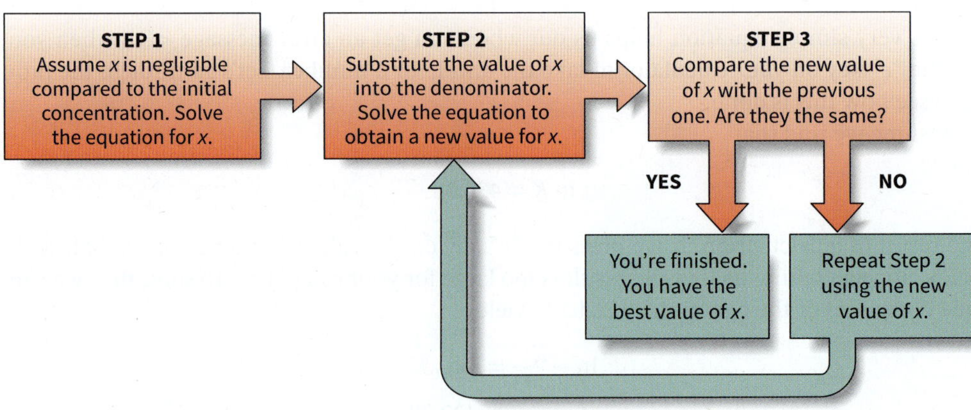

STEP 2 AGAIN We substitute $x = 2.9 \times 10^{-3}$ (our second approximation) into the term in the denominator, $(0.100 - x)$, and then re-compute x. This gives us a *third approximation*,

$$\frac{x^2}{(0.010 - 0.0029)} = 1.4 \times 10^{-3}$$

$$x^2 = (0.007) \times 1.4 \times 10^{-3}$$

$$x = 3.1 \times 10^{-3} \text{ (\textit{third approximation})}$$

STEP 3 AGAIN The third approximation is not the same as the second approximation, so we repeat Step 2 again.

STEP 2 AGAIN We substitute $x = 3.1 \times 10^{-3}$ (our third approximation) into the term in the denominator, $(0.100 - x)$, and then re-compute x. This gives us

$$\frac{x^2}{(0.010 - 0.0031)} = 1.4 \times 10^{-3}$$

$$x^2 = (0.007) \times 1.4 \times 10^{-3}$$

$$x = 3.1 \times 10^{-3} \text{ (\textit{third approximation})}$$

STEP 3 AGAIN When we compare the third and fourth approximations, we see that they are identical, so we are finished. The method of successive approximations tells us that $x = 3.1 \times 10^{-3}$.

Each succeeding approximation differs from the preceding one by a smaller and smaller amount. We stop the calculation when the difference between two approximations is insignificant. In fact, Microsoft Excel has an add-in program called Solver which essentially solves a problem using successive approximation.

부록 B

실전 문제와 복습 문제의 답

Chapter 0

Practice Exercises

0.1 This answer is student dependent. **0.2** Nucleosynthesis would occur at temperatures around 1 billion degrees and a high density of nucleons. **0.3** Only light elements were synthesized during the big bang because the temperature was too high for the heavier elements to form. **0.4** Core and enriched layers or nuclei are needed for nucleosynthesis in stars because the enriched layers are the lighter layers, which react to form the heavier nuclei. The heavier nuclei are more dense and move to the center of the star. **0.5** Most of the hydrogen that exists today was formed within the first three minutes of the formation of the universe. **0.6** Such elements are formed in supernovas and collisions between two neutron stars. **0.7** Supernovas allow atomic nuclei to capture free neutrons. **0.8** Atomic number 95, so, number of electrons = 95. Symbol: $^{243}Am_{95}$. **0.9** The elements 210At85 has proton = 85, neutrons = 125, electron = 85. We cannot discard the number 210 or 85, as the sum of the numbers of protons and neutrons gives the mass number for the atom. **0.10** Mass of Indium atom = 9.5681×12 = 114.817 u. **0.11** 4.90 times. **0.12** Based on a need to avoid confusion between disciplines, hydrogen and oxygen are no longer used as the standard for the definition of the size of the atomic mass unit. If scientists were to choose 1/2 of a C-12 atoms as the baseline measure, that would match the data for naturally occurring water: 18 u. **0.13** 12.01 **0.14** 39.808

Review Problems

0.29 27.00 u, aluminum **0.31 (a)** 32 neutrons, 27 protons, 27 electrons **(b)** 70 neutrons, 50 protons, 50 electrons **(c)** 5 neutrons, 5 protons, 5 electrons **(d)** 20 neutrons, 20 protons, 20 electrons **0.33** 78 neutrons, 54 protons, 53 electrons **0.35** 1.008 u **0.37** 2.01588 u **0.39** Cl–35 (75%) Cl–37 (25%).

Chapter 1

Practice Exercises

1.1 The scientific method is an iterative process of gathering information through making observations and collecting data and then formulating explanations that lead to a conclusion. **1.2 (a)** element **(b)** mixture, homogeneous **(c)** compound **(d)** mixture, heterogeneous **(e)** element **1.3 (a)** physical change **(b)** physical change **(c)** chemical change **(d)** physical change **1.4 (a)** extensive **(b)** extensive **(c)** intensive **(d)** intensive **1.5** centimeter^3 or m^3 **1.6** kg $\left(\frac{m}{s^2}\right)$ or kg ms^{-2} **1.7** 703.4 °F **1.8** 25 °C; 298.5 K **1.9 (a)** 1.02 g **(b)** 3.5 g/mL **(c)** 149 cm **1.10 (a)** 54.155 g **(b)** 11.3 g **(c)** 3.62 ft **(d)** 0.36 m^2 **(e)** 3830 mm^2 **(f)** 41 mL **1.11** 11.5 m^2 **1.12 (a)** 1.40×10^5 in.^{3} **(b)** 1.25×10^5 cm **(c)** 92.7 g **(d)** 8.59 km/L **1.13** 0.29 g/cm^3 **1.14** 0.55 g/cm^3 **1.15** 19.3 g/cm^3. The object is not pure gold. **1.16** 1640 lb **1.17** 720 lb **1.18** The specific gravity of urine is below the normal range.

Review Problems

1.39 (a) Physical change **(b)** Physical change **(c)** Chemical change **(d)** Chemical change **(e)** Chemical change **(f)** Physical change **1.41 (a)** gas **(b)** gas **(c)** solid **(d)** solid **1.43 (a)** 100 cm **(b)** 100 m **(c)** 1.0×10^{15} fm **(d)** 100 m **(e)** 0.022 pounds **(f)** 1.00×10^{-5} kg **1.45 (a)** −357.07°F **(b)** −34.44 °C **(c)** 226.85 °C **(d)** 227.04 K **1.47 (a)** 353.25 K **(b)** 176.18 °F **1.49** 39.7 °C. This dog has a fever; the temperature is out of normal canine range. **1.51 (a)** 3 sig. fig. **(b)** 4 sig. fig. **(c)** 5 sig. fig. **(d)** 3 sig. fig. **(e)** 4 sig. fig. **(f)** 2 sig. fig. **1.53 (a)** 0.816 m^2 **(b)** 95.26 kg **(c)** 9.6 g/cm^3 **(d)** 59.6 g/mL **(e)** 63.543 cm^2 **1.55 (a)** finite number **(b)** exact number **(c)** finite number **(d)** exact number **1.57 (a)** 62843.18 km/s **(b)** 8200×10^3 g/L **(c)** 7.53×10^{-3} kg **(d)** 47500 mL **(e)** 0.025×10^{-5} L **(f)** 342×10^{-28} dm^2 **1.59 (a)** 4145.28 ft **(b)** 21.32 kg **(c)** 4.75 L **(d)** 0.2366 L **(e)** 167400 mi/h **(f)** 160934 m **1.61 (a)** 10.4×10^4 cm^2 **(b)** 85.72 mi^2 **(c)** 1002.61×10^{-5} ft^{3s} **1.63** 4,000 pistachios **1.65** 2671.88 km/h **1.67** 5.1×10^{13} mi **1.69** 798.24 kg/m^3 **1.71** 0.158 L **1.73** 216.34 g **1.75** 4.63 g/cm^3 **1.77** density = 0.591 lb gal^{-1}; sp. gr. of liquid hydrogen = 0.0708; density = 0.0708 g mL^{-1}

Chapter 2

Practice Exercises

2.1 (a) 1S, 2Cl, molecular **(b)** 4C, 12H, 2N, molecular **(c)** 3Ca, 2P, 8O, ionic **(d)** 1Fe, 2N, 12O, 12H, ionic, hydrate **2.2 (a)** 2N, 4H, 3O, ionic **(b)** 1Fe, 1N, 4H, 2S, 8O, ionic **(c)** 1Mo, 2N, 11O, 10H, ionic, hydrate **(d)** 6C, 4H, 1Cl, 1N, 2O, molecular **2.3** Reactants: 2P, 6H, and 8O; Products: 2P, 6H, and 8O The reaction is balanced. **2.4** Reactants: 6N, 42H, 2P, 20O, 3Ba, 12C; Products: 3Ba, 2P, 20O, 6N, 42H, 12C; The reaction is balanced. **2.5 (a)** 27 protons and 27 electrons **(b)** 27 protons and 25 electrons **(c)** 15 protons and 18 electrons **(d)** 15 protons and 15 electrons **2.6 (a)** 14 protons and 14 electrons **(b)** 15 protons and 19 electrons **(c)** 38 protons and 36 electrons **(d)** 38 protons and 38 electrons **2.7 (a)** NaCl **(b)** CaO **(c)** CaF_2 **(d)** BaC_2 **2.8 (a)** Be_3N_2 **(b)** $InCl_3$ **(c)** Na_2S **(d)** RbCl **2.9 (a)** VCl_5 and VCl_3, V_2O_3 and VO **(b)** $CoCl_2$, CoO, Co_2O and Co_3O **2.10 (a)** Ag_2S, Ag_3N **(b)** ZrS_2, ZrN **2.11 (a)** $Ca_3(PO_4)_2$ **(b)** NaH_2PO_4 **2.12 (a)** $C_4H_6CaO_4$ **(b)** KNO_3 **(c)** $Fe(ClO_3)_3$ **2.13 (a)** BaS **(b)** $CaBr_2$ **(c)** KCN **(d)** $Sr(OH)_2$ **(e)** Na_3P **2.14 (a)** gallium chloride **(b)** calcium hydroxide **(c)** sodium iodide **(d)** calcium bromide **(e)** sodium phosphide **2.15** lithium sulfide, magnesium phosphide, nickel(II) chloride, titanium(II) chloride, iron(III) oxide **2.16 (a)** Al_2S_3 **(b)** SrF_2 **(c)** Cr_2S_3 **(d)** CoO **(e)** Au_2O_3 **2.17 (a)** barium carbonate **(b)** potassium dichromate **(c)** aluminum hydroxide **2.18 (a)** $KBrO_3$ **(b)** NaI **(c)** $Co_3(PO_4)_2$ **2.19** C_8H_{18}, $CH_3CH_2CH_2CH_2CH_2CH_2CH_2CH_3$ **2.20 (a)** C_3H_8O, $CH_3CH_2CH_2OH$ **(b)** $C_4H_{10}O$, $CH_3CH_2CH_2CH_2OH$ **2.21 (a)** phosphorus trichloride

(b) sulfur dioxide (c) dichlorine heptoxide (d) hydrogen sulfide 2.22 (a) $AsCl_5$ (b) SCl_6 (c) S_2Cl_2 (d) H_2Te 2.23 diiodine pentoxide 2.24 chromium (III) acetate.

Review Problems

2.61 1Ca, 2O, 2Cl 2.63 $MgSO_4$ 2.65 C_2O 2.67 NH_3 2.69 The answer is

```
   H
   |
H—N—H
```

2.71 (a) 2K potassium, 2C carbon, 4O oxygen (b) 2H hydrogen, 1S sulfur, 3O oxygen (c) 12C carbon, 26H hydrogen (d) 4H hydrogen, 2C carbon, 2O oxygen (e) 9H hydrogen, 2N nitrogen, 1P phosphorus, 4O oxygen 2.73 (a) 1Na sodium, 1Mn manganese, 4O oxygen (b) 1Ca cesium, 1S Sulphur, 4O oxygen (c) 1Na sodium, 1I iodine, 4O oxygen (d) 1N nitrogen, 4H hydrogen, 1CN cyanide (e) 1Ca calcium, 2C carbon, 4O oxygen 2.75 (a) 1Ca, 1N, 3O (b) 1Na, 1H, 1S, 4O (c) 1Mg, 1O (d) 1Co, 1S, 4O (e) 2V, 5O (f) 1Sn, 4Cl 2.77 (a) 2Na (b) 1C (c) 9O (d) 1Pb 2.79 (a) magnesium oxide (b) Mg and O_2 (c) MgO 2.81 Reaction is not balanced as written. The balanced reaction requires two octane molecules as shown in the figure.

and diselenium tetrasulfide 2.115 The completed chart with the compound name, cation, anion, and formula answers in red.

Compound Name	Cation	Anion	Formula
Potassium chloride	K^+	Cl^-	KCl
Barium chloride	Ba^{2+}	Cl^-	$BaCl_2$
Calcium chloride	Ca^{2+}	F^-	CaF_2
Ferric chloride	Fe^{3+}	Cl^-	$FeCl_3$
Aluminum bromide	Al^{3+}	Br^-	$AlBr_3$
Sodium sulfide	Na^+	S^{2-}	Na_2S
Calcium nitrate	Ca^{2+}	NO_3^-	$Ca(No_3)_3$
Zinc oxide	Zn^{2+}	O^{2-}	ZnO
Potassium sulfate	K^+	SO_4^-	K_2SO_4
Sodium sulfate	Na^+	SO_4^-	Na_2SO_4

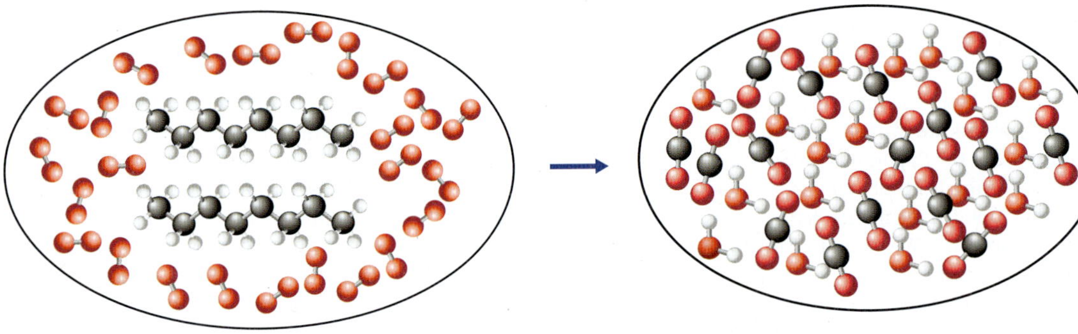

2.83 (a) K^+ (b) Br^- (c) Mg^{2+} (d) S^{2-} (e) Al^{3+} 2.85 (a) 19 protons, 18 electrons (b) 9 protons, 10 electrons (c) 12 protons, 10 electrons (d) 38 protons, 36 electrons 2.87 (a) NaBr (b) KI (c) BaO (d) $MgBr_2$ (e) Al_2S_3 (f) BaF_2 2.89 (a) $CoCl_2$ and $CoCl_3$ (b) $TiCl_2$, $TiCl_3$, and $TiCl_4$ (c) $MnCl_2$ and $MnCl_3$ 2.91 (a) KNO_3 (b) $Ca(C_2H_3O_2)_2$ (c) NH_4Cl (d) $Fe_2(CO_3)_3$ (e) $Mg_3(PO_4)_2$ 2.93 (a) PbO and PbO_2 (b) SnO and SnO_2 (c) MnO and Mn_2O_3 (d) FeO and Fe_2O_3 (e) Cu_2O and CuO 2.95 (a) calcium sulfide (b) aluminum bromide (c) sodium phosphide (d) arium arsenide (e) rubidium sulfide 2.97 (a) carbon dioxide (b) xenon tetrachloride (c) tetraphosphorus decoxide (d) dibromide heptoxide 2.99 (a) copper(II) sulfide (b) copper(II) sulfide (c) lead(IV) oxide (d) copper(II) chloride hexahydrate 2.101 (a) potassium nitrite (b) potassium perchlorate (c) zinc sulfate heptahydrate (d) rubidium thiocyanate 2.103 (a) ionic, titanium(II) chloride (b) molecular, disulfur dibromide (c) molecular, selenium trioxide (d) ionic, sodium acetate (e) ionic, sodium iodate (f) molecular, diphosphorus pentoxide (g) ionic, strontium sulfite (h) ionic, potassium cyanide (i) ionic, zinc(II) chloride (j) molecular, hydrogen sulphide. 2.105 (a) K_2HPO_4 (b) Li_2S (c) $CO(C_2H_3O_2)_3$ (d) Se_2Cl_{10} (e) $NiCl_2$ (f) Fe_2S_3 (g) $SbBr_5$ 2.107 (a) HgS (b) $Mn_2(SO4)_3.6H_2O$ (c) SiI_4 (d) MoO_2 (e) $SnBr_4$ (f) Na_2Se (g) P_4O_7 2.109 (a) Incorrect: Hg_2Cl_2 (b) Correct (c) Correct (d) Incorrect: $Al_2(CO_3)_3$ (e) Incorrect: $KMnO_4$ (f) Incorrect: CaF_2 (g) Incorrect: Na_2O 2.111 (a) correct (b) Incorrect: Barium Chloride (c) Incorrect: Calcium bromide (d) Correct (e) Correct (f) Incorrect: magnesium phosphate (g) correct 2.113 diselenium hexasulfide

Chapter 3

Practice Exercise

3.1 0.258 mol Al 3.2 11.68 g I_2 3.3 $\pm 1.15 \times 10^{-5}$ mol K_2SO_4 3.4 15.83 $\times 10^{22}$ atoms Ag 3.5 2.99×10^{-22} g 3.6 Yes, but the uncertainty will be ±1 mg. 3.7 0.014 mol Al^{3+} 3.8 3.44 mol P atoms 3.9 9 mol O atoms 3.10 67.02 g Fe 3.11 0.261 g F 3.12 36.84% N, 63.16% O, the percentages add to 100% so no other element can be present. 3.13 13.04% H, 52.17% C. It is likely that the compound contains another element since the percentages do not add up to 100%. 3.14 46.74% Si, 53.26% O 3.15 NO: 46.68% N, 53.32% O, NO_2: 30.45% N, 69.55% O, N_2O_3: 36.86% N, 63.14% O, N_2O_4: 30.45% N, 69.55% O 3.16 NH_2 3.17 SO_2 3.18 NI_3 3.19 Na_4O_5 3.20 Na_2SO_4 3.21 C_9H_8O 3.22 CS_2 3.23 CH_2O 3.24 N_2H_4 3.25 $C_2H_4Cl_2$, $C_6H_6Cl_6$ 3.26 $3Ba(NO_3)_2(aq) + 2(NH_4)_3PO_4(aq) \longrightarrow Ba_3(PO_4)_2(s) + 6NH_4NO_3(aq)$ 3.27 $CaCl_2(aq) + K_2CO_3(aq) \longrightarrow CaCO_3(s) + 2KCl(aq)$ 3.28 3.38 mol O_2 3.29 0.183 mol H_2SO_4 3.30 78.5 g Al_2O_3 3.31 1.18×10^2 g CO_2 3.32 55.0 g CO_2, 34 g HCl remaining 3.33 30.01 g NO 3.34 36.78 g $HOOCC_6H_4O_2C_2H_3$, 83.5% 3.35 30.9 g $HC_2H_3O_2$, 50.5% 3.36 Overall three-step yield is 68.6%, and the two-step yield is 72.1%. The two-step process is the preferred process.

Review Problems

3.31 (a) 88.26 g Zn (b) 748 g S (c) 120.30 g Ba 3.33 (a) $KHCO_3$: 100.11514 g/mol (b) NH_4HCO_3: 79.0553 g/mol (c) $FeSO_4{\cdot}7H_2O$: 278.01465 g/mole (d) sodium dichromate: 261.96754 g/mole (e) aluminum phosphate: 338.877166 g/mol 3.35 (a) 465 g $Ca_3(PO_4)_2$ (b) $17.4{\times}10^{-3}$ g C_2H_5 (c) 117.22 g $Cu(NO_3)_2$ (d) 191.60 g

$(NH_4)_2SO_2$ **3.37 (a)** 4.86×10^{-11} mol N_2H_4 **(b)** 3.59×10^{-8} mol K_2CrO_4 **(c)** 0.108 mol $BaCO_3$ **(d)** 10.01×10^{-3} mol $SrSO_3$ **3.39** 0.603 mol Ni **3.41** 2.59×10^{-3} mole V **3.43** 6.5×10^{-10} g Au **3.45** 9.033×10^{23} atoms C–12 **3.47 (a)** 1 atom C: 6 atom H **(b)** 1 mole C:1 mole O **(c)** 2 atom H:1 atom O **(d)** 2 mole H: 1 mole O **3.49** 1.05 mol As **3.51** 4.32 mol Mn

3.53 (a) $\left(\frac{2 \text{ mol Al}}{3 \text{ mol S}}\right)$ or $\left(\frac{3 \text{ mol S}}{2 \text{ mol Al}}\right)$

(b) $\left(\frac{3 \text{ mol S}}{1 \text{ mol } Al_2(SO_4)_3}\right)$ or $\left(\frac{1 \text{ mol } Al_2(SO_4)_3}{3 \text{ mol S}}\right)$ **(c)** 0.600 mol Al

(d) 3.48 mol S **3.55** 0.0725 mol N_2, 0.218 mol H_2 **3.57** 0.06942 mol **3.59** 24.87×10^{23} atoms C **3.61** 3.13×10^{24} atoms **3.63** 0.075 mol or 3 g Ca **3.65** 1.668 mol O and 53.42 g $(NH_4)_2CO_3$ **3.67** 3.54 kg fertilizer **3.69 (a)** 66.67% C, 4.76% H, 25.92% N **(b)** 62.66% C, 17.38% H **(c)** 62.56% Pb, 8.45% N, 28.97% O **(d)** 58.82% Ba, 13.74% S, 27.40% O **3.71** carbamazepine has a higher percentage of nitrogen **3.73** freon-134a has a higher percentage of fluorine **3.75** 74.45% F **3.77** 74.07% O, 25.93% N **3.79** 4.25 g C **3.81 (a)** CH_3O **(b)** $HSeO_4$ **(c)** CH_2 **(d)** B_2H_5 **(e)** CH_4O **3.83** $C_9H_{12}O_2$ **3.85** $C_8H_8O_3$ **3.87** $Cd_2C_2H_4O_2$ **3.89** $C_{28}H_{46}O$ **3.91 (a)** $Na_7S_2O_6$ **(b)** $Na_3P_3O_{12}$ **(c)** CH_2O **3.93** $C_{56}H_{92}O_2$ **3.95** Sb_2S_5 **3.97** $C_{21}H_{22}N_2O_2$ **3.99 (a)** $MgO + 2HNO_3 \longrightarrow Mg(NO_3)_2 + H_2O$ **(b)** $K_2CO_3 + Mg(NO_3)_2 \longrightarrow MgCO_3 + 2KNO_3$ **(c)** $(NH_4)_3PO_4 + 3KOH \longrightarrow K_3PO_4 + 3NH_3 + 3H_2O$ **(d)** $2NaHCO_3 + H_2SO_4 \longrightarrow Na_2SO_4 + 2H_2O + 2CO_2$ **(e)** $C_6H_6O + 6O \longrightarrow 2CO_2 + 3H_2O$ **3.101 (a)** $2SO_2 + O_2 \longrightarrow 2SO_3$ **(b)** $2NaHCO_3 + H_2SO_4 \longrightarrow Na_2SO_4 + 2H_2O + 2CO_2$ **(c)** $P_4O_{10} + 6H_2O \longrightarrow 4H_3PO_4$ **(d)** $2C_4H_{10} + 13O_2 \longrightarrow 8CO_2 + 10H_2O$ **3.103** $4NH_2CHO + 5O_2 \longrightarrow 4CO_2 + 6H_2O + 2N_2$ **3.105** $2CO + O_2 \longrightarrow 2CO_2$ **3.107** $2NO(g) + O_2(g) \longrightarrow 2NO_2(g)$ **3.109** 9 moles of Ba, 6 moles of P, and 24 moles of O **3.111** 717 g O **3.113 (a)** $4P + 5O_2 \longrightarrow P_4O_{10}$ **(b)** 9.13 g O_2 **(c)** 14 g P_4O_{10} **(d)** **3.115** 30.24 g HNO_3 **3.117** 470 kg O_2 **3.119** The picture shows 9 molecules of O_2 and 3 molecules of C_2H_6S. The balanced reaction shows that 2 molecules of C_2H_6S react with 9 moles of O_2. Therefore, O_2 is the limiting reagent. Molecules of SO_2 = (9 molecules O_2)(2 molecules SO_2/9 molecules O_2) = 2 molecules of SO_2. **3.121** Fe_2O_3, 390 g Fe **3.123** 26.7 g $FeCl_2$ **3.125** 0.91 mg HNO_3 **3.127** 133.96 g $BaSO_4$, 95.55% **3.129** 88.72% **3.131** 6.36 g MnF_3

Chapter 4

Practice Exercises

4.1 (a) $Mg(NO_3)_2(s) \longrightarrow Mg^{2+}(aq) + 2NO_3^-(aq)$
(b) $KMnO_4(s) \longrightarrow K^+(aq) + MnO_4^-(aq)$

4.2 (a) $AgNO_3(s) \longrightarrow Ag^{3+}(aq) + NO_3^-(aq)$
(b) $Na_2CO_3(s) \longrightarrow 2Na^+(aq) + CO_3^{2-}(aq)$

4.3 Molecular: $AgNO_3(aq) + NaCl(aq) \longrightarrow AgCl(s) + NaNO_3(aq)$
Ionic: $Ag^+(aq) + NO_3^-(aq) + Na^+(aq) + Cl^-(aq) \longrightarrow AgCl(s) + Na^+(aq) + NO_3^-(aq)$
Net ionic: $Ag^+(aq) + Cl^-(aq) \longrightarrow AgCl(s)$

4.4 Molecular: $Cu(NO_3)_2(aq) + Na_2S(aq) \longrightarrow CuS(s) + 2NaNO_3(aq)$
Ionic: $Cu^{2+}(aq) + 2NO_3^-(aq) + 2Na^+(aq) + S^{2-}(aq) \longrightarrow CuS(s) + 2Na^+(aq) + 2NO_3^-(aq)$
Net ionic: $Cu^{2+}(aq) + S^{2-}(aq) \longrightarrow CdS(s)$

4.5 $HC_3H_7O_2(aq) \rightleftharpoons H_3O^+(aq) + C_3H_7O_2^-(aq)$

4.6 $HNO_3(aq) + H_2O \rightleftharpoons H_3O^+(aq) + NO_3^-(aq)$
$HNO_2(aq) + H_2O \rightleftharpoons H_3O^+(aq) + NO_2^-(aq)$

4.7 $(C_2H_5)_3N(aq) + H_2O \rightleftharpoons (C_2H_5)_3NH^+(aq) + OH^-(aq)$

4.8 The drawing below is the cation formed, $CH_3CH_2NH_3^+$ and does not include the positive charge of the ion.

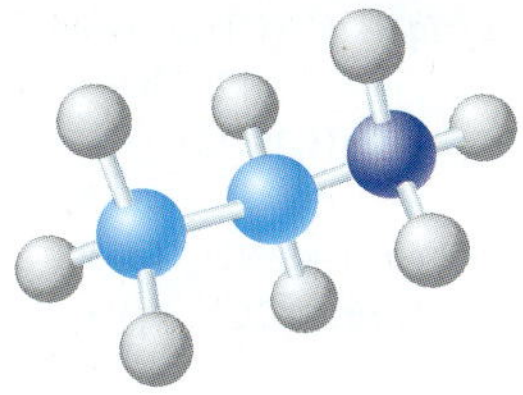

$CH_3CH_2NH_2(aq) + H_2O \rightleftharpoons CH_3CH_2NH_3^+(aq) + OH^-(aq)$

4.9 $C_4H_4O_4(s) + H_2O \rightleftharpoons H_3O^+(aq) + C_4H_3O_4^-(aq)$
$C_4H_3O_4^-(aq) + H_2O \rightleftharpoons H_3O^+(aq) + C_4H_2O_4^{2-}(aq)$

4.10 $H_2S(aq) + H_2O \rightleftharpoons H_3O^+(aq) + HS^-(aq)$
$HS^-(aq) + H_2O \rightleftharpoons H_3O^+(aq) + S^{2-}(aq)$

4.11 HCl: Hydrochloric acid HBr: Hydrobromic acid

4.12 HIO_3: Iodic acid

4.13 Molecular: $Cu(NO_3)_2(aq) + Mg(OH)_2(aq) \longrightarrow Cu(OH)_2(aq) + Mg(NO_3)_2(aq)$
Ionic: $Cu^{2+}(aq) + 2NO_3^-(aq) + Mg^{2+}(aq) + 2OH^-(aq) \longrightarrow Cu^{2+}(aq) + 2OH^-(aq) + Mg^{2+}(aq) + 2NO_3^-(aq)$
Net ionic: No reaction

4.14 (a) Molecular: $2AgNO_3(aq) + MgCl_2(aq) \longrightarrow 2AgCl(s) + Mg(NO_3)_2(aq)$
Ionic: $2Ag^+(aq) + 2NO_3^-(aq) + Mg^{2+}(aq) + 2Cl^-(aq) \longrightarrow 2AgCl(s) + Mg^{2+}(aq) + 2NO_3^-(aq)$
Net ionic: $Ag^+(aq) + Cl^-(aq) \longrightarrow AgCl(s)$
(b) Molecular: $Na_2S(aq) + Pb(ClO_4)_2(aq) \longrightarrow 2NaClO_4(aq) + PbS(s)$
Ionic: $2Na^+(aq) + S^{2-}(aq) + Pb^{2+}(aq) + 2ClO_4^-(aq) \longrightarrow 2Na^+(aq) + 2ClO_4^-(aq) + PbS(s)$
Net ionic: $S^{2-}(aq) + Pb^{2+}(aq) \longrightarrow PbS(s)$

4.15 Molecular: $HCl(aq) + NaOH(aq) \longrightarrow NaCl(aq) + H_2O$
Ionic: $H^+(aq) + Cl^-(aq) + Na^+(aq) + OH^-(aq) \longrightarrow Na^+(aq) + OH^-(aq) + 2H_2O$
Net ionic: $H^+(aq) + OH^-(aq) \longrightarrow H_2O$

4.16 (a) Molecular: $2HCl(aq) + Mg(OH)_2(aq) \longrightarrow H_2O + MgCl_2(aq)$
Ionic: $2H^+(aq) + 2Cl^-(aq) + Mg^{2+}(aq) + 2OH^-(aq) \longrightarrow H_2O + Mg^{2+}(aq) + 2Cl^-(aq)$
Net ionic: $H^+(aq) + OH^-(aq) \longrightarrow H_2O$
(b) Molecular: $H_2SO_4(aq) + Ba(OH)_2(aq) \longrightarrow 2H_2O + BaSO_4(aq)$
Ionic: $2H^+(aq) + SO_4^{2-}(aq) + Ba^{2+}(aq) + 2OH^-(aq) \longrightarrow 2H_2O + Ba^{2+}(aq) + SO_4^{2-}(aq)$
Net ionic: $H^+(aq) + OH^-(aq) \longrightarrow H_2O$

4.17 Molecular: $CH_3NH_2(aq) + HC_2H_3O_2(aq) \longrightarrow CH_3NH_3C_2H_3O_2(aq)$
Ionic: $CH_3NH_2(aq) + HC_2H_3O_2(aq) \longrightarrow CH_3NH_3^+(aq) + C_2H_3O_2^-(aq)$
Net ionic: $CH_3NH_2(aq) + HC_2H_3O_2(aq) \longrightarrow CH_3NH_3^+(aq) + C_2H_3O_2^-(aq)$

4.18 $NaHSO_3$, sodium hydrogen sulfite

4.19 $H_3AsO_4(aq) + KOH(aq) \longrightarrow KH_2AsO_4(aq) + H_2O$
sodium dihydrogen arsenate
$NaH_2AsO_4(aq) + KOH(aq) \longrightarrow K_2HAsO_4(aq) + H_2O$
sodium hydrogen arsenate
$Na_2HAsO_4(aq) + KOH(aq) \longrightarrow K_3AsO_4(aq) + H_2O$
sodium arsenate
The acid is completely neutralized in the last step.

4.20 Molecular: $2HCHO_2(aq) + Ca(OH)_2(s) \longrightarrow Ca(CHO_2)_2(aq) + 2H_2O$
Ionic: $2HCHO_2(aq) + Ca(OH)_2(s) \longrightarrow 2CHO_2^-(aq) + Ca^{2+}(aq) + 2H_2O$

Net ionic: $2HCHO_2(aq) + Ca(OH)_2(s) \longrightarrow 2CHO_2^-(aq) + Ca^{2+}(aq) + 2H_2O$

4.21 Molecular: $SrCl_2(aq) + (NH_4)SO_3(aq) \longrightarrow SrSO_3(aq) + 2NH_4Cl(aq)$

Ionic: $Sr^{2+}(aq) + 2Cl^-(aq) + 2NH_4^+(aq) + SO_3^{2-}(aq) \longrightarrow Sr^{2+}(aq) + 2Cl^-(aq) + 2NH_4^+(aq) + SO_3^{2-}(aq)$

Net ionic: No reaction

4.22 $CuO(s) + 2HNO_3(aq) \longrightarrow Cu(NO_3)_2(aq) + H_2O$

Or

$Cu(OH)_2(s) + 2HNO_3(aq) \longrightarrow Cu(NO_3)_2(aq) + 2H_2O$

4.23 You want to use a metathesis reaction that produces FeS, which is insoluble, and a second product that is soluble. You may want the reactants to be soluble.

$$FeCl_2(aq) + Na_2S(aq) \longrightarrow FS(s) + 2NaCl(aq)$$

4.24 0.44 *M* NaCl **4.25** 1.37 g HCl **4.26** 2.11 g $Sr(NO_3)_2$ **4.27** 39.6 g $AgNO_3$ **4.28** 250.0 mL **4.29** 84 mL of water **4.30** 0.4 *F* **4.31** 1.18 mol NaCl **4.32** 31.6 mL H_3PO_4 **4.33** 1150 mL KOH **4.34** 0.12 *M* Ca^{2+}, 0.24 *M* Cl^- **4.35** 0.472 *M* Na^+ **4.36** 0.0449 *M* $MgCl_2$ **4.37** 23.6 mL KOH **4.38** 0.605 g Na_2SO_4 **4.39** 0.385 g Na_2CO_3 **4.40** 0.178 *M* H_2SO_4 **4.41** 4.995×10^{-3} *M* HCl, 0.0920 % HCl **4.42** 30.0% $CaCl_2$, 70% $MgCl_2$

Review Problems

4.45 Strong electrolytes: K_2SO_4, $Pb(C_2H_3O_2)_2$, Na_2CO_3, HNO_3, LiCN, NH_4ClO_3, K_2HPO_4 and $ZnCl_2$, Weak electrolytes: HF, $H_2Cr_2O_7$, HNO_2 and $NH_3(aq)$ and Nonelectrolytes: CH_3OH, $Ba_3(PO_4)_2$ and $C_{12}H_{22}O_{11}$

4.47 (a) $CaBr_2\ (aq) \longrightarrow Ca^{2+}\ (aq) + 2Br^-\ (aq)$
(b) $Mg(OH)_2\ (aq) \longrightarrow Mg^{2+}\ (aq) + 2OH^-\ (aq)$
(c) $BeCl_2\ (aq) \longrightarrow Be^{2+}\ (aq) + 2Cl^-\ (aq)$
(d) $Al_2O_3\ (aq) \longrightarrow 2Al^{3+}\ (aq) + 3O^{2-}\ (aq)$

4.49 (a) Ionic: $Ba(NO_3)_2\ (aq) + NiSO_4\ (aq) \longrightarrow Ni(NO_3)_2\ (aq) + BaSO_4\ (s)$
Net: $Ba^{2+}\ (aq) + SO_4^{2-}\ (aq) \longrightarrow BaSO_4\ (s)$
(b) Ionic: $Pb(NO_3)_2\ (aq) + 2KI(aq) \longrightarrow PbI_2\ (s) + 2KNO_3\ (aq)$
Net: $Pb^{2+}\ (aq) + 2I^{2-}\ (aq) \longrightarrow PbI_2\ (s)$
(c) Ionic: $CaCl_2\ (aq) + Na_2CO_3\ (aq) \longrightarrow CaCO_3\ (s) + 2NaCl\ (aq)$
Net: $Ca^{2+}\ (aq) + CO_3^{2-}\ (aq) \longrightarrow CaCO_3\ (s)$
(d) Ionic: $2AgNO_3\ (aq) + K_2CrO_4\ (aq) \longrightarrow 2KNO_3\ (aq) + Ag_2CrO_4\ (s)$
Net: $2Ag^{2+}\ (aq) + CrO_4^{2-}\ (aq) \longrightarrow Ag_2CrO_4\ (s)$

4.51 Mg^{2+} and NO_3^-, $Ag^+\ (aq) + Cl^-\ (aq) \longrightarrow AgCl\ (s)$

4.53 $H_2SO_4\ (aq) + H_2O \longrightarrow H_3O^+(aq) + HSO_4^-\ (aq)$

4.55 $NH_3(aq) + H_2O \rightleftharpoons NH_4^+\ (aq) + OH^-(aq)$

4.57 $H_3PO_3 + H_2O \longrightarrow H_3O^+\ (aq) + H_2PO_3^-(aq)$, $pK_a = 1.3$
$H_2PO_3^-\ (aq) + H_2O \longrightarrow H_3O^+\ (aq) + HPO_3^{2-}(aq)$, $pK_a = 6.7$

4.59 (a) $H_2S(g)$: hydrogen sulfide (b) $H_2S(aq)$: hydrosulfuric acid

4.61 (a) perbromic acid (b) bromic acid (c) bromous acid (d) hypobromous acid (e) hydrobromic acid **4.63** (a) H_2CrO_4 (b) HCN (c) $H_2C_2O_4$ **4.65** (a) sodium bicarbonate or sodium hydrogen carbonate (b) potassium dihydrogen phosphate (c) ammonium hydrogen phosphate

4.67

(a) hypochlorous acid	sodium hypochlorite	NaOCl
(b) iodous acid sodium	iodite	$NaIO_2$
(c) perchloric acid	sodium perchlorate	$NaClO_4$

4.69 $N_2O_3 + H_2O \longrightarrow 2\ HNO_2$ **4.71** sodium butyrate **4.73** formic acid

4.75 (a), (e), and (f)

4.77 (a) Ionic: $3Fe^{2+}(aq) + 3SO_4^{2-}(aq) + 6K^+(aq) + 2PO_4^{3-}(aq) \longrightarrow Fe_3(PO_4)_2(s) + 6K^+(aq) + 3SO_4^{2-}(aq)$
Net: $3Fe^{2+}(aq) + 2PO_4^{3-}(aq) \longrightarrow Fe_3(PO_4)_2(s)$
(b) Ionic: $3Ag^+(aq) + 3C_2H_3O_2^-(aq) + Al^{3+}(aq) + 3Cl^-(aq) \longrightarrow 3AgCl(s) + Al^{3+}(aq) + 3C_2H_3O_2^-(aq)$
Net: $Ag^+(aq) + Cl^-(aq) \longrightarrow AgCl(s)$
(c) Ionic: $2Cr^{3+}(aq) + 6Cl^-(aq) + 3Ba^{2+}(aq) + 6OH^-(aq) \longrightarrow 2Cr(OH)_3(s) + 3Ba^{2+}(aq) + 6Cl^-(aq)$
Net: $Cr^{3+}(aq) + 3OH^-(aq) \longrightarrow Cr(OH)_3(s)$

4.79 Molecular: $Pb(NO_3)_2\ (aq) + 2NaBr\ (aq) \longrightarrow PbBr_2\ (s) + 2NaNO_3\ (aq)$
Ionic: $Pb^{2+}(aq) + 2NO_3^-(aq) + 2Na^+(aq) + 2Br^-(aq) \longrightarrow PbBr_2\ (s) + 2Na^+(aq) + 2NO_3^-(aq)$
Net: $Pb^{2+}(aq) + 2Br^-(aq) \longrightarrow PbBr_2\ (s)$

4.81 (a) Molecular equation: $Ba(OH)_2(aq) + 2HNO_3(aq) \longrightarrow 2H_2O(l) + Ba(NO_3)_2(aq)$
Ionic equation: $Ba^{2+}(aq) + 2OH^-(aq) + 2H^+(aq) + 2NO_3^-(aq) \longrightarrow 2H_2O(l) + Ba^{2+}(aq) + 2NO_3^-(aq)$
Net ionic equation: $OH^-(aq) + H^+(aq) \longrightarrow H_2O(l)$
(b) Molecular equation: $Al_2O_3(s) + 6HCl(aq) \longrightarrow 2AlCl_3(aq) + 3H_2O(l)$
Ionic equation: $Al_2O_3(s) + 6H^+(aq) + 6Cl^-(aq) \longrightarrow 2Al^{3+}(aq) + 6Cl^-(aq) + 3H_2O(l)$
Net ionic equation: $Al_2O_3(s) + 6H^+(aq) \longrightarrow 2Al^{3+}(aq) + 3H_2O(l)$
(c) Molecular equation: $Cu(OH)_2(s) + H_2SO_4(aq) \longrightarrow 2H_2O(l) + CuSO_4(aq)$
Ionic equation: $Cu(OH)_2(s) + 2H^+(aq) + SO_4^{2-}(aq) \longrightarrow 2H_2O(l) + Cu^{2+}(aq) + SO_4^{2-}(aq)$
Net ionic equation: $Cu(OH)_2(s) + 2H^+(aq) \longrightarrow 2H_2O(l) + Cu^{2+}(aq)$

4.83 The electrical conductivity would decrease regularly, until one solution had neutralized the other, forming a nonelectrolyte:
$Ca^{2+}(aq) + 2OH^-(aq) + 2H^+(aq) + SO_4^{2-}(aq) \longrightarrow CaSO_4(s) + 2H_2O$
Once the point of neutralization had been reached, the addition of excess sulfuric acid would cause the conductivity to increase, because sulfuric acid is a strong electrolyte itself.

4.85 (a) $2H^+(aq) + S^{2-}(aq) \longrightarrow H_2S\ (g)$
(b) $H^+(aq) + HCO_3^-(aq) \longrightarrow H_2CO_3(aq)$

4.87 $Na_2SO_3(aq) + 2HCl(aq) \longrightarrow 2NaCl(aq) + H_2SO_3(g)$
Net: $S^{2-}(aq) + 2H^+(aq) \longrightarrow H_2S(g)$
(a) $2H^+(aq) + S^{2-}(aq) \longrightarrow H_2S\ (g)$
(b) $H^+(aq) + HCO_3^-(aq) \longrightarrow H_2CO_3(aq)$

4.89 (a) Formation of insoluble $Fe(OH)_3$
(b) Formation of water, a weak electrolyte

4.91 (a) Molecular: $3HNO_3(aq) + Al(OH)_3(s) \longrightarrow Al(NO_3)_3(aq) + 3H_2O$
Ionic: $3H^+(aq) + 3NO_3^-(aq) + Al(OH)_3(s) \longrightarrow Al^{3+}(aq) + 3NO_3^-(aq) + 3H_2O$
Net: $3H^+(aq) + Al(OH)_3(s) \longrightarrow Al^{3+}(aq) + 3H_2O$
(b) Molecular: $HClO_4(aq) + KOH\ (aq) \longrightarrow KClO_4(aq) + H_2O$
Ionic: $H^+(aq) + ClO_4^-(aq) + K^+(aq) + OH^-(aq) \longrightarrow K^+(aq) + ClO_4^-(aq) + H_2O$
Net: $H^+(aq) + OH^-(aq) \longrightarrow H_2O$
(c) Molecular: $Ni(OH)_2(s) + 2HC_2H_3O_2(aq) \longrightarrow Ni(C_2H_3O_2)_2(aq) + 2H_2O$
Ionic: $Ni(OH)_2(s) + 2HC_2H_3O_2^-(aq) \longrightarrow Ni^{2+}(aq) + 2C_2H_3O_2^-(aq) + 2H_2O$
Net: $Ni(OH)_2(s) + 2HC_2H_3O_2^-(aq) \longrightarrow Ni^{2+}(aq) + 2H_2O$
(d) Molecular: $CuO(s) + H_2SO_4(aq) \longrightarrow CuSO_4(aq) + H_2O$
Ionic: $CuO(s) + 2H^+(aq) + SO_4^{2-}(aq) \longrightarrow Cu^{2+}(aq) + SO_4^{2-}(aq) + H_2O$
Net: $CuO(s) + 2H^+(aq) \longrightarrow Cu^{2+}(aq) + H_2O$

4.93 (a) Molecular: $AgNO_3(aq) + KBr(aq) \longrightarrow AgBr(s) + KNO_3(aq)$
Ionic: $Ag^+(aq) + NO_3^-(aq) + K^+(aq) + Br^-(aq) \longrightarrow AgBr(s) + NO_3^-(aq) + K^+(aq)$
Net: $Ag^+(aq) + Br^-(aq) \longrightarrow AgBr(s)$
(b) Molecular: $(NH_4)_2S(aq) + 2\ KOH(aq) \longrightarrow K_2S(aq) + NH_3(g) + 2\ H_2O(l)$

Ionic: $2\ NH_4^+(aq) + S^{-2}(aq) + 2K^+(aq) + 2OH^-(aq) \longrightarrow 2K^+(aq) + S^{-2}(aq) + NH_3(g) + 2\ H_2O(l)$

Net: $2\ NH_4^+(aq) + 2OH^-(aq) \longrightarrow NH_3(g) + 2\ H_2O(l)$

(c) Molecular: $2\ NH_4Cl(aq) + Cu(NO_3)_2(aq) \longrightarrow CuCl_2(aq) + NH_4NO_3(aq)$

Ionic: $2NH_4^+(aq) + 2Cl^-(aq) + Cu^{2+}(aq) + 2NO_3^-(aq) \longrightarrow 2NH_4^+(aq) + 2Cl^-(aq) + Cu^{2+}(aq) + 2NO_3^-(aq)$

Net: NR

(d) Molecular: $2HCHO_2(aq) + K_2CO_3(aq) \longrightarrow CO_2(g) + H_2O + 2KCHO_2(aq)$

Ionic: $2HCHO_2(aq) + 2K^+(aq) + CO_3^{2-}(aq) \longrightarrow CO_2(g) + H_2O + 2K^+(aq) + 2CHO_2^-(aq)$

Net: $2HCHO_2(aq) + CO_3^{2-}(aq) \longrightarrow CO_2(g) + H_2O + 2CHO_2^-(aq)$

4.95 There are numerous possible answers. One of many possible sets of answers would be:

(a) $Ba(NO_3)_2\,(aq) + NiSO_4\,(aq) \longrightarrow Ni(NO_3)_2\,(aq) + BaSO_4\,(s)$
(b) $Pb(NO_3)_2\,(aq) + 2KI(aq) \longrightarrow PbI_2(s) + 2KNO_3\,(aq)$
(c) $CaCl_2\,(aq) + Na_2CO_3\,(aq) \longrightarrow CaCO_3\,(s) + 2NaCl\,(aq)$
(d) $2AgNO_3\,(aq) + K_2CrO_4\,(aq) \longrightarrow 2KNO_3\,(aq) + Ag_2CrO_4\,(s)$

4.97 (a) 6.4 M HNO_3 **(b)** 5.5 M HNO_3 **4.99 (a)** 0.6 M $LiNO_3$ **(b)** 0.18 M K_2CrO_4 **4.101** 658 mL $NaC_2H_3O_2$ **4.103 (a)** 118.52 g $KMnO_4$ **(b)** 16.2 g $C_2H_{12}O_6$ **(c)** 6.13 g H_2SO_4 **4.105** 0.30 M HNO_3 **4.107** 240 mL **4.109** 0.875 N **4.11 (a)** 0.0937 mol Na^+, 0.0937 mol Cl^- **(b)** 0.0637 mol Na^+, 0.0637 mol OH^- **4.113 (a)** 0.45 M Cr^{2+}, 0.90 M NO_3^- **(b)** 0.15 M Cu^{2+}, 0.15 M SO_4^{2-} **(c)** 1.1 M Na^+, 0.37 M PO_4^{3-} **(d)** 0.10 M Al^{3+}, 0.15 M SO_4^{2-} **4.115** 6.93 g $CaCl_2$ **4.117** 34.5 mL 119 $BaCl_2$ **4.119** 0.0265 M $BaCl_2$ **4.121** 0.485 g $Al_2(SO_4)_3$ **4.123 (a)** 0.4 M **(b)** 1.33 M **(c)** 0.83 M **4.125** 0.52 g $NaHCO_3$ **4.127** 5.50 g **4.129** 1 **4.131 (a)** 2.67×10^{-3} mol $HC_3H_5O_3$ **(b)** 0.240 g $HC_3H_5O_3$ **4.133 (a)** 3.56×10^{-3} mol Pb **(b)** 0.7386 g Pb **(c)** 48.40% Pb in the sample **(d)** Yes

Chapter 5

Practice Exercises

5.1 Oxygen is reduced since it gains electrons. **5.2** Copper is oxidized and is, therefore, the reducing agent. Sulphuric acid is reduced and is, therefore, the oxidizing agent. **5.3** Cl +3 **5.4 (a)** Cd +2; Cl −1 **(b)** Ba +2; Ti +4; O −2 **(c)** K +1; Cr +6; O −2 **(d)** H +1; P +5; O −2 **(e)** V +3; C 0; H +1; O −2 **(f)** B +3; F −1 **5.5** $3As_2O_3 + 2HNO_3 \longrightarrow 6H_3AsS_4 + 2NO$ is a redox reaction. As is reduced, and As_2O_3 and is the oxidizing agent. N is oxidized, and HNO_3 is the reducing agent. **5.6** Cl in the Cl_2 is reduced, and Cl_2 is the oxidizing agent. The Cl in $NaClO_2$ is oxidized, and $NaClO_2$ is the reducing agent. **5.7** $2Al(s) + 3Cu^{2+}(aq) \longrightarrow 2Al^{3+}(aq) + 3Cu(s)$ **5.8** $3Sn^{2+} + 16H^+ + 2TcO_4^- \longrightarrow 2Tc^{4+} + 8H_2O + 3Sn^{4+}$ **5.9** $4OH^- + SO_2 \longrightarrow SO_4^{2-} + 2e^- + 2H_2O$ **5.10** $S_2O_3^{2-} + 4OCl^- + 2OH^- \longrightarrow 4Cl^- + 2SO_4^{2-} + H_2O$ **5.11** $Fe \longrightarrow Fe^{2+} + 2e^-$; $2H^+ + 2e^- \longrightarrow H_2$ **5.12 (a)** molecular: $Pb(s) + 2HCl(aq) \longrightarrow PbCl_2(aq) + H_2(g)$; ionic: $Pb(s) + 2H^+(aq) + 2Cl^-(aq) \longrightarrow Pb^{2+}(aq) + 2Cl^-(aq) + H_2(g)$; net ionic: $Pb(s) + 2H^+(aq) \longrightarrow Pb^{2+}(aq) + H_2(g)$ **(b)** molecular: $2Sb(s) + 6HCl(aq) \longrightarrow 2SbCl_3(aq) + 3H_2(g)$; ionic: $2Sb(s) + 6H^+(aq) + 6Sb^-(aq) \longrightarrow 2Sb^{3+}(aq) + 6Cl^-(aq) + 3H_2(g)$; net ionic: $2Sb(s) + 6H^+(aq) \longrightarrow 2Pb^{3+}(aq) + 3H_2(g)$ **5.13** $Pb^{2+}(aq) + Al(s) \longrightarrow Pb(s) + Al^{3+}(aq)$ **5.14 (a)** $Cd(s) + Zn^{2+}(aq) \longrightarrow$ No reaction(s) **(b)** $Mg(s) + Fe^{2+}(aq) \longrightarrow Mg^{2+}(aq) + Fe(s)$ **5.15** $C_4H_4S(l) + 6O_2(g) \longrightarrow 4CO_2(g) + 2H_2O + SO_2(g)$ **5.16** $C_3H_8O_2(l) + 4O_2(g) \longrightarrow 3CO_2(g) + 4H_2O$ **5.17** $2Sr(s) + O_2(g) \longrightarrow 2SrO(s)$ **5.18** $4Fe(s) + 3O_2(g) \longrightarrow 2Fe_2O_3(s)$ **5.19** 325 mg Fe **5.20** 731 mg/L. This concentration is over the limit of 350 mg/L.

Review Problems

5.29 (a) BiO_3^-: Bi +5, O −2 **(b)** Se^{2-}: Se −2 **(c)** SF_6: S +6, F −1 **(d)** $Cu(SO_4)_2$: Cu +2, S +6, O −2 **5.31 (a)** K +1; O −2; Br +1 **(b)** K +1; O −2; Br +3 **(c)** K +1; O −2; Br +5 **(d)** K +1; O −2; Br +7 **5.33 (a)** Se +1; Bi −1 **(b)** Cl −1; Ce +4 **(c)** Cs +1; O −1/2 **(d)** N −3; S+6; F−1 **5.35** Mg +2; N −3 **5.37** Oxidation number of O is 0 **5.39 (a)** substance reduced (and oxidizing agent): HNO_3; substance oxidized (and reducing agent): H_3AsO_3 **(b)** substance reduced (and oxidizing agent): HIO_3; substance oxidized (and reducing agent): SO_2 **(c)** substance reduced (and oxidizing agent): PbO_2; substance oxidized (and reducing agent): $MnSO_4$ **(d)** substance reduced (and oxidizing agent): $Na_2S_2O_3$; substance oxidized (and reducing agent): $CuSO_4$ **(e)** substance reduced (and oxidizing agent): NaOCl; substance oxidized (and reducing agent): $Na_2S_2O_3$ **5.41 (a)** $5Br^- + BrO_3^- + 6H^+ \longrightarrow 3Br_2 + 3H_2O$ **(b)** $2NO_3^- + Cu + 4H^+ \longrightarrow 2NO_2 + Cu^{2+} + 2H_2O$ **(c)** $IO_3^- + 3H_3AsO_3 \longrightarrow I^- + 3H_3AsO_4$ **(d)** $Cr_2O_7^{2-} + 3C_2O_4^{2-} + 14H^+ \longrightarrow 2Cr^{3+} + 6CO_2 + 7H_2O$ **(e)** $3MnO_4^- + 5Al + 24H^+ \longrightarrow 3Mn^{2+} + 5Al^{3+} + 12H_2O$ **5.43 (a)** $2MnO_4^- + 5NO_2^- + 6H^+ \longrightarrow 2Mn^{2+} + 5NO_3^- + 3H_2O$ **(b)** $PbO_2 + 4Cl^- + 4H^+ \longrightarrow PbCl_2 + Cl_2 + 2H_2O$ **(c)** $Ag + 2H^+ + NO3^- \longrightarrow Ag^+ + NO_2 + H_2O$ **(d)** $4Fe^{3+} + 2NH_3OH^+ \longrightarrow 4Fe^{2+} + N_2O + 6H^+ + H_2O$ **(e)** $3CH_3CH_2OH + 2Cr_2O_7^{2-} + 16H^+ \longrightarrow 3CH_3COOH + 4Cr^{3+} + 11H_2O$ **5.45** $10H^+\,(aq) + NO_3^-(aq) + 4Mg(s) \longrightarrow NH_4^+\,(aq) + 4Mg^{2+}\,(aq) + 3H_2O(aq)$ **5.47** $H_2O + C \longrightarrow CO + H_2$ **5.49** $3H_2C_2O_4 + K_2Cr_2O_7 + 8H^+ \longrightarrow 6CO_2 + 2K^+ + 2Cr^{3+} + 7H_2O$ **5.51** $O_3 + Br^- \longrightarrow BrO_3^-$ **5.53 (a)** M: $Cd(s) + 2HCl(aq) \longrightarrow CdCl_2(aq) + H_2(g)$; I: $Cd(s) + 2H^+(aq) + 2Cl^-(aq) \longrightarrow Cd^{2+}(aq) + 2Cl^-(aq) + H_2(g)$; Net Ionic: $Cd(s) + 2H^+(aq) \longrightarrow Cd^{2+}(aq) + H_2(g)$ **(b)** M: $Sn(s) + 2HCl(aq) \longrightarrow SnCl_2(aq) + H_2(g)$; I: $Sn(s) + 2H^+(aq) + 2Cl^-(aq) \longrightarrow Sn^{2+}(aq) + 2Cl^-(aq) + H_2(g)$; Net Ionic: $Sn(s) + 2H^+(aq) \longrightarrow Sn^{2+}(aq) + H_2(g)$ **(c)** M: $Pb(s) + 2HCl(aq) \longrightarrow PbCl_2(s) + H_2(g)$; I: $Pb(s) + 2H^+(aq) + Cl^-(aq) \longrightarrow PbCl_2(s) + H_2(g)$; Net Ionic: $Pb(s) + 2H^+(aq) + Cl^-(aq) \longrightarrow PbCl_2(s) + H_2(g)$ **5.55 (a)** Molecular: $Ni(s) + H_2SO_4(aq) \longrightarrow NiSO_4(aq) + H_2(g)$; Ionic: $Ni(s) + 2H^+(aq) + SO_4^{2-}\,(aq) \longrightarrow Ni^{2+}(aq) + SO_4^{2-}\,(aq) + H_2(g)$; Net Ionic: $Ni(s) + 2H^+(aq) \longrightarrow Ni^{2+}(aq) + H_2(g)$ **(b)** M: $2Cr(s) + 3H_2SO_4(aq) \longrightarrow Cr_2(SO_4)_3(aq) + 3H_2(g)$; I: $2Cr(s) + 6H^+(aq) + 3SO_4^{2-}\,(aq) \longrightarrow 2Cr^{3+}(aq) + 3SO_4^{2-}\,(aq) + 3H_2(g)$; Net Ionic: $2Cr(s) + 6H^+(aq) \longrightarrow 2Cr^{3+}(aq) + 3H_2(g)$ **(c)** M: $Fe(s) + 2H_2SO_4(aq) \longrightarrow FeSO_4(aq) + H_2(g)$; I: $Fe(s) + 2H^+(aq) + SO_4^{2-}\,(aq) \longrightarrow Fe^{2+}(aq) + SO_4^{2-}\,(aq) + H_2(g)$; Net Ionic: $Fe(s) + 2H^+(aq) \longrightarrow Fe^{2+}(aq) + H_2(g)$ **5.57 (a)** $3Ag(s) + 4HNO_3(aq) \longrightarrow 3AgNO_3(aq) + 2H_2O + NO(g)$ **(b)** $Ag(s) + 2HNO_3(aq) \longrightarrow AgNO_3(aq) + H_2O + NO_2(aq)$ **5.59** Net ionic equation: $Cu(s) + H_2SO_4(aq) + 2H^+(aq) \longrightarrow Cu^{2+}(aq) + SO_2(g) + 2H_2O$; Molecular equation: $Cu(s) + 2H_2SO_4(aq) \longrightarrow CuSO_4(aq) + SO_2(g) + 2H_2O$ **5.61 (a)** $Mn(s) + Fe^{2+}(aq) \longrightarrow Mn^{2+}(aq) + Fe(s)$ **(b)** $Ni\,(s) + Pb^{2+}\,(aq) \longrightarrow Ni^{2+}\,(aq) + Pb\,(s)$ **(c)** $3Mg(s) + 2Cr^{3+}(aq) \longrightarrow 2Cr\,(s) + 3\,Mg^{2+}\,(aq) +$ **(d)** $2Cr(s) + 3Sn^{2+}\,(aq) \longrightarrow 2Cr^{3+}\,(aq) + 3Sn(s)$ **(e)** NR **(f)** $2Al\,(s) + 3Sn^{2+}(aq) \longrightarrow 2Al^{3+}\,(aq) + 3Sn\,(s)$ **5.63** Pt, Tl, Pu **5.65** $Cd(s) + 2TlCl(aq) \longrightarrow CdCl_2(aq) + 2Tl(s)$ **5.67** $Mg(s) + 4NO_3^-(aq) + 4H^+(aq) \longrightarrow Mg^{2+}(s) + 2NO_3^- + 2H_2O + 2NO_2(g)$ **5.69 (a)** $2C_6H_6(l) + 15O_2(g) \longrightarrow 12CO_2(g) + 6H_2O(g)$ **(b)** $2C_3H_8(g) + 5O_2(g) \longrightarrow 3CO_2(g) + 4H_2O(g)$ **(c)** $C_{21}H_{44}(s) + 32O_2(g) \longrightarrow 21CO_2(g) + 22H_2O(g)$ **5.71 (a)** $2C_6H_6(l) + 9O_2(g) \longrightarrow 12CO(g) + 6H_2O(g)$; $2C_3H_8(g) + 9O_2(g) \longrightarrow 4CO_2\,(g) + 2CO(g) + 8H_2O(g)$; $2C_{21}H_{44}(s) + 43O_2(g) \longrightarrow 42CO(g) + 44H_2O(g)$ **(b)** $2C_6H_6(l) + 3O_2(g) \longrightarrow 12C(s) + 6H_2O(g)$; $C_3H_8(g) + 3O_2(g) \longrightarrow C(s) + 2CO + 4H_2O(g)$; $C_{21}H_{44}(s) + 11O_2(g) \longrightarrow 21C(s) + 22H_2O(g)$ **5.73 (a)** $CO_2(g)$ and $H_2O(g)$; **(b)** $CO(g)$, $CO_2\,(g)$ and $H_2O(g)$; **(c)** $C(s)$ and $H_2O(g)$; **(d)** Since there is excess oxygen in air, the major products will be $CO_2\,(g)$, and $H_2O(g)$ **5.75** The other product is water: $4NH_3(g) + 3O_2(g) \longrightarrow 2N_2(g) + 6H_2O(g)$ **5.77 (a)** $2Zn(s) + O_2(g) \longrightarrow 2ZnO(s)$ **(b)** $4Al(s) + 3O_2(g) \longrightarrow 2Al_2O_3(s)$ **(c)** $2Mg(s) + O_2(g) \longrightarrow 2MgO(s)$ **(d)** $4Fe(s) + 3O_2(g) \longrightarrow 2Fe_2O_3(s)$ **5.79** 4.4125 g Cu **5.81 (a)** $2MnO_4^- + 5Sn^{2+} + 16H^+ \longrightarrow 2Mn^{2+} + 5Sn^{4+} + 8H_2O$ **(b)** 17.4 mL $KMnO_4$ **5.83 (a)** $IO_3^- + 3SO_3^{2-} \longrightarrow I^- + 3SO_4^{2-}$ **(b)** 8.595 g Na_2SO_3 **5.85 (a)** 5.677% **(b)** 11.04% **5.87 (a)** 0.0361 g H_2O_2 **(b)** 3.61% H_2O_2 **5.89 (a)** $2CrO_4^{2-} + 3SO_3^{2-} + H_2O \longrightarrow 2CrO_2^- + 3SO_4^{2-} + 2OH^-$ **(b)** 0.618 g Cr

(c) 35.7% Cr **5.91** **(a)** 10.4 × 10^{-3} mol $C_2O_4^{2-}$ **(b)** 1.152 g $CaCl_2$ **(c)** 35.5% $CaCl_2$

Chapter 6

Practice Exercises

6.1 6.69 × 10^5 J, 669 kJ **6.2** 7.32 × 10^5 J **6.3** 3 °C **6.4** 8.54 J °C^{-1} **6.5** 1.69 kcal **6.6** 128 °C **6.7** exothermic; Explosives must have a large increase in volume to work well, burning hydrogen and oxygen decreases volume by $\frac{1}{3}$ making it a poor explosive. **6.8** endothermic; Commercial "cold packs" sold over the counter in retail pharmacy and grocery stores take advantage of this property. **6.9** first run **6.10** second run **6.11** 15.12 kJ °C^{-1} **6.12** –3.72 cal/g **6.13** –58 kJ mol^{-1} NaOH **6.14** $HC_2H_3O_2 + OH^- \longrightarrow H_2O + C_2H_3O_2^-$, $\Delta H° = -57$ kJ **6.15** $\frac{3}{4}C_6H_{12}O_6(s) + \frac{9}{2}O_2(g) \longrightarrow \frac{9}{2}CO_2(g) + \frac{9}{2}H_2O(l)$, $\Delta H° = -2104$ kJ **6.16** $6NH_3(g) + 3CO_2(g) \longrightarrow 3H_2NCONH_2(aq) + 3H_2O(l)$, $\Delta H° =$ –573.6 kJ

6.17

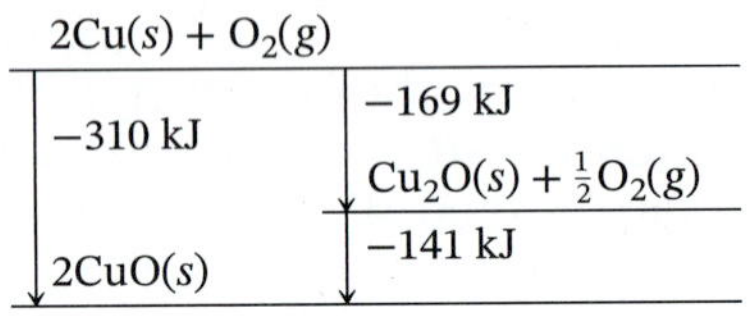

The reaction is exothermic.

6.18

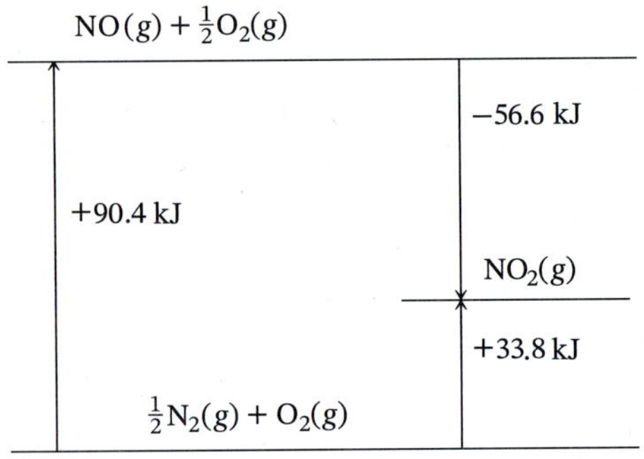

The reaction is endothermic.

6.19 $N_2O(g) + \frac{1}{2}O_2(g) \longrightarrow 2NO(g)$, $\Delta H = +99.2$ kJ **6.20** $\Delta H° = -996$ kJ **6.21** 548.8 kJ **6.22** 2.62 × 10^6 kJ **6.23** $\frac{1}{2}H_2(g) + \frac{1}{2}N_2(g) + \frac{3}{2}O_2(g) \longrightarrow HNO_3(l)$, $\Delta H_f° = -315.4$ kJ mol^{-1} **6.24** $Ca(s) + S(s) + \frac{1}{2}H_2(g) + C(s) + \frac{9}{4}O_2(g) \longrightarrow CaSO_4 \cdot \frac{1}{2}H_2O(s)$, $\Delta H_f° = -1575.2$ kJ mol^{-1} **6.25** $\Delta H° = -10.98$ kJ = 11.0 kJ **6.26** $\Delta H° = +98.3$ kJ **6.27** **(a)** –113.1 kJ **(b)** –177.8 kJ

Review Problems

6.48 The kinetic energy decreases by 16 times due to the decreasing of the speed of the motorbike by 10 km h^{-1} **6.50** 1.16 kJ **6.52** 1.59 × 10^4 cal **6.54** 235.3 g copper **6.56** **(a)** 1.26 × 10^3 J **(b)** 1.26 × 10^3 J **(c)** 13.5 J °C^{-1} **(d)** 34.8 g **6.58** 42.8 kJ **6.60** $NaOH(aq) + HCHO_2(aq) \longrightarrow H_2O(l) + NaCHO_2(aq)$; –6.3 kJ mol^{-1} **6.62** **(a)** $C_7H_8(g) + 9O_2(g) \longrightarrow 7CO_2(g) + 4H_2O(g)$; **(b)** 6.367 × 10^4 J **(c)** 3.911 × 10^6 J **6.64** 70 J **6.66** –120 J **6.68** –119 J **6.70** **(a)** $\Delta H° = -566$ kJ **(b)** –283 kJ/mol **6.72** –890 kJ **6.74** 28.3 g **6.76** $C_3H_6(g) + \frac{1}{2}O_2(g) \longrightarrow 3CO_2(g) + 3H_2O(l)$, $\Delta H° = -2058$ kJ **6.78** $HCl(g) + NaNO_2(s) \longrightarrow HNO_2(l) + NaCl(s)$, $\Delta H° = -78.61$ kJ **6.80** $\frac{1}{2}BCl_2(g) + NaBr(s) \longrightarrow NaCl(s) + \frac{1}{2}Br_2(l)$, $\Delta H° = -53$ kJ **6.82** $4NH_3(g) + 3O_2(g) \longrightarrow 2N_2(g) + 6H_2O(g)$, $\Delta H° = 1/7(-8876\ kJ) = -1268$ kJ **6.84** 3.60 g **6.86** Only **(d)** satisfies this requirement.

6.88 **(a)** ~$Ni(s) + 4C(s, graphite) + 2O_2(g) \longrightarrow Ni(CO)_4(g)$, $\Delta H_f° = -220$ kJ

(b) $2C(s, graphite) + O_2(g) + \frac{1}{2}N_2(g) + \frac{5}{2}H_2(g) \longrightarrow CH_2(NH_2)CO_2H(s)$, $\Delta H_f° = -532.9$ kJ

(c) $N_2(g) + 4H_2(g) + 2Cr(s) + \frac{7}{2}O_2(g) \longrightarrow (NH_4)_2Cr_2O_7(s)$, $\Delta H_f° = -1807$ kJ

(d) $Mg(s) + Cl_2(g) + 2H_2(g) + O_2(g) \longrightarrow MgCl_2 \cdot 2H_2O(s)$, $\Delta H_f° = -1280$ kJ

6.90 **(a)** –99.5 kJ **(b)** –33.2 kJ

Chapter 7

Practice Exercises

7.1 5.10 × 10^{14} Hz **7.2** 3.25 m **7.3** 1282 nm, infrared region **7.4** 486.3 nm, blue **7.5** 2.119 × 10^{-28} J **7.6** 1st energy level **7.7** 6.02 × 10^{-20} J **7.8** 825 nm **7.9** **(a)** 3, 2 **(b)** 4, 3 **(c)** 6, 0 When $n = 1$, l = 0. Thus we have *s* subshells. When $n = 4$, l = 0, 1, 2, 3. Thus we have *s*, *p*, *d* and *f* subshells. The number of subshells spans the values: 0,1,2,3, ..., $n - 1$, and the number of subshells is equal to the value of n.

7.11 14 electrons **7.12** 32 electrons

7.13 **(a)** Mg

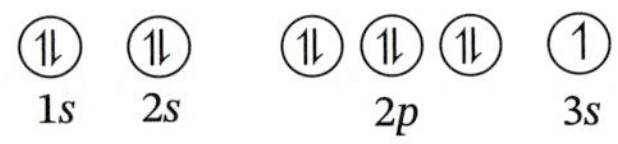

(b) P

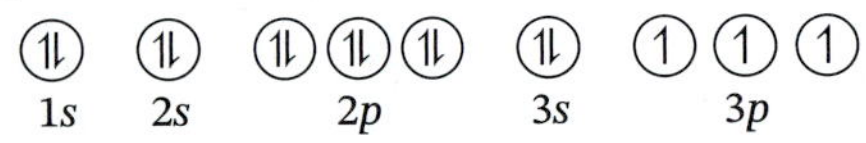

(c) Ar

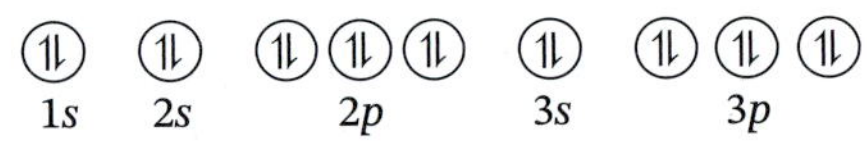

7.14 **(a)** Si $-1s^22s^22p^63s^23p^2$ **(b)** Ti $-1s^22s^22p^63s^23p^64s^23d^2$ **(c)** Se – $1s^22s^22p^63s^23p^64s^23d^{10}4p^4$ **7.15** Yes

7.16 **(a)** 1 unpaired electrons
(b) 2 unpaired electrons
(c) 0 unpaired electrons
(d) 8 unpaired electrons

7.17 **(a)** Ca – $1s^22s^22p^63s^23p^64s^2$
(b) Ge – $1s^22s^22p^63s^23p^63d^{10}4s^24p^2$
(c) Zn – $1s^22s^22p^63s^23p^63d^{10}4s^2$
(d) Gd – $1s^22s^22p^63s^23p^63d^{10}4s^24p^64d^{10}4f^75s^25p^65d^16s^2$

7.18 **(a)** O – $1s^22s^22p^4$;
S – $1s^22s^22p^63s^23p^4$;
Se – $1s^22s^22p^63s^23p^63d^{10}4s^24p^4$
(b) P – $1s^22s^22p^63s^2$;
N – $1s^22s^22p^3$;
Sb – $1s^22s^22p^63s^23p^63d^{10}4s^24p^64d^{10}5s^25p^3$

The elements have the same number of electrons in the valence shell, and the only differences between the valence shells are the energy levels.

7.19 **(a)** Yt [Kr] $4d^15s^2$

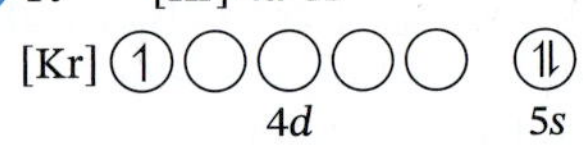

(b) Th [Rn] $7s^25f^2$

7.20 **(a)** S [Ne]$3s^23p^4$

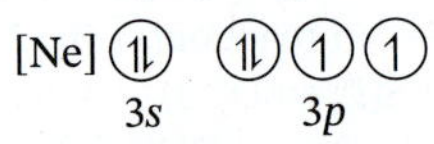

2 unpaired electrons

(b) Tl [Xe]$4f^{14}5d^{10}6s^26p^1$

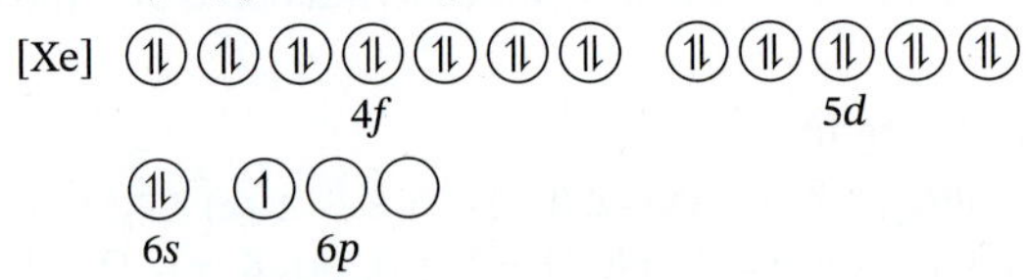

1 unpaired electron

7.21 Based on the definition of valence, there are no examples where more than 8 electrons would occupy the valence shell. For representative elements the valence shell is defined as the occupied shell with the highest value of n. In the ground state atom, only s and p electrons fit this definition. The transition elements have outer electron configurations: $(n-1)d^a\ ns^b$ so the valence shell is the ns subshell.
7.22 **(a)** I – $5s^25p^5$; **(b)** Br – $4s^24p^5$; **(c)** Si – $3s^23p^2$
7.23 **(a)** Sn **(b)** Ga **(c)** Cr **(d)** S^{2-} **7.24** **(a)** P **(b)** Fe^{3+} **(c)** Fe **(d)** Cl^-
7.25 **(a)** Be **(b)** Kr **7.26** **(a)** C^{2+} **(b)** Mg^{2+}

Review Problems

7.51 $1.75 \times 10^{15}\ s^{-1}$, 5.33×10^{14} Hz **7.53** $4.73670145 \times 10^{14}$ Hz, 9 sig. fig. **7.55** $4.73670145 \times 10^{14}\ s^{-1}$ **7.57** 486.3 nm; visible region; bluish light **7.59** 97.3 nm, 2.04×10^{-18} J **7.61** 3.6×10^{-11} m, 5.4×10^{-34} m, The greater the mass, the smaller the de Broglie wavelength
7.63 **(a)** s **(b)** d **7.65** **(a)** $n = 3, \ell = 1$ **(b)** $n = 4, \ell = 3$
7.67 0, 1, 2 **7.69** When $m\ell = -3$ the minimum value of ℓ is 3 and the minimum value of n is 4 **7.71** 20 electrons have $\ell = 2$; 4 electrons have $m\ell = -2$
7.73 **(a)** P – $1s^22s^22p^63s^23p^3$;
(b) Ca – $1s^22s^22p^63s^23p^64s^2$;
(c) V – $1s^22s^22p^63s^23p^63d\ ^34s^2$;
(d) Sb – $1s^22s^22p^63s^23p^63d^{10}4s^24p^64d^{10}5s^25p^3$
7.75 **(a)** Ti – $1s^22s^22p^63s^23p^64s^23d^2$;
(b) Cr – $1s^22s^22p^63s^23p^64s^23d^4$;
(c) Fe – $1s^22s^22p^63s^23p^64s^23d^6$;
(d) Zn – $1s^22s^22p^63s^23p^64s^23d^{10}$
7.77 **(a)** paramagnetic **(b)** paramagnetic **(c)** paramagnetic **(d)** paramagnetic
7.79 **(a)** Ni

(b) Cs

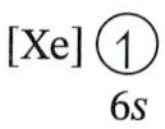

(c) Ba

(d) Sb

7.81 Br is $[Ar]4s^23d^{10}4p^5$. Br^- is [Kr]. Both have electrons in the third and fourth energy shells. They differ in the number of valence electrons
7.83 **(a)** 3 **(b)** 4 **(c)** 5 **(d)** 2
7.85 **(a)** K

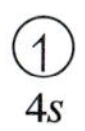

(b) Si

(c) Sr

(d) Te

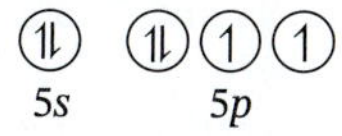

7.87 Answers may vary **7.89** **(a)** +1 **(b)** +6 **(c)** +7 **7.91** As < Ge < Sb < Sn **7.93** **(a)** Ca **(b)** S^{2-} **(c)** Fe^{2+} **7.95** **(a)** F **(b)** P **(c)** Br **(d)** As

Chapter 8

Practice Exercises

8.1 **(a)** $CaCl_2$ **(b)** LiBr **(c)** CaO
8.2

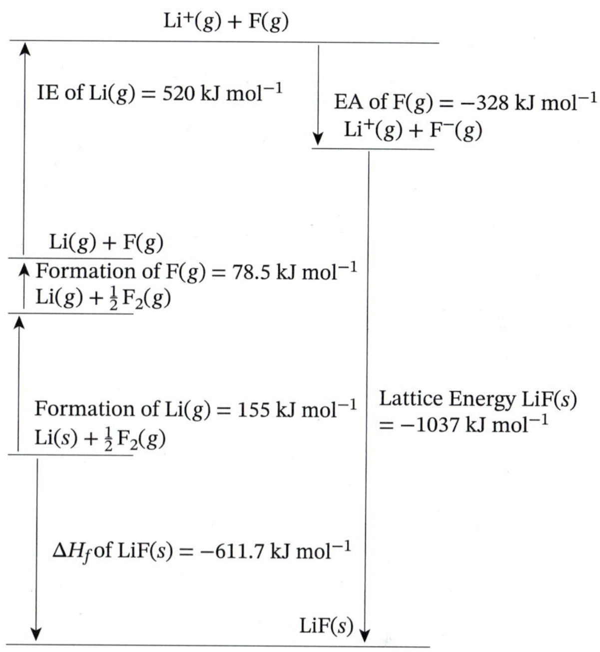

8.3 Atomic: $[Ar]4s^23d^6$.
The 2+ ion: Fe^{2+} $[Ar]\ 3d^6$
The 4+ ion: $Fe^{4+}[Ar]\ 3d^5$
8.4 Electron configuration of Sn in $[Kr]\ 5s^2\ 4d^{10}\ 5p^2$ ∴ electron configuration of Sn^{2+} is $[Kr]5s^2\ 4d^{10}\ 5p^0$
8.5 Electron configuration of V atom is $[Ar]4s^23d^3$
(a) V^{2+} : $[Ar]\ 3d^3$. The $4s^2$ and $3d^3$. electrons are lost.
(b) V^{3+} : $[Ar]\ 3d^2$. The $4s$ electrons and one $3d$ electron are lost.
(c) V^{5+} : [Ar]. The $4s$ electron and all three $3d$ electrons are lost.
Thus V^{5+} acquires noble gas configuration of Ar atom.
8.6 All the three Cl^-, K^+ and Ca^{2+} have same electron configuration of argon atom.
8.7

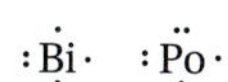

8.8

8.9

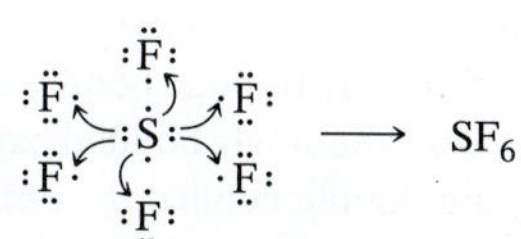

8.10 **(a)** 4 bonds **(b)** 3 bonds **(c)** 4 bonds
8.11 Both F atoms need an additional pair of electrons.
The O with a double bond needs two more electrons.
The C with a double bond needs to lose two electrons.

8.12 1.24 D
8.13 0.795 e^-; 79.5% positive charge on the Na and 79.5% negative charge on the Cl
8.14 The bond is polar and the Cl carries the negative charge.
8.15 (a) Br **(b)** Cl **(c)** Cl;
S—Cl < P—Br < Si—Cl
8.16

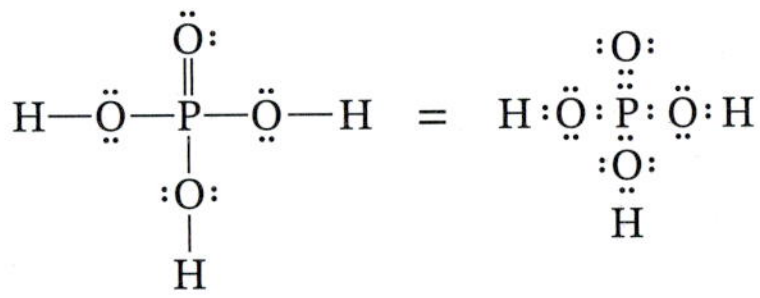

Number of valence electrons:
O 6 each and 4 O atoms total 24 electrons
P 8 electrons and one p atoms total 8 electron
H Shared its electrons with oxygen atoms
Total = 32 valence electrons

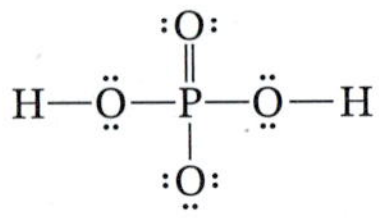

8.17

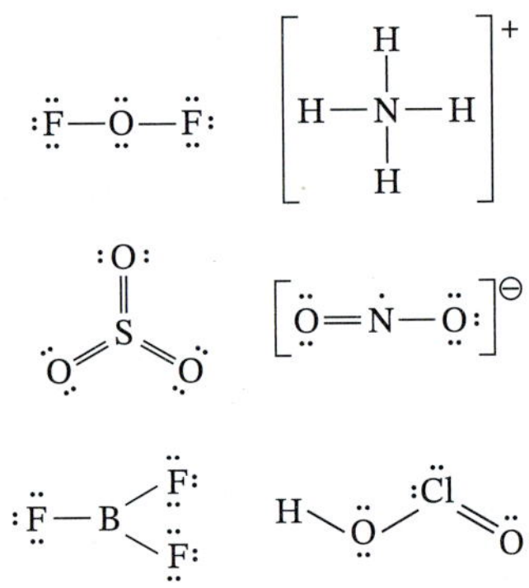

8.18

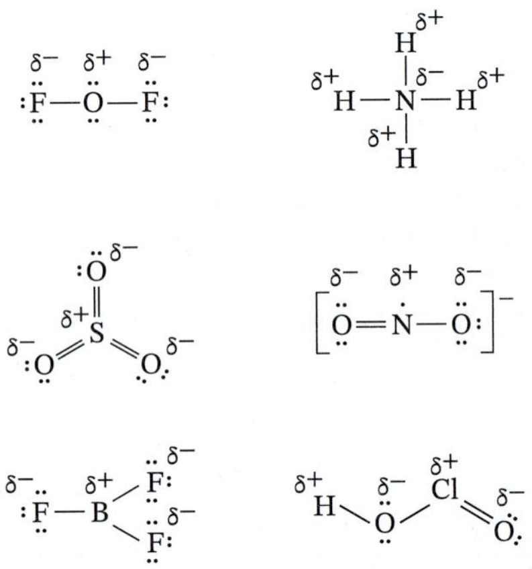

8.19 The negative sign should be on the oxygen, so two of the oxygen atoms should have a single bond and three lone pairs and the sulfur should have one double bond, two single bonds, and a lone pair. This is the best formal structure. The single bonded oxygen each have a –1 charge and the sulfur and double bonded oxygen have a zero formal charge.

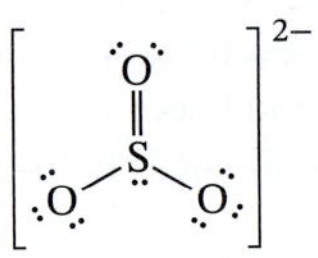

8.20 (a)

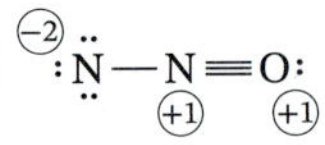

(b)

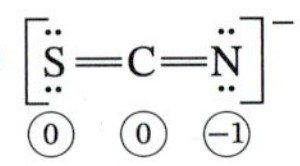

8.21 (a) O_3

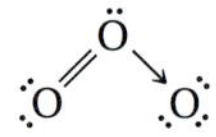

(b) HIO_4

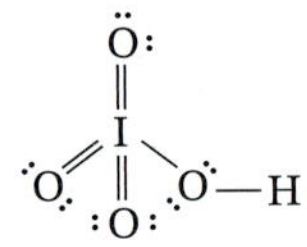

(c) $HClO_4$

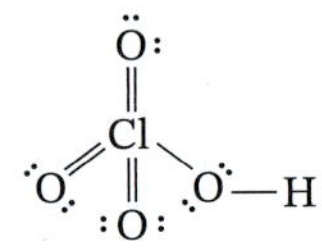

8.22

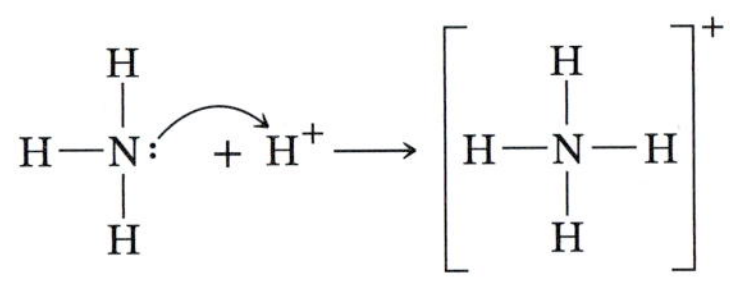

There is no difference between the coordinate covalent bond and the other covalent bonds

8.23

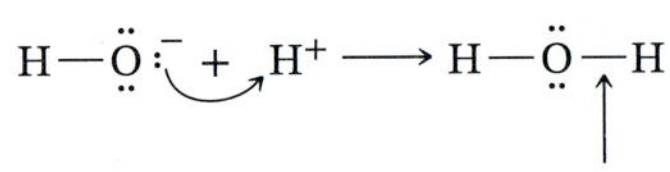

8.24 There are four resonance structures.

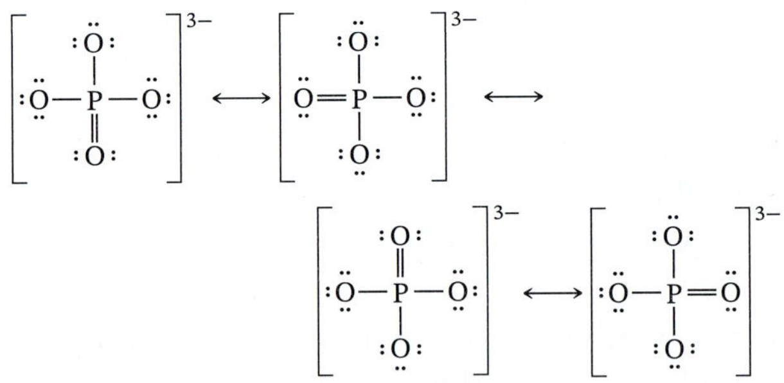

8.25

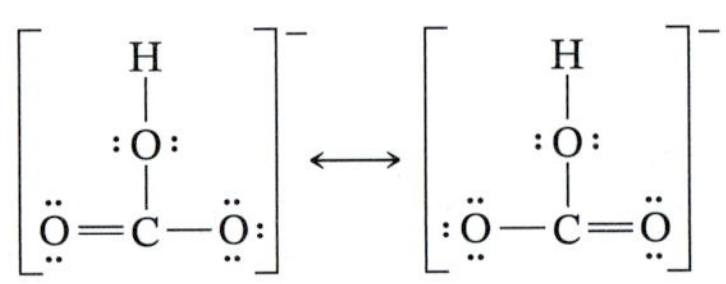

8.26

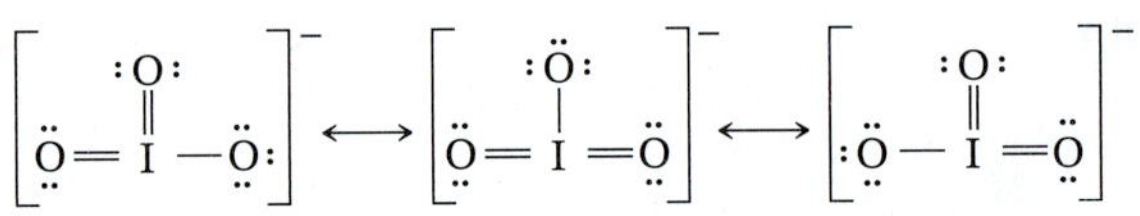

8.27

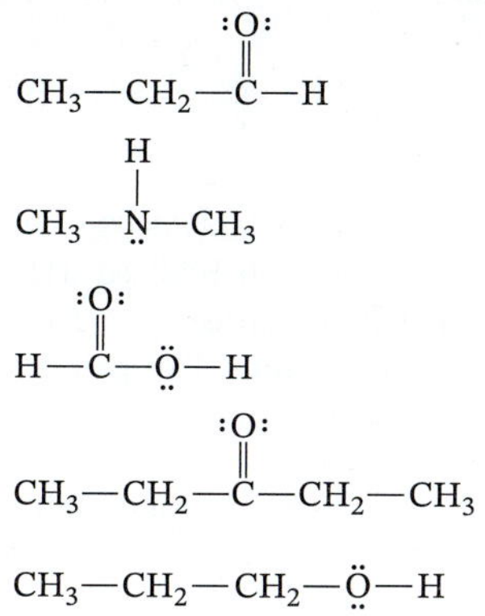

aldehyde

amine

carboxylic acid

ketone

alcohol

8.28 (a) CH_3NHCH_3 will produce a basic solution.
(b) HCOOH will produce an acidic solution.

(c) 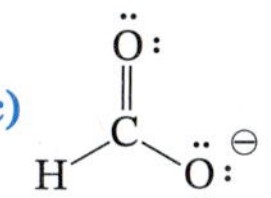 **(d)** 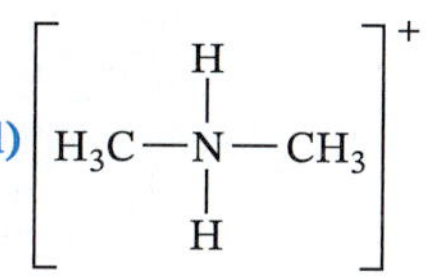

Review Problems

8.49 (a) Al_2O_3 **(b)** CaO **(c)** KCl
8.51

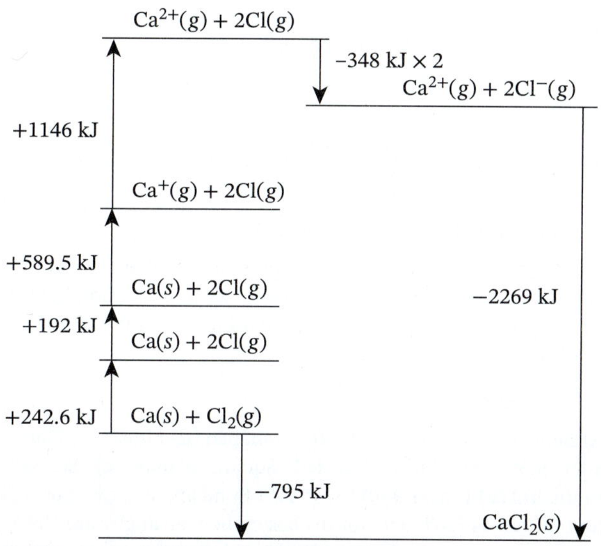

Lattice energy of $CaCl_2 = -2269\ kJ\ mol^{-1}$

8.53 Nitrogen gains three electrons. Sodium loses an electron. To keep the overall change of the formula unit neutral, three Na^+ ions combine with one N^{3-} ion to form Na_3N.
8.55 [Kr]$5s^24d^{10}$, [Kr] $5s^24d^{10}5p^2$
8.57 [Ar]$3d^6$, 4 unpaired electrons
8.59 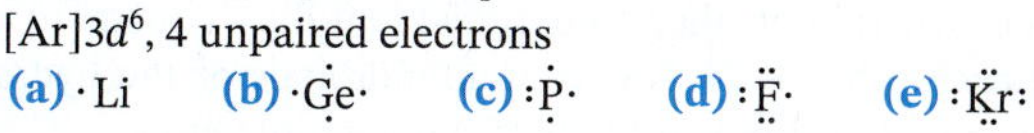

8.61 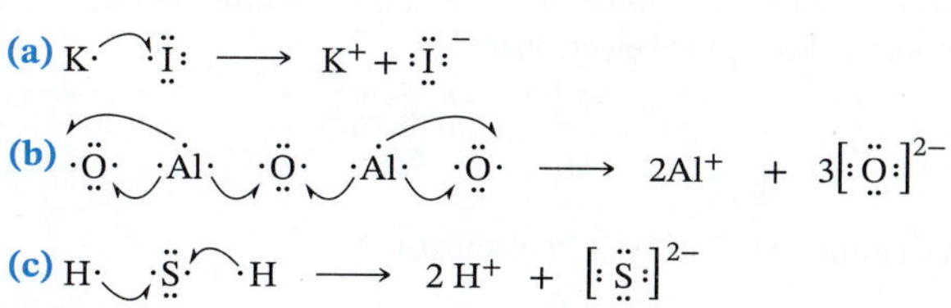

8.63 −411 kJ/molecule
8.65 493.4 nm

8.67 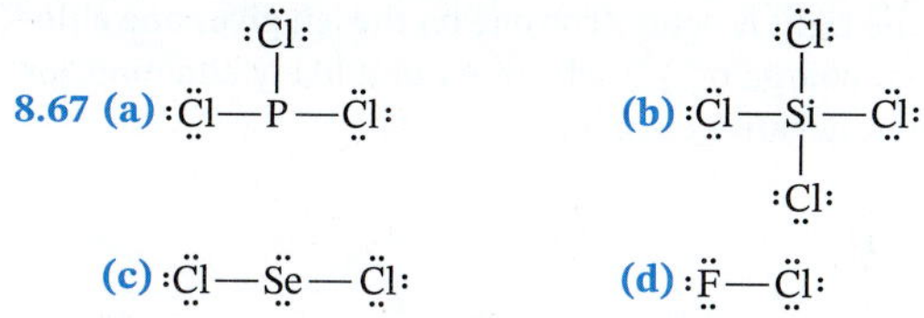

8.69 (a) NCl_3 **(b)** SiF_4 **(c)** IF
8.71 64.5% positive charge on cesium and 64.5% negative charge on fluorine
8.73 (a) N **(b)** C **(c)** H **(d)** H
8.75 C—H

8.77 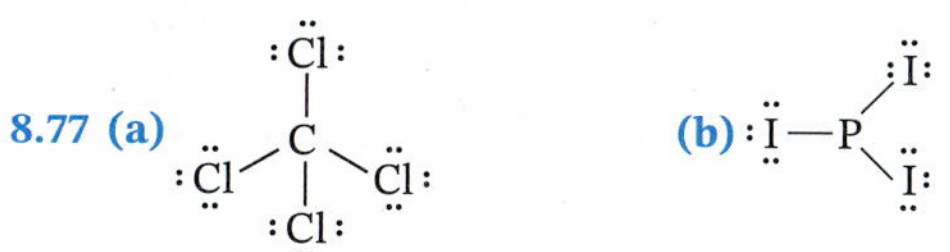

8.79 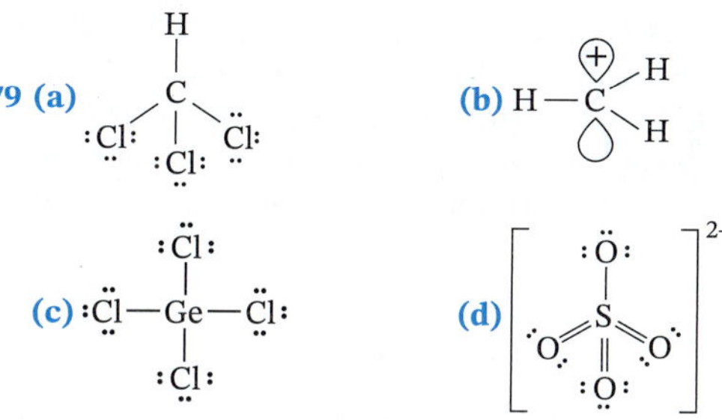

8.81 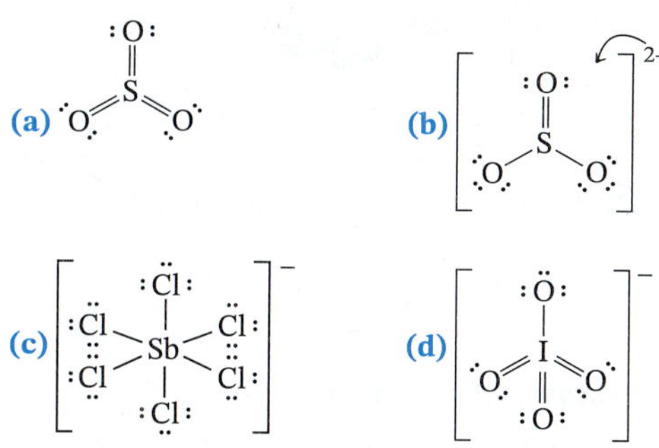

8.83 

8.85 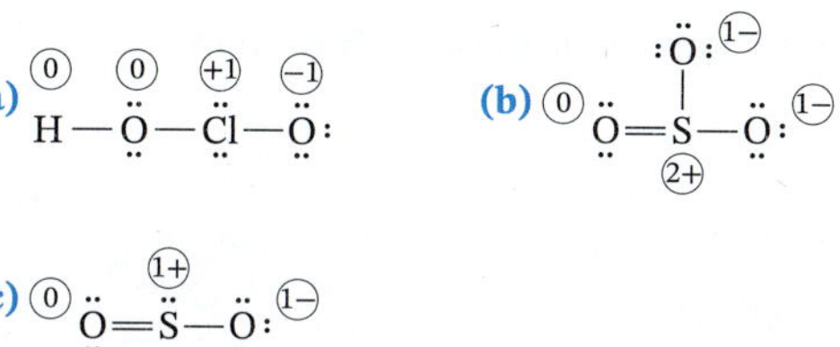

8.87

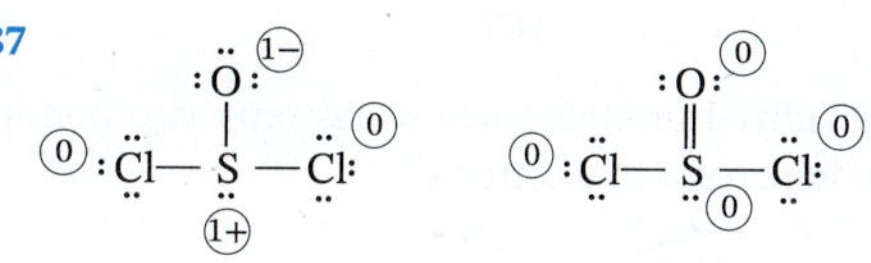

8.89 The one on the right is better. The one on the left gives one chlorine atom a formal charge of +1, which is not a likely situation for such a highly electronegative element.
8.91

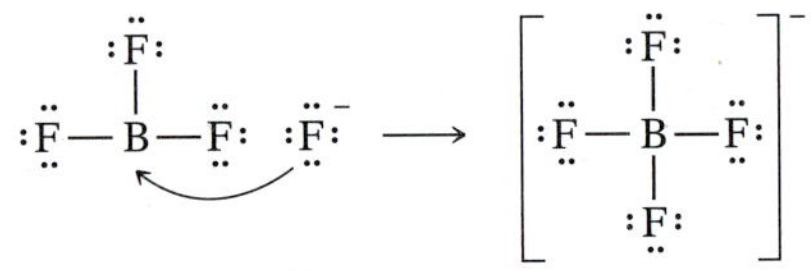

8.93 The C—O bond in CO_3^{2-} should be shorter than that in CO_2.
8.95 :O≡C—Ö: ⟷ :Ö—C≡O:

In each Lewis diagram, one oxygen bears a formal charge of +1 whereas the other bears a formal charge of −1. The structure with the formal charges of zero has a lower potential energy and is more stable.

Chapter 9

Practice Exercises

9.1 (a) Tetrahedral **(b)** Trigonal bipyramidal **9.2 (a)** Trigonal planar **(b)** Octahedral **9.3** Octahedral **9.4** Trigonal bipyramidal **9.5** Linear **9.6** Square planar **9.7** Trigonal planar **9.8** Nonpolar; The shape of the molecule is square planar and has two lone pair of electrons on the xenon **9.9 (a)** Nonpolar **(b)** Polar **(c)** Polar **(d)** Polar **(e)** Polar **9.10** The H—Br bond is formed by the overlap of the half-filled 1*s* atomic orbital of a H atom with the half-filled 3*p* valence orbital of a Br atom:

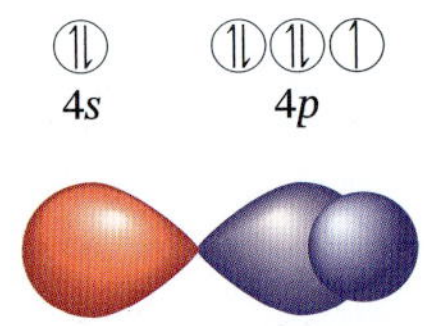

9.11 The half-filled 1*s* atomic orbital of each H atom overlaps with a half-filled 4*p* atomic orbital of the As atom, to give three As—H bonds. This should give a bond angle of 90°. (inverted red arrow = H electron)

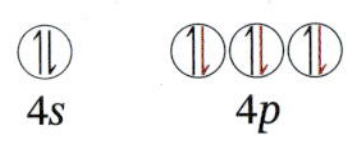

Note: only half of each *p* orbital is shown

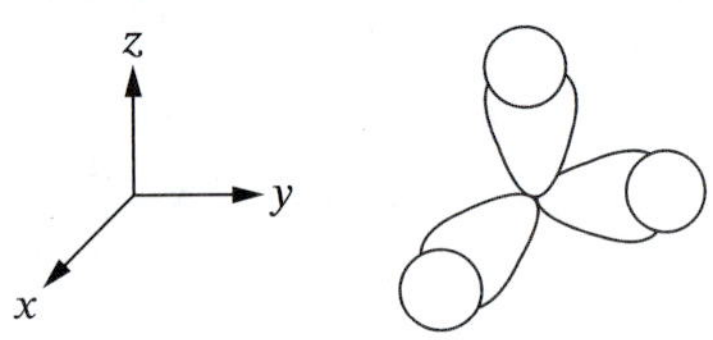

9.12 The sp^2 hybrid orbitals on the B, ↿ = H electron

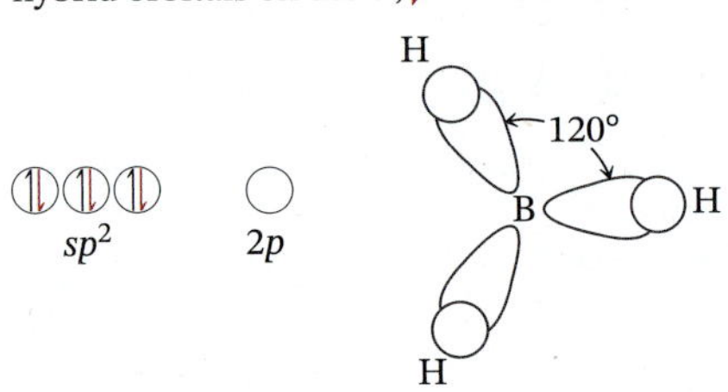

9.13 CO_2 uses *sp* hybridized orbitals since it has only two bonding electron pairs and no lone pairs of electrons.

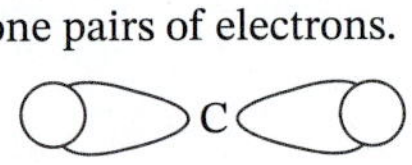

C: $1s^2\ 2s^2\ sp^2$ is exited state

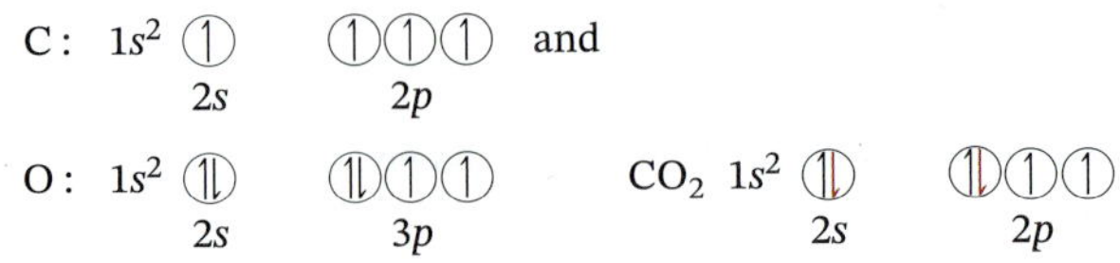

9.14 sp^3 **9.15** sp^3d **9.16** Trigonal bipyramidal, sp^3d—3*p* overlap **9.17** sp^3d^2 **9.18 (a)** sp^3 **(b)** sp^3d **9.19** NH_3 is sp^3 hybridized. Three of the electron pairs are use for bonding with the three hydrogens. The fourth pair of electrons is a lone pair of electrons. This pair of electrons is used for the formation of the bond between the nitrogen of NH_3 and the hydrogen ion, H^+. **9.20** Octahedral sp^3d^2
9.21 Atom 1: sp^2; Atom 2: sp^3; Atom 3: sp^2; 10 σ bonds and 2 π bonds
9.22 Atom 1: *sp*; Atom 2: sp^2; Atom 3: sp^3; 9 σ bonds and 3 π bonds in the molecule
9.23 The bond order of the ion is 3. The MO diagram agrees with the Lewis structure.

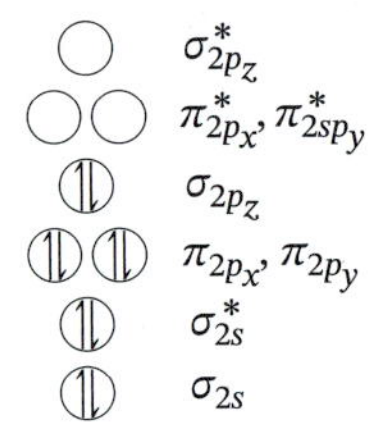

9.24

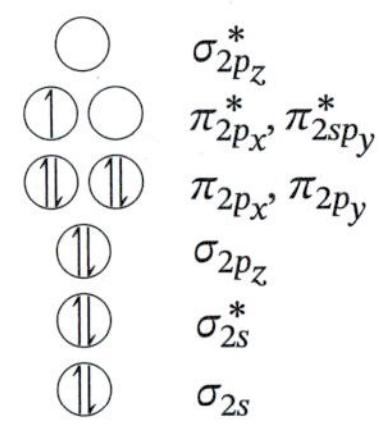

The bond order is calculated to be 5/2.

9.25 The *p* orbitals on the N and O that are not involved in forming the σ bond framework. **9.26** Valence band: 3*s* orbitals. Conduction band: 3*p* orbitals. **9.27** Magnesium < germanium < sulfur **9.28 (a)** sp^3 **(b)** sp^2 **(c)** sp^2

Review Problems

9.56 (a) Bent **(b)** Planar triangular **(c)** T-shaped **(d)** Linear **(e)** Planar triangular **9.58 (a)** Tetrahedral **(b)** Square planar **(c)** See-saw **(d)** Tetrahedral **(e)** Linear **9.60** BrF_4^+ **9.62** Bond angle in two carbons with double bond is 120° each, for the last carbon, all angles are 109.5° **9.64 (a)** 109.5° **(b)** 109.5° **(c)** 120° **(d)** 109.5° **(e)** 120° **9.66** (a), (c) and (d) are polar, (b) and (e) are nonpolar **9.68** All are polar and all have net dipole moment. **9.70** SF_2, SF_4, and SF_5^- has net dipole moment. **9.72** In SO_3, although the individual bonds in this substance are polar bonds, the geometry of the bonds is symmetrical which serves to cause the individual dipole moments of the various bonds to cancel one another. SO_2 is bent, therefore, individual dipole moment does not cancel each other. **9.74** The 1*s* atomic orbitals of the hydrogen atoms overlap with *p* atomic orbitals of the selenium atom.
Se atom in H_2Se (⇂ = H electrons):

9.76 Cl atom in CCl_4 (⇂ = a Cl electron)

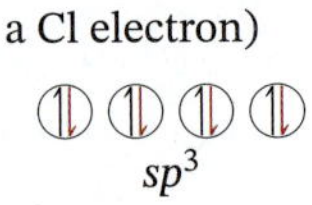

Carbon uses sp^3 hybrid orbitals.

9.78 Te atom in TeF_6 (↿ = an F electron)

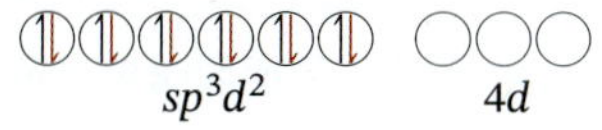

Tellurium uses sp^3d^2 hybrid orbitals.

9.80 **(a)** Square pyramidal: sp^3d^2

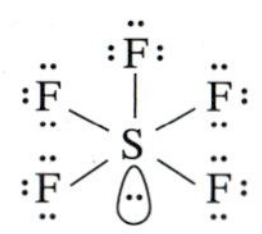

(b) Trigonal pyramidal: sp^3

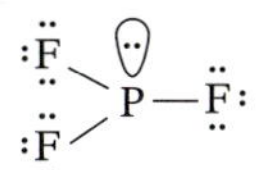

(c) Square planar: sp^3d^2

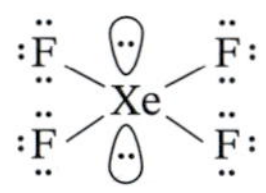

9.82 **(a)** sp^3

The hybrid orbital diagram for Si: (↿ = a Cl electron)

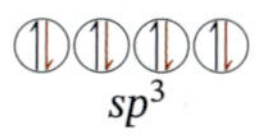

(b) sp^3

The hybrid orbital diagram for Sn: (↿ = a Cl electron)

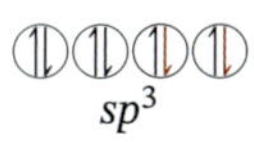

9.84 Sn atom in $SnCl_6^{2-}$ (⥮ = an electron pair from the donor Cl^-)

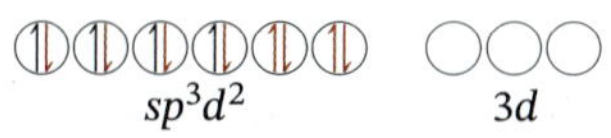

9.86 Each carbon atom is sp^2 hybridized, and each C—Cl bond is formed by the overlap of an sp^2 hybrid of carbon with a p atomic orbital of a chlorine atom. The C═C double bond consists first of a C—C σ bond formed by "head on" overlap of sp^2 hybrids from each C atom. Secondly, the C═C double bond consists of a side-to-side overlap of unhybridized p orbitals of each C atom, to give one π bond. The molecule is planar, and the expected bond angles are all 120°. **9.88** 1. sp^3 2. sp^2 3. sp^3 4. sp^3 **9.90** The two unpaired electrons are located in the π antibonding molecular orbitals.

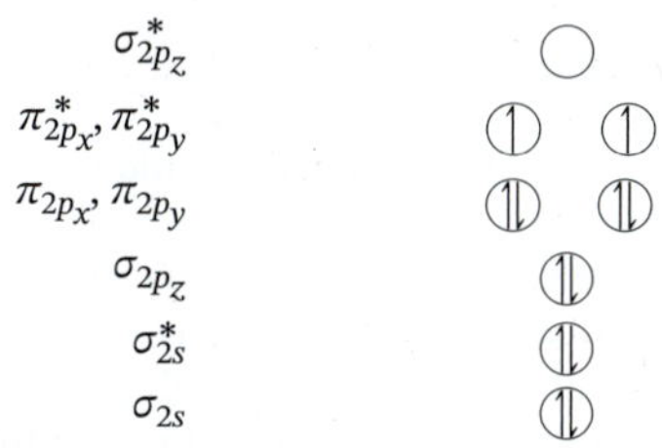

The net bond order is (8 Bonding e^- – 4 Antibonding e^-)/2 = 2. **9.92** **(a)** (i) O_2: BO = 2, O_2^+: BO = 2.5; (ii) C_2: BO = 2, C_2^+: BO = 1.5; (iii) N_2: BO = 2, N_2^+: BO = 2.5 **(b)** (i) O_2, (ii) C_2^+, (iii) N_2^+ **(c)** (i) O_2^+, (ii) C_2, (iii) N_2 **9.94** Paramagnetic: N_2^+, O_2^-, NO and CO, Diamagnetic: N_2 **9.96** Electrons in nonbonding orbitals have no effect on the bond order. The bond length, however, decrease because of the decreased electron repulsion that stabilizes the molecule.

Chapter 10

Practice Exercises

10.1 Adding more gas increases the pressure because there are more particles to bounce against the walls of the container, increasing the force per unit area. **10.2** When apples rot, they lose mass because they are emitting a gas that would be the by-product of the chemical reaction. When nails rust, the iron combines with the oxygen in the air, thus gaining mass. **10.3** 14.50 psi, 29.5 in. Hg **10.4** 88,800 Pa, 666 torr **10.5** 972 mm Hg, 492 mm Hg **10.6** 652 mm Hg **10.7** 3/4P **10.8** 661 torr **10.9** 9.00 L O_2 **10.10** 13.50 L air, 42.2 L air **10.11** 1130 g Ar **10.12** 21,441 g solid CO_2 **10.13** 132 g mol^{-1}, xenon **10.14** 84.16 g/mol **10.15** 2.70 g L^{-1} **10.16** Since radon is almost eight times denser than air, the sensor should be in the lowest point in the house—the basement. **10.17** P_2F_4 **10.18** 114 g mol^{-1}, C_8H_{18} **10.19** 9.23 L **10.20** 0.01022 g CO_2; 0.01022 mol $CaCO_3$; 1.02 g $CaCO_3$ **10.21** 0.0276 atm CO, 0.0816 atm H_2O, 0.0041 atm CO_2, 0.028 atm N_2, P_{total} = 0.1516 atm **10.22** 1920 g O_2 **10.23** 727.21 torr, 304 mL **10.24** 747 torr, 0.0994 mol CH_4 **10.25** 0.996 atm H_2, 1.05 atm NO **10.26** Before the reaction, of NO_2 and O_2 is 1.260 atm, The total pressure, after the reaction will be P_{SO_3} = 0.840 atm NO_2

$$\left(\frac{2 \text{ atm } NO_2}{2 \text{ atm } NO}\right) = 0.840 \text{ atm } NO_2$$

10.27

$$\frac{\text{effusion rate}_{^{37}Cl^{37}Cl}}{\text{effusion rate}_{^{37}Cl^{35}Cl}} = \sqrt{\frac{71.9}{73.9}} = 0.973$$

$$\frac{\text{effusion rate}_{^{37}Cl^{37}Cl}}{\text{effusion rate}_{^{35}Cl^{35}Cl}} = \sqrt{\frac{60.9}{37.9}} = 0.824$$

10.28 HI

Review Problems

10.38 **(a)** 1664.4 **(b)** 0.939 atm **(c)** 309 mm Hg **(d)** 73.7 torr **10.40** **(a)** 0.892 torr **(b)** 0.288 torr **(c)** 3.33×10^{-4} atm **10.42** 10.8 cm Hg

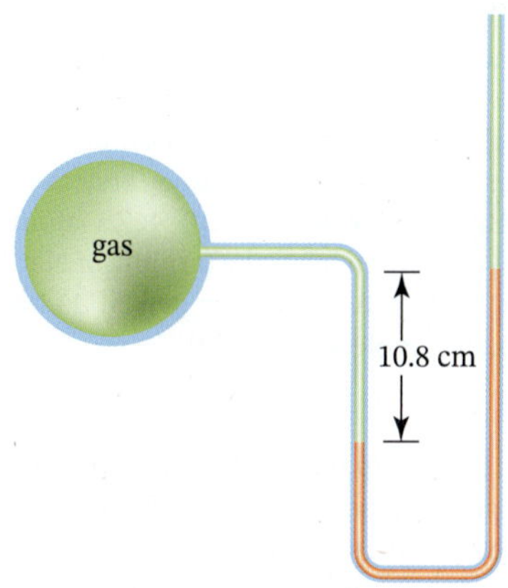

10.44 666 torr **10.46** 748 mm Hg **10.48** 807.8 mL **10.50** 783 °C **10.52** 762.8 torr **10.54** 4.86 L **10.56** −107.7 °C **10.58** 0.18 mL **10.60** 18.5 mL of N_2 **10.62** 6.33×10^3 mL **10.64** 1.13 L **10.66** 8.01 atm **10.68** 0.165 g **10.70** 59.9 g mol^{-1} **10.72** **(a)** 1.781 g L^{-1} **(b)** 1.25 g L^{-1} **(c)** 0.714 g L^{-1} **(d)** 5.33 g L^{-1} Rise. **10.74** 3.37 g L^{-1} **10.76** 38.66 L **10.78** 7.07×10^3 mL **10.80** 724 torr, X = 0.432 **10.82** 135.6 atm **10.84** 0.2, 2% **10.86** 0.257 moles **10.88** 250 total mL **10.90** 125 **10.92** SO_2 < NO < = C_2H_6 < CO **10.94** 100.2 g mol^{-1}

Chapter 11

Practice Exercises

11.1

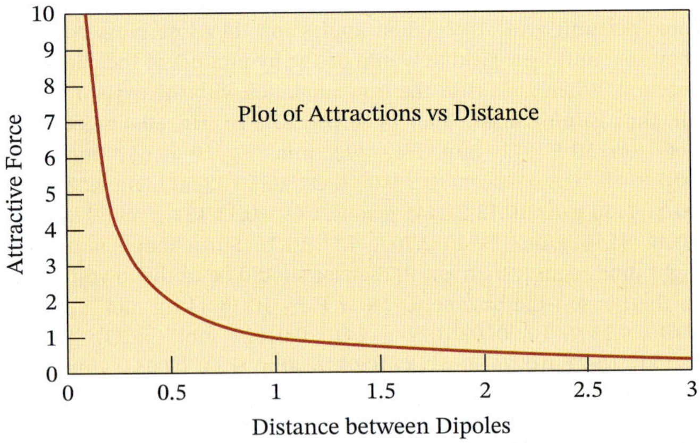

11.2 (a) $CH_3CH_3 < CH_3CH_2Br < CH_3CH_2OH < KBr$ (b) $CH_3CH_2OCH_2CH_3 < CH_3CH_2CH_2CH_2NH_2 < CH_3CH_2CH_2CH_2OH$ 11.3 Butan-1-ol will have highest boiling point and 2-methylpropan-2-ol will have lowest boiling point. 11.4 Evaporative cooling works in dry regions because as the water molecules evaporate, they require heat from the surroundings, and the surroundings include the air. This causes the air to become cooler. In climates that are more humid, there is already water in the air, and less water will evaporate, so the cooling effect that occurs by evaporation will be less pronounced. 11.5 Molecules in the gas phase will condense when they collide with a liquid phase because the kinetic energy that the gas phase molecules have is transferred to the liquid, and the gas molecule does not have enough kinetic energy to remain in the gas phase. 11.6 The piston should be pushed out. 11.7 The sum of the molecules in the vapor and the liquid remains the same. 11.8 (a) less than 20 °C above 100 °C 11.9 approximately 75 °C 11.10 2.7×10^4 J or 27 kJ 11.11 4.7×10^3 J or 47 kJ 11.12 The vapor pressure curve, see Figure 11.23 and 11.28. 11.13 Solid to liquid 11.14 Gas 11.15 The vapor pressure increases with increasing temperature. 11.16 Boiling (endothermic); Melting (endothermic); Condensing (exothermic); Subliming (endothermic); Freezing (exothermic); No, each physical change is always exothermic, or always endothermic as shown. 11.17 530 mm Hg 11.18 49.9 °C 11.19 4 Zn atoms per unit cell 11.20 The ratio is 4 to 4. It matches the formula of NaCl. 11.21 168 pm 11.22 9.23 g cm^{-3} 11.23 A molecular crystal 11.24 A covalent or network solid 11.25 A molecular solid P_4.

Review Problems

11.88 (a) London forces, dipole–dipole, hydrogen bonding (b) London forces, dipole–dipole (c) London forces (d) London forces, dipole–dipole 11.90 Diethyl ether should have a higher vapor pressure. Butanamine has a higher boiling point. 11.92 Chloroform would be expected to display larger dipole–dipole attractions, and iodoform would be expected to show stronger London forces due to having larger electron clouds, which are more polarizable than those of chlorine. Since iodoform is solid and chloroform is liquid, it experiences stronger intermolecular attractions than chloroform. Therefore, London forces are more important. 11.94 Ethanol 11.96 Diethyl ether < acetone < benzene < water < acetic acid

11.98

Compound	Intermolecular Forces Broken
(a) CH_3OH	London, dipole–dipole, hydrogen bonding
(b) H_3CCH_2CN	London, dipole–dipole
(c) PCl_5	London
(d) KCl	London, ionic bonds

11.100 Mg^{2+}
11.102 (a) O^{2-} (b) Al^{3+}
11.104 709 kJ 11.106 (a) 0.0 °C (b) 55.6 g of solid water
11.108

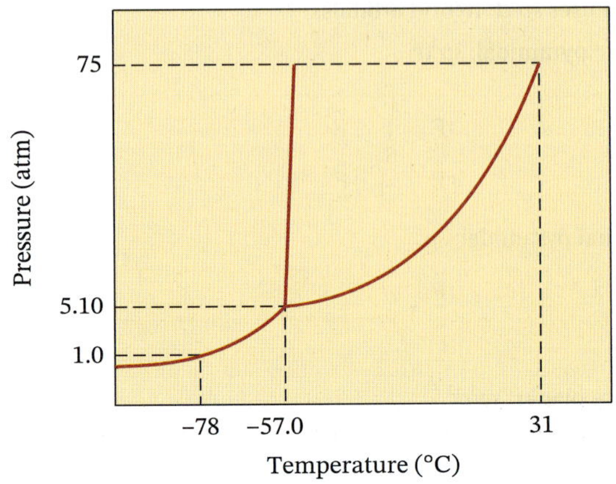

11.110 The solid–liquid line slants toward the right.
11.112 1.93×10^{-6} atm 11.114 31,400 J mol^{-1}
11.116 $4Zn^{2+}$, $4S^{2-}$ 11.118 5.66 Å, 566 pm 11.120 374.0 pm
11.122 123 pm 11.124 Molecular solid 11.126 Metallic solid
11.128 (a) molecular (b) molecular (c) metallic (d) ionic (e) covalent (f) ionic (g) molecular

Chapter 12

Practice Exercises

12.1 a, b, and d 12.2 a, c, and d
12.3

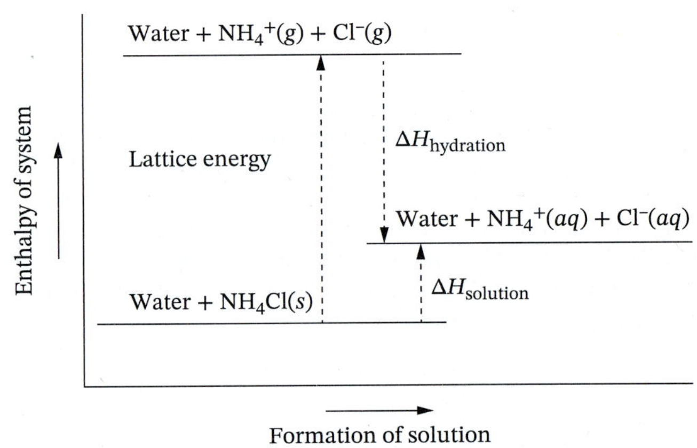

12.4 More heat is released when the ions are solvated than the amount of heat required to form the gaseous ions. 12.5 Equilibrium will shift toward solution. 12.6 NaOH will precipitate. 12.7 k_H = 3.7 g L^{-1} Hydrogen sulfide is more soluble in water than nitrogen and oxygen. Hydrogen sulfide reacts with the water to form hydronium ions and HS^-. 12.8 0.64 mg O_2, 1.69 mg N_2 12.9 352.6 mL water 12.10 When rounded to the correct number of significant figures, the answers are 4 g NaCl, 495 g H_2O, 496 mL H_2O 12.11 10.8 m, $M < m$

12.12

0.460 g	CH_3CH_2OH
0.92 g	CH_3CH_2OH
1.38 g	CH_3CH_2OH
1.84 g	CH_3CH_2OH
2.3 g	CH_3CH_2OH

12.13 16.48 m NaOH 12.14 16.1 m 12.15 6.43 M HBr 12.16 0.00469 M $Al(NO_3)_3$, 0.00470 m $Al(NO_3)_3$ 12.17 500 torr 12.18 34.5 g stearic acid **12.19** 47.203 torr **12.20** 45.1 torr **12.21** 89.5% to 91.2% **12.22** 194 g glucose **12.23** 112 g mol^{-1} **12.24** 285 g mol^{-1} **12.25** 3.572 mm Hg, 48.6 mm H_2O **12.26** 222 torr, $T_f = -0.021$ °C, $T_{bp} = 100.006$ °C **12.27** 5.00×10^3 g mol^{-1} **12.28** 3.52×10^2 g mol^{-1} **12.29** −0.882 °C, −0.441 °C **12.30** **(a)** −0.372 °C **(b)** −0.0372 °C **(c)** −0.00372 °C. The first freezing point depression **12.31** **(a)** colloid dispersion **(b)** colloid dispersion **(c)** suspension **(d)** colloid dispersion **12.32** **(a)** colloid dispersion, oil in aqueous egg whites **(b)** colloid dispersion, oil in solid whey **(c)** colloid dispersion, air in sugar **(d)** suspension, carbon particles and drops of water suspended in air **(e)** suspension, air in aqueous soap

Review Problems

12.49 711 kJ mol^{-1} **12.51** 0.254 g/L **12.53** 0.0032 g/0.1L **12.55** 3.9×10^{-5} g mL^{-1} atm^{-1} **12.57** 56.9 g s **12.59** **(a)** 31.7 g **(b)** 79.4 g **(c)** 1.59 g **12.61** 3.35 *m* **12.63** 66 ppm; 66,000 ppb **12.65** 6.8% **12.67** 7.90% **12.69** 0.47 *M*, 3.92%, 8.56×10^{-3} **12.71** 23.9 torr **12.73** 55.36 torr **12.75** 80 mol% toluene and 20 mol% benzene **12.77** **(a)** 0.029 **(b)** 2.99×10^{-2} moles **(c)** 278 g/mol **12.79** 51.2 g **12.81** 202 g/mol **12.83** **(a)** If the equation is correct, the units on both sides of the equation should be g/mol. The units on the right side of this equation are:

$$\frac{(\text{g}) \times (\text{L atm mol}^{-1}\ \text{K}^{-1}) \times (\text{K})}{\text{L} \times \text{atm}} = \text{g/mol}$$

which is correct.
(b) 1.8×10^6 g/mol **12.85** 15.5 torr **12.87** 28.4 atm **12.89** 2

Chapter 13

Practice Exercises

13.1 6.3×10^{-5} mol L^{-1} s^{-1}, 1.9×10^{-4} mol L^{-1} s^{-1}
13.2 1.125 mol L^{-1} s^{-1}, 0.75 mol L^{-1} s^{-1}
13.3 2.8×10^{-4} mol L^{-1} s^{-1}
13.4 9.2×10^{-5} mol L^{-1} s^{-1}
13.5 **(a)** 9.8×10^{14} L^2 mol^{-2} s^{-1} **(b)** L^2 mol^{-2} s^{-1}
13.6 **(a)** $k = 8.0 \times 10^{-2}$ L mol^{-1} s^{-1} **(b)** L mol^{-1} s^{-1}
13.7 order of the reaction with respect to $[IO_3^-] = 1$
order of the reaction with respect to $[SO_3^{2-}] = 1$
overall order of the reaction = 1 + 1 = 2
13.8 Rate = $k[Cl_2]^2[NO]$
13.9 Order with respect to Br_2 is 1.
Order with respect to HCO_2H is zero.
Overall order of the reaction is 1.
13.10 $k = 2.0 \times 10^2$ L^2 mol^{-2} s^{-1}
13.11 **(a)** The rate will increase nine-fold. **(b)** The rate will increase three-fold. **(c)** The rate will decrease to three fourths of the original rate. **13.12** **(a)** rate = $k[NO]^n[H_2]^m$ **(b)** 2.1×10^5 L^2 mol^{-2} s^{-1} **(c)** L^2 mol^{-2} s^{-1} **13.13** **(a)** first order **(b)** 47×10^{-4} s^{-1}
13.14 **(a)** $k[A]^n[B]^m$ **(b)** 6.9×10^{-3} L^3 mol^{-3} s^{-1} **(c)** L^3 mol^{-3} s^{-1} **(d)** 4 **13.15** 2.56×10^{-2} yr^{-1} **13.16** **(a)** 4.71×10^{-3} *M* **(b)** 7.8 min **13.17** 37.4 min **13.18** 27.1 yr **13.19** 1.26 g or 1.26% **13.20** 1.33×10^4 yrs **13.21** The upper limit of dates is 25,000 years before present. The lower limit of dates is 420 years before present. **13.22** 95 min **13.23** 2.0 *M* **13.24** 2.29×10^2 s **13.25** The reaction is first order. **13.26** **(a)** 83.859 kJ/mol **(b)** 0.324 **13.27** 684 K **13.28** 317 K
13.29 (a), (b), and (e) may be elementary processes. (c), (d), and (f) are not elementary processes.
13.30 Rate = $k[NO][O_3]$.

13.31 Rate = $\dfrac{k[NO_2Cl]^2}{[NO_2]}$

Review Problems

13.57 At 300 min: 1×10^{-4} *M*/min. At 700 minutes: 7×10^{-5} *M*/min

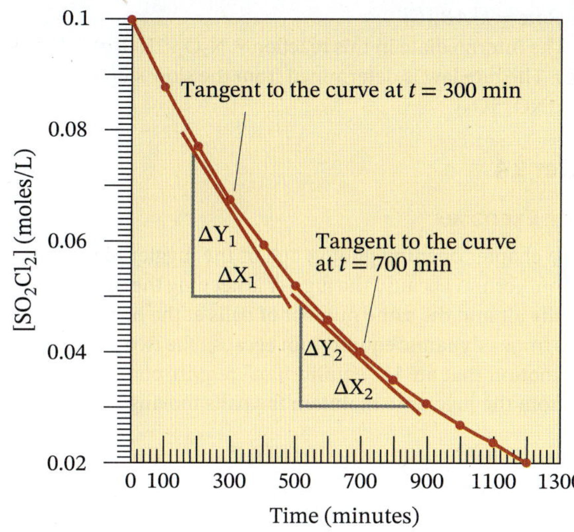

13.59 rate of disappearance of $A = 0.80$ mol A L^{-1} s^{-1}; rate of appearance of $C = 0.12$ mol C L^{-1} s
13.61 **(a)** Rate for $O_2 = -11.4$ mol O_2 L^{-1} s^{-1} **(b)** rate for $CO_2 = 7.20$ mol CO_2 L^{-1} s^{-1} **(c)** rate for $H_2O = 8.40$ mol H_2O L^{-1} s^{-1}

13.63 **(a)** $-\dfrac{\Delta[CH_3Cl]}{\Delta t} = -\dfrac{1}{3}\dfrac{\Delta[Cl_2]}{\Delta t} = \dfrac{\Delta[CCl_4]}{\Delta t} = \dfrac{1}{3}\dfrac{\Delta[HCl]}{\Delta t}$

(b) 1.9×10^{-2} *M* s^{-1} **13.65** 1.1×10^{-9} mol L^{-1} s^{-1} **13.67** 1.9×10^2 mol L^{-1} s^{-1} **13.69** 7.7×10^2 *M* s^{-1} **13.71** Rate = $k[M][N]^2$, $k = 16.7 \times 10^3$ L^2 mol^{-2} s^{-1} **13.73** rate = $k[OCl^-][I^-]$, $k = 6.8 \times 10^9$ L mol^{-1} s^{-1}

13.75 Rate = $k[ICl][H_2]$, $k = 1.04 \times 10^{-1}$ L mol^{-1} s^{-1}
13.77

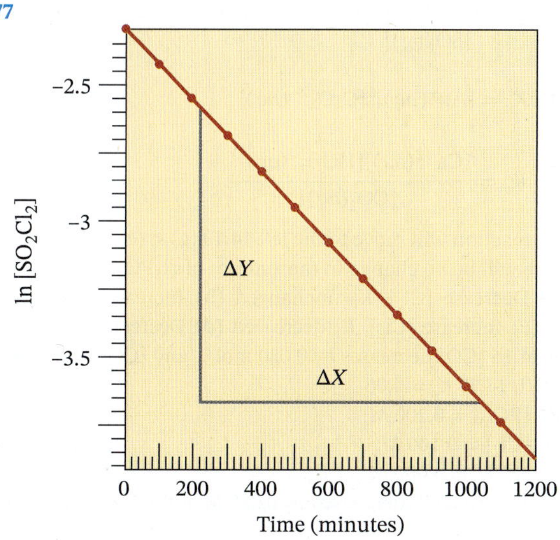

1.32×10^{-3} min^{-1}
13.79 **(a)** 2.5×10^{-3} *M* **(b)** 9.66×10^{-4} *M*
13.81 0.034 min^{-1} **13.83** 4.66×10^{-3} min^{-1} **13.85** 1.1×10^4 min
13.87 1/512 **13.89** Approximately 500 min. The reaction is first-order in SO_2Cl_2.
13.91 20 hrs **13.93** 1.3×10^9 years old **13.95** 4.8×10^{-16}
13.97 108.92 L mol^{-1} s^{-1} **13.99** 15.64 L mol^{-1} s^{-1}
13.101 **(a)** $k = 3.8 \times 10^{-5}$ s^{-1} **(b)** $k = 1.6 \times 10^{-1}$ s^{-1}
13.103 $CO + O_2 + NO \longrightarrow CO_2 + NO_2$
13.105 **(a)** rate = k[A], order 1. **(b)** rate = k[A][B], order 1 + 1 = 2. **(c)** rate = $k[A][B]^2$, order = 1 + 2 = 3 (unlikely)
13.107 Rate = $k[NO_2][CO]$. Since this is not the same as the observed rate law, this is not a reasonable mechanism to propose.

13.109 Rate = $k[AB][C]$
13.111 The intermediate in this reaction is N_2O_2. $2NO(g) + O_2(g) \longrightarrow 2NO_2(g)$. The rate law is determined from the slow step.
Rate = $k[NO]^2[O_2]$

Chapter 14

Practice Exercises

14.1 The chapter opening photograph of the juggler represents a dynamic equilibrium because the juggler is keeping the same number of balls in the air and the same number of balls at the hands at all times. It differs from a dynamic equilibrium because the two processes of the balls in motion that are in "equilibrium" require continuously added energy from the juggler to maintain the balls moving.

14.2 (a) $\dfrac{[H_2O]^2}{[H_2]^2[O_2]} = K_c$ **(b)** $\dfrac{[NO_2]^4}{[N_2O_3]^2[O_2]} = K_c$

14.3 $CH_4(g) + H_2O(g) \longrightarrow CO + 3H_2(g)$ **14.4** $K_c = 1.2 \times 10^{-13}$
14.5 $K_c = 1.9 \times 10^5$

14.6 $K_P = \dfrac{(P_{CH_3OH})}{(P_{CO})(P_{H_2})}$

14.7 $K_P = \dfrac{(P_{HCl})^2}{(P_{H_2})(P_{Cl_2})}$

14.8 1.8×10^{36} **14.9** K_P is smaller than K_c. $K_c = 57$

14.10 $K_c = \dfrac{1}{[NH_3(g)][HCl(g)]}$

14.11 (a) $K_c = \dfrac{1}{[SO_2(g)]}$

(b) $K_c = [Ag^+(aq)]^2[CrO_4{}^{2-}(aq)]$

(c) $K_c = \dfrac{[Ca^{+2}(aq)][HCO_3{}^-(aq)]^2}{[CO_2(aq)]}$

14.12 The reaction will move to the left **14.13** (a) < (c) < (b)
14.14 there will be no change in the amount of H_3PO_4.
14.15 (a) Decrease $[Cl_2]$, K_P unchanged **(b)** Increase $[Cl_2]$, K_P unchanged **(c)** Increase $[Cl_2]$, K_P decreased **(d)** Decrease $[Cl_2]$, K_P unchanged **14.16** [CO] decreases by 0.080 mol/L and $[CO_2]$ increases by 0.080 mol/L **14.17** $K_c = 4.06$
14.18 (a) $[PCl_3] = 0.200\ M$;
$[Cl_2] = 0.100\ M$;
$[PCl_5] = 0.000\ M$
(b) PCl_3 and Cl_2 decreased by 0.080 M and PCl_5 increased by 0.080 M
(c) PCl_3 is 0.120 M, PCl_5 is 0.080 M, $Cl_2 = 0.020\ M$
(d) $K_c = 33$
14.19 $1.22 \times 10^{-2}\ M$ **14.20** $[C_2H_5OH] = 9.27 \times 10^{-3}\ M$
14.21 $[H_2] = [I_2] = 0.044\ M$, $[HI] = 0.312\ M$
14.22 $[H_2] = 0.016\ M$; $[I_2] = 0.001\ M$, $[HI] = 0.028\ M$
14.23 $[N_2] = 5.7 \times 10^{-3}$ $[H_2] = 1.71 \times 10^{-4}$
14.24 $[NO] = 1.1 \times 10^{-17}\ M$

Review Problems

14.28 (a) $K_c = \dfrac{[POCl_3]^2}{[PCl_3]^2[O_2]}$ **(b)** $K_c = \dfrac{[PCl_5]}{[PCl_3][Cl_2]}$

(c) $K_c = \dfrac{[CO][H_2O]}{[CO_2][H_2]}$ **(d)** $K_c = \dfrac{[NO_2]^2[H_2O]^8}{[N_2H_4][H_2O_2]^6}$

(e) $K_c = \dfrac{[SO_2][HCl]^2}{[SOCl_2][H_2O]}$

14.30 (a) $K_c = \dfrac{[Cu(NH_3)_4]^{2+}}{[Cu^{2+}][NH_3]^4}$

(b) $K_c = \dfrac{[Co(H_2O)_4(OH)_2][H_2O]^2}{[Co(H_2O)_6]^{2+}[OH^-]^2}$

14.32 (a) $K_c = \dfrac{[HBr]^2}{[H_2][Br_2]}$ **(b)** $K_c = \dfrac{[HBr]}{[H_2]^{1/2}[Br_2]^{1/2}}$

K_c for reaction (b) is the square root of K_c for reaction (a).

14.34 (a) $K_p = \dfrac{(P_{POCl_3})^2}{(P_{PCl_3})^2(P_{O_2})}$ **(b)** $K_p = \dfrac{(P_{PCl_5})}{(P_{PCl_3})(P_{Cl_2})}$

(c) $K_p = \dfrac{(P_{CO})(P_{H_2O})}{(P_{CO_2})(P_{H_2})}$ **(d)** $K_p = \dfrac{(P_{NO_2})^2(P_{H_2O})^8}{(P_{N_2H_4})(P_{H_2O_2})^6}$

(e) $K_p = \dfrac{(P_{SO_2})(P_{HCl})^2}{(P_{SOCl_2})(P_{H_2O})}$

14.36 0.036 M **14.38** a, since $\Delta n_g = 0$
14.40 13 **14.42** 1.7×10^{-2}
14.44 8.0×10^{-5}
14.46 (a) 27.42 M **(b)** 27.42 M **(c)** 27.42 M

14.48 (a) $K_c = \dfrac{[CO]^2}{[O_2]}$ **(b)** $K_c = [H_2O][SO_2]$

(c) $K_c = \dfrac{[CH_4][CO_2]}{[H_2O]^2}$ **(d)** $K_c = \dfrac{[H_2O][CO_2]}{[HF]^2}$

(e) $K_c = [H_2O]^5$

14.50 $[HBr] = 2.7 \times 10^{-12}\ M$ $[Cl_2] = 1.37 \times 10^{-12}\ M$
14.52 (a) increase; we are adding a reactant; **(b)** decrease; we are removing a reactant; **(c)** increase; decreasing the volume favors the side with fewer gas molecules; **(d)** no change; a catalyst increases the rate but does not affect the concentration; **(e)** decrease; this is an exothermic reaction so heat may be considered a product
14.54 (a) right **(b)** left **(c)** left **(d)** right **(e)** no effect **(f)** left
14.56 798.8 **14.58** 1.8×10^{-2}
14.60 $P_{PCl_5} = 0.0255$ atm, $P_{PCl_3} = 0.0319$ atm, $P_{Cl_2} = 0.0319$ atm, $K = 0.040$
14.62 (a) $Q = 4.96$; the system is not at equilibrium.
(b) The system must shift to the left to reach equilibrium.
14.64 $[CH_3OH] = 3.54 \times 10^{-6}\ M$ **14.66** 0.016 M **14.68** 0.0187 M
14.70 $[H_2] = [CO_2] = 7.7 \times 10^{-3}\ M$, $[CO] = [H_2O] = 0.0123\ M$
14.72 $[HCl] = 0.0450$ mol/L **14.74** $[CO] = 5.0 \times 10^{-4}\ M$
14.76 $[PCl_3] = 0.013\ M$ **14.78** $[NO_2] = [SO_2] = 0.0281\ M$
14.80 $[CO] = [H_2O] = 0.040\ M$

Chapter 15

Practice Exercises

15.1 The conjugate acid-base pairs are **(a)**, **(b)**, and **(f)**. **(b)**: The conjugate base of HI is I^-. **(d)**: The conjugate base of HNO_2 is NO_2^- and the conjugate base of NH_4^+ is NH_3. **(e)**: The conjugate acid of CO_3^{2-} is HCO_3^- and the conjugate acid of CN^- is HCN.
15.2 **(a)** PO_4^- **(b)** F^- **(c)** SO_4^- **(d)** CN^- **(e)** NO_3^- **(f)** $H_2PO_4^-$ **(g)** H_2O **(h)** HSO_4^- **(i)** HI **(j)** HNO_3
15.3 CH_3COOH with CH_3COO^-, and $CH_3NH_4^+$ with CH_3NH_2
15.4 The Brønsted acids are $H_2PO_4^-(aq)$ and $H_2CO_3(aq)$
The Brønsted bases are $HCO_3^-(aq)$ and $HPO_4^{2-}(aq)$
15.5 **(a)** $H_2PO_4^-$ (amphoteric since it can both accept and donate a proton)
(b) H_2S (amphoteric since it can both accept and donate a proton)
(d) H_3PO_4 (not amphoteric: it can only donate protons)
(e) NH_4^+ (not amphoteric: it can only donate protons)
(f) H_2O (amphoteric since it can both accept and donate a proton)
(g) HI (not amphoteric: it can only donate protons)
(h) HNO_2 (not amphoteric: it can only donate protons)
15.6 $NH_3(aq) + H_2O \longrightarrow NH_4^+(aq) + OH^-$; NH_3 acting as a base.
$NH_3(aq) + NaOH \longrightarrow NaNH_2(aq) + H_2O$; NH_3 acting as an acid.
15.7 $NH_3(aq) + NaOH \longrightarrow NaNH_2(aq) + H_2O$
15.8 The substances on the left because they are the weaker acid and base
15.9 **(a)** HF < HBr < HI **(b)** $PH_3 < H_2S < HCl$ **(c)** $H_2O < H_2Se < H_2Te$ **(d)** $AsH_3 < H_2Se < HBr$ **(e)** $PH_3 < H_2Se < HI$
15.10 **(a)** HI **(b)** HCl **(c)** H_2S
15.11 **(a)** $HClO_3$ **(b)** H_2SO_4
15.12 **(a)** H_3AsO_4 is the weaker acid because oxoacid strength decreases as the electronegativity of the central atom decreases. **(b)** H_2TeO_4 is the weaker acid because oxoacid strength decreases as the electronegativity of the central atom decreases.
15.13 **(a)** H_2SO_3 is the stronger acid because oxoacids strengths increase with the more electronegative central atom. **(b)** $HClO_4$ is the stronger acid because oxoacids strengths increase with the more electronegative central atom.
15.14 **(a)** HIO_3 is the stronger acid because oxoacid strength increases as the number of oxygen atoms around the central atom increases. **(b)** H_2SO_4 is the stronger acid because oxoacid strength increases as the number of oxygen atoms around the central atom increases.
15.15 $FCH_2COOH > ClCH_2COOH > BrCH_2COOH$
15.16 $CH_3COOH < CBr_3COOH < CCl_3COOH < CF_3COOH$
15.17 **(a)** NH_3 Lewis base; H^+ Lewis acid **(b)** Na_2O Lewis base; Na_2O cannot exist in water; SeO_3 is the Lewis acid **(c)** Ag^+ is the Lewis acid NH_3 is the Lewis base acid **(d)** H^+ is the Lewis acid OH^- is the Lewis base
15.18 Al_2O_3 is an amphoteric oxide as it can react both as an acid and as a base. It shows basic behaviour when it is dissolved in acid. $Al_2O_3\ (s) + 6H^+(aq) \longrightarrow 2Al^{3+}(aq) + 3H_2O$ Aluminum oxide shows acidic behavior when it is dissolved in a base. $Al_2O_3\ (s) + 2OH^-(aq) \longrightarrow 2AlO_2^-(aq) + H_2O$

Review Problems

15.49 **(a)** HCl **(b)** H_2CO_3 **(c)** $CH_3NH_3^+$ **(d)** NH_3 **(e)** $H_2Cr_2O_7$
15.51 **(a)** HPO_4^{2-} **(b)** CO_3^{2-} **(c)** SCN^- **(d)** IO_2^- **(e)** HSO_3^-
15.53 **(a)** Conjugate acid pairs are $HClO_4$ and H_3O^+ conjugated base pair are H_2O and ClO_4^- **(b)** Conjugate acid pairs are H_2SO_3 and H_3O^+ conjugated base pair are H_2O and HSO_3^- **(c)** Conjugate acid pairs are $HC_2H_3O_2$ and H_3O^+ conjugated base pair are H_2O and $C_2H_3O_2^-$ **(d)** Conjugate acid pairs are H_2S and H_3O^+ conjugated base pair are H_2O and HS^-
15.55 **(a)** Options **(a)** and **(b)** are conjugate acid–base pairs because they differ only in terms of one H^+ unit. Options **(c)** and **(d)** do not meet this criterion.
15.57 **(a)** HBr, HBr bond is weaker **(b)** HF, more electronegative F polarizes and weakens the bond **(c)** HBr, larger Br forms a weaker bond with H
15.59 **(a)** $HClO_2$, because it has more oxygen atoms **(b)** H_2SeO_4, because it has more lone oxygen atoms
15.61

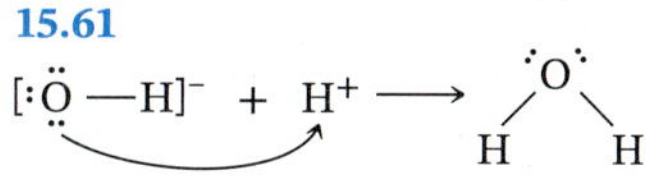

Lewis acid is H^+ and Lewis base is OH^-.
15.63

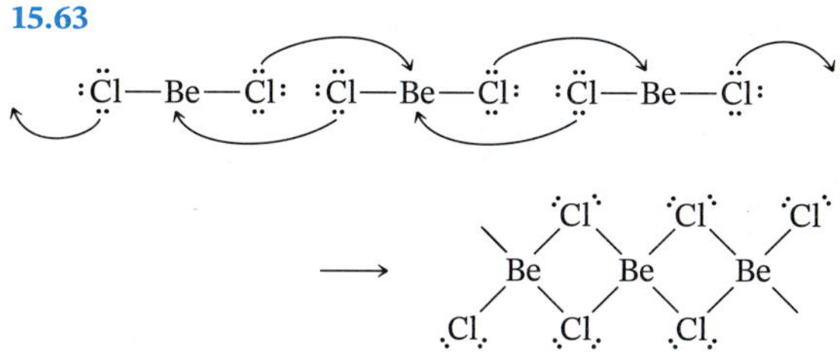

15.65

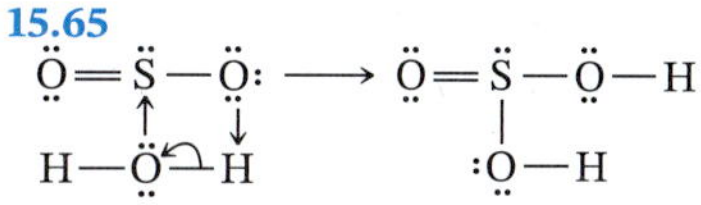

SO_2 (Lewis acid) H_2O (Lewis base)

15.67

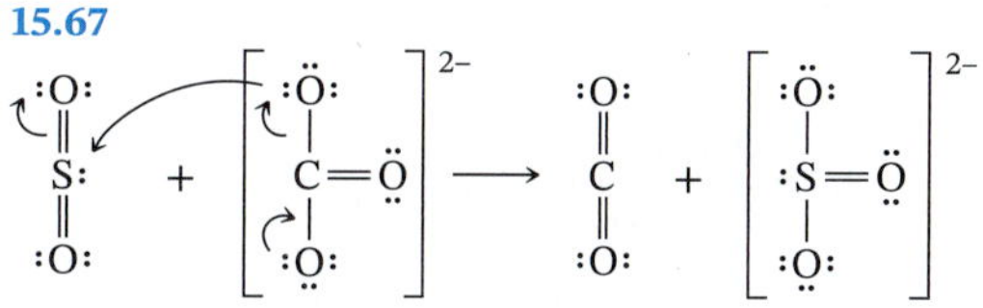

Lewis base: an O in CO_3^{2-} and SO_3^{2-}
Lewis acids: SO_2 and CO_2

15.69 $Cr(H_2O)_6^{3+}(aq) + H_2O \longrightarrow Cr(H_2O)_5OH^{2+}(aq) + H_3O^+(aq)$
15.71 $Mg(OH)_2$ dissociates in water to produce OH^- ions, so the compound is a basic species. $Si(OH)_4$ is a molecular compound, and the hydrogen ion will dissociate when the compound is dissolved in water. Thus, $Si(OH)_4$ is an acidic species.

Chapter 16

Practice Exercises

16.1 6.4×10^{-15} *M* **16.2** 1.3×10^{-9} *M*. The solution is basic.
16.3 1.8×10^{-4} *M*, 5.6×10^{-11} *M* **16.4** 4.49, 9.51. The solution is acidic.
16.5 **(a)** 1.3×10^{-3} *M*, 7.7×10^{-12} *M*. The solution is acid. **(b)** 1.4×10^{-4} *M*, 7.1×10^{-11} *M*. The solution is acid. **(c)** 1.5×10^{-11} *M*, 6.5×10^{-4} *M*. The solution is basic. **(d)** 7.8×10^{-5} *M*, 1.3×10^{-10} *M*. The solution is acidic. **(e)** 2.5×10^{-12} *M*, 4.1×10^{-3} *M*. The solution is basic. **16.6** 0.01 *M*, 2.0, 12.0 **16.7** 13.10, 0.125 *M*, 7.9×10^{-14}
16.8 **(a)** $CF_3COOH + H_2O \rightleftharpoons H_3O^+ + CF_3CO_2^-$

$$K_a = \frac{[H_3O^+][CF_3COO^-]}{[CF_3COOH]}$$

(b) $(CH_3)_2NH_2^+ + H_2O \rightleftharpoons H_3O^+ + (CH_3)_2NH$

$$K_a = \frac{[H_3O^+][(CH_3)_2NH]}{[(CH_3)_2NH_2^+]}$$

(c) $HSO_3^- + H_2O \rightleftharpoons H_3O^+ + SO_3^{-2}$

$$K_a = \frac{[H_3O^+][(SO_3)^{2-}]}{[(HSO_3)^-]}$$

16.9 (a) $CCl_3COOH + H_2O \rightleftharpoons H_3O^+ + CCl_3COO^-$

$$K_a = \frac{[CCl_3COO^-][H_3O^+]}{[CCl_3COOH]}$$

(b) $H_3PO_3 + H_2O \rightleftharpoons H_3O^+ + H_2PO_3^-$

$$K_a = \frac{[H_2PO_3^-][H_3O^+]}{[H_3PO_3]}$$

(c) $HClO + H_2O \rightleftharpoons H_3O^+ + ClO^-$

$$K_a = \left(\frac{[ClO^-][H_3O^+]}{[HClO]}\right)$$

16.10 Any two acids with K_a values larger than that for acetic acid, such as barbituric acid and hydrazoic acid
16.11 The acid with the smaller pK_a (*HA*) is the stronger acid. For *HA*: $K_a = 10^{-2.16} = 6.9 \times 10^{-3}$ For HB: $K_a = 10^{-5.14} = 7.2 \times 10^{-6}$
16.12 (a) $(CH_3)_3N + H_2O \rightleftharpoons (CH_3)_3NH^+ + OH^-$

$$K_b = \frac{[(CH_3)_3NH^+][OH^-]}{[(CH_3)_3N]}$$

(b) $SO_3^{2-} + H_2O \rightleftharpoons HSO_3^- + OH^-$

$$K_b = \frac{[HSO_3^-][OH^-]}{[SO_3^{2-}]}$$

(c) $NH_2OH + H_2O \rightleftharpoons NH_3OH^+ + OH^-$

$$K_b = \frac{[NH_3OH^+][OH^-]}{[NH_2OH]}$$

16.13 (a) $HAs^- + H_2O \rightleftharpoons H_2As + OH^-$

$$K_b = \frac{[H_2Se][OH^-]}{[HAs^-]}$$

(b) $HSO_4^- + H_2O \rightleftharpoons H_2SO_4 + OH^-$

$$K_b = \frac{[H_2SO_4][OH^-]}{[HSO_4^-]}$$

(c) $ClO_4^- + H_2O \rightleftharpoons HClO_4 + OH^-$

$$K_b = \frac{[HClO_4][OH^-]}{[ClO_4^-]}$$

(d) $CO_3^{2-} + H_2O \rightleftharpoons HCO_3^- + OH^-$

$$K_b = \frac{[HCO_3^-][OH^-]}{[CO_3^{2-}]}$$

16.14 2.2×10^{-11} **16.15** 1.0×10^{-4} **16.16** 9.11×10^{-3}, 2.04 **16.17** 1.5×10^{-5}, 4.82 **16.18** 1.6×10^{-6}, 5.79 **16.19** 1.61×10^{-3} *M*, 2.79 **16.20** 1.2×10^{-3} *M*, 2.92 **16.21** 8.4×10^{-4} *M*, 3.08 **16.22** 3.3×10^{-6}, 5.48 **16.23** 8.48 **16.24** 4.42×10^{-6} *M*, 5.35 **16.25 (a)** basic **(b)** neutral **(c)** acidic **16.26 (a)** neutral **(b)** basic **(c)** acidic **16.27** 4.03×10^{-6}, 5.39 **16.28** 8.52 **16.29** 5.13
16.30 basic **16.31** acidic **16.32** Upon addition of a strong acid, the concentration of $CH_3NH_3^+$ will increase. When a strong base is added, it reacts with the acid to form more of the CH_3NH_2
16.33 (a) $H^+ + NH_3 \longrightarrow NH_4^+$ **(b)** $OH^- + NH_4^+ \longrightarrow H_2O + NH_3$
16.34 4.83 **16.35** 4.61 **16.36** Hydrazoic acid buffer, 29.1 NaN_3, Acetic acid buffer, 26.2 g $NaC_2H_3O_2$, Butanoic acid buffer, 29.6 g $NaC_4H_7O_2$
16.37 Yes, formic acid and sodium formate would make a good buffer solution. The mole ratio is 0.69 mole of formic acid to each mole of sodium formate. A solution with 0.10 mole formic acid requires 9.85 g of sodium formate see below. **16.38** 0.13 pH units **16.39** 4.65, 4.47

16.40 $H_3PO_4 + H_2O \rightleftharpoons H_3O^+ + H_2PO_4^-$ $\quad K_a = \frac{[H_3O^+][H_2PO_4^-]}{[H_3PO_4]}$

$H_2PO_4^- + H_2O \rightleftharpoons H_3O^+ + HPO_4^{2-}$ $\quad K_a = \frac{[H_3O^+][HPO_4^{2-}]}{[H_2PO_4^-]}$

$HPO_4^{2-} + H_2O \rightleftharpoons H_3O^+ + PO_4^{3-}$ $\quad K_a = \frac{[H_3O^+][PO_4^{3-}]}{[HPO_4^{2-}]}$

16.41 1.6×10^{-12} **16.42** 11.63, It is too basic to be a substitute for $NaHCO_3$. **16.43** 10.45 **16.44** 1.4×10^{-12}
16.45 (a) H_2O, K^+, $HC_2H_3O_2$, H^+, $C_2H_3O_2^-$, and OH^-, $[H_2O] > [K^+] > [C_2H_3O_2^-] > [OH^-] > [HC_2H_3O_2] > [H^+]$ **(b)** H_2O, $HC_2H_3O_2$, H^+, $C_2H_3O_2^-$, and OH^-, $[H_2O] > [HC_2H_3O_2] > [H^+] = [C_2H_3O_2^-] > [OH^-]$ **(c)** H_2O, K^+, $HC_2H_3O_2$, H^+, $C_2H_3O_2^-$, and OH^-, $[H_2O] > [K^+] > [OH^-] > [C_2H_3O_2^-] > [HC_2H_3O_2] > [H^+]$ **(d)** H_2O, K^+, $HC_2H_3O_2$, H^+, $C_2H_3O_2^-$, and OH^-, $[H_2O] > [HC_2H_3O_2] > [K^+] > [C_2H_3O_2^-] > [H^+] > [OH^-]$ **16.46 (a)** 2.37 **(b)** 3.74 **(c)** 4.22 **(d)** 8.22 **16.47** 3.66

Review Problems

16.47 (a) 2.0×10^{-12} *M* H^+, 2.3, 11.70 **(b)** 4.0×10^{-10} *M* H^+, 4.6, 9.40 **(c)** 2.0×10^{-6} *M* H^+, 7.3, 6.7 **(d)** 0.0024 *M* H^+, 11.31, 2.69
16.49 (a) $[H^+] = 10^{-pH} = 10^{-7.96} = 1.1 \times 10^{-8}$ *M*, pOH = 14.00 − pH = 14.00 − 7.96 = 6.04, $[OH^-] = 10^{-pOH} = 10^{-6.04} = 9.1 \times 10^{-7}$
(b) $[H^+] = 10^{-pH} = 10^{-2.35} = 4.5 \times 10^{-3}$ *M*, pOH = 14.00 − pH = 14.00 − 2.35 = 11.65, $[OH^-] = 10^{-pOH} = 10^{-11.65} = 2.2 \times 10^{-12}$ *M*
(c) $[H^+] = 10^{-pH} = 10^{-10.85} = 1.4 \times 10^{-11}$ *M*, pOH = 14.00 − pH = 14.00 − 10.85 = 3.15, $[OH^-] = 10^{-pOH} = 10^{-3.15} = 7.1 \times 10^{-4}$ *M*
(d) $[H^+] = 10^{-pH} = 10^{-13.75} = 1.8 \times 10^{-14}$ *M*, pOH = 14.00 − pH = 14.00 − 13.75 = 0.25, $[OH^-] = 10^{-pOH} = 10^{-0.25} = 5.6 \times 10^{-1}$ *M*
(e) $[H^+] = 10^{-pH} = 10^{-6.25} = 5.6 \times 10^{-7}$ *M*, pOH = 14.00 − pH = 14.00 − 6.25 = 7.75, $[OH^-] = 10^{-pOH} = 10^{-7.75} = 1.8 \times 10^{-8}$ *M*
16.51 (a) 1.5×10^{-7} *M* H^+, 6.5×10^{-8} *M* OH^- **(b)** 1.8×10^{-13} *M* H^+, 5.5×10^{-2} M OH^- **(c)** 7.1×10^{-4} *M* H^+, 1.4×10^{-11} *M* OH^-
(d) 1.4×10^{-1} *M* H^+, 7.1×10^{-14} *M* OH^- **(e)** 1.7×10^{-9} *M* H^+, 5.8×10^{-6} *M* OH^- **16.53** $[H^+] = [OH^-] = 1.6 \times 10^{-7}$ *M*, 13.60 **16.55** 9.80
16.57 3.0×10^{-8} *M*, 7.52 **16.59** 2.47 **16.61** +0.3 pH units
16.63 1.70×10^{-13} *M* **16.65** 1.83×10^{-6} g **16.67** 5.7×10^{-5} *M* H^+
16.69 $[OH^-] = [H^+] = 5.6 \times 10^{-8}$ $[H^+]_{total} = 3.36 \times 10^{-7}$, pH = 6.47
16.71 5.6×10^{-10} **16.73 (a)** The conjugate base is IO_3^-. 5.9×10^{-14}
(b) IO_3^- is a weaker base than an acetate anion.
16.75 $[OH^-] = 2.24 \times 10^{-3}$ *M*, 0.28, 0.14 mol NH_3
16.77 0.30%, 1.8×10^{-6} **16.79** 9.15, 1.7×10^{-9} **16.81** 2.3×10^{-2}, 1.67
16.83 5.9×10^{-4}, 3.23, 7.4% **16.85** pH = 2.34, $[HC_3H_5O_2] = 0.145$, $[H^+] = 4.6 \times 10^{-3}$, $[C_3H_5O_2^-] = 4.6 \times 10^{-3}$, $[OH^-] = 2.2 \times 10^{-12}$, $[H_2O] = 55.6$ **16.87** 10.25 **16.89** $HC_2H_3O_2 = 0.070$ *M* **16.91** 3.51, 10.49 **16.93** 11.30, 2.0×10^{-3} *M* HCN **16.95** 5.74 **16.97** 1.5×10^{-5}
16.99 10.68 **16.101** 4.97 **16.103** 4.97 **16.105** −0.12 pH units
16.107 2.5×10^{-2} *M* **16.109** Initial pH = 9.36, final pH = 9.26, pH decreases by 0.10 pH **16.111** 2.2 g $NaC_2H_3O_2$ **16.113** Initial pH = 4.79, final pH = 4.76, after addition of HCl pH = 1.71 **16.115** $[H_2C_6H_6O_6] \cong 0.50$ *M*, $[H_3O^+] = [HC_6H_6O_6^-] = 4.4 \times 10^{-3}$ *M*, $[C_6H_8O_4^{2-}] = 3.8 \times 10^{-6}$ *M*, pH = 5.4
16.117 0.11 *M* = $[H_3O^+] = [H_2PO_4^-]$
1.9 *M* = $[H_3PO_4]$
$6.2 \times 10^{-8} = [HPO_4^{2-}]$
$2.7 \times 10^{-19} = [PO_4^{3-}]$
16.119 0.2 *M* = $[H_3O^+] = [H_2PO_3^-]$
$[HPO_3^{2-}] = 2.0 \times 10^{-7}$ *M*
pH = 0.70

16.121 pH = 10.69
$[SO_3^{2-}] = 0.24\ M$
$[HSO_3^-] = [OH^-] = 4.9 \times 10^{-4}\ M$
$[Na^+] = 0.24\ M$
$[H_3O^+] = 5.0 \times 10^{-11}\ M$
$[H_2SO_3] = 7.1 \times 10^{-13}\ M$
16.123 $[OH^-] = 5.5 \times 10^{-5}\ M$
pOH = 4.26
pH = 9.74
16.125 pH = 12.97
$[HPO_4^{2-}] = 9.25 \times 10^{-2}\ M$
$[H_2PO_4^-] = 1.6 \times 10^{-7}\ M$
$[H_3PO_4] = 2.4 \times 10^{-18}\ M$
16.127 12.55 **16.129** 8.07, Cresol red **16.131** **(a)** 2.87 **(b)** 4.44 **(c)** 4.74 **(d)** 8.72

Chapter 17

Practice Exercises

17.1 **(a)** $K_{sp} = [Pb^{2+}][I^-]^2$ **(b)** $K_{sp} = [Sr^{+2}][OH^-]^2$ **17.2** $K_{sp} = [Hg_2^{2+}][Cl^-]^2$ **17.3** 2.77×10^{-13} **17.4** 9.2×10^{-17} **17.5** **(a)** $7.3 \times 10^{-7}\ M$ **(b)** $0.024\ M$ **17.6** $1.72 \times 10^{-6}\ M$ **17.7** $9 \times 10^{-10}\ M$ in 0.10 M $CaCl_2$; $1.34 \times 10^{-5}\ M$ in pure water. **17.8** $7.6 \times 10^{-8}\ M$; 5.5×10^5 gallons seawater **17.9** 2.2×10^{-6} A precipitate will form.
17.10 6.53×10^{-8} A precipitate will form. **17.11** $PbBr_2(s)$ No precipitate is expected. **17.12** $PbCl_2$ No precipitate is expected. **17.13** **(a)** Adding acid will not increase the solubility of AgBr. **(b)** Adding acid will increase the solubility of $CaCO_3$ **(c)** Adding acid will increase the solubility of Ag_2CrO_4 **(d)** Adding acid will increase the solubility of $Zn(CN)_2$ **17.14** $0.069\ M$ **17.15** 2.46 or lower **17.16** 4.9
17.17 $2.0 \times 10^{-4} > [SO_4^{2-}] > 2.2 \times 10^{-9}$ **17.18** $1.0 \times 10^{-10}\ M < [SO_4^{2-}] < 9.1 \times 10^{-6}\ M$ **17.19** CdS solid will form **17.20** 2.9 **17.21** $4.0 \times 10^{-1}\ M$ **17.22** $2.1 < pH < 4.8$ **17.23** The molar solubility of AgCl in 0.10 M NH_3 is $4.9 \times 10^{-3}\ M$. The molar solubility of AgCl in water is $1.3 \times 10^{-5}\ M$. **17.24** 19 moles NH_3

Review Problems

17.29 **(a)** $K_{sp} = [Hg^+]^2[Cl^-]^2$ **(b)** $K_{sp} = [Ag^+][Br^-]$ **(c)** $K_{sp} = [Pb^+][Br^-]^2$ **(d)** $K_{sp} = [Cu^+][Cl^-]$ **(e)** $K_{sp} = [Hg^+][I^-]^2$
17.31 **(a)** $K_{sp} = [Ca^{2+}]^3[PO_4^{3-}]^2$ **(b)** $K_{sp} = [Ag^+]^2[CO_3^{2-}]$ **(c)** $K_{sp} = [Zn^{2+}][CrO_4^{2-}]$ **(d)** $K_{sp} = [Ba^{2+}][OH^-]^2$ **(e)** $K_{sp} = [Ca^{2+}][CO_3^{2-}]$
17.33 1:1 ratio cation to anion $AgBr(s)$ $CuCl(s)$ $PbSO_4(s)$ 1:2 ratio cation to anion, or 2:1 ratio cation to anion $Hg_2Cl_2(s)$ $PbBr_2(s)$ $CaF_2(s)$ $PbF_2(s)$ $Cu(OH)_2(s)$ $Ag_2CO_3(s)$ $HgI_2(s)$ 1:3 ratio cation to anion $Fe(OH)_3(s)$ **17.35** Li_2CO_3 **17.37** 5×10^{-7} **17.39** $1.05 \times 10^{-5}\ M$, 1.10×10^{-10} **17.41** 1.7×10^{-6} **17.43** 2.8×10^{-18} **17.45** $1.1 \times 10^{-4}\ M$ **17.47** 1.1×10^{-3} **17.49** AgCN: 1.09×10^{-9} g $Zn(CN)_2$: 4.9×10^{-5} g, $Zn(CN)_2$ has larger solubility than AgCN in 100 mL of water.
17.51 2.37×10^{-12} **17.53** 8.0×10^{-7} **17.55** **(a)** $4.1 \times 10^{-4}\ M$ **(b)** $9.7 \times 10^{-6}\ M$ **(c)** $9.7 \times 10^{-7}\ M$ **(d)** $4.9 \times 10^{-7}\ M$
17.57 $9.2 \times 10^6\ M$ **17.59** $1.7 \times 10^{-3}\ M$ **17.61** $0.10\ M\ Pb(C_2H_3O_2)_2$
17.63 **(a)** 3.6×10^{-11} moles/L **(b)** 1.3×10^{-6} moles/L
17.65 $1.27 \times 10^{-19}\ M$ **17.67** 2.2 g $Fe(OH)_2$; $1.2 \times 10^{-13}\ M$ **17.69** No precipitate will form. **17.71** **(a)** No precipitate will form. **(b)** A precipitate will form. **17.73** No precipitate will form. **17.75** 13.15
17.77 A precipitate will form. **17.79** 7.09×10^{-12} **17.81** $0.97 \times 10^3\ M$, 1.0 M **17.83** 14.4 g KF **17.85** $8.9 \times 10^{-4}\ M$ **17.87** NiS is very soluble in 6 M acid. **17.89** $2.3 \times 10^{-8}\ M$ **17.91** $4.8 < pH < 8.1$ **17.93** $0.045\ M\ H^+$; pH = 1.35 **17.95** $[H^+] = 4.13\ M$; 0.61 **17.97** $[H^+] = 3.9 \times 10^{-5}\ M$, 3.93

17.99 **(a)** $Cr^{3+}(aq) + 4OH^-(aq) \rightleftharpoons [Cr(OH)_4]^-(aq)$

$$K_{form} = \frac{[[Cr(OH)_4]^-]}{[Cr^{3+}][OH^-]^4}$$

(b) $Cd^{2+}(aq) + 4I^-(aq) \rightleftharpoons CdI_4^{2-}(aq)$

$$K_{form} = \frac{[[CdI_4]^{2-}]}{[Cd^{+2}][I^-]^4}$$

(c) $Al^{3+}(aq) + 6F^-(aq) \rightleftharpoons AlF_6^{3-}(aq)$

$$K_{form} = \frac{[[AlF_6]^{3-}]}{[Al^{3+}][F^-]^6}$$

17.101 **(a)** $Cu^{2+}(aq) + 4NH_3(aq) \rightleftharpoons [Cu(NH_3)_4]^{2+}(aq)$

$$K_{form} = \frac{[[Cu(NH_3)_4]^{2+}]}{[Cu^{2+}][NH_3]^4}$$

(b) $Ag^+(aq) + 2CN^-(aq) \rightleftharpoons [Ag(CN)_2]^-(aq)$

$$K_{form} = \frac{[[Ag(CN)_2]^-]}{[Ag^+][CN^-]^2}$$

(c) $Zn^{2+}(aq) + 4OH^-(aq) \rightleftharpoons [Zn(OH)_4]^{2-}(aq)$

$$K_{form} = \frac{[[Zn(OH)_4]^{2-}]}{[Zn^{2+}][OH^-]^4}$$

17.103 **(a)** $Co(NH_3)_6^{3+}(aq) \rightleftharpoons Co^{3+}(aq) + 6NH_3(aq)$

$$K_{inst} = \frac{[Co^{3+}][NH_3]^6}{[Co(NH_3)_6^{3+}]}$$

(b) $HgI_4^{2-}(aq) \rightleftharpoons Hg^{2+}(aq) + 4I^-(aq)$

$$K_{inst} = \frac{[Hg^{2+}][I^-]^4}{[HgI_4^{2-}]}$$

(c) $Fe(CN)_6^{4-}(aq) \rightleftharpoons Fe^{2+}(aq) + 6CN^-(aq)$

$$K_{inst} = \frac{[Fe^{2+}][CN^-]^6}{[Fe(CN)_6^{4-}]}$$

17.105 2.94×10^{-4} **17.107** 412 g NaCN **17.109** 2.5×10^{-4} g AgI
17.111 $2.4 \times 10^{-2}\ M$ **17.113** $1.2 \times 10^{-2}\ M$
17.115 $\frac{K_{sp(1)}}{K_{sp(2)}} = 1 \times 10^4$ **17.117** **(a)** 0.34 g AgCl **(b)** $[Ag^+] = 3.6 \times 10^{-2}\ M$ $[NO_3^-] = 6.0 \times 10^{-2}\ M$ $[Na^+] = 2.4 \times 10^{-2}\ M$ $[Cl^-] = 5.0 \times 10^{-9}\ M$ **(c)** 40% **17.119** $[Ag^+] = 10.5 \times 10^{-6}\ M$, $[I^-] = 9.8 \times 10^{-6}\ M$ and $[Br^-] = 7.0 \times 10^{-7}\ M$ **17.121** $1.2 \times 10^5\ M$; $[PbCl_4]^{2-}$

Chapter 18

Practice Exercises

18.1 $q = +154$ L atm; $w = -154$ L atm; $q + w = 0$ **18.2** ΔV is negative for a compression so ΔE increases and T increases. Energy is added to the system in the form of work. **18.3** −2.64 kJ; ΔE is more exothermic. **18.4** −0.3 J **18.5** **(a)** yes, spontaneous **(b)** no, nonspontaneous **(c)** yes, spontaneous **(d)** No, nonspontaneous **(e)** No, nonspontaneous **(f)** Yes, spontaneous **18.6** **(a)** Push the stone uphill, or let it roll downhill. **(b)** The ice in the iced tea can melt, or the glass of iced tea can be put in the freezer. **(c)** Mix sodium hydroxide and hydrochloric acid in water to form sodium chloride. **18.7** Negative **18.8** **(a)** positive **(b)** positive
18.9 **(a)** negative **(b)** positive **(c)** negative **(d)** positive

18.10 **(a)** nonspontaneous **(b)** spontaneous **(c)** spontaneous **18.11** $T > 330\ K$ **18.12** 309.92 J K^{-1} **18.13** **(a)** −10.98 J/K^{-1} **(b)** −120.9 J/K^{-1} **18.14** 98.3 kJ mol^{-1} **18.15** −1482 kJ **18.16** −30.3 kJ **18.17** **(a)** −86.96 kJ mol^{-1} **(b)** −120.1 kJ mol^{-1} **18.18** 3590 kJ; 5810 kJ; octane **18.19** 788 kJ **18.20** 90.5 J K^{-1} **18.21** 341 °C **18.22** Spontaneous **18.23** Not spontaneous **18.24** −4.3 kJ **18.25** +32.8 kJ; −29.02 kJ The equilibrium shifts to products. **18.26** 0 kJ mol^{-1} The system is at equilibrium, so that the reaction will not move. **18.27** The reaction will proceed in the forward direction. **18.28** −33 kJ **18.29** 8.0×10^{-17} **18.30** −260.5 kJ mol^{-1} for 1-propanol, −88 kJ mol^{-1} for 2-bromobutane **18.31** −117 kJ for C_6H_{12}, +255.6 kJ for C_6H_6

Review Problems

18.49 −0.500 kJ, exothermic **18.51** 81 J **18.53** **(a)** 60 J **(b)** +70 J **18.55** −282.38 kJ, $\Delta E_{227\,°C} = -285.25$ kJ **18.57** **(a)** positive **(b)** positive **(c)** positive **18.59** **(a)** $\Delta H° = -178$ kJ ∴ favored. **(b)** $\Delta H° = -311$ kJ ∴ favored. **(c)** $\Delta H° = +1084.3$ kJ ∴ not favorable. **18.61** System *B* **18.63** System *B* **18.65** (1) the number of moles of products versus reactants (2) the state of the products versus reactants (3) the complexity of the molecules **18.67** **(a)** negative **(b)** negative **(c)** negative **(d)** positive **18.69** **(a)** low temperatures **(b)** high temperatures **18.71** **(a)** $\Delta S° = -198.3$ J/K, not expected to be spontaneous **(b)** $\Delta S° = -332.3$ J/K, not expected to be spontaneous **(c)** $\Delta S° = +92.6$ J/K, expected to be spontaneous **(d)** $\Delta S° = +14$ J/K, expected to be spontaneous **(e)** $\Delta S° = +159$ J/K, expected to be spontaneous **18.73** **(a)** −173.7 J mol^{-1} K^{-1} **(b)** −311.0 J mol^{-1} K^{-1} **(c)** −1340.2 J mol^{-1} K^{-1} **18.75** −269.7 J/K **18.77** −209 kJ/mol **18.79** **(a)** −82.3 kJ **(b)** −8.8 kJ **(c)** +70.7 kJ **18.81** $\Delta G° = +197.2$ kJ mol^{-1} **18.83** −2599.6 kJ **18.85** 333 K **18.87** 101 J mol^{-1} K^{-1} **18.89** Spontaneous **18.91** **(a)** 8.46×10^{85} **(b)** 2.1×10^{100} **18.93** The system is not at equilibrium and more products need to form to reach equilibrium. **18.95** $\Delta G° = -10.87$ kJ mol^{-1} This is a favorable reaction since the equilibrium lies far to the side and favoring products. **18.97** $K_c = 1$ at equilibrium, the mixture will be unchanged. **18.99** 2905 kJ mol^{-1} **18.101** 354 kJ/mol **18.103** 577.7 kJ/mol **18.105** 228.92 kJ mol^{-1} **18.107** −164 kJ mol^{-1} **18.109** CF_4

Chapter 19

Practice Exercises

19.1 anode: $Cd(s) \longrightarrow Cd^{2+}(aq) + 2e^-$; cathode: $Sn^{2+}(aq) + 2e^- \longrightarrow Sn(s)$; cell notation: $Cd(s)|Cd^{2+}(aq)||Sn^2$

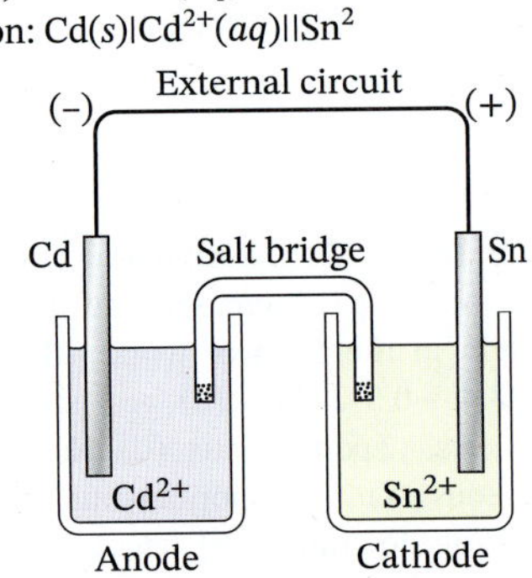

19.2 Anode (oxidation): $Cr(s) \longrightarrow Cr^{3+}(aq) + 3e^-$; cathode (Reduction): $Cl_2(g) + 2e^- \longrightarrow 2Cl^-(aq)$; overall cell reaction: $2Cr(s) + 3Cl_2(g) + \longrightarrow 2Cr^{3+}(aq) + 6Cl^-(aq)$

19.3 zinc **19.4** −0.44 V, $Fe^{2+}(aq) + 2e^- \longrightarrow Fe(s)$ **19.5** Not spontaneous, $Sn(s) + 2Fe^{3+}(aq) \longrightarrow Sn^{2+}(aq) + 2Fe^{2+}(aq)$ **19.6** $Br_2(aq) + H_2SO_3(aq) + H_2O \longrightarrow 2Br^-(aq) + SO_4^{2-}(aq) + 4H^+(aq)$ **19.7** $MnO_4^-(aq) + 8H^+(aq) + 5Ag^+(aq) + 5Br^-(aq) \longrightarrow Mn^{2+}(aq) + 5AgBr(s) + 4H_2O$; $E°_{cell} = 1.44$ V **19.8** $PbO_2(s) + 4H^+(aq) + 2Br^-(aq) \longrightarrow Pb^{2+}(aq) + Br_2(g) + 2H_2O$; $E°_{cell} = 0.39$ V **19.9** $3Cu^{2+}(aq) + 2Cr(s) \longrightarrow 3Cu(s) + 2Cr^{3+}(aq)$; $E°_{cell} = 1.08$ V **19.10** $2Fe^{3+}(aq) + Sn^{2+}(aq) \longrightarrow 2Fe^{2+}(aq) + Sn^{4+}(aq)$; $E°_{cell} = 0.62$ V **19.11** **(a)** $Br_2(aq) + 2I^-(aq) \longrightarrow 2Br^-(aq) + I_2(s)$ **(b)** $MnO_4^-(aq) + 8H^+ + 5Ag^+(aq) \longrightarrow Mn^{2+}(aq) + 5Ag(s) + 4H_2O$ **19.12** **(a)** spontaneous **(b)** nonspontaneous **19.13** 12 mol e^- **19.14** From Practice Exercise 19.11, **(a)** 102 kJ, **(b)** 343 kJ From Practice Exercise 19.12, **(a)** −108 kJ, **(b)** 11.6 kJ **19.15** 1.65×10^{-8}; 6.1×10^7 **19.16** $Ag^+(aq) + Br^-(aq) \longrightarrow AgBr(s)$; $K = \dfrac{1}{[Ag^+][Br^-]} = 4.5 \times 10^{-13}$ **19.17** $Cu^{2+}(aq) + Mg(s) \longrightarrow Cu(s) + Mg^{2+}(aq)$; $E_{cell} = 2.78$ V **19.18** −0.48 V **19.19** 9.6×10^{-6} *M*, 3.4×10^{-14} *M* **19.20** 3.7×10^{-6} *M* **19.21** I_2 **19.22** NO(*g*) **19.23** 0.037 mol Cl_2 **19.24** 5.24 min **19.25** 64.33 A **19.26** +0.284 *M*

Review Problems

19.53 **(a)** Anode: $Sn(s) \longrightarrow Sn^{2+}(aq) + 2e^-$; Cathode: $Al^{3+}(aq) + 3e^- \longrightarrow Al(s)$; Cell: $3Sn(s) + 2Al^{3+}(aq) \longrightarrow 3Sn^{2+}(aq) + 2Al(s)$ **(b)** Anode: $Pb(s) + HSO_4^-(aq) \longrightarrow PbSO_4(s) + H^+(aq) + 2e^-$; Cathode: $PbO_2(s) + HSO_4^-(aq) + 3H^+(aq) + 2e^- \longrightarrow PbSO_4(s) + 2H_2O$; Cell: $Pb(s) + PbO_2(s) + 2HSO_4^{2-}(aq) + 2H^+(aq) \longrightarrow 2PbSO(s) + 2H_2O$ **(c)** Anode: $Cd(s) \longrightarrow Cd^{2+}(aq) + 2e^-$; Cathode: $Cl_2(g) + 2e^- \longrightarrow 2Cl^-(aq)$; Cell: $Cd(s) + Cl_2(g) \longrightarrow Cd^{2+}(aq) + 2Cl^-(s)$; **(d)** Anode: $Co(s) \longrightarrow Co^{2+}(aq) + 2e^-$; Cathode: $Ag^+(aq) + e^- \longrightarrow Ag(s)$; Cell: $Co(s) + 2Ag^+(aq) \longrightarrow Co^{2+}(aq) + 2Ag(s)$ **19.55** **(a)** $Pt(s)|Fe^{2+}(aq), Fe^{3+}(aq)||NO_3^-(aq), H^+(aq)|NO(g)|Pt(s)$ **(b)** $Pt(s)|Br_2(aq), Br^-(aq)||Cl^-(aq)|Cl_2(g)|Pt(s)$ **(c)** $Fe(s), Fe(OH)(s)|OH^-(aq)||\ OH^-(aq)|NiO_2(s), Ni(OH)_2(s), Pt(s)$ **(d)** $Pt(s)|CH_3CHO, CH_3COOH||Fe^{3+}(aq), Fe^{2+}(aq)|Pt(s)$ **19.57**

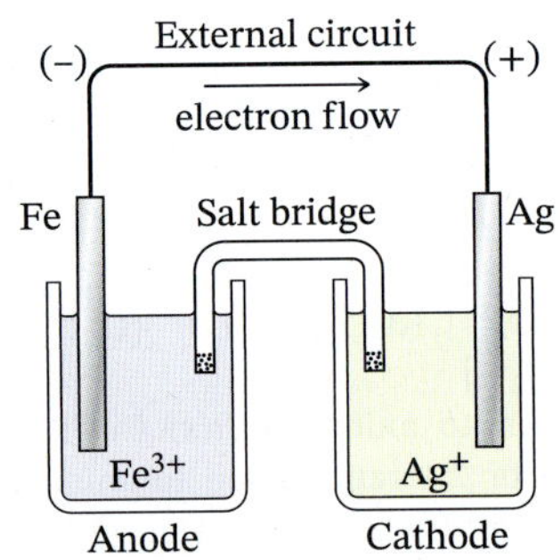

19.59 **(a)** Ni(*s*) **(b)** $Br^-(aq)$ **(c)** Cd(*s*) **(d)** $H_2(g)$ **19.61** **(a)** 0.19 V **(b)** −0.29 V **(c)** 0.62 V **(d)** 2.71 V **19.63** **(a)** spontaneous **(b)** spontaneous **(c)** spontaneous **19.65** $BrO_3^-(aq) + 6I^-(aq) + 6H^+(aq) \longrightarrow 3I_2(s) + Br^-(aq) + 3H_2O$; $E°_{cell} = 0.90$ V **19.67** **(a)** spontaneous **(b)** spontaneous **(c)** not spontaneous **(d)** not spontaneous **19.69** −44.39 kJ **19.71** 3.8×10^{62} **19.73** $E_{cell} = 2.383$ V **19.75** 1.84×10^{-5} *M* **19.77** 1.5×10^{-2} *M* **19.79** 0.033 V **19.81** Cathode: Cs(*s*) Anode: $Cl^-(aq)$ Net cell reaction: $Cs^{2+} + ClO_4^- \rightleftharpoons Cs(s) + Cl^-(aq) + 2O_2$ **19.83** $Cu^{2+}(aq) + 2I^-(aq) \longrightarrow Cu(s) + I_2(aq)$ **19.85** Cl^-, Br^-, Pb^{2+}, Mn^{2+}, SO_4^{2-}, and F^- **19.87** **(a)** 0.144 mol **(b)** 0 mol **(c)** 0.00943 mol e^- **(d)** 1.31×10^4 mol e^- **19.89** 38.84 g Ag **19.91** 6.04 hr **19.93** 5.08×10^4 A **19.95** 0.122 *M*

Chapter 20

Practice Exercises

20.1 57.7 g **20.2** 58.6 g **20.3** 0.514197 u
20.4 1.237028×10^{-12} J/nucleon
20.5 $^{226}_{88}Ra \longrightarrow ^{222}_{86}Rn + ^{4}_{2}He + ^{0}_{0}\gamma$ An alpha particle is emitted.
20.6 $^{131}_{53}I \longrightarrow ^{131}_{54}Xe + ^{0}_{-1}e + \vec{\nu}$ **20.7** $^{14}_{8}O \longrightarrow ^{14}_{7}N + ^{0}_{1}e$
20.8 $^{21}_{6}C \longrightarrow ^{20}_{6}C + ^{1}_{0}n$ **20.9** $^{226}_{90}Th \longrightarrow ^{222}_{88}Ra + ^{4}_{2}He$
20.10 $^{262}_{106}Sg \longrightarrow ^{258}_{104}Rf + ^{4}_{2}He$ **20.11** 49.2% Pu
20.12 7.05×10^{4} atoms Rn-222 **20.13** 20 m **20.14** 37.5 units
20.15 $^{72}_{34}Se + ^{0}_{-1}e \longrightarrow ^{72}_{33}As + X$ ray $+ \nu$

Review Problems

20.53 **(a)** 0.101 kg **(b)** 0.134 kg **(c)** 0.390 kg
20.55 1.11×10^{-12} g **20.57** 9.89×10^{-9} g
20.59 1.46×10^{-12} J per nucleon
20.61 0.5760271 u, 8.5966×10^{-11} J
20.63 **(a)** $^{11}_{5}B + ^{1}_{1}p \longrightarrow ^{4}_{2}He + ^{8}_{4}Be$
(b) $^{9}_{4}Be + ^{1}_{1}p \longrightarrow ^{4}_{2}He + ^{6}_{5}Li$
(c) $^{245}_{56}Cm \longrightarrow ^{4}_{2}He + ^{241}_{54}Pu$
(d) $^{146}_{56}Ba \longrightarrow ^{0}_{-1}e + ^{146}_{57}La$
(e) $^{58}_{29}Cu \longrightarrow ^{0}_{1}e + ^{58}_{28}Ni$
(f) $^{68}_{32}Ge \xrightarrow{\text{electron capture}} ^{68}_{31}Ga$
20.65 **(a)** ^{166}Re **(b)** ^{28}Al **(c)** neon-20 **(d)** (^{233}U)
20.67 **(a)** $^{261}_{102}No$ **(b)** $^{211}_{82}Pb$ **(c)** $^{141}_{61}Pm$ **(d)** $^{179}_{74}W$
20.69 ^{1}P **20.71** $^{36}_{17}Cl \xrightarrow{\beta+} ^{36}_{16}S$; $^{35}_{17}Cl \xrightarrow{\beta-} ^{36}_{18}S$
20.73 Alpha emission, $^{211}Po \longrightarrow ^{207}Pb + ^{4}He$
20.75 $^{176}W \xrightarrow{EC} ^{176}Ta \xrightarrow{\beta+} ^{176}Hf$
20.77 $^{81}_{35}Br + \gamma \longrightarrow ^{80}_{35}Br + ^{1}_{0}n$
20.79 $^{23}_{11}Na + ^{4}_{2}He \longrightarrow ^{27}_{13}Al + \gamma$ **20.81** 6.25×10^{-8} g
20.83 Increase the distance by 15% to decrease exposure by 25%.
20.85 3.2×10^{3} mrem or 3.2 rem
20.87 1.3×10^{8} disintegration
20.89 1.5×10^{5} mCi **20.91** 3.2% **20.93** 2.84×10^{-3} Ci g^{-1}
20.95 6.18×10^{-3} M Ca^{2+} **20.97** 7.6×10^{8} yr^{-1}
20.99 2.7×10^{4} years ago
20.101 $^{235}_{92}U + ^{1}_{0}n \longrightarrow ^{94}_{38}Sr + ^{140}_{54}Xe + 2\,^{1}_{0}n$ **20.103** 9.37×10^{37}

Chapter 21

Practice Exercises

21.1 $[Ag(S_2O_3)_2]^{3-}$, $(NH_4)_3Ag(S_2O_3)_2$
21.2 $[Ag(NH_3)_2]^{+}$ and $[Ag(NH_3)_2]F$
21.3 $[CoCl_2(NH_3)_4]$, the charge is balanced by the two Cl^- ions.
21.4 **(a)** $[SnCl_6]^{2-}$ **(b)** $(NH_4)_2[Fe(CN)_4(H_2O)_2]$
(c) $OsBr_2(H_2NCH_2CH_2NH_2)_2$ or $OsBr_2(en)_2$
21.5 **(a)** potassium hexacyanoferrate(III)
(b) potassium hexacyanoferrate(II)
(c) dichlorobis(ethylenediamine)chromium(III) sulfate
(d) hexaaquacobalt(III) hexafluorochromate(III)
21.6 six **21.7** **(a)** six **(b)** six **(c)** six **21.8** **(a)** six **(b)** six **(c)** six
21.9 **(a)** optical isomers, or enantiomers **(b)** geometric isomers
21.10 two isomers

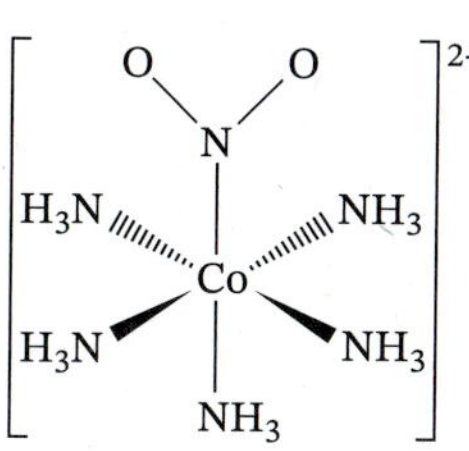

N-bonded (nitro)

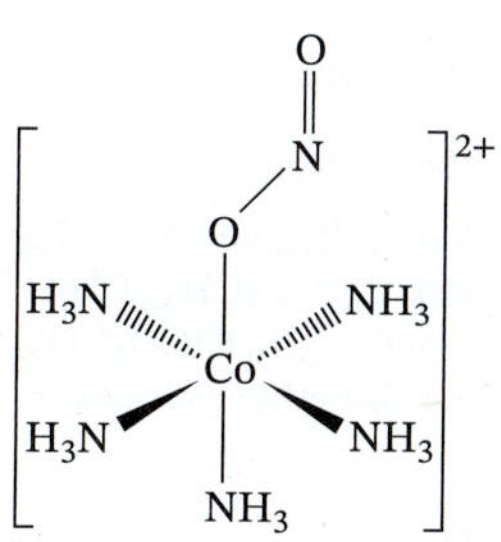

O-bonded (nitrito)

21.11 The Ni(0) complex has no unpaired electrons.

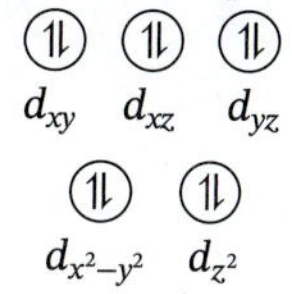

21.12 Low spin High spin

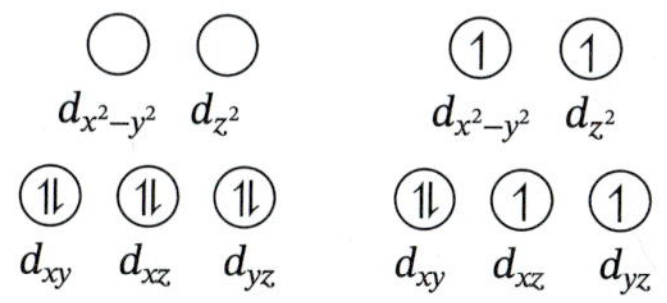

Cr(III) has 3 unpaired electrons and is paramagnetic.
Co(III) high spin has four unpaired electrons and is paramagnetic.
Co(III) low spin has four zero unpaired electrons and is diamagnetic.
Paramagnetic compounds have one or more unpaired electrons.
21.13 Cobalt is present as Co(II) at the centre of a corrin ring. Five nitrogen atoms (4 of the ring and another from a substituted benzimidazole) and a CN^- ligand constitute the octahedral coordination environment around Co(II).

Review Problems

21.49 $Fe_4[Fe(CN)_6]_3$, iron(III) hexacyanoferrate(II)
21.51 $[Cr(NH_3)_2(NO_2)_4]^-$
21.53 **(a)** sulfato **(b)** sulfido
(c) N-dimethylamine **(d)** hydrosulfido
21.55 **(a)** dibromorargentate(I) ion **(b)** disulfidostannate(IV)
(c) diaminebis(ethylenediamine)cobalt(II) sulfate
(d) chlorodiaminechromium(III) sulfate
(e) potassium trioxalatoferrate(III)
21.57 **(a)** $[CuCl_2(NH_2CONH_2)]$ **(b)** $[Ru(NO)_2(en)_2]$
(c) $Na_3[Cr(C_2O_4)_3]$ **(d)** $[Fe(EDTA)]^{2-}$ **(e)** $PtCl_2(NH_3)_2$
21.59 The crystal field stabilization energy and steric repulsion among the ligands.
21.61 **(a)** 2, 1 **(b)** 3, 4 **(c)** 2, 3 **(d)** 5, 3 **(e)** 3, 3

21.63 **(a)**

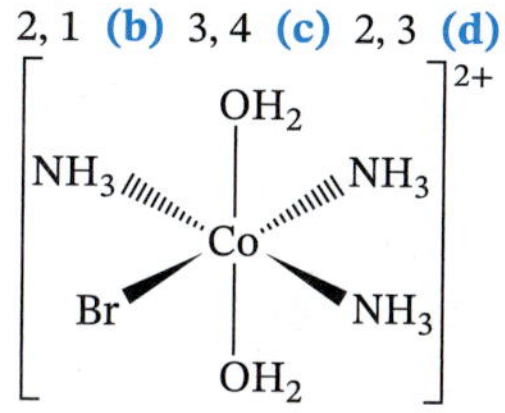

(b)

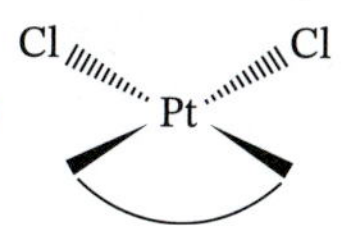

21.65 tren is

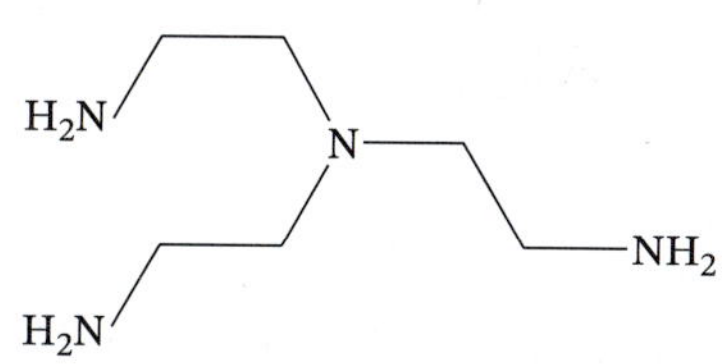

tris(aminoethyl)amine

(a) It has 4 N donor atoms **(b)** 4

(c)

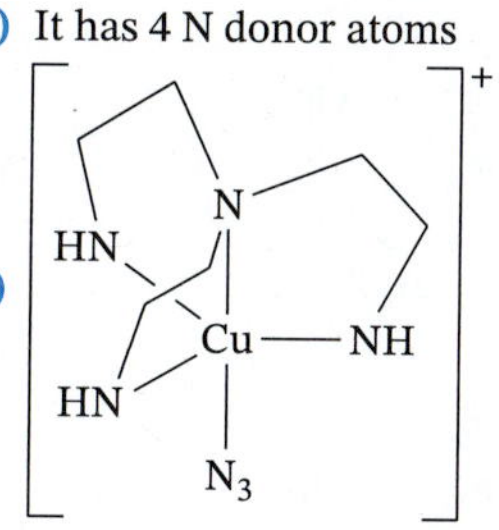

(d) $[Cu(tren)]^{2+}$

(e) 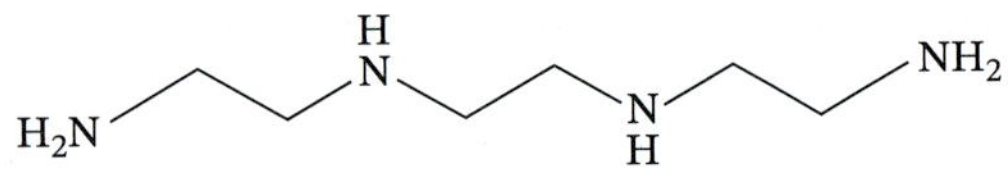

triethylenetetramine

21.67 yes.

21.69

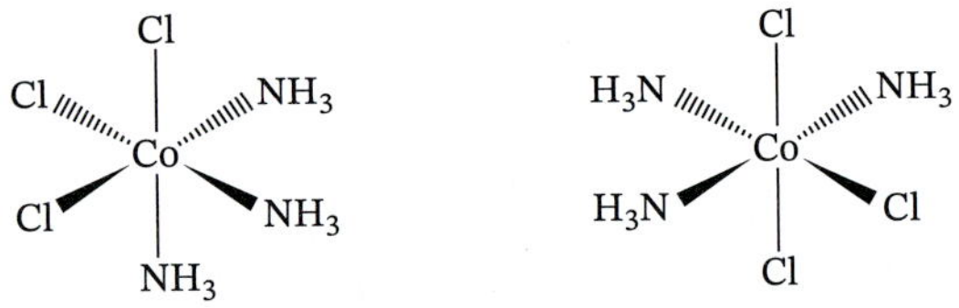

21.71 (a) $Fe(H_2O)_6]^{3+}$ **(b)** $[CrCl_6]^{3-}$ **21.73** $[Fe(CN)_6]^{3-}$

21.75 (a) $[RuCl(NH_3)_5]^{2+}$, The value of Δ increases down a group. **(b)** $[Ru(NH_3)_6]^{3+}$, The value of Δ increases with oxidation state of the metal.

21.77 This is the one with the strongest field ligand, since Co^{2+} is a d^7 ion: CoA_6^{3+}. You are removing a higher energy electron in CoA_6^{2+} than in CoB_6^{2+}. *A* produces a larger ligand field splitting than does *B*.

21.79 $[CoF_6]^{3-}$ is a high spin complex. It is paramagnetic.

21.81 (a) V(III)

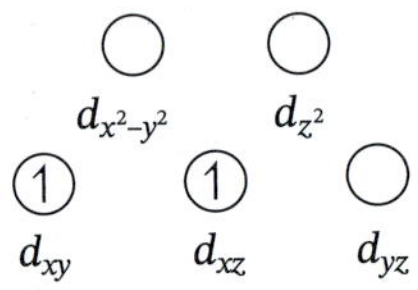

(b) Mn(II) low spin

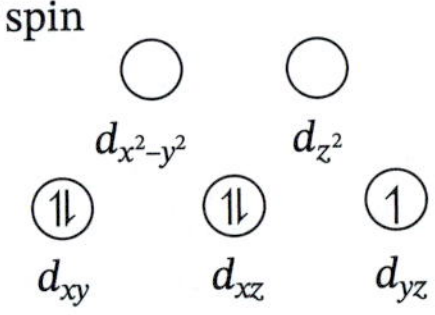

(c) Mn(II) high spin

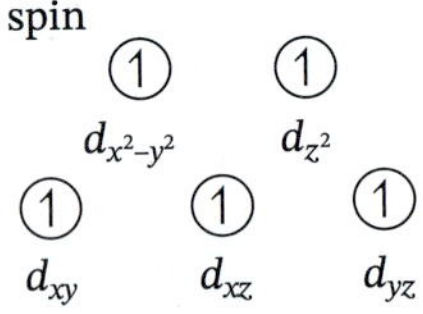

(d) Ag(I)

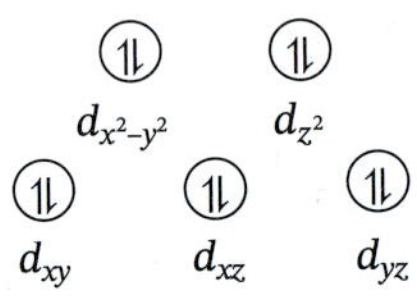

(e) Rh(II)

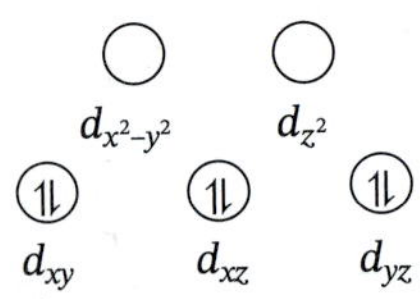

21.83 (a) Co(II) high spin

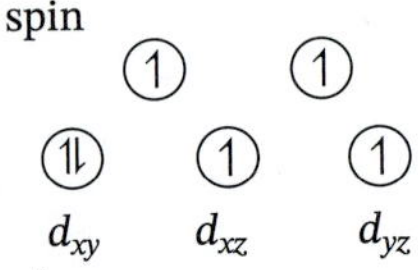

(b) Co(II) low spin

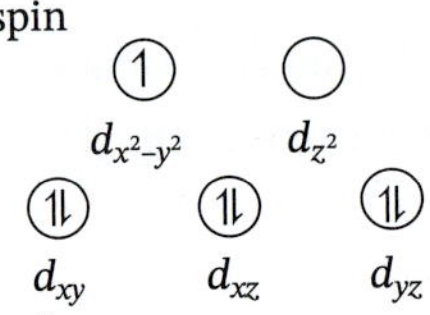

(c) Fe(III) low spin

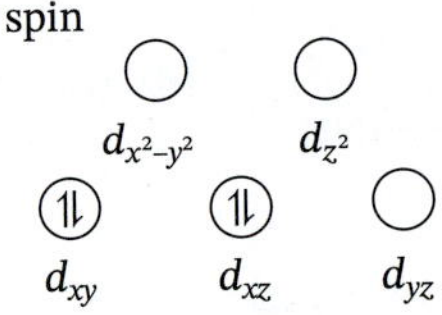

(d) Nb(IV)

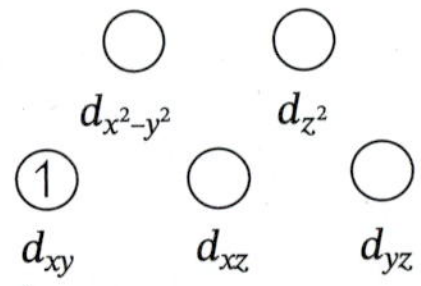

(e) Pt(IV) low spin

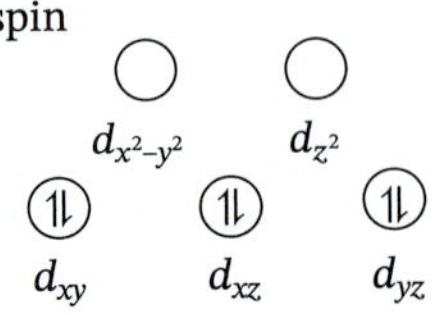

21.85 (a) low spin: CN^- is a strong field ligand and Ru is a second row transition metal **(b)** low spin: CN^- is a strong field ligand and Ru is a second row transition metal **(c)** high spin: NH_3 is a weak field ligand, Co^{3+} has six *d* electrons, so to have four unpaired electrons two electrons need to be in the e_g orbitals **(d)** high spin: F^- is a weak field ligand, Co^{2+} has seven *d* electrons, so to have three unpaired electrons two electrons need to be in the e_g orbitals **(e)** high spin: H_2O is a weak field ligand, Cr^{2+} has four *d* electrons, so to have four unpaired electrons one electron needs to be in the e_g orbitals.

21.87

$[Fe(H_2O)_6]^{2+}$

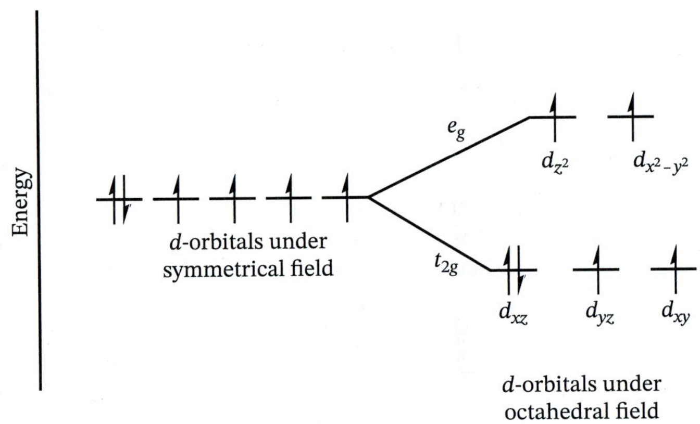

$[Fe(CN)_6]^{2+}$

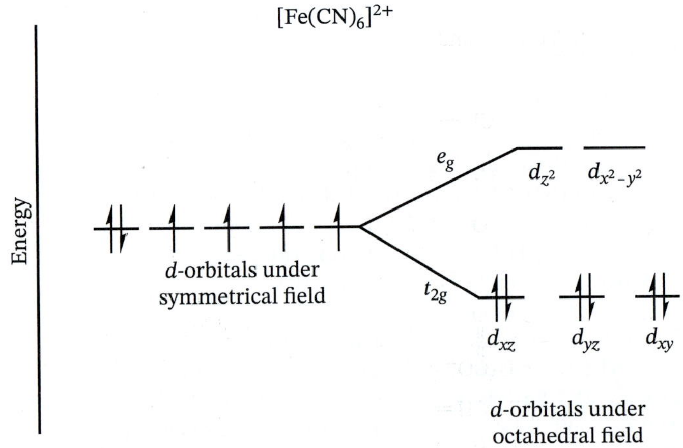

Chapter 22

Practice Exercises

22.1 (a) C_6H_{14}, $CH_3CH_2CH_2CH_2CH_2CH_3$
(b) C_6H_{14}, $(CH_3)_2CHCH(CH_3)_2$
(c) CH_3CCl_3, $ClCH_2CHCl_2$

22.2 1,4-dimethylcyclohexane, C_8H_{16},

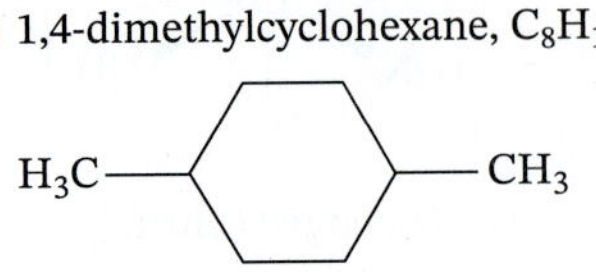

22.3 2,2-dimethylpropane
22.4 **(a)** 2,2-dimethylpropane
(b) 3,3-dimethylhexane
(c) 2,4-dimethylhexane

22.5 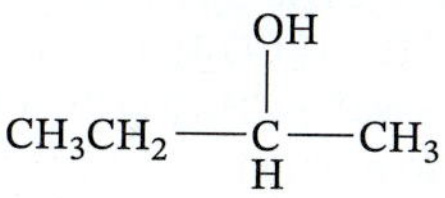

22.6 **(a)** Butanone **(b)** methanal (formaldehyde) **(c)** no reaction

22.7 **(a)** 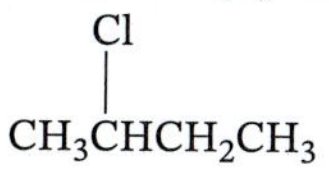 **(b)** $CH_3CH{=}CH_2$

22.8 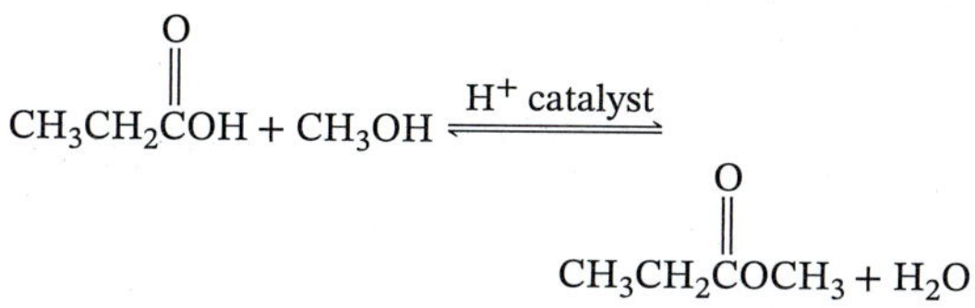

22.9 **(a)** 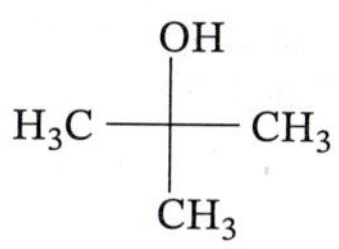

(b) 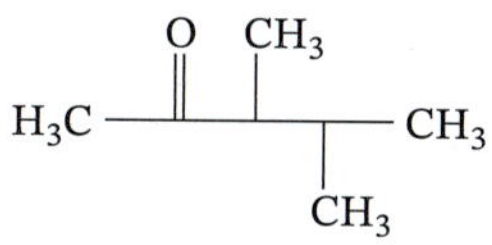

(c) 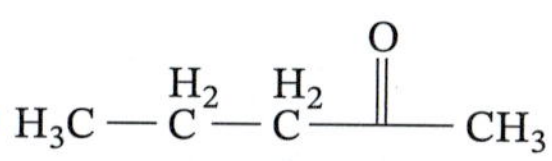

pentan-2-one

(d) 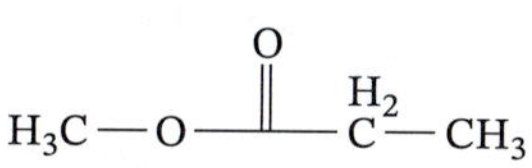

22.10 CH_3CH_2OH and 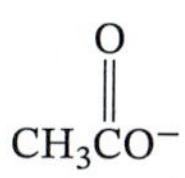

22.11 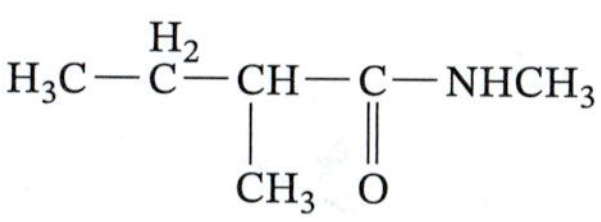

22.12 **(a)** 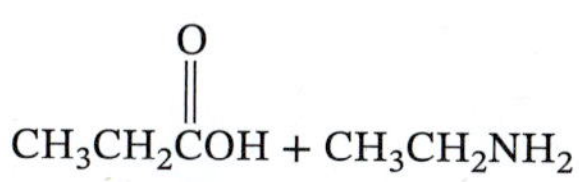

(b) 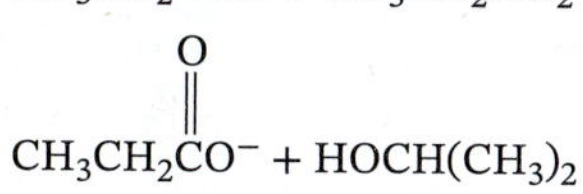

(c) $CH_3CH_2CH{=}CH_2$

22.13 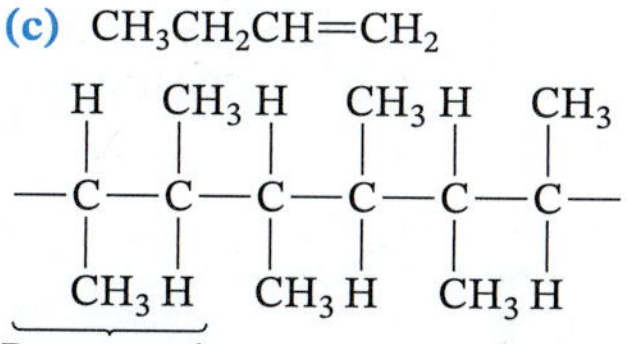

Repeat unit

22.14 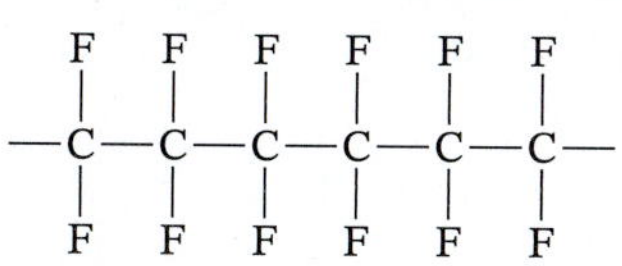

Repeat unit

22.15 **(a)** lipid **(b)** carbohydrate **(c)** amino acid **(d)** carbohydrate **(e)** amino acid **(f)** lipid

22.16

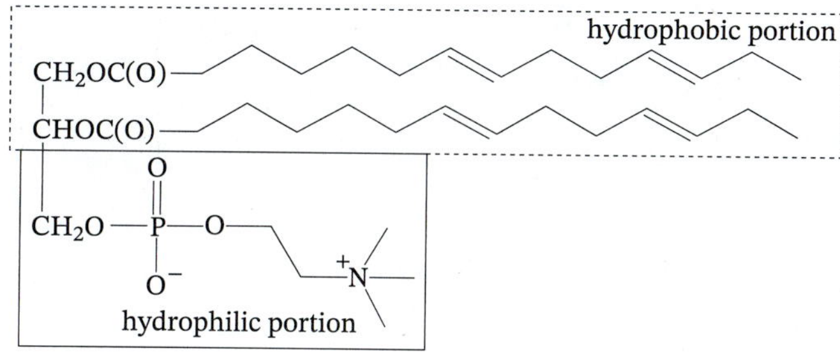

22.17 ribose 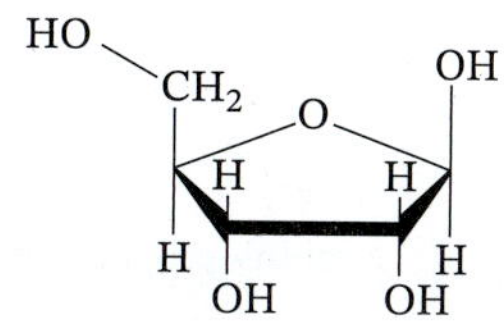 deoxyribose 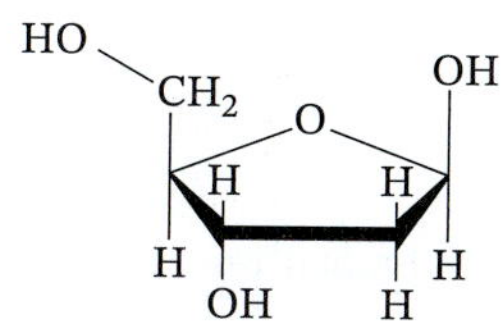

22.18 A hydrogen bonds to T using N–H–O and N–H–N hydrogen bonds. G hydrogen bonds to C using N–H–O, N–H–N, and O–H–N hydrogen bonds

Review Problems

22.71 **(a)** $CH_3{-}NH_2$ **(b)** 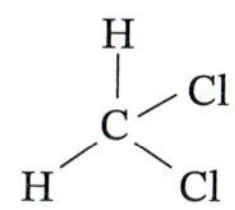

(c) 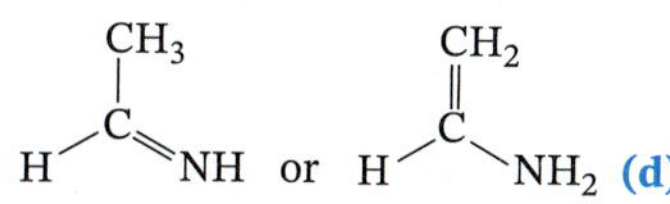 **(d)** $H{-}C{\equiv}C{-}Br$

(e) 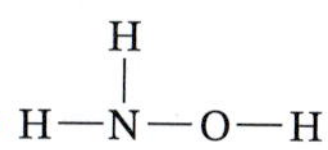 **(f)** 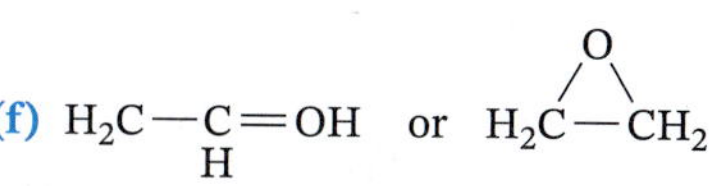

22.73 **(a)** isobutene **(b)** pyridinium **(c)** acetone **(d)** butanol **(e)** methoxymethane **22.75** The saturated compounds are a, d, and e. **22.77** **(a)** amine **(b)** amine **(c)** amide **(d)** nitro **22.79** **(a)** non-related **(b)** isomer **(c)** identical **(d)** isomer **22.81** **(a)** pentane **(b)** 2-methylpentane **(c)** 2,4-dimethylhexane

22.83 **(a)** No isomers

(b) 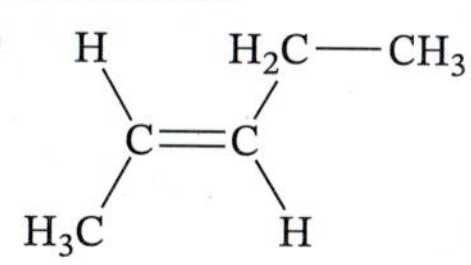

trans

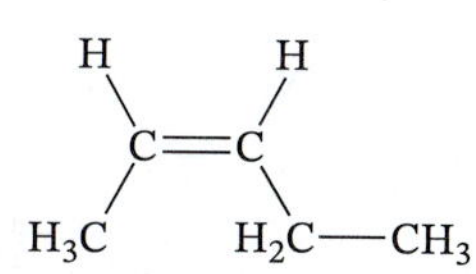

cis

(c) 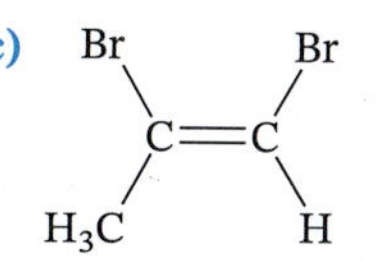

cis

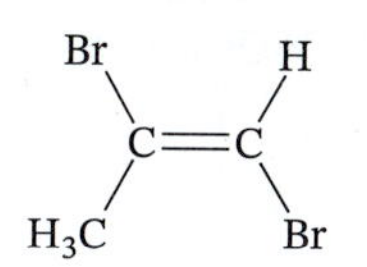

trans

22.85 **(a)** CH_3CH_3 **(b)** $ClCH_2CH_2Cl$ **(c)** $BrCH_2CH_2Br$ **(d)** CH_3CH_2Cl **(e)** CH_3CH_2Br **(f)** CH_3CH_2OH

22.87 **(a)** $CH_3CH_2CH_2CH_3$ **(b)** 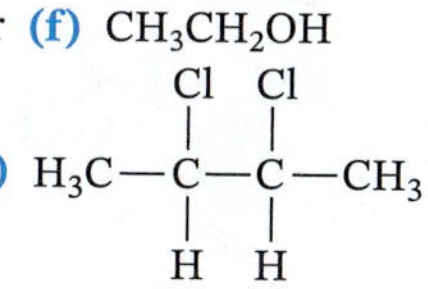

(c) 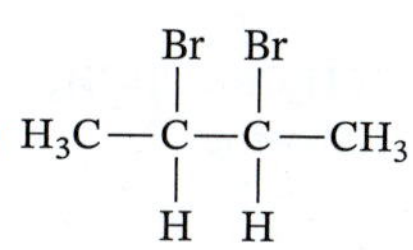 **(d)** 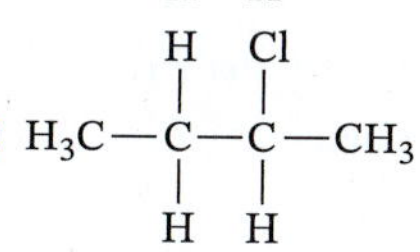

(e) 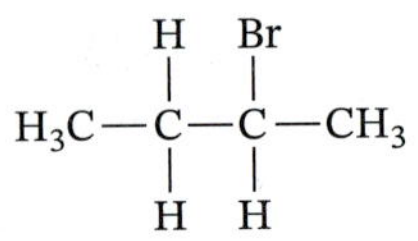 (f) 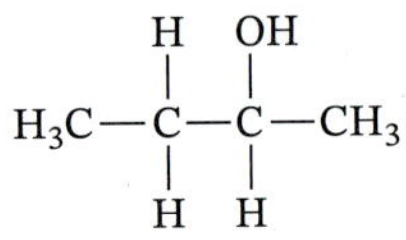

22.89 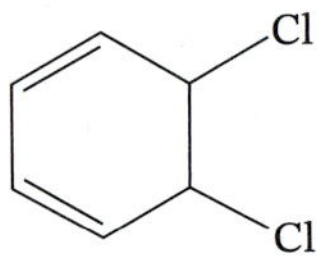

$C_6H_5 + Cl_2 \xrightarrow{AlCl_3} C_6H_5Cl + HCl$

22.91 CH_3OH Methanol; $CH_3—CH_2—OH$ ethanol

$CH_3—CH_2—CH_2—OH$ propan-1-ol; $CH_3—CH(CH_3)—CH_2—OH$ 2-methylpropan-1-ol

22.93 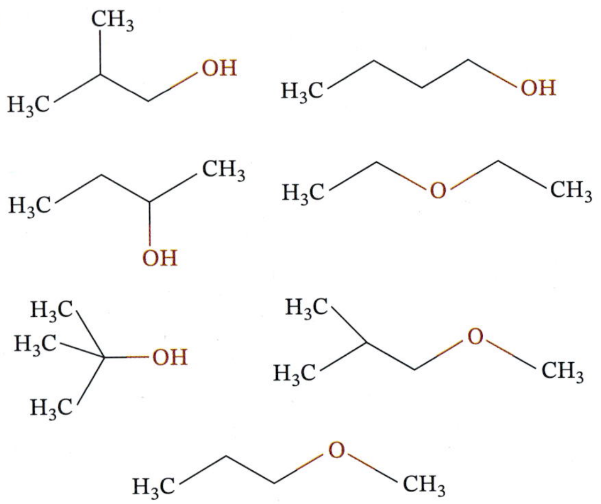

22.95 (a) 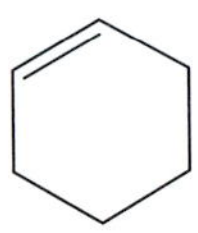

(b) 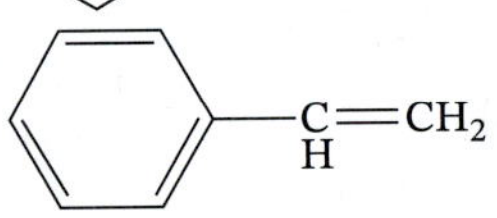

(c) 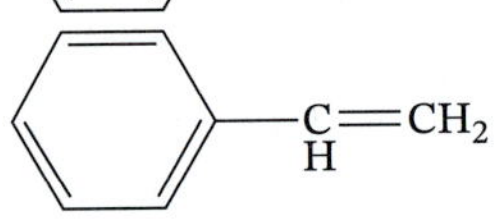

(d) No Reaction

22.97 (a) 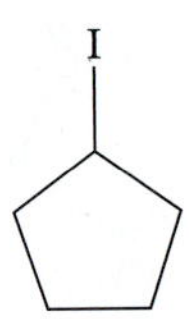 (b) 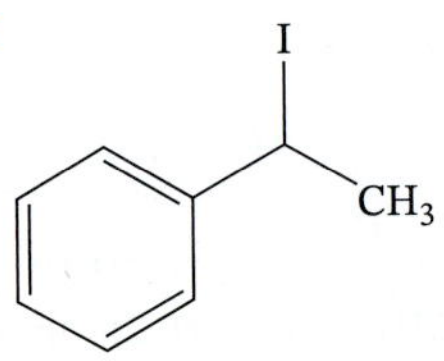

(c) 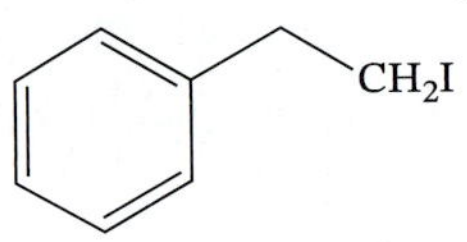

22.99 $CH_2{=}CHCH_2CH_3$ 1-butene; $CH_3CH{=}CHCH_3$ 2-butene

22.101 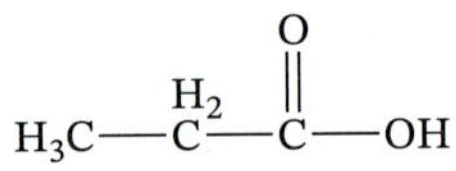

22.103 (a) $CH_3CH_2CO_2^- + HCl(aq) \longrightarrow CH_3CH_2CO_2H + Cl^-$
(b) $CH_3CH_2CO_2CH_3 + H_2O \longrightarrow CH_3CH_2CO_2H + CH_3OH$
(c) $CH_3CH_2CO_2H + NaOH(aq) \longrightarrow Na^+ + CH_3CH_2CO_2^- + H_2O$
(d) $CH_3CH_2COOH + NaCl \longrightarrow$ No reaction

22.105 $CH_3CO_2H + CH_3CH_2NHCH_2CH_3$

22.107 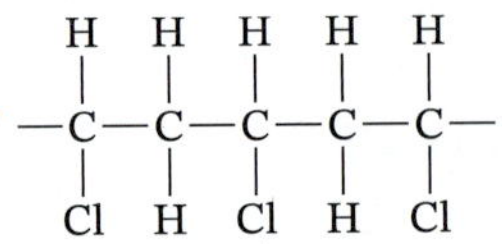

22.109 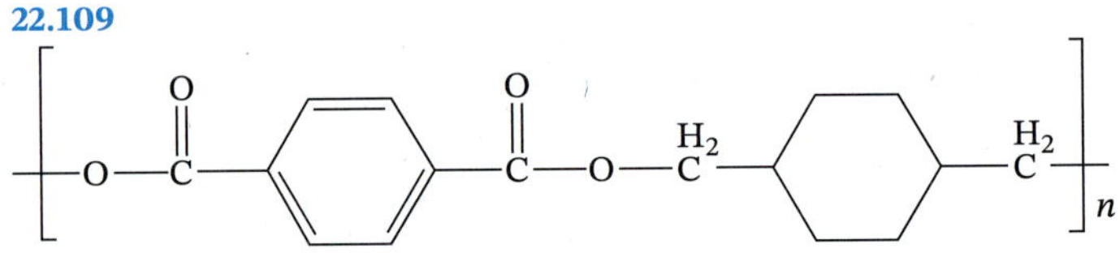

22.111 Palmitic acid, $CH_3(CH_2)_{14}CO_2H$; Oleic acid, $CH_3(CH_2)_7CH{=}CH(CH_2)_7CO_2H$; Myristic acid, $CH_3(CH_2)_{12}CO_2H$; Triacylglycerol

$CH_2OC(O)(CH_2)_{12}CH_3$
|
$CHOC(O)(CH_2)_7CH{=}CH(CH_2)_7CH_3$
|
$CH_2OC(O)(CH_2)_{14}CH_3$

22.113 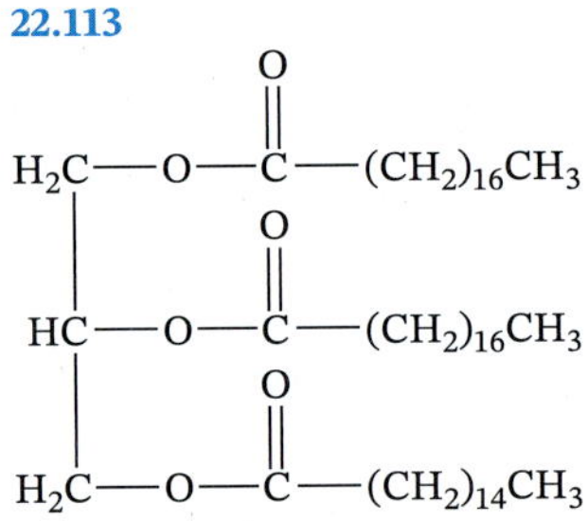

22.115 Hydrophobic sites are composed of fatty acid units. Hydrophilic sites are composed of charged units.

22.117 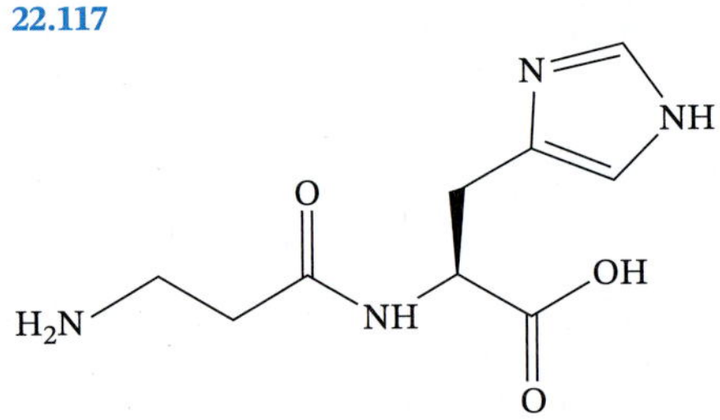

Carnosine

22.119 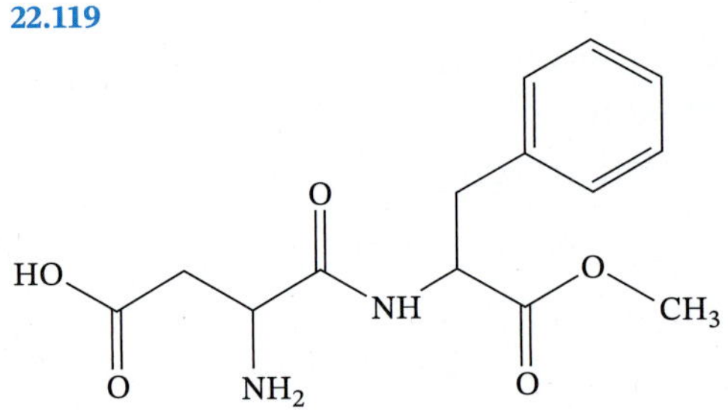

Aspartame

부록 C

참고 자료

TABLE C.1 Electron Configurations of the Elements

Atomic Number			Atomic Number			Atomic Number		
1	H	$1s^1$	41	Nb	[Kr] $5s^1 4d^4$	81	Tl	[Xe] $6s^2 4f^{14} 5d^{10} 6p^1$
2	He	$1s^2$	42	Mo	[Kr] $5s^1 4d^5$	82	Pb	[Xe] $6s^2 4f^{14} 5d^{10} 6p^2$
3	Li	[He] $2s^1$	43	Tc	[Kr] $5s^2 4d^5$	83	Bi	[Xe] $6s^2 4f^{14} 5d^{10} 6p^3$
4	Be	[He] $2s^2$	44	Ru	[Kr] $5s^1 4d^7$	84	Po	[Xe] $6s^2 4f^{14} 5d^{10} 6p^4$
5	B	[He] $2s^2 2p^1$	45	Rh	[Kr] $5s^1 4d^8$	85	At	[Xe] $6s^2 4f^{14} 5d^{10} 6p^5$
6	C	[He] $2s^2 2p^2$	46	Pd	[Kr] $4d^{10}$	86	Rn	[Xe] $6s^2 4f^{14} 5d^{10} 6p^6$
7	N	[He] $2s^2 2p^3$	47	Ag	[Kr] $5s^1 4d^{10}$	87	Fr	[Rn] $7s^1$
8	O	[He] $2s^2 2p^4$	48	Cd	[Kr] $5s^2 4d^{10}$	88	Ra	[Rn] $7s^2$
9	F	[He] $2s^2 2p^5$	49	In	[Kr] $5s^2 4d^{10} 5p^1$	89	Ac	[Rn] $7s^2 6d^1$
10	Ne	[He] $2s^2 2p^6$	50	Sn	[Kr] $5s^2 4d^{10} 5p^2$	90	Th	[Rn] $7s^2 6d^2$
11	Na	[Ne] $3s^1$	51	Sb	[Kr] $5s^2 4d^{10} 5p^3$	91	Pa	[Rn] $7s^2 5f^2 6d^1$
12	Mg	[Ne] $3s^2$	52	Te	[Kr] $5s^2 4d^{10} 5p^4$	92	U	[Rn] $7s^2 5f^3 6d^1$
13	Al	[Ne] $3s^2 3p^1$	53	I	[Kr] $5s^2 4d^{10} 5p^5$	93	Np	[Rn] $7s^2 5f^4 6d^1$
14	Si	[Ne] $3s^2 3p^2$	54	Xe	[Kr] $5s^2 4d^{10} 5p^6$	94	Pu	[Rn] $7s^2 5f^6$
15	P	[Ne] $3s^2 3p^3$	55	Cs	[Xe] $6s^1$	95	Am	[Rn] $7s^2 5f^7$
16	S	[Ne] $3s^2 3p^4$	56	Ba	[Xe] $6s^2$	96	Cm	[Rn] $7s^2 5f^7 6d^1$
17	Cl	[Ne] $3s^2 3p^5$	57	La	[Xe] $6s^2 5d^1$	97	Bk	[Rn] $7s^2 5f^9$
18	Ar	[Ne] $3s^2 3p^6$	58	Ce	[Xe] $6s^2 4f^1 5d^1$	98	Cf	[Rn] $7s^2 5f^{10}$
19	K	[Ar] $4s^1$	59	Pr	[Xe] $6s^2 4f^3$	99	Es	[Rn] $7s^2 5f^{11}$
20	Ca	[Ar] $4s^2$	60	Nd	[Xe] $6s^2 4f^4$	100	Fm	[Rn] $7s^2 5f^{12}$
21	Sc	[Ar] $4s^2 3d^1$	61	Pm	[Xe] $6s^2 4f^5$	101	Md	[Rn] $7s^2 5f^{13}$
22	Ti	[Ar] $4s^2 3d^2$	62	Sm	[Xe] $6s^2 4f^6$	102	No	[Rn] $7s^2 5f^{14}$
23	V	[Ar] $4s^2 3d^3$	63	Eu	[Xe] $6s^2 4f^7$	103	Lr	[Rn] $7s^2 5f^{14} 6d^1$
24	Cr	[Ar] $4s^1 3d^5$	64	Gd	[Xe] $6s^2 4f^7 5d^1$	104	Rf	[Rn] $7s^2 5f^{14} 6d^2$
25	Mn	[Ar] $4s^2 3d^5$	65	Tb	[Xe] $6s^2 4f^9$	105	Db	[Rn] $7s^2 5f^{14} 6d^3$
26	Fe	[Ar] $4s^2 3d^6$	66	Dy	[Xe] $6s^2 4f^{10}$	106	Sg	[Rn] $7s^2 5f^{14} 6d^4$
27	Co	[Ar] $4s^2 3d^7$	67	Ho	[Xe] $6s^2 4f^{11}$	107	Bh	[Rn] $7s^2 5f^{14} 6d^5$
28	Ni	[Ar] $4s^2 3d^8$	68	Er	[Xe] $6s^2 4f^{12}$	108	Hs	[Rn] $7s^2 5f^{14} 6d^6$
29	Cu	[Ar] $4s^1 3d^{10}$	69	Tm	[Xe] $6s^2 4f^{13}$	109	Mt	[Rn] $7s^2 5f^{14} 6d^7$
30	Zn	[Ar] $4s^2 3d^{10}$	70	Yb	[Xe] $6s^2 4f^{14}$	110	Ds	[Rn] $7s^2 5f^{14} 6d^8$
31	Ga	[Ar] $4s^2 3d^{10} 4p^1$	71	Lu	[Xe] $6s^2 4f^{14} 5d^1$	111	Rg	[Rn] $7s^2 5f^{14} 6d^9$
32	Ge	[Ar] $4s^2 3d^{10} 4p^2$	72	Hf	[Xe] $6s^2 4f^{14} 5d^2$	112	Cn	[Rn] $7s^2 5f^{14} 6d^{10}$
33	As	[Ar] $4s^2 3d^{10} 4p^3$	73	Ta	[Xe] $6s^2 4f^{14} 5d^3$	113	Nh	[Rn] $7s^2 5f^{14} 6d^{10} 7p^1$
34	Se	[Ar] $4s^2 3d^{10} 4p^4$	74	W	[Xe] $6s^2 4f^{14} 5d^4$	114	Fl	[Rn] $7s^2 5f^{14} 6d^{10} 7p^2$
35	Br	[Ar] $4s^2 3d^{10} 4p^5$	75	Re	[Xe] $6s^2 4f^{14} 5d^5$	115	Mc	[Rn] $7s^2 5f^{14} 6d^{10} 7p^3$
36	Kr	[Ar] $4s^2 3d^{10} 4p^6$	76	Os	[Xe] $6s^2 4f^{14} 5d^6$	116	Lv	[Rn] $7s^2 5f^{14} 6d^{10} 7p^4$
37	Rb	[Kr] $5s^1$	77	Ir	[Xe] $6s^2 4f^{14} 5d^7$	117	Ts	[Rn] $7s^2 5f^{14} 6d^{10} 7p^5$
38	Sr	[Kr] $5s^2$	78	Pt	[Xe] $6s^1 4f^{14} 5d^9$	118	Og	[Rn] $7s^2 5f^{14} 6d^{10} 7p^6$
39	Y	[Kr] $5s^2 4d^1$	79	Au	[Xe] $6s^1 4f^{14} 5d^{10}$			
40	Zr	[Kr] $5s^2 4d^2$	80	Hg	[Xe] $6s^2 4f^{14} 5d^{10}$			

TABLE C.2 Thermodynamic Data for Selected Elements, Compounds, and Ions (25 °C)

Substance	ΔH_f° (kJ mol^{-1})	S° (J mol^{-1} K^{-1})	ΔG_f° (kJ mol^{-1})
Aluminum			
$Al(s)$	0	28.3	0
$Al^{3+}(aq)$	−524.7		−481.2
$AlCl_3(s)$	−704	110.7	−629
$Al_2O_3(s)$	−1669.8	51.0	−1576.4
$Al_2(SO_4)_3(s)$	−3441	239	−3100
Arsenic			
$As(s)$	0	35.1	0
$AsH_3(g)$	+66.4	223	+68.9
$As_4O_6(s)$	−1314	214	−1153
$As_2O_5(s)$	−925	105	−782
$H_3AsO_3(aq)$	−742.2		
$H_3AsO_4(aq)$	−902.5		
Barium			
$Ba(s)$	0	66.9	0
$Ba^{2+}(aq)$	−537.6	9.6	−560.8
$BaCO_3(s)$	−1219	112	−1139
$BaCrO_4(s)$	−1428.0		
$BaCl_2(s)$	−860.2	125	−810.8
$BaO(s)$	−553.5	70.4	−525.1
$Ba(OH)_2(s)$	−998.22	−8	−875.3
$Ba(NO_3)_2(s)$	−992	214	−795
$BaSO_4(s)$	−1465	132	−1353
Beryllium			
$Be(s)$	0	9.50	0
$BeCl_2(s)$	−468.6	89.9	−426.3
$BeO(s)$	−611	14	−582
Bismuth			
$Bi(s)$	0	56.9	0
$BiCl_3(s)$	−379	177	−315
$Bi_2O_3(s)$	−576	151	−497
Boron			
$B(s)$	0	5.87	0
$BCl_3(g)$	−404	290	−389
$B_2H_6(g)$	+36	232	+87
$B_2O_3(s)$	−1273	53.8	−1194
$B(OH)_3(s)$	−1094	88.8	−969
Bromine			
$Br_2(l)$	0	152.2	0
$Br_2(g)$	+30.9	245.4	+3.11
$HBr(g)$	−36	198.5	+53.1
$Br^-(aq)$	−121.55	82.4	−103.96
Cadmium			
$Cd(s)$	0	51.8	0
$Cd^{2+}(aq)$	−75.90	−73.2	−77.61
$CdCl_2(s)$	−392	115	−344
$CdO(s)$	−258.2	54.8	−228.4
$CdS(s)$	−162	64.9	−156
$CdSO_4(s)$	−933.5	123	−822.6
Calcium			
$Ca(s)$	0	41.4	0
$Ca^{2+}(aq)$	−542.83	−53.1	−553.58
$CaCO_3(s)$	−1207	92.9	−1128.8
$CaF_2(s)$	−741	80.3	−1166
$CaCl_2(s)$	−795.0	114	−750.2
$CaBr_2(s)$	−682.8	130	−663.6
$CaI_2(s)$	−535.9	143	
$CaO(s)$	−635.5	40	−604.2
$Ca(OH)_2(s)$	−986.59	76.1	−896.76
$Ca_3(PO_4)_2(s)$	−4119	241	−3852
$CaSO_3(s)$	−1156		
$CaSO_4(s)$	−1433	107	−1320.3
$CaSO_4 \cdot \frac{1}{2}H_2O(s)$	−1575.2	131	−1435.2
$CaSO_4 \cdot 2H_2O(s)$	−2021.1	194.0	−1795.7
Carbon			
$C(s, \text{graphite})$	0	5.69	0
$C(s, \text{diamond})$	+1.88	2.4	+2.9
$CCl_4(l)$	−134	214.4	−65.3
$CO(g)$	−110.5	197.9	−137.3
$CO_2(g)$	−393.5	213.6	−394.4
$CO_2(aq)$	−413.8	117.6	−385.98
$H_2CO_3(aq)$	−699.65	187.4	−623.08
$HCO_3^-(aq)$	−691.99	91.2	−586.77
$CO_3^{2-}(aq)$	−677.14	−56.9	−527.81

(Continued)

TABLE C.2 Thermodynamic Data for Selected Elements, Compounds, and Ions (25 °C) (*continued*)

Substance	ΔH_f° (kJ mol^{-1})	S° (J mol^{-1} K^{-1})	ΔG_f° (kJ mol^{-1})
$CS_2(l)$	+89.5	151.3	+65.3
$CS_2(g)$	+117	237.7	+67.2
$HCN(g)$	+135.1	201.7	+124.7
$CN^-(aq)$	+150.6	94.1	+172.4
$CH_4(g)$	−74.848	186.2	−50.79
$C_2H_2(g)$	+226.75	200.8	+209
$C_2H_4(g)$	+52.284	219.8	+68.12
$C_2H_6(g)$	−84.667	229.5	−32.9
$C_3H_8(g)$	−104	269.9	−23
$C_4H_{10}(g)$	−126	310.2	−17.0
$C_6H_6(l)$	+49.0	173.3	+124.3
$CH_3OH(l)$	−238.6	126.8	−166.2
$C_2H_5OH(l)$	−277.63	161	−174.8
$HCHO_2(g)$	−363	251	+335
$HC_2H_3O_2(l)$	−487.0	160	−392.5
$HCHO(g)$	−108.6	218.8	−102.5
$CH_3CHO(g)$	−167	250	−129
$(CH_3)_2CO(l)$	−248.1	200.4	−155.4
$C_6H_5CO_2H(s)$	−385.1	167.6	−245.3
$CO(NH_2)_2(s)$	−333.19	104.6	−197.2
$CO(NH_2)_2(aq)$	−391.2	173.8	−203.8
$CH_2(NH_2)CO_2H(s)$	−532.9	103.5	−373.4
Chlorine			
$Cl_2(g)$	0	223.0	0
$Cl^-(aq)$	−167.2	56.5	−131.2
$HCl(g)$	−92.30	186.7	−95.27
$HCl(aq)$	−167.2	56.5	−131.2
$HClO(aq)$	−131.3	106.8	−80.21
Chromium			
$Cr(s)$	0	23.8	0
$Cr^{3+}(aq)$	−232		
$CrCl_2(s)$	−326	115	−282
$CrCl_3(s)$	−563.2	126	−493.7
$Cr_2O_3(s)$	−1141	81.2	−1059
$CrO_3(s)$	−585.8	72.0	−506.2
$(NH_4)_2Cr_2O_7(s)$	−1807		
$K_2Cr_2O_7(s)$	−2033.01		

Substance	ΔH_f° (kJ mol^{-1})	S° (J mol^{-1} K^{-1})	ΔG_f° (kJ mol^{-1})
Cobalt			
$Co(s)$	0	30.0	0
$Co^{2+}(aq)$	−59.4	−110	−53.6
$CoCl_2(s)$	−325.5	106	−282.4
$Co(NO_3)_2(s)$	−422.2	192	−230.5
$CoO(s)$	−237.9	53.0	−214.2
$CoS(s)$	−80.8	67.4	−82.8
Copper			
$Cu(s)$	0	33.15	0
$Cu^{2+}(aq)$	+64.77	−99.6	+65.49
$CuCl(s)$	−137.2	86.2	−119.87
$CuCl_2(s)$	−172	119	−131
$Cu_2O(s)$	−168.6	93.1	−146.0
$CuO(s)$	−155	42.6	−127
$Cu_2S(s)$	−79.5	121	−86.2
$CuS(s)$	−53.1	66.5	−53.6
$CuSO_4(s)$	−771.4	109	−661.8
$CuSO_4 \cdot 5H_2O(s)$	−2279.7	300.4	−1879.7
Fluorine			
$F_2(g)$	0	202.7	0
$F^-(aq)$	−332.6	−13.8	−278.8
$HF(g)$	−271	173.5	−273
Gold			
$Au(s)$	0	47.7	0
$Au_2O_3(s)$	+80.8	125	+163
$AuCl_3(s)$	−118	148	−48.5
Hydrogen			
$H_2(g)$	0	130.6	0
$H_2O(l)$	−285.9	69.96	−237.2
$H_2O(g)$	−241.8	188.7	−228.6
$H_2O_2(l)$	−187.6	109.6	−120.3
$H_2Se(g)$	+76	219	+62.3
$H_2Te(g)$	+154	234	+138
Iodine			
$I_2(s)$	0	116.1	0
$I_2(g)$	+62.4	260.7	+19.3
$HI(g)$	+26.6	206	+1.30

(*Continued*)

TABLE C.2 Thermodynamic Data for Selected Elements, Compounds, and Ions (25 °C) (*continued*)

Substance	ΔH_f° (kJ mol^{-1})	S° (J mol^{-1} K^{-1})	ΔG_f° (kJ mol^{-1})
Iron			
$Fe(s)$	0	27	0
$Fe^{2+}(aq)$	−89.1	−137.7	−78.9
$Fe^{3+}(aq)$	−48.5	−315.9	−4.7
$Fe_2O_3(s)$	−822.2	90.0	−741.0
$Fe_3O_4(s)$	−1118.4	146.4	−1015.4
$FeS(s)$	−100.0	60.3	−100.4
$FeS_2(s)$	−178.2	52.9	−166.9
Lead			
$Pb(s)$	0	64.8	0
$Pb^{2+}(aq)$	−1.7	10.5	−24.4
$PbCl_2(s)$	−359.4	136	−314.1
$PbO(s)$	−219.2	67.8	−189.3
$PbO_2(s)$	−277	68.6	−219
$Pb(OH)_2(s)$	−515.9	88	−420.9
$PbS(s)$	−100	91.2	−98.7
$PbSO_4(s)$	−920.1	149	−811.3
Lithium			
$Li(s)$	0	28.4	0
$Li^+(aq)$	−278.6	10.3	
$LiF(s)$	−611.7	35.7	−583.3
$LiCl(s)$	−408	59.29	−383.7
$LiBr(s)$	−350.3	66.9	−338.87
$Li_2O(s)$	−596.5	37.9	−560.5
$Li_3N(s)$	−199	37.7	−155.4
Magnesium			
$Mg(s)$	0	32.5	0
$Mg^{2+}(aq)$	−466.9	−138.1	−454.8
$MgCO_3(s)$	−1113	65.7	−1029
$MgF_2(s)$	−1124	79.9	−1056
$MgCl_2(s)$	−641.8	89.5	−592.5
$MgCl_2 \cdot 2H_2O(s)$	−1280	180	−1118
$Mg_3N_2(s)$	−463.2	87.9	−411
$MgO(s)$	−601.7	26.9	−569.4
$Mg(OH)_2(s)$	−924.7	63.1	−833.9
Manganese			
$Mn(s)$	0	32.0	0
$Mn^{2+}(aq)$	−223	−74.9	−228
$MnO_4^-(aq)$	−542.7	191	−449.4
$KMnO_4(s)$	−813.4	171.71	−713.8
$MnO(s)$	−385	60.2	−363
$Mn_2O_3(s)$	−959.8	110	−882.0
$MnO_2(s)$	−520.9	53.1	−466.1
$Mn_3O_4(s)$	−1387	149	−1280
$MnSO_4(s)$	−1064	112	−956
Mercury			
$Hg(l)$	0	76.1	0
$Hg(g)$	+61.38	175	+31.8
$Hg_2Cl_2(s)$	−265.2	192.5	−210.8
$HgCl_2(s)$	−224.3	146.0	−178.6
$HgO(s)$	−90.83	70.3	−58.54
$HgS(s$, red$)$	−58.2	82.4	−50.6
Nickel			
$Ni(s)$	0	30	0
$NiCl_2(s)$	−305	97.5	−259
$NiO(s)$	−244	38	−216
$NiO_2(s)$			−199
$NiSO_4(s)$	−891.2	77.8	−773.6
$NiCO_3(s)$	−664.0	91.6	−615.0
$Ni(CO)_4(g)$	−220	399	−567.4
Nitrogen			
$N_2(g)$	0	191.5	0
$NH_3(g)$	−46.19	192.5	−16.7
$NH_4^+(aq)$	−132.5	113	−79.37
$N_2H_4(g)$	+95.40	238.4	+159.3
$N_2H_4(l)$	+50.6	121.2	+149.4
$NH_4Cl(s)$	−315.4	94.6	−203.9
$NO(g)$	+90.37	210.6	+86.69
$NO_2(g)$	+33.8	240.5	+51.84
$N_2O(g)$	+81.57	220.0	+103.6
$N_2O_4(g)$	+9.67	304	+98.28
$N_2O_5(g)$	+11	356	+115
$HNO_3(l)$	−173.2	155.6	−79.91
$NO_3^-(aq)$	−205.0	146.4	−108.74

(*Continued*)

TABLE C.2 Thermodynamic Data for Selected Elements, Compounds, and Ions (25 °C) (*continued*)

Substance	ΔH_f° (kJ mol^{-1})	S° (J mol^{-1} K^{-1})	ΔG_f° (kJ mol^{-1})	Substance	ΔH_f° (kJ mol^{-1})	S° (J mol^{-1} K^{-1})	ΔG_f° (kJ mol^{-1})
Oxygen				$Ag_2O(s)$	−31.1	121.3	−11.2
$O_2(g)$	0	205.0	0	**Sodium**			
$O_3(g)$	+143	238.8	+163	$Na(s)$	0	51.0	0
$OH^-(aq)$	−230.0	−10.75	−157.24	$Na^+(aq)$	−240.12	59.0	−261.91
Phosphorus				$NaF(s)$	−571	51.5	−545
$P(s$, white)	0	41.09	0	$NaCl(s)$	−411.0	72.38	−384.0
$P_4(g)$	+314.6	163.2	+278.3	$NaBr(s)$	−360	83.7	−349
$PCl_3(g)$	−287.0	311.8	−267.8	$NaI(s)$	−288	91.2	−286
$PCl_5(g)$	−374.9	364.6	−305.0	$NaHCO_3(s)$	−947.7	102	−851.9
$PH_3(g)$	+5.4	210.2	+12.9	$Na_2CO_3(s)$	−1131	136	−1048
$P_4O_6(s)$	−1640			$Na_2O_2(s)$	−510.9	94.6	−447.7
$POCl_3(g)$	−558.5	325.5	−512.9	$Na_2O(s)$	−510	72.8	−376
$POCl_3(l)$	−597.1	222.5	−520.8	$NaOH(s)$	−426.8	64.18	−382
$P_4O_{10}(s)$	−2984	228.9	−2698	$Na_2SO_4(s)$	−1384.49	149.49	−1266.83
$H_3PO_4(s)$	−1279	110.5	−1119	**Sulfur**			
Potassium				$S(s$, rhombic)	0	31.9	0
$K(s)$	0	64.18	0	$SO_2(g)$	−296.9	248.5	−300.4
$K^+(aq)$	−252.4	102.5	−283.3	$SO_3(g)$	−395.2	256.2	−370.4
$KF(s)$	−567.3	66.6	−537.8	$H_2S(g)$	−20.6	206	−33.6
$KCl(s)$	−435.89	82.59	−408.3	$H_2SO_4(l)$	−811.32	157	−689.9
$KBr(s)$	−393.8	95.9	−380.7	$H_2SO_4(aq)$	−909.3	20.1	−744.5
$KI(s)$	−327.9	106.3	−324.9	$SF_6(g)$	−1209	292	−1105
$KOH(s)$	−424.8	78.9	−379.1	**Tin**			
$K_2O(s)$	−361	98.3	−322	$Sn(s$, white)	0	51.6	0
$K_2SO_4(s)$	−1433.7	176	−1316.4	$Sn^{2+}(aq)$	−8.8	−17	−27.2
Silicon				$SnCl_4(l)$	−511.3	258.6	−440.2
$Si(s)$	0	19	0	$SnO(s)$	−285.8	56.5	−256.9
$SiH_4(g)$	+33	205	+52.3	$SnO_2(s)$	−580.7	52.3	−519.6
$SiO_2(s$, alpha)	−910.0	41.8	−856	**Zinc**			
Silver				$Zn(s)$	0	41.6	0
$Ag(s)$	0	42.55	0	$Zn^{2+}(aq)$	−153.9	−112.1	−147.06
$Ag^+(aq)$	+105.58	72.68	+77.11	$ZnCl_2(s)$	−415.1	111	−369.4
$AgCl(s)$	−127.0	96.2	−109.7	$ZnO(s)$	−348.3	43.6	−318.3
$AgBr(s)$	−100.4	107.1	−96.9	$ZnS(s)$	−205.6	57.7	−201.3
$AgNO_3(s)$	−124	141	−32	$ZnSO_4(s)$	−982.8	120	−874.5

TABLE C.3 Heats of Formation of Gaseous Atoms from Elements in Their Standard States

Element	ΔH_f° (kJ mol^{-1})[a]	Element	ΔH_f° (kJ mol^{-1})[a]	Element	ΔH_f° (kJ mol^{-1})[a]
Group 1A		Ca	178.2	N	472.68
H	217.89	Sr	163.6	P	332.2
Li	161.5	Ba	177.8	**Group 6A**	
Na	107.8	**Group 3A**		O	249.17
K	89.62	B	560	S	276.98
Rb	82.0	Al	329.7	**Group 7A**	
Cs	78.2	**Group 4A**		F	79.14
Group 2A		C	716.67	Cl	121.47
Be	324.3	Si	450	Br	112.38
Mg	146.4	**Group 5A**		I	107.48

[a]All values in this table are positive because forming the gaseous atoms from the elements is endothermic: it involves bond breaking.

TABLE C.4 Average Bond Energies

Bond	Bond Energy (kJ mol^{-1})	Bond	Bond Energy (kJ mol^{-1})
C—C	348	C—Br	276
C=C	612	C—I	238
C≡C	960	H—H	436
C—H	412	H—F	565
C—N	305	H—Cl	431
C=N	613	H—Br	366
C≡N	890	H—I	299
C—O	360	H—N	388
C=O	743	H—O	463
C—F	484	H—S	338
C—Cl	338	H—Si	376

TABLE C.5 Vapor Pressure of Water as a Function of Temperatures

Temp (°C)	Vapor Pressure (torr)	Temp (°C)	Vapor Pressure (torr)	Temp (°C)	Vapor Pressure (torr)	Temp (°C)	Vapor Pressure (torr)
0	4.58	26	25.2	52	102.1	78	327.3
1	4.93	27	26.7	53	107.2	79	341.0
2	5.29	28	28.3	54	112.5	80	355.1
3	5.68	29	30.0	55	118.0	81	369.7
4	6.10	30	31.8	56	123.8	82	384.9
5	6.54	31	33.7	57	129.8	83	400.6
6	7.01	32	35.7	58	136.1	84	416.8
7	7.51	33	37.7	59	142.6	85	433.6
8	8.04	34	39.9	60	149.4	86	450.9
9	8.61	35	42.2	61	156.4	87	468.7
10	9.21	36	44.6	62	163.8	88	487.1
11	9.84	37	47.1	63	171.4	89	506.1
12	10.5	38	49.7	64	179.3	90	525.8
13	11.2	39	52.4	65	187.5	91	546.0
14	12.0	40	55.3	66	196.1	92	567.0
15	12.8	41	58.3	67	205.0	93	588.6
16	13.6	42	61.5	68	214.2	94	610.9
17	14.5	43	64.8	69	223.7	95	633.9
18	15.5	44	68.3	70	233.7	96	657.6
19	16.5	45	71.9	71	243.9	97	682.1
20	17.5	46	75.6	72	254.6	98	707.3
21	18.7	47	79.6	73	265.7	99	733.2
22	19.8	48	83.7	74	277.2	100	760.0
23	21.1	49	88.0	75	289.1		
24	22.4	50	92.5	76	301.4		
25	23.8	51	97.2	77	314.1		

TABLE C.6 Solubility Product Constants

Salt	K_{sp}
Fluorides	
MgF_2	5.2×10^{-11}
CaF_2	3.4×10^{-11}
SrF_2	4.3×10^{-9}
BaF_2	1.7×10^{-6}
LiF	1.8×10^{-3}
PbF_2	3.3×10^{-8}
Chlorides	
$CuCl$	1.7×10^{-7}
$AgCl$	1.8×10^{-10}
Hg_2Cl_2	1.4×10^{-18}
$TlCl$	1.9×10^{-4}
$PbCl_2$	1.7×10^{-5}
$AuCl_3$	3.2×10^{-25}
Bromides	
$CuBr$	6.3×10^{-9}
$AgBr$	5.4×10^{-13}
Hg_2Br_2	6.4×10^{-23}
$HgBr_2$	6.2×10^{-20}
$PbBr_2$	6.6×10^{-6}
Iodides	
CuI	1.3×10^{-12}
AgI	8.5×10^{-17}
Hg_2I_2	5.2×10^{-29}
HgI_2	2.9×10^{-29}
PbI_2	9.8×10^{-9}
Hydroxides	
$Mg(OH)_2$	5.6×10^{-12}
$Ca(OH)_2$	5.0×10^{-6}
$Mn(OH)_2$	1.6×10^{-13}
$Fe(OH)_2$	4.9×10^{-17}
$Fe(OH)_3$	2.8×10^{-39}
$Co(OH)_2$	5.9×10^{-15}
$Co(OH)_3$	3×10^{-45}
$Ni(OH)_2$	5.5×10^{-16}
$Cu(OH)_2$	4.8×10^{-20}
$V(OH)_3$	4×10^{-35}
$Cr(OH)_3$	2×10^{-30}
Ag_2O	1.9×10^{-8}
$Zn(OH)_2$	3×10^{-17}
$Cd(OH)_2$	7.2×10^{-15}
$Al(OH)_3$ (alpha form)	3×10^{-34}
Cyanides	
$AgCN$	6.0×10^{-17}
$Zn(CN)_2$	3×10^{-16}
Sulfites	
$CaSO_3 \cdot \frac{1}{2}H_2O$	3.1×10^{-7}
Ag_2SO_3	1.5×10^{-14}
$BaSO_3$	5.0×10^{-10}
Sulfates	
$CaSO_4$	4.9×10^{-5}
$SrSO_4$	3.4×10^{-7}
$BaSO_4$	1.1×10^{-10}
$RaSO_4$	3.7×10^{-11}
Ag_2SO_4	1.2×10^{-5}
Hg_2SO_4	6.5×10^{-7}
$PbSO_4$	2.5×10^{-8}
Chromates	
$BaCrO_4$	1.2×10^{-10}
$CuCrO_4$	3.6×10^{-6}
Ag_2CrO_4	1.1×10^{-12}
Hg_2CrO_4	2.0×10^{-9}
$CaCrO_4$	7.1×10^{-4}
$PbCrO_4$	1.8×10^{-14}
Carbonates	
$MgCO_3$	6.8×10^{-8}
$CaCO_3$	3.4×10^{-9}
$SrCO_3$	5.6×10^{-10}
$BaCO_3$	2.6×10^{-9}
$MnCO_3$	2.2×10^{-11}
$FeCO_3$	3.1×10^{-11}
$CoCO_3$	1.0×10^{-10}
$NiCO_3$	1.4×10^{-7}
$CuCO_3$	2.5×10^{-10}
Ag_2CO_3	8.5×10^{-12}
Hg_2CO_3	3.6×10^{-17}
$ZnCO_3$	1.5×10^{-10}
$CdCO_3$	1.0×10^{-12}
$PbCO_3$	7.4×10^{-14}
Oxalates	
CaC_2O_4	2.3×10^{-9}
MgC_2O_4	4.8×10^{-6}
BaC_2O_4	1.2×10^{-7}
FeC_2O_4	2.1×10^{-7}
PbC_2O_4	2.7×10^{-11}
Phosphates	
$Ca_3(PO_4)_2$	2.1×10^{-33}
$Mg_3(PO_4)_2$	1.0×10^{-24}
$SrHPO_4$	1.2×10^{-7}
$BaHPO_4$	4.0×10^{-8}
$LaPO_4$	3.7×10^{-23}
$Fe_3(PO_4)_2$	1×10^{-36}
Ag_3PO_4	8.9×10^{-17}
$FePO_4$	9.9×10^{-16}
$Zn_3(PO_4)_2$	5×10^{-36}
$Pb_3(PO_4)_2$	3.0×10^{-44}
$Ba_3(PO_4)_2$	5.8×10^{-38}
Ferrocyanides	
$Zn_2[Fe(CN)_6]$	2.1×10^{-16}
$Cd_2[Fe(CN)_6]$	4.2×10^{-18}
$Pb_2[Fe(CN)_6]$	9.5×10^{-19}

TABLE C.7 Formation Constants of Complexes (25 °C)

Complex Ion Equilibrium	K_{form}
Halide Complexes	
$Al^{3+} + 6F^- \rightleftharpoons [AlF_6]^{3-}$	1×10^{20}
$Al^{3+} + 4F^- \rightleftharpoons [AlF_4]^-$	2.0×10^{8}
$Be^{2+} + 4F^- \rightleftharpoons [BeF_4]^{2-}$	1.3×10^{13}
$Sn^{4+} + 6F^- \rightleftharpoons [SnF_6]^{2-}$	1×10^{25}
$Cu^+ + 2Cl^- \rightleftharpoons [CuCl_2]^-$	3×10^{5}
$Ag^+ + 2Cl^- \rightleftharpoons [AgCl_2]^-$	1.8×10^{5}
$Pb^{2+} + 4Cl^- \rightleftharpoons [PbCl_4]^{2-}$	2.5×10^{15}
$Zn^{2+} + 4Cl^- \rightleftharpoons [ZnCl_4]^{2-}$	1.6
$Hg^{2+} + 4Cl^- \rightleftharpoons [HgCl_4]^{2-}$	5.0×10^{15}
$Cu^+ + 2Br^- \rightleftharpoons [CuBr_2]^-$	8×10^{5}
$Ag^+ + 2Br^- \rightleftharpoons [AgBr_2]^-$	1.7×10^{7}
$Hg^{2+} + 4Br^- \rightleftharpoons [HgBr_4]^{2-}$	1×10^{21}
$Cu^+ + 2I^- \rightleftharpoons [CuI_2]^-$	8×10^{8}
$Ag^+ + 2I^- \rightleftharpoons [AgI_2]^-$	1×10^{11}
$Pb^{2+} + 4I^- \rightleftharpoons [PbI_4]^{2-}$	3×10^{4}
$Hg^{2+} + 4I^- \rightleftharpoons [HgI_4]^{2-}$	1.9×10^{30}
Ammonia Complexes	
$Ag^+ + 2NH_3 \rightleftharpoons [Ag(NH_3)_2]^+$	1.6×10^{7}
$Zn^{2+} + 4NH_3 \rightleftharpoons [Zn(NH_3)_4]^{2+}$	7.8×10^{8}
$Cu^{2+} + 4NH_3 \rightleftharpoons [Cu(NH_3)_4]^{2+}$	1.1×10^{13}
$Hg^{2+} + 4NH_3 \rightleftharpoons [Hg(NH_3)_4]^{2+}$	1.8×10^{19}
$Co^{2+} + 6NH_3 \rightleftharpoons [Co(NH_3)_6]^{2+}$	5.0×10^{4}
$Co^{3+} + 6NH_3 \rightleftharpoons [Co(NH_3)_6]^{3+}$	4.6×10^{33}
$Cd^{2+} + 6NH_3 \rightleftharpoons [Cd(NH_3)_6]^{2+}$	2.6×10^{5}
$Ni^{2+} + 6NH_3 \rightleftharpoons [Ni(NH_3)_6]^{2+}$	2.0×10^{8}
Cyanide Complexes	
$Fe^{2+} + 6CN^- \rightleftharpoons [Fe(CN)_6]^{4-}$	1.0×10^{24}
$Fe^{3+} + 6CN^- \rightleftharpoons [Fe(CN)_6]^{3-}$	1.0×10^{31}
$Ag^+ + 2CN^- \rightleftharpoons [Ag(CN)_2]^-$	5.3×10^{18}
$Cu^+ + 2CN^- \rightleftharpoons [Cu(CN)_2]^-$	1.0×10^{16}
$Cd^{2+} + 4CN^- \rightleftharpoons [Cd(CN)_4]^{2-}$	7.7×10^{16}

Complex Ion Equilibrium	K_{form}
$Au^+ + 2CN^- \rightleftharpoons [Au(CN)_2]^-$	2×10^{38}
Complexes with Other Monodentate Ligands **Methylamine (CH_3NH_2)**	
$Ag^+ + 2CH_3NH_2 \rightleftharpoons [Ag(CH_3NH_2)_2]^+$	7.8×10^{6}
Thiocyanate Ion (SCN^-)	
$Cd^{2+} + 4SCN^- \rightleftharpoons [Cd(SCN)_4]^{2-}$	1×10^{3}
$Cu^{2+} + 2SCN^- \rightleftharpoons [Cu(SCN)_2]$	5.6×10^{3}
$Fe^{3+} + 3SCN^- \rightleftharpoons [Fe(SCN)_3]$	2×10^{6}
$Hg^{2+} + 4SCN^- \rightleftharpoons [Hg(SCN)_4]^{2-}$	5.0×10^{21}
Hydroxide Ion (OH^-)	
$Cu^{2+} + 4OH^- \rightleftharpoons [Cu(OH)_4]^{2-}$	1.3×10^{16}
$Zn^{2+} + 4OH^- \rightleftharpoons [Zn(OH)_4]^{2-}$	2×10^{20}
Complexes with Bidentate Ligands*	
$Mn^{2+} + 3\ en \rightleftharpoons [Mn(en)_3]^{2+}$	6.5×10^{5}
$Fe^{2+} + 3\ en \rightleftharpoons [Fe(en)_3]^{2+}$	5.2×10^{9}
$Co^{2+} + 3\ en \rightleftharpoons [Co(en)_3]^{2+}$	1.3×10^{14}
$Co^{3+} + 3\ en \rightleftharpoons [Co(en)_3]^{3+}$	4.8×10^{48}
$Ni^{2+} + 3\ en \rightleftharpoons [Ni(en)_3]^{2+}$	4.1×10^{17}
$Cu^{2+} + 2\ en \rightleftharpoons [Cu(en)_2]^{2+}$	3.5×10^{19}
$Mn^{2+} + 3\ bipy \rightleftharpoons [Mn(bipy)_3]^{2+}$	1×10^{6}
$Fe^{2+} + 3\ bipy \rightleftharpoons [Fe(bipy)_3]^{2+}$	1.6×10^{17}
$Ni^{2+} + 3\ bipy \rightleftharpoons [Ni(bipy)_3]^{2+}$	3.0×10^{20}
$Co^{2+} + 3\ bipy \rightleftharpoons [Co(bipy)_3]^{2+}$	8×10^{15}
$Mn^{2+} + 3\ phen \rightleftharpoons [Mn(phen)_3]^{2+}$	2×10^{10}
$Fe^{2+} + 3\ phen \rightleftharpoons [Fe(phen)_3]^{2+}$	1×10^{21}
$Co^{2+} + 3\ phen \rightleftharpoons [Co(phen)_3]^{2+}$	6×10^{19}
$Ni^{2+} + 3\ phen \rightleftharpoons [Ni(phen)_3]^{2+}$	2×10^{24}
$Co^{2+} + 3C_2O_4^{2-} \rightleftharpoons [Co(C_2O_4)_3]^4$	4.5×10^{6}
$Fe^{3+} + 3C_2O_4^{2-} \rightleftharpoons [Fe(C_2O_4)_3]^{3-}$	3.3×10^{20}
Complexes of Other Polydentate Ligands*	
$Zn^{2+} + EDTA^{4-} \rightleftharpoons [Zn(EDTA)]^{2-}$	3.8×10^{16}
$Mg^{2+} + 2NTA^{3-} \rightleftharpoons [Mg(NTA)_2]^{4-}$	1.6×10^{10}
$Ca^{2+} + 2NTA^{3-} \rightleftharpoons [Ca(NTA)_2]^{4-}$	3.2×10^{11}

*en = ethylenediamine

bipy = bipyridyl

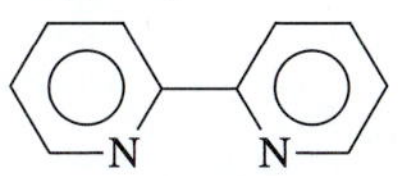

bipyridyl

phen = 1,10-phenanthroline

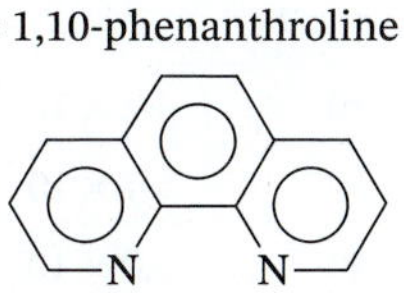

1,10-phenanthroline

$EDTA^{4-}$ = ethylenediaminetetraacetate ion

NTA^{3-} = nitrilotriacetate ion

TABLE C.8 Ionization Constants of Weak Acids and Bases (Alternative Formulas in Parentheses)

Monoprotic Acid	Name	K_a
$HC_2O_2Cl_3$ (Cl_3CCO_2H)	trichloroacetic acid	2.2×10^{-1}
HIO_3	iodic acid	1.7×10^{-1}
$HC_2HO_2Cl_2$ (Cl_2CHCO_2H)	dichloroacetic acid	5.0×10^{-2}
$HC_2H_2O_2Cl$ (ClH_2CCO_2H)	chloroacetic acid	1.4×10^{-3}
HNO_2	nitrous acid	4.6×10^{-4}
HF	hydrofluoric acid	3.5×10^{-4}
HOCN	cyanic acid	2×10^{-4}
$HCHO_2$ (HCO_2H)	formic acid	1.8×10^{-4}
$HC_3H_5O_3$ [$CH_3CH(OH)CO_2H$]	lactic acid	1.4×10^{-4}
$HC_4H_3N_2O_3$	barbituric acid	9.8×10^{-5}
$HC_7H_5O_2$ ($C_6H_5CO_2H$)	benzoic acid	6.3×10^{-5}
$HC_4H_7O_2$ ($CH_3CH_2CH_2CO_2H$)	butanoic acid	1.5×10^{-5}
HN_3	hydrazoic acid	2.5×10^{-5}
$HC_2H_3O_2$ (CH_3CO_2H)	acetic acid	1.8×10^{-5}
$HC_3H_5O_2$ ($CH_3CH_2CO_2H$)	propanoic acid	1.3×10^{-5}
$HC_2H_4NO_2$	nicotinic acid (niacin)	1.4×10^{-5}
HOCl	hypochlorous acid	3.0×10^{-8}
HOBr	hypobromous acid	2.1×10^{-9}
HCN	hydrocyanic acid	4.9×10^{-10}
HC_6H_5O	phenol	1.3×10^{-10}
HOI	hypoiodous acid	2.3×10^{-11}
H_2O_2	hydrogen peroxide	2.4×10^{-12}

Polyprotic Acid	Name	K_{a_1}	K_{a_2}	K_{a_3}
H_2SO_4	sulfuric acid	large	1.2×10^{-2}	
H_2CrO_4	chromic acid	5.0	1.5×10^{-6}	
$H_2C_2O_4$	oxalic acid	5.9×10^{-2}	6.4×10^{-5}	
H_3PO_3	phosphorous acid	5.0×10^{-2}	2.0×10^{-7}	
H_2S	hydrosulfuric acid	8.9×10^{-8}	1×10^{-19}	
H_2SO_3	sulfurous acid	1.5×10^{-2}	6.3×10^{-8}	
H_2SeO_4	selenic acid	large	1.2×10^{-2}	
H_2SeO_3	selenous acid	3.5×10^{-3}	1.5×10^{-9}	
H_6TeO_6	telluric acid	2×10^{-8}	1×10^{-11}	
H_2TeO_3	tellurous acid	3.3×10^{-3}	2.0×10^{-8}	
$H_2C_3H_2O_4$ ($HO_2CCH_2CO_2H$)	malonic acid	1.4×10^{-3}	2.0×10^{-6}	
$H_2C_8H_4O_4$	phthalic acid	1.1×10^{-3}	3.9×10^{-6}	
$H_2C_4H_4O_6$	tartaric acid	9.2×10^{-4}	4.3×10^{-5}	
$H_2C_6H_6O_6$	ascorbic acid	8.0×10^{-5}	1.6×10^{-12}	
H_2CO_3	carbonic acid	4.3×10^{-7}	5.6×10^{-11}	
H_3PO_4	phosphoric acid	7.5×10^{-3}	6.2×10^{-8}	4.2×10^{-13}
H_3AsO_4	arsenic acid	5.5×10^{-3}	1.7×10^{-7}	5.1×10^{-12}
$H_3C_6H_5O_7$	citric acid	7.4×10^{-4}	1.7×10^{-5}	6.0×10^{-7}

(*Continued*)

TABLE C.8 Ionization Constants of Weak Acids and Bases (*continued*)

Weak Base	Name	K_b
$(CH_3)_2NH$	dimethylamine	9.6×10^{-4}
$C_4H_9NH_2$	butylamine	5.9×10^{-4}
CH_3NH_2	methylamine	4.5×10^{-4}
$CH_3CH_2NH_2$	ethylamine	4.3×10^{-4}
$(CH_3)_3N$	trimethylamine	7.4×10^{-5}
NH_3	ammonia	1.8×10^{-5}
$C_{21}H_{22}N_2O_2$	strychnine	1.8×10^{-6}
N_2H_4	hydrazine	1.3×10^{-6}
$C_{17}H_{19}NO_3$	morphine	1.6×10^{-6}
NH_2OH	hydroxylamine	1.1×10^{-8}
C_5H_5N	pyridine	1.8×10^{-9}
$C_6H_5NH_2$	aniline	4.3×10^{-10}
PH_3	phosphine	1×10^{-28}

TABLE C.9 Standard Reduction Potentials (25 °C)

$E°$ (Volts)	Half–Cell Reaction
+2.87	$F_2(g) + 2e^- \rightleftharpoons 2F^-(aq)$
+2.07	$O_3(g) + 2H^+(aq) + 2e^- \rightleftharpoons O_2(g) + H_2O$
+2.01	$S_2O_8^{2-}(aq) + 2e^- \rightleftharpoons 2SO_4^{2-}(aq)$
+1.84	$Co^{3+}(aq) + e^- \rightleftharpoons Co^{2+}(aq)$
+1.77	$H_2O_2(aq) + 2H^+(aq) + 2e^- \rightleftharpoons 2H_2O$
+1.68	$MnO_4^-(aq) + 4H^+(aq) + 3e^- \rightleftharpoons MnO_2(s) + 2H_2O$
+1.69	$PbO_2(s) + HSO_4^-(aq) + 3H^+(aq) + 2e^- \rightleftharpoons PbSO_4(s) + 2H_2O$
+1.63	$2HOCl(aq) + 2H^+(aq) + 2e^- \rightleftharpoons Cl_2(g) + 2H_2O$
+1.51	$Mn^{3+}(aq) + e^- \rightleftharpoons Mn^{2+}(aq)$
+1.51	$MnO_4^-(aq) + 8H^+(aq) + 5e^- \rightleftharpoons Mn^{2+}(aq) + 4H_2O$
+1.46	$PbO_2(s) + 4H^+(aq) + 2e^- \rightleftharpoons Pb^{2+}(aq) + 2H_2O$
+1.44	$BrO_3^-(aq) + 6H^+(aq) + 6e^- \rightleftharpoons Br^-(aq) + 3H_2O$
+1.42	$Au^{3+}(aq) + 3e^- \rightleftharpoons Au(s)$
+1.36	$Cl_2(g) + 2e^- \rightleftharpoons 2Cl^-(aq)$
+1.33	$Cr_2O_7^{2-}(aq) + 14H^+(aq) + 6e^- \rightleftharpoons 2Cr^{3+}(aq) + 7H_2O$
+1.24	$O_3(g) + H_2O + 2e^- \rightleftharpoons O_2(g) + 2OH^-(aq)$
+1.23	$MnO_2(s) + 4H^+(aq) + 2e^- \rightleftharpoons Mn^{2+}(aq) + 2H_2O$
+1.23	$O_2(g) + 4H^+(aq) + 4e^- \rightleftharpoons 2H_2O$
+1.20	$Pt^{2+}(aq) + 2e^- \rightleftharpoons Pt(s)$
+1.07	$Br_2(aq) + 2e^- \rightleftharpoons 2Br^-(aq)$
+0.96	$NO_3^-(aq) + 4H^+(aq) + 3e^- \rightleftharpoons NO(g) + 2H_2O$
+0.94	$NO_3^-(aq) + 3H^+(aq) + 2e^- \rightleftharpoons HNO_2(aq) + H_2O$
+0.91	$2Hg^{2+}(aq) + 2e^- \rightleftharpoons Hg_2^{2+}(aq)$
+0.87	$HO_2^-(aq) + H_2O + 2e^- \rightleftharpoons 3OH^-(aq)$
+0.81	$NO_3^-(aq) + 4H^+(aq) + 2e^- \rightleftharpoons 2NO_2(g) + 2H_2O$
+0.80	$Ag^+(aq) + e^- \rightleftharpoons Ag(s)$
+0.77	$Fe^{3+}(aq) + e^- \rightleftharpoons Fe^{2+}(aq)$
+0.68	$O_2(g) + 2H^+(aq) + 2e^- \rightleftharpoons H_2O_2(aq)$
+0.54	$I_2(s) + 2e^- \rightleftharpoons 2I^-(aq)$
+0.49	$NiO_2(s) + 2H_2O + 2e^- \rightleftharpoons Ni(OH)_2(s) + 2OH^-(aq)$
+0.45	$SO_2(aq) + 4H^+(aq) + 4e^- \rightleftharpoons S(s) + 2H_2O$
+0.401	$O_2(g) + 2H_2O + 4e^- \rightleftharpoons 4OH^-(aq)$
+0.34	$Cu^{2+}(aq) + 2e^- \rightleftharpoons Cu(s)$
+0.27	$Hg_2Cl_2(s) + 2e^- \rightleftharpoons 2Hg(l) + 2Cl^-(aq)$
+0.25	$PbO_2(s) + H_2O + 2e^- \rightleftharpoons PbO(s) + 2OH^-(aq)$
+0.2223	$AgCl(s) + e^- \rightleftharpoons Ag(s) + Cl^-(aq)$
+0.172	$SO_4^{2-}(aq) + 4H^+(aq) + 2e^- \rightleftharpoons H_2SO_3(aq) + H_2O$
+0.169	$S_4O_6^{2-}(aq) + 2e^- \rightleftharpoons 2S_2O_3^{2-}(aq)$
+0.16	$Cu^{2+}(aq) + e^- \rightleftharpoons Cu^+(aq)$
+0.15	$Sn^{4+}(aq) + 2e^- \rightleftharpoons Sn^{2+}(aq)$
+0.14	$S(s) + 2H^+(aq) + 2e^- \rightleftharpoons H_2S(g)$
+0.07	$AgBr(s) + e^- \rightleftharpoons Ag(s) + Br^-(aq)$
0 (exactly)	$2H^+(aq) + 2e^- \rightleftharpoons H_2(g)$
−0.12	$Pb^{2+}(aq) + 2e^- \rightleftharpoons Pb(s)$

(Continued)

TABLE C.9 Standard Reduction Potentials (25 °C) (*continued*)

$E°$ (Volts)	Half–Cell Reaction
−0.14	$Sn^{2+}(aq) + 2e^- \rightleftharpoons Sn(s)$
−0.15	$AgI(s) + e^- \rightleftharpoons Ag(s) + I^-(aq)$
−0.25	$Ni^{2+}(aq) + 2e^- \rightleftharpoons Ni(s)$
−0.28	$Co^{2+}(aq) + 2e^- \rightleftharpoons Co(s)$
−0.34	$In^{3+}(aq) + 3e^- \rightleftharpoons In(s)$
−0.34	$Tl^+(aq) + e^- \rightleftharpoons Tl(s)$
−0.36	$PbSO_4(s) + H^+(aq) + 2e^- \rightleftharpoons Pb(s) + HSO_4^-(aq)$
−0.40	$Cd^{2+}(aq) + 2e^- \rightleftharpoons Cd(s)$
−0.44	$Fe^{2+}(aq) + 2e^- \rightleftharpoons Fe(s)$
−0.56	$Ga^{3+}(aq) + 3e^- \rightleftharpoons Ga(s)$
−0.58	$PbO(s) + H_2O + 2e^- \rightleftharpoons Pb(s) + 2OH^-(aq)$
−0.74	$Cr^{3+}(aq) + 3e^- \rightleftharpoons Cr(s)$
−0.76	$Zn^{2+}(aq) + 2e^- \rightleftharpoons Zn(s)$
−0.81	$Cd(OH)_2(s) + 2e^- \rightleftharpoons Cd(s) + 2OH^-(aq)$
−0.83	$2H_2O + 2e^- \rightleftharpoons H_2(g) + 2OH^-(aq)$
−0.89	$Fe(OH)_2(s) + 2e^- \rightleftharpoons Fe(s) + 2OH^-(aq)$
−0.91	$Cr^{2+}(aq) + 2e^- \rightleftharpoons Cr(s)$
−1.16	$N_2(g) + 4H_2O + 4e^- \rightleftharpoons N_2O_4(aq) + 4OH^-(aq)$
−1.18	$V^{2+}(aq) + 2e^- \rightleftharpoons V(s)$
−1.216	$ZnO_2^-(aq) + 2H_2O + 2e^- \rightleftharpoons Zn(s) + 4OH^-(aq)$
−1.63	$Ti^{2+}(aq) + 2e^- \rightleftharpoons Ti(s)$
−1.66	$Al^{3+}(aq) + 3e^- \rightleftharpoons Al(s)$
−1.79	$U^{3+}(aq) + 3e^- \rightleftharpoons U(s)$
−2.02	$Sc^{3+}(aq) + 3e^- \rightleftharpoons Sc(s)$
−2.36	$La^{3+}(aq) + 3e^- \rightleftharpoons La(s)$
−2.37	$Y^{3+}(aq) + 3e^- \rightleftharpoons Y(s)$
−2.37	$Mg^{2+}(aq) + 2e^- \rightleftharpoons Mg(s)$
−2.71	$Na^+(aq) + e^- \rightleftharpoons Na(s)$
−2.87	$Ca^{2+}(aq) + 2e^- \rightleftharpoons Ca(s)$
−2.89	$Sr^{2+}(aq) + 2e^- \rightleftharpoons Sr(s)$
−2.90	$Ba^{2+}(aq) + 2e^- \rightleftharpoons Ba(s)$
−2.92	$Cs^+(aq) + e^- \rightleftharpoons Cs(s)$
−2.92	$K^+(aq) + e^- \rightleftharpoons K(s)$
−2.93	$Rb^+(aq) + e^- \rightleftharpoons Rb(s)$
−3.05	$Li^+(aq) + e^- \rightleftharpoons Li(s)$

찾아보기

ㄱ

가설(hypothesis) 29
가수분해(hydrolysis) 828
가시광선 스펙트럼(visible spectrum) 327
가역적인 과정(reversible process) 964
가열 곡선(heating curve) 586
가장 잦은 속도(most probable velocity) 545
가지 단계(branching step) 729
가지 사슬(branched chain) 1138
가지치기(branching) 1162
가측 오차(determinate error) 47
간략한 전자 배치(abbreviated electron configuration) 352
간섭 무늬(interference fringe) 337
갈바니 전지(galvanic cell) 996
감마 방사선(gamma radiation) 1062
강산(strong acid) 178
강염기(strong base) 179
강전해질(strong electrolyte) 171
강한 핵력(nuclear strong force) 1058
개시 단계(initiation step) 729
거대 분자(macromolecule) 1160
거시적(macroscopic) 30
거울상 이성질체(enantiomer) 1114
건조젤(xerogel) 829
검은인(black phosphorus) 489
격막 전지(diaphragm cell) 1043
격자(lattice) 599
격자 에너지(lattice energy) 381
결론(conclusion) 28
결정 격자(crystal lattice) 599
결정장 갈라짐(crystal field splitting) 1118
결정장 이론(crystal field theory) 1117
결합각(bond angle) 435
결합 거리(bond distance) 393
결합 기체 법칙(combined gas law) 513
결합 길이(bond length) 393
결합 부피 법칙(law of combining volume) 517
결합성 분자 오비탈(bonding molecular orbital) 475
결합성 전자(bonding electron) 476
결합 쌍극자(bond dipole) 447
결합 에너지(bond energy) 393, 977
결합 영역(bonding domain) 438
결합 차수(bond order) 406
겹침성(superimposability) 1114
경계(boundary) 277
경쟁 반응(competing reaction) 152
계(system) 277, 295
계면 활성제(surfactant) 575
계수(coefficient) 86
고립계(isolated system) 277
고립 전자쌍(lone pair) 438
고스핀 착물(high-spin complex) 1122
고체(solid) 35
고체의 평형 증기압(equilibrium vapor pressure of the solid) 584
곧은 사슬(straight chain) 1138
골격(backbone) 1160
골격 구조(skeletal structure) 402
골격 반응식(skeleton equation) 239
공간 채움 모형(space-filling model) 80
공-막대 모형(ball-and-stick model) 80
공명(resonance) 413
공명 구조(resonance structure) 413
공명 에너지(resonance energy) 416
공명 혼성(resonance hybrid) 413
공유 결정(covalent crystal) 611
공유 결합(covalent bond) 393
공통 이온(common ion) 867, 905
공통 이온 효과(common ion effect) 867, 905
과냉각 액체(supercooled liquid) 607
과산화물(peroxide) 235

과열(superheating) 587
과잉 반응물(excess reactant) 148
과포화 용액(supersaturated solution) 170
과학 법칙(scientific law) 29
과학적 방법(scientific method) 28
과학적 표기법(scientific notation) 49
관찰(observation) 28
광전 효과(photoelectric effect) 329
광학 이성질체(optical isomer) 1116
구경꾼 이온(spectator ion) 174
구조식(structural formula) 394
국제 단위계(International System of Unit) 37
굽은형(bent) 441
귀금속(noble metal) 401
균일 반응(homogeneous reaction) 687, 760
균일 촉매(homogeneous catalyst) 734
균일 평형(homogeneous equilibrium) 760
균일 혼합물(homogeneous mixture) 33
균형 반응식(balanced equation) 143
균형 화학 반응식(balanced chemical equation) 87
그래핀(graphene) 486
그램(gram) 44
그레이(gray) 1075
그물구조 고체(network solid) 611
극성 결합(polar bond) 397
극성 공유 결합(polar covalent bond) 397
극성 분자(polar molecule) 397
글라이코젠(glycogen) 1169
금속(metal) 75
금속 결정(metallic crystal) 611
금속 전도(metallic conduction) 998
금속 착이온(complex ion) 1100
기본 단위(base unit) 37
기압계(barometer) 507
기여 구조(contributing structure) 413
기체(gas) 35
기체 분자 운동론(kinetic molecular theory of gas) 541
기하 이성질체(geometric isomer) 1147
기하 이성질 현상(geometric isomerism) 1113, 1147
껍질(shell) 342
끓는점(boiling point) 585
끓는점 오름(boiling point elevation) 656

ㄴ

나일론 6,6(nylon 6,6) 1164
나일론(nylon) 1164
납축전지(lead storage battery) 1024
내부 에너지(internal energy) 274, 942
내부 전이 원소(inner transition element) 74
냉각 곡선(cooling curve) 587
녹(rust) 254
녹는점(melting point) 580
녹말(starch) 1169
농도(concentration) 169
농도표(concentration table) 776
능동적 읽기(acitive reading) 2

ㄷ

다당류(polysaccharide) 1169
다양성자산(polyprotoic acid) 183
다원자 이온(polyatomic ion) 94
다이아몬드(diamond) 486
단계 성장 중합체(step-growth polymer) 1164
단당류(monosaccharide) 1168
단백질(protein) 1173
단사황(monoclinic sulfur) 488
단순 입방(simple cubic 또는 primitive cubic) 600
단순 입방 단위 세포(simple cubic unit cell) 600
단열 조건(adiabatic) 944
단위 세포(unit cell) 600
단위체(monomer) 1161
단일 결합(single bond) 395
단일 단계 과정(elementary process) 727
단일 치환 반응(single replacement reaction) 247
단층조영술(tomography) 1078
닫힌계(closed system) 277
닫힌끝 압력계(closed−end manometer) 510
당량점(equivalence point) 877
대기압(atmospheric pressure) 285, 506
대칭적(symmetric) 448

데바이(debye) 397

동소체(allotrope) 486

동소체성(allotropy) 486

동위 원소(isotope) 15

동적 평형(dynamic equilibrium) 181

동적 화학 평형(dynamic chemical equilibrium) 179

동종핵 이원자 분자(homonuclear diatomic molecule) 477

두자리 리간드(bidentate ligand) 1102

뒤틀린 사면체(distorted tetrahedron) 442

드라이아이스(dry ice) 577

들뜬 상태(excited state) 331

등온(isothermal) 944

띠간격(band gap) 484

띠이론(band theory) 483

ㄹ

란타넘족 원소(lanthanide element) 74

리간드(ligand) 924, 1100

리터(liter) 43

리튬-이산화 망가니즈 배터리(lithium-manganese dioxide battery) 1026

리튬 이온 전지(lithium ion cell) 1026

ㅁ

마디(node) 339

마디 평면(nodal plane) 357

마이셀(micelle) 672

만유 기체 상수(universal gas constant) 522

면심 입방(face-centered cubic, fcc) 602

명명법(nomenclature) 96

몰농도(molar concentration 또는 molarity) 200

몰랄 끓는점 오름 상수(molal boiling point elevation constant) 656

몰랄 농도(molal concentration 또는 molality) 645

몰랄 어는점 내림 상수(molal freezing point depression constant) 656

몰 백분율(mole percent) 534, 647

몰분율(mole fraction) 534

몰승화열(molar heat of sublimation) 587

몰열용량(molar heat capacity) 278

몰용해도(molar solubility) 901

몰융해열(molar heat of fusion) 587

몰증발열(molar heat of vaporization) 587

몰질량(molar mass 혹은 molar weight) 122, 545

무게(weight) 31

무기 화합물(inorganic compound) 96

물리 변화(physical change) 33

물리적 성질(physical property) 34

물의 이온곱 상수(ion product constant of water) 841

물질(matter) 31

묽은 용액(dilute solution) 169

묽힘(dilution) 203

미세 입자(particulates) 253

밀도(density) 56

밀리리터(milliliter) 43

밀리미터(millimeter) 42

밀리미터 수은(millimeter of mercury) 508

밀리바(millibar) 507

ㅂ

바(bar) 507

바깥 껍질(outer shell) 354

바깥 전자(outer electron) 354

바닥 상태(ground state) 335

바탕 방사선(background radiation) 1076

반감기(half-life, $t_{1/2}$) 707

반결합성 분자 오비탈(antibonding molecular orbital) 475

반결합성 전자(antibonding electron) 476

반도체(semiconductor) 78

반물질(antimatter) 1063

반응 메커니즘(reaction mechanism) 727

반응물(reactant) 86, 758

반응성(reactivity) 400

반응 속도(rate of reaction) 690

반응열(heat of reaction) 284

반응 좌표(reaction coordinate) 718

반응 지수(reaction quotient) 760, 899

반응 차수(order of the reaction) 696

반자기성(diamagnetic) 347

반중성미자(antineutrino) 1061

반쪽 반응(halfreaction) 238

반쪽 전지(half-cell) 996
받개(acceptor) 924, 1101
발열 반응(exothermic reaction) 283
방사능(radioactivity) 1059
방사능 연대 측정(radiological dating) 1081
방사성 붕괴(radioactive decay) 1059
방사성 붕괴 계열(radioactive disintegration series) 1064
방사성 붕괴 법칙(law of radioactive decay) 1073
방사성 핵종(radionuclide) 1059
방출 스펙트럼(emission spectrum) 331
방향족 탄화수소(aromatic hydrocarbon) 1142
방향족 화합물(aromatic compound) 1149
배위 공유 결합(coordinate covalent bond) 412
배위수(coordination number) 1109
배위 착물(coordination complex) 1101
배위 화합물(coordination compound) 1101
배터리(battery) 1024
백만분율(parts per million, ppm) 645
버크민스터풀러렌(buckminsterfullerene) 487
버키볼(buckyball) 487
번역(translation) 1179
법칙(law) 29
베크렐(becquerel) 1073
베타 방사선(beta radiation) 1061
베타 입자(beta particle) 1061
변환(transmutation) 1069
변환 인자(conversion factor) 52
보색(complementary color) 1120
복분해 반응(metathesis reaction) 188
복합핵(compound nucleus) 1070
볼타 전지(voltaic cell) 996
볼트(volt) 1001
부분 압력(partial pressure) 531
부분 전하(partial charge) 397
부산물(by product) 152
부식(corrosion) 254
부양자수(secondary quantum number) 343
부피 플라스크(volumetric flask) 201
분광화학적 계열(spectrochemical series) 1121
분극성(polarizability) 570
분산(dispersion) 670
분산력(dispersion force) 569
분자(molecule) 79
분자간 힘(intermolecular force) 565
분자 결정(molecular crystal) 611
분자내 힘(intramolecular force) 565
분자량(molecular weight) 122
분자 반응식(molecular equation) 173
분자성 화합물(molecular compound) 101
분자식(molecular formula) 101, 132
분자 오비탈(molecular orbital) 474
분자 오비탈 이론(molecular orbital theory, MO 이론) 452
분자 운동론(molecular kinetic theory) 275
분자 운동 에너지(molecular kinetic energy) 275
분자 질량(molecular mass) 122
분출(effusion) 536
분해(decomposition) 31
불균일 반응(heterogeneous reaction) 688, 767
불균일 촉매(heterogeneous catalyst) 734
불균일 혼합물(heterogeneous mixture) 33
불안정도 상수(instability constant) 926
불포화 용액(unsaturated solution) 170
불포화 화합물(unsaturated compound) 1142
불확정성 원리(uncertainty principle) 356
붉은인(red phosphorus) 489
붕괴 상수(decay constant) 1073
비결정성 고체(amorphous solid) 607
비결합성 오비탈(nonbonding orbital) 480
비결합 영역(nonbonding domain) 438
비극성 공유 결합(nonpolar covalent bond) 399
비극성 분자(nonpolar molecule) 448
비금속(nonmetal) 75
비금속 수소화물(nonmetal hydride) 102
비누화 반응(saponification) 1155
비대칭 구조(asymmetric) 449
비대칭 탄소 원자(asymmetric carbon atom) 1138
비리알 식(virial equation) 550
비산화성 산(nonoxidizing acid) 244
비선형(nonlinear) 441
비슷한 것끼리 녹인다(like dissolves like) 632

비압축성(incompressibility) 574
비열(specific heat) 278
비열용량(specific heat capacity) 278
비이온화 수소(nonioninzing hydrogen) 183
비전해질(nonelectrolyte) 171
비중(specific gravity) 59
비중계(hydrometer) 60
비편재(delocalized) 482
비편재화 에너지(delocalization energy) 482
비활성 기체(noble gas) 74
빅뱅 이론(big-bang theory) 3

ㅅ

사각뿔(square pyramid) 443
사각 평면(square planar) 443
사면체(tetrahedron) 435
사면체 분자(tetrahedral molecule) 435
사방황(orthorhombic sulfur) 488
사슬 성장 중합체(chain-growth polymer) 1161
산 무수물(acid anhydride) 183
산성 수소(acidic hydrogen) 183
산성염(acid salt) 193
산성 용액(acidic solution) 841
산소산(oxoacid) 185, 814
산소산 음이온(oxoanion) 818
산-염기 중화 반응(acid-base neutralization) 190, 819
산-염기 지시약(acid-base indicator) 214
산 용해도곱(acid solubility product) 915
산 이온화 상수(acid ionization constant) 847
산화(oxidation) 230
산화 상태(oxidation state) 232
산화성 산(oxidizing acid) 244
산화수(oxidation number) 231
산화 전극(anode) 998
산화제(oxidizing agent) 230
산화-환원 반응(oxidation-reduction reaction 또는 간단히 redox reaction) 230
삼각뿔(triangular pyramid) 441
삼각쌍뿔(trigonal bipyramid) 435
삼각쌍뿔 분자(trigonal bipyramidal molecule) 435
삼각 피라미드형(trigonal pyramidal) 441
삼중 결합(triple bond) 396
삼중점(triple point) 590
삼투막(osmotic membrane) 660
삼투 압력(osmotic pressure) 661
삼투 현상(osmosis) 660
삽입(intercalation) 1027
상(phase) 33
상대 이온(counter ion) 1105
상대 존재비(relative abundance) 19
상도표(phase diagram) 590
상자기성(paramagnetism) 347
상태(state) 276
상태 변화(change of state) 580
상태 함수(state function) 276
생성물(product) 86, 758
생화학(biochemistry) 102, 1167
서스펜션(suspension) 670
석출(deposition) 580
섞이지 않는다(immiscible) 632
섞인다(miscible) 632
선택적 침전(selective precipitation) 916
선형 분자(linear molecule) 435
섬광 탐침(scintillation probe) 1072
섭씨 척도(Celsius scale) 44
성질(property) 34
세기 성질(intensive property) 35
세라믹(ceramics) 826
센물(hard water) 196
센티미터(centimeter) 42
소결(sintering) 826
소금물(brine) 1042
소수성(hydrophobic) 671, 1172
속도(rate) 686, 688
속도 결정 단계(rate-determining step) 730
속도 법칙(rate law) 694
속도 상수(rate constant) 694
속도 제한 단계(rate limiting step) 730
솔-젤 공정(sol-gel process) 828
수득 백분율(percentage yield) 152

수소 결합(hydrogen bonding) 566
수소화물(hydride) 235
수화(hydration) 170, 633
수화된 이온(hydrated ion) 171
수화물(hydrate) 81
수화 에너지(hydration energy) 635
순간 속도(instantaneous rate) 692
순간 쌍극자(instantaneous dipole) 568
순물질(pure substance) 32
스핀 양자수(spin quantum number) 345
승화(sublimation) 577, 580
시그마 결합(sigma bond) 468
시버트(sievert) 1075
시소(seesaw) 442
시스 이성질체(cis isomer) 1113
시약(reagent) 176
실제 수득률(actual yield) 152
실험식(empirical formula) 132
십억분율(parts per billion 645
십진 지수(decimal multiplier) 41
쌍극자(dipole) 568
쌍극자 모멘트(dipole moment) 397, 447
쌍극자-쌍극자 인력(dipole-dipole attraction) 566
쌓음 원리(aufbau principle) 347

ㅇ

아래 첨자(subscript) 79
아마이드(amide) 1158
아민(amine) 419, 1140
아연-이산화 망가니즈 전지(zinc-manganese dioxide dry cell) 1025
아원자 입자(subatomic particle) 10
아이소프로필(isopropyl) 1144
아자이드화 이온(N^{3-}) 236
악티늄족 원소(actinide element) 74
안정도띠(band of stability) 1066
안정도 상수(stability constant) 926
알데하이드(aldehyde) 419
알짜 이온 반응식(net ionic equation) 174
알짜 전하(net electric charge) 174
알카인(alkyne) 1142
알칼리 건전지(alkaline dry cell) 1025
알칼리 금속(alkali metal) 74
알칼리 배터리(alkaline battery) 1025
알칼리 토금속(alkaline earth metal) 74
알케인(alkane) 103, 1142
알켄(alkene) 1142
알코올(alcohol) 104, 417, 1150
알콕사이드(alcoxide) 828
알킬기(alkyl group) 1143
알파 방사선(alpha radiation) 1059
알파 입자(alpha particle) 1059
암염 구조(rock salt structure) 603
암페어(ampere) 1036
압력(pressure) 285, 506
압력계(manometer) 508
압력-부피 법칙(pressure-volume law) 511
압력-부피 일(pressure-volume work) 285
압력-온도 법칙(pressure-temperature law) 513
압축성(compressibility) 573
압축 인자(compressibility factor) 548
액체(liquid) 35
액체 비중계(hydrometer) 1024
액체의 평형 증기압(equilibrium vapor pressure of the liquid) 582
약산(weak acid) 179
약염기(weak base) 180
약전해질(weak electrolyte) 179
양극(anode) 11
양성자(proton) 14
양성자 받개(proton acceptor) 806
양성자 주개(proton donor) 806
양이온(cation) 90
양자(quanta) 328
양자수(quantum number) 334
양자화(quantized) 333
양전자(positron) 1063
양전하(positive charge) 14
양전하 운반체(positive charge carrier) 1028
양쪽성(amphoteric) 809
양쪽성 양성자성(amphiprotic) 809

어는점 내림(freezing point depression) 656
에너지(energy) 270
에너지띠(energy band) 483
에너지 보존 법칙(law of conservation of energy) 272
에너지 준위(energy level) 333
에멀션(emulsion) 671
에스터(ester) 1154
에어로젤(aerogel) 829
에터(ether) 1150
에틸기(ethyl group) 1143
에틸렌다이아민테트라아세트산(ethylenediaminetetraacetic acid) 927
엔탈피(enthalpy) 292, 944
엔탈피 도표(enthalpy diagram) 297
엔탈피 변화(enthalpy change) 292, 944
엔트로피(entropy) 949
엔트로피 변화(entropy change) 949
여러 자리 리간드(polydentate ligand) 1102
역관계(reciprocal relationship) 811
역반응(reverse reaction) 180, 757
역삼투 현상(reverse osmosis) 661
역제곱 법칙(inverse square law) 1076
연료(fuel) 303
연료 전지(fuel cell) 1027
연성(ductility) 76
연소(combustion) 251
연소 분석법(combustion analysis) 137
연소열(heat of combustion) 289
연속 스펙트럼(continuous spectrum) 331
연쇄 반응(chain reaction) 729
열(heat) 274
열계량법(calorimetry) 284
열량계(calorimeter) 284
열린계(open system) 277
열린끝 압력계(open-end manometer) 508
열에너지(thermal energy) 274
열역학(thermodynamics) 269
열역학적으로 가역적(thermodynamically reversible) 964
열역학적 평형 상수(thermodynamic equilibrium constant) 976
열역학 제1법칙(first law of thermodynamics) 287, 943
열역학 제2법칙(second law of thermodynamics) 954
열역학 제3법칙(third law of thermodynamics) 957
열용량(heat capacity) 277
열평형(thermal equilibrium) 274
열핵융합(thermonuclear fusion) 1086
열화학(thermochemistry) 269
열화학 반응식(thermochemical equation) 295
염(salt) 171
염기 무수물(base anhydride) 185
염기성 용액(basic solution) 841
염기 이온화 상수(base ionization constant) 848
염다리(salt bridge) 998
영국식 단위계(English system) 41
영차 반응(zero-order reaction) 697, 713
오비탈(orbital) 342
오비탈 도표(orbital diagram) 347
오비탈의 겹침(overlap of orbital) 452
오존(ozone) 485
온도(temperature) 274
온도-부피 법칙(temperature-volume law) 513
온도와 압력에 대한 표준 조건(standard conditions of temperature and pressure) 519
옹스트롬(angstrom) 361
완충 용량(buffer capacity) 868
요술수(magic number) 1069
용매(solvent) 168
용매화(solvation) 633
용매화 에너지(solvation energy) 635
용액(solution) 33, 168
용질(solute) 168
용해도(solubility) 170
용해도곱(solubility product) 899
용해도곱 상수(solubility product constant) 899
용해도 규칙(solubility rule) 188
용해열(heat of solution) 634
우주(universe) 277
운동 에너지(kinetic energy, KE) 270
원소(element) 15, 31
원소족(family of element) 74
원자(atom) 30

원자가 결합 이론(valence bond theory, 간단히 VB 이론) 452
원자가 껍질(valence shell) 354
원자가 껍질 전자쌍 반발 모형(valence shell electron pair repulsion model, VSEPR 모형) 437
원자가띠(valence band) 483
원자가 전자(valence electron) 354
원자 기호(atomic symbol) 15
원자량(atomic weight) 16
원자 방사선(atomic radiation) 1059
원자 번호(atomic number) 15
원자 스펙트럼(atomic spectrum) 331
원자 질량(atomic mass) 16
원자 질량 단위(atomic mass unit) 18
원자화 에너지(atomization energy) 978
원자힘 현미경(atomic force microscope) 10
유기산(organic acid) 419, 1140
유기 화학(organic chemistry) 102, 1136
유기 화합물(organic compound) 416
유도 단위(derived unit) 40
유도 쌍극자(induced dipole) 568
유리(glass) 607
유연(lampblack) 253
유전 암호(genetic code) 1179
유효 분자 지름(σ, effective molecular diameter) 546
유효 숫자(significant figure 또는 significant digit) 48
유효 충돌(effective collision) 716
유효 핵전하(effective nuclear charge) 361
육방 최조밀 채움(hexagonal closest packing, hcp) 606
융해(fusion) 580
음극(cathode) 11
음극선(cathode ray) 11
음극선관(cathode-ray tube) 11
음이온(anion) 90
음전하(negative charge) 14
음전하 운반체(negative charge carrier) 1028
응고(crystallization) 580
응축(condensation) 580
이당류(disaccharide) 1168
이론(theory) 29
이론적 모형(theoretical model) 29
이론적 수득률(theoretical yield) 152
이분자 충돌 732
이상 기체(ideal gas) 512
이상 기체 법칙(ideal gas law) 522
이상 기체 상태 방정식(equation of state for an ideal gas) 522
이상 용액(ideal solution) 637
이성분산(binary acid) 185, 813
이성분 화합물(binary compound) 94
이성질체(isomer) 1112
이성질 현상(isomerism) 417, 1112
이양성자산(diprotic acid) 183
이온(ion) 88
이온 결정(ionic crystal) 610
이온 결합(ionic bond) 381
이온 결합 화합물(ionic compound) 88
이온곱(ion product) 899
이온 반응식(ionic equation) 173
이온성(ionic character) 400
이온쌍(ion pair) 668
이온–쌍극자 인력(ion-dipole attraction) 571
이온–유도 쌍극자 인력(ion-induced dipole attraction) 572
이온–전자법(ion-electron method) 238
이온화 반응(ionization reaction) 177
이온화 방사선(ionizing radiation) 1072
이온화 백분율(percentage ionization) 851
이온화 에너지(ionization energy) 363
이원자 분자(diatomic molecule) 79
이종핵 분자(heteronuclear molecule) 479
이중 결합(double bond) 395
이중 치환 반응(double replacement reaction) 188
이차 반응(second-order reaction) 711
이차 전지(secondary cell) 1024
이합체(dimer) 669
일양성자산(monoprotic acid) 183
일원자(monatomic) 96
일정 부피 반응열(heat of reaction at constant volume) 289
일정 압력 반응열(heat of reaction at constant pressure) 292, 944
일정 압력에서의 반응열(heat at constant pressure) 944
일차 반응(first-order reaction) 704
일차 전지(primary cell) 1024

임계 압력(critical pressure) 593
임계 온도(critical temperature) 593
임계점(critical point) 593
임계 질량(critical mass) 1083
입방미터(cubic meter) 43
입방 최조밀 채움(cubic closest packing, ccp) 606
입체 이성질 현상(stereoisomerism) 1113

ㅈ

자기 양자수(magnetic quantum number) 344
자료(data) 28
자발적 변화(spontaneous change) 946
자유 라디칼(free radical) 1075
자유 에너지 도표(free energy diagram) 970
자유 원소(free element) 79
자체 촉매 반응(autocatalysis) 737
작용기(functional group) 417
재현성(reproducible) 28
저산소증(hypoxia) 641
저스핀 착물(low-spin complex) 1122
저울(balance) 44
저장된 에너지(stored energy) 271
적도 방향 결합(equatorial bond) 436
적색 거성(red giant) 5
적정 곡선(titration curve) 877
전기 도금(electroplating) 1040
전기 분해(electrolysis) 1029
전기 쌍극자(electric dipole) 397
전기 음성도(electronegativity) 399
전도띠(conduction band) 483
전사(transcription) 1179
전성(malleability) 76
전이 상태(transition state) 720
전이 상태 이론(transition state theory) 718
전이 원소(transition element) 74
전자(electron) 14
전자 구조(electronic structure) 347
전자기 복사선(electromagnetic radiation) 323
전자기 스펙트럼(electromagnetic spectrum) 325
전자기파(electromagnetic wave) 323
전자 밀도(electron density) 356
전자 배치(electron configuration) 347
전자 볼트(electron volt) 1062
전자 스핀(electron spin) 345
전자쌍 결합(electron pair bond) 394
전자 영역(electron domain) 437
전자 친화도(electron affinity) 368
전자 포획(electron capture) 1064
전지 반응(cell reaction) 997
전지 전위(cell potential 1002
전체 반응 차수(overall order of a reaction) 697
전파 단계(propagation step) 729
전해성 전도(electrolytic conduction) 998
전해 전지(electrolysis cell 또는 electrolytic cell) 1029
전해질(electrolyte) 170
절대 영도(absolute zero) 45, 512
점도(viscosity) 576
정공(hole) 1028
정량 분석(quantitative analysis) 211
정량적 관찰(quantitative observation) 36
정류파(standing wave) 339
정밀도(precision) 49
정반응(forward reaction) 180, 757
정상 끓는점(normal boiling point) 585
정성 분석(qualitative analysis) 211
정성적 관찰(qualitative observation) 36
정확도(accuracy) 49
젖음(wetting) 575
제거 반응(elimination reaction) 1151
제곱 평균근 속도(root mean square velocity, rms) 543
조성(composition) 32
조성 백분율(percentage composition) 129
족(group) 74
종결 단계(termination step) 729
종말점(end point) 214, 877
주개 원자(donor atom) 924, 1101
주기(period) 73
주기율표(periodic table) 72
주반응(main reaction) 152
주사 터널 현미경(scanning tunneling microscope) 9

주양자수(principal quantum number) 342
주위(surroundings) 277
주족 원소(main group element 또는 representative element) 74
준금속(metalloid) 75
줄(Joule, J) 273
중성 용액(neutral solution) 841
중성자(neutron) 14
중성자 방사화 분석(neutron activation analysis) 1078
중성자 방출(neutron emission) 1064
중수소(deuterium) 1085
중합(polymerization) 1161
중합체(polymer) 1160
중화(neutralization) 819
증기압(vapor pressure) 582
증기 압력(vapor pressure) 532
증발 580
증발(evaporation) 577
지방산(fatty acid) 1170
지수 앞자리 인자(pre-exponential factor) 721
지시약(indicator) 877
지질(lipid) 1170
진공(vacuum) 507
진동수(frequency) 323
진동 인자(frequency factor) 721
진폭(amplitude) 323
진한 용액(concentrated solution) 169
진행파(traveling wave) 339
질량(mass) 31
질량 결손(mass defect) 1056
질량 백분율(percentage by mass) 644
질량–부피 백분율(percentage by mass-volume) 644, 647
질량 분율(mass fraction) 644
질량수(mass number) 15
질량–에너지 보존 법칙(law of conservation of mass-energy) 1055
질량 작용식(mass action expression) 759
질소족(nitrogen family) 75
짝산(conjugate acid) 806
짝산–짝염기 쌍(conjugate acid-base pair) 806
짝염기(conjugate base) 806
짝지음 에너지(pairing energy) 1121

ㅊ

차원 분석(dimensional analysis) 52
착물(complex) 1100
착이온(complex ion) 770, 924
천연가스(natural gas) 80
첨가 반응(addition reaction) 1148
첨가 중합체(addition polymer) 1161
첨가 화합물(addition compound) 412, 819
체심 입방(body-centered cubic) 602
초신성(supernova) 6
초우라늄 원소(transuranium element) 1071
초임계 유체(supercritical fluid) 593
촉매(catalyst) 734
촉매 작용(catalysis) 734
총괄성(colligative property) 651
최조밀 채움 구조(closest-packed structure) 605
축방향 결합(axial bond) 436
축약 구조(condensed structure) 1137
축약 구조식(condensed structural formula) 1137
축약식(condensed formula) 418
축약 화학식(condensed formula) 1154
축합(condensation) 1164
축합 중합체(condensation polymer) 1164
충돌 빈도(*Z*, collision frequency) 546
충돌수(collision number) 546
충돌 이론(collision theory) 716
충돌 지름(collision diameter) 546
측정(measurement) 36
측정 단위(unit of measurement) 36
치환 반응(displacement reaction) 401, 1149, 1152
친수성(hydrophilic) 671, 1172
친수성기(hydrophilic group) 1172
침전물(precipitate) 169
침전 반응(precipitation reaction) 188

ㅋ

카보닐기(carbonyl group) 419, 1152
카복실기(carboxyl group) 419, 1154
카복실산(carboxylic acid) 419, 1154
카이랄(chiral) 1114

카이랄성(chirality) 1114, 1138
칼로리(calorie, cal) 273
케톤(ketone) 418
켈빈(kelvin) 45
켈빈 척도(Kelvin scale) 45
코돈(codon) 1179
콜로이드 분산(colloidal dispersion) 670
쿨롬(coulomb) 1001
퀴리(curie) 1073
크기 성질(extensive property) 35
킬레이트 효과(chelate effect) 1106
킬로그램(kilogram) 44
킬로줄(kilojoule, kJ) 273
킬로칼로리(kilocalorie, kcal) 273

ㅌ

탄소 고리(carbon ring) 1138
탄소 나노튜브(carbon nanotube) 488
탄수화물(carbohydrate) 1167
탄화수소(hydrocarbon) 103, 1141
탈수 반응(dehydration) 1151
토르(torr) 508
통열량계(bomb calorimeter) 289
투석(dialysis) 659
투석막(dialyzing membrane) 659
트라이아실글라이세롤(triacylglycerol) 1170
트랜스(trans) 1148
트랜스 이성질체(trans isomer) 1113

ㅍ

파동(wave) 323
파동 함수(wave function) 341
파스칼(pascal) 507
파이 결합(pi bond) 469
파장(wavelength) 324
팔면체(octahedron) 436
팔면체 분자(octahedral molecule) 436
팔전자 규칙(octet rule) 386
팽창 일(expansion work) 285
퍼센트 농도(percentage concentration) 169
퍼텐셜 에너지(potential energy) 271
펩타이드 결합(peptide bond) 1173
평균 결합 차수(average bond order) 414
평균 운동 에너지(average kinetic energy) 274
평균 자유 행로(λ, mean free path) 546
평면 삼각형 분자(planar triangular molecule) 435
평면 편광(plane-polarized light) 1115
평형 법칙(equilibrium law) 760
평형 상수(equilibrium constant) 760
평형의 위치(position of equilibrium) 595, 768
포화 용액(saturated solution) 169, 899
포화 화합물(saturated compound) 1142
폴리스타이렌(polystyrene) 1162
폴리펩타이드(polypeptide) 1173
표면 장력(surface tension) 574, 575
표면흐림(tarnishing) 254
표준 기압(standard atmosphere, atm) 507
표준 대기압(standard atmosphere, atm) 285
표준 몰부피(standard molar volume) 519
표준 반응열(standard heat of reaction) 295
표준 상태(standard state) 295, 304, 1002
표준 생성 엔탈피(standard enthalpy of formation) 303
표준 생성 엔트로피(standard entropy of formation) 960
표준 생성열(standard heat of formation) 303
표준 생성 자유 에너지(standard free energy of formation, ΔG_f°) 962
표준 수소 전극(standard hydrogen electrode) 1003
표준 엔트로피(standard entropy, S°) 958
표준 엔트로피 변화(standard entropy change, ΔS°) 960
표준 연소열(standard heat of combustion) 302
표준 용액(standard solution) 213
표준 자유 에너지 변화(standard free energy change, ΔG°) 961
표준 전지 전위(standard cell potential) 1002
표준 전지 표기법(standard cell notation) 999
표준 환원 전위(standard reduction potential) 1002
풀러렌(fullerene) 487
플라스마(plasma) 1086
필름 방사선량계(film dosimeter) 1072

ㅎ

하이드로늄 이온(hydronium ion) 177
한계 반응물(limiting reactant) 148
한자리 리간드(monodentate ligand) 1102
할로젠(halogen) 75
해리(dissociation) 170
핵결합 에너지(nuclear binding energy) 1056
핵껍질 모형(nuclear shell model) 1069
핵반응(nuclear reaction) 1059
핵반응식(nuclear equation) 1059
핵방사선(nuclear radiation) 1059
핵분열(nuclear fission) 1056, 1058
핵분열성 동위 원소(fissile isotope) 1082
핵산(nucleic acid) 1176
핵심부 전자(core electron) 360
핵연쇄 반응(nuclear chain reaction) 1082
핵융합(nuclear fusion) 1058
핵자(nucleon) 14, 1056
핵합성(nucleosynthesis) 4
헤르츠(Hz) 323
헤테로 고리(heterocyclic) 1139
형성 상수(formation constant) 926
형식 전하(formal charge) 407
형태(conformation) 459
혼성 원자 오비탈(hybrid atomic orbital) 456
혼합물(mixture) 32
홀수−짝수 규칙(odd-even rule) 1068
화씨 척도(Fahrenheit scale) 44
화학 결합(chemical bond) 101, 379
화학 기호(chemical symbol) 15, 32
화학량론(stoichiometry) 119
화학 반응(chemical reaction) 31
화학 반응 속도론(chemical kinetics) 685
화학 반응식(chemical equation) 86
화학 변화(chemical change) 33
화학식(chemical formula) 79
화학식 단위(formula unit) 90
화학 에너지(chemical energy) 271
화학 열역학(chemical thermodynamics) 942
화학적 성질(chemical property) 35
확산(diffusion) 536
환산 van der Waals 식(reduced van der Waal's equation) 551
환원(reduction) 230
환원 전극(cathode) 998
환원 전위(reduction potential) 1002
환원제(reducing agent) 230
활동도(activity) 767, 1073
활동도 서열(activity series) 248
활성화물(activated complex) 721
활성화 에너지(activation energy) 716
회절(diffraction) 337
회절 무늬(diffraction pattern) 607
회합(association) 669
효소(enzyme) 1175
후전이 금속(post-transition metal) 94
흑연(graphite) 486
흔적량 분석(tracer analysis) 1077
흡열 반응(endothermic reation) 283
흡착(adsorption) 735

숫자 및 ABC

α-아미노산(α-amino acid) 1173
π 결합(π bond) 469
σ 결합(σ bond) 468
1몰(mole) 121
8개의 전자 386
Arrhenius 식 721
Avogadro 상수(Avogadro's constant) 121
Avogadro 원리(Avogadro's principle) 517
Bohr 반지름(Bohr radius) 335
Born−Haber 순환(Born−Haber cycle) 382
Boyle 법칙(Boyle's law) 511
Boyle 온도(Boyle temperature) 548
Bragg 식(Bragg equation) 608
Brønsted−Lowry 산(Brønsted−Lowry acid) 805
Brønsted−Lowry 염기(Brønsted−Lowry base) 805
Brown 운동(Brownian motion) 100
Charles 법칙(Charles' law) 513
Clausius−Clapeyron 식(Clausius−Clapeyron equation) 596
Coulomb 법칙(Coulomb's law) 384

Dalton의 부분 압력 법칙(Dalton's law of partial pressure) 531
Dalton의 원자론(Dolton's atomic theory) 9
der Waals 상수(van der Waals constant) 548
$\Delta H_{원자화}$ 978
DNA(deoxyribonucleic acid) 1176
DNA 복제(replication) 1178
DNA 이중 나선(DNA double helix) 1177
Downs 전지(Downs cell) 1041
Einstein 식(Einstein equation) 1056
$E°_{전지}$ 1002
$E_{전지}$ 1002
Faraday 상수(Faraday constant) 1014
Gay–Lussac 법칙(Gay–Lussac's law) 513
Geiger 계측기(Geiger counter) 1072
Gibbs 자유 에너지(Gibbs free energy, G) 955
Gibbs 자유 에너지 변화(Gibbs free energy change) 955
Graham 법칙(Graham's law) 536
Hall–Héroult 과정(Hall–Héroult process) 1041
Henderson–Hasselbalch 식(Henderson–Hasselbalch equation) 869
Henry 법칙(Henry's law) 642
Hess 법칙(Hess's law) 300
Hess 법칙의 식(Hess's law equation) 306
Hess 열 합산 법칙(Hess's law of heat summation) 300
Hund 규칙(Hund's rule) 348
IUPAC 규칙(IUPAC rule) 1142
Le Châtelier 원리(Le Châtelier's principle) 770
Leclanché 전지(Leclanché cell) 1025
Lewis 구조(Lewis structure) 394
Lewis 기호(Lewis symbol) 390
Lewis 산(Lewis acid) 819
Lewis 식(Lewis formula) 394
Lewis 염기(Lewis base) 819
London 분산력(London dispersion force) 569
London 힘(London force) 569
Nernst 식(Nernst equation) 1018
Nernst 열 정리(Nernst heat theorem) 958
n형 반도체(n-type semiconductor) 1028
Ostwald 숙성(Ostwald ripening) 899
Pauli 배타 원리(Pauli exclusion principle) 346
pK_b 849
Planck 상수(Planck's constant) 328
p형 반도체(p-type semiconductor) 1028
Raoult 법칙(Raoult's law) 651
RNA(ribonucleic acid) 1176
Rydberg 식(Rydberg equation) 332
sp^2 혼성 오비탈(sp^2 hybrid orbital) 458
sp^3d 혼성 오비탈 462
sp^3d^2 혼성 오비탈 462
sp^3 혼성 오비탈(sp^3 hybrid orbital) 458
sp 혼성 오비탈(sp hybrid orbital) 456
Stock 체계(Stock system) 97
Tyndall 효과(Tyndall effect) 670
T자형(T-shaped) 442
van der Waals 식(van der Waals equation) 547
van der Waals 힘(van der Waals force) 565
van't Hoff 인자(van't Hoff factor, i) 669
V자형(V-shaped) 441
X선(X-ray) 1064

번역: 정 혁

화학교재연구회 (감수)

강명종 · 강영진 · 강위경 · 김도경 · 김도환 · 김은주 · 백경구 · 변헌수 · 이석우 · 이용훈 · 이해성 · 임우택
장동조 · 전인엽 · 채영기 · 한철민

일반화학 제8판

Chemistry: The Molecular Nature of Matter, Eighth Edition, International Adaptation

저　자　Neil D. Jespersen · Alison Hyslop
역　자　정 혁
감　수　화학교재연구회
발행인　김지영
발행처　자유아카데미
주　소　경기도 파주시 회동길 37-42
　　　　파주출판도시
전　화　031-955-1321
팩　스　031-955-1322
홈페이지　www.freeaca.com
전자우편　main@freeaca.com (대표)
　　　　editor@freeaca.com (편집)
　　　　crm@freeaca.com (영업)
등　록　제406-2003-017호, 1980. 7. 12
제8판1쇄　2024년 1월 31일 발행

Printed in Korea
ISBN 979-11-5808-567-4 93430

Relationships Among Units

(Values in boldface are defined.)	**Mass**
	1 oz = **28.349523125** g
Length	1 lb = **453.59237** g
1 in. = **2.54** cm	1 lb = **16** oz
1 ft = **30.48** cm	**Pressure**
1 yd = **0.9144** m	1 atm = **760** torr
1 mi = **5280** ft	1 atm = **101,325** Pa
1 ft = **12** in.	1 atm = 14.696 psi (lb/in.^{2})
1 yd = **36** in.	1 atm = 29.921 in. Hg
Volume	**Energy**
1 liq. oz = **29.57353** mL	1 cal = **4.184** J
1 qt = **946.352946** mL	1 ev = 1.6022×10^{-19} J
1 gallon = **3.785411784** L	1 ev/molecule = 96.49 kJ/mol
1 gallon = **4** qt = **8** pt	1 ev/molecule = 23.06 kcal/mol
1 qt = **2** pt = **32** liq. oz	1 J = 1 kg m^2 s^{-2} = 10^7 erg

Physical Constants

Rest mass of electron	$m_e = 5.48579909065 \times 10^{-4}$ u ($9.1093837015 \times 10^{-28}$ g)
Rest mass of proton	$m_p = 1.007276466621$ u ($1.67262192369 \times 10^{-24}$ g)
Rest mass of neutron	$m_n = 1.00866491595$ u ($1.67492749804 \times 10^{-24}$ g)
Electronic charge	$e = 1.602176634 \times 10^{-19}$ C
Atomic mass unit	u $= 1.66053906660 \times 10^{-24}$ g
Gas constant	$R = 0.0820575$ L atm mol^{-1} K^{-1} = 8.314462618 J mol^{-1} K^{-1} = 1.98721 cal mol^{-1} K^{-1}
Molar volume, ideal gas	= 22.4140 L (at STP)
Avogadro's number	$= 6.02214076 \times 10^{23}$ things/mol
Speed of light in a vacuum	$c = 2.99792458 \times 10^8$ m s^{-1} (Exactly)
Planck's constant	$h = 6.62607015 \times 10^{-34}$ J s
Faraday constant	$\mathcal{F} = 9.648533212 \times 10^4$ C mol^{-1}

Laboratory Reagents

(Values are for the average concentrated reagents available commercially.)

Reagent	Percent (w/w)	Mole Solute / Liter Solution	Gram Solute / 100 mL Solution
NH_3	29	15	26
$HC_2H_3O_2$	99.7	17	105
HCl	37	12	44
HNO_3	71	16	101
H_3PO_4	85	15	144
H_2SO_4	96	18	177

Sources of Useful Information

Activity series for metals	Table 5.3
Atomic and ionic radii	Figure 7.32
Bond energies	App C.4
Density of water as a function of temperature	Table 1.7
Electron affinities	Table 7.3
Electron configurations of the elements	App C.1
Electronegativities of the elements	Figure 8.9
Entropies (25 °C, 1 atm)	App C.2
Formation and instability constants of complexes	App C.7
Free energies of formation (25 °C, 1 atm)	App C.2
Gases formed in metathesis reactions	Table 4.3
Half-lives, radionuclides	Table 20.2
Heats of formation (25 °C, 1 atm)	App C.2
Heats of formation of gaseous atoms (25 °C, 1 atm)	App C.3
Indicators, acid–base	Table 16.7
Ionization energies of first 12 elements	Table 7.2
Ions formed by representative elements	Table 2.2
Ions formed by transition and post-transition elements	Table 2.3
K_a values for monoprotic acids (25 °C)	App C.8
K_a values for polyprotic acids	App C.8
K_b values for bases (25 °C)	App C.8
K_{sp} values for insoluble salts	App C.6
K_w values at various temperatures	Table 16.1
Lewis structures, rules for drawing	Figure 8.12
Non-SI units used in chemistry	Table 1.3
Oxidation numbers, rules for calculating	Section 5.1
Organic compounds, families of	Table 22.1
Polyatomic ions	Table 2.4
Reduction potentials, standard	App C.9
SI base units	Table 1.2
SI prefixes and multiplication factors	Table 1.5
Solubility rules	Table 4.2
Strong acids	Section 4.4
Vapor pressure of water as a fuction of temperature	App C.5

Periodic Trends

(Trends in the following properties that can be correlated with the periodic table are discussed in the given sections.)

Atomic sizes	7.10
Crystal field splitting	21.5
Electrical charges on ions	2.5
Electron affinities	7.10
Electron configurations of atoms	7.8
Electronegativities	8.6
Ionization energies	7.10
Metallic versus nonmetallic properties	2.2
Reactivities of metals	8.6
Strengths of binary acids	15.3
Strengths of oxoacids	15.3

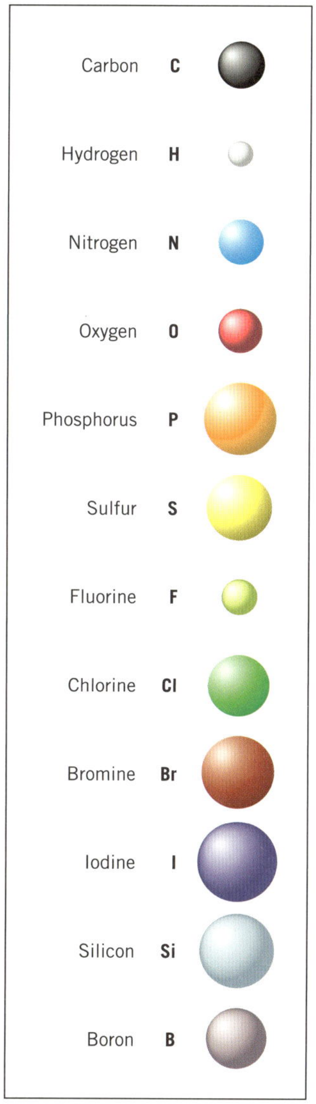